中国区域地质志

宁夏志

宁夏回族自治区地质调查院　编著

地质出版社
·北　京·

内容简介

《中国区域地质志·宁夏志》是“宁夏回族自治区地质系列图件编制与综合研究”项目的最终成果，是在第一代《宁夏回族自治区区域地质志》（1990）基础上，充分吸收了近30年来1：25万区调、1：5万区调、区域地球物理、地球化学勘查等新资料以及科研成果，按照现代地层学、板块构造学说、造山带理论和活动论观点编写而成的。其内容丰富翔实，真实可靠，具有较高的学术水平和参考价值，可供区域地质、矿产地质、石油地质、地震地质、地球物理、地球化学、水文地质、工程地质、环境地质等专业的技术人员及科研和教学人员参考、使用。

图书在版编目（CIP）数据

中国区域地质志·宁夏志/宁夏回族自治区地质调查院编著.—北京：地质出版社，2017.7

ISBN 978-7-116-10137-1

Ⅰ.①中… Ⅱ.①宁… Ⅲ.①区域地质-概况-宁夏 Ⅳ.①P562

中国版本图书馆CIP数据核字（2016）第301966号

Zhongguo Quyu Dizhizhi · Ningxiazhi

责任编辑：孙亚芸　袁亚琴
责任校对：韦海军
出版发行：地质出版社
社址邮编：北京海淀区学院路31号，100083
电　　话：（010）66554528（邮购部）；（010）66554633（编辑室）
网　　址：http://www.gph.com.cn
传　　真：（010）66554686
印　　刷：中煤地西安地图制印有限公司
开　　本：889 mm×1194 mm 1/16
印　　张：59.5（插页2页，附图4幅）
字　　数：1808千字
版　　次：2017年7月北京第1版
印　　次：2017年7月北京第1次印刷
定　　价：680.00元
书　　号：ISBN 978-7-116-10137-1
审 图 号：GS（2017）913号，宁S（2014）6号

《中国区域地质志》编纂指导委员会
(第一届)

主　任：汪　民

副主任：李金发　王小烈

成　员（按姓氏笔画排序）：

丁　俊　曲亚军　李文渊　连长云　张海啓

金若时　单海平　侯增谦　姜建军　姚华舟

徐　勇　董树文　彭齐鸣

The first advisory committee of
the Regional Geology of China

Director: Wang Min

Associate directors: Li Jinfa　Wang Xiaolie

Committee members (in Chinese-character stroke order):

Ding Jun　Qu Yajun　Li Wenyuan　Lian Changyun

Zhang Haiqi　Jin Ruoshi　Shan Haiping　Hou Zengqian

Jiang Jianjun　Yao Huazhou　Xu Yong　Dong Shuwen

Peng Qiming

《中国区域地质志》编辑委员会

Editorial board of *the Regional Geology of China*

总　　序

20世纪80~90年代，我国编纂出版了第一代省级区域地质志，系统总结了20世纪80年代以前各省（区、市）区域地质调查研究成果，为促进我国地质事业和服务经济社会的发展发挥了重要作用。

随着改革开放的不断深入，地质调查和各类科研项目的实施，我国地质事业又获得蓬勃发展，取得了丰硕的调查研究成果。在青藏高原、大兴安岭等地，完成了1：25万比例尺区域地质调查和航空磁测，实现了全国陆域中比例尺区域地质调查和航空磁测的全覆盖。开展了各种比例尺的区域地球物理和区域地球化学的调查研究，实施了“深部探测技术与实验研究”专项，拓展了环境地质、农业地质、城市地质等新领域，获得了丰富的基础地质资料，解决了许多基础地质问题，找到了一大批矿产，大幅度地提高了我国的地质研究程度和地质科学技术水平。

《国务院关于加强地质工作的决定》指出，要提高基础地质调查（研究）程度，建立地质图文更新机制。《全国地质勘查规划》（2005~2020）提出，要开展全国基础地质资料综合研究和成果集成工作，编制新一代全国系列基础地质图件，努力创造有宏观影响的大成果。为此，专门组织有关专家，分层次编纂了各省（区、市）、跨省（区）成矿区带和重要经济区，以及全国层次的新一代系列地质志书，集中反映了我国区域地质调查和地质科学研究工作的重大进展和成果，创造一项有宏观影响的大成果，为地质工作和国家经济社会发展提供一套基础地质资料。

为国家经济建设和社会发展提供矿产资源和地质资料，是地质工作服务经济社会发展和人民生产生活的两项基本任务。通过编纂新一代区域地质志书，把全国各部门多年地质调查研究所积累的丰富地质、地球物理、地球化学等资料进行综合研究和集成，使之系统化、规律化和理论化，不仅为地质工作和经济社会发展提供了一套整装的地质资料，而且为发展地质科学理论奠定扎实的资料基础。

党的十八届三中全会指出，要紧紧围绕建设美丽中国深化生态文明体制改革，加快建立生态文明制度，健全国土空间开发、资源节约利用、生态环境保护的体制机制，推动形成人与自然和谐发展现代化建设新格局。这对地质工作提出了新的更高要求。举凡矿产资源的合理开发利用、国土空间的规划、地质环境的保护、地下水污染的治理、地质公园的建设、地球化学对人体健康的影响，以及土壤性质及农产品的优化等，都需要丰富的基础地质数据和地质信息服务。中国区域地质志既可以满足一个省（区、市）、一个成矿区（带）及经济区（带）和全国地质矿产勘查、地质工作规划、部署和管理的需求，又可以在城乡建设、交通、水利、能源和环境保护等重大工程规划、设计、建设和科学管理中发挥重要作用。

新一代《中国区域地质志》是对新时期我国基础地质调查工作的系统总结和高度浓缩，注重在结构和体例上尽量与第一代区域地质志保持有机衔接、汲取其优点和精粹的同时，着力坚持创新，突出反映近30年来取得的新成果和新资料，体现了新的水平和研究高度。

这套志书的编纂和陆续出版是一项浩繁的科学工程，参加单位和人员多、涉及专业领域广、持续时间长，浓缩了几代地质工作者数十年辛勤劳动的成果，是我国地质界的一件大事。参与编纂出版的地质工作者以对历史、对人民负责的高度责任感，孜孜以求，辛勤劳作，力争使志书做到资料翔实、内容精湛、质量上乘、富于创新，打造成高水平的精品著作。在这里，我要向为这项工作付出艰苦努力、做出贡献的地质工作者以及关心、支持这项工作的各有关方面致以崇高敬意和衷心感谢！

中华人民共和国国土资源部副部长

中国地质调查局局长

汪民

2014年2月

General Preface

Compiled in the 1980s and 1990s, Regional Geology of China of the first generation systematically summarized the research results of regional geology before the 1980s in provinces, autonomous regions or municipalities, and played vital roles in serving social and economic development, and geological advancement in China.

With the deepening of reforms and opening-up, the geological undertakings in China embrace another chance of prosperity. Abundant results of geological survey and research have been achieved along with the implementation of geological survey programs and various scientific research programs. In areas such as the Qinghai-Tibet Plateau and Great Khingan Mountains, regional geological survey and aeromagnetic survey at the scale of 1 : 250 000 have been completed, which means that geological and aeromagnetic survey on medium scales have achieved a full coverage of the whole land area in China. Regional geophysical and geochemical surveys on different scales have been conducted. Sino-Probe, a special program for deep exploration research in China, has been carried out as well. New research fields such as environmental geology, agricultural geology and urban geology have been expanded. All these efforts have brought us with substantial fundamental geological materials, and put a series of geological problems into settlement. Besides, a number of mineral deposits have been found. The intensity of geological survey and the level of geological science and technology have been improved significantly.

As is stated in *Decision of the State Council on Strengthening Geological Work*, the intensity of geological survey and research should be enhanced, and an update mechanism concerning geological materials, including geological maps and reports, should be established. *National Geological Exploration Plan (Program)* (2005 ~ 2020) proposes that comprehensive studies of nationwide geological data and integration of research results should be conducted, national series of fundamental geological maps of a new generation should be compiled, and we should strive to create outstanding achievements with macro impact. Under the above mentioned directions, experts in relative disciplines are organized to compile the new series of Regional Geology that successively cover provincial (municipal or autonomous regional) level, cross-provincial (or cross-regional) metallogenic belts or important economic zones level, and national level. The new series of Regional Geology principally represent the significant advancements and achievements of geological survey and research in China. The compilation of the series of Regional Geology constitutes an achievement with remarkable impact, and provides a set of geological data for economic and social development.

Providing mineral resources and supplying geological data for economic construction and social development of China, are two basic tasks of geological work which serves social and economic development and people's production and life. By means of compiling the new series of Regional Geology, abundant geological, geophysical and geochemical data that have been accumulated by different departments of the entire country for many years are integrated systematically, regularly and theoretically. The comprehensive study not only provides an entire set of geological data for both geology itself and economic and social development, but also lays concrete foundation for developing geological theory.

In the Third Plenary Session of the 18th CPC Central Committee, it is proposed that we must deepen ecological environmental management reform by centering on constructing a beautiful China, and that we should accelerate system building to promote ecological progress, improve institutions and mechanisms for developing land space, conserving resources and protecting the ecological environment, and promoting modernization featuring harmonious development between man and nature. This raises greater demand on geological work. The tasks such as rational development and utilization of mineral resources, land space planning, protection of geological environment, groundwater pollution control, geo-park construction, evaluation of geochemical impact on human health and optimization of soil properties and agricultural products, all depend on rich fundamental geological data and geological information services. *The Regional Geology of China* can not only fulfill the requirement for mineral resources exploration, and planning, deployment and management of geological work in provincial (municipal or autonomous regional) level, metallogenic zone (belt) and economic zone level and national level, but also hold an important role in planning, design, construction and scientific management of major projects in fields such as urban and rural construction, transportation, water conservancy, energy development and environmental protection.

The Regional Geology of China of the new generation systematically summarizes and highly condenses the fundamental geological survey work of the new era. To consistent with the first generation in structure and style as much as possible, the new series follow its advantages. Moreover, the series stick to innovation, and focus on presenting the new advancement and new materials acquired in past 30 years, which stands for the new height and achievement in research.

The compilation and successive publication of the Series is a complex scientific project, in which tremendous time and labor have been input. Scholars of a wide range of professional fields from different institutions were organized for the project. Results of hard work obtained by geologists of several generations in the past decades are condensed in the Series. It is a significant event for the geological community in China. Geologists participating in the project, with strong sense of responsibility for history and people, devoted themselves earnestly and unreservedly to creating excellent works with a high quality. They strive to make the books faithful, informative, sophisticated and innovative. Here, I would like to extend my heartfelt thanks to and sincere respect for all the geologists who worked hard and contributed to the project and all concerned who wholeheartedly support this project.

Wang Min,
Vice Minister of the Ministry of Land and Resources, PRC
Director of China Geological Survey

February 2014

总 前 言

2008年，中国地质调查局下达了重编中国区域地质志的任务，计划项目名称为“中国地质构造区划综合研究与区域地质调查综合集成”。其总体目标任务是：通过对区域地质调查资料和地学研究成果的综合研究与集成，全面总结30多年来我国区域地质调查、矿产勘查和专题研究所取得的成果，特别是地质大调查实施以来的新资料、新进展、新成果。以活动论和先进的地质科学理论为指导，应用地质编图制图新技术、新方法，按省（市、自治区）、构造单元（成矿区带、经济区等）和全国3个层次编纂中国区域地质志，编制相关地质图件，建立空间数据库；针对综合研究过程中存在的全国性、区域性重大基础地质问题，有重点地开展野外调查和专题研究；进行区域地质调查和地质科学研究资料的系统总结，提高全国地质研究程度和水平，实现地质调查资源共享，提升地质调查和科学研究成果的应用效果和影响，为地质调查、矿产勘查、有关经济和工程建设、地质环境及地质灾害评估，以及地质科研和地质教育等，提供基础地质资料，使地质调查研究成果更好地服务于地质事业和经济社会的可持续发展。

2006年，《国务院关于加强地质工作的决定》指出：要“提高基础地质调查（研究）程度”，“系统开展区域地质、地球物理、地球化学和遥感地质等调查，建立地质图文更新机制，为社会提供有效快捷的地质信息服务”。经国务院同意颁布的《全国地质勘查规划》（2005~2020）指出：要“开展重大基础地质问题研究和重点地区基础地质综合研究，力争实现基础地质研究的重大突破。开展全国基础地质资料综合研究和成果集成工作。编制新一代全国系列基础地质图件，开展区域基础地质、矿产、地质环境等系列图件编制与各时代主要地层以及多学科的综合型立典研究”，“努力创造有宏观影响的大成果，不断提高地质勘查的精度、深度和广度”。

为经济建设和社会发展提供矿产资源和基础地质资料，一向是地质工作服务经济和社会发展的两项基本任务。通过编纂区域地质志，把各个部门、各种类型地质调查研究取得的丰富地质、地球物理、地球化学、遥感地质等资料进行综合研究和集成，使之系统化、规律化和理论化，可以为国家各有关部门和广大民众提供一套整装的地质资料，并为发展地球科学理论开辟通途。因此，国土资源部、中国地质调查局决定重编中国区域地质志是一个具有远见卓识的英明决定，是一项带有里程碑意义的战略性综合研究工作，必将为我国地质事业和国家经济社会发展做出重大贡献，在我国地质事业发展史上谱写出光辉的一页。

如果从1916年国民政府农商部改中央地质调查所为地质调查局算起，中国区域地质调查研究已经走过了将近100年的时间。在中国地质调查研究的历史上，中国地质界具有编纂地质矿产志的光荣传统，早在20世纪前半叶，就先后编辑出版了《苏浙皖矿志》、《中国矿产志》、《福建矿务志略》、《江苏地质志》、《北京西山地质志》、《四川西康地质志》等（陈宝国等，2011）。20世纪八九十年代，原地质矿产部主持编纂的中国区域地质志系统地总结了20世纪80年代末以前我国区域地质调查及专题研究成果，为我国地质事业和经济社会发展做出了重要贡献，建树了历史的功绩。

近30多年来，我国各有关部门进行了各种类型的地质矿产调查研究，积累了丰富的实际资料，获得大量地质、地球物理、地球化学、遥感地质，特别是高精度同位素年代及地球化学、岩石地球化学数据，解决了一系列长期悬而未决的地质问题，大幅度地提高了我国的地质研究程度，为中国区域地质志的编纂创造了良好条件。

为适应各方面的需求，提供更多的地质信息，项目任务要求开展3方面的调查研究，提交3方面的成果：①32个省（市、自治区）地质志（广东省地质志含香港、澳门特别行政区）；15个左右重要地区（构造单元、成矿区带、重要经济区、行政大区等）地质志；全国性地质志（地质、地球物理、地球化学系列专著）。②系列基础地质图件及空间数据库。地质图件包括地质图、地质构造图、岩浆岩地质图、第四纪地质与地貌图、航磁异常图、重力异常图（内部使用），各省（市、自治区）及各地区可根据地区特点与需要编制其他地质图件，如基岩地质图、岩相古地理图、变质地质图、断裂系统图等。③结合志书编写和系列图件编制开展必要的专题研究，解决一些重要的疑难地质问题，旨在统一地质划分对比和深化对这些疑难地质问题的认识，提高志书的质量。

编纂中国区域地质志涉及的范围大、学科领域广、参加的单位和人员多。这是一项对百万地质大军几十年乃至上百年地质调查研究成果的一次大综合、大集成。这样大规模的综合地质研究可以而且应该创造出有宏观影响的大成果。因此，我们提出以下5方面的要求，作为提交有宏观影响大成果的主要标志。

第一，在地质成果上要大综合和大集成。在充分搜集、分析各个部门、各种类型地质调查研究成果基础上，进行地质、地球物理、地球化学相结合的综合研究和成果集成，使志书内容丰富、资料翔实、数据准确、特色鲜明，如实反映当前地质调查研究的程度，反映志书地域内各种地质现象的认知水平。

第二，在地质研究程度上有大幅度的提高。不断提高全国和一个地区的地质研究程度，是地质工作永恒追求的目标，也是地质工作服务于经济社会发展的必然要求。地质研究程度的提高，是靠不断地进行地质调查研究和持续地开展综合研究和成果集成而实现的。因此，通过编纂地质志，从地质、地球物理、地球化学、遥感地质以及地表与深部地质结合上开展精细的综合研究，大幅度地提高编志地区的地质研究程度和水平，为地质工作和经济社会发展提供高质量的地质资料。

第三，在地质工作和经济社会发展中发挥大的作用。随着人类社会的进步，地质工作的社会功能和服务领域日益宽广，地质工作几乎是兴利于各个部门和行业，造福于人类的方方面面。作为一套完整而翔实的基础地质资料，既可以满足一个省（市、自治区）、一个成矿区（带）及经济区（带）和全国地质矿产勘查、地质工作规划、部署和管理的需求，又可以在城乡建设、交通、水利、能源和环境保护等重大工程规划、设计、建设和科学管理中发挥重要作用；既可以为地质科研和地质教育开辟捷径，又可以为丰富地质信息库和普及地质科学知识提供翔实地质资料，充分体现地质工作服务于经济社会发展的强度和广度。

第四，在地质规律的概括和地质理论创新上有大的提升。地质工作是一项科学技术密集的调查研究工作，地质科学基本上属于认识性科学。矿产资源勘查能否取得重大突破，地质环境及地质灾害的评估和预测是否准确，对诸多工程建设规划、设计和实施能否发挥更大作用，归根结底取决于对地质规律的认识水平和地质理论及技术方法的创新程度。地质调查研究的目的，在很大程度上是总结地质规律、认识地质规律和利用地质规律。抓住了地质规律，地质理论的创新也就应运而生了。地质志质量的好坏、水平的高低、贡献的大小，在很大程度上取决于对编志地区地质规律和地质理论概括、认识的深度和高度。因此，在地质志编纂过程中，在详细记录地质事实的基础上，通过实际资料的归纳、分析和总结，概括出地质规律，凝练出新发现、新认识，大幅度地提高对编志地区地质规律和地质总体特征的认知水平。

第五，在国内外地质界得到广泛应用和产生大的影响。一项科学成果，其在社会上应用的广度和影响的大小，主要取决于其实用价值和科学价值，其实用价值和科学价值越大，它的影响力就越大。中国地质构造十分复杂而又十分特殊，有许多地质现象为世界罕见，如高大的青藏高原、北方新生代的黄土堆积、南方岩溶（喀斯特）地质及地貌、中部延展数千千米的高压—超高压变质带、某些标准的地层剖面和罕见的古生物群落、某些特殊类型的矿床等，既是中国地质的特色和区位优势，又是诞生地质科学新理论的温床，引起国内外地质科学家的关注和竞相探索，以期地质科学理论上的突破。通过编纂区域地质志认真总结中国地质、特别是上述特色地质的总体特征及其演化规律，给予理论的概括和解释，不但会对地质勘查实践和经济社会发展发挥更大作用，而且会对发展地质科学理论奠定基础和做出重要贡献，也必将引起国内外地质界的广泛兴趣，产生重大影响。

编纂中国区域地质志是地质工作中一项最基础的综合研究工作，其成果将在国土资源部门及其他有关部门和外国各有关地质单位长期使用。因此，确保质量是对这套志书的必然要求。为了确保志书质量，要求做到“高起点、高要求、高水平”。

所谓“高起点”，就是在充分掌握编志地区地质研究程度、地质特点和地质规律的高点上着手进行地质志的编写。为此，首先要广泛收集编志地区地质资料和成果，包括报告、专著、图件和论文，特别是近些年来的地质调查研究的成果。其次，对收集到的资料进行地质、地球物理、地球化学相结合的综合研究，力求洞悉本区地质特点、地质规律和存在的主要地质问题。最后，利用先进的地质理论和技术方法进行志书编写。

所谓“高要求”，就是在编志过程中，对各项工作，包括资料的收集、整理、样品分析测试、志书编写和图件编制等，都要高标准、严要求，严格按“项目总体设计”、“工作指南”、“项目管理办法”和国土资源部、中国地质调查局的有关规程、规范执行，切实保证成果质量。

所谓“高水平”，就是力争把这套志书打造成高水平的精品著作，在科学内容上精益求精，忠实记录地质事实，科学地总结地质特征和地质规律，使志书做到资料翔实，内容精湛，质量上乘，富于创新。在表现形式上也要精益求精，文字描述要言简意赅，文图并茂；附图、附表要主题鲜明，清晰美观；度量单位和名词术语使用等要符合国标、行标和国际标准及惯例。

为了丰富志书内容，提高志书水平，为地矿行业、社会和公众提供更多的地质信息，充分发挥志书的功能，要求：一要实行地质、地球物理、地球化学、遥感等探测研究资料相结合，从宏观和微观尺度鉴别、认识地质现象，解决地质问题；二要实行地表地质与深部地质相结合，从三维角度揭示各种地质现象、成矿作用和地质灾害的深部根源；三要实行大陆地质与海洋地质相结合，把海陆作为一个整体加以综合研究；四要实行志书、图件和数据库建设相结合，更全面、形象地显示编志地区地质、地貌特点，更好地发挥志书功能；五是实行综合研究与专题研究相结合，在开展综合研究的同时，就一些重大的、有争议的地质问题进行专题研究，统一认识，统一划分对比，解决争论问题，提高志书质量。在指导思想上坚持继承和创新相结合，在继承基础上创新，在创新指导下继承，既要继承所有好的成果，又要大胆创新，敢于改变传统的认识和结论。同时，通过编志，以老带新，互教互学，培养一批学科性和综合性地质科技人才。

地质工作和国民经济发展规划、部署，地质资源勘查及地质环境与地质灾害评估、预测，城乡建设及重大工程规划、设计，普及地质科学知识，提高全民族科学文化素质和水平，开展国内外地质科学技术合作与交流，以及发展地球科学理论等，都需要丰富的地质信息。《中国区域地质志》可以为上述诸方面提供厚实的基础地质资料。

这次地质志的编纂规模大、要求高，参加的单位和人员多，持续的时间长，特别需要加强领导和组织协调，加强项目科学管理，全国、各省（市、自治区）及各地质区地质志，都要求建立领导机构和学术指导组织。

在项目编纂指导委员会和编辑委员会的领导下，设立了中国区域地质志综合研究项目（即“中国地质构造区划综合研究与区域地质调查综合集成”），由中国地质科学院地质研究所承担实施，负责《中国区域地质志》编纂的科学技术指导和组织协调工作，参加人员及分工如下。

一、项目负责人

项目负责人：李廷栋

项目副负责人：卢民杰　丁孝忠　姚建新　刘　勇

二、特聘专家

组长：肖庆辉

成员（按姓氏笔画排序）：王乃文　陆松年　陈克强　洪大卫　袁学诚　葛肖虹　潘桂棠

三、项目办公室

主任：庞健峰（2010~2013年8月为耿元生，2013年8月~2015年12月为耿树方）

工作人员（按姓氏笔画排序）：王振洋　白　金　刘　平　庞健峰　郑　宁　寇彩化　韩坤英

四、项目专业组

区域地质组：李廷栋　丁孝忠　耿树方　陈炳蔚

区域地层组：王乃文　姚建新　高林志　郑　宁

区域岩浆岩组：王　涛　薛怀民　童　英　王晓霞　刘　勇　张　磊　寇彩化

区域构造组：刘　训　游国庆　王　军　张　恒

第四纪地质与地貌组：闵隆瑞　王　永　迟振卿　董　进

沉积与岩相古地理组：刘燕学　马丽芳　彭　阳

前寒武纪地质组：耿元生　任留东　杨崇辉　杜利林　王彦斌

同位素年代组：万渝生　董春燕　颉颃强

地球物理及深部地质组：管　烨　袁学诚　郑洪伟　张季生

地理底图、数据库与图件设计组：范本贤　韩坤英　剧远景　张庆合　王丽亚
王振洋　庞健峰　丁伟翠

六大区区域地质综合研究组：王洪亮　尹福光　杨祝良　牛志军　赵凤清　邢德和

中国区域地质志的编纂获得国土资源部、财政部、科技部及有关司局、中国地质调查局及有关部、处和中国地质科学院及有关处、室的指导和大力支持；获得中国地质调查局6个地质调查中心、中国地质科学院有关研究所和地质研究所及有关处、室、各省（市、自治区）国土资源厅、地质勘查局、地质调查院（所）和有关地质院校的积极参与和大力支持；地矿行业各部门、全国及各省（市、自治区）地质资料、地质图书等单位为志书编写提供了丰硕的地质资料和信息；参与志书编写的专家、学者和管理人员孜孜以求、精益求精，付出了艰辛的劳动和智慧。在这里，向所有关怀、指导志书编写的部门和领导、向所有关心、帮助志书编写的部门和人士、向所有参与志书编写的专家、学者和管理者，致以衷心的感谢和敬意。

地质工作是一项永恒的事业，只要有人类存在，就有地质工作；哪里有人类存在，哪里就有地质工作。这是因为地质工作服务的领域很广，而且越来越广。地质工作为经济社会发展服务的主要途径之一就是不断地为社会提供有效快捷的地质信息，这也是编纂中国区域地质志的主要宗旨之一。

我们希望这套志书能够集我国地质调查研究成果之大成，走向志书的深处、高处和远处，打造出志书的精品，为我国地质事业的发展做出更大贡献！为优化国土生态环境、建设美丽中国做出更大贡献！为我国经济社会的可持续发展和实现中华民族伟大复兴的中国梦做出更大贡献！为世界地球科学的繁荣、昌盛做出更大贡献！

李廷栋

2014 年 10 月

General Foreword

In 2008, A project concerning recompilation of *the Regional Geology of China*, entitled "Comprehensive Study of Geological and Tectonic Division and Synthesized Integration of Regional Geological Survey in China", was assigned by China Geological Survey. The overall objective of the project is to fully summarize achievements acquired in regional geological survey, mineral resources exploration and monographic studies, especially the new materials, new advancement and new achievement since the implementation of the Great Geological Survey in China, by means of comprehensive study and integration of regional geological survey data and geoscience research results. Under the guidance of Mobilism and advanced geoscience theories, *the Regional Geology of China* and relative geological maps are compiled in three levels respectively: provincial (municipal or autonomous regional) level, tectonic unit (metallogenic belts or economic zones) level and national level, while spatial database are established, with new technologies and methods of geological mapping. Field surveys and monographic studies are conducted with priority to solve the national or regional fundamental geological problems encountered in comprehensive study. Systematical summaries of regional geological survey data and geoscience research materials are done so as to improve intensity and level of geological survey and research, to realize the sharing of geological survey resources and to raise the applied effectiveness and impact of geological survey and research achievements. *The Regional Geology of China* can provide fundamental geological materials for geological survey, mineral exploration, relative economic development and engineering construction, assessment of geological environment and hazard, as well as geological research and education. That enable achievements of geological survey to better serve geological cause and sustainable development of economy and society.

In 2006, *Decision of the State Council on Strengthening Geological Work* put forward that "the intensity of geological survey and research should be enhanced", and that "regional geological, geophysical, geochemical and geological remote sensing surveys should be conducted systematically and an update mechanism concerning geological maps and texts should be established, to provide effective and efficient geological information service". According to *National Geological Exploration Program* (2005 ~ 2020) promulgated with the State Council's consent, "researches on major geological problems and comprehensive study of fundamental geology in key areas should be carried out so as to achieve crucial breakthrough in fundamental geological researches. Comprehensive studies of nationwide geological data and integration of research results should be conducted. The new series of fundamental geological maps should be compiled; compilation of map series of regional fundamental geology, mineral resources, geological environment and multi-disciplinary comprehensive typical studies of various major strata should be conducted", and we should "strive to create outstanding achievements with great impact, and to improve accuracy, depth and breadth of geological exploration".

Providing mineral resources and supplying geological data for economic construction and social development of the country, have always been two basic tasks of geological work that serves for social and economic development. Through the compilation of *the Regional Geology of China*, abundant geological, geophysical, geochemical and remote sensing data collected in all kinds of geological surveys from various institutions are used for comprehensive research and integration. Geological materials that have been systematized, regularized and theorized, can serve relevant government departments and the general public with a whole set of data, and beat a path for developing theories of earth science. Therefore, to recompile *the Regional Geology of China* is a wise decision with visionary transcendence by China Geological Survey, Ministry of Land and Resources of China; it is a strategic synthetic study with monumental significance, which is bound to contribute greatly to geological cause and development of economy and society, and to write a glorious page in the history of geological development in China.

Dating back to 1916 when the Ministry of Commerce and Agriculture renamed Central Geological Institute as Geological Survey, geological survey has gone through a history of nearly 100 years in China. Compiling regional geology has always been a glorious tradition upheld by geological community in the history of geological survey of China. Early in the first half of 20th century, *Minerals Geology of Jiangsu*, *Zhejiang and Anhui*, *Minerals Geology of China*, *Mining Records of Fujian*, *Geology of Jiangsu*, *Xishan Geology of Beijing*, *Xikang Geology of Sichuan* were published successively (Chen Baoguo *et al.*, 2011). *The Regional Geology of China* compiled in the 1980s and 1990s, hosted by the former Ministry of Geology and Mineral Resources systematically summarized results of regional geological survey and monographic studies before the late 1980s in China, which made great contributions to geological cause and development of economy and society, and acquired historical achievements in development of China.

In the past three decades, geological mineral survey and research conducted by relevant departments have accumulated a wealth of practical materials, and have acquired generous data of geology, geophysics, geochemistry, remote sensing geology, and in particular data of high-precision isotopic chronology and rock geochemistry. Besides, a series of pending geological problems have been solved and the intensity of geological survey and research have been enhanced tremendously. All these have created favorable conditions for compiling the new *the Regional Geology of China*.

For the purpose of providing more geological data and meeting requirements of various aspects, surveys and researches in 3 aspects should be conducted and 3 kinds of achievements should be submitted in the project: ① regional geology of 32 provinces (municipalities and autonomous regions) (The Regional Geology of Guangdong Province covers HongKong Special Administrative Region and Macao Special Administrative Region), regional geology of 11 to 15 major regions (tectonic units, metallogenic belts, key economic zones, and major administrative regions), and national geology (series of geological, geophysical and geochemical monographs). ② the series of fundamental geological maps and spatial database. The geological maps include geological map, tectonic map, magmatic rock map, Quaternary geology and geomorphology map, aeromagnetic anomaly map and gravity anomaly map (restricted for internal use only). Each province (municipality or autonomous region) or region can adjust to compile other types of maps according to its features and demands, such as geological map of bed rocks, lithofacies and paleogeographic map, metamorphic map and map of fault systems. ③ to address major problems of geology, necessary monographic studies should be carried out in the course of compiling regional geology and maps. It is intended to unify recognition on geological division and correlation, to deepen recognition on difficult geological problems, and finally to improve the quality of the series of regional geology.

The compilation work covers a wide range of regions and gets scholars of broad discipline fields from many departments involved. The project synthetically integrate achievements of geological survey and researches obtained by a million geologists in decades of years or even a hundred years. It is believed that a comprehensive geological study of such a scale might and should create achievements with significant influence. Therefore, we propose the following 5 requirements, as major indicators of achievements with macro-influence.

Firstly, geological achievements should be broadly synthesized and integrated. Comprehensive study and integration of geological, geophysical and geochemical data should be conducted on the basis of fully collecting and analyzing various results of geological survey and research from different departments, to make the books informative, faithful, accurate and featured, and to present truthfully the level of geological survey as well as research and cognition of all geological phenomena in target areas.

Secondly, the level of geological survey and research should be highly raised. To continuously raise the level of geological survey and research of nationwide and an area is the eternal pursuit of geological work, and an inevitable requirement of economic and social development. The raise of level of geological research lies in continuous geological survey and comprehensive study as well as synthetic integration. By way of compiling the series of regional geology, sophisticated researches are conducted with integration of geological data, geophysical data, geochemical data, remote sensing data and combination of surface and deep geological data, which will significantly improve the intensity and level of geological researches and provide geological work and social and economic development with geological data in high quality.

Thirdly, *the Regional Geology of China* should play a vital role in geological development and economic and social development. With the progress of human society, the social functions and service sectors of geological work have been expanded. Geology almost facilitates to all various departments and industries and benefits all aspects of humankind. As a whole set of detailed and faithful fundamental geological materials, the *Series* can not only meet the requirements of mineral exploration, and planning, arrangement and management of geological work in provincial (municipal or autonomous regional) level, in level of metallogenic zone (belt) and economic zone (belt), or in national level, but also play important roles in planning, design, construction and scientific management of major projects in fields such as urban and rural construction, transportation, water conservancy, energy development and environmental protection. Meanwhile, the series will not only beat a shortcut for geological research and education, but also provide informative data for enrichment of geological repository and popularization of geological knowledge. All these embody the service intensity and breadth of geology to social and economic development.

Fourthly, there should be great improvement in summarization of geological regularity and innovation of geological theory. Geological work is an investigative work with intensive feature of science and technique. Geo-science essentially belongs to cognitive science. Whether a significant breakthrough in mineral resources exploration will be made or not, whether evaluation and prediction of geological environment and hazards will be accurate or not, and whether geology will play a greater role in planning, design and implementation of project construction, all these questions, in the last analysis, depend on the cognitive level of geological regularity and innovative extent of geological theory and technical method. The purpose of geological survey is to summarize, to recognize and to utilize geological regularity in a large degree. Once geological regularity is obtained, innovation in geological theory will come into being naturally. The quality of the series of *the Regional Geology of China*, and their achievements and contribution, largely depend on the depth and breadth of summarization and cognition of geological regularity and theory for the studied area. Therefore, in the course of compiling the series of *Regional Geology*, practical materials are concluded and analyzed on the basis of detailed record of geological facts so as to summarize the geological regularity and to extract new discoveries and new recognitions, resulting in significant enhancement of cognition on geological regularity and general geological features in the target area of the regional geology.

Fifthly, the achievements should be widely used by geological community both in China and abroad, and great impact should be achieved. The applied breadth and impact of a scientific achievement mainly depend on its practical value and scientific value. The higher its practical value and scientific value are, the greater its influence will be. Completely complex and quite special, geological structures in China hold lots of geological phenomena rare in the world, including the lofty Qinghai-Tibet Plateau, Cenozoic loess accumulation in the North, Karst geology and landform in the South, high or ultra-high pressure metamorphic belt that extend thousands of kilometers in the Middle, standard stratigraphic sections and rare paleo-biocenoses, and deposits of special types. These geological phenomena not only embody features and regional advantages of geology in China, but also serve as the cradle where new theories of geoscience are incubating. They attract attention of geoscientists both of China and abroad who race to quest for theoretical breakthroughs in geoscience. General features and evolution regularities of geology of China, especially the geological phenomena mentioned above, are concluded and explained theoretically by means of compiling the series. Such practices will not only play a greater role in geological exploration and economic and social development, but also lay concrete theoretical foundation for development of geoscience and have important contribution to it. It is believed that interests of geoscientists both at home and abroad will be attracted and enormous influence will be extended.

Compiling *the Regional Geology of China* is the most fundamental synthetic studies in geological work; the achievement will be used for a long time by Departments of Land and Resources and other relevant departments or even geological departments abroad. So, to ensure the quality of the *Series* is the inevitable requirements. For this purpose, requirements of high starting point, high requirement and high level are imposed.

The so called "high starting point" means that the compilation of the maps and books should be commenced from the starting point that the intensity of geological researches, geological features and regularities of the target area have been quite grasped. Hence geological materials and achievements of the target area, including reports, monographs, geological maps, papers and especially achievements of geological survey in recent years, are collected first of all. Secondly, in the compilation of the maps and books, synthetic studies integrated with geological, geophysical and geochemical data that have been gathered, are conducted and seek to penetrate geological features, regularities and major geological problems that existed in the target area. Finally, the books are written and the maps are compiled with advanced geological theories and technical methods.

The so called "high requirement" means that all procedures, including data collecting and sorting, sample analyzing and testing, book and map compiling, should be conducted strictly according to "General Design of the Project", "Work Guide", "Measures for Project Administration" and relevant regulation issued by MLR and CGS, to ensure the quality of the results.

The so called "high level" means that we should strive to create an excellent series of books with high level, to make sure that the books are excellent, informative in scientific content and faithful in record geological facts, and scientifically and creatively summarize geological features and regularities. We pursuit excellence in manifestation of the books as well. The descriptive text should be concise and illustrated with proper figures. The figures and tables should be outstanding in theme, and clear and beautiful in form. Unit of measure and terminology should conform to national, sectoral and international standards and convention.

To enrich contents and improve quality of the books, and to fully perform function of the books, the books should provide more geological information for geological and mineral industry as well as the public, demands are proposed as follows: firstly, integrated researches of geological, geophysical, geochemical and remote sensing data should be done so that geological phenomena can be distinguished and recognized on both macro and micro scales and geological problems can be solved; secondly, surface geology and deep geology should be combined with each other so that the deep roots of geological phenomena, mineralization and geo-hazards can be uncovered from three-dimensional perspective; thirdly, continental geology and marine geology should be associated as a whole for comprehensive study; fourthly, book and map compiling should be connected with construction of database, so that geological and geomorphological features of the target area are manifested completely and vividly and the functions of the series are better performed; fifthly, comprehensive studies and monographic studies should be integrated; while conducting comprehensive studies, we should carry out monographic studies concerning the major controversial geological problems as well, to unify cognition and to solve disputed problems, and to improve the quality of the books. Adhering to the ideology that inheritance combines with innovation, we seek to innovate on the basis of inheriting and to inherit with the guidance of innovation. We will not only inherit all the great achievements, but also innovate boldly to change traditional understanding and conclusions. Meanwhile, through the compilation of maps and books, a number of comprehensive geoscientists in various disciplines have been cultivated by means that the senior instruct the junior and they learn from each other.

Aspects such as planning and deployment of geological work and national economic development, geological mineral exploration, geological environment evaluation and hazards forecast, planning and design of urban and rural construction and major engineering projects, popularization of geoscience, improvement of scientific and cultural quality and level of the people, international cooperation and communication of geoscience and technology, and development of theories of earth science, all require abundant geological information. *The Regional Geology of China* can provide substantial fundamental geological data for the aspects mentioned above.

The project of compiling the series, because of its large scale and strict requirements, claims tremendous time and labor input. Hence it is necessary to strengthen leadership and coordination, and to reinforce scientific management of the project. It is required that leading organs and academic guiding organization should be established in national level, in provincial (municipal or autonomous regional) level and in level of geological areas.

Under the leadership of Advisory Committee and Editorial Board, a team responsible for Comprehensive Study Project of the Regional Geology of China (known as "Comprehensive Study of Tectonic Division and Synthesized Integration of Regional Geological Survey in China" as well) was set up and by the Institute of Geology, Chinese Academy of Geological Sciences to implement. Participants of the project and members of the team who are responsible for academic guiding, coordinating and organizing in the compilation of *the Regional Geology of China* are as follows:

a. Project Leaders

Chief Project Leader: Li Tingdong

Deputy Project Leaders: Lu Minjie, Ding Xiaozhong, Yao Jianxin and Liu Yong

b. Distinguished Expert Group

Group Leader: Xiao Qinghui

Members (by surname stroke order): Wang Naiwen, Lu Songnian, Chen Keqiang, Hong Dawei, Yuan Xuecheng, Ge Xiaohong and Pan Guitang

c. Project Office

Director: Pang Jianfeng (Geng Yuansheng from 2010 to August, 2013; Geng Shufang from August, 2013 to December, 2015)

Staff (by surname stroke order): Wang Zhenyang, Liu Ping, Bai Jin, Zheng Ning, Pang Jianfeng, Kou Caihua and Han Kunying

d. Project Professional Groups

Group of Regional Geology: Li Tingdong, Ding Xiaozhong, Geng Shufang and Chen Bingwei

Group of Regional Stratigraphy: Wang Naiwen, Yao Jianxin, Gao Linzhi and Zheng Ning

Group of Regional Magmatic Rocks: Wang Tao, Xue Huaimin, Tong Ying, Wang Xiaoxia, Liu Yong, Zhang Lei and Kou Caihua

Group of Regional Tectonics: Liu Xun, You Guoqing, Wang Jun and Zhang Heng

Group of Quaternary Geology and Geomorphology: Min Longrui, Wang Yong, Chi Zhenqing and Dong Jin

Group of Sedimentology and Lithofacies Palaeogeography: LiuYanxue, Ma Lifang and Peng Yang

Group of Precambrian Geology: Geng Yuansheng, Ren Liudong, Yang Chonghui, Du Lilin and Wang Yanbin

Group of Isotopic Chronology: Wan Yusheng, Dong Chunyan and Xie Hangqiang

Group of Geophysics and Deep Geology: Guan Ye, Yuan Xuecheng, Zheng Hongwei and Zhang Jisheng

Group of GeographicBasemap, Database and Map Design: Fan Benxian, Han Kunying, Ju Yuanjing, Zhang Qinghe, Wang Liya, Wang Zhenyang, Pang Jianfeng and Ding Weicui

Comprehensive Study Group of Regional Geology for the Six Major Regions: Wang Hongliang, Yin Fuguang, Yang Zhuliang, Niu Zhijun, Zhao Fengqing and Xing Dehe

The compilation work has gained full support and energetic assistance from MLR, MOF, MOST and its relevant departments and bureaus, from CGS and its relevant departments, and from Chinese Academy of Geological Sciences (CAGS) and its relevant departments. Six Centers of CGS, relevant institutes of CAGS, relevant departments of Institute of Geology, provincial (municipal or autonomous regional) Departments of Land and Resources, provincial (municipal or autonomous regional) Bureau of Geology and Mineral Exploration, provincial (municipal or autonomous regional) Bureau (Institute) of Geological Survey and relevant universities or colleges have actively participated in the job. Various departments of the geological and mining industry, National Geological Library of China, provincial (municipal or autonomous regional) Geological Libraries, National Geological Archives of China, and provincial (municipal or autonomous regional) Geological Archives have provided substantial geological materials and information. All experts, scholars and management personnel who participate in the compilation have devoted their wisdom and hard work in pursuit of excellence. Hereby, I would like to extend my sincere gratitude to and respect for departments and leaders who exercise care and guide the compilation of the series, to departments and persons who concern and help in the compilation, and to all experts, scholars and management personnel who involved in the compilation of the series.

Geological work is an eternal cause, and where there are human beings, there is geological work. The reason of this lies in that the fields for which geological work serve is wide and will be wider and wider. One of the main paths by which geological work serve for social and economic development is to provide effective and efficient geological information. It is one of the major reasons why we strive to compile the series of books.

It is our hope that the series of *the Regional Geology of China* can integrate all great achievements of geological survey in China and mark the culmination of years of hard work. It is our pursuit to create a series of books with excellent quality, to make greater contribution to the development of geological cause in China, to make a great contribution to the optimization of ecological environment and the construction of beautiful China, to make greater contribution to sustainable development of economy and society and realization of the Chinese dream of Chinese Nation's great rejuvenation, and to make greater contribution to the prosperity of Earth Science in the world.

Li Tingdong

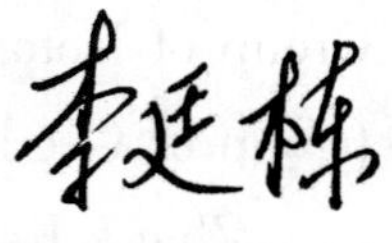

October 2014

《中国区域地质志·宁夏志》编撰人员

主　编：王　成

副主编：程建华　孟　方　李天斌　尹秉喜

编　委：宋新华　余秋生　毛自力　陆彦俊　吕昌国　范晋安
马学东　郑昭昌　陈景智　孙永明　梁　峰　刘建兵
王　红　李明涛　梁志荣　杨　勇　马彦云　谷海萍
沈玉玲　何庆志　黄生金　王　成　田　菁　杨文明
田景雄　李慧勤　潘进礼　艾　宁　李海峰　董雅莉
王美芳　李莉英　孙守荣　杨　杰

Editorial Committee of *the Regional Geology of China*, *Ningxia*

Chief Editor: Wang Cheng

Associate Editors: Cheng Jianhua　Meng Fang　Li Tianbin　Yin Bingxi

Committee Members: Song Xinhua　Yu Qiusheng　Mao Zili　Lu Yanjun
Lü Changguo　Fan Jin'an　Ma Xuedong　Zheng Zhaochang
Chen Jingzhi　Sun Yongming　Liang Feng　Liu Jianbing
Wang Hong　Li Mingtao　Liang Zhirong　Yang Yong
Ma Yanyun　Gu Haiping　Shen Yuling　He Qingzhi
Huang Shengjin　Wang Cheng　Tian Jing　Yang Wenming
Tian Jingxiong　Li Huiqin　Pan Jinli　Ai Ning
Li Haifeng　Dong Yali　Wang Meifang　Li Liying
Sun Shourong　Yang Jie

目　录

第二篇　沉积岩与沉积作用

第三篇　岩浆岩

第四篇　变质地质

第五篇　岩石圈结构构造

第六篇　地质构造

Contents

Part Ⅰ Regional Stratigraphy

Part Ⅱ Sedimentary Rocks and Sedimentation

Part Ⅲ Magmatic Rocks

Part Ⅳ Metamorphic Geology

Part V Lithospheric Structure

Part Ⅵ Geological Structure

绪　　言

宁夏回族自治区（简称“宁”）位于中国西北地区东部，地处中国地质、地理分界之“南北中轴线”的北段，在全国地质地理位置上具有特殊意义。地质上，是中国东部近南北向构造向西部近东西向构造的转换地带，华北陆块、阿拉善微陆块和祁连早古生代造山带汇聚于此，不同时期和不同方向的构造相互交织，地表以广泛出露的沉积岩、大面积中新生界覆盖和众多的活动断裂分布为特点；地理上，是中国东西气候与南北气候之分界地带，自西南向北东，高耸的带状山岭与宽缓的条形盆地相间排列，总体呈梯次下降之势。特殊的地质构造条件，造就了宁夏特有的矿产资源结构：煤炭等能源矿产和石膏等非金属矿藏极为丰富，金属矿产贫乏。其中，煤炭资源不论是资源总量，还是煤种，在全国均占有重要地位，是我国唯一的小地域大煤炭省区，宁夏因此也成为主要依托资源发展业的省区之一。

宁夏回族自治区地处黄河中、上游地区，西北、东北边与内蒙古自治区（以下简称内蒙古）接壤，西南、东南部与甘肃省、陕西省毗邻。全区南起北纬35°14′，北抵39°23′，西自东经104°17′，东迄东经107°39′，国土面积51954.34km^2。至2012年末，全区人口6471908人，其中汉族占63.68%，回族占35.56%，其他少数民族占0.76%，是我国回族聚居地区之一。首府银川市坐落于贺兰山下、黄河之滨，是一个风景秀丽的塞上古城，为全区政治、经济、文化的中心。现辖5个地级市、2个县级市、10个市辖区和11个县。

宁夏交通较为发达，堪称方便（图0-1）。铁路有包（头）—兰（州）、宝（鸡）—中（卫）、太（原）—中（卫）—银（川）铁路干线及其支线，通车里程783km；公路主要有高速公路G6（北京—拉萨）、G20（青岛—银川）、G70（福州—银川）、G2012（定边—武威），国道G109（北京—拉萨）、G110（北京—银川）、G211（西安—银川）、G307（河北黄骅港—银川）、G309（山东荣成—固原—兰州）、G312（上海—新疆霍尔果斯口岸）及省道S101、S102、S108、S201、S202、S203、S301、S302等，通车里程26522km。另外还有银川河东机场、中卫香山机场和固原六盘山机场3个民用机场，开通北京、上海、天津、广州、沈阳、西安、青岛、济南、太原、乌鲁木齐、南京、成都、重庆、长沙、郑州、台北等40条航线，通航里程61406km。宁夏邮电通信设施和技术装备的现代化程度是西部最好的省份之一，形成了以西安—银川—兰州—乌鲁木齐和北京—呼和浩特—银川—兰州光缆为干线的大通络光缆传输网，通达全区各县的移动通信网和数字微波网以及多媒体信息网。

宁夏地跨黄土高原和内蒙古高原，海拔1000m以上，地势南高北低。地貌兼有山地（约占总面积的16.4%）、高原（丘陵、台地约占总面积的47.7%）、平原（或盆地，约占总面积的29.8%）和沙（丘）地（约占总面积的6.1%）。

山地主要分布于西部。挺拔于西北部的贺兰山作北北东走向，绵亘延伸200余千米，主峰敖包圪垯海拔3556m，也是全区最高峰。贺兰山不仅恰成宁夏、内蒙古两区的自然分野，而且也是我国内流区和外流区的主要分界，起着扼制西北寒风侵袭银川平原、阻挡腾格里沙漠东移的天然屏障作用；耸峙西南部的六盘山，大致为北西西走向，向南延入甘肃境内，一般海拔2000m，其主峰米缸山海拔2930m，为陕北黄土高原和陇西黄土高原之界山及渭河与泾河的分水岭；境内西南的南华山与西华山略呈北西-南东向遥相对应，海拔分别达2954m和2704m；高耸在黄河之南的香山、牛首山，基岩裸露，山势峥嵘，香山主峰海拔2361m。大罗山、小罗山近南北向巍然屹立于宁夏腹地，大罗山最高海拔2624m。

宁夏东部的黄土高原位于黄河以南及六盘山以东，是我国黄土高原的一部分。黄土覆盖厚度百余米，大致由南向北厚度渐减。

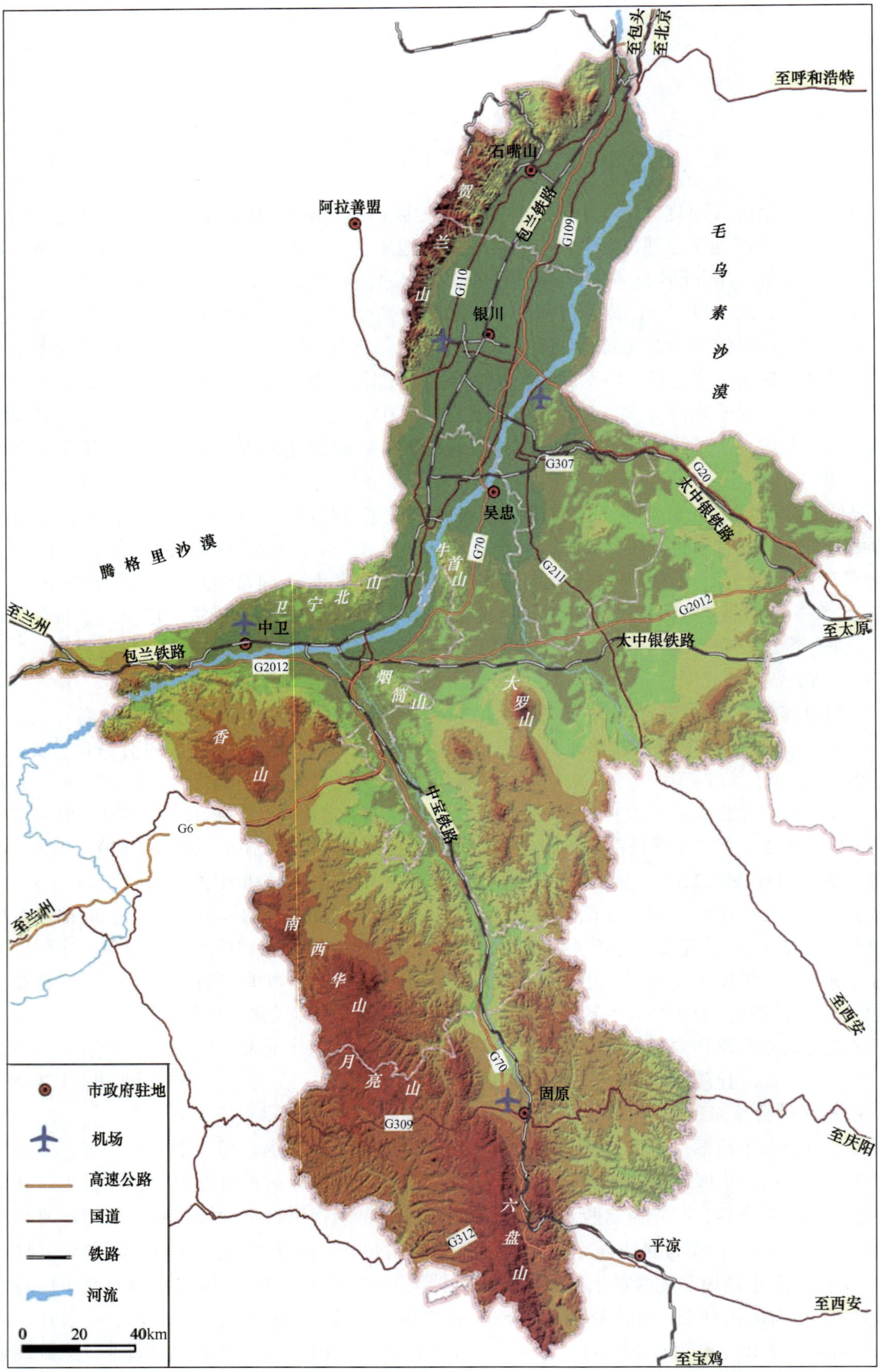

图 0-1　宁夏地形地势及交通图

Fig. 0-1　Topography and traffic map of Ningxia

宁夏平原位于贺兰山脉与鄂尔多斯高原、黄土高原之间，属断陷冲积平原，南起沙坡头，北至石嘴山，海拔1100~1200m。在著名的青铜峡以北为银（川）吴（忠）平原，南北长150km，东西最宽40余千米；其南为（中）卫（中）宁平原，长不足100km。宁夏平原地势平坦，自古受益“黄灌”之利，为本区主要农业区。

主要河流有黄河及其支流清水河、苦水河、红柳沟、葫芦河、泾河、茹河等。黄河是本区最大的河流，自中卫市南长滩入境，呈东西向穿过卫宁盆地，至鸣沙变为近南北向，穿青铜峡入银吴盆地，呈北北东向沿盆地东缘蜿蜒北流，至石嘴山市头道坎北的麻黄沟出境，区内流程397千米。宁夏中、南部地区的黄河支流，大体以六盘山为中心呈放射状分布。北流的清水河源出于固原境内六盘山东侧。它与苦水河、红柳沟、祖历河等水系多下切黄土及其下伏的红色地层。河水溶解大量硫酸钠盐类，不宜人畜饮用和灌溉，具水量小、水质差、含沙量大、时间变率大等水文特征。南流的葫芦河、泾河、茹河等水系，一般具有水量较大、水质较好、含砂砾亦大的水文特点。同心、南山台子及盐（池）环（县）定（边）等扬水工程的建成，对改善宁夏人民生活具有重要意义。

宁夏地处内陆，冬季正当西北高寒气流南下之要冲，夏季处于东南湿润气流北行的末梢，形成明显的大陆性气候。其基本特征是：辐射强，日照长，温差大；南凉北暖，南湿北干；冬寒长，夏热短，春暖快，秋凉早。

宁夏年太阳总辐射为544.28~640.58kJ/cm^2。年日照时数为2000~3000h，是我国太阳光能源最丰富的地区之一。宁夏平原年平均气温8~9℃，六盘山地区5~6℃。银川最高平均气温25.4℃，极端高温39.3℃；最低平均气温-14.6℃，极端低温-30.6℃。平原地区全年无霜期4~5个多月，南部山区3~4个多月。年陆面蒸发量670~935mm，银吴平原只有200mm。六盘山、贺兰山是宁夏南、北两个低温、多雨中心，年平均气温分别为0.9℃和-0.8℃，年降水量分别为700mm和200mm。全区夏季降水量约占全年的60%，有利于作物生长，但时有冰雹危害，尤以南部山区为甚。

宁夏植被主体为草原群落，自南而北由干旱草原向荒漠草原及草原化荒漠过渡，旱生性是其基本特征。据2000年调查统计，宁夏的林地面积为115.34×10^{4}hm^2，其中有林地14.65×10^{4}hm^2（包括人工林9.81×10^{4}hm^2），疏林地1.52×10^{4}hm^2，灌木林27.91×10^{4}hm^2，未成林造林地2×10^{4}hm^2。全自治区森林覆盖率为8.40%。天然次生林主要分布于六盘山、贺兰山和大罗山，多属中、幼龄林。

宁夏土壤包括地带性土壤、山地土壤、水成或盐成土壤及耕地熟化土壤四大系列。南部黄土丘陵区与干旱草原植被相适应，发育黑垆土；中、北部与荒漠草原相匹配，发育灰钙土。山地土壤分布于贺兰山、六盘山、罗山等地，自下而上主要类型有山地草甸土、山地棕壤、山地灰褐土、山地灰钙土；平原上地下水位较高或地面积水的低洼地区发育隐域性的水成、盐成土壤，包括草甸土、湖（沼泽）土、盐土及白僵土（龟裂碱土）。

宁夏山川秀丽，物产资源丰富。黄河灌区的银吴平原，自然条件得天独厚，素有“塞上江南”之美称。这里沃野千里，沟渠纵横，稻香鱼鲜，旱涝保收，盛产水稻、小麦、油料、甜菜和瓜果，是全国商品粮基地之一。南部山区宜林宜牧，东部26664km^{2}草原是很有发展前途的天然牧场。宁夏出产的枸杞、甘草、贺兰石、滩羊二毛皮和太西煤被誉为红、黄、蓝、白、黑“五宝”，驰名中外，久负盛名。

宁夏矿产资源较为丰富，开发潜力较大。目前已发现36种矿产，主要有煤、石油、天然气、铁、铜、铅、锌、镁、金、银、石膏、盐、芒硝、磷、石灰岩、白云岩、石英（砂）岩（硅石）、黏土等，其中煤、石膏、石灰岩、白云岩和石英（砂）岩（硅石）是优势矿种。

自1958年自治区成立以来，经过50多年的发展，宁夏已基本形成了以煤炭、电力、化工、冶金、机械、轻工、建材、医药、食品等为主的工业体系，主要工业产品有40个大类、2000多个品种。宁夏煤炭资源丰富，已探明资源储量314×10^{8}t，其中宁东煤田查明煤炭资源储量273×10^{8}t，石油、天然气也有一定储量，铀矿、煤层气、页岩气等资源同样有很好的前景和潜力，具备发展油气化工、煤化工乃至核能的良好条件，已成为西北地区重要的能源和煤化工基地。宁夏电力工业发展潜力很大，规划建设火电装机 2500×10^4kW 左右，宁夏已被国家确定为 4 个“西电东送”的火电基地之一。

宁夏 2012 年地区生产总值为 2341.29 亿元，人均地区生产总值为 36394 元。2012 年全区采矿业产值 256.67 亿元，占全区地区生产总值的 11%，占第二产业产值的 22.1%，占工业产值的 29.2%。

宁夏已有 100 多年的地质调查历史，大致可分为路线地质调查、系统地质调查研究和新方法区调填图与科研 3 个阶段。

路线地质调查阶段（1892~1949 年）：宁夏的地质工作始于 19 世纪末，但至 1949 年以前，仅限于路线调查和专题研究，缺乏可资利用的、系统完整的地质矿产资料。据记载，最早在宁夏进行地质工作的是俄国著名的地理地质学家奥布鲁契夫（В. А. Обручев）。他于 1892~1894 年来中国调查时，曾涉足宁夏银川、中卫；1900~1901 年在其《中亚·中国北部与南山》两卷巨著之第一卷中有穿越东部祁连山、自中卫到兰州的叙述，提出了黄土的风成成因。1905 年，塔佛尔（A. Tafel）亦曾自中卫溯黄河右岸至兰州做了路线考察。1923 年，法人德日进（Pierre Teilhard de Chardin）对灵武市水洞沟进行过考古调查，首次发现了水洞沟旧石器遗址，采到了大量石器和脊椎动物化石，建立了著名的“河套文化”。1921~1924 年间，谢家荣、袁复礼先后对固原寺口子红层做过调查，创立了“寺口子系”与“固原系”。1923 年，安特生（J. G. Andersson）研究了六盘山系的时代，认为其属白垩纪，并提出六盘山的年代是贵德期后形成的。1939 年，李四光在其《中国地质学》一书中指出，祁-吕-贺“山”字型的脊柱为六盘山、贺兰山。20 世纪 40 年代早期，张文谟、刘振中（1942），边兆祥、李星学（1942），黄劭显、杜恒俭（1944），李士林（1944），以及何春荪、张尔道（1944）等，先后对贺兰山汝箕沟、灵武磁窑堡、固原炭山等地的煤、黏土矿产和古近纪、新近纪红层做过调查，并写有专著。黄劭显、杜恒俭两人及何春荪等分别著有《宁夏汝箕沟煤田地质》和《甘肃东部煤田地质》，李士林则编有《宁夏地质矿产事业》数册。1946 年，黄劭显据甘肃、青海两省油页岩分布和油苗出露情况，推论六盘山一带是寻找石油有希望的地区之一，并认为油页岩与西北原油有成因上的关系。1947 年，田在艺、张传淦等对甘肃、宁夏边境的地层构造有详细记述。这些论著反映了中华人民共和国成立前全区地质矿产的研究程度，也是对其后地质矿产工作发展的重要启迪。

系统地质调查研究阶段（1950~1980 年）：中华人民共和国成立以来，随着社会主义建设事业的发展，宁夏地质工作也蓬勃展开，获得了长足进展。地质、石油、煤炭、冶金、建材、地震、核工业等部门先后在宁夏开展了大量的地质普查找矿和勘探工作，发现和探明了大批矿床。从新中国成立初期到 20 世纪 50 年代末期，石油部西安地质调查处，银川石油勘探局，煤炭部宁夏煤炭管理局，地质部华北、西北地质局，甘肃工业厅，建材部，宁夏地质局和全国各有关科研、院校等部门先后在宁夏进行了数十项（次）性质不同、目的各异、范围和比例尺有别的普查找矿和评价勘探或专题研究工作。区域基础地质成果累累翻新，发现了大批石油、煤炭勘探基地，探明了磷、硅石、灰岩、黏土和膏盐类的矿产储量，初步显示了宁夏矿产资源的前景。这一时期，较重要的基础地质成果有：斯行健（1953）对中宁县烟筒山老君山砾岩中采获的 *Leptophloeum rhombicum* 的鉴定；卢衍豪（1954）据边兆祥、李星学在天景山所采 *Symphysurus* 等三叶虫对奥陶系的肯定；李四光（1955）对贺兰褶皱带及包括六盘山和贺兰山南段的陇西系巨型旋卷构造的研究；黄汲清（1955）在《鄂尔多斯地台西缘的大地构造轮廓和寻找石油之方向》一文中对贺兰山大地构造位置的厘定与分析；斯行健（1956）、徐仁（1957）、张善祯（1956）对中宁、靖远、景泰等地早、中石炭世及三叠纪植物的研究；郭勇岭、甘克文（1958）对中宁志留系的发现；沈纪祥（1959）对祁连山北麓老君山砾岩时代的讨论等。1956 年中国地质学编委会和中国科学院地质研究所编辑出版的《中国区域地层表》（草案）、《1959 年全国地层会议学术报告汇编》以及 1959 年中国科学院地质研究所出版的《中国大地构造纲要》对宁夏地质所做的论述，正是基于这一时期的资料。自 1959 年起，宁夏地质局区域地质调查队（以下简称“宁夏区调队”）开展了系统的1∶20 万区域地质调查（以下简称区调），经过 20 多年的努力，至 1985 年完成了包括宁夏全境及内蒙古阿拉善左旗在内的共计 22 个图幅的调查，获得了大量实际资料和研究成果，全面提高了宁夏地质的研究程度，取得了一系列突破性的进展。诸如：确定了宁夏地层层序，建立了统一的地层系统和30多个地方性地层名称，地层单位一般划分到组（阶）或群，有的划分到段，并划分了地层区；将贺兰山的下、中前寒武系分为古太古界的贺兰山群和古元古界的赵池沟群，在前者的下、中部矽线石榴二云片麻岩、石榴黑云变粒岩中分别获得了2056.1Ma和1956.1Ma的Rb-Sr同位素等时年龄；对贺兰山中、新元古界依据岩石地层、微古植物和叠层石、同位素等资料进行了划分对比，取得了进展；发现了贺兰山震旦纪古冰川遗迹；在宁夏各地古生代地层中采获了丰富的动、植物化石，使寒武系、奥陶系的分布、沉积建造特征、接触关系、时代归属面目一新；在牛首山石峡沟找到的 *Remigolepis*、*Bothriolepis* 化石，在国内和东南亚地区均是首次发现，为大区域地层划分对比提供了重要佐证，填补了我国陆相泥盆纪生物地层学的空白；确定了贺兰山、卫宁北山地区的纳缪尔期（Namurian）沉积；于中宁县红柳沟、干河沟发掘了中新世的 *Platybelodon-Stephanocemas* 哺乳动物群；对著名的水洞沟晚更新世剖面的划分、对比取得了新的研究成果；在构造研究中，应用地质力学观点、多旋回观点探讨了全区的地质构造和成矿关系，对宁夏构造体系（单元）特征及关系有不少新的建树；与此同时，宁夏地矿局下属的兄弟队和有关部门还进行了全区性的1：5万至1：20万比例尺的航空磁测、区域重力、地震测量、区域土壤和水系沉积物的地球化学测量及重砂测量等，不仅为找矿工作提供了大量信息，而且为研究宁夏区域地球物理、地球化学场特征提供了依据。此间，还有不少区内外的专家学者和科研单位对宁夏的基础地质问题进行过卓有成效的工作。如俞建章、林英铴（1961，1966）对中卫早石炭世珊瑚化石的研究，裴文中（1963）、贾兰坡等（1974）对水洞沟旧石器遗址的调查和发掘，张文堂（1977）对贺兰山寒武系的研究，潘江（1981，1983，1984）对中宁地区泥盆系的研究，赵修祜、吴秀元（1982）对宁夏石炭系的研究，陈冠芳、王伴月（1977，1978）对中宁红柳沟、干河沟古近系、新近系的研究，地质科学院主编的《中国地层1·中国地层概论》丛书对宁夏地层的总结性论述以及宁夏地矿局研究队编制的《西北地区区域地层表·宁夏回族自治区分册》（1980）、《宁夏构造体系图》和地层断代总结（1977，1979，1984），霍福臣（1979）和西北地质研究所、石油、煤炭、地震系统的科研单位对宁夏地层、构造体系或大地构造划分的研究，周特先（1983）对宁夏第四系和地貌的研究等。这些科研成果对宁夏区域地质认识的深入都起着积极的推动作用。

新方法区调填图和科研阶段（1981~2012年）：自20世纪80年代以来，宁夏共完成了54.5个1：5万图幅和6个1：25万图幅。前者由宁夏区调队、宁夏地质矿产勘查开发局地质矿产勘察院（以下简称宁夏地勘院）和宁夏回族自治区地质调查院（以下简称宁夏地调院）完成，调查范围基本覆盖了宁夏基岩山地区，占全区145幅1：5万图幅的38%；后者是20世纪90年代以来由宁夏地调院和甘肃省地质调查院完成的，调查范围覆盖了宁夏国土面积的75%。这些区调图幅大多数是采用三大岩类区（沉积岩、变质岩、岩浆岩）新理论、新技术、新方法进行填图的，取得了丰硕的地质成果。主要成果有：以现代地层学为指导，进行了多重地层划分研究，建立了宁夏岩石地层序列；从原贺兰山群中解体出闪长质片麻岩、花岗质片麻岩、似斑状石榴石黑云母花岗岩、石榴石花岗岩、似斑状黑云母花岗岩5类侵入岩，根据同位素测年数据，确定这些岩体侵入时代均为古元古代；于黄旗口英云闪长岩、南华山花岗闪长岩中获得锆石SHRIMP U-Pb定年数据，厘定其侵入时代分别为古元古代晚期和加里东晚期；于华北陆块西缘发现了A型花岗岩（石嘴子花岗斑岩），并获得（1778±14）Ma的锆石SHRIMP U-Pb年龄数据，确定其侵入时代为中元古代早期；根据地质特征、岩石地球化学特征及其判断图解，认为磨盘井辉绿岩具有洋脊拉斑玄武岩的一些特征，推断香山地区当时（加里东期）存在微型扩张洋中脊，结合沉积建造判断香山群属非典型“蛇绿岩”建造；根据岩石地球化学特征判断大战场花岗闪长岩属C型埃达克质岩，是增厚下地壳部分熔融的产物；根据原岩恢复、岩石地球化学特征及其判别图解，认为海原岩群中的变质基性火山岩属亚碱性拉斑玄武岩系列，形成于岛弧—弧后盆地性质的构造环境；运用板块构造学说和造山带理论，进行了大地构造单元划分，将宁夏划分为1个Ⅰ级（柴达木-华北板块）、3个Ⅱ级（华北陆块、阿拉善微陆块、祁连早古生代造山带）、4个Ⅲ级（鄂尔多斯西缘中元古代-早古生代裂陷带、鄂尔多斯中生代坳陷、腾格里早古生代增生楔、北祁连中元古代-古生代海沟系）构造单元。此间，部分专家学者针对宁夏有关构造、地层古生物及沉积学等方面进行了大量专题性研究，发表了多部专门性著作和学术论文等。主要论著有《宁夏地质概论》（霍福臣等，1985）、《宁夏纳缪尔期地层和古生物》（宁夏地质矿产局、中国科学院南京地质古生物研究所，1987）、《宁夏陆相泥盆系及其生物群》（潘江等，1987）、《阿拉善地块边缘古生代生物地层及构造演化》（朱鸿、郑昭昌、何心一等，1987）、《黄河黑山峡大柳树坝址地震基本烈度复核报告》（国家地震局地质研究所，1987）、《鄂尔多斯断块构造和资源》（张抗，1989）、《宁夏及其邻区奥陶纪、志留纪地层及笔石群》（葛梅钰、郑昭昌、李玉珍，1990）、《鄂尔多斯盆地周缘的牙形石》（安太庠、郑昭昌，1990）、《海原活动断裂带》（国家地震局地质研究所、宁夏地震局，1990）、《宁夏构造地貌》（周特先等，1994）、《贺兰山变质杂岩的组成及演化》（胡能高等，1994）、《贺兰拗拉槽盆地充填演化分析》（林畅松等，1995）、《天景山活动断裂带研究报告》（张维歧等，1995）、《海原群变质地质及含矿性研究》（王重礼等，1996）、《西北区区域地层》（张二朋等，1998）、《宁夏地震活动与研究》（杨明芝等，2007）、《中国西北地区若干重要演化阶段地层格架建立与对比研究》（耿元生等，2009）等。尤其特别要提出的是《宁夏回族自治区区域地质志》和《宁夏回族自治区岩石地层》这两部总结性区域地质专著。《宁夏回族自治区区域地质志》是由宁夏回族自治区地质矿产勘查开发局（以下简称宁夏地矿局）区域地质调查队于1983年3月至1988年6月间编纂完成的，1990年出版。该专著是以1∶20万区域地质调查成果资料为基础，广泛吸收、利用了1985年以前的区域地质调查及有关地质科研成果，全面系统地概括总结了宁夏的地层、岩石、地质构造、地质发展史等基础地质特征。运用统一地层划分理论进行了地层区划和地层划分，以年代地层为主线，详细地阐述了各时代地层岩性、岩相及古生物群特征，建立了宁夏全区地层系统；以同源岩浆演化理论为指导，概括总结了各时代岩浆岩的地质特征、岩石学特征、岩石地球化学特征等，探讨了岩浆岩岩石成因及其演化系列，未对形成构造环境进行研究；变质岩部分主要总结研究了区域变质岩及区域变质作用、混合岩及混合岩化作用，进行了变质相系、变质作用类型、变质期次及变质区的划分，探讨了变质建造和叠加变质等问题；运用地质力学理论研究了宁夏全区（包括整个贺兰山地区）的地质构造，将宁夏全区划分为祁-吕-贺“山”字型构造体系等7个构造体系，但区域地质发展史部分则基本上体现融合了槽台观点。《宁夏回族自治区岩石地层》是由宁夏地矿局区调队于1992~1994年间编写完成的，1996年出版。该专著以当代地层多重划分对比理论为基础，对宁夏20世纪80年代之前的地层资料进行了全面系统的清理与研究，首次建立了宁夏中、新元古代—新近纪岩石地层序列，对各岩石地层单位的创名及原始定义、现在定义、层型、地质特征及区域变化等做了详细客观的描述，对年代地层单位的划分、生物组合特征及有关问题进行了讨论，以活动论观点扼要地总结了宁夏岩石地层单位的时空分布规律。

第一代《宁夏回族自治区区域地质志》（以下简称第一代《志》）自1990年出版以来，在地质填图、矿产勘查、地质科研及教学等领域得到了广泛应用和引用，对地质生产实践起到了导向性作用，对地质科研起到了积极的推动作用。随着地质科学的发展、新理论新技术的应用和新资料的不断积累，第一代《志》凸显出一些不足之处，已难满足实际需求，逐渐失去了指导地质生产实践的作用。主要存在两个方面的问题：一是地层方面，第一代《志》在地层研究上是以统一地层划分理论为基础的，着重地层年代和生物群内容的研究，是在年代解释的基础上进行地层划分的，地层划分理论与新的多重地层划分理论不相适应，所编制的地质图件“系”图与现在采用岩石地层方法编制的“组”图图面及含义迥然不同。再者，随着新的古生物化石等新资料的不断发现，年代解释的变化，或不同单位、不同人解释的差异，导致地层的划分、地层名称一直不停地变化，地层单位名称一直不停地增加。这样势必导致在地层划分、地层名称等资料使用上的不统一，甚至出现混乱，也给地层研究工作者造成了诸多不便。二是构造方面，第一代《志》与当前地质构造研究的理论基础不相适应，前者是建立在地质力学理论基础之上的，而后者是以板块构造与造山带理论相结合的活动论思想为基础的，因而二者在构造单元划分、构造阶段划分、构造演化历史等研究结果上存在较大差别，以致在构造研究方面产生了一些矛盾，甚至造成混乱。

2008年，中国地质调查局根据当今资源紧缺，地质环境问题突出，为适时全面更新和总结新资料、新成果，更好地服务于国家和地方国民经济建设，决定试点并分批、分层次开展中国区域地质志编制项目，这就是计划项目“中国地质构造区划综合研究与区域地质调查综合集成”。“宁夏回族自治区地质系列图件编制与综合研究”是该计划项目的子项目（工作项目）之一，工作项目任务由中国地质调查局于2009年2月17日下达到宁夏地质调查院（任务书编号为基〔2009〕01-12-11，工作项目编码为1212010911031），工作年限3年，要求于2011年底提交最终成果。总体目标任务是：在第一代《宁夏回族自治区区域地质志》基础上，吸收近30年来所取得的新的地质成果（1：25万区调、1：5万区调和地质科学研究），以新的地质理论（包括现代地层学、沉积学、板块构造学、大陆动力学及造山带理论等）为指导，全面系统地总结研究地层、岩石（沉积岩、岩浆岩、变质岩）、地质构造及岩石圈结构构造等，结合典型地质剖面测量、典型地质路线调查和重要样品鉴定与测试等实物工作，深入研究基础地质问题，重建全区地层系统、构造格架和岩浆演化序列，重新编制能够全面反映宁夏区域地质特征、代表当前研究水平的新一代区域地质志和新一代具有较高水平的系列地质图件，并建立地质图空间数据库。

“宁夏回族自治区地质系列图件编制与综合研究”项目工作始于2009年2月，先后经历了资料收集准备、野外补充调查、室内综合研究和志书及系列图件编制4个阶段。2009年初成立项目组即开始收集资料、考察、学习经验，于同年3月提交总体设计书，并通过评审，于2009年7~10月、2010年第三季度进行了野外实地考察和剖面研究，到2012年12月，完成了《中国区域地质志·宁夏志》（以下简称《志》）的文字和地质系列图件初稿。2013年5月10~11日由西安地质调查中心主持在西安对本《志》进行了初审。2013年9月20~23日由中国地质科学院地质研究所主持在北京进行了终审，通过验收，被评为“优秀”级。之后，编著单位按决议书及具体评审意见对有关部分又进行了修改，于2013年12月最终定稿，并交付出版。

作为“宁夏回族自治区地质系列图件编制与综合研究”项目的最终成果《中国区域地质志·宁夏志》，是在第一代《宁夏回族自治区区域地质志》基础上，吸收近30年来的新资料、新成果，按照计划项目总体设计书和《中国区域地质志工作指南》要求，遵循计划项目总负责人李廷栋院士倡导的求真写实、尊标守成、求同存异的原则编写而成，既客观反映了各方面真实资料，又具有深入分析研究的新成果，也充分体现了不同观点与见解，解决了一些重要的基础地质问题，与第一代《志》相比，从地质理论、技术方法及构造思想上都有了显著变化，取得了一批新进展与新认识，补充更新了很多新资料，无疑是站在前人肩膀上的又一次飞跃。

本《志》所引用的资料一般截止于2012年，使用了少部分2013年甚至更晚的新资料。地质系列图件《宁夏回族自治区地质图》（1：250000）所用的地理底图是以宁夏回族自治区国土资源厅（测绘局）2009年编制的《宁夏回族自治区地图》（1：250000，内部使用）为基础经过扫描、矢量化、投影、配准、简化而成的，《宁夏回族自治区地质构造图》（1：500000）、《宁夏回族自治区第四纪地质及地貌图》（1：500000）、《宁夏回族自治区航磁等值线图》（1：500000）和《宁夏回族自治区重力异常图》（1：500000）所用的地理底图是在本次编制的1：25万地理底图基础上经投影变换、简化而成的。地理底图编图时还利用或参考了《中华人民共和国分省系列地图·宁夏回族自治区地图》（1：510000，2012）、《中华人民共和国行政区划手册》（2009）、《中华人民共和国省级行政区域界线标准画法图集》（1：1000000，2004，内部使用）、《中华人民共和国行政区划简册》、《中国公路交通图集》（2009）、《分省公路里程地图册》（2007，2008）及宁夏回族自治区行政区划统计表（2009，宁夏回族自治区民政厅）等资料。

本《志》约180万字，共分6篇40章及绪言和结语，其中插图602张、插表173份、图版36版。文字编写的具体分工是：“绪言”由孟方、王成执笔；第一篇“区域地层”由王成、郑昭昌、陈景智、孙永明、宋新华、余秋生、毛自力、李明涛执笔；第二篇“沉积岩与沉积作用”由吕昌国、梁志荣、李海峰执笔；第三篇“岩浆岩”由陆彦俊、马学东、梁峰、潘进礼执笔；第四篇“变质地质”由陆彦俊、毛自力、刘建兵、艾宁执笔；第五篇“岩石圈结构构造”由尹秉喜、程建华、杨勇、杨文明执笔；第六篇“地质构造”由李天斌、孟方、马彦云执笔；“结语”由王成执笔；英文由马学东、田景雄执笔翻译；插图由毛自力、马学东、马彦云、谷海萍、梁志荣、何庆志、黄生金、王成、田菁、杨杰、董雅莉、王美芳编绘、制作；图版及参考文献由王成整理完成。全书由王成、孟方统稿，文字编辑由王成、孙守荣完成。

地质系列图件编制分工为：地质图由王成、范晋安、毛自力、马学东编制；地质构造图由王成、李天斌、范晋安、毛自力、马学东编制；第四纪地质及地貌图由王成、孙永明、范晋安、毛自力、马学东编制；重力异常图、航磁等值线图由尹秉喜、杨勇、范晋安、杨文明编制。地质图空间数据库由王红、王成、李莉英完成，地理底图及数据库由范晋安、沈玉玲、王红完成。

本项目在进行过程中得到了有关上级主管部门、有关科研院所领导和专家的大力支持，特别是中国地质调查局基础调查部庄育勋主任、翟刚毅副主任，中国地质科学院李廷栋院士，《中国地质构造区划与区域地质调查综合集成》全国项目办特聘专家肖庆辉研究员、陈克强研究员、袁学诚教授、葛肖虹教授，中国地质科学院地质研究所侯增谦所长、耿元生副所长、丁孝忠研究员、刘训研究员、王涛研究员、姚建新研究员、游国庆副研究员，地质研究所北京离子探针中心万渝生研究员、颉颃强研究员，西安地质调查中心徐学义总工程师、李荣社副总工程师、校培喜研究员、陈隽璐研究员等，宁夏地质矿产勘查开发局宋新华副局长、程建华总工程师，宁夏发改委周特先教授级高工，宁夏国土资源厅潘行适教授级高工，宁夏国土资源调查监测院廖华瑞教授级高工、顾其昌高工，宁夏地质调查院余秋生院长、梁峰总工程师、刘建兵总工程师等专家和领导对本项目工作给予了很多技术指导、帮助和大力支持。在此，对上述领导、专家表示由衷的感谢！

第一篇　区域地层

第一章　概　　述

第一节　地层发育概况

宁夏的地层发育良好，分布面积占全区总面积的98%以上。其中前新生界分布面积约占19%，主要出露于贺兰山、卫宁北山、牛首山、罗山、青龙山、香山、南华山、西华山及六盘山等基岩山地区，灵（武）盐（池）台地及南部黄土区沟谷中亦有零星分布；新生界出露面积约占81%，广泛分布于基岩山地外围丘陵及河谷盆地区。

区内发育古元古代以新的地层（表1-1），以沉积地层为主，层位较为齐全，古生物门类、属种较为丰富。

元古宇：分布于贺兰山地区的古元古界贺兰山岩群和赵池沟岩群为区内最古老的地层，前者是一套具角闪岩相—麻粒岩相的高级区域变质岩系，后者为一套高绿片岩相—低角闪岩相的浅变质岩，它们构成了该地区的结晶基底。中元古界仅有长城系和蓟县系，缺失待建系，分布于北部的贺兰山、青龙山和南部的南、西华山地区。贺兰山、青龙山地区属稳定的盖层沉积，为滨浅海相碎屑岩—台地相碳酸盐岩沉积；分布于西华山、南华山等地的中元古界海原岩群，为一套主要由云母石英片岩、绿片岩、大理岩等组成的变质岩系，是该地区变质基底的组成部分。新元古界分布于北部贺兰山—青龙山地区，仅有震旦系，缺失青白口系和南华系，不整合于蓟县系王全口组之上，为一套冰水沉积，产蠕虫动物化石。

下古生界：寒武系发育下、中、上统，缺失底统，分布于北部贺兰山—青龙山地区，与震旦系平行不整合接触，自下而上为滨浅海相—浅海陆棚相碎屑岩、泥质岩和碳酸盐岩沉积，含丰富的三叶虫、牙形石等动物化石。奥陶系下、中、上统均有发育，广泛分布于北部贺兰山、青龙山和中部香山—卫宁北山地区。北部贺兰山—青龙山地区与寒武系连续沉积，以台地相碳酸盐岩沉积为主，部分为笔石页岩相，产头足类、腕足类、腹足类、三叶虫、牙形石等动物化石；中部香山—卫宁北山地区早—中奥陶世早期沉积了与北部贺兰山—青龙山地区相似的台地相碳酸盐岩，中奥陶世中期至晚奥陶世沉积了具大陆斜坡性质、复理石建造特征的米钵山组和香山群，产头足类、腕足类、腹足类、三叶虫、牙形石等动物化石。志留系分布局限，零星出露于中、南部的烟筒山西麓野猪沟、黑鹰湾山西麓照花井、南华山和西华山等地，不整合于奥陶系或更老地层之上，为滨浅海相碎屑岩—碳酸盐岩沉积，下—中统照花井组盛产笔石、珊瑚、腕足类、腹足类等壳相生物。

上古生界：泥盆系广泛分布于中部卫宁北山、香山、烟筒山和南部南华山等地，不整合于志留系或更老地层之上，为山麓相—河湖相红色碎屑岩沉积，产鱼类、两栖类、介形虫和植物化石。石炭系广泛分布于中部和北部地区，中部卫宁北山、香山、烟筒山等地下统和上统均较发育，北部贺兰山及宁东地区仅发育上统。下统为滨浅海相碎屑岩—碳酸盐岩沉积，局部夹有膏岩；上统为海陆交互相含煤碎屑岩沉积，产丰富的头足类、腕足类、双壳类、珊瑚、䗴类、牙形石和植物等化石。二叠系分布范围与石炭系基本一致，与石炭系连续沉积，下部为海陆交互相—河流相含煤碎屑岩沉积，中—上部为河流相碎屑岩沉积，夹有火山碎屑岩，产植物化石。

中生界：三叠系下、中、上统均有发育，主要分布于贺兰山及宁东地区（包括井下），中南部地区小红山、大柳树、深井等地有小面积出露，均为河湖相碎屑岩沉积，产植物、淡水双壳类等化石。侏罗系主要分布于北部贺兰山及宁东地区（包括井下），中、南部下流水、窑山及炭山等地有零星出露，下、中、上统均有发育，为河流相—河湖相碎屑岩沉积；下部含煤，产植物、鱼类及恐龙等化石。

白垩系仅有下统，为内陆湖泊相沉积，分属鄂尔多斯、六盘山和庙山湖 3 个沉积盆地，为湖泊相—河湖相碎屑岩沉积，夹岩盐及油页岩，产鱼类、介形虫、叶肢介、昆虫、植物等化石。

新生界：发育良好，分布广泛，但层位不全。仅有古近系始新统、渐新统和新近系中新统，缺失古新统、上新统，为暖湿—干热气候条件下的河湖相红色碎屑岩及膏岩沉积，产脊椎动物、介形虫、淡水双壳类、腹足类及轮藻等化石。第四系广布于河谷盆地及沟谷中，成因类型主要为洪积相、河湖相沉积和风成黄土。

第二节　地层区划

一、综合地层区划

参照《中国区域地质志工作指南》有关地层区划的内容及要求，以主构造期（早古生代—三叠纪）古构造格局为基础，结合地层发育状况、沉积序列、沉积建造及古生物群等因素，将宁夏综合地层划分为 1 个地层大区、3 个地层区、4 个地层分区和 5 个地层小区（图 1-1）。

宁夏全境处于华北-柴达木地层大区中部，跨祁连地层区、阿拉善地层区和华北地层区。

（一）祁连地层区（$Ⅲ_2$）

香山南麓断裂至六盘山东麓断裂西南地区属之，对应于二级构造单元祁连早古生代造山带。进一步可划分为北祁连地层分区、中祁连地层分区和南祁连地层分区。宁夏仅跨入北祁连地层分区（$Ⅲ_2^1$），四级地层区划单位称靖远-西吉地层小区（$Ⅲ_2^{1-1}$），其北东与阿拉善地层区阿拉善南缘地层分区为邻，向南、向西均延入甘肃省境内。

区内出露中元古代、志留纪、泥盆纪、白垩纪、古近纪、新近纪和第四纪地层。中元古代地层海原岩群是该区最古老的地层，为一套主要由云母石英片岩、绿片岩、大理岩等组成的变质岩系，具变质火山碎屑岩-碳酸盐岩建造特征，是北祁连中元古代—早古生代海沟系的组成部分。寒武纪至奥陶纪在邻区见有沉积，本区未见出露。志留纪仅有晚—末世沉积，由滨浅海相碎屑岩组成，属与早古生代造山运动有关的残留海盆海相磨拉石建造。泥盆纪仅有早—中世沉积，为陆相红色碎屑岩，属造山后的陆相磨拉石建造。石炭系至三叠系在邻区发育良好，本区未见出露。早白垩世区内发育内陆湖泊相沉积，这就是广泛分布的六盘山群，其沉积特征与鄂尔多斯盆地保安群相近，古生物组合与热河动物群相似。晚期燕山运动使区内隆起，导致晚白垩世和古新世沉积缺失。始新世至中新世，气候或暖湿或干热，内陆盆地中沉积了河湖相红色碎屑岩及膏岩。第四纪以来主要有洪积相、河湖相沉积和风成黄土堆积。

（二）阿拉善地层区（$Ⅲ_3$）

夹持于香山南麓断裂至六盘山东麓断裂与贺兰山西麓断裂至牛首山-罗山断裂之间，对应于二级构造单元阿拉善微陆块。进一步可划分为雅布赖-银根地层分区和阿拉善南缘地层分区，前者对应于三级构造单元阿拉善隆起，后者对应于三级构造单元腾格里早古生代增生楔。宁夏仅跨入阿拉善南缘地层分区（$Ⅲ_3^1$），四级地层区划单位称景泰-中宁地层小区（$Ⅲ_3^{1-1}$），其北东与华北地层区鄂尔多斯西缘地层分区为邻，西南与祁连地层区北祁连地层分区分界，向西、向北延入甘肃省和内蒙古自治区境内。

区内发育奥陶纪、志留纪、泥盆纪、石炭纪、二叠纪、三叠纪、侏罗纪、白垩纪、古近纪、新近纪和第四纪地层。该区自早奥陶世开始接受沉积。早—中奥陶世早期为台地相碳酸盐岩沉积，产头足类、腕足类、腹足类、珊瑚和牙形石等动物化石；中奥陶世中期至晚奥陶世沉积了具复理石建造特征的米钵山组和香山群，前者产笔石，后者砾石中产中—晚寒武世三叶虫、腕足类等动物化石，二者均属大陆边缘沉积。区内志留纪地层分布局限，但层位基本齐全。早—中志留世为滨浅海相碎屑岩—碳酸盐岩沉积，产丰富的珊瑚、腕足类、笔石等动物化石；晚—末志留世为滨海相碎屑岩沉积，具海相磨拉石建造特征。泥盆纪区内沉积环境转变为陆相，早泥盆世未接受沉积，中—晚泥盆世接受了河湖相红色碎屑岩沉积，产鱼类、两栖类、介形虫和植物等化石，属香山—卫宁北山志留纪—泥盆纪前陆

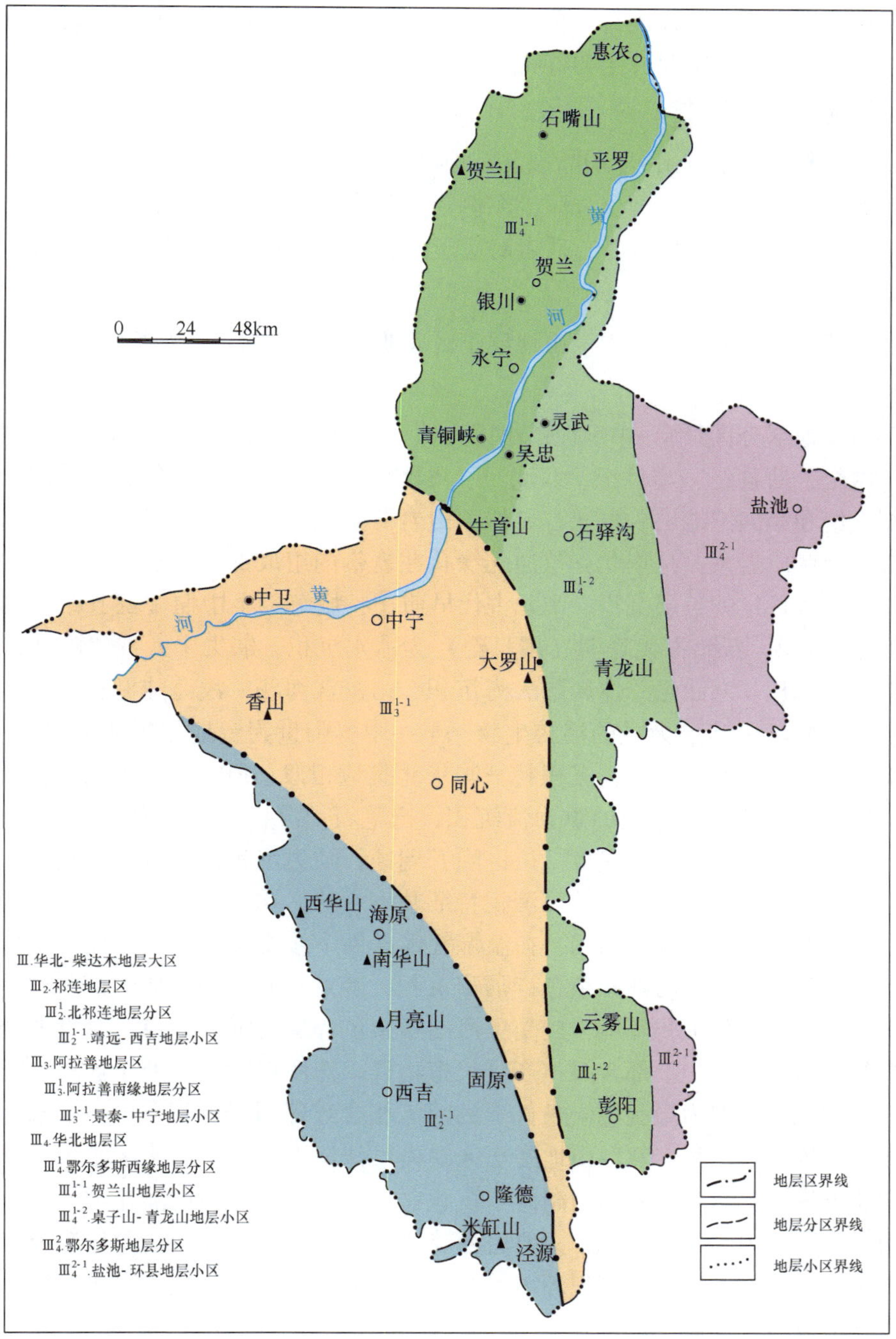

图 1-1　宁夏综合地层区划图

Fig. 1-1　Comprehensive stratigraphic subdivision map of Ningxia

盆地的上部层位。早石炭世区内发生广泛的海侵，早石炭世早期为滨海相—潟湖相碎屑岩-碳酸盐岩及膏岩沉积，产个体特化的腕足类及植物化石；早石炭世晚期为浅海相碎屑岩-碳酸盐岩沉积，产珊瑚、腕足类、海百合茎、苔藓虫、䗴类、牙形石及植物等化石；晚石炭世为滨海相—海陆交互相碎屑岩、泥（页）岩夹泥灰岩沉积，产头足类、腕足类、双壳类、腹足类、牙形石和植物等化石。早二叠世早期继承了晚石炭世海陆交互相含煤碎屑岩沉积，早二叠世晚期发生海退，沉积环境演变为陆相，结束了本区海相沉积历史，开始接受陆相沉积，中—晚二叠世接受了河流相碎屑岩-火山碎屑岩沉积。本区三叠纪地层分布局限，零星出露于小红山、大柳树和深井等地，为河流相红色碎屑岩沉积。侏罗纪地层分布局限，仅见于下流水、窑山和炭山，它们均属鄂尔多斯盆地西缘的“卫星盆地”，早侏罗世未见沉积，中侏罗世早期为温湿气候条件下河流相含煤碎屑岩沉积，中侏罗世晚期至晚侏罗世为炎热气候条件下的河湖相碎屑岩沉积。该区自白垩纪以来古气候、沉积环境等与北祁连地层分区相似，地层发育状况、地层序列、沉积建造及古生物群特征也基本一致。

（三）华北地层区（$Ⅲ_4$）

位于贺兰山西麓断裂至牛首山-罗山断裂北东地区，对应于二级构造单元华北陆块。以车道-阿色浪断裂为界，西侧为鄂尔多斯西缘地层分区，东侧为鄂尔多斯地层分区。前者对应于三级构造单元鄂尔多斯西缘中元古代—早古生代裂陷带，后者对应于三级构造单元鄂尔多斯中生代坳陷。

1. 鄂尔多斯西缘地层分区（$Ⅲ_4^1$）

本分区以黄河断裂为界又可分为贺兰山地层小区（$Ⅲ_4^{1-1}$）和桌子山-青龙山地层小区（$Ⅲ_4^{1-2}$）。

（1）贺兰山地层小区（$Ⅲ_4^{1-1}$）

南与阿拉善南缘地层分区景泰-中宁地层小区为邻，向西、向北延入内蒙古自治区境内。小区内出露古元古代、长城纪、蓟县纪、震旦纪、寒武纪、奥陶纪、石炭纪、二叠纪、三叠纪、侏罗纪、白垩纪、古近纪、新近纪和第四纪地层。古元古界贺兰山岩群是该区出露最古老的地层，为具角闪岩相—麻粒岩相的高级区域变质岩系，是华北克拉通北缘孔兹岩带的组成部分，也是该地区的结晶基底。自中元古代始，该区转入稳定的盖层沉积。中元古代早期（长城纪）至中期（蓟县纪）为滨浅海相碎屑岩-台地相碳酸盐岩沉积，新元古代晚期（震旦纪）为冰水沉积，缺失中元古代晚期待建纪和新元古代青白口纪、南华纪沉积。寒武纪总体属陆表海沉积，由滨浅海相—浅海陆棚相碎屑岩、泥质岩和碳酸盐岩组成，产丰富的以三叶虫为主的浮游生物。早—中奥陶世为台地相碳酸盐岩沉积，产头足类、腕足类、腹足类、牙形石等动物化石，沉积特征与华北腹地相似，但沉积厚度明显偏大；中—晚奥陶世为由砂岩、板岩及碳酸盐岩等组成的重力流沉积，产笔石，沉积特征与阿拉善南缘地层分区相似，均属大陆边缘沉积。晚奥陶世至早石炭世，该区隆升剥蚀，缺失沉积。晚石炭世至早二叠世早期华北海与祁连海连通，华北地层区与祁连地层区沉积特征基本一致，均为海陆交互相含煤碎屑建造。早二叠世晚期发生海退，沉积环境演变为陆相，在温湿气候条件下接受了河流相含煤碎屑岩沉积；至中二叠世气候变为干旱炎热，接受了河湖相杂色碎屑岩沉积，晚期见有火山碎屑岩沉积。早—中三叠世继承了晚二叠世干旱炎热的陆相沉积环境，接受了河湖相杂色碎屑岩沉积。晚三叠世转变为温湿气候条件，接受了河湖相碎屑岩沉积，上部含煤，产延长植物群。侏罗纪时本区处于鄂尔多斯盆地西缘，沉积特征与盆地腹地相似，下部为温湿气候条件下的河流相含煤碎屑岩沉积，中—上部为干旱炎热气候条件下的河湖相杂色碎屑岩沉积，贺兰山地层小区缺失早侏罗世沉积。白垩纪时本区仍位于鄂尔多斯盆地西缘，早白垩世发育鄂尔多斯和庙山湖两个沉积盆地，前者属大型内陆盆地，自下而上沉积物明显由粗变细，而后者则属山间坳陷盆地，主要由粗碎屑岩组成，与鄂尔多斯盆地以及六盘山盆地有较大差异。该区自古近纪以来古气候、沉积环境等与北祁连地层分区、阿拉善南缘地层分区相似，地层发育状况、沉积建造及古生物群特征也基本一致。

（2）桌子山-青龙山地层小区（$Ⅲ_4^{1-2}$）

位于贺兰山地层小区东侧，东与鄂尔多斯盆地分区盐池-环县地层小区为邻，向北、向南分别延入内蒙古自治区和甘肃省境内。小区内出露古元古代、长城纪、蓟县纪、震旦纪、寒武纪、奥陶纪、石炭纪、二叠纪、三叠纪、侏罗纪、白垩纪、古近纪、新近纪和第四纪地层。除奥陶纪地层外，其余时代地层发育状况、沉积序列、沉积建造及古生物组合与贺兰山地层小区基本一致。古元古界千里山岩群是该区出露最古老的地层，其原岩建造与贺兰山岩群相似，二者都是华北克拉通北缘孔兹岩带的组成部分，构成该地区的结晶基底。早—中奥陶世地层特征与贺兰山地层小区相似；中—晚奥陶世沉积类型复杂，由笔石页岩相、浊流相砂板岩和壳相碳酸盐岩等组成，前二者产笔石，后者产珊瑚等化石。

2. 鄂尔多斯地层分区（$Ⅲ_4^2$）

该地层分区位于鄂尔多斯盆地的西部边缘，四级地层区划单元称为盐池-环县地层小区（$Ⅲ_4^{2-1}$），向北、向东、向南分别延入内蒙古自治区、陕西省和甘肃省。由于大面积第四系覆盖，本地层小区地表仅出露白垩纪地层保安群及少量古近纪、新近纪地层。据钻孔资料，该小区还发育晚石炭世、二叠纪、三叠纪和侏罗纪地层等，其地层发育状况、沉积序列、沉积建造及古生物组合特征与盆地腹地基本一致。

二、动态地层区划

动态地层区划就是分阶段地层区划，是以不同阶段古构造格局为基础，结合古气候、古环境、沉积序列、沉积建造（或原岩建造）、古生物组合等因素对不同阶段进行地层区划。据此将宁夏划分为6个基本地层区划阶段和若干个地层分区（表1-2；图1-2）。

表1-2 宁夏动态地层区划表

Table 1-2 Dynamic stratigraphic division table of Ningxia

<table>
<tr><td rowspan="4">第四纪</td><td colspan="8">华北地层大区Ⅲ</td></tr>
<tr><td colspan="8">华北西部地层区Ⅲ$_1$</td></tr>
<tr><td colspan="8">鄂尔多斯西缘地层分区Ⅲ$_1^1$</td></tr>
<tr><td colspan="3">宁夏北部地层小区Ⅲ$_1^{1-1}$</td><td colspan="5">宁夏南部地层小区Ⅲ$_1^{1-2}$</td></tr>
<tr><td rowspan="4">古近纪—新近纪</td><td colspan="8">东北-华北地层大区Ⅱ</td></tr>
<tr><td colspan="8">华北地层区Ⅱ$_3$</td></tr>
<tr><td colspan="8">鄂尔多斯西缘地层分区Ⅱ$_3^1$</td></tr>
<tr><td colspan="5">银川-固原地层小区Ⅱ$_3^{1-1}$</td><td colspan="3">环县-彭阳地层小区Ⅱ$_3^{1-2}$</td></tr>
<tr><td rowspan="4">侏罗纪—白垩纪</td><td colspan="8">华北地层大区Ⅲ</td></tr>
<tr><td colspan="8">华北西部地层区Ⅲ$_1$</td></tr>
<tr><td colspan="5">鄂尔多斯西缘地层分区Ⅲ$_1^1$</td><td colspan="3">鄂尔多斯地层分区Ⅲ$_1^2$</td></tr>
<tr><td colspan="2">六盘山-陇县地层小区Ⅲ$_1^{1-1}$</td><td colspan="3">贺兰山-卫宁北山地层小区Ⅲ$_1^{1-2}$</td><td colspan="3">盐池-彭阳地层小区Ⅲ$_1^{2-1}$</td></tr>
<tr><td rowspan="4">寒武纪—三叠纪</td><td colspan="8">华北-柴达木地层大区Ⅲ</td></tr>
<tr><td>祁连地层区Ⅲ$_2$</td><td colspan="3">阿拉善地层区Ⅲ$_3$</td><td colspan="4">华北地层区Ⅲ$_4$</td></tr>
<tr><td>北祁连地层分区Ⅲ$_2^1$</td><td colspan="3">阿拉善南缘地层分区Ⅲ$_3^1$</td><td colspan="3">鄂尔多斯西缘地层分区Ⅲ$_4^1$</td><td>鄂尔多斯地层分区Ⅲ$_4^2$</td></tr>
<tr><td>靖远-西吉地层小区Ⅲ$_2^{1-1}$</td><td colspan="3">景泰-中宁地层小区Ⅲ$_3^{1-1}$</td><td colspan="2">贺兰山地层小区Ⅲ$_4^{1-1}$</td><td>桌子山-青龙山地层小区Ⅲ$_4^{1-2}$</td><td>盐池-环县地层小区Ⅲ$_4^{2-1}$</td></tr>
<tr><td rowspan="4">中—新元古代</td><td colspan="4">祁连地层大区Ⅳ</td><td colspan="4">中朝地层大区Ⅴ</td></tr>
<tr><td colspan="4">北祁连地层区Ⅳ$_1$</td><td colspan="4">华北地层区Ⅴ$_1$</td></tr>
<tr><td colspan="4">北祁连东段地层分区Ⅳ$_1^1$</td><td colspan="4">华北西部地层分区Ⅴ$_1^1$</td></tr>
<tr><td colspan="4">黄家洼山-南华山地层小区Ⅳ$_1^{1-1}$</td><td colspan="4">贺兰山-青龙山地层小区Ⅴ$_1^{1-1}$</td></tr>
<tr><td rowspan="4">新太古代—古元古代</td><td colspan="4">昆仑-祁连-秦岭地层大区Ⅳ</td><td colspan="4">中朝地层大区Ⅲ</td></tr>
<tr><td colspan="4">祁连-北秦岭地层区Ⅳ$_1$</td><td colspan="4">华北地层区Ⅲ$_1$</td></tr>
<tr><td colspan="4">北祁连地层分区Ⅳ$_1^1$</td><td colspan="4">华北北缘地层分区Ⅲ$_1^1$</td></tr>
<tr><td colspan="4"></td><td colspan="4">贺兰山-桌子山地层小区Ⅲ$_1^{1-1}$</td></tr>
</table>

（一）新太古代—古元古代阶段

以青铜峡—固原一线为界，东属中朝地层大区（Ⅲ）、华北地层区（Ⅲ$_1$）、华北北缘地层分区（Ⅲ$_1^1$）、贺兰山-桌子山地层小区（Ⅲ$_1^{1-1}$），西属昆仑-祁连-秦岭地层大区（Ⅳ）、祁连-北秦岭地层区（Ⅳ$_1$）、北祁连地层分区（Ⅳ$_1^1$）。本阶段宁夏境内仅在华北北缘地层分区贺兰山地层小区见有古元古代地层贺兰山岩群和赵池沟岩群出露，前者是一套具角闪岩相—麻粒岩相的高级区域变质岩系，后者为一套高绿片岩相—低角闪岩相的浅变质岩，二者为宁夏最古老的地层，它们均具有孔兹岩建造特征，是华北克拉通结晶基底的组成部分。北祁连地层分区未见沉积。

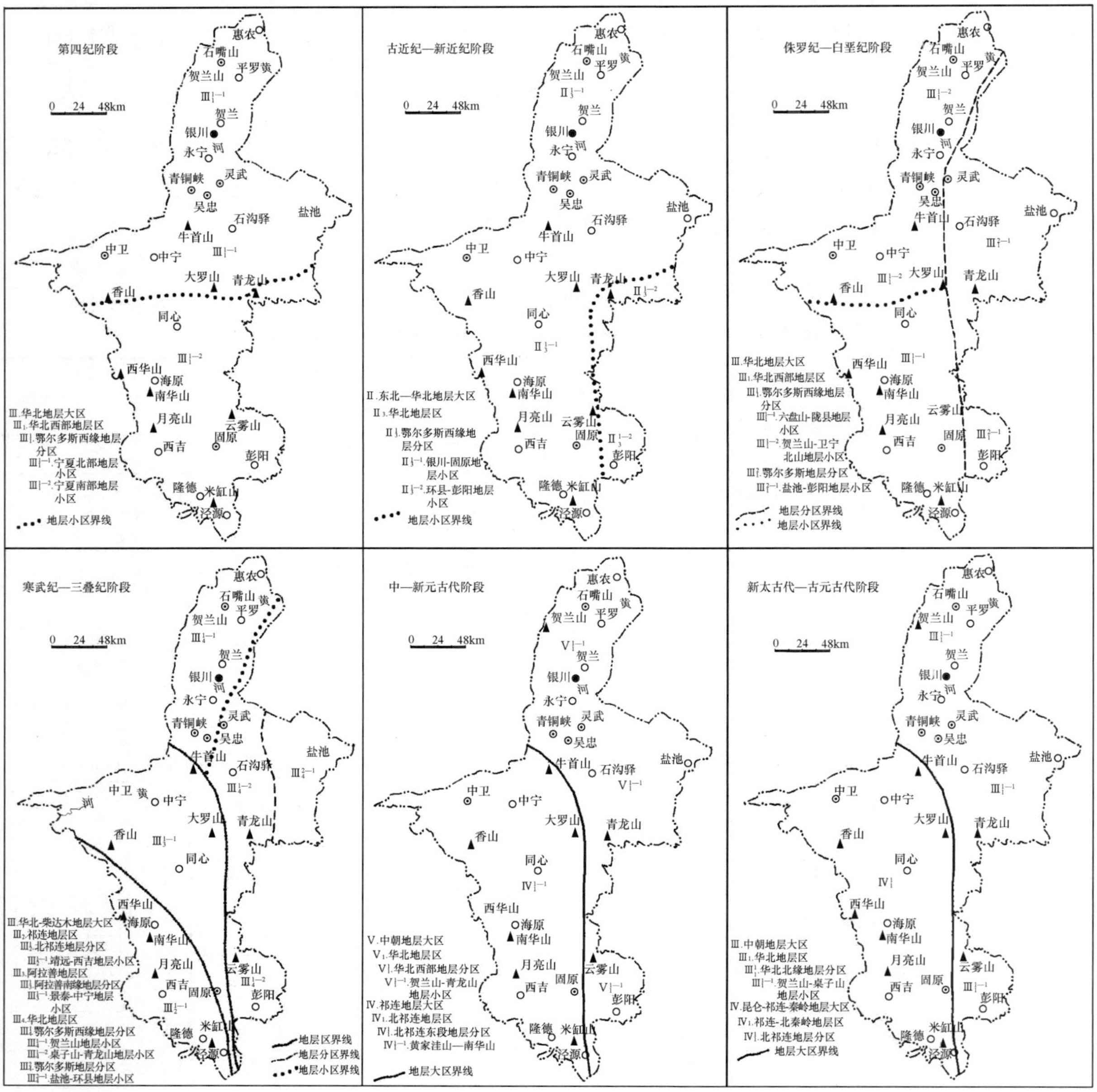

图 1-2　宁夏动态地层区划图

Fig. 1-2　Dynamic stratigraphic division maps of Ningxia

（二）中—新元古代阶段

地层分区与新太古代—古元古代阶段基本一致。以青铜峡—固原一线为界，东属中朝地层大区（Ⅴ）、华北地层区（$Ⅴ_1$）、华北西部地层分区（$Ⅴ_1^1$）、贺兰山-青龙山地层小区（$Ⅴ_1^{1-1}$），西属祁连地层大区（Ⅳ）、北祁连地层区（$Ⅳ_1$）、北祁连东段地层分区（$Ⅳ_1^1$）、黄家洼山-南华山地层小区（$Ⅳ_1^{1-1}$）。贺兰山-青龙山地层小区自中元古代开始，转入稳定的盖层沉积。中元古代早期（长城纪）—中期（蓟县纪）为滨浅海相碎屑岩-台地相高镁碳酸盐岩沉积，新元古代晚期（震旦纪）为冰水沉积，缺失中元古界上部待建系、新元古界青白口系和南华系。黄家洼山-南华山地层小区出露的地层是中元古界下部海原岩群，为一套主要由云母石英片岩、绿片岩、大理岩等组成的变质岩系，是该地区古老变质基底的组成部分。

（三）寒武纪—三叠纪阶段

全区属华北-柴达木地层大区（Ⅲ），以香山南麓断裂至六盘山东麓断裂与贺兰山西麓断裂至牛首山-罗山断裂为界，可分为3个二级地层区划单位，即祁连地层区（$Ⅲ_2$）、阿拉善地层区（$Ⅲ_3$）和华北地层区（$Ⅲ_4$）。该阶段是宁夏的主构造期，其地层区划及其地层序列、沉积特征等与综合地层区划一致，前已述及，这里不再赘述。

（四）侏罗纪—白垩纪阶段

全区属华北地层大区（Ⅲ）、华北西部地层区（$Ⅲ_1$），以黄河—罗山—云雾山—小关山一线为界，东属鄂尔多斯地层分区（$Ⅲ_1^2$）盐池-彭阳地层小区（$Ⅲ_1^{2-1}$），西属鄂尔多斯西缘地层分区（$Ⅲ_1^1$）六盘山-陇县地层小区（$Ⅲ_1^{1-1}$）和贺兰山-卫宁北山地层小区（$Ⅲ_1^{1-2}$）。鄂尔多斯地层分区侏罗系和白垩系发育良好，前者下部为河流相含煤碎屑岩沉积，中—上部为河湖相碎屑岩沉积；后者为大型内陆湖泊相沉积，自下而上沉积物明显由粗变细。鄂尔多斯西缘地层分区在侏罗纪时仅发育山间盆地沉积，有汝箕沟、新井、下流水和炭山等盆地，其中汝箕沟盆地沉积特征及生物群与鄂尔多斯盆地相似，新井、下流水和炭山盆地沉积特征与鄂尔多斯盆地略有差异，生物群组成亦不尽一致。早白垩世鄂尔多斯西缘地层分区发育两个沉积盆地，一是六盘山盆地，规模较大，为典型的内陆湖泊，沉积特征与鄂尔多斯盆地有诸多相似之处；另一个是庙山湖盆地，规模较小，沉积特征与鄂尔多斯盆地和六盘山盆地有一定差异，主要由粗碎屑岩组成。

（五）古近纪—新近纪阶段

全区属东北-华北地层大区（Ⅱ）、华北地层区（$Ⅱ_3$）、鄂尔多斯西缘地层分区（$Ⅱ_3^1$），可进一步划分为银川-固原地层小区（$Ⅱ_3^{1-1}$）和环县-彭阳地层小区（$Ⅱ_3^{1-2}$）。始新世至中新世，气候或暖湿或干热，内陆盆地中沉积了河湖相红色碎屑岩及膏岩。银川-固原地层小区发育始新统、渐新统和中新统，缺失古新统和上新统。环县-彭阳地层小区仅有中新统。

（六）第四纪阶段

全区属华北地层大区（Ⅲ）、华北西部地层区（$Ⅲ_1$）、鄂尔多斯西缘地层分区（$Ⅲ_1^1$），进一步可细分为宁夏北部地层小区（$Ⅲ_1^{1-1}$）和宁夏南部地层小区（$Ⅲ_1^{1-2}$）。前者主要成因类型为分布于河谷盆地区的河湖相和分布于山麓及台地区的冲洪积相沉积；后者为黄土覆盖区，主要发育风成黄土堆积、河谷盆地冲积相和洪积相沉积。

第二章　元古宇

宁夏境内元古宇的古元古界、中元古界和新元古界均有出露，但发育不全，缺失中元古界待建系和新元古界青白口系、南华系。

第一节　古元古界

古元古界分布局限，仅在贺兰山北段和中段见有出露，地层分区属中朝地层大区、华北地层区、华北北缘地层分区、贺兰山-桌子山地层小区（地层分区按动态地层区划划分）。出露于贺兰山北段宁夏与内蒙古交界地带的古元古界统称贺兰山岩群（Pt_1HL），为一套由富铝片麻岩、富铝变粒岩、大理岩、钙硅酸粒岩类及少量麻粒岩等组成的变质岩系，变质程度达角闪岩相—麻粒岩相；出露于贺兰山中段的古元古界称为赵池沟岩群（Pt_1Z），为一套主要由云母石英片岩、变粒岩等组成的变质岩系，具绿帘角闪岩相变质程度。二者构成了该地区的古老结晶基底，是华北克拉通北部孔兹岩带的组成部分。

一、贺兰山岩群（Pt_1 HL）

（一）研究简史

对贺兰山岩群的研究工作始于20世纪40年代。1941年，张文谟首次将贺兰山区之片麻岩的时代定为太古宙。1946年，边兆祥等认为贺兰山北段白土山地区的片麻岩及夹酸性和基性岩墙的片麻岩，岩性与绥察一带之桑干系相当，遂用桑干系一名，属晚太古代。同年，胡炳如将贺兰山北段古老变质岩系称前震旦系。1977~1980年，宁夏区调队在进行1∶20万石嘴山市幅区域地质调查时将该区的古老变质岩系命名为宗别立群。1987年，霍福臣等综合分析了贺兰山及邻区的地质特征，将贺兰山地区的深变质岩系命名为贺兰山群，并划分为3个亚群，时代归入太古宙。1985~1989年，宁夏区调队在进行阿拉巴拉代幅和石炭井幅区域地质调查时将贺兰山群划分为6个岩组，时代统归太古宙。1989~1991年，西安地质学院区域地质调查队（以下简称西安地质学院区调队）胡能高等在贺兰山北段进行胡鲁斯台幅和古拉本幅1∶5万区域地质调查时认为，由于该区地层已经多期变质和变形改造，地层层序已被破坏，并有相当数量的同变质花岗岩（以往曾划归地层）的侵位，不能建立地层学意义上的地层系统，故将贺兰山群剔除同变质花岗岩后改称为贺兰山岩群，时代定为新太古代，并根据岩石组合特征，将贺兰山岩群（部分）划分为秃鲁根变粒岩-大理岩组、阿楞呼都格变粒岩组和柳树沟片麻岩组3个构造岩石地层单位（胡能高等，1994）。《中国地层典·太古宇》（沈其韩等，1996）采纳了这一划分方案。2005~2008年，宁夏环境地质监测总站在进行1∶25万吉兰泰幅、银川市幅区域地质调查时，将原贺兰山群第一亚群和第三亚群分别命名为宾布勒岩组和宗别立岩组，将第二亚群绝大部分同变质花岗岩剔除后的“真正的变质地层”即副变质岩归于宗别立岩组，将贺兰山岩群时代定为新太代—古元古代。2007年，董春艳等对贺兰山岩群石榴云母二长片麻岩进行了锆石SHRIMP U-Pb定年和Hf同位素组成研究，除获得一粒（2871±23）Ma和一粒（2469±28）Ma的古老继承锆石之外，9个锆石颗粒的$^{207}Pb/^{206}Pb$加权平均年龄为（1978±17）Ma，据此认为贺兰山岩群孔兹岩系形成于古元古代。2006~2009年，耿元生、姚建新、朱祥坤等对贺兰山岩群以及侵入于其中的花岗岩类的物质组成、变质变形进行了综合研究，认为除柳树沟片麻岩组中存在一些同变质变形的花岗岩外，其他的划分基本符合该区的地质实际，因此也采用胡能高等（1994）将贺兰山岩群分为3个岩组的划分方案，同时认为贺兰山岩群孔兹岩中2030Ma的年龄峰值，只代表与区域麻粒岩相变质和与其相伴的岩浆深熔重结晶事件，并不代表碎屑锆石形成的原始年龄，据此推断贺兰山岩群形成于2100~2500Ma期间，形成之后很快下沉，经历了麻粒岩相变质改造。2011年，校培喜等对贺兰山岩群岩石学、岩石地球化学等进行了概括总结，采用锆石LA-ICP-MS技术进行了同位素测年研究，获得了1800~2150Ma的锆石LA-ICP-MS U-Pb法年龄值，认为贺兰山岩群原岩的沉积年龄要老于1800Ma，推测为古元古代。

（二）地层特征

贺兰山岩群由霍福臣等1987年命名的贺兰山群沿革而来，命名剖面为内蒙古阿拉善左旗宗别立苏木柳树沟—白可可沟剖面。本《志》根据1：25万吉兰泰幅区域地质调查报告的划分意见，将贺兰山岩群划分为宾布勒岩组和宗别立岩组2个构造岩石地层单位。需要说明的是，胡能高等在研究贺兰山岩群时所划分的3个岩组的区域仅限于1：5万区调填图范围，其主体大致相当于原贺兰山群第三亚群，也就是说仅相当于宗别立岩组，不能代表贺兰山岩群的全貌。

1. 宾布勒岩组（Pt_1b）

2007年由宁夏环境地质监测总站王成、白生明等命名，命名地位于内蒙古阿拉善左旗星光嘎查东2km处之宾布勒，命名剖面为内蒙古阿拉善左旗宾布勒剖面。宾布勒岩组主要由富铝片麻岩和富铝变粒岩组成，以岩石中普遍含石榴子石、矽线石、堇青石为特征，以不夹碳酸盐类和钙硅酸盐类岩石与宗别立岩组相区别。其层位大致与原贺兰山群（或宗别立群）第一亚群相当，岩性组合与千里山群哈布其盖组相似，二者可以对比。

宾布勒岩组分布于贺兰山北段正义关断裂以北的嘎拉布斯太嘎查、哈尔乌苏梁、敖敦格日勒嘎查、宾布勒等地，近东西向展布。由于后期深熔作用（混合岩化作用）和构造变形的破坏，各地地层层序连续性较差，唯内蒙古阿拉善左旗宾布勒剖面（位于内蒙古阿拉善左旗宾布勒。起点坐标：北纬39°24′，东经106°27′。宁夏区调队1985年测制）连续性较好，可作为层型，其层序如下（图2-1）：

宾布勒岩组（Pt_1b）	褶叠厚度>2933.6m
43. 灰黑色矽线堇青二长片麻岩（因第四系覆盖未见顶）	>59.0m
42. 灰黑色矽线堇青斜长片麻岩	17.7m
41. 绿灰色石榴变粒岩	20.2m
40. 深灰色中细粒变粒岩	15.6m
39. 浅灰色中细粒变粒岩	10.1m
38. 灰白色黑云石榴变粒岩	14.2m
37. 灰黑色矽线石榴黑云斜长片麻岩	14.2m
36. 灰色中粒矽线石榴黑云斜长片麻岩	35.8m
35. 灰白色石榴黑云变粒岩	6.2m
34. 灰黑色矽线石榴黑云斜长片麻岩，夹少量灰白色石榴变粒岩	88.3m
33. 灰白色含石榴黑云变粒岩，局部夹片麻岩	13.7m
32. 灰黑色含黑云矽线堇青二长片麻岩	13.7m
31. 灰白色石榴变粒岩	48.5m
30. 灰黑色含黑云矽线堇青二长片麻岩	17.6m
29. 灰白色石榴堇青变粒岩	104.4m
28. 灰黑色矽线堇青斜长片麻岩与灰白色变粒岩互层	28.6m
27. 灰白色石榴变粒岩	134.0m
26. 灰黑色矽线石榴黑云斜长片麻岩夹变粒岩	42.6m
25. 灰色含堇青二长片麻岩	71.7m
24. 浅灰色石榴变粒岩	174.2m
23. 灰色石榴矽线堇青二长片麻岩	16.5m
22. 浅灰色石榴变粒岩夹片麻岩	55.2m
21. 灰色石榴堇青二长片麻岩夹黑云变粒岩	104.4m

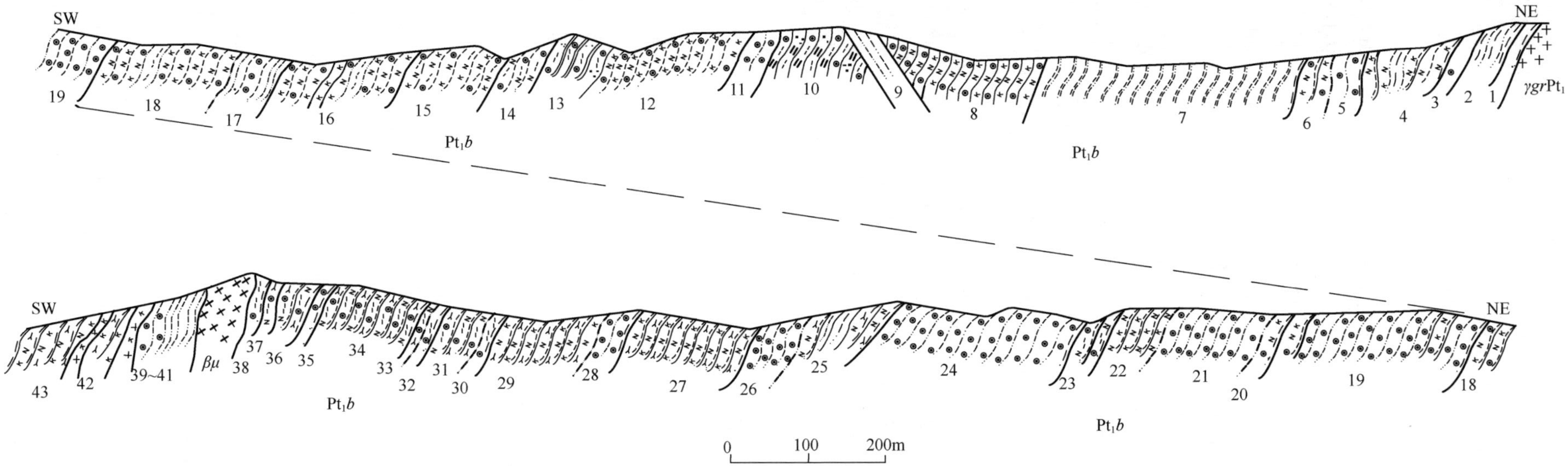

图 2-1 内蒙古阿拉善左旗宾布勒古元古界宾布勒岩组剖面图

Fig.2-1 Section of the Paleoproterozoic Binbule Rock Formation in Binbule, Alxa Left Banner, Inner Mongolia

20.	灰白色变粒岩夹灰色石榴堇青片麻岩	30.4m
19.	灰黑色矽线石榴堇青二长片麻岩夹黑云变粒岩	182.0m
18.	灰色石榴黑云二长片麻岩	138.4m
17.	灰色中细粒石榴黑云斜长片麻岩	55.6m
16.	灰白色石榴黑云变粒岩	140.6m
15.	深灰色中粗粒石榴堇青二长片麻岩	113.6m
14.	浅灰色石榴黑云变粒岩与深灰色石榴堇青二长片麻岩互层	37.0m
13.	浅灰色石榴黑云石英岩	55.8m
12.	灰色中细粒矽线堇青石榴二长片麻岩	152.4m
11.	浅灰色石榴变粒岩	27.2m
10.	浅灰色石榴二云母石英片岩	77.0m
9.	糜棱岩	44.6m
8.	深灰色中粒石榴堇青二长片麻岩	218.0m
7.	浅灰色石榴黑云变粒岩夹少量灰色二长片麻岩	317.6m
6.	灰色矽线堇青二长片麻岩夹浅灰色变粒岩	32.8m
5.	浅灰、肉红色中粒含黑云母二长片麻岩	40.8m
4.	灰黑色中粒石榴黑云片麻岩夹含电气石变粒岩	87.2m
3.	浅灰色含黑云母变粒岩	18.3m
2.	灰色石榴黑云斜长片麻岩夹浅灰色黑云母变粒岩	39.8m
1.	灰黑色细粒矽线石榴二长片麻岩，夹多层灰白色浅粒岩（因石榴子石花岗岩侵入，未见底）	>18.1m

宾布勒岩组变质建造具有孔兹岩特征，属变质表壳岩系，主要有如下特征：

1）岩性组合以富铝的片麻岩和变（浅）粒岩为主体，夹少量云母片岩、石英岩，偶夹麻粒岩，不夹大理岩类及钙硅酸盐粒岩类岩石；

2）岩石普遍含石榴子石、堇青石、矽线石等变质矿物及电气石、尖晶石、金红石等副矿物；

3）变质程度达角闪麻粒岩相，原岩为成熟度较低富铝的半黏土质—粉砂质沉积岩；

4）区域混合岩化作用以花岗岩化（重熔）为特征；

5）经历了多期变质和变形改造，有同变质花岗岩的侵位，地层层序已遭破坏，不能建立地层学意义上的地层层序，基本为一套无序地层。

正层型宾布勒剖面宾布勒岩组褶叠厚度大于 2933.6m，岩性主要由灰黑—灰色矽线石榴黑云斜长片麻岩、石榴黑云二长片麻岩、石榴黑云斜长片麻岩、石榴黑云二长片麻岩、矽线堇青斜长片麻岩、矽线堇青二长片麻岩和灰—浅灰色石榴黑云变粒岩、石榴堇青变粒岩、石榴变粒岩、黑云变粒岩组成，夹少量石榴二云母片岩、石榴黑云石英岩、浅粒岩，片麻岩类与变粒岩类比例相近。自正层型宾布勒剖面向西变粒岩逐渐减少，至嘎拉布斯太嘎查—哈尔乌苏梁一带岩性主要由富铝的片麻岩类组成，而且混合岩化程度更加强烈。在宾布勒剖面东侧见夹深灰色紫苏辉石麻粒岩透镜体。哈尔乌苏梁褶叠厚度大于 1703.2m，嘎拉布斯太嘎查褶叠厚度大于 3159.9m。

2. 宗别立岩组（$\mathbf{Pt_1}z$）

由宗别立群沿革而来。宗别立群是贺兰山岩群早期的称谓，2007 年宁夏环境地质监测总站将宗别立群降群为岩组，用以代表原贺兰山群第二亚群和第三亚群剔除同变质花岗岩后的“真正的变质地层”，命名地位于内蒙古阿拉善左旗宗别立苏木，层型为内蒙古阿拉善左旗柳树沟—秃鲁根剖面（位于内蒙古阿拉善左旗宗别立苏木以西的柳树沟至秃鲁根沟之间。起点坐标：北纬 39°10′，东经 106°08′。西安地质学院区调队 1989 年测制）。

宗别立岩组主要分布于内蒙古阿拉善左旗宗别立苏木以西地区，陶思沟、塔什克梁、大山头和大武口沟口等地也有出露。根据岩性组合、岩石类型，进一步可划分为秃鲁根变粒岩-大理岩、阿楞呼都格变粒岩和柳树沟片麻岩 3 个岩段（将胡能高等 1994 年命名的 3 个同名岩组降为岩段而来）。

（1）秃鲁根变粒岩-大理岩段（Pt_1z^t）

分布于宗别立苏木以西之滚达布—秃鲁根—烧圈沟一带。岩性以石榴黑云斜长变粒岩、黑云斜长变粒岩为主，夹大量大理岩及钙硅酸盐粒岩类岩石，偶夹富铝片麻岩。柳树沟—秃鲁根剖面层序如下（图2-2）：

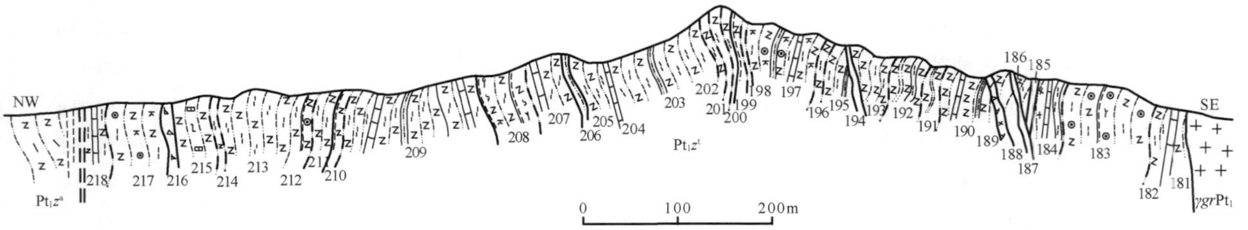

图2-2 内蒙古阿拉善左旗柳树沟—秃鲁根古元古界宗别立岩组秃鲁根岩段剖面图

Fig. 2-2 Section of Tulugen rock member of the Paleoproterozoic Zongbieli Rock Formation in Liushugou-Tulugen, Alxa Left Banner, Inner Mongolia

秃鲁根变粒岩-大理岩段（Pt_1z^t）		褶叠厚度>1156.0m
218.	灰—灰黄色薄层黑云斜长变粒岩、浅灰色长石石英岩夹灰黄色石墨大理岩（与北侧阿楞呼都格变粒岩段以韧性剪切带为界）	21.0m
217.	灰色含石榴黑云二长变粒岩	55.0m
216.	绿灰色碎裂岩，其中有石英脉穿插	10.0m
215.	灰黄色斜长变粒岩夹浅黄褐色透辉方柱粒岩	39.0m
214.	深灰色石榴堇青二长片麻岩与灰色榴云斜长变粒岩互层	7.0m
213.	青灰色黑云斜长变粒岩	83.0m
212.	深灰色堇青斜长片麻岩与灰色黑云斜长变粒岩互层	20.0m
211.	青灰色黑云斜长变粒岩	22.0m
210.	深灰色糜棱岩化斜长片麻岩	9.0m
209.	青灰色薄层黑云斜长变粒岩夹灰色浅粒岩、长石石英岩和浅黄褐色大理岩	133.0m
208.	深灰色含矽线堇青二长片麻岩夹灰色黑云斜长变粒岩	48.0m
207.	青灰色黑云斜长变粒岩夹灰色浅粒岩和灰黄色大理岩	43.0m
206.	浅灰色薄层浅粒岩、长石石英岩夹灰黄色大理岩	5.0m
205.	灰色黑云斜长变粒岩夹灰白色浅粒岩	38.0m
204.	浅灰色薄层长石石英岩夹浅黄褐色大理岩	9.0m
203.	青灰色黑云斜长变粒岩夹灰色浅粒岩	98.0m
202.	青灰—灰黄色薄层黑云斜长变粒岩、灰色浅粒岩夹浅黄褐色大理岩	10.0m
201.	灰色黑云斜长变粒岩	17.0m
200.	青灰色薄层黑云斜长变粒岩、浅灰色浅粒岩夹浅黄褐色大理岩	12.0m
199.	深灰色堇青斜长片麻岩夹含石榴堇青二长片麻岩	10.0m
198.	青灰色薄层斜长变粒岩、灰色浅粒岩夹灰黄色大理岩和长石石英岩	8.0m
197.	灰黄色含石榴黑云二长变粒岩、灰色浅粒岩夹浅灰黄色大理岩	81.0m
196.	青灰色薄层黑云斜长变粒岩、灰色浅粒岩夹黄色薄层大理岩	9.0m
195.	灰色黑云斜长变粒岩夹浅粒岩、深灰色黑云片岩	17.0m
194.	灰绿色辉绿岩脉	6.0m
193.	灰色黑云斜长变粒岩夹浅粒岩、灰色黑云片岩	42.0m
192.	青灰色薄层斜长变粒岩、灰色浅粒岩夹浅黄褐色大理岩和深灰色黑云片岩	37.0m
191.	青灰色薄层单辉斜长变粒岩、浅灰色浅粒岩夹深灰色黑云片岩	24.0m
190.	浅青灰色薄层斜长变粒岩、灰色浅粒岩夹浅黄褐色大理岩、深灰色黑云片岩	45.0m
189.	灰绿色辉绿岩脉	12.0m
188.	浅青灰色薄层斜长变粒岩、灰色浅粒岩夹浅黄褐色大理岩、深灰色黑云片岩	16.0m
187.	灰绿色辉绿岩脉	5.0m

186.	青灰色黑云斜长变粒岩、灰色浅粒岩夹浅黄褐色大理岩和深灰色黑云片岩	17.0m
185.	灰白色花岗伟晶岩	5.0m
184.	浅灰黄褐色透辉粒岩夹含透辉大理岩和深灰色黑云片岩	36.0m
183.	灰色榴云斜长变粒岩，偶夹深灰色矽线石榴片麻岩	88.0m
182.	灰色黑云斜长变粒岩、含堇青黑云斜长变粒岩，其间发育灰白色花岗伟晶岩细脉	17.0m
181.	灰色黑云斜长变粒岩夹浅黄褐色透辉大理岩（与南侧阿楞呼都格变粒岩段以石榴子石花岗岩为界）	12.0m

上述剖面南北两侧秃鲁根变粒岩-大理岩段与阿楞呼都格变粒岩段之间均未见原始接触关系，二者为韧性断层接触，南侧边界（181层）以石榴子石花岗岩与阿楞呼都格变粒岩段相隔，北侧边界（217层）以韧性剪切带（糜棱岩带）及更晚的脆性断层与阿楞呼都格变粒岩段分界。褶叠厚度大于1156.0m。主要岩石类型为变粒岩（黑云斜长变粒岩、石榴黑云二长变粒岩、榴云斜长变粒岩、单辉斜长变粒岩、堇青黑云斜长变粒岩）、大理岩（石墨大理岩、透辉石大理岩）和钙硅酸盐粒岩（透辉方柱粒岩、透辉粒岩），次要岩石类型有富铝片麻岩（石榴堇青二长片麻岩、堇青斜长片麻岩、含矽线堇青二长片麻岩、矽线石榴片麻岩）、浅粒岩、长石石英岩和黑云片岩。主要岩石类型与次要岩石类型组成两种交替排列的岩石组合单位。其一以变粒岩与大理岩类岩石共生为特征，主要表现为薄层状黑云斜长变粒岩与薄层状大理岩互层，两者间常发育钙硅酸盐粒岩。有时大理岩为厚层状并夹有少量薄层状钙硅酸盐粒岩及黑云斜长变粒岩。大理岩出露宽度变化较大，剖面中仅数米，剖面两侧相距500m左右可达数十米至百余米。岩层的褶皱加厚或岩石的流变变形使岩层的厚度失去了其地层学意义。其二岩石组合单位表现为含石榴子石黑云斜长变粒岩夹黑云斜长浅粒岩和富铝片麻岩，有时富铝片麻岩较多，局部表现为富铝片麻岩夹石榴黑云斜长变粒岩或二者呈互层状。

秃鲁根变粒岩-大理岩段中的大理岩类岩石和薄层状黑云斜长变粒岩中发育不同尺度的褶皱构造，大理岩带表现出复杂的流褶皱形态。薄层状黑云斜长变粒岩发育的小型褶皱的类型和位态特征表明至少发生过两次褶皱变形。早期为A型褶皱，其枢纽倾伏角多大于60°~70°，岩性层面上有时可见与枢纽平行的滑动线理，显示早期变形以剪切滑动变形为特征；晚期褶皱为B型褶皱，常见不对称褶皱，其枢纽倾伏角多小于20°~30°，有时可见与轴面平行的流劈理与岩性层面斜交。根据晚期小型构造要素，按雷斯法则判断，神水敖包—秃鲁根一带在总体上为一背形构造。

（2）阿楞呼都格变粒岩段（Pt_1z^a）

主要分布于宗别立苏木以西之那门克特勒沟—阿楞呼都格一带，宗别立苏木以北之木盖图、别立呼都格及石炭井四矿等地也有出露。岩性以石榴黑云斜长变粒岩为主，夹黑云斜长变粒岩及少量富铝片麻岩、大理岩透镜体和麻粒岩。柳树沟—秃鲁根剖面层序如下（图2-3）：

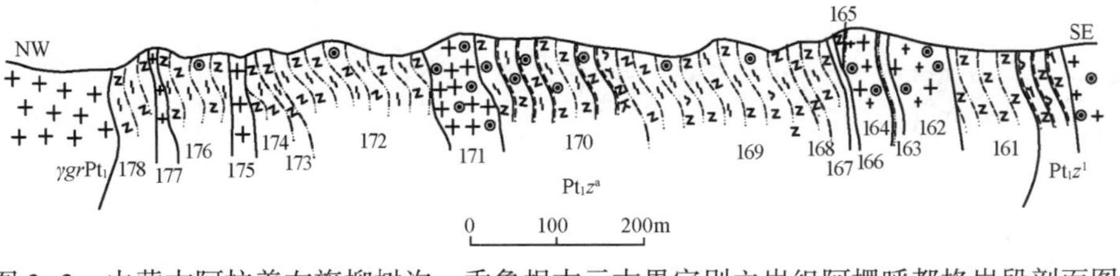

图2-3　内蒙古阿拉善左旗柳树沟—秃鲁根古元古界宗别立岩组阿楞呼都格岩段剖面图

Fig. 2-3　Section of Alenghuduge rock member of the Paleoproterozoic Zongbieli Rock Formation in Liushugou-Tulugen, Alxa Left Banner, Inner Mongolia

阿楞呼都格变粒岩段（Pt_1z^a）		褶叠厚度>700.0m
178.	青灰色黑云斜长变粒岩（与北侧下伏秃鲁根变粒岩-大理岩段以石榴子石花岗岩为界）	15.0m
177.	灰白色花岗伟晶岩脉	8.0m
176.	青灰—灰色黑云斜长变粒岩夹灰色榴云斜长变粒岩	58.0m
175.	灰白色花岗伟晶岩脉	15.0m

174. 青灰色黑云斜长变粒岩夹灰白色斜长浅粒岩 10.0m

173. 灰色片理化黑云斜长变粒岩 13.0m

172. 青灰—灰色黑云斜长变粒岩夹灰色榴云斜长变粒岩和灰白色斜长浅粒岩 117.0m

171. 灰白色中粒石榴子石花岗岩 40.0m

170. 灰色榴云斜长片麻岩、青灰色黑云斜长变粒岩夹大量暗灰色含矽线堇青二长片麻岩 112.0m

169. 青灰色黑云斜长变粒岩，偶夹榴云堇青斜长变粒岩 133.0m

168. 青灰色黑云斜长变粒岩夹深灰色矽线石榴斜长片麻岩 10.0m

167. 青灰色黑云斜长变粒岩，偶夹石榴堇青钾长变粒岩和薄层浅灰黄色大理岩 28.0m

166. 灰绿色辉绿岩 4.0m

165. 青灰色黑云斜长变粒岩，偶夹石榴堇青变粒岩 2.0m

164. 灰白色中粗粒石榴子石花岗岩 23.0m

163. 青灰色黑云斜长变粒岩 8.0m

162. 灰白色中粗粒石榴子石花岗岩 47.0m

161. 青灰色黑云斜长变粒岩（与南侧上覆柳树沟岩段呈渐变过渡关系） 57.0m

上述剖面北端阿楞呼都格变粒岩段与秃鲁根变粒岩-大理岩段以灰白色石榴子石花岗岩分界，在其他地方，这两个岩段分界为强变形带。剖面南端阿楞呼都格变粒岩段与柳树沟片麻岩段间为渐变过渡关系，在近分界处出现薄层大理岩是一个重要标志，但该层大理岩出露不稳定，断续分布。在多数地方阿楞呼都格变粒岩段与柳树沟片麻岩段间发育强变形带。

在上述剖面中，阿楞呼都格变粒岩段褶叠厚度大于700.0m，可分为上、下两部分。下部（178~171层）以青灰色黑云斜长变粒岩、榴云斜长变粒岩为主，夹少量灰白色斜长浅粒岩，局部地段夹长石石英岩；上部（170~161层）仍以青灰色黑云斜长变粒岩为主，但富铝片麻岩（矽线石榴斜长片麻岩、榴云斜长片麻岩、含矽线堇青二长片麻岩）夹层有所增加，且出现很少量大理岩。有些地段上部还出现榴云斜长片麻岩、角闪黑云二辉麻粒岩、黑云二辉麻粒岩及黑云斜长片麻岩等岩石组合而成的透镜体，局部规模较大，如备力格其黑疙瘩以东地区，出露宽度达数百米。

阿楞呼都格变粒岩段的岩石多呈块状构造，除在上部见有少量平行于区域面理的小褶皱之外，一般可见因岩性差异而显示的条带和透镜体。

（3）柳树沟片麻岩段（Pt_1z^1）

主要分布于宗别立苏木西南之木井沟梁—柳树沟一带，陶思沟等地也有小面积出露。岩性以富铝片麻岩和石榴黑云变粒岩为主，或以富铝片麻岩与变粒岩互层状出现，或以富铝片麻岩夹变粒岩的剖面结构出现。柳树沟—秃鲁根剖面层序如下（图2-4）：

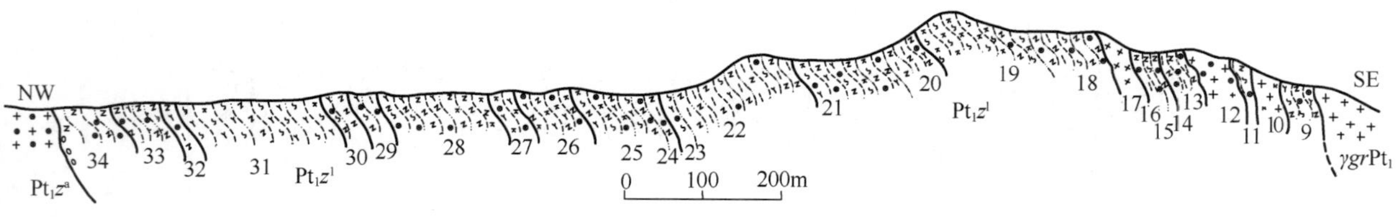

图2-4 内蒙古阿拉善左旗柳树沟—秃鲁根古元古界宗别立岩组柳树沟岩段剖面图

Fig. 2-4 Section of Liushugou rock member of the Paleoproterozoic Zongbieli Rock Formation in Liushugou-Tulugen, Alxa Left Banner, Inner Mongolia

柳树沟片麻岩段（Pt_1z^1） 褶叠厚度>1725.0m

34. 灰色榴云斜长变粒岩夹深灰色矽线石榴斜长片麻岩（与阿楞呼都格变粒岩段以变余鞘褶皱带为界） 73.0m

33. 灰色矽线石榴堇青斜长片麻岩夹浅灰色石榴斜长变粒岩 63.0m

32. 混合岩化矽线榴云斜长片麻岩与斜长变粒岩互层 20.0m

31. 深灰色含矽线堇青片麻岩、矽线堇青碱长片麻岩夹灰—浅灰色斜长变粒岩 216.0m

30. 深灰—灰色矽线石榴堇青斜长片麻岩与灰色斜长变粒岩、长石石英岩互层　30.0m
29. 灰—灰黑色矽线石榴堇青斜长片麻岩夹灰色榴云变粒岩透镜体和少量灰绿色石英硅质粒岩　71.0m
28. 灰色含矽线石榴堇青斜长（或二长）片麻岩夹浅灰色斜长变粒岩　121.0m
27. 灰色矽线石榴碱长片麻岩　40.0m
26. 浅灰色矽线石榴二长片麻岩　71.0m
25. 暗灰—灰色矽线石榴堇青二长片麻岩、含矽线堇青片麻岩夹浅灰色石榴斜长变粒岩　105.0m
24. 青灰色榴云斜长变粒岩夹灰色薄层矽线石榴斜长片麻岩　24.0m
23. 深灰色矽线石榴堇青片麻岩夹灰色榴云斜长变粒岩　16.0m
22. 青灰色黑云斜长变粒岩夹深灰色矽线石榴堇青片麻岩　165.0m
21. 深灰色矽线石榴堇青二长（或碱长）片麻岩夹矽线石榴斜长片麻岩　140.0m
20. 青灰色黑云斜长变粒岩夹灰色矽线石榴斜长片麻岩　50.0m
19. 灰色堇青碱长片麻岩夹浅灰色石榴斜长变粒岩和浅粒岩　140.0m
18. 灰色含石榴黑云斜长变粒岩夹深灰色石榴堇青片麻岩　98.0m
17. 灰绿色辉绿岩脉　43.0m
16. 灰色榴云斜长变粒岩　9.0m
15. 灰—深灰色石榴堇青斜长片麻岩　12.0m
14. 浅灰色浅粒岩与灰—浅灰色石榴斜长变粒岩互层　11.0m
13. 灰色榴云斜长片麻岩　37.0m
12. 灰白色中细粒石榴子石花岗岩　54.0m
11. 灰色含石榴堇青斜长变粒岩　23.0m
10. 灰白色碱长白岗岩　40.0m
9. 灰—深灰色矽线石榴堇青斜长片麻岩（与阿楞呼都格变粒岩段以石榴子石花岗岩为界）　53.0m

上述剖面北端（34 层）与阿楞呼都格变粒岩段以早期鞘褶皱强变形带相邻，南端（9 层）隔花岗岩脉与阿楞呼都格变粒岩段顶部夹大理岩的变粒岩相邻，向东追索500余米，花岗岩脉尖灭，两组之间的原始界线保留较好。

柳树沟片麻岩段以富铝片麻岩与石榴黑云变粒岩反复交替排列为特征，总体上富铝片麻岩较多，变粒岩次之。富铝片麻岩富含富铝矿物堇青石、石榴子石和矽线石，常含少量石墨，有时含少量铁铝尖晶石。因长石比例变化，分为二长、碱长和斜长片麻岩。石榴黑云变粒岩中常含少量堇青石和矽线石，主要为斜长变粒岩，亦见二长和碱长变粒岩。偶见石榴黑云斜长片麻岩，剖面中出露宽度37m，向东500多米，减至数米，并很快尖灭。

在片麻岩中局部变粒岩夹层较多的部位，或在变粒岩中局部片麻岩夹层较多的部位，常在数米至十余米宽度内两种岩性以数厘米至数十厘米厚的单层交替排列而表现为韵律层。岩性层的接触关系，或两侧皆为突变，或一侧突变一侧渐变。渐变过渡的特点是从变粒岩到片麻岩矿物粒度逐渐加粗，富铝矿物含量逐渐增高，石英含量逐渐减少。这种单向不对称的岩性过渡现象反映原始沉积物从富碎屑组分过渡为富泥质组分的原生沉积构造特点，是变余粒序层理构造的表现，具有指示地层面向的意义。

柳树沟片麻岩段中花岗岩脉较多，宽度多为1m以上至数米，可以顺构造面理或岩性界面侵入，也可以斜穿面理或岩性界面。当与同变质花岗岩体接触时，多具有清楚而截然的界面，界线附近花岗岩脉较多。上述剖面由南向北混合岩化程度有加强的趋势。

综上所述，宗别立岩组以夹有大理岩类和钙硅酸盐粒岩类岩石有别于宾布勒岩组，其变质建造具有典型的孔兹岩特征，属变质表壳岩系，主要有如下特征：

1）岩性组合以富铝片麻岩和变（浅）粒岩为主体，夹较多的大理岩类、钙硅酸盐粒岩类岩石；

2）岩石普遍含石榴子石、堇青石、矽线石等变质矿物及电气石、尖晶石、金红石等副矿物；

3）变质程度达角闪麻粒岩相，原岩以成熟度较低富铝的半黏土质-粉砂质沉积岩为主，并夹较多的碳酸盐岩；

表 2-1　贺兰山岩群变质岩同位素地质测年表

Table 2-1　Isotope dating of the Helanshan Rock Group

序号	样号	采样位置	层位	岩石名称	年龄值/Ma	测试方法	测试单位	采样者	测试日期
1	Q_{11}-JD-11~20	宗别立苏木查干保格其东 4km	宾布勒岩组	矽线石榴二长片麻岩	2056. ±81. 8	Rb-Sr 全岩等时线	中国科学院地质所八室	宁夏区调队 顾其昌	1980 年 4 月
2	Q_{11}-JD-23~25	宗别立苏木西 7km	宗别立岩组 柳树沟岩段	石榴黑云变粒岩	1947. 6±191	Rb-Sr 全岩等时线	中国科学院地质所八室	宁夏区调队 顾其昌	1980 年 4 月
3	11b30-3	宗别立苏木北西 9. 5km 小扫赠沟	宗别立岩组 柳树沟岩段	片麻岩	1886±2	Rb-Sr 矿物等时线	宜昌地质矿产研究所	西安地院区调队 胡能高等	1990 年 8 月
4	11Z71-3	宗别立苏木北西 11km 小扫赠沟	宗别立岩组 柳树沟岩段	含矽线堇青片麻岩	1898±3 1853±8 1853±73	锆石 Pb-Pb 逐层蒸发法	中国地质科学院	西安地院区调队 胡能高等	1991 年 1 月
5	14Z232-1	宗别立苏木西 11. 5km 秃鲁沟	宗别立岩组 阿楞呼都格岩段	黑云二长变粒岩	1902±73 1984±12 2021±76 2102±23	锆石 Pb-Pb 逐层蒸发法	中国地质科学院	西安地院区调队 胡能高等	1991 年 1 月
6	HD01TW1	地理坐标：北纬 39°23′20″；东经 106°30′49″	宾布勒岩组	石榴云母二长片麻岩	1978±17	锆石 SHRIMP U-Pb 法	北京离子探针中心	中国地质科学院 地质研究所 董春燕	2007 年 8 月
7	HL06110	乌海—巴音浩特公路 74~75km 间大桥南侧，地理坐标：北纬 39°10′40″；东经 106°03′31″	宗别立岩组 阿楞呼都格岩段	黑云变粒岩	2031±7. 5	锆石 SHRIMP U-Pb 法	北京离子探针中心	中国地质科学院 地质研究所 耿元生等	2009 年 9 月
8	HL0706-1	乌海—巴音浩特公路 78. 5km 处，地理坐标：北纬 39° 09. 004′；东经 106°03. 102′	宗别立岩组 阿楞呼都格岩段	石榴黑云片麻岩	2040±16 2028±8. 5 1961±11	锆石 SHRIMP U-Pb 法	北京离子探针中心	中国地质科学院 地质研究所 耿元生等	2009 年 9 月
9	HL0702-2	吉兰泰—乌海公路旁，地理坐标：北纬 39°15. 561′；东经 106°03. 319′	宗别立岩组 柳树沟岩段	含矽线石榴黑云片麻岩	2075±26	锆石 SHRIMP U-Pb 法	北京离子探针中心	中国地质科学院 地质研究所 耿元生等	2009 年 9 月
10	HL0707-10	阿拉善左旗左拉本沟，地理坐标：北纬 39°11. 455′；东经 106°07. 104′	宗别立岩组 阿楞呼都格岩段	含辉黑云斜长变粒岩	2017±10	锆石 SHRIMP U-Pb 法	北京离子探针中心	中国地质科学院 地质研究所 耿元生等	2009 年 9 月
11	HL001、HL002	阿拉善左旗宗别立镇西南，地理坐标：北纬 39° 11′33. 1″；东经 106°03′57. 4″	宗别立岩组 阿楞呼都格岩段	矽线石榴黑云二长片麻岩	1800~2150	锆石 LA-ICP-MS U-Pb 法	西北大学大陆动力学实验室	中国地质调查局 西安地质矿产研究所 校培喜等	2011 年 1 月

4）区域混合岩化作用以花岗岩化（重熔）为特征；

5）经历了多期变质和变形改造，有同变质花岗岩的侵位，地层层序已遭破坏，不能建立地层学意义上的地层系统，基本为一套无序地层。

（三）时代归属与区域地层对比

据统计，在贺兰山岩群变质岩中共获得了11组同位素测年数据（表2-1），其年龄值大致在1800~2150Ma之间。对这些年龄值的使用和解释各家存在不同认识和意见，因而确定的形成时代也不尽一致。顾其昌等（1982）在1：20万石嘴山市幅和阿拉善左旗幅区域地质调查报告中认为，贺兰山岩群变质岩中所获得的（2056.6±81.8）Ma和（1947.6±191）Ma两组Rb-Sr全岩等时线年龄值属变质年龄，将贺兰山岩群（宗别立群）时代划归太古代早期。西安地质学院区调队胡能高等（1992）认为贺兰山岩群片麻岩Rb-Sr矿物等时线年龄1886Ma为变质年龄，7组片麻岩和变粒岩锆石Pb-Pb逐层蒸发法年龄值（（1875±3）~2102Ma）为变质峰期的记录，由此推测贺兰山岩群应形成于2100Ma以前，为太古宙。董春艳等（2007）根据其在贺兰山岩群片麻岩中获得的锆石SHRIMP U-Pb加权平均年龄（1978±17）Ma，认为贺兰山岩群孔兹岩带形成于古元古代。耿元生等（2006~2009）在贺兰山岩群中获得了6组锆石SHRIMP U-Pb年龄值，他们认为贺兰山岩群孔兹岩中2030Ma的年龄峰值，只代表与区域麻粒岩相变质和与其相伴的岩浆深熔重结晶事件，并不代表碎屑锆石形成的原始年龄，据此推断贺兰山岩群形成于2.10~2.50Ga期间，形成之后很快下沉，经历了麻粒岩相变质改造。校培喜等（2011）根据所获得的1.8~2.15Ga的锆石LA-ICP-MSU-Pb法年龄值，推测贺兰山岩群原岩的沉积年龄要老于1.8Ga，为古元古代。本《志》认为，董春艳等（2007）、耿元生等（2006~2009）和校培喜等（2011）所获得的年龄数据是采用当前最先进的锆石SHRIMP U-Pb法和LA-ICP-MS U-Pb法测年技术获得的，可靠性程度较高，故将贺兰山岩群形成时代确定为古元古代。

贺兰山岩群的区域对比，前人曾有不同观点。霍福臣等（1987，1989）及《宁夏回族自治区区域地质志》（1990）将贺兰山岩群与阿拉善东部的叠布斯格群、阴山地区的集宁群、五台地区的阜平群、东北南部的鞍山群及冀东地区的迁西群进行对比；胡能高等（1994）认为贺兰山岩群可与千里山群、集宁群上部、阜平群对比，层位高于迁西群；《中国地层典·太古宇》（1996）将贺兰山岩群与集宁岩群和阜平群对比；还有人将其与阿拉善西部的龙首山岩群和北山地区的北山岩群对比。这些对比主要根据变质程度和岩石组合，多缺少可靠的同位素年龄依据。

前已述及，贺兰山北段的贺兰山岩群为一套由富铝的片麻岩、变粒岩、大理岩、钙硅酸盐粒岩及少量麻粒岩等组成的高级区域变质岩系，主变质期的峰期为低压相系的角闪麻粒岩相环境，其原岩为一套以成分成熟度较低的细碎屑岩和泥质岩，夹有少量碳酸盐岩和火山岩的表壳岩石，变质建造属孔兹岩系，形成时代为古元古代。内蒙古阴山地区的集宁群上部是一套富铝的副变质岩系，也属孔兹岩建造，与贺兰山群的变质特征、原岩性质和同位素年龄等方面有诸多相似之处，可以对比。前人曾将相当于贺兰山岩群宾布勒岩组的层位划归千里山群哈布其盖组，可见二者岩石组合有较多的相似之处，可以对比。《内蒙古自治区岩石地层》（1996）一书中甚至认为，阿拉善左旗贺兰山麓的一套变质岩石组合（贺兰山岩群）是集宁群的西延部分，这也表明了集宁群与贺兰山岩群确有较多的相似之处。阜平群的原岩特征、岩石组合特征及混合岩化程度等与贺兰山岩群有相似之处，但二者形成时代有一定差异。

二、赵池沟岩群（Pt_1Z）

（一）研究简史

长期以来，人们一直将分布于贺兰山中段赵池沟—黄旗口一带的浅变质地层称为“桑干群”，并认为它与分布于贺兰山北段的深变质地层——贺兰山岩群的时代、层位相当。1975~1978年，宁夏区调队在进行1：20万巴伦别立幅区调时，将该套地层划归“前震旦亚界”，认为与分布于贺兰山北段的深变质地层迥然不同，据其较低的变质程度、具一定沉积分选、不具混合岩化和花岗岩化等特征，与五台群对比。1980 年，顾其昌等在区调工作基础上建立了赵池沟群，嗣后一直沿用。1990 年出版的《宁夏回族自治区区域地质志》将赵池沟群时代划归古元古代。2005~2008 年，宁夏环境地质监测总站在进行1：25 万吉兰泰幅、银川市幅区域地质调查时，认为该套地层与贺兰山北段的贺兰山岩群同属副变质岩系，为同期产物，并将其降群为组，称为赵池沟岩组，划归贺兰山岩群，层位置于宗别立岩组之上，时代属新太古代—古元古代。2006~2009 年，耿元生、姚建新、朱祥坤等对赵池沟岩群进行了研究，在黑云石英片岩中获得锆石 SHRIMP U-Pb 年龄值为（2047±17）Ma，认为基本可以代表火山沉积岩的形成时代，厘定赵池沟岩群时代为古元古代。

（二）地层特征

赵池沟岩群由顾其昌等（1980）命名，命名剖面位于内蒙古阿拉善左旗巴伦别立镇东南约 19km 处的赵池沟。命名时称为赵池沟群，本《志》认为该套地层具构造地层单位性质，故将其称为赵池沟岩群。

赵池沟岩群主要出露于内蒙古阿拉善左旗贺兰山西麓赵池沟一带，在宁夏境内仅见于拜寺口—黄旗口—南水一带，呈捕虏体形式零星分布于古元古代花岗岩中。

赵池沟剖面（位于内蒙古阿拉善左旗赵池沟，起点坐标：北纬 38°26′，东经 105°48′。宁夏区调队 1976 年测制）为赵池沟岩群的正层型，其层序如下（图 2-5）：

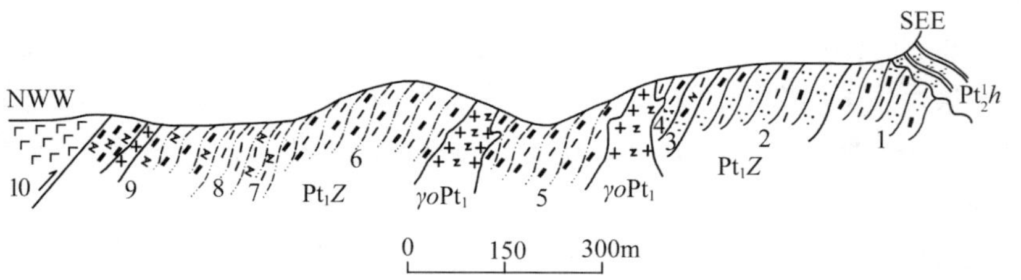

图 2-5　内蒙古阿拉善左旗赵池沟古元古界赵池沟岩群剖面图

Fig. 2-5　Section of the Paleoproterozoic Zhaochigou Rock Group in Zhaochigou，Alxa Left Banner，Inner Mongolia

上覆地层：黄旗口组（Pt_2^1h）灰白色石英岩

～～～～～～ 不 整 合 ～～～～～～

赵池沟岩群（Pt_1Z）　　褶叠厚度>918. 2m

10. 灰绿色片理化中厚层中细粒玻基玄武岩。黑云母花岗岩顺层侵入其中（未见顶）	>71. 3m
═══ 断 层 ═══	
9. 灰、灰白色薄层状细粒石墨白云母斜长变粒岩，夹中厚层状中细粒石墨斜长变粒岩，有伟晶岩脉侵入	147. 7m
8. 灰、灰黑色中厚层黑云母变粒岩，有伟晶岩脉侵入	38. 7m
7. 墨绿色中厚层片状黑云斜长变粒岩	46. 9m
6. 浅灰色薄层状具变余砂状结构的二云母变粒岩	185. 3m
5. 灰、浅灰色角岩化薄层状具变余细粒砂状结构的二云母变粒岩，层理清晰	168. 8m
4. 浅灰色角岩化具变余细粒砂状结构的二云母长石石英片岩，略具片麻状构造	43. 0m
3. 灰绿色角岩化具变余砂状结构的二云母含长石英片岩	30. 1m
2. 灰绿色、暗绿色角岩化具变余细粒砂状结构的二云母石英片岩，夹石英片岩。有细粒花岗岩顺层侵入	162. 5m
1. 灰绿、墨绿色角岩化具变余砂状结构的二云母石英片岩（未见底）	>23. 9m

赵池沟岩群未见底，未见与同期的贺兰山岩群接触，长城系黄旗口组不整合超覆于其上。由黑云石英片岩、二云母石英片岩、二云母长石石英片岩、黑云变粒岩、含石榴子石黑云石英片岩等组成，

具高绿片岩相—低角闪岩相变质程度。

在上列剖面中赵池沟岩群未见底，长城系黄旗口组不整合覆于其上（图 2-6），褶叠厚度大于 918.2m。下部（1~4 层）以片岩为主，主要由浅灰、灰绿、墨绿色二云母石英片岩、二云片岩组成，夹石英片岩，其中见有花岗岩脉穿插，褶叠厚度>259.5m；中部（5~9 层）以变粒岩为主，主要由灰、浅灰、墨绿色黑云母斜长变粒岩、黑云母二长变粒岩、白云母斜长变粒岩、二长变粒岩组成，夹浅灰色石墨二长浅粒岩及少量灰绿色二云母片岩，见较多的伟晶花岗岩脉、花岗岩脉和辉绿岩脉穿插，褶叠厚度>587.4m；上部（10 层）为变质基性火山岩，褶叠厚度>71.3m。下部二云母石英片岩在野外观察片理不甚发育，外貌似石英岩；镜下观察具变余砂状结构，片状矿物含量达 30%~45%，不均匀分布；石英碎屑含量 50%左右，一般呈次圆状，少数次棱角状，细—中粒，分选良好；长石含量一般甚微。中部黑云母变粒岩镜下观察亦具变余砂状结构，黑云母等暗色矿物含量 10%~20%，石英等碎屑含量 80%左右，长石含量略低于石英；石英颗粒具次生加大现象，长石碎屑多为钾长石、酸性斜长石。

图 2-6 内蒙古阿拉善左旗赵池沟长城系黄旗口组（Pt_2^1h）与古元古界赵池沟岩群（Pt_1Z）不整合接触关系

Fig. 2-6 Unconformity between the Changchengian Huangqikou Formation（Pt_2^1h）and the Paleoproterozoic Zhaochigou Rock Group（Pt_1Z）in Zhaochigou, Alxa Left Banner, Inner Mongolia

在黄旗口沟—南水一带，该套地层呈捕虏体形式出现在古元古代花岗岩中，岩性以黑云斜长变粒岩、黑云斜长片麻岩、二长片麻岩为多，有可能为上述剖面上部之黑云变粒岩受岩浆温度、压力影响之产物。

（三）时代归属与区域地层对比

在贺兰山西麓，赵池沟岩群以明显的不整合伏于中元古界长城系黄旗口组之下，表明其形成时代应早于中元古代长城纪。在贺兰山中段拜寺口—黄旗口一带，赵池沟岩群变粒岩呈捕虏体赋存于古元古代花岗岩中，表明其形成时代要早于古元古代花岗岩的侵位时代。2006~2009 年，中国地质科学院地质研究所耿元生等于赵池沟岩群原岩为火山碎屑沉积岩的黑云母石英片岩中获得了锆石 SHRIMP U-Pb 年龄（2047±17）Ma，认为该年龄值基本可以代表火山沉积岩的形成时代，肯定了赵池沟岩群形成时代为古元古代。

以往人们多将赵池沟岩群与五台群对比，但究其变质程度与火山岩发育情况皆与华北地区的五台群以及与之相当的二道洼群（阴山地区）、双山子群（火山岩一般较发育，均遭受中等程度的变质作用，以角闪岩相为主，混合岩化程度较高）有别，其层位可能高于五台群，而低于长城系，应属古元古界上部（滹沱系），与阴山区的马家店群（下部）、冀东区的青龙河群（下部）及五台山区的滹沱群层位大致相当，可以对比（表 2-2）。

表 2-2　贺兰山地区古元古界赵池沟岩群区域地层对比简表

Table 2-2　Regional stratigraphic correlation of the Paleoproterozoic Zhaochigou Rock Group in the Helanshan area

地层系统＼地区		五台山区	冀东区	阴山区	贺兰山区
上覆地层		中元古界茶房子组	长城系常州沟组	中元古界什那干群	青白口系黄旗口群
古元古界		滹沱群：由变质砾岩、变质长石石英砂岩、白云岩、大理岩及板岩组成。厚 1100m	青龙河群：下部变质砾岩夹斜长变粒岩、含石榴二云片岩；上部为黑云（二长）斜长变粒岩、二云石英片岩夹镁铁闪石磁铁石英岩。厚 1350m	马家店群：下部为黑云（绢云）片岩、千枚岩、板岩、石英砂岩互层夹变质砾岩透镜体；下部以各种大理岩为主。厚 680m	赵池沟岩群：下部为具变余砂状结构的石英片岩类；上部以具变余砂状结构的黑云变粒岩为主。厚度 >911.0m
		五台群：主要由各种变粒岩、斜长角闪岩、角闪片岩及片麻岩组成。厚 2700~3200m	双山子群：下部以黑云角闪斜长变粒岩为主夹磁铁石英岩，中部为各种片岩，上部为二云斜长变粒岩夹二云片岩。厚 3300m	二道洼群：由各种片岩、角闪斜长片麻岩、大理岩组成，夹磁铁石英岩。厚 6000m	
下伏地层		新太古界龙泉关群	新太古界八道河群	新太古界乌拉山群	

第二节　中元古界

宁夏的中元古界仅有长城系和蓟县系，缺失上部待建系。分布于北部的贺兰山、青龙山、云雾山和南部的黄家洼山、西华山、南华山等地。北部地层分区属中朝地层大区、华北地层区、华北西部地层分区、贺兰山-青龙山地层小区，南部地层分区属祁连地层大区、北祁连地层区、北祁连东段地层分区、黄家洼山-南华山地层小区（图 2-7）。前者由陆源碎屑岩和碳酸盐岩组成，属稳定型盖层沉积组合，基本未遭受变质；后者由长英质片岩、绿片岩（基性火山岩）、大理岩等组成，属活动型沉积系列。

一、岩石地层

（一）黄家洼山-南华山地层小区

中元古界主要出露于南华山、西华山和黄家洼山，月亮山见零星露头。仅见下部层位（长城系），统称海原岩群（Pt_2^1H），为一套具绿帘角闪岩相变质程度的区域变质岩系。

20 世纪 50 年代末至 60 年代初，西北石油局 104 队、宁夏地质局宁南地质队曾分别将这一地层时代定为寒武纪和前震旦纪。1964 年，宁夏区测队在进行海原幅1：20 万区调时，建立了海原群，划分为下、中、上 3 个亚群，时代定为前寒武纪。1988 年，霍福臣、郑昭昌对海原群做了同位素年龄、微古植物、岩石学和古构造环境的研究，将海原群解体，自下而上建立了南华山群、园河群、西华山群，分属长城系、蓟县系、青白口系。1990 年，《宁夏回族自治区区域地质志》采用宁夏区测队（1964）对海原群的划分方案，仍划分为下、中、上 3 个亚群，时代划归古元古代。1993 年，宁夏区调队在 1：5 万蒿川幅、盐池幅、海原幅、大嘴幅区调报告中认为海原群由三大构造岩片组成，其间由韧性断层分界，时代属中元古代。1992 年，甘肃省地矿局区调队在进行1：5 万碾壕湾幅、打拉池幅区调时，将黄家洼山地区之海原群细分为 3 个岩组，时代厘定为中元古代。1996 年，顾其昌等在《宁夏回族自治区岩石地层》专著中，将霍福臣、郑昭昌建立的 3 个群级地层单位降群为组，分别称为南华山组、园河组和西华山组，统称海原群，将其时代定为中元古代蓟县纪。1996 年，王崇礼、李厚民等在《海

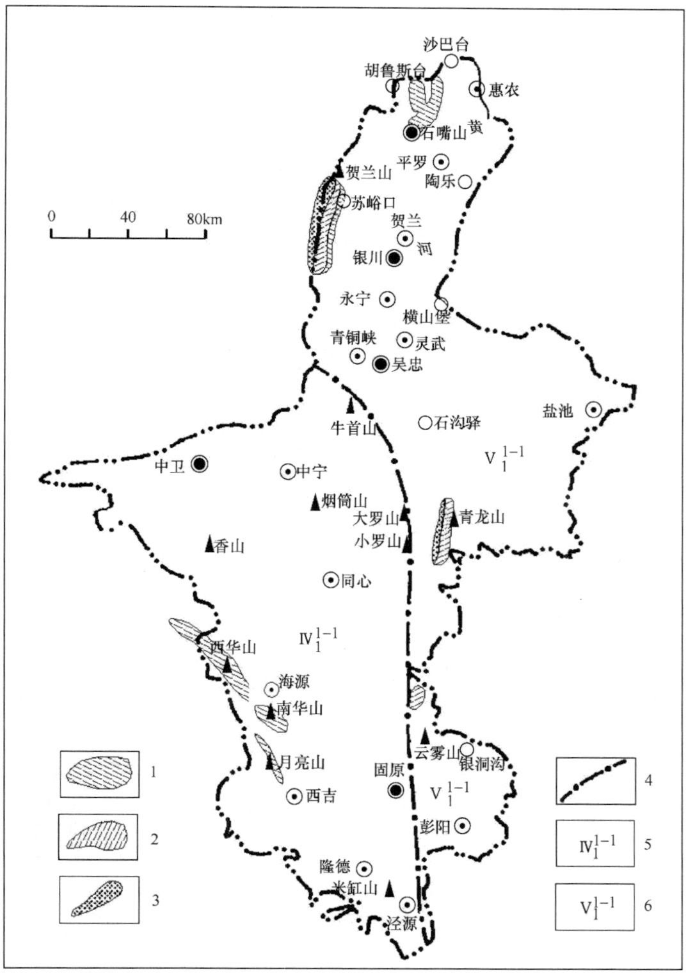

图 2-7 宁夏中—新元古界分区及露头分布图

Fig. 2-7 Outcrop distribution and stratigraphic division of Mesoproterozoic and Neoproterozoic in Ningxia

1—长城系露头区；2—蓟县系露头区；3—震旦系露头区；4—地层大区界线；5—黄家洼山-南华山地层小区；6—贺兰山-青龙山地层小区

原群变质地质及含矿性》专著中，着重论述了海原群的形成和演化，认为形成时代为长城纪，主体变质作用类型为区域中低温递增动力变质作用，主变形期为中元古代晚期（四堡期）。本《志》认为海原群遭受了区域低温动力变质作用，构造变形强烈，面理置换明显，基本为一套无序的地层，具构造-地层单位性质，故将其称为海原岩群，进一步划分为南华山岩组、园河岩组和西华山岩组，各组之间均为韧性断层接触。

海原岩群划分与命名沿革见表 2-3。

海原岩群未见底，其上为志留系或泥盆系不整合覆盖，主要由绿片岩（中基性变质火山岩）、云母石英片岩、石英片岩和大理岩等组成，根据岩石组合，将其进一步划分为 3 个岩组，自下而上为南华山岩组、园河岩组和西华山岩组。

1. 南华山岩组（Pt_2^1n）

由霍福臣、郑昭昌 1988 年命名的南华山群沿革而来，正层型为海原县南华山头岔—三门上剖面。

南华山岩组主要分布于南华山分水岭以南鸭儿湾—头岔—灵光寺一带，向西延伸至黄家洼山。正层型头岔—三门上剖面（位于海原县南华山，起点位于头岔村南东东向 1.7km 处。起点坐标：北纬 36°27′，东经 105°35′。宁夏区测队 1960 年测制）层序如下（图 2-8）：

表 2-3　海原岩群划分、命名沿革表

Table 2-3　Evolution of divisional schemes of the Haiyuan Rock Group

方案	界/系	群	上部	中部	下部
地质部641队，1955	前寒武系或下古生界				
宁夏地质局宁南地质队，1959	前震旦系				
1：20万海原幅区测报告，1964	前寒武系	海原群	上亚群	中亚群	下亚群
宁夏区域地层表编写组，1980	前震旦系海原群		上亚群	中亚群	下亚群
霍福臣、郑昭昌，1988	中元古界		青白口系 西华山群	蓟县系 园河群	长城系 南华山群
《宁夏回族自治区区域地质志》，1990	下元古界	海原群	上亚群	中亚群	下亚群
1：5万海原县等幅区调报告，1992	中元古界		西华山群（泉儿沟组、天都山组）	园河群（马场组、簸箕掌组、五桥沟组、乱堆子组）	南华山群（马万山组、阳洼沟组）
1：5万碾壕湾、打拉池幅区调报告，1992	中元古界	海原群		三岩组	二岩组、一岩组
《宁夏回族自治区岩石地层》，1996	蓟县系	海原群	西华山组	园河组	南华山组
王崇礼、李厚民等，1996	长城系	海原群	上亚群	中亚群	下亚群
1：25万固原市幅区调报告，2004	长城系	海原群	西华山组	园河组	南华山组
本《志》，2012	长城系	海原岩群	西华山岩组	园河岩组	南华山岩组

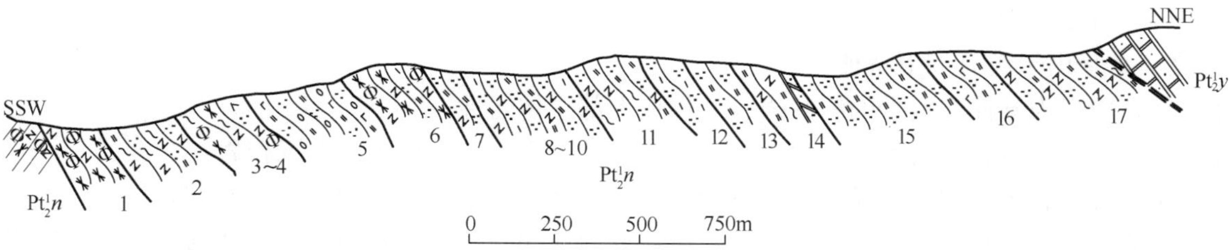

图 2-8　海原县南华山头岔—三门上长城系南华山岩组剖面图

Fig. 2-8　Section of the Nanhuashan Rock Formation of Changcheng System in Toucha-Sanmenshang, Nanhuashan, Haiyuan County, Ningxia

上覆地层：园河岩组（Pt_2^1y）灰白色薄层含砂质大理岩

= = = = = = 韧性断层 = = = = = =

南华山岩组（Pt_2^1n）	厚度>1809.6m
17. 灰绿、灰白色绿泥白云母钠长石英片岩	136.2m
16. 灰、灰白色含钙质白云母石英片岩	131.8m
15. 灰白色白云母石英片岩	200.5m
14. 灰、灰绿色绿泥钠长白云母片岩，顶部有一层厚 10.8m 的含砂质白云石大理岩	53.5m
13. 灰白色白云母石英片岩	55.9m
12. 深灰色黑云母石英片岩	33.5m
11. 灰色绿泥钠长白云母石英片岩	125.3m
10. 灰白色二云母钠长石英片岩	88.4m
9. 灰、灰白色绿泥石英钠长白云母片岩	50.0m
8. 浅灰色二云母钠长石英片岩	129.8m
7. 灰白色钠长白云母石英片岩	35.0m
6. 灰绿色绿帘钠长阳起石片岩夹深灰色钠长黑云母石英片岩及白云母石英片岩	70.3m
5. 灰白、灰色含钙质白云母石英片岩，沿片理析出石英透镜体。产微古植物 *Polyporata* sp.，*P. microporosa*，*P. obsoleta*，*Taeniatum crassum*，*Trematosphaeridium* sp.	199.3m
4. 灰绿色钠长绿帘角闪岩及石英绿帘钠长石片岩，钠长绿帘角闪岩之 Rb-Sr 同位素年龄值为（1020±106）Ma	132.3m
3. 浅黄绿、灰绿色绿帘钠长阳起石片岩及绿帘钠长绿泥石片岩。产微古生物 *Polyporata* sp.，*P. microporosa*，*Lignum* sp.	67.9m
2. 灰、黄绿色白云母绿泥钠长石英片岩	191.5m
1. 浅黄绿色钠长绿帘阳起石片岩（未见底）	>108.4m

南华山岩组未见底，与上覆园河岩组呈韧性断层接触，为一套以绿片岩类为主的构造-岩石地层单位，可进一步划分为上、下两部分。

下部以灰绿色绿帘绿泥阳起片岩、绿帘阳起片岩、绿帘绿泥片岩、含磁铁黑云绿泥石英片岩、灰绿、浅灰绿色细粒片状（含）绿帘斜长角闪岩为主，夹不等量灰、浅灰色白云母（或二云母）石英片岩及少许浅灰、灰白色细粒白云石大理岩、硅质条带白云石大理岩和灰、浅灰色条带状含磁铁石英岩透镜体。纵向上，原岩为基性火山岩的绿片岩与原岩为正常沉积岩的云母石英片岩、石英岩、大理岩相间出现，构成不等厚韵律层。横向上，岩性、岩相变化剧烈。自西向东绿片岩增多，云母石英片岩夹层减少、变薄。阳洼沟附近云母石英片岩、大理岩较多。

上部以灰、浅灰色钠长白云母（部分为二云母）石英片岩、白云母石英片岩、钠长白云母片岩为主，夹灰绿色钠长绿泥阳起片岩、绿帘阳起片岩、含角闪绿帘钠长绿泥片岩及褐灰、深灰色白云石大理岩、含镁质方解石大理岩的不稳定夹层或透镜体。纵、横向上，岩性较稳定，唯自下而上、由西向东绿片岩夹层略显增多趋势。

受构造影响，南华山岩组在各地段出露厚度变化较大：马万山 2963.8m，头岔—三门上 1809.6m，路沟湾 1553.5m，黄家洼山张泥水 1006.2m。

总之，南华山岩组有如下特征：

1）富含原岩为基性火山岩的绿片岩，并构成下部主体岩性；

2）上部以浅色石英片岩为主，岩石常含较多钠长石，原岩主要为正常沉积岩；

3）所夹大理岩绝大部分为镁质，自下而上其 CaO/MgO 比值由低至高，旋回性明显；

4）普遍遭受绿帘角闪岩相区域变质，经后期韧性剪切作用，约 60%的岩石改造为糜棱岩系岩石。

2. 园河岩组（Pt_2^1y）

由霍福臣、郑昭昌 1988 年命名的园河群沿革而来，正层型为海原县西华山窝宝沟剖面。

园河岩组主要分布于南华山东北麓和西华山主峰以东，黄家洼山及付家岘也有出露。正层型窝宝沟剖面（位于海原县西华山东端园河村附近。起点坐标：北纬 36°35′，东经 105°24′。宁夏区测队 1960 年测制）层序如下（图 2-9）：

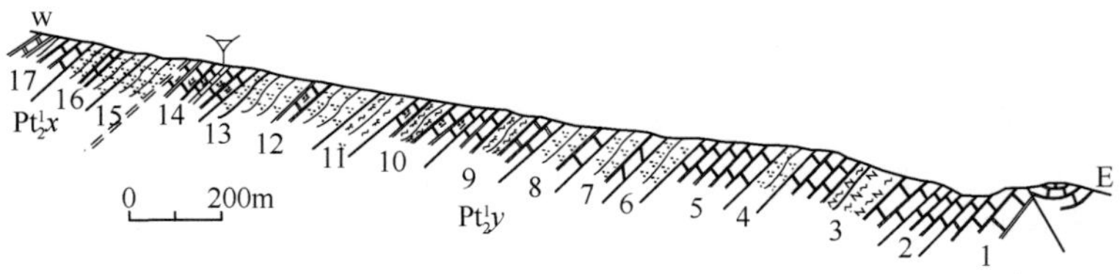

图 2-9 海原县西华山窝宝沟长城系园河岩组剖面图

Fig. 2-9 Section of the Yuanhe Rock Formation of the Changcheng System in Wobaogou, Xihuashan, Haiyuan County, Ningxia

上覆地层：西华山岩组（Pt_2^1x）灰白、银灰色白云母石英片岩

= = = = = = 韧性断层 = = = = = =

园河岩组（Pt_2^1y）		厚度>1148.3m
14.	灰白色中薄层硅质大理岩、薄层灰岩。产微古植物 *Leiopsophosphaera* sp.，*Polyporata* sp.，*P. solida*	123.1m
13.	深灰绿色钠长绿帘绿泥石片岩夹灰白色硅质大理岩及白云母石英片岩	53.7m
12.	浅灰色白云母石英片岩夹薄层硅质大理岩、钠长绿帘绿泥石片岩及钠长绿帘绿泥阳起石片岩	105.0m
11.	灰绿色绿泥绿帘钠长阳起石片岩	43.0m
10.	灰白色中薄层硅质大理岩夹绿泥绿帘阳起石片岩	62.8m
9.	灰白色中厚层白云母大理岩夹阳起钠长绿泥石片岩及绿泥黑云母片岩	93.3m
8.	灰白色钙质白云母石英片岩及白云母大理岩，顶部有一层石英片岩	42.4m
7.	灰白色中层白云石大理岩夹白云母石英片岩、炭质白云母石英片岩及灰绿色绿帘阳起钠长绿泥石片岩	105.6m
6.	灰白色白云母石英片岩	58.2m
5.	灰白色中厚层白云母大理岩	129.2m
4.	灰白、银灰色白云母石英片岩，顶部有一层阳起钠长石片岩	26.3m
3.	灰白色中厚层白云母大理岩及钠长绿泥石片岩、白云母石英片岩	225.2m
2.	灰白色中厚层白云母白云质大理岩及钠长绿泥石片岩和白云母石英片岩	50.1m
1.	灰白色中厚层大理岩（未见底）	>30.4m

园河岩组与南华山岩组和西华山岩组均呈韧性断层接触，为一套以大理岩为主的构造-岩石地层单位，岩性以灰、灰白色中—厚层含硅质白云石大理岩、硅质条带细粒白云石大理岩、细粒白云石大理岩、细粒方解石大理岩、含石墨方解石大理岩为主，夹浅灰色白云母钠长石英片岩、二云钠长石英片岩、白云母（石墨）石英片岩、含磁铁白云母钙质片岩、石英岩及灰绿色钠长绿帘阳起片岩、钠长阳起绿泥片岩、斜长角闪片岩等。其中镁质大理岩与钙质大理岩常彼此混杂、相互过渡。

纵向上，园河岩组下部和上部片岩类相对多一些，中部大理岩较发育；横向上岩性、岩相变化较大，大理岩与片岩类互为消长，自东向西原岩为基性火山岩的绿片岩夹层明显增多，尤以付家岘和黄家洼山为甚，而大理岩夹层略有减少趋势。

各地园河岩组厚度相差悬殊：南华山路沟湾 984.9m，西华山窝宝沟 1476.4m，黄家洼山白石头沟 362.0m，付家岘 1533.0m。

总之，园河岩组有如下特征：

1）碳酸盐岩与碎屑岩呈多级别不等厚互层，大理岩多呈不稳定层状或透镜体状产出；

2）大理岩中钙质、镁质者均有。自下而上，总体具有白云石大理岩减少、方解石大理岩增多的趋势，其 CaO/MgO 比值明显呈现从低至高的两个旋回；

3）常夹少量含石墨的岩层（含石墨大理岩、含石墨白云母石英片岩等）和少许原岩为基性火山岩的绿片岩；

4）普遍遭受绿帘角闪岩相区域变质，50%左右的岩石遭受动力变质成为糜棱岩系岩石。

3. 西华山岩组（Pt_2^1x）

由霍福臣、郑昭昌 1988 年命名的西华山群沿革而来，正层型为海原县西华山剖面。

西华山岩组主要分布于西华山主峰以西地区，月亮山见有零星露头。正层型西华山剖面（位于西华山主峰东南 2.6km 处。起点坐标：北纬 36°35′，东经 105°22′。宁夏区测队 1960 年测制）层序如下（图 2-10）：

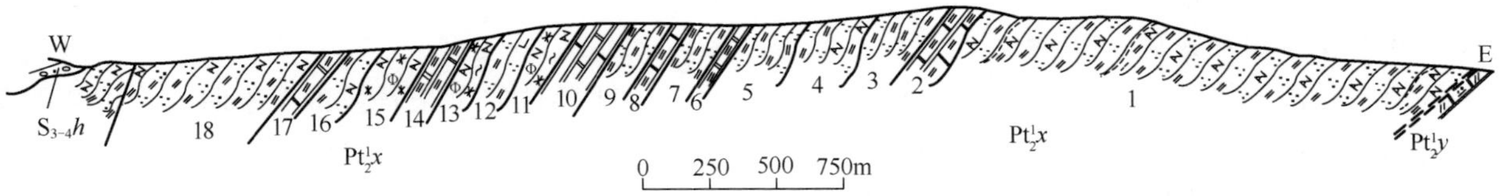

图 2-10 海原县西华山长城系西华山岩组剖面图

Fig. 2-10 Section of the Xihuashan Rock Formation of the Changcheng System in Xihuashan, Haiyuan County, Ningxia

上覆地层：旱峡组（$S_{3-4}h$）紫红色砾岩、砂砾岩

~~~~~~~~ 不 整 合 ~~~~~~~~

西华山岩组（Pt_2^1x）	厚度 3514.0m
18. 灰白色钠长白云母石英片岩	472.0m
17. 深灰色条带状中薄层白云母大理岩	29.0m
16. 灰白色钠长白云母石英片岩	148.0m
15. 暗绿色绿帘钠长阳起石片岩	72.0m
14. 灰白、黄褐色薄层白云母大理岩	106.0m
13. 灰绿色绿帘绿泥阳起钠长石片岩	73.0m
12. 灰白色含钙质白云母石英片岩	56.0m
11. 灰绿色绿帘绿泥阳起钠长石片岩	21.0m
10. 灰白色中薄层大理岩夹含钙质白云母石英片岩	203.0m
9. 灰绿色绿泥石英白云母片岩	134.0m
8. 灰白色薄层白云母大理岩	15.0m
7. 灰白、浅灰绿色绿泥石英白云母片岩，有少许析出的石英透镜体	346.0m
6. 灰白色薄层白云母大理岩	8.0m
5. 浅灰色白云母石英片岩，具少量析出的透镜状石英脉	212.0m
4. 银灰色钠长白云母石英片岩，有少量石英透镜体析出	149.0m
3. 灰、灰白色白云母石英片岩	216.0m
2. 灰白色薄层白云母大理岩及钠长阳起石片岩	11.0m
1. 灰白色钠长白云母石英片岩夹浅色二云斜长片麻岩，具析出之石英透镜体	1243.0m

＝＝＝＝＝＝ 韧性断层 ＝＝＝＝＝＝

下伏地层：园河岩组（Pt_2^1y）黄褐色薄层硅质白云质大理岩
~~~~~~~~

西华山岩组与下伏园河岩组呈韧性断层接触，上—顶志留统旱峡组不整合覆于其上，为一套以石英片岩类为主的构造-岩石地层单位。岩性以灰、浅灰色白云母（二云母）钠长石英片岩、绿泥白云母石英片岩、白云母石英片岩、白云母片岩为主，夹数量不等的浅灰、灰白色薄—厚层细粒方解石大理岩、（含硅质）含白云母方解石大理岩及少量灰绿色绿泥钠长片岩、绿帘钠长阳起片岩、钠长阳起绿泥片岩。

西华山岩组岩性、岩相不稳定，碳酸盐岩夹层下部较多，绿片岩夹层上部偏多。横向上，自北而南大理岩夹层比例增大，且其中硅质含量略增。尤以原岩为火山岩的绿片岩相变最为强烈。

总之，西华山岩组具如下特征：

1）岩石组合以原岩为碎屑岩、泥质岩的浅灰色钠长（或绿泥）白云母石英片岩、白云母石英片岩、白云母片岩为主，夹少量原岩为基性火山岩的绿片岩，下部偶含石墨，上部夹有方解石大理岩；

2）在纵、横向上总体岩性、岩相稳定性较差，尤以绿片岩变化较大，常出现迅速尖灭现象；

3）所夹大理岩均为方解石大理岩，CaO/MgO 比值呈现由低至高的旋回性；

4）在遭受绿帘角闪岩相区域变质基础上，广泛发生韧性变形，其中约 70%的岩石成为糜棱岩系岩石。

（二）贺兰山-青龙山地层小区

中元古界主要分布于贺兰山中—北段，青龙山、云雾山和闵家沟等地也有零星出露（见图 2-7），宁东一些钻孔中亦有见及。

区内中元古界的调查研究可追溯至 20 世纪 20 年代。1921 年谢家荣来贺兰山考察时，将现今的黄旗口组划归“南口系”。1946 年，李士林在《宁夏资源志》中将该套地层统称震旦系。1947 年，田在艺、张传淦将平凉—固原一带的中元古界命名为“马峡口系”。1954 年，西北石油局宋士宽等认为该套地层为震旦纪地层，可分为上、下两部分，上部以厚层块状矽（硅）质灰岩为主，下部以厚层石英岩及棕紫色铁质板岩为主。1953~1956 年，华北地质局 205 勘探队关士聪等在贺兰山北段填制1∶20 万地质略图时，曾将与现今黄旗口组相当的地层称为“西勒图石英岩系”。1956 年，中国地质科学院地质研究所在《中国区域地层表》中，将这套地层命名为“贺兰山系”。1957 年，关士聪等将固原东北闵家沟一带之紫灰色石英岩及上部深灰色硅质石灰岩称“闵家沟系”，并认为可与甘肃华亭县马峡口之“马峡口系”对比。1960 年，毛金海等在《贺兰山中段1∶5 万普查报告》中，将该套地层划归震旦系，并称下部石英岩为下震旦统，上部碳酸盐岩为上震旦统。1973 年，宁夏区测队曹景轩、郑昭昌同华北地质研究所陆宗斌、梁玉左在贺兰山北段王全沟相当于现今王全口组下部采取了海绿石样品，获得 1289Ma、1291Ma 两组 K-Ar 法年龄值，遂将其划归蓟县系。1974~1975 年，宁夏地质局第二地质队在贺兰山开展磷矿普查时，将中元古界下部碎屑岩及部分碳酸盐岩划归长城系，上部碳酸盐岩划归蓟县系，并引用了华北地区的组一级地层名称。1975~1978 年，宁夏区调队在开展1∶20 万巴伦别立幅区调时，将下部划归长城系称黄旗口群，上部划归蓟县系称王全口群。1976~1978 年，宁夏地质局综合研究队郑昭昌与西安地质矿产研究所前寒武纪组共同对贺兰山区中、上元古界进行专题研究时，将中元古代地层划归蓟县系下部黄旗口组和上部王全口组，认为贺兰山区缺失长城系。1990 年出版的《宁夏回族自治区区域地质志》对中元古界的划分采用了宁夏区调队（1978）的划分方案，即将下部划归长城系称黄旗口群，上部归蓟县系称王全口群。1996 年，顾其昌等在进行宁夏岩石地层清理时，在黄旗口组底部海绿石砂岩中获得（969.1±21.8）Ma 的 Ar-Ar 法年龄值，从而在《宁夏回族自治区岩石地层》一书中将该套地层划归青白口系，下分黄旗口组和王全口组。1999 年出版的《中国地层典·中元古界》将该套地层置于中元古界蓟县系，下部称黄旗口组，上部为王全口组。2005~2008 年，宁夏地质环境监测总站在进行1∶25 万吉兰泰幅、银川市幅区调时，对中元古界的划分遵从了《宁夏回族自治区岩石地层》的意见，确定为青白口系，下分黄旗口组和王全口组，认为两组之间为整合接触关系。本《志》将中元古界下部划归长城系称黄旗口组，上部划归蓟县系为王全口组。中元古界划分、命名沿革见表 2-4。

表 2-4　贺兰山及青龙山地区中—新元古界划分命名沿革表

Table 2-4　Evolution of divisional schemes of Mesoproterozoic and Neoproterozoic in the Helanshan and Qinglongshan areas

李士林，1946		震旦系
田在艺、张传淦，1947		马峡口系
关士聪、谢继哲，1957		闵家沟系
郭勇岭、甘克文，1958		蓟县系 / 长城系
毛金海，1960		上震旦系 / 下震旦系
西北地质科学研究所，1964		蓟县统 / 长城统
1：20万固原幅区测报告，1965		震旦系：上统蓟县系（上亚组 / 下亚组）/ 下统长城系
宁夏地质局郑昭昌，1975	震旦系；正目观组	蓟县系；贺兰山群；王全口组 / 黄旗口组
宁夏第二地质队蓝福林等，1976	下寒武统：井底泉组 / 始寒武系：镇木观组	蓟县系：铁岭组 / 长城系贺兰山群：高于庄组 / 大洪峪组 / 串岭沟组 / 常州沟组
宁夏区调队周特先等，1975~1978	贺兰山组：板岩段 / 冰碛砾岩段	蓟县系：王全口群 / 长城统：黄旗口群
西安地质矿产研究所前寒武纪组，1978	震旦系正目观组：板岩段 / 冰碛砾岩段	蓟县系；贺兰山群：王全口组 / 冰沟组 / 黄旗口组
1：20万巴伦别立幅报告，1978	震旦系：罗圈组	蓟县系：王全口群 / 长城系：黄旗口群
宁夏区域地层表编写组，1980	震旦系正目观组：上段 / 下段	蓟县系：王全口群 / 长城系：黄旗口群
《宁夏回族自治区区域地质志》，1990	震旦系正目观组：上段 / 下段	蓟县系：王全口群 / 长城系：黄旗口群
《宁夏回族自治区岩石地层》，1996	震旦系：正目观组	青白口系：王全口组 / 黄旗口组
《中国地层典·中元古界》，1999	震旦系：正目观组	蓟县系：王全口组 / 黄旗口组
本《志》，2012	震旦系：兔儿坑组 / 正目观组	蓟县系：王全口组 / 长城系：黄旗口组

1. 黄旗口组（Pt_2^1h）

由宁夏区调队1978年创名的黄旗口群沿革而来。正层型为银川市黄旗口冰沟剖面，次层型为石嘴山市王全沟剖面。

黄旗口组主要分布于贺兰山中段苏峪口—三关口一带及北段的王全沟等地，固原东北部闵家沟有小面积出露。黄旗口冰沟剖面和王全口剖面具代表性。

正层型黄旗口冰沟剖面（位于银川市黄旗口冰沟上游。起点坐标：北纬38°39′，东经106°52′。宁夏区调队1976年测制）层序如下（图2-11）：

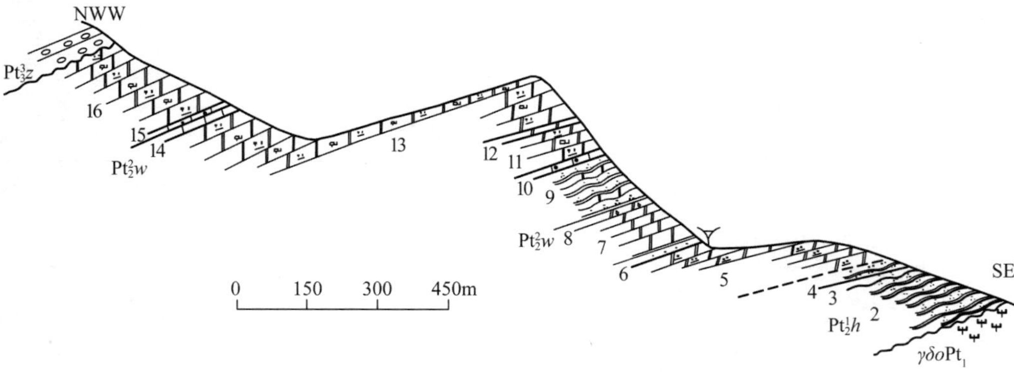

图2-11 银川市黄旗口冰沟中元古界剖面图

Fig. 2-11 Section of Mesoproterozoic in Binggou, Huangqikou, Yinchuan, Ningxia

上覆地层：王全口组（Pt_2^2w）厚层块状硅质白云岩

----- 平行不整合 -----

黄旗口组（Pt_2^1h） 厚度161.2m

4. 灰绿色粉砂质板岩夹灰绿色薄层中粒含海绿石石英砂岩及少量钙质粗粒石英砂岩，发育沙纹层理和水平层理 21.2m
3. 深灰色中厚层中—细粒含海绿石石英砂岩夹少量含铁质石英砂岩透镜体，前者交错层理发育 8.6m
2. 浅紫红色中厚层石英岩，发育中型交错层理及楔状层理，层面具波痕构造 112.8m
1. 灰色薄—中层石英岩夹浅紫红色中厚层石英岩和灰绿、暗紫色粉砂质泥质板岩（贺兰石）。板岩产微古植物 *Taeniatum crassum*, *Leiopsophosphaera* sp., *Trachysphaeridium cultum*, *Trematosphaeridium* sp., *Laminarites* sp. 等。底部有一层厚10~20cm的灰黑色海绿石电气石胶结的含砾石石英岩，石英岩具板状斜层理和波痕 18.6m

~~~~~~ 不 整 合 ~~~~~~

下伏：古元古代英云闪长岩（$\gamma\delta oPt_1$）

王全沟剖面（位于石嘴山市惠农区王全口沟上游。起点坐标：北纬39°12′，东经106°30′。宁夏区调队1978年测制）层序如下（图2-12）：

上覆地层：王全口组（Pt_2^2w）厚层角砾岩

----- 平行不整合 -----

黄旗口组（Pt_2^1h） 厚度283.3m

11. 灰白色厚层石英岩 2.1m
10. 灰白色薄层石英岩状砂岩 4.9m
9. 灰白色中厚层石英岩 69.9m
8. 灰白色中厚层中—细粒石英岩状砂岩 28.8m
7. 浅灰色中厚层中粒石英砂岩 87.6m
6. 紫红色不等粒石英砂岩夹灰白色中厚层石英砂岩，底部含铁质较多，近顶部夹一层10cm厚的海绿石砂岩 69.9m
~~~~~~

5. 灰白色中厚层中细粒石英砂岩 2.2m

4. 紫红色中细粒石英砂岩夹灰白色中厚层中细粒石英砂岩，底部夹薄层海绿石砂岩 10.2m

3. 灰白色厚层中粒石英砂岩夹少许紫红色石英砂岩 2.7m

2. 紫红色薄—中厚层中细粒含铁石英砂岩与灰白色薄—中厚层细粒石英砂岩互层，夹一层厚10~20cm之海绿石砂岩，其中海绿石常规K-Ar法年龄值为1291Ma 5.0m

~~~~~~ 不整合 ~~~~~~

下伏地层：贺兰山岩群（Pt_1*HL*）石榴黑云斜长片麻岩

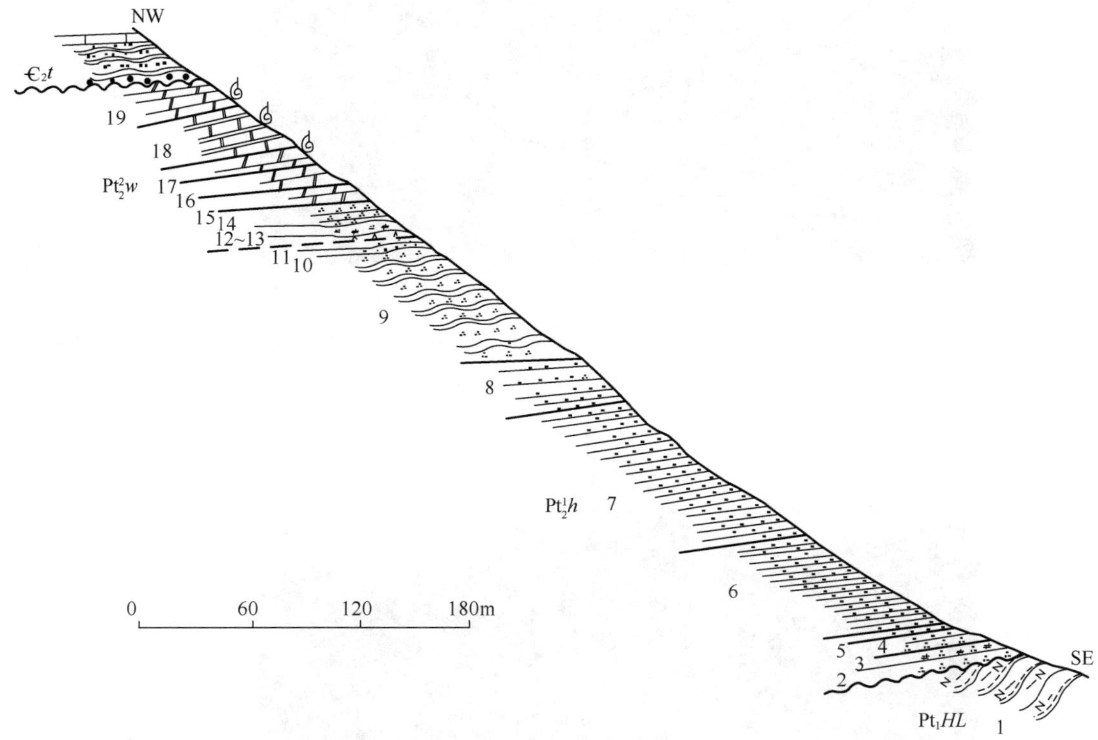

图2-12　石嘴山市惠农区王全沟中元古界剖面图

Fig. 2-12　Section of Mesoproterozoic in Wangquangou, Huinong, Shizuishan, Ningxia

贺兰山地区黄旗口组以不整合超覆于古元古代英云闪长岩（图2-13）或古元古界贺兰山岩群（图2-14）或古元古界赵池沟岩群（见图2-6）之上，其他地区均未见底，与上覆地层王全口组平行不整合接触，为一套主要由灰紫、紫红、灰白色石英岩、石英岩状砂岩及杂色泥质岩石组成的滨浅海相碎屑岩沉积。本组下部砂岩多呈特有的紫红色（铁锈红）而有别于本区其他各组碎屑岩，这是其主要的识别标志。

冰沟剖面黄旗口组厚161.2m，主要由灰紫、紫红、灰白色薄—中厚层石英岩、石英砂岩、粉砂质板岩、硅质板岩及硅质白云岩等组成，底部砂岩含砾。王全沟剖面本组几乎全由灰白间紫红色厚—中厚层石英岩、石英岩状砂岩组成，下部见夹含海绿石砂岩，厚283.3m。自冰沟剖面向南经拜寺口至圈渠沟等地，本组岩性组合基本与冰沟剖面一致，厚245.8~339.4m。贺兰山北段枣窝、红霞沟、陶思沟等地所见岩性与王全口沟剖面相似。在红霞沟本组见夹较多的紫红色粉砂质泥岩、粉砂岩，厚度明显减薄，为121.1m。在陶思沟本组见夹硅质白云岩，厚42.7m，其上为中寒武统陶思沟组不整合覆盖。自王全沟剖面向北至贺兰山北端黑沙土一带，本组缺失，中寒武统陶思沟组直接超覆于贺兰山岩群之上。固原市东北部闵家沟黄旗口组未见底，厚度大于27m，由紫红色石英砂岩、石英岩状砂岩及紫红色板岩组成，岩性特征与冰沟剖面别无二致，其层位大体相当于冰沟剖面的下部。本组沉积构造极为发育，砂岩发育斜层理、交错层理及泄水构造，层面常见波痕及泥裂，泥质岩石中常见砂岩楔、砂岩墙及火焰构造等，充分表现了滨浅海相的沉积特点。
~~~~~~

图 2-13 银川市大水渠沟长城系黄旗口组（Pt_2^1h）与古元古代英云闪长岩（$\gamma\delta oPt_1$）不整合接触关系

Fig. 2-13 Unconformity between the Changchengian Huangqikou Formation（Pt_2^1h）and the Paleoproterozoic tonalite（$\gamma\delta oPt_1$）in Dashuiqugou, Yinchuan, Ningxia

图 2-14 石嘴山市王全沟长城系黄旗口组（Pt_2^1h）与古元古界贺兰山岩群（Pt_1HL）不整合接触关系

Fig. 2-14 Unconformity between the Changchengian Huangqikou Formation（Pt_2^1h）and the Paleoproterozoic Helanshan Rock Group（Pt_1HL）in Wangquangou, Shizuishan, Ningxia

从上述可看出，黄旗口组横向上岩性变化不明显，但沉积厚度有一定变化，有以冰沟一带为中心，向北、向南变薄之趋势（图 2-15）。

黄旗口组上部石英岩 SiO_2 含量较高，是优质的硅石矿，具有质优量大的特点，有一定的经济价值；下部所夹暗紫、灰绿色粉砂质泥质板岩则是久负盛名、驰名中外的工艺原料——贺兰石。

2. 王全口组（Pt_2^2w）

由宁夏区调队 1978 年创名的王全口群沿革而来。正层型为宁夏石嘴山市惠农区王全沟剖面。

王全口组主要分布于贺兰山中—北段之三关口、圈渠沟、敖包梁、冰沟、拜寺口及王全沟等地，宁东青龙山及固原市东部地区云雾山、闵家沟、峁头上、马家石沟和马家峡等地见有小面积露头，宁东灵武、盐池地区个别钻孔中亦有见及。王全沟剖面、冰沟剖面和青龙山鸽堂沟剖面具代表性。

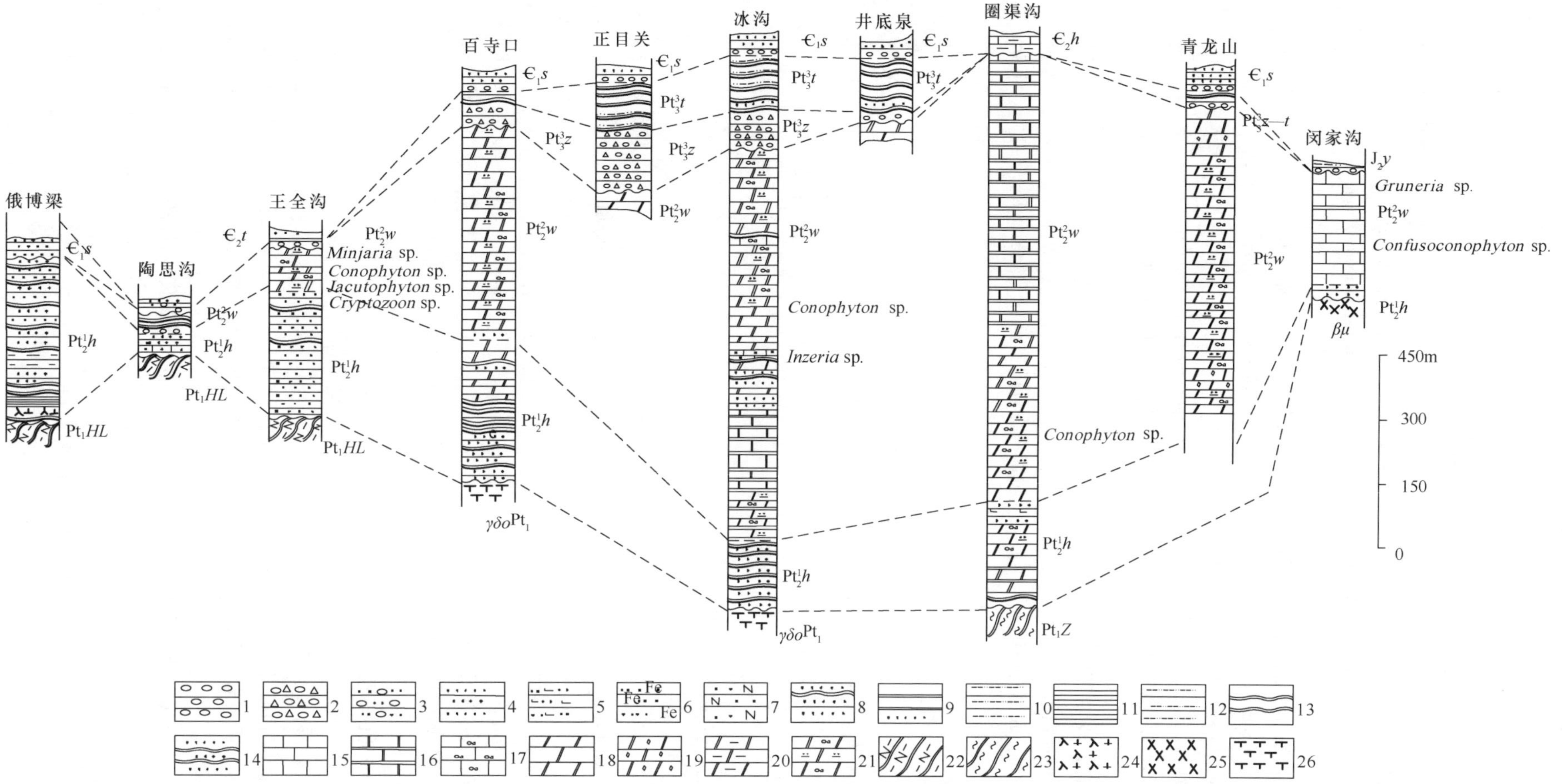

图 2-15　宁夏中—新元古界柱状对比图

Fig. 2-15　Columnar correlation of Mesoproterozoic and Neoproterozoic in Ningxia

1—砾岩；2—角砾岩；3—含砾砂岩；4—砂岩；5—钙质砂岩；6—含铁质砂岩；7—含电气石长石砂岩；8—石英岩状砂岩；9—石英岩；10—泥质砂岩；11—页岩；12—砂质页岩；13—板岩；14—砂质板岩；15—砂质灰岩；16—硅质灰岩；17—泥质条纹灰岩；18—白云岩；19—结晶白云岩；20—泥质白云岩；21—硅质条带状白云岩；22—黑云斜长片麻岩；23—绿泥白云石英片岩；24—辉长闪长玢岩；25—辉长岩；26—英云闪长岩

王全沟剖面层序如下（见图 2-12）：

上覆地层：陶思沟组（$\in_2 t$）砾岩

～～～～～ 不 整 合 ～～～～～

王全口组（$Pt_2^2 w$） 厚度 118.3m

19. 浅灰色中厚层与薄层燧石条带白云岩互层。产叠层石 *Colonnella* sp.，*C. ulakia*，*Tungussia* sp.，*Baicalia* ? sp.，*B.* cf. *baicalia*，*B. minuta* 及微古植物 *Leiominuscula* sp.，*Leiopsophosphaera solida*，*Margominuscula* sp. 41.7m
18. 浅肉红色中厚层与薄层白云岩互层，含少许燧石结核。产叠层石 *Conophyton* sp.，*C. lituum*，*Jacutophyton* sp.，*J.* cf. *luonanensis*，*Baicalia* sp.，*B. caricornia*，*Anabaria* sp.，*Colonnella* sp.，*Tungussia* sp.，*Scopulimorpha* sp.，*Conicodomenia* sp. 13.1m
17. 浅灰色中厚层燧石条带白云岩。产叠层石 *Jacutophyton* sp.，*Cryptozoon* sp.，*Conophyton wangquangouense*，*Tielingella* ? sp.，*Colonnella* sp.，*Conophyton cylindricum*，*Tungussia* sp.，*Conophyton* sp. 1.3m
16. 浅灰色中厚层燧石条带白云岩夹两层灰绿色砂质板岩 22.7m
15. 浅灰色厚层含硅质条带砂质白云岩 5.3m
14. 灰白色薄层细粒石英砂岩，底部夹海绿石石英砂岩，顶部夹少量硅质板岩。海绿石 K-Ar 法年龄值为 1289Ma 4.4m
13. 灰绿色含海绿石硅质板岩 1.4m
12. 灰白色厚层角砾岩 8.4m

----- 平行不整合 -----

下伏地层：黄旗口组（$Pt_2^1 h$）灰白色厚层石英岩

冰沟剖面层序如下（见图 2-11）：

上覆地层：正目观组（$Pt_3^3 z$）冰碛砾岩

～～～～～ 不 整 合 ～～～～～

王全口组（$Pt_2^2 w$） 厚度 904.2m

16. 灰色厚层硅质条带含灰质白云岩，下部偶夹少许石英岩，底部有一层厚约 2m 的砾屑白云质灰岩 195.9m
15. 灰色薄—中层中粒砂质假鲕状灰岩 8.5m
14. 灰色薄层含硅质条纹微—粉晶灰岩 14.8m
13. 灰、灰黑色中厚层含燧石条带灰质白云岩 191.8m
12. 灰色块状灰质白云岩夹少许含硅质条带灰质白云岩，前者含丰富的锥叠层石 *Conophyton garganicus*，*Baicalia* sp. 4.1m
11. 灰色薄层含燧石条带含灰质白云岩 51.0m
10. 浅灰色厚层假鲕状灰岩 8.9m
9. 泛红色中厚层石英岩夹浅紫红色薄层粉砂质白云岩 124.6m
8. 灰白色厚层中粒含灰质结晶白云岩，具稀疏泥质砂质条纹和燧石条带 17.8m
7. 浅紫色厚层块状硅质白云质灰岩，底部为薄层砂质灰岩、泥质灰岩及钙质板岩、粉砂岩等 108.6m
6. 上部为灰色块状石英岩，下部则是灰黑色粉砂质板岩夹深灰色细粒长石石英砂岩透镜体。灰黑色板岩产微古植物 *Leiominuscula orientalis*，*Trematosphaeridium* sp.，*Taeniatum* aff. *crassum*，*Trachysphaeridium* sp.，*Leiominuscula* sp.，*Trachysphaeridium cultum* 等 15.1m
5. 灰白色厚层块状含燧石条带硅质白云岩，上部夹灰绿色粉砂质板岩 163.1m

----- 平行不整合 -----

下伏地层：黄旗口组（$Pt_2^1 h$）石英岩

宁东及固原地区由于黄土覆盖，王全口组出露欠佳，唯青龙山出露较好，鸽堂沟剖面（位于同心县青龙山北段鸽堂沟。起点坐标：北纬 37°18′，东经 106°36′。宁夏区调队 1982 年测制）具代表性，其层序如下（图 2-16）：

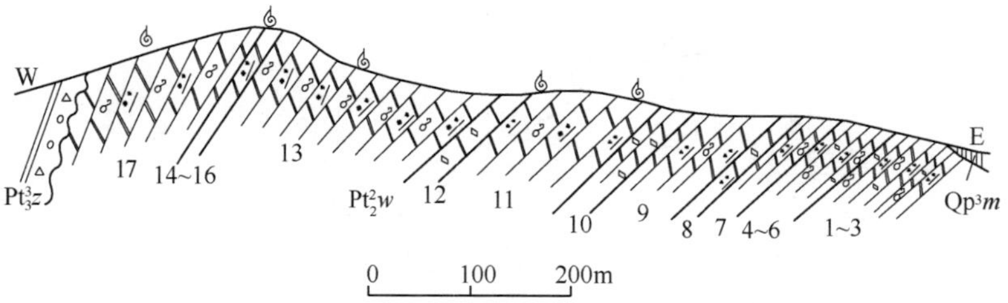

图 2-16　同心县青龙山鸽堂沟蓟县系王全口组剖面图

Fig. 2-16　Section of the Wangquankou Formation of the Jixian System in Getanggou, Qinglongshan, Tongxin County, Ningxia

上覆地层：正目观组（Pt_3^3z）冰碛砾岩

～～～～～～ 不 整 合 ～～～～～～

王全口组（Pt_2^2w）		厚度>707.6m
17.	灰色中厚层含稀疏硅质条带白云岩夹灰色薄层硅质条带白云岩，产叠层石 *Straticonophyton* sp., *Florcolumella* sp., *Microjacutophyton* sp. 等小型锥状叠层石	133.3m
16.	灰色薄至中厚层硅质条带微晶白云岩	2.9m
15.	灰色中厚层硅质条带、条纹白云岩	5.8m
14.	灰白色中厚层粉晶白云岩。含叠层石，其叠层石体小而密集，横向上若断若续，主要有 *Scyphus* sp., *Lochimecolumella* sp.	10.2m
13.	灰色薄层夹中厚层硅质条带、条纹白云岩。产丰富的叠层石，且保存完好，主要有 *Conophyton garganicus*, *C.* sp., *Xiaoqinlingella* sp., *Scyphus paruus*, *S. regularus*, *Lochimecohumella* sp., *Stratifera* sp. 等	207.5m
12.	灰白色中厚层粉晶白云岩	4.5m
11.	灰白色薄层硅质条带灰质白云岩夹灰色中厚层硅质条带白云岩。富含叠层石，分上、下两层：上部一层叠层石赋存于灰色微晶白云岩中，横向稳定，叠层体较大，柱状排列紧密，分叉简单而正规，主要分子有 *Microstylus* sp., *Logicoluella* sp., *Minglingella wanningfenensis*, *Xiaoqinlingella* sp. 等。下部一层赋存于硅质条带白云岩中，呈生物礁体出现，其特点是叠层体较小，分叉复杂，礁体形态多样，在横向上不稳定，主要分子有 *Pseudogymnosolen* cf. *yunnanensis*, *P.* cf. *gratiose*, *P. condylose*, *Lochimecolumella* sp., *Microstylus exiguus*, *Microjacutophyton iregularum* 等	109.9m
10.	灰褐、浅肉红色厚层微晶白云岩	22.9m
9.	灰色薄层硅质条带灰质白云岩夹中厚层硅质条带白云岩。中厚层白云岩含叠层石 *Stratifera* sp.	66.7m
8.	灰色薄层硅质条带白云岩夹灰褐色薄层硅质条带泥晶白云岩	18.5m
7.	灰色薄层、中厚层硅质条带白云岩	24.7m
6.	灰、灰白色厚层细—粉晶白云岩夹硅质条带灰质白云岩及砂质白云岩	11.9m
5.	灰色薄层、中厚层硅质条带灰质白云岩	11.1m
4.	灰白、浅灰色厚层细—粉晶白云岩夹硅质条带灰质白云岩及砂质白云岩	25.6m
3.	灰色薄层、中厚层硅质条带灰质白云岩	32.4m
2.	灰色薄层粉晶白云岩	3.2m
1.	灰色薄层、中厚层硅质条带灰质白云岩（为黄土覆盖，未见底）	>10.5m

王全口组与下伏黄旗口组平行不整合接触（图 2-17），与上覆震旦系正目观组不整合接触（图 2-18）。为一套以台地相碳酸盐岩为主的沉积，岩性以含硅质条带或结核的白云岩为主，下部夹少许石英

砂岩、粉砂岩、钙质板岩等，富含叠层石（图 2-19），厚 45~1036m。

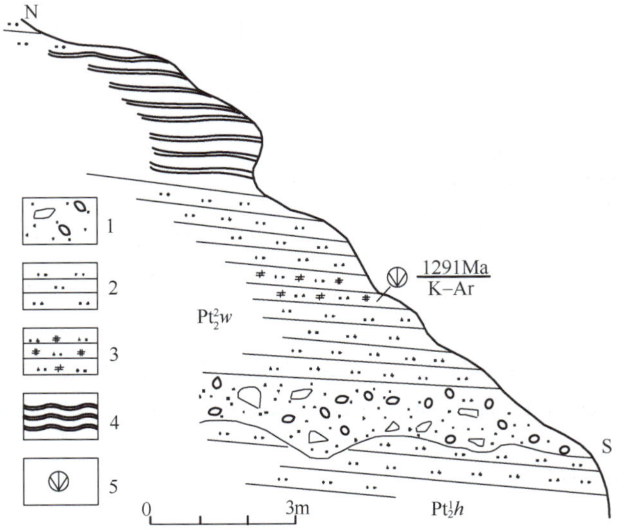

图 2-17　石嘴山市惠农区王全沟王全口组（Pt_2^2w）与黄旗口组（Pt_2^1h）平行不整合接触关系素描图

Fig. 2-17　Sketch showing disconformity between the Wangquankou Formation（Pt_2^2w）and the Huangqikou Formation（Pt_2^1h）in Wangquangou，Huinong，Shizuishan，Ningxia

1—角砾岩；2—石英砂岩；3—海绿石砂岩；4—板岩；5—同位素年龄样品采集地

图 2-18　银川市苏峪口震旦系正目观组（Pt_3^3z）与长城系王全口组（Pt_2^2w）不整合接触关系

Fig. 2-18　Unconformity between the Sinian Zhengmuguan Formation（Pt_3^3z）and the Changchengian Wangquankou Formation（Pt_2^2w）in Suyukou，Yinchuan，Ningxia

上述王全沟剖面王全口组厚 118.3m，岩性以浅灰—肉红色含燧石条带白云岩为主，下部夹石英砂岩、含海绿石砂岩等，含丰富的叠层石；自王全沟剖面向南，至黄旗口冰沟剖面厚度增至 904.2m，岩性仍以燧石条带白云岩、白云质灰岩为主，下部夹板岩、粉砂岩、石英岩等，叠层石极为稀少；冰沟向南本组厚度总体有增大之趋势，至贺兰山三关口以北厚达 934m 以上，岩性均大体与冰沟剖面相仿。

在宁东青龙山地区王全口组均未见底，岩性以灰—灰白色薄—中厚层含灰质硅质条带白云岩为主，夹灰白、灰红色中厚层结晶白云岩（硅质含量较低，可作为冶镁白云岩原料）。鸽堂沟剖面厚度大于

图 2-19 王全口组叠层石

Fig. 2-19 The stromatolites of the Wangquankou Formation

1—银川市大水渠沟；2~4—石嘴山市王全沟

707.6m，青龙山南段娘娘庙一带厚度大于983m。自青龙山向南至固原东北部云雾山—闵家沟一带，本组出露厚度大于215.6m，岩性以燧石条带白云岩为主，下部夹少量石英砂岩及紫红色板岩。

王全口组在纵向上自下而上镁质成分有增高之趋势，横向上岩性、岩相基本稳定，沉积厚度自北向南有增大之趋势（见图2-15）。

二、古生物群组合、时代归属及地层划分对比

（一）海原岩群

海原岩群含微古植物 *Trematophaeridium* sp.，*T. minutum*，*T. holtedahlii*，*Polyporata* sp.，*P. obsaeata*，*P. microporosa*，*Leiominuscula* ? sp.，*Leiopsophosphaera* sp.，*L. solida*，*Taeniatum* ? sp.，*T. crassum*，*Lignum* sp. 等。这一以穴面球形藻、多孔体和光球藻为主体的微古植物组合，曾广泛出现于国内外中、新元古代地层中，部分分子可延至早古生代。其中 *Trematosphaeridium holtedahlii*，*T. minutum*，*Polyporata obsaeata* 等普遍发育于我国华北蓟县系层型剖面及河北宽城等地的长城纪—青白口纪地层中，而 *Polyporata microporosa*，*Taeniatum crassum* 在上述地区则仅见于长城系、蓟县系。后者还曾发现于祁连山和东秦岭长城纪地层中。可见本区这一微古植物群虽属种略显单调，尚未构成足以划分纪的特征组合，但无疑显示了元古宙的特征，更富长城纪色彩。

2010年，宁夏地质调查院在海原岩群南华山岩组绿片岩（变质中—基性火山岩）中，获得了（1925±8）Ma 的锆石 U-Pb 同位素年龄值。该样品由7个测点组成，在阴极发光照片上锆石均呈短柱浑圆状，且裂纹较多，显然非岩浆成因锆石，应该是岩浆在喷发过程中捕获的碎屑锆石，这说明测试对象绿片岩形成时代晚于古元古代，也就是说，海原岩群形成时代应晚于古元古代。

据统计，历年来在海原岩群中先后做了19件同位素年龄测定样（表2-5）。从表2-5可以看出，绿片岩和绿帘角闪岩的 Sm-Nd 模式年龄大体集中在两个年龄段：其中1、3、4、7、9号样品集中在1700Ma

表 2-5　海原岩群同位素地质测年表

Table 2-5　Isotopic geological dating results of the Haiyuan Rock Group

序号	样号	地点	层位	岩石名称	年龄/Ma	测试方法	测试单位	采样人	测试日期
1	Nm001/B1②	财山沟	Pt_2^1n	千糜状钠长阳起片岩	1656±87	Sm-Nd 模式年龄	宜昌地质矿产研究所五室	王崇礼等	1994 年
2	Nm004/B1①	财山沟	Pt_2^1n	阳起绿帘钠长片岩	1428±35	Sm-Nd 模式年龄	宜昌地质矿产研究所五室	王崇礼等	1994 年
3	Nm004/B1②	财山沟	Pt_2^1n	千糜状钠长阳起片岩	1715±46	Sm-Nd 模式年龄	宜昌地质矿产研究所五室	王崇礼等	1994 年
4	Nm005/B1	财山沟梁	Pt_2^1n	千糜状钠长阳起片岩	1725±57	Sm-Nd 模式年龄	宜昌地质矿产研究所五室	王崇礼等	1994 年
5	Nr016/B2	二道沟	Pt_2^1n	千糜状钠长阳起片岩	1377±42	Sm-Nd 模式年龄	宜昌地质矿产研究所五室	王崇礼等	1994 年
6	Nr016/B3	二道沟	Pt_2^1n	千糜状绿帘阳起片岩	1355±80	Sm-Nd 模式年龄	宜昌地质矿产研究所五室	王崇礼等	1994 年
7	Nr017/B2	二道沟	Pt_2^1n	千糜状绿帘阳起片岩	1695±69	Sm-Nd 模式年龄	宜昌地质矿产研究所五室	王崇礼等	1994 年
8	Nm001/Nr-017	财山沟-二道沟沟沟	Pt_2^1n	绿片岩（1、3、4、7 点）	1749±13	Sm-Nd 等时线	宜昌地质矿产研究所五室	王崇礼等	1994 年
9	Rz（89）j1-1	黄家洼山	Pt_2^1n	Pt_2^1 绿片岩	1392	Sm-Nd 模式年龄	地矿部地质研究所	甘肃区调二分队	1989 年
10	Rz（89）j1-2	黄家洼山	Pt_2^1n	绿片岩	1765	Sm-Nd 模式年龄	地矿部地质研究所	甘肃区调二分队	1989 年
11	Rz（89）j1-6	黄家洼山	Pt_2^1n	绿片岩	1461	Sm-Nd 模式年龄	地矿部地质研究所	甘肃区调二分队	1989 年
12	j5-1-10	黄家洼山	Pt_2^1y	大理岩	1444	Pb-Pb 等时线	成都地质学院	甘肃区调二分队	1989 年
13	j1-3、4、5	黄家洼山	Pt_2^1n	长英质片岩	2317±40	Sm-Nd 模式年龄	地矿部地质研究所	甘肃区调二分队	1989 年
14	Q_{127}TW-2	泉儿沟	Pt_2^1x	千糜岩化钠长绿泥阳起片岩	1128±209	Rb-Sr 等时线	宜昌地质矿产研究所五室	宁夏区调队	1988 年
15	YdT6-10	头岔沟	Pt_2^1n	钠长绿帘角闪岩	1020±106	Rb-Sr 等时线	中科院地质研究所	霍福臣等	1982 年
16	Q_{127}TW-1	路沟湾	Pt_2^1n	糜棱岩化绿泥钠长片岩	800±40	Rb-Sr 等时线	宜昌地质矿产研究所五室	宁夏区调队	1988 年
17	Ydt6-20	天都山	Pt_2^1x	二云钠长片岩	518. 4±14. 4	Rb-Sr 等时线	中科院地质研究所	霍福臣等	1982 年
18	Qg-TW-1-6	南华山	Pt_2^1n	绿片岩	618±190	Sm-Nd 等时线	中科院地质研究所	宁夏地调院	2003 年
19	D006-2	南华山	Pt_2^1n	绿片岩	1925±8	锆石 U-Pb	北京离子探针中心	宁夏地调院	2010 年

左右，而2、5、6、8、10号样品集中在1400Ma段。经分析，认为1700Ma大体为海原岩群变质拉斑玄武岩的形成年龄，而1400Ma应属海原岩群中辉绿岩脉、岩床的侵位年龄（如2号样品为脉状产出）。而由1、3、4、7号样品点所成的等时年龄（1748.9±13.4）Ma（图2-20）与1700Ma模式年龄意义相同。

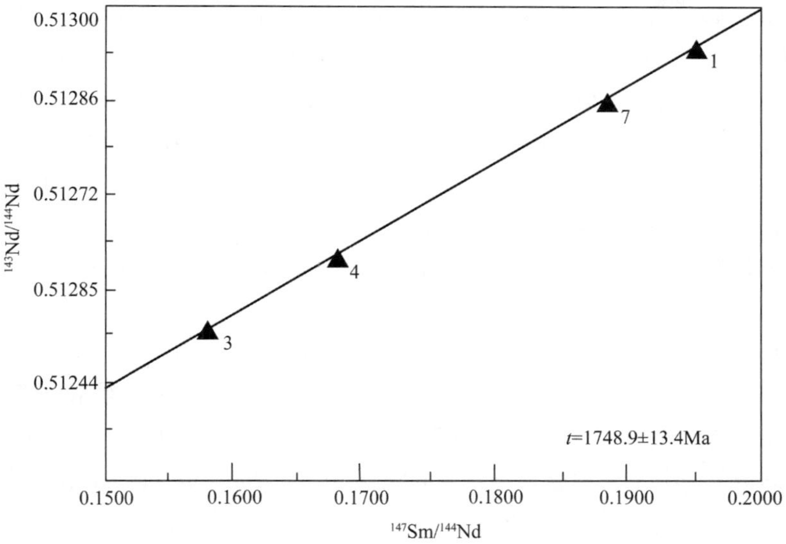

图2-20 海原岩群绿片岩全岩Sm-Nd等时线图

Fig. 2-20 Sm-Nd isochron diagram of whole rock for greenschist from the Haiyuan Rock Group

▲为样品点；数字为样品编号

就2号样品而言，可以代表海原岩群中所有的脉状绿色片岩或绿帘角闪岩，因为它们在产出状态、岩石学、岩石化学以及变质变形等方面不存在差异（见绿片岩的岩石化学及原岩恢复）。因此，亦可推断海原岩群的地层时代上限大体为1400Ma。

800～1100Ma的Rb-Sr等时年龄为海原岩群变质年龄，518Ma的Rb-Sr年龄为加里东期叠加变质年龄，而618Ma的Sm-Nd年龄可能是一个假等时年龄，不应代表一期变质年龄。

海原岩群碎屑岩（杂砂岩-长英质片岩）的Sm-Nd模式年龄为2317Ma，属古元古代，该年龄应代表海原岩群的陆源年龄，也就是说，海原岩群地层时代应晚于古元古代。

综上所述，我们认为海原岩群形成于1700～1400Ma之间，也就是说它们应形成于长城纪。应该指出，Sm-Nd模式年龄可信度不高，由此得出的海原岩群地质年代不一定正确，也有可能早于中元古代。

海原岩群与白银地区的皋兰群、托来南山、走廊南山的党和群和朱龙关群以及兴隆山之兴隆山群，处在同一构造位置，岩性都以长英质片岩、石英岩和大理岩为主夹有绿片岩（中基性火山岩）为特征，均具有绿帘角闪岩相的变质程度，且大都含有 *Trematosphaeridium*，*Polyporata obsaeata*，*Taeniatum crassum* 等微古植物化石，它们的测年数据也基本相同，证明它们有相似的地质历程，可以对比。

（二）黄旗口组

区内黄旗口组未获古生物化石。前人曾在其底部和下部海绿石砂岩中获得1291Ma和（969.1±21.8）Ma两组同位素年龄，前者是采用海绿石K-Ar法测定的，后者是采用海绿石$^{40}Ar-^{39}Ar$快中子活化法测定的。这两组年龄数据及王全口组下部的海绿石K-Ar法年龄值1289 Ma，受当时的测定技术方法所限，其准确性有疑问，不予采纳。本《志》结合地层接触关系以及区域地层对比等，推测黄旗口组时代为长城纪。

（三）王全口组

王全口组产丰富的叠层石、微古植物（疑源类）和宏观藻类。叠层石主要产于上部白云岩中，计有26属42种：*Anabaria* sp.，*Baicalia* sp.（图版Ⅰ，3），*B.* cf. *baicalica*，*B. minuta*，*B. caricornia*，*Minjaria* sp.，*Conophyton* sp.，*C. lituum*（图版Ⅰ，4），*C. wangquankouense*，*C. cylindricum*（图版Ⅰ，5），

C. garganicum, *C. ocularoideum*, *Tungussia* sp., *Tielingella* sp., *Confusoconophyton multilateraris*（图版Ⅰ，2），*Colonnella* sp., *C. ulakia*（图版Ⅰ，1），*C. cormosa*（图版Ⅰ，7），*Conicodomenia* sp., *Cryptozoon* sp., *Florcolumella* sp., *Gruneria* sp.（图版Ⅰ，8），*G.* cf. *sinensis*, *Jaeutophyton* sp.（图版Ⅰ，6），*J.* cf. *luonanensi*, *Lochmecohumella* sp., *Longicolumella* sp., *Litia* sp., *Microjacutophyton* sp., *M. irregularum*, *Minglingella* sp., *Microstylus* sp., *M. exiguus*, *Pseudogymnosolen* sp., *P.* cf. *yunnanensis*, *P.* cf. *gratiose*, *P. condylose*, *Scopulimorpha* sp., *Straticonophyton* sp., *Scyphus* sp., *Stratifera* sp., *Xiaoqinlingella* sp. 等。微古植物产于白云岩和板岩中，计有 8 属 12 种：*Leiominuscula* sp., *L. orientalis*, *Leiopsophosphaera* sp., *L. solida*, *Margominuscula* sp., *Trematosphaeridium* sp., *Taeniatum crassum*, *T.* aff. *crassum*, *Trachysphaeridium* sp., *T. cultum*, *Laminarites* sp. 等。宏观藻类仅有 *Collenia* sp. 。

王全口组产微古植物 *Taeniatum crassum*, *Leiopsophosphaera* sp., *Trachysphaeridium cultum*, *Trematosphaeridium* sp., *Laminarites* sp. 。

上列叠层石中，*Conophyton*, *Anabaria*, *Baicalia*, *Confusoconophyton*, *Microstylu*, *Scyphus*, *Pseudogymnosolen*, *Jacutophyton*, *Tielingella*, *Scopulimorpha*, *Lochmecohumella* 等是我国燕辽拗拉槽蓟县系高于庄组、迷雾山组和铁岭组叠层石组合的常见属，其中 *Conophyton cylindricum*, *C. garganicum*, *Confusoconophyton multilateraris* 是高于庄组叠层石组合的主要分子，*Baicalia* cf. *baicalica* 是铁岭组叠层石组合的代表性分子。*Cryptozoon* 最低层位可分布于长城系，*Conophyton* 则分布于蓟县系—青白口系，以蓟县系较为发育；*Pseudogymnosolen*, *Minglingella*, *Scyphus* 曾被认为是蓟县系的特有分子。近年来，对叠层石的地层学意义，特别是在确定地层时代和对比时的作用已引起质疑，但上述叠层石组合常常出现在蓟县纪地层中确是不争的事实。

微古植物中 *Leiopsophosphaera* sp., *Trematosphaeridium* sp., *Trachysphaeridium* sp., *T. cultum* 都是高于庄组和迷雾山组中常见属种。

上述叠层石、微古植物组合特征显示了浓厚的蓟县纪色彩。因此，我们主要依据这一古生物特征，并参照《中国地层中元古界说明书》（2010）的划分意见，将分布于华北西缘贺兰山—青龙山一带的王全口组时代厘定为蓟县纪。

黄旗口组为一套以碎屑岩为主的沉积，王全口组为一套以碳酸盐岩为主的沉积。二者分别与燕辽地区的长城系常州沟组至大红峪组和蓟县系高于庄组至铁岭组岩性组合比较相似，其层位也相当，可以对比。与华北北缘渣尔泰山群、白云鄂博群亦大体相当（表 2-6）。

表 2-6　宁夏中元古界划分与区域对比表

Table 2-6　Regional correlation and division of Mesoproterzoic of Ningxia

<table>
<tr><th>系（国际）</th><th>系（中国）</th><th colspan="2">燕辽地区</th><th>豫陕地区</th><th colspan="3">狼山-渣尔泰山地区</th><th colspan="2">祁连山地区</th><th>贺兰山</th></tr>
<tr><td>窄带系</td><td rowspan="2">待建</td><td colspan="2">（缺失）</td><td rowspan="2">汝阳群</td><td colspan="3" rowspan="2">?</td><td rowspan="2">?</td><td rowspan="2">?</td><td rowspan="2">（缺失）</td></tr>
<tr><td>延展系</td><td colspan="2">下马岭组</td></tr>
<tr><td rowspan="5">盖层系</td><td rowspan="5">蓟县系</td><td rowspan="5">蓟县群</td><td>铁岭组</td><td rowspan="5"></td><td rowspan="9">渣尔泰山群</td><td rowspan="9">白云鄂博群</td><td rowspan="9">什那干群</td><td rowspan="5">托来南山群</td><td rowspan="5">花石山群</td><td rowspan="5">王全口组</td></tr>
<tr><td>洪水庄组</td></tr>
<tr><td>雾迷山组</td></tr>
<tr><td>杨庄组</td></tr>
<tr><td>高于庄组</td></tr>
<tr><td rowspan="4">固结系</td><td rowspan="4">长城系</td><td rowspan="4">长城群</td><td>大红峪组</td><td rowspan="4">熊耳群</td><td rowspan="4">朱龙关群</td><td rowspan="4">湟中群</td><td rowspan="4">黄旗口组</td></tr>
<tr><td>团山子组</td></tr>
<tr><td>岭沟组</td></tr>
<tr><td>常州沟组</td></tr>
</table>

第三节　新元古界

宁夏的新元古界仅有震旦系，缺失青白口系和南华系，分布于贺兰山-青龙山地区，地层分区属中朝地层大区、华北地层区、华北西部地层分区、贺兰山-青龙山地层小区，为一套与冰川活动有关的冰水沉积。祁连地层区未见沉积。

20世纪70年代之前，人们将现今的震旦系划归寒武系，将冰碛砾岩看作寒武系的底砾岩。1958年，甘肃地质局苏峪口地质队王友文等将震旦系的冰碛砾岩定为下寒武统的基底砾岩，并对其成因首次提出疑义。20世纪60年代初期，刘长安等赴贺兰山调查冰碛岩，写有“始寒武纪冰碛岩”一文。1974年，潘江在宁夏作“关于震旦系及古生代下界问题”的学术报告时提及：贺兰山这套砾岩的成因是否与第一次全球性大冰川有关？这套砾岩以上的暗色板岩层位是否发育相当于埃迪卡拉动物群的生物？1974~1978年，宁夏地质局蓝福林等、区调队周特先等、综合研究队郑昭昌先后对该地层进行了研究，他们认为震旦系下部砾岩应属冰碛成因，并各自提出了划分意见。1977年，西安地质矿产研究所前寒武纪组赵祥生等对该套地层做了专题研究，曾将板岩中的遗迹化石定名为皱节虫(Sabelliditidae)。1980年，宁夏区域地层表编写组将这套地层划归震旦系，并命名为正目观组，嗣后得到了广泛使用。1982年，顾其昌在“贺兰山晚前寒武系冰碛层”一文中认为震旦系下部砾岩属深海区冰水-碳酸盐岩混合沉积。1986，郑昭昌、陆松年对贺兰山区的震旦系进行了调查研究，著有《贺兰山区震旦纪正目观组研究报告》。1981年，项礼文等在《中国的寒武系》中将正目观组置于下寒武统苏峪口组之下。2007年，北京大学肖书海、刘建波发表了“华北及柴达木地区埃迪卡拉阶在疑大化石的演化及地层学意义”一文，认为正目观组中的 *Helanoichnus helanensis* 为生物本身的实体化石。1999年，中国地质科学院邢裕盛、高林志、尹崇玉和宁夏国土资源厅郑昭昌共同考察了贺兰山区的震旦系，认为该套地层与豫西的震旦系可以对比，为了区域对比起见，建议将原正目观组下部冰碛砾岩段保留“正目观组”一名，将上部板岩段另建一组，提议称“兔儿坑组”。2009年全国地层会议在银川召开，通过了兔儿坑组的建组意见。宁夏震旦系的划分与命名沿革见表2-4。

一、岩石地层

震旦系主要分布于贺兰山中段井底泉—苏峪口一带，宁东青龙山等地见有零星出露。据岩性可划分为下部正目观组和上部兔儿坑组两个岩石地层单位。以正目观剖面和黄旗口冰沟剖面为代表。

正目观剖面（位于内蒙古阿拉善左旗正目观沟。起点坐标：北纬38°44′，东经105°55′。陆松年、郑昭昌等1987年测制）为正目观组和兔儿坑组正层型，其层序如下（图2-21）：

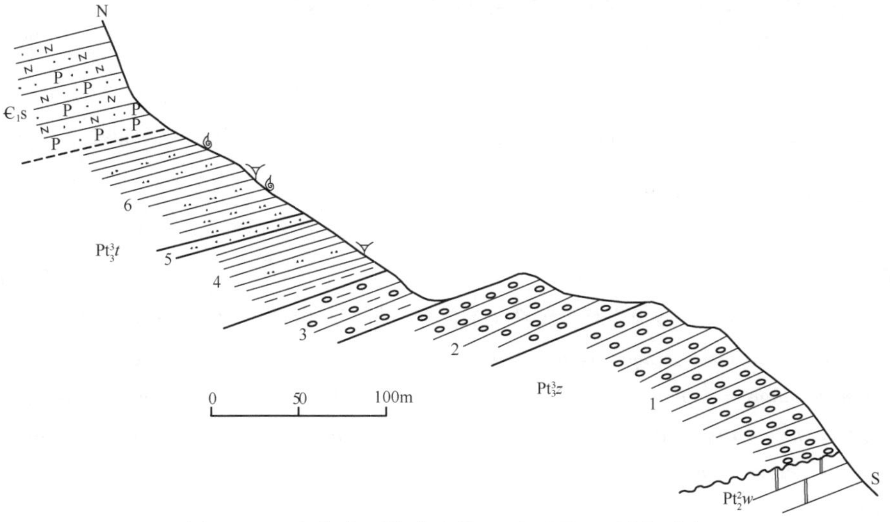

图2-21　内蒙古阿拉善左旗正目观震旦系剖面图
Fig. 2-21　Section of the Sinian System in Zhengmuguan, Alxa Left Banner, Inner Mongolia

上覆地层：苏峪口组（$\in_1 s$）磷砾岩、含磷砂岩

----- 平行不整合 -----

兔儿坑组（$Pt_3^3 t$） 厚度 108.0m

6. 灰、深灰色粉砂质板岩夹泥质板岩，含黄铁矿晶体。产微古植物 *Leiopsophosphaera minor*，*Trachysphaeridium* sp.，*T. hyalinum*，以及遗迹化石 *Helanoichnus helanensis*，*Parascalarituba ningxiaensis*，*Ningxiaichnus suyukouensis* 82.0m
5. 上部为黄灰色含砾含岩屑中粒砂岩，中部是粉砂质板岩，下部为灰绿色中粒砂岩。粉砂质板岩含黄铁矿 1.0m
4. 灰、深灰色粉砂质板岩、泥质板岩，底部为黑色炭质板岩，含黄铁矿。产微古植物 *Taeniatum* aff. *crassum*，以及遗迹化石 *Neonerietes uniserialis*，*Helanoichnus helanensis*，*Ningxiaichnus suyukouensis*，*Parascalarituba ningxiaensis* 25.0m

———— 整　合 ————

正目观组（$Pt_3^3 z$） 厚度 144.0m

3. 淡红灰、浅灰色泥钙质砾岩，层理清晰、纹理明显。砾石含量不均，自下而上渐少；砾石成分以白云岩、灰岩、石英岩为主；砂泥质胶结物自下而上渐增；砾石定向排列，长轴平行层理 18.0m
2. 浅灰、淡红灰色砾岩，略具层理。砾石略具定向性排列，砾径一般在 5cm 左右，成分以燧石条带白云岩、白云质灰岩、石英岩为主，其胶结物以白云质、钙质为主，砂泥质次之 20.0m
1. 灰色块状杂砾岩。砾石成分主要为燧石条带白云岩、白云质灰岩、石英岩、石灰岩，胶结物为钙质、白云质，基底式胶结。胶结物中含微古植物 *Leiopsophosphaera* sp.，*L. minor*，*Trachysphaeridium hyalinum* 106.0m

~~~~~~ 不整合 ~~~~~~

下伏地层：王全口组（$Pt_2^2 w$）燧石条带白云岩

苏峪口五道淌剖面（位于贺兰县金山乡苏峪口五道淌。起点坐标：北纬 38°45′，东经 105°54′。宁夏区测队 1976 年测制）为正目观组和兔儿坑组次层型，其层序如下（图 2-22）：

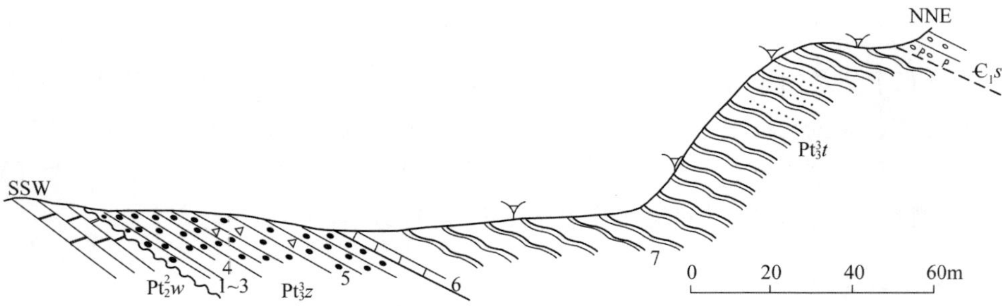

图 2-22　贺兰县苏峪口五道淌震旦系剖面图

Fig. 2-22　Section of the Sinian System in Wudaotang, Suyukou, Helan County, Ningxia

上覆地层：苏峪口组（$\in_1 s$）磷砾岩，含三叶虫 *Bergeroniellus* sp.

----- 平行不整合 -----

兔儿坑组（$Pt_3^3 t$） 厚度 96.8m

7. 灰绿—灰黑、灰黄色板岩、砂质板岩，含黄铁矿晶体和条带。产微古植物 *Pseudozonosphyaera verrucosa*，*Taeniatum crassum*，*Symplassophaeridium* sp.，*Gloeocapsomorpha* sp.，*Polyedrosphaeridium* sp.，*Synsphaeridium* sp.，*Lanvinarites* sp.，*Laminarites* sp.，*Asperatopsophosphaera* sp.；遗迹化石 *Helanoichnus helanensis*，*Parascalarituba ningxiaensis*，*Taenioichnus zhengmuguanensis*，*Neonerietes uniserialis*，*Ningxiaichnus minimum*，*N. suyukouensis* 96.1m
6. 灰色含砾薄层灰岩 0.7m

———— 整　合 ————
~~~~~~

正目观组（Pt_3^3z） 厚度 73.3m

5. 灰色厚层角砾岩，角砾为含燧石条带或结核白云岩 50.0m
4. 灰色厚—中厚层角砾岩。角砾以石英砂岩为主，次棱角状，直径 0.5~5cm，大者 20~30cm 20.0m
3. 灰色厚层粗角砾岩。角砾直径 0.5~20cm 不等，大者达 40~80cm，角砾成分主要为燧石条带白云岩，其形状各异 1.5m
2. 浅灰、深灰色厚—中厚层角砾岩。角砾几乎全由燧石条带白云岩、深灰色白云岩组成，石英砂岩偶见，角砾大小不一，直径一般 5~15cm，小者 2~5cm 1.2m
1. 灰色厚层细角砾岩。角砾呈次棱角状，直径 0.2~0.5cm 居多，泥灰质胶结 0.6m

~~~~~~ 不 整 合 ~~~~~~

下伏地层：王全口组（Pt_2^2w）硅质白云岩

（一）正目观组（Pt_3^3z）

郑昭昌 1975 年命名，正层型为内蒙古阿拉善左旗正目观剖面。命名时正目观组包括下部的冰碛砾岩段和上部板岩段。2009 年在银川全国地层会议上通过了兔儿坑组的建组方案，将原正目观组一分为二，下部冰碛砾岩仍保留正目观组一名，上部板岩称兔儿坑组。

正目观组以不整合超覆于蓟县系王全口组之上（见图 2-18），与上覆兔儿坑组为整合接触。几乎全由冰碛砾岩组成。

贺兰山地区冰碛砾岩呈致密块状，不显层理，色调呈黄褐、淡红及灰色。砾石成分主要为灰—深灰色硅质白云岩、白云岩、灰岩等碳酸盐岩，偶见石英砂岩、硅质岩、板岩及花岗岩等；砾石分选性极差，粒径大小悬殊，一般 10~20cm，小者不足 1 cm，大者可达 1m 以上（图 2-23）；砾石形态奇异，

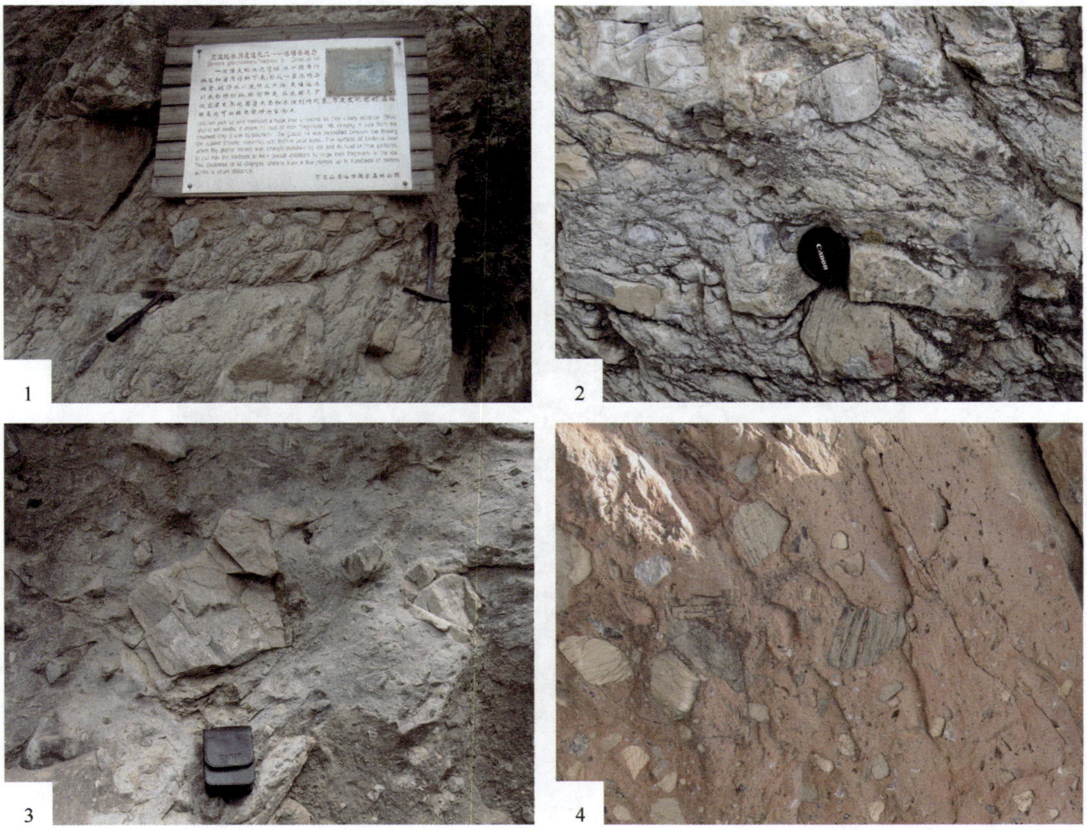

图 2-23 正目观组冰碛砾岩

Fig. 2-23 The till conglomerate of the Zhengmuguan Formation

1~3—银川市苏峪口；4—银川市紫花沟
~~~~~~

磨圆度极差，多为棱角状（尖角状、切削状、鞍状等），一些砾石尚可见磨光面、压扁、压裂、压坑等现象，在苏峪口附近还发现有似冰流滑动时形成的表面构造。冰碛砾岩中砾石含量不均，少者占20%~30%，多者占70%~80%，呈基底式-孔隙式胶结。胶结物以钙镁质、泥钙质为主（剖面中、上部），少数泥砂质及铁质（下部层位）。

冰碛砾岩顶部有数米至20余米厚的冰水沉积物，其特点是层理清晰，泥砂质成分增多，砾石含量自下而上渐少，层理亦随之渐好。有坠石切穿层理的现象，说明坠石和层纹状沉积物共生形成。在苏峪口五道淌和冰沟冰碛砾岩之下伏白云岩界线凹凸不平，多处见有磨光面、刻槽、刨蚀漏斗和陡坎等现象。

贺兰山中段各地冰碛砾岩特征雷同，层位稳定，但厚度变化剧烈：正目观 144 m，黄旗口冰沟79m，往南约13km处的紫花沟骤减至9m，大干沟14m，井底泉10m，苏峪口附近变化幅度10~70余米。贺兰山北段和南段缺失冰碛砾岩。

在青龙山北段冰碛砾岩最厚达29 m，为灰褐色硅质角砾岩，岩性以角砾及胶结物均为硅质为特征。砾石多具宽窄不同（1~10 cm）、色调不一的条带；砾石形状奇特（切削状、凹面状、棱角状等），排列无向，大小悬殊，粒径一般小于10cm，少数为20~30cm，个别达1m。砾石含量一般小于20%~30%，密者达50%~60%，呈基底式胶结。砾岩面貌虽然与贺兰山中段的冰碛砾岩不同，具强烈的硅化作用，但层位、成因一致。

（二）兔儿坑组（Pt_3^3t）

郑昭昌等2009年命名，正层型为内蒙古阿拉善左旗正目观剖面。

兔儿坑组分布与正目观组一致，二者形影相随。与下伏正目观组为整合接触，与上覆下寒武统苏峪口组为平行不整合接触（图2-24）。本组岩性较单一，主要由灰、灰绿、灰黑色粉砂质板岩、泥质板岩构成。在贺兰山区，见夹少许细砂岩、粉砂岩条带，底部泥质板岩含炭质。岩石具铁质斑点和铁质渲染现象，有时见黄铁矿晶体和条带。含微古植物、遗迹及蠕虫动物化石。本组在横向上层位、岩性均较稳定，但厚度变化剧烈，自紫花沟至拜寺口30余千米的地段内，厚度变化幅度为10~160m，向北至王全沟，向南至三关口缺失。

图2-24　银川市苏峪口下寒武统苏峪口组（ϵ_1s）与震旦系兔儿坑组（Pt_3^3t）平行不整合接触关系

Fig. 2-24　Disconformity between the Lower Cambrian Suyukou Formation（ϵ_1s）and the Sinian Tuerkeng Formation（Pt_3^3t）in Suyukou, Yinchuan, Ningxia

在贺兰山区本组板岩中普遍含钾和钒，其中 w（K_2O）含量为3.5%~7%，以苏峪口地区含量最高，向南渐低；w（V_2O_5）含量一般为0.05%~0.07%，最高达0.1%。

在青龙山北段，该组岩性为褐红色含粉砂质板岩。下部岩石中含灰绿色不规则团斑，上部岩层中夹褐红色铁质胶结细砂岩。岩相特征与贺兰山地区相同，层位相当，总厚7m。

二、古生物群组合、时代归属及地层划分对比

兔儿坑组板岩中产丰富的微古植物和遗迹化石。微古植物有：*Bavlinella faveolata*，*Micrhystridium* sp.，*Monotrematosphaeridium* sp.，*Leiominuscula* sp.，*Leiopsophosphaera* sp.，*L. minor*，*Laminarites* sp.，*Trachysphaeridium* sp.，*T. hyalinum*，*T. cultum*，*Taeniatum crassum*，*Trachyminuscula* sp.，*Eusphaeria* sp.，*Polysphaeroides* sp.，*Polyedrosphaeridium* sp.，*Pseudozonosphaera verrucosa*，*Gloeocapsomorpha* sp.，*Synsphaeridium* sp.，*Symplassosphaeridium* sp.，*Asperatosophosphaera* sp. 等；遗迹化石有：*Helanoichnus helanensis*（图版Ⅱ，3～5），*Ningxiaichnus minimum*（图版Ⅱ，7），*N. suyukouensis*（图版Ⅱ，6），*Parascalarituba ningxiaensis*（图版Ⅱ，9），*Neonerietes uniserialis*（图版Ⅱ，1～2），*Taenioichnus zhengmuguanensis*（图版Ⅱ，8）等。

在正目观组冰碛砾岩胶结物中尚含微古植物：*Trachysphaeridium cultum*，*Leiopsophosphaera minor*。

上列微古植物以个体较大、膜壳较厚、纹饰显著的*Asperatosophosphaera*属和表面具疣状纹饰和假环的*Pseudozonosphaera verrucosa*以及表面粗糙的*Trachysphaeridium hyalinum*和*Trachysphaeridium cultum*等占绝大多数，这几个属都属球藻群单球藻亚群。*Symplassosphaeridium*，*Gloeocapsomorpha*，*polyedrosphaeridium*，*Synsphaeridium*四个属均为多球亚类，在前苏联晚里菲期都已出现，至文德期极盛。*Laminarites*属褐藻植物碎片，而褐藻是结构较高级的藻类，它在西伯利亚地台的文德期已大量出现，在国内则广布于青白口系及震旦系中，特别是在河南临汝的东坡组早有报道。*Micrhystridium*是一种直径小于20μm、表面具有刺状突起的有机球体，其刺长都在2μm以下。这个化石曾出现于震旦系上统和与之相当的东西伯利亚地区的下尤多姆地层中，青海全吉群上部的黑土坡组亦曾出现。*Bavlinella faveolata*出现的层位局限在上里菲系至下寒武统，在文德期和震旦纪比较盛行。*Polysphaeroides*和*Monotrematosphaeridium*主要产于国内震旦系或与之相当的地层中。这一微古植物组合，具有个体形态结构较为复杂、组成较为高级的特征，显示了浓厚的震旦纪色彩。

遗迹化石中*Helanoichnus helanensis*与青海全吉群上部皱节山组的遗迹化石*Helminthopsis quanjishanensis*极其相似，说明二者时代均为震旦纪晚期。值得指出的是，已有研究者认为*Helanoichnus helanensis*为生物本身的实体化石，无疑这是后生动物，它的地质意义重大，为今后研究提供了重要线索。

郑昭昌等（1987）曾在兔儿坑组粉砂质泥岩中获得（435.83±68.75）Ma的Rb-Sr全岩等时线年龄值（宜昌地质矿产研究所测定），显然这一数值不能代表兔儿坑组的沉积年龄。

综上所述，根据微体古植物、遗迹化石、接触关系及区域地层对比等，将正目观组和兔儿坑组时代确定为晚震旦世晚期（相当灯影峡晚期），二者分别可与豫西及小秦岭地区的罗圈组和东坡组对比，也可与甘肃北山地区的洗肠井组和红山口组、青海柴达木地区的全吉群红铁沟组和皱节山组对比，也可与新疆库鲁克塔格地区的汗格尔乔克组大致对比（表2-7）。

三、地层稀土元素特征

震旦系上部兔儿坑组粉砂质泥岩、炭质泥岩两个样品的稀土元素总量分别为183.2×10^{-6}和208.7×10^{-6}，高于地壳平均总量165.35×10^{-6}，与俄罗斯地台黏土岩中稀土元素总量200×10^{-6}接近；ΣLREE分别为167×10^{-6}和193.2×10^{-6}，ΣHREE则为16.2×10^{-6}和15.0×10^{-6}。与地壳平均轻、重稀土元素平均含量（前者121.6×10^{-6}，后者为43.75×10^{-6}）相比较，轻稀土元素更为富集（表2-8）。

与河南临汝东坡组和陕西洛南罗圈组上部（现称东坡组）粉砂质页岩稀土元素含量相比较，它们具有十分相似的特点：

表 2-7 贺兰山地区震旦系与豫西及西北地区震旦系对比简表

Table 2-7 Correlation of the Sinian System of the Helanshan area with western Henan and northwest China

<table>
<tr><th>地区
年代</th><th>宁夏</th><th>豫西</th><th>甘肃北山</th><th colspan="2">青海柴达木</th><th>塔里木东北缘
库鲁克塔格</th><th>北天山
西段</th></tr>
<tr><td>上覆
地层</td><td>苏峪口组
(€$_1s$)</td><td>辛集组
(€$_1x$)</td><td>双鹰山组
(€$_1s$)</td><td colspan="2">下寒武统
(€$_1$)</td><td>西山布拉克组
(€$_1x$)</td><td>磷矿沟组
(€$_1l$)</td></tr>
<tr><td rowspan="4">震
旦
系</td><td>兔儿坑组</td><td>东坡组</td><td>红山口组</td><td rowspan="4">全
吉
群</td><td>皱节山组</td><td rowspan="2">汉格尔乔克组（△）</td><td rowspan="2">塔里萨依组
（△）</td></tr>
<tr><td>正目观组
（△）</td><td>罗圈组
（△）</td><td>洗肠井组（△）</td><td>红铁沟组（△）</td></tr>
<tr><td rowspan="2">（缺失）</td><td>董家组</td><td></td><td rowspan="2"></td><td rowspan="2">水泉组
育肯沟组
扎摩提克组</td><td rowspan="2">塔尔恰
特组</td></tr>
<tr><td>黄连垛组</td><td>通畅口组</td></tr>
<tr><td>下伏
地层</td><td>王全口组</td><td>洛峪口组</td><td>大豁落山组</td><td colspan="2">达肯大坂群</td><td>帕尔岗塔格群</td><td>松树头组</td></tr>
</table>

（△）：冰碛层或含冰碛。

表 2-8 兔儿坑组稀土元素含量及特征参数表

Table 2-8 Rare earth elements content and characteristic parameters of the Tuerkeng Formation

序号	采样层位	$w/10^{-6}$										
		La	Ce	Pr	Nd	Sm	Eu	Gd	Tb	Dy	Ho	Er
1	宁夏兔儿坑组	149. 2	88. 56	72. 17	54. 94	31. 77	11. 11	16. 99	14. 89	9. 85	11. 11	11. 27
2	宁夏兔儿坑组	171. 11	104. 55	84. 35	63. 48	33. 33	4. 17	18. 92	14. 89	10. 77	9. 72	8. 54
3	河南东坡组	115. 56	78. 84	61. 71	43. 55	23. 96	13. 89	16. 6	14. 89	11. 07	11. 11	10. 33
4	河南东坡组	156. 19	89. 3	69. 56	48. 57	26. 04	12. 5	18. 14	17. 02	13. 53	13. 89	12. 67
5	陕西东坡组	152. 7	82. 16	66. 09	48. 24	36. 46	13. 89	26. 26	23. 4	17. 53	16. 66	14. 08

序号	采样层位	$w/10^{-6}$							$\frac{\Sigma LREE}{\Sigma HREE}$	Eu/Eu*
		Tm	Yb	Lu	Y	ΣREE	ΣLREE	ΣHREE		
1	宁夏兔儿坑组	15. 15	17. 31	18. 75	15. 15	183. 2	167. 0	16. 2	10. 309	0. 456
2	宁夏兔儿坑组	12. 12	14. 41	15. 83	16. 44	208. 7	193. 2	15. 5	12. 465	0. 159
3	河南东坡组	12. 12	15. 38	15. 63	13. 25	154. 9	139. 2	15. 7	8. 866	0. 685
4	河南东坡组	15. 15	16. 82	15. 63	18. 71	182. 8	164. 7	18. 1	9. 099	0. 566
5	陕西东坡组	15. 15	14. 42	15. 63	20. 18	181. 1	159. 3	21. 8	7. 307	0. 443

一是稀土元素总量相近，除 2 号样品总量偏高，3 号样品偏低外，其余 3 个样品稀土元素总量（不含钇）几乎相等（183.2×10^{-6}、182.8×10^{-6}和 181.1×10^{-6}）。

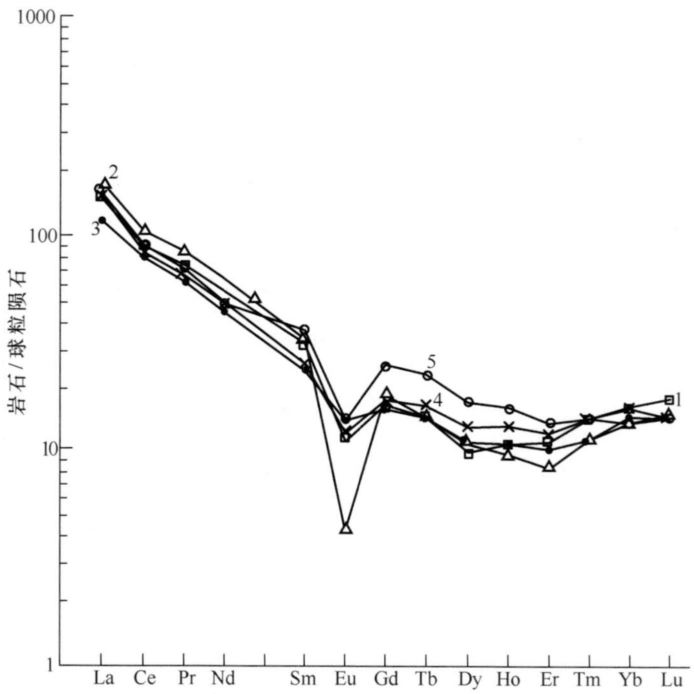

图 2-25　兔儿坑组稀土元素配分曲线图

Fig. 2-25　Rare earth elements distribution curves of the Tuerkeng Formation

1—兔儿坑组粉砂质板岩；2—兔儿坑组含炭质板岩；3—河南东坡组；4—河南东坡组；5—陕西东坡组

二是 ΣCe/ΣLu 之比介于 7.3 至 13.1 之间，ΣLREE/ΣHREE 比值变化于 7.307~12.46 区间，均表明轻稀土元素的富集。在稀土元素的图谱上（图 2-25），5 个样品的曲线形态相似，表现为轻稀土元素曲线坡度陡，重稀土元素较平缓，呈缓缓下凹的槽形曲线。5 个样品均呈现 Eu 的负异常，以 2 号样品的 Eu 谷最为明显。Eu/Eu^* 从 1 号至 5 号样品分别为 0.456、0.159、0.685、0.566 和 0.443，除 2 号样品 Eu/Eu^* 值低外，其余较接近。

四、古地磁研究

1986~1987 年，郑昭昌等在贺兰山震旦系兔儿坑组采集了古地磁样品，样品岩性为粉砂岩、砂岩和粉砂质泥质板岩。同时也在上覆下寒武统苏峪口组和下伏蓟县系王全口组中采集了古地磁样品，作了比较研究。经天津地质矿产研究所张文治测定，得出结果是：兔儿坑组平均古纬度为 35.8°，苏峪口组和王全口组的古纬度分别是 15.71°和 16.58°。其结果表明，兔儿坑组沉积时古纬度处于中纬度区，与河南临汝罗圈组所处古纬度 28.9°相差约 6.7°，这与两地现代的纬度比较接近；兔儿坑组与上覆苏峪口组和下伏王全口组沉积时古地磁极的位置相差均在 20°左右，说明它们之间不可能是连续沉积，必然存在着较长的时间间断。

第三章　寒武系

宁夏的寒武系发育下、中、上统，缺失底统。出露于贺兰山、青龙山等地（图 3-1），为滨浅海相—浅海陆棚相陆源碎屑岩-碳酸盐岩建造。贺兰山地区寒武系层位基本齐全，露头良好，剖面连续，研究程度较高，是华北西缘颇具代表性的地区之一。

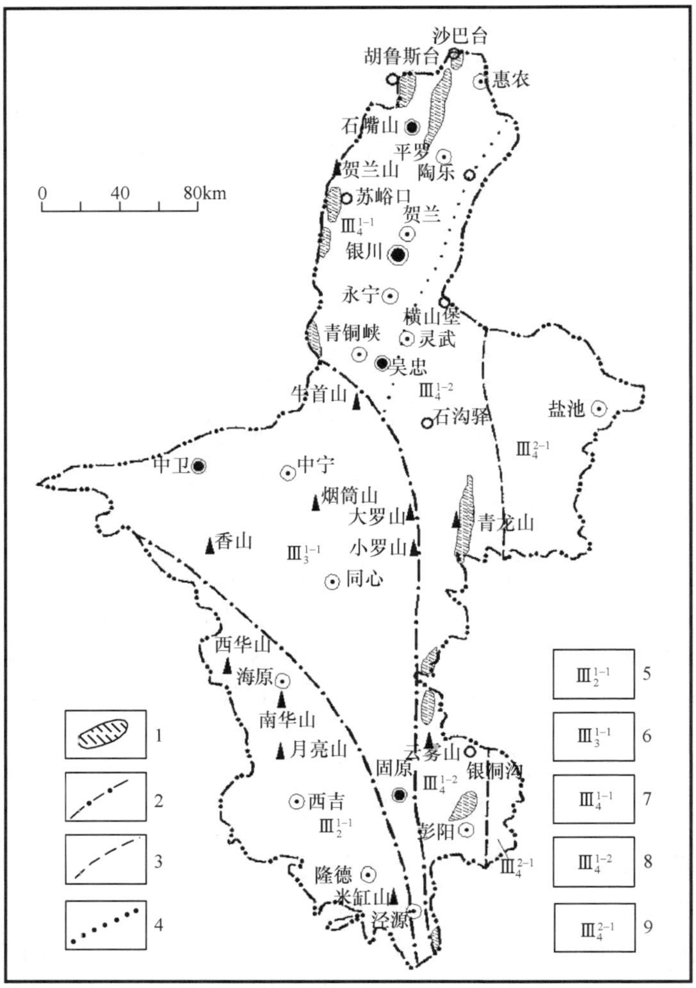

图 3-1　宁夏寒武系地层分区及露头分布图

Fig. 3-1　Outcrop distribution and stratigraphic regions of Cambrian in Ningxia

1—露头区；2—地层区界线；3—地层分区界线；4—地层小区界线；5—靖远-西吉地层小区；6—景泰-中宁地层小区；7—贺兰山地层小区；8—桌子山-青龙山地层小区；9—盐池-环县地层小区

区内寒武系的研究始于 20 世纪 40 年代。1943 年，李星学、边兆祥在贺兰山首次发现了寒武系，采有 *Inouyia* sp.，“*Ptychoparia*” *mantouensis* 等化石，指出有毛庄期和徐庄期的地层存在。1944 年，杜恒俭、黄劭显在贺兰山发现了 *Helanshania ningsiaensis*，*Inouyia* cf. *capax* 等中寒武世三叶虫化石，遂将这套地层定为中寒武世早期，名曰“胡鲁斯台层”。1955 年，关士聪、车树政研究了桌子山区的寒武系，统称其为“阿不切亥系”。1958 年，甘肃省地质局苏峪口地质队王友文等，在贺兰山中、南段进行铁、磷矿普查时，首次将寒武系划分为下、中、上统，并在磷矿层中采获三叶虫 *Bergeroniellus*。1959 年，宁夏地质局王玉柯等在青龙山采得 *Redlichia*，*Sunaspis* cf. *laevis* 等三叶虫化石，指出寒武系—奥陶系为连续沉积。1959 年，卢衍豪在全国第一届地层会议上，将鄂尔多斯地区的寒武系划分为：下寒武统毛庄组，中寒武统胡鲁斯台组、阿不切亥组，上寒武统崮山组；并将其与华北、东北南部区相对比。1964 年，宁夏区测队在进行1：20 万固原幅区调时，详细测制了甘（肃）宁（夏）交界处之阴石峡、蟠龙坡、吊岭渠、马家石沟等地的寒武系剖面，采获大量三叶虫和腕足类化石，将宁夏南部的寒武系划分为：下统毛庄组，中统胡鲁斯台组、阿不切亥组，以及上统。1974~1975 年，宁夏地质局第二地质队在贺兰山进行磷矿普查时，在磷矿层中采获 *Bergeroniellus*，*Blackwelderia*，*Pagodia* 等三叶虫化石，将寒武系划分为：下统井底泉组、苏峪口组、毛庄组，中统徐庄组、张夏组，上统崮山组、长山组、凤山组；其中井底泉组相当于震旦系正目观组。1975 年，周志强、郑昭昌对贺兰山区的寒武系做了专题研究，系统地采集了古生物化石，从生物地层方面详细分析研究了该区的寒武系，将寒武系划分为：下统苏峪口组、五道淌组，中统毛庄组、徐庄组、张夏组，上统崮山组、长山组、凤山组。1976 年，宁夏区调队在敖包梁和紫花沟磷矿层中分别采获 *Estaingia* 和 *Bergeroniellus*，对下寒武统作了进一步划分，并肯定了其下限时代和对比层位。1979 年，张文堂、朱兆玲等研究了鄂尔多斯西南缘的寒武系，对其下统的地层名称统一问题提出了建议，将徐庄组之三叶虫划分为 8 个化石带，1981 年又增加了 *Sunaspidella* 带。1981 年，项礼文等在《中国的寒武系》一书中，将震旦系正目观组冰碛层划归下寒武统，同时也指出其时代尚未完全肯定。1984 年，李玉珍、郑昭昌在编制宁夏区域地层表的基础上，全面系统地总结了宁夏寒武纪地层、古生物及岩相古地理特征，编写了《宁夏的寒武系》断代总结。1984~1985 年，郑昭昌，李玉珍于贺兰山区下岭南沟、大南池等地采获冶里期、长山期和凤山期的牙形石，进一步肯定了贺兰山中段寒武系与奥陶系为连续沉积。1990 年出版的《宁夏回族自治区区域地质志》对寒武系的划分基本遵从了周志强、郑昭昌（1975 年）的划分方案。1996 年，顾其昌等在《宁夏回族自治区岩石地层》一书中，将宁夏的寒武系自下而上划分为辛集组、朱砂洞组、陶思沟组、胡鲁斯台组和阿不切亥组 5 个岩石地层单位。1999 年，《中国地层典·寒武系》将贺兰山区寒武系自下而上划分为苏峪口组、五道淌组、胡鲁斯台组、三山子组。2008 年，宁夏地质环境监测总站在1：25 万银川市幅区域地质调查报告中，对寒武系的划分遵从了《宁夏回族自治区岩石地层》的意见。

宁夏寒武系的划分与命名沿革见表 3-1。

第一节　岩石地层

寒武系出露于华北地层区之鄂尔多斯西缘地层分区和阿拉善地层区阿拉善南缘地层分区。

一、华北地层区鄂尔多斯西缘地层分区

本分区贺兰山地层小区和桌子山-青龙山地层小区寒武系均有出露，两小区沉积特征基本一致，合并叙述。

区内寒武系发育良好，下、中、上统连续沉积。岩石地层序列自下而上为苏峪口组、五道淌组、陶思沟组、胡鲁斯台组和阿不切亥组。

（一）苏峪口组（€_1s）

周志强、郑昭昌 1976 年命名，正层型为贺兰县苏峪口五道淌剖面。

苏峪口组分布局限，主要出露于贺兰山中段的五道淌、正目观、紫花沟、金塔泉及同心县青龙山，在固原市东北部的老爷山、马家石沟、阴石峡等地见有零星露头。

正层型苏峪口五道淌剖面（位于贺兰县金山乡苏峪口磷矿区。起点坐标：北纬 38°45′，东经 105°54′。宁夏第二地质队 1975 年测制，周志强、郑昭昌 1976 年修测）层序如下（图 3-2）：

上覆地层：五道淌组（€_1w）深灰色厚层块状粉砂质灰质白云岩

——————　整　合　——————

表 3-1　宁夏寒武系划分、命名沿革表

Table 3-1　Evolution of divisional schemes of Cambrian in Ningxia

<table>
<tr><th colspan="2">杜恒俭，1950</th><th>关士聪、车树政，1955</th><th>苏峪口地质队，1958</th><th>王玉柯，1959</th><th colspan="2">卢衍豪，1959</th><th colspan="2">宁夏区测队，1964</th><th colspan="2">宁夏第二地质队，1974~1975</th><th colspan="2">周志强、郑昭昌，1975</th><th colspan="2">宁夏区调队，1978</th><th colspan="2">宁夏区域地层表编写组，1980</th><th colspan="2">《宁夏回族自治区区域地质志》，1990</th><th colspan="2">《宁夏回族自治区岩石地层》，1996</th><th>《中国地层典·寒武系》，1999</th><th colspan="2">本《志》，2012</th></tr>
<tr><td rowspan="8">中寒武世早期</td><td rowspan="8">胡鲁斯台层</td><td rowspan="8">阿不切亥系</td><td rowspan="3">上统</td><td rowspan="3">上统</td><td rowspan="3">上统</td><td rowspan="3">崮山组</td><td rowspan="3" colspan="2">上统</td><td rowspan="3">上统</td><td>凤山组</td><td rowspan="3">上统</td><td>凤山组</td><td rowspan="3">上统</td><td>凤山组</td><td rowspan="3">上统</td><td>凤山组</td><td rowspan="3">上统</td><td>凤山组</td><td>下奥陶统</td><td rowspan="4">阿不切亥组</td><td rowspan="6">三山子组
胡鲁斯台组</td><td rowspan="3">上统</td><td rowspan="4">阿不切亥组</td></tr>
<tr><td>长山组</td><td>长山组</td><td>长山组</td><td>长山组</td><td>长山组</td><td rowspan="2">上统</td></tr>
<tr><td>崮山组</td><td>崮山组</td><td>崮山组</td><td>崮山组</td><td>崮山组</td></tr>
<tr><td rowspan="2">中统</td><td rowspan="2">中统</td><td rowspan="2">中统</td><td>阿不切亥组</td><td rowspan="2">中统</td><td>阿不切亥组</td><td rowspan="2">中统</td><td>张夏组</td><td rowspan="2">中统</td><td>张夏组</td><td rowspan="2">中统</td><td>张夏组</td><td rowspan="2">中统</td><td>张夏组</td><td rowspan="2">中统</td><td>张夏组</td><td rowspan="2">中统</td><td rowspan="3">中统</td></tr>
<tr><td>胡鲁斯台组</td><td>胡鲁斯台组</td><td>徐庄组</td><td>徐庄组</td><td>徐庄组</td><td>徐庄组</td><td>徐庄组</td><td>胡鲁斯台组</td><td>胡鲁斯台组</td></tr>
<tr><td rowspan="3">下统</td><td rowspan="3">下统</td><td rowspan="3">下统</td><td rowspan="3">毛庄组</td><td rowspan="3">下统</td><td rowspan="3">毛庄组</td><td rowspan="3">下统</td><td>毛庄组</td><td rowspan="3">下统</td><td>毛庄组</td><td rowspan="3">下统</td><td>毛庄组</td><td rowspan="3">下统</td><td>毛庄组</td><td rowspan="3">下统</td><td>毛庄组</td><td rowspan="3">下统</td><td>陶思沟组</td><td>陶思沟组</td></tr>
<tr><td rowspan="2">苏峪口组</td><td>五道淌组</td><td>五道淌组</td><td>五道淌组</td><td>五道淌组</td><td>朱砂洞组</td><td>五道淌组</td><td rowspan="2">下统</td><td>五道淌组</td></tr>
<tr><td>苏峪口组</td><td>苏峪口组</td><td>苏峪口组</td><td>苏峪口组</td><td>辛集组</td><td>苏峪口组</td><td>苏峪口组</td></tr>
</table>

苏峪口组（$\epsilon_1 s$） 厚度 30.3m

4. 灰白色钙质长石粉砂岩 25.0m
3. 灰黄色含磷质砂岩 0.8m
2. 灰、灰黄色中厚层含粉砂质灰质结晶白云岩。产三叶虫 *Bergeroniellus* sp. 3.7m
1. 灰、灰黄色磷砾岩。产三叶虫 *Bergeroniellus* sp.；腕足类 *Obolus* sp.；腹足类 *Hyolithes* sp. 0.8m

----- 平行不整合 -----

下伏地层： 震旦系兔儿坑组（Pt_3^3t）灰绿色板岩

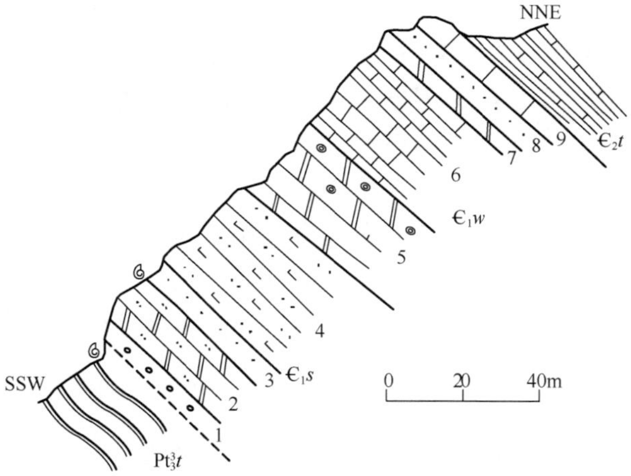

图 3-2 贺兰县苏峪口五道淌下寒武统剖面图

Fig. 3-2 Section of the Lower Cambrian in Wudaotang, Suyukou, Helan County, Ningxia

苏峪口组与下伏震旦系兔儿坑组呈平行不整合接触（见图 2-24），与上覆五道淌组呈整合接触，为一套含磷碎屑岩和碳酸盐岩沉积。

贺兰山地区，苏峪口组底部为土黄色磷质砾岩，局部地段砾岩之上夹含磷砂岩或灰质白云岩，向上为深灰色钙质砂质磷块岩，再向上为青灰色砂质灰岩。底部磷质砾岩厚 0.2~3m 不等，砾石磨圆度较好，呈浑圆状，直径 0.3~2cm，砾石成分主要为石英、硅质岩，次为白云岩等，填隙物为砂质、磷质（胶磷矿）。含三叶虫、腕足类和腹足类化石。在苏峪口、正目观、黄旗口（冰沟）一带本组厚 30~39m，向南至紫花沟、金塔泉一带减至 21~23m。在苏峪口—紫花沟一带形成 2~3 层透镜状磷块岩矿层，矿层厚 0.15~0.23m，P_2O_5含量一般为 1%~2%，高者达 5%以上，最高 22%。

在同心青龙山本组为含磷砾岩夹薄层粉砂岩，厚仅 6.6m。老爷山一带厚 44m，底部为 11m 厚的砾岩，向上则为乳白色石英砂岩与细砾岩互层，砾岩含磷甚低（$w(P_2O_5)<1\%$）。

（二）五道淌组（$\epsilon_1 w$）

周志强、郑昭昌 1976 年命名，正层型为贺兰县苏峪口五道淌剖面。

五道淌组分布范围与苏峪口组一致。正层型苏峪口五道淌剖面层序如下（见图 3-2）：

上覆地层： 陶思沟组（$\epsilon_2 t$）灰绿色页岩

———— 整 合 ————

五道淌组（$\epsilon_1 w$） 厚度 57.0m

9. 灰色中厚层灰岩。顶部含藻类化石 *Girvanella* sp. 4.8m
8. 从上到下由中厚层碳酸盐化石英岩、黄—浅黄白色中厚层钙质粉砂岩、薄层灰岩夹两层浅紫红、灰色页岩组成 4.3m
7. 灰白色中厚层灰质白云岩 1.9m
6. 乳白色薄层灰岩夹少许中厚层灰岩 23.9m
5. 深灰色厚层块状粉砂质灰质白云岩，含藻灰结核 22.1m

———— 整 合 ————

下伏地层： 苏峪口组（$\epsilon_1 s$）灰白色钙质长石粉砂岩

五道淌组与下伏苏峪口组和上覆陶思沟组均为整合接触，为一套碳酸盐岩沉积，主要由中厚层白云岩、灰岩组成。

在贺兰山中段岩性岩相稳定，以深灰色厚层粉砂质钙质白云岩和灰白、乳白色薄层中厚层灰岩为主，夹少许钙质粉砂岩及页岩，下部普遍含藻灰结核，厚42~47m。在青龙山和固原市东北部的老爷山等地岩性与贺兰山地区相似。青龙山鸽堂沟剖面厚13.1m，岩性以粉晶白云岩为主；老爷山厚47m，岩性为灰白色厚层白云岩与黄灰色泥质白云岩互层，夹少量钙质页岩。

（三）陶思沟组（ϵ_2t）

顾其昌等1996年命名。正层型为石嘴山市陶思沟剖面，副层型为石嘴山市惠农区大井沟剖面。命名前，人们一直将这段地层称为毛庄组，因创名地所在地区山东省停用了毛庄组，1996年宁夏地层清理研究组顾其昌等将本区的毛庄组更名为陶思沟组。

陶思沟组分布较为广泛，主要出露于贺兰山中段苏峪口、正目观、冰沟、紫花沟、金塔泉和贺兰山北段陶思沟、大井沟、王全沟等地以及同心东部青龙山地区，固原东北部稍沟湾、马家石沟、阴石峡、吊岭渠、峁头上以及泾源南部马家峡等地有零星露头。

正层型陶思沟剖面（位于石嘴山市石炭井西之陶思沟。起点坐标：北纬39°13′，东经106°16′。宁夏地质矿产勘察院地层清理研究组1993年测制）层序如下：

上覆地层： 胡鲁斯台组（ϵ_2h）灰黄色中厚层砂质灰岩，夹灰绿、紫红色页岩

———— 整 合 ————

陶思沟组（ϵ_2t）	厚度70.4m
15. 浅灰—深灰色中层白云岩，中部夹0.4m厚的钙质石英岩	7.8m
14. 灰白—浅灰色薄—厚层钙质石英砂岩、砂质灰岩	11.3m
13. 浅灰—灰黑色厚层—块状白云岩	13.4m
12. 灰—深灰色薄层灰岩夹灰—灰黄绿色页岩。产三叶虫 *Ptychoparia* sp.	8.5m
11. 紫红色页岩	1.5m
10. 上部中厚层鲕粒灰岩，下部灰—深灰色薄层灰岩夹灰—灰黄色页岩	4.2m
9. 浅灰—灰白色中—薄层细粒石英砂岩夹少量灰—灰黄绿色页岩	5.0m
8. 紫红色页岩	2.0m
7. 浅灰—灰色中层白云岩	1.0m
6. 浅灰—灰白色中—薄层细粒石英砂岩夹浅灰色页岩	3.3m
5. 浅灰—灰黄色中层白云岩	3.5m
4. 灰白—浅灰色中—薄层组粒石英砂岩，中部夹薄层白云岩、页岩	3.7m
3. 浅灰—灰色中层白云岩夹少量钙质石英砂岩、页岩	2.0m
2. 浅灰—灰白色薄层石英砂岩夹灰绿色页岩	1.3m
1. 灰白—浅灰色薄—中层细粒石英砂岩、砂砾岩	1.9m

----- 平行不整合 -----

下伏地层： 王全口组（Pt_2^2w）硅质白云岩

副层型大井沟剖面（位于石嘴山市惠农区简泉农场西北8km处之大井沟。起点坐标：北纬39°09′，东经106°28′。宁夏第二地质队1975年测制）层序如下：

上覆地层： 胡鲁斯台组（ϵ_2h）灰绿色页岩夹薄层生物碎屑灰岩

———— 整 合 ————

陶思沟组（ϵ_2t）	厚度91.2m
23. 灰色薄层砂质灰岩夹灰白色中厚层石英砂岩及灰色中厚层结晶灰岩，其上部夹有一层薄层鲕状灰岩。产三叶虫 cf. *Saimachia* sp.	2.4m

22. 灰色中厚层砂质灰质白云岩夹薄层石英岩状砂岩　8.6m
21. 灰色薄层灰岩夹中厚层砂质灰质白云岩　1.9m
20. 灰黄色中厚层细粒石英砂岩与灰色中厚层砂质灰质白云岩互层，在白云岩中夹有含铜蓝石英砂岩两层，厚约10cm　5.4m
19. 灰色薄层泥质灰岩，底部见薄层假鲕状灰岩。产三叶虫 *Probowmania quadrata*　6.9m
18. 灰色厚层泥质条带灰岩　6.2m
17. 灰色薄层灰岩，底部见一层灰绿色页岩。产三叶虫 *Ptychoparia* ? sp.，*Probowmania* sp.　9.0m
16. 灰色薄层灰岩及厚层灰岩　4.2m
15. 土黄色厚层中粒石英岩状砂岩与土黄色薄层灰岩互层　4.2m
14. 上部为土黄色中厚层含砾中粒石英岩状砂岩；中下部灰色薄层泥灰岩、灰褐色薄层竹叶状灰岩、中厚层灰岩、灰白色薄层石英岩状砂岩互层　7.6m
13. 灰褐色厚层角砾状砂质灰质白云岩，灰色薄层含砂质泥灰岩、灰白色厚层中粒石英岩状砂岩互层　3.4m
12. 灰白、灰绿色薄层石英岩状砂岩、白色页片状石英岩状砂岩与紫红色页岩互层　8.3m
11. 灰白色中厚层细粒石英岩状砂岩，中夹白色薄层细粒含海绿石石英岩状砂岩　7.0m
10. 灰、灰绿色薄层与叶片状石英岩状砂岩互层　4.5m
9. 杂色砾岩　11.6m

----- 平行不整合 -----

下伏地层：王全口组（Pt_2^2w）乳白色厚层石英岩

贺兰山中段以苏峪口五道淌剖面（图3-3）为代表，其层序如下：

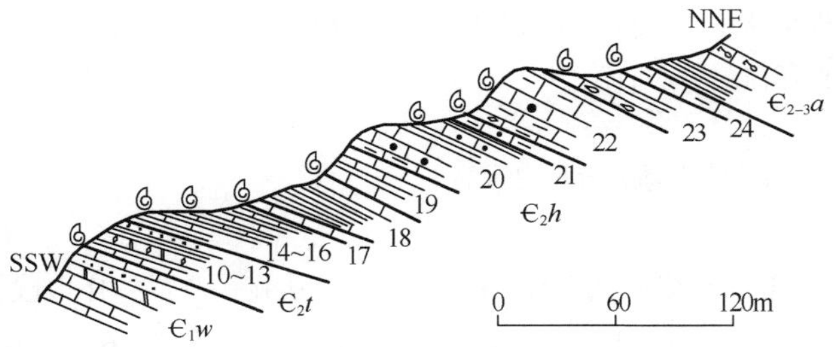

图3-3　贺兰县苏峪口五道淌中寒武统剖面图

Fig. 3-3　Section of the Middle Cambrian in Wudaotang, Suyukou, Helan County, Ningxia

上覆地层：胡鲁斯台组（ϵ_2h）灰绿色页岩夹灰色薄层灰岩

——— 整　合 ———

陶思沟组（ϵ_2t）　厚度22.2m

13. 灰白色中厚层中粒石英砂岩　2.2m
12. 黄白色页片状砂岩与页岩互层，底部夹灰、灰黄色页片状灰岩　4.6m
11. 灰色厚层含灰质结晶白云岩　6.2m
10. 下部灰色薄层灰岩，上部灰绿色页岩。灰岩产三叶虫 *Probowmania* sp.　9.2m

——— 整　合 ———

下伏地层：五道淌组（ϵ_1w）中厚层灰岩，含藻类化石

桌子山-青龙山地层小区以青龙山鸽堂沟剖面（位于同心县青龙山鸽堂沟。起点坐标：北纬37°15′，东经106°36′。宁夏区调队1982年测制）为代表，其层序如下（图3-4）：

上覆地层：胡鲁斯台组（ϵ_2h）灰色薄层灰岩夹灰色厚层灰岩

——— 整　合 ———

陶思沟组（ϵ_2t）　厚度>125.5m

33. 紫红色钙质页岩夹灰绿色钙质页岩。产三叶虫 *Ptychoparid*（下部被第四系覆盖）　>20.5m

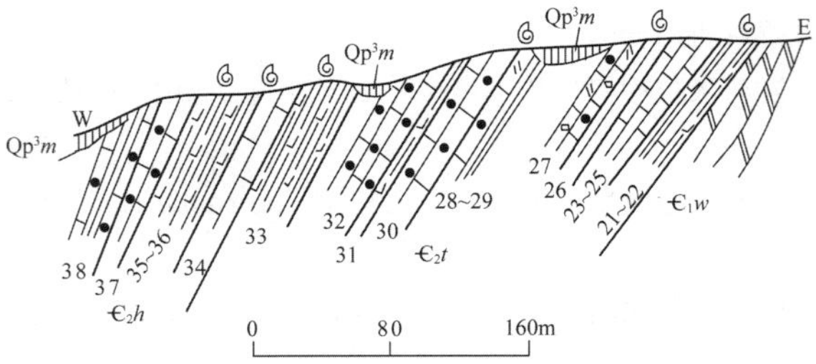

图 3-4 同心县青龙山鸽堂沟中寒武统剖面图

Fig. 3-4 Section of the Middle Cambrian in Getanggou, Qinglongshan, Tongxin County, Ningxia

32. 灰色薄层夹中厚层细晶鲕粒灰岩	>25. 4m
31. 暗紫红色、深褐红色钙质页岩	3. 3m
30. 灰—深灰色中厚层粉—细晶鲕粒灰岩夹灰黄色泥灰岩	14. 8m
29. 灰—深灰色薄层白云岩化细—粉晶鲕粒灰岩	1. 4m
28. 灰色薄层细—粉晶鲕粒灰岩与灰黄色页岩互层。产三叶虫 *Ptychoparid*（下部为第四系覆盖）	>2. 8m
27. 灰色中厚层白云岩化细晶鲕粒灰岩夹灰色含砂微晶灰岩	>15. 3m
26. 紫红、深灰色页岩夹黄绿色页岩。产三叶虫 cf. *Kochina* sp.	8. 5m
25. 灰黄色中厚层灰岩夹灰色薄层灰岩、鲕状灰岩	10. 2m
24. 灰黄色中厚层含细砂微晶灰岩	5. 1m
23. 灰黄色薄层含粉砂微晶灰岩夹灰黄色含中砂微晶灰岩	4. 3m
22. 灰黄色钙质页岩与灰红色薄层细—粉晶灰岩互层。产三叶虫 *Ptychoparid*	12. 6m
21. 灰、灰绿色钙质页岩夹灰白色薄层石英砂岩	1. 3m

——— 整 合 ———

下伏地层： 五道淌组（$€_1w$）灰褐色薄层粉晶白云岩

陶思沟组与下伏五道淌组和上覆胡鲁斯台组均为整合接触，贺兰山北段陶思沟组直接不整合于蓟县系王全口组（图 3-5）或更老地层或古元古代花岗岩之上（图 3-6）。主要由石英砂岩、页（板）岩、白云岩和灰岩组成，产三叶虫，厚 22. 2~374. 3m。

图 3-5 石嘴山市王全沟中寒武统陶思沟组（$€_2t$）与蓟县系王全口组（Pt_2^2w）不整合接触关系

Fig. 3-5 Unconformity between the Middle Cambrian Taosigou Formation ($€_2t$) and the Jixianian Wangquankou Formation (Pt_2^2w) in Wangquangou, Shizuishan, Ningxia

图 3-6　内蒙古阿拉善左旗沙和格勒中寒武统陶思沟组（$\epsilon_2 t$）与古元古代花岗岩（γPt_1）不整合接触关系

Fig. 3-6　Unconformity between the Middle Cambrian Taosigou Formation（$\epsilon_2 t$）and the Paleoproterozoic granite（γPt_1）in Shahegele, Alxa Left Banner, Inner Mongolia

贺兰山中段，紫花沟岩性为薄层灰岩、白云质灰岩、白云岩、泥灰岩夹钙质石英砂岩、粉砂岩及页岩，厚 374. 3m。自紫花沟向南、向北岩性、厚度均有变化。向南，至金塔泉厚度变为 121. 2m，上部页岩明显增多；向北，正目观厚 106. 2m，冰沟厚 94. 6m，五道淌厚仅 22. 2m，岩性以页岩为主，下部夹有少量薄层灰岩、泥质条带灰岩。

贺兰山北段，陶思沟组以不整合超覆于长城系黄旗口组或蓟县系王全口组或古元古代花岗岩之上，与上覆胡鲁斯台组整合接触，岩性与贺兰山中段基本一致。陶思沟剖面本组不整合覆于长城系黄旗口组之上，岩性为浅灰—灰白色薄—中层细粒石英砂岩、浅灰—灰色薄—中层白云岩夹灰、灰绿、紫红色页岩及薄层灰岩、鲕粒灰岩、砂质灰岩等，底部为砂砾岩，厚 70. 40m。大井沟本组不整合于蓟县系王全口组之上，岩性与陶思沟剖面类似，底部见有 11. 6m 厚的角砾岩，厚 91. 1m。红霞沟本组不整合覆于长城系黄旗口组之上，岩性为灰白—灰黄色薄—中层石英砂岩、石英岩状砂岩夹灰绿色板岩、泥灰岩、白云质灰岩及鲕粒灰岩等，下部石英砂岩含海绿石，底部有厚 1 ~ 2m 的角砾岩，厚 40. 8m。正义关断裂以北，本组不整合于古元古代花岗岩或古元古界贺兰山岩群之上，所见岩性与陶思沟剖面相似，敖包图厚 55. 4m，沙和格勒厚 64. 8m。

在青龙山，本组与下伏五道淌组和上覆胡鲁斯台组均为整合接触。鸽堂沟剖面厚度大于 125. 5m，除底部见石英砂岩外，向上则以薄层泥质灰岩、白云质灰岩、鲕粒灰岩为主，夹灰绿、紫红色页岩。甘（肃）宁（夏）交界地带的阴石峡、马家石沟、峁头上等地，本组不整合覆于蓟县系王全口组之上，岩性以石英砂岩、石英岩状砂岩为主，上部夹板岩、白云岩、鲕粒灰岩、竹叶状灰岩等。阴石峡厚 48. 8m。

陶思沟组在横向上岩性、岩相较稳定，但沉积厚度变化较大，以贺兰山中段紫花沟为中心，向北、向南均有变薄之趋势。

（四）胡鲁斯台组（$\epsilon_2 h$）

是杜恒俭 1950 年于贺兰山北段陶思沟创名的胡鲁斯台层的改称。胡鲁斯台层原始定义是指中寒武世早期沉积。1964 年卢衍豪认为贺兰山区可以建立一些地方性的地层名称，以示与华北区有所区别，建议将胡鲁斯台层改称胡鲁斯台组，用以代表与华北徐庄组相当的地层。1976 年周志强、郑昭昌将华北区的地层名称徐庄组引用到包括贺兰山在内的整个鄂尔多斯西缘地区，用以代表该地区的徐庄期沉积，嗣后一致沿用。1996 年，宁夏岩石地层清理研究组顾其昌等，根据卢衍豪早年的建议，起用了

“胡鲁斯台组”一名，并重新厘定其含义，指定石嘴山市陶思沟剖面为其正层型。

胡鲁斯台组分布范围与陶思沟组基本一致。陶思沟剖面、苏峪口五道淌剖面和阴石峡剖面具代表性。

正层型陶思沟剖面（位于石嘴山市石炭井西陶思沟。起点坐标：北纬 39°13′，东经 106°16′。1976 年周志强测制，宁夏区调队 1977 年重测）层序如下（图 3-7）：

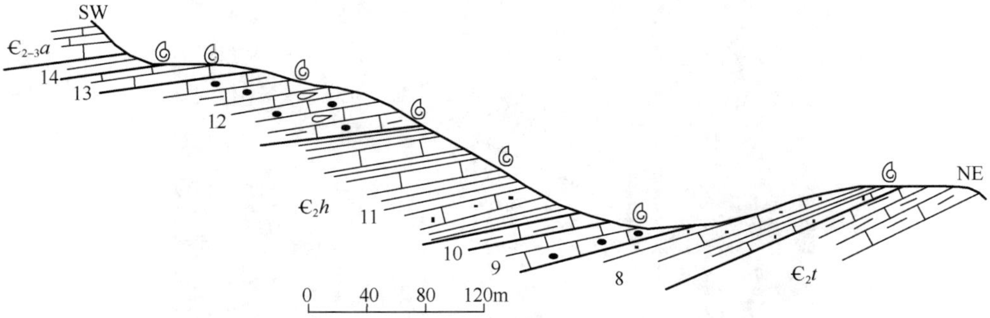

图 3-7 石嘴山市陶思沟中寒武统胡鲁斯台组剖面图

Fig. 3-7 Section of the Middle Cambrian Hulusitai Formation in Taosigou, Shizuishan, Ningxia

上覆地层：阿不切亥组（$\epsilon_{2-3}a$）灰白色薄层灰岩，上部夹鲕状灰岩

———— 整 合 ————

胡鲁斯台组（ϵ_2h） 厚度 200.7m

14. 紫红、灰绿、褐红色页岩，夹 2~3 层薄层砂质灰岩，底部有一层 40cm 厚的灰绿色细粒石英砂岩。产三叶虫 Proasaphiscidae 18.1m
13. 灰白色薄层灰岩，底部有 3~4m 中厚层竹叶状灰岩。自上而下产三叶虫化石 3 层：（3）*Bailiella* sp.，（2）*Bailiella* sp.，（1）Proasaphiscidae 13.1m
12. 下部灰黑色薄层鲕状灰岩，上部灰白色薄层竹叶状灰岩。自上而下产三叶虫化石 2 层：（2）Proasaphiscidae；（1）*Inouyops* sp.，*Solenoparia* sp.，Proasaphiscidae 47.8m
11. 灰绿色页岩夹薄—中厚层砂质灰岩、生物碎屑灰岩。顶部夹一层 1m 厚的中层鲕状、竹叶状灰岩。产三叶虫化石 7 层：（7）*Solenoparia* sp.；（6）*Metainouyia* sp.，*Sulcinouyia* sp.，*Zhuozishania* sp.；（5）*Sunaspidella* sp.；（4）、（3）*Sunaspidella* sp.，Ordosiidae；（2）*Pseudoinouyia* sp.，*Leiaspis* sp.，Ordosiidae；（1）*Pseudoinouyia* sp.，Proasaphiscidae 72.3m
10. 灰黄色薄层泥质条带灰岩，顶部夹一层鲕状灰岩。产三叶虫化石 4 层：（4）*Helanshania* sp.，*Proasaphiscinia* sp.；（3）*Kootenia* sp.，Inouyiidae，Proasaphoscodae；（2）*Kootenia* sp.；（1）*Solenoparia* sp. 24.9m
9. 灰黑色中厚层鲕状灰岩夹砾屑灰岩。产三叶虫化石 6 层：（6）Ptychopariidae；（5）*Kootenia* sp.；（4）*Pagetia* sp.，*Solenoparia*（*Plesisolenoparia*）sp.，*Monanocephalus* sp.，Antagmiidae；（3）*Pagetia jinnanensis*；（2）、（1）*Solenoparia*（*Plesisolenoparia*）sp. 17.3m
8. 灰黄色中厚层砂质灰岩，夹灰绿、紫红色页岩。产三叶虫化石 8 层：（8）、（7）*Luaspides* sp.；（6）*Luaspides* sp.，*Solenoparia*（*Plesisolenoparia*）sp.，*Parachittidilla* sp.；（5）*Solenoparia*（*Plesisolenoparia*）sp.，*Parachittidilla* sp.；（4）*Pagetia jinnaensis*，*Solenoparia*（*Plesisolenoparia*）sp.；（3）*Parachittidilla* sp.，*Parainouyia* sp.，*Monanoctphalus* sp.；（2）*Zhongtiaoshanaspis* sp.，Solenoparids，Antagmiidae；（1）*Luaspides* sp. 7.2m

———— 整 合 ————

下伏地层：陶思沟组（ϵ_2t）浅灰—深灰色中层白云岩，中部夹钙质石英砂岩

苏峪口五道淌剖面（位于贺兰县金山乡苏峪口磷矿区。起点坐标：北纬 38°45′，东经 105°54′。宁夏第二地质队 1975 年测制，周志强、郑昭昌 1976 年修测）是贺兰山中段最具代表性的剖面，其层序如下（见图 3-3）：

上覆地层：阿不切亥组（$\epsilon_{2-3}a$）灰绿色页岩夹少量灰、灰白色薄层灰岩

——————　整　合　——————

胡鲁斯台组（ϵ_2h） 厚度 190. 0m

24. 灰色薄层泥质灰岩，夹少量灰绿色页岩。产三叶虫 *Bailiella* sp.，*Inouyia* sp.，*Wuania* sp. 6. 8m
23. 灰白、灰色薄层灰岩、灰绿色页岩与竹叶状灰岩互层，夹少量黑色中厚层灰岩。产 4 层三叶虫化石：（4） Proasaphiscidae；（3） *Lorenzella* sp.；（2） *Solenoparia*（*Plesisolenoparia*）sp.，Proasaphiscidae；（1） *Proasaphiscus* sp.，*Anomocarella* sp. 26. 8m
22. 灰、灰黑色厚层泥质条带灰岩夹灰白、黄白色中厚层鲕状灰岩。顶部有一层厚 8. 6m 的灰—灰黑色厚层团块状含泥质菱铁矿灰岩。产三叶虫化石 3 层：（3） *Solenoparia*（*Plesisolenoparia*）sp.，*Lorenella* sp.，Proasaphiscidae；（2） *Inouyops* sp.；（1） *Solenoparia* sp.，Proasaphiscidae 36. 5m
21. 灰、灰白色中厚层含泥质条带鲕状灰岩。底部产三叶虫 *Sulcinouyia* sp.，*Bolbinouyia* sp.，*Koptura*（*Kopturina*）sp.，*Inouyia* sp.，*Metagraulos* sp. 4. 8m
20. 下部灰色薄层泥质条带灰岩；中部灰色薄层灰岩与竹叶状灰岩互层，夹少量灰绿色页岩及薄层灰岩；上部灰绿色页岩夹鲕状灰岩和砂质鲕状灰岩，产三叶虫 2 层：（2） *Tengfengia* sp.；（1） *Inouyia* sp. 30. 1m
19. 下部灰、灰绿色页片状灰岩夹少量灰绿色页岩；上部为页片状灰岩夹灰色薄层灰岩及灰褐色薄层生物碎屑灰岩。富含三叶虫化石 6 层：（6） *Sunaspidella* sp.；（5） *Sunaspidella* sp.，*Wuania* sp.；（4） *Xuainania* sp.；（3） *Wuania* sp.，Proasaphiscidae；（2） *Wuania* sp.，*Pseudoinouyia* sp.，*Sunaspidella* sp.，Ordosiidae，Proasaphiscidae；（1） *Sunaspidella* sp. 22. 2m
18. 灰绿色页岩夹少量灰色薄层含生物碎屑及硅质条带灰岩透镜体。向上为薄层灰岩、灰白、灰色生物碎屑灰岩与灰色泥质条带灰岩互层。上部产三叶虫化石 4 层：（4） *Sunaspidella* sp.；（3） *Sunaspis* sp.；（2） *Sunaspis* sp.，*Wuania* sp.，*Proasaphoscus* sp.；（1） Solenopleuriidae，Ptychopariidae 28. 4m
17. 灰绿色薄层灰岩、生物碎屑灰岩，夹少量灰绿色页岩。近底部产 2 层三叶虫化石：（2） *Ruichengaspis* sp.，*Monanocephalus* sp.，*Parainouyia* sp.，*Parachitidilla* sp.，*Solenoparia*（*Plesisolennoparia*）sp.，*Ruichengaspis* sp.；（1） *Inouyia capax*，Antagmiidae，Solenopleuridae 3. 5m
16. 灰绿色页岩夹薄层灰岩。中部灰岩产三叶虫 *Parachittidilla* sp.，*Probowmania* ? sp.，*Solenoparia* sp. 10. 1m
15. 下部灰绿色页岩夹少量灰色薄层灰岩，灰岩产三叶虫 Ptychopariidae，Solenopleuridae；上部为紫红色页岩 11. 8m
14. 下部灰绿色页岩夹灰色薄层灰岩透镜体，上部为 2m 厚的紫红色页岩。灰岩透镜体中含三叶虫化石：*Luaspides qinglongshanensis*，Antagmiidae，Ptychopariidae 7. 0m

——————　整　合　——————

下伏地层：陶思沟组（ϵ_2t）灰色薄层灰岩

桌子山-青龙山地层小区以阴石峡剖面（位于甘肃省环县阴石峡。起点坐标：北纬 36°33′，东经 106°27′。宁夏地调院 2001 年测制）为代表，其层序如下（图 3-8）：

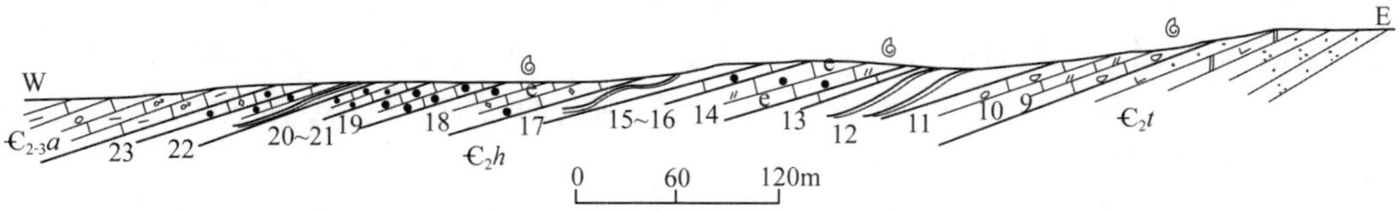

图 3-8　甘肃省环县阴石峡中寒武统胡鲁斯台组剖面图

Fig. 3-8　Section of the Middle Cambrian Hulusitai Formation in Yinshixia，Huanxian，Gansu

上覆地层：阿不切亥组（$\epsilon_{2-3}a$）深灰色厚层微晶鲕粒灰岩

——————　整　合　——————

胡鲁斯台组（ϵ_2h） 厚度 135. 6m

23. 灰色薄层微晶灰岩夹灰紫色页板岩及深灰色中—薄层微晶鲕粒灰岩、细晶灰岩。顶部为一层厚 30cm 之砾屑灰岩 5. 8m

22. 灰紫色页板岩及深灰色中—薄层微晶（含生物碎屑）鲕粒灰岩、微晶生物碎屑灰岩、含生物碎屑细晶灰岩 16.1m

21. 浅灰—灰色厚—中层微晶（含生物碎屑）鲕粒灰岩与黄绿、灰紫色页板岩互层 11.1m

20. 灰色厚层—块状微晶鲕粒灰岩夹深灰色中层含生物碎屑微晶灰岩。前者发育缝合线构造 3.2m

19. 灰色中层微晶鲕粒灰岩夹黄绿色页板岩。前者含三叶虫碎片，发育沙纹层理 8.2m

18. 黄绿、灰绿间夹灰紫色页板岩夹少量深灰色薄—中层细晶灰岩、微晶生物碎屑灰岩。灰岩重结晶明显。产三叶虫 *Solenoparia*（*Plesisolenoparia*）sp.，*Wuhaina* sp.，*Sunaspidella* sp.，*S. rara*，*Wuhushania* sp.，*Sinopagetia* sp.，*Ruichengaspis* sp.，*Shuiyuella* sp.，*Parachittidilla* sp.，*Parainouyia* sp.，*Plesiagraulos* sp. 11.6m

17. 灰紫间夹黄绿色页板岩 13.0m

16. 深灰色块状含白云质微晶鲕粒灰岩。含少量长条状砾屑，发育缝合线构造 1.4m

15. 灰紫间夹黄绿色页板岩夹少量灰紫色薄层细晶灰岩 5.4m

14. 灰色中层含白云质微晶含生物碎屑鲕粒灰岩。重结晶明显。产三叶虫 *Psilostracus* sp.，*P. latus*，*Solenoparia*（*Plesisolenoparia*）sp.，*Shantungaspis* cf. *aclis*，*Probowmania*（*Probowmania*）*quadrata*，*P.* sp.，*Ziboaspidella latilimbata*，*Plesiagranlos* sp.，*Angustinouyia* sp.，*Catinouyia* sp.，*Lioparella* sp.，*Wuhaira* sp.，*Proasaphiscina* sp. 13.4m

13. 灰紫间夹黄绿色页板岩夹少量浅黄灰、灰红色中层含白云质微晶鲕粒灰岩、含砂质细晶灰岩及砾屑灰岩。鲕粒灰岩已发生重结晶，细晶灰岩含三叶虫碎片 6.1m

12. 灰紫、黄绿色页板岩 21.5m

11. 下部为黄绿色页板岩夹深灰色薄层微晶灰岩及薄层砾屑灰岩；上部为深灰色薄—中层微晶竹叶状灰岩夹黄绿色页板岩。薄层微晶灰岩具龟裂 7.8m

10. 灰紫色页板岩夹灰—浅灰色薄—中层白云质微晶鲕粒灰岩，顶部为一层厚 25cm 之灰色微晶竹叶状灰岩。鲕粒灰岩发育大型直脊状对称波痕，已发生重结晶 7.3m

9. 底部为一层厚 0.4m 之微晶竹叶状灰岩（风暴砾岩）。向上为红灰色厚—中层含白云质微晶鲕粒灰岩。后者重结晶明显。产腹足类 *Helcionella* cf. *shantungensis*，*Pollicina* ? sp. 2.8m

———— 整 合 ————

下伏地层： 陶思沟组（ϵ_2t）灰紫、黄绿色页板岩夹灰色薄层白云质微晶鲕粒灰岩

胡鲁斯台组与下伏陶思沟组和上覆阿不切亥组均呈整合接触，其总体岩性为灰绿、紫红色页岩与薄—中厚层灰岩、泥质条带灰岩、鲕粒灰岩、竹叶状灰岩呈不等厚互层，产丰富的三叶虫化石，厚 81.5~203.8m。

正层型陶思沟剖面胡鲁斯台组厚 200.7m，岩性为灰绿色页岩与灰—灰黑色中厚层鲕粒灰岩、竹叶状灰岩、薄层泥质条带灰岩、砂质灰岩、生物碎屑灰岩不等厚互层，下部和顶部见有紫红色页岩，顶部尚见夹石英砂岩。石炭井以东大井沟—红霞沟一带，本组未见顶，上石炭统靖远组超覆于其上，大井沟剖面岩性与正层型基本一致，厚 81.5m；红霞沟剖面厚 193.9m，页岩明显比陶思沟剖面和大井沟剖面多一些。自陶思沟剖面向北至内蒙古阿拉善左旗敖包图—沙和格勒一带本组层位齐全，与下伏陶思沟组和上覆阿不切亥组均呈整合接触，敖包图剖面厚 143.7m，岩性与红霞沟剖面相似，但上部未见夹石英砂岩；沙和格勒剖面厚 83.5m，而岩性则与陶思沟剖面相似。可见，贺兰山北段各地所见岩性与正层型大同小异，但沉积厚度有一定差异。

贺兰山中段苏峪口—金塔泉一带，胡鲁斯台组厚 144.6~203.8m，其岩性亦与贺兰山北段类似，近底部灰绿色页岩中仍有一层紫红色页岩（厚 1~2m），但顶部未见夹紫红色页岩。紫花沟剖面厚 200.6m，除中上部见薄层灰岩和鲕粒灰岩外，其余几乎全由灰绿色页岩组成。

同心青龙山—固原东部地区，本组岩性与正层型陶思沟剖面一致。青龙山鸽堂沟剖面厚 144.4m，岩性为薄—中层鲕粒灰岩与紫红色钙质页岩、页岩不等厚互层。位于甘（肃）宁（夏）交界地带的阴石峡剖面厚 135.6m，岩性为灰绿、灰紫色页（板）岩与灰—深灰色竹叶状灰岩、鲕粒灰岩、生物碎屑灰岩、薄层灰岩不等厚互层。

胡鲁斯台组在横向上岩性、岩相较稳定，但各地沉积厚度有一定差异。其近底部和顶部的两层紫红色页岩可作为划分本组顶、底界线的辅助标志。

（五）阿不切亥组（$\epsilon_{2-3}a$）

阿不切亥组是关士聪、车树政（1955）命名的阿布切亥系的改称。1955 年关士聪、车树政将贺兰山—桌子山区的寒武系以“阿不切亥系”名之。1962 年卢衍豪鉴于贺兰山、桌子山两区整个寒武系岩性与华北区不完全一样，提出贺兰山、桌子山区的寒武系可建立一些地方性地层名称以示与华北区有所区别，建议用胡鲁斯台组代表与华北区徐庄组相当的地层，将阿不切亥系改称阿不切亥组，用以代表胡鲁斯台组之上相当张夏组的一段地层。1976 年周志强、郑昭昌根据所含三叶虫化石，将原张夏组自下而上划分为张夏组、崮山组、长山组和凤山组，嗣后这些地层名称得到了广泛使用。1996 年，宁夏地层清理研究组顾其昌等认为，张夏组、崮山组、长山组和凤山组是根据古生物化石划分出来的，具有年代地层单位属性，而且这 4 个组均由碳酸盐岩组成，野外填图实难区别，故将其统称阿不切亥组，并重新厘定了其含义，指定贺兰县五道淌剖面为其次层型（宁夏贺兰山区）。1999 年，项礼文在《中国地层典·寒武系》一书中采用胡鲁斯台组一名，但扩大其时代范围，包括毛庄期、徐庄期、张夏期甚至更新的沉积。本《志》认为项礼文定义的“胡鲁斯台组”包容的地层内容太多，不予采纳。

阿不切亥组分布范围与陶思沟组、胡鲁斯台组基本一致。强岗岭—下岭南沟剖面、鸽堂沟剖面和阴石峡剖面具代表性。

阿不切亥组正层型位于内蒙古乌海市岗德尔山。贺兰山中段强岗岭—下岭南沟剖面（位于贺兰山中段西麓强岗岭。起点坐标：北纬 38°45′，东经 105°55′。周志强、郑昭昌 1976 年测制）层序完整，顶底接触关系清楚，生物地层研究程度较高，可作为其次层型，其层序如下（图 3-9）：

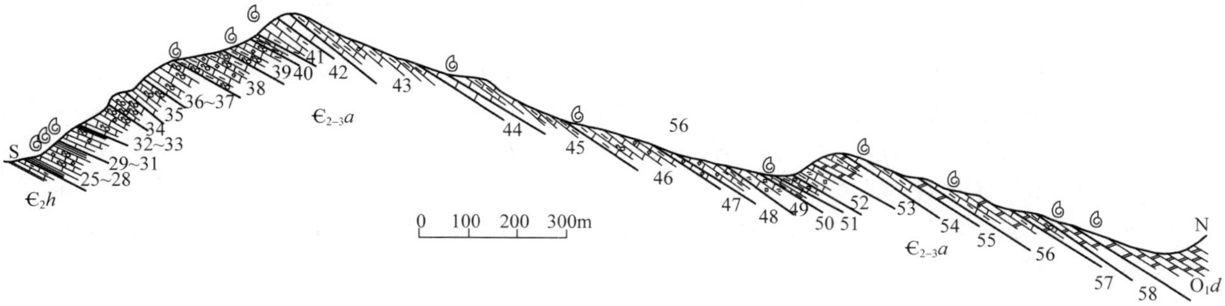

图 3-9 内蒙古阿拉善左旗强岗岭—下岭南沟中—上寒武统阿不切亥组剖面图

Fig. 3-9 Section of the Middle-Upper Cambrian Abuqiehai Formation in Qianggangling-Xialingnangou, Alxa Left Banner, Inner Mongolia

上覆地层：大南池组（O_1d）浅灰色白云岩

—————— 整 合 ——————

阿不切亥组（$\epsilon_{2-3}a$）	厚度 645.3m
58. 上部为灰、深灰色厚层泥质白云岩，下部浅灰色厚层白云岩。产牙形石 *Cordylodus proavus*	6.5m
57. 灰色薄层泥质条带灰岩与深灰色白云岩互层，下部含少量燧石结核	3.7m
56. 灰色薄至中厚层泥质灰岩夹一厚层白云岩及中薄层竹叶状灰岩。下部产牙形石 *Proconodontus muellerii*, *Teridontus nakamuri*, *Cordylodus proavus*	12.8m
55. 灰、深灰色厚层结晶白云岩夹薄层灰岩	7.3m
54. 灰色薄层灰岩、泥质灰岩夹灰色中薄层竹叶状灰岩。产三叶虫 *Paracalvinella semigyoides*, *Tsinania bigranosa*, *Pagodia pergranosa*, *Calvinella xialingnangouensis*	6.2m
53. 灰色厚层结晶白云岩夹少许灰色薄层泥质灰岩，底部为中薄层至块状白云质灰岩	31.2m
52. 灰色中薄层泥质灰岩与灰色中厚层结晶白云质灰岩互层	20.8m
51. 灰色中薄层泥质灰岩夹灰色中厚层竹叶状灰岩及少许薄层生物碎屑灰岩。产三叶虫 *Chuangia helanshanensis*, *Xiaoshiella obsoleta*, *Paraqingshuiheella punctata*	4.8m
50. 灰色中薄层泥质灰岩与灰色中厚层白云质结晶灰岩互层	4.8m

49. 灰色厚层结晶白云质灰岩 3.8m

48. 灰色薄层泥质灰岩夹灰色中厚层竹叶状灰岩 5.7m

47. 灰、灰紫色中厚层竹叶状灰岩夹灰色薄层泥质条带灰岩 3.9m

46. 灰色薄层泥质灰岩、泥质条带灰岩与灰—深灰色中厚层灰岩、灰色薄至中厚层竹叶状灰岩互层。下部产腕足类 *Mesonomia* sp.，*Eoorthis* sp. 23.5m

45. 灰色薄层泥质灰岩夹薄至中厚层竹叶状灰岩及少许鲕状灰岩。底部产三叶虫 *Chuangia qiangganglingensis*，*Xiaoshiella lataliformis*，*Xiaoshiella peculiaris* 17.8m

44. 灰色中厚层灰岩 3.1m

43. 灰色薄层泥质灰岩夹灰色中厚层灰岩、竹叶状灰岩。泥质灰岩中遗迹化石丰富，有 *Chondrolites* sp.，*Planolites* sp. 等 22.9m

42. 灰色块状灰岩 1.4m

41. 灰色薄层泥质灰岩夹灰色中厚层灰岩。产三叶虫 *Homagnostus* sp.，Damesellides；泥质灰岩中产遗迹化石 *Planolites* sp.，*Chondrolites* sp. 17.5m

40. 灰色薄层泥质灰岩夹中厚层竹叶状灰岩，顶、底各有一层疙瘩状（瘤状）灰岩。顶部产三叶虫化石碎片，泥质灰岩中含遗迹化石 *Chondrolites* sp.，*Planolites* sp. 8.1m

39. 灰色薄层含泥质条带灰岩夹灰色中厚层灰岩及少许薄至中厚层竹叶状灰岩、鲕状灰岩。底部及上部产三叶虫化石 *Blackwelderia petila*，*Cyclolorenzella normalis*；腕足类：*Obolus* sp.，*Lingulella* sp. 46.9m

38. 灰色薄层泥质条带灰岩、泥质灰岩，夹中厚层竹叶状灰岩。上部富产三叶虫 *Blackwelderia fortis*，*B. tenuilimbata*，*Cyclolorenzella normalis* 77.1m

37. 灰色薄层泥质条带灰岩夹灰白色中厚层灰岩及少量灰黑色薄层灰岩。产三叶虫 *Jinxiaspis* sp. 49.9m

36. 灰、灰白色页片状灰岩 3.7m

35. 灰色厚层泥质条带灰岩及少量灰白色中厚层鲕状、竹叶状灰岩。在贺兰山西麓同层内产三叶虫 *Taitzuia* sp.，*Solenoparia* sp.，*Jinxiaspis* sp. 45.5m

34. 灰色厚层泥质条带灰岩。富含遗迹化石 *Chondrolites* sp.，*Planolites* sp. 27.7m

33. 灰色厚层泥质条带灰岩夹灰色中厚层竹叶状灰岩及少量中厚层灰岩 65.3m

32. 灰色薄层灰岩夹中厚层灰岩。产遗迹化石 *Chondrolites* sp.，*Planolites* sp. 10.9m

31. 灰色薄层灰岩与灰绿色页岩互层 8.4m

30. 灰色厚层泥质条带灰岩，夹中厚层竹叶状灰岩及鲕状灰岩数层。产三叶虫 *Szeaspis* sp. 及丰富的遗迹化石 16.4m

29. 灰色薄层灰岩夹中厚层灰岩 15.6m

28. 灰、灰白色薄层灰岩与灰绿色页岩互层，夹灰色中厚层鲕状灰岩。产三叶虫 *ManchUriella* sp. 13.9m

27. 灰色厚层泥质条带灰岩，夹两层中厚层鲕状灰岩。产三叶虫 3 层：（3）*Crepicephalina* sp.；（2）*Proasaphiscus* sp.，*Aojia* sp.，*Protohedinia* ? sp.；（1）*Proasaphiscus* sp.，*Aojia* sp. 38.2m

26. 灰色薄层灰岩 6.2m

25. 灰绿色页岩夹少量灰、浅灰色薄层灰岩 13.8m

———— 整　合 ————

下伏地层：胡鲁斯台组（Є$_2h$）灰绿色页岩夹少量灰—灰白色薄层灰岩

桌子山-青龙山地层小区北段以青龙山鸽堂沟剖面为代表，其层序如下（图 3-10）：

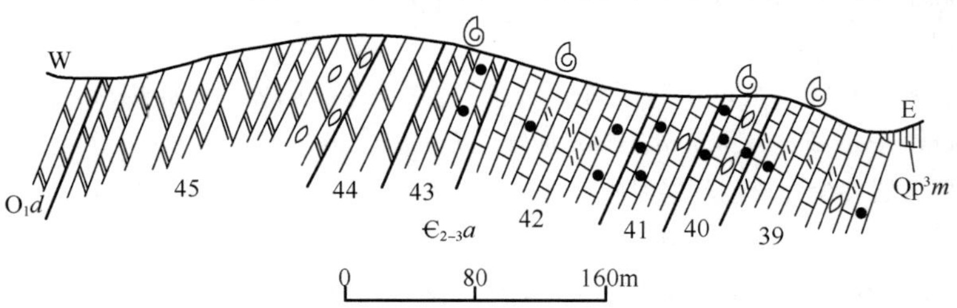

图 3-10　同心县青龙山鸽堂沟中—上寒武统阿不切亥组剖面图

Fig. 3-10　Section of the Middle-Upper Cambrian Abuqiehai Formation in Getanggou，Qinglongshan，Tongxin County，Ningxia

上覆地层：大南池组（O_1d）深灰色中厚层细晶白云岩

——————　整　合　——————

阿不切亥组（$\epsilon_{2-3}a$）　厚度>413.2m

45. 灰、浅灰色薄层细晶白云岩夹中厚层细晶白云岩、竹叶状白云岩　145.4m
44. 灰色中厚层结晶白云岩夹灰色薄层细晶鲕粒白云岩　26.9m
43. 灰色薄层微晶白云岩夹灰色细晶鲕粒灰岩、竹叶状灰岩。产腕足类 *Paterina* ? sp.，*Obolus* sp.　46.4m
42. 灰色薄层夹中厚层白云岩化含生物碎屑微晶灰岩，细晶鲕粒灰岩。产三叶虫 *Blackwelderia* ? sp.；腕足类 *Obolus* sp.　74.6m
41. 灰色薄层微晶灰岩夹灰色细晶鲕粒灰岩、竹叶状灰岩，产三叶虫碎片　38.1m
40. 灰色薄层—中厚层细晶鲕粒灰岩夹竹叶状灰岩。产三叶虫 *Poshania* sp.，Ptychoparid；腕足类 *Westonia* sp.　30.9m
39. 灰、浅灰黄色薄层含白云质灰岩，夹细晶鲕粒灰岩、竹叶状灰岩。产三叶虫 *Poshania* sp.；腕足类 *Obolus* sp.（第四系覆盖，未见底）　>50.9m

桌子山-青龙山地层小区南段以甘肃省环县阴石峡剖面（图3-11）为代表，其层序如下：

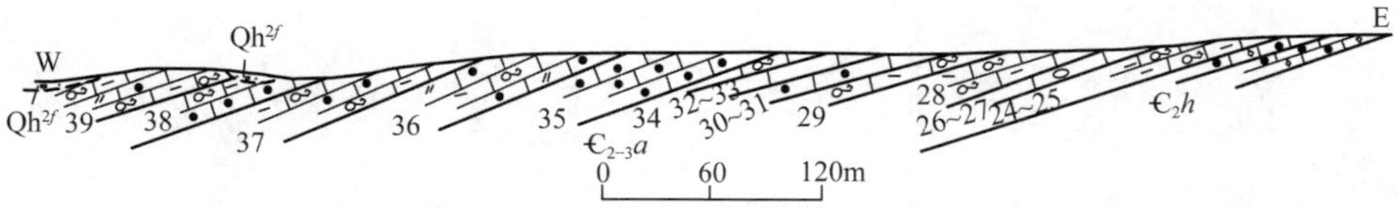

图3-11　甘肃省环县阴石峡中—上寒武统阿不切亥组剖面图

Fig. 3-11　Section of the Middle-Upper Cambrian Abuqiehai Formation in Yinshixia，Huanxian，Gansu

阿不切亥组（$\epsilon_{2-3}a$）　厚度>178.4m

39. 灰—深灰色厚层含泥质条带粉—细晶灰岩夹深灰色块状白云质微晶鲕粒灰岩。均发生重结晶（未见顶）　>19.5m
38. 深灰色块状微晶鲕粒灰岩夹少量深灰色含泥质条带微晶灰岩，上部夹一层厚30cm之砾屑灰岩　13.3m
37. 深灰色薄层泥质条带微晶灰岩夹深灰色中—厚层微晶鲕粒灰岩　23.3m
36. 深灰色块状含白云质微晶鲕粒灰岩与深灰色中—厚层泥质条带含白云质微晶灰岩。前者发育缝合线构造　23.3m
35. 深灰色巨厚层—块状微晶鲕粒灰岩夹少量深灰色薄层泥质条带微晶灰岩　28.6m
34. 深灰色薄层泥质条带微晶灰岩，上部夹深灰色中层微晶鲕粒灰岩　9.1m
33. 深灰色块状白云质微晶鲕粒灰岩，发育缝合线构造，含三叶虫碎片　1.7m
32. 深灰色薄层不等晶灰岩夹深灰色中—薄层微晶含砾屑鲕粒灰岩　8.4m
31. 深灰色中—厚层微晶鲕粒灰岩夹浅绿灰色薄层泥质条带微晶灰岩。前者含三叶虫碎片　4.8m
30. 底部为深灰色中层微晶鲕粒灰岩，向上为深灰色薄层瘤状微晶灰岩　5.8m
29. 黄灰色薄层泥质条带微晶灰岩　6.6m
28. 灰绿色薄层泥质条带微晶灰岩夹深灰色中层微晶鲕粒灰岩及少量灰色中层含生物碎屑细晶灰岩　10.2m
27. 深灰色中层微晶竹叶状灰岩夹少量深灰色薄层泥质条带微晶灰岩　2.8m
26. 深灰色中层微晶竹叶状灰岩与深灰色薄层泥质条带微晶灰岩互层　6.7m
25. 深灰色薄层泥质条带微晶灰岩　13.2m
24. 深灰色厚层微晶鲕粒灰岩。发育缝合线构造　1.1m

——————　整　合　——————

下伏地层：胡鲁斯台组（ϵ_2h）灰色薄层微晶灰岩、深灰色中—薄层微晶鲕粒灰岩夹灰紫色页岩阿不切亥组与下伏胡鲁斯台组和上覆下奥陶统大南池组均为整合接触。主要由薄层泥质条带灰岩、竹叶状灰岩（图 3-12）、鲕粒灰岩、白云岩等碳酸盐岩组成，含三叶虫、腕足类和牙形石化石，厚 73. 0~871. 3m。

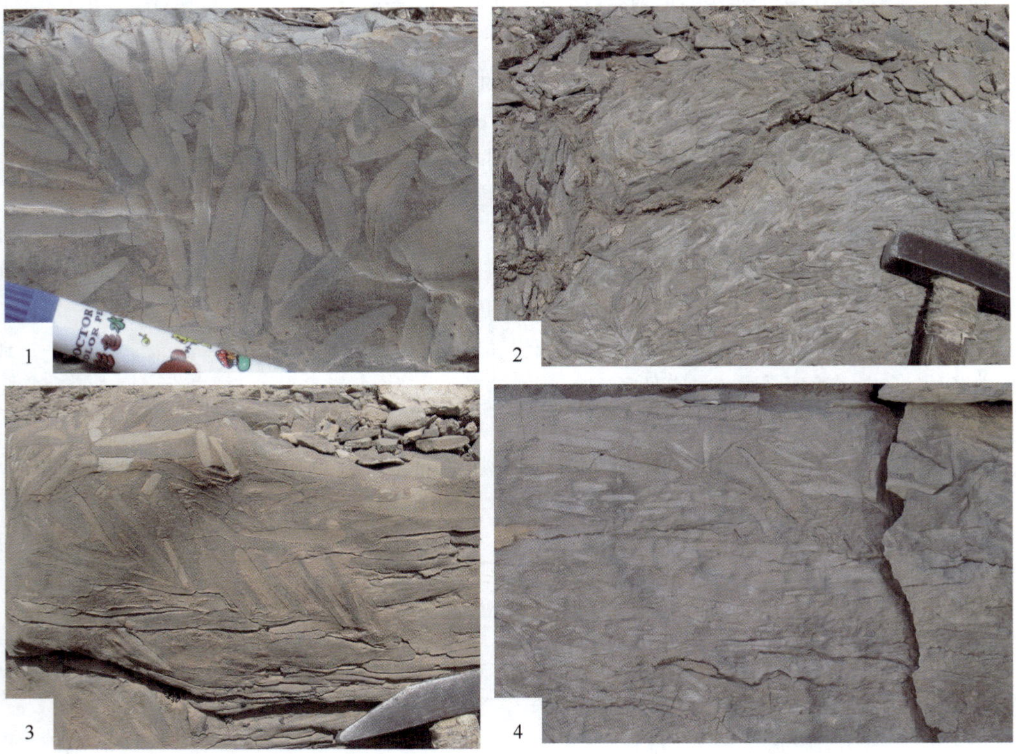

图 3-12　阿不切亥组竹叶状灰岩（风暴砾岩）

Fig. 3-12　Edgewise conglomerate（storm conglomerate）of the Abuqiehai Formation

1—银川市金塔泉；2~4—石嘴山市陶思沟

位于贺兰山中段的强岗岭—下岭南沟剖面是阿不切亥组的次层型，厚 645. 3m，岩性主体由灰—深灰色薄层灰岩、泥质条带灰岩、中厚层鲕粒灰岩、竹叶状灰岩、白云岩、白云质灰岩等碳酸盐岩组成，下部夹少量灰绿色页岩，自下而上白云岩、白云质灰岩明显增多。向南至紫花沟剖面厚度增至 871. 3m，其主要岩性组成与次层型一致，但基本不夹白云岩、白云质灰岩；再向南，至金塔泉—大窑沟一带，其中、上部又见夹白云岩、白云质灰岩。大窑沟剖面未测到底，厚度大于 254. 2m。

贺兰山北段，阿不切亥组除在石炭井之北的五条山见与下奥陶统大南池组整合接触外，其余各地均为上石炭统靖远组超覆，未见顶。各地所见岩性基本与次层型一致。陶思沟剖面厚 336. 7m，竹叶状灰岩明显要比贺兰山中段多一些；五条山剖面未见底，厚度大于 278. 3m，岩性与陶思沟剖面相似，上部未出现白云岩、白云质灰岩，但见夹少许钙质泥岩、粉砂质泥岩，与上覆下奥陶统大南池组整合接触；沙和格勒剖面本组未见顶，厚度大于 73. 0m，主要由薄层泥质条带灰岩和鲕粒灰岩组成，未见夹竹叶状灰岩。

在贺兰山南段土井子—三关口一带，阿不切亥组以飞来峰的形式覆于中—上奥陶统米钵山组之上，其中长流水南山和高石墩飞来峰规模较大，所见岩性与贺兰山中段相似。长流水南山与下奥陶统大南池组呈连续沉积。

同心东部青龙山及其以南的阴石峡、马家石沟、稍沟湾、霍家老庄等地，阿不切亥组岩性也与次层型基本一致。青龙山鸽堂沟剖面厚 433. 6m，下部以薄层灰岩、鲕粒灰岩为主，上部则以薄—中厚层细晶白云岩为主，夹薄层鲕粒灰岩和竹叶状灰岩；阴石峡剖面未见顶，厚度大于 178. 4m，主要由中厚层鲕粒灰岩和薄层泥质条带灰岩组成，下部夹竹叶状灰岩，鲕粒灰岩普遍发生重结晶和白云石化现象。盘龙坡剖面未见顶底，厚度大于 230. 1m，岩性仍主要由鲕粒灰岩、薄层泥质条带灰岩和竹叶状灰岩组成，上部夹白云质灰岩。

阿不切亥组在横向上岩性、岩相基本稳定，除个别地方上部未见白云岩、白云质灰岩外，再无明显变化。因各地出露层位不尽一致，而导致其沉积厚度有明显差异。

二、阿拉善地层区阿拉善南缘地层分区

本分区寒武系发育不全，仅有中—上统阿不切亥组，零星出露于元山子、科学山和大、小柳木高等地，以元山子剖面（位于内蒙古阿拉善左旗元山子。起点坐标：北纬 38°12′，东经 105°38′。宁夏区调队 1985 年测制）为代表，其层序如下（图 3-13）：

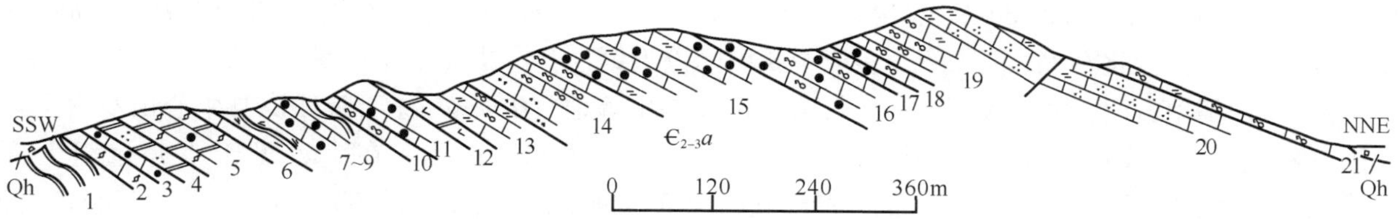

图 3-13　内蒙古阿拉善左旗元山子中—上寒武统阿不切亥组剖面图

Fig. 3-13　Section of the Middle-Upper Cambrian Abuqiehai Formation in Yuanshanzi，Alxa Left Banner，Inner Mongolia

阿不切亥组（$€_{2-3}a$）		厚度>714. 6m
21.	灰色泥灰质条带含白云质微晶灰岩（第四系覆盖，未见顶）	40. 8m
20.	深灰色厚—巨厚层含白云质砂屑灰岩夹深灰色鲕粒灰岩，岩层中见柱状叠层石，发育斜层理	49. 2m
19.	深灰色泥灰质条带白云质泥晶灰岩	67. 1m
18.	深灰色泥灰质条带微晶灰岩夹鲕粒灰岩，发育水平层理	15. 7m
17.	深灰色厚层含砾屑鲕粒灰岩	8. 7m
16.	灰色薄—厚层泥灰质条带鲕粒灰岩、豆粒灰岩	45. 4m
15.	深灰色厚—巨厚层含白云质粉晶鲕粒灰岩	102. 1m
14.	上部灰色厚层泥灰质条带灰岩；下部灰黄色薄层含粉砂质细晶灰岩，见夹极少量千枚状板岩，发育水平层理。下部灰岩产三叶虫 *Liaoyangspis* ? sp.，*Solenopleura* sp.，Solenoparids	69. 0m
13.	灰、深灰色中厚—厚层泥灰质条带白云质粉晶灰岩，局部含鲕粒	43. 7m
12.	青灰色厚层灰质白云岩，顶部夹少量深灰色鲕粒灰岩	21. 6m
11.	灰色厚—薄层鲕粒灰岩、豆粒灰岩，中、下部夹泥灰质条带	33. 5m
10.	灰色中厚—薄层泥灰质条带灰岩	18. 0m
9.	浅灰色板岩	4. 3m
8.	紫褐灰、浅灰色厚层鲕粒灰岩	53. 5m
7.	浅绿灰色千枚状绢云母板岩	4. 0m
6.	紫灰色厚层大理岩化灰岩，局部含鲕粒	16. 7m
5.	青灰色中厚层细晶白云岩，局部含鲕粒	52. 5m
4.	浅灰、浅褐灰色厚层砂屑白云岩	22. 8m
3.	浅黄灰、浅紫灰色厚层鲕粒灰岩	11. 3m
2.	浅黄灰色中厚—薄层细晶灰岩	26. 0m
1.	杂色千枚状板岩（未见底）	>8. 7m

上述元山子剖面阿不切亥组未见顶底，厚度大于 704. 6m，岩性为灰—深灰色中厚至厚层鲕粒灰岩、豆粒灰岩与浅灰、灰色薄层泥质条带灰岩、白云质灰岩、灰质白云岩不等厚互层，下部夹少量灰绿色薄层千枚状板岩，产三叶虫，中部见柱状叠层石。在元山子剖面东约 500m 处见上泥盆统中宁组（D_3z）呈不整合超覆于阿不切亥组之上，岩性与元山子剖面相似，中部见含较多的垂直于岩层的柱状叠层石。科学山本组岩性与元山子剖面有较大差异，表现在薄层泥质条纹、条带灰岩极为发育，鲕粒灰岩则较少，并见夹竹叶状灰岩。产牙形石 *Cordylodus proavus*。由于褶皱强烈，发育滑塌褶皱，厚度不详。

第二节　古生物群组合与地层划分对比

一、苏峪口组

贺兰山中段苏峪口、冰沟、紫花沟等地苏峪口组的磷砾岩和粉砂岩中普遍产 Protolenid 类三叶虫，主要有 *Bergeroniellus* sp.，*B.*（*Shifangia*）*helanshanensis*，*Hsuaspis* sp.，*Ningxiaspia ningxiaensis*（张文堂，1977），*Estaingia* sp.，Protolenid 及腹足类 *Hyolithes* sp.，腕足类 *Obolella* sp.。三叶虫可归于 *Bergeroniellus*-*Estaingia* 组合带。带化石 *Bergeroniellus* 多产于我国的沧浪铺期，沿华北地块西缘和南缘的辛集组广泛分布，见于陕西洛南石门，河南汝阳灵口、灵宝朱阳及鲁山等地。*Hsuaspis* 见于陕西陇县牛心山及周家渠、岐山二郎沟，河南汝阳、固始，安徽霍邱等地的辛集组或猴家山组，在南方见于水井沱组上部。Protolenid 最早出现于相当筇竹寺组上部，最晚到相当沧浪铺组红井哨段的顶部。由此可见，苏峪口组为沧浪铺中晚期沉积，大致可与华北地区的李官组、辛集组及西南地区的明心寺组对比（表 3–2，表 3–3）。

表 3–2　宁夏寒武纪多重地层划分对比

Table 3–2　Multiple stratigraphic division and correlation of Cambrian in Ningxia

年代地层			生物地层			岩石地层
系	统	阶	三叶虫	牙形石	其他	组
寒武系 €	上统 €$_3$	凤山阶 €$_3^3$	*Ptychaspis*–*Tsinania* 带	*Cordylodus proavus* 带 *Proconodontus muelleri* 带	遗迹化石： *Chondrolites*， *Planolites*	阿不切亥组 €$_{2-3}a$
		长山阶 €$_3^2$	*Chuangia* 带		腕足类：*Mesonomia*	
		崮山阶 €$_3^1$	*Blackwelderia* 带		腕足类：*Lingulella Obolus* 腹足类：*Hyolithes*	
	中统 €$_2$	张夏阶 €$_2^3$	*Taitzuia*–*Jinxiaspis* 组合带 *Crepicephalina* 带		腕足类： *Acrothele*，*Nisusia*	
		徐庄阶 €$_2^2$	*Bailiella* 带 *Poriagraulos* 带 *Inouyops* 带 *Metagraulos* 带 *Sunaspidella* 带 *Sunaspis* 带 *Pagetia jinnanensis* 带 *Ruichengaspis* 带 *Luaspides*–*Zhongtiashanaspis* 带		腕足类： *Paterinatrigonaria*， *P. helanshanensis*， *Plectotrophia helanshanensis*， *Lingulepis* 腹足类：*Hyolithes*	胡鲁斯台组 €$_2h$
		毛庄阶 €$_2^1$	*Shantungaspis* 带		腕足类： *Paterina trigonaria*， *Lingulella*，*Obolus*， *Acrotreta*	陶思沟组 €$_2t$
	下统 €$_1$	龙王庙阶 €$_1^3$	*Redlichia* 带		藻类：*Girvanella*	五道淌组 €$_1w$
		沧浪铺阶 €$_1^2$	*Bergeroniellus*–*Estaningia* 组合带		腕足类：*Obolella* 腹足类：*Hyolithes*	苏峪口组 €$_1s$
		筇竹寺阶 €$_1^1$				
	底统 €$_0$	梅树村阶 €$_0^2$				
		晋宁阶 €$_0^1$				

表 3-3　宁夏寒武系区域地层划分对比

Table 3-3　Regional stratigraphic division and correlation of Cambrian in Ningxia

年代地层			岩石地层			
系	统	阶	鄂尔多斯西缘（宁夏）	鄂尔多斯西南缘（陕西、河南）	华北本部（山东）	西南地区（贵州）
奥陶系	下统	新厂阶	大南池组	三山子组	三山子组	娄山关组
寒武系	上统$Є_3$	凤山阶$Є_3^3$	阿不切亥组			
		长山阶$Є_3^2$			炒米店组	
		崮山阶$Є_3^1$			崮山组	
	中统$Є_2$	张夏阶$Є_2^3$		张夏组	张夏组	
		徐庄阶$Є_2^2$	胡鲁斯台组	馒头组	馒头组	石冷水组
		毛庄阶$Є_2^1$	陶思沟组			高台组
	下统$Є_1$	龙王庙阶$Є_1^3$	五道淌组	朱砂洞组	朱砂洞组	清虚洞组
		沧浪铺阶$Є_1^2$	苏峪口组	辛集组	李官组	金顶山组
		筇竹寺阶$Є_1^1$	（缺失）	（缺失）	（缺失）	明心寺组
	底统$Є_0$	梅树村阶$Є_0^2$				牛蹄塘组
		晋宁阶$Є_0^1$				灯影组
震旦系	上统	灯影峡阶	兔儿坑组	东坡组	?	

二、五道淌组

青龙山地区五道淌组上部产三叶虫 *Redlichia* sp. 及藻类 Girvanella。*Redlichia* 最早出现于我国西南地区沧浪铺组红井哨段顶部，最晚到龙王庙组顶部，在华北它是馒头组 *Redlichia* 带的分带化石，在云南是龙王庙阶 *Redlichia murakamii* 带的重要分子。在垂向剖面上 *Redlichia* 带位于沧浪铺阶 *Bergeroniellus-Estaingia* 组合带之上、徐庄阶 *Shantungaspis* 带之下。由此可见，五道淌组时代为龙王庙期，大致可以与华北地区的朱砂洞组至馒头组下部、西南地区的金顶山组至清虚洞组对比。

三、陶思沟组

陶思沟组产以褶颊虫科原波曼虫亚科为主的三叶虫，主要有：*Shantungaspis* sp.，*Probowmania wangquangouensis*（图版Ⅲ，2），*P. quadrata*，*P. prisca*，*P.*（*Mufushania*）*helanshanensis*，*P.* sp.，"*Ptychoparia*" *mantouensis*，*Probowmaniella* sp.，*Probowmaniella*（*Mufushan*）*ningxiaensis*（图版Ⅲ，3），*Sanhuangshania* sp.，*Plesiagraulos* sp.，*Luaspides* sp.，*L. qinglongshanensis*（图版Ⅲ，1），*Yaojiayuella* sp.，*Emmrichella* sp.，*Psilostracus* sp.，*Probowmania* sp.，*Manchuriella* sp.，Ptychoparids，Antagmiidae 等。腕足类 *Paterina trigonaria*，*Lingulella* sp.，*Obolus* sp.，*Acrotreta* sp. 等与其共生。陶思沟组三叶虫可归于 *Shantungaspis* 带，其中 *Shantungaspis* 是华北及东北南部地区毛庄阶 *Shantungaspis* 带的带化石，*Probowmania wangquangouensis*，*P. quadrata*，*P.*（*Mufushania*）*helanshanensis*，*Probowmaniella*，*Sanhuangshania*，*Plesiagraulos* 及 Ptychoparids 等是该带的重要分子。由此可见，陶思沟组为毛庄期沉积，其层位大致与华北地区馒头组中部相当。

四、胡鲁斯台组

胡鲁斯台组产三叶虫、腕足类和腹足类化石。其中三叶虫尤为繁盛，计有 19 科 57 属：野营虫科 *Parachittidilla*，*Poriagraulos*，*P. truncates*（图版Ⅲ，10），*P. porus*，*P. pingluoensis*（图版Ⅲ，9），*P. abroto*，*Metagraulos*，*Inouyops*，*I. titiana*，*Lorenzella*；劳伦斯虫科 *Porilorenzella intermedia*，*Lorenzella*；井上

虫科 *Inouyia*, *I. apax*, *Parainouyia*, *Sulcinouyia*, *Bolbinouyia*, *Pseudoinouyia*, *Metainouyia*, *Ruichengaspis*, *Wuania*, *W. rectangulata*（图版Ⅲ，6），*W. fongfongensis*（图版Ⅲ，5），*W. shanxiella*；原附栉虫科 *Proasaphiscina*, *Proasaphiscus*, *P. hulusitaiensis*, *Manchuriella*, *M. macer*, *M. flava*, *M. mina*, *Eymekops*, *Zhongtiaoshanaspis*, *Shanxiella*, *Hsiaoshia*, cf. *Szeaspis*, cf. *Saimachia*；沟肋虫科 *Solenoparia*, *Parasolenoparia granuliformis*（图版Ⅲ，7），*Pseudosolenoparia*；钝锥虫科 *Bailiella*, *B. elegans*；附栉虫科 *Asaphiscus*；褶颊虫科 *Ptychoparia kochibei*, *Probowmania*, *Eosoptychoparia*；无序虫科 Antagmiidae, *Shuiyuella*, *Eosoptychoparia*；佩奇虫科 *Pagetia*, *P. jinnanensis*；小无肩虫科 *Anomocarella*, *A. cylindrical*（图版Ⅲ，11），*A. elongate*, *Honania symmetrica*；叉尾虫科 *Dorypyge*, *Kootenia*, *K. helanshanensis*（图版Ⅲ，4）；济南虫科 *Sunaspis*, *S. liu*, *S.* cf. *laevis*, *Sunaspidella*, *Leiaspis*；贺兰虫科 *Helanshania*, *H. ningxiaensis*；鄂尔多斯虫科 *Levisia* cf. *agenor*, Ordosiidae；登封虫科 *Tengfengia latilimbata*（图版Ⅲ，8）；裂头虫科 *Crepicephalina*, *Lophodessella*；皱纹虫科 *Elrathia*；孟克虫科 *Koptura*（*Kopturina*），*Luaspides*, *L. qinglongshanensis*, *Monanocephalus*, cf. *Caborcella*, *Xuainania*, *Paofeniella*, *Zhuozishania* 等。腕足类有 *Paterina trigonaria*, *P. helanshanensis*, *Plectotrophia helanshanensis*, *Lingulepis*；腹足类有 *Hyolithes*。

参考有关学者的意见，本《志》将贺兰山和青龙山区胡鲁斯台组的三叶虫自上而下划分为9个化石带：（9）*Bailiella* 带；（8）*Poriagraulos* 带；（7）*Inouyops* 带；（6）*Metagraulos* 带；（5）*Sunaspidella* 带；（4）*Sunaspis* 带；（3）*Pagetia jinnanensis* 带；（2）*Ruichengaspis* 带；（1）*Luaspides-Zhongtiashanaspis* 带。*Bailiella* 带产于苏峪口和陶思沟胡鲁斯台组顶部页片状至薄层状灰岩中，是划分中寒武统徐庄阶和张夏阶的重要生物带。*Poriagraulos* 带见于紫花沟和王全沟，在王全沟与 *Inouyops* 共生，在紫花沟产于胡鲁斯台组靠上部位。可见，*Poriagraulos* 带在本区不很稳定。*Inouyops*, *Metagraulos*, *Sunaspidella*, *Sunaspis* 是第（7）至第（4）带的分带化石，在本区层位稳定，且十分发育，各地均可见到。*Pagetia jinnanensis* 和 *Ruichengaspis* 两个带化石由于工作程度不够，本区见到的不多，但层位稳定。前者见于陶思沟，在青龙山及内蒙古冈德尔山仅见到其属；后者见于苏峪口、青龙山及冈德尔山的东山口等地。“*Hsuchuangia*”及 *Ruichengella* 在本区没有发现，本区胡鲁斯台组底部出现最多的是 *Luaspides* 及 *Zhongtiashanaspis*，与鄂尔多斯南缘及中条山地区一样。二者在本区一般产于胡鲁斯台组下部紫红色页岩之下的一层灰绿色页岩中。*Luaspides* 在山西霍县三眼窑徐庄组底部与“*Hsuchuangia*”共生，是“*Hsuchuangia*”带中的重要分子。*Luaspides* 的出现，说明其层位与“*Hsuchuangia*”带相当。因此，本区用 *Luaspides-Zhongtiashanaspis* 带代替“*Hsuchuangia*”-*Ruichengella* 带。*Luaspides-Zhongtiashanaspis* 带是划分毛庄阶和徐庄阶的重要生物带。

从上述古生物群所反映的时代可以看出，胡鲁斯台组应属徐庄期沉积，其层位大致与华北地区馒头组上部相当。

五、阿不切亥组

阿不切亥组下部产三叶虫、腕足类和腹足类。其中三叶虫最为丰富，但在数量和属种上都不及胡鲁斯台组丰富，计有13科25属：鄂尔多斯虫科 *Taitzuia*, *Tylotaizuia*, *Poshania*, *P. armata* 及 Ordosiidae；原附栉虫科 *Manchuraella*, *M. tungshanensis*, *Proasaphiscus*, *P. hulusitaiensis*, *Szeaspis*, *S. reticulatus* 及 Proasaphiscides；裂头虫科 *Crepicephalina*, *Tetraceroura*；长眉虫科 *Amphotonella*；井上虫科 *Cyclolorenzella*；沟肋虫科 *Solenoparia*；李三虫科 *Aojia*；孟克虫科 *Koptura*, *K. dikelocephalinoides*；叉尾虫科 *Dorypge*；登封虫科 *Protohedinia* 及 *Protohedinia* ?；附栉虫科 *Asaphiscus*, *Liaoyangaspis*；小无肩虫科 *Anomocarella*, Anomocarellid；褶颊虫科 Ptychoparid, *Psilaspis* 及 *Jinxiaspis*。腕足类有 *Obolus*, *Lingulella*；腹足类有 *Hyolithes*。贺兰山南段元山子、前古城子等地尚产三叶虫：*Datongites laoyeshanensis*, *Manchuraella* cf. *dapingensis*, *Parakotuia* 及腕足类 *Acrothele*, *Nisusia*。三叶虫中 *Crepicephalina* 是华北地区张夏阶下部 *Crepicephalina* 带的分带化石，本区见于苏峪口、陶思沟、大井沟等地，其下不远即可见到徐庄阶的 *Bailiella*。*Taitzuia* 是张夏阶中部的分带化石，见于紫花沟、苏峪口等地。*Poshania* 是张夏阶的重要

分子，故用 *Taitzuia-Jinxiaspis* 组合带代替 *Amphoton-Poshania* 带。在该带之上只见有 *Cyclolorenzella* 及其他中寒武统的常见属，尚未发现张夏阶顶部的带化石 *Damesella*，但在苏峪口、紫花沟、青龙山等地崮山阶底部尚见有 *Blackwelderia*，张夏阶的顶界即划在 *Blackwelderia* 带之下。由此可见，本区张夏阶的确定及顶底界线的划分均有较可靠的生物依据。

贺兰山中段紫花沟、苏峪口、强岗岭、下岭南沟、巴音敖包及青龙山地区阿不切亥组中部偏下的层位产三叶虫：*Blackwelderia*，*B. petila*（图版Ⅳ，4），*B. fortis*（图版Ⅳ，3），*B. tenuilimbata*（图版Ⅳ，5），*B. sinensis*，*B. octaspina*，*B. chiawagensis*，*Cyclolorenzella normalis*（图版Ⅲ，17），*C.* sp.，*Drepanura* sp.，*Dorypygella* sp.，*D. ningxiaensis*，*Homagnostus* sp.，*H. corwerns*，*Liostracina* sp.，*Liaoningaspis* sp.，*Damesaps* sp. 及 Damesellids 等。其中 *Blackwelderia* 是华北地区崮山阶下部 *Blackwelderia* 带的分带化石，其大量出现证明产化石的地层属晚寒武世崮山早期。*Cyclolorenzella* 和 *Liaoningaspis* 也是 *Blackwelderia* 带的重要分子。含该化石带之上的地层化石稀少，仅有 *Homagnostus*，Damesellids。前人在贺兰山北端巴音敖包曾采获 *Drepanura*，故本区崮山阶上部有可能发现 *Drepanura* 带。崮山阶与长山阶的分界一般以 *Chuangia* 的出现作为长山阶的开始。

贺兰山中段苏峪口、强岗岭、下岭南沟等地阿不切亥组中部偏上的层位产以 *Chuangia* 繁盛为特征的三叶虫。主要分子有：*Chuangia helanshanensis*，*C. qiangganglingensis*（图版Ⅴ，3），*C. longblukensis*，*Lioparia obsolete*（图版Ⅴ，1），*L. punctata*（图版Ⅳ，6），*L. lataliformis*（图版Ⅴ，2），*L. peculiaris*（图版Ⅳ，7），*Xiaoshiella obsoleta*，*X. peculiaris*，*Paraqingshuiheella punctata*。腕足类 *Mesonomia* 与其共生。其中 *Chuangia* 是长山阶下部 *Chuangia* 带的带化石，"*Lioparia*"是该带的特有分子。

贺兰山中段苏峪口、强岗岭、下岭南沟等地阿不切亥组上部产三叶虫和牙形石。三叶虫可归于 *Ptychaspis-Tsinania* 带，赋存于阿不切亥组上部偏下的层位，主要分子有：*Tsinanis bigranosa*，*Pagodia*，*P. pergranosa*，*Calvinella xialingnangouensis*，*Paracalvinella semigyroides*（图版Ⅴ，4）。腕足类 *Plectotrophia helanshanensis* 与其共生。牙形石产于阿不切亥组上部偏上的层位，主要分子有：*Proconodontus muelleri*（图版Ⅵ，15），*Teridontus nakamurai*（图版Ⅵ，12），*Cordylodus proavus*（图版Ⅵ，8、13、14），*Scolopodus primitivus*（图版Ⅵ，9）等。其中三叶虫 *Tsinanis* 是华北凤山阶最下部 *Tsinanis-Ptychaspis* 带的带化石之一；*Pagodia*，*Paracalvinella*，*Calvinella* 多见于华北凤山组中下部。牙形石 *Proconodontus muelleri*，*Teridontus nakamurai* 归 *Proconodontus muelleri* 带，前者是 *Proconodontus* 带下部第二亚带的带化石，该带可与三叶虫 *Quadratice* 带对比；*Cordylodus proavus*，*Scolopodus primitivus* 归 *Cordylodus proavus* 带，前者是凤山阶顶部与新厂阶底部间跨系的一个分带化石，它相当于凤山阶顶部三叶虫 *Mictosaukia orientalis* 带和新厂阶底部 *Pseudokoldinioidia* 组合的范围。本区凤山阶上部（阿不切亥组上部）与下奥陶统大南池组为连续沉积，*Cordylodus proavus* 之上即出现新厂阶底部第一个化石带的带化石 *Scolopodus primitivus*。因此，本区凤山阶的确定及上、下界线的划分具有一定的古生物依据。

上述古生物群表明，阿不切亥组属张夏期—凤山期沉积，其下部与华北地区的张夏组相当，中部与崮山组相当，上部与炒米店组相当。

第三节　层序地层

本节以贺兰山地层小区剖面资料为基础，对寒武纪层序地层进行划分。经分析，可将寒武纪层序地层初步划分为 15 个三级旋回层序（图 3-14），其特征如下：

1. 旋回层序∈S1

属沧浪铺期沉积，对应的岩石地层单位为苏峪口组。本旋回层序为一高能浅滩沉积体系，其底界平行不整合于震旦系兔儿坑组之上，层序厚 30~39m，属Ⅰ型层序界面，顶界面为Ⅱ型层序界面。

层序下部海进体系域（TST）由磷块岩、含磷石英砂岩等组成，含磷中细粒石英砂岩有向上变粗

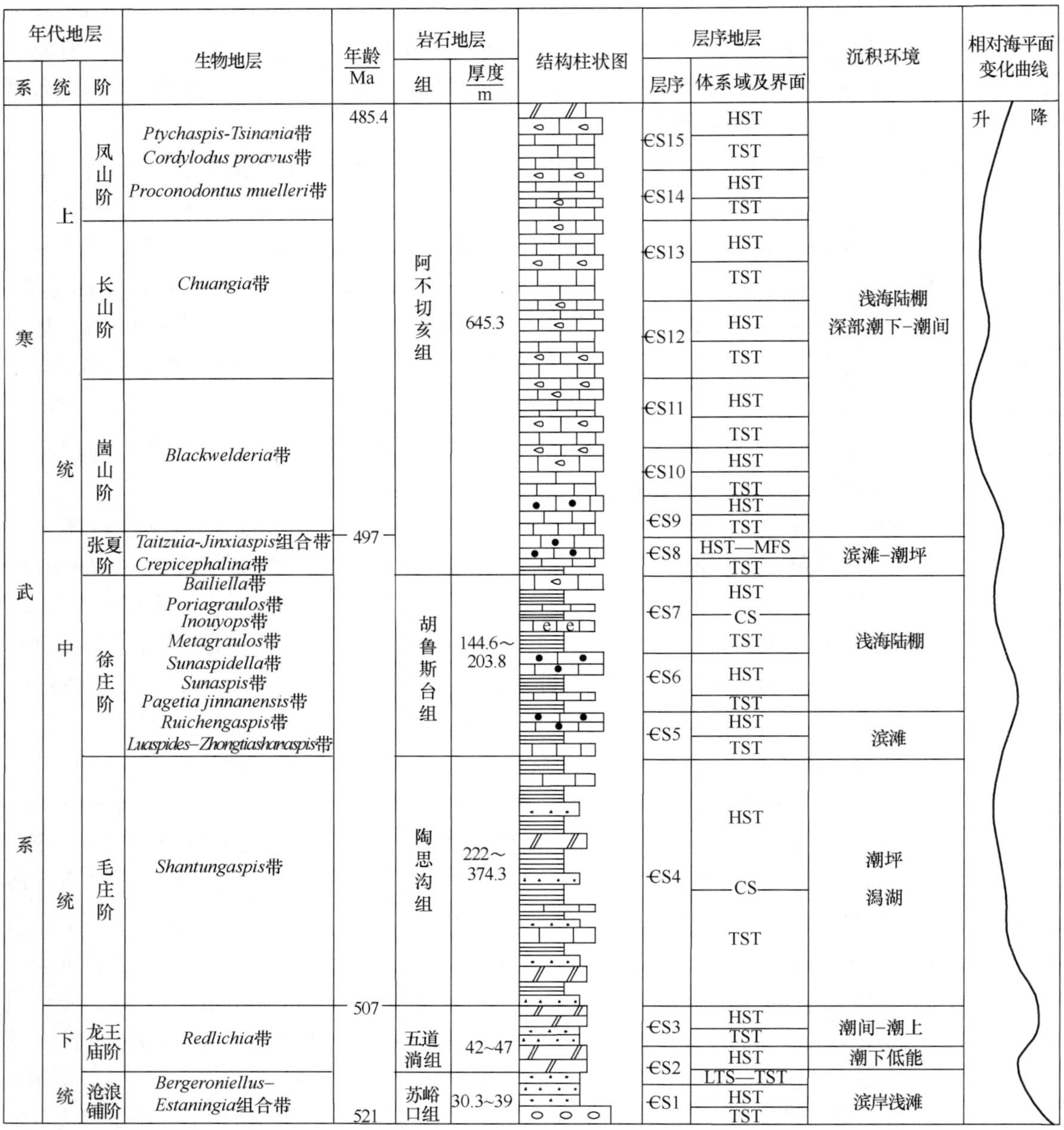

图 3-14　贺兰山地区寒武纪层序地层划分

Fig. 3-14　Sequence stratigraphic division of Cambrian in Helanshan

现象。当海平面处于低水位时，从冲刷海岸开始，磷酸盐以石英砂的胶结物形式存在。而当海平面处于风暴潮时，强烈的冲刷形成高能浅滩。浅滩堤被风暴潮改造，由碎屑再沉积的含胶磷砾岩——磷块岩组成。其后，海水继续侵漫，形成内浅海泥砂沉积，为含磷胶结物的砂岩型磷矿。

层序上部为高水位体系域（HST），其岩性为含砾白云质中粗粒石英砂岩，并可见发育有缓倾角斜层理，层面平直，古水流向为 345°∠38°。

2. 旋回层序€S2

属龙王庙早期沉积，对应的岩石地层为五道淌组下部（包含苏峪口组顶部不含砾石透镜体的中细粒石英砂岩层）。本层序底界面为侵蚀间断面，此界面代表滨岸浅海滩石英砂岩层由于海平面回落屡遭水流冲刷侵蚀的界面。顶面为内源沉积与陆源沉积的突变界线。

€S2 层序包括 LST、TST、HST 体系域。LST 时期为层序初期形成物。在盆地一侧主要形成低水位毯状石英砂岩；而在缓坡上部为水道或水流冲刷形成的侵蚀潮道和充填砂砾透镜体；层序中期，发生海侵，形成 TST，由盆地向缓坡含泥质纹层白云岩和暗灰色组纹层状白云岩和含藻核形石的白云岩构成的体系域。在晚期 HST 时期，海平面回落，为大量核形石发育期，形成由深到浅的纹层白云岩、含藻核形石白云岩和能量较高富集核形石和巨核形石的白云岩潮下滩以及潮上—潮间带波痕和风暴改造的内碎屑核形石灰岩构成的系列。

3. 旋回层序∈S3

属龙王庙晚期沉积，对应的岩石地层为五道淌组上部。由白云岩层和白云质胶结石英砂岩呈韵律性组成，主要为潮间坪和潮上坪环境沉积。从砂岩原生色的变化（下部为白色砂岩，中上部为黄褐红色，顶部为紫红色），可以说明沉积环境为一向上变浅序列。本层序相当华北地台内部广泛发育的馒头期。∈S3 层序的顶底层序界面均为间断加深界面性质，即属Ⅲ型界面。

4. 旋回层序∈S4

属毛庄期沉积，对应的岩石地层为陶思沟组。层序自下而上岩石类型为：灰绿色含泥灰岩、云灰岩、钙质页岩、深灰色白云岩、土黄色中粒石英砂岩及灰绿色页岩与紫红色页岩互层，从沉积层序和成因标志分析，本旋回的沉积环境主要包括潮坪（砂坪、泥坪）和潟湖。砂坪由褐黄色中细粒钙质胶结的石英砂岩组成，发育双向交错层理，代表低潮坪高能环境。泥坪由灰绿色、紫红色泥页岩互层组成。紫红色页岩中发育泥裂，灰绿色页岩中虫孔、虫迹发育，两者互层说明气候发生了干旱与潮湿环境的交替变化。潟湖沉积由细晶白云岩等组成，含黄铁矿晶粒或晶体，并可见到狭盐生物小个体腕足类化石。前者代表 HST，而后者代表 TST，在向陆过渡的近岸区可以出现局部高能环境，形成砾屑灰岩透镜体夹层。

∈S4 旋回层序代表一个由 TST 和 HST 构成的海平面变化周期，位于两个体系域之间的海绿石质灰绿色页岩代表凝缩层段（CS）。

5. 旋回层序∈S5

属徐庄早期沉积，与胡鲁斯台组下部对应。自下而上以滨滩及外陆棚浅海、内陆棚浅海等沉积单元为主。外陆棚浅海单元，主要由灰绿色泥页岩、泥灰岩及泥晶灰岩呈薄互层沉积组成，形成于远滨海陆棚较深水静水环境。中部为内陆棚浅海单元，主要以发育有生物扰动的泥晶灰岩和含泥晶灰岩透镜体的灰绿色页岩为特征。生物类型繁多，虫孔、虫迹发育。形成此单元的水体较深，介于浪基面以下浅海内陆棚内。滨滩单元进一步可划分为中—下部低能带滨滩和上部高能带滨滩。下部中—低能带滨滩见于底部，主要为骨屑灰岩、泥晶灰岩、泥灰岩和泥晶鲕粒灰岩。上部高能滨滩则发育有亮晶砾屑灰岩、内碎屑骨屑-鲕粒灰岩、亮晶鲕粒灰岩等。层面上可见到大型波痕。滨滩含有较多陆源砂、粉砂层，发育双向交错层理，含有少量海绿石。特征是发育有砾屑灰岩和砾屑鲕粒灰岩。底层面常常为冲刷间断面。

6. 旋回层序∈S6

属徐庄中期沉积，与胡鲁斯台组中部对应。以深灰色泥质条带灰岩为主，夹有浅灰色鲕粒灰岩、内碎屑-鲕粒灰岩、砾屑灰岩，局部有生物扰动泥晶灰岩，其沉积环境主要为滩前缓坡和高能带滨滩。

7. 旋回层序∈S7

属徐庄晚期沉积，与胡鲁斯台组上部对应。层序顶底均为Ⅱ型层序界面。层序下部 TST 由灰绿色泥质岩夹粉砂岩及薄层条带状灰岩构成韵律层，层序上部 HST 由灰绿色泥页岩、粉砂岩、薄层泥晶灰岩及细鲕粒灰岩构成韵律层系，顶部由具暴露面的单晶鲕及复晶鲕灰岩构成。TST 和 HST 之间由海绿石泥页岩组成凝缩层（CS）。

8. 旋回层序∈S8

属张夏期沉积，与阿不切亥组底部层位对应。层序顶底均为Ⅱ型层序界面。层序下部 TST 主要由巨厚的薄层泥灰岩、页岩互层韵律构成，有少量含鲕灰岩薄层；中部 HST 以厚度不大的砂屑鲕粒灰岩组成，并发育交错层理，是鲕粒灰岩层再改造形成的；上部为陆架边缘体系域（MFS），由巨厚鲕粒灰岩层与袋状透镜体的鲕砾屑和生物屑灰岩互层构成。该层系下伏层界面呈大型凹面状，可能是陆架边缘水道下切侵蚀所致，是高水位期后陆架边缘充填作用形成的。本体系域的顶界仍然有暴露渗流溶解作用形成的单晶鲕灰岩。

9. 旋回层序∈S9

属崮山早期沉积，与阿不切亥组下部偏下的层位对应。以鲕粒灰岩为主，产于层序下部的盆地相以泥晶灰岩为主、生屑灰岩次之，厚度较薄，多呈互层韵律。底界面为平行间断面，属Ⅱ型层序界面。

10. 旋回层序∈S10

属崮山中期沉积，与阿不切亥组下部层位对应。主要由薄层泥晶灰岩组成，有数层风暴砂屑灰岩或鲕粒砾屑灰岩散布其中，属深部潮下至潮间带环境。层序底面为一突发性岩相间断界面，属Ⅱ型层序界面。

11. 旋回层序∈S11

属崮山晚期沉积，与阿不切亥组下部偏上的层位对应。主要由薄层泥晶灰岩、砾屑灰岩、风暴砾屑灰岩等组成。层序顶底均为Ⅱ型层序界面。

12. 旋回层序∈S12 和∈S13

该两层序属长山期沉积，与阿不切亥组中部对应。主要由薄层泥晶灰岩、泥灰岩、生屑灰岩和风暴砾屑灰岩组成。底部风暴砾屑灰岩常发育紫红色氧化圈，该含氧化圈风暴砾屑灰岩是较深水凝缩层（硬地）遭受强风暴作用改造形成的，是∈S12 层序的突发海进底部单元。

13. 旋回层序∈S14 和∈S15

∈S14 属凤山早期沉积，与阿不切亥组上部偏下的层位对应。主要由含少量泥质条带的泥晶灰岩、鲕粒灰岩和风暴砾屑灰岩等组成。层序底界为突发性海泛间断面，属Ⅱ型层序界面。

∈S15 属凤山晚期沉积，与阿不切亥组上部偏上的层位对应。主要由含泥质条带的薄层泥晶灰岩（风暴韵律层）、泥晶灰岩夹砾屑灰岩等组成，顶部见有泥灰质白云岩。底部以含砾屑薄层泥晶灰岩条带的泥灰岩与∈S14 顶部的厚层生物扰动泥晶灰岩分界。

上述 15 个旋回层序中∈S1 旋回层序属Ⅰ型层序，∈S2—∈S15 旋回层序属Ⅱ型层序。早—晚寒武世时限约为 33Ma，每个旋回层序平均时限为 2. 2Ma，应为三级海平面变化控制的层序。

第四章 奥陶系

宁夏的奥陶系发育良好，下、中、上统齐全，广泛分布于贺兰山、毛土坑山、卫宁北山、牛首山、烟筒山、大罗山、小罗山、香山、天景山、米钵山和黑鹰湾山等基岩山地区（图4-1）。由台地相碳酸盐岩、斜坡相碎屑岩、碳酸盐岩和深海浊流相碎屑岩等组成。

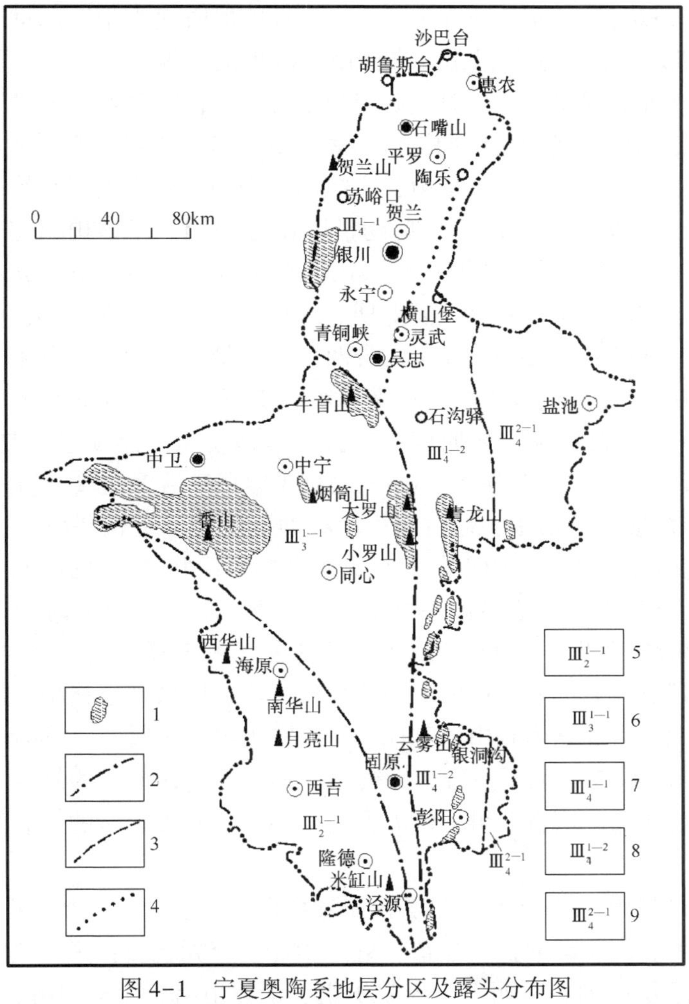

图4-1 宁夏奥陶系地层分区及露头分布图

Fig. 4-1 Outcrop distribution and stratigraphic regions of Ordovician in Ningxia

1—露头区；2—地层区界线；3—地层分区界线；4—地层小区界线；5—靖远-西吉地层小区；6—景泰-中宁地层小区；7—贺兰山地层小区；8—桌子山-青龙山地层小区；9—盐池-环县地层小区

第一节 岩石地层

奥陶系出露于华北地层区鄂尔多斯西缘地层分区和阿拉善地层区阿拉善南缘地层分区，北祁连地层分区和鄂尔多斯地层分区未见出露。

一、阿拉善地层区阿拉善南缘地层分区

本地层分区奥陶系的研究工作始于20世纪40年代。1944年，边兆祥、李星学等在天景山石灰岩中采获 *Symphysurus* sp.，*Ampyx* sp. 等三叶虫化石，遂将其时代定为奥陶纪。1953年，石油工业部陕北

地质大队陈祖海、王俊民等将香山、牛首山、罗山一带的灰绿色砂、板岩系称为“南山系”，认为其时代为元古代。1954年，边兆祥指出“南山系”时代应属志留—泥盆纪。同年卢衍豪根据李树勋在“南山系”中找到的*Archaeosocyphid*海绵化石，认为其中应包括奥陶纪地层。1956~1957年，谢继哲等在米钵山灰岩中采得化石（名单不详），将这套灰岩定为中奥陶统，并认为这是一套边缘地槽型沉积。1957年，石油工业部西安石油调查处114地质队认为牛首山的绿色岩系（即南山系）包括中奥陶统平凉组。1958年，李康、钟富道根据所采化石*Orthis* sp. 等将天景山—米钵山灰岩划归下奥陶统，并认为牛首山有奥陶纪、志留纪沉积，烟筒山磨刀石湾有中奥陶世沉积。1959年孙肇才对“南山系”做了调查研究工作，将这套地层与鄂尔多斯盆地西南缘的平凉组和西北缘的乌拉力克组和拉什仲组对比，将其划归中奥陶统。1963年，宁夏区测队叶永正、曹景轩等在进行专题研究时，于香山群第一亚群中首次发现了三叶虫*Peronopsis*，Conocoryphidae等，认为香山群时代为中寒武世。同年，宁夏区测队在进行同心幅1∶20万区调时，建立了天景山—米钵山地区奥陶纪地层层序，自下而上命名为天景山组和米钵山组，认为二者为整合接触，将其时代确定为中奥陶世；同时解体了“南山系”，创建香山群，下分4个亚群，时代确定为中寒武世徐庄期，认为香山群与米钵山组为断层接触。1963~1964年，西北地质科学研究所宋长起、周志强等对天景山、米钵山一带的奥陶系做了系统的生物地层学研究，根据采获的化石，将天景山组灰岩时代定为早奥陶世阿伦尼格期，米钵山组定为中奥陶世兰维尔期。1990年，葛梅钰、郑昭昌、李玉珍，在罗山、煤山采获*Pseudazygograptus falcatus*，*Pseudazygograptus meishanensis*等笔石，认为该地层存在庙坡期沉积。同年，又在青山采获大量笔石，建立*Amplexograptus confertus*带和*Tetragraptus insuetus*带两个笔石带。1993年，张抗在“香山群时代讨论”一文中，认为香山群中的三叶虫化石皆产于外来岩块（砾石）中，而香山群本身应属奥陶系，其层位与平凉组相当。1990年出版的《宁夏回族自治区区域地质志》遵从了宁夏区测队（1964）的划分方案，将香山群统归中寒武统，下分4个亚群。1993年郑昭昌等在《宁夏早古生代大陆边缘沉积相、沉积环境、古构造背景》一书中，通过对香山群的沉积相、沉积环境、古构造背景及相关地层的接触关系和区域对比研究，认为香山群的时代为中奥陶世中晚期。1996年，宁夏地层清理研究组顾其昌等在《宁夏回族自治区岩石地层》一书中，将原香山群自下而上命名为徐家圈组、狼嘴子组和磨盘井组，时代统归晚寒武世。1997年，李天斌发表了“宁夏香山群地层时代的再讨论”一文，根据香山群与米钵山组所含化石内容、接触关系、变质程度、区域地层格架、沉积演化规律及大地构造环境、地球化石特征对比等，认为香山群时代新于米钵山组，应属中—晚奥陶世。2001年，宁夏地质矿产勘察院在吴忠市幅1∶25万区调报告中，按照顾其昌等（1996）的划分方案，将香山群自下而上划分为徐家圈组、狼嘴子组、磨盘井组，认为香山群中含三叶虫化石的灰岩系外来砾石，故将其时代厘定为晚奥陶世。

阿拉善南缘地层分区景泰-中宁地层小区奥陶系发育良好，包括下、中、上统。其中下—中统为一套由白云岩、灰岩组成的台地相碳酸盐岩建造，盛产华北型介壳化石；中—上统则为斜坡—深海盆地相的复理石建造。岩石地层序列自下而上为天景山组、米钵山组、徐家圈组、狼嘴子组和磨盘井组。其中徐家圈组、狼嘴子组和磨盘井组合称香山群。

（一）天景山组（$O_{1-2}t$）

宁夏区测队1963年创名，命名剖面位于宁夏中卫市天景山。天景山组创名后得到了广泛使用。1996年，宁夏地层清理研究组根据大区地层对比，认为分布于鄂尔多斯西缘贺兰山、青龙山、天景山及米钵山等地的天景山组岩性与华北腹地的马家沟组相似，遂将其改称为马家沟组。本《志》根据《中国地层典·奥陶系》有关条款恢复使用天景山组一名。

天景山组主要出露于天景山和米钵山地区，烟筒山西南麓、黑鹰湾山东麓和青山见有零星露头。天景山剖面和米钵山剖面具代表性。

天景山剖面（位于中宁县天景山。起点坐标：北纬37°16′，东经105°33′。宁夏区测队1963年测制）层序如下：

天景山组（$O_{1-2}t$） 厚度>993.0m

16. 褐灰色中厚层细晶灰岩，局部含泥质及铁质 34.0m
15. 灰色巨厚层含燧石条带结晶灰岩 67.0m
14. 褐灰色中厚层结晶灰岩 7.0m
13. 褐红、灰白色厚层含燧石条带灰岩。燧石条带断续出现，局部呈团块状 70.0m
12. 灰白色巨厚层细粒结晶灰岩 30.0m
11. 黑灰色薄至厚层泥质斑纹灰岩，以厚层为主，黄褐色泥质分布不均，风化后呈疙瘩状。产腕足类 *Panderina* sp.，*Orthidiella* sp.，*Valcourea* ? sp. 74.0m
10. 褐灰色厚层泥质斑纹灰岩，向上渐变为薄层状，与白云质灰岩互层。含腕足类化石碎片 38.0m
9. 浅灰褐色泥质斑纹灰岩夹薄层灰岩、白云质灰岩。产腕足类 *Nothorthis* sp.，*Tritoechia* ? sp.；三叶虫 *Pseudoasaphus granulatus*，*P. minutus*；头足类 *Wutinoceras* sp. 13.0m
8. 灰白色中粒结晶灰岩夹团块状白云质灰岩。产头足类碎片 20.0m
7. 灰白色厚层细—中粒结晶灰岩 22.0m
6. 灰白色中至厚层结晶白云质灰岩 76.0m
5. 灰白色厚层结晶灰岩，中下部夹浅紫红色薄层白云质灰岩 60.0m
4. 灰白、蔷薇色厚层白云质灰岩，间夹白色结晶灰岩 15.0m
3. 灰褐、玫瑰色含泥质条带灰岩。条带宽约1mm，常汇集成束状 26.0m
2. 灰白色巨厚层细至中粒结晶灰岩 67.0m
1. 灰色、褐灰色白云质灰岩，偶夹钙质角砾状白云岩（断层，未见底） >374.0m

米钵山剖面（位于同心县米钵山。起点坐标：北纬 37°14′，东经 105°34′。宁夏地质矿产勘察院1991年测制）层序如下（图4-2）：

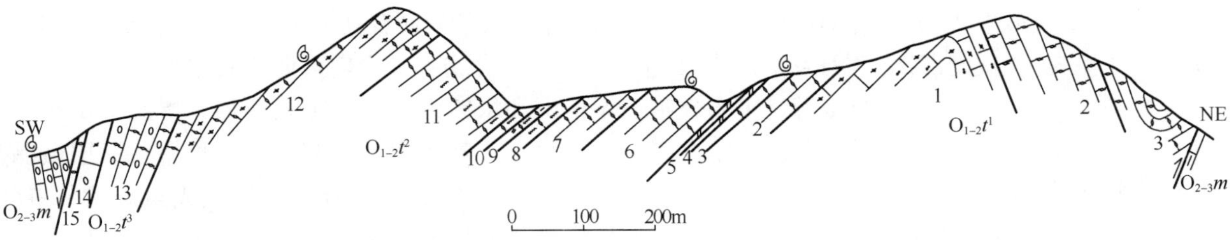

图4-2 中宁县米钵山下—中奥陶统天景山组剖面图

Fig. 4-2 Section of the Lower-Middle Ordovician Tianjingshan Formation in Miboshan, Zhongning County, Ningxia

上覆地层：米钵山组（$O_{2-3}m$）灰色巨厚层砂砾屑灰岩

═══ 断 层 ═══

天景山组（$O_{1-2}t$） 总厚度>849.6m

三段（$O_{1-2}t^3$） 厚度>118.9m

15. 灰色薄层微晶灰岩 3.6m
14. 灰色巨厚层—块状含燧石条带鲕粒灰岩 31.9m
13. 灰色中厚层—巨厚层含砾屑砂屑微晶灰岩 83.4m

二段（$O_{1-2}t^2$） 厚度 604.6m

12. 浅灰、浅红灰色巨厚层泥质斑纹含砂屑微晶灰岩与浅灰、灰色巨厚层含燧石条带（团块）微晶砂屑灰岩、微晶鲕粒灰岩互层 282.7m
11. 浅灰、灰色巨厚层微晶砂屑灰岩夹浅红灰色巨厚层泥质斑纹砂屑微晶灰岩 145.2m
10. 灰、浅红灰色巨厚层泥质网纹微晶砂屑灰岩 18.1m
9. 灰、浅红灰色中层泥质网纹微晶含白云质灰岩，近底部有一层厚10~30cm的灰色岩溶角砾岩 5.2m
8. 浅红灰色厚—巨厚层泥质斑纹微晶砂屑灰岩与灰、浅红灰色中层泥质网纹微晶含白云质灰岩不等厚互层（共2个） 23.8m
7. 灰、浅红灰色中层泥质网纹微—粉晶砂屑灰岩、灰色中层薄纹层微晶灰岩 52.3m

6. 灰白色中厚层亮晶—微晶砂屑灰岩。产牙形石 *Tripodus brevibasis* 77.3m

一段（$O_{1-2}t^1$） 厚度>126.1m

5. 灰白色中层中晶白云岩 9.2m
4. 浅灰、浅红灰色中层细晶白云岩 8.5m
3. 浅灰色中层粉晶砂屑灰岩与浅灰、灰红色薄层粉晶砂屑灰岩不等厚互层（共4个），后者薄纹层理发育，产牙形石 *Teridontus* sp. 17.1m
2. 浅灰、灰白色厚—巨厚层微晶砂屑灰岩与灰白、浅灰红色中—薄层弱硅化微晶砂屑灰岩不等厚互层（共4个），后者薄纹层理发育 40.1m
1. 浅灰、灰白色厚—巨厚层含燧石条带微晶含砾屑砂屑灰岩（断层，未见底） >51.2m

天景山组未见底，与上覆米钵山组平行不整合接触，为一套台地相碳酸盐岩沉积，岩性以中厚—巨厚层含燧石条带（或结核）粉晶—微晶砂屑灰岩、微晶鲕粒灰岩、粉晶—微晶灰岩、砂屑微晶灰岩为主，下部发育镁质碳酸盐岩，下部和上部见夹砾屑灰岩，产头足类、腕足类、腹足类、三叶虫和牙形石化石。沉积厚度为254.0~974.5m。依岩性组合可划分为3个非正式岩性段，自下而上为：

一段（$O_{1-2}t^1$）：仅出露于天景山和米钵山。中下部为浅灰、灰白、红灰色厚—巨厚层微晶砂屑灰岩、微晶灰岩夹中厚层灰岩质假角砾岩（疙瘩状灰岩）、薄层微晶砾屑灰岩、泥晶—中晶白云岩，顶部以白云质含量高而区别于二段。各地均未见底，厚度有一定差异，天景山由东南的329.0m往西北渐薄，变为267.1m，米钵山最薄仅为126.1m。

二段（$O_{1-2}t^2$）：与一段整合接触。也仅出露于天景山和米钵山，各地岩性、厚度略有差异。天景山为灰、浅灰色厚—巨厚层含燧石条带微晶砂屑灰岩、砂砾屑微晶灰岩，厚526.3~528.6m；米钵山为浅灰、浅红灰色厚—巨厚层泥质斑纹（含）砂屑微晶灰岩与浅灰、灰色中—巨厚层含燧石条带微晶砂屑灰岩、微晶鲕粒灰岩不等厚互层，厚604.6m。该段以富含大量燧石条带而有别于一、三段，条带宽1~10cm，长5cm至数米，呈不规则带状、结核状、团块状或串珠状，多顺层分布，少量斜交层理或呈网格状。

三段（$O_{1-2}t^3$）：与二段整合接触。主要分布于天景山和米钵山，烟筒山西南麓、黑鹰湾山东麓和青山等地亦有零星出露。各地所见岩性、厚度有一定差异。天景山岩性为灰、浅灰色中—薄层微晶灰岩夹大量中厚层—巨厚层微—粉晶砂屑灰岩、砂屑微晶灰岩，局部白云岩化或风化成角砾状、渣状，厚76.2~302.5m；米钵山下部为灰色中厚层—巨厚层含砾屑砂屑微晶灰岩，上部为灰色巨厚层含燧石条带鲕粒灰岩，偶夹钙质板岩、泥灰岩，厚118.9m；烟筒山西南麓为灰红、深灰色厚—巨厚层含燧石条带（或结核）微—粉晶灰岩、灰—深灰色中—厚层含燧石团块微晶砂屑灰岩，偶夹灰—深灰色中—薄层砾屑灰岩，厚度大于385.4m。

（二）米钵山组（$O_{2-3}m$）

宁夏区测队1963年创名，命名剖面位于宁夏同心县张大井。创名后一直沿用至今。

米钵山组主要分布于牛首山、罗山、天景山、米钵山和贺兰山南段大战场—毛土坑山一带，烟筒山西南麓、青山和窑山见有零星露头。以张大井剖面和米钵山北麓剖面为代表。

正层型张大井剖面（位于同心县天景山西麓张大井。起点坐标：北纬37°15′，东经105°33′。宁夏区测队1963年测制）层序如下：

上覆地层：徐家圈组（O_3x）灰绿色浅变质砂岩夹板岩

——— 整　合 ———

米钵山组（$O_{2-3}m$） 厚度265.0m

14. 深灰色薄层灰岩夹板岩。产笔石 *Tylograptus* sp.，*Paraglossograptus typicalis*，*Loganograptus logani*，*Glossograptus* sp.，*Glyptograptus* sp.，*Skiagraptus* sp. 9.0m
13. 灰绿色板岩 14.0m
12. 黑灰色厚层灰岩 10.0m

11. 灰绿色含砾板岩、砾岩夹透镜状板岩。砾岩中板岩砾石产笔石 *Didymograptus* cf. *nicholsoni* 及腕足类 59.0m
10. 灰绿色泥灰岩。产笔石 *Didymograptus* sp. 8.0m
9. 深灰色厚层钙质砾岩 5.0m
8. 灰色薄层灰岩和板岩互层。板岩中产笔石 *Didymograptus* sp., *Climacograptus* sp., *Ptilograptus* sp. 33.0m
7. 灰、深灰色厚层块状含燧石结核灰岩 106.0m
6. 黑灰色薄层灰岩，中部夹厚 20cm 的黑色板岩 12.0m
5. 深灰色疙瘩状灰岩 2.0m
4. 黑灰色薄层灰岩 4.0m
3. 灰黑色板岩。产笔石 *Amplexograptus qilianshanensis*, *Pseudoclimacograptus* sp., *Tetragraptus* sp., *Cryptograptus* sp., *Didymograptus regularis*, *D. nodosus*, *D. nicholsoni* 1.5m
2. 灰黑色薄层灰岩 0.5m
1. 灰、褐红色板岩 1.0m

----- 平行不整合 -----

下伏地层：天景山组（$O_{1-2}t$）灰岩

米钵山北麓剖面（位于同心县米钵山北麓。起点坐标：北纬 37°13′，东经 105°34′。宁夏地质矿产勘察院 1991 年测制）层序如下（图 4-3）：

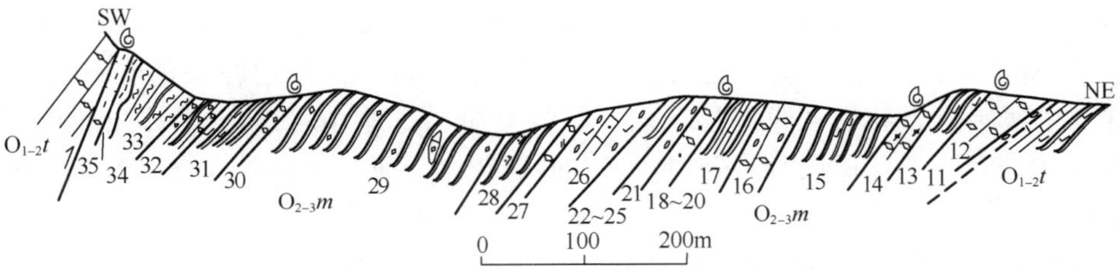

图 4-3 中宁县米钵山北麓中—上奥陶统米钵山组剖面图

Fig. 4-3 Section of the Middle-Upper Ordovician Miboshan Formation in Miboshan, Zhongning County, Ningxia

米钵山组（$O_{2-3}m$） 厚度>694.5m

35. 灰、浅黄灰色薄层含泥质条带粉—细晶灰岩，薄纹层理发育，含牙形石碎片（断层，未见顶） >13.9m
34. 灰绿、黄绿色千枚状板岩 7.8m
33. 灰、深灰色薄层燧石岩夹灰绿、灰黑色板岩及一层厚 10cm 的绿灰色硅质板岩，薄纹层理发育。板岩中产笔石 *Cryptograptus tricomis*, *Didymograptus* sp. 41.4m
32. 浅灰—深灰色中厚层灰岩质角砾岩夹灰绿色板岩、灰黑色含钙质板岩 48.1m
31. 灰绿、灰黑色含钙质板岩夹灰绿色含砾板岩 36.7m
30. 灰、深灰色中层泥晶砾屑灰岩，砾屑分选、磨圆均差。产牙形石 *Scolopodus rex* 10.8m
29. 灰绿、灰黑色含砾板岩，偶见巨大的砾屑灰岩砾石 164.4m
28. 灰绿、黄绿色板岩夹灰黑色薄层硅质板岩，后者薄纹层理发育 55.8m
27. 灰、灰黑色厚—巨厚层含白云质微晶砂砾屑灰岩，顶部为一层浅灰、灰红色薄层砂屑灰岩 6.5m
26. 灰绿、灰色中层钙屑-岩屑细砾岩—含细砾含砂屑微晶（灰岩）岩屑砂岩—板状含白云质泥质砂屑灰岩正粒序钙屑-岩屑浊积岩韵律层（共 8 层） 35.4m
25. 深灰色中层微晶砂砾屑灰岩，砾屑分选、磨圆均差 3.5m
24. 浅灰、浅绿灰色板岩。产笔石 *Cryptograptus triconis*, *Glossograptus* sp., *Dicellograptus exgr sentans* 9.4m
23. 灰色中层微晶砂砾屑灰岩，砾屑分选、磨圆均差 4.6m
22. 灰绿、深灰色板岩 14.5m
21. 灰、灰绿色中层中粗砾岩，砾石分选、磨圆中—差 5.1m
20. 灰色厚层含白云质微晶砂屑灰岩，见平行纹层，产牙形石 *Protopanderodus varicostatus* 4.1m
19. 灰、深灰色巨厚层角砾状含白云石硅质微晶灰岩 2.5m

18. 灰、深灰色厚层亮晶砂砾屑灰岩，砾屑分选、磨圆中—差 5.7m

17. 灰、灰绿色板岩夹一层灰色中层砾屑灰岩，顶部有一层厚40cm的含砾板岩 26.9m

16. 灰、深灰色厚层细晶砾屑灰岩，显正粒序（共5个） 27.5m

15. 灰、灰绿色板岩夹灰黑色薄层钙质板岩，近底部为浅灰、绿灰色千枚状板岩、灰—红灰色粉砂质板岩 71.0m

14. 灰、灰红色厚层含燧石条带（团块）微晶砾屑灰岩夹浅灰、红灰色厚层微晶砂屑灰岩，底部为一层厚1~2m的灰红色灰质角砾岩 17.3m

13. 灰黑、绿灰色钙质板岩 20.1m

12. 灰、深灰色厚层微晶砂屑灰岩—砾屑灰岩韵律层，底部有一层细晶灰岩，前者平行纹层发育。产牙形石 *Periodon aculeatus*，*Cordyiodus horridus*，*Protopanderodus* sp. 59.0m

11. 红灰色中层中粗砾岩，砾石分选、磨圆中—差，具底冲蚀现象 2.5m

----- 平行不整合 -----

下伏地层：天景山组（$O_{1-2}t$）薄层灰岩、钙质板岩

米钵山组与下伏天景山组平行不整合接触，与上覆香山群徐家圈组整合接触，为一套具复理石建造特征的陆源碎屑沉积，岩石组成较为庞杂，由砂岩、板岩、砾岩、灰岩及砾屑灰岩等组成，重力流和浊流沉积十分发育，岩相变化急剧，沉积厚度变化巨大，显示了典型的斜坡相沉积特征。

上述张大井剖面（米钵山组层型）米钵山组平行不整合于马家沟组之上（图4-4），与上覆徐家圈组呈整合接触。厚265.0m，下部为灰、灰黑色薄层灰岩、深灰色疙瘩状灰岩和灰—深灰色厚层含燧石结核灰岩夹灰—灰黑色板岩，板岩产笔石，厚161.0m；上部为深灰色厚层钙质砾岩、灰绿色板岩、含砾板岩夹深灰色薄层灰岩和黑灰色厚层灰岩，板岩产笔石，厚104.0m。米钵山北麓剖面厚度大于694.5m，为灰—深灰色中—巨厚层微晶砾屑灰岩、砂屑灰岩、薄层（含泥质条带）灰岩与灰黑—灰绿色板岩、含砾板岩不等厚互层，夹红灰、灰—深灰色中—厚层灰岩质（角）砾岩、灰—灰绿色中层砾岩，上部尚见夹灰—灰黑色薄层燧石岩、硅质板岩，产笔石、牙形石等化石。

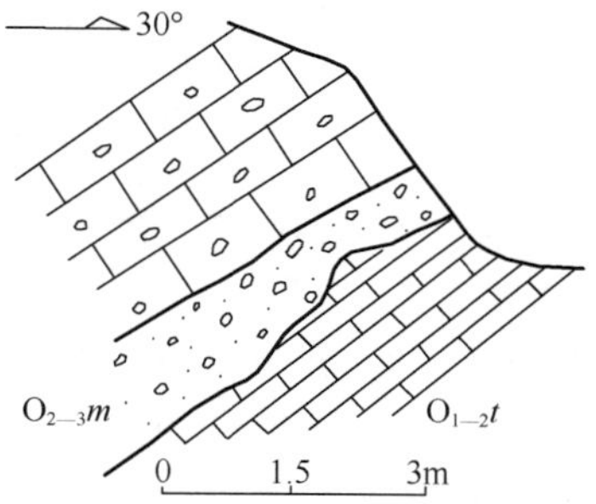

图4-4 中宁县天景山米钵山组（$O_{2-3}m$）与天景山组（$O_{1-2}t$）平行不整合接触关系素描图

Fig. 4-4 Sketch showing disconformity between the Miboshan Formation（$O_{2-3}m$）and the Tianjingshan Formation（$O_{1-2}t$）in Tianjingshan, Zhongning County, Ningxia

米钵山—天景山地区以及烟筒山西南麓、青山等地天景山组岩性与张大井剖面和米钵山北麓剖面相似，但厚度变化较大。自张大井剖面向南本组厚度明显增大，至米钵山北麓厚度大于694.5m，米钵山南麓厚356.5~398.3m，到石磨井厚度增至1680.4m。烟筒山西南麓厚度又变小，为398.2m，青山厚仅22.9m。

牛首山地区米钵山组岩性、厚度均与米钵山—天景山地区有一定差异，砂岩显著增多，而碳酸盐岩明显减少。八宝坟剖面岩性以灰绿色中—厚层细—中粒长石石英砂岩、岩屑石英砂岩、板岩、含砾板岩为主，夹浅灰—灰色中厚—薄层（含泥质条带）灰岩、砂屑灰岩、砾屑灰岩及砾岩透镜体，产笔石，厚度大于6623.9m。大、小罗山以及煤山、窑山等地米钵山组岩性与牛首山八宝坟剖面类似，但灰岩更少一些。罗山厚度大于1578.3m，窑山厚度大于98.7m。

贺兰山南段大战场—毛土坑山一带岩性与上述各地有较大差异。在毛土坑山岩性以灰—灰黄褐色中厚—块状灰质—白云质细—粗砾岩为主，夹灰—灰黄褐色厚—中厚层硅质白云岩、硅质岩及灰—灰

绿色板岩、钙质板岩、粉砂质板岩。自毛土坑山向东至毛土坑砾岩迅速减少，板岩明显增多，并见有含砾板岩；自毛土坑山向西砾岩明显增多，至棺材山一带几乎全由角砾岩组成；毛土坑山南麓上部尚见夹灰—深灰色厚层微晶灰岩、薄层含泥质条带微晶灰岩。厚度变化也较大，毛土坑山厚度最大达3191.2m，新井西厚度大于1769.9m，磨石沟北大于1720.3m，大战场厚度大于977.4m。

从上述可以看出，米钵山组在横向上岩性、厚度均变化较大。南部米钵山—天景山地区主要由板岩、含砾板岩、砾岩、灰岩及砾屑灰岩等组成，出露厚度22.9~1680.4m；北部牛首山—罗山一带主要由砂岩、板岩、含砾板岩和少量灰岩组成，厚98.7~6623.9m；贺兰山南段大战场—毛土坑山一带主要由砾岩、硅质白云岩、硅质岩、板岩和灰岩组成，厚977.4~3191.2m。

（三）徐家圈组（O_3x）

宁夏地质矿产勘察院1995年创名，正层型为同心县米钵山—后井子剖面。本组创名前最早属南山系（或称绿色岩系）的一部分（边兆祥，1954）。1960~1963年宁夏区测队在进行1：20万区调时创名香山群，下分4个亚群，徐家圈组大致相当于第一亚群上部至第二亚群（表4-1）。

表4-1　香山群划分、命名沿革表

Table 4-1　Evolution of divisional schemes of the Xiangshan Group

<table>
<tr><th colspan="2">陈梦勋，1951</th><th colspan="2">陈祖海，1953</th><th colspan="2">边兆祥，1954</th><th colspan="2">李康、钟富道，1958</th><th colspan="3">叶永正、曹景轩，1963</th><th colspan="3">宁夏区测队，1964</th><th colspan="3">《宁夏回族自治区区域地质志》，1990</th><th colspan="3">《宁夏回族自治区岩石地层》，1996</th><th colspan="3">本《志》，2012</th></tr>
<tr><td rowspan="5">泥盆纪—震旦纪</td><td rowspan="5">南山系</td><td rowspan="5">元古代</td><td rowspan="5">南山系</td><td rowspan="5">泥盆系—志留系</td><td rowspan="5">南山系</td><td>上部</td><td>志留—奥陶系</td><td rowspan="4">中寒武统</td><td rowspan="4">香山群</td><td>第四亚群</td><td rowspan="5">中寒武统</td><td rowspan="5">香山群</td><td>第四亚群</td><td rowspan="5">中寒武统</td><td rowspan="5">香山群</td><td>第四亚群</td><td rowspan="4">上寒武统</td><td rowspan="4">香山群</td><td>磨盘井组</td><td rowspan="4">上奥陶统</td><td rowspan="4">香山群</td><td>磨盘井组</td></tr>
<tr><td>中部</td><td>上中奥陶系</td><td>第三亚群</td><td>第三亚群</td><td>第三亚群</td><td>狼嘴子组</td><td>狼嘴子组</td></tr>
<tr><td rowspan="3">下部</td><td rowspan="3">下奥陶系</td><td>第二亚群</td><td>第二亚群</td><td>第二亚群</td><td rowspan="2">徐家圈组</td><td rowspan="2">徐家圈组</td></tr>
<tr><td>第一亚群</td><td rowspan="2">第一亚群</td><td rowspan="2">第一亚群</td></tr>
<tr><td>下寒武统</td><td colspan="2">野猫子山组</td><td>中上奥陶统</td><td colspan="2">米钵山组</td><td>上—中奥陶统</td><td colspan="2">米钵山组</td></tr>
</table>

徐家圈组广布于香山地区，自西向东主要出露于顾家沟、大涝坝、上石棚、红泉、黄沙水、刘武井、徐家圈等地，卫宁北山的马夫峡子、石盆子井、牛首山西麓和长山头等地亦有出露。正层型米钵山—后井子剖面（位于同心县米钵山西南麓张大井正南2.5km处。起点坐标：北纬37°13′，东经105°31′。宁夏地质矿产勘察院1991年测制）层序如下（图4-5）：

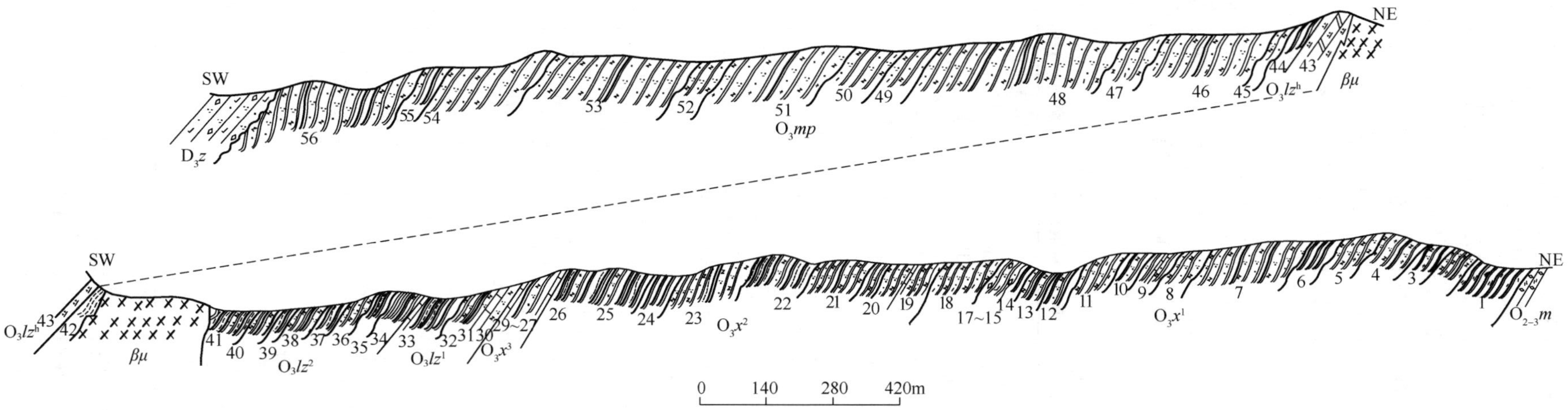

图 4-5　中卫市米钵山—后井子上奥陶统香山群剖面图

Fig. 4-5　Section of the Upper Ordovician Xiangshan Group in Miboshan-Houjingzi, Zhongwei, Ningxia

上覆地层：狼嘴子组（O_3lz）黄绿—灰绿色中层浅变质细粒长石石英砂岩夹黄绿色粉砂质板岩

——— 整 合 ———

徐家圈组（O_3x）	总厚度 1613.3m
三段（O_3x^3）	厚度 66.8m
29. 灰—深灰色薄层微晶灰岩，下部夹灰—灰绿色千枚状板岩	18.9m
28. 黄绿色板岩、灰绿色中层浅变质泥质中粒长石石英砂岩夹少量深灰色薄层微晶灰岩	20.8m
27. 灰色中—薄层微晶灰岩，下部夹灰绿色板岩。灰岩发育沙纹层理	27.1m
二段（O_3x^2）	厚度 632.7m
26. 黄绿色板岩、粉砂质板岩夹少量灰色薄—中层浅变质钙质粉砂岩，中部夹一层灰绿色中层浅变质细—中粒长石石英杂砂岩	37.4m
25. 黄绿色粉砂质板岩、板岩与灰绿色厚—中层浅变质泥质细粒长石石英砂岩、灰色中—薄层浅变质钙质粉砂岩互层。钙质粉砂岩发育沙纹层理	105.1m
24. 黄绿色粉砂质板岩、板岩。发育沙纹层理	37.5m
23. 灰绿色中—厚层浅变质泥质细粒长石石英砂岩与黄绿色板岩、粉砂质板岩互层，夹灰绿色中—薄层浅变质钙质粉砂岩。钙质粉砂岩发育沙纹层理	106.5m
22. 黄绿色粉砂质板岩、板岩夹灰绿—黄绿色浅变质钙质粉砂岩。钙质粉砂岩发育沙纹层理	109.7m
21. 灰绿色中—厚层浅变质泥质细粒长石石英砂岩与灰绿—黄绿色板岩、粉砂质板岩互层	99.5m
20. 灰绿色中—厚层浅变质泥质细粒长石石英砂岩夹黄绿—灰绿色板岩。砂岩底面偶见槽模	108.7m
19. 黄绿色板岩夹灰绿色中层浅变质泥质细粒长石石英砂岩及一层灰色薄层含粉砂质泥质灰岩。泥质灰岩发育沙纹层理	28.3m
一段（O_3x^1）	厚度 913.8m
18. 灰绿色厚层浅变质泥质细粒长石石英砂岩	104.3m
17. 灰色中层浅变质钙质中—细砾岩夹灰绿色板岩，中部尚见一层厚约 1.0m 的灰绿色浅变质含卵砾细粒长石石英杂砂岩。中—细砾岩中砾石成分以脉石英和硅质岩为主，次为板岩，填隙物为泥、砂质。含卵砾砂岩中砾石成分为灰绿色砂岩，砾径 5~12cm 不等，砾石呈圆球状	9.4m
16. 灰色中—厚层浅变质泥质砂砾岩、含砾细粒长石石英杂砂岩夹黄绿色板岩。砂砾岩和含砾砂岩中的砾石成分以脉石英和硅质岩为主，次为灰色板岩，砾径 0.3~0.5cm，填隙物为泥、砂质	7.6m
15. 灰绿色厚层浅变质细粒长石石英杂砂岩夹少量黄绿色板岩	6.6m
14. 黄绿色板岩夹少量灰绿色中层浅变质细粒长石石英杂砂岩，近底部夹一层黑色炭质板岩	22.5m
13. 灰绿色巨厚层浅变质中—细粒长石石英杂砂岩夹少量黄绿色板岩。顶部砂岩底面发育槽模	40.9m
12. 灰绿色板岩、粉砂质板岩夹少量灰绿色厚—中层浅变质泥质细粒长石石英砂岩、灰色薄层浅变质钙质细—中粒长石石英砂岩。厚—中层砂岩近底面有时见含少量灰绿色板岩小砾石	43.3m
11. 灰绿色厚层浅变质泥质不等粒长石石英砂岩夹少量黄绿色板岩、粉砂质板岩	71.8m
10. 黄绿—灰绿色板岩夹灰绿色中层浅变质泥质细粒长石石英砂岩及灰色薄层粉砂质灰岩。粉砂质灰岩发育交错层理	26.5m
9. 灰绿色中—厚层浅变质泥质中—细粒长石石英砂岩夹黄绿色板岩，中部夹一层厚 45cm 的灰色粉砂质灰岩。粉砂质灰岩发育交错层理	34.3m
8. 灰绿色厚—中层浅变质泥质中—细粒长石石英砂岩与黄绿色含粉砂质板岩互层	63.1m
7. 灰绿色中—厚层浅变质泥质中—细粒长石石英砂岩夹少量黄绿色板岩	205.8m
6. 灰绿—黄绿色板岩夹少量灰绿色薄层浅变质泥质中粒长石石英砂岩	9.7m
5. 黄绿—灰绿色中—厚层浅变质细—中粒长石石英杂砂岩夹少量黄绿色板岩	60.0m
4. 灰绿色中—厚层浅变质中—细粒长石石英杂砂岩夹少量灰绿—黄绿色板岩。板岩发育沙纹层理，砂岩底面偶见槽模	70.1m
3. 黄绿—灰绿色板岩夹灰绿色中层浅变质中—细粒长石石英杂砂岩。砂岩层底面发育槽模	38.6m
2. 灰绿色中—厚层浅变质中—细粒长石石英杂砂岩夹灰绿色板岩	28.4m

1. 灰绿色千枚状绢云母板岩夹灰绿色浅变质钙质细粒长石石英砂岩 70.9m

——————— 整 合 ———————

下伏地层：米钵山组（$O_{2-3}m$）灰色薄层微晶含白云质灰岩夹灰色钙质板岩

徐家圈组除在天景山、米钵山西南麓张大井—康喇叭一带见与下伏米钵山组整合接触外，其他地区均未见底，与上覆狼嘴子组呈整合接触。岩性以灰绿色浅变质（杂）砂岩、板岩为主，顶部发育碳酸盐岩。本组在各地出露层位不尽一致，厚度悬殊，变化在1152.0～2785.9m之间。依据岩性特征可划分为3个非正式岩性段。

一段（O_3x^1）：岩性为灰绿色中—厚层浅变质中—细粒长石石英（杂）砂岩夹黄绿—灰绿色板岩、粉砂质板岩及少许灰色薄层粉砂质灰岩，偶见夹灰—灰绿色砾岩透镜体。刘武井见夹含砾（漂砾）板岩，黑龙井砂岩中偶含灰岩砾石（漂砾）。灰岩砾石含三叶虫、腕足类等化石。沉积厚度极为悬殊，黄沙水最大达2500.3m，米钵山—后井子剖面厚913.8m，石盆子井剖面大于948.8m，马夫峡子大于948.8m，牛首山西南麓大于784.2m。

二段（O_3x^2）：与一段整合接触，岩性为黄绿—灰绿色板岩、粉砂质板岩与灰绿色厚—中层浅变质细粒长石石英（杂）砂岩、薄—中层钙质粉砂岩不等厚互层，夹灰—灰绿色薄层灰岩、含粉砂质泥质灰岩，局部见夹含砾板岩及角砾岩透镜体。厚285.6～713.3m。

三段（O_3x^3）：与二段整合接触，岩性为灰—深灰色中—薄层微晶灰岩夹灰绿—黄绿色板岩、千枚状板岩和灰绿色中层浅变质中粒长石石英砂岩。厚18.6～344.8m。本段层位基本稳定，是划分徐家圈组和狼嘴子组的重要标志层。

（四）狼嘴子组（O_3lz）

宁夏地质矿产勘察院1995年创名，正层型为同心县米钵山—后井子剖面。与原香山群第三亚群层位相当。

狼嘴子组分布也较广，出露面积仅次于徐家圈组，主要出露于香山地区的顾家沟、大涝坝、刘家窑、南井沟、香山寺、俞家山头子、高泉山、徐家圈和磨盘井等地，卫宁北山的马夫峡子、石盆子井、老崖沟、牛首山西南麓青山子梁和黑鹰湾山也有出露。正层型米钵山—后井子剖面层序如下（见图4-5）：

上覆地层：磨盘井组（O_3mp）灰绿色厚层浅变质细—中粒长石石英砂岩夹少量黄绿色粉砂质板岩

——————— 整 合 ———————

狼嘴子组（O_3lz） 总厚度>591.0m

黄河井段（O_3lz^h） 厚度64.1m

44. 下部为紫红色板岩夹浅红灰—灰白色中层含硅质微晶白云岩，上部为灰绿色板岩夹灰色中层燧石岩 20.6m

43. 灰—深灰色薄—中层燧石岩夹少许灰色含硅质微晶白云岩及灰色千枚岩 43.5m

二段（O_3lz^2） 厚度>372.0m

42. 灰色千枚岩（其下为辉绿岩侵入） >3.8m

41. 灰绿—黄绿色板状千枚岩夹少量灰绿色浅变质泥质细粒长石石英砂岩，顶部见有紫红色板岩（其上为辉绿岩侵入） >84.8m

40. 灰绿色中—厚层浅变质泥质细—中粒长石石英砂岩夹黄绿色粉砂质板岩 58.8m

39. 灰绿色千枚岩夹少量灰绿色浅变质泥质细粒长石石英砂岩透镜体 15.5m

38. 灰绿色中—厚层浅变质泥质细粒长石石英砂岩夹少量灰绿色千枚状板岩 46.5m

37. 灰绿色千枚状粉砂质板岩、黄绿色板岩夹灰绿色中层浅变质泥质细粒长石石英砂岩 30.1m

36. 灰绿色中—厚层浅变质泥质细粒长石石英砂岩夹少量黄绿色板岩 67.6m

35. 灰绿色千枚状粉砂质板岩夹灰绿色中—厚层浅变质泥质细粒长石石英砂岩 23.1m

34. 灰绿色厚层浅变质细—中粒长石石英杂砂岩夹少量黄绿色板岩 41.8m

一段（O_3lz^1） 厚度 154.9m

33. 灰绿色板岩、千枚状板岩夹灰—深灰色薄层微晶灰岩，近底部尚夹一层厚 1.0m 之灰绿色浅变质细粒长石石英砂岩 58.3m
32. 灰绿色厚—巨厚层浅变质泥质细—中粒长石石英砂岩夹少量黄绿色板岩、粉砂质板岩 62.0m
31. 灰—深灰色薄层微晶灰岩夹灰—灰绿色板岩 6.9m
30. 黄绿—灰绿色中层浅变质泥质细—中粒长石石英砂岩夹黄绿色粉砂质板岩 27.7m

———— 整 合 ————

下伏地层：徐家圈组（O_3x）灰—深灰色薄层灰岩

狼嘴子组与下伏徐家圈组和上覆磨盘井组均呈整合接触。以浅变质长石石英（杂）砂岩和板岩为主，顶部发育硅质岩类。厚 90.1~178.0m。依岩性可划分为 2 个非正式岩性段和 1 个正式岩性段。

一段（O_3lz^1）：本段主要出露于香山地区，与下伏徐家圈组整合接触，岩性为灰绿色中—厚层浅变质细—中粒长石石英砂岩夹黄绿—灰绿色板岩、粉砂质板岩及灰—深灰色薄层微晶灰岩，尚见夹千枚状板岩，自下而上板岩有增多之趋势。贺兰山南段新井南本段板岩中见含鲕粒灰岩、灰岩漂砾，其中含三叶虫化石。厚 154.9~605.7m。

二段（O_3lz^2）：与一段整合接触，岩性为灰绿色中—厚层浅变质中—细粒长石石英（杂）砂岩夹黄绿—灰绿色板岩、粉砂质板岩、千枚状板岩、千枚岩，上部见夹紫红色板岩，自下而上板岩有渐增之趋势。各地所见厚度差异较大，米钵山—后井子剖面厚度大于 372.0m，俞家山头子剖面大于 1786.2m，石盆子井剖面大于 1042.2m。

黄河井段（O_3lz^h）：与二段整合接触，以发育硅质岩和碳酸盐岩为特征。主要由灰—深灰色燧石岩、杂色碧玉岩、灰白、浅肉红色含硅质白云岩组成，夹灰、灰绿、紫红色板岩、千枚岩及变质砂岩，在香山南麓俞家山头子见夹含砾屑灰岩，硅质岩中尚见含灰岩漂砾。厚度变化大，在 46.0~999.4m 之间。本段在横向上虽然沉积厚度变化大，但岩性独特（以硅质岩和碳酸盐岩发育为特征），层位稳定，填图标志明显，是划分狼嘴子组与磨盘井组的重要标志层，故将其命名为正式岩性段——黄河井段。

（五）磨盘井组（O_3mp）

宁夏地质矿产勘察院 1995 年创名，正层型为同心县米钵山—后井子剖面。层位相当于原香山群第四亚群。

磨盘井组分布范围较小，主要出露于卫宁北山的新井、马夫峡子和石盆子井，香山地区的老君山、南井沟、大湾井、大井河沟、狼嘴子、泉卜水和磨盘井等地，黑鹰湾山也有出露。

正层型米钵山—后井子剖面层序如下（见图 4-5）：

上覆地层：中宁组（D_3z）灰紫、灰绿色中层钙质中—粗砾岩、粗粒长石石英砂岩、钙质粉砂岩

~~~~~~ 不 整 合 ~~~~~~

磨盘井组（O_3mp） 厚度 1093.0m

56. 灰绿色中—厚层浅变质泥质细—中粒长石石英砂岩夹灰绿—黄绿色板岩、灰绿色中层浅变质钙质细粒长石石英砂岩。钙质砂岩发育水平纹层 132.5m
55. 灰绿色厚—巨厚层浅变质泥质细—中粒长石石英砂岩夹少量黄绿色板岩，上部尚夹两层灰绿色薄层浅变质钙质细粒长石石英砂岩。钙质砂岩发育水平纹层、沙纹层理 40.9m
54. 灰绿色厚—巨厚层浅变质泥质细—中粒长石石英砂岩 126.6m
53. 灰绿色中—厚层浅变质泥质细—中粒长石石英砂岩，偶夹灰绿色粉砂质板岩 169.7m
52. 灰绿色薄—中层浅变质钙质细粒长石石英砂岩夹黄绿色板岩、粉砂质板岩 28.0m
51. 灰绿色中—厚层浅变质细—中粒长石石英杂砂岩夹极少量灰绿—黄绿色板岩 131.3m
50. 灰绿色厚—巨厚层浅变质泥质细—中粒长石石英砂岩夹黄绿色粉砂质板岩 30.9m
49. 灰绿色厚—巨厚层浅变质泥质细—中粒长石石英砂岩夹少量黄绿色粉砂质板岩 36.3m
~~~~~~

48. 灰绿色厚—巨厚层浅变质泥质细—中粒长石石英砂岩，偶夹灰绿色板岩　127.7m

47. 灰绿色浅变质泥质细—中粒长石石英砂岩　72.8m

46. 灰绿色中—厚层浅变质泥质细—中粒长石石英砂岩夹少量黄绿、灰绿色板岩。砂岩底面偶见冲刷构造　152.9m

45. 灰绿色厚层浅变质泥质细—中粒长石石英砂岩夹极少量黄绿色粉砂质板岩　43.4m

——————　整　合　——————

下伏地层：狼嘴子组黄河井段（O_3lz^h）灰绿色板岩夹灰色中层燧石岩

磨盘井组与下伏狼嘴子组整合接触，志留系照花井组或更新的地层以不整合超覆于其上。几乎全由浅变质（杂）砂岩和板岩组成，以不夹碳酸盐岩、硅质岩等化学沉积的岩石与下伏狼嘴子组区分，横向岩性变化甚微。厚636.0~942.5m。

在米钵山—后井子剖面本组厚1093.0m，岩性为灰绿色中—巨厚层浅变质细—中粒长石石英（杂）砂岩夹黄绿—灰绿色板岩、粉砂质板岩，自下而上板岩类有增多之趋势。各地所见岩性与米钵山—后井子剖面基本一致，其中香山南麓南井沟—罗家老圈—大井河沟一线以南地区砂岩板劈理较发育，向砂质板岩过渡，这可能与后期构造叠加有关。由于本组在各地出露层位不尽一致，因而测得的厚度有较大差异，大湾井剖面最厚达2942.5m，石盆子井剖面大于2533.1m。

二、华北地层区鄂尔多斯西缘地层分区

（一）贺兰山地层小区

1954年，西北地质局606队在贺兰山苏峪口—金塔泉一带开展路线地质调查时，于大十字沟的灰岩中发现腕足类和头足类化石，将这套地层称为寒武-奥陶系。1975~1978年，宁夏区调队在进行巴伦别立幅1∶20万区调工作中，建立了贺兰山区奥陶系的地层系统，确立了寒武系、奥陶系的界线，并将奥陶系划分为下统天景山组、中统米钵山组和平凉组。1980年，宁夏区域地层表编写组将该区奥陶纪地层划分为下统中梁子组、中统樱桃沟组和平凉组。1982~1983年，郑昭昌、李玉珍于下岭南沟—中梁子寒武系—奥陶系剖面获得牙形石 *Cordylodus proavus*，*Proconodontus muelleri* 等，较准确地确定了寒武系与奥陶系的界线。1990年，安太庠、郑昭昌在《鄂尔多斯盆地周缘的牙形石》一书中，建立了贺兰山区寒武系—奥陶系牙形石序列，讨论了牙形石的生物相和生物地理区。1990年出版的《宁夏回族自治区区域地质志》将贺兰山区的奥陶系划分为下统大南池组、天景山组、米钵山组和中统平凉组。1996年，宁夏地层清理研究组将本区奥陶系自下而上划分为马家沟组、米钵山组。2007年，宁夏地质环境监测总站在进行银川市幅1∶25万区调时，沿用了宁夏地层清理研究组的划分方案。

贺兰山地区奥陶系划分、命名沿革见表4-2。

贺兰山地层小区奥陶系与寒武系连续沉积，下、中、上统均有发育。下—中统为一套由白云岩、灰岩组成的台地相碳酸盐岩建造，盛产华北型介壳化石；中—上统为砂岩、板岩及灰岩组成的斜坡相复理石建造。其岩石地层序列自下而上为大南池组、天景山组和米钵山组。

1. 大南池组（O_1d）

宁夏区调队童建平等1986年创名，其含义是：代表相当于特马豆期的一套高镁碳酸盐岩地层。命名地点位于银川市大南池，正层型为银川市大南池剖面。

大南池组分布局限，仅见于贺兰山中段下岭南沟、苏峪口、大南池等地。大南池剖面和下岭南沟—中梁子剖面具代表性。

正层型大南池剖面（位于银川市北西西32km处之大南池。起点坐标：北纬38°32′，东经105°55′。宁夏区调队1975年测制，郑绍昌1984年修测）层序如下（图4-6）：

表 4-2　贺兰山地区奥陶系划分、命名沿革表

Table 4-2　Evolution of divisional schemes of Ordovician in the Helanshan area

<table>
<tr><th>西北地质局 606 队，1954</th><th colspan="2">宁夏区调队，1978</th><th colspan="2">宁夏区域地层表编写组，1980</th><th colspan="2">《宁夏地质概论》，1989</th><th colspan="2">安太庠、郑昭昌，1990</th><th colspan="2">《宁夏回族自治区区域地质志》，1990</th><th colspan="2">《宁夏回族自治区岩石地层》，1996</th><th colspan="2">《中国地层典·奥陶系》，1996</th><th colspan="2">1∶25 万银川市幅区调报告，008</th><th colspan="2">本《志》，2012</th></tr>
<tr><td rowspan="6">寒武—奥陶系</td><td rowspan="2">中统</td><td>平凉组</td><td rowspan="2">中统</td><td>平凉组</td><td rowspan="4">中统</td><td>银川组</td><td rowspan="2">上统</td><td>银川组</td><td rowspan="2">上统</td><td rowspan="2">平凉组</td><td rowspan="2">上统</td><td>银川组</td><td rowspan="2">上统</td><td>银川组</td><td rowspan="2">上统</td><td rowspan="3">米钵山组</td><td rowspan="2">上统</td><td rowspan="3">米钵山组</td></tr>
<tr><td>米钵山组</td><td>米钵山组</td><td>平凉组</td><td>山子沟组</td><td rowspan="2">米钵山组</td><td rowspan="2">米钵山组</td></tr>
<tr><td rowspan="4">下统</td><td rowspan="4">天景山组</td><td rowspan="4">下统</td><td rowspan="4">中梁子组</td><td>樱桃沟组</td><td rowspan="2">中统</td><td>樱桃沟组</td><td rowspan="2">中统</td><td>米钵山组</td><td rowspan="2">中统</td><td rowspan="2">中统</td><td rowspan="2">中统</td><td rowspan="2">中统</td></tr>
<tr><td>中梁子组</td><td>中梁子组</td><td rowspan="2">天景山组</td><td rowspan="3">马家沟组</td><td rowspan="2">天景山组</td><td rowspan="3">马家沟组</td><td rowspan="2">天景山组</td></tr>
<tr><td rowspan="2">下统</td><td>前中梁子组</td><td rowspan="2">下统</td><td>前中梁子组</td><td rowspan="2">下统</td><td rowspan="2">下统</td><td rowspan="2">下统</td><td rowspan="2">下统</td><td rowspan="2">下统</td></tr>
<tr><td>下岭南沟组</td><td>下岭南沟组</td><td>大南池组</td><td>下岭南沟组</td><td>大南池组</td></tr>
</table>

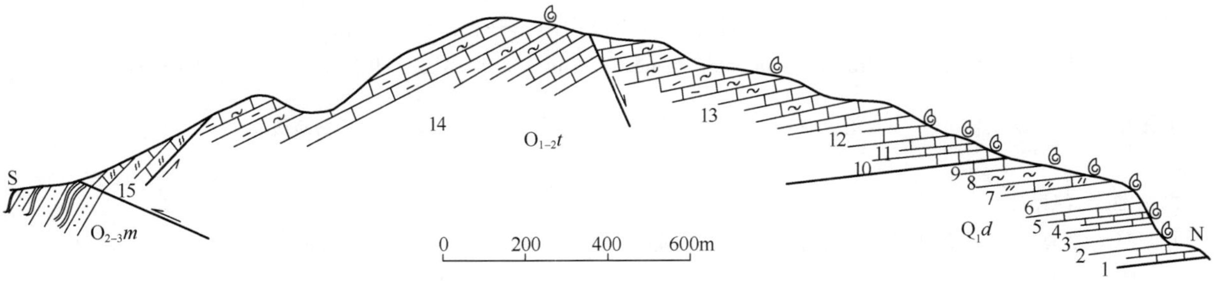

图 4-6　银川市大南池奥陶系剖面图

Fig. 4-6　Section of Ordovician in Dananchi，Yinchuan，Ningxia

上覆地层：天景山组（$O_{1-2}t$）灰、浅灰色厚层灰岩，底部有一层厚 1m 左右的灰绿色薄层钙泥质板岩

——— 整 合 ———

大南池组（O_1d） 厚度>133.2m

9. 浅灰色中厚层灰岩 29.0m
8. 深灰色厚层块状含燧石团块白云岩，产头足类 *Coreanoceras* ? sp. 38.7m
7. 灰色厚层含泥质白云质灰岩夹白云岩，底部产腕足类 *Westonia* sp.；牙形石 *Scolopodus primitivus* 14.5m
6. 深灰色厚层块状含燧石团块白云岩，产牙形石 *Acontiodus iowensis*，*A.* aff. *propinquus*，*Scolopodus restrictus*，*Drepanodus subarcuatus*，*Teridontus gracilis* 24.0m
5. 深灰色中厚层灰岩夹少许薄层灰岩，产牙形石 *Cordylodus* sp.，*Acontiodus iowensis*，*Scolopodus restrictus*，*S. primitivus* 5.0m
4. 灰色薄层灰岩、泥质条带灰岩，发育波状、透镜状和波纹状层理。产腕足类 *Lingunella* sp.；牙形石 *Scolopodus* sp.，*S. primitivus*，*Teridontus nakamurai* 8.0m
3. 上部为深灰色厚层白云岩，中部为黄灰色薄层泥质粉砂质灰岩，下部是灰色薄层白云质灰岩 3.8m
2. 灰、深灰色中厚层白云岩、白云质灰岩、灰岩，产牙形石 *Drepanodus subarcuatus*，*Scolopodus primitivus*，*S. restrictus* 6.5m
1. 上部为灰、黄灰色薄至中层泥质条带白云质灰岩，中部为灰色中厚层灰岩，下部为褐灰、灰绿色薄层泥质条带灰岩、粉砂质灰岩（因第四系覆盖，未见底） >3.7m

下岭南沟—中梁子剖面（位于贺兰山西坡阿拉善左旗下岭南沟至中梁子。起点坐标：北纬 38°45′，东经 105°53′。周志强、郑昭昌 1975 年测制）可作为大南池组次层型，其层序如下（图 4-7）：

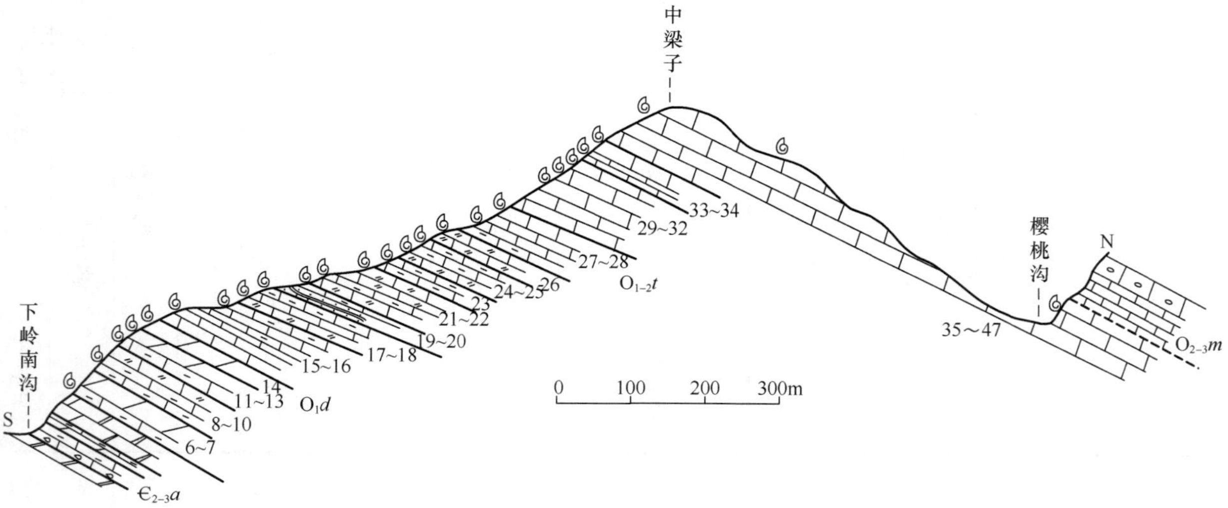

图 4-7 内蒙古阿拉善左旗下岭南沟—中梁子奥陶系剖面图

Fig. 4-7 Section of Ordovician in Xialingnangou-Zhongliangzi, Alxa Left Banner, Inner Mongolia

上覆地层：天景山组（$O_{1-2}t$）灰、灰绿色薄层钙泥质板岩，含牙形石 *Scolopodus restrictus*

——— 整 合 ———

大南池组（O_1d） 厚度 122.2m

18. 灰色中薄层泥质条带灰岩。产牙形石 *Drepanodus* sp.，*Scolopodus* sp.，*Drepanoistodus* sp.，*Paroistodus* sp. 6.8m
17. 灰色中厚层白云质灰岩，上部夹中厚层灰岩。产牙形石 *Glyptoconus quadraplicatus*，*Scolopodus bassleri*，*Drepanodus* sp. 5.6m
16. 灰色中薄层泥质灰岩，顶部含燧石团块。产牙形石 *Acontiodus iowensis*，*Scolopodus restrictus*，*S. bassleri*，*Glyptoconus quadraplicatus*，*Drepanodus arcuatus*，*Rossodus manitouensis*，*Utahconus* ? *beimadaoensis* 及腹足类 *Ophileta* ? sp. 6.9m

15. 浅灰、灰白色中厚层灰岩、泥质灰岩，中厚层灰岩质地较纯。产牙形石 *Rossodus manitouensis*, *Drepanodus subarcuatus*, *Glyptoconus quadraplicatus*, *Scolopodus opimus*, *S. restrictus*, *Acontiodus iowensis*, *Utohconus* sp. 20. 8m
14. 深灰色厚层、巨厚层白云岩。产牙形石 *Scolopodus* ? *restrictus*, *Drepanodus* sp., *Teridontus* sp., *T. variabilis* 及叠层石 8. 0m
13. 浅灰色中层白云质灰岩，风化面呈黄灰色。产牙形石 *Scolopodus restrictus*, *Drepanodus subarcuatus*, *Acontiodus iowensis*, *Rossodus manitouensis* 1. 3m
12. 灰色中厚层泥质条带灰岩与浅灰色中厚层白云质灰岩互层，顶部黑色燧石团块甚多 12. 0m
11. 灰色中厚层泥质灰岩。产牙形石 *Drapanodus subarcuatus* 7. 2m
10. 灰色厚层块状白云质灰岩，含叠层石 10. 3m
9. 灰色薄至中厚层泥质条带灰岩。产牙形石 *Scolopodus triplicatus*, *S. restrictus*, *Drepanodus subarcuatus* 16. 0m
8. 灰色中厚层白云质灰岩 8. 0m
7. 深灰色厚层块状白云岩，下部含泥质，顶部含黑色燧石团块和叠层石，叠层体为分叉清楚的小圆柱体，柱体直径 1~3cm，高 10~25cm，横断面为圆形或椭圆形，基本层由硅质构成，体壁坚厚 4. 0m
6. 上部为浅灰色薄层泥质白云岩，产遗迹化石 *Scolithos* sp.；中部为灰色中厚层白云岩；下部是浅灰色中薄层泥质灰岩，产牙形石 *Scolopodus primitivus*，近底部产牙形石 *Proconodontus notchpcakensis*, *Scolopodus primitivus*, *Teridontus nakamurai*, *Cordylodus* aff. *proavus* 15. 3m

———— 整　合 ————

下伏地层：阿不切亥组（$\epsilon_{2-3}a$）灰、深灰色厚层白云岩

大南池组与下伏阿不切亥组和上覆天景山组均为整合接触，由灰、深灰色厚层块状—中薄层白云岩、白云质灰岩、泥质条带灰岩及少量灰岩组成。产牙形石、头足类、腕足类、腹足类和叠层石化石。近顶部常夹有钙质板岩，层位稳定，可作为标志层与天景山组相区分。本组在横向上岩性、岩相、厚度均较为稳定。下岭南沟厚 122. 2m，大南池厚 119m。

2. 天景山组（$O_{1-2}t$）

广泛分布于贺兰山地区。自北向南主要出露于北段小松山，中段苏峪口、强岗岭、胡吉尔台、紫花沟、井底泉、三关口和南段之长流水南山、敖包山、红关山、土鲁陶格及二靴头等地。下岭南沟—中梁子剖面和大南池剖面具代表性。

下岭南沟—中梁子剖面层序如下（见图 4-7）：

上覆地层：米钵山组（$O_{2-3}m$）深灰色薄层灰岩

----- 平行不整合 -----

天景山组（$O_{1-2}t$） 厚度 486. 8m

47. 深灰色厚层瘤状灰岩。产牙形石 *Cornuodus longibasis*, *Triangulodus* sp., *Drepanodus* sp., *Acontiodus viriosus*, *Scolopodus flexilis* 2. 5m
46. 深灰色厚层灰岩 2. 6m
45. 浅灰色中层碎屑灰岩 3. 1m
44. 深灰色中厚层灰岩，上部为泥质灰岩。产牙形石 *Protopanderodus gradates* 8. 5m
43. 深灰色厚层灰岩。产牙形石 *Acontiodus viriodus* 8. 6m
42. 灰、深灰色厚层灰岩（上部被覆盖）。产牙形石 *Tetraprioniodiform* sp., *Scandodus* ? sp. 13. 0m
41. 灰、浅灰色中厚层灰岩 11. 0m
40. 灰色厚层灰岩。产牙形石 *Aurilobodus leptosomatus*, *Loxodus dissectus*, *Scolopodus eusprinus* 及腹足类 *Maclurites* 等 11. 0m
39. 灰色中厚层灰岩。产牙形石 *Acontiodus viriosus*, *Scolopodus euspinus* 15. 0m

38. 灰色厚层灰岩。产牙形石 *Loxodus dissectus*，*Scolopodus nogamii*，*S. flexilis*，*S. euspinus*，*Rhipidognathus* sp.，*Tripodus* sp.，*Aulilobodus leptosomatus*，*Phragmodus* sp. 及腹足类 *Hormotoma* sp.，*Maclurites* sp. 18.0m

37. 灰、深灰色中薄层灰岩夹厚层灰岩。薄层灰岩产牙形石 *Appalachignathus* sp.，*Drepanodus* sp.，*D. subarcuatus*，*Juanognathus* sp.，*Paltodus*（*Oistodiform*）sp.；三叶虫 *Ampyx* sp.，*Endymionia* sp.，*Symphysurus* sp. 及腕足类 28.0m

36. 灰色中厚层灰岩。产牙形石 *Scolopodus flexilis*，*S. euspinus*，*S. nogamii*，*Rhipidognathu laiwuensis* 15.0m

35. 灰色厚层灰岩夹少许薄层灰岩。产腹足类 *Maclurites* sp.；牙形石 *Rhipidognathus laiwuensis*，*R. maggolensis*，*Scolopodus filiformis*，*S. flexilis*，*Ulrichodina* aff. *wisconsinensis* 11.0m

34. 深灰色中薄层泥质灰岩。产牙形石 *Scolopodus flexilis*，*S. euspinus*，*S. nogamii*，*Rhipidognathus* sp.，*R.* aff. *laiwuensis*，*R. maggolensis*，*Paroistodus* sp.，*Oistodus* cf. *lanceolatus*，*Tripodus* sp.，*Erraticodon* sp.，*Drepanodus* sp.；腹足类 *Maclurites* sp.；腕足类 *Aporthophyla* sp. 及头足类 25.0m

33. 灰色薄层灰岩。产牙形石 *Scolopodus nogamii*，*Rhipidognathus laiwuensis*；腹足类 *Maclurites* sp. 及头足类 4.0m

32. 灰色厚层灰岩。产牙形石 *Rhipidognathus laiwuensis*，*Belodella rigida*，*Scolopodus euspinus*，*S. flexilis*，*S. rex*，*Drepanodus dolonus*，*Oistodiform*，*Rhipidognathus laiwuensis* 39.0m

31. 深灰、灰色厚层块状灰岩。产牙形石 *Drepanodus dolonus*，*Cornuodus longibasis*，*Scolopodus nogamii*，*S. flexilis*，*S. euspinus*，*Rhipidognathus* sp.，*R. laiwuensis*，*Scandodus* sp.；腕足类 *Hesperonomia* sp.，*Orthida* 及腹足类 37.0m

30. 灰、深灰色厚层灰岩，产牙形石 *Loxodus dissectus*，*Scolopodus euspinus*，*S. nogamii*，*S. flexilis*，*Drepanodus* sp.，*Tripodus* sp.；头足类 *Wutinoceras* spp.，*Ormoceras* sp. 22.0m

29. 灰色中层灰岩 11.0m

28. 灰、深灰色厚层块状含燧石团块灰岩。产牙形石 *Scolopodus euspinus*，*S.* aff. *flexilis*，*S. nogamii*，*S.* sp.，*Tripodus changshanensis*，*Drepanodus* sp.，*Jumudontus gananda*，*Paltodus* sp. 及头足类 20.1m

27. 灰色厚层块状灰岩。产牙形石 *Scolopodus* aff. *flexilis*，*S. euspinus*，*Drepanodus* sp.，*Paltodus*（*Oistodiform element*）；腕足类 *Maclurites* sp.，*Troedssonella* sp. 及头足类、腹足类 27.8m

26. 深灰色中厚层白云质灰岩夹少许灰色薄层泥质灰岩。产牙形石 *Scolopodus euspinus*，*Triangulodus* sp. 23.8m

25. 灰色薄层泥质条带灰岩。产牙形石 *Tripodus* sp.，*Scolopodus euspinus*，*Bergstroemognathus* cf. *hubeiensis*，*Cornuodus longibasis*，*Bergstroemognathus extensis*，*B. hubeiensis*，*Drepanodus* sp.；三叶虫 *Maclurites* sp.，*Pseudoasaphus* sp.，Pliomeridae 及腹足类、头足类、腕足类 2.8m

24. 灰、深灰色厚层含燧石条带（或团块）白云质灰岩，下部夹一层厚约 0.6m 的泥质灰岩。产牙形石 *Bergstroemognathus* sp.，*Scolopodus rex huolianzhaiensis*，*S. nogamii*，*S. euspinus*，*Drepanodus* sp.，*Tripodus* sp.，*Cornuodus longibasis*，*Serratognathus bilobatus*，*Honghuayuangnathus* ? sp.，*Cornuodus longibasis* 36.5m

23. 灰色中厚层泥质灰岩夹薄层泥质条带灰岩及少许白云质灰岩。产牙形石 *Scolopodus rex*，*Acontiodus viriosus*，*Drepanodus* sp.，*Tripodus* sp.，*Paroistodus* sp.；三叶虫 *Tritoechia* sp. 及头足类、腕足类、腹足类 21.8m

22. 灰色中厚层含燧石条带白云质灰岩。产头足类 *Kaipingoceras* sp.；牙形石 *Scolopodus rex*，*Drepanodus* sp.，*Tripodus* sp. 18.2m

21. 灰色中厚层白云质灰岩，上部含较多的燧石团块和条带。产牙形石 *Scandodus* sp.，*Drepanodus* sp.，*Paltodus* sp.，*Tripodus* sp.，*Scolopodus rex* 及头足类、腕足类 16.8m

20. 灰色中薄层泥质灰岩夹数层浅灰绿色片理化薄层钙质泥质板岩及少许砾屑灰岩。产牙形石 *Scolopodus* sp.，*S. rex*，*S. restrictus*，*Scandodus* sp.，*Chosonodina* aff. *herfurthi*，*Rossodus manitouensis*，*Glyptoconus quadralicatus*，*Drepanodus* sp. 2.1m

19. 灰、灰绿色薄层钙泥质板岩，产牙形石 *Scolopodus restrictus* 1.6m

———— 整 合 ————

下伏地层：大南池组（O_1d）灰色中薄层泥质条带灰岩

大南池剖面层序如下（见图 4-6）：

天景山组（$O_{1-2}t$） 厚度>918.4m

15. 浅灰色厚层块状白云质灰岩，上部夹厚 5～10m 的钙质板岩和薄层灰岩透镜体（断层，未见顶） >33.0m
14. 浅灰色薄层含燧石团块泥质网纹灰岩，顶部有一小规模断层。产牙形石 *Scolopodus* aff. *flexilis*，*S. nogamii*，*S. euspinus*，*S. rex*，*S.* sp.，*Acontiodus* sp.，*Jumudontus gananda*，*Tripodus* sp.，*Loxodus dissectus*，*Drepanodus dolonus*，*Aurilobodus leptosomatus*，*Drepanoistodus* sp.，*Paltodus* sp.，*Baltoniodus* ? *approximatus*，*Juanognathus jaanussoni* 504.1m
13. 灰色厚层块状灰岩，含燧石条带和团块，自下而上燧石含量渐减，泥质逐增。产头足类 *Ordosoceras* sp.，*Armenoceras* sp.，*Coreanoceras* sp.，*Michelinoceras* ? sp.；腹足类 *Maclcurites* cf. *kotai*，Euomphalidae；牙形石 *Tripodus* sp.，*Scolopodus flexilis*，*S. nogamii*，*S. eusprinus*，*Scandodus* sp.，*Bergstroemognathus* sp.，*Drepanodus* sp.，*Scolopodus rex huolianzhaiensis*，*Bergstroemognathus hubeiensis* 239.5m
12. 灰色中厚层灰岩。产腹足类 *Maclurites* sp.，*Ophileta* sp.，Euomphalidae；牙形石 *Paraserratognathas* sp.，*Drepanodus* sp.，*Scolopodus rex huolianzhaiensis*，*Teridontus* sp.，*Scandodus* sp. 57.6m
11. 浅灰、灰白色厚层灰岩，质较纯。产牙形石 *Scolopodus* sp.，*Protoserratognathus* sp. 55.5m
10. 灰、浅灰色厚层灰岩，底部有一层厚 1m 左右的灰绿色薄层钙泥质板岩。产牙形石 *Protoserratognathus* sp.，*Scandodus* sp.，*Scolopodus rex* 28.7m

———— 整 合 ————

下伏地层：大南池组（O_1d）浅灰色中厚层灰岩

天景山组与下伏大南池组整合接触，与上覆米钵山组呈平行不整合接触，为一套碳酸盐岩沉积，岩性以灰色厚层泥砂质网纹灰岩、含燧石结核和燧石条带白云质灰岩及厚层灰岩为主。

下岭南沟—中梁子剖面天景山组厚 486.8m，下部为灰、深灰色厚层块状含燧石结核灰岩、含燧石条带白云质灰岩夹灰色薄层泥质条带灰岩、泥质灰岩，下部夹少量灰—灰绿色钙质板岩；上部为深灰色中厚层灰岩夹少量灰色薄层灰岩。产头足类、腕足类、腹足类及牙形石。大南池剖面厚度大于 918.9m，岩性与下岭南沟—中梁子剖面类似，未见白云质灰岩，下部燧石条带较少，而上部燧石条带要比下岭南沟—中梁子剖面多一些。

贺兰山南段本组多以飞来峰的形式覆于米钵山组之上，所见岩性与上述两剖面基本一致，除长流水南山（飞来峰）见与下伏阿不切亥组连续沉积外，其余地区均未见顶、底。二靴头厚 593.4m，道士嘴子厚 646.1m，阿木勒哈沙厚 1186m，红关山厚 848.4m。

天景山组灰岩风化面常呈蠕虫状，普遍含燧石结核及泥砂质网纹，多为厚层块状。部分地段灰岩质地纯净，CaO 含量多在 50%以上，有害组分含量较低，可作为优质水泥原料。厚层者块度大、裂纹少，光面花色典雅多彩，是建材饰面板材工业的理想原料。

3. 米钵山组（$O_{2-3}m$）

主要分布于贺兰山中南段之大十字沟、榆树沟、三关口、石片梁、长流水南山、土井子及道士嘴子等地，贺兰山西麓胡吉尔台、樱桃沟、庙前梁子及小松山等地也有出露。以樱桃沟剖面和大十字沟剖面为代表。

樱桃沟剖面（位于内蒙古阿拉善左旗贺兰山西麓樱桃沟。起点坐标：北纬 38°46′，东经 105°52′。郑昭昌等 1984 年测制）层序如下（图 4-8）：

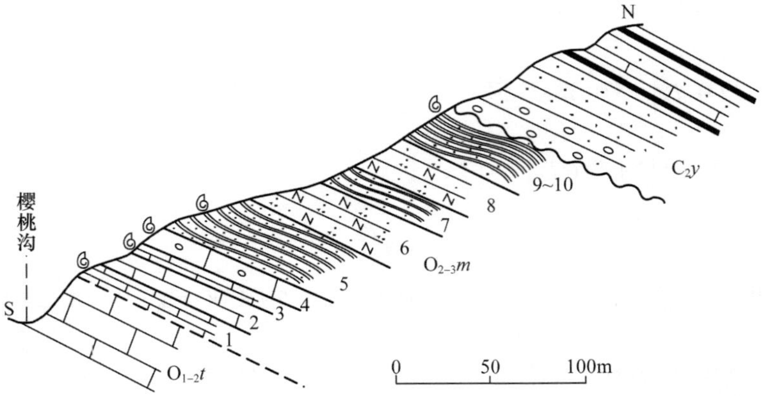

图 4-8　内蒙古阿拉善左旗樱桃沟中—上奥陶统米钵山组剖面图

Fig. 4-8　Section of the Middle-Upper Ordovician Miboshan Formation in Yingtaogou, Alxa Left Banner, Inner Mongolia

上覆地层：上石炭统羊虎沟组（C_2y）砂砾岩、砂岩

～～～～～～ 不 整 合 ～～～～～～

米钵山组（$O_{2-3}m$）		厚度 141. 0m
10.	深灰、青灰色砂质泥质板岩夹褐灰色薄层细粒钙质砂岩。产笔石 *Pseudoclimacograptus* sp.	5. 0m
9.	青灰色砂质板岩，风化面呈灰绿色	11. 0m
8.	灰绿色薄层细粒长石石英砂岩与灰色薄层砂质板岩互层	20. 0m
7.	青灰、黄灰色砂质板岩夹少许薄层钙质细砂岩	14. 0m
6.	浅灰色中薄层钙质细粒长石石英砂岩夹灰色砂质板岩	17. 0m
5.	青灰、浅灰绿色砂质板岩，中夹浅灰绿色薄层钙质细砂岩及砂质灰岩透镜体。板岩产笔石 *Climacograptus* sp.，*Pseudocimacograptus* sp.，*Cryptograptus tricornis*；下部砂质灰岩透镜体产牙形石 *Scolopodus euspinus*	44. 0m
4.	灰色厚层灰岩、砾屑灰岩。产牙形石 *Loxodus dissectus*，*Scolopodus flexilis*，*Protopanderodus rectus*，*Scandodus* sp.，*Drepanodus* sp.，*Cordylodus horridus*，*Periodon aculeatus*	9. 0m
3.	灰色薄层灰岩。产牙形石 *Protopanderotus gradates*	4. 0m
2.	浅灰色中厚层灰岩	8. 0m
1.	深灰色薄层灰岩。产牙形石 *Cordylodus horridus*	9. 0m

----- 平行不整合 -----

下伏地层：天景山组（$O_{1-2}t$）中厚层灰岩

大十字沟剖面（位于银川市西 25km 处之大十字沟。起点坐标：北纬 38°30′，东经 105°57′。宁夏区调队 1975 年测制）层序如下（图 4-9）：

米钵山组（$O_{2-3}m$）		厚度>2721. 1m
34.	灰、灰绿色薄层细粒长石砂岩与浅灰黑色粉砂质板岩互层，顶部夹褐色细粒灰岩（断层，未见顶）	497. 9m
33.	灰绿色中厚层中细粒长石砂岩	22. 1m
32.	灰、深灰色粉砂质板岩与浅灰绿色薄层细粒长石砂岩互层	71. 3m
31.	灰色板岩夹灰色薄层细粒长石砂岩	24. 2m
30.	深灰色厚层结晶灰岩，局部具假鲕状结构	7. 4m
29.	灰、深灰色薄层细砂岩、粉砂岩夹深灰色钙质板岩	18. 3m
28.	灰、深灰色粉砂质板岩，薄层细砂岩、板状粉砂岩互层，夹少许深灰色钙质板岩和薄层砂质灰岩透镜体	229. 0m

27. 灰、深灰色含砂质细晶灰岩，夹灰色粉砂质、泥灰质板岩 130.0m
26. 灰、灰绿色中厚层中细粒长石砂岩，上部夹少许浅灰绿色板岩 102.1m
25. 灰、浅灰绿色中厚层中细粒长石砂岩与浅灰绿色、深灰色板岩、板状粉砂岩互层 88.3m
24. 灰绿色中厚层中细粒长石砂岩夹少许浅灰绿色板状粉砂岩 141.3m
23. 灰、浅灰绿色中厚层中粒长石砂岩夹少许薄层砂质板岩 26.9m
22. 灰绿色薄层细粒长石砂岩与粉砂质板岩、板状粉砂岩互层，中、下部夹灰岩透镜体 39.0m
21. 灰绿色薄层细粒长石砂岩夹灰绿色粉砂质板岩，顶部为厚 2~3m 的浅灰白色大理岩化结晶灰岩，底部有数十厘米砾岩 22.4m
20. 灰、深灰色薄层微晶灰岩 2.3m
19. 浅灰绿色粉砂质板岩夹少量薄层细粒长石砂岩及板状粉砂岩 16.2m
18. 灰绿色中厚层中细粒长石砂岩夹少量灰黄绿色砂质板岩、板状粉砂岩，中部夹砂质灰岩透镜体 74.5m
17. 灰绿色粉砂质板岩夹中厚层灰绿色中细粒长石砂岩，上部夹一层砂质灰岩透镜体 88.5m
16. 褐黄色粉砂质板岩，夹少许浅灰绿色中细粒长石砂岩 75.5m
15. 浅灰绿色板岩、粉砂岩与灰绿色薄—中薄层中细粒长石砂岩互层，底部夹厚 15~20cm 灰岩透镜体 23.9m
14. 灰绿色薄—中层细粒长石砂岩夹灰黄绿色薄层板岩、粉砂岩 102.9m
13. 浅灰绿色粉砂岩夹灰绿色细粒长石砂岩 135.3m
12. 灰绿色中厚层中细粒长石砂岩，局部为粗粒，夹少许板岩 34.5m
11. 浅灰绿、浅蓝灰色千枚状粉砂质板岩夹灰绿色薄层细粒长石砂岩及数层灰岩和砂质灰岩透镜体 56.9m
10. 深灰色薄—中层灰岩，上部夹砾屑灰岩透镜体 2.2m
9. 浅灰、浅灰黄绿色板岩、砂质板岩，间夹浅灰绿色薄层细粒长石砂岩，中、下部夹 6 层浅灰色薄层微晶灰岩透镜体 111.8m
8. 灰、浅灰绿色薄层长石砂岩与灰绿色粉砂质板岩、粉砂岩互层 42.9m
7. 灰绿色中厚层中细粒长石砂岩夹少许灰绿色砂质板岩 170.2m
6. 灰绿色薄层粉砂岩夹少许棕灰色粉砂质板岩 34.0m
5. 灰绿色薄层细砂—粉砂岩与灰绿色粉砂质板岩互层 81.7m
4. 灰、深灰色薄—中层微晶灰岩夹两层 5m 厚之浅灰色粉砂质板岩 40.5m
3. 灰、浅灰绿色粉砂质板岩夹少许灰绿色薄层细粒长石石英砂岩及粉砂岩 177.9m
2. 深灰色厚层含硅质结核微晶灰岩 8.3m
1. 灰、浅灰绿色板岩夹板状粉砂岩及少许细粒石英砂岩（未见底） >20.9m

═══ 断层 ═══

下伏地层：天景山组（$O_{1-2}t$）硅质灰岩

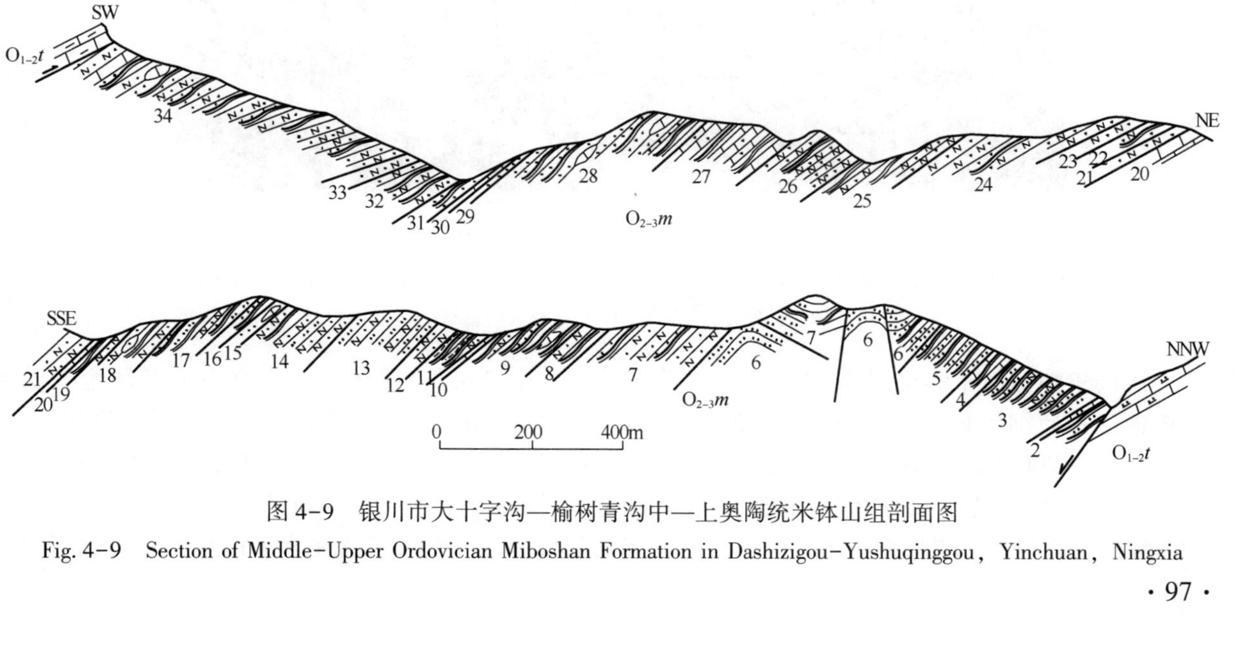

图 4-9 银川市大十字沟—榆树青沟中—上奥陶统米钵山组剖面图

Fig. 4-9 Section of Middle-Upper Ordovician Miboshan Formation in Dashizigou-Yushuqinggou, Yinchuan, Ningxia

米钵山组除在樱桃沟见与下伏天景山组呈平行不整合接触，与上石炭统羊虎沟组不整合接触外，其余地区顶底均以断层的形式与阿不切亥组或天景山组等地层接触。为一套具复理石建造特征的陆源碎屑岩沉积，岩石组成较为复杂，主要由灰绿色浅变质砂岩、板岩组成，夹灰岩、砂屑灰岩、砾屑灰岩及砾岩（图4-10）等，砂岩、板岩发育鲍马序列及底面构造（图4-11），碳酸盐岩常呈重力流体出现，沉积厚度巨大，总体显示了斜坡相沉积特征。

图4-10　米钵山组重力流砾岩

Fig. 4-10　Gravity flow breccia of the Miboshan Formation

1—石片梁；2、3—胡吉尔台；4—樱桃沟

图4-11　米钵山组砂岩底面构造

Fig. 4-11　Flute cast structure and load cast structure of sandstone of the Miboshan Formation

1—槽模（石片梁）；2—重荷模（胡吉尔台）

上述樱桃沟剖面米钵山组厚141m，岩性为灰色薄—中厚层灰岩，中—上部为灰—灰绿色砂质板岩、中薄层钙质细粒长石石英砂岩夹灰色砂质灰岩透镜体。沿走向尚见夹含砾板岩及砾岩透镜体。

大十字沟剖面米钵山组厚度大于2721.1m，主要由灰—浅灰绿色薄—中厚层中细粒长石石英砂岩、长石砂岩和灰绿色板岩、砂质板岩组成，夹少量灰色薄层灰岩、砂质灰岩、砾屑灰岩。

米钵山组在横向上岩性变化不甚明显，与上述两剖面基本一致。胡吉尔台、庙前梁子两地下部见夹较多的由砾岩、砾屑灰岩、砂屑灰岩组成的重力流沉积层，砂岩、板岩发育鲍马序列，显示复理石沉积特征（图4-12）；在石片梁，本组板岩中见含灰岩漂砾（较大的灰岩砾石），砂岩底面构造较发育；土井子西见夹较多的薄层灰岩，而砾屑灰岩夹层却少见。

图4-12　米钵山组复理石沉积（胡吉尔台）

Fig. 4-12　Flysch deposition of the Miboshan Formation in Hujiertai, Alxa Left Banner, Inner Mongolia

米钵山组在各地出露厚度差异较大。石片梁最厚达3348.8 m，大十字沟厚2721.1m，胡吉尔台厚1963.3m，土井子厚1871m，道士嘴子厚193.3m，樱桃沟最小厚141m。

（二）桌子山-青龙山地层小区

本地层小区奥陶系的研究工作迄今已有80余年的历史。1923年，袁复礼等在平凉银洞官庄建立了“平凉页岩”，所采笔石经孙云铸研究，认为属中奥陶世。1955年，石油工业部西安地质调查处安培树等在本区开展1∶10万地质普查时，将彭阳县石节子沟含珊瑚灰岩认作志留系。1963年，宁夏区测队在进行固原幅1∶20万区测时，于彭阳县石节子沟灰岩中采获了珊瑚、三叶虫、头足类和腕足类化石，将珊瑚灰岩置于上奥陶统背锅山组，1975年王德旭则将该套珊瑚灰岩取新名为银峒沟组。1977年，中国地质科学院林宝玉、赖才根、郭振明等对陕、甘、宁台缘区的奥陶系进行了专题研究，建立了下奥陶统麻川组、水泉岭组，中奥陶统三道沟组，上奥陶统车道组。1978年，长庆油田三分队杨明甲、赵松青等测制了青龙山鸽堂沟寒武系—奥陶系剖面，自下而上划分为三道坎组、桌子山组和克里摩里组。1984年，宁夏区调队在开展下马关幅1∶20万区调时，获得了丰富的奥陶纪生物地层资料，将青龙山区奥陶系划分为下统麻川组、水泉岭组，中统三道沟组、平凉组，并新建上奥陶统姜家湾组，首次肯定了临湘期沉积的存在。1990年，葛梅钰、郑昭昌等在青龙山酸枣沟奥陶系剖面采获丰富的笔石，将奥陶系自下而上划分为桌子山组、克里摩里组和乌拉力克组。同时，还在青龙山鸽堂沟、酸枣沟、秦家涝子，彭阳县石节子沟、环县合道川南庄子等地奥陶系获得牙形石新资料，为本区奥陶系划分对比提供了重要依据。1996年，宁夏地层清理研究组将青龙山及其以南地区的奥陶系自下而上划分为马家沟组、克里摩里组、乌拉力克组、拉什仲组和背锅山组5个岩石地层单位。

桌子山-青龙山小区奥陶系的划分、命名沿革见表4-3。

桌子山-青龙山地层小区奥陶系下、中、上统均有发育，但出露较差。下—中统与贺兰山地层小区相似，为一套台地相碳酸盐岩沉积，中—上统则为海相碎屑岩-碳酸盐岩建造，富含笔石。其岩石地层序列自下而上为大南池组、天景山组、克里摩里组、乌拉力克组、拉什仲组、车道组、姜家湾组和背锅山组。其中车道组和姜家湾组在区内未见出露，故不作赘述。

表 4-3　桌子山-青龙山地区奥陶系划分、命名沿革表

Table 4-3　Evolution of divisional schemes of Ordovician in Zhuozishan-Qinglongshan area

<table>
<tr><th colspan="2">宁夏区测队，1963</th><th colspan="2">林宝玉等，1977</th><th colspan="2">宁夏区域地层表编写组，1980</th><th colspan="3">宁夏区调队，1983</th><th colspan="3">《宁夏回族自治区区域地质志》，1990</th><th colspan="2">《宁夏回族自治区岩石地层》，1996</th><th colspan="2">本《志》，2012</th></tr>
<tr><td rowspan="2">上统</td><td>背锅山组</td><td rowspan="3">上统</td><td>背锅山组</td><td rowspan="2">上统</td><td>背锅山组</td><td rowspan="2">上统</td><td colspan="2"></td><td rowspan="2">上统</td><td colspan="2">背锅山组</td><td rowspan="5">上统</td><td>背锅山组</td><td rowspan="5">上统</td><td>背锅山组</td></tr>
<tr><td></td><td></td><td></td><td colspan="2">姜家湾组</td><td colspan="2">姜家湾组</td><td rowspan="2">（未见出露）</td><td rowspan="2">（未见出露）</td></tr>
<tr><td rowspan="3">中统</td><td rowspan="3">平凉组</td><td>车道组</td><td rowspan="4">中统</td><td>车道组</td><td rowspan="4">中统</td><td colspan="2" rowspan="3">平凉组</td><td rowspan="3">中统</td><td colspan="2">车道组</td></tr>
<tr><td rowspan="3">中统</td><td rowspan="2">平凉组</td><td rowspan="2">平凉组</td><td colspan="2" rowspan="2">平凉组</td><td>拉什仲组</td><td>拉什仲组</td></tr>
<tr><td>乌拉力克组</td><td>乌拉力克组</td></tr>
<tr><td colspan="2" rowspan="4">下统</td><td>三道沟组</td><td>三道沟组</td><td colspan="2">三道沟组</td><td rowspan="4">下统</td><td colspan="2">三道沟组</td><td>中统</td><td>克里摩里组</td><td>中统</td><td>克里摩里组</td></tr>
<tr><td rowspan="3">下统</td><td rowspan="2">水泉岭组</td><td rowspan="3">下统</td><td rowspan="2">水泉岭组</td><td rowspan="3">下统</td><td rowspan="2">水泉岭组</td><td>上段</td><td rowspan="2">水泉岭组</td><td>上段</td><td rowspan="3">下统</td><td rowspan="3">马家沟组</td><td rowspan="3">下统</td><td rowspan="2">天景山组</td></tr>
<tr><td>下段</td><td>下段</td></tr>
<tr><td>麻川组</td><td>麻川组</td><td colspan="2">麻川组</td><td colspan="2">麻川组</td><td>大南池组</td></tr>
</table>

1. 大南池组（O_1d）

前人曾将青龙山地区连续沉积于阿不切亥组之上的高镁碳酸盐岩地层称为麻川组，1986 年宁夏区调队将其改称大南池组，用以代表与贺兰山地区相似的这套高镁碳酸盐岩沉积地层。本《志》遵从宁夏区调队（1986）的划分意见，将贺兰山地区地层名称大南池组扩展到青龙山地区使用。

大南池组分布局限，主要出露于青龙山鸽堂沟—酸枣沟—秦家老子一线，甘（肃）宁（夏）交界地带的霍家老庄有小面积出露。青龙山鸽堂沟剖面（位于同心县韦州镇青龙山北段之鸽堂沟。起点坐标：北纬 37°17′，东经 106°35′。宁夏区调队 1983 年测制）具代表性，其层序如下（图 4-13）：

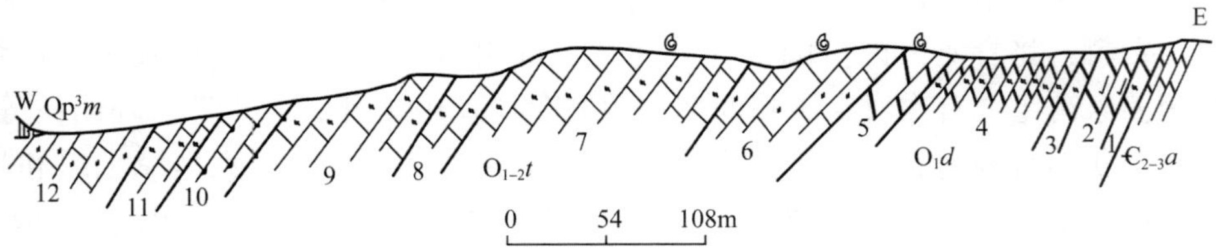

图 4-13　同心县青龙山鸽堂沟奥陶系剖面图

Fig. 4-13　Section of Ordovician in Getanggou, Tongxin County, Ningxia

上覆地层：天景山组（$O_{1-2}t$）灰—深灰色含白云石泥晶灰岩

———— 整　合 ————

大南池组（O_1d）　　厚度 130.6m

5. 深灰色厚层砾屑细晶白云岩。含头足类 *Ormoceras* sp.　　25.0m

4. 灰色薄层—中厚层细晶白云岩夹深灰色细晶白云岩　　69.0m

3. 灰色薄层细晶白云岩夹深灰色中厚层细晶白云岩　　10.4m

2. 灰—灰红色中厚层灰质白云岩 20.3m

1. 深灰色中厚层细晶白云岩 5.9m

———— 整 合 ————

下伏地层：阿不切亥组（$\epsilon_{2-3}a$）灰色中薄层灰岩、白云质灰岩

大南池组与下伏阿不切亥组和上覆天景山组均为整合接触，为一套局限台地相高镁碳酸盐岩沉积，主要由白云岩和白云质灰岩组成，产头足类。

鸽堂沟剖面厚130.6m，岩性以灰、深灰色薄层—中厚层结晶白云岩为主，夹灰质白云岩、白云质灰岩。自鸽堂沟剖面向南至同心县秦家老子一带，出露厚56.8m，下部为硅质白云岩，上部为灰色中厚层具泥质网纹白云质灰岩。霍家老庄厚136.6 m，岩性为浅灰、红灰色薄至中层白云岩、深灰色厚层含灰质白云岩，下部夹角砾状白云岩及少量浅黄灰色、肉红色钙质板岩、板岩。

2. 天景山组（$O_{1-2}t$）

本《志》将天景山及贺兰山地区的地层名称天景山组引用到青龙山地区使用，用以代表连续沉积于大南池组之上的一套碳酸盐岩沉积地层。前人曾将本组称为水泉岭组或桌子山组。

天景山组分布局限，主要出露于青龙山地区，灵武黑山及“南北古脊梁”一线的萌城、刘家腰岘、盘龙坡（石沟）、霍家老庄、马家河、店洼、庙咀、蒿店及泾源水泥厂等地有小面积出露，宁东横山堡—鸳鸯湖一带井下也有见及。以青龙山鸽堂沟剖面为代表，其层序如下（见图4-13）：

天景山组（$O_{1-2}t$） 厚度>351.4m

12. 灰色中厚层含白云质泥晶灰岩（第四系覆盖，未见顶） >53.3m

11. 灰色厚—中厚层泥晶灰岩 28.1m

10. 灰—灰褐色中厚层含燧石结核及含白云质泥晶灰岩 27.1m

9. 灰色厚层块状含白云质粉晶团粒灰岩，含腕足类碎片 59.1m

8. 灰—淡黄褐色中厚层含白云质泥晶灰岩，含腕足类碎片 22.2m

7. 深灰色厚层—块状含白云质粉晶团粒灰岩。产腹足类 *Maclurites* sp.，*M.* cf. *crassris*，*M.* cf. *bigsbyi*，*Straparollus* sp.，*Ecculiomphalus* sp.，*Lophospira* sp. 98.1m

6. 灰—深灰色中厚—厚层含白云质泥晶灰岩。产头足类？*Manchuroceras* sp.，*Cameroceras* sp.；牙形石 *Scolopodus giganteus*，*Drepanodus homocurvatus*，*Acodus* sp.，*Acontiodus* sp. 等 63.5m

———— 整 合 ————

下伏地层：大南池组（O_1d）深灰色厚层砾屑细晶白云岩

青龙山地区天景山组与下伏大南池组和上覆克里摩里组均为整合接触，其他地区多未见顶底，为一套台地相碳酸盐岩沉积，产头足类、腕足类、腹足类及牙形石等化石。

上述剖面天景山组厚度大于351.4m，下部为灰、深灰色中厚—厚层含白云质灰岩，上部以灰色中厚层夹薄层含白云质灰岩、泥质网纹（条带）白云质灰岩为主，夹含燧石结核灰岩。含丰富的头足类、腕足类、腹足类及牙形石。向南至秦家老子一带，下部灰岩含燧石结核，具泥质网纹。灵武黑山及宁东井下所见岩性与鸽堂沟剖面相似，任一井厚685.5m。青龙山以南萌城一带岩性为灰色中厚层灰岩夹薄层灰岩、厚层块状灰岩，质地较纯。盘龙坡及其以南的霍家老庄、马家河、店洼、庙咀、蒿店、泾源水泥厂等地所见岩性与萌城近似。厚度在青龙山为351.4m，萌城为365m，盘龙坡为262m，霍家老庄为232.7m。

本区天景山组灰岩层厚，质地较纯，部分层段CaO含量高，是水泥、饰面板材的上好原料，可以开发利用。

3. 克里摩里组（O_2k）

关士聪、车树政1955年在桌子山地区创名。原称克里摩里石灰岩，1964年张文堂改称克里摩里

组。前人曾将青龙山地区以灰色薄层灰岩为主的地层称为三道沟组（宁夏区调队，1983）或青山组。1996年宁夏地层清理研究组根据区域地层对比，认为以往在青龙山地区所称三道沟组即为克里摩里组。本《志》遵从宁夏地层清理研究组的意见，将青龙山地区的三道沟组改称为克里摩里组。克里摩里组正层型为内蒙古乌海市拉什仲庙之南的克里摩里剖面。

克里摩里组在地表仅出露于青龙山，宁东横山堡—鸳鸯湖一带钻孔中偶有见及。次层型青龙山酸枣沟剖面（位于同心县韦州镇青龙山主峰正南3km处之酸枣沟。起点坐标：北纬37°15′，东经106°35′。郑昭昌等1985年测制）层序如下：

上覆地层：乌拉力克组（O_3w）土黄、黄灰色中薄层泥质粉砂质灰岩、钙质粉砂岩夹页岩

———— 整　合 ————

克里摩里组（O_2k）	厚度183.1m
21. 灰、深灰色中厚层灰岩，局部含燧石，顶部夹1～2m厚的薄层灰岩。产牙形石 *Protopanderodus varicostatus*，*Panderodus* sp.，*Juanognathus* sp.	4.0m
20. 灰色薄层灰岩、粉砂质泥质灰岩。产笔石 *Retiograptus* sp.，*Glyptograptus* sp.，*Didymograptus* sp.，*Cryptograptus* sp.，*Pseudoclimacograptus* cf. *minor*，*Climacograptus* sp.	3.0m
19. 褐灰、黄灰、土黄等杂色硅质粉砂岩、泥质粉砂岩、钙泥质页岩，向上过渡为粉砂质泥岩。产笔石 *Pterograptus elegans*，*Pseudoclimacograptus angulatus*，*Glyptograptus* cf. *teretiusculus*，*Climacograptus* sp.，*Glossograptus* sp.，*Orthograptus* sp.，*Didymograptus* spp.，*Cryptograptus schaferi*，*Janograptus gracilis*，*Retiograptus* sp.	2.0m
18. 灰色薄层灰岩。产牙形石 *Eoplacognathus foliaceus*，*Periodon* sp.，*Belodella* sp.	3.3m
17. 灰、浅灰色薄层粉砂质、泥质灰岩与砂质灰岩互层。产笔石 *Glyptograptus* sp.，*Climacograptus* sp.，*Pseudoclimacograptus* sp.	1.8m
16. 灰色薄—中层灰岩，层间泥质含量较高。产牙形石 *Spinodus spinatus*，*Pygodus* sp.	17.0m
15. 灰、深灰色薄层粉砂质、泥质灰岩。产笔石 *Pseudoclimacograptus scharenbergi*，*Glyptograptus* sp.，*Cryptograptus* sp.，*Didymograptus* sp.	1.5m
14. 灰色薄层灰岩与黄灰、褐灰色钙质泥质页岩作不等厚互层，下部有一层厚20cm的杂色泥质、钙质生物碎屑灰岩；中部有数层紫灰、灰褐、灰色泥质钙质粉砂岩，厚30cm。产三叶虫 *Ampyx* sp.，*Telephina* sp.，*Symphysurus* sp.，*Asaphus* sp.；笔石 *Pseudoclimacograptus angulatus magnus*，*Glyptograptus* sp.，*Climacograptus* sp.；牙形石 *Periodon aculeatus*，*Protopanderodus rectus*，*P. arcuatus*，*Panderodus* sp.，*Dapsilodus mutatus*，*Pygodus serrus*	3.5m
13. 灰色中薄层泥质条带灰岩，条带宽1～2cm，细密且连续性好，其中夹厚1m的砾屑灰岩，顶部有一层瘤状灰岩。产牙形石 *Protopanderodus rectus*，*Periodon* sp.，*Drepanodus* sp.，*Dapsilodus mutatus*	17.0m
12. 灰色中薄层含燧石条带、团块灰岩。产牙形石 *Periodon aculeatus*，*Protopanderodus rectus*	23.0m
11. 灰色薄层泥质条带灰岩。产牙形石 *Protopanderodus rectus*	3.0m
10. 灰色薄层夹中厚层灰岩，具稀疏燧石条带	11.0m
9. 灰色薄层含燧石条带灰岩。产牙形石 *Protopanderodus varicostatus*	8.0m
8. 灰色中薄层含燧石团块灰岩，含放射虫。产牙形石 *Sagittodontus* sp.，*Coelocerodontus trigonius*，*Protopanderodus varicostatus*，*P. cooperi*，*Cornuodus longibasis*	14.0m
7. 深灰色薄层灰岩，间夹中层灰岩。含放射虫	9.0m
6. 灰色中薄层灰岩	25.0m
5. 灰色薄层泥质条带灰岩。产牙形石 *Walliserodus ethingtoni*	13.0m
4. 灰色中薄层燧石条带灰岩。产牙形石 *Subcordylodus* sp.	4.0m
3. 灰色薄层泥质条带灰岩。产牙形石 *Protopanderodus arcuatus*，*Periodon* ? sp.	9.0m
2. 深灰色薄—中层含泥质灰岩	11.0m

———— 整　合 ————

下伏地层：天景山组（$O_{1-2}t$）深灰色中厚层灰岩

克里摩里组与下伏天景山组和上覆乌拉力克组均为整合接触，为一套以灰色薄层灰岩为主的沉积，以发育成层厚度较薄（中薄—薄层）的灰岩为标志与下伏地层分界。

上述剖面克里摩里组厚183.1m，岩性为深灰—灰色中薄层—薄层灰岩、砂质灰岩、泥质灰岩夹少量黄灰、褐灰色钙泥质页岩、粉砂岩，顶部见深灰色中厚层含燧石结核灰岩。产笔石、牙形石及放射虫。宁东横山堡—鸳鸯湖一带井下（任一井、刘庆1井、鸳参1井）厚20~85m，岩性以灰黑—灰绿色灰质泥岩为主，夹灰绿色页岩。

克里摩里组在横向上岩性变化不明显，沉积厚度自北向南有变厚之趋势。北部宁东横山堡—鸳鸯湖一带厚20~85m，向南至青龙山鸽堂沟出露厚157.1m，酸枣沟厚183.1m，秦家老子厚270m。

4. 乌拉力克组（O_3w）

由关士聪、车树政1955年在内蒙古乌海市岗德尔山创名的乌拉力克层沿革而来。乌拉力克组正层型位于内蒙古乌海市岗德尔山乌拉力克沟，次层型为宁夏同心县青龙山酸枣沟剖面。

在以往1∶20万区调和有关专题研究工作中，人们一直将出露于青龙山及其以南地区的以页岩为主的地层称为平凉组。1995年宁夏地层清理研究组认为，青龙山一带位于克里摩里组之上的一套以页岩为主夹灰岩、粉砂岩的地层，其特征与平凉地区的平凉组有较大差异，而与桌子山地区的乌拉力克组比较相似，故以乌拉力克组名之。

乌拉力克组分布局限，地表仅出露于青龙山酸枣沟。次层型青龙山酸枣沟剖面层序如下：

上覆地层：彰恩堡组（N_1z）紫红色砂砾岩

～～～～～～ 不 整 合 ～～～～～～

乌拉力克组（O_3w） 厚度43.8m

26. 灰、灰绿色钙泥质页岩、粉砂质页岩夹3层透镜状灰岩，每层厚7~10cm。灰岩产牙形石 *Periodon* sp. 和几丁虫、放射虫；页岩中富产笔石 *Glyptograptus euglyphus*，*G. teretiusculus*，*Didymograptus robustus norvegicus*，*D.* cf. *uniformis*，*D. nicholsoni*，*D.* cf. *acutidens*，*Cryptograptus tricornis*，*Pseudoclimacograptus angulatus* 5.0m

25. 泥质页岩、粉砂质页岩和粉砂岩（大部分为第四系砂砾层覆盖，露头零星）。产笔石 *Pseudoclimacograptus angulatus micidus*，*P. angulatus*，*P. angulatus magnus*，*Glyptograptus euglyphus*，*Didymograptus robustus norvegicus*，*D.* cf. *acutidens*，*D. nicholsoni* 15.0m

24. 灰绿、黄绿色粉砂质页岩、钙泥质页岩、硅质粉砂岩夹灰岩透镜体。页岩和粉砂岩中富产笔石 *Retiograptus* sp.，*Janograptus macilentus*，*J. gracilis*，*Climacograptus angustatus*，*C. pauperatus*，*Pseudoclimacograptus angulatus*，*P. angulatus micidus*，*P. angulatus magnus*，*Cryptograptus tricornis*，*Glyptograptus euglyphus*，*G. teretiusculus*，*Didymograptus* spp. 5.0m

22~23. 土黄、黄灰色中薄层泥质、粉砂质灰岩、硅质粉砂岩夹页岩。页岩和泥质灰岩中产笔石 *Climacograptus* sp.，*Glossograptus* sp.，*Cryptograptus tricornis*，*Pseudoclimacograptus scharenbergi*，*P. angulatus*，*Retiograptus* sp.，*Janograptus* cf. *laxatus*，*Glyptograptus teretiusculus*，*G. euglyphus*（底部有16m的第四系覆盖物） 18.8m

———— 整 合 ————

下伏地层：克里摩里组（O_2k）灰、深灰色中厚层灰岩

乌拉力克组与下伏克里摩里组为整合接触，中新统彰恩堡组不整合覆于其上，以页岩为主，夹少量灰岩，以出现大量页岩为标志与下伏地层分界。

上述剖面乌拉力克组厚43.8m，岩性为灰、灰绿色钙泥质页岩、粉砂质页岩夹少量粉砂岩、泥砂质灰岩及灰岩透镜体，页岩盛产笔石。

5. 拉什仲组（O_3l）

1955年关士聪、车树政在内蒙古乌海市桌子山地区创立拉什仲绿色岩系，1964年张文堂改称拉什仲组，沿用至今。拉什仲组正层型为内蒙古乌海市拉什仲庙西之贾木苏托罗盖剖面。

前人将出露于彭阳县贺家川一带由黄绿、紫红色凝灰质砂岩、页岩组成的地层划归平凉组。1996年宁夏地层清理研究组认为该套地层与平凉组不同，而与桌子山地区的拉什仲组基本一致，故以拉什仲组称之。

区内拉什仲组地表仅出露于彭阳县贺家川一带的沟谷中。次层型贺家川剖面（位于彭阳县罗洼乡西偏南 3km 处。起点坐标：北纬 36°15′，东经 106°30′。宁夏综合地质队 1963 年测制）层序如下：

上覆地层：保安群宜君组（K_1y）砾岩

~~~~~~~~~~ 不 整 合 ~~~~~~~~~~

拉什仲组（O_3l）	厚度>540. 0m
16. 黄绿、紫红色厚层凝灰质石英细砂岩	150. 0m
15. 上部黄绿色含砂质页岩，下部灰紫色中厚层凝灰质细砂岩夹紫红色页岩	58. 0m
14. 灰紫色厚层凝灰质细砂岩与紫红色页岩互层。产笔石 *Dicellograptus* cf. *sextans*, *Dicranograptus* sp., *Didymograptus* sp., *Climacograptus* sp., *Leptograptus* sp. 等	35. 0m
13. 黄绿色页岩夹紫红色薄层凝灰质细砂岩	17. 0m
12. 黄灰、黄绿色中厚层凝灰质细砂岩与黄绿色页岩互层	5. 0m
11. 紫红、灰绿色页岩	5. 0m
10. 灰黄绿色页岩，风化面呈褐红色。富产笔石 *Nemagraptus* sp., *Glyptograptus* sp., *Didymograptus* sp., Retiolitidae 等	43. 0m
9. 浅紫红色中厚层凝灰质细砂岩夹页岩。产笔石 *Didymograptus* sp., *Diplograptus* ? sp.	37. 0m
8. 紫红色中厚层细砂岩与页岩互层，向上页岩增多。产笔石 *Dicranograptus* sp., *Didymograptus* sp.	20. 0m
7. 紫红色中厚层凝灰质细砂岩与灰绿色薄层凝灰质粉砂岩互层，尚夹有页岩。产笔石 *Climacograptus parvus*	15. 0m
6. 紫红色页岩与中厚层凝灰质细砂岩互层。下部产笔石 *Climacograptus parvus*, *Glyptograptus teretiusculus* var. *kansuensis*	8. 0m
5. 紫红色页岩夹中厚层凝灰质细砂岩。产笔石 *Climacograptus* sp.	15. 0m
4. 紫红色页岩夹中厚层凝灰质细砂岩。产笔石 *Glyptograptus teretiusculus*, *Climacograptus parvus*, *Dicellograptus* cf. *sextans*, *Dicranograptus* sp., *Diplograptus* sp. 等	20. 5m
3. 蓝灰色页岩，风化面呈紫红色。产笔石 *Climacograptus parvus*, *Dicranograptus kansuensis*, *Dicellograptus* cf. *sextans*, *Didymograptus yuani*, *Leptograptus* sp. 等	21. 5m
2. 黄绿色页岩夹含云母凝灰质石英细砂岩。产笔石 *Glyptograptus teretiusculus*, *Climacograptus parvus*, *Didymograptus* cf. *sagitticulis* 等	49. 5m
1. 浅紫红色中层凝灰质细砂岩，致密坚硬（未见底）	>40. 5m

彭阳贺家川拉什仲组露头不连续，未见底，保安群宜君组不整合覆于其上，以灰绿色凝灰质砂岩和页岩为主体。

贺家川剖面拉什仲组厚度大于 540. 0 m，由若干黄绿色、灰紫色中厚—厚层凝灰质细砂岩、粉砂岩、页岩韵律层组成，富产笔石。

6. 背锅山组（O_3b）

由车福鑫 1963 年命名的背锅山石灰岩沿革而来。

1963 年宁夏区测队在进行固原幅1∶20 万区调时，发现了彭阳县罗洼乡南洋沟（又称石介子沟）奥陶系剖面，据其中所含珊瑚化石将其划归上奥陶统。1975 年林宝玉、赖才根等在该地进行生物地层研究时将其改称背锅山组，嗣后一直沿用。背锅山组正层型为陕西陇县新集乡李家坡北之背锅山剖面，次层型为宁夏彭阳县石介子沟剖面。

背锅山组仅出露于彭阳县罗洼乡石介子沟。次层型石介子沟剖面（位于彭阳县罗洼乡石介子沟。
~~~~~~~~~~

起点坐标：北纬 36°13′，东经 106°37′。宁夏区测队 1963 年测制，安太庠、郑昭昌 1990 年修测）层序如下（图 4-14）：

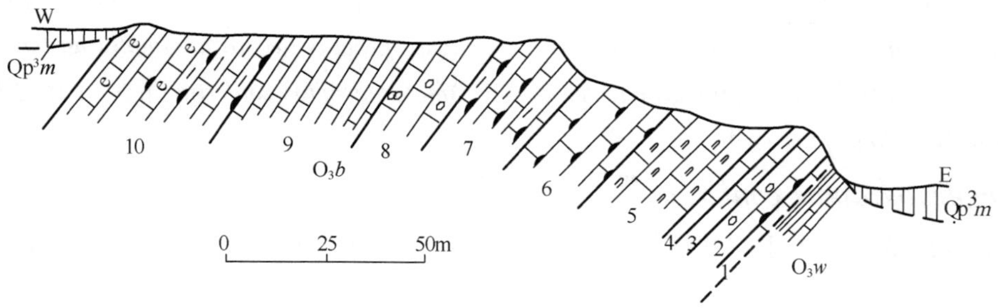

图 4-14 彭阳县罗洼乡石节子沟上奥陶统背锅山组剖面图

Fig. 4-14 Section of the Upper Ordovician Beiguoshan Formation in Shijiezigou, Luowa, Pengyang County, Ningxia

背锅山组（O_3b） 厚度>104.0m

10. 灰色薄—中层含泥质灰岩及生物碎屑灰岩，具少量燧石条带。产珊瑚 *Agetolites grandis*, *Catenipora* sp., *Plasmoporella ningxiaensis*, *Protoboreaster sinensis*, *Favistella grandis*（未见顶） >18.0m
9. 灰色薄层瘤状灰岩。产牙形石 *Panderodus* sp. 17.0m
8. 灰色厚层砾屑灰岩，方解石脉发育。产珊瑚 *Plasmoporella convexotabulata maxima* 9.8m
7. 灰、浅棕色薄—中厚层灰岩，含燧石条带和团块，具有黄色泥质斑纹。产珊瑚 *Agetolites irregularis*, *Catenipora* sp., *Heliolites* sp., *Plasmoporella convexotabulata maxima*；牙形石 *Panderodus* sp. 15.0m
6. 灰、浅灰色厚层块状燧石条带、团块灰岩。产珊瑚 *Agetolites* sp., *Rhabdotetradium* sp., *Catenipora uniforma* 16.0m
5. 灰、褐灰色厚层泥质条带豹皮状灰岩，风化面呈花斑状，偶见燧石团块。产珊瑚 *Plasmoporella* sp., *Sarcinula kiangsiensis*, *S. minor*, *Catenipora uniforma*, *Agetolites* sp., *Wormsipora* sp.；牙形石 *Panderodus* sp. 及苔藓虫、腕足类、头足类 14.0m
4. 浅灰、灰色厚层灰岩。产珊瑚 *Agetolites yushanensis*, *A. huangi*, *Sarcinula kiangsiensis*, *Plasmoporella shiyanshanensi*；三叶虫 *Pliomerina speciosa*（图版Ⅴ，11）及腕足类、头足类 3.0m
3. 灰色厚层砾状含泥质灰岩。产珊瑚 *Plasmoporella* sp., *Heliolites* sp., *Agetolites yushanensis*, *Kolymopora ningxiaensis* 及头足类、腹足类、腕足类 2.0m
2. 灰色厚层燧石团块灰岩。产丰富的床板珊瑚 *Plasmoporella shiyanshanensis*, *Heliolites* sp., *Agetolites yushanensis*, *A. huangi*, *Kolymopora ningxiaensis*, *Sarcinula kiangsiensis* 8.0m
1. 浅褐红、灰色薄层灰岩、瘤状灰岩。产珊瑚 *Sarcinula guyuanensis*, *Agetolites* sp., *Catenipora* sp., *Plasmoporella* sp. 及头足类、三叶虫 2.0m

----- 平行不整合 -----

下伏地层：乌拉力克组（O_3w）浅灰色薄层泥灰岩夹页岩

在上述剖面中背锅山组与下伏乌拉力克组为平行不整合接触，未见顶。岩性以灰色厚层含燧石团块、条带灰岩、砾屑灰岩为主，夹灰色薄层泥质灰岩、瘤状灰岩。产珊瑚、三叶虫、头足类、腕足类、腹足类及苔藓虫化石。厚度大于 104.0m。

第二节 古生物群组合

宁夏奥陶纪生物较为繁盛，计有头足类、笔石、珊瑚、腕足类、双壳类、腹足类、三叶虫、介形虫、牙形石、叠层石、微古植物、放射虫和遗迹等门类。其中笔石、牙形石、头足类、珊瑚研究较详，共建立了 17 个生物地层单位，包括 8 个笔石带及亚带、7 个牙形石带、1 个头足类带和 1 个珊瑚带。

一、笔石

经葛梅钰等（1990）研究，宁夏奥陶纪笔石可建立6个带，自下而上为：*Amplexograptus confertus* 带，*Pterograptus elegans* 带，*Tetragraptus insuetus* 带，*Amplexograptus decoratus amplexograptoides* 带，*Glyptograptus teretiusculus* 带和 *Nemagraptus gracilis* 带。其中 *Amplexograptus confertus* 带又可分为 *Paraglossograptus typicalis* 亚带和 *Tylograptus* 亚带。

（一）*Amplexograptus confertus* 带

此带分布较为广泛，但由于古地理位置和岩性的不同，自东向西，这个笔石带的笔石群内容存在差异。

青龙山克里摩里组中下部，笔石有4属5种：*Didymograptus* sp.，*Glyptograptus* sp.，*Pseudoclimacograptus* sp.，*P. qilianshanensis*，*Cryptograptus arcticus*。青山米钵山组下部笔石有8属19种及亚种：*Didymograptus rubstus subangustu*，*D.* sp.，*Glossograptus* sp.，*Pseudoclimacograptus angulatus*，*P. angulatus labustus*，*P. angulatu micidus*，*P. parvus*，*P. qilianshanensis*，*P. wannanensis obesus*，*P.* sp.，*Cryptograptus* cf. *tricornis*，*C.* sp.，*Dicaulograptus*？sp.，*Glyptograptus* sp.，*G. eosiccatus*，*Diplograptus obuti*，*D. sinicus*，*Amplexograptus confertus*，*A. modicellus*。

上述这些笔石中的大部分属、种接近瑞典斯堪尼亚、挪威奥斯陆、澳大利亚维多利亚及我国南祁连山、浙江和皖南等过渡型的分子，如 *Didymograptus rubstus subangustus* 曾和 *Didymograptus rubstus* 共生于浙江中奥陶统宁国组顶部的 *Pterograptus elegans* 带，并为该带的重要分子，而 *Didymograptus rubstus subangustus* 也产于挪威奥斯陆的 *Didymograptus murchisoni* 带。*Amplexograptus confertus*，*A. modicellus* 都曾见于南祁连山中奥陶统石灰沟组，前者还在我国华南区中奥陶统宁国组、下黄坑组的 *Amplexograptus confertus* 带见及。这两个种在澳大利亚的 Darriwilian 上部为常见分子。*Diplograptus sinicus*，*Pseudoclimacograptus angulatus* 在我国南祁连山中奥陶统石灰沟组是常见分子；*Diplograptus obuti* 曾产于哈萨克斯坦南部 Копалинский 层；*Pseudoclimacograptus wannanensis obesus* 曾见于浙江、江西的宁国组 *Amplexograptus confertus* 带；*Pseudoclimacograptu parvus* 仅限于北美中奥陶世，在我国也曾见于浙江、安徽等地中奥陶统。

在贺兰山西麓樱桃沟—胡吉尔台一带的米钵山组中下部，此笔石带仅有4属10种：*Cryptograptus schaeferi*，*C.* cf. *schaeferi*，*C. tricornis*，*C.* ？sp.，*C.* sp.，*Climacograptus* sp.，*Diplograptus sinicus*，*D.* sp.，*Pseudoclimacograptus qilianshanensis*，*P.* sp.。这些分子都是青山米钵山组 *Amplexograptus confertus* 带的常见分子。

在米钵山—天景山一带，*Amplexograptus confertus* 带可进一步划分为下部的 *Paraglossograptus typicalis* 亚带（简称下亚带）和上部的 *Tylograptus* 亚带（简称上亚带）。

1. *Paraglossograptus typicalis* 亚带

此亚带赋存于米钵山组下部。所含笔石计有11属30种及亚种：*Loganograptus logani*，*L. logani* cf. *sinicus*，*L. gracilis*，*Tetragraptus bigshyi latus*，*T. crucialis*，*T. hsui*，*Didymograptus holmi*，*D. novus*，*D.* cf. *regularis*，*D. undorsus*，*D.* sp.，*Cryptograptus antennarius*，*C. circinus*，*C. gracilicornis*，*C.* cf. *tricornis*，*C.* sp.，*Amplexograptus* sp.，*Janograptus peruviensis attenuatus*，*Pseudotrigonograptus uniformis*，*Glossograptus acanthus*，*G.* sp.，*Paraglossograptus intermedius*，*P.* cf. *multifibratus*，*P. regularis*，*P. triconis distinctus*，*P. typicalis*，*Glyptograptus austrodentatus*，*G. sinodentatus*，*G.* sp.，*Pseudoclimacograptus cumbrensis*。

Paraglossograptus 属是本亚带的特征属，它集中产于米钵山组下部，在南祁连山也集中产于石灰沟组下部，也见于澳大利亚的维多利亚、新南威尔士，新西兰的奥伦吉矿区，美国的得克萨斯、阿拉斯加，加拿大的育空、西北地区，俄罗斯东北部，及我国的北祁连山、浙江、安徽、广东等地的相当层位。*Cryptograptus antennarius* 曾产于美国纽约的 Deepkill 页岩、加拿大莱维角的魁北克群及英国湖区等地的 Upper Skiddaw Slates，在我国见于南祁连山的石灰沟组和湖南零陵的桥亭子组。*Cryptograptus circinus* 曾见于澳大利亚 Darriwilian 的中上部及美国阿拉斯加贝尔德山的 *Paraglossograptus tentaculatus* 带。*Cryptograptus gracilicornis* 产于我国安徽南部宁国组 *Amplexograptus confertus* 带。*Didymograptus ellesae* 在皖南、浙江和江西崇义是 *A. confertus* 带下亚带的带化石。

2. *Tylograptus* 亚带

此亚带赋存于米钵山组上部。以带化石较丰富、*Paraglossograptus* 不再出现为特征。含有笔石 10 属 18 种及亚种：*Dichograptus* sp.，*Didymograptus* cf. *decens*，*D. regularis*（图版Ⅶ，4），*D. linearis longus*，*D.* sp.，*Tylograptus globiformis*（图版Ⅶ，6、10），*T.* cf. *regularis*（图版Ⅶ，9），*T. spinatus*（图版Ⅶ，1~3、8），*T.* cf. *spinatus*（图版Ⅶ，5），*T.* sp.，*Tetragraptus penclens*，*Phyllograptus anna*，*P.* sp.，*Cryptograptus tricornis*，*Glyptograptus* sp.，*Pseudoclimacograptus angulatus micidus*，*Climacograptus* sp.，*Amplexograptus* sp.。本亚带与南祁连山的石灰沟组 *Amplexograptus confertus* 带的 *Cardiograptus yini* 亚带组合特征相同，后者含大量的 *Tylograptus*，也位于 *Paraglossograptus typicalis* 亚带之上。

（二）*Pterograptus elegans* 带

此带主要分布于宁夏东部盐池东山口和青龙山西侧，化石产于克里摩里组薄层灰岩和钙质泥岩中。笔石计有 10 属 35 种及亚种：*Pterograptus elegans*，*P.* sp.，*Didymograptus euodus*，*D. saerganensis*，*D. serratulus*，*D.* sp.，*Janograptus gracilis*，*J.* cf. *laxatus*，*J.* sp.，*Cryptograptus arcticus*，*C. marcidus*（图版Ⅸ，1、5、14），*C. schaeferi*，*C. tricornis*（图版Ⅸ，3），*C.* sp.，*Glossograptus fimbriatus*（图版Ⅷ，3），*G. petilus*，*G. robustus*，*G.* sp.，*Glyptograptus antennatus*，*G. euglyphus*，*G.* cf. *teretiusculus*，*G.* sp.，*Orthograptus antiquus*，*Pseudoclimacograptus angulatus*，*P. angulatu micidus*，*P. modestus*，*P. qilianshanensis*，*P.* sp.，*Climacograptus* cf. *antiquus*，*C. antiquus linearis*，*C. kuckersianus*（图版Ⅹ，6），*C. pauperatus*，*C.* sp.，*Reteograptus tongxinensis*，*R. uniformis* 等。

这个笔石带中的许多属种是自下部延伸而来的；也有一些常见于中奥陶世的种，如：*Didymograptus euodus*，*D. saerganensis*，*D. serratulus*，*Glossograptus fimbriatus*，*G. robustus*，*Climacograptus* cf. *antiquus*，*C. antiquus linearis* 等；也有限于本带的，如 *Pterograptus elegans*，*Janograptus* cf. *laxatus* 等。其中，*Pterograptus elegans* 带化石的出现特征明显，*Pterograptus elegans* 带的笔石组合特点和岩性均与内蒙古桌子山的克里摩里组相近。*Pterograptus* 皆分布在华南区边缘（或过渡区），如浙江、皖南、江西、湖南等江南区，及新疆柯坪、祁连山南坡的大头羊沟等地，在澳大利亚维多利亚、挪威奥斯陆和瑞典斯堪尼亚等地也有分布。虽然它们赋存的岩性不尽相同，但它们埋藏所处的古地理位置皆属陆棚区上部或大陆斜坡带。*Janograptus* cf. *laxatus* 在瑞典斯堪尼亚和我国新疆柯坪皆产于 *Pterograptus elegans* 带。*Climacograptus pauperatus* 在挪威奥斯陆曾产于上对笔石页岩 *Climacograptus murchisoni* 带，或者从 *Climacograptus murchisoni* 带到 *Glyptograptus teretiusculus* 带。*Reteograptus* 属是中奥陶世到晚奥陶世的常见分子。

（三）*Tetragraptus insuetus* 带

此带仅赋存于同心青山的米钵山组上部，其岩性为黑色硅质页岩。产有笔石 6 属 9 种：*Tetragraptus insuetus*，*Janograptu gracilis*，*Glyptograptus* cf. *siccatus*，*G.* sp.，*Pseudoclimacograptus angulatus*，*P. conferius*，*P.* sp.，*Didymograptus* sp.，*Climacograptus brevis strictus*。此笔石带所含笔石群性质基本接近瑞典斯堪尼亚、挪威奥斯陆、澳大利亚维多利亚及我国浙江、皖南、江西修水流域等过渡区类型。其中，*Tetragraptus insuetus* 是 *Tetragraptus* 属中出现最晚的一个种，它曾产于澳大利亚和我国浙江、江西等地的 *Pterograptus elegans* 带及其相当层位。*Janograptu gracilis* 产于瑞典斯堪尼亚的 *Didymograptu murchisoni* 带，我国新疆萨尔干组 *Pterograptus elegans* 带。*Pseudoclimacograptus angulatus* 产于挪威奥斯陆的 *Pseudoclimacograptus angulatus* 到 *Glyptograptus teretiusculus* 带。*Climacograptus brevis strictus* 仅限于北美中奥陶统。此带的笔石群特点与 *Pterograptus elegans* 带相同。

（四）*Amplexograptus decoratus amplexograptoides* 带

此带赋存于贺兰山西麓胡吉尔台米钵山组中上部。产有笔石 8 属 13 种及亚种：*Janograptu*

arcuatus, *J. filiformis*, *Pseudotrigonograptus* sp., *Bergstroemograptus crawferdi*, *Cryptograptus schaeferi*, *C. tricornis*（图版Ⅸ，2、4、9、15），*C.* sp., *Diplograptus* sp., *Amplexograptus decoratus amplexograptoides*, *Pseudoclimacograptus modestus*, *P. qilianshanensis*, *P.* sp., *Glyptograptus* sp.。

其中 *Pseudotrigonograptus* 一属在此笔石带是该属的最高层位。*Amplexograptus decoratus amplexograptoides* 最初发现于美国内华达地区的 Vinini 组，Ross 和 Berry 将它归入 *Diplograptus*。该亚种和 *Amplexograptus decoratus* 十分相近，仅笔石体稍窄。*Amplexograptus decoratus* 最早发现于澳大利亚维多利亚，后在新西兰奥伦吉、加拿大的科迪勒拉和育空、西纽芬兰等地中奥陶统中也有发现，并曾作为一个笔石带的带化石，此种笔石恒位于 *Paraglossograptus etheridgei* 带之上。*Amplexograptus decoratus amplexograptoides* 在内华达地区则和 *Amplexograptus confertus*, *A. modicellus* 等共生。Ross 和 Berry 曾指出，这个笔石组合属于 *Hallograptus etheridgei*（=*Paraglossograptus etheridgei*）带到 *Glyptograptus teretiusculus* 带的过渡组合。*Bergstroemograptus crawferdi* 系 Finney 和 Chen 根据 *Cardiograptus crawfordi* 种建立的单独新属。这个属曾分布在环太平洋的一些地区，如我国祁连山南坡、澳大利亚维多利亚、美国阿拉斯加、加拿大科迪勒拉和育空地区，以及哈萨克斯坦和俄罗斯远东地区。在美国阿拉斯加 *B. crawferdi* 产于 *Paraglossograptus etheridgei* 带以上的 *Diplograptus decoratus*（=*Amplexograptus decoratus*）带。在加拿大科迪勒拉 *B. crawferdi* 产于 *Paraglossograptus etheridgei* 带。在俄罗斯远东地区，*B. crawferdi* 产于 *Paraglossograptus etheridgei* 带之下，并作为一个笔石带的带化石。在美国得克萨斯和加拿大纽芬兰，*B. crawferdi* 也仅产于 *Paraglossograptus etheridgei* 带之上的 *Amplexograptus decoratus* 带。*Cryptograptus schaeferi*, *C. tricornis* 都是中—上奥陶统的常见分子；*Pseudoclimacograptus modestus qilianshanensis* 曾归入围笔石属，并最先发现于南祁连山中奥陶统石灰沟组 *Amplexograptus confertus* 带下部的 *Paraglossograptus typtcilis* 亚带。

（五）*Glyptograptus teretiusculus* 带

此带仅赋存于同心县哈庄子酸枣沟和甘肃环县石板沟，在灵武横山堡马莲台钻孔岩心中亦见到。产于乌拉力克组黑色页岩、粉砂质页岩中。含有笔石 12 属 54 种及亚种：*Didymograptus euodus*, *D. parabolicus*, *D. vdeflexus tenellus*, *D. robustus subangustus*, *D. saerganensis*, *D. serratulus*, *D.* cf. *uniformis*, *D.* sp., *Janograptu couspicus*, *J. gracilis*, *J.* cf. *laxatus*, *J. macilentus*, *J.* sp., *Kalpinograptus spiroptenus*, *Cryptograptus arcticus*, *C. marcidus*（图版Ⅸ，10~13），*C. schaeferi*, *C. tricornis*（图版Ⅸ，6~8），*C.* sp., *Glossograptus armatus*, *G. ciliatus*, *G. exiguous*, *G. hincksii*, *G.* cf. *hincksii*, *G. robustus*（图版Ⅷ，1、2、5、7、11），*G. petilus*, *G. wuningensis*（图版Ⅷ，6），*G.* sp., *Reteograptus tongxinensis*, *R.* sp., *Dicaulograptus hystrix*, *Glyptograptus eosiccatus*, *G. euglyphus*（图版Ⅹ，5），*G. pygmaeus*, *G. teretiusculus*, *G.* cf. *teretiusculus*, *G.* sp., *Diplograptus* cf. *crassitestus*, *D. proelongatus*（图版Ⅹ，1、9~15），*D.* sp., *Pseudoclimacograptus angulatus*, *P. angulatus micidus*, *P. parvus*, *P.* cf. *parvus*, *P. qilianshanensis*, *P.* sp., *Climacograptus angustatus*, *C. antiquus linearis*, *C.* cf. *caudatus*, *C. celsus*, *C. kuckersianus*（图版Ⅹ，2），*C. pauperatus*, *C.* sp., *Lonchograptus ovatus*（图版Ⅷ，8~10）等。

上述笔石群中许多种是中—上奥陶统的分子，如：*Janograptu couspicus*, *J. macilentus*, *Cryptograptus marcidus*, *C. schaeferi*, *Glossograptus armatus*, *G. ciliatus*, *G. hincksii*, *G.* cf. *hincksii*, *G. wuningensis*, *Glyptograptus pygmaeus*, *G. teretiusculus*, *Diplograptus* cf. *crassitestus*, *Climacograptus* cf. *caudatus* 等。*Kalpinograptus* 产于新疆柯坪萨尔干组 *Nemagraptus gracilis* 带，也曾见于内蒙古桌子山拉什仲组 *Nemagraptus gracilis* 带和江西修水胡乐组 *Nemagraptus gracilis* 带；*Dicaulograptus* 最早发现于瑞典厄兰岛的 Folkeslunda 灰岩中，它在美国亚拉巴马也产于 *Glyptograptus teretiusculus* 带，我国湖南、江西也都产于中—上奥陶统。

（六）*Nemagraptus gracilis* 带

此带分布最为广泛，北自贺兰山，南至固原、彭阳，东自大罗山、小罗山及煤山，西至牛首山等地都有本笔石带地层出露。笔石化石产于米钵山组板岩、粉砂质板岩和拉什仲组页岩中，计有 16 属 47 种及亚种：*Didymograptus euodus*, *D. saerganensis*, *D. serratulus*, *D.* sp., *Leptograptus flaccidus trentonensis*, *L.*

validus insisus, *L.* sp., *Dicellograptus* cf. *divericatus*, *D. exilis*, *D. intortus*, *D.* sp., *Jiangxigraptus inculus*, *J. wuningensis tenuis*, *J.* sp., *Nemagraptus remotus*, *N. surculalis*, *N.* sp., *Dicranograptus brevicaulis*, *D. nicholsoni paruangularis*, *D. ramosus*, *D. rectus angulatus*, *D.* sp., *Lonchograptus* sp., *Glossograptus fimbriatus*（图版Ⅷ，4），*G.* sp., *Cryptograptus* sp., *Orthograptus* cf. *acutus*, *O. calcaratus*, *O.* sp., *Pseudoclimacograptus modestus*, *P. parvus*, *P. scharenbergi*, *P. scharenbergi intermedius*, *P.* sp., *Climacograptus* cf. *caudatus*, *C. kuckersianus*（图版Ⅹ，3、4），*C. pauperatus*（图版Ⅹ，7、8），*C.* sp., *Glyptograptus angustifolius*, *G. eosiccatus*, *G. pygmaeus*, *G.* sp., *Diplograptus* cf. *crassitestus*, *Reteograptus uniformis*, *R.* sp., *Pseudazygograptus* sp., *P. falcatus*（图版Ⅶ，7）。

这个笔石群中的许多属、种都是在世界各地 *Nemagraptus gracilis* 带中的常见分子。其中 *Didymograptus euodus*, *D. saerganensis*, *D. serratulus*, *D.* sp., *Glossograptus* sp., *Cryptograptus* sp., *Lonchograptus* ? sp., *Pseudoclimacograptus parvus*, *Climacograptus* cf. *caudatus*, *C. kuckersianus*, *C. pauperatus*, *C.* sp., *Glyptograptus eosiccatus*, *G. pygmaeus*, *G.* sp., *Diplograptus* cf. *crassitestus*, *Reteograptus* sp. 等 9 属 17 种系其下伏地层中延续来的。*Leptograptus flaccidus trentonensis*, *L. validus insisus*, *L.* sp., *Jiangxigraptus* sp., *Nemagraptus remotus*, *N. surculalis*, *N.* sp., *Dicranograptus brevicaulis*, *D. nicholsoni paruangularis*, *D. ramosus*, *D. rectus angulatus*, *D.* sp., *Orthograptus* cf. *acutus*, *O. calcaratus*, *O.* sp., *Pseudoclimacograptus modestus*, *P. scharenbergi*, *P.* sp. 等 6 属 18 种及亚种仅出现在本笔石带。这些分子也都是世界各地 *Nemagraptus gracilis* 带的重要组成分子。*Orthograptus calcaratus* 是我国东南地区庙坡组同名带的重要分子（赖才根等，1982），该分子在国内外 *Nemagraptus gracilis* 带之下的笔石带中均未见报道。*Pseudazygograptus* 一属常见于我国浙江、安徽、湖南、湖北及新疆柯坪等地庙坡期 *Nemagraptus gracilis* 带，在国外，仅见于瑞典斯堪尼亚的同名带中。宁夏地区尽管带化石 *Nemagraptus gracilis* 迄今未见报道，但以 *Nemagraptus* 属的出现作为 *Nemagraptus gracilis* 带的开始。

二、牙形石

经安太庠等（1990）研究，宁夏奥陶纪牙形石可建立 7 个带或组合，自下而上为：*Utahconus baimataoensis*–*Moncostadus sevirensis* 带，*Cordylodus rotundatus*–*Rossodus manitouensis* 带，*Glyptoconus quadraplicatus*–*Scolopodus opimus* 带，*Serratognathus*–*Bergstroemgnathus* 组合，*Aurilobodus leptosomatus*–*Loxodus disectus* 带，*Pygodus serrus* 带和 *Protopanderdus insculptus* 带。

（一）*Utahconus baimataoensis*–*Moncostadus sevirensis* 带

产于贺兰山下岭南沟、大南池一带大南池组下部。仅发现 6 属 9 种：*Scolopodus primitivus*, *S. quadraplioatus*（图版Ⅵ，1～2），*Semiacontiodus nogamii*, *Rossodus manitouensis*, *Cordylodus* aff. *proavus*, *C.* cf. *intermedius*, *C. drucei*, *Proconodontus notchpeakensis*, *Teridontus nakamurai*。

天景山地区天景山组下部所产牙形石 *Scolopodus restrictus*, *Teridontus huanghuachangensis*, *T. nakamurai* 应归入该带。

（二）*Cordylodus rotundatus*–*Rossodus manitouensis* 带

产于下岭南沟、大南池一带的大南池组中部。有 6 属 13 种：*Scolopodus restrictus*（图版Ⅵ，4、5、7），*S. triplicatus*, *S. primitivus*, *Drepanodus* sp.（图版Ⅵ，3），*D. subarcuatus*, *Teridontus* sp., *T. variabilis*, *T. gracilis*, *T. nakamurai*, *Utahconus utahensis*, *Acontiodus iowensis*, *A. iowensis iowensis*（图版Ⅵ，6），*Cordylodus* sp.。

（三）*Glyptoconus quadraplicatus*–*Scolopodus opimus* 带

产于下岭南沟、大南池一带大南池组上部。计有 8 属 18 种：*Drepanodus* sp., *D. arcuatus*, *D. subarcuatu*, *Paroistodus* sp., *Scolopodus* sp., *S. bassleri*, *S. restrictus*, *S. opimus*, *S. primitivus*, *Glyptoconus quadraplicatus*, *Acodus oneotensis*（图版Ⅵ，11），*Acontiodus* sp., *A. iowensis*, *A.* aff. *iowensis iowensis*, *A.*

aff. *propinquus*, *Rossodus manitouensis*, *Utahconus* sp., *U.* ? *beimadaoensis*（图版Ⅵ, 10）。

上述大南池组牙形石动物群以单锥型真牙形石类为主，其面貌与华北腹地冶里组一致。就其牙形石演化特点看，除在底部出现基腔进化的 *Cordylodus* 外，总体以 *Scolopodus* 属的大量出现为特征。它在下部沟肋不发育，至上部则以 *Glyptoconus quadraplicatus* 和 *Scolopodus opimus* 等后肋发育者为特征。到顶部又出现基腔前坡弯曲的 *Drepanodus arcuatus*。以上演化特征与唐山、平泉、本溪冶里组牙形石动物群一致。

（四）*Serratognathus*-*Bergstroemgnathus* 组合

产于天景山、大南池和青龙山等地天景山组下段。计有 18 属 30 种：*Scolopodus* sp., *S. euspinus*, *S. nogamii*, *S. restrictus*, *S.* aff. *flexilis*, *S. rex*, *S. rex huolianzhaienis*, *Tripodus* sp., *T. changshanensis*, *Drepanodus* sp., *Jumudontus gananda*, *Paltodus* sp., *Bergstroemognathus* sp., *B. hubeiensis*, *B.* cf. *hubeiensis*, *B. extensus*, *Cornuodus longibasis*, *Honghuayuangnathus* sp., *H. ichangensis*, *Serratognathus bilobatus*, *Loxodus* sp., *Paroistodus* sp., *Acontiodus viriosus*, *Scandodus* sp., *Chosonodina* aff. *herfurthi*, *Rossodus manitouensi*, *Glyptoconus quadraplicatus*, *Paraserratognathus* sp., *P. problematicus*, *Eoserratognathus ovatus* 等。

本牙形石带除 *Bergstroemognathus hubeiensis*, *B. extensus*, *Honghuayuangnathus ichangensis*, *Loxodus* sp. 和齿体形态奇特的 *Serratognathus bilobatus* 之外，仍以单锥牙形石为主。其中 *Bergstroemognathus hubeiensis*, *B. extenses*, *Honghuayuangnathus ichangensis*, *Paraserratognathus* sp., *Serratognathus bilobatus* 和多棱脊的 *Scolopodus rex huolianzhaiensis* 的出现最为重要，在华北，它们无一例外地仅出现于亮甲山组，而 *Bergstroemognathus*, *Paraserratognathus*, *Honghuayuangnathus* 等属，本身就是亮甲山期或与其相当的道保湾期的典型分子。此外，*Scolopodus rex*, *S. rex huolianzhaiensis*, *S. nogamii*, *S. euspinus*, *S. flexilis*, *Acontidus viriosus*, *Cornuodus longibasis*, *Loxodus* sp. 等属，也从未在亮甲山期之前的地层中出现过。可见，天景山组下段牙形石带的时代与华北的亮甲山组和华南的道保湾组的牙形石动物群相当。

在大南池剖面中，天景山组下段底部（第 10 层）中产有 *Protoserratognathus* sp., 为已知 *Serratognathus* 之中最原始者，表明第 10 层大体上应代表以 *Serratognathus*-*Berstroemognathus* 为演化特征的亮甲山期沉积的开始。

（五）*Aurilobodus leptosomatus*-*Loxodus disectus* 带

此带产于下岭南沟、大南池、天景山、米钵山和青龙山等地的天景山组上段。牙形石比较繁盛，计有 41 属 81 种：*Aurilobodus* sp., *A. leptosomatus*, *Acontiodus* sp., *A. viriosus*, *Appalachignathus* sp., *Ansella jemtlandica*, *Bergstroemognathus* sp., *B. extensus*, *Belodella rigida*, *B. nevadensis*, *Baltoniodus* sp., *B. approximatus*, *Cornuodus* sp., *C. longibasis*, *Coelocerodontus bicostatus*, *Drepanodus* sp., *D. antiectus*, *D. arcuatus*, *D. dolonus*, *D. sculpenus*, *D. subarcuatus*, *Drepanoistodus* sp., *Erraticodon* sp., *E. tangshanensis*, *E. hexianensis*, *Histiodella infrequensa*, *Juanognathus* sp., *J. jaanussoni*, *J. variabilis*, *Jumudontus gananda*, *Loxodus dissectus*, *L.* aff. *dissectus*, *Nasusgnathus dolonus*, *Oepikodus* sp., *Oistodus* sp., *O. lanceolatus*, *O.* cf. *lanceolatus*, *Oistodiform*, *Ozarkodiniform*, *Paroistodus* sp., *P. paralletus*, *P. originalis*, *P.* cf. *proteus*, *Panderodus* sp., *Paltodus* sp., *Paracordylodiform element*, *Periodon* sp., *P. flabellum*, *Protopanderodus* sp., *P. gradatus*, *P. varicostatus*, *P.* cf. *varicostatus*, *P. rectus*, *P. costatus*, *Phragmodus* sp., *Rhipidognathus* sp., *R. laiwuensis*, *R.* aff. *laiwuensis*, *R. maggolensis*, *Reutterodus depressus*, *Scolopodus* sp., *S. flexilis*, *S.* aff. *flexilis*, *S. euspinus*, *S. nogamii*, *S. filiformis*, *S. rex*, *S. eburnus*, *Scandodus* sp., *Subcordylodiform*, *Tangshanodus tangshanensis*, *Tetraprioniodiform* sp., *Trigonodus carinatus*, *Tripodus* sp., *T. brevibaris*, *Triangulodus* sp., *Ulrichodina wisconsinensis*, *U.* aff. *wisconsinensis*, *Utahconus* sp., *U. bassleri*, *Walliserodus* cf. *iniquus* 等。

上述天景山组上段的牙形石比下伏下段牙形石更为进化，不仅出现了 *Erraticodon* sp., *Phragmodus* sp., *Baltoniodus* sp., *Rhipidognathus laiwuensis*, *R. maggolensisi*, *Jumudontus gananda*, *Belodella rigida* 和 *Loxodus dissectus* 等齿体结构复杂的复合型牙形石。而且单锥型牙形石也表现了比天景山组下段牙形石更进化的特点，如 *Juanognathus variabilis J. jaanussoni* 和 *Aurilobodus* 等。*Nasusgnathus dolonus* 的出现则

表明了 *Drepanodus* 这个古老而个体数量众多的牙形石已进入基腔形态的演化阶段。首次出现了在中奥陶世—志留纪中最繁盛的单锥型牙形石 *Drepanodus*。从上述牙形石组合中，可以看到天景山组上段的牙形石仍为华北型牙形石动物群，其中大部分是华北区北庵庄组常见的分子。*Aurilobodus leptosomatus* 和 *Loxodus dissectus* 是唐山北庵庄组下部的带化石；*Scolopodus eburnus*，*S. flexilis*，*Rhipidognathus laiwuensis*，*R. maggolensis* 和 *Ulrichodina* aff. *wisconsinensis* 等仅限于华北的北庵庄组。可见，天景山组上段应与华北区北庵庄组（大湾期）相当。另外，*Nasusgnathus dolonus*，*Drepanodus dolonus*，*Juanognathus variabilis* 和 *Protopanderodus gracilis* 是华南区道保湾组顶部开始出现，而在大湾组富集的分子；而 *Oistodus lanceotatus*，*Paroistodus paralletus* 则是大湾组中部多产的牙形石。这说明，天景山组上段牙形石动物群也可与大湾组对比。应当指出，*Tangshanodus tangshanensis* 是华北区北庵庄组上部 *Tangshanodus tangshanensis* 带的带化石，它的出现说明天景山组上部可能存在 *Tangshanodus tangshanensis* 带，但数量较少，层位尚不明确，暂不建带。

（六）*Pygodus serrus* 带

产于青龙山克里摩里组。计有 26 属 49 种：*Amorphognathus* sp.，*Belodella* sp.，*B. angusta*，*Baltoniodus* sp.，*B. triangularis*，*Cornaodus longibasis*，*Curnuodus* sp.，*C. longibasis*，*Coelocerolodontus trigonius*，*Drepanodus* sp.，*D. suberectus*，*Dapsilodus mutates*，*Eoplacognathus* sp.，*E. suecicus*，*E. foliaceus*，*E. pseudoplanus*，*Juanognathus* sp.，*J. variabilis*，*Panderodus* sp.，*Protopanderodus* sp.，*P. varicostatus*，*P. rectus*，*P. arcuatus*，*P. cooperi*，*P. robustus*，*Periodon* sp.，*P. aculeatus*，*P. flabellum*，*P. eobustus*，*P. reclinatus*，*Polonodus* sp.，*Pygodus* sp.，*P. anitae*，*P. serrus*，*Pelonodus* sp.，*Plectodina onychodenta*，*Phragmodus* sp.，*P. undatus*，*Paltodus jemtladicus*，*Scabbardella similaris*，*Spinodus spinatus*，*Sagittodontus* sp.，*Subcordylodus* sp.，*Tripodus* sp.，*Trigonodus* sp.，*T. carinatus*，*Walliserodus ethingtoni*，*W. iniquus*，*W.* aff. *iniquas* 等。其中 *Polonodus*，*Eoplacognathus suecicus*，*E. foliaceus*，*Pygodus anitae*，*P. serrus* 等是牯牛潭期所特有的分子，而 *Eoplacognathus suecicus* 是唐山上马家沟组中、上部的重要分子。该牙形石组合面貌属北大西洋型，时代为牯牛潭期。

（七）*Protopanderdus insculptus* 带

产于银川市榆树青沟米钵山组上部。仅发现 4 属 6 种：*Protopanderodus* sp.，*P. insculotus*，*P. liripipus*，*Periodon* sp.，*Amorphogathus* sp.，*Oistodus* sp.。其中 *Protopanderodus insculptus*，*Protopanderodus liripipus* 是湖北宜昌地区宝塔组上部常见的牙形石，它们的出现证实该地区米钵山组上部存在宝塔期的沉积，其层位与我国南方宝塔组大体相当。

另外，在贺兰山西麓及天景山、米钵山地区米钵山组含有较多的牙形石，主要有：*Acontiodus* sp.，*A. viriosus*，*Aurilobodus* sp.，*Amorphognathus* sp.，*Baltomodus navis*，*Baltomodus precariabilis*，*Cordylodus rotundatus*，*C. horridus*，*C. longibasis*，*Choshouodina herfurthi*，*Drepanodus* sp.，*D. planus*，*D.* ? *dolonus*，*Drepanoistodus* sp.，*Dapsilodus mutates*，*Drepanodiform element*，*Eoplacognathus suecicus*，*Histiodella holodentata*，*H. intertexta*，*Loxodus dissectus*，*Mistiodella holodentata*，*Nasgnathus dolonus*，*Oistodus* sp.，*Protopanderodus* sp.，*P. rectus*，*P.* cf. *rectus*，*P. varicostatus*，*P. arcuatus*，*P. robustus*，*P. gradatus*，*P.* cf. *sariacostatus*，*Pygodus* sp.，*P.* cf. *anifae*，*Periodon* sp.，*P. aculeatus*，*P. aculeatus ygieryensis*，*Paroistodus* sp.，*P. parallelus*，*Paraseratognathus problematicus*，*Paltodus jemtlandicus*，*Panderodus* sp.，*Prooneotodus tenuis*，*P.* aff. *tenuis*，*Phragmodus* sp.，*P. undatus*，*Prioniodus* ? sp.，*Rhichistognathus* sp.，*Rhipidognathus laiwuensis*，*R. laiwuensis*，*Scolopodus rex*，*S. euspinus*，*S. flexilis*，*S. nogamii*，*Scandodus* sp.，*Spinodus spinatus*，*Tripodus* sp.，*Walliserodus* sp.，*W. ethingtoni*，*W. ethingtoni* 等。

从上述名单可以看出，米钵山组所含牙形石内容十分复杂。其中主要是牯牛潭期的分子，诸如 *Cordylodus horridus*，*Protopanderotus robustus*，*P. rectus*，*P. arcuatus*，*P. varcostatus*，*Periodon arcuatus*，*Walliserodus ethingoni* 等。但其中也有少量冶里期的牙形石 *Cordylodus rotundatus*，*Chosondina herfurthi* 等，还有多见于亮甲山期的 *Paraserratognathus problematicus*，*Scolopodus rex* 等，更多的是含有 *Scolopodus flexilis*, *S. euspinus*, *S. nogamii*, *Tripodus* sp., *Rhipidonathus laiwuensis*, *Loxodus dissectus*, *Periodon aculeatus*, *Spinodus spinatus*, *Paroistodus originalis*, *Protopanderodus robustus* 等北庵庄期（大湾期）多见或仅限于北庵庄期的牙形石，可见，这是一个混杂的牙形石动物群。这是米钵山组滑塌堆积（碳酸盐岩重力流沉积）的结果。在这个混杂牙形石动物群中，时代最晚的是牯牛潭期（相当 Llanvirian 期），加之层位的关系，可以确定米钵山组为牯牛潭期沉积。混入的牙形石以北庵庄期牙形石为主，这表明"砾"来源不会很远，应该来自于下伏地层天景山组和大南池组，其中所含之大湾期、亮甲山期及冶里期的牙形石乃是随着碳酸盐岩重力流搬运而来的。

三、头足类

奥陶纪的头足类仅建 *Wutinoceras* 带。分布较广，在贺兰山、青龙山、天景山、米钵山、青山等地的天景山组均有产出。计有 21 属 25 种：*Manchuroceras* sp., *M. endoi*, *M. yenchouchengense*, *M.* cf. *lieostatum*, *M. katsunumai*, *Hopeioceras* sp., *Wutinoceras* sp., *Polydesima zuezshanensis*, *Liulinoceras* sp., *Kaipingoceras* sp., *Ordosoceras* sp., *Ormoceras* sp., *Orthoceras* sp., *Armenoceras* sp., *Anthoceras* ? sp., *Actinoceras* sp., *Cyrtovaginoceras* sp., *Cameroceras* sp., *Coreanoceras* sp., *Michelinoceras* sp., *Pomphoceras* sp., *Stereoplasmoceras* sp., *Selkirkoceras* sp., *Notocycloceras* ? sp., *Troedssonella* sp.。其中 *Manchuroceras*, *Coreanoceras* 是华北亮甲山组的带化石，也是西南地区红花园组 *Manchuroceras*-*Coreanoceras* 组合的带化石；*Wutinoceras* 是华北北庵庄组的分带化石之一，也是大湾组 *Kogenoceras nanpiaoensis* - *Polydesmia* - *Wutinoceras* 组合的带化石之一；*Ormoceras*, *Armenoceras* 大量出现于马家沟组；*Kaipingoceras*, *Cyrtovaginoceras* 则见于华北亮甲山组。

四、珊瑚

仅有 *Agetolites*-*Sarcinula* 组合带。出露于彭阳县罗洼乡石节子沟，产于背锅山组。计有 18 属 31 种及亚种：*Agetolites grandis*, *A. huangi*, *A. mutiabulatus*, *A. yushanensis*, *A. irregularis*, *Agetolitella myltiseptata*, *A. jiangxiensis*, *Acdalopora huanxianensis*, *Catenipora uniforma*, *C. menyuanensis*, *Crassilasma simplex ordovicum*, *Favistella* (*Parafavistella*) *guyuansis*, *F. grandis*, *Heliolites* sp., *Kolymopora ningxiensis*, *K. guyuanensis*, *Plasmoporella shiyanshanensis*, *P. converxotabulta maxima*, *P. ningxiaensis*, *Protoboreaster sinensis*, *Paraeophyllym guyuanensis*, *Propora* sp., *Rhabdotetradium guyuanensis*, *Sarcinula guyuanensis*, *S. kiangsiensis*, *S. minor*, *Subagetolites sinicus*, *Streptelasma ningxiaensis*, *S. linnarssoni*, *Subcordylodiform* sp., *Wormsipora* sp. 等。

上列珊瑚动物群中 *Agetolites*, *Rhabdotetradium*, *Plasmoporella*, *Sarcinula*, *Acdalopora* 等皆属晚奥陶世之典型分子。床板珊瑚中 *Agetoloites multitabulatus*, *Sarcinula kiangsiensis* 两属种分布甚广，可视作带化石，时代应为五峰早期；四射珊瑚以北方型 *Favistella* 最为丰富。此外，尚有日射珊瑚 *Plasmoporella*, *Wormsipora* 等重要属，共同组成了南、北方混生型的珊瑚群。本带最重要者有 *Agetolites multitabulatus*, *Sarcinula kiangsiensis*, *Plasmaporella*, *Wormsipora*，可称为 *Agetolites*-*Sarcinula* 组合带。由此可见，本区背锅山组可与浙、赣地区的三巨山组对比，与内蒙古大佘太地区的白彦花山组上部、内蒙古阿拉善地区的巴丹吉林组属同期沉积，可以对比。

五、三叶虫

主要产于天景山组和米钵山组。

天景山组三叶虫计有 24 属 28 种：*Ampyx* sp., *Asaphus* sp., *Basiliella* sp., *Basilicus* (*Basiliella*) *yranulatus*, *Basilicus* (*Basiliella*) *minuta*, *Bathyuriscops kantsingensis*, *Bulbaspis* sp., *Dalmanites* sp., *Ectenonotus* sp., *Endymionia* sp., *Geragnostus* cf. *wimani*, *Illaenus* ? sp., *Lonchodomas* sp., *Megistaspis* sp., *Nileus exarmatus* var. *obsoletus*, *Niobe* sp., *Plesiomgalaspis* (*Tsaidamaspis*) sp., *Pseudoasaphus* sp., *P. gran-*

ulatus（图版Ⅴ，5），*P. minutus*，*P. limtes*，*Pliomerops*？sp.，*Parabasilicus* sp.，*Symphysurus* sp.，*S.* cf. *exacfus*，*Shumardia* sp.，*Trinucleus* sp.，*Tritoechia* sp. 等。这些化石大多都是早—中奥陶世的常见分子，其中 *Ampyx*，*Geragnostus*，*Illaenus*，*Lonchodomas*，*Nileus*，*Niobe*，*Symphysurus*，*Shumardia* 是扬子区大湾组上部、华北西部区克里摩里组、祁连山西段阴沟群下部的重要分子；*Pseudoasaphus*，*Megistaspis*，*Symphysurus* 是华北北庵庄组的重要分子，在国外常见于 Arenigian—Llanvirnian；*Illaenus* 在河北唐山地区多见于亮甲山组，在冶里组顶部、克里摩里组下部及扬子区大湾组中都有产出。

产于米钵山组的三叶虫计有 28 属 38 种：*Ampyx triangularis*，*A. hastatus*（图版Ⅴ，10），*Annamitella tongxinensis*，*Abulbaspis lagenformis*，*Asaphus* sp.，*Bulbaspis lageniformis*，*Hammatocnemis* sp.，*H. miboshanensis*（图版Ⅴ，6），*Jiuxiella striolata*（图版Ⅴ，9），*Lonchodomas* sp.，*Glaphurina granulose*（图版Ⅴ，7），*G. trapeqialis*，*Geragnostus symmetricus*，*Gog pileiformis*，*Illaensis* sp.，*Mendolaspis ovalis*，*Miboshania typa*，*Niobe elongate*，*Nileus* sp.，*N. exarmatus* var. *obsoletus*，*Ovalocephallus* sp.，*Phorocephala gracilis*（图版Ⅴ，8），*Placoparina tongxinensis*，*Polymorphus* sp.，*Placoparina quadrata*，*P. tongxinensis*，*P. quadrata*，*Poronileus angustus*，*P. miboshanensis*，*Remopleurides* sp.，*Shumardia* sp.，*Sinoharpes polymorphus*，*S. symphysurus* cf. *kujandersis*，*Symphysurus*（*Symphysuroides*）*angustus*，*Symphysurus* sp.，*S. miboshanensis*，*S. angustus*，*Tongxinaspis polymorpha* 等。其中除 *Sinoharpes*，*Miboshania*，*Tongxinaspis* 三属具有明显的地方性特色外，其余的属在桌子山的克里摩里组、陕西礼泉的桃曲坡组、祁连山阴沟群中上部分别有所出现。其时代大致相当牯牛潭期至庙坡期。但本区所见化石大部分是新种，具浓厚的地方特色。

六、腕足类

主要产于天景山组和米钵山组。

产于天景山组的腕足类计有 24 属 28 种：*Aporthophyla* sp.，*A. tianjingshanensis*，*Acrothele* sp.，*Dinorthis* sp.，*Eoorthis* sp.，*Goniotrema* sp.，*Hesperonomia* sp.，*Hormotoma* sp.，*Lingula* sp.，*Lingulella* sp.，*Mimella* sp.，*Nothorthis* sp.，*N. tianjingshanensis*，*Orthidiella* sp.，*Orbiculoidea* sp.，*Obolus* sp.，*Orthis*？sp.，*Panderina* sp.，*P. tianjingshanensis*，*Refinesquina* sp.，*Sowerbyella* sp.，*Strophomena* sp.，*Troedssonella* sp.，*Teffia*？sp.，*Tritoechia*？sp.，*Valcourea*？sp.，*V.* cf. *magna*，*Westonia* sp. 等。

米钵山组腕足类计有 10 属 14 种：*Archaeorthis* sp.，*Alwynella* sp.，*Conotreta* sp.，*C. gigantea*，*C. miboshanensis*，*Elkania* sp.，*E. miboshanensis*，*Elliptoglossa ovalocircularis*，*Idiostrophia* sp.，*I. medistriata*，*Lingula* sp.，*Lingulepis* sp.，*Neostrophia* sp.，*Nothorthis* sp. 。

上列腕足类中 *Tritoechia* 常见于扬子区南津关组和华北区冶里组；*Aporthophyla*，*Archaeorthis*，*Nothorthis*，*Nothorthis*，*Tritoechia*，*Panderina*，*Hesperonomia* 等在亚洲、欧洲及北美多产于早—中奥陶世。

七、腹足类

产于天景山组和米钵山组。

天景山组所产腹足类计有 11 属 16 种：*Maclurites* sp.，*M.* cf. *acuminatus*，*M.* cf. *kotai*，*M.* cf. *ciassis*，*M.* cf. *bigshyi*，*Sinuitina miboshanensis*，*Straparollus* sp.，*Tropidodiscus* sp.，*T. ningxiaensis*，*Trochonema* sp.，*Ecculiomphalus* sp.，*Euomphalopsis*？sp.，*Lophospira* sp.，*Platyceras* sp.，*Ophileta* sp.，*Hormotoma* sp. 。米钵山组所产腹足类有：*Sinuitina miboshanensis*，*Tropidodiscus ningxiaensis* 等。其中 *Maclurites*，*Ophileta*，*Tropidodiscus*，*Ecculiomphalus* 等是华北亮甲山组至北庵庄组的常见分子，在我国南方早—中奥陶世也有产出。

八、微古植物

产于黑鹰湾山香山群狼嘴子组粉砂质板岩中。计有 10 属 30 种，主要有：*Lelopsophosphaera minor*，*L. solida*，*L.* cf. *apertus*，*Trachysphaeridium simplex*，*T. pianum*，*T. minor*，*Synsphaeridium* cf. *conglatllutum*，*S.*

conglatllutum, *Reticulaum* sp., *Micrhystridium* sp., *Oragnatosphaeridium* sp., *Lophosphaeridium* sp., *Leiopsophosphaera apertus*, *Zonospaeridium* sp., *Lignum* sp.。该微古植物组合以球藻类占优势，刺球类有不同程度地出现，后者在寒武纪—奥陶纪大量繁盛，虽缺乏典型分子，但也显示有奥陶纪的可能性。

第三节　地层划分对比

一、年代地层划分

宁夏的奥陶系主要根据笔石、牙形石、头足类和珊瑚生物带划分为3统6阶（表4-4）。

表4-4　宁夏奥陶系多重地层划分对比表

Table 4-4　Multiple stratigraphic division and correlation of Ordovician in Ningxia

<table>
<tr><th colspan="3">年代地层</th><th colspan="3">生物地层</th><th colspan="4">岩石地层</th></tr>
<tr><th>系</th><th>统</th><th>阶</th><th>笔石</th><th>牙形石</th><th>其他</th><th colspan="2">贺兰山-天景山区</th><th colspan="2">青龙山区</th></tr>
<tr><td rowspan="10">奥陶系</td><td rowspan="5">上统</td><td rowspan="2">钱塘江阶</td><td></td><td></td><td>珊瑚 Agetolites-Sarcinula 组合</td><td colspan="2" rowspan="2"></td><td colspan="2">背锅山组</td></tr>
<tr><td></td><td></td><td></td><td colspan="2" rowspan="2">（未见出露）</td></tr>
<tr><td rowspan="3">艾家山阶</td><td></td><td>Protopanderdus insculptus 带</td><td></td><td colspan="2" rowspan="5">米钵山组</td></tr>
<tr><td>Nemagraptus gracilis 带</td><td></td><td></td><td colspan="2">拉什仲组</td></tr>
<tr><td rowspan="3">Glyptograptus teretiusculus 带，Amplexograptus decoratus amplexograptoides 带，Tetragraptus insuetus 带，Pterograptus elegans 带，Amplexograptus confertus 带</td><td rowspan="2"></td><td rowspan="2"></td><td colspan="2" rowspan="2">乌拉力克组</td></tr>
<tr><td rowspan="3">中统</td><td rowspan="2">达瑞威尔阶</td></tr>
<tr><td>Pygodus serrus 带</td><td></td><td colspan="2">克里摩里组</td></tr>
<tr><td>大湾阶</td><td rowspan="2"></td><td>Aurilobodus leptosomatus-Loxodus disectus 带</td><td rowspan="2">头足类 Wutinoceras 带</td><td rowspan="2">天景山组</td><td>上段</td><td rowspan="2">天景山组</td><td>上段</td></tr>
<tr><td rowspan="2">下统</td><td>道保湾阶</td><td>Seratognathus-Bergstromoeguathus 组合</td><td>下段</td><td>下段</td></tr>
<tr><td>新厂阶</td><td></td><td>Glyptoconus quadraplicatus-Scolopodus opimus 带，Cordylodus rotundatus-Rossodus manitouensis 带，Utahconus baimataoensis-Moncostadus sevirensis 带</td><td></td><td colspan="2">大南池组</td><td colspan="2">大南池组</td></tr>
</table>

（一）下统

1. 新厂阶

由穆恩之（1974）命名，命名剖面位于广东省台山县新厂，包含3个（X_1、X_2、X_3）笔石带。

宁夏新厂阶未发现大化石，以产华北型牙形石动物群为特征，包含3个牙形石带，自下而上为：*Utahconus baimataoensis*-*Moncostadus sevirensis* 带，*Cordylodus rotundatus*-*Rossodus manitouensis* 带，*Glyptoconus quadraplicatus*-*Scolopodus opimus* 带。以 *Utahconus baimataoensis*-*Moncostadus sevirensis* 带的下限为本阶之底，与下伏寒武系上统凤山阶连续沉积，对应的岩石地层为大南池组。

2. 道保湾阶

由曾庆銮等于1983年以层型剖面所在地道保湾命名，层型剖面位于湖北省宜昌市黄花场公路旁的道保湾处。层型剖面中本阶包含2个牙形石带和2个笔石带。

宁夏道保湾阶与下伏新厂阶为连续沉积，对应的岩石地层单位是天景山组下段（前中梁子段），属壳灰岩相，包含头足类 *Wutinoceras* 带和牙形石 *Seratognathus-Bergstromoeguathus* 组合2个生物带。牙形石组合面貌具有典型的华北型特色。本阶还发育三叶虫、腕足类和腹足类等化石，由于研究程度较低，未建带。

（二）中统

1. 大湾阶

本阶由项礼文和汪啸风（1980）命名，其层型剖面位于湖北省宜昌市黄花场。本阶包含4个牙形石带。

大湾阶与下伏道保湾阶为连续沉积，对应的岩石地层单位是天景山组上段（中梁子段），仍为壳灰岩相，包含头足类 *Wutinoceras* 带和牙形石 *Aurilobodus leptosomatus-Loxodus disectus* 带2个生物带。牙形石组合面貌为华北型，上部混入了一些华南型的分子。本阶尚产三叶虫、腕足类和腹足类等动物化石，均未建带。

2. 达瑞威尔阶

本阶原为澳大利亚中奥陶统上部的一个阶，其层型剖面位于我国浙江省长山县附近的黄泥塘处。

宁夏达瑞威尔阶对应的岩石地层单位是分布于贺兰山中段西麓及南段、米钵山、天景山、青山等地的米钵山组和青龙山西侧的克里摩里组。前者含丰富的笔石，属笔石页岩相，后者则属混合相。包含5个笔石带和1个牙形石带。米钵山组产4个笔石带，自下而上为：*Amplexograptus confertus* 带，*Pterograptus elegans* 带，*Tetragraptus insuetus* 带和 *Amplexograptus decoratus amplexograptoides* 带，其中 *Amplexograptus confertus* 带可分为下部 *Paraglossograptus typicalis* 亚带和上部 *Tylograptus* 亚带。克里摩里组产笔石 *Glyptograptus teretiusculus* 带和牙形石 *Pygodus serrus* 带。

（三）上统

1. 艾家山阶

由陈旭等、汪啸风等（2000）命名，阶名源自1924年李四光与赵亚曾在桑拿虾地区所建的“艾家山统”。层型剖面位于四川省城口县东南方向40余千米处。本阶包含4个笔石带。

宁夏艾家山阶对应的岩石地层单位是分布于贺兰山东麓、大罗山、小罗山、煤山、牛首山等地的米钵山组和分布于彭阳县贺家川的拉什仲组，包含笔石 *Nemagraptus gracilis* 带和牙形石 *Protopanderdus insculptus* 带2个生物带。前者产于米钵山组和拉什仲组，后者产于贺兰山东麓榆树青沟米钵山组上部。

2. 钱塘江阶

由陈旭等、汪啸风等（2000）命名，阶名源自1954年杨敬之、穆恩之所建的“钱塘江统”。层型剖面位于湖北省远安县苟家垭。本阶含5个笔石带。

宁夏仅有钱塘江阶上部，对应的岩石地层单位是背锅山组，含1个珊瑚带，即 *Agetolites-Sarcinula* 组合带。

二、香山群时代归属讨论

香山群的时代归属长期以来一直存在着分歧，迄今尚无定论。20世纪30~60年代人们将香山群与马家沟组、米钵山组一起统称为南山系，由于未获得可靠生物依据，各家所确定的时代很不一致，或为元古代，或为志留纪—泥盆纪，或为奥陶纪—志留纪，或为晚奥陶世—早志留世。1960~1964年宁夏区测队在进行1：20万同心幅区调时创立香山群，下分4个亚群，根据灰岩“扁豆体”、“透镜体”、“薄层”中所含的 *Inouyia*，*Metagraulos*，*Peronopsis* 等以中寒武世徐庄期为主的三叶虫，将其时代厘定为中寒武世徐庄期。嗣后这一划分方案被大多数地质工作者接受，并得到了广泛引用。

自20世纪80年代以来，随着地质学的发展，特别是现代沉积学、层序地层学新理论的推广和应用，在香山群沉积相、沉积环境研究方面取得了一些新认识，对香山群形成时代提出了不同意见，归纳起来大致有3类意见：属中—晚奥陶世，为晚寒武世，划归中—晚寒武世。主张香山群时代属中—晚奥陶世的主要有张抗（1989，1992，1993）、李天斌（1997）和王振藩、郑昭昌等（1998），张抗和王振藩、郑昭昌等认为香山群与米钵山组为整合接触，香山群化石产自似层状和块状外来体或再沉积的盐酸盐岩砾石中，推测香山群的时代为中—晚奥陶世。李天斌认为香山群第一亚群与米钵山组有整合接触的趋势，香山群所产的三叶虫和牙形石是再沉积的碳酸盐岩砾石中的产物，是一个混杂的生物群，这些化石以及碳酸盐岩岩石具浅水台地相特征，与香山群的深水相环境明显不吻合，据此推测香山时代应晚于米钵山组，为中—晚奥陶世。主张将香山群划归晚寒武世的主要有闫志强（1990）和顾其昌等（1996）。闫志强认为香山群第一、三亚群含三叶虫的鲕粒灰岩是滑塌浊积岩的外来岩块，根据第一、三亚群所产晚寒武世牙形石 *Furnishina asymmetrica*，*F. furnishi* 等，将香山群时代统归晚寒武世。1992~1994年，顾其昌等在进行宁夏地层清理研究工作时，根据1∶5万区调成果，重新建立了香山群地层层序，将原第一亚群下部划归米钵山组，第一亚群上部和第二亚群合并命名为徐家圈组，将第三亚群和第四亚群分别命名为狼嘴子组和磨盘井组，同时认为香山群含三叶虫等化石的鲕粒灰岩为夹于板岩中的砾块（外来体），而根据薄层灰岩中所产牙形石 *Furnishina asymmetrica*，*F. furnishi*，*F. quadrata*，*Cordyloodus*？*proavus* 等，将香山群时代划归晚寒武世。主张将香山群划归中—晚寒武世的有周志强等（1996，2010）和徐黎明等（2006），他们赞同香山群中含三叶虫的鲕粒灰岩为外来岩块的认识，但更看重在第一亚群和第三亚群中曾发现中、晚寒武世化石的事实，认为香山群时代为中—晚寒武世，香山群与米钵山组为断层接触，否定整合接触的观点。

在编写本《志》的过程中，项目组于2009~2010年赴野外实地对米钵山南麓、刘武井、上石棚、黑鹰湾山和马夫峡子等地的香山群主要剖面、化石点、地层层序以及沉积相等进行了观察研究，结合区域资料进行了分析，取得了以下一些认识：

1）前已述及，香山群因在其中的鲕粒灰岩中采获了 *Holocephalites punctatus*（图版Ⅲ，12），*Inouyia zhongweiensis*（图版Ⅲ，13），*I. lubrica*（图版Ⅲ，14），*Peronopsis tianjingshanenensis*（图版Ⅲ，15），*Peronopsis oualis*（图版Ⅲ，16），*Olenoides ningxiacus*（图版Ⅳ，1），*Metagraulos nasutus*（图版Ⅳ，2）等三叶虫而将其时代定为中寒武世徐庄期。事实上所含的三叶虫并不仅仅是中寒武世徐庄期的分子，尚有中寒武世晚期至晚寒武世的分子，如 *Proceratopyge*？sp.，*Monkaspis* sp.，Saukiidae 等，只不过以中寒武世徐庄期的分子占优势罢了，这与物源区（华北地区）该期三叶虫化石最为丰富有关。除三叶虫外，尚见含腕足类 *Homotreta nitens*，*Obolus taianensis*，*Lingnlella* sp. 等；头足类 *Ellesmeroceratidae*；牙形石 *Furnishina quadrata*，*F. asymmetrica*，*F. furnishi*，*Cordylodus*？*proavus*，*Phakelodus tenuis*，*Hertzina* sp. 等。其中腕足类 *O. taianensis* 见于山东泰安晚寒武世凤山组，*H. nitens* 见于辽宁长兴岛中寒武世当十组，头足类 *Eellesmeoceratidae* 时限为晚寒武世—早奥陶世，牙形石 *Cordylodus proavus* 是我国晚寒武世晚期至早奥陶世早期的标准分子，*F. furnishi*，*F. asymmetrica*，*F. quadrata* 在我国常见于张夏组至炒米店组。由此可见，香山群所含化石内容具有混杂的特点，所反映的时限较长，为中寒武世至早奥陶世早期。由此可以推断香山群时代应晚于这些化石所反映的最新时代。

2）香山群含三叶虫等化石的岩石并非灰岩“扁豆体”、“透镜体”、“薄层”，而是板岩中之砾石或岩块（图4-15）。砾石成分以鲕粒灰岩为主，次为豆粒灰岩、砂屑灰岩、薄层条纹—条带状灰岩、

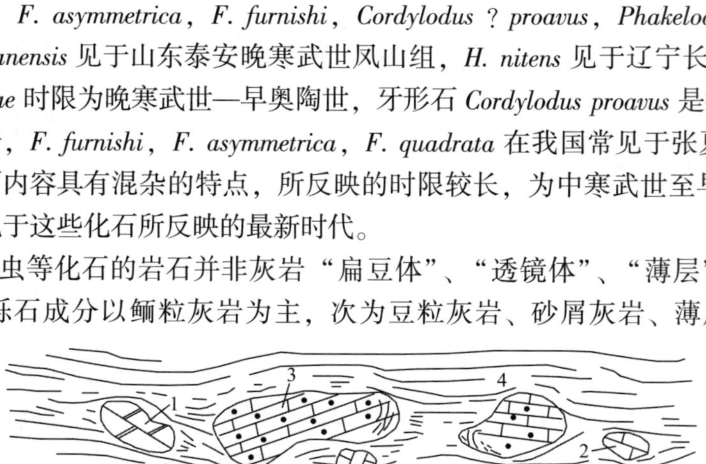

图4-15 贺兰山南段新井南香山群含砾板岩素描图

Fig. 4-15 Sketch showing gravel bearing slate of Xiangshan Group in Xinjing, southern section of Helanshan

1—白云岩；2—灰岩；3—鲕粒灰岩；4—板岩

白云质灰岩等，砾径大小极悬殊，小者仅5cm左右，大者可达10m，甚至更大，砾石呈圆—次圆状，稀疏地镶嵌于板岩之中，其长轴方向大致与板岩板理平行（少量斜交）。显然，这些砾石是以重力流（低密度流）的形式经过一定距离搬运后沉积下来的，是外来体确信无疑。从砾石的岩性及其中所含的三叶虫等化石来看，这些砾石是典型浅水碳酸盐岩台地环境的产物，进一步可以判断它们来自于华北地区之陆表海盆。由此可见，香山群的时代应晚于由三叶虫等化石所反映的最新时代。

3）沉积相、沉积环境研究表明，香山群具复理石建造特征，为大陆斜坡坡角到陆隆区的沉积，而含三叶虫等化石的岩性鲕粒灰岩、豆粒灰岩、薄层灰岩等则属台地碳酸盐岩沉积，这种“跳相”现象表明含化石的岩石为外来的，它们都来自于碳酸盐岩台地，是早先沉积的寒武纪—早奥陶世碳酸盐岩以重力流（泥石流）的形式被搬运到大陆斜坡到陆隆区沉积的。香山群砂、板岩所夹薄层灰岩似乎顺层，与上、下岩层整合，似乎有一定层位，但沿走向灰岩体厚度变化极大，尖灭再现十分明显，这些灰岩粗略的看似乎为一个延伸较长的灰岩体，但仔细观察实际是由多个大大小小的灰岩块体构成的一个灰岩带，这些灰岩体也具有外来岩块的特征，牙形石等化石就是产于这些似乎为原地的薄层灰岩中。

4）香山群每每出现时都毫不例外地覆于米钵山组之上，从未见到其伏于米钵山组、马家沟组之下的“正常”接触关系，其上或为早—中志留世照花井组，或为晚志留世旱峡组，或为晚泥盆世中宁组，或为早石炭世前黑山组不整合超覆，这说明香山群为晚于米钵山组、早于照花井组的沉积，应属上奥陶统。过去大多数地质工作者奈于无法解释香山群含有中寒武世三叶虫又覆于米钵山组之上的事实，一般都将二者的接触关系处理为断层接触。近年来，通过大范围的1：5万区域地质填图，发现二者界线附近岩石并不破碎，而且上下岩层产状基本一致，认为二者为整合接触。

5）Taylor等（1977，1979）系统研究了澳大利亚太古宙—中生代的各种沉积岩中稀土组成特征，结果表明太古宙以后的沉积岩（与岩性无关）球粒陨石标准化稀土组成显示ΣREE一致性增加，即时代愈新ΣREE愈高。秦正永等（1991）对冀北太古宙—中生代原岩为黏土岩的样品稀土元素平均值的统计表明：随着地质年龄减小，ΣREE逐渐增高。香山群砂岩在纵向上随着层位的升高（时代变新），ΣREE亦增加，继承了米钵山组板岩（灰岩亦如此）由下至上ΣREE渐增之演变趋势，由米钵山组顶部的153×10^{-6}到香山群下部徐家圈组的175.25×10^{-6}，向上至磨盘井组增为211×10^{-6}（图4-16），这一变化规律与Taylor等和秦正永等研究结果相似，说明将香山群时代置于米钵山组之后是正确的。

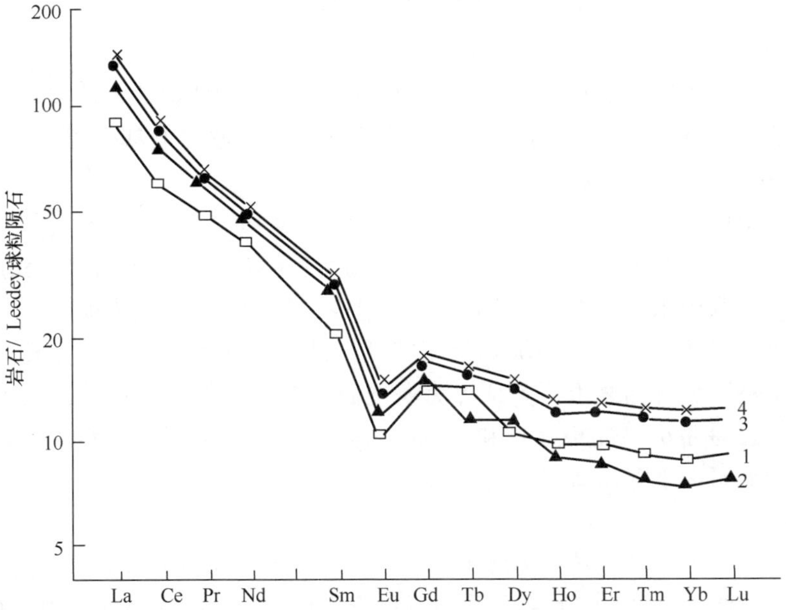

图4-16　香山群砂岩、米钵山组板岩稀土元素配分曲线

Fig. 4-16　Rare earth elements distribution curves of sandstone in the Xiangshan Group and slate in the Miboshan Formation

1—米钵山组（12个样平均）；2—徐家圈组（1个样）；3—香山群（5个样平均）；4—磨盘井组（4个样平均）

本《志》主要基于上述依据和认识，将香山群时代暂定为晚奥陶世艾家山期—钱塘江期，但缺乏直接生物依据，其形成时代还存在诸多疑问，有待进一步调查研究。

第四节　层序地层

区域资料表明，早奥陶世晚期至中奥陶世早期贺兰山、天景山及青龙山地区均为开阔的浅海台地，各地古地理面貌及沉积环境并无明显差异，接受了台地相碳酸盐岩沉积，其中所产牙形石为典型的华北型牙形石动物群，牙形石分带可与华北区直接对比。至中奥陶世晚期，由于贺兰山再次裂陷，古地理面貌及沉积环境发生了显著分异，西部贺兰山、香山及罗山地区转化为大陆斜坡—次深海、深海盆地，接受了以碎屑岩、泥质岩为主体夹薄层灰岩、硅质岩、角砾岩等次深海—深海沉积。而东部青龙山地区虽海水深度较前期有明显加大，但仍继承了早期碳酸盐台地性质，接受了以砂、页岩为主的次深海沉积，其中所产牙形石均为华南型牙形石动物群，反映其海水由原来华北海已转变为华南海。这种古地理格局一直延续至晚奥陶世。

通过对香山、米钵山、牛首山、罗山及青龙山等地奥陶纪地层岩性、基本层序、岩相及生物群时代的对比分析，可以看出，香山—青龙山地区奥陶纪经历了海退—海进—海退 3 个沉积旋回，依据地层结构及关键界面可建立该区奥陶纪地层格架（图 4-17）。

1. 早期高水位体系域（HST_1）

形成于新厂期—达瑞威尔期，为大规模海退前浅水台地相碳酸盐岩沉积层，厚度大于 974.5m。西部由天景山组（$O_{1-2}t$）组成，东部由大南池组（O_1d）、天景山组（$O_{1-2}t$）和克里摩里组（O_2k）组成，为一套厚—巨厚层含燧石条带（或结核）灰岩、砂（砾）屑灰岩、白云质灰岩等组合，上部出现薄层灰岩，且局部呈角砾状、渣状，表现出明显的暴露带钙质风化壳特征，总体构成向上变粗的进积序列，表现为海退过程。其中，大南池组产牙形石 *Utahconus baimataoensis*-*Moncostadus sevirensis* 带，*Cordylodus rotundatus*-*Rossodus manitouensis* 带，*Glyptoconus quadraplicatus*-*Scolopodus opimus* 带，属新厂期沉积；天景山组产头足类 *Wutinoceras* 带和牙形石 *Seratognathus*-*Bergstromoeguathus* 组合，*Aurilobodus leptosomatus*-*Loxodus disectus* 带等，属道保湾期—大湾期沉积；克里摩里组产笔石 *Glyptograptus teretiusculus* 带和牙形石 *Pygodus serrus* 带，为达瑞威尔期沉积。

2. Ⅰ型不整合面（SB_1）

位于 HST_1 顶面，表现为明显的暴露面和沉积间断，其代表为西部的天景山组与米钵山组之间的平行不整合、东部的克里摩里组与乌拉力克组之间的整合。在斜坡中上部位置（罗山以东及牛首山地区）有深切峡谷沉积（Smc）——泥石流。

3. 低水位楔（LSW）

形成于达瑞威尔期，为海平面慢速下降至上升最初期的一套泥质粗碎屑岩沉积层，厚度变化极大，厚数百米至数千米。西部由米钵山组（$O_{2-3}m$）下部组成，其岩石组成较为庞杂，主要有板岩、含砾板岩、砂岩及角砾岩等，显示了典型的斜坡相沉积特征。其底界在罗山一带上超于Ⅰ型不整合面之上，在香山地区下超于Ⅰ型不整合面之上，其顶界为海侵面（TS），总体为向上变粗的进积-加积型结构。米钵山组含笔石 *Amplexograptus confertus* 带和 *Glyptograptus teretiusculus* 带，其时代属达瑞威尔早期。东部斜坡之上的台地因海平面下降而露出水面，未接受沉积。

4. 海侵体系域（TST）

形成于艾家山早期。由于海退转变为海进，在西部次深海—深海区形成总体向上变细的退积-加积型沉积组合，即米钵山组（$O_{2-3}m$）上部和香山群徐家圈组（O_3x）及狼嘴子组（O_3lz），其岩性组合为以碎屑岩和泥质岩为主，夹少量碳酸盐岩，厚约 1000m。其底面为海底侵蚀面（TS），该层面之上为厚层含砾砂岩，局部夹砾岩透镜体，底具冲刷面，表现为明显的海底侵蚀特征。东部台地因底流不发育而成加积型结构为主的细碎屑-泥质岩沉积组合，即乌拉力克组（O_3w）。显然，台地区的 TST 比斜

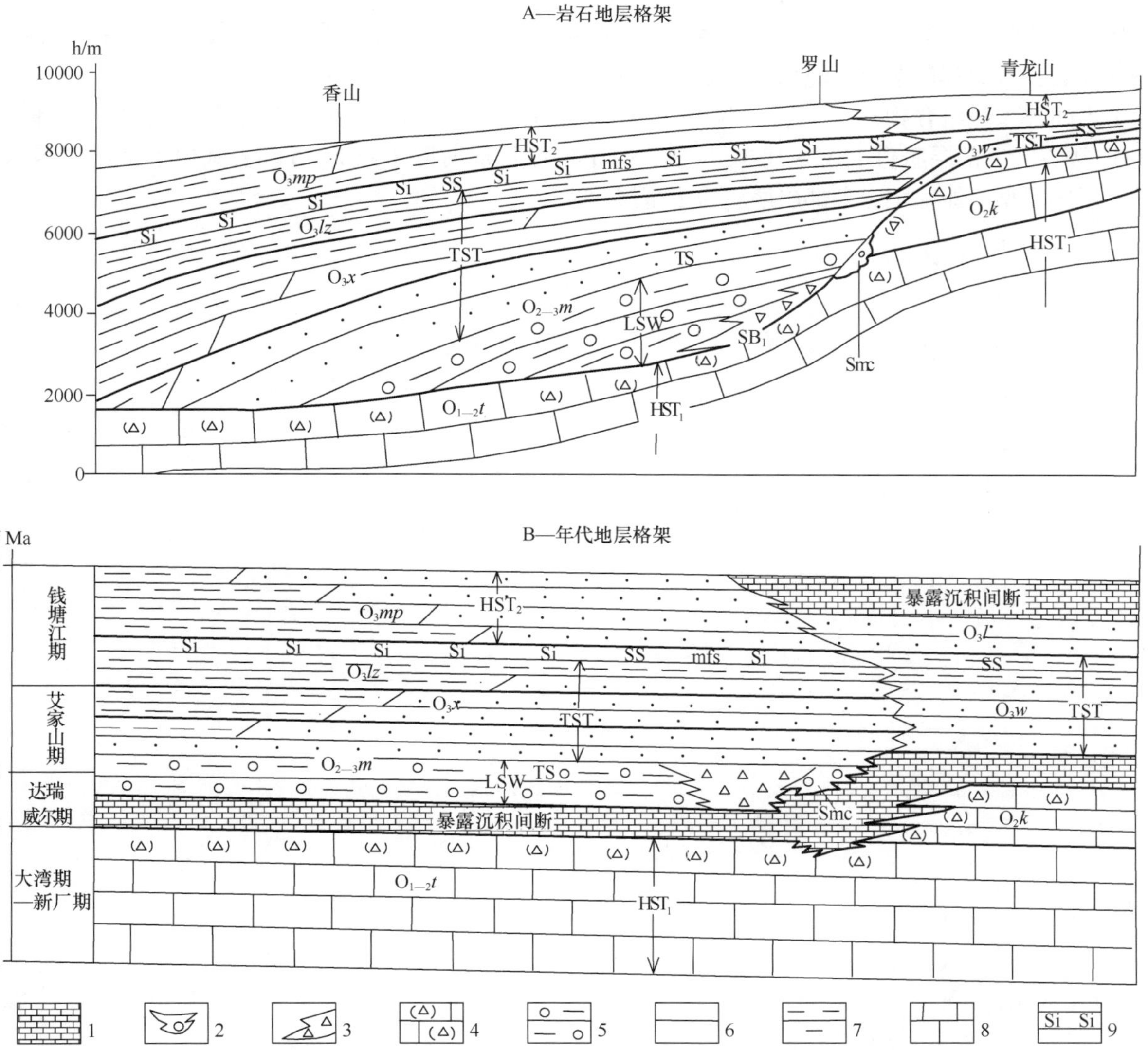

图 4-17　香山—青龙山地区奥陶纪层序地层格架

Fig. 4-17　Stratigraphic framework of Ordovician in the Xiangshan-Qinglongshan area

$O_{1-2}t$—天景山组；$O_{2-3}m$—米钵山组；O_3x—徐家圈组；O_3lz—狼嘴子组；O_3mp—磨盘井组；O_2k—克里摩里组；O_3w—乌拉力克组；O_3l—拉什仲组。HST_1—早期高水位体系域；SB_1—Ⅰ型不整合面；Smc—海底峡谷；LSW—低水位楔；TS—海侵面；TST—海侵体系域；SS—饥饿段；mfs—最大海泛面；HST_2—晚期高水位体系域。1—沉积间断；2—海底峡谷泥石流沉积；3—斜坡边缘滑塌沉积；4—角砾状灰岩（风化壳）；5—含砾板岩；6—砂岩；7—泥质岩；8—灰岩；9—硅质岩

坡海盆区的 TST 滞后，导致自西向东沉积厚度迅速变小，至青龙山地区仅有 30 余米。乌拉力克组底部含笔石 *Glyptoraptus teretiusculus* 带，属艾家山期沉积。

5. 饥饿段（SS）及最大海泛面（mfs）

SS 位于 TST 顶部，即西部狼嘴子组上部黄河井段（O_3lz^h）和东部乌拉力克组（O_3w）上部。黄河井段岩性为硅质岩、硅质白云岩夹板岩，厚 64.1m，具加积型结构，毫米级的水平纹层非常发育，无生物，不含陆源组分，磷、锰、铁等元素异常富集，而微量、稀土元素总量较低，表现为地球化学异常层。乌拉力克组（O_3w）上部为加积型含放射虫页岩，硅质粉砂岩夹泥灰岩，富产笔石，沉积厚度数十米。SS 中部代表了最大海泛面（mfs）的地层空间位置。

6. 晚期高水位体系域（HST_2）

形成于艾家山晚期—钱塘江期，为海进逐渐向海退转变时形成的向上变粗的进积型沉积层，即西

部的磨盘井组（O_3mp）和东部的拉什仲组（O_3l），其岩性由碎屑岩和泥质岩类组成，不含碳酸盐岩、硅质岩等化学沉积岩石，厚度由东向西增大，东部厚数百米，西部厚千余米，属典型近源浊积扇沉积。不含化石，推测其属艾家山晚期—钱塘江期沉积。

上述体系域组合构成了上、下两个二级旋回层序，大致相当于岩石地层单位的群。下部层序由 HST_1 构成，上部层序由 LSW—HST_2 构成，每个层序形成时限大致为 25Ma。其中下部层序因未见底界，层序类型不能确定，上部层序应为 I 型层序。

第五章　志留系

宁夏的志留系发育较好，层位较为齐全，但分布局限，仅零星出露于阿拉善地层区阿拉善南缘地层分区的照花井、野猪沟和祁连地层区北祁连地层分区的南华山、西华山等地，华北地层区缺失。由陆源碎屑岩和碳酸盐岩组成，产壳相化石，属滨海—浅海相沉积。

宁夏志留系在20世纪50年代以前统归于“南山系”，未能单独划出。1958年郭勇岭、甘克文首次报道了中宁野猪沟的志留系，并测有剖面。所采化石经初步鉴定认为可与玉门地区泉脑沟山组相对比，定为中志留统，分为上、中、下三部分。同年，李康、钟富道亦在中宁野猪沟测得剖面，所采化石经俞昌民鉴定，认为属中志留世和晚志留世，并引用玉门地区的地层名称，下部称泉脑沟山群，上部称旱峡统，但所测剖面中包括有部分奥陶系。1959年，孙肇才曾报道过这一地区的志留系，其情况与郭勇岭等所见相同。1962年俞昌民研究发表了产自野猪沟的床板珊瑚。1961~1964年，宁夏区测队在开展1：20万同心幅和海原幅区调工作时，在同心照花井、海原南华山、西华山发现了志留系，并作了详细划分和对比。1973年，宁夏区调队三分队在进行1：20万中卫幅区调时，对中宁野猪沟的志留系进行了详细工作，剔除了前人将奥陶系划入志留系的部分地层。1980年，宁夏区域地层表编写组将原中志留统泉脑沟山组改称为中—下志留统照花井群，上志留统称为旱峡组。1980年，李耀西根据编纂《西北地区古生物图册 陕甘宁分册》重新厘定的化石资料，指出照花井群的时代应属早志留世晚期。1983年，何永鲸报道了在照花井群中部第四层灰岩中获早志留世的牙形石自然种 *Walliserodus curvatus*（Branson and Branson）。1981~1984年，宁夏区调队在开展1：20万下马关幅区域地质调查时，于同心县青山庄发现了志留纪的沉积。1984年，高建国对志留纪地层中的四射珊瑚做了较系统的研究。同年，何心一、高建国、刘淑梅发现并研究了野猪沟剖面中的笔石，认为照花井群应属兰多弗里统，大致相当于笔石的 *Cyrtograptus vesiculosus* 带—*Demirastrites triangulatus* 带，即相当于鲁丹阶—埃隆阶。1985年，郑昭昌、李玉珍于野猪沟剖面原产笔石的层位之上约10m处又发现一个笔石层，采集大量笔石，经葛梅钰研究鉴定有11属17种，归于 *Dimorphograptus erectus-Pseudoclimacograptus quizhouensis* 组合，时代为早志留世晚期，即兰多弗里统鲁丹阶晚期—埃隆阶早期。同年，郑昭昌又在该地层中采获牙形石，经安太庠鉴定有17属23种，其中最重要的有 *Pterospathodus posteritenus* 等。1990年，《宁夏回族自治区区域地质志》将宁夏的志留系划分为下—中统照花井群和上统旱峡群。1996年，宁夏地层清理研究组将照花井群改称照花井组，将旱峡群改称旱峡组，时代分别置于早—中志留世和晚志留世。1998年，《中国地层典·志留系》将本区志留系三分，即下统照花井组、中统同心组和上统旱峡组。本《志》根据最新的中国地层表，将志留系划分为下—中统照花井组和上—顶统旱峡组。宁夏志留系划分、命名沿革情况见表5-1。

第一节　岩石地层

一、阿拉善地层区阿拉善南缘地层分区

本地层分区志留系层位齐全，下—中统、上—顶统均有发育。零星出露于中宁县野猪沟、同心县照花井和青山。其岩石地层序列自下而上为照花井组和旱峡组。

表 5-1 宁夏志留系划分和命名沿革表

Table 5-1 Evolution of divisional schemes of Silurian in Ningxia

边兆祥，1954	郭勇岭、甘克文，1958		李康、钟富道，1958		宁夏区测队，1965		宁夏区调队，1976		宁夏区域地层表编写组，1980		李耀西，1980		《宁夏回族自治区区域地质志》，1990		《宁夏回族自治区岩石地层》1990		本《志》，2012	
南山系			上志留统	旱峡统	上志留统	旱峡组	上志留统		上志留统	旱峡组		旱峡组	上志留统	旱峡群	上志留统	旱峡组	上—顶志留统	旱峡组
	中志留统	上部	中志留统	泉脑沟山群	中志留统	泉脑沟山组	中志留统	泉脑沟山组	中—下志留统	照花井群			中—下志留统	照花井群	中—下志留统	照花井组	中—下志留统	照花井组
		中部									下志留统	照花井群						
		下部																

（一）照花井组（$S_{1-2}z$）

1959 年叶永正等创名，1980 年宁夏区域地层表编写组发表。命名剖面位于宁夏同心县照花井村北。原始定义为："本组与下伏寒武系中统香山群呈不整合接触，平行不整合于旱峡组之下。以浅海相灰岩为主，底部有少许灰绿色砂岩和砾岩，上部有少量的紫红色砂岩，富含珊瑚、腕足类、腹足类及少量三叶虫化石。厚 58~103m。"照花井组创名后未得到广泛应用，人们一直将该套地层称为泉脑沟山群（组），1980 年宁夏区域地层表编写组将泉脑沟山群改称为照花井群，1990 年宁夏地层清理研究组恢复使用照花井组，其含义与原始定义一致，嗣后一致沿用。

照花井组分布局限，主要出露于黑鹰湾山西麓枣沙墩—塌石头沟一带，烟筒山西麓野猪沟和同心东部青山见有零星露头。以照花井剖面和野猪沟剖面为代表。

正层型照花井剖面（位于同心县照花井自然村北约 2km 处之塌石头沟。起点坐标：北纬 37°13′，东经 105°48′。宁夏区测队 1961 年测制，安太庠、郑昭昌 1990 年修测）层序如下（图 5-1）：

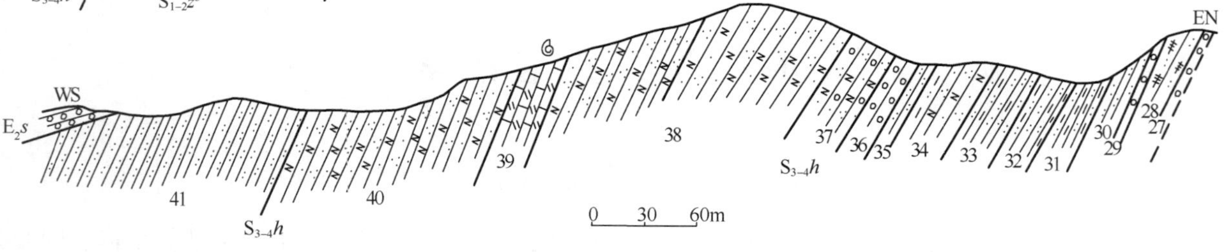

图 5-1 同心县照花井塌石头沟志留系剖面图

Fig. 5-1 Section of Silurian in Tashitougou, Zhaohuajing, Tongxin County, Ningxia

上覆地层：旱峡组（$S_{3-4}h$）紫红色厚层粗砾岩

----- 平行不整合 -----

照花井组（$S_{1-2}z$） 总厚度 98.7m

上段（$S_{1-2}z^3$） 厚度 34.8m

26. 紫红色薄层铁质泥质细砂岩与粉砂岩互层 3.0m
25. 紫红色厚层粗粒长石石英砂岩 8.0m
24. 紫红色薄层钙质泥质粉砂岩夹少许灰绿色粉砂岩，下部夹一层砾屑灰岩 16.5m
23. 浅灰、紫灰色中薄层砾屑灰岩。产床板珊瑚 *Mesofavosites gradiformis* 及牙形石 *Panderodus* sp. 2.1m
22. 紫红色薄层钙质、泥质、铁质粉砂岩 3.2m
21. 灰、浅灰色透镜状砾屑灰岩。产牙形石 *Qzarkodina* sp.，*Panderodus* sp. 0.8m
20. 紫红色铁泥质、铁质粉砂岩 1.2m

中段（$S_{1-2}z^2$） 厚度 54.8m

19. 深灰色中薄层砾屑灰岩。产牙形石 *Panderodus* sp.，*P. unicostatus*，*Trichonodella inconstans*，*Hindeodella* sp. 13.0m
18. 深灰色中厚层灰岩夹薄层灰岩，含少量硅质团块和条带。产牙形石 *Panderodus* sp. 12.5m
17. 深灰色中厚层含硅质团块灰岩。产牙形石 *Ozarkodina* sp. A，*O. excavata*，*Panderodus* sp.，*Hibbardella* sp. 6.0m
16. 深灰色中层灰岩夹薄层灰岩。产牙形石 *Panderodus* sp. 1.9m
15. 深灰色薄层灰层与中层灰岩互层。产牙形石 *Panderodus* sp.，*Hindeodella* sp. 4.9m
14. 灰、深灰色中层灰岩夹薄层灰岩，产牙形石 *Ozarkodina excavata*，*O.* sp. A，*Panderodus* sp. 4.5m
13. 深灰色薄层灰岩，产牙形石 *Panderodus* sp. 2.5m
12. 深灰色薄层夹中层灰岩。产牙形石 *Panderodus* sp.，*Ozarkodina* sp. A 3.0m
11. 灰、青灰色薄层瘤状泥质灰岩，风化后具褐灰色色调。产牙形石 *Panderodus* sp.，*Trichonodella excavata*，*Pterognathus posteritenuis*，*Ligonodina salopia*，*Roundya detorta*，*Lonchodina* sp. 2.1m
10. 灰、黄灰色泥质粉砂质灰岩。产牙形石 *Pterospathodus posteritenuis*，*Trichonodella Excavata*，*Oulodus* sp.，*Ozarkodina* sp.，*Exochognathus caudatus*，*Panderodus* sp. 0.8m
9. 下部灰色薄层瘤状泥灰岩；上部为青灰、紫灰色薄层泥质灰岩。产牙形石 *Panderodus* sp.，*Pterospathodus posteritenuis*，*Exochognathus caudatus*，*Plectospathodus* sp.，*Lonchodina* sp.，*Ligonodina salopia*，*Ozarkodina* ? sp. 1.2m
8. 黄灰色薄层瘤状泥质灰岩。产牙形石 *Pterospathodus posteritenuis*，*Panderodus* sp.，*Exochognathus caudatus*，*Lonchodina* sp.，*Trichonodella inconstans* 0.5m
7. 紫灰色泥质瘤状薄层灰岩与灰紫色钙质页岩互层，在走向上可相变为蓝灰色薄层泥灰岩。产牙形石 *Panderodus* sp.，*Dentacodina multidentata*，*D. trilinealis*，*Exochognathus caudatus*，*Spathocnathodus* ? sp.，*Ligonodina salopia*，*Distomodus kentuckyensis*，*Ozarkodina* sp.，*Trichonodella expansa* 11.0m
6. 紫红色薄层页片状泥钙质页岩 0.5m
5. 灰色薄层瘤状泥质灰岩。产牙形石 *Ambalodus* sp.，*Exochognathus* cf. *caudatus*，*Pterognathus posteritenuis* 0.3m

下段（$S_{1-2}z^1$） 厚度 9.1m

4. 灰紫色薄层钙质细砂岩与粉砂岩互层 1.9m
3. 褐灰、灰绿色薄层中细粒钙质长石石英砂岩。产牙形石 *Panderodus* sp. 2.8m
2. 褐灰、灰绿色中薄层中粗粒钙质长石石英砂岩 2.4m
1. 紫灰色中厚层砾岩、含砾粗砂岩，砾石成分有硅质岩、石英岩、砂岩、板岩，磨圆好，分选一般，砾径大者 10~35cm，小者 3~5cm，一般 5~8cm，为砂质胶结 2.0m

~~~~~~~~ 不 整 合 ~~~~~~~~

下伏地层：磨盘井组（O_3mp）灰绿色浅变质砂岩、板岩
~~~~~~~~

上述剖面 12 ~ 16 层灰岩中除牙形石外，尚产丰富的珊瑚 *Palaeofavosites balchaschensis*，*P. forbesiformis major*，*P. multisoleniformis*，*Multisolenia zhongningensis*，*Tungussophyllum zhaohuajingensis*，*Multisolenia religua multisopinosa*，*Catenipora* sp.，*Helioplasmolites tongxinensis*，*Propora* sp.，*Halysites catenularius*，*Halysites senior*，*Lindstroemophyllum* sp.，*Brachyelasma* sp.，*Pycnactis* sp.，*Streptelasma* sp.，*Codonophyllum* sp.，*Paramplexoides concavus*，*Pseudophaulactis lykophylloides* ?，*Mesofavosites grandiformis*；腕足类 *Clintonella nucleona*，*C. arctus*，*Holorhynchus sinensis*，*Imbricatopira decora*，*Eospirifer sinensis dasifiliformis*，*Schizoramma planodorsa*，*S.* cf. *rigida*，*Nalivkinia varians*，*Striispirifer orbiplicatus*，*Didymaella didima*，*Clintonella testudinaria*，*Disulcatella didyma*，以及腹足类、三叶虫、介形虫等动物化石。5 ~ 11 层除牙形石外，尚产珊瑚 *Favosites gothlandicus*，*Tungussophyllum zhaohuajingensis*，*T. irregulare*，*Brachyelasma concavifundatum*，*Dinophyllum fagellatum*，*Phaulactis ningxiaensis*，*Pilophyllum raricystosum*，*P. vorticum*，*Protopilophyllum tongxinensis*，*Palaeofavosites balchaschensis*，*P. forbesiformis major*，*P. forbesiformis multitabulatus*，*Mesofavosites grandiformis*，*M. tongxinensis*，*Halysites senior*，*Catenipora* sp.，*Propora conferta*，*Aulopora* sp.，*Holophyrama mitrata*，*Pterophrentis* sp.，*Crassilasma* sp.，*Kyphophyllum* sp.，*Streptelasma* cf. *whittardi*，*Asthenophyllum orientale*，*Amplexoides* sp.，*Brachyelasma irregulare*，*Codonophyllum* sp.，*Crassilasma electum*，*C. minimum*，*C. offleyensis* ?，*C.* sp.，*Dentilasma meitanensis*，*Dinophyllum concavotabulatum*，*D.* sp.，*D. ningxiaensis*，*D. zhaohuajingensis*，*Neostreptelasma araneum*，*Phaulactis* sp.，*Pilophyllum raricystosum*，*Porfirieviella concava*，*Pseudophaulactis lykophylloides* ?，*Protopilophyllina tongxinensis*，*Streptelasma tongxinensis*，*S. undulatum*，*S. hannah*，*Tungussophyllum tenuiseptatum*，*Mesofavosites grandiformis*，*M.* sp.；腕足类 *Schizoramma planodorsa*，*S.* cf. *rigida*，*Eospirifer sinensis dasifiliformis*，*Nucleospira* sp.，*Nalivkinia zhaohuajingensis*，*N. varians*；三叶虫 *Scutellum* sp.；腹足类 *Lophaspira* sp.，*Raphistomina* sp.，*R.* cf. *affinis*；头足类 *Mixosiphonocerina baimapensis* 等。

野猪沟剖面（位于中宁县城南 20km 处之野猪沟。起点坐标：北纬 37°22′，东经 105°40′。宁夏区调队 1972 年测制，何心一等 1987 年、葛梅钰等 1990 年补充化石资料）层序如下（图 5-2）：

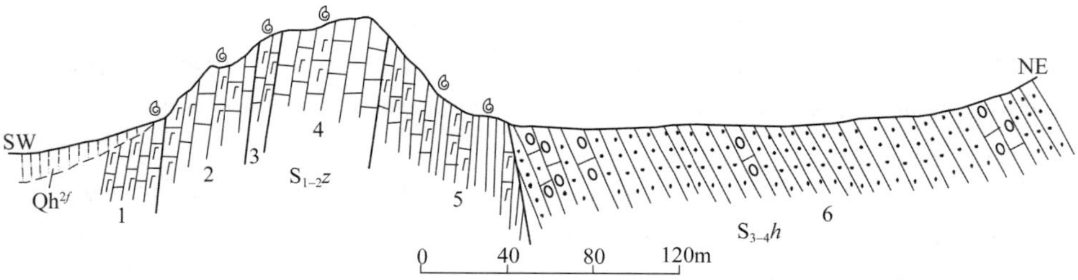

图 5-2　中宁县野猪沟志留系剖面图

Fig. 5-2　Section of Silurian in Yezhugou, Zhongning County, Ningxia

上覆地层：旱峡组（$S_{3-4}h$）紫红色砂岩、含砾砂岩

断 层

照花井组（$S_{1-2}z$）　　厚度>69.6m

5. 灰黑—灰黄色薄层泥质灰岩夹少量灰黄色钙质页岩。下部灰岩产珊瑚 *Favosites grandiformis*，*F.* cf. *favosiformis*，*Catenipora* ? sp.，*Tryplasma* sp.，*Brachyelasma irregulare*，*Dentilasma meitanensis*，*Tongxinophyllum nanzhengensis*，*T. tongxinensis*，*Kodonophyllum* sp.，*Strombodes zhongningensis*，*Mesofavosites grandiformis*；腕足类 *Holorhynchus sinicus*，*Clintonella* sp.，*Plectatrypa* sp.，*Meristina* ? sp.，Atrypinids，Pentameridae；腹足类 Euomphalidae。上部钙质页岩产笔石 *Pristiograptus* sp.，*P.* cf. *incommodus*，*P.* cf. *variabilis*，*Pseudoclimacograptus quizhouensis*，*P. hughesi*，*P.* cf. *xishuiensis*，*P.* sp.，*Climacograptus minutus*，*C. miserabilis*，*C. linearis*，*C.* spp.，*Glyptograptus* sp.，*Galeograptus zhongningensis*，*Acanthograptus* sp.，*Dictionema* sp.；*Dimorphograptus erectus*，*Desmograptus* ? *explicitus*，*D.* sp.，*Koremagraptus puncatus*，*Thallograptus* sp.，*Monograptus* sp.；遗迹 *Scalarituba* sp.。尚产头足类、三叶虫、腹足类、软舌螺等　　31.4m

4. 灰黑色薄层—中厚层泥质灰岩。产珊瑚 *Paraeofavosites sinensis*, *P.* sp., *Favosites* sp., *Dinophyllum* sp., *Parastriatopora* sp., *Pilophyllum* ? sp., *Asthenophyllum orientle*, *Brachyelasma irregulare*, *Onychophyllum* sp., *Porfirieviella concava*, *Tongxinophylum nanzhengensis*, *T. yezhugouensis*, *Strombodes zhongningensis*, *Grewingkia ningxiaense*；层孔虫 *Labechia conferta*, *Ecclimadictyon* sp.；腹足类 Euomphalidae 及腕足类等 18.9m

3. 灰黑色厚层泥质灰岩，有时见有方解石细脉穿插。产珊瑚 *Dentilasma meitanensis*, *Grewingkia ningxiaense*, *Onychophyllum* sp., *Tongxinophyllum tongxinensis*。尚产腕足类、苔藓虫 3.2m

2. 灰黑色薄—中厚层泥质灰岩。产珊瑚 *Kodonophyllum* sp., *Brachyelasma ningxiaense*, *Dentilasma meitanensis*, *Dinophyllum concavotabulatum*, *Onychophyllum* sp., *Codonophyllum* sp., *Paramplexoides concavus*, *Porfirieviella concava*, *Tongxinophyllum tongxinensis*, *T. yezhugouensis*, *Strombodes ningxiaensis* 及腕足类、腹足类 11.6m

1. 灰—灰黑色薄层泥质灰岩。岩石中泥质物呈灰紫、灰黄色不规则条带顺层分布，具疙瘩状外观。产珊瑚 *Paraeofavosites sinensis*, *P.* sp., *Mesofavosites jiuquanensis*, *Favosites* sp., *Zelophyllum* sp., *Strombodes zhongningensis*, *S.* sp., *Tryplasma* ? sp., *Brachyelasma irregulare*, *B. ningxiaense*, *Dinophyllum tongxinensis*, *Tongxinophyllum nanzhengensis*, *T. yezhugouensis*；层孔虫 *Clathrodictyon* sp. 及苔藓虫、腕足类（被第四系覆盖，未见底） >4.5m

照花井组不整合覆于奥陶系米钵山组或香山群磨盘井组之上（图 5-3），与上覆旱峡组呈平行不整合接触。由陆源碎屑岩和碳酸盐岩组成，厚 69.6~102.6m。依岩性可划分为下、中、上 3 个岩性段。

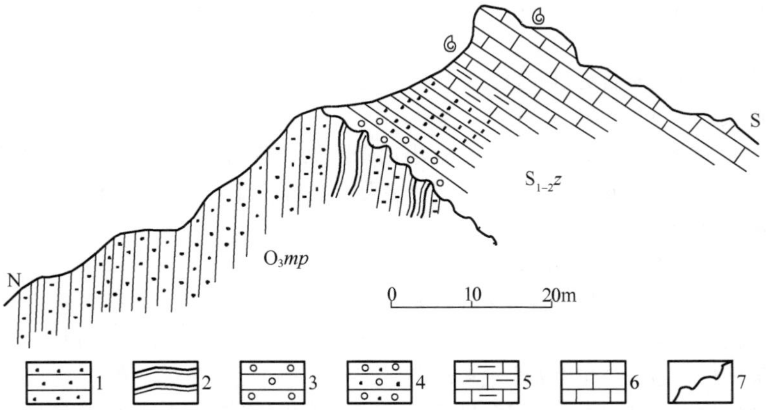

图 5-3　同心县照花井照花井组（$S_{1-2}z$）与磨盘井组（O_3mp）不整合接触关系素描图

Fig. 5-3　Sketch showing angular unconformity between the Zhaohuajing Formation（$S_{1-2}z$）and the Mopanjing Formation（O_3mp）in Zhaohuajing, Tongxin County, Ningxia

1—砂岩；2—板岩；3—砾岩；4—砂砾岩；5—泥灰岩；6—灰岩；7—不整合界线

下段（$S_{1-2}z^1$）：由陆源碎屑岩组成。上述照花井剖面（1~4 层）厚 9.1m，以褐灰、灰绿、灰紫色中—薄层钙质中—细粒长石石英砂岩为主，底部有少量砾岩，上部夹粉砂岩。乏羊坡沟厚 5.8m，岩性与照花井剖面相似。青山厚 47.9m，岩性为灰红、淡紫红色钙质粉砂岩夹厚层砾岩、薄层钙质砂岩及灰绿色页岩，偶夹灰岩。野猪沟因断层破坏未见出露。

中段（$S_{1-2}z^2$）：与下段整合接触，以碳酸盐岩为主。照花井剖面（5~19 层）厚 54.8m，下部（5~11 层）为灰、黄灰、紫灰色薄层瘤状灰岩夹泥质灰岩、粉砂质灰岩及少许紫红色钙质页岩，含丰富的珊瑚、腕足类、腹足类、介形虫、头足类及牙形石；上部（12~19 层）为深灰色中厚—薄层灰岩，顶部为砾屑灰岩，含珊瑚、腕足类、腹足类、介形虫及牙形石。乏羊坡沟厚 21.4m，岩性与照花井剖面一致。野猪沟未见顶、底，厚度大于 69.6m，岩性与照花井剖面相似，主要由灰—灰黑色薄—中厚层泥质灰岩组成，上部夹少量灰绿、灰黄、紫红色钙质页岩及薄层细砂岩，灰岩产珊瑚、腕足类、腹足类等化石，页岩产笔石。青山厚 41.9m，由紫红色中厚层含砾砂岩、薄层砂岩、灰色页岩和微晶灰岩组成。

上段（$S_{1-2}z^3$）：与中段整合接触，以陆源碎屑岩为主。上述照花井剖面（20~26层）厚34.8m，以紫红色粉砂岩为主，下—中部夹数层浅灰、紫灰色砾屑灰岩，上部夹紫红色厚层粗砂岩、薄层细砂岩，局部见夹紫红色粉砂质灰岩。乏羊坡沟厚59.5m，岩性与照花井剖面相似。野猪沟未出露（旱峡组超覆于中段之上）。

（二）旱峡组（$S_{3-4}h$）

由王尚文1945年命名的旱峡系沿革而来。命名剖面位于甘肃省玉门以西的旱峡沟。1960年李康、钟富道在进行祁连山路线地质调查时，将中宁野猪沟志留系剖面上部紫红色砂岩划归旱峡统。1961~1964年宁夏区测队在进行同心幅1∶20万区调时，将同心照花井地区平行不整合于照花井组之上的紫红色砂岩、砾岩称旱峡群。嗣后，人们均以旱峡组（群）名之，沿用至今。

旱峡组分布亦很局限，仅出露于黑鹰湾山西麓枣沙墩—塌石头沟一带，烟筒山西麓野猪沟—黑疙瘩沟一带见有零星露头。以照花井剖面为代表，其层序如下（见图5-1）：

上覆地层：始新统寺口子组（E_2s）紫红色砾岩

～～～～～～ 不 整 合 ～～～～～～

旱峡组（$S_{3-4}h$）	厚度559.1m
41. 紫红色薄至中厚层钙、铁质粉砂岩与细砂岩互层	170.0m
40. 紫红色中厚层细粒钙质长石石英砂岩	84.0m
39. 紫灰、灰色透镜状白云石化隐晶质灰岩，产双壳类 *Actinopteria* sp.；腕足类 *Whitfieldella* sp.，*Leperotites* sp.	28.0m
38. 紫红色厚层钙质、泥质长石石英粗砂岩夹紫红色薄层泥质长石石英细砂岩	112.0m
37. 紫红色厚层含砾长石石英粗砂岩	20.0m
36. 灰紫、紫红色巨厚层砾岩，砾石分选差，大小混杂，磨圆较好，呈次圆状，砾径大者35cm，一般2~10cm，小者0.5~1cm，砾石成分主要有灰岩、石英岩、砂岩和硅质岩，灰岩砾石中产床板珊瑚 *Favosites* sp.	15.0m
35. 暗紫红色钙质、泥质、铁质长石石英粉砂岩	4.0m
34. 紫红色中厚层钙质、铁质含砾长石石英粗砂岩夹中薄层细粒砂岩和钙质、泥质粉砂岩	35.0m
33. 紫红色中薄层钙泥质中细粒石英砂岩与薄层钙泥质粉砂岩、粉砂质泥岩不等厚互层	20.0m
32. 紫红色薄层钙质泥质粉砂岩、泥岩夹中细粒砂岩	19.0m
31. 紫红色薄层泥质粉砂岩，其中夹有灰绿色钙质、泥质粉砂岩，并含少许钙质泥岩，具小型斜层理，钙质泥岩中产牙形石：*Roundya* sp.，*Panderodus* sp.	15.0m
30. 紫红色薄层铁质钙质石英细砂岩，斜层理发育	16.9m
29. 紫红色厚层砾岩，砾石成分主要为灰岩和石英岩，灰岩砾石中产珊瑚 *Mesofavosites* sp.	3.0m
28. 紫红色厚层含铁质、钙质不等粒杂砂岩	15.0m
27. 紫红色厚层粗砾岩，砾石主要有灰岩、石英岩、砂岩、硅质岩等，灰岩砾石中产床板珊瑚 *Mesofavosites* sp. 等	2.2m

----- 平行不整合 -----

下伏地层：照花井组（$S_{1-2}z$）紫红色薄层铁质泥质细砂岩与粉砂岩互层

旱峡组与下伏照花井组平行不整合接触，或不整合于奥陶系米钵山组之上，与上覆上泥盆统中宁组或更新的地层不整合接触，为一套滨海相陆源碎屑岩沉积。上述照花井剖面旱峡组厚559.1m，主体岩性为紫红色砂岩、粉砂岩，夹数层灰紫、紫红色厚—巨厚层砾岩，上部偶见夹灰岩透镜体，含腕足类和双壳类化石。乏羊坡沟厚461.9m，野猪沟厚度大于360m，岩性均与照花井剖面一致。

二、祁连地层区北祁连地层分区

本地层分区志留系仅发育上—顶统旱峡组，主要出露于南华山北坡香黄沟—芦子沟一带，西华山西段文常山、墩墩梁、曹家山等地有小面积露头。以南华山香黄沟剖面和西华山墩墩梁剖面为代表。

南华山香黄沟剖面（位于海原县南华山香黄沟。起点坐标：北纬 36°27′，东经 105°42′。宁夏区调队 1988 年测制）层序如下（图 5-4）：

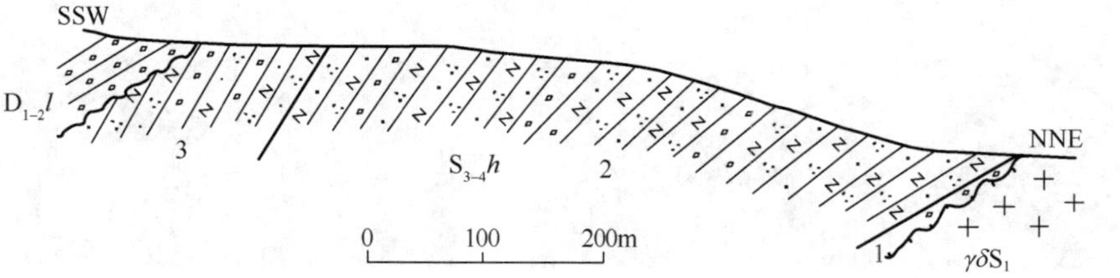

图 5-4 海原县南华山香黄沟志留系旱峡组剖面图

Fig. 5-4 Section of the Silurian Hanxia Formation in Xianghuanggou, Nanhuashan, Haiyuan County, Ningxia

上覆地层：老君山组（$D_{1-2}l$）褐紫色厚层中—细砾岩

~~~~~~~~ 不 整 合 ~~~~~~~~

旱峡组（$S_{3-4}h$）	总厚度 540.5m
3. 褐红色细粒长石石英砂岩夹少量褐红色中—细砾岩	92.9m
2. 褐红色中厚层细粒长石石英砂岩，局部偶夹褐红色薄层细砾岩、含砾中细粒长石石英砂岩	437.9m
1. 浅红灰色厚层细—中砾岩	9.7m

~~~~~~~~ 不 整 合 ~~~~~~~~

下伏：早志留世花岗闪长岩（$\gamma\delta S_1$）

西华山墩墩梁剖面（位于海原县西华山墩墩梁。起点坐标：北纬 36°37′，东经 105°18′。宁夏区调队 1988 年测制，宁夏地调院 2002 年修侧）层序如下：

旱峡组（$S_{3-4}h$）	>410.5m
11. 砖红色中层细粒长石石英砂岩，下部夹紫红色粉砂质泥岩（断层，未见顶）	>310m
10. 紫红色间夹黄绿色粉砂质泥岩、泥岩	36.1m
9. 黄绿灰色中层钙质岩屑粗粉砂岩	5.3m
8. 绿灰（略泛黄）色含钙质泥岩夹少量黄绿灰色薄层岩屑石英粗粉砂岩	12.8m
7. 灰色中层岩屑石英粗粉砂岩	4.4m
6. 绿灰（略泛黄）色薄层钙质岩屑石英粗粉砂岩，发育交错层理及波痕，产遗迹化石 *Planolites virgatus*，*P. striatus*，*P. montanus*	12.3m
5. 浅绿灰色中层中粒钙质岩屑砂岩，偶夹灰色钙质细粒长石岩屑砂岩透镜体	6.2m
4. 浅绿灰色厚—巨厚层细角砾岩夹大量不稳定的灰绿色细粒钙质长石岩屑砂岩透镜体	6.1m
3. 灰—浅绿灰色巨厚层中—粗角砾岩，偶夹少许灰绿色细粒长石岩屑杂砂岩透镜体	13.8m
2. 灰绿色厚层细粒长石岩屑杂砂岩，偶夹细角砾岩	0.7m
1. 浅绿灰色块状中—粗角砾岩，上部偶夹不稳定的浅绿灰色细粒长石杂砂岩透镜体	2.8m

~~~~~~~~ 不 整 合 ~~~~~~~~

下伏地层：西华山组（Pt_2^1x）灰色糜棱岩化二云钠长石英片岩

旱峡组与下伏长城系海原岩群或早志留世花岗闪长岩和上覆下—中泥盆统老君山组均为不整合接触，为一套滨海相红色碎屑岩沉积。南华山地区旱峡组岩性与香黄沟剖面相似，上述香黄沟剖面厚 540.5m，底部为厚 9.7m 之灰色厚层细—中砾岩（图 5-5），向上为褐红色中—厚层中—细粒长石石英砂岩，上部夹数层灰色中—细砾岩。西华山文常山一带旱峡组不整合于海原岩群西华山岩组之上，未见顶，墩墩梁剖面厚度大于 410.5m，下部为灰—浅灰绿色厚层砾岩、含砾长石岩屑砂岩夹少量灰绿、
~~~~~~~~

1

2

图 5-5　旱峡组底部砾岩

Fig. 5-5　The basal conglomerate of the Hanxia Formation

1，2—海原县南华山香黄沟剖面 1 层

黄绿、紫红色粉砂质泥岩、泥岩等，产遗迹化石；中—上部为砖红色中厚层细粒长石石英砂岩，下部岩性与香黄沟剖面略有差异。

第二节　古生物群组合与地层划分对比

一、照花井组

同心照花井和中宁野猪沟两地照花井组中部灰岩中产多门类动物化石，计有珊瑚、腕足类、腹足类、三叶虫、头足类、笔石、海百合茎、层孔虫、介形虫及牙形石等。

（一）珊瑚

珊瑚中四射珊瑚亚纲计有 29 属 57 种及亚种（俞昌民，1962；高建国，1987）：*Tungussophyllum zhaohuajingensis*，*T. irregulare*，*T. tenuiseptatum*，*Brachyelasma concavifundatum*，*B. irregulare*，*B. ningxiaense*（图版Ⅺ，7、8），*B.* sp.，*Dinophyllum fagellatum*，*D. concavotabulatum*，*D. ningxiaensis*，*D. zhaohuajingensis*，*D. tongxinensis*，*D.* sp.，*Phaulactis ningxiaensis*，*P.* sp.，*Pilophyllum raricystosum*，*P. vorticum*，*P.* ? sp.，*Holophragma mitrata*，*Crassilasma* sp.，*C. irregulare*，*C. electum*，*C. minimum*（图版Ⅺ，9），*C. offleyensis* ?，*Kyphophyllum* sp.，*K. vorticum*，*Streptelasma* cf. *whittardi*，*S. tongxinensis*（图版Ⅺ，5、6），*S. undulatum*，*S. hannah*，*S.* sp.，*Asthenophyllum orientale*，*Amplexoides* sp.，*Codonophyllum* sp.，*Dentilasma meitanensis*，*Neostreptelasma araneum*（图版Ⅺ，1），*Porfirieviella concava*（图版Ⅺ，11），*Pseudophaulactis lykophylloides* ?，*P. zhaohuajingensis*，*Lindstroemophyllum* sp.，*Pycnactis* sp.，*Paramplexoides concavus*，*P. cylindricus*，*Tongxinophyllum tongxinensis*（图版Ⅺ，3、4），*T. nanzhengensis*，*T. yezhugouensis*（图版Ⅺ，2），*Strombodes zhongningensis*，*S. ningxiaensis*，*S.* sp.，*Onychophyllum* sp.，*Grewingkia ningxiaense*（图版Ⅺ，10），*Zelophyllum* sp.，*Tryplasma* sp.，*Pterophrentis* sp.，*Donacophyllum* sp.，*Kodonophyllum* sp.，*Protopilophyllum tongxinensis* 等。其中 *Brachyelasma*，*Streptelasma*，*Neostreptelasma*，*Grewingkia*，*Paramplexoides*，*Pterophrentis*，*Porfirieviella*，*Holophragma*，*Pycnactis* 和 *Phaulactis* 是繁盛于晚奥陶世至早志留世的属；*Pseudophaulacti* 和 *Tungussophyllum* 是北欧和俄罗斯乌拉尔及西伯利亚早志留世所特有的属；*Onychophyllum* 是仅产于北欧、乌拉尔、西伯利亚和我国扬子地区中晚兰多维利期地层中的属；*Crassilasma*，*Dinophyllum*，*Amplexoides*，*Asthenophyllum*，*Lindstroemophyllum*，*Pilophyllum* 和 *Tongxinophyllum* 主要繁盛于早志留世。

床板珊瑚亚纲有 8 属 26 种：*Favosites gothlandicus*，*F. grandiformis*，*F.* cf. *favosiformis*，*F.* cf. *forbesi*，*F.* sp.，*Palaeofavosites balchaschensis*，*P. sinensis*，*P. forbesiformis major*，*P. forbesiformis multitabulatus*，*P. multisoleniformis*，*P. zhongweiensis*，*P.* sp.，*Mesofavosites grandiformis*，*M. confertus*，*M. tongxinensis*，*M. ji-*

uquanensis, *M.* aff. *diversus*, *M.* sp., *Multisolenia zhongningensis*, *M. reliqua multisopinosa*, *Halysites senior*, *H. catenularius*, *H.* sp., *Parastriatopora* sp., *Catenipora* sp., *Aulopora* sp. 等。以蜂巢珊瑚类为主，其中 *Palaeofavosites*, *Mesofavosites*, *Multisolenia* 在我国主要见于早志留世晚期至中志留世早期地层中；其他的 *Halysites*, *Parastriatopora*, *Catenipora* 等属在我国扬子区和西北部分地区都是从早志留世晚期至中志留世的常见属。

日射珊瑚亚纲仅有 3 属 4 种：*Heliolites* sp., *Helioplasmolites tongxinensis*, *Propora conferta*, *P.* sp.。其中 *Heliolites*, *Helioplasmolites* 和 *Propora* 3 个属在我国主要繁盛于晚奥陶世至中志留世地层中。

（二）腕足类

腕足类计有 16 属 30 种及亚种（李耀西，1980；傅力浦，1985）：*Clintonella nucleola*, *C. arctus*, *C. testudinaria*, *C.* sp., *Holorhynchus sinensis*, *H. sinicus*, *H.* sp., *Imbricatopira decora*, *Eospirifer sinensis dasifiliformis*, *E. sinensis ningxiaensis*, *E. tingi*, *E. bourgeoisi*, *E.* sp., *Schizoramma planodorsa*, *S.* cf. *rigida*, *Nalivkinia varians*, *N.* cf. *varians*, *N. zhaohuajingensis*, *N.* sp., *Nucleospira* sp., *Striispirifer orbiplicatus*, *S.* sp., *Didymaella didima*, *Disulcatella didyma*, *Plectatrypa* sp., *Meristina* ? sp., *Proathyris* sp., *Harpidium* cf. *groenlandicum*, *Alispira testudinaria*, *Athyrisinoides* sp., Atrypinids, Pentameridae 等。其中 *Holorhynchus* 主要繁盛于晚奥陶世末期相当于挪威 5b 的层位，在哈萨克斯坦还见于下志留统下部；*Clintonella* 仅见于北美，模式种产于纽约州的克林顿群，一般认为大致相当于晚兰多维利至早文洛克阶；*Alispira* 仅见于西伯利亚和爱沙尼亚，一般认为该属限于兰多维利阶；*Nalivkinia* 在我国和前苏联见于兰多维利中晚期至文洛克早期；*Eospirifer sinensis dasifiliformis* 和 *Striispirifer orbiplicatus* 与西南地区早志留世中期的 *Eospirifer sinensis* 和 *Striispirifer acumiplicatus* 相近；*Imbricatospira* 不晚于早志留世。

（三）笔石

笔石产于中宁县野猪沟照花井组上部薄层灰岩所夹灰黄色含粉砂钙质页岩中，计有 14 属 26 种（何心一等，1987；葛梅钰等，1990）：*Pristiograptus* cf. *incommodus*（图版Ⅻ，1~3），*Monoclimacis* cf. *crenularis*, *Climacograptus minutus*（图版Ⅻ，6、7），*C. linearis*, *C. miserabilis*（图版Ⅻ，8），*C.* sp.（图版Ⅻ，14~16），*Dictyonema* sp. A, *D.* sp.（图版Ⅻ，13），*Glyptograptus* sp.（图版Ⅻ，9），*Dimorphograptus* sp., *D. erecus*, *Galeograptus* sp., *G. zhongningensis*, *Acanthograptus* sp.（图版Ⅻ，10~12），*Pseudoclimacograptus hughesi*（图版Ⅻ，4、5），*P. guizhouensis*, *P.* cf. *xishuiensis*, *P.* sp., *Desmograptus explicitus*, *D.* sp., *Koremagraptus puncatus*, *Thallograptus* sp., *Pristiograptus* cf. *variabilis*, *P. acinaces*, *P.* sp., *Monograptus* sp.。其中 *Koremagraptus* 在我国属首次发现，*Galeograptus* 曾见于四川秀山的早志留世地层；*Climacograptus*, *Pseudoclimacograptus*, *Glyptograptus* 时限不晚于早志留世。葛梅钰等（1990）将这一笔石动物群称为 *Dimorphograptus erectus*-*Pseudoclimacograptus guizhouensis* 组合，认为时代属早志留世。

（四）牙形石

牙形石均产于同心照花井，计有 18 属 26 种（安太庠等，1990）：*Panderodus* sp., *P. unicostatus*, *Exochognathus caudatus*, *E.* cf. *caudatus*, *Ozarkodina* sp., *O.* sp. A, *O. excavata*, *Trichonodella inconstans*, *T. excavata*, *T. expansa*, *Hindeodella* sp., *Hibbardella* sp., *Pterognathus posteritenuis*, *Ligonodina salopia*, *Roundya detorta*, *R.* sp., *Lonchodina* sp., *Pterospathodus posteritenuis*, *Oulodus* sp., *Plectospathodus* sp., *Dentacodina multidenatata*, *D. trilinealis*, *Spathognathodus* sp., *Distomodus kentuckyensis*, *Ambalodus* sp., *Walliserodus curvatus*。其中 *Pterospathodus posteritenus* 首次发现于加拿大下志留统 Jupite 组，其时代不晚于兰多维利晚期；自然种 *Walliserodus curvatus* 在欧洲见于下志留统。

照花井组还产有：腹足类 *Lophospira* sp., *L. tongxinensis*, *Raphistomina* sp., *R.* cf. *affinis*, *Pararaphistoma* sp., *Eotomaria zhaohuajingensis*, *Liospira zhaohuajingensis*, *Euomphalidae*, *Apirorapheua* sp.；层孔虫 *Labechia conferta*, *Ecclimadictyon* sp., *Clathrodictyon* sp.；头足类 *Mixosiphonocerina baimapensis*；三

叶虫 *Scutellum* sp.，*Coronocephalus* sp. 等。这些化石地质历程均较长，多为奥陶纪—志留纪常见分子。

综上所述，主要根据珊瑚、腕足类、笔石和牙形石等共同反映的时代将照花井组时代定为早志留世—中志留世早期，年代地层为下—中志留统（相当国际地层表中的兰多弗里统—文洛克统），其层位大致与北祁连地区的小石户沟组至泉脑沟山组、马营沟群相当。

二、旱峡组

旱峡组古生物化石稀少，仅见有腕足类 *Whitefieldella* sp.，双壳类 *Actinopteria* sp. 和牙形石 *Roundya* sp. 及 *Panderodus* sp.，它们的时代意义不大，不能作为足以论证其时代的依据。根据旱峡组下与照花井组平行不整合接触、上与中宁组不整合接触的接触关系，推断其时代属晚志留世至末志留世，年代地层为上志留统至顶志留统（相当国际地层表中的拉德洛统—普里多利统），其岩性、层位与北祁连地区的旱峡组均可对比。

三、问题讨论

1988~1990 年，宁夏区调队在进行海原县等 4 幅1：5 万区调时，将分布于北祁连地层分区西华山地区的旱峡组下部地层根据所含微古植物和遗迹化石划归震旦系，并认为属冰水沉积，与河南的罗圈组、贺兰山的正目观组对比（闫志强、方飞龙，1992）。所产的微古植物有：*Pseudozonosphaera asperella*，*P. rugoosa*，*P. nucleolata*，*P. verrucosa*，*P. sinica*，*Trachysphaeridium simplex*，*T. cultum*，*T. rude*，*T.* cf. *planum*，*Triangunorpha* sp.，*Leiopsophosphaera solida*，*L. infriata*，*L. minorschep*，*L. donsa*，*L. apertus*，*L.* cf. *leguninifornis*，*Leiofusa crassa*，*L. orassa*，*L.* cf. *digitata*，*Lophosphaeridium* sp.，*Lophominuscula* sp.，*Lignum* sp.，*Monotrematosphaeridium* sp.，*Synsphaeridium* cf. *conglutinatum*，*Dictyosphaeridium* ? sp.，*Zonosphaeridium* sp. 等；遗迹化石有：*Planolites virgatus*，*P. striatus*，*P. montanus*，*P. beverleyensis*，*P.* cf. *surpen*，*P.* sp. 。其中微古植物中一些属种曾出现在鄂西的陡山沱组、灯影组，豫西的罗圈组和贺兰山地区的正目观组中，有些还是代表性分子，总体面貌具震旦纪色彩。

2009 年，本项目组赴野外对南华山香黄沟剖面和西华山墩墩梁剖面进行了实地核查，核查结果和认识如下：

1）墩墩梁剖面中旱峡组不整合于海原岩群之上，因断层破坏未见顶，其底部（相当于宁夏区调队所划分的震旦系）与中上部（相当于宁夏区调队所划分的旱峡组）之间为连续沉积，不存在不整合接触关系。

2）上述两剖面主体岩性基本一致，均为一套以紫红色碎屑岩为主的滨海相沉积，只是底部岩性略有差异，表现为：墩墩梁剖面旱峡组底部岩性相对较细，除砾岩外，尚有较多的灰绿色长石岩屑杂砂岩、粉砂岩及泥岩等；而香黄沟剖面旱峡组底部岩性相对较粗，为浅红灰色厚层细—中砾岩，基本未见夹泥岩、粉砂岩等灰绿色岩层。

3）墩墩梁剖面旱峡组下部（相当于宁夏区调队所划分的震旦系）砾岩、含砾砂岩层中碎屑具有一定的分选性和向上变细的粒序层理，其中石英砾石磨圆度较好（圆—次圆状），显示了滨海相沉积特征，与贺兰山地区震旦系正目观组冰水沉积没有可比性。

基于上述理由，本《志》仍将分布于西华山地区的“震旦系”划归志留系旱峡组，对于所产的微古植物，我们推测来自于下伏地层或砾石中。

第六章　泥盆系

宁夏的泥盆系分布于中南部之卫宁北山、牛首山西南麓、烟筒山、香山和南华山等地。发育于阿拉善地层区、阿拉善南缘地层分区和祁连地层区、北祁连地层分区，华北地层区缺失。北祁连地层分区下统、中统和上统均有发育，宁夏境内仅出露下—中统，为山麓相粗碎屑岩沉积；阿拉善南缘地层分区缺失下统，中、上统发育良好，为一套以紫红色碎屑岩为主的河湖相沉积，化石丰富，是我国西北地区泥盆系颇有代表性的地区之一。

宁夏泥盆系的研究始于20世纪40年代。1945年，黄汲清在《中国主要地质构造单元》一书中，将本区泥盆系与甘肃民乐县城附近的老君山和古浪峡（乌鞘岭以北）一带的老君山砾岩对比，划归下石炭统下部，相当杜内期沉积。1954年，斯行健首次研究了采自中宁烟筒山东麓马固井的 *Leptophloeum rhombicum*，认为该化石是晚泥盆世的标准化石，因而确定含化石的地层时代为晚泥盆世。1959年，沈纪祥在中卫下河沿东大沟再次采到上述化石，并认为其与上覆的下石炭统呈不整合或假整合接触，时代属晚泥盆世。1962~1963年，宁夏综合地质队钾盐分队对泥盆系作了较系统的工作，在中宁牛首山黑碳子梁以北发现其内部存在一不整合面，并据此不整合面将其下归于泥盆系，命名为烟突山组，不整合面之上地层称为水泉组和羊头山组，认为其属晚泥盆世—早石炭世的过渡层。1960~1963年，宁夏区测队在进行1：20万同心幅、海原幅区调时，根据区域地层对比，将香山地区的泥盆系称为沙流水群，时代定为晚泥盆世，将海原南华山的泥盆系称为雪山群，时代划归早—中泥盆世。1972~1974年，宁夏区调队在进行1：20万中卫幅区调时，对幅内泥盆系作了较为全面而系统的研究，于牛首山西南麓石峡沟、烟筒山等地发现了丰富的鱼类化石，经潘江等（1982）鉴定研究，认为其中有沟鳞鱼、桨鳞鱼、中华鱼和少量的大瓣鱼类化石，并在此基础上根据岩性、生物群和接触关系，将泥盆系自下而上划分为中统石峡沟组、上统中宁组，将两统之间的不整合命名为“宁夏运动”。1977年，宁夏区域地层表编写组采用了西北区晚古生代地层会议划分方案，将区内泥盆系划分为中—下统雪山群、中统石峡沟组和上统沙流水群。1980~1985年，宁夏区调队继续与潘江等合作，在区内广泛地采集了化石，对区内泥盆纪地层、古生物、岩相古地理、沉积建造、古地磁等进行了深入研究，将不整合面之上的含浆鳞鱼的地层划分为大岱沟组和中宁组。这期间赵修祜、吴秀元、顾其昌等人还对泥盆纪的植物作了系统描述。1987年潘江等编纂出版的《宁夏陆相泥盆系及其生物群》即是对上述工作的概括总结。

1990年出版发行的《宁夏回族自治区区域地质志》将中卫、中宁地区的泥盆系划分为中统石峡沟组和上统中宁组，将海原南华山地区的泥盆系称为雪山群，时代定为中泥盆世。1996年出版发行的《宁夏回族自治区岩石地层》将宁夏的泥盆纪岩石地层自下而上划分为石峡沟组和老君山组，前者时代确定为中泥盆世，后者时代为晚泥盆世。嗣后，地质工作者大多采用了这一划分方案，沿用至今。

宁夏泥盆系划分和命名沿革情况见表6-1。

第一节　岩石地层

一、阿拉善地层区阿拉善南缘地层分区

本地层分区泥盆系为河湖相沉积。缺失下统，中统和上统均为红色碎屑岩，上部偶夹泥灰岩、砂质灰岩、生物碎屑灰岩及白云岩。古生物化石有鱼类、两栖类、介形虫、植物和孢粉。由于邻近物源，岩性、厚度变化较大。

表 6-1　宁夏泥盆系划分和命名沿革表

Table 6-1　Evolution of divisional schemes of Devonian in Ningxia

<table>
<tr><th colspan="2" rowspan="2">地层系统</th><th rowspan="2">斯行健，玉门石油管理局108 队，1953</th><th rowspan="2">沈纪祥，1959</th><th rowspan="2">宁夏综合队钾盐分队，1963</th><th rowspan="2">宁夏区测队（同心幅、海原幅），1965</th><th rowspan="2">宁夏区调队（中卫幅），1976</th><th colspan="2" rowspan="2">宁夏区域地层表编写组，1980</th><th rowspan="2">潘江等，1980</th><th colspan="2">《宁夏回族自治区区域地质志》，1990</th><th rowspan="2">《宁夏回族自治区岩石地层》，1996</th><th colspan="2">本《志》，2012</th></tr>
<tr><th>中宁、中卫</th><th>海原</th><th>中宁、中卫</th><th>海原</th></tr>
<tr><td rowspan="2">石炭系</td><td rowspan="2">下统</td><td rowspan="2">臭牛沟系</td><td rowspan="2">臭牛沟统</td><td>臭牛沟组</td><td rowspan="2">臭牛沟组</td><td rowspan="2">臭牛沟组</td><td colspan="2">臭牛沟组</td><td rowspan="2">臭牛沟组</td><td rowspan="2">臭牛沟组</td><td rowspan="3">（缺失）</td><td>臭牛沟组</td><td>臭牛沟组</td><td rowspan="3">（缺失）</td></tr>
<tr><td>羊头山组</td><td colspan="2">前黑山组</td><td>前黑山组</td><td>前黑山组</td></tr>
<tr><td rowspan="3">泥盆系</td><td>上统</td><td>老君山砾岩</td><td>老君山系</td><td>水泉组</td><td>沙流水群</td><td>中宁组</td><td colspan="2">沙流水组</td><td>中宁组</td><td>中宁组</td><td>中宁组</td><td>中宁组</td></tr>
<tr><td>中统</td><td rowspan="3">南山系</td><td rowspan="2">（缺失）</td><td rowspan="2">烟突山组</td><td rowspan="2">雪山群</td><td>石峡沟组</td><td rowspan="2">雪山群</td><td>石峡沟组</td><td>石峡沟组</td><td>石峡沟组</td><td>雪山群</td><td>石峡沟组</td><td>石峡沟组</td><td rowspan="2">老君山组</td></tr>
<tr><td>下统</td><td>（缺失）</td><td>（缺失）</td><td>（缺失）</td><td>（缺失）</td><td>（缺失）</td><td>（缺失）</td><td>（缺失）</td></tr>
<tr><td colspan="2">下伏地层</td><td>志留系
南山系</td><td>中寒武统
香山群</td><td>中寒武统
香山群</td><td>中寒武统
香山群</td><td colspan="2">中寒武统
香山群</td><td>中寒武统
香山群</td><td>中寒武统
香山群</td><td>上志留统
旱峡群</td><td>香山群</td><td>香山群</td><td>旱峡组</td></tr>
</table>

岩石地层序列自下而上为石峡沟组和中宁组。二者正层型均为石峡沟剖面（位于宁夏中宁县白马乡北偏东 7km 之石峡沟。起点坐标：北纬 37°40′，东经 106°01′。潘江、顾其昌、刘时雨等 1983 年测制），其层序如下（图 6-1）：

上覆地层：羊虎沟组（C_2y）砂岩、页岩等

----- 平行不整合 -----

中宁组（D_3z）	总厚度 304.6m
四段（D_3z^4）	厚度 74.5m
27. 深灰绿色粉砂岩夹浅灰色厚—中厚层中细粒长石石英砂岩。产鱼类 *Remigolepis microcephala*；孢子 *Calamospora atava*，*C. nigrata*，*Apiculatisporis microconus*，*Retusotriletes distinctus*，*R.* spp.，*Apiculiretusispora plicata*，*A. granulate*，*A. nitida*，*A. septalata* var. *minor*，*Stenozonotriletes extensus* var. *medius*，*S. laevigatus*，*S. conformis*，*Cymbosporites truncates*，*Geminospora devonicus*，*G. lemurata*，*G. parvibasilaris*，*Verruciretusispora magnifica maqnifica*，*Verrucosisporites* spp.，*Hymenozonotriletes breimammus*，*Chelinospoya* sp.，*Ancyrospora furcula*，*Archaeozonotriletes variabilis*，*A. agnatus*，*Samarisporites triangulates*，*Grandispora* sp.，*Auroraspora macromanifestus*，*Acanthotriletes uncatus*，*Aneurospora greggsii* 等	14.5m
26. 深灰绿色厚—中厚层含砂质灰岩。产鱼类 *Remigolepis* sp.	13.5m
25. 紫红色厚—中厚层粉砂质灰岩夹灰绿色中厚—薄层粉砂质细晶灰岩。产鱼类 *Remigolepis major*	12.6m
24. 紫红色、灰绿色粉砂岩与灰白色中厚层中细粒长石石英砂岩互层。产植物 *Sublepidodendron mirabile*	33.9m
三段（D_3z^3）	厚度 117.8m
23. 紫红色粉砂岩	44.6m
22. 紫红色粉砂岩夹紫红色薄—中厚层细粒长石石英砂岩。产鱼类 *Remigolepis zhongningensis*，*R. major*	73.2m
二段（D_3z^2）	厚度 67.9m
21. 紫红色粉砂岩夹砂砾岩、含砾粗砂岩薄层。产植物 *Leptophloeum rhombicum*	35.5m
20. 紫红色粉砂岩夹紫红色厚—薄层细粒长石石英砂岩。中部产鱼类 *Remigolepis zhongningensis*，*R. major*	32.4m
一段（D_3z^1）	厚度 44.4m
19. 紫红色薄层—中厚层细粒长石石英砂岩夹紫红色中厚层砾岩。产植物 *Leptophloeum rhombicum*，*Sphenopteris* sp.，*Sphenopteridium* sp.	13.6m
18. 紫红色厚—中厚层砾岩与粗粒岩屑砂岩互层	19.7m
17. 紫红色厚层砾岩	11.1m

～～～～ 不 整 合 ～～～～

石峡沟组（D_2s）	总厚度 246.5m
上段（D_2s^3）	厚度 71.7m
16. 灰紫—紫红色块状粉砂岩，局部夹少量薄层细粒长石石英砂岩。前者局部含灰绿色斑点	31.8m
15. 灰紫色中厚层细粒长石石英砂岩，夹少量紫红色粉砂岩。前者下部见平行层理，产 *Antiarchi*，*Sarcopterygii* 等鱼化石碎片	6.5m
14. 紫红色块状粉砂岩，偶夹薄层细粒长石石英砂岩。粉砂岩含灰绿色斑点	33.4m
中段（D_2s^2）	厚度 72.7m
13. 灰—灰白色厚层细粒石英砂岩夹一层紫红色细粒长石石英砂岩及少量粉砂岩。底部见波状层理，下部见平行层理。前者产鱼类 *Bothriolepis niushoushanensis*	23.6m
12. 紫红色粉砂岩夹紫红色中—厚层细粒长石石英砂岩。粉砂岩发育水平层理及沙纹层理，细砂岩发育平行层理、交错层理，局部见小型不对称波痕。产鱼化石 *B. niushoushanensis*	34.3m

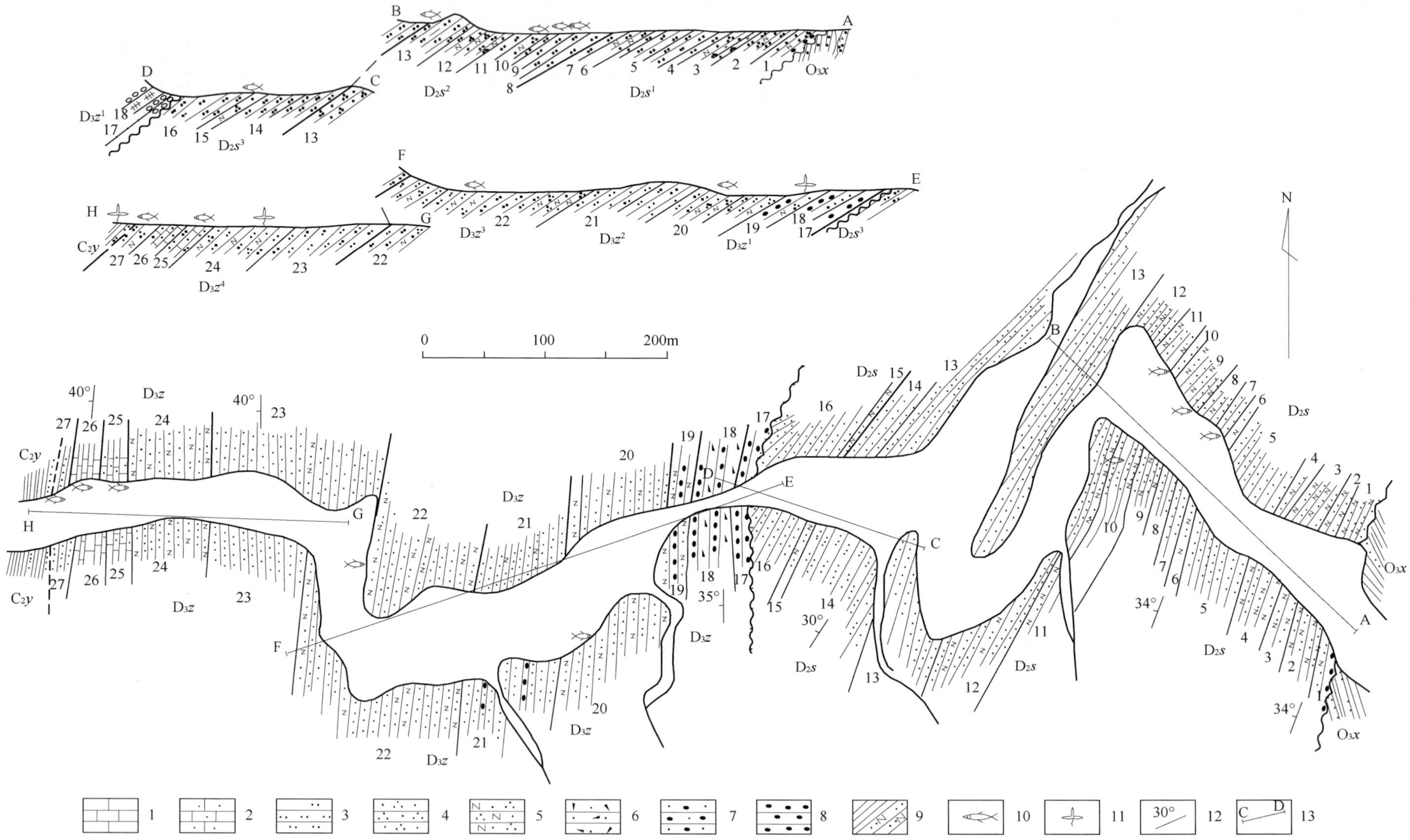

图 6-1　中宁县石峡沟泥盆系路线地质图及剖面图

Fig.6-1　Reconnaissance geologic map and section of Devonian in Shixiagou, Zhongning County, Ningxia

1—灰岩；2—砂质灰岩；3—粉砂岩；4—石英砂岩；5—长石石英砂岩；6—岩屑砂岩；7—砂砾岩；8—砾岩；9—变质长石石英砂岩及板岩；10—鱼化石产地；11—植物化石产地；12—岩层产状；13—剖面线及编号

11.	紫红色粉砂岩与紫红色薄—中厚层细粒长石石英砂岩不等厚互层。前者具平行层理、交错层理，有时见小型不对称波痕，后者发育水平层理及波状层理，局部见泥裂。产鱼类 *Bothriolepis niushoushanensis*，*Quasipetalichthys* cf. *haikouensis*	15.0m
10.	灰白色中厚层细粒石英砂岩，发育平行层理及板状斜层理，产鱼类 *Bothriolepis niushoushanensis*	0.7m
9.	紫红色中—薄层细粒长石石英砂岩与紫红色粉砂岩不等厚互层。砂岩有时见平行层理，粉砂岩发育水平层理及波纹层理。底部产鱼类 *Bothriolepis niushoushanensis*	7.3m
8.	紫红色粉砂岩夹少量中—薄层细粒长石石英砂岩。粉砂岩发育水平层理及波纹层理	11.8m

下段（D_2s^1） 厚度 82.1m

7.	灰白色厚—中厚层石英砂岩，底部见 1 m 厚的浅灰色砂砾岩、含砾长石石英砂岩，砂岩发育平行层理	10.2m
6.	紫红色中薄层（含砾）细粒长石石英砂岩与黄绿色细粒长石石英砂岩、粉砂岩不等厚互层。前者见平行层理，后者发育波纹层理	0.9m
5.	灰白色厚层细粒石英砂岩，发育平行层理及板状斜层理、楔状交错层理	27.2m
4.	灰白色中厚层细粒长石石英砂岩与黄绿、紫红色粉砂岩互层。砂岩发育平行层理，粉砂岩具水平层理及波纹层理	4.8m
3.	灰白色厚层细—中粒长石石英砂岩夹少许浅灰色中薄层砂砾岩	24.0m
2.	浅灰、灰黄色中厚层砂砾岩—灰白色薄—中厚层细粒长石石英砂岩—粉砂岩向上变细层序	5.9m
1.	灰白色中厚层细粒长石石英砂岩夹少量浅红灰色薄层细粒长石石英砂岩、粉砂岩，底部见1m厚之砂砾岩。砂岩发育板状斜层理、平行层理，粉砂岩具水平层理、波纹层理	9.1m

～～～～～～ 不 整 合 ～～～～～～

下伏地层：香山群徐家圈组（O_3x）灰绿色变质砂岩、板岩

（一）石峡沟组（D_2s）

1975 年由宁夏区测队命名，命名地为正层型所在地石峡沟。

石峡沟组仅出露于牛首山西南麓黑碳子梁—石峡沟一带，与下伏香山群徐家圈组和上覆中宁组均呈不整合接触。上列正层型石峡沟组厚 246.5m，可分 3 个岩性段。

下段（D_2s^1）：1~7 层，厚 82.1m，岩性为灰白色厚—中厚层中—细粒长石石英砂岩、石英砂岩，底部夹少量砂砾岩、砾岩，顶部夹极少量紫红色细粒长石石英砂岩、粉砂岩。

中段（D_2s^2）：8~13 层，厚 72.7m，岩性为紫红色薄—中厚层细粒长石石英砂岩、石英砂岩夹紫红色粉砂岩，顶部尚夹灰白色厚层细粒石英砂岩，含丰富的胴甲鱼类化石。

上段（D_2s^3）：14~16 层，厚 71.7m，岩性以紫红色粉砂岩为主，夹少量紫红色薄—中厚层细粒长石石英砂岩，前者常含分布不均的灰绿色斑点，直径 1~2cm 不等。

自石峡沟剖面向北本组厚度渐增，至黑碳子梁一带厚达 503.1m，除底部见有少量砾岩和上部偶夹粉砂质灰岩外，其余岩性均与石峡沟剖面一致。

（二）中宁组（D_3z）

1975 年由宁夏区测队命名，命名地为正层型所在地石峡沟。

中宁组分布较广，主要出露于卫宁北山地区的新井沟、单梁山、菊花台、羊头山、新寺山，牛首山西南麓的黑碳子梁、石峡沟，香山地区的下河沿、红泉、上校育川、狼嘴子、磨盘井和烟筒山等地，黑鹰湾山西南麓和青山等地见有零星露头。

中宁组主体色调为紫红色，局部夹灰绿色，主要由砾岩、长石石英砂岩、粉砂岩和泥岩组成，夹少量泥灰岩、灰岩、砂质灰岩透镜体，不整合覆于石峡沟组（图 6-2）或更老地层之上，上与下石炭统前黑山组或上石炭统羊虎沟组呈平行不整合或不整合接触。

上列石峡沟剖面中宁组厚 304.6m，可划分为 4 个岩性段。

图 6-2　上泥盆统中宁组（D_3z）与中泥盆统石峡沟组（D_2s）不整合接触关系

Fig. 6-2　Unconformity between the Upper Devonian Zhongning Formation（D_3z）and the Middle Devonian Shixiagou Formation（D_2s）

1—牛首山黑碳子梁；2—石峡沟

一段（D_3z^1）：17~19 层，厚 44.4m，下部为紫红色厚层粗砾岩、砾岩，上部为紫红色厚—中厚层砾岩夹岩屑砂岩、细粒长石石英砂岩，上部产植物化石。

二段（D_3z^2）：20~21 层，厚 67.9m，岩性为紫红色粉砂岩夹砂砾岩、含砾粗砂岩和中—薄层细粒长石石英砂岩，产植物和鱼类化石。

三段（D_3z^3）：22~23 层，厚 117.8m，岩性以紫红色粉砂岩为主，下部夹紫红色薄—中厚层细粒长石石英砂岩，产鱼类化石。

四段（D_3z^4）：24~27 层，厚 74.5m，下部以紫红色、灰绿色粉砂岩、紫红色中细粒长石石英砂岩为主，夹灰、浅灰—灰白色中细粒长石石英砂岩，产鱼类、植物及孢粉。

在香山地区中卫市狼嘴子剖面（位于中卫市东南约 40km 处的狼嘴子。起点坐标：北纬 37°14′，东经 105°27′。宁夏地质矿产勘察院 1991 年测制）出露良好，层位齐全，顶底清楚，具代表性，可作为中宁组次层型，其层序如下（图 6-3）：

上覆地层：前黑山组（C_1q）灰白色巨厚层粗砾岩

----- 平行不整合 -----

中宁组（D_3z） 厚度 622.4m

41. 灰紫色厚层钙质含砾粗粒长石石英砂岩、粗粒长石砂岩夹紫红色中层钙质细粒长石石英砂岩、粉砂质泥岩，下部有厚分别为 3.0m、1.6m 之灰白色钙质粗砾岩透镜体。粗砂岩发育低角度交错层理、板状斜层理，含少量紫红色泥砾，细粒砂岩发育水平层理 43.8m

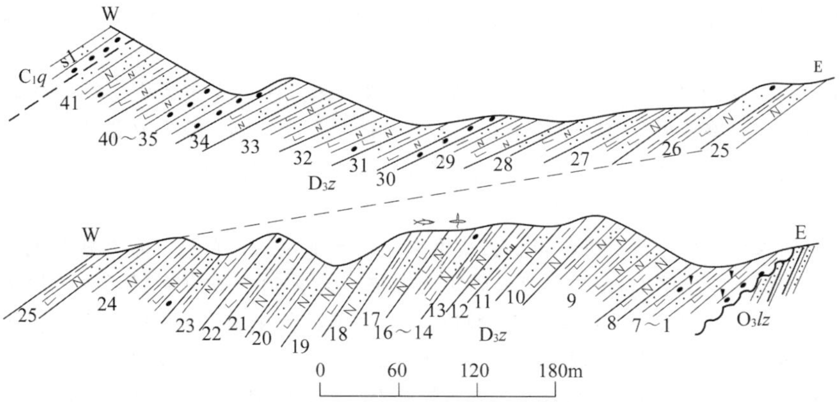

图 6-3　中卫市狼嘴子上泥盆统中宁组剖面图

Fig. 6-3　Section of the Upper Devonian Zhongning Formation in Langzuizi, Zhongwei, Ningxia

40. 紫红色泥质粉砂岩夹灰紫色厚—中层钙质（含砾）粗粒长石石英砂岩。砂岩发育板状斜层理　7.7m

39. 灰白色巨厚层钙质粗砾岩　6.2m

38. 下部为暗紫红色粉砂质泥岩；中—上部为灰紫色中层钙质中粒长石石英砂岩夹紫红色中层钙质细粒长石石英砂岩、深紫红色粉砂质泥岩。中粒砂岩发育平行层理，细粒砂岩发育水平层理　9.8m

37. 浅灰紫色巨厚层钙质含砾粗粒长石石英砂岩，底部砾石含量高，可过渡为砂砾岩乃至砾岩。发育大型板状斜层理　8.0m

36. 深紫红色泥质粉砂岩夹灰紫色中层钙质含砾粗粒长石石英砂岩。砂岩发育平行层理　16.2m

35. 灰白色巨厚层钙质粗砾岩夹浅红灰色钙质含砾粗粒长石石英砂岩透镜体。砾岩中砾石成分以脉石英和硅质岩为主，次为灰岩和砂岩，砾径 0.2～8.0cm，以 1～5cm 为主，砾石呈圆—次圆状，最大扁平面平行层面排列　3.9m

34. 紫红、灰红色厚—中层钙质细粒长石石英砂岩夹少量紫红色钙质粉砂岩。砂岩发育平行层理　18.1m

33. 紫红色中层钙质细粒长石石英砂岩夹紫红色泥质粉砂岩，上部见夹一层灰白色砂砾岩透镜体。砂岩发育低角度交错层理、平行层理　30.9m

32. 紫红—灰紫色中—厚层钙质含砾粗粒长石石英砂岩夹少许紫红色粉砂质泥岩、泥质粉砂岩。砂岩发育低角度交错层理、板状斜层理、平行层理，并见含紫红色泥砾和不对称波痕　32.1m

31. 紫红色厚—中层钙质细粒长石石英砂岩夹少量紫红色泥质粉砂岩。每一砂岩层中下部发育低角度交错层理，上部发育平行层理　8.5m

30. 浅红灰—灰紫色巨厚层钙质含砾粗粒长石砂岩，底部有一不稳定层状灰白—浅红灰色钙质细—中砾岩。砂岩发育低角度交错层理　3.1m

29. 紫红色中—厚层钙质细粒长石石英砂岩夹少量紫红色泥质粉砂岩。砂岩发育平行层理　21.8m

28. 紫红色薄—中层钙质细粒长石石英砂岩与紫红色钙质细粉砂岩、粉砂质泥岩互层。砂岩发育水平层理、沙纹层理　9.1m

27. 浅紫灰、浅红灰色厚—中层钙质中—细粒长石石英砂岩夹紫红色中层钙质细粒长石石英砂岩和紫红色钙质粉砂岩。中—细粒砂岩发育板状斜层理，细粒砂岩发育水平层理、沙纹层理　6.1m

26. 紫红色粉砂质泥岩、泥岩与灰紫色中层钙质含砾细—中粒长石石英砂岩互层，底部为一个紫红色泥砾质细砾岩透镜体，上部夹一层浅绿灰色泥砾质中—细砾岩。砂岩发育水平层理、沙纹层理　21.7m

25. 浅红灰、灰白色厚—中层钙质中粒长石石英砂岩夹紫红色泥岩。砂岩发育平行层理，含植物碎片　9.7m

24. 紫红色中层钙质细粒长石石英砂岩、紫红色粉砂质泥岩夹灰紫色厚层钙质含砾细粒长石石英砂岩。厚层砂岩含泥砾，发育平行层理，中层砂岩发育水平层理、沙纹层理　46.0m

23. 紫红色粉砂质泥岩、泥岩夹灰紫色中层钙质中粒长石石英砂岩。砂岩发育板状斜层理和沙纹层理 21.5m

22. 底部为一浅绿灰色含铜钙质含砾粗粒长石石英砂岩透镜体，往上为灰色中层钙质含砾粗—中粒长石石英砂岩、灰色中层钙质中粒长石石英砂岩。含铜砂岩含鱼和植物化石碎片；中粒砂岩发育水平层理；粗—中粒砂岩发育低角度交错层理，平行层理，含紫红色泥砾 7.4m

21. 紫红色厚层钙质含砾细粒长石石英砂岩、灰紫色中层钙质细粒长石石英砂岩夹紫红色粉砂岩、泥岩，上部夹一层厚16cm之灰色粉砂质灰岩和一层厚50cm之灰色钙质中砾岩透镜体。厚层砂岩发育低角度交错层理、板状斜层理，含紫红色泥砾；中层砂岩发育板状斜层理、平行层理，层面见有不对称波痕。含植物 *Carpolithus* sp.，鱼类 *Remigolepis* sp. 18.5m

20. 灰紫色中层钙质细粒长石石英砂岩与紫红色钙质粉砂岩、粉砂质泥岩互层，中部见夹一层浅绿灰色粉砂质灰岩。粉砂质灰岩含灰色泥灰岩砾屑。细粒砂岩发育水平层理、沙纹层理 30.2m

19. 底部为一层厚2.0m之浅紫灰色钙质不等粒长石石英砂岩，往上为灰紫色中层钙质细粒长石石英砂岩、灰绿色中层含铜钙质中粒长石石英砂岩，顶部见有少许灰绿、紫红色泥岩。砂岩发育平行层理，含铜砂岩含植物碎片 20.2m

18. 底部为一层厚1.3m的灰紫色钙质含砾中粒长石石英砂岩，往上为灰紫色厚—中层钙质中粒长石石英砂岩。底部砂岩含灰色泥砾，发育平行层理，上部砂岩发育板状斜层理 17.5m

17. 紫红色薄—中层钙质细—中粒长石石英砂岩与紫红、灰绿色钙质粉砂岩、泥岩互层，下部夹一灰白色含粉砂质砾屑灰岩透镜体。砂岩发育板状斜层理、平行层理、水平层理、沙纹层理。含植物 *Leptophloeum rhombicum* 34.9m

16. 底部为一层厚45cm之浅红灰色钙质含砾粗粒岩屑长石砂岩，往上为灰紫色厚—中层钙质含砾粗粒长石砂岩夹褐灰色中层钙质细粒长石石英砂岩。底部砂岩含泥砾；中—上部砂岩发育低角度交错层理、平行层理。产鱼类 *Remigolepis* sp. 4.6m

15. 紫红色泥岩夹少许浅绿灰、浅紫灰色薄层钙质细粒长石石英砂岩。泥岩、砂岩均发育水平层理，个别砂岩尚发育沙纹层理 7.7m

14. 底部为一层厚50cm之浅紫灰色钙质含砾粗粒长石石英砂岩，往上为灰紫色厚—中层钙质细粒长石石英砂岩。砂岩发育板状斜层理、平行层理；含砾砂岩发育板状斜层理，并见含紫红色泥砾 7.7m

13. 紫红、浅灰绿色钙质粉砂岩、泥岩夹灰紫、浅绿灰色中—薄层钙质细粒长石石英砂岩，中部尚夹一层厚35cm之浅紫灰色钙质泥砾质砾岩透镜体。砾岩含鱼化石碎片；砂岩、粉砂岩和泥岩均发育水平层理 16.2m

12. 底部为一层厚40cm之浅绿灰色含砂质砾屑灰岩，往上为浅绿灰—灰色中层含铜钙质中粒长石石英砂岩夹少许灰绿色泥岩。含铜砂岩发育板状斜层理。含植物 *Archaeocalamites* ? sp.，介形虫 *Leperditia* sp.，鱼类 *Remigolepis* sp. 3.0m

11. 紫红色中层钙质细粒长石石英砂岩与紫红色粉砂质泥岩互层，上部夹一层厚5cm之灰色灰岩。砂岩发育水平层理、沙纹层理 14.4m

10. 灰白、灰紫色厚—中层钙质粗—中粒长石石英砂岩夹灰紫色中层钙质粗粉砂岩、紫红色粉砂质泥岩。砂岩下部含砾和紫红色泥砾，发育板状斜层理、低角度交错层理、平行层理，粗粉砂岩发育沙纹层理 21.8m

9. 紫红色中层钙质细粒长石石英砂岩、紫红色钙质粉砂岩、粉砂质泥岩夹灰紫色厚层钙质细粒长石石英砂岩，近顶部见夹两层厚分别为15cm、10cm之灰色含粉砂质砾屑灰岩。厚层砂岩发育低角度交错层理、板状斜层理和平行层理，下部见含紫红色泥砾；中层砂岩发育水平层理和沙纹层理 58.4m

8. 底部为一层厚2.0m之灰紫色钙质含砾粗粒长石石英砂岩，往上为紫红色钙质粉砂岩、紫红色中层钙质细粒石英砂岩夹紫红色粉砂质泥岩。底部砂岩下部发育正粒序层理，上部发育低角度交错层理；中至上部砂岩发育水平层理、沙纹层理 6.3m

7. 紫红色钙质粉砂岩、粉砂质泥岩，中部夹一层厚45cm之灰绿色钙质含砾不等粒岩屑砂岩。中部砂岩发育正粒序层理，粉砂岩发育沙纹层理、水平层理 7.1m

6. 紫红色泥质粉砂岩、粉砂质泥岩夹灰绿色中层钙质含砾不等粒岩屑砂岩、灰紫色中层钙质中粒、细粒长石石英砂岩。岩屑砂岩位于近底部，发育正粒序层理；长石石英砂岩位于中上部，发育板状斜层理、沙纹层理 4.5m

5. 紫红、灰绿色钙质粉砂岩、粉砂质泥岩。粉砂岩发育沙纹层理，泥岩发育水平层理。含植物 *Archaeocalamites* ? sp. 8.1m

4. 灰白色厚层钙质中—粗砾岩夹浅红灰、浅灰白黏土质含砾粗粒岩屑石英砂岩透镜体。砂岩发育板状斜层理 0.9m

3. 灰绿色厚层钙质砾岩、灰绿色中—厚层钙质含砾不等粒岩屑砂岩、灰紫、紫红色中层细粒岩屑石英砂岩夹紫红色泥质粉砂岩、粉砂质泥岩。岩屑砂岩发育正粒序层理；岩屑石英砂岩发育平行层理；粉砂岩、泥岩略显水平层理 2.6m

2. 紫红、灰绿色粉砂质泥岩夹灰绿色中层砾岩、中层钙质含砾不等粒岩屑砂岩、紫红色中层钙质细粒岩屑石英砂岩。岩屑砂岩发育正粒序层理；细砂岩发育水平层理；下部泥岩含钙质结核并见夹不稳定灰岩条带 4.2m

1. 底部为一层厚 35cm 之灰色钙质细砾岩，往上为紫红色泥质粉砂岩夹 3 层厚分别为 15cm、40cm 和 10cm 之紫红、灰紫色钙质细粒、中粒岩屑石英砂岩，顶部有厚 3~5cm 之灰绿色泥岩。砾岩含孔雀石；砂岩发育水平层理；粉砂岩不显层理，含少量钙质结核 2.0m

~~~~~~~~ 不 整 合 ~~~~~~~~

下伏地层：香山群狼嘴子组（O_3lz）灰绿色变质砂岩、板岩，加里东期辉绿岩侵入其中

上列狼嘴子剖面中宁组厚 622.4m。下部为灰紫、紫红色薄—中厚层钙质长石石英砂岩、岩屑石英砂岩、岩屑长石砂岩与紫红间夹灰绿色粉砂岩、泥岩互层，夹少量砾岩、灰岩、砾屑灰岩，含植物、鱼类和介形虫；上部以灰白色巨厚层砾岩、砂砾岩、灰紫、紫红色中厚—巨厚层钙质长石石英砂岩、长石砂岩为主，夹紫红色粉砂岩、泥岩。

狼嘴子剖面与正层型石峡沟剖面岩性有明显差异，表现为前者下部岩性相对较细，上部岩性相对较粗，具有下细上粗的剖面结构，沉积厚度明显变大，而后者则为下粗上细的剖面结构。

区域上，中宁组存在两种剖面结构：一种是以正层型石峡沟剖面为代表，表现为下部以粗碎屑岩为主，上部以细碎屑岩为主，具下粗上细的特征，卫宁北山、牛首山西南麓及烟筒山地区具有这种下粗上细的剖面结构；另一种是以狼嘴子剖面为代表，总体表现出下细上粗的特征，实际上由两个向上变细的沉积旋回构成，下部旋回粗碎屑岩相对较少，上部旋回粗碎屑岩相对较多，香山地区具有下细上粗的剖面结构。之所以存在两种剖面结构，是沉积环境不同所致。卫宁北山、牛首山西南麓、烟筒山一带当时处于沉积（或沉降）盆地中心附近，沉积介质变化不明显，表现为仅形成一个向上变细的旋回，厚度也较大；香山地区当时靠近盆地边缘，沉积介质变化较大，表现为形成了两个向上变细的旋回，厚度变化也较大。

中宁组沉积厚度大体以卫宁北山为中心向四周逐渐变薄，中心部位的大岱沟—新寺山一带厚达 2402.7m，向北至元山子厚度变为 120.4m，向东至牛首山石峡沟厚 304.6m，向南至香山沙堂家厚 37.2m，向西至鄂博沟厚 644.4m。南北方向厚度递减幅度较大，东西方向厚度递减幅度较小，这表明中宁组沉积盆地走向近东西向。

二、祁连地层区北祁连地层分区

仅发育下—中统，岩石地层名称为老君山组（$D_{1-2}l$）。

老君山组由黄汲清 1945 年命名的老君山砾岩演变而来，其含义与《甘肃省岩石地层》（1997）一致，指一套不整合于下古生界之上、不整合或平行不整合于沙流水组之下的红色磨拉石堆积。

区内老君山组出露于南华山东段陡留山、水冲寺等地。与下伏上—顶志留统旱峡组和上覆下白垩统六盘山群三桥组均为不整合接触。以宁夏海原县水冲寺剖面（位于海原县南华山水冲寺。起点坐标：北纬 36°26′，东经 105°42′。宁夏区调队 1988 年测制）为代表，其层序如下（图 6-4）：
~~~~~~~~

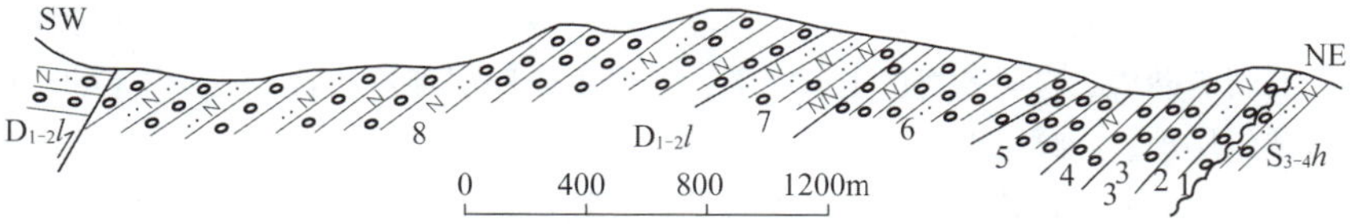

图 6-4　海原县南华山水冲寺下—中泥盆统老君山组剖面图

Fig. 6-4　Section of the Lower-Middle Devonian Laojunshan Formation in Shuichongsi, Nanhuashan, Haiyuan County, Ningxia

老君山组（$D_{1-2}l$）	厚度>1235.8m
8. 暗紫色中层中—粗砾岩夹灰紫色中层状含砾中—细粒长石石英砂岩，局部为砂岩、砾岩不等厚互层（未见顶）	>883.4m
7. 紫红色中层中—细粒长石石英砂岩夹含砾中细粒长石石英砂岩、中—粗砾岩	197.1m
6. 暗紫色中—厚层中—粗砾岩夹紫红色薄层含砾粗粒长石石英砂岩	366.8m
5. 暗紫色中—厚层粗砾岩	141.9m
4. 灰紫色中层细砾岩夹少许含砾长石石英砂岩	92.3m
3. 暗紫色中—厚层中—粗砾岩	36.8m
2. 暗紫色中—薄层中砾岩夹少量紫红色含砾细粒长石石英砂岩	83.9m
1. 暗紫色中—厚层中—粗砾岩	45.2m

～～～～～ 不 整 合 ～～～～～

下伏地层： 旱峡组（$S_{3-4}h$）褐红色中层含砾中—细粒长石石英砂岩夹灰色粗—巨砾岩

上述剖面老君山组不整合于上—顶志留统旱峡组之上，未见顶，厚度大于1235.8m，由暗紫—灰紫色中—厚层钙质中—粗砾岩（图6-5）、砂砾岩、含砾砂岩及砂岩组成，属山麓堆积相。

图 6-5　老君山组底部砾岩

Fig. 6-5　The basal conglomerate of the Laojunshan Formation

1，2—海原县南华山乱堆子南

第二节　古生物群组合

泥盆系产丰富的鱼类、两栖类、介形类、植物及孢粉化石。

一、鱼类

泥盆系鱼类化石可划分为两个组合带。

1. *Quasipetalichthys-Bothriolepis niushoushanensis* 组合带

赋存于石峡沟组中—上部，含化石的岩石为灰白、紫红色细粒石英砂岩。该鱼类化石组合带属种较少，仅由胴甲鱼类 *Bothriolepis niushoushanensis*，盾皮鱼类 *Quasipetalichthys* cf. *haikouensis* 组成，尚见有肉鳍鱼类碎片。

Quasipetalichthys 为盾皮类大瓣鱼目大瓣鱼科的一个属，其始出之地是云南昆明海口绿草湾及宜良万寿山大路村，产于中泥盆统吉维特阶海口组，属型种为海口拟瓣鱼（*Quasipetalichthys haikouensis*）。海口拟瓣鱼在其始出之地海口与 *Bothriolepis* cf. *sinensis* 及湖南鱼（*Hunanolepis*）等同层保存。*Quasipetalichthy* cf. *haikouensis*（海口拟瓣鱼相似种，图 6-6；图版XIII，1、2）产于石峡沟组中部，与 *Bothriolepis niushoushanensi* 同层，有些还保存在同一标本之上。这说明石峡沟组层位相当于滇东的海口组和湘中的跳马涧组。虽然目前在跳马涧组尚未发现拟瓣鱼，但该地层除了盛产 *Hunanolepis*，*B. sinoensis* 外，也有大瓣鱼科（Macropetalichtyidae）的另一属种的头甲。

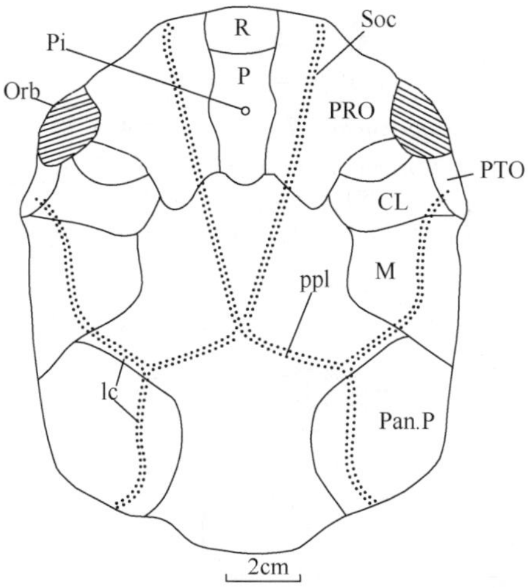

图 6-6　海口拟瓣鱼头甲复原背视图

Fig. 6-6　*Quasipetalichthys* cf. *haikouensis* Liu. Restoration of the head armour，dorsal view

Pi—松果孔；R—吻片；P—松果片；PRO—眶前片；PTO—眶后片；CL—侧中片；M—缘片；Pan. P—后副颈片；Orb—眼眶；Soc—眶上感觉沟；ppl—后坑线沟；lc—侧线感觉沟

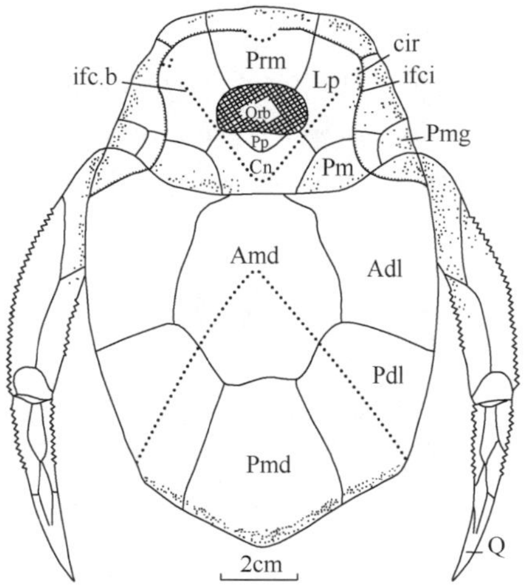

图 6-7　牛首山沟鳞鱼头背甲复原图

Fig. 6-7　*Bothriolepis niushoushanensis* Pan et Wang. Restoration of the head trunk armour，dorsal view

Prm—前中片；Lp—侧片；Pp—后松果片；Cn—中颈片；Pm—副颈缘片；Pmg—后缘片；Orb—眼眶；Amd—前中背片；Pmd—后中背片；Adl—前侧背片；Pdl—后侧背片；ifci—上、下眶凹线沟；cir—半圆凹线沟；ifc. b—头部后斜凹线沟；Q—鳍

Quasipetalichthys 的始出之地为云南昆明附近，现在其相距 1600km 的宁夏中宁牛首山石峡沟组中被发现，这充分说明拟瓣鱼的生物地理分布很广泛，不仅仅限于中国西南局部地区，而现今的滇东、桂北、粤北、湘中、宁夏在中泥盆世后期应为同一生物地理区。

Bothriolepis 为胴甲鱼类真胴甲鱼目沟鳞鱼科的一个属，广布于世界各地中泥盆世吉维特期至晚泥盆世法门期地层中，以中泥盆世晚期最为繁盛。据潘江等研究（1987），石峡沟组所产的 *Bothriolepis niushoushanensis*（牛首山沟鳞鱼，图 6-7；图版XIII，3、4）特征与湖南跳马涧的 *B. sinensis*，云南武定的 *B. yunnanensis*，滇东海口组的 *B. tungseni* 及广东的 *B. shaokuanensis* 均非常接近。

Bothriolepis niushoushanensis 与 *Quasipetalichthys* cf. *haikouensis* 同层共生，其层位位于桨鳞鱼、中华鱼和斜方薄皮木等晚泥盆世生物群之下，可见其时代应为中泥盆世后期（Givetian）。

2. *Remigolepis zhongningensis*-*Sinolepis szei* 组合带

赋存于中宁组，含化石的岩石为紫红色中细粒砂岩。该鱼类化石组合带属种也较少，皆属胴甲鱼类。胴甲鱼类经潘江研究描述计有 2 属 11 种：*Remigolepis* sp.，*R. zhongningensis*（图 6-8，图版XIV，5），*R. zhongweiensis*（图 6-9，图版XIV，3），*R. microcephala*（图 6-10；图版XIV，1、2），*R. xiangshanensis*（图版XIV，4），*R. xixiaensis*，*R.* cf. *xixiaensis*，*R. major*，*R.* cf. *major*，*Sinolepis* sp.，*S. szei*（图 6-11；图版XIII，5、6）。

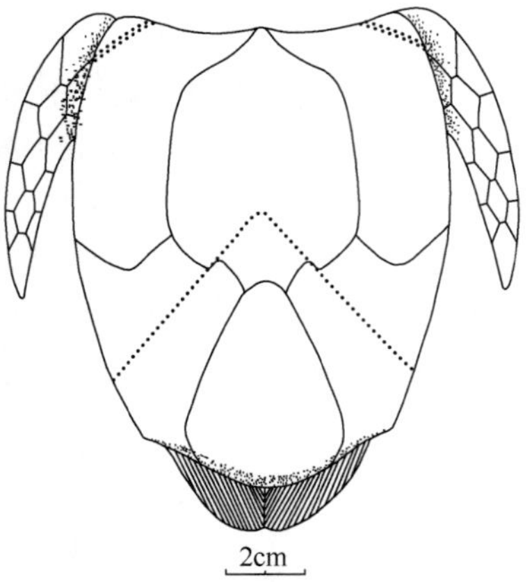

图 6-8 中宁桨鳞鱼背甲复原图

Fig. 6-8 *Remigolepis zhongningensis* Pan et Wang. Restoration of the trunk armour, dorsal view

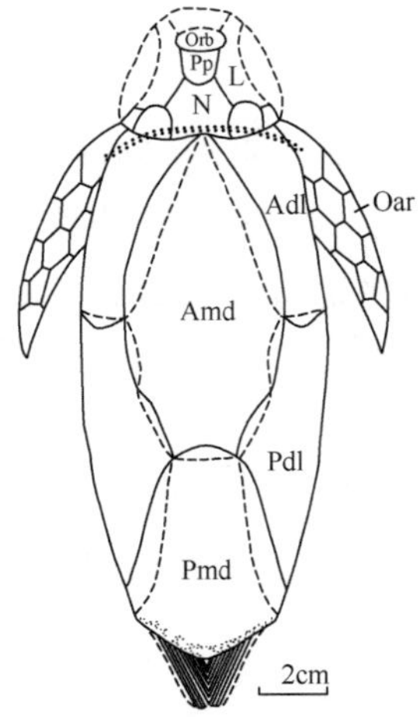

图 6-9 中卫桨鳞鱼背甲复原图

Fig. 6-9 *Remigolepis zhongweiensis*. Restoration of the trunk armour, dorsal view

Orb—眶；Pp—松果片；N—中颈片；L—侧片；Amd—前中背片；Pmd—后中背片；Adl—前侧片；Pdl—后侧片；Oar—桨鳍

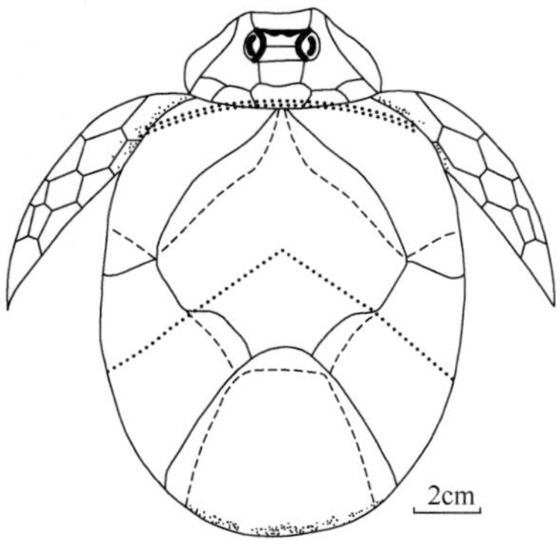

图 6-10 小头桨鳞鱼头背甲复原图

Fig. 6-10 *Remigolepis microcephala* Pan. Restoration of the head trunk armour, dorsal view

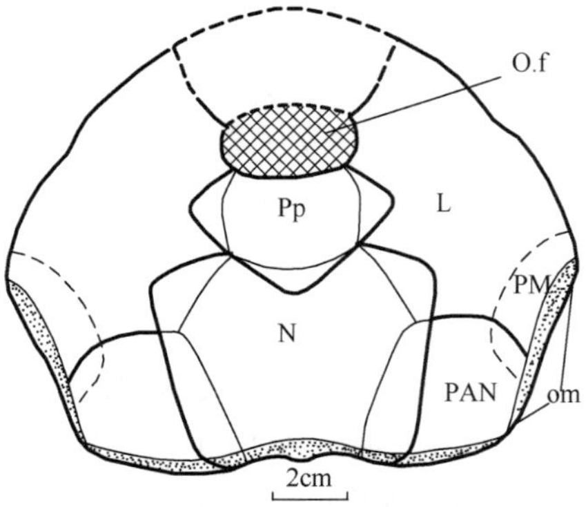

图 6-11 斯氏中华鱼头甲复原图（背视）

Fig. 6-11 *Sinolepis szei*. Restoration of the head armour, dorsal view

Pp—后松果片；L—侧片；N—颈片；PAN—副颈片；PM—后缘片；O. f—眶窗；om—关节缘

Remigolepis 为晚泥盆世重要的胴甲鱼类化石之一，最早（1931 年）发现于东格陵兰，此后相继在澳大利亚新南威尔士（1932 年）、中国宁夏中宁县（1974 年）和苏格兰（1978 年）发现。在宁夏中卫市、中宁县以及内蒙古与宁夏交界地带共发现有石峡沟、烟筒山、红泉、大柳树沟、狼嘴子、沙塘家、大岱沟等 10 多个 *Remigolepis* 产地，在石峡沟剖面有 5 个层位。

Sinolepis 为胴甲鱼类中华鱼科的一个属，最早发现于我国江苏南京市龙潭镇擂鼓台五通群上部，刘东生、潘江建立，属型种为 *Sinolepis macrocephala*，*S. wutungensis*。宁夏中宁县是 *Sinolepis* 第二个产地，在这里（烟筒山）*Sinolepis szei* 与 *Remigolepis* 同层产出，这说明 *Sinolepis* 与 *Remigolepis* 层位是相当的。

二、两栖类—鱼石螈

赋存鱼石螈化石的地层为上泥盆统中宁组，仅有 *Sinostega pani*（潘氏中国螈；图 6-12；图版 XV，1）一属种。该化石是朱敏、阿尔伯格、赵文金于 2002 年 7 月在宁夏中宁县石峡沟发现的，其研究成果发表于同年 12 月 19 日出版的英国《自然》杂志上。鱼石螈是两栖纲迷齿亚纲的一个属，是最早的四足动物之一，代表从鱼类向两栖类过渡的类型。早期四足动物现已广泛发现于格陵兰、俄罗斯、苏格兰、拉脱维亚、美国等地的上泥盆统中。在宁夏中宁发现的鱼石螈，是全球第十种泥盆纪四足动物，是鱼石螈类化石在亚洲的首次发现，代表了四足动物起源研究的最新进展，不仅将亚洲地区四足动物的化石记录提前了近 1 亿年，而且扩大了泥盆纪四足动物的古地理分布区域。中国螈（*Sinostega*）

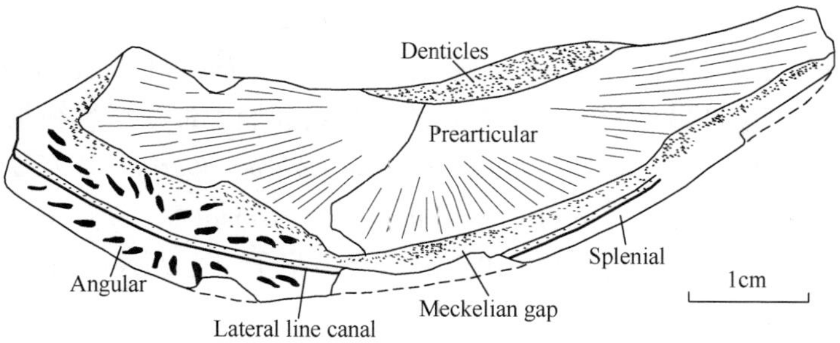

图 6-12 潘氏中国螈下颌复原图

Fig. 6-12 *Sinostega pani*, dorsal view

Denticles—小齿；Prearticular—前关节骨；Angular—隅骨；Splenial—夹骨；Lateral line canal—侧线管；Meckelian gap—麦克尔氏沟

其属名代表在中国发现的鱼石螈类化石，与其同层产出的化石还有斜方薄皮木、奇异亚鳞木等植物及胴甲鱼类浆鳞鱼、中华鱼以及一些正在研究的肉鳍鱼类化石。从整体上看，中国螈下颌与格陵兰岛发现的棘螈下颌最为接近，要比在澳大利亚发现的澳洲螈（*Metaxygnathus*）下颌进步。

综上所述，中宁组鱼类化石 *Remigolepis zhongningensis*-*Sinolepis szei* 组合时代应属晚泥盆世，可与我国南京附近晚泥盆世五通群上部所产鱼类化石 *Sinolepis*-*Asterolepis sinensis* 组合对比。

三、介形类

在香山地区狼嘴子、红泉等地中宁组下部灰—浅灰绿色钙质粉砂岩、砂质灰岩、生物碎屑灰岩中产介形类化石，经王尚启鉴定、描述（1995），共有 3 属 4 种：*Briartina* sp.，*Leperditia* sp.，*L. equiangularis*，*Sinoleperditia*（*Yaosuoleperditia*）*zhongweiensis*。这些介形类化石壳体大（一般 6~8mm）、"眼"点发育，两壳不等、闭壳肌痕特大，发育有下垂的"V"形肌痕，属豆石目类的豆石介科。在中卫市红泉附近中宁组中可见介形虫与上述 *Remigolepis xiangshanensis*，*R. zhongweiensis* 等鱼类共生，说明其时代为晚泥盆世。*Sinoleperditia*，*Leperditia* 和 *Briartina* 常见于我国西南、中南地区的泥盆纪地层中，*Leperditia equiangularis* 见于云南武定、贵州独山、都匀中泥盆统海口组和上泥盆统尧梭组五里桥段顶部。这些都说明产于中宁组的介形虫时代绝不会晚于尧梭组，应为晚泥盆世。

四、植物

中宁组植物群可称为 *Leptophloeum rhombicum*-*Sublepidodendrom miralile* 组合。

该组合带计有 14 属 19 种，主要分子为 *Leptophloeum rhombicum*（图版XV，4），*Sublepidodendron mirabile*，*S. wusihense*，*Eolepidodendron wusihense*，*Lepidodendropsis* sp.，*Sphenopteris taihuensis*（图版XV，2、3），*Sphenopteridium* sp.，*Hamatophyton verticillatum*，*Ningxiaphyllum trilobatum*，*Archaeocalamites* cf. *scrobiculatus* 等。这些植物绝大多数见于苏、浙、皖等地五通群和湖南长沙岳麓山组，*L. rhombicum* 是世界性晚泥盆世的重要标准化石。这一植物群的组合面貌与我国南方区晚泥盆世 *Leptophloeum rhombicum* 植物群晚期 *Leptophloeum rhombicum*-*Sublepidodendron mirabile* 组合（即五通组植物群）十分相似。需要指出，五通组植物群常见的 *Lepidodendropsis hirmer*，*Lepdostrobus grabaui*，*Stigmaria* sp.，*Sphenophyllum lungtanense*，*S. pseudotenerrium* 在中宁组未见及，而中宁组中的 *Ningxiaphyllum trilobatum* 未曾在五通组中见及。

五、孢粉

石峡沟剖面中宁组顶部产丰富的孢子，经高联达（1995）鉴定、描述，共计 20 属 32 种：*Calamospora atava*，*C. nigrata*，*Apiculatisporis microconus*，*Retusotriletes distinctus*，*R.* spp.，*Apiculiretusispora plicata*，*A. granulate*，*A. nitida*，*A. septalata* var. *minor*，*Stenozonotriletes extensus* var. *medius*，*S. laevigatus*，*S. conformis*，*Cymbosporites truncates*，*Geminospora devonicus*，*G. lemurata*，*G. parvibasilaris*，*Verruciretusispora magnifica magnifica*，*Verrucosisporites* spp.，*Hymenozonotriletes brevimammus*，*Chelinospora* sp.，*Ancyrospora furcula*，*Archaeozonotriletes variabilis*，*A. agnatus*，*Samarisporites triangulates*，*Grandispora* sp.，*Au-*

roraspora macromanifestus, *Acanthotriletes uncatus*, *Aneurospora greggsii* 等。

上述孢子组合以 *Apiculiretusispora*, *Retusotriletes*, *Stenozonotriletes* 和 *Geminospora* 为主，占总含量的70%左右。该孢子组合近似于西藏珠峰地区上泥盆统章东组和湘中邵东组孢粉组合，其中 *Apiculiretusispora plicata*, *A. granulate*, *A. septalata* var. *minor*, *Geminospora parvibasilaris*, *G. lemurata*, *Archaeozonotriletes variabilis*, *Calamospora atava*, *C. nigrata*, *Verrucosisporites omalus*, *Stenozonotriletes conformis*, *Aneurospora greggsii* 等属种见于章东组。高联达（1987）认为该孢子组合大致可与国内、外晚泥盆世孢子组合进行对比，时代为晚泥盆世晚期。

第三节　地层划分对比

根据石峡沟组所含鱼类化石时代，可将其时代确定为中泥盆世晚期，但考虑到其下尚有 82.1m 厚的沉积未获化石，推测该段地层属中泥盆世早期沉积，故将石峡沟组时代划归整个中泥盆世，其年代地层为中泥盆统应堂阶—东岗岭阶（大致相当英国的艾费尔阶—吉维特阶），其层位与北祁连地层区老君山组中上部相当，可与云南海口组、湖南跳马涧组对比。

无论是鱼类和介形虫，还是植物、孢粉，都充分表明中宁组生物组合与苏、浙、皖地区的五通群、湖南长沙的岳麓山组、醴陵的锡矿山组可以对比（表 6-2），其时代当属晚泥盆世，其年代地层为上泥盆统锡矿山阶（相当国际地层表中的法门阶）。

表 6-2　宁夏中卫—中宁地区与湘中、南京地区上泥盆统对比表

Table 6-2　Correlation of Upper Devonian in Zhongwei and Zhongning of Ningxia with central Hunan and around Nanjing

地区 地层	湘中地区	江苏南京附近	宁夏中卫、中宁
上覆地层	下石炭统	下石炭统金陵组	下石炭统臭牛沟组
上泥盆统	岳麓山组 鱼类： *Remigolepis* 植物： *Leptophloeum rhombicum*, *Sublepidodendron* sp., *Sphenophyllum* sp., *Sphenopteris* sp., *Platyphyllum* cf. *williamsonii*, *P. ginkgophylloides* 腕足类： *Yunnanella* cf. *hsikuangshanensis* 等	五通群 鱼类： *Sinolepis macrocephala*, *S. wutungensis*, *Asterolepis sinensis* 植物： *Leptophloeum rhombicum*, *Sublepidodendron milabile*, *Eolepidodendron wusihense*, *Lepidodendropsis hirmeri*, *Cyclostigma kiltorkence*, *Hamatophyton verticillatum*, *Sphenophyllum lungtanense*, *Sphenopteris taihuensis*	中宁组 鱼类： *Sinolepis szei*, *Remigolepis zhongningensis*, *R. zhongweiensis*, *R. xiangshanensis*, *R. xixiaensis*, *R. major*, *R. microcephala* 两栖类：*Sinostega pani* 植物： *Leptophloeum rhombicum*, *Sublepidodendron mirabile*, *S. wusihense*, *Eolepidodendron wusihense*, *Sphenopteris taihuensis*, *Hamatophyton verticillatum*, *Ningxiaphyllum trilobatum*, *Archaeocalamites* cf. *scrobiculatus* 介形类： *Briartina* sp., *Leperditia equiangularis*, *Sinoleperditia zhongweiensis*
下伏地层	上泥盆统佘田桥组 *Tenticospirifer* cf. *tenticulm*, *Atrypa* cf. *douvillii*, *Sinatrypa bodini* 等	中志留统茅山砂岩	中泥盆统石峡沟组 *Bothriolepis niushoushanensis*, *Quasipetalichthys* cf. *haikouensis* 等

分布于南华山等地的老君山组未获古生物化石。邻区甘肃靖远雪山、松山、景泰阳凹山、营盘水等地老君山组产植物化石：*Savlbaradia* ? sp.，*Drepanophycus* sp.，*Taeniocada* sp.，*Protolepidodendron* cf. *scharyanum*，*Zosterophyllum* sp.，*Lepidodendropsis* sp.。其中 *Protolepidodendron scharyanum* 是世界性中泥盆世的属种，在我国广西、云南、湖南、新疆等地的陆相中泥盆统中都有分布；*Zosterophyllum* 主要繁盛于早泥盆世，少数残存于中泥盆世，*Drepanophycus* 始现于早泥盆世中期，绝灭于晚泥盆世早期。可见将老君山组时代确定为早—中泥盆世比较合理。

第四节 古地磁研究

1985 年，宁夏区调队在中宁石峡沟剖面自下而上 9 个不同层位采集了 12 块古地磁标本，经中国科学院地质研究所古地磁实验室刘椿研究员测定，其结果显示中泥盆统石峡沟组主极性是正向占主导，上泥盆统中宁组的一些样品具有负向的极性（图 6-13），这与国际上所取得的泥盆纪磁性地层研究结

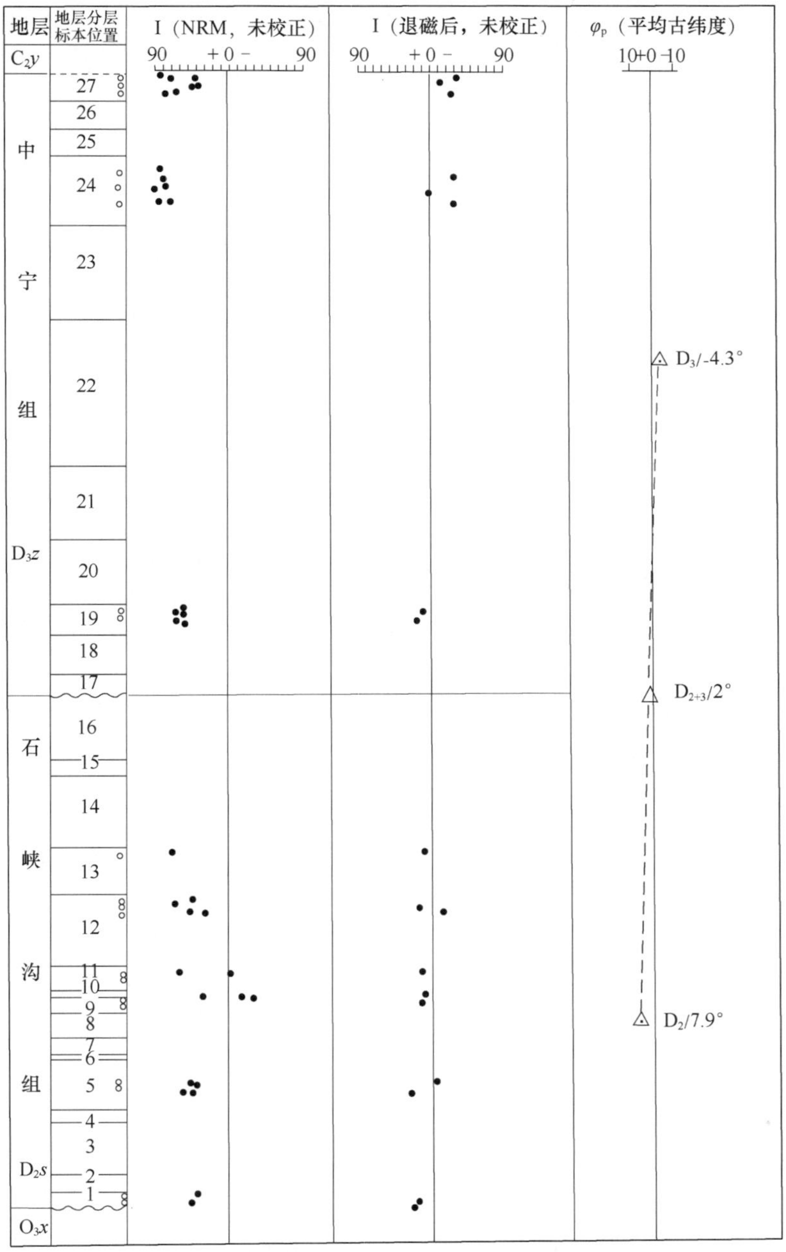

图 6-13 宁夏中宁县石峡沟泥盆系剖面古地磁学测定结果

Fig. 6-13 Paleomagnetic measurements of Devonian Series in Shixiagou, Zhongning County, Ningxia

果大体一致。测定结果还显示泥盆纪宁夏中宁的平均古纬度是2°。中泥盆世时（石峡沟组）采样地点的平均古纬度约7.9°，晚泥盆世时（中宁组）采样地点的平均古纬度约为-4.3°，这一结果表明中宁地区在中—晚泥盆世时处于低纬度带，靠近赤道。纬度是控制气候的主导因素，因此本区泥盆系以红色碎屑岩沉积物为主。

联系已有的云南曲靖、广西六景等地泥盆系发育地区剖面古地磁测定结果，当时的地极位置处于现今太平洋的东部。泥盆纪古纬度线与现今纬度线之间构成相当大的夹角。它们均为低纬度地带。这一结果与我国泥盆纪时期的古生物群及沉积组合类型研究所得出的结论完全吻合。

第七章　石炭系

宁夏的石炭系主要出露于贺兰山、卫宁北山、香山和烟筒山地区，宁夏东部地区（以下简称宁东地区）大部埋藏于覆盖层之下，仅在磁窑堡、石沟驿、盐池等地有零星露头（图 7-1）。阿拉善地层区阿拉善南缘地层分区下统和上统均较发育，华北地层区鄂尔多斯西缘地层分区仅发育上统，鄂尔多斯地层分区和北祁连地层分区未见出露。下统主要由滨浅海相—潟湖相碎屑岩、泥页岩和碳酸盐岩组成，上统则为滨海沼泽—三角洲相碎屑含煤建造，生物化石丰富。

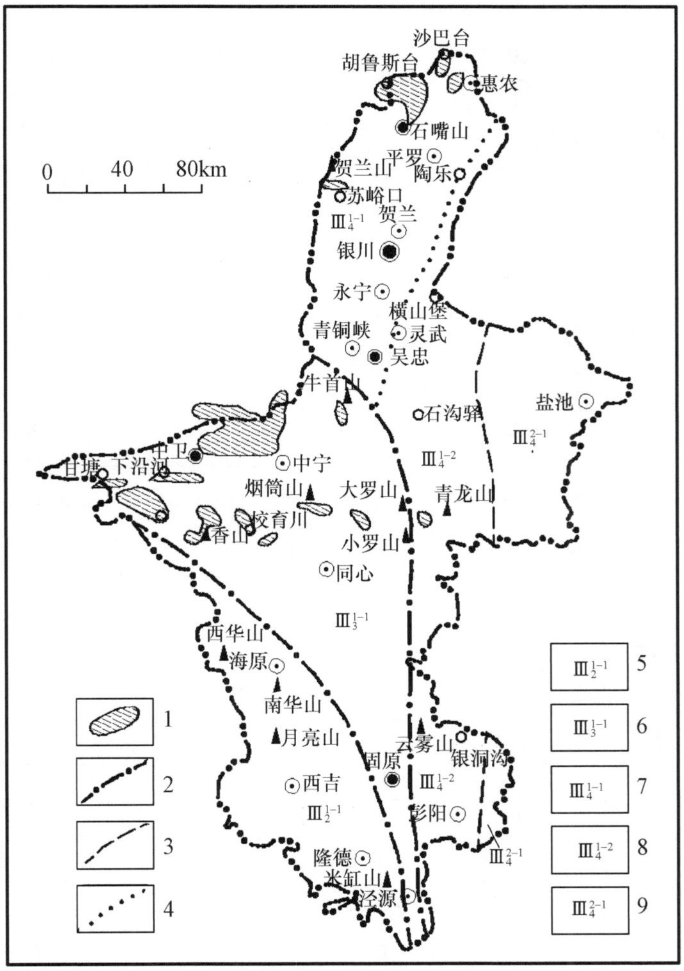

图 7-1　宁夏石炭系地层分区及露头分布图

Fig. 7-1　Outcrop distribution and stratigraphic regions of Carboniferous in Ningxia

1—露头区；2—地层区界线；3—地层分区界线；4—地层小区界线；5—靖远-西吉地层小区；6—景泰-中宁地层小区；7—贺兰山地层小区；8—桌子山-青龙山地层小区；9—盐池-环县地层小区

宁夏石炭系的研究工作始于 20 世纪 30 年代。1936 年，孙健初曾涉足本区中卫等地，在所著《南山及黄河上游之地质》一文中，肯定了宁夏下、中石炭统的存在。1943 年，边兆祥、李星学于同心县土坡、中卫市上河沿、红泉沟等地采集了植物化石，经斯行健、李星学描述和研究，认为这些植物化石属维斯发 C 期和斯蒂芬期。1944 年，李星学、边兆祥对贺兰山地区的石嘴山、胡鲁斯台等地晚古生代地层进行了调查。1945 年，斯行健、李星学发表了《宁夏古生代植物》（英文），描述了包括内蒙古自治区胡鲁斯台等地在内的植物化石，指出宁夏存在中石炭世晚期—二叠纪地层。

表 7-1　阿拉善地层区阿拉善南缘地层分区（宁夏中卫、中宁、同心地区）石炭系划分与命名沿革表

Table 7-1　Evolution of Carboniferous divisional schemes of Zhongwei，Zhongning and Tongxin Counties，Ningxia

方案	统	地层单位
孙健初，1924，1936	上石炭统	俄博系
	中石炭统	羊虎沟系
	下石炭统	臭牛沟灰岩
西北地质局 648 队，1956	上石炭统	太原统
	中石炭统	羊虎沟统
	下石炭统	臭牛沟统
宁夏综合队钾盐分队，1963	上石炭统	太原群
	中石炭统	羊虎沟群
	下石炭统	臭牛沟组：校育川段
		臭牛沟组：大石头井段
		臭牛沟组：骡子沟段
吴一民，1965	上石炭统	太原群
	中石炭统	羊虎沟群
	下石炭统	臭牛沟组
宁夏区测队（同心幅），1965	上石炭统	太原组
	中石炭统	羊虎沟组
	下石炭统	
宁夏区调队（中卫幅），1976	上石炭统	太原组
	中石炭统	单梁山组
		石磨沟组
	下石炭统	臭牛沟组
甘肃区测队（白墩子幅），1977	上石炭统	太原组
	中石炭统	羊虎沟组
		靖远组
	下石炭统	臭牛沟组
		前黑山组
宁夏区域地层表编写组，1980	上石炭统	太原组
	中石炭统	羊虎沟组
		靖远组
	下石炭统	臭牛沟组
		前黑山组
刘志才，1982	上石炭统	太原组
		羊虎沟组
		靖远组
	下石炭统	中卫组
		臭牛沟组
		前黑山组
《宁夏回族自治区区域地质志》，1990	上石炭统	太原组
	中石炭统	羊虎沟组
		靖远组
	下石炭统	臭牛沟组：上段
		臭牛沟组：下段
《宁夏回族自治区岩石地层》，1996	下二叠统	太原组
	上石炭统	土坡组
	下石炭统	臭牛沟组
		前黑山组
本《志》，2012	下二叠统	太原组
	上石炭统	羊虎沟组
		靖远组
	下石炭统	臭牛沟组
		前黑山组

新中国成立初期，随着大规模地质勘查工作的开展，石油工业部101队、110队、114队，西北地质局606队、648队，华北地质局桌子山外围普查队，煤炭工业部146队等及一些科研单位，曾先后对宁夏石炭纪地层作过一些调查工作。其中较重要者有斯行健对中宁县大石头井植物化石的研究，斯氏认为所产植物化石的时代属维斯发A—C期。另有张善桢描述了景泰至中卫间的早石炭世植物化石。

20世纪50~60年代，煤炭、石油和钾盐普查及1∶20万区调工作，促进了对宁夏石炭系的深入研究。特别是宁夏综合地质队钾盐分队对下石炭统的详细划分和岩相古地理的研究，吴一民《甘肃景泰黑山石炭纪地层》和丁培民《贺兰山含煤区》的发表均有较大影响。俞建章、林英锡对中卫一带早石炭世珊瑚化石的研究亦取得了重要进展。

20世纪70~80年代，随着1∶20万区调工作的不断深入，特别是通过中卫幅、石嘴山市幅、乌海市幅等对石炭系主要发育地区的深入工作，大大提高了本区石炭系的研究程度。1980年出版的《西北地区区域地层表·宁夏回族自治区分册》和宁夏地质局地质研究所编制的《宁夏的石炭系》（内部资料）即是对全区石炭系的系统总结。此外，地质部第三石油普查大队对鄂尔多斯西缘石炭纪岩相古地理的研究，不仅对有关地区含油远景评价有重要意义，而且也是对石炭系划分对比的一次更为全面的总结。

20世纪90年代，先后编纂出版了《宁夏地质概论》、《宁夏回族自治区区域地质志》和《宁夏回族自治区岩石地层》，这3部总结性专著对石炭系的划分不尽一致。90年代后期至今，地质工作者大多采用了《宁夏回族自治区岩石地层》中对石炭系的划分方案。

宁夏石炭系划分与命名沿革见表7-1、表7-2。

表7-2　华北地层区鄂尔多斯西缘地层分区（宁夏贺兰山及宁东地区）石炭系划分和命名沿革表

Table 7-2　Evolution of divisional schemes of Carboniferous in Helanshan and eastern Ningxia

<table>
<tr><th colspan="2">关士聪、车树政，1954</th><th colspan="2">刘厚贤，1955</th><th colspan="2">丁培民，1960</th><th colspan="2">武汉地质学院，1975</th><th colspan="2">宁夏区域地层表编写组，1980</th><th colspan="2">宁夏区调队（石嘴山市幅），1982</th><th colspan="2">《宁夏回族自治区区域地质志》，1990</th><th colspan="2">《宁夏回族自治区岩石地层》，1996</th><th colspan="2">本《志》，2012</th></tr>
<tr><td rowspan="3">石炭—二叠系</td><td rowspan="3">卡布其系</td><td rowspan="3">上石炭统</td><td rowspan="3">太原群</td><td>上石炭统</td><td>太原群</td><td>上石炭统</td><td>太原群</td><td>上石炭统</td><td>太原群</td><td>上石炭统</td><td>太原组</td><td>上石炭统</td><td>太原组</td><td>下二叠统</td><td>太原组</td><td>下二叠统</td><td>太原组</td></tr>
<tr><td rowspan="2">中石炭统</td><td rowspan="2">本溪群</td><td rowspan="2">中石炭统</td><td rowspan="2">羊虎沟群</td><td rowspan="2">中石炭统</td><td rowspan="2">本溪组</td><td rowspan="2">中石炭统</td><td>羊虎沟组</td><td rowspan="2">中石炭统</td><td>羊虎沟组</td><td rowspan="2">上石炭统</td><td rowspan="2">土坡组</td><td rowspan="2">上石炭统</td><td>羊虎沟组</td></tr>
<tr><td>靖远组</td><td>靖远组</td><td>靖远组</td></tr>
</table>

第一节　岩石地层

一、阿拉善地层区阿拉善南缘地层分区

本分区石炭系发育良好，层位齐全，层序连续，除下统下部为滨海—潟湖相碎屑岩和碳酸盐岩沉积外，其余均以近海含煤碎屑岩沉积为主，夹少量碳酸盐岩，下统与下伏上泥盆统中宁组呈平行不整合接触或不整合接触，生物群为间有我国北方和南方色彩的混合型。其岩石地层序列自下而上为前黑山组、臭牛沟组、靖远组和羊虎沟组。

（一）前黑山组（C_1q）

1974年甘肃省地质局区测一队在进行白墩子幅1∶20万区调时，于原臭牛沟组下部发现了杜内期腕足类，遂将其下部命名为前黑山组，以代表该区杜内期沉积。命名地点和正层型均在内蒙古自治区阿拉善

左旗前黑山（位于包兰铁路白墩子站北约10.5km处）。正层型前黑山组不整合于香山群之上，与上覆臭牛沟组整合接触，由砾岩、砂岩、泥灰岩、灰岩等组成，厚99.8m。本《志》沿用前黑山组原始含义。

区内前黑山组主要出露于卫宁北山之照壁山、单梁山、大石头井，香山地区的梁水园子、吕家新庄、罗家老圈、红泉、校育川、磨盘井，烟筒山南麓的十字坡、骡子沟和碳井子等地。以干柳树—孙家滩剖面和小洞山剖面为代表。

干柳树—孙家滩剖面（位于宁夏中卫市香山乡干柳树自然村西南2km处。起点坐标：北纬37°12′，东经105°24′。宁夏地质矿产勘察院1991年测制）是宁夏中卫、中宁地区乃至整个河西走廊地区前黑山组最具代表性的剖面之一，1994年宁夏地层清理研究组将其指定为前黑山组次层型，其层序如下（图7-2）：

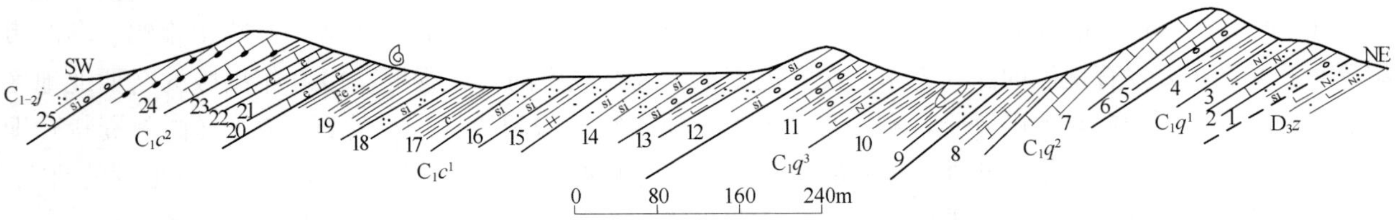

图7-2　中卫市干柳树—孙家滩下石炭统剖面图

Fig. 7-2　Section of the Lower Carboniferous in Ganliushu-Sunjiatan，Zhongwei，Ningxia

上覆地层：臭牛沟组（C_1c）浅灰色中厚层细砾岩、细粒石英砂岩

———— 整　合 ————

前黑山组（C_1q）	总厚度279.9m
上段（C_1q^3）	厚度90.3m
11. 紫红色泥岩夹浅灰色厚—中层钙质细粒石英砂岩，中部尚夹一层厚1.3m之灰色砾屑灰岩（疙瘩状灰岩）和一层厚0.5m之浅灰色砂砾岩。砂岩发育双向交错层理、沙纹层理	44.9m
10. 杂色（以紫红色为主，次为黄灰、灰色）泥岩，夹灰色中层泥晶灰岩、砂质砾屑灰岩及浅灰色中层细粒石英砂岩。砂质砾屑灰岩含鱼化石碎片	38.6m
9. 浅灰色中层钙质细粒石英砂岩与紫红色泥岩互层，夹灰色中层泥晶灰岩。底部砂岩发育交错层理，含植物茎秆及碎片，上部砂岩发育沙纹层理	6.8m
中段（C_1q^2）	厚度109.1m
8. 杂色（紫红、土黄、黄绿）粉砂质泥岩、泥岩夹深灰色中—厚层泥晶灰岩、砾屑灰岩。灰岩横向可相变为砂质灰岩。泥岩含钙质结核	11.3m
7. 深灰色厚—中层泥晶灰岩夹灰色薄层微晶灰岩，中部和下部尚见夹灰白、灰黄、浅红灰色泥岩。上部泥晶灰岩含燧石条纹、条带和具黄铁矿假象的褐铁矿（结核），并见石盐、石膏假晶；微晶灰岩发育水平纹层，见有干裂	69.2m
6. 灰色薄层微晶灰岩夹深灰色中层微晶灰岩，下部尚夹紫红、灰白色泥岩。中层微晶灰岩发育水平纹层，含少量燧石条纹、条带或结核	19.3m
5. 下部为褐灰—微红灰色中厚层含生物碎屑白云质灰岩、砾屑灰岩，略显水平层理；上部为深灰色中厚层微晶鲕粒灰岩，略显沙纹层理	9.3m
下段（C_1q^1）	厚度80.5m
4. 下部为紫红色粉砂质泥岩、泥岩，上部为灰绿、灰黄等杂色粉砂质泥岩、泥岩夹灰、浅黄灰色薄层泥灰岩。顶部见有淋滤状褐铁矿团块	29.1m
3. 浅红灰色厚层钙质中细粒长石石英砂岩。砂岩层底部含脉石英小砾石	21.8m
2. 浅灰色块状砂质微晶灰岩，底部为厚0.2m之灰色钙质砂砾岩，中部夹一灰色钙质中细砾岩透镜体。风化面呈疙瘩状	6.2m
1. 底部为一层厚2.0m之灰白—浅红灰色硅质含砾中粒石英砂岩，往上为紫红、灰白色中层硅质中粒石英砂岩夹紫红色粉砂质泥岩，上部夹一层厚1.0m之浅灰色含砾屑微—粉晶白云岩。砂岩发育板状斜层理	23.4m

----- 平行不整合 -----

下伏地层：中宁组（D_3z）紫红色中层钙质细粒长石石英砂岩夹紫红色泥岩、粉砂质泥岩

中卫市小红山、孤山子、小洞山、狼嘴子和青铜峡市野猫子山等地，前黑山组中段发育膏盐沉积，石膏矿层厚达数十米，质量较好，具较高的工业价值。小洞山剖面（位于宁夏中卫市常乐镇下河沿南2km之小洞山。起点坐标：北纬37°25′，东经105°05′。宁夏地质矿产勘察院1995年测制）最具代表性，其层序如下（图7-3）：

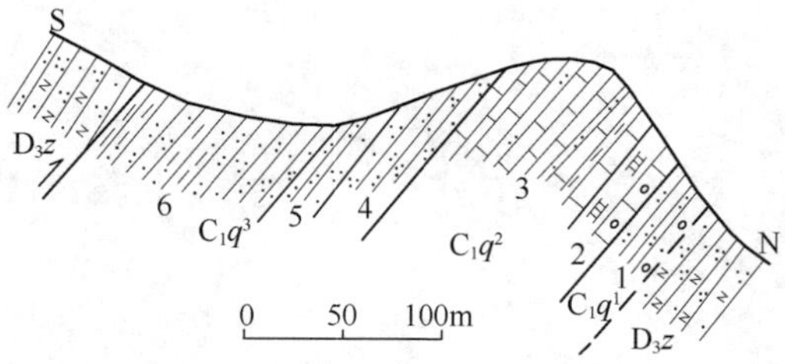

图7-3 中卫市小洞山下石炭统前黑山组剖图

Fig. 7-3 Section of the Lower Carboniferous Qianheishan Formation in Xiaodongshan, Zhongwei, Ningxia

前黑山组（C_1q） 总厚度>218.8m

上段（C_1q^3） 厚度>113.9m

6. 浅灰绿、灰、浅黄色薄层粉砂岩、粉砂质泥岩夹浅灰色中—薄层钙质中粒长石石英砂岩（断层，未见顶） >79.2m
5. 浅黄、浅红色中—薄层粉砂岩夹浅灰色中层钙质细粒石英砂岩及灰色中层微晶砾屑灰岩 7.9m
4. 浅灰色中层中细粒石英岩状砂岩夹浅黄、灰绿色粉砂岩、泥岩 26.8m

中段（C_1q^2） 厚度80.1m

3. 黑灰色中—厚层微晶灰岩夹浅黄、浅灰绿色粉砂岩、泥岩及少量中层钙质细粒石英砂岩 63.2m
2. 下部灰色块状微晶砾屑灰岩，上部灰白色块状石膏岩 16.9m

下段（C_1q^1） 厚度24.8m

1. 自下而上为褐灰色厚层砂砾岩、褐黄色中层钙质中—细粒石英砂岩、黄绿色粉砂岩 24.8m

----- 平行不整合 -----

下伏地层：中宁组（D_3z）紫红色中层钙质细粒长石石英砂岩

前黑山组或不整合覆于香山群之上（图7-4），或不整合、平行不整合覆于上泥盆统中宁组之上，与上覆臭牛沟组为整合接触，或与上覆靖远组平行不整合接触。为一套滨浅海相—潟湖相陆源碎屑岩和碳酸盐岩沉积，主要由石英质砾岩、石英砂岩、粉砂岩、灰岩、白云岩及石膏等组成，含植物、腕足类、介形虫等化石，厚83.5~337.1m。可进一步划分为3个岩性段。

下段（C_1q^1）：以碎屑岩为主，属滨海—潟湖相沉积。主要由灰—灰白色中—厚层石英质砾岩、砂砾岩、石英砂岩、杂色（紫红、灰绿、灰黄）粉砂质泥岩、粉砂岩等陆源碎屑岩组成，有时见夹白云岩、灰岩、砂质灰岩等。沉积厚度悬殊，骡子沟最小仅厚7.3m，碳井子最大厚109.6m，其余地区一般厚数十米。

中段（C_1q^2）：以碳酸盐岩为主，属浅海—潟湖相沉积。主要由灰—深灰色中厚层白云岩、白云质灰岩、砾屑灰岩、鲕粒灰岩、灰色中薄层微晶灰岩、泥晶灰岩等碳酸盐岩组成，夹杂色（紫红、土黄、黄绿、灰白色）泥岩、粉砂质泥岩、薄层细粒石英砂岩、粉砂岩及钙质页岩、黑色页岩等，下部灰岩常含个体微小的腕足类、腹足类、双壳类等动物化石。在中卫小红山、孤山子、小洞山、狼嘴子和青铜峡野猫子山等地下部见夹石膏1~3层，其石膏矿层顶板多为厚层白云岩、白云质灰岩，余丁一带页岩中见食盐假晶。沉积厚度变化在19.8~127.8m之间。

上段（C_1q^3）：以砂岩、泥页岩为主，属浅海—湖沼相沉积。岩性以浅灰—灰色中厚层钙质中细粒石英砂岩、粉砂岩和杂色（紫红、黄灰、灰色）泥页岩为主，夹少量灰色中—薄层泥晶灰岩、砂质灰岩、透镜状砾屑灰岩等。在校育川、磨盘井上部见夹砂砾岩、砾岩；在单梁山、面子山一带之粉砂岩中常见灰质团块、团粒；在卫宁北山东部余丁一带石英砂岩增多，且偶见含砾砂岩等。砂岩、粉砂岩

图 7-4　中卫市拓家岘下石炭统前黑山组（C_1q）与上奥陶统香山群磨盘井组（O_3mp）不整合接触关系

Fig. 7-4　Unconformity between the Lower Carboniferous Qianheishan Formation（C_1q）and the Upper Ordovician Xiangshan Group Mopanjing Formation（O_3mp）in Tuojiaxian，Zhongwei，Ningxia

含 *Sublepidodendron*，*Lepidodendropsis* 等植物化石，偶见含鱼类化石碎片。沉积厚度较悬殊，十字坡最小厚 1.2m，单梁山最大厚 150.7m。

总之，前黑山组下段以陆源碎屑岩发育为特征，中段以碳酸盐岩发育局部夹膏岩沉积为特征，上段则以陆源碎屑岩和泥页岩发育为特征，下—中段构成一个由粗变细、由厚变薄、由碎屑岩变为碳酸盐岩的退积型沉积旋回，上段则是另一个由粗变细的沉积旋回。沉积厚度变化在 83.5～337.1m 之间，其总的变化趋势是以单梁山—面子山一带为中心，向四周逐渐变薄。

（二）臭牛沟组（C_1c）

由袁复礼 1925 年命名的臭牛沟层沿革而来（臭牛沟层→臭牛沟灰岩→臭牛沟系→臭牛沟统→臭牛沟组），命名地点在甘肃省武威市祁连乡臭牛沟（位于武威市西南 35km 处），其原始定义为："臭牛沟层是维宪期的沉积，下部为石英岩状砂岩和页岩，含植物化石；上部为富含化石的石灰岩和页岩。命名剖面厚度 135m。与下伏南山岩系呈平行不整合接触，与上覆太原岩系为连续沉积。"1974 年甘肃省地质局区测一队将原臭牛沟组下部命名为前黑山组之后，将中、上部仍保留为臭牛沟组，代表维宪期沉积。本《志》沿用甘肃省地质局区测一队（1974）修改后的臭牛沟组含义。

臭牛沟组主要出露于卫宁北山之照壁山、单梁山、大石头井、余丁，香山地区的孟家湾、麻黄沟、大柳树、梁水园子、校育川、磨盘井，烟筒山南麓的十字坡、骡子沟和碳井子等地，同心东部骆驼山等地见有零星露头。以干柳树—孙家滩剖面和骡子沟剖面为代表。

干柳树—孙家滩剖面是宁夏中卫、中宁地区乃至阿拉善南缘地层分区臭牛沟组最具代表性的剖面之一，1994 年宁夏地层清理研究组将其指定为臭牛沟组次层型，其层序如下（见图 7-2）：

上覆地层：靖远组（$C_{1-2}j$）浅灰—灰白色厚—中层硅质石英砂岩

——— 整　合 ———

臭牛沟组（C_1c）　总厚度 310.3m

上段（C_1c^2）　厚度 99.1m

24. 深灰色厚—中层泥晶灰岩、含燧石条带细晶灰岩。后者水平纹层极发育。含腕足类 *Echinoconchue punctatus*，*E. elegans*，*E. balinensis*，*Eomarginifera* sp.，*E. timanica*，*Dictyoclostus latus*，*Pugilis pugiliformis*，*Athyris* sp.，*Spiriferella* sp.，*Avonia* sp.，*Martiniopsis uchbulakensis*，*Overtonia* sp.，*Fluctuaria* sp.，*Schizophoria* sp.；三叶虫 *Ditomopyge* sp.，*Brachymetopus* sp.；苔藓虫 Goniocladiidae，*Fenestella* sp.；有孔虫 *Asteroarchaediscus* sp.，*Archaediscus* sp.，*Neoarchaediscus* sp.，*Mediocvis* sp.；双壳类 *Palaeoneila* ? sp.；牙形石 *Gnathodus bilineatus*，*Lochriea commutate*，*Hindeodus* sp.，*Hindeodella* sp.，*Neoprioniodus* sp. 及海百合茎等　58.4m

23. 深灰色中层粉晶灰岩与灰色泥（页）岩互层。灰岩含腕足类 *Athyris* sp. 及牙形石碎片　　18.3m

22. 深灰色厚层含生物碎屑结晶灰岩。生物碎屑主要为腕足类和有孔虫。含牙形石 *Gnathodus bilineatus*, *Hindeodus minutus*, *Hindeodella* sp.　　3.8m

21. 灰、浅黄灰色粉砂质泥岩、泥岩　　15.8m

20. 灰色中层生物碎屑灰岩夹灰、黄灰色粉砂质泥岩、泥岩。灰岩含苔藓虫 *Fenestella* sp., *Septopara* sp., Goniocladiidae 及海百合茎、腕足类等动物化石　　2.8m

下段（C_1c^1）　　厚度 211.2m

19. 灰、黑灰、浅黄灰、黑色泥岩、页岩、炭质泥（页）岩夹 4 层褐红、浅红灰色中层钙质细粒石英砂岩（砂质灰岩）。砂岩含腕足类 *Plicochonetes* sp., *Echinoconchus elegans* 及双壳类、海百合茎、苔藓虫、植物茎杆等；泥（页）岩含铁质结核及植物 *Paripteris* sp., *Carpolithus* sp.　　48.8m

18. 褐灰色厚—中层硅质中—细粒石英砂岩。含不规则褐铁矿团块　　6.3m

17. 杂色（以灰、浅灰、黑色为主，次为紫红、浅黄灰）泥岩，夹少量炭质泥岩，尚见夹一层厚 15~20cm 之鲕状赤铁矿及煤线。泥岩含铁钙质结核及褐铁矿团块　　31.7m

16. 浅灰色厚—中层硅质细粒石英砂岩。上部含铁质高，风化面呈褐红色。含铁质团块　　28.5m

15. 下部为浅黄绿、黄灰、灰色粉砂质泥岩夹 3 层浅灰绿、浅灰色中层细粒石英杂砂岩；上部为浅灰、黑灰色泥岩，含铁质团块（结核）　　18.3m

14. 底部为一层厚 0.5m 之灰白色硅质细砾岩，往上为浅灰—浅红灰色中—厚层硅质中—细粒石英砂岩，上部夹灰色粉砂岩。砾岩中砾石成分全为乳白色脉石英，砾石呈棱角—次棱角状，分选性较好　　33.2m

13. 杂色（黄、灰、浅绿灰、深紫）泥岩，下部夹浅灰色中—薄层钙质细粒石英砂岩及一层灰色疙瘩状灰岩、煤线，上部夹灰色薄层泥灰岩。泥岩含钙质结核　　16.3m

12. 底部为一层厚 2.4m 之浅灰色硅质细砾岩，往上为浅灰色中—厚层硅质中—细粒石英砂岩。砾岩中砾石成分几乎全为乳白色脉石英，砾径 0.2~0.5cm，砾石呈棱角—次棱角状　　28.1m

———— 整　合 ————

下伏地层：前黑山组（C_1q）紫红色泥岩夹浅灰色中层钙质细粒石英砂岩及少量砾屑灰岩

骡子沟剖面（位于同心县石炭沟乡土坡煤矿北之骡子沟，宁夏综合地质大队钾盐分队 1962 年测制）是土坡地区臭牛沟组的代表性剖面，其层序如下：

上覆地层：靖远组（$C_{1-2}j$）细砂岩

———— 整　合 ————

臭牛沟组（C_1c）　　总厚度 279.0m

上段（C_1c^2）　　厚度 35.4m

18. 上部为紫色页岩夹炭质页岩及灰岩；下部为黑色炭质页岩，含菱铁矿结核及硫化物，底部有一层白云质泥灰岩。上、下部均具断续水平层理并含次生石膏　　31.3m

17. 黑色炭质页岩，含菱铁矿结核，夹两层白云质灰岩。灰岩中产腕足类 *Chonetes* sp., *Marginifera* sp., *Dictyoclostus* sp., *Brachythyrina* sp., *Schuchertella* sp., *Cancrinella* sp., *Linoproductus* sp., *Schellwlenella* sp.；珊瑚 *Lophophyllum* sp.　　4.1m

下段（C_1c^1）　　厚度 243.6m

16. 灰黑、灰白色石英岩状砂岩，发育波状水平层理　　7.5m

15. 紫红色页岩，含粉砂质铁质结核，发育断续水平层理，产植物 *Lepidodendron* sp., *Sphenopteris* sp., *Rhodea* sp., *Sphenophyllum* sp., *Neuropteris* sp.　　11.7m

14. 灰色中细粒石英砂岩夹页岩、粉砂岩及铁质条带，发育水平层理　　8.4m

13. 炭质页岩，见断续水平层理　　6.1m

12. 暗灰色砂质页岩，含粉砂质结核。发育断续水平层理　　16.6m

11. 紫红、紫灰色中细粒石英砂岩夹薄层粉砂岩及铁质结核，发育波状水平层理。产植物 *Archaeocalamites scrobiculatus* 9.9m

10. 棕黑色铁质砾岩、粗砂岩，发育大型交错层理，产植物 *Archaeocalamites scrobiculatus* 3.1m

9. 浅蓝灰色泥质粉砂岩，发育水平层理 7.4m

8. 黄绿、暗绿、灰绿色砂质泥岩夹一薄层石英砂岩 32.7m

7. 灰紫、灰白、浅褐色粗粒石英砂岩夹粉砂岩，底部为细砾岩 25.4m

6. 灰、浅蓝色细粒石英砂岩、粗粉砂岩夹一层灰黑色泥岩 13.5m

5. 灰褐、灰白色中粗粒石英砂岩 3.2m

4. 褐、土黄色泥岩，向下砂质增加，中夹一层钙质细粒石英砂岩 13.6m

3. 灰、灰白、黄褐色含泥质中细粒石英砂岩夹一层粉砂岩，底部为钙质含砾粗粒石英砂岩。产植物 *Archaeocalamites* sp. 12.2m

2. 上部灰褐色砾岩，下部含砾粗粒石英砂岩夹灰黑色页岩 4.0m

1. 灰褐色含砾粗粒石英砂岩—中细粒石英砂岩—粉砂质页岩向上变细层序，产植物 *Cordaites* sp.，*Sphenopteris* ? sp. 16.3m

———— 整　合 ————

下伏地层：前黑山组（C_1q）细粒石英砂岩

臭牛沟组与下伏前黑山组和上覆靖远组均呈整合接触，香山南坡大道崖、罗家老圈和石岘子等地未见沉积。主要由石英砂岩、泥岩、页岩和灰岩组成，厚 128.3～441.4m。可进一步划分为两个岩性段。

下段（C_1c^1）：以碎屑岩和泥页岩为主，属滨海相沉积。主要由灰白、浅灰色厚—中层中细粒石英砂岩、杂色粉砂岩、粉砂质泥岩、页岩组成，自下而上砂岩渐减，泥页岩渐增。底部常有石英细砾岩、含砾石英砂岩，并以此与下伏前黑山组分界。砂岩、粉砂岩常含一定量的铁质或铁质团块。在干柳树—孙家沟剖面上部见夹薄层鲕状赤铁矿层、褐铁矿层、薄煤层（线）及黏土矿层等。含植物、腕足类、双壳类、海百合茎及苔藓虫等化石。各地沉积厚度不一，卫宁北山地区沉积厚度相对较大，二人山厚 411.5m，老崖沟厚 441.4m，大石头井厚 360.6m，单梁山厚 221.6m；香山及土坡地区厚度相对较小，上校育川厚 229.8m，磨盘井厚 96.0m，骡子沟厚 277.0m，碳井子厚 125.1m。

上段（C_1c^2）：以灰岩为主，属浅海相沉积：岩性以深灰色厚—中层生物碎屑灰岩、灰岩为主，夹灰黑色（泥）页岩、炭质页岩及石英砂岩。上校育川、孟家湾等地上部灰岩层较厚，且含燧石条带或团块；烟筒山南麓土坡一带灰岩明显减少，以泥、页岩为主；卫宁北山地区上部灰岩更少，而以粉砂岩、砂岩为主。本段灰岩富含珊瑚、腕足类、海百合茎、苔藓虫、双壳类、三叶虫、有孔虫、䗴类及牙形石等多门类动物化石是其特色，其层位较为稳定，但厚度变化较大，在上列干柳树—孙家沟剖面最厚可达 99.1m，在甘塘南山最薄不足 1m。

总之，臭牛沟组下段以陆源碎屑岩和泥页岩发育为特征，上段则以泥页岩和灰岩发育为特征，总体构成一个陆源碎屑岩—碳酸盐岩的退积型沉积旋回。横向变化主要表现在顶部灰岩的厚薄多寡。

（三）靖远组（$C_{1-2}j$）

1974 年由李星学、姚兆奇、蔡重阳、吴秀元命名，命名地点和正层型位于甘肃省靖远县东北约 20km 处之磁窑。1974 年李星学等在对甘肃靖远磁窑剖面进行研究时，于臭牛沟组之上通称的羊虎沟群下部，发现了一套不仅在岩性上、更重要的是在生物群的特点上都与原来理解的羊虎沟群颇为不同的沉积，遂将其划分为一个独立的地层单位——靖远组，以代表我国西北地区中石炭世早期的纳缪尔期沉积。本《志》沿用原始含义。

区内靖远组分布较广，主要出露于卫宁北山的新井沟、单梁山、石磨沟、大石头井沟，香山地区的孟家湾、大柳树、上河沿、下河沿、罗家老圈、吕家新庄、石岘子、校育川、磨盘井、小洪沟，烟筒山南麓的十字坡、土坡和陈麻子井等地，同心东部骆驼山等地见有零星露头。以上校育川剖面和石磨沟剖面为代表。

上校育川剖面（位于宁夏中卫市香山乡上校育川自然村东 1.2km 处。起点坐标：北纬 37°12′，东经 105°22′。吴秀元、顾其昌等 1982 年测制）靖远组顶、底界线清楚，含丰富的头足类、牙形石、植物等化石，李星学、姚兆奇、蔡重阳、赵修祜、吴秀元、周祖仁、杨逢清等学者曾进行过研究，研究程度较高，可作为靖远组次层型，其层序如下（图 7-5）：

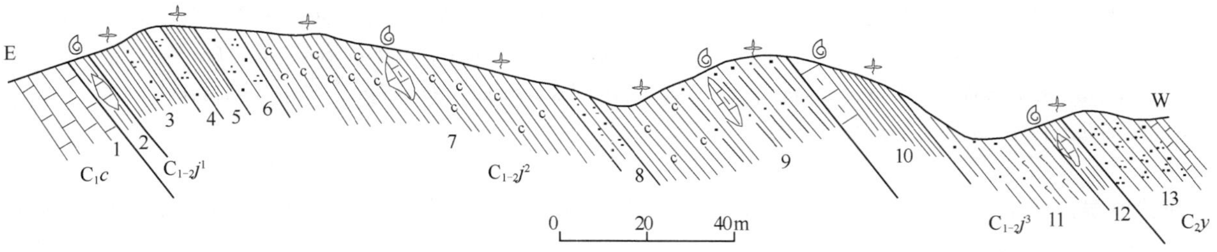

图 7-5　中卫市上校育川下—上石炭统靖远组剖面图

Fig. 7-5　Section of the Lower-Upper Carboniferous Jingyuan Formation in Shangxiaoyuchuan, Zhongwei, Ningxia

上覆地层：羊虎沟组（C_2y）浅黄灰色厚层钙质中—细粒长石石英砂岩、灰黑色页岩夹灰岩和煤线，含植物 *Paripteris gigantean*, *Linopteris neuropteroides* 等

———————— 整　合 ————————

靖远组（$C_{1-2}j$） 总厚度 168.9m

上段（$C_{1-2}j^3$） 厚度 38.1m

12. 底部为深灰—黑色灰岩透镜体，其上为深灰色页岩，含石膏晶体。灰岩透镜体中产菊石 *Gastrioceras stenumbilicatum*, *G. listeri*, *Donetzoceras* sp., *Anthracoceras glabrum*, *Bilinguites superbilinguis*, *Cancelloceras pachygyrum*, *C. asianum*；牙形石 *Idiognathoides sinuatus*；植物 *Paripteris gigantean* 4.5m

11. 灰—深灰色砂质页岩、钙质页岩 20.8m

10. 下部为灰、深灰色中—薄层状泥质灰岩，上部为灰、深灰色页岩夹煤线。泥质灰岩中产菊石 *Bilinguites superbilinguis*, *B. gracilis*, *B. rotiformis*, *B. rotindifolius*, *Gzheloceras* sp. A, *G.* sp. B, *Pleuronautilus* sp., *Domatoceras quadratum*, *Cancelloceras pachygyrum*, *C. asianum*, *Anthraoceras glabrum*, *Kushanites rotalis*, *Reticuloceras* cf. *instatum*, *Arkanites tenuicinctus*, *Ramocites divaricatus*, *Verneulites pygmaeum*, *V. parallelus*, *Gastrioceras listeri*, *G. wongi*, *G. stenumbilicatum*；牙形石 *Idiognathoides attenuate*, *I. corrugatus*；植物 *Mesocalamits* cf. *cistiformis*, *Lepidodendron* cf. *volkmannianum*, *Cardiocarpus bicuspidatus*, *Trigonocarpus* cf. *andanensis*, *Potoniea adiantiformis* 12.8m

中段（$C_{1-2}j^2$） 厚度 128.1m

9. 灰—深灰色砂质页岩、炭质页岩夹浅灰色、灰黄色泥质灰岩透镜体及煤线。灰岩中产菊石 *Retites ortivus*, *R. obsculus*；牙形石 *Idiognathoides attenuate*, *I. sinuatus*, *Declinognathodus noduliferus inaegualis*, *Neognathodus symmetricus*, *N. kashiriensis*；植物 *Aneimites* sp., *Paripteris gigantean*, *P. pseudogigantea*, *P. cardiopteroides*, *P.* sp., *Sphenopteris* cf. *parabaeumleri*, *S.* sp., *Alloiopteris* ? sp., *Linopteris neuropteroides*, *L. brongniartii*, *L. densissima*, *Cyclopteris* sp., *Sphenophyllum tenerrimum*, *Asterophyllites tenuifolius*, *Lepidodendron* cf. *volkmannianum*, *Astericupulites* sp. 41.4m

8. 灰—灰白色薄层中—细粒石英砂岩 3.2m

7. 浅灰—深灰色炭质页岩夹透镜状泥质灰岩，产菊石 *Reticuloceras* sp.；植物 *Sphenophyllum tenerrimum*, *Paripteris gigantean*, *P. otozamioides*, *Linopteris* cf. *neuropteroides*, *Trigonocarpus* sp. 53.4m

6. 灰白色中细粒石英砂岩 7.0m

5. 深灰色页岩夹薄层状细粒砂岩，产植物 *Adiantites* sp.，*Paripteris gigantean*，*P. otozamioides*，*P. cardiopteroides*，*Linopteris neuropteroides*，*L. brongniartii*，*Pecopteris* cf. *aspera*，*Mesocalamites* sp.，*Trigonocarpus* sp. 7.6m

4. 灰黄色薄层状细粒含长石石英砂岩 1.0m

3. 深灰—黑色页岩，偶夹薄层细粒石英砂岩，产植物 *Sphenophyllum tenerrimum*，*Sphenopteris* sp.，*Paripteris* cf. *otozamioides*，*Linopteris densissima*，*L. neuropteroides* 14.5m

下段（$C_{1-2}j^1$） 厚度 2.7m

2. 底部为深灰色页岩，中部为深灰色透镜状灰岩，上部为薄层泥质灰岩，页岩。页岩中产植物 *Paripteris* sp.，*Adiantites* ? sp.；灰岩中产菊石 *Eumorphoceras plummeri*，*Anthracoceras* sp.，*Cravenoceras* cf. *leonoides*，*C. malhamense*；牙形石 *Gnathodus bilineatus bilineatus*，*Paragnathodus commutatus*，*P. mononodosus* 2.7m

———— 整 合 ————

下伏地层：臭牛沟组（C_1c）深灰色中厚层灰岩及含燧石条带灰岩，产腕足类 *Gigantoproductus maxima*，*Echinoconchus biseratus*

石磨沟剖面（位于宁夏中卫市镇罗镇北东 7km 处之石磨沟。起点坐标：东经 105°23′，北纬 37°34′。宁夏区调队 1973 年测制）是卫宁北山地区靖远组代表性剖面，其层序如下（图 7-6）：

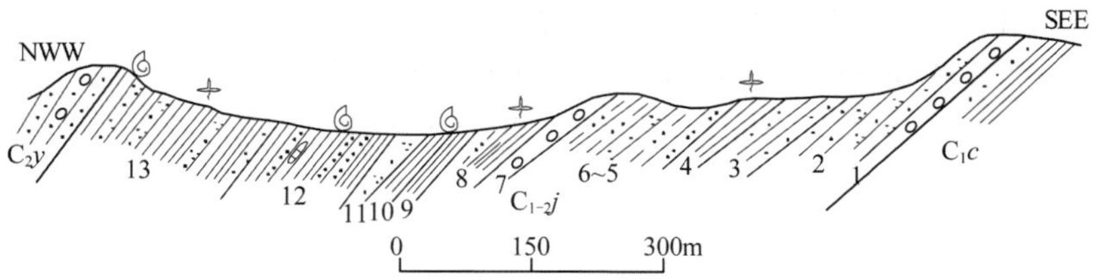

图 7-6 中卫市石磨沟下—上石炭统靖远组剖面图

Fig. 7-6 Section of the Lower-Upper Carboniferous Jingyuan Formation in Shimogou, Zhongwei, Ningxia

上覆地层：羊虎沟组（C_2y）灰白色石英砂岩夹少量黑色页岩

———— 整 合 ————

靖远组（$C_{1-2}j$） 厚度 698.2m

13. 灰、灰黑色页岩，含铁质泥岩夹少量灰白色细—粗粒石英砂岩，含泥质结核。产腕足类 *Chonetes* sp.，*Echinoconchus* sp.；植物 *Neuropteris* sp. 170.1m

12. 灰、灰黑色页岩夹少量粉砂岩、生物碎屑灰岩透镜体，含泥、铁质结核。产海百合茎 *Cyclocyclicus* cf. *paupe*，*Ellipsoellipticus* sp.；腕足类 *Echinoconchus* sp.；植物 *Neuropteris* sp. 等 125.6m

11. 灰白色中厚层粗粒石英砂岩 9.3m

10. 灰—灰黑色页岩夹粉砂岩。前者含泥质结核。产头足类 *Endolobus* sp.；腕足类 *Schellwienella* spp.，*Eomarginifera* sp.，*E.* cf. *pusilla*，*Echinoconchus* sp.；苔藓虫 *Polypora* sp.，*Fenestella* sp.；植物 *Neuropteris kaipingiana* 71.1m

9. 灰黑色含粉砂质页岩、炭质页岩夹薄煤 1 层。页岩中含泥质结核 33.2m

8. 灰黑色页岩夹粉砂岩、细粒石英砂岩，含铁泥质结核。产植物 *Neuropteris* sp. 30.0m

7. 灰白色中厚层粗—细粒石英砂岩，底部为细砾岩。砾石为石英 7.1m

6. 灰—灰黑色粉砂质页岩夹灰白色细粒石英砂岩。前者含泥、铁质条带 88.4m

5. 灰色（风化后呈灰紫红色）粉砂岩 8.0m

4. 灰—灰黑色含泥、铁质结核之页岩夹细粒石英砂岩薄层。产植物 *Linopteris* sp.，*Neuropteris* sp. 33.9m

3. 薄层钙质细粒石英砂岩夹钙质粉砂岩，含粉砂质泥岩 81.8m

2. 含钙质细—粗粒石英砂岩 14.3m

1. 灰白色厚层粗—细粒石英砂岩，底部为砾岩、砂砾岩等 25.4m

——————— 整　合 ———————

下伏地层：臭牛沟组（C_1c）灰黑色薄层粉砂岩夹中—细粒石英砂岩

在香山主峰以北大部分地区靖远组与臭牛沟组连续沉积，在香山南麓石岘子、罗家老圈、吕家新庄和大道崖等地本组平行不整合于前黑山组之上，局部不整合覆于上泥盆统中宁组或香山群之上，与上覆羊虎沟组整合接触。靖远组主要由陆源碎屑岩（石英砂岩、粉砂岩）、黏土岩（泥岩、页岩）和碳酸盐岩（泥灰岩、生物碎屑灰岩）组成，含头足类、腕足类、腹足类、双壳类、苔藓虫、牙形石、昆虫及植物化石，属滨海沼泽相沉积。可进一步划分为3个岩性段。

下段（$C_{1-2}j^1$）：浅灰—灰白色厚—中层硅质粗—细粒石英砂岩夹少许灰白色石英砾岩、砂砾岩及灰色粉砂质泥（页）岩。本段碎屑岩横向可相变为灰黑色页岩夹深灰色灰岩、泥质灰岩透镜体。灰岩含 *Eumorphoceras*，*Cravenoceras* 等菊石及牙形石。

中段（$C_{1-2}j^2$）：灰—深灰色页岩、炭质页岩、砂质页岩夹浅灰—灰白色薄层中—细粒石英砂岩、泥质灰岩及煤线。灰岩含 *Retites*，*Reticuloceras* 等菊石、腕足类及牙形石，页岩含植物化石。

上段（$C_{1-2}j^3$）：以深灰—灰黑色页岩、泥岩、炭质页岩、砂质页岩为主，夹浅灰—灰白色石英砂岩、深灰色泥灰岩透镜体。灰岩含 *Gastrioceras*，*Bilinguites*，*Cancelloceras* 等头足类、腕足类，页岩含植物化石。

靖远组沉积厚度变化在22.8~698.1m间。卫宁北山地区厚度相对较大，最厚达698.2m，向南厚度逐渐减小，香山地区和烟筒山南麓相对较小，厚102.9~241.7m，至香山南麓厚度迅速变小，为22.8m。

（四）羊虎沟组（C_2y）

由葛利普（Grabau，1924）创名的阳阜沟系（Yangfoukou Formation）沿革而来（阳阜沟系→羊虎沟系→羊虎沟统→羊虎沟群→羊虎沟组）。1974年李星学等在对甘肃靖远磁窑剖面进行研究时，将羊虎沟群划分为下部的靖远组和上部的羊虎沟组，前者代表我国西北地区中石炭世早期的纳缪尔期沉积，后者代表中石炭世晚期的威斯发期沉积。本《志》沿用李星学等的含义。

区内羊虎沟组分布也较广泛，与前述靖远组分布范围基本一致，主要出露于卫宁北山的新井沟、单梁山、石磨沟、大石头井沟，香山地区的孟家湾、上河沿、下河沿、梁水园子、校育川、磨盘井、小洪沟，烟筒山南麓的十字坡和土坡等地，同心东部骆驼山等地见有零星露头。以干柳树—孙家滩剖面和上河沿剖面为代表。

干柳树—孙家滩剖面层序如下（图7-7）：

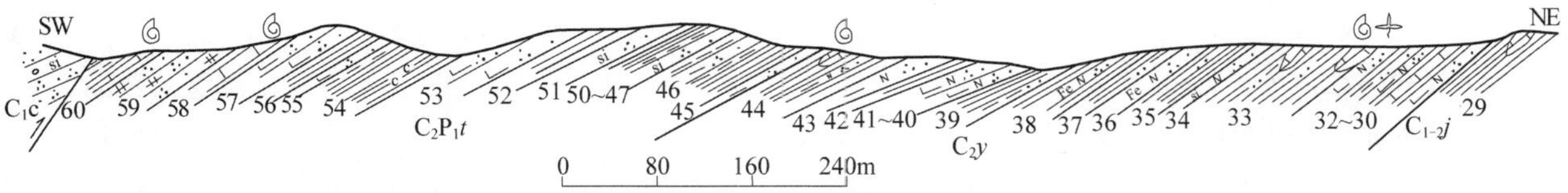

图7-7　中卫市干柳树—孙家滩上石炭统—下二叠统剖面图

Fig. 7-7　Section of the Upper Carboniferous-Lower Permian in Ganliushu-Sunjiatan, Zhongwei, Ningxia

上覆地层：太原组（C_2P_1t）灰色中—厚层含砾中粒石英砂岩

——————— 整　合 ———————

羊虎沟组（C_2y） 厚度259.8m

44. 灰—深灰色页岩、粉砂质页岩夹3层黄褐—灰色厚—中层泥质中—细粒长石石英砂岩及少量灰色粉砂岩、深灰色灰岩透镜体。砂岩发育交错层理。灰岩产菊石 *Gastrioceras* sp. 及牙形石 *Idiognathodus magnificus*，*I. delicates*，*Streptognathodus* sp. 32.0m
43. 褐灰—灰色中—薄层泥质细粒长石石英砂岩夹灰色粉砂质页岩、页岩及深灰色灰岩透镜体 21.9m
42. 深灰色泥岩、页岩夹深灰色灰岩透镜体。泥、页岩含钙质结核 7.8m

41. 灰色薄层钙质细粒长石石英砂岩、粉砂岩夹少量粉砂质页岩 10.3m

40. 底部为灰—褐灰色厚—中层泥质细粒石英砂岩，往上为褐灰色中—薄层钙质中—细粒长石石英砂岩 4.5m

39. 深灰色页岩夹浅黄色粉砂质泥岩，含钙质泥质结核 5.8m

38. 灰—深灰色粉砂质页岩、黑色页岩夹3层浅褐灰色中层细粒长石石英砂岩 29.2m

37. 灰—深灰色粉砂质页岩、黑色页岩，下部夹一深灰色灰岩透镜体，上部页岩中含泥钙质结核 10.5m

36. 浅褐灰色中层铁质细粒长石石英砂岩 10.2m

35. 灰—深灰色粉砂质页岩、黑色页岩，近底部夹一深灰色灰岩透镜体，上部夹有少量灰色粉砂岩 18.3m

34. 灰—深灰色粉砂质页岩、黑色页岩夹浅褐灰—灰色中层硅质细粒长石石英砂岩 9.4m

33. 灰—深灰色粉砂质页岩、黑色页岩夹深灰色灰岩透镜体。灰岩含腹足类 *Subulites* sp. 53.2m

32. 灰—深灰色粉砂质页岩、黑色页岩夹4层浅黄色中层钙质细粒长石石英砂岩，下部尚夹浅黄灰—灰色粉砂岩，上部夹深灰色灰岩透镜体。砂岩含植物 *Stigmaria ficoides* 33.3m

31. 灰色粉砂质泥岩、黑色页岩，中部夹一层厚1.2m之深灰色白云质微晶灰岩。灰岩含腕足类 *Dictyoclostus* sp.，*Linoproductus* sp. 及腹足类 *Meekospira* sp. 6.7m

30. 下部为浅黄灰色厚层钙质中—细粒长石石英砂岩；中—上部为灰白色厚层中—细粒长石石英杂砂岩，发育大型板状斜层理 6.7m

——— 整 合 ———

下伏地层：靖远组（$C_{1-2}j$）浅黄灰、灰色粉砂岩、粉砂质页岩

上河沿剖面（位于宁夏中卫市常乐镇上河沿西1km处。起点坐标：北纬37°26′，东经105°02′。刘志才、阎成1992年测制）层序如下（图7-8）：

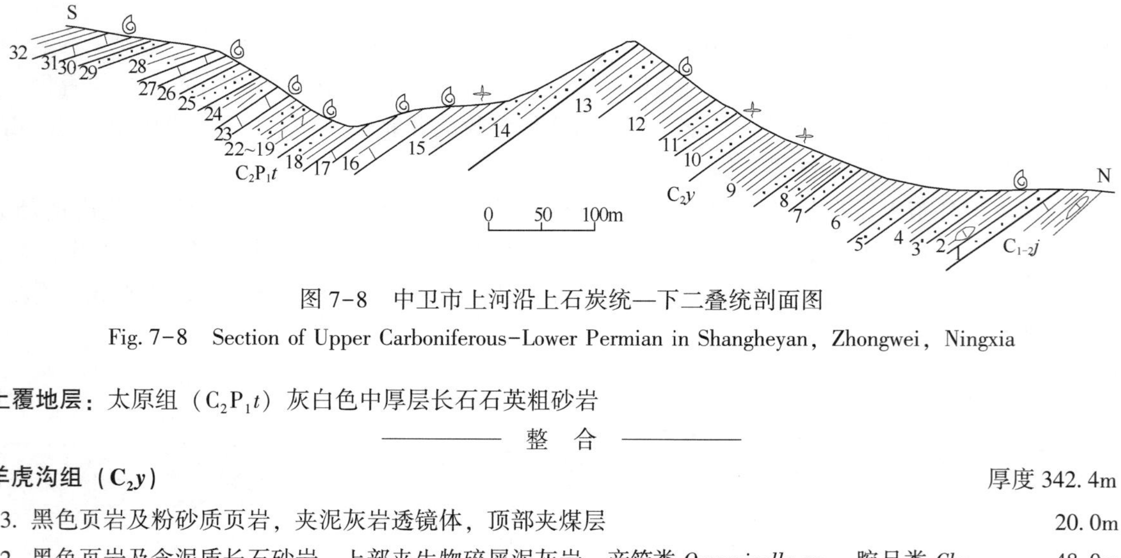

图7-8 中卫市上河沿上石炭统—下二叠统剖面图

Fig. 7-8 Section of Upper Carboniferous-Lower Permian in Shangheyan，Zhongwei，Ningxia

上覆地层：太原组（C_2P_1t）灰白色中厚层长石石英粗砂岩

——— 整 合 ———

羊虎沟组（C_2y） 厚度342.4m

13. 黑色页岩及粉砂质页岩，夹泥灰岩透镜体，顶部夹煤层 20.0m

12. 黑色页岩及含泥质长石砂岩，上部夹生物碎屑泥灰岩。产䗴类 *Ozawainella* sp.；腕足类 *Chonetes* cf. *latesinuata*；腹足类 *Callispira* sp.，*Conocerdium* sp. 48.0m

11. 上部黑色砂质页岩夹煤层，下部灰白色中厚层长石石英砂岩夹粉砂质页岩。页岩中产植物 *Annularia pseudostellata*，*Lepidodendron* cf. *szeianum*，*Cathaysiodendron incertum*，*Calamites cistii*，*Sphenophyllum* sp.，*Lepidostrobophyllym* sp.，*Cordaites principalis* 25.5m

10. 黑色炭质黏土岩夹粉砂质页岩，顶部夹煤层，下部为灰白色中厚层长石石英砂岩 33.8m

9. 黑色页岩夹粉砂质页岩及薄层砂岩。底部产植物 *Sphenophyllum oblongifolium*，*Neuropteris* sp. 53.0m

8. 灰黑色页岩夹薄层细砂岩。产双壳类 *Dunbarella papyraceus*；植物 *Sphenophyllum oblongifolium*，*Neuropteris* sp.，*Stigmaria ficoides* 26.0m

7. 灰白色中厚层含泥质细粒石英砂岩 6.0m

6. 灰黑色页岩夹细砂岩及粉砂岩，顶部夹薄煤层。产植物 *Stigmaria ficoides*，*Neuropteris* sp. 51.0m

5. 灰色中厚层含泥质细粒石英砂岩 9.6m

4. 灰、灰黑色页岩夹砂岩及薄层灰岩。产双壳类 *Posidoniella variabilis*, *Parallelodon* ? sp., *P.* aff. *tenuistratus*, *Palaeolima* cf. *simplex*；植物 *Lepidostrobophyllum* sp. 37.0m

3. 灰黄色薄至中厚层石英细砂岩 6.0m

2. 灰黑色页岩夹灰岩透镜体。灰岩中产䗴 *Ozawainella praestella praestellae*；腕足类 *Chonetes pygmaea*, *C. carbonifera*, *Cancrinella* sp.；双壳类 *Dunbarella papyraceus* 14.0m

1. 灰黄色粗粒石英砂岩，含云母片较多 12.5m

———— 整 合 ————

下伏地层：靖远组（$C_{1-2}j$）黄灰色粉砂质页岩夹薄层石英细砂岩

羊虎沟组与下伏靖远组和上覆太原组均呈整合接触。岩性以灰—深灰色粉砂质页岩、黑色页岩、灰、浅褐灰、浅黄灰色薄—中厚层细粒长石石英砂岩、石英砂岩为主，夹少量深灰色透镜状（含生物碎屑）灰岩、灰色粉砂岩及浅黄色粉砂质泥岩，含腕足类、头足类、腹足类、双壳类、牙形石和植物。在上河沿—下河沿一带上部夹数层黏土矿层、可采煤层及煤线；卫宁北山下部夹无烟煤 4 层，未见夹灰岩透镜体，上部砂岩略多一些。

羊虎沟组沉积厚度各地相差较悬殊，卫宁北山厚度相对较大，最厚达 1883.9m 以上，香山地区厚度相对较小，厚 77.1~432.7m，总体有自北而南逐渐减薄之趋势。

二、华北地层区鄂尔多斯西缘地层分区

本地层分区缺失下统，上石炭统不整合于奥陶系或更老地层之上，为滨海沼泽相—三角洲相含煤碎屑岩夹碳酸盐岩沉积；生物群属混生生物群。可进一步划分为贺兰山地层小区和桌子山-青龙山地层小区。前者出露较好，后者地表出露甚少，大部分被埋藏于中、新生代覆盖层之下。因这两个地层小区沉积特征基本一致，故合并叙述。其岩石地层序列自下而上为靖远组和羊虎沟组。

（一）靖远组（C_2j）

1982 年宁夏区调队首次将靖远组一名用于贺兰山地区，其含义与原始定义相同（见阿拉善南缘地层分区靖远组的叙述），用以代表中石炭世早期纳缪尔期沉积。此后逐渐扩展到整个鄂尔多斯西缘地层分区使用。

靖远组主要分布于贺兰山北段胡鲁斯台、石炭井、李家沟、沙巴台、红果子沟和青沟等地。宁东地区全部埋藏于中新生代覆盖层之下，地表未见出露。胡鲁斯台剖面（位于内蒙古阿拉善左旗宗别立镇胡鲁斯台南东 2km 处。起点坐标：北纬 39°13′，东经 106°16′。宁夏区调队 1978 年测制，宁夏地质调查院 2006 年修测）具代表性，其层序如下（图 7-9）：

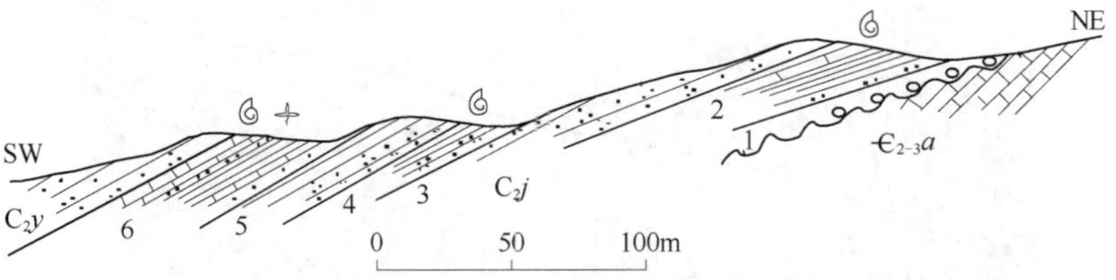

图 7-9 内蒙古阿拉善左旗胡鲁斯台上石炭统靖远组剖面图

Fig. 7-9 Section of the Upper Carboniferous Jingyuan Formation in Hulusitai, Alxa Left Banner, Inner Mongolia

上覆地层：羊虎沟组（C_2y）灰白色中粗粒石英砂岩

———— 整 合 ————

靖远组（C_2j） 厚度 49.1m

6. 下部为灰白色粗砂岩；中部为灰黑色页岩夹煤线，产腕足类 *Lingula* sp. 和植物 *Neuropteris* cf. *kaipingiana*, *Lepidodendron* sp.；上部为灰黄色泥质灰岩夹黑色页岩，产腕足类 *Echinoconchus punctatus* 18.2m

5. 下部为灰白色细粒石英砂岩，上部为灰黑色页岩夹煤线 8.2m

4. 灰—灰黑色粉砂岩夹细粒石英砂岩，向上为灰黑色页岩夹一层灰黄色生物碎屑泥质灰岩。灰岩富含腕足类 *Dictyoclostus gruenewaldti*，*Juresania* sp.，*Martinia* sp.，*Echinoconchus* sp.，*Choristites yanghukouensis*，*Orbiculoidea* sp.，*Brachythyrina straywaysi*，*Linoproductus* sp. 及瓣鳃类和腹足类等 3.2m

3. 灰白、灰黄色中厚层含砾粗粒石英砂岩，具向上变细的正粒序特征 8.4m

2. 灰—灰黑色页岩、粉砂岩，夹一层含生物碎屑泥质灰岩。产菊石 *Gzheloceras* cf. *antiqum*，*G.* sp. B，*G.* sp. C，*G.* sp. E，*Domatoceras quadratum*，*Megaglossoceras kansuense*，*Bilinguites gracilis*，*B. paradegeneratus*；腕足类 *Boxtonia antiquissima*，*B. scabricula*，*Fluctuaria undata*，*Dictyoclustus* sp.，*Marginifera* cf. *sartymiensiefermi*，*Antiquatonia* cf. *antiquate*，*Phricodothyris echinata*；珊瑚 *Bradyphyllum bellicostatum*，*B.* sp.；腹足类 *Naticopsis* cf. *kansuensis*，*Ptychomphalus* cf. *tieni*。上部的灰黑色页岩中产植物 *Linopteris neuropteroides*，*L. densissima*，*L.* cf. *neuropteroides*，*Paripteris gigantean*，*P. otozamioides*，*P. pseudogigantea*，*Lepidodendron ninghsiaense*，*L.* cf. *subrhombicum*，*Lepidostrobus* sp. 9.9m

1. 灰白色厚—中层中细粒石英砂岩，底部有厚 20cm 之砾岩 1.2m

~~~~~~~~~~ 不 整 合 ~~~~~~~~~~

下伏地层：阿不切亥组（$\epsilon_{2-3}a$）灰黄色泥质灰岩夹黑色页岩

靖远组不整合于奥陶系或更老地层之上，与上覆羊虎沟组整合接触，为一套滨岸沼泽相—三角洲相含煤碎屑岩沉积。中—下部系由一套滨海—浅海相的石英砂岩、砾岩、砂砾岩、黑色页岩和灰岩组成，上部则为以黑色页岩为主的滨海沼泽相沉积，含薄煤层及煤线。

上列胡鲁斯台剖面靖远组不整合于中—上寒武统阿不切亥组之上（图 7-10），厚 49.1m，主要由石英砂岩、黑色页岩、粉砂岩组成，夹少量泥质灰岩及煤线，底部见有薄层砾岩，含丰富的菊石、腕足类、腹足类、珊瑚和植物化石。自胡鲁斯台剖面向东至石炭井地区之李家沟—大井沟一带，本组厚度增至 83.1m，底部以厚 9.4m 之石英砂岩、砂砾岩与长城系黄旗口组石英砂岩呈不整合接触，向上由石英砂岩、黑色页岩和生物碎屑灰岩组成，含丰富的菊石、腕足类、腹足类、海百合茎和植物化石。沙巴台厚 93.5m，岩性与胡鲁斯台剖面及石炭井地区相似，但所夹生物碎屑灰岩变薄。红果子沟—青沟一带，靖远组由灰白色中厚层砾岩、（含砾）中粗粒石英砂岩、灰色粉砂岩和灰黑色页岩组成，未见夹灰岩，在底部砾岩层之下常见一层厚约 2m 的古风化壳（泥岩、页岩）。青沟剖面厚 42.2m。

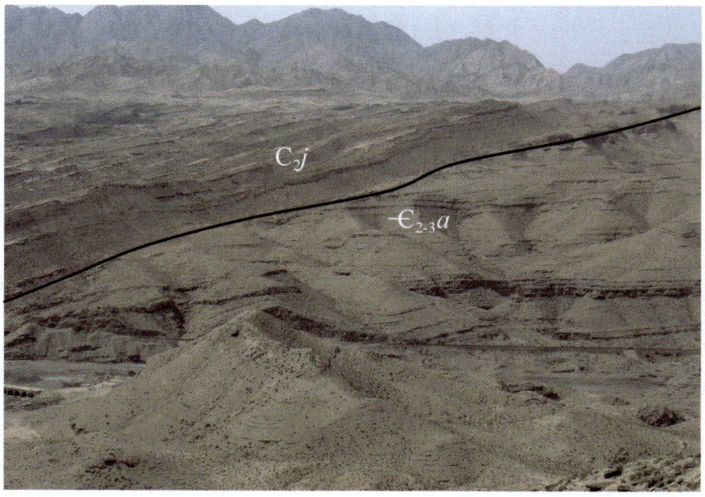

图 7-10 内蒙古阿拉善左旗胡鲁斯台上石炭统靖远组（C_2j）与中—上寒武统阿不切亥组（$\epsilon_{2-3}a$）不整合接触关系

Fig. 7-10 Unconformity between the Upper Carboniferous Jingyuan Formation（C_2j）and the Middle-Upper Cambrian Abuqiehai Formation（$\epsilon_{2-3}a$）in Hulusitai, Alxa Left Banner, Inner Mongolia
~~~~~~~~~~

靖远组沉积厚度有以李家沟—大井沟—沙巴台一带为中心，向东向西变薄之趋势。苏峪口一带缺失本组，说明该地当时为一未被海水淹没的孤岛或半岛。

（二）羊虎沟组（C_2y）

1959年银川石油勘探处110队甘克文将桌子山、贺兰山地区的卡布其煤系分为中石炭统羊虎沟群和上石炭统太原组。1972年宁夏区调队在进行阿拉善左旗幅、石嘴山市幅1：20万区调时将中石炭统分为下部靖远组和上部羊虎沟组。此后逐渐扩展到整个鄂尔多斯西缘地层分区使用。

区内羊虎沟组分布范围与靖远组基本一致，主要出露于贺兰山北段胡鲁斯台、石炭井、李家沟、沙巴台、红果子沟、青沟等地，贺兰山中段苏峪口—插旗口一带也有出露。宁东地区仅在太阳山—韦州一带有零星露头，其余均被埋藏于中、新生代覆盖层之下。以内蒙古阿拉善左旗胡鲁斯台剖面为代表，其层序如下（图7-11）：

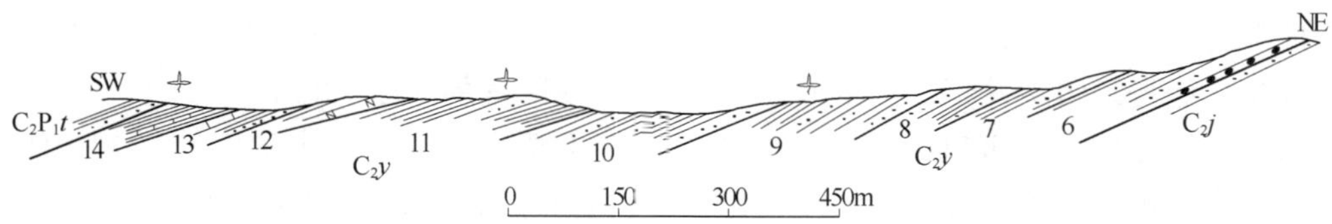

图7-11　内蒙古阿拉善左旗胡鲁斯台上石炭统羊虎沟组剖面图

Fig. 7-11　Section of the Upper Carboniferous Yanghugou Formation in Hulusitai, Alxa Left Banner, Inner Mongolia

上覆地层： 太原组（C_2P_1t）灰黑色页岩、炭质页岩夹多层灰白、灰黄色中厚层中粗粒石英砂岩

——————　整　合　——————

羊虎沟组（C_2y）　厚度488.0m

14. 灰黑色页岩夹少量灰黄色中厚层粗粒石英砂岩及两层生物碎屑灰岩。页岩含较多的铁质结核。生物碎屑灰岩产苔藓虫 *Fenestella* sp., *Polypora* sp. 和海百合茎 *Pentagonocyclicus* sp. 等动物化石；页岩产植物 *Neuropteris* sp., *Linopteris* sp., *L. simplex*, *Sphenophyllum* sp., *Stigomaria ficoides*, *Lepidodendron* sp. 等　40.1m
13. 灰白—灰黄色中厚层粗粒石英砂岩、灰黑色页岩、灰黄色生物碎屑灰岩组成一个韵律层。底部砂岩发育交错层理。页岩含铁质结核。生物碎屑灰岩含腕足类、珊瑚等　58.6m
12. 灰黄色中粗粒石英砂岩、含砾粗粒石英砂岩与灰黑色页岩不等厚互层。底部含砾粗粒石英砂岩发育交错层理　24.2m
11. 灰黑色页岩、灰黄色粉砂质泥岩夹灰—灰黄色薄层中细粒石英砂岩和灰黄色中厚层粗粒石英砂岩及一层厚0.5m之煤层。页岩产植物 *Neuropteris* sp., *N. gigantean*, *Stigomaria ficoides*, *Linopteris* sp. 及双壳类 *Schizodus* sp.　81.0m
10. 灰白—灰黄色中粗粒石英砂岩与灰黑色页岩、砂质页岩组成3个韵律层，中部灰黑色页岩夹0.5m厚之薄煤层　94.6m
9. 灰白—灰黄色中厚层铁质中细粒石英砂岩与灰黑色页岩不等厚互层，底部有3m厚的含砾粗粒石英砂岩。底部砂岩发育板状斜层理。页岩产植物 *Neuropteris* sp., *N. pseudogigantea*, *N. kaipingiana*, *Linopteris densissima*, *L. neuropteroides*, *L. lepida*, *Pecopteris* sp., *Sphenophyllum* sp., *Lepidodendron* sp., *Calamites* sp., *Lepidostrobphyllum* sp., *Rhodea* sp., *Sphenopteris* sp.，砂岩中见有植物茎秆化石　37.7m
8. 灰黄色中厚层中粒石英砂岩夹灰黑色页岩。页岩产植物 *Linopteris* sp.　49.8m
7. 灰黑色页岩夹灰褐色中—薄层中细粒石英砂岩及一层0.5m厚之含泥质生物碎屑泥晶灰岩。页岩含铁质结核　59.6m
6. 灰白—灰黄色中厚层中粗粒石英砂岩夹少量灰黑色页岩。砂岩下部常含小砾石，发育低角度板状斜层理。灰黑色页岩产植物 *Neuropteris* cf. *kaipingiana* 及腕足类　42.9m

——————　整　合　——————

下伏地层： 靖远组（C_2j）灰黄色泥质灰岩夹黑色页岩

羊虎沟组与下伏靖远组和上覆太原组均为整合接触，为一套三角洲相含煤碎屑岩沉积，岩性以灰、灰白色细—中粒石英砂岩，灰、灰黑色页岩及砂质页岩为主，夹少量灰岩、生物碎屑灰岩透镜体，一般仅含薄煤层、煤线，局部地区有可采煤层，产腕足类、珊瑚、双壳类、腹足类和植物等化石，沉积厚度一般在 150~300m 之间。

上列胡鲁斯台剖面羊虎沟组厚 488.0m。下部（1~4 层）基本由厚—中厚层中—细粒（少部分为粗粒）石英砂岩、灰黑色页岩组成若干韵律层，在数量上以砂岩占优势，生物碎屑灰岩、泥灰岩夹层少见，页岩中植物化石较多，偶见腕足类与之共生，夹薄煤层及煤线 1~2 层；中部（5~6 层）由薄—厚层中—细粒砂岩与灰黑色页岩、灰岩透镜体组成若干韵律层，夹煤层、煤线，其岩石组合以页岩为主，砂岩次之，灰岩透镜体在钻孔中见最多可达 9 层，产腕足类、珊瑚、海百合茎及植物等化石；上部（7~9 层）以灰黑色页岩为主夹厚—中厚层中—粗粒石英砂岩、长石石英砂岩，尚夹两层生物碎屑灰岩及薄煤层，产腕足类、海百合茎及植物化石。自胡鲁斯台向东至石炭井、李家沟、沙巴台、石嘴山一带，岩性与前述剖面相似，但中、上部所夹灰岩、生物碎屑灰岩透镜体较少，砂岩数量相对增多，厚度有逐渐减少之趋势。石炭井李家沟剖面厚 287.1m，沙巴台剖面厚 146.7m。

在贺兰山中段苏峪口—插旗口一带，羊虎沟组直接不整合覆于下—中奥陶统天景山组灰岩之上，岩性较粗，下部为褐黄—灰黄色砾岩、中—粗粒石英砂岩夹灰色粉砂质页岩、细粒石英砂岩；上部则以灰黑色含云母碎片的粉砂质页岩为主，夹粗粒石英砂岩。厚 150m。

据钻孔资料，灵武—盐池一带埋藏于中、新生代覆盖层之下的羊虎沟组岩性以黑色泥（页）岩、砂质泥（页）岩为主，夹灰—灰白色砂岩，局部夹煤线。陶乐 ZK1092 钻孔厚度最小，为 38.61m；石沟驿忠 1 井厚度最大，超过 582.25m。

第二节　古生物群组合

宁夏石炭纪的生物较为丰富，计有头足类、珊瑚、腕足类、䗴类、双壳类、腹足类、有孔虫、三叶虫、苔藓虫、海百合、昆虫、牙形石、遗迹、植物和孢粉等门类，其中头足类、䗴类、珊瑚、腕足类、牙形石、植物、孢粉和昆虫研究较详，具有重要的生物地层学意义。主要以上校育川剖面、上河沿剖面、下河沿剖面、胡鲁斯台剖面和沙巴台剖面为基础，参考有关论文、著作，按门类建立 28 个生物地层单位。

（一）头足类

宁夏石炭纪头足类动物群较为繁盛，经梁希洛（1957）、高月英等（1983）、杨逢清等（1983）、杨逢清（1986）、阮亦萍、周祖仁（1987）等研究，自下而上建立了 *Dombarites-Eumorphoceras* 带，*Reticuloceras* 带，*Bilinguites-Cancelloceras* 带，*Branneroceras-Gastrioceras* 带和 *Maximites sinensis* 带 5 个生物地层单位。

1. *Dombarites-Eumorphoceras* 带

阮亦萍、周祖仁（1987）建立。赋存于阿拉善南缘地层分区靖远组下段，分布于大石头井、孟家湾、大柳树、下河沿、大道崖、上校育川、陈麻子井和土坡等地。化石产于黑灰色页岩所夹的薄层或透镜状灰岩中，以中宁县陈麻子井和校育川两地所产菊石最为丰富。据统计，各地所产头足类计有 50 属 116 种。其中菊石类 27 属 89 种：*Cluthoceras acutilobatum*，*C. altlsellatum*，*C. brevilobatum*，*C. contractum*，*C. neilsoni*，*C. nudatum*，*C. parvum*，*C. qingshuiheense*，*C.* sp.，*Anthracoceras discus*（图版 XⅧ，10、11），*A. mirabile*（图版 XⅧ，14、15），*Cavilentia tenuicula*，*Trizonoceras peregrinsum*，*T. zhongningense*，*Paradimorphoceras* sp.，*P. dislobatum*，*P. divisum*，*P. tongxinense*，*P. qingshuiheense*，*P. submarginale*，*Kazakhoceras* sp.，*K. compressum*，*K. hawkinsi*，*Girtyoceras glabrum*（图版 XⅥ，1、2），*G.* cf. *kazakhorum*，*Eumorphoceras* sp.，*E. chungweiense*，*E. kansuense*，*E. plummeri*（图版 XⅥ，7、8），*Platygoniatites* sp.，*P. stenolobatum*，*Dombarites falcatoides*，*D. latilobatum*，*D. mapesi*，*D. ningxiaensis*，*D.*

paratectus（图版XVI，13、14），*D.* sp.，*Fayettevillea longilobata*，*F. molaris*，*F. pachydiscoides*，*F. paraserpentina*，*F.* cf. *orientalis*，*F. serpentine*，*F. umbilicata*，*F. zhongningensis*，*F.* sp.，*Neoglyphioceras* sp.，*N. discoides*，*N. firmum*，*N. latumbilicatum*，*N. minutum*，*N. ningxiaense*，*N. stenoventrosue*，*N. tongxinense*，*N. qingshuiheense*，*N.* sp. 1，*Mirilentia cucurbitoides*，*Lyrogonratites stenoventrosus*，*L. mutabilis*，*L.* cf. *mutabilis*，*Cravenoceras arcticum*，*C. beleutense*，*C. leionoides*，*C.* cf. *leionoides*，*C. lineolatum*，*C.* cf. *lineolatum*，*C. malhamense*，*C. minumbilicum*，*C. ningxiaense*，*C. xiaoyuchuanense*，*C.* sp.，*Nuculoceras* sp.，*N. pilatum*，*Lechroceras latilobatum*，*Glaphyrites embolicus*，*Glaphyrites* cf. *embolicus*，*Zhongningoceras bellum*，*Z. qingshuiheense*，*Shuichengoceras yohi*，*Stenopronorites* sp.，*S. ningxiaensis*，*Sudeticeras* cf. *applanatum*，*S. ningxiaense*，*S. tongxinense*，*Paracravenoceras* sp.，*Homoceratoides* sp.，*Kionoceras* cf. *namurense*，*Epidomatoceras* sp. A，*E.* sp. B 等；鹦鹉螺类 23 属 28 种：*Michelinoceras magnum*，*Kionoceras* cf. *namurense*，*Adnatoceras cylindricum*，*A. kipchakense*，*A. ningxiaense*，*Dolorthoceras subcentrale*，*Epidomatoceras* sp. A，*E.* sp. B，*Titanoceras* sp.，*Liroceras reniforme*，*Stenopoceras lenliculare*，*Pleuronautilus* sp.，*Applanoceras epichare*，*Arcanoceras burmai*，*Cyrtothoracoceras* ? sp.，*Epicantes apiculus*，*Euloxoceras ampullacum*，*E. eccentricum*，*Glyphiolobus chinensis*，*G. sinensis*，*Irinoceras arcuatum*，*Metadimorphoceras lenticulare*，*Praedaraelites* sp.，*Prolecanites* sp.，*Pronoriter* cf. *cyclolobus*，*Rhymmoceras vermiculatum*，*Surenites* sp.，*Verancoceras* sp. 等。

上列菊石中 *Girtyoceras*，*Neoglyphioceras*，*Lyrogonratites*，*Dombarites*，*Kazakhoceras*，*Trizonoceras*，*Cluthoceras*，*Platygoniatites*，*Cravenoceras*，*Cavilentia*，*Fayettevillea*，*Nuculoceras*，*Eumorphoceras*，*Mirilentia* 等多数为常见于维宪阶顶部和谢尔普霍夫阶（大致相当我国的德坞阶）的属，为 *Dombarites*-*Eumorphoceras*（属）带的标准分子。其中 *Eumorphoceras plummeri* 为美国阿肯色州 Fayetteville 组的标准分子，也产于我国广西南丹七圩罗城组，可与西欧的 E_1b-c 层对比；*Dombarites paratectus* 曾见于乌拉尔的 Nm_1b_2 层，也见于我国新疆东部雅满苏组上部，与 *Platygonniatites molaris* 等共生；*Dombarites mapesi* 初见于北美阿肯色州的 Fayetteville 组下部，与 *Eumorphoceras plummeri* 共生，与西欧的 E_1b-c 层相当，它在我国西藏北部申扎地区与 *Neogoniatites xainzaensis* 共生；*Dombarites falcatoides* 在乌拉尔产于 Nm_1a 层（相当于英国的 P_2 亚带），在我国广西南丹七圩与 *Eumorphoceras plummeri* 共生，相当于西欧 E_1 亚带上部；*Trizonoceras peregrinsum* 在北美阿肯色州产于 Pitkin 组底部（也相当于西欧 E_1 亚带上部）；*Girtyoceras glabrum* 和 *Lyrogonratites mutabilis* 以往仅见于乌拉尔 Nm_1b_1 层；*Cluthoceras neilsoni* 在英国产于 Index 灰岩 E_1 亚带上部；*Eumorphoceras plummeri* 为美国阿肯色州 Fayetteville 组的标准分子，也产于我国广西南丹七圩罗城组，可与西欧的 E_1b-c 层对比；*Cravenoceras malhamense* 分别为英国 E_1c 层和前苏联 Nm_1b_2 层的标准分子；*Cravenoceras leionoides* 和 *Glaphyrites embolicus* 分别产于乌拉尔 Nm_1b_{1-2} 层和 Nm_1c_1 层；*Anthracoceras discus* 为西欧、亚洲、北非 E_1 亚带上部及其相当层位的常见分子。

Dombarites-*Eumorphoceras* 带以 *Dombarites* 属的出现为底界，以 *Eumorphoceras* 属的绝灭为顶界，其范围相当于英国的 P_2 亚带与 *Eumorphoceras* 带之和。依据一些特征属的出现和消亡，又可将 *Dombarites*-*Eumorphoceras* 带划分为下、中、上 3 个亚带：下亚带为 *Eumorphoceras* 属出现之前；中亚带为 *Eumorphoceras* 属与早先的特征属；上亚带为维宪阶上部形成的一些特征属消失，而仅有 *Eumorphoceras*，*Cravenoceras* 等属。本区靖远组下段的菊石群既有始现于下亚带的特征分子（*Neoglyphioceras*，*Lyrogoniatites*，*Dombarites*，*Platygoniatites*，*Cluthoceras*，*Trizonoceras*，*Kazakhoceras*，*Girtyoceras*，*Anthracoceras*，*Paradimorphoceras*），又有始见于中亚带的分子（*Eumorphoceras*，*Cravenoceras*，*Cavilentia*，*Verancoceras*，*Rhymmoceras*，*Mirilentia*），由此可见，靖远组下段的菊石群当属 *Dombarites*-*Eumorphoceras* 带的中亚带，杨逢清等（1983）、刘志才等（1983）将该亚带称为 *Eumorphoceras chungweiensis* - *Cravenoceras xiaoyuchuanense* 亚带。

综上所述，靖远组下段的菊石群可归于 *Dombarites* - *Eumorphoceras* 带的中亚带，即 *Eumorphoceras chungweiensis*-*Cravenoceras xiaoyuchuanense* 亚带，可与西欧的 *Eumorphoceras* 带下部（E_1 亚带）和前苏

联的 *Uralopronorites*-*Cravenoceras* 带（Nm_1b 层）对比，与我国甘肃靖远—景泰一带靖远组下段菊石群、广西南丹七圩罗城组上部菊石群、新疆东部哈密地区雅满苏组上部菊石群以及西藏北部申扎县永珠峰群下亚组菊石群均可对比。

2. *Reticuloceras* 带

阮亦萍、周祖仁（1987）建立。赋存于靖远组中段上部，仅见于阿拉善南缘地层分区的校育川、土坡和鄂尔多斯地层分区的胡鲁斯台等地。化石产于灰色、深灰色页岩所夹的灰岩透镜体中，个体稀少，种类不多，计有菊石 *Reticuloceras acutilobatum*，*R. pachygyrum*，*R. reticulatum*，*R. subreticulatum*，*R. bilingue*，*Retites obsculus*，*R. ortivus* 及鹦鹉螺类 *Domatoceras* sp.，*Titanoceras* sp. 等。

此带的范围从 *Reticuloceras* 属的始现到 *Bilinguites* 属的始现，相当于西欧传统划分的 R_1 亚带。其中 *Reticuloceras* 和 *Retites* 是 *Reticuloceras* 带的标准属；*Reticuloceras reticulatum* 广布于欧、亚、北非等地，为西欧 R_1c 层或前苏联 Nm_2b_3 层的标准分子；*Retites ortivus* 和 *R. obsculus* 产于南乌拉尔，前者在 Nm_2b_2 层，后者在 Nm_2b_3 层。由此可见，靖远组中部菊石群为 *Reticuloceras* 带上部分子，可与西欧 R_1c 层对比，与我国广西南丹七圩一带黄龙组下部的 *Retites carinatus* 带、贵州西部盘县威宁组下部 *Reticuloceras* 带也可对比。

3. *Bilinguites*-*Cancelloceras* 带

阮亦萍、周祖仁（1987）建立。赋存于靖远组上段，主要分布于阿拉善南缘地层分区的面子山、下河沿、粉石沟、罗家老圈、上校育川和土坡等地，以粉石沟和校育川两地最为丰富。化石赋存于黑灰色页岩、炭质页岩所夹的泥灰岩透镜体中。各地所采化石计有 39 属 82 种，其中菊石类 9 属 44 种：*Anthracoceras* sp.，*A. mirabile*（图版ⅩⅦ，14、15），*A. glabrum*，*Kushanites rotalis*（图版ⅩⅦ，1～3），*K.* cf. *rotalis*，*Arkanites* sp.，*A. tenuicinctus*（图版ⅩⅦ，4、5、12、13），*Verneuilites* sp.，*V. compressus*，*V. parallelus*（图版ⅩⅦ，6、7），*V. pygmaeum*，*V. verneuili*，*Bilinguites gracilis*，*B. metabilinguis*，*B.* cf. *metabilinguis*，*B. pachydiscosus*，*B. politus*，*B. rotiformis*，*B.* cf. *rotiformis*，*B. rotundifolius*（图版ⅩⅤ，5、6），*B. superbilinguis*（图版ⅩⅥ，5、6），*B.* sp. B，*B.* sp. C，*B.* sp.，*Donetzoceras* sp.，*Cancelloceras asianum*，*C. bisati*，*C. contractuum*，*C. pachygyrum*（图版ⅩⅥ，11、12），*C. parasianum*，*C. xiaoyuchuanense*，*C.* sp.，*Gastrioceras* sp.，*G. listeri*（图版ⅩⅤ，7、8；图版ⅩⅥ，9、10），*G. montgomeryense*，*G.* cf. *montgomeryense*，*G. stenumbilicatum*（图版ⅩⅥ，3、4），*G. weristerense*，*G.* cf. *weristerense*，*G. wongi*，*G.* cf. *wongi*，*Ramosites* sp.，*R. divaricatus*（图版ⅩⅦ，8、9），*R. tenuicotatum*；鹦鹉螺类 30 属 39 种：*Dolorthoceras* sp.，*Gzheloceras weristerense*，*G. antiquun*，*G.* sp. A，*G.* sp. C，*G.* sp.，*Pleuronautilus* sp.，*Titanoceras* sp.，*T.* cf. *ponderosum*，*Liroceras* sp.，*Megaglossoceras kansuense*，*Domatoceras quadratum*，*Endolobus* sp.，*Huanghoceras* sp.，*Temnocheilus* sp.，*Alurites* sp.，*A. discoides*，*Decotites tenuicostatus*，*D.* sp.，*Epitroboceras* sp.，*Euloxoceras* sp.，*Mooraceras* sp.，*Neocycloceras* sp.，*Ningxiaceras* sp.，*Paraloxoceras* sp.，*Physematites globus*，*Paraschartymites* sp.，*Pllumeroceras* sp.，*Plummeroceras* sp.，*Poterioceras* sp.，*Pseudorthoceras* sp.，*Pseudoschartymites ingxiaensis*，*P. xiaheyanensis*，*Reticuloceras* cf. *instatum*，*Roticycloceras* sp.，*Schartymites* sp.，*Stenoglaphyrites* sp.，*Wiedeyoceras* sp.，*W. xiaheyanensis* 等。

Bilinguites-*Cancelloceras* 带的范围从 *Bilinguites* 属的始现至 *Branneroceras* 属的始现，与西欧传统划分的 *Reticuloceras* 带的上亚带（R_2）与 *Gastrioceras* 带下亚带（G_1）之和相当。上列菊石中 *Bilinguites*，*Cancelloceras*，*Kushanites*，*Arkanites*，*Gastrioceras* 和 *Verneuilites* 是此带的标准属；*Bilinguites gracilis* 为西欧 R_2a 层的标准种；*Arkanites* 的种以往仅产于美国 Morrow 统 Hale 组中部，大致相当于西欧的 R_2c 至 G_1a 层或前苏联的 Nm_2c_1 层上部至 Nm_2c_2 层下部；*Kushanites* 产于乌拉尔 Nm_2c_2 层；*Bilinguites superbilinguis* 是西欧 R_2c 层和北非 S_5层的标准分子，并上延至 G_1 亚带及其相当地层中，与 *Cancelloceras* 共生；*Cancelloceras asianum* 见于哈萨克斯坦的 Nm_2c_2 层；*Verneuilites pygmaeum* 以往仅见于美国 Morrow 统 Hale 组顶部至 Bloyd 组底部，大致相当于西欧的 G_1b 层；*Gastrioceras listeri* 是西欧 G_2 亚带的一个标准种。由此可见，靖远组上段菊石群可与西欧 R_2a 至 G_1b 层、前苏联 Nm_2c_1 至 Nm_2c_2 层或美国 Hale 组中—上部

菊石群对比，与我国甘肃靖远红土洼组上部、贵州盘县滑石板组（威宁组）中下部的 *Bilinguites-Cancelloceras* 带也可大致对比。

4. *Branneroceras-Gastrioceras* 带

赋存于羊虎沟组下部，分布于中卫市上校育川、石岘子、下河沿和同心县土坡等地。属种较少，仅有 *Branneroceras peronatum*，*B.* sp.，*Gastrioceras listeri*，*G. stenumbilicatum*，*G. wongi*，*G.* aff. *occidentale*，*G.* sp.，*Dinetzoceras* sp. 和 *Goniatites spiralis* 等。

此带从 *Branneroceras* 属的始现到 *Diaboloceras* 属和 *Axinolobus* 属的始现，主要的标准属是 *Branneroceras*，相当于西欧传统划分的 G_2 亚带。*Branneroceras* 属的出现，证实宁夏中卫、同心地区存在菊石 *Branneroceras-Gastrioceras* 带。

5. *Maximites sinensis* 带

中卫市石岘子和贺兰山中段苏峪口等地羊虎沟组下部产头足类 *Domatoceras* sp.，*Donetzoceras* sp.，*Gaitherites* sp.，*Gastrioceras* sp.，*Maximites sinensis*，*M.* sp.，*Megaglossoceras* sp.，*Muensteroceras* sp.，*Neoaganides* sp. 和 *Wiedeyoceras* sp. 等。其中 *Maximites sinensis* 为中国菊石属带 *Owenoceras-Maximites* 组合的重要分子，说明这些地方羊虎沟组下部 *Maximites sinensis* 带可与 *Owenoceras-Maximites* 组合对比，其时代为维斯发 D 期（大致相当滑石板阶或莫斯科阶）。

（二）䗴类

宁夏石炭纪䗴类动物群自下而上划分为 *Eostaffella-Mediocris* 带和 *Profusulinella* 带两个生物地层单位。

1. *Eostaffella-Mediocris* 带

刘志才、张遴信（1992）建立。赋存于臭牛沟组上段至靖远组下段，主要见于中卫市上校育川和中宁县陈麻子井两地。䗴化石共发现 7 属 23 种：*Endostaffella assymmetrica*，*E. parua*，*E. shamordini*，*Eostaffella accepta*，*E. amabilis*，*E. exilis*，*E. ovesa*，*E. paraparva*，*E. parastruvei*，*E. postmosquensis*，*E. prisca*，*E. settella*，*Eostaffellina paraprotvae*，*E. protvae*，*Mediocris* sp.，*M. breviscula*（图版ⅩⅧ，3），*M. cupellaeformis*，*M. mediocris*，*M.* cf. *minima*（图版ⅩⅧ，1、2、4），*Pseudoendothyra* sp.（图版ⅩⅧ，22），*Plectostaffella varvariensis* var. *varvariensis*，*P. varvariensiformis* var. *tenuissima*，*Pseudoendothyra* sp. 等。

Eostaffella-Mediocris 带以 *Eostaffella* 和 *Mediocris* 为主，主要特点是：壳体小，凸镜形或盘形，中轴短，旋壁构造简单，隔壁平直。其中 *Eostaffella ovesa* 和 *Eostaffella accepta* 见于莫斯科盆地维宪阶，前者还见于我国贵州罗甸罗苏组上部，后者是安徽和县和州组 *Eostaffella hohsienica* 带（张遴信，1962）的主要分子；*Mediocris mediocris* 首见于俄罗斯地台的维宪阶中上部，其后在乌拉尔、乌克兰等地的维宪阶中上部也常见及，在我国江苏滨海的和州组、贵州罗甸的大塘阶上部、新疆伊宁的下石炭统阿克沙克组上亚组也有见及，是贵州罗甸纳水大塘阶上部 *Eostaffella mosquensis* 带（王志浩，1989）的主要分子；*Mediocris bieviscula* 曾见于俄罗斯地台、乌拉尔西部、中亚等地的维宪阶至巴什基尔阶，湖北松滋刘家场的下石炭统和州组中也有见及，是甘肃靖远磁窑臭牛沟组 *Mediocris bieviscula* 带（吴秀元等，1987）的带化石；*Eostaffella exilis* 见于吉林盘石一带下石炭统上部鹿圈屯组；*Pseudoendothyra* 属的地质历程较长，可自早石炭世至晚石炭世晚期，但此属在新疆伊宁一带常与 *Eostaffell*，*Mediocris* 相伴，见于下石炭统阿克沙克组上亚组和也列莫顿组。

赋存 *Eostaffella-Mediocris* 带的地层有上、下两个层位：下部层位是臭牛沟组上段，含化石的岩性为深灰色中厚层灰岩，䗴化石与珊瑚 *Yuanophyllum-Kueichouphyllum sinensis* 带共生；上部层位为靖远组下段，含化石的岩性为黑灰色页岩所夹的灰岩透镜体，䗴化石与菊石 *Dombarites-Eumorphoceras* 带共生。

综上所述，*Eostaffella-Mediocris* 带的时代应为大塘期至德坞期（大致相当于维宪期—谢尔普霍夫期）。可与苏皖地区和州组的 *Eostaffella hohsienica* 带、贵州威宁赵家山组 *Eostaffella* 动物群、贵州罗甸纳水大塘阶上部 *Eostaffella mosquensis* 带、吉林盘石一带鹿圈屯组 *Eostafella* 动物群、西藏东部类乌齐一带马查拉组顶部 *Eostaffella* 带、新疆伊宁地区阿克沙克组上亚组和也列莫顿组 *Eostaffella* 动物群、甘肃

靖远磁窑臭牛沟组 *Mediocris bieviscula* 带大致对比。

2. *Profusulinella* 带

刘志才、张遴信（1992）建立。赋存于沙巴台、胡鲁斯台和下河沿等地羊虎沟组下部。含化石的岩性为灰—深灰色含生物碎屑泥晶灰岩。仅发现8属18种：*Profusulinella simplex*（图版XVIII，10、12~14），*P.* cf. *wangi*，*Eostaffella quasiampla*（图版XVIII，24），*E. umbonata*（图版XVIII，7、8），*Millerella minuta*（图版XVIII，5、6），*Montiparus* cf. *mont*，*Ozawainella angulata*（图版XVIII，26），*O.* cf. *angulata*，*O. vozhgalica*（图版XVIII，23），*O. mosquensis*（图版XVIII，27），*O. pseudorhomboidalis*，*O. turgida*（图版XVIII，31），*O. nikitovensis*（图版XVIII，29），*O. praestellae*（图版XVIII，28），*O.* sp.，*Pseudostaffella* sp.，*Mediocris* sp.，*Wedekindellina* sp. 等。

Profusulinella 带以 *Profusulinella* 和 *Ozawainella* 两属的出现为下界，其上界因羊虎沟组上部未找到䗴类化石，界线不清。这一䗴带的主要特点，一是具纺锤形壳体的 *Profusulinella* 首次出现和个体数量众多，二是 *Ozawainella* 的种数占此带的60%以上，而在其下的地层靖远组则未见此属的踪迹。

上列䗴类中 *Profusulinella simplex* 曾见于俄罗斯地台的韦雷层和中亚 Alai 的巴什基尔阶，我国江苏南京金丝岗的黄龙组下部也有见及；*Eostaffella quasiampla* 和 *Millerella minuta* 曾见于辽宁太子河流域本溪组下部的 *Eostaffella subsolana* 带。由此可见，羊虎沟组下部 *Profusulinella* 带的时代应为巴什基尔期。在层位上可与甘肃靖远羊虎沟组的 *Profusulinella paranibelensis* 带，甘肃北山地区芨芨台子组的 *Profusulinella* 带，辽宁太子河流域本溪组的 *Eostaffella subsolana* 带，辽宁复州湾“复州组”的 *Profusulinella parva* 带，江苏贾汪泉旺头灰岩的 *Profusulinella parva* 带，江苏沛县大屯本溪组的 *Profusulinella* 带，藏东鹜曲群下部的 *Profusulinella* 带，滇西威宁组的 *Profusulinella* 带及南京金丝岗黄龙组下部的 *Profusulinella* 带大致相当。

（三）珊瑚

宁夏石炭纪珊瑚化石较少，仅建立了 *Yuanophyllum-Kueichouphyllum sinensis* 带。

此带赋存于臭牛沟组上段。计有11属13种：*Bradyphyllum bellicostatum*，*Dibunophyllum bristolense*，*Hapsiphyllum* sp.，*Kueichouphyllum sinensis*，*K.* sp.，*Lophophyllum* sp.，*Rotiphyllum floriforme*，*Rylstonia stirtonensis*，*Tachylasma tenue*，*Yuanophyllum kansuense*，*Y.* sp.，*Caninostrotion variabilis*，*Multithecopora* sp. 等。其中 *Yuanophyllum* 是我国大塘阶上部 *Yuanophyllum* 带的带化石，在青海柴达木盆地北缘怀头他拉组中至上部、甘肃的臭牛沟组上部、湖南中部的石磴子组上部至梓门桥组顶部和贵州的上司组均有见及；*Kueichouphyllum* 见于贵州的上司组、吉林盘石的鹿圈屯组和西北地区的臭牛沟组，是 *Yuanophyllum* 的主要共生分子。*Yuanophyllum*，*Kueichouphyllum sinensis* 是我国南方大塘阶上部 *Yuanophyllum-Kueichouphyllum sinensis* 带（俞建章，1931）的带化石。由此可见，本带可与我国大塘阶上部 *Yuanophyllum* 带、南方大塘阶上部 *Yuanophyllum-Kueichouphyllum sinensis* 带对比，时代为维宪晚期（大塘晚期）。

（四）腕足类

石炭纪腕足类较丰富，大致可划分为4个组合。

1. *Schuchertella* cf. *gelaohoensis-Eochoristites heishanensis* 组合

赋存于前黑山组，化石主要产于中段灰岩中。在宁夏境内发现有21属24种：*Ambocoelia* sp.，*Athyris* sp.，*Cancrinella tenuistriatus*，*Chonetes* sp.，*Choristites* sp.，*Crurithyris* sp.，*Dictyoclostus* sp.，*Echinoconchus* sp.，*E. elegans*，*E.* cf. *elegans*，*Linoproductus* sp.，*Marginatia* sp.，*Marginifera* sp.，*Mucrospirifer* sp.，*Orthotetes* sp.，*Phricodothyris* sp.，*Productus* sp.，*Schizophoria* sp.，*Schuchertella* sp.，*S.* cf. *rornensis*，*Spirifer* sp.，*Streptorhynchus* sp.，*Theodossia* sp.，*Uncinunellina* sp. 等。

在与宁夏毗连的内蒙古阿拉善左旗前黑山，亦即前黑山组层型剖面中，该组合属种较多，主要分子有：*Schuchertella* cf. *queizhouensis*，*S.* cf. *gelaohoensis*，*S. cyrtoides*，*Eochoristites heishanensis*，*E. jintaiensis*，*E. longa*，*E.* cf. *chui*，*Balanoconcha* aff. *elliptica*，*Crabaena* aff. *globosa*，*Avonia* cf. *youngiana*，

Spiriferellina sparsiplicata, *Productellana* sp., *Cleiothyridina* sp., *C.* cf. *kusbassica*, *C. hirsute*, *Beecheria dielasmaoides*, *Overtonia echinata*, *Cancrinella* sp., *Echinoconchus* sp. 等。

Schuchertella cf. *gelaohoensis*–*Eochoristites heisianensis* 组合具浓厚的地方性色彩，其中 *Schuchertella* cf. *gelaohoensis*, *Eochoristites* cf. *chui* 分别是我国华南革老河组 *Compasita hunanensis*–*Schuchertella gelaohoensis* 组合和汤耙沟组 *Eochoristites chui*–*Martiniella chinglungensis* 组合的代表分子，二者与 *Schuchertella* cf. *gueizhouensis* 和 *Balanoconcha* aff. *elliptica* 一起都是杜内期常见分子，而非维宪期和晚泥盆世的典型属种。由此可见，该腕足类组合大致可与革老河组 *Composita hunanensis*–*Schuchertella gelaohoensis* 组合和汤耙沟组 *Eochoristites chui*–*Martiniella chinglungensis* 组合对比，其时代为杜内期（杜内阶）。

2. *Gigantoproductus maxima*–*Kansuella kansuensis* 组合

赋存于臭牛沟组下段上部至上段，计有52属67种，主要分子有：*Dictyoclostus latus*, *Echinoconchus balinensis*, *E. biseriatus*, *E. elegans*, *E. liangchowensis*, *E. punctatus*, *Eomarginifera timanica*, *Fluctuaria undata*, *Gigantoproductus maxima*, *Kansuella kansuensis*, *Acanthoplecta brevis*, *Agramatia ningxiaensis*, *Antiquatonia taiyuaniformis*, *A. tenuicostata*, *Brachythyrina kansuensis*, *Brachythyris ningxiaensis*, *Buxtonia pseudoscabricula*, *Cancrinella tenuistriatus*, *Chonetes extensa*, *Composita subquadrta*, *Leptagonia distorta*, *Martiniopsis uchbulakensis*, *Marginifera praecursor*, *Martinia sulcata*, *Neospirifer liangchowensis*, *Ovatia. nitens*, *O. ovata*, *Overtonia elegans*, *Productus concinnus*, *Pugilis pugiliformis*, *Pustula pustuliformis*, *Rhipidomella michelini*, *Rugosochonetes carbonifera*, *Schuchertella wexfordsis*, *Schellwienella ningxiaensis*, *Tubaria shiquanensis* 等。

上列腕足类中 *Rugosochonetes carbonifera*, *Echinoconchus elegans*, *E. liangchowensis*, *Eomarginifera timanica*, *Gigantoproductus maxima*, *Kansuella kansuensis*, *Fluctuaria undata*, *Marginifera praecursor*, *Neospirifer liangchowensis*, *Antiquatonia taiyuaniformis* 等都是西北地区臭牛沟组重要分子或常见分子；*Neospirifer liangchowensis* 是新疆天山波罗霍洛山下石炭统阿恰勒河组上段 *Gigantoproductus semiglobosus*–*Striatifera striata* 组合的重要分子（王增吉等，1990）。

该组合与珊瑚 *Yuanophyllum*–*Kueichouphyllum sinense* 带和䗴类 *Eostaffella*–*Mediocris* 带共生，故其时代应为维宪晚期，可与我国华南上司组上部 *Delepinea comoides*–*Datangia weiningensis* 组合和新疆天山波罗霍洛山北坡阿恰勒河组上段 *Gigantoproductus semiglobasus*–*Striatifera striata* 组合对比。

3. *Chonetes carbonifera*–*Martinia glabra* 组合

此组合赋存于靖远组中段至上段，计有46属37种及亚种，主要分子有：*Chonetes carbonifera*, *C.* cf. *latesinuata*, *C. semicircularis*, *Choristites yanghukouensis*, *C. loczyi acutiauriculata*, *C.* cf. *loczyi* var. *lata*, *Dictyoclostus semireticulatus*, *D. gruenewaldti* *Echinoconchus elegans*, *E. punctatus*, *Eomarginifera brealis*, *E. timanica*, *E.* cf. *pusilla*, *Fluctuaria undata*, *Antiquatonia inflate*, *A.* cf. *antiquate*, *Athyris praeyoungiana*, *Brachythyrina longa*, *B. strangwaysi*, *Buxtonia scabricula*, *B. antiquissima*, *Cancrinella cancriniformis*, *C. chepnessa*, *C. koninckiana*, *Linoproductus* cf. *cora*, *Marginatia fernglensis*, *M. kainclensis*, *Marginifera loczyi*, *M.* cf. *himalayensis*, *M.* cf. *sartyuensieformis*, *M.* cf. *orientalis*, *Marginirugus magnus*, *Martinia glabra*, *M. manchuriensis*, *M. contracta*, *M.* cf. *shanxiensis*, *Neochonetes carbonifera*, *N. granulifera* var. *asiatica*, *Neospirifer orientalis*, *Ovatia ovata*, *Phricodothyris echinata*, *Rugosochonetes granalifera* var. *asiatica*, *Squamularia extensa*, *Striatifera striata* 等。

上列腕足类都是我国西北地区靖远组的重要分子和常见分子，其中 *Fluctuaria undata* 分别见于新疆天山波罗霍洛山北坡打儿得布拉克河组 *Choristites crassicostatus*–*C. mansugi borochoroensis* 组合和黔东南摆佐组及黔西赵家山组 *Gondolina weiningensis*–*Gigantoproductus edelburgensis* 组合。该组合与菊石 *Reticuloceras* 带，*Bilinguites*–*Cancelloceras* 带共生，其时代应为纳缪尔 B—C 期（相当巴什基尔期），大致可与我国新疆天山波罗霍洛山北坡打儿得布拉克河组 *Choristites crassicostatus*–*C. mansugi borochoroensis* 组合、华南摆佐组 *Gondolina weiningensis*–*Gigantoproductus edelburgensis* 组合对比。

4. *Choristites yanghukouensis*-*Choristites mansuyi* 组合

此组合赋存于羊虎沟组，计有31属71种及亚种，主要分子有：*Antiquatonia inflate*，*Avonia echidniformis*，*Alexania stepanovi*，*Buxtonia scabricula*，*B. juresanensis*，*B. antiguata*，*Brachythyrina lata*，*B. strangwaysi*，*Cancrinella carbonifera*，*Chonetes carbonifera*，*C. semicircularis*，*C. latesinuata*，*C. granulifera* var. *asiatica*，*C. pygmaea*，*Choristites jigulensis*，*C. yuani*，*C. sowerbyi*，*C. abnormalis*，*C. yanghugouensis*，*C. mansuyi*，*C. loczyi acutiauriculata*，*C. loczyi* var. *acutiauriculata*，*C.* cf. *loczyi*，*Crurithyris planoconrexa*，*Dictyoclostus taiyuanfuensis*，*D. gruenewaldti*，*D.* cf. *semicircularis*，*D. crawfordsvillensis*，*Enteletes* aff. *hemiplicata*，*Echinoconchus elegans*，*E. punctatus*，*E.* cf. *liangzhouensis*，*E.* aff. *punctatus*，*Eomarginifera timanica*，*Fluctuaria depressa*，*Linoproductus cora*，*Marginifera schartimiensis*，*Martinia* cf. *decoralata*，*M. shansiensis*，*Neospirifer orientalis*，*Paramarginifera semigratiosa*，*Phricodothyris echinata*，*P. rostrata*，*Rhipidomella michelini*，*Schellwienella* cf. *crenistria*，*Buxtonia* sp.，*Neospirifer* sp.，*Plicatifera* sp. 等。

上列腕足类几乎全部见于西北地区羊虎沟组，其中 *Choristites mansuyi*，*Cancrinella carbonifera*，*Martinia* cf. *decoralata*，*Buxtonia* sp.，*Neospirifer* sp.，*Plicatifera* sp. 是贵州威宁组 *Mirwoodia sinensis*-*Choristites mansuyi* 组合的重要分子和常见分子，*Echinoconchus punctatus*，*E. elegans* 见于新疆天山波罗霍洛山北坡吴都镇组（王增吉等，1990）。该组合与菊石 *Branneroceras*-*Gastrioceras* 带和 *Maximites sinensis* 带共生，其时代应为维斯发期（相当莫斯科期），大致可与我国华南威宁组 *Mirwoodia sinensis*-*Choristites mansuyi* 组合和新疆天山波罗霍洛山北坡吴都镇组腕足类组合对比。

（五）牙形石

石炭纪牙形石分布于下河沿和上校育川两地，经王成源（1987）、杨逢清等（1988）、沈光隆（1993）以及王成源等描述、鉴定计有20属60种及亚种。根据剖面资料，结合前人研究成果，自下而上可划分为5个带。

1. *Gnathodus bilineatus bollandensis* 带

此带赋存于臭牛沟组上段至靖远组下段。底界不清，顶界以 *Declinognathodus* sp. 的出现为标志。

共发现13属27种及亚种。主要分子有：*Gnathodus bilineatus bollandensis*（图版XXⅣ，1），*G. bilineatus costiformis*（图版XXⅣ，5），*G. bilineatus*，*G. bilineatus bilineatus*（图版XXⅡ，15~18；图版XXⅣ，2~4），*G. commutatus*，*G. nodosus*，*Paragnathodus commutatus commutatus*，*P. commutatus*（图版XXⅡ，1、2；图版XXⅣ，7、8），*P. mononodosus*（图版XXⅡ，3），*P. symmutatus*（图版XXⅣ，9），*P. nodosus*（图版XXⅣ，6），*P. montanaensis*，*Lochriea commutate*，*Lonchodina* sp.，*Hindeodus cristulus*，*H. minutus*，*Neoprioniodus montanaensis*，*Hibbardella* sp.，*Ozarkodina delicatula* 等。其中 *Paragnathodus commutatus*，*P. symmutatus*，*Gnathodus bilineatus bilineatus*，*G. b. bollandensis* 最为重要，它们是世界各地维宪阶顶部至纳缪尔阶底部E带常见分子，*Gnathodus bilineatus bilineatus* 是西欧维宪阶顶部和 E_1 带的重要分子，有时可延至 E_2 带下部，也见于北美密西西比阶。*Gnathodus bilineatus bollandensis*，*G. bilineatus bilineatus* 和 *Paragnathodus commutatus* 是我国甘肃靖远地区臭牛沟组 *Gnathodus bilineatus bollandensis* 带（吴秀元等，1987）的主要分子。*Gnathodus bilineatus bilineatus* 是我国西南地区大塘阶最顶部 *Gnathodus bilineatus bilineatus* 带的带化石。显然，此带的时代应为维宪晚期至纳缪尔早期，这从与其共生的䗴类 *Eostaffella*-*Mediocris* 带和菊石 *Dombarites*-*Eumorphoceras* 带可得到佐证。本带包含了杨式溥等（1988）在上校育川建立的 *Gnathodus bilineatus bilineatus* 带和同名带，可与甘肃靖远地区臭牛沟组至靖远组（狭义）同名带（吴秀元等，1987）对比。

2. *Declinognathodus noduliferus*-*D. lateralis*-*Idiognathoides sinuata* 带

此带赋存于靖远组中段上部。底界以 *Declinognathodus* sp. 的出现为标志，顶界以 *Idiognathoides corrugata* 出现为标志。

共发现10属23种和亚种。主要分子有：*Declinognathodus lateralis*，*D. noduliferus*，*D. nodulifevus inaequalis*（图版XXⅡ，12~13），*D. opimus*，*Idiognathoides* spp.（图版XXⅢ，15、18），*I. attenuatus*（图版X

XⅢ, 12；图版XXⅣ, 12~14), *I. corrugatus*（图版XXⅡ, 14；图版XXⅣ, 19、20), *I. convexus*,（图版XXⅡ, 14), *I. lateralis*（图版XXⅣ, 11), *I. noduliferus inaequalis*（图版XXⅣ, 15、16), *I. noduliferus japonicus*（图版XXⅣ, 10), *I. sulcatus*（图版XXⅣ, 17、18), *I. sulcatus parvus*, *I. sinuatus*, *Idiognathodus primulus*, *Neognathodus* cf. *medadultimus*（图版XXⅡ, 5~8；图版XXⅢ, 16), *N. bassleri symmetricus*, *N. kashiriensis*（图版XXⅢ, 1~4、17), *N. symmetricus*（图版XXⅢ, 5~8), *Ozarkodina delicatula* 等。

本带与菊石 *Reticuloceras* 带共生，其中 *Declinognathodus noduliferus inaequalis*, *D. lateralis* 和 *Neognathodus symmetricus* 是西欧 H 带的标准分子，它们的首次出现被视为 *Declinognathodus noduliferus*－*D. lateralis* 带的底界，在我国它们是甘肃靖远地区红土洼组下部 *Declinognathodus noduliferus* 带（吴秀元等，1987）的重要分子；*Idiognathoides sinuatus* 和 *I. sulcatus* 在西欧开始出现于 R_1 带，但都能延伸至维斯发阶。由此可见，本带大致相当于西欧的 H—R_1 带，等于杨式溥等（1988）在中卫上校育川建立的 *Neognathodus symmetricus*－*Idiognathoides sinuatus* 带。与甘肃靖远红土洼组下部同名带（赵治信等，1990）或 *Declinognathodus noduliferus* 带相当。

3. *Idiognathoides corrugatus* 带

此带赋存于靖远组上段。以带化石的出现和繁盛为标志。

共发现 7 属 19 种和亚种。共生分子主要有：*Declinognathodus lateralis*, *D. noduliferus*, *D. opimus*, *D. parvus*, *Idiognathoides attenuatus*（图版XXⅡ, 9~10；图版XXⅢ, 12), *I. convexus*, *I. corrugatus*（图版XXⅡ, 11), *I. noduliferus inaequalis*, *I. sulcatus parvus*, *I. sinuatus*（图版XXⅢ, 9~11、13~14), *Ozarkodina delicatusla* 等。

本带与菊石 *Bilinguites*－*Cancelloceras* 带共生，其中 *Idiognathoides sinuatus*, *I. corrugatus*, *I. sulcatus* 的时限较长，在西欧开始出现于 R_1 带，延至维斯发阶 G_2 带，在我国见于甘肃靖远红土洼组上部；*I. attenuata* 见于西欧的 R_2—G 带。由此可见，本带应与西欧的 R_2—G_1 带相当，等于杨式溥等（1988）在上校育川建立的 *Idiognathoides attenuatus* 带与 *Declinognathodus parvus* 带之和。与甘肃靖远红土洼组中—上部牙形石组合相当，与塔里木盆地西南缘上石炭统下部卡拉乌依组 *Idiognathoides corrugate*－*Neognathodus bassleri symmetricus*－*Idiognathodus delicatus* 带（赵治信等，1990）大致相当。

4. *Idiognathodus delicatus* 带

此带赋存于羊虎沟组下—中部。底界以带化石的出现为标志，顶界以 *Streptognathodus elongatus* 出现为标志。

共发现 3 属 8 种。主要分子有：*Idiognathodus delicates*, *I. claviformis*, *I. magnificus*, *Streptognathodus excelsus*, *S.* sp., *Neognathodus symmetricus*。其中 *Idiognathodus delicatus*, *I. claviformis* 分布于美国各地、南美及日本的 Morrowan 上部至 Virgilian 下部，是上石炭统上部的常见分子，在下二叠统中极少发现，在西欧见于 G_1—G_2 带；*I. delicatus* 在我国广泛分布于上石炭统，见于华北的本溪组、太原组、甘肃靖远的羊虎沟组、新疆塔里木盆地西南缘的卡拉乌依组、阿孜干组、嗒哈奇组、准噶尔盆地东部的石钱滩组等；*Idiognathodus magnificus* 见于贵州望谟桑郎上石炭统下部；*Streptognathodus* 属开始出现于晚石炭世晚期。由此可见，本带的时代应为晚石炭世晚期，大致相当于塔里木盆地西南缘上石炭统阿孜干组 *Streptognathodus parvus*－*S. suberectus* 带（赵治信等，1990）和华北地区本溪组 *Neognathodus rounyi*－*Streptognathodus parvus* 带（万世禄等，1983）。

5. *Streptognathodus elongatus* 带

此带赋存于羊虎沟组上部至太原组下部。底界以带化石的出现为标志，顶界以 *Streptognathodus wabaunsensis* 的出现为标志。

共生分子有 *Streptognathodus gracilis*, *S. simples* 等。本带与塔里木盆地西南缘上石炭统塔哈奇组下部 *Streptognathodus elegantulus*－*S. oppletus* 带（赵治信等，1990）和华北地区太原组下部 *Streptognathodus elegantulus*－*Idiognathodus hebeiensis* 组合（万世禄等，1983）大致相当，其时代应为晚石炭世晚期（大

致相当于斯蒂芬期)。

(六) 植物

石炭纪植物化石较为丰富，根据植物群的演化特点可划分为4个组合。

1. *Sublepidodendron mirabile*–*Lepidodendropsis hirmeri* 组合

此植物组合赋存于前黑山组，属种不多，数量稀少，仅发现8属10种：*Sublepidodendron wusihense*，*S. mirabile*，*Lepidodendropsis hirmeri*，*Lepidostrobophyllum xiphidium*，*Lepidodendron* sp.，*Archaeopteris* cf. *fissilis*，*Archaeocalamites scrobiculatus*，*A.* cf. *scrobiculatus*，*Sphenopteris* sp.，*Cordaites* sp. 等。其中 *Sublepidodendron mirabile*，*S. wusihense*，*Lepidodendropsis hirmeri*，*Sphenopteris* sp. 见于苏浙皖地区的五通组和高骊山组，为晚泥盆世晚期至早石炭世早期分子，而 *Archaeocalamites scrobiculatus*，*Archaeopteris* cf. *fissilis* 则仅见于早石炭世早期。由此可见，前黑山组植物群时代属早石炭世早期岩关期（大致相当杜内期），可与我国苏浙皖地区的五通组顶部和高骊山组植物群对比。

2. *Cardiopteridium spetsbergense*–*Archaeocalamites scrobiculatus* 组合

此植物组合赋存于臭牛沟组下段，计有13属18种。主要分子有：*Archaeocalamites scrobiculatus*，*Cardiopteridium spetsbergense*，*Rhodea hsianghsiangense*，*Sphenophyllum lungtanense*，*Triphyllopteris collombiana*，*Paripteris gigantea* 等。其中 *Cardiopteridium spetsbergense* 具世界性分布，为早石炭世晚期典型分子，在我国甘肃臭牛沟组和湘中测水组等早石炭世地层中均有分布；*Triphyllopteris collombiana* 在欧洲早石炭世地层中分布甚广，在我国南方和西北地区早石炭世地层中也有分布；*Archaeocalamites scrobiculatus* 也是世界性早石炭世广泛分布的分子。*Paripteris* 一属在欧洲繁盛于维斯发期，新的资料证明在我国可以在维宪期中、晚期出现。此植物组合的属种虽然比较单调，但其时代意义非常明显，属早石炭世晚期大塘期（大致相当维宪期）无疑，这从与其共生的珊瑚 *Yuanophyllum*，*Kueichouphyllum* 等海相化石可以得到佐证，组合特征与甘肃臭牛沟组植物群特征一致，可与湘中测水组植物群对比。

3. *Mesocalamites cistiformis*–*Pecopteris aspera* 组合

此植物组合赋存于靖远组，计有28属62种。主要分子有：*Mesocalamites cistiformis*，*Sphenophyllum tenerrimum*，*Sphenopteris obtusiloba*，*S.* cf. *parabaeumleri*，*Paripteris* sp.（图版ＸＸⅤ，5），*P. cardiopteroides*，*P. gigantean*，*P. otozamioidess*，*P. pseudogigantea*，*P. tenuifolia*，*Pecopteris aspera*，*P. plumose*，*Linopteris brongniartii*，*L. densissima*，*L. germarii*，*L. neuropteroides*（图版XXⅤ，2a、2b），*L.* cf. *weigeli*，*Potoniea adiantiformis*，*Neuropteris* cf. *anticedeus*，*N. kaipingiana*，*Palaeoweichselia yuanii*，*Asterophyllites longifolius*，*A. tenuifolius*，*Calamites suckowii*，*Cardiopteridium spetsbergense*，*Cardiocarpus bicuspidatus*，*Cordaites principalis*，*Eusphenopteris scribanii*，*Lepidodendron acutangulum*，*L.* cf. *ningxiaensis*，*L. tripunctatum*，*L.* cf. *volkmannianum*，*Stigmaria rugosusa*，*Trigonocarpus* cf. *andanensis* 等。

上列植物中 *Mesocalamites cistiformis* 是国外纳缪尔阶的标准分子，在我国见于甘肃靖远磁窑红土洼组；*Sphenophyllum tenerrimum* 广布于北半球的早—晚石炭世地层中，在我国见于华南的早石炭世晚期含煤地层或西北的早—晚石炭世地层中；*Asterophyllites tenuifolius* 见于比利时的纳缪尔期地层中，我国靖远磁窑红土洼组亦有见及；*Sphenopteris* cf. *parabaeumleri* 与陕西凤县草凉驿组 *Sphenopteris parabaeumleri* 非常相近，二者均为纳缪尔期至维斯发早期的分子；*Pecopteris aspera* 在欧洲仅见于纳缪尔A—B期地层中，在我国见于甘肃靖远磁窑红土洼组；*Paripteris gigantea*，*P. pseudogigantea*，*Linopteris brongniartii*，*L. neuropteroides* 是欧洲维斯发期的典型分子，在我国纳缪尔期非常发育，在甘肃靖远磁窑靖远组中亦非常发育；*Paripteris gigantea* 在欧洲最早出现于纳缪尔B期，在我国见于祁连山的臭牛沟组、江西的梓山群、广东的芙蓉山组上部、浙江的叶家塘组上部、华北及东北的本溪组中。由此可见，此植物组合的时代当属纳缪尔期，这从与其共生的菊石带（E—G_1）可得到佐证，其组合特征与甘肃靖远组至红土洼组植物群相同，与陕西凤县草凉驿组植物群相似。

4. *Conchophyllum richithofenii*–*Lepidodendron galeatum* 组合

此植物组合赋存于羊虎沟组，计有33属92种。主要分子有：*Paripteris cardiopteroides*，*P.*

gigantean, *P. otozamioides*, *P. pseudogigantea*, *Linopteris brongniartii*, *L. densissima*, *L. germarii*, *L. neuropteroides*, *L. simplex*, *L. intricate*, *L. lepida*, *Pecopteris candolleana*, *P. plumose*, *P.* aff. *acuta*, *Potoniea adiantiformis*, *Annularia pseudostellata*, *A. spicata*, *Asterophyllites longifolius*, *A. equisetiformis*（图版XXV，3），*Calamites cistii*, *C. suckowii*, *C. incertum*, *Cathaysiodendron incertum*, *Conchophyllum richthofenii*, *Cordaites principalis*, *Mesocalamites cistiformis*, *M. ramifer*（图版XXV，6），*Palaeoweichselia yuanii*, *Sphenophyllum emarginatum*（图版XXV，4a、4b），*S. minor*, *S.* cf. *myriophyllum*, *S. tenerrimum*, *S.* cf. *obongifolium*, *S.* cf. *tenuis*, *Sphenopteris obtusiloba*, *S. parabaeumleri*, *S.* aff. *schatzlarensis*, *Conchophyllum richthofenii*, *Lepidodendron incertum*, *L. ningxiaensis*, *L.* cf. *ningxiaensis*（图版XXV，1），*L. oculus-felis*, *L. szeianum*, *L. wortheniii*, *L.* aff. *lanceolatum*, *L.* aff. *rhodeamum*, *Neuropteris kaipingiana*, *N.* cf. *heterophylla*, *N.* cf. *subplicata*, *N.* cf. *tenuifolis*, *N.* cf. *schlehani*, *N.* cf. *rarineruis*, *N. ovata*, *N. pseudovata*, *Tingia* sp., *Bothrodendron* sp., *Stigmaria ficoides*, *Sigillaria ninghsiaense* 等。

上列植物大部分是欧洲维斯发期的常见分子，其中 *Paritperis* 和 *Linopteris* 两属为典型分子。*Annularia pseudostellata*, *Cathaysiodendron incertum*, *Conchophyum richthofenii*, *Lepidoderdnn oculus-felis*, *Neuropteris ovata*, *N. pseudovata*, *Tingia* sp. 的出现显示了华夏植物群的某些特征。此植物组合可与甘肃羊虎沟组（狭义的）植物群和华北地区的本溪组植物群相似，均可对比。

（七）孢粉

1994 年高联达对中卫下河沿剖面石炭纪至早二叠世早期孢子花粉进行了系统分析研究，获得了非常丰富的属种，计有 60 余属 180 余种和亚种，根据孢子花粉在地层中的分布规律及演化关系，建立了 10 个孢子带，其中石炭系 7 个带，自下而上为：

1. *Tripartites vetustus-Rotaspora fracta*（VF）带

此带样品采自于臭牛沟组上段黑色砂质页岩中，以出现带分子为标志，简称 VF 带。

共生分子主要有 17 属 20 种：*Tumulispora varituberculata*, *Raistrickia frocta*, *Murospora aurita*, *Simozonotriletes elegans*, *Raistrickia nigra*, *R. corynoges*, *Gansusispora tetraverrucosa*, *G. mammilla*, *Grumosisporites varituberculata*, *Tripartites vetustus*, *Murospora kosankei*, *Anapiculatisporites minor*, *Reticulatisporites reticulates*, *Microreticulatisporites lunatus*, *Ahrensisporites guerckei*, *Waltzispora planingulata*, *Remysporites magnificus*, *Reinschospora triangularis*, *Lycospora pusilla*, *L. subtriquetrus* 等。

其主要特征是：①具环的孢子含量丰富，占总含量的 40%～50%，主要有 *Tumulispora variverrucatq*, *Gansusispora tetraverrucosa*, *G. mammilla*, *Spencernisporites radiatus*, *Cirratriradites rarus*, *Remysporites magnificus*, *Densosporites regalis*, *D. anulatus*, *Lycospora pusilla*, *L. rotunda*；②三角加厚、三角形间三边加厚的孢子占总含量的 10%～15%，主要有 *Tripartites verustus*, *Simozonotriletes elegaus*, *Rotaspora fracta*, *Tantillus triquetrus*；③*Laevigatosporites* 和 *Punctatosporites* 仅占孢子总含量的 1%～3%左右；④颗粒、刺、瘤、网和各种疏刺的孢子占总量的 20%～30%，主要有 *Raistrickia nigra*, *R. corynoges*, *Pustulatisporites papillosus*, *Foveosporites inscupteris*, *Knoxisporites literatus*, *Colatisporites decorus* 和 *Reinschospora triangularis* 等；⑤出现少数疑源类，种是 *Tetraporina horologia*。

2. *Savitrisporites nux-Rotaspora knoxi*（NK）带

此带相当于靖远组下段，以出现带分子为标志，简称 NK 带。

主要共生分子有 26 属 29 种和亚种：*Simozonotriletes elegans*, *Raistrickia nigra*, *R. corynoges*, *Gansusispora tetraverrucosa*, *G. mammilla*, *Grumosisporites varituberculata*, *Tripartites vetustus*, *Murospora kosankei*, *Anapiculatisporites minor*, *Reticulatisporites reticulates*, *Microreticulatisporites lunatus*, *Ahrensisporites guerckei*, *Waltzispora planingulata*, *Remysporites magnificus*, *Reinschospora triangularis*, *Lycospora pusilla*, *L. subtriquetrus*, *Rotaspora knoxi*, *Tripartites marginatus*, *Knoxisporites literatus*, *Schulzospora campyloptera*, *Savitrisporites nux*, *Auroraspora solisortus*, *Vallatisporites ciliaris*, *Cirratriradites saturnii*, *Crassispora kosankei*, *Ahrensisporites guerickei ornatus*, *Knoxisporites stephanophorus*, *Alatisporites pustulatu* 等。

主要特征是：①保存下伏 VF 带的许多属种；②新出现一些种，主要有 *Tripartites maginatus*，*Crassispora kosankei*，*C. maculosa*，*Knoxisporites sptephanophrus*，*Ahrensisporites guerickei*，*A. guerickei ornatus*，*Cingulizonates loricatus*，*C. bialatus*，*Vallatisporites cilaris*，*Auroraspora solisortus*，*Densosporites* cf. *intermedius*，*Wilsonites vesicatus*，*Radiizonates geuninus*，*Proprisporites rugosus*，*P. laevigatus*，*Tricidarisporites fasciculatus*，*Kraesulisporites* ? cf. *ornatus*，*Schulzospora campyloptera* 等；③开始出现单气囊和极少数双气囊花粉，它们是 *Florinites* 和 *Vestigisporites* ? 的种，占总量的 0~2%。此带特征性菊石化石是 *Eumorphoceras* sp. 和 *Cravenoceras* sp. 。

3. *Crassispora kosankei*-*Murospora kosankei*（KK）带

此带相当于靖远组中段，以 *Crassispora kosankei* 含量丰富和 *Murospora kosankei* 的出现为标志，简称 KK 带。

主要共生分子有 21 属 22 种和亚种：*Grumosisporites varituberculata*，*Tripartites vetustus*，*Murospora kosankei*，*Anapiculatisporites minor*，*Reticulatisporites reticulates*，*Microreticulatisporites lunatus*，*Ahrensisporites guerckei*，*Waltzispora planingulata*，*Remysporites magnificus*，*Reinschospora triangularis*，*Lycospora pusilla*，*L. subtriquetrus*，*Cirratriradites saturnii*，*Crassispora kosankei*，*Ahrensisporites guerickei ornatus*，*Knoxisporites stephanophus*，*Alatisporites pustulatus*，*Proprisporites rugosus*，*Foveosporites inscupteris*，*Trinidulus triquetrus*，*Triquitrites bransonii*，*Verrucosisporites microtuberculatus* 等。

主要特征是：①下伏地层的许多属种消失，部分种含量显著减少，但也有部分种继续出现，但含量显著减少；②新出现的种主要有 *Proprisporites rugosus*，*Trinidulus triquetrus*，*Foveosporites inscupteris*，*Rugospora corparota*，*Vestispora costata*，*Cirretriradites rarus*，*Radiizonates tenuis*，*R. genuinus*，*Anapiculatisporites minor*，*Reticulatisporites reticulates*，*Raistrickia irregularis*，*R. pilosa*，*Triquitrites bransonii*，*T. nonguerickei*，*Punctatisporites sinutes* 和 *Kraeuselisporites* ? spp. 等；③单气囊花粉含量增多，有的样品可达 5%；④*Columinisporites ovalis* 和 *C. heyleri* 含量增加，一般含量 2%~3%。

4. *Densosporites reticulates*-*Grumosisporites varireticulatus*（RV）带

此带相当于靖远组上段，以出现带分子为标志，简称 RV 带。

主要共生分子有 22 属 23 种和亚种：*Murospora kosankei*，*Anapiculatisporites minor*，*Reticulatisporites reticulatus*，*Microreticulatisporites lunatus*，*Ahrensisporites guerckei*，*Waltzispora planingulata*，*Reinschospora triangularis*，*Lycospora pusilla*，*L. subtriquetrus*，*Cirratriradites saturnii*，*Crassispora kosankei*，*Ahrensisporites guerickei ornatus*，*Knoxisporites stephanophus*，*Alatisporites pustulatus*，*Proprisporites rugosus*，*Foveosporites inscupteris*，*Trinidulus triquetrus*，*Triquitrites bransonii*，*Verrucosisporites microtuberculatus*，*Florinites mediapudeus*，*Moorisporites inusitatus*，*Endosporites ornatus*，*Bellispores nitidus* 等。

主要特征是：①仍出现较多的下伏地层中的孢子；②新分子占重要位置，有 *Microreticulatisporites lunactus*，*M. nobilis*，*Shanxispora rumida*，*Dictyotriletes bireticulatus*，*Convolutispora cerebra*，*Moorisporites inusitatus*，*Raistrickia fulva*，*Cingulizonates lovicatus*，*Triquitrites tribullatus*，*Reinschospora magnifica* 等；③单气囊 *Florinites* 和 *Potonieisporites* 含量有增加（10%），双气囊的 *Vestigisporites* 和 *Pityosporites* 开始出现，但含量<5%；④单裂缝 *Laevigatosporites*，*Punctatosporites* 和 *Columinisporites* 含量一般占 5%。此带与菊石 *Bilinguites*-*Cancelloceras* 带共生。

5. *Radiizonates aligerens*-*Triquitrites sinani*（AS）带

此带相当于羊虎沟组下部，在孢子花粉演化方面有重要变化，许多下伏地层特有的属种基本消失，新的分子大增，特别是具气囊的花粉含量显著增加。

主要共生分子有 29 属 30 种和亚种：*Murospora kosankei*，*Anapiculatisporites minor*，*Reticulatisporites reticulatus*，*Microreticulatisporites lunatus*，*Ahrensisporites guerckei*，*Waltzispora planingulata*，*Reinschospora triangularis*，*Lycospora pusilla*，*L. subtriquetrus*，*Cirratriradites saturnii*，*Crassispora kosankei*，*Ahrensisporites guerickei ornatus*，*Knoxisporites stephanophus*，*Alatisporites pustulatus*，*Foveosporites inscupteris*，*Trinidulus triquetrus*, *Triquitrites bransonii*, *Verrucosisporites microtuberculatus*, *Florinites mediapudeus*, *Endosporites ornatus*, *Bellispores nitidus*, *Triquitrites sinani*, *Dictyotriletes bireticulatus*, *Microreticulatisporites nobilis*, *Gulisporites cochlearis*, *Potonieisporites novicus*, *Tripartites nonguerickei*, *Kosankeisporites* spp., *Cirratriradites reticulatus*, *Radiizonates aligerens* 等。

主要特征是：①*Lycospora* 含量显著增加，一般可达 10%～15%，或更高，*Crassispora* 最高可达 30%，*Moorisporites* 含量一般为 2%～5%；②新出现的种主要有 *Raistrickia microborrida*, *R. protensa*, *Bellispores nitidus*, *Reticulatisporites polugonalis*, *Cristatisporites indignathundes*, *Alatisporites hexalatus*, *Microreticulatisporites sulcatus*, *Cadiospora magna*, *Cirratriradites tenuis*, *Convolutispora venusta*, *Westphalensisporites irregularis*, *Microrisporites karczewskii*, *Secerisporites remotus*, *Endosporites* cf. *globiformis*, *Crassispora plicata* 等；③单裂缝的 *Columinisporites* 含量增加，而 *Laevigatosporites* 和 *Punctatosporites* 可占总量的 5%；④单气囊 *Florinites* 和 *Potonieisporites* 含量增加，双气囊花粉含量也有增加。

6. *Dictyotriletes bireticulatus*-*Torispora securis*（BS）带

此带相当于羊虎沟组中部，以 *Torispora securis* 首现和丰富的 *Dictyotriletes bireticulatus* 为标志，与下伏 AS 带有许多相似处，但单气囊 *Florinites* 花粉含量明显增加（20%），有些样品更多。

主要共生分子有 30 属 34 种和亚种：*Reticulatisporites reticulatus*, *Microreticulatisporites lunatus*, *Ahrensisporites guerckei*, *Reinschospora triangularis*, *Lycospora pusilla*, *L. subtriquetrus*, *Cirratriradites tenuis*, *C. saturnii*, *Crassispora kosankei*, *Ahrensisporites guerickei ornatus*, *Knoxisporites stephanophus*, *Alatisporites pustulatus*, *Triquitrites bransonii*, *Verrucosisporites microtuberculatus*, *Florinites mediapudeus*, *Dictyotriletes bireticulatus*, *Microreticulatisporites nobilis*, *Gulisporites cochlearis*, *Potonieisporites novicus*, *Kosankeisporites* spp., *Cirratriradites reticulatus*, *Radiizonates aligerens*, *Latensina triletes*, *Schopfipollenites ellipsoides*, *Limitisporites* spp., *Florinites junior*, *Vestigisporites* spp., *Torispora laevigata*, *T. securis*, *Florinites ovalis*, *F. minutus*, *Chelidonites* sp., *Pityosporites* sp., *Dictyotriletes muricatus* 等。

本带代表性的属种有：*Torispora laevigata*, *Crassispora kosankei*, *Cirratriradites tenuis*, *C. saturnii*, *Endosporites ornatus*, *Densosporites anulatus*, *Potoniespores delicatus*, *Dictyotriletes bireticulatus*, *D. muricatus*, *Pechetisporites kaipingiensis*, *Triquitrites tribullatus*, *T. triturgidus*, *Schopfipollenites ellipsoides*, *Alisporites sphendeus*, *Florinites mediapudens*, *Potonieisporites novicus*, *Columinisporites ovalis*, *C. peppersii*, *C. clatratus*, *Knoxisporites stephanophrus* 等。

7. *Thymospora thiessenii*-*Florinites junior*（TJ）带

此带相当羊虎沟组上部，以出现带分子为标志。

主要共生分子有 28 属 31 种和亚种：*Reinschospora triangularis*, *Lycospora pusilla*, *L. subtriquetrus*, *Crassispora kosankei*, *Triquitrites bransonii*, *Verrucosisporites microtuberculatus*, *Florinites mediapudeus*, *Dictyotriletes bireticulatus*, *Microreticulatisporites nobilis*, *Gulisporites cochlearis*, *Potonieisporites novicus*, *Kosankeisporites* spp., *Radiizonates aligerens*, *Latensina triletes*, *Schopfipollenites ellipsoides*, *Limitisporites* spp., *Florinites junior*, *Vestigisporites* spp., *Torispora securis*, *Florinites ovalis*, *F. minutus*, *Chelidonites* sp., *Pityosporites* sp., *Dictyotriletes muricatus*, *Shanxispora tumida*, *Thymospora thiessenii*, *T. pseudothiessenii*, *Columinisporites peppersi*, *Vetreisporites* ? spp., *Vittatina* ? spp., *Cordiatina* ? spp. 等。

主要特征是：①具环的孢子含量减少，具刺、瘤、网和表面平滑的孢子含量大增，占 30%～50%；②单气囊 *Florinites* 含量丰富，单气囊花粉主要有 *Florinites minutus*, *F. junior*, *F. mediapudens*, *F. pumicosus*, *Potonieisporites novicus*, *Schopfipollenites ellipsoides*, *Wilsonites delicatus* 等；③双气囊的 *Limitisporites* 和 *Pityosporites* 含量增加；④单裂缝孢子占总含量的 5%～10%，*Thymospora thiessenii*, *Torispora securis*, *T. laevigata*, *Columinisporites ovalis*, *C. peppersii* 出现较多；④出现极少 *Cordiatina* 和 *Vittatini* ？花粉。

（八）昆虫

1989～1995 年间，洪友崇、彭德成等在宁夏中卫市下河沿、粉石沟两地靖远组上部黑色页岩中采获了昆虫化石，经鉴定描述计有3属7种：*Sinonamuropteryx ningxiaensis*，*S. xiaheyanensis*，*S. rugoverrucosa*，*Tactonerva zhongweiensis*，*T. longovata*，*Separatonerva granulata*，*S. heishanxiaensis*。这一昆虫群落皆属中国纳缪尔翅科（Sinonamuropterdae），是我国迄今最早期昆虫化石新科、属的新发现。这一发现填补了我国在纳缪尔期昆虫化石研究领域的空白，在东亚古陆尚属首次，在地理位置上占有重要地位，对世界该期昆虫的区系划分对比都有重要的意义，在古昆虫学本身研究方面，尤其对早期昆虫分类与研究、探索昆虫起源及演化提供了不可多得的新资料。新建立的中国纳缪尔翅科包括3个新属7个新种，代表一个独立的昆虫类群，三属代表了三个演化阶段，即早期阶段（离脉属）、过渡阶段（触脉属）和特征阶段（中国纳缪尔翅属）。上列昆虫化石与菊石 *Bilinguites-Cancelloceras* 带，䗴类 *Eostaffella postmosquensis* 及植物 *Paripteris gigantean* 等同层产出，可以肯定该昆虫化石类群时代为纳缪尔C期（相当 G_1 亚带）。

第三节 地层划分对比

一、年代地层划分

宁夏石炭纪年代地层可划分为2个统7个阶（表7-3）。

（一）下石炭统

1. 杜内阶

对应的岩石地层单位是前黑山组。生物标志是含腕足类 *Schuchertella* cf. *gelaohoensis-Eochoristites heishanensis* 组合和植物 *Sublepidodendron mirabile-Lepidodendropsis hirmeri* 组合。生物标志表明前黑山组时代为早石炭世早期（杜内期），其年代地层单位为杜内阶。

2. 维宪阶

对应的岩石地层单位是臭牛沟组。主要生物标志是含珊瑚 *Yuanophyllum-Kueichouphyllum sinensis* 带，牙形石 *Gnathodus bilineatus bollandensis* 带，䗴类 *Eostaffella-Mediocris* 带，腕足类 *Gigantoproductus maxima-Kansuella kansuensis* 组合和植物 *Cardiopteridium spetsbergense-Archaeocalamites scrobiculatus* 组合。本阶还包含孢粉 *Tripartites vetustus-Rotaspora fracta*（VF）带。其中珊瑚带、牙形石带、䗴类带和腕足类组合共生，均赋存于臭牛沟组上段（灰岩段），植物组合与孢粉组合赋存于下段（砂页岩段）。生物标志充分表明臭牛沟组时代为早石炭世中晚期（维宪期），其年代地层为维宪阶。

3. 德坞阶

对应的岩石地层单位是靖远组下段。主要生物标志是含菊石 *Dombarites-Eumorphoceras* 带。本阶还包含孢粉 *Savitrisporites nux-Rotaspora knoxi*（NK）带，䗴类 *Eostaffella-Mediocris* 带和牙形石 *Gnathodus bilineatus bollandensis* 带从维宪阶延伸到本阶消失，植物 *Mesocalamites cistiformis-Pecopteris aspera* 组合从本阶开始出现。菊石带、䗴类带和牙形石带共生，三者具有划时代意义，它们一致表明靖远组下段时代为早石炭世晚期（德坞期），其年代地层单位为德坞阶（大致相当国际地层表中的谢尔普霍夫阶）。

（二）上石炭统

1. 罗苏阶

对应的岩石地层单位是靖远组中段。主要生物标志是含菊石 *Reticuloceras* 带、牙形石 *Declinognathodus noduliferus-D. lateralis-Idiognathoides sinuata* 带。本阶还包含孢粉 *Crassispora kosankei-Murospora kosankei*（KK）带，腕足类 *Chonetes carbonifera-Martinia glabra* 组合和植物 *Mesocalamites cistiformis-Pecopteris aspera* 组合从本阶出现延至滑石板阶。生物标志表明靖远组中段时代属晚石炭世早期（罗苏期），其年代地层单位为罗苏阶（大致相当国际地层表中的巴什基尔阶下部）。

表 7-3 宁夏石炭纪-早二叠世早期多重地层划分对比表

Table 7-3 Multiple stratigraphic division and correlation of Carboniferous-early stage of Early Permian in Ningxia

年代地层			生物地层							岩石地层
系	统	阶	菊石	䗴类	珊瑚	腕足类	牙形刺	植物	孢粉	
二叠系	下统	紫松阶		*Sphaeroschwagerina* 带		*Dictyoclostus uralica-Choristites sowerbyi* 组合	*Streptognathodus wabaunsensis* 带	*Lepidodendron posthumii–Neuropteris ovata* 组合	*S. sinensis-G. cochlearis* (SC) 带 *Striatosporites major–Spinosporites spinosus* (MS) 带	太原组
石炭系	上统	逍遥阶		?		*Choristites yanghukouensis-Choristites mansuyi* 组合	*Streptognathodus elongatus* 带	*Chonchophyllum richithofenii–Lepidodendron galeatum* 组合	*Thymospora thiessenii–Florinites junior* (TJ) 带	羊虎沟组
		达拉阶	*Maximites sinensis* 带	*Profusulinella* 带			*Idignathodus delicatus* 带		*Dictyotriletes bireticulatus-Torispora secures* (BS) 带	
		滑石板阶	*Branneroceras-Gastrioceras* 带 *Bilinguites-Cancelloceras* 带						*Radiizonates aligerens-Triquitrites sinani* (AS) 带	
		罗苏阶	*Reticuloceras* 带	?		*Chonetes carbonifera-Martinia glabra* 组合	*Idignathoides corrugatus* 带 *D. noduliferus-D. lateralis-I. sinuata* 带	*Mesocalamites cistiformis-Pecopteris aspera* 组合	*Densosporites reticulates-Grumosisporites varireticulatus* (RV) 带 *Crassispora kosankei–Murospora kosankei* (KK) 带 *Savitrisporites nux– Rotaspora knoxi* (NK) 带	靖远组（上段、中段、下段）
	下统	德坞阶	*Dombarites-Eumorphoceras* 带	*Eostaffella-Mediocris* 带	*Yuanophyllum–Kueichouphyllum sinensis* 带		*Gnathodus bilineatus bollandensis* 带			
		维宪阶				*Gigantoproductus maxima-Kansuella kansuensis* 组合		*Cardiopteridium spetsbergense–Archaeocalamites scrobiculatus* 组合	*Tripartites vetustus-Rotaspora fracta* (VF) 带	臭牛沟组
		杜内阶				*Schuchertella* cf. *gelaohoensis-Eochoristites heishanensis* 组合		*Sublepidodendron mirabile–Lepidodendropsis hirmeri* 组合		前黑山组

2. 滑石板阶

对应的岩石地层单位是靖远组上段至羊虎沟组下部。主要生物标志是含3个菊石带（组合），自下而上为：*Bilinguites-Cancelloceras* 带，*Branneroceras-Gastrioceras* 带和 *Maximites* 组合。本阶还含牙形石 *Idiognathoides corrugatus* 带和孢粉 *Densosporites reticulates-Grumosisporites varireticulatus*（RV）带，*Radiizonates aligerens-Triquitrites sinani*（AS）带。植物 *Mesocalamites cistiformis-Pecopteris aspera* 组合从德坞阶延伸到本阶下部消失，而植物 *Chonchophyllum richithofenii-Lepidodendron galeatum* 组合从本阶上部开始出现。生物标志充分表明靖远组上段至羊虎沟组下部时代属晚石炭世早期（滑石板期），其年代地层单位为滑石板阶（大致相当国际地层表中的巴什基尔阶上部）。

3. 达拉阶

对应的岩石地层单位是羊虎沟组中部。主要生物标志是含䗴类 *Profusulinella* 带和牙形石 *Idiognathodus delicatus* 带。本阶还含有孢粉 *Dictyotriletes bireticulatus-Torispora securis*（BS）带，腕足类 *Chonetes carbonifera-Martinia glabra* 组合和植物 *Chonchophyllum richithofenii-Lepidodendron galeatum* 组合跨过本阶。生物标志表明羊虎沟组中部时代属晚石炭世中期（达拉期），其年代地层单位为达拉阶（大致相当国际地层表中的莫斯科阶）。

4. 逍遥阶

对应的岩石地层单位是羊虎沟组上部。主要生物标志是含牙形石 *Streptognathodus elongatus* 带。本阶还含孢粉 *Thymospora thiessenii-Florinites junior*（TJ）带，腕足类 *Chonetes carbonifera-Martinia glabra* 组合从德坞阶一直延伸至本阶消失，植物 *Chonchophyllum richithofenii-Lepidodendron galeatum* 组合从滑石板阶上部延伸到本阶消失。生物标志表明羊虎沟组上部时代属晚石炭世晚期（逍遥期），其年代地层单位为逍遥阶（大致相当卡西莫夫阶—格舍尔阶）。

二、石炭系中间界线的确定

石炭系中间界线的划分在国际上是有争议的，在我国也是如此，争论的焦点是纳缪尔阶的归属问题。第十届国际石炭纪地层地质大会国际石炭纪地层分会推荐的一个界线定义，即石炭系上部与下部的划分位置，相当牙形石 *Declinognathodus noduliferus* 出现的底界，并且接近 *Eumorphoceras-Homoceras* 菊石带的过渡位置。如此，纳缪尔阶的大部分应划归上石炭统，仅最下部 *Eumorphoceras* 带属于下石炭统。

考虑到上述界线定义在全球性范围的使用有不便利之处，故国际石炭纪地层分会又做了以下修正：

1）国际性石炭系内部界线应大致相当菊石 *Eumorphoceras* 带至 *Homoceras* 带的变化时间，以 *Homoceras subgroborum* 的第一次出现作为上石炭统的开始。虽然界线选择在 *Eumorphoceras-Homoceras* 带的过渡，但是已知 *Homoceras* 的地理分布非常局限，因此，作为在全世界识别石炭系内部界线的标志，*Homoceras* 不是一个适宜的种类。

2）为此，应采用更广泛分布的牙形石识别界线。*Declinognathodus noduliferus* 是由 *Gnathodus girty simplex* 演化而来，在古赤道带特别丰富。所以，应当选择标志 *D. noduliferus* 出现的层位作为石炭系内部界线层型。在冈瓦纳区，在 *Declinognathodus noduliferus* 缺失时，*Gnathodus girty simplex* 的上限近似于这一层位。

3）演化系列上其他种的出现，特别是其他化石门类可以作为识别或近似 *D. noduliferus* 界线的辅助标志。包括有孔虫 *Globivalvulina* sp.，*Millerella pressa*，*M. marblensis*；牙形石 *Adetognathus lautus*，*Rhachistognathus primus*，*R. minutus*。

由此可见，确定石炭系中间界线最有效的生物标志是菊石和牙形石。本区阿拉善南缘地层分区纳缪尔阶自下而上菊石可划分为 *Dombarites-Eumorphoceras* 带，*Reticuloceras* 带和 *Bilinguites-Cancelloceras* 带，未发现 *Homoceras* 带，牙形石可划分为 *Gnathodus bilineatus bollandensis* 带和 *Declinognathodus noduliferus-D. lateralis-Idiognathoides sinuata* 带。根据上述界线定义和修正意见，我们将石炭系中间界线划在纳缪尔阶内部，即菊石 *Dombarites-Eumorphoceras* 带与牙形石 *Declinognathodus noduliferus-D. lateralis-Idiognathoides sinuata* 带之间，也就是德坞阶与罗苏阶之间，对应的岩石地层单位就是靖远组下段与中

段之间。在贺兰山及宁东地区靖远组直接不整合于奥陶系或更老地层之上，含菊石 *Reticuloceras* 带和 *Bilinguites-Cancelloceras* 带，未见含 *Dombarites-Eumorphoceras* 带，表明该区缺失下石炭统，其沉积是从晚石炭世早期（罗苏期）开始的；还表明靖远组具有穿时性，表现为阿拉善南缘地层分区从德坞期开始沉积，而鄂尔多斯西缘地层分区则是从罗苏期才开始沉积的。

第四节　层序地层

以贺兰山和香山地区剖面为基础，可将区为石炭纪层序地层划分为 5 个旋回层序，10 个体系域（图 7-12），其特征如下：

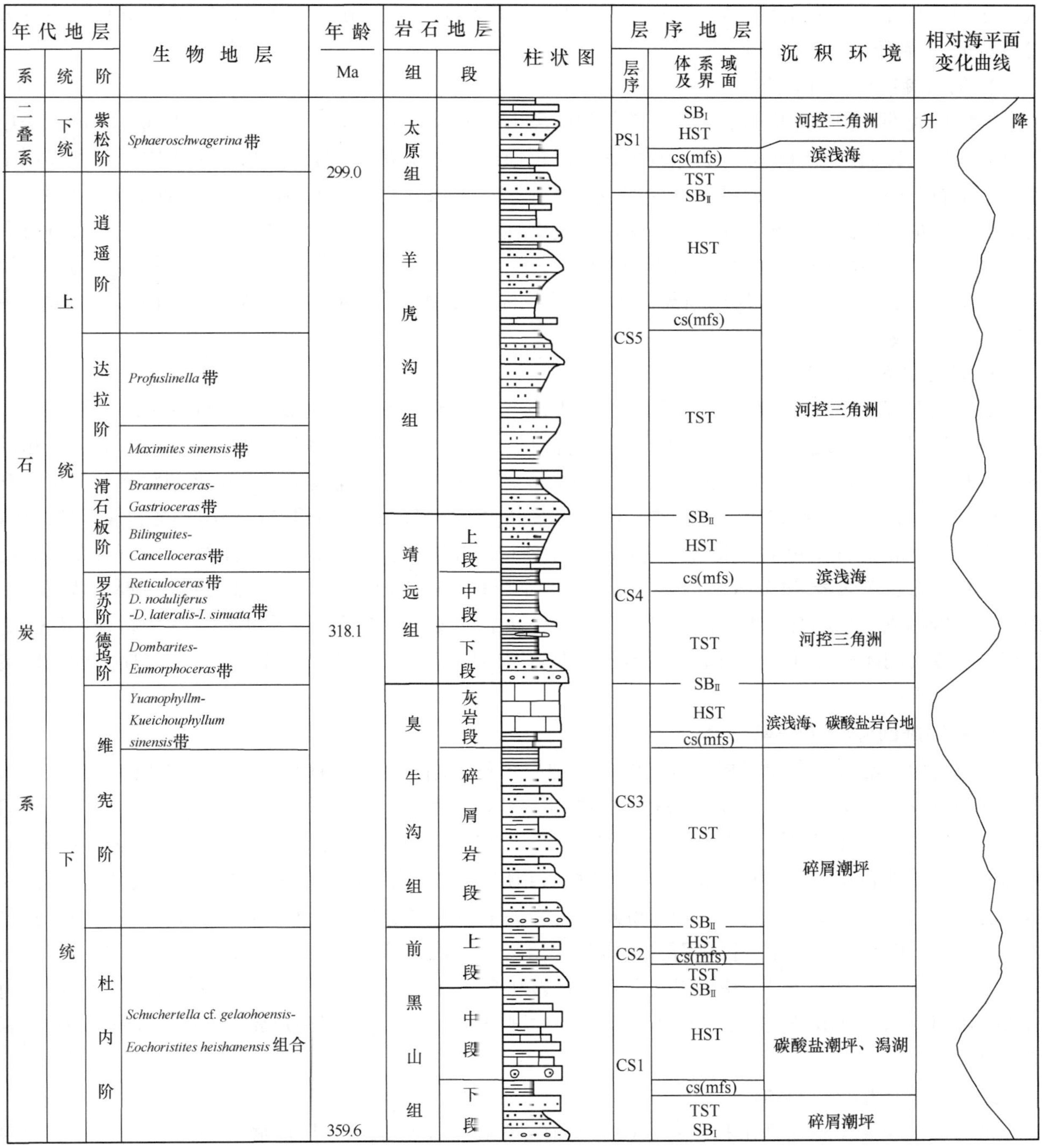

图 7-12　宁夏石炭纪—早二叠世早期层序地层划分图

Fig. 7-12　Sequence stratigraphic division of Carboniferous—early stage of Early Permian in Ningxia

1. 第一旋回层序（CS1）

属杜内早中期沉积，对应的岩石地层单位为前黑山组下段和中段，由海侵体系域（TST）和高水位体系域（HST）组成，厚55.3~237.4m。其底界与下伏地层中宁组呈不整合或平行不整合接触，界面之上发育高成熟度的海侵底砾岩，为Ⅰ型层序界面。层序下部TST由潮坪相、障壁岛—潟湖相砾岩、砂岩、粉砂岩、泥岩和少量灰岩、灰质白云岩组成，沉积层序（相当副层序）具明显的退积特征。TST之上发育一层厚约30m的潟湖相泥岩，色调呈灰绿、黄绿和紫红色，并见夹薄层灰岩，属凝缩层（CS），应相当最大海泛面（mfs）层位附近沉积。HST由潟湖相碳酸盐岩和少量泥岩、石膏岩组成，碳酸盐岩含燧石结核或条带，局部可见石盐、石膏假晶及干裂，含腕足类、瓣鳃类和介形虫等，沉积层序具加积—进积特征。HST顶部杂色泥岩见含钙质结核，具暴露标志，说明该层序顶界位于含钙质结核泥岩之顶。本旋回层序组大致由4个副层序组成，各副层序之间均以突发海进面为界面。

2. 第二旋回层序（CS2）

属杜内晚期沉积，对应的岩石地层单位为前黑山组上段，由TST和HST组成，厚0~150m。层序底界即为第一旋回层序组顶界，为一较大的海侵侵蚀面，属Ⅱ型层序界面。层序下部由浅灰色厚层中粗粒钙质石英砂岩、细砂岩及砂质灰岩组成，属海侵体系域（TST）。中部为钙质泥页岩夹厚层灰岩，为本层序的最大海泛期沉积（mfs）。顶部为灰色粉砂岩、砂质泥（页）岩夹浅灰色薄—中层石英砂岩，含黄褐色疙瘩状泥钙质团块，含菱铁矿结核，泥（页）岩含腹足类及总鳍鱼类化石等，为海退层序高水位体系域（HST）。本层序顶部存在一较大的海侵侵蚀面，为本层序顶界。该旋回层序组大致由5个副层序组成。

3. 第三旋回层序（CS3）

属维宪期沉积，对应的岩石地层单位为臭牛沟组。由TST和HST组成，厚100~400m。层序底界即为第二旋回层序组之顶界，为一规模较大的海侵侵蚀面，属Ⅱ型层序界面。层序下部由潮坪相的灰—浅灰色石英砂岩、粉砂岩、泥（页）岩和少量薄层灰岩、劣质煤线组成，见夹鲕状赤铁矿层，含菱铁矿结核，含植物和腕足类、双壳类、海百合茎等化石，具向上变细的退积层序特征，属TST。TST之上为厚约20m之深灰色薄层灰岩与黑灰色泥（页）岩互层段，含腕足类、双壳类、海百合茎、有孔虫等动物化石，应属凝缩层（CS），相当mfs上、下层位。HST由浅海相灰—深灰色中—厚层灰岩、生物碎屑灰岩组成，含燧石条带，横向可相变为黑色页岩夹灰岩，沉积层序具加积—进积特征。HST之上存在一较大的海侵侵蚀面，为本层序顶界。本旋回层序组由7个副层序组成，各副层序之间均以突发海进面为界面。

4. 第四旋回层序（CS4）

属德坞期至滑石板中期沉积，对应的岩石地层单位为靖远组。层序底界为一较大的海侵侵蚀面，界面下为第三旋回层序组之HST浅海相碳酸盐岩，界面上为灰白色细砾岩、石英砂岩，属水下分流河道沉积，界面上下沉积环境发生了较大的变化，是层序边界存在的标志。下部TST由分流河道细砾岩、石英砂岩、粉砂岩和泥岩组成，沉积层序（相当副层序）具明显的退积特征。TST之上为厚约20~50m之前三角洲相—浅海相黑色页岩、粉砂质页岩夹不稳定层状灰岩，页岩和灰岩富含头足类、腕足类、双壳类、腹足类等海相动物化石，页岩尚含植物和菱铁矿结核，应属凝缩层，相当mfs上、下层位。HST由三角洲相的砂岩、粉砂岩、泥岩、页岩和煤层（线）组成，主要发育下三角洲平原和三角洲前缘亚相沉积，显示进积特征。HST之上为一冲刷侵蚀面，应为本层序顶界。本旋回层序由10个副层序组成。

5. 第五旋回层序（CS5）

属滑石板晚期至逍遥期沉积，对应的岩石地层单位为羊虎沟组。层序底界为一较大的海侵冲刷面。下部层序以含煤为主，代表低位期；中部发育较厚较稳定的含双壳类、介形类海相灰岩，代表层序的最大海泛期；上部层序陆源供给增强，发育大型板状交错层系，河口砂坝及间湾泥岩和含煤沼泽发育，代表高水位体系域。HST之上为一冲刷侵蚀面，为本层序顶界。该旋回层序由7个副层序组成。

上述5个旋回层序中CS1旋回层序属Ⅰ型层序，CS2—CS5旋回层序属Ⅱ型层序，它们均由TST和HST组成，缺乏低水位体系域（LST），这是由于该区位于陆棚内部远离陆棚边缘所致。石炭纪时限约为60Ma，这样每个层序组的平均时限为12Ma，应为三级海平面变化控制的层序。

第八章　二叠系

宁夏的二叠系发育良好，主要出露于西部的贺兰山和香山地区，东部地区仅有零星露头（图 8-1）。下统、中统和上统均有发育。下统为海陆交互相—河湖相的含煤碎屑建造，生物化石丰富，是宁夏的主要含煤地层之一；中统、上统则为河流相碎屑岩沉积。

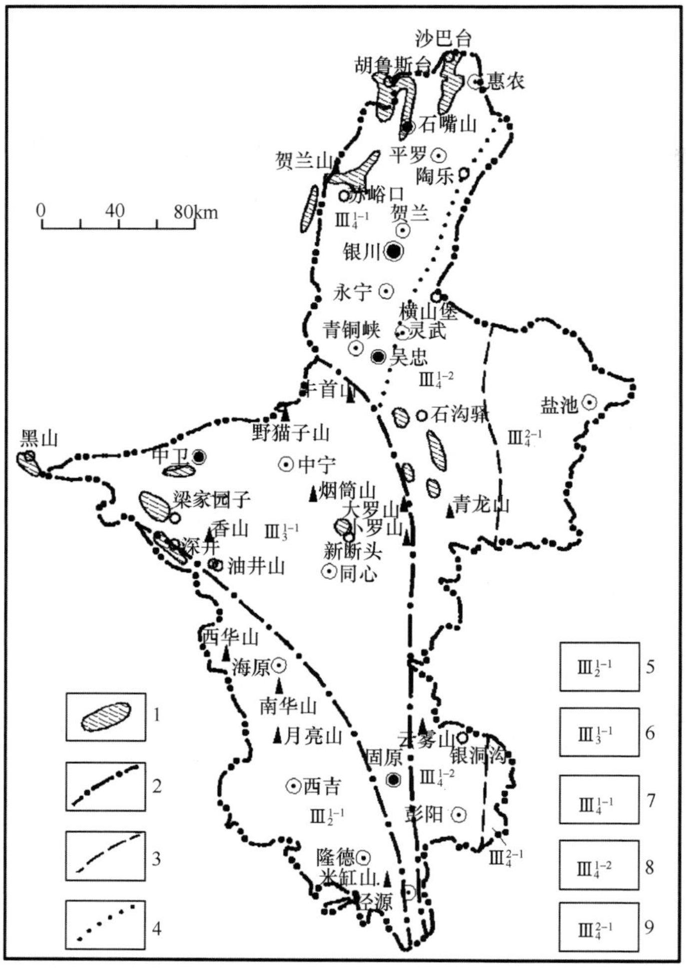

图 8-1　宁夏二叠系地层分区及露头分布图

Fig. 8-1　Outcrop distribution and stratigraphic regions of Permian in Ningxia

1—露头区；2—地层区界线；3—地层分区界线；4—地层小区界线；5—靖远-西吉地层小区；6—景泰-中宁地层小区；7—贺兰山地层小区；8—桌子山-青龙山地层小区；9—盐池-环县地层小区

宁夏二叠系的调查研究始于 20 世纪 30 年代。1936 年，孙健初等在北祁连山进行地质调查时，发表了“黄河上游及南山区地层”，该文将祁连山区的二叠系三分，即下统“俄博系”、中统“大黄沟系”、上统“窑沟砂岩”和二叠系三叠系“西大沟砂岩”。

1945 年，斯行健、李星学对宁夏晚古生代植物进行了研究，发表有“宁夏古生代植物”（英文版）。

1953 年，西北石油地质局陕北大队 102 队在贺兰山地区工作时，将石炭系—二叠系划分为 CP_1、CP_2、CP_3 及二叠纪石千峰系。

1954 年，关士聪、车树政等人将贺兰山北段下二叠统和中、上石炭统称为“卡布其系”，时代归属石炭-二叠纪。

1959 年，银川石油勘探局甘克文等根据实测剖面和部分化石资料，将贺兰山区的二叠系划分为山西组、石盒子组和石千峰组。

1961～1964 年，宁夏区测队在进行同心幅1：20 万区调时，于香山一带测制了二叠系剖面，自下而上划分为下二叠统大黄沟群和上二叠统窑沟群，并发现较多的火山岩夹层。

1980 年，宁夏区域地层表编写组将华北地层区鄂尔多斯西缘地层分区的二叠系自下而上划分为下二叠统山西组、下石盒子组及上二叠统上石盒子组和石千峰群。

1996 年，宁夏岩石地层清理研究组根据区域地层对比和区调新进展，将宁夏的二叠系进行了重新划分，鄂尔多斯西缘地层分区自下而上划分为太原组、山西组、石盒子组和孙家沟组，阿拉善南缘地层分区自下而上为太原组、大黄沟组和红泉组。

宁夏二叠系的划分与命名沿革见表 8-1、表 8-2。

表 8-1　宁夏二叠系（鄂尔多斯西缘地层分区）划分与命名沿革表

Table 8-1　Evolution of Permian divisional schemes in Ningxia (western marginal stratigraphic subregion of Ordos)

<table>
<tr><th colspan="2">关士聪、车树政，1954</th><th colspan="2">甘克文，1959</th><th colspan="2">煤炭部147 队，1958～1960</th><th colspan="2">宁夏区域地层表编写组，1980</th><th colspan="2">《宁夏回族自治区区域地质志》，1990</th><th colspan="3">《宁夏回族自治区岩石地层》，1996</th><th colspan="3">本《志》，2012</th></tr>
<tr><td rowspan="5">三叠—二叠系</td><td rowspan="5">滴沥帮乌素层</td><td rowspan="5">上二叠统</td><td rowspan="3">石千峰组</td><td rowspan="5">上二叠统</td><td rowspan="3">石千峰群</td><td rowspan="3">下三叠—上二叠统</td><td rowspan="3">石千峰群</td><td rowspan="5">上二叠统</td><td rowspan="3">石千峰组</td><td rowspan="2">下三叠统</td><td rowspan="3">石千峰群</td><td>和尚沟组</td><td rowspan="2">下三叠统</td><td rowspan="3">石千峰群</td><td>和尚沟组</td></tr>
<tr><td>刘家沟组</td><td>刘家沟组</td></tr>
<tr><td rowspan="3">上二叠统</td><td>孙家沟组</td><td rowspan="2">上二叠统</td><td>孙家沟组</td></tr>
<tr><td rowspan="3">石盒子组</td><td rowspan="2">上石盒子组</td><td rowspan="2">上二叠统</td><td rowspan="2">上石盒子组</td><td rowspan="2">上石盒子组</td><td colspan="2" rowspan="3">石盒子组</td><td colspan="2" rowspan="2">上石盒子组</td></tr>
<tr><td rowspan="2">中二叠统</td></tr>
<tr><td rowspan="8">二叠—石炭系</td><td rowspan="8">卡布其系</td><td rowspan="4">下二叠统</td><td rowspan="4">下二叠统</td><td rowspan="2">下石盒子组</td><td rowspan="4">下二叠统</td><td rowspan="2">下石盒子组</td><td rowspan="4">下二叠统</td><td rowspan="2">下石盒子组</td><td rowspan="6">下二叠统</td><td colspan="2" rowspan="2">下石盒子组</td></tr>
<tr><td rowspan="2">山西组</td><td colspan="2" rowspan="2">山西组</td><td rowspan="4">下二叠统</td></tr>
<tr><td rowspan="5">山西组</td><td rowspan="5">山西组</td><td rowspan="5">山西组</td><td colspan="2" rowspan="5">山西组</td></tr>
<tr><td rowspan="5">太原群</td><td colspan="2" rowspan="5">太原组</td></tr>
<tr><td rowspan="4">上石炭统</td><td rowspan="4">上石炭统</td><td rowspan="4">上石炭统</td><td rowspan="4">上石炭统</td></tr>
<tr><td rowspan="3">上石炭统</td></tr>
<tr><td rowspan="2">上石炭统</td></tr>
<tr><td>太原群</td><td>太原群</td><td>太原组</td><td colspan="2">太原组</td></tr>
</table>

表 8-2　宁夏二叠系（阿拉善南缘地层分区）划分与命名沿革表

Table 8-2　Evolution of Permian divisional schemes in Ningxia (stratigraphic subregion of Gansu corridor)

孙健初，1936		甘肃区域地质测量队，1972		刘宏筹、沈光隆，1979		宁夏综合地质大队，1965		宁夏区域地层表编写组，1980		《宁夏回族自治区区域地质志》，1990		《宁夏回族自治区岩石地层》，1996		本《志》，2012	
上二叠统	西大沟系 / 窑沟砂岩	上二叠统	窑沟群	上二叠统	肃南组 / 窑沟组	上二叠统	窑沟群	上二叠统	窑沟群	上二叠统	窑沟群	上二叠统	红泉组	上二叠统	红泉组
中二叠统	大黄沟组	下二叠统	大黄沟群	下二叠统	大黄沟组 / 山西组	下二叠统	大黄沟群	下二叠统	大黄沟群	下二叠统	大黄沟群	下二叠统	大黄沟组	中二叠统	大黄沟组
下二叠统	俄博系	上石炭统	太原组	上石炭统	太原组	上石炭统	太原组	上石炭统	太原组	上石炭统	太原组	上石炭统	太原组	下二叠统 / 上石炭统	太原组

第一节　岩石地层

一、华北地层区鄂尔多斯西缘地层分区

本地层分区包括贺兰山地层小区和桌子山-青龙山地层小区，二叠系发育较好，与上石炭统羊虎沟组连续沉积，下部为滨海沼泽相—三角洲相含煤碎屑岩建造，中—上部为河湖相红色碎屑岩建造。岩石地层序列自下而上为太原组、山西组、下石盒子组、上石盒子组和石千峰群孙家沟组。

（一）太原组（C_2P_1t）

由翁文灏、葛利普（A. W. Grabau）1922 年于太原西山命名的太原系沿革而来（太原系→太原统→太原群→太原组）。命名剖面位于山西太原市西山玉门沟（以前误为月门沟）。

1959 年，甘克文首次将太原组一名用于贺兰山区，此后地质、煤田、石油等部门的地质工作者将其广泛用于鄂尔多斯西缘及河西走廊地区，泛指上石炭统含煤地层。1994 年在进行全国岩石地层清理时重新定义了太原组，其定义是：指华北平行不整合于奥陶系之上，位于月门沟群下部，由海陆交互相沉积的页岩夹砂岩、煤、石灰岩组成的地层。本《志》沿用重新定义的太原组含义。

太原组主要分布于贺兰山北段胡鲁斯台、石炭井、李家沟、马莲滩、沙巴台等地，贺兰山中段苏峪口—插旗口一带也有出露。宁东地区被大面积埋藏于中、新生代覆盖层之下，仅在太阳山和煤山有小面积出露。以胡鲁斯台剖面和太阳山剖面为代表。

内蒙古阿拉善左旗胡鲁斯台剖面太原组层序完整，顶底清楚，研究程度较高，1996 年被宁夏地层清理研究组指定为太原组次层型，其层序如下（图 8-2）：

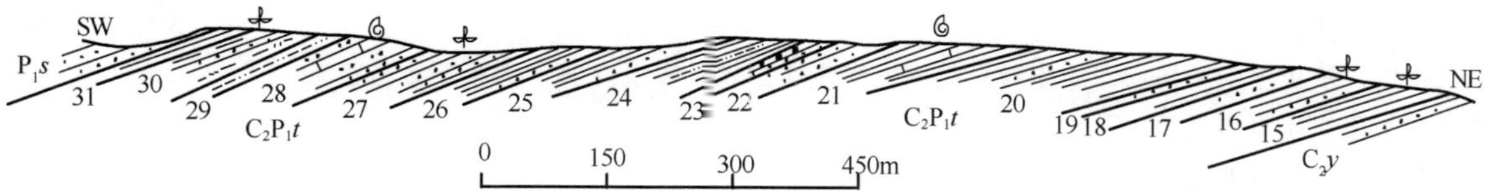

图 8-2 内蒙古阿拉善左旗胡鲁斯台上石炭统—下二叠统太原组剖面图

Fig. 8-2 Section of the Upper Carboniferous-Lower Permian Taiyuan Formation in Hulusitai, Alxa Left Banner, Inner Mongolia

上覆地层：山西组（P_1s）灰白色中厚层粗粒石英砂岩

——— 整　合 ———

太原组（C_2P_1t） 厚度 402.0m

31. 烟煤层，顶板有 1m 厚的黑色黏土岩。黏土岩产植物 *Sphenophyllum minor*，*S. thonii*，*Cordaites* sp. 6.2m
30. 浅黄—灰黄色砂质页岩夹灰黄色薄层中粒石英砂岩。前者产植物 *Cordaites* sp. 22.2m
29. 灰黄色砂质页岩夹薄层细粒石英砂岩及烟煤一层。页岩含菱铁矿结核 10.2m
28. 浅灰—灰白色薄层细粒石英砂岩夹灰黑色砂质页岩，近顶部夹一层厚 0.5m 之灰黑色含泥质生物碎屑灰岩和烟煤层。页岩含铁质结核。生物碎屑灰岩产丰富的䗴类 *Schwagerina* sp.，*Quasifusulina* sp. 及腕足类 *Dictyoclostus gruenewaldti*；砂质页岩中产植物 *Stigmaria* cf. *ficoides* 33.8m
27. 浅灰—灰白色中厚层细粒石英砂岩、中粗粒石英砂岩夹少量灰黑色页岩及烟煤一层。页岩产植物 *Lobatannularia* sp.，*Lepidodendron* cf. *incertum* 40.6m
26. 灰黑色页岩，底部有 2m 厚的浅灰色中细粒石英砂岩，顶部为 2m 厚的烟煤层。页岩含丰富的菱铁矿结核 22.0m
25. 灰黑色页岩，底部为 1m 厚的灰白色薄层中粒石英岩状砂岩 41.9m
24. 灰黑色页岩夹少量灰白、灰褐色砂质页岩，上部夹薄层砂岩及煤线 18.1m
23. 下部为灰黑色砂质页岩，上部为灰褐色中厚层中粗粒石英砂岩 8.5m
22. 灰白—灰黄色中厚层中细粒石英砂岩，下部为薄层细粒石英砂岩 7.5m
21. 灰黑色页岩夹黄褐色薄层钙质细粒石英砂岩及一层生物碎屑灰岩。生物碎屑灰岩产珊瑚 *Lophocarinophyllum* sp.，*Lophophyllidium* sp.；腕足类 *Dictyoclostus taiyuanfuensis*，*Eomarginifera pusilla* 及海百合茎等动物化石 39.2m
20. 灰黑色页岩夹浅黄色厚—中层细—中粒石英砂岩。上部砂岩发育交错层理 65.7m
19. 浅黄色中—薄层石英砂岩，顶部为一层 1m 厚的粗砂岩。具向上变厚、变粗的沉积特征 7.8m
18. 灰黑色页岩 8.8m
17. 灰黄色中—粗粒石英砂岩。砂岩发育交错层理 8.8m
16. 下部为浅黄色中厚层中粗粒石英砂岩夹灰黑色页岩，上部为灰黑色页岩，构成一个向上变细的沉积韵律。下部砂岩发育交错层理。页岩产植物化石 *Paripteris otozamioides*，*Neuropteris* sp.，*Sphenopteris* sp.，*Cladophlebis* sp. 39.5m
15. 灰黑色页岩、炭质页岩夹灰白—灰黄色中厚层中粗粒石英砂岩。页岩产丰富的植物 *Palaeoweichselia yuaii*，*Sphenophyllum* sp.，*Sphenopteris* sp.，*Tingia* sp.，*Neuropteris* sp. 21.2m

——— 整　合 ———

下伏地层：羊虎沟组（C_2y）灰黑色页岩夹少量灰黄色中厚层粗粒石英砂岩及生物碎屑灰岩透镜体

宁夏东部地区太原组出露甚少，未见顶底，同心县太阳山剖面出露相对较好，其层序如下（图 8-3）：

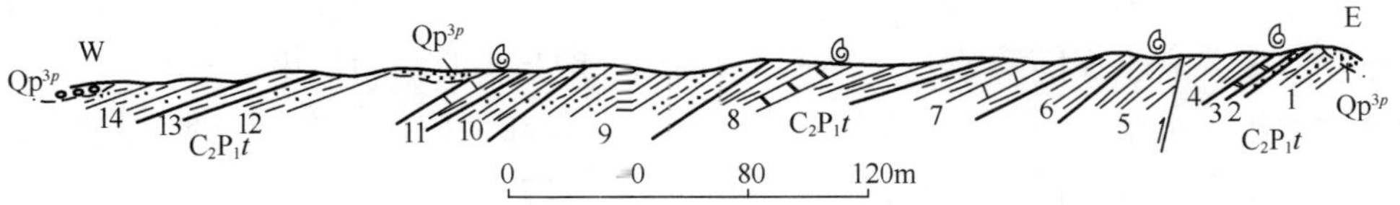

图 8-3 同心县太阳山上石炭统—下二叠统太原组剖面图

Fig. 8-3 Section of the Upper Carboniferous-Lower Permian Taiyuan Formation in Taiyangshan, Tongxin County, Ningxia

太原组（C_2P_1t） 厚度>127.0m

14.	灰白、灰黄色中—薄层泥质中粒石英砂岩夹炭质页岩及煤线（其上为第四系覆盖）	>13.6m
13.	蓝灰色炭质页岩夹薄煤层，炭质页岩含菱铁矿结核	7.8m
12.	灰白、灰黄色泥质石英细砂岩夹少量泥岩	5.8m
11.	炭质页岩夹薄煤层，顶部为中层灰岩，灰岩产腕足类 *Athyris* sp.，*Schizophoria* sp. 和䗴类 *Quasifusulina* sp.	8.3m
10.	灰黄色泥质石英细砂岩与灰白色泥质粉砂岩互层	11.0m
9.	灰白色泥质粉砂岩和粉砂质泥岩互层夹炭质页岩	19.6m
8.	炭质页岩夹一层灰黑色含生物碎屑白云岩及一层厚 80cm 的煤层，白云岩产䗴类 *Pseudoschwagerina* sp.，*Quasifusulina longissima*，*Quasifusulina* sp.	7.8m
7.	炭质页岩夹厚层灰黑色灰岩及石英细砂岩透镜体，页岩含菱铁矿结核	14.3m
6.	灰黄色薄层泥质石英细砂岩夹泥岩	4.7m
5.	浅灰色泥岩、黑色炭质页岩夹灰岩透镜体及薄煤层。灰岩产䗴类 *Quasifusulina* sp.，*Pseudoschwagerina* sp.	>20.2m

═══ 断 层 ═══

4.	土黄色与灰黑色页岩互层，含少量菱铁矿结核	>7.7m
3.	上部为深灰—灰黑色厚层生物碎屑白云岩；下部为灰白色泥质石英细砂岩，夹煤线，白云岩产䗴类 *Quasifusulina* sp.	2.4m
2.	灰黄色细粒石英砂岩与灰黑色细粒石英砂岩互层	2.4m
1.	灰黑色薄层泥岩夹灰白色薄层砂岩及页岩（未见底）	>1.7m

太原组与下伏地层羊虎沟组和上覆地层山西组均为整合接触，系海陆交互相含煤碎屑沉积，是宁夏主要产煤和耐火黏土地层之一。岩性以灰—灰黑色页岩、砂质页岩、灰白色石英砂岩为主，夹灰岩、煤层及耐火黏土，常含菱铁矿结核，灰岩含䗴类、腕足类、珊瑚、海百合茎和牙形石等动物化石，页岩含丰富的植物。太原组近顶部夹 0.5~2m 厚的含䗴灰岩，分布广泛，可作为地层划分对比的标志层。当大量灰黑色页岩（泥岩）终结消失、出现灰黄色厚层砂岩（底部有一层煤）时，该砂岩之底即为本组顶界。

上列胡鲁斯台剖面太原组厚 402.0m。下部（15~21 层）以中粗粒石英砂岩、灰黑色页岩为主，夹煤层和生物碎屑灰岩透镜体（据煤田勘探资料，灰岩夹层多达 4 层，含煤 11 层）；上部则由灰黑色页岩、粉砂质页岩与细粒、中细粒砂岩、生物碎屑灰岩组成若干韵律层，含煤多达 9 层。石炭井—李家沟一带，太原组厚 180~190m，岩性与胡鲁斯台剖面相似，惟砂岩、粉砂岩、砂质页岩数量增多，而生物碎屑灰岩透镜体夹层较少，含煤 10~11 层，且以下部较好。向南至马莲滩—清水沟一带厚仅百余米，下部为中—粗粒石英砂岩夹灰黑色页岩，含煤 4 层；上部以细粒石英砂岩、粉砂岩为主，夹一层含䗴灰岩，含煤仅 1~2 层。沙巴台太原组厚 149.4m，下部为中—粗粒石英砂岩夹页岩及少量英安质晶屑凝灰岩；上部为页岩、粉砂质页岩夹中粗粒石英砂岩及 1~2 层砂质灰岩，含煤 8 层，但厚度均不大。红果子沟—青沟一带太原组厚 120~158m，底部为灰—灰白色粗粒砂岩、含砾粗砂岩，向上为黑灰色粉砂岩、泥岩、炭质泥岩夹灰—深灰色中—细粒石英砂岩及薄层生物碎屑灰岩，含煤 9 层（八—十六煤）。石嘴山一带厚 100m，下部为中—粗粒石英砂岩、灰黑色页岩，夹生物碎屑灰岩 2~4 层，含煤 5 层；上部由石英砂岩、页岩、砂质页岩组成若干韵律层，近顶部夹含䗴灰岩 1 层，含煤 1~2 层。苏峪口响水太原组厚 189.6m，以灰黑色页岩、粉砂质页岩为主，夹灰色厚层—中薄层中粗粒石英砂岩及泥灰岩、生物碎屑灰岩、煤层、黏土，含䗴类、珊瑚、腕足类及植物等化石。

宁东地区太原组多被中、新生代覆盖层埋藏于地下，仅在太阳山—韦州一带见有零星露头。太阳山一带太原组出露不全，未见顶底，太阳山剖面厚度大于 127.0m，岩性以灰白色石英砂岩、灰黑色炭质页岩、浅灰色泥岩为主，夹灰岩、白云岩及煤层（线），灰岩、白云岩含䗴 *Pseudoschwagerina*，*Quasifusulina* 及腕足类。在罗山东麓煤山太原组也未见顶底，厚度大于 169.0m，岩性为灰白色、浅褐红色石英砂岩、长石石英砂岩夹炭质页岩、泥岩、灰岩及煤线，含丰富的腕足类、珊瑚及双壳类动物化石。

据灵武横山堡钻孔资料，埋藏于中、新生代覆盖层之下的太原组依其沉积旋回可划分为上、下两部分：上部主要由灰白色细粒长石石英砂岩、灰黑色粉砂岩组成，顶部有2m厚的含䗴灰岩；下部以一套灰白色砂岩与黑色粉砂岩、砂质泥岩互层与羊虎沟组分界，向上则为灰黑色泥岩夹灰岩、泥灰岩及烟煤5层（可采2层），厚79.8m。本组自横山堡地区向南有增厚之趋势。横山堡—上海庙一带厚70~100m，至刘家庄—鸳鸯湖地区增至154m，同心韦州一带厚度明显增大，钻井铅直厚度达600余米。在陶乐北部煤田勘探钻孔中太原组厚85.1~186.5m。岩性为深灰色粉砂岩、粉砂质泥岩、泥岩夹细—中粗粒石英砂岩、薄层灰岩及煤层（九—十四煤），灰岩含䗴类、腕足类、海百合茎等化石。

据彭格林、钟蓉报道（1995），贺兰山北段套特沟、石炭井、李家沟、正义关、沙巴台等地及宁东韦州煤田井下太原组尚见夹凝灰岩层，岩石为蚀变的酸性晶玻屑凝灰岩或沉凝灰岩、中酸性晶玻屑凝灰岩或沉凝灰岩。凝灰岩层一般夹于煤层顶板的黑色海相泥岩或粉砂质泥岩中，也有位于煤层底板或两煤层之间者；厚度极小，一般1~5cm，个别部位厚5~10cm，呈单条带或多条带组合产出，彼此间距5~10cm；层位稳定，可在几百、甚至几万平方千米内追索。

（二）山西组（P_1s）

由布拉克魏尔德（E. Blackwelder）于1907年在太原西山创名的山西系沿革而来（山西系→山西统→山西组）。原始定义为：指山西广泛分布的晚古生代含煤地层及其上的红色岩层，整合于寒武系—奥陶系之上，上覆地层不明。按此定义建立的山西系可能大致相当于现今的本溪组、太原组、山西组、下石盒子组、上石盒子组和石千峰群之和。之后，经李四光（1922）、Norin（1922）、翁文灏、Grabau（1922）、张文堂（1955）、刘鸿允（1957）、杜宽平（1958）等研究修订，将山西组限定在太原组与下石盒子组之间的那段地层。1960年丁培民首次从贺兰山区的二叠系下部划分出山西组，之后被广泛采用。

区内山西组分布范围与太原组基本一致，主要出露于贺兰山地区的胡鲁斯台、石炭井、李家沟、马莲滩、沙巴台、红果子沟、青沟、苏峪口响水和石嘴山等地，宁东地区全部被埋藏于中、新生代覆盖层之下，地表未见出露。以胡鲁斯台剖面和韦51号钻孔剖面为代表。

胡鲁斯台剖面山西组出露良好，层位完整，顶、底接触关系清楚，为本区最具代表性剖面之一，其层序如下（图8-4）：

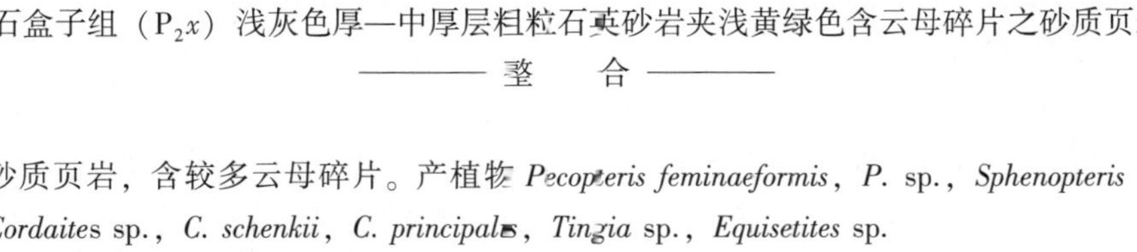

图8-4 内蒙古阿拉善左旗胡鲁斯台下二叠统山西组剖面图

Fig. 8-4 Section of Lower Permian Shanxi Formation in Hulusitai, Alxa Left Banner, Inner Mongolia

上覆地层：下石盒子组（P_2x）浅灰色厚—中厚层粗粒石英砂岩夹浅黄绿色含云母碎片之砂质页岩

——— 整　合 ———

山西组（P_1s）	厚度155.5m
36. 浅黄绿色砂质页岩，含较多云母碎片。产植物 *Pecopteris feminaeformis*, *P.* sp., *Sphenopteris rotunda*, *Cordaites* sp., *C. schenkii*, *C. principalis*, *Tingia* sp., *Equisetites* sp.	12.3m
35. 浅黄绿、浅灰色砂质页岩夹薄—中厚层中—粗粒石英砂岩及煤线	27.6m
34. 浅灰色中厚层中粗粒石英砂岩夹浅黄、浅灰色砂质页岩、粉砂质泥岩，上部含煤线。砂岩发育交错层理。底部砂岩产植物 *Dadoxylon* sp.	65.9m
33. 浅灰、浅灰黄色页岩、砂质页岩夹煤层	20.9m
32. 灰白色中厚层粗粒石英砂岩，上部夹少量灰色页岩。砂岩发育板状斜层理。页岩产植物 *Sphenophyllum thonii*, *S. minor*, *Cordaites* sp.	28.8m

——— 整　合 ———

下伏地层：太原组（C_2P_1t）灰黑色黏土岩及煤层

韦51号钻孔剖面山西组顶底齐全，分层清晰，可作为宁东地区（桌子山-青龙山地层小区南部）的代表性剖面，其层序如下：

上覆地层：下石盒子组（P_2x）灰白色中粒岩屑石英砂岩

——— 整　合 ———

山西组（P_1s）	厚度127.0m
9. 下部为灰色细粒岩屑石英砂岩，夹少量粉砂岩，上部为灰—深灰色粉砂岩，偶夹黏土岩薄层及两层厚分别为0.5m、0.4m的薄煤层	30.5m
8. 下部为灰色细粒岩屑石英砂岩，上部为灰黑色粉砂岩。产植物 *Lobatannularia sinensis*	11.8m
7. 下部为灰色细粒岩屑石英砂岩，中部为灰色黏土岩，上部为深灰色粉砂岩夹0.3m厚的薄煤层	9.8m
6. 深灰色粉砂岩夹少量深灰色细砂岩、黏土岩薄层及6.5m厚的煤层，底部为灰白色细粒岩屑石英砂岩	26.8m
5. 下部为灰色细粒岩屑石英砂岩，上部为灰黑色粉砂岩，顶部为0.3m厚的薄煤层	5.9m
4. 下部为灰色粉砂岩夹细砂岩薄层，中部为2.8m厚的煤层，上部为灰黑色粉砂岩。产植物 *Pecopteris cyathea*	11.1m
3. 灰黑色粉砂岩夹3层厚分别为0.4m、0.3m、0.2m的薄煤层，底部为浅灰色细粒岩屑石英砂岩	13.9m
2. 灰黑色粉砂岩夹薄层细砂岩，顶部为2.0m厚的煤层	12.0m
1. 浅灰色细粒长石石英砂岩，顶部为0.3m厚的薄煤层	5.5m

——— 整　合 ———

下伏地层：太原组（C_2P_1t）灰黑色粉砂岩

山西组与下伏太原组和上覆下石盒子组均呈整合接触，为一套河流—湖沼相含煤碎屑岩沉积，是本区主要含煤地层之一。主要由灰白色石英砂岩、岩屑石英砂岩、灰黑色页岩、砂质页岩组成，夹煤层及耐火黏土，含丰富的植物化石。横向岩性无明显变化，沉积厚度差异不大。

上列胡鲁斯台剖面山西组厚155.5m，岩性为浅灰—灰白色厚层粗粒石英砂岩夹浅灰—灰黄色砂质页岩、页岩及煤层（2~3层）等。底部（1层）中厚层石英砂岩在全区较为稳定，新鲜面呈灰白色，风化后为浅褐黄色，标志明显，可作为与下伏地层太原组的分界标志之一。石炭井一带本组岩性与上述剖面类似，含煤2~3层，厚约140m。自石炭井向南、向东山西组厚度明显变薄，清水沟厚62.5m，由灰、灰白色中—厚层（含砾）石英砂岩、长石石英砂岩、灰—灰黑色泥页岩及粉砂岩组成，含煤4层，底部有时见透镜状砾岩。沙巴台一带厚68.8m，底部为一层厚24.3m的灰白色中厚层含砾中粗粒岩屑石英砂岩，向上则为灰—灰黑色页岩、砂质页岩夹浅灰—灰白色薄层中—细粒石英砂岩及2~3层烟煤。红果子沟一带厚34.7~141.7m，下部为灰—灰白色中厚—厚层中粗粒长石石英砂岩、石英砂岩夹少量黑灰色粉砂质泥岩、页岩及煤层（七煤），底部砂岩偶含石英细砾岩；上部为灰—深灰色粉砂岩、粉砂质泥岩、页岩夹细—粗粒长石石英砂岩、石英砂岩及煤层（一煤至六煤）。黄旗口—苏峪口响水一带，厚145.3m，岩性为灰白、灰黄色厚—薄层细—粗粒石英砂岩、长石石英砂岩、岩屑石英砂岩与灰—灰黑色泥岩、粉砂质页岩、炭质页岩、页岩、粉砂岩不等厚互层，夹可采煤层2~3层。

据钻孔资料，埋藏于宁东地区中、新生代覆盖层之下的山西组岩性与贺兰山地区基本一致，含煤8层，可采煤层主要赋存于下部。沉积厚度在陶乐北部厚100~180m，灵武横山堡—鸳鸯湖一带一般为40~90m，同心韦州地区为80~130m，各地沉积厚度有一定差异，总体表现为横山堡—鸳鸯湖一带较薄，向北、向南均有增厚之趋势。

（三）下石盒子组（P_2x）

那林（E. Norin）1922年命名，命名剖面位于山西太原东山陈家峪石盒子沟。命名时称石盒子系，原始定义为："月门沟煤系之上，石千峰系之下的一套黄绿色、紫红色砂页岩系。石盒子系分为下石盒子系和上石盒子系。下石盒子系几乎全由灰色、绿色、黄色的泥质沉积物和淡色的砂岩所组成；上石盒子系则以巧克力色的沉积物为主要成分。"下石盒子组由下石盒子系沿革而来。

1960年丁培民首次在贺兰山区划分出下石盒子组、上石盒子组，此后逐渐扩展到整个鄂尔多斯西缘区使用。本《志》沿用丁培民下石盒子组含义。

下石盒子组主要分布于贺兰山北段的胡鲁斯台、石炭井、李家沟、马莲滩、沙巴台、红果子沟、青沟、石嘴山及贺兰山中段的苏峪口响水、小台子等地。宁东地区地表零星出露于大、小罗山东侧的太阳山、蜗牛山和黄河湾等地，其余地区埋藏于中、新生代覆盖层之下，未见出露。以胡鲁斯台剖面和蜗牛山剖面为代表。

胡鲁斯台剖面是贺兰山地层小区下石盒子组具代表性的剖面之一，其层序如下（图8-5）：

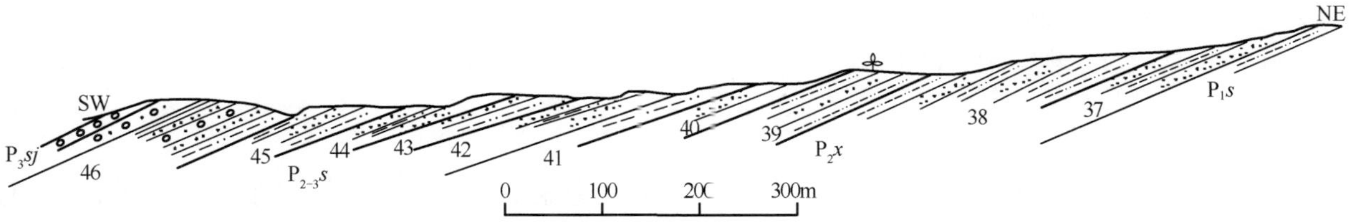

图8-5 内蒙古阿拉善左旗胡鲁斯台中—上二叠统剖面图

Fig. 8-5 Section of Middle-Upper Permian in Hulusitai, Alxa Left Banner, Inner Mongolia

上覆地层：上石盒子组（$P_{2-3}s$）灰白色不等粒石英砂岩

——— 整 合 ———

下石盒子组（P_2x）	厚度112.0m
41. 浅黄绿色砂质页岩夹浅灰色粗粒石英砂岩。页岩含云母碎片	17.2m
40. 灰白色厚—中厚层粗粒石英砂岩	10.7m
39. 浅黄绿色砂质页岩夹薄层粉砂岩，上部见夹紫红色粉砂岩、页岩。粉砂岩中产植物 *Dadoxylon* sp.	18.4m
38. 浅黄绿色砂质页岩夹浅灰色中厚层中—粗粒石英砂岩。页岩含大量云母碎片	42.2m
37. 浅灰色厚—中厚层粗粒石英砂岩夹浅黄绿色砂质页岩。页岩含大量的云母碎片	23.5m

——— 整 合 ———

下伏地层：山西组（P_1s）浅黄绿色砂质页岩

宁夏东部地区下石盒子组零星出露于大、小罗山东侧的蜗牛山、太阳山等地，以蜗牛山剖面（位于同心县韦州镇北西15km之蜗牛山。起点坐标：北纬37°25′，东经106°20′。宁夏地质矿产勘察院1994年测制）为代表，其层序如下（图8-6）：

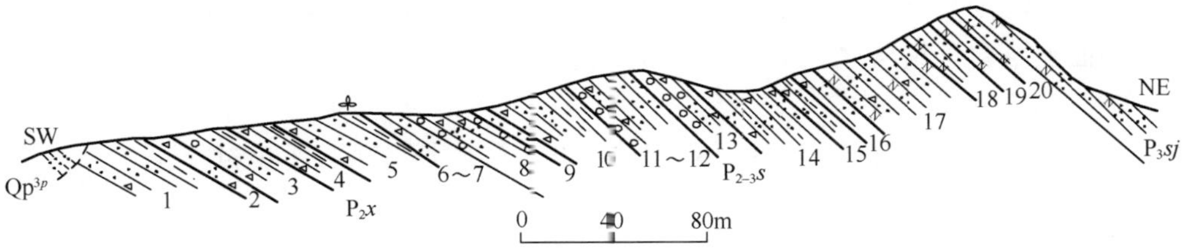

图8-6 同心县蜗牛山中—上二叠统剖面图

Fig. 8-6 Section of Middle-Upper Permian in Woniushan, Tongxin County, Ningxia

上覆地层：上石盒子组（$P_{2-3}s$）底部为灰白色石英细砾岩，向上为灰白、黄绿色中—薄层中—细粒岩屑石英砂岩夹黄绿色粉砂岩

——— 整 合 ———

下石盒子组（P_2x） 厚度>85.0m

7. 底部为深灰色中层石英细砾岩，中部为深灰色中层含砾粗粒岩屑石英砂岩、黄绿色厚层中粒岩屑石英砂岩，上部为黄绿色粉砂岩。粉砂岩产植物化石碎片 11.6m
6. 黄绿色中—厚层粗粒岩屑石英砂岩与黄绿色粉砂岩韵律性互层 25.0m
5. 下部为黄绿色厚层细粒岩屑石英砂岩，中部为黄绿色粉砂岩，上部为灰黑色泥岩。砂岩发育小型板状斜层理。泥岩产植物 *Annularia* sp.，*Taeniopteria* cf. *multinervis*，*T.* sp.，*Sphenophyllum* cf. *verticillatum*，*S.* sp.，*Tingia hamaguchii*，*Emplectopteris* sp. 7.9m
4. 下部为黄绿色中—厚层细粒岩屑石英砂岩，中部为黄绿色粉砂岩，上部为深灰色泥岩。砂岩发育小型板状斜层理 3.9m
3. 下部为黄绿色中层细粒岩屑石英砂岩，中部为黄绿色粉砂岩，上部为灰色粉砂质泥岩。粉砂岩发育小型沙纹层理 15.8m
2. 黄绿色薄层岩屑石英砂岩 7.9m
1. 下部为黄绿色中层细粒岩屑石英砂岩，中部为黄绿色粉砂岩，上部为灰、灰黑色泥岩（未见底） >12.9m

下石盒子组与下伏山西组和上覆上石盒子组均呈整合接触，为一套温湿气候条件下的河流相—湖泊相碎屑岩沉积。主要由黄绿色、灰白色石英砂岩、岩屑石英砂岩及黄绿色砂质页岩、粉砂质页岩等组成，含植物化石。下石盒子组宏观色调以黄绿色为特征，是与上石盒子组的主要区别和划分标志。

上述胡鲁斯台剖面下石盒子组厚112.0m，岩性为浅灰—灰白色厚—中厚层中—粗粒石英砂岩夹浅黄绿色砂质页岩、页岩及薄层粉砂岩。岩石中常含较多的云母碎片，砂岩与砂质页岩相变急剧。贺兰山其他地区所见岩性、岩相基本与胡鲁斯台剖面相似，其厚度在石炭井一带为220m，西沟为280.7m，大武口武当庙为185.61m，沙巴台为107.1m，红果子沟一带厚91.6~239.5m，苏峪口响水厚84.9m，总体表现出以石炭井—西沟一带为中心，向四周变薄之趋势。

宁东地区太阳山—韦州一带及其埋藏于地下的下石盒子组岩性与贺兰山地区基本一致，但沉积物粒度明显变细，泥岩、砂质页岩有所增加，且局部含薄煤层及煤线，厚80~147m。陶乐北部下石盒子组厚0~94.9m，由灰绿色中—细粒砂岩、粉砂岩、粉砂质泥岩、泥岩组成。蜗牛山剖面下石盒子组未见底，厚度大于85m，岩性为深灰、黄绿色含砾中—粗粒、细粒岩屑石英砂岩、黄绿色粉砂岩夹灰—灰黑色粉砂质泥岩、泥岩，偶夹细砾岩，砂岩多呈透镜状产出，横向上局地见夹煤线。牛圈沟一带厚97.8m，岩性为褐黄、蓝灰色泥岩、粉砂质泥岩夹砂岩，含植物化石。韦州井下岩性为灰、灰白、灰绿、深灰色砂岩、粉砂岩，含植物化石，钻井铅直厚度为136~182m。

（四）上石盒子组（$P_{2-3}s$）

由那林（E. Norin）1922年命名的上石盒子系沿革而来。命名剖面位于山西太原市东山陈家峪石盒子沟。本《志》沿用上石盒子组原始定义（见下石盒子组的叙述）。

上石盒子组分布范围与下石盒子组基本一致。以胡鲁斯台剖面和蜗牛山剖面为代表。

胡鲁斯台剖面上石盒子组层序如下（见图8-5）：

上覆地层：孙家沟组（P_3sj）灰白色厚—中厚层砂砾岩、砾岩夹少量凝灰质含砾粗粒长石石英砂岩

——— 整 合 ———

上石盒子组（$P_{2-3}s$） 厚度197.0m

46. 灰绿色间夹少量紫红色砂质页岩、薄层粉砂岩夹深绿灰色砂砾岩、凝灰质（含细砾）粗粒长石石英砂岩 61.5m

45. 黄绿、紫红色砂质页岩夹浅灰色凝灰质中—粗粒长石石英砂岩、细粒石英杂砂岩。砂质页岩含云母碎片 51.1m

44. 灰白色细—粗粒石英砂岩夹浅黄绿色砂质页岩、粉砂岩。砂岩发育大型槽状交错层理，含大型硅化木 34.2m

43. 紫红色砂质页岩、粉砂岩 21.9m

42. 灰白色不等粒石英砂岩夹浅黄绿色砂质页岩、薄层粉砂岩及少量砂质泥岩。砂岩发育大型槽状交错层理 28.3m

——— 整 合 ———

下伏地层： 下石盒子组（P_2x）浅黄绿色砂质页岩夹浅灰色粗粒石英砂岩

宁夏东部地区上石盒子组以蜗牛山剖面为代表，其层序如下（见图 8-6）：

上覆地层： 孙家沟组（P_3sj）浅灰绿色中—厚层细粒长石石英砂岩

——— 整 合 ———

上石盒子组（$P_{2-3}s$） 厚度 182.0m

20. 浅灰绿色中层细粒凝灰质长石石英砂岩与紫红色粉砂岩韵律性互层 7.0m

19. 下部为浅灰绿色中层中粒凝灰质岩屑石英砂岩，上部为紫红色粉砂岩 6.0m

18. 浅灰绿、紫红色中层沉凝灰岩与紫红色粉砂岩韵律互层。沉凝灰岩发育大型板状斜层理，粉砂岩偶含硅质细砾 11.6m

17. 浅灰绿色中层中粒长石石英砂岩、灰绿色细粒凝灰质岩屑石英砂岩、紫红色粉砂岩构成向上变细的旋回性层序。砂岩具平行层理及大型板状斜层理 37.4m

16. 下部为浅灰绿色厚层细粒凝灰质岩屑石英砂岩，上部为灰绿、紫红色粉砂岩。砂岩具平行层理及大型板状斜层理 8.9m

15. 下部为灰白色厚层中粒凝灰质石英砂岩，上部为紫红色粉砂质泥岩。砂岩层底部含硅质细砾 8.9m

14. 灰绿色中层细粒岩屑石英砂岩与灰绿、紫红色粉砂质泥岩韵律性互层 20.1m

13. 灰白色中层含细砾粗粒岩屑石英砂岩，底部为一层厚 0.3m 的灰白色石英细砾岩。粗砂岩发育中型板状斜层理 13.6m

12. 褐黄、紫红色粉砂岩 18.3m

11. 浅灰黄色厚层中粒凝灰质岩屑石英砂岩，底部为一层厚 0.5m 的褐灰色石英细砾岩 4.6m

10. 底部为褐黄色中层细粒岩屑石英砂岩，中部为褐黄色粉砂岩，上部为灰黑色泥岩。砂岩具中型板状斜层理 25.7m

9. 紫红、褐黄色粉砂岩 2.3m

8. 灰白、黄绿色中—薄层中—细粒岩屑石英砂岩。底部为一层 0.5m 厚的灰白色石英细砾岩，顶部为黄绿色粉砂岩 17.4m

——— 整 合 ———

下伏地层： 下石盒子组（P_2x）黄绿色粉砂岩

上石盒子组与下伏下石盒子组和上覆孙家沟组均呈整合接触，为一套温湿气候向干旱炎热气候过渡条件下的河湖相碎屑岩沉积，主要由黄绿色、灰白色石英砂岩、岩屑石英砂岩、凝灰质砂岩及紫红色、黄绿色粉砂质泥岩、泥岩组成，含植物化石。上石盒子组以黄绿色与紫红色相间的总体色调为特征，是划分本组的重要标志。

上列胡鲁斯台剖面上石盒子组岩性为灰白色厚—中厚层粗—中粒（或不等粒）石英砂岩、长石石英砂岩夹黄绿色、紫红色砂质页岩、粉砂岩，上部夹凝灰质砂岩，厚 196.95m。石炭井—西沟一带岩性基本与胡鲁斯台剖面近似，西沟厚 113.2m，大武口武当庙厚 248.79m。沙巴台—红果子沟一带岩性为灰白、灰黄绿色中厚层含砾中粗粒石英砂岩夹黄绿、紫红色细砂岩、粉砂岩、泥岩等，沙巴台厚

155.7m，红果子沟厚 92.34~189.00m。石嘴山一带岩性以浅灰黄—灰白色厚—中厚层中—粗粒石英砂岩夹少量黄绿、紫红色块状砂岩、粉砂岩，厚度不足百米。插旗口—苏峪口一带，灰白色中—粗粒石英砂岩明显增多，且常见砂砾岩、含砾砂岩透镜体，厚 60~110m。

宁东地区蜗牛山剖面上石盒子组厚 182.0m，以灰绿色中—厚层中—细粒岩屑石英砂岩、凝灰质岩屑石英砂岩、沉凝灰岩为主，夹灰绿、紫红色粉砂岩及灰白色细砾岩等，岩性与贺兰山地区基本一致，但火山物质明显增多，并出现了沉凝灰岩。据钻孔资料，宁东地区埋藏于地下的上石盒子组岩性特征也与贺兰山地区类似，但砂质泥岩、泥岩明显增多，且以暗紫、紫红色为其主要色调，厚度一般为 150~220m，陶乐北部厚度明显变薄，为 0~62.48m。

（五）孙家沟组（P_3sj）

刘鸿允等 1959 年命名，命名剖面位于山西宁武县孙家沟。

以往人们一直将贺兰山及宁东地区下石盒子组之上、二马营组（或纸坊群）之下的地层统称为石千峰群（或石千峰组）。1996 年，宁夏地层清理研究组根据区域地层研究对比，将宁夏地区的石千峰群自下而上细分为孙家沟组、刘家沟组及和尚沟组，并分别指定了次层型。

孙家沟组分布范围与下石盒子组、上石盒子组基本一致。胡鲁斯台剖面和蜗牛山剖面分别是贺兰山地区和宁东地区的代表性剖面。

胡鲁斯台剖面为孙家沟组之次层型，其层序如下（图 8-7）：

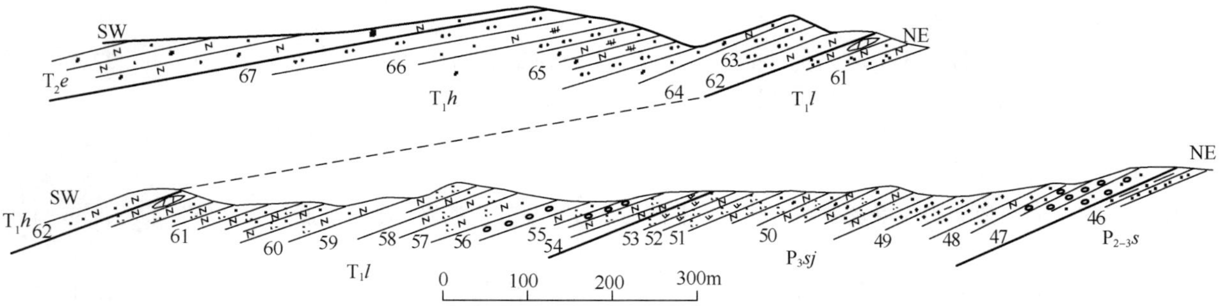

图 8-7　内蒙古阿拉善左旗胡鲁斯台上二叠统—下三叠统石千峰群剖面图

Fig. 8-7　Section of the Upper Permian-Lower Triassic Shiqianfeng Group in Hulusitai, Alxa Left Banner, Inner Mongolia

上覆地层：刘家沟组（T_1l）褐红色细粒长石石英砂岩、粉砂岩

——— 整　合 ———

孙家沟组（P_3sj）	厚度 167.2m
53. 紫红、浅灰绿色粉砂岩、粉砂质泥岩夹数层灰红、鲜红色英安质凝灰岩、深灰色流纹质凝灰岩	8.0m
52. 浅绿灰、紫红色薄—中厚层凝灰质细粒长石石英砂岩、粉砂岩	14.0m
51. 紫红、灰绿色粉砂岩夹数层鲜红色英安质凝灰岩、深绿灰色流纹质凝灰岩	7.9m
50. 浅灰、浅灰绿色凝灰质细—粗粒长石石英砂岩夹少量粉砂岩	75.3m
49. 紫红间夹少量黄绿色薄层粉砂岩、粉砂质泥岩夹凝灰质中粒岩屑长石砂岩	35.0m
48. 浅灰黄绿色间夹少许紫红色薄—中厚层凝灰质细粒长石石英砂岩	1.9m
47. 灰白色厚—中厚层砂砾岩、砾岩夹少量凝灰质含砾粗粒长石石英砂岩	25.1m

——— 整　合 ———

下伏地层：上石盒子组（$P_{2-3}s$）灰绿色、紫红色砂质页岩、薄层粉砂岩夹深绿灰色砂砾岩、凝灰质（含细砾）粗粒长石石英砂岩

蜗牛山剖面位于大罗山东侧之蜗牛山，其层序如下（图 8-8）：

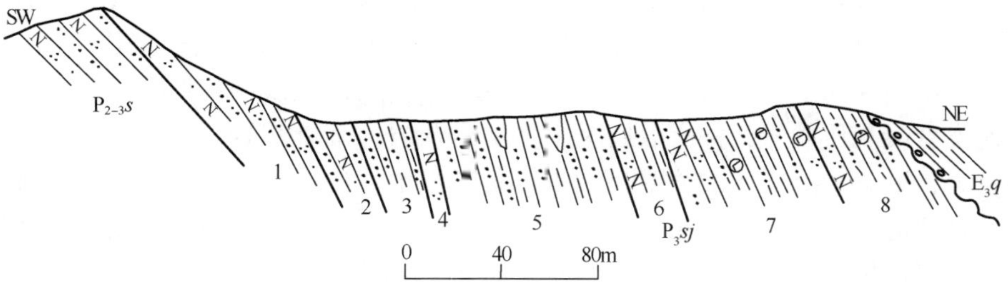

图 8-8　同心县蜗牛山上二叠统孙家沟组剖面图

Fig. 8-8　Section of the Upper Permian Sunjiagou Formation in Woniushan, Tongxin County, Ningxia

上覆地层：清水营组（E_3q）紫红色砾岩

～～～～～～ 不 整 合 ～～～～～～

孙家沟组（P_3sj）　厚度>273.5m

8. 褐红色中层细粒长石石英砂岩与紫红色粉砂质泥岩韵律互层。泥岩含少量钙质结核，砂岩发育平行层理及大型板状斜层理　>31.1m
7. 褐红色中层细粒长石石英砂岩与紫红色粉砂质泥岩韵律状互层。泥岩含大量钙质结核，砂岩发育大型板状斜层理、槽状交错层理　50.2m
6. 下部为浅褐色厚层细粒长石石英砂岩，上部为紫红色粉砂质泥岩。泥岩偶夹细砂岩透镜体，砂岩发育大型板状斜层理　22.6m
5. 紫红色泥质粉砂岩夹紫红色细粒长石石英砂岩透镜体　66.5m
4. 浅灰色厚层细粒长石石英砂岩，底部为厚 0.2m 的褐灰色粗粒长石石英砂岩。发育板状斜层理　10.8m
3. 紫红色粉砂岩，向上变为紫红色粉砂质泥岩，夹灰红、灰白色细砂岩透镜体　21.5m
2. 浅灰色中—厚层细粒长石岩屑砂岩与紫红色粉砂岩韵律状互层。砂岩发育平行层理及板状斜层理　18.2m
1. 浅灰绿色中—厚层细粒长石石英砂岩与紫红色粉砂岩韵律状互层，底部见有厚 0.5m 的粗粒长石石英砂岩　52.6m

———— 整　合 ————

下伏地层：上石盒子组（$P_{2-3}s$）紫红色粉砂岩

孙家沟组与下伏上石盒子组和上覆刘家沟组均为整合接触，为一套干旱炎热气候条件下的河湖相碎屑岩、火山碎屑岩沉积，主要由红色、砖红色泥岩、粉砂质泥岩、长石砂岩和凝灰岩组成，泥岩中常含钙质结核及泥灰岩透镜体，总体色调以紫红色为主兼夹灰绿色。

胡鲁斯台剖面孙家沟组厚 167.2m，底部为灰白色砂砾岩、砾岩，向上主要由浅灰绿、紫红色薄—中厚层凝灰质细—粗粒长石石英砂岩和紫红、灰绿色粉砂岩、粉砂质泥岩组成，上部夹数层灰红、鲜红色英安质凝灰岩、深灰色流纹质凝灰岩，自下而上砂岩层明显减少且粒度变细，粉砂岩、粉砂质泥岩显著增多。石炭井厚 146.0m，岩性与胡鲁斯台剖面相似，为暗紫、黄绿色薄层泥质粉砂岩与灰绿色厚层（含砾）长石石英砂岩不等厚互层，上部夹 3~4 层玻屑凝灰岩、晶屑凝灰岩和安山质凝灰岩，并含较多含泥灰质结核。沙巴台厚 355.8m，岩性与胡鲁斯台剖面相似，凝灰岩夹层达 7 层之多。贺兰山其他地区岩性基本与胡鲁斯台剖面一致，但未见到凝灰岩夹层，大武口武当庙厚 90.2m，西沟厚 171.2m。

蜗牛山剖面厚度大于 273.5m，主要由褐红、浅褐、浅灰色中—厚层细粒长石石英砂岩、长石岩屑砂岩、紫红色粉砂岩、粉砂质泥岩等构成。宁东地区岩性与蜗牛山剖面相似，但砂岩明显变少。盐池鸳参一井厚 238.0m，为棕红、紫红、棕褐色砂质泥岩、泥质粉砂岩夹灰绿、棕红等色砂岩。内蒙古鄂托克前旗任三井孙家沟组厚 93.0m，为棕紫色泥岩与灰绿色（含砾）长石石英砂岩等互层。陶乐北部 ZK301 钻孔孙家沟组厚达 496.51m，岩性为灰白、灰绿、紫红色凝灰质中—粗粒长石岩屑砂岩、长石石英砂岩、深灰色中—细粒长石石英砂岩与紫红、灰绿色（凝灰质）粉砂岩、泥岩互层，夹14层紫红、灰绿色凝灰岩、沉凝灰岩，显然岩性与贺兰山北段胡鲁斯台—沙巴台一带相似。

总之，孙家沟组在横向上岩性有一定变化，表现为：贺兰山北段胡鲁斯台—沙巴台一带及陶乐北部孙家沟组普遍发育凝灰质砂岩，并夹数层至十多层凝灰岩、沉凝灰岩，而贺兰山中段和宁东地区南部则未见夹凝灰岩，砂岩中凝灰质成分明显减少；贺兰山地区砂岩相对较多，而宁东地区粉砂岩、泥岩相对较多。从自北向南凝灰质成分明显减少直至消失的变化趋势看，孙家沟组的凝灰质成分可能来自北东方向，由此可以推断在中二叠世鄂尔多斯北部有火山喷发活动。

二、阿拉善地层区阿拉善南缘地层分区

本地层分区二叠系下部为海陆交互相含煤碎屑岩建造，中上部则为碎屑岩-火山碎屑岩建造，其岩石地层序列自下而上为太原组、大黄沟组和红泉组。

（一）太原组（C_2P_1t）

1956年石油工业部648队将宁夏中卫、中宁地区的晚石炭世地层称为太原统，此后逐渐演变为太原组（太原统→太原群→太原组）。本《志》沿用1995年全国岩石地层清理时重新定义后的太原组含义（见鄂尔多斯西缘地层分区太原组的叙述）。

太原组分布局限，零星出露于卫宁北山的炭井子沟、白崖子，牛首山西麓尖山疙瘩、解克大沟，香山地区的孟家湾、大柳树、上河沿、下河沿、梁水园子、吕家新庄、校育川、炭巷沟（油井山）、小洪沟和烟筒山南麓之线驮石等地。以上河沿剖面和干柳树—孙家滩剖面为代表，兹列述于后。

上河沿剖面（位于宁夏中卫市常乐镇上河沿西1km处。起点坐标：北纬37°27′，东经105°02′。刘志才、阎成1992年测制）层序如下（见图7-8）：

太原组（C_2P_1t） 厚度>141.3m

32. 深灰色页岩夹薄层钙质粉砂岩（未见顶） >4.5m
31. 深灰色中厚层生物碎屑灰岩。产䗴类 *Schwagerina moelleri aequalis*, *S. exuberate macra*, *S. mulliuscula*, *S. paramoelleri*, *S. thompsoni*, *S. cucumeriformis*, *Triticites ningxiaensis* 1.1m
30. 深灰色粉砂质页岩夹薄层粉砂岩。产植物 *Pecopteris* sp. 2.6m
29. 灰褐色薄至中厚层中细粒长石砂岩 1.5m
28. 深灰色页岩夹粉砂质页岩及煤线 9.8m
27. 灰色中厚层生物碎屑灰岩。产䗴类 *Schwagerina paramoelleri*, *S. thompsoni*, *S. nobilis*, *Triticites ningxiaensis*, *T. noinkyi plicatus* 1.5m
26. 深灰色页岩夹粉砂岩 8.9m
25. 浅灰—灰白色薄至中厚层细粒长石石英砂岩，中部为深灰色页岩 11.9m
24. 深灰色粉砂质页岩 5.3m
23. 深灰色灰岩。产䗴类 *Schowagerina paramoelleri*, *S. obtuse* 1.1m
22. 深灰色粉砂质页岩夹细粒长石石英砂岩及煤线 15.0m
21. 灰色中厚层灰岩。产䗴类 *Schubertella transitoria*, *Schwagerina* sp. 1.5m
20. 深灰色粉砂质页岩夹薄煤层 5.0m
19. 褐灰、浅灰色中厚层中细粒长石石英砂岩 3.0m
18. 深灰色粉砂质页岩夹炭质页岩 5.0m
17. 深灰色薄层生物碎屑灰岩。产䗴类 *Schwagerina yukouensis*, *S. postcallosa* 1.0m
16. 浅灰色中厚层生物碎屑灰岩。产䗴 *Sphaeroschwagerina sphaerica*, *S. subrotunda*, *S. glomerosa*, *Schwagerina cervicalis*, *Pseudoschwagerina minuta*；腕足类 *Dictyoclostus taiyuanfunensis*, *Meekella* sp. 12.6m
15. 灰黑色页岩夹少量薄层砂岩及煤层。产植物 *Lepidodendron incertum*, *Pecopteris candolleana*, *Anularia* cf. *stellara* 22.0m

14. 灰白色中厚层长石石英粗砂岩 28.0m

——— 整　合 ———

下伏地层：羊虎沟组（C_2y）黑色页岩及粉砂质页岩夹泥灰岩透镜体，顶部夹煤层

干柳树—孙家滩剖面层序如下（见图 7-7）：

太原组（C_2P_1t） 厚度>262.0m

60. 灰色泥岩、页岩，近底部夹一层厚约 1.0m 之深灰色含生物碎屑微晶灰岩。灰岩含䗴类 *Rugosofusulina* sp.（断层，未见顶） >31.7m
59. 灰白色中层中—粗粒石英杂砂岩。发育大型交错层理 26.4m
58. 灰色页岩，近底部夹一层厚 10cm 之薄煤，顶部为一层厚 80cm 之深灰色厚层含生物碎屑微晶灰岩。灰岩产䗴类 *Quasifusulina* sp.，*Q. longissima*，*Q. phaselus*，*Rugosofusulina* sp.，*Schwagerina* sp.，*S. watanabei*，*S.* cf. *richthofeni*；腕足类 *Productus* sp.，*Spirifer aschlarihi* 17.9m
57. 灰白色厚—中层钙质不等粒石英砂岩。发育板状斜层理 22.8m
56. 黑色页岩、粉砂质页岩，近底部夹—深灰色灰岩透镜体。页岩尚含钙铁质结核。灰岩产腕足类 *Sinuatrlla sinuata*，*Pugilis* sp.，*Marginatia* sp. 12.8m
55. 灰白色中层钙质细粒石英砂岩 3.2m
54. 黑色页岩、炭质页岩，下部夹 3 层可采煤层及煤线。产植物 *Cordaites* sp.，*Calamites* sp. 38.2m
53. 灰白色中层钙质中—细粒石英砂岩 14.3m
52. 下部为灰色页岩，近底部夹一层厚 40cm 之薄煤；上部为灰—灰白色泥岩，近底部夹一层厚 50cm 之灰色粉砂岩。产植物 *Pecopteris* cf. *wongii*，*Lepidodendron oculusfelis*，*L.* cf. *worthenii*，*L.* cf. *galeatum*，*Cordaites principalis.*，*Stigmaria ficoides* 9.1m
51. 灰白色中层硅质中—细粒石英砂岩 15.4m
50. 灰色页岩夹炭质页岩及薄煤、煤线 11.4m
49. 灰色泥岩夹 3 层灰白色中层硅质中—细粒石英砂岩。泥岩含植物碎片 7.2m
48. 灰白色厚—中厚层硅质中—细粒石英砂岩 2.4m
47. 浅灰色厚—中层泥质细粒石英砂岩，顶部为厚 20cm 之灰色页岩。砂岩发育板状斜层理。页岩含植物碎片 5.4m
46. 灰色页岩夹少量泥岩，上部尚夹一层厚 1.0m 之浅灰色中层泥质细粒石英砂岩。页岩产植物 *Lepidodendron* sp.，*L.* cf. *worthenii.*，*Paripteris* sp.，*Cordaites principalis*，*Lepidostrobophyllum* sp.，*Stigmaria ficoides*；泥岩产双壳类 *Selenimyalina* sp.，*Edmondia* sp.，*E. consobrina koninck*；腹足类 *Mourlonia* sp. 40.9m
45. 灰色中—厚层泥质粗粒石英砂岩，下部含细砾 2.9m

——— 整　合 ———

下伏地层：羊虎沟组（C_2y）灰—深灰色页岩、粉砂质页岩

太原组与下伏羊虎沟组呈整合接触，与上覆大黄沟组呈平行不整合接触，属海陆交互相含煤碎屑岩建造，是宁夏主要产煤和耐火黏土地层之一。主要由灰白色石英砂岩、长石石英砂岩、黑色页岩、炭质页岩、砂质页岩组成，夹灰岩、耐火黏土和煤层，含丰富的腕足类、䗴类、双壳类、珊瑚、海百合茎、牙形石和植物等化石。

上河沿剖面太原组未见顶，厚度>141.3m，岩性为深灰—黑灰色粉砂质页岩、黑色页岩、粉砂质泥岩、炭质泥（页）岩夹灰白、褐灰色中—厚层、中—薄层中—细粒长石石英砂岩、粉砂岩及深灰—灰色中—厚层含生物碎屑微晶灰岩、煤层（线）、耐火黏土，页岩产丰富的植物，灰岩产以 *Sphaeroschwagerina* 为代表的䗴类和腕足类等动物化石。香山北麓甘塘、孟家湾、下河沿一带，太原组岩性特征、含煤状况及所含化石（䗴类）属种等均与上河沿剖面相似。

干柳树—孙家滩剖面太原组未见顶，厚度>262.0m，主要由灰、灰白色厚—中层中—细粒石英砂

岩、黑色泥（页）岩、炭质泥（页）岩构成，下部夹可采煤层及煤线，上部夹深灰色中层生物碎屑微晶灰岩。灰岩产以 *Pseudoschwagerina* 为代表的䗴类及腕足类等动物化石，页岩含鳞木目等植物化石。

小洪沟一带太原组也未见顶，厚度>91.9m，岩性以灰黑色页岩、砂质页岩为主夹灰白色石英砂岩、长石石英砂岩、灰岩（7 层）、煤层及耐火黏土等，灰岩产丰富的以 *Quasifusulina*，*Pseudofusulina* 为代表的䗴类、腕足类等化石。

香山南麓老圈沟—油井山一带太原组未见底，与上覆大黄沟组呈平行不整合接触，油井山剖面厚度>431.0m，岩性以深灰—灰黑色页岩、炭质页岩、粉砂质页岩为主，夹灰白色石英砂岩、岩屑石英砂岩、耐火黏土、煤层及生物碎屑灰岩等，仅有 1 层灰岩，含丰富的以 *Dictyoclostus uralicus* 为代表的腕足类、双壳类、腹足类及鹦鹉螺等动物化石。

香山西段梁水园子、大柳树以及卫宁北山炭井子和白崖子等地太原组岩性与上列两剖面相似，但未见夹灰岩。

牛首山西麓解克大沟和烟筒山南麓线驮石等地本组碎屑岩略多于黏土岩，中下部见夹细砾岩、砂砾岩。

因断层破坏，太原组各地出露层位不尽一致，厚度也差异较大，变化在 81.3~833.7m 之间，其中卫宁北山—牛首山地区厚度相对较大、厚 323.2~833.7m，香山—烟筒山地区厚度相对较小、厚45.0~272.2m，有自北向南逐渐变薄之趋势。

（二）大黄沟组（P_2d）

由孙健初 1933 年命名的大黄沟系沿革而来（大黄沟系→大黄沟群→大黄沟组），命名剖面位于甘肃酒泉西南 50km 的大黄沟。1960~1964 年，宁夏区测队在进行1：20 万同心幅区调时首次在中卫—同心地区二叠系下部划分出了大黄沟群。嗣后，人们一直将该地区二叠系下部的黄绿色砂岩、页岩称为大黄沟群或大黄沟组。本《志》沿用原始定义。

大黄沟组分布局限，露头不多，零星出露于香山南麓之大柳树、深井、老圈沟、炭巷沟（油井山）和土坡地区的芦草井沟、大井沟、新断头等地。以深井剖面和大井沟剖面为代表。

深井剖面（位于宁夏中卫市兴仁堡北西 30km 处。起点坐标：北纬 37°08′，东经 105°01′。宁夏区测队 1961 年测制）是大黄沟组次层型，其层序如下：

上覆地层：红泉组（P_3h）中—粗粒泥质胶结沉凝灰岩

———— 整　合 ————

大黄沟组（P_2d）	厚度 75.8m
7. 黄绿、紫红色中粒凝灰质砂岩	23.8m
6. 黄绿色中—粗粒沉凝灰岩	26.8m
5. 黄绿色绿泥石胶结火山角砾岩	1.9m
4. 暗绿色细粒绿泥石胶结沉凝灰岩	9.5m
3. 灰绿色中—粗粒沉凝灰岩	1.9m
2. 浅绿色细粒凝灰质砂岩	1.9m
1. 灰绿色中层钙质胶结凝灰岩	10.0m

----- 平行不整合 -----

下伏地层：太原组（C_2P_1t）灰黑色页岩

同心县大井沟剖面（位于宁夏同心县平岭子乡大井沟沟口。起点坐标：北纬 37°10′，东经 105°59′。宁夏地质矿产勘察院 1992 年测制）层序如下（图 8-9）：

上覆地层：红泉组（P_3h）灰白、浅肉红色中厚层细砾岩

———— 整　合 ————

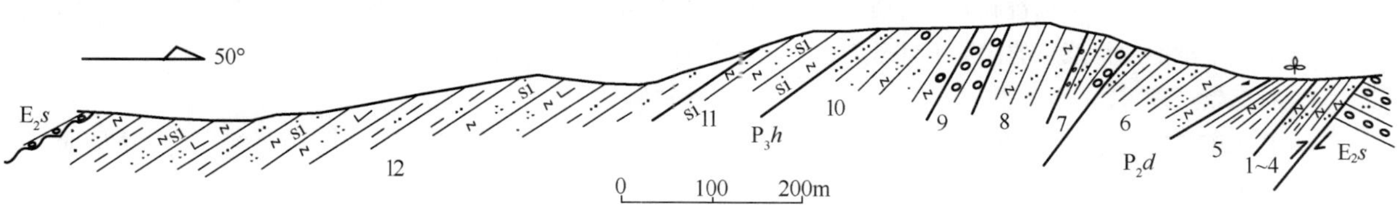

图 8-9 同心县大井沟中—上二叠统剖面图

Fig. 8-9 Section of Middle-Upper Permian in Dajinggou, Tongxin County, Ningxia

大黄沟组（P_2d） 厚度>173.3m

6. 由浅灰、灰白、褐灰、浅绿灰色中层中细粒、细粒含白云母凝灰质长石石英砂岩、土黄色中薄层粉砂岩、粉砂质泥岩、灰—灰黑、浅绿灰色含炭质粉砂质页岩组成的韵律层，下部砂岩层发育大型楔状交错层理，中部泥岩层不稳定 135.9m
5. 浅灰—灰黑色含炭质粉砂质页岩，产丰富的植物 *Pecopteris* sp.，*P. wongii*，*Lyginodendron* sp.，*Calamites* sp.，*C. suckowii*，*Lobatannularia sinensis*，*Cordaites principalis* 17.8m
4. 灰白色中层中细粒凝灰质长石砂岩，发育大型楔状交错层理 4.4m
3. 灰黑色炭质粉砂质页岩 5.8m
2. 灰白色中层细粒含白云母凝灰质长石砂岩夹少量灰黑色炭质页岩，砂岩发育平行层理及板状、楔状交错层理，砂体呈楔状 6.8m
1. 深灰、灰黑色页片状炭质粉砂质泥岩，底部为浅绿灰、深土黄色含细—中砾泥岩（未见底） >72.6m

大黄沟组与下伏太原组呈平行不整合接触，与上覆红泉组整合接触，为一套河流相的碎屑岩-火山碎屑岩沉积，厚 58.8~271.9m。岩层以显示黄绿—灰绿色调为特征，是识别本组的重要标志。

深井剖面大黄沟组厚 75.8m，岩性为灰绿、黄绿色凝灰质中—粗粒砂岩、沉凝灰岩夹火山角砾岩等。香山地区各地所见岩性、岩相与深井剖面基本一致，但沉积厚度有一定差异。炭巷沟剖面厚 92.2m，下部为黄绿—灰黄色薄—中层细—粗粒沉凝灰岩与灰绿—黄绿间夹绛紫色凝灰质粉砂岩互层，中—上部为黄绿、灰绿间夹褐紫色中—厚层中—细粒、含砾粗粒凝灰质砂岩与灰黄、黄绿间夹绛紫色凝灰质粉砂岩互层，底部有时夹火山角砾岩。与深井剖面相比，炭巷沟剖面中沉凝灰岩夹层明显减少。大柳树厚 58.8m，大道崖厚 159.6m，老圈沟厚 93.9m，岩性与炭巷沟剖面相似，厚度略有变化。

黑鹰湾山东侧芦草井沟—新断头一带大黄沟组未见底，以大井沟剖面为代表，岩性为浅灰、灰白、褐灰、浅绿灰色中层中—细粒凝灰质长石石英砂岩、长石砂岩与灰黑、灰、浅绿灰色炭质页（泥）岩互层，页岩产丰富的植物化石，厚度大于 173.3m。芦草井沟厚度大于 168.2m，见夹煤线，新断头厚度大于 271.9m，见夹沉凝灰岩和砾岩。显然，芦草井沟—新断头一带大黄沟组岩性与香山地区有一定差异，表现为前者发育较多的炭质页（泥）岩，且局部夹煤线，沉积厚度也明显增大。

从上述可以看出，大黄沟组自西向东有火山物质逐渐减少、沉积厚度逐渐增大之趋势。

（三）红泉组（P_3h）

梁建德 1977 年命名，正层型为甘肃永昌红泉剖面。

红泉组大致为孙健初 1936 年命名的窑沟砂岩之下部层位，在宁夏地区以往多将该套地层称为窑沟群。1996 年宁夏地层清理研究组废窑沟群或窑沟组起用红泉组。本《志》沿用原始定义。

区内红泉组分布范围与大黄沟组一致。以大井沟剖面和炭巷沟剖面为代表。

大井沟剖面为土坡地区红泉组代表性剖面，1995 年宁夏地层清理研究组指定为红泉组次层型，其层序如下（见图 8-9）：

上覆地层：寺口子组（E_2s）褐红色粗砾岩

～～～～～～ 不 整 合 ～～～～～～

红泉组（P_3h） 厚度 665.4m

12. 肉红色中层中粒—中细粒硅质、钙质长石石英砂岩和紫红、绿灰色中—厚层粉砂质泥岩构成向上变细的韵律层。韵律层下部砂岩由下至上发育块状—平行层理、板状斜层理、大型楔状交错层理 407. 9m

11. 肉红色中层中粗—中细粒硅质长石石英砂岩，沿走向可相变为灰绿色凝灰质砂岩，显不清晰的平行层理 58. 0m

10. 紫灰、绿灰色中层含细砾中粒长石石英砂岩、灰绿色中层中粒凝灰质砂岩、浅绿灰色中层粉砂岩构成向上变细的韵律层。沿走向可相变为浅肉红色、紫红色长石石英砂岩 67. 7m

9. 褐红、肉红色中层中砾岩、细砾岩夹含细砾中粗粒长石石英砂岩、中细粒长石石英砂岩 26. 7m

8. 绿灰、褐灰、褐红色中层细粒凝灰质长石石英砂岩、绿灰色中层粉砂岩构成向上变细的韵律层。前者沿走向可相变为紫红色含砾长石石英砂岩。细砂岩发育平行层理 78. 4m

7. 灰白、浅肉红色中厚层细砾岩、含细砾中粒凝灰质石英砂岩、中细粒凝灰质石英砂岩。中部夹少量灰紫色薄层粉砂岩、绿灰色页岩、灰黑色含炭质页岩。砂岩发育楔状交错层理 26. 7m

———— 整　合 ————

下伏地层：大黄沟组（P_2d）灰黑、浅绿灰色粉砂质页岩

海原县炭巷沟剖面是香山地区红泉组代表性剖面，其层序如下（图 8-10）：

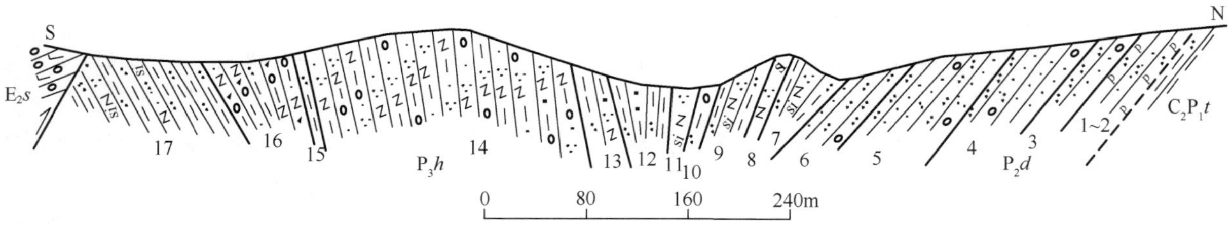

图 8-10　海原县炭巷沟中—上二叠统剖面图

Fig. 8-10　Section of Middle-Upper Permian in Tanxianggou, Haiyuan County, Ningxia

上覆地层：寺口子组（E_2s）砖红色钙质中—粗砾岩

════ 断　层 ════

红泉组（P_3h） 厚度 553. 1m

17. 绛紫、灰绿色粉砂质泥岩夹少量淡红灰色薄—中层细粒长石石英砂岩 54. 4m

16. 浅红灰、褐灰色中—厚层黏土质含砾粗粒岩屑长石砂岩，中部夹绛紫、灰绿色粉砂质泥岩，偶夹灰绿色细粒长石石英砂岩 62. 4m

15. 绛紫色粉砂质泥岩 9. 4m

14. 浅灰—浅红灰色中—厚层黏土质含砾粗粒长石石英砂岩夹浅红灰、褐灰色中—厚层黏土质中—粗粒长石石英砂岩 181. 9m

13. 灰—浅红灰色中—厚层黏土质中—粗粒长石石英砂岩夹绛紫、紫红色粉砂质泥岩 23. 8m

12. 紫红、棕红色粉砂质泥岩 43. 6m

11. 灰、淡绿灰色厚—中层中—细粒长石石英砂岩 15. 8m

10. 紫红色含钙质结核粉砂质泥岩，偶夹灰、浅红灰色中—薄层细粒长石石英砂岩。钙质结核大小不一，形状不规则，顺层呈串珠状分布 13. 6m

9. 绛紫色粉砂质泥岩与灰、淡绿灰色中层细粒长石石英砂岩互层（共有 4 层砂岩） 39. 4m

8. 灰—淡绿灰色中—厚层中—细粒长石石英砂岩 9. 1m

7. 紫红、绛紫色粉砂质泥岩夹微红灰色中层中粒长石石英砂岩 42. 1m

6. 暗紫红色厚层含砾粗粒凝灰质砂岩、褐紫色中—厚层粗—中粒凝灰质砂岩夹绛紫、黄绿色凝灰质粉砂岩 19. 7m

5. 紫红—肉红色中—厚层含砾粗粒凝灰质砂岩、黄灰色厚—中层粗—中粒凝灰质砂岩与绛紫色凝灰质粉砂岩互层 37. 9m

———— 整　合 ————

下伏地层：大黄沟组（P_2d）灰黄、黄绿、褐紫色中层凝灰质砂岩、粉砂岩

红泉组与下伏大黄沟组和上覆五佛寺组均为整合接触，为一套干旱气候条件下的河流相红色碎屑岩-火山碎屑岩沉积，厚度变化在223.1~665.4m，岩层以紫红色调与下伏大黄沟组相区别。

上列大井沟剖面红泉组与下伏大黄沟组整合接触，始新统寺口子组不整合覆于其上，厚665.4m，岩性为灰白、肉红、褐红间夹绿灰色中—厚层中细砾岩、含砾粗粒、中细粒（凝灰质）长石石英砂岩、石英砂岩夹少量紫红、绿灰色粉砂质泥岩、粉砂岩及页岩，自下而上凝灰质成分逐渐减少，直至消失。黑鹰湾山东侧芦草井沟—新断头一带岩性与大井沟剖面相近。芦草井沟厚326.2m，新断头厚345.8m，见夹灰、紫红色凝灰岩。

在上列炭巷沟剖面中红泉组与大黄沟组连续沉积，寺口子组不整合覆于其上。下部为紫红色、褐紫色中—厚层粗粒、中—细粒凝灰质砂岩夹绛紫、黄绿色凝灰质粉砂岩；中部为紫红、绛紫、棕红色粉砂质泥岩夹浅红灰、灰、淡绿色厚—中层细粒长石石英砂岩，粉砂质泥岩含钙质结核；上部为浅灰—浅红灰色中—厚层含砾中—粗粒长石石英砂岩、岩屑长石砂岩，间夹绛紫、灰绿色粉砂质泥岩及少量浅红灰、灰绿色薄—中层细粒长石石英砂岩，厚553.1m。大柳树剖面红泉组与下伏大黄沟组和上覆五佛寺组均为整合接触，岩性为紫红色凝灰质长石石英砂岩、岩屑长石砂岩夹紫红色粉砂岩、粉砂质泥岩及砾岩、砂砾岩，厚236.5m；老圈沟剖面红泉组与下伏大黄沟组和上覆五佛寺组均为整合接触，下部为褐紫色凝灰质砂岩与褐紫色凝灰质粉砂岩互层夹褐紫色沉火山角砾岩，上部为紫红色粉砂岩、粉砂质泥岩与灰白、浅灰红色中细粒长石砂岩互层，厚223.1m。可见，香山地区各地所见岩性和沉积厚度有一定变化。

从上述剖面可看出，香山地区红泉组火山碎屑岩较发育，向东至黑鹰湾山东侧芦草井沟—新断头一带火山碎屑岩明显减少，出现大量正常碎屑岩，说明火山物源区位于西部。

第二节　古生物群组合

宁夏二叠系产䗴类、腕足类、珊瑚、双壳类、腹足类、牙形石、遗迹、植物和孢粉等门类古生物，其中䗴类、腕足类、牙形石、植物和孢粉研究较详，具有重要的生物地层学意义。

一、䗴类

为 *Sphaeroschwagerina* 带（或 *Pseudoschwagerina* 带）。

刘志才、张遴信（1992）建立。赋存于太原组，广泛分布于阿拉善南缘地层分区的下河沿、上校育川、小洪沟和鄂尔多斯地层分区的胡鲁斯台、沙巴台、苏峪口、韦州等地。含䗴化石的灰岩层有3~6层不等。经统计，太原组的䗴化石计有15属121种及亚种。主要分子有：*Sphaeroschwagerina borealis*, *S. glomerosa*（图版XXI，20、21），*S. moelleri*, *S. ningxiaensis*, *S. sphaerica*（图版XXI，15），*S. subrotunda*（图版XXI，16），*Quasifusulina arca*（图版XIX，8），*Q. cayeuxi*（图版XIX，1、4），*Q. cayeuxi brevis*（图版XIX，10；图版XXI，18），*Q. compacta*（图版XIX，2），*Q. concava*（图版XIX，3），*Q. eleganta*（图版XIX，7），*Q. longissima*（图版XIX，6），*Q. phaselus*, *Q. pseudoeleganta*（图版XIX，5），*Q. pseudocayeuxi*（图版XIX，9、11），*Q. tenuis*, *Q. ultima*（图版XXI，11），*Schwagerina qiligouensis*（图版XXI，4），*S. laudoni*（图版XX，9；图版XXI，5），*S. gregaria*（图版XIX，17），*S. gregaria inconstans*（图版XXI，8），*S. xiaodonggouensis*（图版XIX，18），*S. ziganica*（图版XX，10），*S. andresensis*, *S. biformis*, *S.* cf. *callosa poconcavutus*, *S.* cf. *quasifusuliniformis*, *S. cervicalis*（图版XX，4、5），*S. cucumeriformis*（图版XX，2），*S. exuberata*（图版XX，16），*S. exuberata macra*（图版XIX，20），*S. moelleri*（图版XX，15），*S. moelleri aequalis*, *S. nobilis*（图版XX，13），*S. obtusa*（图版XX，8），*S. okuboensis*（图版XXI，12、13），*S. paramoelleri*（图版XIX，19；图版XXI，6），*S. postcallosa*

（图版XX，1；图版XXⅠ，3），*S. mulliuscula*（图版XX，7），*S. richthofeni*，*S. subachiensis*，*S. shamovi salva*（图版XX，12），*S. nathorsti* var. *laxa*，*S.* cf. *subnathorsti*，*S. thompsoni*（图版XXⅠ，1），*S. taiyuanensis*（图版XIX，13），*S. watanabei*，*S. yukouensis*（图版XXⅠ，10、14），*S. ualida*，*S.* cf. *ualida* var. *exigua*，*S.* cf. *kraffti*，*S.* cf. *japonica*，*Pseudofusulina crassispica exacatus*，*P. bova*，*P. elkoensis*（图版XX，6），*P. expansa*，*P. fecunda*，*P. leei*（图版XXⅠ，9），*P. paradoxa*，*P. quasifirma*，*P. suleimanovi*（图版XXⅠ，2），*P. uralica*，*P. uralica sphaerica*（图版XX，3），*P. kumasoana*，*P.* cf. *vulgaris*，*Rugosofusulina complicata*（图版XX，17），*R. directa*，*R. kargalensis*（图版XXⅠ，17），*R. prisca*，*R. propinqui smiles*（图版XXⅠ，7），*R. quasicomplicata*（图版XX，14），*R. valida*（图版XX，11），*R.* cf. *latioralis belajensis*，*Schubertella amushanensis*，*S. gracilis*，*S. kingi*，*S. magna*（图版XVIII，11），*S. paramelonica* var. *minor*，*S. sphaerica*，*S. sphaerica* var. *compacta*（图版XVIII，20），*S. sphaerica* var. *soaffllоides*，*S. transitoria*（图版XVIII，15），*S. pseudosimplex*（图版XVIII，9），*Pseudoschwagerina minuta*（图版XXⅠ，19），*P. moelleri*，*Boultonia cylindrica*（图版XVIII，17），*B. simplicata*（图版XVIII，21），*B. willsi*（图版XVIII，18、19），*B. subteretalis*，*Eoparafusulina belli*，*Ozawainella angulata*（图版XVIII，25），*O. praestellae*，*O. pseudorhomboidalis*（图版XVIII，32），*O. kumpani*（图版XVIII，30），*Paraschwagerina brevipola*，*P. nigxiaensis*，*P.* cf. *tunidofusiedes*，*Robustoschwagerina tumida*，*Triticites ningxiaensis*（图版XIX，12、14~16），*T. noinskyi*（图版XVIII，16），*T. noinskyi plicatus* 等。

Sphaeroschwagerina 带以 *Schwagerina*（37 种），*Quasifusulina*（15 种），*Pseudofusulina*（14 种），*Sphaeroschwagerina*（7 种），*Rogosofusulina*（10 种），*Schubertella*（11 种）属为主，其主要特点是，分异度较高，大多数属种的壳体大，旋壁具峰巢式。此带的䗴化石几乎全部见于晋东南及太原地区的太原组，其中 *Sphaeroschwagerina moelleri* 是贵州南部马平组 *Sphaeroschwagerina* 带 *Sphaeroschwagerina moelleri* 亚带的带分子；*Sphaeroschwagerina subrotunda* 是晋东南太原组 *Sphaeroschwagerina subrotunda-Robustoschwagerina* sp. 带、青海都兰浩特洛哇组 *S. subrotunda* 带、淮北涡阳太原组 *S. subrotunda* 带 *S. subrotunda-Rugosofusulina complicata* 亚带的带化石；*Sphaeroschwagerina glomerosa* 是中亚地区阿舍尔阶上部 *Sphaeroschwagerina glomerosa* 带、我国贵州西部龙吟组（狭义）*S. glomerosa* 亚带的带化石；*Sphaeroschwagerina sphaerica* 是乌拉尔阿舍尔阶上部 *Sphaeroschwagerina sphaerica-Pseudofusulina* 带、我国广西隆林马平组 *S. sphaerica* 带的带化石；*Schwagerina cervicalis* 是山西太原西山太原组 *Pseudoschwagerina* 带 *Schwagerina cervicalis* 亚带、江苏沛县大屯太原组 *Sphaeroschwagerina* 带 *Boultonia gracilis-Schwagerina uralica sphaerica-Schwagerina cervicais* 亚带的带化石。由此可见，本区太原组 *Sphaeroschwagerina* 带与广布于华北地台及其他地区太原组的同名带或 *Pseudoschwagerina* 带相当，可与中亚地区的阿舍尔阶（Asselian）䗴类组合对比。

二、腕足类

为 *Dictyoclostus uralica-Choristites sowerbyi* 组合。

赋存于太原组。分布较为广泛，从北部的贺兰山到中部的卫宁北山、香山及烟筒山地区均有产出。综合各地资料，太原组的腕足类计有 49 属 92 种，主要分子有：*Brachythyrina lata*，*B. rectangula*，*B. strangwaysi*，*Cancrinella cancriniformis*，*Chonetes carbonifera*，*C. latesinuata*，*C. latesinuata* var. *miaokouensis*，*C. semicircularis*，*C.* cf. *uralicus*，*Choristites loczyi* var. *acutiauriculata*，*C. nikitini*，*C. pavlovi*，*C. sowerbyi*，*Dictyoclostus gruenewaldti*，*D. taiyuanfuensis*，*D. uralicus*，*D.* cf. *uralicus*，*Dielasme dieneri*，*D. indentus*，*D. mapingensis* var. *minor*，*D. vesiealaris*，*Echinoconchus elegans*，*Eomarginifera longispina* var. *lobata*，*E. orientalis*，*E. pusilla*，*E. timanica*，*Linoproductus plana*，*L. simenensis*，*Marginifera loczyi*，*M.* cf. *involuta*，*Martinia semiglobosa*，*Meekella* sp.，*Neospirifer orientalis*，*N.* cf. *fasciger*，*Antiquatonia* cf. *inflata*，*Overtonia elegans*，*Phricodothyris echinata*，*Productus taiyuanfuensis*，*Sinuatella sinuata*，*Spirifer aschlarihi*，*S. taiyuanensis*，*Squamularia* var. *sinosa*，*Juresania* sp. 等。

上述腕足类多数见于我国华北、西北地区的太原组、华南的马平组。其中见于华北地区太原组的主要有 *Chonetes carbonifera*, *C. latesinuata*, *Dictyoclostus taiyuanfuensis*, *Marginifera loczyi*, *Brachythyrina lata*, *B. strangwaysi* 等；见于西北地区太原组的主要有 *Linoproductus plana*, *L. simenensis*, *Dictyoclostus taiyuanfuensis*, *Dictyoclostus uralicus*, *Choristites sowerbyi*, *Brachythyrina strangwaysi* 等；*Dielasme mapingensis*, *Dictyoclostus uralicus* 和 *Meekella* 是马平组 *Dictyoclostus uralicus-Meekella* 组合的重要分子。由此可见，宁夏地区太原组腕足类动物群可与华北、西北地区的太原组腕足类动物群和华南地区的马平组 *Dictyoclostus uralicus-Meekella* 组合对比。从与其共生的蜓类 *Sphaeroschwagerina* 带、牙形石 *Streptognathodus wabaunsensis* 带等可以确定 *Dictyoclostus uralica-Choristites sowerbyi* 组合时代为阿舍尔期。

三、牙形石

为 *Streptognathodus wabaunsensis* 带。

赋存于太原组中—上部。底界以带化石的出现为标志，上界不清。

共生分子有：*Streptognathodus elongatus*, *S. gracilis*（图版XXIV，25），*S. simplex*, *Idiognathoides delicates*（图版XXIV，22）等。与蜓 *Sphaeroschwagerina* 带共生。本带与塔里木盆地西南缘上石炭统塔哈奇组上部 *Streptognathodus elongates-S. gracilis-Lateralonchodina simplex* 带（赵治信等，1990）和华北地区太原组上部 *Streptognathodus elongates-S. wabaunsensis-S. fuchengensis* 组合（万世禄等，1983）大致相当，与甘肃靖远地区太原组牙形石组合相当，其时代为早二叠世阿舍尔期。

四、植物

二叠纪时宁夏位于华夏植物区北方亚区，发育早、中、晚期华夏植物群。

1. *Neuropteris ovata-Lepidodendron posthumii* 组合（早期华夏植物群）

此植物组合赋存于太原组，计有36属90种，主要分子有：*Lepidodendron posthumii*（图版XXVI，1a、1b），*L. szeianum*, *L. oculusfelis*, *L. incertum*, *L. nanpiaoense*, *L. galeatum*, *L. post*, *L.* cf. *worthenii*, *L.* cf. *tachingshanense*, *Cathaysiodendron acutangulum*, *C. kuiana*, *Bothrodendron kuianum*, *Asterophyllites longifolius*, *Annularia pseudostellata*, *A. stellata*, *Sphenophyllum oblongifolium*, *S. emarginatum*, *S. verticillatum*, *S.* cf. *costae*, *S. minor*, *S. thonii*, *S.* cf. *tenuis*, *Tingia carbonica*, *Sphenopteris nystroemii*, *S. rotunda*, *Pecopteris feminaeformis*, *P. candolleana*, *P. arborescons*, *P. wongii*, *P.* cf. *orientalis*, *P.* cf. *unita*, *Neuropteris ovata*（图版XXVI，3），*N. plicata*, *N. otozamioides*, *N. pseudovata*, *Alethopteris* sp., *Callipteridium koeaiense*, *Cordaites schenkii*, *C. principalis*, *Calamites cistii*, *C. suckowii*, *Emplectopteridium alatum*, *Linopteris* cf. *neuropteroides*, *Lobatannularia sinensis*, *Palaeoweichsela yuanii*, *Palaeostachya rhabda*, *Paripteris gigantea*, *P. pseudogigantea*, *Tingia carbonice*（图版XXVI，2），*Taeniopteris yornauxii*, *T.* cf. *multinervis*, *Cladophlebis* sp., *Odontopteris* sp. 等。

上述植物组合以鳞木目、楔叶属、栉羊齿属、脉羊齿属、延座羊齿属、丽羊齿属和科达属最为繁盛，其组合特征与华北太原组植物群相似，应划归早期华夏植物群 *Neuropteris ovata-Lepidodendron posthumii* 组合。上列植物中 *Lepidodendron posthumii*, *L. szeianum*, *L. oculus-felis*, *L. incertum*, *L. nanpiaoense*, *Bothrodendron kuianum*, *Asterophyllites longifolius*, *A. pseudostellata*, *Sphenophyllum oblongifolium*, *Tingia carbonica*, *Pecopteris feminaeformis*, *P. candolleana*, *P. arborescons*, *Neuropteris ovata*, *N. plicata*, *Callipteridium koeaiense*, *Cordaites schenkii*, *Alethopteris* sp. 等都是该组合的重要组成分子。

该植物组合与蜓类 *Sphaeroschwagerina* 带、腕足类 *Dictyoclostus uralica-Choristites sowerbyi* 组合和牙形石 *Streptognathodus wabaunsensis* 带并行发育（共生），其时代应为早二叠世早期紫松期（大致相当阿舍尔期），可与华北、西北地区太原组植物群对比。

2. *Emplectopteris triangularis-Emplectopteridium alatum* 组合（中期华夏植物群A期）

赋存于山西组。共发现17属43种。主要分子有：*Lobatannularia sinensis*, *Sphenophyllum thonii*, *S.*

oblongifolium, *S. minor*, *S. costae*, *S. verticillatum*, *S. kawasakii*, *S. scopulatum*, *Pecopteris cyathea*, *P. hemitelioides*, *P. lepidorachis*, *P. feminaeformis*, *P. taiyuanensis*, *P. hengshanpuensis*, *P.* cf. *lepidorachis*, *P.* cf. *tenuicostata*, *Emplectopteridium alatum*, *Emplectopteris triangularis*, *Annularis stellata*, *A. gracilescens*, *Taeniopteris multinervis*, *T. taiyuanensis*, *Sphenopteris rotunda*, *Tingia carbonica*, *Callipteridium koraiensis*, *Cordaites schenkii*, *C. principalis*, *Neuropteris ovta*, *N. pseudovata*, *Dadoxylon* sp., *Lepidostrobophyllum* sp., *Calamites* sp., *Equisetites* sp. 等。

上述山西组植物群以栉羊齿属、楔叶属、瓣轮叶属和带羊齿属最为繁盛，与太原组植物群相比，鳞木目已不很繁盛，出现了编羊齿属和织羊齿属，早期华夏植物群的代表分子 *Neuropteris ovata*, *Alethopteris* sp. 等偶有残存。这些特征表明山西组植物群应划归中期华夏植物群 A 期 *Emplectopteris triangularis*–*Emplectopteridium alatum* 组合。上列植物中 *Lobatannularia sinensis*, *Sphenophyllum thonii*, *Emplectopteridium triangularis*, *Emplectopteridium alatum*, *Taeniopteris multinervis*, *Sphenopteris rotunda*, *Tingia carbonica*, *Annularis stellata* 等都是该组合中的重要分子和常见分子。该组合可与华北地区山西组植物群对比，其地质年代为早二叠世晚期（大致相当于隆林期—罗甸期）。

3. *Emplectopteris triangularis*–*Cathaysiopteris whitei* 组合（中期华夏植物群 B 期）

赋存于下石盒子组和大黄沟组。共发现 19 属 44 种。主要分子有：*Lepidodendron oculusfelis*, *Sphenophyllum oblongifolium*, *S. thonii*, *S. kawasakii*, *S. costae*, *S. orientalis*, *S. minor*, *S.* cf. *verticillatum*, *Lobatannularia ensifolia*（图版XXVI，4），*Annularis stellata*, *A. orientalis*, *A. gracilescens*, *Alethopteris norinii*, *Aphlebia* sp., *Pecopteris feminaeformis*, *P. anderssonii*（图版XXVI，5），*P.* cf. *orientalis*, *P. arcuata*, *P. taiyuanensis*, *Emplectopteris triangularis*, *Emplectopteridium alatum*, *Taeniopteris multinervis*, *T. taiyuanensis*, *T. shansiensia*, *T. norinii*, *Tingia carbonice*, *T. hamaguchii*, *Neuropteris* sp., *Cathaysiopteris* sp., *Cladophlebis permica*, *Calamites suckoueii*, *Cordaites* sp., *C. suckouwii*, *Cardiocarpus* sp., *Yuania striata* 等。

上述植物群以楔叶属、栉羊齿属和带羊齿属最为繁盛，次为织羊齿属、编羊齿属、轮叶属，鳞木目更为衰退，脉羊齿属近于绝灭，出现了苏铁纲的一些属。其组合特征表明下石盒子组植物群应划归中期华夏植物群 B 期 *Emplectopteris triangularis*–*Cathaysiopteris whitei* 组合。上列植物中 *Lepidodendron oculus*–*felis*, *Sphenophyllum thonii*, *S. kawasakii*, *Annularis stellata*, *A. orientalis*, *Tingia carbonice*, *Alethopteris norinii*, *Emplectopteris triangularis*, *Taeniopteris multinervis*, *T. shansiensia*, *T. norinii*, *Cathaysiopteris* sp. 等是该组合的重要组成分子。

该组合时代应为中二叠世早期（大致相当于祥播期—栖霞期）。

大黄沟组植物群暂归 *Emplectopteris triangularis*–*Cathaysiopteris whitei* 组合。区内大黄沟组植物化石稀少，仅发现 *Calamites suckowii*, *C.* sp., *Lobatannularia sinensis*, *Lyginodendron* sp., *Cordiates principalis*, *Pecopteris wongii*, *P.* sp. 等。

4. *Gigantonoclea hallei*–*Lobatannularia ensifolia* 组合（晚期华夏植物群 A 期）

赋存于上石盒子组。化石稀少，仅发现 13 属 22 种。主要分子有：*Cordaites principalis*, *Compsopteris wongii*, *Gigantopteris yunnanensis*, *Lobatannularia peianensis*, *Pecopteris rigida*, *P. orientalis*, *P. taiyuanensis*, *P. arcuat*, *Sphenophyllum verticillatum*, *S. thonii*, *Tingia hamaguchii*, *Taeniopteris taiyuanensis*, *Yuania styiata*, *Validopteris* sp., *Odonopteris* sp., *Callipteris* sp., *Norinia* sp. 等。其中 *Sphenophyllum verticillatum*, *Lobatannularia peianensis*, *Yuania styiata*, *Pecopteris arcuat*, *P. orientalis*, *Compsopteris wongii*, *Gigantopteris yunnanensis*, *Taeniopteris taiyuanensis*, *Cordaites principalis* 等都是晚期华夏植物群 A 期 *Gigantonoclea hallei*–*Lobatannularia ensifolia* 组合中的重要分子和常见分子。其时代为中二叠世晚期至晚二叠世早期（大致相当于茅口期—吴家坪期）。

五、孢粉

1. *Striatosporites major*–*Spinosporites spinosus*（MS）带

高联达（1992）建立，赋存于太原组下部。

主要共生分子有27属30种和亚种：*Reinschospora triangularis*，*Lycospora pusilla*，*L. subtriquetrus*，*Crassispora kosankei*，*Verrucosisporites microtuberculatus*，*Florinites mediapudeus*，*Microreticulatisporites nobilis*，*Gulisporites cochlearis*，*Potonieisporites novicus*，*Kosankeisporites* spp.，*Schopfipollenites ellipsoides*，*Limitisporites* spp.，*Florinites junior*，*Vestigisporites* spp.，*Torispora securis*，*Florinites ovalis*，*F. minutus*，*Chelidonites* sp.，*Pityosporites* sp.，*Dictyotriletes muricatus*，*Thymospora thiessenii*，*T. pseudothiessenii*，*Columinisporites peppersi*，*Vetreisporites* ? spp.，*Vittatina* ? spp.，*Cordiatina* ? spp.，*Striatosporites major*，*Spinosporites spinosus*，*Pechetisporites kaipingiensis*，*Landbladispora gigantea* 等。

此带以出现带分子为标志。其主要特征是：①*Gulisporites* 属孢子含量为5%~10%，种主要有 *Gulisporites cochlearis*，*G. laevigatus* 等；②石炭纪的一些特征性属种含量急剧减少，一般不足5%~8%，主要种有 *Lycospora pusilla*，*L. subtriquetrus*，*Crassispora kosankei*，*Reinschospora triangularis*，*Densosporites anulatus*，*Triquitrites tribullatus*；③单裂缝孢子含量显著增加，一般可达30%~40%，种主要有 *Thmospora thiessenii*，*Columinisporites ovalis*，*Laevigatosporites vulgaris*，*Torispora securis*；④单气囊的 *Florinites* 和 *Potonieisporites* 含量较多，可达30%左右；⑤出现双气囊花粉和表面具条纹花粉（<10%），主要有 *Vesispora potoniei*，*Pityosporites* spp.，*Vittatina* ? *striata*。䗴类 *Sphaeroschwagerina* 带与此带共生。

2. *Sinulatisporites sinensis*-*Gulisporites cochlearis*（SC）带

高联达（1992）建立，赋存于太原组上部。

主要共生分子有24属26种和亚种：*Verrucosisporites microtuberculatus*，*Florinites mediapudeus*，*Microreticulatisporites nobilis*，*Gulisporites cochlearis*，*Potonieisporites novicus*，*Kosankeisporites* spp.，*Limitisporites* spp.，*Florinites junior*，*Vestigisporites* spp.，*Torispora securis*，*Florinites ovalis*，*F. minutus*，*Chelidonites* sp.，*Pityosporites* sp.，*Dictyotriletes muricatus*，*Thymospora thiessenii*，*T. pseudothiessenii*，*Columinisporites peppersi*，*Vetreisporites* ? spp.，*Vittatina* ? spp.，*Cordiatina* ? spp.，*Landbladispora gigantea*，*Angulisporites splendidus*，*Sinulatisporites sinensis*，*Torispora verrucosa*，*Auticapillis* spp. 等。

此带以出现 *Sinulatisporites sinensis* 为标志。其主要特征是：①石炭纪典型分子消失或基本消失，二叠纪分子占主要地位；②华夏植物地理区特有分子出现，主要有 *Sinulatisporites*，*Gulisporites*；③单气囊花粉 *Florinites* 和 *Potonieisporites* 达到顶峰；④出现 *Vittatina*，*Cordiatina* 花粉。与此带共生的䗴化石为 *Schwagerina*，*Paraschwagerina* 等。

3. *Potonieisporites bharadwaji*-*Strialatosporites shanxiensis*（BS）带

高联达（1992）建立，赋存于大黄沟组下部。

主要共生分子有23属25种和亚种：*Verrucosisporites microtuberculatus*，*Florinites mediapudeus*，*Gulisporites cochlearis*，*Potonieisporites novicus*，*Kosankeisporites* spp.，*Limitisporites* spp.，*Florinites junior*，*Vestigisporites* spp.，*Torispora securis*，*Florinites ovalis*，*F. minutus*，*Chelidonites* sp.，*Pityosporites* sp.，*Thymospora thiessenii*，*T. pseudothiessenii*，*Columinisporites peppersi*，*Vetreisporites* ? spp.，*Vittatina* ? spp.，*Cordiatina* ? spp.，*Landbladispora gigantea*，*Angulisporites splendidus*，*Angulisporites splendidus*，*Sinulatisporites sinensis*，*Torispora verrucosa*，*Auticapillis* spp. 等。

此带以出现带分子为标志。其主要特征是：①下伏太原组SC带许多孢子花粉继续出现，但有些属种含量有所减少；②单气囊 *Florinites* 仍占重要位置，双气囊的 *Alisporites*，*Pityosporites*，*Platysaccus*，*Vetreisporites*，*Limisporites*，*Vestigisporites*，*Anticapillus*，*Kosankeisporites* 等属含量有所增加；③*Vittatina* 和 *Cordiatina* 含量略有增加，可占20%；④单裂缝的 *Columinisporites*，*Schizaeoisporites*，*Laevigatosporites* 和 *Punctatosporites* 孢粉含量略有减少，占总含量的15%~20%。

4. *Leiotriletes adnatoides*-*Punctatisporites minutus* 带

赋存于大黄沟组上部，计有10属29种，主要分子有：*Leiotriletes adnatoides*，*L. adnatus*，*Calamospora microrugosa*，*C. flesilis*，*C. ligida*，*C. flava*，*C. pusilla*，*Punctatisporites obliguus*，*P. minutus*，*P. punctatus*，*Gulisporites* cf. *topidus*，*Verrucosisporites* sp.，*Densosporites anusatus*，*Florinites milloti*，*F. eremus*，

F. subrotatus, *Stenozonotrilites* sp., *Lycospora* cf. *rotunda*, *Laevigatosporites oualis*, *L. minimus* 等。

此带以出现带分子为标志。其特点是：①以各类型三缝孢为主，其中以芦木孢和斑点三缝孢、块瘤孢、厚环三缝孢为主，占总量的60%~70%以上；②周囊粉中的一些种也较多，占总量的20%左右；③单缝孢约占10%左右；④未发现双气囊的花粉。其组合特征与山西河曲一带下石盒子组孢粉组合大体相近，其中 *Leiotriletes adnatoides*, *Punctatisporites minutus*, *Calamospora*, *Verrucosisporites*, *Florinites*, *Lycospora*, *Laevigatosporites* 是二者共有的属种。

第三节　地层划分对比

一、年代地层划分

根据最新的中国地层表（征求意见稿）将宁夏二叠纪年代地层划分为3个统8个阶，其与岩石地层、生物地层对比关系见表8-3。

表8-3　宁夏二叠系多重地层划分对比表

Table 8-3　Multiple stratigraphic division and correlation of Permian in Ningxia

<table>
<tr><th colspan="3">年代地层</th><th colspan="4">生物地层</th><th colspan="2" rowspan="2">岩石地层</th></tr>
<tr><th>系</th><th>统</th><th>阶</th><th>䗴、腕足类</th><th>牙形石</th><th>植物</th><th>孢粉</th></tr>
<tr><td rowspan="9">二叠系</td><td rowspan="2">上统</td><td>长兴阶</td><td></td><td></td><td></td><td></td><td>孙家沟组</td><td rowspan="2">红泉组</td></tr>
<tr><td>吴家坪阶</td><td></td><td></td><td rowspan="2">Gigantonoclea hallei–Lobatannularia ensifolia 组合</td><td rowspan="2"></td><td rowspan="2">上石盒子组</td></tr>
<tr><td rowspan="3">中统</td><td>茅口阶</td><td></td><td></td><td rowspan="3">大黄沟组</td></tr>
<tr><td>栖霞阶</td><td></td><td></td><td rowspan="2">Emplectopteris triangularis–Cathaysiopteris whitei 组合</td><td>Leiotriletes adnatoides–Punctatisporites minutus 带</td><td rowspan="2">下石盒子组</td></tr>
<tr><td>祥播阶</td><td></td><td></td><td>Potonieisporites bharadwaji–Strialatosporites shanxiensis（BS）带</td></tr>
<tr><td rowspan="4">下统</td><td>罗甸阶</td><td></td><td></td><td rowspan="2">Emplectopteris triangularis–Emplectopteridium alatum 组合</td><td rowspan="2"></td><td rowspan="2">山西组</td><td rowspan="2">（缺失）</td></tr>
<tr><td>隆林阶</td><td></td><td></td></tr>
<tr><td rowspan="2">紫松阶</td><td rowspan="2">䗴：Sphaeroschwagerina 带
腕足类：Dictyoclostus uralica–Choristites sowerbyi 组合</td><td rowspan="2">Streptognathodus wabaunsensis 带</td><td rowspan="3">Neuropteris ovata–Lepidodendron posthumii 组合</td><td>Sinulatisporites sinensis–Gulisporites cochlearis（SC）带</td><td colspan="2" rowspan="3">太原组</td></tr>
<tr><td>Striatosporites major–Spinosporites spinosus（MS）带</td></tr>
<tr><td>石炭系</td><td>上统</td><td>逍遥阶</td><td></td><td>Streptognathodus elongatus 带</td><td></td></tr>
</table>

（一）下二叠统

1. 紫松阶

对应的岩石地层单位是太原组中—上部。生物标志是含䗴类 *Sphaeroschwagerina* 带、腕足类 *Dictyoclostus uralica* – *Choristites sowerbyi* 组合、牙形石 *Streptognathodus wabaunsensis* 带和植物 *Neuropteris ovata*-*Lepidodendron posthumii* 组合以及孢粉 *Striatosporites major*-*Spinosporites spinosus*（MS）带、*Sinulatisporites sinensis* - *Gulisporites cochlearis*（SC）带、*Potonieisporites bharadwaji* - *Strialatosporites shanxiensis*（BS）带。

2. 隆林阶—罗甸阶

对应的岩石地层单位是山西组。生物标志是含中期华夏植物群 A 期 *Emplectopteris triangularis*-*Emplectopteridium alatum* 组合。

（二）中—上二叠统

1. 祥播阶—栖霞阶

对应的岩石地层单位是下石盒子组和大黄沟组。生物标志是含中期华夏植物群 B 期 *Emplectopteris triangularis*-*Cathaysiopteris whitei* 组合。大黄沟组尚含孢粉 *Potonieisporites bharadwaji* - *Strialatosporites shanxiensis*（BS）带和 *Leiotriletes adnatoides*-*Punctatisporites minutus* 带。

2. 茅口阶—吴家坪阶

对应的岩石地层单位是上石盒子组和红泉组下部。生物标志是含晚期华夏植物群 A 期 *Gigantonoclea hallei*-*Lobatannularia ensifolia* 组合。红泉组在宁夏境内未获得化石依据。在甘肃金昌市大泉一带红泉组含植物 *Pecopteris lativenosa*，*P. tenuicostata*，*Protoblechnum wongii*，*Ullmannia bronnii*，*Taeniopteris* sp.，*Annularis* sp.，*Sphenophyllum* sp.，*Zamiopteris glossopteroides*，*Noeggerathiopsis* sp.，*Crassinervia* sp. 等。这一植物组合面貌具有（晚期）华夏植物群与安加拉植物群混生的特点，其时代为晚二叠世早期。

3. 长兴阶

对应的岩石地层单位是孙家沟组和红泉组上部。区内无生物标志。在华北地区孙家沟组含植物 *Rhipidopsis lobata* - *Ullmannia* aff. *bronnii* 组合及脊椎动物化石 *Shihtienfenia permica*，*Shansisaurus xuecunensis* 等，其时代为晚二叠世晚期。

二、石炭系与二叠系界线的确定

目前，国际上对石炭-二叠系界线的划分迄今尚未取得一致意见，大多数地质古生物学家主张划在热格尔阶（Gzhelian）与阿舍尔阶（Asselian）之间，也就是 *Pseudoschwagerina* 带（= *Sphaeroschwagerina* 带）之底作为二叠系下界。现今欧美、日本等大多数国家都采用了此种划分方案。本《志》也采用此种划分方案，将石炭-二叠系界线置于热格尔阶与阿舍尔阶之间，即 *Pseudoschwagerina* 带或 *Sphaeroschwagerina* 带之底，也就是紫松阶与逍遥阶之间。

䗴类是确定石炭系与二叠系界线最重要的生物依据。前已述及，区内太原组䗴类 *Sphaeroschwagerina* 带可与中亚地区的阿舍尔阶䗴类 *Sphaeroschwagerina sphaerica*-*Pseudofusulina* 带对比，与广布于华北地台及其他地区的太原组同名带或 *Pseudoschwagerina* 带相当，因而将二叠系下界置于 *Sphaeroschwagerina* 带之底。在上校育川、下河沿、胡鲁斯台等地 *Sphaeroschwagerina* 带赋存于太原组近底部，其下还有一段以砂岩为主的地层尚未采获䗴类等标准化石，仅产有植物 *Neuropteris ovata*-*Lepidodendron posthumii* 组合，该植物组合具有石炭-二叠纪的过渡色彩，不是划分石炭-二叠系界线的有效标志。鉴于此，本《志》将石炭-二叠系的界线置于太原组近底部，这样太原组就是一个跨系（石炭-二叠系）的岩石地层单位。

第九章　三叠系

宁夏的三叠系下、中、上统发育齐全。下—中统为河湖相红色复陆屑建造，化石稀缺；上统为河湖相灰色复陆屑建造，产植物、双壳类等化石。主要分布于贺兰山中—北段及宁东地区的磁窑堡、石沟驿等地，在香山南麓深井、大柳树及营盘水等地有零星出露（图 9-1）。

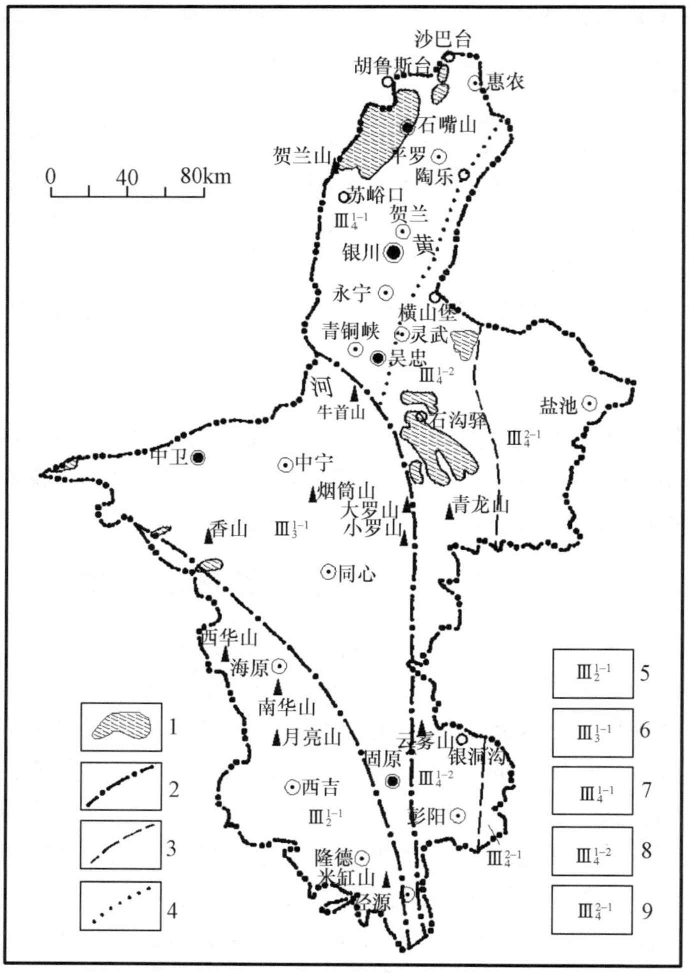

图 9-1　宁夏三叠系地层分区及露头分布图

Fig. 9-1　Outcrop distribution and stratigraphic regions of Triassic in Ningxia

1—露头区；2—地层区界线；3—地层分区界线；4—地层小区界线；5—靖远-西吉地层小区；6—景泰-中宁地层小区；7—贺兰山地层小区；8—桌子山-青龙山地层小区；9—盐池-环县地层小区

区内三叠系的调查研究工作始于 20 世纪 30 年代。1936 年，孙健初将东祁连一带的三叠系命名为“西大沟系”。之后，路兆洽、陈梦勋（1948）确定了甘肃靖远、景泰一带西大沟系的存在。1953 年，石油部陕北大队 103 队在宁夏东南部开展了1∶50 万石油地质普查，首次肯定了磁窑堡、石沟驿地区的三叠纪地层。1955 年，华北地质局桌子山外围普查队在贺兰山北段开展普查时，确定了贺兰山延长群的存在，并建立了三叠系的地层层序。1956~1957 年，斯行健、徐仁曾先后在甘肃靖远、景泰一带三叠系发现植物化石 *Danaeopsis fecunda*，认为该地区三叠系与陕甘宁盆地的延长群相当。1957 年，石油部西安地质调查处 111 队对灵武鸳鸯湖、石沟驿地区的三叠系进行了专题研究，将该区延长群按岩石

表 9-1　宁夏（华北地层区）三叠系划分与命名沿革表

Table 9-1　Evolution of Triassic divisional schemes in Ningxia (western marginal stratigraphic subregion of Ordos)

方案	统	群/组	统	群/组	统	群/组	统	群/组
石油部西安地质调查处 111 队，1957	上统	延长统	中—下统	石千峰统				
甘克文，1959	上统	延长群	中三叠统	纸坊统				？
陕西石油地质普查队，1974	上统	延长群	中统	纸坊群	下三叠统—上二叠统	和尚沟组；刘家沟组		孙家沟组
宁夏区域地层表编写组（贺兰山），1980	上统	延长群	中统	纸坊群	下三叠统—上二叠统	石千峰群		
宁夏区域地层表编写组（马家滩），1980	上统	延长群：瓦窑堡组；永坪组；胡家村组；铜川组	中统	纸坊群	下统	和尚沟组；刘家沟组	上二叠统	石千峰组
石嘴山市幅 1：20 万区调报告，1980	上统	延长群：五岩组；四岩组；三岩组；二岩组；一岩组	中统	纸坊群			上二叠统	石千峰组
银川市幅 1：20 万区调报告，1982	上统	延长组	中统	铜川组；纸坊组			上二叠统	石千峰组
《宁夏地质概论》，1989	上统	延长组	中统	铜川组；二马营组			上二叠统	石千峰组
《宁夏回族自治区区域地质志》，1990	上统	延长群：五岩组；四岩组；三岩组；二岩组；一岩组	中统	纸坊组			上二叠统	石千峰组
胡鲁斯台幅、古拉本幅1：5 万区调报告，1992	上统	白芨芨沟群：上田组；中田组；下田组；大风沟组；直沟组	中—下统	纸坊组	三叠系—二叠系	石千峰组	上二叠统	沙巴台组
《宁夏回族自治区岩石地层》，1996	上统	白芨芨沟群：上田组；大风沟组	中统	二马营组	下统	石千峰群：和尚沟组；刘家沟组	上二叠统	孙家沟组
吉兰泰幅、银川市幅 1：25 万区调报告，2008	上统	延长群：上田组；大风沟组	中统	二马营组	下统	石千峰群	上二叠统	
本《志》，2012	上统	延长群：上田组；大风沟组	中统	二马营组	下统	石千峰群：和尚沟组；刘家沟组	上二叠统	孙家沟组

组合做了进一步的划分。1974年，陕西石油普查大队将中国科学院山西地层队（1959）、中国地质科学院地质所三室（1961~1965）在晋、陕一带建立的标准剖面引用到陕北、宁夏地区，解体了该区的石千峰系和“延长系”，建立了上二叠统孙家沟组、下三叠统刘家沟组及和尚沟组、中三叠统纸坊群、上三叠统延长群。1980年，宁夏区域地层表编写组将马家滩地区的三叠系划分为下统刘家沟组、和尚沟组，中统纸坊群，上统延长群，并将延长群进一步划分为铜川组、胡家村组、永坪组和瓦窑堡组，对延长群的进一步划分方案未被后人采纳使用。1977~1980年，宁夏区调队在进行阿拉善左旗幅、石嘴山市幅1：20万区调时，将贺兰山区的延长群进一步划分为5个岩组。1980~1982年，宁夏区调队在进行银川市幅1：20万区调时，认为磁窑堡一带的延长群下部植物群属铜川组植物群，因而将延长群下部划出称为铜川组。1990年出版的《宁夏回族自治区区域地质志》对三叠系作了全面的总结，建立了地层层序。1992年，西安地质学院区调队在进行胡鲁斯台幅、古拉本幅区调时，认为贺兰山区的延长群与陕北的延长群在岩性、岩相和古生物特征上有一定差异，因而将该地区的延长群改称为白芨芨沟群，将原第一至第五岩组分别命名为直沟组、大风沟组、下田组、中田组和上田组。1996年，宁夏地层清理研究组遵从西安地质学院区调队的意见，将延长群改称为白芨芨沟群，并将其中的直沟组、大风沟组和下田组合并称为大风沟组，将中田组和上田组合并称为上田组。2001~2008年间宁夏地质调查院完成的吴忠市幅、吉兰泰幅、银川市幅1：25万区调报告，对三叠系的划分基本采纳了宁夏地层清理研究组的划分方案。

第一节　岩石地层

一、华北地层区鄂尔多斯西缘地层分区和鄂尔多斯地层分区

两分区三叠系下、中、上统均有发育，岩石地层序列自下而上为刘家沟组、和尚沟组、二马营组、大风沟组和上田组，其划分、命名沿革见表9-1。

（一）刘家沟组（T_1l）

中国科学院山西地层队1959年命名，命名剖面位于山西宁武化北屯乡刘家沟。

宁夏贺兰山地区石千峰群长期以来未作进一步划分，一直以上二叠统石千峰群（组）名之。1996年，宁夏地层清理研究组根据区域地层对比研究，将贺兰山及宁东地区石千峰群自下而上划分为孙家沟组、刘家沟组和和尚沟组，界定刘家沟组即为石千峰群中部的以紫红色细粒长石砂岩和紫红色粉砂岩为主的一段地层，并指定次层型为石嘴山市石炭井红石布勒格剖面。

刘家沟组分布于贺兰山中—北段的插旗口—牛家台子、石炭井、胡鲁斯台、沙巴台、正义关等地；宁夏东部灵盐地区地表未见出露，在盐池一带井下偶有见及。石炭井红石布勒格剖面和胡鲁斯台剖面具代表性。

次层型石炭井红石布勒格剖面（位于石嘴山市石炭井西红石布勒格。起点坐标：北纬39°12′，东经106°20′。宁夏区调队1986年测制）层序如下：

上覆地层：和尚沟组（T_1h）暗紫色薄层泥质粉砂岩夹暗紫色中厚层细粒长石砂岩

——— 整　合 ———

刘家沟组（T_1l）	厚度130.1m
20. 浅灰色—黄绿色中厚层粗粒长石石英砂岩	6.0m
19. 灰绿色厚层含砾粗粒长石砂岩	2.7m
18. 暗紫红色中厚层泥质粉砂岩	6.5m
17. 浅灰绿色厚层砂砾岩，粒度由下向上变细成粗砂岩	16.6m
16. 浅灰紫色厚层砂砾岩	3.1m
15. 暗紫色中厚层细粒长石石英砂岩夹暗紫色粉砂质泥岩	17.2m
14. 暗紫色中厚层含砾长石粗砂岩	4.3m

13.	暗紫色薄层粉砂质泥岩夹粗砂岩及泥质粉砂岩	8.0m
12.	浅灰紫色厚层砂砾岩	3.1m
11.	暗紫色厚层含砾粗粒长石石英砂岩夹粉砂质泥岩	26.4m
10.	暗紫色粉砂岩夹长石石英砂岩	21.6m
9.	灰绿色粉砂质泥岩与粉砂岩不等厚互层	2.3m
8.	黄绿色厚层含砾粗粒长石石英砂岩，其下部含砾较多	4.9m
7.	浅灰色中厚层砾岩	7.4m

——— 整　合 ———

下伏地层：孙家沟组（P_3sj）黄绿色泥质粉砂岩夹暗紫色中厚层长石石英砂岩，夹3~4层薄层玻屑凝灰岩、晶屑凝灰岩和安山质凝灰岩

胡鲁斯台剖面（位于内蒙古阿拉善左旗宗别立镇胡鲁斯台南东2km处。起点坐标：北纬39°13′，东经106°16′。宁夏区调队1978年测制，宁夏地调院2006年修侧）层序如下（见图8-7）：

上覆地层：和尚沟组（T_1h）浅灰黄色中厚层石膏质（含砾）中—细粒岩屑长石砂岩

——— 整　合 ———

刘家沟组（T_1l）		厚度236.7m
61.	紫红间夹浅灰黄色中层石膏质粗—中粒岩屑长石砂岩。含钙质结核	85.2m
60.	浅灰黄色中厚层细粒岩屑长石砂岩，上部夹少量紫红色细粒长石石英砂岩	20.2m
59.	浅灰黄色中厚层细粒岩屑长石砂岩与紫红色细粒岩屑长石砂岩互层	17.6m
58.	浅灰黄色中厚层细粒岩屑长石砂岩夹少量紫红色细粒长石石英砂岩	11.5m
57.	浅紫红色厚—中厚层细粒岩屑长石砂岩	28.3m
56.	灰白色厚层砂砾岩	16.3m
55.	灰白、灰绿、紫红色中厚层中细粒岩屑长石砂岩、粉砂岩夹少量砂砾岩、砾岩	44.3m
54.	褐红色细粒长石石英砂岩、粉砂岩。含大量云母碎片	13.2m

——— 整　合 ———

下伏地层：孙家沟组（P_3sj）紫红、浅灰绿色粉砂岩、粉砂质泥岩夹数层灰红、鲜红色英安质凝灰岩、深灰色流纹质凝灰岩

刘家沟组与下伏孙家沟组和上覆和尚沟组均为整合接触，为一套干旱气候条件下的河湖相红色碎屑岩沉积，岩性以紫红、褐红、灰白色长石石英砂岩、岩屑长石砂岩、砾岩、砂砾岩为主，夹紫红、灰绿色粉砂岩、粉砂质泥岩、泥岩，碎屑粒度较下伏孙家沟组和上覆和尚沟组为粗，岩层的宏观色调相对较下伏、上覆地层浅。本组以砂岩的大量出现作为与下伏孙家沟组的划分标志，以砂岩结束，紫红色泥岩、粉砂岩大量出现作为与上覆和尚沟组的分界标志。

上列红石布勒格剖面刘家沟组厚130.1m，岩性为暗紫、灰白、灰绿、浅灰绿色中厚层含砾粗粒长石石英砂岩、砂砾岩与暗紫、灰绿色薄层粉砂质泥岩呈不等厚互层。胡鲁斯台剖面厚236.7m，岩性主要为浅灰黄、浅紫红色中厚层细粒岩屑长石砂岩，粗—中粒岩屑长石砂岩夹砂砾岩、砾岩、粉砂岩及泥岩。在石炭井南西沟一带岩性为紫红、灰紫色细粒岩屑长石砂岩与中粗粒岩屑长石砂岩不等厚互层，含粉砂岩夹层，厚175.8m。

宁东地区地表未见出露。石沟驿忠1井钻孔剖面本组厚178m，由棕紫色砂岩和紫红色泥质粉砂岩组成，二者呈互层产出，二元结构明显。在盐池地区井下厚度为92.0m，岩性为灰绿、棕灰色长石砂岩与紫灰、棕褐色泥质砂岩、泥质粉砂岩、砂质泥岩互层。

（二）和尚沟组（T_1h）

刘鸿允等1959年命名，命名剖面位于山西宁武县东寨乡孙家沟。

1996年，宁夏地层清理研究组在贺兰山及宁东地区划分出的和尚沟组，是指石千峰群上部紫杂色

粉砂岩、粉砂质泥岩、泥岩为主的一段地层，指定次层型为石嘴山市石炭井红石布勒格剖面。

和尚沟组分布范围与刘家沟组一致。红石布勒格剖面和胡鲁斯台剖面具代表性。

次层型红石布勒格剖面层序如下：

和尚沟组（T_1h）	厚度>238.4m
38. 浅紫红色粉砂质泥岩，其中含较多的含泥结晶灰岩结核（未见顶）	>14.3m
37. 黄绿色厚层石英砂岩	55.7m
36. 暗紫色泥质粉砂岩夹灰绿色厚层含泥砾长石石英砂岩	2.9m
35. 浅灰绿色厚层含泥砾长石石英砂岩	6.9m
34. 暗紫色泥质粉砂岩夹浅灰绿色中厚层含泥砾长石石英砂岩	13.0m
33. 浅灰绿色厚层含泥砾长石石英砂岩	11.6m
32. 暗紫色粉砂质泥岩夹灰绿色厚层长石石英砂岩	34.1m
31. 浅灰绿色厚层细粒长石石英砂岩夹暗紫色薄层泥质粉砂岩	17.3m
30. 暗紫色泥质粉砂岩	6.6m
29. 浅灰略带暗紫色厚层长石石英砂岩	4.2m
28. 杂色砾岩，向东延伸 200m 相变为砂岩	1.8m
27. 暗紫红色薄层泥质粉砂岩	9.0m
26. 浅灰略带暗紫色中厚层长石石英砂岩夹暗紫色砂质泥岩	10.3m
25. 暗紫色细粒长石杂砂岩夹浅灰略带暗紫色细粒长石石英砂岩	11.3m
24. 浅灰绿色厚层长石石英砂岩	7.1m
23. 暗紫色薄层泥质细粒长石杂砂岩夹浅灰紫色中厚层细粒长石石英砂岩	22.1m
22. 浅灰绿色厚层长石砂岩	3.4m
21. 暗紫色薄层泥质粉砂岩夹暗紫色中厚层细粒长石砂岩	6.8m

———— 整　　合 ————

下伏地层：刘家沟组（T_1l）浅灰绿色—黄绿色中厚层粗粒长石石英砂岩

胡鲁斯台剖面层序如下（见图 8-7）：

上覆地层：二马营组（T_2e）浅灰绿色厚—巨厚层中粒岩屑长石砂岩，上部尚夹紫红色粉砂岩

———— 整　　合 ————

和尚沟组（T_1h）	厚度 145.1m
67. 灰紫—紫红色粉砂岩夹少量淡黄绿色中—细粒岩屑长石杂砂岩	19.1m
66. 淡黄绿色中—细粒岩屑长石杂砂岩夹少量紫红色粉砂岩	17.2m
65. 紫红色粉砂岩夹数层淡黄绿色中—细粒岩屑长石杂砂岩。粉砂岩含丰富的钙质结核	43.7m
64. 浅灰黄色中厚层石膏质细粒岩屑长石砂岩	18.4m
63. 紫红色薄层粉砂岩夹少量浅灰黄色石膏质细粒岩屑长石砂岩	33.4m
62. 浅灰黄色中厚层石膏质（含砾）中—细粒岩屑长石砂岩。砂岩发育交错层理	13.3m

———— 整　　合 ————

下伏地层：刘家沟组（T_1l）紫红间夹浅灰黄色中层石膏质粗—中粒岩屑长石砂岩

和尚沟组与下伏刘家沟组和上覆二马营组均为整合接触，为一套干旱气候条件下的河湖相碎屑岩沉积，岩性以紫红、灰绿色粉砂岩、粉砂质泥岩、泥岩为主，夹紫红色长石砂岩、长石石英砂岩。和尚沟组上部粉砂岩、泥岩中常含较多的钙质结核（图 9-2）是其特征，以红色泥岩、粉砂岩结束作为本组的顶界。

在上列红石布勒格剖面中和尚沟组厚 238.4m，岩性为暗紫色泥质粉砂岩、粉砂质泥岩与浅灰绿色厚层含砾粗粒长石砂岩、长石石英砂岩等构成的韵律层，偶夹砾岩，顶部粉砂质泥岩含泥灰质结核。

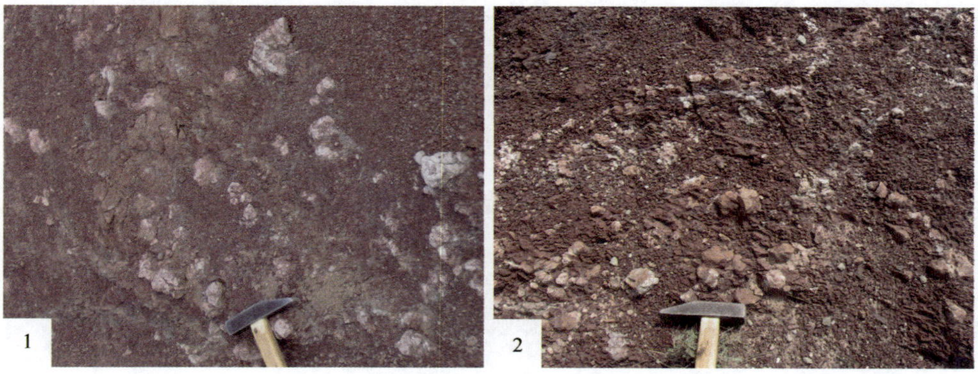

图 9-2　和尚沟组含钙质结核泥岩

Fig. 9-2　Mudstone containing calcareous concretions of the Heshanggou Formation

1—宁夏石嘴山市西沟；2—内蒙古阿拉善左旗宗别立

胡鲁斯台剖面厚 145.1m，岩性为灰紫—紫红色粉砂岩、淡灰黄色石膏质细粒岩屑长石砂岩、长石杂砂岩，粉砂岩含丰富的钙质结核。在石炭井西沟本组厚 241.6m，岩性为紫红色粉砂岩夹紫灰、黄绿色中—中厚层粗—细粒岩屑长石砂岩，后者发育斜层理和交错层理。

宁东地区和尚沟组地表未见出露，据钻孔资料，盐池鸳参一井本组厚 91.5 m，任三井钻遇厚度 108.0 m，主要为紫、棕紫、棕红、灰绿色泥岩、泥质粉砂岩夹长石石英砂岩、长石砂岩等。石沟驿忠 1 井本组厚 637.4m，主要岩性为红色细—中粒砂岩和紫红色泥质粉砂岩，偶见红色含砾粗砂岩。惠安堡惠探 1 井本组以砂岩为主，夹泥岩、砂质泥岩。

（三）二马营组（T_2e）

中国科学院山西地层队、刘鸿允等 1959 年命名，命名剖面位于山西宁武二马营南梁山。

早年二马营组曾划归石千峰群上部，1980 年宁夏区域地层表编写组首次从石千峰群上部划分出纸坊群，嗣后这一地层名称得到了广泛使用。1996 年，宁夏地层清理研究组认为宁夏的纸坊组（群）与分布于陕西、山西的二马营群岩性相似，应统一地层名称，遂废纸坊组而起用二马营组，并指定内蒙古阿拉善左旗北哈拉乌沟剖面为其次层型。

二马营组分布地域与刘家沟组、和尚沟组基本一致，但出露面积比后二者要大一些。北哈拉乌沟剖面、汝箕沟剖面和石沟驿剖面具代表性。

北哈拉乌沟剖面（位于内蒙古阿拉善左旗北哈拉乌沟。起点坐标：北纬 38°52′，东经 105°51′。宁夏区调队 1978 年测制，宁夏地调院 2006 年修侧）层序如下（图 9-3）：

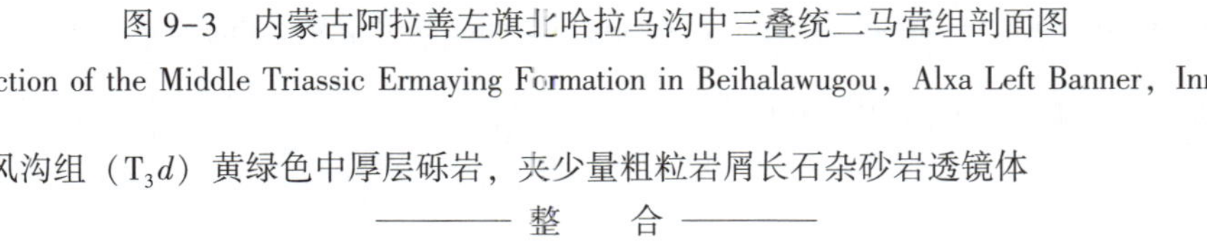

图 9-3　内蒙古阿拉善左旗北哈拉乌沟中三叠统二马营组剖面图

Fig. 9-3　Section of the Middle Triassic Ermaying Formation in Beihalawugou, Alxa Left Banner, Inner Mongolia

上覆地层：大风沟组（T_3d）黄绿色中厚层砾岩，夹少量粗粒岩屑长石杂砂岩透镜体

———— 整　合 ————

二马营组（T_2e）　厚度 1236.4m

18. 灰绿色中厚层砂砾岩，顶部为灰绿色含细砾粗粒岩屑长石杂砂岩　197.5m
17. 灰绿色中厚层含砾粗粒长石岩屑杂砂岩夹灰绿色砂砾岩。砂岩发育大型槽状交错层理，含少量紫红色泥砾　141.4m

16. 灰绿色中厚层砂砾岩夹灰绿色中厚层粗粒长石岩屑杂砂岩 95.4m
15. 灰绿色中层含砾中粒岩屑杂砂岩夹灰绿色中层砾岩。前者含泥砾及砂球 99.2m
14. 灰绿色中厚层含砾粗中粒长石岩屑砂岩。含紫红色泥砾 54.1m
13. 灰绿色厚—中层含砾中粗粒长石岩屑砂岩夹灰绿色薄层细粒长石岩屑砂岩。砂岩含紫红色泥砾 148.9m
12. 灰绿色中厚层含砾中—细粒长石岩屑砂岩与浅黄绿色薄层中细粒长石岩屑砂岩不等厚互层，偶夹紫红色薄层细砂岩 122.6m
11. 灰绿色中厚层中细粒长石岩屑砂岩夹灰色薄层细粒长石岩屑砂岩 28.7m
10. 灰绿色中厚层中细粒长石岩屑砂岩夹浅灰绿色砂砾岩。砂岩含紫红色泥砾，发育大型槽状交错层理 31.0m
9. 灰绿色中厚层砂砾岩 6.9m
8. 浅灰绿色中厚层中细粒长石岩屑砂岩，顶部为一层紫红色薄层长石岩屑砂岩。砂岩含紫红色泥砾，发育大型槽状交错层理 23.7m
7. 灰绿色中厚层砂砾岩夹含细砾粗粒长石岩屑砂岩。砂岩含紫红色泥砾，发育大型槽状交错层理 40.6m
6. 浅灰绿、浅红灰色中层含砾中细粒长石岩屑杂砂岩，底部夹一层厚约20cm的紫红色薄层粉砂岩。砂岩含紫红色泥砾，发育大型槽状交错层理。细砂岩含孢粉 *Cordaitina* sp. 77.9m
5. 灰白、浅灰红色中厚层含砾细粒岩屑长石杂砂岩，偶夹紫红色薄层粉砂岩。砂岩含紫红色泥砾，发育平行层理和大型槽状交错层理 88.5m
4. 灰白、灰红色中厚层含砾细粒岩屑长石杂砂岩。砂岩发育大型槽状交错层理，含紫红色泥砾 42.1m
3. 灰白、红灰色中厚层含砾粗粒岩屑长石砂岩，偶夹紫红色泥页岩条带。前者发育大型槽状交错层理和平行层理，含紫红色泥砾 37.9m

——— 整　合 ———

下伏地层：和尚沟组（T_1h）紫红、绛紫色粉砂质泥岩夹灰紫色中层细粒长石石英砂岩

汝箕沟剖面（位于平罗县汝箕沟。起点坐标：北纬38°52′，东经105°51′。宁夏区调队1978年测制，宁夏地调院2006年修测）层序如下（图9-4）：

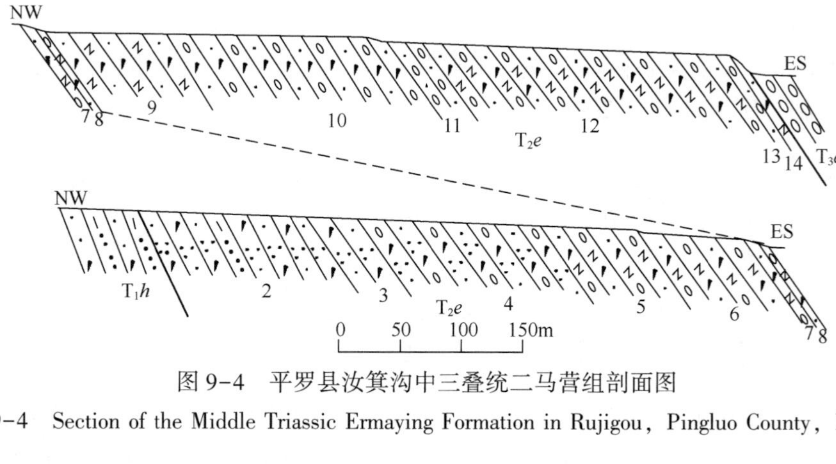

图9-4　平罗县汝箕沟中三叠统二马营组剖面图

Fig. 9-4　Section of the Middle Triassic Ermaying Formation in Rujigou，Pingluo County，Ningxia

上覆地层：大风沟组（T_3d）黄绿色块状粗砾岩

——— 整　合 ———

二马营组（T_2e） 厚度1012.6m

14. 紫红色中厚层不等粒长石岩屑砂岩与黄绿色厚层不等粒长石岩屑砂岩不等厚互层 7.8m
13. 黄绿色厚层砂砾岩 85.0m
12. 灰绿色厚层含砾中—粗粒长石岩屑砂岩 21.1m
11. 黄绿色厚层—块状砂砾岩。含紫红色泥砾 26.0m

10. 灰紫色厚层含砾中—粗粒岩屑砂岩。发育大型槽状交错层理、板状斜层理，含紫红色泥砾 325.2m
9. 灰紫色厚层中细粒长石岩屑砂岩。发育平行层理 104.1m
8. 灰紫色厚层含砾中粒长石岩屑砂岩 44.8m
7. 灰绿色厚层含砾中粒长石岩屑砂岩。含紫红色泥砾 67.2m
6. 灰紫、灰绿色厚层含砾中—粗粒长石岩屑砂岩，见夹砾岩透镜体。发育大型板状斜层理 67.2m
5. 灰紫色厚层含砾长石岩屑砂岩。含紫红色泥砾 100.9m
4. 灰紫色厚层含砾细粒岩屑石英砂岩。发育大型槽状交错层理，含紫红色泥砾 72.2m
3. 灰紫色厚层中粒岩屑石英砂岩，偶夹紫红色泥质粉砂岩条带。前者发育大型槽状交错层理，含紫红色泥砾 58.4m
2. 灰白色厚层中粒岩屑石英砂岩，夹少量紫红色泥质粉砂岩条带。砂岩发育大型槽状交错层理，含紫红色泥砾 32.7m

———— 整 合 ————

下伏地层：和尚沟组（T_1h）紫红色粉砂质泥岩夹灰白色中厚层中粒岩屑砂岩

石沟驿剖面（位于灵武市石沟驿煤矿西南 15km 处。起点坐标：北纬 37°42′，东经 106°18′。宁夏区调队 1981 年测制，宁夏地勘院 2000 年修测）层序如下（图 9-5）：

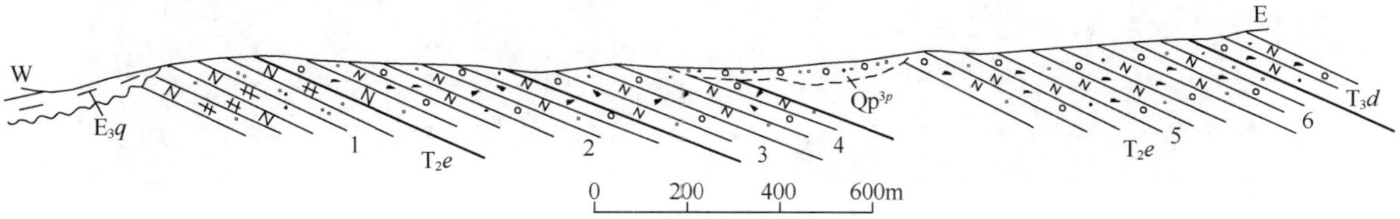

图 9-5 灵武市石沟驿中三叠统二马营组剖面图

Fig. 9-5 Section of the Middle Triassic Ermaying Formation in Shigouyi, Lingwu, Ningxia

上覆地层：大风沟组（T_3d）浅黄绿、浅灰绿色中—厚层中—粗粒岩屑长石砂岩

———— 整 合 ————

二马营组（T_2e） 厚度>701.3m

6. 浅紫灰色厚层含砾粗粒岩屑长石砂岩，顶部夹灰、浅绿灰色薄层细粒砂岩，发育大型板状斜层理及平行层理 87.7m
5. 浅紫灰色厚层含砾粗粒岩屑长石砂岩夹中层中—粗粒岩屑长石砂岩，发育大型板状斜层理及平行层理 211.2m
4. 浅紫灰色厚层含砾粗粒岩屑长石砂岩，发育大型板状斜层理及平行层理 48.2m
3. 紫灰色中层粗粒岩屑长石砂岩夹中粗粒岩屑长石砂岩，偶夹紫红色泥岩透镜体，含紫红色泥砾，发育大型板状斜层理及槽状交错层理 81.0m
2. 紫灰色厚层中粒岩屑长石砂岩，含紫红色泥砾，发育大型板状斜层理及平行层理 179.1m
1. 灰紫色中—厚层中粒长石杂砂岩夹薄层粉砂岩，偶夹绛紫色泥岩透镜体，砂岩发育大型板状斜层理、楔状交错层理及砂球构造，普遍含紫红色泥砾（未见底） >94.1m

二马营组与下伏和尚沟组和上覆大风沟组均为整合接触，为一套河湖相的碎屑岩沉积，主要由成熟度较低的岩屑长石砂岩、岩屑长石杂砂岩组成，砂岩普遍发育交错层理（图 9-6）、含紫红色泥砾（图 9-7）和砂球（图 9-8），厚 219.7~1236.3m。

上述北哈拉乌剖面二马营组厚 1236.4m，岩性为灰绿、浅灰绿间夹浅红灰色中厚层含砾中粗粒、含砾中细粒长石岩屑砂岩、长石岩屑杂砂岩夹砂砾岩透镜体，下部偶夹紫红色薄层粉砂岩。砂岩发育大型槽状交错层理、板状斜层理，含紫红色泥砾（泥岩砾石），上部砂岩含砂球（砂质结核）。汝箕沟剖面本组厚 1012.6m，岩性为灰紫间夹黄绿、灰绿色中厚至厚层含砾中粗粒、中细粒长石岩屑砂岩、岩屑石英砂岩、岩屑砂岩夹少量砾岩、砂砾岩，下部偶夹紫红色泥质粉砂岩条带。砂岩发育大型槽状交错层理和板状斜层理，常含紫红色泥砾及砂球。

图 9-6　二马营组砂岩中之交错层理

Fig. 9-6　Cross-stratification of sandstone of the Ermaying Formation

1~4—石嘴山市西沟剖面

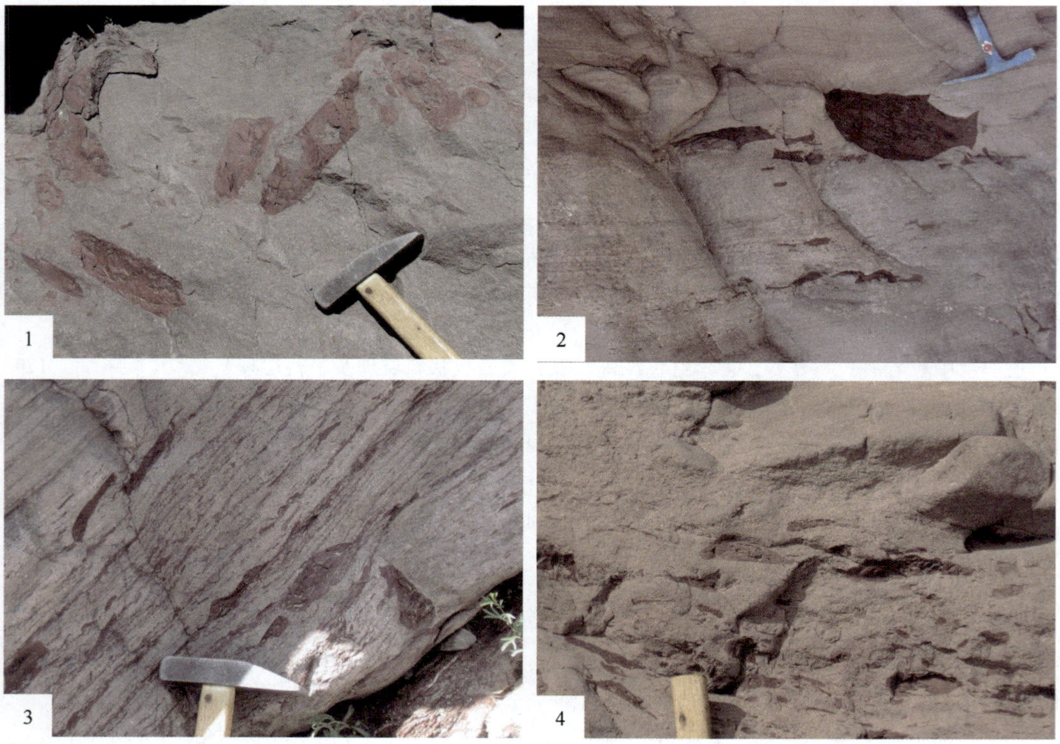

图 9-7　二马营组砂岩中之紫红色泥砾

Fig. 9-7　Purple red boulder clay of sandstone of the Ermaying Formation

1~4—石嘴山市西沟剖面

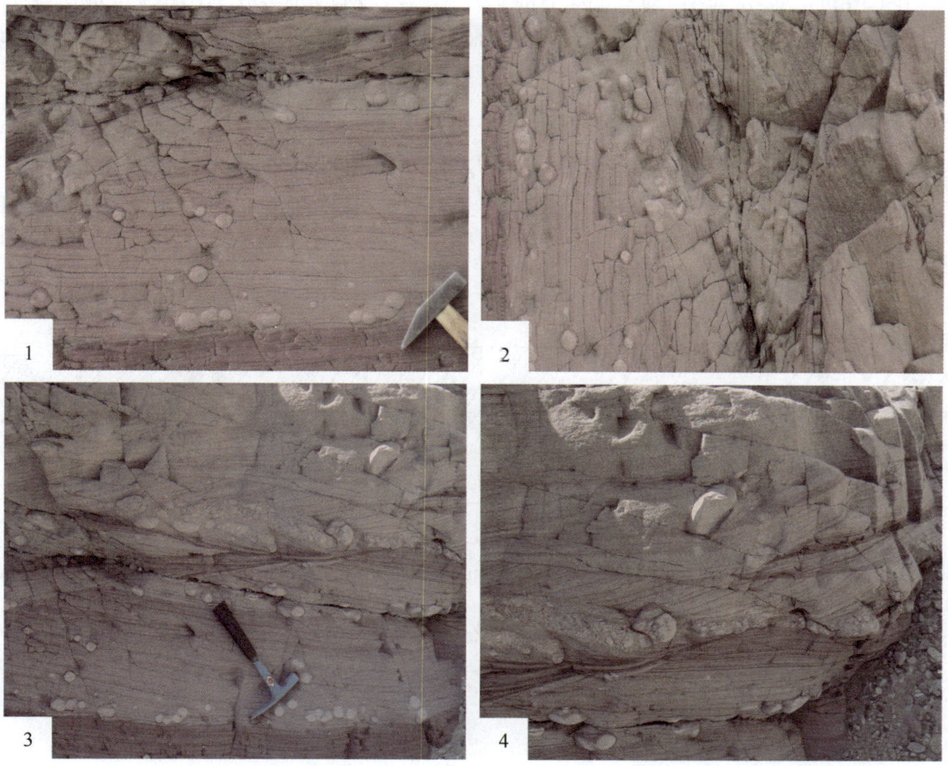

图 9-8 二马营组砂岩中之“砂球”

Fig. 9-8 Sand ball structure of sandstone of the Ermaying Formation

1~4—石嘴山市西沟剖面

自汝箕沟剖面向北至石炭井西沟二马营组厚 905.8m，岩性与汝箕沟剖面相似，岩性以含砾中粗粒、含砾中细粒岩屑长石砂岩为主，砂岩层宏观色调呈灰紫—浅紫红色，含较多的紫红色泥砾和砂球。向西至胡鲁斯台二马营组厚 780.7m，岩性与北哈拉乌剖面相近，岩性以中厚层含砾粗—细粒岩屑长石砂岩为主，夹中厚—厚层砾岩、砂砾岩，下部砂岩色调为灰紫色，向上逐渐变为浅灰绿、黄绿色为主间有灰紫色，砂岩普遍发育大型槽状交错层理，下部砂岩含砂球。

在上列石沟驿剖面中二马营组岩性以紫灰—浅紫灰色中厚至厚层含砾粗粒、中粗粒岩屑长石砂岩、长石杂砂岩为主，下部偶夹绛紫色泥岩透镜体，砂岩发育大型交错层理，含紫红色泥砾及砂球。宁东地区各地出露层位不尽一致，所见岩性与石沟驿剖面近似，但沉积厚度有一定差异。石沟驿剖面未见底，厚度大于 701.3m；灵武红柳沟剖面未见底，厚 500.8m；辛圈梁、黄河湾、双磨盘均未见顶，厚度分别为 219.7m、357.6m 和 626.4m。

从上述剖面可以看出，贺兰山分水岭东侧二马营组粒度相对较细，汝箕沟以北的西沟、正义关和沙巴台等地岩性特征与汝箕沟剖面相似，岩层宏观色调呈浅紫红—灰紫色，而大水沟以南至苏峪口一带色调则以灰绿色为主；贺兰山分水岭西侧碎屑岩粒度相对较粗，岩性特征与北哈拉乌剖面近似，岩层宏观色调为灰绿色。宁东地区各地所见岩性与汝箕沟剖面类似，出露层位不尽一致，厚度有较大差异。

（四）大风沟组（T_3d）

1992 年，西安地质学院区调队在进行胡鲁斯台幅、古拉本幅1：5 万区调时，认为贺兰山区的延长群与陕北的延长群在岩性、岩相和古生物特征上有较大差异，因而将该地区的延长群改称为白芨芨沟群，将原第一至第五岩组分别命名为直沟组、大风沟组、下田组、中田组和上田组。1996 年，宁夏地层清理研究组将该套地层统称为白芨芨沟群，将其中的直沟组、大风沟组和下田组合并称为大风沟组，将中田组和上田组合并称为上田组。本《志》认为贺兰山及宁东地区的三叠系上部地层其大套岩性及古生物群特征与陕北的延长群基本一致，但不能进一步一一对应地划分组级岩石地层单位。因此，本《志》恢复使用延长群一名，进一步划分为下部大风沟组和上部上田组，其含义与宁夏地层清理研究组划分方案一致。

大风沟组主要分布于贺兰山中—北段敖包疙瘩—马莲滩一带以及宁东的磁窑堡和石沟驿地区，贺兰山北段正义关南有小面积出露。汝箕沟剖面、水磨沟剖面和石沟驿剖面具代表性。

汝箕沟剖面（位于平罗县汝箕沟。起点坐标：北纬 39°00′，东经 106°10′。宁夏地调院 2011 年测制）层序如下（图 9-9）：

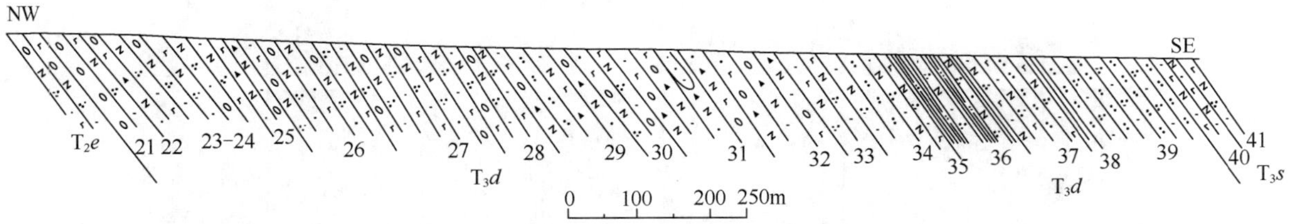

图 9-9 平罗县汝箕沟上三叠统大风沟组剖面图

Fig. 9-9 Section of the Upper Triassic Dafenggou Formation in Rujigou, Pingluo County, Ningxia

上覆地层：上田组（T_3s）灰绿色中—厚层钙质细粒长石石英砂岩夹灰绿色薄层粉砂岩

———— 整 合 ————

大风沟组（T_3d）	厚度 1186.9m
39. 黄绿色粉砂岩夹灰绿色薄—中层细粒石英砂岩	125.7m
38. 黄绿色薄层粉砂岩、粉砂质页岩	11.6m
37. 黄绿色薄—中层钙质细粒长石石英砂岩夹灰黑色粉砂岩、钙质细粒石英砂岩	73.7m
36. 灰黑色页岩、粉砂岩、粉砂质页岩夹灰黑色薄—中层细粒长石石英砂岩	79.8m
35. 黄绿色薄—中层钙质细粒长石石英砂岩	12.3m
34. 灰绿色薄—中层细粒长石石英砂岩与灰黑色粉砂岩、粉砂质泥岩不等厚互层。含植物碎片	66.1m
33. 黄绿色中厚层钙质细—中粒长石石英砂岩夹灰黑色薄层粉砂岩	45.0m
32. 黄绿色巨厚层钙质含砾细—中粒长石石英砂岩	86.0m
31. 黄绿色巨厚层钙质含砾中粒长石石英砂岩夹灰绿色细粒砂岩透镜体	108.8m
30. 灰白、黄绿色中厚层钙质含砾粗粒长石石英砂岩	37.7m
29. 灰白、浅灰绿色巨厚层钙质含砾细—中粒长石石英砂岩夹灰黑色粉砂岩、粉砂质泥岩。砂岩发育平行层理及交错层理	82.3m
28. 灰绿色中—厚层钙质含砾粗粒长石石英砂岩	20.9m
27. 黄绿、灰绿色中厚层钙质含砾细—中粒长石石英砂岩夹灰绿色薄层钙质含砾细粒长石石英砂岩	98.0m
26. 灰白、灰绿色间夹灰红色中厚层钙质含砾粗粒长石石英砂岩	78.8m
25. 灰白、灰绿色厚层钙质含砾粗粒长石石英砂岩夹薄层砂砾岩	24.3m
24. 灰白、灰绿色巨厚层钙质含砾粗粒长石石英砂岩。发育平行层理及交错层理	181.6m
23. 黄绿色厚层钙质含砾粗粒长石石英砂岩	5.4m
22. 黄绿色厚层钙质含砾粗粒长石石英砂岩夹砂砾岩透镜体	20.2m
21. 灰绿、黄绿色厚层粗砾岩夹黄绿色钙质含砾细粒长石石英砂岩	28.7m

———— 整 合 ————

下伏地层：二马营组（T_2e）灰绿色巨厚层钙质含砾细—中粒长石石英砂岩

水磨沟剖面（位于内蒙古阿拉善左旗水磨沟。起点坐标：北纬 38°56′，东经 105°54′。宁夏区调队 1978 年测制，宁夏地调院 2006 年修测）层序如下（图 9-10）：

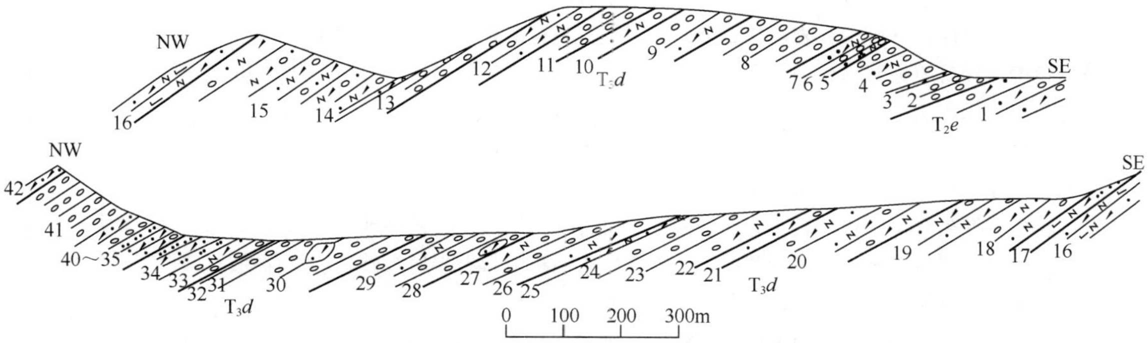

图 9-10　内蒙古阿拉善左旗水磨沟上三叠统大风沟组剖面图

Fig. 9-10　Section of the Upper Triassic Dafenggou Formation in Shuimogou, Alxa Left Banner, Inner Mongolia

大风沟组（T_3d） 厚度>1668. 3m

42. 灰绿色薄层钙质细粒岩屑砂岩（因向斜未见顶） >17. 5m
41. 灰绿色厚层粗砾岩，偶夹砂岩、粉砂岩透镜体 125. 8m
40. 灰绿色薄层钙质细粒岩屑砂岩 16. 7m
39. 灰绿色厚层细砾岩 7. 3m
38. 灰绿色薄层钙质细粒岩屑砂岩夹粗砾岩 8. 7m
37. 灰绿色薄层钙质细粒岩屑砂岩夹灰黑色薄层粉砂岩，中部尚夹一层厚约 1m 的砾岩 28. 3m
36. 黄绿色薄—中厚层钙质细粒岩屑砂岩 17. 8m
35. 黄绿色中厚层钙质含砾粗粒岩屑砂岩 8. 9m
34. 灰黑色薄层粉砂岩夹黄绿色中层细粒岩屑杂砂岩。粉砂岩含植物 *Todites shensiensis*, *Cladophlebis raciborskii*, *Neocalamites* cf. *carrerei* 47. 2m
33. 黄绿色中层含砾中粗粒岩屑长石砂岩，底部有数层砾岩 33. 0m
32. 灰黑色薄层粉砂岩。产植物 *Cladophlebis stenophylla*, *Bernoullia zeilleri*, *Todites shensiensis*, *Neocalamites* sp. 4. 1m
31. 黄绿色中层粗—中粒岩屑长石砂岩。发育大型槽状交错层理 7. 1m
30. 灰绿色厚层粗砾岩夹少量砂岩透镜体 92. 4m
29. 灰绿色厚层粗砾岩夹灰紫色中厚层含砾中粒岩屑长石砂岩 57. 5m
28. 灰紫色厚层粗砾岩夹灰紫、黄绿色粗粒岩屑长石砂岩透镜体 21. 0m
27. 灰紫间夹黄绿色厚层含砾粗粒岩屑长石砂岩夹灰紫色粗砾岩 31. 6m
26. 灰紫色厚层粗砾岩夹灰紫、灰绿色中厚层粗—中粒岩屑长石砂岩。砂岩发育大型槽状交错层理 18. 9m
25. 底部为一层厚约 2m 的粗砾岩，向上为灰绿、灰紫色中厚层含砾中—粗粒岩屑长石砂岩 25. 0m
24. 灰紫色中厚层中粒岩屑长石砂岩。发育大型槽状交错层理 6. 1m
23. 灰黄色厚层粗砾岩夹灰紫色厚层粗砾岩 20. 8m
22. 深紫红色厚层粗砾岩 19. 2m
21. 灰紫色中厚层含砾中—粗粒岩屑长石砂岩夹砾岩透镜体。砂岩发育大型槽状交错层理 41. 0m
20. 灰紫色中厚层含砾中—粗粒岩屑长石砂岩夹黄绿色中层中粒岩屑长石砂岩。发育大型槽状交错层理 19. 7m
19. 灰紫色中厚层含砾粗—中粒岩屑长石砂岩。发育大型槽状交错层理 102. 0m
18. 黄绿色中—厚层含砾粗—中粒岩屑长石砂岩，顶部夹一层厚约 20cm 的紫红色砂岩 114. 2m
17. 黄绿色中厚层钙质中—粗粒岩屑长石砂岩 16. 9m
16. 黄绿色厚层钙质中粒岩屑长石砂岩 35. 9m
15. 黄绿色厚层含砾中粒岩屑长石杂砂岩，偶夹砾岩透镜体。砂岩发育大型槽状交错层理 195. 8m
14. 黄绿色厚层含砾中粗粒岩屑长石杂砂岩夹砾岩透镜体 3. 7m
13. 黄绿色厚层粗砾岩夹少量砂岩透镜体 3. 4m
12. 黄绿色中厚层含砾中粒岩屑长石杂砂岩，偶夹紫红色中层中细粒岩屑长石杂砂岩 30. 4m

11. 黄绿色厚—巨厚层粗砾岩夹黄绿色中厚层含砾中粒岩屑长石杂砂岩　94.2m
10. 黄绿色厚—巨厚层含砾中粒岩屑长石杂砂岩。发育平行层理，有时见交错层理　30.0m
9. 黄绿色厚层粗砾岩夹黄绿色中层含砾中—细粒岩屑长石杂砂岩　89.9m
8. 黄绿色厚层粗砾岩　101.1m
7. 黄绿色中厚层含砾粗—中粒长石岩屑杂砂岩。发育平行层理　18.6m
6. 黄绿色巨厚—块状粗砾岩夹少量含砾砂岩透镜体　12.4m
5. 黄绿色中—厚层含砾中粗粒长石岩屑杂砂岩。发育平行层理、交错层理　8.3m
4. 黄绿色厚—巨厚层粗砾岩夹少量黄绿色中层含砾中—粗粒长石岩屑杂砂岩。发育平行层理　92.5m
3. 黄绿色中层含砾粗—中粒岩屑长石杂砂岩。发育平行层理　7.4m
2. 黄绿色厚—巨厚层粗砾岩，偶夹砂岩透镜体。砾岩中砾石约占60%，成分复杂，主要有石英岩、硅质岩及砂岩，亦有少量灰岩；砾径一般3~5cm，大者达10cm；砾石分选性差，但磨圆度极好，多呈浑圆状　36.0m

———— 整　合 ————

下伏地层：二马营组（T_2e）灰绿色中—厚层含砾粗粒长石岩屑杂砂岩

石沟驿剖面层序如下（图9-11）：

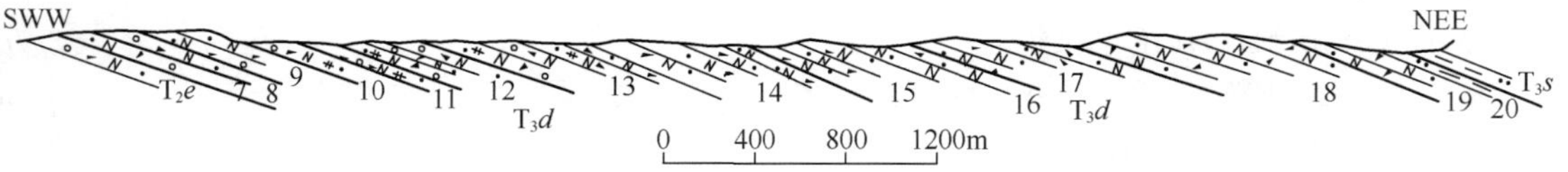

图9-11　灵武市石沟驿上三叠统大风沟组剖面图

Fig. 9-11　Section of the Upper Triassic Dafenggou Formation in Shigouyi，Lingwu，Ningxia

上覆地层：上田组（T_3s）浅黄绿色厚—巨厚层中粒岩屑长石砂岩

———— 整　合 ————

大风沟组（T_3d）　厚度1417.8m

20. 浅灰绿色粉砂质泥岩　10.6m
19. 浅灰绿色中—薄层细粒岩屑长石砂岩，发育平行层理及中型槽状交错层理　95.6m
18. 浅绿黄、褐黄色厚层—块状中—粗粒岩屑长石砂岩与中—厚层中—细粒岩屑长石砂岩不等厚互层，局部含细砾。细—中粒砂岩发育板状斜层理及槽状交错层理　182.6m
17. 浅绿黄色中层中粒岩屑长石砂岩，常含细砾，上部夹一层厚0.3m黑色粉砂质页岩。砂岩发育平行层理　194.1m
16. 浅灰绿色厚层粗粒岩屑长石砂岩，向上渐变为中—细粒岩屑长石砂岩。中—细粒砂岩发育平行层理　106.3m
15. 浅灰绿色薄层中粒岩屑长石砂岩，发育平行层理　58.7m
14. 浅黄绿色厚—巨厚层中—粗粒岩屑长石砂岩　175.8m
13. 浅灰绿色厚层含砾中粒岩屑长石杂砂岩，局部发育大型板状斜层理及平行层理　165.9m
12. 浅灰绿色中—厚层粗粒岩屑长石杂砂岩，夹少量砂砾岩条带　122.5m
11. 浅灰绿色中—厚层含砾粗粒岩屑长石杂砂岩，下部夹砂砾岩透镜体或条带，中、上部夹粗粒岩屑长石砂岩　65.8m
10. 浅灰绿色中—厚层粗粒岩屑长石砂岩，局部含细砾　34.8m
9. 浅灰绿色中厚层含砾粗粒岩屑长石砂岩，局部发育大型板状斜层理及平行层理　107.3m
8. 浅灰绿色中—薄层中—粗粒岩屑长石砂岩，发育平行层理　39.5m
7. 浅绿黄、浅灰绿色中—厚层中—粗粒岩屑长石砂岩，局部发育大型板状斜层理及槽状交错层理　58.3m

———— 整　合 ————

下伏地层：二马营组（T_2e）灰、浅绿灰色薄层细砂岩大风沟组与下伏二马营组和上覆上田组均为整合接触，为一套河湖相的碎屑岩沉积，主要由灰绿—黄绿色长石石英砂岩、岩屑长石砂岩、岩屑砂岩组成，下部夹砾岩、砂砾岩，上部夹灰黑色粉砂岩、页岩、泥岩等，产双壳类和植物等化石。大风沟组底部砾岩层位较为稳定，是与二马营组的重要分界标志。

上列汝箕沟剖面大风沟组厚 1186.9m。下—中部为黄绿色中厚—巨厚层含砾粗粒、含砾细—中粒长石石英砂岩，底部为粗砾岩，砂岩发育大型槽状交错层理、板状斜层理、平行层理；上部为黄绿—灰绿色薄—中层细粒长石石英砂岩、石英砂岩、粉砂岩夹黑灰色粉砂质泥岩、粉砂质页岩、页岩，产双壳类和植物化石。自下而上碎屑粒度明显变细，构成一个向上由粗变细的沉积旋回。贺兰山分水岭以东插旗口—马莲滩一带本组岩性与汝箕沟剖面相似，底部砾岩层位稳定，但厚度有变化。

水磨沟剖面大风沟组厚度大于 1668.3m。下部为黄绿色厚层砾岩夹中厚—厚层含砾中—粗粒、含砾细粒长石岩屑砂岩、长石石英砂岩；中部为黄绿、灰绿、灰紫色厚—中厚层含砾中—粗粒长石岩屑砂岩、岩屑砂岩夹厚层砾岩（透镜体）；上部为灰绿—黄绿色厚—中厚层细—粗粒长石岩屑砂岩、含砾砂岩、砾岩夹灰黑色粉砂岩，粉砂岩产丰富的植物化石。其总体岩性与汝箕沟剖面基本一致，自下而上也构成一个由粗变细的沉积旋回，但碎屑粒度明显比汝箕沟剖面为粗。贺兰山分水岭以西南哈拉乌沟—塔尔岭一带本组岩性与水磨沟剖面相近。自水磨沟剖面向南砾岩有逐渐减少之趋势，自水磨沟剖面向北砾岩迅速增多，至塔尔岭一带本组几乎全由砾岩组成，其色调也变为以褐红色为主。

石沟驿剖面大风沟组厚 1417.8m，岩性为浅黄绿、浅灰绿色中—厚层含砾中—粗粒岩屑长石砂岩、粗粒岩屑长石杂砂岩、中—薄层中—细粒岩屑长石砂岩，下部常夹砂砾岩透镜体或条带，上部夹少量浅灰绿、黑色粉砂质泥（页）岩。砂岩发育大型板状斜层理、槽状交错层理及平行层理。

磁窑堡一带大风沟组与石沟驿剖面基本一致，主要由黄绿间灰紫色含砾粗粒长石砂岩、中—粗粒长石石英砂岩组成，夹紫红、黄绿色泥质粉砂岩、粉砂质泥岩及黑色炭质页岩，产植物化石。红柳沟剖面未见顶，厚度大于 399.4m。

大风沟组在横向上，自北西向南东碎屑粒度明显由粗变细，揭示物源区位于北西方向。

（五）上田组（T_3s）

西安地质学院区调队 1992 年命名。其命名沿革见大风沟组。本《志》沿用合并后的上田组含义。

上田组分布范围与大风沟组基本一致。白芨芨沟剖面和石沟驿剖面具代表性。

白芨芨沟剖面（位于平罗县白芨芨沟。起点坐标：北纬 39°04′，东经 106°11′。宁夏区调队 1978 年测制）层序如下（图 9-12）：

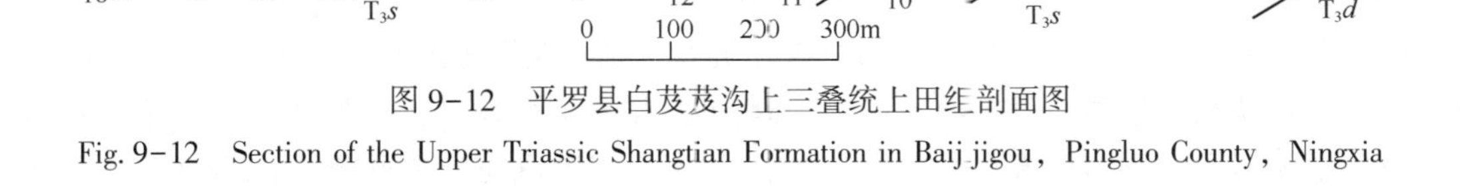

图 9-12　平罗县白芨芨沟上三叠统上田组剖面图

Fig. 9-12　Section of the Upper Triassic Shangtian Formation in Baijjigou, Pingluo County, Ningxia

上覆地层： 延安组（J_2y）灰白色砾岩、中厚层粗粒长石石英砂岩

～～～～～～ 不　整　合 ～～～～～～

上田组（T_3s）	厚度 711.1m
19. 黑色纸片状页岩。产植物 *Neocalamites* sp.	6.7m
18. 灰色中层钙质粉砂岩	6.7m
17. 黑色页岩与灰黄色粉砂岩互层	17.7m

16. 黄绿色薄层砂质页岩与粉砂岩不等厚互层。产植物 *Neocalamites* sp. 107.3m

15. 黑色纸片状页岩。产植物 *Neocalamites* sp. 36.6m

14. 黑灰色中厚层粉砂岩与黑色页岩互层。产植物 *Neocalamites* sp., *Elatides* sp. 46.7m

13. 黄绿色中厚层细粒石英砂岩。砂岩发育交错层理 111.9m

12. 黄绿色薄—中厚层细粒岩屑长石砂岩，夹极少量黑色页岩。砂岩层面发育不对称波痕 80.2m

11. 黄绿色厚层细粒岩屑长石砂岩。产植物 *Neocalamites* sp. 22.2m

10. 黄绿色薄层细粒岩屑长石砂岩与黑色页岩互层。产瓣鳃类 *Yanchuania* sp. 88.5m

9. 黄绿色厚层粗—中粒岩屑长石砂岩夹黄绿色薄—中厚层细粒长石石英砂岩及少量黑色粉砂岩 186.6m

——— 整　合 ———

下伏地层：大风沟组（T_3d）黄绿色中厚层粗—中粒岩屑长石砂岩与黑色薄层粉砂岩互层。粉砂岩含植物化石

石沟驿剖面层序如下（图 9-13）：

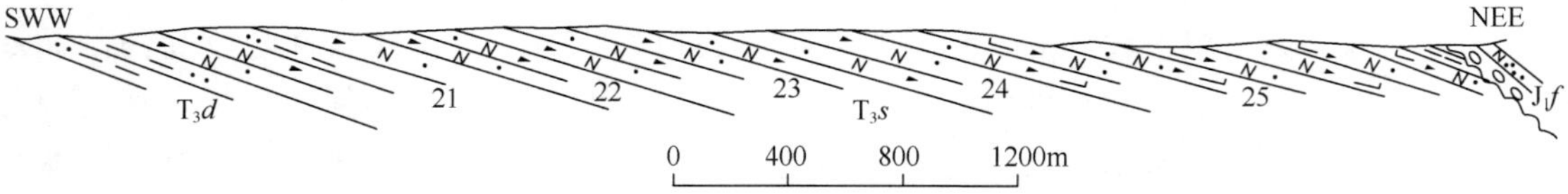

图 9-13　灵武市石沟驿上三叠统上田组剖面图

Fig. 9-13　Section of the Upper Triassic Shangtian Formation in Shigouyi, Lingwu, Ningxia

上覆地层：富县组（J_1f）灰黄、紫红、灰白色中粒长石石英砂岩

～～～～ 不整合 ～～～～

上田组（T_3s） 厚度 980.9m

25. 绿黄色中—厚层钙质中—细粒岩屑长石砂岩，多含细砾及砂质结核，发育槽状交错层理 349.4m

24. 浅黄绿色中—厚层细粒岩屑长石砂岩，局部夹灰绿色泥砾岩条带，发育大型楔状交错层理 131.9m

23. 黄绿色中—厚层钙质中—细粒岩屑长石砂岩，发育大型槽状交错层理，含少量细砾及砂质结核 195.3m

22. 绿黄色薄—中层细粒岩屑长石砂岩夹灰黄色薄层细粒岩屑长石砂岩，发育大型槽状交错层理及平行层理 75.2m

21. 浅黄绿色厚—巨厚层中粒岩屑长石砂岩，中、上部夹灰绿色粉砂质泥岩、泥岩、黑色炭质泥岩，发育大型槽状交错层理 229.1m

——— 整　合 ———

下伏地层：大风沟组（T_3d）浅灰绿色粉砂质泥岩

上田组与下伏大风沟组整合接触，侏罗系富县组或延安组不整合覆于其上，为一套河湖相的碎屑岩沉积，主要由灰绿—黄绿色岩屑长石砂岩、长石石英砂岩和灰黑色粉砂岩、泥岩、页岩组成，产植物及双壳类等化石。

上述白芨芨沟剖面上田组与下伏大风沟组连续沉积，延安组不整合覆于其上。下部为灰绿、深灰、黄绿色中厚层—块状长石砂岩、长石石英砂岩、斑点状岩屑长石砂岩、石英砂岩夹少量黑色薄层泥质粉砂岩、粉砂质泥岩等，砂岩中发育板状斜层理；上部为灰黑色泥质粉砂岩、泥岩夹灰、浅灰绿色薄层细粒长石石英砂岩、长石砂岩、石英砂岩等。厚 711.1m。贺兰山地区各地所见岩性与白芨芨沟剖面相似。

汝箕沟煤矿西南鼓鼓台—二道岭一带，上田组顶部见有火山岩层，东西延伸达 8km。其中鼓鼓台出露最好，厚 36.5m，以玄武岩为主，底部有少量凝灰岩。玄武岩呈灰绿色，具气孔状、杏仁状和枕状构造，上部靠近不整合面处岩石碳酸盐化强烈。该火山岩层分布范围较小，其他地区均未见及。

石沟驿剖面上田组与下伏大风沟组呈整合接触，与上覆下侏罗统富县组呈不整合接触。岩性为黄绿、绿黄、灰黄色中—厚层中—细粒岩屑长石砂岩、薄—中层细粒岩屑长石砂岩，下部夹少量灰绿色粉砂质泥岩、泥岩、黑色炭质泥岩，上部偶夹薄煤层（线），砂岩含少量细砾及砂质结核，发育大型槽状交错层理及平行层理，厚 980. 9m。在灵武石井子沟一带，本组岩性为浅灰黄、灰白色含砾粗粒、中细粒长石砂岩、长石石英砂岩夹灰、灰黄色粉砂岩、粉砂质泥岩及劣质煤层，厚仅 38. 6m。盐池马家滩、花马池、大水坑等地井下所见岩性为灰绿色砂岩夹灰黑色泥岩、炭质页岩及煤线，局部见夹泥质灰岩透镜体，钻遇厚度 23. 7~669m。

上田组自下而上总体构成一个由粗变细的沉积旋回，总体岩性比下伏大风沟组为细；横向上岩性基本稳定，未见显著变化，但沉积厚度有差异。

二、阿拉善地层区阿拉善南缘地层分区

本分区三叠系零星出露于中卫市西部之深井、黑山峡、小红山和甘塘南，其岩石地层序列自下而上为五佛寺组、丁家窑组和西大沟组。

（一）五佛寺组（$T_{1-2}w$）

王德旭 1983 年创名，蔡凯蒂（1993）介绍，创名地在甘肃景泰县五佛寺乡，正层型为景泰县五佛寺乡十里沟—冬青沟剖面。五佛寺组原隶属于西大沟群。1997 年甘肃地层清理研究组将五佛寺组置于窑沟群中上部，并重新厘定其含义为：指位于大泉组与丁家窑组之间，以紫红色为主夹灰白色的碎屑岩序列。本《志》沿用重新厘定后的五佛寺组含义。

五佛寺组分布于香山西南麓深井、大柳树及小红山等地。大柳树剖面（位于中卫市大柳树。起点坐标：北纬 37°25′，东经 104°58′。宁夏地质矿产勘察院 1994 年测制）具代表性，其层序如下（图 9-14）：

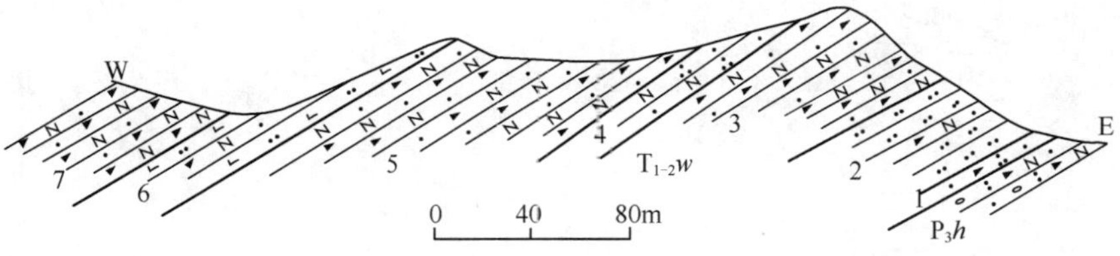

图 9-14　中卫市大柳树下—中三叠统五佛寺组剖面图

Fig. 9-14　Section of the Lower-Middle Triassic Wufosi Formation in Daliushu, Zhongwei, Ningxia

五佛寺组（$T_{1-2}w$）	厚度>142. 1m
7. 灰—浅红灰色厚层中粒岩屑长石砂岩（未见顶）	>6. 8m
6. 紫红色中层钙质粉砂岩夹浅红灰色中层中粒岩屑长石砂岩	23. 6m
5. 浅红灰—灰白色厚层细粒岩屑长石砂岩	40. 3m
4. 下部紫红色中层细—中粒岩屑长石砂岩；中部浅红灰色厚层粗粒长石石英砂岩；上部紫红色中层细—中粒岩屑长石砂岩	11. 5m
3. 灰白—浅红灰色巨厚层中粒岩屑长石砂岩	30. 5m
2. 紫红色中层粉砂岩夹灰白色中层中粒岩屑长石砂岩。砂岩发育交错层理	24. 4m
1. 浅灰—灰白色厚层含细砾粗粒岩屑石英砂岩	5. 0m

——— 整　合 ———

下伏地层：红泉组（P_3h）紫红色巨厚层含砾中粒凝灰质长石砂岩

五佛寺组与下伏红泉组和上覆丁家窑组均为整合接触，为一套河湖相红色碎屑岩沉积，岩性以浅红灰、浅紫灰间灰白色砂岩为主，夹少量紫红色泥岩、粉砂岩条带，以砂岩发育交错层理、含砂球和紫红色泥砾为特征。

上列大柳树剖面五佛寺组与下伏上二叠统红泉组整合接触，未见顶。岩性为浅红灰间灰白色中—厚层中—细粒岩屑长石砂岩夹紫红色粉砂岩，底部砂岩含砾，厚度大于 142.1m。香山西南麓深井一带，本组与下伏红泉组连续沉积，未见顶，厚度大于 337.6m。其岩性与大柳树剖面相似，为浅红灰色中—细粒长石砂岩、长石石英砂岩夹少量紫红色粉砂质泥岩透镜体或条带。砂岩发育板状斜层理，含紫红色泥砾及砂球。

小红山一带，五佛寺组未见底，与上覆丁家窑组整合接触，厚度大于 232.8m，岩性为灰白、浅紫灰、红灰、浅肉红色厚—巨厚层钙质含砾粗—中粒长石石英砂岩、石英砂岩夹极少量紫红色泥岩条带及砂砾岩透镜体。砂岩发育大型槽状交错层理（图 9-15）及泄水构造，紫红色泥砾（图 9-16）和含砂球（图 9-17）。碎屑岩粒度明显要比大柳树剖面和深井一带为粗，成层厚度也较大。

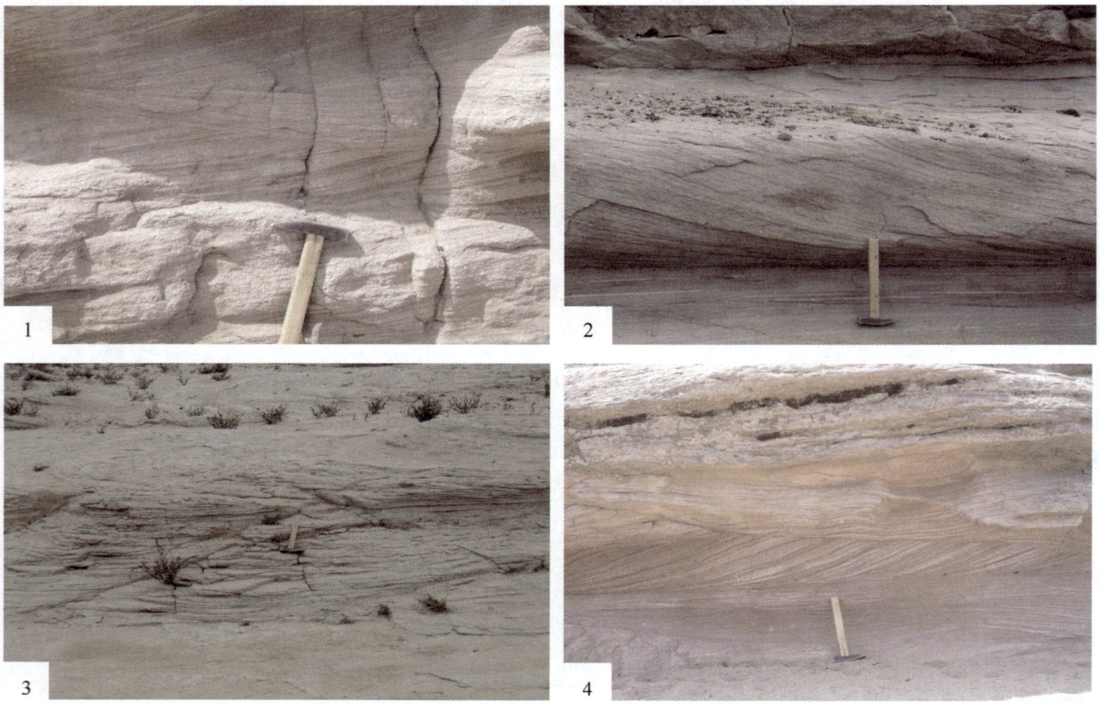

图 9-15　五佛寺组砂岩中之交错层理

Fig. 9-15　Cross-stratification of sandstone of the Wufosi Formation

1~4—内蒙古阿拉善左旗窑洞沟剖面

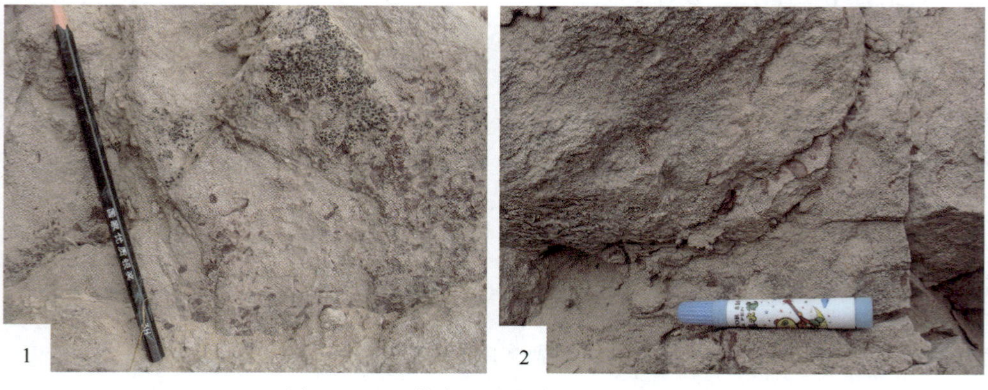

图 9-16　五佛寺组砂岩中之紫红色泥砾

Fig. 9-16　Purple red boulder clay of sandstone of the Wufosi Formation

1，2—内蒙古阿拉善左旗三叉沟剖面

图 9-17　五佛寺组砂岩中之“砂球”

Fig. 9-17　Sand ball structure of sandstone of the Wufosi Formation

1，2—内蒙古阿拉善左旗营盘水西

（二）丁家窑组（T_2d）

韩子芳、沈光隆 1978 年创名，创名地位于甘肃白银市丁家窑，正层型为白银市丁家窑剖面。《甘肃省区域地质志》（1989）和蔡凯蒂（1993）将五佛寺组和丁家窑组合称西大沟群。1997 年甘肃地层清理研究组将丁家窑组置于窑沟群上部，并重新厘定其含义为：指整合于五佛寺组和西大沟组之间的紫红色与灰绿色碎屑岩不等厚互层序列。本《志》沿用重新定义后的丁家窑组含义。

丁家窑组仅出露于中卫市西部的小红山。宁夏境内未测制剖面，兹引用与小红山毗连的邻区窑洞沟剖面（位于内蒙古阿拉善左旗营盘水北东之窑洞沟。起点坐标：北纬 37°31′，东经 104°24′。宁夏地调院 2008 年测制），其层序如下（图 9-18）：

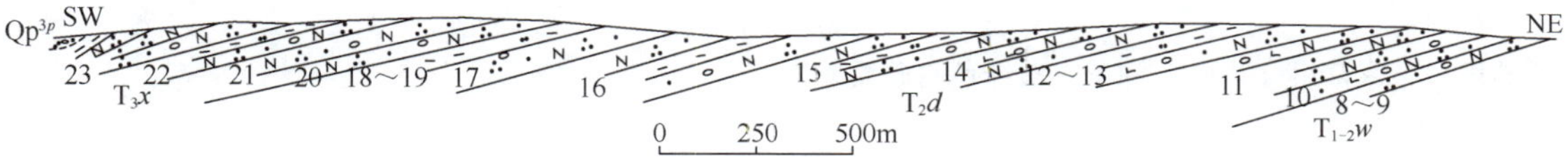

图 9-18　内蒙古阿拉善左旗窑洞沟三叠系剖面图

Fig. 9-18　Section of Triassic in Yaodonggou，Alxa Left Banner，Inner Mongolia

上覆地层：西大沟组（T_3x）浅灰绿色厚层含砾粗粒长石石英砂岩

——— 整　合 ———

丁家窑组（T_2d）	厚度 473.4m
19. 上部为深紫、黄绿色粉砂质泥岩夹黄绿色薄—中层细粒长石石英砂岩，下部为浅黄绿色中厚层含砾粗粒长石石英砂岩	10.9m
18. 深紫、灰绿、蓝灰色泥岩、粉砂质泥岩，上部夹少量黄绿色薄层钙质粉砂岩、细砂岩	15.8m
17. 浅灰绿色厚层粗粒长石石英砂岩	88.8m
16. 黄绿色中厚层含砾粗粒长石石英砂岩夹少量黄绿色粉砂质泥岩、泥岩	65.9m
15. 灰白、黄绿色厚—巨厚层含砾粗粒长石石英砂岩夹少量黄绿、暗紫色粉砂质泥岩、泥岩	82.7m
14. 灰白、黄绿色厚层含砾粗粒、粗—中粒长石石英砂岩	52.0m
13. 黄绿色粉砂质泥岩、泥岩	1.1m
12. 黄绿、灰白色厚层粗—中粒、含砾粗粒长石石英砂岩	61.1m
11. 灰白、黄绿色厚—巨厚层含砾粗粒、粗—中粒长石石英砂岩。发育平行层理、槽状交错层理	88.6m
10. 灰白、黄绿色中厚—厚层含砾粗粒、含砾中—细粒长石石英砂岩与暗紫、黄绿色粉砂质泥岩、泥岩互层	6.5m

——— 整　合 ———

下伏地层：五佛寺组（$T_{1-2}w$）灰紫色巨厚层含砾粗—中粒长石石英砂岩

在上列剖面中丁家窑组与下伏五佛寺和上覆西大沟组均为整合接触，厚473.4m，岩性为灰白、浅灰绿、黄绿色中厚—巨厚层含砾粗粒、粗—中粒长石石英砂岩夹黄绿、灰绿、暗紫色粉砂质泥岩、泥岩，砂岩发育平行层理、板状斜层理、交错层理。宁夏境内零星出露的丁家窑组岩性特征与窑洞沟剖面相似。

丁家窑组与下伏五佛寺组的主要区别是以砂岩为主，并夹有黄绿、灰绿、暗紫色粉砂质泥岩、泥岩等，色调以浅灰绿—黄绿色为主杂以灰紫及肉红色，总体色调表现为杂色。以红色夹层消失作为与上覆西大沟组的分界标志。

（三）西大沟组（T_3x）

孙健初1936年创名西大沟系，创名地位于甘肃天祝县西大沟（现名西大滩）。西大沟系原始定义是指整合于红色窑沟砂岩之上的灰色砂岩、页岩。1989年出版的《甘肃省区域地质志》曾将五佛寺组和丁家窑组合称西大沟群。1997年甘肃地层清理研究组重新厘定了西大沟组，其含义是：指整合于丁家窑组和南营儿组之间的岩石色调单一的灰、灰绿色砂岩、页岩序列。本《志》沿用重新厘定后的西大沟组含义。

西大沟组零星出露于中卫市西部边陲小红山和甘塘两地。区内未测制剖面，现将邻区窑洞沟剖面引用到此，其层序如下（见图9-18）：

西大沟组（T_3x） 厚度>173.8m

23. 浅黄绿色厚层含砾粗粒长石石英砂岩，上部夹一层黄绿色粉砂质泥岩。砂岩发育平行层理、交错层理、大型板状斜层理（未见顶） >60.0m

22. 浅灰绿色中厚—厚层含砾中—粗粒长石石英砂岩，偶夹黄绿色粉砂质泥岩、泥岩条带 26.8m

21. 浅灰绿色厚—巨厚层含砾粗粒长石石英砂岩 50.6m

20. 浅灰绿色厚层含砾粗粒长石石英砂岩，中部夹少量黄绿色泥岩、粉砂质泥岩及黄绿色薄—中层细粒长石石英砂岩、粉砂岩。砂岩发育平行层理、槽状交错层理 36.4m

——— 整　合 ———

下伏地层：丁家窑组（T_2d）：深紫、黄绿色粉砂质泥岩

上述剖面西大沟组与下伏丁家窑组为整合接触，未见顶，厚度大于173.8m，岩性为浅灰绿—黄绿色中厚—巨厚层含砾中—粗粒长石石英砂岩夹少量黄绿色粉砂质泥岩、泥岩。砂岩发育平行层理、槽状交错层理和板状斜层理。

西大沟组总体色调呈浅灰绿—黄绿色，以不夹红色层为特征，下以红色夹层消失与丁家窑组分界，上以灰黑、黑色岩层始现作为南营儿组（本区未见出露）底界。

（四）崆峒山组（T_3k）

毕庆昌、徐铁良1944年创名崆峒山系，创名地位于甘肃平凉市崆峒山。崆峒山系包括下部紫红色砂页岩和上部紫红色砾岩夹砂岩两部分。1997年，甘肃地层清理研究组将崆峒山系下部紫红色砂页岩划归石千峰群，上部紫红色砾岩夹砂岩改称崆峒山组。本《志》沿用改称后的崆峒山组含义。

宁夏境内崆峒山组仅出露于泾源县沙塘和沙南峡两地，未见底，其上为下白垩统三桥组不整合覆盖。与宁夏沙塘川毗连的马家峡剖面（位于甘肃省平凉市马家峡。起点坐标：北纬35°34′，东经106°29′。宁夏地调院1998年测制）具代表性，其层序如下（图9-19）：

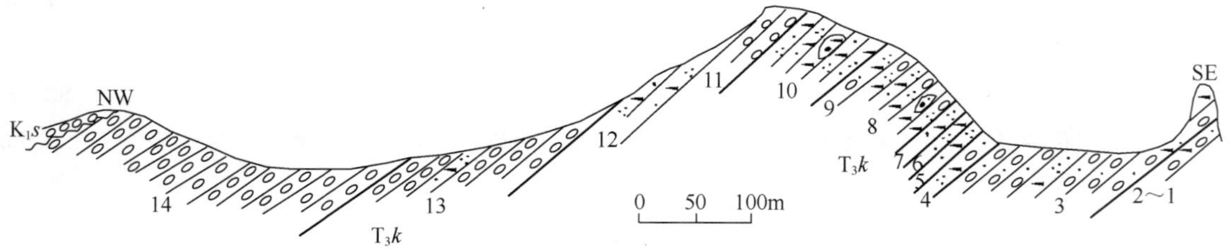

图9-19 甘肃省平凉市马家峡上三叠统崆峒山组剖面图

Fig. 9-19 Section of the Upper Triassic Kongdongshan Formation in Majiaxia, Pingliang, Gansu

上覆地层：三桥组（K_1s）浅黄灰、浅灰色巨厚层中—细砾岩

~~~~~~~~~~ 不 整 合 ~~~~~~~~~~

崆峒山组（T_3k）	厚度>404.3m
14. 褐红色巨厚层粗—巨砾岩	118.5m
13. 褐红色厚层粗—巨砾岩夹紫灰色中层细粒岩屑石英砂岩	43.9m
12. 浅红灰色厚层粗砾岩、褐红色薄—厚层中—细粒岩屑石英砂岩	6.3m
11. 浅灰色巨厚层中砾岩	9.0m
10. 褐红色薄层粗粒岩屑石英砂岩夹浅灰色细砾岩、砂砾岩、含砾砂岩透镜体	44.7m
9. 黄灰、褐灰色中厚层细砾岩、含砾粗粒岩屑石英砂岩夹中粗砾岩透镜体	7.6m
8. 褐灰色中层含砾粗粒岩屑石英砂岩、薄层中—粗粒岩屑石英砂岩夹少量薄层或透镜状细砾岩、砂砾岩	36.2m
7. 褐灰色厚层中—粗砾岩夹褐红色中层中粗粒岩屑石英砂岩、灰黄色薄—中层细粒岩屑石英砂岩及暗紫色泥岩	11.5m
6. 褐红色中层中—细粒岩屑石英砂岩夹暗紫色薄—中层泥质粉砂岩	9.3m
5. 浅褐黄色厚层细粒岩屑石英砂岩夹黄灰色薄层泥质粉砂岩	6.2m
4. 浅灰色中—厚层中粗砾岩、中细砾岩夹褐灰色中层含砾粗粒岩屑石英砂岩	7.7m
3. 褐红色巨厚层中—粗砾岩夹砖红色粗粒岩屑石英砂岩透镜体	96.9m
2. 褐红色巨厚层巨—粗砾岩、中—细砾岩夹砖红色厚层中—细粒岩屑石英砂岩	4.6m
1. 褐黄色巨厚层巨—粗砾岩、中—细砾岩夹褐灰色薄—中层细—粗粒岩屑石英砂岩（未见底）	>1.9m

上列马家峡剖面崆峒山组厚度大于404.3m，岩性为褐红、褐灰色中厚—巨厚层粗—巨砾岩、细—粗砾岩夹褐红色薄—厚层中粗粒岩屑石英砂岩、长石石英砂岩和少量粉砂岩、粉砂质泥岩。自下而上碎屑粒度逐渐变细、层厚变薄。自马家峡剖面向南至沙南峡一带，岩性为褐灰色巨厚层中—粗砾岩夹中—细砂岩透镜体，厚度约为200m。

第二节　古生物群组合

宁夏的三叠系皆为陆相地层，繁衍的古生物有植物、孢粉、双壳类、介形虫、叶肢介和昆虫等门类，其中植物、孢粉、双壳类和介形类在地层划分上具有重要的意义。

一、植物

1. *Pleuromeia-Neuropteridium* 组合

产于五佛寺组。化石主要采自甘肃景泰县五佛寺，共发现11属13种：*Pleuromeia rossica*，*Annalepis zeilleri*，*Willsiostrobus cordiformis*，*Neuropteridium coreanicum*，*N. platianum*，*Sphenopteris chowkiawanensis*，*Neocalamites carrerei*，*Cladophlebis raciborskii*，*Voltzia* sp.，*Sagenopteris oblongusensis*，*Qilianopteris quadriphylloense*，*Q. triphylloense*，*Nilssonia* spp. 等。其中 *Pleuromeia rossica*，*Neuropteridium coreanicum*，*N. platianum*，*Annalepis zeilleri*，*Sphenopteris chowkiawanensis*，*Cladophlebis raciborskii*，*Willsiostrobis cardiformis* 等是该植物组合的主要分子。该组合的特点是含有国内外早三叠世特有分子 *Pleuromeia rossica*，它在我国山西沁水等地常出现于刘家沟组的中—上部及和尚沟组的下部。*Neuropteridium* 属是晚古生代同类植物的孑遗分子，也是早三叠世最具特征的一个属。*Willsiostrobus* 在华北和尚沟组中分布较广，山西及河南义马煤田和尚沟组中均有发现。可见，该植物组合时代为早三叠世晚期（相当奥伦尼克期），其植物群面貌大致可与华北各地和尚沟组植物群对比。

2. *Annalepis-Aipteri* 组合

产于丁家窑组。化石主要采自甘肃白银市丁家窑组，共发现40多属种，主要有：*Annalepis zeilleri*，*Schizoneura altaica*，*Neuropteridium ovatum*，*Sinopteris heteropinnata*，*Metalepidodendron sinense*，*Quetranea*
~~~~~~~~~~

spectabilis, *Danaeopsis fecunda*, *Bernoullia zeilleri*, *Todites shanxiensis*, *T. margarites*, *Glossophyllum shensiense*, *Cladophlebis raciborskii*, *C. ichunensis*, *C. gracilis*, *C.* cf. *stenophyllum*, *C. szeiana*, *Neocalamites carcinoides*, *N. rugosus*, *N.* cf. *hoerensis*, *Equisetites* cf. *arenaceus*, *Asterotheca szeiana*, *Thinnferdia rigida*, *Aipteris* sp. 等。其中 *Schizoneura altaica* 产在俄罗斯阿尔泰培因组、库茨涅茨克盆地马里采夫组中，二者均为下三叠统，*Neuropteridium* 从未越过中三叠世。*Metalepidodendron sinense* 可能是晚古生代鳞木类孑遗分子，*Sinopteris heteropinnata* 是古老成员之后裔，而 *Quetranea spectabilis* 形态与陕北铜川组中之铜川叶可对比。*Annalepis zeilleri* 是欧亚中三叠世重要分子，国内先后在湖北、四川巴东组中段，江苏南京、安徽怀宁黄马青组，河北承德、山西蒲宁和尚沟组，沁源二马营组，榆社延长群下部均有发现，分布时代自早三叠世至晚三叠世，中三叠世最繁盛，国外首见于法国洛林灰岩统上部，澳大利亚、印度、南美也有报道，是西欧中三叠世重要化石。可见，丁家窑组植物组合时代应属中三叠世。

3. *Danaeopsis*-*Bernoullia* 组合

产于大风沟组、上田组和西大沟组。

贺兰山区大风沟组、上田组所产植物计有22属34种：*Anomozamites loczyi*, *Bernoullia zeilleri*（图版XXVII，2a、2b），*Cladophlebis* sp.（图版XXVII，5），*C. stenophylla*, *C. raciborskii*, *C. gracilis*, *C.* cf. *gigantea*（图版XXVII，6a、6b），*C. shensiensis*, *C. ichunensis*, *Cycadocarpidium* sp., *Danaeopsis* sp., *Danaeopsis fecunda*, *Danaeopsis* cf. *fecunda*, *Dictyophyllum* sp., *D. nathorsti*, *Elatides* sp., *Glossophyllum shensiensis*, *Neocalamites* sp.（图版XXVII，1），*N. carcinoides*, *N. carrerei*, *N.* cf. *carrerei*, cf. *Protoblechnum wongii*, *Podozamites* sp., *Pterophyllum* sp., *P. crassinervum*, *Sphenopteris* ? sp., *Sphenozamites changi*, *Sphenobaiera* sp., *Todites shensiensis*（图版XXVII，3a、3b、4），*Taeniopteris* sp., *T. obliqua*, *Thinnfeldia rigida*, *Strobilites* sp., *Asterotheca* ? *szeiana* 等。

宁东地区大风沟组、上田组所产植物计有16属24种：*Bernoullia zeilleri*, *Cladophlebis* sp., *C. gracilis*, *C. shensiensis*, *C. raciborskii*, *Coniopteris hymenophylloides*, *C. tatungensis*, *Danaeopsis fecunda*, *D. magnifolia*, *Desmiophyllum* sp., *Equisetites* ? *brevidentatus*, *Radicites* sp., *Lepidopteris ottonis*, *Neocalamites* sp., *N. carcinoides*, *N. carrerei*, *Phoenicopsis* sp., *Pityophyllum longfolium*, *Podozamites* sp., *Sphenopteris chowkiawanensis*, *Todites shensiensis*, *T. goeppertianus*, *Thinnfeldia rigida*, *Taeniocladopsis* sp. 等。

阿拉善南缘地层分区西大沟组所产植物计有28属45种：*Ariolalifestuca gansuensis*, *Asterotheca szeiana*, *Annulariopsis sinensis*, *Bernoullia zeilleri*, *Cladophlebis* sp., *C. shensiensis*, *C. raciborskii*, *C. gracilis*, *C.* cf. *gracilis*, *C. ichiinensis*, *C. suniana*, *C. kaoiana*, *Ctenozamites sarreni*, *Danaeopsis fecunda*, *Dictyophyllum* sp., *D. nathersti*, *Elatocladus* ? sp., *Equisetites* sp., *E. acanthoden*, *E. sthenodon*, *E.* cf. *sarrani*, *Glossophyllum shensiensis*, *Ginkgoites* sp., *Radicites* sp., *Lepidopteris* cf. *stuttgartiensis*, *Phlebopteris* sp., *Protoblechnum hughesi*, *Neocalamites* sp., *N. carrerei*, *N. carcinoides*, *N. rugosus*, *N. meriani*, *Podozamites* sp., *Phlebopteris* sp., *Sphenopteris chowkiawanensis*, *Stenorachis* ? sp., *Swedenborgia cryptomerioides*, *Tongchuanstrobus gigantens*, *Todites shensiensis*, *T. margarites*, *Thinnferdia* sp., *T.* cf. *rhomboidalis*, *Taeniopteris* sp., *Taeniocladopsis* sp., *Zamites sinensis* 等。

上述植物化石均为我国北方晚三叠世植物群 *Danaeopsis*-*Bernoullia* 组合的常见分子和重要组成分子，其时代为晚三叠世。

二、孢粉

1. *Lundbladispora*-*Verrucosisporites*-*Taeniaesporites* 组合

产于五佛寺组和刘家沟组。产自五佛寺组的孢粉有：*Verrucosisporites*, *Lundbladispora*, *Aratrisporiles*, *Dictyotriletes*, *Kraeuselisporites*, *Taeniaesporites*, *Tubermonocolpites* 等。产自刘家沟组的孢粉有：*Trachytriletes* sp., *Cordaitina* sp., *Lycopodiumsporites* sp., *Perocauoidospora* sp., *Florinites* sp., *Pityosporites* sp., *Verrucosisporites* sp., *Cedripites* sp., *Classopollis classoides*, *Lundbladispora communis*, *Inaperturopollenites nebulosus* 等。

2. ***Annulispora–Osmundacidites*** **组合**

产于贺兰山大风沟组下部，仅有5属8种：*Annulispora* sp.，*A. folliculosa*，*A. microannulata*，*Duplexisporites gyratus*，*Granulatisporites* sp.，*Nevesisporites* sp.，*Osmundacidites wellmanii*，*O. alpinus* 等。其中 *Annulispora* 属种最丰富。

3. ***Cyclogranisporites–Annulispora–Aratrisporites*** **组合**

产于贺兰山上田组顶部，仅有 5 属：*Stereisporites* sp.，*Cyclogranisporites* sp.，*Lycopodiacidites* sp.，*Annulispora* sp.，*Aratrisporites* sp.。

三、双壳类

为 *Shanxiconcha triangulate–S. longa* 组合。

贺兰山地区延长群产双壳类 *Shanxiconcha triangulata*，*S.* cf. *triangulata*，*S. longa*，*S.* cf. *longa*，*Chuania* sp.，*Utschamiella* sp.，*Yanchuania* sp.，*Tutuella* spp. 等。这些化石均为中三叠世晚期—晚三叠世陕西蚌动物群的成员。其中 *Shanxiconcha triangulata* 属三角陕西蚌类群，大量繁盛于晚三叠世；*S. longa* 属长陕西蚌类群，以铜川组最为丰富，至晚三叠世（延长群）已退居次要位置。*Yanchuania*，*Chuania*，*Utschamiella* 均为晚三叠世重要分子；*Tutuella* 常见于早—中侏罗世，但它也可出现在晚三叠世。

四、介形虫

为 *Tungchuania–Darwinula* 组合。

产于贺兰山地区大风沟组上部，仅有 2 属 6 种：*Tungchuania* sp.，*T. agrestata*，*T.* cf. *agrestata*，*T. aurita*，*T.* cf. *houae*，*Darwinula* sp.。其中 *T. agrestata* 是延长组特有分子，*T. houae* 和 *T. aurita* 在铜川组和延长组中均有见及。该介形虫组合面貌与陕甘宁盆地晚三叠世介形虫 *Darwinula–Lutkevichinella–Tungchuania* 组合相似。

第三节　地层划分对比

一、年代地层划分

主要根据生物地层特征将宁夏的三叠纪年代地层划分为 3 统 6 阶（表 9–2）。

（一）下统

1. 殷坑阶

对应的岩石地层单位是五佛寺组下部和刘家沟组。五佛寺组含植物 *Pleuromeia–Neuropteridium* 组合和孢粉 *Lundbladispora–Verrucosisporites–Taeniaesporites* 组合。前者可上延至中三叠统下部。

刘家沟组含孢粉 *Lundbladispora–Verrucosisporites–Taeniaesporites* 组合。在邻区陕西和山西刘家沟组含植物 *Pleuromeia jiachengensis* 组合，在宁夏境内未发现植物化石。

2. 巢湖阶

对应的岩石地层单位是和尚沟组和五佛寺组中部。在宁夏境内和尚沟组未发现古生物化石，在邻区陕西和山西本组含植物 *Pleuromeia sternbergi* 组合。

（二）中统

1. 关刀阶

对应的岩石地层单位是五佛寺组上部和二马营组下部。宁夏境内二马营组也未发现古生物化石，在邻区山西、陕西本组含植物 *Neocalamites shanxiensis* 组合和中国肯氏兽动物群。

2. 新浦阶

对应的岩石地层单位是二马营组上部和丁家窑组。生物标志是含植物 *Annalepis–Aipteri* 组合。

表 9-2　宁夏三叠纪多重地层划分对比表

Table 9-2　Multiple stratigraphic division and correlation of Triassic in Ningxia

<table>
<tr><th colspan="3">地层年代</th><th colspan="3">生物地层</th><th colspan="3">岩石地层</th></tr>
<tr><th>系</th><th>统</th><th>阶</th><th>植物</th><th>孢粉</th><th>其他</th><th colspan="2">阿拉善南缘地层分区</th><th>鄂尔多斯西缘地层分区</th></tr>
<tr><td rowspan="6">三叠系</td><td rowspan="2">上统</td><td rowspan="2">佩枯错阶—亚智梁阶</td><td rowspan="2">Danaeopsis-Bernoullia 组合</td><td>Cyclogranisporites-Annulispora-Aratrisporites 组合</td><td rowspan="2">介形虫 Tungchuania-Darwinula 组合
双壳类 Shanxiconcha triangulate-S. longa 组合</td><td colspan="2">南营儿组</td><td>上田组</td></tr>
<tr><td>Annulispora-Osmundacidites 组合</td><td>西大沟组</td><td>崆峒山组</td><td>大风沟组</td></tr>
<tr><td rowspan="2">中统</td><td>新浦阶</td><td>Annalepis-Aipteri 组合</td><td rowspan="3"></td><td rowspan="3"></td><td colspan="2">丁家窑组</td><td rowspan="2">二马营组</td></tr>
<tr><td>关刀阶</td><td rowspan="3">Pleuromeia-Neuropteridium 组合</td><td colspan="2" rowspan="3">五佛寺组</td></tr>
<tr><td rowspan="2">下统</td><td>巢湖阶</td><td>和尚沟组</td></tr>
<tr><td>殷坑阶</td><td>Lundbladispora-Verrucosisporites-Taeniaesporites 组合</td><td></td><td>刘家沟组</td></tr>
</table>

(三) 上统

亚智梁阶—佩枯错阶

对应的岩石地层单位是大风沟组、上田组、崆峒山组、西大沟组和南营儿组。生物标志是含植物 *Danaeopsis*-*Bernoullia* 组合，孢粉 *Annulispora*-*Osmundacidites* 组合、*Cyclogranisporites*-*Annulispora*-*Aratrisporites* 组合，双壳类 *Shanxiconcha triangulate*-*S. longa* 组合，介形虫 *Tungchuania*-*Darwinula* 组合。

二、区域地层对比

宁夏境内华北地层区鄂尔多斯西缘地层分区的三叠系岩石地层序列自下而上为刘家沟组、和尚沟组、二马营组、大风沟组和上田组。其中石千峰群中上部刘家沟组、和尚沟组和二马营组在岩性、层位、古生物群特征以及地层名称的采用上与鄂尔多斯盆地完全一致，可以对比。鄂尔多斯西缘地层分区的上三叠统延长群沉积物粒度明显偏粗，粗碎屑岩比较发育，上部夹少量薄煤层及煤线，在垂向剖面上表现为两个由粗变细的沉积旋回，据此划分为下部的大风沟组和上部的上田组。鄂尔多斯地层分区（本部）的上三叠统以细—中碎屑岩发育为特征，上部含可采煤层，自下而上划分为延长组和瓦窑堡组；可见鄂尔多斯西缘地层分区与鄂尔多斯地层分区的上三叠统岩性有较大差异，但二者大套岩性、层位和古生物群基本一致，可以对比（表 9-3）。

阿拉善南缘地层分区的三叠系岩石地层序列自下而上为五佛寺组、丁家窑组、西大沟组和南营儿组。其中五佛寺组为一套河湖相红色碎屑岩沉积，岩性与华北地层区鄂尔多斯地层分区及鄂尔多斯西缘地层分区的二马营组相似，但二者沉积时代不尽一致，前者为早—中三叠世，后者为中三叠世；丁家窑组为河湖相杂色碎屑岩沉积，岩性与华北地层区鄂尔多斯地层分区（本部）的延长组下部有相似之处，二者层位及古生物群特征基本一致，沉积时代为中三叠世晚期；西大沟组和南营儿组岩性与华北地层区鄂尔多斯地层分区及鄂尔多斯西缘地层分区（本部）的延长组上部和瓦窑堡组相似，二者均含延长植物群，沉积时代为晚三叠世。可见，阿拉善南缘地层分区的三叠系与华北地层区鄂尔多斯地层分区及鄂尔多斯西缘地层分区的三叠系大致可以对比（表 9-3）。

表 9-3　宁夏三叠系区域地层划分对比表

Table 9-3　Multiple stratigraphic division and correlation of Triassic in Ningxia

<table>
<tr><td colspan="3">阿拉善南缘地层分区
（甘肃、宁夏）</td><td colspan="4">鄂尔多斯西缘地层分区
（宁夏贺兰山及宁东地区）</td><td colspan="3">鄂尔多斯地层分区
（本部，陕西、河南）</td></tr>
<tr><td>侏罗系</td><td>下统</td><td>芨芨沟组</td><td>侏罗系</td><td>下统</td><td colspan="2">富县组</td><td>侏罗系</td><td>下统</td><td>富县组</td></tr>
<tr><td rowspan="6">三叠系</td><td rowspan="2">上统</td><td>南营儿组</td><td rowspan="6">三叠系</td><td rowspan="2">上统</td><td rowspan="2">延长群</td><td>上田组</td><td rowspan="6">三叠系</td><td rowspan="2">上统</td><td>瓦窑堡组</td></tr>
<tr><td>西大沟组</td><td>大风沟组</td><td>延长组</td></tr>
<tr><td rowspan="2">中统</td><td>丁家窑组</td><td rowspan="2">中统</td><td colspan="2" rowspan="2">二马营组</td><td rowspan="2">中统</td><td rowspan="2">二马营组</td></tr>
<tr><td rowspan="3">五佛寺组</td></tr>
<tr><td rowspan="2">下统</td><td rowspan="2">下统</td><td colspan="2">和尚沟组</td><td rowspan="2">下统</td><td>和尚沟组</td></tr>
<tr><td colspan="2">刘家沟组</td><td>刘家沟组</td></tr>
<tr><td>二叠系</td><td>上统</td><td>红泉组</td><td>二叠系</td><td>上统</td><td colspan="2">孙家沟组</td><td>二叠系</td><td>上统</td><td>孙家沟组</td></tr>
</table>

三、关于延长植物群、延长群的时代归属

延长植物群是我国北方 *Danaeopsis*–*Bernoullia* 植物群的代表，它广泛分布于内蒙古、山西、陕西、甘肃、宁夏等地的延长群或相当地层中。在宁夏贺兰山及宁东地区延长群产丰富的植物化石，主要分子有 *Equisetites acanthoden*，*E. sthenodon*，*E. brevidentatus*，*Neocalamites carcinoides*，*N. carrerei*，*Annulariopsis* spp.，*Todites shensiensis*，*Phlebopteris linearifolia*，*Asterotheca szeiana*，*Danaeopsis fecunda*，*Bernoullia zeilleri*，*Cladophlebis stenophylla*，*C. raciborskii*，*C. gracilis*，*C. shensiensis*，*C. ichunensis*，*Thinnfeldia rigida*，*T. rhomboidalis*，*Lepidopteris ottonis*，*Protoblechnum wongii*，*Ctenozamites sarreni*，*Sinozamites leeiana*，*Sphenozamites changi*，*Ginkgoites magnifolia*，*Glossophyllum shensiensis*，*Sphenobaiera* sp.，*Podozamites lanceolatus* 等。这些化石都是延长植物群的重要组成分子，因而大多数地质工作者将该植物群归于延长植物群，将延长群时代确定为晚三叠世。

20 世纪 80 年代初，宁夏区调队童建平等在进行 1∶20 万银川市幅区域地质调查时，于宁东磁窑堡一带原延长群下部采获较为丰富的植物化石，计有 *Danaeopsis magnifolia*，*Desmiophyllum* sp.，*Equisetites* ? *brevidentatus*，*Neocalamites* sp.，*N. carcinoides*，*Cladophlebis* sp.，*C. gracilis*，*Todites shensiensis*，*Thinnfeldia rigida*，*Radicites* sp. 等。在最终成果报告中，认为该植物组合具有铜川植物群的一些特点，因而将该植物组合归于铜川植物群，将含该植物化石的地层划归铜川组，时代定为中三叠世。本《志》认为，磁窑堡地区延长群所产植物化石绝大多数为延长植物群的常见分子，未见铜川植物群的特有分子，如 *Pleuromeia lobata*，*P. tongchuanensis*，*Danaeopsis* cf. *maratacea*，*Tongchuanphyllum concinnum*，*T.* spp. 等，因而将该套地层时代仍划归晚三叠世。

第十章 侏罗系

宁夏的侏罗系下、中、上统发育齐全。主要出露于汝箕沟、磁窑堡、石沟驿、下流水、窑山、炭山及银洞沟等地（图10-1）。其中下统和中统下部为河湖相含煤碎屑建造，含丰富的植物和双壳类化石；中统中部为河流相碎屑岩建造，中统上部为河湖相红色碎屑岩建造；上统为山麓相红色碎屑岩建造。区内侏罗系蕴藏着丰富的煤炭、石油和天然气资源，是宁夏研究历史较为悠久的地层之一。

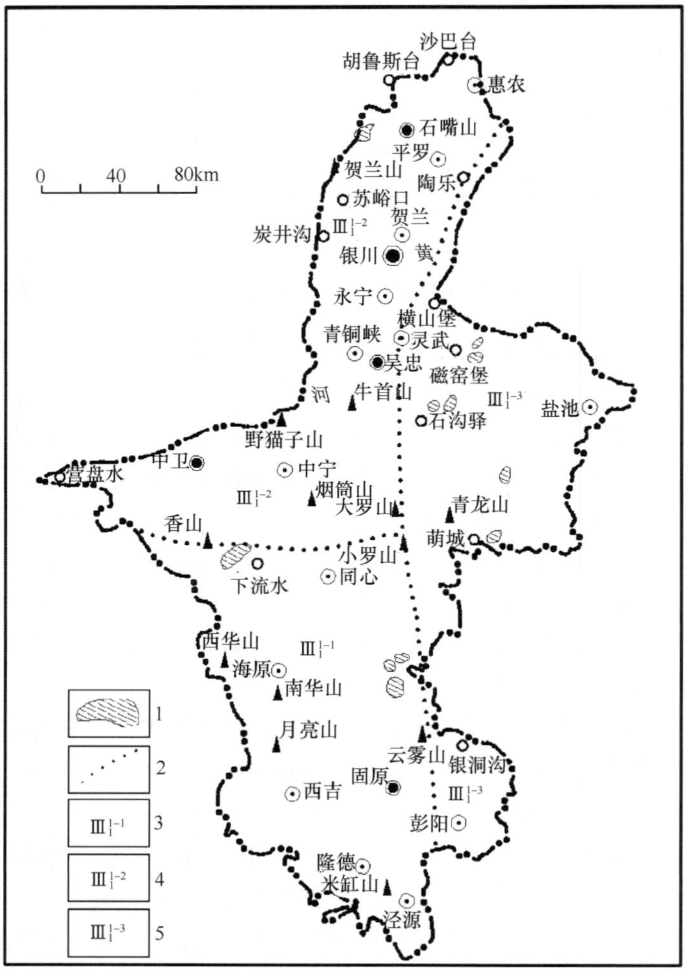

图10-1 宁夏侏罗系地层分区及露头分布图

Fig. 10-1 Outcrop distribution and stratigraphic regions of Jurassic in Ningxia

1—露头区；2—地层小区界线；3—六盘山-陇县地层小区；4—贺兰山-卫宁北山地层小区；5—盐池-彭阳地层小区

宁夏侏罗系的调查研究工作始于20世纪30年代。孙健初（1936），张文莫、刘振中（1942），边兆祥、李星学（1942），黄劭显、杜恒俭（1944），李士林（1944），李士林（1947），以及何春逊、刘增乾、张尔道（1948）等曾先后对贺兰山汝箕沟、灵武磁窑堡、固原炭山等地含煤地层进行过调查。其中黄劭显、杜恒俭在其《宁夏汝箕沟煤田地质》的论著中创建了“汝箕沟煤系”和

"二缺台系"。

新中国成立后，随着石油、煤田普查勘探工作的深入发展，积累了丰富的资料，侏罗系的划分对比取得了重大进展。

1954 年，中央燃料工业部石油管理总局杨少华、郭玮将汝箕沟含煤地层的下部命名为"汝箕沟群"，并将其上覆仍属侏罗纪的地层命名为"木葫芦建造"和"缺台沟群"，从而奠定了该区侏罗系的三分基础。1956 年《中国地层表》（草案）据边兆祥、李捷、杨少华、郭玮等人资料，将汝箕沟组和木葫芦组置于下侏罗统，缺台沟系置于侏罗-白垩系。1962 年，中国科学院南京地质古生物研究所顾知微在所著的《中国的侏罗系与白垩系》一书中将汝箕沟群、木葫芦组、缺台沟群分别置于下—中侏罗统、上侏罗统和白垩系。同年中国科学院南京地质古生物研究所斯行健、周志炎在《中国中生代陆相地层》一书中，基本上沿用了杨少华等人（1954）的意见，而将汝箕沟群、木葫芦建造和缺台沟群与陕北侏罗系对比，并分别命名为延安组、直罗组和安定组。此后，大多数地质工作者长期沿用这一划分方案。

1955 年，关士聪、谢继哲在调查固原炭山石岘子一带的含煤地层时，据采到的植物化石认为属侏罗系。同年此二人据岩性将同心窑山含煤地层误定为"石炭系太原统"。1956 年，甘克文在窑山采到植物化石，经李星学鉴定为早—中侏罗世。1957 年，甘克文又将炭山含煤地层同陕北延长群顶部的瓦窑堡煤系相对比。同年关士聪在该区工作后认为炭山地区含煤地层属侏罗纪华亭煤系。60 年代初，宁夏区测队在开展固原幅1：20 万区调过程中，采到 *Phoenicopsis* 等植物化石，经刘子进及南京地质古生物研究所鉴定，认为属锥叶蕨-拟刺葵植物群，时代为早—中侏罗世。1957 年，石油部西安地质调查处 111 队将灵盐地区的侏罗系与陕北侏罗系对比后，将该区含煤地层划分为下统延安统、中统直罗统、上统安定统。同年，甘克文将银洞沟含煤地层划归石炭-二叠系。1958 年，石油工业部西安地质调查处 114 队甘克文等对窑山和炭山地区含煤岩系研究后将窑山含煤岩系划分为下—中侏罗统和上侏罗统，并根据炭山煤矿所产丰富的 *Neocalamites* 及少量 *Cladophlebis* 和零星双壳类化石，认为其时代属晚三叠世，可与鄂尔多斯盆地延长统对比，同时又将距炭山煤矿 2km 的石岘子的岩性与鄂尔多斯对比，自下而上划分为延安统、直罗统和安定统。嗣后，在该区工作的大多数地质工作者采纳了这种划分方案。

1959 年，银川石油勘探局吴忠勘探大队 104 队叶常久等详细调查了香山南麓麻黄沟—上流水一带中生代含煤岩系，在麻黄沟剖面发现了相当四川晚三叠世香溪植物群的重要分子 *Clathropteris meniscioides* 等，但仍将这套地层与延安组对比。1959 年 银川石油勘探处 104 队首次把香山南麓下流水盆地的含煤地层确定为中—下侏罗统。

1990 年出版的《宁夏回族自治区区域地质志》对宁夏侏罗系的调查研究工作进行了全面总结，重新建立了地层层序，自下而上为中统延安组、直罗组和上统安定组、芬芳河组。嗣后，地质工作者基本遵从了这一划分方案。

此外，对宁夏侏罗系先后进行过调查研究的还有宁夏工业厅资源勘测队（1953）、石油部陕北大队 103 队（1953）、宁夏煤管局 146 队和 177 队（1959）、中科院兰州地质研究所（1961）、成都地质学院陕北科研队（1964）、宁夏煤炭工业地质勘探队（1971）、宁夏地质局第二地质队（1973）、宁夏区调队（1976~1985）、宁夏区域地层表编写组（1980）、宁夏区调队（1980~1984）、刘霄祥（1984）、宁夏地层清理研究组（1996）、袁效奇等（2003）、宁夏地调院（2001~2004）、宁夏地质环境监测总站（2008）等，他们的调查研究积累了较丰富的地层古生物资料，成果进一步深化，极大地提高了宁夏侏罗系的研究程度。

宁夏侏罗系划分、命名沿革见表 10-1。

表 10-1　宁夏侏罗系划分与命名沿革表

Table 10-1　Evolution of Jurassic divisional schemes in Ningxia

<table>
<tr><th colspan="2">黄汲显、杜恒俭，1944</th><th colspan="2">杨少华、郭玮，1954</th><th colspan="2">《中国区域地层表》草案，1956</th><th colspan="2">石油部西安地调处 111 队，1957</th><th colspan="2">宁夏煤管局 177 队，1961</th><th colspan="2">顾知微，1962</th><th colspan="2">斯行健、周志炎，1962</th><th colspan="2">地质部第三石油普查大队，1964</th><th colspan="2">宁夏区域地层表编写组，1980</th><th>石嘴山市幅1：20 万区调报告，1982</th><th colspan="2">刘宵祥，1984</th><th colspan="2">《宁夏地质概论》，1989</th><th colspan="2">《宁夏回族自治区区域地质志》，1990</th><th colspan="2">胡鲁斯台、古拉本幅 1：5 万区调报告，1992</th><th colspan="2">《宁夏回族自治区岩石地层》，1996</th><th colspan="2">吴忠市幅 1：25 万区调报告，2001</th><th colspan="2">吉兰泰幅 1：25 万区调报告，2008</th><th colspan="2">本《志》，2012</th></tr>
<tr><td colspan="2"></td><td colspan="2"></td><td colspan="2"></td><td colspan="2"></td><td colspan="2"></td><td colspan="2"></td><td colspan="2"></td><td colspan="2"></td><td colspan="2"></td><td></td><td colspan="2"></td><td colspan="2"></td><td rowspan="2">上统</td><td>芬芳河组</td><td colspan="2"></td><td colspan="2"></td><td colspan="2"></td><td></td><td></td><td rowspan="2">上统</td><td>芬芳河组</td></tr>
<tr><td>上统</td><td rowspan="2">二缺台系</td><td>上统</td><td>缺台沟群</td><td>侏罗—白垩系</td><td>缺台沟系</td><td>上统</td><td>安定统</td><td>上统</td><td>安定组</td><td>白垩系</td><td>缺台沟群</td><td>上统</td><td>安定组</td><td rowspan="4">中统</td><td>安定组</td><td rowspan="3">中统</td><td>安定组</td><td>上统</td><td>上统</td><td>安定组</td><td>上统</td><td>安定组</td><td>安定组</td><td rowspan="4">中统</td><td>缺台沟组</td><td>上统</td><td>安定组</td><td>上统</td><td>安定组</td><td>上统</td><td>安定组</td><td>安定组</td></tr>
<tr><td>中统</td><td>中统</td><td>木葫芦建造</td><td rowspan="3">下统</td><td>木葫芦组</td><td>中统</td><td>直罗统</td><td>中统</td><td>直罗组</td><td>上统</td><td>木葫芦组</td><td>中统</td><td>直罗组</td><td>直罗组</td><td>直罗组</td><td>中统</td><td rowspan="2">中统</td><td>直罗组</td><td rowspan="2">中统</td><td>直罗组</td><td rowspan="3">中统</td><td>直罗组</td><td>木葫芦组</td><td rowspan="3">中统</td><td>直罗组</td><td>中统</td><td>直罗组</td><td rowspan="2">中统</td><td>直罗组</td><td rowspan="2">中统</td><td>直罗组</td></tr>
<tr><td rowspan="2">下统</td><td rowspan="2">汝箕沟煤系</td><td rowspan="2">下统</td><td rowspan="2">汝箕沟群</td><td rowspan="2">汝箕沟组</td><td rowspan="2">下统</td><td rowspan="2">延安统</td><td rowspan="2">下统</td><td rowspan="2">延安组</td><td rowspan="2">中下统</td><td rowspan="2">汝箕沟群</td><td rowspan="2">下统</td><td rowspan="2">延安组</td><td rowspan="2">延安组</td><td rowspan="2">延安组</td><td rowspan="2">下统</td><td rowspan="2">延安组</td><td rowspan="2">延安组</td><td rowspan="2">延安组</td><td rowspan="2">汝箕沟组</td><td rowspan="2">延安组</td><td rowspan="2">下统</td><td rowspan="2">延安组</td><td rowspan="2">延安组</td><td>延安组</td></tr>
<tr><td>下统</td><td>下统</td><td>下统</td><td>下统</td><td>下统</td><td>富县组</td></tr>
</table>

第一节 岩石地层

鄂尔多斯地层分区与鄂尔多斯西缘地层分区沉积特征及古生物群特征基本一致，故在此合并叙述。侏罗纪岩石地层序列自下而上为富县组、延安组、直罗组、安定组和芬芳河组。

一、富县组（J_1f）

由王尚文1950年命名的鄜县层沿革而来（鄜县层→鄜县组→富县组）。1950年王尚文将原瓦窑堡煤系下部分出命名为延安系，并将延安系自下而上划分为鄜县层、延安砂岩和枣园层。1951年李德生将鄜县层分出。1956~1958年《中国区域地层表（草案）》将鄜县层改称为鄜县组。1964年地质部第三石油普查大队将鄜县组改称富县组，划归下侏罗统，以后广为沿用。富县组命名剖面在陕西富县县城附近，参考剖面位于富县城西北约20km处的大申号沟。

宁夏境内富县组分布局限，地表仅零星出露于宁东地区磁窑堡、石沟驿等地，彭阳草庙、王洼等地一些钻孔中也有见及。不整合覆于上三叠统延长群上田组之上（图10-2），与上覆延安组整合接触。

石沟驿剖面（位于宁夏灵武市石沟驿。起点坐标：北纬37°44′，东经106°26′。宁夏地调院2012年测制）具代表性，其层序如下（图10-3）：

图10-2 灵武市石沟驿下侏罗统富县组（J_1f）与上三叠统上田组（T_3s）不整合接触关系

Fig. 10-2 Unconformity between the Lower Jurassic Fuxian Formation（J_1f）and the Upper Triassic Shangtian Formation（T_3s）in Shigouyi，Lingwu，Ningxia

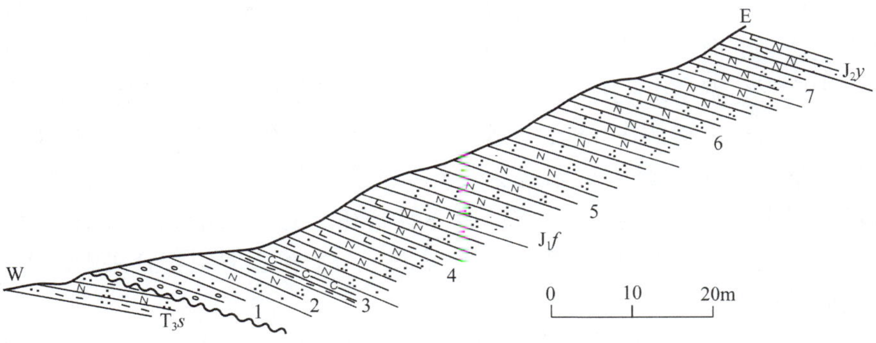

图10-3 灵武市石沟驿下侏罗统富县组剖面图

Fig. 10-3 Section of Lower Jurassic Fuxian Formation in Shigouyi，Lingwu，Ningxia

上覆地层：延安组（J_2y）灰白色中厚层钙质中细粒长石石英砂岩

——— 整 合 ———

富县组（J_1f）	厚度 51.7m
7. 砖红色间夹黄灰色中厚层凝灰质中粗粒长石石英砂岩	4.6m
6. 砖红色中厚层凝灰质粗—中粒长石石英砂岩	11.8m
5. 砖红色间夹浅黄灰色中厚层凝灰质中—粗粒长石石英砂岩，夹少许砾岩透镜体	15.1m
4. 灰白、浅灰色中层钙质中—细粒长石石英砂岩夹少量灰—深灰色泥岩	11.5m
3. 上部为炭质页岩，含植物碎片；下部为深灰色泥岩	1.8m
2. 浅黄灰色中—薄层泥质中—粗粒长石石英砂岩	2.9m
1. 浅灰绿、黄绿色砾岩、含砾砂岩	4.0m

~~~~~~ 不 整 合 ~~~~~~

下伏地层：上田组（T_3s）灰绿色粉砂质泥岩夹灰绿色中薄层细粒长石石英砂岩

富县组系河流相沉积，为一套杂色的以凝灰质砂岩、粉砂岩、泥岩为主的岩石组合，以其杂色色调、含凝灰质成分的岩性特征与上覆、下伏地层相区别。

上述石沟驿剖面富县组厚 51.7m。底部为浅灰绿、黄绿色砾岩、含砾砂岩；下部为浅黄灰色泥质中—粗粒长石石英砂岩、浅灰、灰白色钙质中—细粒石英砂岩，夹深灰色泥岩、炭质页岩；上部为砖红色凝灰质中粗粒长石石英砂岩夹少许灰黑色泥岩及砾岩透镜体。向北至磁窑堡一带本组厚 22.2m，下部为褐灰、紫红等杂色厚层含砾粗粒长石石英砂岩；上部为褐灰、灰绿、紫红等杂色长石石英砂岩。宁夏南部彭阳县草庙—王洼一带的钻孔中富县组的岩性为紫红、褐紫、淡紫红、暗紫红色泥岩、粉砂质泥岩、粉砂岩，偶见杂色砾岩，最大厚度 76.7m。

据长庆油田资料，在石沟驿东邻的马家滩、灵武、盐池地区钻井中也发现存在富县组，岩性特征与华亭和神木地区相似，为含凝灰质含砾粗—中粒砂岩间夹杂色泥岩、薄层凝灰质泥岩，厚 0~110m。

在鄂尔多斯盆地富县组依据沉积类型一般分为“红富县”和“黑富县”。前者以河流相沉积为主，分布在无定河以南的延安、庆阳和平凉一带；后者以湖相沉积为主，局限于无定河以北的榆林、神木、府谷地区。这两种沉积类型的富县组在盆地西南缘华亭和东北缘的神木地区富县组砂岩填隙物含蚀变凝灰质，在华亭安口和策底坡一带，富县组中部发育 1~3 层厚 0.8m 至数米的晶屑凝灰岩。可见，石沟驿及灵盐地区的富县组岩石类型与上述地区的富县组岩石类型相似，属同一时期的沉积物，横向可以对比。

富县组沉积在晚三叠世的古侵蚀面上，受古地形影响，其沉积厚度差别较大，大多缺失该套地层，延安组含煤岩系直接不整合于延长群之上。

二、延安组（J_2y）

由王尚文 1950 年命名的延安系沿革而来（延安系→延安组）。1950 年王尚文将原瓦窑堡煤系下部分出命名为延安系。1964 年地质部第三石油普查大队将延安系改称为延安组，划归中侏罗统下部，嗣后广为沿用。延安组命名剖面位于延安西杏子河。

延安组分布较为广泛。贺兰山-卫宁北山地层小区主要出露于贺兰山北段汝箕沟—缺台沟一带及贺兰山南段大战场、科学山东麓和新井等地，不整合覆于上三叠统延长群上田组（图 10-4）或更老地层之上，与上覆直罗组整合接触；盐池-彭阳地层小区多埋藏于新生界覆盖层之下，地表零星出露于磁窑堡、石沟驿、萌城、甜水堡和银洞沟等地，与下伏富县组和上覆直罗组整合接触；六盘山-陇县地层小区主要出露于北部的下流水、窑山和炭山等地，未见底，与上覆直罗组整合接触。大风沟剖面、古拉本剖面和石沟驿剖面具代表性。

大风沟剖面（位于宁夏平罗县汝箕沟大风沟煤矿。起点坐标：北纬 39°05′，东经 106°09′。宁夏地矿局地质研究所 1984 年测制）为延安组次层型，其层序如下：
~~~~~~

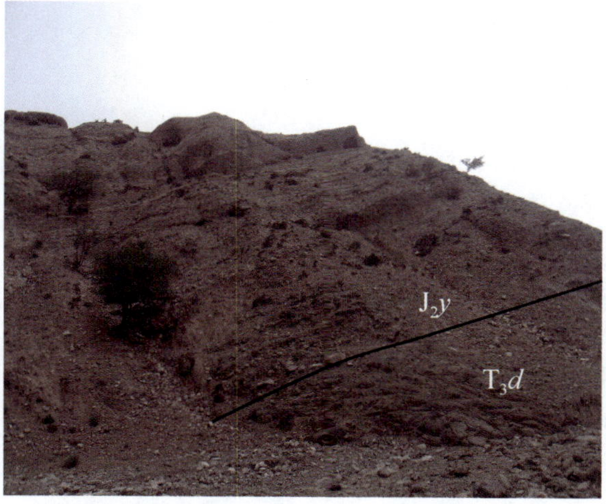

图 10-4 内蒙古阿拉善左旗柳树沟中侏罗统延安组（J_2y）与上三叠统大风沟组（T_3d）不整合接触关系

Fig. 10-4 Unconformity between the Middle Jurassic Yan'an（J_2y）Formation and the Upper Triassic Dafenggou Formation（T_3d）in Liushugou, Alxa Left Banner, Inner Mongolia

上覆地层：直罗组（J_2z）厚层中—粗粒长石砂岩

——— 整 合 ———

延安组（J_2y）	厚度 331.0m
21. 灰黑色泥页岩与细砂岩互层	16.0m
20. 灰色中层石英砂岩	6.0m
19. 深灰色粉砂岩	14.0m
18. 灰色中层中—细粒石英砂岩	8.0m
17. 深灰黑色泥页岩、粉砂质页岩，含铁质结核	12.0m
16. 灰色中层中细粒石英砂岩，含菱铁矿结核，下部有缓倾角斜层理	9.0m
15. 深灰色粉砂岩、泥页岩互层	28.0m
14. 深灰—灰黑色泥页岩，含菱铁矿结核	10.0m
13. 灰色中—厚层砂岩夹薄层泥页岩及劣质煤层，含菱铁矿结核，底部具波状冲刷面	15.0m
12. 深灰黑色粉砂质页岩、泥页岩夹数层薄层细砂岩，下部含炭质页岩及 35cm 的薄煤层。砂岩发育中型缓倾角斜层理	39.0m
11. 灰—浅灰色厚层—块状中粗粒长石砂岩，底部含石英细砾岩，具板状及收敛状斜层理	16.0m
10. 煤层，顶部有少许泥质岩层	11.0m
9. 灰—黑色泥质页岩，上部夹不稳定细砂岩，中上部含薄煤层，下部含菱铁矿结核	27.0m
8. 灰色厚层块状中粗粒长石砂岩，底部夹薄层细砾岩	14.0m
7. 灰黑色薄层粉砂质页岩、泥质页岩夹粉砂岩，含薄煤层	10.0m
6. 灰黑色薄层粉砂岩、泥质页岩夹细砂岩	23.0m
5. 灰褐色薄层细砂岩、页岩，局部为粉砂岩	16.00m
4. 煤层，中部有少许含炭质页岩夹层	2.0m
3. 灰褐色薄层页片状粉砂质页岩，夹少许薄层细砂岩及黑色泥质页岩，含薄煤层。产植物 *Coniopteris* cf. *burejensis*, *Cladophlebis* sp., *Czekanowskia rigida*	47.0m
2. 煤层，顶部有少许炭质页岩	4.0m
1. 深灰色中层粉砂岩、灰白色中层细粒石英砂岩，顶部见有铁质结核，底界明显	4.0m

~~~~~ 不 整 合 ~~~~~

下伏地层：上田组（T_3s）深灰—黑色泥页岩，中部夹黑色薄层细砂岩

古拉本剖面（位于内蒙古阿拉善左旗古拉本煤矿。起点坐标：北纬 39°02′，东经 106°03′。宁夏区调队 1978 年测制）层序如下（图 10-5）：
~~~~~

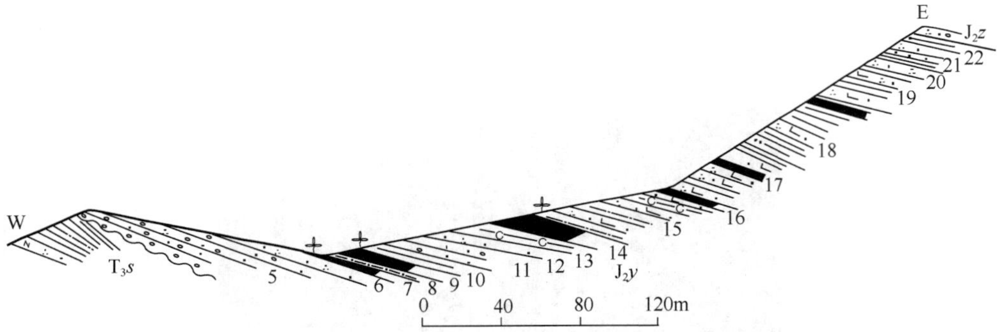

图 10-5 内蒙古阿拉善左旗古拉本中侏罗统延安组剖面图

Fig. 10-5 Section of the Middle Jurassic Yan'an Formation in Gulaben, Alxa Left Banner, Inner Mongolia

上覆地层：直罗组（J_2z）灰白色厚层含细粒中—粗粒石英砂岩

———— 整　合 ————

延安组（J_2y） 厚度 238. 8m

22. 黄绿色薄—中层细—中粒石英砂岩与灰黑色粉砂质页岩不等厚互层 11. 4m
21. 灰黑色页岩夹少量灰黄—灰绿色薄层细粒石英砂岩。页岩产植物 *Neocalamites* sp., *Coniopteris* sp. 7. 1m
20. 浅灰色厚层中粗粒岩屑石英砂岩 6. 3m
19. 灰黑色页岩与灰—灰绿色薄—中层钙质细粒石英砂岩不等厚互层。细砂岩、粉砂岩发育水平层理。页岩产植物 *Ginkgoites* sp., *Phoenicopsis angustifolia*, *Coniopteris* sp., *Cladophlebis* sp. 23. 6m
18. 灰黑色粉砂质页岩夹薄—中厚层灰色钙质细粒石英砂岩，顶部偶夹煤线 38. 7m
17. 灰黑色页岩与灰色薄—中层钙质细粒石英砂岩不等厚互层，偶夹煤线 40. 0m
16. 无烟煤层 2. 3m
15. 灰色薄—中层钙质细粒石英砂岩夹灰黑色粉砂质页岩，顶部夹炭质页岩。砂岩发育水平层理。页岩产植物 *Phoenicopsis angustifolis* 30. 9m
14. 无烟煤层 4. 2m
13. 黑色炭质页岩 7. 7m
12. 灰色中厚层细粒石英砂岩，上部夹少量粉砂质页岩。砂岩发育平行层理 3. 7m
11. 灰白色厚—巨厚层（含细粒）中—粗粒石英砂岩。发育大型板状斜层理 9. 2m
10. 灰黑色粉砂质页岩夹灰色薄—中层钙质细粒石英砂岩、粉砂岩。砂岩发育水平层理。页岩产植物 *Coniopteris* sp., *Pityophyllum* sp., *Phoenicopsis angustifolia* 5. 4m
9. 无烟煤层 4. 2m
8. 灰黑色粉砂质页岩夹浅灰色薄—中层钙质细粒石英砂岩。砂岩发育水平层理 3. 2m
7. 无烟煤层 1. 1m
6. 浅灰、灰白色厚—中层细—粗粒石英砂岩夹灰黑色页岩、粉砂质页岩。砂岩发育平行层理 4. 6m
5. 灰白色厚—巨厚层含细砾粗粒石英砂岩，底部有厚约 40cm 的砂砾岩。砂岩发育大型板状斜层理 32. 3m

~~~~~~~~ 不 整 合 ~~~~~~~~

下伏地层：上田组（T_3s）灰黑色页岩，粉砂质页岩夹灰—深灰色薄—中厚层钙质粗—细粒长石石英砂岩

石沟驿剖面（位于宁夏灵武市石沟驿。起点坐标：北纬 37°43′，东经 106°26′。宁夏区调队 1982 年测制）层序如下（图 10-6）：

上覆地层：直罗组（J_2z）浅黄色厚—巨厚层含砾粗粒长石砂岩

———— 整　合 ————

延安组（J_2y） 厚度 773. 6m
~~~~~~~~

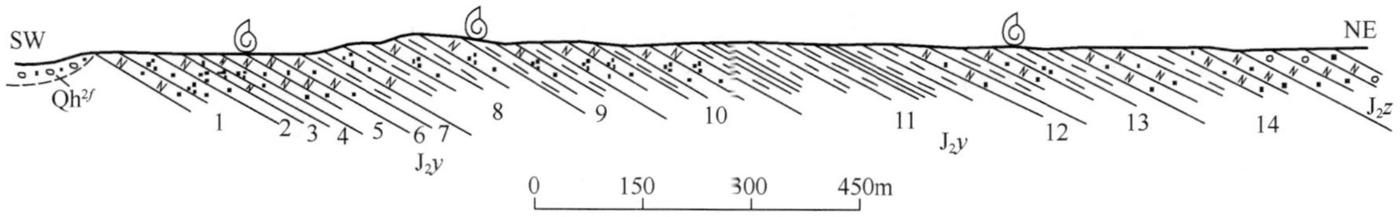

图 10-6 灵武市石沟驿中侏罗统延安组剖面图

Fig. 10-6 Section of the Middle Jurassic Yan'an Formation in Shigouyi, Lingwu, Ningxia

14. 浅黄灰色中—厚层中—粗粒长石砂岩夹浅蓝灰色泥岩 砂岩发育中小型槽状交错层理、平行层理 97.8m
13. 浅蓝灰、浅黄灰色泥岩、粉砂质泥岩夹浅灰白色中—薄层细粒长石砂岩、细砂岩及黑色炭质页岩。砂岩发育平行层理，含植物碎片 86.8m
12. 浅黄灰、橘黄色中层细—粗粒长石砂岩夹浅黄灰色泥岩 12.2m
11. 浅蓝灰色泥岩夹灰黑色页岩、薄煤层（线）及少许红褐色透镜状长石石英砂岩 146.5m
10. 褐黄色中—厚层中粒长石石英砂岩夹蓝灰色泥（页）岩及薄煤层（线），砂岩发育平行层理、槽状交错层理 89.6m
9. 浅蓝灰色泥（页）岩夹褐黄色中层中—粗粒长石石英砂岩及煤层（3层）。砂岩发育板状斜层理、平行层理，泥岩含植物碎片 59.1m
8. 浅灰色中—厚层中—粗粒长石石英砂岩与浅蓝灰色泥岩互层，中间夹一层厚约0.5m之黑色炭质页岩。砂岩发育槽状交错层理、平行层理 102.6m
7. 浅蓝灰色泥岩夹浅灰色中层细—中粒长石石英砂岩及少许淋滤状褐红色铁质条带 27.5m
6. 浅黄灰、浅灰红色中—厚层细—中粒长石砂岩夹黑灰色含砂炭质泥岩，中上部夹含砾中粒砂岩。砂岩发育板状斜层理及平行层理 27.5m
5. 浅黄灰色粗—中粒长石砂岩夹粉砂质泥岩、黑色炭质泥岩 32.0m
4. 浅灰黄色中—厚层中粒长石石英砂岩夹灰绿色中—薄层中粒长石砂岩、灰绿色粉砂质泥岩、黑色含砂炭质页岩 7.4m
3. 下部为浅黄灰色厚层含砾中粒长石石英砂岩，上部为灰黑色炭质页岩 5.6m
2. 浅灰红、浅灰黄色厚层中粒长石石英砂岩夹黑色炭质页岩、黄绿色粉砂质页岩 16.9m
1. 浅灰红、灰白、灰黄色中—厚层中—细粒长石砂岩、石英砂岩、长石石英砂岩夹黑色泥岩、炭质泥（页）岩（第四系覆盖，未见底） 62.1m

延安组为一套潮湿气候条件下的河流相—湖沼相沉积，主要由砂岩、泥岩、页岩和煤层组成，含植物、双壳类及孢粉化石。以发育浅色（灰白、浅灰、灰黄色）的碎屑岩和含数层可采煤层与上覆、下伏地层相区别。

在贺兰山北段，延安组不整合覆于上三叠统上田组之上，与上覆直罗组呈整合接触。上列大风沟剖面延安组厚331.0m，岩性以深灰—灰黑色页岩、砂质页岩和灰—灰白色粗—中细粒石英砂岩、长石石英砂岩为主，含可采煤层1~4层，产植物化石。古拉本剖面厚238.8m，岩性为浅灰、灰白色中厚—巨厚层（含砾）中—粗粒石英砂岩、灰—灰绿色薄—中层钙质细砂岩、粉砂岩与灰黑色页岩、粉砂质页岩、炭质页岩不等厚互层，夹数层无烟煤层（太西煤），产植物化石。白芨芨沟一带未见顶，厚度大于119.0m，岩性为灰黄—灰白色中厚层中—粗粒长石石英砂岩、灰黑色薄层粉砂岩、粉砂质页岩夹煤层，底部有0.3m厚的砾岩。雀台沟本组下部断失，厚度大于139.7m，岩性为灰白、浅灰、灰黄色薄—中厚层钙质中细粒岩屑石英砂岩夹灰黑色砂质页岩、炭质页岩，含煤2层。

贺兰山北段自卫东煤矿经大风沟至汝箕沟煤矿一带延安组厚331~400m，岩性为砂岩、含砾砂岩，夹黑灰—黑色页岩、粉砂岩，含煤1~5层，底部偶见砾岩。自汝箕沟向西南至内蒙古阿拉善左旗二道岭一带，底部砾岩可增厚至20m以上。

贺兰山南段大战场—新井一带，延安组不整合于石炭系或更老地层之上，与上覆直罗组整合接触。底部为砾岩，向上岩性以灰、深灰、灰黑色中—厚层长石石英砂岩、长石砂岩、粉砂岩、泥岩、页岩为主，夹灰、灰绿色砾岩及煤层，产丰富的植物化石，厚34.9~294.1m。

宁东灵盐地区延安组多埋藏于新生界覆盖层之下，地表出露较少。上列石沟驿剖面厚773.6m，岩性为浅黄灰、灰白、灰红色中—厚层细—粗粒长石石英砂岩、长石砂岩，夹浅蓝灰色泥（页）岩、粉砂质泥岩、黑色炭质页岩及薄煤层。磁窑堡一带延安组主要由灰白色长石石英砂岩、灰—灰黑色粉砂岩、泥岩和煤层组成，钻孔厚度319m。在盐池萌城—甜水堡一带厚度大于299.2m，岩性为灰黑色炭质页岩、泥质粉砂岩夹灰白色薄—中厚层中—细粒长石石英砂岩，产丰富的植物化石。盐池高沙窝地区高一井厚283.5m，下部为灰白色厚层砂砾岩夹灰黑—黑色泥岩及烟煤层，上部则为灰黑—黑色泥岩夹灰白色砂岩、砂砾岩及烟煤层。

同心下流水一带延安组未见底，其上为寺口子组不整合覆盖。石堡子沟剖面厚度大于965.9m，岩性为浅褐灰、浅灰黄、橘红—褐红色厚—巨厚层钙质中—细粒长石石英砂岩与灰、浅黄灰色泥岩、粉砂质泥岩、泥质粉砂岩及炭质页岩不等厚互层，夹薄煤层及砾岩透镜体，产植物和叶肢介化石。

在同心窑山，延安组未见顶底，厚度大于496m，岩性为灰、灰黑色泥（页）岩、炭质泥（页）岩与灰白、浅褐灰色中—厚层中—细粒长石石英砂岩、中—薄层粉砂岩不等厚互层，夹薄煤层（线），产植物和双壳类化石。

固原炭山一带，延安组不整合超覆于长城系黄旗口组之上，与上覆直罗组整合接触。石岘子、闵家沟延安组厚度大于217.8m，底部为紫红色粗—巨角砾岩及灰白色粗砾岩，向上为浅黄灰、灰白、灰色中—厚层、厚—巨厚层含砾中—粗粒、中—细粒长石石英砂岩、薄层细粒长石石英砂岩、粉砂岩与灰、灰黑色（炭质）泥（页）岩、煤层（线）不等厚互层，夹少量灰白色中—厚层细—中砾岩、砂砾岩。

三、直罗组（J_2z）

由王尚文1950年命名的直罗统沿革而来（直罗统→直罗组）。1950年王尚文将原瓦窑堡煤系上部分出命名为直罗统。1951年李德生将直罗统改称为直罗组，沿用至今。直罗组命名剖面位于陕西富（鄜）县直罗镇附近，延安市西杏子河剖面为参考剖面。

直罗组分布范围与延安组基本一致。贺兰山-卫宁北山地层小区主要出露于贺兰山北段汝箕沟—缺台沟一带及贺兰山南段大战场、双圈等地；盐池-彭阳地层小区多埋藏于新生代覆盖层之下，地表零星出露于磁窑堡、石沟驿、萌城和甜水堡等地；六盘山-陇县地层小区主要出露于北部的窑山和炭山等地。与下伏延安组和上覆安定组均为整合接触。木葫芦沟剖面、双圈子剖面和石岘子北剖面具代表性。

木葫芦沟剖面（位于内蒙古阿拉善左旗木葫芦沟。起点坐标：北纬39°05′，东经106°05′。西安地质学院区调队1992年测制）为直罗组次层型，其层序如下（图10-7）：

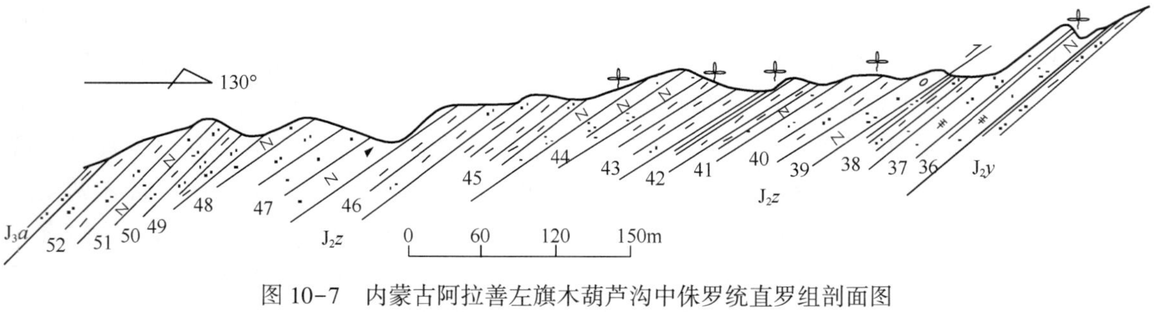

图10-7 内蒙古阿拉善左旗木葫芦沟中侏罗统直罗组剖面图

Fig. 10-7 Section of the Middle Jurassic Zhiluo Formation in Muhulugou, Alxa Left Banner, Inner Mongolia

上覆地层：安定组（J_3a）紫红色薄层粉砂质泥岩

——— 整 合 ———

直罗组（J_2z） 厚度373.4m

52. 灰绿色粉砂质泥岩、泥质粉砂岩，下部夹灰白色长石砂岩 31.9m

51. 浅灰绿色薄—中层细粒长石砂岩 7.7m

50. 底部灰白色中—厚层长石砂岩透镜体，其上为灰绿色泥质粉砂岩夹细砂岩、砂岩薄层 10.3m

49. 灰绿色薄层泥质粉砂岩夹长石砂岩 24.4m

48. 灰白色中—厚层长石砂岩 4.3m

47. 中上部为灰绿色中—厚层细—粉砂岩夹灰白色厚—中层长石砂岩，下部为浅灰绿色中—厚层岩屑长石砂岩、粗砂岩 53.0m

46. 底部为灰绿色薄—中层不等粒长石砂岩，下部为深灰绿色中—薄层泥质粉砂岩、浅灰绿色黏土岩，上部为灰绿色薄层泥质长石细砂岩与粉砂质泥岩互层 27.1m

45. 上部为深灰绿色薄层泥岩、粉砂质泥岩夹薄层长石石英细砂岩及煤线；中部为深灰绿—黄绿色薄层粉砂质泥岩、泥质粉砂岩夹薄层泥质细砂岩；下部为黄绿色中—厚层不等粒长石砂岩。产植物 *Coniopteris hymenophylloides*，*Cladophlebis* sp.，*Podozamites lanceolatus* 38.0m

44. 黄绿—灰绿色中层长石石英细砂岩夹粉砂质泥岩、泥质粉砂岩 24.0m

43. 灰绿、黄绿色泥岩、粉砂质泥岩夹少量薄层细砂岩、长石砂岩。产植物 *Coniopteris hymenophylloides*，*Czekanowskia rigida*，*Podozamites* sp. 30.5m

42. 下部为黄绿色厚层中粒岩屑石英砂岩透镜体，中上部为灰绿色泥岩、页岩夹薄—中层岩屑石英砂岩，产植物 *Czekanowskia rigida*，*Neocalamites* sp. 17.8m

41. 底部为灰绿—黄绿色中层长石石英细砂岩，其上为灰绿色粉砂质泥岩、泥岩，顶部为灰绿色页岩 4.9m

40. 灰—灰黑色粉砂质泥岩夹少量黄绿色薄层长石石英砂岩。产植物 *Coniopteris simplex*，*Podozamites* sp.，*Czekanowskia rigida* 24.9m

39. 底部为灰白色厚层细砾岩、含砾长石石英粗砂岩，向上为灰白色厚层石英粗砂岩、含砾石英粗砂岩 9.1m

38. 黄绿色薄—中层泥质细砂岩与含粉砂质泥岩、粉砂质页岩互层，夹细粒钙质石英杂砂岩透镜体 32.8m

37. 灰绿色中—厚层粗粒不等粒石英杂砂岩、中粒不等粒杂砂岩 12.1m

36. 底部为细砾岩，下部为浅灰色中—厚层中粒钙质长石石英杂砂岩，中上部为黑色—灰色页岩、黄绿色泥质粉砂岩。产植物 *Czekanowskia rigida*，*Coniopteris* sp.，*Neocalamites* sp. 23.6m

——— 整　合 ———

下伏地层：延安组（J_2y）炭质页岩夹泥质粉砂岩

双圈子剖面（位于内蒙古阿拉善左旗厢根达来苏木东南之双圈子。起点坐标：北纬 38°06′，东经 105°38′。宁夏区调队 1984 年测制）层序如下（图 10-8）：

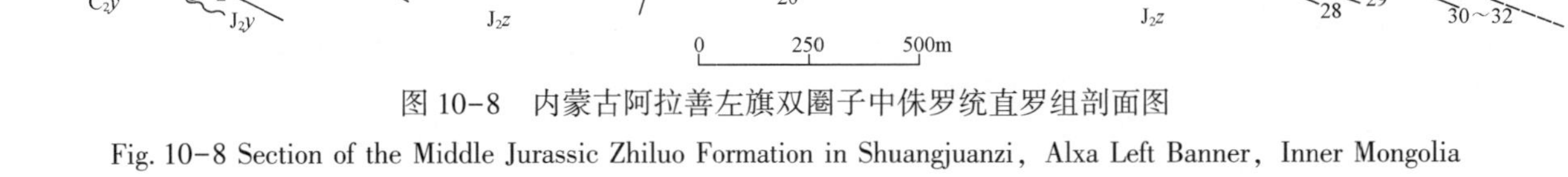

图 10-8　内蒙古阿拉善左旗双圈子中侏罗统直罗组剖面图

Fig. 10-8 Section of the Middle Jurassic Zhiluo Formation in Shuangjuanzi，Alxa Left Banner，Inner Mongolia

上覆地层：安定组（J_3a）深灰—灰褐色厚层粗砾岩

----- 平行不整合 -----

直罗组（J_2z） 厚度 830.0m

32. 紫红色中厚层细粒钙质石英砂岩 2.3m

31. 杂色中厚—薄层粉砂岩 5.5m

30. 紫红色薄—中厚层粉砂岩、细粒长石石英砂岩夹灰绿色粉砂岩及一层钙质角砾岩 28.7m

29. 灰黄色—灰绿色泥质粉砂岩夹灰黑—深灰色页岩，局部见夹灰黑色含白云质灰岩透镜体及中厚层细粒钙质石英砂岩。砂岩发育板状斜层理。泥质粉砂岩、页岩产植物 *Neocalamites* sp.，*Neocalamites nathorsti* 54.8m

28. 灰黄色厚—中厚层中粗粒长石岩屑砂岩夹砂砾岩、含砾粗粒长石岩屑砂岩透镜体。砂砾岩、含砾砂岩具正粒序层理 7.3m
27. 灰黄—黄绿色薄层粉砂岩夹灰黑—深灰色页岩，底部见夹长石石英砂岩 13.2m
26. 灰黄—灰黄绿色薄—中厚层细粒长石石英砂岩 27.0m
25. 灰绿色薄层粉砂岩夹少量深灰—灰黑色页岩，局部见夹薄层细粒钙质长石石英砂岩。粉砂岩、页岩产植物 cf. *Podozamites schenki*，*Neocalamites* sp.，*Czekanowskia* ? sp.，*Neocalamites nathorsti*，*Pseudotorellia* ? sp.，*Desmiophyllum* sp.，*Pityophyllum* sp.，*Nilssonia* sp. 26.4m
24. 灰白—浅灰色中厚层中细粒钙质长石石英砂岩夹灰绿色中薄层粉砂岩。粉砂岩含灰质结核 24.7m
23. 灰绿色—墨绿色薄层粉砂岩夹黄绿色薄—中厚层细粒泥质长石砂岩。粉砂岩夹含灰质白云岩透镜体或结核 3.7m
22. 灰—灰白色厚—中层中粒泥质长石砂岩 9.7m
21. 灰绿色中厚—薄层细粒泥质长石石英砂岩与灰绿色薄层粉砂岩互层。粉砂岩产植物 *Neocalamites* sp.，*Coniopteris* sp.，*Pseudotorellia* ? sp.，*Desmiophyllum* sp.，*Czekanowskia* sp. 47.9m
20. 底部为厚层含砾粗粒泥质长石砂岩，向上为厚—中层中细粒长石石英砂岩 91.5m
19. 下部为灰黄绿色中厚层中粒泥质长石砂岩，中上部为薄—中薄层细粒长石石英砂岩 14.3m
18. 灰黄绿—墨绿色薄—中薄层泥质粉砂岩夹少量细粒长石砂岩 19.7m
17. 浅灰黄绿色厚—中厚层中粗粒长石砂岩 15.2m
16. 灰绿—墨绿色粉砂岩、细粒泥质长石砂岩，上部夹少量中粒泥质长石砂岩 12.1m
15. 黄绿—灰黄绿色厚层中粒泥质长石砂岩 10.5m
14. 灰绿色—墨绿色薄层细粒长石石英砂岩夹一层中粒长石石英砂岩 28.6m
13. 灰黄绿色厚—中厚层中粗粒硅质长石砂岩 48.5m
12. 灰黄绿色厚—中厚层中粗粒硅质长石砂岩夹少量砂砾岩透镜体 63.8m
11. 黄绿色薄层细粒泥质岩屑长石砂岩 3.9m
10. 浅灰黄绿色厚—中厚层粗粒泥质长石砂岩与砂砾岩互层 40.7m
9. 灰黄—灰黄绿色中厚—薄层细粒长石石英砂岩夹钙质粗粒长石砂岩 7.5m
8. 黄绿色厚—中厚层粉砂岩夹细粒含钙质岩屑长石砂岩 13.8m
7. 灰黄绿色厚—中厚层细粒长石石英砂岩 17.5m
6. 深灰—灰色厚—巨厚层中粗粒泥质长石砂岩夹砂砾岩透镜体。砂岩发育楔状斜层理 52.6m
5. 灰—深灰色厚—中厚层中粗粒长石石英砂岩夹粗砾岩、砂砾岩透镜体 66.6m
4. 灰—深灰色厚层中粗粒钙质长石石英砂岩夹砂砾岩透镜体和少量结晶灰岩透镜体及灰黑色泥质粉砂岩 66.4m
3. 灰—深灰色厚层粗粒长石石英砂岩夹砂砾岩透镜体及一层泥质粉砂岩透镜体 5.7m

———— 整　合 ————

下伏地层：延安组（J_2y）灰—深灰色厚层中粗粒长石石英砂岩

石岘子北剖面（位于固原市炭山乡石岘子北 1.2km 处。起点坐标：北纬 36°24′，东经 106°17′。宁夏地调院 2001 年测制）层序如下（图 10-9）：

上覆地层：安定组（J_3a）浅紫红、灰红色中—厚层铁质粗—中粒岩屑长石砂岩与紫红、灰红色泥岩不等厚互层

———— 整　合 ————

直罗组（J_2z） 厚度 616.7m

13. 灰、灰黑、灰绿、黄灰色泥岩夹灰、浅红灰色中—厚层钙质中细粒长石石英砂岩 59.5m
12. 深灰—灰黑色厚层粗砾岩 7.1m
11. 浅灰、灰白色中—厚层（含砾）中—粗粒长石石英杂砂岩夹少量黄绿、灰、灰黑色泥岩及灰色中—厚层中—细砾岩 13.8m
10. 浅黄灰、灰白色中—厚层（含砾）中粗粒长石石英杂砂岩夹少量灰、浅灰色中—厚层中砾岩 20.1m

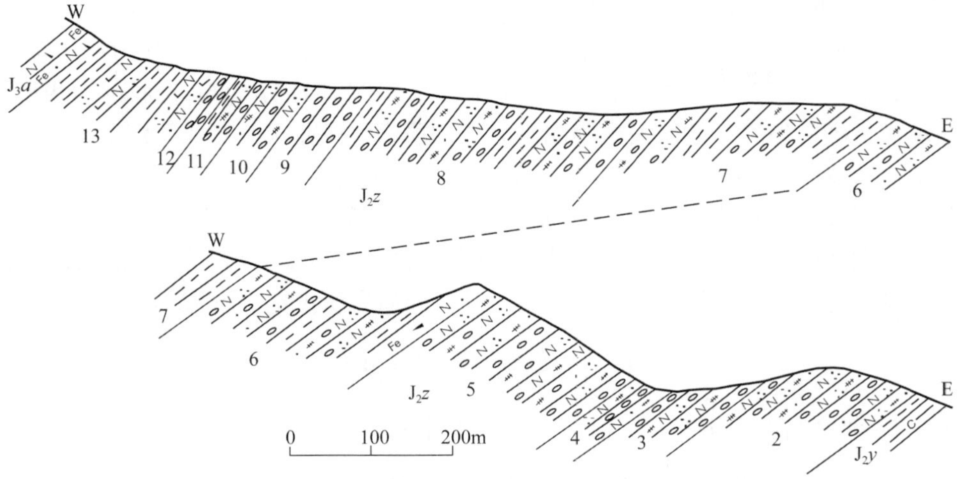

图 10-9　固原市原州区石岘子北中侏罗统直罗组剖面图

Fig. 10-9　Section of the Middle Jurassic Zhiluo Formation in Shixianzi，Yuanzhou，Guyuan，Ningxia

9. 灰、深灰色中—厚层粗砾岩　26. 8m
8. 浅灰、灰白色中—厚层含细砾中—粗粒长石石英杂砂岩夹黄灰、深灰色粉砂质泥岩及少量灰、浅灰色中层中—细砾岩，泥岩夹细砂岩透镜体　113. 3m
7. 浅灰、灰白色中—厚层（含砾）中—粗粒长石石英杂砂岩夹少量蓝灰、黄绿色泥岩　96. 3m
6. 浅灰、灰白色中—厚层含细砾粗—细粒长石石英杂砂岩夹黄灰、灰绿、蓝灰色泥岩及少量灰色中—厚层中—细砾岩　84. 4m
5. 浅灰、灰白色中—厚层含细砾中—粗粒长石石英杂砂岩夹少量浅灰、灰色中—厚层中—粗砾岩、中—细砾岩　87. 4m
4. 浅灰、浅黄灰色块状—巨厚层（含细砾）粗粒长石石英杂砂岩夹灰—深灰色中—厚层中—细砾岩　17. 2m
3. 浅灰、灰白色中—厚层含细砾中—粗粒长石石英杂砂岩夹少量灰—浅灰色中层中—细砾岩　29. 2m
2. 浅灰、灰白色厚层含细砾粗粒长石石英杂砂岩夹少量浅灰色中层中—细砾岩　61. 2m

———— 整　合 ————

下伏地层：延安组（J_2y）灰黑、黑色泥岩、炭质页岩

直罗组为一套湿热气候条件下的河流相沉积，主要由灰绿—黄绿色长石石英砂岩、长石砂岩、粉砂岩、泥岩等组成，含植物及孢粉化石。以黄绿色宏观色调和基本不含煤为特征与下伏延安组、上覆安定组相区别。

上列木葫芦沟剖面直罗组厚 376. 4m，底部为灰白、浅灰绿色厚层砾岩、粗粒长石石英砂岩，向上为灰白、灰绿—黄绿色中—厚层石英砂岩、长石石英砂岩、长石砂岩、岩屑长石砂岩与黄绿色泥质粉砂岩、粉砂质泥岩、页岩互层，下部夹少量炭质页岩及煤线，含植物化石。贺兰山北段各地所见岩性与木葫芦沟剖面相似，横向岩性变化不明显。沉积厚度有自西向东变厚之趋势：雀台沟厚 296. 6m，二道岭厚 317. 0m，木葫芦沟厚 376. 4m。

在双圈子剖面中直罗组厚度大于 830. 0m，岩性以黄绿、灰绿、浅灰色薄—中厚层长石砂岩、长石石英砂岩、岩屑长石砂岩、长石岩屑砂岩为主，夹灰绿—墨绿、灰色粉砂岩、粉砂质泥岩及少量砂砾岩、砾岩，自下而上有碎屑岩渐减，泥岩、页岩渐增之趋势，产植物化石。贺兰山南段围沟—土圈一带（土圈盆地）直罗组岩性与双圈子剖面基本一致，沉积厚度有自南而北逐渐变厚之趋势，依次为：新井煤矿钻孔厚度为 31. 2m，湾布勒沟厚 376. 0m，土圈厚 632. 4m，双圈子厚 830. 0m，大井厚 725. 4m，黑疙瘩厚 821. 1m。

宁东灵盐地区直罗组多被埋藏于新生界覆盖层之下，地表露头很少。石沟驿煤矿未见顶，厚度大于326.8m，岩性为浅黄、浅灰黄、浅黄绿色厚—巨厚层（含砾）粗—细粒长石砂岩夹浅蓝灰、灰黄、黑色泥岩及砾岩。萌城—甜水堡一带直罗组也未见顶，厚度大于124.8m，岩性为浅灰黄、浅紫红色厚层黏土质中粒长石石英砂岩夹褐红色泥岩。盐池高沙窝高一井本组厚356m，底部为粗砂岩夹砂砾岩，向上以浅灰—绿灰色细粒砂岩、砂质泥岩和泥岩为主，顶部为浅蓝灰—蓝灰色泥岩与细砂岩互层。

石岘子北剖面直罗组厚616.7m，岩性为浅灰、灰白、灰黄色中—厚层、块状—巨厚层含细砾中—粗粒长石石英杂砂岩夹灰白色中—厚层中—细砾岩、中—粗砾岩及少量黄绿、蓝灰、灰黑色泥岩、粉砂质泥岩。石岘子剖面厚度大于275.6m，岩性与石岘子北剖面一致，其上为下白垩统三桥组不整合覆盖。与贺兰山和灵盐地区相比，炭山石岘子一带直罗组碎屑岩所占比例增大，且粒度较粗。

四、安定组（J_3a）

由王竹泉1925年命名的安定石灰岩沿革而来（安定石灰岩→安定层→安定组）。1914~1915年和1927年M. L. Fuller和F. G. Clapp在陕北划出一段“二叠纪”的红色页岩、砂岩及薄层石灰岩。1925年王竹泉将这套地层命名为安定石灰岩，归上侏罗统；1933年王竹泉、潘钟祥改称安定层。1960年银川石油局110队改称安定组。1964年地质部第三石油普查大队将该组划归中侏罗统上部，沿用至今。安定组命名地点位于陕西子长县安定镇，参考剖面位于延安西杏子河。

安定组分布局限，主要出露于内蒙古自治区境内贺兰山北段雀台沟、二道岭和贺兰山南段围沟—新井煤矿一带，宁夏境内地表仅出露于甜水堡和石岘子，其余地区均埋藏于新生界覆盖层之下。在贺兰山北段安定组与下伏直罗组为整合接触，未见顶；在贺兰山南段与下伏直罗组呈平行不整合接触，与上覆芬芳河组平行不整合接触。岩性以紫红色砂岩、粉砂岩、泥岩为主。红石崖剖面、双圈子剖面和马坊沟剖面具代表性。

红石崖剖面（位于内蒙古阿拉善左旗红石崖。起点坐标：北纬39°04′，东经106°02′。西安地质学院区调队1992年测制）层序如下（图10-10）：

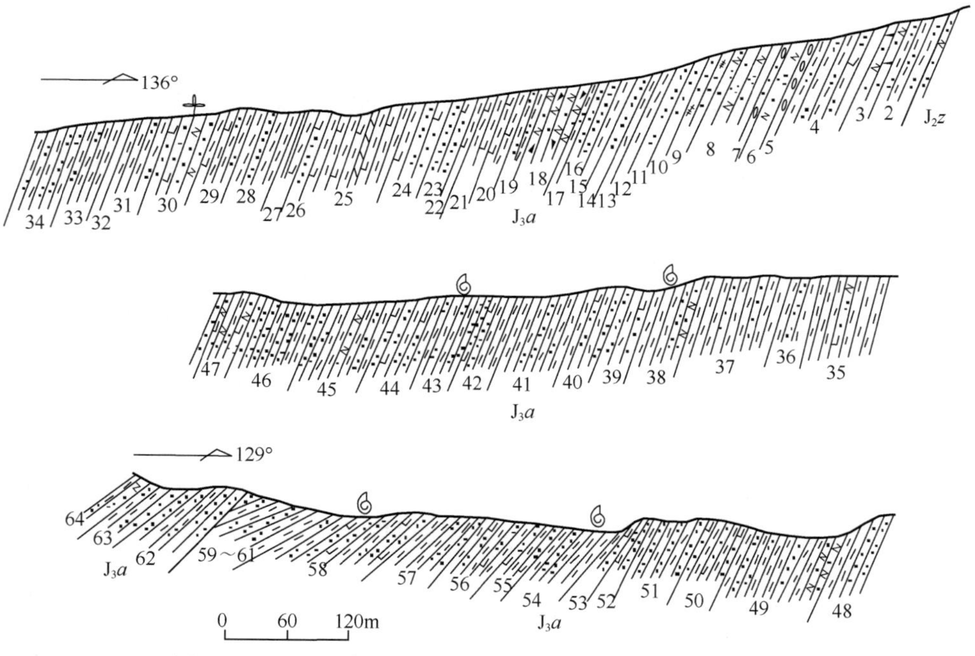

图10-10　内蒙古阿拉善左旗红石崖中侏罗统安定组剖面图

Fig. 10-10　Section of the Middle Jurassic Anding Formation in Hongshiya，Alxa Left Banner，Inner Mongolia

安定组（J_3a）　　厚度>1912.1m

64.	灰绿色薄层细粒钙质长石石英砂岩夹灰紫色粉砂质泥岩（未见顶）	>6.6m
62~63.	灰紫色细砂岩、粉砂岩与粉砂质泥岩、紫红色泥岩组成多个韵律	43.4m

60~61.	灰紫、灰绿色粉砂岩、粉砂质泥岩，偶夹中细粒长石杂砂岩	24.0m
58~59.	灰紫色钙质粉砂岩与紫红色粉砂质泥岩互层，含虫管化石	86.3m
57.	底部为厚35cm的灰色含云母粉砂岩，向上为粉砂质泥岩、泥岩	40.5m
55~56.	灰绿色钙质粉砂岩与紫红色泥岩互层	49.9m
54.	紫红、灰紫色泥岩、粉砂质泥岩夹灰紫色薄层粉砂岩，下部含腹足类 *Amplovalvata* sp.	50.1m
52~53.	底部为厚50cm的粉砂岩，下部为紫红色泥岩与灰紫色粉砂岩互层，上部为灰紫色含云母钙质粉砂岩（具沙纹层理及微波痕）与紫红色泥岩互层夹紫色细砂岩	18.8m
50~51.	上部为白云母粉砂岩与紫红色泥岩互层，下部为灰紫色钙质细砂岩与紫红色泥岩互层	80.5m
49.	底部为灰色薄层中粒长石砂岩，其上为紫红色泥岩夹灰绿色、紫红色粉砂岩	101.5m
47~48.	紫红色泥岩夹灰绿色细砂岩	73.0m
46.	紫红色泥岩夹紫、灰绿色粉砂岩	57.1m
45.	紫红、灰绿色泥岩夹灰红色钙质长石石英细砂岩（含胶磷矿斑块）	63.3m
44.	紫红色泥岩夹灰绿色细砂岩及粉砂岩	42.9m
43.	灰绿色粉砂质泥岩夹灰绿色粉砂岩，含双壳类 *Kija kweichouensis*	31.4m
41~42.	灰紫、灰绿色粉砂岩与灰紫、紫红色泥岩互层，夹灰绿色泥灰岩（6~8cm），泥岩中含钙质结核	90.0m
39~40.	灰绿、紫红色泥岩夹灰绿色粉砂岩、粉砂质泥岩	57.4m
38.	底部为灰绿色薄—中厚层钙质细砂岩及中粒长石砂岩透镜体，其上为灰绿色、灰紫色钙质细砂岩、粉砂岩，含双壳类 *Kija kweichouensis*	45.8m
37.	灰绿、紫红色钙质粉砂岩、粉砂质泥岩	77.4m
35~36.	灰绿、紫红色泥岩夹灰绿色粉砂岩及薄层钙质细砂岩（具波状层理）	90.1m
34.	紫红、灰绿色页岩夹灰绿色粉砂质、钙质泥岩（见孔雀石铜矿化），底部为灰紫色中层中粒长石石英砂岩（局部含细砾粗砂岩）	44.4m
32~33.	灰绿、灰紫色泥质、钙质粉砂岩、粉砂质泥岩夹灰绿色泥灰岩、细砂岩薄层	41.7m
31.	紫红、灰绿色钙质泥岩夹泥灰岩	34.8m
30.	紫红、灰绿色钙质泥岩夹细砂岩、粉砂岩，底部为紫红色钙质杂砂岩夹灰色中粒钙质石英砂岩，含植物 *Phoenicopsis* sp. 及植物茎化石	39.4m
29.	上部为泥岩夹薄层细砂岩，下部为紫灰色含钙质粉砂岩、细砂岩与紫红色钙质泥岩互层	34.0m
28.	紫红、绿灰色钙质泥岩夹粉砂岩及钙质细砂岩，具波状层理和微波斜层理	35.2m
26~27.	紫红、绿灰色钙质泥岩、粉砂质钙质泥岩夹钙质粉砂岩，含有机物质碎片，具波状层理	27.8m
25.	紫红色粉砂质钙质泥岩（含胶磷矿小块）夹灰绿色钙质粉砂岩	63.6m
23~24.	紫红、灰紫色粉砂质泥岩（含钙质结核）夹灰紫色钙质粉砂岩（具虫迹构造）	53.9m
22.	紫灰色中厚层粗—中粒钙质岩屑长石砂岩	7.7m
21.	红紫色粉砂质泥岩与含砾砂岩互层	17.1m
19~20.	紫红色细—粉砂岩与粉砂质泥岩互层，含虫迹化石	43.3m
17~18.	紫红色泥岩夹粉砂岩及灰绿色中粒长石砂岩，底部灰绿色粗粒长石石英砂岩	44.0m
15~16.	紫红、灰绿色细—粉砂岩与紫红色粉砂质泥岩互层	29.8m
13~14.	上部为红紫、灰绿色泥岩，下部为紫红色粉砂岩	25.7m
12.	紫红、灰绿色泥岩夹灰绿色粉砂质泥岩，具风成细波痕	8.0m
11.	红紫、灰绿色细—粉砂岩夹灰绿色斑杂状泥岩	12.4m
10.	灰紫色细砂岩与粉砂质泥岩不等厚互层	14.0m
9.	上部为灰紫色中层中粒杂砂岩及灰紫色粉砂岩、紫红色粉砂质泥岩，中部为灰紫色中厚层中细粒杂砂岩及泥质粉砂岩，下部为浅灰红色中层长石石英粗砂岩	21.9m
8.	浅灰红色中厚层粗—中粒长石石英砂岩及灰紫色泥质粉砂岩	46.5m
7.	灰紫色中—中厚层砂砾岩、含砾粗砂岩	6.2m
6.	灰绿色中厚层中粒含帘石长石石英砂岩、粉砂岩（具小型沙纹层理）夹中细粒杂砂岩	19.6m
5.	灰紫色中厚层细砾岩、含砾粗砂岩，其上为泥质粉砂岩、粉砂质泥岩（含钙质结核），顶部夹细砂岩	8.5m

4. 上部为灰紫色粉砂质泥岩，下部为灰紫色钙质泥质粉砂岩（含钙质结核） 45.2m

3. 灰绿色厚—中厚层中粒岩屑长石砂岩 26.2m

2. 灰紫、灰绿色粉砂质泥岩夹粉砂岩及灰绿色薄—中层细粒长石石英砂岩 31.2m

———— 整 合 ————

下伏地层：直罗组（J_2z）浅灰绿色中层长石石英砂岩

双圈子剖面层序如下（图 10-11）：

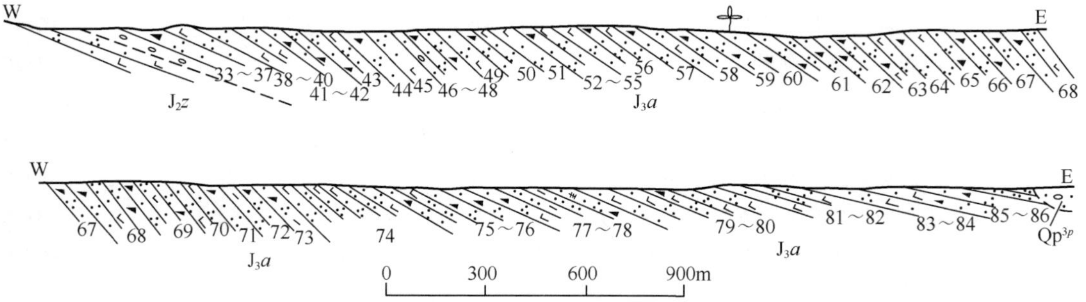

图 10-11 内蒙古阿拉善左旗双圈子上侏罗统安定组剖面图

Fig. 10-11 Section of the Upper Jurassic Anding Formation in Shuangjuanzi, Alxa Left Banner, Inner Mongolia

安定组（J_3a） 厚度>2018.1m

86. 紫红色中—薄层钙质粉砂岩夹少量铁、钙质细粒岩屑石英砂岩（未见顶） >6.1m
85. 深灰紫色中—薄层铁、钙质细粒岩屑石英砂岩夹少量紫红色粉砂岩。前者层面发育不对称波痕 >27.2m
84. 灰紫色中厚层铁、钙质中粗粒岩屑石英砂岩 3.8m
83. 灰紫色中厚—中薄层钙质细粒石英砂岩夹少量紫红色粉砂岩 23.3m
82. 灰紫色中厚层岩屑石英砂岩 0.8m
81. 深灰紫色薄—中层钙质细粒石英砂岩，偶夹少量紫红色粉砂岩。前者底面发育重荷模 59.8m
80. 浅灰紫色中厚层铁、钙质中粗粒岩屑砂岩夹砂砾岩透镜体 1.4m
79. 深灰紫色中—薄层铁、钙质细粒石英砂岩夹铁、钙质中粒岩屑石英砂岩及少量紫红色泥质粉砂岩 78.6m
78. 紫红色泥质粉砂岩夹灰紫—深灰紫色中—薄层钙质细粒岩屑石英杂砂岩。前者含钙质结核 56.4m
77. 紫红—灰紫色薄层钙质细粒岩屑石英砂岩、紫红色粉砂岩夹少量中厚层中粗粒岩屑石英砂岩。粉砂岩含钙质结核 7.2m
76. 灰紫—猪肝色中—薄层中细粒岩屑石英砂岩夹少量钙质粉砂岩 93.2m
75. 灰紫色中厚层中粗粒岩屑石英砂岩。偶含直径 0.5~3cm 磨圆甚好之砾石和紫红色泥砾 3.3m
74. 深灰紫—猪肝色中厚—薄层钙、铁质细粒石英砂岩夹少量浅灰紫色粉砂岩 119.7m
73. 灰—灰紫色中厚—薄层泥质中粗粒岩屑石英砂岩夹少量猪肝色泥质细粒岩屑石英砂岩 29.9m
72. 猪肝色薄—中薄层泥质细粒岩屑石英砂岩 68.4m
71. 灰紫色中厚—薄层粗—中粗粒岩屑石英砂岩夹猪肝色铁、钙质细粒石英砂岩 14.2m
70. 猪肝色薄—中薄层钙质细粒石英砂岩夹深灰—灰褐色粉砂岩少量 65.8m
69. 灰紫色中厚层粗粒岩屑石英砂岩与猪肝色钙质细粒石英砂岩互层 83.7m
68. 深灰紫—猪肝色薄—中薄层铁、钙质细粒岩屑石英砂岩 98.1m
67. 灰紫色中薄层铁、钙质中粗粒岩屑石英砂岩与褐紫色中薄层钙质细粒岩屑石英砂岩互层 74.5m
66. 深灰—灰紫色中薄层细粒岩屑石英砂岩 30.7m
65. 紫红—猪肝色薄—中薄层铁、钙质细粒岩屑石英砂岩夹铁、钙质中粗粒岩屑石英砂岩。局部含砾 77.0m
64. 猪肝色薄—中薄层钙质细粒岩屑石英砂岩 28.4m
63. 灰紫色中厚层钙质不等粒岩屑石英砂岩与灰紫色钙质细粒石英砂岩互层，偶见夹细砾岩透镜体 45.3m

62. 灰紫—灰紫红色厚—中厚层钙质中粗粒岩屑石英砂岩，见夹少量灰绿色粉砂岩，上部夹少量细粒石英砂岩 >66.5m

61. 紫红色中厚—中薄层细粒岩屑石英砂岩夹紫红—灰绿色粉砂岩 >53.5m

60. 紫红—灰紫色中—中薄层细粒岩屑石英砂岩夹灰绿、紫红色粉砂岩、粉砂质页岩、页岩。产植物 *Radicites* sp. 35.7m

59. 紫红—猪肝色中薄层铁、钙质细粒岩屑石英砂岩夹灰绿色薄层粉砂岩。后者含钙质结核 30.7m

58. 深紫红—猪肝色薄—中薄层钙质岩屑石英砂岩，底部夹一层灰绿色钙质粉砂岩。后者含钙质结核 69.0m

57. 灰紫色中薄层中粗粒岩屑石英砂岩夹深灰紫—猪肝色中厚—中薄层钙质细粒石英砂岩 26.9m

56. 灰紫—猪肝色薄—中薄层钙质细粒石英砂岩夹少量中薄层中粗粒岩屑石英砂岩，顶部夹一层灰—灰绿色钙质粉砂岩 93.3m

55. 灰紫色中薄—中厚层中粗粒岩屑石英砂岩夹少量钙质细粒石英砂岩，顶部尚夹细砾岩透镜体 14.5m

54. 猪肝色中薄层钙质细粒石英砂岩与紫红色薄层钙质粉砂岩不等厚互层。后者含云母碎片 17.1m

53. 灰—灰紫色中厚层中粗粒岩屑石英砂岩。局部含砾 18.3m

52. 灰紫色中厚层砂砾岩 2.3m

51. 猪肝色中薄层铁、钙质细粒石英砂岩夹少量紫红、浅灰色钙质粉砂岩 44.2m

50. 灰紫色中厚—中薄层钙质中粗粒岩屑石英砂岩夹少量钙质细粒石英砂岩 32.2m

49. 灰紫—猪肝色中厚—中薄层钙质细粒石英砂岩 26.6m

48. 灰紫色中厚—中薄层砂砾岩夹钙质不等粒岩屑砂岩 7.5m

47. 灰紫—猪肝色中薄—中厚层细粒岩屑石英砂岩。中、上部发育板状斜层理 81.2m

46. 灰紫—紫灰色中厚层砂砾岩夹砾岩、不等粒砂岩透镜体，上部渐变为含砾不等粒岩屑石英砂岩、不等粒岩屑石英砂岩 6.4m

45. 深紫红—猪肝色薄—中薄层钙质细粒石英砂岩 46.7m

44. 灰紫—紫红色中厚层中粗粒岩屑石英砂岩 51.2m

43. 紫红色中厚层铁、钙质中粗粒岩屑石英砂岩夹少量砂砾岩、砾岩 66.4m

42. 紫红色中薄层细粒岩屑石英砂岩夹紫红色粉砂岩 37.4m

41. 浅灰—灰褐色厚层粗砾岩 3.4m

40. 紫红色中厚层钙质细粒石英砂岩夹浅灰紫色中厚层中粗粒岩屑石英砂岩。后者局部含砾 19.2m

39. 紫红色中厚—中薄层钙质细粒石英砂岩，偶夹紫红色薄层粉砂岩 21.7m

38. 紫红色中厚层硅、钙质细粒石英砂岩夹中粗粒岩屑石英砂岩及少量紫红色薄层粉砂岩 41.6m

37. 紫红色薄层泥质粉砂岩 3.9m

36. 紫红色中—中厚层钙质细粒石英砂岩夹紫红色钙质粉砂岩、泥质粉砂岩薄层 23.5m

35. 灰褐—灰紫色厚层粗—中砾岩 5.7m

34. 灰—灰褐色厚—中厚层不等粒岩屑石英砂岩夹中厚层粗砾岩 31.2m

33. 深灰—灰褐色厚层粗砾岩 3.5m

----- 平行不整合 -----

下伏地层：直罗组（J_2z）紫红色中厚层钙质细粒石英砂岩

马坊沟剖面（位于盐池县马坊沟。起点坐标：北纬 37°09′，东经 106°48′。宁夏区调队 1982 年测制）层序如下（图 10-12）：

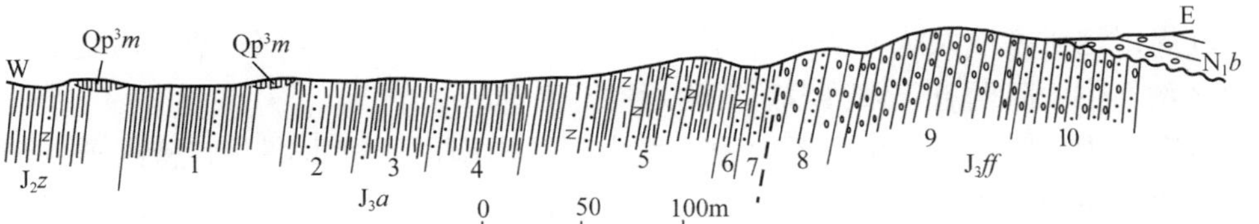

图 10-12　盐池县马坊沟中—上侏罗统剖面图

Fig. 10-12　Section of the Middle-Upper Jurassic in Mafanggou, Yanchi County, Ningxia

上覆地层：芬芳河组（J_3ff）灰紫色薄—中厚层中砾岩夹薄层砂砾岩

----- 平行不整合 -----

安定组（J_3a）	厚度>274.7m
7. 砖红色粉砂质泥岩夹土黄色薄层粉砂岩	13.3m
6. 砖红色薄层泥岩与浅灰白色中厚层钙质长石砂岩不等厚互层	8.9m
5. 砖红色泥岩与灰白色薄—中厚层钙质细粒长石石英砂岩不等厚互层，其中尚夹有灰色薄层粉砂岩	87.7m
4. 杂色泥岩夹蓝灰、土黄色薄层粉砂岩	77.3m
3. 砖红色中厚层钙质细粒长石石英砂岩	4.8m
2. 杂色泥岩夹蓝灰色薄层粉砂岩（下部被第四系覆盖）	>33.8m
1. 蓝灰色页岩夹紫红色薄层砂岩（下部被第四系覆盖）	>48.9m

安定组属干旱气候条件下的河湖相沉积，主要由紫红间灰绿色砂岩、粉砂岩、泥岩组成，夹泥灰岩等，自下而上总体构成一个由粗变细的沉积序列。以紫杂色调并夹有较多灰红、紫红色泥岩、粉砂质泥岩为特征，以大量出现紫红色砂岩、粉砂岩、泥岩作为与下伏直罗组的分界标志。

上列红石崖剖面安定组厚度大于1912 m，以灰紫、紫红、灰绿色粉砂岩、粉砂质泥岩、泥岩为主，夹灰紫、灰绿色薄层中—细粒长石石英砂岩、长石砂岩及细砾岩等，含腹足类、双壳类及植物化石。雀台沟—二道岭一带本组厚667~1515m，下部为紫红色泥岩、粉砂岩与灰白、灰绿、灰黄及紫红色薄—中厚层中细粒长石石英砂岩、长石砂岩不等厚互层，夹少量深灰绿色粉砂质页岩；上部为紫红间灰绿色泥岩、粉砂质泥岩、薄层钙质粉砂岩夹紫红色粉砂质灰岩、粉砂质泥灰岩及少量灰黑色中层中粗粒长石砂岩。

双圈子剖面安定组平行不整合于直罗组之上，厚度大于2018.1m，底部为灰紫色厚层砾岩，向上为灰紫、暗紫色中厚层岩屑石英砂岩、石英砂岩夹紫红、灰绿色粉砂岩、泥岩、砂砾岩、砾岩，自下而上粒度明显变细。贺兰山南段内蒙古阿拉善左旗新井煤矿—围沟一带岩性与双圈子剖面类似，南部新井煤矿、湾布勒沟一带粗碎屑岩（砾岩、砂砾岩）比较发育，向北粗碎屑岩逐渐减少，至土圈以北则以砂岩为主，粗碎屑岩仅发育于下部，再向北至送积沟、围沟一带岩性变得更细，主要由粉砂岩、粉砂质泥岩、泥岩等细碎屑岩组成，偶见夹淡水灰岩。

宁东灵盐地区安定组大面积埋藏于新生界覆盖层之下，地表仅在盐池南部马坊沟见有出露。上述马坊沟剖面本组下部被第四系覆盖未见底，与上覆芬芳河组平行不整合接触，厚度大于274.7m，下部为蓝灰色、杂色泥岩、页岩夹细砂岩、粉砂岩等；上部则以砖红色泥岩、粉砂质泥岩为主，夹灰白色中厚层钙质细粒长石石英砂岩及砖红色粉砂岩等。向北至于家梁井下岩性为棕红色泥岩及杂色（棕红、灰绿、紫色）泥岩，灰绿色泥岩、杂色细砂岩及粉砂岩，厚495.2m。再向北，至李家庄一带井下厚302m，由灰紫、蓝灰色砂质泥岩和泥质砂岩组成，岩性较为单调。

固原炭山一带安定组与下伏直罗组为连续沉积，下白垩统三桥组不整合超覆于其上。石岘子北剖面未见顶，厚度大于151.7m，岩性为浅紫红、灰红色中—厚层中—粗粒、细粒长石石英砂岩夹灰红、紫红色泥岩、粉砂质泥岩及少量灰红色中砾岩、粗砾岩，由下而上泥岩逐渐减少，具有向上变粗之趋势。

彭阳草庙地区井下安定组岩性以紫红色、灰紫色泥岩、粉砂质泥岩、粉砂岩为主，夹少量灰白色长石石英砂岩等，厚123m。

五、芬芳河组（J_3ff）

陕西省186煤田地质勘探大队1973年创名于千阳县芬芳河。1983年陕西省区域地层表编写组首次公开引用。命名剖面位于陕西省千阳县草碧镇附近的芬芳河。

芬芳河组分布极为局限。主要出露于内蒙古境内贺兰山南段大柳木高—肩膀闸子一带，宁夏境内仅出露于盐池县之马坊沟。在贺兰山南段芬芳河组与下伏安定组为平行不整合接触，下白垩统庙山湖组不整合覆于其上；盐池县马坊沟芬芳河组与下伏安定组为平行不整合接触，未见顶。大柳木高南剖面和马坊沟剖面具代表性。

大柳木高南剖面（位于内蒙古阿拉善左旗大柳木高南。起点坐标：北纬38°02′，东经105°44′。宁夏地调院2005年测制）层序如下（图10-13）：

上覆地层：庙山湖组（K_1ms）橘红色巨厚层—块状粗砾岩夹少量紫红色薄层泥岩

~~~~~~~~ 不 整 合 ~~~~~~~~

芬芳河组（J_3ff） 厚度>1473.2m

27. 棕红色巨厚层中—细粒岩屑长石砂岩夹褐灰色巨砾岩透镜体 83.8m
26. 棕红色巨厚层粗粒岩屑长石砂岩夹褐灰色粗—巨砾岩 84.3m
25. 棕红色巨厚层含漂砾中—细粒岩屑长石砂岩夹褐灰色窝状（透镜状）巨砾岩 78.5m
24. 下部为褐灰色巨厚层粗砾岩，上部为厚层粗—巨砾岩 22.4m
23. 棕红色巨厚层含漂砾粗—中粒岩屑长石砂岩夹厚层巨砾岩。砂岩普遍发育大型槽状交错层理，并含褐紫色、灰白色粗砂岩漂砾 68.9m
22. 棕红色巨厚层含漂砾粗—中粒岩屑长石砂岩夹少量粗—巨砾岩透镜体 87.5m
21. 棕红色厚—巨厚层中—细粒岩屑长石砂岩夹褐灰色厚层粗—巨砾岩。砂岩普遍发育大型槽状交错层理 66.4m
20. 棕红色厚—巨厚层中—细粒岩屑长石砂岩，偶夹页片状泥岩透镜体。砂岩发育大型槽状交错层理、板状斜层理 50.8m
19. 棕红色厚—巨厚层中—细粒岩屑长石砂岩与褐灰色厚层粗—巨砾岩互层。砂岩发育大型槽状交错层理及大型板状斜层理 79.8m
18. 棕红色巨厚层中—粗粒岩屑长石砂岩夹少量厚层粗—巨砾岩。砂岩发育大型槽状交错层理 68.4m
17. 棕红色巨厚层粗—中粒岩屑长石砂岩，中部夹一层褐灰色砾岩透镜体。砂岩发育特大型槽状交错层理 23.8m
16. 棕红色中—厚层中—细粒岩屑长石砂岩夹褐灰色厚层粗—巨砾岩。砂岩发育大型板状斜层理 109.4m
15. 褐灰色厚层粗—巨砾岩与褐紫色厚层中—粗粒岩屑长石砂岩互层。砂岩发育大型槽状交错层理 101.1m
14. 棕紫色巨厚层粗—中粒岩屑长石砂岩。砂岩发育大型槽状交错层理 27.1m
13. 褐灰色巨厚层粗—巨砾岩夹棕紫色厚层中—粗粒岩屑长石砂岩。砂岩发育大型板状斜层理 41.9m
12. 棕紫色巨厚层中—粗粒岩屑长石砂岩。砂岩普遍发育大型槽状交错层理 4.9m
11. 褐灰色厚层粗—巨砾岩，偶夹棕紫色中—粗粒岩屑长石砂岩透镜体。砂岩透镜体发育大型槽状交错层理 63.7m
10. 褐灰色巨厚层粗—巨砾岩夹少量棕紫色含砾粗粒岩屑长石砂岩透镜体。砂岩透镜体发育板状斜层理 164.7m
9. 棕紫色巨厚层中—粗粒岩屑长石砂岩。砂岩发育大型槽状交错层理 6.2m
8. 褐灰色厚—巨厚层粗—巨砾岩 59.0m
7. 棕紫色巨厚层中—粗粒岩屑长石砂岩与褐灰色厚层粗—巨砾岩互层。砂岩发育大型板状交错层理 19.5m
6. 褐灰色厚—巨厚层粗—巨砾岩夹棕紫色中—粗粒岩屑长石砂岩透镜体 47.0m
5. 棕紫色厚—巨厚层中—粗粒岩屑长石砂岩 7.3m
4. 褐灰色巨厚层粗—巨砾岩夹棕紫色岩屑长石砂岩 50.9m
3. 棕紫色厚层中—细粒岩屑长石砂岩，顶部见有紫红色薄层泥岩。砂岩发育大型板状交错层理 2.3m
2. 褐灰色巨厚层—块状巨砾岩、粗—巨砾岩夹少量紫红色含细砾岩屑长石砂岩透镜体（因第四系覆盖未见底） >53.5m

马坊沟剖面层序如下（见图10-12）：
~~~~~~~~

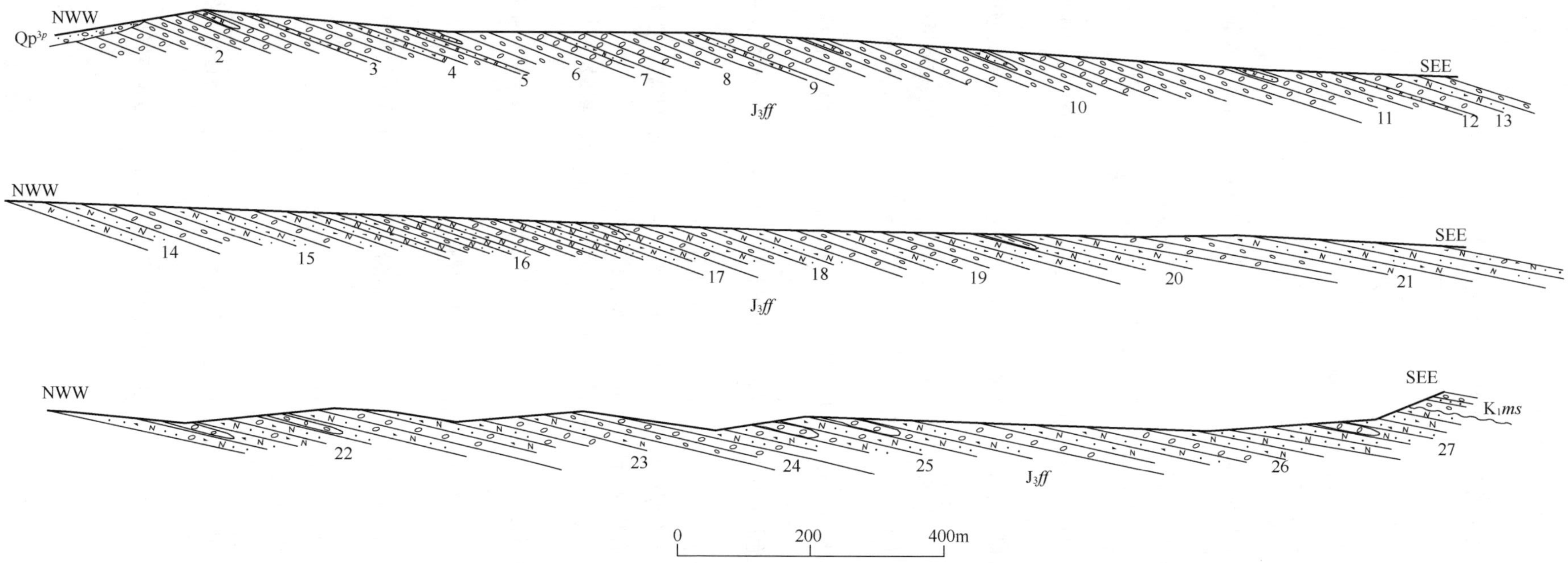

图 10−13　内蒙古阿拉善左旗大柳木高南上侏罗统芬芳河组剖面图

Fig.10−13　Section of the Upper Jurassic Fenfanghe Formation in Daliumugao, Alxa Left Banner, Inner Mongolia

芬芳河组（J_3ff）	厚度>123.7m
10. 紫红色薄层砂砾岩（未见顶）	>9.6m
9. 灰紫色中砾岩	74.1m
8. 灰紫色薄—中厚层中砾岩夹薄层砂砾岩	40.0m

----- 平行不整合 -----

下伏地层：安定组（J_3a）砖红色粉砂质泥岩

芬芳河组为一套山麓相—辫状河流相沉积，主要由棕红色砾岩和砂岩组成，以棕红色色调、发育粗碎屑岩为特征。

上列大柳木高南剖面芬芳河组厚度大于1473.1m，下部（2~12层）岩性为褐灰、棕红色巨厚层—块状粗—巨砾岩夹棕紫色厚层—巨厚层中—粗粒岩屑长石砂岩，偶夹紫红色薄层泥岩，厚度>478.9m；中部（13~21层）为褐灰、棕红色厚层—块状粗—巨砾岩与棕紫色厚层—巨厚层中—粗粒岩屑长石砂岩互层，偶夹页片状泥岩条带，厚568.8m；上部（22~27层）为棕红色厚—巨厚层含漂砾中—粗粒岩屑长石砂岩夹褐灰色厚层—块状粗—巨砾岩，厚425.4m。砾岩（图10-14）中砾石成分主要为灰岩、白云质灰岩、白云岩和石英砂岩；砾石呈次圆状，大小悬殊，大者可达1m左右，小者仅1cm，一般在5~30cm；上部砾岩常呈透镜状或窝状产出。砂岩普遍发育大型板状斜层理或大型槽状交错层理，含有稀疏的漂砾（巨大砾石，图10-15）。在三关口东南高石墩一带，下部为棕红、紫红色砾岩；中部为紫

图10-14　芬芳河组砾岩

Fig. 10-14　The conglomerate of the Fenfanghe Formation

1，2—内蒙古阿拉善左旗井沟

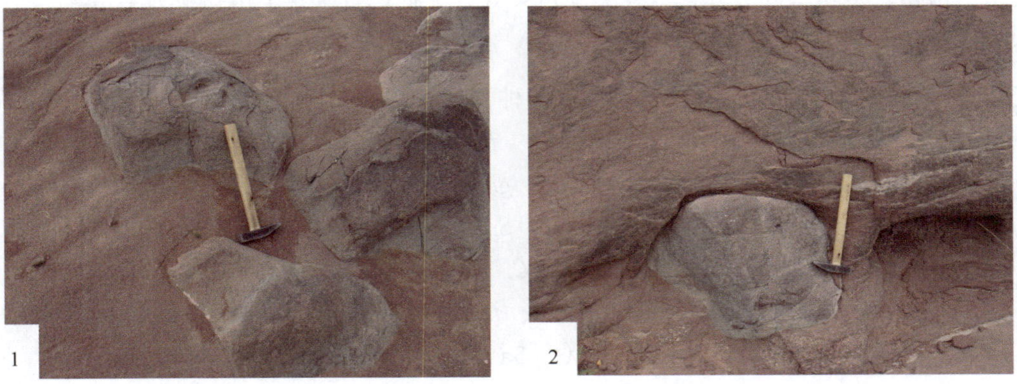

图10-15　芬芳河组含砾砂岩

Fig. 10-15　The pebbled sandstone of the Fenfanghe Formation

1，2—内蒙古阿拉善左旗大柳木高南剖面23层

红色砾岩、砂砾岩夹棕红色中细粒长石石英砂岩；上部为棕红色中细粒长石石英砂岩夹少许粉砂质泥岩，砂岩发育交错层理。

在马坊沟剖面中芬芳河组厚度大于123.7m，岩性为灰紫色薄—中厚层中砾岩夹紫红色薄层砂砾岩。砾石成分以灰岩、泥灰岩和砂岩为主，砾径大小不一，一般5~10cm，多呈次圆状，分选差，无定向排列，钙质胶结。

第二节　古生物群组合与地层划分对比

一、富县组

宁夏境内富县组未发现大化石。1997年长庆油田在灵（武）盐（池）定（边）地区井下富县组中获得了较为丰富的孢粉，其中，蕨类植物孢子 *Deltoidospora*，*Cyathidites minor* 含量较低，占2%~5%；而 *Dictyophyllidites*，*Lycopodiacidites*，*Osmundacidites*，*Clamospora* 等占绝对优势，约30%；*Verrucosisporites* 少量。裸子植物花粉中，原始型 *Protoconiferus*，*Protopinus* 等含量稍大于新型（气囊分化完善者）*Piceaepollenites*，*Pinuspollenites* 等，前者占20%~30%，后者占15%~20%；其次是单沟的 *Cycadopites* 及无口器的花粉 *Psophosphaera* 各占5%；*Quadraeculina* 属花粉具有一定的优势，占8%~10%；*Classopollis*，*Cerebropollenites*，*Galliasporues* 等分子占有一定含量，约3%~5%；另外还有 *Chordasporites*，*Aratrisporites* 等三叠纪孑遗分子。

上述孢粉组合与鄂尔多斯盆地北部富县组孢粉组合相似，大体相当于 *Dictyophyllidites*-*Protoconiferus*-*Piceaepollenites* 组合。该孢粉组合明显有别于上三叠统延长群，其标志是具有侏罗纪特色的 *Cyathidites* 等含量显著增加，但其含量又不如延安组那样丰富，尤其是 *Cyathidites minor*，最高可达46.5%，而富县组只有2%~5%。本孢粉组合还含有 *Aratrisporites*，*Chordasporites* 等三叠纪的孑遗分子，而延安组恰没有三叠纪孑遗分子出现，因而含有本孢粉组合的地层时代应归于早侏罗世图阿尔期较为合理，而且不能排除下部可能属普林斯巴赫期的沉积。

综上所述，本《志》将富县组时代划归早侏罗世晚期（硫磺沟期），相应的年代地层为下侏罗统硫磺沟阶（相当国际地层表中的普林斯巴赫阶至图阿尔阶），可与陕西富县的大申号沟、甘肃华亭砚峡和内蒙古准格尔旗五字湾等地的富县组对比，也与准噶尔盆地和吐-哈盆地的三工河组、柴达木盆地饮马沟组、窑街炭洞沟组层位大致相当。

二、延安组

延安组产植物、孢粉、叶肢介、双壳类和鱼类等古生物化石，其中植物最为丰富。

（一）植物

延安组产丰富的植物化石，计有33属94种（表10-2）。其中最常见、最为重要的属种有：*Coniopteris hymenophylloides*，*C. tatungensis*，*C. burejensis*，*Eboracia lobifolia*，*Todites williamsoni*，*Phoenicopsis angustifolia*，*P. speciosa*，*Czekanowskia rigida*（图版XXIX，2），*C. setacea*，*Ginkgoites sibiricus*，*G.* cf. *lepidus*，*Baiera furcada*，*B. pseudogracilis*，*Sphenobaiera huangi*（图版XXIX，1），*Cladophlebis* sp.（图版XXIX，3），*P. denticulata*，*C. asiatica*，*C. shansiensis*，*C. haiburensis*，*C. whitbiensis*，*Equisetites ferganensis*，*E. lateralis*（图版XXIX，6a、6b、7a、7b），*Neocalamites carrerei*，*N. nathorsti*，*Podozamites lanceolatus*，*Nilssonia sinensis*（图版XXIX，5a、5b），*Pityophyllum lindstroemi*，*P. longifolium*，*Podozamites lanceolatus*，*Carpolithus* sp.（图版XXIX，4）等。

上述延安组植物群中真蕨类和银杏类占优势，松柏类的 *Podozamites lanceolatus*，*Pityophyllum longifolium* 以及 *Elatocladus* 等占有重要位置，而木贼类则退居次要位置，其组合面貌充分显示出 *Coniopteris*-*Phoenicopsis* 植物群组合的特征。

表 10-2　宁夏中侏罗统延安组植物化石分布图

Table 10-2　Plant remains distribution of the Middle Jurassic Yan'an Formation in Ningxia

化石	分布产地	贺兰山北段	贺兰山南段	灵盐地区	香山南麓	窑山	炭山	银洞沟—王洼
有节类	*Equisetites* sp.	+	+	+	+	+		+
	E. ferganensis						+	
	E. lateralis	+	+	+				
	E. cf. *lateralis*	+		+				
	E. sarrani					+		
	E. cf. *sarrani*					+		
	Neocalamites sp.	+	+	+	+	+	+	+
	N. carrerei		+	+	+	+	+	
	N. cf. *carcinoides*				+	+		
	N. nathorsti	+	+					
	N. hoerensis		+					
	N. cf. *hoerensis*				+			
	N. rugosus				+			
	Taeniocladopsis rhizomoides					+		
	Radicites sp.		+			+		
真蕨类	*Coniopteris* sp.	+	+	+				+
	C. hymenophylloides	+	+	+				+
	C. cf. *hymenophylloides*			+				
	C. tatungensis	+	+	+				
	C. cf. *tatungensis*			+				
	C. burejensis	+	+	+				
	C. cf. *burejensis*	+		+				
	C. simplex	+						
	C. cf. *simplex*			+				
	C. bella	+						
	C. spectabilis			+				
	C. cf. *murrayana*	+						
	Cladophlebis sp.	+	+	+	+			+
	C. cf. *denticulata*			+				
	C. asiatica		+	+				
	C. cf. *asiatica*			+				
	C. shansiensis							+
	C. haiburensis	+			+			
	C. whitbiensis	+						
	C. fangtzuensis		+					
	Clathropteris meniscioides				+			
	Todites williamsoni	+	+					
	Eboracia lobifolia	+		+				
	cf. *Eboracia lobifolia*	+						
	Hausmannia sp.			+				
	H. cf. *ussuriensis*			+				
	cf. *Gonatosorus sphenopterides*	+						
苏铁类	*Nilssonia* sp.			+				
	N. sinensis	+						
	N. cf. *sinensis*	+						
	N. ploymorpha			+				
	Cycadocarpidium erdmanni				+			
	Cycadolepis sp.	+						
	Pterophyllum sp.			+				

续表

化石 \ 分布 \ 产地		贺兰山北段	贺兰山南段	灵盐地区	香山南麓	窑山	炭山	银洞沟—王洼
银杏类	*Baiera* sp.	+		+		+		+
	B. furcada	+		+				
	B. pseudogracilis			+				
	B. cf. *guilhaumati*	+				+		
	cf. *B. asadai*			+				
	Czekanowskia sp.	+		+				
	C. rigida	+		+	+			+
	C. setacea	+		+	+			+
	Ginkgoites sp.	+	+	+				+
	G. sibiricus	+	+					
	G. cf. *sibiricus*	+		+				
	G. orientalis	+						
	G. obrutschewi	+						
	G. cf. *lepidus*	+				+		
	G. cf. *magnifolius*			+				
	Ginkgo huloni	+						
	Phoenicopsis sp.	+		+		+	+	
	P. angustifolia	+	+	+				
	P. cf. *angustifolia*			+				
	P. speciosa			+				
	P. cf. *speciosa*	+		+				
	cf. *P. manchueica*		+					
	Sphenobaiera sp.	+		+				
	S. huangi	+						
	S. longifolia	+		+				
	Solenites sp.	+						
	cf. *S. murrayana*	+						
松柏类	*Elatocladus* sp.	+	+	+				
	E. manchurica			+				
	Pityophyllum sp.	+	+	+				
	P. lindstroemi	+						
	P. cf. *lindstroemi*	+						
	P. longifolium			+	+			
	Podozamites sp.	+	+	+	+			
	P. lanceolatus	+	+	+	+		+	
	cf. *P. schenki*		+					
	Pagiophyllum sp.							+
	Ferganiella sp.		+					
	Anomozamites inconston			+				
其他	*Carpolithus* sp.	+	+	+				
	Desmiophyllum sp.	+						
	Erethmophyllum cf. *pubescens*	+						
	Leptostrobus cf. *cancer*	+						
	Schizolepis sp.	+		+				
	Strobilites sp.	+			+			

周志炎研究认为（1980），*Coniopteris*-*Phoenicopsis* 植物群至少可以划分为早、晚两个不同的组合。早期组合多含有 *Cladophlebis* 和数量不等的热带、亚热带分子，*Coniopteris* 少见，银杏类不丰富，常见有个别晚三叠世的较古老的分子；晚期组合，真蕨类的 *Coniopteris*，*Cladophlebis* 和银杏类的各属种极为繁盛，*Neocalamites* 较早期组合明显减少，晚三叠世的古老分子已不复存在，但仍有 *Ctenis*，*Pterophyllum*，*Nilssoniopteris* 等苏铁和本内苏铁植物。本区延安组植物群充分表现出晚期组合的特征，其时代应属中侏罗世早期。

（二）孢粉

平罗汝箕沟、灵武石沟驿、萌城炭井沟延安组产孢粉：蕨类植物孢子 *Deltoidospora* sp.，*Cyathidites* sp.，*C. minor*，*C. australis*，*Concavisporites* sp.，*Biretisporites potoniaei*，*Undulatisporites* sp.，*Auritulinasporites* sp.，*Punctatisporites* sp.，*Calamospora* sp.，*C. nathorsti*，*Granulatisporites minor*，*Cyclogranisporites* sp.，*Lycopodiumsporites subrotundus*，*L. clavatoides*，*L. paniculatoides*，*Stereisporites* sp.，*Cibotiumspora juncta*，*Osmundacidites wellmanii*，*Neoraistrickia gristhorpensis*，*Duplexisporites* sp.；裸子植物花粉 *Psophosphaera* sp.，*P. flavus*，*Granasporites* sp.，*Perinopollenites* sp.，*Cycadopites* sp.，*C. typicus*，*C. nitidus*，*Monosulcites* sp.，*Chasmatosporites* sp.，*Cerebropollenites carlylensis*，*Callialasporites dampieri*，*Pseudopicea* sp.，*Pristinuspollenites microsaccus*，*C. mesozoicus*，*Piceaepollenites* sp.，*Indusiisporites* sp.。

上述孢粉组合以蕨类植物孢子占优势，达 82.5%，裸子植物花粉为 17.5%。蕨类孢子中，*Cyathidites*（36.5%~42.5%）和 *Deltoidospora*（32%~34.5%）占首位，其次为 *Neoraistrickia*（1.0%），*Lycopodiumsporites*（3.0%），*Biretisporites*（0~2.0%），*Cibotiumspora*（0~1.0%）。还有少量 *Osmundacidites*，*Duplexisporites*，*Stereisporites*，*Concavisporites*，*Undulatisporites*，*Granulatisporites*，*Cyclogranisporites* 等，含量均在 0.5%左右。裸子植物花粉中，以单沟花粉 *Cycadopites* 为主，占 3%~4%；其次为 *Monosulcites*（2.5%），*Chasmatosporites*（1.0%）；无口器花粉含量不高，主要有 *Psophosphaera*（0.5%~2.5%），*Perinopollenites*（0.5%~1.5%）。另外，主要的双囊花粉有 *Pseudopicea*，*Piceaepollenites*，*Pristinuspollenites*，*Indusiisporites*。还见有 *Callialasporites dampieri* 和 *Cerebropollenites carlylensis*，*C. mesozoicus*。*Neoraistrickia gristhorpensis* 始见于英格兰，后见于欧洲各地中侏罗统，个别地方可延至晚侏罗世早期地层，在我国见于山西大同组、辽宁郭家店组、内蒙古五当沟组及河南义马组等，是中侏罗世孢粉组合的重要标志之一。

该孢粉组合称为 *Cyathidites minor*-*Neoraistrickia*-*Piceaepollenites*（CNP）组合带（张泓等，1998）。*Cyathidites* 和 *Deltoidospora* 在世界各地的鼎盛时期为中侏罗世，其中 *C. minor* 的高含量被看成是确定中侏罗世地层的重要标志之一。*Lycopodiumsporites* 在俄罗斯北高加索或西伯利亚地区中侏罗世较为发育，*L. paniculatoides* 曾发现于瑞典中侏罗统。可见，上述孢粉组合时代为中侏罗世无疑，与山西大同组、辽宁北漂组孢粉组合大体一致，可以对比。

（三）双壳类

窑山、灵武、盐池及王洼煤矿等地延安组产双壳类，仅有 5 属 7 种：*Ferganoconcha* aff. *elongate*，*Sibireconcha* cf. *anodontoides*，*Pseudocardinia* sp.，*P.* cf. *sibirensis*，*Sphaerium* sp.，*S. selenginensis*，*Unio* sp.，*Cyrena* sp.。这些化石都可归入 *Sibireconcha*-*Pseudocardinia* 组合（张泓等，1998）。其中 *Ferganoconcha* 多分布于早侏罗世地层中，*Ferganoconcha* aff. *elongate* 产于费尔干纳盆地中侏罗统下部图尤克组、楚累姆-叶尼塞盆地中侏罗统伊塔特组下部、库兹巴斯盆地下侏罗统康符洛米腊顿夫组，我国多见于下、中侏罗统。*Ferganoconcha* cf. *elongate*，*Sibireconcha* cf. *anodontoides* 还见于延安西杏子河剖面延安组的枣园段。*Pseudocardinia* 分布层位是费尔干纳山脉中侏罗统图尤克组、楚累姆-叶尼塞盆地中侏罗统伊塔特组，我国南方中侏罗统自流井组、千佛岩组、漳平组，东北地区中侏罗统海房沟组，西北地区中侏罗统直罗组、西山窑组及其相当层位。*Sibireconcha* 最早发现于西伯利亚楚累姆-叶尼塞盆地中侏罗统伊塔特组，常见于国内外中侏罗世地层，*Sibireconcha* cf. *anodontoides* 是主要组成分子。*Unio* 是我国西北地区中侏罗世地层中发育的特有分子。可见，该双壳类 *Sibireconcha*-*Pseudocardini* 组合时代应为中侏罗世早期。

（四）叶肢介

在香山南麓麻黄沟—下流水一带延安组产叶肢介：*Euestheria* sp.，*E. complanata*，*E. ziliujingensis* 等。这些化石都是我国中侏罗世前期 *Euestheria ziliujingensis* 叶肢介群的重要分子。

（五）鱼类

20 世纪 90 年代，长庆油田勘查开发研究院袁效奇等在香山南麓麻黄沟延安组下部采获鱼类化石，经中国科学院古脊椎动物与古人类研究所苏德造等鉴定为 *Palaeoniscinotus ningxiaensis*（宁夏古背鳕，新种)，其特征与俄罗斯西伯利亚伊尔库次克和库茨涅茨克两盆地中侏罗世古背鳕很相似，但新种的背鳍和臀鳍的鳍条均较少，鳞片条纹倾斜分布以及侧线鳞较少等特征显然有别于后者。鉴定者认为该化石产出地层的时代为中侏罗世的可能性较大（苏德造等，1997）。

上述生物群一致表明，本区延安组的时代无疑属中侏罗世早期（石河子期），其年代地层为中侏罗统石河子阶（大致相当国际地层表中的阿伦阶至巴柔阶）。其层位同新疆准噶尔盆地西山窑组、山东的坊子组、山西的大同组、陕西的延安组、北京西山的门头沟群、甘肃靖远的窑街组下部基本相当。

值得提出的是，在香山南麓延安组产 *Clathropteris meniscioides*，*Cycadocarpidium erdmanni*，*Neocalamites carrerei* 和 *N.* cf. *carcinoides*，它们都是我国晚三叠世南方型 *Dictyophyllum-Clathropteris* 植物群的代表属种，显示了较古老的色彩。而延安组植物群中的重要成员 *Coniopteris* 和 *Cladophlebis* 却不见其踪迹。在窑山延安组下部产有 *Equisetites sarrani*，*Neocalamites carrerei*，*N.* cf. *carcinoides*，*Taeniocladopsis rhizomoides* 等较古老分子，它们在甘肃民和以及兰州地区的大西沟组下部均有出现。由此可见，香山南麓和窑山两地的延安组，可能有相当于陕西富县组或甘肃大西沟组下部的部分地层。但两地与其他各地的延安组岩性无明显差异，加之研究程度低，故目前尚难定论，有待今后进一步研究。

三、直罗组

直罗组产植物和恐龙化石。

（一）植物

计有 21 属 45 种：有节类 *Equisetites* sp.，*E. lateralis*，*Neocalamites* sp.，*N. nathorsti*，*Radicites* sp.；真蕨类：*Coniopteris* sp.，*C. hymenophylloides*，*C.* cf. *hymenophylloides*，*C. tatungensis*，cf. *C. tatungensis*，*C. quinqueloba*，*C. burejensis*，*C.* cf. *burejensis*，*C. simplex*，*Cladophlebis* sp.，*C. denticulate*，*C.* cf. *argutula*，*C. fagntzuensis*，*Eboracia lobifolia*，cf. *Eboracia lobifolia*；银杏类 *Baiera* sp.，*B. furcada*，*Czekanowskia rigida*，*Ginkgoites* sp.，*G. sibiricus*，*G.* cf. *sibiricus*，*Phoenicopsis* sp.，*P. angustifolia*，*P.* cf. *angustifolia*，*P.* cf. *manchurna*，*P.* cf. *speciosa*，*Sphenobaiera* sp.，*S.* cf. *longifolia*，*Pseudotorellia* sp.；苏铁类 *Nilssonia* sp.；松柏类 *Podozamites* sp.，*P. lanceolatus*，*P. schenki*，*Pityophyllum* sp.，*Zamites* sp.，*Elatocladus* sp.，*Ferganiella* sp.；其他 *Desmiophyllum* sp.，*Taeniopteris* sp.，*Carpolithus* sp. 等。

上述直罗组植物群以银杏类为主，真蕨类和松柏类次之，木贼类和苏铁类少见，其组合特征也显示了 *Coniopteris-Phoenicopsis* 植物群的面貌，但与延安组比较，也存在一些差异。

在贺兰山汝箕沟—雀台沟一带，直罗组中所发现的锥叶蕨以小羽片深裂、叶膜退缩的种类为主，而延安组的锥叶蕨则为小羽片较宽大的种类。周志炎（1980）认为，叶子较宽大类型的锥叶蕨，常出现在下部层位，而叶子纤细类型的锥叶蕨，则常常出现在上部层位或上部地层中。在灵武碎石井和彭阳银洞沟等地的直罗组中产时代较晚的 *Cladophlebis* cf. *argutula*，该种在俄罗斯西伯利亚、日本、朝鲜等地常出现于中—晚侏罗世地层中。与延安组植物群相比，直罗组植物群中有节类已经衰落，仅有孑遗分子。这些差异说明直罗组植物群时代要比延安组植物群晚，层位要高一些。

（二）恐龙

恐龙化石产自灵武市磁窑堡南 5km 的南磁湾。该恐龙化石经中国科学院古脊椎动物与古人类研究所徐星教授初步鉴定为大型蜥脚类（Sauropoda）（图版XXⅧ，1、2），属梁龙科（Diplodocidae）叉背龙亚科（Dicraeosaurinae）新属种。蜥脚类恐龙出现于侏罗纪早期，并延续至白垩纪末期，是当时陆生草食动物的霸主。

综上所述，直罗组时代应属中侏罗世晚期，其年代地层属中侏罗统玛纳斯阶（大致相当国际地层表中的巴通阶至卡洛维阶），与新疆的头屯河组、七克台组、塔尔尕组、甘肃的窑街组上部、陕西的直罗组等岩石地层单位层位基本相当。

四、安定组

本组化石稀少。在贺兰山北段缺台沟一带产：孢粉 *Classopollis* sp.，*Ephedripites* sp.，*Lygodiumsporites* sp.；双壳类 *Kija kweichouensis*；腹足类 *Amplvalvata* sp.。孢粉组合中以 *Classopollis* 含量最高，这一特征与陕甘宁盆地的安定组（*Classopollis* 占整个孢粉组合的 18%～54%）及俄罗斯西伯利亚南部的上侏罗统（50%～80%）的情况较为相似。该孢粉组合中尚有少量 *Lygodiumsporite*，该类孢子在欧亚大陆晚侏罗世含量较少，而大量繁盛于早白垩世。双壳类 *Kija kweichouensis* 常见于中侏罗统，腹足类 *Amplvalvata* sp. 时代属中侏罗世晚期。在贺兰山南段大柳木高北安定组产植物 *Cladophlebis* sp.，*Onychiopsis* sp.，*Gleichenites* sp.。其中 *Onychiopsis* 为我国晚侏罗世 *Ruffordia*–*Onychiopsis* 植物群的标准分子。

根据上述生物群、地层层序、接触关系及区域地层对比，将区内安定组时代定为晚侏罗世早期（土城子期早期），年代地层为上侏罗统土城子阶下部（大致相当国际地层表中的牛津阶下部）。其层位与蓟北—辽西的土城子组下部、新疆的齐古组、陕西的安定组等地层单位大致相当。

五、芬芳河组

本组未获古生物化石。在贺兰山南段芬芳河组与下伏安定组呈平行不整合接触，其上为下白垩统庙山湖组不整合覆盖；在盐池马坊沟芬芳河组与下伏地层安定组为平行不整合接触，未见顶。这说明两地的芬芳河组层位介于安定组与下白垩统之间。因此，本《志》将芬芳河组时代定为晚侏罗世晚期，其年代地层为上侏罗统土城子阶上部（大致相当牛津阶上部），其层位与陕西千阳的芬芳河组相当，可以对比。

宁夏侏罗系多重地层划分对比见表 10-3。

表 10-3 宁夏侏罗系多重地层划分对比表

Table 10-3 Multiple stratigraphic division and correlation of Jurassic in Ningxia

<table>
<tr><th colspan="4" rowspan="2">年代地层</th><th colspan="4">生物地层</th><th rowspan="2">岩石地层</th></tr>
<tr><th>植物</th><th>孢粉</th><th>双壳类</th><th>其他</th></tr>
<tr><td rowspan="5">侏罗系</td><td rowspan="2">上统</td><td rowspan="2">提塘阶—牛津阶</td><td rowspan="2">土城子阶</td><td></td><td></td><td></td><td></td><td>芬芳河组</td></tr>
<tr><td>Cladophlebis sp.,
Onychiopsis sp.,
Gleichenites sp.</td><td>Classopollis sp.
Ephedripites sp.
Lycopodiumsporites sp.</td><td>Kija kweichouensis</td><td>腹足：
Amplovalvata sp.</td><td>安定组</td></tr>
<tr><td rowspan="2">中统</td><td>卡洛维阶—巴通阶</td><td>玛纳斯阶</td><td rowspan="2">Coniopteris–Phoenicopsis 植物群晚期组合</td><td></td><td></td><td>恐龙：
Dicraeosaurinae</td><td>直罗组</td></tr>
<tr><td>巴柔阶—阿伦阶</td><td>石河子阶</td><td>Cyathidites minor–Neoraistrickia–Piceaepollenites（CNP）组合带</td><td>Sibireconcha–Pseudocardinia 组合</td><td>叶肢介：
Euestheria jiliugingensis 群
鱼类：
Palaeoniscinotus ningxiaensis</td><td>延安组</td></tr>
<tr><td>下统</td><td>图阿尔阶—普林斯巴赫阶</td><td>硫磺沟阶</td><td></td><td>Dictyophyllidites–Protoconiferus–Piceaepollenites 组合</td><td></td><td></td><td>富县组</td></tr>
</table>

第十一章　白垩系

宁夏的白垩系仅发育下统，缺失上统，均属内陆湖泊相碎屑岩—蒸发岩建造，产鱼类、介形虫、叶肢介、淡水双壳、腹足类、昆虫、植物和孢粉化石。广泛分布于六盘山地区、宁东灵盐地区和贺兰山山麓地带（图 11-1）。

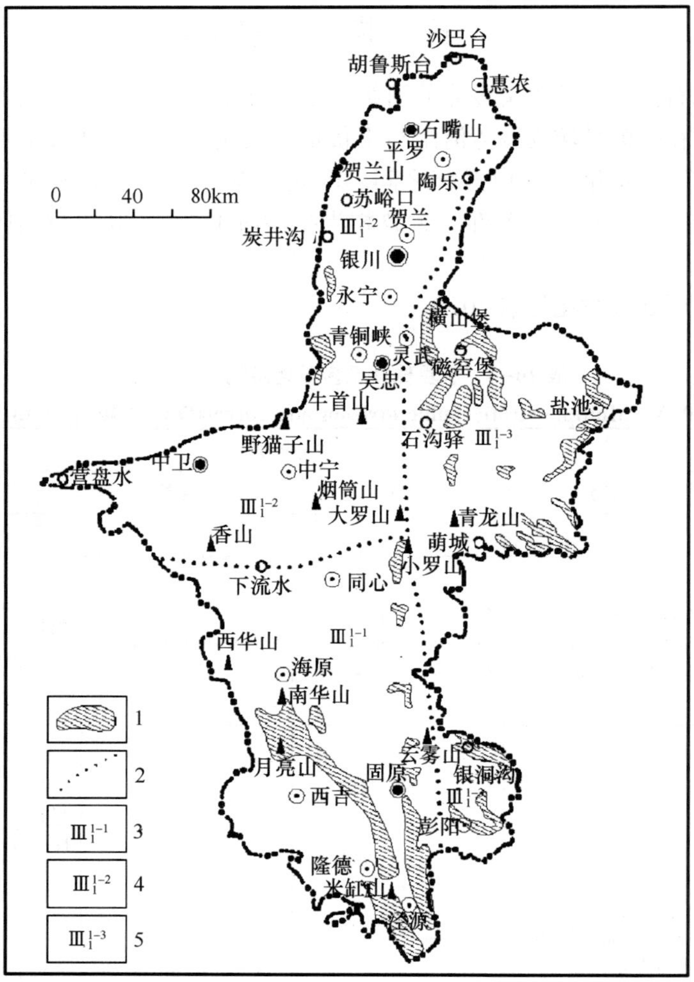

图 11-1　宁夏白垩系地层分区及露头分布图

Fig. 11-1　Outcrop distribution and stratigraphic regions of Cretaceous in Ningxia

1—露头区；2—地层小区界线；3—六盘山-陇县地层小区；4—贺兰山-卫宁北山地层小区；5—盐池-彭阳地层小区

第一节　岩石地层

一、六盘山-陇县地层小区（六盘山盆地）

本地层小区（地层分区按动态地层区划划分）白垩系研究历史悠久。1921 年，谢家荣在甘肃东部作路线地质调查时，将六盘山区古近系红色层之下的地层命名为陇山系，时代确定为白垩纪。嗣后，袁复礼（1925）将其改称六盘山系。1947 年，田在艺、张传淦对区内地层、构造作了较详细的调查研究，获得了较为系统的资料。1953 年，石油工业部石油管理局 103 队通过1：20 万普查，认为六盘山群同东部的保安群是同期互不相通的两个盆地中的沉积。1956 年，地质部石油局 633 队关士聪、谢继哲等在六盘山区首次开展了1：10 万区域石油地质普查，将白垩纪地层称为六盘山系，并按其岩性组合及生物化石面貌自下而上细分为底砾岩层、紫色砂岩泥岩层、下杂色层、蓝灰色泥岩及灰岩层、灰质层和上杂色层。1959 年，银川石油勘探局 125 队刘星利等对六盘山区的白垩系作了专题研究，在总结报告中对六盘山群进行了重新划分，自下而上建立了三桥层、和尚铺层、李洼峡层、马东山层和乃家河层，并认为六盘山群与陕甘宁盆地的保安群在时代、层位上基本相当。1960～1964 年，宁夏区测队在进行固原幅、海原幅和同心幅1：20 万区调工作中，获得了丰富的地层古生物资料，将前人划分的六盘山群 5 个层依次改称为三桥组、和尚铺组、李洼峡组、马东山组和乃家河组。1965 年，地质部第三石油普查大队在系统研究了六盘山群和陕甘宁盆地保安群之后，提出六盘山群下部与保安群上部层位相当这一新的对比意见。1980 年，马凤珍重新研究了同心康家湾以往所采的鱼类化石后建立了小齿同心鱼这一新属种，认为它的演化特征比狼鳍鱼要进步，时代略晚。嗣后，包括《宁夏回族自治区区域地质志》、《宁夏地质概论》、《宁夏回族自治区岩石地层》等在内的总结性专著以及1：25 万和 1：5 万区调工作都采用了 1964 年宁夏区测队的划分方案，本《志》亦采用之（表 11-1）。

表 11-1　六盘山-陇县地层小区白垩系划分与命名沿革表

Table 11-1　Evolution of Cretaceous divisional schemes in the Liupanshan-Longxian area

<table>
<tr><th colspan="2">谢家荣，1921</th><th colspan="2">袁复礼，1925</th><th colspan="2">田在艺、张传淦，1947</th><th colspan="3">地质部 633 队，1955～1956</th><th colspan="3">银川石油勘探局 125 队，1959</th><th colspan="3">宁夏区测队，1964</th><th colspan="3">《宁夏回族自治区区域地质志》，1990</th><th colspan="3">本《志》，2012</th></tr>
<tr><td rowspan="6">白垩系</td><td rowspan="6">陇山系</td><td rowspan="6">白垩系</td><td rowspan="6">六盘山系</td><td rowspan="6">白垩系</td><td rowspan="6">六盘山系</td><td rowspan="6">下白垩统</td><td rowspan="6">六盘山系</td><td>上杂色层</td><td rowspan="6">下白垩统</td><td rowspan="6">六盘山群</td><td rowspan="2">乃家河层</td><td rowspan="6">下白垩统</td><td rowspan="6">六盘山群</td><td rowspan="2">乃家河组</td><td rowspan="6">下白垩统</td><td rowspan="6">六盘山群</td><td rowspan="2">乃家河组</td><td rowspan="6">下白垩统</td><td rowspan="6">六盘山群</td><td rowspan="2">乃家河组</td></tr>
<tr><td>灰质层</td></tr>
<tr><td>蓝灰色泥岩及灰岩层</td><td>马东山层</td><td>马东山组</td><td>马东山组</td><td>马东山组</td></tr>
<tr><td>下杂色层</td><td>李洼峡层</td><td>李洼峡组</td><td>李洼峡组</td><td>李洼峡组</td></tr>
<tr><td>紫色砂岩泥岩层</td><td>和尚铺层</td><td>和尚铺组</td><td>和尚铺组</td><td>和尚铺组</td></tr>
<tr><td>底砾岩层</td><td>三桥层</td><td>三桥组</td><td>三桥组</td><td>三桥组</td></tr>
</table>

早白垩世，本地层小区发育一大型内陆盆地，即早白垩世六盘山盆地，形成了由紫红色碎屑岩、泥质岩、灰岩和膏岩等组成的山麓相—河流相—湖泊相沉积——六盘山群，自下而上可进一步划分为三桥组、和尚铺组、李洼峡组、马东山组和乃家河组，各组之间均为连续沉积。

六盘山群在大关山区出露较完整，化石丰富，研究较详，和尚铺剖面最具代表性。月亮山地区六盘山群为一单斜层，其层序完整，顶底清楚，以金佛沟剖面为代表。

和尚铺剖面（位于泾源县六盘山镇和尚铺，起点坐标：北纬 35°41′，东经 106°14′。宁夏地调院 1999 年测制）层序如下（图 11-2）：

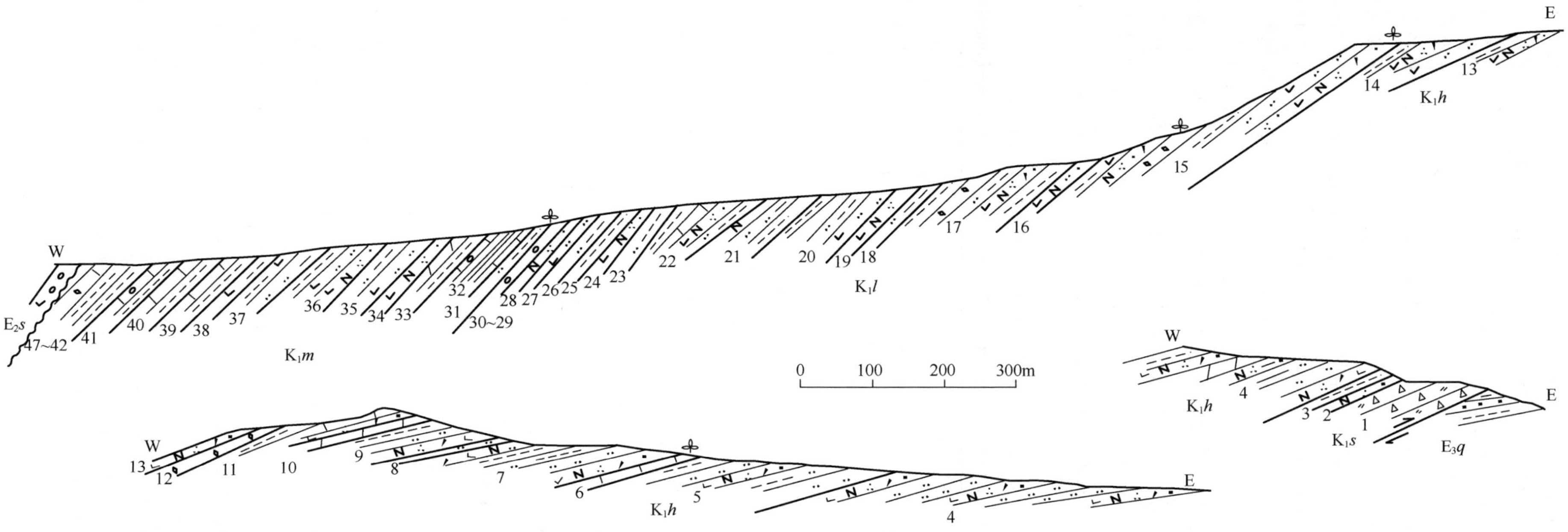

图 11-2 泾源县和尚铺下白垩统六盘山群剖面图

Fig.11-2 Section of the Lower Cretaceous Liupanshan Group in Heshangpu, Jingyuan County, Ningxia

上覆地层：寺口子组（E_2s）紫红—橘红色厚层钙质细—中砾岩

不 整 合

马东山组（K_1m） 厚度409.2m

47. 紫红、灰黄、黄绿色页岩夹少量灰紫、灰黄色薄层粉晶灰岩，顶部夹大量极薄层纤维状石膏 6.5m
46. 灰色页岩夹少量灰色薄层微晶灰岩及极薄层纤维状石膏 5.8m
45. 灰、蓝灰色泥岩夹灰—深灰色中—薄层粉晶灰岩、砂屑微晶灰岩，上部夹极薄层纤维状石膏。泥岩含植物碎片，灰岩含软舌螺 12.8m
44. 灰色厚—中层细晶灰岩 1.3m
43. 灰、蓝灰色泥岩、页岩夹少量灰色中—薄层细晶灰岩、鲕粒微晶灰岩及藻纹层灰岩。泥岩含植物碎片 20.0m
42. 灰黄、灰绿色泥岩与浅灰—灰色厚—中层细晶灰岩、藻纹层微晶灰岩、鲕粒微晶灰岩、泥灰岩互层 19.4m
41. 灰、蓝灰、灰绿色泥岩、灰色页岩夹灰色薄—中层泥灰岩、细晶灰岩、藻纹层微晶灰岩、含砂质鲕粒粉晶灰岩。泥岩含植物碎片，灰岩含黄铁矿晶体 23.3m
40. 灰绿、灰色泥岩、页岩与灰色厚—中层微晶灰岩、微晶鲕粒灰岩、微晶砂屑灰岩、结核状灰岩不等厚互层 37.9m
39. 灰绿间夹紫红色泥岩、页岩与灰色薄—厚层微晶灰岩、微晶砂屑灰岩不等厚互层，偶夹薄层油页岩 31.1m
38. 暗紫间夹灰绿色泥岩、含粉砂钙质泥岩与灰色薄—中层微晶砂屑灰岩不等厚互层，偶夹深灰色页岩 20.1m
37. 紫红间夹灰、灰绿色含粉砂钙质泥岩、泥岩、紫红色泥质粉砂岩夹少量灰色薄—中层微晶砂屑灰岩、泥灰岩。粉砂岩发育沙纹层理 40.2m
36. 灰—灰绿色与暗紫红色相间的钙质粉砂岩、粉砂质泥岩、泥岩夹少量灰色薄—中层微晶砂屑灰岩、泥灰岩，偶夹灰色薄层钙质细—中粒长石石英砂岩 51.2m
35. 灰、蓝灰、灰绿色间夹暗紫红、灰红色钙质粉砂岩、粉砂质泥岩、泥岩夹少量灰色薄层细晶灰岩、微晶砂屑灰岩、含砂屑细晶灰岩、泥灰岩。粉砂岩发育水平层理、沙纹层理 37.0m
34. 暗紫红色间夹灰、灰绿色薄—中层钙质细粒长石石英砂岩、钙质粉砂岩、粉砂质泥岩夹少量蓝灰色泥岩及灰色薄—中层微晶砂屑灰岩。粉砂岩发育沙纹层理、水平层理，含植物碎片；灰岩具水平层理、波痕 17.5m
33. 黄绿、灰绿色泥岩夹少量灰色薄—中层泥灰岩、粉砂质灰岩，偶夹灰色页岩，下部见有鲕粒灰岩。泥岩含植物碎片；灰岩含黄铁矿晶体 29.8m
32. 灰—深灰色页岩、泥岩夹少量浅灰、灰色薄—中层微晶砂屑鲕粒灰岩、泥灰岩，上部见夹黄灰色薄层粉砂岩。粉砂岩含植物茎秆化石 40.7m
31. 浅灰色中层微晶含鲕粒砂屑灰岩、微晶鲕粒灰岩、藻纹层灰岩夹灰色粉砂质泥岩、泥（页）岩。泥岩含植物碎片，灰岩含软舌螺 14.6m

整 合

李洼峡组（K_1l） 厚度556.3m

30. 浅灰色薄—中层钙质细粒长石石英砂岩夹灰绿—黄绿色粉砂岩、粉砂质泥岩，偶夹浅灰色薄层含砂微晶鲕粒灰岩。砂岩发育水平层理、微波状层理，具不对称波痕、泥裂 2.8m
29. 灰绿—黄绿色粉砂质泥岩、泥岩夹少量灰色中层微晶灰岩、微晶鲕粒灰岩及藻纹层灰岩 10.1m
28. 上部为灰紫色薄—中层钙质细粒长石石英砂岩、粉砂岩夹紫灰、灰绿色泥岩；下部为灰紫、灰绿色粉砂质泥岩、泥岩夹灰紫色中—薄层钙质细粒长石石英砂岩及灰色含粉砂质不等晶灰岩、泥灰岩条带。砂岩发育沙纹层理、水平层理，具对称波痕、泥裂；灰岩产植物 cf. *Araucaria mongolica* 9.2m
27. 灰紫色薄—中层钙质细粒长石石英砂岩、钙质粉砂岩，夹灰紫与灰、灰绿色相间的粉砂质泥岩、泥岩及少量灰色中—薄层泥质灰岩、微晶砂屑鲕粒灰岩。砂岩发育沙纹层理、水平层理，具对称波痕，含植物碎片 19.2m

26. 灰紫、灰绿色相间的粉砂质泥岩、泥岩与灰—深灰色薄—中层微晶砂屑鲕粒灰岩、微晶砂屑灰岩、泥灰岩不等厚互层。泥灰岩含植物碎片 17. 7m

25. 上部为灰紫色中层钙质细粒长石石英砂岩夹灰紫、灰绿色粉砂质泥岩、泥岩，下部为灰紫、灰绿色粉砂质泥岩、泥岩与灰—深灰色薄—中层含砂质微晶灰岩、泥灰岩互层。砂岩发育水平层理、沙纹层理，具对称波痕，灰岩具水平纹层、波状纹层 16. 5m

24. 灰紫色薄—中层钙质细粒长石石英砂岩夹灰紫色粉砂质泥岩。砂岩发育水平层理、沙纹层理，具对称波痕，含植物碎片 18. 0m

23. 灰紫色薄—中层钙质细粒长石石英砂岩、粉砂质泥岩与灰绿色粉砂质泥岩、泥岩及灰色中层含砂微晶含鲕粒砂屑灰岩、微晶鲕粒灰岩、微晶灰岩、泥灰岩互层 25. 0m

22. 灰紫色厚—中层钙质细粒长石石英砂岩夹少量灰绿色粉砂质泥岩、泥（页）岩及灰色中层微晶砂屑灰岩、微晶含砂屑鲕粒灰岩、微晶灰岩、泥灰岩。砂岩发育水平层理、沙纹层理 65. 9m

21. 灰紫色薄—中层钙质细粒长石石英砂岩、钙质粉砂岩夹灰紫、蓝灰色粉砂质泥岩、泥（页）岩及少量灰色中层微晶灰岩。砂岩、粉砂岩发育水平层理、沙纹层理 45. 2m

20. 灰紫间夹灰绿色钙质粉砂岩、粉砂质泥岩、泥岩夹少量灰色薄层泥灰岩、页岩 73. 8m

19. 灰紫间夹灰绿色钙质粉砂岩、粉砂质泥岩、泥岩夹灰紫色薄—中层钙质细粒长石石英砂岩，偶夹灰色薄层泥灰岩 20. 1m

18. 灰绿、灰紫色相间的泥质粉砂岩、粉砂质泥岩、泥岩夹灰色中—薄层泥灰岩。泥灰岩具波纹状层理 16. 6m

17. 灰紫色中层钙质细粒长石石英（杂）砂岩、钙质粉砂岩夹灰绿色粉砂质泥岩、泥（页）岩及灰色中—薄层微晶灰岩、泥灰岩。砂岩、粉砂岩发育水平层理、沙纹层理 97. 7m

16. 灰紫色薄—中层钙质细粒长石石英（杂）砂岩、钙质粉砂岩与灰绿色钙质泥岩、泥（页）岩不等厚互层，后者夹灰—深灰色中层微晶灰岩、泥灰岩 24. 5m

15. 灰紫色薄—中层钙质细粒长石石英（杂）砂岩、钙质粉砂岩、粉砂质泥岩夹灰绿、蓝灰色泥（页）岩及灰色薄—中层泥灰岩、微晶灰岩。泥灰岩含植物 *Baiera manchurica*，*Brachyphyllum sulcatum*，*Otozamites lacustris*，*O.* sp.，*Cupressinocladus* ? sp.，*Carpolithus* sp.，*Cycadolepis* ? sp.；叶肢介：*Yanjiestheris liupanshanensis*，*Y. sinensis*，*Y.* sp. 94. 0m

———— 整　合 ————

和尚铺组（$\mathbf{K_1}$*h*） 厚度 454. 6m

14. 灰紫色薄—中层钙质细粒长石石英（杂）砂岩、钙质粉砂岩夹灰紫、灰绿色粉砂质泥岩、泥（页）岩及少量灰色薄—中层泥灰岩、微晶灰岩。砂岩、粉砂岩发育水平层理、沙纹层理。灰岩产植物 cf. *Araucaria mongolica*，*Brachyphyllum sulcatum*，*Otozamites* sp. 57. 9m

13. 灰紫色中—厚层钙质细粒长石石英杂砂岩、钙质粉砂岩、粉砂质泥岩夹极少量灰紫、灰绿色泥（页）岩及灰岩条带。砂岩发育平行层理、沙纹层理，粉砂岩一般呈块状层，有时略显水平层理 9. 2m

12. 灰色中层微晶灰岩夹少量灰绿色泥（页）岩。灰岩含植物 *Otozamites lacustris*，cf. *Araucaria mongolica*，*Brachyphllum nantianmenense*，*Dictyophyllum* sp.；叶肢介 *Yanjiestheria* sp. 0. 9m

11. 暗紫色厚—中层钙质细粒长石石英杂砂岩、钙质粉砂岩夹少量灰紫、灰绿色泥岩、页岩及灰色薄—中层微晶灰岩、泥灰岩。砂岩发育平行层理，粉砂岩发育沙纹层理，层面具泥裂 31. 6m

10. 灰色中—薄层泥灰岩、微晶灰岩夹灰—灰绿色泥岩、页岩 0. 8m

9. 灰紫色中—厚层钙质细粒长石石英杂砂岩、钙质粉砂岩、泥岩夹灰—灰绿色泥岩、页岩及灰色薄—中层泥灰岩、微晶灰岩。细砂岩、粉砂岩发育水平层理、沙纹层理 58. 5m

8. 灰紫色中—厚层细粒长石石英杂砂岩、钙质粉砂岩、粉砂质泥岩、泥岩夹少量灰绿、蓝灰色泥岩条带。粉砂岩、细砂岩发育水平层理，沙纹层理 13. 8m

7. 灰紫色中—厚层钙质细粒长石石英杂砂岩、粉砂岩、粉砂质泥岩、泥岩，偶夹灰绿色泥岩条带。粉砂岩、细砂岩发育水平层理、沙纹层理，层面见有泥裂 65. 0m

6. 灰绿、蓝灰色泥岩、页岩夹灰色薄层微晶灰岩、泥灰岩。泥灰岩含植物 *Baiera manchurica*，*Otozamites lacustris*，*Zamites* ? sp. 1. 0m

5. 灰紫色粉砂岩、粉砂质泥岩夹灰紫色中层钙质细粒长石石英杂砂岩，砂岩发育水平层理、沙纹层理 76.4m

4. 灰紫色粉砂岩夹灰紫色薄—中层钙质细粒长石石英杂砂岩，后者发育水平层理、沙纹层理 139.5m

——— 整　合 ———

三桥组（K_1s） 厚度>70.9m

3. 灰紫、灰绿、黄绿色泥岩夹灰黄、浅灰色中层白云质细粒长石石英砂岩。砂岩发育平行层理，层面具不对称波痕，含植物茎秆 7.7m

2. 浅黄灰色中—厚层白云质细角砾岩、白云质（含砾）细粒长石石英砂岩，上部夹灰黄、黄绿色泥岩 5.4m

1. 浅灰、浅黄灰色块状白云质细—中角砾岩。角砾直径0.2~15cm，以1~5cm居多，成分以灰岩为主，角砾杂乱排列，分布不均，含量30%~80%不等（断层，未见底） >57.8m

金佛沟剖面（位于海原县月亮山东北麓金佛沟。起点坐标：北纬36°09′，东经105°43′。宁夏地调院2001年测制）层序如下（图11-3）：

上覆地层：清水营组（E_3q）浅灰、灰白色厚层石膏质中—粗砾岩夹灰白色厚层石膏岩

~~~~~~ 不整合 ~~~~~~

乃家河组（K_1n） 厚度94.2m

20. 浅黄、灰黄色粉砂质泥岩夹少量灰黄色中层细粒长石石英砂岩、粉砂岩 10.1m

19. 蓝灰、黄绿、浅黄灰色泥岩、粉砂质泥岩、浅紫红色中层粉砂岩与浅灰、浅褐灰色中层石膏岩不等厚互层。粉砂岩发育沙纹层理 9.7m

18. 紫红色间夹少量蓝灰色泥岩夹少量紫红色中层粉砂岩 21.8m

17. 灰绿、黄绿色泥岩、页岩夹浅灰、黄灰、灰绿色薄—中层粉砂质微晶灰岩、石膏质中—细粒长石石英砂岩及浅灰、灰白色薄—中层含泥质石膏岩 7.3m

16. 黄绿、灰绿、蓝灰间夹紫红色泥岩夹少量浅灰、灰色薄—中层含砂质微晶灰岩、含粉砂质泥灰岩。泥岩偶夹纤维状石膏线 45.3m

——— 整　合 ———

马东山组（K_1m） 厚度237.9m

15. 黄灰、绿灰与蓝灰色相间的泥岩夹浅灰、浅绿灰、浅黄灰色中层微晶鲕粒砂屑灰岩、微晶鲕粒灰岩、泥灰岩，偶夹黄灰色中层钙质中—细粒长石石英砂岩 118.3m

14. 浅黄灰色泥岩、页岩夹灰、浅黄灰色中层微晶灰岩、微晶鲕粒灰岩、泥灰岩。泥岩含植物碎片 68.8m

13. 浅灰、蓝灰色泥岩、页岩夹灰、浅灰色薄—中层微晶砂屑灰岩、含鲕粒微晶灰岩及黄灰色薄—中层含粉砂质泥岩 50.8m

——— 整　合 ———

李洼峡组（K_1l） 厚度140.0m

12. 灰紫、紫红间夹少量蓝灰色泥岩、页岩及少量灰白、灰色中层钙质粉砂岩及灰、浅灰色中层含砂屑微晶灰岩。粉砂岩发育沙纹层理、水平层理 100.0m

11. 灰紫、蓝灰、浅黄灰色泥岩夹浅灰、灰白、浅黄灰色中层微晶鲕粒灰岩、微晶砂屑灰岩、微晶砾屑灰岩及结核状微晶砂屑鲕粒岩 40.0m

——— 整　合 ———

和尚铺组（K_1h） 厚度428.4m

10. 浅紫红、灰、灰白色中—厚层钙质（含砾）细—中粒长石石英砂岩夹少量浅紫红色中层粉砂岩及紫红色粉砂质泥岩 142.4m

9. 浅紫红、灰白色中—厚层（含砾）细—中粒长石石英砂岩夹少量蓝灰色中层粉砂岩，粉砂岩发育沙纹层理、水平层理 187.8m

8. 紫红色厚层钙质含砾细—中粒长石石英砂岩夹紫色中层中—粗砾岩、砂砾岩 29.6m

7. 浅紫红—紫红色厚层（含砾）细—中粒长石杂砂岩夹少量紫红、砖红色薄—中层粉砂岩及灰红色中层中—细砾岩。砂岩发育平行层理、板状斜层理、槽状交错层理 68.6m
~~~~~~

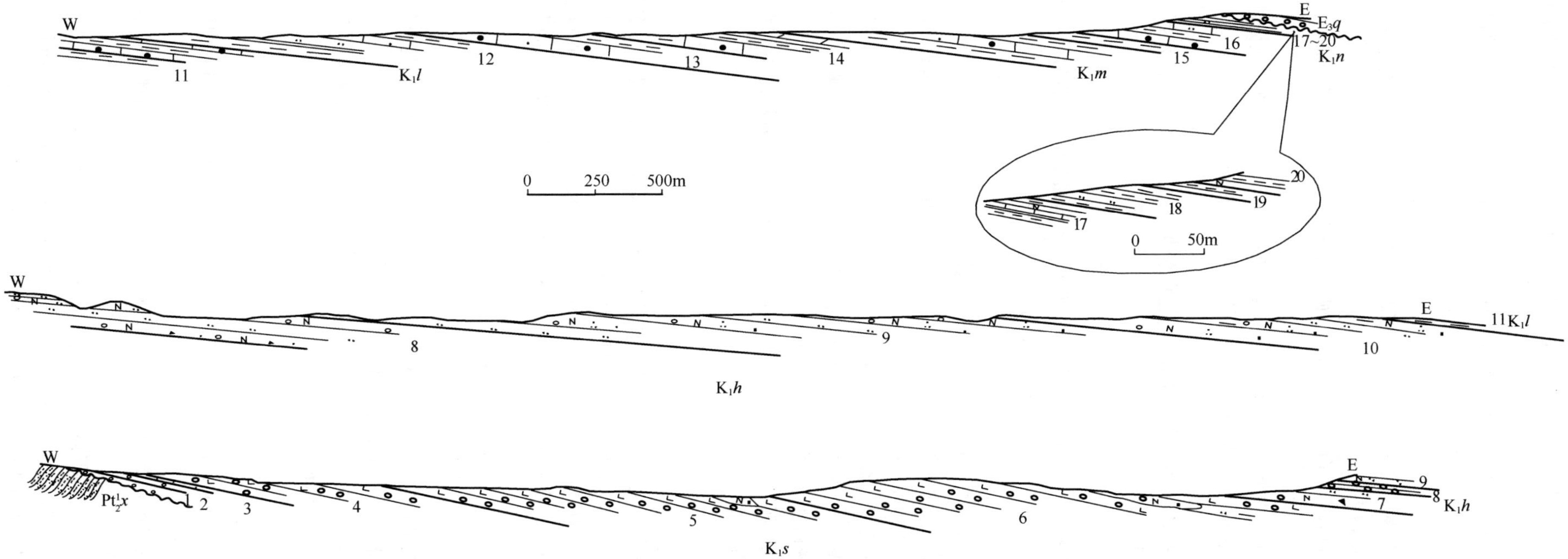

图 11-3 海原县金佛沟下白垩统六盘山群剖面图

Fig.11-3 Section of the Lower Cretaceous Liupanshan Group in Jinfogou, Haiyuan County, Ningxia

——— 整　合 ———

三桥组（K_1s）	厚度 731.7m
6. 紫红色厚—巨厚层钙质粗—巨砾岩，中上部夹少量紫红、灰紫色中层含细砾细—中粒长石砂岩（透镜体），偶夹紫红色粉砂质泥岩条带	256.1m
5. 紫红色巨厚层钙质粗—中砾岩，上部偶夹紫红色细粒长石石英砂岩透镜体。后者发育板状斜层理	264.3m
4. 紫红色巨厚层钙质巨—粗砾岩	184.5m
3. 紫红色块状钙质巨砾岩	10.4m
2. 紫红色巨厚层钙质粗—巨砾岩。砾石成分以花岗岩类岩石为主，多呈次圆状，大小混杂	10.4m
1. 紫红色块状—巨厚层钙质粗—巨砾岩。砾石成分以花岗岩类岩石为主，次为片岩及脉石英等	6.0m

～～～～ 不 整 合 ～～～～

下伏地层： 西华山岩组（Pt_2^1x）绿灰色黑云母石英片岩

（一）三桥组（K_1s）

由银川石油勘探局125队1959年命名的三桥层沿革而来。命名剖面位于陕西陇县西北25km处的固关镇三桥。

三桥组主要分布于月亮山地区，窑山、庙山、双井子、炭山、李洼峡、和尚铺、三关、沙塘川和沙南等地有零星出露。以不整合覆于侏罗系或更老地层之上，与上覆和尚铺组整合接触，为一套几乎全由粗碎屑岩组成的山麓相沉积。

在月亮山，三桥组以不整合超覆于长城系海原岩群西华山岩组之上，厚731.7m，岩性为紫红色块状—巨厚层巨砾岩、粗砾岩、中砾岩，顶部夹少量紫红色中层细粒长石石英砂岩透镜体。砾岩中砾石含量70%～90%，砾石成分以花岗岩类岩石为主，次为紫红、灰白色砂岩及灰白、灰绿色片岩等（图11-4，1、2）。砂岩一般呈块状，有时发育板状斜层理。砾岩与砂岩常构成总体向上变细的层序。

图11-4　三桥组砾岩

Fig. 11-4　The conglomerate of the Sanqiao Formation

1，2—西吉县火石寨；3，4—固原市石岘子在窑山，三桥组不整合于中侏罗统延安组或下石炭统臭牛沟组之上，其上直接与马东山组整合接触，厚143.6m，岩性为灰色中—厚层粗—中砾岩，上部夹灰黄、黄灰色中—厚层含砾长石石英砂岩（透镜体）。砾岩中砾石含量70%左右，成分以灰黑色灰岩为主，次为硅质岩、石英岩等（图11-4，3、4）。双井子—炭山一带本组不整合于侏罗系之上，与上覆马东山组整合接触，岩性与窑山一致。

在庙山，三桥组未见底，与上覆乃家河组整合接触，岩性与窑山、炭山相似，为褐紫-紫红色厚—巨厚层中—巨砾岩夹少量褐红色含砾砂岩、粉砂质泥岩透镜体，砾岩中砾石成分以灰岩为主，厚度大于295m。

大关山东麓李洼峡—和尚铺一带三桥组未见底，岩性以浅灰—浅黄灰色块状白云质细—中砾岩为主，顶部见夹杂色（灰紫、灰绿、黄绿色）泥岩和浅灰—浅黄灰色中层白云质（含细砾）细粒长石石英砂岩。砾岩中砾石多呈棱角—次棱角状，成分以灰岩为主；砂岩具不对称波痕，并见含植物茎秆化石。和尚铺剖面厚度大于70.9m，李洼峡剖面厚度大于202.6m。

小关山三关—沙南峡一线三桥组不整合于奥陶系天景山组或上三叠统崆峒山组之上，岩性为浅灰、黄灰、褐灰色块状—巨厚层砾岩、砂砾岩夹含砾砂岩。砾岩中砾石成分仍以灰岩为主。沉积厚度极悬殊，在三关口最薄、厚仅5.6 m，向南至崆峒山西之马家峡一带厚87.9m，再向南至沙南—底沟一带厚度超过115.4m。

总之，三桥组以发育粗碎屑岩（砾岩）为特征，自下而上碎屑粒度渐细，砾石磨圆渐好，成层厚度渐薄，上部常夹有少量含砾砂岩、砂岩（透镜体），具有总体向上变细变薄的层序特征。其砾岩之砾石成分因地而异，具有就地取材的特点，西部月亮山地区以花岗岩类、变质岩类（片岩、变质砂岩）为主，东部窑山—炭山—沙南峡一带则以灰岩为主。各地沉积厚度较为悬殊，在西部月亮山地区厚度最大、达731.7m，向东到窑山厚143.6m，三关口最薄、仅厚5.6m，具有西厚东薄的特点。

（二）和尚铺组（K_1h）

由银川石油勘探局125队1959年命名的和尚铺层沿革而来，命名剖面位于宁夏泾源县和尚铺。

和尚铺组主要分布于月亮山红羊—火石寨一带和六盘山地区的李洼峡、和尚铺、罗家峡、凉殿峡、三关口和沙南等地。在同心东部窑山、石塘岭和康家湾见有零星露头。和尚铺组与下伏三桥组和上覆李洼峡组均为整合接触，为一套主要由紫红色砂岩、粉砂岩和泥岩组成的河流相—湖泊三角洲相的沉积。

大关山东麓李洼峡—和尚铺—惠台一带，和尚铺组岩性以灰紫—暗紫色厚—中层钙质细粒长石石英（杂）砂岩、粉砂岩、粉砂质泥岩为主，夹少量灰绿—蓝灰色泥（页）岩及灰—深灰色中—薄层微晶灰岩、泥灰岩，含叶肢介、昆虫和植物化石，砂岩层面见有遗迹化石（图11-5）。南马场、圆疙瘩

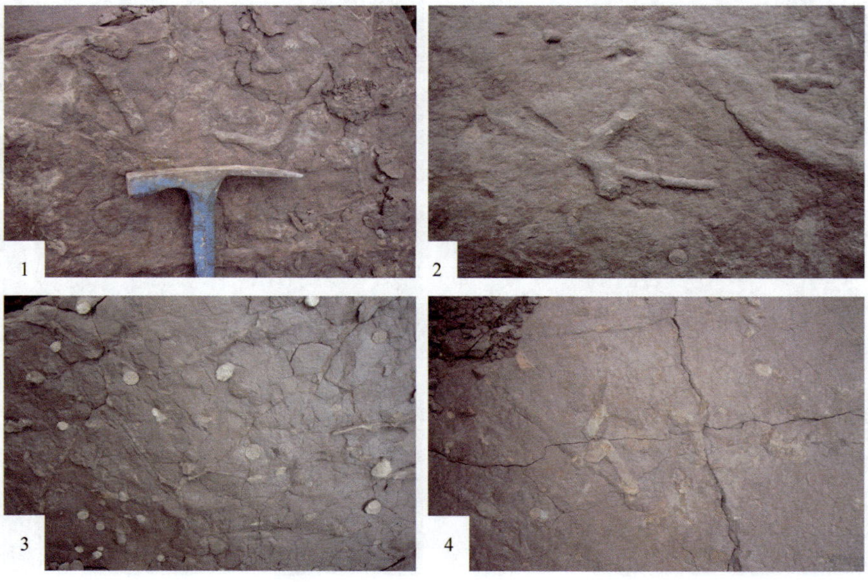

图11-5　和尚铺组遗迹化石

Fig. 11-5　The fossil remains of the Lower Cretaceous Heshangpu Formation

1~4—六盘山西麓桃木山

见夹含铜砂岩。和尚铺剖面厚454.6m，向北厚度明显增大，至李洼峡厚达804.8m。

大关山西侧罗家峡—凉殿峡一带和尚铺组未见底，岩性为浅褐灰、灰紫色中—巨厚层钙质（含砾）中粗粒长石石英砂岩、中—薄层钙质中—细粒长石石英砂岩夹灰绿、灰紫色泥（页）岩、粉砂质泥岩及中—细砾岩、砂砾岩透镜体，下部灰绿色泥（页）岩较发育，其中含鱼类和植物化石，砂岩发育交错层理。山河等地见夹含铜粉砂质泥岩。罗家峡测得厚度大于500.4m，凉殿峡厚度大于600m。与大关山东麓相比，大关山以西地区岩性明显要粗一些，碎屑岩较发育，而泥页岩较少，未见夹灰岩、泥灰岩。

小关山三关口—沙南峡一带，和尚铺组岩性与大关山东麓基本一致，为紫红—褐红色砂质泥岩、粉砂质泥岩、粉砂岩夹薄—中厚层长石石英砂岩、岩屑石英砂岩、长石岩屑砂岩和少量砾岩、泥灰岩、砂质灰岩等。因断层破坏，各地出露层位不尽一致，厚度也有较大差异。三关口厚200.4m，石嘴子颉河厚度大于117.7m，底沟厚度大于426.7m，马家峡沿川子厚度大于70.8m。

月亮山红羊—火石寨一带和尚铺组岩性为浅紫红色中厚层岩屑石英砂岩、长石石英砂岩夹少量中层粉砂岩，厚428.4m。

同心县石塘岭和尚铺组岩性为紫红色中厚层钙质细粒长石石英砂岩夹紫红色泥岩、浅灰黄色含砾不等粒岩屑石英砂岩，钙质细粒长石石英砂岩与泥岩互层，上部被断层断失，未见顶，厚度大于183.6m。

与三桥组一样，和尚铺组也有西粗东细、西厚东薄的特点。表现为西部月亮山及罗家峡—凉殿峡一带碎屑岩所占比例较大，且粒度偏粗，沉积厚度也相对较大；而东部窑山及大、小关山地区碎屑岩所占比例明显要小一些，碎屑岩以细粒砂岩、粉砂岩为主，并出现泥灰岩、灰岩，沉积厚度相对较小。和尚铺组以灰紫—暗紫色岩层大量出现作为其底与三桥组分界，以灰紫—暗紫色岩层大量减少、杂色泥岩、泥灰岩、砂岩出现作为与李洼峡组的分界。

（三）李洼峡组（K_1l）

由银川石油勘探局125队1959年命名的李洼峡层沿革而来，命名剖面位于宁夏泾源县李洼峡。

李洼峡组分布较为广泛。主要出露于月亮山东北麓、大关山分水岭两侧及小关山三关口—沙南一带，同心东部康家湾和包头水见有零星露头。李洼峡组与下伏和尚铺组和上覆马东山组均为整合接触，为一套主要由紫杂色砂岩、粉砂岩、泥岩和灰岩组成的滨浅湖相沉积。

大关山地区以和尚铺剖面为代表，厚556.3m，岩性为暗紫—紫红色粉砂质泥岩、粉砂岩、薄—中层钙质细粒长石石英（杂）砂岩与灰绿、黄绿、蓝灰色泥（页）岩、灰—深灰色微晶灰岩、泥灰岩不等厚互层，上部夹微晶鲕粒灰岩、微晶砂屑灰岩、藻纹层灰岩等，含植物、叶肢介化石。自和尚铺剖面向北岩性逐渐变细，至刘家沟一带以灰绿—蓝灰色泥（页）岩、灰—深灰色厚—中层微晶灰岩为主，细砂岩、粉砂岩等灰紫色岩层已变得很少，但沉积厚度无明显变化，李洼峡测得厚度为523.8m。自和尚铺剖面向南岩性无明显变化，沉积厚度似有变薄之趋势，清凉寺一带测得厚度为254.2m，未见底，见夹含铜粉砂岩。

大关山以西张易、三里店、罗家峡、山河等地李洼峡组岩性与大关山区有较大差异，为紫红—暗紫红色中—厚层（含砾）中粗粒、中—细粒长石石英砂岩、砂砾岩、细砾岩与粉砂质泥岩、泥岩不等厚互层，上部泥岩含钙质结核。罗家峡剖面厚255.1m；扎营墩剖面未见底，厚度大于326.1m；张易剖面亦未见底，厚度大于192.2m。

小关山地区李洼峡组岩性与大关山区基本一致。水泉湾—苋蔴湾一带，下部为蓝灰色厚—巨厚层泥岩、钙质泥岩夹泥灰岩、微晶砂屑灰岩，上部为褐红色粉砂质泥岩、泥质粉砂岩夹大量细粒长石石英砂岩，厚644.5m。三关口、红砂石梁一带岩性为褐红色粉砂质泥岩与蓝灰色钙质泥岩及少量页岩不等厚互层，夹大量泥质灰岩、微晶灰岩、砂屑灰岩和鲕状灰岩，厚约318.5m。向南至燕家山，下部为蓝灰色与褐红色粉砂质泥岩夹粉砂岩和细砂岩，上部为褐红色钙质泥岩与蓝灰色钙质泥岩互层，夹少量砂屑灰岩、微晶灰岩，厚度超过400m。

月亮山东北麓以金佛沟剖面为代表，厚140.0m，下部为蓝灰、浅黄灰色泥岩夹浅黄灰色中层鲕粒灰岩、砾屑灰岩、砂屑灰岩、微晶灰岩，顶部夹少量紫红色泥岩；上部为紫红色间蓝灰色泥岩夹砂屑灰岩、砂质灰岩。自金佛沟剖面向北西方向，砂岩有增加之趋势，至红羊以北李洼峡组岩性以紫红色中—厚层砂质泥岩、砂岩为主，夹少量微晶灰岩，厚46.5m。

李洼峡组以细碎屑岩、泥质岩沉积为主，夹较多的碳酸盐岩，具有灰紫—暗紫色岩层与灰绿—蓝灰色岩层交替出现的层序特征，这也是与和尚铺组和马东山组分界的重要标志。大关山以西李洼峡组色调、岩性与大关山、小关山地区有较大差异，表现为碎屑岩较多且粒度偏粗，几乎未见夹灰岩及灰绿色岩层。其沉积厚度也较悬殊，小关山水泉湾—苋蔴湾一带厚度最大为644.5m，月亮山红羊以北最小，厚仅46.5m。

（四）马东山组（K_1m）

由银川石油勘探局125队1959年命名的马东山层沿革而来，命名地点位于宁夏固原市原州区西北之马东山，参考剖面位于泾源县和尚铺。

马东山组是六盘山群中分布最为广泛的一个组。主要出露于月亮山东北麓、马东山、大关山、小关山，同心东部的康家湾、窑山、包头水、双井子及固原东部的炭山、云雾山、程儿山等地有零星出露。马东山组与上覆乃家河组和下伏李洼峡组均为整合接触，为一套主要由灰绿—蓝灰色泥岩、页岩和灰岩组成的浅湖相—半深湖相沉积。

大关山地区马东山组与下伏李洼峡组连续沉积，其上为始新统寺口子组不整合超覆。下部为黄绿、灰绿、灰—深灰色泥（页）岩与浅灰—灰白色薄—中层鲕粒灰岩、砂屑灰岩、泥灰岩、藻纹层灰岩不等厚互层；中部为灰绿、蓝灰与暗紫—紫红色相间的泥（页）岩、粉砂质泥岩夹灰—深灰色薄—中厚层鲕粒灰岩、砂屑灰岩、结核状灰岩、泥灰岩及暗紫—紫红色薄—中层细砂岩、粉砂岩；上部为灰绿—蓝灰色泥（页）岩与灰—深灰色薄—中厚层微晶灰岩、细晶灰岩、砂屑灰岩、鲕粒灰岩、藻纹层灰岩、结核状灰岩及泥灰岩不等厚互层，偶夹油页岩。产叶肢介、鱼类、昆虫、软舌螺及植物化石。细砂岩、粉砂岩发育沙纹层理，碳酸盐岩普遍发育尖圆褶皱，这也是本组的特点之一。和尚铺剖面厚409.2m，李洼峡剖面厚345.3m。

大关山西侧罗家峡—山河一带，岩性与大关山区基本一致，中部夹有较多的暗紫—紫红色粉砂质泥岩、粉砂岩、细砂岩，上部灰岩较少。扎营墩剖面厚287.4m。

小关山地区马东山组与下伏李洼峡组和上覆乃家河组均为整合接触，其岩性与大关山区相似，但沉积厚度明显增大，最大厚度超过1400.2m。

月亮山—马东山一带马东山组岩性为浅灰、蓝灰、黄灰、灰绿色（钙质）泥岩、页岩夹浅灰、浅蓝灰色薄—中层鲕粒灰岩、砂屑灰岩、砾屑灰岩、（含鲕粒）微晶灰岩、泥灰岩、砂质灰岩，局部偶夹黄灰色中层钙质细粒长石石英砂岩、粉砂岩及黑色有机质页岩。各地沉积厚度差异明显，马东山一带沉积厚度最大，达1085.6m，向西逐渐变薄，依次为：金佛沟剖面厚237.9m，马西沟厚116.5m，陈家庄厚103.3m，杨明厚46m，红羊厚34m。

窑山—康家湾—程儿山一带马东山组岩性与马东山区基本一致，在窑山石条梁（包头水）见夹白云质灰岩、白云岩及较多的藻灰岩（叠层石灰岩）、生物礁灰岩（图11-6）。石岘子剖面厚285.8m，包头水厚度大于601.0m。

马东山组以具有蓝灰—黄绿色宏观色调并夹有大量碳酸盐岩为特征并与下伏李洼峡组和上覆乃家河组相区别。其沉积厚度有较大差异，南部小关山区厚度最大达1400.2m以上，向西至大关山地区厚度明显减小、为345.3~409.2m，再向西至罗家峡—山河一带则为287.4m，自东而西明显变薄；北部月亮山—马东山—炭山一带，马东山厚度最大、达1085.6m，红羊厚度最小、仅34m，有以马东山为中心向西、向东逐渐变薄之趋势。

（五）乃家河组（K_1n）

由银川石油勘探局125队1959年命名的乃家河层沿革而来，命名地点位于宁夏彭阳县乃家河（旧称廼家河），参考剖面位于固原县和尚铺。

图 11-6 马东山组藻灰岩、生物礁灰岩（同心窑山）

Fig. 11-6 Algal limestone and biohermal limestone of the Lower Cretaceous Madongshan Formation in Yaoshan, Tongxin County, Ningxia

1—外形特征；2—上层面特征；3，4—露头特征；5，6—断面特征

乃家河组分布范围明显小于马东山组，主要出露于月亮山东北麓杨明、蒿内、白崖子、马东山和小关山西麓的大湾、什字路等地，隆德县城南桃山、山河、同心东部包头水、海原石峡口水库西侧、固原东部炭山、西部高家山和裴家堡等地有零星出露。乃家河组与下伏马东山组连续沉积，其上为始新统寺口子组或渐新统清水营组不整合覆盖，为一套浅湖相沉积，主要由灰绿、黄绿、蓝灰间夹紫红色泥岩、灰岩、泥灰岩组成，局部发育膏岩、岩盐沉积。

月亮山东北麓杨明—白崖子一带乃家河组层序完整，以金佛沟剖面为代表，厚 94.2m，下部为灰绿、黄绿间夹紫红色泥岩、页岩夹中层浅灰、黄灰色粉砂质微晶灰岩、泥灰岩和浅灰、灰白色薄—中厚层泥质石膏岩及石膏质中—细粒长石石英砂岩；中部为蓝灰、黄绿、浅灰黄色粉砂质泥岩、浅紫红色中层粉砂岩与浅灰、浅褐灰色中厚层石膏岩不等厚互层；上部为浅黄、灰黄色粉砂质泥岩、长石石英砂岩、钙质（石膏质）中—粗砾岩及厚层角砾状石膏岩。须弥山—硝口一带上部夹石膏岩、岩盐及芒硝。马西沟剖面厚 116m，须弥山剖面厚 387m。

在马东山乃家河组岩性为浅灰、灰绿、黄绿、蓝灰色泥（页）岩、钙质泥岩夹少量浅灰—深灰色泥灰岩，偶夹浅黄灰色薄层砾屑鲕粒灰岩及石膏线，厚 363.2m。

在海原石峡口水库西侧，乃家河组与下伏三桥组整合接触，寺口子组不整合覆于其上，岩性为灰黄、浅灰色泥岩、泥灰岩夹大量的灰色钙质细—中砾岩及石膏岩。

包头水、炭山、云雾山和程儿山等地乃家河组岩性与马东山区相似，在石岘子上部见夹介形虫灰岩。石岘子剖面厚 214.3m。

小关山地区岩性为蓝灰间夹浅红、褐红色泥岩、粉砂质泥岩、页岩夹浅灰、灰红色微晶灰岩、泥质灰岩、泥灰岩及少量薄层细砂岩、粉砂岩，偶夹少量纤维状石膏线。小关山西麓大湾—什字路一带厚 298.6~831.0m，东麓李家湾、土窑等地厚度大于 880.8m。

大关山以西南部桃山—山河一带，乃家河组下部为紫红色泥岩、粉砂质泥岩夹紫红—灰紫色薄—中层钙质粉砂岩及灰色中厚层鲕粒灰岩、结核状灰岩；中部为紫红色泥岩、粉砂质泥岩夹少量蓝灰—灰绿色泥（页）岩、浅灰色薄—中层钙质细砂岩及灰色薄层微晶砂屑灰岩；上部为黄绿、灰绿、蓝灰间夹暗紫色泥岩、页岩夹少量浅黄灰色薄层泥灰岩，偶夹浅灰色中—薄层微晶鲕粒灰岩及粉砂岩条带。山河剖面厚 396.9m。北部高家山、裴家堡仅有上部层位，岩性为蓝灰—灰绿间夹暗紫红色泥岩、页岩，夹少量灰色薄层泥灰岩条带。

乃家河组在各地出露层位不尽一致，其沉积厚度也有较大差异。北部月亮山—炭山一带有以马东山为中心向西、向东逐渐变薄之趋势，马东山厚 363.2m，向东至炭山厚 214.3m，向西至金佛沟厚 94.2m；南部小关山区厚度最大超过 880.8m，向西逐渐变薄，至大关山以西桃山—山河一带变为 396.9m。

二、盐池-彭阳地层小区（鄂尔多斯盆地）

区内白垩系研究程度较低。1934 年，潘钟祥首次将陕甘宁盆地的早白垩世地层命名为保安系。此后田在艺、张传淦（1948），张更、田在艺（1952）对陇东及陕北地区进行调查后，遂将保安系自下而上划分命名为宜君层、洛河层、华池层、环河层、罗汉洞层和泾川层。1956 年，石油工业部西安地质调查处 110 队对盆地南部保安系进行了专题研究，对华池层以上各层作了重新划分。翌年，石油部西安石油调查处在甘肃环县一带进行石油普查时，将盐池、灵武地区的白垩系地层仍称保安系，自下而上划分为宜君（砾岩）组、洛河（砂岩）组、环河-华池组、罗汉洞组和泾川组。1965 年，地质部第三石油普查大队通过对白垩系专题研究，统一了陕甘宁盆地南北白垩系的划分，并提出将六盘山群置于保安系环河-华池层之上。1974 年，陕西石油普查大队将保安系改称为志丹群，自下而上划分为宜君组、洛河组、环河-华池组、罗汉洞组和泾川组。此后，人们一致沿用此划分方案。1980~1984 年，宁夏区调队先后开展了银川、吴忠、盐池和下马关 4 幅1：20 万区域地质调查，获得了较为系统、丰富的白垩纪地层、古生物资料，提高了研究程度，地层划分方案与陕西石油普查大队（1974）一致。1996 年出版的《宁夏回族自治区岩石地层》恢复使用保安群，自下而上划分为宜君组、洛河组、环河组、罗汉洞组和泾川组。本地层小区白垩系划分、命名沿革见表 11-2。

表 11-2　盐池-彭阳地层小区下白垩统划分与命名沿革表

Table 11-2　Evolution of Lower Cretaceous divisional schemes in the Yanchi-Pengyang area

<table>
<tr><th>潘钟祥，1934</th><th colspan="2">田在艺、张传淦，1948
张更、田在艺，1952</th><th colspan="2">西安石油调查处，1957</th><th colspan="2">陕西石油普查大队，1974</th><th colspan="2">《宁夏回族自治区区域地质志》，1990</th><th colspan="2">《宁夏回族自治区岩石地层》，1996</th><th colspan="2">本《志》，2012</th></tr>
<tr><td rowspan="6">保安系</td><td rowspan="6">保安系</td><td>泾川层</td><td rowspan="6">保安系</td><td>泾川组</td><td rowspan="6">志丹群</td><td>泾川组</td><td rowspan="6">志丹群</td><td>泾川组</td><td rowspan="6">保安群</td><td>泾川组</td><td rowspan="6">保安群</td><td>泾川组</td></tr>
<tr><td>罗汉洞层</td><td>罗汉洞组</td><td>罗汉洞组</td><td>罗汉洞组</td><td>罗汉洞组</td><td>罗汉洞组</td></tr>
<tr><td>环河层</td><td rowspan="2">环河-华池组</td><td rowspan="2">环河-华池组</td><td rowspan="2">环河-华池组</td><td rowspan="2">环河组</td><td rowspan="2">环河组</td></tr>
<tr><td>华池层</td></tr>
<tr><td>洛河层</td><td>洛河组</td><td>洛河组</td><td>洛河组</td><td>洛河组</td><td>洛河组</td></tr>
<tr><td>宜君层</td><td>宜君组</td><td>宜君组</td><td>宜君组</td><td>宜君组</td><td>宜君组</td></tr>
</table>

盐池-彭阳地层小区位于早白垩世鄂尔多斯盆地西缘，这里与盆地腹地毗连，其沉积特征与盆地区

相似，岩石地层统称保安群（K_1B），自下而上进一步划分为宜君组、洛河组、环河组、罗汉洞组和泾川组，各组之间均为整合接触。

（一）宜君组（K_1y）

富勒（M. L. Fuller）和克拉普（F. G. Clapp）1927 年命名宜君组（I-Chun Formation），命名地位于距陕西宜君县几英里❶远的小山，参考剖面在宜君县老虎塔。

宜君组分布零散，主要出露于灵盐地区的马鞍山、回民巷、庙山、猪头岭、六道沟梁、面子山、碎石井、布朗山、田家新庄、烟筒山等地，在彭阳附近汝河流域河谷中见有零星出露，其余地区多伏于新生界覆盖层之下。碎石井剖面（位于灵武市东南 28km 处之碎石井。起点坐标：北纬 37°56′，东经 106°34′。宁夏区调队 1982 年测制）具代表性，其层序如下（图 11-7）：

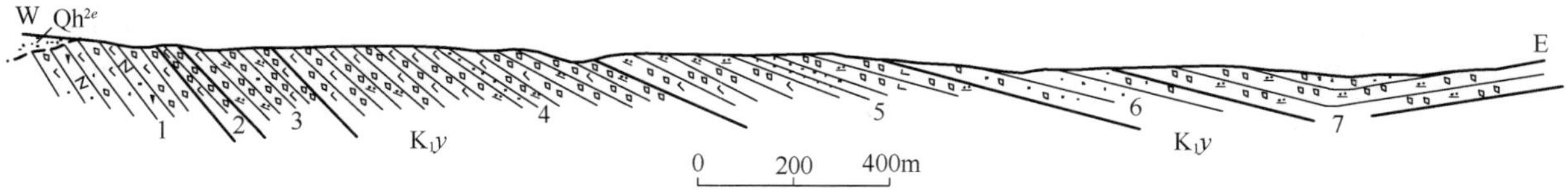

图 11-7 灵武市碎石井下白垩统宜君组剖面图

Fig. 11-7 Section of the Lower Cretaceous Yijun Formation in Suishijing, Lingwu, Ningxia

宜君组（K_1y）	厚度>886. 8m
7. 灰紫色硅质砾岩夹灰黄色含砾砂岩条带，砾岩质地坚硬（未见顶）	>39. 9m
6. 灰黄色砂砾岩夹泥质砂岩条带，砂岩结构疏松	75. 4m
5. 灰紫色中层钙硅质砾岩，夹黄色砂岩条带	120. 0m
4. 灰紫色中层硅钙质砾岩，中部夹少量灰黄色砂岩条带	361. 5m
3. 灰紫色钙硅质砾岩夹少量泥质砂砾岩，砂岩质地坚硬	134. 6m
2. 灰紫色中层钙硅质砾岩与砂砾岩互层，夹灰黄色粗砂岩条带	21. 7m
1. 灰紫色中层钙质砾岩，夹灰白色含砾中粗粒长石岩屑砂岩（未见底）	>133. 7m

宜君组不整合于侏罗系或更老地层之上，与上覆洛河组整合接触，为一套干旱炎热气候条件下的山麓相堆积，主要由粗碎屑岩（砾岩、砂砾岩）组成。

上述剖面宜君组未见顶底，厚度大于 886. 8m，岩性为灰紫间灰黄色砾岩、砂砾岩夹含砾砂岩、砂岩薄层或条带。砾岩中砾石成分复杂，有砾屑灰岩、结晶灰岩、燧石条带灰岩、砂岩、硅质岩及片麻岩等。砾石磨圆度较差，大小悬殊，砾径多在 2～40cm 之间，大者达 50cm 以上。碎石井剖面向北西至灵武东山（马鞍山）一带，岩性为灰色、褐灰色砾岩，上部夹棕红色砂砾岩，厚度大于 126. 1m。自碎石井剖面向东南至摆宴井一带，井下岩性为棕红色、杂色细砾岩，上部夹棕红色至蓝灰色砂岩及泥岩，厚 880m；再向东南至侯家河附近灵盐三井厚度仅 41m，岩性以棕红色砾岩为主；向南及至盐池上台子一带井下厚度 177m，岩性以棕红—黄棕褐色含砾砂岩、砂砾岩为主，夹少量泥岩、砂质泥岩。

北部陶乐一带钻孔中宜君组与下伏地层呈不整合接触，岩性为灰、杂色砾岩，砾石成分较复杂，有石英岩、灰岩、砂岩及变质岩等，砾径一般为 5～10cm，大者达 20～30cm，分选性、磨圆度均较差。厚度变化较大，变化在 6. 7～242. 8m 之间。

在南部彭阳草庙一带宜君组岩性为灰白、灰、紫红色厚层砾岩，砾石成分主要为石英岩、硅质岩，砾径 2～20cm 不等。ZK19-2 钻孔剖面厚 455. 0m，ZK7-1 钻孔剖面厚 63. 3m。

宜君组在横向上岩性略有变化，总的变化趋势是从北西向南东砾石逐渐变小，砂岩夹层逐渐增多。其沉积厚度也较为悬殊，在灵武碎石井—黑疙瘩一带厚达 887～1200m 以上，而侯家河一带井下厚仅 40m 左右，侯家河北东灵盐三井厚仅 32m。

---

❶ 1 英里=1609. 344m。

（二）洛河组（K_1lh）

富勒（M. L. Fuller）和克拉普（F. G. Clapp）1927年命名洛河组（Lo-Ho Formation），命名地位于陕西延安府（市）西南40~55km处的洛河边，参考剖面在志丹县北洛河。

在宁夏境内洛河组地表未见出露，仅见于盐池、彭阳一带的钻孔中。38号钻孔柱状剖面（井口位于盐池县大水坑乡上台子东北。井口坐标：北纬37°25′，东经106°52′。石油部长庆油田第三分指挥部1975年录井）具代表性，其层序如下：

上覆地层：环河组（K_1hh）紫灰、棕紫色砾岩

——— 整　合 ———

洛河组（K_1lh）	厚度334.0m
21. 棕红色泥质砂岩	24.0m
20. 棕紫色泥岩	7.0m
19. 棕红色泥质粉砂岩	27.0m
18. 棕紫色砂质泥岩	3.0m
17. 浅紫红色细砂岩	12.0m
16. 棕紫色砂质泥岩，下部夹棕红色泥质粉砂岩	34.0m
15. 紫灰色砾岩	6.0m
14. 棕紫色砂质泥岩	9.0m
13. 紫灰色砾岩	21.0m
12. 棕红、深橘红色泥质砂岩夹棕褐色、棕紫色泥岩	37.0m
11. 棕褐、棕紫色泥岩	5.0m
10. 棕红、深橘红色泥质砂岩	3.0m
9. 棕褐、棕紫色泥岩	6.0m
8. 棕红、深橘红色泥质砂岩	34.0m
7. 棕红、深橘红色泥质砂岩夹棕褐色、棕紫色泥岩及砂质泥岩	20.0m
6. 深橘红、棕红色细砂岩夹深棕褐色泥岩	78.0m
5. 深棕褐色泥岩	8.0m

——— 整　合 ———

下伏地层：宜君组（K_1y）棕灰色砾状砂岩

洛河组与下伏宜君组和上覆环河组均为整合接触，为一套由棕红、棕褐色块状石英砂岩、泥质砂岩、砂质泥岩、粉砂质泥岩、泥岩组成的河流相沉积。

上列钻孔柱状剖面洛河组厚334.0m，由棕红、棕紫、棕褐及深橘红色细砂岩、泥质砂岩、砂质泥岩、泥岩组成，砂岩发育板状斜层理。灵盐三井岩性为棕红色块状石英砂岩夹砂质泥岩，厚217m。灵盐九井岩性为橘红、浅棕红色中、细粒砂岩夹棕红色泥岩，砂岩发育交错层理及板状斜层理，厚215m。彭阳草庙一带钻孔中所见岩性与38号钻孔相似，由棕红、浅灰色中—细粒砂岩、粉砂岩、粉砂质泥岩和泥岩组成。ZK19-2钻孔剖面厚196.5m，ZK7-1钻孔剖面厚186m。

洛河组在横向上岩性基本稳定，具有自北西向南东粒度逐渐变细、沉积厚度渐次变薄之趋势。以大量砾岩结束和大量砂岩、泥岩出现与下伏宜君组分界。

（三）环河组（K_1hh）

富勒（M. L. Fuller）和克拉普（F. G. Clapp）1927年命名华池组（Hwa-Chi Formation）和环河组（Hwan-Ho Formation），命名地位于甘肃东部环河盆地的环县和华池县，参考剖面在甘肃合水县豹子沟至陕西富县黑水寺。1957年，石油部西安地质调查处改称华池-环河组，并引入本区。1996年宁夏地层清理研究组改称环河组，本《志》从之。

环河组分布局限，零星出露于盐池县东部盐池、马坊、麻黄山东侧黄土沟谷以及彭阳县东部安家

川河谷中。石山沟（也称十三沟）剖面和灵盐三井柱状剖面具代表性。

石山沟剖面（位于盐池县侯家河东南13km处之石山沟。起点坐标：北纬37°10′，东经107°19′。宁夏区调队1982年测制）层序如下（图11-8）：

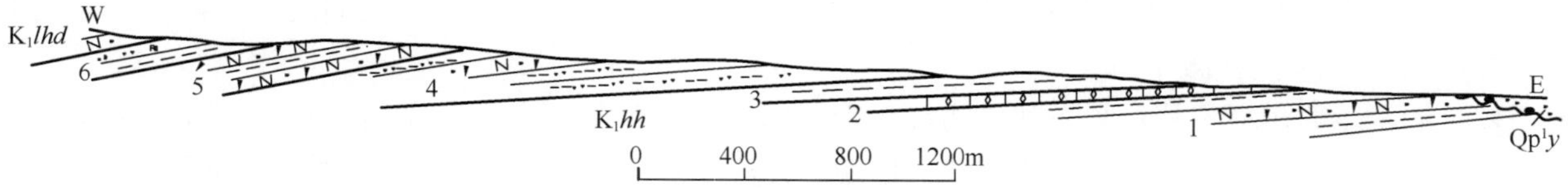

图11-8　盐池县石山沟下白垩统环河组剖面图

Fig. 11-8　Section of the Lower Cretaceous Huanhe Formation in Shishangou, Yanchi County, Ningxia

上覆地层：罗汉洞组（K_1lhd）棕红色砂岩

———— 整　合 ————

环河组（K_1hh）	厚度>478.4m
6. 紫红色泥岩夹灰绿色含铁质、钙质粉砂岩，交错层理发育	116.9m
5. 橘红色细粒长石岩屑砂岩夹紫红色泥岩，砂岩中含泥砾及大量云母片	130.4m
4. 紫红色粉砂质泥岩夹橘红色细粒长石岩屑砂岩及灰色含砂质微晶灰岩。砂岩层面云母富集，沿走向泥岩可相变成砂岩	111.3m
3. 褐红色泥岩夹灰绿、橘红色细粒长石岩屑砂岩及含砾砂岩	58.0m
2. 银灰色粉砂质泥晶灰岩夹褐灰色泥岩	22.5m
1. 紫红色泥岩夹灰白、橘红色细粒长石岩屑砂岩（第四系覆盖，未见底）	>39.3m

灵盐三井柱状剖面（位于盐池县侯家河西北6km处。井口坐标：北纬37°37′，东经107°08′。石油部长庆油田第三分指挥部1975年录井）层序如下：

上覆地层：罗汉洞组（K_1lhd）棕红色砂岩

———— 整　合 ————

环河组（K_1hh）	厚度501.0m
7. 棕红色泥质砂岩夹暗棕红、蓝灰色砂质泥岩	144.0m
6. 棕红色砂岩、砾岩夹泥岩	91.0m
5. 棕红色泥岩夹砂岩	31.5m
4. 棕红色含砾砂岩	38.5m
3. 棕红色含砾砂岩及杂色砾岩	86.5m
2. 棕红色泥质砂岩与泥岩互层	34.5m
1. 棕红色含砾砂岩、杂色砾岩	75.0m

———— 整　合 ————

下伏地层：洛河组（K_1lh）棕红色石英砂岩

环河组与下伏洛河组和上覆罗汉洞组均为整合接触，为一套由棕红、紫红色砂岩、泥岩组成的河湖相沉积。

上列石山沟剖面环河组未见底，与上覆罗汉洞组整合接触，厚度大于478.4m，岩性为紫红、褐红、褐灰色泥岩、粉砂质泥岩夹灰白、橘红、灰绿色细粒长石岩屑砂岩、粉砂岩及砂质灰岩。灵盐三井本组厚501.0m，下部以棕红色含砾砂岩及杂色砾岩为主，夹泥质砂岩和泥岩；上部岩性变细，为棕红、蓝灰色泥岩、泥质砂岩、砂质泥岩、砂岩，局部夹含砂质灰岩、泥灰岩。摆宴井地区井下岩性与灵盐三井近似，厚880m，下部为棕红、杂色细砾岩；上部为浅棕红色夹蓝灰色泥岩、砂质泥岩及砂岩。彭阳安家川出露上部层位，岩性为土红色泥岩、砂岩与灰色砾岩互层，可见厚度133m。

环河组在纵向上构成一个由粗变细的沉积旋回，横向上岩性基本稳定，有自西北向东南粒度渐细、厚度渐增之趋势。

（四）罗汉洞组（K_1lhd）

张更、田在艺等1952年命名罗汉洞层，命名剖面位于甘肃省泾川县东罗汉洞附近。参考剖面位于甘肃泾川—陕西彬县朱家湾。

罗汉洞组主要出露于盐池县东部红沟梁—麻黄山一带，彭阳县东部安家川河谷中有零星出露。罗汉洞组与下伏环河组和上覆泾川组均为整合接触。灵盐三井柱状剖面具代表性，其层序如下：

上覆地层：泾川组（K_1j）棕红色砂岩夹泥岩

———— 整　合 ————

罗汉洞组（K_1lhd）	厚度96.0m
5. 橘棕红色砂岩	11.0m
4. 棕红色砂岩夹棕红色砂质泥岩	41.0m
3. 棕红色砂岩	11.0m
2. 棕红色泥岩、砂质泥岩	9.0m
1. 棕红色砂岩	24.0m

———— 整　合 ————

下伏地层：环河组（K_1hh）棕红色泥质砂岩夹砂质泥岩

上列灵盐三井柱状剖面罗汉洞组厚96.0m，岩性以棕红—橘红色砂岩为主，夹少量泥岩、砂质泥岩，砂岩多为泥质胶结，结构疏松，发育交错层理。自灵盐三井向东南至盐池县石山沟一带厚度增至211.7m，岩性为橘黄、棕红色细粒岩屑长石砂岩夹紫红、棕红色泥岩、砂质泥岩，砂岩碎屑分选好，交错层理较发育。在彭阳草庙一带多埋藏于新生界之下，钻井揭露厚度大于115m，岩性与盐池地区基本一致。在猫头梁子产鱼类 *Lycoptera* sp.，*Sinamia* sp.。盐池地区罗汉洞组厚度由南向北有变薄之趋势。

（五）泾川组（K_1j）

由张更、田在艺等1952年命名的泾川层沿革而来，命名剖面位于甘肃泾川县城附近，参考剖面在甘肃泾川—陕西彬县朱家湾。

泾川组零星出露于盐池县东部石山沟、红井子、麻黄山及彭阳县东部安家川、李家河及汝河河谷中。石山沟剖面和灵盐三井柱状剖面具代表性。

石山沟剖面层序如下（图11-9）：

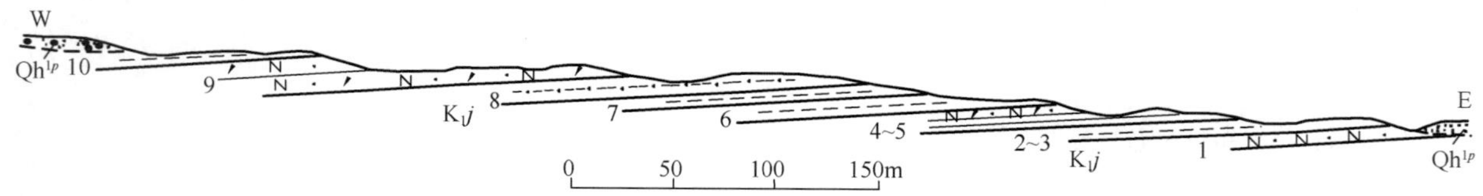

图11-9　盐池县石山沟下白垩统泾川组剖面图

Fig. 11-9　Section of the Lower Cretaceous Jingchuan Formation in Shishangou，Yanchi County，Ningxia

泾川组（K_1j）	厚度>46.4m
10. 紫红色泥岩夹灰白色薄层钙质细砾岩（未见顶）	>6.9m
9. 灰白色中层中粒岩屑长石砂岩夹紫红色泥岩，砂岩中交错层理发育	10.3m
8. 紫红色砂质泥岩夹薄层钙质砂岩，泥岩含云母片	8.3m
7. 紫红色泥岩与灰白色薄层砂岩互层	2.2m
6. 紫红色泥岩夹灰白色薄层砂岩	5.6m

5. 浅黄色中厚层细粒岩屑长石砂岩，交错层理发育 0.9m
4. 紫红色页岩夹灰白色中层细粒岩屑长石砂岩，页岩含云母片 6.0m
3. 紫红色泥岩夹灰白色细粒长石砂岩，泥岩含云母碎片 2.4m
2. 黄绿色中细粒砂岩夹薄层泥岩 2.4m
1. 灰黄色中层细粒长石砂岩夹紫红色泥岩（未见底） >1.4m

灵盐三井（57孔）剖面层序如下：

上覆地层：清水营组（E_3q）浅棕色泥岩

~~~~~~~~~~ 不整合 ~~~~~~~~~~

泾川组（K_1j） 厚度130.0m

5. 棕红色泥岩夹泥质粉砂岩 28.0m
4. 棕红色泥岩与细砂岩互层 25.0m
3. 棕红色细砂岩 11.0m
2. 棕红色细砂岩与泥岩互层 37.0m
1. 棕红色砂岩、泥质砂岩夹泥岩 29.0m

———— 整　合 ————

下伏地层：罗汉洞组（K_1lhd）棕红色砂岩

泾川组与下伏罗汉洞组连续沉积，其上为渐新统清水营组不整合覆盖，为一套干热气候条件下的河湖相沉积，主要由紫红、棕红色泥岩、泥质粉砂岩、细砂岩及泥灰岩等组成。

上列石山沟剖面泾川组未见顶，厚度大于46.4m，岩性为紫红色泥（页）岩、砂质泥岩夹灰白、灰黄、灰绿色中层中细粒岩屑长石砂岩、长石砂岩，砂岩发育交错层理。在盐池王乐井及灵塔山一带见夹泥灰岩。灵盐三井（57孔）泾川组厚130m，岩性以棕红色泥岩、细砂岩为主，夹泥质粉砂岩。猫头梁子一带产 *Xibeiestheria pora*，*X. yanchiensis*，*X. ovata* 等叶肢介化石。

彭阳地区泾川组岩性为浅蓝灰、浅灰色厚层细砂岩夹浅蓝灰色泥岩、泥灰岩，厚84m，含丰富的植物化石。

泾川组在横向上岩性基本稳定，各地沉积厚度有一定差异，其中灵盐三井最厚，为130m，其余各地厚度均不超过百米。

三、贺兰山-卫宁北山地层小区（庙山湖盆地）

本地层小区下白垩统称为庙山湖组（K_1ms），其沉积特征与前述六盘山盆地、鄂尔多斯盆地有较大差异，为一套主要由粗碎屑岩（砾岩、砂砾岩）组成的山麓相—河湖相沉积，属山间盆地沉积。

庙山湖组由银川石油勘探指挥部108队1969年创名，命名地点位于宁夏青铜峡市西部的庙山湖，未指定层型，参考剖面位于青铜峡市英发沟。

1969年银川石油勘探指挥部108队在青铜峡西部的红崖子采到 *Cypridae acclinia*，*Atopachara* 等介形虫和轮藻化石，并建立了庙山湖组，将其地层时代确定为早白垩世。同年该队又将柳沟门山前一带的紫红色砾岩及砂岩地层命名为下白垩统柳沟门组。1973年，宁夏区调队在青铜峡市西部英发沟测制了白垩系剖面，采获介形虫 *Cyprida*，*Sphaerium* 和双壳类等化石，并确定庙山湖组与下伏上侏罗统和上覆渐新统清水营组均为不整合接触。1976年，该队在贺兰山西麓内蒙古自治区阿拉善左旗塔塔水测制了白垩系剖面，采到丰富的介形虫、双壳类、腹足类等化石，将该区下白垩统称作庙山湖群，并分为上、下两个亚群，其下亚群相当前人的柳沟门组，上亚群相当前人的庙山湖组。1980年，宁夏区域地层表编写组仍然沿用了108队的划分意见。1990年《宁夏回族自治区区域地质志》沿用1976年宁夏区调队的划分方案。1996年，宁夏地层清理研究组将庙山湖群降群为组，此后一直沿用。

庙山湖组主要分布于贺兰山中段西麓庙前梁子—塔塔水一带和贺兰山南段鹰嘴山、鸽子山、庙山
~~~~~~~~~~

湖、英发沟、红崖、井沟、狼井沟、麻黄沟及卫宁北山大湾脖子沟等地，牛首山西麓也有零星出露。英发沟剖面和塔塔水剖面具代表性。

英发沟剖面（位于青铜峡市西英发沟。起点坐标：北纬37°52′，东经105°46′。宁夏区调队1973年测制）为庙山湖组次层型（或参考剖面），其层序如下（图11-10）：

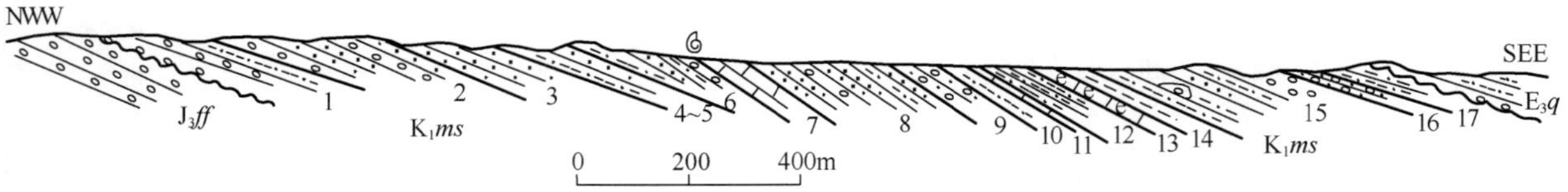

图11-10　青铜峡市英发沟下白垩统庙山湖组剖面图

Fig. 11-10　Section of the Lower Cretaceous Miaoshanhu Formation in Yingfagou, Qingtongxia, Ningxia

上覆地层：清水营组（E_3q）橘红色含石膏质砂土

~~~~~~~~ 不整合 ~~~~~~~~

庙山湖组（K_1ms）	厚度938.4m
17. 土红色砂质黏土与橘红色黏质砂土互层	35.3m
16. 砖红色砂砾岩夹土红色黏质砂土	25.1m
15. 土红色黏质砂土夹砖红色砂岩、砂砾岩透镜体及白色粉砂岩条带	122.6m
14. 灰绿色黏土夹灰白色泥灰岩	24.1m
13. 灰白色含生物碎屑隐晶灰岩	24.0m
12. 土红色黏质砂土夹砂岩	35.5m
11. 灰白色隐晶灰岩	17.5m
10. 橘红、土红色黏质砂土夹褐红色砂砾岩	34.4m
9. 褐红色砂砾岩	37.0m
8. 砖红色砂岩夹少量砾岩和土红色黏质砂土	152.7m
7. 灰白色隐晶灰岩。产介形虫 *Cypridea*（*Cyamocypris*）spp.，*Cypridea*（*Cypridea*）spp.，*C.*（*Morinina*）cf. *depressa* 及双壳类 *Sphaerium* sp.	37.6m
6. 橘红—土红色黏质砂土夹砖红色砂岩及少量砾岩	141.9m
5. 褐砖红色砂岩	21.8m
4. 砖红色黏质砂土夹钙质砂岩、砂质隐晶灰岩	32.8m
3. 褐红色砂岩	61.2m
2. 褐红色砂岩夹少量砾岩	72.3m
1. 砖红、黄绿色砾岩夹少量土红色砂质黏土	62.6m

~~~~~~~~ 不整合 ~~~~~~~~

下伏地层：芬芳河组（J_3ff）棕红色厚层砾岩

塔塔水剖面（位于内蒙古阿拉善左旗塔塔水。起点坐标：东经105°47′，北纬38°35′。宁夏区调队1975年测制，宁夏地调院2005年修测）层序如下（图11-11）：

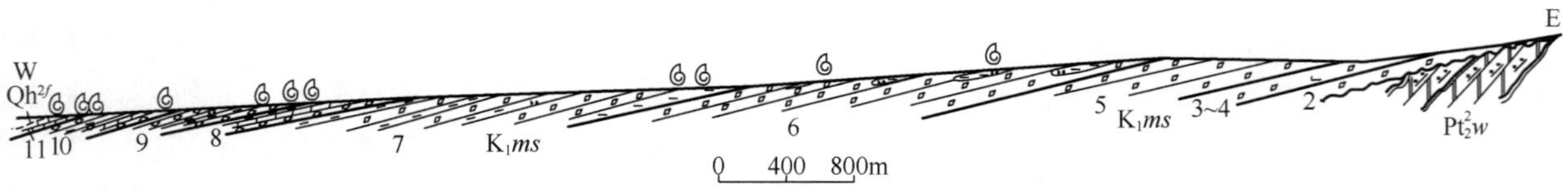

图11-11　内蒙古阿拉善左旗塔塔水下白垩统庙山湖组剖面图

Fig. 11-11　Section of the Lower Cretaceous Miaoshanhu Formation in Tatashui, Alxa Left Banner, Inner Mongolia

庙山湖组（K_1ms） 厚度>1287.5m

11. 灰白、灰绿、蓝灰色泥岩夹浅灰色中层泥灰岩、砂质灰岩、生物碎屑灰岩及少量黑色炭质泥岩，局部见劣质煤线。砂质灰岩层面具龟裂。产丰富的双壳类 *Tetoria* cf. *yokoyamai*；腹足类 *Viviparus* sp.，*V. yumenens*，*Bellamia* cf. *clavilithiformis*；介形虫 *Limnocypridea rotunda*，*Compeloma gansuensis* 及植物化石碎片（第四系覆盖，未见顶） 49.7m
10. 浅棕红、浅灰色厚层粗—巨砾岩、砂砾岩与灰白色泥岩、粉砂质泥岩互层，上部夹浅灰色薄层泥灰岩及一层黑色炭质泥岩。泥岩、粉砂质泥岩微显水平纹层。产介形虫 *Metacypris miaogouensis* 132.5m
9. 棕红色厚—巨厚层中—粗砾岩夹褐红色泥质粉砂岩、粉砂质泥岩。产介形虫 *Cypridea* sp. 和轮藻 *Flabellochara* sp. 116.9m
8. 褐红、灰绿、蓝灰色粉砂质泥岩、泥岩与褐红色厚层中—粗砾岩、灰绿色砂砾岩互层，夹少量浅灰色泥灰岩、黑色炭质泥岩。产介形虫 *Ziziphocypris costata*，*Cypridea* sp.，双壳类 *Sphaerium jeholense* 和腹足类 *Lioplacodas* sp. 76.4m
7. 褐红色泥岩、粉砂质泥岩夹棕红、灰绿色中层粗—中砾岩 251.1m
6. 棕红色中—厚层中—粗砾岩夹棕红色粉砂质泥岩透镜体 321.9m
5. 棕红色块状粗—巨砾岩 228.5m
4. 棕红色块状中—粗砾岩 87.8m
3. 灰色块状钙质巨砾岩 5.6m
2. 褐红、棕红色块状中—粗砾岩 17.1m

～～～～～ 不整合 ～～～～～

下伏地层： 王全口组（Pt_2^2w）灰白、浅肉红色厚层—巨厚层硅质白云岩夹少量灰绿色硅质板岩

庙山湖组与下伏上侏罗统芬芳河组或更老地层不整合接触，渐新统清水营组不整合覆于其上，为一套以碎屑岩为主的山麓相—河湖相沉积。

上述英发沟剖面庙山湖组与下伏上侏罗统芬芳河组和上覆渐新统清水营组均为不整合接触，厚938.4m，下部为砖红—黄绿色砾岩夹砂质黏土、褐红色砂岩；中部为橘红色黏质砂土夹薄—中厚层隐晶质灰岩及少量砾岩，产介形虫与双壳类；上部为土红色黏质砂土、砂质黏土夹砂岩、砂砾岩。塔塔水剖面庙山湖组不整合于蓟县系王全口组之上，未见顶，厚度大于1287.5m，下部为褐红、棕红色块状中—粗砾岩、粗—巨砾岩，夹含砾砂岩透镜体及少量粉砂质泥岩；上部为浅棕红、浅灰绿色厚层粗—巨砾岩、砂砾岩与灰白、灰绿、蓝灰色泥岩、粉砂质泥岩、浅灰色中层泥灰岩、砂质灰岩、生物碎屑灰岩互层，夹少量黑色炭质泥岩及劣质煤线，产双壳类、腹足类、介形虫、轮藻及植物碎片。

红崖—马夫峡子一带，庙山湖组岩性与英发沟剖面相似，下部为砖红、橘红色砾岩、砂砾岩、砂岩，上部为砂质黏土、黏质砂土，偶夹灰白色隐晶质灰岩或灰白色之灰质团块。

卫宁北山东麓水泉沟一带，庙山湖组砾岩较发育，下部为褐黄色厚—巨厚层巨—粗砾岩、中—细砾岩，中上部为褐黄色中—粗砾岩夹含砾砂岩、粉砂岩，厚386.2m。卫宁北山大脖子沟一带厚204.5~601.9m，其岩性与英发沟相似。

贺兰山西麓庙前梁子—赵池沟一带岩性与塔塔水剖面相似，下部为棕红色砾岩，向上则递变为棕红、橘红、灰绿、灰白色砂岩、粉砂岩、泥岩夹泥灰岩等。

第二节 古生物群组合与地层划分对比

一、六盘山群

六盘山群产叶肢介、介形虫、双壳类、鱼类、昆虫、遗迹、植物、孢粉和轮藻等多门类化石，其中叶肢介、介形虫、鱼类、植物和孢粉最为丰富，且对确定时代具有重要意义。

（一）叶肢介

含叶肢介化石的层位主要为李洼峡组、马东山组和乃家河组，马东山组尤为丰富。已发现 8 属 28 种：*Yanjiestheria sinensis*，*Y. kansuensis*，*Y. longa*，*Y. chii*，*Y.* cf. *chi*，*Y. luipanshanensis*，*Y. ningxiaensis*，*Y. kutsangkouensis*，*Y. guyuanensis*，*Y. subelliptica*，*Y.* cf. *proamurensis*，*Y. sikouziensis*，*Y. major*，*Y. mediana*，*Y.* sp.，*Neodiestheria subeiensis*，*N. changmaensis*，*N. wugouensis*，*N. xingergouensis*，*Eosestheria middendorfii*，*Orthestheria* sp.，*Orthestheriopsis liupanshanensis*，*Brachygrapta* sp.，*B. sinensis*，*B. maginpostico*，*Palaeolimnadia* ? sp.，*Opsipolygrapta* sp.，*O. kwecchwensis* 等。其中 *Yanjiestheria sinensis* 广布于我国早白垩世地层中，是 *Yanjiestheria* 动物群的代表分子；*Neodiestheria changmaensis*，*N. subeiensis* 见于河西走廊地区的新民堡群及北山的老树窝群。

六盘山群叶肢介动物群以 *Yanjiestheria* 和 *Neodiestheria* 属为主，次为 *Palaeolimnadia*，*Orthestheriopsis*，*Eosestheria*，*Brachygrapta*，*Orthestheria* 等属，其组合面貌与我国早白垩世 *Yanjiestheria* 动物群极为相似，因而将其归入 *Yanjiestheria* 动物群，称为 *Yanjiestheria*-*Neodiestheria* 组合。

（二）介形虫

六盘山群的介形类（固原石岘子剖面）经齐骅（1987，1988）研究，认为其下部（和尚铺组、李洼峡组和马东山组下部）与上部（马东山组上部和乃家河组）存在显著差异，它们分别形成于两个不同的介形类动物群，即六盘山群下部为 *Cypridea*（*Cypridea*）-*Lycopterocypris* 动物群，而上部则属 *Cypridea*-*Mongolocypris*-*Liupanshania* 动物群。

1. *Cypridea*（*Cypridea*）-*Lycopterocypris* 动物群

六盘山群下部的介形类，计有 9 属及亚属 35 个种（表 11-3）。从表 11-3 可看出这一动物群显然是以 *Cypridea*，*Lycopterocypris*，*Candona* 和 *Rhinocypris* 为主，而 *Kaitunia*，*Darwinula*，*Bisulcocypris* 和 *Candoniella* 仅有个别代表。依属、种组成和发育情况，自下而上可划分为两个组合。

表 11-3　六盘山群介形类分布表

Table 11-3　Distribution table of ostracodes of the Liupanshan Group

地层 / 属种	和尚铺组	李洼峡组	马东山组		乃家河组
			下部	上部	
Paracypretta? *gibbera*					+
Cyclocypris minima					+
Harbinia? *cucurbitiformis*				+	+
H. ? *sublancea*				+	
Lunicypris paradoxa				+	
Bisulcocypris guyuanensis			+	+	
Darwinula acuta				+	
D. barabinskensis				+	
D. obcontracta			+		
D. contracta				+	
Ziziphocypris simakoui				+	+
Z. cf. *rugosa*				+	
Rhinocypris subaequalis	+			+	
R. plana	+			+	
R. guyuanensis				+	
R. aff. *hangetaensis*				+	
R. tenuissima			+		
R. echinata				+	
Lycopterocypris arca	+	+	+	+	
L. gibbera			+	+	
L. infantilis				+	
L. similis			+	+	
L. aff. *multifera*				+	
L. aff. *debilis*				+	
L. subingloria			+		

续表

地层 / 属种	和尚铺组	李洼峡组	马东山组 下部	马东山组 上部	乃家河组
L. postangusta			+		
L. fabaria			+		
L. subcuneata			+		
L. mediocris			+		
L. ingioria				+	
L. ? *glaber*				+	
L. debilis				+	
Candona glaber			+	+	
C. sobria			+	+	+
C. celsa			+	+	
C. rectangulata				+	
C. propria				+	
C. dorsoangulata				+	
C. aff. *prona*				+	
C. liquida					+
C. guyuanensis			+		
Candoniella reniformis			+	+	
Cypridea (*Cypridea*) *dorsosinuata*			+	+	
C. (*C.*) *subcavernosa*			+	+	
C. (*C.*) *acclinia*			+		+
C. (*C.*) *concina*	+	+		+	+
C. (*C.*) *vitimensis*		+		+	+
C. (*C.*) *unicostata*			+	+	
C. (*C.*) *tanshanensis*				+	
C. (*C.*) *diminuta*				+	
C. (*C.*) *alveolaris*				+	
C. (*C.*) *longiovata*				+	
C. (*C.*) *carinata*				+	
C. (*C.*) *guyuanensis*				+	+
C. (*C.*) *aculeate*				+	
C. (*C.*) *tensa*				+	
C. (*C.*) *dorsocostalis*				+	
C. (*C.*) *subpriva*				+	+
C. (*C.*) *altilis*	+	+			
C. (*C.*) aff. *yaojianensis*	+				
C. (*C.*) aff. *vicina*	+				
C. (*C.*) *prominentis*			+		
C. (*C.*) *orbitriangularis*			+		
C. (*C.*) *dorsalta*			+		
C. (*C.*) *dorsoacuta*			+		
C. (*C.*) *monstrosa*			+		
C. (*C.*) *subtrapeziformis*			+		
Cypridea sp.			+	+	
C. cf. *kosculensis*				+	
C. cf. *porrecta*				+	
C. vitimensis				+	
C. unicostata				+	
C. cf. *lunata*				+	
C. cf. *tera*				+	
Cypridea (*Morinina*) *puncticulata*				+	
C. (*M.*) *tetranoda*				+	
Cypridea (*Yumenia*) *prodigiosa*				+	
C. (*Y.*) *microthelis*			+		
Cypridea (*Pseudocypridina*) *minor*				+	
C. (*P.*) *subcusta*				+	
C. (*P.*) *sinuosa*				+	
C. (*P.*) *subrhomba*				+	

续表

属种 \ 地层	和尚铺组	李洼峡组	马东山组		乃家河组
			下部	上部	
C. (*P.*) *subcylindrica*				+	
C. (*P.*) cf. *heiluntszianensis*				+	
C. (*P.*) *shiyanchiensis*				+	+
C. (*P.*) *youyuensis*				+	
C. (*P.*) *magna*				+	
C. (*P.*) *porrecta*				+	
Mongolocypris pinguis					+
M. latirotunda				+	+
M. liupanshanensis				+	+
M. tera				+	+
M. ningxiaensis				+	+
M. macrogona				+	+
M. opima				+	
M.? *analoya*				+	+
M. planoconcava				+	+
M. aff. *subtera*				+	
M. postacuta				+	+
M. porrecta				+	
M. diserma					+
M. longicuneata					+
M. falciformis					+
M. dorsoplicata					+
M. biplicata					+
M. monogibbera					+
M. parallela				+	
M. doliobovata				+	
Kaitunia? *muricata*			+		
Timitiasevia cf. *rugosa*				+	
T. sp.				+	
Mongolianella cf. *palmosa*				+	
M. cf. *prona*				+	
Corbicula (*rlesocorbicula*?) sp.	+				
Limnocypriaea sp.				+	

(1) *Cypridea* (*Cypridea*)-*Rhinocypris* 组合

该组合代表了和尚铺组—李洼峡组中的介形类面貌，计有 *Cypridea* (*Cypridea*) 5 个种，*Rhinocypris* 2 个种和 *Lycopterocypris* 1 个种。其中，*Cypridea* (*Cypridea*) *altilis* 是该组合中特有的典型分子，个体数量占绝对优势；其次是 *Cypridea* (*Cypridea*) *concina*，*C.* (*C.*) *vitimensis* 和 *Rhinocypris subaequalis*；其余 4 个种的个体则很少。因此，该组合以属种比较单调、分异度低、个别种极为丰富为特征，是一个生态环境中形成的初期阶段。

(2) *Cypridea* (*Cypridea*)-*Lycopterocypris*-*Candon*a 组合

该组合代表马东山组下段介形类面貌，计有 8 属 28 种，分异度高，出现许多前一组合中所没有的属，如 *Candona*，*Candoniella*，*Darwinula* 和 *Bisulcocypris* 等。有 2 属 8 种的个体数量比较丰富，形成优势种群，并成为该组合中特有的或重要的分子，如 *Cypridea* (*Cypridea*) *prominentis*，*C.* (*C.*) *orbitriangularis*，*C.* (*C.*) *dorsalta*，*C.* (*C.*) *monstrata*，*C.* (*C.*) *dorsosinuata*，*C.* (*C.*) *unicostata*，*Lycopterocypris mediocrise*，*L. arca*。

在上述两个组合中 *Cypridea* (*Cypridea*) *vitimensis* 曾发现于蒙古下白垩统尊巴音组、俄罗斯外贝加尔、塔尔巴戈台下白垩统和西伯利亚低地下白垩统欧特里沃阶—巴列姆阶。我国酒泉盆地新民堡群、徽成盆地东河群、民和盆地河口群、鄂尔多斯盆地泾川组等地层中亦有发现。*Cypridea* (*Cypridea*) *concina* 见于新民堡群、固阳组。*Cypridea* (*Cypridea*) *vicina*，*C.* (*C.*) *yaojianensis* 均系松辽平原青山口组（前者）和姚家组（后者）中的种。*Cypridea*（*Cypridea*）*acclinia* 亦系松辽平原姚家组和伏龙泉组中、下段中的种。*Cypridea*（*Cypridea*）*unicostata* 则分布更加广泛，蒙古下白垩统尊巴音组、我国吐谷鲁群、新民堡群中上部、保安群泾川组、固阳李三沟组、九佛堂组、青山口组、伏龙泉组、河口群、东河群化垭组等地层中均有分布。*Lycopterocypris fabaria* 发现于松辽平原青山口组，*Lycopterocypris mediocris* 见于伏龙泉组底部，*Candona glaber* 是姚家组、伏龙泉组中的种，*Candona celsa* 最初描述于蒙古上白垩统，我国松辽平原四方台组、明水组中也有发现。

综上所述，六盘山群下部的两个介形类组合的时代应为早白垩世，大体相当于欧特里沃—巴列姆期。

2. *Cypridea*-*Mongolocypris*-*Liupanshania* 动物群

六盘山群上部介形类属、种的分异度很高，分别是其下部的 2 倍和 3 倍，且有许多新的分子，如 *Paracypretta*，*Cyclocypris*，*Harbinia*，*Lunicypris*，*Guyuania*，*Cypridea*（*Morinina*），*C.*（*Pseudocypridina*），*Mongolocypris*，*Liupanshania*，特别是后两个属的代表几乎占种数的一半，而个体数量也特别丰富。*Cypridea*（*Cypridea*），*C.*（*Pseudocypridina*）的代表约占所有种数的 1/4，其个体数量也相当丰富，尤其是 *Cypridea*（*Cypridea*）。

根据属、种的组成和发育情况，六盘山群上部介形类动物群又可划分为两个不同的介形类组合。

（1）*Cypridea*（*Cypridea*）-*Mongolocypris*-*Liupanshania* 组合

代表马东山组上部的介形类面貌，计有 16 属或亚属 80 种，为整个六盘山群中介形类分异度最高的一个组合。

（2）*Liupanshania*-*Mongolocypris*-*Cypridea* 组合

代表乃家河组的介形类面貌。该组合的显著特点是相当单调，分异度大大降低；但就少数属来说则相当发育，它们的分异度反而增高。在整个组合的 8 属或亚属 54 种中，*Liupanshania* 和 *Mongolocypris* 就有 42 种，且许多种的个体数量又特别丰富。其余 6 属共有 12 个种，而个体数量明显减少，尤以 *Cypridea* 突出，仅含有 6 个种的个别标本，表现出种显著衰退。

在六盘山群上部的介形类化石中，*Cypridea*（*Cypridea*）*concina*，*C.*（*C.*）*vitimensis*，*C.*（*C.*）*unicostata*，*Lycopterocypris infantilis*，*L. debilis*，*L. multifera*，*Ziziphocypris simakovi* 是俄罗斯、蒙古、我国早白垩世地层中常见的分子。*Cypridea*（*Cypridea*）*acclinia*，*C.*（*Pseudocypridina*）*heiluntzjianensis*，*Mongolocypris porrecta*，*M. tera*，*Candona prona*，*C. glaber*，*C. rectangulata* 皆是松辽平原姚家组、伏龙泉组中的种，后 3 个玻璃介尚可见于四方台组、明水组，*Mongolocypris tera* 在四方台组中亦有存在。*Cypridea*（*Pseudocypridina*）*youyuensis*，*Rhinucypris nangetaensis* 是晚白垩世助马堡组中的种，前者亦可见于土井子组。*Mongolocypris subtera* 见于上白垩统跑马岗组、泰州组、民和组和古新统阜宁组。*Candona celsa* 最初发现于蒙古上白垩统山因山达组，我国松辽平原晚白垩世四方台组、明水组亦有发现。*Cypridea*（*Cypridea*）*diminuta* 见于北美下白垩统阿尔比阶下部至阿普特阶上部。

综上所述，六盘山群上部的介形类动物群的时代应是早白垩世晚期，大致相当于阿普特期—阿尔比期。

（三）鱼类

六盘山群的鱼类可划分为两个组合。

1. *Lycoptera*-*Huashia* 组合

该组合代表了和尚铺组的鱼类面貌。仅有 *Lycoptera* 和 *Huashia* 两个属，包括 *Lycoptera lungteensis*，*L. kansuensis*，*L. woodwardi*，*L.* sp. 和 *Huashia tungi* 5 个种。

Lycoptera 在和尚铺组—乃家河组均有产出。马风珍（1980，1986，1987）、刘宪亭等（1985）在对六盘山群鱼化石进行研究时，对前人资料中记述的李洼峡组—乃家河组中含狼鳍鱼表示怀疑，认为这些狼鳍鱼可能为昆都仑鱼或同心鱼和固阳鱼。由此可见，狼鳍鱼的产出层位比较可靠的仅有和尚铺组，在它之上的层位上应是演化程度较高的昆都仑鱼和同心鱼。

Huashia tungi 产于隆德县石窑寺和尚铺组中，这一化石在陕甘宁盆地和六盘山盆地分布较广，且与 *Lycoptera* 共生。

2. *Kuntulunia-Tongxinichthys* 组合

该组合代表李洼峡组—乃家河组的鱼类面貌。仅发现 *Kuntulunia longipterus*（图版XXX，1、2）和 *Tongxinichthys microdus*（图版XXX，3、4）两属种。前者产于李洼峡组和马东山组中。昆都仑鱼首次发现于内蒙古固阳盆地的固阳组中，它在形态和演化水平上均比狼鳍鱼进步，其代表的时代应晚于狼鳍鱼的繁盛时期。后者产于马东山组，它和狼鳍鱼同属原始真骨鱼类，二者在特征上多具相似之处，但同心鱼的某些特征却较进步。因此，马风珍认为同心鱼的生存时代要晚于狼鳍鱼的时代。

从以上鱼类演化特征及其所处的层位来看，六盘山群下部（和尚铺组）鱼群主要由 *Lycoptera* 和 *Huashia tungi* 组成，没有明显的地方性特色，而上部层位（李洼峡组—乃家河组）中的鱼群地方性色彩浓厚，其成分以发展高级的地方性属种为主。显然上、下鱼群的面貌有着明显的差异。

（四）植物

六盘山群植物化石共发现31属46种（表11-4），其中绝大多数为松柏类（9属14种）和苏铁类（7属11种），蕨类和银杏类所占比例很小。主要分子有：*Brachyphyllum nantianmenense*，*B. ningshiaensis*，*B. sulcatum*，*B.* cf. *obesum*，*Manica*（*Manica*）*papillosa*，*M.*（*M.*）*foveolata*，cf. *Araucaria mongolica*，*Baiera manchurica*，*Otozamites lacustris*，*O. klipsteinii*，*Anomozamites* sp.，*Zamites* cf. *lingnifolius*，*Zamiophyllum buchianum*，cf. *Dictyozamites callophyllus*，*Pterophyllum* sp.，*Pseudofrenelopsis papillosa*，cf. *P. foveolata*，*Onychiopsis* sp.，*Equisetites* sp.，*Frenlopsis parceramosa*，*Ephedrites* cf. *chenii*，*Cyparissidium* sp.，*Cycadolepis* sp.，*Pagiophyllum* sp. 等。其中 *Brachyphyllum* cf. *obesum*，*Zamiophyllum buchianum*，*Baiera manchurica*，*Manica*（*Manica*）*papillosa*，*M.*（*M.*）*foveolata*，*Dictyophyllum* sp.，*Pterophyllum* sp.，*Onychiopsis* sp.，*Cyparissidium* sp. 等是早白垩世的常见分子或重要分子；*B.* cf. *obesum*，*Z. buchianum*，*M.*（*M.*）*papillosa* 和 *M.*（*M.*）*foveolata* 见于浙闽地区的馆头组，均为早白垩世标准化石；*Zamiophyllum buchianum* 是日本领石群、北美波托马克层及欧洲威尔登期地层的重要标准化石。由此可见，六盘山群的植物群时代属早白垩世无疑，其组合面貌具有我国北方干旱气候条件下的早白垩世植物群特色。

表11-4 六盘山群植物化石分布表

Table 11-4 Plant remains distribution of the Liupanshan Group

属种 \ 地层	三桥组	和尚铺组	李洼峡组	马东山组	乃家河组
Brachyphyllum sp.			+	+	+
B. nantianmenense		+		+	
B. sulcatum		+	+		
B. ningshiaensis			+	+	
B. cf. *obesum*			+		
cf. *Araucaria mongolica*		+	+	+	
Baiera manchurica		+	+		
B. sp.				+	
Manica（*Manica*）*papillosa*				+	
M.（*M.*）*foveolata*				+	+
Otozamites sp.		+	+	+	+
O. lacustris		+	+		
O. klipsteinii			+		
Anomozamites sp.				+	+
Zamites sp.		+		+	
Z. cf. *lingnifolius*			+		
Zamiophyllum buchianum				+	+
cf. *Dictyozamites callophyllus*		+			

属种 \ 地层	三桥组	和尚铺组	李洼峡组	马东山组	乃家河组
D. ? sp.		+			
cf. *Sphenolepidium sternbergianum*			+		
Pagiophyllum sp.			+	+	+
cf. *P.* sp.		+		+	
cf. *Pterophyllum* sp.				+	
P. sp.					+
Pseudofrenelopsis papillosa				+	
cf. *P. foveolata*				+	+
Frenlopsis sp.				+	
F. parceramosa			+	+	+
Onychiopsis sp.				+	+
Ondiopsis sp.				+	
Henipronites sp.				+	
Androstrobus nathorsti			+		
Equisetites sp.				+	+
Estheria sp.	+				
E. cf. *middendorfi*				+	
Elatocadus sp.		+	+	+	+
Ephedrites sp.		+			
E. cf. *chenii*				+	
Cyparissidium sp.				+	
Cycadolepis sp.			+	+	+
Cupressinocladus ? sp.			+		
Dictyophyllum sp.		+			
Pityolepis ? sp.					+
Cyrena sp.				+	
Araucarites sp.			+		
Conioptris ? sp.					+
Carpolithus sp.			+	+	

（五）孢粉

经刘兆生（1983）分析研究，六盘山群李洼峡组（火石寨剖面）和乃家河组（寺口子剖面）孢子花粉共有 35 属 60 种（表 11-5），两个组的孢粉组合面貌基本一致，主要特征是：

表 11-5　六盘山群孢子花粉统计表

Table 11-5　Statistical table of spores and pollen of the Liupanshan Group

孢粉名称 \ 层位	李洼峡组	乃家河组	孢粉名称 \ 层位	李洼峡组	乃家河组
Cyathidites minor	0. 5		*Araucariacites* sp.	0. 2	
Punctatisporites sp.	0. 3		*Classopollis annulatus*	17. 1	24. 0
Lygodiumsporites subsimplex		2. 0	*C. classoides*	7. 5	0. 5
Verrucosisporites sp. 1	0. 1		*Perinopollenites* sp.	3. 4	
V. sp. 2	0. 5		*Cerebropollenites mesozoicus*	0. 7	
V. sp. 3	0. 1		*C. carlylensis*	6. 6	1. 5
V. sp. 4	0. 1		*Jiaohepollis verus*	5. 8	3. 3
Trilites morleyi	0. 2		*Callialasporites dampieri*	0. 2	
Lygodioisporites sp. 1	0. 2		*C.* sp. 1	0. 2	
L. sp. 2	0. 2	0. 1	*C.* sp. 2	0. 7	0. 6
Leptolepidites verrucatus	0. 2		*Cycadopites* sp.	0. 3	3. 5

续表

孢粉名称 \ 层位	李洼峡组	乃家河组	孢粉名称 \ 层位	李洼峡组	乃家河组
L. psarosus		0. 1	*Ginkgocycadophytus nitidus*	0. 3	0. 7
Ischyosporites crateris	0. 1		*Ephedripites* sp.	0. 1	5. 6
Klukisporites pseudoreticulatus	0. 2		*Welwitschiapites* sp.	0. 1	
Lycopodiumsporites sp. 1	0. 1		*Pseudopinus textiles*	0. 8	
L. sp. 2	0. 1		*Protopicea exilioides*	7. 1	1. 5
Cicatricosisporites mediostriatus	8. 0	4. 1	*Pityosporites divilgatus*	1. 3	1. 2
C. augustus		0. 4	*P. dividuus*	0. 8	0. 8
C. densus	0. 6	0. 9	*P.* sp. 1	0. 1	0. 3
C. dangtuensis	0. 3		*P.* sp. 2	0. 3	
C. cf. *tersus*	0. 3	0. 8	*Parvisaccites* sp.	0. 2	
C. cf. *nanjingensis*	0. 4	0. 8	*Cedripites* cf. *parvisaccatus*	0. 6	0. 1
C. sp.		0. 2	*C.* sp.	0. 3	
Contignisporites cooksonii	0. 1		*Protoconiferus funarius*	0. 1	
Schizaeoisporites rotundus		2. 8	*Podocarpidites canadensis*	0. 8	0. 5
S. kulandyensis		10. 9	*P.* sp.	0. 3	
S. evidens		4. 4	*Dacrycarpites* sp.	0. 1	
S. cf. *praeclarus*	0. 2	1. 2	Bennettitales-Pollens		0. 4
Indeterminable spores	0. 1		蕨类植物孢子	12. 9	28. 7
Psophosphaera microreticulata	20. 4	20. 6	裸子植物花粉	87. 1	71. 3
P. sp.	10. 6	6. 3	统计孢粉粒数	1045	470
Chasmatosporites sp.	0. 1				

1）裸子植物花粉的含量，从上到下占绝对优势，李洼峡组占 87. 1%，乃家河组占 71. 3%；蕨类植物孢子居从属地位，李洼峡组占 12. 9%，乃家河组占 28. 7%。

2）裸子植物苏铁杉目的无囊花粉 *Psophosphaera* 和掌鳞杉科的花粉 *Classopollis* 含量显著。*Psophosphaera* 在李洼峡组占 31%，乃家河组占 26. 9%。*Classopollis* 在李洼峡组占 24. 6%，乃家河组占 24. 5%。另外，麻黄科的花粉 *Ephedripites* 也有一定的含量。

3）海金沙科和莎草蕨科孢子的含量较高。其一如 *Cicatricosisporites*（计有 6 种），在李洼峡组占 9. 6%，在乃家河组占 7. 2%；其二如 *Schizaeoisporites*（计有 4 种），在李洼峡组含量极低（0. 2%），在乃家河组含量较高，占 19. 3%。

李洼峡组孢粉组合可称为 *Psophosphaera*-*Classopollis*-*Cicatricosisporites* 组合，其中 *Cicatricosisporites* 的含量较高，种类较多，*Schizaeoisporites* 的含量极低，与我国一些早白垩世欧特里沃期—巴列姆期组合的含量基本一致，说明李洼峡组的时代可能是欧特里沃期—巴列姆期，其层位大致与丘城组、朱巷组一段、神王山组等大致相当。

乃家河组孢粉组合可称为 *Psophosphaera*-*Classopollis*-*Schizaeoisporites* 组合，其时代可能是阿普特期，层位大致与下新民堡群（上部）、葛村组、姑山组、朱巷组二段等大致相当。

除上述介形虫、叶肢介、鱼类、植物和孢粉外，六盘山群尚产双壳类 *Nakamuranaia chingshanensis*, *Sphaerium* sp., *Ningxiaconcha grabaui*, *N. colensis*, *N. obruschewi*, *N. elongate*, *N. jiamudariyaensis*, *Margaritifera pseudomargritina*；腹足类 *Galba obrutschewi*；昆虫 *Liupanshania sijiensis*, *Guyuanaeschnidia eximia*, *Pseudoacrida costata*, *Mesolygaeus laiyangensis*, *Cretotrichopteryx fangi*, *Liupanocupes jini*, *Ningxiapsyche fangi*；轮藻 *Peckisphaera paragranulifera*, *Minhechara* sp., *Aclistochara* sp., *A. caii*, *A. huihuibaiensis*, *A. bransoni*, *A.* cf. *subquadrularia*, *A.* cf. *stellerides*, *A.*（*Caucasuella*）sp., *A.* sp., *Mesochara* sp., *M.* cf. *kapushaliangensis*, *Raskyaechara* sp., *Obtusochara* sp., *O. subcylindrica*, *Atopochara* sp.,

Chara sp. 和遗迹 *Scoyenia*，*Muensteria*，*Ancorichnus*，*Skolithos*，*Cylindricum*，*Paleophycus*，*Planolites* 等。其中双壳类 *Nakamuranaia*，*Sphaerium*，*Margaritifera* 广布于我国川滇、燕辽、西北等地的早白垩世地层中，*Nakamuranaia chingshanensis* 首次发现于青山群，而后在热河群义县组、九佛堂组、永康群馆头组、朝川组和保安群泾川组等层位及相当的地层中也有发现；*Margaritifera pseudomargritina* 不仅分布于蒙古国的下白垩统尊巴音组，在新疆的连木沁组，山东的蒙阴群中上部，辽西的阜新组，吉林的长财组亦有产出；*Ningxiaconcha grabaui* 的壳形、长与高比例和壳饰等特征均与欧洲威尔登阶的 *Unio menkei* 十分相似。腹足类 *Galba obrutschewi* 见于甘肃玉门沈家湾下白垩统新民堡群。上列昆虫中前 4 个属种具体产出层位不详，后 3 个属种均产于乃家河组，其中 *Ningxiapsyche fangi* 系洪友崇等（2004）建立的新科、新属、新种，它与英国南部上威尔登泥岩（Upper Weald Clay）所产的 *Eucrunoecia ridicula* Sukatcheva 相似，代表着该区早白垩世晚期一个兴起而独特的新类群。

从上述叶肢介、介形虫、双壳类、鱼类、植物及孢粉等所反映的时代看，六盘山群属早白垩世沉积无疑，介形类和孢粉组合所反映的时代表明马东山组上部和乃家河组时代为阿普特期—阿尔比期（相当于热河期晚期—辽西期），马东山组下部及以下地层时代为欧特里沃期—巴列姆期（相当于冀北期晚期—热河期早期）。磁性地层研究表明，六盘山群的磁性地层年代为 127～100 Ma，相当于巴列姆期—阿尔比期（参见本章第三节磁性地层），与以生物依据所确定的年代基本吻合。从所含的生物群看，六盘山群与河西走廊的新民堡群、陕甘宁盆地的保安群、民和盆地的河口群、固阳盆地的固阳组、燕辽地区的热河群和浙闽地区的永康群生物群组合面貌相似，它们的层位也大致相当。

二、保安群

宁夏盐池、甘肃环县、陕西定边、吴起及内蒙古鄂托克前旗等地，保安群环河组、罗汉洞组和泾川组产介形虫、叶肢介、鱼类、爬行类、植物及孢粉等门类古生物化石，宜君组和洛河组未采获古生物化石。

（一）叶肢介

产于环河组和泾川组，计有 6 属 10 种：*Xibeiestheria pora*，*X. yanchiensis*，*X. ovata*，*Bairdestheria* sp.，*B. sinensis*，*B.* cf. *sinensis*，*Eosestheria* cf. *sinensis*，*Orthestheria* sp.，*Ordosestheria wujiamiaoensis*，*Yanjiestheria* sp.。该叶肢介生物群具有地方性色彩，其中 *Xibeiestheria pora*，*X. yanchiensis*，*X. ovata*，*Ordosestheria wujiamiaoensis* 是保安群特有分子，因此将该叶肢介生物群称为 *Xibeiestheria* 群。该叶肢介群伴生有早白垩世 *Yanjiestheria* 叶肢介群的分子 *Orthestheria*，*Yanjiestheria* 和 *Bairdestheria*，*Eosestheria* cf. *sinensis* 曾见于热河群义县组，可以看作是 *Eosestheria* 群的孑遗分子。可见，该叶肢介群与 *Yanjiestheria* 叶肢介群时代相当，为早白垩世。

（二）介形虫

产于环河组、罗汉洞组和泾川组，计有 7 属及亚属 14 种：*Cypridea unicostata*，*C. yumenensis*，*C. koskulensis*，*C.* cf. *koskulensis*，*C. justa*，*C. consulta*，*C. vitimensis*，*C.*（*Morinina*）*subrostrata*，*C.*（*Pseudocypridina*）aff. *globra*，*Cyprinotus* sp.，*Rhinocypris cirrita*，*R. foveata*，*Lycopterocypris circulata*，*Latonia* sp. 等。该介形类生物群以 *Cypridea* 分化程度最高，包括 1 个属 2 个亚属 9 个种。其中 *Cypridea koskulensis*，*C. vitimensis* 曾发现于俄罗斯维季姆河台地早白垩世地层含狼鳍鱼岩系、西伯利亚和中亚欧特里沃-巴列姆期海陆交互相夹层中；*Cypridea koskulensis*，*C. vitimensis*，*C. unicostata* 在蒙古温都尔汉组中、上部和安达胡克组曾先后出现。*Cypridea vitimensis* 曾发现于蒙古下尊巴音组、俄罗斯外贝加尔、塔尔巴台下白垩统、甘肃徽成盆地田家坝组和兰州西宁盆地的河口群。*Lycopterocypris circulata* 最先见于蒙古下白垩统尊巴音组。*Rhinocypris foveata*，*Cypridea unicostata* 见于内蒙古固阳盆地李三沟组，后者还见于甘肃酒泉盆地的赤金堡组和下沟组。*Rhinocypris foveata* 常见于我国新疆吐谷鲁群。*Lycopterocypris circulata*，*Rhinocypris foveata*，*Lycopterocypris circulata*，*Cypridea*（*Pseudocypridina*）aff. *globra* 等属种在国内外仅分布于下白垩统。可见，该介形类组合面貌具早白垩世特征，与该组合相当的地层有新疆准噶

尔盆地的吐谷鲁群、甘肃酒泉盆地的新民堡群、青海民和盆地的河口群、燕辽地区的热河群。

（三）双壳类

产于环河组和泾川组，仅有4属4种：*Nakamuranaia chingshanensis*，*Sphaerium* cf. *selenginense*，*Ferganoconcha* cf. *subcentralis*，*Corbicula*（*Mesocorbicula*）sp.。该双壳类组合具有早白垩世特征，其中 *Nakamuranaia chingshanensis*，*Sphaerium selenginense* 是热河群九佛堂组的重要成员，也见于徽成盆地东河群周家湾组和鸡山组，酒泉盆地的赤金堡组、下沟组和中间沟组，兰州盆地的河口群。

（四）鱼类

产于罗汉洞组和泾川组。该鱼类属 *Lycoptera*－*Sinamia* 鱼群，由 *Lycoptera* sp.，*L. woodwardi*，*L. kansuensis*，*Sinamia* sp.，*S. zdanskyi* 和 *Ikechaoamia orientalis* 组成。*Lycoptera* 是热河动物群的重要成员，见于固阳盆地的李三沟组，燕辽地区的义县组、九佛堂组、龙江组，兰州盆地的河口群和六盘山盆地的和尚铺组。*Sinamia* 见于酒泉盆地的赤金堡组和兰州盆地的河口群。*Ikechaoamia orientalis* 曾见于甘肃酒泉盆地赤金堡组。可见，这个鱼群与六盘山群下部的 *Lycoptera*－*Huashia* 鱼群相近，其时代为早白垩世。

（五）爬行类

产于罗汉洞组和泾川组。该爬行类属 *Psittacosaurus*－*Eotomistoma* 群，由 *Psittacosaurus* sp.，*P. youngi*，*Huanhepterus guingyangensis*，*Protoceratops* sp. 和 *Eotomistoma multidentata* 组成。其中 *Psittacosaurus* 是早白垩世最特征的化石，曾见于内蒙古的李三沟组、九佛堂组、庙沟组、巴音戈壁组和苏红图组。其他成员曾见于内蒙古巴丹吉林地区的巴音戈壁组、苏红图组和冀辽地区的九佛堂组。

（六）植物

产于泾川组，仅有5属5种：*Pterophyllum* sp.，*Pagiophyllum* sp.，*Eguisetites* sp.，*Otozamites* sp.，*Zamiophyllum buchianum*。该植物组合属 *Neozamites*－*Manica* 型植物群，其中 *Zamiophyllum buchianum* 是我国下白垩统的重要化石。

（七）孢粉

内蒙古鄂托克旗泾川组含孢粉 *Cicatricosisporites*－*Densoisporites*－*Piceaepollenites* 组合，以 *Cicatricosisporites* 的高含量为特征。

上述各门类生物群所反映的时代一致表明，保安群属早白垩世沉积（下白垩统）无疑。由于生物地层研究程度较低，不能进一步划分年代地层。前已述及，罗汉洞组和泾川组所含鱼类 *Lycoptera*－*Sinamia* 鱼群与六盘山群和尚铺组鱼类 *Lycoptera*－*Huashia* 鱼群相似，说明罗汉洞组和泾川组层位大致与六盘山群和尚铺组相当。保安群与六盘山盆地的六盘山群、河西走廊的新民堡群、民和盆地的河口群、固阳盆地的固阳组和燕辽地区的热河群生物群组合面貌相似，其层位也大致相当。

三、庙山湖组

庙山湖组产：介形虫 *Cypridea* sp.，*C. acclinia*，*C. spongvosa*，*C. metacyproides*，*C.*（*Cyamocypris*）sp.，*C.*（*Pseudocypridina*）sp.，*C.*（*Morinina*）cf. *depressa*，*Metacypris sinensis*，*M. miaogouensis*，*Mongolianella* sp.，*Lycopterocypris* sp.，*Ziziphocypris costata*；双壳类 *Tetoria* cf. *yokoyamai*，*Sphaerium* sp.，*S. jeholense*，*Corbicula* sp.；腹足类 *Bellamia* cf. *clavilithiformis*，*Viviparus* sp.，*V. martiri*，*Lioplacodes* sp.，*Turritella* sp.；植物 *Schizolepis* cf. *moelleri*，*S. gracilis*；轮藻 *Flabellochara* sp.，*Maedlerisphaera* sp.，*Atopochara* sp. 等。

上列介形虫动物群计有8属及亚属12种，以 *Cypridea* 极其繁盛为特征，显示了早白垩世色彩。其中 *Cypridea spongvosa*，*C.*（*Pseudocypridina*）sp. 等属早白垩世晚期属种；*Ziziphocypris costata*，*Mongolianella* 在松辽盆地晚白垩世嫩江组（伏龙泉组）中最为繁盛；*Ziziphocypris costata* 见于松辽盆地晚白垩世姚家组和嫩江组。双壳类以 *Sphaerium jeholense* 多见，它常见于辽西热河群的上部、浙江建德群上部的寿昌组以及鄂尔多斯盆地保安群上部。轮藻 *Atopochara* 属早白垩世晚期的典型分子，常见于松辽盆地的嫩江组。

从上述生物群的特征可看出，庙山湖组的时代大体应属早白垩世的中—晚期，上部时代为热河期晚期—辽西期，下部为冀北期晚期—热河期早期，其层位与六盘山群约略相当，其下部相当保安群上部罗汉洞组和泾川组。

第三节　磁性地层

2009 年，兰州大学戴霜、朱强、胡鸿飞等对六盘山盆地北部火石寨剖面进行了高精度高分辨率的古地磁测量。采样剖面长 730m，控制的地层为三桥组上部至乃家河组，采样间距为 2~4 m，共完成了 142 个采样点 469 个样品。样品经兰州大学古地磁和环境磁学实验室加工处理，并进行了剩磁测量，最后获得采样剖面磁极性图（图 11-12）。

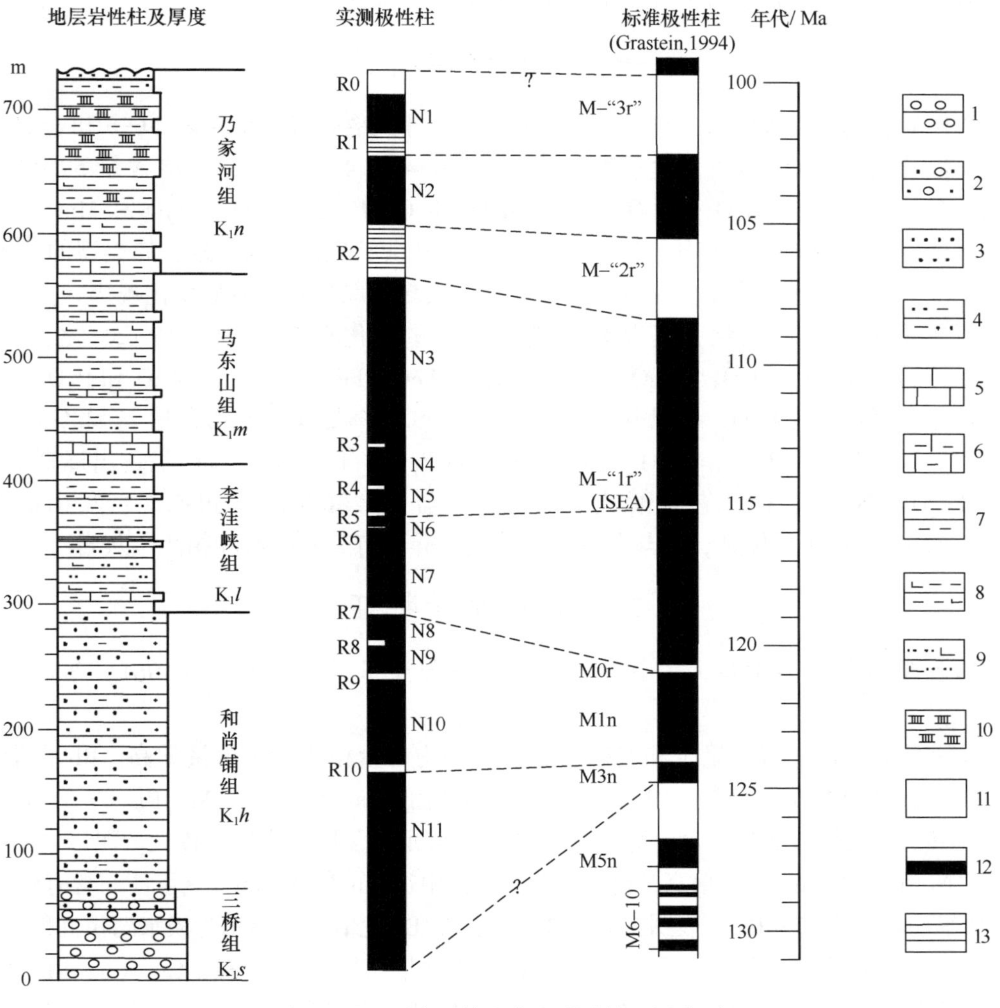

图 11-12　下白垩统六盘山群磁性地层序列

Fig. 11-12　Magnetostratigraphic sequence of the Lower Cretaceous Liupanshan Group

1—砾岩；2—砂砾岩；3—砂岩；4—泥质砂岩；5—灰岩；6—泥灰岩；7—泥岩；
8—钙质泥岩；9—钙质粉砂岩；10—石膏岩层；11—负极性带；12—正极性带；13—混合极性带

火石寨剖面六盘山群共获得了 11 个长的正极性带（N1 ~ N11）和 11 个短的负极性带（R0 ~ R10）。其中 R3、R4、R5、R6 和 R8 由一个样品组成，R1 和 R2 为混合极性带。剖面总体以长正极性带为主，显示这些极性事件应对应于 CNS 附近，其中 N3—N7 可与标准极性柱（Gradstain et al., 2004）M-“2r”至 M0r 之间 C34n 下部对应，R7 可与 M0r 对应，向上混合极性带 R2 可与 M-“2r”对应，

R1～R0 可与 M－“3r”对应，但 R0 顶界年代可能不超过 M－“3r”上限年龄；向下 N8～N10 可与 M1n 对应，R10 可与 M1r 对应，N11 可能对应于 M3n，其底界可能位于 M3n 底界以上；根据地层沉积速率和 M－“1r”（ISEA）持续约 100ka 的事实（Tarduno，1990；Ogg，1995），R5 大致可与 M－“1r”（ISEA）对应。

根据上述实测磁极性事件与标准极性年表的对应关系及相应的沉积速率，获得采样剖面古地磁年代为 124.61～约 100Ma，以正极性柱 N11 对应的近似沉积速率下推三桥组底部年龄约为 127 Ma，六盘山群的磁性地层年代为 127～100 Ma，相当于巴列姆期—阿尔比期。各组的年龄分别为：三桥组 127～123.12 Ma，和尚铺组 123.12～121 Ma，李洼峡组 121～113.46 Ma，马东山组 113.46～108.13 Ma，乃家河组 108.13～100 Ma。

第四节　地层地球化学特征

本节仅对六盘山地区下白垩统六盘山群化学地层作简要叙述。

一、岩石化学特征

六盘山群砂岩、泥质岩和碳酸盐岩主要氧化物含量、平均含量及参数见表 11-6 和表 11-7。

砂岩主要氧化物以 SiO_2 为主，含量变化在 41.57%～76.48%之间，平均含量 59.42%；其余依次（按平均含量）为 Al_2O_3、CaO、Na_2O、MgO、K_2O、FeO、Fe_2O_3、TiO_2、P_2O_5和 MnO。主要氧化物含量与酸性岩浆岩（花岗岩类）相比，除 SiO_2 偏低外，其余氧化物比较相近，属典型的陆源碎屑岩沉积类型。纵向上，各组氧化物含量变化较大，自下而上大多数氧化物无明显变化规律。

泥岩（马东山组）主要氧化物仍以 SiO_2 为主，含量变化在 29.22%～45.65%之间，平均含量 36.87%；其余依次为 CaO、Al_2O_3、MgO、K_2O、Na_2O、FeO、Fe_2O_3、TiO_2、MnO 和 P_2O_5。

碳酸盐岩主要氧化物为 CaO，含量变化在 13.45%～50.94%之间，平均含量 27.22%；其余依次为 MgO、Al_2O_3、FeO、Fe_2O_3、K_2O、Na_2O、TiO_2、MnO 和 P_2O_5。自下而上 CaO 呈现出逐渐增高之趋势，SiO_2、FeO、Fe_2O_3、Al_2O_3、TiO_2 有逐渐减少之趋势。与正常海相灰岩相比，六盘山群灰岩 SiO_2、Al_2O_3、K_2O、Na_2O 含量明显偏高，这与含有较多的陆源碎屑有关，应属陆相淡水灰岩。

二、微量元素特征

六盘山群各类岩石主要微量元素含量、平均含量与涂里千和费德波（1961）沉积岩平均含量见表 11-8。

泥岩微量元素平均含量与涂里千和费德波黏土岩平均含量相比，Sr 含量偏高，Rb 含量略高，Be、Cr、Ga 基本相近，其余大部分元素平均含量偏低。自下而上 Mn、Cr、Cu、Ni、Pb、V、Rb、Ga 有逐渐降低之趋势，Hf、Ta 无明显变化，含量均 $<10\times10^{-6}$。其余元素含量变化幅度较大。泥岩中明显富集 Ba、Cr、Co、Cu、Ni 等元素，Mn 含量偏高，这与一般黏土岩中贫 Mn 有所不同，这可能与含有较高的碳酸盐成分有关；B 平均含量为 87×10^{-6}，表明古盐度并不高；Sr/Ba 比值<1，指示为淡水湖相沉积。

砂岩微量元素平均含量与涂里千和费德波砂岩平均含量相比，Mn、Ba、Cr、Cu、Pb、Sr、V 等大多数元素含量偏高，Be、Ga 基本相近，Zr 偏低，Hf、Ta 无明显变化，含量均小于 10×10^{-6}，属高富集型。纵向上不同层位的元素含量变化幅度较大，且无明显变化规律。Co、Ni 含量低指示了浅水强氧化沉积的介质条件，Sr/Ba 比值小（0.41），表明沉积环境为淡水湖泊。

碳酸盐岩微量元素平均含量与涂千里和费德波灰岩平均含量相比，除 Mn、Ni 偏低外，其余含量均偏高，Ba 含量最高，其次为 Cr、Cu、Ni、Pb、Sr、V 等元素，亦属高富集型。纵向上不同层位元素含量变化幅度相差极大，亦无明显的变化规律。Mn 平均含量偏低，Cr、V 平均含量偏高，这与海相碳酸盐岩中明显富集 Mn、贫 Cr、V 有所不同，显示淡水沉积环境；B 平均含量仅为 25×10^{-6}，表明古盐度极低；Sr/Ba 比值<1，均指示为淡水湖相环境下的沉积。

表 11-6　六盘山群砂岩、泥岩主要氧化物含量、平均含量及参数

Table 11-6　Main oxide content, average content and characteristic parameters of sandstones and mudstones of the Liupanshan Group

样号	层号	地层	岩石名称	w/%														$(Fe_2O_3+FeO)/MnO$	$Fe_2O_3/(Fe_2O_3+FeO)$	SiO_2/Al_2O_3	K_2O/Na_2O
				SiO_2	Al_2O_3	FeO	Fe_2O_3	CaO	MgO	K_2O	Na_2O	P_2O_5	TiO_2	MnO	H_2O	LOI	总量				
YQ-15	4	乃家河组	粉砂岩	41. 57	6. 92	0. 88	1. 13	23. 62	1. 94	1. 34	1. 35	0. 04	0. 34	0. 06	0. 95	20. 77	100. 91	33. 5	0. 56	6. 01	0. 99
YQ-14	2	马东山组	细砂岩	57. 97	9. 28	1. 48	0. 27	12. 84	1. 44	1. 75	2. 33	0. 05	0. 4	0. 06	0. 78	11. 77	100. 42	29. 17	0. 15	6. 25	0. 75
YQ-1	4		泥岩	29. 22	8. 29	2. 05	1. 23	21. 32	7. 31	1. 9	1. 55	0. 04	0. 34	0. 06	3. 33	26. 07	102. 71	54. 67	0. 38	3. 52	1. 23
YQ -2	6		泥岩	45. 65	14. 09	2. 33	2. 74	10. 05	4. 48	3. 05	2. 64	0. 06	0. 4	0. 06	3. 08	14. 21	102. 84	84. 5	0. 54	3. 24	1. 16
YQ-3	9		泥岩	35. 74	10. 01	2. 33	1. 31	15. 56	8. 18	2. 38	2. 18	0. 05	0. 4	0. 06	2. 22	21. 77	102. 19	60. 67	0. 36	3. 57	1. 09
YQ-4	12		粉砂岩	49. 88	10. 38	1. 73	1. 52	11. 2	5. 05	2. 48	2. 1	0. 07	0. 4	0. 14	1. 5	14. 97	101. 42	23. 21	0. 47	4. 81	1. 18
YQ-5	15		粉砂岩	58. 01	11. 74	2. 08	1. 73	7. 75	2. 61	2. 68	2. 5	0. 14	0. 5	0. 06	2. 25	9. 99	102. 08	63. 5	0. 45	4. 94	1. 07
YQ-6	19	李洼峡组	长石石英砂岩	76. 48	8. 53	0. 78	0. 73	3. 51	0. 94	2. 05	2. 92	0. 04	0. 34	0. 06	0. 4	3. 52	100. 3	25. 17	0. 48	8. 97	0. 7
YQ-7	25		长石石英砂岩	61. 65	5. 75	1. 11	0. 27	11. 93	2. 83	1. 9	1. 72	0. 04	0. 24	0. 06	0. 33	12. 47	100. 3	23	0. 2	10. 72	1. 1
YQ-8	33		长石石英砂岩	72. 03	9. 59	1. 13	1. 32	4. 24	1. 41	2. 15	2. 92	0. 08	0. 5	0. 02	0. 4	4. 5	100. 29	122. 5	0. 54	7. 51	0. 74
YQ-9	34		粉砂岩	59. 73	14. 88	2. 68	2. 86	3. 51	2. 74	3. 48	3. 12	0. 13	0. 6	0. 06	1. 23	5. 89	100. 91	92. 33	0. 52	4. 01	1. 12
YQ-10	36	和尚铺组	粉砂岩	56	16. 76	2. 78	3. 82	3. 33	3. 18	3. 68	3. 15	0. 13	0. 6	0. 06	1. 05	6. 1	100. 64	110	0. 58	3. 34	1. 17
YQ-11	40		长石石英砂岩	56. 75	9. 98	2. 43	1. 25	7. 87	4. 57	2. 2	2. 78	0. 06	0. 4	0. 22	0. 4	11. 3	100. 21	16. 73	0. 34	5. 69	0. 79
YQ-12	41		长石石英砂岩	63. 02	12. 73	2. 28	2. 13	5. 45	2. 07	2. 76	2. 45	0. 13	0. 54	0. 06	0. 66	6. 12	100. 4	73. 5	0. 48	4. 95	1. 13
YQ-13	45		细砂岩	59. 9	13. 48	2. 03	2. 43	6. 78	1. 91	1. 75	4. 12	0. 22	0. 6	0. 06	0. 4	6. 58	100. 26	74. 33	0. 54	4. 44	0. 42
泥岩平均含量（3）				36. 87	10. 8	2. 24	1. 76	15. 64	6. 66	2. 44	2. 12	0. 05	0. 38	0. 06	2. 88	20. 68	102. 58	66. 67	0. 44	3. 41	1. 15
砂岩平均含量（12）				59. 42	10. 84	1. 78	1. 62	8. 5	2. 56	2. 35	2. 62	0. 09	0. 46	0. 08	0. 86	9. 5	100. 68	42. 5	0. 48	5. 48	0. 9

注：括号内为样品数。

表 11-7 六盘山群碳酸盐岩主要氧化物含量、平均含量及参数

Table 11-7 Main oxide content, average content and characteristic parameters of carbonates of the Liupanshan Group

样号	层号	地层	岩石名称	w/%													$\frac{CaO}{MgO}$
				SiO_2	Al_2O_3	FeO	Fe_2O_3	CaO	MgO	K_2O	Na_2O	P_2O_5	TiO_2	MnO	LOI	总量	
Hx-27	9	乃家河组	泥灰岩	20.15	6.29	1.39	0.77	28.06	7.45	0.58	0.22	0.1	0.24	0.1	32.28	97.63	3.77
Hx-26	4		结核灰岩	10.35	2.81	0.59	0.01	41.03	5.36	0.18	0.36	0.02	0.12	0.07	38.59	99.49	7.65
Hx-3	5	马东山组	灰岩	40.66	9.56	0.13	4.62	13.45	6.22	2.7	2.58	0.04	0.26	/	/	80.22	2.16
Hx-4	7		灰岩	18.98	4.08	0.1	1.33	35.56	5.14	1.1	0.72	0.04	0.08	/	/	67.13	6.92
Hx-14	4		鲕粒细晶灰岩	8.25	3.42	0.81	0.39	44.62	3.07	0.18	0.22	0.02	0.08	0.02	38.75	99.83	14.53
Hx-1	5		灰岩	16.47	3.18	0.1	1.36	35.92	5.61	0.8	0.52	0.02	0.06	/	/	64.04	6.4
Hx-15	6		微晶灰岩	18.9	3.93	1.54	0.56	32.54	6.1	0.34	0.4	0.02	0.12	0.02	33.49	97.96	5.33
Hx-2	9		微晶灰岩	26.94	4.16	0.13	2.18	22.94	10.19	1.6	0.94	0.04	0.16	/	/	69.28	2.25
Hx-16	9		砂屑灰岩	12.4	2.12	0.54	0.55	37.72	7.49	0.18	0.32	0.02	0.06	0.02	38.45	99.87	5.04
Hx-17	11		砂屑灰岩	22.2	4.1	1.31	0.47	24.39	11.88	0.53	0.48	0.04	0.14	0.05	32.2	97.79	2.05
Hx-18	17		鲕粒灰岩	19.85	1.25	0.64	/	31.11	10.69	0.12	0.32	0.02	0.04	0.01	35.9	99.95	2.91
Hx-25	14	李洼峡组	灰岩结核	7.14	2.31	0.19	0.14	50.94	0.16	0.14	0.22	0.03	0.04	0.13	39.48	100.92	318.38
Hx-19	23		鲕粒灰岩	39.45	3.44	1.49	0.41	18.63	7.24	0.76	0.58	0.05	0.14	0.04	22.97	95.2	2.57
Hx-20	33		微晶灰岩	27.53	9.14	2.59	0.92	18.4	9.95	0.92	0.94	0.06	0.34	0.1	25.65	96.54	1.85
Hx-21	34		泥灰岩	33.75	11.53	2.61	1.65	13.85	8.6	1.05	1.3	0.08	0.32	0.1	21.07	95.91	1.61
Hx-5	4		砂屑灰岩	22.73	4.29	0.13	2.13	28.23	8.37	1	0.86	0.04	0.14	/	/	67.92	3.37
Hx-22	37	和尚铺组	微晶灰岩	33.9	12.35	2.79	1.29	14.62	7.74	1.05	1.4	0.07	0.36	0.1	20.8	96.47	1.89
Hx-23	39		微晶灰岩	29.3	10.5	3.69	0.91	15.78	9.25	0.76	1.34	0.06	0.32	0.15	23.7	95.76	1.71
Hx-24	40		微晶灰岩	27.63	7.92	2.21	1.21	18.8	10.16	0.48	1.17	0.06	0.26	0.28	26.53	96.71	1.85
碳酸盐岩平均含量（19）			22.98	5.6	1.21	1.16	27.72	7.4	0.76	0.78	0.04	0.17	0.09	30.7	98.61	3.75	

注：括号内为样品数。

表 11-8　六盘山群地层微量元素含量、平均含量与沉积岩平均含量对比表

Table 11-8　Trace elements content and average content of rocks of the Liupanshan Group, compared with sedimentary rocks

样号	层号	地 层	岩石名称	$w/10^{-6}$																			Sr/Ba
				Mn	Ba	Be	Co	Cr	Cu	Ni	Pb	Sr	V	Sc	B	Zr	Hf	Ta	Th	Rb	U	Ga	
Wy-35	9	乃家河组	泥岩	570	321.3	<1	7.23	59.21	27.79	28.89	18.27	497.4	73.89	12.07	64	138	<10	<10	10	86	<5	12	1.55
Wy-34	7		砂岩	2703	1192	<1	3.06	64.77	29.93	9.71	22.02	221.2	61.75	8.99	17	213	<10	<10	8	51	8	8	0.19
Wy-33	6		石英砂岩	707.2	651.4	1.51	13.24	87.52	137	30.53	104	319.1	156.3	15.76	56	135	<10	<10	16	115	6	18	0.49
Wy-32	4		结核灰岩	1146	1102	<1	4.71	19.69	23.97	6.89	<13	1007	33.05	4.98	3	35	<10	<10	10	18	6	<5	0.91
Wy-31	4		粉砂岩	755.4	215.5	<1	3.67	74.5	15.2	11.19	18.36	377.2	42.6	8.06	13	120	<10	<10	7	40	<5	6	1.75
Wy-1	4	马东山组	泥岩	560.3	429.9	2.54	9.76	66.32	52.03	38.1	21.05	643.8	81.7	9.26	41	122	<10	<10	14	97	<5	12	1.5
Wy-2	5		灰岩	240.5	415.9	<1	3.45	32.69	33.11	19.31	<13	1099	52.76	2.72	5.6	31	<10	<10	14	39	6	<5	2.64
Wy-3	9		微晶灰岩	385.5	2242	1.01	6.36	78.41	53.32	13.43	17.27	850.1	42.35	4.15	20	113	<10	<10	11	57	<5	5	0.38
Wy-4	12		粉砂岩	613.2	582.2	3.02	11.51	68.81	67.17	85.38	28.78	362.2	100.8	10.47	96	143	<10	<10	13	127	5	16	0.62
Wy-5	16		微晶灰岩	394	189.5	1	4.86	46.03	27.02	16.98	30.62	911.1	70.92	4.77	58	61	<10	<10	13	65	8	6	4.81
Wy-6	17		鲕粒灰岩	205.7	3284	<1	5.6	29.46	72.56	7.46	<13	872.1	32.08	1.69	16	18	<10	<10	11	29	<5	<5	0.27
Wy-7	19	李洼峡组	细砂岩	578	937.6	1.4	4.9	23.64	36.9	16.15	31.37	227.3	31.35	4.35	160	172	<10	<10	11	87	<5	12	0.24
Wy-8	20		泥岩	521.1	457.4	5.29	16.38	103.4	67.99	42.73	27.67	283.3	118.8	8.02	78	132	<10	<10	21	152	<5	20	0.62
Wy-9	22		细砂岩	446.8	341.8	2.05	6.3	89.61	42.72	12.9	32.66	263.7	44.23	5.78	150	169	<10	<10	6	81	<5	12	0.77
Wy-10	27		细砂岩	556.2	309	1.51	3.85	78.78	74.21	12.67	85.2	185.7	46.05	5.58	680	296	<10	<10	9	70	7	10	0.6
Wy-11	33		微晶灰岩	588.2	558.6	1.6	7.7	49.89	67.89	17.22	402.9	703.7	28.75	7	33	79	<10	<10	10	78	14	10	1.26
Wy-12	34		泥岩	622.9	390.7	3.74	17.19	84.96	74.09	39.75	21.46	251.9	107.7	8.85	140	120	<10	<10	15	147	6	17	0.24
Wy-13	36	和尚铺组	细-粉砂岩	549.9	468.1	4.21	15.87	99.53	55.78	41.95	22.67	101.1	112	11.09	420	177	<10	<10	13	147	<5	21	0.22
Wy-27	37		微晶灰岩	1017	494.9	1.13	8.83	58.45	70.83	20.62	34.61	707.2	118.4	10.84	38	74	<10	<10	10	62	7	13	1.43
Wy-28	37		泥岩	364.4	629.5	2.64	13.58	127.3	79	46.75	40.95	94.66	136.2	19.77	130	154	<10	<10	18	164	5	26	0.15
Wy-29	39		微晶灰岩	1371	320.7	<1	6.84	71.84	55.83	22.27	48.86	147.2	83.08	13.91	26	80	<10	<10	13	62	8	13	0.46
Wy-30	39		泥岩	1251	536.3	2.41	19.66	136.6	77.62	43.41	101.6	113.9	115	18.84	68	147	<10	<10	16	123	7	19	0.21
Wy-14	42		细砂岩	577.9	559.9	3.08	16.94	123.6	60.68	43.86	25.42	134.9	120.3	7.42	210	149	<10	<10	17	137	<5	19	0.24
Wy-15	51	三桥组	含砾砂岩	707.1	341.6	1.28	5.44	108.8	58.03	17.3	137.9	127.2	62.95	7	90	415	14	<10	9	48	6	8	0.37
泥岩平均含量（6）				648.3	460.9	2.94	13.97	96.3	63.09	39.94	38.5	314.2	105.6	12.8	87	136	<10	<10	16	128	6	18	0.68
砂岩平均含量（10）				819.5	559.9	2.01	8.48	81.96	57.76	28.16	50.84	232	77.83	8.45	189	199	<10	<10	11	90	6	13	0.41
碳酸盐岩平均含量（8）				668.5	1076	1.09	6.04	48.31	50.85	15.52	71.66	787.2	57.67	6.26	25	61	<10	<10	12	51	7	8	0.73
涂里千和费德波（1961）			黏土含量	6700	2300	2.6	74	90	250	225	80	180	120	19	230	150	4.1	0.0*x*	7	110	1.3	20	0.08
			砂岩含量	*x*0	*x*0	0.*x*	0.3	35	*x*	2	7	20	20	1	35	220	3.9	0.0*x*	1.7	60	0.45	12	
			灰岩含量	1100	10	0.*x*	0.1	11	4	20	9	610	20	1	20	19	0.3	0.0*x*	1.7	3	2.2	4	61

注：括号内为样品数。

综上所述，六盘山群各类岩石中的 B 含量均较低，Sr/Ba 的比值小于 1，总体表现出氧化环境下的淡水湖相沉积，这与六盘山群沉积相完全一致。

三、稀土元素特征

六盘山群砂岩、泥岩、碳酸盐岩稀土元素含量、平均含量及参数见表 11-9。

砂岩稀土元素总量变化在（76.21～181.22）$\times10^{-6}$之间，波动幅度较大，平均含量为 142.01$\times10^{-6}$，LREE/HREE 平均为 8.97，属典型的轻稀土富集型。δEu 平均为 0.65，δCe 平均为 0.78，形成继承性稀土 Eu 中度亏损和 Ce 的相对弱亏损，具较明显的 Eu 负异常及微弱的 Ce 负异常。各组砂岩的配分曲线近于平行（图 11-13），与中国西藏泥盆系石英砂岩稀土元素分布模式较为接近。$(La/Yb)_N$平均为 11.04，表明配分曲线向右倾斜。与 POHOB 等（1967）不同相和不同气候条件下的砂岩稀土含量相比，接近于干燥气候陆相砂岩。

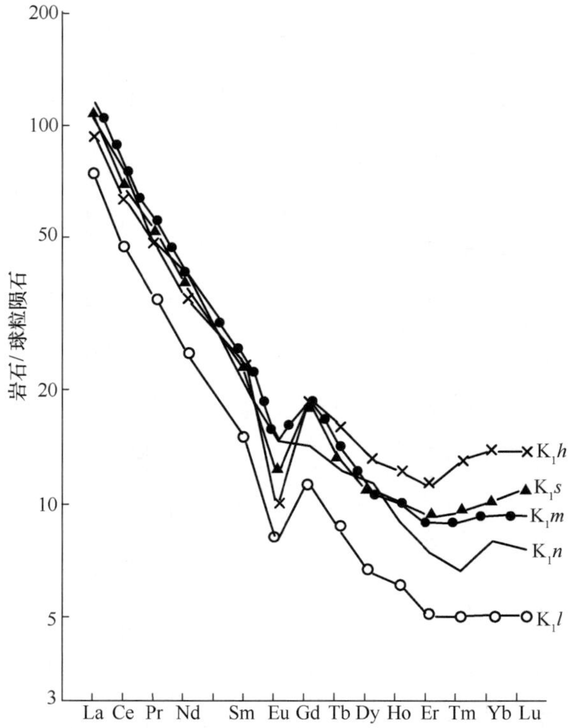

图 11-13　六盘山群砂岩稀土元素配分模式图

Fig. 11-13　Rare earth elements distribution curves of sandstones of the Liupanshan Group

泥岩稀土元素总量变化在（122.33～233.64）$\times10^{-6}$之间，波动幅度亦较大，平均含量 178.96$\times10^{-6}$，LREE/HREE 平均为 10.23，亦属典型的轻稀土富集型。δEu 平均为 0.68，δCe 平均为 0.81，为中度 Eu 亏损，低度 Ce 亏损，具很明显的 Eu 负异常及轻微的 Ce 负异常。各组泥岩的配分曲线相互平行（图 11-14），与“北美页岩”组合样的稀土元素分布模式基本一致。$(La/Yb)_N$平均为 13.49，表明配分曲线为右倾型式。与 POHOB 等（1967）不同相和不同条件下的“黏土”岩稀土元素含量相比，与干燥气候陆相“黏土”比较相近。

碳酸盐岩稀土元素总量变化在（36.25～127.71）$\times10^{-6}$之间，波动幅度较大，平均含量为 79.66$\times10^{-6}$，LREE/HREE 平均为 9.81，仍属轻稀土富集型，与一般碳酸盐岩属重稀土富集型的分布特征不同，这可能与沉积时混有较多的泥砂质有关。δEu 平均为 0.69，δCe 平均为 0.8，为中度 Eu 亏损，低度 Ce 亏损，亦具较明显的 Eu 负异常和轻微的 Ce 负异常。各组碳酸盐岩配分曲线基本相互平行，仅局部稍有重合或相交（图 11-15）。$(La/Yb)_N$平均为 13.75，表明配分曲线为右倾型式。与 POHOB 等（1967）不同相和不同气候条件下的碳酸盐岩相比，各稀土元素含量普遍高于干燥气候陆相碳酸盐岩稀土元素含量，这可能与含有较多的泥砂质成分有关。

表 11-9 六盘山群稀土元素含量、参数及与相应沉积岩对比表

Table 11-9 Rare earth elements content and parameters of rocks of the Liupanshan Group, compared with corresponding sedimentary rocks

样号	层号	地层	岩石名称	$w/10^{-6}$																			LREE/HREE	δEu	δCe	$(La/Yb)_N$
				La	Ce	Pr	Nd	Sm	Eu	Gd	Tb	Dy	Ho	Er	Tm	Yb	Lu	Y	ΣREE	LREE	HREE	ΣY				
Xy-35	9	乃家河组	泥岩	40.2	73.72	7.01	28.54	4.62	1.05	4.45	0.65	3.92	0.71	1.9	0.27	1.86	0.31	17.57	186.78	155.14	14.07	31.64	11.03	0.72	0.83	14.57
Xy-34	7		砂岩	29.11	54.41	5.44	22.48	3.79	1.01	4.46	0.61	3.67	0.6	1.51	0.22	1.56	0.24	17.7	146.81	116.24	12.87	30.57	9.03	0.76	0.84	12.58
Xy-33	6		石英砂岩	37.59	68.96	7.08	28.48	5.03	1.15	4.12	0.61	4.11	0.75	1.66	0.24	1.84	0.28	19.32	181.22	148.29	13.61	32.93	10.9	0.78	0.83	13.77
Xy-32	4		结核灰岩	12.19	21.71	2.35	9.26	1.65	0.41	1.09	<0.3	1.14	0.18	0.54	<0.1	0.51	<0.1	5.21	56.74	47.57	3.96	9.17	12.01	0.92	0.8	16.11
Xy-31	4		粉砂岩	29.19	53.54	5.26	21.26	3.43	0.98	2.5	0.54	3.25	0.57	1.35	0.18	1.4	0.2	14.82	138.47	113.66	9.99	24.81	11.38	1.02	0.83	14.06
Xy-1	4	马东山组	泥岩	26.36	45.5	4.94	18.65	3.6	0.75	3.97	0.51	2.66	0.52	1.36	0.21	1.34	0.22	14.52	125.11	99.8	10.79	25.31	9.25	0.61	0.78	13.26
Xy-2	5		灰岩	9.01	16.41	1.74	6.64	1.32	0.29	1.48	<0.3	1.11	0.23	0.58	<0.1	0.57	<0.1	5.88	45.76	35.41	4.47	10.35	7.92	0.64	0.82	10.66
Xy-3	9		微晶灰岩	17.14	29.15	3.20	12.22	2.28	0.72	2.5	0.34	1.71	0.35	0.88	0.14	0.86	0.14	9.5	81.13	64.71	6.92	16.42	9.35	0.93	0.77	13.44
Xy-4	12		泥质粉砂岩	35.04	59.83	6.61	23.3	4.63	1.06	4.87	0.67	3.47	0.72	1.84	0.29	1.94	0.3	21.2	165.77	130.47	14.1	35.3	9.25	0.69	0.77	12.18
Xy-5	16		微晶灰岩	13.27	22.99	2.58	9.01	1.8	0.39	1.96	<0.3	1.41	0.29	0.76	0.12	0.84	0.13	8.14	63.99	50.04	5.81	13.95	8.61	0.64	0.78	10.65
Xy-6	17		鲕粒灰岩	7.36	12.6	1.38	5.06	1.13	0.25	1.13	<0.3	0.84	0.16	0.43	<0.1	0.44	<0.1	4.97	36.25	27.78	3.5	8.47	7.94	0.68	0.77	11.28
Xy-7	19	李洼峡组	细砂岩	16.58	27.47	3.11	10.97	2.23	0.47	2.15	<0.3	1.59	0.32	0.79	0.13	0.81	0.12	9.17	76.21	60.83	6.21	15.38	9.8	0.66	0.75	13.8
Xy-8	20		泥岩	26.4	44.44	4.93	17.44	3.23	0.71	3.49	0.5	2.53	0.52	1.32	0.2	1.38	0.21	15.03	122.33	97.15	10.15	25.18	9.57	0.65	0.76	12.9
Xy-9	22		细砂岩	23.97	38.65	4.35	15.5	3	0.61	3.08	0.42	2.12	0.43	1.04	0.16	1.04	0.16	11.98	106.51	86.08	8.45	20.43	10.19	0.62	0.73	15.54
Xy-10	27		细砂岩	28.54	46.85	5.08	18.16	3.49	0.67	3.54	0.51	2.68	0.54	1.41	0.23	1.49	0.24	16.47	129.9	102.79	10.64	27.11	9.66	0.59	0.75	12.91
Xy-11	33		微晶灰岩	24.94	43.78	4.88	17.31	3.06	0.6	3.04	0.41	2.07	0.41	1.08	0.16	1.04	0.16	11.32	114.26	94.57	8.37	19.69	11.3	0.61	0.78	16.17
Xy-12	34		泥岩	39.06	67.94	7.41	26.71	4.96	0.98	4.68	0.6	3.11	0.62	1.58	0.25	1.65	0.26	18.11	177.92	147.06	12.75	30.86	11.53	0.63	0.78	15.96
Xy-13	36	和尚铺组	细-粉砂岩	23.76	40.1	5.03	18.16	4.52	0.5	4.74	0.85	4.91	1.03	2.9	0.53	3.76	0.57	33.07	144.43	92.07	19.26	52.36	4.77	0.33	0.74	4.26
Xy-27	37		微晶灰岩	23.1	42.59	4.28	17.93	3.09	0.72	3.67	0.4	2.35	0.35	0.94	0.12	0.86	0.13	10.9	111.43	91.71	8.82	19.72	10.4	0.66	0.83	18.11
Xy-28	37		泥岩	48.15	88.53	8.65	35.09	6.03	1.34	5.39	0.9	4.92	0.91	2.4	0.3	2.24	0.37	22.7	227.92	187.79	17.43	40.13	10.77	0.72	0.83	14.49
Xy-29	39		微晶灰岩	26.72	49.55	4.71	18.13	3.87	0.73	3.31	0.46	3.12	0.53	1.46	0.21	1.44	0.26	13.21	127.71	103.71	10.79	24	9.61	0.63	0.84	12.51
Xy-30	39		泥岩	47.93	88.47	8.57	34.94	6.17	1.43	6.3	0.86	5.81	0.99	2.61	0.36	2.95	0.44	25.81	233.64	187.51	20.32	46.13	9.23	0.71	0.84	10.95
Xy-14	42		细砂岩	36.36	63.9	6.85	24.34	4.67	0.94	4.88	0.67	3.5	0.7	1.81	0.3	1.96	0.31	20.42	171.61	137.06	14.13	34.55	9.7	0.61	0.78	12.51
Xy-15	51	三桥组	含砾砂岩	32.96	55.09	6.35	22.83	4.47	0.89	4.82	0.65	3.51	0.73	1.94	0.31	2.11	0.35	21.92	158.93	122.59	14.42	36.34	8.5	0.59	0.75	10.53
泥岩平均含量（6）				38.02	68.1	6.92	26.9	4.77	1.04	4.71	0.67	3.83	0.71	1.86	0.27	1.9	0.3	18.96	178.96	145.75	14.25	33.21	10.23	0.68	0.81	13.49
砂岩平均含量（10）				29.31	50.88	5.52	20.55	3.93	0.83	3.92	0.58	3.28	0.64	1.63	0.26	1.79	0.28	18.61	142.01	111.02	12.38	30.99	8.97	0.65	0.78	11.04
碳酸盐岩平均含量（8）				16.72	29.85	3.14	11.95	2.28	0.51	2.27	0.35	1.72	0.31	0.83	0.13	0.82	0.14	8.64	79.66	64.45	6.57	15.21	9.81	0.69	0.8	13.75
干燥陆相		“黏土”（46）		31	70	10	33	5.8	3.9		3	-	2.4		2		30	190							10.45	
		砂岩（54）		17	44	6	20	6.6	6.5		4.3	-	1.7		1.4		17	130							8.19	
		碳酸盐岩（11）		8.5	10	2	6.5	1.7	1.4		0.8	0.16	0.38		0.28		3.6	36							20.47	

注：括号内为样品个数。

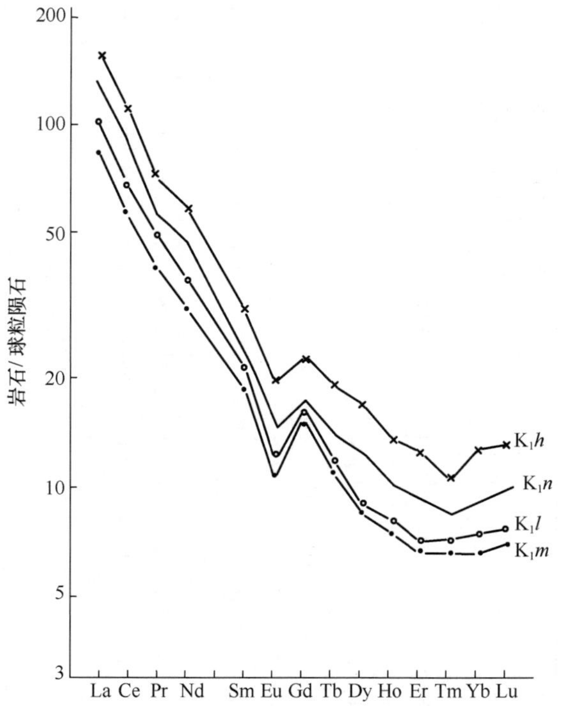

图 11-14　六盘山群泥岩稀土元素配分模式图

Fig. 11-14　Rare earth elements distribution curves of mudstones of the Liupanshan Group

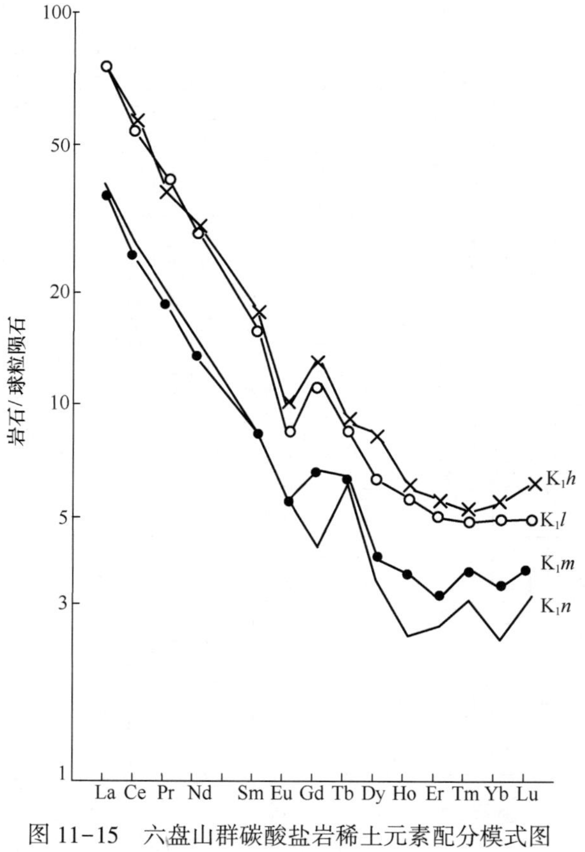

图 11-15　六盘山群碳酸盐岩稀土元素配分模式图

Fig. 11-15　Rare earth elements distribution curves of carbonates of the Liupanshan Group

综上，六盘山群砂岩、泥岩和碳酸盐岩稀土元素总量与 POHOB 等（1967）干燥气候陆相同类岩石稀土元素总量相近，LREE/HREE 比值较高，属典型的轻稀土富集型，具明显的 Eu 负异常及轻微的 Ce 负异常，稀土配分曲线呈典型的右倾型式。泥岩稀土元素总量与砂岩稀土元素总量之比为 1.3，属分异不明显范围，说明稀土元素在干旱的盆地中分异作用很弱，它们之间的化学分离受到抑制，使泥质岩和砂岩的稀土元素含量相似，无明显区别。

第五节　层序地层

六盘山地层小区下白垩统六盘山群相当于 P. R. Vail 的一个三级层序，层序边界（顶界和底界）均为不整合边界。自下而上进一步可划分出低水位体系域、湖侵体系域和高水位体系域（图 11-16，图 11-17）。

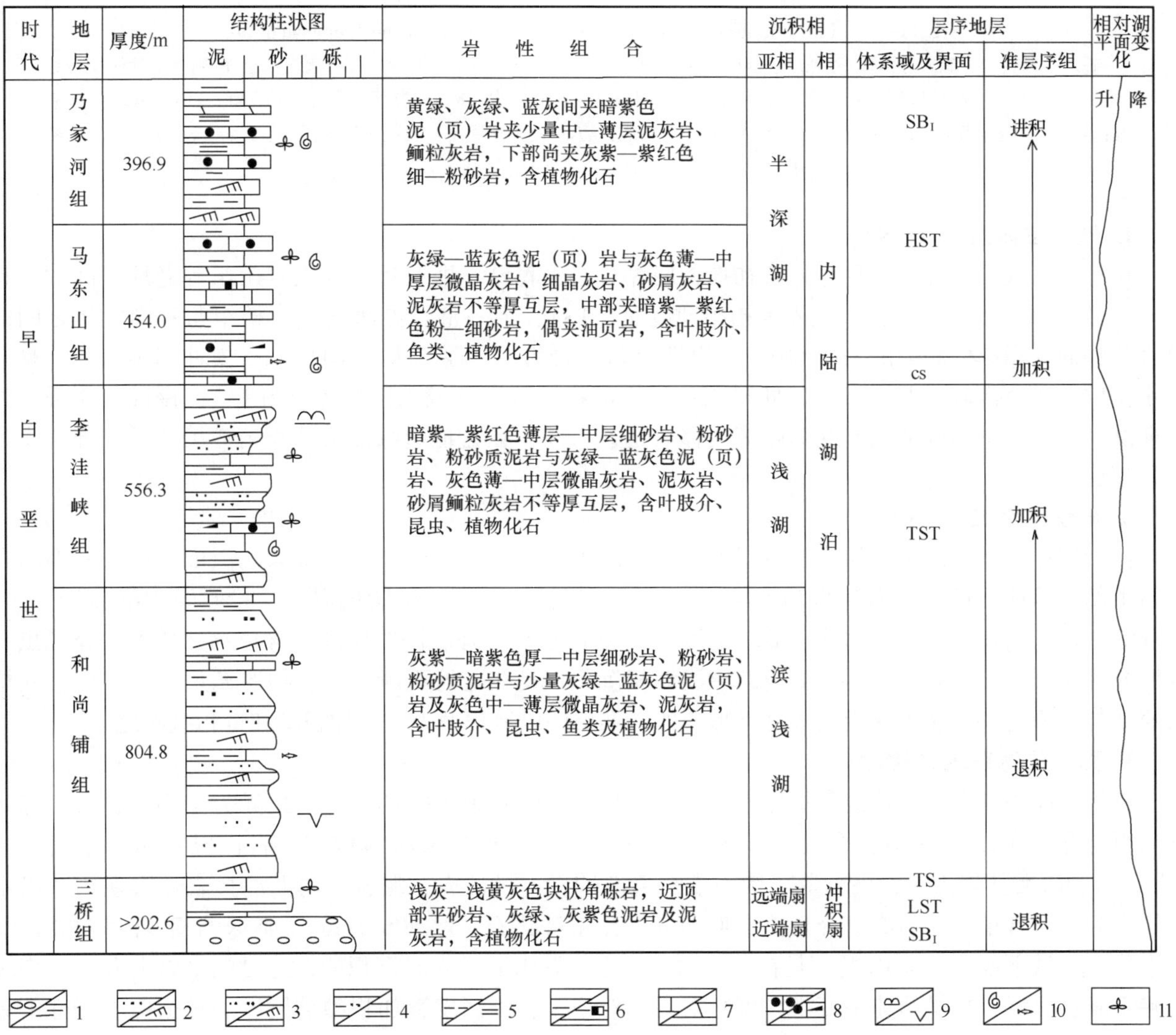

图 11-16　早白垩世六盘山群层序地层柱状图

Fig. 11-16　Sequence stratigraphic columnar section of the Early Cretaceous Liupanshan Group in Ningxia

1—块状角砾岩/平行层理砂岩；2—细砂岩/沙纹层理细砂岩；3—块状粉砂岩/沙纹层理粉砂岩；4—块状粉砂质泥岩/水平层理粉砂岩；5—块状泥岩/水平层理泥岩；6—页岩/油页岩；7—灰岩/泥灰岩；8—鲕粒灰岩/鲕粒砂屑灰岩；9—对称波痕/泥裂；10—动物化石/鱼类化石；11—植物化石。LST—低水位体系域；TST—湖侵体系域；HST—高水位体系域；TS—初始湖侵面；cs—凝缩层；SB_{I}—I 型层序界面

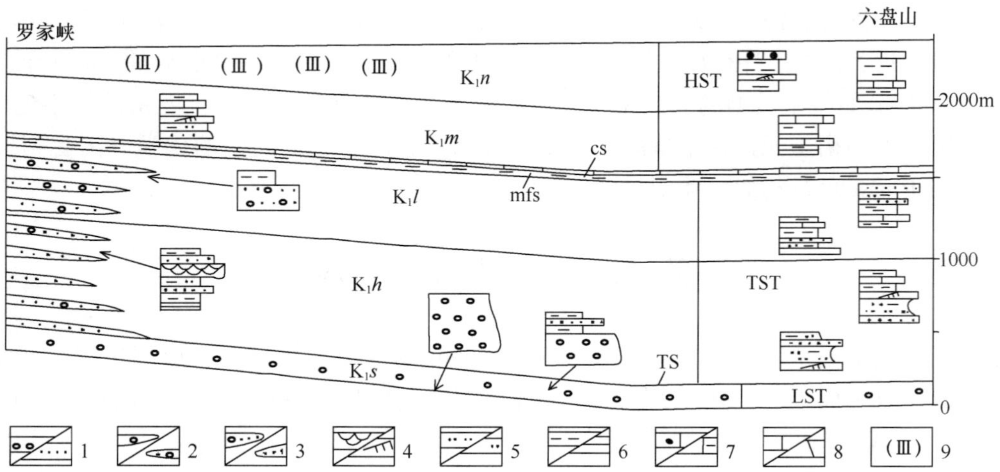

图 11-17　六盘山地区早白垩世层序地层格架

Fig. 11-17　Lithostratigraphic model of Early Cretaceous in the Liupanshan area

1—砾岩/砂岩；2—砾岩透镜体/砂砾岩透镜体；3—含砾砂岩透镜体/砂岩透镜体；4—具槽状交错层理砂岩/具沙纹层理细砂岩；5—粉砂岩/粉砂质泥岩；6—泥岩/页岩；7—鲕粒灰岩/砂屑灰岩；8—灰岩/泥灰岩；9—石膏。LST—低水位体系域；TST—湖侵体系域；HST—高水位体系域；cs—凝缩层；mfs—最大湖泛面；TS—初始湖侵面。K_1s—三桥组；K_1h—和尚铺组；K_1l—李洼峡组；K_1m—马东山组；K_1n—乃家河组

1. 低水位体系域（LST）

位于层序底部，形成于层序发育初期，底界与层序底界（即三桥组与天景山组等老地层间的不整合）一致，属Ⅰ型不整合面，顶界为初始湖侵面（TS），为一整合界面（即三桥组与和尚铺组之间的整合接触面）。该体系域由三桥组构成，岩性以角砾岩为主，厚度大于202.6m，属冲积扇沉积，是在低水位期湖水范围较小时形成的，此时湖盆和周围物源区存在较大的高差（陡岸），侵蚀作用强，洪水期洪水携带大量粗碎屑物质在短距离运移后迅速入湖，在盆地边缘形成冲积扇充填体系，准层序为退积型层序。

2. 湖侵体系域（TST）

位于层序下部，形成于层序发育早期，底界即为LST的顶界，顶界为最大湖泛面（mfs），即马东山组下部。该体系域由和尚铺组和李洼峡组构成，岩性以灰紫—暗紫色泥岩、粉砂岩和细砂岩为主，夹灰绿—蓝灰色泥（页）岩及灰—深灰色灰岩，发育水平层理、沙纹层理，含植物、鱼类、介形虫和叶肢介等化石，厚1361.1m，属滨浅湖—浅湖相沉积，是在盆地不断下沉、物源充足、可容纳空间增大速度与沉积物供给速度相当的条件下形成的，准层序以退积型为主，加积型和进积型次之。

3. 高水位体系域（HST）

位于层序中—上部，形成于层序发育的中—晚期，底界为TST的顶界，顶界为Ⅰ型不整合，即乃家河组与寺口子组间的不整合面。该体系域由马东山组和乃家河组构成，岩性以灰绿—蓝灰色泥（页）岩和碳酸盐岩为主，夹少量灰紫—紫红色细砂岩、粉砂岩、泥岩，偶夹油页岩，层理构造以水平层理为主，含植物、鱼类、介形虫、叶肢介、昆虫等化石，厚806.1m，属半深湖相—浅湖相沉积。高水位体系域下部（马东山组）是在湖水面下降之前湖水面最高时沉积的，此时湖水面上升速率变缓或趋于静止，沉积物供给速率变小，可容空间相对增大，因而发育加积型准层序。马东山组下部由具水平层理的泥（页）岩和灰岩组成，偶夹油页岩，含丰富的叶肢介、鱼类等化石，具凝缩层（cs）沉积特征。高水位体系域上部（乃家河组）是在湖水面逐渐收缩过程中沉积的，此时湖盆水域面积不断缩小，水深变浅，沉积物注入量不变或略有增加，可容空间逐渐缩小，沉积物向湖盆中央进积，因而发育进积型准层序。

第十二章　古近系

宁夏的古近系发育始新统和渐新统，缺失古新统。广泛分布于宁夏中部、东部和南部地区，北部出露较少（图 12-1）。为一套内陆河湖相红色碎屑岩-膏岩建造，产脊椎动物、双壳类、腹足类、介形虫、轮藻和孢粉等化石。

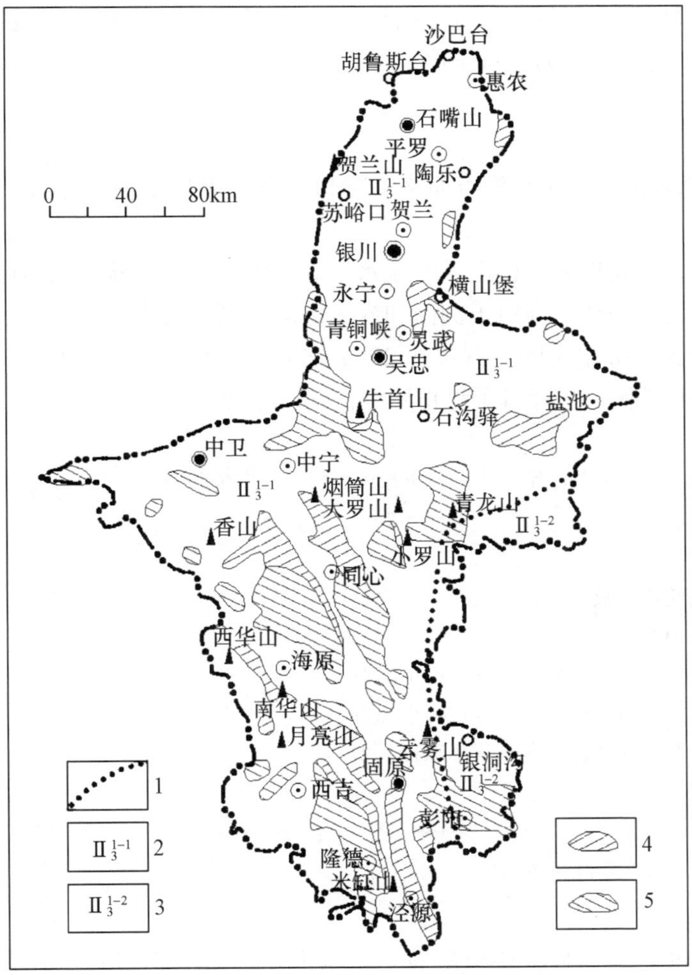

图 12-1　宁夏古近系—新近系地层区划图

Fig. 12-1　Stratigraphic division maps of Paleogene and Neogene in Ningxia

1—地层小区界线；2—银川-固原地层小区；3—环县-彭阳地层小区；4—古近系露头；5—新近系露头

第一节　岩石地层

渐新统中石膏地质储量巨大，早在 20 世纪 20 年代初就引起国内外地质工作者的关注。20 世纪 20 年代初，德日进等在灵武采有脊椎动物化石。1921 年，谢家荣在固原寺口子红层内的灰岩中获得腹足类化石，经安特生鉴定（1923）认为其与山西垣曲始新世地层中的 *Planorbis* sp. 相同，遂将寺口子红层的时代确定为始新世，创名固原层。1925 年，袁复礼据固原寺口子剖面创立寺口子系，将时代暂定为上第三系。1937 年，杨钟健、卞美年将固原寺口子剖面下部称固原建造，上部称甘肃建造。1955 年，石油工业部西安地质调查处在灵武市清水营附近红层中采获脊椎动物化石，经杨钟健、周明镇（1956）鉴定为 *Cyclomylus lohensis*，*Baluchitherium*（现更名为 *Indricotherium*）*grangeri*，*Archaeotherium oedosius* 等，将该地层称为清水营层，并与蒙古国三达河动物群对比，时代定为晚渐新世。后因三达河组时代改为中渐新世，而将清水营层的时代也随之改为中渐新世。1957 年，关士聪、谢继哲等在六盘山地区进行石油普查时，将固原建造改称为固原系。1959 年，石油部银川石油勘探局 125 队在总结以往资料基础上，将第三系下部划分为寺口子统、清水营统。1960～1964 年，宁夏区测队在进行同心幅、海原幅和固原幅1∶20 万区调时，将寺口子统，清水营统分别改称为寺口子组和清水营组。1990 年出版的《宁夏回族自治区区域地质志》依据孢粉等资料，将渐新统划分为下渐新统、中渐新统清水营组和上渐新统贺家口子组。1996 年，宁夏地层清理研究组将古近系统称固原群，进一步划分为始新统寺口子组和渐新统清水营组，嗣后，一直沿用（表 12-1）。

古近系在银川-固原地层小区较为发育，而环县-彭阳地层小区则缺失（地层分区按动态地层区划划分）。其岩石地层序列自下而上为寺口子组、清水营组。

一、寺口子组（E_2s）

由袁复礼 1925 年创名的寺口子系沿革而来（寺口子系→寺口子统→寺口子组）。创名剖面位于固原市原州区三营镇寺口子。

寺口子组分布局限，主要出露于桃山、下流水、烟筒山东麓、线驮石东、庙山西侧、马东山东麓、大关山东、西两麓及小关山等地。寺口子剖面和米钵山南麓剖面具代表性。

寺口子剖面（位于固原市原州区三营镇西 20km 之寺口子沟。起点坐标：北纬 36°16′，东经 105°59′。宁夏区测队 1962 年测制）为寺口子组正层型，其层序如下：

上覆地层：清水营组（E_3q）紫红色泥质砂岩夹灰绿色泥岩、灰白色砂岩

——— 整　合 ———

寺口子组（E_2s） 厚度 293. 8m

16. 橘红色巨厚层含钙质假结核含砾钙质细砂岩 26. 8m
15. 砖红色巨厚—块状中细粒砂岩 106. 0m
14. 砖红色巨厚层泥质长石质细砂岩，偶含石英小砾石 49. 0m
13. 砖红色中厚层泥质长石质细砂岩，偶含石英小砾石 92. 0m
12. 砖红色厚层泥质长石质细砂岩，含石英小砾石 19. 0m
11. 灰白色含砾砂岩 1. 0m

～～～～ 不整合 ～～～～

下伏地层：乃家河组（K_1n）紫红色页岩

米钵山南麓剖面（位于中宁县米钵山南麓。起点坐标：北纬 37°11′，东经 105°33′。宁夏区测队 1960 年测制）层序如下：

上覆地层：清水营组（E_3q）浅灰色块状砾岩

——— 整　合 ———

寺口子组（E_2s） 厚度 1751. 8m

17. 浅灰红色砾岩夹橙红色细砂岩，底部为浅红色砾岩夹砂岩透镜体 37. 5m
16. 砖红色砾岩、砂岩及粉砂岩。粒度由上而下，由粗变细 18. 9m
15. 浅红色砾岩与砖红色含砾细砂岩、粉砂岩相间产出，其中夹粉砂质泥岩、砾岩、砂岩，横向有连续递变现象 146. 6m
14. 浅红色砾岩夹扁豆体状细砂岩 52. 1m
13. 橙红色细砂岩、粉砂岩夹扁豆体砾岩。砾石成分以紫红色中—细粒砂岩为主，次为黄绿色中粒砂岩及石英碎屑等 75. 0m

表 12-1　宁夏古近系、新近系划分与命名沿革表

Table 12-1　Evolution of Paleogene and Neogene divisional schemes in Ningxia

方案	第一级	第二级	第三级	第四级
谢家荣，1921	始新世	红色层		
安特生，1923	始新世	固原层		
袁复礼，1925	上第三系	寺口子系		
杨钟健、卞美年，1937	上第三系 / 下第三系	甘肃建造 / 固原建造		
杨钟健、周明镇，1956	晚渐新世	清水营层		
关士聪、谢继哲，1957	上第三系 / 下第三系	甘肃系 / 固原系		
银川石油勘探局 125 队，1959	上第三系 / 下第三系	甘肃统 / 清水营统、寺口子统		
宁夏区测队，1964	上第三系 / 下第三系	上新统、中新统 / 渐新统、始新统	甘肃群	上亚群、下亚群 / 清水营组、寺口子组
宁夏区调队，1975	上第三系 / 下第三系	上新统、中新统 / 渐新统、始新统		干河沟组、红柳沟组 / 清水营组、寺口子组
宁夏区域地层表编写组，1980	上第三系 / 下第三系	上新统、中新统 / 渐新统、始新统	甘肃群	干河沟组、红柳沟组 / 清水营组、寺口子组
《宁夏回族自治区区域地质志》，1990	上第三系 / 下第三系	中新统 / 渐新统、始新统		干河沟组、红柳沟组 / 贺家口子组、清水营组、未建组、寺口子组
《宁夏回族自治区岩石地层》，1996	上第三系 / 下第三系	上新统、中新统 / 渐新统、始新统	甘肃群 / 固原群	干河沟组、红柳沟组 / 清水营组、寺口子组
1：25 万固原幅区调报告，2001	新近系 / 古近系	中新统 / 渐新统、始新统	甘肃群 / 固原群	干河沟组、红柳沟组 / 清水营组、寺口子组
本《志》，2012	新近系 / 古近系	中新统 / 渐新统、始新统	甘肃群 / 固原群	干河沟组、彰恩堡组 / 清水营组、寺口子组

12. 橙黄色细砂岩、粉砂岩及粉砂质泥岩 24.7m

11. 浅红色砾岩。砾石成分以半滚圆状紫红色中—细粒砂岩为主 18.4m

10. 橙红色粉砂质泥岩夹浅紫红色砾岩和泥质粉砂岩。层理不清，互相呈过渡关系，砾石半滚圆—滚圆状，胶结疏松，底部夹砾岩透镜体 91.3m

9. 浅紫红色砾岩。砾石成分以紫红色细砂岩为主，占70%~80%，次为石英、黄绿色砂岩，大者达20cm，大小悬殊，排列紊乱，泥砂质胶结 21.8m

8. 紫红色砾岩，夹浅红色胶结疏松的砂岩 290.9m

7. 暗红色砾岩，夹粉红色含砾砂岩。含砾砂岩夹层一般厚2m，由下而上，砂岩层由疏变密，由不稳定变为稳定 121.0m

6. 浅红色砾岩夹浅红色含砾砂岩透镜体。砾石成分主要为红色砂岩，次为黄绿色砂岩和极少数灰黑色结晶灰岩，一般1~7cm，最大者25cm，砾石呈半滚圆状。含砾砂岩透镜体含砾大小不等，分选性差，被方解石和云母胶结 142.9m

5. 暗红色砾岩。砾石成分中红色砂岩大大增加，达60%~70%，分选性差，砾径大者可达30cm 191.7m

4. 紫红色砾岩。砾石中砂岩增多，砾径一般为20~30cm，磨圆度中等，泥质、铁质和方解石混合胶结，方解石呈结晶粒状集中分布 153.8m

3. 橙红色厚层—巨厚层砂砾岩。砾石成分以灰岩为主，约占40%~50%，次为砂岩，砾径1~4cm不等，砂粒成分主要为石英及岩屑。泥砂质、方解石及少量氧化铁胶结，显红色 131.5m

2. 橘黄色砾岩。砾径一般1~10cm，最大者20cm，砾石成分主要为灰岩，次为石英，被方解石、砂粒、绢云母及氧化铁所胶结，砾径向上逐渐变细 79.0m

1. 黄褐色砾岩。砾石成分以变质砂岩为主，次为灰岩及板岩，砾径一般0.5~5cm，最大者1.2m，分选性差，大小参差，棱角状或半棱角状，泥砂质胶结，无一定排列方向 154.7m

~~~~~~ 不 整 合 ~~~~~~

下伏地层：徐家圈组（O_3x）灰绿色浅变质砂岩、板岩

寺口子组不整合于六盘山群（图12-2）或更老地层之上，与上覆渐新统清水营组整合接触。为一套山麓相—河流相的红色碎屑岩沉积，主要由紫红色砾岩、砂砾岩和砂岩组成。

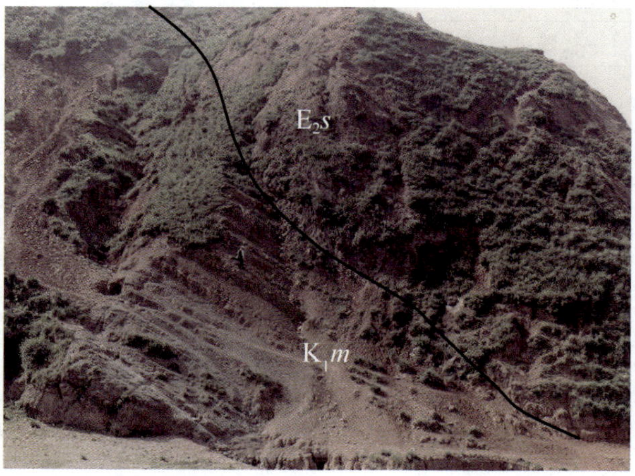

图12-2 隆德县观庄乡后渠沟始新统寺口子组（E_2s）与下白垩统马东山组（K_1m）不整合接触关系
Fig. 12-2 Unconformity between the Eocene Sikouzi Formation（E_2s）and the Lower Cretaceous Madongshan Formation（K_1m）in Houqugou, Guanzhuang, Longde County, Ningxia

寺口子剖面寺口子组厚293.8m，岩性较为单调，为砖红色厚层—巨厚层泥质长石细砂岩，常含小砾石，发育大型板状斜层理。自寺口子剖面向南至大关山东麓开城—大湾一带，岩性特征与寺口子剖面相似，裴家堡厚207.5m。再向南至东山坡一带，岩性为砖红、灰白色砂岩、粉砂质泥岩、泥岩夹中细砾岩，厚354.3~557.1m。小关山周庄一带岩性为砖红、灰白色中粗粒长石石英砂岩、含砾粗砂岩夹少量砂砾岩，厚仅200m左右。
~~~~~~

大关山西麓张易—陈靳家一带，寺口子组下部为灰红、紫红色厚层—块状粗—细砾岩，上部为橘红、紫红色块状含砾粗—中粒长石石英砂岩夹灰红色中厚层砾岩及少量粉砂质泥岩，厚132.9~233.0m。

自寺口子剖面向北岩性有变粗趋势，庙山西侧其底部发育厚约6m的褐紫色巨砾岩，向上为砖红色块状细—中粒长石石英砂岩，厚67.5m。至米钵山南麓岩性明显变粗，以粗碎屑岩为主，而且厚度也明显变大。米钵山南麓剖面寺口子组未见底，厚1751.8m，岩性与寺口子剖面不同，下部（1~9层）以暗红、紫红、浅红色砾岩、砂砾岩为主，砾石大小悬殊，排列无定向性，呈棱角—次棱角状，砾石成分多与所在地区下伏地层的岩性一致；上部（10~17层）为橙红、橙黄、砖红色细砂岩、粉砂岩与浅红、砖红色砾岩不等厚互层，夹粉砂质泥岩。自下而上粒度明显变细。中卫寺口子、米钵山南麓、下流水、烟筒山东麓和线驮石东等地岩性与米钵山南麓剖面相似，但沉积厚度较为悬殊，米钵山东麓厚度最大超过1283.6m，寺口子沟剖面厚度大于854.9m，桃山厚度大于850.9m，线驮石东侧厚度最小、为75.8m。

南华山马莲沟一带岩性为砖红色砂岩、含砾砂岩、砂砾岩及砾岩，偶夹泥岩和粉砂岩，为山麓和河流相堆积，厚281.7m。

从上述可看出，寺口子组在横向上岩性、厚度均有一定变化。米钵山南麓桃山—庙山一带以粗碎屑岩（砾岩、砂砾岩）为主，厚逾千米；向南至固原寺口子—大关山东麓大湾一带岩性变为以砖红色含砾砂岩为主，厚度明显变小，在300m左右；南、西华山山麓—大关山西麓一带，岩性又渐变粗，砾岩增多，厚度逐渐增大，最厚达500余米。

二、清水营组（E_3q）

由杨钟健、周明镇1956年创名的清水营层沿革而来（清水营层→清水营统→清水营组），创名地位于灵武市清水营。

清水营组分布较广，主要出露于牛首山、卫宁北山、烟筒山、窑山、南华山、西华山、马东山、月亮山、六盘山等山地的山麓地带，在灵盐台地灵武东山、清水营、苏步井、马家滩、侯家河等地亦有出露。贺家口子剖面、红沟梁剖面和观音店剖面具代表性。

贺家口子剖面（位于中宁县喊叫水乡贺家口子。起点坐标：北纬36°58′，东经105°41′。宁夏地调院2001年测制）层序如下（图12-3）：

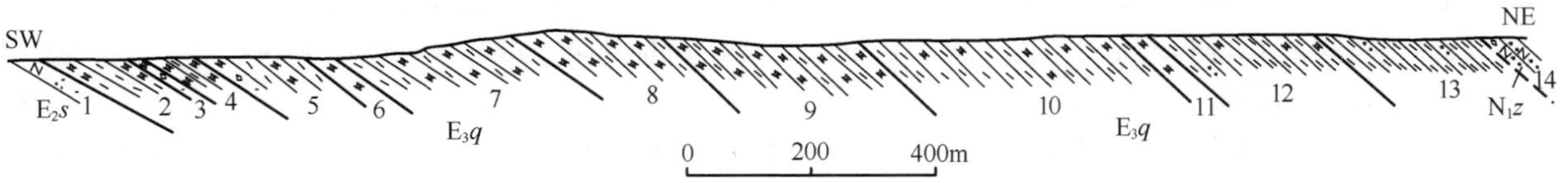

图12-3 中宁县贺家口子渐新统清水营组剖面图

Fig. 12-3 Section of the Oligocene Qingshuiying Formation in Hejiakouzi, Zhongning County, Ningxia

上覆地层： 彰恩堡组（N_1z）浅黄灰色巨厚层含砾中—细粒长石石英砂岩

----- 平行不整合 -----

清水营组（E_3q）		厚度653.2m
13.	紫红色泥岩夹橘黄色薄—中层含粉砂质泥岩，偶夹黄绿色泥岩、灰白色白垩条带。紫红色泥岩发育水平层理	72.5m
12.	紫红色泥岩夹少量黄绿、蓝灰色中层泥质石膏岩。泥岩具水平层理	76.3m
11.	下部为砖红色厚层含泥质石膏岩夹紫红色泥岩，上部为浅黄绿色中—厚层含泥质石膏岩夹蓝灰、黄绿色石膏质泥岩	14.6m
10.	紫红、黄绿色泥岩夹灰白、浅绿灰、浅紫红色中层泥质石膏岩。泥岩发育水平层理	123.1m
9.	灰白、浅绿灰、浅紫红色厚—中层石膏岩与紫红色泥岩不等厚互层。石膏岩发育水平层理、波状层理	94.8m
8.	灰白色—中层石膏岩夹极少量紫红、黄绿、蓝灰色泥岩。石膏岩发育水平层理、波状层理，个别具帐篷构造	68.1m

7. 紫红色间夹黄绿色泥岩与灰白色中层石膏岩互层。石膏岩具水平层理、波状层理，泥岩发育水平层理 85.4m

6. 灰白、绿灰色中层石膏岩夹少量紫红、蓝灰色泥岩 12.9m

5. 底部为厚1m之灰白色薄—中层含砾砂质石膏岩，向上为褐红、紫红色泥岩夹少量蓝灰色泥岩、灰绿色薄—中层泥质石膏岩。泥岩具水平层理 52.8m

4. 灰白色中—薄层角砾状石膏岩夹蓝灰色泥岩、钙质泥岩。泥岩发育水平层理 20.4m

3. 浅绿灰色薄—中层含细砾砂质石膏岩、纤维状石膏岩夹少量蓝灰色泥岩。石膏岩发育水平层理、沙纹层理、波状层理，泥岩具水平层理 2.7m

2. 灰白色薄—中层（含泥质）石膏岩与灰绿、蓝灰、黄绿色（含膏）泥岩互层 29.6m

———— 整　合 ————

下伏地层：寺口子组（E_2s）紫红—橘红色块状泥质含细砾细—中粒长石石英砂岩

红沟梁剖面（位于海原县南华山西麓、园河东侧之红沟梁。起点坐标：北纬36°31′，东经105°31′。宁夏区调队1989年测制）层序如下（图12-4）：

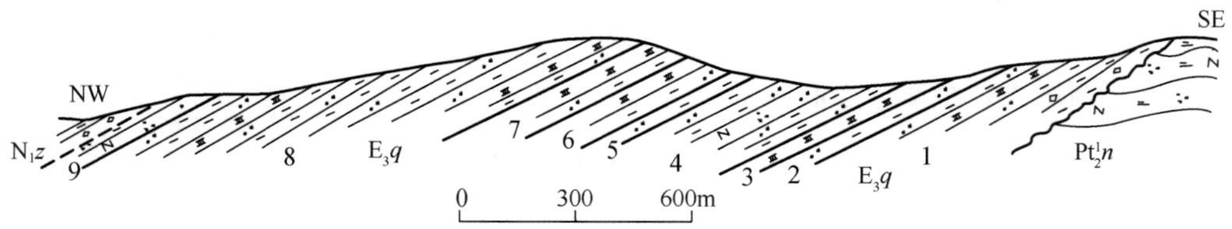

图12-4　海原县红沟梁渐新统清水营组剖面图

Fig. 12-4　Section of the Oligocene Qingshuiying Formation in Honggouliang, Haiyuan County, Ningxia

上覆地层：彰恩堡组（N_1z）灰白色厚层状中—细砾岩

----- 平行不整合 -----

清水营组（E_3q） 厚度725.4m

9. 深砖红色厚层粉砂质泥岩夹数层杏黄色中层细粒长石石英砂岩、浅灰色中层泥质粉砂岩。产哺乳类 *Desmatolagus* sp., *Tataromys* sp, *Eucricetodon* sp, *Plesiosminthus* sp., *Tsaganomys* sp., *Anomoemys* sp., *Cyclomys* sp., *Steneofiber* sp., Castoridae, Ochotonidae, Leporidae, Rodentia, Ctenodactylida, Cylindrodontidae, Critidae, Carnivora, Indricotherlidae, Rhinocerotidae, Perissodactyla, Mammalia；鱼类 Leuciscinae 60.9m

8. 褐红色厚层粉砂质泥岩夹数层灰白色中层石膏岩，偶夹浅黄灰色泥岩 250.2m

7. 褐红色厚层粉砂质泥岩与灰白色中层中—细粒石膏岩不等厚互层，偶夹绿灰色薄层泥岩。含孢粉 *Ephedripites*, *Pinuspollenites*, *Piceaepollenites*, *Salixipollenites*, *Quercoidites*, *Leguminosae*, *Chenopodipollis*, *Nitrariadites*, *Retitricolpites* 29.6m

6. 褐红色厚层粉砂质泥岩，偶夹浅绿灰色中层含粉砂质泥岩及一层不稳定的灰白色中层石膏岩 91.8m

5. 褐红色厚层粉砂质泥岩夹浅绿灰色中层含粉砂质泥岩 1.9m

4. 褐红色厚层含粉砂质泥岩夹少量浅绿灰色斑块状泥岩、中层含粉砂质泥岩，偶夹浅红色中层细粒石膏质长石石英砂岩。产孢粉 *Ohedripites*, *Quercoidites*, *Nitrariadites*, *Retiricolpites* 163.1m

3. 灰白色中层石膏岩与褐红色厚层含粉砂质泥岩不等厚互层 10.4m

2. 褐红色厚层含粉砂质泥岩 11.1m

1. 褐红色厚层粉砂质泥岩夹浅绿灰色中层泥岩及少量灰白色中层泥质石膏岩及一层褐红色中层含砾粉砂质泥岩 106.4m

~~~~~~ 不 整 合 ~~~~~~

下伏地层：南华山岩组（Pt_2^1n）浅灰色钠长二云石英片岩

观音店剖面（位于隆德县大关山西麓观音店。起点坐标：北纬35°42′，东经106°10′。宁夏地调院1999年测制）层序如下（图12-5）：
~~~~~~

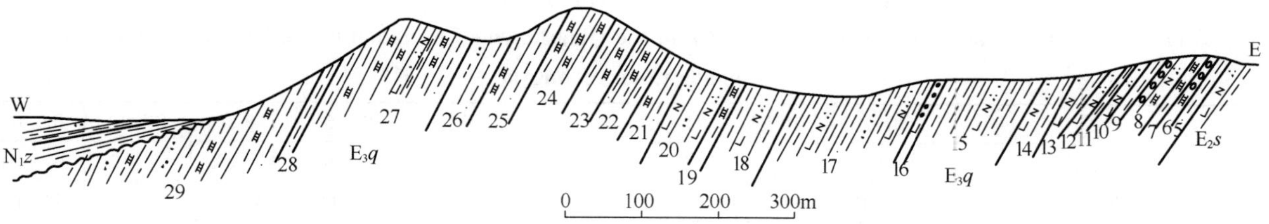

图 12-5 隆德县观音店渐新统清水营组剖面图

Fig. 12-5 Section of the Oligocene Qingshuiying Formation in Guanyindian, Longde County, Ningxia

上覆地层：彰恩堡组（N_1z）橘红、灰褐色泥岩、粉砂质泥岩夹橘红、褐红色泥质粉砂岩

~~~~~~~~ 不 整 合 ~~~~~~~~

清水营组（E_3q） 厚度 1063.1m

29. 紫红、砖红、橘红色（夹少量蓝灰、灰绿色）泥岩夹极少量蓝灰、浅灰色中—厚层泥质石膏岩及灰褐、红灰色薄—中层粉砂岩 53.5m
28. 蓝灰、灰绿色（间夹少量暗紫红色）泥岩夹蓝灰、浅灰色中—厚层泥岩石膏岩。灰绿色泥岩产孢粉 Chenopodiaceae，*Ephedripites*，*Pinuspollenites* 等（表 12-2，BF-7） 8.4m
27. 橘红、紫红色（间夹蓝灰、灰绿色）泥岩、石膏质泥岩夹浅绿灰、灰白色中—厚层泥质石膏岩及少量褐灰、灰红、蓝灰色薄—中层钙质细粒长石石英砂岩、粉砂岩条带。灰绿色泥岩产 Chenopodiaceae，*Ephedripites*，*Pinuspollenites* 等孢粉（表 12-2，BF-6） 136.3m
26. 橘红、紫红色泥岩、粉砂质泥岩夹极少量浅红灰、浅蓝灰色薄—中层粉砂岩 42.5m
25. 紫红、橘红色（间夹蓝灰、灰绿色）泥岩夹少量浅灰—灰白色中层泥质石膏岩及橘红、褐红色薄—中层粉砂岩。灰绿色泥岩产以 Chenopodiaceae，*Ephedripites*，*Pinuspollenites* 为主的孢粉（表 12-2，BF-5） 48.6m
24. 灰红、砖红色中—厚层含泥质石膏岩，下部夹两层厚度分别为 1m、1.5m 之橘红、紫红色含膏泥岩 49.1m
23. 灰绿、蓝灰色泥岩夹浅灰—灰白色薄—中层泥质石膏岩。灰绿色泥岩产孢粉 Chenopodiaceae，*Ephedripites*，*Pinuspollenites* 等（表 12-2，BF-4） 40.0m
22. 砖红、紫红色（间夹灰绿色）泥岩夹浅灰—灰白色薄—中层泥质石膏岩 40.0m
21. 灰绿、黄绿、紫红、砖红色石膏质泥岩、泥岩夹灰白色厚层泥质石膏岩。灰绿色泥岩产 Chenopodiaceae，*Ephedripites*，*Pinuspollenites*，*Belulaceoipollenites* 等孢粉（表 12-2，BF-3） 31.0m
20. 砖红色中层钙质细粒长石石英砂岩夹橘红、暗紫红色粉砂质泥岩及少量灰白色薄层石膏岩 69.2m
19. 下部为浅绿灰色厚层泥质石膏岩，上部为绿灰色石膏质泥岩夹灰白色薄层石膏岩 2.9m
18. 橘红—紫红色（间夹灰绿、黄绿色）泥岩夹少量红灰、蓝灰色薄—中层钙质细粒长石石英（杂）砂岩、粉砂岩。粉砂岩发育沙纹层理，灰绿色泥岩产 Chenopodiaceae，*Ephedripites*，*Pinuspollenites* 等孢粉（表 12-2，BF-2） 71.5m
17. 暗紫红色泥岩夹少量灰—红灰色薄—中层钙质细粒长石石英砂岩、粉砂岩 152.2m
16. 灰、红灰色中—厚层钙质细砾岩、钙质含细砾粗粒长石砂岩 1.8m
15. 橘红—紫红色泥岩，偶夹红灰、蓝灰色薄—中层钙质细粒长石石英砂岩 120.3m
14. 橘红、紫红色泥岩夹少量灰、灰白色薄—中层钙质细粒长石石英砂岩。泥岩产孢粉 Chenopodiaceae，*Ephedripites*，*Pinuspollenites*，*Belulaceoipollenites* 等（表 12-2，BF-1） 37.4m
13. 暗紫红色泥岩夹少量浅红—红灰色薄—中层钙质细粒长石石英砂岩、薄层粉砂岩 40.1m
12. 浅灰—浅红灰色中层钙质细粒长石石英砂岩夹红灰色薄—中层粉砂岩及暗紫红、灰红色泥岩 3.3m
11. 暗紫红、灰红色泥岩夹极少量蓝灰、浅灰、灰红色中层钙质细粒长石石英砂岩 19.3m
10. 褐灰、褐红色薄—中层钙质细粒长石石英砂岩，下部夹少量暗紫红色泥岩 6.3m
9. 暗紫红、橘红色泥岩，偶夹蓝灰色泥岩条带 17.0m
8. 浅灰红色中层石膏质细—中粒长石石英砂岩夹暗紫红、橘红色泥岩，上部见夹一层灰红色厚层中—细砾岩 30.9m
~~~~~~~~

表 12-2 隆德县观音店剖面清水营组孢粉统计表

Table 12-2 Statistical table of spores and pollen of the Qingshuiying Formation in the Guanyindian section, Longde County, Ningxia

样号		BF-1		BF-2		BF-3		BF-4		BF-5		BF-6		BF-7		BF-14		BF-16	
孢粉名称		粒	%	粒	%	粒	%	粒	%	粒	%	粒	%	粒	%	粒	%	粒	%
孢子花粉总数		183	100	200	100	134	100	144	100	152	100	118	100	123	100	195	100	174	100
乔木植物花粉总数		85	46.4	155	76.8	69	51.5	85	59.0	64	42.1	74	62.7	57	46.3	166	85.1	82	47.1
灌木及草本植物花粉总数		94	51.4	43	21.2	63	47.0	57	39.6	87	57.2	40	33.9	65	52.9	24	12.3	89	51.2
蕨类植物孢子总数		4	2.2	2	1.0	2	1.5	2	1.4	1	0.7	4	3.4	1	0.8	5	2.6	3	1.7
乔木植物花粉	罗汉松粉属 *Podocarpidites* sp.															1	0.5		
	冷杉粉属 *Abietineaepollenites* sp.	2	1.1	6	3.0	3	2.2	2	1.4	3	2.0	3	2.5	2	1.6	7	3.6	3	1.7
	云杉粉属 *Piceaepollenites* sp.			1	0.5											1	0.5		
	铁松粉属 *Tsagaepollenites* sp.			1	0.5														
	松粉属 *Pinuspollenites* sp.	14	7.7	45	22.5	12	9.0	28	19.4	21	13.8	24	20.3	21	17.1	67	34.4	14	8.0
	桦粉属 *Betulaceoipollenites* sp.	23	12.6	42	21.0	14	10.5	12	8.3	11	7.2	13	11.0	15	12.2	58	29.7	31	17.8
	桤木粉属 *Paraalnipollenites* sp.	5	2.7	2	1.0	3	2.2	1	0.7	1	0.7	5	4.2	2	1.6	3	1.5	3	1.7
	栎粉属 *Quercoidites* sp.	2	1.1	6	3.0	2	1.5	4	2.8	3	2.0	6	5.1	2	1.6	8	4.1	1	0.6
	栗粉属 *Cupuliferoipollenites* sp.					1	0.7	1	0.7			1	0.9			1	0.5		
	榆粉属 *Ulmipollenites* sp.	14	7.7	17	8.5	15	11.2	18	12.5	10	6.6	13	11.0	7	5.7	6	3.1	14	8.0
	肋榆粉属 *Ulmoideipites* sp.	17	9.3	15	7.5	10	7.5	13	9.0	8	5.3	5	4.2	5	4.1	2	1.0	12	6.9
	胡桃粉属 *Juglanspollenites* sp.	2	1.1	6	3.0	2	1.5	1	0.7	2	1.3	2	1.7	2	1.6	3	1.5	2	1.1
	枫杨粉属 *Pterocaryapollenites* sp.			1	0.5							1	0.9			1	0.5		
	山胡桃粉属 *Caryapollenites* sp.	2	1.1	2	1.0	1	0.7	1	0.7	1	0.7					2	1.0	1	0.6
	朴粉属 *Celtispollenites* sp.	1	0.5	2	1.0	2	1.5												
	云香粉属 *Rutaceoipolle* sp.		0.5					1	0.7							1	0.5		
	楝粉属 *Meliaceoidites* sp.					1	0.7	2	1.4	2	1.3	1	0.9	1	0.8	2	1.0	1	0.6
	冬青粉属 *Ilexpollenites* sp.			1	0.5											1	0.5		
	椴粉属 *Tiliaepollenites* sp.	1	0.5	7	3.5	1	0.7	1	0.7							1	0.5		
	梣粉属 *Fraxinuspollenites* sp.			1	0.5	1	0.7												
	大戟粉属 *Euphorbiacites* sp.		0.5			1	0.7			2	1.3					1	0.5		
灌木及草本植物花粉	榛粉属 *Momipites* sp.	1	0.5	5	2.5	2	1.5	1	0.7	1	0.7	1	0.9	2	1.6	1	0.5	1	0.6
	麻黄粉属 *Ephedripites* sp.	38	20.8	12	6.0	22	16.4	35	24.3	37	24.3	13	11.0	25	20.3	2	1.0	26	14.9
	白刺粉属 *Nitraiapollenites* sp.	2	1.1							2	1.3							2	1.1
	藜科 Chenopodiaceae	51	27.9	23	11.5	36	26.9	18	12.5	46	30.3	25	21.2	37	30.1	12	6.2	58	33.3
	菊科 Compositae	2	1.1	1	0.5	1	0.7	1	0.7	1	0.7							1	0.6
	蒿粉属 *Artemisaepollenites* sp.															9	4.6	1	0.6
	伞形粉属 *Umbelliferaepollis* sp.			1	0.5														
	忍冬粉属 *Lonicerapollis* sp.					2	1.5							1	0.8				
	蓼粉属 *Polygonumpollenites* sp.			1	0.5			1	0.7			1	0.9						
蕨类植物孢子	石松孢属 *Lycopodiumsporites* sp.	1	0.5									1	0.9			1	0.5	1	0.6
	卷柏孢属 *Selaginelasporites* sp.	2	1.1	1	0.5	1	0.7	1	0.7	1	0.7	2	1.7	1	0.8				
	凤尾蕨孢属 *Pterisispora* sp.		0.5															1	0.6
	莎椤孢属 *Cyathidites* sp.							1	0.7							1	0.5		
	水龙骨孢科 Polypodiaceoisporites			1	0.5	1	0.7					1	0.9			3	1.5	1	0.6

7.	浅灰红色块状泥质石膏岩、石膏质泥岩，顶部为一层厚约 1.5m 的浅红灰色含泥石膏岩	2.6m
6.	灰白色块状石膏质砾岩、石膏质（含砾）不等粒长石石英砂岩	10.6m
5.	砖红、紫红色块状泥岩，上部夹灰白色泥质石膏岩及少量蓝灰色泥岩条带	28.3m

———— 整　合 ————

下伏地层：寺口子组（E_2s）灰红、浅红灰色中—厚层钙质含砾不等粒长石石英砂岩夹浅灰、红灰色中粗砾岩、砂砾岩透镜体及少许紫红色泥岩条带

清水营组与下伏始新统寺口子组整合接触，或直接不整合于下伏下白垩统或更老地层之上，与上覆中新统彰恩堡组呈平行不整合或不整合接触。为一套干旱气候条件下的河流相—湖泊相红色碎屑岩-膏岩沉积，主要由紫红色泥岩、砂岩和石膏岩组成，各地所见岩性基本一致，但沉积厚度差异较大。

贺家口子剖面清水营组与下伏寺口子组连续沉积，厚 653.2m，岩性为灰白、浅绿灰、浅紫红色薄—中厚层（含泥质）石膏岩、泥质石膏岩、含砂质石膏岩夹紫红、灰绿、蓝灰、黄绿色泥岩，自下而上泥岩渐增，石膏岩渐减，至上部基本以泥岩、粉砂质泥岩为主，夹少量泥质石膏岩。米钵山南麓喊叫水—庙山一带清水营组岩性与贺家口子剖面相似，在田子淌—烂泥沟一带石膏岩厚度较大，形成了大型石膏矿。衙门口剖面厚度最大达 971.6m。

红沟梁剖面清水营组不整合于长城系海原岩群园河岩组之上，与上覆中新统彰恩堡组为平行不整合接触，岩性为褐红、砖红间夹浅灰绿色（含）粉砂质泥岩、泥岩夹灰白色中层泥质石膏岩及少量浅红色中层石膏质长石石英砂岩、细粒长石石英砂岩，产哺乳动物和孢粉，厚 725.4m。与贺家口子剖面相比石膏明显减少。南华山、西华山、月亮山及马东山山麓地带清水营组岩性与红沟梁剖面基本一致。在袁家窝窝上部产哺乳动物化石（袁家窝窝动物群），测得厚度大于 184.4m。固原寺口子剖面厚度与红沟梁剖面相近，为 678.3m。

观音店剖面清水营组与下伏始新统寺口子组为连续沉积，与上覆中新统彰恩堡组为不整合接触，岩性为紫红、橘红间夹蓝灰、灰绿色泥岩、粉砂质泥岩夹少量橘红、砖红色中—薄层细粒长石石英砂岩、粉砂岩、砂砾岩、砾岩及灰白、砖红、浅灰色中—厚层泥质石膏岩，厚 1063.1m。大关山西麓岩性与观音店剖面相似，厚 311.1~725.4m。观音店—野鸡岘一带中部石膏岩较发育，形成石膏矿床。大关山东麓仅有下部层位，岩性与大关山西麓相近，红沟剖面厚度最大，超过 814.3m；裴家堡厚度大于 422.2m。

宁东灵（武）盐（池）地区，清水营组岩层产状平缓且出露不佳，其岩性与贺家口子剖面大致相似。在杨钟健、周明镇命名地灵武清水营龙骨梁，本组未见顶底，测得厚度仅为 8.5m，岩性为紫红、砖红、橘红色泥岩、粉砂质泥岩夹灰白色石英砂岩等。在盐池茹河剖面清水营组直接不整合于下白垩统保安群之上，未见顶，厚度大于 46.2m，岩性以橘红色泥质粉砂岩、细砂岩为主，夹灰绿、灰白色泥质砂岩、石膏质砂岩和石膏岩。在盐池侯家河一带石膏岩较发育，构成大型石膏矿床。

银川盆地银参三井清水营组钻遇厚度大于 1701.4m，岩性为棕灰—棕红色、杂色砂岩及泥岩，偶夹细砾岩及泥灰岩。向北至平罗一带井下（银参一井）砂岩减少，泥岩增多，钻遇厚度大于 1750m。向南至吴忠一带井下（银参二井）岩性变粗，砂岩、砾岩增多，钻遇厚度为 1093.5m。

贺兰山南段庙山湖—英发沟一带，清水营组直接不整合于下白垩统庙山湖组之上，岩性以橘红色含石膏质砂岩为主，夹橘红色粉砂岩、泥岩。

卫宁北山和牛首山山麓地带清水营组不整合于石炭系或更老地层之上，与上覆中新统彰恩堡组平行不整合接触，岩性以浅紫红、砖红、橘红色泥岩、粉砂质泥岩、粉砂岩、细砂岩为主，夹少量砂砾岩、石膏层和粉砂质灰岩。黑悬沟—双吉沟剖面厚 271.7m，牛首山东麓峰台坡厚度大于 480.1m，卫宁北山南麓的老牛湾山南坡厚 328.3m。

罗山东侧蜗牛山剖面厚 149.0m，下部为橘黄、灰黄色中—巨砾岩、灰白色厚层细砂岩，中上部为紫红色泥岩，含次生石膏团块。

清水河以东纪家—包头水一带，清水营组下部为浅褐红色泥质粉砂岩，含石膏碎片；上部为灰绿、褐红色泥岩、粉砂质泥岩夹少量灰绿色石膏岩，马断头—丁家二沟剖面厚 309m。

固原石岘子剖面厚266.2m，以紫红色泥岩、砂质泥岩为主，夹灰白色石英砂岩、灰绿色泥岩和石膏层等。

第二节　古生物群组合与地层划分对比

一、寺口子组

本组未获古生物化石。以往人们主要根据寺口子组不整合于下白垩统之上，与上覆渐新统清水营组为连续沉积的层位关系，推测其形成时代为始新世。

2008年，西北大学韩鹏、刘池洋、高飞等对固原寺口子剖面寺口子组进行了高精度磁性地层学研究，获得该组共记录的15个正极性和14个反极性，将其与标准极性柱C21n—C11n.1n段对比，认为寺口子组形成年龄为47.906~29.401Ma（始新世—渐新世）。本《志》主要根据磁性地层学研究结果和层位关系，将寺口子组形成时代定为始新世，相应的年代地层为始新统蔡家冲阶（大致相当于国际地层表中的普利亚本阶），与兰州-西宁盆地的西柳河组、祁连山—河西走廊地区的火烧沟组层位大体相当，可以对比。

二、清水营组

清水营组产哺乳类、介形虫、孢粉、轮藻等门类古生物化石。

（一）哺乳类

海原县袁家窝窝清水营组上部产丰富的哺乳类 *Desmatolagus* sp.，*D. gobiensis*，*D. pusillus*，*Ordolagus teilhardi*，*Tataromys* sp.，*T. minor*，*T. sigmodon*，*T. plicidens*，*Bounomys bohlini*，*B. ulantatalensis*，*Karakoromys* ? sp.，*Eucricetodon* sp.，*E. asiaticus*，*Parasminthus tangingoli*，*P. parvulus*，*P. asiaecentralis*，*Anomoemys lohiculus*，*A.*? sp，*Tsaganomys* sp.，*T. altaicus*，*T. minutus*，*Cyclomylus* sp.，Castoridae indet，*Hyaenodon* sp.，*Didymoconus* sp.，Chalicotheriidae indet，Artiodactyla indet，Insectivora indet 等。该哺乳动物群称为袁家窝窝动物群（王伴月等，1994），其中 *Desmatolagus gobiensis*，*Ordolagus teilhardi*，*Tataromys plicidens*，*T. minor*，*Bounomys bohlini*，*B. ulantatalensis*，*Karakoromys*，*Tsaganomys minutus*，*Cyclomylus*，*Anomoemys lohiculus*，*Eucricetodon aciaticus* 等都是典型的中渐新世分子。*Desmatolagus pusillus*，*Tataromys sigmodon*，*Parasminthus parvulus*，*P. tangingoli*，*P. asiaecentralis* 和 *Didymoconus* 出现于中—晚渐新世。*Cyclomylus lohensis* 是中渐新世乌兰布拉格组特有的种。*Hyaenodon* 分布时代为中始新世—晚渐新世。*Tsaganomys* 的地史分布为中渐新世—早中新世。可见，袁家窝窝动物群时代应为中渐新世，与内蒙古三盛公、千里山等地的乌兰布拉格组和乌兰塔塔尔组，以及蒙古国三达河组所产地方动物群的时代大致相当。

在灵武清水营剖面清水营组所产的古脊椎动物化石，经杨钟健、周明镇（1956）鉴定为 *Cyclomylus lohensis*，*Baluchitherium grangeri*（=*Indricotherium grangeri*），*Archaeotherium ordosius*，认为可与蒙古国的中渐新世三达河群对比。在固原寺口子，同心庙山、塔尔湾、套子梁以及灵武水洞沟等地还发现有 *Indricotherium* sp.，*Tsaganomys* sp.，*T. altaicus*，*Eumeryx* sp.。这些化石都是王伴月等（1981）在内蒙古伊克昭盟千里山所建中渐新统乌兰布拉格组中的常见分子。

（二）介形虫

中宁牛首山西麓，同心庙山、塔尔湾、套子梁，固原寺口子及盐池等地清水营组含丰富的介形虫化石，主要有：*Candona* sp.，*Candoniella* cf. *marcida*，*Cyprinotus* sp.，*C. fortelis*，*C. formalis*，*C. beljaewskyi*，*Cypris* sp.，*C. schichoensis*，*Darwinula* sp.，*Eucypris* sp.，*E.* cf. *sinensis*，*E. longa*，*Limnocythere* sp.，*L. luaculenta*，*L. cinctura*，*Ilyocypris* sp.，*I. dunschanensis*，*I. manasensis* var. *cornea* 等。该介形虫动物群以发育 *Cyprinotus* 和 *Eucypris* 为特征，应属 *Cyprinothus* 动物群，可称为 *Cyprinotus*-*Ilyocypris* 组合，与苏北盆地三

垛组 *Pinnocypris-Cyprinotus- Ilyocypris* 组合相似，时代为渐新世中—晚期（李云通等，1984）。

（三）孢粉

同心县贺家口子井下清水营组产丰富的孢粉化石，自下而上可划分为3个组合（孙素英，1982）。

1. *Ephedripites-Meliaceoidites-Ulmipollenites-Salixipollenites* 组合

赋存于清水营组下部（含盐段之下）泥岩中。该孢粉组合以 *Ephedripites* 和 *Meliacoidites* 最发育，*Ulmipollenites* 和 *Salixipollenites* 含量较高。其特点是：①被子植物花粉占优势（50.5%~73.8%），其次为裸子植物花粉（25.0%~49.4%），蕨类孢子极少；②被子植物花粉中 *Meliacoidites* 含量最高，其中又以 *M. rhomboiporus* 和 *M. sanduoensis* 为主，其次是 *Ulmipollenites*，*Salixipollenites*，*Cupuliferoipollenites pusillus*，*Cyirllaceaepollenites* 等，个别样品中含有 *Ilexpollenites*，*Platanus*；③裸子植物花粉中 *Ephedripites* 居首位，其中 *E.*（*D.*）*trinata* 和 *E.*（*D.*）*microreticulatus* 含量较高，仅零星见到 Pinaceae 和 *Cedripites*；④各类型的 *Tricolporopollenites*，*Tricolpopollenites* 等在本组合中含量很高，类型较多。依据这些特征，孙素英认为可以与新疆早渐新世小库孜拜剖面的苏维依组下段及陕西白鹿原组上段的孢粉组合进行对比。

2. *Ephedripites-Meliaceoidites-Ulmipollenites* 组合

赋存于清水营组中部石膏质泥岩中。以 *Ephedripites*，*Meliaceoidites*，*Ulmipollenites* 为主，其特点与江苏三垛组第一段孢粉 *Ephedripites-Meliaceoidites-Ulmipollenites* 组合相似，时代为中渐新世。

3. *Meliaceoidites-Ephedripites*-Pinaceae-*Tsugaepollenites* 组合

赋存于清水营组上部（盐上泥岩段），以 *Meliaceoidites*，*Ephedripites*，*Pinaceae*，*Tsugaepollenites* 为主。其特点是：①以被子植物花粉占优势（71.5%~95.4%），裸子植物花粉次之（4.4%~28.5%），蕨类孢子极少（0.1%~1.42%），仅有石松孢、水龙骨单缝孢、小三角孢等；②被子植物花粉中，*Meliaceoidites* 最为丰富，其次是 *Ulmipollenites*，*Quercoidites*，葇荑花序类植物的花粉出现较频繁，有 *Juglanspollenites*，*Salixipollenites*，*Alnipollenites*，*Betulaceoipollenites*，*Carpinipollenites* 等，单本植物花粉中的 *Chenopodipollis* 含量比含盐段高，可达37.1%；③裸子植物花粉中，仍以 *Ephedripites* 为主，Pinacae 各属花粉含量明显增加，以 *Abietineaepollenites*，*Pinuspollenites* 为主，*Cedripites*，*Piceaepollenites* 次之，新出现了 *Tsugaepollenites* 花粉，含量虽不高，但连续出现。该孢粉组合与江苏晚渐新世三垛组第二段和新疆苏维依组上段—吉迪克组下段的孢粉组合特征较为相似。

海原县红沟梁及王家坡清水营组中部产孢粉 *Taxodiaceaepollenites hiatus*，*Piceaepollenites*，*Pinuspollenites*，*Ephedripites*，*E. trinata*，*Palmaepollenites*，*Salixipollenites*，*Alnipollenites*，*A. verus*，*Juglanspollenites*，*Betulaepollebites*，*Momipites*，*Cupuliferoipollenites*，*Quercoidites*，*Celtispollenites*，*Ulmipollenites*，*U. minor*，*U. undulosus*，*Ulmoideipites*，*U. krempi*，*U. tricostata*，Leguminosae，*Chenopodipollis*，*Nitrariadites*，*N. altunshanensis* cf. *rotandus*，*N. altunshanensis* cf. *medius*，*N. ellipticus*，*Rutaceoipollis*，*R.*（?）*jiandingshanensis*，*Meliaceoidites*，*Euphorbiacites*，*Sapindaceidites*，*Rhopites*，*Rhamnaceidites*，*Elaeagnacites*（?）*huanghuaensis*，*Tiliaepollenites*，*Fraxinoipollenites*，*Araliaceoidites*，*Qinghaipollis*，*Q. subrotundus*，*Labitricolpites*，*Scabiosapollis*，*Retitricolpites*，*Tricolpites*，*Tricolporopollenites*，*Tetracolporites rhomboidalis*，*Polycolpollenites*，Compositae，*Carpinipites*，Convolvulaceae，Rosaceae 等。该孢粉组合以 *Ephedripites*（含量13%~49%，平均26.9%），*Nitrariadites*（含量9%~25%，平均19.1%），*Chenopodipollis*（含量2%~17%，平均9.9%）和 *Quercoidites*（含量2%~13%，平均8.5%）为主，可称为 *Ephedripites-Nitrariadites-Chenopodipollis-Quercoidites* 组合，其特点是：①以被子植物花粉占优势（38%~87%），裸子植物花粉居次（13%~62%），未见蕨类孢子；②被子植物花粉以 *Nitrariadites* 含量最高，约占孢粉总量的9%~25%，*Quercoidites*，*Qinghaipollis*，*Ulmipollenites*，*Cupuliferoipollenites*，*Tricolporopollenites* 等含量不突出（平均4%，最高不超过13%）；③草本植物花粉以 *Chenopodipollis* 含量最高（平均10%，最高20%）；④裸子植物花粉以 *Ephedripites* 占绝对优势（13%~49%），*Pinuspollenites* 和 *Piceaepollenites* 含量较少。该组合与柴达木盆地下干柴沟组中部孢粉组合特点相似，还可以与青海西宁早—中渐新世马哈拉沟组下段的孢粉组合及新疆库车盆地苏维依组孢粉组合对比。

同心县马断头—丁家二沟剖面清水营组产孢粉 *Pinuspollenites*, *Cedripites*, *Piceaepollenites*, *Podocarpidites*, *Tsugaepollenites igniculus*, *Tsugaepollenites*, *Ephedripites*, *Ginkgo*, *Taxodiaceaepollenites*, *Dacrydium*, *Carpinipites*, *Momipites*, *Betulaceoipollenites*, *Alnipollenites*, *Ostryoipollenites*, *Ulmipollenites*, *U. undnlosus*, *Ulmoideipites*, *U. tricostata*, *Celtispollenites*, *Quercoidites*, *Engelhardioidites*, *Caryapollenites*, *Meliaceoidites*, *M. rhomboiporus*, Leguminosae, *Araliacidites*, *Euphorbiacites*, *Scabiosapollis intrabaculus*, *Tiliaepollenites instractus*, *Salixipollenites*, *Chenopodiacidites*, *Labiatricolpites*, *Lonicerapollis*, *L. interospinosus*, *Rutaceoipollis*, *Potamogeton*, *Liliacidites*, *Randiapollis*, *Juglanspollenites*, Oleaceae, Hamamelidaceae, *Artemisea*, Gramineae, *Magnolipollis*, *Trochodendron*, *Compositoipollenites*, *Retitricolpites*, *Tricolpites*, *Tricolpopollenites microprojectus*, *Tetracolpites rhomboidalis*, *Pterisispollenites* 等。该孢粉经中国地质科学院地质研究所王大宁鉴定，认为可划分为3个组合：第一组合与我国新疆库车盆地苏维依组—吉迪克组、青海民和盆地的马哈拉沟组、谢家组孢粉组合可以对比，其时代为中—晚渐新世；第二组合所反映的气候比第一组合明显变凉，与国内外渐新世晚期气候大致相同，其时代应为晚渐新世；第三组合中一些热带亚热带分子又重新出现，明显指示了此时气候比第二组合有明显转暖的趋势，时代可能为中新世早期沉积。

隆德观音店清水营组产丰富的孢粉（见表12-2）*Podocarpidites*, *Abietineaepollenites*, *Piceaepollenites*, *Tsagaepollenites*, *Pinuspollenites*, *Betulaceoipollenites*, *Paraalnipollenites*, *Quercoidites*, *Cupuliferoipollenites*, *Ulmipollenites*, *Ulmoideipites*, *Juglanspollenites*, *Pterocaryapollenites*, *Caryapollenites*, *Celtispollenites*, *Rutaceoipolle*, *Meliaceoidites*, *Ilexpollenites*, *Tiliaepollenites*, *Fraxinuspollenites*, *Euphorbiacites*, *Momipites*, *Ephedripites*, *Nitraiapollenites*, Chenopodiaceae, Compositae, *Artemisaepollenites*, *Umbelliferaepollis*, *Lonicerapollis*, *Polygonumpollenites*, *Lycopodiumsporites*, *Selaginelasporites*, *Pterisispora*, *Cyathidites*, Polypodiaceoisporites（国家地震局地质研究所严富华鉴定）。该孢粉组合以 Chenopodiaceae（含量6.2%~33.3%，平均22.2%），*Pinuspollenites*（含量7.7%~34.4%，平均16.9%），*Ephedripites*（含量1%~24.3%，平均15.4%）和 *Betulaceoipollenites*（含量7.2%~29.7%，平均14.5%）为主，可称为 Chenopodiaceae-*Pinuspollenites*-*Ephedripites* -*Belulaceoipollenites* 组合，其特征为：①被子植物花粉占多数，种类及数量均较多，占52.8%~73.5%，其中以 *Belulaceoipollenites*, *Ulmipollenites*, *Juglanspollenites*, *Quercoidites* 等葇荑花序类的各种木本阔叶植物花粉含量较多，其次为草本植物；②裸子植物花粉含量居次，占24.7%~45.8%，其中以 *Ephedripites* 及 *Pinuspollenites* 为主；③蕨类植物孢子含量很低，种类及数量亦很少。孢粉组合特征反映当时气候属干旱性的暖温带气候。该孢粉组合与贺家口子清水营组下部的孢粉组合特征相似。

固原寺口子剖面清水营组下部的灰绿色泥质粉砂岩中产孢粉 *Schizaeoisporites*, *Araucariacites*, *Cedripites*, *Ephedripites*, *E.*（*Distachyapites*）*fushunensis*, *E. trinata*, *Momipites coryloides*, *Lonicerapollis pachydermus*, *Sapindaceidites concarus*, Coniferae 等。经中国地质科学院地质研究所四室孙秀玉、赵英娘鉴定，认为其时代属始新世—渐新世。

（四）轮藻

银（川）吴（忠）平原井下清水营组产有丰富的轮藻，主要属种有：*Obtusochara* sp., *Tectochara* sp., *T. meriani huangi*, *T. meriani octospirae*, *T. meriani globula*, *T. meriani meriani*, *T. meriani bicarinata*, *T. meriani helvetica*, *T. meriani*, *T. zhui*, *Latochara* sp., *Maedlerisphaera* sp., *Neochara* sp., *Sphaerochara* sp., *Groftiella* sp., *Chara latispiralis*, *Carites* sp. 等。这些轮藻化石多属渐新世的分子，其组合特征与山西垣曲的白水组和青海柴达木盆地下柴沟组的轮藻化石较为相似。

此外，在南华山地区清水营组上部采有鱼类 Leuciscinae。该属时限较长（渐新世—上新世），不具划时代的意义。

从上述各门类化石所反映的时代看，区内清水营组时代属渐新世无疑，其年代地层属渐新统乌兰布拉格阶至塔本布鲁格阶（相当于国际地层表中的吕珀尔阶至夏特阶）。磁性地层研究表明，清水营组底界年龄为30.291~30.288 Ma，顶界年龄为23.353~23.135Ma（见本章第三节磁性地层），表明清水营组属渐新世，与古生物化石所确定的地质年代完全一致。清水营组与苏北盆地三垛组，内蒙古乌兰布拉格组和乌兰塔塔尔组，新疆库车盆地苏维依组—吉迪克组，青海柴达木盆地下干柴沟组，陕西白鹿原组，以及蒙古国三达河组层位大致相当，可以对比。

第三节　磁性地层

2004~2007年，兰州大学李立立在做硕士论文时，对六盘山东西两侧的古近系—新近系进行了高精度磁性地层学研究。共实测了两条古地磁采样测量剖面，一是位于六盘山西麓的隆德剖面，二是位于六盘山东麓的泾源剖面，两剖面控制的地层自下而上均为始新统寺口子组、渐新统清水营组和中新统彰恩堡组。

隆德剖面共揭示出17个清晰的正极性带和17个负极性带（图12-6），该实测极性柱与标准极性柱6Bn—12n段具有较好的对应关系，其中寺口子组底部最醒目且跨时特长的一个负极性带R17和清水营组中部一个跨时较长的正极性带N12分别对应于标准极性柱中最特征的特长负极性带12r的大部分和9n；从底到顶，正极性带N17 、N16—N15、N14—N13、N11、N8—N7、N6—N4、N3—N2分别与12n、11n、10n、8n、7n、6Cn和6Bn对应；负极性带R16、R14、R11、R8分别与11r、10r、8r、7r对应。根据上述

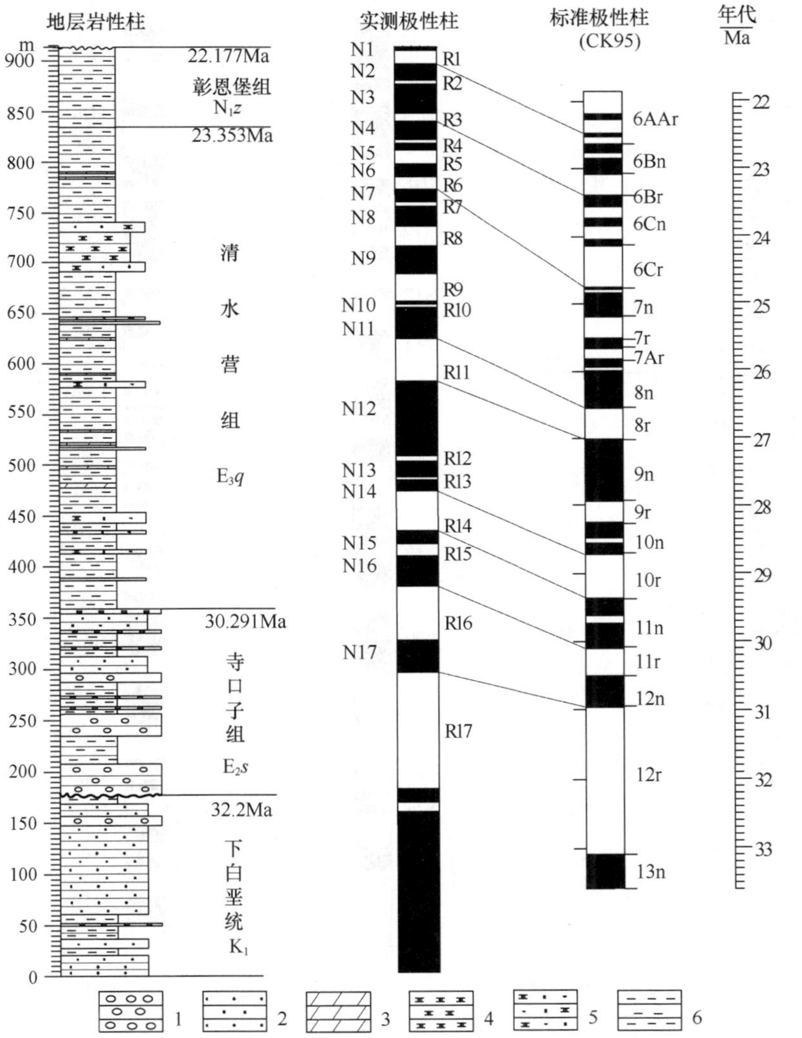

图12-6　隆德古近系—新近系剖面磁性地层序列

Fig. 12-6　Magnetostratigraphic sequence of Paleogene-Neogene profile in Longde County，Ningxia

1—砾岩；2—砂岩；3—泥灰岩；4—石膏；5—石膏质砂岩；6—泥岩、粉砂质泥岩、泥质粉砂岩

实测极性柱与标准极性柱的对比和沉积速率估算，得出隆德剖面中寺口子组年龄为大于 32.175Ma 至 30.291Ma，清水营组年龄为 30.291Ma 至 23.353 Ma，彰恩堡组为 23.353Ma 至小于 22.177Ma。

泾源剖面共揭示出 25 个清晰的正极性带和 25 个负极性带（图 12-7）。其实测极性柱与标准极性柱 5Cn—12r 段具有较好的对应关系。剖面上部（彰恩堡组）最醒目且跨时长的正极性带 N5、N7 分别对应于标准极性柱中正极性段中两个正磁性 5En 和最特征的 6n。中下部（清水营组）N20、N19、N18—N17、N13 分别对应于 9n、8n、7n 和 6Bn。剖面底部（寺口子组）长的负极性带 R25 应对应于 12r 的一部分，而位于 R25 之上的 N25、R24、N23—N24、R22、N21—N22、R20 分别与 12n、12r、11n、10r、10r 和 9r 对应。以负极性为主的 R16、R3—R4、R11—R12 分别与 6Cr、5Dr、6Ar—6AAr 对应。根据上述实测极性柱与标准极性柱的对比和沉积速率估算，得出泾源剖面中寺口子组年龄为 32.257Ma 至 30.288Ma，清水营组年龄为 30.288Ma 至 23.135Ma，彰恩堡组年龄为 23.135Ma 至小于 16.17Ma。

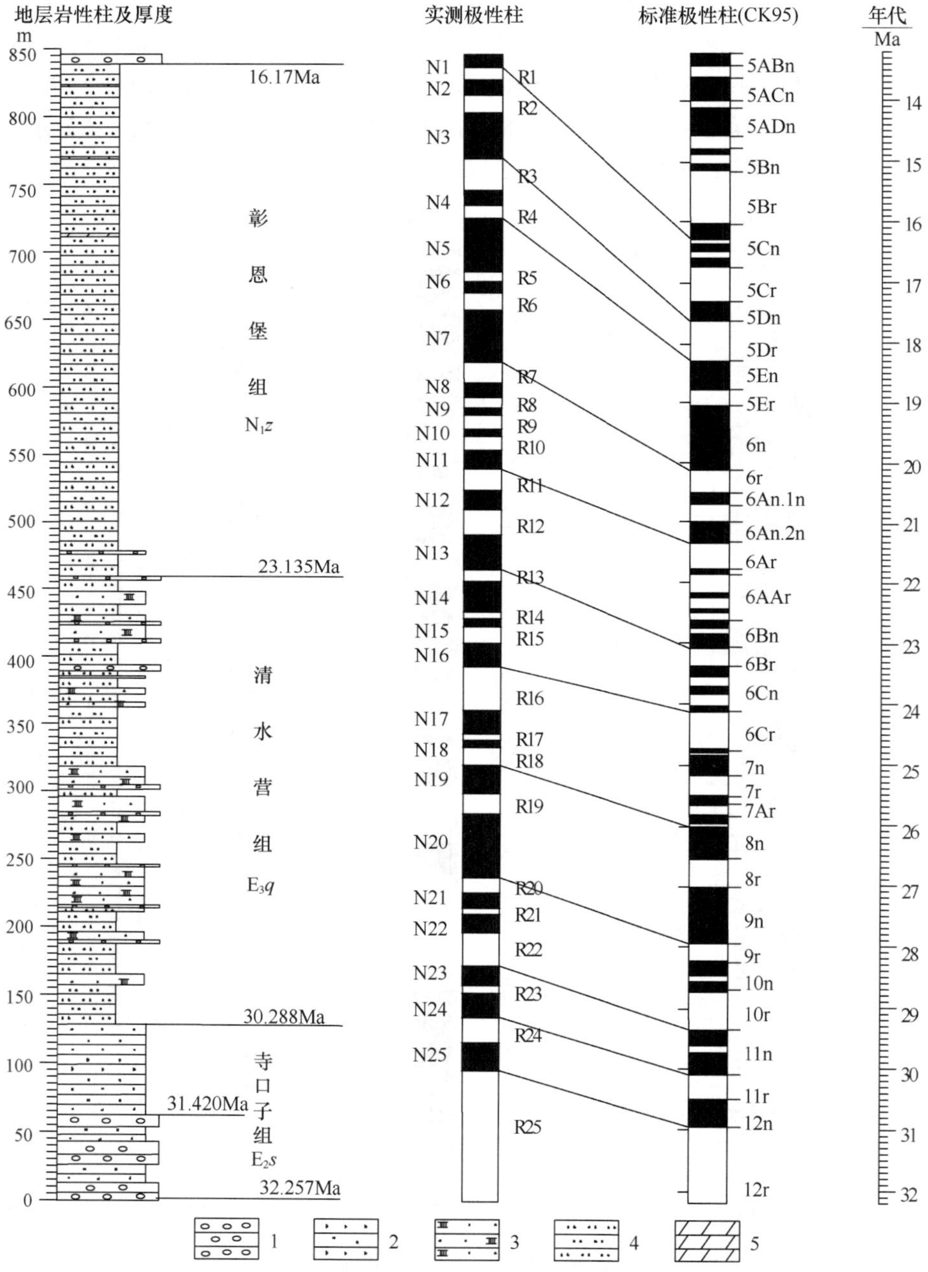

图 12-7 泾源古近系—新近系剖面磁性地层序列

Fig. 12-7 Magnetostratigraphic sequence of Paleogene-Neogene profile in Jingyuan County, Ningxia

1—砾岩；2—砂岩；3—石膏质砂岩；4—粉砂岩、泥岩；5—泥灰岩

第十三章　新近系

宁夏的新近系仅发育中新统，缺失上新统。广泛分布于宁夏中部、南部和东部地区（见图12-1），为一套河湖相红色碎屑岩沉积，产脊椎动物、介形虫、轮藻和孢粉化石。

第一节　岩石地层

一、银川-固原地层小区

本地层小区（地层分区按动态地层区划划分）的新近系统称甘肃群，是由杨钟健、卞美年1937年命名的甘肃建造沿革而来（甘肃建造→甘肃系→甘肃群）。甘肃群进一步划分为下部的彰恩堡组和上部的干河沟组（新近系的划分与命名沿革见表12-1）。

（一）彰恩堡组（N_1z）

彰恩堡组原称红柳沟组，后者系宁夏区调队1975年命名，命名地位于中宁县牛首山西麓白马乡彰恩堡以东的红柳沟。1999年，《中国地层典》编委会在《中国地层典·第三系》一书中因“红柳沟组”一名已由王景斌1966年用于新疆东部准噶尔地区志留系上部沉积，按国际地层命名的优先权，将宁夏中宁的“红柳沟组”改称为彰恩堡组。

彰恩堡组分布较广，主要出露于贺兰山南段、牛首山、卫宁北山、香山、罗山、月亮山、马东山、六盘山等基岩山地的山麓地带，以及兴仁—海原盆地、清水河东侧纪家—包头水一带，陶乐、灵武东山、盐池等地也有广泛出露。水道沟—干河沟剖面、贺家口子剖面和红沟梁剖面具代表性。

水道沟—干河沟剖面（位于中宁县白马乡东北8km的红柳沟。起点坐标：北纬37°42′，东经105°58′。宁夏区调队1974年测制）为彰恩堡组之层型，其层序如下（图13-1）：

上覆地层：干河沟组（N_1g）灰白色石英砂砾岩

——— 整　合 ———

彰恩堡组（N_1z）	厚度702.5m
46. 深土红色钙质黏土	13.8m
45. 灰白、橙黄色含铁质中粒石英砂岩夹少量灰色砾岩	12.1m
44. 土红色砂质黏土	12.1m
43. 土黄—灰白色含泥质中细粒石英砂岩	24.3m
42. 土红色砂质泥岩夹少量灰白色中粒石英砂岩	41.9m
41. 灰、灰绿色粗粒石英砂岩夹砾岩透镜体	23.3m
40. 土红色黏土，含少量石膏晶粒	5.1m
39. 黄、灰白色含钙质不等粒长石石英砂岩夹砂砾岩透镜体。产介形虫 *Candona* sp.，*Paracandona* sp.，*Candoniella albicans*，*Ilyocypris* sp.；哺乳类 *Platybelodon* cf. *grangeri*；轮藻 *Obtusochara* sp. 等	20.0m
38. 土红色砂质黏土夹灰白色细粒石英砂岩	23.1m
37. 灰、灰黄色细粒石英砂岩夹细粒钙质砾岩透镜体和土红色薄层砂质黏土	7.3m
36. 土红色砂质黏土	7.1m
35. 灰黄、灰白色中粒长石石英砂岩夹砾岩透镜体	16.3m
34. 土红色砂质黏土	16.3m

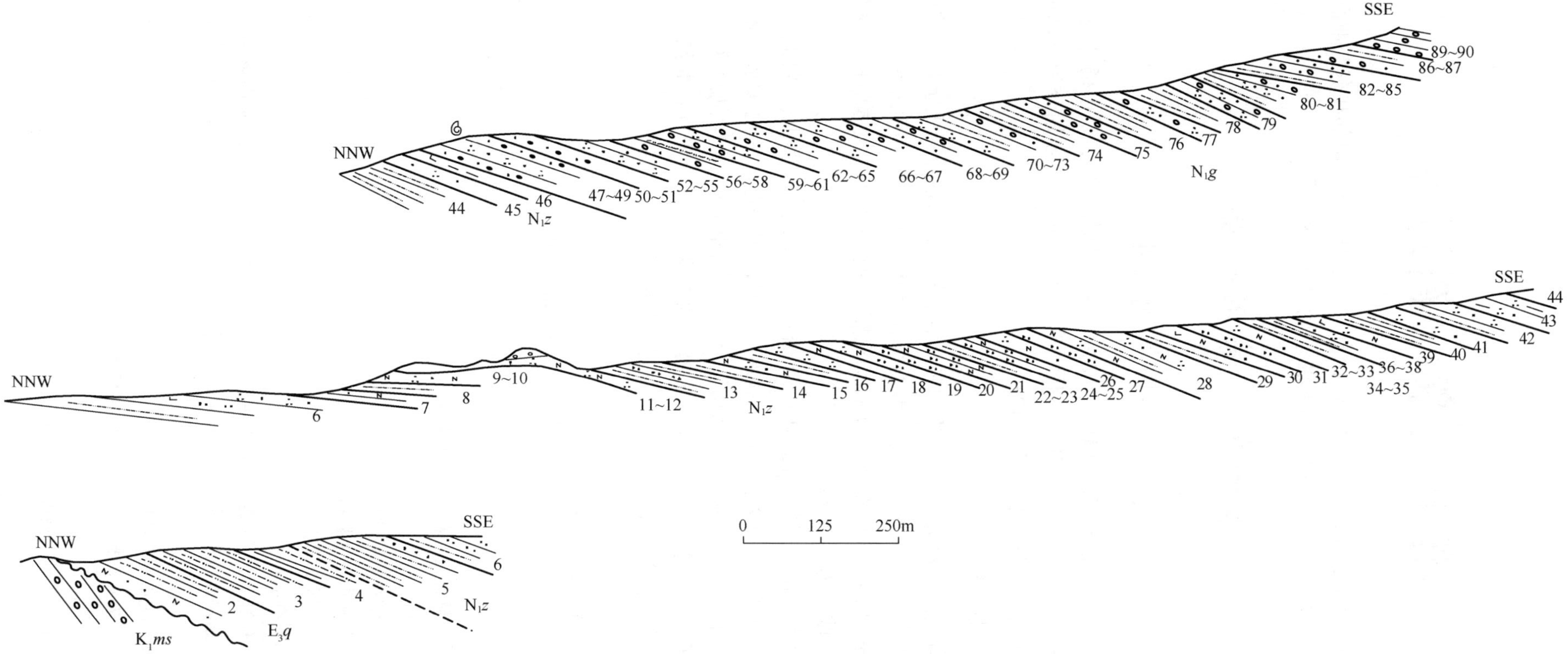

图 13-1 中宁县水道沟新近系剖面图

Fig.13-1 Section of Neogene in Shuidaogou, Zhongning County, Ningxia

33. 土红色砂质黏土夹灰色粗粒长石砂岩 18.2m

32. 灰黄、灰白色细粒长石石英砂岩 6.4m

31. 土黄色砂质黏土夹灰绿色细砂岩条带。产介形虫 *Eucypris micida*，*Cyprinotus* sp.，*Limnocythere cinctura*；轮藻 *Amblyochara* sp. 等 11.5m

30. 黄色含钙质细粒长石石英砂岩 12.3m

29. 土红色砂质黏土 35.0m

28. 灰白色中粒长石石英砂岩夹砾岩透镜体 22.5m

27. 橘黄色粉砂岩。产哺乳类 *Listriodon* sp.，Gomphotheriidae indet.，*Platybelodon* sp.；爬行类 *Amyda* sp. 等 2.6m

26. 灰—灰白色细粒长石石英砂岩 15.3m

25. 土红色砂质黏土夹中细粒长石石英砂岩 18.5m

24. 浅橘红色粉砂岩 7.1m

23. 灰白色中细粒长石石英砂岩 11.8m

22. 土红色砂质黏土 4.7m

21. 灰色细粒长石石英砂岩 6.6m

20. 土红色砂质黏土夹灰色黏土、灰白—灰绿色粉砂岩 25.9m

19. 橘黄色中细粒长石石英砂岩 13.8m

18. 灰白、黄色中粒长石石英砂岩夹砂质黏土 1.4m

17. 灰白、黄色石英粗砂岩 4.7m

16. 土红色砂质黏土夹绿色砂质黏土条带 15.8m

15. 灰—灰白色中细粒长石石英砂岩 2.8m

14. 土红色含砂质黏土 9.1m

13. 橘黄色中细粒长石石英砂岩 12.8m

12. 浅橘红色黏质砂土夹砂质黏土、灰绿色粉砂岩条带。产介形虫 *Cyprinotus* sp.，*Darwinula* sp.，*Candoniella albicans*；轮藻 *Charites* sp.，*C. molassica*，*C. sadler*，*Maedlerisphaera* sp.，*Gobichara* sp. 等 31.8m

11. 灰白—黄色中粒长石石英砂岩，产哺乳类 Gomphotheriidae indet. 21.5m

10. 浅橘红色黏质砂土 5.7m

9. 灰白色中粒长石石英砂岩 1.4m

8. 土红色砂质黏土夹黏质砂土和灰绿色砂岩条带 27.6m

7. 浅橘红色黏质砂土夹中粒长石石英砂岩，产哺乳类 *Stephanocemas* sp. 12.7m

6. 浅棕红色砂质黏土夹钙质粉砂岩、黏土、中粒长石石英砂岩，产介形虫 *Cyprinotus* sp. 48.3m

5. 土红色含钙质砂质黏土夹黏质砂土、灰白色砂岩条带，含脊椎动物化石碎片 72.0m

----- 平行不整合 -----

下伏地层：清水营组（E_3q）橘红、深红色黏质砂土、砂质黏土，含石膏

贺家口子剖面层序如下（图 13-2）：

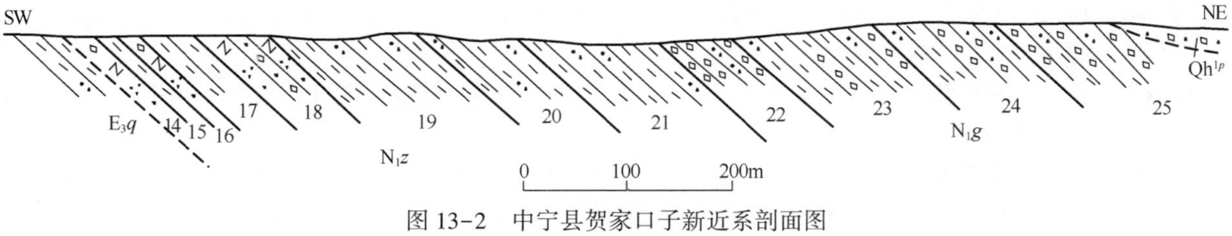

图 13-2 中宁县贺家口子新近系剖面图

Fig. 13-2 Section of Neogene in Hejiakouzi，Zhongning County，Ningxia

上覆地层：干河沟组（N_1g）灰色厚—块状中—粗砾岩、砂砾岩夹浅橘黄色砂岩、粉砂岩及粉砂质泥岩

———— 整 合 ————

彰恩堡组（N_1z） 厚度 160.9m

21. 橘黄色块状粉砂质泥岩夹少量橘黄色泥岩条带。泥岩发育水平层理 35.5m
20. 橘黄色中—薄层粉砂质泥岩夹橘黄色泥岩，中部夹橘黄色块状粉砂质泥岩。粉砂质泥岩发育水平层理、沙纹层理 29.0m
19. 橘红色块状泥岩，下部夹少量紫红色泥岩。紫红色泥岩发育水平层理 40.6m
18. 灰白、浅黄灰色巨厚层（含砾）细—中粒长石石英砂岩，底部为砂砾岩、中—细砾岩透镜体。岩石胶结差，呈疏松状，发育大型槽状交错层理，含哺乳动物化石碎片 20.6m
17. 橘红色泥岩夹橘黄色薄—中层粉砂质泥岩。粉砂质泥岩发育水平层理、沙纹层理 15.1m
16. 浅橘黄—灰白色巨厚层（含细砾）中—细粒长石石英砂岩。岩石较为疏松，发育大型槽状交错层理，含哺乳动物化石碎片 6.1m
15. 橘红色泥岩，下部夹橘黄色薄层粉砂质泥岩。粉砂质泥岩发育水平层理、沙纹层理 5.6m
14. 浅黄灰色巨厚层含砾中—细粒长石石英砂岩。岩石较疏松，发育大型槽状交错层理，含哺乳动物化石碎片 8.4m

----- 平行不整合 -----

下伏地层：清水营组（E_3q）紫红色泥岩夹橘黄色薄—中层含粉砂质泥岩

寺口子剖面（位于固原市原州区寺口子。起点坐标：北纬36°18′，东经106°00′。宁夏地调院2001年测制）层序如下（图13-3）：

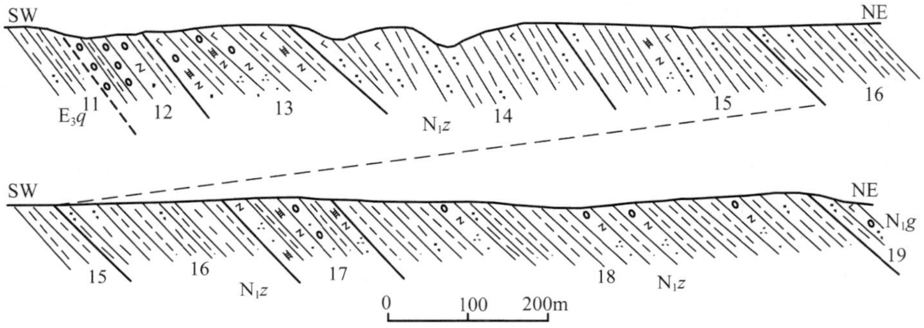

图13-3 固原市原州区寺口子中新统彰恩堡组剖面图

Fig. 13-3 Section of the Miocene Zhang'enpu Formation in Sikouzi, Yuanzhou, Guyuan, Ningxia

上覆地层：干河沟组（N_1g）浅橘红色薄—中层不等粒岩屑长石杂砂岩、粉砂岩夹灰绿色厚—巨厚层中—粗砾岩

——— 整 合 ———

彰恩堡组（N_1z） 厚度 1296.7m

18. 橘红色泥岩、粉砂质泥岩夹中—厚层（含砾）细粒长石石英砂岩 404.3m
17. 橘红色泥岩、粉砂质泥岩与橘红、灰白色薄—中层石膏质细—中粒长石石英砂岩互层，中部见夹灰白色中—厚层含砾砂岩、砂砾岩 98.5m
16. 紫红—橘红色泥岩、粉砂质泥岩 160.9m
15. 橘红色夹少量蓝灰色泥岩、粉砂质泥岩夹少量橘黄色薄—中层石膏质中—细粒长石石英砂岩、钙质粉砂岩 208.3m
14. 橘红色泥岩、粉砂质泥岩夹少量橘红色薄—中层钙质细粒长石石英砂岩、钙质粗粉砂岩，偶夹蓝灰色细砂岩条带 230.3m
13. 橘红色间夹少量蓝灰色泥岩、粉砂质泥岩夹红灰色厚层钙质、石膏质（含砾）中—细粒长石英砂岩。砂岩发育大型板状斜层理、槽状交错层理、平行层理，砂岩多呈透镜状，含泥砾及哺乳动物化石碎片 123.0m
12. 下部为橘红色泥岩、粉砂质泥岩夹数层灰、深灰色中—细砾岩；中—上部为橘红色泥岩、粉砂质泥岩夹橘红—橘黄色中—厚层钙质（含细砾）中—细粒长石石英砂岩。砂岩含哺乳动物化石碎片 71.4m

----- 平行不整合 -----

下伏地层：清水营组（E_3q）紫红、紫灰与蓝灰、灰绿色相间的泥岩、石膏质泥岩夹少量蓝灰、浅灰色薄—中层钙质细粒长石石英砂岩、钙质粉砂岩

彰恩堡组与下伏渐新统清水营组平行不整合或不整合接触（图 13-4），或直接不整合于下白垩统（图 13-5）或更老地层之上，与上覆干河沟组整合接触，为一套河湖相红色碎屑岩沉积，主要由橘红、橘黄、紫红色泥岩、粉砂质泥岩和砂岩组成，产脊椎动物、腹足类、介形虫、轮藻和孢粉等化石。

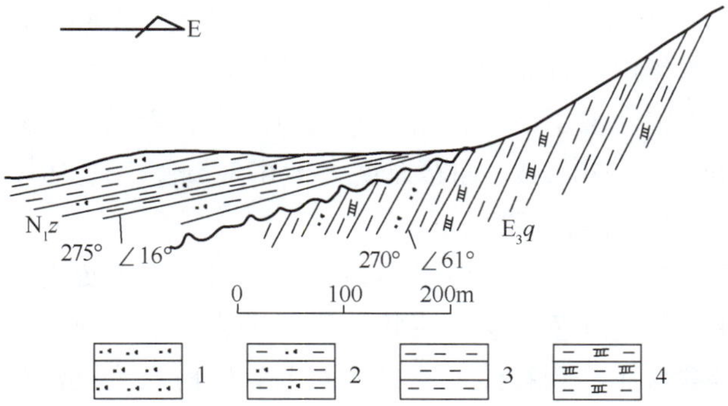

图 13-4　彰恩堡组（N_1z）与清水营组（E_3q）不整合接触素描图

Fig. 13-4　Sketch showing angular unconformity between the Zhang'enpu Formation（N_1z）and the Qingshuiying Formation（E_3q）

1—粉砂岩；2—粉砂质泥岩；3—泥岩；4—泥质石膏岩

图 13-5　银川市鹰嘴山中新统彰恩堡组（N_1z）与下白垩统庙山湖组（K_1ms）不整合接触关系

Fig. 13-5　Unconformity between the Miocene Zhang'enpu Formation（N_1z）and the Lower Cretaceous Miaoshanhu Formation（K_1ms）in Yingzuishan, Yinchuan, Ningxia

水道沟—干河沟剖面彰恩堡组厚 702.5m，下部（5~28 层）为橘红—橘黄色黏质砂土、砂质黏土夹灰白色胶结较松散之长石石英砂岩和少量灰绿色黏土质条带；上部（29~46 层）以土红色砂质黏土为主，夹灰白色半胶结的长石石英砂岩、石英砂岩及砂砾岩透镜体。卫宁北山东南麓广武—大佛寺沟一带彰恩堡组岩性与水道沟—干河沟剖面基本一致，为橘黄—橘红色砂质黏土、黏质砂土、长石石英砂岩夹砾岩。大佛寺沟厚 283.8m，平台湖沟厚 399.1m。牛首山西麓红柳沟等地岩性也与水道沟—干河沟剖面相似。牛首山东麓—红寺堡—烟筒山东麓一带岩性为橘红色厚层中细粒岩屑石英砂岩、长石石英砂岩与粉砂岩不等厚互层，夹少量泥岩，偶夹灰岩、泥灰岩条带，自下而上粉砂岩有增多之趋势，

黑旋沟—双吉沟剖面厚1113.5m。

贺家口子剖面彰恩堡组厚160.9m，岩性以橘红、橘黄色泥岩、粉砂质泥岩为主，下部夹灰白—浅黄灰色厚—巨厚层含砾中—细粒长石石英砂岩及砾岩、砂砾岩透镜体，砂岩、砂砾岩发育大型槽状交错层理，含哺乳动物化石碎片。兴仁—海原盆地彰恩堡组分布面积较大，岩性与贺家口子剖面相似。同心东部丁家二沟—包头水一带彰恩堡组岩性也与贺家口子剖面相似，灰白、黄绿色中粗粒砂岩中产丰富的脊椎动物化石，丁家二沟厚度大于165.4m，包头水厚度大于1353.8m。

寺口子剖面彰恩堡组厚1296.7m，岩性为橘红、紫红间夹蓝灰色泥岩、粉砂质泥岩夹橘红—橘黄色中—厚层（含砾）中—细粒长石石英砂岩、粉砂岩及少量砾岩、砂砾岩，底部砾岩和下部砂岩含哺乳动物化石碎片。南华山、西华山、月亮山、马东山山麓地带岩性大致与寺口子剖面类似。大关山西麓张易—隆德一带彰恩堡组不整合覆于清水营组不同层位之上，未见顶，打石沟产哺乳动物化石，厚度大于255.9m，观音店厚度大于220.2m，谢寨厚度大于675.5m，三里店厚度大于206.5m。南华山西端红沟梁剖面厚819.9m，下部产哺乳动物化石。

贺兰山南段花布山—庙山湖一带，彰恩堡组不整合于寺口子组或更老地层之上，与上覆干河沟组整合接触，岩性较粗，为灰、浅橘红色厚层—块状钙质粗砾岩、中—薄层中—粗砾岩夹浅橘红色（含砾）粉砂质泥岩、粉砂岩及含砾中—粗粒砂岩，自下而上有碎屑粒度逐渐变细、细碎屑岩逐渐增多之趋势，花布山剖面厚度大于308.5m。

大、小罗山山麓地带彰恩堡组岩性为橘黄—土红色粉砂岩、粉砂质泥岩夹中—细粒砂岩，偶夹砾岩、砂砾岩透镜体。蜗牛山剖面厚度大于203.9m，底部砂砾岩含脊椎动物化石，旧寺堡子剖面厚度大于171.9m。

香山北麓营盘水—下河沿—刘岗井一带彰恩堡组不整合于石炭纪或更老地层之上，岩性偏粗，为橘黄色中—厚层中—细粒石英砂岩、橘红色粉砂质泥岩、泥岩夹灰色厚—中层中—粗砾岩、灰白色含砾粗粒岩屑石英砂岩，阴洞沟剖面厚375.7m。

彰恩堡组在横向上岩性、岩相变化不显著，有自层型水道沟—干河沟剖面向四周变粗的趋势。沉积厚度相差悬殊，贺家口子一带厚度最小为160.9m，包头水一带厚度最大，超过1353.8m。

（二）干河沟组（N_1g）

宁夏区调队1975年创名，创名地点位于牛首山西麓中宁县白马乡之干河沟，正层型为中宁水道沟—干河沟剖面。

干河沟组分布局限，主要出露于贺兰山南段庙山湖、武河，牛首山山麓建材厂、滚泉、干河沟，卫宁北山南麓石空，香山北麓腰岘子、阴洞沟、刘岗井，清水河西侧贺家口子，马东山东麓寺口子沟、臭水沟及南华山西端红沟梁等地。水道沟—干河沟剖面、贺家口子剖面和寺口子剖面具代表性。

水道沟—干河沟剖面层序如下（见图13-2）：

干河沟组（N_1g）	厚度>804.8m
90. 灰色、铁锈黄色砾岩（未见顶）	>38.0m
89. 土黄色黏质砂土	0.7m
88. 灰色砂砾岩	32.2m
87. 土红色黏质砂土	23.6m
86. 灰色砂砾岩和灰白、橙黄色石英砂岩互层	40.6m
85. 灰白色石英砂岩夹灰色砂砾岩	23.5m
84. 土红色砂质黏土	15.4m
83. 灰色砂砾岩和灰白色石英砂岩互层，夹土红色粉砂质砂土	22.8m
82. 土黄、土红色砂质黏土	12.2m
81. 灰色砾岩夹灰白色石英砂岩	9.4m

80. 土红色钙质黏土 17. 2m
79. 灰白色含砾石英砂岩 35. 5m
78. 土红色黏质砂土 23. 7m
77. 灰白色含砾石英砂岩 18. 4m
76. 土红色黏质砂土 17. 4m
75. 灰色砂砾岩 36. 6m
74. 土红色黏质砂土 38. 2m
73. 灰色砂砾岩，顶部有 2m 厚的石英砂岩 26. 5m
72. 土红色黏质砂土 11. 0m
71. 灰白色石英砂岩 7. 1m
70. 浅土红色黏质砂土 14. 1m
69. 灰白色含砾石英砂岩 20. 3m
68. 浅土红色黏质砂土夹砂岩 10. 4m
67. 灰色砂砾岩 6. 0m
66. 灰白色含砾石英砂岩 6. 7m
65. 灰白色砂砾岩夹灰白色石英砂岩 3. 7m
64. 土红色钙质黏土 42. 0m
63. 灰白色石英砂岩 9. 0m
62. 土红色砂质黏土 6. 0m
61. 灰色砂砾岩 6. 0m
60. 灰白色石英砂岩 2. 9m
59. 灰色砂砾岩 8. 8m
58. 土黄色砂岩 1. 0m
57. 土红色黏质砂土 14. 0m
56. 灰色砂砾岩 6. 6m
55. 灰白色石英砂岩 13. 1m
54. 灰色砂砾岩夹薄层砂岩、石英砂岩，交错层理发育 30. 9m
53. 浅土红色黏质砂土 3. 0m
52. 灰白色石英砂岩夹灰色砂砾岩 27. 3m
51. 土红色钙质黏土 10. 8m
50. 灰色砂砾岩夹灰白色石英砂岩和土红色黏质砂土 52. 0m
49. 深土红色钙质黏土 14. 3m
48. 土红色黏质砂土夹灰白色石英砂岩 14. 3m
47. 灰色砂砾岩，底部夹灰白色石英砂岩，中部夹灰绿色薄层泥灰岩。石英砂岩中产哺乳类 *Ninxiatherium longirhinus*，*Hipparion* sp.；灰色泥灰岩中产轮藻 *Tectochara meriani meriani*，*T. meriani huangi*，*T. meriani octospirae*，*T. meriani globula*，*T. zhui*，*T. maslovi*；介形虫 *Paracandona* sp. 31. 6m

———— 整　合 ————

下伏地层：彰恩堡组（N_1z）深土红色钙质黏土

贺家口子剖面层序如下（见图 13-3）：

干河沟组（N_1g） 厚度>131. 0m

25. 灰色厚—块状中—粗砾岩、砂砾岩夹少量灰色砂岩和浅褐红色石膏质砂岩条带（第四系覆盖，未见顶） 31. 3m
24. 浅橘黄色块状粉砂质泥岩夹橘红—浅紫红色泥岩条带，上部尚见夹灰色厚层砂砾岩、细—中砾岩、含砾粗砂岩。砂岩发育平行层理 36. 6m

23. 橘黄色粉砂质泥岩、浅紫红色泥岩与灰色巨厚—块状中粗砾岩互层。粉砂质泥岩、泥岩发育水平层理　41.4m

22. 灰色厚—块状中—粗砾岩、砂砾岩夹浅橘黄色砂岩、粉砂岩及粉砂质泥岩、砾岩。砂砾岩发育平行层理　21.7m

———— 整　合 ————

下伏地层：彰恩堡组（N_1z）橘黄色块状粉砂质泥岩夹少量橘黄色泥岩条带。泥岩发育水平层理

寺口子剖面层序如下（图 13-6）：

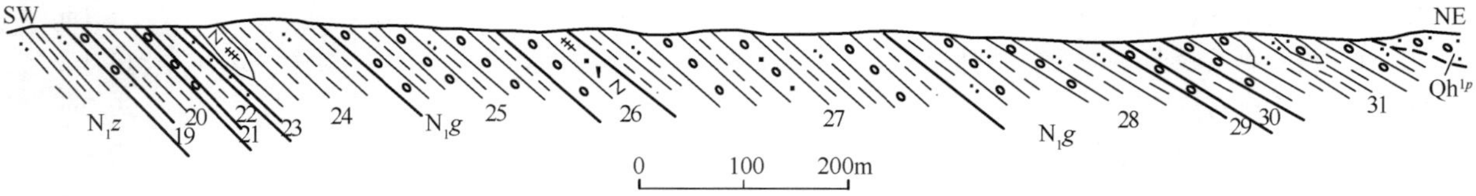

图 13-6　固原市原州区寺口子中新统干河沟组剖面图

Fig. 13-6　Section of the Miocene Ganhegou Formation in Sikouzi, Yuanzhou, Guyuan, Ningxia

干河沟组（N_1g）　厚度>684.7m

31. 浅灰色巨厚层—块状粗—巨砾岩夹土黄色泥质粉砂岩及含砾砂岩、砂砾岩透镜体（第四系覆盖，未见顶）　111.2m

30. 下部为浅橘黄色粉砂质泥岩，上部为土黄色粉砂质泥岩　17.9m

29. 浅灰色巨厚—块状粗—巨砾岩，上部夹少量土黄色中层含砾中—细粒岩屑长石杂砂岩（透镜体）　8.7m

28. 土黄色泥质粉砂岩，下部夹两层浅灰色巨厚—块状中—粗砾岩、细—中砾岩　89.9m

27. 橘红色泥岩、粉砂质泥岩夹浅红色厚层—块状中—粗砾岩　143.3m

26. 橘黄色薄—中层不等粒岩屑长石杂砂岩夹浅灰色巨厚—块状中—粗砾岩，前者尚夹细砾岩、粉砂岩及泥岩条带　40.1m

25. 橘黄色泥质粉砂岩、粉砂质泥岩夹浅灰色厚层—块状细—中砾岩（8 层）及少许紫红色泥岩条带　103.0m

24. 浅橘红色泥岩、粉砂质泥岩，下部夹一层厚约 2m 之橘黄色含砾不等粒岩屑长石杂砂岩　92.6m

23. 橘黄色中—厚层（含砾）不等粒岩屑长石杂砂岩，下部夹浅灰色砂砾岩、细—中砾岩透镜体　5.4m

22. 橘红色泥岩、粉砂质泥岩夹紫红色泥岩条带　19.2m

21. 浅红灰色中—巨厚层中—粗砾岩　4.1m

20. 橘红色泥岩、粉砂质泥岩夹紫红色泥岩条带　37.7m

19. 浅橘红色薄—中层不等粒岩屑长石杂砂岩、粉砂岩夹浅灰绿色厚—巨厚层中—粗砾岩　11.6m

———— 整　合 ————

下伏地层：彰恩堡组（N_1z）橘红色泥岩、粉砂质泥岩夹中—厚层（含砾）细粒长石石英砂岩

干河沟组与下伏中新统彰恩堡组整合接触，其上为第四系覆盖。为一套河流相—山麓相红色碎屑岩沉积，由砂砾岩、砾岩、砂岩、粉砂岩和粉砂质泥岩组成，以出现较为稳定的粗碎屑岩与下伏彰恩堡组分界，产哺乳类、介形虫和轮藻等化石，厚 18.2~804.8m。

水道沟—干河沟剖面干河沟组厚 804.8m，下部（47~61 层）以灰色砾岩、砂砾岩为主夹灰白色石英砂岩及少量土红色钙质黏土等，中部（62~78 层）为土红色黏质砂土、钙质黏土夹灰色砂砾岩、灰白—土黄色石英砂岩等，上部（79~90 层）为灰色砾岩、砂砾岩与土红色黏质砂土、灰白色石英砂岩互层。贺家口子剖面干河沟组厚度大于 131m，岩性为灰色厚层—块状中—粗砾岩、砂砾岩、砂岩夹浅

橘红、橘黄色粉砂质泥岩及浅紫红色泥岩条带。寺口子剖面干河沟组厚度大于684.7m，岩性为浅橘黄、土黄色粉砂质泥岩、泥质粉砂岩、泥岩夹浅灰、浅红灰色中—巨厚层砾岩、砂砾岩、浅橘红、浅橘黄色薄—中层不等粒岩屑长石砂岩，自下而上砾岩、砂砾岩有增多之趋势。

贺兰山南段楼楼子山—吉井子一带干河沟组岩性为橘红、砖红色钙质粗—中砾岩夹砖红色薄层（透镜状）细砂岩，自下而上砾岩明显增多。楼楼子山厚度大于223.3m，吉井子厚度大于75.8m。

牛首山东麓吴忠建材厂—滚泉一带干河沟组仅有下部层位，岩性以橘红、浅肉红色砾岩、砂岩为主夹橘红色粉砂岩、泥质粉砂岩。吴忠建材厂出露厚仅30m，产 *Hipparion* 等哺乳类化石；滚泉东侧吴家沟厚度大于212.1m。

卫宁北山南麓大佛寺—平台湖沟一带干河沟组厚度大于269.6m，岩性以灰色砾岩、砂砾岩为主夹橘红色黏质砂土、石英砂岩等，层位大致相当层型水道沟—干河沟剖面之下部。

香山北麓腰岘子—刘岗井一带，干河沟组岩性以灰、浅砖红色砾岩、含砾砂岩为主，夹少量橘黄、浅土红色粉砂质泥岩、粉砂岩，高家水厚度大于477.9m，阴洞沟厚度大于123.2m，刘岗井厚度大于602.1m。香山南麓新水和石坝水厚分别为159.2m、18.2m，岩性与层型水道沟—干河沟剖面下部相似。

兴仁—海原盆地及其周缘干河沟组岩性与贺家口子剖面和寺口子剖面基本一致，为浅橘红、橘黄、土黄色粉砂质泥岩、泥岩、泥质粉砂岩夹灰、浅红灰色中厚层—块状含砾砂岩、砂砾岩、砾岩，自下而上含砾砂岩、砂砾岩、砾岩逐渐增多，具有总体向上变粗的层序特征。红沟梁剖面厚度大于339.4m。

同心东部八泉—金家梁一带见厚83.9m，岩性为灰白色砂岩、土红、土黄色泥质粉砂岩、粉砂质泥岩等。

二、盐池-彭阳地层小区

本小区的新近系过去习惯称为三趾马红土，或称为甘肃群上亚群、上第三系。1984年，在《甘肃的第三系》一书中又将其改称为临夏组。1996年、1997年先后出版的《宁夏回族自治区岩石地层》和《甘肃省岩石地层》将宁夏中宁—同心地区的干河沟组一名引用到本区，用以代表该区的上第三系。本《志》认为，分布于该区的新近系与陕北府谷、米脂、宜川、洛川、延安、铜川等地的保德组在层位、岩性及所产的古生物化石等方面都比较相似，因而起用保德组（N_1b）代替干河沟组，用以代表该区的新近系。

保德组由师丹斯基（O. Zdansky）1923年创名的宝德“三趾马红土”沿革而来。命名剖面位于山西北部腰庄乡冀家沟和芦子沟。

本小区保德组零星出露于南北古脊梁以东盐池南部—彭阳一带的沟谷中，不整合覆于下白垩统保安群不同层位之上，其上为早更新统午城黄土覆盖。岩性为土红、橘红、橙黄色黏土、砂质黏土，其中见含直径约0.5cm、圆度极好的石英小砾石及橙红色钙质结核，层理不明显，厚1~50m。区内尚未见有测制完好的地层剖面，仅见于零星露头的岩性描述。

第二节　古生物群组合与地层划分对比

一、彰恩堡组

本组产脊椎动物（包括哺乳类、爬行类、鱼类等）、腹足类、介形虫、轮藻和孢粉等门类化石，其中脊椎动物和孢粉在地层划分上具有重要意义。

（一）脊椎动物

南华山西端袁家窝窝—红沟梁一带彰恩堡组底部产脊椎动物 *Parasminthus* sp.，*Aprotodon* sp.，Rodentia，Indricotheriidare，Rhinocerotidae。其中 *Aprotodon* 曾发现于我国兰州盆地中新统底部的白砂岩中和巴基斯坦的中新统。*Parasminthus* 曾产于新疆索索泉组下部的索索泉动物群和青海湟中县的谢家组，其地史分布为中渐新世—早中新世。*Aprotodon* 也曾产于新疆索索泉组的索索泉动物群，在兰州皋兰动物群中也有见及。据王伴月等（1994）研究，袁家窝窝的 *Parasminthus* sp. 显然比渐新世的 3 个已知种大而进步，与中新世已知种的特点相似，很可能是早中新世的成员。可见，这一动物群的时代很可能为早中新世—中中新世（谢家期）。

同心丁家二沟地区产丰富的脊椎动物，主要有：*Platybelodon tongxinensis*（图版 XXXⅡ，1～4），*Gomphotherium tongxinensis*，*Miomastodon tongxinensis*，*Kubanochoerus* cf. *massai*，*K. lantienensis*（图版XXXⅣ，1～3），*K. gigas*，*K.* cf. *khinzikebirus*，*Bunolistriodon* cf. *lockharti*，*B. intermedius*，*Aschizochoerus elpistos*，*A. typicys*，*Ozotochoerus scorpioides*，Suidae，*Conohyus* spp.，*Oioceros* sp.，*Chilotherium* sp.，*Brachypotherium brochypus*，*Caementodon tongxinensi*，Rodentia，*Alloptox* sp.，*A. gobiensis*，*Pliopithecus* sp.（图版 XXXⅠ，4、5），*Percrocuta primordialis*（图版 XXXⅠ，1～3），*Sansanosmilus*，*Gobiocyon*，*Hemicyon*，*Stephanocemas*，*Eotragus*，*Turcoceros* 及板齿犀、无角犀、爪兽等。邱占祥等（1990）将该动物群称为丁家二沟地方哺乳动物群，认为这一动物群与俄罗斯高加索 Belomechetskaya 动物群最为接近，两者都是以 *Platybelodon* 和 *Listriodon* 为代表，其他种类也颇多相同和相似，时代属中中新世（通古尔期）。

牛首山西麓水道沟、干河沟、鸣沙等地产脊椎动物：哺乳类 *Platybelodon* sp.，*P. grangeri*，*P.* cf. *grangeri*，*Listriodon* sp.，*Stephanocemas* sp.，Gomphotheriidae indet.，Cervidae 和 爬行类 *Amyda* sp. 。该动物群特征与丁家二沟动物群一致。

卧牛山东麓彰恩堡组产脊椎动物：哺乳类 Rodentia，*Tachyoryctoides kokonorensis*，*Tsaganomys* sp.，*Hyaenodon* sp.，Cervidae，Ochotonidae，Perissodactyla，Bovidae 和鱼类 *Mylopharyngodon* sp. 。其中 *Tsaganomys* 多见于我国渐新世的乌兰塔塔尔组、清水营组、乌兰布拉格组和伊肯布拉格组，亦见于早中新世的兰州动物群。*Hyaenodon* 分布于欧亚、北美晚始新世—中新世。*Tachyoryctoides kokonorensis* 是我国早中新世谢家组和晚渐新世伊肯布拉格组中特有的种。*Mylopharyngodon* 生存于中新世—全新世。Bovidae 生存于中新世—现代。虽然该动物群中有 *Tsaganomys* 和 *Hyaenodon* 等渐新世的哺乳动物存在，但 Bovidae 和 *Mylopharyngodon* 的出现，说明该动物群时代应晚于渐新世，为早中新世，与青海西宁盆地谢家组动物群可以对比。

六盘山西麓打石沟（隆德县城东）产脊椎动物化石，计有 3 目 6 科 12 属种：*Bellatona forsythmajori*，*Desmatolagus* ? sp.，*Heteroxerus* sp.，*Sinotamias primitivus*，*Eutamias* aff. *ertemtensis*，*Atlantoxerus* cf. *orientalis*，*Tachyoryctoides* sp.，*Protalactaga* cf. *grabaui*，*P. majori*，*Plesiodipus leei*，Cricetidae 及 Erinaceinae。其中 *Protalactaga grabaui* 和 *Bellatona forsythmajori* 是内蒙古通古尔动物群的重要成员，*Desmatolagus* 常见于渐新世，*Tachyoryctoides* 见于渐新世和中新世。中国科学院古脊椎动物与古人类研究所吴文裕鉴定后认为这一动物群的时代与内蒙古通古尔动物群相当，时代为中中新世晚期。

（二）孢粉

六盘山西麓西吉县谢寨剖面彰恩堡组产孢粉（表 13-1）。该孢粉组合称为 *Pinuspollenites*-*Belulaceoipollenites*-Chenopodiaceae 组合，其特点是：①以乔木植物之 *Pinuspollenites* 及 *Belulaceoipollenites* 为主，二者最高可分别占总数的 27.6%和 33%，且在类型及数量上均较丰富；②草本植物 Chenopodiaceae 在组合中较多，最高可占总数的 38.2%，*Ephedripites* 含量有时高达 23.6%，且出现了少量的菊科 *Artemisaepollenites*；③蕨类植物孢子虽少，但种类亦较丰富。该孢粉组合特征与我国西北地区许多中新世的孢粉组合特征相似，反映其时代为中新世。

表 13-1　西吉县谢寨剖面彰恩堡组孢粉统计表

Table 13-1　Statistical table of spores and pollen of the Zhang'enpu Formation in the Xiezhai section, Xiji County, Ningxia

样号		BF-9		BF-11		BF-18	
孢粉名称		粒	%	粒	%	粒	%
孢子花粉总数		167	100	115	100	178	100
乔木植物花粉总数		116	69.5	91	79.1	61	34.3
灌木及草本植物花粉总数		45	26.9	21	18.3	116	65.1
蕨类植物孢子总数		6	3.6	3	2.6	1	0.6
乔木植物花粉	冷杉粉属 *Abietineaepollenites* sp.	4	2.4	4	3.5	2	1.1
	云杉粉属 *Piceaepollenites* sp.	1	0.6				
	铁松粉属 *Tsagaepollenites* sp.						
	松粉属 *Pinuspollenites* sp.	46	27.6	26	22.6	15	8.4
	桦粉属 *Betulaceoipollenites* sp.	39	23.4	38	33.0	23	12.9
	桤木粉属 *Paraalnipollenites* sp.	2	1.2	2	1.7	2	1.1
	栎粉属 *Quercoidites* sp.	5	3.0	6	5.2	1	0.6
	栗粉属 *Cupuliferoipollenites* sp.	1	0.6	1	0.9		
	榆粉属 *Ulmipollenites* sp.	6	3.6	5	4.3	8	4.5
	肋榆粉属 *Ulmoideipites* sp.	6	3.6	1	0.9	5	2.8
	胡桃粉属 *Juglanspollenites* sp.	1	0.6	2	1.7	4	2.2
	枫杨粉属 *Pterocaryapollenites* sp.			1	0.9		
	山胡桃粉属 *Caryapollenites* sp.	2	1.2	1	0.9		
	朴粉属 *Celtispollenites* sp.	1	0.6				
	楝粉属 *Meliaceoidites* sp.			2	1.7		
	冬青粉属 *Ilexpollenites* sp.	1	0.6				
	椴粉属 *Tiliaepollenites* sp.	1	0.6	1	0.9		
	梣粉属 *Fraxinuspollenites* sp.			1	0.9		
	大戟粉属 *Euphorbiacites* sp.					1	0.6
灌木及草本花粉	榛粉属 *Momipites* sp.	2	1.2	2	1.7	2	1.1
	麻黄粉属 *Ephedripites* sp.	9	5.4	6	5.2	42	23.6
	白刺粉属 *Nitraiapollenites* sp.					3	1.7
	藜科 Chenopodiaceae	27	16.2	5	4.3	68	38.2
	菊科 Compositae	1	0.6			1	0.6
	蒿粉属 *Artemisaepollenites* sp.	5	3.0	8	7.0		
	伞形粉属 *Umbelliferaepollis* sp.	1	0.6				
蕨类孢子	石松孢属 *Lycopodiumsporites* sp.	1	0.6				
	卷柏孢属 *Selaginelasporites* sp.			1	0.9	1	0.6
	凤尾蕨孢属 *Pterisispora* sp.	1	0.6				
	莎椤孢属 *Cyathidites* sp.	1	0.6				
	水龙骨孢科 Polypodiaceoisporites	3	1.8	2	1.7		

另外，彰恩堡组尚产有：腹足类 *Galba* sp.，*Gyraulus* sp.，*Lymnaea* sp.，*Physa* sp.；介形虫 *Candona* sp.，*C.* cf. *subita*，*C. kirgizica*，*Paracondona* sp.，*Candoniella albicans*，*C.* sp.，*Ilyocypris* sp.，*I.* cf. *dunschanensis*，*Cyprinotus* sp.，*C. cingalensis*，*Eucypris* sp.，*E. micida*，*Darwinula* sp.，*Limnocythere* sp.，*L.*

cincture；轮藻 *Obtusochara* sp.，*Amblyochara* sp.，*Charites* sp.，*C. molassica*，*C. sadler*，*Maedlerisphaera* sp.，Gobichara sp.，*Sphaerochara granulifera*，*S.* sp. 等。

从上述脊椎动物和孢粉所反映的时代可以看出，彰恩堡组时代应为早中新世—中中新世，其年代地层为中新统谢家阶至通古尔阶（相当于国际地层表中的阿基坦阶至塞拉瓦勒阶）。磁性地层研究表明，彰恩堡组底界年龄为23.135~23.353Ma，顶界年龄<16.17Ma（见第十三章第三节），进一步表明将彰恩堡组时代定为早中新世—中中新世是合理的。彰恩堡组与新疆索索泉组下部、青海湟中县的谢家组、内蒙古的通古尔组、陕西临潼的冷水沟组、河北磁县的九龙口组层位相当，大致可以对比。

二、干河沟组

牛首山西麓水道沟—干河沟剖面干河沟组底部产：哺乳类 *Hipparion* sp.，*Ningxiatherium longirhinus*（图版XXXIII，1~3）；介形虫 *Paracandona* sp.；轮藻 *Tectochara meriani meriani*，*T. meriani huangi*，*T. meriani octospirae*，*T. meriani globula*，*T. zhui*，*T. maslovii* 等。牛首山东麓吴忠建材厂附近干河沟组下部产哺乳类 *Hipparion weihoense*，*Tetralophodon* cf. *exoletus*，*Chilotherium*（*Acerorhinus*）cf. *tsaidamense*，*Qurliqnoria cheni*。在中卫高家水产介形虫 *Cypeinotus*（*Cyprinotus*）*geisson*。在同心县黄家水东北断脖行沟干河沟组产 *Hipparion* sp.。固原寺口子剖面和黑城钻孔中曾采到介形虫 *Ilyocypris* cf. *bradyi*，*Candona* sp.，*Limnocythere luculenta*，*Candoniella* sp.，*Cyprinotus* sp. 和轮藻 *Chara* sp. 等。

上述哺乳类 *Hipparion weihenose*，*Tetralophodon* cf. *exoletus* 等与陕西蓝田灞河动物群最为接近，其时代为晚中新世。轮藻全为 *Tectochara* 属，包括6个种及亚种，它们多见于青海柴达木盆地的中新统油砂山组和上新统狮子沟组。介形虫均为古近纪—新近纪常见属种。

上述哺乳类和轮藻所反映时代一致表明，干河沟组沉积时代应为中新世晚期，其年代地层为中新统灞河阶至保德阶下部（大致相当国际地层表中的托尔托纳阶至墨西拿阶下部），与青海柴达木盆地的油砂岩组、陕西灞河组及甘肃的临夏组层位相当，可以对比。

三、保德组

在海原县严家湾（原属固原县辖区）南10km处发现的脊椎动物化石，经西北大学王永炎教授鉴定有 *Hipparion* sp.，*Rhinoceros* sp.，Cervidae，Bovidae 等；1957年西安地质调查处104队曾在沙井子采获 Runinantia 下牙床（中国科学院古脊椎动物与古人类研究所周明镇教授鉴定）。其中 *Hipparion* sp.，*Palaeotragus* sp.，*Chleuastochoerus* sp.，*Ictitherium* sp. 等都是我国晚中新世三趾马动物群的重要成员。Cervide 生存于渐新世至现代，Bocidae 生存于中新世至现代，二者也是三趾马动物群中的成员。由此可见，含上述化石的地层保德组沉积时代应属晚中新世，年代地层为中新统保德阶（相当墨西拿阶），与山西西部及陕北的保德组层位相当，比宁夏中宁、同心地区的干河沟组、甘肃的临夏组、陕西的蓝田组层位略高。

第十四章　第四系

宁夏的第四系甚为发育，分布广泛，出露面积约占全区总面积的67%。就时代而言，早更新世至全新世皆有沉积。以成因类型而论，可划分为流水、风力、重力及寒冻等若干系列，尤以盆地（平原）中的河湖相堆积、山麓地带的洪积、黄土堆积最为发育。

宁夏第四系研究较早。19世纪末，俄国地质学家奥布鲁契夫考察我国西北黄土时曾涉足本区，指出中国西北的黄土是从中亚细亚沙漠地区及我国西北戈壁和沙漠地带被风力吹扬搬运而来的。20世纪20年代初，法国地质学家德日进、桑志华等在对灵武市水洞沟进行地质考察时，发现了大量的石器和动物化石。1958年，潘德杨将银川盆地的第四系划分出下—中更新统、上更新统和全新统3个地层单位。1960~1963年，宁夏区测队通过同心、海原、固原等3幅1：20万区调，对宁夏南部黄土及其他第四纪沉积物提出了划分方案。1963年裴文中教授等对灵武水洞沟旧石器遗址进行了发掘，并发表了研究成果。1965年，徐俊名提出宁夏黄河以东地区的沙丘砂的物源来自当地，并非毛乌素沙漠。1970年前后，长庆油田三分部在银（川）吴（忠）平原施工完成了3口参数井，首次探明第四系厚度在1000m以上。1974年，宁夏水文地质工程地质队在贺兰园艺场区调队院内施工水井时，于井深158m处采获中更新世脊椎动物化石 *Megaloceros*（*Sinomegaceros*）*pachyosteun*。1980年，中国人民解放军00712部队在银吴平原北部钻孔中采到晚更新世晚期的孢子花粉。1980~1981年，宁夏区调队在开展1：20万银川市幅区调过程中，对水洞沟第四纪河湖相地层进行了较详细的研究和划分，并与宁夏博物馆合作对水洞沟文化遗址进行了挖掘，采获到较丰富的动物化石、石器及^{14}C等同位素年龄数据，并在此基础上建立了水洞沟组，代表晚更新世晚期的一套河湖相沉积。1982年，宁夏地矿局研究队与第一水文队、第二水文队协作，在银吴平原、卫宁平原及清水河谷地实施水文钻探时，获得了孢粉、古地磁、同位素年龄等资料，对第四系进行了初步划分。1983年，宁夏区调队总结分队在宁南黄土丘陵区进行了黄土剖面的研究，较系统地采集了古地磁样品，对黄土地层进行了划分对比。同年，宁夏地矿局研究队第四纪地质编图组周特先等在整理、综合、分析研究已有资料，并补充野外调查、钻探、采集古地磁、孢粉等分析测试样，取得了古地磁和同位素年龄资料的基础上，编制了宁夏回族自治区第四纪地质图和宁夏回族自治区地貌图，全面总结了宁夏区域地质、水文地质普查和专题研究等第四纪地质资料。1990年，周特先编纂出版了《宁夏构造地貌》专著。1990年，《宁夏回族自治区区域地质志》编写组张国典，对宁夏第四纪地层进行了进一步系统整理和划分。1990~1995年，宁夏第一水文队在开展银川平原农业生产基地地下水资源及环境地质综合勘察评价时与地矿部水文地质环境地质研究所合作进行了银川平原第四系研究，较系统地取得了古地磁、孢粉和同位素年龄资料，大致圈定了银川平原300m以浅地层层序和时代界线，推测了近100万年以来植物群的发展和古环境变迁。2001~2003年，甘肃省地质调查院在进行静宁幅1：25万区调时，在六盘山地区宁夏西吉县玉桥、隆德县董庄和彭阳县古城乡分别测制了黄土剖面，进行了古地磁研究，初步建立了该区黄土-古土壤序列。2003年，中国地质科学院水文地质环境地质研究所在进行1：5万大水坑幅、盐池县草原实验站幅区域生态地质调查时，测制了窝风掌、钱记塬、关祭台3条黄土剖面，根据黄土厚度、岩性特征和地层磁性特征，将黄土堆积自下而上划分为早更新世黄土、中更新世黄土和晚更新世黄土，建议将该地区的中更新世黄土命名为窝风掌组。

宁夏第四系划分、命名沿革情况见表14-1、表14-2。

表 14-1　宁夏河谷盆地区第四系划分、命名沿革表

Table 14-1　Evolution of divisional schemes of Quaternary in river valley basin area，Ningxia

<table>
<tr><th>地层
系统</th><th>潘德杨
（银川平原），
1958</th><th>宁夏区测队
（清水河平原），
1960~1963</th><th>长庆油田第三
分指挥部
（银参三井），
1971</th><th>宁夏地质局
第一水文队
（银川平原），
1973</th><th>《宁夏回族自治
区区域地质志》，
1990</th><th>童国榜
（银川平原），
2003</th><th>本《志》，
2012</th></tr>
<tr><td>全新统</td><td>坡积、风积、湖积、淤积、洪积</td><td>冲　积</td><td>第四岩性段：浅灰色砂层夹黏土层，厚370m</td><td>洪积、冲积、冲湖积、风积</td><td>灵武组</td><td>西大
滩组</td><td>灵武组</td></tr>
<tr><td rowspan="2">上更新统</td><td rowspan="2">淤　积</td><td rowspan="2">冲　积</td><td rowspan="2">第三岩性段：浅灰、浅黄灰色砂层夹土黄色、灰色黏土，厚334m</td><td rowspan="2">洪积、冲积、冲湖积、风积</td><td>水洞
沟组</td><td rowspan="2">惠农组</td><td>水洞
沟组</td></tr>
<tr><td>萨拉
乌苏组</td><td>萨拉
乌苏组</td></tr>
<tr><td>中更新统</td><td rowspan="2">洪积、湖积</td><td>冲　积</td><td>第二岩性段：黄灰色砂层夹浅棕、浅灰色黏土，厚195m</td><td>冲　积</td><td>贺兰组</td><td>贺兰组</td><td>贺兰组</td></tr>
<tr><td>下更新统</td><td>湖积、冲积、淤积</td><td>第一岩性段：浅灰色砂层夹黏土层，厚105m</td><td>洪　积</td><td>银川组</td><td>银川组</td><td>银川组</td></tr>
</table>

表 14-2　宁夏黄土区第四系划分、命名沿革表

Table 14-2　Evolution of divisional schemes of Quaternary in loess area，Ningxia

<table>
<tr><th>地层
系统</th><th>严阵，
1960</th><th>刘东生、
张宗祜，
1962</th><th>宁夏区测队，
1964</th><th>张宗祜，
1981</th><th colspan="2">宁夏区域地
层表编写组，
1980</th><th>《宁夏回族
自治区区
域地质志》，
1990</th><th>石建省等，
2003</th><th>本《志》，
2012</th></tr>
<tr><td>全新统</td><td>亚砂土层及近代淤积洪积层</td><td></td><td>次生
黄土</td><td>黄土堆积
坡积层
冲积层</td><td colspan="2">风积层
冲积层</td><td>亲戚
沟组</td><td>全新世黄土?</td><td>亲戚
沟组</td></tr>
<tr><td>上更
新统</td><td>新黄土
淤积黄土</td><td>马兰黄土、
萨拉乌苏组</td><td>浅灰黄色
黄土</td><td>马兰黄土含褐土型古土壤层的黄土湖积层</td><td colspan="2">马兰组、
萨拉乌苏组</td><td>马兰组</td><td>晚更新
世黄土</td><td>马兰组</td></tr>
<tr><td rowspan="2">中更
新统</td><td rowspan="2">老黄土</td><td rowspan="2">离石
黄土</td><td rowspan="2">灰黄色黄土，褐黄、浅褐黄色石质黄土</td><td rowspan="2">黄土状亚黏土及亚砂土，含多层古土壤</td><td rowspan="2">离石黄土</td><td>上部</td><td rowspan="2">离石组</td><td rowspan="2">窝风
掌组</td><td rowspan="2">离石组</td></tr>
<tr><td>下部</td></tr>
<tr><td rowspan="2">下更
新统</td><td rowspan="2">古黄土
砂砾层</td><td rowspan="2">午城
黄土</td><td rowspan="2">浅肉红色及褐黄色石质黄土</td><td rowspan="2">黄土状重亚黏土（石质黄土）湖积层</td><td rowspan="2">三门组</td><td>上部</td><td rowspan="2">午城组</td><td rowspan="2">早更新世黄土</td><td rowspan="2">午城组</td></tr>
<tr><td>下部</td></tr>
</table>

第一节　岩石地层

一、宁夏北部地层小区

本地层小区（地层分区按动态地层区划划分）主要发育洪积、冲积和风积。洪积层分布于贺兰山、牛首山和罗山等山前地带及灵盐台地；冲积层主要分布于银吴平原和卫宁平原；风积层为近（现）代风成砂土，主要分布于营盘水—卫宁北山一带，灵盐台地有少量分布。其岩石地层序列自下而上为下更新统玉门组、银川组，中更新统洪积层、贺兰组，上更新统洪积层、萨拉乌苏组、水洞沟组、马兰组，全新统下部洪积层、灵武组和风积层，全新统上部冲积层、湖积层、沼积层、湖沼积层、化学沉积层和风积层。

（一）下更新统

1. 玉门组（Qp^1y）

由孙健初 1942 年命名的玉门砾岩层沿革而来（玉门砾岩层→玉门砾岩→玉门砾岩组→玉门组），命名剖面位于甘肃玉门市石油沟黑石山东北 1.5km 处。玉门组的原始含义为更新世早期冰碛层，后来人们逐渐将其含义扩展为以冲洪积为主，间有湖沼和冰水堆积，并扩展至整个祁连山区乃至阿拉善和鄂尔多斯西缘地区使用。本《志》沿用扩展后玉门组的含义，用以代表宁夏贺兰山、香山、宁卫北山、牛首山等山前洪积区的早更新世洪积层。

玉门组分布零星，主要出露于贺兰山东麓、灵武东山、卫宁北山南麓之石磨沟西、大佛寺沟，牛首山西麓干河沟，香山北麓之高家水、刘岗井和大罗山东侧之蜗牛山、单磨盘等地。黄羊墩剖面和干河沟剖面具代表性。

黄羊墩剖面（位于灵武市东 18km 处之黄羊墩。起点坐标：北纬 38°08′，东经 106°32′。宁夏区调队 1980 年测制）层序如下（图 14-1）：

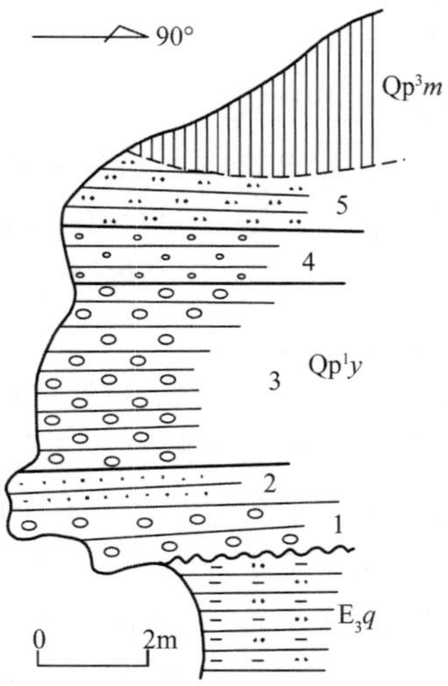

图 14-1 灵武市黄羊墩下更新统玉门组剖面图

Fig. 14-1 Section of the Lower Pleistocene Yumen Formation in Huangyangdun, Lingwu, Ningxia

上覆地层：上更新统马兰组（Qp^3m）黄土

----- 侵蚀间断 -----

玉门组（Qp^1y）	厚度 7.0m
5. 浅灰黄色石英砂岩。石英含量 75%，长石约 15%。砂泥质胶结，较疏松，易碎	1.0m
4. 灰色细砾岩。砾石成分主要为石英岩状砂岩、长石砂岩、灰岩等。砾径 0.5~2cm，磨圆度较好，钙质胶结，极坚硬	1.0m
3. 灰色砾岩。砾径一般 1~5cm，半滚圆—次棱角状，钙质胶结	3.3m
2. 浅灰黄色砂岩	0.7m
1. 灰色砾岩。砾石主要为石英砂岩、长石砂岩。砾径大小不等，在 1~15cm 间，且分布不均，呈次棱角状。底界面凹凸不平	1.0m

~~~~~~~~ 不整合 ~~~~~~~~

下伏地层：渐新统清水营组（E_3q）

干河沟剖面（位于中宁县白马乡干河沟。起点坐标：北纬 37°41′，东经 105°59′。宁夏地质调查院
~~~~~~~~

1994年测制）层序如下：

上覆地层：上更新统洪积层（Qp^{3p}）

----- 侵蚀间断 -----

玉门组（Qp^1y）	厚度2.24m
6. 浅灰色中层粗砾岩	0.21m
5. 土黄、土红色巨砾岩	0.25m
4. 浅灰色中—粗砾岩、砂砾岩、含砾砂岩向上变细层序	1.10m
3. 灰色中砾岩	0.18m
2. 黄灰色巨砾岩	0.35m
1. 灰色细砾岩	0.15m

~~~~~~~~~~ 不整合 ~~~~~~~~~~

下伏地层：中新统彰恩堡组（N_1z）

玉门组常分布于山麓地带之低山丘陵顶部和山间沟谷两侧，呈台状、屋檐状地貌出现，以不整合超覆于新近系或更老地层之上，与上覆中更新统洪积层（Qp^{2p}）或更老地层呈侵蚀间断接触关系。为一套洪积相固结、成岩较好的粗碎屑岩，产状近水平，局部因构造掀斜，倾角可达15°左右。各地所见岩性大同小异，厚度数米至数十米不等。

上述黄羊墩剖面玉门组不整合于渐新统清水营组之上，岩性为灰色砾岩夹浅灰黄色砂岩。干河沟剖面玉门组不整合于中新统彰恩堡组之上，厚2.24m，岩性为灰、黄灰、土红色细—巨砾岩、砂砾岩夹含砾砂岩透镜体，略具向上变细的层序特征。砾石呈棱角—次棱角状，杂乱排列，分选性差，砾径大小悬殊，以1~6cm居多，砾石含量不均，砾石成分以灰绿色变质砂岩、板岩和硅质岩为主，含较多砂及泥质杂基，具杂基支撑结构，钙质胶结。

在贺兰山东麓紫花沟沟口玉门组厚达50m以上，岩性亦为灰色砾岩夹砂砾岩、砂岩透镜体，砾石来源于就近之基岩，次棱角—次圆状，胶结坚硬，不整合于天景山组灰岩之上。在小松山东麓大台子一带，为山前洪积台地的剥蚀残留，形成桌状平台地貌，厚6~50m不等，岩性为灰色砾岩，砾石几乎全由碳酸盐岩组成，次棱角状，分选差，钙质胶结，不整合于安定组之上。

在灵盐台地玉门组岩性与黄羊墩剖面相似，呈屋檐状不整合于中新统彰恩堡组或更老地层之上，岩性为灰色砾岩夹砂岩，砾石成分为灰岩、石英岩、砂岩、片麻岩及花岗岩，泥砂质、钙质胶结，磨圆度、分选性具差，厚3~7m。

卫宁北山南麓之石磨沟西、大佛寺沟等地所见岩性与干河沟剖面相似，为褐红、浅灰色砂砾岩、砾岩，砾石成分以石英砂岩为主，厚1~6m。

香山北麓高家水、刘岗井等地所见岩性为灰色钙质粗砾岩，砾石分选差，大小悬殊，以1~6cm者居多，呈次棱角—棱角状，填隙物为砂、泥质和钙质胶结物。高家水厚2~5m，窟窿山厚25m，刘岗井厚5~30m。在窟窿山、刘岗井，因构造掀斜，倾角可达15°左右。

大罗山东侧蜗牛山、单磨盘等地厚1~5m，岩性为灰—灰红色钙质砾岩。

2. 银川组（Qp^1yc）

宁夏区调队张国典1986年命名，命名剖面位于宁夏贺兰县杏堡子村银参三井，用以代表宁夏河谷盆地区早更新世的河湖相沉积。

银川组主要分布于银吴盆地、中卫盆地和中宁盆地，地表未见出露，仅见于钻孔中。以银参三井钻孔剖面和82中02钻孔剖面为代表。

银参三井（位于贺兰县杏堡子村。井口坐标：北纬38°39′，东经，106°15′。长庆油田三分部1970年录井）钻孔剖面层序如下：
~~~~~~~~~~

上覆地层：中更新统贺兰组（Qp^2h）浅灰色细砂夹灰色砂质黏土

———— 整 合 ————

银川组（Qp^1yc）	厚度 634.5m
17. 土黄色砂质黏土	9.5m
16. 浅黄灰色含细砾粗—细砂夹浅灰色黏土	65.0m
15. 土黄色含砂质黏土	12.0m
14. 浅黄灰色中细粒砂夹灰色砂质黏土	30.0m
13. 具灰绿色斑点的土黄色含砂黏土夹浅灰黄色砂	18.0m
12. 浅灰色含细砾的粗—细砂，夹灰色含砂黏土	48.5m
11. 土黄色含砂黏土	6.0m
10. 浅灰色细砂夹灰色含砂黏土	62.0m
9. 土黄色含砂黏土	3.5m
8. 浅灰色细砂	32.0m
7. 浅灰色细砂夹含砂黏土	48.0m
6. 浅棕灰色细砂、浅灰黄棕色含砂黏土，棕色者具有绿色斑点	73.0m
5. 浅棕灰色细砂夹具灰绿色斑点的含砂黏土	72.5m
4. 具灰绿色斑点的浅棕色含砂黏土	10.5m
3. 浅灰色细砂夹具灰绿色斑点的浅灰棕色含砂黏土	39.0m
2. 浅灰色细砂夹浅灰棕色含粉砂黏土	32.0m
1. 浅灰色细砂夹浅灰棕色黏土	73.0m

～～～～～ 不整合 ～～～～～

下伏地层：中新统（N_1）

82 中 02 钻孔剖面（位于中宁县城。井口坐标：北纬 37°29′，东经 105°37′。宁夏第一水文队 1982 年钻探）层序如下：

上覆地层：中更新统贺兰组（Qp^2h）黄灰色砂砾石

———— 整 合 ————

银川组（Qp^1yc）	厚度 311.53m
17. 棕褐色砂质黏土	13.59m
16. 浅棕褐色细粉砂	4.35m
15. 浅棕褐色砂质黏土	11.63m
14. 橘红色粉细砂	9.95m
13. 浅黄、橘黄色砂质黏土夹细粉砂	26.89m
12. 浅黄色细粉砂，间夹薄层黏质砂土或含砾的中粗砂	63.49m
11. 褐色黏质砂土，含少量砾石	13.84m
10. 褐色砂质黏土	8.53m
9. 棕红色砂砾石，砾径 0.2~0.4cm，大者为 1cm，半滚圆状，间夹黏质砂土	7.93m
8. 黄褐色砂质黏土，局部呈半胶结状，间夹砾石	30.02m
7. 棕红、浅黄色粉细砂，下部含直径 0.2~0.4cm 的砾石	12.89m
6. 浅棕黄色砂质黏土，局部层面见绿色条纹，间夹薄层中粗砂、细粉砂	35.84m
5. 浅灰色含砾中粗砂，夹厚 1.5m 的砂砾石	10.63m
4. 浅棕、浅黄色砂质黏土	32.63m
3. 浅灰色细砂，含少量直径为 0.2~0.4mm 的砾石	5.17m
2. 浅棕色砂质黏土	24.15m

～～～～～ 不整合 ～～～～～

下伏地层：中新统干河沟组（N_1g）浅棕色砂质泥岩

银川组未见底，与上覆中更新统贺兰组为连续沉积，为一套以砂质黏土、黏土、细砂为主的河湖相沉积。

上述银参三井钻孔剖面银川组与下伏中新统为不整合接触，与上覆中更新统贺兰组连续沉积，厚634.5m，岩性主要由土黄、棕红、肉红色黏质砂土、砂质黏土、黏土及中细砂夹灰绿色砂砾石组成。

在上述中宁盆地82中02钻孔剖面中，银川组与下伏中新统干河沟组不整合接触，与上覆贺兰组连续沉积，厚311.53m，岩性为棕褐、浅棕色砂质黏土与粉细砂互层，夹砂卵石层或含砾砂层。中卫盆地82中01钻孔剖面厚度大于117.42m，岩性与中宁盆地82中02钻孔剖面相似，为黄褐、黄灰色砂、砂砾石夹砂质黏土层。

（二）中更新统

1. 洪积层（Qp^{2p}）

零星分布于贺兰山东麓大武口沟口、大南池、阀门厂、大窑沟，卫宁北山东麓渠口农场西侧及香山北麓长流水车站、孟家湾等地。

贺兰山东麓大南池—大窑沟一带，构成Ⅱ级洪积台地，其岩性为灰色半胶结砂砾岩。砾石成分因地而异，分选性和磨圆度均较差，砾径数厘米至数十厘米不等。厚10~130m。

卫宁北山东麓渠口农场西侧，岩性为块石、碎石，有时夹黏质砂土透镜体，块石、碎石成分多为来自于上泥盆统中宁组的紫红色砂岩，分选性、磨圆度均较差，厚十余米。

在长流水车站—孟家湾一带，分布于山前地带，厚度大于30m，岩性为灰色含砂土块石层夹土黄色含砾砂土及灰色砂土质砾石层。砾径以3~10cm者居多，砾石呈棱角—次棱角状，分选性差，成分以灰绿色变质砂岩、紫红色砂岩为主。

2. 贺兰组（Qp^2h）

宁夏区调队张国典1986年命名，命名剖面位于宁夏贺兰县杏堡子村银参三井，用以代表宁夏河谷盆地区中更新世河湖相沉积。

贺兰组在银吴盆地、中卫盆地、中宁盆地及苦水河谷地的地表和井下都有分布。南庄剖面、82中02钻孔剖面和银参三井钻孔剖面具代表性。

南庄剖面（位于中卫市常乐乡南庄。起点坐标：北纬37°28′，东经105°15′。宁夏地质矿产勘察院1995年测制）层序如下（图14-2）：

上覆地层：上更新统洪积层（Qp^{3p}）灰色砾石层夹土黄色黏土质粉砂层

----- 侵蚀间断 -----

贺兰组（Qp^2h）	厚度>41.5m
5. 灰色含砂砾卵石层夹少量灰色含细砾中—细粒砂透镜体。卵砾成分复杂，主要为石英岩、硅质岩、岩浆岩类岩石；砾径0.2~30cm，以2.5cm为主，砾石呈浑圆状、扁平状，微显定向排列	4.5m
4. 灰白色含细砾中—细粒砂夹灰色砂砾石层。砂砾石层厚2~10cm，呈条带或豆荚状延伸1~10m不等尖灭，砾石成分复杂，主要为石英、硅质岩、灰绿色变质砂岩；砾径0.2~0.3cm，磨圆度差异较大，呈浑圆状—次棱角状。含砾砂层发育交错层理	10.5m
3. 灰色含砂砾石层夹含砾细砂。砾石成分复杂，以石英岩、硅质岩、花岗岩、石英砂岩为主；砾径1.2~10cm，以0.5~3cm为主，约占砾石总量的70%。含砾细砂层厚10~20cm，在其下部有一层厚约40cm的细—粉砂。含砾细砂层厚度不稳定，呈透镜状、楔状。砾石层具大型板状斜层理，其中夹有少量黄色黏土透镜体	21.5m
2. 灰黄—浅灰色黏质粉砂夹浅紫红色黏土。黏土质粉砂层及粉砂质黏土厚度不稳定	2.5m
1. 灰白色含砂卵砾石层夹含砾细砂条带或透镜体。卵石占20%，砾石占70%，卵石成分主要为硅质岩、石英岩状砂岩；卵径20~25cm。砾石成分主要为灰绿色砂岩，灰白、紫红色砂岩，砾径0.2~20cm；砾石磨圆度差，呈次棱角状。卵砾石分选性差，含砂砾石层具板状斜层理，含砾细砂层具水平层理（未见底）	>2.5m

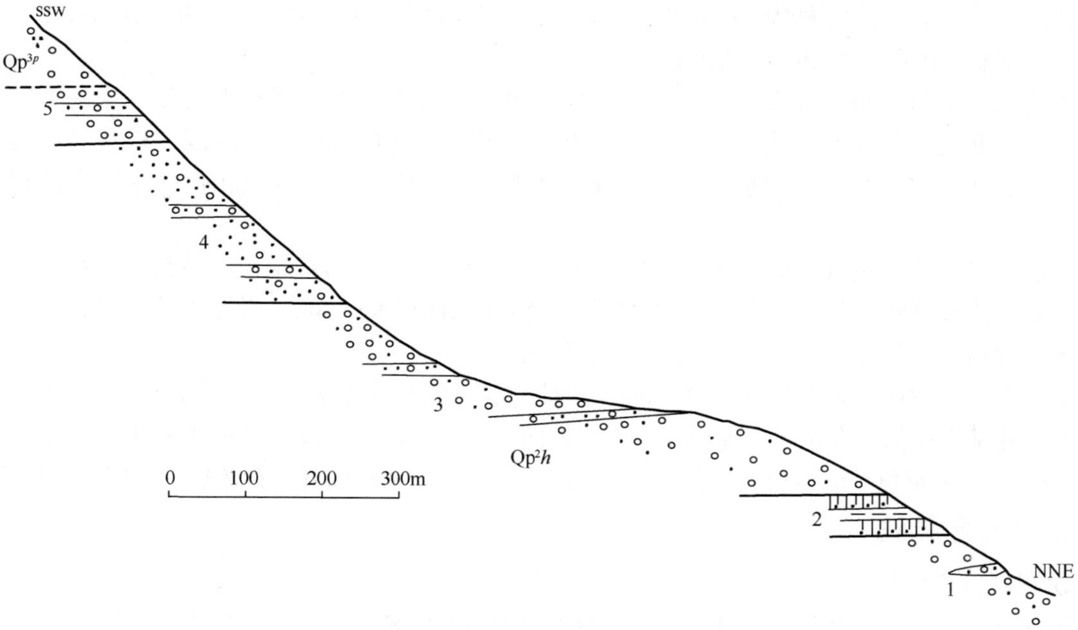

图 14-2　中卫市南庄中更新统贺兰组剖面图

Fig. 14-2　Section of the Middle Pleistocene Helan Formation in Nanzhuang, Zhongwei, Ningxia

82 中 02 钻孔剖面层序如下：

上覆地层：上更新统萨拉乌苏组（Qp^3s）青灰色卵砾石

———— 整　合 ————

中更新统贺兰组（Qp^2h）	厚度 44.89m
24. 黄褐色粉细砂	4.0m
23. 黄褐色黏质砂土，层面见黑色条纹	5.14m
22. 土黄色砂质黏土，层面具黑色条纹	3.82m
21. 浅灰色粉细砂	3.3m
20. 黄灰色砂砾石，砾径 0.2~0.5cm，呈半滚圆状，含少量卵石	15.43m
19. 黄褐色砂质黏土，层面见黑色斑痕	5.0m
18. 黄灰色砂砾石，砾径 0.3~1cm，含少量卵石	8.2m

———— 整　合 ————

下伏地层：下更新统银川组（Qp^1yc）棕褐色砂质黏土

银参三井钻孔剖面层序如下：

上覆地层：上更新统萨拉乌苏组（Qp^3s）浅灰色砂质黏土夹砂

———— 整　合 ————

中更新统贺兰组（Qp^2h）	厚度 252.0m
21. 浅灰色砂和黏土，含螺壳和植物根系	76.5m
20. 浅灰色细砂夹砂质黏土	70.5m
19. 浅灰色砂和砂质黏土，含螺壳	51.5m
18. 浅灰色细砂夹灰色砂质黏土	53.5m

———— 整　合 ————

下伏地层：下更新统银川组（Qp^1yc）土黄色砂质黏土

贺兰组与下伏下更新统银川组和上覆上更新统萨拉乌苏组均为连续沉积，为一套由黏质砂土、砂质黏土、中细砂、砂砾石等组成的河湖相沉积。

上述南庄剖面贺兰组厚度大于41.5m，岩性为灰—灰白色含砂卵砾石夹含细砾中—细粒砂层及少量灰黄—浅灰色黏质粉砂、浅紫红色黏土，粗碎屑沉积中发育大型交错层理、板状斜层理和平行层理；南山台子前缘、烟筒山北麓和渠口农场等地贺兰组岩性与南庄剖面相似，永康南测得厚度大于38m。

在上述中宁盆地82中02钻孔剖面中贺兰组厚44.89m，岩性为黄褐、土黄色黏质砂土、砂质黏土、粉细砂夹黄灰色砂砾石层。中卫盆地82中01钻孔剖面厚94.28m，岩性为黄灰色砂砾石夹粗砂层，顶部为黄褐、土黄色砂质黏土，沉积物粒度偏细。

上述银参三井钻孔剖面贺兰组厚252.0m，岩性为浅灰色细砂夹黏土、砂质黏土。银吴盆地井下岩性与银参三井基本相似。在银吴盆地南部大坝一带的黄河高阶地上（高出黄河水面40~50m），贺兰组厚7~12m，岩性为灰色砂砾石层，砾径1~10cm，呈滚圆状，砾石成分有石英岩、岩浆岩、脉石英等。

（三）上更新统

1. 洪积层（Qp^{3p}）

主要分布于贺兰山、牛首山、卫宁北山、罗山和香山等山麓地带，灵盐台地也有分布。

以贺兰山东麓发育最好，构成山前洪积扇。自扇顶到边缘呈粗、中、细粒有规律的分布。粗粒相为砾石和砂砾石，砾石成分因地而异，为次棱角状—半圆状，分选差，砾径0.5~50cm不等，最大可达1m以上；中粒过渡相为砂砾石夹含砾砂土；细粒相为灰黄色黏质砂土。据钻孔资料，贺兰山东麓这套洪积层厚度大于100m。

牛首山东麓高糜子湾一带岩性为土黄、浅土红色含砾黏质砂土，厚数十米。

烟筒山东北麓古城子—新圈一带上更新统洪积层与上更新统上部马兰组呈侵蚀接触，岩性为灰色砂砾石层、含砾黏质粉砂土层夹浅黄色含砾砂土，构成向北东倾斜的洪积扇。

香山北麓南山台子—大战场一带上更新统洪积层发育较好，构成向北倾斜的洪积台地，与下伏中更新统贺兰组和上覆全新统下部洪积层（Qh^{1p}）均呈侵蚀接触，岩性为灰色含砂土块石层夹土黄色含砾砂土、含砾黏质砂土层及少量砂土质砾石层，厚度大于20m。

大、小罗山山前地带上更新统洪积层发育较好，构成山前洪积扇，自扇根向外可分为粗粒相和细粒相。前者为灰色碎石层夹土黄色含砾砂土，钻孔揭露厚度为199m；后者为浅黄—土黄色含砾砂土夹灰色碎石层。厚数米至数十米。不整合于中新统彰恩堡组之上，与萨拉乌苏组呈侵蚀间断接触关系。

在灵武东山西麓北段，上更新统洪积层构成两个明显的台地，呈南北向展布，前缘坎高10~15m，岩性主要为砾石、砂，砾径一般为1~20cm，磨圆度、分选性具差，可见厚度10~50m，其下为中新统彰恩堡组。

在盐池县侯家河至红井子一带、王乐井南及天池西亦有上更新统洪积层分布。构成山麓及山前倾斜平原或二级夷平面的台地。岩性为褐黄、灰褐色黏土质砂、砂砾石层夹黏土质粉砂透镜体及砂砾石条带，厚度一般小于10m。

总之，上更新统洪积层多分布于山麓地带，常构成山前洪积扇（倾斜平原），沉积物粒度由扇顶到边缘由粗变细，近山麓地带（内扇）以砾石、砂砾石为主，砾石成分因地而异，呈棱角状—次圆状，分选较差，远山麓地带（外扇）以黏质砂土、砂质黏土为主。

2. 萨拉乌苏组（Qp^3s）

由法国人德日进、桑志华于1924年命名的萨拉乌苏河建造沿革而来（萨拉乌苏河建造→萨拉乌苏河组→萨拉乌苏组），命名剖面位于内蒙古伊克昭盟红柳河两岸。

萨拉乌苏组在地表仅见于中宁渠口农场和新堡南，在银吴盆地、中卫盆地和中宁盆地井下均有广泛分布。银参三井钻孔剖面和82中02钻孔剖面具代表性。

银参三井钻孔剖面层序如下：

上覆地层：全新统下部灵武组（Qh^1l）土黄色砂质黏土

----- 侵蚀间断 -----

萨拉乌苏组（Qp^3s）	厚度 114.0m
25. 浅灰色砂和含砂质黏土	20.0m
24. 浅灰色细砂夹含砂质黏土	35.0m
23. 浅灰色细砂夹砂质黏土	33.6m
22. 浅灰色砂质黏土夹砂，含螺壳、植物根孔、朽木	25.4m

———— 整　合 ————

下伏地层：中更新统贺兰组（Qp^2h）浅灰砂和黏土

82 中 02 钻孔剖面层序如下：

上覆地层：全新统下部灵武组（Qh^1l）土黄色黏质砂土

----- 侵蚀间断 -----

萨拉乌苏组（Qp^3s）	厚度 26.61m
25. 青灰色卵砾石。卵石占 30%，直径 2~5cm，大者达 17~20cm；砾石占 70%，砾径 1~2cm。卵砾石均呈半滚圆状	26.61m

———— 整　合 ————

下伏地层：中更新统贺兰组（Qp^2h）黄褐色粉细砂

萨拉乌苏组与下伏中更新统贺兰组连续沉积，与上覆全新统下部灵武组呈侵蚀接触，为一套主要由砂质黏土、黏质砂土、细砂及卵砾石组成的河湖相沉积。

上述银参三井钻孔剖面萨拉乌苏组厚 114.0m，岩性为浅灰色细砂、（含）砂质黏土。惠农上营子村 CK_1 钻孔厚 92.64m，岩性为浅灰—褐灰色细砂、砂质黏土、黏土夹少量中、粗砂。

中宁盆地 82 中 02 钻孔剖面萨拉乌苏组厚 26.61m，岩性为青灰色卵砾石。中卫盆地 82 中 01 孔与 82 中 02 钻孔岩性相似，偶见夹黄褐色黏质砂土，厚 82.58m。

渠口农场和新堡南萨拉乌苏组多形成高出近代黄河河床约 15~30m 之阶地（Ⅳ级阶地），岩性与 82 中 01 钻孔和 82 中 02 钻孔剖面相似，为灰色砂砾石层，砾石磨圆甚好，为磨圆度较好之石英岩、砂岩、岩浆岩、灰岩、变质岩等，局部尚见间夹土黄色粉砂质黏土，厚 10~20m，具河流相沉积特征。

3. 水洞沟组（Qp^3sd）

1982 年宁夏区调队命名，命名剖面位于灵武市水洞沟。

水洞沟组地表仅分布于灵武水洞沟。为一套河湖相沉积，灵武水洞沟一带研究较详，以水洞沟南侧剖面（位于灵武市水洞沟。起点坐标：北纬 38°18′，东经 106°25′。宁夏区调队 1981 年测制）为代表，其层序如下（图 14-3）：

水洞沟组（Qp^3sd）	厚度>16.8m
5. 灰黄色粉砂层，有水平层理，含零星钙质小结核。产孢粉 *Pinus*，*Picea*，*Quercus*，Chenopodiaceae，*Artemisia*，*Selaginella* 等（未见顶）	>11.8m
4. 黄、绿及蓝灰色黏质砂土，有近水平的波浪状层理（融冻褶曲），影响厚度 1.2m。产孢粉 *Pinus*，*Picea*，*Abies*，*Betula*，*Carpinus*，*Castanea*，*Corylus*，*Quercus*，*Ulmus*，*Nitraria*，*Ephedra*，*Artemisia*，*Selaginella*，Betulaceae，Chenopodiaceae，Gramineae，Umbelliferae，Caryophyllaceae，Cruciferae，Compositae	2.2m

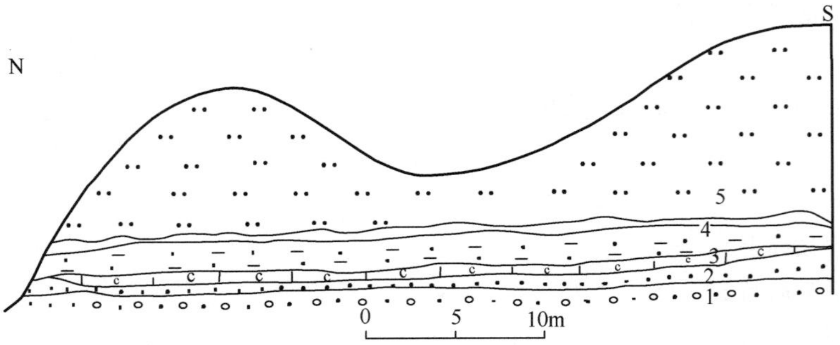

图 14-3　灵武市水洞沟南侧上更新统水洞沟组剖面图

Fig. 14-3　Section of the Upper Pleistocene Shuidonggou Formation in Shuidonggou, Lingwu, Ningxia

3. 灰黑色泥炭质砂质黏土，呈透镜状。产孢粉 *Pinus*, *Picea*, *Abies*, *Betula*, *Carpinus*, *Castanea*, *Quercus*, *Pterocarya*, *Acer*, *Salix*, *Nitraria*, Oleaceae, *Ephedra*, Chenopodiaceae, Gramineae, Leguminosae, Umbelliferae, *Thalictrum*, Saxifragaceae, Rubiaceae, Labiatae, *Sparganium*, *Typha*, Cyperaceae, Compositae, *Artemisia*, *Selaginella*, *Polypodium* 等　0.6m

2. 黄褐色中、细砂层。产孢粉 *Pinus*, Chenopodiaceae, Gramineae, *Artemisia*, *Polypodium* 等　1.2m

1. 灰色砂砾石层（未见底）　>1.0m

在上述水洞沟南侧剖面中，水洞沟组上部为灰黄色粉砂层（10~20m），质地较均一，有明显的水成水平层理，在横向上有透镜状的砂砾石层；中部为黄绿、蓝灰色黏质砂土，有近水平的波状褶曲层（融冻褶曲），影响厚度1.2m左右；下部由中—细砂夹黑色透镜状泥炭质砂质黏土组成；底部为厚约1m的砂砾石层。

从上述剖面可以看出，本区在晚更新世晚期开始时属温暖潮湿期；中间经过一个寒冷期，在地层中保留有融冻褶曲现象；稍后复为一较短的潮湿温暖期；最后进入较长的干冷时期。

4. 马兰组（Qp^3m）

零星分布于灵盐台地任家庄、清水营、王乐井和鸦儿沟等地，构成黄土峁梁地貌景观。岩性单一，为土黄色黄土，含钙质结核，结构疏松，具大孔隙，发育柱状节理，具湿陷性，易产生天生桥、塌陷洞（穴）等黄土岩溶地貌，一般厚1~10m。

（四）全新统

1. 下部洪积层（Qh^{1p}）

分布于贺兰山、灵武东山、卫宁北山、牛首山、烟筒山和香山等山麓地带，构成山前新洪积扇（裙），由灰色砾石、砂砾石层和土黄色含砾粉砂质土层组成。

贺兰山东麓银川市西夏区一带由灰色砾石、砂砾石层和土黄色含砾粉砂质土层组成，它所形成的洪积扇群叠覆于晚更新世洪积扇之上。

灵武东山西麓临河—白土岗子一带，构成山前洪积扇及洪积平原，以灰黄色砂砾石层为主，次为黏土质砂、粉砂，厚3~20m。

卫宁北山东麓四眼井及青铜峡站西井沟等地岩性为砾石、砂夹土黄色黏质砂土，其中砾石磨圆度、分选度均甚差。

牛首山西麓新田—彰恩堡一带，构成山前洪积扇群，扇面宽200~500m，向北西倾斜。

香山北麓碱沟—小洪沟一带洪积扇发育较佳，由多个洪积扇构成洪积扇裙，扇面坡度较大（10°左右），沉积物分异明显，近山口地带沉积物粒度偏粗，以砾石、砂砾石层为主，远山口地带粒度逐渐变细，以含砾粉砂质土为主。该洪积层（扇）叠覆于晚更新世洪积层之上，二者呈侵蚀接触。

2. 灵武组（Qh^1l）

1990年由宁夏区调队张国典创名，层型为灵武市水洞沟剖面，其含义是代表宁夏河谷盆地区全新统下部河湖相沉积。

灵武组广泛分布于银吴盆地、中卫盆地、中宁盆地、清水河谷地、苦水河谷地及其支流中，构成Ⅰ、Ⅱ、Ⅲ级阶地。水洞沟剖面和CK9钻孔剖面具代表性。

水洞沟剖面层序如下：

灵武组（Qh¹*l*） 厚度>7.9m

16. 灰黄、黄色细砂夹少量粉砂。含石器及孢粉 *Pinus*，*Corylus*，*Artemisia*，*Polypodium*，Oleaceae，Chenopodiceae，Leguminosae >0.57m
15. 灰褐色黏质砂土。产石磨盘、石磨棒及哺乳动物 *Gazella przewalskyi*；孢粉 *Pinus*，*Artemisia* 1.20m
14. 灰褐、灰黑色砂质黏土。含石器、陶片及哺乳动物 *Equus przewalskyi*；孢粉 *Pinus*，*Picea*，*Corylus*，*Salix*，*Ephedra*，*Artemisia*，*Salvinianatans*，Chenopodiaceae，Filicales 等 0.84m
13. 灰色细砂及少量粉砂，有密集的铁染垂直细条。产细石器及哺乳动物 *Cervus* sp.，*Gazella przewalskyi*，*Equus* sp.，*E. hemionus*；孢粉 *Pinus*，*Betula*，*Carpinus*，*Quercus*，*Salix*，*Ephedra*，Chenopodiceae，Cruciferae，Compositae 等。^{14}C 年龄值为距今（5.94±0.1）ka（由中国科学院古脊椎动物与古人类研究所测定） 1.28m
12. 黄绿、蓝灰色细砂及少量粉砂，夹较多的灰黑色泥炭质条带和灰绿色黏土条带。产石器及哺乳动物 *Gazella przewalskyi*，*Capreolus* sp.，*Equus hemionus*，Cervidae；孢粉 *Pinus*，*Picea*，*Tsuga*，*Carpinus*，*Corylus*，*Ephedra*，*Compositae*，*Artemisia*，*Selaginella*，*Polypodium*，*Typha*，Chenopodiceae，Gramineae，Leguminosae 及腹足类。^{14}C 年龄值为距今（8.77±0.15）ka（由中国科学院古脊椎动物与古人类研究所测定）。含泥炭条带的细砂及粉砂显轻微波浪状起伏（融冻褶曲影响厚度 0.5~1m） 1.16m
11. 黄绿色细砂夹砾石透镜体。含大量的尖状器、刮削器、砍砸器、石核、石磨盘等石器。产哺乳动物 *Equus hemionus*，*E. przewalskyi*，*Gazella przewalskyi*，*Bos* sp.；孢粉 *Pinus*，*Picea*，*Quercus*，*Salix*，*Nitraria*，*Ephedra*，*Typha*，*Artemisia*，*Polypodium*，Gramineae，Chenopodiceae，Convolvulaceae，Amaranthaceae，Cyperaceae，Compositae，Filicales 0.46m
10. 灰褐色砂质黏土，含少量黑色炭质条带。产孢粉 *Pinus*，*Tsuga*，*Quercus*，*Salix*，*Nitraria*，*Ephedra*，*Artemisia*，*Selaginella*，*Lycopodium*，Chenpodiaceae，Cyperaceae，Compostae 等 0.62m
9. 灰绿、蓝灰色淤泥。含孢粉 *Pinus*，*Ephedra*，*Artemis*，Chenpodiaceae 0.30m
8. 灰黄色粗砂，含小砾石，具铁染。含石器及孢粉 *Pinus* 0.30m
7. 灰色砂砾石层，含石器 0.18m
6. 灰色中、细砂，含孢粉 *Picea*，*Betula*，*Corylus*，*Artemisia*，Chenopodiaceae，Compositae 等 0.90m
5. 灰色、土红色具铁染的砾石层，含磨光石斧 0.38m

----- 侵蚀间断 -----

下伏地层：上更新统水洞沟组（Qp³*sd*）灰黄色土状粉砂

CK9钻孔剖面（位于平罗县西大滩火车站。井口坐标：北纬38°51′，东经106°18′。宁夏第一水文队1980年钻探）层序如下：

灵武组（Qh¹*l*） 厚度>28.80m

13. 褐黄色砂质黏土、灰色黏质砂土 >1.0m
12. 褐黄色粉砂 0.40m
11. 灰色细砂 1.30m
10. 褐黄色砂质黏土，含黑色斑点及青灰色条纹 0.70m
9. 灰色、灰黄色粉细砂 2.00m
8. 灰色细砂 7.80m
7. 灰色粗中砂 1.05m

6.	灰褐色砂质黏土。产介形虫 *Limnocythere dubiosa*，*Ilyocypris bradyi*，*I. dunschanensis*，*I. biplicata*，*Eucypris* sp.，*E. inflata*，*Candoniella albicans*，*C. kirgizica*，*C. suzini*，*Cypris* sp. 等及软体碎片	3.35m
5.	褐黄色黏质砂土	0.80m
4.	褐黄、青灰色砂质黏土，下部零星分布铁锈斑点及条纹。产介形虫 *Ilyocypris biplicata* 等	2.00m
3.	褐黄、灰褐色黏质砂土。上部含较多蜗牛化石	1.60m
2.	灰褐、青灰色砂质黏土	2.40m
1.	青灰色细砂	4.40m

----- 侵蚀间断 -----

下伏地层：上更新统萨拉乌苏组（Qp^3s）黄褐色黏土

灵武组与下伏萨拉乌苏组或水洞沟组呈侵蚀接触，为一套主要由细砂、粉砂、砂质黏土等细粒沉积物组成的河湖相沉积。

上述水洞沟剖面灵武组厚度大于7.9m，上部为灰黄、灰褐色细砂、粉砂及黏质砂土，具明显的水平层理；中部为黄绿、蓝灰及黑色细砂、粉砂、砂质黏土、淤泥及炭质条带，在含炭质条带的层位具有波浪状层理（融冻褶曲），影响地层厚度0.5m左右；下部为灰色粗砂及砾石层，粗砂具明显的前积交错层理。CK9钻孔剖面本组厚度大于28.8m，岩性为褐黄、灰色砂质黏土、黏质砂土夹灰色粉砂、细砂及少量粗中砂。

银吴盆地灵武组最为发育，构成黄河冲积平原Ⅱ级阶地。平罗—银川一带其岩性与水洞沟剖面基本一致。灵武—吴忠一带上部为灰黄色细砂、黏土质粉砂岩，下部为浅蓝灰色含砾粗砂，厚约16m。

银吴盆地钻孔中，本组分布于地表下30m以内，由黄褐、灰褐色黏土、粉砂质黏土及黏土质粉砂与灰色、灰绿色粉、细砂组成，分选好，具水平微层理，一般有两个沉积旋回，其底部砂层常含砾。

中宁盆地灵武组较为发育，构成Ⅰ、Ⅱ、Ⅲ级阶地，它们分别高出现代河床2~3m、4~6m、6.5~10m，岩性为土黄、褐黄、褐灰色黏质砂土、粉砂土、卵砾石、含细砾砂土层。中宁县82中02钻孔剖面见厚1.6m。

中卫盆地灵武组也较发育，构成黄河冲积平原Ⅰ、Ⅱ、Ⅲ级阶地，其中Ⅰ级阶地高出河漫滩0.5~1.0m，Ⅱ级阶地高出Ⅰ级阶地0.4~2m，Ⅲ级阶地高出Ⅱ级阶地0.3~1m。岩性为土黄、棕黄、灰黄、褐灰色细粉砂质土、黏质砂土、砂质黏土层夹褐灰色砂砾石、卵砾石、含砂卵砾石层，下部粗粒沉积物发育平行层理，砾石局部呈叠瓦状排列，上部细粒沉积物呈块状层或水平层理，具典型的河流相沉积特征。中卫市82中01钻孔剖面见厚1.78m。

3. 下部风积层（Qh^{1e}）

广泛分布于陶乐台地五堆子、高仁，灵盐台地磁窑堡、硝池子、东沙边子、马家滩、官滩、沙窝井、马儿庄等地，地貌上为固定或半固定沙丘、草丛沙丘及沙滩地，岩性为灰黄、土黄色黏土质中细粒砂、粉砂，岩性单一，其上植被较发育。厚0.5~20m。

4. 上部冲积层（Qh^{2f}）

主要分布于河谷Ⅰ级阶地及河漫滩上，厚5~20m不等。在黄河Ⅰ级阶地及河漫滩上其沉积物主要为黄褐、棕褐、褐灰色、灰黄色、灰色黏质砂土、砂质黏土层夹褐灰色卵砾石、含砂卵砾石层。其他一些规模较小的沟谷中沉积物为灰色砾石、砂、黏质砂土层，砾石成分复杂，一般与物源区岩性有关。

5. 湖积层（Qh^{2l}）

分布于灵盐台地现代湖泊、积水洼地及盐碱滩地中，以惠安堡四周较发育，岩性为灰黑、灰褐色黏土质细砂、粉砂质黏土及淤泥，含少量盐和芒硝，厚0.5~10m。

6. 沼积层（Qh^{2s}）

主要分布于灵盐台地现代湖泊边缘或低洼处，岩性为灰褐色黏土质细砂、砂质黏土，含少量盐、芒硝，其上多有白色卤盖，植被发育，厚0.5~5m。

7. 湖沼积层（Qh^{2ls}）

主要分布于银吴平原现代湖泊中，岩性为黄褐、灰黑色黏土质细砂、粉砂、砂质黏土及淤泥，厚2~5m。有的咸水湖夹有芒硝、盐等化学沉积。

8. 化学沉积层（Qh^{2c}）

主要分布于惠安堡附近现代盐湖中，为灰白色盐、芒硝等化学沉积，湖中卤水和卤盖均含盐较高。惠安堡盐湖已被开采利用。

9. 上部风积层（Qh^{2e}）

主要分布于中卫市甘塘—迎水桥一带，在银川平原和灵盐台地也有分布。岩性为浅棕黄、红棕、黄棕、浅灰黄、棕黄色中—细砂、粉砂。砂的成分以石英、长石为主，含云母碎片，粒度均一，磨圆度、分选性均较好。

甘塘—迎水桥一带位于腾格里沙漠南缘，这里沙丘形态主要有垄岗状、新月形、蜂房状沙丘及沙丘链，沙丘高度一般为3~15m。在沙丘的顶风坡常发育不对称波痕，沙丘链走向为北东向，背风面向东南倾斜，指示风向为西北风，沙漠向东南迁移。

在银川平原洪积扇与冲积平原过渡地带，分布有孤立的现代活动沙丘、沙地（主要有平吉堡沙地、金山沙地、鱼湖沙地、镇朔湖—高庙湖沙地等）。沙丘形态主要有沙丘链、新月形沙丘，沙丘高1m至数米。沙丘链的垂线方向和新月形沙丘弧顶的法线方向与贺兰山主要山谷或风口对应。最大厚度20~30m。

灵盐台地位于毛乌素沙漠南缘，这里沙丘与洼地相间，地貌上呈垄岗状。沙丘多组成沙丘链、沙垅、新月形沙丘、蜂窝状沙丘及流动性沙滩地。

二、宁夏南部地层小区

本地层小区主要发育风积、冲积和洪积。风积黄土分布最为广泛，东部盐池麻黄山、同心预旺、固原东部及彭阳地区发育良好，层位齐全，黄土层较厚，构成黄土梁、峁、残塬等地貌；西部兴仁盆地、海原盆地和西吉盆地黄土层较薄，常以“戴帽子黄土”形式构成黄土梁、峁地貌。冲积层分布于清水河、葫芦河、茹河、红河及其支流中，构成河谷阶地。洪积层主要分布于香山南麓、南华山、西华山北麓和清水河两侧山地之山麓地带，构成山前洪积扇。

岩石地层序列自下而上为：下更新统玉门组、午城组，中更新统贺兰组、离石组，上更新统洪积层、萨拉乌苏组、马兰组，全新统下部洪积层、灵武组、亲戚沟组，上部冲积层、湖积层、化学沉积层和重力滑坡堆积。

（一）下更新统

1. 玉门组（Qp^1y）

零星出露于香山南麓、干盐池、南华山西南麓等地。

在香山南麓新水、油井子沟、下流水、党家水、喊叫水等地玉门组不整合于中新统或更老地层之上，岩性为灰色钙质粗砾岩，砾石分选差，大小悬殊，以1~6cm者居多，呈次棱角—棱角状，填隙物为泥质、砂和钙质胶结物，下流水厚0.5~1m，党家水厚1~2m，喊叫水厚0.5~5m。

在干盐池西及黄家洼山南麓未见底，上与中更新统洪积层呈侵蚀间断接触，岩性为黄灰、褐灰、灰色厚层—块状钙质中—粗砾岩夹土黄色粉砂质泥岩。砾岩中砾石含量约30%~50%，成分较复杂，主要为变质岩、花岗岩、砂岩、灰岩、石英等，砾径一般为2~6cm，最大为20cm，砾石呈次棱角—次圆状，大小混杂，基底式胶结，填隙物为泥、砂，钙质胶结，坚硬。厚度变化较大，近山麓地带厚达30.3m，向山前延伸逐渐变薄，一般厚2~5m不等。岩层被构造掀斜，倾角一般3°~5°，最大可达15°。

在南华山西南麓树台一带玉门组出露于沟谷两侧较高部位，呈硬壳状、屋檐状不整合于中新统彰恩堡组或更老地层之上，岩性为黄灰色厚层钙质砾岩夹少量土黄色粉砂质泥岩，最大厚度超过30m，露头零星。海原县张湾水库剖面（位于海原县园河乡张湾水库。起点坐标：北纬 36°31′，东经 105°25′。宁夏区调队 1989 年测制）具代表性，其层序如下（图 14-4）：

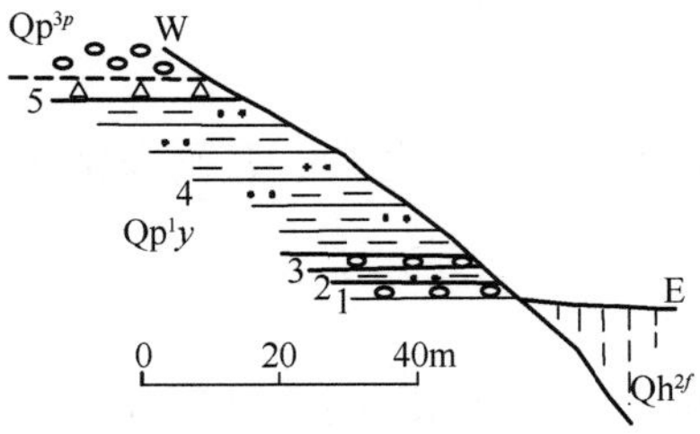

图 14-4　海原县张湾水库下更新统玉门组剖面图

Fig. 14-4　Section of the Lower Pleistocene Yumen Formation in the Zhangwan reservoir, Haiyuan County, Ningxia

上覆地层：上更新统洪积层（Qp^{3p}）黄灰色砂砾石层

----- 侵蚀间断 -----

下更新统玉门组（Qp^1y）	厚度>30. 3m
5. 黄灰色厚层状中—粗角砾岩	27. 0m
4. 深土黄色块状粗粉砂质泥岩	21. 9m
3. 黄灰色厚层状粗—巨砾岩	3. 2m
2. 深土黄色块状粗粉砂质泥岩	1. 9m
1. 黄灰色厚层状粗砾岩（因覆盖未见底）	70. 6m

2. 银川组（Qp^1yc）

主要分布于清水河平原，地表未见出露，仅见于钻孔中。K9 钻孔剖面（位于中卫市海兴开发区三河乡三叉河。井口坐标：北纬 36°24′，东经 106°07′。宁夏第二水文队 1982 年钻探）具代表性，其层序如下：

上覆地层：中更新统贺兰组（Qp^2h）杂色砂砾石夹灰绿色淤泥

———— 整　合 ————

下更新统银川组（Qp^1yc）	厚度 134. 6m
8. 灰黄、灰绿色黏质砂土。含孢粉 *Pinaceae*（2 粒），*Picea*（1 粒），*Uimaceae*（1 粒），*Artemisia*（1 粒），*Uimus*（1 粒）	13. 6m
7. 杂色砂砾石	4. 8m
6. 灰黄色砂质黏土	4. 7m
5. 杂色砂砾石、卵石	13. 8m
4. 灰褐色砂质黏土。含孢粉 *Podocarpus*（2%），*Pinus*（9%），*Pinus*（23%），*Pinaceae*（33%），*Cedrus*（2%），*Picea*（15%），*Jsuga* sp.（3%），*Jsuga* sp. 2（3%），*Ulmus*（3%），*Betula*（2%），*Corylus*（2%），*Juglans*（1%），*Lonicera*（1%），*Oleaceaae*（1%），Rosaceae（1%），*Carpinus*（1%），*Artemisia* sp. 1（38 粒），*A*. sp. 2（22 粒），Chenopodiaceae（18 粒），Compositae（2 粒），Dipsacaceae（1 粒），Leguminosae（2 粒），Gramineae（1 粒），Ranunculaceae（1 粒），双子叶草本植物花粉（4 粒）	12. 0m
3. 杂色砂砾石及浅灰黄色中、粗砂	12. 6m
2. 浅灰黄色砂质黏土	3. 9m
1. 浅灰黄色黏质砂土。含石膏碎片，蜗牛	69. 2m

~~~~~~~~ 不整合 ~~~~~~~~

下伏地层：新近系中新统（N_1）
~~~~~~~~

上述 K9 钻孔剖面银川组不整合于中新统之上，与上覆贺兰组整合接触，岩性以浅灰黄、灰褐、灰绿色砂质黏土、黏质砂土为主，夹数层杂色砂砾石、卵石及浅灰黄色中、粗砂层，厚 134.6m。其岩性特征与卫宁盆地 82 中 02 孔、82 中 01 孔相似，属河湖相沉积。

3. 午城组（Qp^1w）

由刘东生、张宗祜 1962 年命名的午城黄土沿革而来，命名剖面位于山西吕梁隰县午城镇柳树沟，参考剖面位于陕西洛川黑木沟。

午城组多被新黄土马兰组覆盖，常出露于深切沟谷沟壁的下部，分布局限，地表仅见于盐池县南部麻黄山、固原市原州区红崖子、彭阳县城阳乡虎沟和红河乡常沟等地。午城组不整合于新近系或更老地层之上，与上覆中更新统离石组黄土之间可见到一层不甚明显的古土壤层。红崖子剖面（位于固原市原州区红崖子。起点坐标：北纬 36°02′，东经 106°19′。宁夏地调院 2001 年测制）具代表性，其层序如下（图 14-5）：

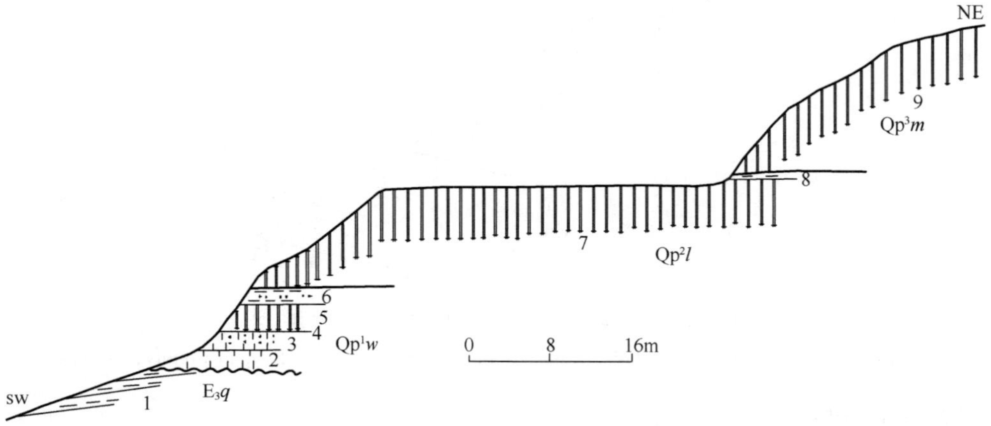

图 14-5　固原市原州区红崖子更新统黄土剖面图

Fig. 14-5　Section of Pleistocene loess in Hongyazi, Yuanzhou, Guyuan, Ningxia

上覆地层：中更新统离石组（Qp^2l）浅褐黄色粉砂质亚黏土

----- 侵蚀间断 -----

午城组（Qp^1w）	厚度 8.8m
6. 浅褐黄色粉砂质亚黏土（古土壤）	2.5m
5. 浅褐黄色石质黄土	2.7m
4. 浅褐灰、褐黄色（含炭质）粉砂质黏土	0.3m
3. 褐黄色、褐灰色粉砂质黏土	1.8m
2. 紫红色黏土与浅褐黄色黏土互层	1.5m

~~~~~~~~ 不整合 ~~~~~~~~

下伏地层：渐新统清水营组（E_3q）紫红色泥岩

上述红崖子剖面午城组与下伏清水营组呈不整合接触，与上覆中更新统离石组为侵蚀间断接触关系，厚 6.3m。下部（古土壤层）为褐黄、褐灰色粉砂质黏土，底部夹紫红色黏土条带，顶部夹黑色炭质条纹，粉砂质黏土具水平层理，含个体微小的腹足类化石及钙质小结核；中部为浅褐黄色石质黄土，质地均一、致密，砂感明显，不显层理，含个体微小的腹足类化石；上部为浅褐黄色粉砂质黏土（古土壤层）。固原市原州区孙家沟剖面午城组不整合于中新统彰恩堡组之上，与上覆离石组为侵蚀接触，岩性为浅橘红色黄土，厚 28.0m。

关于古土壤色调及岩性变化，1966 年王永焱等指出，“六盘山以西黄土中古土壤类型可能有转变，在色调上和黄土不易区别”。本区下更新统黄土中见不到像陕西洛川午城黄土中那样密集的钙质结核层。这表现了黄土在区域上的差异性。
~~~~~~~~

据层序特征及沉积构造分析，午城组下部为流水作用形成的河湖相沉积，上部为风力作用形成的黄土沉积。

（二）中更新统

1. 洪积层（Qp^{2p}）

主要分布于黄家洼山南麓、盐池南和南华山西麓张湾等地，其中盐池南、黄家洼山南麓、旱泉等地出露较好，层序完整，沉积厚度也较大。海原盐池南剖面和老虎腰岘剖面具代表性。

盐池南剖面（位于海原县盐池南。起点坐标：北纬 36°38′，东经 105°17′。宁夏地调院 2002 年测制）层序如下（图 14-6）：

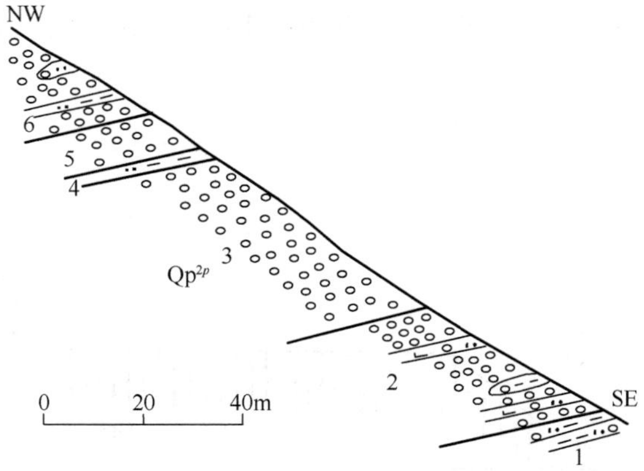

图 14-6　海原县盐池南中更新统洪积层剖面图

Fig. 14-6　Section of Middle Pleistocene diluvium in Yanchinan, Haiyuan County, Ningxia

中更新统洪积层（Qp^{2p}）	厚度>111.2m
6. 灰色砾石层夹少量橘黄色粉砂质泥岩及浅紫红色含砾砂岩透镜体及紫红色泥岩透镜体（未见顶）	3.6m
5. 灰紫色漂砾石层	8.7m
4. 橘黄色粉砂质泥岩	2.2m
3. 灰色弱固结砾石层	39.9m
2. 灰色弱固结砾石层夹少量土黄色钙质含细砾砂岩及橘黄色含细砾粉砂质泥岩透镜体	32.7m
1. 橘黄色块状含细砾粉砂质泥岩（未见底）	3.6m

老虎腰岘剖面（位于海原县南华山南麓老虎腰岘。起点坐标：北纬 36°21′，东经 105°44′。宁夏区调队 1989 年测制）层序如下（图 14-7）：

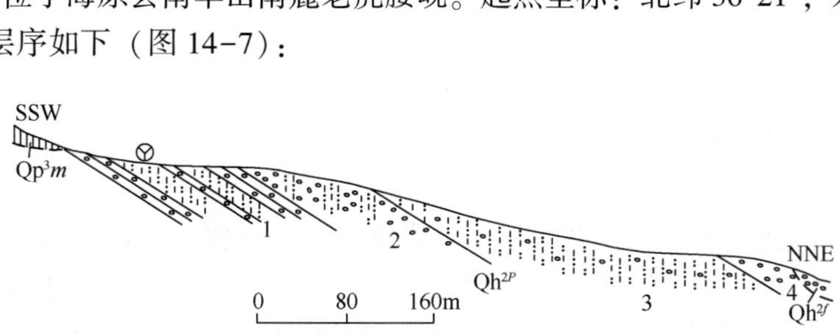

图 14-7　海原县老虎腰岘中更新统洪积层剖面图

Fig. 14-7　Section of Middle Pleistocene diluvium in Laohuyaoxian, Haiyuan County, Ningxia

上覆地层：上更新统马兰组（Qp^3m）粉砂质黄土

----- 侵蚀间断 -----

中更新统洪积层（Qp^{2p}） 厚度>193.5m

4. 褐灰色粗—巨砾石层 17.9m
3. 土黄色厚层粉砂质黏土夹大量中层粗—巨砾石 79.7m
2. 褐灰色中厚层粗—巨砾石层夹少许土黄色粉砂质黏土 50.5m
1. 褐灰色中厚层粗砾石层夹土黄—深土黄色粉砂质黏土，含孢粉 *Artemisia*，*Corylus*，*Betula*，*Pinus*，*Chenopodiaceale*，*Selagineli*，*Compositae*，*Filicales*（未见底） >45.4m

中更新统洪积层与玉门组呈侵蚀接触，上为马兰组黄土覆盖，未见顶。岩性为褐灰、灰色弱固结砾石层夹橘黄、土黄色块状、透镜状含细砾粉砂质黏土、黏土层。砾石含量60%~80%，砾径0.02~1m不等，1~10cm居多，黄家洼山一带成分以海原岩群之片岩为主，老虎崾岘一带以旱峡组和老君山组之紫红色砂岩、砂砾岩、砾岩为主，砾石呈棱角—次棱角状，岩石轻度钙质胶结。含砂粉砂质黏土、砂土层呈透镜状。各地所见厚度不仅一致，老虎腰岘厚度大于193.5m，旱泉厚度大于54.0m，盐池南厚度大于111.2m。

2. 贺兰组（Qp^2h）

主要分布于清水河平原，多被灵武组或更新的地层覆盖，地表出露甚少，仅在南华山南麓新庄子沟见有小面积露头。K9钻孔剖面具代表性，其层序如下：

上覆地层：上更新统萨拉乌苏组（Qp^3s）杂色砂砾岩

——— 整　合 ———

中更新统贺兰组（Qp^2h） 厚度96.5m

16. 浅灰黄色黏质砂土 22.2m
15. 杂色砂砾石、卵石夹浅黄色中粗砂 5.5m
14. 浅红色砂质黏土 13.9m
13. 杂色砂砾石、卵石 5.9m
12. 浅红色砂质黏土 12.4m
11. 杂色粗砂，含浅黄色钙质结核 2.8m
10. 浅红色砂质黏土，产孢粉 *Pinus*（4%），*Picea*（5%），*Alnus*（2%），*Juglans*（3%），*Carya*（2%），*Quercus mongolica*（1%），*Celtis*（3%），*Ulmus*（6%），*Ephedra*（8%），*Potamogeton*（5%），*Leguminosae*（1%），Chenopodiaceae（20%），*Artemisia*（2%），*Qramineae*（4%），双子叶草本植物花粉（31%） 10.8m
9. 杂色砂砾石夹灰绿色淤泥 23.0m

——— 整　合 ———

下伏地层：下更新统银川组（Qp^1yc）灰黄、灰绿色黏质砂土

上述K9钻孔剖面贺兰组与下伏银川组和上覆萨拉乌苏组均为连续沉积，岩性为浅灰黄、浅红色砂质黏土、黏质砂土夹杂色砂砾石、卵石及中粗砂层，下部含孢粉，厚96.5m。在南华山南麓新庄子沟本组未见顶底，厚度大于12.7m，由杂色（土黄、橘黄、黄绿、浅砖红、浅褐灰色）粉砂、粉砂质黏土及细砂、砾石层组成，产腹足类、哺乳类和孢粉化石。砾石具叠瓦状排列，砂、砂砾石层可见板状斜层理，粉砂、黏土水平层理极为发育，这些特征充分表明贺兰组为河湖相沉积。

3. 离石组（Qp^2l）

由刘东生、张宗祜1962年命名的离石黄土沿革而来，命名剖面位于山西吕梁隰县午城镇柳树沟，参考剖面位于陕西洛川黑木沟。

离石组分布范围与午城组相似。窝风掌剖面、亲戚沟剖面和董庄剖面具代表性，兹列述于后。

窝风掌剖面（位于盐池县南部窝风掌。起点坐标：北纬37°12′，东经106°55′。中国地质科学院水文地质环境地质研究所1997年测制）层序如下（图14-8）：

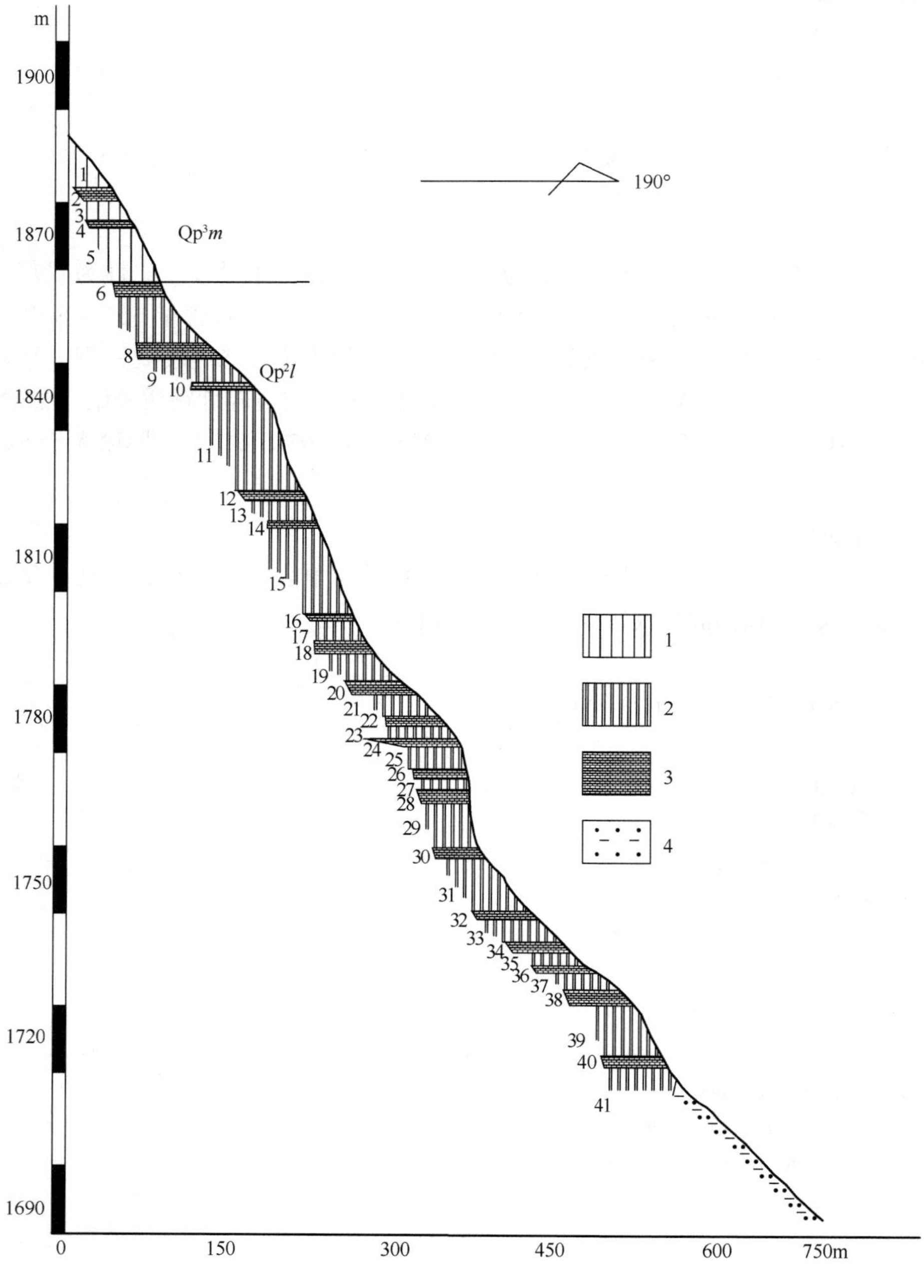

图 14-8 盐池县窝风掌更新统黄土剖面图

Fig. 14-8 Section of Pleistocene loess in Wofengzhang, Yanchi County, Ningxia

1—马兰组黄土（Qp^3m）；2—离石组黄土（Qp^2l）；3—古土壤层；4—坡积物

上覆地层：上更新统马兰组（Qp^3m）灰黄色、黄色黄土

----- 侵蚀间断 -----

中更新统离石组（Qp^2l） 厚度 152m

6. 浅棕褐色古土壤，岩性为黏质亚砂土，结构较致密、块状。下部颗粒变细，颜色变深 3.1m
7. 灰黄色、浅灰黄色黄土，岩性为黏质亚砂土，较致密，块状，孔隙较发育，表面具虫孔植物根系发育 8.5m
8. 浅棕色、棕色古土壤，岩性为亚黏土，致密、坚硬 2.5m
9. 浅灰黄色、浅黄色黄土，岩性为砂质亚黏土，致密、块状，虫孔发育，孔隙较发育，向下含砂量逐渐增大 4.7m
10. 灰褐色、浅褐色古土壤，岩性为砂质亚黏土 1.2m

11. 灰黄色、黄色黄土，岩性为黏质砂土、砂质黏土，从上至下，砂质颗粒逐渐变细，黏粒含量增高，结构致密、块状、坚硬，表面垂直节理发育，由上至下，颜色逐渐变深，但不甚明显 18.8m

12. 灰褐色、棕褐色古土壤，岩性为砂质亚黏土，致密、块状 1.2m

13. 黄色、灰黄色黄土，岩性为黏质亚砂土，结构致密、块状、坚硬。零星含有铁锰质斑点，下部黑色铁锰质斑点明显增多 4.4m

14. 黄褐色、浅棕色古土壤，岩性为含砂黏土，致密、坚硬，可见零星的白色钙斑 1.0m

15. 灰黄色、浅灰黄色、黄色黄土，岩性为黏质亚砂土。上部较粗且颜色较浅，向下粒度逐渐变细，黏粒增多，颜色渐深；上部较疏松，向下逐渐变致密坚硬 15.1m

16. 棕褐、灰褐色古土壤，岩性为亚黏土，自分界线向下，颜色明显变深，为棕红色块状结构，无明显土壤结构 0.7m

17. 灰黄色、黄色黄土，岩性为黏土亚砂土。含 1~5cm 大小的古土壤块 4.2m

18. 褐黄色弱化古土壤，岩性为粉质亚黏土，致密较坚硬 2.4m

19. 灰黄色黄土，岩性为亚砂土，较致密，颜色逐渐变浅，颗粒逐渐变粗 4.9m

20. 棕黄色古土壤，岩性为亚黏土，致密、坚硬含黑色斑点，含大量白色菌丝体 2.3m

21. 灰黄色黄土，岩性为亚黏土 4.4m

22. 棕红色古土壤，岩性为砂质黏土，致密、坚硬，块状结构 1.4m

23. 灰黄色黄土，岩性为黏质亚砂土，夹有黄土或古土壤碎块，致密、坚硬 2.7m

24. 红褐色古土壤，岩性为亚黏土，结构致密、坚硬，颜色较深 0.8m

25. 灰黄色黄土，岩性为亚砂土，致密坚硬，含古土壤团块 4.7m

26. 颜色偏红的弱古土壤层，岩性为砂质亚黏土，较致密、坚硬 1.5m

27. 灰黄色黄土，岩性为亚砂土，致密、坚硬，黏质含量均匀 1.7m

28. 颜色偏红的弱古土壤层，砂质亚黏土，黏土成分增加，含有白色菌丝体及褐色斑点，其中上部颜色较深，中部稍浅，下部较深，含钙质结核 2.6m

29. 浅灰黄色、黄色黄土，岩性为黏质亚黏土，上部质地较粗，含土质团块，且砂粒分布不均匀，成团块分布，砂的粒度从细砂到粉细砂。其中一较大的土块中又含有棕红色、褐色、黑色等斑块，可能形成于动物穴中。下部则是较均匀的亚砂土，颜色浅灰黄色 8.2m

30. 浅褐色、浅褐黄色，极弱发育的古土壤层，岩性为砂质黏土 1.5m

31. 灰黄色、黄色黄土，岩性为黏质亚砂土，致密、坚硬 9.9m

32. 红色、红褐色古土壤，岩性为亚黏土，致密、坚硬、块状 1.6m

33. 黄色、灰黄色黄土，岩性为黏质砂土，上部砂较细，下砂较粗，块状结构，致密、坚硬 4.0m

34. 灰褐色、红褐色古土壤，岩性为亚黏土，块状、坚硬 2.0m

35. 灰黄色、黄色黄土，岩性为亚黏土，块状、坚硬 2.2m

36. 红棕色、棕褐色古土壤，岩性为砂质亚黏土，较坚硬，块状结构 1.6m

37. 灰黄色、浅黄色黄土，岩性为黏质亚砂土，此层黄土表面很坚硬，新鲜面较坚硬，块状结构 3.1m

38. 灰褐色、红褐色古土壤，岩性为亚黏土，上部颜色较浅，从 157.5m 往下，颜色逐渐变深，为发育较强的古土壤 2.9m

39. 黄色、灰黄色黄土，岩性为亚砂土，致密、坚硬，贝壳状断口 9.2m

40. 红褐色古土壤，岩性为亚黏土，致密、坚硬 2.0m

41. 灰黄色、浅黄色黄土，岩性为含黏砂质土，颗粒较粗 10.0m

----- 侵蚀面 -----

下伏地层：下更新统午城组（Qp^1w）古土壤

亲戚沟剖面（位于固原市原州区沈家河亲戚沟。起点坐标：北纬 36°06′，东经 106°16′。宁夏区调队 1984 年测制）层序如下：

上覆地层：上更新统马兰组（Qp^3m）褐黄色黄土

----- 侵蚀间断 -----

中更新统离石组（Qp^2l）	厚度31.0m
15. 褐棕黄色黄土	2.0m
14. 浅黄色黄土	9.0m
13. 褐黄色黄土	4.0m
12. 浅橘黄色黄土	2.0m
11. 浅黄色黄土	1.0m
10. 褐黄色黄土，含少量直径2~5mm黏土团块	1.0m
9. 浅褐黄色黄土，含稀疏的直径2~3mm钙质泥质结核	2.0m
8. 浅黄色黄土	3.0m
7. 褐红色黄土，含稀疏直径2~5mm钙质结核	1.0m
6. 浅黄色黄土	3.5m
5. 褐红色黄土，含稀疏直径2~3mm钙质泥质结核	2.0m
4. 具铁染的褐黄色粉砂	0.5m

----- 侵蚀间断 -----

下伏地层：下更新统玉门组（Qp^1y）灰绿色砂砾石层夹灰绿色粉砂

董庄剖面（位于隆德县沙塘镇董庄村。起点坐标：北纬35°37′，东经106°00′。甘肃省地质调查院2001年测制）层序如下：

上覆地层：马兰组（Qp^3m）浅灰黄色黄土

----- 侵蚀间断 -----

离石组（Qp^2l）	厚度17.3m
17. 浅灰黄色古土壤（S_1S_1）	0.8m
16. 浅灰黄色黄土（S_1L_1）	0.9m
15. 浅棕色古土壤（S_1S_2）	1.1m
14. 浅灰黄色黄土（L_2）	0.5m
13. 浅棕色古土壤（S_2）	0.2m
12. 浅灰棕色黄土（L_3）	0.5m
11. 浅灰棕色古土壤（S_3）	0.7m
10. 浅灰黄色黄土（L_4）	1.6m
9. 浅棕色古土壤（S_4）	1.4m
8. 浅灰黄色黄土（L_5）	2.4m
7. 浅棕红色古土壤层（S_5）	0.7m
6. 浅灰黄—土黄色黄土（L_6L_2）	1.5m
5. 浅棕色古土壤（L_6S_1），土壤化程度极低	1.7m
4. 浅灰色粉质黄土（L_6L_2）	1.1m
3. 浅灰黄、灰褐色水成黄土（L_6L_3）	1.2m
2. 灰褐色古土壤层（S_6）	0.4m
1. 浅棕色水成黄土（L_7），孔隙发育	0.6m

----- 侵蚀间断 -----

下伏地层：下更新统玉门组（Qp^1y）浅灰—灰褐色砂砾石层夹透镜状黏土质砂

上述窝风掌剖面离石组与下伏午城组和上覆马兰组均为侵蚀接触，厚152m，由18个黄土层和18

个古土壤层组成，产状近于水平。黄土颜色为褐黄色，岩性为砂质黏土、黏质砂土，较致密，但不很坚硬；古土壤层较明显，为棕红、褐红色，岩性为黏土、砂质黏土，土质较粗，疏松。亲戚沟剖面离石组与下伏玉门组和上覆马兰组均呈侵蚀接触，厚 31.0m，岩性为褐黄、浅黄、褐红色黄土，底部为褐黄色粉砂，前者含钙质泥质结核。董庄剖面本组厚 17.3m，由 9 个黄土层和 8 个古土壤层组成，黄土层色调呈浅灰黄色，古土壤层色调为浅灰棕、灰褐、浅棕红色。

在固原市原州区红崖子剖面本组厚 11.6m，由 1 个黄土层和 1 个古土壤层组成。黄土层岩性为粉砂质黄土，质地均一、致密，钙质含量较高，不显层理，孔隙不发育。古土壤层岩性为浅红色、浅褐黄色轻黏土，发育水平层理。西吉玉桥剖面离石组厚度大于 40.4 m，由 6 个黄土层和 7 个古土壤层组成。彭阳县城阳乡虎沟门剖面本组不整合于下白垩统洛河组之上，与上覆马兰组为侵蚀接触，厚 17.0m，岩性为棕黄、灰棕色黄土状砂质黏土、黏质砂土。

（三）上更新统

1. 洪积层（Qp^{3p}）

分布于香山南麓深井—三眼井一带，构成向南倾斜的洪积扇，近山麓地带沉积物粒度粗，以砾石、砂砾石层为主，远山麓地带沉积物粒度变细，岩性以土黄—灰黄色黏质砂土、砂质黏土为主，一般厚 3~9m，最厚可达 15m 以上。本洪积层未见底，与上覆马兰组呈侵蚀接触。

2. 萨拉乌苏组（Qp^3s）

主要分布于盐池县南部萌城、井滩子、麻黄山，同心县东部韦州、下马关、预旺及清水河东岸老三营等地。本组一般出露在较大河谷高阶地的下部，常伏于马兰组之下，为一套河湖相沉积。王家沟剖面、折死沟剖面和老三营剖面具代表性。

王家沟剖面（位于盐池县萌城王家沟。起点坐标：北纬 37°10′，东经 106°46′。宁夏区调队 1982 年测制）层序如下（图 14-9）：

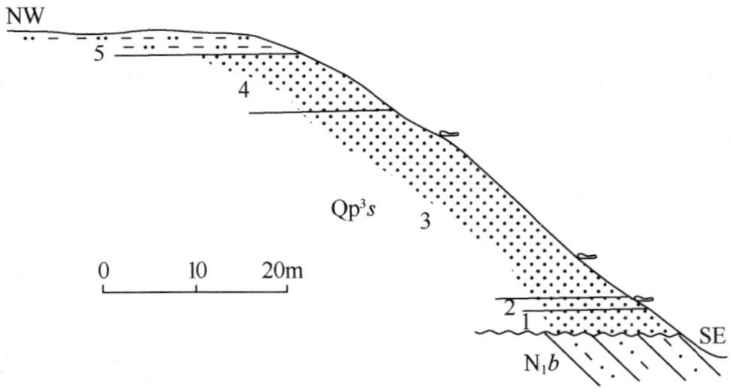

图 14-9 盐池县萌城王家沟上更新统萨拉乌苏组剖面图

Fig. 14-9 Section of the Upper Pleistocene Salawusu Formation in Wangjiagou, Mengcheng, Yanchi County, Ningxia

上更新统萨拉乌苏组（Qp^3s）	厚度>34.5m
5. 灰黄色泥质粉砂岩，台地顶部层位，层理不明显，在沟南侧顶部似有水平层理（未见顶）	>2.9m
4. 薄层状粉砂层，具缟状的交错层理及波状层理，缟状层厚 1mm 左右	6.3m
3. 灰黄色粉砂层夹含细砂的粗粉砂层，分选好，泥质含量低。产脊椎动物 *Myospalax fontanieri*, *Ochotona* sp., *Equus* sp., *E. przewalskyi*, Creodonta, Rodentia	20.7m
2. 中—薄层粉砂，夹褐红色泥质砂砾层，其中砾石为褐红色泥岩及灰白色钙质结核，粒径 1~10cm，水平层理清晰，产脊椎动物 Sciuridae	1.2m
1. 灰黄色粉砂层，微含泥质，分选好，层理不发育	3.4m

～～～～～～ 不整合 ～～～～～～

下伏地层： 中新统保德组（N_1b）

折死沟剖面（位于同心县预旺镇折死沟。起点坐标：北纬36°46′，东经106°20′。宁夏地调院2001年测制）层序如下（图14-10）：

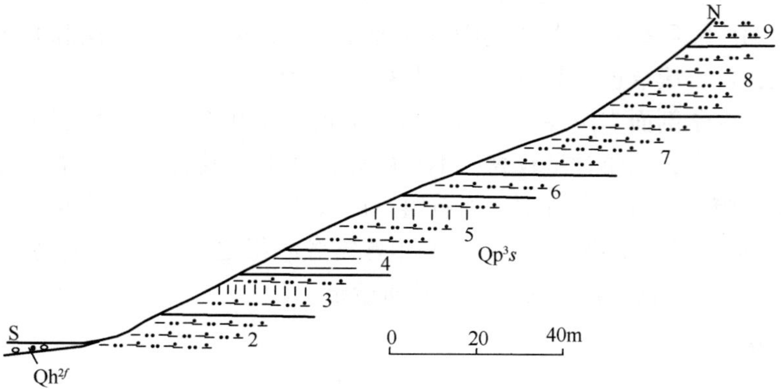

图14-10 同心县折死沟上更新统萨拉乌苏组剖面图

Fig. 14-10 Section of the Upper Pleistocene Salawusu Formation in Zhesigou, Tongxin County, Ningxia

萨拉乌苏组（Qp³s）	厚度>62.6m
9. 浅褐灰色粉砂（未见顶）	>1.5m
8. 土黄色粉砂	5.8m
7. 土黄色粉砂夹土红色粉砂质黏土条带	14.6m
6. 浅褐灰色粉砂质黏土夹土红色黏土	5.3m
5. 浅褐灰色与土红色相间的粉砂质黏土，夹少量条带状黏土层	12.8m
4. 浅褐黄色粉砂质黏土与浅褐灰色粉砂质黏土互层	6.1m
3. 浅褐灰色粉砂质黏土与棕红色粉砂质黏土韵律性互层，夹少量浅灰色黏土条带	9.9m
2. 浅褐灰、浅灰色间夹少量棕红色粉砂质黏土层，偶夹棕红色含细砾砂条带（未见底）	>6.6m

老三营剖面（位于固原市原州区老三营。起点坐标：北纬36°17′，东经106°13′。宁夏地调院2001年测制）层序如下（图14-11）：

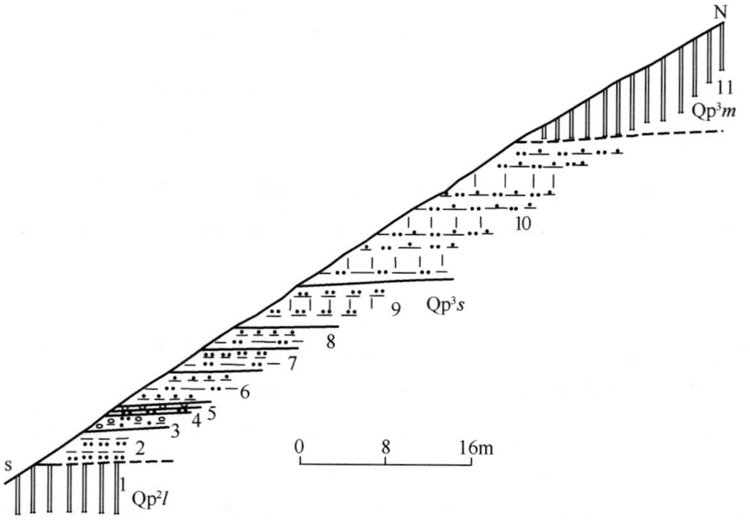

图14-11 固原市原州区老三营上更新统萨拉乌苏组剖面图

Fig. 14-11 Section of the Upper Pleistocene Salawusu Formation in Laosanying, Yuanzhou, Guyuan, Ningxia

上覆地层：马兰组（Qp³m）粉砂质黄土

----- 侵蚀间断 -----

萨拉乌苏组（Qp^3s） 厚度 31.2m

10.	土红色中层粉砂、粉砂质黏土夹土红色黏土	14.2m
9.	土黄色薄—中层粉砂、粉砂质黏土夹土红色薄—中层黏土及少量土黄、土灰色中层细砂。黏土发育水平层理、沙纹层理	3.8m
8.	土红色中—厚层粉砂质黏土夹土黄色中层黏土	2.2m
7.	土黄色薄—中层粉砂夹黏土及细砂。粉砂发育沙纹层理、水平层理	2.2m
6.	深土灰色薄—中层细砂夹粉砂、黏土及少量中—粗砂、细砂。中—粗砂发育平行层理、板状斜层理，粉砂、黏土发育水平层理、沙纹层理	3.3m
5.	土红色粗—细砾石，含腹足类及哺乳动物化石碎片	0.5m
4.	浅黄—黄色中层粉砂夹浅灰、浅蓝灰色细砂及少量土红色黏土。粗砂发育板状斜层理、槽状交错层理	0.3m
3.	土红—浅橘红色中—厚层粗—细砾石夹粉砂、细砂透镜体。前者含腹足类及哺乳动物化石碎片，后者发育槽状交错层理、板状斜层理、平行层理	1.4m
2.	土黄—土灰色薄—中层粉砂夹土红—浅红色薄层黏土及少量浅红、土灰色细砾石、含砾砂、细砂。含腹足类及哺乳动物化石碎片	3.3m

----- 侵蚀间断 -----

下伏地层：离石组（Qp^2l）深土黄、褐黄色石质黄土

上述王家沟剖面萨拉乌苏组厚度大于 34.5m，岩性较为单一，以灰黄色粉砂为主，下部夹褐红色泥质砂砾层，产脊椎动物化石。折死沟剖面本组未见顶底，厚度大于>62.6m，岩性组成较为复杂，下部以浅褐黄、浅褐灰、土红、浅灰色粉砂质黏土、黏土为主，上部则为土黄、浅褐灰色粉砂夹土红色粉砂质黏土条带。老三营剖面本组与下伏离石组和上覆马兰组均为侵蚀接触，厚 31.2m，上部为土红、土黄色粉砂、粉砂质黏土夹土红、土黄色黏土；下部为土黄、土灰、土红色粗—细砾石层夹粉砂、细砂及薄层黏土，产腹足类和脊椎动物化石碎片。

同心韦州、下马关和千家井等地，本组与上更新统洪积层呈相变关系，与上覆马兰组为侵蚀接触，岩性为土黄—棕红色黏土质砂、粉砂与黏土互层。姚家滩剖面测得厚度大于 7.5m。

海原李俊堡本组与下伏中更新统洪积层和上覆马兰组均呈侵蚀接触，岩性为浅灰黄色黏土质砂、细砂夹砂砾石层，厚 28m。

3. 马兰组（Qp^3m）

由瑞典人安特生 1923 年命名的马兰黄土沿革而来，命名地点位于北京西郊门头沟区斋堂村北的山坡上。1962 年，刘东生、张宗祐在《中国的黄土》一文中沿用了马兰黄土这一名称，认为其时代属晚更新世晚期。

马兰组广泛分布于宁夏南部地区，常出露于基岩山坡、丘陵顶部与河谷高阶地之上，构成黄土梁、峁、残塬等黄土地貌景观。窝风掌剖面、亲戚沟剖面和古城剖面具代表性。

窝风掌剖面层序如下（见图 14-8）：

马兰组（Qp^3m） 厚度>27.05m

1.	上部为棕褐色粉土质耕植土层，草本根系发育，含深褐色亚黏土团粒，偶见白色斑点，有机质含量较高。中部为浅棕褐色亚黏土，疏松，含深褐色亚黏土团粒，粒径一般为 0.5~1.5cm，团块较致密，偶见植物根系，有白色斑点，含有钙质较丰富的灰褐色团块，长径达到 2~4cm 或更大，自然潮湿状态下，远较黄土坚硬。下部为灰黄色黄土，岩性主要为粉细砂，质地较疏松，孔隙较发育	>11.2m
2.	颜色为浅棕褐色、褐色古土壤，岩性为亚黏土。此层古土壤为弱化壤土，结构较疏松，局部可见小的斑点，及一些小虫孔和草本植物根系	1.7m
3.	浅灰色、灰白色、灰黄色黄土，岩性为亚砂土，结构松散，表面较新鲜面坚硬，砂质较均匀，孔隙较发育，内有虫孔和植物根系	3.2m

4. 颜色为棕黄色，具一定程度壤化的弱发育古土壤，岩性为粉质黏土，从上至下，逐渐变得致密、坚硬 1.7m

5. 灰黄色、黄色黄土，颗粒较粗，岩性为亚砂土，疏松，大孔隙发育。自上而下亚砂土颗粒逐渐变粗，同时可见白色斑点 9.15m

----- 侵蚀间断 -----

下伏地层：中更新统离石组（Qp^2l）浅棕褐色黏质亚砂土（古土壤）

亲戚沟剖面层序如下：

上覆地层：全新统亲戚沟组（Qh*q*）

----- 侵蚀间断 -----

上更新统马兰组（Qp^3m） 厚度 15.5m

17. 浅灰黄色黄土。含蜗牛和孢粉 *Polypodiaceae*（1%），*Pinus*（6%），*Picea*（11%），*Salix*（2%），*Quercus*（1%），*Oleaceae*（1%），*Ephedra*（1%），*Liliaceae*（1%），*Amaranthaceae*（1%），Chenopodiaceae（>1%），*Artemisia*（9%），*Compositae*（12%），Gramineae（3%）及双子叶草本植物花粉（34%） 11.5m

16. 褐黄色黄土，含少量直径 5~10mm 的黏土团块及石膏碎块 4.0m

----- 侵蚀间断 -----

下伏地层：中更新统离石组（Qp^2l）褐棕黄色黄土

古城剖面（位于彭阳县古城乡。起点坐标：北纬 35°52′，东经 106°27′。甘肃省地质调查院 2001 年测制）层序如下：

马兰组（Qp^3m） 厚度>11.2m

6. 浅灰黄色黄土（L_1L_1），孔隙发育（其上被剥蚀） 5.4m

5. 浅灰黄色黄土（L_1L_2），土层较松散 5.6m

4. 浅灰黄色古土壤（L_1S_1），土壤化程度较低 0.2m

3. 浅灰棕色黄土（L_1L_3），钙质含量高，土质坚硬离石黄土 0.8m

2. 浅灰棕色古土壤（S_1） 1.0m

1. 浅灰褐色次生黄土，底部偶夹透镜状砂碎石层，含灰黑色炭质斑点 1.0m

马兰组岩性较单一，多为浅黄、灰黄、褐黄、土黄色黄土、粉砂质黄土，具有粉土粒级占绝大多数、孔隙度大、湿陷性较强、垂直节理发育、质地均一、无层理等风成黄土的典型特征。

上述窝风掌剖面马兰组厚度大于 27.05m，由 3 个黄土层和 2 个古土壤层组成。黄土层呈灰黄色，岩性为亚砂土，质地疏松，孔隙较发育；古土壤层色调为棕褐、棕黄色，岩性为亚砂土、粉砂质黏土。亲戚沟剖面本组厚 15.5m，岩性为浅灰黄、褐黄色黄土，含蜗牛和孢粉。古城剖面本组厚度大于 14.0m，由 3 个黄土层和 2 个古土壤层组成。

（四）全新统

1. 下部洪积层（Qh^{1p}）

主要分布于香山、南华山、西华山及清水河两侧基岩山地的山麓地带，构成山前新洪积扇。该洪积层与上更新统马兰组或洪积层呈侵蚀间断接触关系，与全新统下部灵武组呈相变关系。

香山南麓三眼井—下流水一带沉积物由灰色砾石、砂砾石层和土黄色含砾粉砂质土层组成，洪积扇扇面坡度较小（<5°），沉积物分异不明显，从近山口至远山口处沉积物粒度变化不明显，厚 1~5m。

在南华山、西华山及黄家洼山山麓地带，岩性为灰、褐灰、土灰、黄灰色砂砾石、砾石层夹砂、粉砂及砂质黏土层，厚一般为3~20m不等，最厚达70m（黄家洼山）。由山麓到山前地带，沉积厚度由厚变薄，沉积物粒度由粗变细。

清水河两侧山前地带沉积物粒度较细，砾石砾径一般为1~5cm，略具定向排列，地表覆盖厚15~25cm的土壤层，分布区地表平缓，坡度3°~5°。

2. 灵武组（Qh^1l）

分布于清水河、葫芦河、茹河、红河及其支流的河谷地带，构成Ⅰ、Ⅱ、Ⅲ级阶地。同心马家河湾剖面（位于同心县马家河湾。起点坐标：北纬37°11′，东经105°48′。宁夏地质矿产勘察院1992年测制）具代表性，其层序如下（图14-12）：

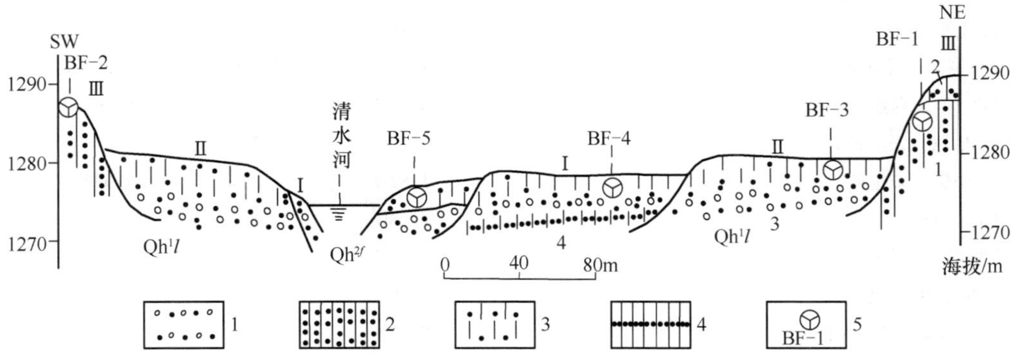

图14-12 同心县马家河湾清水河全新世地层剖面图

Fig. 14-12 Stratigraphic section of Holocene in Qingshuihe, Majiahewan, Tongxin County, Ningxia

1—砂、砾石；2—细砂土；3—亚砂土；4—粉砂质土；5—孢粉产地及编号；Ⅰ—Ⅲ为阶地编号

上覆地层：全新统上部冲积层（Qh^{2f}）土黄—褐黄色砂、砾石层

----- 侵蚀间断 -----

灵武组（Qh^1l） 厚度>16.6m

4. 下部浅褐黄色粉砂质土，发育水平层理；中部为浅褐灰色砂砾石层，见平行层理，砾石局部呈叠瓦状，层不稳定，厚3~50cm；上部为土黄色亚砂土，含大量孢粉（表14-3，BF-4）。该层构成Ⅰ级阶地 2.0m
3. 下部为浅褐黄色砂砾石；上部为土黄色亚砂土，厚0.5~1.7m，发育水平层理，产丰富的孢粉（表14-3，BF-3）。该层构成Ⅱ级阶地 4.6m
2. 土黄色粉砂质土，无层理，多孔隙。含孢粉（表14-3，BF-2） 3.5m
1. 土黄、浅褐黄、褐灰色粉砂质土—细砂土，多块状层，微见水平层理。含丰富的孢粉（表14-3，BF-1）。1~2层构成Ⅲ级阶地（未见底） >6.5m

表14-3 同心县马家河湾清水河全新统剖面孢粉统计表

Table 14-3 Statistical table of spores and pollen of the Holocene section in Qingshuihe, Majiahewan, Tongxin County, Ningxia

孢 粉	BF-1 第一层	BF-2 第二层	BF-3 第三层	BF-4 第四层
Granoreticalle varibilis Jiabo 变异粒网球藻	1.82%	4.23%	0.76%	1.30%
Verrucosphaera tuberculata Jiabo 细瘤球藻	0.72%	2.82%		1.30%
Osmunda cinnamomea L. 分株紫萁	0.36%		0.76%	
Pteris morii Masamunel 拟凤尾蕨	0.36%			
Lycopodium canplanatum L. 地刷子		2.82%		
Lygodium flexucsum Sw. 曲轴海金沙			0.76%	
Pinus sp. 松属，未定种	29.82%	14.08%	34.01%	19.48%
P. silvestris L. 欧洲赤松	12.36%	8.45%	2.27%	3.90%

续表

孢　粉	BF-1 第一层	BF-2 第二层	BF-3 第三层	BF-4 第四层
P. sibirica (Ruper) Mayr 西伯利亚松	2.18%		0.76%	3.90%
P. liatungensis Liaur 辽东松	0.72%	7.04%		3.25%
P. desiflora var. *liatungensis* 日本赤松变种		1.41%		0.65%
P. koreiensis Seib 红松	2.18%			
P. puniba (Pall) Mayr 偃松	3.27%			
P. armandii Franch 华山松	0.73%		9.85%	
P. massoniana Lambe 马尾松	0.73%	1.41%	0.76%	3.90%
Picea obovata Ldb. 沙松	2.18%			
Larix sp. 落叶松属，未定种	1.82%	2.82%	4.55%	1.30%
L. sibirica Ldb. 西伯利亚落叶松	0.36%		0.76%	
Cupressus sp. 伯属，未定种		4.23%		0.65%
Cedrus sp. 雪松属，未定种	1.82%	2.82%	1.52%	3.90%
C. deodar Lond 雪松	2.18%			1.30%
Abies sp. 冷杉属，未定种	4.00%			
A. sibirica Ldb. 西伯利亚冷杉	2.90%			
A. rirma Sieb et Zucc 日本冷杉	0.72%			
Tsuga sp. 铁杉属，未定种	3.64%	1.41%	0.76%	1.95%
T. canadensis (L.) Carr 加拿大铁杉	0.72%		0.76%	
T. deversifolia (Maximus) Mast 日本铁杉	2.91%	1.41%		
Keteleeria evelyniana Mast 云南油杉	2.55%		0.76%	
Podocarpus sp. 罗汉松属，未定种	1.08%	1.41%		1.30%
Cathaya argyrophylla Chua et Kuang 银杉	0.36%			
Monosulcites sp. 单沟粉属，未定种	0.36%			0.65%
Compositae 菊科	5.09%	12.68%	12.88%	20.79%
Leantopodium cf. *alpinus* Cass 高山绒草（相似种）	2.18%		9.85%	16.23%
L. alpinus Cass 高山绒草		11.27%		
Chenopodiaceae 藜科			5.30%	
Artemisia 蒿属				
Salix 柳属				
其他	18 属种 9.75%	11 属种 19.74%	13 属种 12.90%	12 属种 14.30%

上述马家河湾剖面灵武组未见底，厚度大于 16.6m，岩性为土黄、浅褐黄、褐灰色砂砾石、细粉砂质黏土、黏土质砂，构成清水河Ⅰ、Ⅱ、Ⅲ级阶地。海原李旺清水河谷本组与下伏干河沟组呈不整合接触，厚度大于 45.9m，岩性为土黄、土灰、土红、浅蓝灰、浅黄绿色薄—中层粉砂层夹薄—页片状黏土质砂、砂质黏土、黏土及少量薄层细砂、砂砾石层，发育水平层理。

在葫芦河及其支流中，灵武组分布于河谷两侧，也构成Ⅰ、Ⅱ、Ⅲ级阶地，其中Ⅰ级阶地高出现代河床 4~6m，Ⅱ级阶地高出Ⅰ级阶地 1~1.5m，Ⅲ级阶地高出Ⅱ级阶地 1.5~3m。岩性上部以土黄、棕黄、灰黄、褐灰色细粉砂质土、黏质砂土、砂质黏土层为主，发育水平层理；下部以褐灰色砂砾石、细卵砾石、含砂卵砾石层为主，发育平行层理，局部砾石呈叠瓦状排列。具典型的河流相二元结构特征。钻孔视厚 9.1~33.3m。

在茹河和红河河谷中，灵武组分布也较广泛，沿河谷两侧出露，构成Ⅰ—Ⅲ级阶地。其中Ⅲ级阶地保存完整，较为连续，阶面高出现代河床 30~50m；Ⅰ、Ⅱ级阶地遭受严重侵蚀，残存下来的不多，分别高出现代河道 2~5m、10m 左右。岩性下部为浅灰—灰色砾石、砂砾石、砂层夹灰—灰黑色黏土，产淡水腹足类和双壳类化石；中上部则以褐灰、灰、土黄色粉砂质黏土、黏土为主，含脊椎动物化石。

彭阳北部安家川、小河川以及盐池南部的河谷中仅保存一级阶地，阶地面高出现代河床5~10m，岩性以土黄色粉砂质黏土为主，下部夹少量砂砾石层。

从上述岩性及沉积特征可以看出，灵武组应属河流相沉积。

3. 上部冲积层（Qh^{2f}）

分布于现代河床、河漫滩及冲沟中，其沉积物为灰、黄灰、褐灰、土灰色砂砾石、砾石夹黏质砂土层。砾石成分复杂，与物源区岩性有关，砾径一般2~20m，最大达1m左右，次棱角—次圆状，大小混杂。

4. 湖积层（Qh^{2l}）

仅分布于干盐池。据钻孔资料，该套湖积层厚20~80m，下部为灰白、青灰、棕黄色砂质黏土夹黑色淤泥，含少量芒硝和石膏；上部为黑、青灰、紫色黏土、淤泥，含石膏和芒硝。

5. 化学沉积层（Qh^{2c}）

分布于干盐池盐湖中心，为现代食盐、芒硝和黏土的混合沉积，可达小型食盐、芒硝矿床规模，海原县在此建设晒盐场，年产食盐10t左右，芒硝数千千克。

6. 亲戚沟组（Qh^1q）

1990年由宁夏区调队张国典创名，层型为固原市原州区沈家河亲戚沟剖面，用以代表全新统风积黄土层。

亲戚沟组多分布在黄土丘陵顶部，为浅褐黄色及灰黄色黄土夹弱发育古土壤层，厚5~7.2m。在亲戚沟剖面中，底部含稀疏的泥砾，泥砾直径2~3mm。董庄剖面由2个黄土层和3个弱发育古土壤层组成。以沈家河亲戚沟剖面和董庄剖面为代表。

沈家河亲戚沟剖面层序如下：

全新统亲戚沟组（Qh^1q） 厚度5.0m

18. 浅褐黄色黄土，底部含直径2~3mm稀疏的泥砾。含蜗牛和孢粉 *Pinus*（4%），*Picea*（1%），*Alnus*（1%），*Betula*（2%），*Quercus mongolica*（2%），*Juglans*（1%），*Celtis*（6%），*Ulmus*（5%），*Ephedra*（3%），*Thalictrum*（1%），Euphorbiaceae（2%），Chenopodiaceae（22%），*Umbelliferae*（1%），*Artemisia*（19%），Compositae（10%），Gramineae（2%）及双子叶草本植物花粉（18%） 5.0m

----- 侵蚀间断 -----

下伏地层：上更新统马兰组（Qp^3m）

董庄剖面层序如下：

全新统亲戚沟组（Qh^1q）	厚度7.2m
23. 浅灰黄—灰棕色土壤层（S_0S_1）	1.4m
22. 浅灰黄色黄土（S_0L_1）	3.3m
21. 浅灰黄色古土壤（S_0S_2）	1.3m
20. 浅灰黄色黄土（S_0L_2）	0.1m
19. 浅灰黄色古土壤（S_0S_3），发育程度极低，磁化率略高	1.1m

----- 侵蚀间断 -----

下伏地层：上更新统马兰组（Qp^3m）浅灰黄色黄土

7. 地滑堆积（Qh^{2el}）

广泛分布于黄土覆盖区，主要出露于西吉县党家岔、苏堡、王民、西滩、夏寨，海原县蒿内、李俊、九彩，原州区炭山、官厅、寨科，彭阳县红河、城阳、刘塬等地。地滑堆积习惯称为滑坡，主要发生在黄土沟谷两侧斜坡上及黄土峁梁、残塬边缘，即“戴帽子黄土”地区。所谓“戴帽子黄土”，就是山地（黄土峁梁）上部或表层为湿陷性较强的黄土，下部为新近系、古近系红层。当在雨季或遇暴雨时，在地形、岩性、地下水和大气降水等诱因共同作用下，山地上部湿陷性黄土沿红层表面发生滑动、滑塌，从而形成滑坡。分布于海原—西吉一带的滑坡其形成诱因可能还与地震有关，如党家岔堰塞湖、蒿内堰塞湖可能都是由1920年海原8.5级大地震诱发形成的。滑坡在平面上呈舌状或半圆形，边缘清晰，后缘滑坡面多呈弧形；滑坡前缘较陡，后部平缓，中部凹凸不平；滑体土质疏松，表面多空洞，多裂缝；少数滑坡前缘有鼓丘，滑体两侧多有冲沟发育；个别滑体被冲沟切穿。地滑堆积物成分较杂，与滑塌体在滑动过程中所经过的地质体性质密切相关，区内主要为来自于上部的湿陷性黄土和下部的古近系、新近系红层，具有混杂堆积特点。

第二节　古生物群组合与地层划分对比

一、下更新统

（一）玉门组

区内下更新统玉门组未采获古生物化石，以往人们常以其成岩较好、层位最低和不整合于新近系或更老地层之上，将其划归下更新统。

2008年，中山大学马占武、张珂、安燕飞等对南华山西麓园河高级阶地之上的玉门组进行了古地磁测年研究，最终得出玉门组开始发育的时间为1.04Ma，属早更新世晚期（松山期），这一结果与以往人们推测玉门组形成时代为早更新世基本一致。

本区玉门组与河西走廊地区的玉门组完全可以对比，与兰州盆地早更新世五泉山砾岩组时代也相当。

（二）银川组

下更新统银川组的时代是依据古地磁、孢粉及层序关系资料确定的：

1）古地磁资料在划分和确定地层时代的方法中，一般认为松山倒转极性时控制的地层为下更新统。银川平原82银01孔96.52~342.42m之间（见本章第三节），清水河谷地七营K6孔147~372m之间均为松山倒转极性时（见本章第三节），故该部分地层应为下更新统。

2）清水河谷地（海原黑城）K9孔的第四层和第八层中所采孢粉经中国地质科学院地质研究所四室孙秀玉、赵英娘鉴定，确认其时代属早更新世。这些孢粉与三门峡地区和泥河湾地区早更新世的孢粉组合甚为相似。其共同分子有 *Pinus*，*Picea*，*Artemisia*，Compositae，Gramineae，*Betula*，*Ulmus*，Chenopodiaceae。

3）在层序关系上，下更新统银川组在前述3个钻孔中与下伏新近系中新统呈不整合接触，与上覆中更新统为整合接触（见前述剖面）；在地表则见以不整合覆在含 *Hipparion*，*Platybelodon* 的中新统红层之上。

银川组与陕西关中平原的泄湖组层位大致相当，可以对比。

（三）午城组

下更新统午城组时代是依据古地磁和层序关系确定的：①盐池县南部窝风掌黄土古地磁剖面在180~250m之间为松山倒转极性时，表明该段地层为下更新统；②在区域上，午城组不整合于中新统彰恩堡组或更老地层之上，上与中更新统离石组呈侵蚀接触，其时代应属下更新统。

二、中更新统

（一）洪积层

中更新统洪积层时代的确定主要依据是古生物、层序关系及所处的地貌位置：①宁夏地震局曾在南华山南麓老虎嘤岘一带洪积层中采获以 *Artemisia*，*Corylus*，*Betula*，*Pinus*，Chenopodiaceae，*Selaginella*，*Compositae*，*Filicales* 等为主的孢粉组合，时代为中更新世；②在地层层序上，本洪积层位于下更新统玉门组和上更新统洪积层之间，它们均呈侵蚀间断接触关系；③在地貌上，本洪积层常出露于山前洪积台地的高级阶地上。

（二）贺兰组

中更新统贺兰组的时代确定有如下几方面依据：

1）在贺兰县园艺场区测队院内于孔深 158m 处采获哺乳类 *Megaloceros*（*Sinomegaceros*）*pachyosteus*，经中国科学院古脊椎动物与古人类研究所齐陶鉴定，认为是中更新世的典型化石。

2）清水河盆地海原黑城 K9 孔贺兰组产孢粉 *Pinus*（4%），*Picea*（5%），*Alnus*（2%），*Juglans*（3%），*Carya*（2%），*Quercus mongolica*（1%），*Celtis*（3%），*Ulmus*（6%），*Ephedra*（8%），*Potamogeton*（5%），Leguminosae（1%），Chenopodiaceae（20%），*Artemisia*（2%），Qramineae（4%）及双子叶草本植物花粉（31%），鉴定者孙秀玉、赵英娘认为属中更新世孢粉组合，可与周口店中更新世孢粉组合比较，其共同分子有 *Picea*，*Alnus*，*Juglans*，*Ulmus*，*Celtis* 等，它们都是华北中更新统的常见分子。

3）南华山南麓新庄子沟贺兰组产：哺乳类 *Equus* sp.，*Bovidae* sp.，*Mammlia* sp.；腹足类 *Vallonia* sp.，*Succinea* sp.，*Peychopoma* sp.，*Gaiba* sp.；孢粉 *Abies*（1%～5%），*Picea*（2%～50%），*Pinus*（2%～37%），*Ephedra*（3%～22%），*Salix*（<1%），*Quercus*（2%～4%），*Ulmus*（1%），*Fraxinus*（<1%），*Nitraria*（1%），Rosaceae（1%～2%），Leguminosae（2%～3%），*Tamarix*（1%～3%），*Sparganium*（2%），Gramineae（1%～9%），Cyperaceae（3%～13%），Polygonaceae（4%），Cowyophyllaceae（<1%），Chenopodiaceae（5%～14%），Ranunculaceae（3%），Cruciferae（29%），Umbelliferae（1%），Convolvolaceae（<1%），*Piantago*（<1%），*Artemisia*（9%～20%），Compositae（5%～10%），*Tricoiporopollenites*（1%）。上述孢粉都是我国中更新世常见分子，其组合特点与华北中更新世孢粉组合极为相似。哺乳类都是第四纪的常见种类；腹足类也都是新近纪—第四纪的常见分子，其中 *Vallonia*，*Succinea* 分布于中更新世—晚更新世。

4）永康南贺兰组中部砂层热释光（TL）年龄值为（18.292±3.658）万年，上部粉细砂层热释光年龄值为（11.607±2.089）万年，这两组年龄值表明贺兰组属中更新世沉积无疑。

5）古地磁研究表明，宁夏河谷盆地内布容正极性时下部的一套河湖相地层与上述含脊椎动物和孢粉的层位一致。

6）地层关系上，盆地区中更新世地层与上更新统、下更新统之间均以平行不整合接触，在地表河谷高阶地上，与上、下更新统多以侵蚀面相区分。因此，其时代属中更新世是可信的。

（三）离石组

区内离石组古生物化石较少，仅发现哺乳类 *Myospalax tingi* 和腹足类琥珀螺。前者广泛分布于我国华北早—中更新世地层中。

宁夏地质局综合研究队（1983）在彭阳县虎沟门黄土剖面上所采集的古地磁样品（经中国地质科学院地质力学研究所赵文龙等测定和研究）表明该剖面为一个以正极性为主并夹有以短暂负极性事件的极性序列。该磁性序列与经过同位素年龄校正的 50Ma 极性年表对比，相当表中的布容正极性时，对应年代为距今 0.1～0.73Ma。故以其作为中更新统黄土的时间间隔。

宁夏区调队在其测制的固原市原州区沈家河亲戚沟黄土剖面上所采集样品经中国科学院水文地质工程地质研究所测定，也相当布容正极性时。根据剖面的岩性特征，可划分出 31m 的中更新统黄土。

甘肃省地质调查院（2003）在西吉县玉桥黄土剖面和彭阳县古城黄土剖面也作了古地磁测定，其极性全部在布容正极性期内。根据 Cande and Kendd 地磁年表（1995）离石组黄土沉积的年代不早于 78 万年，即为中更新世的下限。

上述古生物和古地磁一致表明，离石组属中更新世沉积。

三、上更新统

（一）洪积层

本洪积层在贺兰山东麓镇北堡产哺乳类 *Canis lupus*；在香山南麓四眼井、七眼井等地产脊椎动物 *Equus* sp.，*Coelodonfa antiqaifatis* 和腹足类 *Cathaica* sp. 等；青龙山东麓鸽堂沟产腹足类 *Cathaica pulveratrix*。这些化石所反映的时代为晚更新世。

在中卫永康南本洪积层层位位于 TL（热释光）年龄值为（3.508±0.526）万年的上更新统上部马兰组（Qp^3m）和 TL 年龄值为（11.607±2.089）万年的中更新统贺兰组（Qp^2h）之间。由此可见，这套洪积层应属晚更新世早期沉积。

（二）萨拉乌苏组

萨拉乌苏组时代为晚更新世早期。主要依据如下：

1）在萌城王家沟和预旺北地台等地萨拉乌苏组产脊椎动物 *Bos* sp.，*B. primigenius*，*Bison* sp.，*Ovis* sp.，*O. ammon*，*Gazalla* sp.，*Spirocerus* sp.，*Hyaena* cf. *ultima*，*Cervus* sp.，*Coelodonta antiquitatis*，*Canis lupus*，*Myospalax fontanieri*，*Ochotona* sp.，*Equus* sp.，*E. przewalskyi*，*E. hemionus*，*Rhinoceros* sp.，Artiodactyla，Creodonta，Rodentia，Sciuridae。这些化石都是我国西北、华北地区萨拉乌苏动物群的常见分子，其中 *E. hemionus*，*Myospalax fontanieri* 常见于内蒙古乌审旗大湾沟萨拉乌苏组；*E. przewalskyi*，*E. hemionus* 等见于甘肃环县刘家岔龙骨拐沟的萨拉乌苏组。

2）萨拉乌苏组尚产 *Cathaica schensiensis*，*C.* sp.，*Pupilla* sp.，*P. cryptodon cryptodon* 等腹足类，这些化石地质时代为中更新世—晚更新世。

3）萌城苦水河萨拉乌苏组产孢粉 Gramineae（1%~4.7%），*Ariemisia*（10%~26.6%），Chenopodiaceae（16%~20%），*Carpinus*（0.9%），*Ephedra*（7.6%~10%），Cruciferae（1.9%~8%），Caryophyllaceae（0.9%），*Salix*（2.8%~10%），*Betula*（2%），*Celtis*（2%），Cyperaceae（1%），*Quercus*（12.3%~16%），Leguminosae（1.9%~6%），*Pinus*（0.9%~2%），Compositae（2.8%~5%），Ranunculaceae（4%~9.5%），*Plantanus*（0.9%），*Castanea*（1%~2.8%），Amaranthaceae（0.9%），Liliaceae（2%），*Ulmus*（1%）及双子叶草本植物（0.9%~3%）。该孢粉组合以草本植物占优势，木本植物花粉次之（含量为 22.8%~48%）。草本植物中以 *Ariemisia*，Chenopodiaceae 和 *Ephedra* 占优势，Compositae 和 Gramineae 也有一定含量；木本植物则以 *Quercus*，Leguminosae，*Salix* 为主，其余含量都不高。组合中出现的科属均为华北、西北地区第四纪以来的常见分子，未发现非本地成分。其中大多数为旱生草本植物，水生植物少见。中国地质科学院王大宁认为该孢粉组合时代为中更新世。

4）黑山峡口黄河左岸Ⅲ级阶地萨拉乌苏组底部砂层 TL（热释光）年龄值为（10.037±1.505）万年，属晚更新世初期沉积。

5）在层位上，萨拉乌苏组位于中更新统贺兰组和上更新统马兰组之间，它们均为侵蚀接触。

（三）水洞沟组

水洞沟组（含旧石器的层位）过去有人认为与萨拉乌苏组相当，属上更新统下部。后来有人将其置于上更新统中部。20 世纪 70 年代，萨拉乌苏河地区标准剖面的研究工作取得了新的进展。资料表明萨拉乌苏河滴哨沟左岸剖面的上部层位与水洞沟含旧石器层位相当（图 14-13）。现就有关资料讨论如下：

1）同位素年龄：水洞沟含旧石器层位骨化石的 ^{14}C 年龄值为距今（17.25±0.21）ka，钙质结核 ^{14}C 年龄值为距今（26.23±0.8）ka；萨拉乌苏河滴哨沟湾剖面上部的螺化石 ^{14}C 年龄值为距今（27.94±0.6）ka。二者同位素年龄值相似，故层位相当，该层位是在萨拉乌苏动物群的层位之上。萨拉乌苏河的旧石器、古人类及动物化石的 ^{230}Th 年龄值为距今（37~50）ka，水洞沟含旧石器层位的动物化石的 ^{230}Th 年龄值为距今（38±2）ka 至（34±2）ka，不难看出水洞沟含旧石器的层位比含萨拉乌苏动物群的层位更高。

2）动物群面貌：水洞沟含旧石器层位已发现的脊椎动物化石有 *Equus* sp.，*E. hemionus*，*Equus*

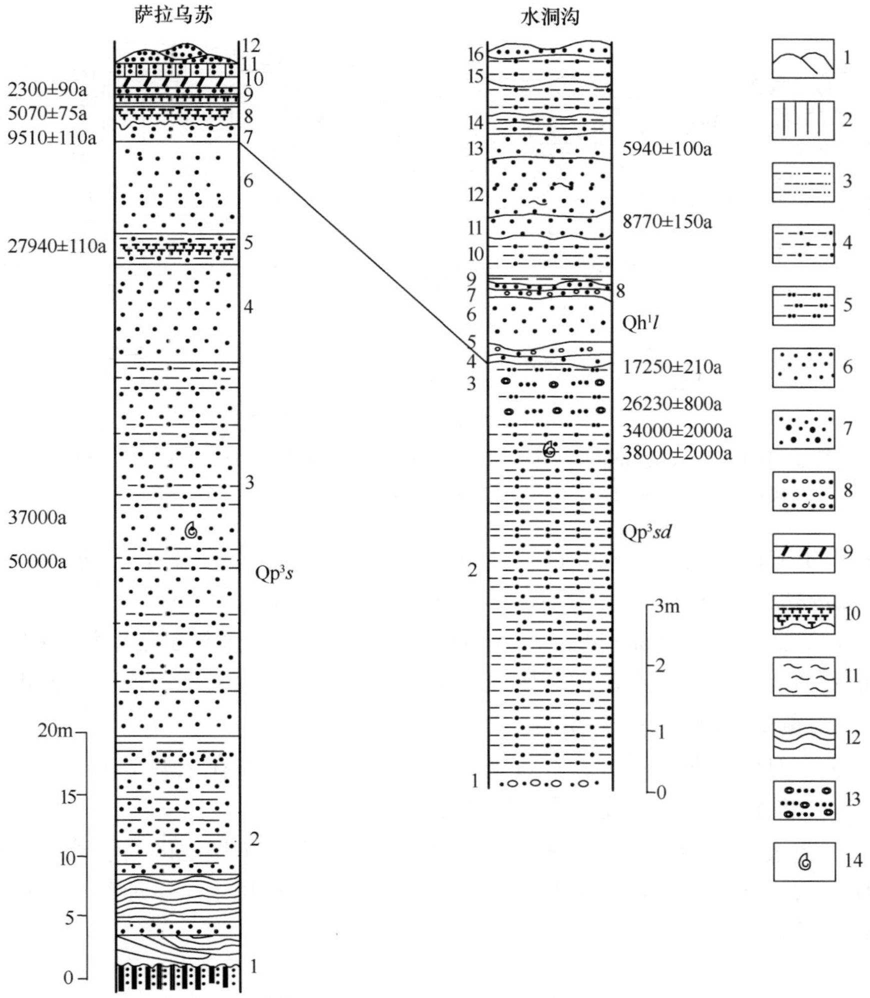

图 14-13　内蒙古萨拉乌苏与宁夏水洞沟第四系柱状对比图

（分别据周昆叔等及张国典等，1982）

Fig. 14-13　Correlation of Quaternary in Shuidonggou of Ningxia and Salawusu of Inner Mongolia

1—沙丘；2—粉砂与砂质黏土；3—砂质黏土；4—黏质砂土；5—粉砂；6—粉细砂；7—细砂；8—砂砾石；9—黑垆土；10—沼泽土；11—炭质条带；12—地层褶曲；13—钙质结核；14—化石

przewalskyi，*Hyaena* cf. *ultima*，*Coelodonta* sp.，*C. antiquitatis*，*Bison* sp.，*Cervus* sp.，*Gazella* sp.，*G. przewalskyi*，*Bubalus* sp.，*Struthio* sp. 等。这些大都是我国华北各地晚更新世晚期的常见分子。

3）孢粉组合面貌：水洞沟的孢粉组合特征是以小灌木及草本花粉中蒿、藜、麻黄和木本花粉中的云杉、松、白刺等属为主，反映了荒漠草原环境的特点。其中云杉花粉较多，只是在融冻褶曲层位有冷杉，说明晚更新世晚期曾有过较寒冷的气候期，这与华北平原区可以对比。

4）旧石器特征：水洞沟组出土的旧石器有尖状器、刮削器、砍砸器、石核等。其中尖状器修理得比较好，左右对称程度很高。据此贾兰坡教授等（1964）认为水洞沟遗址的文化时代应属旧石器后期。

5）层位关系：在水洞沟本组的上覆地层中含有新石器，其同位素^{14}C 年龄值为距今 8.77ka 至 5.94ka，时代为全新世早期。二者之间存在剥蚀面（图 14-14）。本组与下伏中渐新统清水营组呈不整合接触。

综上所述，本组的同位素年龄、化石、孢粉和石器等分析鉴定成果基本吻合，其时代应属晚更新世晚期。

（四）马兰组

马兰组的时代属晚更新世。其主要依据是：

1）马兰组产腹足类和哺乳类动物化石。腹足类有 *Cathaica* sp.，*C. kreitneri*，*C. pulreratricula*，*C.* cf. *confucii*，*C. pulreratix*，*C. fasciola transitans*，*C. constaniae vestita*，*Pupilla muscorum*，*P. cupa* var. *turc-*

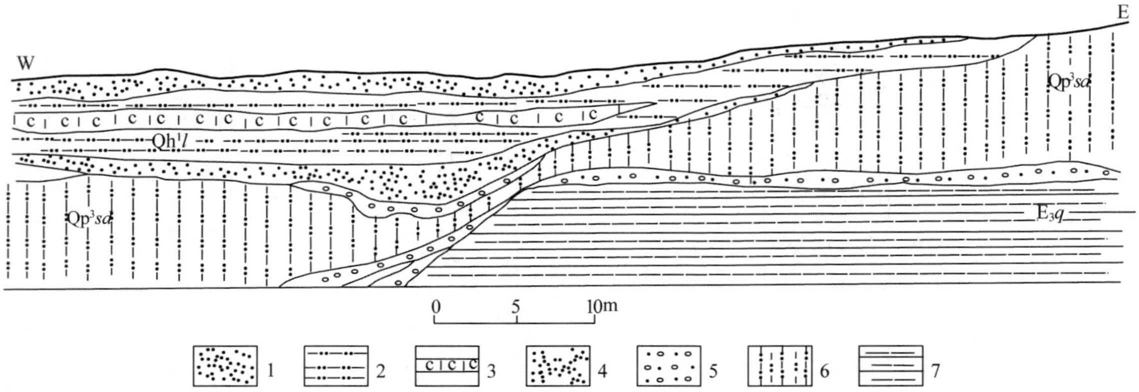

图 14-14 灵武市水洞沟第四系剖面图

Fig. 14-14 Stratigraphic section of Quaternary in Shuidonggou, Lingwu, Ningxia

1—风成沙；2—黏质砂土；3—含炭质条带；4—砂；5—砂砾石；6—粉砂；7—泥岩

menla, *Bradybaena* cf. *similaris*, *Succinea* cf. *oblonga*, *Vallonia* sp., *Acgista* sp., *Opeas lata* 等；哺乳类有 *Bos* sp., *B. primigenius*, *Equus* sp., *Ovis* sp., *O. ammon*, *Cervus* sp., *Carnivore* sp., *Coelodonta antiquitatis*, *Spermophilus* sp., Ochotonidae。上述属种大都是西北黄土区马兰组黄土中的常见分子。

2）通过古地磁研究，彭阳县虎沟门和固原县亲戚沟两黄土古地磁剖面均为布容正极性时，结合孢粉资料划分出马兰组黄土，厚度为15~46m。

3）地层层序上，马兰组黄土多分布在黄土剖面的上部，而以往在区调工作中未曾发现有全新统的黄土。因而本《志》将黄土区的上部地层均划归马兰组。

4）孢粉组合分析表明，固原、海原两地的孢粉组合与山西省午城地区马兰黄土中的共同孢粉分子有 Cramineae, *Artemisia*, Chenopodiaceae 等（表14-4）。这些分子属干旱草原类，是西北上更新统黄土中普遍发育的植物种属。

表 14-4 宁夏黄土区上更新统马兰组孢粉统计对比表

Table 14-4 Correlation of sporo-pollen statistics of the Upper Pleistocene Malan loess in Ningxia

地区 / 孢粉名称	山西午城	宁夏		地区 / 孢粉名称	山西午城	宁夏	
		固原	海原			固原	海原
松科 Pinaceae		+	+	蒿属 *Artemisia*	+	+	+
松属 *Pinus*	+	+		菊科 Compositae	+	+	
冷杉属 *Abies*	+			禾木科 Gramineae	+	+	+
云杉属 *Picea*		+		十字花科 Cruciferae			+
柳树 *Salix*	+	+		旋科 *Convolvulus*	+		
栎属 *Quercus*		+		铁线莲科 *Clematis*	+		
木樨科 Oleaceae		+		石竹科 Caryophyllaceae	+		
榆属 *Ulmus*			+	水龙骨科 Polypodiaceae			+
槭属 *Acer*			+	草木双子叶	+	+	
银杏属 *Ginkgo*			+	买麻藤			+
黄杞属 *Fegeihardfia*			+	眼子菜科			+
百合科 Liliaceae		+		菌类			+
麻黄属 *Ephedra*		+	+	光面三缝 *Leiotriletes*			+
苋科 Amaranthaceae		+		单沟粉 Monosulcites			+
藜科 Chenopodiaceae	+	+	+	双沟粉			+
				无孔沟粉			+

四、全新统

（一）灵武组

关于水洞沟含新石器层位的时代，布勒、德日进等（1928）在《中国的旧石器时代》一书中曾报道："在地表土壤上，水洞沟村周围，我们收集到大量燧石制造的石器碎片及许多磨光的石斧（绿色岩石及花岗岩制成）、2块燧石碎片（新石器时代的外貌石刀）"。1963年，裴文中在水洞沟发掘时也发现了新石器磨光石斧。1980年，宁夏区调队在发掘工作中取得了全新世早期^{14}C测定的数据。现就同位素年代和古生物学的主要新成果做一简要论述。

同位素年龄测定，水洞沟剖面第12、13层中的介壳^{14}C年龄分别为距今（8.77±0.15）ka和（5.94±0.1）ka。该剖面层位可与内蒙古萨拉乌苏河滴哨沟剖面上部的7~9层对比。后者所获3个^{14}C数据分别为距今（9.51±0.11）ka、（5.07±0.075）ka和（2.3±0.09）ka（见图14-13）。水洞沟的2个^{14}C数据表明该地层时代属全新世早期。

动物群面貌：在1963年发现磨光石斧层位（第五层）以上的地层中，发现有哺乳动物化石 *Equus* sp.，*E. hemionus*，*Equus przewalskyi*，*Gazella prxewalskyi*，*Bos* sp.，*Cepreolus* sp.，*Cervus* sp.，Cervidae 等，经中国科学院古脊椎动物与古人类研究所黄慰文鉴定认为是全新世的属种，可与陕西蓝田及半坡的全新世早期地层半坡组对比。

孢粉组合面貌：1980年宁夏区调队在水洞沟剖面含磨光斧（第五层）之上的地层中采集了18件孢粉样，经中国科学院地质研究所周昆叔鉴定其孢粉组合为：Salviniaceae（59.6%），*Ephedra*（10.5%~45%），Chenopodiaceae（11.7%~73.9%），*Artemisia*（26%~38.2%），Compositae（2.4%~6.6%），Gramineae（3%），其余含量小于3%的还有 *Pinus*，*Picea*，*Abies*，*Tsuga*，*Betula*，*Carpinus*，*Corylus*，*Quercus*，*Salix*，*Nitraria*，Oleaceae，Leguminosae，Convolvulaceae，Amaranthaceae，*Typha*，Cyperaceae，Cruciferae，*Selaginella*，*Polypodium*，*Lycopodium*，Filicales 等。周昆叔认为，剖面第14层中槐叶频的孢子出现较多，可达孢粉总数的59.6%。可见，该层孢粉组合是以小灌木及草本花粉占优势。其中常见者为蒿、藜和麻黄，基本属荒漠草原型。它与都思兔河、乌审旗盖敖包全新世泥炭剖面以及四子王旗的细石器文化遗址义发泉村剖面的孢粉组合极为相似。加之水洞沟剖面第五层与下伏灰黄色粉砂夹砂姜层之间为一侵蚀不整合面（见图14-14），所以，该不整合面以上层位应为全新世地层。清水河谷地灵武组含丰富的孢粉，其组合特征总体表现为裸子植物花粉占明显优势（53.26%~84.36%），其中尤以松科的种属与数量占较高比例，从高阶地（Ⅲ级）向低阶地（Ⅰ级）*Pinus* 含量逐渐减少；被子植物花粉次之，为9.82%~0.26%，其中又以 Compositae（菊科）含量最高；藻类及蕨类孢子含量都甚少（<5%）。该特征与北京海淀辛力屯全新世剖面孢粉组合特征极为相似，时代为早全新世至中全新世。

综上所述，本组的^{14}C年龄值、动物化石、孢粉和石器等资料基本一致，反映了其时代应属全新世早期。该组可与内蒙古萨拉乌苏河地区全新世早期的地层对比。

（二）亲戚沟组

固原沈家河亲戚沟黄土剖面本组产孢粉 *Pinus*（4%），*Picea*（1%），*Alnus*（1%），*Betula*（2%），*Quercus mongolica*（2%），*Juglans*（1%），*Celtis*（6%），*Ulmus*（5%），*Ephedra*（3%），*Thalictrum*（1%），Euphorbiaceae（2%），Chenopodiaceae（22%），*Umbelliferae*（1%），*Artemisia*（19%），Compositae（10%），Gramineae（2%）及双子叶草本植物花粉（18%）等。化石鉴定者孙秀玉、赵英娘认为："孢粉组合中未见蕨类孢子，木本植物花粉占22%，现生主要树种如松属、云杉属、桦属、榆属、朴属等均有出现。草本植物花粉占孢粉总数的78%，而且都是现有旱生植物。这个组合所反映的植被面貌与当地现有植被的面貌相似。因此可能属于全新世的沉积"。

2004年，甘肃地质调查院在进行1∶25万静宁县幅区调时，于全新世古土壤中获得^{14}C年龄值为2602±53a，时代为全新世早期。

上述孢粉和^{14}C年龄值一致表明，亲戚沟组形成时代为全新世早期。

第四系其他地层单位的时代主要是根据岩性、层位及地貌关系而确定的，这里不再一一赘述。

第三节 磁性地层

宁夏境内第四纪磁性地层研究工作较薄弱，仅在黄土剖面和河谷盆地钻孔剖面中作了一些古磁性测定和研究。

一、黄土区磁性地层划分

(一) 虎沟门黄土剖面

该剖面位于彭阳县城阳乡陈家村虎沟门，剖面总厚度为63m，系宁夏地矿局研究队1982年测制。古地磁测试结果是：除两个样品（51、53号）表现为负极性外，余者均为正极性。与极性年表对比，相当于布容正极性时，对应的地质年代为78万年，其底界即为中更新统底界。根据古地磁测定结果，将该黄土剖面自上而下划分为：0~46m为上更新统马兰组；46~63m为中更新统离石组（图14-15）。

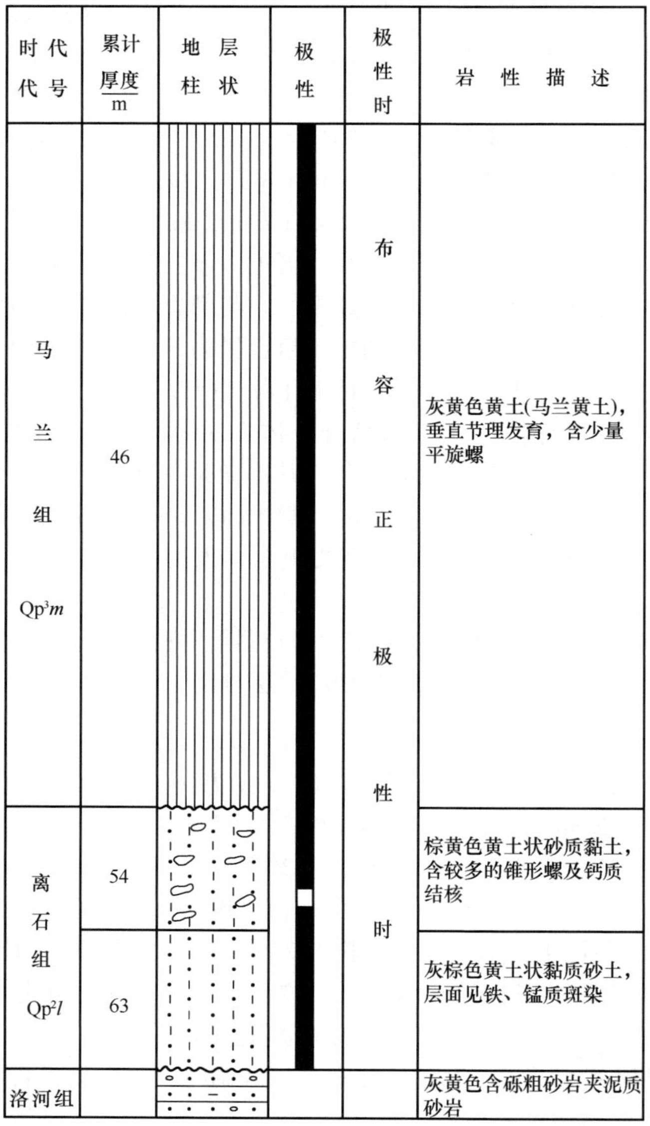

图14-15 彭阳县虎沟门中更新统黄土剖面磁性地层序列

Fig. 14-15 Magnetostratigraphic sequence of Middle Pleistocene loess profile in Hugoumen, Pengyang County, Ningxia

(二) 亲戚沟黄土剖面

1984年，宁夏区调队对固原市原州区亲戚沟黄土剖面作了古地磁测定，测定结果是所有样品都为正极性。与极性年表对比，上部相当于布容正极性时，对应的地质年代为 78 万年，其底界即为中更新统底界；下部相当高斯正极性时，其顶界即为下更新统底界。根据测定结果将该黄土剖面自上而下划分为：0~5m 为全新统亲戚沟组；5~20.5m 为上更新统马兰组；20.5~51.5m 为中更新统离石组；51.5~71.5m，未取样，推测为下更新统；71.5~78.5m 为新近系（图 14-16）。

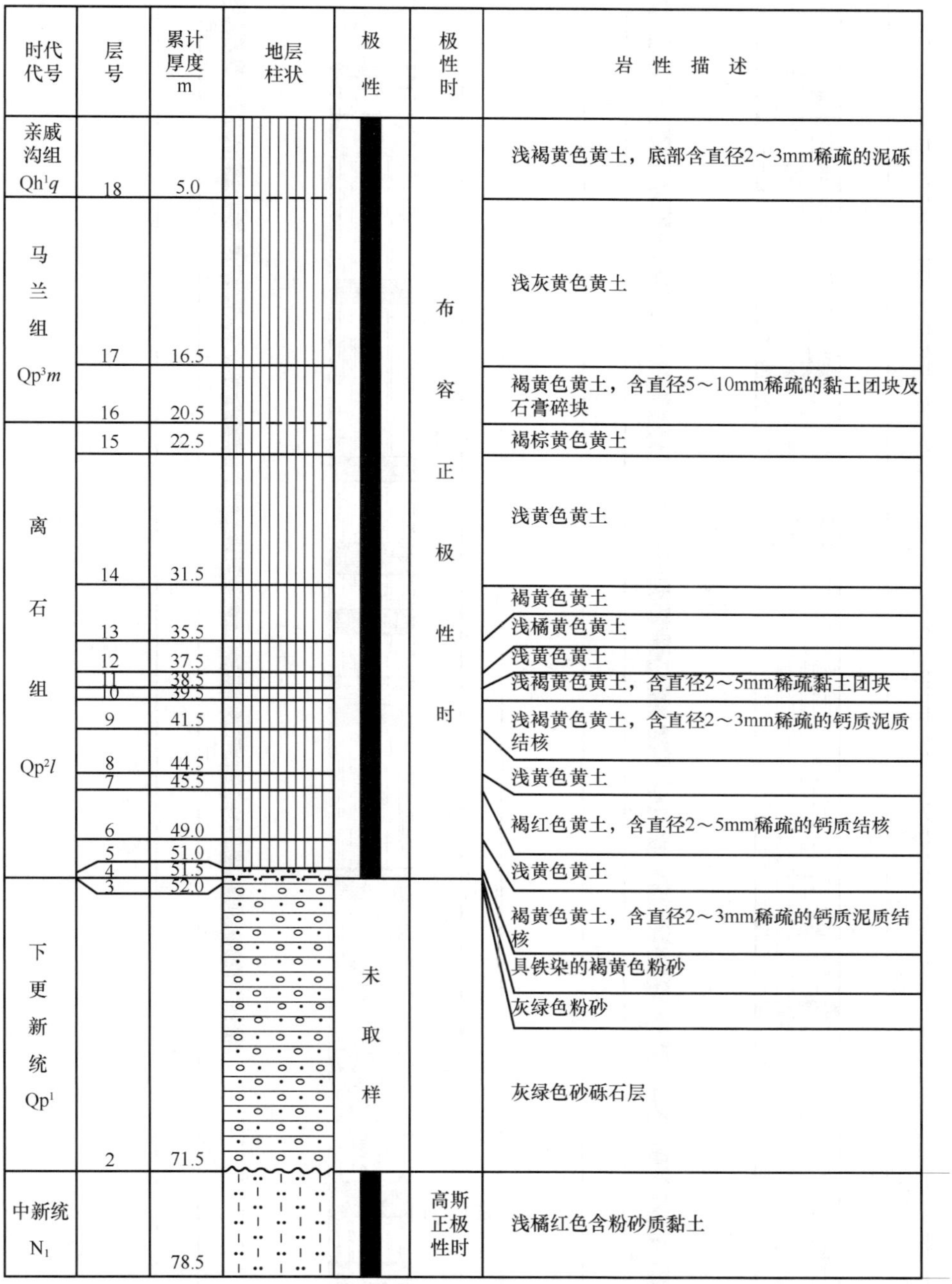

图 14-16　固原市原州区亲戚沟第四系黄土剖面磁性地层序列

Fig. 14-16　Magnetostratigraphic sequence of Quaternary loess profile in Qinqigou, Yuanzhou, Guyuan, Ningxia

（三）窝风掌黄土剖面

1996~1998 年，中国地质科学院水文地质环境地质研究所在进行1：5 万大水坑幅、盐池县草原试验站幅区域生态地质调查时，测制了窝风掌黄土剖面，并作了古地磁测定和研究。在该剖面共采集了 71 块古地磁样品，经测定，前 69 块样品显示出正极性特征，说明它们处于布容正向期内，所控制的地层段属于中更新世以来的黄土堆积；后 2 块样品显示负的极性特征，说明它们处于松山反向极性期内，所在的地层应为早更新世黄土堆积（图 14-17）。

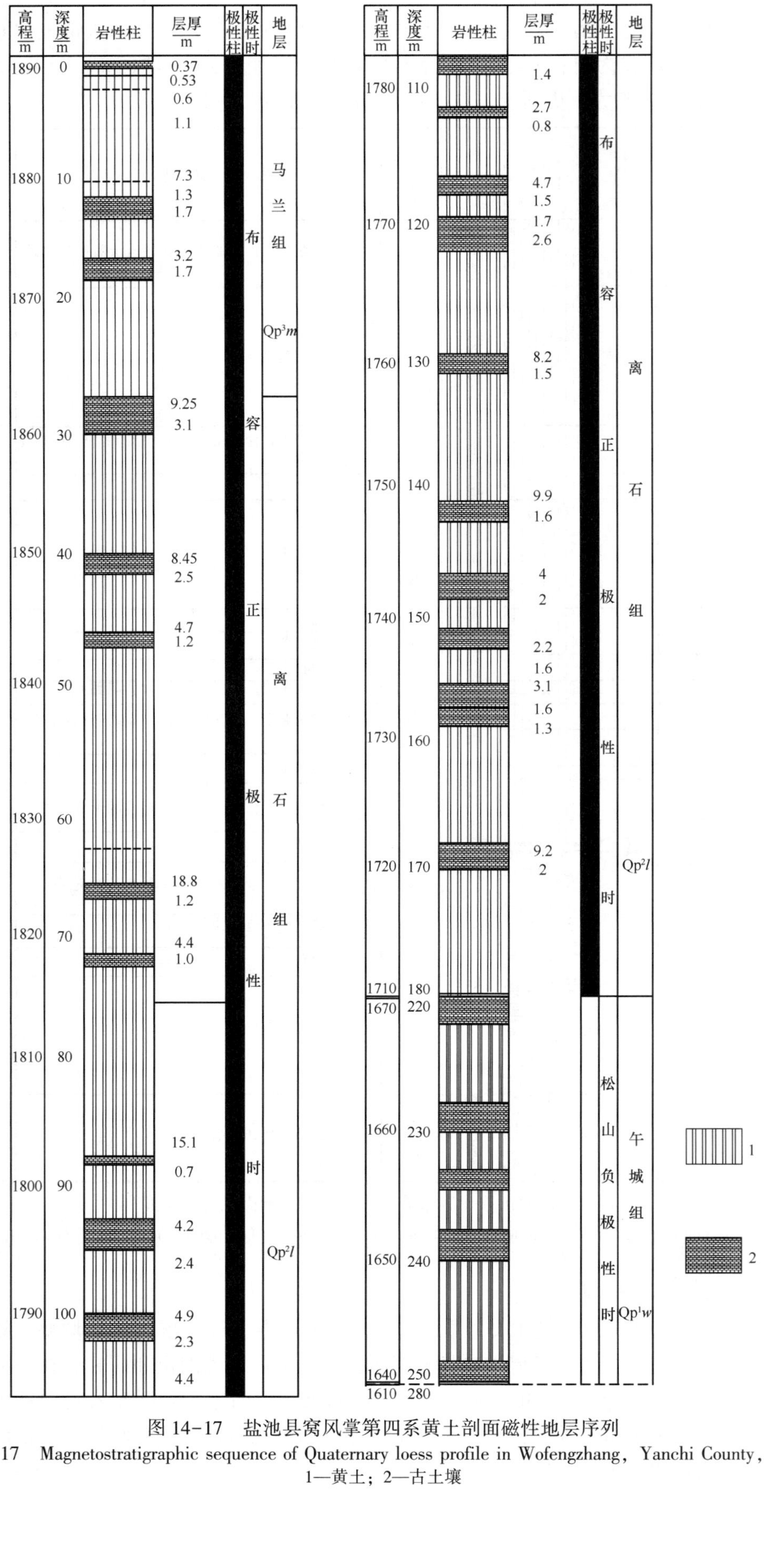

图 14-17 盐池县窝风掌第四系黄土剖面磁性地层序列

Fig. 14-17 Magnetostratigraphic sequence of Quaternary loess profile in Wofengzhang, Yanchi County, Ningxia

1—黄土；2—古土壤

（四）玉桥黄土剖面

2001~2003 年，甘肃省地质调查院在进行1：25 万静宁县幅区调时测制了玉桥黄土剖面，并作了古地磁测定和研究。在该剖面共采集了 50 块古地磁样品，经测定，全部样品都显示正极性特征，处于布容正极性期内，说明样品所在地层为 78 万年以来的黄土堆积。根据测定结果将该黄土剖面自下而上划分为：1~41.4m 为中更新世黄土，即离石组；41.4~51.2m 为上更新世黄土，即马兰组（图 14-18）。

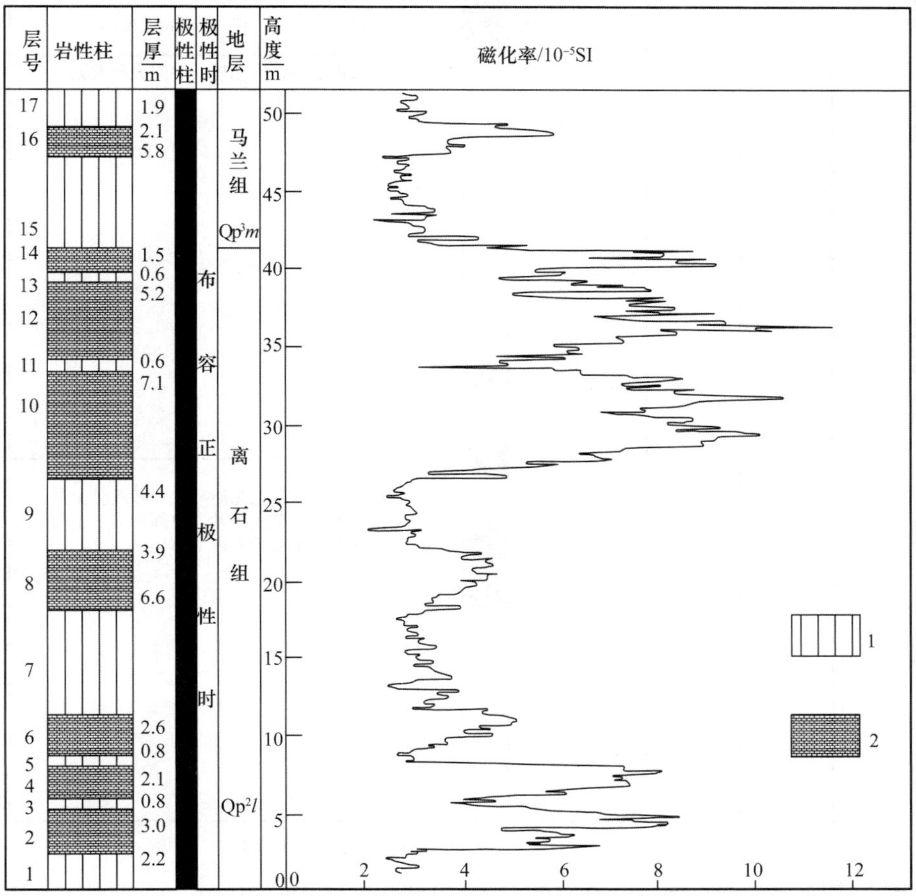

图 14-18　西吉县玉桥第四系黄土剖面磁性地层序列

Fig. 14-18　Magnetostratigraphic sequence of Quaternary loess profile in Yuqiao，Xiji County，Ningxia

1—黄土；2—古土壤

二、河谷盆地区磁性地层划分

（一）82 银 01 钻孔剖面

钻孔位于银川市掌政乡春林四队，地貌部位处于黄河Ⅱ级阶地，地面海拔为 1110m，孔深为 551.8m。1982 年宁夏地矿局研究队在该钻孔剖面作了古地磁测定和研究，测定结果是：0~100m 显示正极性特征，处于布容正极性期内，说明该段地层是 78 万年以来形成的；100~551.3m 显示负极性特征，处于松山负极性期内，说明该段地层形成年代不大于 248 万年。根据古地磁测试结果，结合岩性、古生物、^{14}C 等资料分析，将该钻孔剖面自上而下划分为：0~15.5m 为全新统灵武组；15.5~65.22m 为上更新统萨拉乌苏组；65.22~96.52m 为中更新统贺兰组；96.52~551.3m 为下更新统银川组（图 14-19）。

（二）82 银 02 钻孔剖面

该钻孔剖面位于银川市镇北堡，地貌部位处于洪积倾斜平原，地面海拔为 1135m，孔深 750.1m。1982 年宁夏地矿局研究队对该钻孔剖面进行了古地磁测定和研究，测定结果是：0~118m 显示正极性

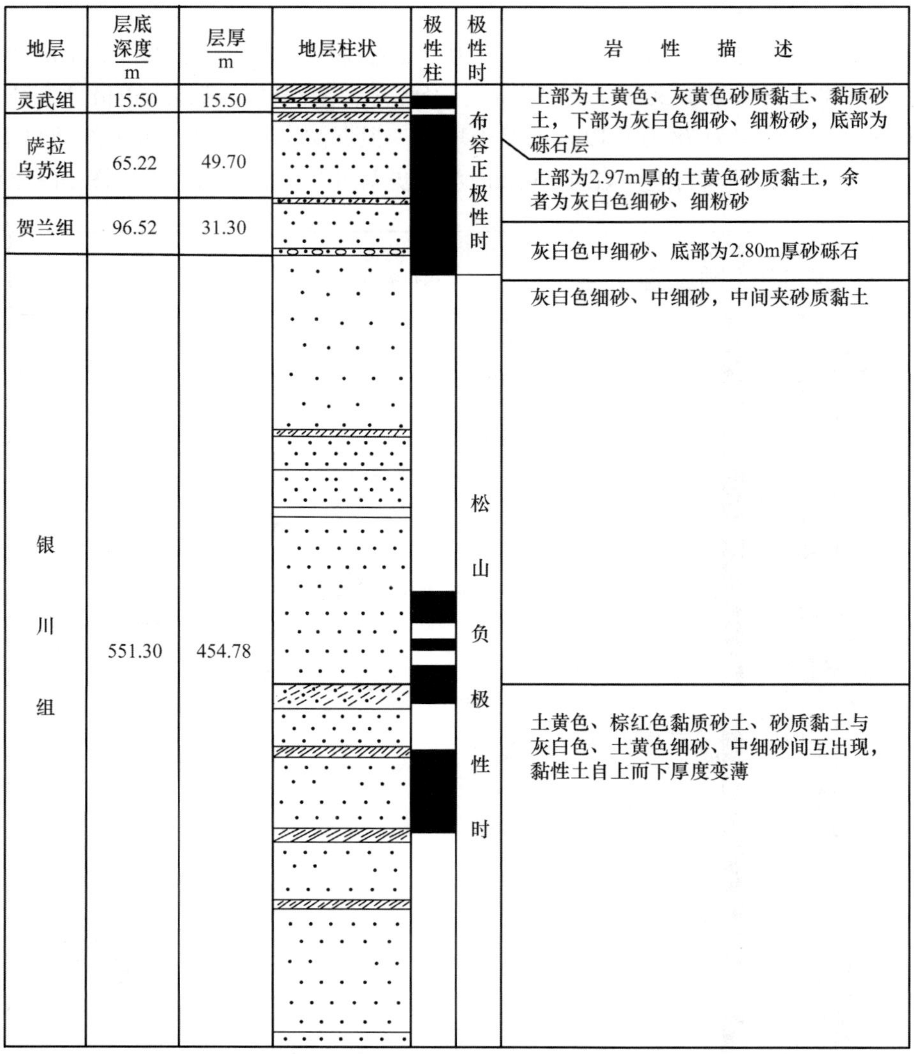

图 14-19　82 银 01 钻孔剖面磁性地层序列

Fig. 14-19　Magnetostratigraphic sequence of 82 Yin 01 drilling hole in Zhangzheng, Yinchuan, Ningxia

特征，处于布容正极性期内，说明该段地层是 78 万年以来的沉积；118~692m 显示负极性特征，处于松山负极性期内，说明该段地层是 78 万~248 万年之间形成；692~750.1m 显示正极性特征，处于高斯正极性期内，说明该段地层形成年代不大于 292 万年。根据古地磁测试结果，结合岩性、古生物等资料，将该孔剖面自上而下划分为：0~24.06m 为上更新统萨拉乌苏组；24.06~117.82m 为中更新统贺兰组；117.82~692.60m 为下更新统银川组；692.60~751.04m 为新近系（图 14-20）。

（三）K6 钻孔剖面

钻孔位于中卫市海兴开发区七营乡洪山坪，地貌部位处于清水河以西河谷平原Ⅲ级阶地，地面海拔为 1543.28m，孔深 500.78m。1982 年宁夏地矿局研究队对该钻孔剖面进行了古地磁测定和研究，测定结果是：0~146m 主要以正极性为主，处于布容正极性期内，说明该段地层是 78 万年以来的沉积；146~371.87m 以负极性为主，夹有正极性事件，处于松山负极性期内，说明该段地层是在 78 万~248 万年之间形成；371.87~500.78m 显示正极性，处于高斯正极性期内，说明该段地层形成年代不大于 292 万年。根据古地磁测试结果，结合岩性、含盐量等资料，将该钻孔剖面自上而下划分为：0~23.28m 为全新统灵武组；23.28~80.95m 为上更新统萨拉乌苏组；80.95~146.45m 为中更新统贺兰组；146.45~371.87m 为下更新统银川组；371.87~500.78m 为新近系（图 14-21）。

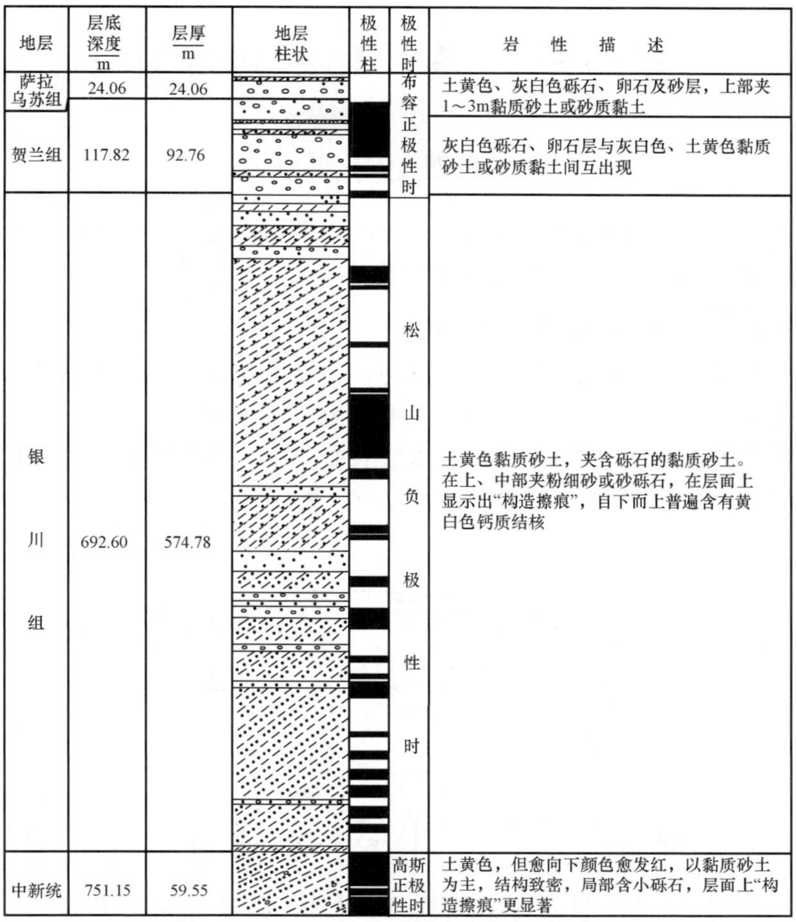

图 14-20 82 银 02 钻孔剖面磁性地层序列

Fig. 14-20 Magnetostratigraphic sequence of 82 Yin 02 drilling hole in Zhenbeipu, Yinchuan, Ningxia

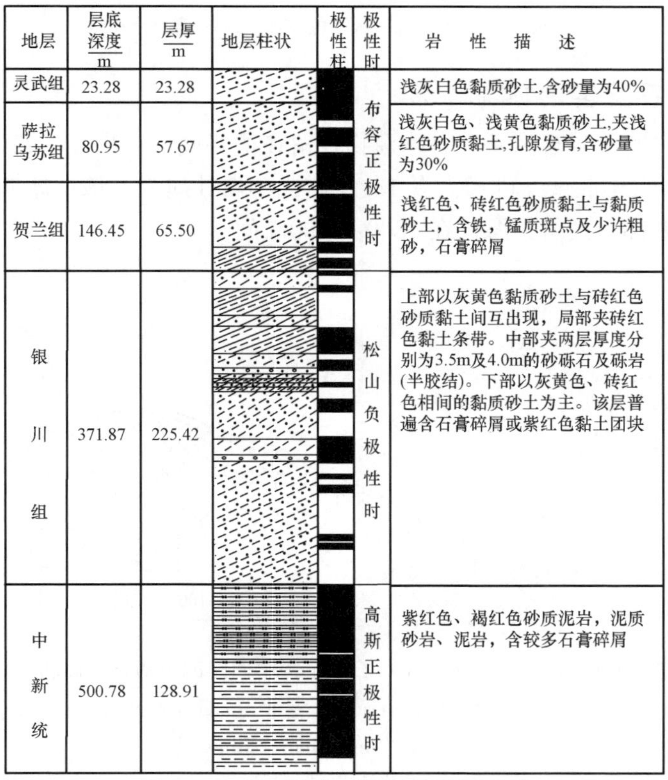

图 14-21 K6 钻孔剖面磁性地层序列

Fig. 14-21 Magnetostratigraphic sequence of K6 drilling hole in Hongshanping, Qiying, Haiyuan County, Ningxia

第四节 第四纪冰川遗迹

一、第四纪冰川遗迹

由于研究程度甚低，宁夏境内是否发生过第四纪冰川作用，是一个亟待研究的重要地质问题。现仅就前人指出的一些现象和提出的一些看法简述如下：

（一）早更新世固原沈家河寒冷期沉积

在固原市原州区城北十多千米处的沈家河亲戚沟，早更新世具水平产状的地层中发现有融冻褶曲现象，影响地层厚度为1~2m（图14-22），见灰绿色粉砂充填于其下的砂砾石层中，生成许多袋状堆积。这是在冰缘气候条件下由于松散沉积物中含水层表面冰结与消融反复活动而形成的。这种现象在哈尔滨黄山、山西许家窑山、内蒙古二连浩特等地比较常见。

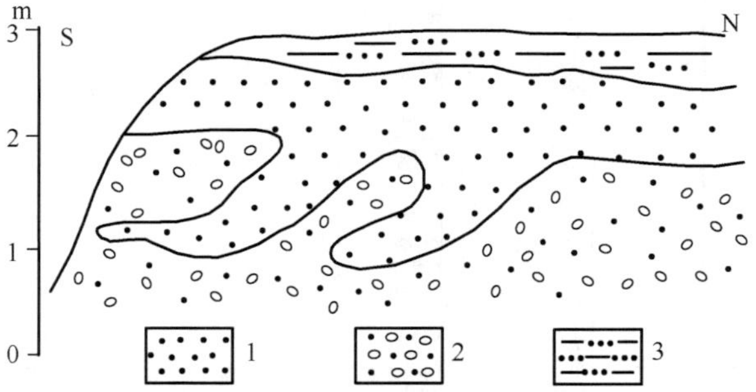

图14-22 固原市原州区沈家河亲戚沟下更新统中的融冻褶曲素描图

Fig. 14-22 Sketch showing the freeze-thaw folding of Lower Pleistocene Series in Qinqigou, Shenjiahe, Yuanzhou, Guyuan, Ningxia

1—灰绿色粉砂岩；2—灰绿色砂砾岩；3—含黏土粉砂

（二）中更新世石灰窑沟冰期沉积

在贺兰县苏峪口沟内的石灰窑沟发现有冰碛物存留在槽谷底部（图14-23）。由于后期的侵蚀，残留厚度仅10~20m。砾石大小混杂，砾径大者1m左右，小者几厘米。该次冰期造成的冰川槽谷，在磷矿沟、贺兰沟及百寺沟内都有残留，海拔在1800~2100m间。

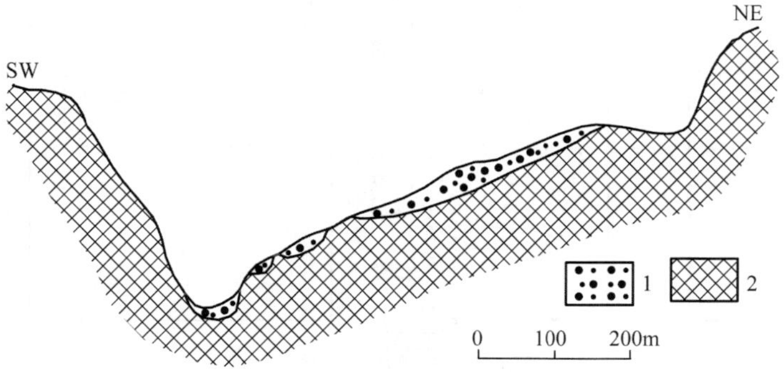

图14-23 贺兰山苏峪口石灰窑沟第四纪冰川槽谷剖面图

Fig. 14-23 Cross profile of Quaternary glacial trough valley in Shihuiyaogou, Suyukou, Helanshan, Ningxia

1—冰碛物；2—基岩

（三）晚更新世响水冰期及水洞沟寒冷期沉积

晚更新世冰碛层发现于贺兰县苏峪口沟内的响水至高山气象站的冰斗底部。有两个冰溢坎（图14-24），其海拔高程分别为2410m和2300m。冰溢坎上的冰碛物分选性差，岩块、碎石、砂、黏土混杂。部分石块上见有磨光面及平行于 *a* 轴的众多擦痕。以褐黄、灰黄色为主，但夹有灰、浅蓝灰色砂砾块。厚10~30m。

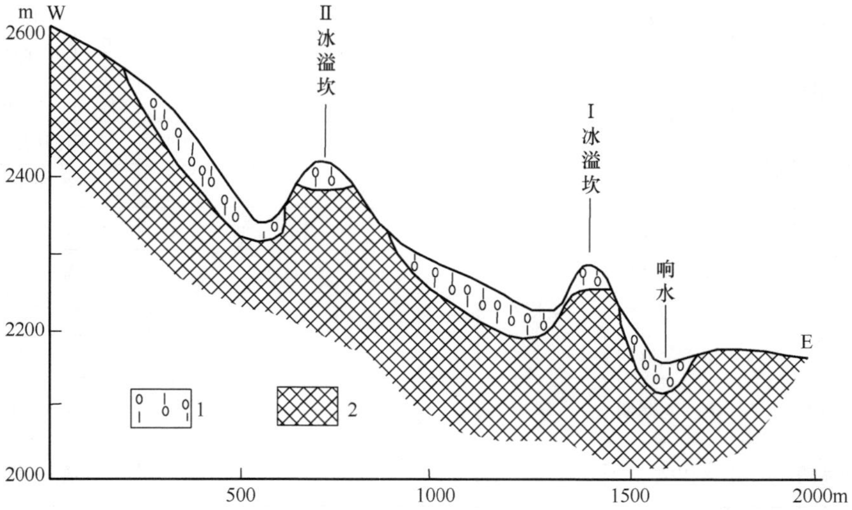

图14-24　贺兰山响水冰斗冰碛物剖面示意图

Fig. 14-24　Sketch showing till filled in cirque in Xiangshui, Helanshan, Ningxia

1—冰碛泥砾；2—基岩

灵武县水洞沟含旧石器的细砂层内有融冻褶曲，代表一次寒冷期，它们同属于晚更新世的冰期。

二、冰期划分

1981年，中国人民解放军00712部队王学印等认为贺兰山西麓有4次冰期，即高山冰期、正目观冰期、火烧圈冰期及贺兰山冰期。同年，宁夏地矿局孟庆珠等指出冰期堆积物分布于巴音浩特及其北部沙井、查哈儿井一带，灵武横山堡亦见有分布，常构成梁状台地顶部堆积物。其岩性为灰黑、灰绿、灰白色砂卵石、砾石层及砾岩夹砂岩透镜体，为泥钙质胶结。砾石分选性和磨圆度均差，多呈棱角状—半棱角状，砾径3~5cm，大者达150cm，排列具方向性。地层可见厚度5~75m。张国典1982年6月在研究宁夏灵武水洞沟文化遗址的地貌和第四纪地质时指出，水洞沟含旧石器的地层中有一期融冻褶皱，反映水洞沟地区在晚更新世晚期遭受过一次寒冷气候的侵袭；1982~1983年对贺兰山东坡的第四纪冰碛物类型和冰期进行了划分；1984年与周特先合作在《贺兰山地貌、新构造运动及第四纪地质考察研究报告》中指出：上更新统冰碛层分布于百寺沟、苏峪沟及贺兰沟等大沟的沟脑一带，分布高程为2200~2500m，冰碛物存留在冰斗、槽谷之内或冰坎之上。1984年，北京大学崔之久教授在考察贺兰山冰川地质时也肯定了贺兰山存在第四纪冰碛物。1985年天津地质矿产研究所周慕林研究员在考察贺兰山第四纪冰川时指出，苏峪沟内的冰碛物有两期（即相当于大沽和庐山冰期），并认为六盘山可能有第四纪冰碛物的存在。1986年，张国典等对宁夏第四纪冰期、寒冷期进行了划分，本《志》沿用。宁夏第四纪冰期、寒冷期与邻省区对比情况见表14-5。

表 14-5　宁夏第四纪冰期、寒冷期划分对比表

Table 14-5　Correlation of glacial and cold periods of Quaternary in Ningxia

<table>
<tr><td rowspan="2">时代</td><td colspan="2">郭鹏飞，1982</td><td>王学印，1981</td><td colspan="4">张国典，1986</td><td colspan="2">李风林，1979</td><td rowspan="2">李四光，1969</td></tr>
<tr><td colspan="2">祁连山</td><td>贺兰山西麓</td><td>贺兰山东坡</td><td>丘陵区</td><td colspan="2">银川平原①</td><td colspan="2">河北平原</td></tr>
<tr><td rowspan="3">全新世</td><td colspan="2" rowspan="3">岗石尕小冰期</td><td rowspan="3">冰后期的晚期</td><td rowspan="3"></td><td rowspan="3">灵武寒冷期 877a（^{14}C）</td><td colspan="2" rowspan="3">暖</td><td colspan="2">河间期</td><td rowspan="3">大理冰期</td></tr>
<tr><td colspan="2">海兴期</td></tr>
<tr><td colspan="2">吴桥期</td></tr>
<tr><td rowspan="6">晚更新世</td><td rowspan="6">达板冰期</td><td rowspan="2">三岔口冰期</td><td rowspan="3">冰后期的前期</td><td>响水冰期Ⅱ</td><td rowspan="6">水洞沟寒冷期 26230a（^{14}C）</td><td rowspan="4">冷</td><td>冷</td><td rowspan="4">第五冰期</td><td>五冰期Ⅱ</td><td rowspan="6">庐山冰期</td></tr>
<tr><td rowspan="2">间冰期</td><td rowspan="2">暖</td><td rowspan="2">间冰期</td></tr>
<tr><td rowspan="2">间冰期</td></tr>
<tr><td rowspan="3">贺兰山冰期</td><td>响水冰期Ⅰ</td><td>冷</td><td>五冰期Ⅰ</td></tr>
<tr><td rowspan="2">东沟冰期</td><td rowspan="2">间冰期</td><td colspan="2" rowspan="2">暖</td><td colspan="2">第四间冰期</td></tr>
<tr><td colspan="2">第四冰期</td></tr>
<tr><td rowspan="4">中更新世</td><td colspan="2" rowspan="2">间冰期</td><td>第三间冰期</td><td rowspan="4">石灰窑沟冰期</td><td rowspan="4"></td><td colspan="2" rowspan="2">冷</td><td colspan="2">第三间冰期</td><td rowspan="4">大沽冰期</td></tr>
<tr><td>火烧圈冰期</td><td colspan="2">第三冰期</td></tr>
<tr><td colspan="2" rowspan="2">冷龙冰期</td><td>第二间冰期</td><td colspan="2" rowspan="2">暖</td><td colspan="2">第二间冰期</td></tr>
<tr><td>镇木关冰期</td><td colspan="2">第二冰期</td></tr>
<tr><td rowspan="4">早更新世</td><td colspan="2" rowspan="2">间冰期</td><td rowspan="2">第一间冰期</td><td rowspan="4"></td><td rowspan="4">固原沈家河寒冷期</td><td colspan="2">冷</td><td colspan="2" rowspan="2">第一间冰期</td><td rowspan="4">鄱阳冰期</td></tr>
<tr><td colspan="2" rowspan="2">暖</td></tr>
<tr><td colspan="2" rowspan="2">托赖冰期</td><td rowspan="2">高山冰期</td><td colspan="2" rowspan="2">第一冰期</td></tr>
<tr><td colspan="2">冷</td></tr>
</table>

①据周特先、曹明志（1985）资料。

第五节　第四纪地貌

一、地貌分布规律及地貌区划

宁夏地处中国地形第二阶梯上，受地质构造和区域应力场的控制，地貌格局以北西走向的牛首山—罗山—青龙山一线为界，呈现明显的南北差异。牛首山—罗山—青龙山一线以北，贺兰山山地、银川平原、陶灵盐台地自西而东依次排列，平行展布，组成带状地貌格局，山地、平原、台地之间以拉张型或张扭型断裂为界。牛首山—罗山—青龙山一线以南，北面是东西走向的卫宁北山，东面是由罗山、青龙山、窑山、云雾山组成的南北向山地，在它们所围限的宁夏南部广大地区，展布着 3 列弧形断块山地和两列断陷平原（盆地）：由北东向南西，第一列弧形山地包括烟筒山、窑山、泉眼山和卫宁北山南缘山地，第二列弧形山地包括清水河西侧山地和香山山地，第三列弧形山地包括月亮山、南华山、西华山；一、二列弧形山地之间夹持中卫冲积平原（卫宁冲积平原西部）和清水河冲积平原，二、三列弧形山地之间镶嵌兴仁洪积平原和西安州洪积平原。弧形山地两麓边界为挤压型或张扭型断裂。3 列弧形山地在东南汇聚于六盘山，向北西撒开。弧形山地与其间的平原组成弧形地貌格局。弧形山地与外围界山（卫宁北山、牛首山、罗山、青龙山、云雾山）之间分布着中宁冲积平原（卫宁冲积平原东部）、红寺堡洪积平原、韦州冲洪积平原。因而，在宁夏中部呈现出山地与平原相间分布的地貌格局。

在《中国地貌区划略图》上，宁夏一级地貌单元位于西北山、盆和中部高原区（Ⅱ），二级地貌单元位于黄土高原及华北中、低山区（$Ⅱ_6$）西部，进一步可以划分为 3 个三级地貌区，即宁北山地平原台地区（$Ⅱ_6^1$）、宁中山盆区（$Ⅱ_6^2$）和宁南黄土丘陵区（$Ⅱ_6^3$）（图 14-25）。

二、地貌成因形态类型

宁夏基本地貌形态类型包括山地、丘陵、台地、平原（盆地）和沙漠。根据所处位置、地形高度、内外营力作用、物质组成等进一步划分为 11 个成因形态类型（表 14-6）。

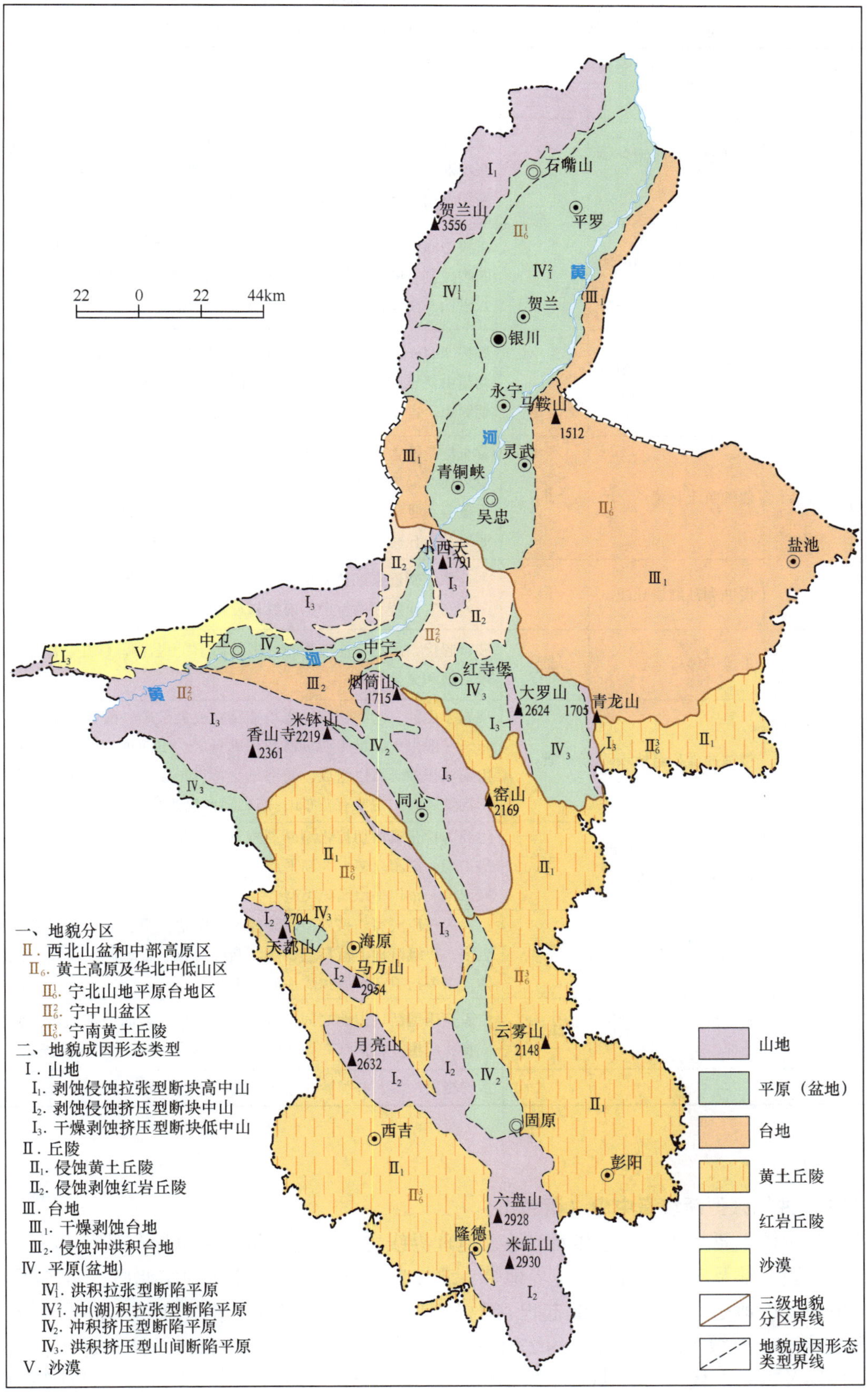

图 14-25 宁夏地貌区划图

Fig. 14-25 Geomorphologic division map of Ningxia

表 14-6　宁夏地貌成因形态类型

Table 14-6　Morphological types table of geomorphogenesis of Ningxia

基本形态类型		成因形态类型		主要特征
名称	代号	名称	代号	
山地	Ⅰ	剥蚀侵蚀拉张型断块高中山	I_1	海拔 2000~3500m，起伏度 1000~2000m，植被较好。两麓由拉张或剪切拉张型断裂控制，断面外倾。分水岭较平坦，山体具阶梯状。山麓断层崖、断层三角面及洪积扇发育。贺兰山属该类山地
		剥蚀侵蚀挤压型断块中山	I_2	海拔 2000~3000m，起伏度 500~900m，植被好。两麓由挤压或剪切挤压型断裂控制，断面内倾。分水岭较平坦，山体具阶梯状，山麓洪积扇较发育。六盘山、南华山、西华山和罗山属该类山地
		干燥剥蚀挤压型断块低中山	I_3	海拔 2000m 左右，起伏度<500m。基岩裸露，物理风化、风沙侵袭强烈。两麓由挤压或剪切挤压型断裂控制，断面内倾。卫宁北山、牛首山、香山、烟筒山、窑山、青龙山及清水河西侧山地属此类山地
丘陵	Ⅱ	侵蚀黄土丘陵	II_1	黄土广泛覆盖，厚数十至 200 余米。切割深度 50~200m。梁、峁起伏，沟壑纵横，局部黄土塬残存。较大沟谷发育阶地，Ⅳ级阶地零星并被马兰黄土覆盖，Ⅲ级阶地较完整，构成河谷川地。多崩塌、滑坡、泥石流。包括海原黄土丘陵、西吉黄土丘陵和清水河东侧黄土丘陵
		侵蚀剥蚀红岩丘陵	II_2	古近系、新近系红色岩层裸露，片蚀较强烈，劣地发育。主要有卫宁北山山前红岩丘陵和牛首山山前红岩丘陵
台地	Ⅲ	干燥剥蚀台地	III_1	波状起伏，岗地与洼地相间，多“海子”、盐湖。沙丘、沙地散布，包括陶乐台地和灵盐台地
		侵蚀冲洪积台地	III_2	展布于山前。沟谷切割，或较完整，或极破碎。前缘陡坎高十余米至数十米。一般由更新世中期黄河冲积砾石层、山前洪积砂砾石层和更新世晚期山前洪积砂砾石层组成，局部见更新世早期洪积砾岩出露，作屋檐状突出于沟壁之外。主要有花布山-庙山湖台地和香山北麓台地（南山台子）
平原（盆地）	Ⅳ	洪积、冲（湖）积拉张型断陷平原	IV_1	边界为拉张或剪切拉张型断裂控制。新生代沉积物巨厚，阶地不明显，地势平坦，湖沼众多。冲湖平原与山前洪积平原过渡带散布沙丘、沙地和盐碱滩地。银川平原属该类型
		冲积挤压型断陷平原	IV_2	边界为挤压或剪切挤压型断裂控制。阶地发育，一般 3 级或 4 级，峡口处更多。Ⅳ级阶地上覆马兰黄土，断续分布。Ⅲ级阶地较完整，构成平原主体。主要指卫宁平原和清水河平原
		洪积挤压型山间断陷平原	IV_3	位于挤压型断块山地之间，规模较小。地表多向中部倾斜，坡度较大，组成物质较粗。包括红寺堡平原、韦州平原、兴仁平原和西安州平原
沙漠	Ⅴ			指腾格里沙漠，各类沙丘连绵起伏

（一）山地

1. 剥蚀侵蚀拉张型断块高中山（贺兰山）

贺兰山是中国主要南北向山地和西北地区地理界线之一，是温带荒漠草原与荒漠及内外流域的分界。位于宁夏西北部及宁夏与内蒙古交界地带，北接乌兰布和沙漠，南连卫宁北山，西接阿拉善高原，东临银川平原。山地走向北北东，北起巴彦敖包，南至毛土坑敖包，南北延绵 200 余千米，宽 15~60km，北宽南窄，西缓东陡，总面积约 2378km^2。形成于晚期燕山运动和喜马拉雅运动，由古元古代至侏罗纪地层及古元古代至燕山期岩浆岩组成，岩性复杂。东西边界由拉张或剪切拉张型断裂控制，断面外倾，山麓地带断层崖、断层三角面及洪积扇发育。大致以沙巴台—宗别立一线的宗别立-正义关断裂和元山子-营盘山断裂为界，分为北、中、南 3 段。

北段山地最宽，达 60km，海拔一般不超过 2000m，山体主要由花岗岩、变质岩和少量沉积岩组成，并有加里东期中基性岩脉穿插。地形低缓破碎，相对高差在500m以下，属深切割低山山地。由于山高坡陡，深沟纵横，受干旱气候影响，在山峰阳坡只生长旱生灌木植被，细草极少，阴坡只生长山榆、沙冬青、蒙古扁桃等次生灌木。

中段为贺兰山主体，海拔一般在3000m左右，最高峰位于苏峪口北，主峰敖包疙瘩海拔3556m，为宁夏最高峰，高出银川市2400余米。山体峰峦叠嶂，沟谷深邃，绝壁耸立，林木茂盛，是贺兰山最为巍峨险峻、宏伟壮观之处。苏峪口北晚古生代和中生代碎屑岩构成北北东向的复式褶皱带，向斜成山。苏峪口以南，下古生界和震旦纪碳酸盐岩及少量碎屑岩组成近南北向的向斜，平坦的分水岭沿向斜轴延伸。大干沟以南，山体被两条北东和北北东正断层切割，东南盘叠瓦式下降，形成高差500m以上的3个阶梯，海拔分别为1400~1600m、2000~2300m、3000m左右。三关口、元山子一带，山体因北西和北北西向断裂所截，向南西降低，形成2400~2500m、1800~1900m、1500~1600m 3个高度不同的阶梯。

南段位于元山子-营盘山断裂以南，在内蒙古自治区境内。平均海拔在1600m以下，属低山丘陵地带，山势平缓，沟谷平宽、植被稀疏。

2. 剥蚀侵蚀挤压型断块中山

六盘山、南华山、西华山和罗山等属该类山地。

（1）六盘山

是中国主要南北向山地之一，为宁夏南部的第一大山，屹立于宁夏南端及宁、陕、甘交界地带。因山体陡峭，攀山古道有六盘而得名。形成于末期燕山运动和喜马拉雅运动，山体主要由下白垩统六盘山群砾岩、砂岩、泥岩和灰岩等构成，东西两麓由挤压或剪切挤压型断裂控制，断面内倾。走向近南北，长110km，宽20余千米，面积约3857km^2。包括两列平行的山脉：西列称大关山，海拔2500m以上，主峰米缸山（美高山）2930m；东列称小关山，海拔2100~2400m，最高峰2466m。大、小关山之间是宽约5km的新生代断陷谷地，堆积古近系—新近系红层。六盘山是清水河、泾河发源地及其与葫芦河之分水岭。分水岭较平坦，山体具阶梯状，植被好。

（2）月亮山

位于宁夏海原县与西吉县交界处，是宁南南西列弧形山地的组成部分。东南经西峰岭与六盘山相连，西北与南、西华山和甘肃省靖远县境的崛岘山相接。北西-南东走向，长约40km，宽近10km，面积约525km^2。山脊线紧靠山体西缘，呈窄条鱼脊状，海拔2500m以上，主峰2632m，向北东逐渐降低到2100m。西南坡短而陡，比高400m；北东坡长而缓，前缘比高100m。扫竹岭以北发育丹霞地貌，有扫竹岭石窟、禅佛寺、石山寺、石城遗迹等。由下白垩统六盘山群砾岩、砂岩、泥岩、灰岩等构成，西坡零星出露长城系海原岩群片岩、大理岩。北东、南西边界均为活动断裂控制。东北麓海子堰为1920年海原8.5级地震滑坡阻塞河道形成的堰塞湖。

（3）南华山

位于海原县西南部，是宁夏南部弧形山地的组成部分。南依月亮山，东南接寺口子南、北山（马东山），呈南东-北西走向，长20km，宽6km，面积约205km^2。海拔2000~3000m，高差500~900m，主峰马万山海拔2954m，是宁夏南部最高峰，名列全区第二。山体主要由长城系海原岩群云母石英片岩、绿片岩和大理岩等构成，还出露有志留系和泥盆系砾岩、砂岩和加里东晚期花岗闪长岩。南北边界均为活动断裂控制。北麓断裂即为海原断裂带，是1920年海原8 $\frac{1}{2}$级大地震的发震断裂，沿断裂带沟谷、小山发生反时针扭动等地震遗迹随处可见。

（4）西华山

位于海原县西部，是宁夏南部弧形山地的组成部分。山体走向北西西，长10km，宽5km，面积约190km^2。海拔2000~2700m，高差500~900m，主峰天都山，海拔2704m。主要由海原岩群片岩、大理岩等构成。南北边界均为活动断裂控制，北麓断裂即为海原断裂带，方家河—大沟门一带保存有1920年海原8.5级地震遗迹。在大沟门建有地震公园。

（5）罗山

位于同心县东北部，是宁夏中部最高山，呈南北走向。东临韦州平原，西邻红寺堡平原。近南北向延伸50km，宽2~5km，面积约136km²。分南北两段：北段称罗山或大罗山，旧称蠡山或螺山，位于韦州镇与新庄集乡的交界处，山形蜿蜒长达20余千米，坡度西陡东缓，平均海拔2000m，主峰大罗山（好汉圪垯）海拔2624.5m；南段称小罗山，位于下马关镇与新庄集乡的交界处，海拔2000m左右，主峰小罗山海拔2201m。山体由奥陶系碎屑岩和碳酸盐岩构成，东西边界均由活动断裂控制，山麓洪积扇发育，泉水较多。罗山分布针叶林和阔叶林，植被垂直分带，是宁夏三大林区和五大自然保护区之一。

3. 干燥剥蚀挤压型断块低中山

包括卫宁北山、牛首山、香山、烟筒山、窑山、青龙山及清水河西侧山地。

（1）卫宁北山

位于卫宁平原之北，由晚期华力西运动褶皱隆起，喜马拉雅运动Ⅱ幕形成。主要由奥陶系、泥盆系和石炭系碎屑岩构成，东西走向的褶皱和断裂较发育。南界由断裂控制，北界为第四系覆盖。山体呈东西走向，由多支梁脊坳谷排列组成，长50km，宽20~30km，总面积约924km²。山体低矮，山坡和缓，基岩裸露，岩屑发育。海拔1500~1600m，最高峰土窑海拔1687m，相对高差150~200m，最大比高350m。西接腾格里沙漠，南北两侧多为沙丘、沙地。东侧渠口、枣园一带分布黄河3级阶地。东南侧面临黄河发育2级阶地，海拔分别为1260~1270m和1220~1240m，向黄河倾斜，基座为古近纪或新近纪红层。

（2）牛首山

位于银川平原与卫宁平原之间。主要由奥陶系碎屑岩和灰岩构成，北东、南西边界均为活动断裂控制。山体走向北北西，长32km，最宽约11km，面积约367km²。一般海拔1500~1700m，主峰大西天（武英山）海拔1781.5m。西坡陡峭，比高约500m；东坡平缓，沟谷发育，切割强烈。黄河傍西麓北流，切过山体西北端，形成青铜峡。北麓分布黄河5级阶地，Ⅴ级阶地高出河床102m，Ⅳ级阶地高出河床40m。

（3）香山

位于宁夏回族自治区中部，北临中卫市，向西延入甘肃省。东西长85km，南北宽20~40km，面积约3492km²，海拔在1700m以上，主峰香山寺（香岩寺山）海拔2361.6m。山体呈弧形，多由北西—北西西向排列的鱼脊状孤山高峰组成，逶迤连绵，沟谷发育多呈“V”形，北坡坡谷呈放射状分布，切割深度大于100m，坡度均在50°以上。主要由奥陶系、泥盆系、石炭系碎屑岩、碳酸盐岩等构成。北、东、南三面边界均由活动断层控制。植被以荒漠草原为主体。

（4）烟筒山

位于同心县北部，中宁县城的东南，清水河东侧，为清水河河谷平原与红寺堡平原界山。山体南高北低，呈北西弧形展布，是宁南北东列弧形山地组成部分。北西-南东走向，长25 km，宽约10km，面积约267km²。山峰多而零乱，一般海拔1500~1700m，主峰烟筒山1715.4m。植被为荒漠草原。主要由奥陶系、志留系、泥盆系、石炭系碎屑岩和碳酸盐岩构成，北东和南西边界均为活动断裂控制。沿北东麓断裂，石炭系和泥盆系逆冲到第四系之上，部分水系发生左旋位移，分布陡坎、沟槽、“土林”等地震地表破裂带中微地貌。

（5）窑山

位于同心县东部，是宁南北东列弧形山地组成部分，也是烟筒山山地的重要组成部分。走向北北西，长37 km，宽2~3km。海拔2000m左右，主峰2169m。主要由石炭系、侏罗系、白垩系、古近系和新近系碎屑岩构成，东西两麓均为断裂控制。多被黄土覆盖。

（6）青龙山

位于同心县东北部，韦州平原之东。由蓟县系、震旦系、寒武系和奥陶系碳酸盐岩构成。南北延伸近40km，宽约4km，面积约70km²。海拔1500~1700m，主峰1705m。植被为冷蒿、短花针茅、长芒草草原。

（7）清水河西侧山地

泛指绵延于清水河西侧、由香山东南缘延至六盘山北麓的山地，是宁南中列弧形山地的组成部分。自北而南，走向由北北西渐变为近南北向，长140km，宽10km左右，面积约1479km²。海拔1600~2300m，由北向南逐渐升高。东坡短而陡，直下清水河河谷平原；西坡长而缓，逐渐过渡为黄土丘陵。清水河左岸主要支流穿过该山地，形成峡谷，建有石峡口、苋麻河等水库。形成于新近纪末喜马拉雅运动Ⅲ幕。由白垩系、古近系、新近系砾岩、砂岩、泥岩、灰岩和膏岩等构成。东界为活动断裂控制，西坡多为黄土覆盖。

（二）丘陵

1. 侵蚀黄土丘陵

（1）海原黄土丘陵

分布于香山以南，清水河以西，南华山、西华山、月亮山北东的三角地带，总面积约4357km²。该三角地区海拔1600~1900m，由西南的南华山、西华山、月亮山山麓向北东至清水河逐渐降低，其间沟壑纵横，切割剧烈，发源于西南山地的园河、双河、杨明河等向北东注入清水河，它们及其支流将黄土台地切割成梁峁状。随着与当地侵蚀基准面清水河的接近，侵蚀作用逐渐加剧。近山地地带是具黄土残塬（武家塬、段塬、马塬等）的微弱切割的黄土梁状丘陵；向着清水河方向，地面分割越来越剧烈，依次递变为中等切割的黄土梁状丘陵、强烈切割的黄土梁峁状丘陵和红岩丘陵，切割深度由数十米增大到200余米，基底新近纪或古近纪红层被逐渐剥露。该黄土丘陵主要微地貌有黄土梁、峁、残塬等。

（2）西吉黄土丘陵

分布于六盘山西侧的葫芦河流域和祖历河流域（宁夏部分），总面积约5130km²。属陇中山地与黄土丘陵的一部分，黄土堆积在古近纪和新近纪红岩丘陵之上，滑坡极为发育，滑坡体阻塞河道而形成的堰塞湖较多，其中党家岔堰塞湖规模最大。葫芦河以西以黄土梁峁丘陵为主，海拔1900~2100m；葫芦河以东则以梁状丘陵为主，地表被东西向支流和南北向支流分割，黄土梁与河谷冲积平原相间分布，前者海拔2000~2300m，后者海拔1700~2000m，高差达300m。该黄土丘陵主要微地貌有黄土塬、梁峁等。

（3）清水河东侧黄土丘陵

指清水河和六盘山以东的广大黄土覆盖区，是我国黄土高原的西部边缘部分，也是陇东黄土高原的北部边缘。包括盐池县麻黄山地区、固原、同心东部地区、彭阳县及泾河上游等地区，总面积约11127km²。黄土覆盖之基底除清水河东侧窑山—云雾山一带出露蓟县系、寒武系、奥陶系外，大部分为古近系和新近系红层，少部分地区黄土直接披盖于下白垩统之上。依据黄土形态特征和分布可分为清水河东侧黄土梁峁丘陵、麻黄山梁峁丘陵和泾河上游黄土塬梁峁丘陵。

清水河东侧黄土梁峁丘陵：分布于清水河东侧窑山—云雾山一带，属于“南北古脊梁”地区，自中奥陶世以来为一长期隆起地带，黄土堆积前古地形复杂，系一丘陵或山地丘陵，起伏较大，谢家寨、程儿山、云雾山、炭山、风台山、窑山等基岩山地突起于黄土丘陵之上，没有明显的塬、梁、峁，丘陵山地多，河谷川地、盆淌洼地甚少。沟谷切割强烈，地形支离破碎，多呈梁峁状，水土流失严重。海拔1500~2000m，相对高差50~300m。

麻黄山黄土梁峁丘陵：位于我国黄土高原的西部边缘部分，也是陇东黄土高原的北部边缘。总面积1400km²，海拔均在1600m以上，最高峰是麻黄山乡蒋家山，山顶海拔1951.5m。这里山峦起伏，沟壑纵横，梁峁相间，水土流失严重。该区北部有一条较高的黄土梁，这条黄土梁由许多东西走向的山梁并列组成，绵延45km，横亘10余千米，海拔在1823~1951.5m之间，构成北东-南西走向的分水岭，这条分水岭是南北水系的分界线。南属黄河水系的环江流域，北属内河水系。分水岭顶部地势平坦完整，两侧坡度渐大，有的与沟谷边缘形成陡崖，或悬或立。梁峁黄土覆盖厚30~50m。

泾河上游黄土塬梁峁丘陵：位于六盘山东侧，大部属彭阳县境，总的地势是西北高、东南低，海拔1600~1900m，相对高差200~250m，上覆厚度小于100m的第四系黄土及次生黄土。地面切割平均每平方千米长3.05km，呈“V”形，沟底多切入基岩，很少有第四系堆积。主要地貌是梁状丘陵和塬状丘陵，是宁夏南部黄土丘陵中“黄土塬”残留最多的地区。该区主要河流有茹河、红河，其流域范围内有较大川地，水源较充足，是该区主要粮食产区。

2. 侵蚀剥蚀红岩丘陵

（1）牛首山山前红岩丘陵

主要分布于牛首山西麓及鸣沙、白马一线以东地区，总面积1333km^2，为由古近系和新近系红层组成的丘陵，丘、梁呈浑圆状，顶部多分布有薄层更新统冲、洪积砂砾卵石及碎石块夹黄土状粉砂土，局部地区也有风成黄土及近代风成沙所覆。海拔1200~1500m，相对高差50~200m，切割深度一般30~80m，最深可达100m，多呈“V”形谷，总的地势倾向南东。

（2）卫宁北山山前红岩丘陵

主要分布于石空以北卫宁北山东麓山前地带。近南北向分布，南北长约60km，东西宽5~13km，总面积684km^2。主要是由古近纪和新近纪红层组成的丘陵，丘、梁呈浑圆状，顶部多分布有薄层更新统冲、洪积砂砾卵石及碎石块夹黄土状粉砂土，局部地区也有风成黄土及近代风成沙所覆。丘顶海拔1300m左右，相对高差50~200m，切割深度一般30~80m，最深达100m，总体地势倾向东。

（三）台地

1. 干燥剥蚀台地

（1）陶乐台地

位于宁夏北部黄河东岸，属鄂尔多斯高原西缘部分。中生代时该台地是鄂尔多斯盆地的一部分，新生代隆起。南北长93km，东西宽5km，面积约567km^2。海拔1130~1250m，高出银川平原60~80m，低于南邻之灵盐台地50~100m。台地基座为渐新世红层，上覆较薄的第四系沉积物，地表广为现代风成沙覆盖，流沙以新月形沙丘和链状沙丘为主，沙丘高4~10m。部分丘间洼地积水成湖，水质较好。台地西缘冲沟发育，切割强烈，南部尤甚，已成沟壑纵横的丘陵状，在兵沟一带形成峡谷地貌。水土流失严重。以草原带沙生植被为主。

（2）灵盐台地

位于灵武市东部和盐池县中北部，属鄂尔多斯高原西缘部分。西邻银川平原，北接毛乌素沙地和陶乐台地，南连麻黄山黄土丘陵。总面积约11335km^2。台地基座为中生界、古近系和新近系，形成于喜马拉雅运动Ⅱ幕。海拔1300~1700m。西缘高出银川平原100余米，北缘高出鄂尔多斯高原50~100m，南缘低于黄土丘陵200~300m。台地东部为盐池南北向分水岭，西缘为南北向灵武东山，中部为王乐井东西向黄土分水岭。盐池南北向分水岭和灵武东山二者之间地势较低，又被东西向的王乐井黄土分水岭分为南北两部分。平原与宽谷相间，宽谷中散布海子、盐池。盐池南北向分水岭红井子以北地区的东侧为内流区域，区外北大池、苟池、盐场堡、花马池、滥泥池、波罗池、莲花池、红崖池则为当地地表水和地下水的汇流中心。较大的山水沟有红山沟、猫头梁沟、郝家台沟、营盘台沟和红柳沟等。沙丘、沙地广布，且多集中成沙带，如横城—大处湖沙带、灵武—磁窑堡沙带。年降水量300mm以下，地表径流和地下水源稀少，且含氟量高。植被为荒漠草原和草原带沙生植被。

2. 侵蚀冲洪积台地

（1）花布山—庙山湖台地

分布于银川盆地西南部，北起花布山，南至青铜峡，东界大致为110国道，西界贺兰山东麓，是一个被沟谷切割的破碎台地，总面积约657km^2。海拔1200~1350m，一般相对高差在30m以下，个别残丘、残梁可达50m以上。总的地势特征是以宽浅坳谷为主，间有残丘和残梁等，呈波浪起伏状，坳谷和残梁的延伸方向与黄河垂直。台地基座为下白垩统庙山湖组、渐新统清水营组、中新统彰恩堡组和干河沟组红色碎屑岩、泥岩等，它们组成鸽子山背斜、花布山背斜，台地顶面为下更新统玉门组砾岩，不整合于前第四系之上。台地中的宽谷面或洼地面与洪积平原面一致，沟谷横剖面呈“U”或“V”形，切割一般0.5~5m。台地西北缘被两条北北西向断层控制。台地北缘为一条北西向的大冲沟将其与洪积平原分开，台地高出洪积平原40~50m。

（2）香山北麓台地

习惯称为南山台子。西起腰岘子沟，东至骆驼脖子沟，长37km，南北宽约10km，面积966km^2。海拔1230~1600m，前缘陡坎高数十米。台地被众多冲沟切割，腰岘子沟以西十分破碎，以东较为完整。台地上有较多流沙。腰岘子沟以东多为黄河侵蚀阶地，以西多以基座阶地为主。河床下切形成前缘陡坎立壁高出平原20~100m，白鹅子沟以东渐缓、平坦，多由同一水平的山前残丘和洪积扇冲积物复合构成台地。台地下伏古近系和新近系红层基座，上部覆盖中更新统河床相卵石厚0.2~30m，表层发育质地较粗的淡灰钙土、风成沙夹砾石层。由于土质较差，干旱荒芜沙化，再加上植被破坏，水土流失严重，南北向沟谷切割剧烈。各沟域汇水支流、小岔交错纵横，把台地切割成支离破碎的不毛之地。

（四）平原（盆地）

1. 洪积、冲（湖）积拉张型断陷平原

银川平原：位于宁夏北部贺兰山与鄂尔多斯高原之间。南起青铜峡，北至石嘴山，北北东向延展，长170km，宽10~50km，面积9761km^2。由黄河冲积平原和贺兰山山前洪积平原组成。黄河冲积平原分布于银川盆地东部，南起青铜峡，北至石嘴山，北北东向延伸165 km，总面积约6283km^2。海拔1100~1200m，地势由南向北缓缓倾斜，坡降约四千分之一。平原上存在3级黄河阶地，Ⅰ级阶地高0.5~1m，Ⅱ级阶地高1~1.5m，Ⅲ级阶地比较明显，青铜峡附近阶坎高约20m，往北逐渐降低，在银川市金凤区新城南消失，到南梁附近又复出现，高7~8m，新开渠大体沿此阶坎边缘延伸。平原上湖沼众多，它们或在沉降中心密集分布，或呈串珠状湖沼群沿黄河流向线状分布。贺兰山山前洪积平原分布于贺兰山东麓，因长期洪流作用，在山前地带形成了由洪积扇群组成的宽广的山前洪积倾斜平原。花布山至插旗口，洪积平原宽15km，最宽达25km，向北变窄，暖泉以北仅4~8km，总面积约2821km^2。海拔1200~1400m，地面坡度1°~2°，由分带明显的块砾、砂砾、砂、黏土等组成。洪积平原与冲积平原过渡地带散布沙丘、沙地。第四纪以来，银川盆地基本上处于持续沉降状态，第四系发育齐全，最大厚度达1004.5~1605.5m。

2. 冲积挤压型断陷平原

（1）卫宁平原

位于宁夏中西部，黄河黑山峡与青铜峡之间，属断陷盆地。沙坡头—泉眼山段呈东西向展布，泉眼山—白马段为北东东向，白马—青铜峡段为北东向。长105km，宽10~20km，面积约1252km^2。海拔高程1190~1600m。堆积物主要为砂和砂砾石，坡降千分之一至三千分之一。由中卫平原和中宁平原组成。中卫平原位于卫宁北山与南山台子之间，由黄河冲积而成。西起沙坡头，东至泉眼山，东西长约48km，南北宽4~14km，面积约636km^2。海拔1190~1240m，西高东低，南陡北缓，平坦开阔，纵向坡降1%以下，横向坡降0.3%左右。由黄河Ⅰ、Ⅱ、Ⅲ级阶地组成，据82中01钻孔资料，盆地内第四系厚度超过300m，岩性较粗，以砂、砂砾石和卵石为主。中宁平原展布于牛首山、卫宁北山与烟筒山山地之间。盆地南起余丁—泉眼山一线，北迄牛首山西麓青铜峡口。泉眼山—白马段北东东走向，长32km，宽12km，海拔1160~1193m。白马—青铜峡段走向近于南北，长23km，宽17km，海拔1152~1260m，总面积约716km^2。平原地势低洼，纵向比降1‰，横向比降0.3‰。据82中02钻孔资料，盆地内第四系厚度超过384.6m，岩性较细，以砂、粉砂和黏土为主。

（2）清水河河谷平原

位于宁夏中南部，南起六盘山，北接卫宁平原，沿清水河两岸带状分布；李旺村以南走向近南北向，以北走向为北北西向，长约180km，宽5~13km，面积约2043km^2。海拔1260~1400m。由4级阶

地组成，Ⅰ、Ⅱ级阶地零星分布；Ⅲ级阶地为上叠阶地，分布连续完整，为平原主体，堆积物主要为黄土状黏砂土和砂黏土，土层深厚；Ⅳ级阶地主要分布在李旺—同心一带的清水河西岸，其上被上更新统马兰黄土覆盖。清水河西侧山地东麓局部地区发育冲洪积平原。

3. 洪积挤压型山间断陷平原

（1）红寺堡冲洪积平原

位于宁夏中部牛首山、烟筒山、罗山之间，近南北走向，长约 34km，北宽（22km）南窄（8km），总面积 985km²。总的地势是北部和西部低，东部和南部高，海拔 1300～1900m。红柳沟水源自盆地南部向北西穿过盆地及牛首山与烟筒山之间的新近系红岩丘陵，在鸣沙附近汇入黄河；红寺堡南为季节性沟谷，红寺堡北为常年流水沟谷。西部为红柳沟冲积平原，海拔 1300～1400m，组成物质主要为黄土状黏砂土，西北被流沙覆盖。东部为罗山西麓洪积平原，海拔 1400～1900m，由砂砾石组成，地面坡度 2°～7°。盆地中第四系厚度不超过 70m，其下是产状平缓的新近系。

（2）兴仁洪积平原

位于宁夏中西部甘宁交界处，香山、黄家洼山、水泉尖山之间。北西-南东向延伸，长 57km，总面积 1260km²，宁夏境内面积 553 km²。海拔 1609～1800m。西北低，分布有盐湖、碱滩。盆地为一第四纪封闭型盆地，主要堆积物为第四系洪积物，由边缘向中心，沉积物由砂砾石变为黏质砂土、砂质黏土，厚度增大，沉降中心位于兴仁西，第四系厚 439m，其中下更新统厚 49m，主要为砂砾石；中更新统厚 255m，为砂质黏土、黏质砂土夹砂砾石层；上更新统厚 115m，下部为砂砾石，上部为黏质砂土；全新统厚 20m，为黏质砂土。

（3）西安州洪积平原

位于海原县西华山、南华山北侧。北西走向，长 11km，宽 8km，总面积约 112km²。为一新生代断陷洼地，第四系厚度大，据钻孔（31 孔）资料，推测盆地内缺失早更新世沉积，中更新世以来沉积厚度超过 430m。海拔 1700～1800m。园河穿流其间。

（4）韦州洪冲积平原

位于宁夏中部罗山与青龙山之间。近南北走向，长 52km，北宽（22km）南窄（14km），总面积 1414km²。苦水河支流甜水河由南而北穿过平原东部，形成冲积平原，总的地势是北部和东部低，西部和南部高，海拔 1325～1900m。自西而东由罗山向青龙山，第四系厚度变薄，岩性变细。西部为罗山山麓洪积平原（罗山与煤山间），海拔 1500～1900m，地表坡度 1°～7°，第四系厚 200m，以砂砾石为主。东部甜水河冲积平原（煤山与青龙山间），海拔 1325～1600m，第四系厚 75m，以黄土状黏砂土为主。

（五）沙漠

腾格里沙漠（东南缘）：分布于中卫市沙坡头区西北部丘陵、台地和阶地上，黄河北岸沙坡头一带，是腾格里沙漠东南缘风成沙由西北向南东延伸堆积而成，总面积约 695km²。海拔 1200～1500m。微地貌特征可分为沙山和沙丘沙地两大类。沙山位于腾格里沙漠东南缘。据记载，在明朝初，风沙在黄河北岸临水堆积形成高约百米的高大沙梯，故名沙陀头，现谐音沙坡头。沙丘沙地指中卫市沙坡头区西北部，由丘陵、盆地、草丛、沙丘、沙岗、沙地和新月形沙丘链构成的沙漠区。流沙流动沙丘、沙岗一般高 20～30m，最高约 50m。沙丘间偶尔可见洼地和湖泊。

第六节　古人类与古文化遗迹

一、旧石器时代晚期文化遗迹——水洞沟遗迹

水洞沟遗址（图 14-26）是我国最早发现、发掘和进行系统研究的旧石器时代晚期文化遗址，地处银川平原与鄂尔多斯高原的交界地带，位于灵盐台地北缘边沟（黄河东岸支流）岸边、长城南侧，

图 14-26　水洞沟文化遗址全貌

Fig. 14-26　The panorama of the Shuidonggou culture site

西距黄河 18km。

水洞沟遗址经 1923 年法国人德日进、桑志华发现并首次发掘后，在至 2003 年的 80 年中又进行过 4 次较大规模的系统发掘工作。1980 年由宁夏博物馆主持、宁夏地质局区调队参与的发掘，获石制品 6700 余件，其中旧石器时代晚期层位（下文化层）5500 余件，包括各类毛坯 2396 件、各型工具 595 件，余为石制品残块或碎屑。石制品的原材料大多来源于附近的第三阶地砾石层，现代河滩上多有见及，以白云岩为首选，次为石英岩、石英砂岩。

在下文化层所获 2991 件（观察标本）石制品中，普通石制品 2852 件（图 14-27），占 95.4%；细石器石制品 139 件，占 4.6%。普通石制品中，石核（图 14-27，2）393 件，各类形态的石叶（图 14-27，3）1157 件，普通石片 719 件，削片 27 件，工具 556 件。工具中，尖状器、端刮器、部分边刮器、厚背石刀、磨石等最具特征。石器的制作技术以锤击法为主。

在下文化层尚获得一些古人类装饰物，主要为玉质制品（图 14-28），还有一些为鸵鸟蛋壳制品。

下文化层产于水洞沟剖面的 2~3 层，共获得 4 组测年数据：①17250±210 年和 16760±210 年（3 层上部鹿骨 ^{14}C 测定）；②26190±800 年和 25450±800 年（3 层下部钙结核 ^{14}C 测定）；③34000±2000 年和 38000±2000 年（2 层动物牙齿铀系法测定）；④29000~24000 年（炭屑 ^{14}C 加速器质谱测定）。可见，下文化层的时代约为距今 4 万年至 1.7 万年，即旧石器时代晚期。

与下文化层石器共存的哺乳动物化石有 *Coeladonta antiquitatis*，*Equus przewalskyi*，*Equus hemionus*，Cervidae，*Cervus* sp.，*Bubalus* sp.，*Gozella przewalskyi*（图版 XXXV，1），*Volvula* sp.，*Struthis* sp. 等。其面貌与萨拉乌苏动物群相似。

2000 年 8 月，灵武市文物管理所在更新世晚期地层顶部剥蚀面上、全新统底砾石层下部发现人类顶骨化石一块（图版 XXXV，2），此系水洞沟遗址首次发现的人类化石，经中国科学院古脊椎动物与古人类研究所吴秀杰等研究，既有 6 项与现代人相似的特征，也有两项较原始的特征，一是顶纹之间的嵴表现粗壮，二是顶骨内表面乳突角处无乙状沟，在与河套人顶骨比较（表 14-7）后，他们认为"水洞沟顶骨比河套顶骨年代更晚些"，"但根据其石化程度及这个遗址的地质背景，这件顶骨很可能来自生活在这一地区的更新世晚期人群"。

图 14-27　水洞沟遗址下文化层石制品

Fig. 14-27　The stone artifacts of lower cultural layer of the Shuidonggou culture site in Shuidonggou, Lingwu, Ningxia

1—石制品；2—石核；3—石叶

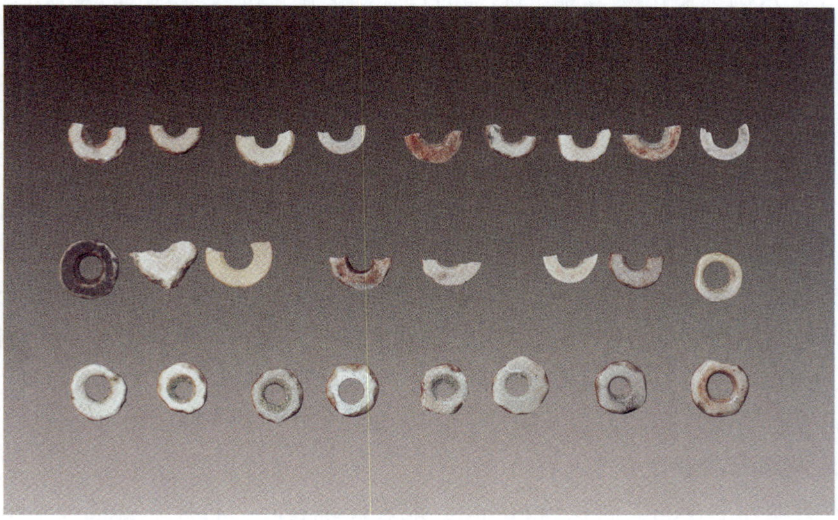

图 14-28 水洞沟遗址下文化层古人类玉制装饰物

Fig. 14-28 The jade decorations of ancient human of lower cultural layer of the Shuidonggou culture site in Lingwu Ningxia

表 14-7 水洞沟顶骨和河套顶骨比较表[①]

Table 14-7 Correlation of Shuidonggou parietal bone and Hetao parietal bone

比较项目	河套顶骨[②]	水洞沟顶骨
颜 色	暗褐色，石化程度很深	土黄色，石化程度中等
地 点	萨拉乌苏滴哨沟湾	水洞沟 1 号地点
年 代	更新世晚期	更新世晚期到全新世早期之间?
大 小	右侧顶骨内侧部的 2/3	右侧顶骨后下部 2/5
骨 缝	锯齿形，比现代人稍为简单	锯齿形，接近现代人
厚 度	前囟点附近 6.6mm，顶结节附近 6.0mm	顶结节附近 4.1mm，从星点向上 50mm 处顶骨厚 4.8mm，星点处厚 5.9mm
内部构造	内外板都较厚，显示它有一定的原始性	外板和内板致密，且外板厚度大于内板；板障呈蜂窝状，厚度接近于外板
脑膜中动脉	前支和后支压迹的沟宽中等，前支延伸向前囟区和顶区附近，后支延伸向人字区和顶孔区附近	仅存后支，压迹的沟宽较细，其延伸方向为人字区和顶区附近

①引自宁夏文物考古所《水洞沟—1980 年发掘报告》；②吴汝康（古脊椎动物学报，1958）。

以下文化层石制品为内容的水洞沟文化是典型的石片、石叶文化，是石叶工业的代表，与欧洲旧石器时代晚期文化的技术传统有许多相似之处，与欧洲甚或西亚、北非的莫斯特、奥瑞纳文化之间的相似处甚多。水洞沟文化的这种特征为我国已发现的旧石器时代晚期文化所仅有。根据水洞沟文化的这种特征和欧亚大陆黄土分布的特点，中国科学院资深院士刘东生先生提示沿着“黄土之路”可能存在古人类文化的东西交流。

二、新石器时代的文化遗迹

宁夏的新石器时代文化遗址十分丰富，遗址散布全区，包括细石器文化、马家窑文化、齐家文化等类型。石器以细小打制的细石器和磨制石器为特征。陶器有红陶、灰陶、彩陶，器形以罐、盆为主，亦见钵、碗、瓶、杯等。还发现少量房址和墓葬。

现将主要遗址叙述如下：

1. 水洞沟遗址

水洞沟遗址地质剖面自下而上分为 16 层，3 层与 4 层之间为一侵蚀间断面。侵蚀面之下的 2~3 层为“下文化层”或“水洞沟文化层”，属旧石器时代晚期文化；侵蚀面之上的4~16层为上文化层，属新石器时代文化。

1980年发掘时，上文化层自上而下划分为7个发掘层位，共发现各类石制品1300余件。在观察测量的1208件标本中，出自第7、第6、第4发掘层的有1199件，占上文化层石制品总数的99.3%，其中第7、第6发掘层占84.4%，第4发掘层占14.8%。

根据石器特征、地层层序和年代测定，可以把上文化层分为先后两个阶段。早期阶段包括地质剖面的4~10层，对应的发掘文化层位是第7至第5层，以打制石器为主，其技术和器形完全由下文化层的水洞沟文化脱胎而来，细石器较少，只占石制品总数的1.5%~8.8%，距今8770±150年和8520±150年。晚期阶段包括地质剖面的11~16层，对应的发掘文化层位是第4至第1层，细石器制品明显增加，占石制品总数的34.1%（第4层），远高于早期；工具类型较早期少，缺尖状器、锯齿刃器和雕刻器；出现石磨盘、磨石、石磨棒等磨制石器及陶片，距今6070±70年和5900±70年。

2. 平罗县明水湖细石器遗址

遗址位于平罗县城西北9km，面积约300m²，地表发现石叶、石片、石核等细小石器，石质皆为燧石。同时还发现泥质红陶、夹砂灰陶片及石珠等遗物。这些残存遗物比较集中地分布在北长城的一个豁口内。

3. 贺兰县金山林场遗址

遗址位于贺兰县城西北约40km的贺兰山脚下。1980年秋，林场在打机井时，在深1.7m处发现石斧、石磨等石器和约4cm厚的灰烬层。石斧1件，长10cm，宽4.5cm，厚2.6 cm，通体磨制，斧首厚重，刃部锐利，有使用痕迹。石杵1件，长22cm，杵头圆形，柄略扁，通体磨制光滑，头部有明显的使用痕迹。石磨盘1件，由一块自然石料加工而成，外形似舌头，长41cm，宽17~22cm，高11.5cm，石磨中央有使用痕迹，磨盘内凹进2.6cm，形成一个槽形。石磨棒1件，长14.5cm，宽3.5cm，厚2.7cm，有使用痕迹。

此外，在金山林场西北侧的北四渠附近约20hm²的地面上也发现有石斧、石锄、石锛和石球等石器，并且发现大量红陶、灰陶残片。

4. 石嘴山市陶乐镇泉子湾遗址

遗址位于黄河东1km，北距高仁乡约12.5km，东南被沙丘覆盖，西部水草丰盛，附近有一泉水，整个地形东高西低。在东西宽1km、南北长约5km的范围内，地表残存大量石器、细石器、陶器残片及火烧过的动物骨骼等。磨制石器有斧、刀、凿等，石质坚硬，通体磨光，制作精细。斧的斧首厚重，刃部锐利，斧首和刀柄上多有圆形穿孔，有使用痕迹。细石器主要以燧石等石料制成，常见有箭头、尖状器、刮削器，还有柳叶状石、长条石和楔状石核。石楔为长边三角形，近底端的两侧各有一凹槽，便于与箭杆固定。陶片为夹砂红陶和夹砂灰陶两种，质地松散，器表粗糙，烧成火候较低。从残存的遗物看，这是一处细石器文化遗存的新石器时代遗址。

5. 青铜峡市鸽子山新石器时代遗址

遗址位于青铜峡西北20km的蒋顶乡蒋西村西北，东西、南北均约2km，面积4km²。地表遗留一些石器、陶片。石器有两面磨光的石斧、石斧柄首和打制刮削器等。陶片主要为素面夹砂红陶和外饰波浪纹的灰陶。

6. 灵武市三道沟遗址

遗址位于灵武市以北35km的临河乡下桥村，东西长3000m，南北宽1000m，总面积3km²。地表散布石器、陶器和玉器残片。石器有通体磨光的石斧、石锛、石刀以及刃部锋利的刮削器和打制的砍砸器，石料多选用质地坚硬的变质灰岩。陶片主要为泥质灰、红陶和夹砂红、黑陶，有些红陶还施白色陶衣，纹饰多绳纹和网格纹，器形以罐、盆为主。玉器有白、绿、墨绿色的粗质玉和细质玉，从器形看，多为玉佩之类的装饰品。据当地群众反映，曾在平田整地时挖出过完整的陶罐，但出土后多被打碎。还发现有灰坑等遗迹。

7. 灵武市鸳鸯湖遗址

鸳鸯湖位于灵武市东 31km，因湖泊分南、北两片，故称“鸳鸯湖”。湖周围发现新石器时代遗址 3 处，每处面积 1km^2 左右。地面散布磨制和打制石器及陶片。石器主要有磨制双面石刀、石斧和打制刮削器、砍砸器等。陶片有红陶和灰陶，器形主要为盆和罐，素面为主，饰纹有网格纹、弦纹、条带纹、绳纹、波浪纹。还有少量彩陶、人骨和灰烬。

8. 盐池县硝池子遗址

遗址位于盐池县城西北 35km 的苏步井乡硝池子村。东西长 500m，南北宽 300m。地表遗留少量质地为石英岩的打制石器，如刮削器、砍砸器、石核、石片和磨制石斧等，还有红陶片、灰烬、骨骼等。

9. 盐池县张家场遗址

遗址位于盐池县城西北 15km 的柳杨堡乡东溏村张家场生产队境内，大部分被沙丘掩埋，暴露于地表的部分，东西长 500m，南北宽 50m。地表随处可采集到以燧石为主要原料的细小石器，如刮削器、石核、柳叶状石片等，还发现少量磨制石斧和灰陶、夹砂红陶片等。

10. 盐池县官滩遗址

遗址位于盐池县城以南 30km 的鸦儿沟乡官滩村，地表发现石器和陶片。石器有刮削器、砍砸器、磨制石斧和少量穿孔的石铲和石刀，石质主要为石英岩和砂岩。陶片为细泥红陶、夹砂红陶和灰陶，纹饰有波浪纹和凸弦纹，器形主要为罐。此外还发现有陶纺轮。

11. 中宁县风塘子沟遗址

风塘子沟位于中宁县城西南 6km 处的水泥厂西北的高台地上，地属新堡乡。1959 年中国科学院考古研究所派出的调查组在此调查时，遗址面积为 160000m^2，现仅存 80m^2。在这块残存高地遗址上，采集到夹砂灰陶、素面细泥陶、绳纹陶等残片，器形主要为罐，此外还有生物化石和石核、刮削器、尖状器、刀状器等石制品。

据调查，1980 年修建水泥厂时，曾用推土机在水泥厂现在所占据的位置上推出瓮棺葬多处。在水泥厂东北 3km 的农田梗边，还发现过一个直径约 2m、深 1m 的圆形灰坑，灰坑中除大量灰烬外，还出土有被火烧过的动物骨骼和一枚长 15cm、剖面是三棱形的骨簪。

从获得的材料来看，该遗址可能是一处含有细石器文化内涵的新石器时代遗址。

12. 同心县新庄集遗址

遗址位于同心县城东北约 45km 的新庄集乡铁庄子村东南 300m 处的二级台地上，东西长 350m，南北宽 120m，面积 42000m^2。文化层堆积厚 0. 5～1m。地表采集到大量石器、红陶片、灰陶片、兽骨等。石器有刮削器、石斧、盘状器、石刀，以石斧居多，质地坚硬，磨制精细。陶片从口沿和底部看，大部分为罐，钵、斝、平底盆等器物，质地为夹砂红陶、细泥红陶和灰陶，纹饰以绳纹、篮纹、网格纹居多，锥刺纹次之。还采集到牛、羊、鹿等动物牙齿和骨骼。

13. 同心县红梁遗址

遗址位于同心县城东北 67km 的大罗山东麓红城水下垣村，东西走向，面积约 40000m^2。文化层堆积厚 1～4m。地表有石器和红陶片。石器 90 余件，以磨制石斧和刮削器为主，砍砸器和盘状器次之，并有属于细石器文化的小形刮削器、尖状器等。陶器多为细泥红陶和夹砂红陶，器形以双耳罐居多，钵次之，此外还有陶鬲等，纹饰多附加堆纹，次为篮纹、绳纹、锥刺纹等，并有少量网格纹及彩陶。河沟断面上还发现有墓葬。

14. 海原县菜园遗址

遗址位于海原县城西南的西安乡菜园村大沟梁，大部分被农田所占，东西宽 30m，南北长 800m。文化层离地表很浅，陶器大部分是齐家文化的代表物，也有少量马家窑文化的代表物，如双耳彩陶瓮、长头红陶罐、三耳红陶罐等。对一古墓进行了清理、抢救，墓室长约 2m，宽约 1m，墓内有女尸一具，陶器 40 余件，较完整者有 5 件。这些随葬品的大小、形状及纹饰各不相同，有单耳、双耳、三耳的，还有无耳长颈的。

15. 海原县南华山遗址

遗址位于海原县南 7.5km 的下山门村。发现有马家窑文化的单耳小红陶罐，齐家文化的夹砂单耳陶罐等，还发现大小石斧、细石器及完整无损的玉琮、玉璧等。从残存的遗物分析，属马家窑至齐家文化遗址。

16. 海原县曹洼遗址

遗址位于海原县东南贾埫乡曹洼村，东西宽 500m，南北长约 1000m。大量彩陶片、夹砂红陶片暴露地表。征集到完整彩陶壶 2 件，形状为口沿外侈、长颈、弧腹、平底。另当地老乡还采到石器，惜已丢失。遗址文化内涵与马家窑文化极其相近。1986 年 4 月，固原地区博物馆曾对遗址及墓葬进行试掘，出土了部分碎陶片。

17. 西吉县三滴水遗址

遗址位于西吉县白城乡长义山村三滴水自然村，东西宽 500m，南北长 2000m 左右。文化层厚 1～2m，黑、黄、红土层交错覆盖。大量陶片分布于地表和文化层中。陶质为夹砂、泥质，纹饰为绳纹、篮纹、印纹等。收集到陶罐、瓶各一个。1984 年 7 月学校打墙时出土石斧、灰陶罐各一件，并见 13m 长、30cm 厚杂有大量陶片的灰层。

18. 彭阳县打石沟遗址

遗址位于彭阳县城西北 7.5km 茹河北岸的半山坡上，暴露在地面上的遗迹有 7～8 处，文化层厚 1～2m 不等。暴露的房屋多为半地穴式，平面为长方形或椭圆形，地面以草拌泥、岩石粉合筑，表面平整光滑，有的草拌泥和白灰达 3 层之多，其厚度分别为 4cm 和 1.5cm。周围有灰坑、灶坑，里面遗存各种兽骨、陶片和石器。陶器多为夹砂红陶，纹饰为附加堆纹、印纹和素面。石器均磨制而成，有石斧、石刀、石铲、石凿等。据初步鉴定，应属齐家文化类型。

19. 隆德县页和子遗址

遗址位于隆德县城西 17km 处的国道 G312 页和子桥右侧的北山二级台地上，长 295m，宽 255m，面积 66375m^2。遗址内发现圆形或方形白灰面房基 6 处，有的房址白灰面竟达 4 层之厚，还发现有灰层和袋状、斧底形灰坑 150 多处。灰层、灰坑中除含有大量的红烧土及烧焦的碳渣、石块外，还发现了动物的骨架及成人、小孩的头骨、骨骼。大量陶器残片、不少的磨制石器和少量的骨器与蚌壳等裸露于遗址表面。其中有通体打磨光滑的玄武岩和辉长岩石斧、刀、杵、研磨器和打制的尖状器、敲砸器和细石器等。骨器有锥和笄等。

陶器以夹砂陶为主，泥质陶较少，火候不甚稳定。质较疏松，渗水性强，陶胎较厚，纹饰繁缛多变，有素面、绳纹、篮纹、乳钉纹、剔刺纹、附加堆纹等。泥质陶除表面打磨光滑外还涂有一层红色或橙黄色陶衣，多有彩绘。彩陶主要用黑彩，花纹结构以多条弧线、弧边三角、旋涡状圆点为母题组成宽面的图形。草叶纹和鸟纹等动植物花纹都图案化了。彩绘既饰在器物的外表，也饰在器物的内壁。碗、盆等一类器物的口沿上，也装饰有彩绘。

该遗址陶器类型单调，以罐为主，另有钵、盆、瓮、壶、杯、瓶、陶刀等。从石器和陶器的类型看，既包含了马家窑文化的特征，又孕育了齐家文化的成分。

20. 隆德县上齐遗址

遗址位于风岭上齐村沟的西沿畔二队，南北长 370m，东西宽 80m，面积为 30000m^2。文化层厚 3～4m。文化层中布满泥质、夹砂陶片。除陶器外，还有白灰石的房址 10 多处。此类房址筑造比较好，大都为半地穴式，圆角单间，地面涂有一层薄而硬的白灰石，下抹草拌泥和红烧土，地面中央有一火坑。敞露的房址周壁还有木棍支顶的柱洞。房址的周围有呈圆形和袋状釜底形的窑穴，窑穴周围也发现有小孩的骨架和兽骨。遗址内涵极为丰富，为典型的新石器时代齐家文化。

21. 隆德县周家嘴头遗址

遗址位于神林乡周家嘴头，面积约 43000 m^2。遗址地面上到处有陶片，多为卷缘曲腹盆、敛口盆和敛口钵，陶片分细泥质、夹砂和夹粗砂陶等。也有个别的小口平底瓶，陶质细腻，多呈砖红色，个别的涂有白色、橘色陶衣。陶片多素面，也有饰刺划纹、拍印纹、细线纹、乳钉纹和附加堆纹。彩陶以黑彩为主，花纹母题最常见的是钩莲纹和变体草叶纹，也有圆点、窄带和网格等几何形图案。彩绘既饰在器物的外部，也有饰在器物的内壁底部（主要是钵、盆、碗之类的大口容器）。

残存房址一处，半地穴式，长 4.26m，中有一火炕，将地面分为东西两半，地面下垫红烧土，抹有草拌泥，上涂 1cm 厚的白灰面。

该遗址内涵复杂，从出土陶器看，既有马家窑文化，也有齐家文化。

22. 隆德县风岭遗址

遗址位于隆德县城西南 25km 的风岭乡胜利村，东西长 317m，南北宽 220m，面积约 70000m^2，中心地点在胜利小学及东村的场地。遗址内采集到石刀、石斧、石凿、石锛、石杵、骨针、骨笄等，陶器有彩陶尖底瓶、红陶细绳纹尖底瓶、彩陶长颈瓶等。暴露遗迹有房址、陶窖和文化层。文化层一般厚 3~5m。遗址中还发现一件完整的彩陶瓶，侈口，细长颈，折肩，斜直腹，肩下附有对称双耳，表面彩绘，黑彩，饰双鱼纹，通体光滑，涂有白色陶衣，为典型的马家窑文化石岭下类型。

第二篇　沉积岩与沉积作用

第十五章　概　　述

宁夏沉积岩发育，分布广泛，约占全区基岩面积的85%。20世纪50年代，石油、煤炭部门对宁夏石炭系、二叠系、侏罗系、白垩系等作了零星的岩相古地理工作。60年代初，宁夏地质局宁西地质队在进行钾盐普查时，对上泥盆统—下石炭统进行了沉积岩及岩相古地理的研究。从70年代开始，石油部门运用现代沉积学理论和方法，对宁夏石炭系、二叠系、三叠系、侏罗系作了部分岩相古地理工作。60~80年代，1∶20万区调时仅作了简略的沉积环境与沉积相分析。80年代以来，在1∶5万、1∶25区调工作中，运用现代沉积学和层序地层学理论和方法，从沉积学的角度进行了资料收集和研究，对各时代地层作了较为系统的沉积岩和沉积相及层序地层学研究。本篇是在上述调查研究的基础上编写而成的，包括沉积岩各论、沉积环境与岩相古地理、沉积建造、沉积作用与沉积矿产四部分。

一、沉积岩的分类原则

本《志》采用刘宝珺（1979）主编的《沉积岩石学》所推荐的分类意见，并结合宁夏沉积岩的实际，考虑物源和沉积作用方式、岩石成分和结构特征等，对宁夏沉积岩进行分类（表15-1）。

表15-1　宁夏沉积岩分类表

Table 15-1　Classification chart of sedimentary rocks in Ningxia

陆源沉积岩	火山物源沉积岩	内源沉积岩		
		非蒸发岩	蒸发岩	可燃有机岩（生物残体）
砾岩	凝灰岩	碳酸盐岩	石膏	煤
滨岸砾岩	凝灰质砂岩	石灰岩	硬石膏	油页岩等
河成砾岩		内碎屑灰岩	岩盐	
冰成角砾岩		鲕粒灰岩	石盐	
滑塌角砾岩		生物碎屑灰岩	芒硝	
砂岩		球粒碎屑灰岩		
石英砂岩		隐藻碳酸盐岩		
长石砂岩		微晶灰岩		
长石杂砂岩		泥晶灰岩		
岩屑砂岩		白云岩		
岩屑杂砂岩		原生白云岩		
长石石英砂岩		交代白云岩		
粉砂岩		硅质岩		
粗粉砂岩		硅质岩		
细粉砂岩		燧石岩		
黏土质岩		磷质岩		
黏土岩		砾状磷块岩		
泥岩		砂质磷块岩		
页岩		含磷粉屑灰岩		
泥板岩		硅质磷块岩		
页板岩		铜质岩		
		含铜砂岩		
		含铜页（泥）岩		

二、沉积作用的基本特征

宁夏大地构造位置处于华北陆块、阿拉善微陆块与祁连早古生代造山带 3 个二级构造单元的结合部位，物源丰富，沉积作用复杂。祁连早古生代造山带及阿拉善微陆块南缘之腾格里增生楔（即走廊过渡带）地壳活动性强，沉降速度和幅度较大，沉积物以陆源碎屑为主，岩性复杂，沉积厚度大；华北陆块由于盆地基底稳定，沉积速度和幅度较小，以内源碳酸盐岩沉积为主，岩性较单一，厚度较小。内陆盆地沉积物类型复杂，岩相变化较大，以陆源碎屑沉积为主。过渡地带在沉积作用上具过渡性质。如宁夏鄂尔多斯西缘在中—新元古代、古生代，虽然处于构造较稳定地区，但其沉积作用主要受祁连海控制，海水主要来自西南方向，沉积物、古生物等特征不但与华北陆块基本一致，而且还与走廊过渡带有某些相似之处。在整个地质历史发展过程中，由于地壳运动、气候的变化、水圈、气圈组分由还原转向氧化，生物由低级变为高级，其沉积作用也发生了相应变化。古元古代—中元古代局部发育火山作用，有一些火山岩-火山碎屑岩沉积；中元古代低级藻类发育，海水中硅质含量较高，气候较为干热，沉积了含较多硅质条带及镁质较高的碳酸盐岩；新元古代气候转为寒冷，出现了冰水沉积；寒武纪在华北陆块稳定区以陆源碎屑岩和碳酸盐岩沉积为主，沉积物成分成熟度、结构成熟度均较高；奥陶纪在华北陆块稳定区以内源碳酸盐岩沉积为主，在祁连早古生代造山带活动区以陆源碎屑岩沉积为主，沉积物成分成熟度、结构成熟度低。总之，早古生代稳定地带水解、氧化、生物等作用增强，成屑作用减弱，沉积物成分成熟度、结构成熟度增高，并有大量内源碳酸盐岩沉积，为宁夏沉积作用的兴盛时期。自古生代末至中、新生代，陆地不断扩大，气候逐渐转为干热，成屑作用增强，沉积物成分成熟度、结构成熟度变低，广泛发育长石砂岩、岩屑砂岩及其过渡类型的陆源碎屑沉积。

宁夏沉积岩岩石类型较复杂，以陆源碎屑岩及内源碳酸盐岩较发育，不但分布广，而且分布时代也多。岩石类型的分布具有以下特点：①在时间上，前中生代内源碳酸盐岩发育，碎屑岩成分成熟度、结构成熟度较高；古生代以后，主要为陆源碎屑岩，成分成熟度和结构成熟度低，碎屑岩中出现大量长石砂岩、岩屑砂岩及其过渡类型岩石。②空间上受构造条件和古地理环境的控制，造成岩石类型差异，形成同时异相沉积。

第十六章　沉积岩各论

第一节　陆源沉积岩

宁夏的陆源沉积岩非但空间上分布广泛，而且在时间上几乎占据各个时代，尤以中、新生代最发育。按颗粒大小分为砾岩、砂岩、粉砂岩、黏土质岩4类。

一、砾岩

将粒度>2mm（>-1ϕ）（$\phi=-\log_2 d$，d为颗粒直径，以毫米计）、碎屑含量超过30%的岩石称为砾岩。按成因将砾岩分为滨岸砾岩、河成砾岩、冰成角砾岩及滑塌砾岩4类。

（一）滨岸砾岩

产于滨海及湖滨地区，包括滨海砾岩及湖滨砾岩。出现在海侵层位底部的称底砾岩。宁夏滨岸砾岩在早二叠世以前（泥盆纪除外）主要为滨海砾岩，中、新生代为湖滨砾岩。

长城系黄旗口组底砾岩，砾石成分主要为下伏前长城系的片岩、变粒岩、混合岩及花岗岩，分选、磨圆度中等—较好，砾径一般数厘米；基质以硅质为主，呈孔隙式胶结。蓟县系王全口组底砾岩仅在北部王全口一带见不稳定的灰白色石英砾岩，为海侵滞留沉积，厚度小于5m。砾石成分以石英砂岩为主，少量脉石英、燧石，砾径一般1~3cm，分选、磨圆较好；基质以钙质为主，少量硅质、砂质，孔隙式胶结。寒武系砾岩有两个层位：一为下寒武统苏峪口组底部，沿贺兰山、青龙山、彭阳一带分布，层位较稳定，厚0.4~1m，在贺兰山中段，砾岩中含胶磷矿，称砾质磷块岩（或磷质砾岩），砾石成分有石英砂岩、页岩、硅质岩、灰岩、白云岩、石英等，分选、磨圆较差，砾径一般在1~20cm，呈棱角—次棱角状，基质为胶磷矿、泥质、铁质，呈孔隙式、接触式胶结，属海侵滞留沉积；另一为中寒武统陶思沟组底部砾岩，分布于贺兰山北段，砾石成分主要为白云岩、石英砂岩等，分选、磨圆度中等，砾径一般数厘米，基质为砂质、泥质，多为孔隙式胶结。同心县黑鹰湾山、照花井一带下—中志留统照花井组与上—顶志留统旱峡组底部滨岸底砾岩，厚约2m，呈紫红色，砾石占50%~60%，成分主要为下伏地层的变质砂岩、板岩、灰岩等，砾径2~10cm，分选、磨圆中等，多为次棱角状—次圆状，少量为棱角状；基质以泥质、砂质为主，少量铁质、钙质。石炭系主要为滨岸层间砾岩，厚度小于3m，不稳定，沿走向往往变成含砾石英砂岩，砾石成分以石英、石英砂岩为主，少量燧石，砾径0.5~2cm，分选较好，磨圆度中等—好，填隙物以硅质为主，次为钙质，呈孔隙式、基底式胶结。二叠纪以后湖滨砾岩发育，呈夹层出现，砾石成分较复杂，分选、磨圆度较差—中等，填隙物多为砂、泥质及铁质。

（二）河成砾岩

包括平原河流、山间洪流形成的砾岩。主要分布于泥盆纪及二叠纪以后的地层中。其特征是层位多，不稳定，多呈透镜状出现，岩性、厚度变化较大，砾石成分复杂。泥盆纪（下—中统老君山组和上统中宁组）砾岩呈暗紫红色，砾岩层沿走向往往被含砾砂岩、粗砂岩代替，垂向上多与砂岩、粉砂岩、泥岩组成韵律沉积，砾岩底部有冲刷面，多为河床滞留沉积，砾石占60%~70%，成分复杂，有石英、燧石、变质砂岩、砂岩、泥岩、灰岩等，分选较差，砾径一般0.5~10cm，磨圆度较差，多为次棱角状、填隙物以粉砂、泥质为主，少量铁质、钙质。二叠系河成砾岩，砾石成分以石英为主，次为砂岩、硅质岩、灰岩、变质砂岩、板岩，砾径0.5~10cm，分选较差，磨圆度中等—较差。其他时代河成砾岩特征与二叠系河成砾岩基本相似。

（三）冰成角砾岩

冰成角砾岩为冰川地质作用所形成，仅见于震旦系正目观组，沿贺兰山中段、青龙山、云雾山一带呈南北向狭长带状分布，厚数米至百余米。岩性特征如区域地层篇中第二章第三节新元古界所述。

（四）滑塌砾岩

主要赋存于中—上奥陶统米钵山组和上奥陶统香山群。砾岩层数较多，层位及厚度不稳定，多呈大透镜状分布。砾石成分以灰岩为主，次为硅质岩、变质砂岩、板岩，含量 30%～70%，砾径大者可达数十米，一般 5～30cm，分选、磨圆度较差，大部分呈棱角—次棱角状，少部分为次圆状；填隙物以钙质为主，少量硅质、泥质，呈基底、孔隙式胶结。

二、砂岩

粒度为 2～0.0625mm（即 $-1\phi \sim 4\phi$）、碎屑物含量占 50%以上的岩石称为砂岩。

首先根据杂基含量将砂岩分为净砂岩（简称砂岩）和杂砂岩两大类，然后再以 Q（稳定成分，包括石英、玉髓和其他硅质岩屑）、F（包括长石和侵入岩岩屑）和 R（包括其他岩屑、云母及绿泥石）为三角形的三个端元组分作进一步划分（图 16-1）。图 16-1 中的 14 类砂岩在宁夏均有分布。其中以长石石英砂岩、石英砂岩分布最多，总的趋势是随时代由老到新砂岩及其砂岩类型增多，成分成熟度、结构成熟度降低，杂基含量增高。主要岩石类型如下：

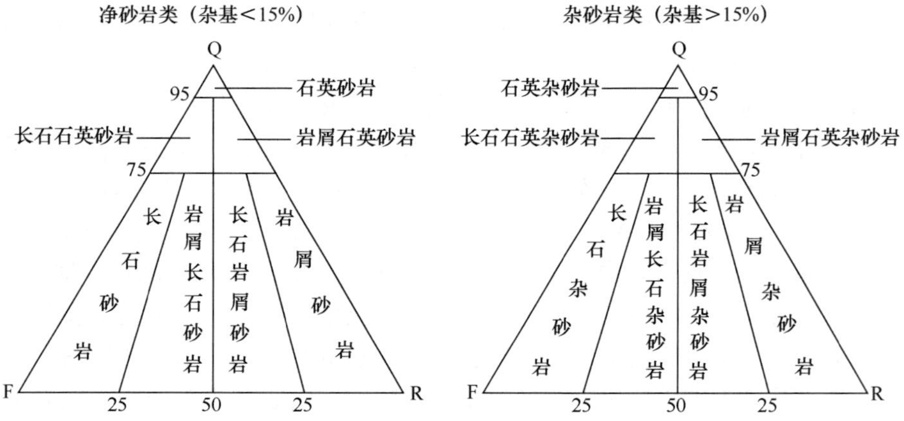

图 16-1　宁夏砂岩分类

（据刘宝珺分类方案，1979）

Fig. 16-1　Classification diagram of sandstones in Ningxia

（一）石英砂岩

主要赋存于长城系黄旗口组及石炭系中，其他时代仅零星分布（表 16-1）。长城系黄旗口组石英砂岩厚数十至 200 余米，灰白色，成分成熟度高、结构成熟度中等。碎屑占 80%～90%，成分主要为石英、约占 95%以上，长石含量小于 3%、以钾长石为主，此外还有少量石英岩、片麻岩、燧石等岩屑及微量金红石、锆石、电气石等重矿物；填隙物 10%～20%，为趋于稳定的硅质，局部有海绿石、白云质及铁质，硅质部分或全部重结晶，沿石英颗粒边缘次生加大，呈隐晶状充填于颗粒间，具颗粒支撑，孔隙式、再生式胶结。石炭系石英砂岩主要分布于前黑山组、臭牛沟组和靖远组中，厚数十厘米至数米，碎屑占全岩的 80%～85%，成分以石英为主，含量 90%以上，成分成熟度高，结构成熟度中等—差，部分石英具波状消光、破裂纹和次生加大，有锆石、电气石、矽线石、磷灰石等包裹体，粒径一般 0.3～0.6mm；岩屑占 3%～8%，以不等粒石英岩为主，次为长石、泥岩；尚含微量电气石、金红石、锆石等重矿物。填隙物少于 15%～20%，胶结物为硅质、杂基少量，主要为粒状集合体高岭石、水云母、鳞片状集合体绢云母，呈颗粒支撑，孔隙式胶结。

表 16-1 宁夏砂岩类型分布

Table 16-1 Distribution of sandstone types in Ningxia

砂岩类型	地质时代												
	Ch	Jx	Z	€	O	S	D	C	P	T	J	K	E-N
石英砂岩	——						--------	——			--------		
石英杂砂岩								——					
长石砂岩							——	--------	——	——	——	——	——
长石杂砂岩					——				——				
岩屑砂岩							——					--------	--------
岩屑杂砂岩					--------				--------				
长石石英砂岩					——	--------	——	——	——	——	——	--------	--------
长石石英杂砂岩								——	——				
岩屑石英砂岩						--------	--------	--------					
岩屑石英杂砂岩									--------	--------			--------
岩屑长石砂岩									——	——			
岩屑长石杂砂岩					--------					--------	--------		
长石岩屑砂岩									--------	--------			
长石岩屑杂砂岩					——				——	--------			——

注：——表示主要分布时代；--------表示次要分布时代。

（二）长石砂岩

主要分布于中—上泥盆统、中—上二叠统、下—中三叠统、上三叠统及侏罗系、下白垩统、古近系和新近系中。中—上泥盆统长石砂岩分布于中宁、中卫一带。碎屑占 70%～80%，其中石英 50%～70%，钾长石和酸性斜长石 25%～30%，少量泥岩、云母等岩屑，分选、磨圆度中等；填隙物占 20%～30%，主要为方解石，次为铁质、水云母、绢云母等，具溶蚀、孔隙式胶结。石炭系长石砂岩主要分布于中卫市下河沿一带羊虎沟组中，特征与上述基本一致，但填隙物含量较少，一般 15%左右，主要为水云母、绢云母等泥质杂基及碳酸盐。中—上二叠统、下—中三叠统、上三叠统、侏罗系长石砂岩基本相似，分布于贺兰山中—北段及宁夏东部地区。长石 25%～45%，主要为酸性斜长石和钾长石；岩屑 5%左右，为云母、泥岩、千枚岩，局部出现少量中酸性火山岩岩屑。碎屑颗粒粗细不等，分选较差，磨圆度中等—较差。填隙物含量 15%～25%，主要为方解石和泥质，少量铁质，以孔隙式胶结为主，次为接触及基底式胶结。下白垩统长石砂岩仅零星分布于月亮山—六盘山一带的六盘山群中。碎屑成分中石英及硅质岩屑占 30%～50%，长石 25%～30%，泥岩、千枚岩等岩屑 5%～8%，以中、粗粒为主，分选和磨圆度较差；填隙物含量约 20%，以方解石为主，次为泥质杂基，具孔隙式胶结。

（三）长石杂砂岩

长石杂砂岩主要赋存于同心县大罗山、小罗山一带中—上奥陶统米钵山组及灵武马家滩滴水沟一带二叠系中。米钵山组长石杂砂岩的碎屑成分为石英 50%～60%，长石 25%～35%，岩屑 5%～10%，及微量锆石、磷灰石、石榴子石、电气石等重矿物，分选中等，磨圆度差，呈次棱角—棱角状；填隙物含量 25%左右，以水云母、绢云母、高岭石等泥质杂基为主，少量方解石，部分石英、长石被碳酸盐溶蚀交代，呈基底式胶结。二叠系长石杂砂岩，碎屑成分为石英及硅质岩屑 30%～45%，长石 30%～45%，岩屑 5%左右，分选中等，磨圆度较差；杂基含量 20%～30%，主要为铁质、泥质及粉砂、基底式胶结。

（四）岩屑砂岩

主要赋存于泥盆系老君山组和中宁组中，少量赋存于同心窑山一带下白垩统及青龙山一带新近系中。泥盆系岩屑砂岩中石英占碎屑的30%~45%，岩屑30%~40%，长石含量小于10%，分选中等，磨圆度中等—差，呈次棱角状；填隙物含量20%~30%，以泥质为主，少量铁质、泥质杂基，方解石大多重结晶呈粗晶状及嵌晶状，胶结类型以基底式为主，次为孔隙式。下白垩统及新近系岩屑砂岩碎屑成分为石英40%~50%，岩屑25%~35%，长石5%~10%，分选和磨圆度较差；填隙物主要为隐晶状方解石，含量25%左右，部分方解石具白云石化。

（五）岩屑杂砂岩

该类岩石仅赋存于同心大龙沟一带奥陶系和王府台、石嘴山地区二叠系的部分层位中。奥陶系岩屑杂砂岩，石英含量约50%，岩屑25%左右，长石6%~8%，分选中等，磨圆度差；填隙物含量20%~25%，主要为绢云母、水云母、绿泥石和高岭石等泥质杂基，有少量方解石胶结物，并常被氧化铁混染，以基底式胶结为主，次为接触式胶结。二叠系岩屑杂砂岩石英含量为30%~40%，岩屑25%~40%，长石5%~8%，以中细粒为主，分选中等，磨圆度差；填隙物占25%~35%，以泥质、铁质杂基为主，局部含少量方解石胶结物，呈基底式胶结。

（六）长石石英砂岩

主要赋存于奥陶系、泥盆系、石炭系、二叠系、三叠系和侏罗系中，次为下白垩统、古近系和新近系内。奥陶系香山群长石石英砂岩，碎屑组分占85%~90%，其中石英70%~85%，长石15%~20%，岩屑5%~10%及微量电气石、锆石、榍石等重矿物，除重矿物磨圆度较好外，多数颗粒呈次圆状—次棱角状，分选较好；填隙物含量10%~15%，主要为方解石，次为绢云母、绿泥石。石英颗粒具次生加大、波状消光和破碎裂纹，长石表面普遍变为绢云母，泥质杂基呈显微鳞片状定向排列。呈接触式胶结（图版XXXVI，1）。奥陶系米钵山组长石石英砂岩碎屑组分占75%~85%，其中石英及硅质岩屑占70%~80%，长石15%~20%，含2%~3%白云母、泥岩等岩屑及微量锆石、电气石、榍石等重矿物，以中粗粒级为主，分选中等，磨圆度较差；填隙物含量15%~25%，主要为水云母和绿泥石等泥质杂基，次为方解石胶结物。泥质杂基呈显微鳞片状充填于碎屑空隙间，石英常具波状消光和被方解石交代。呈孔隙式胶结。泥盆系长石石英砂岩碎屑组分占75%~80%，其中石英及硅质岩屑含量75%左右，长石15%~20%，及微量泥质岩屑及白云母碎片，分选中等，磨圆度较差；填隙物含量15%~25%，以方解石胶结物为主，少量水云母、绢云母、铁质等泥质杂基，碎屑颗粒普遍被方解石胶结物溶蚀交代，呈孔隙式和溶蚀、基底式胶结。石炭系、二叠系、三叠系、侏罗系、下白垩统长石石英砂岩与泥盆系岩性基本一致，但石炭系、二叠系、侏罗系填隙物以泥质杂基为主，下白垩统则以方解石胶结物为主，三叠系泥质杂基与方解石胶结物含量相近，侏罗系碎屑中有凝灰质岩屑。

此外，尚有少量石英杂砂岩、长石石英杂砂岩、岩屑长石杂砂岩、岩屑石英杂砂岩、岩屑长石砂岩、长石岩屑砂岩、长石岩屑杂砂岩等岩石类型，其分布见表16-1。

砂岩的成岩后生作用有重结晶、交代和溶蚀。重结晶作用以前古生界岩石中较发育，表现为硅质胶结物沿石英颗粒边缘生长，形成石英的次生加大边；微晶方解石胶结物重结晶，形成粉晶、细晶，甚至嵌晶状；隐晶质泥质杂基重结晶，形成鳞片状变晶。交代和溶蚀以奥陶系、泥盆系砂岩中较发育，表现为方解石胶结物沿石英颗粒边缘交代形成港湾状、不规则状和锯齿状。中卫市下河沿石炭系石英砂岩中黄钾铁矾交代高岭石，形成蠕虫状集合体，矿物成分的转变表现为长石颗粒边缘或表面的绢云母化，泥质杂基的绢云母化、绿泥石化，形成鳞片状绢云母和绿泥石。

三、粉砂岩

粒度为0.0625~0.0039mm（4~8ϕ）、碎屑占50%以上的岩石称为粉砂岩，可进一步分为粗粉砂岩（0.0625~0.0156mm）及细粉砂岩（0.0156~0.0039mm）。宁夏以粗粉砂岩为主，主要赋存于奥陶系、志留系、泥盆系、石炭系、侏罗系的局部层位，呈夹层出现，少数与泥岩、砂岩呈韵律状互层。

奥陶系香山群粗粉砂岩在灰岩、泥岩、砂岩中呈夹层出现，碎屑占50%~70%，成分以石英为主，次为长石，有微量锆石、榍石、电气石等重矿物，分选性较好，磨圆度差；填隙物主要为隐晶—微晶质黏土矿物和方解石，少量氧化铁质，黏土矿物多具绢云母化和绿泥石化，呈基底式胶结。奥陶系米钵山组粉砂岩在砂岩、页岩中呈夹层出现，碎屑主要为石英和长石，含量70%~80%，岩屑约占5%，有微量重矿物，分选好，磨圆度差；填隙物为泥质和方解石，孔隙式胶结。志留系粗粉砂岩呈夹层出现。碎屑成分为石英和长石，含量70%~80%，有微量重矿物，分选性较好，磨圆度差；填隙物为泥质和方解石，少量氧化铁质和硅质。泥质杂基已部分变为绢云母和绿泥石，呈显微鳞片状集合体；硅质沿石英颗粒次生加大；方解石溶蚀交代石英颗粒。呈再生、孔隙式和溶蚀、基底式胶结。泥盆系、石炭系粗粉砂岩与砂岩、泥岩呈夹层或韵律交替出现。碎屑成分以石英为主，含量80%~90%，有少量长石和白云母，分选中等，磨圆度差；填隙物为方解石、泥质和氧化铁质。方解石对石英有溶蚀交代，常形成蠕英结构。呈溶蚀、基底式胶结。

四、黏土质岩

粒度<0.0039mm（>8ϕ）的泥级颗粒和黏土矿物含量>50%的岩石称为黏土质岩。

按成岩后生强度分为黏土岩、泥岩、页岩、泥板岩、页板岩5类。该岩类在宁夏几乎各地质时代均有分布。但由于以往对该类岩石研究程度低，资料局限，因此只作概略描述。

（一）黏土岩

该岩类主要分布于下—中二叠统、三叠系、中侏罗统延安组、古近系及新近系中，呈夹层出现，单层厚一般小于3m，具泥质、隐晶质及显微鳞片结构，块状、斑杂状构造。黏土矿物含量大于90%，主要为水云母或高岭石。水云母黏土岩中水云母占全岩的95%~98%，呈显微鳞片状，分布杂乱，无一定方向，混有少量石英粉砂及有机质；高岭石黏土岩，几乎全由高岭石组成，高岭石呈六方板片状、土状，重结晶呈梳状集合体，略具定向排列。古近系和新近系黏土岩呈紫红、灰绿色，固结很弱，黏土成分多为水云母，含石英、长石、绿帘石、锆石、白云母等混入物较多，部分达25%以上，成为粉砂质黏土岩。其化学成分：w（Al_2O_3）= 24.87%~32.63%，w（SiO_2）= 41.82%~56.80%，w（Fe_2O_3）= 1.53%~4.93%，w（CaO）= 0.83%~2.20%，w（CaO）+ w（MgO）= 1.5%~2%，w（K_2O）+ w（Na_2O）<2%。

（二）泥岩

泥岩在宁夏分布较广，主要赋存于泥盆系、石炭系、二叠系、三叠系、侏罗系、古近系及新近系的部分层位中。黏土成分以水云母为主，部分为高岭石、蒙脱石等。泥盆系泥岩呈夹层或与粉砂岩、砂岩呈韵律状交替出现，黏土矿物主要为水云母。石炭系泥岩分布较广泛，根据矿物成分可分为水云母泥岩和高岭石泥岩。水云母泥岩中，黏土矿物以水云母为主，含量80%~95%，其中混有粉粒和细粒石英及长石，含量5%~10%，水云母呈显微鳞片状集合体，具泥质结构、块状结构；高岭石泥岩成分主要为高岭石，含量达90%以上，尚有少量石英、黄铁矿、水云母及绢云母等混入物。二叠系、三叠系泥岩，黏土矿物主要为水云母或高岭石，含量70%~95%，混有少量石英和长石粉砂，含量5%~15%，褐铁矿和赤铁矿等氧化铁质含量2%~10%。其化学成分：w（SiO_2）= 51.81%~66.65%，w（Al_2O_3）= 16.92%~27.68%，w（Fe_2O_3）= 3.27%~10.11%，w（TiO_2）= 0.24%~0.37%，w（CaO）= 0.4%~2.73%，w（MgO）= 0.51%~1.76%。下白垩统、古近系及新近系泥岩呈土红、紫红色，矿物成分以水云母为主，含量70%~85%，根据混入物成分可分为粉砂质泥岩、钙质泥岩及石膏质泥岩。

（三）页岩

页岩在宁夏主要赋存在中奥陶统、石炭系和侏罗系内。中奥陶统页岩（主要分布于贺兰山南段及青龙山一带）页理发育，含有较多的有机质及少量细粒分散状黄铁矿，为缺氧、闭塞的深水沉积。矿物成分主要为水云母，含量75%左右，呈鳞片状定向排列；粉晶方解石含量20%~22%；微量石英、长石等粉砂。石炭系有炭质页岩、黑色页岩、钙质页岩，成分主要为水云母，含量60%~80%，呈鳞片状定向排列，岩石页理发育，具泥质结构。炭质页岩、黑色页岩主要与煤层共生或赋存于煤系附近，岩石呈黑色，含10%~20%的炭质、有机质和微量细粒黄铁矿；钙质页岩中含隐晶和微晶方解石15%~25%，有少量石英粉砂。

（四）页板岩

指固结、重结晶矿物>50%具有页理的黏土质岩石，分布于中—上奥陶统米钵山组和上奥陶统香山群。主要有灰绿、黑色硅质板岩和钙质板岩。硅质板岩矿物成分以高岭石、自生石英、玉髓等硅质矿物、绢云母、绿泥石为主，其中高岭石、绢云母、绿泥石占50%~60%，自生石英、玉髓等硅质矿物占30%~40%，含微量氧化铁，具鳞片花岗变晶结构，部分硅质板岩中含有机质及磷、钼、镍、钒等有用元素，当硅质板岩中硅质含量增高时，可过渡为硅质岩与硅质板岩共生；钙质板岩矿物成分主要为重结晶的绢云母、绿泥石，占60%~70%，方解石占25%~30%，含少量石英、长石、重矿物等陆源碎屑。

第二节　火山物源沉积岩

宁夏火山碎屑岩不发育，仅有凝灰岩及凝灰质砂岩。主要赋存于晚石炭世—二叠系、下—中三叠统及上奥陶统的部分层位中。

一、晚石炭世—早二叠世凝灰岩、沉凝灰岩及凝灰质沉积岩

分布于贺兰山北段蚕特沟、石炭井、李家沟、正义关、沙巴台等地及宁东韦州煤田井下。岩石为蚀变的酸性晶玻屑凝灰岩或沉凝灰岩、中酸性晶玻屑凝灰岩或沉凝灰岩；常夹于煤层顶板的黑色海相泥岩或粉砂质泥岩中，也有位于煤层底板或两煤层之间者；厚度极小，一般1~5cm，个别部位厚5~10cm，呈单条带或多条带组合产出，彼此间距5~10cm；层位稳定，可在几百甚至几万平方千米内追索。

凝灰岩：主要分布在太原组下部、中下部，岩性主要为蚀变的酸性和中酸性晶玻屑凝灰岩、玻屑凝灰岩和复屑凝灰岩。岩石多呈灰、灰白色，风化后为乳白色；具晶玻屑、玻屑和复屑砂状结构，普遍具脱玻结构；呈块状构造，有时具层状构造。镜下可见火山成因的晶屑、玻屑和岩屑，但以晶屑、玻屑为主。一般晶屑粒径0.01~0.25mm，含量10%~25%，其中熔蚀状、港湾状石英晶屑常清晰可见，形特奇特怪异的尖棱状石英十分多见（针刺状、箭矢状），偶见晶形完好或局部磨损具β-石英假象的α-石英；长石晶屑多呈棱角状或柱状，多数已全部或部分高岭石化，有的轻度绢云母化或碳酸盐化，部分斜长石尚保存有清晰的双晶纹；普遍含一定量（1%~3%）的黑云母晶屑，暗化现象明显，有时具撕裂、扭曲状。玻屑粒径0.1~0.3mm，个别达0.6mm，含量高达70%以上，多呈纺锤状、团块状，仅个别保留半塑状，常顺纹层定向分布。它们是半塑状玻屑自空中降落至水盆地后略受圆化，经受不同程度的脱玻化后又蚀变成黏土，这些肉眼所见的“砂粒”有的以微晶高岭石为主，有的是在单偏光下呈清晰的“脑絮状”粗晶高岭石。有的薄片中所见玻屑呈棱角状。此外，可见为数不多（<5%或10%）的长英质岩屑或酸性、中酸性火山岩碎屑。上述碎屑分选较差，其间大量充填泥化之火山尘及少量水化学黏土胶结物或碳酸盐胶结物和少量非火山成因的炭质、铁质等。粉晶X衍射图谱和电镜扫描分析表明，本区凝灰岩黏土化的产物不仅有高岭石、多水高岭石，而且还有一定数量的蒙脱石和伊利石，有时蒙脱石含量尚较高。这些“白色条带”状凝灰岩多数产自煤层顶板浅海相或过渡相泥质岩之中，是火山灰（尘）在弱酸-弱碱性水介质中的蚀变产物。

沉凝灰岩：见于胡鲁斯台矿区太原组下部。岩石为酸性晶玻屑沉凝灰岩，亦有酸性玻晶屑沉凝灰岩和中酸性玻屑沉凝灰岩。岩石呈灰、浅灰、灰白色；具晶玻屑砂状结构或玻屑、玻晶屑砂状结构，普遍具脱玻结构。晶玻屑分选性差，常大小混杂（粒径0.01~3mm）或具双粒度结构。含火山碎屑60%~90%。晶屑以石英为主，多呈港湾状、尖角状、三角状和不同磨损程度的六方双锥形；长石晶屑

含量一般较少，多已高岭石化；黑云母晶屑0~3%。弱脱玻化玻屑和长英质岩屑（或酸性火山岩岩屑）含量5%~20%不等，其特征与前述凝灰岩中岩屑、玻屑相同。填隙物除泥化之火山尘外，尚常含一定量的钙质、铁质或黏土等水化学胶结物，有的尚含少量有机质。

凝灰质沉积岩：见于胡鲁斯台矿区，岩性为凝灰质砂岩、凝灰质粉砂岩和凝灰质灰岩，它们有时在垂向上或横向上与沉凝灰岩或凝灰岩共生。其中火山碎屑仅占15%~30%，以晶屑及岩屑为主，晶屑特征与沉凝灰岩中相似。所见岩屑以长英质为主。

二、中—晚二叠世凝灰岩及凝灰质砂岩

凝灰岩主要分布于贺兰山北段胡鲁斯台、石炭井、沙巴台一带及宁东陶乐地区井下，呈层状夹于上二叠统孙家沟组中。在贺兰山北段，一般有2~7个层位，宁东陶乐地区井下见有14层之多，总厚约15m。

根据晶屑和玻晶含量比例的不同，可分为晶屑凝灰岩、玻屑凝灰岩及玻晶屑凝灰岩。岩石呈鲜红、紫红、灰绿色，具火山凝灰结构、火山晶质和玻质结构，层状构造。晶屑占30%~70%，成分以石英为主，次为斜长石及少量钾长石，粒径一般0.1~0.25mm，呈棱角状，部分石英具不规则裂纹，斜长石呈聚片双晶，黑云母解理具扭曲现象；玻屑占20%~55%，呈褐色，不透明，大小一般0.05~0.20mm，呈尖棱角状、鸡骨状、弓状、海绵骨针状，部分呈撕裂状（图版XXXVI，2），岩屑占2%~5%，主要为泥质岩、硅质岩；填隙物占15%~20%，个别可达35%，主要为火山灰，呈隐晶质集合体充填于晶屑、玻屑和岩屑之间。胡鲁斯台一带凝灰岩层顶面有厚2~3cm的火山泥球，由较细的火山碎屑物质组成，泥球呈圆—椭圆状，直径3~5mm，具同心纹状构造。凝灰岩岩石化学成分及含量见表16-2。

表16-2　宁夏晚二叠世凝灰岩化学成分及含量表

Table 16-2　Petrochemical composition and content of Late Permian volcanic tuffs in Ningxia

岩石名称	氧化物含量（w）/%								
	SiO_2	TiO_2	Al_2O_3	Fe_2O_3	FeO	MnO	MgO	CaO	Na_2O
红色玻屑晶屑凝灰岩	72.48	0.18	9.28	0.89	0.63	0.28	0.35	5.73	1.50
红色晶屑凝灰岩	75.06	0.20	11.31	1.23	0.88	0.01	0.58	1.49	2.23
灰绿色玻屑凝灰岩	85.11	0.10	4.87	0.64	2.49	0.01	0.45	1.19	0.28
灰绿色晶屑凝灰岩	79.10	0.28	10.18	0.72	0.48	0.05	0.32	1.81	1.50

岩石名称	氧化物含量（w）/%						Fe_2O_3/（Fe_2O_3+FeO）
	K_2O	H_2O^+	P_2O_5	CO_2	SO_3	总和	
红色玻屑晶屑凝灰岩	1.20	0.18	4.70	3.23	0.01	100.64	0.59
红色晶屑凝灰岩	1.00	4.98	0.02	0.29	0.06	99.34	0.58
灰绿色玻屑凝灰岩	0.40	3.68	0.02	0.59	0.10	99.93	0.21
灰绿色晶屑凝灰岩	1.10	0.06	3.44	0.74	0.02	99.80	0.60

据人工重砂分析，凝灰岩中重矿物有锆石、磷灰石、黄铁矿、金红石、锐钛矿、磁铁矿等。锆石含量0.5~14.9g/t，以淡黄色为主，少数无色、玫瑰色，透明—半透明，金刚光泽，呈次浑圆—浑圆状，粒度一般0.10mm×18mm~0.15mm×0.3mm；磷灰石含量0.1g/t，无色、半透明，表面呈毛玻璃状，以粒状为主，少数为柱状，粒度一般0.1~0.25mm。据6个样品的光谱半定量分析结果，凝灰岩中微量元素平均含量（w/%）为：Mn 0.015，Cr 0.024，Ni 0.0006，V 0.003，Pb 0.001，Ti 0.132，Ga 0.0016，Ca 0.007，Be 0.0019，Ba 0.11，Sr 0.014，Co 0.0003，B 0.096，Zr 0.008。

凝灰质砂岩分布于南部同心县线驮石、新断头中卫市油井山、吕家新庄、深井、大柳树、梁水园

子等地的二叠系大黄沟组、红泉组和北部贺兰山北段及宁东地区的孙家沟组中。岩石呈黄绿、灰绿、黑灰色，粗粒至不等粒结构，碎屑成分为长石（25%~35%）、石英（40%~50%）及少量岩屑，粒径0.5~1.5mm，分选、磨圆较差；胶结物主要为凝灰质，少量泥质。

三、早—中三叠世凝灰岩及凝灰质砂岩

该岩石主要分布于南部海原县深井、北掌山及中卫市大柳树、营盘水等地的下—中三叠统五佛寺组中、下部。夹玻晶屑凝灰岩1~2层，厚0.5~3.5m；凝灰质砂岩1层，厚0.4m。层位较稳定，呈似层状分布。

玻晶屑凝灰岩呈肉红色，具火山凝灰结构、晶屑结构，层状构造，粒径一般0.01~0.1mm。其中，晶屑占35%~45%，主要为中、酸性斜长石、石英、黑云母，呈不规则尖棱角状、弓状及熔蚀港湾状，黑云母片弯曲明显，石英多受熔蚀；玻屑占40%~45%，粒度0.01~0.05mm，呈长弓状、镰刀状和鸡骨状，并有程度不同的脱玻化作用，形成隐晶质的黏土和硅质；岩屑、火山灰占10%~15%。岩屑中火山岩屑主要为中酸性喷出岩和脱玻化酸性火山岩，成分有斜长石、石英，有时可见被熔蚀的斜长石和石英晶体，多呈霏细结晶质；沉积岩岩屑有泥质岩、硅质岩、砂岩等，粒径一般0.2~0.3mm。填隙物约占15%，主要为黏土质、玻璃质、火山灰及蒙脱石等，具孔隙式胶结。

凝灰质砂岩呈鲜红色，不等粒砂状结构，层状构造。碎屑约占85%，由火山碎屑和陆源碎屑组成。火山碎屑有长石、石英晶屑，含量约15%，玻屑占5%；陆源碎屑占60%~65%，主要为石英及石英片岩、石英岩、灰岩等。填隙物约占15%，为蒙脱石、绢云母及少量铁质，呈孔隙式胶结。

另外，在贺家川一带上奥陶统拉什仲组中有多层黄绿、灰紫色凝灰质砂岩与页岩互层。

火山碎屑岩的成岩—后生变化，主要有脱玻化、蒙脱石化及绿泥石化。

第三节　内源沉积岩

内源沉积岩指沉积物质直接来源于盆地介质或沉积场所的介质内，包括埋藏后由围岩沉积物（水）中来的沉积物质。宁夏内源沉积岩以碳酸盐岩最为发育，其他岩类仅零星分布。

一、碳酸盐岩

该类岩石有石灰岩和白云岩，在宁夏分布较广，以海相碳酸盐岩为主，集中分布于贺兰山—青龙山—云雾山一带，产出时代以早古生代及蓟县纪为主，陆相碳酸盐岩呈夹层分布于东、南部中、新生界中。

（一）石灰岩

1. 内碎屑灰岩

宁夏内碎屑灰岩主要赋存于下古生界，尤以寒武系、下—中奥陶统分布较多，根据内碎屑直径分为：砾屑灰岩（>2mm）、砂屑灰岩（2~0.062mm）、粉屑灰岩（0.062~0.032mm）、微屑灰岩（0.032~0.004mm）、泥屑灰岩（<0.004mm），其中以砾屑灰岩、砂屑灰岩较普遍。

砾屑灰岩主要分布于中—上寒武统及贺兰山南段—青龙山—云雾山一带奥陶系。砾屑占30%~60%，砾径0.3~3cm，最大达5cm，分选较差，磨圆度中等，多呈浑圆状—次棱角状；胶结物以亮晶方解石为主，属高能环境产物。竹叶状灰岩是一种特殊的砾屑灰岩，大量发育于寒武系，呈夹层出现，单层厚一般0.5~3m。砾屑呈扁圆状、长椭圆状，外形似竹叶，一般长数厘米至20余厘米，宽0.3~3cm，呈交错状、人字状、不规则状分布，成分有微晶灰岩、砂屑灰岩、粉屑灰岩、白云质灰岩等；胶结物为粉晶、微晶方解石、白云石，砾屑周围多有褐色氧化铁分布。

砂屑灰岩以寒武系、奥陶系、石炭系较发育。内碎屑主要为微晶或泥晶方解石，局部有少量生物碎屑、鲕粒、团粒等，粒径0.6~2mm，分选中等—好，磨圆度中等—差；胶结物以亮晶方解石为主，

部分为泥晶基质。大部分砂屑灰岩中混有少量陆源碎屑石英和长石。

2. 鲕粒灰岩

主要赋存于寒武系，尤以中—上寒武统阿不切亥组下部大量发育，奥陶系、下石炭统、下白垩统中偶见。寒武系中的鲕粒灰岩不但层位多、厚度大，而且类型也多。原生沉积的有真鲕、薄皮鲕、复鲕（图版XXXVI，3）、假鲕等；同生变形的有变形鲕；后生变化的有单晶鲕、多晶鲕等。鲕粒含量30%~60%，粒径0.8~2mm，呈球状、扁球状。鲕核为陆源石英、长石粉砂、方解石单晶、方解石粉晶集合体；鲕壳以同心圆状为主，少量呈放射状，个别内层为放射状，外层为同心圆状，成分为隐晶方解石。胶结物占35%~65%，主要为亮晶方解石、白云石，呈细晶粒状，晶粒粒径0.05~0.25mm，局部地区尚有呈胶结物出现的海绿石集合体，以基底式胶结为主，少量孔隙式胶结。青龙山等地由于岩石硅化、白云石化强烈，部分鲕粒仅存残迹，形成残余鲕。下石炭统前黑山组鲕粒灰岩呈夹层出现，鲕粒呈同心圆状、放射状，有真鲕、薄皮鲕、复鲕，鲕粒含量40%~50%，粒径0.6~2mm，呈球状、扁球状。鲕核多为陆源碎屑石英，偶有长石、电气石、锆石等；鲕壳成分为隐晶方解石。胶结物含量50%~60%，以亮晶方解石为主，微量白云石，呈基底式胶结。下白垩统六盘山群李洼峡组、马东山组中呈夹层出现的鲕粒灰岩，有真鲕、复鲕、变形鲕，呈同心圆状，粒径一般0.8~1.5mm。鲕核主要为陆源碎屑石英、长石；鲕壳为微晶方解石、少量白云石，偶见方解石、微粒状黄铁矿、白云石交替组成同心圆状。胶结物含量60%左右，成分为亮晶方解石、泥晶方解石、白云石，呈基底式胶结。

3. 生物碎屑灰岩

生物碎屑灰岩主要赋存于古生界，以寒武系、奥陶系、石炭系较发育，下白垩统六盘山群中有少量分布，多呈夹层或透镜状产出。寒武系生物碎屑灰岩的生物以三叶虫为主，少量软舌螺、腕足类；基质为微晶方解石或微晶白云石，呈基底式胶结，具生物碎屑结构。奥陶系生物碎屑灰岩，含腕足类、腹足类、头足类及三叶虫等化石，部分保存较完整，部分呈碎屑状；基质为微晶、泥晶方解石，由于沉积环境不同，二者含量有所差异，多数为微晶方解石，构成生物碎屑微晶灰岩，少数为生物碎屑泥晶灰岩。照花井一带志留系照花井组发育生物碎屑泥晶灰岩，生物碎屑有腕足类、珊瑚及软体动物等，大多保存完整；基质为泥晶方解石，并有少量陆源碎屑混入。下石炭统含生物（碎屑）微晶灰岩，生物有腕足类、腹足类、珊瑚、头足类及少量海百合茎，大多保存较完整，部分呈碎屑状；基质为微晶方解石，有少量陆源碎屑混入。上石炭统生物碎屑泥晶灰岩，生物碎屑约占30%，有腕足类、双壳类、有孔虫、䗴类、珊瑚等（图版XXXVI，4）；基质为泥晶方解石，呈生物碎屑结构、基底式胶结。下白垩统六盘山群和尚铺组、李洼峡组、马东山组生物碎屑泥晶灰岩，主要有介形虫、双壳类、鱼类等化石；基质为泥晶方解石，微量陆源石英碎屑。

4. 球粒灰岩、团块灰岩

球粒是由泥晶方解石组成的颗粒，呈卵圆形，内部结构均匀；团块是具不规则外形的复合颗粒，颗粒主要由蓝藻凝聚和黏结而形成。宁夏球粒灰岩、团块灰岩很少，仅在个别时代和地区出现。据长庆油田石油钻井（1981）资料，蓟县系见含藻团粒微晶白云岩，具粒屑结构，粒屑含量33%~70%，主要为藻团粒，次为藻凝块和内碎屑。中寒武统胡鲁斯台组见含球粒虫屑微晶灰岩，颗粒有泥晶方解石、鲕粒、骨屑、藻砂屑等；填隙物为微晶（泥晶）方解石。下—中奥陶统有少量球粒微晶灰岩、含藻屑球粒微晶灰岩、藻团粒微晶灰岩，具粒屑结构，由骨屑球粒、藻团粒等组成，含量10%~30%；填隙物以泥晶方解石为主。球粒灰岩中常含有少量玉髓和由泥晶方解石、尘埃物组成的团块。

团块灰岩仅在寒武系及下—中奥陶统局部层位中呈夹层分布，多与隐藻类碳酸盐岩共生，主要为白云质微晶团块灰岩。团块为不规则隐晶—微晶方解石颗粒集合体，颗粒粒径0.2~2mm，含量50%~60%，含少量有机质、生物碎屑。团块形态不规则，大小一般2~5cm，最大10cm，含量40%~60%。

5. 隐藻碳酸盐岩

该岩石主要分布于蓟县系、奥陶系中，六盘山群中也有见及。主要有叠层石白云岩、藻凝块微晶白云岩、藻灰岩、藻白云岩、藻屑灰岩等，具微（泥）晶结构、粒屑结构、纤维状结构，叠层构造、纹层构造。粒屑含量20%~40%，主要为藻凝块、藻屑、藻尘、生物屑、内碎屑等，由隐藻或藻斑点和藻丝体对粒屑起黏结作用；填隙物为微晶（泥晶）方解石或白云石。隐藻碳酸盐岩多与球粒、团块灰岩、生物碎屑灰岩、鲕粒灰岩共生。

6. 微晶灰岩、泥晶灰岩

它们是由小于0.03mm的微晶、泥晶方解石组成的岩石。微晶代表灰泥的结晶程度；泥晶则反映其形成的水动力强度。微晶、泥晶方解石是盆内成因的单一的碳酸盐矿物。

微晶灰岩、泥晶灰岩在宁夏分布较广，几乎各个地质时代都有出现。具泥晶或微晶结构，粒径一般0.001~0.01mm。古生代的灰泥石灰岩普遍具重结晶，一般为薄层，有时呈条带状与泥质岩伴生，代表水动力条件较弱或深水盆地沉积，海相、陆相均有分布。宁夏部分时代碳酸盐岩化学成分见表16-3。

从表16-3可以看出：随着时代变新，MgO含量减少；CaO以下、中奥陶统含量较高，SiO_2以上石炭统—下二叠统含量略高，寒武系Fe_2O_3含量较高。

7. 成岩后生作用

成岩后生作用主要有：

1）白云岩化作用（详见白云岩部分）。

2）硅化：宁夏硅化作用以中—新元古界、寒武系、奥陶系的微晶灰岩、泥晶灰岩、白云岩中较强烈。方解石被硅质交代后呈残余状、锯齿状和不规则状，交代方解石的硅质通常呈团块状、条带状出现。贺兰山区硅化灰岩中的二氧化硅含量可达30%。

表16-3　宁夏各主要地质时代碳酸盐岩化学成分平均含量表

Table 16-3　Average content of petrochemical composition of carbonates at various main ages in Ningxia

时代	平均含量（w）/%					样品数
	CaO	MgO	Al_2O_3	SiO_2	Fe_2O_3	
C_2P_1	31.63	1.72	0.84	3.03	0.92	2
C_2	39.41	2.01	0.75	2.64	0.76	2
C_1	38.43	9.11	0.51	1.87	0.62	4
O_2	41.46	4.93	0.48	2.03	0.50	5
O_1	47.88	10.83	0.55	1.95	0.43	10
$€_3$	37.53	20.58	1.52	2.22	1.02	4
$€_2$	38.04	16.43	1.70	2.32	1.40	3
$€_1$	39.80	19.98	1.31	1.02	1.12	3
Jx	30.10	20.00	0.35	2.00	0.20	2

3）重结晶作用和应变重结晶作用：以古生界及前古生界内较发育。由于重结晶使方解石晶体增大，变为微晶、粉晶，个别达到中晶、粗晶，岩石具晶粒结构。应变重结晶作用见于贺兰山大十字沟的奥陶系微晶灰岩，方解石晶体发生弯曲，部分晶体被拉长并略显定向排列。

4）压溶作用：主要发生在成岩后生阶段。表现为贺兰山寒武系薄层灰岩中的缝合线构造，缝合线一般平行层理排列，是由于成岩晚期的压实作用使颗粒接触点产生压溶的结果。

（二）白云岩

白云岩在宁夏广泛出露，主要赋存于中、新元古界及古生界，尤以蓟县系、寒武系、下奥陶统分布较多。按刘宝珺（1979）的白云岩成因-结构分类方案可简化如表16-4所示。

表 16-4 宁夏白云岩成因-结构分类简表

Table 16-4 Genetic-textural classification of dolomites in Ningxia

类型	交代白云岩				原生白云岩		
原生结构	原生结构变化不大	原生结构残余	原生结构痕迹	原生结构	同生白云岩	碎屑白云岩	原地生物白云岩
白云化强度	白云石 <50%	白云石 50%~75%	白云石 75%~90%	白云石 >90%	近于100%	近于100%	近于100%
岩石名称	白云质灰岩	灰质白云岩	白云岩	结晶白云岩	晶粒白云岩	碎屑白云岩	隐藻白云岩

1. 原生白云岩

(1) 隐藻白云岩

主要分布于蓟县系，仅见凝块石白云岩及叠层石白云岩。凝块石白云岩呈灰褐色，表面粗糙，粒屑由凝块石、藻尘等组成。凝块石由隐晶白云石和少量有机质、碎屑颗粒组成不规则集合体块、疙瘩状、麻点状，一般不具内部构造。白云岩中凝块石含量达60%以上，由白云石淀晶胶结。叠层石白云岩主要分布于贺兰山中、北段蓟县系王全口组中。岩石具晶粒结构，叠层、层纹构造。颗粒主要由富藻隐晶白云岩、少量硅质和微量砂屑（暗层）组成，胶结物为亮晶白云石（壳层）。叠层石形态以柱状为主，少量波状及穹状。

(2) 晶粒白云岩、砂屑白云岩

主要分布于上寒武统，次为下石炭统，以砂屑白云岩、微晶白云岩为主，泥晶白云岩、细晶白云岩、砾屑白云岩次之。粒屑主要为微晶白云石、泥晶白云石，微量陆源碎屑，粒径一般0.01~0.05mm，白云石晶粒呈半自形、自形菱面体或等粒他形；胶结物以亮晶白云石为主，少量泥晶基质。砾屑白云岩，砾屑为微晶白云岩，呈扁平状、长椭圆状；填隙物为微晶白云石。中—上寒武统、下石炭统白云岩都出现在海退环境中。前者以砂屑白云岩、砾屑白云岩、微晶白云岩为主，常与灰岩交替出现。后者分布于石膏层下部或在石膏层中呈夹层出现，以微晶白云岩、泥晶白云岩为主。

2. 交代白云岩

主要分布于贺兰山、青龙山等地下—中寒武统及牛首山、青龙山、石梁、贺兰山等地下—中奥陶统。镜下见白云岩中具残余鲕粒结构、生物碎屑结构，竹叶状构造。自形—他形晶粒白云石中有鲕粒残痕，有的白云石晶体中保留有方解石残余体，有的方解石被白云石交代呈残晶状，微晶灰岩受后期白云岩化作用，产生自形晶白云石（图版XXXVI，5）。在宏观上白云岩分布不规则，层位不稳定。这类白云岩与灰岩共生，由于交代程度不同，出现白云质灰岩、灰质白云岩等一系列过渡性岩石。

二、蒸发岩

宁夏主要蒸发岩有石膏、硬石膏、岩盐和芒硝，赋存于下石炭统、下白垩统六盘山群乃家河组及古近系渐新统。

（一）石膏岩

下石炭统石膏和硬石膏岩主要分布于中卫甘塘、小红山、下河沿小洞山、狼嘴子及青铜峡野猫子山等地，属潟湖相沉积。石膏岩可分为以下几种类型：

细—粗晶石膏：灰白色，w（$CaSO_4 \cdot 2H_2O$）一般为85%~91%，具不等粒变晶结构、板状变晶结构。石膏呈板状或等轴他形粒状变晶镶嵌分布，具定向排列，晶粒大小0.1~2mm。微量碳酸盐岩矿物呈星点状分布。

块状石膏：灰—灰白色，w（$CaSO_4 \cdot 2H_2O$）>90%，具花岗变晶结构、不等粒放射状结构，由半自形粒状石膏组成。有的石膏呈板状、放射状，部分石膏大晶体内有碳酸盐矿物和硬石膏包体，晶粒间紧密相嵌。微晶碳酸盐矿物呈微粒或隐晶质不规则分布。

条带状石膏：灰白—灰色，w（$CaSO_4 \cdot 2H_2O$）= 64.67%~91.58%，具不等粒变晶结构、板状变

晶结构。石膏晶体大小不等，呈粒状、柱状、板状、纤维状，粒径 0.02~0.1mm，集中呈条带状，与微粒碳酸盐矿物、泥质条带相间分布，构成条带状构造。

角砾状石膏：灰—暗灰色，w（$CaSO_4 \cdot 2H_2O$）= 34.08%~81.16%，石膏呈粒状、板状晶体，不规则杂乱分布。鲕状、碎屑角砾状碳酸盐岩在石膏岩中呈杂乱不规则分布，大小 0.1~5cm，含量 5%~50%。

此外，根据杂质成分及含量可分为含白云质石膏、含泥质石膏、泥质石膏等过渡类型。

硬石膏岩一般分布于距地表 150m 以下，有块状和角砾状 2 种，呈灰—深灰色，成分主要为硬石膏，少量碳酸盐矿物，具花岗变晶结构，晶粒大小不等，呈斑杂分布。

古近系渐新统石膏岩广泛分布于同心县马断头、贺家口子，海原县烂泥沟，盐池县青山和隆德县野鸡岘等地；下白垩统六盘山群乃家河组石膏岩主要出露于海原县李俊、曹洼和固原市须弥山等地。石膏岩中石膏含量 50%~90%，次为方解石、泥质等杂质。石膏呈自形、半自形或他形晶，少数石膏晶体中有粉晶方解石包体。该石膏岩具花岗变晶结构、纤维状结构、板状变晶结构、粒状及次生边结构，块状、条带状、角砾状构造。w（$CaSO_4 \cdot 2H_2O$）含量一般为 50%~70%，最高 92.58%。石膏岩夹于灰绿色泥岩、灰岩岩层中，层数多、单层厚度一般 0.7~2.7m，最厚 11.7m，为内陆湖相沉积。

（二）岩盐

岩盐主要分布于固原硝口一带的乃家河组中。据 ZK301 钻孔资料，可采盐层总厚 30.78m。主要矿物为石盐，次为钙芒硝、无水芒硝、硬石膏，尚含极少量黄铜矿、黄铁矿、镜铁矿、赤铁矿等。矿石类型主要有以下 5 种：

块状及条纹状石盐矿石：矿石呈灰白色，透明—半透明状，粗晶结构，块状及暗色条纹状，部分具有条带或条纹构造，矿石主要成分为石盐，结晶粗大，盐晶 2~15mm，石盐较纯，含量大于 95%，杂质较少。杂质主要是一些在其晶体中包含的白云质和钙芒硝矿物包裹物，或钙芒硝、硬石膏、白云质钠长石泥岩小碎块等。这种类型一般厚度较小，在 0.25~1.81m。

角砾状石盐矿石：细晶结构，角砾状或碎裂状构造，角砾为紫红色或灰色的含白云质泥岩或泥质白云岩，泥晶结构，多呈棱角状，无磨圆，角砾大小不一，局部呈碎裂状碎块，角砾含量 20%~50%，胶结物为石盐，占 50%~80%。石盐呈粒状，晶体中有大量岩屑杂质颗粒。此种类型的岩盐，是原生盐岩在构造破碎带、有周围淡水掺和溶解的条件下，充填角砾间隙或碎裂缝隙后重结晶等作用而成的。该类型的矿石在矿区较普遍。

无水芒硝矿石：矿石呈灰白色—白色，半透明—不透明，中—粗晶结构，块状构造，矿石主要矿物为无水芒硝和少量石盐。无水芒硝含量 80%，呈白色，中—粗晶半自形—他形粒状，粒度 2~5mm，粒间呈镶嵌状，部分为粉晶状，部分芒硝中见少量的白云石钠长石黏土质杂质；石盐呈细晶状，透明，1~2mm，含量 10%~20%，由于溶解度较芒硝大，多呈凹陷特征。这种类型厚度一般较小，多小于 1m，也是在构造破碎带的张裂隙较大空间中充填结晶而成。

含石盐钙芒硝矿石：灰色—灰白色，细—中晶结构，条带状构造，碎裂状构造、块状构造。矿石矿物主要为钙芒硝，透明—半透明，半自形—自形晶粒状，粒度不等，0.2~5 mm，含量 35%~50%；石盐呈脉状分布于矿石中，半透明，含量 10%~20%。

硬石膏矿石：灰白色，细—中晶结构，纹层状或团状构造，硬石膏含量 20%~35%，多呈自形板状晶体，透明，结晶粗，粒径 0.5mm×2mm~2mm×5mm，呈沙包状、团状分布于含白云质钠长石泥岩中，部分呈纹层状分布，并与沉积层理平行。此种类型的矿石分布较少，仅局部出现。

三、硅质岩

硅质岩在宁夏仅在奥陶系及其以前地层中有少量分布，分为硅质岩和燧石岩。

（一）硅质岩

分布于香山和野猫子山一带上奥陶统香山群中，单层厚一般几厘米到几米，与砂质板岩、砂岩、硅质白云岩相间产出，整个岩系厚达千米以上。岩石致密坚硬，具贝壳状断口，微晶—粉晶结构，层状构造，局部为条带状、透镜状构造。矿物成分中石英占50%~70%，呈不规则粒状或锯齿状分布，颗粒大小不等，紧密相嵌，粒度一般0.005~0.05mm；玉髓呈隐晶—微晶结构，粒径一般0.001~0.01mm；碳酸盐矿物、铁质、胶磷矿、有机质均呈细小质点混入岩石中，分布于石英颗粒间。香山地区硅质岩中含胶磷矿、铀。

贺兰山、青龙山、云雾山一带下寒武统五道淌组白云岩、蓟县系王全口组白云岩、白云质灰岩中，硅质岩呈不规则条带状沿层面断续分布，局部有切层现象。条带宽一般1~10cm，长数厘米至数米，尤以叠层石白云岩中硅质条带较发育，有时叠层体由硅质替代。镜下见硅质交代白云石，属交代硅质岩。

（二）燧石岩

分布于香山地区上奥陶统香山群及贺兰山蓟县系，呈暗灰、黑灰色，在泥质岩、砂岩、灰岩、白云岩中呈结核状、条带状、透镜状产出。矿物成分主要有自生石英和玉髓，其次混有微量碳酸盐矿物、胶磷矿、铁质等。石英占45%~55%，粒度一般为0.005~0.05mm，颗粒紧密相嵌；玉髓占40%~50%，个别高达80%，呈微晶状，粒径0.001~0.01mm，结核呈浑圆状、椭圆状或不规则状，直径一般5~15cm，与围岩界线清晰，呈突变接触。

四、磷质岩

磷质岩根据五氧化二磷的含量划分为含磷沉积岩（w（P_2O_5）<8%）、磷质岩（w（P_2O_5）= 8%~18%）、磷块岩（w（P_2O_5）>18%）。主要在下寒武统苏峪口组、上奥陶统香山群、下白垩统三桥组中赋存。岩石类型如下：

（一）砾状磷块岩

分布于贺兰山中段及云雾山等地下寒武统苏峪口组底部，厚0.4~3.12m，呈暗灰、灰褐色。砾石占50%~70%，成分有石英砂岩、页岩、白云岩、硅质岩、含磷细砂岩等，砾径一般2~5cm，最大达40cm，分选较差，磨圆度中等，呈次圆—次棱角状；填隙物为胶磷矿、泥质、微量砂质、铁质，呈基底式、孔隙式胶结。岩石呈砾状结构，个别胶磷矿与泥质围绕石英砂粒成环带状分布，显假鲕状结构，含w（P_2O_5）13%~20%。按结构-成因分类（孟祥化，1979）相当于异化磷块岩类的内碎屑磷块岩，形成于滨岸高能环境。六盘山地区下白垩统六盘山群三桥组山麓相紫红色砾岩，砾石成分有灰岩、硅质岩、砂岩等；胶结物为泥、砂质及少量微粒状磷灰石，构成含磷砾岩（w（P_2O_5）<8%）。

（二）砂质磷块岩

分布于贺兰山中段及青龙山下寒武统苏峪口组砾状磷块岩上部层位。碎屑成分主要为石英（40%~50%）、长石（20%~30%），有少量岩屑、胶磷矿、碳磷灰石、绢云母及微量金红石、锆石、磷灰石，个别出现海绿石，粒径0.1~1mm，成分成熟度低，结构成熟度中等。有的碳磷灰石碎屑和石英颗粒被基质胶磷矿包裹，形成具同心状纹层的薄皮鲕，鲕粒直径较均匀，一般0.3~0.4mm，多分布于碎屑颗粒间。填隙物有胶磷矿（10%~15%）、泥质（5%）、碳酸盐（2%~3%）。胶磷矿呈葡萄状嵌布于长石、石英颗粒间，呈孔隙式胶结。岩石多呈透镜状产出，含w（P_2O_5）10%~20%。按结构-成因分类属异化磷块岩类的内碎屑磷块岩。

（三）含磷粉屑灰岩

分布于贺兰山中段下寒武统苏峪口组砂质磷块岩之上，构成磷矿层顶板，呈浅紫、灰色。内碎屑为方解石、陆源石英粉砂、碳磷灰石及胶磷矿，粒径0.03~0.05mm，分选较好、磨圆度较差。胶磷矿呈粒状、粒状集合体出现。胶结物以泥晶方解石为主。w（P_2O_5）含量<8%。相当于结构-成因分类异化磷块岩类的内碎屑泥晶磷块岩。

（四）硅质磷块岩

分布于中卫市香山、海原县油井山一带上奥陶统香山群中、上部，呈透镜状、扁豆状、团块状分布。岩石由胶磷矿、燧石、碳酸盐矿物、石英组成。胶磷矿占20%~40%，呈土状、球粒状、条带状分布于硅质中，个别胶磷矿有硅质、白云石包体；玉髓占30%~40%，呈微晶—隐晶质，少量重结晶为自生石英，粒径小于0.01mm，有的玉髓有方解石和胶磷矿包体，并含微量铁质、炭质；方解石占2%~5%，大部分白云石化，呈微晶状分布，部分方解石与胶磷矿互为连生，有的方解石晶体周围被胶磷矿包围；自生石英含量小于5%，粒径一般0.05~0.1mm，硅质磷块岩含 w（P_2O_5）8%~25%，并伴生铀，含量一般为0.016%。相当于结构-成因分类的正化磷块岩。

五、铜质岩

铜质岩根据岩性的不同，可分为含铜砂岩和含铜泥（页）岩两种。

（一）含铜砂岩

分布于卫宁北山、广武山、红石堆、崾岘子、狼嘴子、干柳树、拐沟门等地的上泥盆统中宁组和六盘山地区下白垩统六盘山群和尚铺组中。

上泥盆统中宁组有两个含铜砂岩层位，含铜岩石为灰绿色长石石英砂岩、岩屑长石砂岩、粉砂岩。原生铜矿物有黄铜矿、斑铜矿、辉铜矿，呈星点状、细脉状分布于长石、石英颗粒间，具乳浊状结构。黄铜矿多与斑铜矿共生，辉铜矿多分布于黄铜矿周围。次生氧化物有孔雀石、蓝铜矿等，呈薄膜状沿裂隙及层理面分布。

下白垩统六盘山群和尚铺组含铜岩石为长石石英砂岩，呈灰、灰绿色，不等粒砂状结构。碎屑成分主要为石英、长石、岩屑、微量白云母、黑云母、绿泥石、锆石、磷灰石等，分选、磨圆较差；填隙物为钙、泥质及微量炭质，呈孔隙式、接触式胶结。原生铜矿物有黄铜矿、辉铜矿，呈不规则微粒状、微粒集合体状沿碎屑颗粒间分布。辉铜矿常与泥质、炭质伴生，或分布于方解石颗粒附近。

（二）含铜泥（页）岩

分布于卫宁北山、广武山、狼嘴子、拐沟门等地上泥盆统中宁组和六盘山下白垩统六盘山群李洼峡组中。有含铜泥（页）岩1~2层，泥（页）岩呈暗灰—灰绿色，泥质、纤维泥质结构。成分为黏土质、泥状有机质、绢云母、绿泥石、隐晶碳酸盐矿物，有时混有少量泥状铁质物及石英、长石粉砂。辉铜矿呈微粒及不规则集合体状，常与有机质、碳酸盐矿物伴生。次生孔雀石多沿层面、裂隙分布。含铜泥（页）岩在砂岩中呈薄层透镜状出现，厚度一般小于0.5m。

第十七章 沉积环境与岩相古地理

近年来，人们对现代沉积作用的深入研究促进了对古代某些环境下沉积作用机理的认识，一定沉积环境可以产生特定的地层、岩石和古生物组合，而一定的地层、岩石、古生物组合又代表了一定的沉积环境。沉积相是沉积地质体与沉积环境的综合反映，既是沉积环境的产物，又是沉积环境的物质表现。

根据国内外对沉积相的分类意见，结合实际情况，对宁夏沉积相所作分类见表 17-1。

表 17-1 宁夏沉积相分类表

Table 17-1 Classification of sedimentary facies in Ningxia

<table>
<tr><th>相组</th><th colspan="2">相</th><th>亚相</th><th>微相</th></tr>
<tr><td rowspan="9">大陆相组</td><td colspan="2">残积相</td><td>残积物、风化壳</td><td rowspan="5"></td></tr>
<tr><td colspan="2">坡积相</td><td>碎石流、泥石流</td></tr>
<tr><td colspan="2">沙漠相</td><td>山麓冲积、沙丘、间歇湖、干盐湖</td></tr>
<tr><td colspan="2">冰川相</td><td>冰碛、冰水沉积</td></tr>
<tr><td colspan="2" rowspan="2">冲积相（河流相）</td><td>冲积扇、网状河</td></tr>
<tr><td>蛇曲河</td><td>河床、边滩、河漫、岸后沼泽</td></tr>
<tr><td colspan="2" rowspan="2">湖泊相</td><td>咸水湖、盐湖</td><td></td></tr>
<tr><td>淡水湖</td><td>滨湖、浅湖、深湖、湖成三角洲</td></tr>
<tr><td colspan="2">大陆火山环境</td><td>火山灰流，冲积火山碎屑沉积</td><td></td></tr>
<tr><td rowspan="5">过渡相组</td><td rowspan="5">三角洲相</td><td rowspan="3">河流三角洲相</td><td>三角洲平原</td><td>支流河道、天然堤、沼泽、决口扇</td></tr>
<tr><td>三角洲前缘</td><td>支流河道、天然堤、三角洲前缘席状砂等</td></tr>
<tr><td>前三角洲</td><td></td></tr>
<tr><td>波浪三角洲</td><td rowspan="2"></td><td rowspan="2"></td></tr>
<tr><td>潮汐三角洲</td></tr>
<tr><td rowspan="11">海相组</td><td rowspan="6">滨海相及亚浅海相</td><td>无障壁陆源碎屑或碳酸盐岩沉积</td><td>海滩、悬崖、海岸</td><td>后滨、前滨、近滨</td></tr>
<tr><td rowspan="3">有障壁陆源碎屑岩沉积</td><td>湖坪</td><td>沼泽、泥坪、混合坪、砂坪、潮渠、潮沟</td></tr>
<tr><td>潟湖</td><td>咸水潟湖、半咸水潟湖、淡水潟湖、沼泽</td></tr>
<tr><td>河口湾、海湾</td><td>浅水、深水</td></tr>
<tr><td rowspan="2">有障壁碳酸盐岩台地</td><td>潮坪</td><td>潮上坪、潮间坪、萨布哈、潮渠</td></tr>
<tr><td>咸化、微咸化潟湖、海湾、沙坝、边缘浅滩、沙丘</td><td></td></tr>
<tr><td colspan="2">生物礁相</td><td>礁后沙滩、礁本体……</td><td></td></tr>
<tr><td colspan="2" rowspan="2">浅海相</td><td>浅海陆棚（大陆架）</td><td>碳酸盐岩台地边缘斜坡，开阔陆棚</td></tr>
<tr><td>浅海陆棚边缘、海盆</td><td></td></tr>
<tr><td colspan="2">次深海相</td><td>大陆斜坡</td><td>浊流沉积，海底峡谷沉积</td></tr>
<tr><td colspan="2">深海相</td><td>深海扇、深海平原</td><td></td></tr>
</table>

第一节　长城纪沉积环境与岩相古地理

本节仅叙述华北地层区长城纪沉积环境与岩相古地理。祁连地层区仅在海原县南、西华山地区有长城系出露，为一套绿帘角闪岩相的区域变质岩系，变质变形强烈，难以对其沉积环境与岩相古地理进一步分析，故不予以叙述。

华北地层区长城系分布于贺兰山及牛首山—固原一线以东地区，其沉积演化历史与华北腹地基本一致。吕梁运动上升为陆后，长城纪期间鄂尔多斯西缘不断下陷，祁连海水由南向北侵入，在鄂尔多斯古陆与阿拉善古陆之间形成一南北向的滨海浅滩，沉积了长城系黄旗口组，物源主要来自鄂尔多斯古陆。海侵范围大致北抵桌子山，北西被阿拉善古陆所阻，向东可能到盐池一带。贺兰山中段及青龙山一带沉降幅度较大，前者沉积厚423m，后者沉积厚398m。根据相成因标志，宁夏长城系可划分为滨海浅滩相和滨海—潟湖相（图17-1）。

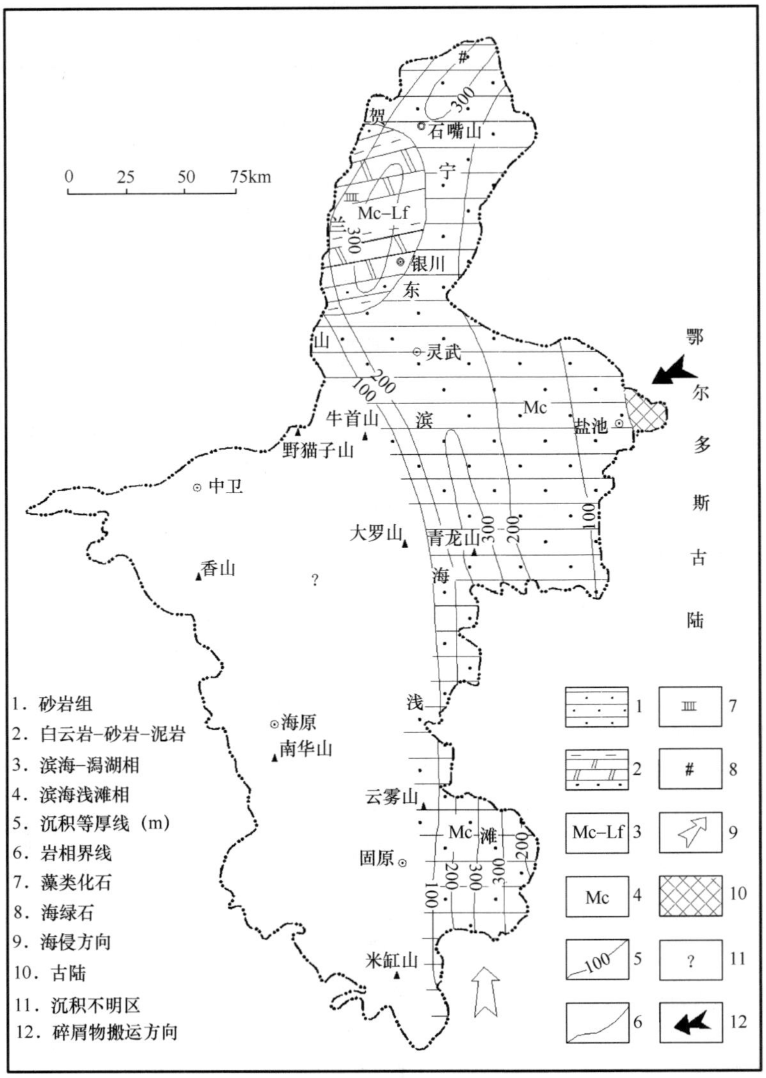

图17-1　宁夏长城纪岩相古地理略图

Fig. 17-1　Sedimentary facies and paleogeographic map of the Changcheng Period in Ningxia

1. 滨海浅滩相

分布于贺兰山北段及大罗山—云雾山以东的广大地区，为一套灰白色石英砂岩、石英岩夹少量灰紫、灰绿色薄层泥岩，底部有时见有10~30cm厚的细砾岩，近底部有1~2薄层海绿石石英砂岩。

砂岩碎屑成分单一，分选良好，磨圆度中等—好。岩石粒基比高，表明石英颗粒经受了波浪作用的强烈冲洗簸选。原生沉积构造发育，中、细粒石英砂岩中发育板状斜层理（图 17-2）、楔状交错层理（图 17-3）。波痕以对称波痕为主，大部分波峰较尖，波谷圆滑，脊线多为直线形，局部出现分叉。多数脊线走向与地层走向一致，波痕指数（*RI*）为 5~6；少数不对称波痕的波痕指数（*RI*）为 7~10，对称指数（*RSI*）为 1.5~2.5；局部出现叠加波痕、复合波痕和平顶波痕。泥岩中干裂、虫迹发育。

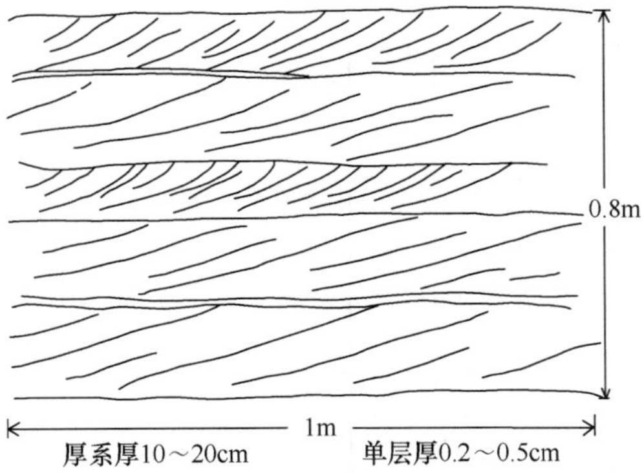

图 17-2　贺兰山北段黄旗口组石英砂岩中之板状斜层理

Fig. 17-2　Sketch showing slaty cross-stratification of the Huangqikou Formation silicarenite in Northern Helanshan

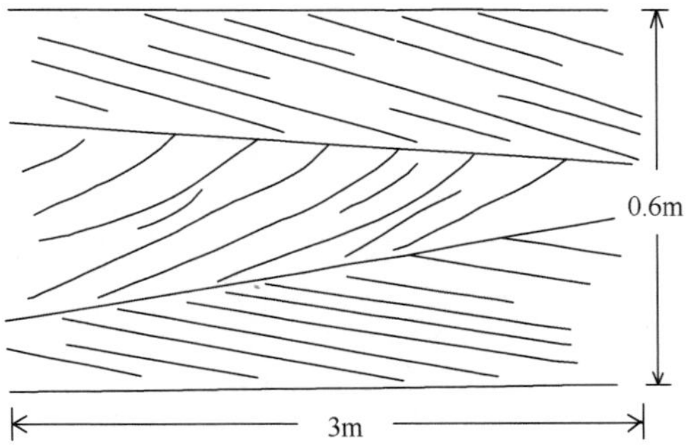

图 17-3　黄旗口组石英砂岩中之楔状交错层理（王全沟）

Fig. 17-3　Sketch showing wedgy cross-stratification of the Huangqikou Formation silicarenite in Wangquangou

贺兰山北段长城系黄旗口组石英砂岩薄片粒度分析显示，概率累积图上有两种曲线类型（图 17-4）。一类曲线由悬浮、跳跃、牵引 3 个总体构成，分布于剖面近底部；另一类曲线由悬浮、跳跃两个总体构成，分布于剖面中、上部。福克及沃德粒度参数 $M_z=1.9\sim2.77\phi$，标准偏差 $\delta_I=0.8\sim1.28$，分选中等—较好。偏差度 SK_I 大部分为正偏，个别为负偏，峰态 *KG* 以窄峰为主，概率曲线特征代表中等能量的滨海浅滩相沉积，在纵向上前滨、近滨、后滨各微相交替出现（图 17-5）。

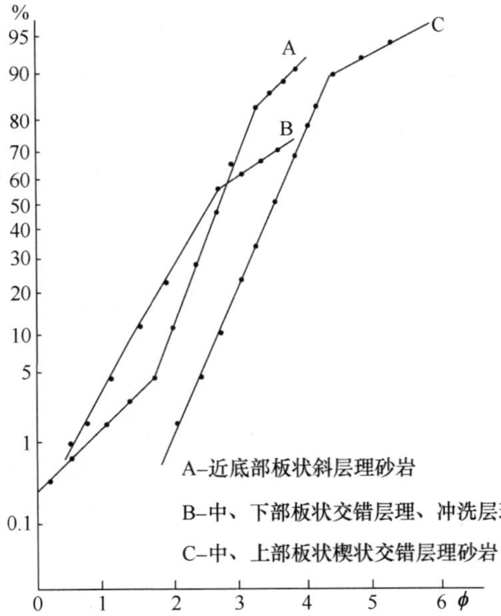

图 17-4　贺兰山北段黄旗口组石英砂岩概率累积曲线图（王全沟剖面）

Fig. 17-4　Probability cumulative curves plotted for silicarenite of the Huangqikou Formation in Northern Helanshan

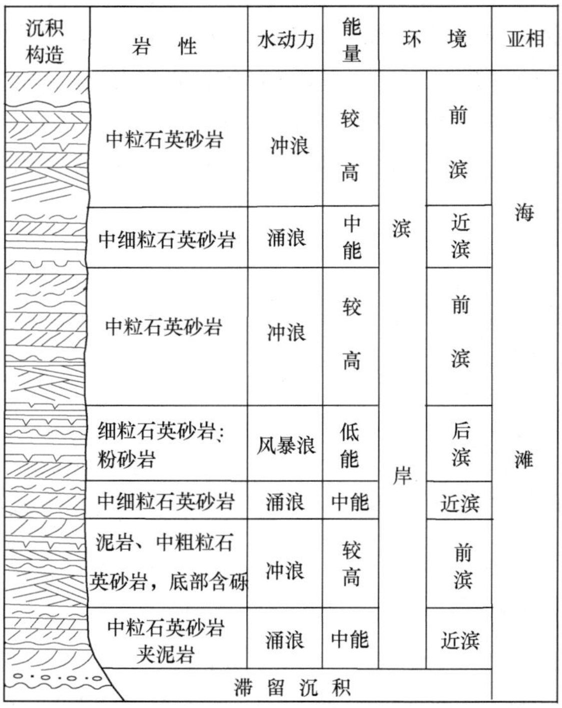

图 17-5　贺兰山北段长城系黄旗口组沉积环境及相序图（王全沟剖面）

Fig. 17-5　Sedimentary environment and facies sequence diagram of the Changchengian Huangqikou Formation in Northern Helanshan, Ningxia

2. 滨海—潟湖相

分布于贺兰山中段方塔—干沟一带，与贺兰山中段沉降中心一致。沉积物为泥质岩-砂岩-白云岩组合，岩相组合以潟湖相为主，占 50%～60%，次为海滩相。剖面近底部的紫红、灰绿色粉砂质板岩（贺兰石），据徐国相、边可旭（1981）研究，其原岩为黏土岩，部分已重结晶为绢云母、白云母、伊利石，粒级一般 0.005mm×0.02mm～0.01mm×0.04mm，其中混有少量石英粉砂。板岩中含光球藻、厚带藻等微古植物化石，具水平层理，可能为淡化潟湖相沉积。剖面中部为灰白、浅紫红色石英砂岩、含海绿石石英砂岩，成分成熟度高，结构成熟度中等—高，呈微粒支撑，具浪成波痕、复合波痕，直线型和向下收敛型板状斜层理，为海滩沉积。剖面中、上部为淡肉红色微晶白云岩、含燧石条带微晶白云岩、粉砂质板岩夹细粒石英砂岩，具水平层理，含藻类化石，w（MgO）= 19.33%～20.91%，代表炎热气候、安静环境下的咸化潟湖沉积。

第二节　蓟县纪沉积环境与岩相古地理

蓟县纪祁连海水由南向北侵入，海侵范围比长城纪略小，海盆内古地形差异不大，仍保持南低、北高的格局。在炎热、干燥的气候条件下，被局限的海水不断缩小咸化，沉积了一套以白云岩为主的岩石组合，反映了清水碳酸盐台地沉积特征。当时出现两个呈南北向展布的沉积中心，一个在北部银川以西三关一带，沉积厚度达 1036m；另一个在南部青龙山—彭阳一带，沉积厚度大于 600m。可分为局限台地潮坪（潮间潟湖）及开阔台地相（图 17-6）。

1. 局限台地潮坪相

位于云雾山以北的广大地区。岩性单一，为一套灰、浅肉红色，具水平层理的粉晶—泥晶白云岩，白云石含量 80%～90%，填隙物以泥晶基质为主，产 *Stratifera*，*Conophyton garganicum* 等叠层石，代表水动力较弱的潮间潟湖低能环境。东部盐池一带藻凝块粉晶白云岩、藻凝块微晶白云岩中含蓝绿藻凝块和藻尘，构成粒屑结构。粒屑由藻凝块、藻尘组成，含量 30%～50%。泥晶白云岩中灰泥含量较高，

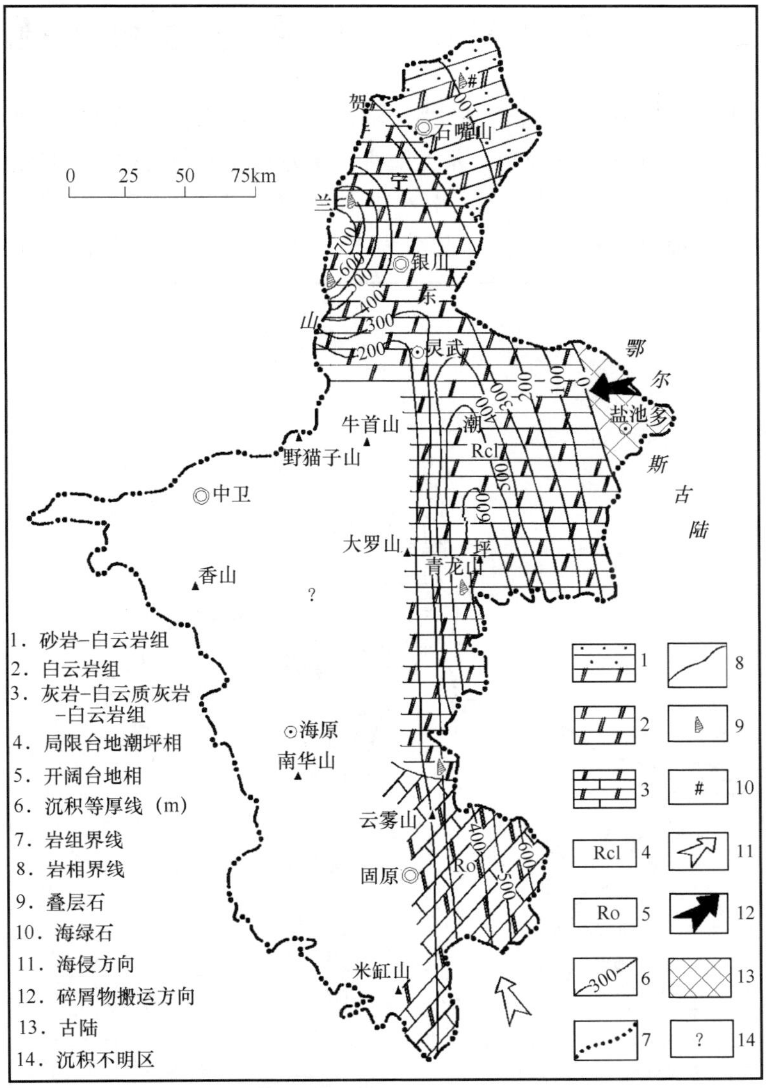

图 17-6　宁夏蓟县纪岩相古地理略图

Fig. 17-6　Sedimentary facies and paleogeographic map of the Jixian Period in Ningxia

具层纹构造，反映了气候炎热、水体较低，循环受限且不断咸化的潮间潟湖沉积。北部王全口、石嘴山一带邻近阿拉善古陆，有较多的陆源碎屑供给，出现砂岩-白云岩组合。底部有 1 层 1m 至数米厚的灰白色石英砾岩或含砾石英砂岩，代表海侵初期滞留沉积。

2. 开阔台地相

位于云雾山以南。岩石组合为白云岩-白云质灰岩，以砂屑白云岩、粉晶—微晶白云岩为主，次为白云质微晶灰岩、灰质白云岩。粉晶—微晶白云岩多出现在剖面上部，泥晶含量较高，具水平纹层，产 *Collenia* 等藻类化石；砂屑白云岩多出现于剖面中、下部，内碎屑主要为粉晶—微晶白云岩，分选、磨圆度中等，胶结物以亮晶白云石为主，产 *Gruneria* sp. 等叠层石化石；灰质白云岩以灰泥胶结为主，具水平纹层，属潮下低能开阔台地相沉积。

蓟县纪沉积相在横向上由南而北依次出现开阔台地、局限台地潮间潟湖。邻近阿拉善古陆，蓟县纪早期出现浑水海岸陆源碎屑沉积。纵向上，蓟县纪初期为砾岩、含砾石英砂岩滞留沉积；中期为高能浅滩环境，有少量薄层细粒石英砂岩、含海绿石石英砂岩夹砂屑白云岩，晚期处于水体循环受限的潟湖环境，水动力弱、能量低，沉积了大量粉晶—微晶白云岩、泥晶白云岩，其相序演变由早期到晚期为滞留沉积—高能浅滩环境—潮间潟湖低能环境，组成一个海侵—海退旋回。

第三节　震旦纪沉积环境与岩相古地理

震旦纪初，鄂尔多斯西缘重新开始下沉，形成一南北向的边缘坳陷带，海水由南而北沿坳陷带入侵。早期气候寒冷，发育冰水沉积；晚期气候变暖，藻类繁盛，变为潮坪潟湖沉积。震旦纪海侵范围比蓟县纪为小，东到灵武—青龙山附近，北至贺兰山中段，南入甘肃、陕西。贺兰山中段黄口旗一带沉积幅度较大，沉积最大厚度约300余米，一般数十米至百余米，可分为冰水-潟湖相和冰水-潮坪相（图17-7）。

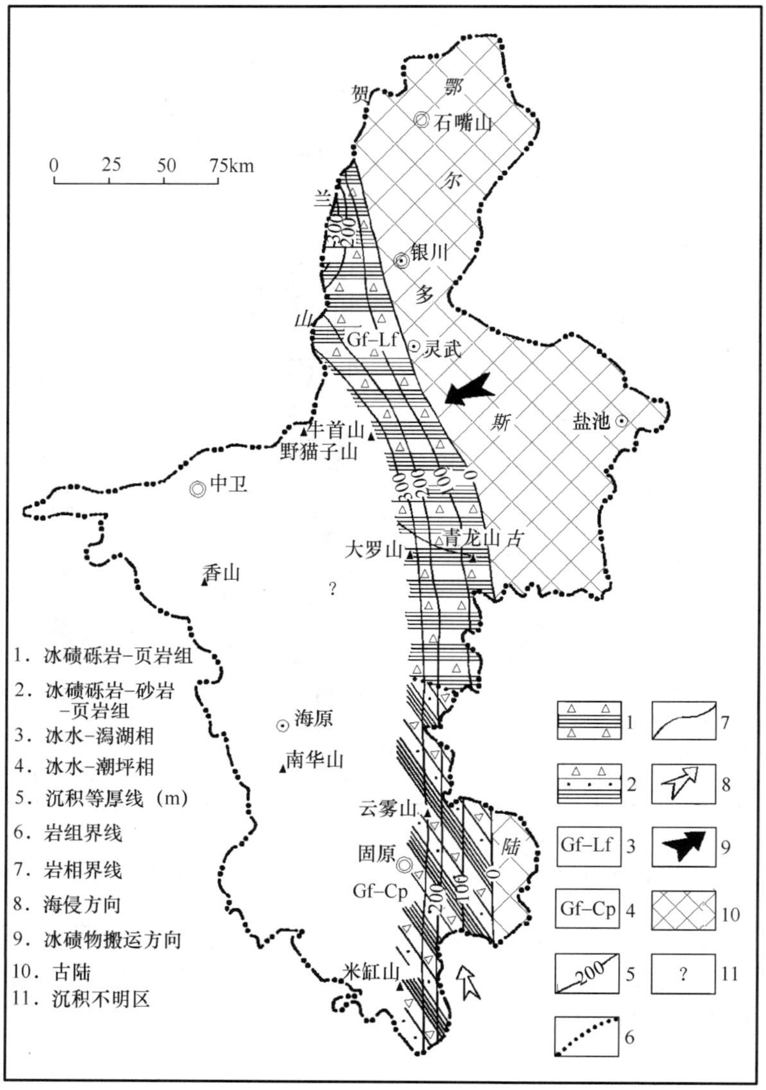

图17-7　宁夏震旦纪岩相古地理略图

Fig. 17-7　Sedimentary facies and paleogeographic map of Sinian in Ningxia

1. 冰水-潟湖相

分布于青龙山以北。剖面下部为冰碛砾岩，属震旦纪早期寒冷气候条件下的潮间潟湖环境中的沉积；剖面上部为深灰—黑灰色板岩、砂质板岩，偶含铁质结核及黄铁矿晶体，具水平层理，含 *Synsphaeridium* sp.，*Polyedrosphaeridium* sp. 等藻类化石，属气候温暖还原条件下的潟湖沉积。

2. 冰水-潮坪相

分布于青龙山以南的广大地区。下部为冰碛砾岩，可能为冰水-潮坪沉积；上部为褐红—灰褐色砂质板岩夹细粒石英砂岩，具水平层理、微波状层理，属温暖气候低能环境下的潮坪沉积。

鄂尔多斯西缘的这套冰碛砾岩，据叶连俊等研究，认为是在地形复杂、高差较大，气候寒冷并间有冰川活动情况下沉积的产物。其中起主导作用的是构造断裂活动，多数地方属于冰碛产物，部分地方可能属寒冷气候环境中的物理风化（机械）沉积。鄂尔多斯西缘冰水沉积主要受牛首山-罗山断裂及马家滩-甜水堡断裂控制。

第四节　寒武纪沉积环境与岩相古地理

一、早寒武世

（一）沧浪铺期

早寒武世沧浪铺期（相当苏峪口期）海侵范围较震旦纪有所扩大，北抵贺兰山大风沟附近，东至盐池县何家墩一带，西部中宁、中卫一带未发现早寒武世沉积。沉积区内的古地形仍保持北高南低的特征。以灵武—青龙山一带沉降幅度较大，沉积厚度大于50m，分为前滨—近滨亚相和后滨亚相（图17-8）。

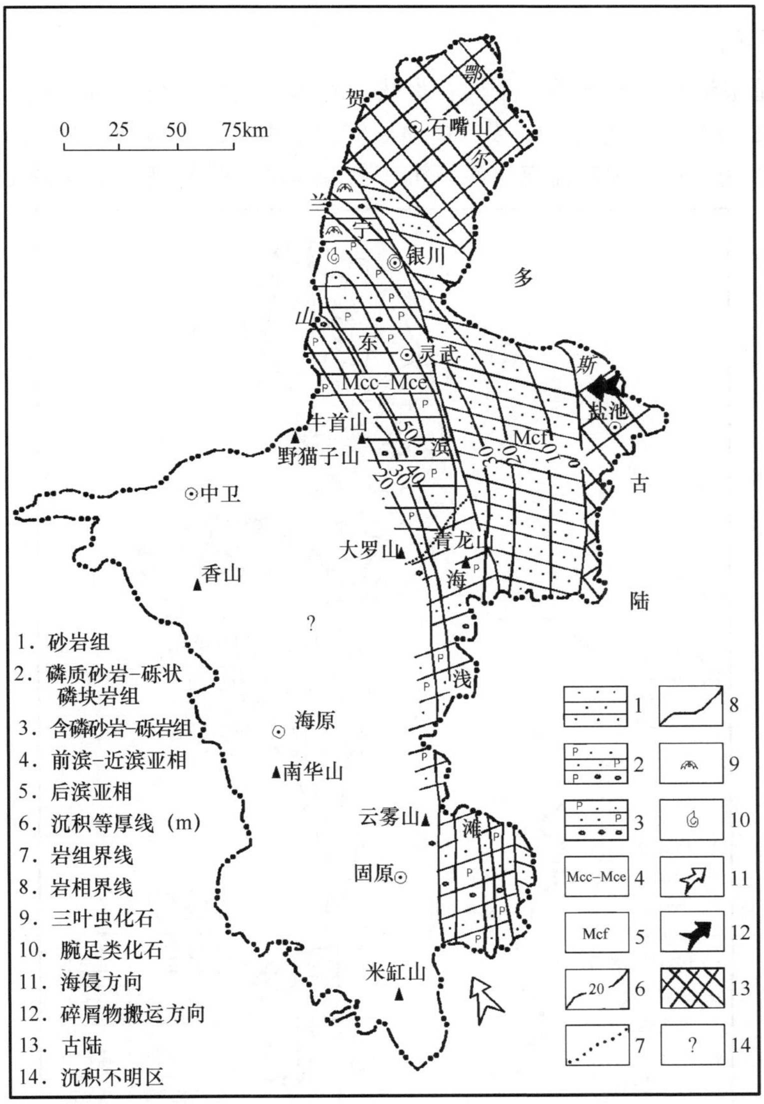

图17-8　宁夏早寒武世沧浪铺期岩相古地理略图

Fig. 17-8　Sedimentary facies and paleogeographic map of the Early Cambrian Tsanglangpu Stage in Ningxia

1. 前滨—近滨亚相

分布于贺兰山中段、青龙山、固原一带。贺兰山中段为砾状磷块岩-磷质砂岩组合，南部青龙山、固原一带为砾岩-含磷砂岩组合。海侵初期为砾状磷块岩、砾岩滞留沉积。青龙山一带为灰白色石英砂岩或含磷石英砂岩，具浪成波痕。贺兰山中段砂质磷块岩或磷质砂岩，呈灰—深灰色，属陆源碎屑组分，基质为泥质、铁质、胶磷矿，呈颗粒支撑、孔隙式胶结。有的碳磷灰石碎屑和石英颗粒被胶磷矿基质包裹，形成薄的同心状纹层（薄皮鲕）。苏峪口砂岩碎屑中有自生矿物海绿石，产底栖三叶虫化石。据磷质砂岩薄片粒度分析，在概率累积图上，曲线由悬浮、跳跃两个总体构成。悬浮总体粒度区间为2.5~4ϕ，含量28%，斜率45°，分选中等；跳跃总体粒度区间为1~2.5ϕ，斜率72°，分选好，截点2.5ϕ，呈过渡关系，反映了海滩沙的粒度特点。表明砂质磷块岩、含磷石英砂岩形成于滨岸动荡环境，水体比磷砾岩形成要深，气候趋于温暖潮湿，应为前滨—近滨带沉积。

2. 后滨亚相

分布于近滨—前滨亚相以东的马家滩、盐池一带，地表覆盖大，据石油钻井资料，岩石类型单一，主要为细粒石英砂岩。碎屑成分以石英为主，少量长石、岩屑，分选、磨圆较好；填隙物为硅质、泥质、白云质，呈颗粒支撑。与近滨—前滨沉积物比较，该亚相沉积物不含胶磷矿，胶结物中普遍有白云石，可能为后滨沉积。

（二）龙王庙期

五道淌组是在沧浪铺晚期气候趋于干燥、炎热、海水变浅的基础上沉积的。龙王庙期（相当五道淌期）的沉积范围与沧浪铺期基本一致，古地形较为平坦，海水较浅，并处于局限流通状态，由沧浪铺期的浑水海岸变为清水碳酸盐海岸潮坪沉积，分为潮间带与潮上带（图17-9）。

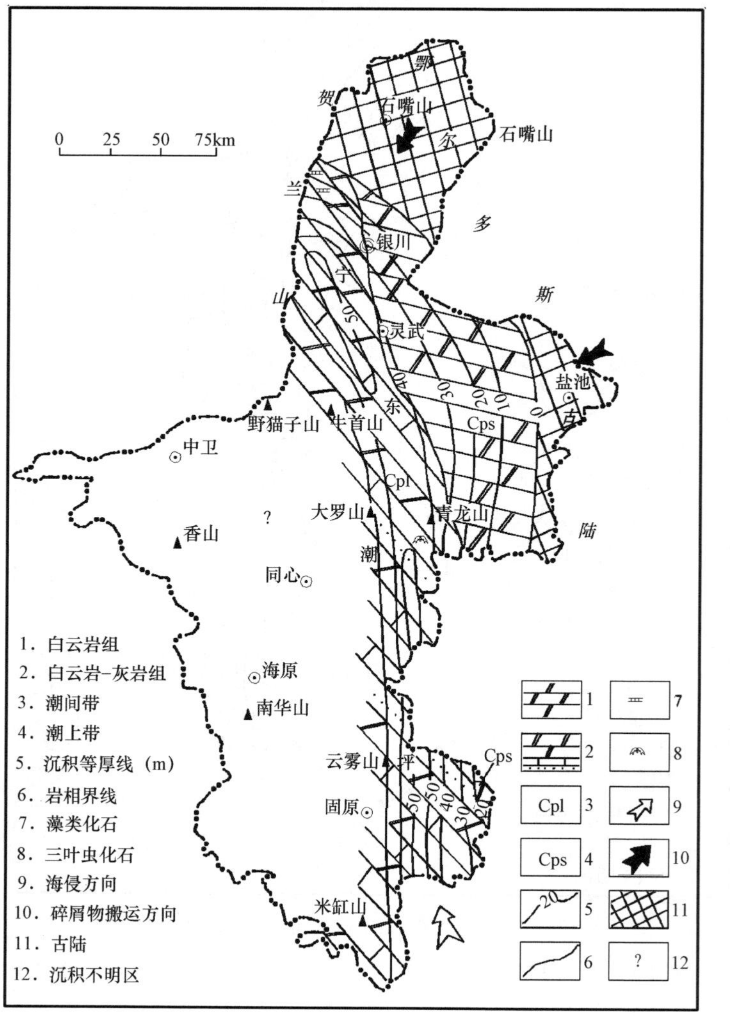

图17-9 宁夏早寒武世龙王庙期岩相古地理略图

Fig. 17-9 SedimeAntary facies and paleogeographic map of the Early Cambrian Longwangmiao Stage in Ningxia

1. 潮间带

分布于贺兰山—青龙山—云雾山一带。岩性以白云岩为主夹白云质灰岩、灰岩，局部夹少量细粒石英砂岩，上部夹少量紫红色页岩。其中白云岩占50%~60%，白云质灰岩、灰岩占20%~40%，砂岩、页岩占10%左右。白云岩主要成分为泥晶白云石和微晶白云石，二者往往相间分布，构成纹层状构造。方解石呈粉晶—细晶状散布于岩石中。白云岩中出现少量 *Giruanella* sp. 等藻类及三叶虫化石。岩石具细的水平纹层，多为灰色，页岩为紫红色，属气候趋于干燥炎热、水体较浅的潮间低能环境的沉积。

2. 潮上带

分布于潮间带以东。沉积物为灰白、浅紫色粉晶—泥晶白云岩，具粉晶—泥晶结构，白云石晶间孔隙多为泥质或石英粉砂填充，具纹层构造，为在干热气候条件下的潮上带沉积。

早寒武世由早期到晚期沉积物的粒度由粗变细，由砾状磷块岩（磷砾岩）-砂质磷块岩、磷质砂岩-磷质粉砂岩、粉屑灰岩-白云岩组成，反映了碎屑岩-碳酸盐岩海侵序列的沉积特点。从初期的冲刷海岸沉积开始，进而出现滨海浅滩高能环境，沉积了砾质磷块岩、砂质磷块岩、磷质砂岩，其中鲕状磷块岩及海绿石的出现说明海水变深。深灰色粉砂岩、粉屑灰岩、紫红色页岩及南部石英砂岩中波痕及粉砂岩中虫迹等海退标志的出现，表明沧浪铺后期水体变浅，气候转为干热。到龙王庙期古地形趋于平坦，环境转向稳定，变为以潮汐作用为主的潮间—潮上沉积。沧浪铺期的海侵—龙王庙期的海退构成了一个完整的沉积旋回，气候为炎热—温湿—炎热。

二、中寒武世

（一）毛庄期

毛庄期（相当陶思沟期）海侵范围进一步扩大，北达内蒙古乌达一带，北西止于阿拉善古陆边缘，东部在盐池一带尚有沉积。贺兰山中段紫花沟地区沉积厚度大于300m。除台地边缘有陆源碎屑沉积外，其他地区主要为清水碳酸盐岩沉积，可分为滨海浅滩相、开阔台地相和台地边缘浅滩相（图17-10，图17-11）。

1. 滨海浅滩相

分布于贺兰山北段及盐池一带，岩石组合自下而上构成一个砾岩—砂岩—灰岩的海侵—海退旋回。砾岩分选、磨圆中等—差，底部常具冲刷面，为海侵初期冲刷海岸沉积；砂岩具板状斜层理及浪成对称波痕，波长数厘米至十数厘米，波高1~2cm，波痕指数为9；砂屑灰岩颗粒为方解石，并有陆源石英混入，灰泥含量较少，产广盐度底栖三叶虫化石；鲕粒灰岩的鲕粒呈同心圆状，核心为石英砂粒或微晶方解石。为气候温暖、水体较浅，水动力较强的滨岸浅滩沉积。

2. 开阔台地相

分布于滨海浅滩相西南侧。岩石组合为泥晶灰岩、粒屑灰岩、浅紫、深灰色页岩夹少量石英砂岩、白云质灰岩，上部夹鲕粒灰岩，以贺兰山中段紫花沟沉积最厚，达300余米，向南北两侧厚度骤减。泥晶灰岩灰泥含量较高，具水平层理，产广盐度底栖三叶虫、腕足类化石；页岩具水平层理及微波状层理。

3. 台地边缘浅滩相

分布于青龙山—云雾山一带。岩性组合为灰岩50%、页岩25%、石英砂岩25%，灰岩有粉晶、微晶灰岩、粒屑灰岩、鲕粒灰岩。产广盐度底栖三叶虫、腕足类化石；页岩呈浅紫、绿灰色，具水平层理；石英砂岩呈灰—灰白色，成分成熟度较高，胶结物以硅质为主，少量钙质、泥质，局部具板状斜层理，反映沉积时水动力较强。

（二）徐庄期—张夏期

中寒武世徐庄期（相当胡鲁斯台期）海侵继续扩大，到张夏期（相当阿不切亥早期）海侵达到高潮，祁连海与华北海相连通，整个鄂尔多斯西缘为清水碳酸盐台地沉积，古地形仍东高、西低，沉积厚度为200~500m，属台地边缘浅滩相沉积（图17-12）。

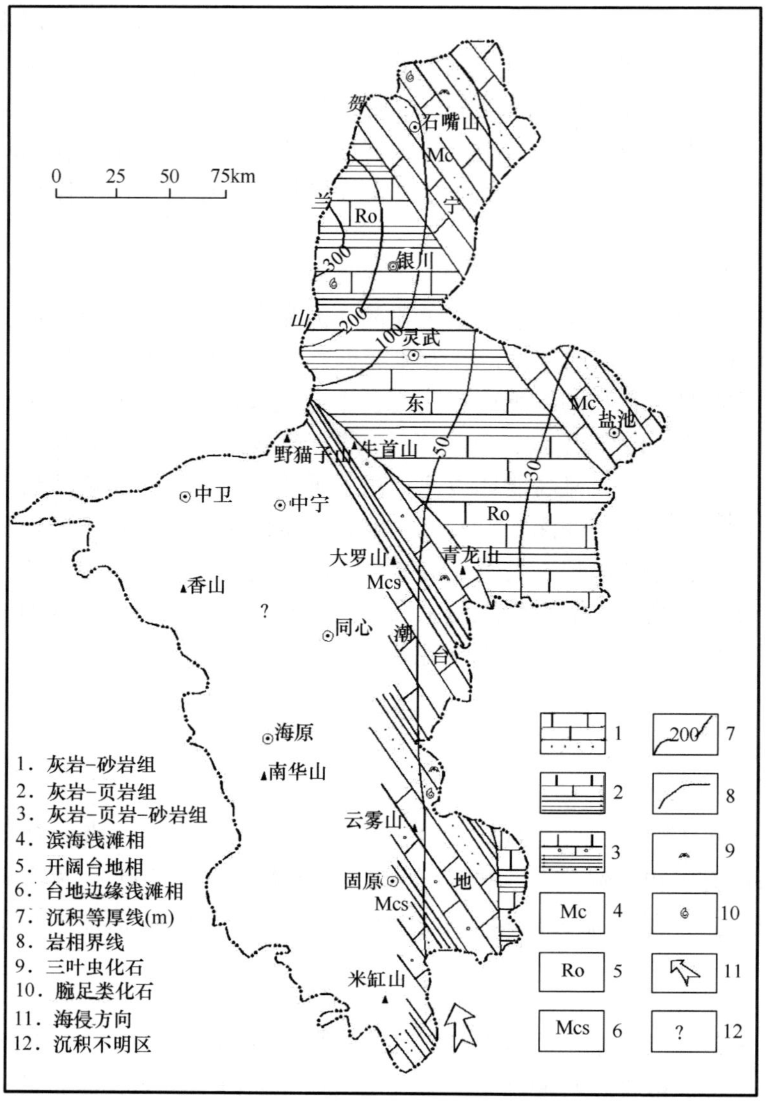

图 17-10　宁夏中寒武世毛庄期岩相古地理略图

Fig. 17-10　Sedimentary facies and paleogeographic map of the Middle Cambrian Maozhuang Stage in Ningxia

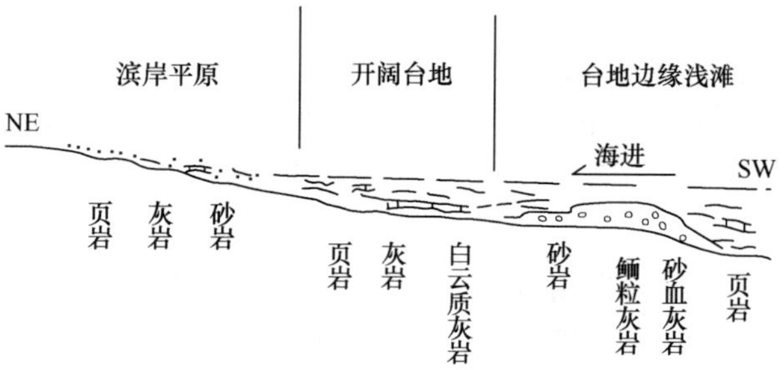

图 17-11　宁夏中寒武世毛庄期碳酸盐台地沉积示意图

Fig. 17-11　Sketch section of platformal carbonate deposit of the Middle Cambrian Maozhuang Stage in Ningxia

台地边缘浅滩相：分布于牛首山—大罗山—云雾山以东。岩性为砂屑灰岩、砾屑灰岩、鲕粒灰岩及灰紫、灰绿色页岩夹竹叶状灰岩、泥质条带灰岩。张夏期鲕粒灰岩、砾屑灰岩夹层有所增加，页岩夹层减少，部分地区出现少量白云质灰岩、白云岩。砂屑灰岩的内碎屑主要为微晶方解

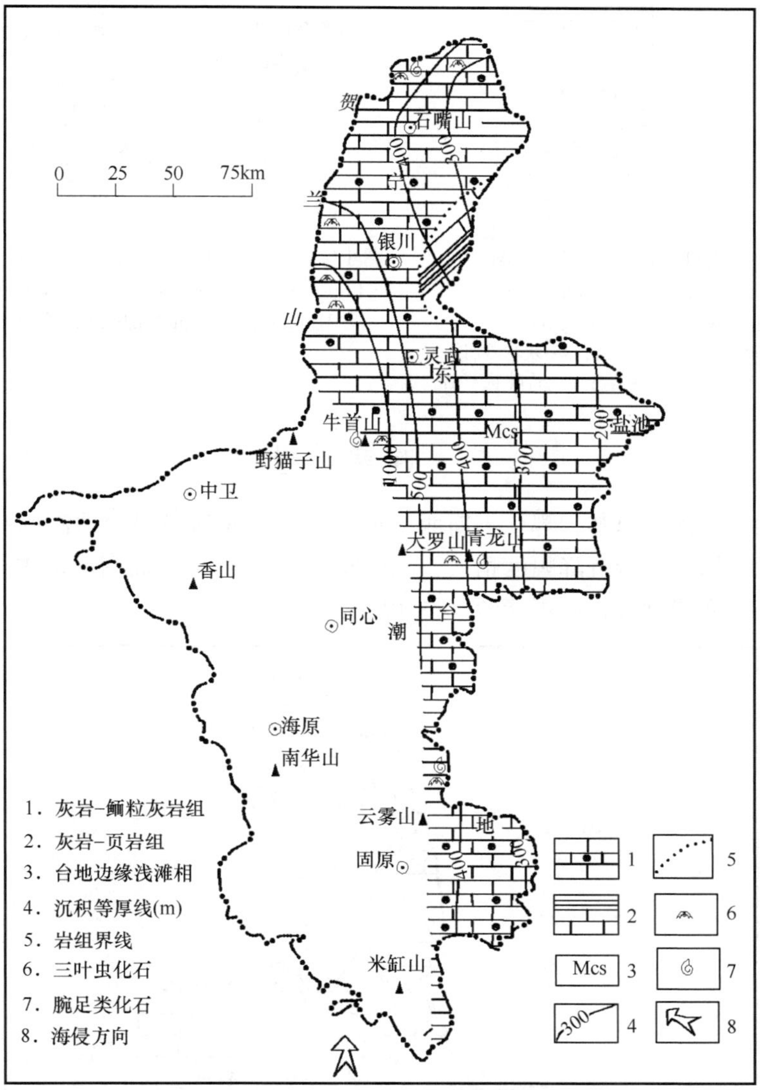

图 17-12 宁夏中寒武世徐庄期—张夏期岩相古地理略图

Fig. 17-12 Sedimentary facies and paleogeographic map of the Middle Cambrian Xuzhuang-Zhangxia Stages in Ningxia

石，分选、磨圆较好，多为亮晶胶结；砾屑灰岩中砾屑占 30%~60%，多由粉晶—微晶灰岩和含骨屑泥晶灰岩组成，分选较差、磨圆较好，胶结物以亮晶方解石为主；鲕粒灰岩的鲕粒含量 50%~70%，呈同心圆状、椭球状，有的鲕粒间有海绿石粒状集合体分布，代表气候温暖、水体较浅的高能搅动环境的沉积；竹叶状灰岩代表水动力较强、具底冲刷的潮上带沉积。上述页岩、灰岩在剖面上的组合序列由下到上为页岩、鲕粒灰岩、砾屑灰岩、块状砂屑灰岩或页岩、泥质条带灰岩、竹叶状灰岩。前者代表海侵沉积，后者为海退沉积（图 17-13）。徐庄期和张夏期含鲕粒灰岩、竹叶状灰岩多层，说明沉积环境不稳定，在总的海侵序列沉积中，次级海侵、海退频繁。张夏晚期竹叶状灰岩增多，出现少量白云质灰岩、白云岩，表明水体变浅，已开始海退。灰岩中发育个体较大的底栖三叶虫，青龙山一带除三叶虫外尚有广盐度的腕足类，化石较破碎，多沿层面分布。上述特征说明徐庄期至张夏期海水不断扩大，水动力逐渐增强，为搅动较强的台地边缘高能浅滩沉积环境（图 17-14）。

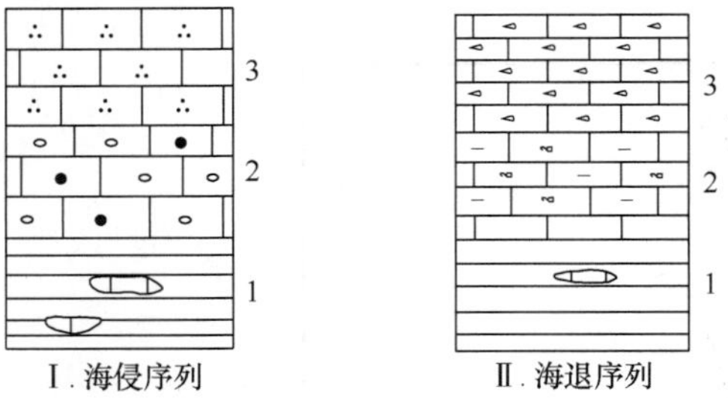

图 17-13　宁夏中寒武世海侵、海退序列图

Fig. 17-13　Middle Cambrian sequences of transgression and regression in Ningxia

Ⅰ. 1—页岩夹薄层灰岩；2—鲕粒灰岩、砾屑灰岩；3—块状砂屑灰岩
Ⅱ. 1—页岩、薄层灰岩；2—泥质条带灰岩；3—竹叶状灰岩

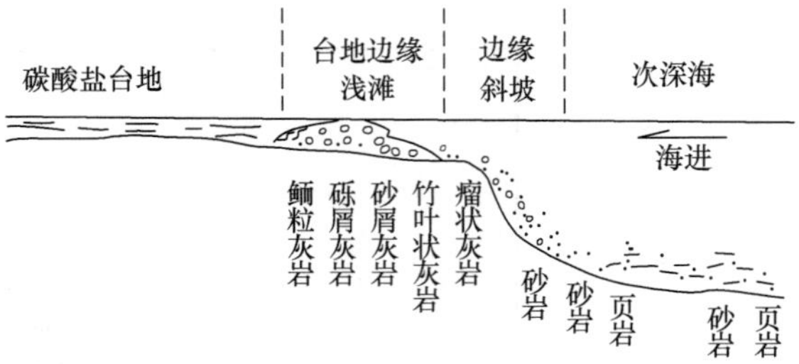

图 17-14　宁夏中寒武世徐庄期—张夏期沉积环境示意图

Fig. 17-14　Sketch section of sedimentary environment of the Middle Cambrian Xuzhuang-Zhangxia Stages in Ningxia

三、晚寒武世

晚寒武世海水向南、南西退却，鄂尔多斯西缘水体变浅，成为局限台地潮间—潮上沉积。古地形较平坦。贺兰山中段苏峪口一带沉降幅度稍大，沉积厚度大于400m；而南西部中卫、海原一带，由于研究程度差，是否有晚寒武世沉积尚不清楚（图 17-15）。

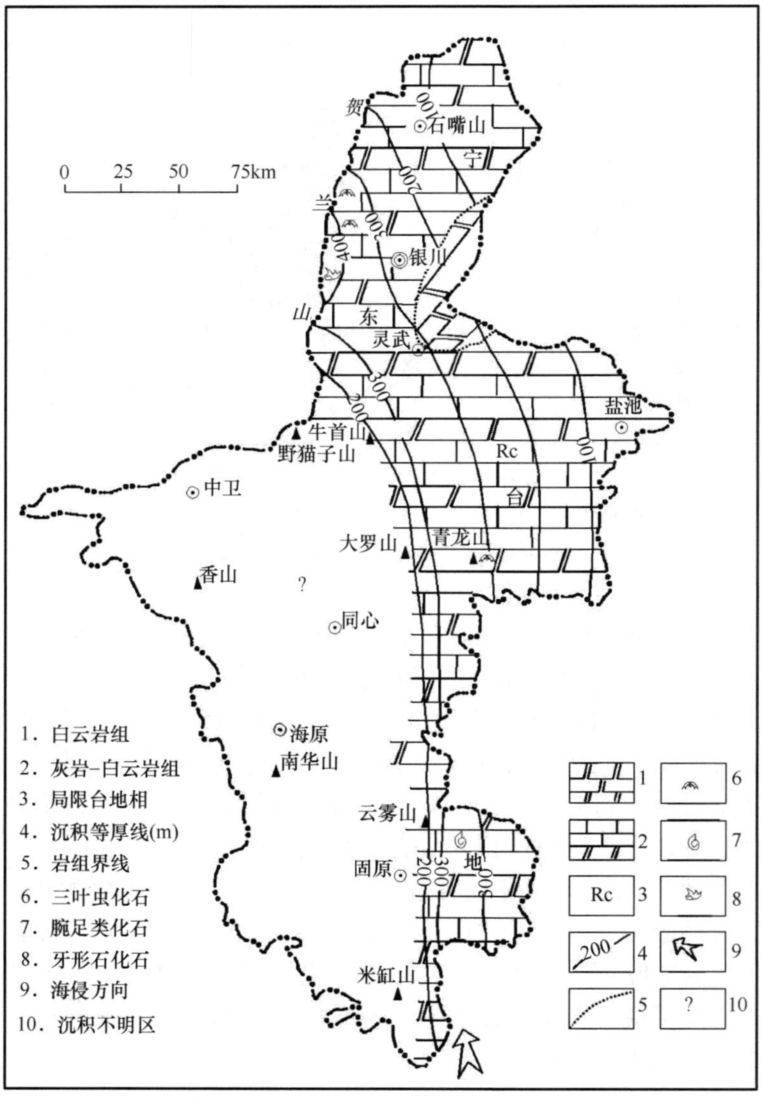

图 17-15　宁夏晚寒武世岩相古地理略图

Fig. 17-15　Sedimentary facies and paleogeographic map of the Late Cambrian Epoch in Ningxia

阿不切亥组中部夹鲕粒灰岩及竹叶状灰岩数层，单层厚10~30cm，并有瘤状灰岩出现，产底栖三叶虫及浮游球接子化石，说明崮山早期沉积环境较动荡，次级海侵、海退频繁，属潮下带上部沉积；晚期水动力条件变弱，沉积了较多的泥晶灰岩。阿不切亥组上部灰岩中，白云质增多，泥晶含量较高，具水平层理，产底栖三叶虫、腕足类化石，表明长山期海水变浅，水动力作用变弱，气候变干热，属潮间低能带沉积。阿不切亥组顶部出现较多的白云岩，产广盐度小个体底栖三叶虫、腕足类化石及波状、锥状叠层石，表明凤山期海水极浅，有时露出水面，为潮间—潮上带沉积。从崮山期至凤山期，鲕状灰岩夹层减少，灰泥含量及白云岩、竹叶状白云岩增多。生物上崮山期—长山期出现广盐度底栖及浮游三叶虫，而凤山期三叶虫、腕足类个体变小，并出现叠层石。说明晚寒武世处于海退环境，由潮下带上部—潮间带—潮间、潮上带，水动力条件逐渐变弱，海水由动荡变为相对稳定，气候由半温暖、半炎热变为干燥炎热。

第五节　奥陶纪沉积环境与岩相古地理

一、早奥陶世—中奥陶世早期

早奥陶世海水由南向北入侵，中奥陶世早期海侵扩大，祁连海与华北海连通，发育如下沉积相（图17-16）：

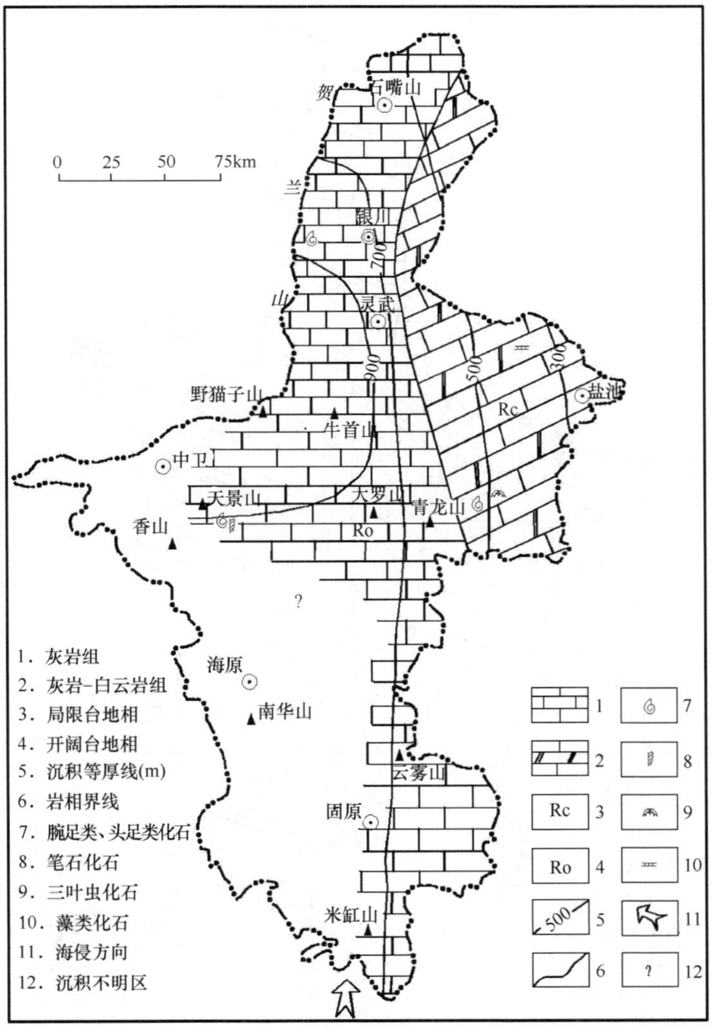

图17-16　宁夏早奥陶世—中奥陶世早期岩相古地理图

Fig. 17-16　Sedimentary facies and paleogeographic map of the Early Ordovician Epoch-early stage of Middle Ordovician in Ningxia

1. 局限台地相

分布于灵武—青龙山以东地区，沉积厚度300~600m。岩石呈灰—深灰色，由白云岩及灰岩组成。自西向东白云质、泥质含量增多，颗粒（盆内颗粒及陆源颗粒）含量变低。岩石中含少量微粒状黄铁矿，广海生物及骨骼钙藻发育，产腹足类、腕足类、三叶虫、介形虫、球松藻、海绵骨针、蓝绿藻等化石。上部页岩中产浮游类笔石，反映气候温湿，沉积环境较稳定、水动力作用弱的局限台地潮间—潮下低能环境。

2. 开阔台地相

分布于局限台地相南西贺兰山—青龙山—固原一带。沉积物主要为砂屑、生物碎屑、藻屑、团粒等颗粒灰岩、微晶白云岩、白云质灰岩及少量砾屑灰岩，产广盐度腕足类、头足类、腹足等生物化石及蓝绿藻。从早期到晚期，白云质含量减少，粒屑含量略有增多，早期胶结物以泥晶为主，晚期主要为亮晶胶结，表明水体逐渐加深。水动力作用逐渐增强。南部固原一带基本不含白云质，而以砂屑灰岩为主，反映由北向南水体变深。

二、中奥陶世中期—晚奥陶世

中奥陶世海水逐渐退却。西南部地壳活动性较强，沉积幅度大，沉积厚度较大；向东地壳活动性减弱，沉降幅度较小，沉积厚度变薄。由于各地区古地理条件和沉积环境的差异，自东向西发育了广海陆棚相、台地前缘斜坡相、深水陆棚相（图17-17）。

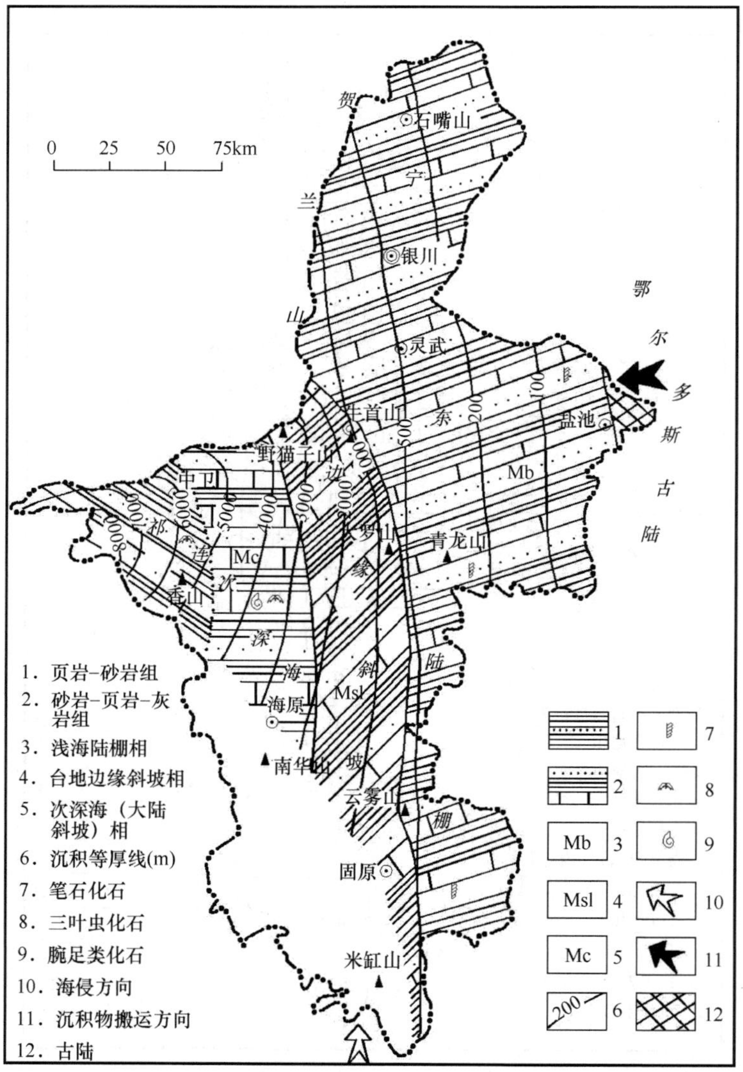

图17-17 宁夏中奥陶世中期—晚奥陶世岩相古地理略图

Fig. 17-17 Sedimentary facies and paleogeographic map of the middle stage of the Middle Ordovician-Late Ordovician Epoch in Ningxia

1. 浅海陆棚相

宁夏东部地区中奥陶世中期以碎屑岩沉积为主，晚期主要为灰岩夹黑色页岩沉积。页岩具水平层理；砾屑灰岩的砾屑主要为粉（微）晶方解石，胶结物以亮晶为主；灰岩中灰泥成分含量较高，胶结物以泥晶为主。灵武、盐池一带为微晶灰岩、灰泥石灰岩、泥岩、黑色页岩夹长石砂岩。灰岩中灰泥含量较高，页岩具水平层理，产浮游笔石化石，反映了水动力作用较弱的深水环境，为广海陆棚相沉积。

2. 台地边缘斜坡相

分布于贺兰山—牛首山—大罗山及米钵山、天景山地区。贺兰山地区为砂岩-页岩-灰岩组合。砂岩成分成熟度及结构成熟度低，向南到米钵山—天景山一带沉积厚度增大，白云质减少，并夹透镜状砾屑灰岩、砂屑灰岩及含砾板岩；灰岩中产头足类，三叶虫、腕足类、腹足类等广盐度生物化石；板岩具水平层理，产丰富的浮游笔石化石，反映水体较深，属台地边缘斜坡相沉积。在空间上，由东到西，由北向南，海水逐渐加深；时间上由早期到晚期海侵逐渐扩大，晚期祁连海与华北海相连通，南方笔石相、壳相与北方以珠角石为主的特殊动物群混生，表现了活动区向稳定区过渡的特点。西部可能受断裂活动的影响，沉降幅度和沉积速度加大，台地边缘斜坡变陡，台地边缘同期沉积及较早期的沉积物沿台地斜坡破碎滑塌，一部分在斜坡上沉积，一部分经过短距离搬运到盆地边缘沉积。贺兰山、香山一带的砾岩、含砾板岩应是边缘斜坡的滑塌沉积；砾岩中砾石由于重力作用将原生层理压弯，巨大岩块切穿层理，可能属塌积岩。

3. 次深海（大陆斜坡）相

分布于台地边缘斜坡相西侧，主要指上奥陶统香山群，为一套砂岩与板岩组成韵律状互层的浊流沉积，夹灰岩、硅质岩、碧玉岩、砾岩等。砂岩成分成熟度及结构成熟度低，岩石呈灰绿色，颗粒与杂基比值较低，板岩硅质含量较高，为单调的二元结构，具粒序层。层序由中细粒长石石英砂岩、长石石英杂砂岩与板岩组成。下部砂岩底部略具冲刷，局部具不对称沙纹层理；上部板岩，具水平纹层，与砂岩突变接触。局部砂岩与板岩之间有不稳定的粉砂岩，与砂岩、板岩呈过渡关系。从上述特征分析，应为浊流沉积。徐家圈组单个浊积层厚 0.4～1.3m，砂岩：页岩为 1：3；磨盘井组单个浊积层厚 3.7～5.7m，砂岩：页岩为 1：3。它们均具有鲍马层序特征（图 17-18），应属陆屑浊积岩类型，相当沃克的近基浊流沉积。值得指出的是，徐家圈组顶部出现的板岩与薄层灰岩互层，可能属于与浊积岩伴生的次深海悬浮降落沉积。

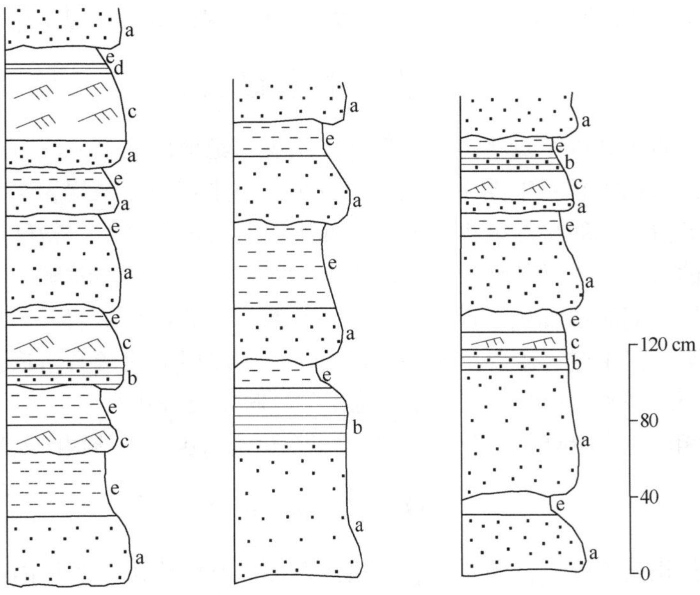

图 17-18 香山群陆源碎屑浊积岩之鲍马序列

Fig. 17-18 Bouma sequence of terrigenous clastic turbidite of the Xiangshan Group

奥陶纪，宁夏处于华北陆块与北祁连造山带接壤地带，贺兰山—青龙山一带与广阔的华北浅海区相连，形成了与华北腹地相似的早奥陶世—中奥陶世早期（大南池组、天景山组）台地相碳酸盐岩沉积，但沉积厚度比华北腹地明显增大，显示了沉陷地带的沉积特征。中奥陶世中期至晚奥陶世初期，在华北地块西南侧发育一大陆斜坡，沉积了巨厚的以重力流为主的米钵山组斜坡相沉积。晚奥陶世早期地壳继续强烈沉陷，形成了巨厚的以浊流为主的香山群次深海（大陆斜坡）相沉积（图 17-19）。奥陶纪末的加里东运动，使全区抬升隆起，结束了奥陶纪的沉积历史。

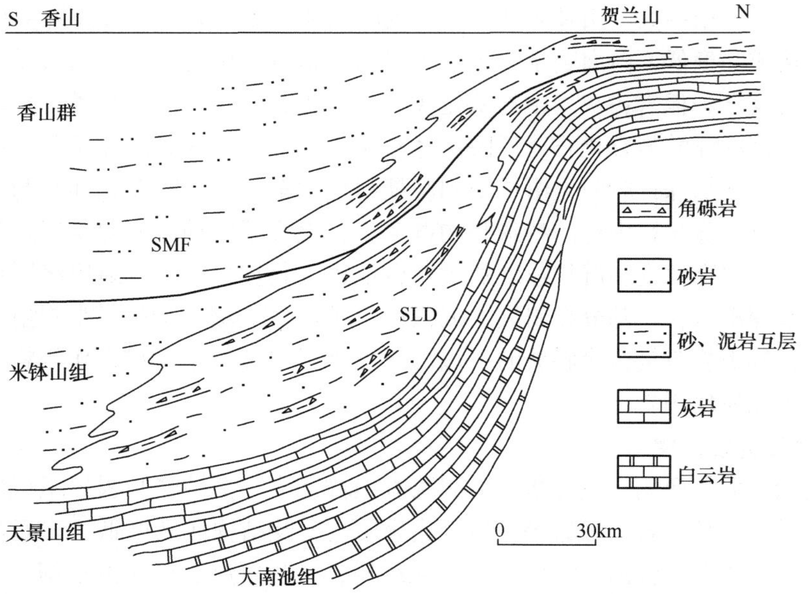

图 17-19 贺兰山—香山地区奥陶纪岩相古地理横剖面图
Fig. 17-19 Section of lithofacies and paleoenvironment of Ordovician in the Helanshan-Xiangshan area
SMF—浊积扇沉积；SLD—斜坡滑塌-泥石流沉积

第六节 志留纪沉积环境与岩相古地理

志留系在宁夏出露范围极为局限，故未编制岩相古地理图。岩性、沉积构造及生物化石等表明为滨海相沉积，其中早—中志留世为滨海碎屑岩—碳酸盐岩相沉积，晚—末志留世为滨海碎屑岩相沉积。

一、早—中志留世

出露于同心照花井、青山和中宁野猪沟，不整合于前志留纪地层之上。其下部以紫红、灰绿色薄层长石石英砂岩为主，属滨海相沉积；中部为深灰—紫灰色薄—中层泥质灰岩，富含珊瑚、腕足类、腹足类及介形虫化石，具浅海清水碳酸盐岩沉积特征；上部则以紫红色粉砂岩、粉砂质页岩为主，夹粉砂质灰岩、砾屑灰岩、薄层砂岩等，属海退期沉积。该组合底部有一层 2m 厚的底砾岩，砾石成分为香山群的变质砂岩、板岩，属海侵初期滞留沉积。青山一带为一套灰绿、紫红色页岩、钙质粉砂岩、砂岩、砾岩及少量微晶灰岩，野猪沟出露不全，主要由灰—灰黑色薄—中厚层泥质灰岩组成，上部夹少量灰绿、灰黄、紫红色钙质页岩及薄层细砂岩，灰岩产珊瑚、腕足类、腹足类等化石，页岩产笔石。从岩性组合看，照花井组属滨海—浅海相碎屑岩-碳酸盐岩沉积，为加里东运动造山后期残留海盆地的产物。

二、晚—末志留世

上—顶志留统旱峡组出露于同心县照花井、野猪沟及海原县南华山、西华山。平行不整合于照花井组之上，或不整合于长城系海原岩群之上。照花井、野猪沟一带，岩性以紫红色钙质长石砂岩、长石石英砂岩为主，下部夹数层紫红色砾岩、砂砾岩，上部常夹紫红色钙质粉砂岩，它们构成的岩石组合为砾岩或砂砾岩-砂岩、砂岩-粉砂岩。下部砾岩砾石磨圆度较好，成分有灰岩、石英岩、砂岩、硅质岩等，属海侵滞留沉积。上部砂岩概率曲线由 3 个总体组成（图 17-20），以跳跃总体为主，占 70%~80%，分选好，斜角 55°~70°，且呈两段式双跳跃，与波浪的冲刷和回流两种作用密切相关。牵引总体次之，在 5%~10%间，悬浮总体很少，它们均分选较差。*S*、*T* 截点均突变。该曲线显示了较为典型的海滩前滨沉积特点。

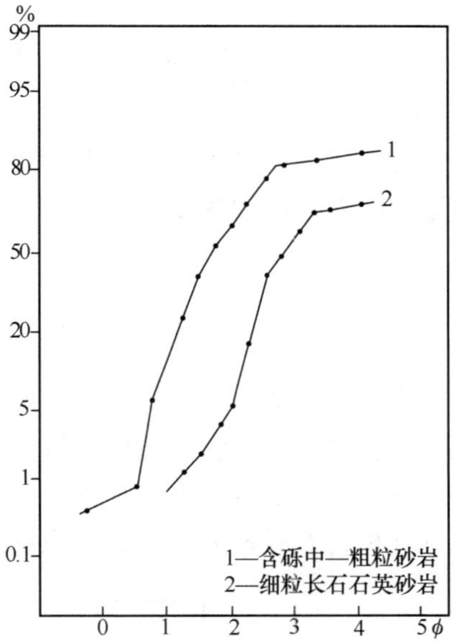

图 17-20　旱峡组砂岩粒度概率累计曲线图（照花井）

Fig. 17-20　Probability cumulative curves plotted for sandstone of the Hanxia Formation in Zhaohuajing，Tongxin County，Ningxia

海原南、西华山一带，旱峡组底部为厚 10~15m 之灰色厚层—块状钙质细—中砾岩、粗—巨砾岩，砾石呈圆—次圆状，砾石具叠瓦状排列，应属海侵滞留砾岩。向上为褐红—紫红色中—厚层钙质中—细粒长石石英砂岩夹少量灰白色粗—巨砾岩及灰绿、黄绿、紫红色粉砂质泥岩、泥岩，它们构成向上变粗的层序。粉砂质泥岩、泥岩发育水平纹层，属滨外环境沉积。砂岩发育平行层理和板状斜层理，碎屑粒度自下而上逐渐变粗，上部含少量细砾石，顶部为透镜状，具有向上变粗的特征，应属近滨环境沉积。砂岩粒度概率曲线（图 17-21）以两段型为主，跳跃总体含量 70%，斜率 75°~80°，悬浮总体含量 20%~30%，分选较好，平均值（*Mz*）为 1.93~3.07ϕ，标准偏差（δ_1）为 0.65~1.62，偏度（SK_1）为 0.25~1，峰态（*KG*）为 1~2.54，具有成熟海滩的曲线特征。

总之，旱峡组属滨海相碎屑岩沉积，具海相磨拉石建造特征，它是北祁连海槽在褶皱造山晚期的产物。

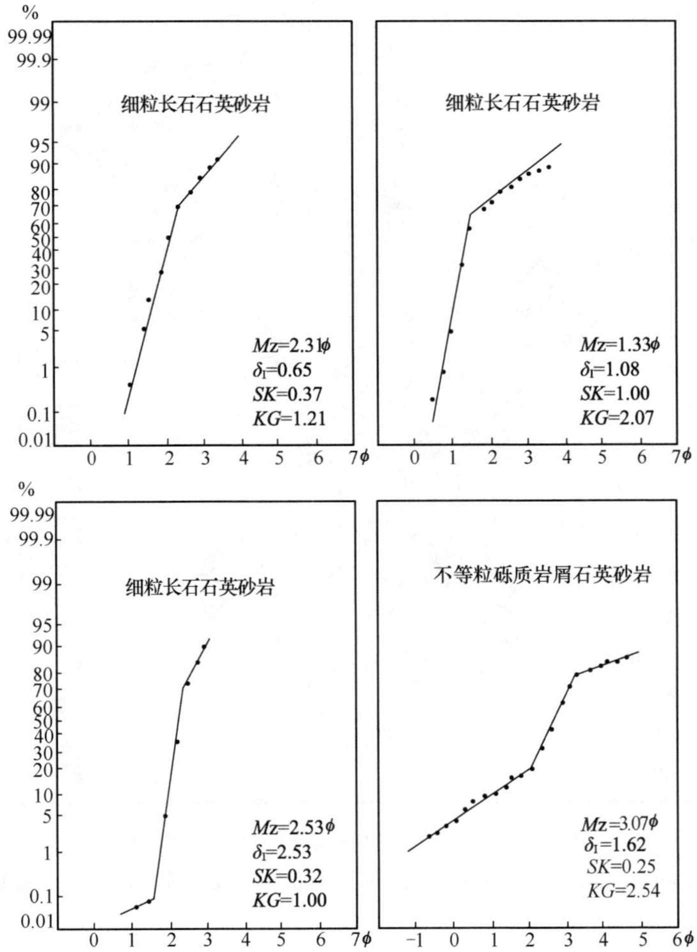

图 17-21　南华山乱堆子旱峡组砂岩粒度概率累积曲线图

Fig. 17-21　Probability cumulative curves plotted for sandstone of the Hanxia Formation in Luanduizi，Nanhuashan，Haiyuan County，Ningxia

第七节　泥盆纪沉积环境与岩相古地理

志留纪末，经加里东末期运动（祁连运动），宁夏全区褶升为陆。到早—中泥盆世初，牛首山、海原一带发育山间盆地冲积扇—河流相粗碎屑岩沉积；晚泥盆世，盆地范围扩大，并不断坳陷，沉积了一套河流—湖泊相碎屑岩。

一、早—中泥盆世

下—中泥盆统出露局限，主要分布于中宁牛首山及海原一带。牛首山以粗—细粒长石石英砂岩为主，夹粉砂岩、泥岩；海原一带为砾岩、砂砾岩夹砂岩。香山及卫宁北山地区未见早—中泥盆世沉积，推测为一隆起地带，由于受该隆起所阻，形成以上南、北两个小型山间盆地，它们的沉积环境、沉积相及沉积物差异较大，根据沉积物组合特征，可划分为两个沉积相（图17-22）。

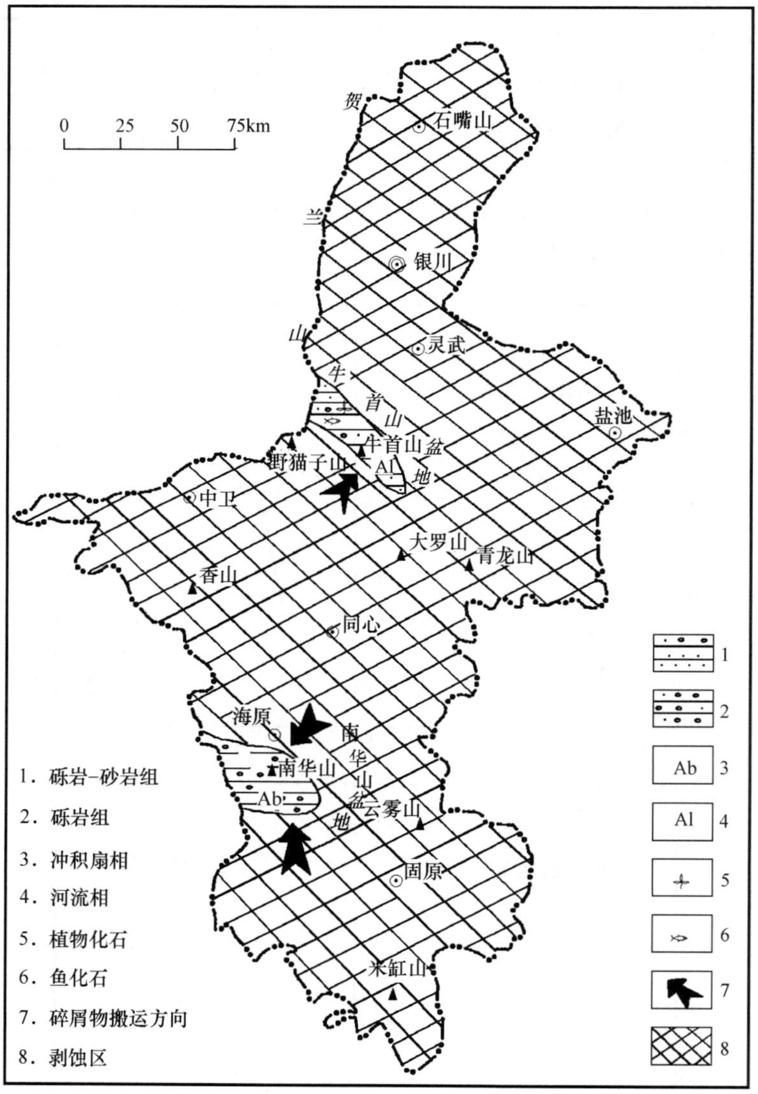

图17-22　宁夏早—中泥盆世岩相古地理略图

Fig. 17-22　Sedimentary facies and paleogeographic map of the Early-Middle Devonian Epoch in Ningxia

1. 冲积扇-辫状河相

分布于南华山地区，呈近东西向展布，向西延伸至甘肃景泰一带。下部以巨厚的暗紫红色砾岩、砂砾岩堆积为特征。砾岩、砂砾岩一般呈透镜状产出，多数不显层理，呈块状层，有时显示正粒序层理。砾岩中砾石大小不等，成分复杂，磨圆度差，多为棱角状、少数为次棱角状；填隙物为砂质，呈杂基支撑。上部夹紫红色含砾中粗粒长石石英砂岩、长石砂岩及少量粉砂岩。砂岩呈透镜状，粒度由下到上变细，发育板状斜层理、槽状交错层理（图 17-23）；砾岩底部具冲刷面。粉砂岩夹层中产植物化石。

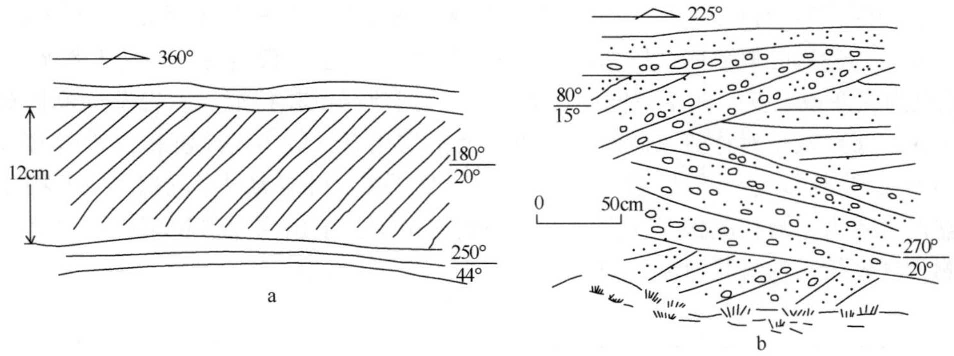

图 17-23　老君山组层理构造素描图

Fig. 17-23　Sketch showing bedding structure of the Laojunshan Formation

a—板状斜层理（马万山南）；b—槽状交错层理（水冲寺）

砂岩粒度概率曲线以 3 段型为主（图 17-24），*S* 截点渐变过渡，曲线与维希尔、格拉斯特的辫状河流曲线十分相似。

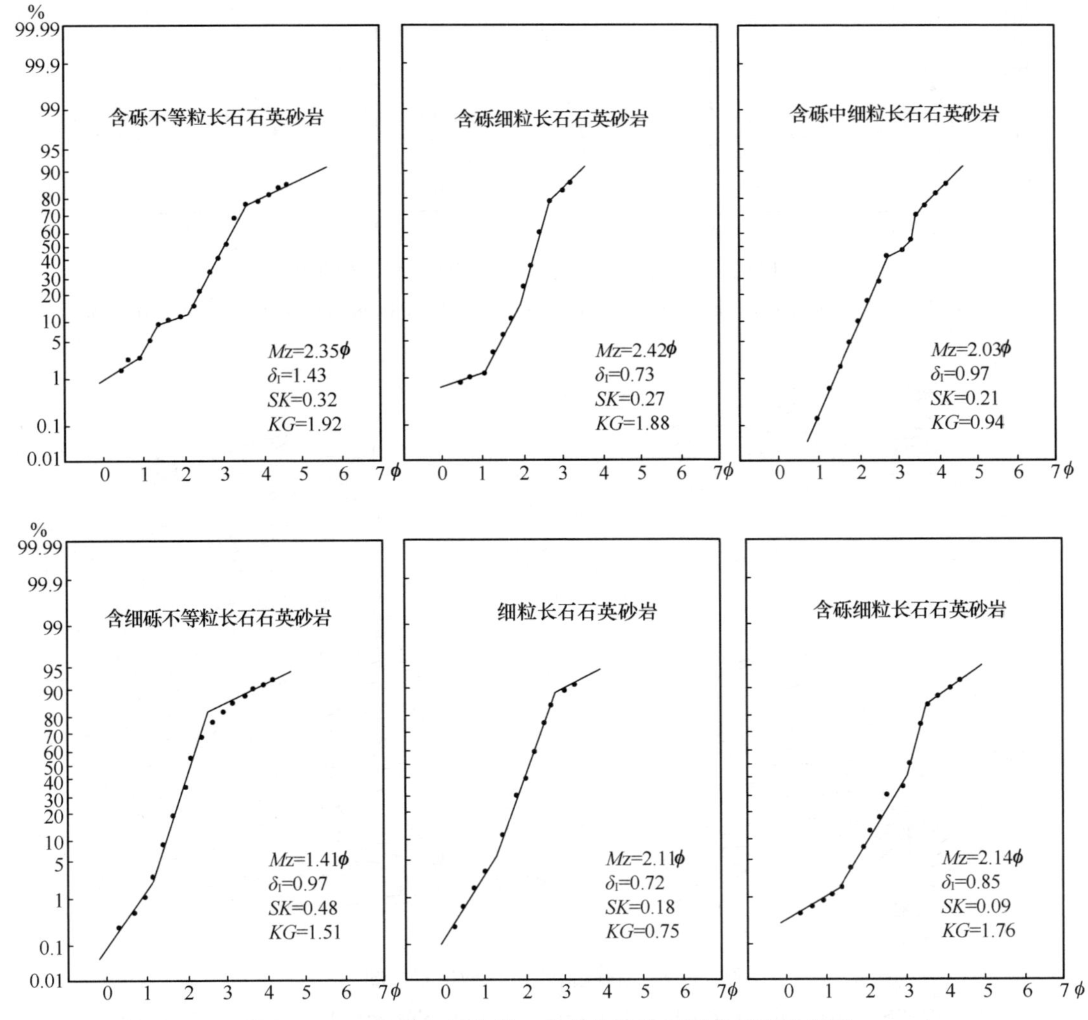

图 17-24　老君山组砂岩、含砾砂岩粒度概率累积曲线图

Fig. 17-24　Probability cumulative curves plotted for sandstone and pebbled sandstone of the Laojunshan Formation

2. 河流相

分布于中宁县牛首山黑碳子梁—石峡沟一带。岩性以紫红色中、细粒长石石英砂岩为主，夹紫红色粉砂岩及少量砾岩、砂砾岩。具有较明显的韵律构造，单韵律厚数米至数十米不等。韵律下部为砾岩、砂砾岩或中、粗粒长石石英砂岩、粉砂岩。砾岩砾石成分复杂，相变快，常呈透镜状分布，底部具有冲刷现象，为河床滞留沉积。中、细粒砂岩成分成熟度及结构成熟度较低，碎屑多呈次棱角状。薄片粒度分析表明，砂岩的概率曲线以两段型（图 17-25）为主，仅有悬浮总体和跳跃总体，缺乏牵引总体，S 截点为突变或渐变，曲率跨度小（$<1\phi$），具河流相沉积特征。砂岩发育板状斜层理、交错层理（图 17-26a、b）及不对称流水波痕，产鱼类及植物化石，应为边滩沉积。粉砂岩、细粒长石石英砂岩，具小型板状斜层理、沙纹层理（图 17-26c）及干裂，可能为堤岸沉积。以上特征表明石峡沟一带的中泥盆世主要为河流相沉积，在剖面上每一韵律由下到上由河床滞留沉积—边滩沉积—堤岸沉积组成，推测为规模较大的辫状河流沉积。

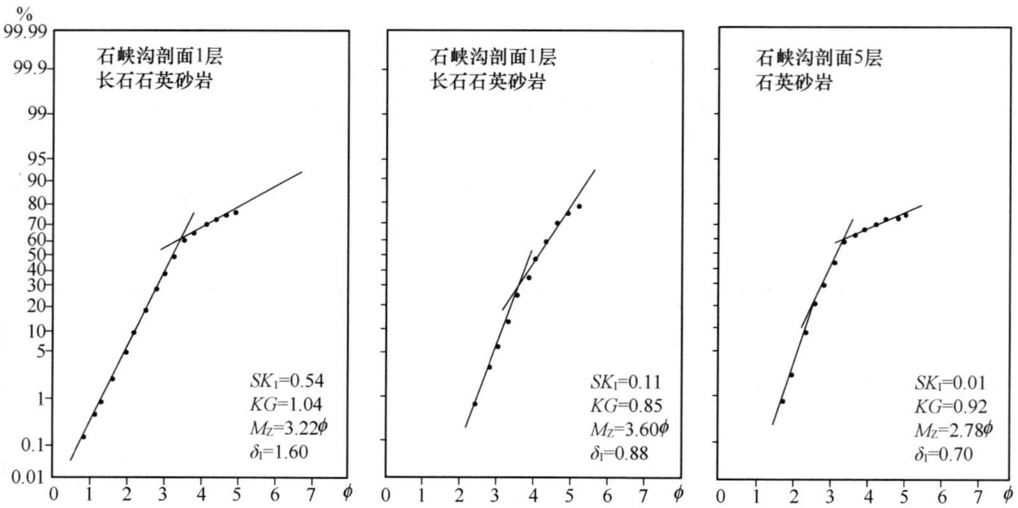

图 17-25 石峡沟组河流相砂岩粒度概率累积曲线

Fig. 17-25 Probability cumulative curves plotted for fluvial sandstone of the Shixiagou Formation

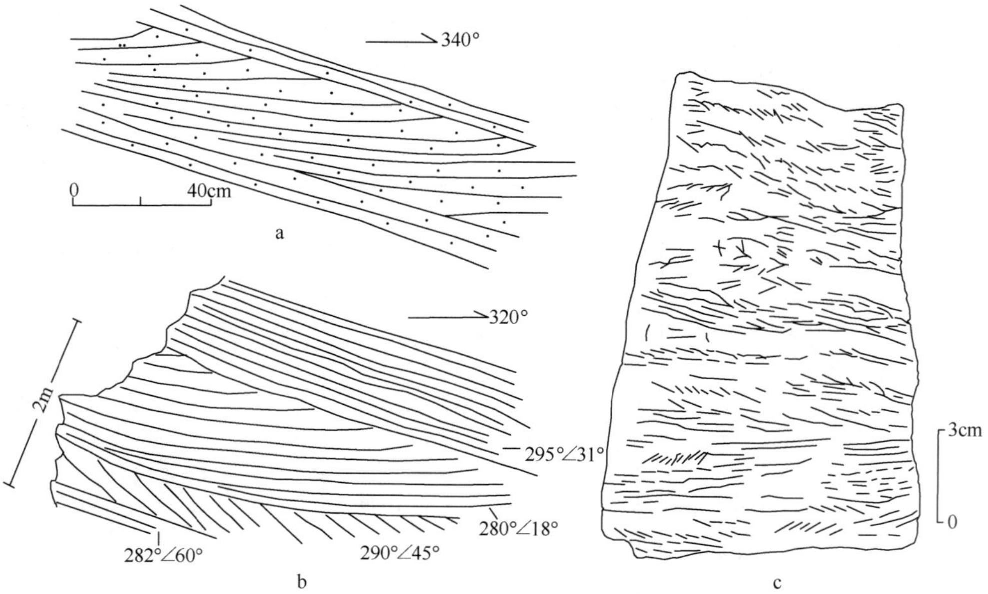

图 17-26 石峡沟组沉积构造素描图

Fig. 17-26 Sketch showing sedimentary structure of the Shixiagou Formation in Shixiagou

a—板状斜层理（石峡沟剖面 5 层）；b—交错层理（石峡沟剖面 5 层）；c—沙纹层理（石峡沟剖面 11 层）

二、晚泥盆世

中泥盆世末，经宁夏运动，宁夏境内自然地势进一步分化，中宁、中卫一带不断坳陷，与中泥盆世牛首山盆地连在一起，形成一个大型内陆坳陷盆地。盆地范围大致东到牛首山—大罗山一带，向西延入内蒙古阿拉善左旗境内，北至贺兰山南段元山子附近，南到香山南麓。盆地内部地形差异较大，香山地区地势较高，卫宁北山一带沉降幅度最大，沉积厚度大于2000m，可划分为冲积扇相、河流—湖泊相（图17-27）。

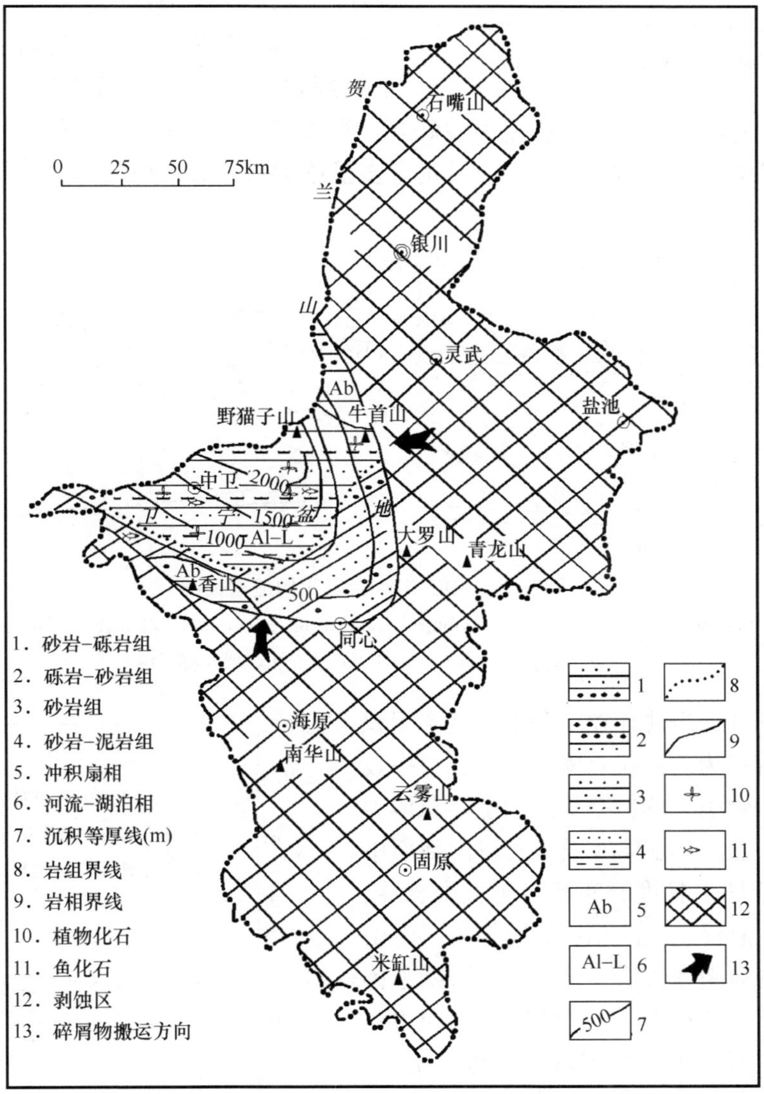

图17-27 宁夏晚泥盆世岩相古地理略图

Fig. 17-27 Sedimentary facies and paleogeographic map of the Late Devonian Epoch in Ningxia

1. 冲积扇相

沿牛首山、香山等盆地边缘分布，为砾岩-砂岩组合。其中，砾岩约占40%~60%，砂岩占25%~40%，泥质岩占10%左右，呈紫红色—暗紫红色。砾岩成分成熟度及结构成熟度低，一般不显层理，具块状构造，平面上紧靠剥蚀区边缘呈扇状分布，可能为冲积扇堆积；含砾砂岩、粗砂岩呈透镜状分布，底部有冲刷现象，不显层理，属河床滞留沉积；砂岩分选差，有时为不等粒结构，磨圆度差，具板状、槽状交错层理（图17-28），有的交错层理底部有细砾石分布，并有冲刷面；粉砂岩多呈夹层、透镜状出现，属心滩沉积。剖面上自下而上粒度变细，砂岩、粉砂岩多分布于上部，表明早期为冲积扇沉积，晚期为网状河流沉积。

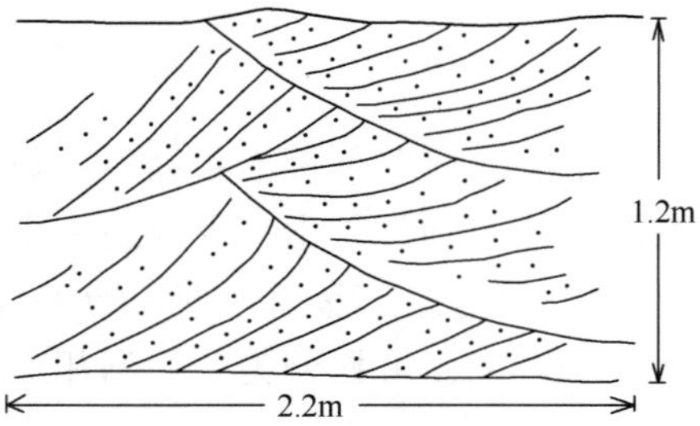

图 17-28　中宁组下部砂岩之槽状交错层理（狼嘴子）

Fig. 17-28　Sketch showing trough cross-stratification of lower part of Zhongning Formation in Langzuizi

2. 河流—湖泊相

分布于冲积扇相内侧，岩石组合为砂岩、泥岩、砾岩。砾岩约占 10%～15%，砂岩、粉砂岩占 40%～65%，砂质泥岩占 20%～50%。岩层具明显的韵律结构，单个韵律厚数米至数十米。剖面下部自下而上为砾岩—砂砾岩—中、细粒砂岩，部分地区顶部有粉砂岩；剖面上部粒度变细，钙质增多，韵律自下而上为砂岩—粉砂岩—砂质泥岩，部分地区出现钙质团块或灰岩透镜体。砾岩、砂砾岩砾石成分复杂，成分成熟度及结构成熟度低，一般不显层理，底部有冲刷面，沿走向不稳定，多呈透镜状分布，或相变为砂砾岩、粗砂岩，为河床滞留沉积，可能部分地区为冲积扇沉积；砂岩成分成熟度及结构成熟度低，沿走向多呈透镜状分布，板状斜层理发育，局部见楔状交错层理（图 17-29）。

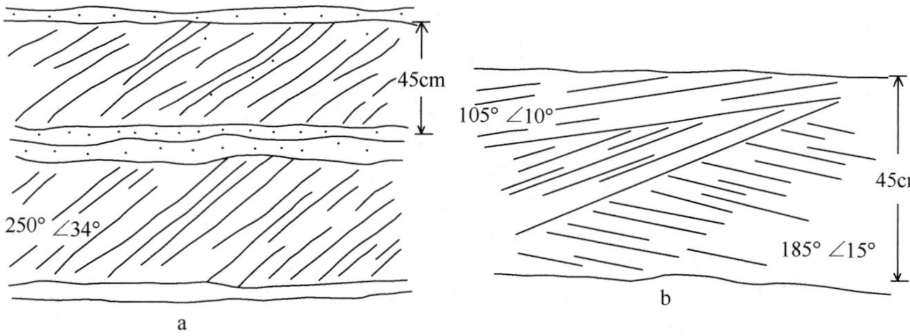

图 17-29　中宁组砂岩沉积构造素描图

Fig. 17-29　Sketch showing sedimentary structure of sandstone of Zhongning Formation

a—板状斜层理（骡子沟）；b—楔状交错层理（骡子沟）

据校育川剖面下部砂岩薄片粒度分析，概率累积曲线图上粒度分布特点为：跳跃总体不发育，斜率较低，分选差；悬浮、牵引总体斜率较高，悬浮总体斜率低（图 17-30），可能为心滩沉积。大岱沟剖面中部砂岩概率累积曲线图上粒度分布特点为：由悬浮、跳跃、牵引 3 段或由悬浮、跳跃总体 2 段构成。牵引总体不发育；悬浮总体斜率较低，分选差；跳跃总体含量高，斜率中等（图 17-31）。该砂岩可能为边滩沉积。粉砂岩、泥岩具小型沙纹层理及虫迹、干裂，产鱼类、植物化石。剖面上部粒度变细，以粉砂岩、泥岩为主，钙质含量高，顶部出现白云质灰岩、灰泥石灰岩透镜体，岩石色调变浅，由紫红渐变为浅紫灰色，具小型沙纹层理，可能为河漫湖泊沉积（图 17-32）。近香山地区沉积厚度较小，一般数米至数十米，组成以砂岩为主的砾岩—砂岩—粉砂岩或岩—粉砂岩韵律层序。砂岩中具板状斜层理，粉砂岩具小型沙纹层理，为河流沉积。

综上所述，晚泥盆世沉积相，在空间上盆地边缘为冲积扇—河流相组合，多为网状河流；盆地内部主

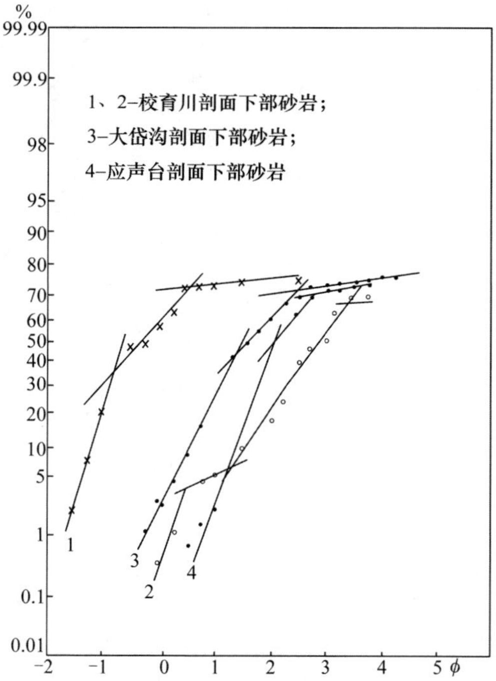

图 17-30　中宁组下部砂岩粒度概率累积曲线图

Fig. 17-30　Probability cumulative curves plotted for sandstone of the lower part of the Zhongning Formation

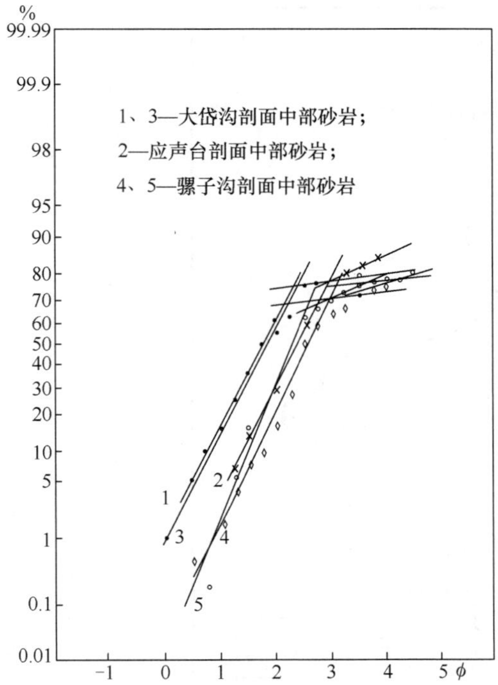

图 17-31　中宁组中部砂岩粒度概率累积曲线图

Fig. 17-31　Probability cumulative curves plotted for sandstone of the middle part of the Zhongning Formation

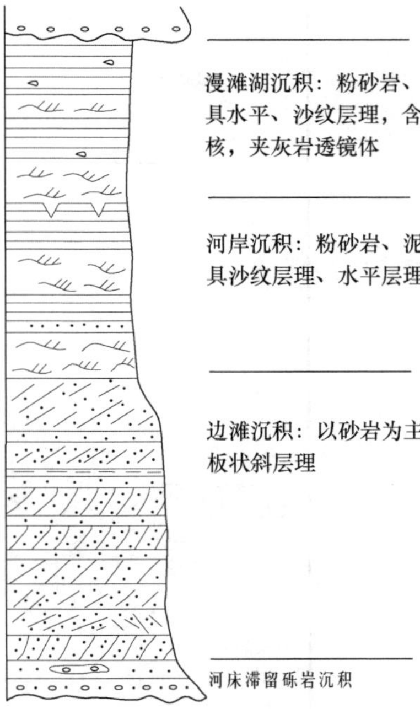

图 17-32　中宁组垂向沉积层序（应声台）

Fig. 17-32　Vertical sedimentary sequence of the Zhongning Formation in Yingshengtai

要为河流—湖泊相组合，以曲流河沉积为主；盆地边缘与内部之间过渡地带为泛滥平原组合。时间上，晚泥盆世早期以冲积扇及河身不固定、迁徙快、分支多的网状河沉积为主；中期发育漫滩湖泊沉积；晚期盆地已处于准平原化，发展为湖泊沉积。由于各地沉积相发展不平衡，造成宁夏晚泥盆世各地岩性和粒度的差异。上泥盆统是在干旱、炎热的氧化环境下沉积的，沉积物均为氧化色，由于漫滩湖泊局部植物繁茂，有机物较富集，造成局部半还原—还原环境，形成少量含铜砂页岩及薄层暗色沉积物。

第八节　石炭纪沉积环境与岩相古地理

一、早石炭世

早石炭世祁连海水由南西进入宁夏，向东到牛首山—大罗山一带被鄂尔多斯古陆阻挡，向南到海原以北，被南、西华山隆起隔离，形成北、东、南三面为陆，西部为海的卫宁古海湾。海湾内基底起伏不平，南部香山地区与北部野猫子山一带为水下高地，其间的卫宁北山为坳陷凹地，沉降幅度大，成为早石炭世的沉降中心（图 17-33）。沉积厚度近 1000m。上述古地理格局控制了宁夏早石炭世沉积物组合及沉积相的展布，下石炭统可划分为潮坪相与咸化潟湖相（图 17-34）。

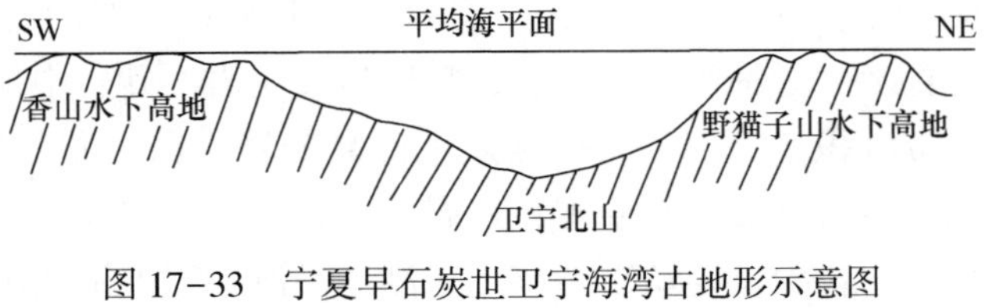

图 17-33　宁夏早石炭世卫宁海湾古地形示意图

Fig. 17-33　Sketch profile of ancient landform of the Zhongwei-Zhongning Gulf of Early Carboniferous in Ningxia

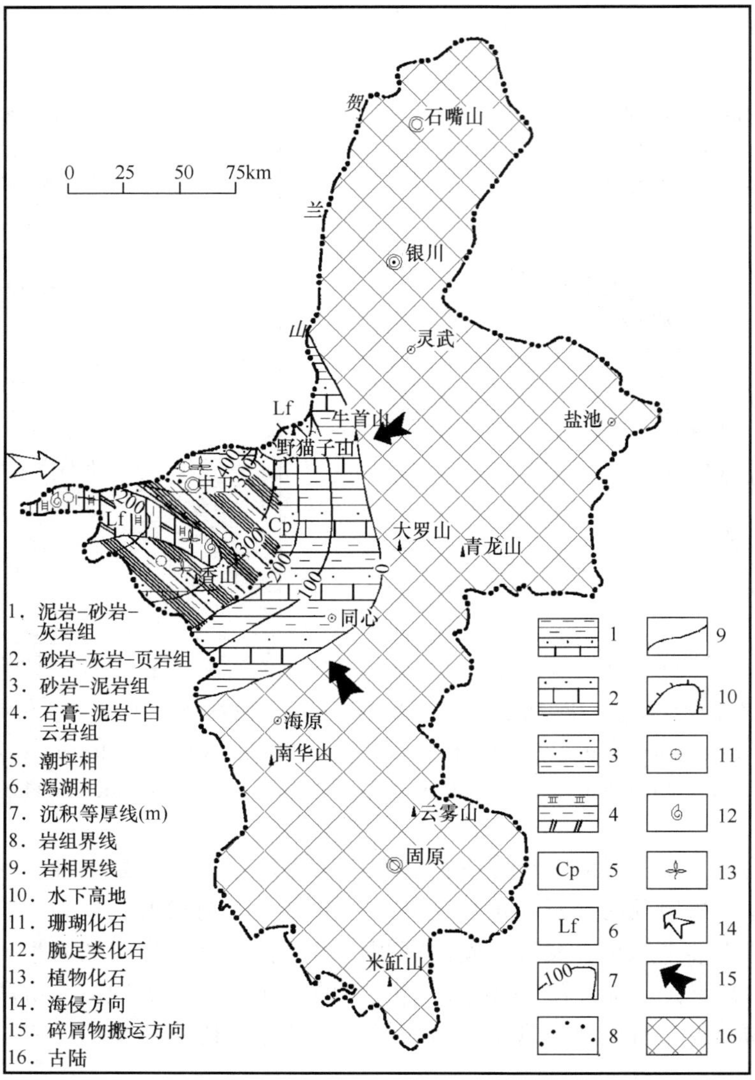

图 17-34 宁夏早石炭世岩相古地理略图

Fig. 17-34 Sedimentary facies and paleogeographic map of the Early Carboniferous Epoch in Ningxia

1. 潮坪相

分布于牛首山、大罗山以西的广大地区。岩性组合为砂岩-泥（页）岩-灰岩，泥岩-砂岩-灰岩及砂岩-页岩。各地岩性基本一致。剖面下部为浅紫灰、灰黄色细粒石英砂岩、粉砂岩、泥岩夹透镜状泥晶灰岩、白云质灰岩、白云岩，局部夹石膏质泥岩。砂岩中偶见小型板状斜层理，可能为潮间坪沉积。中下部为砂屑灰岩、砾屑灰岩、微晶灰岩、生物碎屑灰岩、白云质灰岩，偶见鲕状灰岩。产腕足类、腹足类、珊瑚类生物化石，为潮下浅海沉积。卫宁北山一带，处于海水通道地区，两侧由水下高地的碎屑物质供应，所以碎屑岩发育，碳酸盐岩较少。中上部为灰黄色粉砂岩、泥岩夹薄层白云岩、白云质泥灰岩，局部地区为石膏质泥岩。白云岩中偶含少量黄铁矿及小个体腕足类化石，粉砂岩具平缓的沙纹层理，部分地区砂质泥岩中具干裂、虫迹，为潮间—潮上半咸化潟湖沉积。卫宁北山地区岩性、厚度变化较大，沉积厚度近百米，为细粒石英砂岩、粉砂岩夹泥岩。砂岩中偶见板状斜层理，粉砂岩、泥岩中具沙纹层理，为潮下带沉积。上部为灰—深灰色微晶灰岩、白云质灰岩、细粒石英砂岩、粉砂岩、磷质页岩，局部夹煤线。砂岩具板状斜层理；灰岩中产腕足类、双壳类、腹足类、珊瑚类等化石；页岩具水平层理，产植物化石，含少量菱铁矿结核。为潮下浅海—潮上沼泽沉积。

2. 咸化潟湖相

分布于中卫县甘塘—下河沿、狼嘴子及青铜峡市野猫子山一带。前两者处于香山水下高地北侧，后者处于野猫子山水下高地内。由于水下高地水体较浅，地形不平整，部分低凹地区水循环受限，在干旱气候条件下，造成咸化潟湖环境，沉积了白云岩、泥岩、石膏组合。剖面下部为粉砂岩、砂质泥岩夹透镜状白云岩、石膏质泥岩、石膏。粉砂岩、泥岩普遍含白云石，具微波状层理，局部含黄铁矿小晶体，为半咸化—咸化潟湖沉积。中下部为砂屑灰岩、微晶灰岩、生物碎屑灰岩、白云质灰岩、白云岩，局部白云岩、白云质灰岩中含黄铁矿小晶体，产介形虫、腕足类、腹足类、珊瑚类生物化石，为湖下浅海沉积。中上部为含白云质泥岩、粉砂岩、石膏质泥岩、厚层石膏夹薄层透镜状白云岩。白云岩中含少量黄铁矿晶体，偶见小个体特化腕足类化石，有石膏沉积，为咸化潟湖沉积。上部为微晶灰岩、生物碎屑灰岩、细粒石英砂岩、粉砂岩，由下向上灰岩减少，碎屑岩增多，并出现少量炭质页岩。砂岩具直线状、向下收敛状、板状斜层理及浪成波痕；页岩具水平层理，产植物化石；灰岩中产广盐度介形虫、腕足类、腹足类、珊瑚化石，为湖下浅海—滨海沼泽沉积。

二、晚石炭世

晚石炭世海侵扩大，祁连海水由南西向东延展到盐池附近，北西面波及阿拉善古陆，南部边界大致在海原一带。宁夏境内有两个沉降中心，一是贺兰山北部沙巴台一带，沉积最大厚度近1000m；另一个位于中卫单梁山石磨沟一带，沉积厚度大于2000m。晚石炭世沉积相可分为潟湖相与潮坪相（图17-35）。

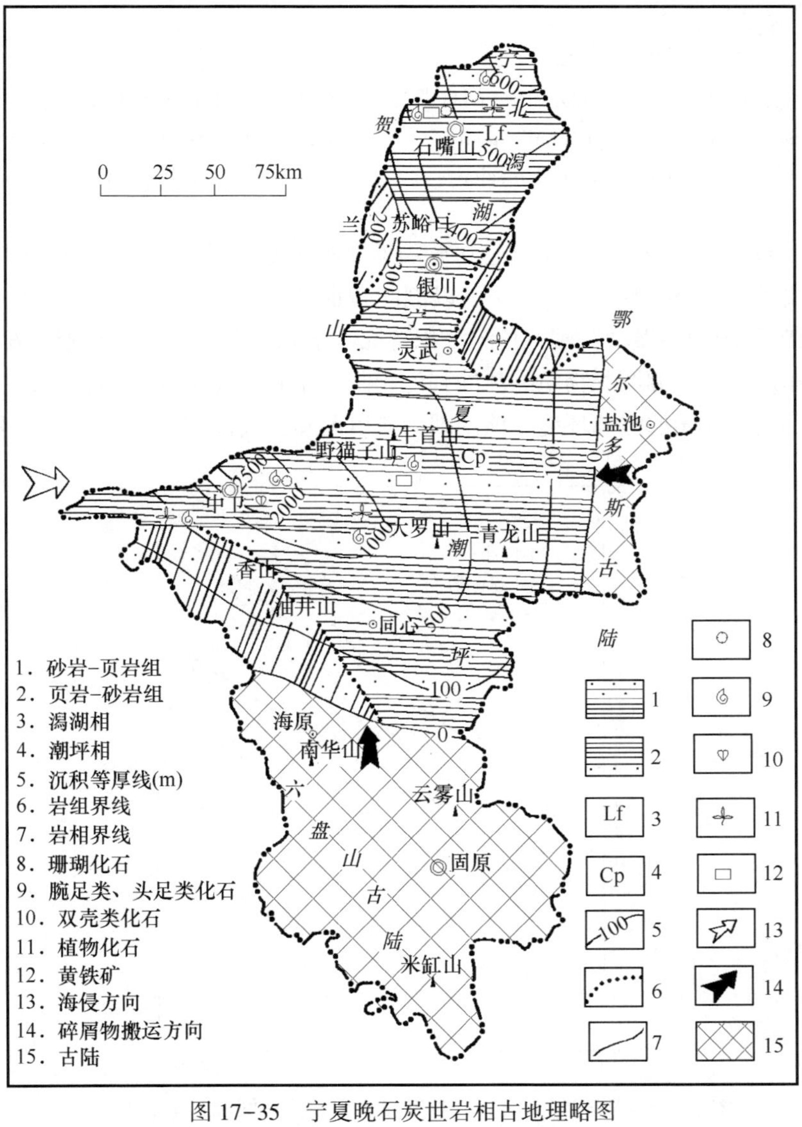

图17-35 宁夏晚石炭世岩相古地理略图

Fig. 17-35 Sedimentary facies and paleogeographic map of the Late Carboniferous Epoch in Ningxia

1. 潟湖相

大致分布于银川市以北。其岩石组合为页岩、粉砂岩、石英砂岩夹少量薄层灰岩。石英砂岩成分成熟度及结构成熟度较高，其下部（靖远组）粒基比略低，反映水动力作用较弱；上部（羊虎沟组）粒基比较高，分选、磨圆中等—较好，反映水动力作用较强。粉砂岩中含少量碳屑及细粒状菱铁矿。页岩呈深灰—灰黑色，普遍含炭质、菱铁矿结核，局部夹煤线，产腕足类、双壳类、腹足类化石，保存较好，属原地埋藏，并与植物化石同层产出。生物碎屑灰岩中含腕足类、头足类、腹足类、珊瑚、海百合茎等化石，多呈生物碎屑保存。粉砂岩、页岩具水平层理、微波状和透镜状层理；砂岩具板状斜层理及人字形层理（图 17-36）。具底冲刷及逆粒序层理（图 17-37）。

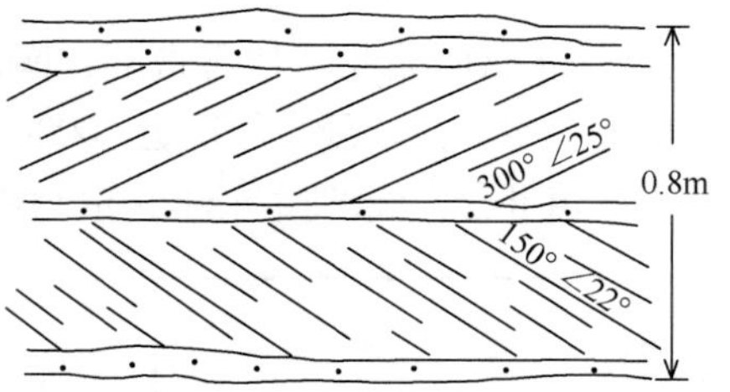

图 17-36　上石炭统石英砂岩中的人字形层理（胡鲁斯台）

Fig. 17-36　Sketch showing λ-type stratification of silicarenite of Upper Carboniferous in Hulusitai

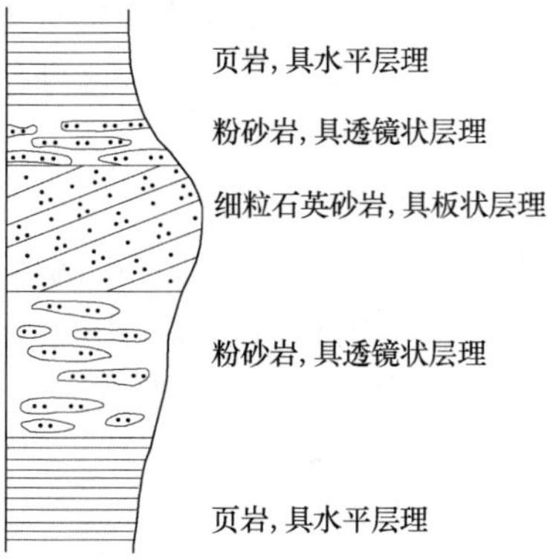

图 17-37　上石炭统上部之逆粒序层（胡鲁斯台）

Fig. 17-37　Sketch showing reversed graded bed of upper part of Upper Carboniferous in Hulusitai

经对石炭井、雀台沟及内蒙古乌海市乌达区晚石炭世砂岩进行薄片粒度分析，靖远组砂岩概率累积曲线特征有 5 种曲线类型（图 17-38），反映了以潮间带曲线为主的特点；羊虎沟组砂岩有 7 种曲线类型（图 17-39），反映了潟湖—堡坝及潮三角洲沉积特征。宁北潟湖是在潮坪基础上发展起来的，由于海岸前缘潮汐及波浪作用，将陆棚沉积物中的沙冲到海岸附近堆积，使潮滩不断扩大，加厚而起障壁作用，海水受障壁阻隔，形成半封闭的潟湖环境。该潟湖为滩后潟湖，或称障壁后受保护的潮坪（图 17-40）。

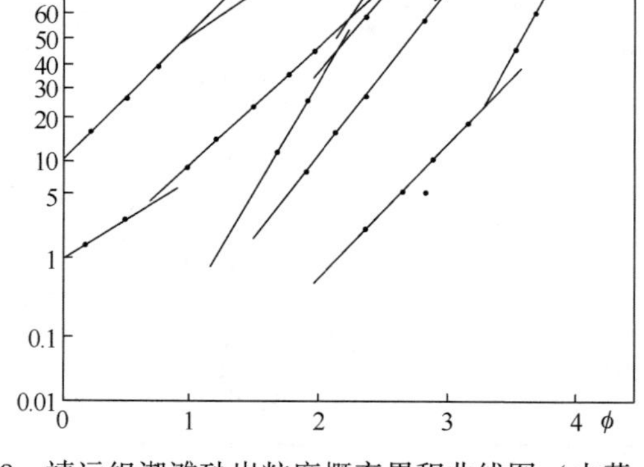

图 17-38　靖远组潮滩砂岩粒度概率累积曲线图（内蒙古乌达）

（据杨昌贵，1982）

Fig. 17-38　Probability cumulative curves plotted for tidal flat sandstone of the Jingyuan Formation in Wuda, Inner Mongolia

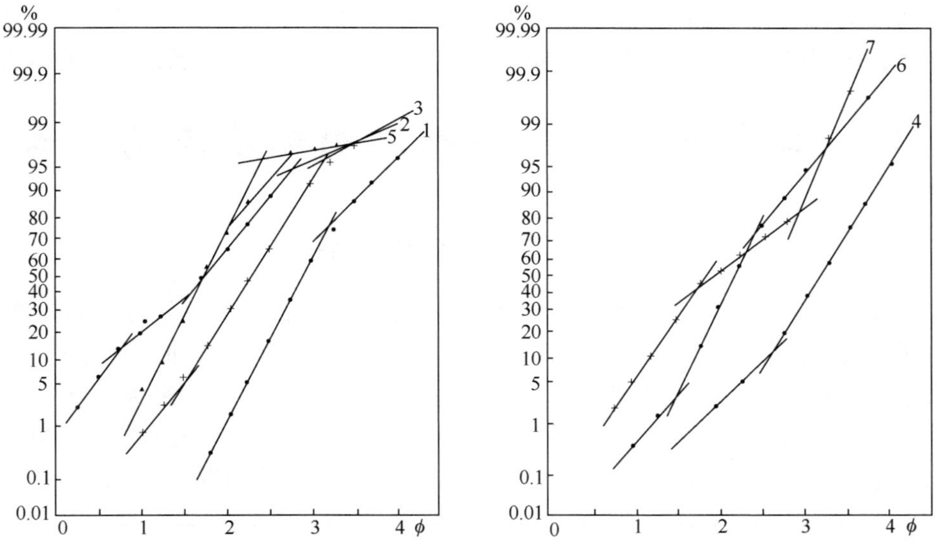

图 17-39 内蒙古乌达及雀儿沟剖面羊虎沟组潟湖—堡坝砂岩概率累积曲线图

（据杨昌贵，1982）

Fig. 17-39 Main logarithmic probability cumulative curves plotted for lagoon-barrier bar sandstone of the Yanghugou Formation in Que'ergou and Wuda, Inner Mongolia

1—细粒石英砂岩，波状层理，浅滩；2—粗粒岩屑石英砂岩，板状层理，潮三角洲；3—细粒石英砂岩，楔形层理，堡坝；4—中粒石英砂岩，潮河道；5—云母质石英细—粉砂岩，波状层理，潮沙洲；6—细粒岩屑砂岩，楔形层理，入潮口；7—中细粒砂岩，波潮作用带（雀儿沟剖面）

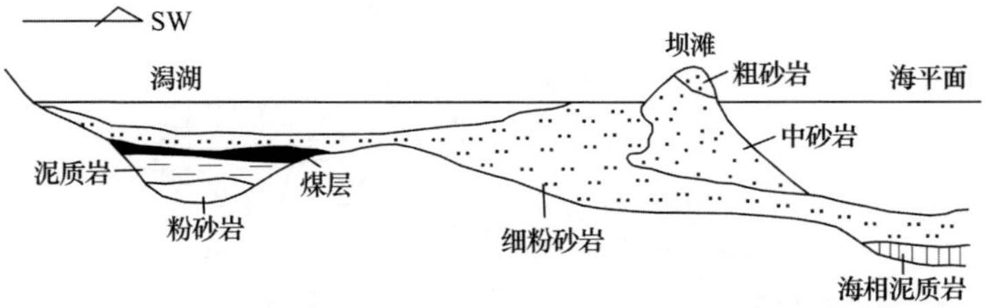

图 17-40 宁夏北部晚石炭世羊虎沟期沉积模式图

（据杨昌贵，1982）

Fig. 17-40 Sedimentary model of Late Carboniferous Yanghugou Stage in North Ningxia

2. 潮坪相

分布于银川市以南的广大地区。岩石组合为石英砂岩、粉砂岩、页岩夹少量灰岩及薄煤层。粉砂岩呈深灰色，局部含少量碳屑，反映了还原—弱还原的沉积环境。石英砂岩薄片粒度分析概率累积曲线（图 17-41）由跳跃、牵引总体组成。跳跃总体含量 60%左右，斜率 80°，分选好；牵引总体含量 40%左右，斜率约 48%，分选中等，与潮三角洲外的沙洲曲线可对比。粉砂岩、粉砂质页岩具微波状层理、透镜状层理及水平层理，层面上时有少量炭质薄膜，粉砂岩中含少量碳屑及结核状菱铁矿，海相动物与淡水双壳类和植物化石同层共生，反映了潮坪沉积特征。

由于古地貌的差异，在总的潮坪环境内，各地沉积特征尚有区别。苏峪口、鸳鸯湖一带，石英砂岩较发育，岩石粒基比较高，分选、磨圆较好，具直线型板状斜层理及海滩交错层理，砂体底部常有冲刷面，重矿物含量相对较高，局部地区见少量海绿石；灰岩含腕足类、头足类化石，保存较差，多呈碎片状；粉砂岩、页岩含较多的云母碎片，

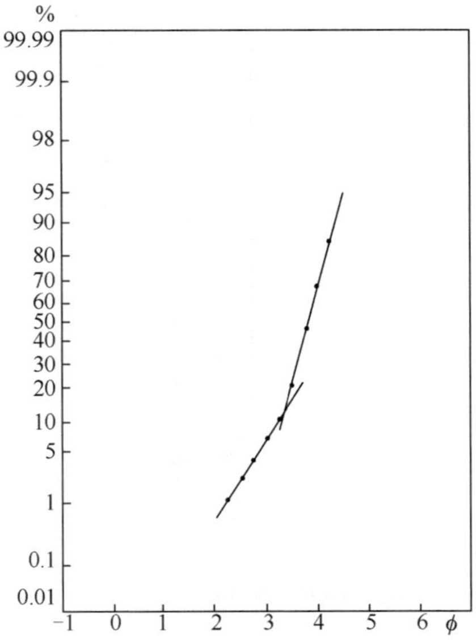

图 17-41 上石炭统石英砂岩粒度概率累积曲线图

（卫宁北山大石头井沟）

Fig. 17-41 Probability cumulative curves plotted for silicarenite of Upper Carboniferous in Dashitoujinggou

反映了水动力较强的浅滩沉积特点。西南部油井山、梁水园子一带缺失靖远组沉积，羊虎沟组厚度仅数十米至百余米，沉积物粒度较粗，以碎屑岩为主，夹粉砂岩、页岩，可能为靠近古陆的坝滩沉积。

第九节 二叠纪—早三叠世沉积环境与岩相古地理

一、早二叠世早期

早二叠世早期海侵进一步扩大，华北海与祁连海相连通，宁夏全区处于障壁海岸海水动荡不定、进退频繁、气候温暖潮湿的环境，有3个沉降幅度较大的地区：一为卫宁北山，呈近东西向展布，沉积最大厚度大于460m；二为大罗山东侧韦州一带，呈近南北向展布，沉积最大厚度600m左右；三为大武口北、北西及内蒙古胡鲁斯台、乌达一带，呈北东向展布，沉积最大厚度为400m左右。由南、西向北、东海水逐渐变浅，泥质物增多。早二叠世早期沉积相可划分为潮坪相和潟湖相（图17-42）。

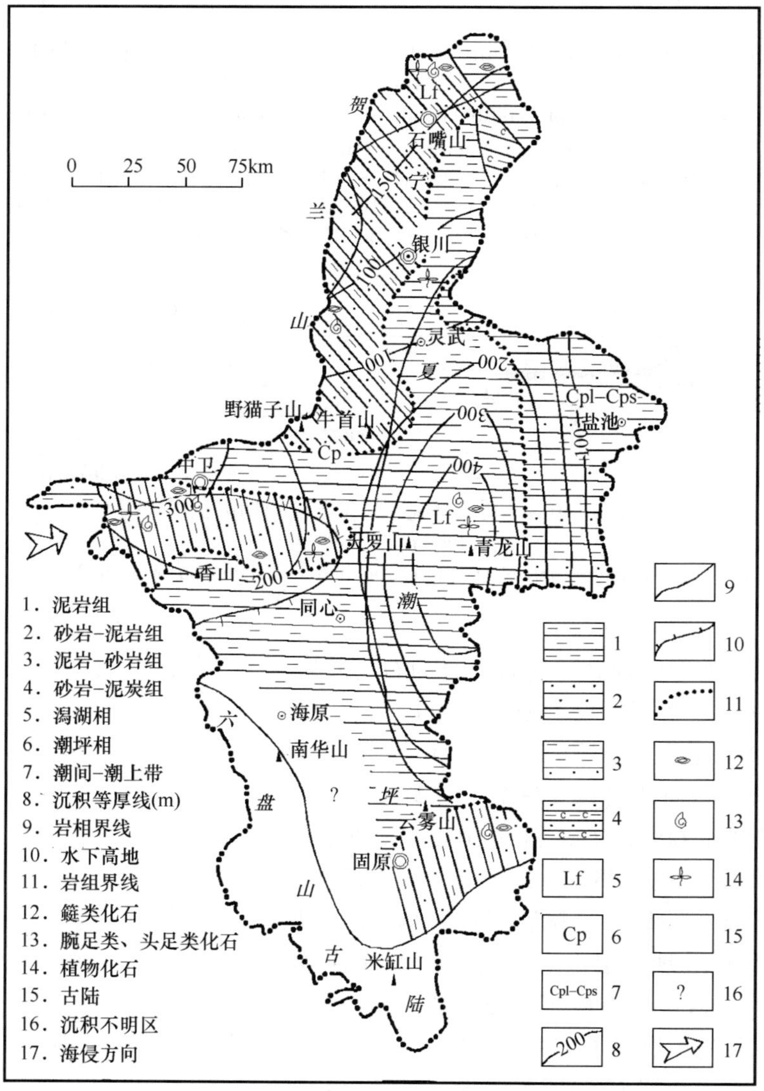

图17-42 宁夏早二叠世早期岩相古地理略图

Fig. 17-42 Sedimentary facies and paleogeographic map of the early stage of the Early Permian in Ningxia

1. 潟湖相

早二叠世早期宁夏有两个以潟湖相沉积为主的地区，即大武口和青龙山一带。大武口北西潟湖相区，大部分在内蒙古境内，与大武口北沉降中心一致，岩石组合以石英砂岩、粉砂岩、泥炭质岩为主，夹生物碎屑灰岩。剖面处以潟湖相为主，并与潮坪、三角洲相伴生。泥、页岩普遍含铁质及菱铁矿结核，具水平层理、微波状层理，含腕足类、海豆芽、双壳类、介形虫动物化石，化石种属单调，个体较小，保存尚好，属原地埋藏。炭质页岩和煤层中含大量植物化石。石英砂岩粒基比较高，呈颗粒支撑，具板状及槽状交错层理。薄片粒度分析概率累积图上有5种曲线类型（图17-43）。

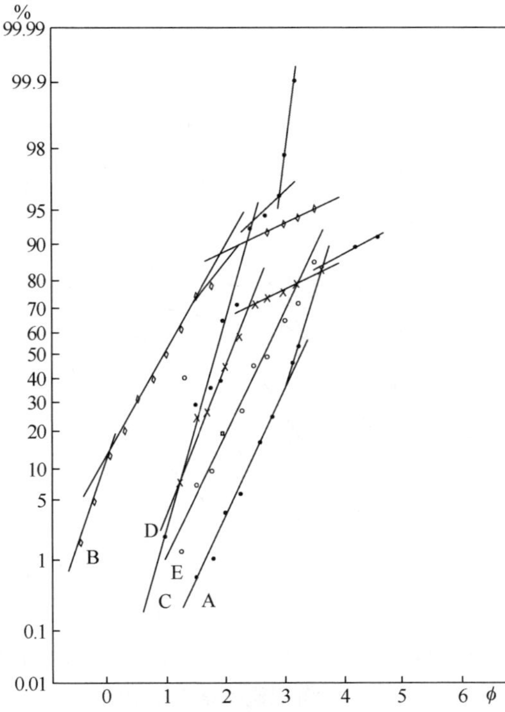

图17-43　太原组石英砂岩粒度概率累积曲线图（胡鲁斯台）

Fig. 17-43　Probability cumulative curves plotted for silicarenite of the Taiyuan Formation in Hulusitai

A型：由悬浮、跳跃2个总体组成。悬浮总体含量较低，斜率25°~30°，分选差。跳跃总体含量高达80%左右，具双跳跃特征，细跳跃段含量较低，斜率较高，分选较好；粗跳跃段含量高，斜率中等，分选中等。平均粒度3.15ϕ，标准偏差0.81。上述特征与我国舟山普陀岛现代潮间带曲线特征相似。

B型：由悬浮、跳跃2个总体组成。悬浮总体含量较低，斜率25°，分选差；跳跃总体含量高，具双跳跃特征，细跳跃段含量高，斜率较高，尤以粗段斜率更高，说明分选好，悬浮与跳跃间有明显的混合。悬浮部分粒度区间为2~3.5ϕ，跳跃部分为0.5~2ϕ，平均粒径为0.98ϕ。相应的岩石为含砾粗粒石英砂岩，具大型板状斜层理，底部为冲刷接触，可能为河口沙坝沉积。

C型：由悬浮、跳跃、牵引3个总体组成。悬浮总体粒度区间窄，跳跃部分斜率低，牵引部分含量较高。曲线特征说明水流较强，受波浪、潮汐流相互作用，可能为潮沙洲边部沉积。

D型：由悬浮、跳跃2段组成。悬浮总体含量低，斜率25°~30°，分选差；跳跃总体含量70%，斜率65°，分选较好。平均粒度2.47ϕ，标准偏差1.29，与标准河流曲线相似，不同的是细截点偏粗，故应为潮渠或潮汐通道沉积。

E型：由单一的跳跃总体构成，粒度区间为1.25~3.5ϕ，斜率63°，分选较好。相应的岩石为细粒石英砂岩，常与煤共生，组成煤层顶板，故可能为潮滩或天然堤沉积。

生物碎屑灰岩异化粒主要为生物碎屑，有腕足类、双壳类、珊瑚、䗴类、苔藓虫、有孔虫等化石，广盐性与窄盐性生物共生。剖面上部具明显的三元结构（图17-44）。下部（Ⅰ）为前三角洲泥，主要为页岩、粉砂质页岩夹粉砂岩、透镜状生物碎屑灰岩，含腕足类等化石，具水平层理、微波状层理。中部（Ⅱ）为三角洲前缘砂，主要以细粒石英砂岩为主，具向上变粗的逆粒序沉积，发育直线型板状斜层理，砂岩粒度分析概率累积曲线图上（图17-45），悬浮总体含量20%~40%，斜率10°~20°；跳跃总体含量30%~70%，斜率50°~70°；牵引总体不发育。细截点位置为1~3.5ϕ，粗截点位置为0.5~1ϕ，为三角洲前缘砂曲线类型。据钟蓉、陈钟惠等对胡鲁斯台及杨昌贵（1981）对鄂尔多斯北部山西组沉积相的研究，三角洲相可进一步分为三角洲分支河道，三角洲分流席状砂等沉积。上部（Ⅲ）为三角洲平原沼泽，主要为黑色页岩、煤层，具水平层理，含植物化石及菱铁矿结核。东部横山堡钻孔剖面下二叠统太原组上部也具三角洲相沉积特征（图17-46）：前三角洲泥（A）产腕足类化石；三角洲前缘砂（B）具波状层理，粒度向上变粗；三角洲平原沼泽（C）含煤层、植物化石及菱铁矿结核。三角洲相常与潮坪、潟湖相伴生，三角洲平原沼泽相中煤层厚度较大。

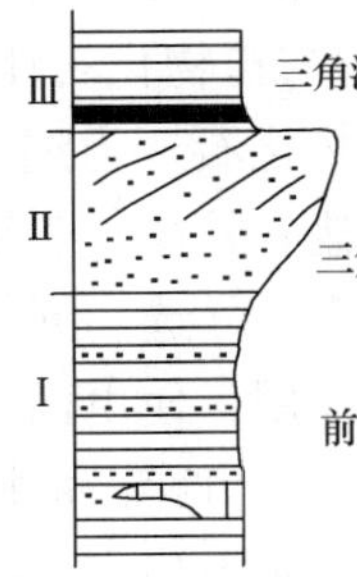

图17-44　太原组上部三角洲相沉积序列（胡鲁斯台）

Fig. 17-44　Sequence of delta facies deposit of the Taiyuan Formation in Hulusitai

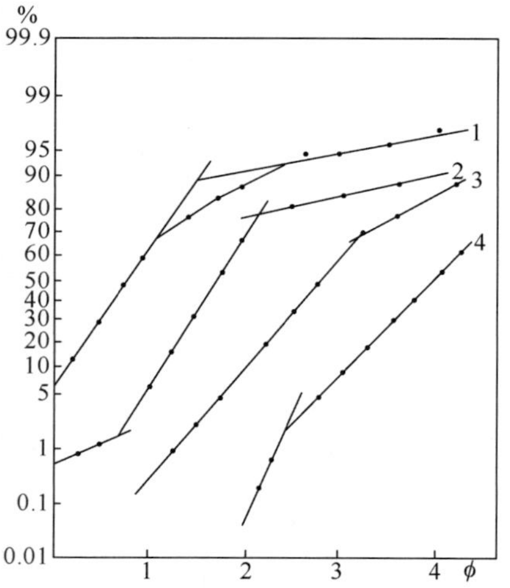

图 17-45　内蒙古乌达下二叠统太原组上部三角洲前缘砂沉积概率累积曲线图

（据杨昌贵，1981）

Fig. 17-45　Probability cumulative curves plotted for delta front sand deposit of the upper part of the Taiyuan Formation in Wuda

1—河口坝；2—沙坝前缘；3—沙坝斜坡；4—远沙坝

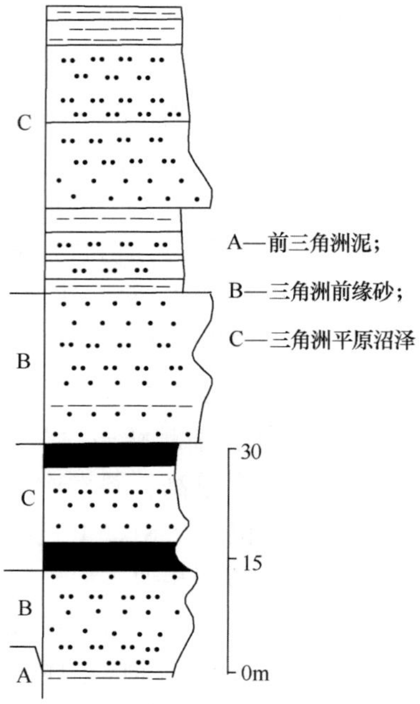

图 17-46　灵武市横山堡 105 孔下二叠统太原组三角洲沉积特征图

（据杨昌贵，1981）

Fig. 17-46　Sketch showing characteristics of delta deposit of the Taiyuan Stage in drill hole No. 105, Hengshanpu, Lingwu

青龙山潟湖相区与青龙山沉积中心一致，呈南北向展布。潟湖相与潮坪相、泥炭沼泽相共生，具有沉积粒度细、厚度大的特点。岩性为深灰色页岩、粉砂质页岩、粉砂岩夹少量细粒石英砂岩。泥质岩中含黄铁矿、菱铁矿结核，局部含沥青质，产植物及小个体腕足类化石，具水平层理。潟湖相顶底多为潮滩细粒石英砂岩，局部含石英细砾石及铁质结核，具板状斜层理。少数发育泥炭—沼泽相的煤层沉积。

2. 潮坪相

主要发育于中卫、牛首山及贺兰山中段、南段一带。岩石组合为泥岩-砂岩及砂岩-泥岩，岩相组合以潮坪相为主，次为潟湖沼泽相。由下到上为潮汐沙坝—潮下坪—潮间坪—潮上潟湖—沼泽沉积（图 17-47）。中细粒石英砂岩多为块状构造，局部具板状斜层理。概率累积曲线由跳跃、悬浮 2 段组成，悬浮总体含量约占 15%，斜率 15°；跳跃总体含量占 85%，斜率 62°。截点为 2.4ϕ，与潮渠沉积曲线特征相似。泥岩、页岩、粉砂岩具水平层理、透镜状层理、微波状层理。单梁山一带，为水下隆起间的潮汐通道，碎屑岩发育，岩石粒基比较高，见海相腕足类、双壳类动物化石与植物化石伴生，为潮间坪沉积。黑色炭质页岩中含菱铁矿结核、黄铁矿结核，具水平层理，富含植物化石，为潟湖—沼泽沉积。东部盐池一带下二叠统下部具有向上变粗的逆粒序，碎屑岩发育，碳酸盐岩较少，表现了三角洲相沉积特征。贺兰山中段苏峪口一带沉积物粒度较粗，砂岩含较多的云母片，分选、磨圆中等—较好，可能为以沙坝为主的沉积。香山、野猫子山一带由于水下高地起了障壁作用，使由西向东入侵的海水受阻，造成了障壁后的潮坪及韦州潟湖的形成。香山水下高地基底起伏不平，西部油井山、梁水园子地区沉积厚度一般为 120m 左右。沉积物较粗，泥质岩不发育，所夹煤层薄而不稳定，生物化石稀少，并以植物化石为主，可能为高地上的砂质浅滩沉积。

综上所述，宁夏早二叠世早期有 3 次海侵海退，构成 3 个完整的沉积旋回，由于海水由西向东入侵，沉积相由西向东分别为潮坪相（潮间、潮下带）—潟湖沼泽相—潮间、潮上带。

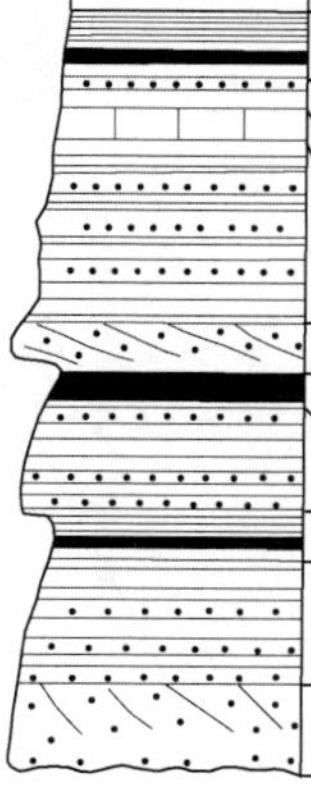

地层岩性柱	岩　性	沉 积 构 造	微　相
	页岩、煤	水平层理、铁质结核、植物化石	潟湖-沼泽
	粉砂岩、页岩	水平、透镜状层理	潮　间
	灰岩	腕足类、珊瑚等化石	潮　下
	粉砂岩、页岩	微波状、透镜状层理	潮间坪
	长石石英砂岩	板状层理	潮下坪
	页岩、煤	铁质结核、植物化石	潟湖-沼泽
	长石石英砂岩	微波状层理	潮间坪
	页岩、煤	铁质结核	潟湖-沼泽
	粉砂岩、页岩 长石石英砂岩	微波状、透镜状层理	潮间坪
	长石石英砂岩	板状层理	潮下坪、潮渠

图 17-47　中卫市下河沿太原组下部潮坪沉积柱状示意图

Fig. 17-47　Columnar sketch showing tidal deposit of the lower part of the Taiyuan Formation in Xiaheyan, Zhongwei

二、早二叠世晚期—中二叠世早期

早二叠世早期末地壳缓慢抬升，海水逐渐退却，宁夏全区开始陆相碎屑岩沉积，早二叠世晚期—中二叠世早期的沉积物可划分如下沉积相（图 17-48）。

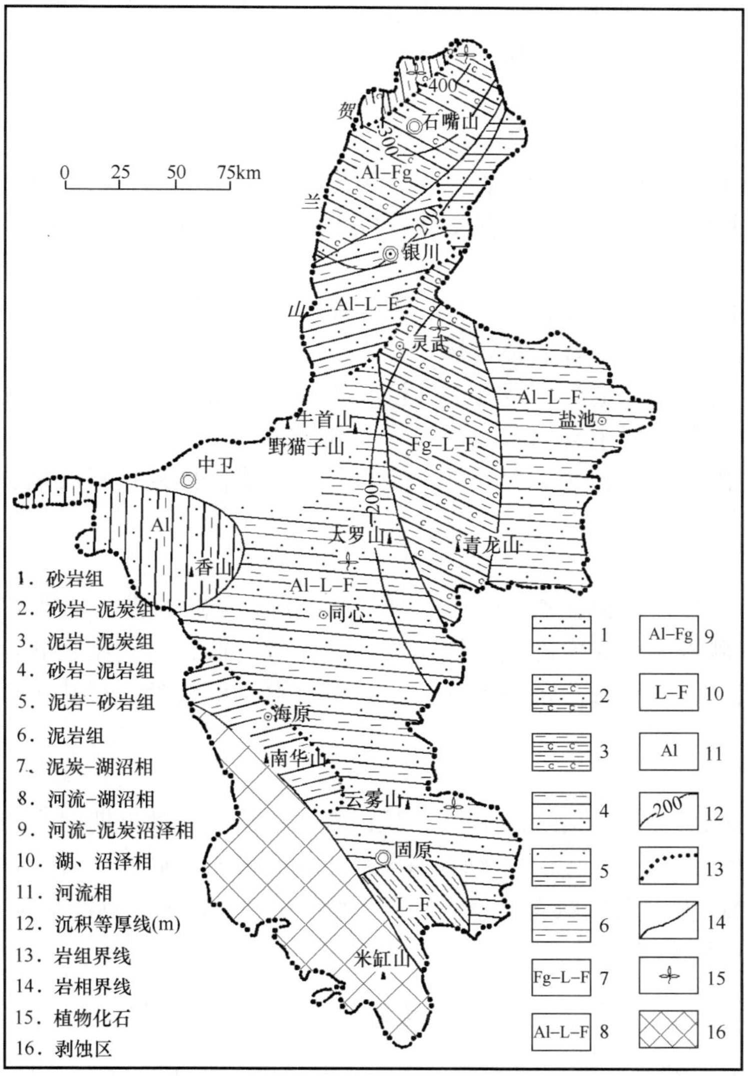

图 17-48　宁夏早二叠世晚期—中二叠世早期岩相古地理略图

Fig. 17-48　Sedimentary facies and paleogeographic map of the late stage of Early Permian–early stage of Middle Permian in Ningxia

1. 河流—泥炭沼泽相

分布于大武口、石嘴山一带。岩石组合为砂岩-泥岩或泥岩-砂岩-泥炭，砂泥岩比为1∶2~1∶8。山西组砂岩成分成熟度及结构成熟度低，具板状斜层理，薄片粒度分析概率累积曲线图上具悬浮、跳跃2段。悬浮总体含量低，斜率小，分选差；跳跃总体含量高，斜率较大，分选较好。悬浮总体与跳跃总体间有混合现象，可能为河道砂沉积曲线（图17-49）。据杨昌贵（1982）对沙巴台、石炭井砂岩粒度的分析资料，主要为支河道、河口坝曲线类型。底部粗砂岩有时含砾，呈透镜状分布，并含有碳屑，具底冲刷及板状斜层理，为河床滞留沉积。粉砂岩具微波状层理及虫迹。炭质页岩具水平层理，产植物化石，夹煤层并含菱铁矿结核、属湖泊—泥炭沼泽沉积。岩层具砂岩—粉砂岩—炭质页岩—煤层韵律层序，反映了河床—边滩—河漫—湖—沼泽沉积相序。下石盒子组砂岩中长石显著增多，据石炭井、沙巴台砂岩薄片粒度分析，属曲流河道曲线。上述资料表明早二叠世晚期为河流—泥炭沼泽沉积；中二叠世早期以河流为主夹少量湖沼泽沉积，同时气候由温暖潮湿逐渐转向干燥炎热。

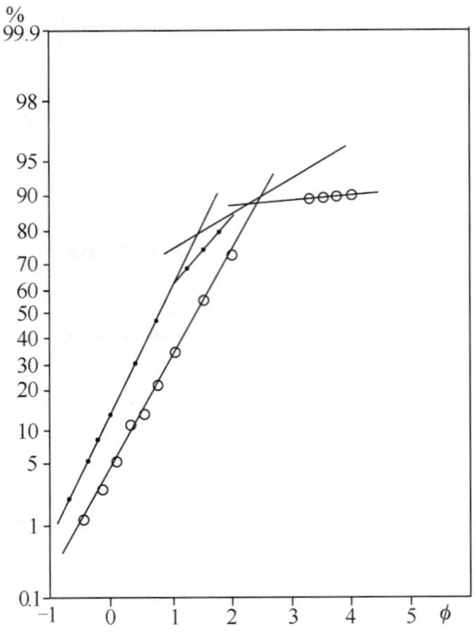

图17-49 早二叠世河道砂概率累计曲线图（胡鲁斯台）

Fig. 17-49 Probability cumulative curves plotted for fluvial sand of Early Permian in Hulusitai

2. 湖泊—沼泽相沉积

分布于固原市原州区以南，主要为泥岩组合，砂泥岩比为1∶2~1∶8，具韵律沉积。砂岩中具板状斜层理，粉砂岩、页岩具水平层理，偶见菱铁矿结核，产植物化石，有薄煤层及煤线。

3. 河流—湖泊相

分布于大罗山—南华山一带及东部盐池地区。岩性组合以砂岩、粉砂岩、炭质页岩为主夹少量煤层、煤线。盐池地区砂岩中普遍含碳屑，仅有少量煤线。大罗山—南华山一带，以砂岩—泥岩组合为主，次为泥岩—砂岩组合。砂岩中具板状斜层理。南华山一带主要为粉砂岩、砂质页岩夹细砂岩、炭质页岩。粉砂岩中含白云母较多，具微波状层理，页岩具水平层理，产植物化石。银川市一带砂岩、粉砂岩发育，并富含云母片，部分含炭质，具板状斜层理、微波状层理，以河流相沉积为主。

4. 河流相

分布于香山地区，具由下到上变细的韵律层序，底部为粗砂岩、含砾砂岩，多呈透镜状分布，具底冲刷接触。砂岩成分成熟度低，结构成熟度中等—低，具大型板状斜层理。粉砂岩、砂质泥岩具微波状层理，偶见干裂。每一韵律层一般为数米至十数米，反映了以河流相沉积为主的特征。

5. 泥炭—湖沼相

分布于灵武、青龙山一带，呈南北向展布。该区继承了早二叠世早期湖泊沉积，只是水体变浅，植物繁茂，以湖沼沉积为主。岩性为中、细粒石英砂岩、长石石英砂岩、粉砂岩、炭质页岩夹煤层，粒度由下而上逐渐变细。砂岩具板状斜层理，页岩具水平层理，粉砂岩具沙纹层理，含植物化石及黄铁矿结核，夹炭质页岩及3~5层煤。

三、中二叠世晚期—早三叠世

中二叠统上部—下三叠统分布于贺兰山、灵武、青龙山、盐池及香山一带，可划分为2个沉积相（图17-50）。

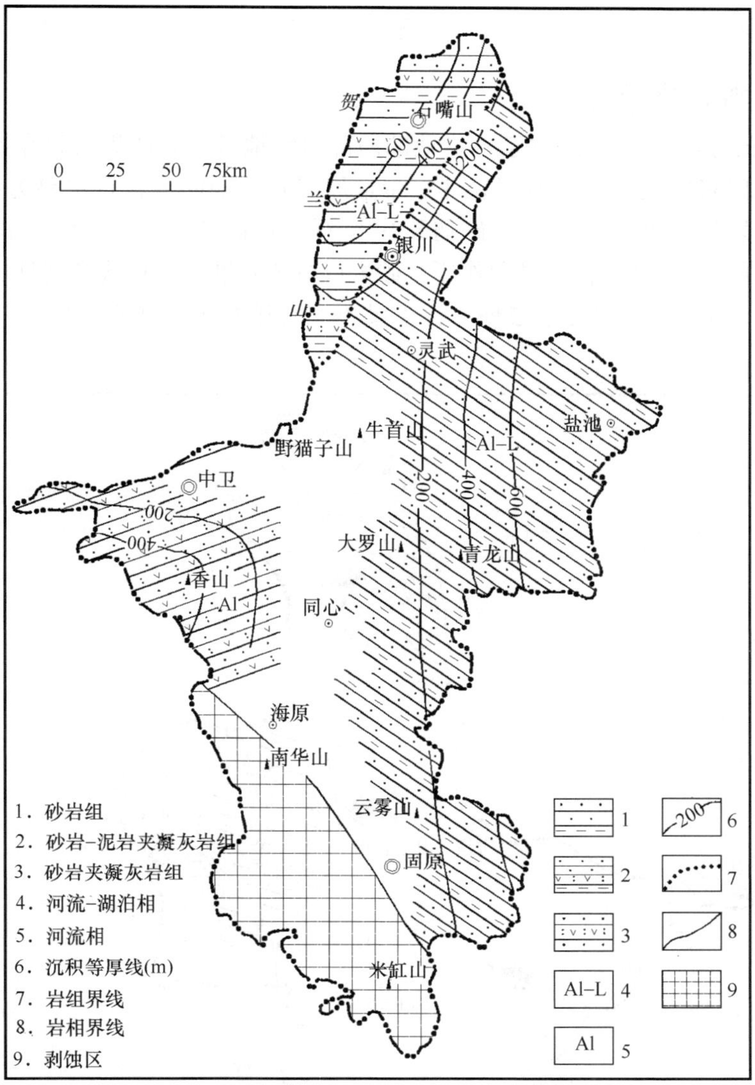

图 17-50 宁夏中二叠世晚期—早三叠世岩相古地理略图

Fig. 17-50 Sedimentary facies and paleogeographic map of the late stage of the Middle Permian-Early Triassic Epoch in Ningxia

1. 河流相

分布于香山地区，主要为杂色碎屑岩。其中岩屑、长石含量较高，具砂岩—粉砂岩韵律层序，单个韵律层厚数米至数十米。粗粒砂岩底部具冲刷现象；中、细粒砂岩成分成熟度及结构成熟度低，具直线型板状斜层理；粉砂岩不显层理或局部具微波状层理。梁水园子、油井山等地岩性变粗，下部为透镜状砾岩。

2. 河流—湖泊相

分布于贺兰山及灵武至云雾山以东，以杂色碎屑岩为主夹泥岩。碎屑岩中长石、岩屑含量较高，具砂岩—粉砂岩—泥岩韵律沉积。砂岩中含较多的云母片，其成分成熟度、结构成熟度低，具板状、槽状交错层理；砾岩、砂砾岩呈透镜状断续分布，底部具冲刷接触；泥岩中偶见植物化石。为干旱、炎热气候下的河流沉积。

第十节 中—晚三叠世沉积环境与岩相古地理

中三叠世初，宁夏东部鄂尔多斯盆地西缘、北部贺兰山和西部香山南—甘塘一带发育 3 个边缘坳陷盆地，接受了中、晚三叠世陆相碎屑岩沉积。

一、中三叠世

（一）鄂尔多斯盆地西缘

宁夏东部当时处于鄂尔多斯（陕甘宁）盆地的西部边缘地带。其西界大致在灵武—青龙山—彭阳一线，沉积厚度由西向东增大，在盐池摆晏井一带最厚可达1000m。岩石主要为杂色碎屑岩夹泥岩，具砂岩—粉砂岩—泥岩组合及韵律层序。碎屑岩中长石含量高达25%~35%，最高45%；岩屑含量10%~30%，反映了强烈的剥蚀和快速堆积作用。砂岩成分成熟度及结构成熟度低，局部含砾，含泥岩碎块及砂质结核（砂球），具大型交错层理，含少量不完整植物根茎化石，为干热气候下的河流—湖泊相沉积（图17-51）。

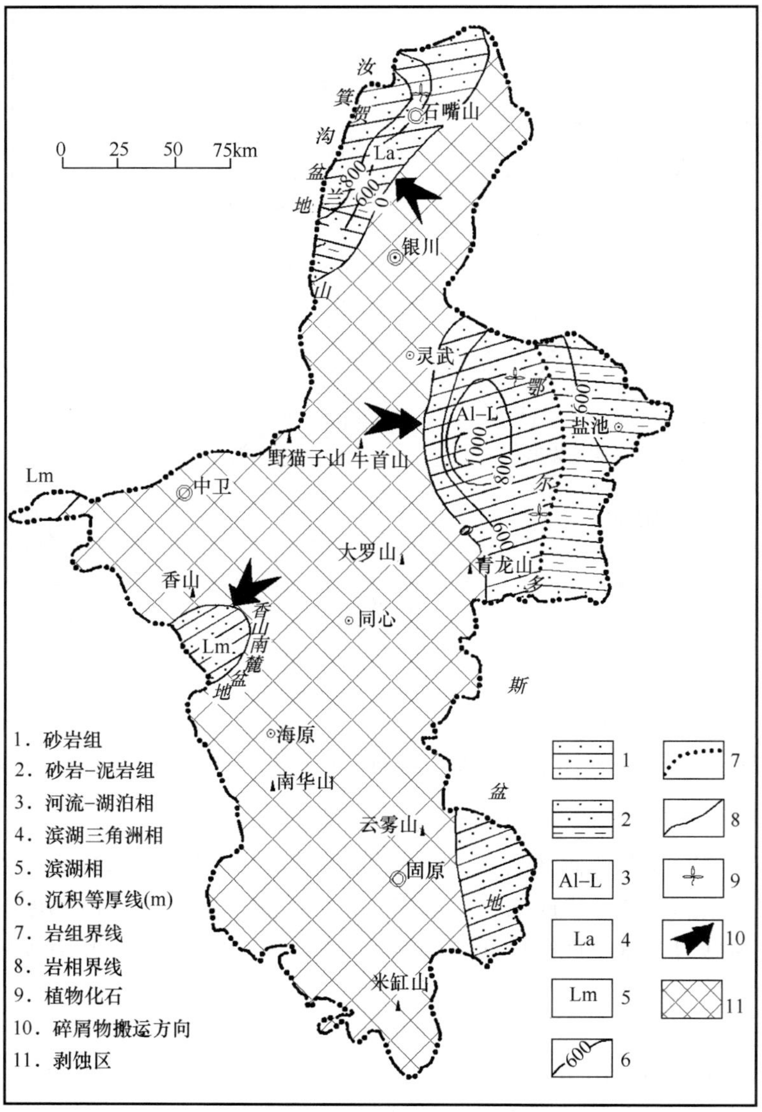

图17-51 宁夏中三叠世岩相古地理略图

Fig. 17-51 Sedimentary facies and paleogeographic map of the Middle Triassic Epoch in Ningxia

（二）贺兰山汝箕沟盆地

该盆地分布于贺兰山中、北段。跨宁夏、内蒙古两自治区，东部边界大致在石嘴山—大武口—苏峪口一带，沉积最厚达1200m，岩性组合较单调，为一套碎屑岩沉积，在垂直层序上具有下细上粗特征。下部以中细粒砂岩为主夹少量粉砂岩；上部砂岩粒度变粗，并出现较多的砾岩夹层（图17-52）。盆地东部大武口一带岩石颜色较深，以紫红色为主；向西到汝箕沟及内蒙古磨盘山一带，灰绿色调增多；向南至苏峪口一带，粉砂岩、泥质岩增多，未发现生物化石。该地区应为干燥气候条件下的湖滨三角洲沉积。盆地北东石嘴山一带粒度变粗，可能为三角洲顶积层；向南西粉砂岩、泥质岩夹层及灰绿色调增多，可能为前积层。

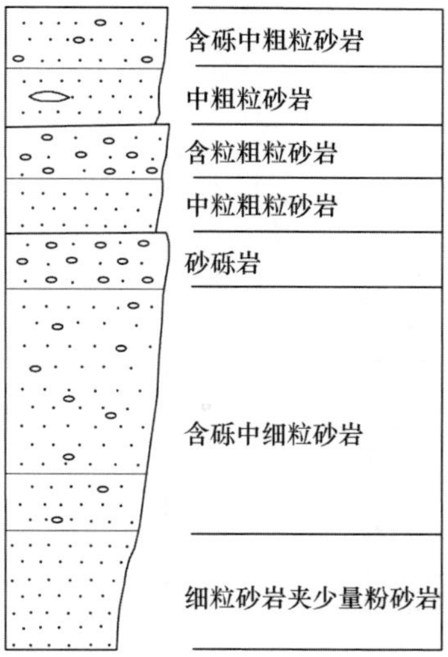

图 17-52 中三叠统二马营组之逆粒序示意图（石炭井西沟）

Fig. 17-52 Sketch showing reversed sequence of the Middle Triassic Ermaying Formation in Xigou, Shitanjing

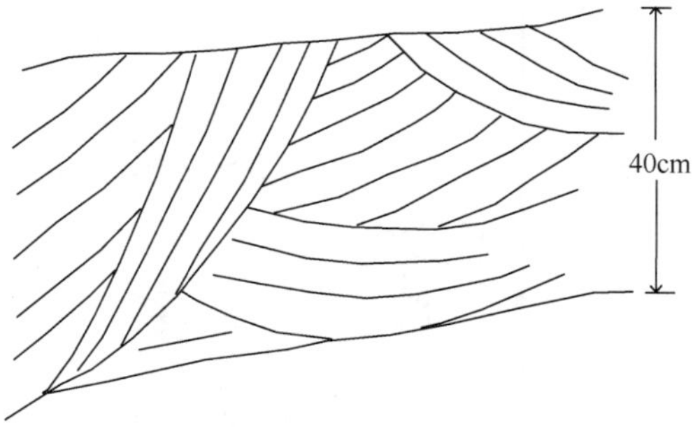

图 17-53 五佛寺组紫红色粉砂岩中之槽状交错层理（营盘水西）

Fig. 17-53 Sketch showing troughlike cross stratification of purplish red siltstone of the Wufosi Formation, northwest of Yingpanshui

（三）香山南麓盆地

宁夏仅属该盆地的东部边缘，沉积厚约 900m。岩性组合较简单，为一套紫红、浅绿色碎屑岩。中粗粒砂岩成分成熟度及结构成熟度低，具砂球构造及交错层理（图 17-53）；粉砂岩中含钙质结核及槽状交错层理。生物化石罕见，局部细砂岩透镜体中磁铁矿、锆石、独居石等重矿物含量较高。其可能为水动力条件较复杂的湖滨沉积。

二、晚三叠世

晚三叠世的沉积盆地与中三叠世基本一致（图 17-54）。

（一）鄂尔多斯盆地西缘

上三叠统为一套杂色碎屑岩夹泥岩。砂岩中长石含量高达 25%~50%，成分及结构成熟度较低，其中锆石、独居石等重矿物含量较高。晚期有深灰—灰黑色页岩沉积。其岩性总的特征是：由下到上粒度变细，上部粉砂岩、页岩增多，并具韵律层序，底部具冲刷接触。砂岩含云母片较多，具板状斜层理、槽状交错层理；泥岩、页岩中含较丰富的植物及介形虫、鱼类等淡水动物化石，具水平层理。在马家滩南侧井下含透镜状泥灰岩及薄煤层、煤线。以上表明晚三叠世早期以河流沉积为主，晚期为浅湖沉积，局部为湖沼沉积；古气候由干热转入温暖潮湿；空间上由西向东厚度增大、粒度变细，泥岩、页岩及有机碳含量增多，颜色变深，出现煤线，说明盆地中心在东部且愈向西愈近盆地边缘。

（二）贺兰山汝箕沟及香山南麓盆地

这两个盆地沉积特征、沉积相基本一致。岩性为砾岩、砂砾岩、长石砂岩、岩屑长石砂岩、长石石英砂岩、粉砂岩及泥岩、页岩，具下粗上细的韵律层序，含有机质、煤线、植物化石和双壳类。砂岩多为灰紫、黄绿色，页岩为深灰—灰黑色，具水平层理。为河流（早期）—湖泊（晚期）相沉积，气候由干热变为温湿。

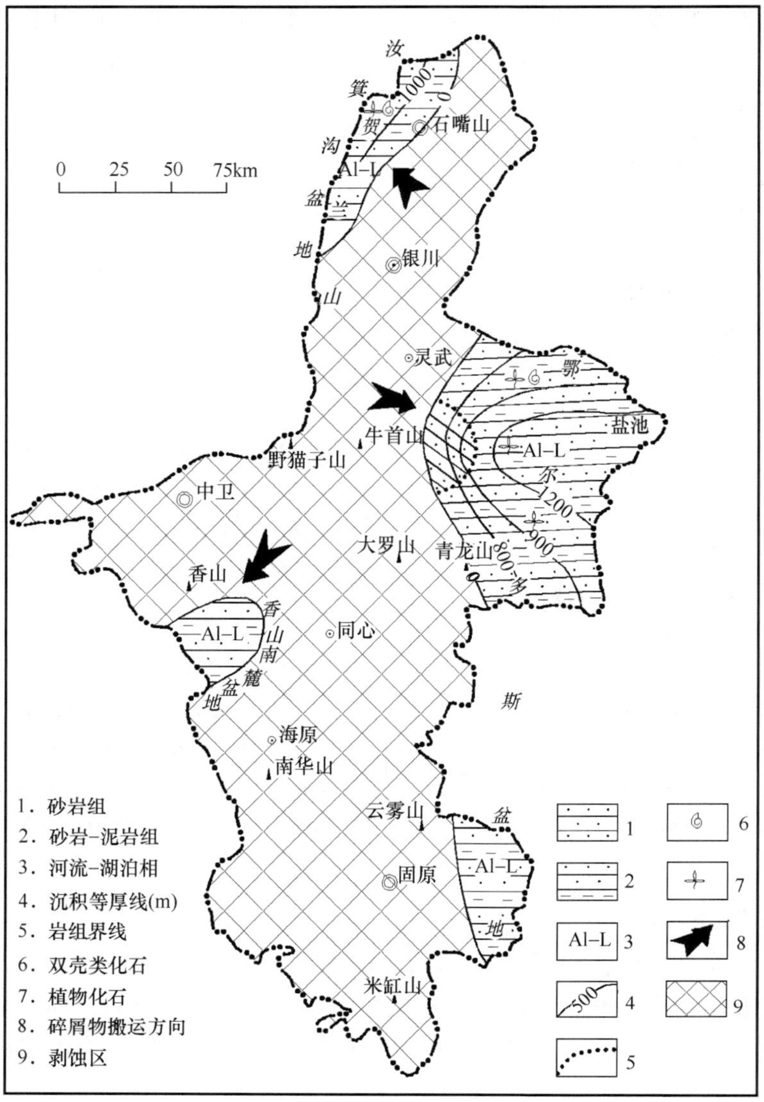

图 17-54 宁夏晚三叠世岩相古地理略图

Fig. 17-54 Sedimentary facies and paleogeographic map of the Late Triassic Epoch in Ningxia

第十一节 侏罗纪沉积环境与岩相古地理

侏罗纪沉积盆地可分为两种类型，一类属继承性坳陷盆地，如鄂尔多斯盆地、贺兰山汝箕沟盆地，其特征为：基底为上三叠统延长群，并与中侏罗统有沉积间断，沉积厚度较大，物质组分较细，成煤条件较好；另一类属新生断陷、山前坳陷或山间盆地，如贺兰山南段的新井盆地、香山南麓下流水盆地、窑山盆地和炭山盆地，其特征为：基底较复杂（有下古生界及中、新元古界），盆地范围小，沉积厚度薄且变化较大，物质组分较粗，含煤性差。上述两种类型盆地沉积特征，虽有一定差异，但沉积时的古气候条件基本一致（图 17-55）。

一、中侏罗世延安期

（一）鄂尔多斯盆地西缘

其岩性组合为砂岩—泥岩。灵武、盐池地区为碎屑岩夹泥岩、炭质页岩及煤层，底部为透镜状砾岩。石沟驿一带岩屑长石砂岩较发育，砂岩成分成熟度及结构成熟度低，长石及岩屑含量较高，具大型板状、槽状交错层理，部分砂体呈透镜状分布，缺乏动、植物化石。透镜状砾岩或含砾砂岩底部具

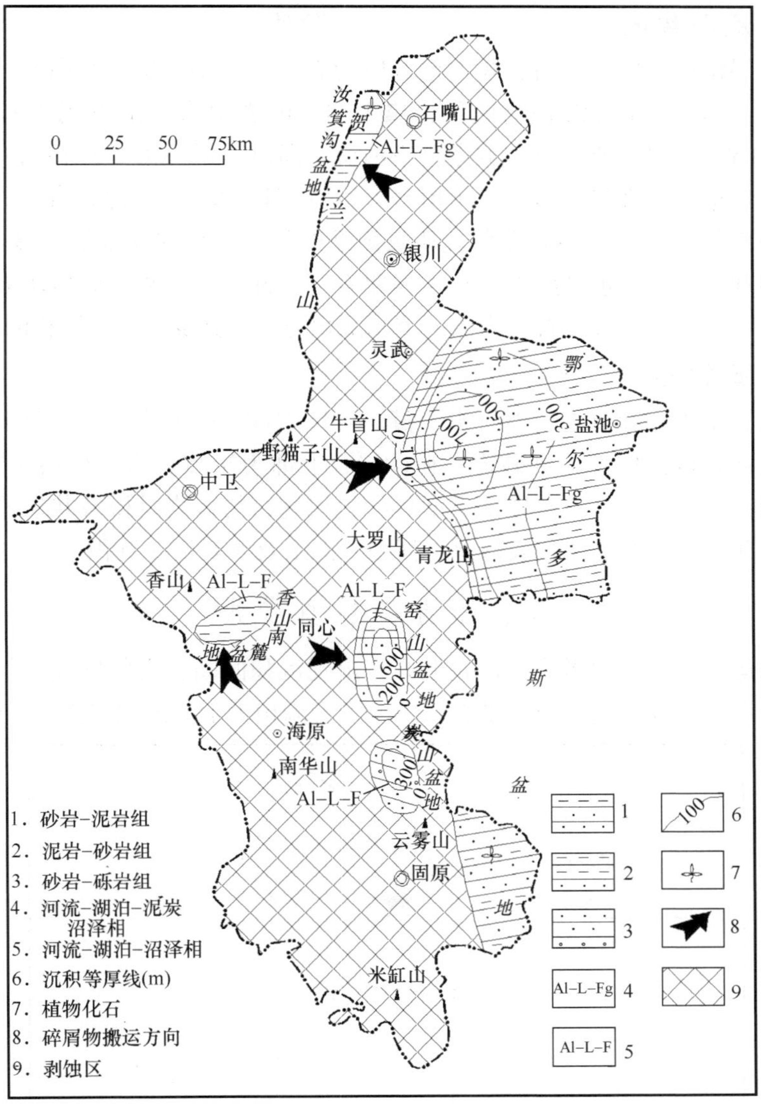

图 17-55　宁夏中侏罗世延安期岩相古地理略图

Fig. 17-55　Sedimentary facies and paleogeographic map of the Middle Jurassic Yan'an Stage in Ningxia

冲刷现象；泥岩、粉砂岩夹层具小型沙纹层理，产植物化石。晚期沉积物具韵律结构。韵律下部为砂岩，不具层理或偶见小型板状斜层理，粉砂岩、泥岩偶见小型沙纹层理，产植物根、叶化石；韵律层上部为炭质页岩、粉砂岩夹煤层，具水平层理，含黄铁矿结核及丰富的植物化石。表明中侏罗世延安期以河流—湖沼相沉积为主，晚期夹泥炭沼泽沉积，沉积相序由下到上为河床—河漫—沼泽—泥炭沼泽相，气候转为温暖潮湿。

(二) 贺兰山汝箕沟盆地

位于贺兰山中北段，盆地范围较晚三叠世缩小，岩石组合为泥岩—砂岩，沉积厚度 250~415m，向盆地边缘逐渐变薄。汝箕沟地区发育有砂岩—粉砂岩—页岩—煤层韵律。砂岩具板状斜层理，并有大型多丛系板状斜层理及槽状交错层理；粉砂岩中含炭质，局部显水平层理及微波状层理，含植物化石碎片；页岩普遍含炭质，具水平层理，在煤层之下常发育植物主根，根长 20~30cm，煤层之上炭质页岩中含丰富的碳化植物碎片或完整叶片，反映了河流、湖泊及煤炭沼泽相沉积特征，其中以后两相最发育。贺兰山雀台沟地区中侏罗统延安组粒度变粗，出现砾岩夹层，页岩不发育，未见煤层。由下到上具砾岩—砂岩—粉砂岩—页岩韵律。砾岩底部有冲刷面；砂岩中发育多丛系板状斜层理，层系厚 20~40cm，具不对称波痕，粒度分析概率累积曲线反映为河道沉积特征；粉砂岩中具微波状层理；页岩具水平层理。每一韵律由下到上为河床滞留—河床—河漫或河床—河漫沉积。

（三）窑山、炭山盆地

根据岩性及基底层位的差异，窑山、炭山地区应为 2 个独立小盆地。窑山盆地沉积最厚达 790m，炭山盆地沉积厚 85～704m。前者沉积物较细，属泥岩—砂岩组合，由下到上具砂岩—粉砂岩—页岩（煤层）的韵律层序，反映了在温湿气候条件下河流—湖沼（泥炭沼泽）相的沉积特征，晚期砂岩增多，表明在地壳震荡运动的进程中不断有所抬升。后者沉积物较粗，为砂岩—砾岩—泥岩组合，剖面下部粒度较粗；中部粒度变细，并有黑色炭质页岩及煤层，呈韵律状互层。砂岩中具板状斜层理，粉砂岩具小型沙纹层理，页岩具水平层理，产植物化石；上部粒度变粗，砂岩增多，局部夹含炭质的粉砂岩、泥岩，砂岩中板状斜层理发育。为以河流相沉积为主，夹少量湖、沼相的沉积。

（四）香山南麓盆地

分布于香山南麓石堡子、麻黄沟、下流水一带。岩性为砂岩—泥岩组合，具韵律层序。韵律下部为中、粗粒砂岩，局部含砾；中部为细砂岩、粉砂岩；上部为炭质页岩、煤层。单个韵律厚数十米。中粗粒砂岩具大型板状斜层理，细粒砂岩具小型板状斜层理，粉砂岩具微波状层理。炭质页岩中含菱铁矿结核，富产植物化石。每个韵律代表河道—河漫—湖沼及泥炭沼泽沉积。

二、中侏罗世直罗期

延安期末受燕山运动第Ⅱ幕的影响，地壳上升，出现沉积间断，古气候逐渐趋于炎热，改变了延安期温暖潮湿气候及湖沼相发育的古地理景观，出现以河流相为主的沉积（图 17-56）。

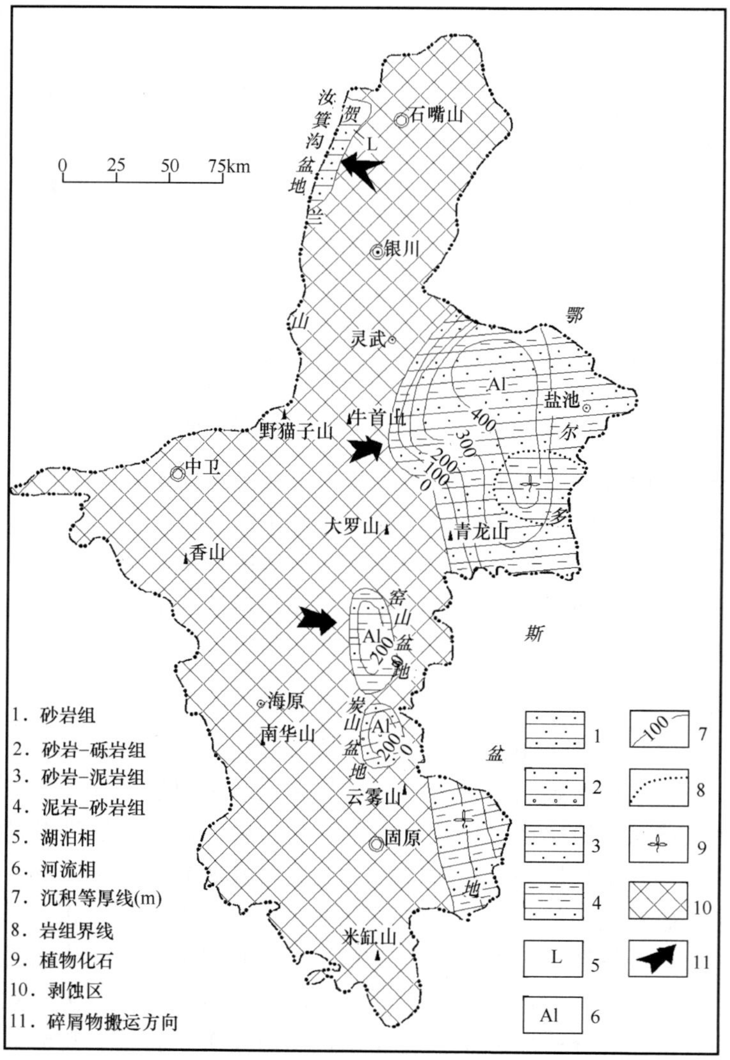

图 17-56 宁夏中侏罗世直罗期岩相古地理略图

Fig. 17-56 Sedimentary facies and paleogeographic map of the Middle Jurassic Zhiluo Stage in Ningxia

(一) 鄂尔多斯盆地西缘

据井下资料，石沟驿一带砂岩中具板状斜层理，粉砂岩具微波状层理及水平层理，泥岩产植物化石；李庄子、于家梁地区泥岩增多。反映早期主要为河流—湖泊相沉积，晚期为湖泊相。空间上由西向东砂岩减少，粒度变细，泥岩增多，反映了盆地西缘主要为滨湖相，向东逐渐过渡为以浅湖相为主。

(二) 贺兰山汝箕沟盆地

直罗期盆地范围略有缩小，主要为碎屑岩沉积。炭窑沟一带上部夹少量黑色页岩、煤线及菱铁矿结核，产植物化石。雀台沟地区泥岩含量增多，砂岩中含少量黑云母，分选中等，磨圆度较差，具大、中型板状斜层理，粗砂岩底部有冲刷面。粒度分析概率累积曲线为 2 段及 3 段型，与标准河流曲线（维谢尔，1965，1969）相似，反映了半干热气候下的河流相沉积特征，晚期出现湖泊相，局部为泥炭沼泽相。

(三) 窑山盆地、炭山盆地

范围与延安期基本一致。沉积物粒度变粗，主要为灰白、紫红色中粗粒石英砂岩、长石石英砂岩夹灰色泥岩，属河流相沉积。

三、晚侏罗世

宁夏晚侏罗世的沉积盆地属继承性盆地，较中侏罗世的盆地范围进一步缩小，古气候更趋于干旱炎热。安定期 3 个盆地均有沉积，芬芳河期仅东部鄂尔多斯盆地及贺兰山南段接受沉积（图 17-57）。

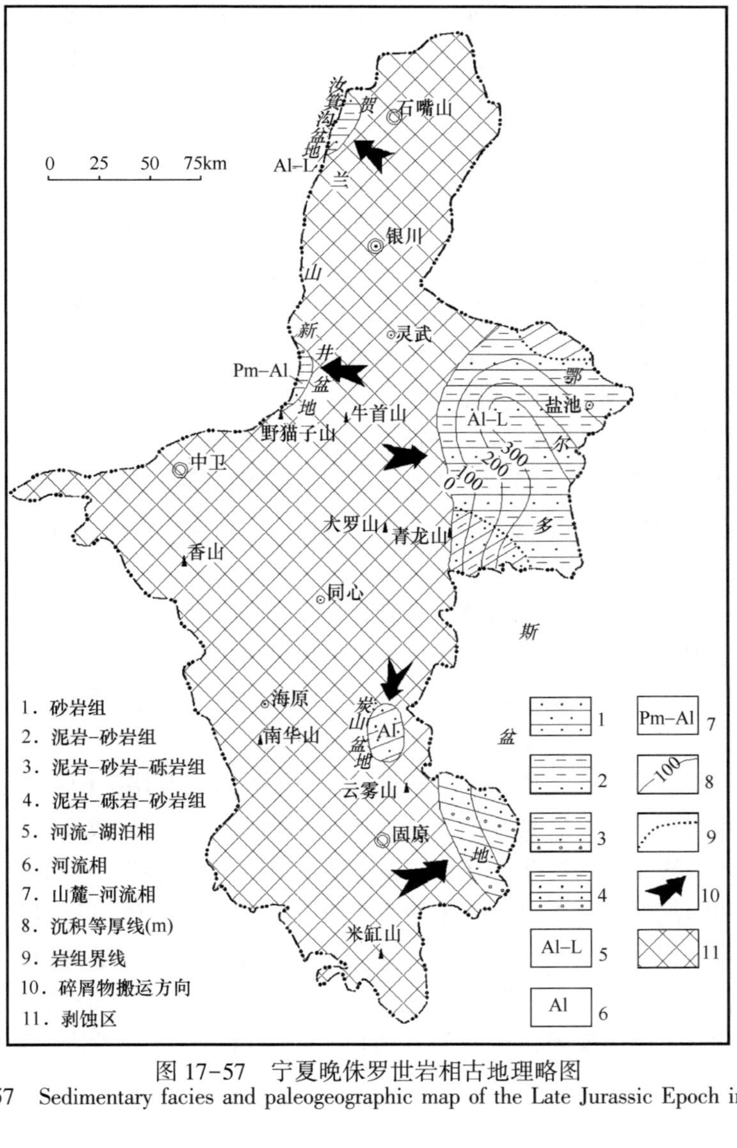

图 17-57 宁夏晚侏罗世岩相古地理略图

Fig. 17-57 Sedimentary facies and paleogeographic map of the Late Jurassic Epoch in Ningxia

（一）鄂尔多斯盆地西缘

安定初期为砂岩—泥岩韵律沉积，砂岩板状斜层理发育，粉砂岩、泥岩具微波状层理，植物化石稀少，为干热气候下的河流—湖泊相沉积；晚期地层中夹粉屑微晶灰岩、泥晶灰岩，泥岩中具微波状层理，为水动力较弱、氧化环境下的浅湖沉积。芬芳河期主要为一套紫灰色砾岩夹砂砾岩，分选、磨圆差，排列杂乱，不显层理，可能为山麓相堆积。

（二）贺兰山汝箕沟盆地

安定组岩性与鄂尔多斯盆地西缘相似，具由下到上粒度变细的韵律层序。长石与岩屑有所减少，含砾粗砂岩底部有冲刷面。砂岩中具板状斜层理，缺乏植物化石，为干热气候下的河湖相沉积。

（三）新井盆地

安定组为山麓—河流相沉积，砾岩砾石分选、磨圆差，填隙物为砂、泥、铁质，砾石排列杂乱，底部具冲刷现象；砂岩多呈透镜状分布，具板状斜层理。芬芳河组主要由砾岩、含砾砂岩组成，砂岩发育大型槽状交错层理，并含漂砾（较大砾石），亦属山麓—河流相沉积。

第十二节　白垩纪沉积环境与岩相古地理

早白垩世初，宁夏东部马家滩—彭阳，南部六盘山及西部牛首山以西地区下陷，形成3个内陆盆地。其中马家滩—彭阳一带及牛首山以西属继承性盆地，是在侏罗纪鄂尔多斯盆地及新井盆地的基础上发展起来的；六盘山一带则是新形成的坳陷盆地。早白垩世末期地壳又全面抬升，缺失晚白垩世沉积。

一、六盘山盆地

盆地范围包括大罗山—云雾山以西、香山—南华山以东及南部固原六盘山一带，呈南北向展布（图17-58）。下白垩统沉积厚达3040m，各期岩相古地理情况如下：

早白垩世三桥期盆地内地形起伏、沉降幅度及沉积厚度差异较大，薄者仅28m，最厚逾850m。岩性单一，主要为紫红色砾岩、角砾岩夹少量透镜状砂岩。砾石分选性及磨圆差，大小混杂，呈角砾—次角砾状的杂乱堆积，不显层理，属山麓沉积。

和尚铺期沉积物粒度较细，为细砂岩、泥岩、页岩、薄层泥晶灰岩。灰岩中产双壳类化石。其沉降（沉积）中心在和尚铺、李洼峡一带，为水动力较弱的浅湖沉积；盆地边缘粒度变粗，底部含砾砂岩夹砾岩具冲刷面，显示粗砂岩—中细粒砂岩的韵律特征。局部粉砂岩中含钙质结核，产植物、鱼、昆虫类化石，可能为河流—滨湖沉积。

李洼峡期沉积物粒度较细，夹有微晶鲕粒灰岩、薄层灰质白云岩和白云质结核。粉砂质泥岩不显层理或偶具小型沙纹层理，产植物及昆虫化石，灰泥石灰岩中产浮游鱼类化石，为半干热、半温湿气候条件下水动力条件较弱的沉积环境。晚期出现鲕粒灰岩，为搅动的浅湖沉积。盆地东西边缘沉积物粒度变粗，砂岩增多，灰岩减少，可能为河流—滨湖相沉积。

马东山期岩性为蓝灰、灰绿、灰黄色泥岩、页岩、灰泥石灰岩互层夹鲕粒灰岩、透镜状砾屑灰岩、油页岩，上部夹少量薄层石膏。页岩具水平层理，产植物化石，泥岩具微波状层理，产植物、双壳类化石，为水动力作用弱的浅湖环境沉积。灰泥石灰岩产叶肢介、介形虫、鱼类化石，为深—半深湖沉积。油页岩代表闭塞的深湖环境，主要分布于湖心地带。鲕状灰岩、砾屑灰岩代表水动力作用较强的搅动环境，为温湿气候条件下的浅—深湖沉积，晚期曾一度咸化，沉积了薄层石膏。空间上，沉降中心大致在马东山一带，而沉积中心在泾源县沙南一带，沉积了厚21m的油页岩。海原县杨明堡一带岩性变粗，出现较多的砂岩，厚度变薄，可能为滨湖相。故马东山—泾源沙南一带应为深湖相，向四周过渡为浅湖—滨湖相。

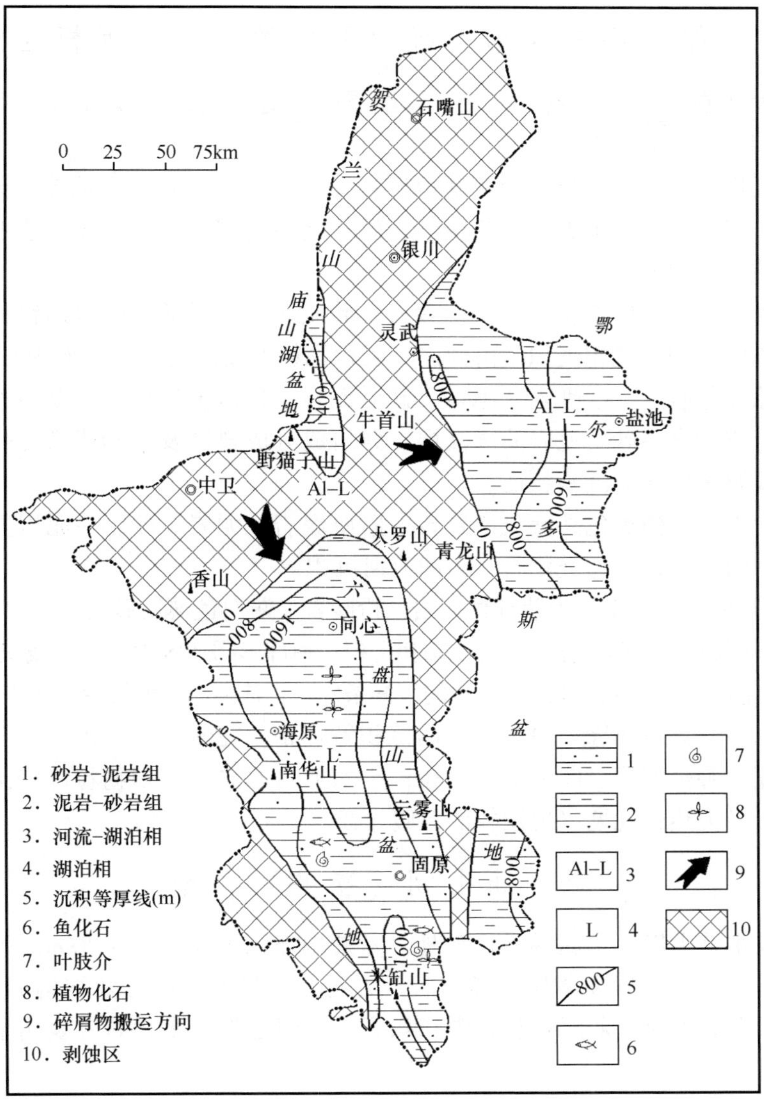

图 17-58　宁夏早白垩世岩相古地理略图

Fig. 17-58　Sedimentary facies and paleogeographic map of the Early Cretaceous in Ningxia

乃家河期地层为一套灰绿、紫红色泥岩、灰泥石灰岩、砂屑灰岩夹石膏、岩盐及灰绿色页岩。泥岩具微波状层理，产植物化石碎片，灰泥石灰岩产叶肢介、介形虫、鱼类、浮游生物化石，代表了水动力条件弱的浅—深湖沉积。页岩具水平层理，产双壳类、叶肢介等化石，为水动力作用弱的半还原环境。剖面上部紫红色层增多，并有石膏及岩盐沉积，表明乃家河晚期地壳逐渐抬升、湖水变浅并过渡为咸化湖泊。空间上由东南向西北厚度变小，粒度变粗，石膏及岩盐夹层增多，且砂岩中具干裂，表明湖盆是东深西浅、南深北浅。气候逐渐转向以干旱、炎热为主。期末，燕山运动使地壳上升，从而结束了六盘山盆地的沉积。

综上所述，六盘山盆地形成的初期（三桥期）盆地内地势差异较大，气候干旱炎热，以山麓相沉积为主。和尚铺期逐渐发展为河流—浅湖相沉积，沉积与沉降中心大致在和尚铺—李洼峡一带。气候由干热逐渐向温湿转变。李洼峡期为湖相沉积。马东山早、中期以浅—深湖沉积为主，沉降中心北移至马东山一带，而沉积中心南移至泾源县沙南一带，晚期变为以干热为主。从早白垩世早期到晚期，沉积物由粗到细，沉积物颜色由紫红→紫与蓝灰交替→以紫红色为主，沉积环境由氧化→还原→氧化，气候由干旱炎热→干热与温暖交替→以干热为主，沉积相由山麓→河湖相→湖相。晚期曾一度为咸化湖泊，在有利部位沉积薄层灰质白云岩、石膏及岩盐层。反映了六盘山盆地的形成、发展及结束，构成一个完整的沉积旋回。

二、鄂尔多斯盆地西缘（马家滩—彭阳沉积区）

盆地西缘边界大致在吴忠—青龙山一带，属继承性盆地。盆地内发育白垩系下统保安群，厚达1700m，各期岩相古地理有所不同。

最早的宜君期沉积物较单一，为一套灰紫色砾岩夹砂砾岩，粗砂岩透镜体，分选、磨圆差，不显层理。空间上从北向南、自西而东砾石逐渐变细，砂岩夹层增多，厚度变小。表明该期盆地北、西沉降幅度较大，以山麓相堆积为主。

洛河期沉积物为一套棕红色厚层中、粗粒砂岩夹砂质泥岩，局部夹砾岩透镜体。砂岩中具板状斜层理，为干热气候条件下的河流相沉积。由西向东沉积物粒度逐渐变细，盆地中心位于东部。

环河期岩性为棕红色砂岩、砂砾岩、砾岩、砂质泥岩。各地沉积物粒度及厚度变化较大，略具砾岩—砂岩—砂质泥岩或砂岩—砂质泥岩韵律互层。砂岩成分成熟度及结构成熟度低，砾岩底部具冲刷面，反映了干旱气候游荡性河流沉积特征。

罗汉洞期岩性为土红、橘黄色夹蓝灰色砂岩夹砂质泥岩、泥岩。砂岩—泥岩多呈韵律互层，岩性较稳定，砂岩具板状斜层理，产鱼类化石，为曲流河沉积。

泾川期地层北部盐池一带沉积物为紫红色泥岩、粉砂岩夹灰白色薄层砂岩，局部地区有灰泥石灰岩夹层，具水平层理，产叶肢介、介形虫化石，为浅湖相沉积；南部彭阳地区为蓝灰、浅灰色细砂岩夹泥岩、粉砂岩，含丰富的植物化石，可能为滨湖沉积。总的气候条件是干热渐向温湿转变，而以干旱炎热为主。

综上所述，鄂尔多斯盆地西缘早白垩世总的沉积特征是：在时间上，由早期到晚期，沉积物粒度变细，沉积相由山麓→游荡河流→曲流河→湖相；空间上由西向东沉积物粒度变细，西部以滨湖沉积为主。总的气候为干旱炎热，晚期出现短暂的温暖气候。

三、庙山湖（新井）盆地

位于贺兰山南段牛首山以西，属继承性盆地。盆地内庙山湖组厚达1188m。下部岩性为紫红色砾岩、砂岩，上部夹粉砂岩、泥岩和薄层泥晶灰岩。砾石成分复杂，成分及结构成熟度低，不显层理，砾岩底部具冲刷面。泥岩夹薄层灰泥石灰岩中产双壳类、腹足类淡水化石。表明早期以河流相沉积为主，晚期出现湖相。

第十八章　沉积建造

第一节　中—新元古代沉积建造

一、长城纪碎屑岩建造

该建造是指长城纪黄旗口组以石英砂岩、石英岩状砂岩、石英岩为主的一套岩石组合，分布于贺兰山及宁东地区，与下伏古元古界贺兰山岩群或赵池沟岩群不整合接触，与上覆蓟县系平行不整合接触，建造厚度一般数十米至300m。据王全口剖面统计，碎屑成分主要为陆源碎屑石英，含量大于95%，成分及结构成熟度高；基质为趋于稳定的硅质（表18-1）。属温暖—干燥气候条件下的陆源碎屑海岸沉积。建造体呈南北向展布，厚度大于2500m。

表18-1　宁夏惠农区王全口长城纪碎屑岩建造中碎屑成分统计表

Table 18-1　Statistics showing clastic composition of clastic rock formation in the Changcheng System in Wangquankou of Huinong，Ningxia

岩　性		碎屑矿物成分/%			基质及胶结物			胶结类型	分选	磨圆
		石英	长石	岩屑	白云质	硅质	海绿石			
上—下	中粒石英岩状砂岩	97				-		孔隙	好	好
	细粒石英砂岩	100				-		孔隙	好	中等
	中粒石英砂岩	100				-		孔隙	好	中等
	粗粒石英砂岩	99		1	--	--		孔隙	好	好
	石英岩状砂岩	97	1					再生	好	中等
	细粒长石石英砂岩	95	5					孔隙	好	中等
	中粒石英砂岩	97		3				孔隙	较差	较差
	石英岩	99		微				再生	好	好
	石英岩	97	2	微				再生	好	好
	含海绿石中粒石英砂岩	98		2		--	--	孔隙	中等	好
	细粒石英砂岩	98	2					接触	好	好
	长石石英砂岩	92	5	3				再生	中等	中等

建造体内赋存含铁石英岩、赤铁矿，局部具鲕状、肾状构造，全铁含量一般为15%~40%，个别高达68.20%，呈透镜状，长十余米到数十米，厚度一般小于2m。矿体赋存于长城纪海侵与海退的陆源碎屑岩与内源碳酸盐岩的过渡部位，与我国北方宣龙式铁矿的沉积部位和沉积环境基本一致。岩性组合由下到上为石英砂岩—铁矿—泥页岩—碳酸盐岩。据叶连俊等研究，地壳活动相当稳定，既无大量陆源碎屑又无大规模碳酸盐岩沉积，气候潮湿炎热、滞留闭塞、富含有机质的局限滨浅海环境对铁矿沉积有利。宁夏长城系石英砂岩与板岩、碳酸盐岩间接触比较突然，缺乏稳定的石英砂岩与泥页岩间富含有机质的局限滨海沉积环境。同时，矿层顶底板泥岩多为浅紫色，并有暴露标志，表明水体浅、气候干燥炎热，所以宁夏长城系沉积铁矿规模小，品位低。由于古地理位置及海侵时间上的差异，贺兰山北段王全口含铁层位比贺兰山中段要高，前者多赋存于长城系上部，后者赋存于中部。

二、蓟县纪碎屑岩-碳酸盐岩建造

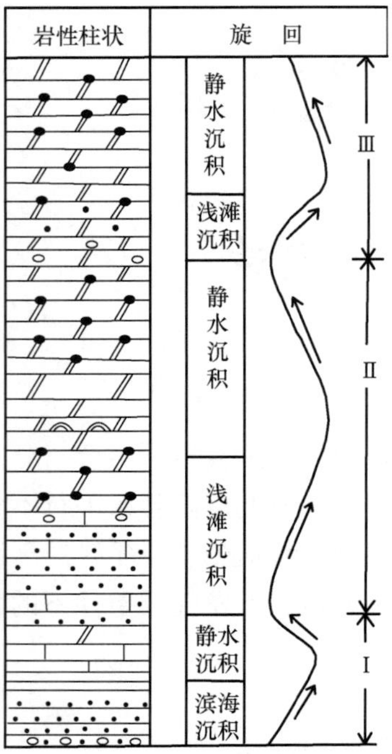

图 18-1 蓟县系王全口组沉积序列示意图
Fig. 18-1 Sketch showing sedimentary sequence of the Wangquankou Formation of the Jixian System

蓟县纪碎屑岩-碳酸盐岩建造，呈南北向展布，北抵王全口—俄博梁一带，东至盐池附近，向南延入甘肃、陕西。底部与长城系平行不整合接触，顶部与震旦系不整合接触。建造的岩石组合，早期以陆源组分为主，中、晚期主要为内源组分，表现了明显的旋回性，组成一个完整的海侵—海退旋回。该旋回可进一步分为3个次级小旋回（图18-1），每个小旋回都是从动水沉积到静水沉积。下部小旋回由滨海砾岩、石英砂岩、海绿石砂岩到潮间白云岩；中部小旋回由浅滩石英砂岩、砂屑灰岩、鲕粒灰岩到潮间、潮上燧石条带白云岩；上部小旋回由浅滩砂屑白云岩到潮上带燧石条带白云岩。由下而上MgO含量增高，Ca/Mg值在0.7~1.36间。上述动水、静水沉积的交替反映了海侵—海退的变化，代表海面的升降。由于陆源区上升缓慢，风化分异和剥蚀程度微弱，陆源物质供给少，沉积物主要以内源为主，成分成熟度及结构成熟度高，建造体呈席状分布，属台地型造海碳酸盐岩建造。

建造体上部潮上带白云岩的 w（MgO）含量为19%~21%，可做碱性耐火材料及溶剂，部分可提炼金属镁。隐藻白云岩可作建造饰面材料。

三、震旦纪冰碛岩、板岩建造

根据岩石组合、岩相特征，自下而上可分为2个亚建造。

（一）冰碛岩亚建造

冰碛岩亚建造在宁夏分布局限，北起王全口，向南沿贺兰山—罗山—云雾山东侧呈南北向狭长带状断续分布，主要为一套具冰碛特点的砾岩，不整合于蓟县系王全口组之上。贺兰山区分布于王全口至三关一带，厚度变化较大，一般数米至数十米，镇木关最厚114m；青龙山一带冰碛砾岩最厚28.7m，呈透镜状向南、北延伸不到2km即尖灭；固原老爷岭一带厚十余米，呈断续透镜状分布。

（二）板岩亚建造

板岩亚建造与冰碛岩亚建造的分布范围一致，二者为连续沉积。岩石组合较简单，贺兰山地区主要为一套深灰—黑灰色板岩、砂质板岩夹少量灰岩及透镜状泥灰岩，厚度变化大，最薄数米，最厚达138m，一般数十米；青龙山一带为粉砂质板岩，夹少量细砂岩，呈透镜状分布，长数十米，最厚7.1m；固原老爷岭一带板岩中夹薄层泥灰岩，底部为薄层石英砂岩，厚十余米。

第二节 早古生代沉积建造

一、寒武纪沉积建造

宁夏寒武纪沉积建造总体属造海碳酸盐岩建造。分布于大罗山—云雾山以东及青铜峡以北地区。构造上属华北陆块鄂尔多斯西缘裂陷带。时间上由早寒武世苏峪口期至晚寒武世凤山期，构成一个完整的海侵—海退旋回，沉积以海源物质为主，次为少量陆源碎屑。根据物源组合、沉积相特征可进一步将造海碳酸盐岩建造分为含磷碎屑岩-碳酸盐岩亚建造、碎屑岩-碳酸盐岩亚建造和碳酸盐岩亚建造。

（一）含磷碎屑岩-碳酸盐岩亚建造

由苏峪口期的滨海浅滩相含磷碎屑岩与五道淌期局限台地及蒸发岩台地相的碳酸盐岩组成，厚百米左右。贺兰山中段苏峪口组为砾状磷块岩、砂质磷块岩（磷质砂岩）、磷质粉砂岩、含磷粉屑灰岩；五道淌组为白云岩、白云质灰岩。其他地区碎屑岩中不含或含微量胶磷矿。建造体下部含磷矿 2～4 层，总厚 1～3.12m，呈层状、似层状断续长达 3～20km，由北向南厚度增大，品位变贫。不同矿石类型化学分析结果见表 18-2。砾状磷块岩以再造作用为主，SiO_2、Fe_2O_3、TiO_2 含量较高；砂质磷块岩以化学沉积为主，CaO、MgO 含量较高，生物作用不明显。含磷碎屑岩-碳酸盐岩亚建造在宁夏分布稳定，岩石组合、沉积厚度变化不大，惟 P_2O_5 含量不同。贺兰山区 P_2O_5 含量较高，构成磷矿床；青龙山—云雾山一带只有含磷显示，马家滩一带不含磷。从苏峪口期的海侵到五道淌期的海退，组成 1 个完整的沉积旋回，磷矿沉积于旋回底部，属退积型沉积磷矿（图 18-2）。

表 18-2　贺兰山中段下寒武统磷矿石化学分析结构表

Table 18-2　Chemical composition of Lower Cambrian phosphorite in the central section of Helanshan, Ningxia　（*w*/%）

矿石类型	P_2O_5	SiO_2	Al_2O_3	Fe_2O_3	MgO	CaO	CO_2	TiO_2	备注
砂质磷块岩	17.1	33.4	1.73	2.9	3.11	22.6	7.26	1.2	8 个样品
砾状磷块岩	19.2	41.3	1.6	4.9	1.6	20.9	1.9	1.8	

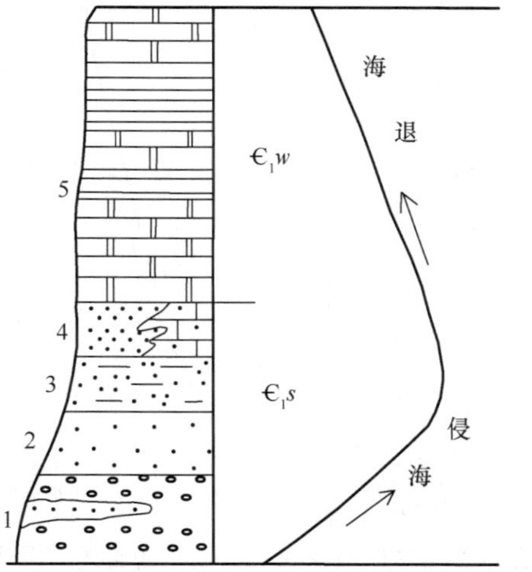

图 18-2　贺兰山中段含磷碎屑岩-碳酸盐岩亚建造沉积旋回示意图

Fig. 18-2　Sketch showing sedimentary cycles of phosphorus carbonate subformation in the middle part of Helanshan

1—砾状磷块岩；2—砂质磷块岩或磷质砂岩；3—磷质粉砂岩；4—含磷粉砂岩或砂质灰岩；5—白云岩夹页岩、白云质灰岩

叶连俊等认为含磷建造受地台边缘断落坳陷控制。宁夏含磷碎屑岩-碳酸盐岩亚建造，同样是受构造及岩相古地理控制。由于加里东运动的影响，鄂尔多斯西缘裂陷带受东侧马家滩-甜水堡断裂及西侧牛首山-罗山断裂的控制，在早古生代早期断落沉降，海水由南向北入侵，在温暖潮湿的滨海浅滩环境中沉积了下寒武统含磷碎屑岩-碳酸盐岩亚建造。贺兰山一带由于沉降幅度较大，形成一近南北向的坳陷盆地，其西北缘邻近阿拉善古陆，有充足的物质供应，在坳陷盆地内富集形成了磷矿床。所以鄂尔多斯西缘裂陷带内次级沉降盆地是找磷矿的有利地区。

（二）碎屑岩-碳酸盐岩亚建造

包括中寒武世毛庄期—张夏期（相当陶思沟期—阿不切亥早期）的沉积建造。陶思沟组在贺兰山北段及东部盐池一带由于邻近古陆边缘，发育较多的中（细）粒石英砂岩、粉砂岩，由南向北碎屑岩增多。沉积厚度变化较大。胡鲁斯台组—阿不切亥组下部全区岩性基本一致，为鲕粒灰岩、竹叶状灰岩、泥质条带灰岩夹少量砾屑灰岩、生物碎屑灰岩、页岩、细粒石英砂岩。其中鲕粒灰岩以阿不切亥组下部最发育，可达6~8层，单层最大厚度近20m；竹叶状灰岩1~3层，单层厚多小于2m。由陶思沟期到阿不切亥早期海侵不断扩大，至阿不切亥早期达到高潮，发育浅滩相的鲕粒灰岩，沉积物以海源物质为主。

（三）碳酸盐岩亚建造

包括上寒武统阿不切亥组中部、上部和顶部，全区岩性基本一致。阿不切亥组中部为微晶灰岩、微晶白云岩、竹叶状灰岩夹鲕粒灰岩。鲕粒灰岩2~3层，多分布于剖面下部，单层厚20~30cm。阿不切亥组上部至顶部为泥质条带白云质灰岩、白云岩、泥晶灰岩，竹叶状白云质灰岩3~5层，单层厚20~40cm。沉积厚度以贺兰山中段较大，为280~529.5m，以潮间—潮上带竹叶状灰岩、白云岩广泛发育为特征。

鄂尔多斯西缘裂陷带寒武纪的3个亚建造由2个次级海侵—海退旋回构成（图18-3）。3个亚建造的厚度分别为66~97m、270~1274m、30~529m，建造体的展布如图18-4所示。

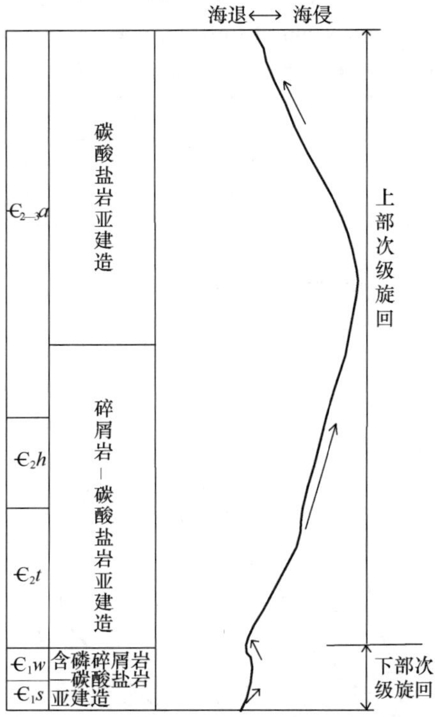

图18-3　鄂尔多斯盆地西缘寒武纪碳酸盐岩建造沉积旋回示意图

Fig. 18-3　Sketch showing sedimentary cycles of carbonate formation on the western margin of the Ordos Basin

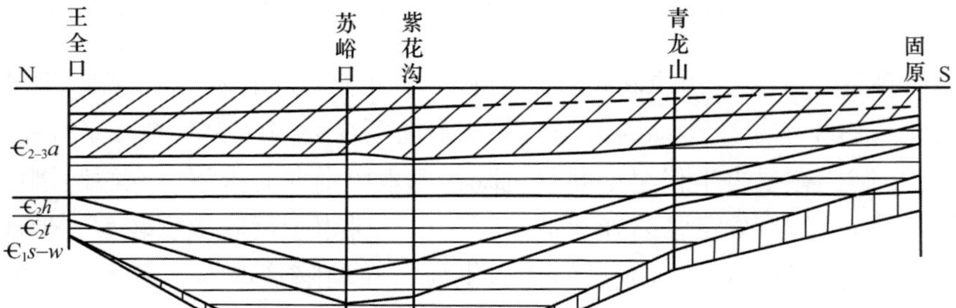

图18-4　宁夏寒武纪碳酸盐岩建造变化示意图

Fig. 18-4　Sketch showing variation in the Cambrian carbonate formation in Ningxia

1—含磷碎屑岩-碳酸盐岩亚建造；2—碎屑岩-碳酸盐岩亚建造；3—盆内碳酸盐岩亚建造

二、奥陶纪沉积建造

奥陶纪主要发育3类沉积建造。

（一）碳酸盐岩建造

该建造包括早奥陶世—中奥陶世早期大南池组和天景山组台地相沉积，分布于贺兰山—青龙山—固原一带及天景山—米钵山地区，以碳酸盐岩沉积为主，缺乏陆源物质，并有较多的白云质灰岩、白云岩，沉积厚度大于300m；天景山—米钵山地区，沉积厚度大于900m，反映了西南部沉降幅度大，水体较深。

（二）复理石建造

该建造包括中—上奥陶统米钵山组和上奥陶统香山群，广泛分布于贺兰山南段—卫宁北山、牛首山、罗山及香山地区。复理石韵律由2~3个单元构成：下部砂质单元，由下而上粒度变细，具递变式韵律层理；上部泥质单元，为深灰、灰绿色板岩、粉砂质板岩；中部粉砂质单元分布不稳定，有时缺失，属砂质复理石。单个复理石厚度在徐家圈组为0.4~1.3m、磨盘井组为3.7~5.7m。徐家圈组由2个大的韵律组成1个旋回，其下部为砂质复理石，厚度大于1000m；上部为板岩、薄层灰岩组成的泥质复理石，厚200m。磨盘井组由单一的砂质复理石组成，厚逾1000m。

（三）远硅质建造

分布于香山和贺兰山南段等地，包括上奥陶统香山群狼嘴子组，下部为灰绿色变质长石石英砂岩夹板岩；上部为灰、褐红色硅质岩、硅质板岩、板岩、硅质灰岩、白云岩夹碧玉岩，厚438~2582m。本建造以发育硅质岩为特征，同时夹少量红色碧玉岩或碧玉条带，发育于活动带边缘相对稳定的构造部位，即造山带与稳定地块之间的过渡带。

远硅质建造内伴生有磷、钼、镍等矿产。含磷硅质岩及硅质磷块岩在大战场一带赋存于建造上部灰黑色板岩夹硅质岩中，呈透镜状、扁豆状分布，规模较小，P_2O_5含量较高；香山地区赋存于建造下部灰绿色板岩与硅质白云岩的过渡部位，含磷矿2~3层，呈透镜状、扁豆状、团块状，矿石以硅质磷块岩、磷质硅质岩为主，次为磷质灰岩。镍、钼矿赋存于远硅质建造中的砂岩与石墨石英绢云母板岩过渡部位，含矿岩石为石英石墨绢云母千枚岩或石墨石英绢云母千枚岩，部分矿石具生物残余结构表明，其成因可能是吸收海水中的镍、钼等金属元素的海洋生物死后沉入海底，由于大量生物残骸的腐解使深海陆棚低凹地区处于酸—弱酸性还原环境，大量过饱和硫离子与镍、钼等元素被有机质、黏土质吸附、迁移，以胶体、生物化学方式沉淀、聚集，并与硫、砷等形成各种金属硫、砷化物。

三、志留纪沉积建造

加里东末期运动使宁夏绝大部分地区褶皱隆起，遭受剥蚀，志留纪仅在中宁野猪沟、同心照花井及海原县南、西华山局部地区发育残留海盆，接受了滨浅海相碎屑岩和碳酸盐岩沉积，包括早—中志留世残留海碎屑岩-碳酸盐岩建造和晚—顶志留统海相磨拉石建造。

（一）残留海碎屑岩-碳酸盐岩建造

该建造分布于同心照花井、青山和中宁野猪沟。不整合于上奥陶统香山群或中—上奥陶统米钵山组之上。建造厚102.6m，下部由紫红、灰绿色砾岩、砂岩、粉砂岩组成；中部为深灰—紫灰色薄—中层泥质灰岩、瘤状灰岩，富含珊瑚、腕足类、腹足类及介形虫化石；上部则以紫红色粉砂岩、粉砂质页岩为主，夹粉砂质灰岩、砾屑灰岩、薄层砂岩等，产笔石。从岩性组合可以看出，该沉积建造应为造山后期残留海盆地的产物。

（二）海相磨拉石建造

出露于同心县照花井、中宁县野猪沟、海原县南华山、西华山。平行不整合于照花井组之上，或不整合于海原岩群之上。该建造在野猪沟—照花井一带最大厚度为559.1m，主体岩性为紫红色砂岩、粉砂岩，夹数层灰紫、紫红色厚—巨厚层砾岩，上部偶见夹灰岩透镜体，含腕足类和双壳类化石。南、西华山地区该建造厚540.5m，底部为厚约10m之灰色厚层细—中砾岩，向上为褐红色中—厚层中—细粒长石石英砂岩，上部夹数层灰色中—细砾岩。总之，其由多个由粗至细碎屑岩韵律层组成，含双壳类、腕足类动物化石，属滨海相沉积，似具海相磨拉石建造特征。

第三节 晚古生代沉积建造

一、泥盆纪沉积建造

泥盆系属周缘前陆盆地冲积扇—河湖相沉积，其沉积建造为陆相红色碎屑岩建造。该建造广泛分布于宁夏西南部卫宁北山、香山及南华山地区，厚度变化较大，香山地区厚数十米至数百米，卫宁北山最厚大于2000m，主要由紫红色砾岩、砂岩、粉砂岩、泥质岩组成。建造具较明显的沉积韵律及旋回结构，在剖面上可划分出2个沉积旋回，每个旋回包含若干个韵律。下部旋回由中泥盆统组成，厚300~1000m，单个韵律层厚数米至数十米，由砾岩（砂砾岩）—砂岩—粉砂岩组成；上部旋回由上泥盆统构成，厚数十米至2000余米。单个韵律层厚数米至数十米。自下而上粒度变细，钙质增多，由砾岩（砂砾岩）—砂岩—粉砂岩—砂质泥岩及透镜状灰岩组成。建造体的分布受前陆盆地控制，一般盆地边缘粒度较粗，并出现超覆关系。

建造内赋存含铜砂泥岩，主要以透镜状分布于上泥盆统中下部。含铜岩石主要有灰—灰绿色细粒长石石英砂岩、岩屑长石砂岩、粉砂岩，次为砂质泥岩、砂砾岩。原生金属矿物有黄铜矿、斑铜矿、辉铜矿，呈星散状、细脉状分布；氧化矿物有孔雀石、蓝铜矿等。空间上多分布于邻近剥蚀区边缘。含矿或矿化富集与红色岩层中薄层、透镜状灰—灰绿色细砂岩、粉砂岩有关。这类岩石一般钙质含量较高，并产植物化石。

二、石炭纪沉积建造

根据物源组合、沉积相特征可将宁夏石炭纪沉积建造分为含盐碎屑岩-碳酸盐岩建造和碎屑含煤建造。

（一）滨浅海相碎屑岩-碳酸盐岩含盐建造

主要指早石炭世前黑山组和臭牛沟组含石膏的一套岩石组合。早石炭世经历了3次海侵—海退，组成3个沉积旋回（图18-5）。旋回Ⅰ厚10~30m，粒度由下向上变细，陆源碎屑逐渐减少，局部出现化学沉积，沉积相由潮间坪至弱咸化潟湖，局部为咸化潟湖；旋回Ⅱ厚30~60m，岩性由灰岩、白云质灰岩、含白云质粉砂岩、泥岩、石膏岩、白云岩组成，沉积相为浅海—弱咸化或咸化潟湖；旋回Ⅲ厚20~50m，岩性由灰岩、石英砂岩、粉砂岩、页岩夹薄煤层、煤线组成，沉积相为浅海—潮上泥炭沼泽。每个旋回均由海侵开始，海退结束。旋回Ⅰ为炎热干燥气候，至旋回Ⅲ转为温暖潮湿。宁夏早石炭世处于祁连海向北东延伸的古海湾，石膏正是在气候干热、海水流通不畅的潟湖环境中形成的，发生于旋回Ⅰ、Ⅱ上部海退序列。

（二）海陆交互相碎屑岩含煤建造

该建造包括下—上石炭统靖远组和上石炭统羊虎沟组。

阿拉善地层区靖远组属滨海沼泽相—三角洲相含煤碎屑岩建造，建造主要由数个陆源碎屑岩（石英砂岩、粉砂岩）-黏土岩（泥岩、页岩）-碳酸盐岩（泥灰岩、生物碎屑灰岩）韵律层组成，偶见夹煤线，未见可采煤层。沉积厚度一般在20~250m之间，最厚可达700m。羊虎沟组为一套三角洲相含煤碎屑岩建造，建造由数十个泥质岩（黑色页岩、炭质页岩、泥岩、粉砂质页岩）-陆源碎屑岩（长石石英砂岩、石英砂岩）韵律层组成，夹少量深灰色透镜状含生物碎屑灰岩。沉积厚度一般为70~430m，最厚可达1800m以上。在上河沿—下河沿一带羊虎沟组上部夹数层黏土矿层、可采煤层及

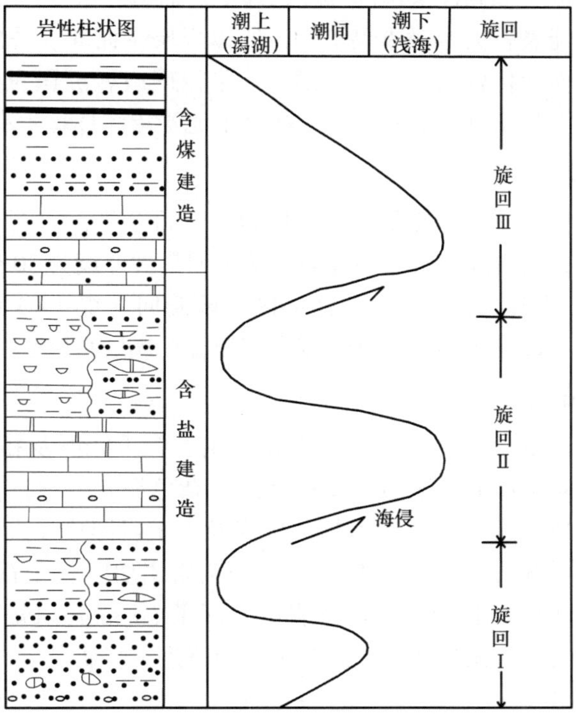

图 18-5 宁夏早石炭世沉积建造旋回柱状剖面示意图

Fig. 18-5 Sketch showing sedimentary formation and cycles of the Early Carboniferous in Ningxia

煤线，卫宁北山下部夹无烟煤 4 层。

华北地层区靖远组为一套滨岸沼泽相—三角洲相含煤碎屑岩建造，建造中—下部由一套滨海—浅海相的石英砂岩、砾岩、砂砾岩、黑色页岩和灰岩组成，上部为以黑色页岩为主的滨海沼泽相沉积，含薄煤层及煤线。沉积厚度一般为 40~100m。羊虎沟组为一套三角洲相含煤碎屑岩建造，建造以灰、灰白色细—中粒石英砂岩，灰、灰黑色页岩及砂质页岩为主，夹少量灰岩、生物碎屑灰岩透镜体，一般仅含薄煤层、煤线，局部地区有可采煤层，沉积厚度一般在 150~300m。据钻孔资料，灵武—盐池一带埋藏于中新生代覆盖层之下的羊虎沟组岩性以黑色泥（页）岩、砂质泥（页）岩为主，夹灰—灰白色砂岩，局部夹煤线。沉积厚度最小为 40m，最大可超过 580m。

三、二叠纪沉积建造

根据物源组合、沉积相特征可将二叠纪沉积建造分为海陆交互相碎屑含煤建造、陆相碎屑含煤建造和陆相杂色碎屑岩建造。

（一）海陆交互相碎屑含煤建造

该建造是指下二叠统太原组海陆交互相的一套岩石组合，沉积厚度一般为 80~200m，最厚达 400m。建造主要由砂岩、页岩、黏土岩、灰岩、煤层组成，局部含少量砾岩。泥（页）岩是建造体的重要岩石类型，黏土矿物成分为高岭石及水云母。灰岩、泥灰岩单层厚一般小于 2m，最厚可达 16.6m。煤是建造的主要成分。太原组含煤多达 20 余层，单层最大厚度 10.89m。多数煤层结构简单，底板以中、细粒砂岩居多，顶板以泥（页）岩为主，少数为灰岩、砂岩。含煤建造由数个至十数个沉积韵律组成，单个韵律厚 10~20 余米。沉积相序为海岸—潮坪或潟湖—泥炭沼泽，或海岸—三角洲。主要煤层分布于下二叠统太原组中、上部，厚度大、稳定性较好、煤种齐全。北部石炭井—乌达潟湖相区，含煤 4~12 层，最多达 18 层。其中，下部煤层多形成于三角洲平原泥炭沼泽或潟湖泥炭沼泽环境，煤层较薄，含硫量高；中部煤层多形成于三角洲平原泥炭沼泽环境，煤层厚度较大，含硫量相对较低；上部煤层多形成于潟湖泥炭沼泽、海岸泥炭沼泽环境，部分地区形成于三角洲平原泥炭沼泽环境。韦州潟湖相区的煤多形成于潟湖泥炭沼泽环境，煤层多而薄，最多达26层。贺兰山中段主要为沙坝沉积，沉积物粒度较粗，能量较大，对成煤不利，所以煤层少而薄。香山地区部分为潟湖泥炭沼泽化成煤环境，煤层厚度较小而变化较大。中卫单梁山一带以碎屑岩沉积为主，不利于煤的形成。盐池一带处于潮间—潮上环境，沉积条件相对较稳定，在潮上泥炭沼泽环境中有利于煤的形成。

（二）陆相碎屑含煤建造

该建造为山西组沉积，沉积厚度变化不大，一般数十至百余米，岩石组合为碎屑岩，炭质页岩夹黏土岩及煤层。一般由3个旋回组成。贺兰山北段下部旋回最大厚度为30余米，夹煤2~4层；中部旋回夹煤1~3层；上部旋回仅见煤线。陶乐—盐池地区下部旋回含煤1~3层，中部旋回夹煤1~3层，上部旋回仅见薄煤层及煤线。以横山堡、韦洲一带含煤较好，煤层总厚9~10m，局部最厚达9m。

（三）陆相杂色碎屑岩建造

包括鄂尔多斯西缘裂陷带的上石盒子组、下石盒子组、石千峰群及祁连区的大黄沟组和红泉组。前者厚180~900m，后者厚46~513m。建造主要由紫红、杂色泥岩、砂岩，含砾砂岩、砾岩组成。上部夹少量凝灰岩及泥灰质团块，建造中夹2~6层火山岩及泥灰岩团块。火山岩主要为英安质—流纹质凝灰岩及英安质玻晶、晶屑凝灰岩，单层厚1~15m；泥灰岩团块赋存于石千峰组顶部，分布不普遍，未发现生物化石。在华北陆块南缘相同层位泥灰岩中发现了*Lingula*，*Auiculapecten*化石，表明泥岩可能与海侵有关，而宁夏出现的泥岩团块是否属海相沉积尚待进一步研究。

第四节　中生代沉积建造

一、三叠纪沉积建造

三叠纪形成陆相杂色碎屑岩建造，包括鄂尔多斯盆地西缘的中三叠统二马营组、延长群和祁连区的南营儿群。建造的岩石组合为一套紫红、灰紫、灰绿等杂色粗—细粒长石砂岩、岩屑长石砂岩、长石杂砂岩夹砾岩、粉砂岩、泥岩。其特点是长石含量普遍较高，一般为25%~35%，最高可达50%；岩屑含量10%~25%，成分成熟度及结构成熟度低。反映了宁夏三叠纪沉积盆地不稳定，具快速剥蚀、快速堆积的特性。建造由2个沉积旋回组成，每个旋回初期盆地下陷，沉积物粒度较粗，以山麓—河流相沉积为主；晚期趋于相对稳定，沉积物粒度变细、颜色变深，出现了较多的灰绿色泥质岩，为河、湖相沉积。末期盆地上升遭受剥蚀。古气候由干热变为温湿。

二、侏罗纪沉积建造

下侏罗统富县组和中侏罗统延安组属陆相碎屑含煤建造。建造厚267~400m，岩石组合为灰白—灰黄色中、细粒砂岩、粉砂岩、灰黑色泥岩、炭质页岩夹煤层。可分为3个旋回：下部旋回厚数十米，最厚百余米，由下而上粒度变细，色调变深。底部为细砾岩或砂砾岩，向上变为灰黑—黑色泥岩、页岩夹细砂岩和煤层，为河、湖沼相沉积，煤层发育于泥岩沼泽相。在鄂尔多斯盆地西缘含煤5层，其他山间小盆地见煤线或薄煤层。中部旋回厚百余米，自下而上粒度变细，色调变深。底部为中粒砂岩，向上为灰黑色泥岩、页岩夹细砂岩及煤层，上部泥岩、页岩变厚，含煤层数较多，厚度较大，为重要的含煤层位。上部旋回厚100~200m，底部为中、粗粒砂岩、含砾粗砂岩或砂砾岩，向上为砂岩、粉砂岩、页岩夹煤层。该建造沉积厚度较大，沼泽相较发育，为重要的含煤建造。窑山、炭山、新井、香山南麓下流水等山间盆地，由于发育较晚，面积小，以河流相沉积为主，沼泽相不发育，故成煤条件较差。

中侏罗统直罗组、上侏罗统安定组及芬芳河组为陆相杂色碎屑岩建造，沉积厚数百至千余米。岩性为灰、蓝灰、灰黄色长石石英砂岩、岩屑石英砂岩、长石砂岩、粉砂岩、泥岩夹少量深灰色页岩，底部含砾，上部粉砂岩、泥岩增多。上侏罗统为紫红色泥岩与砂岩互层，上部夹少量紫红色微晶灰岩、泥晶灰岩。建造由3个旋回组成：下部旋回由直罗组组成，以河流相为主，晚期湖相发育；中部旋回为上侏罗统安定组，由河流滨湖、浅湖相沉积组成，气候干旱、炎热；上部旋回为上侏罗统芬芳河组，由河流相—山麓相砾岩、含砾砂岩组成。

三、白垩纪沉积建造

下白垩统属红色碎屑岩建造，其最大沉积厚度，在六盘山盆地的六盘山群达3040m，鄂尔多斯盆地的保安群为1700m，新井盆地的庙山湖群为1188m左右。建造的岩石组合为砾岩、砂岩、泥岩、页岩夹灰岩及少量膏岩、岩盐、铜质岩。在六盘山盆地该建造具有较清晰的沉积韵律及旋回结构，由下而上粒度渐细，色序由紫红—紫红与蓝灰交替—紫红为主，气候由干旱、炎热—干热与温湿交替—以干热为主，属山麓相—河流相—湖相。建造中具有含铜砂、泥岩型铜矿，沿六盘山盆地东、西缘呈带状分布。含铜砂岩多赋存于剖面中、下部的长石石英砂岩及长石砂岩中，含铜泥岩多赋存于剖面中部，而矿层则多呈似层状、透镜状富集于和尚铺组及李洼峡组。

第五节　新生代沉积建造

一、古近纪沉积建造

始新统寺口子组属陆相红色碎屑岩建造。建造的岩石组合比较单调，主要由紫红、浅红色砾岩、砂砾岩和砖红色砂岩组成，局部夹少量粉砂质泥岩、泥岩。该建造主要分布于宁夏中南部同心、固原地区，不整合于早白垩世地层之上，横向上岩性、厚度均有一定变化。米钵山南麓最为发育，厚达1751.8m，岩性较粗，以暗红、紫红、浅红色砾岩、砂砾岩为主，上部夹橙红、橙黄、砖红色细砂岩、粉砂岩。六盘山东、西麓厚132.9~557.1m，岩性相对较细，为砖红、灰白色中粗粒长石石英砂岩、含砾粗砂岩夹少量砂砾岩。

渐新统清水营组属陆相红色碎屑含盐建造。该建造分布广泛，与下伏始新统寺口子组整合接触，或直接不整合于下伏下白垩统或更老地层之上，与上覆中新统彰恩堡组呈平行不整合或不整合接触。岩石组合主要由紫红色泥岩、砂岩和石膏组成，各地所见岩性基本一致，但沉积厚度差异较大，变化在8.5~971.6m间。该建造常形成大型石膏矿床，如田子淌-烂泥沟大型石膏矿床、盐池侯家河大型石膏矿床、观音店-野鸡岘石膏矿床等。在银参四井井下4200m左右尚见夹石盐矿层。

二、新近纪沉积建造

中新统彰恩堡组属河湖相红色碎屑岩建造。该建造分布广泛，与下伏渐新统清水营组平行不整合或不整合接触，或直接不整合于下白垩统或更老地层之上，为一套河湖相红色碎屑岩沉积，主要由橘红、橘黄、紫红色泥岩、粉砂质泥岩和砂岩组成，产脊椎动物、腹足类、介形虫、轮藻和孢粉等化石。在横向上岩性、岩相变化不显著，但沉积厚度相差悬殊，变化在160.9~1353.8m间。

干河沟组属陆相红色碎屑岩建造，与下伏中新统彰恩堡组整合接触，岩性为一套河流相—山麓相红色碎屑岩沉积，由砂砾岩、砾岩、砂岩、粉砂岩和粉砂质泥岩组成，产哺乳类、介形虫和轮藻等化石，厚18.2~804.8m。

第十九章 沉积作用与沉积矿产

宁夏沉积矿产主要形成于中元古代长城纪、蓟县纪，古生代寒武纪、奥陶纪、石炭纪、二叠纪，中生代侏罗纪、白垩纪，新生代古近纪渐新世。成矿作用主要有滨海冲刷淘洗形成的石英砂岩型硅石矿床，蒸发沉淀作用形成的白云岩、石膏、岩盐矿床，无机化学沉积作用形成的石灰岩矿床，富含磷酸盐洋流上升和微古生物作用形成的磷块岩矿床，有机质堆积和生物化学作用生成的煤矿床，静水沉积形成的黏土矿床以及沉积改造型的矿床等。主要矿种有煤、石膏、石灰岩、硅石、冶镁白云岩、耐火黏土、磷块岩、岩盐等（表 19-1）。

表 19-1 宁夏成矿作用与沉积矿产表

Table 19-1 Mineralization and sedimentary mineral in Ningxia

地质时代	地质事件	成矿作用	控矿主要因素	形成矿产	代表矿床
渐新世	宁夏弧形推覆构造带发育成熟，形成弧形盆-山体系。盆地沉积河湖红色碎屑含盐建造	蒸发沉淀	①古地理环境 ②古气候	石膏	贺家口子石膏矿床
早白垩世	早—中燕山运动，宁南弧形盆-山体系快速发展，形成箕状盆地，并接受河湖相碎屑含盐建造	蒸发沉淀	①古地理环境 ②古气候	芒硝、盐	硝口硝盐矿床
中侏罗世	晚印支运动，古陆及山间盆地形成，沉积碎屑含煤、油建造	有机质堆积和生物化学作用	①古地理环境 ②古植物	煤、油气	碎石井煤矿区
早二叠世	中华力西运动，华北地台抬升，海水退出宁夏，广泛沉积碎屑含煤及黏土岩建造	有机质堆积和生物化学作用	①古地理环境 ②古植物	煤、耐火黏土	石嘴山煤矿区
晚石炭世	华北地台相对稳定，边坡广泛沉积海陆交互相碎屑含煤及黏土建造。贺兰裂谷沉降较快，沉积厚度较大	有机质堆积和生物化学作用	①古地理环境 ②古植物	煤、耐火黏土	石炭井煤矿区（维斯发 D 期—斯蒂芬期）、碱沟山煤矿区（那缪尔—维斯发 A—C 期）
早石炭世	贺兰山裂谷下陷，海侵由南向北东发展，卫宁北山地区沉积海湾潟湖相碳酸盐岩-膏岩建造	蒸发沉淀	①古地理环境 ②古气候	石膏、石灰岩	小红山石膏矿床
早—中奥陶世	华北陆块继续沉降，华北海与祁连海连通，广泛接受浅海碳酸盐沉积	无机化学沉积	①古地理环境	石灰岩、白云岩	干沟水泥石灰岩矿床
早寒武世	贺兰裂谷下陷，海侵由南向北扩展，接受滨海含磷碎屑岩沉积	富含磷酸盐海水沉积	①古地理环境 ②古洋流 ③古生物	磷块岩	苏峪口磷矿床
长城纪—蓟县纪	贺兰裂谷稳定沉陷，自南向北海侵，接受滨岸碎屑岩至浅海台地相高镁碳酸盐沉积	滨岸冲刷、海水蒸发沉淀	①古地理环境 ②古气候	硅石、白云岩	白虎洞硅石矿、青龙山冶镁白云岩矿床

一、长城纪—蓟县纪沉积作用与沉积矿产

吕梁运动后，宁夏东部和北部地区长期遭受剥蚀夷平作用，地形趋于准平原化；中元古代早期，鄂尔多斯西缘下陷，祁连海水由南向北侵入，在鄂尔多斯古陆与阿拉善古陆之间形成南北向的滨海浅滩环境，沉积了分布广泛、厚度稳定、成熟度较高的单陆屑建造—黄旗口组，该组中石英砂岩、石英岩状砂岩、石英岩 SiO_2 含量大于96%，可构成硅石矿床。中元古代晚期，随着盆地的持续下陷，古地理环境转变为局限台地潮坪相和开阔台地相，海水流通不畅，加之干旱炎热的气候条件，沉积了范围广、厚度大、层位稳定的以白云岩为主的高镁碳酸盐岩建造—王全口组，形成了优质的大—特大型冶镁白云岩、熔剂白云岩矿床。王全口组下部尚赋存有沉积型铁矿床。

贺兰山中—北段有大、中型硅石（石英砂岩）矿床12处，资源量 54070×10^4t。矿层赋存于黄旗口组中—上部层位，由灰白—浅紫红色中厚层细粒石英砂岩、石英岩状砂岩和石英岩组成，呈层状稳定延伸，倾斜平缓，倾角6°~12°；主矿层沿走向长度大于2500m，沿倾向宽300~800m；矿层厚5~33m，一般厚十几米。矿石具中—细粒及不等粒砂状结构，具中—厚层构造，碎屑粒径多在0.06~0.5mm之间，磨圆度好，分选性中等，石英占95%~98%，偶见燧石、长石碎屑和褐铁矿、锆石、黑云母，硅质胶结物呈再生石英细颗粒集合体，钙质胶结物呈细小方解石填隙，泥质重结晶生成的绢云母呈细小鳞片状产出。呈孔隙-再生式胶结，石英有次生加大边现象。矿石化学组分含量：$w(SiO_2)$ = 96.87%~99.15%，$w(Al_2O_3)$ = 0.03%~0.95%，$w(Fe_2O_3)$ = 0.03%~0.63%，$w(CaO)$ = 0.036%~0.14%，$w(P_2O_5)$ = 0.009%~0.016%，其他有害杂质组分微量。贺兰山北段赋矿5~13层，厚57.13~386.32m，多数厚在100m以上。贺兰山中段赋矿1层，厚15~122m。贺兰山北段沙巴台和王全口硅石矿床 $w(Fe_2O_3)$ 含量<0.3%，满足玻璃用石英砂岩的工业要求；向西至石炭井—大武口沟一带，$w(Fe_2O_3)$ 含量>0.6%，可作熔剂和铁合金的硅质原料。贺兰山中段与后者相似，亦只可作熔剂用石英岩。

王全口组是宁夏白云岩的主要赋存层位，特别是冶镁用的优质白云岩。青龙山和贺兰山地区有中型冶镁白云岩矿床1处，小型冶镁白云岩矿床6处，冶镁白云岩矿点3处和玻璃用白云岩小型矿床1处。矿层赋存于王全口组中上部，岩性以硅质条纹、条带、团块状白云岩为主夹质纯的白云岩。青龙山地区含矿3~6层，最多可达8层，矿层集中赋存于王全口组第四岩段，最长可达10余千米，矿层单层厚1.5~6.01m，总厚16~19m；贺兰山地区总厚10m左右。各矿层间距1~11m。矿石类型为灰白—灰黑色泥晶白云岩，矿物成分以白云石为主，含量90%以上；化学成分MgO多在21%以上，$w(CaO)$ 在30%左右，$w(SiO_2)$ 在1.2%以下，$w(K_2O)+w(Na_2O)$ = 0.1%~0.3%，CaO/MgO（摩尔比）在1左右，是皮江法冶镁的好原料，亦可用作玻璃配料。

沉积型铁矿床分布于贺兰山北段王全口一带，矿层赋存于蓟县系黄旗口组上部，含矿岩石为含铁石英岩，矿石为赤铁矿，局部具鲕状、肾状构造，全铁含量一般为15%~40%，个别高达68.20%，呈透镜状，长十余米到数十米，厚度一般小于2m。该类矿床规模小，品位较低。局部受后期热液改造，矿石品位明显增高。

二、早寒武世沉积作用与沉积矿产

寒武纪初鄂尔多斯西缘地区再度下陷，海侵由南向北扩展，水流带来的磷质沉淀于砾、砂碎屑间隙间形成磷块岩，在贺兰山中段苏峪口—紫花沟一带形成具工业价值的中小型磷矿床多个。早寒武世晚期，气候干燥炎热，在古地形较平坦、海水较浅、流通不畅的海岸潮坪环境沉积了以白云岩为主的高镁碳酸盐岩建造——五道淌组，形成了贺兰山中段大型熔剂白云岩矿床。

磷矿分布于贺兰山中段苏峪口—紫花沟一带，宁夏境内有中、小型矿床3处。矿床赋存于下寒武统苏峪口组中，岩性为褐灰、灰白色含磷砾岩、含磷白云质砂岩等，最大可见厚度40m，属滨海相含磷碎屑岩建造。苏峪口至紫花沟一带含2~4层透镜状磷块岩矿层，矿层厚1~3m，呈层状、似层状，

断续长达3～20km，由北向南厚度增大，品位变贫。矿石平均化学成分：$w(P_2O_5)$ = 14.73%～17.09%，$w(SiO_2)$ =38.75%～54.03%。

贺兰山中段苏峪口一带有大型熔剂用白云岩矿床2处，矿层赋存于下寒武统五道淌组中，岩性为灰—深灰色白云岩。矿石主要化学成分：$w(MgO)$ = 17%～22.5%（平均20%左右），$w(CaO)$ = 27.79%～31.99%（平均30%左右），$w(SiO_2)$ = 1.25%～9%（平均3%左右）。

三、奥陶纪沉积作用与沉积矿产

奥陶纪时，宁夏北部地区（华北区）处于浅海环境，发育局限台地相、开阔台地相、广海陆棚相，形成以无机化学沉积为主的碳酸盐岩建造。南部地区（祁连地层区）处于华北地块与北祁连造山带过渡地带，沉积了一套大陆斜坡—深水陆棚相的复理石建造和远硅质建造。该时期形成的石灰岩大部分可作为水泥原料，部分可作为化工灰岩、熔剂灰岩、玻璃用灰岩。白云岩可作为溶剂用白云岩。

天景山组为区内最主要石灰岩矿产的含矿岩系。其中赋存有水泥用石灰岩矿产地17处（包括大型5处、中型4处、小型4处及矿点4处）、熔剂用石灰岩矿产地2处（中、小型各1处）、电石用石灰岩矿产地3处（大、中、小型各1处）、制碱用石灰岩矿产地4处（中、小型各2处）和饰面用石灰岩矿产地2处（均为小型）。仅水泥用石灰岩资源量占全区总量的93.87%。

水泥用石灰岩分布在贺兰山中段、牛首山、天景山、青龙山及固原等地。矿层厚度在各地差别较大，以干沟地区为最厚（160～400m），其次为苏峪口、青龙山，厚度分别为213m、164m。双井、吊岭渠地区厚32m。矿石化学成分：$w(CaO)$ = 48.41%～54.06%，$w(MgO)$ = 0.47%～1.76%，$w(SiO_2)$ = 1.02%～5.34%。

熔剂用石灰岩，仅在干沟地区有2处，其中中型1处、小型1处。矿层厚42m。矿石化学成分：$w(CaO)$ = 53.21%，$w(MgO)$ = 0.56%，$w(SiO_2)$ + $w(Al_2O_3)$ = 2.92%。

化工用石灰岩（电石用、制碱用），分布在贺兰山中段、天景山、青龙山、青山地区。矿层总厚70～391m，以青山地区为最厚。电石用石灰岩化学成分：$w(CaO)$ = 53.42%～55.09%，$w(MgO)$ = 0.28%～0.48%，$w(SiO_2)$ = 0.01%～1.00%。制碱用石灰岩化学成分：$w(CaCO_3)$ = 94.16%～96.34%，$w(MgO)$ = 0.33%～0.71%，$w(SiO_2)$ = 0.61%～2.24%。

分布于牛首山东侧及西端卡子庙等地米钵山组中的石灰岩可作为水泥用石灰岩，并构成2处大型矿床。矿层为深灰色灰岩、砂质灰岩，矿层总厚171m。矿石化学成分：$w(CaO)$ = 50.25%，$w(MgO)$= 1.00%，$w(SiO_2)$ = 3.01%。

下奥陶统大南池组赋存有溶剂用白云岩、冶镁白云岩矿床，矿层即为其下部的厚层白云岩。贺兰山中段有苏峪口石灰窑大型熔剂白云岩矿床1处、小型冶镁白云岩矿床1处及固原店洼冶镁白云岩矿点1处。矿石主要化学成分：$w(MgO)$ = 18.81%～21.07%，$w(SiO_2)$ = 0.87%～4.88%，$w(CaO)$ = 30.10%，酸不溶物 $w(SiO_2)$ + $w(Fe_2O_3)$ + $w(Al_2O_3)$ + $w(Mn_3O_4)$ = 7.84%。

香山地区磨盘井和油井山两地香山群狼嘴子组发育含磷硅质岩及硅质磷块岩，构成磷块岩矿点2处。含矿层赋存于下部灰绿色板岩与硅质白云岩的过渡部位，含磷矿2～3层，呈透镜状、扁豆状、团块状，一般长20～30m，厚2～3m。矿石以硅质磷块岩、磷质硅质岩为主，次为磷质灰岩。矿石化学成分：磨盘井 $w(P_2O_5)$ = 17.94%（平均），油井山下矿层 $w(P_2O_5)$ = 6%～25.23%，上矿层 $w(P_2O_5)$= 9.05%。

四、石炭纪沉积作用与沉积矿产

早石炭世香山及卫宁北山地区沉降，海水由南向北侵入，该区一度处于海湾潟湖环境，在干燥、炎热的气候条件下，于小红山、小洞山、狼嘴子及野猫子山等地沉积了石灰岩夹石膏建造，形成了大型或小型矿床，在香山地区还形成了石灰岩矿床。晚石炭世早期海侵范围向北逐渐扩展，晚期间歇性海退，形成海陆交互相碎屑含煤建造，形成一些煤矿床及耐火黏土。

中卫、中宁地区前黑山组赋存有大型及小型石膏矿床6处、矿点2处，矿石质量好，其资源量约占全区总量的0.9%。矿层赋存于前黑山组中部，赋石膏1~6层，主矿层1层。厚度一般为10~55m，个别地段厚仅2m。矿石化学成分：w（$CaSO_4 \cdot 2H_2O$）+ w（$CaSO_4$）= 80.13%~95.77%。

香山地区前黑山组赋存有石灰岩矿产地6处，其中水泥用石灰岩矿产地5处（中型1处，小型3处，矿点1处），饰面用石灰岩1处。矿层赋存于前黑山组中部，为青灰、土黄色致密细晶灰岩，厚9~30m。矿石化学成分：w（CaO）= 50.25%，w（MgO）= 1.00%，w（SiO_2）= 3.01%。

卫宁北山和香山地区上石炭统羊虎沟组赋存有小型煤矿床及矿点6处，包括上下河沿小型煤矿床、碱沟山小型煤矿床、新井沟西煤矿点、单梁山煤矿点和石泉煤矿点。矿层主要位于羊虎沟组上部三角洲平原亚相中，含煤5~14层，单层厚1~3.7m。卫宁北山地区煤种属无烟煤，上下河沿属气煤。

卫宁北山和香山地区下石炭统前黑山组底部常发育含铁泥岩、含铁粉砂岩及含铁石灰岩，局部夹薄层赤铁矿（风化后为褐铁矿）层，一般含铁量较低，不具工业价值。但这些含铁岩石经长期风化淋滤和中低温热液交代后可形成一些具有工业价值的小型铁矿床。其中品位较高者可作为硅铁原料，品位低者可作为水泥填料。卫宁北山和香山地区共发现该类小型铁矿床及铁矿点23处。

五、早二叠世沉积作用与沉积矿产

早二叠世早期海侵范围向北大致扩展到桌子山一带，晚期间歇性海退，形成海陆交互相碎屑含煤建造——太原组，构成大型煤矿床及与其共生的耐火黏土、高岭土矿床。早二叠世晚期海水退出宁夏，全区大部分处于河流—湖沼环境，沉积了陆相碎屑含煤建造——山西组，形成大型煤矿床。

早二叠世是宁夏最主要的聚煤期之一，贺兰山含煤区沙巴台煤矿、石嘴山煤矿、石炭井煤矿、正义关煤矿、马莲滩煤矿、苏峪口煤矿，宁东含煤区横山堡煤矿、韦州煤矿和卫宁北山-香山含煤区下河沿煤矿、线驮石煤矿、梁水园煤矿等都是该时期形成的大型、特大型煤矿床。

太原组是区内重要的含煤地层。

贺兰山含煤区太原组分布普遍，各地均有工业煤层的形成，是区内重要的含煤地层。含煤岩系是由黑色泥岩（页岩）、砂质页岩、灰—灰白色中细粒石英砂岩组成的互层，夹烟煤层和生物灰岩，最上煤层顶板有厚1m的黑色黏土岩，产植物化石，灰岩中产丰富的䗴类、珊瑚类化石。含煤岩系厚76~169m，一般厚113~161m。含煤2~16层，煤层总厚2.49~17.91m，含煤系数为1.90%~12.51%，可采煤层1~9层，可采煤层厚2.25~16.28m，含可采煤系数1.72%~11.37%。煤种以焦煤、肥煤、气煤为主，次为瘦煤、无烟煤和贫煤。原煤灰分以中灰为主，多数矿区为19.90%~27.60%，少数煤层低于10%或15%；硫分变化较大，一般为1.32%~3.72%，以中硫煤为主，次为富硫煤和低硫煤；磷分均在0.01%~0.05%，属特低—低磷煤；发热量较高，一般为25.12~29.31MJ/kg（百万焦耳/千克）。

宁东含煤区太原组仅出露于横山和韦州矿区，为海陆交互相三角洲体系沉积。煤系厚101~309m，含煤3~21层，煤层总厚9.41~12.71m，含煤系数4.12%~9.31%，可采煤层2~11层，可采煤层厚8.22~8.65m，含可采煤系数2.82%~8.13%。煤种以炼焦用的烟煤为主，一般为中—高变质烟煤，局部为无烟煤。原煤灰分以中灰为主，多数在15%~30%间，少数煤层低于10%或大于30%；硫分一般为1.74%~3.70%，以富硫煤为主，次为中硫煤；磷分一般为0.01%~0.05%，属特低—低磷煤，韦州矿区平均含量大于0.0972%，属中磷煤；原煤发热量变化大，一般为20.93~37.68MJ/kg，向南至韦州矿区增高。

卫宁北山—香山含煤区太原组以灰白色中—粗粒砂岩、粉砂岩、深灰色泥岩为主，夹薄层—中厚层生物灰岩，含腕足类化石及煤层。煤系厚125~453m，可采煤层3~6层，煤层总厚2.05~10.16m，含可采煤系数1.06%~6.58%。各矿区煤质变化较大，校育川矿区为特低灰、高硫煤，上下河沿和土坡、线驮石矿区为中灰、富—高硫煤，梁水园和油井山矿区为中—富灰、中—高硫煤。各矿区煤层发热量均在23.83~34.50MJ/kg间。煤种有无烟煤、贫煤、肥煤、气煤。

山西组以陆相碎屑含煤沉积为特征，为区内主要含煤岩系之一。

贺兰山含煤区山西组分布与太原组基本一致，以陆相含煤沉积为特征。主要煤层位于中下部，煤层虽少，但厚度较大，较稳定。主要煤层位于中下部，煤层虽少，但厚度较大，较稳定。煤系厚34~125m，含煤1~7层，煤层总厚3.00~16.14m，含煤系数6.68%~28.04%，可采煤层1~5层，可采煤厚2.76~12.40m，含可采煤系数4.09%~26.19%。煤质：原煤灰分普遍高于太原组，一般为20%~30%，以富灰为主，中灰次之；硫分普遍低于太原组煤层，一般为0.5%~1.06%，以特低硫为主，少数低硫；磷分一般为0.02%~0.03%，属特低磷煤，仅石嘴山煤矿偏高，平均为0.05%。发热量低于太原组煤层，一般为20.93~25.12MJ/kg，其原因是由灰分高所致。煤种分布大体可以汝箕沟煤田北端和马莲滩矿区北端一线为界，其南为无烟煤分布区，其北为烟煤分布区。因而似有自北而南煤层的变质程度有加深的趋势。在正义关的青沟井田出现无烟煤和贫煤，可能与局部的构造活动有关。

宁东含煤区山西组为河湖相沉积体系，煤系厚81~104m，含煤1~18层，煤层总厚9.30~9.43m，含煤系数8.93%~11.62%，可采煤层1~6层，可采煤层厚7.47~7.96m，含可采煤系数7.17%~9.81%。煤种以炼焦用的烟煤为主，一般为中—高变质烟煤，局部为无烟煤。横山堡和韦州两矿区，原煤灰分平均值约25%，属中灰煤；硫分在0.41%~1.24%间，以特低硫为主，低硫次之；磷分小于0.05%，属特低磷煤；发热量在20.93~29.31 MJ/kg间，低于太原组，其原因是灰分高所致。

与上述煤矿床还伴生有耐火黏土和陶瓷黏土矿，主要分布于贺兰山中—北段和香山—卫宁北山地区。贺兰山中—北段有6处耐火黏土矿床，总储量39202×10^4t。含矿地层主要为太原组，次为山西组。含矿2~6层，矿体呈似层状、透镜状，单层厚0.3~6.42m，矿层长200~2000m不等。矿物成分主要为高岭石、绢云母、水云母和褐铁矿。化学成分：$w(Al_2O_3)+w(TiO_2)=20.96\%\sim43.23\%$，$w(Fe_2O_3)=3\%\sim5\%$。

香山—卫宁北山地区有5处小型陶瓷黏土矿床，总储量118×10^4t。含矿地层均为太原组，含矿3~6层，矿体呈层状、透镜状，矿体长200~450m，矿层总厚20.95~21.75m，单层厚1~3m。矿物成分主要有高岭石、水云母、石膏、石英、褐铁矿等。矿石化学成分：$w(Al_2O_3)=14.28\%\sim35.34\%$，$w(Fe_2O_3)+w(TiO_2)=1.11\%\sim20.64\%$，$w(SiO_2)=53\%\sim58.33\%$。

六、中侏罗世沉积作用与沉积矿产

中侏罗世早燕山运动使宁夏西部形成山间盆地、东部形成大型内陆盆地，在温度潮湿的气候条件下，沉积了陆相碎屑含煤建造——延安组，形成厚度大、层数多的大型煤田，同时形成了小规模的油气田。

中侏罗世也是宁夏的重要聚煤期之一，含煤地层为延安组。贺兰山含煤区汝箕沟煤矿，宁东含煤区碎石井煤矿、石沟驿煤矿、冯记沟煤矿、老庄子煤矿、积家井煤矿、金家渠煤矿、洪涝池煤矿，卫宁北山—香山含煤区下流水煤矿、窑山煤矿，宁南含煤区王洼煤矿、炭山煤矿、炭洞沟煤矿等都是该时期形成的煤矿床。

贺兰山含煤区：延安组分布较局限，主要分布在贺兰山中段的汝箕沟一带，为一套河流体系沉积，含煤性好。煤系厚度在汝箕沟矿区较稳定，最厚达280m，一般为200m。贺兰山西侧，煤系地层变薄，含煤层数及可采层数减少，煤层结构复杂，厚度变化大。煤系厚度204m，煤层总数21层，煤层总厚19.04m，含煤系数9.32%；可采煤层10层，可采煤层总厚16.90m，含可采煤系数8.27%。煤种为无烟煤，煤质具有低灰、低硫、低磷、高发热量、高比电阻、高块煤率、高化学活性、高精煤回收率、高机械强度等特点，是造气和制取合成氨的理想煤种。

宁东含煤区：延安组为一套湖泊三角洲—河流体系沉积，煤系厚281~694m，可采煤层2~14层，可采煤层总厚4.47~24.47m，含（可采）煤系数1.52%~8.32%。煤质属特低—低灰、特低硫、高发热量、高化学活性、较高焦油产率及低灰熔点之不黏煤和少量长焰煤。煤种以非炼焦用煤为主，为低变质烟煤，煤种较单一，以不黏煤为主，有少量长焰煤。

卫宁北山—香山含煤区：延安组为山前坳陷盆地及山间盆地型沉积，分布较零星，煤系及煤层厚度变化较大，窑山含煤性相对较好。煤系厚790m，可采煤层2~10层，煤层总厚1.18~11.6m，含煤系数2.38%。煤质下流水矿区为中灰、特低硫煤，窑山矿区为特低灰、特低硫煤。发热量在19.09~

31.65 MJ/kg 间。煤种为气煤、弱黏煤和长焰煤。

宁南含煤区：分布于炭山、王洼。含煤地层延安组厚 146~618.25m，可采煤层 3~9 层，可采煤层平均总厚 8.15~25.52m，可采含煤系数 2.4%~15.6%。王洼矿区煤层总体属低—中灰，中—富硫，高发热量，高含油率煤。炭山矿区煤层总体属中—富灰，其中 4 号和 10 号煤为特低灰煤，8 号煤为低灰煤；总体为特低硫—低硫煤，8 号煤为中硫；高发热量，高含油率煤。劳沟川井田二、三、四煤大部分精煤挥发分大于 40%，属褐煤；五煤精煤挥发分大于 37%，属长焰煤；八煤精煤挥发分小于 37%，属不黏煤。银洞沟井田二、六煤为不黏煤，其余为长焰煤。炭山矿区第二、四、六、八、十四、十九煤挥发分大于 40%，属褐煤；七、十、十六煤挥发分大于 37%，属长焰煤。

宁东地区中侏罗统延安组和直罗组为主要储油地层。如红井子油气田、大水坑油气田、马坊油田、摆宴井油气田、李庄子油田储油地层均为延安组和直罗组。

最近，在宁东地区进行矿产勘查时发现，中侏罗世直罗组还赋存有砂岩型铀矿。

七、白垩纪沉积作用与沉积矿产

早白垩世宁夏经中燕山运动抬升后又下降，在宁夏南部发育一大型内陆湖泊——六盘山盆地，沉积了杂色碎屑含盐建造，形成了岩盐矿床。

固原市原州区硝口岩盐矿床是宁夏唯一的一处岩盐矿床，岩盐资源量大于 1×10^8t。赋矿地层为下白垩统乃家河组，为湖泊相—咸化湖泊相—河流相沉积。岩性下岩段为灰黄色薄层砂岩、中厚层灰质泥岩、砂质泥灰岩，灰绿色薄层泥灰岩夹石膏、灰质泥岩；上岩段为灰黄色薄层泥灰岩、钙质泥岩，紫红色厚层状粉砂质灰岩与灰黄色砂质泥岩互层。在紫红色中—厚层砂质泥岩、灰绿色厚层状灰质泥岩中夹 3 层岩盐，厚度不等。地表未见露头，在钻孔深 184.72m 处见岩盐、芒硝矿层厚 42.38m。另外前人在该区施工的石油钻孔中，在 9 个孔中均不同程度见有岩盐及芒硝信息。岩盐化学成分：w（NaCl）= 31.02%~99.10%，w（Na_2SO_4）= 0~6.16%，w（$CaSO_4$）= 0~7.88%，w（$MgSO_4$）= 0~2.82%，w（KCl）= 0.01%~0.10%，w（H_2O）= 0.35%~6.96%；结晶芒硝化学成分：w（Na_2SO_4）= 97.85%，w（KCl）= 0.02%，w（NaCl）= 1.03%，w（$MgSO_4$）= 0~0.3%，w（$CaSO_4$）= 0.23%。

六盘山地区下白垩统六盘山群和尚铺组及李洼峡组赋存有陆相砂页岩型铜矿，未形成具一定规模的矿产地，均为铜矿（化）点，其矿床地质特征为：含矿地层为下白垩统六盘山群和尚铺组及李洼峡组，属河湖相碎屑岩沉积，含矿岩石主要为灰绿色细—粗粒含铜长石砂岩，次为紫红色砂岩、灰绿色砂质页岩、泥质页岩及砾岩等；矿层呈似层状、层状、透镜状产出，其产状基本与地层产状一致，矿体界线与围岩呈渐变关系，矿体一般长度小于 100m，最大达 600m，厚度在 0.01~8m 之间，一般小于 1m；铜品位在 0.004%~9.15%之间，一般小于 1%；原生铜矿物有辉铜矿、斑铜矿、黄铜矿、蓝铜矿，常见孔雀石、铜蓝等次生矿物；矿石类型有含铜砾岩及含铜砂砾岩、含铜砂岩、含铜泥页岩、含铜泥灰岩、含铜石英方解石脉；矿石多呈星点状、浸染状结构，块状构造。已发现 6 处铜矿（化）点，工作程度均较低，仅做过矿点检查，其中黄草沟矿点规模较大。黄草沟铜矿点含矿地层为和尚铺组，含矿 7 层，含矿岩石为长石砂岩、泥质砂岩及泥页岩；矿体呈层状、透镜状，矿体长 41.5~660m，厚 0.35~1.19m；铜品位 0.01%~1.37%。矿点检查求得铜资源储量（333）20.58t。

六盘山地区六盘山群还赋存有砂岩型铀矿，目前仅发现 1 处矿化点（泾源县黑家沟）。含矿地层为六盘山群和尚铺组，岩性为蓝灰色粉砂岩、灰红色细砂岩夹紫红色铁质条带和紫红黑色铁锰质透镜体。矿化与有机质、赤铁矿化关系密切。矿化共有 5 层，每层厚 1m 左右。矿化品位（w（U））一般为 0.01%~0.02%，最高为 0.536%，伴生有钛和铜。

八、新生代沉积作用与沉积矿产

渐新世早喜马拉雅运动后山间盆地和内陆盆地沉降接受红色碎屑含盐建造，形成了多个中—特大型石膏矿床，为宁夏最主要的石膏成矿期。

渐新统清水营组为宁夏主要产石膏层位，共发现石膏矿床20处，其中，大型8处，中型1处，小型6处，矿点5处。其资源量占全区总量的99.13%。清水营组岩性为砖红、褐红色泥岩、粉砂岩夹灰绿色砂岩、泥岩及石膏层，可见厚1000m，属河湖相红色碎屑岩含石膏沉积。在盐池地区，含石膏1~4层，厚1.6~24.51m；石记场、灵应山、小青山一带石膏层厚9m以上，至20m左右。矿石化学成分：w（$CaSO_4 \cdot 2H_2O$）+w（$CaSO_4$）=78.09%~96.76%。在中宁县贺家口子—田子端一带，含工业石膏矿层12~147层，厚29.08~151.57m，单层最大厚度为36.71m。矿石化学成分：w（$CaSO_4 \cdot 2H_2O$）+w（$CaSO_4$）=55%~85%。在张易—赵家洼地区，石膏层变薄，张易一带含石膏多层、厚0.2~0.5m，赵家洼一带含石膏2~3层、厚3.32~5.22m。矿石化学成分：w（$CaSO_4 \cdot 2H_2O$）=71.20%~75.46%。

第四纪的主要沉积矿产为芒硝、湖盐，已发现矿点6处，分布于贺兰、盐池、灵武、红寺堡、固原、海原等地。成盐面积以海子井为最大，为5.28km^2，其次为惠安堡1.75km^2，其他均不足1km^2。红寺堡湖面覆盖较厚，为埋藏湖。芒硝、湖盐化学成分：马家庄w（Na_2SO_4）=93.36%，w（NaCl）=1.32%；硝池子w（Na_2SO_4）=60.39%，w（NaCl）=3.38%；海子井w（Na_2Cl）=94%，w（$MgSO_4$）=0.51%；惠安堡w（Na_2SO_4）=21.62%；干盐池卤水为Cl-SO_4-Na-Mg型，矿化度180g/L，由湖晒盐年产量100~200t，晒出之盐成分：w（NaCl）=83%，w（Na_2SO_4）=17%，湖水中w（B_2O_3）=18%~23%。

第三篇　岩浆岩

第二十章　概　　述

第一节　岩浆岩分布特点及研究现状

宁夏岩浆活动不强烈，岩浆岩不发育，出露面积约 127km^2，仅占全区总面积的 0.19%。其中侵入岩出露面积约 125 km^2，火山岩出露面积约 2km^2（图 20-1）。在岩石类型上，主要为中—酸性侵入岩，基性—超基性侵入岩及火山岩很少；在时空分布上，以古元古代中—酸性侵入岩为主，次为早古生代

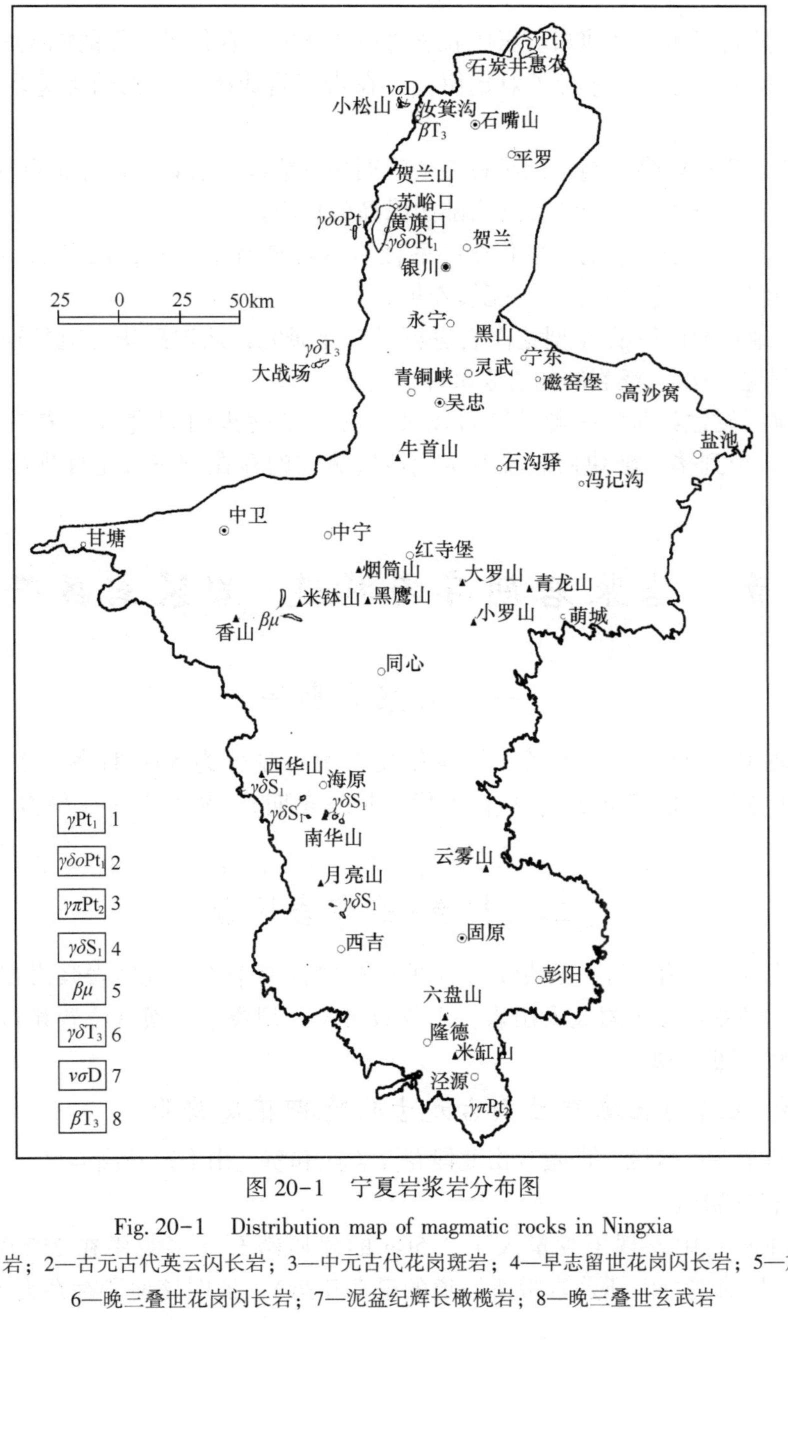

图 20-1　宁夏岩浆岩分布图

Fig. 20-1　Distribution map of magmatic rocks in Ningxia

1—古元古代花岗岩；2—古元古代英云闪长岩；3—中元古代花岗斑岩；4—早志留世花岗闪长岩；5—加里东期辉绿岩；6—晚三叠世花岗闪长岩；7—泥盆纪辉长橄榄岩；8—晚三叠世玄武岩

中—酸性侵入岩，它们分别构成了宁夏两个重要的岩浆岩带——北部的华北克拉通西缘贺兰山古元古代中—酸性岩浆岩带和南部的祁连早古生代造山带北掌山—崛峡山—南华山中—酸性岩浆岩带。其他的如中元古代中—酸性侵入岩、早古生代基性—超基性岩、中生代中—酸性侵入岩、中生代基性火山岩等，散见于贺兰山、香山和六盘山地区，均以独立岩体形式出露，规模较小。

第一代《宁夏回族自治区区域地质志》编纂出版至今已有20多年。期间，宁夏的地勘单位相继开展了重要地区的1∶5万区域地质调查和基本覆盖全区的1∶25万区域地质调查，国内高校和科研院所（中国地质科学院地质研究所、中国科学院地质所与地球化学研究所、长安大学、西北大学、中国地质大学、吉林大学等）针对区域上侵入岩、火山岩的空白和难点、热点问题进行了大量的专题研究，发表了许多新成果，大大提高了区域岩浆岩研究水平。重要的进展如下：

1）通过对华北克拉通北缘贺兰山北段变质变形花岗岩的岩石学、岩石化学、地球化学及同位素年代学研究，基本查明了贺兰山北段古元古代花岗岩的时空分布与演化规律，建立了花岗岩同位素年代学格架。

2）对贺兰山中段古元古代黄旗口英云闪长岩进行了研究，获得了可靠的同位素年龄数据，并将其与贺兰山北段的古元古代花岗岩进行了对比研究，在岩浆岩成因、形成的构造环境方面取得了新的认识。

3）对北祁连造山带东端南、西华山早古生代晚期中—酸性岩浆岩带进行了更加深入的研究，认为属壳幔（I）型花岗岩，形成于活动陆缘的大陆边缘岛弧环境。

4）对贺兰山南段大战场一带的中生代中—酸性岩浆岩进行了研究，提出了其属埃达克岩的新认识，探讨了板块汇聚背景下的岩浆活动与壳幔作用关系。

5）对鄂尔多斯地块西南缘的A型花岗岩进行了对比研究，认识到华北克拉通形成后在中元古代早期（晋宁早期）存在一次广泛裂解的岩浆事件。

6）对贺兰山地区泥盆纪基性—超基性岩以及三叠纪基性火山岩进行了岩石化学、地球化学和同位素示踪研究，认识到华北陆块西缘晚古生代地幔热柱的存在与三叠纪伸展体制下火山岩盆地的特征。

第二节　岩浆岩期序与构造-岩浆岩区带划分

一、岩浆岩期序

从岩浆岩形成时代分析来看，区域上岩浆作用大致可划分为5个期序（表20-1），即古元古代（吕梁期）、中元古代（晋宁早期）、早古生代（加里东期）、晚古生代（华力西期）、中生代（印支-燕山期）。

二、构造-岩浆岩区带

宁夏发育古元古代（吕梁期）、早古生代（加里东期）两个中—酸性岩浆岩带，其他各期的中—酸性侵入岩、基性—超基性侵入岩及火山岩，不仅数量少、规模小，而且位置相对独立，没有形成区域上具有规模的岩浆岩带（块）。

（一）华北克拉通西北缘贺兰山古元古代晚期花岗岩带

该带可划分为两个花岗岩区，即贺兰山北段花岗岩区和贺兰山中段花岗岩区。

1. 贺兰山北段花岗岩区

贺兰山北段的片麻岩中发现了少量大于2.5Ga的碎屑锆石（多集中在2520～2949Ma之间，其中（2949±13）Ma是目前贺兰山孔兹岩带所报道的最老年龄），证明该地段存在太古宙（早于2.5Ga）岩浆活动记录。

表 20-1 宁夏岩浆岩期序、构造-岩浆岩区带划分及特征

Table 20-1 Division and characteristic of magmatic rock sequences and structure-magmatic rock zones (belts) in Ningxia

岩浆岩期序	构造-岩浆岩带	主要岩浆岩（体）及岩石组合	岩石化学类型、岩石系列及成因类型	形成的构造环境	同位素年龄值
中生代（印支—燕山期）Mz		由大战场、双疙瘩和阿里乌苏3个小岩体组成，岩石组合以花岗闪长岩为主，次为二长花岗岩、石英二长岩、石英闪长岩，还有后期分异贯入的闪长玢岩脉、花岗岩脉等	钙性—钙碱性岩系，过铝—次铝的岩石，属C型埃达克质花岗岩	三叠纪晚期，古特提斯洋封闭，古太平洋俯冲、消减作用影响深入板内达贺兰山南段—卫宁北山地区，加厚地壳熔融，中—酸性岩浆侵入，形成火山弧	大战场岩体（223±26）Ma（TIMS 锆石 U-Pb 法）；闪长玢岩脉（147.2 ± 2.3）Ma（SHRIMP 锆石 U-Pb 法）
		鼓鼓台玄武岩	钙碱性，拉斑玄武岩系列	晚三叠世末，贺兰山北段处于伸展构造环境，火山盆地形成，玄武岩浆喷溢	（229±0.15）Ma（全岩 K-Ar 法）；（241±7）Ma（ELA-ICPMS 锆石 U-Pb 法）；193Ma（锆石裂变径迹法）
晚古生代（华力西期）Pz_2		贺兰山地区石炭-二叠系太原组凝灰岩；贺兰山及宁东地区上二叠统孙家沟组凝灰岩及火山碎屑岩；香山地区二叠系大黄沟组、红泉组火山碎屑岩		华北陆块与西伯利亚陆块碰撞拼接和亚洲洋封闭，后造山板内伸展机制，英安质—流纹质火山喷发	
		基性—超基性侵入岩小松山橄榄岩-辉长岩复合岩体	亚碱性岩系，拉斑玄武岩系列	板内拉张构造环境	384.4Ma（全岩 K-Ar 法）
早古生代（加里东期）Pz_1		侵入于贺兰山北段古元古代贺兰山群及花岗岩中的辉绿岩脉，香山磨盘井辉绿岩体（岩床）基性侵入岩	磨盘井辉绿岩为钙性岩系，拉斑玄武岩系列，具非典型蛇绿岩建造特征	寒武纪—中泥盆世为早古生代贺兰拗拉槽形成时期，伸展构造环境，盆内及盆缘深大断裂处基性岩浆侵入	贺兰山北段（543±190）Ma（CAMECA IMS 锆石 U-Pb 法）；贺兰山中段（528±13）Ma（LA-ICP-MS 锆石 U-Pb 法）；磨盘井辉绿岩 482.4Ma（Sm-Nd 法）
	北祁连早古生代造山带北掌山—崛崾山—南华山岛弧型中-酸性侵入岩带	由15个岩体组成（宁夏境内9个），构成长达230km的中—酸性侵入岩带。岩石组合以花岗闪长岩为主，次为英云闪长岩、石英二长闪长岩，普遍含暗色包体（MME），还有后期派生的中—酸性脉岩、基性脉岩、碱性脉岩	钙碱性岩系，偏铝质—过铝质岩石，属壳幔（I）型花岗岩	早志留世华北陆块与中祁连陆块聚合，北祁连残留海盆向阿拉善地块俯冲，洋壳部分熔融，贺兰拗拉槽最终关闭，在岛弧—弧后盆地部位，有中—酸性岩浆侵入，形成岛弧型花岗岩（带）	乱堆子岩体（431±5）Ma（SHRIMP 锆石 U-Pb 法）；油房院岩体（451+54/-32）Ma（SHRIMP 锆石 U-Pb 法）；石洼里岩体（437 ± 5）Ma（SHRIMP 锆石 U-Pb 法）
中元古代（晋宁早期）Pt_2		长城纪海原岩群变辉绿岩（斜长角闪岩）、变基性火山岩（绿帘阳起钠长片岩等）	亚碱性岩系，拉斑玄武岩系列	哥伦比亚（Columbia）超大陆裂解，中元古代古祁连海槽形成，基性岩浆侵入、喷溢	变质基性火山岩碎屑锆石（1925 ± 8）Ma（SHRIMP 锆石 U-Pb 法）
		石嘴子花岗斑岩体	钙碱性岩系，硅过饱和岩石，钾玄岩系列，属A型花岗岩	华北克拉通古元古代末期—中元古代早期的造山后发生伸展形成裂陷（坳拉谷），中酸性岩浆侵入	（1778 ± 14）Ma（SHRIMP 锆石 U-Pb 法）；（1788±12）Ma（LA-ICP-MS 锆石 U-Pb 法）

续表

岩浆岩期序	构造-岩浆岩带	主要岩浆岩（体）及岩石组合	岩石化学类型、岩石系列及成因类型	形成的构造环境	同位素年龄值
古元古代（吕梁期）Pt_1	华北克拉通西北缘贺兰山古元古代花岗岩带	得拉布格超基性岩墙群		碰撞（造山后）伸展构造环境超基性岩墙侵入	
		由黄旗口岩体和白杨沟岩体组成，岩石组合以英云闪长岩（斜长花岗岩）为主，次为花岗闪长岩、二长花岗岩、花岗岩	钙性—钙碱性岩系，过铝的岩石类型，属壳源（S）型花岗岩	贺兰山中段地区未卷入造山带。为第一期中酸性岩浆活动产物	黄旗口岩体（2003±10）Ma（SHRIMP 锆石 U-Pb 法）；（1976±17）Ma（SHRIMP 锆石 U-Pb 法）
		浩尧尔似斑状黑云母花岗岩（岩基）、蒙果特闪长质片麻岩	闪长质片麻岩为钙性—钙碱性岩系，次铝的岩石类型；似斑状黑云母花岗岩为钙性—钙碱性岩系，过铝的岩石类型，属壳源（S）型花岗岩	古元古代晚期阴山古陆块与鄂尔多斯古陆块陆-陆碰撞，华北克拉通西部陆块形成。造山带区域变质作用达麻粒岩相。峰期变质后的异地花岗岩（含石榴子石富钾的花岗岩，幔源富钠质闪长岩—疑似 TTG 岩系），下地壳重熔，少见与幔源岩浆混合。为第二期中—酸性岩浆活动产物	似斑状黑云母花岗岩（1940±11）Ma（SHRIMP 锆石 U-Pb 法）；闪长质片麻岩（1920±7）Ma（SHRIMP 锆石 U-Pb 法）
		夏来苏花岗质片麻岩、巴音恩德勒似斑状石榴子石黑云母花岗岩、扣筚沟石榴子石花岗岩	花岗质片麻岩为钙性岩系，似斑状石榴子石黑云母花岗岩为钙碱性岩系，石榴子石花岗岩为钙性—钙碱性岩系，三者均为过铝的岩石类型，属壳源（S）型花岗岩	峰期变质前的原地—半原地花岗岩。富铝岩系脱水熔融，与变质作用、混合岩化作用关系密切。为第一阶段中—酸性岩浆活动产物	石榴子石花岗岩（2047±42）Ma（SHRIMP 锆石 U-Pb 法）；花岗质片麻岩（1981±20）Ma（TIMS 锆石 U-Pb 法）

贺兰山北段古元古代花岗岩属同构造或构造期后 S 型花岗岩，为地壳部分熔融的产物，其与麻粒岩相变质岩、混合岩密切共生，具有陆-陆碰撞带的典型特征。根据各种花岗岩的岩石学、岩相学、地球化学和同位素年代学资料，结合区域变质峰期时间的确定，将贺兰山北段古元古代的中酸性岩浆活动分为两个阶段。

第一阶段为峰期变质前的原地、半原地侵入体，代表性岩石类型为似斑状石榴子石黑云母花岗岩（$\gamma\beta grPt_1$，侵入年龄为（2053±58）Ma）、石榴子石花岗岩（$\gamma grPt_1$，侵入年龄为（2047±42）Ma）、花岗质片麻岩（$gn^{\gamma}Pt_1$，侵入年龄为（1981±20）Ma）。

第二阶段为峰期变质同期或峰期变质后，由于压力下降导致熔融程度加大形成的巨量异地花岗岩，同时有少量幔源岩浆（钠质系列、闪长质片麻岩体，具地幔衍生的 TTG 岩系特点）混合。代表性岩石类型为似斑状黑云母花岗岩（$\gamma\beta Pt_1$，侵入年龄为（1940±11）~（1955±20）Ma）和闪长质片麻岩（$gn^{\delta}Pt_1$，侵入年龄为（1920±7）Ma）。

碰撞期后有大量的基性—超基性岩浆活动，形成了侵入于古元古代贺兰山岩群和花岗岩中的基性—超基性岩墙（岩脉）群，代表性岩体及岩石类型为得拉布格超基性岩墙群、正义关—宗别立的辉绿岩脉群。

2. 贺兰山中段花岗岩区

贺兰山中段英云闪长岩（$\gamma\delta o\ Pt_1$，侵入年龄为 1976~2003Ma），两个代表性岩体分别是黄旗口岩基和白杨沟岩体。英云闪长岩也属于S型花岗岩，是古元古代中—酸性岩浆活动第一阶段地壳部分熔融的产物。

（二）中元古代中—酸性侵入岩与基性浅成岩、火山岩

1. 鄂尔多斯地块西南缘裂陷槽中元古代花岗岩

鄂尔多斯地块西南缘中元古代早期（晋宁期）中—酸性侵入岩带，大部分出露于甘肃陇东和陕西秦岭以北地区，宁夏仅出露1个面积极小的石嘴子花岗斑岩体。岩体的侵入年龄为1778~1788Ma，属A型花岗岩，其形成于造山期后岩石圈伸展的构造环境。

2. 祁连古海槽中元古代基性浅成岩、火山岩

中元古代早期，伴随哥伦比亚超大陆的裂解，祁连古海槽形成。海原岩群变质岩原岩恢复表明，大量的碎屑岩、碳酸盐岩中夹有基性浅成岩（辉绿岩，变质为斜长角闪岩）和火山岩（变质为绿帘绿泥钠长片岩等绿片岩），碎屑锆石年龄为（1925±8）Ma。

（三）早古生代（加里东期）基性—超基性侵入岩

早古生代是鄂尔多斯西缘裂陷带的形成发育时期，中—晚奥陶世是强烈拉伸时期。在裂陷的边缘（盆地边界断裂）和盆内出现2个基性—超基性侵入体，即贺兰山北段的小松山基性—超基性岩体和香山地区的磨盘井辉绿岩床。小松山岩体的同位素年龄值为384.4Ma，属泥盆纪。磨盘井辉绿岩属大洋扩张（伸展作用）环境下的大洋拉斑玄武岩系列，顺层侵入于上奥陶统香山群狼嘴子组黄河井段（深海平原、盆底相）硅质岩、硅质白云岩、浅变质砂岩、板岩中，侵入时代为加里东晚期。

（四）北祁连早古生代造山带北掌山—崛岘山—南华山岛弧型中—酸性侵入岩带

该侵入岩带北西向延伸，长约230km。带内由15个中—酸性侵入体组成，宁夏境内有9个，主要分布在南华山-月亮山地区，岩体规模均较小，呈岩株状—岩瘤状产出，主要岩石类型为花岗闪长岩、英云闪长岩。早古生代中—酸性侵入岩属I型花岗岩（壳幔型花岗岩），形成在岛弧—弧后盆地的构造部位，属洋壳部分溶融上侵的产物，具有大陆岛弧型花岗岩特征，其形成与早志留世华北陆块与中祁连陆块聚合、北祁连残留海盆向阿拉善微陆块俯冲等板块构造事件有关。

（五）华力西期贺兰山北段—香山地区的陆内中—酸性火山岩

二叠纪—三叠纪，鄂尔多斯西缘完成了陆表海盆的消亡与陆内坳陷盆地形成的转化（进入陆内或板内时期），体现了华北陆块与西伯利亚陆块碰撞拼接和亚洲洋封闭过程的构造效应。尤其是晚二叠世—早三叠世出现多次英安质—流纹质凝灰岩喷发活动，显示了碰撞造山作用后的板内伸展机制。香山地区的火山岩以二叠系红泉组和大黄沟组的沉凝灰岩、火山角砾岩为代表，贺兰山地区以上石炭统—下二叠统太原组和上二叠统孙家沟组的凝灰岩最为典型。据大区域火山岩岩性、岩相及变化分析，推测南部的火山活动中心可能在香山地区的梁水园子以西，北部火山口应在巴彦乌拉山东侧的水妥附近。

（六）印支-燕山期贺兰山南段—卫宁北山陆内中—酸性侵入岩、基性火山岩

三叠纪末古特提斯洋封闭构造过程，受到华北陆块的阻抗，在贺兰山—卫宁北山地区产生“楔顶效应”，再加上古太平洋开始俯冲、消减，引起欧亚大陆板块与库拉-太平洋板块（古太平洋板块）间发生强烈相互作用，其影响深入板内，波及范围达到贺兰山、卫宁北山地区，形成了大战场、双疙瘩、阿里乌苏等3个中—酸性岩体（花岗岩、闪长岩、闪长玢岩、花岗斑岩等），以及卫宁北山二人山闪长玢岩脉（据航磁异常推测，深部860~1000m可能有隐伏中酸性岩体）。大战场花岗岩属C型埃达克质岩，地壳增厚的火山弧或火山弧晚期是形成C型埃达克岩的主要构造环境。

晚三叠世—早侏罗世，贺兰山北段的构造运动表现为挤压—拉伸交替形式，逆冲推覆构造（滑脱构造、薄皮构造）和前陆盆地十分发育。鼓鼓台玄武岩属钙碱性拉斑玄武岩，地球化学特征显示板内伸展环境，可作为贺兰山北段地区晚三叠世陆相火山盆地形成的标志。

第二十一章　侵入岩

第一节　基性—超基性侵入岩

宁夏基性—超基性侵入岩不发育，零星分布在贺兰山北段及香山地区，有基性—超基性岩体和浅成基性侵入体两种类型。已知的两个基性—超基性侵入岩分别是贺兰山北段的泥盆纪基性—超基性岩（小松山岩体）和香山地区的磨盘井辉绿岩（岩床），尚有大量的辉绿岩脉（墙）和基性—超基性岩脉（墙）群。

一、泥盆纪基性—超基性岩

泥盆纪基性—超基性岩体位于贺兰山北段的小松山北麓，习称小松山基性—超基性岩体或小松山岩体。

（一）地质特征

小松山岩体呈北西向展布，平面形态大致呈一等腰三角形，长约4km，最宽处约1km，面积2.37 km^2。岩体是由辉长岩、辉长橄榄岩等组成的复合岩体。其中辉长橄榄岩位于岩体的东南部，构成主体部分，辉长岩位于东北部，约占三分之一少。岩体（西侧、西南侧）侵入于中—上寒武统阿不切亥组和下—中奥陶统天景山组碳酸盐岩中，接触界面凹凸不平，倾向西或南西；外接触带具大理岩化、硅灰石化、蛇纹石化等热接触变质现象，形成大理岩、蛇纹石化大理岩、硅灰石角岩等，内接触带发育蛇纹石化、滑石化、矽卡岩化等蚀变现象，形成滑镁岩等热接触变质岩。岩体北东侧出露古元古界贺兰山岩群宗别立岩组黑云斜长片麻岩、黑云变粒岩等，二者呈断层接触。岩体东南侧与上侏罗统安定组呈断层接触（图21-1）。

岩体内部岩相较为清楚。自下而上（自北东向南西）大体分为辉长岩（νD）和辉长橄榄岩（$\nu\sigma$D）两个岩体。前者可分为粗—中粒橄榄辉长岩-苏长岩、中粒辉长岩和粗粒—伟晶辉长岩等岩相带及伟晶辉石岩析离体；后者可分为含铬铁矿的粗粒含长单辉橄榄岩、粗粒含长单辉橄榄岩、中粒含长单辉橄榄岩、细—中粒含长单辉橄榄岩等相带及伟晶辉石岩-辉长岩析离体。

岩体内部发育与其产状大体一致的“叶理”，走向北西，倾向南西，倾角40°~60°。岩体中见灰岩捕虏体及后期的辉绿岩脉及碱性脉岩。

（二）岩石学特征

小松山基性—超基性岩体组成岩石较复杂，主要岩石类型及岩石学特征如下：

1）含长单辉橄榄岩：构成岩体的主体，呈墨绿—灰绿色。块状构造，嵌晶结构。主要矿物有橄榄石（70%~25%）、单斜辉石（25%~70%）、斜长石（<5%），次有黑云母、金云母、磷灰石、磁铁矿、铬尖晶石、钛铁矿、榍石、符山石、钙铬石榴子石等。

2）含辉纯橄岩：数量甚少，多呈规模不大的析离体赋存于含长单辉橄榄岩中，呈墨绿色，单斜辉石含量小于5%，橄榄石几乎全部蛇纹石化。

3）含长单辉辉橄岩：主要分布于岩体南部，呈墨绿—灰绿色，细—中粒为主。主要矿物有单斜辉石（10%~25%）、橄榄石（75%~90%）和斜长石（<5%）。

4）伟晶辉石岩：呈大小不等且不规则的析离体分布于岩体中部的粗粒含长单辉橄榄岩中，有的呈似脉状穿插。灰绿色，主要矿物为单斜辉石（80%~95%），有少量—微量的橄榄石、黑云母及斜长石等。

5）中粒辉长岩：呈灰—灰黑色，中粒，嵌晶含长结构，主要由斜长石、普通辉石和透辉石组成，次有橄榄石、黑云母、角闪石、磁铁矿、钛铁矿、磷灰石和锆石等。

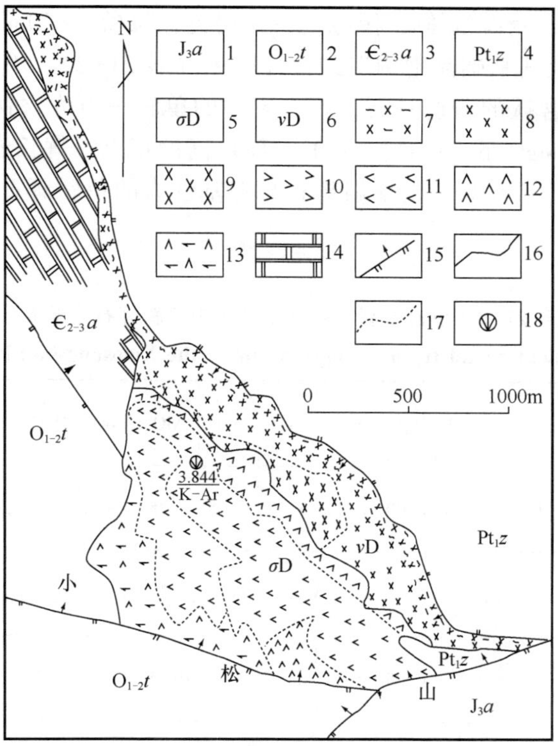

图 21-1 小松山基性—超基性岩体地质图

Fig. 21-1 Geological map of the Xiaosongshan basic-ultrabasic intrusion in Alxa Left Banner, Inner Mongolia

1—上侏罗统安定组；2—下—中奥陶统天景山组；3—中—上寒武统阿不切亥组；4—古元古界宗别立岩组；5—泥盆纪橄榄岩；6—泥盆纪辉长岩；7—中粒橄榄辉长岩、苏长岩；8—中粒辉长岩；9—粗粒伟晶辉长岩；10—粗粒含长单辉橄榄岩；11—粗粒含长单辉橄榄岩；12—中粒单辉橄榄岩；13—细—中粒含长单辉辉橄岩；14—大理化岩带；15—逆断层；16—地质界线；17—岩相界线；18—同位素年龄样采集地

6）橄榄辉长岩-苏长岩：分布于岩体的最底部（北东部），黑灰色，细—粗粒。主要由普通辉石、橄榄石、斜长石、紫苏辉石组成，次有钛铁矿、磁铁矿、磁黄铁矿、黄铜矿、镍黄铁矿等。

（三）造岩矿物特征

小松山基性—超基性岩中的主要造岩矿物为橄榄石、单斜辉石、斜长石和少量石榴子石。

1）橄榄石：橄榄石几乎全部蛇纹石化，残晶呈浑圆、椭圆或扭曲的蠕虫状，粒度一般为 0.4～4mm，个别达 20mm，稀疏或紧密堆积，被较大的单斜辉石晶体包裹，镜下鉴定组分铁橄榄石分子 Fa 为 12～47。橄榄石电子探针分析结果（表 21-1）表明，各相带橄榄石的化学成分变化不大：$w(SiO_2)$ = 38.25%～39.70%，$w(FeO)$ = 18.96%～23.29%，$w(MgO)$ = 37.68%～39.81%，经计算 Fo 为 21.12～25.75，均属贵橄榄石。

表 21-1 小松山基性—超基性岩中橄榄石化学成分表

Table 21-1 Major element chemistry of olivine of the Xiaosongshan basic-ultrabasic intrusion

样号	主要氧化物含量 (w)/%											Fo
	SiO_2	TiO_2	Al_2O_3	Cr_2O_3	FeO	MnO	MgO	NiO	CaO	K_2O	Na_2O	
88B-91	39.13	0.03	0.08	0	23.29	0.44	37.68	0.07	0.24	0	0	74.25
88B-91	39.79	0	0.03	0.07	20.42	0.09	39.81	0.22	0.13	0	0.02	77.65
88B-91	39.62	0.28	0	0.09	20.22	0.28	39.24	0.01	0.08	0	0	77.57
X-11	39.25	0	0.02	0.09	22.39	0.41	39.62	0.08	0.14	0	0.03	75.93
X-11	39.25	0	0.02	0.09	18.96	0.26	39.72	0.03	0.07	0	0.10	78.88
X-11	39.16	1.14	0.06	0	21.77	0.39	38.11	0.09	0.20	0	0.01	75.55
X-5	38.75	0.29	0.01	0.10	23.10	0.36	38.11	0.09	0.20	0	0.01	75.55

（据赵东宏，1989）

2）单斜辉石：单斜辉石一般较新鲜，黑绿色—紫褐色，粒径5~20mm，大者30mm。橄榄岩体中8个单斜辉石单矿物全分析及其基础晶胞构造式计算结果（表21-2）：不同岩石类型的单斜辉石应属透辉石质含钛普通辉石—富含钛的普通辉石，辉石岩中的单斜辉石为含钛次透辉石及含钛普通辉石，比较橄榄岩中的单斜辉石有MgO低，CaO、Al_2O_3、TiO_2高的特点；辉长岩中的辉石为含钛普通辉石、透辉石。据单矿物探针分析，辉长岩中的单斜辉石与超基性岩的单斜辉石相比，以（FeO）高，CaO、MgO偏低为特征。

表21-2　小松山基性—超基性岩中单斜辉石化学成分

Table 21-2　Major element chemistry of clinopyroxene of the Xiaosongshan basic-ultrabasic intrusion

序号	岩石名称		SiO_2	TiO_2	Al_2O_3	Cr_2O_3	Fe_2O_3	FeO	MnO	NiO	CoO	MgO	CaO	Na_2O	K_2O	H_2O^+	H_2O^-	总量
1	含辉橄榄岩	化学成分（w/%）	48.08	1.72	4.53	0.09	2.43	3.57	0.05	0.25	–	14.42	23.53	0.40	0.07	0.66	0.14	99.80
		基础晶胞构造式	$(Ca_{0.96}\ Na_{0.02})_{0.98}\ (Mg_{0.73}\ Fe''_{0.10}\ Ni_{0.01}\ Fe'''_{0.06})_{0.90}\ (Si_{1.76}\ Ti_{0.03}\ Al_{0.21})_2O_6$															
2	橄榄岩	化学成分（w/%）	49.56	–	1.82	0.25	2.88	6.06	0.10	0.05	–	15.22	21.54	0.34	0.02	0.72	0.62	99.56
		基础晶胞构造式	$(Ca_{0.94}\ Na_{0.01})_{0.95}\ (Mg_{0.81}\ Fe''_{0.17}\ Fe'''_{0.08})_{1.06}\ (Si_{1.91}\ Al_{0.06})_{2\,1.97}O_6$															
3	橄榄岩	化学成分（w/%）	50.68	1.20	1.43	0.32	2.82	4.50	0.05	0.15	–	16.02	20.74	0.35	0.05	0.53	0.07	98.84
		基础晶胞构造式	$(Ca_{0.93}\ Na_{0.02})_{0.95}\ (Mg_{0.8}\ Fe''_{0.15}\ Fe'''_{0.01}\ Ni_{0.01}\ Al_{0.03})_{1.00}\ (Si_{1.96}\ Ti_{0.03}\ Al_{0.01})_2O_6$															
4	细粒橄榄岩	化学成分（w/%）	49.40	1.05	2.24	0.64	1.96	2.84	0.02	0.03	0.82	14.59	23.81	0.40	–	0.91	0.09	100.71
5	中粒橄榄岩	化学成分（w/%）	47.30	1.05	6.37	0.81	2.89	3.06	0.02	0.03	0.68	13.13	23.81	0.45	–	0.79	0.18	100.39
6	粗粒橄榄岩	化学成分（w/%）	52.54	0.75	2.47	0.48	1.86	3.79	0.15	0.05	0.24	15.22	20.98	0.35	–	2.11	0.41	100.99
		基础晶胞构造式	$(Ca_{0.903}\ Na_{0.027})_{0.930}\ (Mg_{0.814}\ Fe''_{0.099}\ Fe'''_{0.063}\ Ti_{0.027})_{1.003}\ (Si_{1.872}\ Al_{0.192})_{2.064}O_6$															
7	辉橄岩	化学成分（w/%）	46.98	1.60	7.25	0.10	2.76	2.03	0.05	0.03	0.50	14.18	23.53	0.35	–	1.66	0.33	101.02
		基础晶胞构造式	$(Ca_{0.925}\ Na_{0.027})_{0.925}\ (Mg_{0.794}\ Fe''_{0.115}\ Fe'''_{0.083}\ Ti_{0.03})_{1.022}\ (Si_{1.852}\ Al_{0.16})_{2.012}O_6$															
8	辉橄岩	化学成分（w/%）	50.04	1.00	3.71	0.60	2.97	3.66	0.14	0.05	0.21	14.38	23.25	0.40	–	0.85	0.14	101.26
		基础晶胞构造式	$(Ca_{0.94}\ Na_{0.025})_{0.965}\ (Mg_{0.79}\ Fe''_{0.063}\ Fe'''_{0.77}\ Ti_{0.045})_{0.795}\ (Si_{1.755}\ Al_{0.325})_{2.080}O_6$															

3）斜长石：斜长石大部分已葡萄石化、水石榴子石化，呈蛇形和自形粒状，粒径4mm×2mm。橄榄岩中的斜长石见聚片双晶，属拉长石（An=65）；辉长岩中的斜长石为中—拉长石（An=40~50）；橄榄辉长岩-苏长岩中的斜长石牌号偏大，属培—拉长石（An=70~60）。故基性岩单元自下而上钙长

表 21-3 小松山基性—超基性岩中主要氧化物含量及特征参数

Table 21-3 Contents and characteristic parameters of major oxide of the Xiaosongshan basic-ultrabasic intrusion

序号	岩石名称	主要氧化物含量（w）/%																特征参数		
		SiO_2	TiO_2	Al_2O_3	Fe_2O_3	FeO	MnO	MgO	CaO	Na_2O	K_2O	P_2O_5	H_2O^+	H_2O^-	SO_3	烧失量	总量	$Mg^{\#}$	$w(Na_2O+K_2O)$/%	$\frac{Na_2O}{K_2O}$
1	含单辉纯橄岩	35.72	2.25	3.16	7.14	4.90	0.16	34.32	2.46	0.50	0.05	-	8.00	-	-		98.66	0.84	0.55	10.00
2	细粒含长单辉橄榄岩	36.49	0.20	0.18	14.67	4.32	0.09	30.82	1.08	0.05	0	0.04	11.85	0.10	0.01		99.90	0.76	0.05	-
3	粗粒含长单辉橄榄岩	37.95	0.30	1.03	13.78	5.48	0.10	27.33	4.29	0.10	0	0.09	6.40	0.51	0.02		97.38	0.73	0.10	-
4	粗粒含长单辉橄榄岩	37.50	0.40	1.03	14.16	5.51	0.03	25.55	4.03	0.25	0	0.10	11.04	0.39	0.01		100.00	0.71	0.25	-
5	细粒含长单辉橄榄岩	34.26	0.20	8.18	9.76	1.15	0.10	23.69	12.12	0.41	0	0.06	9.82	0.29	0.07		100.11	0.81	0.41	-
6	中—细粒含长单辉橄榄岩	39.84	0.45	3.76	11.19	4.21	0.04	25.53	4.89	0.15	0	0.04	9.62	0.40	0.01		100.13	0.76	0.15	-
7	含长单辉橄榄岩	40.32	0.88	3.65	8.01	4.47	0.03	26.41	7.01	0.50	0.03	-	7.42	0.81	-		99.54	0.80	0.53	16.67
8	伟晶辉石岩	45.81	1.60	7.95	2.42	3.64	0.08	14.02	22.82	0.50	0	0.04	0.88	0.17	0.01		99.94	0.81	0.50	-
9	辉长岩	47.08	0.88	20.16	0.75	4.28	0.10	7.49	13.90	1.98	1.17	0.07	2.36	0.17	0.03		100.42	0.73	3.15	1.69
10	辉长岩	46.88	0.88	22.72	0.68	4.59	0.09	4.89	13.03	2.50	0.64	0.08	2.54	0.12	0.01		99.65	0.63	3.14	3.91
11	伟晶辉石岩	46.53	0.58	19.44	0.64	3.16	0.07	5.37	15.77	1.07	3.58	0.05	3.26	0.14	0.56		100.22	0.72	4.65	0.30
12	单辉钙榴橄榄岩	32.20	0.60	6.94	8.28	0.14	28.58	7.87	0.01	0.02	0.05				15.15	99.84	0.86	0.03	0.50	
13	辉石岩	35.59	2.56	7.87	5.76	0.1	11.29	17.24	0.25	0.02	0.06				19.94	100.68	0.78	0.27	12.50	
14	钙榴橄榄岩	31.28	0.42	9.66	6.74	0.11	27.99	7.89	0.00	0.02	0.04				15.71	99.86	0.88	0.02	0.00	
15	透辉橄榄岩	32.31	0.99	3.35	8.42	0.14	33.16	5.86	0.00	0.04	0.04				15.96	100.27	0.88	0.04	0.00	
16	辉长岩	45.91	0.92	13.05	3.94	0.08	6.21	14.46	0.42	1.64	0.11				13.55	100.29	0.74	2.06	0.26	
17	钛辉辉长岩	45.27	3.14	15.19	4.73	0.10	5.70	11.45	0.58	0.73	0.23				13.13	100.25	0.68	1.31	0.79	

注：序号1~11为1：20万石嘴山市幅区调资料；12~17据黄喜峰（2008）资料。

石分子有逐渐减少的趋势。

（四）岩石化学特征

小松山基性—超基性岩岩石化学全分析结果（表21-3）表明：含长单辉橄榄岩中 w（SiO_2）= 34.26%~40.32%，w（MgO）= 23.69%~30.82%，w（Fe_2O_3）+ w（FeO）= 10.91%~19.67%，Na_2O 含量甚低，w（K_2O）仅在个别样品中达0.03%；含单辉纯橄岩中，w（MgO）可高达34.32%，w（Fe_2O_3）+ w（FeO）= 12.04%；辉长岩中，w（SiO_2）= 45.27%~47.08%，w（MgO）= 4.89%~7.49%，w（Fe_2O_3）+ w（FeO）= 3.94%~5.27%；橄榄辉长岩-苏长岩中，w（SiO_2）= 40.17%，w（Al_2O_3）= 7.43%，w（FeO）= 16.73%，w（MgO）= 20.25%，w（CaO）= 7.75%。

查瓦里茨基数字特征（表21-4）及其图解（图21-2）表明，橄榄岩、含辉纯橄岩属查氏岩石化学类型6类（SiO_2 不饱和）23组（贫于碱）B亚组（全暗色岩）；辉长岩、伟晶辉长岩属5类（SiO_2 稍不饱和）19组（贫于碱）B亚组（暗色岩）；伟晶辉石岩属5类19组B亚组（全暗色岩）。

由于橄榄岩、含辉纯橄岩 b 值高，a 及 c 值甚低，矢量投影点均集中于图形的下方，且接近 SB 轴；辉长岩 a 及 c 值增高，b 值降低，投影点多位于图形的左上方和右上方。超基性岩 m'/f' 比值在2.5~5.4之间，属铁质超基性岩类，说明系由玄武岩浆分异而成。

据黄喜峰等（2008）研究，小松山基性—超基性岩主量元素分析结果（表21-3中序号12-17号样品）表明：超基性岩体中，w（SiO_2）= 31.28% ~35.59%，w（MgO）= 11.29%~33.16%，w（FeO_3+FeO）= 51.76%~81.42%，K_2O 及 Na_2O 含量较低。在TAS图（图21-3左）中，样品基本落于玄武岩区，均属于亚碱性岩石系列。在AFM图解（图21-3右）中，几乎所有样品都投在拉斑系列区域，呈MgO富集趋势。镁铁比值为61.81~61.91，为镁质超基性岩。基性岩体中，w（SiO_2）= 42.27% ~45.91%，w（MgO）= 5.70%~6.21%，w（Na_2O）与 w（K_2O）之差均小于2，属于非钠质类型。基性岩体的固结指数 SI（SI=100MgO/（MgO+FeO+Fe_2O_3+Na_2O+K_2O））值为41~51，接近原生玄武岩浆值（40左右）。在岩浆演化过程中，$Mg^{\#}$（$Mg^{\#}$=Mg/（Mg+Fe）分子比）从大到小的变化一般反映岩石形成的早晚时间顺序，小松山岩体中基性岩 $Mg^{\#}$ 为0.71~0.80，接近原始岩浆值，较超基性岩的 $Mg^{\#}$（0.87~0.89）低，反映基性岩浆侵入的时间稍晚于超基性岩浆，超基性岩具有早期堆晶特征。

表21-4 小松山基性—超基性岩查瓦里茨基数字特征

Table 21-4 Zavaritsky's numerical characteristic parameters of the Xiaosongshan basic-ultrabasic intrusion

序号	主要数字指标				补充数字指标								m'/f'
	s	A	c	b	Q	c'	m'	f'	n	φ	t	a/c	
1	36.8	1.0	1.3	60.9	-29.7	2.1	82.5	15.4	94	8.6	4.6	0.77	5.4
2	37.2	0.1	0.1	62.6	-25.9	1.9	74.4	23.8	100	17.8	0.5	1.00	3.1
3	38.7	0.2	0.5	60.6	-23.5	6.9	68.0	25.1	100	17.3	0.6	0.40	2.7
4	39.4	0.5	0.4	59.7	-22.6	6.9	66.4	26.7	100	18.6	0.8	1.25	2.5
5	37.5	0.8	4.8	56.9	-31.4	16.3	67.7	16.0	100	14.0	0.5	0.17	4.2
6	42.0	0.3	2.1	55.6	-18.7	6.0	71.5	22.5	95	15.8	0.9	0.14	3.2
7	41.5	1.0	1.6	55.8	-20.5	10.7	71.5	17.8	94	10.9	1.6	0.63	4.0
8	47.9	1.0	4.3	46.8	-10.5	44.1	45.4	10.6	100	3.9	2.6	0.23	4.3
9	57.3	6.4	11.0	25.3	-9.2	27.1	53.0	19.9	71.9	2.6	1.4	0.58	2.8
10	60.4	7.1	13.5	19.0	-6.9	22.1	48.6	29.3	86	3.2	1.4	0.53	1.7
11	57.4	8.2	9.9	24.4	-11.4	44.0	40.1	15.9	32.1	2.4	1.0	0.83	2.5

注：样品序号、岩石名称同表21-3。

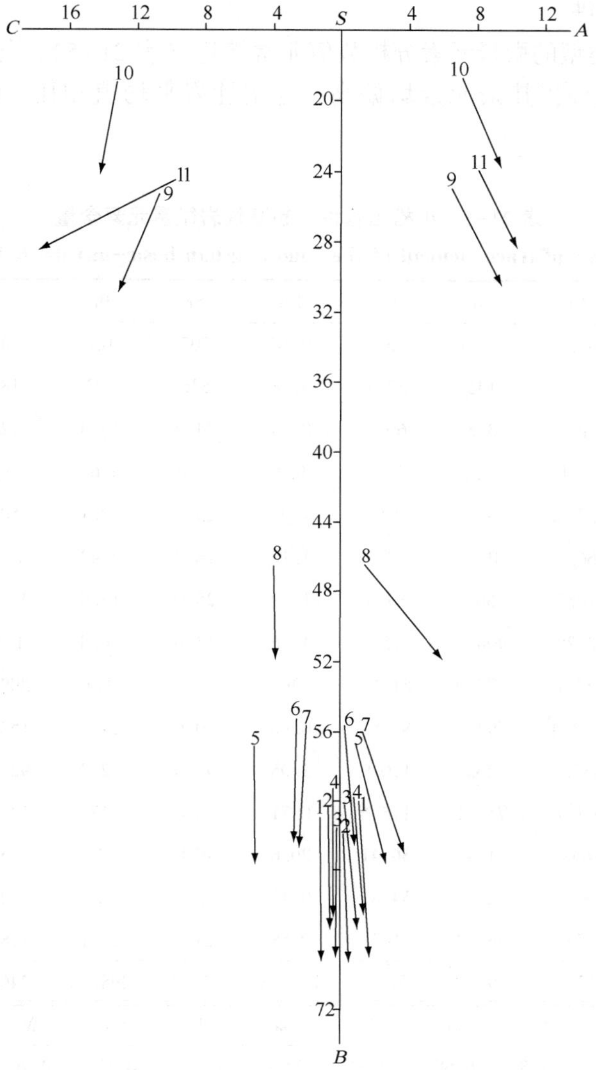

图 21-2 小松山基性—超基性岩查氏矢量图

（样品序号、岩石名称同表 21-3）

Fig. 21-2 Zavaritsky's vectorgraph of Xiaosongshan basic-ultrabasic intrusion

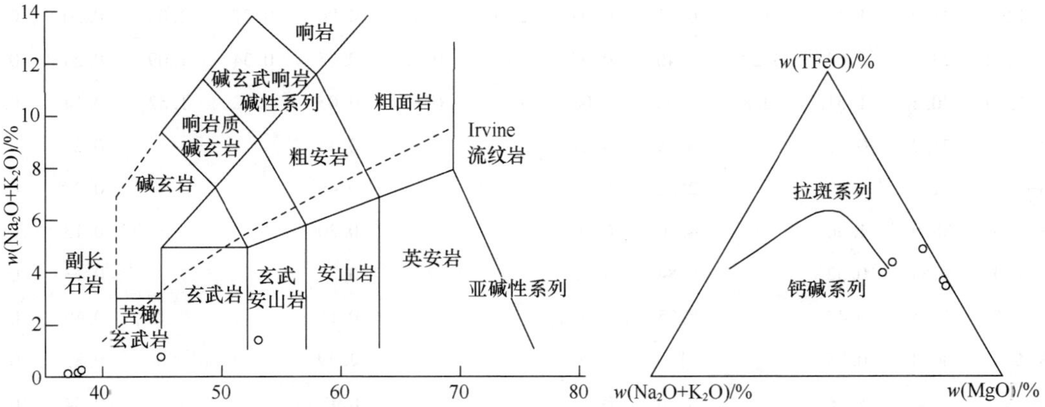

图 21-3 小松山基性—超基性岩体的 TAS 分类图解（左）和 AFM 图解（右）

Fig. 21-3 TAS and AFM diagrams of the Xiaosongshan basic-ultrabasic intrusion

（五）微量元素特征

小松山岩体主要岩石类型的微量元素分析数值非常接近（表 21-5），与维诺格拉多夫超基性岩平均值相比，除 Ni、Co 偏低外，其余元素均偏高；与基性岩平均值相比，Cr、Ni、Co、Ti、Nb、Hf、Sc、B 偏高，其余元素偏低。

表 21-5　小松山基性—超基性岩微量元素含量

Table 21-5　Contents of trace element of the Xiaosongshan basic-ultrabasic intrusion（单位：$w/10^{-6}$）

序号	样品编号	Cu	Cr	Ni	Co	Rb	Sr	Ba	V	Ti	Nb	Ta
1	WL-2-1	29.8	95.8	91.6	36.3	9.18	707	102	146	4719	4.26	0.31
2	WL-3-1	44.3	350	145	37.4	31.8	636	392	184	3920	1.40	0.12
3	WL-4-1	34.5	490	368	60.7	0.94	34.9	12.4	128	6655	2.51	0.22
4	WL-11-1	76.8	374	99.2	43.4	0.3	28.5	5.64	193	7755	0.89	0.08
5	WL-12-1	168	3.31%	540	106	1.92	23.0	12.1	501	8505	1.32	0.11
6	WL-14-1	8.15	66.1	19.7	23.2	1.13	16.9	7.43	18.8	2031	1.12	0.13
7	WL-15-1	88.2	1883	603	83.3	1.29	25.9	13.0	97.3	4376	0.74	0.07
8	XS-1-1	169	2028	908.7	156	1.96	53.9	36.8	1026	3600	2.60	0.37
9	XS-2-2	176	97.4	173.9	51.67	36	331	414	309.4	15360	2.00	0.18
10	XS-3-1	182	557.4	593.2	86.82	0.96	30.6	24.5	152.7	2520	0.78	0.15
11	XS-4-1	50.8	483.1	726.3	110.9	1.05	9.96	22.2	92.67	5940	0.79	0.09
12	XS-5-2	80	480.6	719.1	115.6	0.71	35.4	17	133.2	5520	0.67	0.09
13	XS-6-2	61.3	165.5	114	56.41	20.6	424	117	465.6	18840	7.69	0.47
14	XS-7-1	98.4	38.61	128.6	54.87	0.45	75.3	173	312.6	3600	2.42	0.42
15	XS-8-2	139	2531	961.2	167	0.58	23.6	27.1	718.2	15360	1.61	0.15
平均值		93.75	688.61	412.77	79.30	7.26	163.73	91.74	298.56	7246.73	2.05	0.20

序号	样品编号	Zr	Hf	Sc	Li	Be	Ga	Mo	Cs	W	Pb	Th	U	B
1	WL-2-1	57.8	1.55	17.8	6.68	0.33	22.1	0.55	0.17	0.46	2.48	0.65	0.15	1.70
2	WL-3-1	36.2	1.06	38.7	38.0	0.19	16.4	0.30	0.70	0.24	2.91	0.18	0.06	43.6
3	WL-4-1	73.5	2.52	37.9	13.9	0.18	8.66	0.35	0.09	0.37	3.18	0.52	0.13	24.8
4	WL-11-1	71.9	2.51	33.0	4.55	0.16	8.61	0.09	0.05	0.26	4.12	0.56	0.10	19.9
5	WL-12-1	41.8	1.43	38.3	6.73	0.09	25.0	0.43	0.06	0.77	2.02	0.30	0.12	12.5
6	WL-14-1	23.5	0.64	3.20	2.46	0.07	24.3	0.12	0.05	0.34	1.09	0.24	0.05	13.2
7	WL-15-1	40.5	1.51	32.8	4.92	0.08	7.05	0.33	0.05	0.22	1.52	0.14	0.07	25.6
8	XS-1-1	21.2	0.77		6.15	0.21			0.34			0.26	0.13	
9	XS-2-2	31.3	1.02		26.2	0.23			0.46			0.27	0.11	
10	XS-3-1	38.9	1.36		4.10	0.10			0.20			0.13	0.06	
11	XS-4-1	9.69	0.32		6.84	0.05			0.21			0.13	0.06	
12	XS-5-2	11.5	0.45		8.25	0.03			0.15			0.10	0.04	
13	XS-6-2	36.3	0.98		31.0	0.20			2.29			0.32	0.14	
14	XS-7-1	174	5.26		8.26	0.14			0.17			0.44	0.10	
15	XS-8-2	27.8	0.91		5.75	0.02			0.21			0.16	0.09	
平均值		46.39	1.49	28.81	11.59	0.14	16.02	0.31	0.35	0.38	2.47	0.29	0.09	20.19

注：序号 1~7 为 1∶25 万吉兰泰幅区调资料；8~15 据黄喜峰（2008）资料。

经黄喜峰等（2008）研究，小松山基性—超基性岩微量元素分析结果（表21-5中序号8~15）及原始地幔标准化元素配分曲线（图21-4）显示，辉长岩中大离子亲石元素含量明显高于其他岩石，岩体的各种微量元素三度较低，除XS-6-2、XS-8-2样品中的Sr、Rb、Ba较高外，其他相容元素、不相容元素都相对亏损。此外，大离子亲石元素（Rb、Ba、Sr）和不相容元素（Th、U、Nb）的配分曲线呈不规则波动，超基性岩体的曲线还显示了明显的Sr、Nb负异常和不同程度的Zr、Hf负异常，这可能与岩石受到蚀变和地壳混染有关。

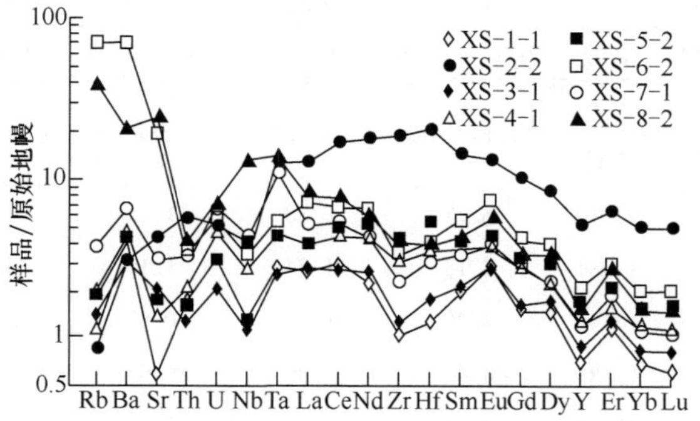

图 21-4　微量元素原始地幔标准化配分曲线

Fig. 21-4　Primitive mantle-nomalized patterns of trace elements

（六）稀土元素特征

小松山基性—超基性岩的稀土元素分析数值（表21-6中序号1~7）较为接近，稀土元素总量较低，ΣREE为（15.64~102.40）×10^{-6}，平均值为40.94×10^{-6}。LREE/HREE为3.31~6.77，平均值为4.20；ΣCe/ΣY为1.55~2.88，平均值为1.90，轻重稀土分馏不明显；δEu为0.68~1.60，平均值1.18，多数显示为铕正异常，少数为铕负异常，个别无异常；$(La/Yb)_N$为2.49~8.28，平均值为4.21，表明稀土配分曲线为向右缓倾斜的轻稀土富集型（图21-5）；$(La/Sm)_N$为0.91~2.32，平均值为1.41，反映轻稀土分馏程度较低，属轻稀土富集型；$(Ga/Yb)_N$为1.60~2.68，平均值为2.26，反映重稀土分馏程度也较低，属重稀土亏损型。这些特征说明形成这种岩石的岩浆分异较弱，在很大程度上具有原始岩浆的特点。

表 21-6　小松山基性—超基性岩稀土元素含量及特征参数

Table 21-6　Contents and characteristic parameters of REE of the Xiaosongshan basic-ultrabasic intrusion

序号	$w/10^{-6}$														
	La	Ce	Pr	Nd	Sm	Eu	Gd	Tb	Dy	Ho	Er	Tm	Yb	Lu	Y
1	8.11	17.4	2.18	9.71	2.20	1.01	2.01	0.32	1.71	0.30	0.81	0.10	0.66	0.09	8.10
2	3.42	8.18	1.14	5.65	1.62	0.61	1.66	0.27	1.43	0.27	0.69	0.09	0.50	0.08	6.85
3	4.80	12.5	1.82	8.71	2.40	0.61	2.21	0.36	2.01	0.38	1.01	0.13	0.82	0.12	9.37
4	5.45	14.1	2.03	9.99	2.69	0.81	2.59	0.40	2.31	0.41	1.10	0.14	0.86	0.12	10.9
5	3.62	8.78	1.20	5.74	1.56	0.48	1.68	0.26	1.52	0.29	0.74	0.09	0.54	0.08	7.71
6	7.90	17.3	2.23	10.2	2.29	0.49	2.14	0.35	2.13	0.40	1.22	0.17	1.08	0.18	11.7
7	2.75	7.21	1.05	5.43	1.57	0.49	1.62	0.27	1.51	0.28	0.62	0.09	0.52	0.07	6.84
8	3.02	8.12	1.19	4.87	1.25	0.52	1.37	0.25	1.35	0.24	0.74	0.10	0.44	0.07	4.52
9	4.21	10.48	1.68	7.51	1.99	1.02	2.08	0.37	2.38	0.44	1.17	0.14	0.79	0.12	7.77
10	2.32	7.33	1.24	5.80	1.50	0.60	1.59	0.27	1.79	0.36	0.83	0.10	0.63	0.10	6.42
11	1.51	4.48	0.64	2.55	0.72	0.39	0.74	0.15	0.90	0.13	0.46	0.05	0.27	0.04	2.61

续表

序号	w/10⁻⁶														
	La	Ce	Pr	Nd	Sm	Eu	Gd	Tb	Dy	Ho	Er	Tm	Yb	Lu	Y
12	1.60	4.17	0.65	2.95	0.77	0.40	0.78	0.15	1.04	0.15	0.52	0.05	0.33	0.05	3.22
13	4.69	11.58	1.63	6.93	1.60	0.81	1.68	0.33	2.08	0.35	1.10	0.10	0.60	0.09	5.87
14	7.55	25.94	4.47	20.36	5.24	1.83	4.96	0.99	5.13	1.04	2.51	0.35	1.98	0.30	19.75
15	2.32	6.73	1.06	4.87	1.35	0.51	1.36	0.27	1.35	0.22	0.61	0.07	0.47	0.07	4.81
平均值	4.22	10.95	1.61	7.42	1.92	0.71	1.90	0.33	1.91	0.35	0.94	0.12	0.70	0.11	7.76

序号	$w/10^{-6}$				LREE/HREE	ΣCe/ΣY	δEu	$(La/Yb)_N$	$(La/Sm)_N$	$(Gd/Yb)_N$
	ΣREE	LREE	HREE	ΣY						
1	54.71	40.61	6.00	14.10	6.77	2.88	1.48	8.28	2.32	2.46
2	32.46	20.62	4.99	11.84	4.13	1.74	1.15	4.61	1.33	2.68
3	47.25	30.84	7.04	16.41	4.38	1.88	0.82	3.95	1.26	2.17
4	53.90	35.07	7.93	18.83	4.42	1.86	0.95	4.27	1.27	2.43
5	34.29	21.38	5.20	12.91	4.11	1.66	0.92	4.52	1.46	2.51
6	59.78	40.41	7.67	19.37	5.27	2.09	0.68	4.93	2.17	1.60
7	30.32	18.50	4.98	11.82	3.71	1.57	0.95	3.57	1.10	2.51
8	28.05	18.97	4.56	9.08	4.16	2.09	1.22	4.64	1.52	2.53
9	42.15	26.89	7.49	15.26	3.59	1.76	1.53	3.61	1.33	2.13
10	30.88	18.79	5.67	12.09	3.31	1.55	1.18	2.49	0.97	2.04
11	15.64	10.29	2.74	5.35	3.76	1.92	1.60	3.77	1.32	2.22
12	16.83	10.54	3.07	6.29	3.43	1.68	1.56	3.29	1.30	1.93
13	39.44	27.24	6.33	12.2	4.30	2.23	1.50	5.24	1.85	2.25
14	102.4	65.39	17.26	37.01	3.79	1.77	1.08	2.58	0.91	2.03
15	26.07	16.84	4.42	9.23	3.81	1.82	1.13	3.33	1.08	2.35
平均值	40.94	26.83	6.36	14.12	4.20	1.90	1.18	4.21	1.41	2.26

注：样品序号同表21-5。

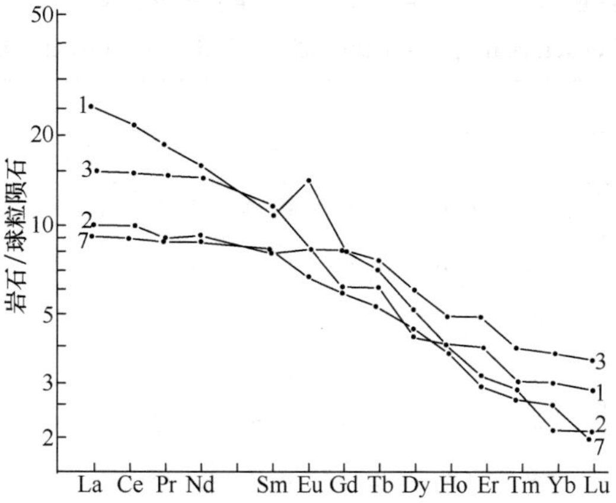

图21-5　小松山基性—超基性岩稀土元素配分曲线

Fig. 21-5　Rare earth element distribution curves of the Xiaosongshan basic-ultrabasic intrusion

1、2—辉长岩；3、7—单辉橄榄岩（样品序号同表21-5）

据黄喜峰等（2008）研究，小松山基性—超基性岩体中辉石岩的稀土总量较高（表21-6中序号8~15），具弱正铕异常，配分曲线近平坦（图21-6），不同于汇聚板块边缘玄武岩的稀土配分曲线，后者的轻稀土元素配分曲线向右陡倾，而重稀土配分曲线相对平坦。说明小松山岩体具有板内拉张环境下的稀土元素地球化学特征。δEu 的正异常可能由斜长石的存在所引起，镜下所观察到的辉长结构也充分证明了这一点。

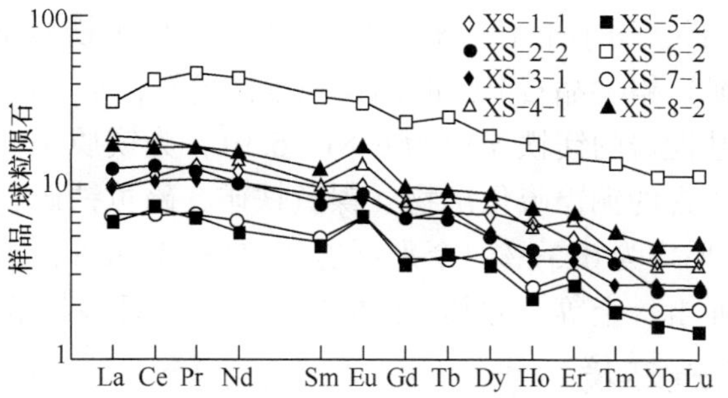

图 21-6　球粒陨石标准化的稀土元素配分曲线

Fig. 21-6　Chondrite-normalized REE distribution patterns

（七）副矿物特征

超基性岩（辉长橄榄岩）中副矿物主要有磷灰石、锆石、磁铁矿、铬尖晶石及铬铁矿、钛铁矿、榍石及石榴子石。磷灰石无色透明，呈六方柱、六方双锥之聚形（图 21-7a），大小约为 0. 05mm×0. 15mm~0. 15mm×0. 35mm，部分较大者可达（1. 1~1. 3）mm×0. 078mm，常与金云母密切共生；锆石呈浅黄—无色，晶形如图 21-7b 所示；铬尖晶石为自形粒状，常包裹于单斜辉石中；铬铁矿在含辉纯橄岩中呈稀疏—中等稠密浸染状，呈条带状集中，局部形成巢状和透镜状小矿体。基性岩（辉长岩）中副矿物除铬铁矿外，与超基性岩相似。锆石为浅黄—无色，半透明—透明，正方柱双锥体（图 21-8a）；磷灰石为无色透明，大小约为 0. 05mm×0. 1mm~0. 2mm×0. 4mm，晶形如图 21-8b 所示。

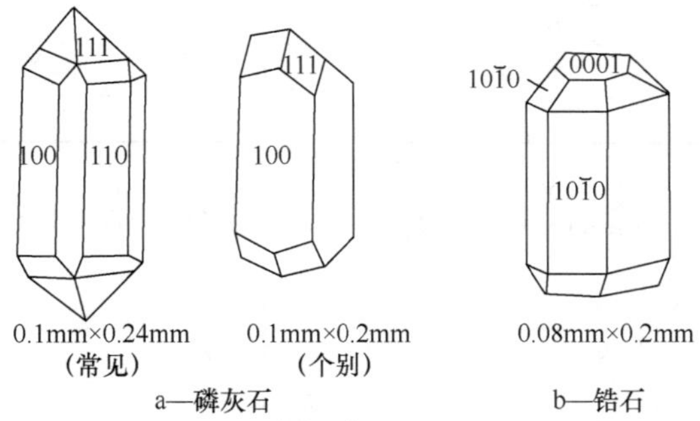

图 21-7　单辉橄榄岩中磷灰石、锆石晶形素描图

Fig. 21-7　Sketch showing apatite and zircon crystal form in clinopyroxene peridotite

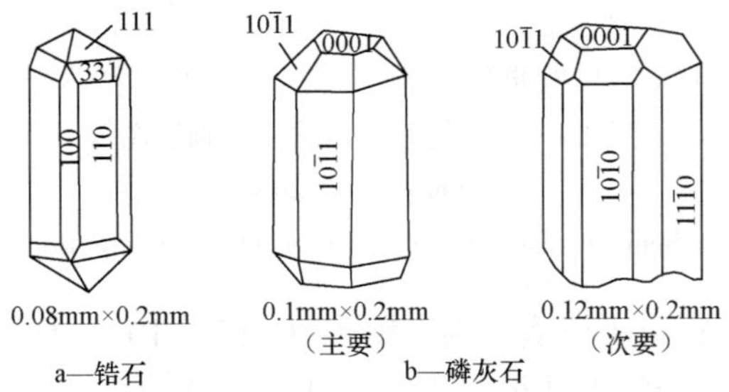

图 21-8　辉长岩中锆石、磷灰石晶形素描图

Fig. 21-8　Sketch showing zircon and apatite crystal form in gabbro

基性岩副矿物的特点是含较多的磁黄铁矿、黄铜矿、镍黄铁矿等，这些硫化物多富集于岩体底部的橄榄辉长岩-苏长岩中，呈浸染状（少量致密块状），局部富集成透镜状和团块状小矿体。

（八）含矿性

超基性岩镁铁比值为6.81~6.91，为镁质超基性岩，具有成铬铁矿的潜力。岩体下部粗粒含长单辉橄榄岩带中含铬铁矿，矿体呈中等稠密—稀疏浸染状，规模较小。Cr_2O_3 品位一般在5%~10%间，少数在15%~20%间，Cr_2O_3/FeO 均小于1，铬尖晶石类型除个别为铁质富铬尖晶石外，其余均接近富铁富铬尖晶石与富铁铝铬铁矿。铬尖晶石晶出时间略晚于橄榄石，早于辉石，属早期岩浆矿床。

橄榄辉长岩、苏长岩等基性岩的镁铁比值为6.81~6.91，为镁质基性岩，具有成铜镍硫化物矿的潜力。事实上，小松山岩体所含的铜镍硫化矿物（镍黄铁矿、磁黄铁矿、黄铜矿、黄铁矿等）已形成规模小而贫的矿体，矿体 Ni 平均为0.31%，个别可达0.75%~1.02%，Ni：Cu=1：1.18。

此外，岩体中尚含铂族元素、金等，尤其在橄榄岩中较高，且多与铬铁矿体伴生。

（九）成因与形成构造环境

小松山岩体稀土元素特征分析表明，岩浆具有原始岩浆的特点。分离结晶作用是镁铁质岩浆分异演化的重要机制。小松山岩体具有清晰的岩相分带，$Mg^{\#}$是鉴别原生岩浆的重要标志之一。岩浆早期经历了分离结晶作用，橄榄石是岩浆早期阶段最主要的堆晶相。基性—超基性岩石的稀土元素配分曲线没有明显的趋势性差异，表明其岩浆源区部分熔融程度可能相同。镁铁质岩浆同化陆壳物质，会增加 SiO_2、K_2O、Rb、Ba、Zr、Th 等氧化物或元素的丰度，同时会升高 La/Nb、K/P、Zr/Nb 比值，降低 Ti/Yb、Ce/Pb 比值。小松山岩体的 Ce/Pb 比值为0.16~0.94，Nb/Ta-La/Yb、Ce/Nb-Th/Nb、La/Nb-Ce/Pb、Th/Yb-Ta/Yb 之间显示正相关（图21-9），证明岩浆在演化过程中，后期受到了地壳物质的混染作用。

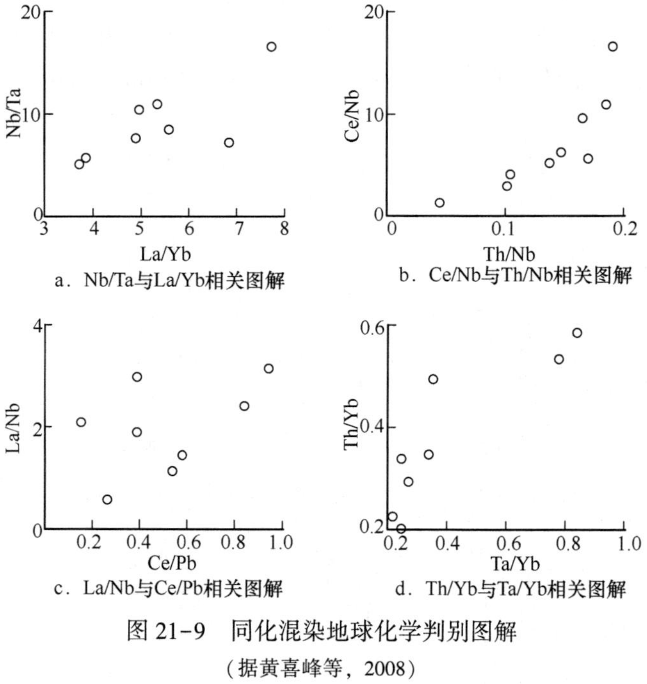

图21-9 同化混染地球化学判别图解

（据黄喜峰等，2008）

Fig. 21-9 Geochemical discriminant diagrams of assimilation and contamination

在不同构造玄武岩 Nb-Zr-Y 构造环境判别图解中（图21-10），样品主要投到了 C 和 A2 区，即板内拉斑玄武岩区。在孙书勤等统计的大陆板内玄武岩 Th/Zr-Nb/Zr 双对数关系图上，样品投影点更靠近拉张区，而与裂谷区及陆-陆碰撞带有较大区别，反映该区处在大陆板内拉张的构造环境，稀土元素含量及配分曲线也说明了这一点。

小松山基性—超基性岩侵入于寒武纪—早奥陶世地层碳酸盐岩中，围岩具热接触变质现象，岩体中见矽卡岩化大理岩及透辉石角岩捕虏体；基性岩出露形态严格受边界断裂控制，超基性岩边部见强

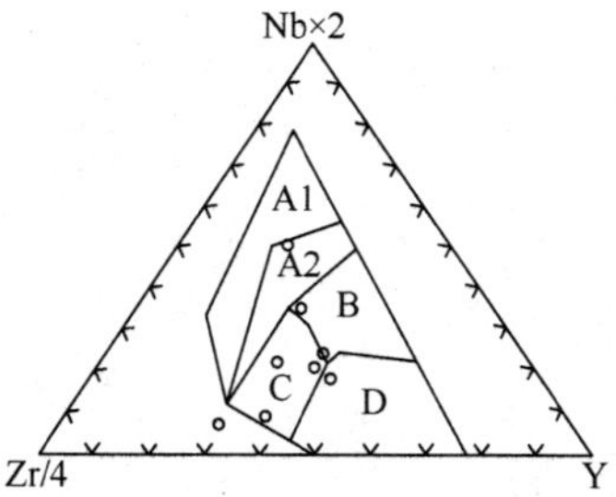

图 21-10　不同构造玄武岩 Nb-Zr-Y 判别图解

（据黄喜峰等，2008）

Fig. 21-10　Nb-Zr-Y diagram for basalts formed in different tectonic settings

片理化蛇纹石大理岩，橄榄岩体边部见蚀变的超基性碎裂岩。这些特征说明，早古生代晚期该区存在古伸展断裂，并切割上地幔，岩浆沿断裂面上侵，早期形成超基性岩，继而形成基性岩，形成小松山复式岩体；岩体侵位后即遭受了强烈的构造活动。华力西—燕山旋回，贺兰山地区的地壳运动表现为张、压反复交替，褶皱、逆冲断裂叠加在岩体边界的早期断裂之上，经剥蚀作用使得小松山岩体裸露于地表。

（十）侵入时代

小松山基性—超基性岩体侵位于寒武纪—奥陶纪地层中，接触带具热接触交代变质现象，其侵入时代不应早于寒武纪—奥陶纪。

1978～1979 年，宁夏区调队在进行 1：20 万石嘴山市幅区调时获得含长单辉橄榄岩 K-Ar 法同位素年龄 384.4Ma（西北地质矿产研究所测定），将其侵入时代定为加里东晚期（相当于志留纪）。

依照最新的地质年代表，384.4Ma 年龄值应属泥盆纪（泥盆纪为 416.0～359.58Ma，志留纪为 443.8～416.0Ma）。本《志》将小松山基性—超基性岩的侵入时代厘定为泥盆纪。

二、早古生代辉绿岩

早古生代辉绿岩（$\beta\mu_3$）分布于宁夏香山地区天景山—米钵山西南的狼嘴子—磨盘井一带，习称磨盘井辉绿岩。

（一）地质特征

磨盘井辉绿岩顺层侵入于香山群狼嘴子组黄河井段硅质岩、硅质白云岩与第二段浅变质砂岩、板岩之间，呈带状展布，露头长度约 17.5km，最大宽度为 225m。与围岩接触界面不平整，呈波状、港湾状，有切割围岩及小岩枝穿入围岩或分叉现象，岩体边部有硅质白云岩、燧石岩、浅变质砂岩和板岩捕虏体（图 21-11），且有 1～5cm 宽的冷凝边，局部围岩有烘烤变红等接触变质现象。从侵入体的规模及形态分析，磨盘井辉绿岩属整合侵入体——岩床，具有浅成侵入体的一些特征。

（二）岩石学特征

岩石呈灰绿—黄绿色，风化面为褐灰绿色，遭受轻微区域变质，主要矿物为基性斜长石、普通辉石，次要矿物有绿泥石、蛇纹石、透闪石、方解石和石英等；具典型的辉绿结构（半自形柱状—他形粒状普通辉石充填于自形—半自形细小板条状基性斜长石晶体组成的三角形或菱形格架中）、块状构造。

基性斜长石含量 55%～70%，呈自形—半自形板条状，晶粒（0.05～0.1）mm×（0.2～0.7）mm，具卡钠复合双晶，晶体表面多具绿泥石化、高岭土化、普通钠黝帘石化、透闪石化和蛇纹石化。

普通辉石含量 30%～50%，呈半自形短柱状—他形粒状，晶粒 0.05～0.5mm，晶体表现具绿泥石化、碳酸盐化，裂纹也较多。

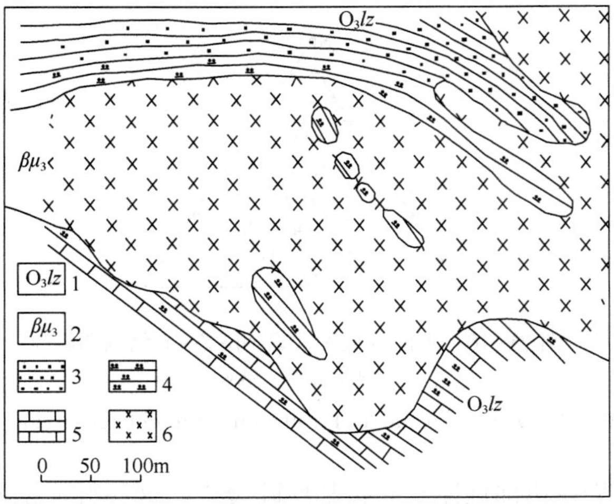

图 21-11 磨盘井辉绿岩与狼嘴子组侵入接触关系素描图

Fig. 21-11 Sketch map showing intrusive contact relationship between diabase and the Langzuizi Formation in Mopanjing

1—上奥陶统狼嘴子组；2—加里东期辉绿岩；3—砂岩；4—硅质岩；5—灰岩；6—辉绿岩

（三）岩石化学特征

磨盘井辉绿岩岩石化学成分分析结果（表 21-7）表明，其化学成分与中国主要岩浆岩种类的平均化学成分（黎彤、饶纪友，1962）比较，其主要氧化物含量与辉长岩相近；而与世界辉绿岩平均化学成分（R. W. Le. Maiter，1976）相比较，Fe_2O_3、MnO、CaO 偏高，SiO_2、TiO_2、Al_2O_3、FeO、Na_2O、K_2O 偏低。*M* 值（*M* 值 = 100Mg/（Mg×Fe*），Fe* = 0.865（Fe），（Fe）= $Fe^{2+}+Fe^{3+}$）为 48.68～60.05、平均为 54.09，里特曼指数（σ）为 0.36～2.80、平均为 2.13，碱度率 $A \cdot R$ 为 1.09～1.42、平均为 1.38，表明岩石属强太平洋型（钙性）岩石。Na_2O+K_2O 含量较低，含铁指数平均为 58.96～70.59、平均为 64.42，镁质指数为 29.47～41.04、平均为 35.52，（FeO）/MgO 为 1.37～2.16、平均为 1.76。据 Al_2O_3-100Mg/（Mg+Fe*）、TiO_2-100Mg/（Mg+Fe*）、（FeO）/Mg-TiO_2 及 Al_2O_3-An 图解（图 21-12 至图 21-15），辉绿岩的投影点几乎均落在洋中脊拉斑玄武岩区，属洋脊拉斑玄武质辉绿岩，说明当时该地区存在微型扩张洋中脊。

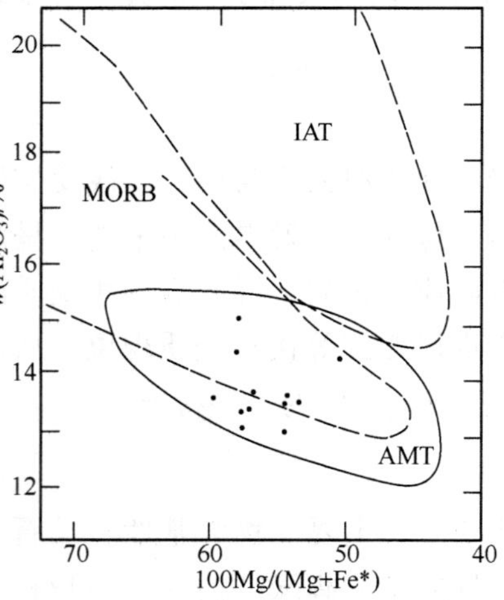

图 21-12 Al_2O_3-100Mg/（DMg+Fe*）图解

（据吉尔和布里奇沃特，1979）

Fig. 21-12 Diagram of Al_2O_3-100Mg/（DMg+Fe*）

AMT—原作者研究的太古宙变质拉斑玄武岩；

MORB—洋中脊拉斑玄武岩；IAT—岛弧拉斑玄武岩；

Mg、Fe* 皆为原子数，其中 Fe* = 0.865（Fe）

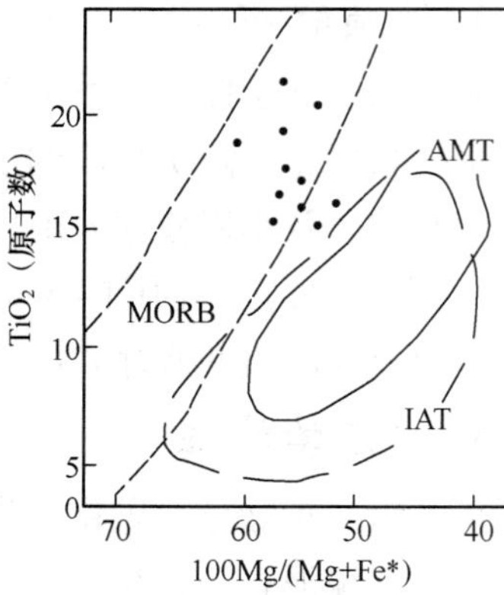

图 21-13 TiO_2-100Mg/（DMg+Fe*）图解

（据吉尔和布里奇沃特，1979）

Fig. 21-13 Diagram of TiO_2-100Mg/（DMg+Fe*）

AMT—原作者所研究的太古宙变质拉斑玄武岩；

MORB—洋中脊拉斑玄武岩；IAT—岛弧拉斑玄武岩；

Mg、Fe* 皆为原子数，其中 Fe* = 0.865$\sum$Fe

表 21-7 磨盘井辉绿岩岩石化学成分及特征参数

Table 21-7 Petrochemical composition and characteristic parameters of diabase in Mopanjing

序号	样品编号	w/%															特征参数								
		SiO_2	TiO_2	Al_2O_3	Fe_2O_3	FeO	MnO	MgO	CaO	Na_2O	K_2O	P_2O_5	CO	SO_3	H_2O^+	Σ	σ	$A \cdot R$	$\frac{w(FeO)}{\%}$	$\frac{FeO}{MgO}$	$w(Na_2O+K_2O)/\%$	含铁指数	镁质指数	氧化系数	*M*值
1	1*	47.41	1.33	15.06	3.88	6.59	0.61	6.63	11.30	1.48	0.14	0.13				94.56	0.60	1.13	10.08	1.52	1.62	61.23	38.77	0.37	57.52
2	2*	47.97	1.08	14.28	3.02	9.35	0.19	6.56	10.69	2.32	0.25	0.11				95.82	1.33	1.23	12.06	1.84	2.57	65.35	34.65	0.24	53.02
3	Q_{91}-YQ-17**	46.89	1.35	12.84	5.30	7.35	0.26	7.08	10.24	2.66	0.26	0.04	0.50	0.04	4.46	99.27	2.19	1.29	12.11	1.71	2.92	64.12	35.88	0.42	54.63
4	Q_{91}-YQ-18**	48.40	1.40	13.32	4.41	7.54	0.18	7.57	10.53	2.74	0.26	0.05	0.00	0.05	3.54	99.99	1.67	1.29	11.50	1.52	3.00	61.22	38.78	0.37	58.37
5	Q_{91}-YQ-30**	46.91	1.90	12.68	5.17	8.28	0.28	9.03	6.46	2.86	0.45	0.14				94.16	2.80	1.42	12.93	1.43	3.31	59.83	40.17	0.38	58.75
6	3*	47.92	1.30	13.50	4.47	8.06	0.16	7.05	10.43	1.95	0.22	0.16				95.22	0.96	1.20	12.08	1.71	2.17	63.99	36.01	0.36	54.63
7	4*	46.35	1.23	13.50	4.71	7.92	0.15	6.75	12.03	1.68	0.01	0.10				94.43	0.85	1.14	12.15	1.80	1.69	65.17	34.83	0.37	53.62
8	5*	47.68	1.38	13.54	5.27	6.01	0.18	7.85	9.07	2.85	0.50	0.10				94.43	2.40	1.35	10.75	1.37	3.35	58.96	41.04	0.47	60.05
9	Q_{91}-YQ-21**	47.95	1.25	13.22	4.37	6.75	0.14	6.94	11.03	2.80	0.38	0.16				94.99	2.04	1.30	10.68	1.54	3.18	61.57	38.43	0.39	57.00
10	Q_{91}-YQ-7**	46.85	1.50	13.44	5.15	6.96	0.14	6.70	11.16	2.82	0.26	0.06	0.17	0.01	4.10	99.32	2.46	1.29	11.59	1.73	3.08	64.38	35.62	0.43	54.23
11	Q_{91}-YQ-8**	47.86	1.55	13.38	3.89	7.96	0.19	7.43	10.58	2.66	0.34	0.05	0.07	0.02	3.44	99.42	1.85	1.29	11.46	1.54	3.00	61.46	38.54	0.33	57.09
12	Q_{91}-YQ-9**	48.39	1.35	13.51	4.55	7.20	0.18	7.19	10.14	2.66	0.34	0.05	0.10	0.01	3.88	99.55	1.67	1.29	11.29	1.57	3.00	62.04	37.96	0.39	56.86
13	ZX-001***	46.88	1.34	12.81	11.79		0.17	5.85	15.16	1.14	0.05	0.09				95.28	0.36	1.09	10.60	1.81	1.19	66.84	33.16	-	53.11
14	ZX-010***	48.29	1.76	12.46	14.21		0.21	7.19	8.97	3.03	0.14	0.13				96.39	1.90	1.35	12.77	1.78	3.17	66.40	33.60	-	53.76
15	ZX-014***	49.32	1.77	12.78	14.71		0.22	6.13	8.90	3.22	0.39	0.15				97.59	2.06	1.40	13.22	2.16	3.61	70.59	29.41	-	48.68
16	ZX-002***	48.33	1.76	12.66	13.94		0.20	7.25	9.50	2.71	0.18	0.13				96.66	1.57	1.30	12.53	1.73	2.89	65.79	34.21	-	54.32
平均值		47.71	1.45	13.31	6.80	7.50	0.22	7.08	10.39	2.47	0.26	0.10	0.17	0.03	3.88	96.69	1.67	1.27	11.74	1.67	2.73	63.68	36.32	0.38	55.35
世界平均值（R. W. Le. Maiter, 1976）		50.14	1.49	15.02	3.45	8.16	0.16	6.40	8.90	2.91	0.99	0.25	0.16		1.71	100.14	2.13	1.38	11.26	11.76	3.90	64.42	35.52	0.30	54.09

注：*为1:20万区调资料；**为1:5万区调资料；***据邓昆（2007）资料。

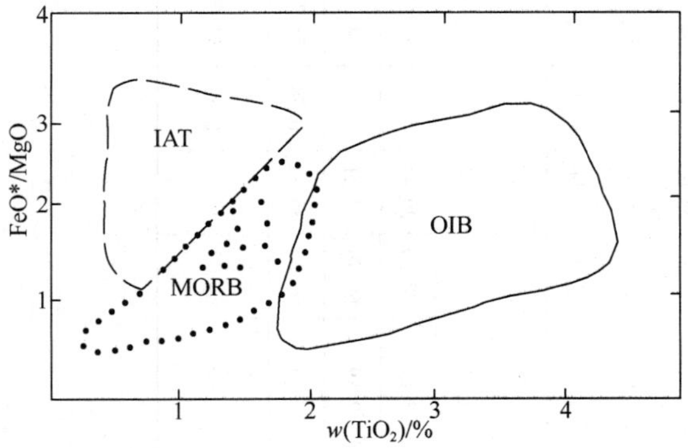

图 21-14　FeO*/MgO-TiO_2 图解

（据格拉席，1974）

Fig. 21-14　Diagram of FeO*/MgO-TiO_2

MORB—洋中脊拉斑玄武岩；IAT—岛弧拉斑玄武岩；

OIB—洋岛玄武岩；FeO* = FeO+0.899Fe_2O_3

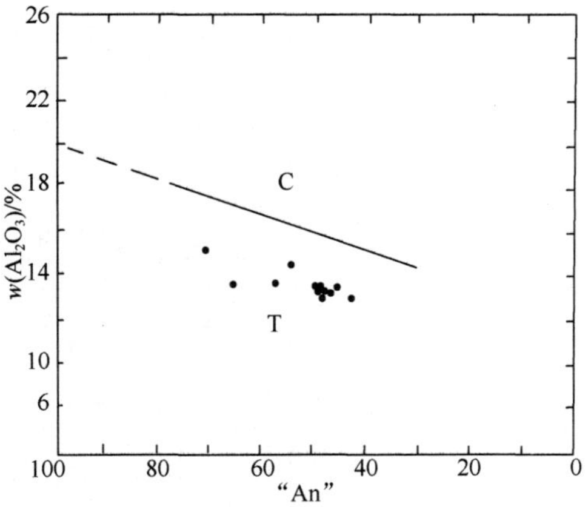

图 21-15　Al_2O_3-"An" 图

（据欧文和巴拉加尔，1971）

Fig. 21-15　Diagram of Al_2O_3-"An"

T—拉斑玄武岩系列；C—钙碱性系列

从表 21-8 中尼格里值可以看出，磨盘井辉绿岩的尼格里岩石类型属钙碱性岩浆系列辉长岩-闪长岩组；从表 21-9 中查瓦里茨基值分析，辉绿岩的岩石化学分类属正常系列 SiO_2 不饱和的贫于碱暗色岩类。(a+c)：b 约为 1：2.5，显示铁镁矿物较多，岩石色率深，基性程度高；a：c 约为 1.16：1，说明钠长石含量较高；Q 值为负值，说明岩石中 SiO_2 不足；m'值较高，达 49.87，说明岩石的铁镁矿物中镁含量较多。

表 21-8　磨盘井辉绿岩尼格里值换算表

Table 21-8　Niggli's values of diabase in Mopanjing

序号	*Si*	*al*	*fm*	*c*	*alk*	*ti*	*p*	*n*	*mg*	*o*	*k*	*qz*	*t*
1	115.01	21.57	41.63	29.30	3.64	2.3	0.15		0.51	0.15	0.04	−0.45	−11.37
2	113.3	19.86	44.40	27.09	5.67	1.84	0.14		0.49	0.11	0.08	−9.38	−12.9
3	110.99	17.83	49.67	25.99	6.51	2.42	0.06	35.21	0.50	0.19	0.06	−15.05	−14.67
4	112.52	18.18	49.07	26.19	6.56	2.51	0.07	24.42	0.54	0.16	0.06	−13.72	−14.57
5	111.02	17.06	58.39	16.49	7.29	3.44	0.14		0.55	0.16	0.09	−17.22	−5.89
6	114.45	18.91	46.53	26.50	4.87	2.29	0.14		0.50	0.16	0.05	−5.03	−12.4
7	108.58	18.57	43.05	30.10	3.80	2.10	0.14		0.50	0.17	0.00	−6.62	−15.33
8	114.74	19.08	44.90	23.41	7.37	2.46	0.14		0.56	0.19	0.10	−14.72	−11.7
9	114.96	18.56	41.76	23.31	7.05	2.59	0.14		0.40	0.13	0.00	−13.24	−11.8
10	110.17	18.56	46.53	28.14	6.78	2.68	0.00		0.50	0.20	0.05	−16.95	−16.36
11	112.00	18.19	48.54	26.51	6.55	2.74	0.07		0.53	0.14	0.07	−14.12	−14.67
12	115.48	18.93	67.41	25.91	6.68	2.44	0.07		0.53	0.17	0.07	−11.24	−13.66

注：序号及样品编号同表 21-7。

表 21-9　磨盘井辉绿岩查瓦里茨基值换算表

Table 21-9　Zavaritsky's values of diabase in Mopanjing

序号	*s*	*a*	*c*	*b*	*Q*	*c'*	*m'*	*f'*	*n*	*t*	*φ*	An
1	58.8	3.7	9.0	28.5	−1.2	20.0	42.1	37.9	96	2.0	6.2	71
2	56.8	5.6	7.1	30.0	−1.4	21.4	38.4	40.2	92.5	1.6	4.5	55

续表

序号	s	a	c	b	Q	c'	m'	f'	n	t	φ	An
3	56.12	6.44	5.60	31.84	−6.24	22.81	38.81	38.38	94.32	2.13	14.94	48
4	56.54	6.45	5.71	31.30	−5.53	22.89	41.24	35.87	94.47	2.18	12.32	48
5	56.33	7.09	5.18	31.41	−6.72	9.15	49.87	40.98	91.12	2.98	14.57	44
6	57.6	4.8	7.5	30.1	−2.1	18.5	41.1	40.4	94.1	1.96	6.57	59
7	56.5	3.9	7.5	32.1	−2.3	24.4	37.6	38.0	100	1.9	6.5	66
8	57.0	7.2	5.7	30.1	−6.1	18.9	45.6	35.5	90.2	2.1	7.7	46
9	57.1	6.8	5.6	30.5	−5.0	26.5	38.9	34.6	91.8	2.2	6.4	47
10	56.13	6.74	5.86	31.27	−7.08	26.01	37.29	36.70	94.58	2.38	14.60	48
11	56.56	6.45	5.83	31.14	−5.59	23.22	40.89	35.89	92.70	2.39	10.67	49
12	57.33	6.49	5.96	30.21	−4.27	21.98	41.21	36.81	92.70	2.07	13.15	50

注：序号及样品编号同表21-7。

在查氏矢量投影图（图21-16）上，两个向量分别落在两个平面内，碱性面（右侧）内箭头长而陡倾且向右倾斜，表明岩石分类属正常类型，暗色组分铁镁矿物（b）占优势，且含钙（c'），岩石含镁（m'）高而含铁（f'）少。钙碱性面（左侧）内箭头陡倾，说明碱性长石中的钠含量高，因而不能出现钾；投影点的位置靠下表示岩石中暗色矿物多。

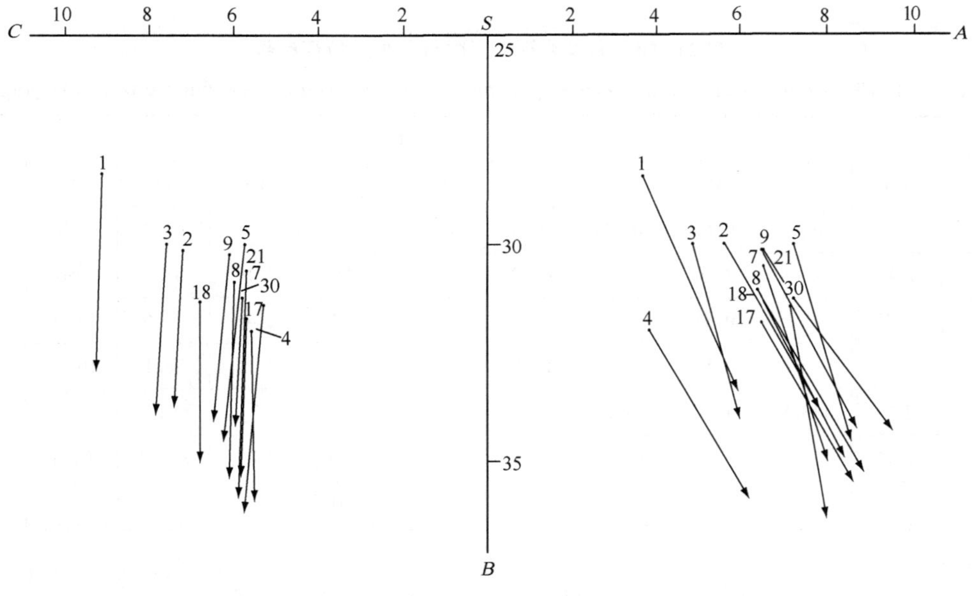

图21-16　磨盘井辉绿岩查氏矢量投影图

（样品编号同表21-7）

Fig. 21-16　Zavaritsky's vectorgraph of diabase in Mopanjing

在TAS分类图（图21-17左图）上，样品主要分布在玄武岩区，均属亚碱性系列。在AFM图上，投点为拉斑玄武岩（图21-17右图）。样品的主要氧化物：w（SiO_2）=46.35%~49.32%，w（MgO）=5.85%~7.85%，w（K_2O）=0.05%~0.39%，w（TiO_2）=1.34%~1.77%，w（Al_2O_3）=12.46%~12.81%，w（Na_2O）+w（K_2O）=1.19%~3.61%，Na_2O/K_2O=5.7~168，显著富Na，类似于大洋中脊拉斑玄武岩，同时也反映岩浆分异作用相对较弱，显示了伸展作用的特点（邓昆等，2007）。

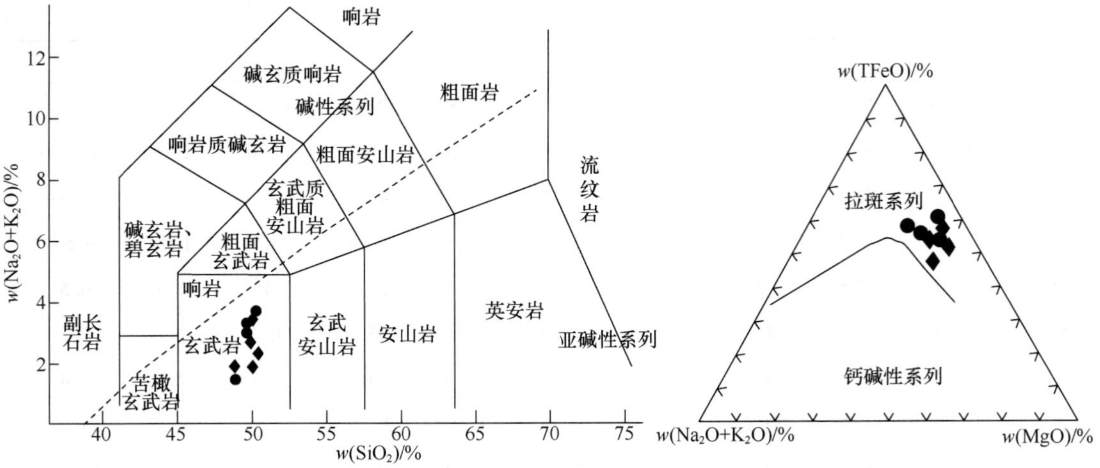

图 21-17　磨盘井辉绿岩 TAS 分类图（左）和 AFM 图（右）

（●狼嘴子组采样；◆据宁夏回族自治区地质矿产局，1999；转引自邓昆等，2007）

Fig. 21-17　TAS classification (left) and AFM diagram (right) for diabase in Mopanjing

（四）微量元素特征

磨盘井辉绿岩微量元素含量见表 21-10，与基性岩丰度值比较，K、Ba、Mn、Sr、Rb、Th 相对富集，而 Cu、V、Sc、B 相对亏损，Rb/Sr 为 0.013，K/Rb 为 1512，Sr/Ba 为 1.18，其特征与深海拉斑玄武岩相近。

表 21-10　磨盘井辉绿岩微量元素及特征参数

Table 21-10　Contents and characteristic parameters of trace element of diabase in Mopanjing

序号	样品编号	$w/10^{-6}$											
		Rb	Ba	Th	U	Ta	Nb	Sr	Hf	Zr	Ti	Mn	Cr
1	ZX001	0.99	19.9	0.46	0.11	0.34	4.17	97.2	1.69	63.8	8040		218
2	ZX010	1.44	34	0.5	0.13	0.42	5.55	155	2.19	83.6	10560		145
3	ZX014	5.6	86.1	0.61	0.14	0.51	6.45	190	2.46	92.6	10620		80.7
4	ZX002	2.9	36	0.51	0.13	0.42	5.6	192	2.27	86.1	10560		151
5	Xy-8	1.7	113.8	0.6	0.2	<0.2		134	2	76		1236	
平均值		2.53	57.96	0.54	0.14	0.38	5.44	153.64	2.12	80.42	9945	1236	148.68
基性岩丰度*		45	300	3	0.5	0.48		440	1	100		2500	200

序号	样品编号	$w/10^{-6}$									Zr/Nb	Zr/Hf	Th/Nb
		Ga	Sc	Be	Co	Cu	Ni	Pb	V	B			
1	ZX001										15.30	37.75	0.11
2	ZX010										15.06	38.17	0.09
3	ZX014										14.36	37.64	0.09
4	ZXX02										15.38	37.93	0.09
5	Xy-8	17	29.26	<1.0	36.79	165.6	75.53	<13.0	395	25		38.00	
平均值		17	29.26		36.79	165.6	75.53		395	25	15.03	37.90	0.10
基性岩丰度*		18	24	0.4	45	100	160	8	200	5			

注：序号 1~4 据邓昆资料；5 为 1∶25 万吴忠市幅区调资料；* 据维诺格拉多夫（1962）。

微量元素在岩浆与固相源岩之间有较强的分异能力，可反映火山岩的岩浆演化过程和源区的组成（赵振华，1997，2007）。磨盘井辉绿岩在原始地幔标准化微量元素蛛网图（图21-18）中，其值约是原始地幔标准值的2~10倍，大离子亲石元素（LILE）相对亏损，高场强元素（HFSE）分布平坦且不分异，其分配型式与MORB相似。Zr/Nb比值为14.36~15.38，与原始地幔平均值（14.8）相比，相近—略高，表明岩浆来自亏损地幔和原始地幔。Cr含量为（80.7~18）$\times10^{-6}$，说明岩浆早期有橄榄石的结晶分异作用，K相对于La和Ta亏损，为非岛弧背景，与消减作用无关。La/Nb=0.85~1.02，为非岛弧玄武岩。Zr/Hf=37.64~38.17，Th/Nb=0.09~0.11，Ba/Nb=4.77~6.43（个别样品值异常高，可能与大陆地壳的混染有关），这些比值与MORB和原始地幔相近。Nb、U、Th元素质量分数偏高，符合MORB的特征。在N-MORB标准化蛛网图上，大离子亲石元素呈右倾分布，高场强元素分布平缓，呈现大离子亲石元素富集的特征，在E-MORB标准化蛛网图上，大离子亲石元素丰度有一定的波动，从高场强元素开始，曲线为平缓的左倾型。总体而言，香山群辉绿岩微量元素特征与MORB相似，源区有过渡型特征（邓昆等，2007）。

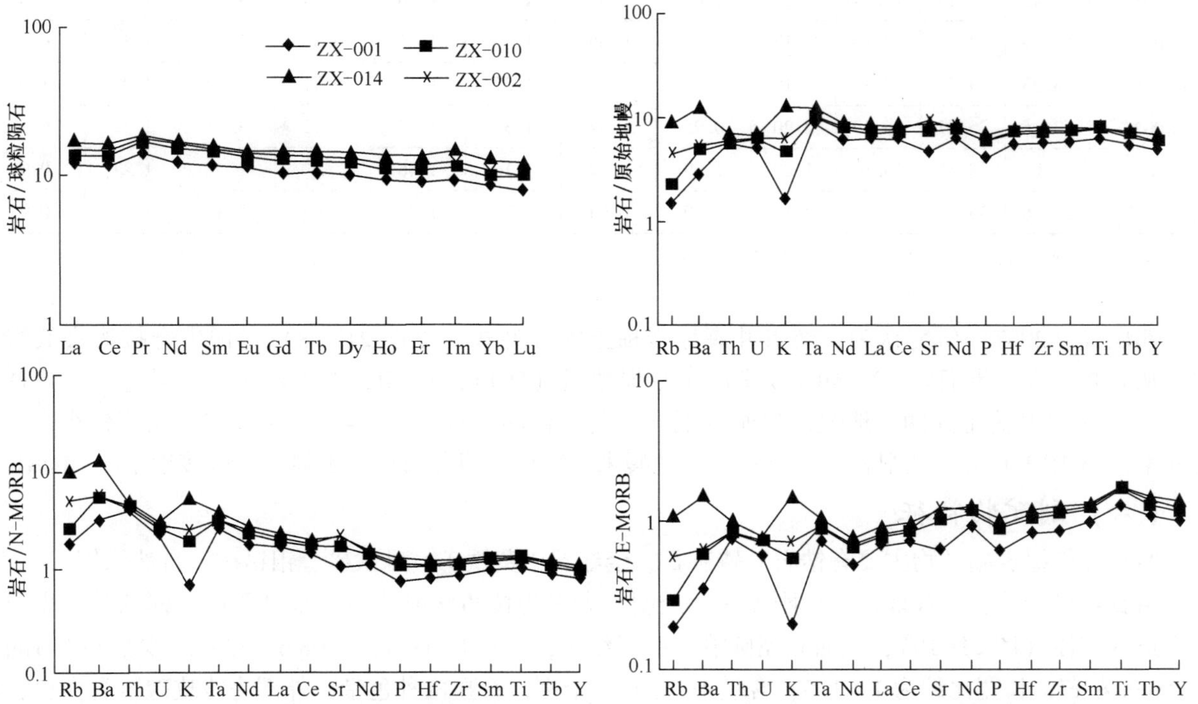

图21-18　磨盘井辉绿岩球粒陨石标准化REE型式、原始地幔标准化、N-MORB标准化和E-MORB标准化微量元素蛛网图

（球粒陨石标准化数据据Wood，1979；原始地幔标准化和MORB数据据Sun and MoDonough，1989；据邓昆等，2007）

Fig. 21-18　Chondrite-normalized REE patterns, primitive mantle-normalized, N-MORB-normalized and E-MORB-normalized trace element spidergrams for diabase in Mopanjing

（五）稀土元素特征

磨盘井辉绿岩稀土元素总量较低（表21-11），∑REE为（42.43~58.33）$\times10^{-6}$，平均为49.56$\times10^{-6}$；LREE为（28.35~39.53）$\times10^{-6}$、平均为33.66$\times10^{-6}$，HREE为（13.24~18.80）$\times10^{-6}$、平均为15.91$\times10^{-6}$，LREE/HREE=1.89~2.20、平均为2.11，轻、重稀土元素分馏作用不明显；δEu=0.95~1.04，平均为1.00，无铕亏损，基本不显示Eu异常，表明在成岩过程中无斜长石分离结晶；$(La/Yb)_N$=1.27~1.35，平均为1.32，表明轻稀土元素轻度富集；$(Ce/Yb)_N$=1.10~1.35，平均为1.28；$(La/Sm)_N$=0.90~1.02，平均为0.97；$(Gd/Yb)_N$=1.14~1.46，平均为1.26。稀土配分曲线（图21-18）靠近下方，呈水平状，属于平缓型，与日本拉斑玄武岩稀土元素配分模式相似。

表 21-11 磨盘井辉绿岩稀土元素及特征参数

Table 21-11 Contents and characteristic parameters of REE of diabase in Mopanjing

样品编号	$w/10^{-6}$														
	La	Ce	Pr	Nd	Sm	Eu	Gd	Tb	Dy	Ho	Er	Tm	Yb	Lu	Y
ZX001*	4.29	11.0	1.89	8.4	2.64	0.97	3.08	0.6	3.73	0.81	2.23	0.34	2.15	0.3	22.6
ZX010*	4.77	12.8	2.21	10.3	3.26	1.11	3.81	0.71	4.48	0.92	2.66	0.4	2.45	0.37	26.6
ZX014*	5.84	15.0	2.46	11.5	3.53	1.2	4.31	0.8	5.29	1.12	3.26	0.51	3.06	0.45	31.1
ZX002*	5.16	13.5	2.33	11.0	3.43	1.15	4	0.75	4.68	0.99	2.83	0.42	2.55	0.37	27.4
Xy-8**	4.32	9.74	1.50	8.70	3.02	1.27	4.16	0.66	4.03	0.85	2.41	0.35	2.30	0.34	24.14
平均值	4.88	12.41	2.08	9.98	3.18	1.14	3.87	0.70	4.44	0.94	2.68	0.40	2.50	0.37	26.37

样品编号	$w/10^{-6}$			LREE/HREE	δEu	δCe	$(Ce/Yb)_N$	$(Gd/Yb)_N$	La/Nb	Ba/Nb	$(La/Yb)_N$	$(La/Sm)_N$
	ΣREE	LREE	HREE									
ZX001*	42.43	29.19	13.24	2.20	1.04	0.93	1.32	1.16	1.03	4.77	1.35	1.02
ZX010*	50.25	34.45	15.80	2.18	0.96	0.95	1.35	1.25	0.86	6.13	1.31	0.92
ZX014*	58.33	39.53	18.80	2.10	0.95	0.95	1.27	1.14	0.91	13.35	1.29	1.04
ZX002*	53.16	36.57	16.59	2.20	0.95	0.94	1.37	1.27	0.92	6.43	1.36	0.95
Xy-8**	43.65	28.55	15.10	1.89	1.09	0.92	1.10	1.46			1.27	0.90
平均值	49.56	33.66	15.91	2.11	1.00	0.94	1.28	1.26	0.93	7.67	1.32	0.97

注：*据邓昆资料；**为1：25万吴忠市幅区调资料。

邓昆等（2007）研究认为，磨盘井辉绿岩稀土配分型式（见图21-18）与洋中脊拉斑玄武岩相似。从岩浆源进一步细分：N-MORB来源于亏损地幔（DM），E-MORB岩浆源自地幔深部地幔柱源区，而T-MORB为上述两种地幔源岩浆的混合产物。样品 $(La/Yb)_N$=1.29~1.37，比值较小，不相容元素（含REE）并不明显富集，具备亏损地幔来源特征，但亏损程度不强，源区接近于T-MORB。

（六）副矿物特征

磨盘井辉绿岩副矿物主要有锆石、磷灰石、金红石、黄铁矿、磁铁矿、钼铅矿、自然铅等。

锆石：呈浅黄、浅玫瑰色，金刚光泽，透明，大多为棱角状或因熔蚀呈半浑圆—浑圆状，少数呈复方正双锥体（图21-19），表面光亮圆滑，粒度细小，多在0.03mm×0.08mm左右，少数在0.1mm×0.15mm左右，长宽比约为1：1.5，含量1%左右。个别锆石显两种色带，外部为浅玫瑰带乳白色，内部为深玫瑰色。

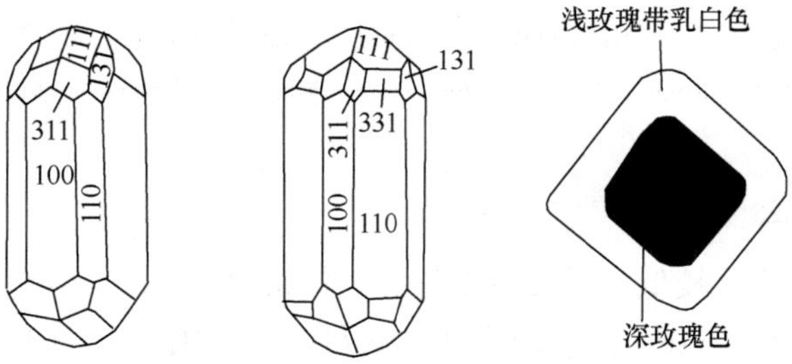

图21-19 磨盘井辉绿岩锆石晶形图

Fig. 21-19 Sketch showing zircon crystal form of diabase in Mopanjing

磷灰石：无色透明，玻璃光泽，呈次圆柱状—浑圆状，少数呈六方柱状，具底柱面，表面有磨蚀现象，粒度0.05mm×0.1mm~0.1mm×0.25mm，含量1%左右。

金红石：红色，粒状，表面具熔蚀现象，粒度0.08mm，含量<1%。

黄铁矿：浅黄色，微带褐色，呈不规则状、粒状和立方体，粒度 0.05~0.03mm。

磁铁矿：黑色，不规则粒状，粒度 0.05~0.2mm，含量<1%。

钼铅矿：橘红色，粒状，粒度 0.05mm 左右。

（七）成因、构造环境与就位机制探讨

以上辉绿岩常量元素、稀土元素、微量元素分析结果表明，辉绿岩属于大洋中脊拉斑玄武岩系列，岩浆源具备亏损地幔和过渡型来源特征，但亏损程度不强。

Zr、Ti、Nb、Y 等微量元素在熔体及残留相中含量的比值稳定，因此是火山岩构造环境判别的重要因素。根据图解（图 21-20）中辉绿岩点群分布位置，进行构造背景分析。在 Nb-Zr/Y 图解中，辉绿岩落入 N 型 MORB 和火山弧玄武岩区；Zr-Ti 图解中，落入 MORB 区；Ti/Zr-Y 图解中，落入 MORB、岛弧拉斑玄武岩和钙碱性玄武岩区内，但部分样品接近板内玄武岩区，Ti/Zr-Sr 图解落入 MORB 区；Hf/Th-Ta 图解落入 E 型 MORB 区；在 Zr/Y-Zr 判别图上可以看出，香山群辉绿岩与板内玄

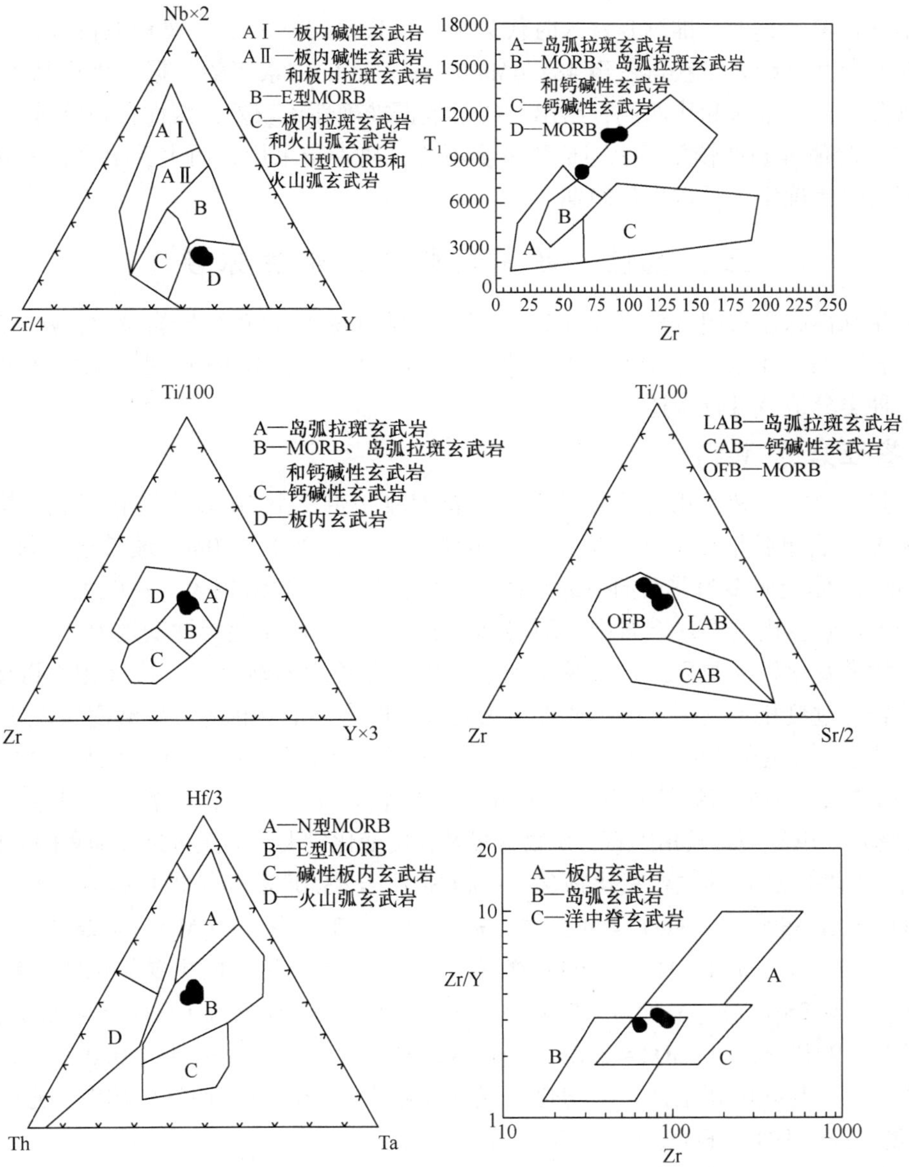

图 21-20　辉绿岩构造环境判别图解

（据邓昆等，2007）

Fig. 21-20　Discrimination diagrams of tectonic setting for diabase

武岩区相去甚远，再综合其他图解，与岛弧拉斑玄武岩无明显相关性，样品落入洋中脊拉斑玄武岩区。结合常量元素分析与黄河井段硅质岩形成环境分析认为，磨盘井辉绿岩应属大洋扩张（伸展程度不强）构造环境下的大洋拉斑玄武岩系列。

区域上对香山群岩石学、沉积背景的分析表明，奥陶纪中期阿拉善微陆块南缘与鄂尔多斯西缘是离散型大陆边缘（被动大陆边缘）性质。香山群深海硅质岩、拉斑玄武质火山岩和浊积岩广泛发育，共同构成了发育不完整和代表大洋地壳沉积结构的非典型“蛇绿岩”建造，黄河井段是深海平原（盆底相）的产物。辉绿岩属大洋中脊拉斑玄武岩系列，显示了伸展作用的构造背景。

磨盘井辉绿岩体在平面上形态不规则，与围岩接触界面不平整，呈港湾状或锯齿状，有切割围岩及小岩枝贯入围岩或分叉现象，岩体边部有围岩捕虏体及内部缺乏定向组构，这一切特征表明岩体属被动就位。

（八）侵入时代

关于磨盘井辉绿岩的时代，以往人们主要根据其顺层侵入于上奥陶统香山群狼嘴子组中，上泥盆统中宁组又以不整合覆于其上，推测其侵入时代为早古生代。2003 年，宁夏地调院在进行 1：25 万吴忠市幅区调时在磨盘井辉绿岩中获得一组 482.4Ma 的 Sm-Nd 同位素年龄数据，该样品由 6 个点组成，这 6 个点比较离散，分布于谐和线两侧，给出的年龄数据准确性比较差，因而在最终报告中未曾采用。本《志》认为该年龄值准确性较差，也与地质事实不符，故不予采用，而主要根据侵入接触关系将磨盘井辉绿岩的侵入时代确定为早古生代晚期。

三、基性—超基性脉岩、碱性脉岩

区内基性—超基性脉岩有超基性岩脉（Σ）、辉绿岩脉（$\beta\mu$）和辉绿玢岩脉（$\beta o\mu$）3 种类型，碱性脉岩为煌斑岩脉（χ），主要出露于贺兰山北段，贺兰山中南段、南华山、西华山、炭山等地少量见及。以下按脉岩种类分地域进行叙述。

（一）超基性岩脉（Σ）

超基性岩脉集中出露于贺兰山北段得拉布格—仓库滩一带，由 30 多条岩脉组成，构成超基性岩脉（墙）群。超基性岩单脉呈豆荚状、透镜状或脉状，长一般 200～500m，最长达 1200m，宽数米至 40m，最宽 100m。脉体走向多为北西向—近东西向，向南倾斜，倾角较大，一般大于 50°～60°，个别近直立。脉体侵入于贺兰山岩群片麻岩中，围岩具黑云母化、高岭土化等蚀变现象。

脉体分异及相带变化较为明显，自边缘相到中心相基性程度逐渐增高。边缘相为橄榄二辉岩、云母二辉岩或辉长岩；过渡相不发育，很少或无，为角闪二辉岩；中心相为二辉橄榄岩、斜辉橄榄岩等。

橄榄岩呈墨绿色，具包含结构、变余粒状结构，块状构造，常见辉石为包含结构的主晶，橄榄石和角闪石为客晶，橄榄石几乎全部蛇纹石化，仅保留少数粒状残晶。二辉岩呈黑—灰黑色，具包含结构，组成矿物为斜方辉石、单斜辉石及角闪石，矿物含量及粒度变化较大，甚至可过渡为角闪岩或辉石岩。

斜辉橄榄岩（1 件样品）的主要氧化物含量：$w(SiO_2)=43.08\%$，$w(TiO_2)=0.38\%$，$w(Al_2O_3)=5.48\%$，$w(Fe_2O_3)=5.85\%$，$w(FeO)=4.54\%$，$w(MnO)=0.11\%$，$w(MgO)=28.75\%$，$w(CaO)=3.72\%$，$w(Na_2O)=0.43\%$，$w(K_2O)=0.15\%$；橄榄二辉岩（1 件样品）的主要氧化物含量：$w(SiO_2)=42.30\%$，$w(TiO_2)=0.28\%$，$w(Al_2O_3)=5.40\%$，$w(Fe_2O_3)=5.40\%$，$w(FeO)=4.83\%$，$w(MnO)=0.12\%$，$w(MgO)=29.18\%$，$w(CaO)=3.29\%$，$w(Na_2O)=0.48\%$，$w(K_2O)=0.08\%$。两件样品主要氧化物含量比较相似，与我国超基性岩平均化学成分（黎彤、饶纪龙，1963）比较接近，其中 Al_2O_3、Fe_2O_3、MgO 含量略高，TiO_2、FeO、CaO、Na_2O 含量略低。

超基性岩脉中所含镍矿物为镍黄铁矿、砷镍矿，主要副矿物为锆石、磷灰石、金红石、黄铁矿、磁铁矿、石榴子石、白钨矿等。

前人根据得拉布格超基性岩脉侵入于古元古界贺兰山岩群中，推测其侵入时代为加里东期。结合邻区的资料，本《志》认为其侵入时代可能为古元古代晚期，相当于孔兹岩带第二阶段变质的年龄（1900~1920Ma）。

（二）基性脉岩

1. 贺兰山北段

贺兰山北段基性脉岩有辉绿岩脉、辉绿玢岩脉和辉长辉绿岩脉，以前二者居多，后者很少。分布于前石炭纪地层中，以古元古界贺兰山岩群及古元古代花岗岩中最为发育，正义关断裂北侧十分密集。脉体走向有东西向、北西向和北东向3组，倾角一般在70°以上。脉宽一般1m至10余米，长数十米至数百米，少数逾千米。区内最大的一条辉绿岩脉位于阿拉巴拉岱宾布勒附近，脉长约1530m，宽约125m。

岩石呈灰绿色，块状构造，具辉绿结构、变余辉绿结构，主要矿物成分为基性斜长石（拉长石）（55%~65%）、普通辉石（30%~40%）。受不同程度蚀变的影响，部分岩石产生绿泥石化、绿帘石化和绢云母化现象。具斑状结构者，为辉绿玢岩；偶见具辉长辉绿结构者，为辉长辉绿岩。

辉绿岩（3件样品）岩石化学分析结果：$w(SiO_2)$ = 45.6%~49.90%，$w(TiO_2)$ = 1.45%~3.80%，$w(Al_2O_3)$ = 12.69%~16.35%，$w(Fe_2O_3)$ = 3.42%~6.29%，$w(FeO)$ = 7.46%~9.12%，$w(MnO)$ = 0.15%~0.18%，$w(MgO)$ = 4.57%~7.30%，$w(CaO)$ = 8.14%~11.21%，$w(Na_2O)$ = 1.92%~3.37%，$w(K_2O)$ = 0.40%~1.51%，$w(P_2O_5)$ = 0.14%~0.38%。均属正常系列，与戴里辉绿岩相当。

前人多认为贺兰山北段的辉绿岩脉形成于加里东期。1987年，宁夏区调队在进行1∶5万石炭井幅、阿拉巴拉代幅区调时，发现一处东西向辉绿岩脉切穿北西向辉绿岩脉现象，且蚀变程度北西向较东西向者强，认为辉绿岩脉属不同期次侵入的产物。2010年，宋新华等对贺兰山北段牛头沟一带的辉绿岩进行了锆石U-Pb测年研究，获得了一组同位素年龄值（图21-21），其上交年龄为（1959±49）Ma，下交年龄为（543±190）Ma，认为前者代表该地区辉绿岩的形成年龄。结合贺兰山北段辉绿岩脉侵入于古元古界贺兰山岩群及古元古代花岗岩中的事实，本《志》认为，尽管辉绿岩脉互有交切现象，但其形成时代基本一致，均为早古生代，也就是说宋新华等（2010）所获同位素数据下交年龄（543±190）Ma基本上代表了辉绿岩的形成时代。

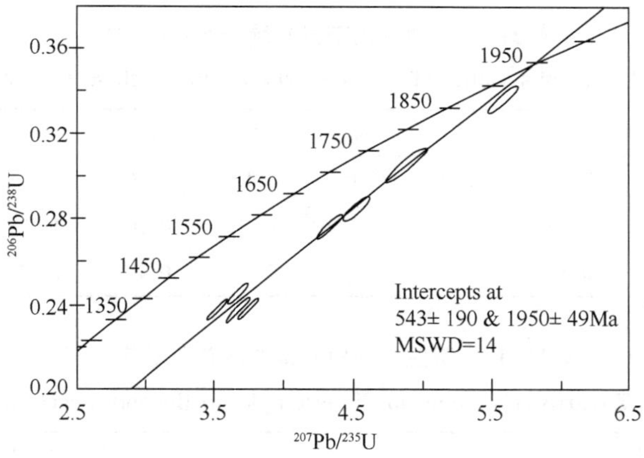

图21-21 辉绿岩锆石U-Pb年龄谐和图

Fig. 21-21 The concordia diagram of zircon U-Pb dating results of diabase

2. 贺兰山中—南段

贺兰山中—南段的辉绿岩脉主要分布于黄旗口—赵池沟一带和大战场等地，侵入于古元古代—奥陶纪地层及古元古代英云闪长岩中，呈脉状产出，宽一般0.5m至10余米，长数十至数百米，少数逾千米。

岩石呈灰绿—墨绿色，镜下观察具典型的辉绿—次辉绿结构，部分规模较大者中心部位过渡为辉长结构，部分岩石具斑状结构，为辉绿玢岩。主要矿物成分为基性斜长石（40%~60%）和普通辉石（35%~55%），粒径在0.3~1mm间。基性斜长石为拉长石，自形程度较好，呈板柱状，普遍发育卡式及宽疏的聚片双晶，呈格架状排列；辉石自形程度较差，为普通辉石，填充于斜长石格架间。副矿物有锆石、磷灰石、磁铁矿、赤铁矿等。部分岩脉边部可见强烈蚀变现象，辉石多次闪石化、绿泥石化，斜长石碳酸盐化、绢云母化、绿帘石化等，并有次生石英产出。

辉绿岩岩石化学成分（表 21-12）与中国岩浆岩平均化学成分（黎彤、饶纪龙，1963）比较，其主要氧化物平均含量与辉长岩接近。

表 21-12 贺兰山南段辉绿岩脉岩石化学成分

Table 21-12 Petrochemical composition of diabase dyke in the south section of Helanshan （单位：$w/\%$）

样品编号	SiO_2	TiO_2	Al_2O_3	Fe_2O_3	FeO	MnO	MgO	CaO	Na_2O	K_2O	P_2O_5	H_2O^+	CO_2	SO_3
Qt-YQ-1	46.61	1.35	17.12	2.86	7.54	0.16	7.35	7.34	3.44	0.91	0.34	4.24	1.12	0.01
Qt-YQ-21	46.81	2.25	14.43	2.73	8.64	0.26	6.41	8.03	3.68	0.15	0.52	4.60	2.10	0.03
Qt-YQ-17	49.68	0.63	15.63	2.71	7.55	0.16	3.75	5.99	3.71	2.20	0.88	3.58	3.16	0.06
Q_{11}-Ⅲ-Gs-15	48.58	2.00	13.92	4.83	9.34	0.09	4.66	6.60	2.94	2.25	0.47	3.66	0.45	0.07
Q_{11}-Ⅳ-Gs-38	49.40	2.50	12.80	5.45	8.98	0.07	4.33	7.92	2.74	3.12	0.08	3.08	0.50	0.39
Q_{16}-Gs-6	47.41	2.50	12.51	4.22	11.23	0.23	4.72	10.44	2.24	0.80	0.25			
平均值	48.08	1.87	14.40	3.80	8.88	0.16	5.20	7.72	3.13	1.57	0.42	3.83	1.47	0.11

注：样品编号 1、21、17 为 1∶5 万土井子等幅区调资料；15、38 为 1∶20 万阿拉善左旗幅区调资料；6 为 1∶20 万巴伦别立幅区调资料。

从尼格里值（表 21-13）看，岩石属尼格里岩石化学类型之钙碱性岩浆系列辉长岩-闪长岩。查瓦里茨基值（表 21-14）表明，其岩石化学分类属正常系列 SiO_2 稍不饱和的贫碱暗色岩类。在查氏矢量投影图上（图 21-22）右侧箭状向量倾斜较陡，且长度较大，表明其暗色组分铁镁占优势；图的左侧矢量说明，在 K、Na 组分中，后者显著多于前者，因而不能出现钾长石矿物。所有这些与岩石的矿物组成基本吻合。

表 21-13 贺兰山南段辉绿岩脉尼格里值

Table 21-13 Niggli's values of diabase dyke in the south section of Helanshan

样品编号	*Si*	*al*	*fm*	*c*	*alk*	*k*	*mg*	*ti*	*h*	*t*	*qz*
Qt-YQ-1	112.5	24.36	47.20	18.99	9.45	0.15	0.56	2.45	34.14	-4.08	-25.30
Qt-YQ-21	117.66	21.37	47.29	21.63	9.21	0.026	0.50	4.25	38.56	-9.46	-19.17
Qt-YQ-17	143.14	26.53	40.50	18.49	14.41	0.28	0.40	1.37	34.41	-6.36	-14.49

表 21-14 贺兰山南段辉绿岩脉查氏数字特征

Table 21-14 Zavaritsky's values of diabase dyke in the south section of Helanshan

样品编号	主要数字指标				补充数字指标							
	a	*b*	*c*	*s*	*c′*	*m′*	*f′*	*n*	*Q*	*φ*	*t*	An
Qt-YQ-1	9.45	25.63	7.45	57.46	7.96	51.58	40.45	85.17	-11.42	10.13	2.13	48
Qt-YQ-21	8.77	27.29	5.80	58.12	16.52	41.95	41.52	97.38	-7.11	9.01	3.48	40
Qt-YQ-17	12.39	20.19	5.22	62.18	13.55	34.32	52.12	71.93	-5.64	12.52	0.94	36

光谱半定量全分析表明，辉绿岩微量元素含量：$w(V)=(60\sim100)\times10^{-6}$，$w(Cr)=(30\sim100)\times10^{-6}$，$w(Cu)=10\times10^{-6}$，$w(Co)=(10\sim30)\times10^{-6}$，$w(Ni)=(10\sim50)\times10^{-6}$，$w(Zr)=(10\sim100)\times10^{-6}$，$w(Ba)<30\times10^{-6}$。各元素含量均小于该元素在地壳中的丰度值。

辉绿岩中副矿物主要有锆石、磷灰石、重晶石、自然铅、钼铅矿、赤铁矿、磁铁矿、石榴子石、透闪石等。

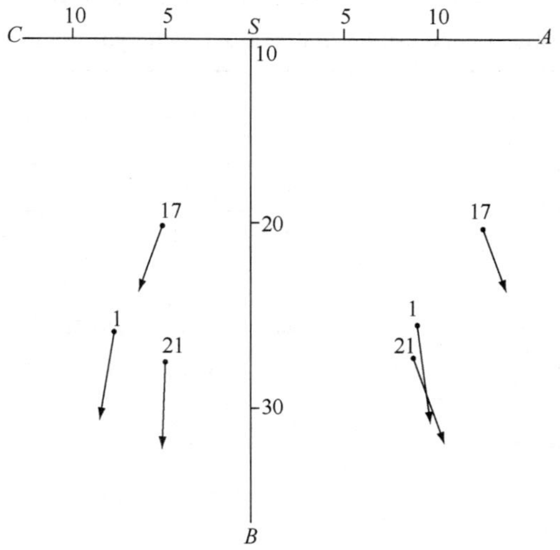

图 21-22　辉绿岩查氏矢量图解
（样品编号同表 21-14）
Fig. 21-22　Zavaritsky's vectorgraph of diabase

人们一直根据贺兰山中—南段的辉绿岩侵位于奥陶纪或更老地层中，推测其侵入时代为加里东期。2011 年，宁夏地调院在贺兰山中段辉绿岩脉中获得一组 LA-ICP-MS 锆石 U-Pb 年龄为（528±13）Ma。本《志》据此年龄数据，结合侵入接触关系，将其时代置于早古生代。

3. 炭山—云雾山地区

辉绿岩主要分布于宁夏南部的炭山、云雾山等地，侵入于长城系黄旗口组、蓟县系王全口组中，呈脉状产出，宽 5~200m 不等，由于第四系覆盖，长度不详。

岩石具辉绿结构、变余辉绿结构，由于经受不同程度的蚀变，部分岩石具绿泥石化、绿帘石化、钠黝帘石化、绢云母化、硅化、次闪石化。主要矿物成分为斜长石（55%~65%）、普通辉石（30%~40%）。斜长石呈半自形板柱状、板柱状残晶或格架状，纵横杂乱排列，牌号 An=53，属拉长石；普通辉石呈半自形—他形晶充填于斜长石格架间。

辉绿岩岩石化学成分中，Fe_2O_3、FeO、TiO_2 含量较高，Al_2O_3、MgO、CaO、Na_2O 较低，具有富铁，贫镁、钙、碱的特点。

辉绿岩中的副矿物有锆石、磷灰石、黄铁矿、尖晶石、绿帘石、金红石、铅族矿物等。

炭山—云雾山地区的辉绿岩侵入于蓟县系王全口组中，侏罗纪地层不整合覆于其上，推测其侵入时代为早古生代晚期。

（三）碱性脉岩——煌斑岩脉（χ）

1. 南华山—西华山地区

南华山、西华山地区的煌斑岩脉零星分布于付家岘、柳沟、马场、滴水崖沟、灵光寺、黄石崖沟及乱堆子等地，呈单脉或复脉状侵入于长城系海原岩群中，走向北西、北东或近南北向，一般脉宽 0.2~1.5m，长 5~150m。岩石呈黄灰、褐灰、黄绿灰色，斑状、变余斑状结构，斑晶粒径 0.5~0.9mm，基质粒径小于 0.3mm。斑晶含量 15%~30%，由暗色矿物及斜长石构成。依矿物组合差异，分为闪斜煌斑岩和云斜煌斑岩两种。普通角闪石呈柱状晶，多蚀变为阳起石、黑云母、绿泥石。黑云母为鳞片状晶，多变为绿泥石、水黑云母。斜长石呈自形板柱状，以中长石为主，普遍发生绢云母化、碳酸盐化。

煌斑岩化学成分及主要参数见表 21-15，岩石化学类型属硅饱和、次铝型、钙碱性岩石。与国内外同类煌斑岩相比，SiO_2 含量偏低，K_2O+Na_2O 相近或偏低。微量元素种类及丰度与本区加里东晚期花岗闪长岩、石英二长岩比较，除 Cr、Ni、Co 等铁族元素偏高外，余者多相近，说明了它们的同源性。副矿物以富含磁铁矿、磷灰石、锆石为特征。

表 21-15　煌斑岩脉化学成分及特征参数

Table 21-15　Petrochemical composition and characteristic parameters of lamprophyre veins

采样地点	岩石名称	w/%									
		SiO_2	CaO	MgO	Fe_2O_3	FeO	Al_2O_3	TiO_2	K_2O	Na_2O	P_2O_5
南华山、西华山	闪斜煌斑岩	48.13	10.38	8.69	2.96	6.11	14.25	0.63	1.64	2.26	0.04
	闪斜煌斑岩	47.35	10.53	7.57	3.91	7.11	14.20	0.93	0.36	2.12	0.05
	闪斜煌斑岩	49.56	9.44	7.64	2.58	10.39	13.51	1.18	1.00	2.50	0.05
	云斜煌斑岩	41.35	8.32	10.85	4.44	2.89	10.70	0.93	3.30	1.78	1.30
大战场	云斜煌斑岩	47.87	7.37	8.23	2.28	5.46	11.33	1.50	3.83	3.21	0.45
马夫峡子	闪斜煌斑岩	56.54	5.70	3.16	1.62	3.98	13.96	2.0	1.10	4.53	0.30

采样地点	岩石名称	w/%					特征参数			
		MnO	CO_2	SO_3	H_2O^+	总和	A/CNK	σ	OXI	NK/A
南华山、西华山	闪斜煌斑岩	0.24	0.86	0.03	3.24	99.46	0.59	2.96	0.303	0.38
	闪斜煌斑岩	0.10	1.47	0.01	3.80	99.51	0.62	1.41	0.327	0.27
	闪斜煌斑岩	0.02	0.11	0.03	1.76	99.77	0.60	1.87	0.181	0.39
	云斜煌斑岩	0.11	8.78	0.01	4.46	99.22	0.50	—	0.583	0.61
大战场	云斜煌斑岩	0.06	4.24	0.02		95.85	0.50	10.18	0.269	0.83
马夫峡子	闪斜煌斑岩	0.10	0.30	0.08	3.32	96.69	0.73	2.34	0.263	0.62

注：$A/CNK=Al_2O_3/(Na_2O+K_2O+CaO)$（分子数）；$\sigma=(Na_2O+K_2O)^2/(SiO_2-43)$；$OXI=Fe^{3+}/(Fe^{3+}+Fe^{2+})$（原子数）；$NK/A=(Na_2O+K_2O)/Al_2O_3$（分子数）。

南、西华山地区的煌斑岩脉侵入于长城系海原岩群中，推测其侵入时代为早古生代晚期，与同期中酸性侵入岩形成时代相当或略晚。

2. 贺兰山南段

贺兰山南段大战场及马夫峡子东南的红柳沟等地见有煌斑岩脉零星分布，呈脉状穿插于奥陶纪地层米钵山组和香山群砂岩、板岩中，脉体规模较小，一般宽0.3~1m，长3~20m不等。呈近东西或北西走向，倾角60°~80°。

岩石呈黑—灰红色，风化后呈灰黄、灰红、褐黄色，为云斜煌斑岩和闪斜煌斑岩。岩石具煌斑结构，块状构造。

云斜煌斑岩的斑晶为黑云母（8%）和更—中长石（2%）；基质由更—中长石（45%）、黑云母（30%）、正长石+石英（10%）和磁铁矿（<5%）构成。闪斜煌斑岩的斑晶以角闪石（15%~20%）为主，斜长石（中长石）次之；基质由中长石（65%）、角闪石（10%）、石英（<3%）组成。煌斑岩岩石化学分析表明，SiO_2 较一般煌斑岩略偏高，铁镁成分显然高于同地区的中酸性岩类，而不及辉绿岩。副矿物有锆石、磷灰石、重晶石、黄铁矿、自然铅、钼铅矿、脱钛矿、白钨矿、磁铁矿等。

贺兰山南段的煌斑岩脉穿插石英闪长玢岩脉，显然生成时代略晚于石英闪长玢岩脉。在成因上推测二者可能皆为中酸性岩浆分异出的偏基性部分晚期沿裂隙侵入的产物，故煌斑岩脉和石英闪长玢岩脉形成时代基本一致，为中生代，很可能为晚三叠世。

第二节　中—酸性侵入岩

区域上的中—酸性侵入岩主要形成于古元古代和早古生代，分别构成了宁夏两个重要的岩浆岩带——北部的华北克拉通西缘贺兰山古元古代中—酸性岩浆岩带和南部的祁连早古生代造山带北掌山—崛峁山—南华山中—酸性岩浆岩带。其他时期的侵入岩，如中元古代中—酸性侵入岩、中生代中—酸性侵入岩等，散见于贺兰山南段和六盘山地区，均以独立岩体形式出露，且规模不大。兹按岩浆期序将各期中—酸性侵入岩总结叙述如下：

一、古元古代中—酸性侵入岩

古元古代中—酸性侵入岩分布于贺兰山中—北段，包括闪长质片麻岩（$gn^{\delta}Pt_1$）、花岗质片麻岩（$gn^{\gamma}Pt_1$）、似斑状石榴子石黑云母花岗岩（$\gamma\beta grPt_1$）、石榴子石花岗岩（$\gamma grPt_1$）、似斑状黑云母花岗岩（$\gamma\beta Pt_1$）和英云闪长岩（$\gamma\delta oPt_1$）6种岩石类型。其中前2种类型变质变形较强，后4种类型变质变形较弱。

（一）古元古代闪长质片麻岩（$gn^{\delta}Pt_1$）

1. 地质特征

闪长质片麻岩（1：5万区调时称为蒙果特单元）零星分布于宗别立断裂北侧蒙果特等地，出露面积7.56km²，呈残留顶盖或捕虏体形式赋存于古元古代似斑状黑云母花岗岩（$\gamma\beta Pt_1$）中。在宗别立西侧张家房也有零星小面积露头，与贺兰山岩群宗别立岩组变质岩界线截然，为侵入接触。共有9个大小不等的小岩体，其平面形态呈椭圆状、圆环状、哑铃状和透镜体状等，其中蒙果特岩体最大，直径可达3.9km。闪长质片麻岩经强烈的区域变质作用已具有明显的片麻状构造，片理走向为北东向，与寄主岩——似斑状黑云母花岗岩中不甚明显的片麻理方向基本一致。闪长质片麻岩与寄主岩——似斑状黑云母花岗岩界线截然，局部具过渡特征，靠近片麻状黑云母闪长岩钾长石斑晶有绕其呈环带状分布的趋势。这些都显示了同源包体（MME）的一些特征，但与一般的MME相比规模偏大。

2. 岩石学特征

岩石呈灰黑色，具变余半自形粒状结构，片麻状构造（图21-23）。主要由斜长石（40%~50%）、微斜长石（0~15%）、石英（10%~15%）、黑云母（15%~30%）、普通角闪石（0~10%）、辉石（0~5%）和副矿物磷灰石、锆石等组成。其中斜长石牌号An=30~40，属中长石，具聚片双晶和复合双晶，呈板条状和粒状，具定向—半定向排列，粒度大小不等。微斜长石呈粒状，具格子双晶，粒径0.4mm。黑云母为褐色片状，多色性显著，由棕褐色到浅黄色，包裹有不透明矿物，呈定向排列，长宽比为2~2.5，长为0.5~0.8mm。普通角闪石为不规则粒状，多呈集合体，有些已蚀变为阳起石。辉石为粒状，斜消光，粒径0.5~0.8mm，常与黑云母、普通角闪石呈条带状分布。岩石中黑云母、石英和磷灰石含量高，不含石榴子石、堇青石和矽线石等富铝矿物，具有岩浆成因结构，表明其原岩为闪长岩。

1

2

图21-23　古元古代闪长质片麻岩中之片麻状构造

Fig. 21-23　Gneissic structure of Paleoproterozoic dioritic gneiss

1，2—宗别立之北蒙果特

3. 岩石化学特征

闪长质片麻岩主要氧化物含量及特征参数值见表 21-16。从表中可以看出，5 件样品主要氧化物含量非常接近，这种成分上的一致性与岩相学的稳定性相吻合。其平均值与中国闪长岩平均值较为接近，其中 SiO_2、Al_2O_3、Fe_2O_3、Na_2O 含量略低，其余略偏高。

表 21-16　闪长质片麻岩主要氧化物含量及特征参数

Table 21-16　Contents and characteristic parameters of major oxide of dioritic gneiss

序号	样品编号	*w*/%													
		SiO_2	TiO_2	Al_2O_3	Fe_2O_3	FeO	MnO	MgO	CaO	Na_2O	K_2O	P_2O_5	H_2O^+	CO_2	SO_3
1	13YQ19-2	53.00	1.62	14.61	1.84	7.20	0.14	5.18	6.46	2.72	2.64	1.12	2.08	0.28	0.04
2	13YQ15-2	53.07	1.72	15.00	1.79	7.60	0.15	4.34	6.46	2.95	3.03	1.12	1.86	0.68	0.11
3	13YQ12-1	51.36	1.75	15.10	2.52	7.28	0.17	4.01	6.38	3.32	3.24	1.10	1.67	0.57	0.08
4	13YQ3-3	52.06	1.58	15.38	1.60	7.78	0.13	4.34	6.98	2.80	2.26	1.34	1.64	0.68	0.11
5	13YQ3-2	51.84	1.44	14.88	1.90	7.07	0.15	5.31	7.13	2.71	2.72	1.36	2.31	0.28	0.09
平均值		52.27	1.62	14.99	1.92	7.38	0.15	4.64	6.69	2.90	2.77	1.21	1.91	0.50	0.09
中国闪长岩平均值		57.39	0.89	16.42	3.10	4.15	0.18	3.77	5.58	4.26	2.57	0.37	0.89	0.43	

序号	尼格里值				CIPW 标准矿物值				特征参数							
	al	*fm*	*c*	*alk*	Q	Or	Ab	An	*σ*	*A*·*R*	*FL*	*SI*	*D*·*I*	*K/N*	*NK/A*	*A/CNK*
1	24.49	43.32	19.86	12.33	7.92	15.59	23.01	16.70	2.87	1.68	45.34	26.46	46.53	0.97	0.50	0.76
2	25.34	41.03	19.83	13.79	6.13	17.90	24.95	16.70	3.55	1.75	48.07	22.02	48.99	1.02	0.54	0.75
3	25.30	40.34	19.49	14.87	2.41	19.14	28.09	16.72	5.14	1.87	50.69	19.69	49.64	0.97	0.59	0.73
4	25.90	40.82	21.44	11.84	7.39	13.35	23.69	19.60	2.82	1.58	42.02	23.11	44.43	0.80	0.46	0.77
5	24.21	42.62	21.06	12.11	5.54	16.06	22.92	18.52	3.32	1.65	43.23	26.94	44.52	1.00	0.50	0.73

注：资料来自于 1∶5 万胡鲁斯台幅、古拉本幅区调报告。

里特曼指数（σ）为 2.82~5.14，碱度率（$A \cdot R$）为 1.58~1.87，岩石化学类型属钙性—钙碱性岩系。在 $A \cdot R$-SiO_2 图解（图 21-24）上 5 个样品落入钙碱性与碱性界线附近。*K/N* 比值除 1 件样品为 0.8 外，其余均在 1 附近，反映岩石相对富钾，这与岩石中含有大量的黑云母相一致。铝饱和度（*A/CNK*）为 0.73~0.77，*NK/A* 为 0.46~0.59，属次铝的岩石类型。长英质指数（*FL*）为 42.02~50.69，分异指数（*D*·*I*）为 44.43~49.64，固结指数（*SI*）为 19.69~26.94，反映岩石在化学成分上总体偏中基性、岩浆分异弱的特点，具有 I 型花岗岩的一些化学特征。

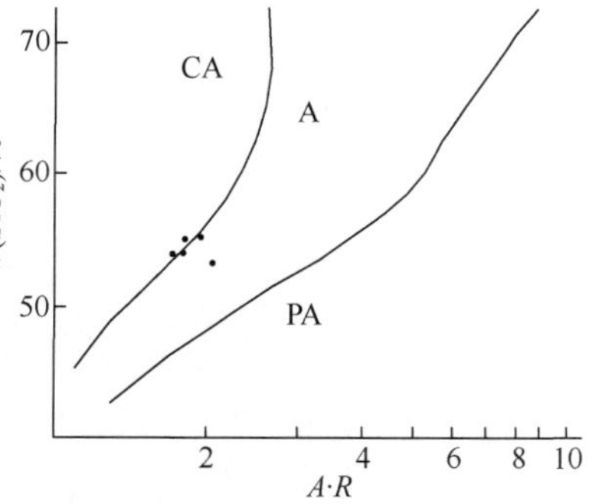

图 21-24　闪长质片麻岩 $A \cdot R$-SiO_2 图解

Fig. 21-24　$A \cdot R$-SiO_2 diagram for dioritic gneiss

CA—钙碱性；A—碱性；PA—过碱性

4. 微量元素特征

闪长质片麻岩微量元素分析结果见表 21-17。4 件微量元素样品分析数值非常接近，仍保持了地球化学的均匀性。与维诺格拉多夫闪长岩平均值相比，除 Cu、Ni 略低外，其余元素均偏高。与贺兰山岩群变质岩平均值相比，大离子亲石元素 Sr、Ba 相当富集，Rb 相对贫化；不活动元素 Nb、Ta 和过渡元素 Co、V 富集，Zr、Hf 贫化。

表 21-17　闪长质片麻岩微量元素含量

Table 21-17　Contents of trace element of dioritic gneiss　　（单位：$w/10^{-6}$）

序号	样品编号	Cu	Cr	Ni	Co	Rb	Sr	Ba	V	Ti	Nb	Ta	Zr
1	13X19-2	17	84	26	25	93	1300	1640	128	9000	62	6	274
2	13X15-2	15	72	24	25	95	1350	2120	128	11000	94	5	96
3	13X3-3	21	68	22	23	77	1505	2655	148	9000	89	5	340
4	D9005-WL-1	29	110	17.8	25.5	198	1125	3068	139	11300	34.1	1.99	541
平均值		20.5	83.5	22.5	24.6	115.8	1320	2371	136	10075	69.8	4.5	312.8
闪长岩（维诺格拉多夫）平均值		35	50	55	10	100	800	650	100	8000	20	0.7	260
贺兰山岩群变质岩平均值（18 件）		16.7	74.6	32.3	10.1	128	137.3	553.9	59.3	9200	35	4.9	169.9
序号	样品编号	Hf	Sc	Li	Be	Ga	Mo	Cs	W	Pb	Th	U	B
1	13X19-2	6.2	3.6										
2	13X15-2	3.5	8.8										
3	13X3-3	7.3	5.0										
4	D9005-WL-1	11.1	21	50.7	2.59	28.9	1.89	6.44	2.68	24.0	10.5	3.92	15.2
平均值		7.0	9.6										
闪长岩（维诺格拉多夫）平均值		1	2.5	20	1.8	20	0.9		1	15	7	1.8	15
贺兰山岩群变质岩平均值（18 件）		5.3	7.8										

注：序号 1~3 为 1∶5 万胡鲁斯台、古拉本幅区调资料；4 为 1∶25 万吉兰泰幅区调资料。

5. 稀土元素特征

闪长质片麻岩 4 件稀土元素样品分析数值也非常接近（表 21-18）。稀土元素总量 ΣREE 为 $(704.5\sim1042.13)\times10^{-6}$，平均为 805.66×10^{-6}，远远高于本区所有花岗岩，也高于贺兰山岩群变质岩。LREE/HREE 为 18.76~24.09、平均为 21.05，ΣCe/ΣY 为 10.02~11.97、平均为 10.89，轻重稀土分馏显著；δEu 为 0.63~0.81，平均为 0.73，为铕负异常，弱亏损，具有壳幔型花岗岩的一些特点；$(La/Yb)_N$为 36.23~45.43，平均为 39.13，表明稀土配分曲线为向右陡倾斜的轻稀土富集型（图 21-25）；$(La/Sm)_N$为 4.23~4.98，平均为 4.43，反映轻稀土分馏程度较高，属轻稀土富集型；$(Ga/Yb)_N$为 2.85~4.28，平均为 3.56，反映重稀土分馏程度中等，属重稀土亏损型。这些特征说明形成这种岩石的岩浆分异较弱，显示了原始岩浆的一些特点。

表 21-18　闪长质片麻岩稀土元素含量及特征参数

Table 21-18　Contents and characteristic parameters of REE of dioritic gneiss

序号	$w/10^{-6}$														
	La	Ce	Pr	Nd	Sm	Eu	Gd	Tb	Dy	Ho	Er	Tm	Yb	Lu	Y
1	155	280	38	150	23.0	4.2	12.2	1.8	9.1	1.4	3.20	0.45	2.30	0.35	23.5
2	158	280	37	142	23.5	4.4	13.0	1.9	9.8	1.7	4.00	0.56	2.94	0.47	30.0
3	170	300	42	161	25.0	5.0	13.2	1.9	10.1	1.7	3.85	0.54	3.00	0.43	29.0
4	217	466	50.4	188	27.4	4.26	14.1	2.24	10.9	1.87	5.27	0.64	3.99	0.56	49.5
平均值	175	332	41.9	160	24.7	4.47	13.1	1.96	10.0	1.67	4.08	0.55	3.06	0.45	33.0

续表

序号	$w/10^{-6}$				LREE/HREE	ΣCe/ΣY	δEu	$(La/Yb)_N$	$(La/Sm)_N$	$(Gd/Y)_N$
	ΣREE	LREE	HREE	ΣY						
1	704. 50	650. 2	30. 80	54. 30	21. 11	11. 97	0. 74	45. 43	4. 24	4. 28
2	709. 27	644. 9	34. 37	64. 37	18. 76	10. 02	0. 75	36. 23	4. 23	3. 57
3	766. 72	703. 0	34. 72	63. 72	20. 25	11. 03	0. 81	38. 20	4. 28	3. 55
4	1042. 13	953. 06	39. 57	89. 07	24. 09	10. 70	0. 63	36. 67	4. 98	2. 85
平均值	805. 66	737. 79	34. 87	67. 87	21. 05	10. 89	0. 73	39. 13	4. 43	3. 56

注：序号 1~3 为 1∶5 万胡鲁斯台、古拉本幅区调资料；4 为 1∶25 万吉兰泰幅区调资料。

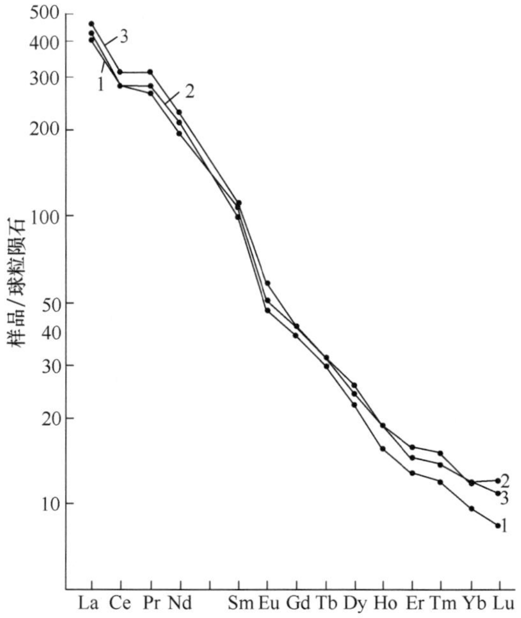

图 21-25　闪长质片麻岩稀土元素配分曲线

Fig. 21-25　Rare earth element distribution curves of dioritic gneiss

1~3—样品序号，同表 21-18

6. 稳定同位素特征

闪长质片麻岩仅获得 1 件全岩氧同位素分析数据，其分析结果为 $\delta^{18}O$（V-SMOW）= 7. 9‰，数值 >7. 5‰，具正常 $\delta^{18}O$ 花岗岩类同位素特征，与同期古元古代花岗岩类的氧同位素一样，均来自于地壳，这似乎说明闪长质片麻岩先以岩浆的形式与地壳下部花岗质岩浆发生混合作用，而后二者一起侵入形成，因而二者具有相似的氧同位素。

7. 副矿物特征

人工重砂分析表明，闪长质片麻岩主要副矿物为磷灰石、锆石和磁铁矿，伴生的副矿物有角闪石、磁铁矿、褐铁矿、金红石、刚玉、钼铅矿、方铅矿和黄铁矿等。

锆石呈乳白色、浅粉红色，透明，金刚光泽，多数晶形为六方双锥，表面有溶蚀，个别呈磨蚀的浑圆状，粒度 0. 1mm×0. 1mm~0. 08mm×0. 3mm。

磷灰石无色，透明，玻璃光泽，晶形较完整，为六方柱状，粒度 0. 15mm 左右。

金红石为橘红色、褐红色，晶形为很细的柱状及板柱状。

8. 成因及形成时代

从上述内容可以看出，闪长质片麻岩不论在岩相学、岩石学、岩石化学，还是在地球化学方面都表现为均一性，副矿物组合也具有岩浆岩副矿物特点，且不具有贺兰山岩群变质岩典型的石榴子石、堇青石和矽线石等富铝矿物，说明该岩石原岩应属岩浆岩，故作为岩浆岩讨论。

前已述及，闪长质片麻岩体平面形态呈椭圆状、圆环状、哑铃状和透镜状等，具有塑性变形的特点；其片麻理与寄主岩——似斑状黑云母花岗岩的片麻理方向基本一致；闪长质片麻岩与寄主岩——似斑状黑云母花岗岩界线截然，局部具过渡特征，靠近片麻状黑云母闪长岩钾长石斑晶有绕其呈环带状分布的趋势。这些都显示了同源包体（MME）的一些特征。闪长质片麻岩与同期古元古代花岗岩类具有相似的氧同位素特征，它们的氧同位素均来自于地壳。由此推论，闪长质片麻岩原始岩浆来自于上地幔，是先以岩浆的形式侵入于地壳下部并与花岗质岩浆发生混合作用，而后二者一起侵入形成，进一步推测闪长质片麻岩与寄主岩——似斑状黑云母花岗岩为同期侵入岩，二者侵入时代一致。

2007 年，中国地质科学院地质研究所耿元生等在闪长质片麻岩中获得了一组 SHRIMP 锆石 U-Pb 同位素年龄值（HL0659 号样品）。该样品共分析了 19 个点，它们的$^{207}Pb/^{206}Pb$ 加权平均年龄为（1920±7）Ma（表 21-19，图 21-26），作者认为该年龄值基本可以代表片麻状黑云母闪长岩的原岩闪长岩的形成时代。本《志》遵从耿元生等（2007）的意见，将闪长质片麻岩侵入时代厘定为古元古代。

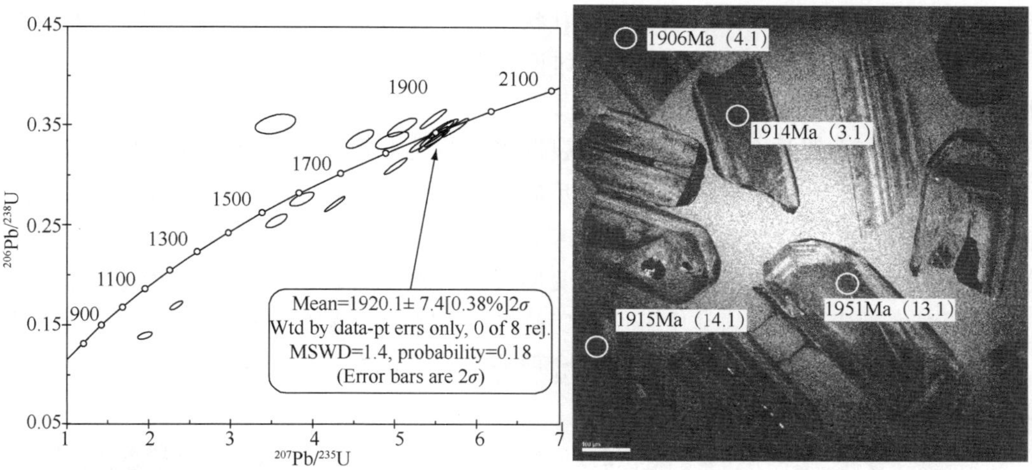

图 21-26　闪长质片麻岩锆石 SHRIMP U-Pb 法谐和图（左）及阴极发光图像（右）
（据耿元生等，2009）
Fig. 21-26　The concordia diagram of zircon U-Pb dating results (left) and CL images of representative zircons (right) of dioritic gneiss

表 21-19　闪长质片麻岩 SHRIMP 锆石 U-Pb 法年龄分析结果

Table 21-19　SHRIMP U-Pb dating results of zircons from dioritic gneiss

样点号	$^{206}Pb_c$/%	U/10^{-6}	Th/10^{-6}	Th/U	$^{206}Pb^*$/10^{-6}	$^{206}Pb/^{238}U$ 年龄/Ma		$^{207}Pb/^{206}Pb$ 年龄/Ma		$^{207}Pb^*$/$^{206}Pb^*$	±/%	$^{207}Pb^*$/^{235}U	±/%	$^{206}Pb^*$/^{238}U	±/%
1.1	1.70	838	40	0.05	124	1009	±16	1621	±23	0.0998	1.3	2.332	2.1	0.1694	1.7
1.2	0.20	349	126	0.37	99.8	1848	±28	1902	±11	0.11640	0.59	5.328	1.8	0.3320	1.7
2.1	0.12	401	194	0.50	117	1888	±28	1919.0	±9.8	0.11754	0.54	5.514	1.8	0.3402	1.7
3.1	0.06	359	141	0.41	104	1876	±28	1913.8	±9.8	0.11719	0.55	5.459	1.8	0.3379	1.7
4.1	0.28	283	93	0.34	84.3	1913	±29	1906	±15	0.11666	0.85	5.56	1.9	0.3455	1.7
5.1	0.29	740	49	0.07	88.9	841	±14	1656	±44	0.1017	2.4	1.953	2.9	0.1393	1.7
6.1	0.05	340	144	0.44	104	1965	±31	1820	±11	0.11127	0.63	5.47	1.9	0.3564	1.8
7.1	0.11	448	182	0.42	129	1863	±28	1759	±39	0.1076	2.1	4.97	2.7	0.3350	1.7
8.1	0.06	215	69	0.33	64.3	1925	±30	1733	±26	0.1061	1.4	5.09	2.3	0.3481	1.8
9.1	0.07	558	177	0.33	122	1460	±22	1654	±31	0.1016	1.7	3.561	2.4	0.2541	1.7
10.1	0.05	289	123	0.44	87.3	1940	±31	1019	±84	0.0732	4.2	3.54	4.6	0.3511	1.8
11.1	0.07	497	201	0.42	118	1571	±24	1654	±34	0.1016	1.8	3.866	2.5	0.2759	1.7
12.1	0.03	336	149	0.46	97.1	1869	±29	1599	±31	0.0987	1.7	4.58	2.4	0.3363	1.8
13.1	0.09	215	70	0.34	64.2	1924	±29	1951	±12	0.11967	0.64	5.74	1.9	0.3478	1.8

样点号	$^{206}Pb_c$/%	U/10^{-6}	Th/10^{-6}	Th/U	$^{206}Pb^*$/10^{-6}	$^{206}Pb/^{238}U$ 年龄/Ma		$^{207}Pb/^{206}Pb$ 年龄/Ma		$^{207}Pb^*/^{206}Pb^*$	±/%	$^{207}Pb^*/^{235}U$	±/%	$^{206}Pb^*/^{238}U$	±/%
14. 1	0. 19	323	139	0. 44	96. 7	1921	±29	1915	±10	0. 11726	0. 58	5. 61	1. 8	0. 3472	1. 7
15. 1	0. 13	555	228	0. 42	129	1546	±25	1867. 1	±8. 6	0. 11419	0. 48	4. 266	1. 9	0. 2709	1. 8
16. 1	0. 15	487	228	0. 48	141	1875	±28	1934	±10	0. 11853	0. 57	5. 516	1. 8	0. 3375	1. 7
17. 1	0. 13	425	201	0. 49	121	1849	±28	1937. 4	±9. 1	0. 11874	0. 51	5. 439	1. 8	0. 3322	1. 7
18. 1	0. 41	446	184	0. 43	119	1734	±26	1921	±11	0. 11766	0. 62	5. 007	1. 8	0. 3086	1. 7

注：误差为 1σ，Pb_c和 Pb^* 分别代表普通铅和放射成因铅；标准校正误差为 0. 68%。

（二）古元古代花岗质片麻岩（$gn^{\gamma}Pt_1$）

这是宁夏地调院在进行 1∶25 万吉兰泰幅区调时，从古元古代贺兰山变质杂岩中解体出来的一类变质花岗质岩体。该类古老侵入体虽然发育片麻状构造，具有长英质片麻岩的特征，但其原岩花岗岩的结构、构造等特征基本保留，故作为岩浆岩讨论。

1. 地质特征

花岗质片麻岩分布于贺兰山北段宗别立断裂带北侧的夏来苏（或称嘎勒布斯太）和南侧的柳树沟西两地，出露面积约 8. 19km^2。夏来苏岩体呈近东西向的长椭圆形，侵入于古元古代贺兰山岩群宾布勒岩组的富铝片麻岩中；柳树沟西岩体亦呈近东西向的长椭圆形，东西长 3km，南北宽 1km，侵入于古元古代宗别立岩组的片麻岩中。受后期构造变形影响，致使岩体与围岩接触界线参差不齐，呈枝杈状交错，未见明显的围岩蚀变。岩体中普遍含变粒岩、片麻岩捕虏体（图 21-27），越近岩体边部捕虏体越多；捕虏体多呈长椭圆状，长轴方向与片麻理平行，与寄主岩界线截然，具角岩化热接触变质特征。后期辉绿岩脉穿插于岩体及围岩中。

图 21-27　古元古代花岗质片麻岩中之变粒岩捕虏体

Fig. 21-27　Leptynite xenoliths in Paleoproterozoic granitic gneiss

1～4—宗别立之北夏来苏

2. 岩石学特征

岩石呈浅灰—灰白色，具中粗粒粒状变晶结构，片麻状构造。岩石主要由钾长石（40%~50%）和石英（25%~30%）组成，次为堇青石（5%~15%）、石榴子石（7%~10%）、斜长石（5%~10%）和黑云母（2%~5%）等。钾长石主要由正长石、条纹长石组成，多呈不规则状，少数半自形板柱状，具较强的绢云母化次生蚀变。石英呈不规则粒状、充填状分布。堇青石呈他形粒状变晶，已形成表面布满绢云母鳞片的假象。石榴子石次生蚀变较强，已成为黑云母、黏土矿物的假象。黑云母颜色较深。矿物粒径多在 1.0~3.0mm 之间，少数达 4.5mm，个别（石榴子石）可达 5.0mm 以上。

3. 岩石化学特征

花岗质片麻岩岩石化学全分析结果及特征参数见表 21-20。从表中可以看出，3 件样品主要氧化物含量非常接近，其平均值与中国花岗岩平均值（黎彤、饶纪龙，1963）较为接近，其中 SiO_2、TiO_2、Fe_2O_3、MgO 含量略高，其余氧化物含量略低。

表 21-20 花岗质片麻岩化学分析结果及特征参数

Table 21-20 Chemical analysis results and characteristic parameters of granitic gneiss

序号	样品编号	w/%												
		SiO_2	TiO_2	Al_2O_3	Fe_2O_3	FeO	MnO	MgO	CaO	Na_2O	K_2O	P_2O_5	LOI	总量
1	D9004-YQ-1	71.35	0.40	12.69	2.49	2.68	0.04	3.19	0.42	2.14	2.50	0.06		99.38
2	D9004-YQ-2	78.24	0.28	13.74	1.76	0.32	0.10	0.20	0.25	2.00	2.06	0.06	0.63	99.64
3	D9014-YQ-1	75.28	0.30	13.30	1.45	0.73	0.08	0.50	0.63	2.64	4.10	0.16	0.42	99.59
平均值		74.96	0.33	13.24	1.90	1.24	0.07	1.30	0.43	2.26	2.89	0.09	0.53	99.54
中国花岗岩平均值		71.27	0.25	14.25	1.24	1.61	0.08	0.80	1.62	3.79	4.03	0.16		

序号	尼格里值				CIPW 标准矿物值				特征参数							
	al	*fm*	*c*	*alk*	Q	Or	Ab	An	σ	*A*·*R*	*FL*	*SI*	*D*·*I*	*K/N*	*KN/A*	*A/CNK*
1	36.52	43.36	2.17	17.94	42.72	15.03	18.35	1.11	0.76	2.10	91.70	24.54	76.10	1.17	0.49	1.82
2	59.66	14.42	1.99	23.93	57.32	12.24	17.31	0.56	0.47	1.82	94.20	3.15	86.87	1.03	0.40	2.29
3	48.37	15.42	4.30	31.91	42.00	24.49	22.55	2.50	1.41	2.87	91.45	5.31	89.04	1.55	0.66	1.34

注：据 1∶25 万吉兰泰幅区调资料。

里特曼指数（σ）为 0.47~1.41，碱度率（*A*·*R*）为 1.82~2.87，岩石化学类型属钙性岩系。在 *A*·*R*-SiO_2 图解（图 21-28）上，2 个样品落入钙碱性区间，1 个样品落入碱性区间。*K/N* 比值为 1.03~1.55，反映岩石相对富钾，与岩石中含有较多的钾长石相一致。铝饱和度（*A/CNK*）为 1.34~2.29，*KN/A* 为 0.40~0.66，属过铝的岩石类型，具有 S 型花岗岩的化学特征。长英质指数（*FL*）为 91.45~94.20，分异指数（*D*·*I*）为 76.10~89.04，固结指数（*SI*）为 3.15~24.54，反映岩石在化学成分上总体偏酸性、偏碱性、岩浆分异强的特点。

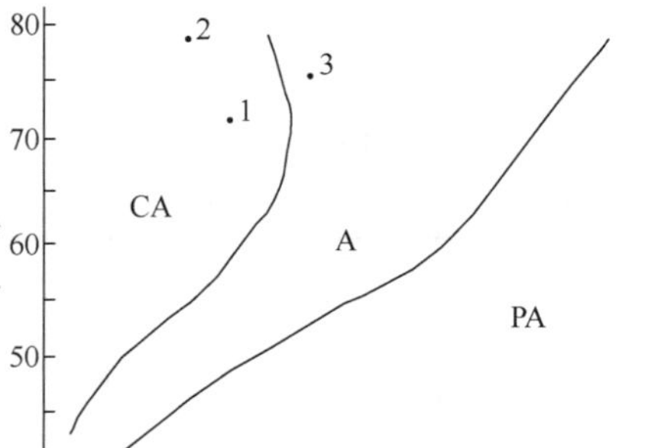

图 21-28 花岗质片麻岩 *A*·*R*-SiO_2 图解

（样品序号同表 21-20）

Fig. 21-28 *A*·*R*-SiO_2 diagram for granitic gneiss

CA—钙碱性；A—碱性；PA—过碱性

4. 微量元素特征

花岗质片麻岩微量元素分析结果（表 21-21）与维诺格拉多夫花岗岩等平均值相比，Cr、Ni、Co、V、Ti、Zr、Hf、Sc 明显偏高，Ba、Be、Ga、Mo、Pb 较为接近，其余元素明显偏低。与贺兰山岩群变质岩平均值相比，除 Cr、Zr、Sc 明显偏高外，其余元素均较接近。这些特征说明花岗质片麻岩原岩在遭受区域变质作用后其地球化学特征发生了较大变化，与贺兰山岩群变质岩在地球化学成分上有趋同之处。

表 21-21 花岗质片麻岩微量元素含量

Table 21-21 Contents of trace element of granitic gneiss (单位: $w/10^{-6}$)

序号	样品编号	Cu	Cr	Ni	Co	Rb	Sr	Ba	V	Ti	Nb	Ta	Zr
1	D9004-WL-1	13.8	131	23.5	12.6	89.8	136	715	80.5	3111	10.9	0.61	310
花岗岩等（维诺格拉多夫）平均值		20	25	8	5	200	300	830	40	2300	20	3.5	200
贺兰山岩群变岩平均值（18 件样品）		16.7	74.6	32.3	10.1	128	137.3	553.9	59.3	9200	35	4.9	169.9
序号	样品编号	Hf	Sc	Li	Be	Ga	Mo	Cs	W	Pb	Th	U	B
1	D9004-WL-1	7.95	13.9	18.6	4.93	20.0	0.71	2.55	0.93	19.2	7.49	1.39	4.90
花岗岩等（维诺格拉多夫）平均值		1	3	40	5.5	20	1	5	1.5	20	18	3.5	15
贺兰山岩群变岩平均值（18 件样品）		5.3	7.8										

注：据 1∶25 万吉兰泰幅区调资料。

5. 稀土元素特征

花岗质片麻岩稀土元素分析结果及特征参数值见表 21-22。稀土元素总量 ΣREE 为 263.66×10^{-6}，略高于贺兰山岩群变质岩；LREE/HREE 为 9.79，ΣCe/ΣY 为 3.87，表明轻重稀土分异显著，轻稀土相对富集，重稀土相对亏损；δEu 为 0.65，为铕负异常，中等亏损，具壳型花岗岩的特征；$(La/Yb)_N$ 为 9.99，表明稀土配分曲线为向右倾斜的轻稀土富集型（图 21-29）；$(La/Sm)_N$ 为 5.56，反映轻稀土分馏程度高，属轻稀土富集型；$(Ga/Yb)_N$ 为 1.16，反映重稀土分馏程度偏低，属重稀土亏损型。这些特征说明形成这种岩石的岩浆分异较强，在很大程度上具有晚期岩浆的特点。

表 21-22 花岗质片麻岩稀土元素含量及特征参数

Table 21-22 Contents and characteristic parameters of REE of granitic gneiss

序号	样品编号	$w/10^{-6}$														
		La	Ce	Pr	Nd	Sm	Eu	Gd	Tb	Dy	Ho	Er	Tm	Yb	Lu	Y
1	D9004-XT-1	52.9	101	10.9	37.6	5.99	1.17	5.11	0.94	5.84	1.21	3.65	0.54	3.57	0.54	32.7

序号	样品编号	$w/10^{-6}$				LREE/HREE	ΣCe/ΣY	δEu	$(La/Yb)_N$	$(La/Sm)_N$	$(Gd/Y)_N$
		ΣREE	LREE	HREE	ΣY						
1	D9004-XT-1	263.66	209.56	21.4	54.1	9.79	3.87	0.65	9.99	5.56	1.16

注：据 1∶25 万吉兰泰幅区调资料。

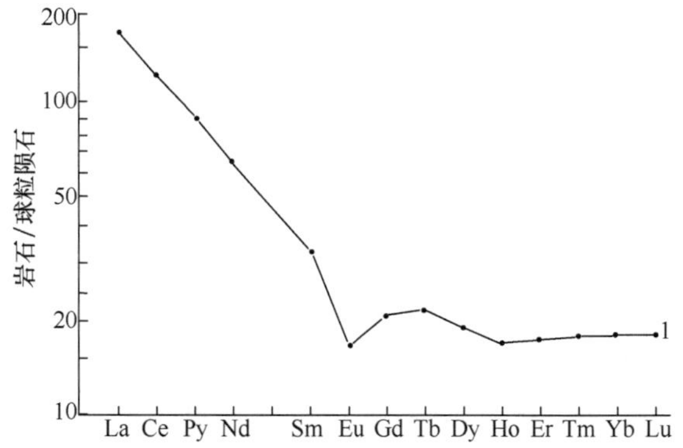

图 21-29 花岗质片麻岩稀土元素配分曲线

（样品序号同表 21-22）

Fig. 21-29 Rare earth element distribution curves of granitic gneiss

6. 稳定同位素特征

花岗质片麻岩仅获得 1 件全岩氧同位素分析数据，其分析结果为 $\delta^{18}O$（V-SMOW）= 8.0‰，>7.5‰，说明花岗质片麻岩属正常 $\delta^{18}O$ 花岗岩类，氧同位素来自于地壳。

7. 副矿物特征

花岗质片麻岩中副矿物有锆石、磷灰石、金红石、石榴子石、白钛矿、钛铁矿、黄铁矿、褐铁矿、磁铁矿和绿帘石等。

锆石以玫瑰色为主，少数呈浅黄色，半透明，金刚光泽，多呈浑圆柱粒状，少数半浑圆柱粒状，表面不平坦，粒度多在 0.1~0.2mm 左右。

磷灰石无色透明，多呈不规则状，少数呈带底轴面的六方柱状，粒度 0.2~0.35mm。

石榴子石呈淡红玫瑰色，破碎之不规则状，粒度 0.1~0.65mm。

8. 形成时代

花岗质片麻岩中含有较多的来自于贺兰山岩群的变粒岩、片麻岩捕虏体，说明其侵位时代晚于贺兰山岩群。根据岩石具有片麻状构造，且产状与区域片麻理一致，说明岩浆侵位应在区域主变质期之前。

2006 年，中国地质科学院地质研究所耿元生等在花岗质片麻岩（含石榴黑云二长片麻岩，其原岩为黑云二长花岗岩）中获得了一组 SHRIMP 锆石 U-Pb 法同位素年龄值（HL0673 号样品）。该样品共分析了 18 个点（表 21-23），其中由 13 个点拟合成的不一致线与谐和线的上交点年龄为（2053±58）Ma（图 21-30），作者认为该上交点的年龄基本可以代表花岗质片麻岩的形成年龄。

表 21-23 花岗质片麻岩的锆石 SHRIMP U-Pb 法同位素分析结果

Table 21-23 SHRIMP U-Pb dating results of zircons from granitic gneiss

样点号	$^{206}Pb_c$/%	U/10^{-6}	Th/10^{-6}	Th/U	$^{206}Pb^*$/10^{-6}	$^{206}Pb/^{238}U$ 年龄/Ma		$^{207}Pb/^{206}Pb$ 年龄/Ma		$^{207}Pb^*/^{206}Pb^*$	±/%	$^{207}Pb^*/^{235}U$	±/%	$^{206}Pb^*/^{238}U$	±/%
1.1	0.06	262	39	0.15	81.3	1987	±30	2023	±10	0.12457	0.58	6.20	1.9	0.3610	1.8
2.1	0.16	238	67	0.29	74.2	1990	±30	2006	±15	0.1234	0.86	6.15	1.9	0.3616	1.7
3.1	0.18	91	32	0.36	29.5	2050	±33	2051	±18	0.1266	1.0	6.53	2.1	0.3745	1.9
4.1	0.12	164	71	0.45	52.5	2038	±31	2045	±12	0.12616	0.70	6.47	1.9	0.3718	1.8
5.1	0.18	191	53	0.29	59.5	1991	±32	2050	±12	0.12654	0.66	6.31	2.0	0.3619	1.9
6.1	0.10	457	79	0.18	143	2000	±29	2006	±7.4	0.12343	0.42	6.19	1.8	0.3638	1.7
7.1	0.65	78	27	0.36	23.5	1927	±32	2019	±24	0.1243	1.3	5.97	2.3	0.3484	1.9
8.1	0.14	416	107	0.26	126	1939	±29	2024	±8	0.12466	0.47	6.03	1.8	0.3510	1.7
9.1	0.33	137	66	0.50	38.2	1801	±30	2052	±18	0.1267	1.0	5.63	2.1	0.3223	1.9
10.1	0.25	305	71	0.24	95.6	2000	±30	2036	±10	0.12555	0.59	6.30	1.8	0.3637	1.7
11.1	0.07	250	53	0.22	80.1	2044	±30	2142	±49	0.1333	2.8	6.86	3.3	0.3731	1.7
11.2	0.17	602	135	0.23	159	1721	±26	1968	±8.8	0.12079	0.49	5.097	1.8	0.3061	1.7
12.1	0.43	172	21	0.13	32.8	1284	±21	1871	±21	0.1144	1.1	3.478	2.1	0.2205	1.8
12.2	0.12	379	120	0.33	106	1821	±27	2017	±11	0.12417	0.60	5.59	1.8	0.3265	1.7
13.1	0.10	357	51	0.15	110	1967	±29	2015	±9.5	0.12405	0.54	6.10	1.8	0.3569	1.7
14.1	0.58	104	34	0.34	29.7	1839	±29	2008	±27	0.1235	1.5	5.62	2.4	0.3301	1.8
15.1	0.19	189	51	0.28	48.4	1676	±26	2030	±13	0.12506	0.74	5.119	1.9	0.2969	1.8
16.1	0.10	129	36	0.29	40.6	2013	±31	2064	±16	0.1275	0.92	6.44	2.0	0.3665	1.8

注：误差为 1σ，Pb_c 和 Pb^* 分别代表普通铅和放射成因铅；标准校正误差为 0.68%。

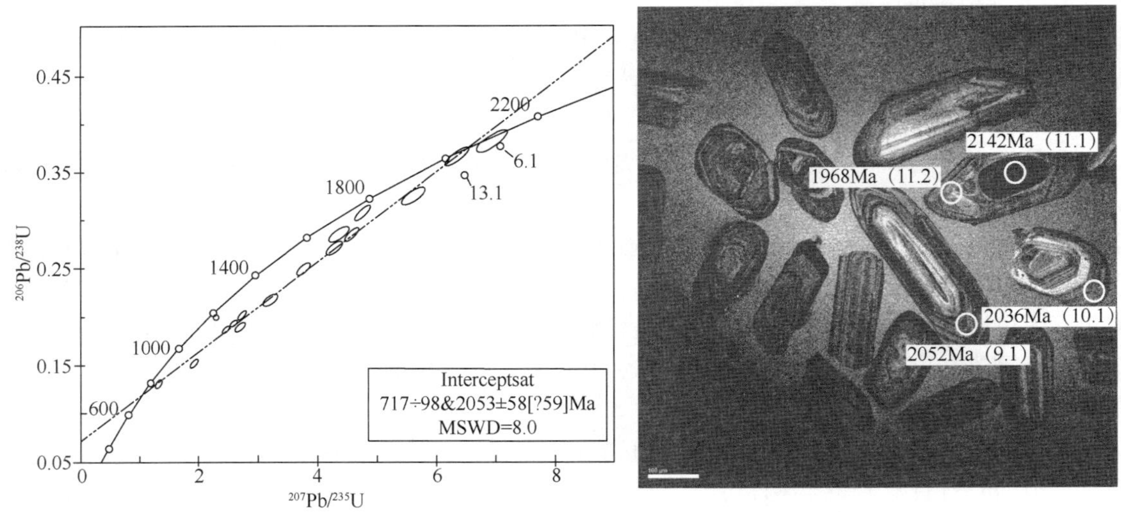

图 21-30 花岗质片麻岩的锆石 SHRIMP U-Pb 法谐和图（左）及阴极发光图像（右）

Fig. 21-30 The concordia diagram of zircon U-Pb dating results (left) and CL images of representative zircons (right) of granitic gneiss

2006 年，宁夏地调院于花岗质片麻岩中获得一组 TIMS 法锆石 U-Pb 年龄为（1981±20）Ma（上交点年龄，由国土资源部华北矿产资源监督检测中心测定），谐和线由 5 个测点构成，其中 1 个测点偏离谐和线，其$^{207}Pb-^{206}Pb$表面年龄为（2568±25）Ma。谐和年龄（1981±20）Ma 应该代表岩浆侵位时代，而$^{207}Pb-^{206}Pb$表面年龄（2568±25）Ma 应为碎屑锆石年龄。

本《志》主要根据同位素年龄测定结果，将花岗质片麻岩侵入时代确定为古元古代，根据岩体地质特征可以判断出其形成时限略晚于贺兰山岩群，早于吕梁期区域主变质期。

（三）古元古代花岗岩（γPt_1）

侵入于贺兰山岩群中之变质变形较弱的花岗岩可分为似斑状石榴子石黑云母花岗岩（$\gamma\beta grPt_1$）、石榴子石花岗岩（$\gamma grPt_1$）和似斑状黑云母花岗岩（$\gamma\beta Pt_1$）3 种类型。

1. 地质特征

似斑状石榴子石黑云母花岗岩（1∶5 万区调时称为巴音单元）分布于宗别立断裂带北侧西段的巴音恩德勒、歪脖子井、三恒恩德尔—木盖呼都格一带，侵入于宗别立岩组富铝片麻岩、变粒岩中，又被石榴子石花岗岩侵入，二者为脉动型侵入接触（图 21-31），未见与似斑状黑云母花岗岩接触。共有两个岩体，典型产地为巴音恩德勒岩体，该岩体出露面积 9.75km²，平面形态呈不规则的三角形状。南部与宗别立岩组片麻岩呈侵入接触，接触面外倾；北部被同期石榴子石花岗岩侵入穿切。主要岩性为灰白色似斑状石榴子石黑云母花岗岩，靠近岩体边部斑晶有所减少，局部为黑云母石榴子石花岗岩，但分布范围很小，与似斑状石榴子石黑云母花岗岩呈渐变过渡关系。岩体中含有变粒岩捕虏体（图 21-32），且边部比中心多、规模大。岩体中具有明显的“页理”，这种“页理”是由钾长石斑晶和黑云母的定向排列显示出来的，“页理”倾向 200°，倾角 70°左右。岩体边部未见热接触变质和热烘烤现象。岩体中见有晚期辉绿岩脉侵入。

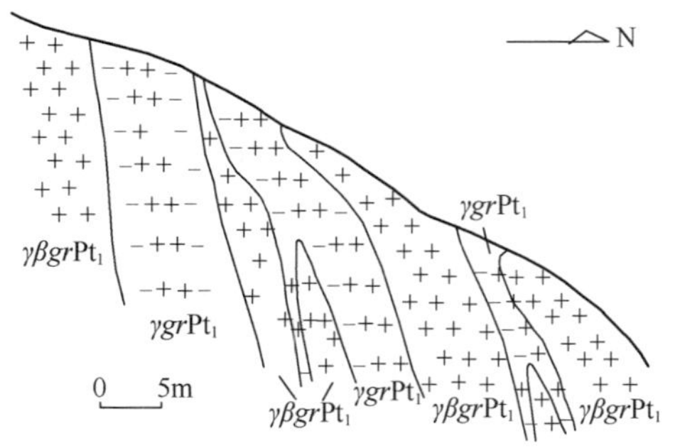

图 21-31 似斑状石榴子石黑云母花岗岩（$\gamma\beta grPt_1$）与石榴子石花岗岩（$\gamma grPt_1$）侵入接触关系素描图

Fig. 21-31 Sketch map showing intrusive contact relationship between porphyritic garnet biotite granite and garnet granite

石榴子石花岗岩（1∶5 万区调时称为扣笨沟单元）广泛分布于宗别立断裂北侧，由数十个侵入体

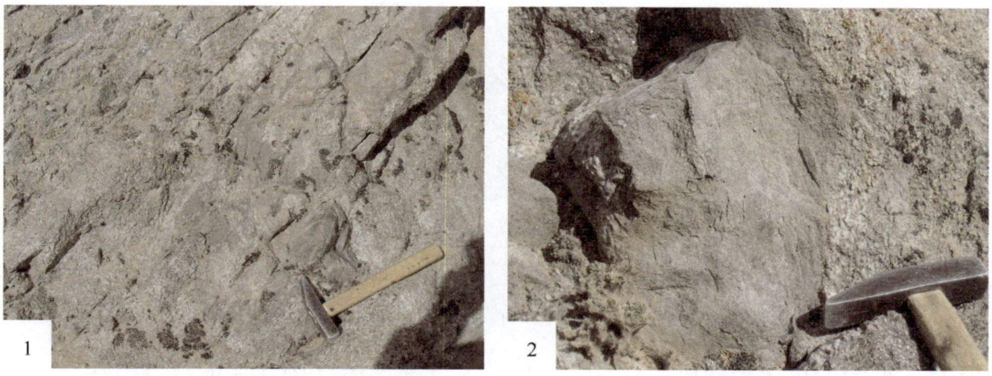

图 21-32　古元古代似斑状石榴子石黑云母花岗岩中之变粒岩捕虏体

Fig. 21-32　Leptynite xenoliths in Paleoproterozoic porphyritic garnet biotite granite

1，2—宗别立西

组成。岩体产状多样，西部宗别立一带岩体规模较小，多数呈岩株状、岩瘤状、岩墙状、大脉状和不规则状，东部苏隆可德勒—牙马乌苏乌拉一带岩体规模较大，呈岩床、岩基状。岩体侵入于贺兰山岩群片麻岩、变粒岩中（图 21-33），与似斑状石榴子石黑云母花岗岩和似斑状黑云母花岗岩的侵入接触界线截然，属于脉动型侵入接触关系。岩体呈近东西向展布，其长轴方向与区域片麻理方向一致，岩体与围岩界线截然，与围岩接触带未见有热接触变质和热液蚀变现象，但围岩中穿插有大量的花岗岩脉体。岩体内部有片麻岩、变粒岩等变质岩捕虏体（图 21-34）及残留顶盖。岩石中尚发育较多的同期花岗伟晶岩脉和晚期的辉绿岩、闪长（玢）岩等脉体。

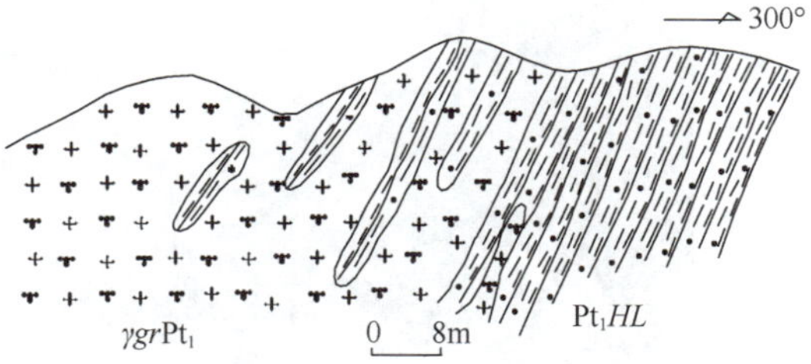

图 21-33　石榴子石花岗岩（$\gamma grPt_1$）与贺兰山岩群（Pt_1HL）侵入接触关系素描图

Fig. 21-33　Sketch map showing intrusive contact relationship between garnet granite and Helanshan rock Group

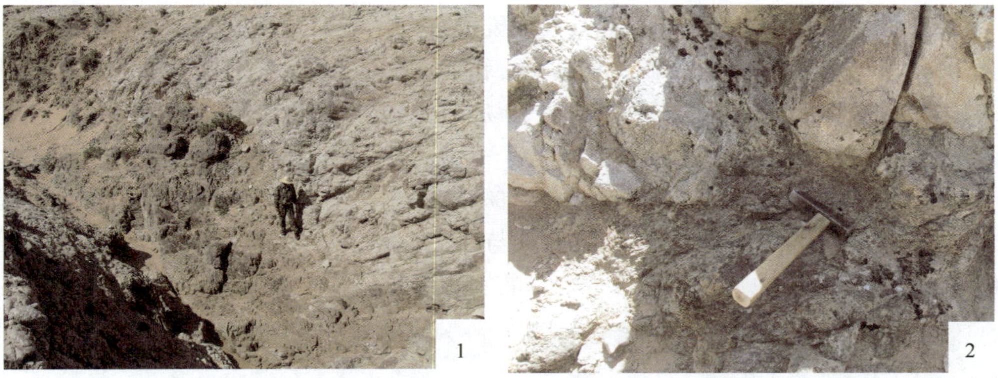

图 21-34　古元古代石榴子石花岗岩中之片麻岩捕虏体

Fig. 21-34　Gneiss xenoliths in Paleoproterozoic garnet granite

1，2—阿拉善左旗星光村苏隆可德勒

似斑状黑云母花岗岩（1∶5 万区调时称为浩尧尔单元）分布于宗别立断裂北侧哈尔乌苏梁—双井子沟一线，呈南北宽 3~7km、东西长约 45km 的岩基产出。岩体侵入于贺兰山岩群变质岩中，侵入界线明显（图 21-35）；与石榴子石花岗岩呈脉动型侵入接触，二者界线截然。未见与似斑状石榴石黑云母花岗岩接触。岩体外接触带片麻岩、变粒岩等变质岩发生强烈的变形，形成不对称的剪切褶皱，远离接触面变形逐渐减弱。内接触带似斑状黑云母花岗岩中具有明显的“页理”，走向呈近东西向，由钾长石斑晶的定向排列表现出来，尚见“页理”发生褶曲。在外接触带围岩中出现放射状和纤维束状

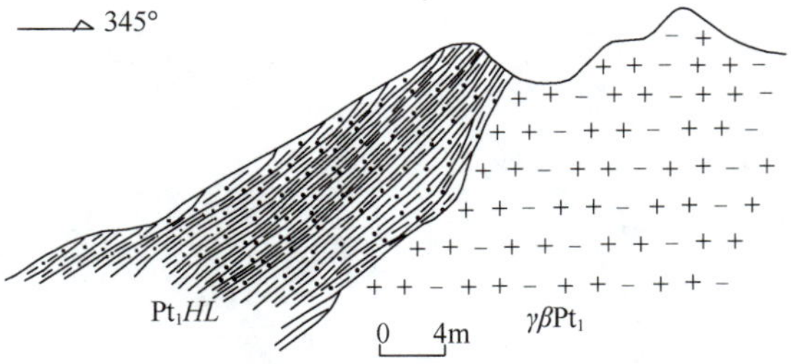

图 21-35 似斑状黑云母花岗岩（$\gamma\beta Pt_1$）与贺兰山岩群（Pt_1HL）侵入接触关系素描图

Fig. 21-35 Sketch map showing intrusive contact relationship between porphyritic biotite granite and Helanshan rock Group

矽线石、电气石，推测为热接触变质矿物。岩体中普遍含捕虏体（图 21-36），其规模较小，呈团块状或透镜状，岩性以变粒岩、片麻岩等负变质岩为主，次为石榴子石花岗岩，偶见糜棱岩捕虏体。岩体中尚有较多的后期辉绿岩脉穿插。

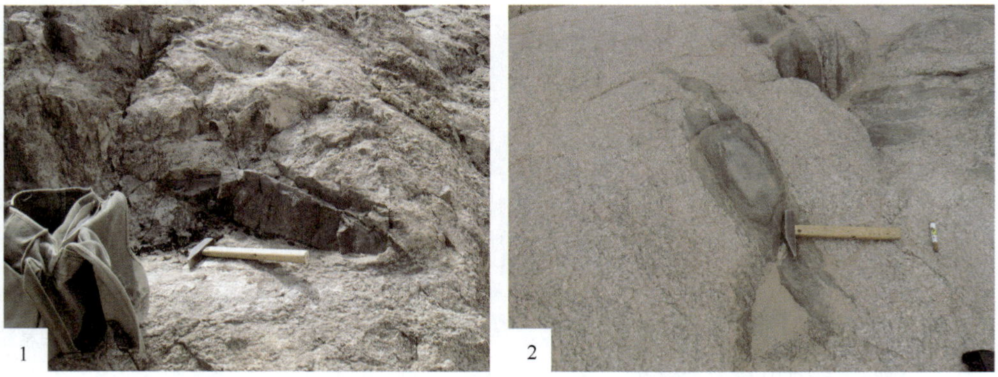

图 21-36 古元古代似斑状黑云母花岗岩中之变粒岩捕虏体

Fig. 21-36 Leptynite xenoliths in Paleoproterozoic porphyritic biotite granite

1，2—宗别立西

2. 岩石学特征

似斑状石榴子石黑云母花岗岩呈灰白色，具似斑状结构（图 21-37），基质为中粒—中粗粒花岗结构，块状构造。斑晶（15%～20%）为微斜条纹长石和正长条纹长石，自形—半自形板状，具卡氏双晶和格子状双晶及条纹结构，其中钠长石客晶含量 20%左右，受石英交代形成蠕英结构和交代蚕蚀结构，粒径 8mm×35mm～3mm×15mm。基质（85%～80%）由微斜长石和正长条纹长石（25%～30%）、斜长石（15%～25%）、石英（25%～30%）、黑云母（5%～7%）和石榴子石（5%～7%）等组成。其中斜长石呈半自形状，聚片双晶和卡钠复合双晶发育，与钾长石接触处有蠕英结构，粒径 0. 6mm×0. 8mm～2. 0mm×2. 0mm；微斜长石为他形粒状，格子状双晶发育，具蠕英结构，粒径 0. 8mm×1. 6mm；石英为

图 21-37 古元古代似斑状石榴子石黑云母花岗岩结构构造

Fig. 21-37 Textural and structural features of Paleoproterozoic porphyritic garnet biotite granite

1，2—宗别立西

他形粒状，充填在其他矿物颗粒间，具波状消光和亚颗粒现象，边部有铁质析出；石榴子石为粒状，包裹有黑云母、石英等，有绿泥石化和绢云母化，粒径可达到 1.5mm×2.5mm 以上。

石榴子石花岗岩呈灰白—白色，中粒、中细粒花岗结构，块状构造（图 21-38）。由钾长石（30%~65%）、斜长石（5%~30%）、石英（20%~35%）、石榴子石（<8%）、黑云母（<2%）和副矿物组成。其中，钾长石呈粒状，具格子状双晶和条纹结构，与石英形成文象结构和蠕英结构，粒径 1~3mm；斜长石为半自形板状，聚片双晶发育，属更长石（An=20~28），表面具弱—中等的高岭土化和绢云母化；石英为他形粒状，具波状消光和亚颗粒现象，内有气液包裹体，有溶蚀现象，粒径一般为 0.4mm×0.6mm~0.9mm×1.4mm；黑云母呈褐色片状，多色性显著；石榴子石呈粒状，包裹有石英、斜长石和矽线石等矿物，呈斑点状或条带状分布，沿裂纹有绿泥石化和黑云母化。副矿物为锆石和磁铁矿。

图 21-38　古元古代石榴子石花岗岩结构构造

Fig. 21-38　Textural and structural features of Paleoproterozoic garnet granite

1，2—阿拉善左旗星光村苏隆可德勒

似斑状黑云母花岗岩呈肉红色，具似斑状结构（图 21-39），基质为中粒—中粗粒花岗结构，块状构造。斑晶（30%~50%）为正长条纹长石，自形—半自形板状，卡氏双晶发育，具条纹结构，包裹

图 21-39　古元古代似斑状黑云母花岗岩结构构造

Fig. 21-39　Textural and structural features of Paleoproterozoic porphyritic biotite granite

1~3—内蒙古阿拉善左旗宗别立北；4—宁夏石嘴山市沙巴台

石英、黑云母、斜长石和锆石等，边部有蠕英结构，粒径为6mm×22mm~15mm×60mm。基质（50%~70%）由钾长石（15%~30%）、斜长石（15%~30%）、石英（25%）、黑云母（10%）、石榴子石（<3%）和副矿物组成。其中钾长石为板状和粒状，包裹有石英和斜长石等，具钠长石条纹结构，其含量可达到40%；斜长石呈自形—半自形板状，卡钠复合双晶及聚片双晶，为更长石（An=24~30），与钾长石接触处有蠕英结构，表面有绢云母片，粒径1~5mm；石英呈他形粒状；黑云母呈褐色片状，多色性显著，内有锆石、磷灰石和钛铁氧化物包裹体；石榴子石呈粒状，自形程度高，包裹有石英、斜长石和钛铁氧化物，副矿物为锆石、磷灰石和钛铁氧化物。

3. 岩石化学特征

似斑状石榴子石黑云母花岗岩的主要氧化物含量及特征参数见表21-24、表21-25。6件样品的主要氧化物含量相近，其平均值与中国黑云母花岗岩平均值较为接近，其中SiO_2、Fe_2O_3、MnO、Na_2O、CO_2略低，其余氧化物略偏高。σ为1.73~2.65，$A \cdot R$为1.98~2.72，5件样品岩石化学类型属钙碱性岩系，1件属钙性岩系。在$A \cdot R$-SiO_2图解（图21-40）上6件样品全部落入钙碱性区间。K/N为1.17~1.56，反映岩石相对富钾，这与岩石中含有较多的钾长石和黑云母相一致。KN/A为0.58~0.78，A/CNK为1.02~1.39，属于过铝的岩石类型。长英质指数（FL）为67.97~91.87，分异指数（$D \cdot I$）为67.89~89.40，反映岩浆偏酸性、有较高程度的分异演化特点。

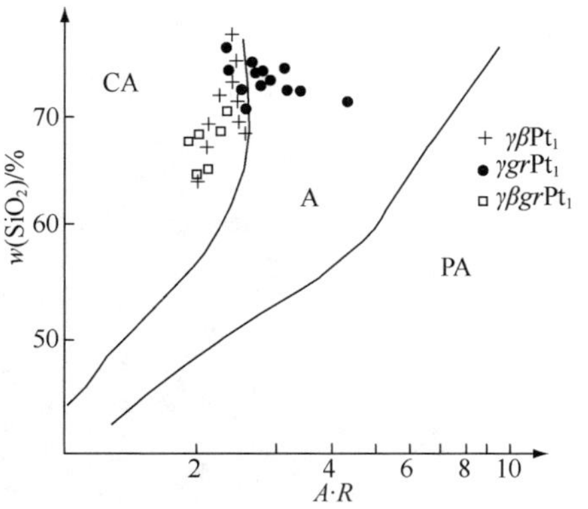

图21-40 古元古代花岗岩$A \cdot R$-SiO_2图解

Fig. 21-40 $A \cdot R$-SiO_2 diagram for Paleoproterozoic granite

CA—钙碱性；A—碱性；PA—过碱性

表21-24 似斑状石榴子石黑云母花岗岩主要氧化物含量

Table 21-24 Contents of major oxide of porphyritic garnet biotite granite （单位：w/%）

序号	样品编号	SiO_2	TiO_2	Al_2O_3	Fe_2O_3	FeO	MnO	MgO	CaO	Na_2O	K_2O	P_2O_5	H_2O^+	CO_2	SO_3
1	YQ923-(1)	70.22	0.43	14.72	0.33	1.98	0.02	0.90	1.16	3.18	4.99	0.30	1.52	0.02	0.02
2	YQ923-1	72.54	0.25	14.25	0.82	1.23	0.07	0.53	1.05	3.43	5.07	0.20	0.56	0.11	0.02
3	14YQ268-1	68.74	0.50	15.15	0.23	3.18	0.03	1.70	2.01	3.33	4.13	0.34	0.81	0.14	0.04
4	14YQ262-1	63.90	0.66	15.74	0.73	4.18	0.28	1.78	2.98	3.35	4.10	1.04	0.87	0.23	0.04
5	16YQ13-1	64.02	0.74	15.19	1.29	4.41	0.10	2.28	3.09	3.02	3.54	0.35	1.39	0.10	0.02
6	PM029-(50)-YQ-1	67.80	0.60	13.59	2.38	3.55	0.04	3.65	0.58	2.85	3.70	0.09			
平均值		67.87	0.53	14.77	0.96	3.09	0.09	1.81	1.81	3.19	4.26	0.39	1.03	0.12	0.03
中国黑云母花岗岩平均值		71.99	0.21	13.81	1.37	1.72	0.12	0.81	1.55	3.43	3.81	0.20	0.64	0.35	

注：序号1~5为1∶5万胡鲁斯台、古拉本幅区调资料；6为1∶25万吉兰泰幅区调资料。

表21-25 似斑状石榴子石黑云母花岗岩CIPW标准矿物及特征参数

Table 21-25 CIPW standard mineral and characteristic parameters of porphyritic garnet biotite granite

序号	CIPW标准矿物值				特征参数							
	Q	Or	Ab	An	σ	$A \cdot R$	FL	SI	$D \cdot I$	K/N	KN/A	A/CNK
1	28.48	29.48	26.90	3.67	2.45	2.33	87.56	7.91	84.87	1.56	0.72	1.15
2	30.43	29.95	29.02	3.20	2.44	2.62	89.00	4.78	89.40	1.47	0.78	1.09
3	25.86	24.39	28.17	6.86	2.16	2.26	78.77	13.52	78.43	1.24	0.66	1.11
4	20.47	24.22	28.34	6.54	2.65	2.11	71.42	12.59	73.03	1.22	0.63	1.02
5	21.42	20.91	25.55	12.40	2.04	1.98	67.97	15.68	67.89	1.17	0.58	1.05
6	29.14	21.71	24.12	2.23	1.73	2.72	91.87	22.63	74.97	1.3	0.64	1.39

注：序号同表21-24。

石榴子石花岗岩的主要氧化物含量及特征参数见表21-26、表21-27。19件样品的主要氧化物含量相近，其平均值与中国花岗岩平均值较为接近，除Al_2O_3、K_2O略高外，其余氧化物含量略低。σ为1.41~3.43，*A*·*R*为1.55~4.47，岩石化学类型属钙性—钙碱性岩系。在*A*·*R*-SiO_2图解（图21-40）上多数样品落入碱性区间，个别样品落入钙碱性区间。*K/N*为0.43~2.99，反映岩石相对富钾，这与岩石中钾长石含量较高有关。*KN/A*为0.55~0.91，*A/CNK*多数大于1，说明多数属过铝的岩石类型，少数属次铝的岩石类型。*FL*为70.84~98.87，*D*·*I*为79.11~94.84，反映岩浆呈酸性、分异演化程度较高。

表21-26　石榴子石花岗岩主要氧化物含量

Table 21-26　Contents of major oxide of garnet granite　　（单位：*w*/%）

序号	样品编号	SiO_2	TiO_2	Al_2O_3	Fe_2O_3	FeO	MnO	MgO	CaO	Na_2O	K_2O	P_2O_5	H_2O^+	CO_2	SO_3
1	20YQ13-1	73.75	0.05	14.42	0.38	0.61	0.07	0.23	1.49	3.82	4.22	0.10	0.40	0.16	0.01
2	20YQ9-2	74.03	0.08	15.73	0.46	0.61	0.05	0.25	0.84	4.68	2.08	0.10	0.44	0.05	0.01
3	YQ929-2	73.98	0.12	13.19	1.28	0.44	0.07	0.26	0.72	3.21	5.80	0.20	0.38	0.01	0.01
4	YQD446-2	72.89	0.12	14.01	0.02	1.18	0.04	0.35	0.72	3.64	6.30	0.25	0.49	0.18	0.01
5	YQD448-2	71.33	0.14	14.20	0.06	1.53	0.03	0.54	1.34	2.47	7.39	0.18	0.42	0.15	0.03
6	14YQ368-2	73.94	0.06	13.85	0.03	0.85	0.04	0.15	0.83	3.86	5.78	0.20	0.24	0.29	0.01
7	14YQ294-2	73.19	0.14	14.10	0.01	1.41	0.04	0.33	0.89	3.56	5.34	0.19	0.62	0.23	0.03
8	14YQ289-1	72.60	0.16	14.97	0.10	1.41	0.03	0.52	1.02	4.44	4.33	0.20	0.65	0.23	0.02
9	14YQ263-1	74.42	0.06	13.95	0.15	0.55	0.04	0.27	0.56	3.34	5.33	0.20	0.52	0.23	0.03
10	12YQ33-1	76.31	0.10	12.31	0.08	1.00	0.02	0.19	0.61	2.62	5.58	0.10	0.57	0.04	0.02
11	11YQ67-2	73.88	0.08	14.20	0.01	0.69	0.02	0.32	0.47	3.49	5.63	0.15	0.70	0.08	0.01
12	11YQ45-1	72.59	0.15	14.47	0.04	1.37	0.05	0.32	0.98	4.02	4.67	0.14	1.48	0.04	0.02
13	YQ931-1	70.30	0.18	16.62	1.67	1.15	0.08	0.83	2.56	4.32	1.90	0.10	0.32	0.05	0.01
14	14YQ276-1	70.73	0.46	14.29	0.20	3.13	0.04	1.23	1.48	4.10	3.17	0.16	0.60	0.12	0.03
15	14YQ136-1	66.48	0.80	16.87	0.42	2.56	0.03	0.97	1.62	2.99	5.74	0.34	0.92	0.02	0.02
16	PM055-2-YQ-1	72.55	0.20	14.23	0.91	0.95	0.00	1.89	0.13	3.65	4.50	0.02			
17	PM055-(2)-YQ-1	74.48	0.60	13.72	0.65	0.43	0.02	0.88	0.10	4.04	4.70	0.04			
18	PM055-9-YQ-1	73.22	0.20	14.36	0.83	1.50	0.02	1.34	0.13	4.15	4.00	0.02			
19	PM055-18-YQ-1	74.91	0.50	13.40	0.63	0.88	0.00	1.34	0.13	3.10	4.40	0.02			
平均值		72.93	0.22	14.36	0.42	1.17	0.04	0.64	0.87	3.66	4.78	0.14	0.58	0.13	0.02
中国花岗岩平均值		71.27	0.25	14.25	1.24	1.61	0.08	0.80	1.62	3.79	4.03	0.16	0.56	0.33	

注：序号1~15为1∶5万胡鲁斯台幅、古拉本幅区调资料；16~19为1∶25万吉兰泰幅区调资料。

表21-27　石榴子石花岗岩CIPW标准矿物及特征参数

Table 21-27　CIPW standard minerals and characteristic parameters of garnet granite

序号	CIPW标准矿物值				特征参数							
	Q	Or	Ab	An	σ	*A*·*R*	*FL*	*SI*	*D*·*I*	*K/N*	*KN/A*	*A/CNK*
1	32.18	24.93	32.32	6.72	2.10	2.84	84.36	2.48	89.44	1.10	0.75	1.06
2	37.05	12.28	39.59	2.56	1.47	2.37	88.94	3.09	88.92	0.44	0.63	1.37
3	31.77	34.26	27.15	2.20	2.62	2.71	92.68	2.37	93.20	1.80	0.87	1.02
4	25.82	37.21	30.78	0.80	3.30	2.95	93.24	3.05	93.84	1.73	0.91	0.99
5	24.76	43.65	20.89	4.52	3.43	4.47	88.03	4.50	89.31	2.99	0.85	0.97
6	28.04	34.14	32.65	0.97	3.00	3.21	92.07	1.41	94.84	1.49	0.91	0.98
7	29.72	31.54	30.12	1.72	2.62	2.80	90.90	3.10	91.39	1.50	0.83	1.06
8	27.40	25.58	37.56	2.30	2.59	3.42	89.58	4.81	90.54	0.97	0.80	1.08

续表

序号	CIPW 标准矿物值				特征参数							
	Q	Or	Ab	An	σ	*A·R*	*FL*	*SI*	*D·I*	*K/N*	*KN/A*	*A/CNK*
9	33.80	31.48	28.25	0.01	2.39	2.70	93.93	2.80	93.53	1.59	0.81	1.30
10	37.78	32.96	22.16	2.12	2.01	2.36	93.07	2.01	92.91	2.12	0.85	1.07
11	30.37	33.26	29.52	0.84	2.71	2.81	95.09	3.16	93.16	1.61	0.84	1.11
12	28.21	27.58	34.01	3.67	2.55	3.19	89.86	3.07	89.81	1.16	0.81	1.07
13	31.33	11.22	36.55	11.73	1.41	1.55	70.84	8.41	79.11	0.43	0.55	1.20
14	28.31	18.72	34.68	5.53	1.90	2.71	83.08	10.40	81.72	0.77	0.71	1.11
15	21.82	33.91	25.29	5.69	3.24	1.95	84.34	7.65	81.03	1.91	0.66	1.19
16	30.58	26.72	30.94	0.83	2.25	3.62	98.43	15.88	88.24	1.23	0.76	1.28
17	31.24	27.83	34.09	0.56	2.43	4.44	98.87	8.22	93.16	1.16	0.85	1.15
18	30.82	23.38	35.14	0.83	2.20	3.57	98.43	11.34	89.34	0.96	0.78	1.26
19	37.49	26.16	26.22	0.83	1.76	3.49	98.30	12.95	89.87	1.42	0.73	1.33

注：序号同表 21-26。

似斑状黑云母花岗岩的主要氧化物含量及特征参数见表 21-28、表 21-29。12 件样品的主要氧化物含量差异较明显，其平均值与中国黑云母花岗岩平均值有一定差异，其中 SiO_2、MnO、CaO、Na_2O、CO_2 偏低，Al_2O_3 接近，其余氧化物均偏高。σ 为 1.49~3.00，*A·R* 为 2.00~2.95，岩石化学类型属钙性—钙碱性岩系。在 *A·R*-SiO_2 图解（图 21-40）上几乎所有的样品均落入钙碱性区间。*K/N* 为 1.33~1.97，说明岩石富钾，这与岩石中含有较多的钾长石和黑云母相一致。*KN/A* 为 0.58~0.79，*A/CNK* 为 1.06~1.33，属于过铝的岩石类型。*FL* 为 73.78~92.29，*D·I* 为 65.24~91.63，反映了岩石富酸性且分异程度高的特点。

表 21-28　似斑状黑云母花岗岩主要氧化物含量

Table 21-28　Contents of major oxide of porphyritic biotite granite　　（单位：*w*/%）

序号	样品编号	SiO_2	TiO_2	Al_2O_3	Fe_2O_3	FeO	MnO	MgO	CaO	Na_2O	K_2O	P_2O_5	H_2O^+	CO_2	SO_3
1	YQD658-2	77.24	0.05	11.60	0.12	1.26	0.02	0.22	0.83	2.50	4.65	0.09	1.06	0.34	0.03
2	14YQ354-1	66.40	0.66	14.95	0.72	4.55	0.07	1.31	1.83	2.87	5.35	0.25	0.94	0.06	0.03
3	12YQ38-2	65.65	0.75	14.78	0.64	3.75	0.09	1.46	1.86	2.90	4.60	0.26	1.50	0.13	0.02
4	12YQ28-4	70.85	0.33	14.32	0.39	2.34	0.05	0.70	0.84	3.28	4.93	0.16	1.26	0.03	0.01
5	12YQ22-1	72.75	0.30	13.18	0.27	1.97	0.03	0.78	0.68	2.93	5.22	0.09	1.22	0.05	0.02
6	11YQ17-6	70.79	0.40	14.19	0.32	2.89	0.05	0.97	1.08	2.77	5.24	0.14	0.81	0.10	0.03
7	11YQ13-2	66.91	0.63	15.14	1.02	2.75	0.05	1.21	1.89	2.85	5.62	0.32	0.90	0.08	0.01
8	11YQ9-1	67.14	0.68	14.22	3.00	1.43	0.05	1.24	1.89	2.76	4.71	0.32	1.90	0.17	0.03
9	YQ933-2	64.69	1.26	14.93	1.65	3.61	0.11	1.50	2.54	2.98	4.14	0.41	1.08	0.22	0.03
10	PM030-81-YQ-1	61.72	0.40	13.46	4.29	4.08	0.04	5.64	1.29	2.10	4.00	0.44			
11	PM030-91-YQ-1	68.91	0.40	12.69	3.74	2.18	0.04	2.31	1.22	2.60	4.10	0.03			
12	PM030-(91)-YQ-1	68.83	0.50	12.82	5.05	1.00	0.05	1.85	0.64	2.85	3.80	0.16			
平均值		68.49	0.53	13.86	1.77	2.65	0.05	1.60	1.38	2.78	4.70	0.22	1.19	0.13	0.02
中国黑云母花岗岩平均值		71.99	0.21	13.81	1.37	1.72	0.12	0.81	1.55	3.43	3.81	0.20	0.64	0.35	

注：序号 1~9 为 1∶5 万胡鲁斯台、古拉本幅区调资料；10~12 为 1∶25 万吉兰泰幅区调资料。

表 21-29　似斑状黑云母花岗岩 CIPW 标准矿物及特征参数

Table 21-29　CIPW standard minerals and characteristic parameters of porphyritic biotite granite

序号	CIPW 标准矿物值				特征参数							
	Q	Or	Ab	An	σ	$A \cdot R$	FL	SI	$D \cdot I$	K/N	KN/A	A/CNK
1	43.01	27.47	21.15	1.38	1.49	2.34	89.59	2.51	91.63	1.86	0.79	1.08
2	21.14	31.60	24.28	7.06	2.88	2.03	81.79	8.85	77.03	1.86	0.71	1.08
3	24.08	27.17	24.53	6.70	2.48	2.07	90.12	10.94	75.79	1.58	0.66	1.12
4	28.99	29.12	27.75	2.93	2.42	2.52	90.71	6.01	85.87	1.50	0.75	1.16
5	32.16	30.83	24.79	2.46	2.23	2.46	92.29	6.98	87.78	1.78	0.79	1.12
6	29.51	30.95	23.43	3.81	2.30	2.13	88.11	7.96	83.90	1.89	0.72	1.16
7	22.66	33.20	24.11	6.78	3.00	2.00	81.75	9.00	79.97	1.97	0.71	1.06
8	28.53	27.82	23.35	6.21	2.31	2.04	79.80	9.44	79.71	1.70	0.60	1.08
9	24.05	24.45	25.21	8.53	2.33	2.03	73.78	10.81	73.72	1.38	0.63	1.06
10	24.03	23.38	17.83	0.83	1.99	2.41	82.54	28.05	65.24	1.90	0.58	1.33
11	32.14	24.49	22.03	0.51	1.73	2.86	84.60	14.93	78.66	1.58	0.69	1.16
12	32.56	22.27	24.12	2.50	1.71	2.95	91.22	14.55	78.95	1.33	0.69	1.28

注：序号同表 21-28。

4. 稀土元素特征

似斑状石榴子石黑云母花岗岩稀土元素分析数值及特征参数见表 21-30。ΣREE 为（162.18～451.97）$\times 10^{-6}$，平均为 280.39$\times 10^{-6}$，稀土元素总量中等，略高于贺兰山岩群变质岩。LREE/HREE 为 6.93～25.09，平均为 14.44，ΣCe/ΣY 为 3.21～16.36，平均为 7.76，表明轻重稀土分异显著，轻稀土相对富集，重稀土相对亏损；δEu 为 0.37～0.65，平均为 0.49，铕负异常明显，中等亏损，具壳型花岗岩的一些特征；$(La/Yb)_N$为 10.26～131.29，平均为 44.33，表明稀土配分曲线为向右陡倾斜的轻稀土富集型（图 21-41）；$(La/Sm)_N$为 3.44～4.45，平均为 3.93，反映轻稀土分馏程度较高，属轻稀土富集型；$(Ga/Yb)_N$为 1.85～12.74，平均为 4.74，反映重稀土分馏程度中等，属重稀土亏损型。这些特征说明形成这种岩石的岩浆分异较强，具有晚期岩浆的一些特点。

表 21-30　似斑状石榴子石黑云母花岗岩稀土元素含量及特征参数

Table 21-30　Contents and characteristic parameters of REE of porphyritic garnet biotite granite

序号	样品编号	$w/10^{-6}$														
		La	Ce	Pr	Nd	Sm	Eu	Gd	Tb	Dy	Ho	Er	Tm	Yb	Lu	Y
1	XT923-1	34	60.4	7	32	5.4	0.7	3.46	0.63	3.61	0.62	1.27	0.19	1.2	0.2	11.5
2	14X268-1	74	133	16.5	64	12	1.3	6	0.95	3.3	0.44	0.77	0.09	0.38	0.06	6.4
3	14X262-1	35	62	6.9	32	6.4	1.22	5.8	1.2	6.6	1.1	3	0.4	2.3	0.3	24
4	PM029-(50)-XT-1	89.9	180	20.2	76.1	12.7	1.28	8.35	1.40	7.99	1.55	4.62	0.62	3.64	0.52	43.1
平均值		58.2	109	12.7	51.0	9.13	1.13	5.90	1.05	5.38	0.93	2.42	0.33	1.88	0.27	21.3

序号	样品编号	$w/10^{-6}$				LREE/HREE	ΣCe/ΣY	δEu	$(La/Yb)_N$	$(La/Sm)_N$	$(Gd/Y)_N$
		ΣREE	LREE	HREE	ΣY						
1	XT923-1	162.18	139.5	11.18	22.68	12.48	6.15	0.50	19.10	3.96	2.33
2	14X268-1	319.19	300.8	11.99	18.39	25.09	16.36	0.44	131.29	3.88	12.74
3	14X262-1	188.22	143.52	20.70	44.70	6.93	3.21	0.65	10.26	3.44	2.03
4	PM029-(50)-XT-1	451.97	380.18	28.69	71.79	13.25	5.30	0.37	16.65	4.45	1.85
平均值		280.39	241.0	18.14	39.39	14.44	7.76	0.49	44.33	3.93	4.74

注：序号 1～3 为 1∶5 万胡鲁斯台、古拉本幅区调资料；4 为 1∶25 万吉兰泰幅区调资料。

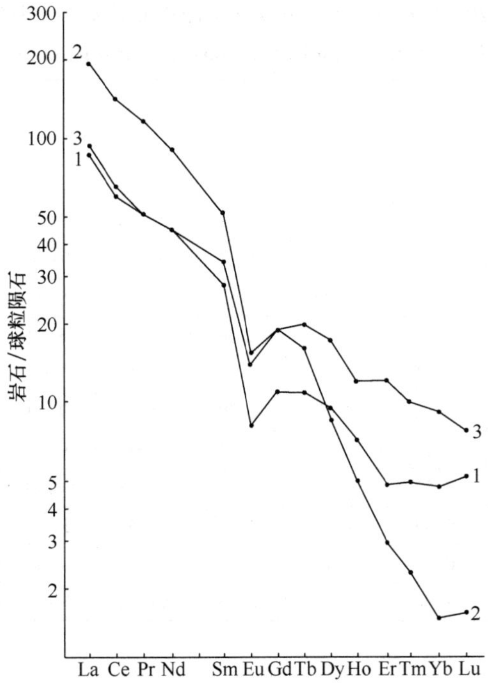

图 21-41　似斑状石榴子石黑云母花岗岩稀土元素配分曲线

（样品序号同表 21-30）

Fig. 21-41　Rare earth element distribution curves of porphyritic garnet biotite granite

石榴子石花岗岩稀土元素样品分析数值及特征参数见表 21-31。ΣREE 为（20.88~513.82）$\times10^{-6}$，平均为 132.36$\times10^{-6}$，稀土元素总量较低，明显低于似斑状石榴子石黑云母花岗岩和贺兰山岩群变质岩。LREE/HREE 为 4.24~31.17，平均为 10.55，ΣCe/ΣY 为 1.61~18.02，平均为 5.24，表明轻重稀土分异程度高，轻稀土相对富集，重稀土相对亏损；δEu 为 0.15~3.73，平均为 1.00，5 个样品显示明显的铕正异常，9 个样品显示为铕负异常；$(La/Yb)_N$为 2.90~97.47，平均为 19.49，表明稀土配分曲线为向右倾斜的轻稀土富集型（图 21-42）；$(La/Sm)_N$为 2.92~7.21，平均为 4.58，反映轻稀土分馏程度很高，属轻稀土富集型；$(Ga/Yb)_N$为 0.24~6.81，平均为 2.07，反映重稀土分馏程度偏低，属重稀土亏损型。这些特征说明形成这种岩石的岩浆分异较强，也显示了晚期岩浆的特点。

表 21-31　石榴子石花岗岩稀土元素含量及特征参数

Table 21-31　Contents and characteristic parameters of REE of garnet granite

序号	样品编号	$w/10^{-6}$														
		La	Ce	Pr	Nd	Sm	Eu	Gd	Tb	Dy	Ho	Er	Tm	Yb	Lu	Y
1	20XT13-1	15.5	27.2	3.2	11.4	1.88	0.94	0.94	0.16	1.08	0.22	0.47	0.07	0.36	0.05	3.2
2	20XT9-2	8.1	15.5	1.6	6.9	1.03	0.35	0.79	0.17	1.28	0.29	0.79	0.11	0.67	0.08	5.61
3	XT929-2	11.6	20.5	2.4	9.6	2.5	0.33	2.59	0.51	3.34	0.57	1.26	0.19	1.01	0.15	11.3
4	14X368-2	9.1	11	1.1	3.8	0.75	0.26	0.45	0.08	0.8	0.17	0.6	0.11	0.85	0.1	4.3
5	14X289-1	27	46	4.8	22	3	0.82	3.4	0.45	2.4	0.34	0.8	0.13	0.78	0.12	6.5
6	14X263-1	4.7	7.6	0.8	3	0.52	0.53	0.4	0.07	0.65	0.18	0.7	0.15	1.37	0.18	4
7	11X67-2	74	128	16.7	59	13	0.85	7.6	1.2	6.7	1.2	2.8	0.44	2.7	0.44	22
8	XT931-1	15.7	24.5	2.5	9.6	1.37	0.88	1.13	0.23	1.89	0.32	0.63	0.08	0.42	0.07	5.62
9	14X276-1	66	113	13.5	51	10	1.35	7	1.3	6.2	0.88	1.85	0.28	1.5	0.23	17
10	14X136-1	120	220	27	101	17.5	1.3	7	1.15	4.3	0.7	1.33	0.18	0.83	0.13	11.4
11	PM055-2-XT-1	27.2	56.0	6.61	25.3	5.70	0.41	4.28	0.71	3.82	0.71	1.89	026	1.66	0.22	18.6

续表

序号	样品编号	$w/10^{-6}$														
		La	Ce	Pr	Nd	Sm	Eu	Gd	Tb	Dy	Ho	Er	Tm	Yb	Lu	Y
12	PM055-9-XT-1	10.8	20.9	2.32	8.40	1.86	0.09	1.86	0.36	2.47	0.46	1.22	0.18	1.18	0.16	13.2
13	PM055-18-XT-1	7.69	15.1	1.75	6.26	1.60	0.11	1.51	0.33	2.14	0.43	1.30	0.21	1.41	0.20	12.2
14	PM055-(2)-XT-1	3.23	6.06	0.65	2.26	0.64	0.05	0.46	0.12	0.84	0.15	0.52	0.10	0.75	0.10	4.95
平均值		28.6	50.8	6.07	22.8	4.38	0.59	2.82	0.49	2.71	0.47	1.15	0.18	1.11	0.16	9.28

序号	样品编号	$w/10^{-6}$				LREE/HREE	ΣCe/ΣY	δEu	$(La/Yb)_N$	$(La/Sm)_N$	$(Gd/Y)_N$
		ΣREE	LREE	HREE	ΣY						
1	20XT13-1	66.67	60.12	3.35	6.55	17.95	9.18	2.07	29.03	5.19	2.11
2	20XT9-2	43.27	33.48	4.18	9.79	8.01	3.42	1.22	8.15	4.95	0.95
3	XT929-2	67.85	46.93	9.62	20.92	4.88	2.24	0.43	7.74	2.92	2.07
4	14X368-2	33.47	26.01	3.16	7.46	8.23	3.49	1.36	7.72	7.63	0.43
5	14X289-1	118.54	103.62	8.42	14.92	12.31	6.95	0.86	23.34	5.66	3.52
6	14X263-1	24.85	17.15	3.70	7.70	4.64	2.23	3.73	2.31	5.69	0.24
7	11X67-2	336.63	291.55	23.08	45.08	12.63	6.47	0.26	18.47	3.58	2.27
8	XT931-1	64.94	54.55	4.77	10.39	11.44	5.25	2.28	25.20	7.21	2.17
9	14X276-1	291.09	254.85	19.24	36.24	13.25	7.03	0.50	29.66	4.15	3.77
10	14X136-1	513.82	486.8	15.62	27.02	31.17	18.02	0.32	97.47	4.31	6.81
11	PM055-2-XT-1	153.37	121.22	13.55	32.15	8.95	3.77	0.25	11.05	3.00	2.08
12	PM055-9-XT-1	65.46	44.37	7.89	21.09	5.62	2.10	0.15	6.17	3.65	1.27
13	PM055-18-XT-1	52.24	32.51	7.53	19.73	4.32	1.65	0.22	3.68	3.02	0.86
14	PM055-(2)-XT-1	20.88	12.89	3.04	7.99	4.24	1.61	0.28	2.90	3.17	0.49
平均值		132.36	113.29	9.08	19.07	10.55	5.24	1.00	19.49	4.58	2.07

注：序号1~10为1：5万胡鲁斯台、古拉本幅区调资料；11~14为1：25万吉兰泰幅区调资料。

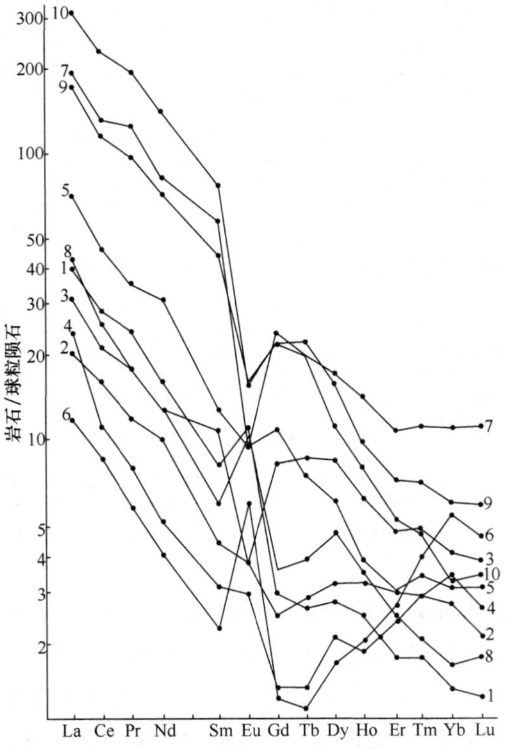

图21-42　石榴子石花岗岩稀土元素配分曲线

（样品序号同表21-31）

Fig. 21-42　Rare earth element distribution curves of garnet granite

似斑状黑云母花岗岩稀土元素分析数值及特征参数见表 21-32。ΣREE 为（329.30~995.62）×10^{-6}，平均为 622.84×10^{-6}，稀土元素总量较高，明显高于似斑状石榴子石黑云母花岗岩、石榴子石花岗岩和贺兰山岩群变质岩。LREE/HREE 为 14.15~43.21，平均为 23.11，ΣCe/ΣY 为 6.97~19.74，平均为 11.61，表明轻重稀土分异显著，轻稀土相对富集，重稀土相对亏损；δEu 为 0.33~0.75，平均为 0.51，为铕负异常，中等亏损，具有壳型花岗岩的一些特点；$(La/Yb)_N$ 为 16.20~81.01、平均为 44.68，表明稀土配分曲线为向右陡倾斜的轻稀土富集型（图 21-43）；$(La/Sm)_N$ 为 3.82~7.26、平均为 5.05，反映轻稀土分馏程度较高，属轻稀土富集型；$(Ga/Yb)_N$ 为 1.48~5.87、平均为 3.24，反映重稀土分馏程度中等，属重稀土亏损型。这些特征说明形成这种岩石的岩浆分异较强，同样反映了晚期岩浆的特点。

表 21-32 似斑状黑云母花岗岩稀土元素含量及特征参数

Table 21-32 Contents and characteristic parameters of REE of porphyritic biotite granite

序号	样品编号	$w/10^{-6}$														
		La	Ce	Pr	Nd	Sm	Eu	Gd	Tb	Dy	Ho	Er	Tm	Yb	Lu	Y
1	14X354-1	142	260	34	137	12.3	2.5	11.4	1.7	9	1.5	3.7	0.53	3.2	0.51	23
2	12X28-4	72	131	17	59	11	1.6	6.2	1.16	5.6	1.02	2.2	0.32	1.9	0.3	19
3	11X17-6	91	170	22	77	15	1.6	8.1	1.3	8.1	1.5	3.4	0.51	3.2	0.5	26
4	11X9-1	132	248	31	117	20	2.45	9.1	1.33	5.8	1.05	2	0.28	1.25	0.17	16.2
5	XT933-2	136	262	22.1	62.4	17.5	1.37	7.1	1.25	5.56	0.92	1.91	0.27	1.19	0.29	15.9
6	PM030-81-XT-1	184	359	38.8	143	17.2	2.87	6.48	1.07	4.61	0.78	2.28	0.25	1.53	0.24	20.5
7	PM030-91-XT-1	136	288	32.4	116	19.1	1.78	10.4	1.70	9.51	1.87	5.82	0.81	5.66	0.89	48.5
8	PM030-(91)-XT-1	209	451	48.7	174	26.4	2.65	12.9	2.09	10.4	1.75	4.82	0.61	3.77	0.53	47.0
平均值		138	271	30.8	111	17.3	2.10	8.96	1.45	7.32	1.30	3.27	0.45	2.71	0.43	27.0

序号	样品编号	$w/10^{-6}$				LREE/HREE	ΣCe/ΣY	δEu	$(La/Yb)_N$	$(La/Sm)_N$	$(Gd/Y)_N$
		ΣREE	LREE	HREE	ΣY						
1	14X354-1	644.14	587.8	33.34	56.34	17.63	10.43	0.69	29.92	7.26	2.87
2	12X28-4	329.3	291.6	18.7	37.70	15.59	7.73	0.58	25.55	4.12	2.63
3	11X17-6	429.21	376.6	26.61	52.61	14.15	7.76	0.43	19.17	3.82	2.04
4	11X9-1	587.63	550.45	20.98	37.18	26.24	14.81	0.51	71.19	4.15	5.87
5	XT933-2	535.76	501.37	18.49	34.39	27.12	14.58	0.33	77.05	4.89	4.81
6	PM030-81-XT-1	782.61	744.87	17.24	37.74	43.21	19.74	0.75	81.01	6.73	3.42
7	PM030-91-XT-1	678.44	593.28	36.66	85.16	16.18	6.97	0.37	16.20	4.48	1.48
8	PM030-（91）-XT-1	995.62	911.75	36.87	83.87	24.73	10.87	0.42	37.38	4.98	2.76
平均值		622.84	569.72	26.11	53.12	23.11	11.61	0.51	44.68	5.05	3.24

注：序号 1~5 为 1∶5 万胡鲁斯台、古拉本幅区调资料；6~8 为 1∶25 万吉兰泰幅区调资料。

上述古元古代各类花岗岩稀土元素具有共同特点，表现为轻重稀土元素分馏显著，铕负异常弱—中等，稀土配分曲线均为向右陡倾斜的轻稀土元素富集型（图 21-41 至图 21-43）。但各类花岗岩之间稀土元素及配分曲线存在着显著的差别，反映了各类花岗岩之间地球化学特征有差异。似斑状石榴子石黑云母花岗岩和似斑状黑云母花岗岩 ΣREE、LREE/HREE、ΣCe/ΣY 比较高，稀土配分曲线相似，尤其是似斑状黑云母花岗岩 ΣREE、LREE/HREE、ΣCe/ΣY 较高，铕负异常明显，配分曲线紧密排列，有原始岩浆的特点。石榴子石花岗岩稀土元素含量变化范围比较大，铕异常以铕负异常为主，有部分为铕正异常。造成这些铕正异常的原因，一般认为是岩浆分离结晶过程中斜长石富集所致。同时斜长

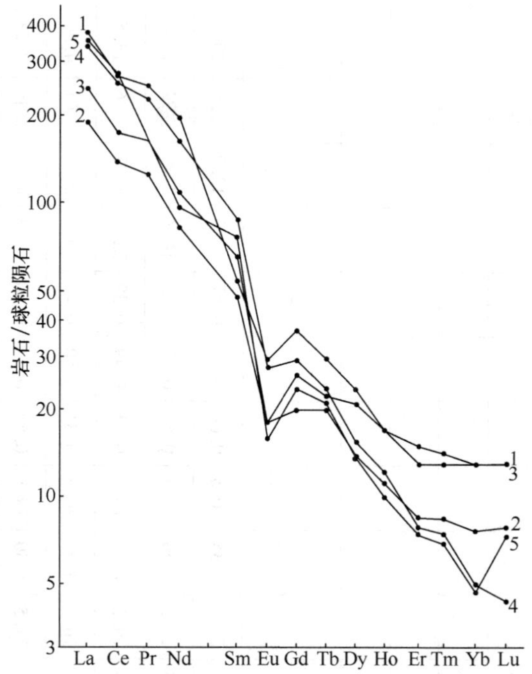

图 21-43　似斑状黑云母花岗岩稀土元素配分曲线

（样品序号同表 21-32）

Fig. 21-43　Rare earth element distribution curves of porphyritic biotite granite

石和钾长石一般富集 Eu^{2+}，而这几件样品中暗色矿物很少，斜长石和钾长石极为富集，说明岩浆结晶过程中残余岩浆中富集的 Eu^{2+} 最后分布于斜长石和钠长石中，使岩石出现铕正异常。

5. 微量元素特征

古元古代各类花岗岩的微量元素分析结果见表 21-33 至表 21-35。

表 21-33　似斑状石榴子石黑云母花岗岩微量元素含量

Table 21-33　Contents of trace element of porphyritic garnet biotite granite（单位：$w/10^{-6}$）

序号	样品编号	Cu	Cr	Ni	Co	Rb	Sr	Ba	V	Ti	Nb	Ta	Zr
1	WY923-1	8.2	15	2.7	1.9	167	175	950	28	6700	7.2	0.8	105
2	WYX268-1	12	25	17	8	186	190	650	43	11000	22	5	237
3	14WY262-1	5	14	18	11	217	190	535	45	12000	22	4	274
4	PM029-(50)-WL-1	20.4	63.5	17.9	15.6	259	262	862	75.4	5580	18.3	1.53	301
平均值		11.4	29.4	13.9	9.13	207	204	749	47.9	8820	17.4	2.83	229
花岗岩等（维诺格拉多夫）平均值		20	25	8	5	200	300	830	40	2300	20	3.5	200
贺兰山岩群变质岩平均值（18 件）		16.7	74.6	32.3	10.1	128	137	554	59.3	9200	35	4.9	170

序号	样品编号	Hf	Sc	Li	Be	Ga	Mo	Cs	W	Pb	Th	U	B
1	WY923-1	3.3	0.92										
2	WYX268-1	6.7	1.25										
3	14WY262-1	8.3	6.6										
4	PM029-(50)-WL-1	7.4	20.1	56.4	1.30	23.6	0.46	6.18	0.39	15.5	19.8	3.06	12.8
平均值		6.4	7.22										
花岗岩等（维诺格拉多夫）平均值		1	3	40	5.5	20	1	5	1.5	20	18	3.5	15
贺兰山岩群变质岩平均值（18 件）		5.3	7.8										

注：序号 1~3 为 1∶5 万胡鲁斯台、古拉本幅区调资料；4 为 1∶25 万吉兰泰幅区调资料。

表 21-34 石榴子石花岗岩微量元素含量

Table 21-34 Contents of trace element of garnet granite

（单位：$w/10^{-6}$）

序号	样品编号	Cu	Cr	Ni	Co	Rb	Sr	Ba	V	Ti	Nb	Ta	Zr	Hf	Sc	Li	Be	Ga	Mo	Cs	W	Pb	Th	U	B
1	20WY13-1	5.5	6	3.9	2.2	86	430	1270	20	5200	0.8	0.4	72	2.6	0.34										
2	20WY9-2	4.8	7	4.9	2.6	52	370	1300	14	4300	1	0.4	42	1.8	0.49										
3	WY929-2	8.8	10	4	2.9	169	105	730	20	7500	6	0.6	58	2.5	0.86										
4	14WY368-2	5	13	6	3	162	82	174	<1	9000	2	0.8	155	4.2	0.5										
5	14WY289-1	6	22	6	4	152	204	555	11	11000	13	2	192	5.8	1.05										
6	14WY263-1	3	14	2.5	4	174	107	383	<1	10000	7	1	126	4	0.55										
7	11WY67-2	10	63	19	12	96	53	177	31	7000	34	3	459	11.4	9.4										
8	WY931-1	5.3	15	0.6	2.7	30	730	1450	33	3000	2.5	0.4	99	2.6	1.07										
9	14WY276-1	9	32	17	9	154	132	460	4.2	8000	22	4	233	6.8	6.6										
10	14WY136-1	3	15	5	6	161	205	1390	17	10000	26	5	740	12.7	2.1										
11	PM055-2-WL-1	6.13	55.4	5.43	1.98	217	115	370	8.2	563	6.4	0.4	68.1	2.12	5.31	28.5	1.35	20.5	0.60	0.69	0.67	22.5	12.9	3.56	10.1
12	PM055-9-WL-1	7.85	61.2	5.83	2.87	153	166	298	12	880	6.93	0.94	66.8	2.21	4.13	22.3	1.50	21.3	0.66	0.47	0.45	16.3	2.09	1.72	7.80
13	PM055-18-WL-1	9.95	37.5	4.13	1.61	161	104	242	7.3	326	3.87	0.17	51.0	1.64	2.78	19.2	1.38	16.9	0.51	0.49	0.39	22.5	1.97	2.56	14.5
14	PM055-(2)-WL-1	3.85	25.4	2.21	0.77	203	53.7	109	7.37	100	1.2	0.09	50.8	2.05	1.2	16.1	0.97	20.5	0.31	0.50	0.48	19.8	0.77	2.01	4.50
平均值		7.45	26.9	6.18	3.97	141	204	636	13.4	5491	9.48	1.37	172	4.46	2.60	21.5	1.30	19.8	0.52	0.54	0.50	20.3	4.43	2.46	9.23
花岗岩等（维诺格拉多夫）平均值		20	25	8	5	200	300	830	40	2300	20	3.5	200	1	3	40	5.5	20	1	5	1.5	20	18	3.5	15
贺兰山岩群变质岩平均值（18件）		16.7	74.6	32.3	10.1	128	137	554	59.3	9200	35	4.9	170	5.3	7.8										

注：序号1~10为1：5万胡鲁斯台、古拉本幅区调资料；11~14为1：25万吉兰泰幅区调资料。

表 21-35　似斑状黑云母花岗岩微量元素含量

Table 21-35　Contents of trace element of porphyritic biotite granite　（单位：$w/10^{-6}$）

序号	样品编号	Cu	Cr	Ni	Co	Rb	Sr	Ba	V	Ti	Nb	Ta	Zr
1	14WY354-1	12	38	19	9	190	358	1310	46	12000	24	5	407
2	12WY28-4	7	26	10	6	169	235	783	7	20000	15	2	192
3	11WY17-6	19	83	38	13	232	172	835	19	15000	22	5	304
4	11WY9-1	9	20	9	9	148	333	1300	26	10000	24	3	222
5	WY933-2	12.6	26	13.2	7.8	219	640	2300	78	15000	22.9	1.2	360
6	PM030-81-WL-1	22.6	108	24.0	18.9	247	541	1813	101	9014	19.7	1.02	546
7	PM030-91-WL-1	17.3	111	18.3	11.8	280	240	852	43.9	4645	28.6	1.55	461
8	PM030-(91)-WL-1	10.1	34	6.34	9.83	232	293	1164	42.1	5812	34.5	2.11	596
平均值		13.7	55.8	17.2	10.7	215	352	1295	45.4	11434	23.8	2.61	386
花岗岩等（维诺格拉多夫）平均值		20	25	8	5	200	300	830	40	2300	20	3.5	200
贺兰山岩群变质岩平均值（18 件）		16.7	74.6	32.3	10.1	128	137	554	59.3	9200	35	4.9	170

序号	样品编号	Hf	Sc	Li	Be	Ga	Mo	Cs	W	Pb	Th	U	B
1	14WY354-1	9.1	7.4										
2	12WY28-4	6.7	4.2										
3	11WY17-6	10.5	4.8										
4	11WY9-1	6.6	6.4										
5	WY933-2	9	1.3										
6	PM030-81-WL-1	11.7	14.2	54.4	2.64	27.3	1.25	4.22	0.97	17.3	22.3	1.25	4.30
7	PM030-91-WL-1	10.5	15.5	117	2.16	25.0	1.17	20.9	2.27	27.3	38.3	4.06	6.50
8	PM030-(91)-WL-1	13.2	13.9	66.2	1.77	29.4	0.72	3.21	1.13	36.5	53.8	6.65	13.6
平均值		9.7	8.5	79.2	2.19	27.2	1.05	9.44	1.46	27.0	38.2	4.00	8.13
花岗岩等（维诺格拉多夫）平均值		1	3	40	5.5	20	1	5	1.5	20	18	3.5	15
贺兰山岩群变质岩平均值（18 件）		5.3	7.8										

注：序号 1~5 为 1∶5 万胡鲁斯台、古拉本幅区调资料；6~8 为 1∶25 万吉兰泰幅区调资料。

似斑状石榴子石黑云母花岗岩微量元素样品分析数值（4 件样品）比较接近，其平均值与维诺格拉多夫花岗岩等平均值比较相似，其中 Cu、Sr、Ba、Nb、Ta 稍低，其余元素含量相当或稍高。与贺兰山岩群变质岩平均值相比，除 Rb、Sr、Ba、Zr、Hf 相对富集外，其余元素均趋于贫化。

石榴子石花岗岩微量元素样品分析数值（14 件样品）相近，其平均值与维诺格拉多夫花岗岩等平均值比较接近，除 Cr、Ti 含量略高外，其余元素含量略低或相当。与贺兰山岩群变质岩平均值相比，除 Rb、Sr、Ba、V 相对富集外，其余元素均趋于贫化。

似斑状黑云母花岗岩微量元素样品分析数值（8 件样品）也相近，其平均值与维诺格拉多夫花岗岩等平均值相比，除 Cu、Ti、Hf、V、Zr 含量略偏低外，其余元素含量明显偏高。与贺兰山岩群变质岩平均值相比，除 Rb、Sr、Ba、Ti、Zr、Hf、Sc 相对富集外，其余元素均趋于贫化。

古元古代花岗岩的源岩与贺兰山岩群变质岩密切相关，因而取该区变质岩微量元素的平均值代表源岩的标准值，以标准值除以各单元花岗岩平均值，就可以看出这种元素在岩浆熔融和演化期间的贫化和富集特征。从图 21-44 可以看出，各类花岗岩的微量元素配分曲线非常相似，呈 M 形，各类花岗岩均富集大离子亲石元素 Rb、Sr、Ba，似斑状石榴子石黑云母花岗岩和似斑状黑云母花岗岩也富集 Ti、Zr、Hf 元素，而石榴子石花岗岩 Ti、Zr、Hf 元素又明显贫化。各类花岗岩微量元素之间的差异可能是岩浆分异和演化程度不同造成的。

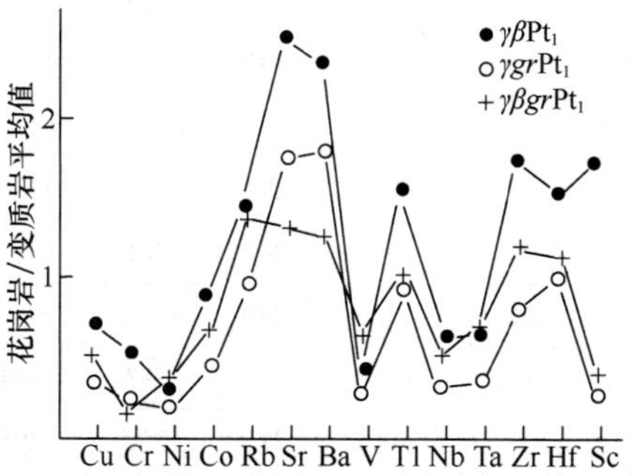

图 21-44　古元古代花岗岩微量元素配分曲线图

（据胡能高等，1994）

Fig. 21-44　Trace element spidergram for Paleoproterozoic granite

在 Rb/Sr-*D*・*I* 和 Rb/Sr-SiO_2 相关图上（图 21-45），各类花岗岩的 Rb/Sr 与 SiO_2 或 *D*・*I* 均有一定的线性关系，反映随着岩浆向酸性演化，Rb/Sr 比值逐渐升高，这些都符合岩浆演化的一般特征。

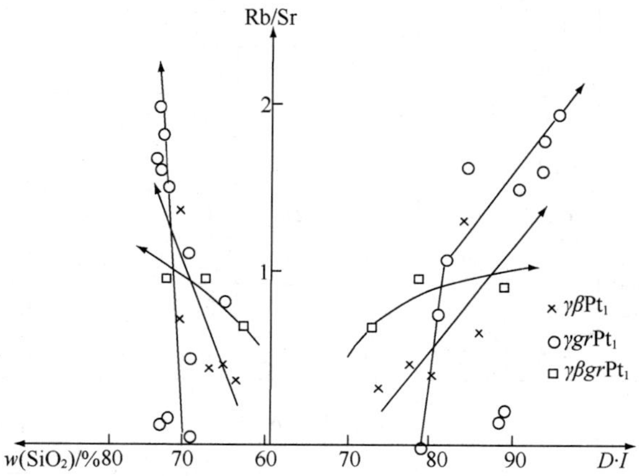

图 21-45　古元古代花岗岩 Rb/ Sr-*D*・*I* 及 Rb/ Sr-SiO_2 相关图

（据胡能高等，1994）

Fig. 21-45　Correlation diagram between Rb/ Sr-*D*・*I* and Rb/ Sr-SiO_2 of Paleoproterozoic granite

以上特征说明，古元古代各类花岗岩具有壳源型花岗岩地球化学特征。

6. 稳定同位素特征

古元古代似斑状石榴子石黑云母花岗岩、石榴子石花岗岩和似斑状黑云母花岗岩分别获得 1 件全岩氧同位素分析数据，其分析结果分别为 $\delta^{18}O$（V-SMOW）= 8.2‰、$\delta^{18}O$（V-SMOW）= 8.7‰、$\delta^{18}O$（V-SMOW）= 8.0‰，数值较为接近，变化范围小，平均值为 8.3‰，>7.5‰，说明古元古代花岗岩属正常 $\delta^{18}O$ 花岗岩类，氧同位素均来自于地壳，具有相似的氧同位素特征。

7. 副矿物特征

石榴子石花岗岩副矿物以锆石为主，次为白钛矿、石榴子石、钛铁矿、褐铁矿、独居石等。锆石呈乳白色、浅玫瑰色，半透明，粒度 0.15mm×0.2mm，晶形特征见图 21-46。独居石呈黄色，油脂光泽，为浑圆扁粒状、浑圆扁圆粒状。

似斑状黑云母花岗岩副矿物以锆石、磷灰石为主，伴生有金红石、石榴子石、磁铁矿、白钛矿、黄铁矿、自然铅等。锆石呈乳白色、浅粉色、浅黄色及浅玫瑰色，透明—半透明，金刚光泽、油脂光泽，粒度 0.05mm×0.25mm~0.1mm×0.5mm，其晶形特征见图 21-47。磷灰石无色透明，玻璃光泽，呈圆粒状、柱粒状，粒度 0.1mm×0.3mm。金红石呈橘黄色，金刚光泽，细柱粒状，粒度 0.1mm×0.15mm。

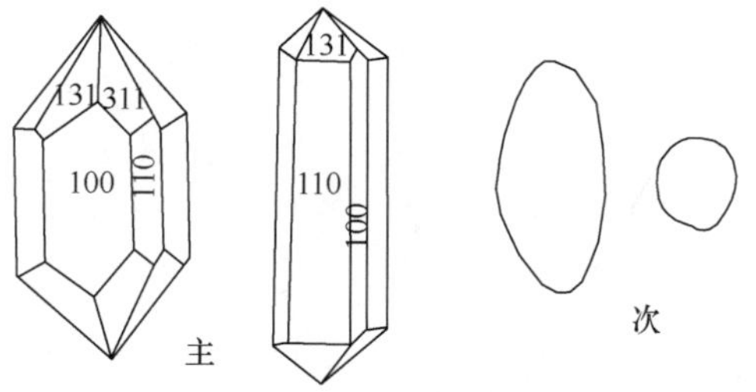

图 21-46　石榴子石花岗岩锆石晶形素描图

Fig. 21-46　Sketch showing zircon crystal form in garnet granite

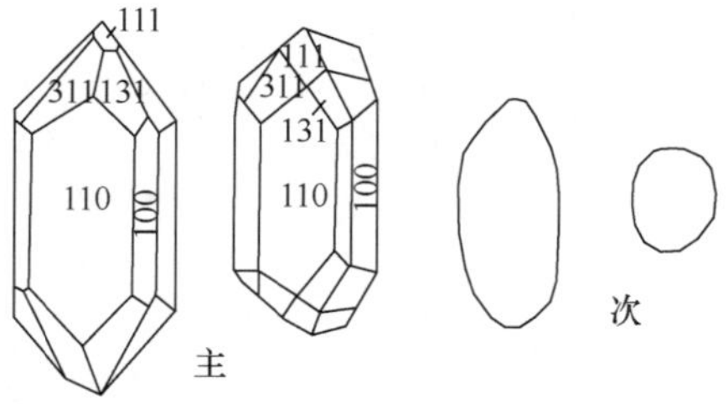

图 21-47　似斑状黑云母花岗岩锆石晶形素描图

Fig. 21-47　Sketch showing zircon crystal form in porphyritic biotite granite

8. 岩石成因类型与形成构造环境

（1）岩石成因类型

岩石化学特征表明，古元古代花岗岩岩石化学类型主要属钙碱性岩系，少数属钙性岩系，在 $A \cdot R$-SiO_2 图解上绝大多数样品落入钙碱性区间；*K/N* 比值一般>1，反映岩石富钾；*KN/A*<1，*A/CNK*>1，表明岩石类型主要为过铝质的，少数为次铝的岩石。这些特征一致表明古元古代花岗岩具有 S 型花岗岩的一些特点。稀土配分曲线为向右陡倾斜的轻稀土富集型，绝大多数 δEu<0.95，铕负异常明显，中等亏损，具壳源型花岗岩的一些特征。

在 δEu-$(La/Yb)_N$ 相关图（图 21-48）和 SiO_2-Rb 相关图（图 21-49）上绝大多数样品落入壳源型花岗岩区；在 A-C-F 三角图解（图 21-50）上绝大多数样品落于 S 型花岗岩区。

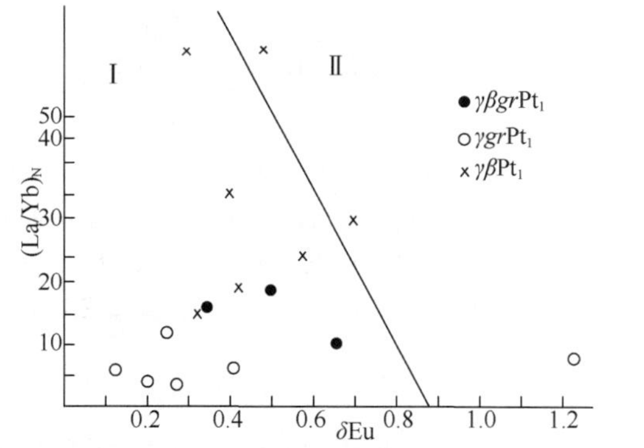

图 21-48　古元古代花岗岩 δEu-（La/ Yb）$_N$ 相关图

Fig. 21-48　δEu-（La/ Yb）$_N$ diagram for Paleoproterozoic granite

Ⅰ—壳源型花岗岩；Ⅱ—壳幔型花岗岩

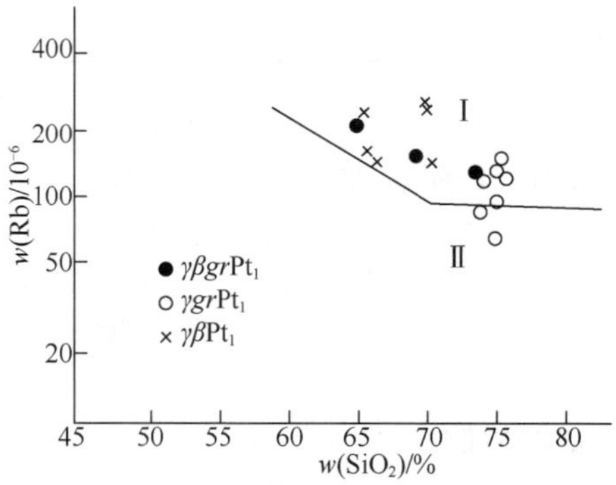

图 21-49　古元古代花岗岩 SiO_2-Rb 相关图

Fig. 21-49　SiO_2-Rb diagram for Paleoproterozoic granite

Ⅰ—壳源型花岗岩；Ⅱ—壳幔型花岗岩

从上述特征可以看出，古元古代花岗岩属 S 型花岗岩无疑，是上地壳深熔岩浆侵入而形成的花岗岩类。

（2）形成构造环境

在（Y+Nb）-Rb 图解（图 21-51）上，样品集中落在火山弧花岗岩与同碰撞花岗岩分界线附近；在（Yb+Ta）-Rb 图解（图 21-52）上，绝大多数样品落入同碰撞花岗岩区。Maniar 等（1989）在研究花岗岩岩石化学与构造环境时指出，同碰撞花岗岩 *A/CNK*>1.15，而火山弧花岗岩 *A/CNK*<1.05。与之相比，本区古元古代花岗岩 *A/CN*K 大多数>1.15，平均值为 1.14，应与同碰撞花岗岩相当，同时该花岗岩的其他化学参数与造山型花岗岩类的成分相比，也符合同碰撞花岗岩（Syn-COLG）特征。

由此可见，贺兰山北段古元古代 S 型花岗岩形成于大陆碰撞环境。

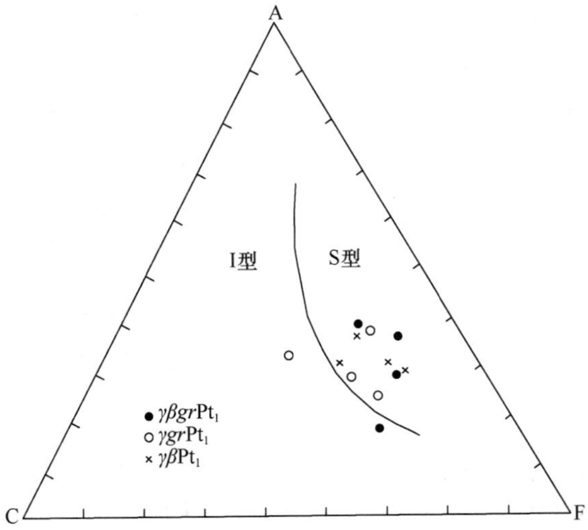

图 21-50　古元古代花岗岩 A-C-F 图解

Fig. 21-50　A-C-F diagram for Paleoproterozoic granite

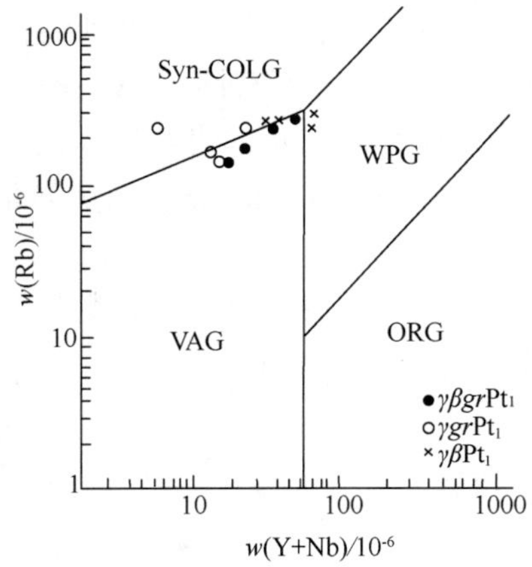

图 21-51　古元古代花岗岩（Y+Nb）-Rb 图解

Fig. 21-51　(Y+Nb)-Rb diagram for Paleoproterozoic granite

ORG—洋中脊花岗岩；VAG—火山弧花岗岩；

WPG—板内花岗岩；Syn-COLG—同碰撞花岗岩

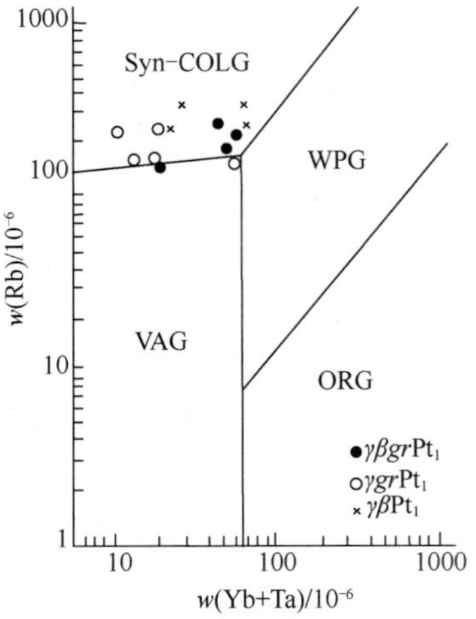

图 21-52　古元古代花岗岩（Yb+Ta）-Rb 图解

Fig. 21-52　(Yb+Ta)-Rb diagram for Paleoproterozoic granite

ORG—洋中脊花岗岩；VAG—火山弧花岗岩；

WPG—板内花岗岩；Syn-COLG—同碰撞花岗岩

9. 就位机制

古元古代似斑状石榴子石黑云母花岗岩、石榴子石花岗岩和似斑状黑云母花岗岩分别代表了同一次熔融事件中不同的岩浆演化阶段。

似斑状石榴子石黑云母花岗岩和石榴子石花岗岩与围岩均呈突变的侵入接触，其接触带未见冷凝边，也未见热接触变质现象，说明它们侵位时围岩温度较高。石榴子石花岗岩捕虏体数量明显少于似斑状石榴子石黑云母花岗岩，二者在岩性、岩石化学和地球化学等方面存在一定的差异，这些特征说明花岗质岩浆发生了凝聚和上侵，但岩浆迁移的距离不远，它们都具备半原地花岗岩的特征，石榴子石花岗岩在演化阶段上略晚于似斑状石榴子石黑云母花岗岩，侵位时间间隔不会太长，属同构造期花岗岩。

似斑状黑云母花岗岩的捕虏体含量显著减少，在与围岩的接触部位岩石粒度变细，围岩有热变质和变形现象，说明岩浆已从源区迁移了一定距离，岩浆侵位时与围岩有明显温差，即围岩处于较冷的状态，说明似斑状黑云母花岗岩与石榴子石花岗岩有一定的时间间隔，侵入深度也较浅。所以，似斑状黑云母花岗岩应属异地花岗岩，为造山期后形成的花岗岩，它代表古元古代最晚一期岩浆活动事件。

古元古代花岗岩形成时间略滞后于主变质期。在主变质变形期间，区域变质作用已达到高角闪岩相—低麻粒岩相，变质岩的温度相当高，当地壳进一步加厚、压力逐渐增强时，地壳发生部分熔融，形成花岗质岩浆。随着压力进一步加大，熔融程度增强，地壳韧性降低，岩浆主要依靠自身浮力沿构造薄弱地带发生底辟侵位，并发生顶蚀作用和横向扩展，进而发展为气球膨胀侵位，形成似斑状石榴子石黑云母花岗岩和石榴子石花岗岩，在岩浆侵位过程中石榴子石花岗岩沿着岩浆上升通道中心将似斑状石榴子石黑云母花岗岩推向两侧，花岗岩大致呈同心环带分布的特征。这个时期，变质岩的温度相当高，岩浆与围岩接触面未发生热变质作用和蚀变现象。

区内主变质期后，已形成了深层次韧性剪切带（宗别立断裂带古断裂），这样，为岩浆的进一步形成和上侵提供了良好的条件。宗别立断裂带在深层次韧性剪切带的表现是形成古糜棱岩，这已从似斑状黑云母花岗岩具有糜棱岩捕虏体得到证实；另外，岩体中还存在着团块状或透镜状围岩捕虏体和岩体呈规模较大的岩墙分布，说明岩浆在上侵过程中宗别立深层次古断裂曾经处于拉张状态。这样，古断裂横向扩展，岩浆沿断裂上升一直到达地壳上部岩浆池积累起来，并沿古断裂带分布，生成巨大岩墙状深成岩体。

岩浆聚积在岩浆池以后紧接着发生区域性缩短作用，尚未完全固结的晶粥状岩浆在继续上侵过程中就产生了气球膨胀。气球膨胀的标志是似斑状黑云母花岗岩的围岩发生强烈变形，形成对称的剪切褶皱，其褶皱轴面比岩层的包络面平缓。另外，似斑状黑云母花岗岩从石榴子石花岗岩中心侵位，形成了石榴子石花岗岩分布于似斑状黑云母花岗岩两侧的现象，这也是气球膨胀的另一标志。岩体与围岩接触面大致呈协和的侵入接触，接触带内侧花岗岩的钾长石结晶形成的“叶理”发生褶曲，这些现象可能是岩浆在上升过程中发生韧性剪切造成的。似斑状黑云母花岗岩的钾长石斑晶具定向排列，其组构椭球为近似“烙饼状”，即压扁型，说明该“叶理”是岩浆呈晶粥体状态时受区域性定向挤压作用形成的。在岩浆侵位和冷凝期间，岩浆与围岩的温度相差较大，即围岩处于较冷的状态，因而在接触带围岩中发生热接触变质和同化混染现象。在岩浆演化的晚期，形成了许多肉红色钾长花岗岩脉体穿插于各花岗岩和围岩中。

通过以上讨论，我们认为似斑状石榴子石黑云母花岗岩和石榴子石花岗岩的侵位模式为底辟上升-气球膨胀型式，似斑状黑云母花岗岩以岩墙扩展作为岩浆上升运移的主要机制，而岩浆最后侵位是通过气球膨胀机制实现的。

10. 形成时代

该期花岗岩侵入于古元古代贺兰山岩群中，长城纪地层不整合覆于其上，这说明其侵入时代晚于古元古代，早于长城纪。

1982 年，宁夏区调队在进行 1∶20 万石嘴山市幅区调时于似斑状黑云母花岗岩中获得一组锆石 U-Pb 法年龄值 2082Ma（宜昌地质矿产研究所同位素地质研究室测定）。

1990~1991 年，西安地质学院区调队在进行 1∶5 万胡鲁斯台幅、古拉本幅区调时于石榴子石花岗岩获得了两组 Pb-Pb 法年龄值，分别为（1893±14）Ma 和（1975±23）Ma（宜昌地质矿产研究所同位素地质研究室测定）。

2006 年，中国地质科学院地质研究所耿元生等在石榴子石花岗岩中获得一组锆石 SHRIMP U-Pb 法同位素年龄值（2047±42）Ma（表 21-36，图 21-53），在似斑状黑云母花岗岩中获得一组锆石 SHRIMP U-Pb 法同位素年龄值（1940±11）Ma（表 21-37，图 21-54）。测定者认为选择所测定的锆石均是岩浆成因的，其年龄值应代表花岗岩的形成年龄。

表 21-36 石榴子石花岗岩的锆石 SHRIMP U-Pb 法同位素分析结果

Table 21-36 SHRIMP U-Pb dating results of zircons from garnet granite

样点号	$^{206}Pb_c$/%	U/10^{-6}	Th/10^{-6}	Th/U	$^{206}Pb^*$/10^{-6}	$^{206}Pb/^{238}U$ 年龄/Ma		$^{207}Pb/^{206}Pb$ 年龄/Ma		$^{207}Pb^*/^{206}Pb^*$	±/%	$^{207}Pb^*/^{235}U$	±/%	$^{206}Pb^*/^{238}U$	±/%
1.1	0.60	309	137	0.46	83.2	1746	±27	1776	±17	0.1086	0.93	4.657	2.0	0.3111	1.7
2.1	1.12	491	176	0.37	111	1484	±23	1613	±34	0.0994	1.8	3.548	2.5	0.2588	1.7

续表

样点号	$^{206}Pb_c$ / %	U / 10^{-6}	Th / 10^{-6}	Th/U	$^{206}Pb^*$ / 10^{-6}	$^{206}Pb/^{238}U$ 年龄/Ma		$^{207}Pb/^{206}Pb$ 年龄/Ma		$^{207}Pb^*/^{206}Pb^*$	±/%	$^{207}Pb^*/^{235}U$	±/%	$^{206}Pb^*/^{238}U$	±/%
3. 1	1. 03	177	93	0. 54	56. 6	2019	±31	1816	±24	0. 1111	1. 3	5. 63	2. 2	0. 3678	1. 8
4. 1	1. 14	608	117	0. 20	145	1560	±24	1748	±18	0. 1070	10	4. 039	2. 0	0. 2738	1. 7
5. 1	0. 34	120	79	0. 68	38. 9	2057	±32	2014	±17	0. 1240	0. 96	6. 43	2. 1	0. 3760	1. 8
6. 1	0. 56	227	152	0. 69	71. 5	2004	±30	2073	±14	0. 12822	0. 78	6. 45	1. 9	0. 3647	1. 7
6. 2	1. 74	342	63	0. 19	76. 0	1456	±22	1892	±22	0. 1158	1. 3	4. 045	2. 1	0. 2534	1. 7
7. 1	0. 16	255	148	0. 60	81. 9	2044	±31	2035	±12	0. 12548	0. 67	6. 45	1. 9	0. 3731	1. 8
8. 1	1. 55	501	535	1. 10	93. 8	1250	±20	1785	±22	0. 1091	1. 2	3. 218	2. 1	0. 2139	1. 7
9. 1	1. 17	330	71	0. 22	88. 4	1726	±26	1960	±17	0. 1203	10	5. 09	2. 0	0. 3071	1. 7
10. 1	0. 47	248	55	0. 23	70. 6	1835	±28	2035	±13	0. 12547	0. 76	5. 70	1. 9	0. 3293	1. 8
11. 1	1. 56	1297	498	0. 40	153	817	±13	1425	±23	0. 0900	1. 2	1. 676	2. 1	0. 1351	1. 7
12. 1	1. 35	464	210	0. 47	106	1503	±23	1902	±19	0. 1165	1. 1	4. 216	2. 0	0. 2626	1. 7
13. 1	1. 42	335	83	0. 26	84. 8	1642	±25	1886	±22	0. 1154	1. 3	4. 616	2. 1	0. 2902	1. 7
14. 1	0. 79	40	14	0. 35	12. 1	1922	±34	2007	±34	0. 1235	1. 9	5. 91	2. 8	0. 3473	2. 1
14. 2	0. 93	420	85	0. 21	109	1678	±30	2006	±14	0. 12340	0. 80	5. 06	2. 2	0. 2974	2. 0
15. 1	1. 69	1176	50	0. 04	184	1058	±16	1646	±21	0. 1012	1. 2	2. 488	2. 0	0. 1783	1. 7
15. 2	0. 38	403	59	0. 15	115	1839	±27	1913	±10	0. 11714	0. 58	5. 333	1. 8	0. 3302	1. 7
16. 1	0. 41	81	40	0. 51	26. 0	2048	±33	2067	±20	0. 1277	1. 1	6. 59	2. 2	0. 3739	1. 9

注：误差为 1σ，Pb_c和 Pb^* 分别代表普通铅和放射成因铅；标准校正误差为 0. 68%。

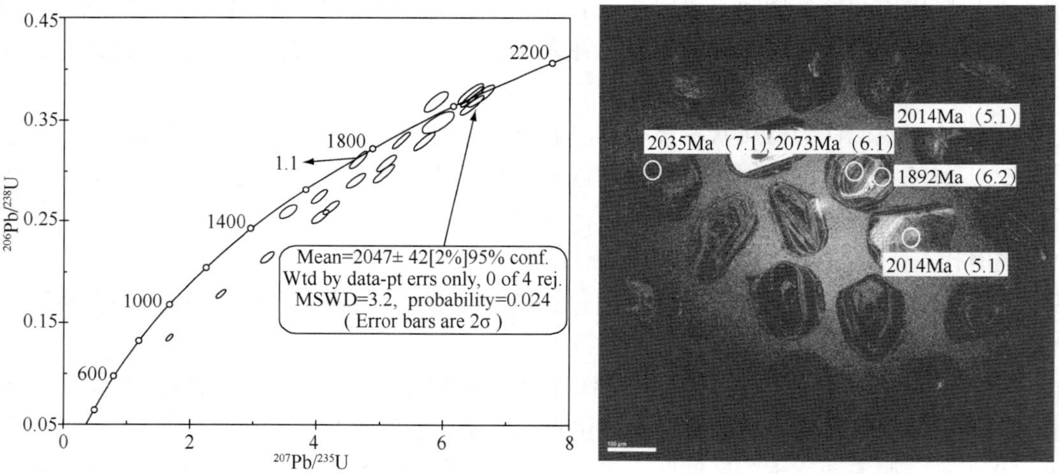

图 21-53　石榴子石花岗岩锆石 SHRIMP U-Pb 法谐和图（左）及阴极发光图像（右）

（据耿元生等，2009）

Fig. 21-53　The concordia diagram of zircon U-Pb dating results (left) and CL images of representative zircons (right) of garnet granite

表 21-37　似斑状黑云母花岗岩的锆石 SHRIMP U-Pb 法同位素分析结果

Table 21-37　SHRIMP U-Pb dating results of zircons from porphyritic biotite granite

样点号	$^{206}Pb_c$ / %	U / 10^{-6}	Th / 10^{-6}	Th/U	$^{206}Pb^*$ / 10^{-6}	$^{206}Pb/^{238}U$ 年龄/Ma		$^{207}Pb/^{206}Pb$ 年龄/Ma		$^{207}Pb^*/^{206}Pb^*$	±/%	$^{207}Pb^*/^{235}U$	±/%	$^{206}Pb^*/^{238}U$	±/%
1. 1	0. 16	367	181	0. 51	108	1899	±28	1945	±12	0. 11925	0. 67	5. 63	1. 8	0. 3427	1. 7
2. 1	0. 58	121	43	0. 37	35. 6	1893	±35	1916	±27	0. 1174	1. 5	5. 52	2. 6	0. 3414	2. 1
2. 2	0. 78	1702	452	0. 27	155	645	±10	1453	±16	0. 09130	0. 84	1. 324	1. 9	0. 1052	1. 7
3. 1	0. 11	868	151	0. 18	150	1177	±18	1694	± 8. 5	0. 10384	0. 46	2. 869	1. 8	0. 2004	1. 7
4. 1	1. 58	191	60	0. 32	50. 6	1706	±27	1953	±32	0. 1198	1. 8	5. 00	2. 5	0. 3030	1. 8

样点号	$^{206}Pb_c$/%	U/10^{-6}	Th/10^{-6}	Th/U	$^{206}Pb^*$/10^{-6}	$^{206}Pb/^{238}U$ 年龄/Ma		$^{207}Pb/^{206}Pb$ 年龄/Ma		$^{207}Pb^*/^{206}Pb^*$	±/%	$^{207}Pb^*/^{235}U$	±/%	$^{206}Pb^*/^{238}U$	±/%
5. 1	1. 05	386	161	0. 43	79. 8	1374	±23	1881	±19	0. 1151	1. 1	3. 769	2. 1	0. 2376	1. 8
6. 1	0. 42	422	94	0. 23	102	1588	±26	1879	±12	0. 11496	0. 67	4. 426	2. 0	0. 2793	1. 8
7. 1	0. 34	315	155	0. 51	87. 3	1796	±27	1929	±12	0. 11822	0. 68	5. 235	1. 9	0. 3212	1. 7
8. 1	1. 44	1075	245	0. 24	90. 4	593. 2	± 96	1232	±29	0. 0814	1. 5	1. 082	2. 2	0. 0964	1. 7
9. 1	1. 14	289	141	0. 50	80. 1	1778	±28	1973	±25	0. 1212	1. 4	5. 31	2. 2	0. 3177	1. 8
10. 1	0. 31	303	169	0. 58	85. 3	1821	±27	1934	±15	0. 1186	0. 85	5. 34	1. 9	0. 3265	1. 7
11. 1	0. 80	358	121	0. 35	87. 0	1594	±25	1899	±17	0. 1163	0. 96	4. 496	2. 0	0. 2805	1. 7
12. 1	0. 50	457	190	0. 43	101	1473	±23	1878	±13	0. 11489	0. 73	4. 065	1. 9	0. 2566	1. 7
13. 1	0. 37	189	82	0. 45	59. 5	2001	±31	1944	±15	0. 11922	0. 82	5. 98	2. 0	0. 3640	1. 8
14. 1	0. 21	330	222	0. 69	94. 6	1852	±28	1941	±11	0. 11901	0. 60	5. 461	1. 8	0. 3328	1. 7
15. 1	0. 33	455	305	0. 69	95. 3	1400	±26	1900	±11	0. 11631	0. 63	3. 891	2. 2	0. 2426	2. 1
16. 1	1. 16	548	91	0. 17	82. 1	1024	±19	1692	±21	0. 1038	1. 2	2. 461	2. 3	0. 1721	2. 0

注：误差为 1σ，Pb_c和 Pb^* 分别代表普通铅和放射成因铅；标准校正误差为 0. 68%。

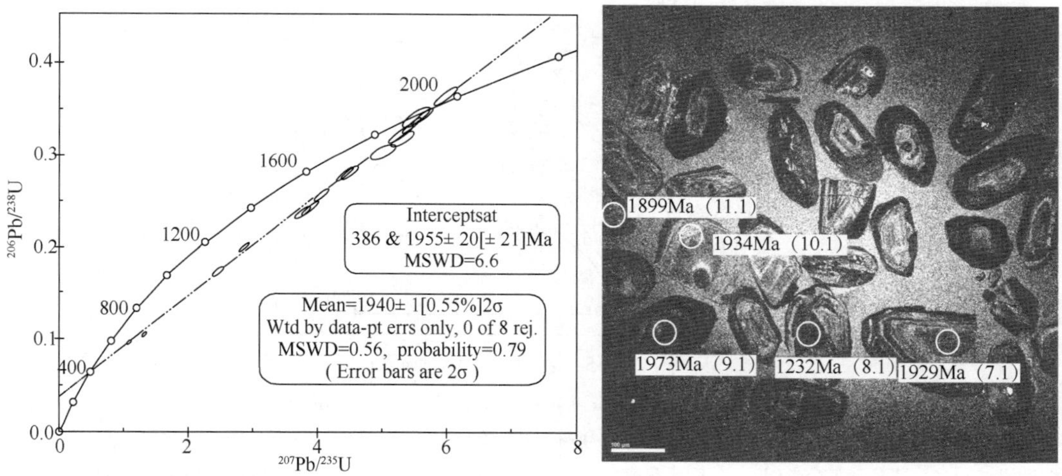

图 21-54　似斑状黑云母花岗岩锆石 SHRIMP U-Pb 法谐和图（左）及阴极发光图像（右）
（据耿元生等，2009）

Fig. 21-54　The concordia diagram of zircon U-Pb dating results (left) and CL images of representative zircons (right) of porphyritic biotite granite

2006 年，宁夏地调院在进行 1∶25 万吉兰泰幅区调时，在似斑状石榴子石黑云母花岗岩中获得一组锆石 U-Pb 法年龄值（1701±39)Ma，在石榴子石花岗岩中获得一组锆石 U-Pb 法年龄值（1858±11)Ma，在似斑状黑云母花岗岩中获得两组锆石 U-Pb 年龄值，分别为（1729±37)Ma 和（1889±62)Ma（均为 TIMS 法，国土资源部华北矿产资源监督检测中心测定）。

从同位素测定结果看，该期花岗岩形成年龄在 1701～2082Ma 之间，平均年龄为 1912Ma，该值与耿元生等采用较准确的 SHRIMP 法所测定的 3 组年龄值比较接近，故我们将该期侵入岩时代厘定为古元古代中—晚期，似斑状黑云母花岗岩形成时代可能略晚。

（四）古元古代英云闪长岩（$\gamma\delta oPt_1$）

1. 地质特征

分布于贺兰山中段的古元古代英云闪长岩由黄旗口岩体（或岩基）和白杨沟岩体构成。

黄旗口岩体分布于贺兰山中段南水—白寺口沟一带，呈近南北向长卵形展布，北部被断层切割，东边为第四系覆盖，西与长城纪黄旗口组不整合接触，未见侵入于其他地质体中，呈岩基状产出，南北长约 20km，平均宽约 4.5km，出露面积约 90km²（图 21-55）。

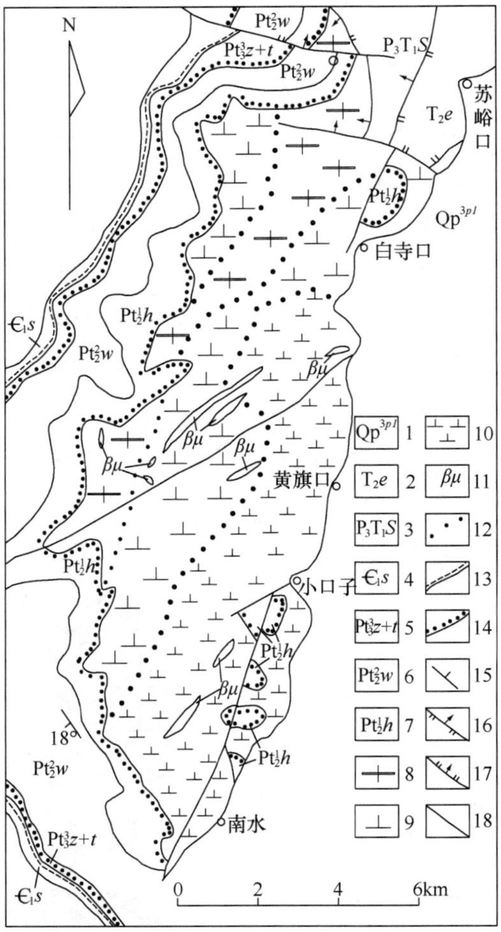

图 21-55 黄旗口岩体地质图

Fig. 21-55 Geological map of the Huangqikou intrusion

1—上更新统洪积层；2—中三叠统二马营组；3—上二叠统-下三叠统石千峰群；4—下寒武统苏峪口组；5—震旦系正目观组和兔儿坑组；6—蓟县系王全口组；7—长城系黄旗口组；8—粗粒似斑状花岗岩；9—中-粗粒似斑状黑云母英云闪长岩；10—中-粗粒英云闪长岩；11—辉绿岩脉；12—脉动侵入界线；13—平行不整合界线；14—不整合界线；15—岩层产状；16—逆断层；17—正断层；18—性质不明断层

岩体具不甚明显的岩相分带现象，大体可分出中心相—过渡相和边缘相。自中心相至过渡相和边缘相，岩体呈现一定的变化规律：捕虏体由无到有，由少而多；矿物粒度由粗变细，斜长石斑晶消失；由似斑状结构变为中粗粒结构；酸度逐渐增高，石英含量增大；斜长石由中长石（An=33）变为更长石（An=29）。岩石中普遍含深灰色细粒黑云母变粒岩、暗灰色黑云斜长片麻岩等变质岩捕虏体（图 21-56），见有灰白色斜长伟晶岩、伟晶岩脉（团块），尚见有后期辉绿岩贯入其中。

白杨沟岩体呈南北向长条状出露于贺兰山西侧柳门子沟、白杨沟、草渠沟一带，四周为断层所截，长约 5.5km，平均宽 0.5km，出露面积约 3km²。

2. 岩石学特征

黄旗口岩体岩石类型复杂，以英云闪长岩（前人曾称斜长花岗岩，这是过去的一种习惯称谓）为主体，次为花岗闪长岩、二长花岗岩、花岗岩，局部出现富石英花岗岩（图 21-57），蚀变较强烈。英云闪长岩占岩体的 60%~70%，呈灰—暗灰色，以中粒花岗结构为主，次为似斑状结构（图 21-58），主要矿物成分有斜长石、钾长石、石英、黑云母，副矿物有磷灰石、电气石、黝帘石、锆石等；花岗

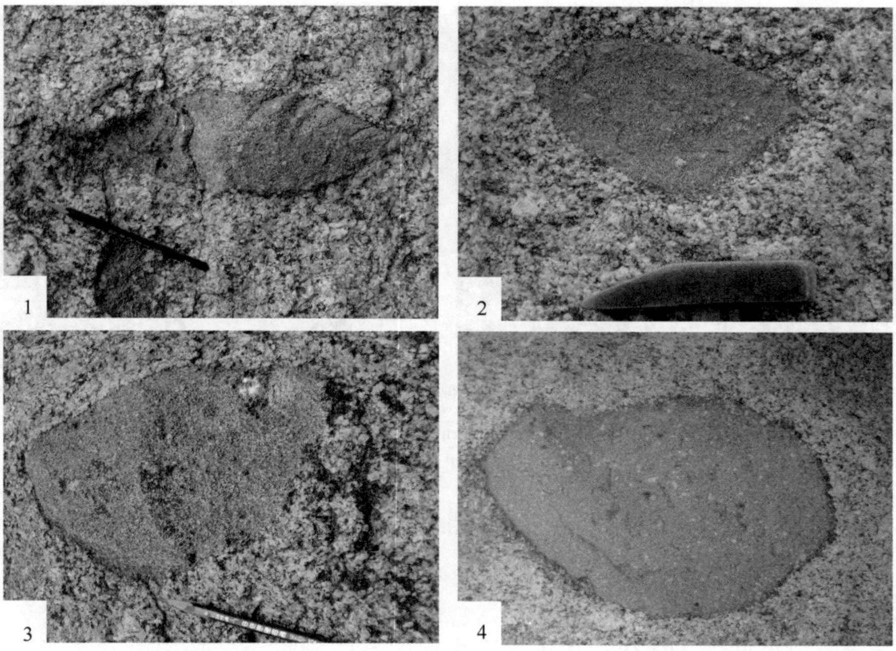

图 21-56　古元古代英云闪长岩中之变粒岩捕虏体

Fig. 21-56　Leptynite xenoliths in Paleoproterozoic tonalite in Dashuiqugou, Yinchuan, Ningxia

1~4—银川市大水渠沟

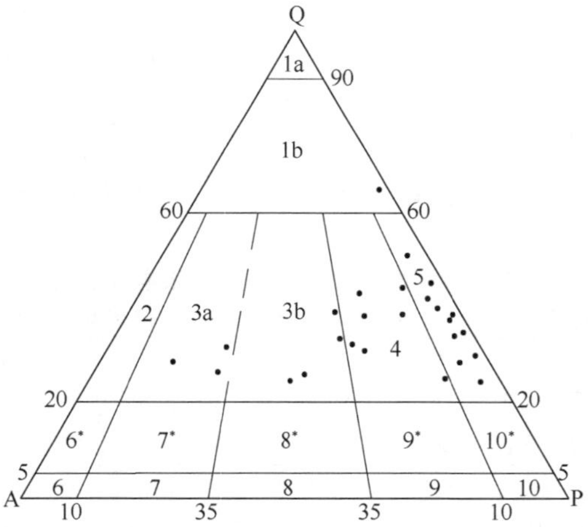

图 21-57　黄旗口岩体 QAP 分类命名图解

Fig. 21-57　QAP petrographic classification of the Huangqikou intrusion

1a—硅英岩；1b—富石英花岗岩；2—碱长花岗岩；3a—正长花岗岩；3b—二长花岗岩；4—花岗闪长岩；5—英云闪长岩；6*—石英碱长正长岩；7*—石英正长岩；8*—石英二长岩；9*—石英二长闪长岩、石英二长辉长岩；10*—石英闪长岩、石英辉长岩、石英斜长岩；6—碱长正长岩；7—正长岩；8—二长岩；9—二长闪长岩、二长辉长岩；10—闪长岩、辉长岩、斜长岩；Q—石英；A—碱性长石；P—斜长石

闪长岩呈灰—深灰色，具中粒花岗结构，似斑状结构、块状构造，其岩性特征与英云闪长岩相似，唯在矿物成分上，斜长石含量略有减少；二长花岗岩呈灰—灰白色，具中粗粒花岗结构，似斑状结构，主要矿物成分为斜长石、钾长石、石英、黑云母（白云母），斜长石多为中长石，钾长石以微斜长石为主，次为条纹长石；花岗岩呈灰—灰白色，中粗粒花岗结构，局部为似斑状结构，矿物成分有斜长石、钾长石、石英、黑云母、白云母等，局部出现斑杂构造，暗色矿物常集中呈聚斑状出现，并多已绿泥石化，部分白云母化、长石高岭土化，出现变质矿物矽线石。

白杨沟岩体由单一的英云闪长岩组成。岩石呈灰色、浅绿灰色，中粒花岗结构，块状构造。主要由斜长石（50.9%）、石英（40%）、云母（5%）组成。斜长石为中长石（An=29~34），钠交代作用常使之变为更长石（An=22），粒径约 2mm，强烈绢云母化，个别尚见聚片双晶。石英呈他形粒状，

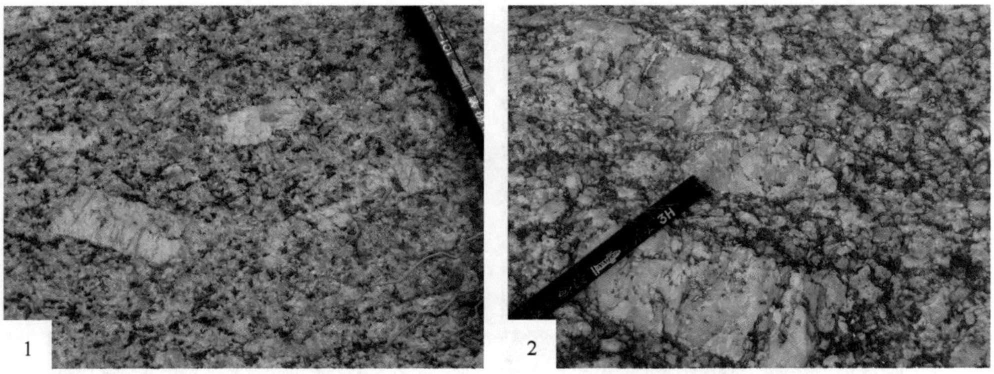

图 21-58　古元古代英云闪长岩结构构造

Fig. 21-58　Textural and structural features of Paleoproterozoic tonalite in Dashuigugou, Yinchuan, Ningxia

1, 2—银川市大水渠沟

一般粒径 1mm 以上。云母呈半自形叶片状，粒径 0.5~2mm。副矿物有锆石、磷灰石、榍石、黄铁矿、钍石、褐帘石、褐铁矿等。

3. 岩石化学特征

岩石化学全分析结果见表 21-38，其氧化物平均值与中国花岗岩平均值（黎彤、饶纪龙，1963）比较接近，除 FeO、MgO 含量偏高外，其余氧化物含量均较接近或相当。岩石主要特征参数见表 21-39。里特曼指数（σ）为 0.82~2.92，碱度率（$A \cdot R$）为 1.79~2.81，岩石化学类型属钙性—钙碱性岩系。在 $A \cdot R$-SiO_2 图解（图 21-59）上 16 个样品全落入钙碱性区间。K/N 比值变化范围较大，在 0.55~6.10 间，除 2 个样品小于 1 外，其余均大于 1，反映岩石相对富钾，这与岩石中含有较多的黑云母相一致。铝饱和度（A/CNK）为 0.98~1.85，碱度指数 KN/A 为 0.35~0.65，属过铝的岩石类型，具 S 型花岗岩的特征。长英质指数（FL）为 62.12~97.80，分异指数（$D \cdot I$）为 60.34~80.54，固结指数（SI）为 11.27~26.85，反映岩石在化学成分总体上属中酸性、岩浆分异强的特点。

表 21-38　黄旗口英云闪长岩化学分析结果

Table 21-38　Chemical analysis results of tonalite in Huangqikou　　（单位：w/%）

序号	样品编号	岩性	SiO_2	TiO_2	Al_2O_3	Fe_2O_3	FeO	MnO	MgO	CaO	Na_2O	K_2O	P_2O_5	LOI	SUM
1	Q_{10}-XIV-GS-52	似斑状黑云母英云闪长岩	65.63	0.58	14.98	1.27	3.83	0.06	2.66	1.55	2.60	3.68	0.24	2.51	99.59
2	Q_{10}-XIV-GS-53	中粒黑云英云闪长岩	66.60	0.58	14.63	1.93	3.25	0.04	1.87	2.04	2.67	3.58	0.23	2.04	99.46
3	Q_{10}-XIV-GS-54	中粒黑云英云闪长岩	65.45	0.58	16.06	1.01	3.60	0.05	1.66	2.73	3.00	2.85	0.20	1.87	99.06
4	Q_{16}-IX-GS-1	似斑状黑云母英云闪长岩	62.89	0.63	15.12	2.77	3.73	0.07	2.29	2.18	2.79	4.83	0.13	2.18	99.61
5	Q_{16}-IX-GS-2	似斑状黑云母英云闪长岩	63.56	0.75	15.19	1.43	4.68	0.06	2.42	1.23	2.47	4.83	0.27	2.61	99.50
6	Q_{16}-IX-GS-5	黑云母英云闪长岩	65.76	0.63	14.96	0.71	4.56	0.05	2.15	1.47	2.79	3.88	0.21	2.19	99.36
7	Q_{16}-IX-GS-6	黑云母英云闪长岩	67.50	0.63	13.25	1.24	4.64	0.06	2.81	2.60	1.56	2.92	0.18	2.11	99.50
8	Q_{16}-IX-GS-7	英云闪长岩	66.10	0.63	15.70	1.09	3.44	0.03	1.37	3.02	4.05	2.21	0.13	2.12	99.89
9	PM026-2-YQ-1	似斑状黑云母英云闪长岩	61.91	1.10	13.50	1.85	7.88	0.18	4.67	1.48	1.90	3.70	0.34	1.67	100.18
10	PM026-3-YQ-1	似斑状黑云母英云闪长岩	64.61	0.80	13.94	2.14	4.64	0.04	4.53	0.77	1.66	3.90	0.24	2.51	99.78
11	PM026-5-YQ-1	花岗闪长岩	66.11	0.70	13.67	1.44	5.03	0.10	3.28	1.67	1.74	4.90	0.18	1.40	100.22
12	PM026-13-YQ-1	黑云母二长花岗岩	66.30	0.80	12.44	1.14	3.83	0.10	3.33	3.22	2.18	3.10	0.20	2.83	99.47
13	PM026-14-YQ-1	黑云母英云闪长岩	64.00	1.04	14.67	1.86	4.90	0.10	4.05	1.61	1.82	3.90	0.15	2.12	100.22
14	PM027-7-YQ-1	似斑状黑云母英云闪长岩	68.87	0.50	14.78	1.17	3.30	0.02	2.24	0.16	1.00	6.10	0.06	2.10	100.30
15	PM027-8-YQ-2	似斑状黑云母英云闪长岩	67.20	0.90	13.98	2.03	4.95	0.02	2.36	0.13	1.74	4.00	0.10	2.54	99.95
16	PM027-13-YQ-2	粗粒黑云母英云闪长岩	69.49	0.40	13.97	1.78	2.58	0.02	2.08	0.51	2.64	4.30	0.07	2.22	100.06
平均值			65.75	0.70	14.43	1.55	4.30	0.06	2.74	1.65	2.29	3.92	0.18		
中国花岗岩平均值			71.27	0.25	14.25	1.24	1.61	0.08	0.80	1.62	3.79	4.03	0.16		

注：序号 1~3 为 1∶20 万阿拉善左旗幅区调资料；4~8 为 1∶20 万巴伦别立幅区调资料；9~16 为 1∶25 万银川市幅区调资料。

表 21-39 黄旗口英云闪长岩 CIPW 标准矿物及特征参数

Table 21-39 CIPW standard minerals and characteristic parameters of Huangqikou tonalite

序号	CIPW 标准矿物值				特征参数							
	Q	Or	Ab	An	σ	A · R	FL	SI	D · I	K/N	KN/A	A/CNK
1	27.64	21.71	22.03	6.12	1.74	2.23	80.20	18.95	71.38	1.42	0.55	1.35
2	29.44	21.15	22.55	8.62	1.67	2.20	75.39	14.06	73.14	1.34	0.56	1.22
3	26.92	17.26	25.70	11.96	1.52	1.90	68.18	13.70	69.88	0.95	0.51	1.22
4	18.62	28.95	23.60	10.02	2.92	2.57	77.76	13.95	71.17	1.73	0.65	1.10
5	22.11	28.95	20.98	4.45	2.59	2.60	85.58	15.29	72.04	1.96	0.62	1.31
6	26.07	22.82	23.60	5.56	1.95	2.37	81.94	15.26	72.49	1.39	0.59	1.31
7	39.11	11.13	13.11	11.96	0.82	1.79	63.28	21.34	63.35	1.87	0.35	1.42
8	23.91	13.36	34.09	14.19	1.70	2.00	67.46	11.27	71.36	0.55	0.58	1.08
9	21.81	22.27	16.26	5.84	1.66	2.19	79.10	23.35	60.34	1.95	0.53	1.36
10	29.62	23.38	14.16	2.23	1.43	2.22	87.84	26.85	67.16	2.35	0.50	1.65
11	26.07	28.95	14.68	7.51	1.91	2.53	79.90	20.01	69.70	2.82	0.60	1.22
12	28.54	18.37	18.35	14.19	1.20	2.02	62.12	24.52	65.26	1.42	0.56	0.98
13	26.68	23.38	15.21	7.23	1.56	2.08	78.04	24.50	65.27	2.14	0.49	1.44
14	34.31	36.18	8.39	0	1.95	2.81	97.80	16.22	78.88	6.10	0.56	1.73
15	35.45	23.94	14.68	0	1.36	2.37	97.78	15.65	74.07	2.30	0.52	1.85
16	32.38	25.61	22.55	1.67	1.82	2.84	93.15	15.55	80.54	1.63	0.65	1.40

注：序号、样品编号及岩性同表 21-38。

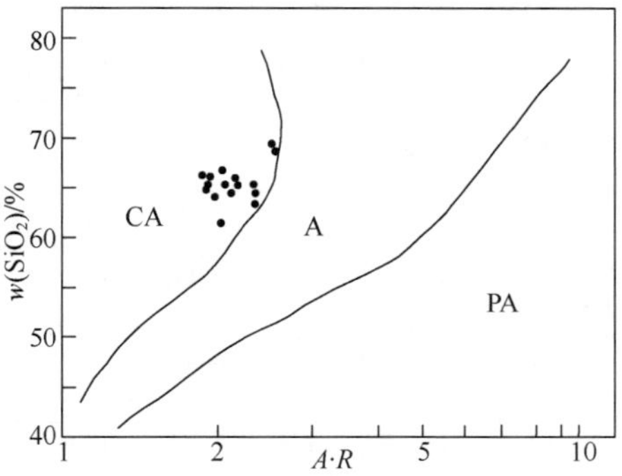

图 21-59 黄旗口英云闪长岩 $A \cdot R$-SiO_2 图解

Fig. 21-59 $A \cdot R$-SiO_2 diagram for tonalite in Huangqikou

CA—钙碱性；A—碱性；PA—过碱性

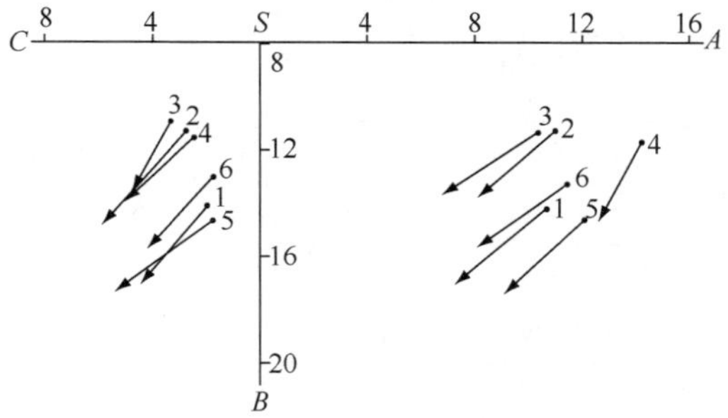

图 21-60 黄旗口英云闪长岩查氏矢量图

（样品序号同表 21-38）

Fig. 21-60 Zavaritsky's vectorgraph of tonalite in Huangqikou

岩石化学查氏数值（表 21-40）特征属铝过饱和系列（图 21-60），属查氏化学分类的 2 类 3 组、4 组，即硅酸过饱和的过碱性和中碱性岩石。

表 21-40 黄旗口英云闪长岩查氏数字特征

Table 21-40 Zavaritsky's values of tonalite in Huangqikou

序号	主要数字指标					补充数字指标						
	s	a	c	b	Q	a′	m′	f′	n	φ	t	a/c
1	73.3	10.8	1.9	14.0	23.1	36.0	31.3	32.7	51.85	7.1	0.7	5.7
2	75.3	11.0	2.5	11.2	26.1	30.1	27.7	42.2	53.40	14.5	0.7	4.4
3	74.8	10.7	3.3	11.2	24.9	36.6	25.0	38.4	61.2	7.3	0.7	3.2
4	72.4	13.3	2.7	11.6	15.5	14.8	33.7	51.5	46.6	20.1	0.8	4.9
5	71.8	12.2	1.5	14.5	17.7	33.3	27.8	38.9	43.4	8.3	0.9	8.1
6	73.7	11.5	1.7	13.1	22.7	35.2	27.6	37.2	52.3	4.1	0.7	6.6

注：序号同表 21-38。

岩石中 SiO_2 含量接近于戴里的花岗闪长岩。CaO 含量较戴里的花岗闪长岩低，因而 b 值高，c 值低，岩石中暗色铁镁矿物多，基性斜长石少。a/c 值大于戴里的花岗岩，查氏矢量图中 p1 点离 *SB* 轴较远，p2 点离 *SB* 轴近，碱性长石多于钙长石。

4. 微量元素特征

黄旗口英云闪长岩微量元素分析结果见表 21-41，与维诺格拉多夫花岗岩等平均值相比，Cu、Rb、Sr、Ba、Nb、Ta、Be、Mo、W、Th、U 含量略低，其余元素含量偏高或略高。与克拉克值相比，除 Cr、Pb、Ba 含量接近外，其余元素含量均偏低。

表 21-41 黄旗口英云闪长岩微量元素含量

Table 21-41 Contents of trace element of tonalite in Huangqikou （单位：$w/10^{-6}$）

序号	样品编号	Cu	Cr	Ni	Co	Rb	Sr	Ba	V	Ti	Nb	Ta	Zr
1	PM026-2-WL-1	15.1	62.6	33.7	19.6	203	191	402	82	5464	17.5	1.96	310
2	PM026-3-WL-1	15	79.3	17.8	10.5	149	126	830	66	4664	15.5	1.28	267
3	PM026-5-WL-1	18.2	56.7	16.6	11.7	146	279	1289	45	4516	13.3	0.99	274
4	PM026-13-WL-1	12.4	45.9	10.7	8.03	115	217	482	36	2958	10.4	1.2	199
5	PM026-14-WL-1	21.8	105	18.6	15.3	151	195	808	78	5675	16.2	1.32	342
6	PM027-7-WL-1	19.3	134	29.4	12.7	264	67	392	58	3462	18.8	1.97	151
7	PM027-8-WL-1	25.6	90.1	34.2	9.64	136	62	431	49	3387	12.7	1.18	186
8	PM027-13-WL-1	23.6	87.3	21.9	7.72	170	128	529	13	781	5.43	0.51	144
平均值		18.9	82.6	22.9	11.9	167	158	645	53	3863	13.7	1.30	234
花岗岩等（维诺格拉多夫）平均值		20	25	8	5	200	300	830	40	2300	20	3.5	200
序号	样品编号	Hf	Sc	Li	Be	Ga	Mo	Cs	W	Pb	Th	U	B
1	PM026-2-WL-1	7.78	17.8	105	3.69	22.3	0.73	10.6	0.73	40.6	3.00	1.59	172
2	PM026-3-WL-1	6.93	14.8	86.6	3.02	20.8	0.56	6.80	0.69	9.75	15.1	1.57	40
3	PM026-5-WL-1	6.89	13.1	63.0	1.91	20.5	0.85	5.67	0.32	17.2	12.0	0.85	78
4	PM026-13-WL-1	5.4	10.4	45.3	2.91	19.7	0.44	2.85	0.43	32.0	9.72	1.49	19
5	PM026-14-WL-1	7.91	18.7	54.2	1.21	22.4	0.99	4.55	0.46	12.1	11.2	1.74	29
6	PM027-7-WL-1	3.95	16.1	56.1	1.36	21.4	0.88	10.4	1.89	12.3	13.9	2.86	20
7	PM027-8-WL-1	5	8.58	53.5	1.85	19.3	0.69	6.86	1.13	19.6	9.86	1.29	140
8	PM027-13-WL-1	4.09	3.43	22.6	2.03	16.5	1.35	2.92	0.47	27.9	14.9	2.35	19
平均值		5.99	12.9	60.8	2.25	20.4	0.81	6.33	0.77	21.4	11.2	1.72	65
花岗岩等（维诺格拉多夫）平均值		1	3	40	5.5	20	1	5	1.5	20	18	3.5	15

注：据 1：25 万银川市幅区调资料，由国家地质实验测试中心测试。

在原始地幔标准化微量元素蛛网图解（图 21-61）中，大部分样品均显示强烈富集 K、Rb、Th 等大离子亲石元素（LILE），相对亏损 Nb、Ta、P、Ti 等高场强元素（HFSE），相对于 Rb 和 Th 亏损 Ba、富集 U 和 Pb、亏损 Sr 等特征。其中 Sr、Eu 明显负异常，表明可能有斜长石残留，Ti、Nb 和 Ta 亏损，表明残留相中可能还存在 Ti、Fe 氧化物，以上特征显示黄旗口英云闪长岩是在下地壳环境下部分熔融的产物。

5. 稀土元素特征

黄旗口英云闪长岩稀土元素分析数据见表 21-42。稀土元素总量中等，ΣREE 为（153.15～314.31）$\times10^{-6}$，平均为 228.02$\times10^{-6}$；LREE/HREE 为 7.05～19.64、平均为 11.38，ΣCe/ΣY 为 2.82～9.94、平均为 5.11，表明轻重稀土分异显著，轻稀土相对富集，重稀土相对亏损；δEu 为 0.41～0.80、

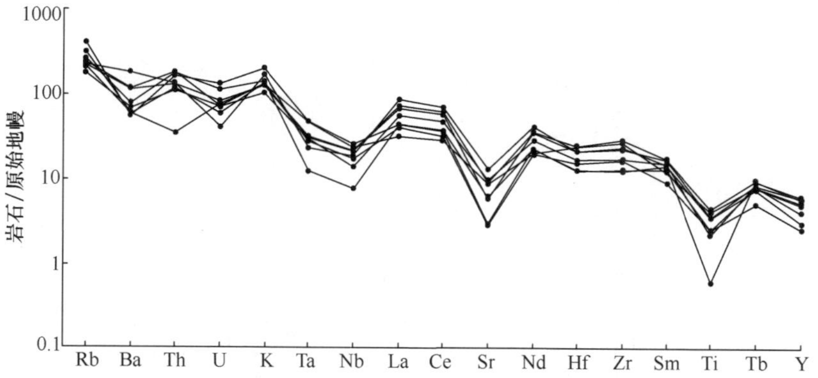

图 21-61　黄旗口英云闪长岩微量元素原始地幔标准化配分曲线

Fig. 21-61　Primitive mantle-normalized trace element spidergram of tonalite in Huangqikou

平均为 0.61，为铕负异常，中等亏损，具壳型花岗岩的特征；$(La/Yb)_N$ 为 8.56~48.09，平均为 20.35，表明稀土配分曲线为向右倾斜的轻稀土富集型（图 21-62），曲线形态比较相似；$(La/Sm)_N$ 为 2.70~5.55，平均为 3.89，反映轻稀土分馏程度中等，属轻稀土富集型；$(Ga/Yb)_N$ 为 2.27~6.53，平均为 3.67，反映重稀土分馏程度较低，属重稀土亏损型。这些特征说明形成这种岩石的岩浆分异较强，具有晚期岩浆的特点。

表 21-42　黄旗口英云闪长岩稀土元素含量及特征参数

Table 21-42　Contents and characteristic parameters of REE of tonalite in Huangqikou

序号	样品编号	$w/10^{-6}$														
		La	Ce	Pr	Nd	Sm	Eu	Gd	Tb	Dy	Ho	Er	Tm	Yb	Lu	Y
1	PM026-2-XT-1	23.5	53.7	6.7	28.3	5.47	1.19	5.47	0.87	4.69	0.89	2.53	0.3	1.85	0.26	25.3
2	PM026-3-XT-1	50.2	109	12.9	50.9	7.4	1.68	7.4	0.94	4.17	0.69	1.78	0.16	0.93	0.14	18.8
3	PM026-5-XT-1	64.2	136	15.9	60.3	7.28	1.89	7.28	0.82	3.25	0.53	1.47	0.16	0.9	0.13	14.2
4	PM026-13-XT-1	42.0	89.9	10.5	40.3	6.96	1.25	6.96	0.97	5.3	0.98	2.99	0.41	2.47	0.35	28.7
5	PM026-14-XT-1	53.6	116	13.6	52.5	7.8	1.58	7.8	1.09	5.26	1.00	2.81	0.33	1.86	0.25	27.2
6	PM027-7-XT-1	31.2	69.2	8.35	32.4	5.99	0.88	5.99	0.9	4.48	0.79	2.24	0.31	1.91	0.28	23.3
7	PM027-8-XT-1	28.8	61.2	7.26	27.8	4.28	0.9	4.28	0.57	2.62	0.46	1.27	0.16	1.18	0.17	12.2
8	PM027-13-XT-1	30.8	70.8	8.48	32.7	6.6	0.87	6.6	1.06	5.65	1.01	2.61	0.31	1.82	0.26	29.1
平均值		40.5	47.6	10.5	40.7	6.47	1.28	6.47	0.90	4.43	0.79	2.21	0.27	1.62	0.23	22.4

序号	样品编号	$w/10^{-6}$				LREE/HREE	ΣCe/ΣY	δEu	$(La/Yb)_N$	$(La/Sm)_N$	$(Gd/Y)_N$
		ΣREE	LREE	HREE	ΣY						
1	PM026-2-XT-1	161.02	118.86	16.86	42.16	7.05	2.82	0.67	8.56	2.70	2.39
2	PM026-3-XT-1	267.09	232.08	16.21	35.01	14.32	6.63	0.70	36.39	4.27	6.42
3	PM026-5-XT-1	314.31	285.57	14.54	28.74	19.64	9.94	0.80	48.09	5.55	6.53
4	PM026-13-XT-1	240.04	190.91	20.43	49.13	9.34	3.89	0.55	11.46	3.80	2.27
5	PM026-14-XT-1	292.68	245.08	20.40	47.60	12.01	5.15	0.63	19.43	4.32	3.38
6	PM027-7-XT-1	188.22	148.02	16.90	40.20	8.76	3.68	0.45	11.01	3.28	2.53
7	PM027-8-XT-1	153.15	130.24	10.71	22.91	12.16	5.68	0.65	16.45	4.23	2.93
8	PM027-13-XT-1	198.67	150.25	19.32	48.42	7.78	3.10	0.41	11.41	2.94	2.93
平均值		228.02	187.63	16.92	39.27	11.38	5.11	0.61	20.35	3.89	3.67

注：据 1∶25 万银川市幅区调资料，由国家地质实验测试中心测试。

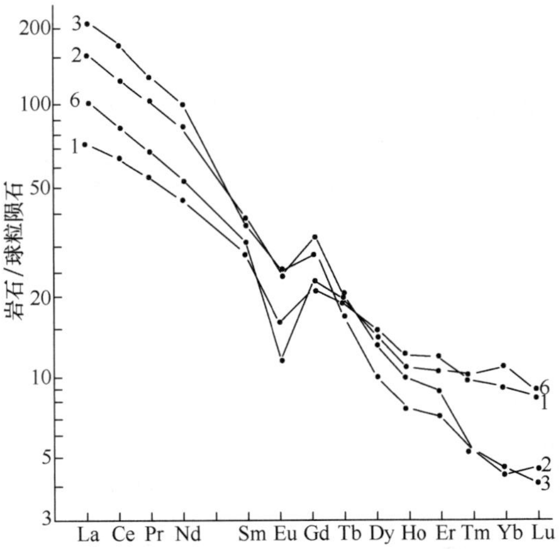

图 21-62 黄旗口英云闪长岩稀土配分曲线

(样品序号同表 21-42)

Fig. 21-62 Rare earth element distribution curves of tonalite in Huangqikou

6. 稳定同位素特征

宁夏地调院在进行 1∶25 万银川市幅区调时，于黄旗口英云闪长岩中获得 8 组全岩氧同位素分析数据，$\delta^{18}O$（V-SMOW）变化在 9.5‰~13.4‰之间，变化范围小，数值较为接近，平均值为 11.5‰，>10.0‰，说明黄旗口英云闪长岩属高 $\delta^{18}O$ 花岗岩类，氧同位素来自于地壳，与我国南岭 S 型花岗岩 $\delta^{18}O$ 相似。

7. 副矿物特征

人工重砂分析表明，岩石中副矿物有锆石（11.4~37 g/t）、磷灰石（1.7~2.8 g/t）、黄铁矿（十几粒~22.1 g/t）、褐铁矿（64.5 g/t）及榍石、褐帘石、钍石、自然铅、白钨矿等。

锆石以浅玫瑰色为主，少数为无色、白色、浅黄色，金刚光泽，透明—半透明，无包裹体，硬度较大，粒度一般为 0.02mm×0.01mm，小者<0.01mm，大者为 0.04mm×0.015mm。锆石呈四方双锥柱状，极个别为粒状，晶体主要有两种（图 21-63），以第一种最常见。

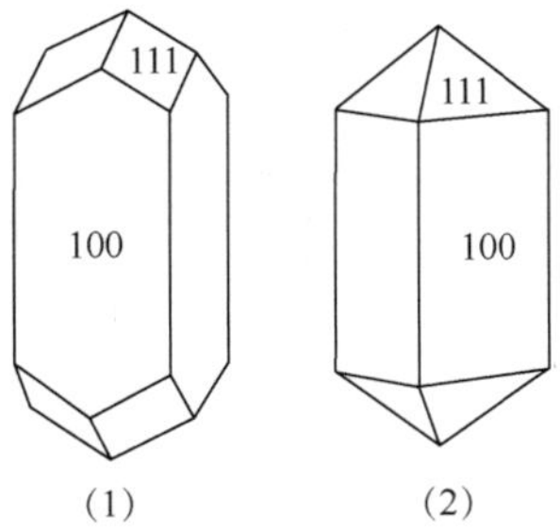

图 21-63 黄旗口英云闪长岩锆石晶形素描图

Fig. 21-63 Sketch showing zircon crystal form of tonalite in Huangqikou

8. 岩石成因类型与形成构造环境

（1）岩石成因类型

前已述及，黄旗口英云闪长岩岩石化学特征具有 S 型花岗岩的一些特点，稀土元素特征及其配分曲线显示了壳源型花岗岩的一些特征。在 SiO_2-Rb 相关图（图 21-64）上样品落在壳源型花岗岩与壳幔型花岗岩分界线附近；在 $\delta Eu-(La/Yb)_N$ 相关图（图 21-65）上绝大多数样品落入壳源型花岗岩区；在 K_2O-Na_2O 图解（图 21-66）和 A-C-F 三角图解（图 21-67）上绝大多数样品落于 S 型花岗岩区。可见，黄旗口英云闪长岩属 S 型花岗岩无疑，是上地壳深熔岩浆侵入而形成的花岗岩类。

（2）形成构造环境

在（Y+Nb）-Rb 图解（图 21-68）上样品集中落在火山弧花岗岩与同碰撞花岗岩分界线附近，在（Yb+Ta）-Rb 图解（图 21-69）上多数样品落入火山弧花岗岩区，并且比较靠近同碰撞花岗岩区，少数样品落入同碰撞花岗岩区。

Maniar 等（1989）在研究花岗岩岩石化学与构造环境时指出，同碰撞花岗岩 $A/CNK>1.15$，而火山弧花岗岩 $A/CNK<1.05$。与之相比，黄旗口英云闪长岩绝大多数 $A/CNK>1.15$，平均值为 1.35，应与同碰撞花岗岩相当，同时该英云闪长岩的其他化学参数与造山型花岗岩类的成分相比，也符合同碰撞花岗岩（Syn-COLG）特征。

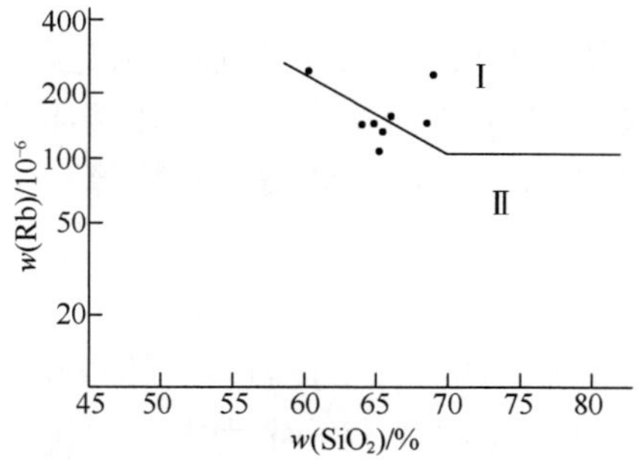

图 21-64　黄旗口英云闪长岩 SiO_2-Rb 相关图

Fig. 21-64　SiO_2-Rb diagram for tonalite in Huangqikou

Ⅰ—壳源型花岗岩；Ⅱ—壳幔型花岗岩

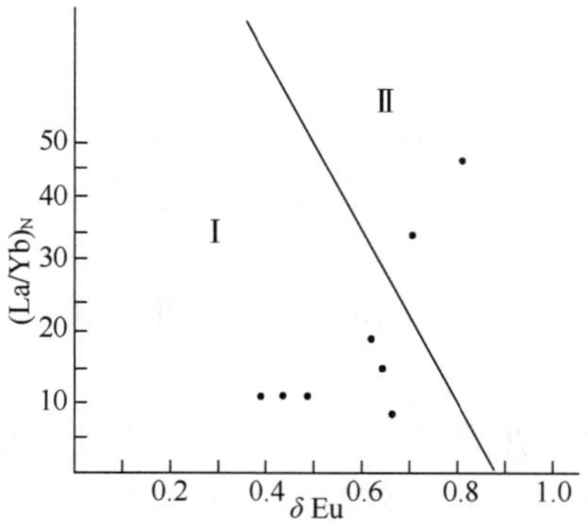

图 21-65　黄旗口英云闪长岩 δEu-$(La/Yb)_N$ 相关图

Fig. 21-65　δEu-$(La/Yb)_N$ diagram for tonalite in Huangqikou

Ⅰ—壳源型花岗岩；Ⅱ—壳幔型花岗岩

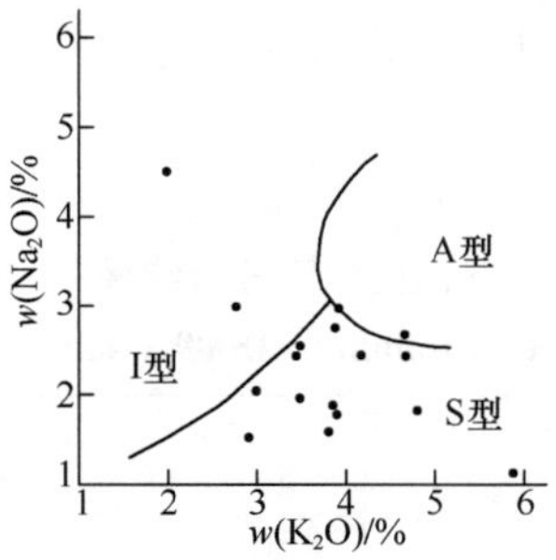

图 21-66　黄旗口英云闪长岩 K_2O-Na_2O 图解

Fig. 21-66　K_2O-Na_2O diagram for tonalite in Huangqikou

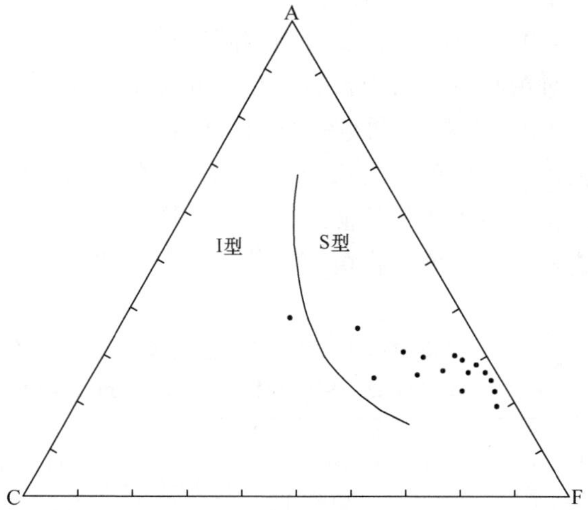

图 21-67　黄旗口英云闪长岩 A-C-F 图解

Fig. 21-67　A-C-F diagram for tonalite in Huangqikou

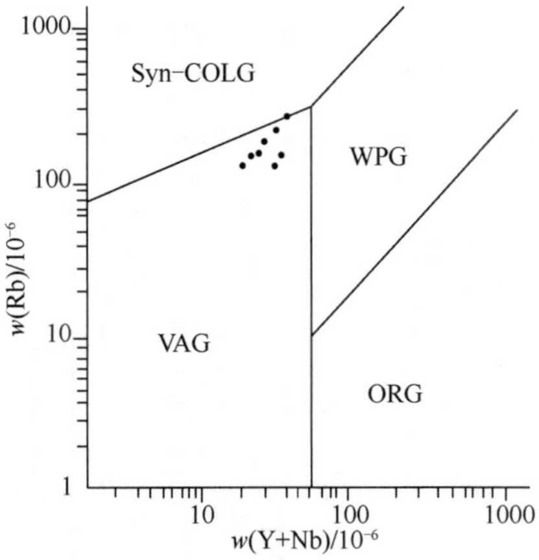

图 21-68　黄旗口英云闪长（Y+Nb)-Rb 图解

Fig. 21-68　(Y+Nb)-Rb diagram for tonalite in Huangqikou

ORG—洋中脊花岗岩；VAG—火山弧花岗岩；

WPG—板内花岗岩；Syn-COLG—同碰撞花岗岩

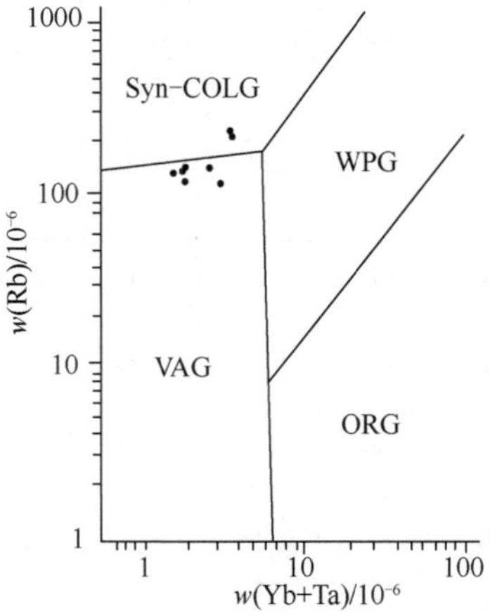

图 21-69　黄旗口英云闪长（Yb+Ta)-Rb 图解

Fig. 21-69　(Yb+Ta)-Rb diagram for tonalite in Huangqikou

ORG—洋中脊花岗岩；VAG—火山弧花岗岩；

WPG—板内花岗岩；Syn-COLG—同碰撞花岗岩

由此可见，黄旗口英云闪长岩应形成于大陆碰撞造山环境。

9. 就位机制

从上述特征可以看出，黄旗口英云闪长岩具有强力就位的特点，其就位过程是：吕梁运动使该区地壳逐渐加厚、压力增大、温度增高，上地壳岩石局部熔融生成中酸性花岗岩浆，在挤压机制的构造环境下，这些岩浆借助于岩浆与围岩的密度差所产生的浮力沿薄弱地带（断裂、裂隙等）上升到地壳浅部应力相对松弛部位汇聚、膨胀、扩张而最终定位。

10. 侵入时代

20 世纪 70 年代末，宁夏区调队在进行 1∶20 万巴伦别立幅区调时，于黄旗口岩体中获得了两组伟晶岩黑云母 K-Ar 法年龄值，分别为 1696Ma、1681Ma，据此将其形成时代确定为古元古代（吕梁期），按现行地质年代表应为中元古代长城纪。20 世纪 90 年代，天津地质矿产研究所又在该岩体中获得了两组 TIMS 锆石 U-Pb 法年龄值，分别为（1425±135）Ma 和（1539±49）Ma，认为黄旗口花岗岩形成时代的下限不会早于长城纪晚期至蓟县纪早期。上述同位素测年结果以及两种认识显然与长城系黄旗口组不整合于该花岗岩之上的地质事实不符。

2009~2010 年，宁夏地调院在进行“宁夏回族自治区地质系列图件编制与综合研究”项目的过程中，对黄旗口英云闪长岩进行了同位素测年研究，获得了（2003±10）Ma（D009 号样）和（1976±17）Ma（D010 号样）两组锆石 SHRIMP U-Pb 定年数据。前者样品采自贺兰山东麓大水渠沟，岩性为浅灰色粗粒黑云母英云闪长岩，其同位素分析结果见表 21-43 和图 21-70；后者样品采自贺兰山东麓大口子沟，岩性为浅灰色似斑状二长花岗岩，其同位素分析结果见表 21-44 和图 21-71。本《志》主要根据这两组年龄值，将黄旗口英云闪长岩的侵入时代定为古元古代晚期。

表 21-43　黄旗口英云闪长岩（D009 号样品）锆石 SHRIMP U-Pb 法同位素分析结果

Table 21-43　SHRIMP U-Pb dating results of zircons from Huangqikou tonalite（D009 sample）

样点号	$^{206}Pb_c$/%	U/10^{-6}	Th/10^{-6}	Th/U	$^{206}Pb^*$/10^{-6}	$^{206}Pb/^{238}U$ 年龄/Ma		$^{207}Pb/^{206}Pb$ 年龄/Ma		$^{207}Pb^*/^{206}Pb^*$	±/%	$^{207}Pb^*/^{235}U$	±/%	$^{206}Pb^*/^{238}U$	±/%
1.1	0.10	169	41	0.25	52.6	1989	±25	2004	±12	0.12344	0.63	6.150	1.5	0.3614	1.4
2.1	0.15	250	50	0.21	73.2	1890	±26	2001	±11	0.12333	0.53	5.792	1.6	0.3406	1.5
3.1	0.30	428	134	0.32	93.8	1468	±28	1936	±11	0.12239	0.45	4.315	1.4	0.2557	1.3
4.1 2.2c	0.15	246	51	0.22	74.4	1942	±29	2001	±10	0.12395	0.51	6.610	1.8	0.3516	1.7
5.1	0.08	276	51	0.19	83.5	1948	±25	2005.8	±9.3	0.12410	0.50	6.035	1.5	0.3527	1.5
6.1	0.40	350	87	0.26	81.4	1538	±19	1941	±16	0.11900	0.60	4.420	1.5	0.2694	1.4
7.1	0.53	255	205	0.83	61.5	1605	±24	1960	±23	0.12951	0.75	5.047	1.6	0.2826	1.4
8.1	0.18	399	115	0.30	97.8	1619	±20	1924	±10	0.11987	0.47	4.717	1.4	0.2854	1.3
9.1	0.56	900	42	0.05	78.6	620.3	±7.8	1219	±20	0.08058	0.61	1.122	1.4	0.1010	1.3
9.2	0.26	414	286	0.71	85.2	1385	±18	1945	±11	0.12193	0.49	4.030	1.4	0.2397	1.3
10.1	0.13	200	68	0.35	66.3	2098	±26	2104	±11	0.12932	0.59	6.860	1.5	0.3847	1.4

注：误差为 1σ，Pb_c 和 Pb^* 分别代表普通铅和放射成因铅；标准校正误差为 0.68%。

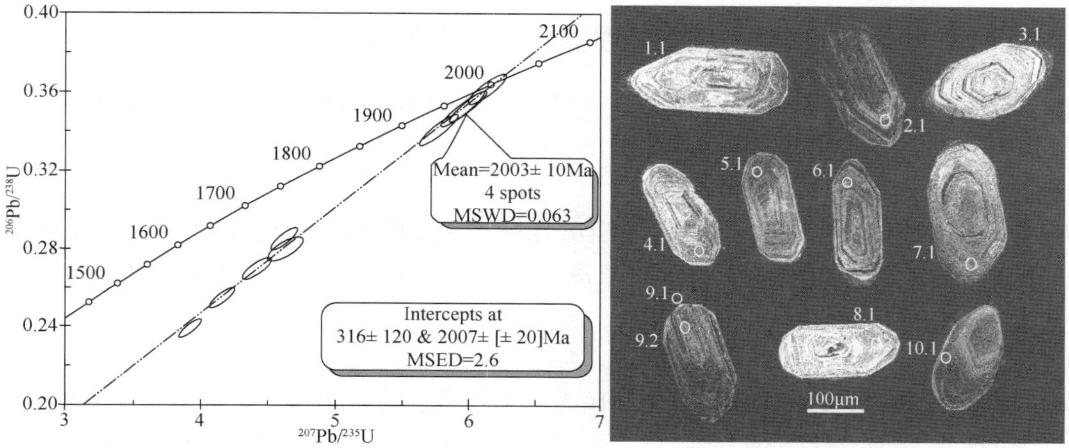

图 21-70 黄旗口英云闪长岩（D009）锆石 SHRIMP U-Pb 法年龄谐和图（左）及阴极发光图像（右）（据王成等，2012）

Fig. 21-70 The concordia diagram of zircon U-Pb dating results (left) and CL images of representative zircons (right) of tonalite in Huangqikou (D009 sample)

表 21-44 黄旗口英云闪长岩（D010 号样品）锆石 SHRIMP U-Pb 法同位素分析结果

Table 21-44 SHRIMP U-Pb dating results of zircons from Huangqikou tonalite (D010 sample)

样点号	$^{206}Pb_c$ / %	U / 10^{-6}	Th / 10^{-6}	Th/U	$^{206}Pb^*$ / 10^{-6}	$^{206}Pb/^{238}U$ 年龄/Ma		$^{207}Pb/^{206}Pb$ 年龄/Ma		$^{207}Pb^*/^{206}Pb^*$	±/%	$^{207}Pb^*/^{235}U$	±/%	$^{206}Pb^*/^{238}U$	±/%
1.1	0.33	440	49	0.11	87.9	1342	±17	1827	±17	0.11092	0.87	3.541	1.6	0.2315	1.4
2.1	0.08	590	69	0.12	125.0	1417	±17	1845	±8.4	0.11385	0.43	3.859	1.4	0.2458	1.3
3.1	0.18	341	38	0.12	82.1	1590	±19	1892	±14	0.11577	0.73	4.464	1.5	0.2793	1.3
4.1 2.2c	0.68	511	47	0.10	93.3	1228	±15	1812	±17	0.10705	0.60	3.097	1.5	0.2098	1.3
5.1	0.16	374	46	0.13	94.0	1650	±20	1907	±10	0.11656	0.50	4.687	1.4	0.2916	1.3
6.1	0.91	397	188	0.49	94.6	1558	±20	1922	±19	0.11580	0.59	4.366	1.5	0.2735	1.3
7.1	0.11	249	47	0.20	67.4	1703	±22	1956	±11	0.11878	0.56	5.153	1.5	0.3146	1.4
8.1	0.51	583	92	0.16	91.5	1075	±14	1695	±15	0.10267	0.52	2.570	1.4	0.1815	1.3
9.1	0.19	304	41	0.14	70.3	1533	±19	1869	±12	0.11294	0.55	4.180	1.4	0.2684	1.3
10.1	0.05	293	117	0.41	81.9	1814	±24	1947	±10	0.11984	0.51	5.370	1.6	0.3250	1.5

注：误差为 1σ，Pb_c和 Pb^* 分别代表普通铅和放射成因铅；标准校正误差为 0.68%。

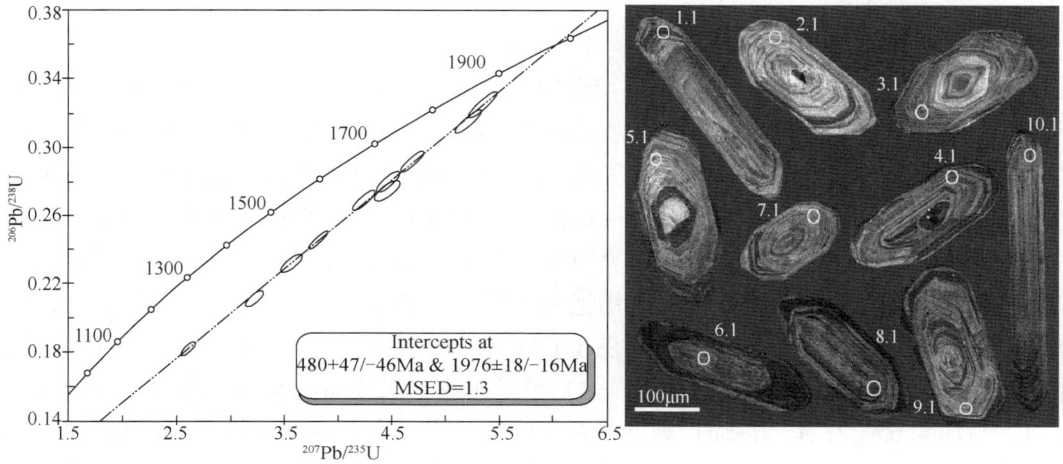

图 21-71 黄旗口英云闪长岩（D010）锆石 SHRIMP U-Pb 法年龄谐和图（左）及阴极发光图像（右）（据王成等，2012）

Fig. 21-71 The concordia diagram of zircon U-Pb dating results (left) and CL images of representative zircons (right) of tonalite in Huangqikou (D010 sample)

二、中元古代中—酸性侵入岩

中元古代中—酸性侵入岩仅有花岗斑岩（$\gamma\pi Pt_2$），因分布于六盘山南段的泾源县石嘴子，故又称石嘴子花岗斑岩。

1. 地质特征

石嘴子花岗斑岩位于六盘山最南端宁夏泾源县新民乡石嘴子村附近，岩体周围第四系覆盖严重，零星出露有3处露头，总面积不足$1km^2$，未见侵入于其他地质体中，古近系清水营组不整合覆于其上。

2. 岩石学特征

岩石类型较单一，为花岗斑岩，岩石呈暗紫、褐红色，块状构造，斑状结构。斑晶含量20%~25%，主要由石英、钾长石及少量酸性斜长石组成，粒径1~15mm。基质含量70%~75%，显示霏细结构，由长英质细粒、微粒或粉末状隐晶质组成。岩石具弱的泥化蚀变现象，磁铁矿、褐铁矿呈粒状或粉末状浸染分布于岩石中。

3. 岩石化学特征

岩石化学成分（表21-45）与中国花岗岩氧化物平均值相比，SiO_2、K_2O含量偏高，其余者接近。其中SiO_2含量高达73.38%，且含原生石英，属硅过饱和岩石；里特曼指数δ为2.41，碱度指数KN/A为0.75，属钙碱性花岗岩。铁氧化指数为0.73，$FeO>Fe_2O_3$，反映岩石形成于地表浅部。

表21-45　石嘴子花岗斑岩主量元素分析结果

Table 21-45　Major elements result for granite porphyry in Shizuizi　　（单位：w/%）

样品编号	SiO_2	TiO_2	Al_2O_3	Fe_2O_3	MnO	MgO	CaO	Na_2O	K_2O	P_2O_5	LOI
jy-01	74.49	0.44	11.22	4.08	0.02	0.59	0.5	1.89	5.68	0.08	1.02
jy-02	73.42	0.44	11.15	4.67	0.03	0.59	1.33	1.84	5.06	0.07	0.87
jy-03	72.83	0.51	11.84	4.54	0.02	0.57	0.93	1.9	5.9	0.09	0.92
jy-04	73.83	0.41	11.29	4.26	0.02	0.56	0.56	2.19	5.38	0.07	0.92
jy-06	72.72	0.48	10.96	4.77	0.02	0.41	1.75	2.38	5.17	0.08	1.37
jy-07	72.28	0.46	10.78	4.84	0.02	0.42	1.53	1.87	5.77	0.08	1.47
jy-08	76.65	0.37	10.59	3.56	0.01	0.19	0.17	0.95	7.02	0.06	0.38
jy-12	76.69	0.35	10.59	2.55	0.03	0.16	0.84	1.14	6.77	0.05	0.77

注：资料来自于高山林（2012）。

岩石具有高硅特征，$w(SiO_2)$=72.28%~76.69%，相对富铝，$w(Al_2O_3)$=10.59%~11.84%，岩石的Na_2O和K_2O含量高，Na_2O+K_2O平均值为7.61%，且K_2O/Na_2O为2.17~7.39，富钾是其最显著的特点之一，在SiO_2-K_2O图解中落入钾玄岩系列，在TAS图解中落入亚碱性花岗岩区域；样品的MgO、TiO_2和P_2O_5含量相对低，$w(MgO)$=0.16%~0.59%，$w(TiO_2)$=0.35%~0.51%，$w(P_2O_5)$=0.05%~0.09%。样品的MgO、TiO_2、P_2O_5、Sr、Zr等均与SiO_2呈负相关，表明随岩浆演化，可能存在斜长石、Fe-Ti氧化物和磷灰石等的分离结晶。岩石铝饱和指数A/CNK值（0.86~1.11）多数小于1.1，岩石的碱铝指数（AKI）介于0.76~0.87之间，在$A/CNK-A/NK$关系图（图21-72）上，样品投点在准铝质—过铝质区，CIPW标准矿物中多有刚玉（C）分子出现，属铝质花岗岩；碱度率指数（$A \cdot R$）为3.47~6.71，平均4.65，在$A \cdot R-SiO_2$碱度关系图中样品投点全部落在碱性区，但标准矿物中未见霞石（Ne）、白榴石（Lc）、霓石（Ac）等碱性标准矿物，反映出该岩体岩石的碱质并不过剩，总体显示了富硅钾低钙镁弱碱性花岗岩特征。

4. 稀土元素和微量元素特征

花岗斑岩稀土元素总量（表21-46）$\sum$REE较高，为340.42×10^{-6}~468.92×10^{-6}，远高于I型和S

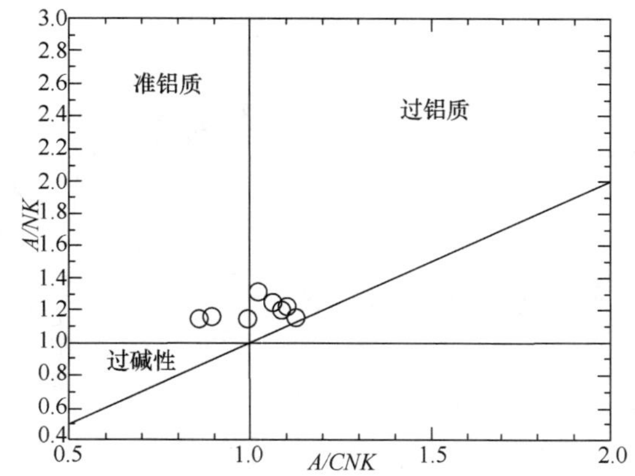

图 21-72　石嘴子花岗斑岩 *A/NK-A/CNK* 图解

Fig. 21-72　*A/NK-A/CNK* diagram for granite porphyry in Shizuizi

型的稀土总量 114.71×10⁻⁶和 173.14×10⁻⁶，轻重稀土元素比值（LREE/HREE）为 7.04~9.02，$(La/Yb)_N$为 7.44~11.32，相对富集轻稀土。δEu 为 0.11~0.51，Eu 亏损显著，Ce 含量较高，均值达 163×10⁻⁶。$(La/Sm)_N$和 $(Gd/Yb)_N$值分别为 3.72~4.19 和 1.34~1.62，轻重稀土元素分馏明显，所有样品均表现出轻稀土比重稀土分馏更显著，稀土元素球粒陨石标准化分布型式呈典型的 A 型花岗岩样式（图 21-73）。

表 21-46　石嘴子花岗斑岩稀土元素分析结果

Table 21-46　Analysis results of REE of granite porphyry in Shizuizi　（单位：$w/10^{-6}$）

样品号	La	Ce	Pr	Nd	Sm	Eu	Gd	Tb
jy-01	95.424	193.429	22.29	90.559	14.943	1.928	14.644	2.14
jy-02	73.249	139.942	16.619	68.568	12.724	1.435	11.808	1.925
jy-03	91.742	202.531	20.772	84.042	14.633	1.778	13.894	2.084
jy-04	103.544	182.805	22.134	89.279	15.958	1.89	13.987	2.133
jy-06	76.309	150.246	17.601	71.422	12.95	1.575	12.677	2.03
jy-07	71.515	134.285	15.519	64.791	11.733	1.484	11.054	1.819
jy-08	79.476	151.32	17.573	70.594	13.07	1.266	12.32	1.886
jy-12	76.254	148.216	16.944	68.572	12.308	1.212	11.681	1.868

样品号	Dy	Ho	Er	Tm	Yb	Lu	Y
jy-01	13.502	2.657	7.438	1.257	7.628	1.083	58.959
jy-02	12.145	2.335	6.779	1.17	7.067	0.981	51.711
jy-03	13.266	2.558	8.026	1.387	8.593	1.213	51.073
jy-04	12.378	2.348	6.619	1.094	6.56	0.954	49.41
jy-06	13.102	2.473	6.98	1.231	7.296	1.066	55.06
jy-07	11.328	2.167	6.35	1.077	6.388	0.912	49.832
jy-08	12.183	2.249	6.844	1.164	7.192	0.932	54.246
jy-12	11.23	2.207	6.222	1.033	5.96	0.818	48.907

注：资料来自于高山林（2012）。

微量元素（表 21-47）中大离子亲石元素 Rb、Ba、Th、U 等含量高，明显富集 Rb、Ba、Th、K 等大离子亲石元素（LILE）。在原始地幔的标准化蛛网图中，亏损高场强元素，Nb、Ta、Ti（HFSE）、P、Sr、Eu 十分明显负异常，相对富集 Zr、Hf，Zr 达 380×10⁻⁶以上，这些特征与扬子地块北缘华山元古宙环斑花岗岩、吕梁地区新元古代晚期造山后花岗岩、柴北缘元古宙环斑花岗岩的特征接近。Sr 、Eu 强烈负异常表明岩浆发生了明显的长石分离结晶，P 和 Ti 的亏损说明岩浆经历了磷灰石以及钛铁矿

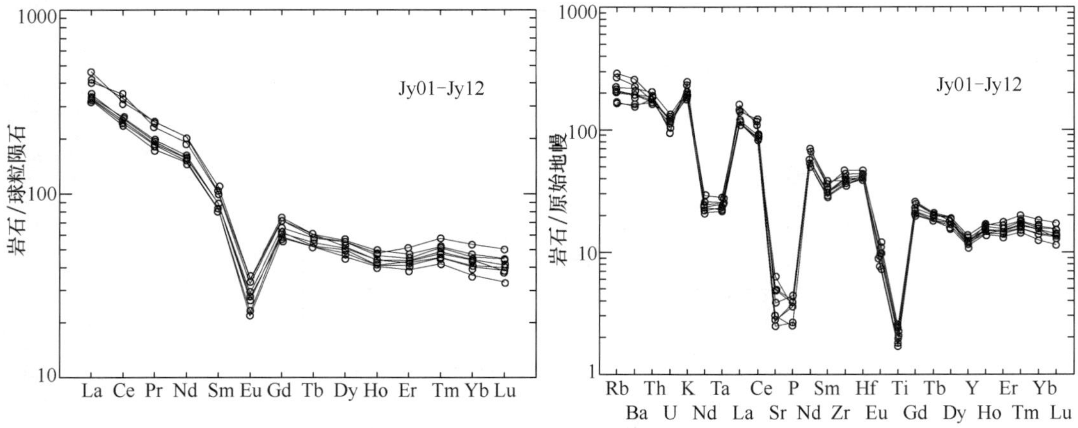

图 21-73　石嘴子花岗斑岩稀土元素配分曲线和微量元素蛛网图

Fig. 21-73　REE distribution curves and trace element spidergram of granite porphyry in Shizuizi

等矿物的分离结晶作用，Nb、Ta 的亏损应该与岩浆源区岩石中陆壳组分的参与有关，指示其岩浆可能来源于地壳重熔。$(Rb/Nb)_N$ 比值为 6.5~13.2，明显高于大陆壳的 $(Rb/Nb)_N$ 比值（2.2~4.7），暗示着陆壳物质的贡献较大，导致 Rb 的含量相对增大。

表 21-47　石嘴子花岗斑岩的微量元素分析结果

Table 21-47　Analysis results of trace element of granite porphyry in Shizuizi（单位：$w/10^{-6}$）

样品编号	Ba	Sr	Ga	Pb	Rb	Th	U	Zr	Nb	Hf	Ta
jy-01	1296.93	54.331	17.417	5.626	124.318	14.996	2.314	462.589	17.641	12.915	0.991
jy-02	1296.93	1272.17	125.442	18.877	4.341	119.705	13.867	2.368	419.679	16.26	11.789
jy-03	1447.52	75.995	21.988	5.445	132.438	16.327	2.659	494.149	19.574	13.654	1.088
jy-04	1293.03	53.869	19.196	4.135	124.939	13.433	2.214	408.897	15.655	11.515	0.954
jy-06	1022.69	98.962	16.4	5.373	100.4	14.365	2.361	425.927	17.413	12.333	0.994
jy-07	1036.73	96.958	14.377	4.977	97.61	13.319	2.394	380.467	15.44	11.475	0.85
jy-08	1743.91	50.258	16.972	9.145	176.486	15.382	1.933	406.543	14.977	12.408	0.908
jy-12	1558.19	61.125	14.938	12.051	162.752	14.191	2.09	381.719	14.5	11.778	0.856

注：资料来自于高山林（2012）。

5. 成因与构造环境探讨

岩石的 Ga 含量较高，平均 17.5×10^{-6}，$10000\times Ga/Al$ 值为 2.52~3.51，除一个数据外其余均大于 A 型花岗岩的下限值 2.6，明显高于 I 型和 S 型花岗岩的平均值，在 10000Ga/Al-Nb、10000Ga/Al-Y、10000Ga/Al-Zr 和 10000Ga/Al-K_2O/MgO 图解（图 21-74）上，样品绝大多数落于 A 型花岗岩区域。花岗岩体的 Y/Nb 比值为 2.61~3.62，大于 1.2，在 Y-Nb-Ce 和 Y-Nb-3Ga 花岗岩类型判别图解（图 21-75）上，都表现为 A_2 型花岗岩的特征。HFSE 元素含量高，元素组合 Zr+Nb+Ce+Y 含量为（580~767）$\times10^{-6}$，高于 A 型花岗岩下限值（350×10^{-6}）。整个陆壳 Rb/Sr 平均值约为 0.24，而泾源石嘴子花岗斑岩 Rb/Sr 比值为 0.95~2.66，平均为 1.94，远高于整个陆壳的平均值，说明岩浆的演化程度高。La/Nb 为 4.38~6.61，远远大于 1，区别于地幔来源的岩浆，指示着该区的花岗岩类可能主要来源于陆壳；岩石的 Nb/Ta 与 Zr/Hf 基本保持不变，Nb/Ta 与 Zr/Hf 分别为 16.42~17.99 和 32.41~36.19，前者与原始地幔的相应值接近，后者大多数高于地壳的相应值，Th/U 比值（6.56~7.95）高于地壳平均值，表明成岩过程中受到一定地幔组分的影响。

对于 SiO_2 含量在 67%~77%之间的铝质花岗岩，其 CaO/Na_2O 的比值对源区成分具有较好的指示意义。由砂岩（或正变质岩）部分熔融形成的花岗质熔体的 CaO/Na_2O 比值高于由泥岩形成的熔体。

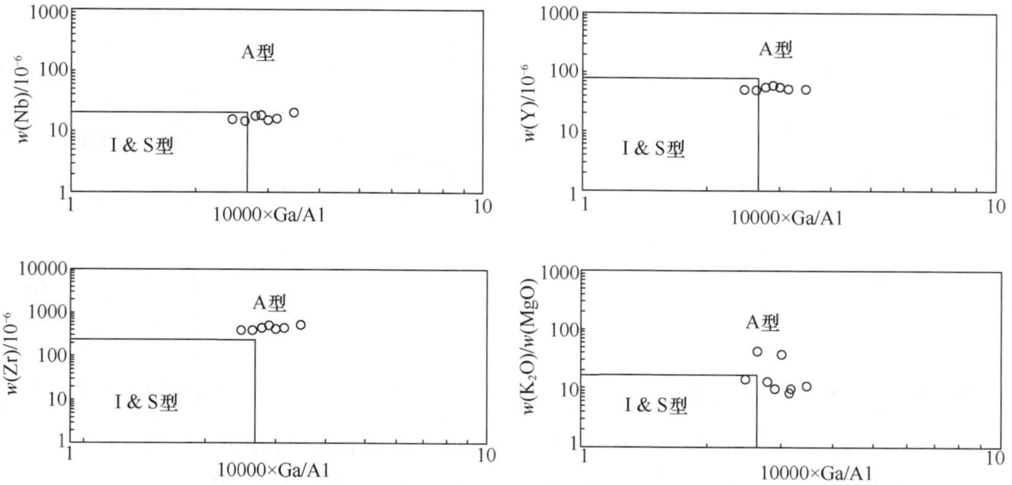

图 21-74　A 型花岗岩判别图解

（据 Whalen et al.，1987）

Fig. 21-74　Discrimination diagrams for A-type granites

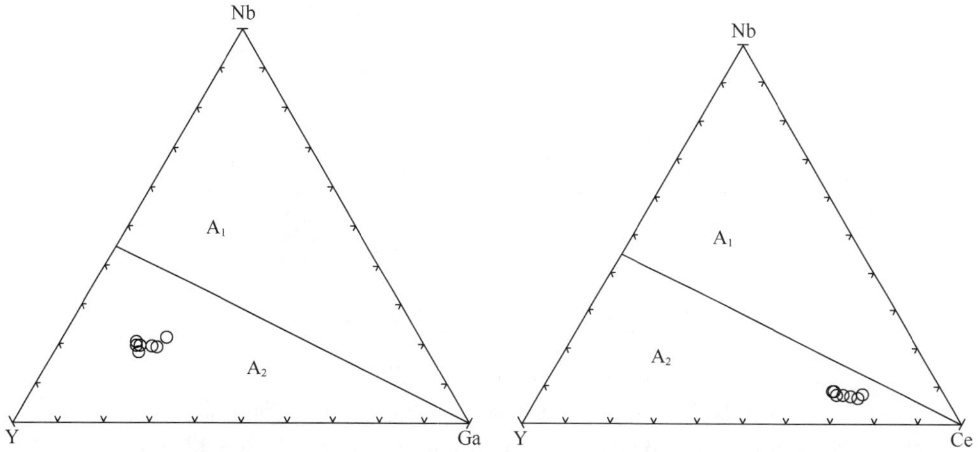

图 21-75　A_1 和 A_2 型花岗岩亚类的三角形判别图解

（据 Eby，1992）

Fig. 21-75　Triangle discrimination diagrams for A_1 and A_2 subtype granites

CaO/Na_2O 比大于 0.3 的源区为砂岩或正变质岩区，CaO/Na_2O 比值小于 0.3 的多为泥岩岩石局部熔融生成。花岗岩样品的 CaO/Na_2O 值大于 0.3，3 个样品的 CaO/Na_2O 小于 0.3，表明源区为变质砂岩与泥岩的混合区，钾含量高指示着主要为杂砂岩或长石砂岩区，因此综合推测该花岗岩源区应为大陆边缘区。A 型花岗岩类的结晶分异作用对高场强元素 Y/Nb 比值的影响很小，在 Ce/Nb-Y/Nb 图解中，所有点落入靠近 IAB 区，而远离 OIB 区，暗示它和软流圈地幔没有成因联系，而与俯冲作用有关，暗示着源区可能为陆缘弧沉积区或陆缘变质岩区。

A 型花岗岩形成于造山后或非造山的岩石圈伸展构造环境，A_2 型花岗岩的形成均与地壳的拉张作用有关，岩浆可能起源于经历了陆-陆碰撞或岛弧岩浆作用的陆壳或板下地壳，为造山作用结束后不久即开始的拉张。在 SiO_2 与 Al_2O_3 构造环境判别图上投点到 RRG+CEUG 范围内，表明与伸展有关的环境；在 Rb-Y 和 Nb-Y 环境判别图上，样品点都落入板内或后碰撞范围内（图 21-76）；SiO_2-lg［$CaO/(Na_2O+K_2O)$］图解显示，花岗岩位于引张型岩浆作用区，在 R_1-R_2 构造环境图解上投点全部位于造山后区域（图 21-77），总体表现了造山期后花岗岩特征。

在华北克拉通的北缘以麻粒岩相、孔兹岩系及造山型花岗岩为标志的造山带形成，近于同一时期，华北克拉通南部同样也发育该时期的造山。华北克拉通周缘在古元古代晚期的造山事件具有大区域特征。华北克拉通古元古代末期-中元古代早期的造山后发生伸展形成多个拗拉谷，有人认为是与哥伦比

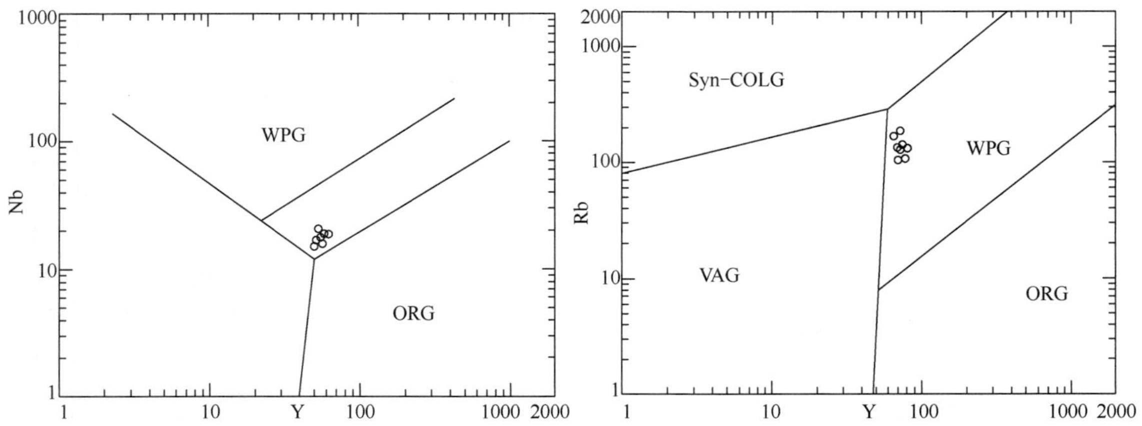

图 21-76　石嘴子花岗斑岩微量元素构造环境判别图

Fig. 21-76　Tectonic setting discrimination diagrams of granite porphyry in Shizuizi

WPG—板内花岗岩；ORG—洋中脊花岗岩；VAG—火山弧花岗岩；Syn-COLG—同碰撞花岗岩

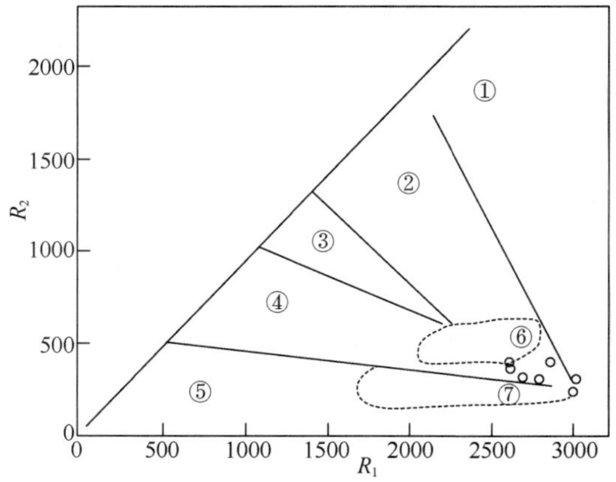

图 21-77　石嘴子花岗斑岩 R_1-R_2 图解

Fig. 21-77　R_1-R_2 diagram for granite porphyry in Shizuizi

①地幔分离；②板块碰撞前的；③板块碰撞后的；④造山晚期的；⑤非造山的；⑥同碰撞期的；⑦造山期后的

亚超大陆（Columbia）早—中元古代裂解过程有关。目前华北克拉通的该期事件的岩石学证据与论述多集中于中部与南北两侧，但贺兰拗拉谷前人没有提出相应的岩石学证据。泾源地区中元古代早期 A 型花岗岩的发现为贺兰拗拉谷的发育提供了岩石学和年代学证据。

6. 侵入时代

前人根据区域资料，推测石嘴子花岗斑岩形成时代为加里东期或印支晚期—早侏罗世。

2009—2010 年，宁夏地调院在进行“宁夏回族自治区地质系列图件编制与综合研究”项目的过程中，对分布于六盘山南段的石嘴子花岗斑岩进行了同位素测年研究，获得了一组精度较高的锆石 SHRIMP U-Pb 年龄数据（1778±14）Ma，其同位素测定结果见表 21-48 和图 21-78。

表 21-48　石嘴子花岗斑岩（D001 样品）锆石 SHRIMP U-Pb 法同位素分析结果

Table 21-48　SHRIMP U-Pb dating results of zircons from granite porphyry in Shizuizi（D001 sample）

样点号	$^{206}Pb_c$/%	U/10^{-6}	Th/10^{-6}	Th/U	$^{206}Pb^*$/10^{-6}	$^{206}Pb/^{238}U$ 年龄/Ma		$^{207}Pb/^{206}Pb$ 年龄/Ma		$^{207}Pb^*/^{206}Pb^*$	±/%	$^{207}Pb^*/^{235}U$	±/%	$^{206}Pb^*/^{238}U$	±/%
1. 1	0. 44	64	40	0. 66	17. 4	1777	±29	1783	±45	0. 10816	2. 3	4. 730	2. 9	0. 3173	1. 7
2. 1	0. 05	151	110	0. 76	41. 5	1799	±27	1758	±14	0. 11191	0. 72	4. 968	1. 7	0. 3219	1. 6
3. 1	0. 15	82	68	0. 86	22. 7	1799	±27	1756	±22	0. 10710	1. 0	4. 753	1. 9	0. 3219	1. 5
4. 1	0. 00	59	40	0. 70	16. 5	1815	±29	1782	±22	0. 10920	1. 2	4. 900	2. 1	0. 3252	1. 7
5. 1	0. 37	68	55	0. 85	18. 6	1796	±29	1794	±27	0. 11230	1. 1	4. 974	2. 0	0. 3212	1. 6

续表

样点号	$^{206}Pb_c$/%	U/10^{-6}	Th/10^{-6}	Th/U	$^{206}Pb^*$/10^{-6}	$^{206}Pb/^{238}U$ 年龄/Ma		$^{207}Pb/^{206}Pb$ 年龄/Ma		$^{207}Pb^*/^{206}Pb^*$	±/%	$^{207}Pb^*/^{235}U$	±/%	$^{206}Pb^*/^{238}U$	±/%
6. 1	0. 16	92	75	0. 85	25. 5	1805	±27	1775	±21	0. 11030	0. 98	4. 915	1. 8	0. 3232	1. 6
7. 1	0. 23	52	34	0. 67	14. 1	1773	±29	1791	±28	0. 1106	1. 3	4. 830	2. 1	0. 3166	1. 7
8. 1	0. 09	58	37	0. 66	16. 0	1802	±41	1800	±29	0. 10590	1. 4	4. 710	2. 8	0. 3226	2. 4
8. 2	0. 37	157	147	0. 97	43. 5	1793	±25	1791	±18	0. 10915	0. 74	4. 826	1. 6	0. 3206	1. 4
9. 1	0. 09	773	417	0. 56	24. 9	236. 8	±3. 4	249	±35	0. 04971	1. 4	0. 2565	2. 0	0. 03742	1. 3
10. 1	0. 17	61	51	0. 87	16. 8	1795	±29	1798	±22	0. 10940	1. 2	4. 843	2. 0	0. 3212	1. 6
11. 1	0. 06	210	62	0. 31	68. 0	2059	±25	2055	±10	0. 12745	0. 55	6. 615	1. 5	0. 3764	1. 4
12. 1	1. 29	809	410	0. 52	27. 0	243. 1	±3. 5	229	±85	0. 05161	1. 4	0. 2734	2. 0	0. 03843	1. 3
13. 1	0. 45	105	87	0. 86	28. 2	1750	±26	1752	±36	0. 10850	1. 5	4. 667	2. 1	0. 3119	1. 3

注：误差为 1σ，Pb_c和 Pb^* 分别代表普通铅和放射成因铅；标准校正误差为 0. 68%。

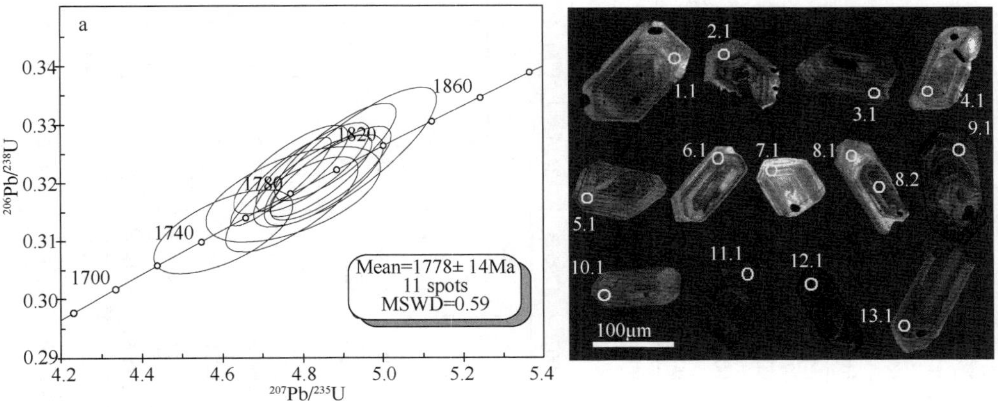

图 21-78　石嘴子花岗斑岩锆石 SHRIMP U-Pb 法年龄谐和图（左）及阴极发光图像（右）
（据王成等，2012）

Fig. 21-78　The concordia diagram of zircon U-Pb dating results（left）and CL images of representative zircons（right）of granite porphyry in Shizuizi

2012 年，高山林对石嘴子花岗斑岩进行了同位素测年研究，获得一组 LA-ICP-MS 法锆石 U-Pb 年龄值（1788±12）Ma（表 21-49，图 21-79），其结果与宁夏地调院所获得的年龄数值非常接近。

本《志》根据上述两组同位素年龄，将石嘴子花岗斑岩侵入时代确定为中元古代早期。

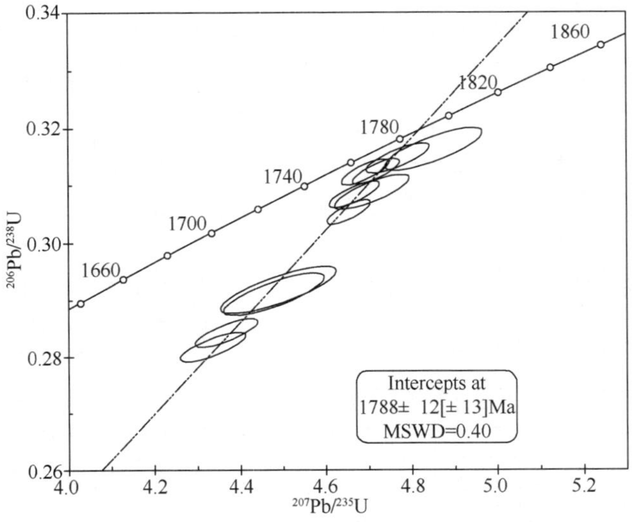

图 21-79　石嘴子花岗斑岩锆石 LA-ICP-MS U-Pb 年龄谐和图

Fig. 21-79　The concordia diagram of zircon LA-ICP-MS U-Pb dating results of granite porphyry in Shizuizi

表 21-49　石嘴子花岗斑岩锆石 LA-ICP-MS U-Pb 同位素分析数据

Table 21-49　LA-ICP-MS U-Pb isotopic analysis results of zircons from granite porphyry in Shizuizi

测试点号	U/Th	U-Th-Pb 比值								年龄/Ma							
		$^{207}Pb/Pb^{206}$	1σ	$^{207}Pb/^{235}U$	1σ	$^{206}Pb/^{238}U$	1σ	$^{208}Pb/^{232}Th$	1σ	$^{207}Pb/^{206}Pb$	1σ	$^{207}Pb/^{235}U$	1σ	$^{206}Pb/^{238}U$	1σ	$^{208}Pb/Th^{232}$	1σ
JYN. 01	1. 32	0. 1161	0. 0024	4. 5836	0. 0882	0. 2864	0. 0027	0. 0855	0. 0013	1896. 9	37. 4	1746. 3	16. 0	1623. 3	13. 7	1658. 4	24. 09
JYN. 02	1. 15	0. 1077	0. 0022	4. 6343	0. 0874	0. 3122	0. 0029	0. 0855	0. 0012	1760. 3	37. 2	1755. 5	15. 8	1751. 4	14. 4	1658	22. 1
JYN. 03	1. 16	0. 1146	0. 0025	4. 8177	0. 0977	0. 3050	0. 0031	0. 0868	0. 0013	1872. 8	39. 0	1788	17. 1	1716. 2	15. 5	1682. 5	24. 6
JYN. 04	1. 29	0. 1246	0. 0032	4. 8457	0. 1199	0. 2821	0. 0035	0. 0981	0. 0018	2022. 7	45. 4	1792. 9	20. 8	1602. 1	17. 4	1891. 1	33. 6
JYN. 05	1. 20	0. 1113	0. 0023	4. 8523	0. 0931	0. 3163	0. 0031	0. 0886	0. 0013	1820. 1	37. 4	1794	16. 2	1771. 6	15. 1	1715. 8	23. 9
JYN. 06	1. 10	0. 1136	0. 0013	4. 9024	0. 0369	0. 3130	0. 0016	0. 0900	0. 0005	1857. 9	21. 0	1802. 7	6. 4	1755. 3	8. 0	1742. 1	9. 9
JYN. 07	1. 07	0. 1114	0. 0018	4. 3677	0. 0599	0. 2842	0. 0021	0. 0788	0. 0008	1823. 1	29. 3	1706. 3	11. 3	1612. 7	10. 4	1532. 9	14. 7
JYN. 08	1. 22	0. 1141	0. 0021	4. 3879	0. 0717	0. 2788	0. 0023	0. 0822	0. 0010	1866. 3	33. 1	1710. 1	13. 5	1585. 4	11. 8	1597. 5	18. 9
JYN. 9	1. 07	0. 1087	0. 0014	4. 1541	0. 0357	0. 2772	0. 0015	0. 0786	0. 0005	1777. 5	22. 6	1665	7. 0	1577. 2	7. 7	1529. 6	9. 6
JYN. 10	1. 11	0. 1098	0. 0015	4. 6674	0. 0480	0. 3084	0. 0019	0. 0870	0. 0007	1795. 3	24. 6	1761. 4	8. 6	1732. 9	9. 3	1685. 1	12. 5
JYN. 11	1. 04	0. 1106	0. 0014	4. 6548	0. 0414	0. 3053	0. 0017	0. 0903	0. 0006	1808. 7	22. 8	1759. 2	7. 4	1717. 7	8. 5	1746. 6	11. 1
JYN. 12	1. 71	0. 1116	0. 0029	4. 4898	0. 1103	0. 2918	0. 0034	0. 0875	0. 0019	1825. 5	46. 2	1729. 1	20. 4	1650. 5	16. 7	1695	35. 6
JYN. 13	1. 36	0. 1116	0. 0026	4. 4790	0. 0964	0. 2910	0. 0030	0. 0850	0. 0014	1826. 1	41. 3	1727. 1	17. 9	1646. 5	15. 1	1648. 3	26. 9
JYN. 14	1. 36	0. 1106	0. 0019	4. 7091	0. 0706	0. 3089	0. 0024	0. 0896	0. 0011	1808. 9	31. 2	1768. 9	12. 6	1735. 1	12. 0	1733. 6	19. 8
JYN. 15	1. 20	0. 1083	0. 0014	4. 8374	0. 0443	0. 3239	0. 0018	0. 0921	0. 0007	1771. 5	23. 2	1791. 4	7. 7	1808. 5	9. 0	1780. 9	12. 2
JYN. 16	1. 08	0. 1082	0. 0017	4. 1294	0. 0533	0. 2767	0. 0019	0. 0736	0. 0007	1769. 7	28. 4	1660. 1	10. 6	1574. 8	9. 8	1435	13. 1
JYN. 17	1. 25	0. 1099	0. 0017	4. 7691	0. 0600	0. 3147	0. 0022	0. 0925	0. 0009	1797. 8	27. 7	1779. 5	10. 6	1763. 8	10. 7	1788. 6	16. 5
JYN. 18	3. 88	0. 1214	0. 0015	5. 2297	0. 0459	0. 3125	0. 0018	0. 0861	0. 0010	1976. 6	22. 2	1857. 5	7. 5	1752. 9	8. 8	1669. 7	18. 6
JYN. 19	2. 78	0. 1218	0. 0016	5. 6406	0. 0568	0. 3360	0. 0021	0. 0967	0. 0011	1982. 3	23. 7	1922. 3	8. 7	1867. 2	10. 3	1865. 9	20. 5
JYN. 20	1. 09	0. 1096	0. 0014	4. 7178	0. 0450	0. 3123	0. 0018	0. 0887	0. 0006	1791. 9	23. 6	1770. 4	8. 0	1752. 2	9. 0	1718. 1	11. 8
JYN. 21	1. 23	0. 1207	0. 0035	4. 0854	0. 1131	0. 2455	0. 0032	0. 0766	0. 0016	1966. 8	50. 8	1651. 4	22. 6	1415	16. 6	1492. 5	29. 8
JYN. 22	1. 23	0. 1082	0. 0018	4. 3418	0. 0609	0. 2910	0. 0022	0. 0851	0. 0009	1769. 7	30. 0	1701. 3	11. 6	1646. 3	10. 8	1650. 5	16. 7
JYN. 23	1. 34	0. 1090	0. 0014	4. 6932	0. 0457	0. 3123	0. 0019	0. 0913	0. 0007	1782. 6	23. 9	1766	8. 2	1752	9. 1	1765. 9	13. 2
JYN. 24	1. 09	0. 1116	0. 0019	4. 3368	0. 0625	0. 2818	0. 0021	0. 0822	0. 0009	1826. 1	30. 3	1700. 4	11. 9	1600. 2	10. 8	1595. 7	15. 8

三、早古生代中—酸性侵入岩

早古生代中—酸性侵入岩分布于南华山—月亮山地区，是北祁连早古生代岩浆岩带的组成部分。该侵入岩带长约230km，共有15个独立的中—酸性侵入体，其中宁夏境内有9个。规模均较小，呈岩株状—岩瘤状产出，主要岩石类型为花岗闪长岩、英云闪长岩，其岩石特征、岩石化学特征具较多的相似性。

（一）地质特征

1. 雪石沟岩体

位于宁夏海原县盐池乡境内，属崛峡山岩体（大部分位于甘肃省境内）东部边缘的一部分。该岩体呈岩基状侵入于下奥陶统阴沟群中，其北侧及东南侧被第四系覆盖，出露面积约85km^2，宁夏境内面积仅5.81 km^2。岩体平面形态呈近等轴状椭圆形，直径10 km左右。岩体与围岩呈急变式接触，界面多为舒缓波状，局部见有肉红色中细粒花岗闪长岩呈岩枝状插入围岩。岩体内接触带见有少量捕虏体，岩性为阴沟群变质砂岩，形状呈具棱角的不规则状，块径一般5~30 cm；外接触带存在宽约50m的接触变质带，由阴沟群碎屑岩变质而成的长英质角岩组成。

岩体主体岩石类型为细—中粒花岗闪长岩，东南部边缘见有石英二长闪长岩，岩石色调主要为灰白、浅红灰色。岩石中普遍含浅灰—灰黑色闪长质包体（图21-80中1、2），包体形状多呈椭圆状、透镜状，少数呈近等轴块状或不规则形状，轮廓清晰，与寄主岩界线截然；包体直径一般5~20cm，大者可达35cm；包体中常含肉红色钾长石斑晶，个别包体中尚见角闪石和辉石斑晶，显示玢岩结构；包体大致定向排列，长轴方位为325°。

岩体及围岩中见有大量灰红、肉红色花岗细晶岩脉、花岗伟晶岩脉和少量石英脉穿插。

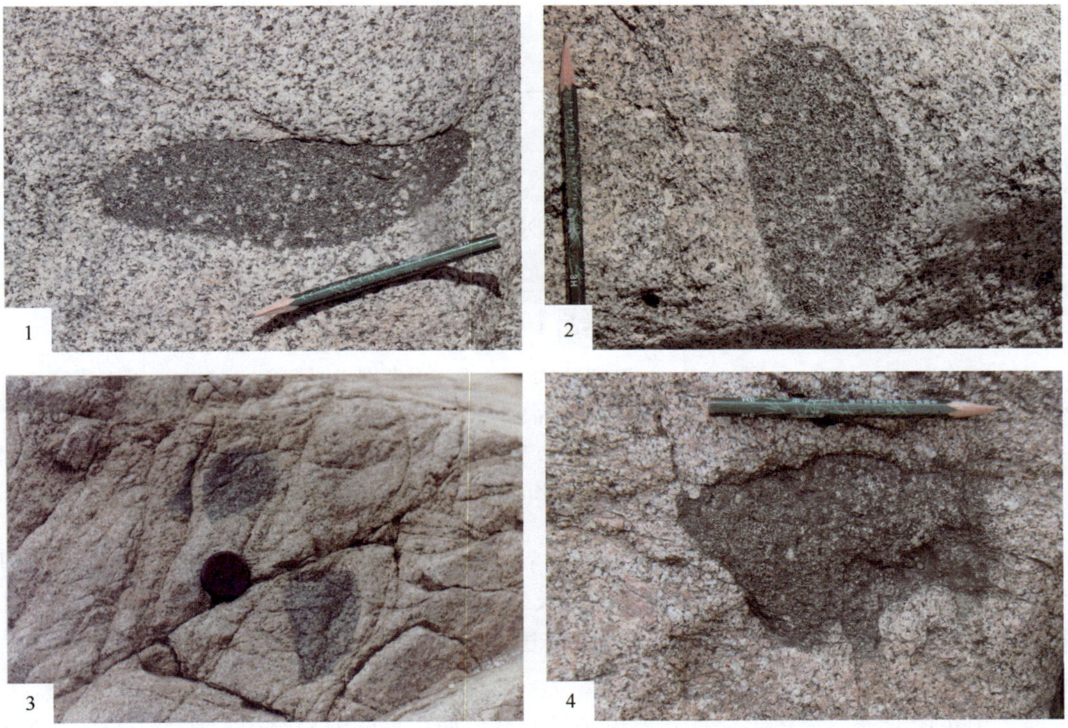

图21-80 早志留世花岗闪长岩中之暗色闪长质包体

Fig. 21-80 Dark dioritic enclaves in early Silurian granodiorite

1，2—雪石沟岩体（崛峡山）；3—乱堆子岩体；4—油房院岩体

2. 菜园岩体

位于海原县南华山北麓，岩体呈岩株状侵位于长城系海原岩群园河岩组中。平面上呈不规则透镜

状，长轴方向约45°，长1.5km，最宽处近1km，出露面积0.85km²。岩体北部被南华山北麓断裂切割，其他部位尚被数条不同方向的次级脆性断层所切割。岩体侵入界面清晰，界线多较曲折，部分呈港湾状。东、西两侧有舌状岩枝伸入围岩。界面多向外倾斜，倾角35°~60°。

岩体周围发育接触变质带。两侧片岩常明显褪色，形成土黄色角岩化钙质石英片岩，变质带宽25m左右。其他部位外接触带白云石大理岩普遍发生程度不等的透闪石化、透辉石化，变质带宽达100~150m。内接触带常发育微弱的绿泥石化、绿帘石化，以岩体东缘较为明显，蚀变带一般宽2~5m。

岩体岩石类型主要为灰红色中细粒似斑状花岗闪长岩、中—中细粒花岗闪长岩，岩体东北部出现少量浅红灰色中细粒斑状石英二长闪长岩。岩体中、东部似斑状花岗闪长岩中，常含少量灰黑色细粒闪长质包体。多呈椭球状、透镜状，长轴大者5~25cm，小者仅1 cm左右。略显定向排列，长轴近直立，略向南歪斜，扁平面走向280°左右。在岩体边部及外接触带常见有少量花岗伟晶岩脉穿插。

3. 油房院岩体

位于南华山中段北麓，为一侵入于长城系海原岩群园河岩组中的岩株。东部被上—顶志留统旱峡组不整合覆盖。平面形态近似蝌蚪状，长轴方向340°，长1.5km，宽0.05~0.35km，面积0.27km²。侵入界面一般平滑、清晰。据钻探揭露，该岩体在深部近似岩镰状（图21-81），岩体南侧界面外倾，倾角60°，并有岩枝插入围岩；北侧界面内倾，倾角平缓，自浅部向深部，倾角由5°渐变为35°左右。岩体南侧不纯的白云石大理岩和绿泥石英片岩部分发生角岩化，角岩化带宽60m左右。北侧围岩接触变质不明显，这可能与该部位侵入界面内倾有关。岩体内接触带常发育绿泥石化，愈近边缘蚀变愈强烈。受西侧后期北北西向断裂强烈影响，该岩体岩石普遍破碎，发育碎裂结构或成为碎裂岩。

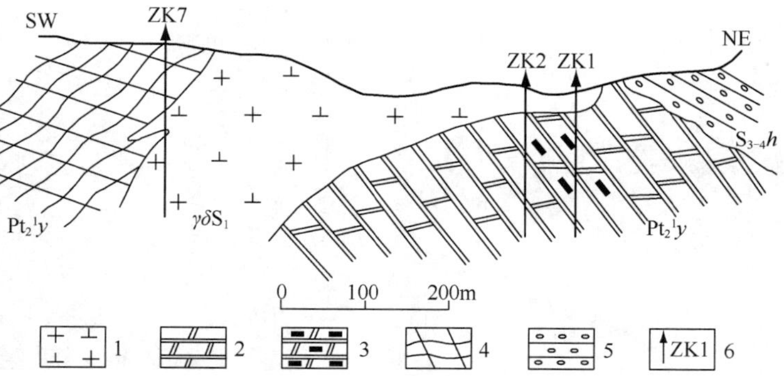

图21-81　油房院岩体深部形态示意剖面图

Fig. 21-81 Section of deep morphology of the Youfangyuan intrusion

1—中细粒花岗闪长岩；2—白云石大理岩；3—含石墨白云石大理岩；4—角岩化片岩；5—砾岩；6—钻孔位置及编号

$Pt_2{}^1y$—长城系园河岩组；$S_{3-4}h$—上-顶志留统旱峡组；$\gamma\delta S_1$—早志留世花岗闪长岩

该岩体主要岩石类型为浅灰色中细粒花岗闪长岩，部分含少许长石斑晶，显示似斑状结构。局部边缘酸性程度稍降低，渐变为中细粒石英二长闪长岩。岩体中含暗色细粒闪长质包体（图21-80中4），形状多为椭圆形，个别具棱角状边界，包体略具定向排列，直径2~40cm不等。

4. 乱堆子岩体

位于南华山东段北麓，岩体呈岩株状侵位于长城系海原岩群园河岩组中。平面上呈不规则椭圆形，长轴方向约60°，长1.4km，宽1km左右，出露面积0.98km²。西北侧可见与围岩的正常侵入关系，南侧被上—顶志留统旱峡组明显沉积不整合掩盖，东北部被南华山北麓山前脆性断裂带强烈破坏。侵入界面多波状起伏，部分地段呈港湾状，界线清楚。西北侧外接触带片岩多发生角岩化，形成（含）磷灰石云母长英质角岩、磁铁云母长英质角岩等，角岩化带宽2~7m。

该岩体主体岩石类型为浅灰红色中粒似斑状花岗闪长岩，北部边缘为浅红灰色中粒似斑状石英二长闪长岩。岩体中普遍含少许墨绿色闪长质包体（图 21-80 中 3），形态多近椭球状，部分不规则状，边界较清晰或模糊。直径一般 5~15cm，小者仅 1cm 左右，个别达 40cm。略显定向排列。边缘相较过渡相包体增多。此类包体矿物组合除普遍含角闪石、斜长石、黑云母外，通常含少量同化带入的钾长石、石英，副矿物中富含磷灰石、磁铁矿。

岩体边缘及外接触带，常有较多晚期派生的花岗伟晶岩、花岗闪长斑岩及煌斑岩脉穿插。围岩局部有微弱铜矿化显示。

5. 曹洼岩体

位于南华山东端，为一小岩株，岩体西部出露较好，明显侵入于长城纪地层园河岩组中，东部被第四系覆盖，北缘被北西向脆性断裂破坏。岩体露头近三角形，直径 1km 左右，面积 0.79km^2。西侧侵入界面清楚，略呈波状，向外倾斜，倾角 45°左右。

岩体几乎全由浅灰—灰色中细粒花岗闪长岩组成，仅边缘局部过渡为暗红灰色细粒花岗闪长岩及灰色中细粒石英二长闪长岩。岩体富含深灰—灰黑色细粒闪长质包体，多呈椭球状或等轴块状，外形浑圆—半浑圆，直径 5~15cm，与寄主岩界线清楚。西侧外接触带白云石大理岩发育宽约 14m 的接触变质带，形成黄灰色金云母透闪石角岩、石榴子石透闪石角岩、透闪石化白云石大理岩。

6. 石洼里岩体

位于南华山中段南麓，呈岩株状侵入于长城系海原岩群南华山岩组中。北侧可见明显侵入关系，有不规则岩枝伸入围岩，南侧被第四系严重覆盖。平面上近椭圆形，长轴方向 295°左右，长 1.7km，宽 1km，面积 1.13km^2。侵入界面尚较平整，多向围岩倾斜，倾角 40°~70°，部分地段内倾，倾角 70°~75°。围岩无明显接触变质现象，西北侧绿片岩中发育宽约 10cm 的褐红色烘烤边，内接触带有不均匀的绿泥石化，局部花岗闪长岩具宽约 20cm 的冷凝边，其岩石呈细粒—隐晶结构。

岩体内部岩性较均一，皆为灰红色花岗闪长岩。岩体中部含少量略呈定向分布的暗绿灰色闪长质包体，多呈椭球状、透镜状，外形浑圆，一般直径 3~5cm，个别大者长轴达 1m，短轴 30~40cm。受后期断裂影响，北部边缘岩石多发生脆性破碎。岩体中南部存在宽达 15m 的围岩顶盖悬垂体及捕虏体，其由绿灰色白云母绿泥石英片岩构成，片岩产状与围岩片岩产状基本一致。岩体内有少量走向 300°左右的浅灰色花岗闪长斑岩脉穿插。

7. 红湾岩体

位于月亮山西南麓红湾，由两块露头组成。岩体侵入于长城系海原岩群西华山岩组中，下白垩统三桥组不整合覆于其上。出露面积 0.77km^2。主体岩石类型为灰—深灰色细—中粒黑云角闪花岗闪长岩，次为深灰色细—中粒角闪石英闪长岩。含暗色细粒闪长质包体。岩体中见有肉红色花岗细晶岩脉穿插。外接触带片岩具有角岩化现象。

8. 石帽梁岩体

位于月亮山石帽梁，亦由两块露头组成，出露面积约 0.2km^2。岩体为下白垩统三桥组不整合覆盖，主体岩石类型为灰—深灰色细粒—中粒黑云角闪花岗闪长岩，次为深灰色角闪石英闪长岩，含暗色闪长质包体。

9. 红阳岩体

位于月亮山北麓红阳东北约 3.5km 处，出露面积不足 0.1km^2。岩体侵位于长城纪地层西华山组中，早白垩世地层和尚铺组不整合覆于其上，岩性为灰红色细—中粒似斑状角闪黑云花岗闪长岩，其中见有肉红色花岗细晶岩脉穿插。外接触带片岩普遍角岩化，其中亦见有花岗细晶岩脉穿插。

（二）岩石学特征

早古生代中酸性侵入岩岩石类型构成较为简单，以花岗闪长岩为主，次为英云闪长岩、石英二长闪长岩及石英闪长岩，其岩石学特征（表 21-50）如下：

表 21-50 早古生代中酸性侵入岩岩石学特征

Table 21-50 Petrologic characteristics of the Early Paleozoic intermediate-acid intrusive rocks

岩石类型		颜色	组构				蚀变	统计样品数/件	矿物平均体积百分含量/%						
			结构	矿物粒径/mm	交代结构	构造			石英	钾长石	斜长石	黑云母	角闪石	绿泥石	副矿物
花岗闪长岩	细—中细粒花岗闪长岩	浅灰、灰红	细—中细粒花岗结构	0.5~3	较普遍，钠交代：环带、蠕英结构	块状	斜长石轻度绢云母化，黑云母、角闪石普遍绿泥石化	5	25.9	12.8 (-)2V：44°,52°,66°,67°,70°,71°,76°,80°,84°	52.4 An:25,27,29,30,31,32,36,37 (平均 30)	0.9	1.1 (-)2V：66°,72°,78° $N_g \wedge C$：14°,16°20°	3.0	少量：磁铁矿、锆石、榍石、磷灰石等
	中—中细粒斑状花岗闪长岩	浅红灰	中细—中粒似斑状结构	斑晶 3~15 基质 0.5~3	较普遍，主要为钠交代：净边、环带、蠕英结构			4	24.9	15.7 (-)2V：60°,64°,80°, 82°	50.3 An:24,29,31,33 (平均 29)	1.4	2.3 (-)2V：49°,70° $N_g \wedge C$：10°,15°	4.3	
石英二长闪长岩	细—中粒石英二长闪长岩	浅灰、浅红灰	细—中粒花岗结构	0.5~3	钠交代：常发育环带结构			4*	13.5	14.5	62.3 An:25~45	5.0	4.8	少量	
	细—中粒斑状石英二长闪长岩	浅灰、浅红灰	细—中粒似斑状结构	斑晶 3~15 基质 0.5~3	较普遍，主要为钠交代：条纹、净边结构，偶见环带结构			5*	15.3	20.6 (-)2V：62°,72°	53.6 An:29、30 (平均 30)	2.8	7.4 (-)2V：78° $N_g \wedge C$：11°	少量	

注：*其中 4 件为镜下目估。1. 矿物含量测定精度：电动求积仪；2. 矿物光性参数系普通显微镜测定。

花岗闪长岩：是各岩体的主要岩石类型，色调呈浅灰、灰红、红灰色，具中—细粒花岗结构（图 21-82）、似斑状结构及二长结构，块状构造，主要矿物为石英（10%~25%）、钾长石（5%~20%）、斜长石（50%~65%）、角闪石（2%~10%）和黑云母（1%~5%）。在 CIPW 标准矿物 QAP 分类图解（图 21-83）上，大部分样品投点落于花岗闪长岩区，少数落于石英二长闪长岩区，铁镁矿物投点集中于 5%~12%的范围内。

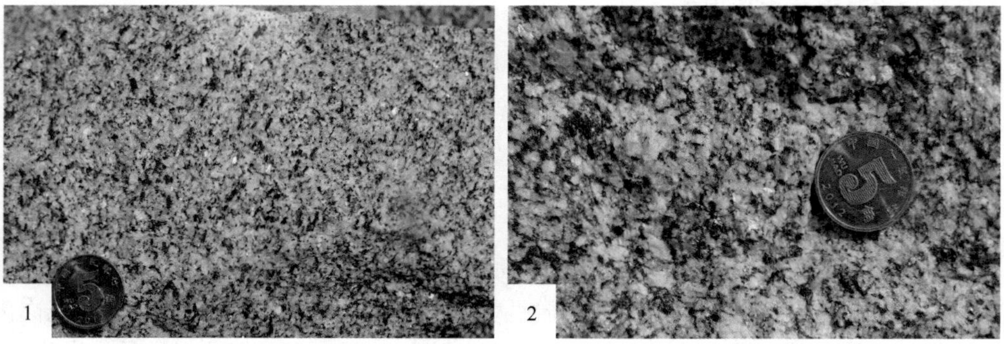

图 21-82 早志留世花岗闪长岩结构构造

Fig. 21-82 Textural and structural features of early Silurian granodiorite of the Quwushan intrusion

1，2—雪石沟岩体

英云闪长岩：岩石呈灰—深灰色，具中—细粒结构、似斑状结构，块状构造，主要造岩矿物为石英（10%~25%）、钾长石（5%~10%）、斜长石（55%~70%）、角闪石（12%~15%）和黑云母（<10%）。在 CIPW 标准矿物 QAP 分类图解（图 21-83）上，样品投影点落于花岗闪长岩区和英云闪

长岩区，鉴于岩石中 CaO、Na_2O 含量较高而 K_2O 较低，薄片中未出现钾长石而暗色矿物（黑云母及角闪石）含量在 20%左右，故将岩石类型定为英云闪长岩。

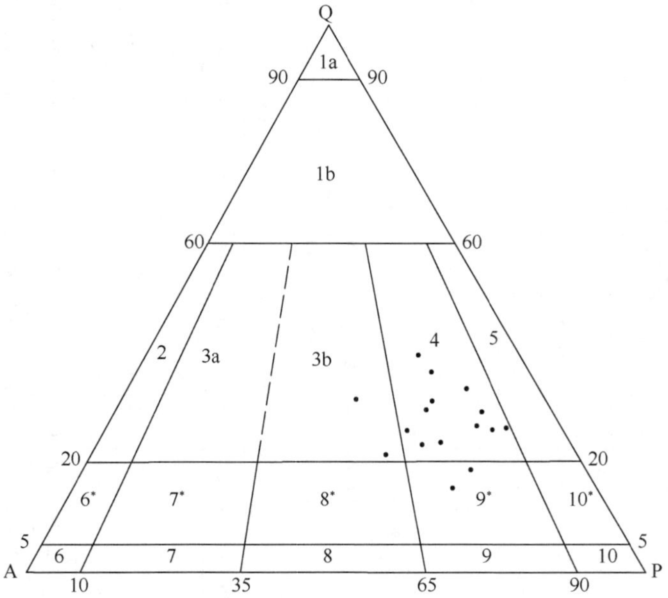

图 21-83　早古生代中酸性侵入岩 QAP 分类命名图解

Fig. 21-83　QAP petrographic classification of the Early Paleozoic intermediate-acid intrusive rocks

1a—硅英岩；1b—富石英花岗岩；2—碱长花岗岩；3a—正长花岗岩；3b—二长花岗岩；4—花岗闪长岩；5—英云闪长岩；6*—石英碱长正长岩；7*—石英正长岩；8*—石英二长岩；9*—石英二长闪长岩、石英二长辉长岩；10*—石英闪长岩、石英辉长岩、石英斜长岩；6—碱长正长岩；7—正长岩；8—二长岩；9—二长闪长岩、二长辉长岩；10—闪长岩、辉长岩、斜长岩

石英二长闪长岩：不发育，仅见于各岩体边缘相带，岩石呈深灰、灰、浅红灰色，具中—细粒似斑状结构、二长结构，块状构造，主要造岩矿物为石英（14.5%）、钾长石（17.9%）、斜长石（57.5%）、黑云母（3.8%）和角闪石（6.2%）。

各类岩石中钾长石均为微斜长石，格子双晶颇为发育，（-）$2V=44°\sim84°$。斜长石一般 An＝24～37，为奥—中长石。角闪石为普通角闪石，（-）$2V=49°\sim78°$，$N_g \wedge C=10°\sim20°$。

（三）岩石化学特征

早古生代中酸性侵入岩岩石化学成分及特征参数见表 21-51，其主要化学特征如下：

1）花岗岩类岩石平均化学成分与中国酸性岩的平均化学成分（黎彤、饶纪龙，1963）比较相似，其中花岗闪长岩、英云闪长岩与中国花岗闪长岩平均化学成分相近，SiO_2、Na_2O 略高，其余氧化物略低。在化学成分（Na_2O+K_2O）-SiO_2 分类图解（图 21-84）上大部分样品投点落于花岗闪长岩区。

2）各类岩石 SiO_2 含量变化在 59.24%～75.13%之间，平均 67.46%，均属硅过饱和的中—酸性岩石。

3）$A/CNK=0.633\sim1.342$，$NK/A=0.366\sim0.883$，属偏铝质—过铝质岩石，这与岩石中普遍出现黑云母、角闪石、白云母等特征矿物相吻合。

4）里特曼指数 $\delta=0.64\sim3.17$，属钙碱性系列岩石（太平洋型）。

5）同一岩体中，自过渡相（花岗闪长岩）至边缘相（石英二长闪长岩），具有 SiO_2、Na_2O 含量递减，Al_2O_3 略增，CaO、MgO、Fe_2O_3、FeO 明显渐增的趋势。

6）不同岩体相同岩石类型岩石化学特征基本一致。

表 21-51　中-酸性侵入岩岩石化学成分及特征参数

Table 21-51　Petrochemical composition and characteristic parameters of intermediate-acid intrusive rocks

岩体名称	样品编号	岩石名称	岩石化学分析结果（w）/%																特征参数									
			SiO_2	TiO_2	Al_2O_3	Fe_2O_3	FeO	MnO	MgO	CaO	Na_2O	K_2O	P_2O_5	H_2O^+	CO_2	SO_2	灼失	总和	σ	*SI*	*FL*	*MF*	*A/CNK*	*NK/A*	*KN*	*K/N*	*K/KN*
雪石沟	S39	花岗闪长岩	63.06	0.82	11.70	1.91	3.88	0.13	5.22	3.08	1.46	2.78	0.22	2.38	3.24	0.01	0.15	100.13	0.90	34.23	57.92	52.59	1.063	0.4640.7	4.24	1.904	0.558
菜园	46*	花岗闪长岩	66.88	0.40	15.34	1.34	2.34	0.10	1.90	2.50	4.46	3.28	0.07	1.52	0.14	0.08		100.35	2.51	14.26	75.59	65.95	0.987	0.714	7.74	0.735	0.324
	47*	花岗闪长岩	64.76	0.45	16.47	1.73	2.05	0.10	3.29	0.99	5.14	2.74	0.07	1.76	0.11	0.03		99.69	2.85	22.01	88.84	53.47	1.244	0.694	7.88	0.533	0.262
	48*	花岗闪长岩	66.888	0.40	14.85	0.39	2.61	0.05	3.29	1.23	4.26	3.46	0.05	2.20	0.27	0.03		99.97	2.50	23.48	86.26	47.69	1.147	0.723	7.72	0.812	0.348
	58	花岗闪长岩	68.23	0.40	14.14	1.28	2.40	0.10	2.42	2.78	4.20	3.00	0.18				0.81	99.95	2.05	18.20	72.14	60.33	0.925	0.723	7.20	0.714	0.320
	59	花岗闪长岩	61.27	0.90	11.70	4.12	3.98	0.10	5.26	4.08	4.20	3.10	0.18				0.85	99.74	2.92	25.46	64.15	60.63	0.662	0.878	7.30	0.738	0.327
油房院	74*	花岗闪长岩	67.01	0.38	14.41	1.07	2.04	0.06	2.99	1.18	3.88	4.10	0.05	2.56	0.30	0.04		100.07	2.65	21.24	87.12	50.98	1.108	0.755	7.98	1.057	0.413
	75*	二长花岗岩	67.21	0.38	14.90	1.44	1.65	0.08	1.66	1.37	5.88	2.46	0.05	1.80	0.35	0.07		99.30	2.87	12.68	85.89	65.05	1.008	0.825	8.34	0.418	0.213
	53	花岗闪长岩	67.63	0.40	14.40	2.79	1.33	0.05	2.28	1.88	4.70	3.10	0.20				1.27	100.03	2.47	16.06	80.58	64.38	0.989	0.773	7.80	0.660	0.303
	54	花岗闪长岩	64.34	0.40	14.46	1.03	3.10	0.08	2.65	2.59	5.50	1.80	0.18				3.26	99.39	2.50	18.82	73.81	60.91	0.920	0.763	7.30	0.327	0.176
乱堆子	22*	花岗闪长岩	72.04	0.23	14.53	0.60	1.20	0.03	0.68	1.09	5.64	3.28	0.02	0.90	0.08	0.09		100.41	2.74	5.96	89.11	72.58	0.979	0.883	8.92	0.582	0.277
	23*	花岗闪长岩	69.73	0.35	14.68	0.57	2.03	0.06	1.76	1.13	5.18	3.48	0.05	1.46	0.16	0.03		100.67	2.81	13.52	88.46	59.63	1.022	0.837	8.66	0.672	0.306
	83*	二长花岗岩	67.13	0.45	14.52	1.29	2.11	0.08	1.88	1.74	5.23	3.51	0.06	1.60	0.50	0.04		100.14	3.17	13.41	83.40	64.39	0.934	0.854	8.74	0.671	0.306
	84*	二长闪长岩	67.28	0.45	15.04	1.14	2.24	0.06	2.22	2.03	4.81	3.33	0.06	1.80	0.00	0.01		100.47	2.73	16.16	80.04	60.36	0.989	0.763	8.14	0.692	0.314
	19	花岗闪长岩	68.91	0.30	14.57	1.58	1.73	0.13	2.33	1.42	4.10	2.80	0.50				1.37	99.74	1.84	18.58	82.93	58.69	1.175	0.673	6.90	0.683	0.313
	17	花岗闪长岩	66.40	0.30	14.75	1.39	2.33	0.16	2.51	2.59	4.40	2.90	0.24				1.82	99.79	2.28	18.55	73.81	59.71	0.977	0.706	7.30	0.659	0.304
曹洼	73*	花岗闪长岩	66.34	0.43	14.98	1.87	2.54	0.14	2.04	2.60	3.44	3.38	0.06	1.52	0.22	0.04		99.60	1.99	15.37	72.40	68.37	1.070	0.621	6.82	0.983	0.393
	50	花岗闪长岩	68.844	0.30	14.15	0.70	2.90	0.04	1.95	1.88	4.10	2.35	0.14				2.21	99.56	1.61	16.25	77.43	64.86	1.116	0.653	6.45	0.573	0.271
	51	花岗闪长岩	63.82	0.30	14.79	0.40	5.60	0.16	3.30	3.17	3.40	2.80	0.18				1.69	99.61	1.85	21.29	66.17	64.52	1.025	0.587	6.20	0.824	0.353
石洼里	1*	花岗闪长岩	68.61	0.30	14.99	0.60	2.36	0.06	1.12	2.64	5.44	2.46	0.06	1.40	0.48	0.11		100.63	2.44	9.35	74.95	72.55	0.917	0.772	7.90	0.452	0.226
	49*	花岗闪长岩	70.16	0.25	15.37	0.71	1.49	0.04	1.12	1.84	5.24	2.28	0.05	1.32	0.48	0.02		100.37	2.08	10.33	80.34	66.27	1.066	0.718	7.52	0.435	0.220
	50*	花岗闪长岩	69.89	0.25	15.19	0.79	1.30	0.06	1.36	1.60	5.14	2.46	0.05	1.66	0.03	0.05		99.83	2.15	12.31	82.61	60.58	1.084	0.728	7.60	0.479	0.236
	55	花岗闪长岩	68.96	0.30	14.92	1.33	1.53	0.05	1.86	2.33	5.00	2.30	0.14				1.34	100.06	2.05	15.47	75.80	60.59	0.997	0.718	7.30	0.460	0.229
红湾	60	石英闪长岩	69.50	0.40	13.56	0.87	3.28	0.14	2.56	1.36	2.60	3.20	0.26				1.86	99.59	1.27	20.46	81.01	61.85	1.323	0.573	5.80	1.231	0.447
	13**	花岗闪长岩	65.04	0.34	14.97	4.85	2.03	0.05	1.99	2.95	3.22	4.45	0.10					99.99	2.67	12.03	72.222	77.56	0.961	0.680	7.67	1.382	0.476

注：*1∶5 万海原县等幅区调资料；**1∶20 万海原幅区调资料；其余为 1∶25 万固原市幅区调资料。

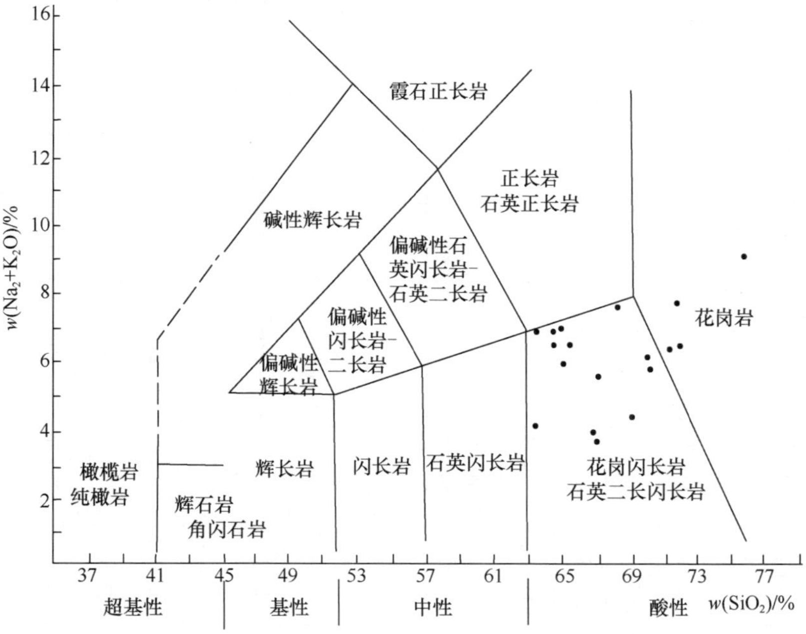

图 21-84　早古生代中酸性侵入岩化学成分（Na_2O+K_2O）-SiO_2 分类图解

Fig. 21-84　（Na_2O+K_2O）-SiO_2 classification diagram of the Early Paleozoic intermediate-acid intrusive rocks

（四）微量元素特征

早古生代中—酸性侵入岩微量元素含量及特征参数见表 21-52。从表中可以看出，花岗闪长岩、英云闪长岩、石英二长闪长岩及石英闪长岩微量元素含量比较接近，变化范围较小，具有相似的微量元素特征，这说明它们具有相同的地球化学背景。与世界花岗岩微量元素平均含量（维诺格拉多夫，1962）相比，除铁族元素 Cr、Ni、V、Co 含量偏高外，其余元素普遍偏低或相近。暗色细粒闪长质包体微量元素平均含量与世界闪长岩微量元素平均含量（维诺格拉多夫，1962）也比较相似，除 Ni、Co、Cr、Cu、Sc、Ba、Hf、V 含量偏高外，其余元素含量普遍偏低或接近。

（五）稀土元素特征

早古生代中—酸性侵入岩稀土元素含量及特征参数见表 21-53。稀土元素总量相对贫化，$\sum REE=(27.918\sim258.46)\times10^{-6}$，平均为 130.165×10^{-6}。$LREE=(21.749\sim209.01)\times10^{-6}$，平均为 111.886×10^{-6}；$HREE=(1.486\sim20.55)\times10^{-6}$，平均为 18.279×10^{-6}；LREE/HREE 数值偏大，为 5.555～49.123，表明稀土元素分异程度较好，轻稀土元素相对富集，重稀土元素相对亏损。$\delta Eu=0.647\sim1.658$（平均 0.991），在 0.95 和 1.05 上下波动，表明或显示弱负 Eu 异常，或显示轻微 Eu 正异常。Eu/Sm=0.186～0.472（平均 0.282），在 0.35 上下波动，也说明了这一点。$\delta Ce=0.705\sim1.102$，平均 0.94，大多数 $\delta Ce<0.95$ 显示弱负 Ce 异常，少数 $\delta Ce>1.05$ 显示轻微 Ce 正异常。$(La/Sm)_N=2.620\sim8.473$，均大于 1，表明轻稀土元素分馏程度较高，为轻稀土元素富集型。$(Gd/Yb)_N=1.224\sim9.070$，均大于 1，表明重稀土元素分馏程度较低，属重稀土元素亏损型。稀土元素配分模式为向右倾斜的平滑曲线（图 21-85），显示轻稀土元素富集、重稀土元素亏损，具很不明显的正或负 Eu 和 Ce 异常。

暗色细粒闪长质、辉长质包体稀土元素总量 $\sum REE=(86.49\sim311.91)\times10^{-6}$，平均为 190.07×10^{-6}，明显高于寄主岩，与中性岩稀土元素总量平均值（196×10^{-6}）相似，与闪长岩-安山岩稀土元素总量平均值（169×10^{-6}）接近。包体的稀土元素配分模式亦为向右倾斜的平滑曲线（图 21-86），显示轻稀土元素相对富集，重稀土元素相对亏损，具轻微的负 Eu 异常和不明显的负 Ce 异常，其特点与环太平洋火山区大陆边缘安山岩（闪长岩）相似。

表 21-52　中—酸性侵入岩微量元素含量及特征参数

Table 21-52　Contents and characteristic parameters of trace element of intermediate-acid intrusive rocks

岩体名称	样品编号	岩石名称	微量元素含量 $(w)/10^{-6}$																							特征参数				
			Li	Be	Rb	Sr	Nb	Ta	Th	U	Ni	Co	Mo	Cr	Sc	Zr	Cs	B	Ba	Cu	W	Ga	Hf	V	Ti	Rb/Sr	Sr/Ba	Nb/Ta	Ti/V	Ti/Zr
雪石沟	X29	花岗闪长岩	34.5	2.0	125	88	4.8	1.2	12.0	2.4	35.0	12.	0.6	90.0		195		73	415	136	0.6		5.1	79	5200	1.420	0.212	4.00	65.822	26.67
菜园	57	花岗闪长岩	18.0	1.58	110	847	11.4	0.86	7.32	2.05	18.4	9.6	5.66	135	5.82	129	1.63	4.76	1104	7.2	0.31	19.5	3.76	60.6	2400	0.130	0.767	13.26	39.60	18.60
	58	花岗闪长岩	11.0	1.71	124	786	11.6	0.88	8.19	2.04	18.0	9.4	7.48	150	5.30	146	1.62	7.91	1210	25.3	0.56	18.9	4.00	57.2	2500	0.158	0.650	13.18	43.71	17.12
油房院	52	花岗闪长岩	8.35	1.75	86.2	456	12.7	0.89	8.31	2.90	12.4	11.7	1.89	99.3	5.94	165	0.36	6.10	962	26.6	0.31	17.5	4.47	61.3	2700	0.189	0.474	14.27	44.05	16.36
	53	花岗闪长岩	10.9	1.47	58.9	361	11.0	0.84	7.79	1.88	14.4	12.7	2.46	105	5.68	155	0.73	5.79	1216	5.68	0.44	19.5	4.09	57.9	2900	0.163	0.297	13.10	50.09	18.71
乱堆子	17	花岗闪长岩	16.5	1.38	79.3	528	14.2	1.03	8.96	2.44	16.0	14.3	1.33	92.8	5.31	196	0.74	10.6	962	4.40	0.34	18.6	5.26	70.1	3700	0.150	0.549	13.79	52.78	18.88
	19	花岗闪长岩	14.5	1.94	109	5200	13.3	0.96	8.14	2.92	25.9	9.5	1.90	105	5.06	154	0.63	5.44	1087	50.1	0.75	19.0	4.62	52.7	2700	0.210	0.478	13.85	51.23	17.53
	18	闪长玢岩（包体）	25.0	3.11	34.2	360	11.9	0.60	4.10	2.21	66.5	27.6	0.32	400	21.2	166	0.69	5.15	327	12.3	0.49	21.3	4.64	170	4800	0.095	1.101	19.83	28.24	28.92
曹洼	49	花岗闪长岩	25.5	1.09	82.1	395	6.41	0.36	6.22	1.21	3.74	7.0	1.46	33.8	0.68	150	3.68	20.1	784	3.58	0.30	16.2	4.18	41.1	2900	0.208	0.504	17.81	70.56	19.33
	50	花岗闪长岩	27.1	1.04	91.1	422	15.6	0.96	12.1	1.70	4.55	15.5	1.34	32.7	9.7	217	2.26	21.0	1184	8.45	2.48	19.6	5.60	93.3	4900	0.216	0.356	16.25	52.52	22.58
	51	闪长玢岩（包体）	29.6	1.94	42.5	355	10.4	0.56	6.88	1.81	28.9	28.4	0.56	272	26.5	147	0.54	12.4	726	5.08	0.19	20.4	3.76	203	5700	0.120	0.489	18.57	28.088	38.78
石洼里	54	花岗闪长岩	14.9	1.47	60.6	529	10.1	0.74	13.9	2.24	18.8	10.1	1.87	88.5	5.50	139	1.12	3.98	1115	8.12	0.31	16.6	3.51	53.8	2500	0.145	0.474	13.65	46.47	17.99
	55	花岗闪长岩	18.0	1.55	98.0	504	10.6	0.97	15.3	2.46	17.7	7.0	3.83	93.9	4.15	125	3.35	4.34	1181	6.70	0.31	18.1	3.37	43.1	2000	0.194	0.427	10.93	46.40	16.00
	56	闪长玢岩（包体）	64.6	1.98	353	185	18.1	1.53	23.5	3.50	84.2	29.9	1.69	257	18.0	209	13.6	4.58	1708	29.4	9.20	39.3	5.70	187	6700	1.908	0.108	11.83	35.83	32.06
红湾	59	石英闪长岩	26.6	1.42	93.8	498	9.34	0.47	5.47	1.92	41.4	27.4	4.32	164	17.6	231	8.79	10.7	870	23.6	0.48	19.7	5.76	170	5600	0.188	0.572	19.87	32.94	24.24
红阳	60	花岗闪长岩	18.3	1.50	92.8	298	6.82	0.52	15.2	1.55	16.1	11.1	4.07	95.0	4.72	138	3.03	9.84	753	15.1	1.97	19.5	3.48	58.3	3100	0.311	0.396	13.12	53.17	22.46

注：X29 号样为 1∶5 万碾壕湾幅、打拉池幅区调资料；其余样品均为 1∶25 万固原市幅区调资料。

表 21-53 中—酸性侵入岩稀土元素元素含量及特征参数

Table 21-53 Contents and characteristic parameters of REE of intermediate-acid intrusive rocks

岩体名称	样品编号	岩石名称	稀土元素含量 $(w)/10^{-6}$																			特征参数												
			La	Ce	Pr	Nd	Sm	Eu	Gd	Tb	Dy	Ho	Er	Tm	Yb	Lu	Y	ΣREE	LREE (ΣCe)	HREE	ΣY	LREE/HREE	ΣCe/ΣY	$(La/Yb)_N$	$(Ce/Yb)_N$	$(La/Sm)_N$	$(La/Lu)_N$	$(Gd/Yb)_N$	La/Sm	Eu/Sm	δEu	δCe
雪石沟	X29	花岗闪长岩	45.50	69.00	7.50	33.50	7.00	1.300	5.40	0.960	5.70	1.060	3.00	0.420	2.600	0.430	24.50	207.87	163.80	19.57	44.07	8.370	3.717	11.799	6.864	4.089	10.991	1.676	6.50	0.186	0.647	0.899
菜园	57	花岗闪长岩	23.10	41.10	5.21	19.60	3.53	1.08	3.13	0.40	2.27	0.45	1.29	0.20	1.29	0.20	12.80	115.65	93.62	9.23	22.03	10.143	4.250	12.073	8.241	4.116	11.997	1.958	6.543	0.306	0.993	0.902
	58	花岗闪长岩	25.30	45.40	5.72	21.50	3.82	1.16	3.42	0.44	2.47	0.49	1.39	0.20	1.34	0.22	14.10	126.97	102.9	9.97	24.07	10.321	4.275	13.51	8.764	4.166	11.946	2.060	6.623	0.304	0.981	0.908
油房院	52	花岗闪长岩	26.70	48.50	6.11	23.10	4.19	1.23	3.62	0.46	2.56	0.52	1.47	0.23	1.51	0.23	14.70	135.13	109.83	10.6	25.3	10.361	4.341	11.923	8.309	4.008	12.058	1.934	6.372	0.294	0.966	0.914
	53	花岗闪长岩	25.40	45.30	5.51	20.40	3.67	1.18	3.43	0.44	2.46	0.50	1.42	0.22	1.46	0.22	14.40	126.01	101.46	10.15	24.55	9.996	4.133	11.728	8.025	4.353	11.993	1.896	6.921	0.322	1.017	0.922
	17	花岗闪长岩	21.30	41.40	5.09	18.90	3.40	0.98	2.96	0.39	2.21	0.45	1.23	0.20	1.30	0.20	12.90	112.91	91.07	8.94	21.84	10.187	4.170	11.047	8.238	3.941	11.063	1.837	6.264	0.288	0.944	0.957
	19	花岗闪长岩	34.10	63.00	7.52	28.10	4.98	1.38	4.40	0.57	3.14	0.64	1.74	0.28	1.80	0.27	17.70	169.62	139.08	12.84	30.54	10.832	4.554	12.772	9.053	4.307	13.119	1.973	6.847	0.277	0.901	0.947
	18	闪长玢岩（包体）	15.50	30.30	4.63	19.70	4.18	1.11	3.97	0.54	3.24	0.67	1.88	0.31	2.03	0.34	19.70	108.1	75.42	12.98	32.68	5.810	2.308	5.148	3.861	2.333	4.735	1.578	3.708	0.266	0.833	0.861
曹洼	49	花岗闪长岩	29.50	51.10	5.62	18.10	2.19	0.83	1.57	0.15	0.75	0.15	0.48	0.08	0.61	0.11	4.70	115.94	107.34	3.90	8.60	27.523	12.481	32.604	21.664	8.473	27.856	2.077	13.470	0.379	1.369	0.955
	50	花岗闪长岩	50.50	97.60	11.20	41.00	6.95	1.76	6.31	0.87	5.12	1.09	3.06	0.48	3.15	0.47	28.90	258.46	209.01	20.55	49.45	10.171	4.227	10.808	8.014	4.571	11.161	1.616	7.266	0.253	0.813	0.988
	51	闪长玢岩（包体）	35.50	67.00	8.38	34.80	7.38	1.91	7.13	0.99	5.64	1.19	3.30	0.51	3.30	0.50	32.70	210.23	154.97	22.56	55.26	6.869	2.804	7.253	5.252	3.026	7.375	1.744	4.534	0.259	0.805	0.935
	54	花岗闪长岩	35.20	71.80	7.26	24.50	3.92	1.12	3.14	0.36	1.82	0.34	0.90	0.13	0.83	0.12	9.73	161.17	143.8	7.64	17.37	18.822	8.279	28.594	22.377	5.648	30.466	3.053	8.980	0.286	0.976	1.081
	55	花岗闪长岩	32.50	54.00	6.40	21.90	3.41	1.00	2.91	0.34	1.72	0.33	0.91	0.13	0.90	0.13	9.32	135.90	119.21	7.37	16.69	16.175	7.143	24.347	15.520	5.995	25.970	2.609	9.531	0.293	0.971	0.901
	56	闪长玢岩（包体）	66.20	112.0	12.90	47.30	8.34	1.58	7.18	0.99	6.09	1.39	4.14	0.66	4.30	0.64	38.20	311.91	248.32	25.39	63.59	9.780	3.905	10.379	6.377	4.993	10.744	1.347	7.938	0.189	0.624	0.922
红湾	59	石英闪长岩	45.50	91.70	11.20	43.60	7.28	1.97	5.83	0.67	3.45	0.64	1.71	0.24	1.60	0.22	17.40	233.01	201.25	14.36	31.76	14.015	6.337	19.171	14.824	3.931	21.483	2.940	6.250	0.271	0.925	0.978
红阳	60	花岗闪长岩	31.00	50.80	5.41	17.80	2.72	0.73	2.20	0.24	1.24	0.24	0.61	0.09	0.58	0.08	6.51	120.25	108.46	5.28	11.79	20.542	9.199	36.036	22.656	7.169	40.258	3.061	11.397	0.268	0.912	0.944

注：X29 号样为 1∶5 万碾壕湾幅、打拉池幅区调资料；其余样品均为 1∶25 万固原市幅区调资料。

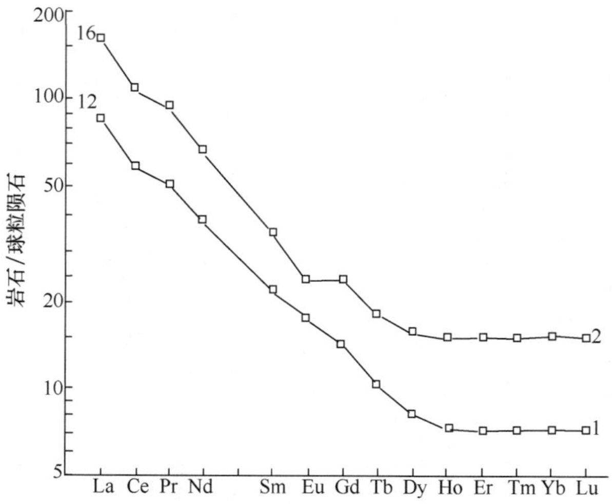

图 21-85　早古生代中酸性侵入岩稀土元素配分曲线

Fig. 21-85　REE distribution curves of the Early Paleozoic intermediate-acid intrusive rock

1—油房院岩体；2—曹洼岩体

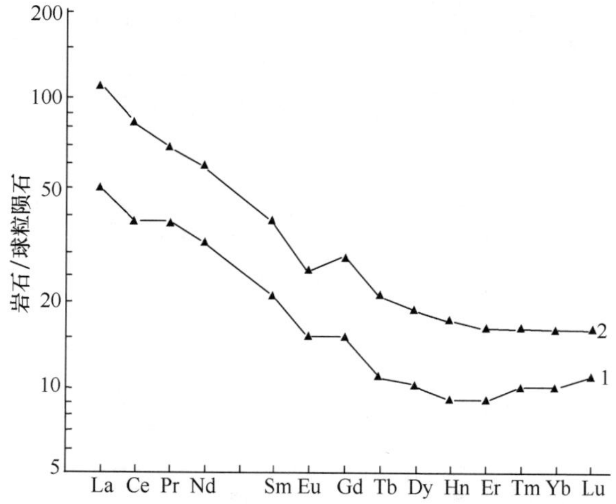

图 21-86　早古生代中酸性侵入岩中闪长质包体稀土元素配分曲线

Fig. 21-86　REE distribution curves of dioritic enclaves in the Early Paleozoic intermediate-acid intrusive rocks

1—乱堆子岩体；2—曹洼岩体

（六）稳定同位素特征

宁夏地勘院在进行 1∶25 万固原市幅区调时，于早古生代中—酸性侵入岩中获得 6 件全岩氧同位素分析数据，$\delta^{18}O$（V-SMOW）的变化范围为 5.6‰~10.5‰，皆≤10.5‰，介于地壳与地幔之间，具壳幔混染特点，与 Chappell 和 White 等（1974）划分的 I 型花岗岩或华南同熔型花岗岩相当，说明早古生代中—酸性侵入岩的氧同位素主要来自于壳幔混源区。

（七）副矿物特征

人工重砂分析表明，早古生代中酸性侵入岩副矿物组合较简单，各岩石类型副矿物特征基本一致，以富含磁铁矿（平均 3.74g/10kg）、榍石（平均 3.36g/10kg）、磷灰石（0.49g/10kg）、锆石（0.112g/10g）为特征。普遍含有金红石、铅矿物，部分样品含孔雀石、黄铁矿等。属锆石-磷灰石型花岗岩，亦相当石原舜三（1977）所划分的磁铁矿系花岗岩类。

锆石多呈浅黄色，少数无色。金刚光泽，透明—半透明。晶形（图 21-87）多呈正六方双锥，个别熔蚀为表面光洁明亮的浑圆—次浑圆状。粒度一般 0.03mm×0.07mm～0.06mm×0.2mm，少数达 0.15mm×0.35mm 左右。

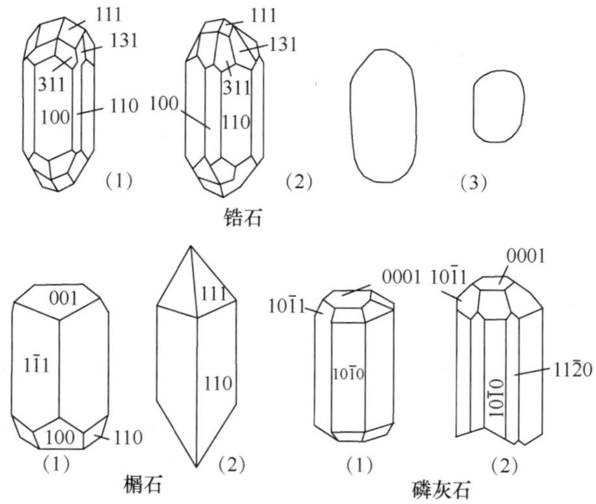

图 21-87 早古生代中酸性侵入岩副矿物晶形

Fig. 21-87 Sketch showing accessory minerals crystal form in Early Paleozoic intermediate-acid intrusive rocks

榍石呈浅黄—黄棕色，油脂光泽。晶形多以扁平信封状（图 21-87 中（1））为主，偶呈矛状（图 21-87 中（2））。粒度一般 0.1~0.4mm。

磷灰石无色透明，玻璃光泽。晶形多为六方柱状（图 21-87 中（1）），少数呈复六方柱状（图 21-87 中（2））。粒度一般 0.05mm×0.01mm~0.15mm×0.25mm。

（八）岩石成因类型与形成的构造环境

1. 岩石成因类型

岩石化学特征表明早古生代中酸性侵入岩属偏铝质—过铝质岩石，为太平洋型钙碱性系列。在 Na_2O-K_2O 图解（图 21-88）上几乎所有样品均落于Ⅰ型花岗岩区；在 A-C-F 三角图解（图 21-89）上绝大多数样品落于Ⅰ型花岗岩区，少数样品落于 S 型花岗岩区。在 $(La/Yb)_N$-δEu 相关图（图 21-90）上几乎所有样品均落入壳幔型花岗岩区；在 SiO_2-Rb 相关图（图 21-91）上各岩体所有样品均无一遗漏地落入壳幔型花岗岩区。

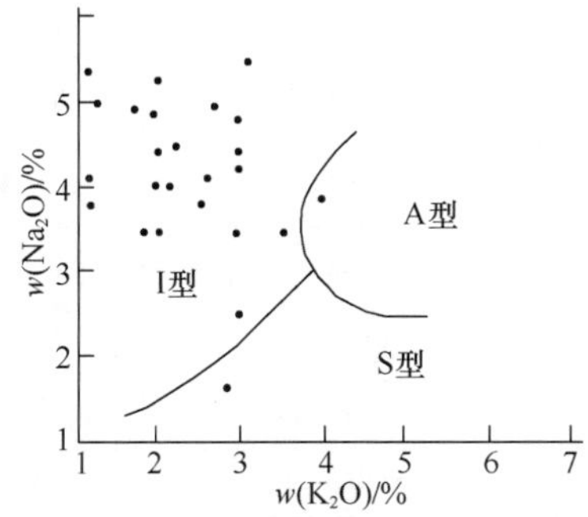

图 21-88 中酸性侵入岩 Na_2O-K_2O 图解

Fig. 21-88 Na_2O-K_2O diagram for intermediate-acid intrusive rocks

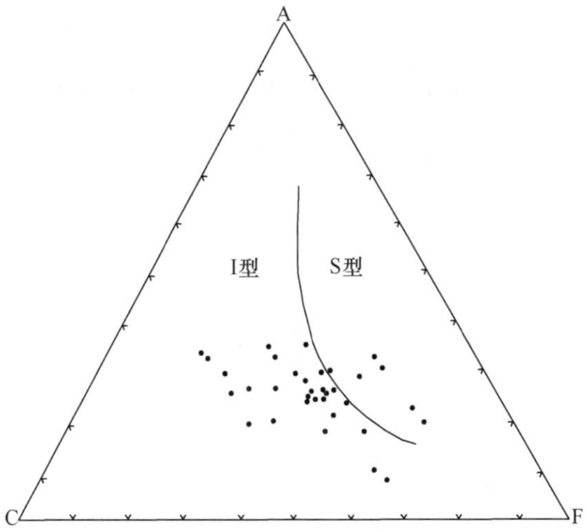

图 21-89 中酸性侵入岩 A-C-F 图解

Fig. 21-89 A-C-F diagram for intermediate-acid intrusive rocks

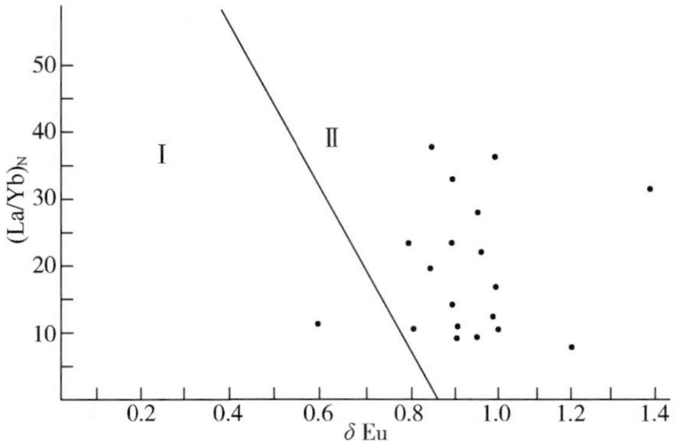

图 21-90 中酸性侵入岩 δEu-（La/Yb）$_N$ 相关图

Fig. 21-90 δEu-(La/Yb)$_N$ diagram for intermediate-acid intrusive rocks

Ⅰ—壳源型花岗岩；Ⅱ—壳幔型花岗岩

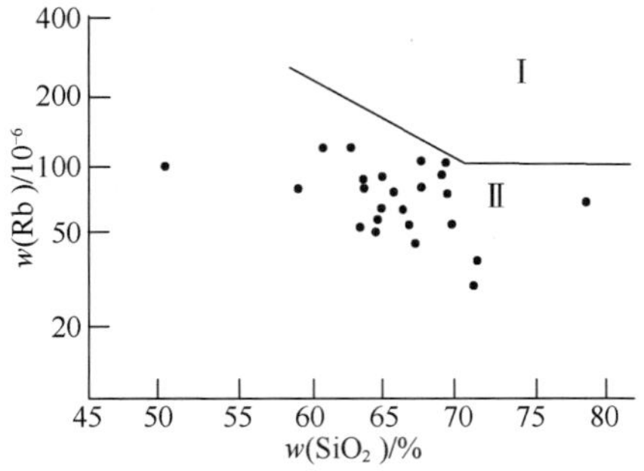

图 21-91 中酸性侵入岩 SiO_2-Rb 相关图

Fig. 21-91 SiO_2-Rb diagram for intermediate-acid intrusive rocks

Ⅰ—壳源型花岗岩；Ⅱ—壳幔型花岗岩

稀土元素总量平均值为 130.165×10^{-6}，接近于壳幔型花岗岩稀土元素总量平均值（158.7×10^{-6}），稀土元素配分模式为右倾的平滑曲线，具不明显的 Eu 异常，这些都是壳幔型花岗岩的特征。（La/Yb）$_N$平均值为 29.936，（La/Sm）$_N$平均值为 4.833，（Gd/Yb）$_N$平均值为 2.855，LREE/HREE 平均值为 16.457，δEu 平均值为 0.991，这些参数值均高于壳型花岗岩，充分显示了壳幔型花岗岩的特点。各岩体均含有大大小小数量不等的暗色细粒铁镁质包体（MME）。

上述这些特点一致表明，早古生代中酸性侵入岩属Ⅰ型花岗岩（壳幔型花岗岩），是在以下地壳深熔岩浆为主、有幔源的镁铁质岩浆参与条件下，经过岩浆混合作用而形成的花岗岩类。

2. 形成的构造环境

从总体化学成分与 Maniar 等（1989）划分的造山型各类花岗岩成分对比来看（表 21-54），早古生代中酸性侵入岩具有大陆岛弧型花岗岩特征。在（Y+Nb）-Rb、（Yb+Ta）-Rb 图解（图 21-92，图 21-93）上所有样品均落入火山岛弧型花岗岩区。

表 21-54 造山型花岗岩类岩石化学特征对比

Table 21-54 Comparison of petrochemical characteristics for orogenic granitoids

参数	IAG	CAG	CCG	DOG	南华山地区中酸性侵入岩
$w(SiO_2)$/%	60~80	62~67	70.76	70.78	59.24~75.13
钙碱指数	钙质—钙碱性	钙碱性	钙碱—碱钙	碱性—钙质	钙碱性
A/CNK	主要为偏铝质，<1.0	偏铝质过铝质，0.9~1.15	过铝质，>1.0	过铝、偏铝、过碱，0.85~1.25	偏铝—过铝，0.633~1.342
Na_2O/CaO	0.1	<4.0	2.0~10.0	2.0~18.0	0.474~5.887
Na_2O/K_2O	0.4~3.0	0.4~2.0	0.4~1.5	0.6~1.2	0.53~4.72
MgO/TFe_2O_3	0.3~0.85	0.10~0.50	0.05~0.6	0.02~0.30	0.157~1.097
MgO/MnO	12.0~28.0	2.0~38.0	2.0~45.0	2.0~18.0	4.875~65.800
A/NK	>1.4	>1.1	>1.1	0.9~1.4	1.13~2.73

注：IAG—岛弧型花岗岩；CAG—大陆岛弧型花岗岩；CCG—大陆碰撞型花岗岩；DOG—造山期后花岗岩。

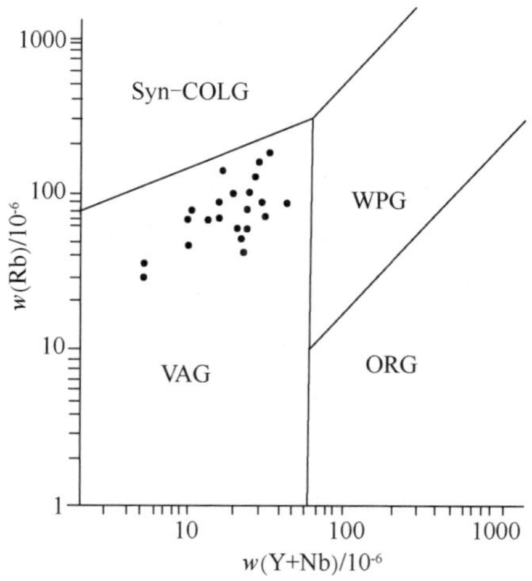

图 21-92　花岗岩类（Y+Nb）-Rb 图解

Fig. 21-92　(Y+Nb)-Rb diagram for granitoids

ORG—洋中脊花岗岩；VAG—火山弧花岗岩；
WPG—板内花岗岩；Syn-COLG—同碰撞花岗岩

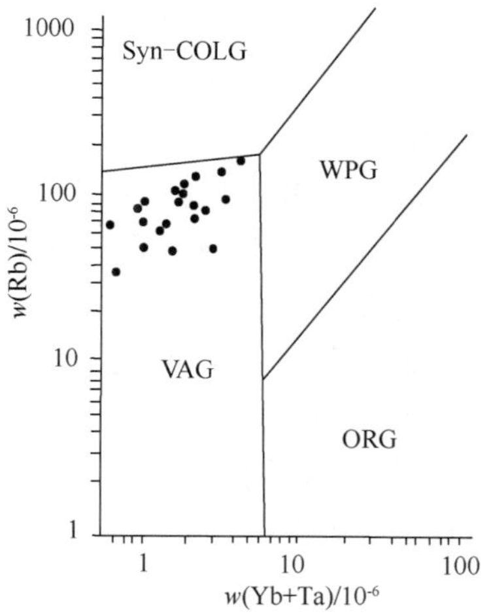

图 21-93　花岗岩类（Yb+Ta）-Rb 图解

Fig. 21-93　(Yb+Ta)-Rb diagram for granitoids

ORG—洋中脊花岗岩；VAG—火山弧花岗岩；
WPG—板内花岗岩；Syn-COLG—同碰撞花岗岩

常华进、储雪蕾等（2008）认为，北祁连山东段（北掌山-崛岘山-南华山）加里东晚期中-酸性侵入岩带可能是一条埃达克岩条带，是由南向北俯冲的老虎山弧后盆地洋壳部分熔融形成的。

综上所述，早古生代Ⅰ型中—酸性侵入岩形成于活动陆缘的大陆边缘岛弧环境，与柴达木板块向塔里木-中朝板块（即北祁连活动大陆边缘）的板块俯冲消减作用有关。

3. 就位机制

早古生代中-酸性侵入岩具有如下共同特征：

1）沿北祁连造山带呈北西向带状展布，平面形态为不规则的椭圆形或长椭圆形，规模均较小，呈岩株或岩瘤状侵位于前志留纪地层中，侵入界面凹凸不平，并向外陡倾斜，有岩枝贯入围岩，外接触带具角岩化热变质，内接触带发育片麻理（叶理）构造。

2）各岩体主体岩石类型均为花岗闪长岩，次为英云闪长岩、石英二长闪长岩和石英闪长岩，并具有相似的地球化学特征。

3）岩体内部具有不甚明显的分带，主要表现为由里向外，由相对酸性到相对基性的成分分带和由中—细粒似斑状结构到细粒结构的结构分带。

4）岩体中含有较多的闪长岩质及辉长岩质暗色包体（MME），包体形状以椭球状、透镜状、气球状为主，并定向排列，其产状与寄主岩片麻理产状一致。岩体边部尚见含少量围岩捕虏体。

5）岩体中分布有稀疏的中—酸性岩脉，岩脉长一般数十米，宽数厘米至数十厘米，与岩体分界截然且界面平直，岩脉走向主要为北西向和北北西向。

从上述特征可以看出，早古生代中—酸性侵入岩具有被动就位-岩墙扩张的特点，其就位过程是：由于柴达木微陆块（板块）向华北陆块（板块）的俯冲造成北祁连活动大陆边缘前缘下地壳或上地幔岩石局部熔融生成中酸性花岗岩浆，在伸展机制的构造环境下，这些岩浆借助于岩浆与围岩的密度差所产生的浮力沿断裂上升到上地壳应力相对松弛部位汇聚、膨胀、扩张而最终定位。这一定位机制似乎具有岩墙扩张——气球膨胀复合定位机制的特点，较好地解释和支持了早志留世中—酸性侵入岩属壳幔型（Ⅰ型）花岗岩成因类型和形成于活动陆缘的大陆边缘岛弧构造环境的结论。

（九）形成时代

前人在南华山中酸性侵入岩中共获得 3 组 K-Ar 法同位素年龄值，其中乱堆子岩体为（326.1±86.7）Ma，石洼里岩体（353.15±3.92）Ma，菜园岩体（391.1±11.3）Ma，根据这些年龄数据，结合上—顶志留统旱峡组不整合于该岩体之上的接触关系，笼统地将分布于南华山及月亮山地区的中—酸性侵入岩形成时代确定为加里东晚期（早—中志留世）。根据现行的地质年代表，上述 3 组同位素年龄数据所反映的地质年代应该为泥盆纪—石炭纪，显然与地质事实不符，表明这些测年数据存在较大误差，可信度较低，不能使用。

2009~2010 年，宁夏地调院在进行“宁夏回族自治区地质系列图件编制与综合研究”项目的过程中，对分布于海原县南华山地区的中酸性侵入岩进行了同位素测年研究，获得了 3 组精度较高的锆石 SHRIMP U-Pb 同位素年龄新数据。其中 1 组样品采自乱堆子岩体，测定的年龄值为（431±5）Ma，同位素分析结果见表 21-55 和图 21-94；1 组样品采自油房院岩体，测定的年龄值为（451+54/-32）Ma，同位素分析结果见表 21-56 和图 21-95；1 组样品采自石洼里岩体，测定的年龄值为（437±5）Ma，同位素分析结果见表 21-57 和图 21-96。据这 3 组年龄所确定的地质年代为加里东晚期，与地质事实吻合程度较高，反映出该期中—酸性侵入岩具有成因联系，属同一个岩浆序列，其中油房院岩体侵位略早，形成时代为晚奥陶世，乱堆子岩体和石洼里岩体侵位较晚，形成于早志留纪。

表 21-55 乱堆子岩体锆石 SHRIMP U-Pb 法同位素分析结果

Table 21-55 SHRIMP U-Pb dating results of zircons from the Luanduizi intrusion

样点号	$^{206}Pb_c$ / %	U / 10^{-6}	Th / 10^{-6}	Th/U	$^{206}Pb^*$ / 10^{-6}	$^{206}Pb/^{238}U$ 年龄/Ma		$^{207}Pb/^{206}Pb$ 年龄/Ma		$^{207}Pb^*$/$^{206}Pb^*$	±/%	$^{207}Pb^*$/^{235}U	±/%	$^{206}Pb^*$/^{238}U	±/%
1.1	0.05	403	149	0.38	125	1982	±24	2002	±11	0.12354	0.60	6.132	1.5	0.3600	1.3
2.1	—	258	200	0.80	119	2772	±35	2698.7	±8.9	0.18425	0.54	13.65	1.5	0.5372	1.4
3.1	0.21	983	136	0.14	57.2	422.0	±5.5	450	±26	0.05675	0.83	0.5294	1.5	0.6766	1.3
4.1	0.51	1204	229	0.20	63.3	382.6	±5.0	418	±39	0.05888	0.78	0.4965	1.5	0.06115	1.3
5.1	0.39	1190	201	0.17	70.4	429.3	±5.5	405	±29	0.05724	0.75	0.5435	1.5	0.06886	1.3
6.1	0.16	1023	178	0.18	61.4	436	±5.7	398	±25	0.05733	0.81	0.5532	1.5	0.06998	1.3
7.1	0.75	1259	216	0.18	69.1	396.8	±5.2	433	±43	0.05707	1.00	0.4996	1.7	0.06349	1.3
8.1	0.12	1052	176	0.17	63.8	440.1	±5.7	415	±22	0.05594	0.79	0.5449	1.5	0.07065	1.3
9.1	0.03	943	150	0.16	56.3	433.1	±5.6	454	±22	0.05599	0.89	0.5365	1.6	0.06949	1.3
10.1	0.39	492	162	0.34	30.5	448.1	±6.6	402	±59	0.05598	1.60	0.5560	2.1	0.07200	1.4
11.1	—	533	43	0.08	61.8	815	±10	1659	±13	0.10082	0.71	1.874	1.5	0.1348	1.3

注：误差为 1σ，Pb_c 和 Pb^* 分别代表普通铅和放射成因铅；标准校正误差为 0.68%。

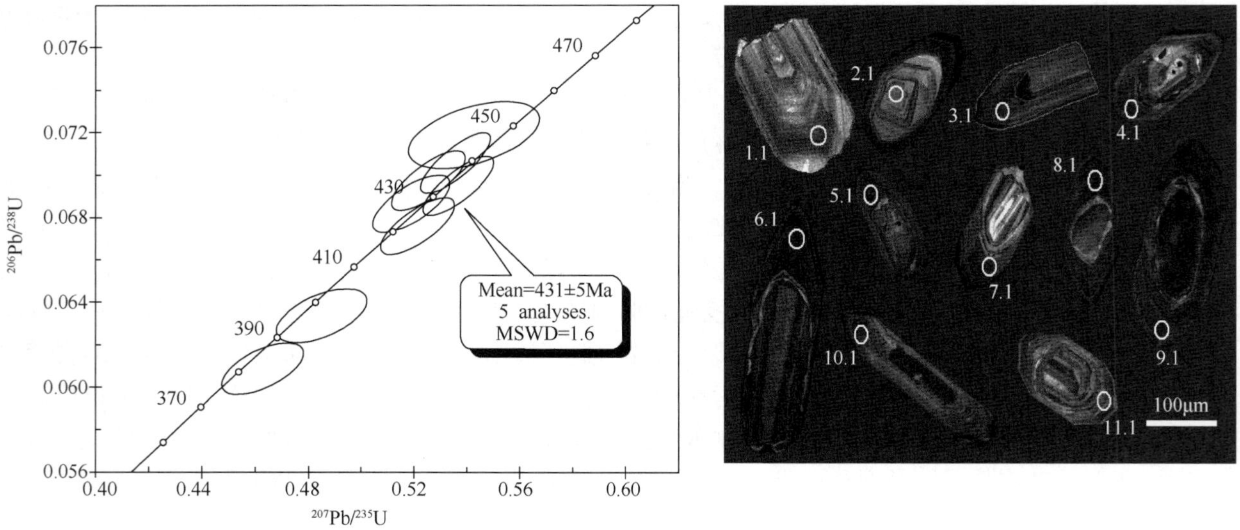

图 21-94 乱堆子岩体锆石 SHRIMP U-Pb 年龄谐和图（左）及阴极发光图像（右）

（据孟方等，2012）

Fig. 21-94 The concordia diagram of zircon U-Pb dating results (left) and CL images of representative zircons (right) of the Luanduizi intrusion

表 21-56 油房院岩体锆石 SHRIMP U-Pb 法同位素分析结果

Table 21-56 SHRIMP U-Pb dating results of zircons from the Youfangyuan intrusion

样点号	$^{206}Pb_c$ /%	U /10^{-6}	Th /10^{-6}	Th/U	$^{206}Pb^*$ /10^{-6}	$^{206}Pb/^{238}U$ 年龄/Ma		$^{207}Pb/^{206}Pb$ 年龄/Ma		$^{207}Pb^*/^{206}Pb^*$	±/%	$^{207}Pb^*/^{235}U$	±/%	$^{206}Pb^*/^{238}U$	±/%
1.1	0.81	388	155	0.41	25.6	479.2	±9.7	557	±85	0.06810	1.6	0.7250	2.6	0.07720	2.0
2.1	0.97	1520	484	0.33	86.3	411.9	±5.4	458	±41	0.06303	0.66	0.5734	1.4	0.06598	1.3
2.2	0.09	238	137	0.60	69.9	1897	±24	1940	±11	0.11913	0.57	5.620	1.5	0.3422	1.4
3.1	0.11	275	98	0.37	17.1	450.5	±6.5	485	±37	0.05738	1.5	0.5730	2.1	0.07240	1.4
4.1	—	205	94	0.47	67.9	2101	±29	2076	±11	0.12814	0.62	6.810	1.7	0.3853	1.5
5.1	0.24	513	229	0.46	109.0	1433	±18	1945	±11	0.12333	0.44	4.234	1.4	0.2490	1.3
6.1	0.26	348	198	0.59	14.7	308.5	±4.7	342	±54	0.05462	1.8	0.3692	1.2	0.04902	1.4
7.1	0.09	1022	465	0.47	65.0	458.9	±6.3	434	±26	0.05329	1.2	0.5421	1.8	0.07378	1.3
8.1	0.12	1285	200	0.16	80.7	454.1	±5.9	429	±21	0.05559	0.74	0.5594	1.5	0.07299	1.3
9.1	0.49	1422	311	0.23	78.1	399.2	±5.2	489	±29	0.06035	0.70	0.5316	1.5	0.06389	1.3
9.2	0.20	226	81	0.37	48.4	1436	±19	1681	±19	0.10371	0.88	3.567	1.6	0.2494	1.4
10.1	0.16	249	95	0.40	15.3	443.4	±6.5	451	±63	0.05490	2.3	0.5390	2.7	0.07120	1.4
11.1	0.19	319	119	0.38	62.6	1362	±17	1948	±13	0.14132	0.55	4.582	1.5	0.2352	1.4
12.1	0.12	278	91	0.34	16.5	430.3	±6.4	415	±55	0.05560	2.0	0.5300	2.4	0.06903	1.4

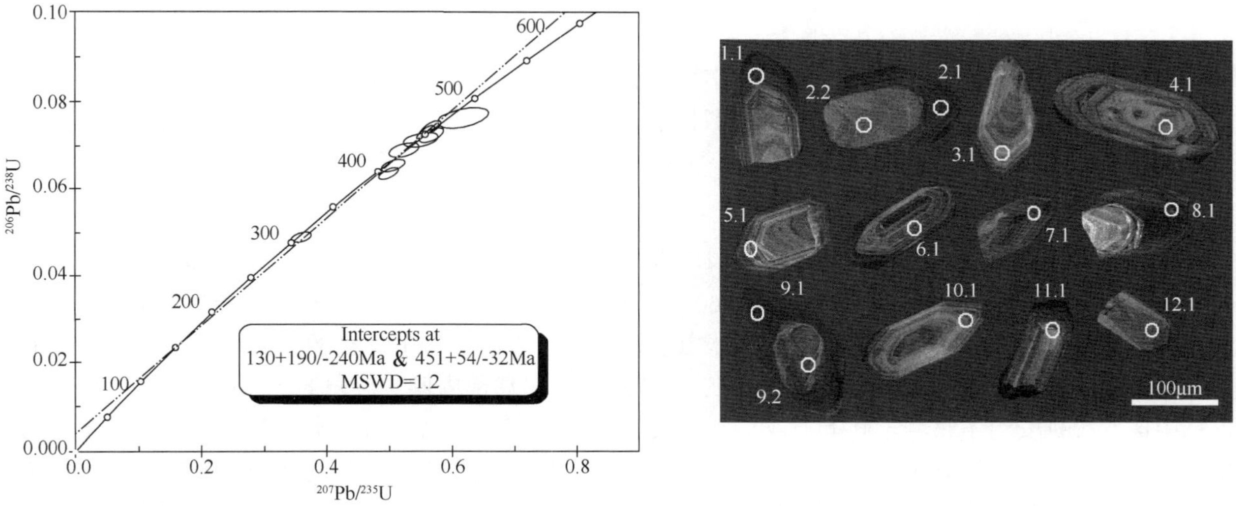

图 21-95 油房院岩体锆石 SHRIMP U-Pb 法年龄谐和图（左）及阴极发光图像（右）（据孟方等，2012）

Fig. 21-95 The concordia diagram of zircon U-Pb dating results (left) and CL images of representative zircons (right) of the Youfangyuan intrusion

表 21-57 石洼里岩体锆石 SHRIMP U-Pb 法同位素分析结果

Table 21-57 SHRIMP U-Pb dating results of zircons from Shiwali intrusion

样点号	$^{206}Pb_c$ /%	U /10^{-6}	Th /10^{-6}	Th/U	$^{206}Pb^*$ /10^{-6}	$^{206}Pb/^{238}U$ 年龄/Ma		$^{207}Pb/^{206}Pb$ 年龄/Ma		$^{207}Pb^*/^{206}Pb^*$	±/%	$^{207}Pb^*/^{235}U$	±/%	$^{206}Pb^*/^{238}U$	±/%
1.1	0.10	721	325	0.47	42.9	431.6	±6.0	405	±30	0.05509	1.2	0.5260	1.8	0.06925	1.3
2.1	0.04	373	380	1.05	23.1	449.0	±7.1	409	±32	0.05417	1.4	0.5390	1.9	0.07213	1.4
3.1	0.53	1398	958	0.71	86.3	445.3	±6.3	443	±35	0.05614	0.76	0.5536	1.5	0.07153	1.3
4.1	0.24	1283	612	0.49	200.0	1079	±14	1080	±11	0.07885	0.39	1.982	1.3	0.1823	1.3
5.1	0.26	992	604	0.63	64.2	467.7	±6.5	479	±30	0.05803	0.79	0.6021	1.5	0.07525	1.3
6.1	0.05	1041	597	0.59	62.3	434.6	±6.0	404	±19	0.05634	0.78	0.5417	1.5	0.06974	1.3
7.1	0.02	642	414	0.67	38.5	435.4	±6.2	433	±27	0.05597	1.0	0.5392	1.7	0.06987	1.3
8.1	—	455	184	0.42	27.0	430.6	±6.0	447	±27	0.05509	1.2	0.5247	1.8	0.06907	1.4

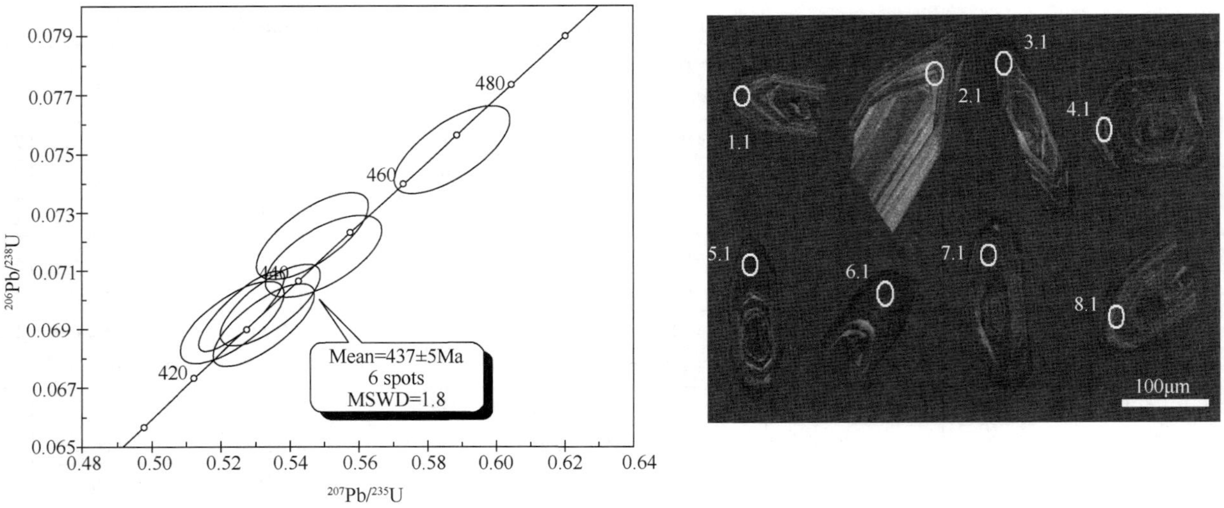

图 21-96　石洼里岩体锆石 SHRIMP U-Pb 法年龄谐和图（左）及阴极发光图像（右）

（据孟方等，2012）

Fig. 21-96　The concordia diagram of zircon U-Pb dating results (left) and CL images of representative zircons (right) of the Shiwali intrusion

四、中生代中-酸性侵入岩

中生代中—酸性侵入岩分布于贺兰山南段，包括大战场岩体（以花岗闪长岩为主）、阿里乌苏岩体（花岗闪长岩）和双疙瘩岩体（石英二长闪长岩）3 个独立的小岩体。这里仅叙述规模较大者——大战场岩体的特征，其余两个岩体规模较小，且不在编图范围内，故不赘述。

（一）地质特征

大战场岩体（$\gamma\delta T_3$）出露于贺兰山南段的大战场，形状不规则，总体呈北东向展布，西段膨大呈椭圆状，最宽约 340m，中段变窄仅 150~160m，总长约 1.8km，面积 0.38km^2（图 21-97）。

岩体呈岩株状侵入于中—上奥陶统米钵山组板岩、白云质灰岩中，接触面舒缓波状，局部呈港湾状，接触面一般外倾（向南倾斜），倾角陡，约 50°~70°，局部内倾，倾角 80°，近于直立；岩体北部可见中侏罗统延安组不整合于其上，或呈断层接触。岩体南侧，北西向、北东向石英闪长玢岩、闪长玢岩、花岗斑岩、云煌岩等岩脉极为发育。岩体南、东侧外接触带米钵山组板岩、泥质板岩常具角岩化，呈灰黑色，致密坚硬。镜下观察组成角岩的矿物有堇青石、透闪石、透辉石等。透闪石呈针状、束状、放射状分布，透辉石、堇青石分布不均匀，局部集中成斑点状。角岩类矿物含量多寡与原岩物质成分有关，一般泥质成分含量高者则堇青石含量较高；钙、镁质成分高者则透辉石、透闪石相应增多。碳酸盐类岩石受热力变质后则普遍大理岩化，方解石变成中—粗粒镶嵌状、拉长状。泥质碳酸盐类变质后形成透闪石大理岩、透辉石大理岩等。透闪石呈灰白色，放射状、束状分布，有时其含量高达 50%以上。

（二）岩石学特征

岩体岩相分带性不明显，仅在岩体西部膨大部位略有分异，出现过渡相和边缘相。其中过渡相为偏酸性的二长花岗岩、石英二长岩，分布于岩体中心；边缘相为花岗闪长岩—石英闪长岩，二者呈过渡关系。其余地段均为花岗闪长岩—石英闪长岩。主要岩石类型及岩石学特征如下：

1. 二长花岗岩

中粒花岗结构，主要由碱性长石（钠长石+微斜长石，35%）、斜长石（更长石，26%）、石英（39%）和黑云母（<1%）组成。钠长石具卡式双晶，或无双晶，正光性，$2V=85°\sim90°$；微斜长石具纺锤状格子双晶，负光性，$2V=59°$，消光角 $N_g \wedge b=18°\sim20°$；斜长石（An=25，属更长石），以聚片双晶和卡-钠复合双晶为主；石英呈他形粒状，粒径略小于长石类矿物。

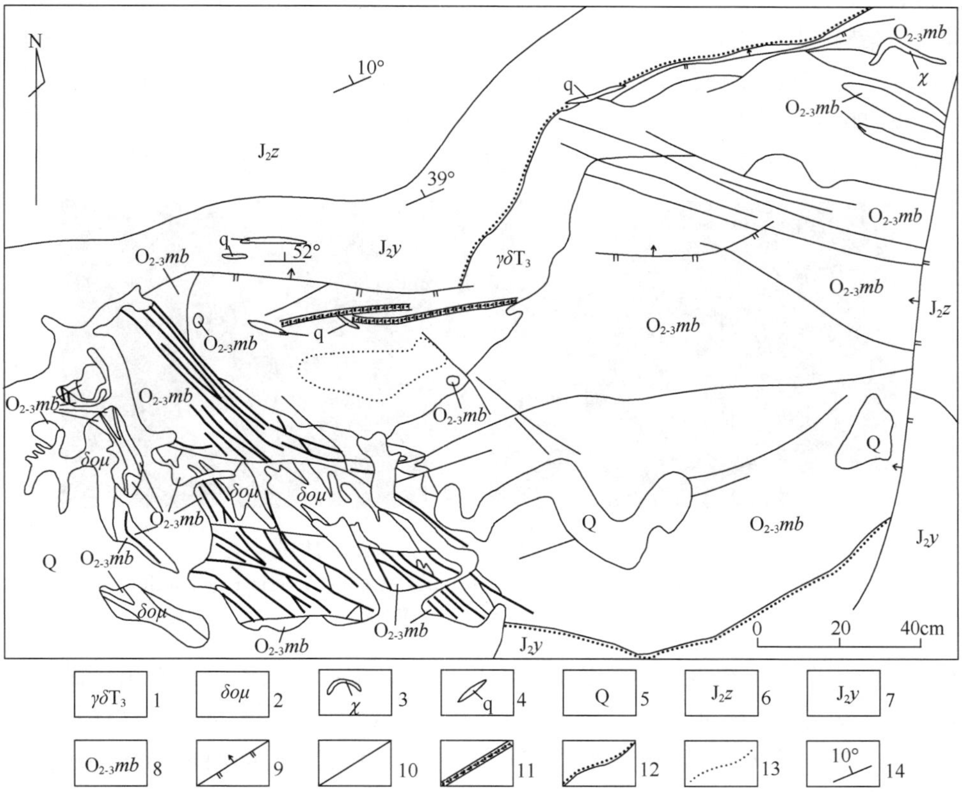

图 21-97 大战场岩体地质略图

Fig. 21-97 Geologic sketch map of the Dazhanchang intrusion

1—晚三叠世花岗闪长岩；2—石英闪长玢岩脉；3—煌斑岩脉；4—石英脉；5—第四系；6—中侏罗统直罗组；7—中侏罗统延安组；8—中—上奥陶统米钵山组；9—逆断层；10—性质不明断层；11—碎裂岩带；12—不整合界线；13—岩相界线；14—岩层产状

2. 似斑状石英二长岩

中粒似斑状花岗结构，主要由碱性长石（钠长石+微斜长石，55%）、斜长石（更长石，30%）、石英（15%）及少量绿帘石、锆石组成。钠长石镜下具条纹构造，主晶占 90%~95%，正光性，$2V=85°\sim90°$，消光角 $N_g \wedge b=12°$，An=7%，属低温钠长石，客晶呈棒状、蠕虫状平行排列，折光率略小于主晶，是一种钙长石分子略高于主晶的钠长石；微斜长石具纺锤状格子双晶，负光性，$2V=59°$，消光角 $N_g \wedge b=18°\sim20°$；斜长石（An=25，属更长石），发育聚片双晶和多种复合双晶；石英呈他形粒状。

3. 似斑状石英闪长岩

中粒似斑状花岗结构，主要由斜长石（更长石—中长石，55%~65%）、碱性长石（反条纹长石+微斜长石，8%~23%）、石英（10%~15%）及角闪石（5%~10%）组成。斜长石（An=26~40，属更长石—中长石），发育聚片双晶、卡-钠复合双晶、肖钠双晶和卡氏双晶，负光性，$2V=83±5°$，消光角 $N_g \wedge b=7°\sim17°$；微斜长石具纺锤状格子双晶，负光性，$2V=59°$，消光角 $N_g \wedge b=18°\sim20°$；石英呈他形粒状；角闪石具绿泥石化，中心残留角闪石晶体，镜下呈绿色，多色性显著，正延性，消光角 $C \wedge N_g=19°$，负光性，$2V=70°\sim80°$，属普通角闪石。

4. 黑云母石英闪长岩

中粒花岗结构，主要由斜长石（中长石，70%~75%）、碱性长石（条纹长石+微斜长石，8%~10%）、石英（12%~15%）、黑云母（3%）及绿帘石（1%）组成。斜长石（An=30~50，属中长石），发育卡式双晶、聚片双晶、卡-钠复合双晶，负光性，$2V=80±3°$；微斜长石具纺锤状格子双晶，负光性，$2V=59°$，消光角 $N_g \wedge b=18°\sim20°$；石英呈他形粒状。

5. 花岗闪长岩

中—细粒花岗结构（图21-98），主要由斜长石（中长石，50%）、钾长石（微斜长石+正长石，25%）、石英（22%）和白云母（3%）组成。斜长石（An=45，属中长石），发育卡式双晶、聚片双晶、卡-钠复合双晶，正光性，$2V=80±3°$，消光角 $N_g \wedge b=25°$；微斜长石具纺锤状格子双晶，负光性，$2V=59°$，消光角 $N_g \wedge b=18°\sim20°$；正长石以巴温诺双晶、卡斯巴双晶为主，负光性，$2V=50°$；石英呈他形粒状。

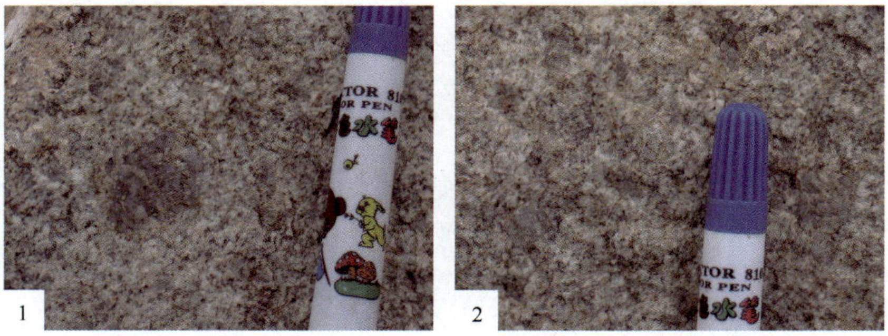

图21-98　晚三叠世花岗闪长岩结构构造

Fig. 21-98　Textural and structural features of Late Triassic granodiorite

1，2—内蒙古阿拉善左旗大战场

上述岩石学特征表明，组成该岩体的各类岩石以中粒为主；由反条纹长石组成的似斑状结构可以发生在各类岩石中，斑晶大小一般5mm×10mm～1mm×20mm，个别甚至更大；碱性长石除花岗闪长岩外，均以微斜长石、钠长石为主；暗色矿物含量少，一般不足10%，因而色调均呈灰白—浅灰色（二长花岗岩、石英二长岩呈微红色）。

各类岩石中斜长石特征表明，随着岩石酸度的增高，斜长石牌号降低；石英闪长岩中的长石常见正环带，中心环带An=50，环带边部An=30；从光性、光轴角测定结果看，石英闪长岩中的中长石为负光性，$2V≈80°\sim83°$，属低温中长石类，表明它们是在温度缓慢下降的环境中晶出；而花岗闪长岩中的中长石为正光性，$2V≈80$，属高温中长石，是在岩浆迅速冷凝条件下形成的。在剖面上花岗闪长岩恰位于岩体边部，冷却速度相对要快是不难理解的。

组成该岩体的主要造岩矿物斜长石为中—更长石，基本属低温斜长石系列，随着岩石中酸度的增加，斜长石牌号有降低之趋势；碱性长石属低温钠长石-微斜长石系列，其中具条纹状结构的低温钠长石常在具似斑状结构的岩石中形成大斑晶，晶体内部常包裹有早期斜长石、石英颗粒，似为晚期钠交代作用的产物；各类岩石中暗色矿物由黑云母、普通角闪石组成，含量甚低（3%～8%）。

（三）岩石化学特征

大战场岩体岩石化学分析结果见表21-58。$w(SiO_2)$ = 66.44%～69.76%，平均为67.33%；$w(Al_2O_3)$在15%～17%左右，平均16.21%；$Na_2O>K_2O$，总量 $w(Na_2O+K_2O)$ 一般8%～9%，个别5%～6%，平均8.17%。其岩石平均化学成分与中国花岗闪长岩较为接近，特别与我国华南地区花岗闪长岩平均化学成分（139个样品）十分相近，但后者 K_2O 略高于 Na_2O；铁镁含量亦较高，说明该岩体岩石暗色矿物含量较低，且在碱性长石中钠长石含量较高。

表21-58　大战场岩体主要氧化物含量

Table 21-58　Contents of major oxide of Dazhanchang granodiorite

序号	岩石名称	主要氧化物含量 (w)/%													
		SiO_2	TiO_2	Al_2O_3	Fe_2O_3	FeO	MnO	MgO	CaO	Na_2O	K_2O	P_2O_5	H_2O^+	CO_2	SO_3
1	石英闪长岩	69.76	0.23	15.32	0.62	1.11	0.05	0.72	1.38	4.48	4.10	0.09	2.10	0.28	0.03
2	石英闪长岩	66.56	0.30	16.26	0.80	1.71	0.07	1.04	3.01	4.48	3.20	0.17	2.30	0.26	0.03
3	似斑状石英闪长岩	67.14	0.30	15.71	0.44	1.63	0.07	1.00	2.86	4.64	3.70	0.12	2.26	0.39	0.02

续表

序号	岩石名称	主要氧化物含量（w）/%													
		SiO_2	TiO_2	Al_2O_3	Fe_2O_3	FeO	MnO	MgO	CaO	Na_2O	K_2O	P_2O_5	H_2O^+	CO_2	SO_3
4	二长花岗岩	66.44	0.15	17.23	0.23	1.84	0.06	0.57	2.21	5.12	3.80	0.17	2.18	0.39	0.02
5	似斑状石英闪长岩	68.99	0.23	15.38	0.33	1.09	0.05	0.59	2.03	4.48	4.30	0.09	2.04	0.54	0.03
6	似斑状石英闪长岩	68.00	0.20	16.38	0.13	1.70	0.06	0.81	1.84	5.00	4.00	0.09	1.52	0.24	0.02
7	花岗闪长岩	67.24	0.24	17.02	0.90	1.01	0.08	0.50	2.46	2.34	3.20	0.11	3.86	1.19	0.02
平均值		67.73	0.24	16.19	0.49	1.44	0.06	0.75	2.26	4.36	3.76	0.12	2.32	0.47	0.02
中国花岗闪长岩平均值		64.98	0.52	16.33	1.89	2.49	0.09	1.94	3.70	3.67	2.95	0.32	0.83	0.29	

注：据1∶5万土井子等幅区调资料。

岩石特征参数值见表21-59。里特曼指数 σ 为1.27~3.39，平均为2.73；碱度率（$A\cdot R$）为1.79~3.11，岩石化学类型主要属钙性—钙碱性岩系。在 $A\cdot R$-SiO_2 图解（图21-99）上4个样品落入钙碱性区间，4个样品落入碱性区间。皮科克指数为53.95，显示岩石属碱钙性岩系（图21-100）。K/N 比值为0.71~1.37，除1件样品大于1外，其余均小于1，反映岩石相对贫钾，这与岩石中钾长石和黑云母含量较低相一致。铝饱和度（A/CNK）为0.93~1.44，KN/A 为0.43~0.78，属过铝—次铝的岩石类型。长英质指数（FL）为69.25~86.14，分异指数（$D\cdot I$）为74.25~85.98，固结指数（SI）为4.93~9.26，反映岩石在化学成分总体上为中酸性、岩浆分异较强的特点。

表21-59　大战场岩体CIPW标准矿物及特征参数

Table 21-59　CIPW standard minerals and characteristic parameters of Dazhanchang granodiorite

序号	CIPW标准矿物值				特征参数							
	Q	Or	Ab	An	σ	$A\cdot R$	FL	SI	$D\cdot I$	K/N	KN/A	A/CNK
1	23.73	24.49	37.76	6.12	2.75	3.11	86.14	6.53	85.98	0.92	0.77	1.06
2	25.17	18.93	37.76	14.19	2.50	2.33	71.84	9.26	81.86	0.71	0.66	1.00
3	17.48	22.27	39.33	13.35	2.88	2.63	74.46	8.76	79.08	0.80	0.75	0.93
4	15.32	22.82	43.53	10.12	3.39	2.70	80.14	4.93	81.67	0.74	0.73	1.04
5	20.91	25.61	37.76	9.46	2.97	3.03	81.22	5.47	84.28	0.96	0.78	0.97
6	17.30	23.94	42.48	8.35	3.24	2.95	83.03	6.96	83.72	0.80	0.77	1.03
7	35.39	18.93	19.93	11.41	1.27	1.79	69.25	6.29	74.25	1.37	0.43	1.44

注：序号同表21-58。

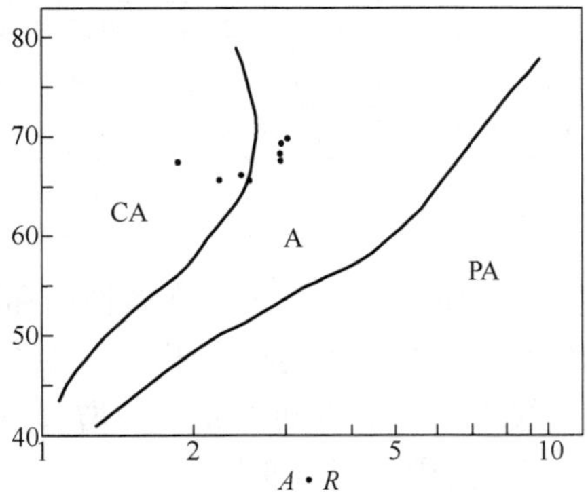

图21-99　大战场岩体 $A\cdot R$-SiO_2 图解

Fig. 21-99　$A\cdot R$-SiO_2 diagram for Dazhanchang granodiorite

CA—钙碱性；A—碱性；PA—过碱性

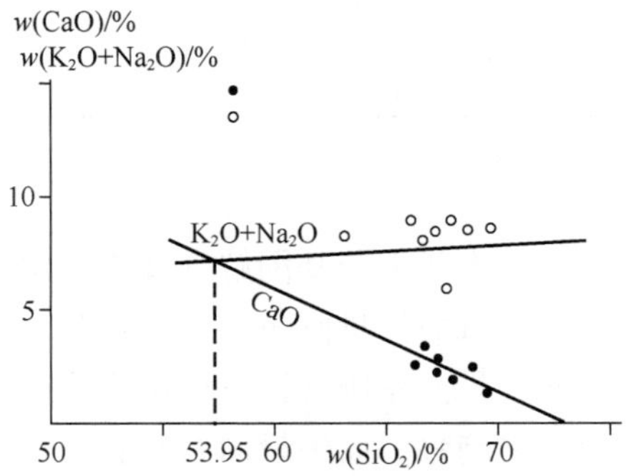

图21-100　大战场岩体皮科克指数图解

Fig. 21-100　Peacock index diagram of Dazhanchang granodiorite

尼格里值见表 21-60。其主要参数表明，岩石中随着 *Si* 增大，*al*、*alk* 呈现上升之趋势，*fm*、*c* 则有降低趋向。*k* 值较小，表明岩石中钾长石含量相对较低。属钙碱性系列岩石，花岗闪长岩—奥长花岗岩组，其中序号 1、4、5、6 属正常奥长花岗岩；2、3 号属淡色闪长岩；7 属淡色花岗闪长岩。如果我们排除当前所采用矿物定量分类标准和该鉴定表分类可能存在的差异，则岩石化学分类与矿物分类基本是一致的。

表 21-60　大战场岩体尼格里值

Table 21-60　Niggli's values of Dazhanchang granodiorite

序号	尼格里值													
	Si	*al*	*fm*	*c*	*alk*	*k*	*mg*	*ti*	*p*	*c/fm*	*h*	*o*	*t*	*qz*
1	348	46	12	7	35	0.38	0.43	0.86	0.19	0.59	35	0.19	3.5	109
2	287	41	16	14	29	0.30	0.43	0.92	0.31	0.89	33	0.17	-1.7	70
3	300	41	15	14	30	0.35	0.46	1.01	0.23	0.94	34	0.10	-2.8	78
4	295	45	12	10	33	0.33	0.33	1.00	0.32	0.91	32	0.07	1.8	64
5	338	44	10	11	35	0.39	0.42	0.55	0.18	1.05	33	0.12	-1.0	99
6	312	44	13	9	34	0.34	0.43	0.79	0.17	0.71	23	0.04	1.30	76
7	348	52	12	14	22	0.47	0.32	0.79	0.24	1.13	67	0.29	15.97	159

注：序号同表 21-58。

岩石的查瓦里茨基数字特征（表 21-61）表明，岩石分别属铝过饱和系列和正常系列。*Q* 值在 15~45 之间，属 SiO_2 过饱和岩石，它们的岩石化学类型分属 2 类 3 组（序号 1）、4 组（序号 2、3、4、5、6）、5 组（序号 7），依次对照查瓦里茨基岩石化学分类表中相应的岩石，大致相当奥长花岗岩—花岗闪长岩，故与前述矿物分类亦大体相符。

表 21-61　大战场岩体查瓦里茨基数字特征

Table 21-61　Zavaritsky's values of Dazhanchang granodiorite

序号	主要数字指标				补充数字指标								
	a	*b*	*c*	*s*	*c'*	*a'*	*m'*	*f'*	*n*	*Q*	*φ*	*t*	An
1	15.6	4.4	1.7	78.3	-	36.1	27.3	36.6	62.4	23.9	11.9	0.24	14
2	15.5	4.6	3.3	76.6	9.8	-	38.4	51.8	69.8	19.0	14.9	0.33	23
3	15.6	4.4	2.8	77.2	16.2	-	38.5	45.3	65.4	20.3	8.6	0.33	21
4	17.0	3.9	2.7	76.4	-	23.4	24.9	51.7	67.2	16.3	5.1	0.33	19
5	16.2	2.6	2.3	78.9	8.7	-	38.7	52.6	61.3	23.3	10.3	0.16	18
6	16.8	3.8	2.2	77.2	-	16.9	36.1	47.0	65.5	?	2.9	0.25	16
7	9.90	9.6	3.0	77.3	-	72.5	8.8	18.7	52.?	31.8	8.0	0.22	36

注：序号同表 21-58。

岩石化学查瓦里茨基图解（图 21-101）表明，主要数字指标 $a>c$，图形是在碱性面和钙碱面，不以轴对称。钙碱面矢量倾角偏陡，且基本一致，说明岩石中长石类矿物钠略大于钾，二者比值变化不大。碱性面矢量向左倾之铝过饱和系列岩石，矢量倾角陡缓不一，似有随着 *a* 值的增大、*b* 值的减小而倾角变陡之趋势。而矢量向右倾斜之正常系列岩石，其余倾角则无明显变化。

（四）微量元素特征

大战场岩体微量元素含量见表 21-62。其平均值与维诺格拉多夫花岗岩等平均值相比，Cu、Sr 偏高，Rb、Ti、Th 偏低，其余元素较接近或相当。与克拉克值（黎彤，1976）相比，除 Sr、Ba、Pb 明显偏高外，其余元素偏低或接近。

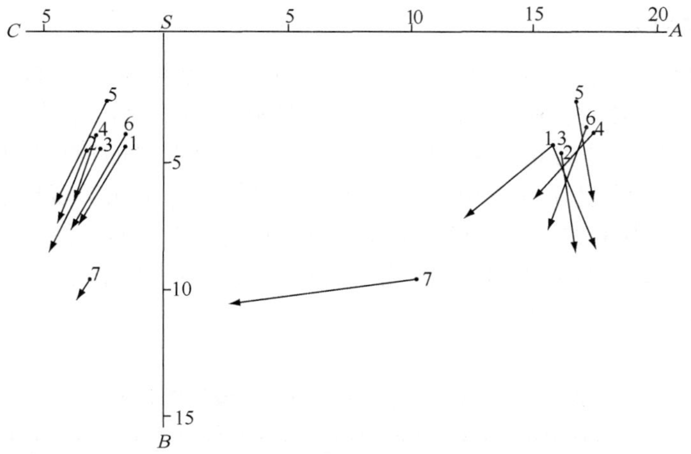

图 21-101　大战场岩体查瓦里茨基矢量图解

（样品序号同表 21-58）

Fig. 21-101　Zavaritsky's vectorgraph of Dazhanchang granodiorite

表 21-62　大战场岩体微量元素含量

Table 21-62　Contents of trace element of Dazhanchang granodiorite　　（单位：$w/10^{-6}$）

序号	样品编号	Cu	Cr	Ni	Co	Rb	Sr	Ba	V	Ti	Nb	Ta	Zr
1	PM028-16-WL-1	79.7	33.9	5.52	3.63	88.6	916	1078	25.0	1360	6.67	0.49	110
2	PM028-16-WL-2	8.40	24.9	6.46	3.59	68.8	1124	899	25.0	1240	8.23	0.60	112
3	DZ-02-06	38.55	62.46	62.64	10.69	72.25	399.4	1766	31.92	1380	5.18	0.29	92.8
4	DZ5-1-01	113.6	565.7	25.9	6.39	73.66	84.46	660.1	24.08	1800	2.05	0.18	42.57
5	DZ-3-01	505.5	211.2	53.32	10.72	37.63	383	1318	41.75	1800	5.57	0.31	95.75
6	DZ-07-01	12.87	23.24	88.42	32.81	44.14	461.1	230.4	40.21	900	3.9	0.33	48.9
7	DZ-1-03	34.89	221.9	61.77	14.88	64.53	384.5	1125	76.51	1380	5.84	0.39	81.39
8	DZ04-1-02	179.9	30.99	14.21	4.65	250.2	44.43	1377	26.62	1200	6.87	0.49	125.7
9	DZ06	14.51	13.77	10.65	4.55	41.8	376.6	1199	25.95	1440	6.46	0.37	107.3
平均值		109.77	132	36.54	10.21	82.4	463.72	1072.5	35.23	1389	5.64	0.38	90.71
花岗岩等（维诺格拉多夫）平均值		20	25	8	5	200	300	830	40	2300	20	3.5	200

序号	样品编号	Hf	Sc	Li	Be	Ga	Mo	Cs	W	Pb	Th	U	B
1	PM028-16-WL-1	2.83	2.58	6.99	2.66	16.7	2.28	2.01	2.13	40.9	3.14	1.08	16
2	PM028-16-WL-2	2.85	2.91	17.0	2.48	17.1	0.44	1.04	0.21	35.4	2.84	0.96	6
3	DZ-02-06	2.34	3.6	25.37	2.23	116.8		2.28		52.98	2.83	0.96	
4	DZ5-1-01	1.15	2.88	40.88	0.8	42.8		2.22		42.55	2.6	1.09	
5	DZ-3-01	2.3	20.52	24.09	2.96	92.09		1.85		53.01	3.31	1.32	
6	DZ-07-01	1.44	22.53	12.51	0.66	17.68		4.41		46.6	3.6	1.21	
7	DZ-1-03	2.1	11.44	24.62	1.92	79.63		3.43		27.82	3.28	1.58	
8	DZ04-1-02	3.37	5.41	5.04	6.61	97.64		11.7		577.9	2.81	3.35	
9	DZ06	2.9	8.08	19.67	2.2	85.49		1.41		53.87	2.56	1.23	
平均值		2.36	8.88	19.57	2.50	62.88	1.36	3.37	1.17	103.45	3	1.42	11
花岗岩等（维诺格拉多夫）平均值		1	3	40	5.5	20	1	5	1.5	20	18	3.5	15

注：序号 1~2 为 1：25 万银川市幅区调资料；3~9 为黄喜峰（2006）资料。

(五) 稀土元素特征

大战场花岗闪长岩稀土元素含量及特征值见表 21-63。ΣREE 为 $(43.06\sim64.83)\times10^{-6}$，平均为 52.32×10^{-6}；ΣCe/ΣY 为 3.52~5.46，平均为 4.17，表明轻重稀土元素分异明显，轻稀土元素相对富集，重稀土元素相对亏损；δEu 为 0.13~1.41，平均为 1.25，具明显的铕正异常；$(La/Yb)_N$为 5.21~19.24，平均为 13.04，表明稀土元素配分曲线为向右倾斜的轻稀土元素富集型（图 21-102）；$(La/Sm)_N$为 2.80~4.87，平均为 3.77，反映轻稀土元素分馏程度中等，属轻稀土元素富集型；$(Ga/Yb)_N$为 1.58~5.49，平均为 3.41，反映重稀土元素分馏程度较低，属重稀土元素亏损型。这些特征说明形成这种岩石的岩浆分异较强，具有中—晚期岩浆的特点。

表 21-63 大战场岩体稀土元素含量及特征参数

Table 21-63 Contents and characteristic parameters of REE of Dazhanchang granodiorite

序号	样品编号	$w/10^{-6}$														
		La	Ce	Pr	Nd	Sm	Eu	Gd	Tb	Dy	Ho	Er	Tm	Yb	Lu	Y
1	PM028-16-XT-1	11.0	22.4	2.45	9.37	1.42	0.82	1.42	0.19	0.86	0.18	0.49	0.07	0.47	0.08	4.93
2	PM028-16-XT-2	8.89	18.5	2.02	7.82	1.32	0.66	1.32	0.19	0.96	0.17	0.54	0.07	0.51	0.09	5.40
3	DZ-02-06	13.41	24.17	2.98	10.48	2.07	0.1	2.77	0.41	2.19	0.27	0.73	0.07	0.47	0.07	4.09
4	DZ5-1-01	9.79	18.52	2.19	6.9	1.41	0.53	1.73	0.28	1.56	0.26	0.86	0.08	0.48	0.08	3.25
5	DZ-3-01	8.74	17.85	2.2	8.05	1.83	0.87	2.12	0.36	1.76	0.3	0.93	0.08	0.48	0.07	4.35
6	DZ-07-01	9.66	21.09	2.87	10.48	2.17	1.09	2.56	0.48	2.55	0.52	1.49	0.21	1.25	0.18	13.1
7	DZ-1-03	13.28	25.45	3.11	11.33	2.19	1.12	3.01	0.43	2.49	0.42	1.16	0.14	0.62	0.08	5.48
8	DZ04-1-02	12.8	24.55	3.18	11.43	2.42	0.95	1.97	0.41	1.91	0.26	0.94	0.1	0.63	0.1	4.99
9	DZ06	8.8	16.36	2.08	7.4	1.63	0.8	1.91	0.4	1.88	0.26	0.84	0.09	0.53	0.08	4.54
平均值		10.71	20.99	2.56	9.25	1.83	0.77	2.09	0.35	1.80	0.29	0.89	0.10	0.60	0.09	5.57

序号	样品编号	$w/10^{-6}$				LREE/HREE	ΣCe/ΣY	δEu	$(La/Yb)_N$	$(La/Sm)_N$	$(Gd/Y)_N$
		ΣREE	LREE	HREE	ΣY						
1	PM028-16-XT-1	51.22	47.46	3.76	8.69	12.62	5.46	1.77	15.78	4.87	2.34
2	PM028-16-XT-2	43.06	39.21	3.85	9.25	10.18	4.24	1.53	11.75	4.24	1.98
3	DZ-02-06	60.19	53.21	6.98	11.07	7.62	4.81	0.13	19.24	4.08	5.49
4	DZ5-1-01	44.67	39.34	5.33	8.58	7.38	4.59	1.04	13.75	4.37	4.32
5	DZ-3-01	45.64	39.54	6.1	10.45	6.48	3.78	1.35	12.28	3.00	3.95
6	DZ-07-01	56.60	47.36	9.24	22.34	5.13	2.12	1.41	5.21	2.80	1.58
7	DZ-1-03	64.83	56.48	8.35	13.83	6.76	4.08	1.33	14.44	3.81	4.45
8	DZ04-1-02	61.65	55.33	6.32	11.31	8.75	4.89	1.33	13.70	3.33	3.20
9	DZ06	43.06	37.07	5.99	10.53	6.19	3.52	1.39	11.19	3.40	3.41
平均值		52.32	46.11	6.21	11.78	7.90	4.17	1.25	13.04	3.77	3.41

注：序号 1~2 为 1∶25 万银川市幅区调资料；3~9 为黄喜峰资料。

(六) 稳定同位素特征

在大战场岩体中获得 2 件全岩氧同位素分析数据，其分析结果分别为 $\delta^{18}O$（V-SMOW）= 12.2‰，$\delta^{18}O$（V-SMOW）= 10.2‰，数值较为接近，变化范围小，平均值为 11.2‰，大于 10.0‰，说明大战场花岗闪长岩属高 $\delta^{18}O$ 花岗岩类，氧同位素来自于地壳，与我国南岭 S 型花岗岩 $\delta^{18}O$ 相似。

(七) 副矿物特征

人工重砂分析表明，大战场岩体各类岩石中的副矿物以锆石、磷灰石为主，次为重晶石、榍石、金红石、白钨矿、方铅矿、自然铅、赤铁矿等。锆石、磷灰石占绝对优势，其特征如下：

1. 锆石

以玫瑰色为主，少数呈橘黄—浅黄色，含量 0.02～5.75g/t 不等，以 3～5g/t 居多。岩体中心部位晶粒相对较大，向岩体边缘晶粒则相对变小。经统计，岩体边部花岗闪长岩晶粒长宽比值为 1.6～1.8，中心部位石英闪长岩为 2.0～2.3，最高 2.4，即自岩体边部至中心，锆石长宽比值有逐渐增大之趋势。锆石晶形（图 21－103a）为正方双锥柱状体，其中常见柱状体由〔100〕、〔110〕两种单形组成，且前者较后者发育；锥体由〔111〕〔131〕两种单形组成，以前者为主。偶见柱状体发育〔110〕单形，并具有〔331〕复正方双锥单形之晶体，这是一种 Si、K、Na 含量较高的火成岩常见的结晶习性。

2. 磷灰石

以无色透明—浅黄色为主，浅灰色半透明者偶见。晶形（图 21－103b）为底轴面〔0001〕之六方柱状，六方双锥（〔112〕、〔101〕）面发育不佳。晶体长 0.1～0.2mm 及 0.05～0.08mm 不等，长宽比值为 2～2.5。

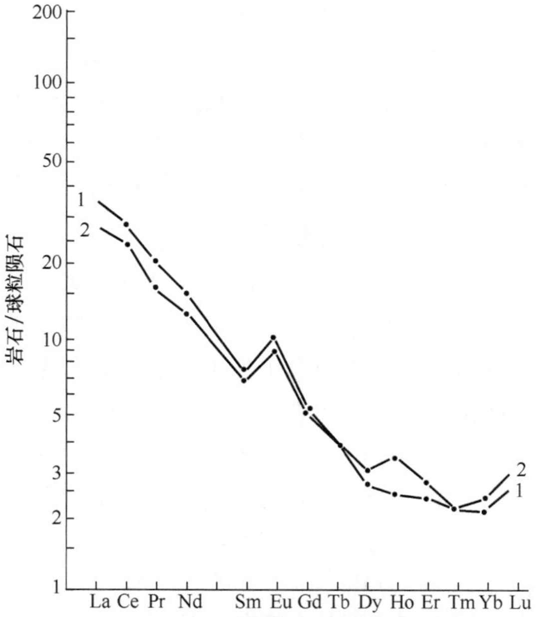

图 21－102　大战场岩体稀土元素配分曲线

（样品序号同表 21－63）

Fig. 21－102　REE distribution curves of Dazhanchang granodiorite

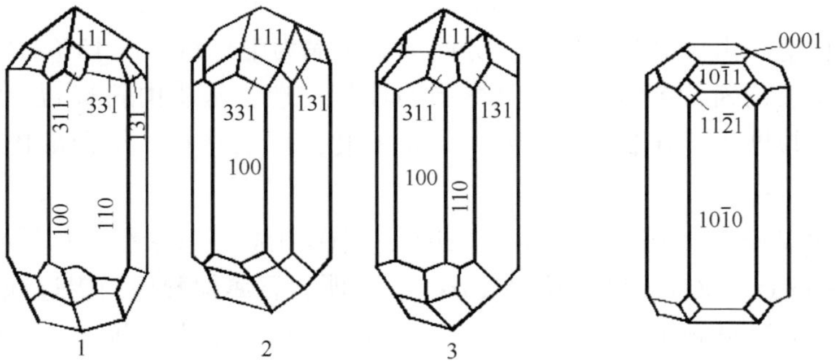

图 21－103　大战场花岗闪长岩中锆石、磷灰石晶形素描

Fig. 21－103　Sketch showing zircon and apatite crystal form in Dazhanchang granodiorite

（八）成因及形成构造环境

大战场岩体岩石类型主要为二长花岗岩、似斑状石英二长岩、似斑状石英闪长岩、黑云母石英闪长岩、花岗闪长岩，属钙碱性系列，具岛弧花岗岩特征。岩石地球化学分析结果表明，这些岩石富 Na_2O、贫 K_2O，Na_2O/K_2O 比值为 0.73～1.41；$w(SiO_2)$ 大于 56%；$w(Al_2O_3)$ 为 15.32%～17.23%，多数大于 15%；MgO 含量均小于 3%；低 Y 和 Yb，Sr 的含量高，Sr/Y 25.98～97.15，大于 20～40；稀土元素含量较低，为 47.58×10^{-6}～70.29×10^{-6}；轻重稀土元素分馏不明显，呈弱的 Eu 正异常；大离子亲石元素（Rb、Ba、Th、Sr）相对富集，高场强元素（Nb、Ta、Hf）相对亏损。据此，黄喜峰、钱壮志等（2010）认为，大战场花岗岩属 C 型埃达克质岩，是一种新型火成岩，是加厚地壳部分熔融的产物。

产在大陆背景的埃达克质岩石，地壳增厚作用是其产生的关键，并不要求其源岩是否为底侵成因的玄武质岩石。地壳增厚的火山弧或火山弧晚期是形成 C 型埃达克岩的主要构造环境。自印支造山旋回开始，古太平洋开始俯冲、消减，引起欧亚大陆板块与库拉－太平洋板块（古太平洋板块）间发生强烈相互作用，其影响深入板内，使亚洲大陆东部受到大面积、大规模改造，波及范围达到贺兰山—

龙门山南北向构造带以东。

中晚三叠世的印支运动，是全面碰撞、隆升造山时期。大战场花岗岩体可能形成于碰撞的构造背景下，花岗岩的形成不是板块俯冲模式或洋内岛弧增生所能解释的，最可能的动力学机制是与特提斯域造山后挤压伸展作用有直接关系。岩体的主量、微量、稀土元素分析结果显示，岩体具火山岛弧与同碰撞性质，综合分析认为大战场花岗岩体是增厚下地壳部分熔融的产物。

（九）形成时代

前人对大战场岩体的侵入时代有两种不同的认识。一种意见以 1∶20 万巴伦别立幅区调报告为代表，根据岩体侵入于中—上奥陶统米钵山组（原称中寒武统香山群）、中侏罗统不整合于其上，认为岩体侵入时代不会早于加里东期，也不能晚于印支期，推测为加里东期；另一种意见以 1∶5 万土井子等幅区调报告为代表，认为所获得的 Rb-Sr 全岩等时线年龄值（819±52）Ma 和锆石 U-Pb 等时线年龄值（804±50）Ma 与实际地质事实不符，未采用，而主要根据与岩体北部呈断层接触的中侏罗统延安组砂岩有绢云母化、高岭土化蚀变现象，推测岩体侵入时代为晚侏罗世—早白垩世。

宁夏地调院在进行 1∶25 万银川市幅区调时，在大战场岩体中获得了一组锆石 TIMS 法 U-Pb 年龄值（223±26）Ma（下交年龄）。本《志》据此年龄值，并结合岩体侵入于中—上奥陶统米钵山组、中侏罗统延安组不整合于其上的事实，将其形成时代厘定为印支期（晚三叠世）。

五、中—酸性岩脉

（一）闪长玢岩脉（$\delta\mu$）

闪长玢岩脉主要分布于卫宁北山、南华山、西华山和贺兰山南段地区。岩石一般呈暗灰—暗灰绿色，斑状结构，块状构造，由斑晶和基质两部分组成。斑晶为中长石，占 15%～20%，粒径 0.5～2mm，其中有金红石、黑云母、角闪石包体，局部具微弱的环带构造；基质由斜长石、角闪石、石英、黑云母等组成，微晶结构，粒度小于 0.2mm。岩石具绿泥石化、碳酸盐化、绢云母化蚀变。当斑状结构不明显时可过渡为闪长岩（δ）。

闪长玢岩岩石化学成分与中国闪长岩相比，SiO_2、P_2O_5 稍高，其余组分均低于中国闪长岩。$K_2O > Na_2O$，$Al_2O_3 >$（K_2O+Na_2O+CaO），里特曼指数 $\sigma<1$，说明岩石属偏酸性的铝过饱和岩石类型。

卫宁北山的闪长玢岩脉分布于苦井沟、单梁山、黄石坡沟、二人山等地，呈脉状侵入于上泥盆统中宁组、下石炭统前黑山组和臭牛沟组之中。脉体宽 1～6m，长数十至数百米，规模大者多近东西向展布，小规模者分布无规律。刘勇、李廷栋等（2010）获得金场子闪长玢岩脉的锆石 SHRIMP U-Pb 年龄为（147.2±2.3）Ma，相当于晚侏罗世。

南、西华山地区的闪长玢岩脉见于灵光寺、芦子沟、黄石崖沟等地，呈单脉状沿北西向、南北向节理充填，一般脉宽 0.5～1m，长 5～20m 不等。化学成分与同一地区加里东晚期花岗闪长岩、石英二长闪长岩相近，说明它们具有同源性。因此断定南、西华山地区的闪长玢岩脉也形成于早古生代晚期（早志留世）。

贺兰山南段的闪长玢岩脉见于大战场岩体的南侧。与大战场花岗闪长岩体为同期侵入的产物，形成于晚三叠世。

（二）石英闪长玢岩脉（$\delta o\mu$）

主要分布于大战场花岗闪长岩体西南地区，呈脉状侵入穿插于中—上奥陶统米钵山组中，多呈北西—北西西走向，倾向北东，倾角 50°～80°不等，北东东—近东西或南北走向者较少。脉宽 0.5～15m 不等，以 1～5m 者较常见。在大战场岩体西南侧脉体成群出现，构成一长约 1km、宽 400～500m 之脉岩带（见图 21-84），这些脉体形态不甚规则，沿走向常分叉复合、膨胀收缩。当脉体穿插碳酸盐岩层时，脉体两侧见有大理岩化、透闪石化。在脉体分布稠密地段，板岩亦见角岩化。

岩石呈浅灰—灰白色，块状构造，斑状结构，基质为隐晶质显微花岗结构。斑晶由斜长石（25%～

35%)、石英(5%~10%)和微量黑云母组成。当斑状结构不明显时可过渡为石英闪长岩(δo)。

石英闪长玢岩的化学成分、尼格里值和查瓦里茨基数字特征分别见表21-64至表21-66。化学成分 $w(SiO_2)$=66.56%~69.66%,Na_2O>K_2O,$w(Al_2O_3)$ 稳定在15%左右,与大战场岩体中之石英闪长岩化学成分基本一致,但其 Na_2O+K_2O 总量及 Na_2O 均较石英闪长岩偏高。经换算尼格里值并对照尼格里岩浆岩分类表,属钙碱系列岩浆、浅色花岗岩组——奥长花岗岩组。查瓦里茨基值表明,石英闪长玢岩属正常系列,岩石化学类型属富于碱的 SiO_2 过饱和岩石,与大战场岩体的石英闪长岩亦十分类似,显示其岩浆性质相近,二者具有同源关系。

表21-64 石英闪长玢岩岩石化学成分

Table 21-64 Petrochemical composition of quartz diorite porphyrite

序号	主要氧化物含量(w)/%													
	SiO_2	TiO_2	Al_2O_3	Fe_2O_3	FeO	MnO	MgO	CaO	Na_2O	K_2O	P_2O_5	H_2O^+	CO_2	SO_3
11	66.56	0.3	15.21	0.28	1.83	0.05	1.92	2.21	5.39	3.30	0.17	2.47	1.06	0.02
12	67.13	0.3	15.69	1.21	0.99	0.02	1.14	1.89	5.65	3.72	0.05	0.96	0.80	0.03
13	69.66	0.3	15.69	1.17	0.86	0.01	1.02	0.71	5.10	3.80	0.05	1.08	0.12	0.08
均值	67.78	0.3	1553	0.89	1.23	0.03	1.36	1.60	5.38	3.61	0.09	1.50	0.66	0.04

注:据1:5万土井子等幅区调资料。

表21-65 石英闪长玢岩尼格里值

Table 21-65 Niggli's values of quartz diorite porphyrite

序号	*Si*	*al*	*fm*	*c*	*alk*	*k*	*mg*	*ti*	*p*	*h*	*o*	*t*	*qz*	*c/fm*
11	286	38	20	10	32	0.29	0.62	0.97	0.31	34.6	0.05	-3.2	59.8	0.51
12	297	41	15	9	35	0.30	0.49	0.99	0.09	14.2	0.26	-2.8	58.3	0.59
13	339	45	15	4	36	0.33	0.48	1.10	0.10	17.6	0.28	-5.4	96.0	0.24

注:序号同表21-64。

表21-66 石英闪长玢岩查瓦里茨基数字特征

Table 21-66 Zavaritsky's values of quartz diorite porphyrite

序号	主要数字指标				补充数字指标							
	a	*b*	*c*	*s*	*c'*	*m'*	*f'*	*n*	*Q*	*φ*	*t*	An
11	16.6	6.1	1.8	75.5	13.7	53.2	33.1	71.3	16.0	3.9	0.33	13
12	17.7	4.6	1.6	76.1	15.4	41.6	43.0	69.8	15.1	22.3	0.33	11
13	16.2	5.9	0.9	77.0	41.7	28.4	30.0	67.1	20.7	16.4	0.32	7

注:序号同表21-64。

石英闪长玢岩副矿物有锆石、磷灰石、白钨矿、金红石、黄铁矿、自然铅等。

贺兰山南段的石英闪长玢岩,在空间分布上与印支期花岗闪长岩体关系密切,并穿插花岗闪长岩体,显示前者晚于后者。在岩石化学成分和矿物成分方面二者有较大的相似性,二者具有一定的亲缘关系。据此,我们认为石英闪长玢岩属花岗闪长岩侵入后期分异岩脉,二者形成时代均为晚三叠世。

(三)花岗岩脉(γ)

贺兰山北段、中段和南段地区,均见有花岗岩脉出露。同类型的岩脉还有伟晶花岗岩脉($\gamma\rho$)、细晶花岗岩脉($\gamma\tau$)、花岗斑岩脉($\gamma\pi$)等。贺兰山北段地区的花岗岩脉、伟晶岩脉、花岗斑岩脉见于古元古界贺兰山岩群及古元古代中-酸性侵入岩中。最长的一条花岗斑岩脉(长7.1km,宽20~

40m）位于柳树沟西侧，呈岩墙状产出，并侵入到辉绿岩中，岩脉中见有辉绿岩捕虏体。贺兰山中段的花岗岩脉、伟晶岩脉侵入于古元古界赵池沟群中，规模较小。庙前梁子东南约4km处发育一花岗岩脉，呈脉状产出，长800m，最宽处100m，侵入于中—上奥陶统米钵山组灰绿色板岩、砂质板岩中。

岩石呈灰白色，具中—粗粒结构、压碎结构，由钾微斜长石（42%）、酸性斜长石（20%）、石英（30%）、黑云母（8%）及微量磷灰石、锆石、榍石、电气石、褐帘石等组成。钾微斜长石呈他形，具格子状双晶，颗粒边缘被压碎，具波状消光，大部分已高岭土化；酸性斜长石强烈绢云母化；石英呈他形粒状，具强烈波状消光；黑云母已大部分绿泥石化或为白云母交代。

根据侵入的地层时代推断，区域上的花岗岩脉形成时代跨度大，为古元古代—中生代各期岩浆活动派生的产物。

（四）花岗闪长斑岩脉（$\gamma\delta\pi$）

主要分布于南华山地区，穿插于早志留世花岗闪长岩和长城系南华山岩组中。脉体走向以北西向为主，一般宽1~10m，长10~100m，最大者宽32m，长250m。岩石呈浅灰色。斑状结构，斑晶粒度0.5~3mm。基质为显微花岗结构，粒度小于0.2mm。块状构造。斑晶（25%~35%）由斜长石（2%~30%）、角闪石（5%左右）构成。前者呈自形板柱状，常发育平直细密的聚片双晶、卡钠复合双晶，为奥—中长石，An=15~45；后者呈自形柱状晶。基质主要由斜长石（35%~40%）、石英（20%~25%）、钾长石（5%~10%）、白云母（5%~10%）组成。斜长石表面普遍绢云母化，角闪石多绿泥石化、绿帘石化。

岩石化学成分为：SiO_2 70.72%，CaO 1.63%，MgO 1.07%，$Fe_2O_3$0.92%，FeO 1.10%，$Al_2O_3$15.26%，TiO_2 0.29%，K_2O 2.05%，Na_2O 4.75%，$P_2O_5$0.04%，MnO 0.03%，属硅过饱和、过铝质、钙性或钙碱性岩石。主要氧化物与中国花岗闪长岩平均值相比，SiO_2 含量偏高，CaO、MgO、Fe_2O_3、FeO偏低。与本区加里东晚期花岗闪长岩化学特征较为接近。与本区花岗闪长岩相比，微量元素种类及丰度雷同，副矿物种类相似，但含量普遍偏低，唯孔雀石含量明显偏高。

（五）钠长岩脉（$\alpha\varphi$）

呈不规则脉状穿插于海原岩群片岩中。脉宽3~10m，长30m，走向50°，与围岩片理斜交。岩石呈灰白色，主要由半自形板柱状钠长石（95%）组成，粒径0.4~2.4mm，含少量白云母、菱铁矿等。岩石具硅化、高岭土化、褐铁矿化强烈蚀变，伴随有微弱铜、金矿化。

钠长岩化学成分为：SiO_2 66.88%，CaO 0.66%，MgO 0.41%，Fe_2O_3 0.20%，FeO 0.24%，Al_2O_3 19.95%，TiO_2 0.30%，K_2O 0.34%，Na_2O 9.76%，P_2O_5 0.01%，MnO 0.02%，属硅饱和、过铝质、碱钙性岩石，以富含 Na_2O（9.76%）和 Al_2O_3（19.95%）为特征。微量元素丰富，尤其成矿元素Cu、Zn、Sn、Mo、Ag、铁族元素Cr、Ni、V、稀有元素Sc、Y、Yb等较丰富，明显高于本区加里东晚期花岗闪长岩、石英二长闪长岩，但副矿物特征却与之类同。

（六）石英脉（q）

广泛分布于新生代以前的地层及各类侵入岩体中。规模大小不等，一般宽小于5m，长数十米至百余米。白—灰白色，局部含褐铁矿、赤铁矿、软锰矿、孔雀石、方铅矿、闪锌矿、黄铜矿、黄铁矿等矿化现象，有时伴有金矿化。

（七）重晶石脉（b）

主要分布于卫宁北山和香山地区，侵入于古生代地层中。脉体规模大小不一，宽数厘米至数米，一般3~30cm；长数米至数十米，一般5~20m。脉体受节理和裂隙控制，一般较规则，呈豆荚状、透镜状产出，直立或高角度倾斜，倾斜方向与相邻断裂构造协调一致。重晶石脉主要由重晶石组成，次为方解石、石英等。重晶石呈乳白色、红褐色，板状晶体。多数脉含方铅矿、孔雀石、黄铁矿、褐铁矿等，个别规模较大、方铅矿含量较高者可成为铅矿化点、矿点，可开采利用。规模较大的重晶石脉可作为重晶石砂开采利用。

第二十二章 火山岩

宁夏的火山岩很少，仅在贺兰山、香山和南、西华山地区有少量出露。最主要的是长城纪变质基性火山岩和三叠纪基性火山岩，其次为二叠纪—三叠纪的火山碎屑岩。这里仅叙述前二者，后者已在第二篇第十六章第二节叙述，不再赘述。

第一节 长城纪变质基性火山岩

经原岩恢复，长城系海原岩群中的绿片岩大部分为变质的玄武岩和次玄武岩（详见第四篇第二十五章第二节）。该火山岩系列岩性组合单调，未见有火山角砾岩等强烈爆发相岩石，加之晚期构造变形和变质作用的强烈改造，其原岩组构已消失，分不出熔岩和火山碎屑岩，无法进行火山岩相的划分、火山喷发旋回及火山机制的研究。所以我们着重研究海原岩群火山岩的岩石化学及地球化学特征，并进一步讨论其成因、生成构造环境及源区特征，为探讨中元古代地壳演化提供依据。

长城纪海原岩群火山岩（绿片岩）岩石化学成分，稀土元素丰度及微量元素丰度分别见表 22-1、表 22-2、表 22-3。

一、火山岩系列判别

（一）常量元素特征及其判别图解

长城纪海原岩群火山岩（绿片岩）$w(SiO_2)$ = 44.67%～48.02%，变化范围不大而含量颇低；$w(Al_2O_3)$ = 12.35%～14.47%，属拉斑玄武质范畴；$w(MgO)$ = 6.3%～8.02%，$w(FeO)^*$ = 11.34%～15.92%，$(FeO)^*/MgO$ 介于 1.17～2.11 之间；除 S-19 号样外，$w(Na_2O+K_2O)$ 在 0.31%～3.12%之间，$w(CaO)$ = 8.72%～12.09%，显示富铁和碱质浓度低的特点。

在 $(Na_2O+K_2O)-SiO_2$ 图解中，样品全部落入欧文（1971）所划的亚碱性玄武岩区（图 22-1）；

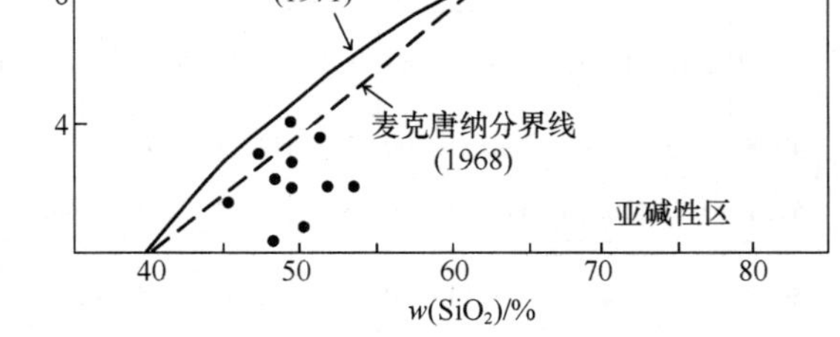

图 22-1 $(Na_2O+K_2O)-SiO_2$ 图解

（据欧文等，1971）

Fig. 22-1 $(Na_2O+K_2O)-SiO_2$ diagram

在（FeO）/MgO-SiO_2 图解（图 22-2）和 AFM 图解（图 22-3）中，投入拉斑玄武岩区（部分落入高铁拉斑玄武岩区）。因此，从常量元素的角度分析，海原岩群火山岩为拉斑玄武岩系列。但其岩石化学成分无论与什么环境形成的现代拉斑玄武岩类相比都有不少差别（表 22-1）。这是由于 Fe、Mg、K、Na、Al、Si 等具较强的活动性，它们在岩石变质和蚀变过程中已经发生了迁移和变化之故。

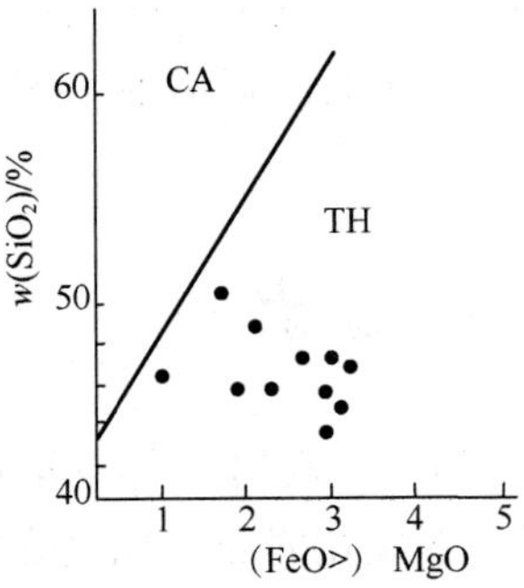

图 22-2 （FeO）/ MgO-SiO_2 图解

Fig. 22-2 （FeO）/ MgO-SiO_2 diagram

CA—钙碱性火山岩区；TH—拉斑玄武岩区

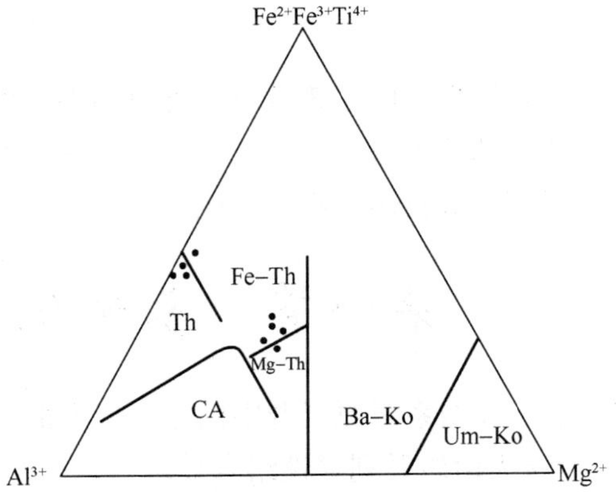

图 22-3 AFM 图解

（阳离子%，仿 Jensen 1976）

Fig. 22-3 AFM diagram

Th—拉斑系列；Fe-Th—高铁拉斑玄武岩；Mg-Th—高镁拉斑玄武岩；CA—钙碱性系列；Ba-Ko—基性科马提岩；Um-Ko—超镁铁质科马提岩

表 22-1 长城纪海原岩群变质火山岩（绿片岩）岩石化学成分

Table 22-1 Petrochemical composition of metavolcanic rocks in Changchengian Haiyuan Rock Group

（单位：*w*/%）

样品号	地层	岩性	SiO_2	TiO_2	Al_2O_3	Fe_2O_3	FeO	MnO	MgO	CaO	Na_2O	K_2O	P_2O_5	CO_2	H_2O^+	H_2O^-	总计
R_2S-10	南华山岩组	绿泥绿帘阳起钠长片岩（次玄武岩）	46.48	2.43	12.47	7.85	6.97	0.29	6.67	9.61	1.69	0.42	0.51	1.70	2.56	0.71	100.36
R_2S-11		绿帘绿泥钠长片岩	44.67	2.44	14.07	8.08	6.59	0.26	6.65	10.66	1.18	0.28	0.55	1.12	3.26	0.18	99.77
R_2S-12		绿帘绿泥钠长片岩	48.02	1.40	14.18	7.34	4.37	0.18	8.46	9.71	1.50	0.64	0.35	1.48	2.64	0.11	100.55
R_2S-19		绿帘阳起奥长片岩	45.43	2.48	13.40	7.78	6.30	0.23	7.82	11.05	0.093	0.302	0.39	1.18	2.92	0.14	99.47
R_2S-31		绿帘钠长阳起片岩	46.52	2.09	14.38	4.10	9.38	0.25	6.30	10.40	1.78	0.07	0.22	0.96	2.94	0.34	99.71
R_2S-33		绿泥绿帘阳起钠长片岩	46.72	1.50	13.20	4.77	7.26	0.24	7.11	12.09	1.87	0.074	0.13	1.78	2.78		99.52
R_2S-37		钠长绿帘片岩（次玄武岩）	46.48	2.77	14.04	6.06	7.82	0.29	7.54	10.16	1.84	0.42	0.32	0.40	1.04	0.12	99.25
R_2S-38		绿帘钠长片岩（次玄武岩）	46.50	1.78	13.46	6.07	7.45	0.29	8.02	10.18	1.62	0.41	0.22	0.24	2.81	0.17	99.82
R_2S-40	园河岩组	阳起钠长片岩（次玄武岩）	45.62	1.33	10.33	2.81	11.31	0.25	11.83	9.19	2.04	0.43	0.18	0.88	3.36	0.52	100.03
R_2S-43		钠长阳起片岩（次玄武岩）	46.90	2.10	14.47	4.69	10.09	0.33	7.68	10.40	1.11	0.20	0.24	0.60	1.14	0.22	100.14
R_2S-44		钠长阳起片岩（次玄武岩）	46.12	2.64	12.85	4.76	11.64	0.38	7.54	8.71	2.46	0.66	0.29	0.42	1.52	0.25	100.05
现代不同环境拉斑玄武岩	洋脊	低钾拉斑玄武岩	49.8	1.5	16.00	（FeO）10.00		7.5	11.20	2.75	0.14						
	岛弧	低钾拉斑玄武岩	51.1	0.83	16.10	（FeO）11.80		5.1	10.8	1.96	0.40						
	大陆裂谷	拉斑玄武岩	50.3	2.20	14.3	（FeO）13.50		5.9	9.7	2.5	0.66						
	岛屿（板内）	拉斑玄武岩	49.4	2.5	13.9	（FeO）12.40		8.4	10.3	2.13	0.38						

表 22-2　长城纪海原岩群变质火山岩(绿片岩)稀土元素分析结果及特征参数

Table 22-2　Contents and characteristic parameters of REE of metavolcanic rocks in Changchengian Haiyuan Rock Group

样号	地层	岩石名称	火山岩类型	$w/10^{-6}$																特征参数														
				La	Ce	Pr	Nd	Sm	Eu	Gd	Tb	Dy	Ho	Er	Tm	Yb	Lu	Y	ΣREE	ΣCe/ΣY	Ce/Sm	Ce/Yb	La/Yb	La/Ce	Sm/Nd	Yb/Lu	Eu/Sm	δEu	$(La/Ce)_N$	$(La/Sm)_N$	$(La/Lu)_N$	$(La/Yb)_N$	$(Ce/Yb)_N$	$(Ga/Yb)_N$
X-2	南华山岩组	绿泥绿帘钠长阳起片岩	次玄武岩	24.00	50.00	5.60	22.00	6.40	1.60	5.50	0.970	6.40	1.500	4.00	0.660	3.500	0.420	35.00	167.55	4.77	7.81	14.29	6.86	0.48	0.29	8.33	0.25	0.83	1.24	2.28	5.85	4.52	3.64	1.26
X-3		绿泥绿帘钠长片岩	玄武岩	12.50	26.00	3.35	13.00	3.70	1.230	4.30	0.800	5.35	1.100	3.25	0.480	2.800	0.380	30.00	108.24	3.32	7.03	9.29	2.24	0.48	0.28	6.50	0.33	0.89	1.24	2.06	3.37	2.94	2.37	1.23
X-23		绿帘钠长阳起片岩	玄武岩	9.15	19.70	2.88	18.60	4.23	1.540	5.21	0.856	5.57	1.140	3.44	0.370	2.160	0.294	21.70	96.84	2.82	4.66	19.72	4.24	0.46	0.23	7.35	0.36	1.01	1.32	3.19	2.79	2.33	1.93	1.01
XT-1*		绿帘斜长角闪岩	玄武岩	6.01	13.50	1.74	9.79	2.60	0.978	3.05	0.512	3.87	0.910	2.22	0.300	1.560	0.230	17.60	64.87	2.74	5.19	8.65	3.85	0.45	0.27	6.78	0.38	1.07	1.15	1.41	2.68	2.54	2.21	1.56
X-8		蛇纹岩	橄榄岩	1.78	8.91	0.62	2.17	0.48	0.105	0.40	0.064	0.45	0.094	0.23	0.030	0.195	0.030	1.73	17.29	9.92	18.58	45.69	9.13	0.20	0.22	6.50	0.22	0.72	0.52	2.25	6.04	6.04	1.17	1.64
X-24		绿泥绿帘阳起钠长片岩	玄武岩	5.03	11.90	1.63	9.03	2.36	0.855	2.95	0.488	3.53	0.719	1.97	0.238	1.420	0.183	13.80	56.10	2.68	5.04	8.38	3.54	0.42	0.26	7.76	0.36	1.00	1.09	1.30	2.81	2.34	2.14	1.66
X-27		绿泥阳起绿帘钠长片岩	次玄武岩	18.00	34.00	4.90	22.00	5.80	2.100	6.10	1.040	7.70	1.550	4.30	0.610	3.600	0.550	34.00	142.25	1.49	5.17	8.33	5.00	0.60	0.26	6.54	0.36	1.08	1.55	1.89	3.35	2.29	2.16	1.36
X-28		绿泥阳起绿帘钠长片岩	次玄武岩	13.00	24.00	3.70	17.00	4.40	1.500	4.60	0.800	5.80	1.100	3.00	0.440	2.700	0.440	25.00	107.48	3.38	5.45	8.89	4.81	0.54	0.26	6.14	0.34	1.02	1.40	1.80	2.29	3.19	2.27	1.36
X-30	园河岩组	阳起钠长片岩	次玄武岩	19.00	34.00	4.80	20.00	4.80	1.500	4.40	0.840	5.60	0.980	2.80	0.450	2.700	0.390	22.00	124.26	4.63	7.08	12.50	7.04	0.56	0.26	6.92	0.31	0.99	1.44	2.41	4.99	4.64	3.21	1.30
X-34		钠长阳起片岩	次玄武岩	21.00	41.00	5.00	25.00	6.60	2.350	6.10	1.100	7.40	1.350	3.80	0.520	3.000	0.480	29.50	154.13	4.26	6.21	13.67	7.00	0.51	0.24	7.32	0.36	1.15	1.32	1.94	4.39	4.61	3.49	1.63
X-35		钠长阳起片岩	次玄武岩	21.50	37.00	5.10	24.00	6.30	2.400	6.00	1.040	7.40	1.380	3.50	0.510	3.100	0.460	29.00	148.69	4.12	5.87	11.90	6.94	0.58	0.26	6.71	0.38	1.19	1.50	2.08	4.99	4.57	3.01	1.55
XT-3*		绿帘钠长阳起片岩	玄武岩	7.85	14.30	1.89	8.64	2.09	0.718	2.48	0.499	3.39	0.696	1.67	0.244	1.120	0.160	12.60	58.33	3.47	6.84	12.77	7.01	0.55	0.24	7.00	0.34	0.97	1.42	2.28	5.03	4.62	3.26	1.77

注：* 为 1∶5 万海原县等幅区调资料；其余为 1∶5 万碾壕湾幅、打拉池幅区调资料。

表 22-3　长城纪海原岩群变质火山岩（绿片岩）微量元素含量

Table 22-3　Contents of trace element of metavolcanic rocks in Changchengian Haiyuan Rock Group

（单位：$w/10^{-6}$）

样品号	地层	Ba	Rb	Sr	Zr	Hf	Nb	Ta	U	Th	Sc	V	Ni	Co	Cr	Ti
X-2	南华山岩组	91	13	166	98	2.2	11.8	1.6	4.3	1.2	0.00	35	53	55	82	8633
X-3		380	109	58	78	2.1	5.9	0.4	2.5	1.1	0.00	30	79	4.8	84	7254
X-23					102	7.1	13.0	0.4	1.0	1.6	14.6	405	66.6	32.8	51.2	12670
XT-1*					58	2.1	4	0.4	1.4	4.8	32	17.6	74		151	6650
X-24					66	2.2	7.5	0.4	0.8	1.0	16.1	26.5	70.1	39.1	101	7778
X-27		200	14	180	104	2.4	8	1.2	0.5	2.1	46		42	34	63	17200
X-28		200	13	190	91	3	6.4	1.6	0.5	1.9	45		57	35	65	14400
X-30	园河岩组	320	20	220	82	2.1	9.7	0.8	0.9	3.3		24.5	22	25	47	13400
X-34			11		135	3.0	8.9	0.8	0.8	2.8	32		47	34	48	18000
X-35			14		128	3.0	10.8	1.8	1.2	2.7	41		51	40	36	18000
XT-3*					63	2.1	3	0.4	1.3	4.0	29.2	12.6	79		116	5740

注：*为 1∶5 万海原县等幅区调资料；其余为 1∶5 万碾壕湾幅、打拉池幅区调资料。

（二）稀土元素、微量元素特征及其判别图解

稀土元素和微量元素（如 Cr、Nb、Y、Zr 等）在海底风化和低级变质作用中大体是稳定的，利用这些元素来判别火山岩系列，可以获得较为可靠的结果。

从表 22-2 可见，岩石的 Sm/Nd 在 0.23～0.29 之间，高于碱性玄武岩（夏威夷碱性火山岩为 0.16～0.23）；而且，经计算 Y/Nb 为 1.67～5.08，也不属于碱性玄武岩（据皮尔斯的研究，Y/Nb <1，属碱性玄武岩）。在 SiO_2-Nb/Y 图解（图 22-4）和 TiO_2-Y/Nb（图 22-5）中，样品也全部投入亚碱性玄武岩区或拉斑玄武岩区。

综合上述岩石化学和地球化学特征不难看出，海原岩群中的火山岩和次火山岩都属亚碱性玄武岩系列（包括拉斑玄武岩和钙碱性玄武岩）。

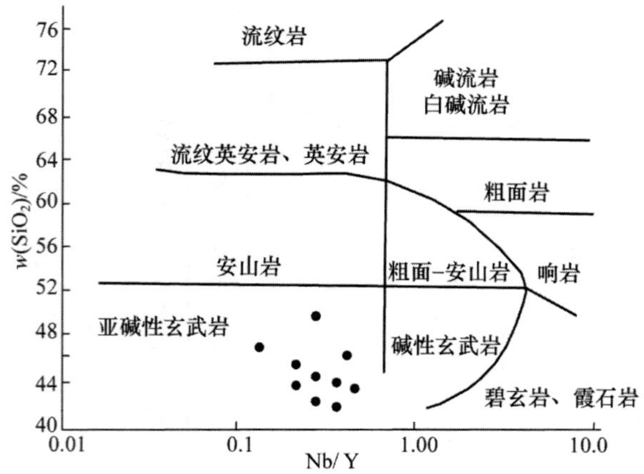

图 22-4　SiO_2-Nb/Y 图解

Fig. 22-4　SiO_2-Nb/Y diagram

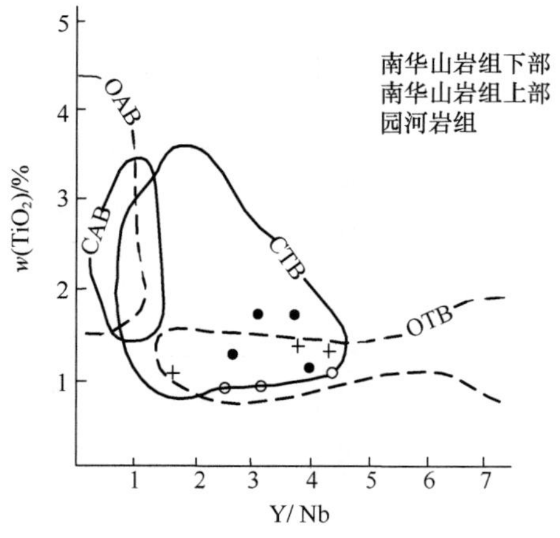

图 22-5　TiO_2-Y/Nb 图解

（据弗劳德及温切斯特，1975）

Fig. 22-5　TiO_2-Y/Nb diagram

CAB—大陆碱性玄武岩；OAB—大洋碱性玄武岩；

CTB—大陆拉斑玄武岩；OTB—大洋拉斑玄武岩

二、玄武岩形成构造环境分析

由于该套玄武岩已遭受过绿片岩相级的区域变质作用和后期蚀变作用的强烈改造，对其形成构造环境的分析，我们主要立足于岩石的稀土元素和微量元素特征及与之伴生的沉积岩特征及其岩石组合特征的研究。

海原岩群变质火山岩的稀土元素总量 $\sum$REE（包括 Y）为（58.33~167.55）$\times10^{-6}$（表 22-2），Sm/Nd=0.23~0.29（<0.33），La/Yb=2.24~7.04，$(La/Lu)_N$=2.29~5.85，$(La/Yb)_N$=2.29~4.64，$(Ce/Yb)_N$=2.14~3.49。LREE 富集，稀土配分模式为右倾型（图 22-6）；经 N 型洋中脊玄武岩标准化后的微量元素地球化学型式不是平坦型（图 22-7）；$^{143}Nd/^{144}Nd$ 为 0.5127~0.5128，小于 N 型洋中脊玄武岩（0.5131~0.5133）。据上述特征可以排除 N 型洋中脊玄武岩。结合与之组合的沉积岩在剖面中所占比例大，并以杂砂岩（或亚杂砂岩）-泥质岩-碳酸盐岩或杂砂岩-泥质岩-硅质岩-碳酸盐岩组合为特征，可以完全排除洋脊玄武岩（包括 E 型和 T 型洋中脊玄武岩）的存在。

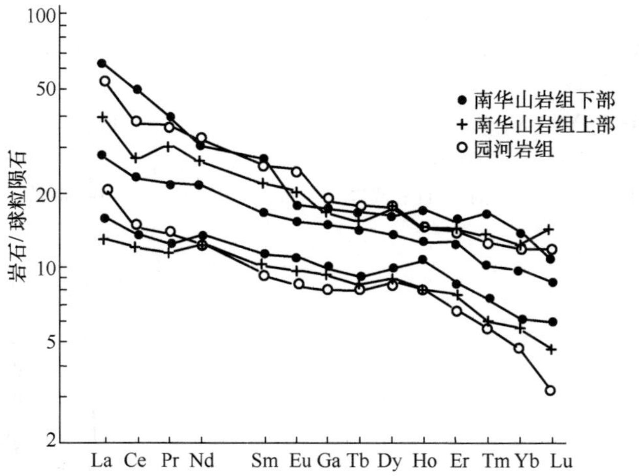

图 22-6 长城纪变质火山岩（绿片岩）稀土元素配分型式

Fig. 22-6 Rare earth element distribution curves of Changchengian metavolcanic rocks

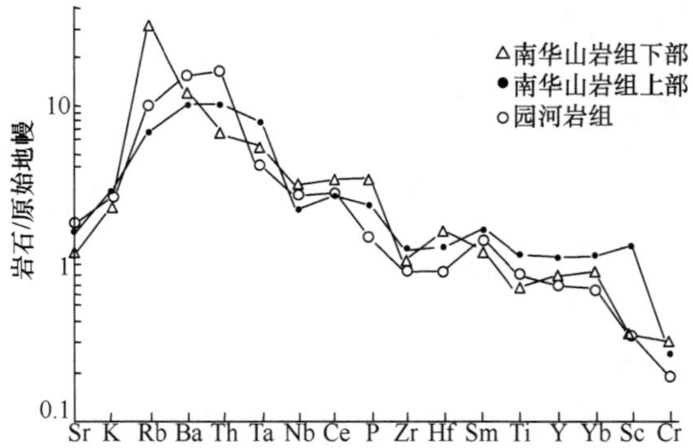

图 22-7 长城纪变质火山岩微量元素地球化学型式

Fig. 22-7 Trace element spidergram for Changchengian metavolcanic rocks

在判别板内与非板内玄武岩最为有效的 Ti/100-Zr-Y×3 图解（图 22-8）和 Ti/Y-Nb/Y 图解（图 22-9）中，除个别样品落入板内玄武岩区或落入图外以外，绝大部分样品落入岛弧或岛弧与洋中脊玄武岩的重叠区。

在区别岛弧与非岛弧的 Ti-Zr 图解（图 22-10）、Cr-Y 图解（图 22-11）和 Th-Ta 图解（图 22-12）中，除个别样品外，均投入岛弧区或岛弧与洋中脊的重叠区，而且，在 Cr-Y 图解中，绝大部分投入岛弧拉斑玄武岩区。

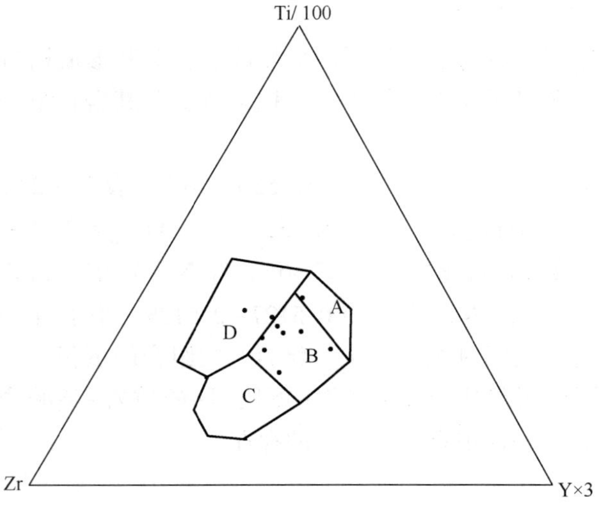

图 22-8　Ti/100-Zr-Y×3 图解

（据皮尔斯和坎，1973）

Fig. 22-8　Ti/ 100-Zr-Y×3 diagram

D—板内玄武岩（WPT）；B—洋底玄武岩（OFB）；

A、B—岛弧低钾拉斑玄岩（LKT）；B、C—岛弧钙碱性玄武岩

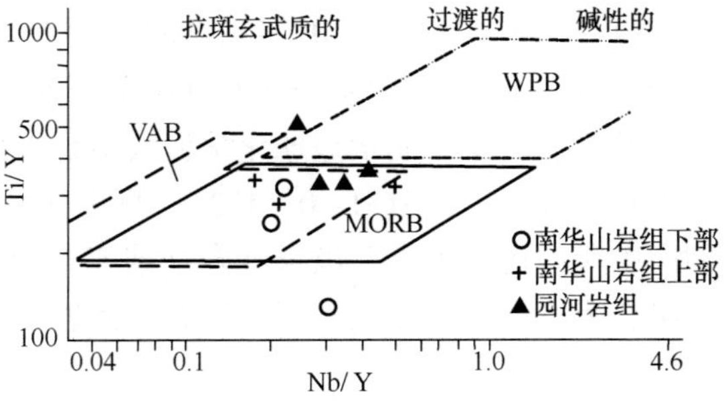

图 22-9　Ti/ Y-Nb/ Y 图解

（据皮尔斯，1984）

Fig. 22-9　Ti/ Y-Nb/ Y diagram

MORB—洋中脊玄武岩；

VAB—岛弧玄武岩；WPB—板内玄武岩

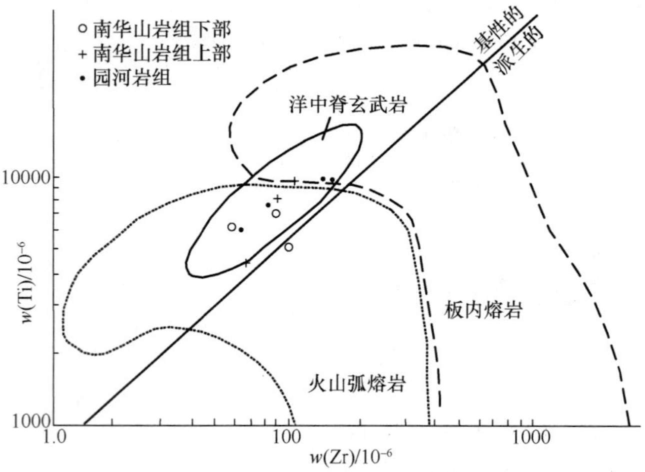

图 22-10　长城纪变质火山岩 Ti-Zr 图解

（据皮尔斯，1982）

Fig. 22-10　Ti-Zr diagram for Changchengian metavolcanic rocks

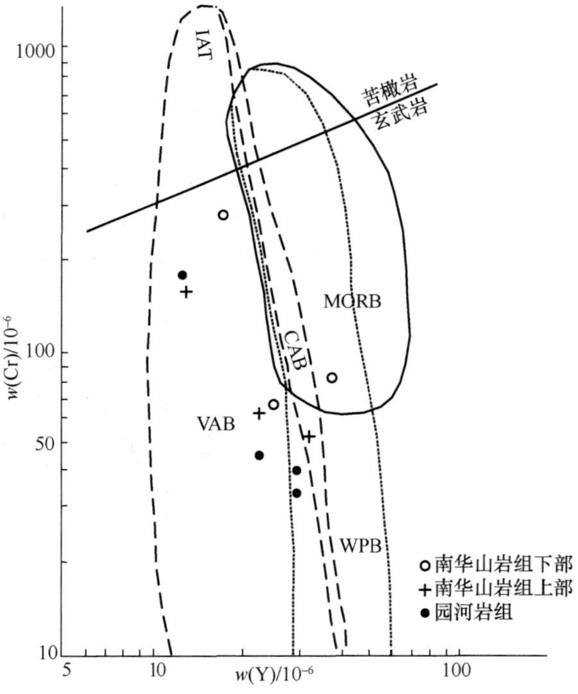

图 22-11　长城纪变质火山岩 Cr-Y 图解

（据皮尔斯，1982）

Fig. 22-11　Cr-Y diagram for Changchengian metavolcanic rocks

VAB—火山弧玄武岩（虚线圈定），内部又分为岛弧拉斑玄武岩（IAT）和钙碱性玄武岩（CAB）；MOAB—洋中脊拉斑玄武岩；WPB—板内玄武岩（虚线）

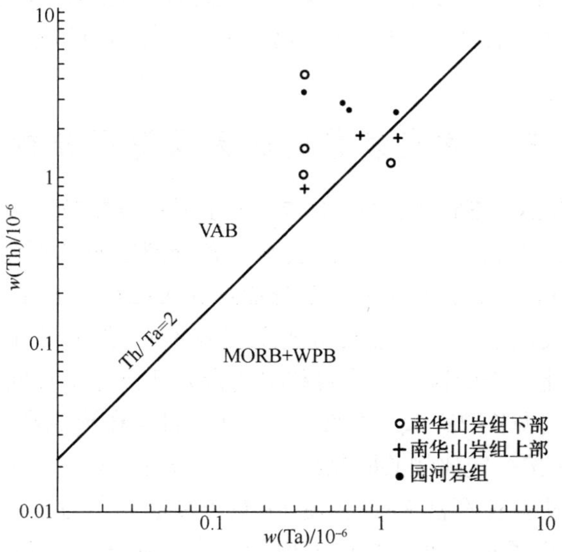

图 22-12　长城纪变质火山岩 Th-Ta 图解

（据伍德、乔朗和特里尤尔，1979）

Fig. 22-12　Th-Ta diagram for Changchengian metavolcanic rocks

VAB—火山弧玄武岩；MORB—洋中脊玄武岩；WPB—板内玄武岩

微量元素的地球化学型式（见图 22-7）似乎具板内玄武岩和岛弧玄武岩的双重特征，其中南华山岩组 Rb、Ba、Th、Ta 强富集而 Sr、K、Nb、Ce、P、Zr、Hf 不同程度富集，其余元素基本上亏损，略显现代岛弧钙碱性玄武岩的“三隆起”型式；园河岩组的这种“三隆起”特征虽不如南华山岩组明显，但与前者的曲线是十分相似的。

稀土元素配分曲线分布在 L. R. cullers 等（1984）拟定的岛弧—弧后盆地拉斑玄武岩的范围内（图 22-13）。

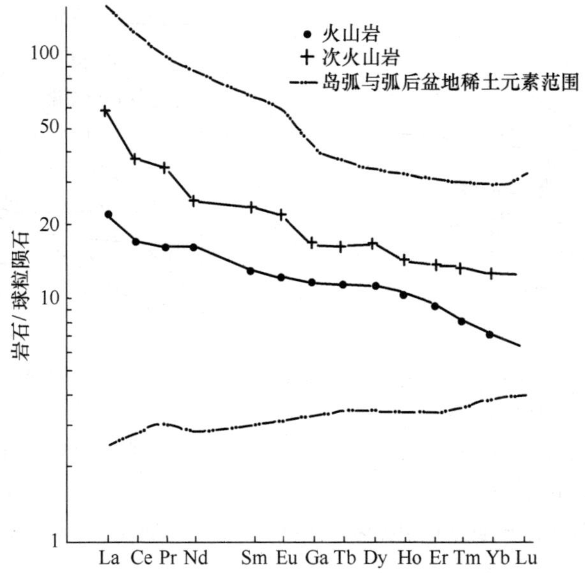

图 22-13　长城纪变质火山岩稀土元素范围

（据 L. R. Cullcts 等，1984）

Fig. 22-13　Rare earth element distribution curves of Changchengian metavolcanic rocks

海原岩群中与火山岩伴生的长英质片岩经原岩恢复主要为成熟度颇低的杂砂岩和亚杂砂岩，次为泥质岩或黏土质岩石，这类碎屑岩在岛弧—弧后盆地中十分广泛。另外，地层中发育有层状的不纯碳酸盐岩或层状硅质岩-碳酸盐岩，其沉积岩组合反映了边缘海盆地的沉积建造特点。

综合上述的分析研究认为，海原岩群基性火山岩和次火山岩形成于岛弧—弧后盆地性质的构造环境。

三、玄武岩浆的成因及源区分析

从表 22-2 可见，岩石的 $\Sigma Ce/\Sigma Y^*=2.68\sim4.77$，稀土元素分馏较为明显，其中玄武岩的 $\Sigma Ce/\Sigma Y=2.68\sim3.47$，而次玄武岩则多>4（3.38~4.77），表明后者分馏较前者更为明显些。总观海原岩群变质基性火山岩的稀土特征，LREE 富集，稀土元素配分曲线除 X-24、XT-1 和 XT-3 相对靠下以外，分布范围很集中，虽然曲线有相交的现象（可能与分析误差有关），但型式十分接近（见图 22-6），而且各种特征值都在小范围内变化，表明这些玄武岩和次武岩大部分是来自同一富集地幔。其 $\delta Eu\approx1$，无 Eu 异常或无明显的 Eu 异常（见图 22-6、表 22-2），显示岩浆在形成和演化过程中富 Eu 的相斜长石与亏损 Eu 的相辉石大体上是按一定比例共同晶出的（在斜长石中，Eu^{2+}因与 Ce^{2+}离子半径相近而呈类质同象进入斜长石晶格中，使斜长石富 Eu；在富 Ce 辉石中，Ce^{2+}为 6 次配位的阳离子，晶格孔隙度小，半径较大的 Eu^{2+}和 Eu^{3+}离子难以进入晶格中取代 Ce^{2+}，在贫 Ce 辉石中，Eu^{2+}和 Eu^{3+}就更难进入了，所以辉石亏损 Eu）。

从 Zr/Y-Zr 图解（图 22-14）看，玄武岩浆为富集地幔经 5%~15%的部分熔融而成（少数样品投入贫化地幔上界可能与分析误差有关）；在 $(Ce/Yb)_N-(Ce)_N$图解（图 22-15）中，大部分落入 A—B 区，指示岩浆是地幔经 5%~10%的部分熔融而成。二者的判断结果大体吻合。少数样品沿 $(Ce/Yb)_N-(Ce)_N$图解的 D 线或 F 线分布，说明玄武岩浆的形成机制除部分平衡熔融而外，尚伴有分离结晶。岩石 LREE 富集，反映岩浆在部分熔融过程中，熔体与排斥 LREE 的残留相（如石榴子石）处于平衡状态。而在分离结晶过程中，不断有排斥 LREE 的相从岩浆中移去。

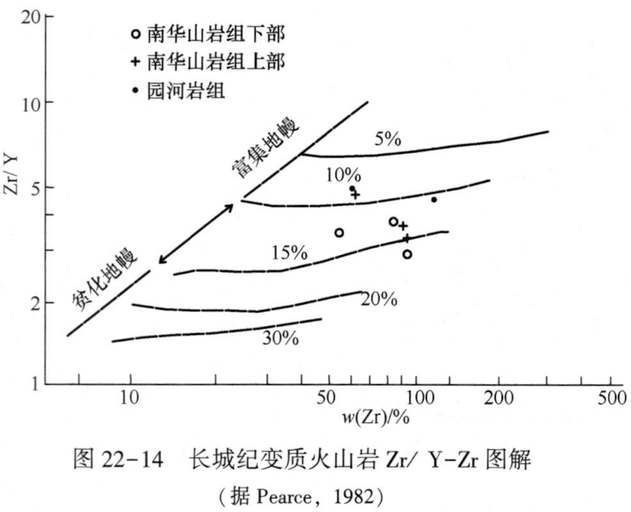

图 22-14　长城纪变质火山岩 Zr/ Y-Zr 图解
（据 Pearce，1982）
Fig. 22-14　Zr/ Y-Zr diagram for Changchengian metavolcanic rocks

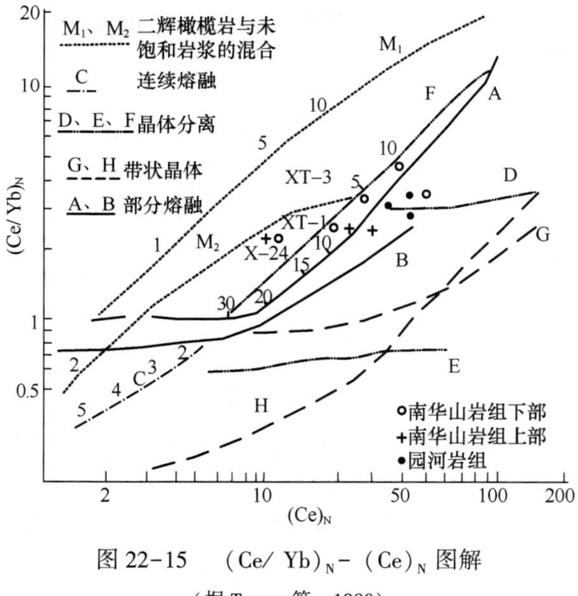

图 22-15　$(Ce/Yb)_N-(Ce)_N$ 图解
（据 Tatuey 等，1980）
Fig. 22-15　$(Ce/Yb)_N-(Ce)_N$ diagram

X-24、XT-1、XT-3 落入 $(Ce/Yb)_N-(Ce)_N$图解的 M_2 线附近，指示其岩浆源在形成和演化过程中，受到过混染交代，结合三者的 ΣREE 明显低于其他样品、配分曲线相对偏下且与其他样品的配分曲线间有一明显间隔的事实分析，它们可能来自于与其他玄武岩不同的地幔源。

前面已经判明该套火山岩形成于岛弧—弧后盆地（汇聚板块的边缘），而且是以拉斑玄武岩为主，钙碱性玄武岩为次。根据林伍德等学者的研究，这类玄武岩浆起源于俯冲板块边界地区。林伍德在

1974 年修正板块边界拉斑玄武岩浆和钙碱性岩浆的形成模式时认为，岩浆的形成分为两个阶段（图 22-16）。第一阶段当大洋板块俯冲到 80~100km 深度（温度小于 650℃，压力 30~40kbar❶）时，由于含水量不足，洋壳中的玄武岩-辉长岩、角闪岩不能熔化，而是在固态条件下转变为石英榴辉岩，同时释出水，这种水使上覆板块的上地幔岩石（贝尼奥夫带上方的地幔楔）局部熔融而分熔出岩浆，在这种岩浆向上升涌至较浅部位时，由于水压（p_{H_2O}）下降，橄榄石从岩浆中结晶出来，随着岩浆的分异而生成拉斑玄武岩岩浆，也就是说原始岩浆的源区位于上覆板块的地幔楔形地区，而拉斑玄武质岩浆是原始岩浆分异后的产物，生成于楔形地幔的较浅部位。第二阶段，当大洋板块俯冲至更深处（100~150km），由于蛇纹岩的脱水作用，在俯冲板块表面出现高水压（p_{H_2O}），在温度超过 700℃时，洋壳的石英榴辉岩开始部分熔化，析出富硅的岩浆，这种岩浆升腾至上覆板块的地幔楔形区，即与那里的橄榄岩发生广泛的反应，使橄榄岩转化成含水的辉石岩，生成的辉石岩比上覆橄榄岩略轻而呈底辟式上升，并在上升过程中于 60~100km 深处发生部分熔化，又可分泌出新的岩浆。这种岩浆上升至较浅部位，随着温度和水压（p_{H_2O}）的下降，石榴子石和辉石从岩浆中结晶出来，使岩浆的含钾量上升、含铁量下降而最终在较浅部位生成钙碱性岩浆。

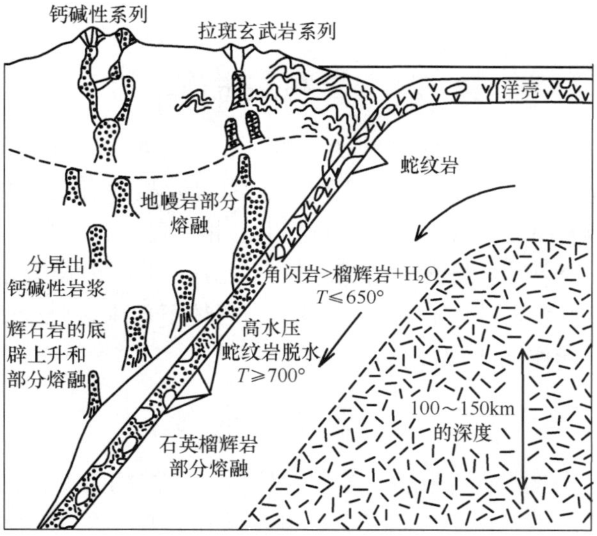

图 22-16　沿板块俯冲边界拉斑玄武岩系列和钙碱性系列岩浆的形成

（据 A. E. Ringwood，1974，修正）

Fig. 22-16　Formation of tholeiite series and calc-alkaline series magma in plate subduction boundary

我们认为，海原岩群岛弧—弧后盆地拉斑质—钙碱性玄武岩的岩浆源区及其岩浆成因，用上述模式解释是比较合理的。

第二节　三叠纪基性火山岩

一、地质特征

三叠纪火山岩分布于贺兰山北段的大岭—鼓鼓台一带，岩性为玄武岩，因此习惯称鼓鼓台玄武岩。玄武岩呈层状赋存于上三叠统上田组正常沉积岩层顶部，不整合伏于中侏罗统延安组之下（图 22-17），东西向延伸约 8km，鼓鼓台出露最好，厚 36.5m，以玄武岩为主，底部有少量凝灰岩。上部靠近不整合面处岩石碳酸盐化强烈。

❶　1kbar = 10^5kPa。

图 22-17 晚三叠世玄武岩（βT_3）露头特征及与上覆延安组（J_2y）与下伏上田组（T_3s）接触关系

Fig. 22-17 Outcrop characteristics and contact relations with the overlying Yan'an Formation（J_2y）and underlying Shangtian Formation（T_3s）of Late Triassic basalt（βT_3）

1，2—平罗县汝箕沟鼓鼓台

二、岩相学特征

鼓鼓台基性熔岩可分为两个相带，整体蚀变较强，中心相蚀变较弱，这是它们作为一体的共性。二者的中心相不含气孔或含有气孔的团块量小于 15%，而边缘相含有的气孔团块量则大于 15%，大多数在 35%以上。大岭基性熔岩厚度一般为 20~50m，中心相厚度大，一般可达 50m，气孔完全被充填，后期由于地表淋滤作用使极少数气孔暴露，边缘相厚约 25m；岩体内接触带变形弱，外接触带（下伏地层）变形强烈。鼓鼓台基性熔岩的中心相厚仅 15 m，岩体下部内接触带的蚀变及变形均强烈，外接触带（下伏地层）蚀变及变形作用表现极弱。

三、岩石学特征

岩石呈灰绿—墨绿色，具微晶质—隐晶质结构、拉斑玄武结构及间隐结构，气孔及杏仁构造（图 22-18），局部似具枕状构造。主要由基性斜长石、基性火山玻璃、斜方辉石、橄榄石等铁镁矿物及玉髓、钛铁矿、方解石、石英、绿泥石等组成。岩石中气孔较多，内部充填有环带状、放射状、球粒状的玉髓及少量绿泥石、方解石。

鼓鼓台基性熔岩经历了程度不等的蚀变（绿泥石化）作用改造。中心相普遍蚀变较弱，斑晶斜长石、辉石大多数仅边部蚀变，但基质已完全蚀变为绿泥石。中心相的特征为：斜长石粒径一般为 0. 02mm×0. 4 mm，钠长石双晶发育，边部碳酸盐化蚀变强，斜长石格架内有较多的碳酸盐矿物充填。粒状不透明矿物多于暗色矿物，绿泥石化较边缘相弱。边缘相蚀变作用较强，尤其是辉石、橄榄石仅保留其假像，斜长石也仅有少量的残留。边缘相的特征为：普遍含有 5%的橄榄石，而且蚀变极强，橄榄石、辉石已经完全蚀变，无残留。斜长石仅有 1%~2%的残留。斜长石格架内主要为绿泥石化矿物充填，碳酸盐往往位于开放式气孔的中心和裂隙内。

四、岩石化学特征

鼓鼓台玄武岩岩石化学成分（表 22-4）与中国玄武岩平均值较为接近，其中 SiO_2、Al_2O_3、FeO、CaO 含量相当，其余元素略低。由于受到后期次生变化和杏仁成分的影响，岩石化学成分中 SiO_2、Fe_2O_3、CaO 有一定变化，与戴里高原玄武岩相比，TiO_2、FeO、MgO、K_2O 稍高。综合对比认为，鼓鼓台玄武岩属钙碱性拉斑玄武岩。

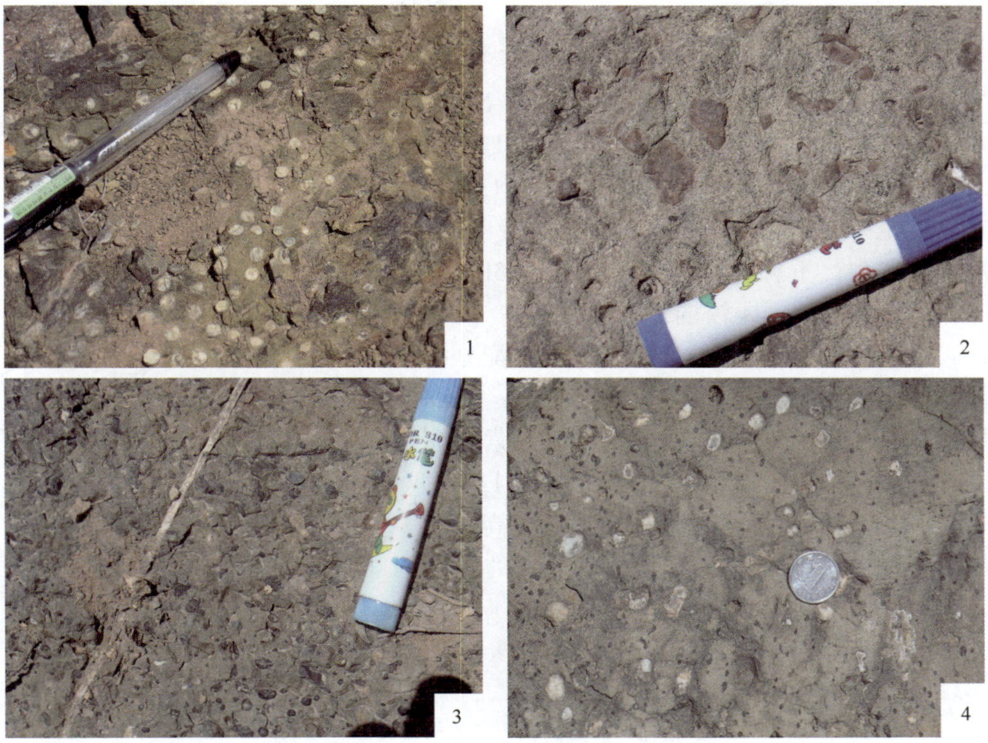

图 22-18　晚三叠世玄武岩杏仁状构造

Fig. 22-18　Amygdaloidal structure of Late Triassic basalt

1~4—平罗县汝箕沟鼓鼓台

表 22-4　晚三叠世玄武岩岩石化学成分

Table 22-4　Chemical analysis results of Late Triassic basalt　　（单位：*w*/%）

岩石名称	SiO_2	TiO_2	Al_2O_3	Fe_2O_3	FeO	MnO	MgO	CaO	Na_2O	K_2O	P_2O_5	H_2O^+	CO_2
玄武岩*	48.45	1.40	14.65	2.99	7.46	0.10	4.16	8.61	2.72	0.16	0.26	5.36	4.04
玄武岩**	52.80	1.50	14.76	5.16	6.21	0.11	4.60	2.94	3.27	0.38	0.17	5.83	1.96
高原玄武岩	48.80	2.19	13.98	3.59	9.78	0.17	6.70	9.38	2.59	0.69	0.33	1.80	

注：*为1∶5万古拉本幅、胡鲁斯台幅区调资料；**为霍福臣等（1989）资料。

五、微量元素特征

玄武岩微量元素含量（表 22-5）与维诺格拉多夫基性岩（玄武岩）平均值比较，除 Co、Ti、Td、Hf、Li、Be、Ga、Cs、Pb 偏高外，其余元素略低或相当。

表 22-5　鼓鼓台玄武岩微量元素含量

Table 22-5　Contents of trace element of basalt in Gugutai　　（单位：$w/10^{-6}$）

序号	样品编号	Cu	Cr	Ni	Co	Rb	Sr	Ba	V	Ti	Nb	Ta	Zr
1	D5000-WL-1	53.3	163	111	40	10.8	220	322	131	9875	10.4	0.75	126
2	D5000-WL-2	63.7	183	181	89	2.49	31	69	192	10660	11.6	0.83	132
平均值		58.5	173	146	64.5	6.65	125.5	195.5	161.5	10268	11.0	0.79	129

序号	样品编号	Hf	Sc	Li	Be	Ga	Mo	Cs	W	Pb	Th	U	B
1	D5000-WL-1	3.29	21.7	23.0	0.95	20.3	0.61	1.25	0.10	13.5	1.05	0.58	7
2	D5000-WL-2	3.34	23.1	41.3	0.74	27.3	1.22	0.81	0.15	47.5	1.05	0.26	3
平均值		3.32	22.4	32.2	0.85	23.8	0.92	1.03	0.13	30.5	1.05	0.42	5

注：据1∶25万吉兰泰幅区调资料。

六、稀土元素特征

玄武岩稀土元素总量较低（表 22-6），ΣREE 为（91.03~140.82）$\times 10^{-6}$，平均为 115.93$\times 10^{-6}$；LREE/HREE 为 3.17~4.02，平均为 3.60；ΣCe/ΣY 为 1.19~1.71，平均为 1.45，表明轻重稀土元素分异不甚明显，轻稀土元素相对富集，重稀土元素相对亏损；δEu 为 0.96~1.01，平均为 0.99，具较弱的铕正异常；$(La/Yb)_N$为 3.45~3.69，平均为 3.57，表明稀土元素配分曲线为向右缓倾斜的轻稀土元素富集型（图 22-19）；$(La/Sm)_N$为 1.11~1.51，平均为 1.31，反映轻稀土元素分馏程度偏低，属轻稀土元素富集型；$(Ga/Yb)_N$为 1.84~2.34，平均为 2.08，反映重稀土元素分馏程度稍高，属重稀土元素亏损型。这些特征说明形成这种岩石的岩浆分异较弱，具有原始岩浆的特点。

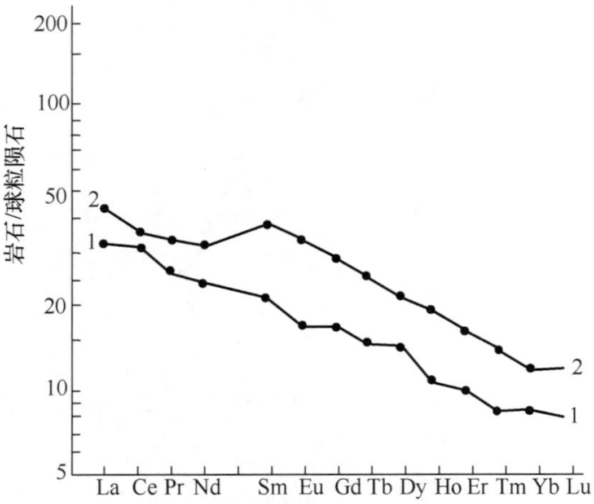

图 22-19　鼓鼓台玄武岩稀土元素配分曲线

（据 L. R. Cullcts et al.，1984）

Fig. 22-19　Rare earth element distribution curves of basalt in Gugutai

表 22-6　玄武岩稀土元素含量及特征参数

Table 22-6　REE contents and characteristic parameters of Gugutai basalt

序号	样品编号	$w/10^{-6}$														
		La	Ce	Pr	Nd	Sm	Eu	Gd	Tb	Dy	Ho	Er	Tm	Yb	Lu	Y
1	D5000-XT-1	9.91	24.7	3.13	14.3	4.13	1.28	4.13	0.69	4.20	0.78	2.14	0.28	1.81	0.25	19.3
2	D5000-XT-2	13.5	29.4	3.88	19.5	7.65	2.49	7.65	1.23	6.96	1.31	3.49	0.44	2.64	0.38	40.3
平均值		11.71	27.1	3.51	16.9	5.89	1.89	5.89	0.96	5.58	1.05	2.82	0.36	2.23	0.32	29.8

序号	样品编号	$w/10^{-6}$				LREE/HREE	ΣCe/ΣY	δEu	$(La/Yb)_N$	$(La/Sm)_N$	$(Gd/Y)_N$
		ΣREE	LREE	HREE	ΣY						
1	D5000-XT-1	91.03	57.45	14.28	33.58	4.02	1.71	0.96	3.69	1.51	1.84
2	D5000-XT-2	140.82	76.42	24.10	64.40	3.17	1.19	1.01	3.45	1.11	2.34
平均值		115.93	66.94	19.19	48.99	3.60	1.45	0.99	3.57	1.31	2.08

注：据 1∶25 万吉兰泰幅区调资料。

七、稳定同位素特征

玄武岩全岩氧同位素分析结果为：$\delta^{18}O$（V-SMOW）= 6.9‰，$\delta^{18}O$（V-SMOW）= 5.4‰，平均值为 6.15‰，小于 7.5‰，说明玄武岩浆来自于上地幔。

八、玄武岩成因与形成时代

岩石学与地球化学特征表明，鼓鼓台玄武岩为典型的大陆裂谷拉班玄武岩，形成于板内伸展环境。

前人在鼓鼓台玄武岩中获得 3 组同位素年龄样：一组是霍福臣等（1989）用全岩 K-Ar 法测得的同位素年龄值（229±0.15）Ma；一组为王峰等（2005）用锆石裂变径迹法测得的同位素年龄值 193Ma；一组是杨华等（2010）用 ELA-ICPMS 法测得的锆石 U-Pb 同位素年龄（241±7）Ma。本《志》根据上述 3 组同位素年龄数据，结合地层层序及接触关系，将鼓鼓台玄武岩时代厘定为晚三叠世。

第二十三章　岩浆活动总体特征及演化规律

第一节　构造-岩浆演化特点及规律

岩浆活动是构造运动的重要标志，岩浆演化受到构造环境与演化的制约。宁夏大地构造位置位于华北陆块与北祁连加里东造山带交接的位置，构造单元划分上，可大致分为克拉通区（稳定区）和造山带（活动区）两个大的块体（带）以及二者的联合过渡区。不同的构造单元，其岩浆活动强度、作用类型及动态演化特点各不相同。

一、华北陆块（克拉通）西缘

古元古代晚期（吕梁期）：第一阶段（峰期变质前）以富钾的含石榴子石花岗岩为主，此期花岗岩的形成与混合岩化有关，为富铝的孔兹岩系脱水熔融形成的原地、半原地S型花岗岩。第二阶段（峰期变质），以壳熔型富钾、基本不含或少含石榴子石的花岗岩为主，也有极少量的幔源岩浆（闪长质）混合侵入，明显表现出异地花岗岩的岩石学、岩相学和地球化学特征。第三阶段（碰撞期后），在伸展的构造环境下，幔源基性—超基性岩浆侵入。

中元古代早期（晋宁早期）：古元古代晚期形成了统一的华北克拉通之后，伴随哥伦比亚超大陆（Columbia）的裂解，华北克拉通内部和边缘转变为位伸的构造环境，形成A型花岗岩。

综上所述，华北克拉通（宁夏境内）古元古代—中元古代构造-岩浆演化的特点和规律大致为：古元古代末陆-陆碰撞造山阶段—S型混合花岗岩（壳熔型原地、半原地花岗岩）→S型花岗岩（壳熔型异地花岗岩）+幔源闪长岩→基性-超基性岩→中元古代早期造山后裂解阶段A型花岗岩。

二、祁连造山带（活动带）东端

中元古代早期（晋宁早期）：为古祁连海槽形成时期，在伸展环境下以基性岩浆活动为主，形成基性浅成岩（辉绿岩，变质为斜长角闪岩）和火山岩（变质为绿帘阳起钠长片岩等绿片岩）。中元古代晚期（晋宁晚期）：四堡运动（晋宁运动Ⅰ幕）使华北克拉通与祁连地块之间的洋盆（古祁连海槽）闭合隆起造山，南、西华山地区也有少量的花岗岩出露（如簸箕掌北花岗岩，发育流变褶皱与韧性剪切变形，因面积太小而未从海原岩群变质岩中解体出来）。

早古生代（加里东期）：为华北陆块与中祁连陆块聚合时期，北祁连残留海盆向阿拉善微陆块俯冲，鄂尔多斯早古生代裂陷最终关闭阶段，位于弧后盆地的南华山—北掌山—崛岘山地区有大规模的中—酸性岩浆活动，形成以花岗闪长岩、英云闪长岩为主的I型花岗岩（埃达克岩、壳幔型花岗岩）带，岩浆属洋壳部分熔融上侵的产物。

由上可见，祁连活动带东端中元古代—古生代构造-岩浆演化的特点和规律大致为：

1）中元古代裂陷-造山旋回：早期裂陷阶段（晋宁早期）-基性岩浆侵入和基性火山喷发→晚期造山阶段（晋宁晚期）-中酸性岩浆（花岗质岩浆）侵入。

2）早古生代裂陷-造山旋回：早期裂陷阶段（早古生代）-基性、超基性岩浆侵入（香山地区可能有基性火山喷发）→晚期造山阶段（加里东晚期）-壳幔混合型岩浆（花岗岩、闪长岩+暗色细粒铁镁质包体MME）侵入。

三、华北克拉通—祁连活动带联合过渡区

晚古生代早期（泥盆纪），鄂尔多斯西缘仍处于拉伸构造环境下，有幔源基性—超基性岩浆活动，形成小松山橄榄岩、辉长岩复式岩体。

晚泥盆世的华力西运动，导致北祁连洋盆消亡，从此华北陆块与祁连造山带连为统一的整体，构造活动相对进入了一个稳定的阶段。晚二叠世的华力西运动，作为华北陆块与西伯利亚陆块碰撞拼接和亚洲洋封闭过程的构造响应，贺兰山北段和香山地区晚二叠世—早三叠世出现多次英安质—流纹质凝灰岩喷发活动，显示了碰撞造山作用后的板内伸展机制。

二叠纪早期（相当于太原期），鄂尔多斯西缘（包括华北克拉通和祁连活动带的部分区域）完成了陆表海盆的消亡向陆内坳陷盆地形成的转化，从此进入陆内或板内时期。陆内阶段，地壳运动表现为挤压和拉伸交替的形式，火山盆地、断裂盆地和推覆构造较为发育。因此，此阶段的岩浆活动，既有幔源岩浆的底侵作用（地幔柱模式）形成基性火山熔岩（玄武）喷发，也有地壳增厚的熔融作用导致中酸性岩浆侵入（花岗岩、花岗斑岩、花岗闪长岩、石英闪长岩、二长闪长岩、闪长玢岩等）。

由上可见，陆内阶段（二叠纪—侏罗纪）华北克拉通—祁连活动带联合过渡区构造-岩浆演化的特点和规律大致为：

1）中二叠世—早三叠世（华力西期）：贺兰山北段、香山地区英安质-流纹质岩浆喷发。

2）中三叠世—早侏罗世：贺兰山北段火山盆地玄武岩喷发，贺兰山南段—卫宁北山地区局部地壳加厚（造山远程效应）导致熔融产生中酸性岩浆活动。

第二节　岩浆活动、壳幔作用

壳幔作用发生在板块构造运动过程中，重要方式是玄武岩浆的底侵作用（地幔物质进入地壳的主要方式）和拆沉作用（地壳物质进入地幔的重要机制）。不是所有的岩浆活动都发生在板块的边缘，地幔局部的熔融中心（板内火山岛、地幔热柱）以及陆内深大断裂带（超壳大断裂）同样发生壳幔作用。岩石圈（位于软流圈之上刚性体）运动是深部过程的响应，人们通过对各个历史时期的岩浆作用、变质作用、沉积与盆地形成、造山作用、构造变形、区域隆升、地震活动和成矿作用等进行分析研究，来探讨区域岩石圈演化的规律与特点。

宁夏位于华北陆块（稳定区）与祁连造山带（活动区）交接的位置，特殊的大地构造位置决定了区域岩浆活动、壳幔作用与岩石圈动态演化的特殊性与规律性。

（一）华北克拉通基底形成阶段

在华北克拉通西北缘，古元古代早期存在一条近东西向、长达1000多千米的孔兹岩带——贺兰山-千里山-大青山-乌拉山孔兹岩带，它分割了北侧的阴山古陆与南侧的鄂尔多斯古陆。孔兹岩系是一套原岩为富铝的细碎屑岩夹碳酸盐岩建造，形成于稳定的大陆边缘环境。

1. 太古宙—古元古代（孔兹岩系形成前）

近年来，贺兰山孔兹岩带发现了太古宙和古元古代（比孔兹岩系形成时间略早）的岩浆记录。周喜文、耿元生等（2009）曾对贺兰山孔兹岩系中3个代表性富铝片麻岩（石榴堇青钾长片麻岩、石榴堇青二长片麻岩、石榴黑云斜长片麻岩）样品进行精确定年，发现这3种岩石虽处于不同层位，但其碎屑锆石年龄却非常集中，各测点$^{207}Pb/^{206}Pb$年龄总体变化在2.0~2.1Ga之间。这些碎屑锆石具有岩浆结构特征，古元古代（比孔兹岩系形成时间略早）曾存在大规模的花岗质岩浆活动，形成的巨量花岗质岩体（相当于TTG岩系——英云闪长岩、奥长花岗岩、花岗闪长岩）为孔兹岩系沉积提供了充足的物源。除了认定古元古代存在大规模的花岗质岩浆活动外，也发现了少量大于2.5Ga的碎屑锆石（多集中在2520~2949Ma之间，其中（2949±13）Ma是目前孔兹岩带西部所报道的最老年龄），表明华北克拉通北缘贺兰山孔兹岩带存在太古宙岩浆活动的记录。

2. 碰撞期（主变质期）

古元古代晚期，阴山地块与鄂尔多斯地块大体以平行的方式正面拼贴到一起（陆-陆碰撞），形成统一的华北克拉通西部陆块。贺兰山变质杂岩（孔兹岩+变形变质花岗岩）便是在这一造山环境下形成的，这些杂岩不显示分带性，不同类型的岩浆杂岩互相交织，杂乱分布。古元古代晚期的岩浆作用是地壳熔融的结果，岩浆事件与孔兹岩带的麻粒岩相变质事件、陆-陆碰撞造山事件紧密相关。贺兰山地区发育大量的同构造或构造期后S型花岗岩，是陆-陆碰撞带所具有的典型特征，只有俯冲和陆-陆碰撞机制才能合理解释形成孔兹岩系的沉积原岩被带到下地壳深度遭受麻粒岩相变质作用。

耿元生等（2009）、赵国春（2006）将贺兰山孔兹岩系麻粒岩相峰期变质作用的时代厘定为(1950±8)Ma，并据此划定了贺兰山地区古元古代晚期两个中-酸性岩浆活动阶段。

第一阶段（2050~1950Ma）：此阶段幔源岩浆（钠质、偏基性）较少，大部分为壳源型岩浆（钾质、过铝质岩浆，形成S型花岗岩），普遍含石榴子石，属地壳部分熔融的产物。此阶段侵入的花岗岩，早于峰期变质年龄，它们普遍变形较强。遭受区域变质、深熔作用的影响，混合岩化作用强烈，并生成混合花岗岩。代表性岩石类型为似斑状石榴子石黑云母花岗岩（$\gamma\beta gr\mathrm{Pt}_1$，侵入年龄为（2053±58)Ma）、石榴子石花岗岩（$\gamma gr\mathrm{Pt}_1$，侵入年龄为（2047±42)Ma）、花岗质片麻岩（$gn^{\gamma}\mathrm{Pt}_1$，侵入年龄为（1981±20)Ma）。

贺兰山中段英云闪长岩（$\gamma\delta o\mathrm{Pt}_1$，侵入年龄为1976~2003Ma）也是第一阶段侵入的产物。岩石化学、稀土微量元素特征及构造环境判别结果表明，英云闪长岩具有S型花岗岩、壳源型花岗岩的特征，也形成于大陆碰撞造山环境，属地壳部分熔融的产物。

贺兰山中段的英云闪长岩侵入，可能与古元古代晚期鄂尔多斯陆块与阴山陆块的陆-陆碰撞有关。赵池沟岩群低绿片岩相变质与贺兰山岩群麻粒岩相变质差异极大，是否意味着它们当时所处的构造位置不同，被带入到地壳的深度不同?

第二阶段（1950~1870Ma），此阶段为同碰撞期（峰期变质阶段）或撞碰后期，造成大量熔融，产生异地花岗岩。此期岩浆仍以壳源型岩浆为主，也见有幔源岩浆的混合侵入；既有富钠的闪长岩，也有富钾的花岗岩类。代表性岩石类型为似斑状黑云母花岗岩（$\gamma\beta\mathrm{Pt}_1$，侵入年龄为（1940±11)Ma至（1955±20)Ma）和闪长质片麻岩（$gn^{\delta}\mathrm{Pt}_1$，侵入年龄为（1920±7)Ma，具有幔源岩浆或地幔衍生的TTG岩系特点）。闪长质片麻岩与似斑状黑云母花岗岩的侵入时代基本相当或略晚。

3. 碰撞期后（造山期后）

贺兰山地区，尤其是北段地区，片麻岩、花岗岩中侵入有大量的基性—超基性岩（如得拉布格超基性岩墙群、宗别立断裂北侧的辉绿岩脉群等）。在碰撞期后的伸展环境下，通常有大量的基性—超基性岩侵入，它不仅是造山带的判据之一，也是构成造山带完整的岩浆演化旋回的必要条件。华北克拉通中部造山带（反映西部陆块与东部陆块拼贴形成的过程）存在1850~1800Ma的古元古代第三期岩浆事件和第二期高温变质事件就是由基性—超基性岩的底侵提供热体制而引起的。宋新华等（2011）报道了贺兰山牛头沟一带辉绿岩1950 Ma的侵入年龄，表明孔兹岩—花岗岩带形成后不久，贺兰山北段地区可能发生过一次较广泛的幔源岩浆侵入事件。

贺兰山孔兹岩—花岗岩带的形成，是华北克拉通成熟陆壳演化阶段的产物。大量的岩相学、地球化学和同位素年代学资料表明，贺兰山地区经历了古元古代克拉通化（中深变质、混合岩化、花岗岩化作用）之后，长期处于稳定状态，很少受到构造-热事件的干扰。

（二）板块作用阶段

1. 中元古代

古元古代晚期形成统一的华北克拉通之后，在中元古代早期（晋宁早期）的伸展体制下，在克拉通内部和边缘形成多个坳拉谷（裂陷）。有人认为这是与哥伦比亚超大陆（Columbia）早中元古代的裂解过程有关。泾源县石嘴子A型花岗岩（$\gamma\pi\mathrm{Pt}_2$，侵入年龄1778~1788 Ma）的发现，为华北克拉通西南缘（鄂尔多斯地块西缘）裂陷的发育提供了岩石学和年代学证据。

中元古代早期，华北克拉通西南缘逐渐发育成北祁连古海槽，南华山—西华山—黄家洼山地区当时可能处于岛弧—弧后盆地的构造环境，沉积了一套碎屑岩、碳酸盐岩夹基性火山岩的复理石建造。在伸展环境下，幔源岩浆（洋壳残片的熔融）的底侵，形成浅成基性岩（辉绿岩，后期变质为斜长角闪岩）和基性火山岩（后期变质为绿帘阳起钠长片岩）。

2. 早古生代

从中元古代至新元古时期，鄂尔多斯地块西缘—阿拉善微陆块南缘一带，就开始发育成裂陷盆地，沉积了长城纪-蓟县纪黄旗口组、王全口组稳定陆缘碎屑岩-碳酸盐岩建造。它们成为克拉通上的最早盖层沉积（第一盖层）。

寒武纪—泥盆纪是鄂尔多斯早古生代裂陷的形成演化时期，在板块构造作用下，鄂尔多斯西缘变为离散的大陆边缘环境。中—晚奥陶世处于强烈拉伸阶段，深海盆地和盆地边缘（同沉积断裂、盆地边缘断裂）部位都有幔源岩浆活动，形成基性—超基性侵入岩。岩浆岩构造环境分析结果表明，磨盘井辉绿岩属大洋扩张（伸展程度不强）构造环境下的大洋拉斑玄武岩系列，形成在盆底，它顺层侵入于上奥陶统香山群黄河井段中。拉斑玄武质火山岩（浅成岩）与深海硅质岩和浊积岩等，共同构成了代表大洋地壳沉积结构的非典型“蛇绿岩”建造。深部特征及地质演化历史表明，宗别立-正义关断裂是一条切割上地幔的区域深大断裂，目前，人们普遍接受了宗别立-正义关断裂是寒武纪—泥盆纪鄂尔多斯早古生代裂陷北边界的观点。构造环境判别结果表明，小松山基性—超基性层状复合岩体形成于陆内拉张的构造环境，其形成与古伸展断裂（宗别立-正义关断裂）有关。由此可见，寒武纪—泥盆纪鄂尔多斯早古生代裂陷形成时期的岩浆活动为基性—超基性岩浆活动，壳幔作用发生在盆底和盆缘——地幔局部的熔融中心（板内火山岛、地幔热柱）与深大断裂带（超壳大断裂）。

3. 晚古生代

晚古生代是区域上岩浆活动与壳幔作用相对强烈的时期，此期的岩浆活动和壳幔作用基本是在板块的边界上发生的。志留纪至泥盆纪时期，是华北陆块与中祁连陆块聚合（俯冲消减作用）、北祁连残留海盆与鄂尔多斯早古生代裂陷最终关闭与褶皱造山的阶段。早志留世，北祁连残留海盆向阿拉善微陆块俯冲，在弧后盆地的部位——南华山—月亮山—西华山—崛岘山地区形成了一条长达230km的I型中—酸性侵入岩（含暗色深源包体）带。岩浆岩构造环境判别结果表明，南、西华山早古生代中—酸性侵入岩具有大陆岛弧型花岗岩——埃达克岩的特征，是洋壳部分熔融形成的。

（三）板内（陆内）阶段

中泥盆世的加里东造山运动（宁夏运动）后，华力西—印支—燕山期，宁夏境内基本上进入了板内阶段。该阶段拉张与挤压作用交替，但持续时间不长，作用不太强烈，因此发生了数次基性—超基性岩浆活动与中—酸性岩浆活动交替的热-构造事件。具体特征如下：

1. 晚二叠世—早三叠世

此阶段华北陆块与西伯利亚陆块碰撞拼接和亚洲洋封闭，在碰撞造山作用的后造山垮塌作用相对应的板内伸展机制下，表现为英安质—流纹质凝灰岩喷发活动，形成了香山、贺兰山北段的二叠纪—三叠纪太原组、红泉组、大黄沟组、孙家沟组中的火山碎屑岩。

2. 晚三叠世末

晚三叠世末，贺兰山北段地区局部（鼓鼓台—大岭一带）处在拉伸环境下，形成陆内火山盆地，盆内发生玄武岩浆的喷溢活动，形成鼓鼓台玄武岩。此时的壳幔作用不仅表现为地幔对地壳在成分改造的作用上，也表现在热作用上。晚三叠世末到侏罗纪的相当长一段时期，鼓鼓台—大岭一带都表现为大地地温梯度、大地热流高异常区（可能属地幔柱），延安组高级煤变质（无烟煤）即说明了这一点。到板内阶段，由于构造运动形成局部热点，这些热点地区也同样发生强烈的壳幔作用。晚三叠世末，是贺兰山陆内烈陷盆地（火山盆地）形成的时期，在鼓鼓台一带发生玄武岩浆的喷溢活动，其带来的幔源物质改造了地壳的成分，带来的热能（区域上高的地温梯度）使贺兰山北段地区的石炭-二叠纪煤层、侏罗纪煤层发生变质作用（形成高级变质阶段的无烟煤和贫煤、焦煤）。

3. 早侏罗世

此阶段的古特提斯洋封闭，古太平洋俯冲、消减作用影响深入板内达贺兰山—卫宁北山地区，形成数个相对独立的中—酸性侵入岩体，如大战场、双疙瘩、阿里乌苏等花岗岩、闪长岩、闪长玢岩、花岗斑岩等岩体，以及青铜峡、金场子隐伏中—酸性侵入体。岩浆岩构造环境判别表明，这些中—酸性侵入体是板内局部地壳加厚熔融的产物。

总体来看，宁夏面积小，又不处在重要的板块边界，岩浆活动表现微弱，壳幔作用不甚强烈。需要指出的是，壳幔作用的强烈程度与岩石圈演化，要结合不同地质时期莫霍面深度、大地地温梯度、大地热流异常、地球深层次结构、示踪学研究等来判别。在这方面，目前宁夏积累的资料不多，暂时无法进行更深入的探讨。

第四篇　变质地质

第二十四章　概　　述

宁夏的变质岩出露面积很小，约 2418km²，主要分布于贺兰山、南华山、西华山、香山、牛首山、罗山等基岩山地区（图 24-1）。宁夏的变质作用类型较少，主要为区域变质作用，动力变质作用和接触变质作用仅在局部发育。区域变质岩主要分布在贺兰山及南、西华山两个变质地带，变质期限定在古元古代（吕梁期）和中元古代（晋宁早期）；动力变质岩存在于各地质时期的韧、脆性断裂带中，接触变质岩仅出露在个别中—酸性、基性—超基性侵入体的接触带附近。

宁夏的变质地质工作大致分为 3 个阶段。

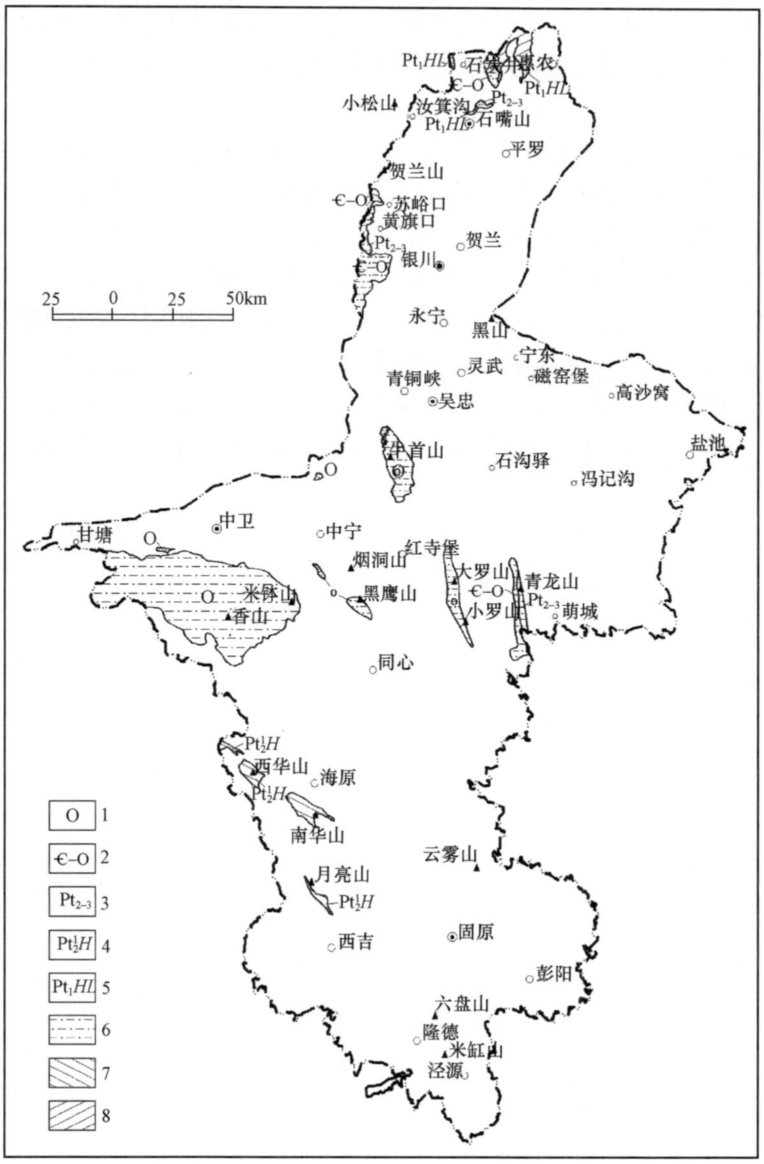

图 24-1　宁夏变质岩分布图

Fig. 24-1　Distribution map of Metamorphic rocks in Ningxia

1—奥陶系；2—寒武系-奥陶系；3—中、新元古界；4—长城系海原岩群；5—古元古界贺兰山岩群；6—低绿片岩相；7—绿帘角闪岩相；8—角闪麻粒岩相第一阶段（1988年以前）：1∶20万区调对区域变质岩作了初步的岩石学、岩相学调查研究，对接触变质岩和动力变质岩进行了类型划分。第一代《宁夏回族自治区区域地质志》变质岩篇对1∶20万区调变质岩工作进行了较全面、系统的总结，划分了变质作用类型，进行了变质岩原岩恢复，粗略划分了变质相、变质相系、变质期次和变质地带，探讨了变质作用与混合岩化作用、花岗岩岩浆作用的关系。

第二阶段（1988~1996年）：随着新一轮1∶5万区调工作的开展，在南、西华山地区、贺兰山北段地区，应用变质岩新理论、填图新方法，对海原岩群、贺兰山岩群的区域变质岩变质相、变质相系及韧性动力变质岩等进行了较深入的研究，取得了许多新认识。此阶段代表性成果有《贺兰山变质杂岩》（胡能高等，1994）等。

第三阶段（1996年以来）：2001~2006年相继开展的固原市幅、吴忠市幅、银川市幅、吉兰泰幅等4幅1∶25万区调基本覆盖了宁夏全境。期间，中国地质科学院地质研究所、中国科学院地质研究所与地球化学研究所、西安地质矿产研究所、香港大学、长安大学、中国地质大学、长春科技大学等高校和科研院所，针对贺兰山孔兹岩系开展了同位素定年、变质作用演化（$P-T$轨迹）、熔融实验与变质反应、变形变质作用与克拉通造山带演化等专项研究。以上工作大大提高了贺兰山地区变质岩的研究程度，填补了许多空白。

本《志》变质岩篇，是在第一代《宁夏回族自治区区域地质志》的基础上，充分吸收了20多年来宁夏及周边地区变质岩领域的新成果修编的。本篇运用板块构造学、大陆动力学、变质地质学的新观点，对变质作用进行归类，对区域变质岩、混合岩、动力变质岩、热力变质岩等进行全面的岩相学、岩石化学和地球化学总结，进而划分变质作用类型、变质相、变质相系（型）、变质地质单元、变质期次，探讨变质作用与混合岩化作用、岩浆作用的关系，揭示变质作用与地壳的演化特点与规律。

贺兰山地区的变质岩主体出露于内蒙古自治区阿拉善左旗境内，宁夏境内分布很少。为了更方便地进行变质区带划分，确定变质期、变质相、变质相系，探讨变质作用与混合岩化、花岗岩化作用以及地壳演化的关系，本《志》将贺兰山北段位于内蒙古自治区阿拉善左旗境内贺兰山地区的变质岩一并总结叙述。

第二十五章　区域变质岩系

第一节　古元古代区域变质岩

一、贺兰山岩群

分布于贺兰山北段的古元古界贺兰山岩群，为一套角闪麻粒岩相级的中—高级区域变质岩系。主要岩石类型有片麻岩类、变粒岩类、大理岩类、钙硅酸粒岩类、片岩类、麻粒岩类等 7 种，以前二者为主。受后期韧性动力变质作用的强烈影响，大部分区域变质岩在结构、构造乃至矿物成分上均遭受不同程度退变质作用的改造。

（一）岩石类型及岩石学特征

1. 片麻岩类

片麻岩类是贺兰山岩群中较为发育的岩石类型，仅次于变粒岩类，在宾布勒岩组和宗别立岩组中均有分布。片麻岩中多有变粒岩夹层，或与变粒岩互层，或在变粒岩中作为夹层或透镜体产出。野外露头常呈灰色、深灰色，有的表面黑亮（表面沙漠漆），非常特征。在强物理风化下易沿片麻理裂开，使片麻岩出露区形成陡峭地形。因片麻岩构造位置较高，常出露于山顶，构成延绵的陡峭山脊。哈尔乌苏梁、备力格其梁、查干尚德山等地有大量的片麻岩出露。

片麻岩由斜长石、碱性长石、石英和堇青石、矽线石、黑云母、石榴子石等矿物组成，以长石、石英为主，常有较多的富铝矿物出现。岩石具片麻状构造，粒状变晶结构（图 25-1），矿物颗粒较粗大，片麻理由暗色矿物定向排列或暗色矿物及其他矿物沿一定面理聚集分布表现出来，有时可见褶皱变形的片麻理（图 25-2）。大部分岩石的斜长石和碱性长石含量在 25%以上，按长石的种属及含量分为斜长片麻岩、二长片麻岩和碱长片麻岩 3 种。暗色矿物中黑云母比较常见，可分别与石榴子石和单斜辉石一起在斜长片麻岩中出现，构成榴云斜长片麻岩、单辉黑云斜长片麻岩两个种属。堇青石、矽线石和石榴子石等富铝矿物常在一起出现，但含量有较大的变化范围，可构成不同的岩石种属，如矽线堇青斜长片麻岩、矽线石榴斜长片麻岩（图 25-3）、堇青石榴二长片麻岩等。在野外，这些片麻岩

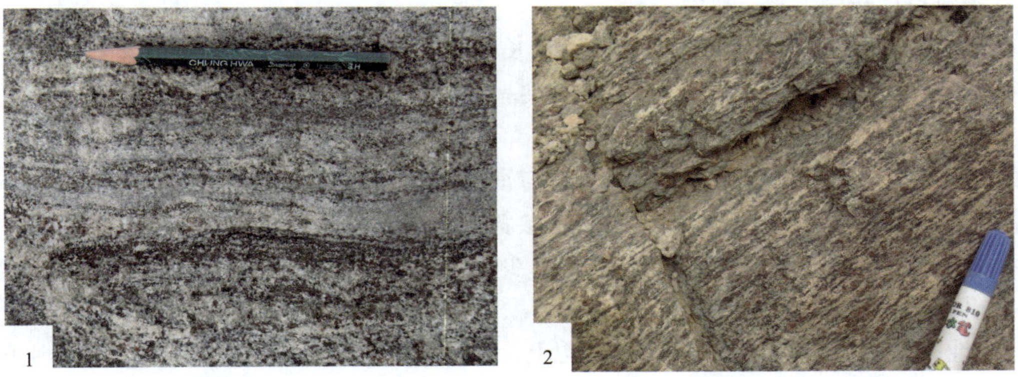

图 25-1　片麻岩结构构造（贺兰山岩群宾布勒岩组）

Fig. 25-1　Textural and structural features of gneiss of the Binbule Formation of the Helanshan Rock Group

1—宁夏石嘴山市沙巴台道路沟；2—内蒙古阿拉善左旗星光村宾布勒

图 25-2　片麻岩中之揉皱（贺兰山岩群宾布勒岩组）

Fig. 25-2　The folds and deformation of gneiss of Binbule Formation of Helanshan Rock Group

1，2—内蒙古阿拉善左旗星光村

图 25-3　矽线石榴斜长片麻岩结构构造（贺兰山岩群宗别立岩组）

Fig. 25-3　Textural and structural features of sillmanite garnet plagioclase gneiss of the Zongbieli Rock Formation of the Helanshan Rock Group

1，2—内蒙古阿拉善左旗中田

多在一起产出，岩相学上也具有过渡性质，均以含富铝矿物为特征，因此统称富铝片麻岩，富铝片麻岩中偶含少量片状石墨。有一种长石含量不足25%的片麻岩，因堇青石含量较高，故命名为堇青片麻岩。还有一种产在同变质强变形带中、具有极明显的面理和线理构造的片麻岩，称为强直片麻岩。强直片麻岩与含条带状石榴子石、堇青石的片麻岩也多为过渡关系。

片麻岩的主要种属及岩石学特征如下：

（1）富铝斜长片麻岩

斜长石+碱性长石含量占25%以上，斜长石占长石总量的2/3以上。主要矿物有石英、斜长石、碱性长石、堇青石、石榴子石、矽线石、黑云母、尖晶石等，不同岩石中各矿物含量变化较大。

（2）富铝二长片麻岩

岩石的结构、构造特征及出现的矿物种属等与富铝斜长片麻岩相似，只是矿物组成上有差别。两种长石含量近相等，碱性长石（正长条纹长石和微斜条纹长石）已有相当多的含量，斜长石占长石总量的1/3~2/3，两种长石的总量在40%~50%间，少时为30%，多时达70%以上。

（3）富铝碱长片麻岩

长石以碱性长石为主，且占长石总量的2/3以上，岩石的矿物组成及岩相学特征与前两种片麻岩相似。

（4）堇青片麻岩

一种特别富铝的片麻岩。长石含量25%；堇青石含量多在20%以上，有的可达45%；矽线石含量一般在10%左右，有时可达20%；石英含量变化较大，在10%~60%间。岩石中堇青石有粒状和条带状两种形态。

（5）强直片麻岩

具有很发育的面理，主要是由延续性很好的堇青石条纹表现出来。条纹宽 2~3mm，连续延伸多在数厘米，最长可达 20mm。镜下，堇青石内有众多石英、黑云母、矽线石、石榴子石等矿物包体，边界也总是嵌有石英等矿物，有的条带状堇青石包裹有细粒状石英组成的条带，堇青石条带的不同部位矿物包体不同。强直片麻岩与富铝片麻岩多呈过渡关系，总是沿区域构造线方向呈条带状分布。

（6）榴云斜长片麻岩

在宾布勒岩组和宗别立岩组中均有分布，主要在宗别立岩组中产出，远比富铝片麻岩少，剖面上出露宽度也小。岩石多为灰色，片麻理由黑云母或石英的定向排列表现出来，粒状变晶结构。矿物组成较稳定，石英一般 30%，斜长石 45%，黑云母 10%，石榴子石 5%~10%，有的不足 5%，碱性长石很少，均不超过 10%。因此，按长石的分类，不出现二长片麻岩和碱长片麻岩。

（7）单辉黑云斜长片麻岩

分布在宗别立岩组中。常以不含富铝矿物而区别于其他片麻岩，但在露头上与榴云片麻岩及其他富铝片麻岩呈过渡关系，易与黑云母闪长质片麻岩相混淆。岩石呈灰—深灰色，片麻理发育程度不一，多以黑云母的定向排列表现出来。手标本上一般见不到石英，辉石也难以鉴别，斜长石较粗大。镜下矿物组成：斜长石 75%，普通辉石 15%，黑云母 5%，石英 5%。

（8）含榴黑云斜长片麻岩

产于宗别立岩组中，很少。呈条带状夹于变粒岩层间，二者呈渐变过渡。岩石呈灰—深灰色，鳞片粒状变晶结构，片麻状构造。主要矿物组成：石英 34%~42%，斜长石 30%~38%，黑云母 14%~32%，石榴子石 1%~4%。

2. 变粒岩类

变粒岩类是贺兰山岩群中分布最广泛的变质岩，与片麻岩一起构成贺兰山岩群的主体，宗别立岩组、宾布勒岩组中均有发育。

在露头上，变粒岩多为浅灰色，呈似层状、条带状产出，块状构造，粒状变晶结构，主要由长石、石英等浅色矿物组成，暗色矿物有石榴子石、黑云母、堇青石和普通辉石，还可含少量矽线石。按出现矿物的种属和含量分为不同种属，较常见的有长石石英岩、浅粒岩、黑云变粒岩、榴云变粒岩、单辉变粒岩、富铝变粒岩等。

变粒岩的主要种属及岩石学特征如下：

（1）长石石英岩

分布较少，主要产在宗别立岩组中，宾布勒岩组中有少量分布，呈较薄的层状或透镜状产出。颜色较浅，抗风化能力强，多为正地形。主要矿物：石英 70%~74%，斜长石 20%±，黑云母 5%，可有少量石榴子石、堇青石和碱性长石。

（2）浅粒岩

宗别立岩组和宾布勒岩组中均有分布，多与黑云变粒岩和榴云变粒岩一起产出。岩石呈灰白色，块状构造，粒状变晶结构。按两种长石的相对含量，分为斜长浅粒岩和二长浅粒岩两种。前者矿物组成为：石英 50%~60%，斜长石 30%~50%，含不足 5%的石榴子石和黑云母；后者的矿物组成为：石英 30%，斜长石 40%，碱性长石 30%，含不足 5%的黑云母。斜长浅粒岩比二长浅粒岩要丰富得多。

（3）黑云变粒岩

是变粒岩类中主要的岩石类型之一，宗别立岩组和宾布勒岩组均有广泛分布。岩石多呈浅灰—灰色，块状构造，粒状变晶结构。主要矿物有：石英，多在 30%~60%间，低时不足 20%，高时可达 50%；碱性长石多不足 10%，少数可达 40%；黑云母多在 5%~10%间，少数可达 20%以上；多含有少量石榴子石。按长石的种属划分，多为黑云斜长变粒岩，黑云二长变粒岩少量，几乎没有黑云碱长变粒岩。

（4）榴云变粒岩

是变粒岩类中主要的岩石类型之一，主要分布在宗别立岩组中，宾布勒岩组中也有分布，常与黑云变粒岩一起产出，二者呈过渡关系。岩石多呈浅灰色，块状构造，粒状变晶结构。矿物成分为：石英多在30%~50%间，高时可达60%；斜长石多在20%~40%间，有时很低，不足5%，高时达50%；多数榴云变粒岩中碱性长石小于10%，少数在30%~50%间；黑云母多在10%左右；石榴子石在5%~10%间；偶含少量堇青石。

（5）富铝变粒岩

上述变粒岩多不含或很少含富铝矿物。贺兰山岩群中还有一些堇青石、矽线石等富铝矿物含量较多的变粒岩，最常见的是石榴堇青变粒岩，宾布勒岩组和宗别立岩组中均有分布，与富铝片麻岩一起产出。颜色比前述变粒岩略深，块状构造，粒状变晶结构。按长石的种属和含量，分为含堇青石榴斜长变粒岩、石榴堇青二长变粒岩和（含矽线）石榴堇青碱长变粒岩。

含堇青石榴斜长变粒岩的矿物组成为：石英48%~65%，斜长石25%~40%，黑云母3%~8%，石榴子石5%±，含堇青石常较少。石榴堇青二长变粒岩的矿物组成为：石英20%~48%，斜长石10%~35%，碱性长石15%~30%，黑云母5%~10%，石榴子石5%~7%，堇青石5%±，矽线石小于5%。（含矽线）石榴堇青碱长变粒岩的矿物组成为：石英15%~30%，斜长石小于5%，碱性长石20%~50%，黑云母5%~10%，石榴子石5%~15%，堇青石8%~28%，矽线石3%~5%。以上变粒岩的矿物组成含量关系为：随富铝矿物种属和含量增多，石英和斜长石下降，而碱性长石增多。

（6）单辉变粒岩

在宗别立岩组中有少量单辉变粒岩产出。岩石为灰色，块状构造或条带状构造，粒状变晶结构。矿物组成为：单斜辉石（普通辉石）15%~25%，石英25%~40%，斜长石25%~30%，钾长石0~30%。按长石含量，分为单辉斜长变粒岩和单辉二长变粒岩两种，前者较多见。

3. 大理岩类

分布于宗别立岩组中，常与黑云变粒岩、浅粒岩互层状出现。层较薄，风化露头上呈褐色。以碳酸盐矿物（主要是方解石）为主，同时含有若干钙硅酸盐类矿物，块状构造，粒状变晶结构。矿物组成：方解石50%~90%，透辉石0~10%，硅灰石0~10%，斜长石0~3%，石英0~8%；有少量蛇纹石、白云母、透闪石和石墨等，可能是蚀变的产物。大理岩普遍遭受塑性变形，揉皱极为发育（图25-4）。

1

2

图25-4　大理岩中之揉皱（贺兰山岩群宗别立岩组）

Fig. 25-4　The folds and deformation of marble of the Zongbieli Rock Formation of the Helanshan Rock Group

1，2—内蒙古阿拉善左旗宗别立西

4. 粒岩类

粒岩类是变粒岩与大理岩的过渡类型（以钙硅酸盐矿物为主），分布在宗别立岩组中，作为变粒岩的夹层，或夹在大理岩层与变粒岩层间呈一个窄的过渡带（宽数厘米）出现。块状构造，多具粒状变晶结构。风化露头上常呈特征的黄色，多有毫米级风化小孔洞，使岩石有粗糙感。岩石的矿物含量变化较大：硅灰石0~90%，透辉石1%~30%，方解石10%~30%，石英0~45%，斜长石2%~20%，方柱石0~50%。按钙硅酸盐矿物含量差异，出现透辉硅灰粒岩、硅灰方柱透辉粒岩、透辉方柱粒岩等种属。

5. 麻粒岩类

有基性麻粒岩和泥质麻粒岩两种类型。

（1）基性麻粒岩

零星分布在宗别立岩组中部，宾布勒岩组下部偶有见及，多呈似层状和透镜状产出，多数情况下易与其他岩石区别。以含紫苏辉石为特征，多具块状构造，少数有片麻状构造，粒状变晶结构。手标本上呈浅灰色，有的略带红的色调，粒状变晶结构，块状构造多见，部分有弱片麻理构造。矿物粒径多较小，在0.5mm以下，但个别也较大，可达1mm以上。主要矿物有黑云母（5%~10%）、紫苏辉石（5%~12%）、次透辉石（3%~13%）、斜长石（55%~77%）、石英（0~30%），有的还有角闪石（可达8%），偶见石榴子石。石英与暗色矿物间有消长关系。副矿物有磷灰石、磁铁矿、钛铁矿、金红石、榍石和锆石等。按暗色矿物的种属不同，分为黑云二辉麻粒岩、角闪黑云二辉麻粒岩和少量紫苏黑云麻粒岩。

（2）泥质麻粒岩

零星分布于宾布勒岩组、宗别立岩组富铝的岩石组合中，主要由矽线石（5%~10%）、石榴子石（10%~15%）、堇青石（20%~25%）、条纹长石（30%~35%）、石英（20%~25%）等矿物组成，含少量的黑云母、斜长石和蓝晶石（<5%）等。片麻状构造、中粗粒变晶结构。其中石榴子石粒径多在2mm以上，内包括石英、黑云母等矿物包体，外围常被石英、钾长石和堇青石等包裹甚至分割。有些石榴子石含有大量白云母及矽线石包体，呈纤维状集合体定向分布。有些被包裹在堇青石中的矽线石表现为碎裂块状集合体，呈现蓝晶石假象，个别部位甚至可以见到残存的蓝晶石。表明岩石中的矽线石是由早期的蓝晶石转变而来。黑云母多呈细小鳞片状分布；堇青石形态不规则，多数已蚀变为胶状云母；钾长石主要为条纹长石，普遍发生绢云母化蚀变，单独的斜长石颗粒较少，多数以出溶微晶形式存在于条纹长石中。

6. 片岩类

很少，多数产于宗别立岩组中，宾布勒岩组也有见及。岩石呈层状、似层状或透镜状，夹于片麻岩、变粒岩中，主要岩石种属有二云石英片岩、白云母石英片岩和黑云石英片岩。

（1）二云石英片岩

呈深灰—灰色，具粒状鳞片变晶结构，片状构造，由石英（60%）、黑云母（20%）、白云母（15%）和少量斜长石、微量方解石、碳质物组成。

（2）白云母石英片岩

浅灰色，具细粒鳞片变晶结构、变余砂状结构，片状构造，由石英（70%）、白云母（20%）、微斜长石、黏土、铁质、方解石、锆石、磷灰石等组成。镜下可见原岩黏土矿物与石英碎屑组成变余粉砂状结构。

（3）黑云石英片岩

呈深灰色，具细粒鳞片缝合粒状变晶结构、变余砂状结构，片状构造，由石英（60%）、黑云母（25%）、斜长石（10%）和少量石榴子石、泥质胶结物等组成。局部有泥质残留，与代表原来岩石中的长石、石英碎屑组成变余粉砂状结构。

7. 角闪岩类

仅见黑云角闪片岩，呈规模很小的透镜体产出。岩石呈深黑绿色，鳞片粒状变晶结构，几乎全由角闪石（40%）和黑云母（60%）组成，其中角闪石可能为单斜角闪石系列的镁铁闪石。

（二）岩石化学特征

贺兰山岩群主要的岩石类型片麻岩类、变粒岩类的岩石化学特征如下（表25-1）：

1. 片麻岩类

从表25-1可以看出，榴云斜长片麻岩与中酸性火山岩的化学成分相似，而富铝片麻岩的化学特征是Al_2O_3、FeO、MgO和K_2O含量高，CaO低。多数样品与火成岩差异很大，而与黏土岩类的化学成分

表 25-1　贺兰山岩群变质岩岩石化学分析结果及尼格里值

Table 25-1　Petrochemical composition and Niggli's values of metamorphic in the Helanshan Rock Group

序号	样品编号	岩石名称	化学分析结果 (*w*)/%															尼格里值							
			SiO_2	TiO_2	Al_2O_3	Fe_2O_3	FeO	MnO	MgO	CaO	Na_2O	K_2O	P_2O_5	H_2O^+	CO_2	SO_3	Σ	*al*	*fm*	*c*	*alk*	*Si*	*k*	*qz*	*c/fm*
1	14-21-1	石榴堇青二长片麻岩	67.31	0.55	15.91	0.45	4.12	0.09	1.38	2.94	1.42	3.00	0.16	1.67	0.36	0.01	99.37	43.21	27.24	14.51	15.04	307.56	0.58	0.34	0.53
2	14-27-1	石榴堇青碱长片麻岩	70.11	0.38	15.18	0.21	4.45	0.09	1.14	1.38	2.11	3.68	0.06	0.68	0.04	0.03	99.54	43.79	27.65	7.21	21.32	340.23	0.54	0.30	0.26
3	14-125-1	石榴堇青斜长片麻岩	63.64	0.55	17.59	1.09	4.03	0.03	1.60	1.42	1.37	5.00	0.05	2.74	0.25	0.03	99.39	45.12	28.71	6.62	19.54	274.58	0.71	0.36	0.23
4	14-153-1	矽线石榴堇青二长片麻岩	59.96	0.68	18.98	0.94	6.26	0.08	2.89	0.83	1.58	4.72	0.14	2.24	0.64	0.05	99.99	41.59	38.33	3.31	16.77	220.93	0.67	0.42	0.09
5	14-228-2	强直片麻岩	59.95	0.86	17.87	1.25	6.23	0.05	3.34	0.91	1.36	4.57	0.13	2.62	0.20	0.06	99.40	39.14	41.54	3.63	15.65	221.09	0.69	0.45	0.09
6	14-245-1	石榴堇青黑云二长片麻岩	60.93	0.64	18.40	1.38	6.16	0.10	2.45	0.35	1.57	5.06	0.10	2.45	0.10	0.04	99.73	41.94	38.36	1.45	18.25	233.54	0.68	0.37	0.04
7	11-30-2	堇青矽线石榴斜长片麻岩	57.58	0.65	21.73	0.42	8.01	0.15	3.18	1.08	1.65	3.33	0.10	1.70	0.04	0.04	99.66	43.37	40.20	3.92	12.51	193.30	0.57	0.40	0.10
8	11-71-1	含矽线石榴堇青片麻岩	58.61	0.68	22.33	0.63	8.18	0.11	2.84	0.62	1.48	3.70	0.10	1.04	0.23	0.02	100.57	45.04	39.79	2.27	12.89	198.79	0.63	0.36	0.06
9	11-99-1	矽线石榴堇青片麻岩	61.30	0.58	19.29	0.31	6.79	0.15	2.57	1.01	1.53	3.61	0.09	2.30	0.11	0.01	99.65	43.61	37.82	4.15	14.41	233.35	0.61	0.39	0.11
10	1~9 富铝片麻岩平均值		62.16	0.62	18.59	0.74	6.03	0.094	2.37	1.06	1.56	3.71	0.11	1.94	0.22	0.04	99.24								
11	14-79-1	榴云斜长片麻岩	68.24	0.43	16.19	0.15	2.73	0.10	1.46	2.67	4.23	2.58	0.15	0.57	0.08	0.01	99.59	41.98	20.47	12.58	24.97	297.60	0.29	0.47	0.61
12	14-22-2	黑云斜长变粒岩	73.71	0.40	11.47	0.43	2.50	0.09	1.12	4.83	1.06	1.16	0.07	2.54	0.08	0.03	99.49	37.89	23.30	29.01	9.80	409.52	0.41	0.40	1.25
13	14-72-1	石榴斜长变粒岩	75.65	0.60	11.19	0.26	3.85	0.08	1.58	1.45	2.74	0.93	0.10	1.37	0.08	0.01	99.89	40.40	30.44	9.52	19.64	459.34	0.18	0.30	0.31
14	14-125-2	含矽线石榴黑云斜长变粒岩	71.46	0.45	11.96	1.24	3.41	0.08	1.87	1.08	2.92	2.82	0.07	1.72	0.25	0.01	99.34	36.29	34.16	5.96	23.58	364.72	0.38	0.42	0.17
15	14-183-1	含石榴黑云斜长变粒岩	73.67	0.46	11.93	0.61	3.20	0.05	1.79	0.75	1.87	3.93	0.11	1.22	0.25	0.03	99.87	39.14	32.52	4.47	23.86	406.84	0.58	0.46	0.14
16	14-294-1	石榴堇青二长变粒岩	73.48	0.46	13.11	0.61	2.49	0.07	1.00	0.67	2.47	4.50	0.11	1.37	0.17	0.03	100.54	43.53	23.02	4.04	29.41	410.56	0.55	0.37	0.18
17	11-29-3	榴云斜长变粒岩	76.81	0.40	10.95	0.15	2.80	0.13	1.31	0.61	1.66	3.91	0.07	0.64	0.03	0.01	99.48	41.13	28.76	4.17	25.95	485.09	0.61	0.43	0.15
18	11-67-2	榴云碱长变粒岩	77.73	0.65	9.80	0.22	4.27	0.08	1.29	0.78	2.50	1.16	0.08	0.94	0.06	0.02	99.58	37.37	37.02	5.41	20.21	498.72	0.24	0.34	0.15
19	12~18 变粒岩平均值		74.64	0.49	11.48	0.50	3.22	0.08	1.42	1.45	2.17	2.63	0.09	1.40	0.13	0.02	99.72								
20	14-184-2	方柱透辉粒岩	59.37	0.38	14.27	0.77	4.39	0.08	2.28	12.48	1.45	1.49	0.13	0.98	1.20	0.16	99.36	26.34	24.23	42.01	7.33	150.02	0.41	0.44	1.73
21	14-68-2	黑云二辉麻粒岩	54.66	0.93	17.38	1.19	6.33	0.10	5.02	6.98	2.70	1.32	0.42	1.86	0.48	0.02	99.39	37.22	23.03	27.17	12.57	198.70	0.24	0	1.18
22	14-68-3	黑云二辉麻粒岩	57.54	0.68	16.72	1.18	6.03	0.08	4.91	5.76	2.82	1.51	0.26	1.52	0.34	0.03	99.37	29.83	40.29	18.68	11.19	174.27	0.26	0.55	0.46
23	14-68-4	黑云二辉麻粒岩	56.29	0.55	17.19	1.30	5.57	0.08	5.22	6.10	2.94	1.59	0.41	1.76	0.32	0.04	99.53	29.79	39.63	19.22	11.36	165.59	0.26	0.53	0.49
24	14-7-1	透辉大理岩	28.56		3.97				0.92	37.25															
25	14-184-1	含透辉大理岩	15.30		5.27				0.78	42.24															
26	11-39-2	大理岩	2.84		0.51				0.87	53.29															

注：资料来源于 1∶5 万呼鲁斯台、古拉本幅区调报告。

相似。与太古宙泥质岩石的平均化学成分相比，富铝片麻岩的 SiO_2、Al_2O_3、K_2O，尤其是 K_2O 偏高，而 FeO、MgO、CaO、Na_2O、TiO_2 偏低，尤其是 CaO、MgO、FeO 偏低量甚大（图 25-5）。与后太古宙泥质岩的平均化学成分相比，Na_2O 明显偏高，P_2O_5、TiO_2 偏低，其他成分较接近。总之，贺兰山岩群富铝片麻岩的化学成分与后太古宙的泥质岩接近，与太古宙的泥质岩相差甚远。

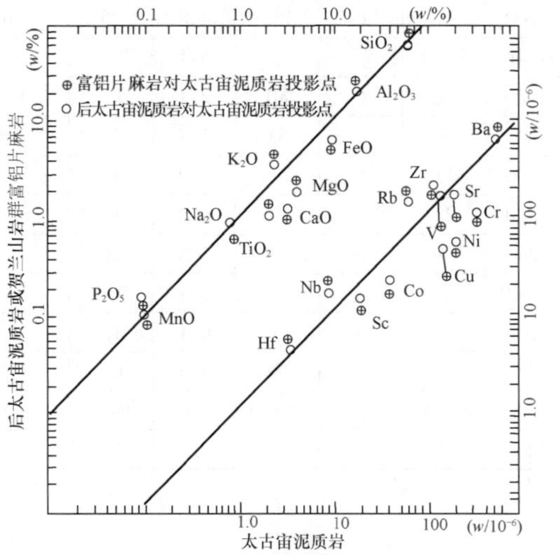

图 25-5 贺兰山岩群富铝片麻岩平均成分与典型太古宙泥质岩、后太古宙泥质岩对比

Fig. 25-5 Comparative map of average compositions between Al-rich gneisses of the Helanshan Rock Group, Archean pelite and post-Archean pelite

太古宙和后太古宙泥质岩

资料引自 S. M. Mclennan, S. R. Taylor（1984）

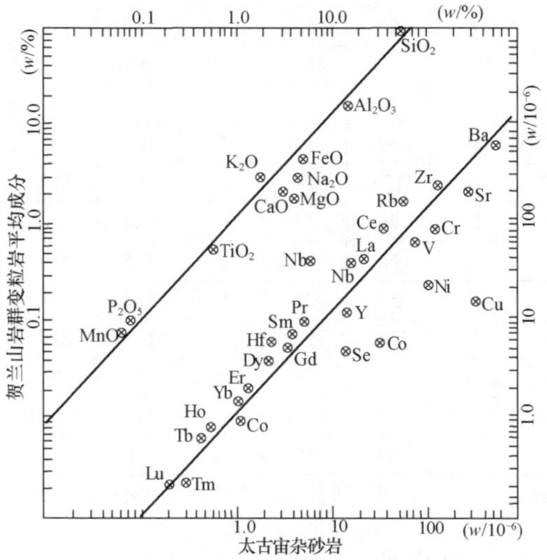

图 25-6 贺兰山岩群变粒岩平均成分与太古宙杂砂岩对比

Fig. 25-6 Comparative map of average compositions between leptynite of the Helanshan Rock Group and Archean greywacke

对比资料据 Mclennan 等（1984）

2. 变粒岩类

由表 25-1 可以看出，与片麻岩类的化学成分相比，变粒岩类的 SiO_2 高，均在 71.46% 以上，Al_2O_3 明显低。K_2O/Na_2O 也有明显差异，变粒岩中 K_2O 和 Na_2O 平均含量近于相等，部分 $Na_2O>K_2O$，而片麻岩中 $Na_2O<K_2O$。就变粒岩的 SiO_2 而论，均落在火成岩的酸性和超酸性岩区，但与酸性火成岩相比，Al_2O_3、(K_2O+Na_2O) 多过低，Na_2O/K_2O 也与酸性岩有明显差异。总之，与酸性火成岩相差甚远，而与碎屑岩，尤其是成分成熟度不高的碎屑岩，如长石砂岩、杂砂岩等相近，因为这些岩石除有高的 SiO_2 含量外，仍有相当量的 Al_2O_3、FeO、K_2O 和 Na_2O 等元素。

太古宙的上地壳被认为是与那时的杂砂岩平均化学成分相当的，图 25-6 是贺兰山岩群 8 个变粒岩平均化学成分与太古宙上地壳的对比图。由图可知，贺兰山岩群变粒岩的 K_2O 和 SiO_2 偏高，其他元素均偏低，尤其是 CaO、MgO、FeO 偏低甚远，说明贺兰山地区的变粒岩有较高的演化程度。

（三）微量元素特征

贺兰山岩群片麻岩类、变粒岩类的微量元素分析结果（表 25-2）及特征如下：

表 25-2 贺兰山岩群变质岩微量元素含量

Table 25-2 Contents of trace element of metamorphic rocks in the Helanshan Rock Group （单位：$w/10^{-6}$）

序号	Cu	Cr	Ni	Co	Rb	Sr	Ba	V	Ti	Nb	Ta	Zr	Hf	Y	Sc
1	9	58	28	8	101	92	602	40	8000	20	2	185	5.4	24	13
2	19	62	17	7	48	110	290	35	6000	12	2	170	7.4	3.2	10
3	54	103	53	19	156	128	786	102	11000	30	7	159	5.5	30	16
4	22	110	55	15	200	68	560	94	14000	28	3	133	4.1	20	8.5
5	16	128	68	17	194	92	800	120	10000	27	6	137	4.5	13	5.7

续表

序号	Cu	Cr	Ni	Co	Rb	Sr	Ba	V	Ti	Nb	Ta	Zr	Hf	Y	Sc
6	34	106	35	10	213	56	430	88	15000	25	6	244	6.4	24	18
7	16	86	34	15	134	91	730	71	10000	32	11	163	3.7	20	9.7
8	9	86	56	18	150	117	775	82	11000	32	4	148	4.5	24	11
9	6	83	60	17	150	110	740	76	9000	27	6	152	4.8	25	16
10	20.6	91.3	45.1	14	149.6	96	634.8	78.7	10400	25.9	5.2	165.7	5.1	20.4	11.1
11	6	20	5	5	68	287	320	27	7000	20	6	80	2.1	5.5	4.1
12	10	38	15	5	13	192	86	19	4000	132	4	58	1.7	15	1.4
13	10	125	17	5	46	116	200	55	5000	11	5	296	9.9	19	7.4
14	16	66	37	10	128	122	600	60	8000	21	4	230	6.9	15	5.5
15	13	66	26	6	105	86	460	48	7000	30	3	141	3.8	16	6.5
16	12	59	29	9	194	128	631	41	11000	20	2	143	5.1	9.4	1.9
17	22	59	10	3	120	225	1070	41	8000	18	5	200	6.1	12	3
18	6	7	0	2	220	79	460	<1	14000	21	6	289	7.5	4.5	1.7
19	12.7	59.6	19.1	5.7	118	135.4	501	37.4	8000	36.1	4.1	193.9	5.9	10.1	3.9
20	20	80	36	11	64	373	430	68	7000	124	7	130	5.8	22	1.7

注：据 1∶5 万胡鲁斯台、古拉本幅区调资料，序号、样品编号及岩石名称与表 25-1 对应。

1. 片麻岩类

榴云斜长片麻岩与富铝片麻岩的微量元素有明显差异，榴云斜长片麻岩的多数元素含量低，仅有Sr、Ta 较高，这种差异可能代表原岩性质的差异。与太古宙泥质岩石相比，富铝片麻岩的 Cu、Cr、V、Ni、Sr、Co、Sc 均偏低，而 Zr、Rb、Nb 偏高。与后太古宙的泥质岩石相比，多数元素偏低，但偏低程度比较小，总体上与后太古宙泥质岩石的微量元素较接近（图 25-5）。

2. 变粒岩类

与片麻岩相比，变粒岩类微量元素均较低，仅有 Zr 和 Sr 高些，与太古宙上地壳相比，多数有大的偏离。偏低的元素有 Sr、V、Cr、Ni、Co、Sc，偏高的有 Rb、Zr、Ba。与片麻岩类的情况相似，Rb 相对于 K_2O 和 Sr 较高。此外，Ba 相对 Sr 也高（图 25-6）。

（四）稀土元素特征

贺兰山岩群片麻岩类、变粒岩类、粒岩类的稀土元素分析结果（表 25-3）及特征如下：

1. 片麻岩类

富铝片麻岩的稀土元素特征是：均为轻稀土富集型，∑LREE/∑HREE>8，$(La/Yb)_N>9$，配分曲线的形态明显右倾（图 25-7）。总体上∑REE 较高，平均为 233.83×10^{-6}，但总量的变化较大，最大的∑REE=337.18×10^{-6}，最低的∑REE=86.422×10^{-6}。均具 Eu 负异常（$Eu/Eu^*=0.13\sim0.74$）和 Ce 负异常（$Ce/Ce^*=0.71\sim0.88$）。

榴云斜长片麻岩与富铝片麻岩相比，均为轻稀土富集型，同时具 Eu 和 Ce 异常，但榴云片麻岩的∑REE 低，而 Eu 和 Ce 异常均较弱（图 25-8，序号 11）。这种既相似又有差异的特征暗示成因上的联系和差异。

图 25-9 是分别为太古宙泥质岩、澳大利亚后太古宙泥质岩和北美后太古宙泥质岩的稀土元素标准化富铝片麻岩稀土元素的配分曲线，分别用 AM、PAAS 和 NASS 表示。与后太古宙的泥质岩相比，轻稀土元素略有富集，中部稀土元素近于相等，而重稀土元素略有贫化，说明富铝片麻岩比后太古宙泥质岩有更强的轻重稀土元素分异。Eu 和 Ce 有负异常，但 Eu 的负异常较小。与太古宙泥质岩相比，富铝片麻岩的∑REE 明显高，尤其是轻稀土元素，是太古宙泥质岩的 2 倍以上，Eu 强烈亏损。富铝片麻岩的稀土元素特征与后太古宙泥质岩较接近，与太古宙泥质岩相差甚远。

2. 变粒岩类和粒岩类

变粒岩类的稀土元素配分曲线形态（图 25-10）与片麻岩相似，但∑REE 比片麻岩低，Eu/Eu^* 略大，多在 0.53～0.74 间，个别样品还出现了 Eu 正异常，为 1.27×10^{-6}。

表 25-3　贺兰山岩群变质岩稀土元素分析结果及特征参数

Table25-3　Results and characteristic parameters of REE of metamorphic rocks in the Helanshan Rock Group

序号	$w/10^{-6}$																		LREE/HREE	$(La/Yb)_N$	Eu/Eu*	Ce/Ce*
	La	Ce	Pr	Nd	Sm	Eu	Gd	Tb	Dy	Ho	Er	Tm	Yb	Lu	Y	ΣREE	LREE	HREE				
1	44	80	11	43	7. 4	0. 91	5. 6	1	6. 5	1. 34	3. 8	0. 55	3. 2	0. 38	24	232. 68	185. 4	21. 99	8. 43	9. 06	0. 42	0. 83
2	36	66	8. 4	34	5. 6	0. 72	3. 5	0. 49	2. 5	0. 4	0. 77	0. 115	0. 4	0. 1	3. 2	162. 04	150. 0	8. 215	18. 26	52. 29	0. 47	0. 86
3	84	112	14	59	10	1. 5	6. 8	1. 2	8. 4	1. 6	4. 3	0. 55	3. 4	0. 43	30	337. 18	279. 0	26. 25	10. 63	16. 27	0. 53	0. 71
4	68	100	12. 5	54	9. 1	1. 2	6	0. 95	6. 1	1. 08	2. 8	0. 35	2. 0	0. 29	20	284. 37	243. 0	19. 28	12. 63	22. 4	0. 47	0. 75
5	56	92	12	51	8. 5	1. 2	5. 7	0. 8	4. 3	0. 73	1. 7	0. 24	1. 2	0. 18	13	248. 55	215. 9	14. 67	14. 96	30. 74	0. 50	0. 80
6	46	84	11	46	7. 6	1. 04	5. 5	0. 97	6. 5	1. 34	3. 8	0. 59	3. 3	0. 38	24	242. 02	194. 6	22. 0	8. 85	9. 18	0. 47	0. 85
7	52	89	11. 3	45	7. 8	1. 5	5. 9	0. 95	6. 3	1. 16	3. 0	0. 35	2. 16	0. 29	20	246. 71	205. 1	19. 82	10. 35	15. 86	0. 65	0. 83
8	60	106	13	54	8. 8	1. 5	6. 3	1. 1	6. 8	1. 24	3. 4	0. 42	2. 6	0. 35	24	229. 51	181. 8	21. 86	8. 32	15. 2	0. 30	0. 86
9	55	94	12. 3	50	8. 4	1. 5	5. 9	1. 03	6. 8	1. 34	3. 7	0. 51	3. 0	0. 38	25	268. 86	219. 7	22. 28	9. 86	12. 08	0. 62	0. 82
10	55. 67	91. 47	11. 74	48. 44	8. 17	1. 23	5. 69	0. 94	6. 02	1. 14	3. 03	0. 41	2. 36	0. 309	20. 4	233. 83						
11	24	44	5. 3	22	3. 5	0. 74	2. 4	0. 35	1. 7	0. 29	0. 7	0. 097	0. 55	0. 095	5. 5	86. 42	74. 0	6. 087	12. 16	28. 74	0. 70	0. 88
12	23	40	6. 5	22	3. 9	0. 72	3. 4	0. 49	3. 3	0. 65	1. 87	0. 24	1. 47	0. 22	15	122. 76	95. 4	11. 42	8. 35	10. 31	0. 60	0. 76
13	41	74	9. 8	40	6. 8	1. 02	4. 7	0. 83	5. 0	1. 03	2. 7	0. 4	2. 35	0. 38	19	209. 01	171. 6	17. 01	10. 09	11. 49	0. 53	0. 84
14	59	104	13	54	8. 5	1. 6	5. 6	0. 8	5. 3	0. 78	1. 74	0. 18	1. 1	0. 17	15	270. 77	238. 5	15. 5	15. 39	35. 33	0. 67	0. 77
15	36	77	9	35	5. 9	0. 91	4. 4	0. 67	4. 3	0. 83	2. 35	0. 32	1. 9	0. 3	16	187. 88	155. 9	14. 77	10. 56	12. 48	0. 53	0. 89
16	48	84	10. 3	40	7. 7	1. 2	5	0. 84	3. 5	0. 64	1. 25	0. 16	0. 89	0. 14	9. 4	221. 6	190. 0	12. 28	15. 47	35. 53	0. 56	0. 85
17	49	76	9. 5	35	5. 5	1. 13	3. 5	0. 53	3. 2	0. 61	1. 65	0. 24	1. 34	0. 22	12	196. 42	172	11. 07	15. 54	22. 61	0. 74	0. 82
18	9. 5	17	1. 85	6. 3	1. 15	0. 41	0. 75	0. 12	0. 98	0. 19	0. 6	0. 095	0. 68	0. 078	4. 5	44. 20	35. 8	3. 415	10. 48	9. 2	1. 27	0. 90
19	37. 5	66. 4	8. 6	33. 2	5. 6	0. 998	3. 91	0. 611	3. 65	0. 676	1. 88	0. 234	1. 39	0. 215	10. 1	178. 95						
20	32	60	8. 3	34	6. 1	0. 75	5	0. 84	5. 6	1. 04	2. 9	0. 39	2. 35	0. 32	22	181. 59	140. 4	18. 12	7. 71	8. 97	0. 41	0. 84

注：据 1∶5 万胡鲁斯台幅、古拉本幅区调资料，序号、样品编号及岩石名称与表 25-1 对应。

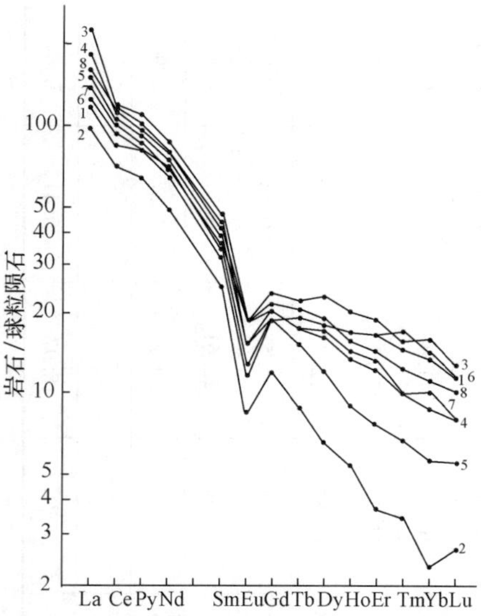

图 25-7　贺兰山岩群片麻岩稀土元素配分曲线
（样品序号同表 25-3）
Fig. 25-7　Rare earth elements distribution curves of gneiss in the Helanshan Rock Group

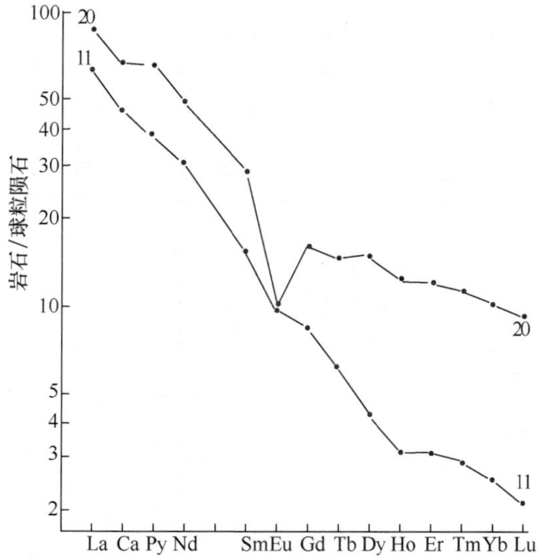

图 25-8　贺兰山岩群榴云斜长片麻岩和粒岩类稀土元素配分曲线
（样品序号同表 25-3）
Fig. 25-8　Rare earth elements distribution curves of garnet mica plagioclase gneiss and granulite in the Helanshan Rock Group

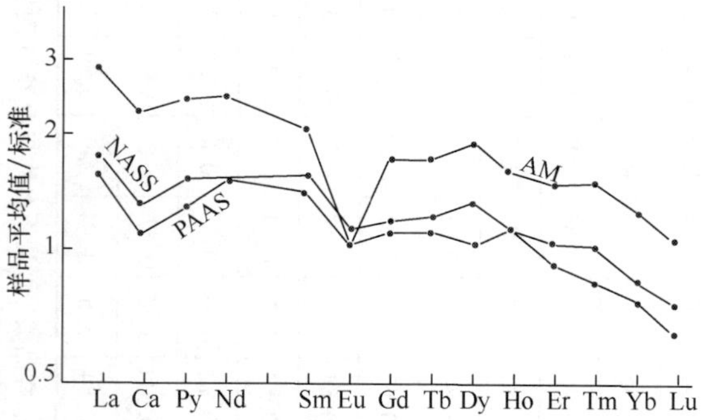

图 25-9　用不同泥质岩标准化的富铝片麻岩稀土元素配分曲线
Fig. 25-9　Rare earth elements distribution curves of Al-rich gneisses normalized with different argillaceous rocks
AM、PASS 和 NASS 分别是用典型太古宙泥质岩、澳大利亚后太古宙泥质岩及北美后太古宙泥质岩标准化的曲线，标准化数据见 Tarlor 等（1985）

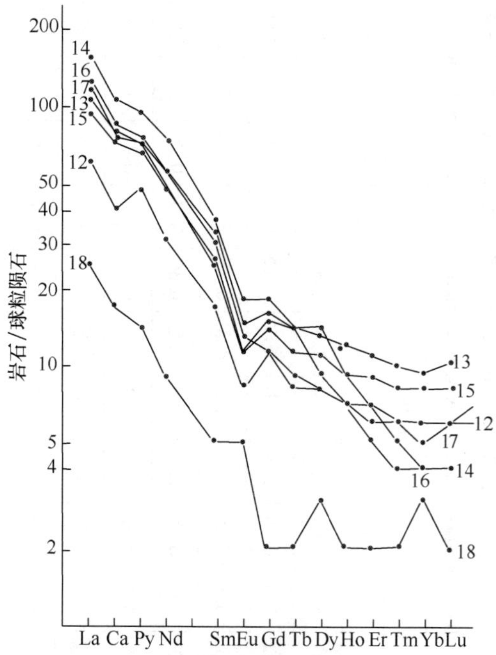

图 25-10　贺兰山岩群变粒岩类稀土元素配分曲线
（样品序号同表 25-3）
Fig. 25-10　Rare earth elements distribution curves of granulite in the Helanshan Rock Group

粒岩类与变粒岩类、片麻岩类的曲线形态相似（见图 25-8，序号 20）。与太古宙上地壳相比，Eu 负异常，轻稀土元素明显富集，重稀土元素亏损，说明有更强的轻重稀土元素分异。

综合上述，贺兰山岩群的富铝片麻岩成分与泥质岩相近。这些片麻岩有富硅、铝和钾的特征，$K_2O>Na_2O>MgO>CaO$。微量元素方面，大离子半径元素较富，而 Cr、Ni 等元素含量低，稀土元素表现为强烈轻稀土元素富集和明显的 Eu 负异常，所有这些特征都与后太古宙的泥质岩石相似，与太古宙泥质岩有较大的差异。变粒岩类的地球化学特征与片麻岩相比，既有相似性，又有明显差异，总体上变粒岩的微量元素丰度和 $\sum$REE 都比片麻岩低，但大离子半径元素相对于小离子半径元素的富集，以及稀土元素的配分曲线特征都是相似的。

上述岩石地球化学特征同样反映出贺兰山岩群变质岩为孔兹岩系的性质。

（五）原岩恢复

从变质岩的产状、岩石学、岩石地球化学特征等方面来进行原岩恢复。

1. 产状特征

贺兰山岩群各类变质岩均呈层状、似层状产出，各岩性之间常为过渡关系，表现为富铝矿物相对于长英质矿物的含量逐渐变化，这种变化是变余粒序和韵律性层理的表现，说明原岩为沉积岩。在较大的尺度上，富长英质的变粒岩和富铝片麻岩常交替出现，应是原岩呈层状交替变化的反映，这也是沉积岩的剖面结构特征。

2. 岩石学特征

大理岩类以丰富的方解石为特征，原岩应为石灰岩，粒岩类产状上与大理岩过渡，原岩应为钙质泥岩或钙质粉砂岩。

片麻岩类和变粒岩类均有富铝种属和相对贫铝种属。富铝种属中都含有不等量的富铝矿物，原岩应为泥质或富含泥质的碎屑岩。贫铝片麻岩和变粒岩虽然不含特征的富铝矿物，有的岩石的矿物组成与某种火成岩有类似之处，但在野外贫铝片麻岩和变粒岩与富铝者呈过渡关系，说明这些岩石也属副变质岩，但不能排除某些火山岩作为原岩的可能性，尤其是榴云斜长片麻岩，它的矿物组成稳定，可能是由中酸性火山岩变质而来。

片岩类常与变粒岩共生，在产状上二者呈过渡关系，其原岩也应为黏土岩（泥质岩）或富含泥质的碎屑岩。

麻粒岩类及角闪岩类岩石的矿物组成较稳定，说明原岩成分上的稳定性，野外又呈似层状、透镜状产出，分布有一定的层位，可能是一些中基性火山岩的变质产物。

3. 岩石化学特征

在尼格里图解（图 25-11）上，28 个样品中 9 个富铝片麻岩均落在副变质岩区，3 个麻粒岩均落在火成岩区。变粒岩中，3 个落在副变质岩区，1 个落在火成岩区，其余的落在火成岩和沉积岩区的边界上或附近。经验表明，落在火成岩区的点常有不肯定性，用其他图解作进一步判断。

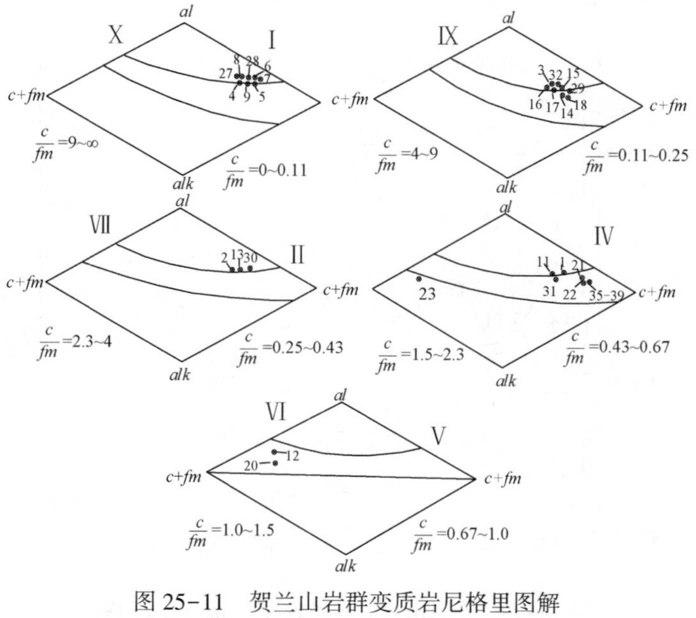

图 25-11　贺兰山岩群变质岩尼格里图解

（据尼格里，1954，转引自王仁民等（1987））

Fig. 25-11　Niggli's diagrams of metamorphic rocks in the Helanshan Rock Group

每个菱形的上部为黏土质沉积区，中部为火成岩区，下部为化学沉积区。

图中投影点 1~26 同表 25-1，35~39 均为黑云母斜长片麻岩

在 $((al+fm)-(c+alk))-Si$ 图解（图 25-12）上，富铝片麻岩的投影结果与尼格里图解相近。变粒岩中除 1 个样品（14yQ22-2）落在近火山岩和碎屑岩边界处外，其余的都落在正常沉积岩区，而且多数变粒岩距离砂质沉积岩区较近，而富铝片麻岩及片岩落在近泥质沉积岩区和砂质沉积与泥质沉积的过渡区，构成了一个线状变异的趋势。榴云斜长片麻岩、麻粒岩均落在火山岩区，与岩石学及野外产状特征有较好的一致性，应属火山沉积岩。

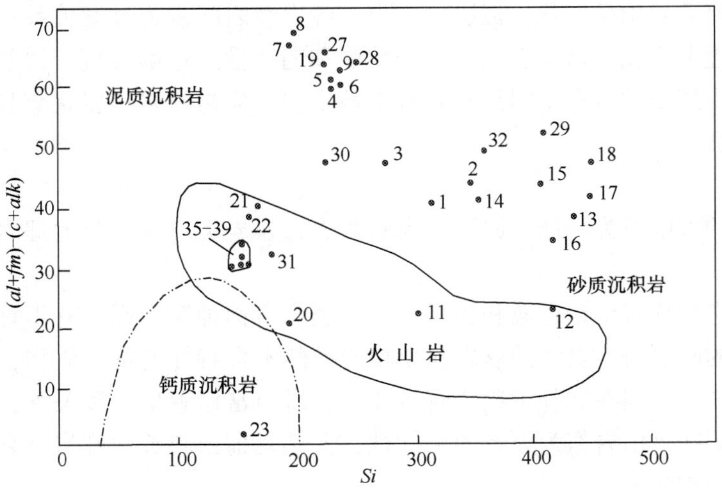

图 25-12 贺兰山岩群变质岩（$(al+fm)-(c+alk)$）$-Si$ 图解
（据西蒙南，1955，转引自王仁民（1987））
Fig. 25-12 $((al+fm)-(c+alk))-Si$ diagram of metamorphic rocks in the Helanshan Rock Group
投影点号同图 25-11

粒岩类的投影点分别落在尼格里图解的化学沉积区和西蒙南图解的钙质沉积区，实际上得到了一致的结论，都表明与石灰岩有成分上的联系。

除了 1 个榴云斜长片麻岩和 3 个麻粒岩外，把其他样品均投在 $(al-alk)-c$ 图解（图 25-13）

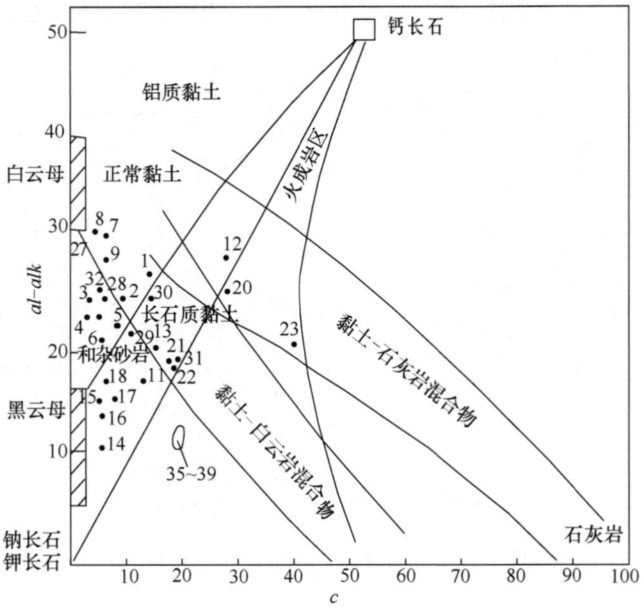

图 25-13 贺兰山岩群变质岩（$al-alk$）$-c$ 图解
（据利克，1969，转引自王仁民（1987））
Fig. 25-13 $(al-alk)-c$ diagram of metamorphic rocks in the Helanshan Rock Group
投影点同图 25-11

上，多数样品的投影点构成了近于平行 $al-alk$ 轴分布的一条线，显示黏土与长英质端的成分二元混合的性质，变粒岩多处在靠长英质成分端，而富铝片麻岩处在相对靠黏土成分端。另外，黏土沉积与石灰岩沉积系列也有弱的显示，但没有黏土与白云岩混合物系列的显示，这与区内未见镁质大理岩是一致的。

在 A-F 图解（图 25-14）上，变粒岩和富铝片麻岩的投影点仍然表现出线性变异，显示了黏土与长英质砂岩的不同比例混合关系。富铝片麻岩多落在黏土区，部分落在高黏土质亚杂砂岩区；多数变粒岩落在黏土质亚杂砂岩区，部分落在黏土质杂砂岩区。

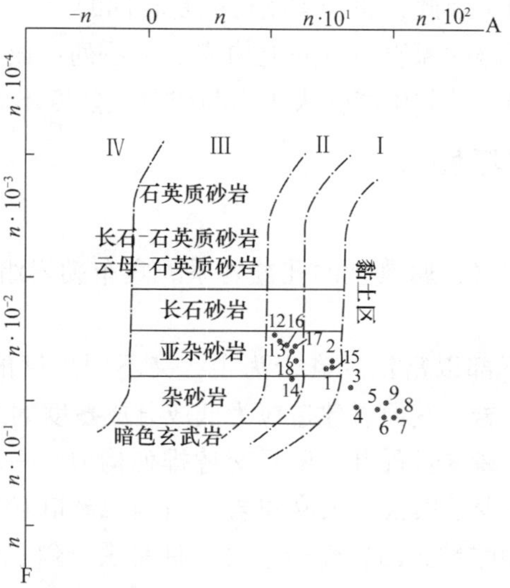

图 25-14　贺兰山岩群变质岩 A-F 图解

（据普列多夫斯基，1980，转引自王仁民（1987））

Fig. 25-14　A-F diagram of metamorphic rocks in the Helanshan Rock Group

投影点号同图 25-11

将投影在 A-F 图上样品的 SiO_2 对 Al_2O_3 作图，表现出很好的负相关性（图 25-15）。这里的 SiO_2 代表长英质碎屑岩，而 Al_2O_3 代表黏土的量，二者以不同比例混合是造成这种负相关性的原因。

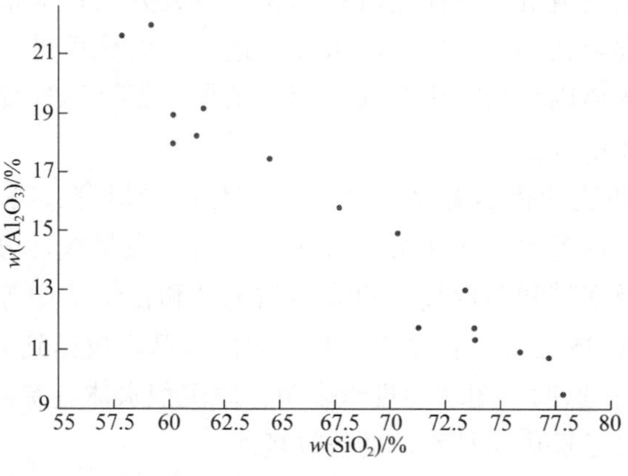

图 25-15　贺兰山岩群副变质岩中 SiO_2 与 Al_2O_3 含量关系

Fig. 25-15　Relation diagram between SiO_2 and Al_2O_3 of parametamorphic rocks in the Helanshan Rock Group

4. 原岩恢复结果

1）变质岩的原岩多为沉积岩。

2）大理岩类的原岩为不纯的石灰岩。

3）粒岩类的原岩是钙质泥岩或钙质粉砂岩。

4）基性麻粒岩、角闪岩类和榴云斜长片麻岩的原岩是中基性和中酸性火山岩。

5）变粒岩、长石石英岩的原岩为长石石英砂岩，而其他的变粒岩主要为高黏土的亚杂砂岩和杂砂岩，还可能有其他的原岩类型。

6）富铝片麻岩、泥质麻粒岩的原岩多为泥质岩及含复矿物砂岩的泥质岩。

7）片岩的原岩与富铝片麻岩相似，为粉砂质泥岩、泥岩、泥质粉砂岩。

在尼格里图解中，一些变粒岩落在火成岩区或火成岩区与沉积岩区的边界附近，显示成分上与火成岩有某些相似性。这些变粒岩与其他落在沉积岩区的变粒岩在矿物成分上相同，矿物成分上渐变，稀土元素和微量元素方面也相似，因此，原岩类型可能是相同的。

由上可知，贺兰山岩群变质岩的原岩在成分上构成3个系列：成分成熟度不高的碎屑岩和泥质岩系列、石灰岩与泥质岩系列、中基性与中酸性火山岩与成分成熟度不高的碎屑岩系列。

（六）原岩建造与沉积环境

1. 原岩建造

贺兰山岩群的原岩多为沉积岩，属典型的孔兹岩系。宾布勒岩组与宗别立岩组的岩性组合不同，实质上反映了原岩性质的差异。

宾布勒岩组及宗别立岩组下部以富铝片麻岩为主，夹不同尺度的含富铝矿物的斜长（二长和碱长）变粒岩和少量榴云斜长片麻岩，其原岩建造应为低成分成熟度的细碎屑岩-泥质岩建造。

宗别立岩组中—上部由两种基本岩石组合反复交替排列构成。一种是以榴云斜长变粒岩为主，夹富铝片麻岩、榴云斜长片麻岩及少量黑云二长麻粒岩、角闪二辉麻粒岩，其原岩建造为低成分成熟度的细碎屑岩-泥质岩-中基性和中酸性火山岩建造。另一种是黑云斜长变粒岩、含富铝矿物的变粒岩与薄层状透辉石大理岩和透辉方柱粒岩互层，有时大理岩较厚，这种岩石组合的原岩为成分成熟度不高的细碎屑岩、泥灰岩、泥质灰岩和石灰岩成分系列的反复交替，其原岩建造为成分成熟度不高的细碎屑岩-泥质岩-石灰岩建造。

2. 沉积环境

由沉积学知道，碎屑物既可以在单向水流作用下经牵引搬运而侧向沉积，也可以在浊流中沉积。碎屑较细说明曾经过长距离搬运，而成分成熟度低的碎屑多发育在河流沉积或浊流沉积中。因此，贺兰山岩群中碎屑岩的沉积应与河流沉积或浊流沉积相关。与成分成熟度很低的细碎屑岩相伴的泥质岩多为悬浮搬运，垂向加积，要求在一个较稳定的水体中进行。由此可见，这些沉积或是单向流水侧向搬运，或是浊流沉积与稳定水体内垂向加积共同作用的结果，就沉积环境而论，或是三角洲环境或是深海盆地环境能提供上述沉积条件。

沉积岩的成分也有沉积环境的指示意义，这方面已有不少研究，将贺兰山岩群的副变质岩投影于（Al_2O_3+TiO_2）-（SiO_2+K_2O）-Σ（其余组分）图解上，成分点呈线性分布，同时跨过了复矿物砂岩区、长石砂岩区、泥质砂岩及寒带和温带气候的陆相黏土区和化学上中等分异的黏土区、寒带和温带气候的海相和陆相黏土区（图25-16）。将原岩为黏土岩的片麻岩投影到Ba-Sr图解中，多落在淡水和半咸水交界附近（图25-17）。这两个图解的投影表明，原沉积水体具有海陆交互的性质，排除了深海盆地的可能性，而三角洲环境是提供这种水体的很好场所。

总之，本区孔兹岩系的原岩可能形成于三角洲环境。宾布勒岩组及宗别立岩组下部的原岩有丰富的泥质沉积，可能形成于三角洲的下部，是前三角洲的产物；宗别立岩组中—上部可能形成于三角洲中上部，属三角洲前缘及平原沉积，两个岩组总体上构成一个海进序列。

二、赵池沟岩群

分布于贺兰山中段的古元古界赵池沟岩群为一套低绿片岩相的区域变质岩系，主要岩石类型有片岩、变粒岩、浅粒岩及角闪岩等。

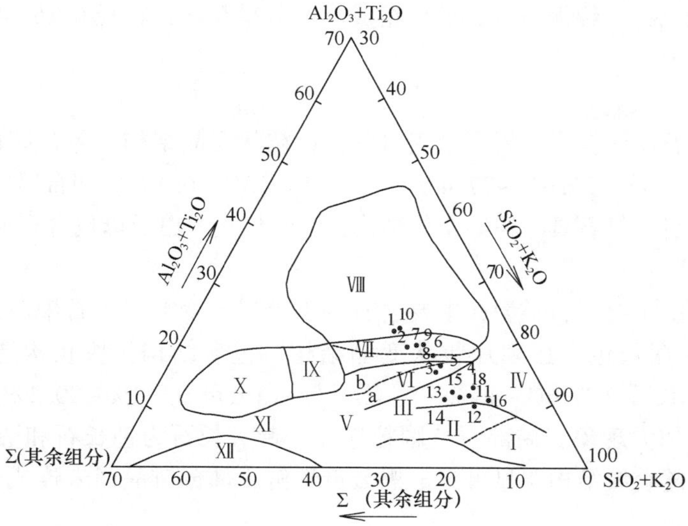

图 25-16　贺兰山岩群副变质岩（$Al_2O_3+TiO_2$）-（SiO_2+K_2O）-Σ（其余组分）图解

（据涅洛夫，1974，转引自王仁民等（1987））

Fig. 25-16　（$Al_2O_3+TiO_2$）-（SiO_2+K_2O）-Σ（others）diagram of parametamorphic rocks in the Helanshan Rock Group

Ⅰ—石英砂岩、石英岩区；Ⅱ—少矿物砂岩、石英质砂岩区；Ⅲ—复矿物砂岩区；Ⅳ—长石砂岩区；Ⅴ—钙质砂岩和含铁砂岩区；Ⅵ（a，b）—化学上弱分异的沉积物区；Ⅶ—化学上中等分异的黏土、寒带和温带气候的海相和陆相黏土区；Ⅷ—潮湿气候带化学上强分异黏土区；Ⅸ—碳酸盐质黏土和含铁黏土区；Ⅹ—泥灰岩区；Ⅺ—硅质泥灰岩和含铁砂岩区；Ⅻ—含铁石英岩（碧玉、铁质岩）区。样品序号同表 25-1

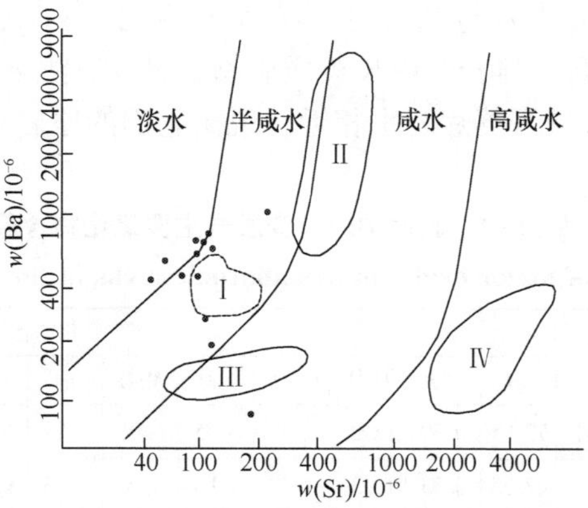

图 25-17　贺兰山岩群副变质岩 Ba-Sr 图解

（据麦列日克和普列多夫斯基，1982，转引自王仁民等（1987））

Fig. 25-17　Ba-Sr diagram of parametamorphic rocks in the Helanshan Rock Group

Ⅰ—现代三角洲半咸水黏土区；Ⅱ—太平洋远海沉积物区；Ⅲ—俄罗斯地台不同年代海相碳酸盐区；Ⅳ—现代高咸水沉积物区

（一）岩石类型及岩石学特征

1. 片岩类

为赵池沟岩群下部的主要岩石类型，呈层状、似层状，主要岩石种类有二云母石英片岩、二云母含长石英片岩、绿泥绢云母片岩。

1）二云母石英片岩：呈灰绿色，具粒状鳞片变晶结构、变余砂状结构，片状和条带状构造，矿物成分为石英（55%~65%）、黑云母（15%~20%）、绢云母（15%~25%）。副矿物以锆石为主，次为磷灰石、电气石、金红石、白钛矿、磁铁矿等。锆石多为浅玫瑰色，个别黄色或无色，油脂光泽，透明，无包体，呈浑圆短柱粒状和圆粒状。

2）二云母含长石英片岩：除含少量长石外，与二云母石英片岩相似。

3）绿泥绢云母片岩：呈灰绿色，微显丝绢光泽，具粒状鳞片变晶结构，片状构造，主要由石英（25%）、绢云母（45%）、绿泥石（25%）组成。石英呈粒状，粒径 0.15~4mm 不等。绢云母、绿泥石定向排列。

2. 浅粒岩类

呈层状，主要为含石墨浅粒岩。岩石呈灰白色，具粒状变晶结构、包含结构，块状构造。岩石由石英（52.6%~62%）、长石（32.3%~37.4%）、白云母（3%~6.1%）和石墨（5%）组成。石英为细粒变晶，有包含斜长石者。长石具净边等交代结构，绢云母化。白云母包含石英、长石。

3. 变粒岩类

为赵池沟岩群上部的主要岩石类型，主要岩石种类有黑云变粒岩、石墨白云母变粒岩、黑云母长石变粒岩。岩石呈灰—深灰色，具鳞片粒状变晶结构、包含结构，块状构造。主要矿物成分为石英（39.6%~59.4%）、长石（27.6%~40.2%）、黑云母+白云母（9.1%~20.2%）及少量石墨（5%±）。石英呈砂粒状，有次生加大现象，局部石英颗粒连在一起。长石为钾长石和酸性斜长石，条纹结构、净边及石英熔蚀长石的缝合线结构明显可见。黑云母新鲜，部分雏晶尚未连成一片，有的则褪色为白云母或绿泥石化。

4. 角闪岩类

偶见于赵池沟岩群，为斜长角闪岩。岩石呈墨绿色，鳞片柱状变晶结构，略具片麻状构造。矿物成分为角闪石（48%）、斜长石（28%）、石英（13%）、黑云母（11%）。角闪石呈柱状，粒径 0.3~0.5mm。黑云母呈叶片状。斜长石绢云母化、黝帘石化。

（二）岩石化学特征

赵池沟岩群变质岩岩石化学全分析结果见表 25-4。二云母石英片岩平均化学成分与辽宁抚顺二云石英片岩化学成分相似。二云母片岩与二云母石英片岩相比，SiO_2、CaO、Na_2O 含量低，而 Al_2O_3、Fe_2O_3、FeO、MgO 和 K_2O 含量高，与岩石中长英质矿物含量少、黑云母含量高相一致。变粒岩与变质砂岩化学成分较为接近，与二云母石英片岩也相近，说明它们的原岩均为砂泥质沉积岩。

表 25-4 赵池沟岩群变质岩主要氧化物含量

Table 25-4 Contents of major oxides of metamorphic rocks in the Zhaochigou Rock Group

序号	样品编号	岩石名称	主要氧化物含量 (*w*)/%													
			SiO_2	TiO_2	Al_2O_3	Fe_2O_3	FeO	MnO	MgO	CaO	Na_2O	K_2O	P_2O_5	H_2O	CO_2	SO_3
1	2	二云母含长石英片岩	72.95	0.50	12.27	1.42	3.35	0.01	1.29	0.83	1.06	3.38	0.10	2.30	0.13	0.03
2	3	黑云母长石变粒岩	67.35	0.33	16.36	1.89	1.84	0.06	1.63	0.67	0.55	5.81	0.18	2.67	0.02	0.12
3	4	含石榴黑云斜长片麻岩	67.50	0.63	13.25	1.24	4.64	0.06	2.81	2.60	1.56	2.92	0.18	1.90	0.19	0.016
4	PM001-4-YQ-1	二云母石英片岩	61.06	0.80	17.47	2.94	4.25	0.04	3.14	0.13	0.14	6.20	0.04			
5	PM001-4-YQ-2	二云母片岩	54.88	0.76	21.47	4.08	4.38	0.04	3.53	0.16	0.20	6.60	0.06			
6	PM001-5-YQ-2	二云母石英片岩	70.45	0.60	13.91	1.13	3.93	0.08	2.13	0.13	0.86	3.84	0.07			
7	PM001-6-YQ-1	二云母石英片岩	73.43	0.30	12.66	2.21	0.68	0.04	1.09	0.16	3.04	3.40	0.04			
8	PM001-9-YQ-1	变粒岩	67.53	0.56	16.08	2.52	2.45	0.08	1.76	0.13	3.14	3.70	0.12			
9	PM001-9-YQ-3	二云母石英片岩	62.56	0.56	17.27	1.84	5.45	0.04	3.07	0.10	1.00	4.50	0.06			

注：序号 1~3 据 1∶20 万巴伦别立幅区调资料；4~9 据 1∶25 万银川市幅区调资料。

（三）微量元素特征

赵池沟岩群变质岩微量元素分析结果见表 25-5。二云母石英片岩、二云母片岩和变粒岩的微量元素分析数值较为接近，其平均值与克拉克值相比，Li、Be、B、Cr、Ga、Rb、Zr、Mo、Pb、Cs、Ba、Hf、W、Th 偏高，其余均偏低。

表 25-5 赵池沟岩群区域变质岩微量元素含量

Table 25-5 Contents of trace element of metamorphic rocks in the Zhaochigou Rock Group

(单位：$w/10^{-6}$)

序号	样品编号	Cu	Cr	Ni	Co	Rb	Sr	Ba	V	Ti	Nb	Ta	Zr
4	PM001-4-WL-1	20.0	197	48.8	14.9	98.1	15	294	101	3469	12.9	1.05	166
5	PM001-4-WL-2	24.0	169	59.9	19.5	78.6	19	527	134	4037	13.4	1.15	202
6	PM001-5-WL-1	15.6	136	36.3	11.3	141	40	499	70	3511	10.8	1.08	212
7	PM001-6-WL-1	43.9	222	12.7	3.99	104	149	621	101	2080	18.8	3.41	223
8	PM001-9-WL-1	11.3	40.0	10.9	5.79	152	61	1194	28	3404	15.1	0.70	462
9	PM001-9-WL-2	23.0	121	40.4	14.1	194	50	520	106	3495	11.8	0.98	192
	平均值	23.0	148	34.8	11.60	128	56	609	90	3333	13.8	1.40	243
序号	样品编号	Hf	Sc	Li	Be	Ga	Mo	Cs	W	Pb	Th	U	B
4	PM001-4-WL-1	4.47	11.9	43.1	2.62	20.8	1.43	5.13	1.01	53.8	5.72	0.92	118
5	PM001-4-WL-2	5.41	12.0	47.1	2.35	27.8	1.56	6.85	1.81	11.5	5.25	1.55	158
6	PM001-5-WL-1	5.46	12.3	29.6	1.88	18.2	0.74	4.19	0.62	29.6	8.34	1.25	49
7	PM001-6-WL-1	5.89	5.96	26.3	2.04	17.7	6.11	1.97	4.20	12.8	8.30	2.21	31
8	PM001-9-WL-1	9.90	5.19	39.0	2.42	20.8	3.89	7.55	0.57	9.47	9.02	1.54	25
9	PM001-9-WL-2	4.87	16.6	76.3	2.36	24.9	0.81	7.12	1.40	12.4	8.26	1.52	47
	平均值	6.00	10.7	43.6	2.28	21.7	2.42	5.47	1.60	21.6	7.48	1.50	71

注：据 1∶25 万银川市幅区调资料；序号、样品编号及岩石名称与表 25-4 对应。

（四）稀土元素特征

赵池沟岩群变质岩稀土元素分析结果见表 25-6。稀土元素总量 ΣREE 为 $(145.89\sim287.86)\times10^{-6}$，变化幅度较小，平均为 197.02×10^{-6}；LREE/HREE 为 7.21～12.61，平均为 9.82；ΣCe/ΣY 为 2.82～9.45，平均为 4.12，表明轻重稀土元素分异显著，轻稀土元素相对富集，重稀土元素相对亏损；δEu 为 0.59～0.82，平均为 0.70，为铕负异常，中等亏损；$(La/Yb)_N$ 为 5.68～15.93，平均为 10.49，表明稀土元素配分曲线为向右倾斜的轻稀土元素富集型（图 25-18），曲线形态比较相似；$(La/Sm)_N$ 为 3.54～6.27，平均为 4.49，反映轻稀土元素分馏程度较高，属轻稀土元素富集型；$(Ga/Yb)_N$ 为 1.16～2.45，平均为 1.78，反映重稀土元素分馏程度低，属重稀土元素亏损型。

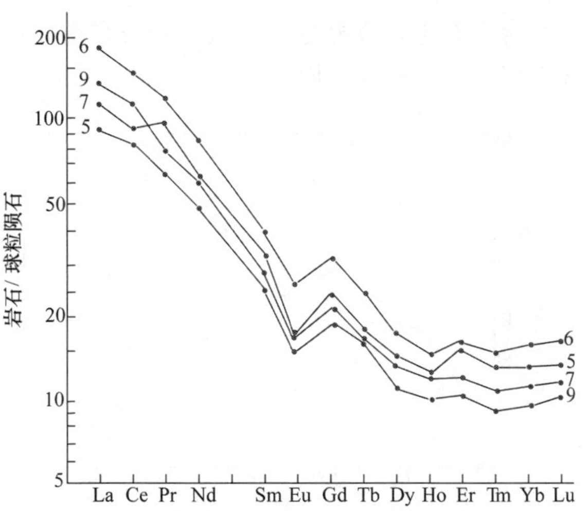

图 25-18 赵池沟岩群变质岩稀土元素配分曲线图（样品序号同表 25-6）

Fig. 25-18 Rare earth elements distribution curves of metamorphic rocks in the Zhaochigou Rock Group

上述赵池沟岩群变质岩的稀土元素含量、稀土元素总量 ΣREE 及 δEu 值等与我国湖北变粒岩比较接近，其曲线形态也比较相似。

表 25-6　赵池沟岩群区域变质岩稀土元素含量及特征参数

Table 25-6　Contents and characteristics parameters of REE of metamorphic rocks in the Zhaochigou Rock Group

序号	样品编号	$w/10^{-6}$														
		La	Ce	Pr	Nd	Sm	Eu	Gd	Tb	Dy	Ho	Er	Tm	Yb	Lu	Y
4	PM001-4-XT-1	28. 8	65. 3	7. 47	28. 4	4. 59	0. 99	4. 59	0. 72	4. 10	0. 82	2. 71	0. 38	2. 53	0. 39	23. 9
5	PM001-4-XT-2	53. 6	114	13. 1	49. 4	7. 51	1. 84	7. 51	1. 07	5. 11	0. 97	2. 98	0. 43	2. 90	0. 44	27. 0
6	PM001-5-XT-1	35. 7	75. 7	9. 11	35. 5	5. 91	1. 13	5. 91	0. 81	4. 19	0. 77	2. 33	0. 32	2. 08	0. 31	22. 0
7	PM001-6-XT-1	32. 9	62. 8	6. 78	21. 6	3. 30	0. 73	3. 30	0. 54	3. 27	0. 69	2. 26	0. 34	2. 30	0. 37	20. 8
8	PM001-9-XT-1	40. 4	85. 8	9. 46	35. 3	5. 20	1. 11	5. 20	0. 69	3. 35	0. 65	1. 94	0. 25	1. 71	0. 27	17. 6
9	PM001-9-XT-2	21. 5	54. 4	5. 50	21. 4	3. 82	1. 02	3. 82	0. 63	3. 90	0. 77	2. 51	0. 37	2. 55	0. 38	23. 3
平均值		35. 5	76. 3	8. 57	31. 9	5. 06	1. 14	5. 06	0. 74	3. 99	0. 78	2. 46	0. 35	2. 35	0. 36	22. 4

序号	样品编号	$w/10^{-6}$				LREE/HREE	ΣCe/ΣY	δEu	$(La/Yb)_N$	$(La/Sm)_N$	$(Gd/Y)_N$
		ΣREE	LREE	HREE	ΣY						
4	PM001-4-XT-1	175. 69	135. 55	16. 24	40. 14	8. 35	3. 38	0. 67	7. 67	3. 95	1. 46
5	PM001-4-XT-2	287. 86	239. 45	21. 41	48. 41	11. 18	9. 45	0. 76	12. 46	4. 49	2. 09
6	PM001-5-XT-1	201. 77	163. 05	16. 72	38. 72	9. 75	4. 21	0. 59	11. 57	3. 80	2. 29
7	PM001-6-XT-1	161. 98	128. 11	13. 07	33. 87	9. 80	3. 78	0. 68	9. 64	6. 27	1. 16
8	PM001-9-XT-1	208. 93	177. 27	14. 06	31. 66	12. 61	5. 60	0. 66	15. 93	4. 89	2. 45
9	PM001-9-XT-2	145. 89	107. 64	14. 93	38. 23	7. 21	2. 82	0. 82	5. 68	3. 54	1. 21
平均值		197. 02	158. 51	16. 07	38. 51	9. 82	4. 12	0. 70	10. 49	4. 49	1. 78

注：据 1∶25 万银川市幅区调资料；序号、样品编号及岩石名称与表 25-4 对应。

（五）原岩恢复

赵池沟岩群区域变质岩变质程度低，变粒岩、浅粒岩及片岩等岩石的原岩特征直观感觉明显，层状构造清晰，碎屑和胶结物尚可辨认，具程度不等的变余砂状结构，重矿物显示搬运磨蚀痕迹，局部含海绿石，显示原岩为沉积岩。

从 $((al+fm)-(c+alk))-Si$ 图解（图 25-19）和尼格里四面体图（图 25-20）所有样品都落入泥质沉积岩和砂质沉积岩区，结合岩石化学成分分析，这些岩石是由泥质胶结的石英砂岩、含海绿石石英砂岩、长石石英砂岩等经低级区域变质作用而成。

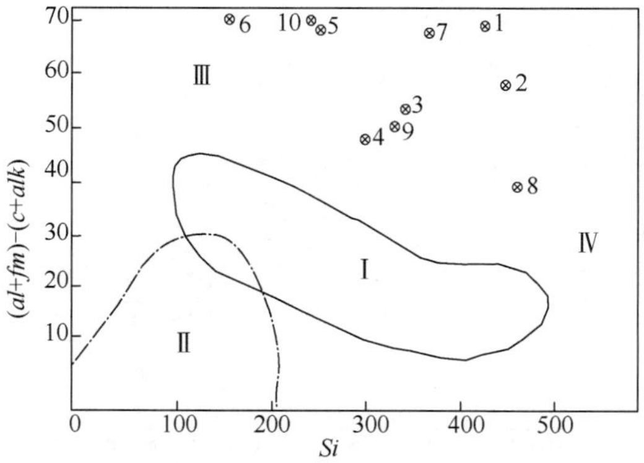

图 25-19　主要岩石（$(al+fm)-(c+alk)$）$-Si$ 图解

（样品序号同表 25-4）

Fig. 25-19　（$(al+fm)-(c+alk)$）$-Si$ diagram of main rocks

Ⅰ—火山岩；Ⅱ—钙质沉积岩；Ⅲ—泥质沉积岩；Ⅳ—砂质沉积岩

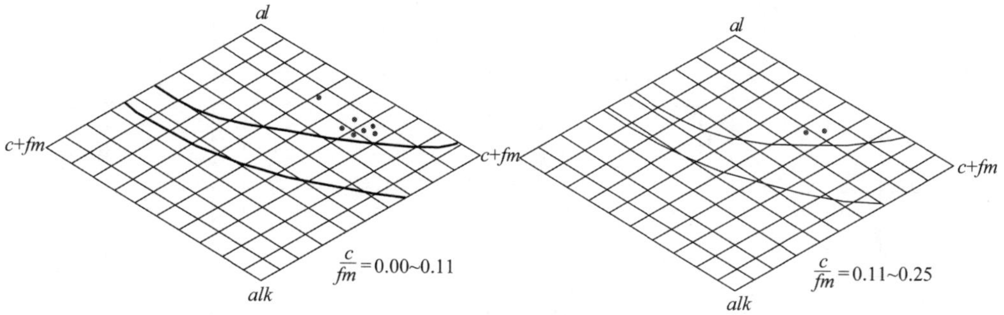

图 25-20　赵池沟岩群变质岩尼格里四面体图

（样品序号同表 25-4）

Fig. 25-20　Niggli's tetrahedron diagrams of metamorphic rocks in the Zhaochigou Rock Group

第二节　中元古代—新元古代区域变质岩

宁夏的中—新元古界变质岩，由长城系海原岩群、黄旗口组，蓟县系王全口组和震旦系正目观组、兔儿坑组组成。它们分属活动区和稳定区两种不同构造部位的沉积建造，由于经历的构造运动不同，因此变质作用类型、强度不同，所形成的变质建造也迥然有异。海原岩群是在中元古代北祁连裂陷槽内发育的一套原岩为碎屑岩、碳酸盐岩夹火山岩、次火山岩的复理石建造，四堡运动使这套巨厚沉积发生了造山带区域变质作用，形成一套变质程度达绿帘角闪岩相的区域变质岩系。鄂尔多斯地块西缘的黄旗口组、王全口组、正目观组和兔儿坑组，为滨—浅海相碎屑岩-碳酸盐岩建造，晋宁期—加里东期仅发生了埋深变质作用，变质程度轻微，为次绿片岩亚相（绿纤石-葡萄石相）。

一、海原岩群

（一）岩石类型及岩石学特征

海原岩群为一套具绿帘角闪岩相级的区域变质岩系，主要岩石类型有片岩、大理岩、角闪质岩及石英岩等，以片岩和大理岩最为发育。受后期韧性动力变质作用的强烈影响（表现为退变质），大部分区域变质岩在结构、构造乃至矿物成分方面均发生了不同程度的变化。

1. 片岩类

片岩是海原岩群中分布最广的一类区域变质岩，岩性庞杂，依变质矿物组合概分为云母片岩、石英片岩、绿片岩 3 种。

（1）云母片岩

主要发育于园河岩组中，在南华山岩组和西华山岩组中呈夹层产出。岩石呈浅灰—灰色，岩性为白云母片岩、绿泥白云母片岩、钠长白云母片岩、绿泥钠长白云母片岩等。鳞片粒状变晶结构，片状构造。矿物组合（表 25-7）主要为石英+白云母+绿泥石+钠长石（少量奥—中长石），局部富含方解石，成为钙质白云母片岩。矿物含量变化大，石英 8.8%~46.2%，白云母 24.0%~64.8%，钠长石 2.6%~17.9%，绿泥石 4.2%~19.5%。石英呈半自形粒状，粒径一般 0.1~0.8mm。白云母呈鳞片变晶，粒径一般 0.1~1.2 mm，最大达 8mm。钠长石为半自形—他形粒状变晶，粒径一般 0.5~1.0mm。岩石呈鳞片粒状变晶结构，片状构造。

电子探针分析表明，云母片岩中的绿泥石多系铁绿泥石，白云母常富钠质，部分属纯钠云母，部分为多硅白云母（表 25-8），可能为后期韧性剪切变形变质作用改造的产物。

（2）石英片岩

可分为云母石英片岩和富含钠长石（>10%）的石英片岩（钠长云母石英片岩、云母钠长石英片岩）两种。前者广泛发育于海原岩群各组中，尤以园河岩组多见；后者大量出现于南华山岩组上部和西华山岩组中。

表 25-7　海原岩群区域变质岩矿物含量统计

Table 25-7　Mineral content statistics of regional metamorphic rocks in the Haiyuan Rock Group

类型	岩石名称	石英	白云母	黑云母	斜长石	绿泥石	绿帘石	角闪石	阳起石	石榴子石	方解石	石墨	锆石	磷灰石	榍石	电气石	磁（赤褐）铁矿
片岩 云母片岩	白云母片岩	22.8	63.8		8.7 An：32 33 35 37	4.2										0.2~0.4	0.4
	绿泥白云母片岩	15.4~36.3	48.7~64.8	0~0.7	2.6~4.6	11.7~12.8					0~0.2		0.1~0.2				1.7~2.8
	钙质白云母片岩	37.2	28.8		8.5	6.5					14.4			0.4		0~0.3	4.2
	钠长白云母片岩	37.3~46.2	24.0~40.2	1.1~12.3	14.8~15.3	4.7					0~0.5			0~0.5			1.1~1.7
	绿泥钠长白云母片岩	8.8~19.2	43.4~58.0		13.4~17.9 An：2、7、8	17.5~19.5							0~0.2		0~0.8	0~0.1	0~0.3
片岩 石英片岩	白云母石英片岩	52.6~78.5	18.9~27.3	0~9.4	0.6~5.2	1.1~1.2	0~3.7										0.6~0.8
	二云母石英片岩	58.8~69.7	14.2~26.8	9.7~11.2	0.8~2.9	1.8~3.0	0.2~1.0							0~0.1			0.7~2.1
	绿泥白云母石英片岩	33.3~42.7	40.3~48.7	0.1~0.3	0.2~10.9	5.7~14.0		0~0.2						0~0.2			0~2.0
	石墨白云母石英片岩	41.6	8.5									36.1					13.8
	钠长白云母石英片岩	50.8~56.4	20.8~25.2	0.7~1.0	13.1~17.1 An：7、9、13、35	2.3~5.1		0~0.1		0~0.1	2.2~3.8			0~0.1	0~0.8		0~0.3
	含石榴白云母石英片岩	5.9~62.0	24.7~28.1	0.2~2.0	0.3~11.1 An：5、8、10	3.8~8.5	0~0.2			0.4~0.5	0.2~3.7			0~0.5	0~0.8		0~0.2
	二云母钠长石英片岩	46.6~50.8	9.1~26.8	7.5~18.9	14.4~19.9 An：3、9、12	0.3~4.0	0~0.8	0~0.1						0.1~0.3	0~0.6		
片岩 绿片岩	绿帘绿泥阳起片岩	20.0~34.4			3.0~9.0 An：21、27	11.3~14.1	8.7~13.9		34.0~38.8		0~12.0			0~0.1			0.2~0.5
	钠长绿泥阳起片岩*	5~15		5~10	15~25 An：2、25	20~25	<15		30~55	微量			微量		微量		微量
	绿帘钠长阳起片岩	0.8~3.4			12.4~15.5	1.1~5.9	14.1~25.2		50.9~66.0						1.1~1.5		0.2~1.7
	绿帘阳起片岩	14.4~16.0		0~0.7	3.2~5.3 An：8、11	2.8~5.0	16.5~17.2		54.3~61.5						0~1.6		0~1.7
	绿帘绿泥片岩*	25~35			<5 An：5、6	40~45	10~25				微量						3~5
	绿泥钠长片岩	0~1.7		0~1.2	46.1~52.0 An：2、4、6、9	21.0~33.5	2.5~5.7	0~9.8			6.8~13.0				0~6.7		
角闪质岩	绿帘斜长角闪岩	0~2.5		0~1.6	11.1~14.7	1.3~5.9	13.4~16.1	56.7~70.0			0~1.9			0~0.1	0.1~1.9		0.4~2.3
	斜长角闪岩	11		1.3	13.2 An：3 、3、7	0.5	2.1	77.5							2.1		2.2
	含绿帘钠长角闪片岩	1.4		7.8	18.4 An：5 、7	0.6	7.2	54.6							0.6		9.4
	绿帘绿泥角闪片岩	2.4~4.0		0~5.4	9.8~12.6 An：0、1、11	7.0~9.4	8.4~9.4	49.8~59.2			3.0~4.0			0~0.2	4.0~5.0		2.2~4.2
	绿帘斜长角闪片岩	1.7~1.8			21.5~22.0 An：8、20	8.5~10.0	11.3~12.8	48.3~52.0						0~0.3	0.3~3.7		2.7~2.8
石英岩	石英岩	93.5	2.7	2.4		1.3											1.0
	含白云母石英岩	82.8	10.6													0.5	6.0
	含磁铁石英岩	92.7		0.1							0.4						6.6

注：矿物含量用电动求积仪测定，* 为镜下目估；斜长石牌号 An 为费氏台测定。

表 25-8 海原岩群区域变质岩变质矿物电子探针分析数据计算

Table 25-8 Electron microprobe analysis data of metamorphic minerals of regional metamorphic rocks in the Haiyuan Rock Group

岩石类型	岩石名称	样号	矿物	氧化物 (*w*)/%											计算值												其他
				SiO_2	TiO_2	Al_2O_3	Fe_2O_3	FeO	ΣFeO	MnO	MgO	CaO	Na_2O	K_2O	以氧原子计算	Si	Al^{IV}	Al^{VI}	Ti	Fe^{3+}	Fe^{2+}	Mn	Mg	Ca	Na	K	
云母片岩	绿泥白云母片岩	Q_{127}-b-438	绿泥石	23.454	0	23.089	0.461	27.606	27.994	0.108	13.574	0	0	0.010	14	2.50	1.50	1.397	0	0.037	2.463	0.013	2.160	0	0	0	
			白云母	46.525	0.181	33.785	0.653	0.784	1.363	0	1.181	0	1.088	10.599	11	3.121	0	2.669	0.008	0.033	0.044	0	0.117	0	0.145	0.911	钠云母分子 14%
	绿泥白云母片岩	Q_{127}-D-2	白云母	51.210	0.018	27.876	0.401	1.930	2.299	0	3.925	0	0.287	9.230	11	3.394	0	2.175	0.008	0.020	0.107	0	0.386	0	0.040	0.781	钠云母分子 5%
	钙质绿泥白云母片岩	Q_{127}-b-465	绿泥石	25.48	0.06	19.88		27.54		0.18	14.90	0.04	0.03	0	14	2.718	0.006	1.282	1.218		2.455	0.019	2.732	0.006	0	0	铁绿泥石
			白云母	47.75	0.12	31.25		1.69		0	1.15	0.14	3.05	7.43	11	3.245	0.755	1.743	0.008	0	0.098	0	0.118	0.008	0.441	0.645	钠云母分子 41%
			白云母	46.65	0.09	36.41		0.59		0	0.14	0.14	6.95	0.84	11	3.092	0.908	1.937	0.004	0	0.032	0	0.012	0.008	0.892	0.072	钠云母分子 93%
			石英	99.61	0	0		0.07		0	0.03	0.02	0.03	0													
石英片岩	二云钠长石英片岩	Q_{127}-D-1	绿泥石	25.382	0.057	21.888	1.144	25.843	26.853	0.362	15.115	0.041	0.059	0	14	2.621	1.379	1.292	0.006	0.089	1.234	0.031	2.329	0.006	0.012	0	
			白云母	50.507	0.121	28.216	0.517	2.630	3.113	0.038	3.072	0	0.117	9.658	11	3.378	0	2.225	0.008	0.026	0.147	0.004	0.305	0	0.015	0.827	钠云母分子 2%
	二云母石英片岩	Q_{127}-b-309	石榴子石	37.594	0.172	20.008	9.77	20.24	29.042	2.817	1.420	8.415	0.041	0	12	3.054	0	1.912	0.010	0.597	1.374	0.195	0.171	0.732	0.005	0	Alm=63% Py=6% Sb=7% And=4% Gro=20%
			黑云母	36.001	1.876	18.071	0.63	16.899	17.430	0.221	10.881	0	0.148	11.297	11	2.735	1.265	0.351	0.105	0.036	1.074	0.014	1.233	0	0.018	1.096	
角闪质岩	绿帘绿泥角闪片岩	Q_{127}-b-565	角闪石	41.45	0.20	14.01		20.96		0.33	7.14	10.95	1.38	0.52	23	6.242	1.758	0.724	0.027	0.762	1.914	0.045	1.601	1.780	0.401	0.109	铁钙镁角闪石
			石榴子石	37.93	0.14	18.86		31.90		3.31	1.17	8.05	0.04	0	12	3.000		1.798	0.010	0.114	2.044	0.280	0.140	0.700	0	0	Alm=66% Py=4% Sp=7% And=7% Gro=16%
			斜长石	69.11	0.03	19.05		0.02		0	0.02	0.14	10.85	0.07	8	3.026	0.984		0	0	0	0	0	0.005	0.921	0.005	An=1 Ab=99
	绿帘绿泥角闪片岩	Q_{127}-b-566	角闪石	42.63	0.35	11.46		20.93		0.19	7.38	11.32	1.03	0.43	23	6.433	1.567	0.475	0.036	0.981	1.668	0.028	1.778	1.851	0.312	0.092	铁镁钙角闪石
			斜长石	68.37	0	19.08		0.17		0.04	0.03	0.23	10.99	0.07	8	3.010	0.989	0	0	0	0.005	0.003	0	0.011	0.937	0.003	An=1 Ab=99
大理岩	硅质白云石大理岩	Q_{127}-b-20	白云石	0.11	0	0			2.451	0.340	18.059	27.241	0.072	0.030	2	0	0	0	0	0	0.087	0.010	0.907	0.984	0	0	
			方解石	0.671	0	0.304			1.128	0.266	0.806	34.243	0.467	0.072	1	0.016	0	0.009	0	0	0.023	0.006	0.029	0.884	0.023	0.003	

岩石以浅灰色为主，部分呈灰、浅绿灰色。主要岩性为白云母石英片岩、二云母石英片岩、绿泥白云母石英片岩、石墨白云母石英片岩、钠长白云母石英片岩、含石榴白云母石英片岩、二云母（白云母）钠长石英片岩。矿物组合（见表25-7）主要为石英+白云母+黑云母+钠长石。钠长石 An=3~10，共生少量奥长石 An=12~13，偶见低牌号中长石。岩石中常含绿泥石、绿帘石等。矿物含量：石英33.3%~78.5%，白云母8.5%~48.7%，黑云母0~18.9%，钠（奥—中）长石0~19.9%。岩石结构、构造特征同云母片岩。

电子探针分析发现，白云母、绿泥石与云母片岩中同种矿物特征相似，石榴子石较富 FeO，Alm（铁铝榴石）达63%，基本为铁铝榴石（见表25-8），其多呈肉红色自形晶，属典型区域变质矿物。

（3）绿片岩

主要发育于海原岩群南华山岩组下部，在南华山岩组上部、园河岩组和西华山岩组呈不稳定层状夹于云母片岩、石英片岩及大理岩中。

该类岩石系由绿泥石、绿帘石、阳起石、钠长石、黑云母、石英等矿物组成，依不同比例组成的种类繁杂的一套绿色片岩。主要岩性为绿帘绿泥阳起片岩、钠长绿泥阳起片岩、绿帘钠长阳起片岩、绿帘阳起片岩、绿帘绿泥片岩、绿泥钠长片岩等。主要矿物组合（见表25-7）为绿泥石+绿帘石+阳起石+钠长石。绿泥石呈鳞片变晶，粒径一般0.08~0.8mm，含量1.1%~45.0%；绿帘石多为半自形粒状变晶，粒径0.1~0.5mm，含量2.5%~25.2%；阳起石呈自形纤状变晶，粒度0.3mm×0.03mm~0.8mm×0.08mm，含量0~66.0%；钠长石呈半自形—他形粒状，粒径0.1~0.8mm，An=2~9，常有奥长石（An=11~27）与之共生，其二者一般含量3.0%~25.0%。岩石呈鳞片纤状粒状变晶结构，片状构造，发育宏观和显微尺度的流变褶皱。

2. 角闪质岩类

主要分布于海原岩群南华山岩组下部，呈不稳定层状产出，在路沟湾一带总厚近600m。在其他各组中，时呈似层状、脉状、岩墙状产出，一般宽（厚）1~5m，长10~100m。

岩石呈灰绿、深灰绿色。主要岩性为（含）绿帘斜长角闪岩，次为斜长角闪岩、（含）绿帘钠长角闪片岩、绿帘绿泥角闪片岩、绿帘斜长角闪片岩等。矿物组合（见表25-7）主要为角闪石+斜长石+绿帘石+绿泥石。角闪石均呈自形柱状，一般粒径0.03~0.4mm，含量48.3%~77.5%，部分光性测定结果（-）$2V=70°\sim80°$，$N_g'\wedge C=15°$；斜长石半自形—他形粒状，粒径0.1~0.4mm，主要为 An=0~20的钠奥长石，偶见 An=37的中长石，含量9.8%~22.2%；绿帘石多呈半自形晶，一般粒径0.03~0.2mm，含量0.5%~10.0%。岩石多为细粒花岗变晶结构，平行构造。

角闪质岩矿物电子探针分析结果（见表25-8）表明，角闪石均属普通角闪石的铁钙镁闪石，斜长石为钠长石，石榴子石 Alm=66%，基本为典型区域变质成的铁铝榴石。样品中 FeO、MgO 含量较高，MnO、CaO 较低，推测除了受控于变质程度以外，可能主要与其原岩为基性火山岩有关。

3. 石英岩类

零星散布于西华山、南华山及付家岘海原岩群各组中，多为透镜状、豆荚状夹层产出，唯在西华山东段园河岩组内呈较稳定的薄—中层状产出。

岩石多呈灰白、浅灰、灰色，有时深浅色调相间排列而呈条带状。主要岩性为石英岩、含白云母石英岩、含磁铁石英岩。含白云母石英岩常与白云母石英片岩过渡。含磁铁石英岩仅在南华山岩组中偶有见及。矿物组合以石英为主，含量达82.8%~93.5%（见表25-7）。白云母、黑云母、绿泥石、磁铁矿、方解石等少量见及。石英多呈他形等轴粒状，粒径一般0.06~0.2mm。

4. 大理岩类

大量分布于南华山、西华山及付家岘等地的园河岩组中。在西华山岩组内常呈层状夹于各类片岩中，在南华山岩组中偶呈透镜状、不稳定层状产出。依钙、镁含量的差异，可将大理岩分为两类。以两个端元类型——白云石大理岩和方解石大理岩为多见，其间存在一系列过渡岩石。

（1）白云石大理岩

发育于南华山岩组和园河岩组中。岩石多呈灰白色，厚—巨厚层状。主要岩性为细粒白云石大理岩、硅质条带白云石大理岩、（含）硅质白云石大理岩、硅质钙质白云石大理岩等。据化学成分计算，白云石含量 36.09%~98.52%，方解石 0.66%~25.63%。常含多寡不等的粒柱状、条带状石英，时含少许白云母、石墨。据电子探针分析（见表 25-8），白云石 MgO、CaO 含量均低于理论含量，较富 Fe、Mn 杂质；方解石 CaO 含量明显低于理论值，而含 Mg、Fe、Mn 等。碳酸盐矿物多呈半自形粒状变晶，细晶，粒径一般 0.03~0.8mm。岩石显花岗变晶结构，块状、条带状构造，时有流变褶皱。

（2）方解石大理岩

几乎全部分布于园河岩组以上的层位中。岩石一般呈灰白、浅灰色，中—巨厚层状。主要岩性为细粒方解石大理岩、（含）硅质方解石大理岩、（含）镁质方解石大理岩、含白云母方解石大理岩、含石墨方解石大理岩等。所含方解石、白云石计算值分别为 40.11%~86.49%和 4.17%~25.97%。

（二）岩石化学特征

海原岩群变质岩化学分析结果见表 25-9。

云母片岩的氧化物含量变化较大，但总体与贺同兴等（1980）所统计的我国北方云母片岩成分相近，唯 SiO_2 略偏高，K_2O 稍偏低。尼格里数值 *qz* 均大于 12，硅过饱和；大部分 *t* 为正值，属铝过饱和系列，仅少部分云母片岩含较多方解石，而 *c* 值偏高，*t* 成负值，跨入正常系列。

石英片岩 *qz* 均大于 12，表明属硅过饱和系列，除个别样品 SiO_2 含量偏高或偏低外，一般为 61.10%~75.73%。*t* 值特征揭示绝大部分石英铝过饱和，少数归属正常系列。主要氧化物含量与我国华北、东北同类岩石相近，仅 K_2O 偏高。云母石英片岩与富含钠长石的石英片岩在化学成分上无明显区别。

绿片岩 SiO_2 含量低，平均仅为 47.83%。与陕西、辽宁、山东绿片岩相比，表现出 SiO_2、CaO、Na_2O 偏高，MgO 偏低的特征。尼格里数值 *al*、*alk*、*qz*、*k* 较低，*fm*、*c* 较高。除个别例外，绝大部分为硅饱和及不饱和岩石，*t* 均为负值，属正常系列。

角闪岩 SiO_2 含量低，平均 47.89%。主要氧化物含量与同地区绿片岩相比，十分相近，唯 Fe_2O_3 较低（绿片岩平均 4.03%，角闪质岩平均 3.52%）、FeO 偏高（绿片岩平均 7.73%，角闪质岩平均 8.76%）。与我国北方斜长角闪岩相比，化学成分基本一致。*qz* 多处于±12 间，部分小于-12，为硅饱和至不饱和岩石，*t* 均为负值，属正常系列。

石英岩的 SiO_2 含量高达 95%左右，其他氧化物含量均较低微，属硅过饱和、铝饱和至不饱和岩石。

大理岩化学分析表明，均属硅不饱和的正常系列及碱性元素过饱和系列岩石。白云石大理岩 CaO/MgO=1.4~3.2，方解石大理岩 CaO/MgO=5.3~50.2。

（三）微量元素特征

海原岩群变质岩微量元素分析结果见表 25-10。云母片岩的微量元素平均含量与地壳沉积岩丰度值相比，Be、Yb 含量高出 3 倍左右，Mn、Pb、Zr 相近，余者偏低；石英片岩的微量元素含量，除 Y 高于地壳沉积岩丰度值，V、Cr、Pb、Co、Zr 相近外，其余均偏低；绿片岩微量元素含量与地壳丰度值相比，Sn、Yb 偏高，V、Cu、Zr、Zn、Mo 相近，余者偏低；角闪岩微量元素特征与同地区绿片岩相似，除 Sn、Yb 高于地壳基性岩丰度值、Cu 近等外，其余偏低。

（四）稀土元素特征

海原岩群变质岩稀土元素分析结果见表 25-11。稀土元素总量 ΣREE 为（42.30~261.79）$\times 10^{-6}$，变化幅度较大，云母片岩、石英片岩的稀土元素总量比角闪岩、绿片岩高出 3~5 倍。LREE/HREE 为 1.49~12.62，平均为 5.48，表明轻重稀土元素分异显著，轻稀土元素相对富集，重稀土元素相对亏损；δEu 为 0.50~1.19，平均为 0.897，为铕负异常（云母片岩、石英片岩）或弱的正异常（角闪岩、绿片岩）。$(La/Yb)_N$ 为 2.54~25.78，平均为 11.32，表明稀土元素配分曲线为向右倾斜的轻稀土元素富集型（图 25-21，图 25-22）。

表 25-9 海原岩群区域变质岩岩石化学成分及尼格里值

Table 25-9 Petrochemical composition and Niggli's values of regional metamorphic rocks in the Haiyuan Rock Group

岩石类型	岩石名称	层位	序号	样号	化学成分 (w)/%															尼格里值										
					SiO_2	TiO_2	Al_2O_3	Fe_2O_3	FeO	MnO	MgO	CaO	Na_2O	K_2O	P_2O_5	H_2O^+	CO_2	SO_3	总和	*al*	*fm*	*c*	*alk*	*qz*	*k*	*mg*	*ti*	*c/fm*	*t*	*Si*
片岩 云母片岩	钠长白云母片岩	Chy	1	YQ-36	71.66	0.70	10.92	1.54	3.70	0.10	1.97	1.32	1.88	2.46	0.08	2.82	0.67	0.03	99.85	34.754	39.289	7.638	18.317	213.746	0.462	0.403	2.842	0.194	8.798	387.017
	绿泥白云母片岩	Chy	2	YQ-56	57.05	0.70	18.57	1.24	5.79	0.07	2.85	2.55	0.60	4.40	0.05	4.40	1.98	0.23	100.48	40.311	39.143	10.064	12.481	60.225	0.828	0.421	1.939	0.270	17.765	210.150
	钙质白云母征岩	Chx	3	YQ-61	60.58	0.63	12.63	0.75	4.05	0.08	2.75	6.37	1.64	2.68	0.04	2.78	4.92	0.03	99.87	28.976	31.607	26.570	12.845	84.466	0.518	0.504	1.844	0.840	-10.439	235.846
	绿泥钠长白云母片岩	Chy	4	YQ-9	56.51	0.90	20.24	0.87	6.45	0.07	3.09	0.99	1.84	4.28	0.04	4.34	0.64	0.05	100.31	42.270	37.972	3.759	15.997	36.282	0.604	0.429	2.398	0.098	22.514	200.271
石英片岩	白云母石英片岩	Chx	5	YQ-32	75.73	0.90	9.75	2.16	2.20	0.08	1.87	0.57	0.60	3.28	0.04	2.78	0.05	0.04	100.05	37.428	41.175	3.978	17.418	323.644	0.782	0.441	4.408	0.096	16.031	493.317
	白云母石英片岩	Chy	6	YQ-94	73.56	0.53	10.64	0.80	3.30	0.06	1.91	0.89	2.26	2.56	0.16	2.18	0.54	0.01	99.40	36.227	36.169	5.509	22.093	236.638	0.427	0.454	2.302	0.152	8.624	426.0.13
	白云母石英片岩	Chy	7	YQ-38	70.94	0.63	12.45	0.80	4.20	0.10	2.14	1.18	1.60	2.92	0.06	2.66	0.33	0.03	100.04	37.810	38.081	6.515	17.592	195.219	0.545	0.431	2.441	0.171	13.702	365.589
	含白云母石英片岩	Chy	8	YQ-58	91.83	0.13	1.96	0.50	1.13	0.06	0.54	1.46	0.00	0.60	0.03	1.06	1.04	00.02	100.36	21.878	41.239	29.631	7.249	1610.474	1.000	0.369	1.851	0.718	-15.002	1739.473
	白云母石英片岩	Chn	9	YQ-7	62.31	0.85	17.07	1.58	5.24	0.08	2.72	0.61	2.18	3.78	0.05	3.36	0.00	0.03	99.86	40.348	38.882	2.621	18.148	77.333	0.532	0.418	2.563	0.067	19.578	249.925
	二云母石英片岩	Chn	10	YQ-4	71.28	0.60	11.52	0.40	3.91	0.08	1.66	2.22	2.62	2.46	0.07	1.94	1.08	0.03	99.87	35.011	31.529	12.267	21.192	182.846	0.381	0.404	2.327	0.389	1.552	367.614
	二云母石英片岩	Chn	11	YQ-13	68.48	0.80	13.15	2.01	3.44	0.07	2.58	0.85	2.08	3.34	0.07	2.66	0.00	0.01	99.54	36.723	39.309	4.315	19.651	145.911	0.513	0.463	2.850	0.109	12.755	324.519
	含石榴钠长白云母石英片岩	Chy	12	YQ-82	72.01	0.78	10.79	1.21	3.95	0.06	2.13	1.16	1.18	2.94	0.08	2.60	0.88	0.02	99.79	35.206	41.194	6.881	16.717	231.837	0.621	0.426	3.247	0.167	11.607	398.707
	钠长白云母石英片岩	Chx	13	YQ-29	72.88	0.60	11.21	1.70	2.59	0.07	1.80	1.09	2.34	2.64	0.06	2.30	0.09	0.01	99.38	36.875	34.542	6.519	22.063	218.570	0.426	0.433	2.518	0.188	8.293	406.822
	白云母钠长石英片岩	Chn	14	YQ-96	50.79	0.04	10.25	0.78	4.09	0.10	2.88	13.64	1.18	2.48	0.14	2.74	10.28	0.02	99.41	19.014	26.397	46.006	8.581	25.562	0.580	0.512	0.094	1.742	-35.572	159.886
	钠长二云母石英片岩	Chn	15	YQ-19	74.74	0.60	10.54	1.26	2.89	0.07	1.43	1.23	2.31	2.66	0.06	1.46	0.08	0.04	99.37	36.490	32.642	7.742	23.124	246.592	0.431	0.383	2.650	0.237	5.623	439.092
	石墨白云母石英片岩	Chy	16	YQ-57	69.10	0.33	10.07	2.16	2.11	0.03	1.29	3.30	0.00	2.40	0.14	2.20	2.42	0.03	95.58	36.318	32.672	21.639	9.369	285.424	1.000	0.360	1.518	0.662	5.309	422.902
	绿泥白云母石英片岩	Chx	17	YQ-27	61.10	1.00	15.07	3.28	4.16	0.10	2.95	1.98	0.94	4.38	0.04	3.74	1.28	0.06	99.63	35.329	41.491	8.439	14.739	84.106	0.754	0.421	2.991	0.203	12.149	243.065
绿片岩	绿泥绿帘阳起片岩	Chy	18	YQ-41	47.35	0.93	14.20	3.91	7.11	0.10	7.57	10.53	2.12	0.36	0.05	3.80	1.47	0.01	99.51	19.832	48.013	26.739	5.415	-9.439	0.100	0.557	1.657	0.556	-12.321	112.220
	钠长绿帘阳起片岩	Chn	19	YQ-14	48.83	0.95	14.00	3.32	9.11	0.21	7.81	11.52	2.00	0.26	0.04	2.86	0.28	0.02	100.61	18.483	49.148	27.652	4.715	-10.809	0.078	0.530	1.600	0.562	-13.884	108.051
	绿帘钠长阳起片岩	Chx	20	YQ-31	47.20	0.93	13.92	3.63	8.43	0.22	7.94	10.76	2.12	0.08	0.04	4.10	0.31	0.34	100.02	18.795	49.0.62	26.415	4.826	-11.153	0.024	0.542	1.602	0.528	-12.446	108.150
	绿帘钠长阳起片岩	Chy	21	YQ-43	48.09	1.05	14.05	7.29	5.20	0.14	6.96	6.09	4.26	1.00	0.05	3.76	1.92	0.01	99.87	20.750	50.948	16.352	11.548	-27.273	0.133	0.510	1.978	0.320	-7.551	120.521
	绿泥钠长阳起片岩	Chy	22	YQ-35	52.56	1.13	14.60	6.22	5.66	0.18	3.60	5.24	4.74	1.10	0.14	3.32	1.88	0.02	100.39	24.975	43.350	16.297	15.376	-8.928	0.132	0.359	2.466	0.375	-6.698	152.576
	钠长绿泥阳起片岩	Chx	23	YQ-62	48.74	2.00	14.07	4.51	8.94	0.18	6.11	9.16	2.38	0.36	0.08	3.20	0.14	0.02	99.89	20.334	49.373	24.069	6.221	-5.351	0.090	0.452	3.688	0.487	-9.956	119.535
	钠长绿帘绿泥阳起片岩	Chy	24	YQ-39	48.96	1.50	12.77	3.80	7.39	0.18	6.79	6.70	3.62	0.64	0.07	4.42	3.09	0.02	99.95	19.036	50.913	18.922	10.326	-12.249	0.104	0.524	2.973	0.371	-9.412	129.058
	绿帘阳起片岩	Chn	25	YQ-18	50.69	0.85	13.76	2.62	7.26	0.19	7.67	12.18	2.08	0.18	0.04	2.00	0.12	0.02	99.66	18.888	45.745	30.399	4.964	-1.778	0.053	0.582	1.489	0.664	-16.475	118.079
	钠长阳起绿泥片岩	Chx	26	YQ-28	48.05	1.60	13.91	3.30	8.69	0.22	7.03	10.29	2.36	0.74	0.07	3.00	0.20	0.03	99.49	19.333	48.154	26.002	6.509	-12.710	0.171	0.513	2.837	0.539	-13.178	113.326
	阳起绿帘绿泥片岩	Chn	27	YQ-17	46.24	1.18	13.26	3.87	7.09	0.18	6.89	12.08	2.54	0.26	0.06	3.26	3.36	0.01	100.28	18.321	45.170	30.346	6.162	-16.233	0.063	0.533	2.080	0.671	-18.187	108.414
	钠长绿泥片岩	Chy	28	YQ-10	39.58	0.68	10.06	3.28	5.71	0.24	5.46	16.10	2.08	1.08	0.04	4.30	11.84	0.04	100.49	14.295	37.584	41.596	6.523	-30.652	0.254	0.522	1.233	1.106	-33.824	95.441
	钠长绿泥片岩	Chn	29	YQ-81	48.18	1.40	13.83	2.79	9.30	0.14	6.38	5.29	2.89	0.36	0.07	5.84	3.30	0.04	99.81	22.417	53.655	15.589	8.337	13118.848	0.075	0.487	2.895	0.290	-1.510	13252.199
	绿帘钠长绿泥片岩	Chn	30	YQ-21	45.24	1.75	13.53	4.55	8.26	0.23	6.31	10.10	3.06	0.50	0.05	3.80	3.16	0.07	100.61	18.977	47.445	25.757	7.819	-23.600	0.097	0.471	3.132	0.542	-14.599	107.679
	含磁铁纱帘绿泥片岩	Chn	31	YQ-12	52.19	1.85	12.38	3.00	8.04	0.18	5.43	6.18	2.00	1.00	0.10	4.40	3.44	0.02	100.21	21.633	51.090	19.635	7.641	24.198	0.247	0.469	4.125	0.384	-5.642	154.762
	绿泥钠长片岩	Chx	32	YQ-26	46.50	1.13	12.87	1.73	9.99	0.22	7.91	8.50	3.54	0.20	0.05	4.60	3.36	0.02	100.62	18.107	51.652	21.742	8.497	-22.975	0.035	0.545	2.028	0.420	-12.133	111.015
	绿帘绿泥钠长片岩	Chn	33	YQ-6	47.54	1.85	13.72	6.66	7.46	0.23	5.53	10.57	2.44	0.41	0.09	2.24	0.96	0.15	99.85	19.376	47.186	27.141	6.295	-11.250	0.099	0.418	3.334	0.575	-14.060	113.931

岩石类型	岩石名称	层位	序号	样号	化学成分 (w)/%															尼格里值										
					SiO_2	TiO_2	Al_2O_3	Fe_2O_3	FeO	MnO	MgO	CaO	Na_2O	K_2O	P_2O_5	H_2O^+	CO_2	SO_3	总和	*al*	*fm*	*c*	*alk*	*qz*	*k*	*mg*	*ti*	*c/fm*	*t*	*Si*
角闪质岩	斜长角闪岩	Chy	34	YQ-8	48.48	2.00	12.42	2.54	9.36	0.18	6. 45	5.76	2.62	0.70	0.11	5.46	3.72	0.02	99.82	20.339	54.210	17.150	8.299	1.528	0.149	0.492	4.179	0.316	-5.110	134.726
	斜长角闪岩	Chy	35	YQ-16	48.28	1.96	13.86	2.60	10.40	0.22	6.69	10.05	2.80	0.66	0.10	1.70	0.16	0.02	99.50	19.045	48.534	25.108	7.311	-16.664	0.134	0.479	3.436	0.517	-13.374	112.580
	斜长角闪岩	Chy	36	YQ-11	47.79	1.60	12.71	4.01	9.74	0.26	5.94	10.29	2.36	1.26	0.05	3.00	1.36	0.04	100.41	17.899	48.365	26.347	7.388	-15.346	0.259	0.437	2.875	0.544	-15.836	114.206
	绿帘斜长角闪岩	Chx	37	YQ-30	49.13	1.40	14.46	3.25	7.93	0.22	6.62	8.97	3.12	0.36	0.06	3.64	0.11	0.10	99.61	21.030	47.219	23.718	8.031	-10.875	0.070	0.515	2.598	0.502	-10.720	121.250
	绿帘斜长角闪岩	Chn	38	YQ-20	48.19	2.16	13.80	4.08	9.78	0.26	6.21	8.45	3.44	0.78	0.07	2.34	0.44	0.04	100.04	19.480	49.651	21.687	9.180	-21.284	0.129	0.446	3.891	0.436	-11.387	115.436
	绿帘斜长角闪岩	Chn	39	YQ-5	48.56	1.05	13.80	3.03	8.33	0.22	7.64	11.75	2.14	0.26	0.05	2.40	0.80	0.02	100.05	18.573	47.556	28.752	5.116	-9.561	0.074	0.546	1.803	0.604	-15.296	110.906
	绿帘斜长角闪岩	Chn	40	YQ-15	46.61	0.95	13.40	2.37	8.89	0.22	7.33	9.11	3.64	0.26	0.04	4.14	3.56	0.03	100.55	18.943	48.776	23.416	8.863	-24.116	0.044	0.537	1.713	0.480	-13.335	111.337
	含绿帘斜长角闪岩	Chn	41	YQ-2	49.80	1.08	12.73	3.77	6.41	0.18	5.77	11.71	2.84	0.26	0.05	2.80	3.28	0.02	100.70	18.792	42.465	31.420	7.312	-4.498	0.056	0.507	2.034	0.740	-19.949	124.751
	绿帘绿泥斜长角闪岩	Chx	42	YQ-92	43.27	1.20	12.82	5.30	7.33	0.16	7.91	8.78	3.34	0.66	0.05	5.02	4.88	0.03	100.75	17.706	51.670	22.047	8.575	-32.889	0.115	0.534	2.115	0.426	-12.916	101.412
	含钠长绿帘角闪岩	Chn	43	YQ-3	48.48	1.40	12.84	3.75	8.51	0.22	6.65	11.38	2.08	0.26	0.06	2.88	1.68	0.03	100.22	18.023	47.733	29.044	5.198	-5.311	0.075	0.494	2.507	0.608	-16.218	115.481
	含绿帘钠长角闪片岩	Chy	44	YQ-42	48.20	1.18	12.77	3.98	9.68	0.20	7.91	7.50	2.34	1.00	0.05	3.24	1.25	0.09	99.39	18.124	55.520	19.354	7.000	-11.910	0.219	0.511	2.137	0.348	-8.229	116.089
石英岩	石英岩	Chy	45	YQ-37	94.90	0.05	1.34	0.01	0.85	0.03	0.34	1.09	0.08	0.26	0.04	0.96	0.53	0.04	100.52	22.878	36.234	33.835	7.051	2621.247	0.681	0.405	1.089	0.933	-18.009	2749.455
	条带状石英岩	Chx	46	YQ-33	95.38	0.05	0.99	0.05	1.11	0.05	0.07	0.71	0.00	0.18	0.01	1.10	0.53	0.05	100.28	22.686	43.266	29.581	4.464	3591.155	1.000	0.093	1.462	0.683	-11.359	3705.014
大理岩	方解石大理岩	Chy	47	YQ-59	4.44	0.08	1.71	0.17	0.41	0.02	1.02	50.98	0.20	0.20	0.02	0.92	40.52	0.02	100.71	1.738	3.465	94.241	0.554	-94.558	0.396	0.757	0.103	27.197	-93.057	7.660
	白云石大理岩	Chy	48	YQ-100	0.43	0.05	0.59	0.00	0.31	0.01	21.71	30.20	0.56	0.03	0.04	0.84	46.09	0.00	100.86	0.527	49.518	49.100	0.852	-102.758	0.034	0.991	0.057	0.991	-49.425	0.652

表 25-10　海原岩群变质岩微量元素平均含量

Table 25-10　Contents of trace element of metamorphic rocks in the Haiyuan Rock Group

地层	样号	岩石名称	微量元素 (w)/10⁻⁶									
			Ba	Rb	Sr	Zr	Hf	Nb	Ta	U	Th	Sc
南华山岩组	XT-2	钠长石英片岩				118.0	3.6	4.0	0.4	1.4	15.0	5.42
	X-2	钠长阳起片岩	91.0	13.0	166.0	98.0	2.2	11.8	1.6	4.3	1.2	
	X-3	绿帘钠长片岩	380.0	109.0	58.0	78.0	2.1	5.9	0.4	2.5	1.1	
	X-23	钠长阳起片岩				102.0	7.1	13.0	0.4	1.0	1.6	14.6
	XT-1	斜长角闪岩				58.0	2.1	4.0	0.4	1.4	4.8	32.0
	X-24	阳起钠长片岩				66.0	2.2	7.5	0.4	0.8	1.0	16.1
	X-27	绿帘钠长片岩	200.0	14.0	180.0	104.0	2.4	8.0	1.2	0.5	2.1	46.0
	X-28	绿帘钠长片岩	200.0	13.0	190.0	91.0	3.0	6.4	1.6	0.5	1.9	45.0
园河岩组	X-30	阳起钠长片岩	320.0	20.0	220.0	82.0	2.1	9.7	0.8	0.9	3.3	
	X-34	钠长阳起片岩		11.0		135.0	3.0	8.9	0.8	0.8	2.8	32.0
	X-35	钠长阳起片岩		14.0		128.0	3.0	10.8	1.8	1.2	2.7	41.0
	XT-3	钠长阳起片岩				63.0	2.1	3.0	0.4	1.3	4.0	29.2
西华山岩组	XT-4	白云石英片岩				270.0	6.5	6.0	0.4	2.2	20.0	10.2
	XT-5	钠长阳起片岩				65.0	2.7	3.0	0.4	1.2	6.6	17.7

地层	样号	岩石名称	微量元素 (w)/10⁻⁶					特征参数				
			V	Ni	Co	Cr	Ti	La/Sc	Ti/Zr	Sc/Cr	Y/Nb	Th/Ta
南华山岩组	XT-2	钠长石英片岩		57.0		240.0	2360	5.6	20	0.023	2.55	37.5
	X-4	钠长白云片岩					4020					
	X-5	钠长白云片岩					3960					
	X-2	钠长阳起片岩	35.0	53.0	55.0	82.0	8633		88.09		2.97	0.75
	X-3	绿帘钠长片岩	30.0	79.0	4.8	84.0	7254		93.0		5.08	2.75
	X-23	钠长阳起片岩	405.0	66.6	32.8	51.2	12670	0.63	124.22	0.285	1.67	4.0
	XT-1	斜长角闪岩	17.6	74.0		151.0	6650	0.19	114.66	0.212	4.4	12.0
	X-24	阳起钠长片岩	26.5	70.1	39.1	101.0	7778	0.31	117.85	0.159	1.84	2.5
	X-27	绿帘钠长片岩		42.0	34.0	63.0	17200	0.39	165.38	0.73	4.25	1.75
	X-28	绿帘钠长片岩		57.0	35.0	65.0	14400	0.29	158.24	0.692	3.91	1.18
园河岩组	X-15	奥长石英片岩					3600					
	X-30	阳起钠长片岩	24.5	22.0	25.0	47.0	13400		163.41		2.27	4.13
	X-34	钠长阳起片岩		47.0	34.0	48.0	18000	0.66	133.33	0.667	3.31	3.5
	X-35	钠长阳起片岩		51.0	40.0	36.0	18000	0.52	140.63	1.139	2.69	1.5
	XT-3	钠长阳起片岩	12.6	79.0		116.0	5740	0.27	91.11	0.252	4.2	10.0
西华山岩组	XT-4	白云石英片岩		23.0		73.0	3480	5.11	12.89	0.14	3.97	50.0
	XT-5	钠长阳起片岩		86.0		204.0	5920	0.34	91.08	0.087	2.88	16.5

表 25-11　海原岩群变质岩稀土元素含量及特征参数

Table 25-11　Contents and characteristics parameters of REE of metamorphic rocks in the Haiyuan Rock Group

地层	样号	岩石名称	稀土元素 $(w)/10^{-6}$																特征参数								
			La	Ce	Pr	Nd	Sm	Eu	Gd	Tb	Dy	Ho	Er	Tm	Yb	Lu	Y	ΣREE	LREE/HREE	δEu	$(La/Sm)_N$	$(La/Yb)_N$	$(La/Lu)_N$	$(Ce/Yb)_N$	La/Y	La/Yb	Sm/Nd
南华山岩组	XT-2	钠长石英片岩	35.50	56.00	6.29	29.10	4.92	0.768	3.31	0.564	3.33	0.607	1.23	0.167	0.780	0.120	10.2	137.69	12.62	0.59	3.77	25.78	26.03	18.33	2.99	39.10	0.17
	X-4	钠长白云片岩	52.00	120.00	12.50	45.00	9.20	1.20	5.90	1.000	6.20	1.200	3.60	0.550	3.000	0.440	31.0	261.79	10.96	0.50	3.44	11.42	12.10	10.2	1.68	17.33	0.20
	X-5	钠长白云片岩	40.00	98.00	8.20	28.50	7.20	1.14	4.70	0.780	5.60	1.200	3.30	0.480	2.800	0.430	28.0	202.33	7.42	0.61	3.38	9.41	9.52	8.93	1.43	14.29	0.25
	X-2	钠长阳起片岩	24.00	50.00	5.60	22.00	6.40	1.60	5.50	0.970	6.40	1.500	4.00	0.660	3.500	0.420	35.00	132.55	4.77	0.83	2.28	4.52	5.85	3.64	0.69	6.86	0.29
	X-3	绿帘钠长片岩	12.50	26.00	3.35	13.00	3.70	1.23	4.30	0.800	5.35	1.100	3.25	0.480	2.800	0.380	30.00	78.24	3.32	0.89	2.06	2.94	3.37	2.37	0.42	2.24	0.28
	X-23	钠长阳起片岩	9.15	19.70	2.88	18.60	4.23	1.54	5.21	0.856	5.57	1.140	3.44	0.370	2.160	0.294	21.70	75.14	2.82	1.01	3.19	2.33	2.79	1.93	0.42	4.24	0.23
	XT-1	斜长角闪岩	6.01	13.50	1.74	9.79	2.60	0.978	3.05	0.512	3.87	0.910	2.22	0.300	1.560	0.230	17.60	47.27	2.74	1.07	1.41	2.54	2.68	2.21	0.34	3.85	0.27
	X-24	阳起钠长片岩	5.03	11.90	1.63	9.03	2.36	0.855	2.95	0.488	3.53	0.719	1.97	0.238	1.420	0.183	13.80	42.30	2.68	1.00	1.3	2.34	2.81	2.14	0.36	3.54	0.26
	X-27	绿帘钠长片岩	18.00	34.00	4.90	22.00	5.80	2.10	6.10	1.040	7.70	1.550	4.30	0.610	3.600	0.550	34.00	108.25	1.49	1.08	1.89	2.29	3.35	2.16	0.53	5.00	0.26
	X-28	绿帘钠长片岩	13.00	24.00	3.70	17.00	4.40	1.500	4.60	0.800	5.80	1.100	3.00	0.440	2.700	0.440	25.00	82.48	3.38	1.02	1.8	3.19	2.29	2.27	0.52	4.81	0.26
园河岩组	X-15	奥长石英片岩	25.20	79.80	9.32	37.10	5.97	1.120	4.82	0.879	4.40	0.771	2.30	0.306	1.990	0.286	15.90	174.26	10.06	0.76	2.57	8.34	9.02	10.23	1.58	12.66	0.16
	X-30	阳起钠长片岩	19.00	34.00	4.80	20.00	4.80	1.500	4.40	0.840	5.60	0.980	2.80	0.450	2.700	0.390	22.00	102.26	4.63	0.99	2.41	4.64	4.99	3.21	0.86	7.04	0.26
	X-34	钠长阳起片岩	21.00	41.00	5.00	25.00	6.60	2.350	6.10	1.100	7.40	1.350	3.80	0.520	3.000	0.480	29.50	124.63	4.26	1.15	1.94	4.61	4.39	3.49	0.71	7.00	0.24
	X-35	钠长阳起片岩	21.50	37.00	5.10	24.00	6.30	2.400	6.00	1.040	7.40	1.380	3.50	0.510	3.100	0.460	29.00	119.69	4.12	1.19	2.08	4.57	4.99	3.01	0.74	6.94	0.26
	XT-3	钠长阳起片岩	7.85	14.30	1.89	8.64	2.09	0.718	2.48	0.499	3.39	0.696	1.67	0.244	1.120	0.160	12.60	45.73	3.47	0.97	2.28	4.62	5.03	3.26	0.62	7.01	0.24
西华山岩组	XT-4	白云石英片岩	52.20	99.40	10.00	44.40	7.45	1.150	5.70	1.000	6.43	1.210	2.98	0.432	1.970	0.313	23.80	234.64	10.71	0.55	4.28	17.46	17.01	12.87	2.19	26.50	0.17
	XT-5	钠长阳起片岩	6.09	13.50	1.79	8.92	2.61	0.918	2.83	0.464	3.20	0.544	1.11	0.137	0.647	0.083	8.65	51.5	3.75	1.04	1.42	6.2	7.51	5.32	0.70	9.41	0.29

注：XT 为宁夏地质调查院资料，X 为甘肃省区调队资料。

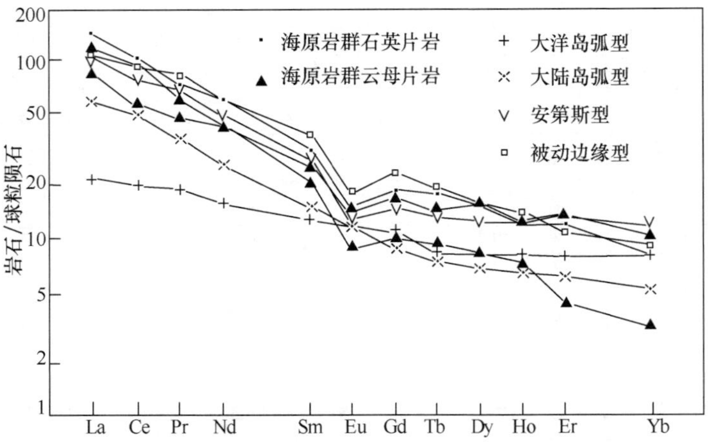

图 25-21　海原岩群云母片岩、石英片岩稀土配分曲线

Fig. 25-21　Rare earth elements distribution curves of mica schist and quartz schist in the Haiyuan Rock Group

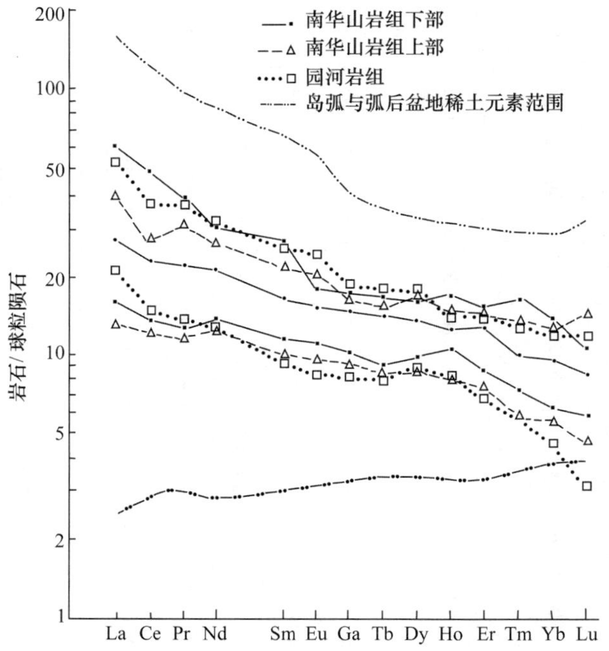

图 25-22　海原岩群角闪岩、绿片岩稀土配分曲线

Fig. 25-22　Rare earth elements distribution curves of amphibolite and green schist in the Haiyuan Rock Group

（五）原岩恢复

海原岩群的变质岩，因后期多次构造变形的叠加，尤其韧性动力变质作用的强烈影响，使其在产出特征、岩石组合等方面均发生了重大调整，某些赖以恢复原岩的重要标志甚至消失殆尽，给原岩的准确恢复带来困难。

1. 原岩为正常沉积岩的岩类

包括云母片岩、石英片岩、石英岩、大理岩。依据如下：

1）总体均呈层状，按一定层位产出，片岩与大理岩、石英岩通常互为夹层组成具一定沉积韵律的岩石共生组合。

2）部分片岩、大理岩含石墨，其含量时可高达 20%~36%；有些片岩富含方解石，沿走向过渡为大理岩；有时则因云母含量的降低而与石英岩呈渐变关系。

3）据对部分白云母片岩中的云母进行电子探针分析，其钠云母分子含量高达 41%~93%，属纯钠云母，揭示其原岩为泥质岩石。

4）硅质白云石大理岩偶具变余砂状结构。

5）各岩组云母片岩、石英片岩、大理岩普含微古植物化石，部分层位的大理岩有叠层石产出。

6）岩石化学特征与相应沉积岩类同。在（(*al*+*fm*)-(*c*+*alk*)）-*Si*（图 25-23）、[(Al+Fe+Ti)/3-K] - [(Al+Fe+Ti)/3-Na]（图 25-24）、(Al+∑Fe+Ti)-(Ca+Mg)（图 25-25）等图解中，云母片岩、石英片岩除个别样品外，绝大部分投点落入亚杂砂岩、页岩、泥质及砂质等正常沉积岩区。普列多夫斯基 1980 年提出的 Al_2O_3-(K_2O+Na_2O) 图解，能够有效地区分成熟度不高的变质碎屑沉积岩与变质中酸性岩浆岩，在该图（图 25-26）中，上述片岩除 2、4、9、17 号样因原岩成熟度较高（富黏土质），而偏至岩浆岩区及其上方外，其余投点均落于亚杂砂岩的沉积岩区。

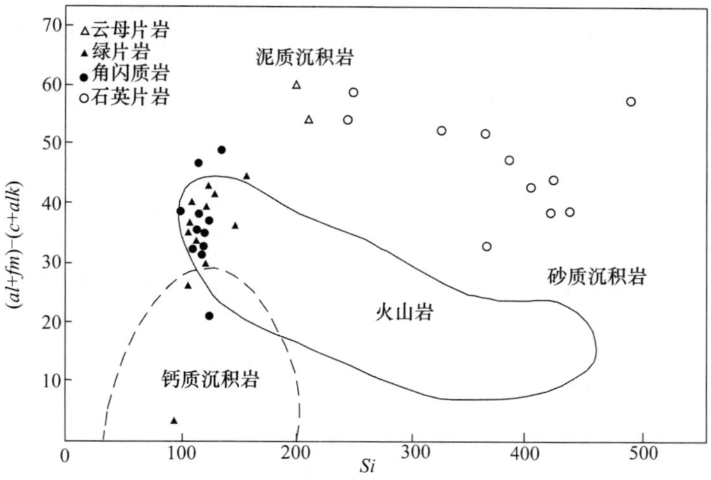

图 25-23　((*al*+*fm*)-(*c*+*alk*))-*Si* 图解

Fig. 25-23　((*al*+*fm*)-(*c*+*alk*))-*Si* diagram

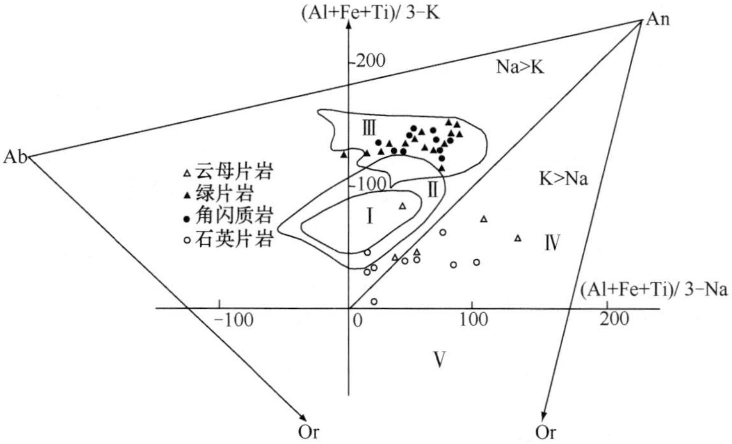

图 25-24　((Al+Fe+Ti)/3-K)-((Al+Fe+Ti)/3-Na) 图解

（据莫伊纳和罗谢，1968；转引自王仁民等，1987）

Fig. 25-24　((Al+Fe+Ti)/3-K)-((Al+Fe+Ti)/3-Na) diagram

Ⅰ—杂砂岩；Ⅱ—亚杂砂岩；Ⅲ—基性火山岩；Ⅳ—页岩、泥质碳酸盐岩；Ⅴ—长石砂岩

7）微量元素含量普遍偏低，与地壳沉积岩丰度值相比，多偏低或近等。将 4 件云母片岩、石英片岩稀土元素分析样（表 25-11 中 1~4 号样）结果投入 La/Yb-TR 图解（图 25-27），全部落在黏土岩和砂岩、杂砂岩区。

8）副矿物组合庞杂，多呈碎屑状，锆石、磷灰石等普具磨蚀现象，延长系数小于 1.6，显示明显的机械搬运、沉积特征。可见，云母片岩、石英片岩原岩当属泥质岩、砂岩、杂砂岩、粉砂岩等。大理岩原岩无疑为白云岩—灰岩。石英岩原岩大部分为石英砂岩，部分石英岩原岩可能为硅质岩。

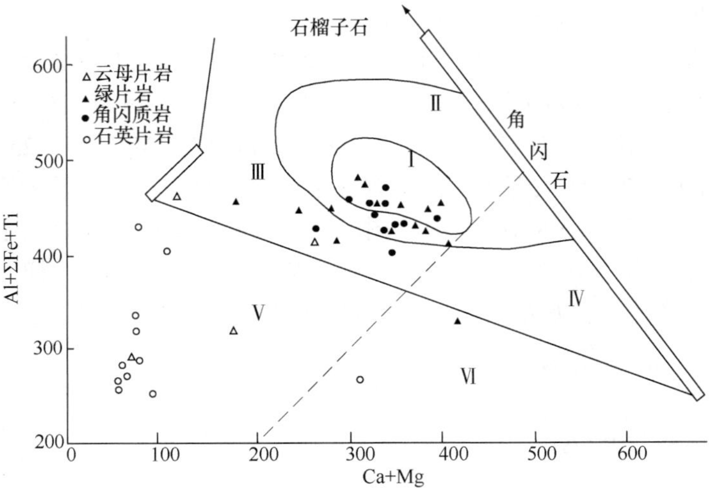

图 25-25 (Al+∑Fe+Ti)-(Ca+Mg) 图解

(据克列麦涅茨基，1979；转引自王仁民等，1987)

Fig. 25-25 (Al+∑Fe+Ti)-(Ca+Mg) diagram

Ⅰ—基性火成岩；Ⅱ—基性火成岩及其变种区；Ⅲ—中性火成岩、基性火成岩杂砂岩和含有黏土质凝灰岩和凝灰岩区；Ⅳ—含有碳酸盐物质的沉凝灰岩和灰岩区；Ⅴ—黏土、泥岩、粉砂岩、长石砂岩和泥灰质砂岩区；Ⅵ—黏土质、白云质和钙质泥灰岩区

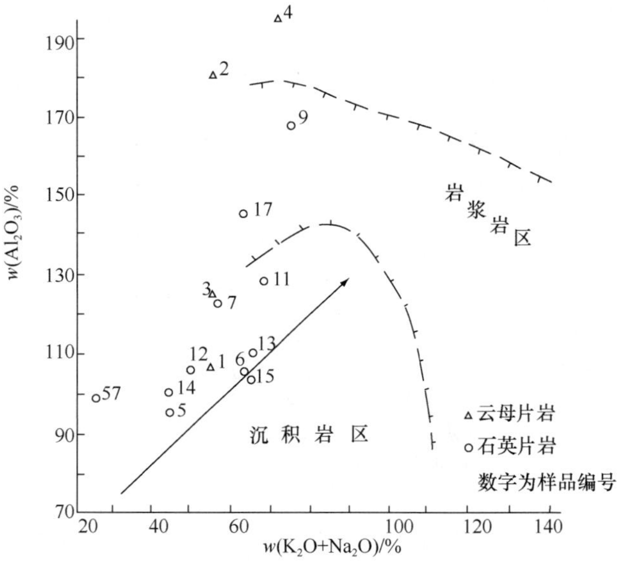

图 25-26 Al_2O_3-(K_2O+Na_2O) 图解

(据普列多夫斯基，1980)

Fig. 25-26 Al_2O_3-(K_2O+Na_2O) diagram

箭头方向表示亚杂砂岩和长石砂岩中石英含量降低的方向

2. 原岩为火山岩、次火山岩的岩类

海原岩群中的绿片岩、角闪质岩，原岩大部分当属基性火山岩，少数为基性次火山岩。依据如下：

1）通常以不稳定层状产出，少数斜长角闪岩呈岩床、岩墙、岩脉穿插于中元古界，特别是南华山岩组中。

2）具海底喷发岩的典型颜色——灰绿色。

3）个别脉状斜长角闪岩中含被角闪石、方解石等矿物交代的辉石残晶。

4）据常量元素图解（图 25-24 至图 25-26）投点结果，90%的点次落入火山岩、基性火山岩、基性火成岩及其变种、基性火山杂砂岩和含黏土质的沉凝灰岩、凝灰岩区域中，其余投点也多落在这些区域附近。在稀土元素图解（图 25-27）中，除南华山岩组中的绿帘斜长角闪岩（5 号样）投点落于

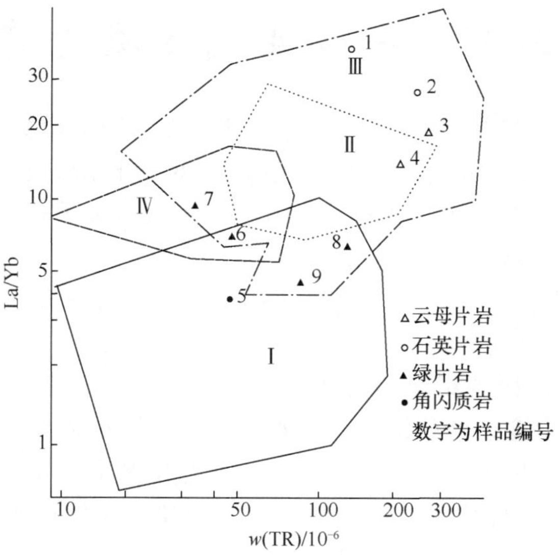

图 25-27　La/Yb-TR 图解

（据巴拉绍夫等，1972，转引自王仁民等，（1987））

Fig. 25-27　La/Yb-TR diagram

Ⅰ—斜长角闪岩（基性火山岩）区；Ⅱ—砂质岩和杂砂岩区；Ⅲ—页岩和黏土岩区；Ⅳ—碳酸盐岩区

基性火成岩区外，其他 4 件绿片岩样点均跨入基性火成岩与黏土岩、砂岩的过渡区及其附近。

5）副矿物组合相对较简单。大部分锆石具有火山岩、次火山岩的标型特征——普遍而强烈的溶蚀现象。部分呈良好晶形，少数有机械磨蚀痕迹，表明其为碎屑锆石。

可见，海原岩群的绿片岩、角闪质岩石原岩大部分为玄武岩、基性凝灰岩及其向沉积岩过渡的基性沉凝灰岩、凝灰质砂岩等，少部分可能为辉绿岩等次火山岩的变质产物。

二、黄旗口组、王全口组、兔儿坑组区域变质岩

黄旗口组、王全口组、兔儿坑组的区域变质岩，主要岩石种类为变质碎屑岩、板岩、千枚岩等，变质程度很低，岩石原生组构保存良好，无须进行原岩恢复。主要岩石类型及岩石学特征如下：

1. 变质碎屑岩类

出现于黄旗口组中。岩性为变质长石石英砂岩、石英砂岩、变质粉砂岩等，呈灰褐、灰白、浅绿灰色，变余砂状结构，碎屑由石英、长石和少量岩屑组成，填隙物、胶结物由重结晶的绢云母、绿泥石、黑云母、硅质及少量方解石和铁质组成。碎屑和胶结物清晰可辨，孔隙式-基底式胶结，石英碎屑因硅质重结晶具次生加大现象，云母类矿物由黏土质胶结物变成，局部集中成条带。黄旗口组的变质砂岩中含少量电气石和海绿石。

2. 板岩类

出现于黄旗口组、王全口组和兔儿坑组中。有粉砂质板岩、千枚状板岩、绿泥水云母板岩等类型，岩石呈褐灰—蓝绿色，具变质砂状泥质结构，板状构造、变余层理构造。变质矿物主要有绢云母、绿泥石、石英及少量绿帘石、方解石等。镜下见部分泥质物尚未变质，仍保留原岩的结构特征。

3. 千枚岩类

与板岩类分布相同。多为绢云母千枚岩，岩石呈浅灰、银灰色，具鳞片变晶结构、千枚状构造，主要新生矿物为绢云母、白云母和石英，前二者呈鳞片状集合体，石英呈粒状，显定向拉长现象。

第三节　早古生代区域变质岩

宁夏的寒武系-奥陶系苏峪口组、陶思沟组、胡鲁斯台组、阿不切亥组、天景山组、米钵山组、香山群（徐家圈组、狼嘴子组、磨盘井组）均为一套由埋深变质作用形成的次（亚）绿片岩相级（绿纤石-葡萄石相）的变质岩系，主要岩石类型有变质碎屑岩、板岩和千枚岩。该套变质岩的变质程度很低，变质岩石的原生组构保存良好，无须进行原岩恢复。

主要岩石类型及特征如下：

1. 变质碎屑岩类

主要产于米钵山组和香山群各组中。岩性为变质长石石英（杂）砂岩、变质粉砂岩等，呈灰褐、灰绿、灰白、浅绿灰色，变余砂状结构，碎屑由石英、长石和少量岩屑组成，填隙物、胶结物由重结晶的绢云母、绿泥石、黑云母、硅质及少量方解石和铁质组成。碎屑和胶结物清晰可辨，孔隙式-基底式胶结，石英碎屑因硅质重结晶具次生加大现象，云母类矿物由黏土质胶结物变成，局部集中呈条带。

2. 板岩类

主要产于陶思沟组、阿不切亥组、米钵山组及香山群各组中，有粉砂质板岩、千枚状板岩、绿泥水云母板岩等类型。岩石呈灰绿—黄绿色，具变质砂状泥质结构，板状构造、变余层理构造。变质矿物主要有绢云母、绿泥石、石英及少量绿帘石、方解石等。镜下见部分泥质物尚未变质，仍保留原岩的结构特征。

3. 千枚岩类

分布与板岩相同。多为绢云母千枚岩，岩石呈浅灰、银灰色，具鳞片变晶结构、千枚状构造，主要新生矿物为绢云母、白云母和石英，前二者呈鳞片状集合体，石英呈粒状，显定向拉长现象。

第二十六章　区域变质作用

第一节　区域变质作用类型

宁夏存在的区域变质作用类型有克拉通基底区域变质作用、造山带区域变质作用和埋深变质作用3种（表26-1）。

表26-1　区域变质作用主要类型及主要特征简表

Table 26-1　Main types and characteristics of regional metamorphism

<table>
<tr><th colspan="3">变质作用类型</th><th>变质地带（编号）</th><th>变质岩系</th><th>原岩建造</th><th>大地构造和板块构造环境</th><th>变质作用（变质相）</th><th>混合岩及花岗岩</th></tr>
<tr><td colspan="3" rowspan="2">埋深变质作用</td><td>北祁连加里东造山带走廊过渡带东端变质地带（$Ⅰ_4$）</td><td>寒武-奥陶系</td><td>碎屑岩-碳酸盐岩-硅质建造为主</td><td>北祁连加里东造山带走廊过渡带东端，早古生代浅海—深海盆地</td><td>碳酸盐岩、硅质岩出现重结晶现象，泥质岩出现新生绢云母、绿泥石，属低绿片岩相</td><td>有印支期—燕山期中酸性侵入岩</td></tr>
<tr><td>鄂尔多斯地块西缘变质地带（$Ⅰ_4$）</td><td>长城-震旦系</td><td>碎屑岩-碳酸盐岩-硅质建造为主</td><td>华北陆块西缘浅海盆地</td><td>碳酸盐岩、硅质岩出现重结晶现象，泥质岩出现新生绢云母、绿泥石，属低绿片岩相</td><td></td></tr>
<tr><td>造山带区域变质作用</td><td>区域热动力变质作用</td><td>中低压型</td><td>南西华山变质地带（$Ⅲ_5$）</td><td>海原岩群</td><td>沉积-火山岩型建造</td><td>北祁连晋宁期造山带，华北板块与西宁微板块碰撞造山带</td><td>绿泥石、黑云母组合，绿帘角闪岩相</td><td>有花岗质岩浆侵入（簸箕掌北侧）</td></tr>
<tr><td rowspan="2">克拉通基底区域变质作用</td><td rowspan="2">区域中高温变质作用</td><td>高—中低压型</td><td>贺兰山北段变质地带（$Ⅰ_1$）</td><td>贺兰山岩群</td><td>沉积型夹火山岩型建造为主</td><td>华北克拉通西部陆块西北缘</td><td>高—中低压型，麻粒岩相—角闪岩相</td><td>混合岩化作用、花岗岩化作用发育</td></tr>
<tr><td>中—低压型</td><td>贺兰山中段变质地带（$Ⅰ_2$）</td><td>赵池沟岩群</td><td>单陆屑建造</td><td>华北克拉通西部陆块西北缘</td><td>绿泥石级、黑云母级绿片岩相变质作用（低绿片岩相）</td><td></td></tr>
</table>

1. 克拉通基底区域变质作用

此类型区域变质作用出现在华北克拉通西北缘贺兰山地区的古元古界贺兰山岩群和赵池沟岩群中。贺兰山北段的孔兹岩系，达角闪岩相—麻粒岩相变质，形成克拉通变质结晶基底，变质作用与区域混合岩化、花岗岩化作用有着密切的联系。

克拉通基底区域变质作用可进一步划分为区域热动力变质作用与区域动力变质作用两种类型。

（1）区域热动力变质作用

为中高温、高—中低压变质作用，以古元古代结晶基底形成为标志，以中深变质的陆块且发育混合岩、花岗岩为特征。贺兰山岩群的原岩经历了角闪岩相-麻粒岩相中深程度变质，并伴有表壳岩的强烈熔融，形成贺兰山变质杂岩。经受此期变质后，贺兰山岩群很少受到构造-热事件的干扰，其后发生的叠加变质作用特征不很明显。

（2）区域动力变质作用

为韧性剪切动力变质作用。岩石应力变形强烈，岩石新生组构板理、劈理等较为发育，塑性流变及鞘褶皱强烈，残留构造不同程度地发生畸变。变质程度低，形成绿片岩相的单相变质。区域动力变质作用是在活动的大地构造环境中发生和发展的。贺兰山岩群后期韧性剪切动力变质，为变质达绿片岩相的单相退变质，形成初糜岩、糜棱岩、千糜岩及构造云母片岩等变质岩类。

2. 造山带区域变质作用

造山带区域变质作用属低压—中压相型、达绿片岩相—绿帘角闪岩相的变质作用。此类变质作用出现在北祁连晋宁早期（四堡期）造山带中。变质岩系为南、西华山—月亮山地区的中元古界海原岩群。造山带北界为香山南麓大断裂（前人一直认为是南、西华山北麓断裂），南界为月亮山南麓大断裂。造山带区域变质作用可划分为区域热动力变质作用与区域动力变质作用两个类型。

（1）区域热动力变质作用

标型压力矿物及矿物共生组合特征表明，海原岩群的区域热动力变质作用属于中—低压型变质作用。海原岩群变质地层代表了晋宁早期华北陆块与祁连陆块汇聚挤压体制的构造环境。

（2）区域动力变质作用

出现于中元古界海原岩群中，为韧性剪切动力变质作用。岩石应力变形强烈，新生组构板理、劈理等较为发育，塑性流变及鞘褶皱强烈，残留构造不同程度地发生畸变。变质程度低，形成绿片岩相的单相变质，使海原岩群区域变质岩发生后期退变质。

3. 埋深变质作用

埋深变质作用属稳定或较稳定的盖层沉积达次（亚）绿片岩相（绿纤石-葡萄石相）的浅变质作用，形成浅变质碎屑岩、板岩、千枚岩、大理岩、石英岩等。受变质地层为鄂尔多斯地块西缘长城纪—震旦纪地层，以及走廊过渡带的寒武纪—奥陶纪地层。原岩为泥质岩的大多变为板岩，少量变为千枚岩，原岩为碳酸盐岩、硅质岩的基本不变质，仅有颗粒重结晶现象。变质新生矿物主要有绢云母、绿泥石、石英（微粒）。

第二节　变质相和变质相系

利用近年来 1∶5 万、1∶25 万区调及科研院所的变质岩研究新成果，本《志》重新划分了变质带、变质相、变质相系（型）（表 26-2）。以下按变质期将各个变质地带区域变质岩的变质相、变质相系（型）总结如下：

表 26-2　宁夏变质相、相系（型）划分

Table 26-2　Division of metamorphic facies and facies series in Ningxia

变质相	亚相/型/组合		特征矿物
亚（次）绿片岩相	葡萄石—绿纤石相		葡萄石、绿纤石
低绿片岩相（赵池沟岩群）	中—低压型 400~500℃，200~1000MPa	绿泥石带	绢云母、绿泥石、绿帘石等
		黑云母带	黑云母、阳起石、钠长石等
绿帘角闪岩相（海原岩群）	中—低压型 421~520℃，2200MPa	未分带	铁铝榴石、（蓝绿色）普通角闪石、阳起石、透闪石、蛇纹石、钠长石、奥长石等
角闪岩相（贺兰山岩群）	低—中压型（未分）	堇青石+红柱石+石榴子石	堇青石、红柱石、钾长石、硅灰石等
（泥质）麻粒岩相（贺兰山岩群）	低压型 780~810℃，0.45~0.55GPa	堇青石+黑云母+石榴子石	堇青石、石榴子石、黑云母、钾长石、钠长石等

续表

变质相	亚相/型/组合		特征矿物
（泥质）麻粒岩相（贺兰山岩群）	中压型 840~860℃ 0.6~0.8GPa	矽线石+石榴子石	矽线石、条纹长石、更长石、黑云母、石榴子石、堇青石等
	高压型 850~870℃ 1.4~1.5GPa	蓝晶石+条纹长石+石榴子石	蓝晶石、条纹长石、石榴子石、更长石、多硅白云母等

一、贺兰山岩群

（一）变质相

贺兰山北段古元古代区域变质岩的主要岩石类型有片麻岩类、变粒岩类、片岩类、大理岩类、钙硅酸岩类（粒岩类）及麻粒岩类等7类岩石组成，变质程度高，由于伴随着混合岩化和后期韧性剪切断裂作用叠加产生退变质，给变质相、变质相系划分带来一定的困难。

1. 矿物相与矿物化学特征

区域变质岩常见的矿物有石榴子石、黑云母、堇青石、矽线石、辉石、角闪石、方柱石、长石、石英和少量的蓝晶石、红柱石、硅灰石、尖晶石、石墨等出现。现选择几种重要的、具代表性的矿物，探讨其化学成分与变质环境关系。

（1）石榴子石

石榴子石是贺兰岩岩群中分布较广的变质矿物，在变粒岩类和片麻岩类中多见，局部含量高达15%以上。新鲜的石榴子石呈褐红色，蚀变后颜色变深。石榴子石的结构分为两种：一种为粒状，另一种为长条状；见条带状石榴子石内有环形分布的矽线石环绕的内核，说明条带状石榴子石是在粒状石榴子石的基础上发育起来的。矿物电子探针分析，石榴子石多具富铁的成分特征，Ca、Mg、Mn较低。石榴子石的成分与变质环境有关。一般认为CaO低，反映低压的环境；MgO高，往往反映在高温下形成。石榴子石与不同矿物相邻时，环带发育程度不同，这是一种扩散环带的表现。周喜文等（2010）对泥质麻粒岩中的石榴子石做了电子探针分析：其Ca、Mg含量极低，CaO与MnO含量均不超过1%；MgO的含量随着石榴子石微区部位的不同而变化较大，大颗粒石榴子石核部MgO含量最高、为5.5%~5.9%，与黑云母相邻的边部MgO含量最低、约4.5%；FeO变化于33%~34%。石榴子石成分剖面显示核部成分总体表现平稳，到边部MgO含量逐渐降低，Fe含量增高，呈现扩散环带特征。但核部与边部的变化幅度并不大，可能与剖面两端相邻长英质矿物有关。相反，在颗粒内部靠近黑云母包体附近的石榴子石，Mg含量却出现了明显的降低，相应黑云母包体的Mg含量增高，表明石榴子石扩散环带的发育主要受相邻镁铁质矿物的控制。

（2）黑云母

片麻岩和变粒岩中均含不等量的黑云母。按结构特征分为3种情况。一种是粒径小、长宽比也小，多分布在其他矿物之间，特别是数个矿物交接的部位，黑云母多与其他矿物有弯曲的界面，具这种结构的黑云母多出现在变粒岩、不含条带状石榴子石和堇青石的片麻岩中。第二种情况是黑云母较大，且长宽比值也大，常与矽线石、堇青石等矿物在一起，构成富含铁镁矿物和富铝矿物的条带状域，这种结构的黑云母多平行排列，定向明显，使岩石具有片麻状构造。第三种常在堇青石、石榴子石中出现，为具圆化边界的黑云母，有的甚至成为椭圆状或圆状。黑云母具多色性，均为高温黑云母。黑云母的成分不受控于主岩成分而受控于共生矿物相。从黑云母的钛含量分析，变质温度高于角闪岩相而低于麻粒岩相。泥质麻粒岩基质中的黑云母，MgO含量一般在11%左右，TiO_2含量在3.5%~4%之间，显示经历了较高温度的变质改造。

（3）堇青石

堇青石是贺兰山岩群中十分丰富的变质矿物，多赋存在富铝片麻岩和富铝变粒岩中，个别样品含量达45%以上，颜色较深为蚀变所致。多数堇青石具有不同程度的绢云母化蚀变。按结构，堇青石可分为粒状和条带状两种。粒状者蚀变较弱，包裹体也少；条带状者多含针状矽线石、圆状黑云母、石英及石榴子石包裹体。电子探针分析表明，堇青石具有富 Fe、贫 Mg 和 Si 的特征。从不同结构的堇青石 Mg0 含量判断，粒状堇青石的形成温度比条带状者要高。

（4）辉石和角闪石

贺兰山岩群变质岩内既有斜方辉石，也有单斜辉石。斜方辉石多与单斜辉石、角闪石、黑云母和斜长石共生，组成二辉麻粒岩；单斜辉石既出现在麻粒岩中，也在一些变粒岩、粒岩、大理岩中出现。麻粒岩中的辉石多为细小粒状，大理岩中可见较大的辉石颗粒。麻粒岩中的角闪石具棕绿色—浅绿色的多色性，而闪长质片麻岩中的角闪石带蓝色调，这种差异是形成温度不同引起的，麻粒岩角闪石形成的温度要高一些。

斜方辉石的成分：顽火辉石分子为 En40～45，属紫苏辉石种属。紫苏辉石的 w（FeO）为 29.58%～36.21%，w（MgO）为 14.32%～15.92%，w（Al_2O_3）为 0.62%～0.74%，w（CaO）为 0.72%～1.61%。与国内外其他相似变质地体相比，本区紫苏辉石的 MgO、Al_2O_3 低，而 FeO 较高。

麻粒岩中与紫苏辉石共生的单斜辉石按成分均属次透辉石。与共生的紫苏辉石相似，其 Al_2O_3 较低，Na_2O 也低。一般认为单斜辉石中 Na_2O 与硬玉分子有关，而硬玉分子低说明形成压力低。胡能高等（1994）推测，贺兰山地区麻粒岩的形成压力比密云和冀东地区要低，可能与内蒙古东南部孔兹岩相近。

电子探针分析发现，麻粒岩和闪长质片麻岩中的角闪石均属钙质角闪石，为普通角闪石种属。一般认为，TiO_2 和 Na_2O+K_2O 含量随温度升高而升高。本区麻粒岩中角闪石的 TiO_2 和 Na_2O+K_2O 分别为 2.17%和 3.56%，与我国内蒙古东南孔兹岩系及密云、冀东地区麻粒岩中角闪石的含量相近。闪长质片麻岩中角闪石的 TiO_2 和 Na_2O+K_2O 较低，说明是不同环境下形成的。在（Na+K）/Ti 图上，麻粒岩中的角闪石落在麻粒岩相区，而闪长质片麻岩的角闪石落在角闪岩相区。麻粒岩中角闪石的 Na_A 为 0.24，而闪长质片麻岩角闪石平均值小于 0.10。角闪石中 Na_A 值一般随着形成温度的升高而增大。角闪石的多色性及成分特征表明，麻粒岩和闪长质片麻岩的角闪石不是形成于同样的温度环境，闪长质片麻岩的角闪石形成温度要低些。

（5）长石

贺兰山岩群中除大理岩一般不含长石外，其他岩类中都含有不等量的长石。

镜下，片麻岩类和变粒岩类中的斜长石多无环带，麻粒岩类中也未见环带，但黑云闪长质片麻岩中多见弱环带结构，常常是正环带。多数斜长石有不同程度的绢云母化，有时可见到钠长石净边环绕绢云母化的斜长石，这种净边有时也环绕碱性长石。片麻岩类和变粒岩类中斜长石跨更长石和中长石两个种属区间，但多数为更长石。闪长质片麻岩中有大小两种斜长石，具弱环带者均为大斜长石，大斜长石比小斜长石更富钙长石分子，这是两期热事件的记录。大斜长石或为闪长岩中残留的部分，或为早期区域变质的残余，而小斜长石是后期重新生长的，此次生长可能与浩尧尔岩体的侵入活动有关。斜长石的成分与寄主岩和共生矿物相关，An 与寄生岩石的 CaO/（Cao+Na_2O）大体上呈正相关。泥质麻粒岩中的斜长石主要为更长石。条纹长石的主晶钾长石中往往含有一定量的成分，出溶微晶成分不定，有时为更长石，有时为钠长石。

变质岩中的碱性长石也很发育，多为条纹长石，钠长石的条纹可占 10%～50%以上，既有正条纹长石，也有反条纹长石。就成因而论，碱性长石有两种：一种属出熔性质，另一种属交代成因。就条纹长石的结构状态区分，有正长条纹长石和微斜条纹长石两种。在同一岩石中，碱性长石可有不同的粒级，大的颗粒可能是小碱性长石重结晶的结果。胡能高等（1994）利用出溶钠长石与主晶钾长石配对计算的温度变化在 415～671℃间，说明碱性长石的出溶作用是分多期进行的。强直片麻岩中的出溶对记录的温度最低，应与变形作用有关，可能是变形作用触发了长石的出溶作用。显微镜下测定出溶钠长石的百分数，将探针成分加权平均，求得条纹长石均一化成分，然后与相邻长石配对，可得到长石温度，计算所得的这个温度也有较大的变化范围（450~861℃），同样是强直片麻岩中的温度低，而具粒状石榴子石和堇青石的片麻岩中的长石对温度高。这说明变形不仅使碱性长石的成分有调节，而且也调节了长石间的成分。

（6）尖晶石

尖晶石多见于富铝片麻岩中，也见于部分花岗岩中，强直片麻岩中无。常被包裹在石榴子石、堇青石、斜长石、碱性长石等矿物中，有时甚至在矽线石内见到，但没有与石英共生的。镜下多为绿色，高突起，均质体。尖晶石探针分析结果：低 MgO 高 FeO，为含镁的铁尖晶石。

（7）矽线石、红柱石和蓝晶石

变质岩中的 Al_2SiO_5 的 3 个变体均有产出，但以矽线石为主。矽线石有两种晶体形态，柱状、针状或毛发状，以柱状者多见。柱状矽线石多平行排列，沿片麻理分布，多构成较好线理。针状者多作为石榴子石和堇青石的包体出现，在条带状石榴子石和堇青石中尤为发育。这种产出状态意味着针状矽线石的形成与条带状石榴子石和堇青石的形成有联系，很可能在条带状石榴子石和堇青石生长时，矽线石是被消耗的，使原来柱状矽线石变细、变短，而未被消耗尽的部分作为包体保留下来。

蓝晶石仅在局部见到，作为柱状矽线石的内核出现，是早期变质作用的矿物记录。产出变余蓝晶石的片麻岩均不含条带状石榴子石和矽线石，说明变形较弱。据 1：20 万区调资料，在盖层沉积岩的砾石中，见有蓝晶石石英片岩。这些砾石来自结晶基底，但其构造层位可能比现在出露的贺兰山岩群高一些。

红柱石仅在局部含条带状堇青石和石榴子石的片麻岩或强直片麻岩中见到，呈粒状，与堇青石交生，并见包裹针状矽线石沿面理分布，结晶应该比较晚。Al_2SiO_5 变体有下列演化关系：蓝晶石→柱状矽线石→针状矽线石→粒状红柱石，这种演化关系说明贺兰山岩群变质过程的复杂性。

2. 矿物组合

（1）片麻岩类和变粒岩类的矿物组合（片麻岩类和变粒岩类的矿物组合相似，尤其是重要的矿物组合相似）

1）石榴子石+黑云母+斜长石+石英；

2）矽线石+堇青石+黑云母+斜长石+石英；

3）堇青石+黑云母+斜长石+条纹长石+石英+尖晶石；

4）矽线石+石榴子石+堇青石+条纹长石+石英；

5）矽线石+石榴子石+堇青石+斜长石+条纹长石+石英+尖晶石。

其中组合 1）主要出现在非富铝的片麻岩和变粒岩中，其余的组合出现在富铝的片麻岩和变粒岩中。

（2）麻粒岩类的矿物组合

1）紫苏辉石+次透辉石+黑云母+斜长石+石英；

2）紫苏辉石+次透辉石+黑云母+斜长石+石英+石榴子石；

3）紫苏辉石+次透辉石+黑云母+角闪石+斜长石+石英；

4）蓝晶石+条纹长石+石榴子石。

其中组合 1）、2）、3）主要出现在基性麻粒岩中，组合 4）出现在（高压）泥质麻粒岩中。

（3）大理岩类和粒岩类的矿物组合（大理岩类和粒岩类的矿物组合相似，尤其是重要的矿物组合相似）

1）方解石+透辉石+石英；

2）硅灰石+方解石+透辉石；

3）硅灰石+透辉石+方柱石+方解石。

（4）片岩类的矿物组合

1）黑云母+绢云母+石英；

2）绿泥石+绢云母+石英。

3. 变质相

上述矿物组合表明，贺兰山孔兹岩系主期变质达麻粒岩相。

胡能高等（1994）认为，麻粒岩中仍有含水矿物角闪石和黑云母，说明处在麻粒岩相的低温部分，应属 Turner 的角闪麻粒岩相（或称低麻粒岩相）；其中的碱性长石多为条纹长石，还有少量反条纹长石，这也是麻粒岩相的标志。富铝变质岩中广泛发育堇青石，钙质岩类中发育硅灰石，它们都是低压条件下的矿物，故属低压变质相系，为低压角闪麻粒岩相。石榴子石、黑云母、堇青石、辉石、角闪石等矿物特征也说明贺兰山岩群变质岩的变质温度高于高角闪岩相，比典型的麻粒岩相低些，属角闪麻粒岩相。在低压相系中，由高角闪岩相向麻粒岩相过渡时，富铝片麻岩中要发生下列反应：

砂线石+黑云母+石英→堇青石+石榴子石+正长石+H_2O

贺兰山岩群变质岩中多见石榴子石和堇青石交生，并包裹砂线石、黑云母的现象，镜下很少见到砂线石与黑云母和石英同时接触的情况，说明在主期变质作用中已发生过该反应。

（二）变质相系

目前，国内地学界对贺兰山孔兹岩系主期变质达麻粒岩相，以及变质作用演化 $p-T$ 轨迹呈顺时针样式基本没有异议。但不同学者对轨迹的形态、得出的温压条件以及成因推断等却有不同的解释。现就几种观点介绍如下：

1. 胡能高的观点及解释推断

胡能高等（1994）将贺兰山孔兹岩的变质作用分为主期变质、早期变质和退变质。主期变质是指形成现有占优势的矿物组合的变质作用，早期变质作用的记录仅在局部有残留，退变质作用指形成温度环境明显低于主变质期的变质。

（1）主期变质作用的温压环境及演化

泥岩和长英质岩石在主期变质形成的矿物组合中没有白云母，而且碱性长石均为条纹长石或反条纹长石，但没有假蓝宝石，因此，变质温度应在图 26-1 的曲线⑫和⑪以上，在曲线⑨以下。

由紫苏辉石+次透辉石+黑云母+斜长石±角闪石组合可知，变质峰期温度应在图 26-1 的曲线⑩和⑧之间。曲线③、④和⑤分别是饱和水、含 2%水和没有水的条件下的低熔成分的固相线。贺兰山岩群变质岩多数含有低熔组分，但尚未被熔出来，因此，变质温度不可能达到曲线⑤。图 26-1 中的曲线⑥和⑦分别为主岩的 FeO/(MgO+FeO）为 0.65 和 0.8 的堇青石与石榴子石的共生上下限，贺兰山岩群富铝片麻岩的 FeO/(FeO + MgO）在 0.65~0.8 间。由岩石学观察可知，多数富铝片麻岩中有堇青石、石榴子石和砂线石共生，主变质期的压力主要应在曲线⑥、⑦限定的区域内。总之，按主期变质占优势的矿物组合，其变质温压最大可能是在由图 26-1 的曲线⑪、④和⑥、⑦限定的区域内。

以上仅是由主变质期占优势的矿物组合分析得出的温压环境。事实上，主期变质期间的矿物组合是变化的，暗示其温压环境在演化。条带状石榴子石内有环状分布的砂线石包体，说明条带状石榴子石是在粒状石榴子石的基础上发育起来的，即条带状结构的石榴子石形成比粒状者晚。石榴子石和堇青石交生多见于由粒状结构石榴子石和堇青石或条带状石榴子石和堇青石发育不好的片麻岩中，说明反应：砂线石+黑云母+石英→堇青石+石榴子石+钾长石+H_2O 主要在这样的岩石中进行。在含条带状石榴子石和堇青石的片麻岩，尤其是强直片麻岩中，多见的是堇青石包裹石榴子石，而且在这些岩石中堇青石常特别丰富，推测发生了下列反应：

黑云母+砂线石+石英→堇青石+钾长石+水和石榴子石+砂线石+石英→堇青石

在一些强直片麻岩中还见到堇青石与红柱石交生、红柱石包裹砂线石的现象。因此，就铁镁矿物和 Al_2SiO_5 变体而言，主期变质的矿物组合有下列更替关系：

1）黑云母+砂线石+石榴子石；

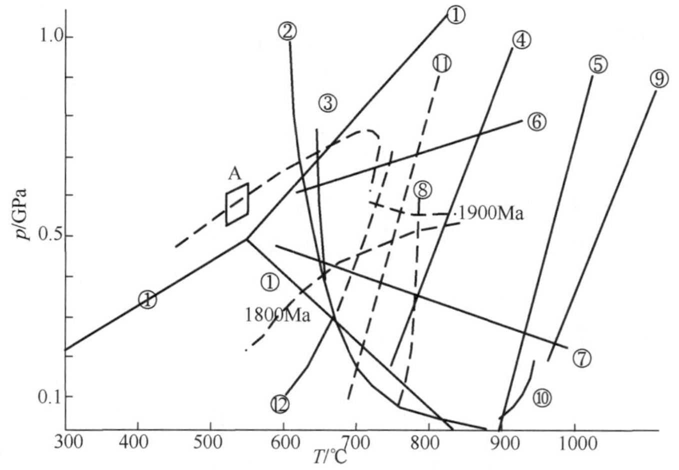

图 26-1 指示贺兰山岩群变质温压环境的有关反应和变质演化图

Fig. 26-1 Metamorphic evolution and reactions on metamorphic temperature and pressure environment of the Helanshan Rock Group

①蓝晶石=矽线石=红柱石；②④⑤分别为饱和水、含水 2%和不含水时的低溶组分固相线；③钠长石+白云母+石英+水=熔体+矽线石；⑥⑦分别为主岩的 $Fe^{2+}/(Fe^{2+}+Mg)$ = 0.65 和 0.80 的堇青石+石榴子石共生的上下限；⑧角闪石(1)+斜长石(1)⇌角闪石(2)+斜方辉石+单斜辉石+斜长石(2)；⑨石榴子石+堇青石+矽线石=假蓝宝石+石英；⑩角闪石消失线；⑪条纹长石线；⑫白云母+石英=矽线石+钾长石+水

2）堇青石+石榴子石；

3）堇青石+红柱石。

这样的替代趋势说明变质的压力明显下降。

变质矿物的特征也表明贺兰山岩群主变质期的温压环境是变化着的，条带状堇青石的成分与粒状者的差异就是一个显示。堇青石、石榴子石、黑云母间成分的同步变化独立于主岩的铁镁比，也说明它们之间平衡温压的变化。

矿物组合和矿物对温度压力的计算结果表明，用不同温度、压力计计算的结果有些差异，但都显示含粒状石榴子石和堇青石片麻岩的形成温度、压力比含条带状者高。岩石学观察表明，粒状石榴子石和堇青石比条带状者形成早些，说明主变质期的温度、压力，尤其是压力总体上有下降的过程，与岩石学观察得到的矿物组合替代关系及变质矿物特征提供的信息都有较好的一致性。比较几个含粒状石榴子石和堇青石片麻岩的温压值可以看出，它们的温度、压力还是有一定差异的。如果接受变质过程压力不断下降这一个推断，那么压力值能用作时间的先后标志，这样的变质期大体上可划分为两个阶段。

第一阶段：降压、增温过程；

第二阶段：降压、降温过程。

该轨迹大体上反映了两个变质演化阶段的特征。主期变质作用的 $p-T$ 轨迹是顺时针的，变质温度的峰值在压力峰值之后，热峰之后的压力下降十分明显。这样的轨迹特征是大陆造山带的温压演化的表现，说明主期变质处在大陆造山环境。

（2）早期变质

由于主期变质温度较高，达角闪麻粒岩相，主变质前的变质记录不易保存。在个别薄片中，见到蓝晶石包裹在矽线石之中，这些蓝晶石应是在主变质期前生成的。蓝晶石是中压相系的特征矿物，它在 550℃左右开始出现，推测早期变质作用曾一度处在由图 26-1 中 A 表达的温压域中。考虑到矽线石是本区最常见的 Al_2SiO_5 变体，且多见被其他矿物包裹，说明矽线石也是结晶较早的矿物，因此，早期变质的温压环境应先跨进图 26-1 中曲线⑥以上温压域。像图 26-1 所示的那样，与中压相系的温压递进轨迹相当。在盖层中见有蓝晶石石英片岩的砾石，从区域地质看这些蓝晶石石英片岩应来自基底，也说明曾有过中压相系的变质作用。

早期变质作用的存在还可以从主期变质与深熔作用的关系来推测。主期变质的峰期温度已超过800℃，远远超过饱和水的低熔组分固相线温度，但片麻岩中富含不相容元素，尤其是相对于K和Sr有高含量的Rb，以及强烈富轻稀土元素等地球化学特征表明，这些片麻岩没有经过强烈的深熔作用影响。不能有效进行深熔作用的合理解释是主期变质时缺水使得泥质岩缺水，必然曾有一系列脱水的反应发生过，再就是在主期变质前有过更早的变质过程。

这里说的早期变质作用，仅仅是指比主期变质要早一些的变质过程，这个早期变质与主期变质是连续过渡的，还是有间断的，现在无从论证。从深熔作用与主期变质温度关系推断，主期变质与早期变质间似有间断。图26-1中早期变质与主期变质之间的$p-T$轨迹的连接也是推测的，早期变质作用应发生在古元古代，推测在这些地层形成后不久就发生了。

（3）退变质

沿剪切带多有退变质作用发生，这方面的内容在动力变质和叠加变质的有关章节中叙述。除沿剪切带的退变质作用外，各类变质岩中的堇青石、斜长石多有蚀变，尤其是条带状堇青石的蚀变更强烈，这种蚀变发生在形成玻化岩之前，而盖层中没有发现玻化岩，因此这些蚀变发生在长城系沉积之前，推测是主期变质后不久就发生了。蚀变产物多为绿泥石、绢云母、蛇纹石，形成温度较低，在绿片岩相的环境下。

2. 卢兆良的观点

卢兆良等（1996）认为其以增温和降温为主，变质压力最高不过0.7GPa，全程压力不超过0.2GPa，因此$p-T$轨迹十分平缓。认为反映的是陆内裂陷槽的拉伸和闭合过程。

3. 刘建忠的观点

刘建忠等（1998）根据矿物组合及演化把变质作用分为3个阶段6幕变质，即进变质作用早期阶段、变质温度高峰阶段、变质峰期后至晚期阶段。用石榴子石-黑云母温度计、堇青石-石榴子石温压计来估算各期变质的温度压力条件，所获得的$p-T-t-D$轨迹表现出顺时针演化的特点（图26-2）。变

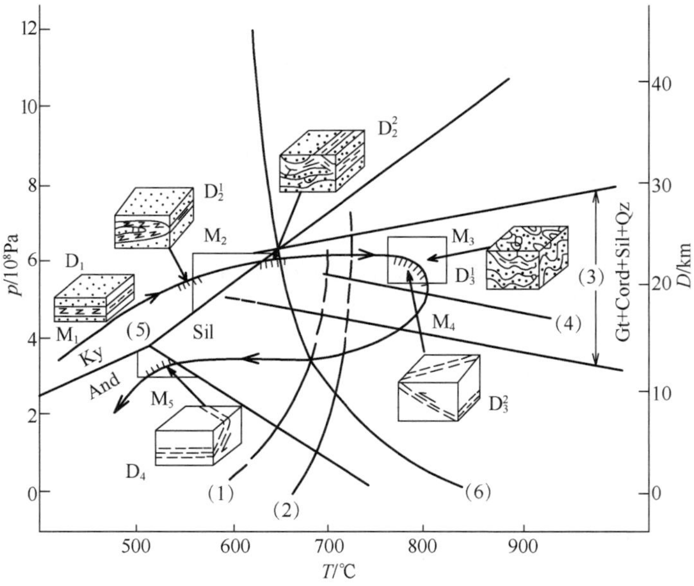

图26-2 孔兹岩系变质作用$p-T-t-D$轨迹

（据刘建忠等，1998）

Fig. 26-2 The metamorphic $p-T-t-D$ path of khondalite rock series

变质反应平衡线：（1）Mus+Qz+Sil+Kf+H_2O（Docy，1973）；（2）Hb_1+Qz+Spx+Cpx+Hb_2+Pl+H_2O（$p=p_{H_2O}$）（Binns，1968）；（3）岩石中FeO/(FeO+MgO)=0.7时的Gt+Cord+Sil+Qz共存区（转引自Winkler，1965）；（4）Gt+Sil+Qz+Cord（$X_{Mg}=0$）（Weisbrod，1973）；（5）Al_2SiO_3三相关（Holdaway，1971）；（6）最低重熔曲线（长英质岩石，水饱和时）

质作用的压力最高值是在温度最大值之前达到的，并在峰期后出现一个明显的 ITD（等温降压）过程。认为在本区未出现造山运动后期特有的减压、升温过程，可能主要与该阶段大规模发生的脱水重熔有关，岩石的熔融吸收了一部分热量，迟滞了温度的升高；并指出本区变质作用演化是发生在陆-陆碰撞造山环境中，构造增厚作用是其诱导因素。

4. 周喜文的观点

周喜文等（2010）在贺兰山岩群富铝岩系中发现了高压泥质麻粒岩组合，根据岩相结构与变质反应的关系，将贺兰山高压泥质麻粒岩变质反应过程划分为 4 个阶段，即早期的前进变质阶段（M_1）、峰期变质阶段（M_2）、峰期后降压变质阶段（M_3）和晚期退变阶段（M_4）。早期前进变质阶段以石榴子石中的黑云母和白云母包体为特征。峰期变质阶段以出现蓝晶石+条纹长石+石榴子石组合为特征。峰期后降压变质阶段以峰期石榴子石和蓝晶石转变为堇青石和矽线石为特征，晚期退变阶段以出现新生黑云母为标志。并认为目前所见到的矿物组合很可能是由早期的高压麻粒岩相岩石退变而来。由于后期强烈的平衡作用改造，导致绝大多数富铝岩石只记录了后期中低压麻粒岩相的矿物组合和成分特征。

周喜文等利用在 KFMASH 体系下的 $p-T$ 视剖面图（图 26-3），结合矿物组合和矿物成分变化来限定多期变质作用的 $p-T$ 条件并表示 $p-T$ 轨迹。在图上，峰期前进变质阶段（M_1）可能从固相线以下的含蓝晶石组合开始，经过升温升压变质演化，穿过固相线和白云母脱水反应，达到峰期高压麻粒岩相变质阶段（M_2），在接近白云母脱水熔融反应时，石榴子石中白云母的有效 Si＝3. 21～3. 22，所指示的压力达到 1. 4～1. 5GPa。白云母消失后，所形成的峰期矿物组合可能为石榴子石+蓝晶石+钾长石。当压力为 1. 4～1. 5 GPa 时，峰期温度至少为 850～870℃。由于岩石中黑云母的含量很低，判断峰期阶段黑云母含量可能很少或消失。峰期后的早期退变质过程（M_3）以减压为主，随着压力下降，$p-T$ 轨迹穿过蓝晶石/矽线石转变线进入矽线石稳定区域，引起蓝晶石转变为矽线石并保留蓝晶石的假象。进一步减压形成堇青石，可能变质反应为石榴子石+矽线石+石英＝堇青石。作为滑动反应，可以形成双变质矿物组合石榴子石+堇青石+钾长石+矽线石+水。此时的压力为 0. 6～0. 7 GPa，温度至少 840～860℃。由于岩石中未见斜方辉石，说明持续折返过程伴随明显的降温，进入石榴子石+黑云母+堇青石+钾长石双变域形成晚期退变质阶段（M_4）的黑云母。确定这一阶段的温压条件为 780～810℃，0. 45～0. 55GPa，说明目前岩石中石榴子石、黑云母成分反映的是晚期低压麻粒岩退变阶段（M_4）的特征。进一步降温，石榴子石、黑云母等铁镁质矿物之间发生铁-镁交换反应，导致石榴子石发育扩散环带。

综合以上，得出以下结论：早期进变质阶段，以石榴子石中包裹黑云母和白云母为特征。变质峰期阶段，以出现蓝晶石+条纹长石+石榴子石为特征，温压条件大致为 850～870℃、1. 4～1. 5GPa。峰期后降压阶段以峰期石榴子石和蓝晶石转变为堇青石和矽线石为特征，温压条件大致为 840～860℃、0. 6～0. 8GPa。晚期退变质阶段以出现新生黑云母为标志，温压条件为 780～810℃、0. 45～0. 55GPa 。$p-T$ 轨迹具有顺时针演化样式，峰期后表现为先发生近等温降压（ITD），后发生近等压冷却（IBC）的退变过程。反映陆-陆碰撞发生高压麻粒岩相变质作用、后又快速折返到正常地壳深度的变质动力学过程，进而从岩石学角度证明华北克拉通西部孔兹岩带是由北部的阴山陆块与南部的鄂尔多斯陆块发生碰撞所致。

（三）变质作用期

前人在贺兰山岩群中获得了较多的变质年龄数据。

1∶5 万胡鲁斯台幅、古拉本幅区调获得矿物等时限年龄为 1886Ma。在贺兰山岩群中片麻岩和变粒岩中 10 个锆石用逐层蒸发法测得的稳定年龄为 1853～2102Ma，同变质花岗岩的 Rb-Sr 等时线和逐层蒸发法年龄分别为 1793Ma 和 1893 Ma、1975Ma。如果将同变质花岗岩视为主期变质作用峰期变质的产物，这个年龄反映在锆石逐层蒸发法年龄中约为 1900 年。因而将峰期变质时间定为 1900Ma。

周喜文等（2009）在贺兰山孔兹岩系中选取了 3 个代表性的富铝片麻岩（石榴堇青钾长片麻岩、

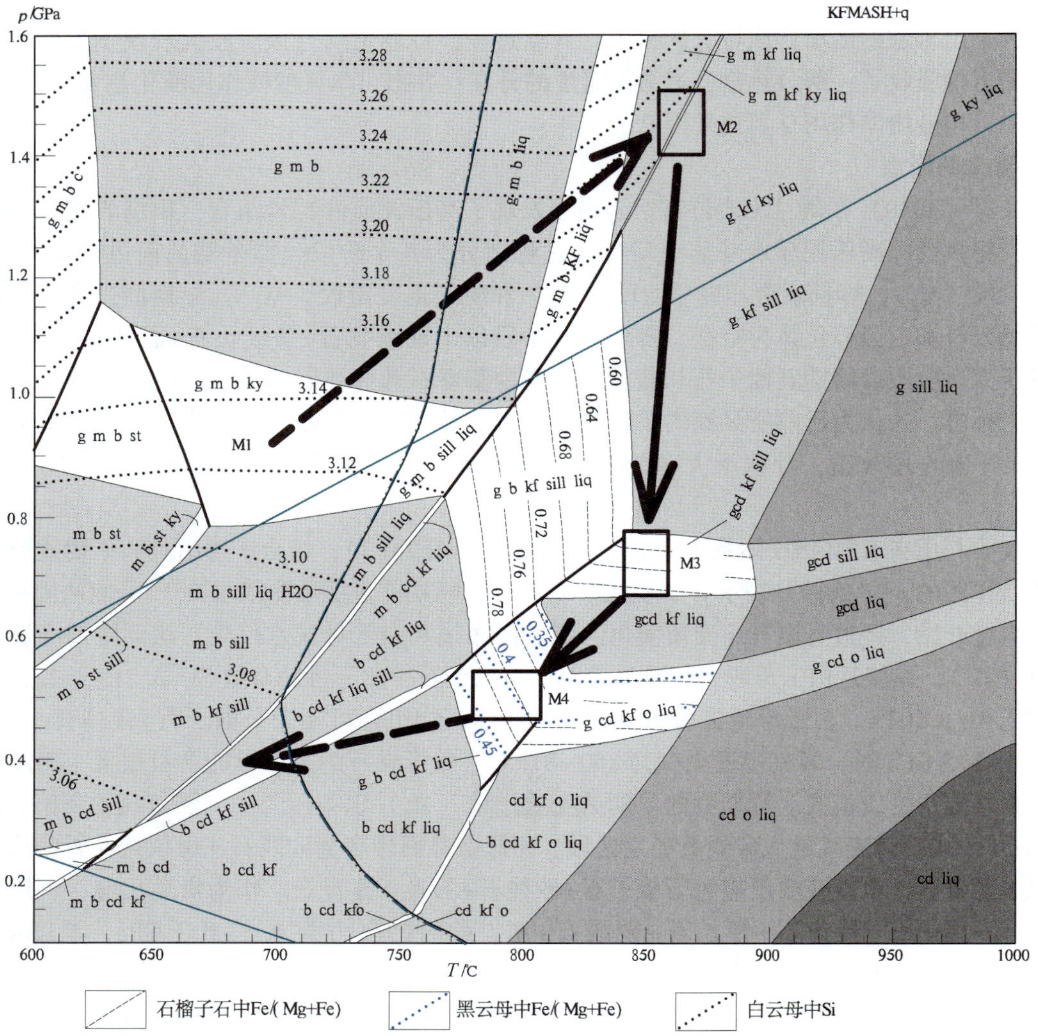

图 26-3 贺兰山高压泥质麻粒岩在 KFMASH 体系下的 $p-T$ 视剖面图与 $p-T$ 演化轨迹

（据周喜文等，2010）

Fig. 26-3 $p-T$ pseudosection and $p-T$ path of HP pelitic granulite from the Helanshan khondalite series in the KFMASH system

石榴堇青二长片麻岩、石榴黑云斜长片麻岩）进行 SHRIMP 锆石 U-Pb 定年，确定孔兹岩带峰期变质作用发生于 1.95Ga，与陆-陆碰撞时间大致相当。

赵国春等（2009）通过对华北克拉通陆块和孔兹岩带的研究，认为包括贺兰山—千里山—大青山地区在内呈近东西向展布、长达 1000km 的古元古代孔兹岩带（碰撞造山带）的主期变质作用大致发生在 1.95Ga。

目前，人们对贺兰山孔兹岩带主期变质作用发生的时间定为 1.95Ga 已达成共识。

二、赵池沟岩群

古元古界赵池沟岩群区域变质程度低，变质岩的主要岩石类型为变粒岩、浅粒岩、片岩，角闪岩及片麻岩少量。

（一）矿物组合、变质相、变质相型

赵池沟岩群变质矿物共生组合有下列几种：

1）绿泥石+白云母+石英；

2）绿泥石+黑云母+斜长石+石英；

3）白云母+黑云母+石英；

4）黑云母+白云母+斜长石+石英；

5）黑云母+斜长石+石英；

6）白云母+斜长石+石英。

变质岩石中的长石为钾长石和酸性斜长石，常显绢云母化；白云母部分变为绢云母；部分黑云母为雏晶状尚未连成片，外貌新鲜；砂粒状石英有次生加大现象，局部石英颗粒连在一起；绿泥石多在片岩中出现，具定向排列，而在变粒岩中量极少，为黑云母退变而成。按其变质矿物共生组合，属低绿片岩相变质。

因缺乏标型温、压矿物，大体属中—低温区域动力变质作用类型、中—低压相系。一般认为低绿片岩相的形成条件大致为200~1000MPa、400~500℃。

（二）变质作用期

耿元生、周喜文等（2006）在赵池沟岩群原岩为火山沉积岩的黑云母石英片岩中获得了锆石U-Pb年龄为（2047±17）Ma，认为该年龄值基本可以代表火山沉积岩的形成时代。

本《志》对黄旗口英云闪长岩进行了锆石U-Pb同位素年龄测定。将其侵入年龄定为1976~2007Ma。英云闪长岩侵入于赵池沟岩群中，因此认为赵池沟岩群的变质作用时间应比其沉积时间晚，比花岗岩侵入时代早，变质时期为吕梁期。

三、海原岩群

（一）矿物组合、变质相、变质相型

海原岩群区域变质岩的主要岩石类型有云母石英片岩、石英岩、大理岩、绿片岩及少量的角闪质岩等。

海原岩群变质岩矿物组合特征为钠长石与奥长石（偶有低牌号中长石）共存，基性岩中经常出现蓝绿色普通角闪石。泥砂质及基性变质岩中常含铁铝榴石，西华山一带的大理岩中局部出现透闪石、蛇纹石、滑石等区域变质矿物，显示了绿帘角闪岩相的矿物特征。

高绿片岩相与绿帘角闪岩相间的界线，以普通角闪石和铁铝榴石的出现为标志（游振东等），其温度约为500℃。而钠长石消失、十字石出现标志着角闪岩相开始（T=540~563℃，p=4~8kbar❶）。

变质矿物学研究表明，铁镁在暗色矿物中的分配状况，主要决定于变质条件。海原地区二云母石英片岩中石榴子石-黑云母共生矿物对的$Fe^{2+}/(Fe^{2+}+Mg)$分配系数$K_D=8$，在乌沙柯娃提出的绿帘角闪岩相（$K_D=4\sim8$）范围之内。

根据1：20区调、1：5万区调测试数据，区域变质温、压条件（表26-3）为：T=422~520℃，p=2.2kbar（仅测得一个数据，可能偏低）。因此认为，本区区域变质相属绿片岩相与角闪岩相间的过渡相——绿帘角闪岩相（代表中元古代后期区域变质相）。由于变质相单一，不能进一步划分变质带。但中、新元古代韧性剪切变形，使其发生不均匀退变质作用。加里东晚期叠加的轻微区域变质，对该变质相无明显影响。

绿片岩相向角闪岩相过渡有两种形式：对于低压变质相系是绿片岩相，经“斜长石—阳起石相”过渡为角闪岩相，对于中压变质相系则是通过绿帘角闪岩相。海原地区绿帘角闪岩相变质岩中未出现低压变质相系的红柱石、矽线石、钙铝榴石、锰铝铁铝榴石和高压变质相系的硬柱石、文石、硬玉、蓝闪石等标型矿物，而是以出现普通角闪石、铁铝榴石等为特征。结合所获变质温压资料，可以认为，本区大致相当中压区域变质相系。

（二）变质作用期

综合大区域上变质岩研究成果，本《志》认为南、西华山地区中元古界海原岩群至少经历了四堡

---

❶ 1kbar=10^8Pa。

期和加里东期两期区域变质作用，而四堡期为主变质期。

四堡期变质作用是对南、西华山地区影响最为深刻的区域变质作用，属主期区域变质作用。该期变质作用导致了南、西华山地区中元古界变质结晶基底的形成。主要依据有：

表 26-3 海原岩群区域变质作用温度、压力测试结果

Table 26-3 Temperature and pressure test results of regional metamorphism of the Haiyuan Rock Group

样号	Q_{127}-b-309	Q_{127}-b-438	
岩性	二云母石英片岩	绿泥白云母片岩	
采样地层	园河岩组（付家岘）	园河岩组（西华山）	
方法	石榴子石-黑云母矿物对计算温度	白云母-绿泥石矿物对计算温度	白云母成分估算温度、压力
结果	Perchuk（1970）图解法 $T_1=425℃$ Perchuk（1977）图解法 $T_2=439℃$ Thompson（1976）图解法 $T_3=414℃$ Holduaway and iee（1977）$T_4=411℃$ Indares and Martignole（1985）$T_5=421℃$ 平均 $T=421℃$	Kotob（1975） 图解法 $T=500℃$	Iambevt（1959） 图解法 $T=520℃$ Velde（1967） 图解法 $T=520℃$ $p=2.2$kbar

1）四堡运动在祁连山地区有着广泛影响，伴随褶皱和沉积间断，中元古界普遍发生不同程度的区域变质作用。

2）该期构造-热事件使南、西华山地区的海原岩群发生第一期变形（紧闭同斜倒转褶皱及轴面流劈理-韧性剪切变形）变质（绿帘角闪岩相）作用。从变形和变质时间来看，变质作用可能比韧性变形时间要早，晚期的韧性变形（动力变质）作用使变质程度达绿帘角闪岩相的变质岩发生了退变质。

3）绿片岩 Rb-Sr 等时线年龄为（1128±209）Ma 和（1020±106）Ma，代表了该期变质年龄。

加里东中—晚期的区域变质作用，属叠加变质作用，将在后面章节中重点论述。

第三节 变质作用分析

一、埋深变质作用

埋深变质作用一般起始于陆缘浅海—深海盆地，是在稳定—次稳定的大地构造背景上发生和发展的，属盖层变质作用，应力变形较弱，以升降运动为主，在泥质岩或泥质胶结的碎屑岩中出现板理或千枚理。造成盖层变质的原因可能是下埋作用，由于地向温度和压力的增加引起的，也可能是由于处在地块的边缘活动性较大而引起的。

中新元古界黄旗口组、王全口组、正目观组、兔儿坑组是华北克拉通形成后最早的盖层沉积，是在稳定的陆缘环境下形成的。形成后很少受到造山事件或构造-热事件的干扰，所发生的亚绿片岩相浅变质，是由于下埋作用地向温度和压力的增加引起的。

寒武系苏峪口组-阿不切亥组、奥陶系大南池组、天景山组是在稳定陆缘环境下形成的陆棚上部的碎屑岩-碳酸盐岩沉积，奥陶系米钵山组及香山群各组是大陆斜坡—盆地相沉积。它们都是古生代早期鄂尔多斯西缘裂陷发展演化过程的产物。沉积地层的变质作用与鄂尔多斯西缘裂陷的形成、闭合历史（开合历程）有着密不可分的联系。鄂尔多斯西缘裂陷形成历史短、岩浆活动微弱，晚奥陶世即抬升回返，未经历强烈的造山运动，因此槽内沉积未遭受强烈的热作用和应力变形，仅发生了低级的埋深变质作用，表现为重结晶作用较强，变质结晶作用微弱，新生矿物种类少且粒度细。

二、造山带区域变质作用

造山带是岩浆活动、变形变质作用十分强烈的区域。在洋壳俯冲或陆-陆碰撞的挤压环境下，带内的各种地质体常被带到地壳深部，从而遭受中深程度的区域变质作用。中—酸性岩浆活动强烈、韧性剪切作用发育、区域变质程度高通常是鉴定造山带的标志。

区域变质作用是在活动的大地构造环境发生、发展的。区域动力变质作用表明一种强烈的挤压环境，区域热动力变质又代表一种高地温梯度、高热流值的背景。考虑到本期区域变质作用是在洋槽与岛弧之间的过渡带，受应力、热流双重因素控制，在 $T=422\sim520℃$、$p>2.2$kbar 条件下发生的，应属区域性中低温递增动力变质作用。

晋宁期北祁连造山带，是中元古时期华北板块与西宁-柴达木微板块拼贴的产物。海原岩群早期发生了绿帘角闪岩相的区域变质，在地壳中深层次下，岩石很容易发生韧性剪切作用，形成板理、拉伸线理、流劈理、鞘褶皱和糜棱岩类岩石。韧性剪切作用不仅改造了先期形成的区域变质岩的结构、构造，也通过平衡作用对岩石、矿物产生化学成分的改造。

三、克拉通基底区域变质作用

华北克拉通由古陆块（东部陆块、西部陆块、阴山陆块）和陆块间的造山带组成，古元古代晚期才完成陆块的拼贴。贺兰山孔兹岩带是位于鄂尔多斯古陆块与阴山古陆块之间的一条造山带，因其发育孔兹岩系而称之为贺兰山孔兹岩带。贺兰山地区虽然发现了年龄值大于 2500Ma 的太古宙的岩浆记录，但古元古代时地壳还很薄，地下热流值很高，区域变质作用与混合岩化作用、深成作用有着密不可分的关系，因此形成的区域变质岩有很高的变质程度（贺兰山孔兹岩系变质程度达角闪岩相—麻粒岩相），往往与混合岩、重熔型花岗岩相伴生，主期变质阶段的峰期往往与重熔型花岗岩的侵入时代一致。

周喜文等总结了贺兰山孔兹岩系发生区域变质作用的温压条件与演化过程，从变质岩石学的角度证明了华北克拉通西部孔兹岩带是由北部的阴山陆块与南部的鄂尔多斯陆块发生碰撞所致。贺兰山地区代表高压泥质麻粒岩的石榴子石+蓝晶石+条纹长石矿物组合的发现，对于正确认识华北克拉通西部孔兹岩带的成因具有重要的价值。

第二十七章　其他变质作用

除区域变质作用外，宁夏境内尚存在动力变质作用与接触变质作用两种类型。动力变质作用与接触变质作用属局部的变质作用。

第一节　动力变质作用

一、动力变质作用类型划分与命名

动力变质作用也称碎裂变质作用，其受断裂带控制，构造应力是主要作用，岩石的物理性质及力学变形占主导地位。动力变质作用形成动力变质岩，通常呈带状分部，岩性变化复杂，断裂带内岩石特征有碎裂结构、碎斑结构、残斑结构、糜棱结构、条带状构造、眼球状构造、透镜状构造等。因断裂带中有水和其他热液的活动，常有一些次生矿物如绿泥石、绿帘石、方解石等（属绿泥石级绿片岩相）。

按长春地质学院《变质岩石学》（贺同兴等，1980）的动力变质岩分类原则，将宁夏存在的动力变质岩划分为构造角砾岩类、压碎岩类、糜棱岩类、构造片岩类、玻化岩 5 种类型。构造角砾岩类及压碎岩类分布于不同时代的不同的岩石中，糜棱岩类、千糜岩类、构造片岩类主要分布于南、西华山地区（山体中央韧性大断裂）和贺兰山北段古元古—中元古代基底脆韧性大断裂带（东西向、北西向韧性大断裂带）中，玻化岩仅见于贺兰山北段古元古代晚期中—酸性侵入体中。

二、动力变质岩

宁夏境内的动力变质岩较为发育，尤其发育在前中生代地层及岩体分布区。中、新生界分布地段，受强烈的新构造运动影响，亦常有动力变质岩呈狭窄带状展布。

（一）构造角砾岩类

包括构造角砾岩和圆化角砾岩两种类型，以前者居多，后者少见。主要见于不同时期各方向的断裂带中。岩石具砾状结构，砾石成分随地而异，以大理岩、片岩、砂岩等较为常见，砾径大于 2mm，大小混杂，碎基含量一般小于 30%。

1. 构造角砾岩

偶见于小型正断层（带）附近。角砾以棱角状为主，砾径悬殊，排列紊乱，多由钙、铁质胶结。

2. 圆化构造角砾岩

发育于逆断层或平推逆断层带中，角砾经滚动、研磨而发生圆化，多呈次棱角状、次圆状。胶结物主要为碎基和钙质等。

（二）压碎岩类

大量分布于各方向的逆断层、平推断层及平推逆断层带中，尤以贺兰山、香山、南华山、西华山山前断裂带中最为发育。以压碎、变形作用为主，碎裂程度高于构造角砾岩类。按粒化程度和碎基比例，又可将碎裂岩类细分为碎裂岩、碎斑岩、碎粒岩和断层泥。

（三）构造片岩类

主要为构造云母片岩，产在贺兰山北段与贺兰山岩群及古元古代花岗岩有关的剪切带中（如宗别立-正义关断裂）。岩石中面理（片理）很发育，鳞片状变晶结构。主要由石英（40%±）、白云母（30%±）和黑云母（20%±）组成，石英多呈集合体、透镜状出现。透镜体排列组成面内面理，而云母的定向排列组成的面理与石英透镜体有小的交角，是递进变形的一种效应。这种片岩中的云母与区域变质不同，具大的长、宽比，长：宽比多在10以上，最大的达20以上。云母的定向性很好，而且由于动力分异使岩石内出现以石英为主和以云母为主的成分域，这也有别于一般的区域变质云母片岩。

（四）糜棱岩类

糜棱岩系岩石是古元古代—中元古代伸展构造体制下韧性剪切作用在地壳较深层次的产物。发育于贺兰山北段的贺兰山岩群和古元古代花岗岩，以及南华山、西华山地区海原岩群各类片岩中的糜棱岩类，具很强的定向组构，矿物粒径比两侧岩石明显小，呈带状分布。手标本上一般都有碎斑，碎斑多为长石、石榴子石等矿物。镜下观察表明，基质都由各种矿物条带组成，最特征的是石英的单矿物条带，条带的长宽比多较大，一般在20以上，最大的可达100以上。条带内的石英颗粒多呈等轴粒状，d=0.02~0.1mm。其次为长石条带，条带内多嵌有大小不一的长石碎斑，这些条带内长石小颗粒也呈等轴粒状。在同一岩石中，动态重结晶的长石粒度比石英要小得多。云母条带也是一种常见的基质组成单位，它由云母集合体组成。在许多情况下，还有各种矿物的混合条带。糜棱岩中通常有两种面理，即糜棱岩面理和面内面理。通常糜棱岩面理内的矿物比面理内的要小些，而且多数云母条带分布在糜棱岩面理内，面理内的矿物条带会发生进一步变形。

糜棱岩类按变形的强度不同，可分为超糜棱岩、糜棱岩和初糜棱岩。按原岩性质不同，可分为花岗质糜棱岩、富铝质糜棱岩、长英质糜棱岩和基性糜棱岩。这些糜棱岩种属除表现出成分的差异或仅表现在碎斑和碎基比例的差异外，其基本特征是相似的。

1. 糜棱岩化岩石

为各种云母片岩、石英片岩、石英岩等经糜棱岩化递进变质的产物，为糜棱岩化长英质岩。岩石局部发育糜棱结构。石英、长石以脆性破裂为主，发育波状、带状消光、镶嵌边、拉长现象，时呈带状石英集合体。石英粒径较大，多在0.5mm左右。长石发育剪切破裂和拉张裂隙。云母等片状矿物褶曲、破碎。

2. 初糜棱岩

为长英质初糜岩，岩石具糜棱结构。石英呈细—微粒状，粒径一般为0.2~1mm。石英颗粒拉长、定向，呈丝带或等粒晶带状与鱼状白云母绕长石碎斑分布，形成韧性流动构造。长石碎斑含量>50%，长轴定向，但磨圆及拉伸不显著，碎斑含或不含包裹体。

3. 糜棱岩

可细分为长英质糜棱岩、长英质变晶糜棱岩、基性糜棱岩、碳酸盐质糜棱岩4种类型。

长英质糜棱岩：岩石呈典型糜棱结构，韧流构造（图27-1）。石英以亚颗粒团块、等粒晶带、丝带状集合体或透镜体产出，具动态重结晶现象（图27-2），边缘锯齿状相嵌，粒径0.5~0.02mm，一般<0.1mm。拉丝状石英、矩形石英长宽比为3：1~5：1（图27-3）。白云母等片状矿物呈带状或鱼状集合体（图27-4）与石英晶带相间排列，绕眼球状长石碎斑而过。长石碎斑磨圆、拉伸，个别呈带状弯曲，并具分解、交代现象及书斜式构造（图27-5），粒径一般1~3mm，个别达6 mm，长宽比4：1左右。碎斑普遍富含包裹体，多为鳞片状白云母，细柱状或针状绿帘石、阳起石等。包裹体定向排列，多呈“S”形弯曲，显示碎斑旋转，长石等碎斑与弯曲纤维状绿泥石常构成完美的压力影。长英质糜棱岩普遍发育流变褶皱及拉伸线理（图27-7），镜下尚见显微流变褶皱（图27-6）。

长英质变晶糜棱岩：该类岩石具有长英质糜棱岩、初糜岩的结构特征及相似矿物组合，糜棱结构基本保留，唯有明显的重结晶现象。由于后期静态重结晶作用导致颗粒增大，粒径多在0.5mm左右，边缘取直，多呈六边形等粒状。定向性消弱，纤状绿泥石中有新生黑云母产出。长石碎斑多被进一步分解、交代，或有变形后生长现象，白云母片度亦有明显增大。

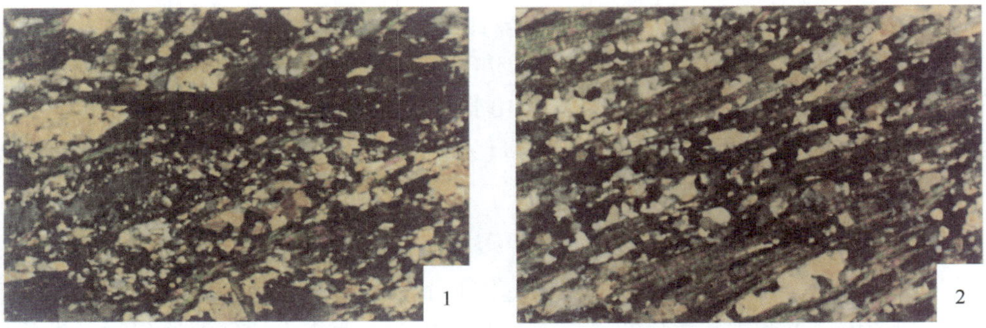

图 27-1　长英质糜棱岩显微结构构造（海原岩群园河岩组）

Fig. 27-1　Microstructures of felsic mylonite of the Yuanhe Rock Formation of Haiyuan Rock Group

1，2—海原县南华山

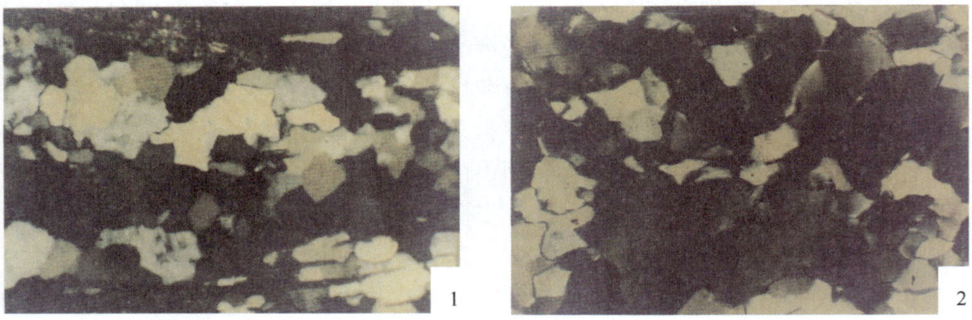

图 27-2　长英质糜棱岩中石英动态重结晶现象（海原岩群园河岩组）

Fig. 27-2　Dynamic recrystallization of quartz of felsic mylonite of the Yuanhe Rock Formation of the Haiyuan Rock Group

1，2—海原县南华山

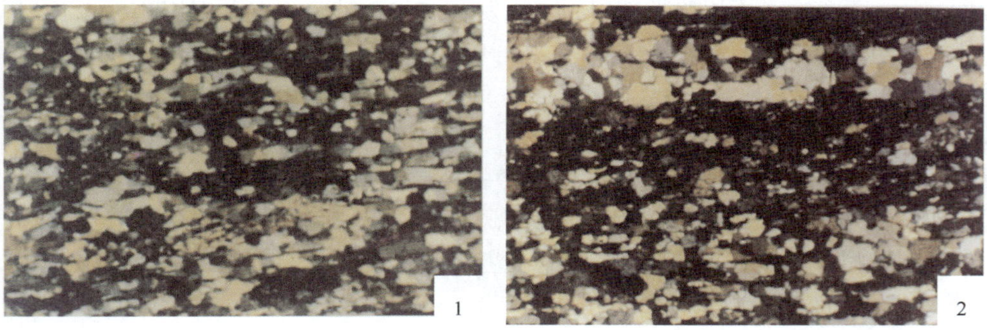

图 27-3　长英质糜棱岩中之拉丝石英、矩形石英（海原岩群园河岩组）

Fig. 27-3　Filamentous texture and rectangular texture of felsic mylonite of the Yuanhe Rock Formation of the Haiyuan Rock Group

1，2—海原县南华山

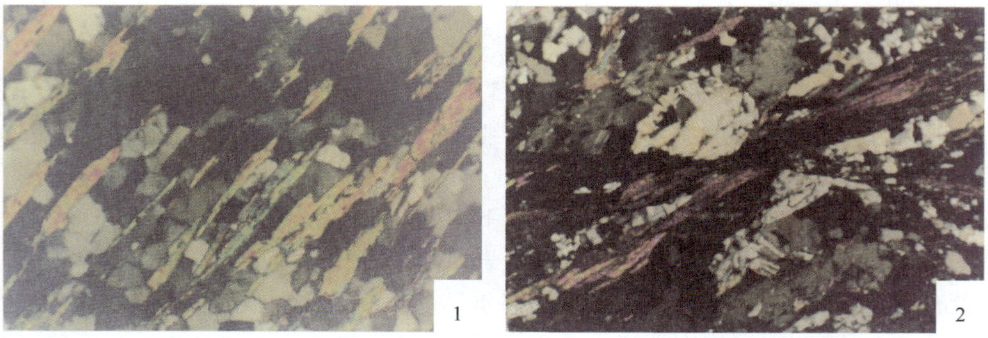

图 27-4　长英质糜棱岩中之云母集合体或云母鱼（海原岩群园河岩组）

Fig. 27-4　Mica aggregate and mica fish of felsic mylonite of the Yuanhe Rock Formation of the Haiyuan Rock Group

1，2—海原县南华山

图 27-5 长英质糜棱岩中之长石旋转碎斑及书斜式构造（海原岩群园河岩组）

Fig. 27-5 Feldspar rotational porphyroclast and domino structure of felsic mylonite of the Yuanhe Rock Formation of the Haiyuan Rock Group

1~4—海原县南华山

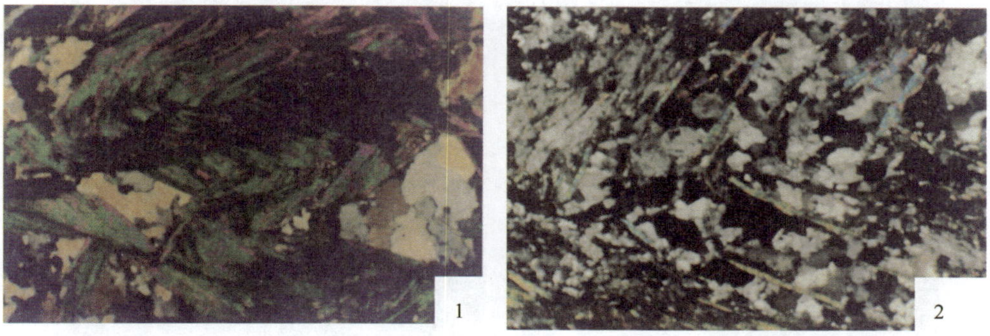

图 27-6 长英质糜棱岩中之显微流变褶皱（海原岩群园河岩组）

Fig. 27-6 Microscopic rheomorphic folds of felsic mylonite of the Yuanhe Rock Formation of the Haiyuan Rock Group

1，2—海原县南华山

基性糜棱岩类：通常发育较为典型的糜棱结构，韧流构造。基质中石英颗粒均匀等粒，粒径 0. 01~0. 057mm，绿帘石、绿泥石、阳起石、黑云母等粒径细小，多呈纤维状、针状集合体绕眼球斜长石碎斑分布。长石碎斑由钠长石、奥长石组成，个别为 2~3 粒长石的聚合斑，呈眼球状，拉伸、弯曲，粒径均匀，多在 2. 5mm 左右。碎斑常发育不对称拖尾、压力影构造。按其糜棱岩化程度可分为糜棱岩化基性岩、基性初糜岩、基性糜棱岩和基性变晶糜棱岩，各类之间呈过渡关系。与长英质糜棱岩一样，基性糜棱岩也普遍发育流变褶皱（图 27-8）。

碳酸盐质糜棱岩类：包括糜棱岩化大理岩、白云质（或钙质）初糜岩、白云质（或钙质）糜棱岩。本类岩石是白云石大理岩、方解石大理岩经不同程度糜棱岩化作用递增变质的产物，其中白云质糜棱岩类分布较多，钙质糜棱岩类出露较少。白云石、方解石、石英碎斑呈鱼状或矩形，粒径一般 1~0. 25mm，碳酸盐矿物质机械 e 双晶发育。碎基主要由动态重结晶的白云石、方解石组成，颗粒细小，为 0. 02~0. 05mm，多具拉长、弯曲现象，长宽比为 3：1~6：1，边缘齿状相嵌，流动构造发育。南、西华山地区碳酸盐质糜棱岩类普遍发育流变褶皱（图 27-9）及杆状构造。

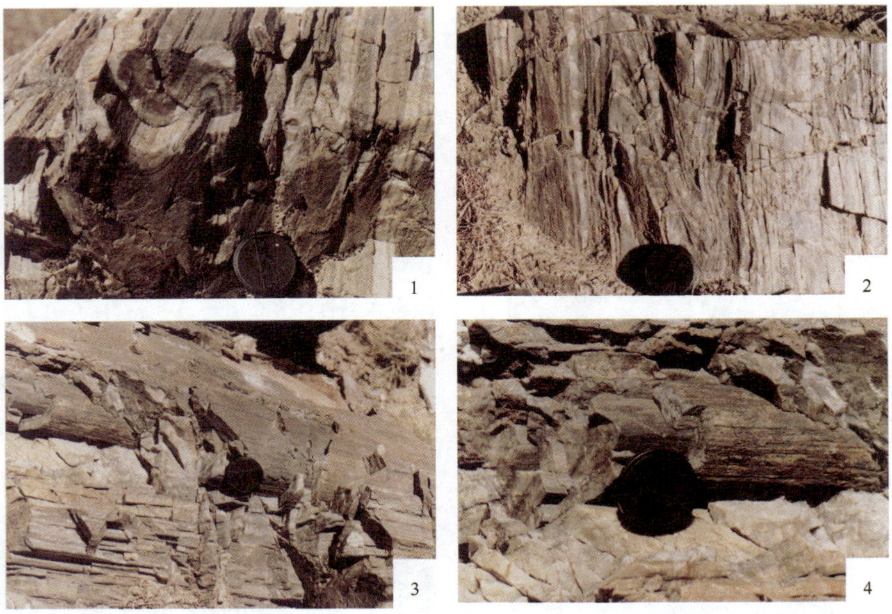

图 27-7 长英质糜棱岩（石英片岩）中之流变褶皱及拉伸线理（海原岩群园河岩组）

Fig. 27-7 Rheomorphic folds and stretching lineation of felsic mylonite (quartz schist) of the Yuanhe Rock Formation of the Haiyuan Rock Group

1~4—海原县南华山

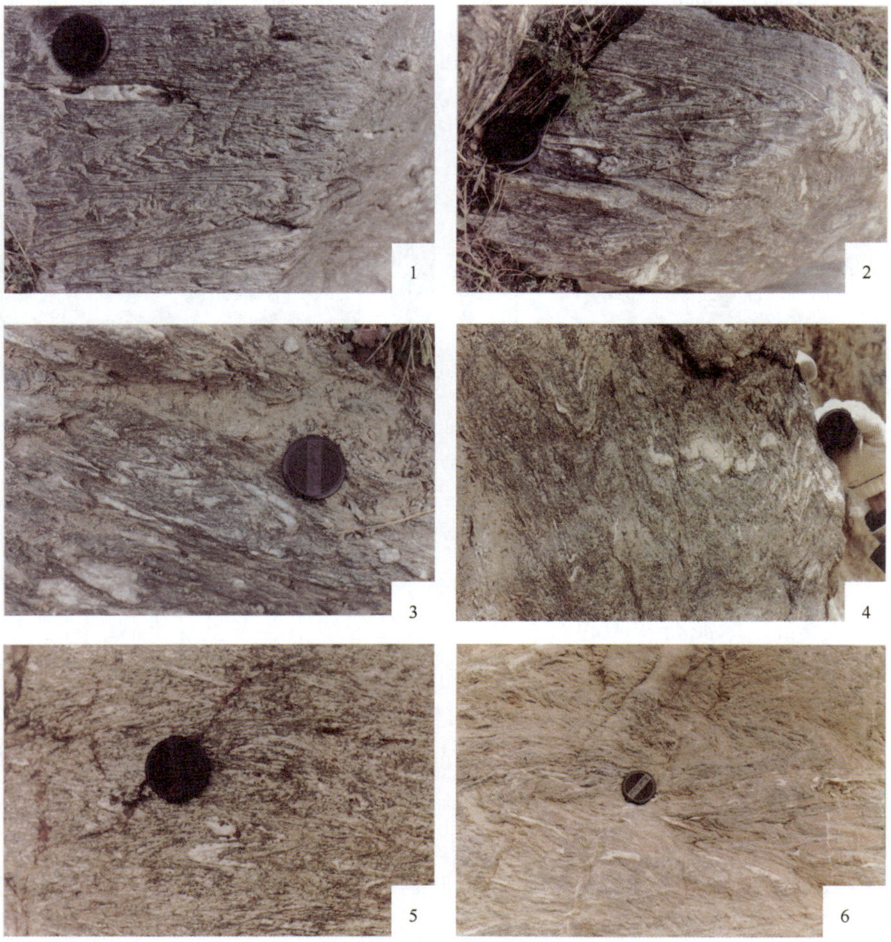

图 27-8 基性糜棱岩（绿帘阳起钠长片岩）中之流变褶皱、无根勾状褶皱（海原岩群南华山岩组）

Fig. 27-8 Rheomorphic folds and rootless intrafolial folds of basic mylonite (epidote actinolite albite schist) of the Nanhuashan Rock Formation of the Haiyuan Rock Group

1~6—海原县南华山

图 27-9 碳酸盐质糜棱岩（大理岩）中之流变褶皱（海原岩群园河岩组）

Fig. 27-9 Rheomorphic folds of carbonate mylonite (marble) of the Yuanhe Rock Formation of the Haiyuan Rock Group

1，2—海原县南华山

（五）千糜岩（变晶糜棱岩）类

主要发育于贺兰山岩群和海原岩群中。岩石具千糜状结构、千糜状构造，主要矿物有石英、绢云母、黑云母（或绿泥石）、方解石等。石英通常呈集合体出现，单个石英粒径较小，多在 0.05mm 左右，集合体多呈条带状，实际上保留了糜棱岩的结构特征。绢云母、黑云母等也是集合体，呈条带状分布，条带中的云母有良好的定向性，以近一致的消光表现出来。千糜岩中通常有不等量的碎斑，千糜岩可作为剪切带的主要岩性产出，也可以与糜棱岩、构造片岩等一起在一个剪切带中产出。

（六）玻化岩

分布于贺兰山北段的贺兰山岩群及古元古代花岗岩中，大体上呈北东方向展布，多以脉状体出现，脉体宽从不足 1mm 到 100mm 左右。多数玻化岩脉状体走向北东，但也有其他任何方向的脉体，它们既可以穿插在片麻岩中，也可以在变粒岩和花岗岩中产出，石英脉中也可见到玻化岩，说明形成较晚。但贺兰山岩群的盖层中没有发现玻化岩，故它形成时代不会比长城纪晚。

玻化岩呈黑色，致密块状，其中常见石英和长石碎斑，这些碎斑呈圆状、椭圆状或港湾状，可能是熔蚀所致。无论是石英还是长石碎斑，在单偏光镜下是完整的，但正交偏光镜下显示粉碎集合体的特征，这种现象的成因尚不清楚。基质多为隐晶质，局部地方可见到球粒结构，显然是脱玻化所致。在隐晶质基质中，常可见到微晶，有的像是长石，均无定向性，说明脱玻化过程基本上是静态的。脱玻化与围岩之间的分界总是清楚的，围岩多有碎裂现象，玻化岩可以以很细的脉（0.1mm±）穿过围岩。两个玻化岩的岩石全分析，其中一个围岩是富铝片麻岩，另一个围岩是花岗岩。比较这两个分析数据可以看出，玻化岩的成分与围岩关系不大，说明不是直接来自围岩，而是有过迁移的。实际上玻化岩中有一些流纹状构造，显示了流动的迹象。两个玻化岩的成分也有较大的差异，说明不具最低熔融成分特征。

第二节 接触变质作用

一、接触变质作用（热力变质作用）类型划分

接触变质作用又称热力变质作用。按有、无交代作用的发生，可划分为热接触变质作用及接触交代变质作用两种类型。宁夏境内热接触变质作用及形成的热接触变质岩比较常见，接触交代变质作用及形成的矽卡岩类岩石极少。参照长春地质学院《变质岩石学》（贺同兴，1980）接触变质岩分类方案，将宁夏境内存在的热接触变质岩划分为角岩化岩石类、长英质角岩类、钙硅角岩类、基性角岩类、大理岩类共 5 种类型。

1. 热接触变质作用

热接触变质作用主要发育于小松山基性—超基性岩体、大战场花岗闪长岩体及南、西华山部分中—酸性侵入体（菜园、油房院、乱堆子和曹洼等岩体）的外接触带。岩体时代以加里东期、印支期—燕山期为主。热接触变质作用以岩浆岩与围岩接触，围岩发生变质结晶、重结晶作用为主要标志，以岩浆分异的挥发组分聚集未散逸或不易散逸，无交代作用产生的矿物和蚀变现象为特征。不同的岩浆岩与不同的变质岩接触可产生多种变质岩类。宁夏境内的热接触变质岩可划分为角岩化岩石类、长英质角岩类、钙硅质角岩类及大理岩类4类。

2. 接触交代变质作用

接触交代变质作用以岩浆岩与围岩（碳酸盐岩类为主）接触，岩体边缘与围岩发生交代变质作用产生透闪石、透辉石、硅灰石、金云母、蛇纹石等新生矿物为标志；以岩浆分异的挥发体与围岩成分相互交代产生新矿物，并可形成一些蚀变矿物为特征。岩浆岩与钙镁质碳酸盐类岩石（石灰岩或白云质石灰岩）接触交代形成的岩石，可分为钙质矽卡岩类与镁质矽卡岩类。迄今，宁夏境内尚未发现矽卡岩类。小松山基性—超基性岩体的内接触带有少量的滑镁岩类，系接触交代变质作用形成。

二、接触变质岩

（一）角岩化岩石

角岩化岩石见于南、西华山地区菜园等岩体外接触带，为角岩化钙质石英片岩。受热力作用，岩石中有较多不定向等粒鳞片状黑云母产出，其粒度细小，均在0.23mm以下，但片岩的鳞片粒状变晶结构并未改变。

（二）角岩类

角岩是热接触变质岩中分布最多的一类，见于贺兰山北段小松山、南段的大战场以及南华山、西华山地区各岩体的外接触带。

1. 贺兰山北段小松山地区的角岩类岩石

分布于小松山基性—超基性岩外接触带，仅见有方解硅灰石角岩。岩石为白色，具细粒状变晶结构，块状构造。主要由方解石（90%）和硅灰石（10%）组成。硅灰石为细粒状变晶，呈自形—半自形板柱状、粒状，较新鲜，粒径0.25～1.0mm；方解石呈残留状，分布在硅灰石颗粒孔隙中。共生矿物组合为方解石+白云石+透辉石+透闪石+蛇纹石±硅灰石，其接触变质相应属钠长石绿帘角岩相，原岩均为灰岩、白云质灰岩等碳酸盐岩。

2. 贺兰山中、南段的角岩类岩石

（1）二云母帘石石英角岩

发育于黄旗口英云闪长岩的捕虏体中。岩石呈灰绿色，等粒镶嵌变晶结构、变斑状结构。矿物成分为石英（45%）、黑云母（10%）、绢云母（15%）、绿帘石、黝帘石（25%）。石英呈多边形粒状，黑云母呈短叶片状，绢云母呈短柱状集合体，呈现长石假象。矿物粒径大致相等，多在0.2～0.3mm间，少数黑云母变晶较大，粒径0.5～1mm，相对显变斑晶状，晶体不完整。

（2）含电气石绢云母角岩

也发育于黄旗口英云闪长岩的捕虏体中。岩石呈灰绿色，鳞片粒状变晶结构、变斑状结构。矿物成分为石英（40%）、绢云母（50%）、黑云母（5%）及少量电气石。石英呈不规则粒状、多边形粒状，粒径0.2～0.3mm。绢云母呈细小鳞片状集合体，柱粒状，呈现长石假象。电气石为较大的柱粒状。部分暗色矿物变晶较大，约1mm，呈变斑晶状。

3. 南、西华山地区的角岩类岩石

（1）钙硅角岩

局限于曹洼岩体外围之园河岩组白云石大理岩中。主要岩石种类为石榴蛇纹透闪石角岩、金云母透闪石角岩。

岩石中接触变质矿物为石榴子石、金云母、透闪石、蛇纹石、滑石。石榴子石呈浅绿色，可能为钙铝榴石，半自形—他形粒状，最大粒径0.8mm。金云母、蛇纹石、滑石呈细小鳞片状（粒径0.23mm左右）集合体。透闪石多为细小纤状变晶，粒径0.5~1.6mm。岩石具角岩结构、块状构造。

（2）长英质角岩

主要发育于油房院、乱堆子岩体外接触带之长城系园河岩组中。原岩为云母石英片岩等长英质岩石。主要有（含）磷灰石云母长英质角岩、磁铁云母长英质角岩、长英质角岩等。

岩石矿物组合以石英、钾长石、斜长石和云母为主。其中石英、钾长石、斜长石呈他形—半自形粒状，粒径一般0.08~0.2mm，部分达0.5~2.25mm。钾长石均属微斜长石，常具格子双晶，（-）$2V=50°\sim57°$。斜长石为中酸性属种，时具卡式双晶，An=31左右，表面多发生绢云母化。部分角岩中含绿泥石，系后期蚀变产物。云母呈鳞片状变晶，粒径0.1~0.5mm，不规则状无定向分布，显示角岩结构特征。

（三）大理岩类

1. 贺兰山北段小松山地区的含钙硅酸盐大理岩类

主要有透闪石大理岩、蛇纹石化大理岩两种岩石类型。

（1）透闪石大理岩

发育于小松山基性—超基性岩外接触带。岩石呈灰白色，粒状变晶结构，块状构造。矿物成分以方解石（60%）、白云石（25%）和透闪石（10%）为主，含少量石英碎屑。白云石呈不规则粒状，粒度1~5mm不等。透闪石呈长柱状、纤维状变晶，长0.5~2.5mm，集合体成束状，呈变斑晶嵌于白云石与方解石颗粒间。

（2）蛇纹石化大理岩

发育于小松山基性—超基性岩外接触带。岩石呈白、灰白色，粒状变晶结构，块状构造，矿物成分主要为方解石（50%）、白云石（25%）、透辉石（15%）、透闪石（5%）和蛇纹石（3%）等。蛇纹石呈细粒状、片状或纤维状集合体，粒径0.1~0.5mm。其他岩石特征与透闪石大理岩类似。

小松山一带的含钙硅酸盐大理岩和方解硅灰石角岩的岩石特征相似，共生矿物组合为方解石+白云石+透辉石+透闪石+蛇纹石±硅灰石，其接触变质相应属钠长石绿帘角岩相，原岩均为灰岩、白云质灰岩等碳酸盐岩。

2. 贺兰山南段的大理岩类

分布于大战场三叠纪花岗闪长岩的外接触带，主要有（含云母）透闪石大理岩、透辉石大理岩两种类型。

（1）（含云母）透闪石大理岩

岩石呈深灰色、灰黑色，具变斑状结构、鳞片纤维变晶结构。矿物成分为碳酸盐矿物（70%）、透闪石（10%~30%）、白云母（0~15%）及少量石英砂屑。碳酸盐矿物呈不规则粒状，粒度0.1mm左右；透闪石呈长柱状、纤维状变晶，长0.5~2.5mm，集合体呈束状，呈变斑晶嵌布于碳酸盐矿物中。

（2）透辉石大理岩

岩石呈灰黑色，具变斑状结构、鳞片纤维变晶结构。矿物成分由碳酸盐矿物（65%）、透辉石（10%~20%）、透闪石（5%~10%）、白云母（0~5%）及少量石英砂屑组成。透辉石呈短柱状，粒度0.1mm左右，集合体为柱状及放射状，呈变斑晶嵌布于碳酸盐矿物中。其他岩石特征与透闪石大理岩相似。

3. 南、西华山地区的大理岩类

分布于菜园、乱堆子、曹洼岩体外接触带的园河岩组中，包括透辉石化白云石大理岩、透闪石化石墨白云石大理岩、蛇纹石化方解石大理岩，以透闪石化较为常见。

岩石矿物组合以白云石、方解石、石英和白云母为主，其中白云石、方解石、石英呈半自形—他形粒状，粒径0.092~0.57mm。白云母呈鳞片状，粒径0.12~1.09mm。接触变质矿物在岩石中分布不均，含量一般3%~9%。透闪石为自形细粒柱状，粒径一般<0.05mm，部分达0.23~1.15mm。透辉石呈自形短柱状，粒径0.5~1.0mm。蛇纹石呈纤维状集合体产出。岩石具纤状鳞片状粒状变晶结构，块状、条带状、微弱片状构造。

（四）滑镁岩类

分布于小松山基性—超基性岩内接触带，主要有含蛇纹石滑石菱镁岩和滑石菱镁岩。岩石为白色，具鳞片粒状变晶结构，片状构造。主要由方解石（60%~65%）、蛇纹石（0~20%）和滑石（15%~40%）组成。方解石呈不等晶粒状，最大可达0.8mm；滑石、蛇纹石呈鳞片状、纤维状集合体分布于方解石之中，集合体外形呈叶片状，酷似云母，定向断续分布。该类岩石是超基性岩蚀变后的最终产物，即超基性岩经蛇纹石化蚀变为蛇纹岩后又经滑石化、碳酸盐化蚀变为滑石菱镁岩。

第二十八章　混合岩化作用

混合岩化作用是变质作用向岩浆作用过渡的类型。混合岩化作用形成混合岩，在岩理学上是存在的。依混合岩化程度，分为混合质变质岩类、混合岩类和混合花岗岩类。

贺兰山北段地区，古元古代的造山时期伴随着强烈的岩浆作用和变质作用。峰期变质作用时的温度已达800℃以上，远超过饱和水的低熔组分的固相线温度，混合岩化作用必然发生。因此贺兰山北段古元古界贺兰山岩群，混合岩化作用普遍存在，形成大量的混合岩。

混合岩由基体和脉体两部分组成。脉体又称浅色体、新成体或岩脉物质，是指在混合岩化过程中，处于活动状态的新生成的长英质的组分，通常是花岗质、长英质的伟晶岩脉、细晶岩脉或石英脉等，主要由浅色的长石和石英组成，可含有少量的暗色矿物。基体又称“古成体”，是角闪岩相或麻粒岩相变质岩，代表混合原岩，或多或少受到改造。

混合岩化作用较弱的混合岩，明显分出脉体和基体两部分。前者是由于注入、交代或重熔作用而形成的新生物质，后者基本代表原来变质岩的成分，岩石条带状构造明显。随着混合岩化作用增强，浅成体与古成体的界线逐渐消失，形成类似花岗质岩石的混合岩。

20世纪70~80年代，宁夏存在许多在混合岩化作用及混合花岗岩认识上的误区。如1∶20万区调时将混合花岗岩扩大化，把肉红色黑云母花岗岩（浩尧尔岩基）定为眼球状混合岩。后来，西安地质学院胡能高等（1992）给予了纠正，认为浩尧尔花岗岩基是岩浆成因的真正意义上的异地花岗岩。

近年来，部分地质人员认为混合岩和混合岩化作用的理论过时了，不再使用混合岩这个名称，从而否认混合岩的实际存在。西安地质学院在胡鲁斯台幅1∶5万区调填图过程中，“为了反映混合岩化前的岩性及岩性组合特征，以便提供更多的变质地层方面的信息，只要原变质岩能辨认，尽量少用混合岩这一名称”，因此填图成果中，仅在柳树沟以西的张家房—中田一带，填出了堇青石石榴子石花岗质混合岩、石榴子石花岗质混合岩和花岗质混合岩，基本缺少混合质变质岩类。

第一节　混合岩化作用基本特征

混合岩化作用发生于地壳较深的部位。贺兰山北段地区的混合岩，形态多种多样，成分、结构、构造变化很大，说明其形成条件的复杂多样性。

贺兰山北段地区的区域变质岩中，混合岩化是普遍存在的，主要表现在，一是变粒岩的粒度加粗，向花岗质混合岩过渡；二是片麻岩中粒度加粗，片麻理弱化，以致消失，成为块状岩石，转化成花岗质混合岩；三是多数变质岩，特别是石榴子石二长片麻岩经历了混合岩化改造，使岩石形成浅色矿物与暗色矿物各自集中的条带，或出现大量的浅色脉体，以花岗质脉体的形式穿插于变质岩中；四是变质岩普遍经历了中高级变质改造，黑云母、石榴子石、矽线石等特征矿物广泛出现。

胡能高等（1992）认为，贺兰山北段出现的混合岩，以中等混合程度为主，呈混合杂岩形式大面积分布，构成古老结晶基底。但又有部分混合岩，尤其是眼球状混合岩呈与变质岩层一致的带状分布。混合杂岩内部变化较大。故该区混合岩化作用类型应以区域性混合岩化为主，兼有层状、带状混合型的部分特征。其将贺兰山北段的混合质变质岩分为6种类型。

1. 条带状或条纹状混合岩

脉体和基体以平行的条纹或条带相间排列。脉体较宽时称为条带，较窄时称为条纹。脉体通常是浅色的，由长英质矿物组成；基体色较深，通常是富铝矿物较多的域，富含堇青石、石榴子石和矽线石，通常黑云母较少。石榴子石较大，呈大变斑晶，脉体和基体的边界多较明显，这种混合岩多发育在宗别立岩组柳树沟片麻岩段中。

2. 褶皱状混合岩

脉体与基体相间排列，但脉体均为褶皱状，褶皱的连续性多不好，常表现为无根勾状褶皱，在顶部多有加厚现象，脉体和基体的成分与条带状混合岩相似，部分脉体中可发育由石榴子石和堇青石组成的斑点。这种混合岩也多发育在片麻岩中。

3. 透镜状混合岩

脉体在基体中呈透镜状产出，脉体与基体的比例常较小。基体的成分可以是富铝片麻岩，也可以是斜长变粒岩。当基体是富铝片麻岩时，与脉体边界清楚，基体是变粒岩时，边界常不清楚。

4. 斑杂状混合岩

脉体和基体呈斑杂状分布，量也近等。脉体和基体均不定向，边界清楚。基体内多为富含石榴子石、堇青石的岩石，且矿物颗粒较大。有的石榴子石内包裹有长英质矿物，显然是生长较晚的。脉体内多为长英质矿物，通常不含铁镁暗色矿物，有时可见达数毫米的矽线石。

5. 斑点状或斑块状混合岩

以脉体为主，基体在脉体中呈斑点状或斑块状出现。脉体多为长英质矿物，暗色矿物较少。基体斑点或斑块，主要是石榴子石或堇青石集合体或单晶，这种混合岩多在变粒岩丰富的层位，它与变粒岩之间有呈过渡关系的，也有呈突变关系的。

6. 阴影状混合岩

脉体占绝对优势，脉体内的基体呈斑块或斑点状分布，多为石榴子石和堇青石集合体，有时是浅粒岩的小斑块。这种混合岩与斑点或斑块状混合岩很相似，只是脉体含量更高些。多数情况下，脉体和基体的边界不清楚。主要分布在变粒岩丰富的层位内，宗别立岩组中最为多见，常与花岗质混合岩呈过渡关系。

第二节　花岗质岩石基本特征

贺兰山北段的花岗质混合岩（堇青石石榴子石花岗质混合岩、石榴子石花岗质混合岩和花岗质混合岩）主要分布于柳树沟以西的张家房—中田一带的宗别立岩组阿楞呼都格变粒岩段及柳树沟片麻岩段中，与片麻岩、变粒岩接触处常有不同种类的混合岩化岩石（斑点状、斑杂状、条带状、阴影状）存在，与花岗质混合岩呈渐变过渡关系。混合岩在平面上多呈透镜状，其长轴方向与围岩的构造线平行，规模大小不等。“岩体”边缘和中心部位岩性差别较大，边缘地带多有大小不等的变粒岩残留体包于其中，长轴多为北东向。混合岩被石榴子石花岗岩（扣笨沟岩体）切穿，两者界线截然。中心部分岩性相对稳定，多以斑块状、聚结斑块状石榴子石花岗质混合岩为主。

岩石的矿物由石英（25%~50%）、碱性长石（5%~25%）、斜长石（30%~60%）组成。碱性长石多为正长条纹和反条纹长石，少数为微斜长石。斜长石排号 An=25~35，属更—中长石，矿物粒径 0.2mm×0.5mm~0.4mm×2.5mm。岩石的另一特点是含较多的石榴子石和堇青石，它们多呈团块状和条带状。堇青石蚀变强烈，多变为绿泥石、蛇纹石和绢云母。此外尚含有少量黑云母、矽线石、磁铁矿和微量锆石。岩石一般为块状构造。

岩石的化学成分变化较大。与花岗岩相比，其硅、碱含量相当于花岗闪长岩，部分相当于花岗岩，但铁镁偏高。与片麻岩相比，多数氧化物含量相当于富铝片麻岩，但 CaO、Na_2O 偏高。有些则与麻粒岩和富铝的变粒岩相似。就其平均化学成分而言则相当于上述各变质岩化学成分的平均值。

微量元素也显示有较大的变化范围，总体上 Cu、Rb 与变粒岩相似，而 Sr、Ba、V 则高于片麻岩和变粒岩。

稀土元素特征与变质岩颇为相似，也为轻稀土富集型，具 δEu 负异常。与轻稀土元素相比，重稀土元素的含量变化较大，可能与岩石中石榴子石的含量有关。

贺兰山北段的花岗质混合岩，矿物成分、结构、构造均类似于花岗岩—闪长岩，但岩石中有大量富铝矿物；在岩石化学成分、稀土成分和微量元素上，总体相当于片麻岩、变粒岩和麻粒岩的总平均成分，但与每一类岩石相比均有一定差异，说明它们是上述变质岩就地重熔的产物。就其微量元素的含量说明某些元素在变质岩局部重熔的过程中曾发生过一定的迁移。

第三节　混合岩化作用——混合岩的成因

贺兰山北段的混合岩有以下特征：

1）混合岩的发育程度、岩相学特征均与变质地层层位有关。变粒岩中混合岩比较发育，而且多见阴影状、斑点状或斑块状甚至为花岗质混合岩，宗别立岩组柳树沟片麻岩段中混合岩化比较弱，以条带状和褶皱状混合岩为主。

2）脉体多由长石、石英组成，长石中有碱性长石（多为条纹长石），也有斜长石，两种长石的比例有较大的变化范围。除长英质矿物外，还有石榴子石和/或堇青石的斑点或斑块，黑云母常较少，有时也含矽线石。混合岩内或基体内的石榴子石、堇青石多较粗大，常有聚集分布特征。而且这些石榴子石和堇青石中多见长英质包裹体。

3）镜下观察表明，混合岩和混合岩化岩石的交代作用不发育，含水矿物也少。

因此，贺兰山北段混合岩化作用与区域变质作用是相互联系的，不会是外来物质交代成因的，而是原地转化的结果。与相似变质地体相比，本区变质岩的大离子半径元素较丰富，暗示着不可能曾有过大规模深熔熔体迁出的可能性。

混合岩的组成也不是最低熔结组分。因此在混合岩化过程中，深熔作用不是唯一过程。推测本区混合岩是变质反应和深熔作用共同作用的结果。在变质作用中发生了下列反应：

1）白云母+石英→钾长石+矽线石+水（1）；

2）黑云母+矽线石+石英→钾长石+石榴子石+水（2）；

3）黑云母+矽线石+石英→钾长石+石榴子石+堇青石+水（3）；

4）黑云母+矽线石+石英→钾长石+堇青石+水（4）。

上述反应中生成的钾长石必然与斜长石中的钠长石组分一起发生反应：

钾长石+斜长石中的钠长石+石英+水→熔体（5）

这就是深熔作用的典型反应。反应（5）因受到提供水量的制约，不可能大规模进行，因为在由黑云母转化为石榴子石和堇青石或白云母转化为矽线石的反应中，释放出来的水很有限。

上述几个反应中，（1）是较早进行的，而且已进行彻底，现在岩石中均未见原生白云母。反应（2）、（3）、（4）的反应物相同，具体发生哪一个反应视压力而定。较高压力下发生反应（2），低压下发生反应（4），贺兰山北段地区混合岩中多见堇青石和石榴子石共生，可能发生的反应以（3）为主。反应（3）作用的结果，一方面放出了少量水，触发深熔作用发生，这些深熔体又可促使矿物的重结晶作用进行，使矿物长得粗大，向混合岩转化。反应（3）—（4）是混合岩中出现石榴子石和堇青石斑点或斑块的很好说明。在一些变粒岩中，同种矿物尤其是石英和碱性长石，有两种显著不同的粒度，较大的矿物推测是重结晶长大的，这种作用进一步发展，就使变粒岩转化为混合岩。

第四节　混合岩——花岗质岩石演化特征

目前仍有许多人，在论及贺兰山地区的花岗岩时，应用“混合花岗岩”一词。贺兰山北段地区的花岗质岩石，是一套成分及结构、构造类似花岗岩的混合岩。主要类型有堇青石石榴子石花岗质混合岩、石榴子石花岗质混合岩和花岗质混合岩。贺兰山地区的花岗岩，确有混合花岗岩。这与正常岩浆成因的花岗岩不同。

区域性混合岩化作用是区域变质作用发展的一个阶段。贺兰山地区的混合岩化变质岩、混合岩与花岗质混合岩是渐变的。混合岩化作用是不同阶段强弱程度的具体反映。

混合花岗岩是由强烈混合岩化作用形成、外表类似花岗岩的一种混合岩，是混合岩化作用和花岗岩化作用的最终产物，这时基体与脉体已无法分辨，岩性与岩浆成因的花岗岩类极为相似，但混合花岗岩与正常岩浆成因的花岗岩相比有以下不同：

1）混合花岗岩往往向四周渐变为其他类型的混合岩，与围岩没有明显的侵入接触关系。

2）混合花岗岩的岩性不均匀，结构变化较大，有时可见非岩浆成因的矿物如堇青石、石榴子石等。

3）混合花岗岩中交代结构普遍发育，没有明显的相带等。

4）混合花岗岩局部仍可见残留阴影构造和不明显的片麻状构造（或线状构造），有时可见有变质岩的残留体，其片理产状与混合花岗岩的片麻理及围岩的产状基本一致。在显微镜下可见有各种交代结构。它是混合岩化作用最强烈时的产物，可以由渗透交代作用形成，也可以由重熔作用形成。

壳内部分熔融层内的热对流，是大规模花岗岩浆形成的必要条件；没有对流，岩石部分熔融只能产生混合岩而不可能产生花岗岩；花岗岩在地壳规模上是呈层状或似层状分布，岩体只是花岗岩层上界面（MI）的突起部分，其形状和大小反映只是 MI 与现代剥蚀面的几何关系；地壳多次重熔产生上老下新的花岗岩层序；花岗岩的化学组成和同位素组成，反映的是岩浆系统的物质演化而不是岩浆的来源。

1：20 万区调将肉红色黑云母花岗岩定为眼球状混合岩。后来，西安地质学院胡能高等（1992）给予了纠正。近期研究表明，似斑状黑云母花岗岩（浩尧尔岩体）为碰撞期后花岗岩，不是原地的，具有异地花岗岩成因。

第二十九章　变质地质主要特点

第一节　变质地质单元

变质岩的矿物组合反映变质作用的强度，根据变质作用在空间上的规律性变化划分变质带。温度和压力等控制变质作用的因素随深度而增加，变质作用的强度与深度相联系。这就是深度带的概念。区域变质作用过程中温度的升高有时和深部热流有关。深度对变质作用的物化条件影响是值得考虑的。

一、变质地质单元划分原则

根据地壳旋回阶段，即沉积作用、岩浆作用、板块构造作用及变质作用，在不同阶段的时空差异，以变质结构层的差异划分变质地质单元，也即变质地质实体。

Ⅰ级变质单元（变质地区）：由几个不同时期的变质岩系组成。据这一地区大区域变质作用的结束，转向稳定时期进行划分。

Ⅱ级变质单元（变质地带）：在变质地区内，由遭受同期变质的一个或几个岩系组成的地带。

二、变质单元的划分

从古元古代以来，宁夏境内进入板块构造发展阶段，地壳演化阶段相对比较清楚。据此，划分出两个Ⅰ级变质单元、4个Ⅱ级变质单元（图29-1）。

（一）华北变质地区（Ⅰ）

位于牛首山—罗山—固原一线以东及以北地区，属华北陆块变质区的西缘部分。基底由古元古代变质岩系组成，其上被稳定盖层长城系覆盖，长城系及以后的地层未遭受中深区域变质。该变质区分为两个变质地带。

1. 贺兰山北段变质地带（$Ⅰ_1$）

包括石炭井—石嘴山市以北的地区（大部分位于内蒙古阿拉善左旗境内）。基底为古元古界贺兰山岩群变质岩系，吕梁期形成。属区域高—中低压、高温变质作用类型，其原岩为富铝的碎屑岩，即孔兹岩系。

2. 贺兰山中段变质地带（$Ⅰ_2$）

包括贺兰山区石炭井以南至三关口一带，与贺兰山北段变质地带的分界因覆盖而难以划定。基底为古元古界赵池沟岩群变质岩系，属吕梁期区域动力变质作用形成，原岩为一套以砂岩占绝对优势的沉积岩，含少量泥、炭质成分，接近磨拉石建造。

（二）祁连变质地区（Ⅱ）

位于牛首山—罗山—固原一线以西，该变质区主体在青海、甘肃境内，宁夏为其东缘。

前寒武系变质强烈。奥陶系轻微变质，包括有多期变质作用存在，地质发展史较复杂。宁夏境内的志留系及以后的地层均未发生区域变质，趋于稳定，包括两个变质期，一是南、西华山地区的晋宁期变质作用，二是香山—大罗山—牛首山地区的加里东期变质作用。故分为南、西华山变质地带和香山-罗山-牛首山变质地带。

1. 南、西华山变质地带（$Ⅱ_1$）

包括海原、西吉一带，向西、向南延入甘肃境内，北界为香山南麓断裂。中元古界海原岩群出露

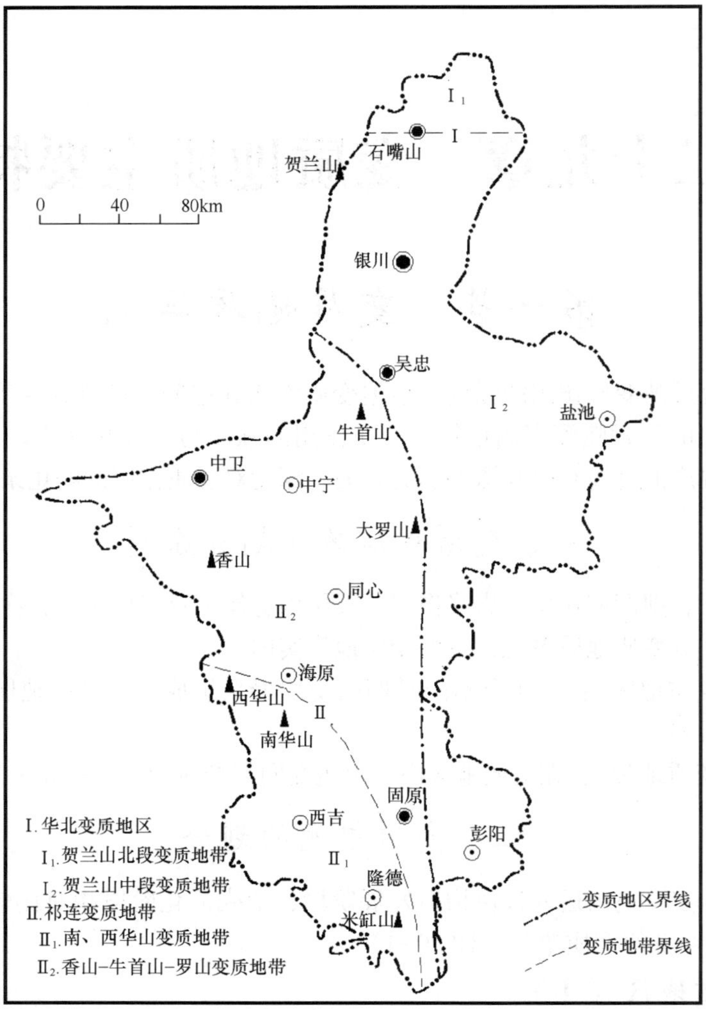

图 29-1 宁夏变质单元划分

Fig. 29-1 Division of metamorphic units in Ningxia

于南华山、西华山及月亮山等地，属晋宁期区域动力变质作用形成，其原岩属岛弧-弧后盆地火山碎屑岩建造。该变质地带大多被中、新生界覆盖，海原岩群以断块形式出露，与香山-罗山-牛首山变质地带的界线推测。

2. 香山-牛首山-罗山变质地带（II_2）

包括香山、罗山、卫宁北山、牛首山等地区，向北西延入内蒙古和甘肃省境内。出露的变质岩系为奥陶系浅变质岩，未变质的志留系、泥盆系不整合覆于其上，为加里东期区域动力变质作用类型。原岩为一套浅海—深海相碎屑岩-碳酸盐岩沉积。向南东至六盘山被中新生界覆盖，下伏变质岩系不明。

第二节 变质作用分期及叠加变质

一、变质作用分期

变质期是指影响深刻的变质作用期——主变质期。主变质期是根据变质地层的形成时代、构造旋回、岩浆期序，以及不同变质岩系的变质带、变质相、变质相系、变质作用类型在时间和空间上的差别，结合变质年龄等确定的。

宁夏存在古元古代晚期（吕梁期）、中元古代晚期—新元古代早期（四堡期—晋宁晚期）、早古生代末期（加里东中晚期）3 个主变质期。各期变质作用特征如下：

（一）古元古代晚期（吕梁期）

吕梁期是华北克拉通西缘贺兰山孔兹岩系形成的主变质期。受变质地层为古元古界贺兰山岩群和赵池沟岩群。变质期的时限标志如下：

1）贺兰山岩群的沉积年龄为1.9~2.0Ga（校培喜等，2011），变质时代为1.8~1.9Ga。宗别立岩组含石榴矽线黑云二长片麻岩中的锆石年龄多数介于1.80~2.15Ga之间，峰值为2.00~2.05Ga，表明富铝片麻岩原岩蚀源区在古元古代曾存在大规模的花岗岩浆活动。从区域上看，孔兹岩系的沉积时代可能为1.9~2.0Ga，即古元古代，沉积时代下限为（1978±17）Ma（9个锆石$^{207}Pb/^{206}Pb$加权平均年龄）（董春艳等，2007）；侵入于贺兰山岩群的各类同构造或构造期后花岗岩的年龄为2053~1920Ma；赵池沟岩群的沉积年龄为1.9~2.0Ga，变质作用时间应比其沉积时间晚（周喜文等，2011）。3种片麻岩的碎屑锆石年龄变化在2.0~2.1Ga之间，加权平均年龄为2017~2040Ma，石榴堇青二长片麻岩变质增生锆石确定变质时代为（1950±8）Ma。

2）前人获得了较多贺兰山岩群的变质年龄数据。胡能高等（1992）在贺兰山岩群的片麻岩和变粒岩中用锆石（10个）逐层蒸发法测得的稳定年龄为1853~2102Ma，同变质花岗岩用Rb-Sr等时线法和逐层蒸发法测得的年龄分别为1793Ma和1893 Ma、1975Ma。同时获得的矿物等时线年龄为1886Ma，代表变质年龄。周喜文等（2009）利用SHRIMP锆石U-Pb定年技术，确定贺兰山孔兹岩系的变质时代为（1950±8）Ma，认为该时代与大青山、乌拉山孔兹岩系变质时代相同。赵国春等（2010）全面研究了华北克拉通北缘孔兹岩带各段的变质特征与同位素年代资料，认为贺兰山、千里山地区孔兹岩系的峰期变质作用发生在1.95Ga，与阴山古陆和鄂尔多斯古陆碰撞造山的时间基本相同。

由此可见，贺兰山岩群的变质期为古元古代（吕梁期）是可信的。本《志》将贺兰山岩群的变质时限定为2.0~1.9Ga。

赵池沟岩群的主变质期也为古元古代（吕梁期），但其变质程度远比贺兰山岩群低，可能是因为与贺兰山岩群处于不同的构造部位、板块构造作用环境不同、沉积原岩被带到地壳的深度不同所致。

（二）中元古代晚期—新元古代早期（四堡期—晋宁晚期）

中元古代晚期—新元古代早期（四堡期—晋宁晚期）是（古）祁连造山带第一期变质的主变质期。受变质地层为中元古界海原岩群。变质期的时限标志如下：

1）冯益民等（2002）在对北祁连熬油沟蛇绿岩研究后认为，中元古代早期祁连地块同阿拉善微陆块之间有一个由大陆裂谷演化而成的大洋盆地（秦昆洋），推断海原岩群形成于中元古代早期秦昆洋北部陆缘的岛弧—弧后盆地环境。

2）海原岩群可以与分布于白银地区的皋兰岩群对比，二者沉积岩与基性火山岩、次火山岩的原岩岩性组合相似，变质建造也相似，皋兰岩群为低绿片岩相，海原岩群为绿帘角闪岩相。

3）海原岩群含长城纪的微古植物组合（以球型藻占优势）。

4）中元古代晚期的四堡运动使华北克拉通与祁连地块连接在一起，是形成中国大陆（罗迪尼亚超大陆的一部分）的一次造山运动，在整个祁连地区有着广泛的影响，产生了强烈的变形变质作用，导致了中元古界结晶（褶皱?）基底的形成。在南、西华山地区的表现形式是：海原岩群发生第一期变形（以紧闭同斜倒转褶皱及轴面流劈理为特征的变形），以及绿帘角闪岩相的变质作用。

5）绿片岩Rb-Sr等时线年龄值（1128±209）Ma和（1020±106）Ma（霍福臣等，1984），代表了该期变质年龄。

（三）早古生代末期（加里东中晚期）

受变质地层为长城系、蓟县系、青白口系、震旦系、寒武系、奥陶系。克拉通稳定区和活动区、过渡区的沉积盖层普遍遭受轻度区域变质，并导致前寒武系海原岩群发生叠加变质作用。变质期的时限标志如下：

1）祁连山地区下古生界普遍遭受区域低温动力变质作用。长城系、蓟县系、青白口系、震旦系、寒武系、奥陶系，均发生了低绿片岩相级的区域变质。

2）南、西华山地区加里东晚期发生了年龄值为445.1~326.1Ma的岩浆侵入活动，上—顶志留统旱峡组不整合于长城系海原岩群和加里东晚期岩体之上。该期构造-热事件的广泛发育，为区域变质提供了热条件。

3）海原岩群西华山岩组中所获得的全岩Rb-Sr等时线年龄（518.4±14.4）Ma代表叠加在海原岩群上的此期变质年龄（霍福臣等，1984）。

二、叠加变质

贺兰山北部变质地带和南、西华山变质地带存在叠加变质作用。区域变质作用的叠加以及区域变质作用与韧性动力变质作用的叠加，通常表现为退变质作用。

贺兰山北部变质地带古元古代晚期角闪岩相—麻粒岩相的区域变质作用，在后期叠加了区域动力变质作用（韧性剪切变质作用），退变质后形成新生变质矿物组合为：白云母+绿帘石+绿泥石+黑云母+斜长石+石英，属绿片岩相变质，退变质作用期可能为古元古代晚期。

贺兰山北段的糜棱岩系是叠加在区域动力热流变质作用之上的韧性剪切变质作用的产物，因此韧性剪切变质作用应发生在主期变质之后。贺兰山岩群变质岩主期变质约发生在（1950±8）Ma左右，似斑状黑云母花岗岩的侵入时代（1940~1950Ma）基本与峰期变质相当，而未遭受韧性剪切变质作用，说明韧性剪切变质作用与麻粒岩相区域变质作用同期或略晚，时代也为古元古代末期（吕梁期）。

南、西华山变质地带的主变质期为晋宁期（1128±209）Ma至（1020±106）Ma，随后在800Ma时叠加了韧性动力变质作用。在强烈糜棱岩化的基性变质岩中所获得的Rb-Sr等时线年龄值（800±40）Ma，代表韧性动力变质作用时代大致相当于晋宁期。海原岩群在早期发生了绿帘角闪岩相区域变质，后期经受韧性动力变质作用，普遍发生大约相当绿片岩相的退变质。加里东中晚期为南、西华山地区的第三期区域变质期，在大区域上使青白口系、寒武系、奥陶系普遍遭受轻度区域变质，并导致长城系海原岩群发生叠加变质作用。区域性资料为该期变质作用的存在，提供了毋庸置疑的证据：

1）祁连山区下古生界普遍遭受区域低温动力变质作用。南、西华山地区的长城系、寒武系、奥陶系，均发生了低绿片岩相级的区域变质。

2）南、西华山地区加里东晚期志留纪（年龄值为445.1~326.1Ma）发生广泛的岩浆侵入活动。该期的构造-热体制为产生区域变质提供了条件。

3）长城系海原岩群西华山岩组中所获（518.4±14.4）Ma的全岩Rb-Sr等时线年龄（霍福臣等，1984），为变质年龄，表明南、西华山地区的中元古界海原岩群在加里东晚期曾遭受了叠加变质作用。

必须强调的是，南、西华山地区加里东中晚期变质作用远不如早期强烈，因此未显示出明显的退变质现象。

第三节　变质作用与地壳演化

地壳的演化是通过陆壳的裂陷发展成大洋，而后收缩闭合俯冲碰撞，最终造山的过程。因此，板块构造体制决定了地壳演化历程。不同时期造山带的特征，一定程度上代表了区域地壳的演化历程。宁夏跨华北克拉通（稳定区）和北祁连造山带（活动区）的交接地带，区域地壳演化特征与规律，从各个时期、不同块体的变质作用类型、强弱程度、时空分布等特点上显示出来。

一、华北克拉通变质结晶基底的形成与演化

孔兹岩系是地壳发展早期高级变质地区一类极为特殊的麻粒岩相变质岩系，出现于全球各大陆，在变质岩石组合、原岩建造、变质作用等方面均有很大的相似性（刘建忠等，1998）。孔兹岩系的成因研究对于查明早期地壳中这种特殊地体的形成和演化过程，以及探讨麻粒岩相变质作用的各种不同

成因机制和大地构造环境均有重要的意义。

贺兰山孔兹岩带是华北克拉通的一个重要组成部分，它的形成标志着华北克拉通鄂尔多斯地块与阴山陆块拼贴，以及西部陆块的最终形成。

贺兰山孔兹岩带存在太古宙和古元古代早期的岩浆记录（已报道了大量大于2.0Ga的碎屑锆石同位素年龄），它蕴含着贺兰山周边地区存在太古宙花岗-片麻岩古陆（华北塔南太古宙—古元古代古陆-地盾或原始陆核）的信息。

一直以来，人们认为，中元古代以后全球进入了板块构造阶段。但近年来通过对孔兹岩带的变质地质学的研究表明，华北克拉通古元古代存在板块体制的陆槽分割的大地构造环境。反过来说，通过板块机制也合理解释了孔兹岩系角闪麻粒岩相的变质。

古元古代早期（2.0~2.1Ga），华北克拉通北缘广泛的地壳拉伸（可能为韧性剪切带）形成了分割阴山古陆块与鄂尔多斯古陆块的贺兰山-千里山-大青山-集宁（东西向长达1000多千米）裂陷槽，沉积了富铝的碎屑岩和碳酸盐岩夹基性火山岩建造，贺兰山北段的沉积记录为贺兰山岩群（2.0~2.1Ga，校培喜等；下限1.98Ga，董春艳等），中段为赵池沟岩群（1.9~2.0Ga，耿元生等）。贺兰山孔兹岩系原岩为一套细碎屑岩夹碳酸盐岩，是在这一成熟的陆壳上发育而成的。

古元古代晚期，阴山陆块与鄂尔多斯陆块发生陆-陆碰撞，使这套沉积于两个古陆块间的沉积地层发生了达角闪岩相—麻粒岩相的区域变质作用，变质期限定在2.0~1.8Ga。伴随着变质作用，形成同构造或构造后花岗岩，它们共同组成了古元古界变形变质地体——贺兰山变质杂岩。

古元古代1.8~2.1Ga，贺兰山北段地区经历了3期韧性剪切变质。第一期可能为伸展环境，为近水平的韧性剪切带，为前变质韧性剪切带形成的变余鞘褶皱带；第二期为同变质期，形成南倾的北东东向逆冲型（由南南东向北北西向推挤）同变质韧性剪切带（东西向、北东东向古糜棱岩带）；第三期为后变质韧性剪切带——糜棱岩带。再细分为两期：早期为由南向北推挤，形成北西西向和东西向逆冲型韧性剪切带（糜棱岩带）；晚期为北西-南东向挤压，形成韧脆性剪切带（片理化带）及近南北、北西向平移型韧性剪切带（糜棱岩带）。

胡能高等认为，贺兰山北段的糜棱岩主要形成于主变质期后（1.95Ga后），为后变质韧性剪切带。第一期形成于似斑状黑云母花岗岩之前，第二期、第三期形成于似斑状黑云母花岗岩之后。

贺兰山孔兹岩带是一条古元古代的造山带，它的形成标志着统一的华北克拉通西部陆块的形成。此后，华北克拉通（北缘）进入稳定发展阶段，很少受到构造-热事件的干扰。

贺兰山中段地区古元古代晚期不处在造山带，古老的沉积岩经受了中低压区域变质（地盾温度比较高），后期2.0Ga左右，有英云闪长岩侵入事件，也表明了鄂尔多斯陆块与阿拉善陆块拼接完成。

二、祁连造山带的形成与演化

地壳的演化大区域资料研究表明，祁连造山带是一条多旋回复合造山带。第一期造山时间发生在晋宁期，相当于四堡运动。第二期为加里东晚期造山运动。两期造山运动在宁夏境内的区域变质作用方式和强度不相同。

（一）祁连晋宁期造山带

冯益民等（2002）在对北祁连熬油沟蛇绿岩研究后认为，中元古代早期祁连地块同阿拉善微陆块之间有一个由大陆裂谷演化而成的大洋盆地（秦昆洋）。海原岩群形成于元古宙早期秦昆洋北部陆缘的岛弧—弧后盆地环境，沉积了一套碎屑岩、碳酸盐岩夹基性火山岩、次火山岩的复理石建造。

中元古代晚期的四堡运动使华北克拉通与祁连地块连接在一起，是形成中国大陆（罗迪尼亚超大陆的一部分）的一次造山运动，在整个祁连地区有着广泛的影响，产生了强烈的变形变质作用，导致了中元古界结晶（褶皱?）基底的形成。在南、西华山地区发生了造山带区域变质作用（变质期为晋宁期（1128±209）Ma至（1020±106）Ma），变质达绿帘角闪岩相，同时海原岩群发生第一期变形（以紧闭同斜倒转褶皱及轴面流劈理为特征的变形）。南、西华山变质地带随后在800Ma时叠加了韧性动力变质作用（在强烈糜棱岩化的基性变质岩中所获的 Rb-Sr 等时线年龄值（800±40）Ma，代表韧性动力变质作用时代大致相当于晋宁期）。后期经受韧性动力变质作用，大约相当于绿片岩相的退变质。

（二）北祁连加里东造山带

寒武纪—中泥盆世是北祁连洋盆和鄂尔多斯西缘裂陷的形成发育时期，中奥陶世处于强裂拉伸时期。拗拉谷内沉积了斜坡—盆地相碎屑浊积岩、硅质岩夹基性次火山岩的类复理石建造，在裂谷的边缘（盆地边界断裂）和盆内出现 2 个基性—超基性侵入体，分别是贺兰山北段的小松山橄榄岩、辉长岩复式岩体和香山地区的磨盘井辉绿岩床（属大洋扩张环境下的大洋拉斑玄武岩系列）。早古生代晚期，华北陆块与中祁连陆块聚合，北祁连残留海盆向阿拉善微陆块俯冲，鄂尔多斯西缘裂陷最终关闭。南华山—月亮山地区处于弧后盆地的部位，大量中酸性岩体侵入，形成了长达 230km 的大陆岛弧型花岗岩带，属洋壳部分熔融上侵的产物。岩浆的上侵提供了热源，在一些岩体的接触带及附近，发生了热接触变质作用，形成角岩、大理岩和角岩化岩石等。

因为处于造山带边缘的过渡区，因此此期加里东造山运动对区内的影响（变形和变质作用）并不十分强烈。伴随此期造山运动，走廊过渡带区域的长城系、蓟县系、寒武系、奥陶系发生了低绿片岩相的（在低压和较低的温度下，产生了绿纤石-葡萄石相的区域浅变质）区域变质作用。大区域上志留纪以后的地层均未变质。因此推断，这期低绿片岩相埋深变质作用的时间为加里东晚期，与此期造山运动时限相当。

加里东造山运动后，区域上地壳进入了板内（陆内）稳定发展阶段，华力西期和印支期虽出现造山运动和远程效应，但未引发变质作用的发生。

总的来说，宁夏变质作用的演化，与板块构造活动、岩浆作用有着密切的联系，体现了区域地块性质不同、演化过程各异的特点。

第五篇　岩石圈结构构造

第三十章　区域地球物理场特征

第一节　岩石圈速度结构

按照传统的岩石圈速度结构分层理论，通常岩石圈内存在两个速度界面，即康拉德界面和莫霍面。以康拉德不连续界面为界把岩石圈分为两层，即上部是花岗岩层，下部为玄武岩层；莫霍面则是地壳与上地幔的分界面。随着对这一问题研究工作的逐步详细和深入，证明岩石圈速度分层结构远没有这样简单，不同的地质体可能有更复杂的多层速度结构。自1980年以来，对宁夏岩石圈速度结构进行了不少研究工作，利用地震测深取得了岩石圈速度分层成果。

一、地震测深结果

到目前为止，宁夏境内共有5条地震测深剖面，图30-1为5条地震测深剖面的示意位置，这5条剖面的成果为研究宁夏地区岩石圈速度结构提供了重要科学依据。

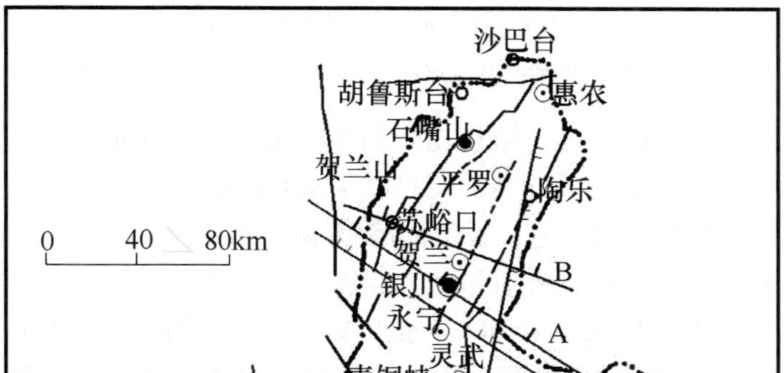

图30-1　宁夏地震测深及大地电磁测深剖面示意图

Fig. 30-1　Sketch profile of seismic sounding and magnetotelluric sounding in Ningxia

1—断层；2—大地电磁测深剖面位置及编号；3—人工地震测深剖面位置及编号

（一）阿拉善左旗—定边剖面（A）

阿拉善左旗—定边剖面是上海奉贤至内蒙古阿拉善左旗地震剖面的西段。剖面西段跨越了阿拉善微陆块、鄂尔多斯地块两个Ⅱ级构造单元，根据《上海奉贤至内蒙古阿拉善左旗地学断面》（国家地震局地学断面委员会，1992）的解释，整个岩石圈分为3层结构、3个Ⅱ级构造单元，地壳、上地幔的速度结构又表现出明显的差异。剖面解释成果见图30-2。

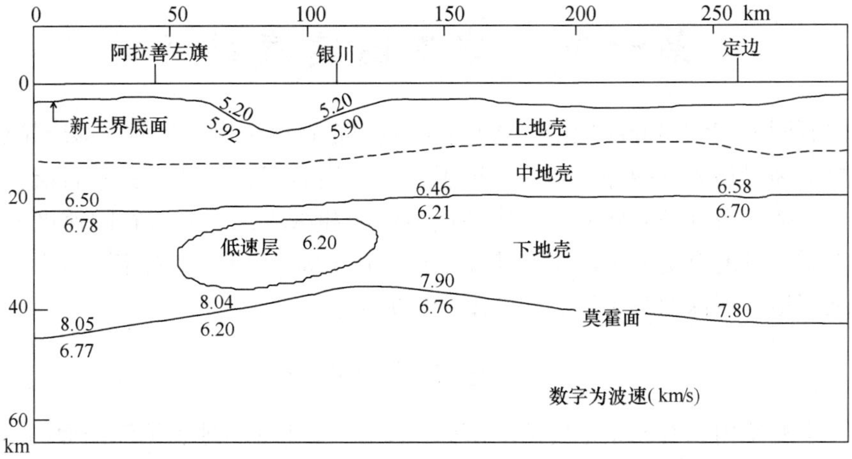

图30-2 阿拉善左旗—定边地震测深剖面

（据国家地震局地学断面委员会，1992）

Fig. 30-2 Seismic sounding profile along Alxa Left Banner-Dingbian

贺兰山西侧的阿拉善微陆块总体地壳结构比较简单。上地壳厚15km左右，中地壳的深度范围在15～25km，下地壳的深度范围在25～45km，地壳总厚42～46km，莫霍面自西向东有逐渐变浅之趋势。

处于鄂尔多斯西缘裂陷带的银川盆地，新生代沉积厚度达8km，上地壳厚度为11～15km，其界面明显下拗，与新生代以来银川地堑强烈断陷和巨大厚度的新生代沉积一致。中地壳深度在15～24km，下地壳厚度为14～24km，莫霍面埋深37～40km。银川地堑上地幔明显隆起6km左右，但是隆起顶部并不与盆地沉降中心相对应，而向东偏至黄河附近。这种特征可能为莫霍面上隆导致中、下地壳深度显著变薄。同时，在下地壳中存在一长近80km的低速异常透镜体，最低速度为6.0km/s，厚度为10～15km，推测是强烈混合岩化，并伴随局部熔融作用所致。

鄂尔多斯坳陷区，壳幔结构简单，具有整体稳定的特点。在宁夏盐池、陕西定边一带上地壳厚11～12km；中地壳为一匀速层，厚8～10km；下地壳厚度为18～22km，莫霍面深度40～43km。

（二）银川断陷盆地剖面（B）

该剖面北西—南东向穿过银川地堑发育的贺兰山东麓断裂、银川-平罗断裂和黄河断裂，剖面全长68.9km。利用反射波资料的速度分析获得叠加速度；结合本区的深地震折射探测获得的速度结构资料，得到了剖面上的平均速度，由此较好地求取了时间剖面上相应的深度值，相应的剖面解释结果见图30-3。

从图30-3可见，自上而下反射波组可以明显地分为3个区域，分别对应于上、下地壳和地幔上部。

上地壳为双程走时8s（深度20km）以上的区域，特别是在上地壳上部银川断陷盆地内有多组反射震相，分段连续性较好，层组关系清晰，地层层位丰富。已有石油反射地震剖面解释了不同地层的反射震相，认为银川断陷沉积地层主要有第四系（Q）、新近系（N）、古近系（E）及早古生界（Pz_1），呈现出地质构造复杂和典型的沉积岩系的地层特征。上地壳下部地层分层特征不明显，层位较少，地质构造简单，呈现出典型的变质岩系的地层特征。

地壳的中部存在一个反射能量较强的反射界面C，C界面是上、下地壳为双程走时8s以下至13s以上的地层，与上地壳相比反射能量较弱，几乎很难识别出能量较强、连续性好的反射震相，但在一

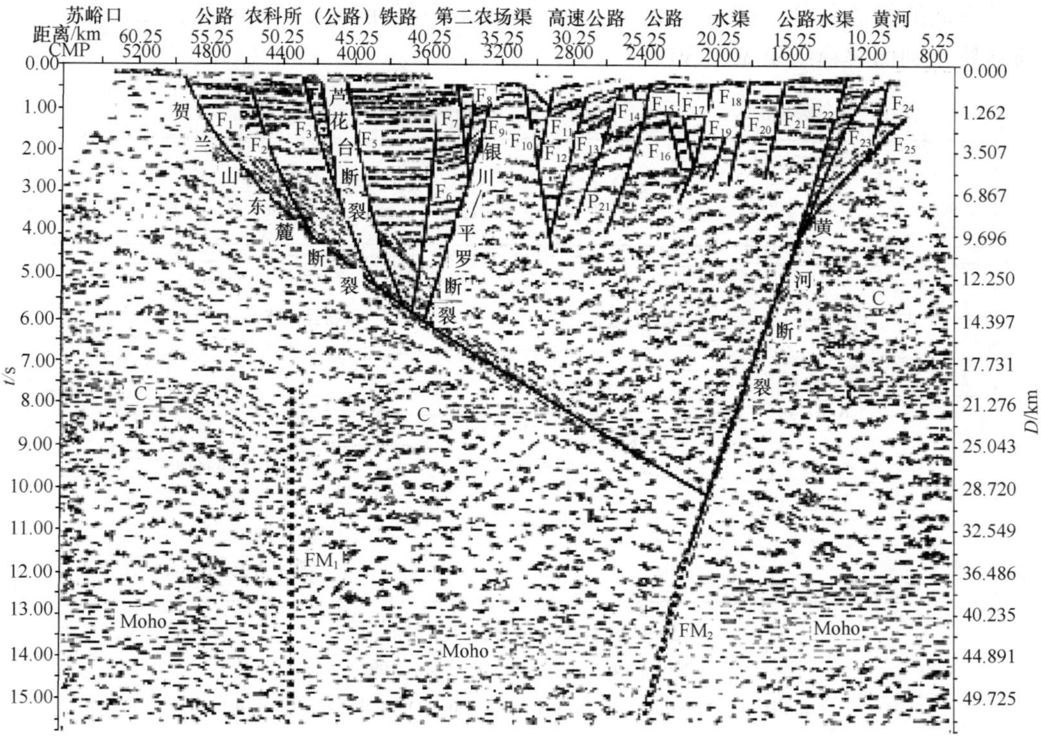

图 30-3 银川盆地深地震反射剖面解释结果图

（据方盛明等，2009）

Fig. 30-3 Interpretation results of deep seismic reflection profile in the Yinchuan Basin

定范围内仍存在能量连续性较好的反射震相轴（如 38~60km 范围内）；地层结构和地质构造明显比上地壳地层简单，表明深部岩层在高温高压强烈变质作用下的变质岩系地层特征。

下地壳的底部（13s 附近，深度约 38km）存在一组能量较强的反射震相界面（Moho 面）亦可视为壳、幔过渡带。该带由一组能量强、持续时间较长的反射叠层组成，厚约 4.5km，反映出壳、幔过渡带由多个有一定厚度的层组组成。

方盛明等（2009）归纳解释认为：

1）银川断陷盆地浅部中、新生代地层成层性较好，反射层位丰富，地堑内新生代沉积巨厚，厚度达 9000m 左右；本区古生代地层成层性差；反射层位较少，上、下地壳的分界面反射 C 和壳幔过渡带反射表现为不同于一般地层界面的反射结构形态，而是由一系列反射能量相对较强、横向上断断续续、纵向上延续时间较长的反射带组成；其中反射带 C 的延续时间为 1s，壳幔过渡带反射的延续时间约为 1.5s。表明上、下地壳分界及壳、幔分界并不是一个简单的物性分界面，而是具有一定厚度的反射夹层组成的过渡带。

2）银川断陷盆地浅部构造主要受贺兰山东麓断裂和黄河断裂控制，形成了中、新生代构造盆地，并在盆地内形成了一些次级断裂构造和褶皱，表现为地堑和地垒相间分布，背斜和向斜共生。地壳上部发育的以银川和芦花台两条纵向张性为主的隐伏断裂，构成了“堑中堑”的构造格局。这些次级断裂构造基本位于上地壳的中上部，没有进入下地壳。芦花台断裂、银川-平罗断裂则分别于 12~12.5km、18~19km 处交汇于贺兰山东麓断裂，贺兰山东麓断裂于 28~29km 处交汇于黄河断裂。在地壳的深部，存在有两条深大断裂 FM_1 和 FM_2，这两条断裂向下切穿了 Moho 界面，属于超壳断裂。黄河断裂向下与 FM_2 断裂相通，因此黄河断裂是一条切穿 Moho 界面的深大断裂，银川地堑为以黄河断裂为主、其他断裂为辅组合而成的负花状构造。

（三）永登—平凉剖面（C）

这段剖面是 1982 年国家地震局组织开展的门源—平凉—渭南地震测深剖面的中段，是青海门源至福建宁德地学断面的组成部分。剖面自西南向北东跨越了中祁连加里东造山带、北祁连加里东造山带和鄂尔多斯地块，剖面解释结果见图 30-4。

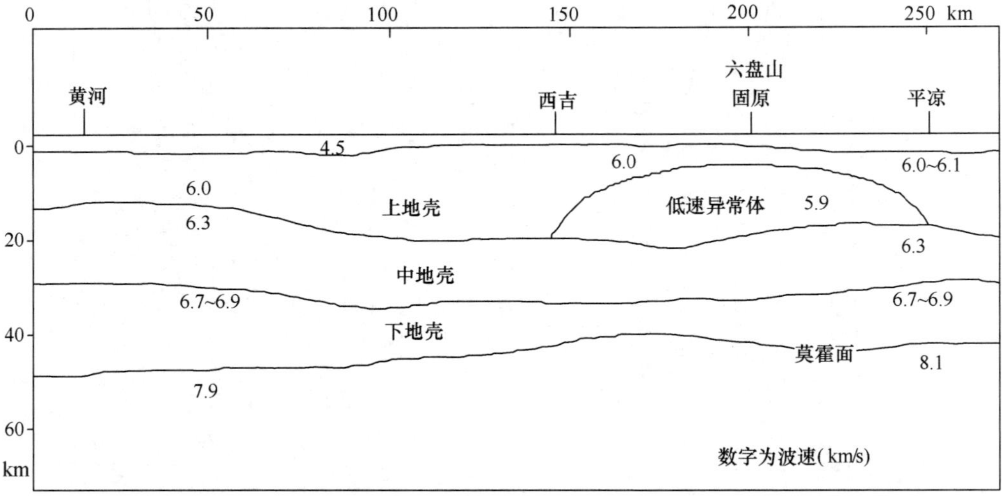

图 30-4　永登—平凉地震测深剖面

（据国家地震局地学断面委员会，1992）

Fig. 30-4　Seismic sounding profile along Yongdeng-Pingliang

该段剖面可分为 3 个小段，西吉测点以西属中祁连加里东造山带，西吉以东至固原一带属北祁连加里东造山带，固原以东属鄂尔多斯地块。

1）中祁连加里东褶皱带岩石圈结构速度：沉积盖层厚 2.5~4km，层速度 4.9km/s；上地壳东厚西薄，厚 14~19.5km，层速度 5.9~6.2km/s；中地壳厚度为 12~17km，层速度 6.25~6.6km/s；下地壳由西向东减薄，厚度为 10~21km，层速度 6.7~6.9km/s。地壳总厚度为 45~52km，地壳平均速度为 6.35km/s，上地幔顶部速度为 7.9km/s。

2）祁连早古生代造山带岩石圈结构速度：沉积盖层厚 4km，层速度为 4.9km/s；上地壳较厚，厚度为 19~23km，层速度 6.13km/s，在上地壳有一低速层，厚约 11km，层速度为 5.9km/s；中地壳厚度为 9.5~12.5km，层速度 6.3km/s；下地壳较薄，厚度为 7~12.5km，层速度 6.8km/s，最薄处位于六盘山。地壳总厚度为 42~44km，地壳平均速度为 6.16km/s，上地幔顶部速度为 7.9km/s。

六盘山附近的深大断裂是中国东西两大构造单元的分界线。与其两侧地壳结构不同，上地壳巨厚，比中、下地壳总厚度还大，而下地壳变薄，最薄处只有 7.0km。王椿镛等（1995）分析认为，六盘山中、下地壳上隆，与六盘山地形呈正相关，形成细颈构造，呈现自下而上的仰冲推覆形态。鄂尔多斯地块的中、下地壳有向六盘山下插的趋势。地壳由深部到浅部向北或向东方向仰冲，而东部鄂尔多斯地块的地壳被动下插，使块体本身形成左旋扭动的菱形地块。

3）鄂尔多斯地块岩石圈结构速度：沉积盖层厚 2km 左右，层速度 5.1km/s；上地壳厚度约 17km，层速度 6.1km/s；中地壳厚 14km，层速度 6.35km/s；下地壳厚度为 12km，层速度 6.7km/s。地壳总厚度为 46km，地壳平均速度为 6.19km/s，上地幔顶部速度为 8.1km/s。

（四）兰州—靖边剖面（D）

该剖面是由中国科学院地质地球物理研究所和中国地震局地球物理勘探中心合作完成的玛沁—兰州—靖边地震测深剖面的北段。该剖面由甘肃会宁进入宁夏，经海原和同心到陕西靖边，长约 500km。剖面解释结果见图 30-5。

李松林等（2002）解释认为，地壳在垂向上以 C 界面为界可分为上地壳和下地壳两大层，横向上变化剧烈。沿剖面莫霍面自北东向南西地壳厚度逐渐变厚，并在海原附近起伏较大。除 C 界面外，上、下地壳还存在一些次一级界面。同心以南速度结构变化得更趋复杂化，在会宁和海原至同心间 C 界面

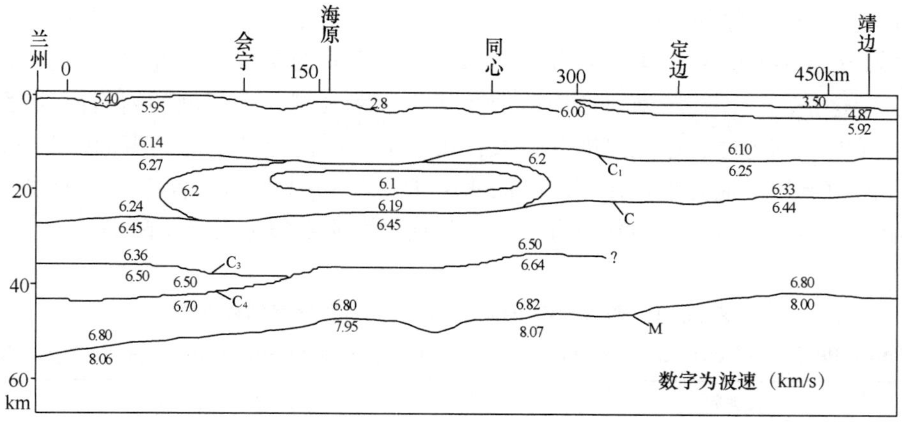

图 30-5　兰州—靖边地震测深剖面

（据李松林等，2002）

Fig. 30-5　Seismic sounding profile along Lanzhou-Jingbian

上方出现了一个低速层，并且在海原附近，C 界面和莫霍面出现异常，这两个界面不再是尖锐的速度界面，而是复杂的过渡带，可能与上地幔的底侵作用有关。

与永登—平凉剖面相比，在海原附近该剖面 C 界面的深度比永登—平凉剖面解释的上地壳深度略深。如果认为 C 界面与永登—平凉剖面解释的上地壳底面相当，则与永登—平凉剖面解释的六盘山断裂带上地壳巨厚的结果相一致。而且在六盘山西缘断裂处上地壳底部存在低速层，该剖面在海原附近的 C 界面上方同样也显现低速层。另一个与永登—平凉剖面相似的特点是，该剖面在海原附近莫霍面顶面埋深较两侧浅，显示有上隆的趋势。

（五）西吉—中卫剖面（E）

该剖面由中国地震局地球物理勘探中心于 1999 年完成，南起宁夏西吉苏堡乡，向北经海原、中卫，至内蒙古阿拉善左旗乱井子西南 7km 处。剖面全长 248km，跨越了海原断裂带、天景山断裂带。图 30-6 是李松林等（2001）给出的剖面壳幔二维速度结构的解释结果。

根据李松林等（2001）的解释，P 波速度结构以 C_2 界面为界分为上、下两层地壳。上地壳又分为

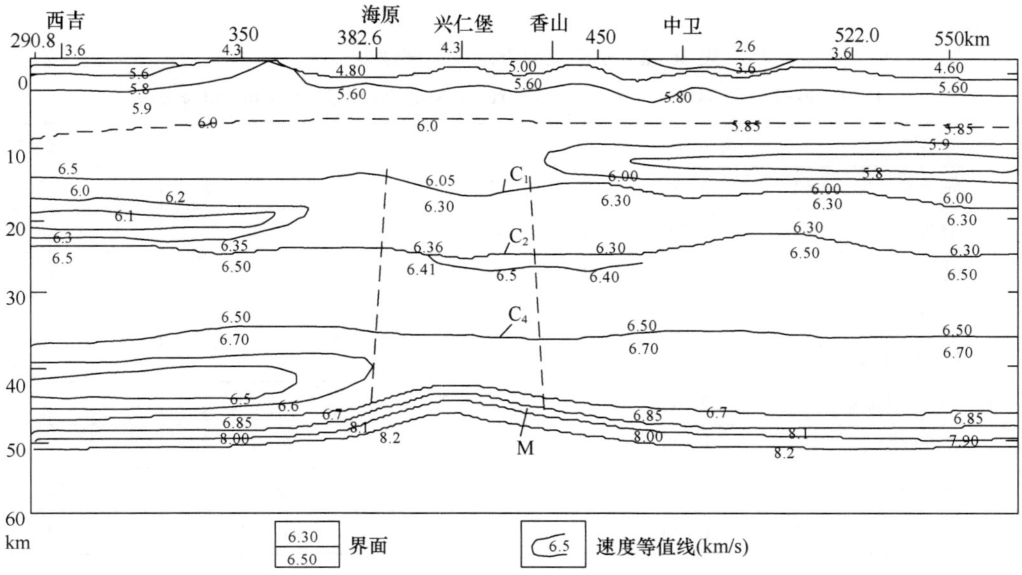

图 30-6　西吉—中卫地震测深剖面

（据李松林等，2001）

Fig. 30-6　Seismic sounding profile along Xiji-Zhongwei

3 个层位，上部为虚线以上部分，中部为虚线至 C_1 界面的层位，C_1 至 C_2 界面之间是上地壳下部。下地壳由 C_4 界面划分为两个层位，其上部为 C_2 与 C_4 界面之间的层位，下部 C_4 至莫霍面之间的部分。测深结果表明，沿这条剖面，在宁南弧形构造带及其北、南两侧 3 个区域的岩石圈速度结构在纵向和横向上均具有明显的非均匀性，地壳厚度变化大，在宁南弧形构造带中部莫霍面隆起 5km 左右，宁南弧形构造带北、南两侧的上地壳中存在不同的低速块体。表 30-1 列出了各段结构参数。

从剖面上推测延伸到莫霍界面的断裂有两处，分别为海原断裂和天景山断裂。

表 30-1　西吉—中卫地震测深剖面各段速度结构参数

Table 30-1　Velocity structure parameter of the Xiji-Zhongwei seismic sounding profile

分层		层参数	西吉	宁南弧形构造带	香山以北
上地壳	上部	厚度/km	10.0	7.5	8.5
		速度/(km·s^{-1})	3.6~6.0	3.6~6.0	2.60~5.85
	中部	厚度/km	6.0	11.0（兴仁）	9.6
		速度/(km·s^{-1})	6.00~6.05	6.00~6.05	5.85~6.00（5.80）*
	下部	厚度/km	10.5	10.5	5.5~8.5
		速度/(km·s^{-1})	6.00~6.35（6.10）*	6.30	6.30
下地壳	上部	厚度/km	9.6~13.2	11.0	10.8~13.5
		速度/(km·s^{-1})	6.60	6.40	6.50
	下部	厚度/km	14.0	6.3（兴仁）	12.6
		速度/(km·s^{-1})	6.70~6.85（6.5）*	6.70~6.85	6.70~6.85
地壳总厚度/km			49	45	48

注：* 存在低速块体，括号内为低速块体速度。

二、地壳速度分层与地壳厚度

根据不同研究者的结果，宁夏地区地壳速度结构的基本轮廓归纳如表 30-2 所示。

表 30-2　宁夏及邻近地区地壳速度结构

Table 30-2　Crustal velocity structure in Ningxia and its adjacent areas

层位	层参数	银川地堑	西海固地区	鄂尔多斯地块	阿拉善微陆块
沉积层	底面埋深/km	5~8	2~4	3~5	2~3
	纵波速度/(km·s^{-1})	5.20	4.4~5.7	5.20	5.20
上地壳	底面埋深/km	11~15	19~23	11~12	13~15
	纵波速度/(km·s^{-1})	5.90~6.38	5.9~6.1	5.9~6.2	5.92~6.33
中地壳	底面埋深/km	20~22	33~35	20~21	22~24
	纵波速度/(km·s^{-1})	6.22~6.33	6.2~6.3	6.20~6.22	6.33
下地壳	底面埋深/km	36~40	42~49	40~43	43~48
	纵波速度/(km·s^{-1})	6.5~6.6	6.7~6.9	6.5~6.6	6.5~6.8
地壳总厚度/km		36~40	42~49	40~43	43~48

依据表 30-2 可以得到如下认识：

1）因构造环境及地质演化历史不同，宁夏及邻区各地岩石圈结构特点存在较大差异。银川地堑和六盘山断裂带位于构造活动强烈的南北地震带上，在其形成的历史过程中，受 3 个动力性质不同的地质块体——青藏地块、鄂尔多斯地块和阿拉善微陆块的交互作用，地壳结构较为复杂。具有岩石圈结构层变异强烈、地壳厚度突变显著的特点。

2）地壳总厚度总体趋势是南部大于北部。由于南部处于青藏高原北东边缘向华北陆块的过渡带，其地壳厚度介于青藏高原（厚度约60km）与华北陆块（约42km）之间；北部银川地区地壳总厚度约小于40km。

3）在银川地堑和六盘山断裂带存在低速异常体。银川地堑地壳中存在长度近80km的低速异常透镜体，厚度为10~15km；在六盘山断裂带，上地壳存在厚度约11km的低速透镜体。

4）鄂尔多斯地块和阿拉善微陆块地壳结构相对简单，地壳分层比较平坦，莫霍面起伏不大，是整体相对稳定的构造单元。

第二节　区域重磁异常

一、区域重力场特征

区域性重力异常反映了地壳、上地幔物质密度的不均衡性，它是地质历史发展与演化进程中岩石圈内部构造运动迁移、就位作用的综合反映，与岩石密度与其组成岩石的各种矿物成分及其含量的多少、岩石中孔隙度大小及孔隙中充填物成分、岩石所承受的压力等关系密切。1980~1989年宁夏地球物理地球化学勘查院完成了覆盖宁夏全区的1：20万区域重力测量，测量总面积88329.16km^2，重力资料精度为（±0.442~±0.660）$\times10^{-5}ms^{-2}$。

从区域背景上看，宁夏处于中国大陆东、西两个布格重力异常区的分界部位，异常幅度一般在$-200\times10^{-5}ms^{-2}$左右。宁夏北部是鄂尔多斯平缓负异常区和银川重力低值异常区。宁夏南部则位于青藏高原周缘巨大重力梯级带的北东缘，重力异常在六盘山断裂带附近呈近南北向展布，从同心以东的大罗山向南延伸到固原、甘肃庄浪至陇县，为六盘山、龙门山一线的巨大重力梯度带的北段部分。同心以西，在中宁、中卫一带异常转为北西向，向河西走廊延伸，并入祁连山重力梯度带。宁夏南部重力异常总体上显示了与宁南弧形构造带一致的形态。

宁夏地区布格重力异常分布见图30-7。可概括总结出如下特点：

1）宁夏布格重力异常值由北东（陶乐地区）向南西（西吉地区）呈下降趋势，下降幅度为$80\times10^{-5}ms^{-2}$。在地形上，陶乐地区平均海拔1100m，西吉县三合一带平均海拔2100m，其重力分布与地形起伏呈镜像关系。这种异常现象，依地壳均衡理论解释，说明宁夏区内莫霍面北东升、南西降。由区域重力场反演莫霍面深度（地壳厚度）的资料可知，陶乐地区地壳厚度为47km，西吉地区地壳厚度为50.5km。依此，可以认为布格重力异常的变化趋势反映了宁夏地区地壳内部的质量分配已趋于某种程度上的均衡。

2）以青铜峡—固原南北重力梯级带为界，其东、西两侧地区的重力场特征有着明显的不同：

• 东部地区，布格重力异常等值线之拉长方向主要为南北、北北东向，次为北北西向；相对重力高、重力低的异常形态规则，整体性强，规模较大，似有“稳定”区型的重力场特征。布格重力异常主要反映了该区中生代大地构造发展阶段的构造形迹或形变。

• 西部地区，布格重力异常的等值线以北北西—北西西向展布的弧形为特色，重力高与重力低异常带平列相间，排布较紧密，具有活动区的布格重力异常分布特点，它们反映了由中新生代地壳运动建造的弧形构造的分布规律。而介于这两个地区之间的青铜峡—固原南北重力梯级异常，显然是划分不同构造单元分界的重要地球物理标志。

3）布格重力异常图凸显出宁夏地区的区域构造格局。区内有几条较大规模的重力梯级带纵横于全区，它们都分布在区内构造起伏强烈的隆起带与沉降区之间的过渡部位上。从布格重力异常梯级带的走向分布规律来看，大体上可分为3组。

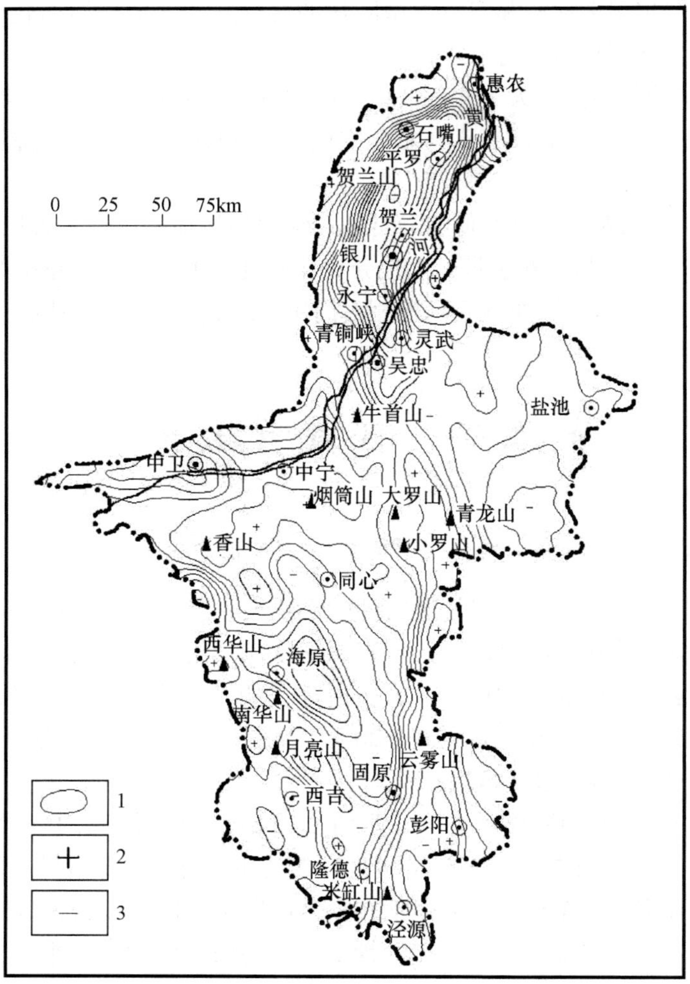

图 30-7　宁夏布格重力异常图

Fig. 30-7　Bouguer gravity anomaly map of Ningxia

1—布格重力异常等值线；2—相对重力高；3—相对重力低

• 南北向梯级带：青铜峡-固原、白土岗（西）-彭阳等梯级带。这一组的规模最大，延伸长度≥280km。

• 北北东向梯级带：贺兰山东、西两麓山前、银川平原黄河区段、横山堡-布拉格等梯级带。它们的延展长度为120~140km。

• 北北西—北西西弧形梯级带：香山北麓（甘塘）-三营、西华山-南华山-六盘山、西吉-隆德等梯级带。其中甘塘-三营梯级带延伸长度为260km，余者长150~160km。这组梯级带向南东分别收敛于青铜峡-固原梯级带，并与之成锐角切接。

除以上区域性重力梯级带外，还有东西向、北西向梯级带分布，如卫宁北山南缘、烟筒山北东麓等梯级带，但它们的规模相对较小。

纵贯和横跨全区的重力梯级带，反映了区域性断裂（带）的分布特征、构造线方向及所属构造单元。而被两相邻的区域性断裂所围限的壳体，或质量剩余，或质量不足。“剩余者”的地面重力分布，表现为相对重力高，如与青龙山-云雾山、西华山-月亮山、贺兰山、横山堡-陶乐等相对应的重力高带，即是其例；而“不足者”引起的地面重力变化，则表现为相对重力低，如银川地堑、天环向斜及海原断陷和卫宁断陷等相对重力低区。这些较大规模的隆起带和坳陷（或断陷）区的区域构造轮廓的形态在布格重力异常图上显示的尤为清楚。

4）区域性重力梯级带，反映了地壳深部构造沿此带发生了剧烈的变化。因此，在地壳运动的不同历史阶段其活动性也最为强烈。从板块构造角度来看，它是不同板块之间相互碰撞挤压的地质缝合线。

二、区域磁场特征

磁异常是由不同性质、不同等级、不同方向、不同深度、不同形态磁性体的组合而成的叠加异常，岩石的磁性是由所含磁性矿物的类型、含量、颗粒大小、结构以及温度、压力等因素决定的。从宁夏航磁异常分布图（图30-8）可以看出，宁夏磁异常表现出以下几个特点：

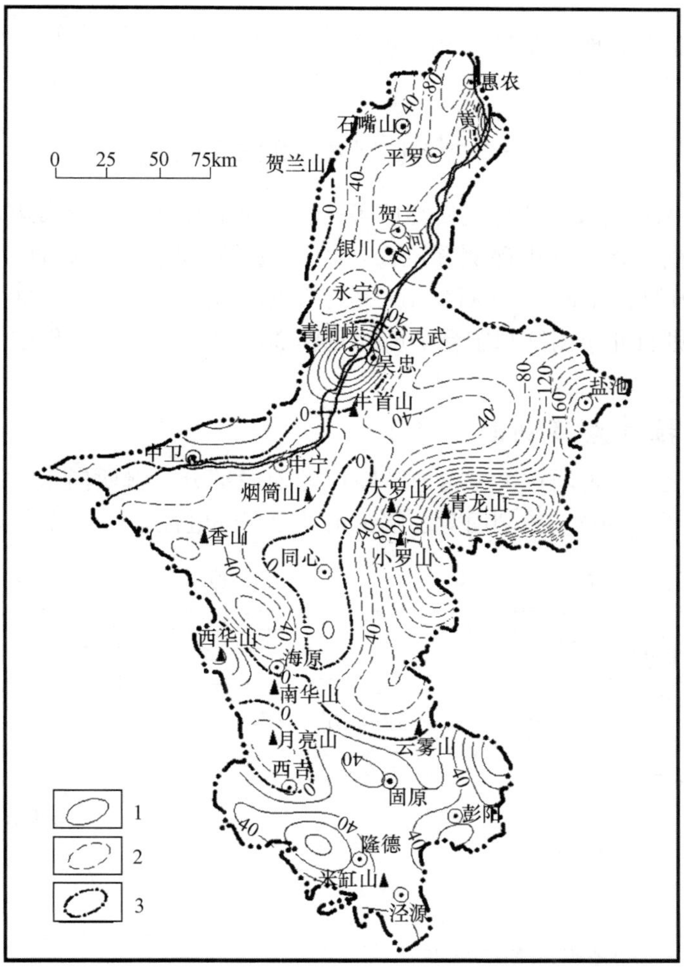

图30-8 宁夏航磁 ΔT 异常（nT）图

Fig. 30-8 Aeromagnetic anomaly map of Ningxia

1—正异常等值线；2—负异常等值线；3—0等值线

1）大概以北纬37°20′为界，宁夏航磁异常南北表现出明显的差异性，其南部磁场强度总体高于北部，这种南北磁场显著的差异性明显受控于组成盖层沉积厚度和结晶基底岩系的磁性差异。

2）北部广大地区多为平静负磁异常，场值在-50nT左右，在平静磁场背景上分布有青铜峡和马家滩两个孤立的磁异常，从这些特征来看，宁夏北部新生界—古生界沉积较厚（从收集的物性磁参数来看，新生界—古生界地层岩石均属弱磁—无磁性）；而对于青铜峡、马家滩两个孤立异常，很可能是具有一定埋深、侵入于下古生界中的基性—超基性岩体所致。

3）西南部以正磁异常为主，且宏观上磁异常差异明显、规律性较强，这些明显的规律性与北祁连早古生代造山带相对应。卫宁北山、香山地区显示了弱的正磁异常，对应于腾格里增生楔古生界—新生界沉积盖层。

4）西南部分布有西、南华山-西吉盆地相互近于平行的3列呈北西—南东向的弧形带状强磁异常带。这些特点一方面表现了本区域的构造特征，另一方面可能反映了磁性基底岩石的埋深、岩相及变质程度的差异。西、南华山磁异常带的走向及范围与长城系海原岩群变质岩系组成的南、西华山凸起带一致，ΔT 强度一般为 200nT，个别达 300~400nT，为具较高磁性的海原岩群所为；西吉盆地磁异常带由一走向北西的串珠状呈线性排列的异常带组成，延伸至甘肃境内，以正、负变化的异常为特征，异常呈波状起伏，反映了沿断裂带侵入的隐伏中酸性、基性—超基性岩体所致。

第三节　岩石圈电性结构

大地电磁测深方法是研究地壳深部结构的重要手段，是利用天然电磁场，探测地壳上地幔电性结构的有效方法。

一、大地电磁测深剖面

1970 年以后，原国家地震局兰州地震研究所等一些单位陆续在宁夏及周边地区进行过多次大地电磁测深工作，形成了纵横 4 条大地电磁测深剖面：①靖边—阿拉善左旗剖面（Ⅰ）；②定边—景泰剖面（Ⅱ）；③永靖—庆阳剖面（Ⅲ）；④石嘴山—静宁剖面（Ⅳ）。前 3 条剖面大体自西向东北横跨宁夏，石嘴山—静宁剖面则自北至南穿越宁夏全境（见图 30-1）。从这些工作中基本获知了宁夏地区地壳的电性分层结构情况。

（一）靖边—阿拉善左旗剖面（Ⅰ）

该剖面为上海奉贤至内蒙古阿拉善左旗地学断面的西段部分。自西向东横跨阿拉善微陆块、银川地堑和鄂尔多斯地块（图 30-9）。该剖面对了解银川平原深部电性结构极其重要。

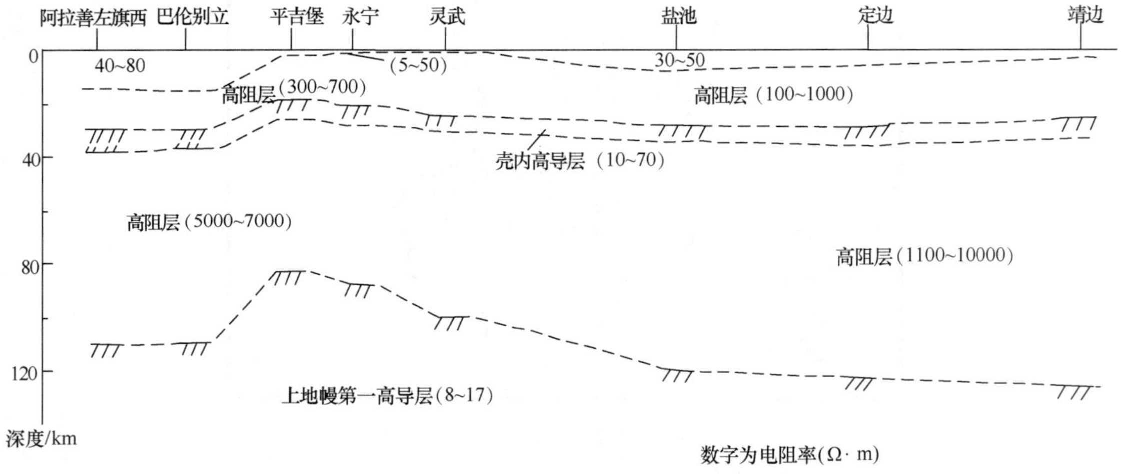

图 30-9　靖边—阿拉善左旗大地电磁测深剖面

（据李清河等，1999）

Fig. 30-9　Magnetotelluric sounding profile along Jingbian—Alxa Left Banner

总体上看，鄂尔多斯地块和阿拉善微陆块区剖面电性层结构平稳。地壳底部高导层在 30~40km；上地幔第一高导层埋深在 110~120km；盐池以东鄂尔多斯地块区深于西侧阿拉善微陆块区，约为 120km。

银川地堑电性层结构变化大，其特点是：①地表高导层电阻率从数欧姆·米变化到数十欧姆·米，厚度较东西两侧为薄，在永宁、平吉堡一带为 2.4~3.1km；②壳内低阻层电阻率为几欧姆·米到十几欧姆·米，厚度 6~8km，表现出该层在此处向上隆起；③上地幔第一高导层电阻率为 8~12Ω·m，顶面埋深为 84~89km。与东侧鄂尔多斯地块和西侧阿拉善微陆块相比，显示了在银川地堑下方上地幔第一高导层明显上隆。

（二）定边—景泰剖面（Ⅱ）

该剖面东起陕西定边，经过宁夏盐池和同心等地，向西止于甘肃景泰的魏家台，全长 300km，共由 13 个测点组成，由国家地震局兰州地震研究所于 1986~1988 年完成。测线横穿宁夏中部地区，在大罗山附近跨越牛首山-罗山断裂。大罗山以东为鄂尔多斯西缘裂陷带和鄂尔多斯坳陷，以西属于祁连早古生代造山带。电性剖面如图 30-10 所示（屈健鹏等，1998）。

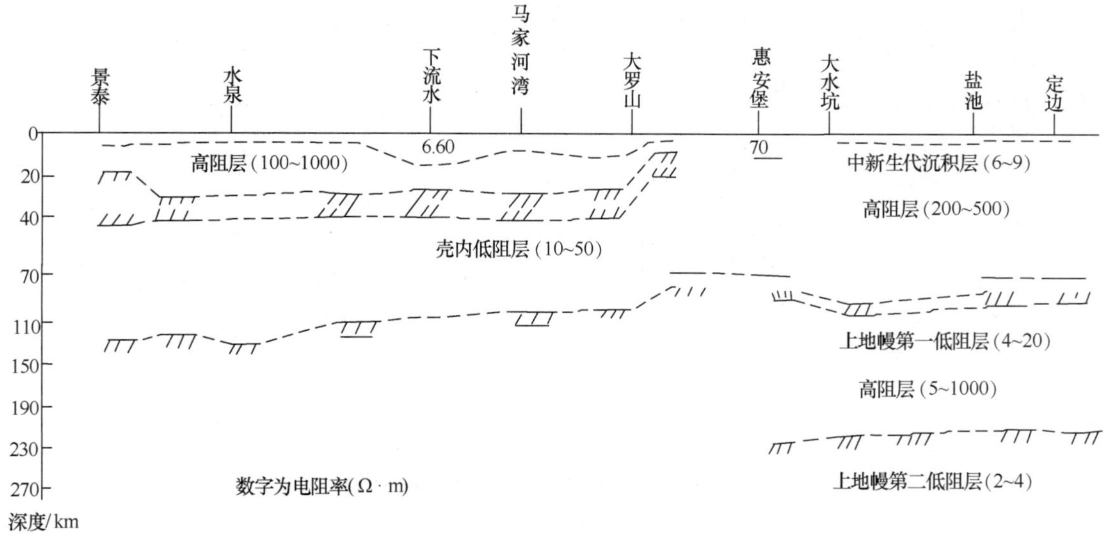

图 30-10　定边—景泰大地电磁测深剖面
（据屈健鹏等，1998）
Fig. 30-10　Magnetotelluric sounding profile along Dingbian-Jingtai

从剖面上看，惠安堡以东的电性结构简单，横向变化小，成层性好，反映了鄂尔多斯地块具有很好的整体性。该段剖面显示的一个显著特点是第二层厚度特别大，为 104~108km，其电阻率为 200~500Ω·m，第二层下方即为上地幔第一低阻层。该剖面上盐池、定边两个测点与靖边—阿拉善左旗剖面观测结果差别很大，地表电性层以下至上地幔第一低阻层之间无其他电性层显示。

大罗山以西，跨入腾格里增生楔（走廊过渡带）。地表低阻层厚度在 1.5~18km 间变化，电阻率 10~50Ω·m。在宁夏境内的马家渠、马家河湾和下流水 3 个测点，地表低阻层稍厚，厚 6~18km。在深度 30~35km 处存在壳内低阻层，电阻率 15~50Ω·m，一般层厚约在 16km，同心马家河湾点层厚较薄，约 8km。从大罗山向西，上地幔第一高导层顶面埋深由东向西缓慢增加。在宁夏境内为 115~118km，在甘肃靖远水泉增至 136km。

深部电性结构特征与地质构造有着较好的对应关系。惠安堡、红城水两个测点正好位于鄂尔多斯地块与腾格里增生楔（走廊过渡带）的交接部位，牛首山-罗山断裂从此经过。由于断裂带的切割，使电性分层复杂化，壳内导电层明显不连续，壳内低阻层明显错位。红城水测点处壳内低阻层埋深 22km，较其西侧各点明显抬升约 20km，表明该断裂带深度已达地壳下部。另外，上地幔第一低阻层顶面埋深为 92~102km，较东西两侧有所隆起，显示了深部电性结构特征与地质构造有着较好的对应关系。分析认为牛首山-罗山断裂为深大断裂，惠安堡和红城水两个测点为鄂尔多斯地块西缘边界。

（三）永靖—庆阳剖面（Ⅲ）

该剖面东起甘肃庆阳安家寺，沿北纬 36°线往西至甘肃永靖刘家峡，全长约 400km。在宁夏境内有草庙、固原、硝河和蒙宣 4 个测点（图 30-11）。

剖面电性结构较为复杂，横向起伏变化较大，在西吉、固原和草庙之间上地壳和中地壳有几组低阻层显示。蒙宣、硝河、固原和草庙 4 个测点的表层电阻率为几十欧姆·米，厚 7~10.7km。蒙宣、硝河和固原 3 个测点地壳中部低阻层埋深 28~34km，蒙宣测点稍浅，厚度较薄，为 1.4~3km。蒙宣测点在地壳中上部还发现一低阻层，顶面埋深为 12km，厚度为 5km。草庙测点较深，在 43.2~54.1km 深度范围，电阻率 15.2Ω·m。上地幔第一高导层在甘肃榆中三角城测点埋深为 65km，向东逐渐加深，在西吉硝河一带加深至 88.5km，然后又逐渐变浅，在庆阳安家寺测点为 77km，并且在六盘山断裂带附近的固原测点下方，上地幔第一高导层有呈上隆的趋势。

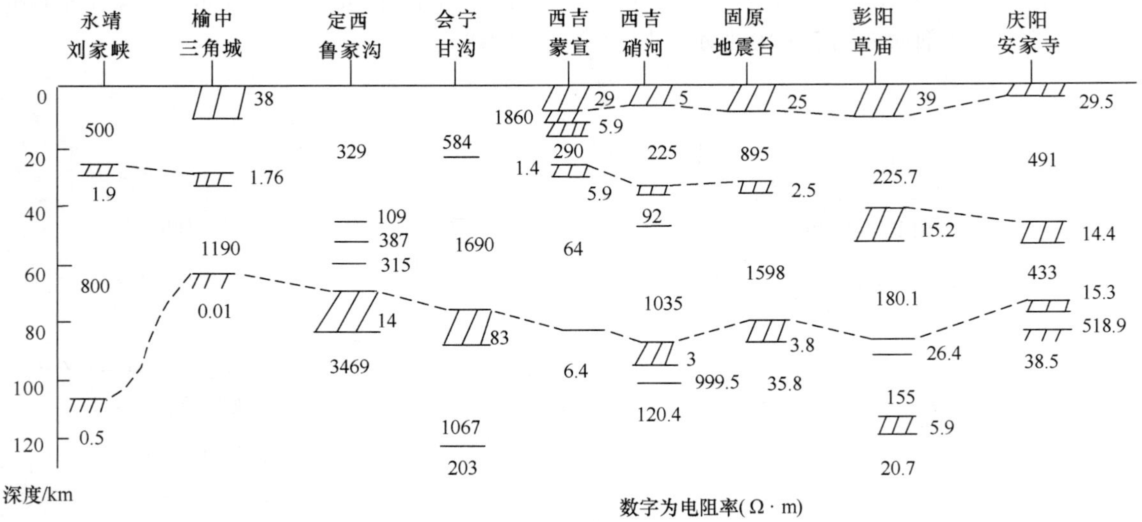

图 30-11　永靖—庆阳大地电磁测深剖面

（据张云琳等，1988）

Fig. 30-11　Magnetotelluric sounding profile along Yongjing-Qingyang

另外，固原和草庙两个测点之间壳内低阻层发生错位，可能显示了牛首山-罗山断裂的影响。

（四）石嘴山—静宁剖面（Ⅳ）

该剖面是石嘴山—康县剖面的中、北段，是由 20 世纪 70 年代以来的多期资料形成的。剖面北起宁夏石嘴山，南达甘肃静宁，全长约 400km。电性剖面如图 30-12 所示。

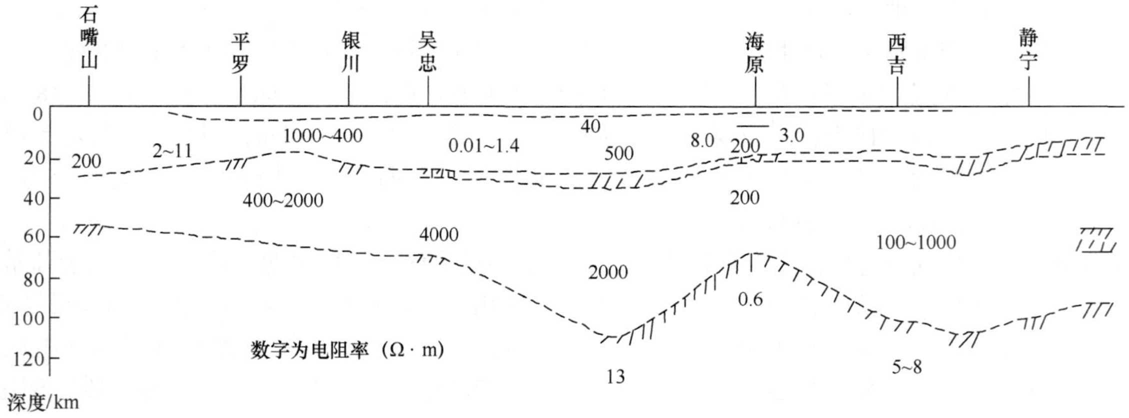

图 30-12　石嘴山—静宁大地电磁测深剖面

（据李清河等，1999）

Fig. 30-12　Magnetotelluric sounding profile along Shizuishan-Jingning

李清河等对该剖面电性分层特点归纳为：

1）除银川盆地北端石嘴山测点外，地壳表层均发育有低阻层，电阻率在 2~11Ω · m。

2）分布在地壳内深度为 20~30km 处的低阻层，电阻率为 0.1Ω · m 到数欧姆 · 米，厚度通常为数千米。该低阻层的埋深和厚度虽然有一些起伏变化，但从北到南普遍有所显示，并且在平罗、银川和海原下方存在上隆趋势。

3）上地幔第一高导层起伏较大，并且由北向南似显示出加深的趋势。在海原测点处上地幔第一高导层顶面埋深 74km，明显上隆，较之北侧马家河湾测点的 117km，隆起约 43km，比其南侧西吉测点的 87km，隆起约 13km。

二、壳幔电性分层结构

（一）宁夏北部地区

宁夏北部及相邻地区的地壳上地幔电性分层结构见表 30-3。

表 30-3 宁夏北部及相邻地区壳幔电性结构分层

Table 30-3 The crust-upper mantle electrical structure stratification in northern Ningxia and its adjacent area

层序	银川地堑		鄂尔多斯地块				阿拉善微陆块		
	电阻率/Ω·m	厚度/km	底面深/km	电阻率/Ω·m	厚度/km	底面深/km	电阻率/Ω·m	厚度/km	底面深/km
1	5~50	2~5	2.4~5	50	1~2	1~2	100	1~2	1~2
2	600~1000	16~19	19~22	30	5~8	6~10	50	12~15	14~18
3	1~20	6~8	25~27	1000	20~25	30~32	400	12~15	29~30
4	1000~5000	60	85~89	10~12	7~8	36~39	10~70	7~9	37~38
5	0.2~12			10^3~10^4	87~92	123~131	5000	75	112
6				10			8~17		

银川地堑区壳幔电性结构大致可分为 5 层，其下方存在壳内低阻层和上地幔隆起，隆起区呈南北狭长形展布，自石嘴山至吴忠南，长约 160km。上地幔第一高导层顶面埋深在 62~85km。东西方向较窄，为 40~50km。隆起区基本上与地堑相吻合。

灵武以东鄂尔多斯地块区，壳幔电性结构可大致分为 6 层，电性层总体上变化平缓，上地幔第一高导层顶面埋深为 123~131km。

阿拉善微陆块与鄂尔多斯地块相类似，具有变化平缓的特点。地壳上地幔电性上大致亦分为 6 层结构，壳内第一低阻层电阻率为 50Ω·m，厚 12~15km，底面埋深为 14~18km，上地幔第一高导层顶面埋深为 112km。

（二）宁夏中部地区

该区涉及两个大的地质构造单元，以牛首山-罗山断裂为界，东侧为鄂尔多斯地块，西侧为腾格里增生楔。依据前述大地电磁测深剖面解释结果，本区域壳幔电性大致可分为 5 层结构，其分层结果见表 30-4。

表 30-4 宁夏中部地区壳幔电性结构分层

Table 30-4 The crust-upper mantle electrical structure stratification in central Ningxia

层序	牛首山-罗山断裂以东		牛首山-罗山断裂以西			
	电阻率/Ω·m	厚度/km	底面深/km	电阻率/Ω·m	厚度/km	底面深/km
1	6~9	1.5~2.5	1.5~2.5	10~50	1.5~18	6~17
2	110~270	104~108	107~110	100~1000	12~36	29~49
3	10~13	7~9	115~119	15~50	8~21	42~50
4	5000	124~127	240~246	2000	72~93	115~136
5	3			4~20	4~6	

牛首山-罗山断裂以东属鄂尔多斯地块区，电性结构简单，成层性好。上电幔第一高导层埋深在 107~110km 之间，并在深度约 240km 处出现上地幔第二低阻层，电阻率约 3Ω·m。

牛首山-罗山断裂以西地区跨入腾格里增生楔（走廊过渡带），壳内电性结构与鄂尔多斯地块区截然不同。表层电阻率10~50Ω·m，厚度在1.5~18km之间变化。地壳底部有一较厚低阻层，电阻率15~50Ω·m，层厚在8~21km之间，底面埋深42~50km，上地幔第一高导层顶面埋深115~136km。

（三）宁夏南部地区

依据前述大地电磁测深剖面解释结果，将本区域壳幔电性结构分层列于表30-5。

表30-5 宁夏南部地区壳幔电性结构分层

Table 30-5 The crust-upper mantle electrical structure stratification in southern Ningxia

层序	彭阳-庆阳			固原-西吉			海原		
	电阻率/Ω·m	厚度/km	底面深/km	电阻率/Ω·m	厚度/km	底面深/km	电阻率/Ω·m	厚度/km	底面深/km
1	30~39	8~11	8~11	25~75	7~9	7~9	8	3	3
2	256~492	33~45	28~43	225~1860	18~27	28~34	200	6	9
3	14~16	5~12	32~55	1.4~6	1.4~6	29~38	3	2	11
4	130~433	19~33	77~89	1000	40~45	82~88	200	63	74
5	15~26	3~4	82~92	3.8~6	1~7	89~92	0.6		

固原以东的彭阳和庆阳地区，大地构造上属于鄂尔多斯西缘坳陷带南端，表层电阻率30~39Ω·m，厚8~11km。壳内低阻层顶面埋深为28~43km，厚5~12km，上地幔第一低阻层顶面埋深为77~89km。

海原地下电性分层与其周围地区有所差异。可能由于海原深大断裂的作用，壳内低阻层埋深在10km左右。上地幔第一低阻层顶面埋深为74km，显示存在上地幔上隆的明显特征。同样位于六盘山断裂的固原测点，上地幔第一高导层也有上隆趋势，显示沿海原断裂带存在一条上地幔隆起带，隆起带的中心可能位于海原附近。

（四）壳幔电性特征

综合以上结果，宁夏地区深部电性结构具有以下特点：

1）地壳—上地幔电性层状结构可大致分为5~6个电性层。一般而言，地壳表层低阻层普遍发育，电阻率从几欧姆·米到几十欧姆·米，厚度不等，约1km到几千米，与中、新生代沉积层相一致。中下地壳存在1~2个厚度为几千米的低阻薄层。

2）不同的地质构造单元，深部电性结构差别明显。鄂尔多斯地块和阿拉善微陆块区的电性层横向变化平缓，成层和整体性好，表明这两个地块较为完整，相对稳定，在很长的地质历史时期内较少受到形变破裂。上地幔第一高导层埋深较大，顶面埋深在110~130km范围，表明来自上地幔的垂直作用力较弱。而位于构造活动剧烈的银川断陷盆地和走廊过渡带的宁夏南部地区，电性结构复杂，电性界面起伏大，并且壳内有几个低阻层分布，反映了剧烈的构造作用和深部物质运动的结果。

3）深部电性结构特征与地质构造有着较好的对应关系。例如，在定边—景泰和永靖—庆阳剖面上，位于牛首山-罗山断裂带经过处壳内低阻层位明显错位，显示了深部电性结构特征与地质构造存在很好的一致性。

4）壳内低阻层一般被认为起因于岩石脱水和部分熔融，通常为地壳脆韧转换带。在本区壳内低阻层深度一般为20~30km。

第四节 岩石圈应力场特征

中国大陆周边的构造边界已基本达成共识：西部的印度板块挤压，东部的太平洋板块（菲律宾板块）俯冲，北部的西伯利亚板块相对阻挡。宁夏处于印度板块挤压和菲律宾板块俯冲的分界位置。我国的科学工作者从震源机制解、原地应力测量、GPS测量、有限单元法数值模拟以及地质资料分析等诸多方面，开展了地壳构造应力场的研究工作，取得了比较丰富的研究成果。

利用GPS技术，中国大陆地壳的整体主压应变方向为北北东至北东向，它反映的是现阶段地壳活动的主应力方向（张东宁等，1999；陈连旺等，2001；顾国华等，1999；杨国华等，2000；江在森等，2000）。王琪等（1996）根据1991~1993年间巴拉—达孜（约55km）和日喀则—达孜（约247km）两条基线的GPS复测资料，求得西藏块体的内部变形速率，南北向为（7.0±2.3）mm/a（缩短），东西向为（7.4±2.3）mm/a（伸长）。丁国瑜和卢演俦（1989）则估计西藏块体的整体运动速率可望达到25~28mm/a，即数倍于块体内部的变形速率。基于一个现时板块运动模型板ITRF97VEL（王小亚，2002），表明中国地壳运动以昆明-银川南北地震带为界，西强东弱；中国西部受印度板块强烈的冲挤，地壳运动由南向北逐渐减慢，呈现南北向缩短、东西向伸展，有明显的块体特征；喜马拉雅和天山西部分别提供了约15 mm/a和9~13 mm/a的汇聚速率；拉萨块体有（20.2±1.2）mm/a的伸长；喀喇昆仑-嘉黎断裂的右旋走滑速率和阿尔金断裂的左旋走滑速率分别为2~3mm/a和4~6mm/a，穿过龙门山断裂带的缩短速率小于7mm/a，这些都支持西部地壳增厚。Molnar和Tapponnier（1975）认为，其主要来源于印度板块与欧亚板块之间的碰撞；中国东部下部存在一个低黏度的软流圈物质的通道，与西部的印度板块与欧亚板块碰撞有关，并且诱发了软流圈物质的上涌和底侵（Liu M. et al.，2004）。

马宗晋（2001）根据中国大陆1998年至2000年的GPS观测结果认为：中国大陆六大分区运动态势存在明显的差异。西部主要受由南而北的推挤作用，东部主要受由西而东的推挤和地幔流动的底拖拉伸作用，青藏高原东部矢量场由南部的北北东向逐渐指向北东东向，再转向南东向，呈右旋型运动，速率也变小。鄂尔多斯与阿拉善之间存在拉张，与东祁连之间存在追赶挤压。鄂尔多斯与华北区矢量场总体一致指向东，直至朝鲜半岛，但太行山与华北平原内部速率变小，而郯庐断裂带以东速率增强，与华南、华北相一致。结合全球GPS资料，认为对中国大陆而言，印度板块的推挤作用是叠加在欧亚大陆整体由西向东的运动背景之上的（马宗晋等，2003）。大量的GPS观测表明中国地壳运动有明显的不均匀性，以昆明—银川地震带为界，西强东弱；中国西部受印度板块强烈的冲挤，地壳运动由南向北逐渐减慢，呈现南北向缩短，东西向伸展。GPS观测结果（朱文耀等，1998）和华北数值模拟（刘翠，2003）表明现今太平洋板块对中国大陆地壳运动的影响不大。太平洋-欧亚板块的汇聚速度从晚白垩世的120~140mm/a至始新世减到最低值30~40mm/a。从渐新世至早中新世，汇聚的平均速率相对适中，为70~95mm/a，在早至中新世期间以65~70mm/a的微弱减少后，平均汇聚速率从晚中新世增加至现在的100~110mm/a，即太平洋显示了很强的太平洋西向俯冲，但东北和华北块体整体都无西向运动，这可能反映了太平洋西向很强的俯冲被日本海峡很快吸收，几乎没有传到中国（王小亚等，2001；刘翠，2003）。

就局部地区而言，在昆明—银川南北地震带的北段，虽然青藏高原在六盘山附近对鄂尔多斯地块施加了一个北东向的挤压，并反映在地质地貌、GPS图像、构造应力场以及岩石圈三维结构上（邓晋福，1996；江在森，2001；杨国华，2001；马宗晋，2001；陈连旺，2001，邓晋福，2003等），而数值模拟（刘翠，2003）表明在靠近青藏高原的六盘山地区引起一种环形应力场，并在鄂尔多斯下面诱发了一个上升流，使之隆升，使六盘山逆冲在鄂尔多斯之上。地球物理也证实，在鄂尔多斯地块内部，地壳结构简单，厚度为40~42km，只在东北、西南边缘略有加深。鄂尔多斯周边断陷带的地壳上隆、厚度变浅，其中北缘的银川盆地、河套盆地，东南缘的汾渭地堑，南部的渭河盆地，为地幔上隆、地壳变薄、地表拗陷的张性构造。鄂尔多斯西南缘与青藏高原东北隅相接，由东北向西南快速加深，地壳厚度约50km，显示了与青藏高原接触带地壳受挤压的增厚构造。

一、震源机制解

震源机制问题是根据地震位移场的P波初动观测资料反演地震震源的几何参数，如断层面的走向、倾向和倾角，震源模型相应力系（力偶）的取向和仰角，主压应力和主张应力的取向和仰角，即震源机制解。利用震源机制解所求得的震源主压应力等参数可以分析区域应力场的分布情况。

根据宁夏及邻区1950年以来 $M_s \geqslant 5.0$ 地震震源机制解统计得到，宁夏主压应力 P 轴的范围为北东 50°~70°，1920年海原8.5级大地震震源机制解的主压应力 P 轴方向为北东65°，与地面形变带张性鼓包反映的北东70°非常接近。说明宁夏南部区域应力场主压应力 P 轴方向为北东70°左右，即北东东向。

宁夏地区小震震源机制解主应力轴的仰角比较小（李孟銮等，1982；陈爱玲等，1981；李孟銮等，1986；赵知军等，2002）。统计发现宁夏及邻近地区151次 $M_L \geqslant 4.0$ 地震的主应力 P 轴和 T 轴的出地仰角比较小，其中 $\beta \geqslant 30°$ 所占比例分别为84.1%和73.5%，说明宁夏地区以水平应力作用为主（杨明芝等，2007）。

通过对宁夏及邻近地区地震震源机制解的研究，显示宁夏及邻近地区现代应力场存在以下明显特点：

1）宁夏及邻近地区构造应力场主压应力作用的优势方向为北东或北东东向，其范围在40°~70°之间。

银川平原主要断裂为北北东、东西和北西西向3组，其中以北北东向断裂为主，断裂性质为张扭性并带有右旋平移分量。西海固地区的主要断裂有北西西、北西和近南北向3组，其中以北西西向为主，断裂性质为压扭性带有左旋走滑性质。很明显，北北东向断裂右旋平移与北西西向断裂左旋走滑构造运动是配套的。由此可以推测，宁夏区域构造主压应力应为北东或北东东方向，与震源机制解 P 轴优势方向一致。例如，1920年海原8.5级大地震虽然由于资料的限制，得不到满意的震源机制解，但该次地震是沿北西方向的断裂逆时针扭动，受到的应该是北东或北东东方向的主压应力。在这种力的作用下，断裂应是以水平运动为主的斜滑或近走滑断层，与地质考察结果一致。

因此，宁夏地震是在北东或北东东向主压应力作用下，北北东向和北西西向两组共轭断裂活动的结果。

2）构造主应力以水平或近水平作用为主。由于主应力轴的仰角比较小，而且区内多数断裂的断层面倾角又比较大，因此可以认为宁夏及邻近地区现代应力场以水平或近水平方向的挤压力占主导地位。

3）宁夏及邻近地区发震断层以直立或近直立者居多，地震断错以走滑或近走滑型运动为主要特征。该结论与我国震源断错以高角度走滑型占绝对优势的结果相一致（《中国岩石圈动力学地图集》编委会，1991）。

4）垂直力不容忽视，亦有相当比例的地震属斜力作用结果，所占比例达40%左右。

二、现代地壳形变

根据原兰州地震大队测量队在西北地区的形变测量结果，宁夏三角网计算边的最大缩短方向，在约37°N以北的地区为近北东-南西方向，37°N以南为北东东-南西西方向。基线最大缩短方向也显示以北东-南西方向占优势（李玉龙，1979）。结果与震源机制解得到的结果基本一致。

国家测绘局第七大队大地水准测量表明，银川盆地仍处于继续沉降过程中。从1954年到1970年的16年间，银川相对于中宁滚泉下降了3.6cm，平均每年下降约2.25mm。此外，贺兰山转角楼和贺兰丰登堡两地天文点测量显示，银川盆地相对于贺兰山向北移动，呈反时针扭动。16年间向北移动了0.268m，平均每年移动约16.8mm。中国地震局第二地形形变监测中心观测宁夏北部的结果发现（丁平等，1990；江在森等，2001），1970~1994年，银川地区大地形变场经历了3个演化过程：①1970~1976年垂直形变显示贺兰山整体相对下降，银川断陷盆地抬升，最大升、降差异为4mm/a，总体上表现为较弱的逆继承性差异运动；②1976~1988年垂直形变场恢复继承性差异运动，贺兰山整体相对隆起，银川断陷盆地下沉，隆起区的三关口、小口子、汝箕沟相对银川升降差异达+10mm/a左右，盆地强烈下沉，形成银川、吴忠等沉降中心，最大相对速率在-10mm/a以上；③1988~1994年垂直形变场又出现明显转折，贺兰山转为相对下沉，速率为-2mm/a，银川盆地下沉速率减小为-2~-3mm/a。丁平等（1990）认为，垂直形变场的演化反映了中国大陆板内有关块体运动强弱的转换。1966~1976年，我国处于华北地震的高潮幕，华北区域应力场作用较强，银川盆地是剪切拉张型断陷盆地，在华北区域应力场的挤压应力作用下，盆地地壳受挤压抬升，山地相对下沉，呈逆继承性差异运动。地震高潮后华北区域应力得到迅速释放，形变场逐渐恢复继承性运动。而来自印度板块的碰撞挤压增强，青藏块体的活动水平有所提高，西部区域应力场趋于强化。宁北地区受青藏块体北东向的侧向推挤，垂直形变量较大。青藏块体北东向的推挤对宁北地区继承性地壳运动起主导作用。

1975~1998 年对西海固地区的观测结果表明（江在森等，2001），西海固地区垂直形变场也经历了“正常继承性运动—逆继承性运动—恢复正常继承性运动”的过程。其中 1981~1985 年垂直差异运动显著增强，海原附近沿海原断裂带南、西华山地区快速隆起，速率值大于 5mm/a。同时，南东部的形变场趋势有较大变化，显著地向南东方向倾斜。反映了 1981~1985 年时段内虽然垂直差异运动强烈，但弧形断裂带的左旋走滑运动不明显，而主要表现为挤压、倾滑逆继承运动特征；1975~1981 年、1985~1991 年和 1991~1998 年 3 个时段垂直形变场具有类似的正常继承性运动特征，形变速率等值线差异速率为 6~10mm/a。六盘山地带缓慢抬升，形变速率等值线多在海原断裂附近扭曲，总体上海原以南向北北西方向倾斜，反映了弧形断裂带在北北东向挤压应力作用下的左旋走滑运动和断裂带南东部的挤压、逆冲的继承性运动。该区构造以一系列弧形断裂构造为特点，在北东东-南西西向压应力的作用下，弧形断裂带北西段以左旋走滑为主，断裂带南东段表现为挤压、逆冲以及地壳缩短，现今应力场主压应力仍为北东东向。多年的垂直形变演化状况反映，20 世纪 80 年代初以来，西海固以海原断裂带为代表的北西向构造活动仍相对强烈。大地形变场演化进程显示了现今地壳运动在正常继承性运动背景下，由于块体之间的相互运动发生的动态过程。

三、GPS 观测结果

1996~1999 年宁夏地震局与日本东北大学合作，在宁夏布设了一个由 7 个站组成的 GPS 形变观测网。其中作为参考点的 3 个站，分别设在位于鄂尔多斯地块的盐池、阿拉善微陆块的巴音浩特和青藏块体的海原断裂内侧；另外 4 个点位于银川断陷盆地的吴忠、灵武一带。根据 1996~1999 年期间的 5 次观测成果的分析，吴忠、灵武一带整体受北北东-南南西方向（北东 27.5°）的压力作用，显示出明显的左旋运动（许文俊，2000）。

四、宁夏地区主要动力学因素

自始新世以来，在青藏块体向北东推挤作用影响下，鄂尔多斯西缘裂陷带开始了新裂陷作用，宁夏北部形成银川地堑—贺兰山拉张构造区。而在南部，以鄂尔多斯地块西缘的南北向构造和阿拉善微陆块南缘的近东西向构造为边界，形成了一系列向北西撒开、向南东收敛、弧顶指向北东的弧形构造的挤压-走滑构造区。宁夏南北构造运动既相互独立，又相互作用和制约，造成了非常复杂的情况。据《鄂尔多斯周缘活动断裂》（国家地震局《鄂尔多斯周缘活动断裂系》课题组，1988）研究结果，宁夏地区存在 3 个主要动力学因素（图 30-13）。可概括为：

1）自新生代以来，鄂尔多斯地块及其周缘处于北东-南西向挤压的构造应力场作用下，一方面受到华北东部的挤压，另一方面，更重要的是受到来自青藏高原的挤压作用。震源机制解结果表明，本区的主应力轴大致为北东—北东东向，以接近水平的斜向作用力为主。地质调查、大地测量资料以及数学和物理模拟的结果也说明，北东—北东东向挤压力是本区第一动力学因素。

2）地球物理探测资料表明，银川盆地和六盘山断裂带内有上地幔上隆现象。这一事实说明，上地幔的活动与先存构造这两个因素，显然对该地区断裂活动起重要作用。造成局部隆起的物理机制是地壳上地幔结构及物质组成的不均匀性与上地幔热物质的上涌，由于热作用使上地幔顶部隆起，在地壳介质受力向两侧移动时便会产生张性断裂。因此，局部地区底部的水平拖拉作用是本区第二个动力学因素。

3）鄂尔多斯地块是一个结构比较完整的块体，内部没有大断裂和大地震，从晚白垩世以来，一直

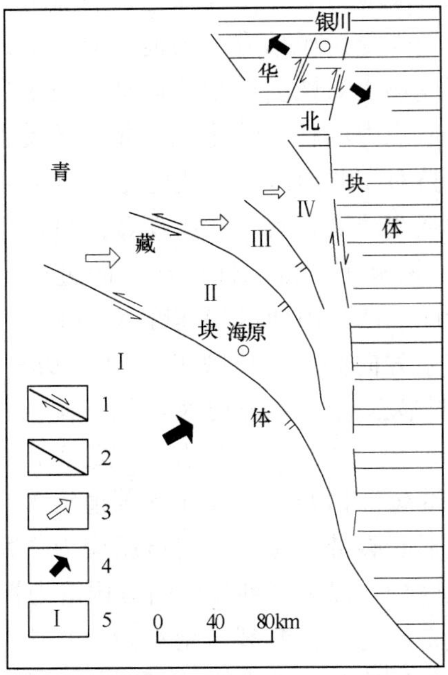

图 30-13 宁夏地区应力场及块体运动示意图

（据杨明芝等，2007）

Fig. 30-13 Sketch showing stress field and block movement of the Ningxia area

1—走滑断层；2—逆断层；3—次级断块运动方向；4—应力作用方向；5—次级断块编号

处于缓缓抬升过程中。鄂尔多斯地块的升起对周围盆地和断裂发育有重要影响。因此，鄂尔多斯地块底部垂直向上的力是本区第三个动力学因素。

总之，宁夏地区受这 3 个动力学因素的联合作用，形成了现今构造活动的基本格局。当然，由于宁夏南北地质演化历史和构造环境的差异，3 个动力学因素所起的作用不同。图 30-13 表示了宁夏地区应力场及块体运动的大体面貌。

第三十一章　区域地球化学场特征

对于大陆地壳的生长，邓晋福等（1996）描述为从洋壳岛弧—大陆边缘弧到大陆碰撞造山带，地壳厚度增大很快，下地壳矿物相由正常的火成岩（或绿片岩相）经角闪岩相—麻粒岩相达榴辉岩相；与此相伴，其物质组成由玄武质经安山质达花岗质，这一演化趋势代表了物质分异的过程。相反，从大陆碰撞造山带的崩塌开始，陆壳减薄，可形成正常厚度的陆壳，转化成稳定克拉通；继续减薄形成大陆裂谷以致边缘海与真正大洋壳的形成。伴随着陆壳的减薄，矿物相与物质组成均朝相反方向演化，由花岗质经幔源玄武岩浆的底侵使陆壳平均组成（玄武质+花岗质）为安山质（或闪长质），直至洋壳的玄武质。前一个过程代表了地壳的“酸性化”过程，后一过程则是地壳“基性化”的过程，代表了地幔分异新生物不断注入地壳的结果，即地壳“花岗岩化”过程是地壳内基性物质进入地幔的过程；而“基性化”过程则相反，是地幔物质不断注入地壳的过程。Johanes and Holtz（1996）在对大量高温高压实验成果评述后认为，陆壳的形成有 3 个阶段：①由地幔橄榄岩局部熔融形成玄武质壳；②玄武质壳的局部熔融产生早期陆壳的 $T_1T_2G_1$ 组合；③T_1T_2 的局部熔融产生钾质花岗岩（G_2）的上地壳（T_1 为英云闪长岩，T_2 为奥长花岗岩，G_1 为花岗闪长岩，G_2 为花岗岩）。即由地幔橄榄岩局部熔融形成玄武质新生地壳，由玄武质局部熔融形成花岗质再生地壳。总体来说，大陆地壳的生长实质反映的是壳幔物质的分异演化过程，经历不同过程或演化到不同阶段，有不同的物质组成。

根据 Ni、Cr、Au、Ag、Cu、Pb 等全区较为完整的 25 个元素的因子分析结果，以基性元素为代表的因子Ⅰ（Ni、Cr、Cu、Bi、V、Co、Be、Li、F-P、Y、Pb、B、Sb、Zn、Nb、Mn）的贡献占所有区域地质作用的 35%，表明宁夏整体地质建造主要受因子Ⅰ控制，地质体形成大部分受基性基底或基性岩体控制。

第一节　大陆岩石圈地幔类型及化学结构

邓晋福等（1996）认为，全球大陆内，地壳浅部主要表现为 3 种构造形态，即挤压造山带、大陆裂谷带和克拉通，它们分别对应山根与造山岩石圈根、地幔热柱和大陆（岩石圈）根，并把中国大陆地壳分为东部大陆裂谷型、中部克拉通型和青藏陆内造山型 3 个类型。宁夏北东部鄂尔多斯地块属中部克拉通型，西南部青藏块体东北缘属青藏陆内造山型。

一、鄂尔多斯地块岩石圈地幔类型及化学结构

按板块构造理论（Wyllie，1973；Bird，1979；Ringwood，1975；Condie，1982；Depaolo et al.，1977），地壳由对流地幔（或软流圈）通过局部熔融作用分离出来，留下的是亏损玄武岩组成的难熔残余地幔，称为岩石圈地幔。一般来说，陆壳在垂直方向上分异成偏硅质（more silicic）的上地壳和偏镁铁质（more mafic）的下地壳，平均组成相当于安山质。从地幔向大陆的添加物主要是玄武质的，玄武岩质的熔融或分异产生花岗质的陆壳（李晓波等，1993）。

地质和地球物理特征表明，鄂尔多斯克拉通块体内，无活动断层，无岩浆活动，热流低，壳内速度结构呈正梯度，无壳内低速层，无强地震，有效弹性岩石圈厚度大，具有典型的大陆克拉通岩石圈结构特征。在下古生界最终形成之后，至今一直没有岩浆活动，表明一直没有对流地幔物质对陆壳和地幔岩石圈的注入，因此，它的结构可作为整个华北陆块岩石圈的一个重要参照。

华北克拉通是世界上最古老的陆核之一，其最老的结晶基底年龄为 3.7Ga。前寒武纪花岗岩研究表明（邓晋福等，1999），华北克拉通的形成经历了：①古太古代，TT 型组成的原始陆核形成；②中

太古代—新太古代，陆核不断扩大，TTGG 型组成包含鄂尔多斯、阿拉善等中太古代陆核（伍家善等，1998）；③古元古代，以鄂尔多斯太古宙陆核与宣怀、沁水和太华太古宙陆核交界部位发育的钾质花岗岩带为标志，表明具有成熟陆核的微陆块拼接形成 GG 型组成的华北陆块（邓晋福等，1998，1999）。华北地区含铁建造以新太古代为最发育的全盛时期（沈其韩，1997），以及包括对冀东、冀西北、山东西部及沂水、辽东、太行-五台、豫西等古陆区早前寒武纪变质岩石 Sm-Nd 模式年龄 t_{DM}统计分别在 2700Ma 和 2900Ma 左右形成的两个峰值（张宗清，1997），支持华北陆壳主要形成于古太古代—新太古代或古元古代的认识，说明华北克拉通的形成过程与全球克拉通形成的过程是一致的（邓晋福等，1999）。华北地区陆壳演化阶段可概括为：地球形成最初期的玄武质壳→始太古—古太古代的 T_1T_2 型幼年期陆壳（不成熟陆壳阶段）→古太古—中太古代或新太古代的 T_1T_2 G_1G_2 型青年期陆壳（半成熟阶段）→新太古代或古元古代的 G_1G_2 型成年期陆壳（成熟陆壳阶段）和克拉通化的完成（邓晋福等，1999）。由岩石学推导华北大陆地壳从古太古代—新太古代或古元古代，陆壳成分由 TT→TTGG→GG，地壳岩石组成总体为 TTG，这与由地球化学求出的华北陆块平均地壳成分相当于花岗闪长岩的结论基本一致（鄢明才等，1997；骆庭川等，1995；汪洋，2002）。

根据地球物理探测结果（图 31-1），鄂尔多斯克拉通块体的地震波速显示为壳内速度均匀、无壳内低速层、波速随深度增加的正梯度特征。

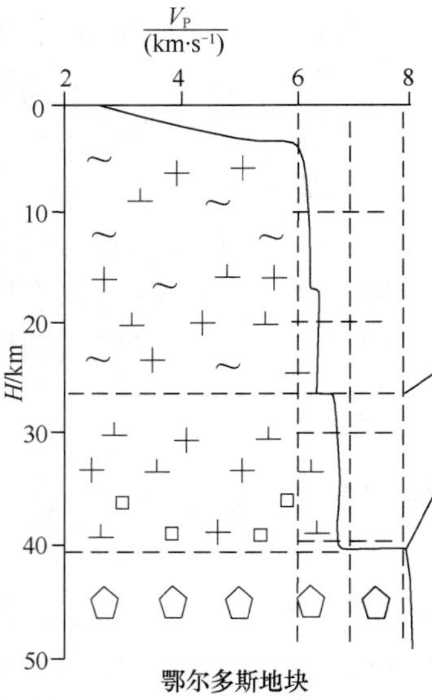

地壳	岩石学	地球物理		计算值				
		V_P (km·s^{-1})	V_S (km·s^{-1})	$w(SiO_2)$ /%	Q	Q+FP	DL	密度 (g·cm^{-3})
上地壳	花岗岩，闪长质、花岗质片麻岩	6	3.55	75	37	100	87	2.51
		6.3	3.68	67	26	83	68	2.64
下地壳	花岗闪长质麻粒岩、TTH、酸性榴辉岩，夹基性麻粒岩	6.5	3.80	62	18	72	55	2.73
		6.8	4.40	54	7	56	36	2.68
上地幔	尖晶石方辉橄榄岩与纯橄岩	8.0 8.25	4.40	45				
岩石圈	石榴子石方辉橄榄岩与纯橄岩		4.20					

图 31-1 鄂尔多斯地块岩石学结构和化学结构

（据邓晋福等，2005）

Fig. 31-1 Petrological and petrochemical structures of the Ordos craton

中地壳岩石有山西省的恒山杂岩（群）、阜平群、冀东的单塔子群和内蒙古的乌拉山群部分角闪岩相岩石等，岩石主要是黑云斜长（或二长）片麻岩、变粒岩、角闪岩、大理岩与云母石英片岩等（乌拉山群与二道洼群）；集宁岩群上亚岩群主要为富含石墨的片麻岩系，与印度的孔兹岩系十分相似。

上地壳绿片岩相—低角闪岩相岩石主要是云母石英片岩、板岩、变质砂砾岩等（二道洼群与马家店群），上地壳岩石有未变质的盖层与绿片岩相岩石和花岗岩类岩石，绿片岩相岩石有山西的五台群与滹沱群，冀东地区的双山子群和朱杖子群等。上、中地壳的 V_P值为 6.0～6.3km/s，根据 V_P与 SiO_2 回归计算，其 SiO_2 含量在 67.2%～75.3%之间，表明上、中地壳成分主要为花岗质（邓晋福等，2005）。

鄂尔多斯地块上、中地壳的平均波速为 6.3km/s，由回归方程计算的 SiO_2 含量为 67.2%，Q 为 25.6，相当于 TTG 岩石的成分，同时与酸性或中酸性组成的花岗岩类岩石的实验结果 V_P = 6.3～6.4km/s

相当，所以鄂尔多斯地块的岩石组成为TTG，中酸性的TTG地壳组成与波速随深度加深稳定增加的特点一致。

二、青藏高原东北缘岩石圈地幔类型及其化学结构

青藏高原北部的东昆仑、西昆仑地区产出大量加里东期、华力西-印支期壳幔混合花岗岩，冈底斯地区产出大量中、新生代壳幔混合花岗岩，说明这些地区确实有过大量对流地幔物质和热输入陆壳；结合蛇绿岩带分布，说明这些地区都是经历过大洋发育历史的造山带，这与岩石组合中都以花岗闪长岩—石英二长岩—花岗岩为主，并有少量闪长岩—二长闪长岩相符，而与喜马拉雅地区的陆内俯冲形成的二云母花岗岩具有明显差异（邱瑞照等，2006）。东昆仑地区花岗岩研究表明（莫宣学，2004），该区经历了多次或多旋回造山作用（元古宙、加里东期、晚华力西—印支期、晚中生代—新生代），但主要的构造-岩浆事件是早古生代和晚古生代—早中生代。根据火成岩构造组合及构造-岩浆事件序列，结合沉积、变质、变形事件的记录综合分析，以及与北祁连造山带的对比表明，早古生代和晚古生代—早中生代两个时期是独立和完整的造山旋回。晚中生代—新生代该区卷入了青藏大陆碰撞造山系统，但至今未发现新生代岩浆活动，说明这一时期是属于陆壳内物质循环，并形成现今具有山根的造山带。

基于既有化学成分又有地震波速的实验岩石数据，在分析影响波速因素、数据特征、数据筛选的基础上，推导了地震波速与岩石化学成分的关系方程；根据地学断面波速求得的成分表明（邱瑞照等，2006），中国大陆平均陆壳的岩石化学组成相当于花岗闪长质，陆壳的酸性程度高于全球陆壳平均值，归纳于中国大陆岩石圈经历了多次造山作用的结果；中国东、西部陆壳平均岩石组成都相当于花岗闪长质；两者对比，东部陆壳（w（SiO_2）= 65.12%）的酸性程度略高于西部（w（SiO_2）= 64.32%）；中国东部的陆壳，以华南酸性程度最高（w（SiO_2）= 65.98%），其次是华北（w（SiO_2）= 64.88%），东北最低（w（SiO_2）= 63.18%）；中国西部，西南的陆壳平均岩石组成的酸性程度（w（SiO_2）= 65.43%）略高于西北（w（SiO_2）= 64.88%），造成这种区域差异的原因可能是不同地区经历的地质历史、深部物质组成以及大陆地壳生长方式不同。

以香山南麓断裂至六盘山东麓断裂为界，其西南侧属祁连早古生代造山带，在宁夏境内出露的岩浆岩不多，仅发育加里东晚期（志留纪）中酸性侵入岩，集中呈带状展布于北祁连造山带南掌山—崛峡山—南华山—月亮山一线，共有15个岩体，规模均较小，呈岩株状-岩瘤状产出，主要岩石类型为花岗闪长岩、英云闪长岩，其岩石特征、岩石化学特征具较多的相似性。本区域内加里东晚期中酸性侵入岩具有被动就位-岩墙扩张的特点，其就位过程是：由于古柴达木板块向古华北板块的俯冲造成北祁连活动大陆边缘前缘下地壳或上地幔岩石局部熔融生成中酸性花岗岩浆，在伸展机制的构造环境下，这些岩浆借助于岩浆与围岩的密度差所产生的浮力沿断裂上升到上地壳应力相对松弛部位汇聚、膨胀、扩张而最终定位。这一定位机制似乎具有岩墙扩张-气球膨胀复合定位机制的特点，较好地解释和支持了该区加里东晚期中酸性侵入岩属壳幔型（I型）花岗岩成因类型和形成于活动陆缘的大陆边缘岛弧构造环境的结论。

第二节　大陆岩石圈地幔地球化学特征

岩浆来自上地幔或深部地壳，火山喷发或岩浆的侵入是上地幔与深部地壳对流在地表或浅部地壳的响应（邓晋福等，1992），不同时期的构造-岩浆事件带到地表的幔源包体是了解不同时期或不同类型地幔结构的最直接的标本。

原始地幔由二辉橄榄岩组成（Ringwood，1975），大陆生长是壳幔物质分异演化的结果，在壳幔演化过程中可分为两个方向。一是陆壳端元，由岩石相平衡实验和原理可知，熔出的玄武质是地幔橄榄岩系统的低熔组成，成分与洋壳、不成熟岛弧与大陆内底侵作用形成的来自地幔局部熔融的地壳相当，

属于新生的地壳；花岗质是玄武岩系统的低熔组分，成熟岛弧与大陆地壳的主体，来自玄武质地壳的局部熔融，可称为再生的地壳。大陆地壳主体由花岗质构成，它们是固体地球物质系统中最低熔的端元，同时也是密度最小的组分，因而，与玄武质新生地壳相比，它在化学与物理学上更具稳定性，所以它能长期地（自太古宙）漂浮在地球表层。另一端元是从原始地幔中提取出玄武质组分后形成的亏损地幔岩，岩石组合通常为方辉橄榄岩-纯橄榄岩。伴随低熔的玄武质岩浆从地幔中分离出来，以及陆壳从不成熟转变为成熟过程，地幔内将不断亏损易熔组分，留下的是难熔的强亏损地幔物质，构成了大陆岩石圈根。其形成过程与主要特征可归纳为：①玄武质岩浆从地幔中不断分出，使地幔橄榄岩亏损挥发分和碱质（K、Na）、Ca、Fe、Al；②Al 的碱少使亏损地幔中高密度矿物——石榴子石的含量减少；③相对低的 Fe 含量使亏损地幔密度减小；④挥发分和碱质的丢失，使亏损的地幔呈现“干”的状态，增加了岩石的强度与刚性；⑤陆壳的不断“花岗岩化”，导致陆壳密度不断减小（邓晋福等，2007）。

一、鄂尔多斯地块岩石圈地幔地球化学特征

众所周知，金刚石是稳定克拉通的特有矿产，地幔深部出现的小热扰动（Wyllie，1987；邓晋福，1996），才可导致金伯利岩岩浆形成并携带在岩石圈冷的根带形成的金刚石快速进入地壳浅部（Boyd et al.，1996）。反言之，含金刚石金伯利岩浆活动是稳定克拉通大陆的标志。

华北陆块东部的古生代金伯利岩金刚石中橄榄石的 Mg/(Mg+Fe) 比值与世界上克拉通区的金刚石包裹体成分非常相似。根据金刚石包裹体的成分对岩石圈温压进行估算，辽宁复县和山东蒙阴的岩石圈厚度分别为 208km 和 222.7km（池际尚等，1996），说明古生代时期华北陆块具有巨厚的古老岩石圈根（150~220km；路凤香等，1991），为典型的克拉通；根据热流估算古地温为 $42mW/m^2$（汪集旸等，1988），与根据金伯利岩中金刚石固相包裹体和重砂矿物（金晶石、石榴子石）的地质温压计算的古地温 $35 \sim 40mW/m^2$（Xu et al.，1995；Griffin et al.，1998）吻合，表明古生代时期岩石圈为低温状态，与著名的南非 Kaapvaal 克拉通的古地温类似。因此，华北陆块东部的古生代金伯利岩及金刚石包裹体中的地幔橄榄岩，可代表华北地区克拉通岩石圈的地幔组成。

华北地区自新太古代—古元古代形成统一的具大陆根的克拉通以来，一直保持稳定克拉通的是西部的鄂尔多斯地块，除周边的断陷盆地外，主体仍保持构造上的稳定整体隆升，无玄武岩喷发，无地震，总体上大陆根没有被破坏，大陆地壳亦没有被改造，因此，在山东蒙阴和辽宁复县等地的古生代含金刚石金伯利岩及金刚石捕虏体中的橄榄岩包体，可看作鄂尔多斯克拉通型上地幔组成的一个重要参数（邓晋福等，2007）。

分布于贺兰山中段的古元古代黄旗口岩体中普遍含深灰色细粒黑云母变粒岩、暗灰色黑云斜长片麻岩等变质岩捕虏体，见有灰白色斜长伟晶岩、伟晶岩脉（团块），尚见有后期辉绿岩贯入其中。岩体具不甚明显的岩相分带现象，岩体大体可分出中心相—过渡相和边缘相。自中心相—过渡相和边缘相，岩体呈现一定的变化规律：捕虏体由无到有，由少而多；矿物粒度由粗变细，斜长石斑晶消失；由似斑状结构变为中粗粒结构；酸度逐渐增高，石英含量增大；斜长石由中长石（An=33）变为更长石（An=29）。岩体岩石类型复杂，以黑云母英云闪长岩、二云母英云闪长岩为主，次为二云母花岗岩、二云母二长花岗岩，蚀变较强烈。岩石为灰色、浅灰绿色，块状构造，中—粗粒花岗结构，部分具似斑状结构，净边、蠕虫、缝合线等交代结构明显。主要矿物为斜长石（31.7%~60%）、钾长石（1.3%~18.5%）、石英（25%~35%）、黑云母（10%~13.7%）。斜长石为中长石（An=25~38，平均 An=31），板状半自形晶，普遍绢云母化；钾长石以微斜长石为主，条纹长石次之，呈不规则的板柱状；石英呈他形粒状，充填在长石间隙中。云母呈叶片状，随交代作用的加强，白云母增多。在变粒岩、片麻岩捕虏体外围黑云母密集。矿物粒径多在 1~5mm 间。部分岩石中斜长石常呈巨大的斑晶出现。副矿物有锆石、磷灰石、黄铁矿等。

岩石化学全分析结果表明其氧化物平均值与中国花岗岩平均值（黎彤、饶纪龙，1963）比较接

近，除 FeO、MgO 偏高外，其余氧化物含量均较接近或相当。岩石中 SiO_2 含量接近于戴里的花岗闪长岩。CaO 含量较戴里花岗闪长岩低，因而 b 值高，c 值低，岩石中暗色铁镁矿物多，基性斜长石少。长城纪花岗岩微量元素分析结果与维诺格拉多夫花岗岩等平均值相比，Cu、Rb、Sr、Ba、Nb、Ta、Be、Mo、W、Th、U 略低，其余元素偏高或略高，与克拉克值相比，除 Cr、Pb、Ba 接近外，其余均偏低。

黄旗口花岗岩共获得 8 组全岩氧同位素分析数据，$\delta^{18}O$（V-SMOW）变化在 9.5‰~13.4‰之间，变化范围小，数值较为接近，平均值为 11.5‰，大于 10.0‰，说明黄旗口花岗岩属高 $\delta^{18}O$ 花岗岩类，氧同位素来自于地壳，与我国南岭 S 型花岗岩 $\delta^{18}O$ 相似。

印支期侵入岩仅发育三叠纪花岗闪长岩（$\gamma\delta T$），分布于贺兰山南段大战场，岩体岩相分带性不明显，仅在岩体西部膨大部位略有分异，出现过渡相和边缘相。其中过渡相为偏酸性的二长花岗岩、石英二长岩，分布于岩体中心；边缘相为花岗闪长岩-石英闪长岩，二者呈过渡关系。其余地段均为花岗闪长岩-石英闪长岩。各类岩石中斜长石特征表明，随着岩石酸度的增高，斜长石牌号降低；石英闪长岩中的长石常见正环带，中心环带 An=50，环带边部 An=30；从光性、光轴角测定结果看，石英闪长岩中的中长石为负光性，$2V\approx80°\sim83°$，属低温中长石类，表明它们是在温度缓慢下降的环境中晶出；而花岗闪长岩中的中长石为正光性，$2V\approx80$，属高温中长石，说明是在岩浆迅速冷凝条件下形成的。在剖面上花岗闪长岩恰位于岩体边部，冷却速度相对要快是不难理解的。

组成该岩体的主要造岩矿物斜长石为中—更长石，基本属低温斜长石系列，随着岩石中酸度的增加，斜长石牌号有降低之趋势；碱性长石属低温钠长石—微斜长石系列，其中具条纹状结构的低温钠长石常在具似斑状结构的岩石中形成大斑晶，晶体内部常包裹有早期斜长石、石英颗粒，似为晚期钠交代作用的产物；各类岩石中暗色矿物由黑云母、普通角闪石组成，含量甚低（3%~8%）。采自岩体不同部位的样品全分析结果显示：SiO_2 为 66.44%~69.76%，平均为 67.33%；Al_2O_3 为 15%~17%，平均为 16.21%；$Na_2O>K_2O$，总量（Na_2O+K_2O）一般为 8%~9%，个别为 5%~6%，平均为 8.17%。其岩石平均化学成分与中国花岗闪长岩较为接近，特别与我国华南地区花岗闪长岩平均化学成分（139 个样品）十分相近，但后者 K_2O 略高于 Na_2O；铁镁含量亦较高，说明该岩体岩石暗色矿物含量较低，且在碱性长石中钠长石含量较高。

大战场花岗闪长岩微量元素含量平均值与维诺格拉多夫花岗岩等平均值相比，Cu、Sr 偏高，Rb、Ti、Th 偏低，其余元素较接近或相当。与克拉克值（黎彤，1976）相比，除 Sr、Ba、Pb 明显偏高外，其余元素偏低或接近。

在大战场花岗闪长岩中获得 2 件全岩氧同位素分析数据，其分析结果分别为 $\delta^{18}O$（V-SMOW）= 12.2‰，$\delta^{18}O$（V-SMOW）= 10.2‰，数值较为接近，变化范围小，平均值为 11.2‰，大于 10.0‰，说明大战场花岗闪长岩属高 $\delta^{18}O$ 花岗岩类，氧同位素来自于地壳，与我国南岭 S 型花岗岩 $\delta^{18}O$ 相似。

二、青藏高原东北缘地幔地球化学特征

青藏块体是伴随青藏高原扩展而卷入的古生代、晚古生代-早中生代造山带，属“老物质新结构”。从岩石圈角度考虑，中国大陆以银川盆地、鄂尔多斯盆地和四川盆地西边界为界，可以划分为东部、西部两个一级构造单元：西部为挤压环境，对应地表高山、深部岩石圈加厚；东部为伸展环境，对应地表丘陵、深部岩石圈减薄。祁连-北秦岭为具前长城系基底的加里东造山带，中元古代，中祁连为类似地台型沉积，北祁连和北秦岭北部为裂陷式活动型沉积；新元古代至早古生代为半深海相沉积；加里东期中酸性火山岩发育，北祁连并出现蛇绿岩带和蓝闪片岩带；东昆仑-南秦岭以华力西-印支褶皱为主，具有扬子型“双层”基底，震旦纪至晚古生代浅海相沉积发育，分布有加里东期、华力西期为主的酸性岩类和基性岩——超镁铁岩类，沿布尔汉布达山南麓向东至商南、内乡、信阳有低温-高压变质现象出现。柴达木微陆块具有华北陆块型基底、塔里木陆块型盖层，中生代发育大型断陷盆地，新生代随青藏高原隆升，盆地中部下降，周边发育断块逆冲（邱瑞照等，2006）。

青藏高原北部的东昆仑、西昆仑地区产出大量加里东期、华力西-印支期壳幔混合花岗岩、冈底斯地区产出大量中新生代壳幔混合花岗岩，说明这些地区确实有过大量对流地幔物质和热输入陆壳；结合蛇绿岩带分布，说明这些地区都是经历过大洋发育历史的造山带，这与岩石组合中都以花岗闪长岩-石英二长岩-花岗岩为主，并有少量闪长岩-二长闪长岩相符，而与喜马拉雅地区的陆内俯冲形成的二云母花岗岩具有显著差别。

分布于崛峡山—南华山一带的岩浆岩主要化学特征如下：

1）花岗岩类岩石平均化学成分与中国酸性岩的平均化学成分（黎彤、饶纪龙，1963）比较相似，其中花岗闪长岩、英云闪长岩与中国花岗闪长岩平均化学成分相近，SiO_2、Na_2O 略高，其余氧化物略低。在化学成分（Na_2O+K_2O）-SiO_2 分类图解上大部分样品投点落于花岗闪长岩区。

2）各类岩石 SiO_2 含量变化在 59.24%~75.13%之间，平均 67.46%，均属硅过饱和的中—酸性岩石。

3）A/CNK=0.633~1.342，NK/A=0.366~0.883，属偏铝质—过铝质岩石，这与岩石中普遍出现黑云母、角闪石、白云母等特征矿物相吻合。

4）里特曼指数 σ=0.64~3.17，属钙碱性系列岩石（太平洋型）。

5）同一岩体中，自过渡相（花岗闪长岩）至边缘相（石英二长闪长岩），具有 SiO_2、Na_2O 含量递减，Al_2O_3 略增，CaO、MgO、Fe_2O_3、FeO 明显渐增的趋势。

6）不同岩体相同岩石类型岩石化学特征基本一致。

地球化学研究表明，本区域加里东晚期中酸性侵入岩岩石成因类型为壳幔型、Ⅰ型花岗岩，是在以下地壳深熔岩浆为主、有幔源的镁铁质岩浆参与的条件下，经过岩浆混合作用而形成的花岗岩类，形成于活动陆缘的大陆边缘岛弧环境，与柴达木-华北板块西南缘（即北祁连活动大陆边缘）的板块俯冲消减作用有关。

第三节　层圈相互作用的事实和特点

本区自始新世以来，在青藏块体向北东推挤作用的影响下，鄂尔多斯西缘坳陷带开始了新裂陷作用，宁夏北部形成银川地堑—贺兰山—吉兰泰盆地拉张构造区。而在南部，以鄂尔多斯地块西缘的南北向构造和阿拉善微陆块南缘的近东西向构造为边界，形成了一系列向北西撒开、向南东收敛、弧顶指向北东的弧形构造的挤压-走滑构造区。因此，基于地球动力学的因素对本区域层圈相互作用的事实和特点认识如下：

1）震源机制解结果表明，本区的主应力轴大致为北东—北东东向，以接近水平的斜向作用力为主。地质调查、大地测量资料以及数学和物理模拟的结果也说明，北东—北东东向挤压力是本区第一动力学因素。

2）地球物理探测资料表明，银川盆地和六盘山断裂带内有上地幔上隆现象。造成局部隆起的物理机制是地壳上地幔结构及物质组成的不均匀性与上地幔热物质的上涌，由于热作用使上地幔顶部隆起，在地壳介质受力向两侧移动时便会产生张性断裂。

3）鄂尔多斯地块是一个结构比较完整的块体，内部没有大断裂和大地震，从晚白垩世以来，一直处于缓缓抬升过程中。

4）宁夏北部的新生代盆地构造应力场受青藏高原抬升的影响，变为北西—南东向拉张，同时受深部地幔物质上涌的顶托作用影响，加剧了盆地的拉张断陷，新生代沉积达 700 余米，莫霍面埋深 36~38km，相对鄂尔多斯地块浅约 10km；另外在盆地底部上地幔隆起约 6km，上地幔隆起部分的地震波速相对偏低，可能与较大范围的局部熔融作用及热物质上涌有关，同时上地幔第一高导层上隆，在银川盆地埋深约 85km，比其东、西两侧隆起 27~37km，根据银川地热井资料（严烈宏等，2002），银川盆地中心一带来自地幔的热流占地表热流的 60%，说明地幔热活动可能对银川盆地的构造运动具有重要意义。

5）宁夏南部主要受来自青藏块体构造活动的控制和制约，发育了一系列弧形构造带，由南向北依次为海原断裂、天景山断裂、烟筒山-窑山断裂和牛首山-罗山断裂带。在海原断裂带上地幔隆起，地壳相对变薄，上地幔第一高导层上隆，减少到 80km 左右，表明该处岩石圈有约 20km 幅度的隆起。1920 年海原 8.5 级大地震形变带和发震断裂在海原以西呈反时针扭动，转向海原南东侧主要显示挤压特征，各段不同的活动方式反映出北东东-南西西方向的主压应力。

第三十二章　岩石圈结构构造

中国大陆有克拉通型、造山带型、裂谷型、岛谷型和边缘海洋洋壳型5类岩石圈（邱瑞照等，2006），宁夏区域内包含有克拉通型和造山带型两类，即以香山南麓断裂至六盘山东麓断裂为界，西南部为造山带型，北东部属克拉通型。根据岩石圈动力学性质，造山带岩石圈，尤其是岩石圈根具有密度大、温度低（冷）和保留时间短、活动和不稳定的特点；克拉通岩石圈具有长期稳定的特点。宁夏西南部地球物理探测反映现今（或中、新生代以来）的深部和表层的构造对应，具较典型的盆-山岩石圈结构、演化以及青藏高原岩石圈碰撞演化等，主要是古生代末期到中、新生代以来岩石圈的演化结果；古生代及其以前，大陆岩石圈板块和大洋岩石圈板块的时、空分布和演化，形成了海原断裂、天景山断裂、烟筒山-窑山断裂和牛首山-罗山断裂等弧形断裂带，本区域近代地震活动频繁，1920年海原8.5级大地震形变带和发震断裂在海原以西呈反时针扭动，转向海原南东侧主要显示挤压特征，各段不同的活动方式反映出北东东-南西西方向的主压应力。北东部鄂尔多斯地块是一个结构比较完整的块体，内部没有大断裂和大地震，从晚白垩世以来，一直处于缓缓抬升过程中。

第一节　莫霍面结构特征

重力资料反演方法是研究地壳深部构造的重要手段之一。根据重力资料并结合地震测深剖面资料，吴立辛利用小波反演方法得出宁夏地区地壳莫霍面深度分布（图32-1）。

根据反演结果，宁夏地区莫霍面深度分布有以下几个特点：

1）总体上说，莫霍面埋深呈东浅西深、北浅南深的趋势。北部和东部地区莫霍面深度在38~44km，南西一侧莫霍面埋深为45~55km，银川一带为38km左右。

2）本区东侧的鄂尔多斯地块区和贺兰山以西的阿拉善微陆块区莫霍面等深线密度稀疏，梯度变化平缓，莫霍面埋深40~43km。

3）银川地堑周围地区及南部弧形构造带莫霍面等深线梯度变化大，反映了莫霍面起伏较为剧烈。

4）银川至平罗及其北东一侧莫霍面呈上隆形态，最浅为38km左右。

5）西吉和中卫两处的莫霍面呈凹陷状，深度分别为50km和47km。

据孙武城等结合地表地质特征解释穿越鄂尔多斯克拉通块体、银川及其周边山岭和阿拉善微陆块的地球物理剖面（图32-2）。该剖面中鄂尔多斯地块是一个稳定的克拉通，地壳厚度约42km，为华北陆块的西部边缘，与中心部位不同的是地壳厚度略有变薄，上地壳变薄，而下地壳增厚，莫霍面向西变浅。其西侧以车道-阿色浪断裂与其西缘山岭分界，银川盆地是自始新世起东沿黄河断裂、西沿贺兰山东麓断裂等拉张断陷而成的，是鄂尔多斯西缘吉兰泰-银川断陷带的组成部分。断陷带具有右旋剪切-拉张活动性质。它北起石嘴山，南至青铜峡，长160km，最宽55km，堆积的新生代地层厚达7000m左右。据历史记载和近代仪器记录，自公元876年以来地堑内发生5级及其以上地震16次，其中大于和等于6级地震4次，最大的是1739年8级地震。其震源深度在20~30km之间的中、下地壳的过渡部位，说明此处地壳仍为刚性体（图32-2）。

由图32-3可以看出，莫霍面上隆并不正对着银川盆地中心部位，而是向东偏离，表现出西侧缓、东侧陡的特征，反映地幔物质从西下方向东上方运动的特征。在下地壳部位发育低速体，但从地震震源分布看，该低速体可能是已固结了的燕山期花岗岩体。在中、下地壳之间发育燕山期大型逆冲推覆，喜马拉雅期沿此面发生拆离。鄂尔多斯克拉通块体基底与阿拉善左旗分界断层为小松山断裂，中生代时为向鄂尔多斯地块逆冲推覆的大型断层。

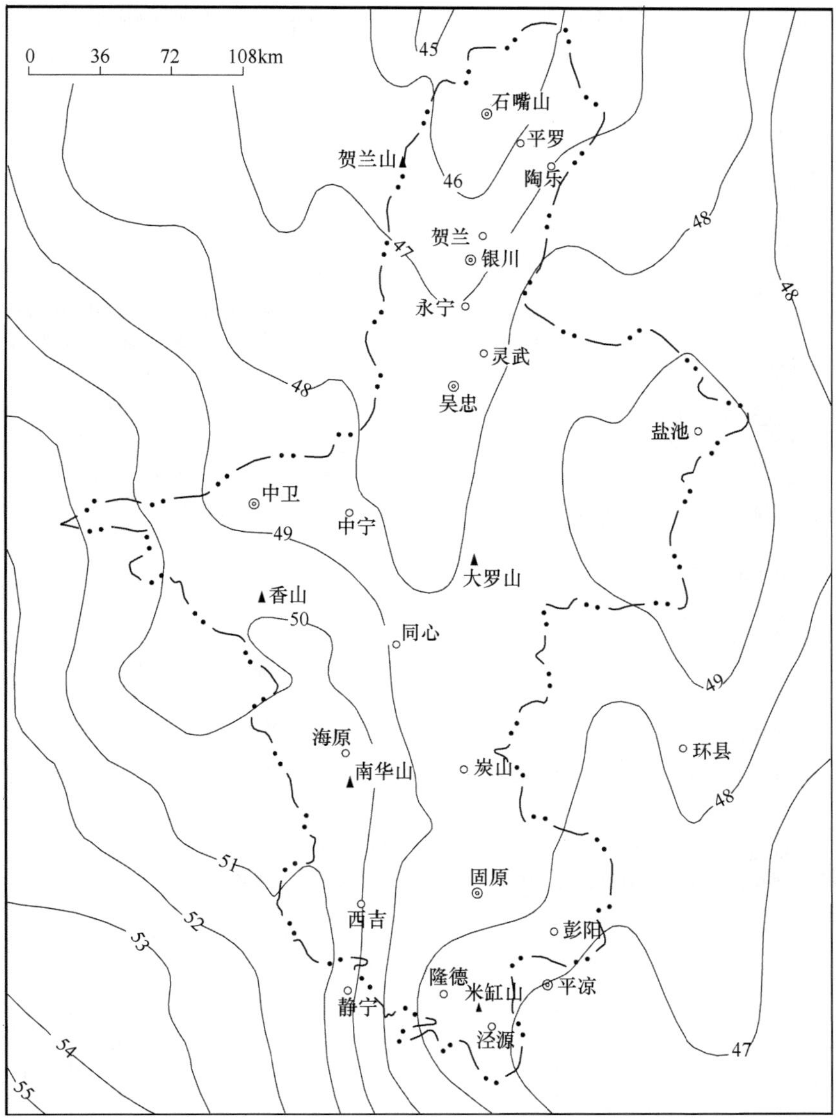

图 32-1 宁夏地区地壳莫霍面深度等值线图

（引自宁夏 1：20 万区域重力报告，1993）

Fig. 32-1 Contour map of crustal Moho depth in the Ningxia area

数字为深度（km）

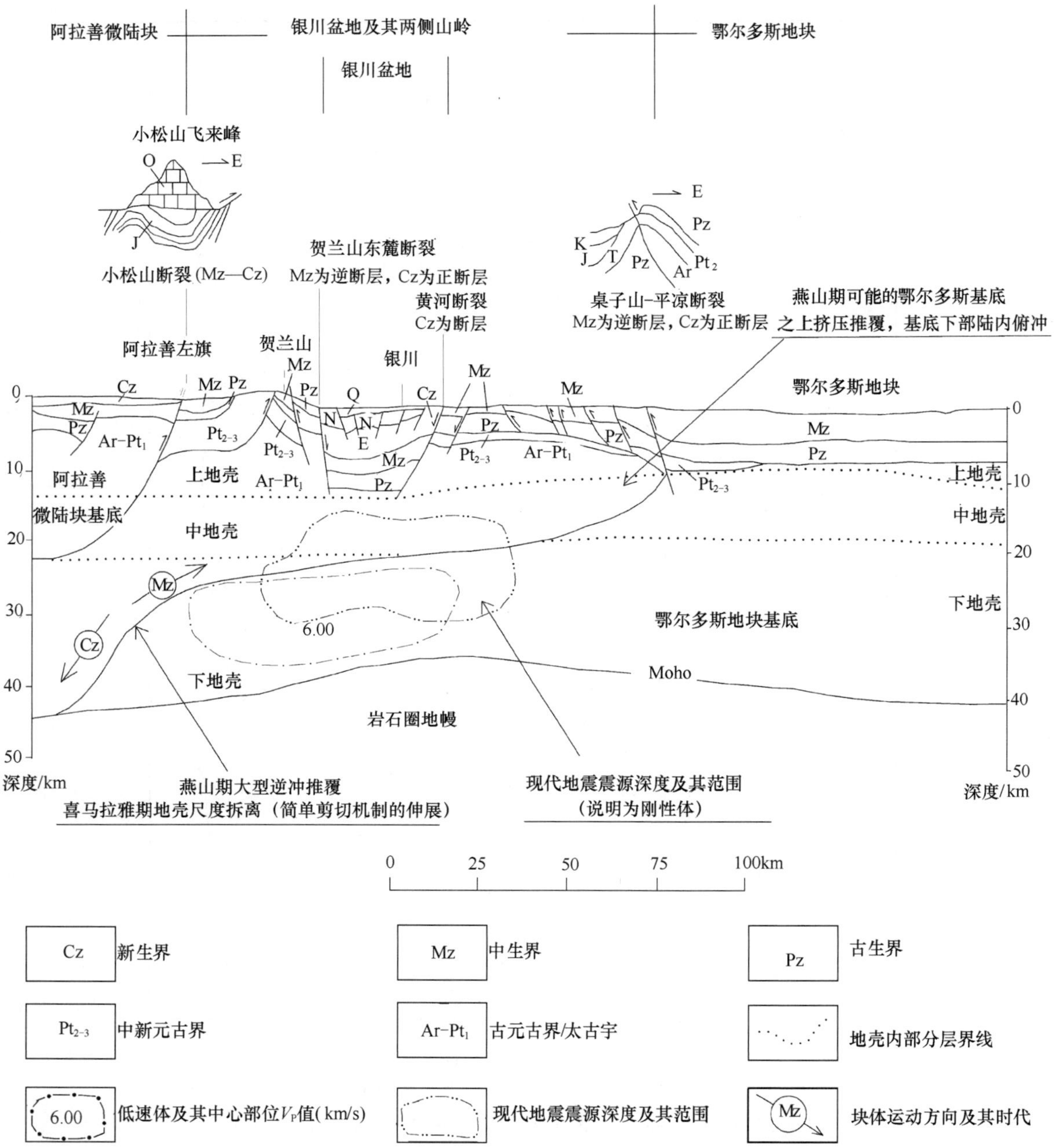

图 32-2 靖边—阿拉善左旗地球物理剖面地质解释

（据邓晋福等，2007）

Fig. 32-2 Geological interpretation of geophysical profile along Jingbian—Alxa Left Banner

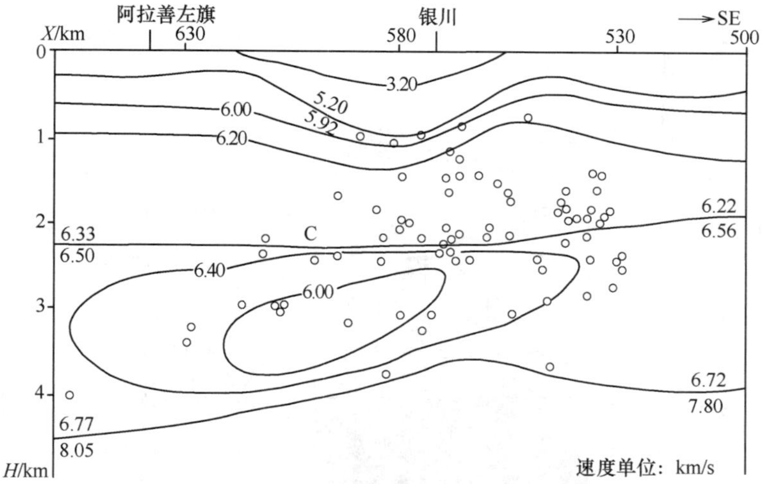

图 32-3　银川盆地现代地震震源深度及其范围剖面

（据孙武城等，1992）

Fig. 32-3　Section of modern earthquake focal depth and range in the Yinchuan Basin

第二节　地壳结构及厚度变化

各种地球物理方法是获得地球内部结构的主要方法。天然地震、人工地震是探测地壳和上地幔结构的常用方法。地震波的传播速度决定于介质的弹性与密度之比，在地球内部岩石的弹性和密度随深度增加而增加。这样，地震波的速度结构即反映地球内部的分层结构又反映其介质结构，而地震波速度与地球内部物质的物理性质和化学组成有关，因此，地球内部波速结构实际上也是地球内部物质组成、状态的反映。

随着资料积累建立的“初步参考地球模型”（PREM）（Dziewonski et al.，1981）包括：①海洋层；②上地壳和下地壳；③低速带上部的区域（LID）；④低速带（LVZ）；⑤在低速带和 400km 深度间断面之间的区域；⑥跨越 400km 和 670km 间断面的过渡带；⑦下地幔；⑧外核；⑨内核。这是至今仍广为采用的地球模型。

一般随深度增加，温度和压力增加、变质程度升高，地震波速从低速经中速到高速，由上地壳至下地壳侵入岩或变质侵入岩的成分逐渐变为基性，这种大陆地壳剖面展示的分带规律（Fountain and Salisbury，1981；Kern et al.，1996）是大陆地壳剖面和地球分层的重要地质标志。目前已被广泛接受（Fountain et al.，1981；吴宗絮，1991）的是陆壳 3 层结构的模型（图 32-4），即上、中、下陆壳分别由绿片岩相、角闪岩相、麻粒岩相岩石构成。通常，上地壳由绿片岩相和未变质的岩石，如沉积岩和花岗质侵入体组成，波速特征反映为低速（V_P=6.2~6.5km/s）；中地壳由英云闪长岩-奥长花岗岩-花岗质片麻岩为主的角闪岩相岩石组成，波速特征反映为中等速度层（V_P=6.6~6.9km/s）；下地壳由成分不同的麻粒岩相岩石组成，为高速层（V_P=6.9km/s），可能是镁铁质麻粒岩、斜长角闪岩、斜长岩和麻粒岩相变泥质岩或是由榴辉岩和长英质麻粒岩混合组成。

据银川地堑、宁南弧形构造带、鄂尔多斯地块、阿拉善微陆块总结宁夏地壳速度分层结果并解释如下：

1）银川地堑，上地壳为低速层，V_P=5.9~6.38km/s，对应绿片岩相和未变质的岩石，主体为沉积岩；中地壳为中等速度层，V_P=6.22~6.33km/s，对应英云闪长岩-奥长花岗岩-花岗质片麻岩为主的角闪岩相岩石组合；下地壳为高速层，V_P=6.5~6.6km/s，为镁铁质麻粒岩、斜长角闪岩、斜长岩和麻粒岩相变泥质岩或是由榴辉岩和长英质麻粒岩混合组成。

2）宁南弧形构造带，上地壳为低速层，V_P=5.9~6.1km/s，对应绿片岩相和未变质的岩石，主体

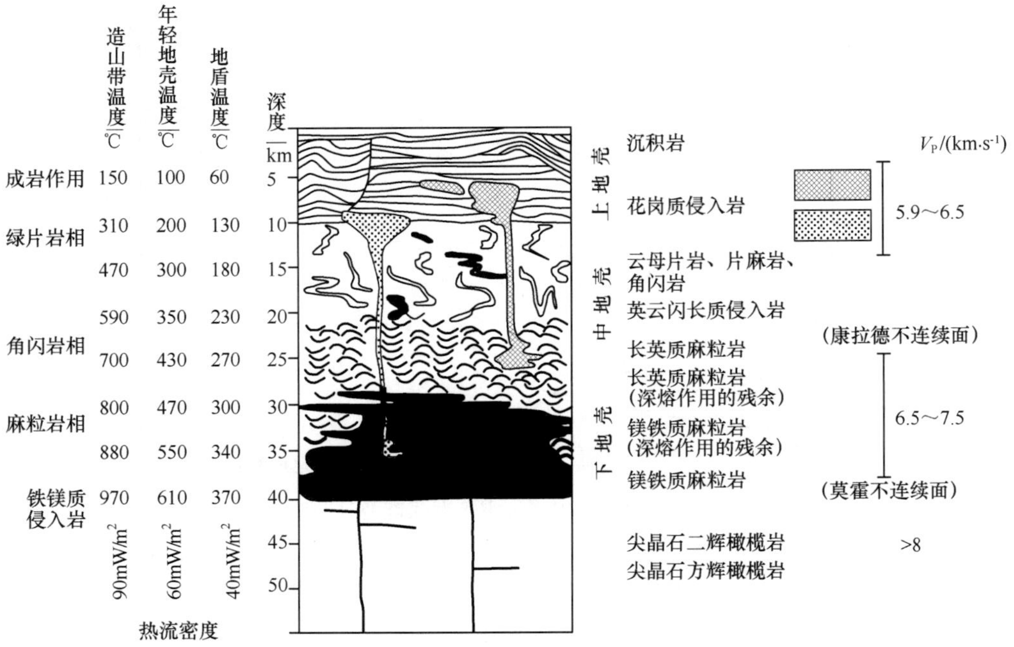

图 32-4　大陆地壳组成模型

（据邓晋福等，2007）

Fig. 32-4　The model of composition of continental crust

为沉积岩；中地壳为中等速度层，V_P = 6.2～6.3km/s，对应英云闪长岩-奥长花岗岩-花岗质片麻岩为主的角闪岩相岩石组合；下地壳为高速层，V_P = 6.7～6.9km/s，为镁铁质麻粒岩、斜长角闪岩、斜长岩和麻粒岩相变泥质岩或是由榴辉岩和长英质麻粒岩混合组成。

3）鄂尔多斯地块，上地壳为低速层，V_P = 5.9～6.2km/s，对应绿片岩相和未变质的岩石，主体为沉积岩；中地壳为中等速度层，V_P = 6.20～6.22km/s，对应英云闪长岩-奥长花岗岩-花岗质片麻岩为主的角闪岩相岩石组合；下地壳为高速层，V_P = 6.5～6.6km/s，为镁铁质麻粒岩、斜长角闪岩、斜长岩和麻粒岩相变泥质岩或是由榴辉岩和长英质麻粒岩混合组成。

4）阿拉善微陆块，上地壳为低速层，V_P = 5.92～6.33km/s，对应绿片岩相和未变质的岩石，主体为沉积岩；中地壳为中等速度层，V_P = 6.33km/s，对应英云闪长岩-奥长花岗岩-花岗质片麻岩为主的角闪岩相岩石组合；下地壳为高速层，V_P = 6.5～6.8km/s，为镁铁质麻粒岩、斜长角闪岩、斜长岩和麻粒岩相变泥质岩或是由榴辉岩和长英质麻粒岩混合组成。

在不同地区或不同地质单元的地壳、地幔结构变化很大，深部结构相对均一，在400km和670km的间断面具全球性，但上部结构复杂（邱瑞照等，2006）。因构造环境及地质演化历史不同，宁夏各地地壳结构特点存在较大差异。银川地堑和六盘山断裂带位于构造活动强烈的中国南北地震带上，在其形成的历史过程中，受3个动力性质不同的地质块体——青藏地块、鄂尔多斯地块和阿拉善微陆块的交互作用，地壳结构较为复杂。具有结构层变异强烈、地壳层厚度突变等特点。根据地震测深剖面资料，推断宁夏区域内地壳厚度等值线分布如图32-5，可概括总结如下：

1）地壳总厚度总体趋势是南部大于北部。由于南部处于青藏高原北东边缘向鄂尔多斯地块稳定区的过渡地带，其地壳厚度介于青藏高原（厚度约60km）与稳定区（约42km）之间；北部银川地区地壳总厚度小于40km。

2）贺兰山西侧的阿拉善微陆块总体地壳结构比较简单。上地壳约厚15km左右，中地壳的深度范围在15～25km，下地壳的深度范围在25～45km，地壳总厚度为42～46km，莫霍面自西向东有逐渐变浅之趋势。

3）处于鄂尔多斯西缘裂陷带的银川盆地，新生代沉积厚度达8km，上地壳厚度为11～15km，其界面明显下拗，与新生代以来银川地堑强烈断陷和巨大厚度的新生代沉积一致。中地壳深度在15～

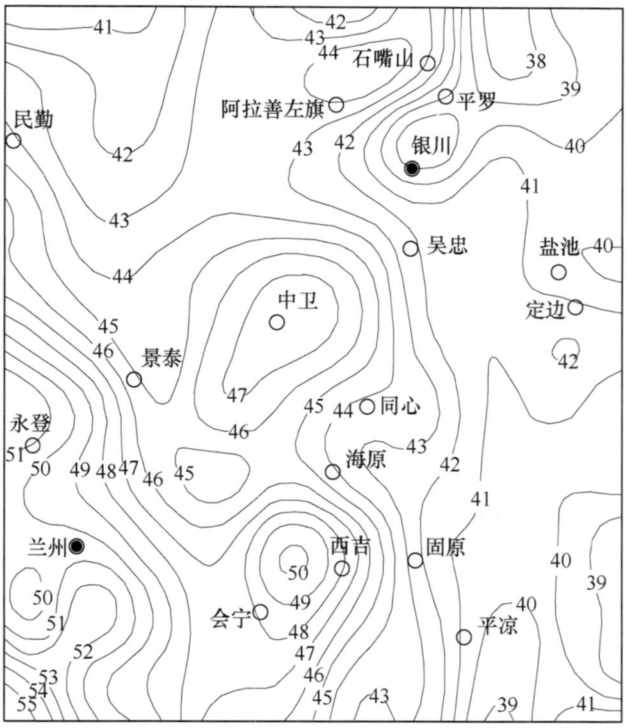

图 32-5 宁夏及其邻区地壳厚度等值线图

Fig. 32-5 Contour map of crustal thickness in Ningxia and its adjacent areas

数字为厚度（km）

24km，下地壳厚度为 14～24km，莫霍面埋深 37～40km。银川地堑上地幔明显隆起 6km 左右，但是隆起顶部并不与盆地沉降中心相对应，而向东偏至黄河附近。这种特征可能为莫霍面上隆导致中、下地壳深度显著变薄。

4）鄂尔多斯坳陷区，壳幔结构简单，具有整体稳定的特点。在宁夏盐池、陕西定边一带，上地壳厚 11～12km；中地壳为一匀速层，厚 8～10km；下地壳厚度为 18～22km，莫霍面深度 40～43km。

5）中祁连加里东造山带沉积盖层厚 2.5～4km；上地壳东厚西薄，厚 14～19.5km；中地壳厚为 12～17km；下地壳由西向东减薄，厚 10～21km。地壳总厚度为 45～52km。

6）北祁连加里东造山带沉积盖层厚 2.5～4km，上地壳较厚为 19～23km，中地壳厚度为 9.5～12.5km，下地壳较薄为 7～12.5km，最薄处位于六盘山。地壳总厚度为 42～44km。六盘山附近的深大断裂是中国东西两大构造单元的分界线。与其两侧地壳结构不同，上地壳巨厚，比中、下地壳总厚度还大，而下地壳变薄，最薄处只有 7.0km。

7）鄂尔多斯西缘裂陷带沉积盖层厚 2km 左右，上地壳厚约 17km，中地壳厚 14km，下地壳厚 12km。地壳总厚度为 46km。

第三节 岩石圈类型及岩石学结构

从空间上看，中国北方大陆自西向东分别由天山新生代造山带型、额济纳旗古生代造山带型、大兴安岭燕山期造山带型和张广才岭新生代裂谷型岩石圈组成。陆壳岩石成分由偏酸性到偏基性；岩石圈地幔由方辉橄榄岩-二辉橄榄岩→二辉橄榄岩-方辉橄榄岩→二辉橄榄岩，反映岩石圈地幔亏损程度逐渐降低。中国大陆及邻近海域地壳结构构造在纵向和横向上都呈现出明显的不均一性。这种不均一性表现在各地区地球物理场及地壳应力场的差异、地壳分层及在纵向上的不均一性、构造线走向上的变化等方面。宁夏区域内表现为：地壳分层结构的差异，除鄂尔多斯地块地壳为二分结构外，其他地区地壳为三分结构（引自《李廷栋文集》，2010），上地壳底部或中地壳（地下15~20km区段）存在低速、低阻层。在鄂尔多斯这样的稳定地块下地壳上部也存在低阻层；地壳等厚线形态和走向的差异。宁夏东部与西部地壳构造格架有很大差异。在固原-牛首山-贺兰山一线以西，地壳等厚线呈SN—NWW向展布，以东则呈SN向展布。

中国大陆岩石圈深部壳-幔物质结构的强烈不均一性，与中国大陆经历过多次造山过程的特点相对应，造山带型岩石圈尤其显示出其多样性和复杂性，其特点是中国大陆平均陆壳的岩石化学组成相当于花岗闪长质（w（SiO_2）=65%，陆壳的平均速度6.37km/s），陆壳的酸性程度高于全球陆壳平均值（全球地震波速平均值=6.47km/s，相应的w（SiO_2）=63%），可能是中国大陆岩石圈经历了“多旋回”造山作用的结果。岩石圈地幔由方辉橄榄岩（克拉通型）-方辉橄榄岩-二辉橄榄岩（造山带型、岛弧型）-二辉橄榄岩（裂谷型）-斜长橄榄岩（大洋型）组成。中国东、西部陆壳平均岩石组成相当于花岗闪长质；两者对比，东部陆壳（w（SiO_2）=65.12%，陆壳的平均速度6.3752km/s）的酸性程度略高于西部（w（SiO_2）=64.32%，陆壳的平均速度6.3746km/s）。

对于宁夏区域，属鄂尔多斯地块的部分陆壳平均波速6.3km/s，SiO_2含量为67.2%，相当于TTG岩石的成分，同时与酸性或中酸性组成的花岗岩类岩石的实验数据V_P=6.3~6.4km/s相当，所以鄂尔多斯克拉通块体的岩石组成为TTG，中酸性的TTG地壳组成与波速随深度加深稳定增加的特点一致；属青藏高原东北缘的宁夏境内出露的岩浆岩主要岩石类型为花岗闪长岩、英云闪长岩，其岩石特征、岩石化学特征具较多的相似性。

一、鄂尔多斯地块岩石圈形成时代

地震层析成像技术（Polet & Anderson，1995）和岩石学-地球化学研究（B0yd & Gurney，1989；Boyd，1989；Pearson，1999）表明，古老的大陆可分为两个年龄省：①（太古宙—古元古代）克拉通（>1700Ma），岩石圈（地震高速异常）深度大，≥200km，常称为大陆根；②中元古代大陆（800~1700Ma）下面，则没有深的岩石圈根。在中国大陆内中朝地台的鄂尔多斯、塔里木和扬子地块是3个克拉通型岩石圈，但它们的太古宙基底大多被掩埋在沉积盖层的下面，如何认识它们的壳-幔物质结构时代?

根据壳-幔演化模型（Anderson，1981；Depaolo，1981；Wyllie，1973；Bird，1979；Ringgwood，1975；Condie，1982）和大陆根形成过程（邓晋福等，2004），地壳由对流（或软流圈）地幔通过局部熔融作用分离出，伴随低熔的玄武质岩浆分离及陆壳从不成熟转变为成熟过程，地幔内将不断亏损易熔组分，留下的难熔的强亏损地幔物质构成了大陆岩石圈根；鄂尔多斯克拉通TTG陆壳与地幔岩石圈强亏损、以方辉橄榄岩为主的岩石组成相对应，它们是对流地幔分异的互补产物，在壳-幔物质形成时间上应该一致。虽然现今的鄂尔多斯地块被黄土覆盖，并无古老变质岩系出露，但是华北陆块东部地区（复县、蒙阴等地）古生代时也具有与现今鄂尔多斯克拉通块体一样的巨厚的岩石圈根（≥200km）（池际尚等，1996），这样，现今在华北中东部地区出露的中下地壳岩石可以认为是华北陆块被“活化”后被抬升出露到地表的陆壳岩石，这样的岩石可以大致代表鄂尔多斯型克拉通型陆壳的岩石组成；华北陆块陆壳形成于古太古宙—古元古代（程裕淇，1994；邓晋福等，1999；张宗清，1998；沈其韩，1998）。同理，华北陆块东部的古生代金伯利岩及金刚石包裹体中的地幔橄榄岩，也可代表华北地区“活化”前的克拉通岩石圈的地幔组成，也就是现今“残留的”鄂尔多斯克拉通型岩石圈地幔的组成。就近获得的复县金伯利岩中的地幔岩包体Re-Os测定的TRD模式年龄2.6Ga和2.8Ga（高山等，2003）与陆壳时代一致，说明鄂尔多斯克拉通型岩石圈与陆壳是同时形成的。

综上，鄂尔多斯克拉通型岩石圈主体均为17亿年前形成的，它们在中国大陆形成过程中起着“中流砥柱”的作用，尽管被造山带包裹、经历过多次改造，仍然保留了克拉通稳定的特点和结构，具有大陆根。陆壳岩石组成主要为TTG，地幔岩石圈由强亏损、以方辉橄榄岩为主的岩石构成，它们是对流地幔分异的互补产物。

二、青藏高原东北缘岩石圈形成时代

青藏高原是伴随印度板块与欧亚板块碰撞（65Ma；周肃等，2002，2004；Zhou Su et al.，2005）形成的新生代造山带，其物质和结构都是新生代形成的（属于“新物质新结构”）；但是对于其北部的秦-祁-昆造山带而言，由于该造山带形成于晚古生代—早中生代，新生代时期被卷入了特提斯-喜马拉雅新生代造山系，缺乏新生代岩浆活动，说明其物质仍然是在晚古生代—早中生代形成的，但其结构是新生代的，因此属于“老物质新结构”。

第四节　岩石圈厚度变化

中国大陆及邻区岩石圈厚度变化极大（50~240km），变化幅度近200km。岩石圈厚度总体变化趋势是西厚东薄、南厚北薄，克拉通地块厚，造山带和裂谷盆地薄。从收集资料（安昌强等，1993；陈聪等，2000）综合研究结果来看，中国大陆及邻近海域岩石圈厚度的变化呈现更为明显的分区性：大致以昆明-银川南北地震带为界（70km），西部岩石圈厚（90~125km），东部大陆岩石圈薄（70~110km）。宁夏则处于中国东西岩石圈变化的过渡带，依据地球物理资料来看，本区不同的地质构造单元，岩石圈厚度差异变化明显。鄂尔多斯地块和阿拉善地微陆块的电性层横向变化平缓，成层和整体性好，表明这两个块体较为完整，相对稳定，在很长的地质历史时期内较少受到形变破裂，地球物理解释岩石圈厚度为110~130km。宁夏总体岩石圈埋深分布情况表现为东、西两侧埋深较深，深度约在100km，银川盆地和海原-六盘山断裂周围埋深较浅，在80km左右（图32-6）。按宁夏北部、中部、南部地区总结如下：

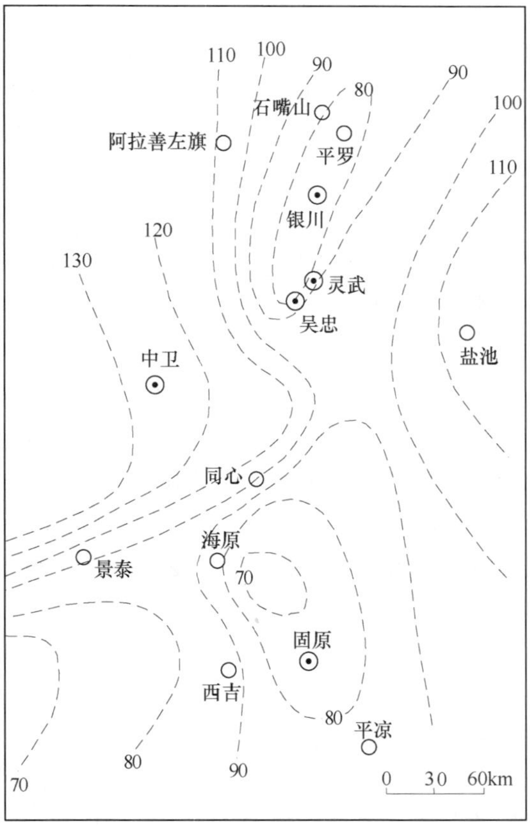

图32-6　宁夏岩石圈等厚度图

Fig. 32-6　Contour map of lithospheric thickness in Ningxia

数字为厚度（km）

一、宁夏北部地区

从收集的物探资料（李清河等，1999）研究结果来看，银川地堑上地幔明显上隆，隆起区呈南北狭长展布，自石嘴山至吴忠南，长约160km，东西方向较窄，宽40~50km，隆起区基本上与地堑相吻合，岩石圈厚度为62~85km；灵武以东，属鄂尔多斯地块区，岩石圈厚度较大，为123~131km；阿拉善微陆块与鄂尔多斯地块相类似，具有变化平缓的特点，岩石圈厚度约为112km。

二、宁夏中部地区

该区涉及两个地质构造单元，以香山南麓断裂至六盘山东麓断裂为界，北东侧为鄂尔多斯地块，南西侧为祁连早古生代造山带。据前人（屈健鹏等，1998；李清河等，1999）研究，鄂尔多斯地块区，电性结构简单，成层性好，岩石圈厚度为107~110km；腾格里增生楔（走廊过渡带），壳内电性结构与东侧鄂尔多斯截然不同，岩石圈厚度相对较大，为115~136km。

三、宁夏南部地区

据前人（张云琳等，1998；李清河等，1999）研究，固原以东彭阳地区，属于鄂尔多斯西缘裂陷带南端，岩石圈厚度为77~89km；固原以西西吉地区属北祁连早古生代造山带，上地幔表现为明显上隆，岩石圈厚度相对较小，约为74km。

第五节　壳-幔相互作用

在中国大陆内部，沿鄂尔多斯西缘断裂、龙门山断裂一线（或者说沿贺兰山—六盘山—龙门山东北侧一线）是著名的地震带和活动构造带（程裕淇，1994；马宗晋，2001，2003；丁国瑜，1991；邓起东等，2003；李详根，2003）；鄂尔多斯周缘除六盘山受青藏高原碰撞带作用施加了一个北东向挤压力外，总体上属于张性伸展地堑系（马杏垣，2004），银川地堑自始新世出现雏形以来持续下沉，堆积了巨厚的新生代地层，新生界厚7000m，其中第四系厚达2400m。其古近纪湖盆和第四系盆地的东、西边界皆为北北东走向的正断层控制。地堑之下对应于莫霍面上隆，处于地壳厚度变异带上。新构造运动升降幅度反映在四川盆地（扬子克拉通）西北部和鄂尔多斯周缘盆地，降幅达-100~-1000m不等（马杏垣，2004），可见沿鄂尔多斯西缘断裂、龙门山断裂一线是中国大陆东部拉张、伸展的西界。

在地球物理特征上，该带与布格重力异常（左愚等，2002）、重力梯度带（左愚等，2002）对应，深部结构反映为地幔陡变带（程裕淇，1994；彭聪等，2000）。从岩石圈类型分布来看，沿鄂尔多斯西缘断裂、龙门山断裂一线以东分布的是鄂尔多斯和扬子克拉通型岩石圈，以稳定为特点；而西侧分别为青藏高原新生代造山带型岩石圈和以额济纳旗为代表的古生代造山型岩石圈，岩石圈具有活动的、不稳定的属性，不同的岩石圈动力学性质决定了它们之间必定为岩石圈不连续带（邱瑞照等，2004）。因此，沿鄂尔多斯西缘断裂、龙门山断裂一线的岩石圈不连续可作为中国大陆东部、西部一级构造单元或岩石圈单元分界，宁夏则处于这个分界线上。可见，本区处在一个特殊的大地构造位置上，其南西侧的昆仑秦岭造山带，是一个相对活动、柔软的块体，而属柴达木-华北板块的鄂尔多斯地块和阿拉善微陆块则是相对稳定而坚硬的块体，夹持于上述两个稳定地块之间的鄂尔多斯西缘裂陷带则为相对活动的地壳块体。

宁夏区域上位处南北地震带的北段，虽然青藏高原在六盘山附近对鄂尔多斯地块施加了一个NE向的挤压，并反映在地质地貌、GPS图像、构造应力场以及岩石圈三维结构上（邓晋福，1996；江在森，2001；杨国华，2001；马宗晋，2001；陈连旺，2001；邓晋福，2003等），而数值模拟（刘翠，2003）表明在靠近青藏高原的六盘山地区引起一种环形应力场，并在鄂尔多斯下面诱发一个上升流，使之隆升，使六盘山逆冲在鄂尔多斯之上。因此，鄂尔多斯地块虽然有青藏高原的挤压（在六盘山），但是总体属于拉张的。地球物理也证实，在鄂尔多斯地块内部，地壳结构简单，厚40~42km，只在东北、西南边缘略有加深。鄂尔多斯周边断陷带的地壳上隆、厚度变浅，其中南缘渭河地堑最薄为32~34km，西缘银川地堑为34~36km，北缘河套、呼包盆地为36~38km，东缘山西断陷盆地南薄北厚为38~42km。深部特点可能反映鄂尔多斯西北缘的银川盆地、河套盆地，东南缘的汾渭地堑，南部的渭河盆地为地幔上隆、地壳变薄、地表拗陷的张性构造。鄂尔多斯西南缘与青藏高原东北隅相接，由东北向西南急速加深，地壳厚约50km，显示了与青藏高原边缘接触带地壳受挤压增厚构造。

根据地表浅部的地震与火山、地壳的台升与沉降等是深部过程响应的思想（邓晋福等，1996），上述浅部的分区必然在深部岩石圈结构上有所反映，也是了解深部大陆地球动力学过程的窗口。因为不同类型岩石圈具有不同的动力学效应，克拉通型岩石圈往往厚度大、具有大陆根，其特征是具有相对高的地震波速度、高密度和低的温度；年轻的火山岩区通常与岩石圈地幔减薄有关，为裂谷型岩石圈，厚度薄。造山型岩石圈往往表现为岩石圈汇聚加厚，加厚的岩石圈地幔（岩石圈根）呈向下的拉力，在地壳上层形成挤压应力，但增厚的岩石圈根并不稳定，在碰撞后期会与上覆岩石圈分离，沉入地幔，使岩石圈变薄，并诱发壳/幔、岩石圈/软流圈物质相互作用。因此，岩石圈地幔厚度结构及其变化反映出构造的活动性及发展过程。综合GPS测量、应力场研究结果（丁国瑜，1991；马宗晋等，2001，2003）表明，现今中国大陆是西部挤压、东部拉张的总体格局，而中国大陆自65Ma左右（周肃等，2002，2004；莫宣学等，2003）发生欧亚-印度板块碰撞以来，受控于统一的中国大陆动力学系统；中国大陆西部伴随青藏高原山根形成驱动软流圈物质往东流，东流软流圈物质受太平洋俯冲板块的阻挡上涌，导致中国东部新生代玄武岩喷发（邓晋福等，1996；邱瑞照等，2004c），这表明中国大陆西部挤压、东部拉张伸展的总体动力学背景是自新生代以来逐渐形成的。所以，鄂尔多斯西缘断裂、龙门山断裂一线（或者说贝加尔湖西侧和贺兰山—六盘山—龙门山东侧）可作为新生代以来中国大陆东西部分区的浅部界线，其中鄂尔多斯西缘盆地沉降带、南北地震带，以及对应的布格重力异常、重力梯度带可作为具体的标志，并与深部结构反映出的南北向岩石圈不连续大致对应。因此，这一区域岩石圈不连续，可作为东部和西部的新生代以来的一级大地构造单元分界（邱瑞照等，2004a）。

第六节　岩石圈形成演化

20世纪90年代以来的最重要观点之一是邓晋福等（1996）提出的深部过程的浅部响应思想。依据艾里（Airy）重力均衡原理，地壳厚度愈大，地形海拔愈高；Mckenzie（1978）对艾里原理进行了引申，提出地壳和岩石圈地幔一旦强烈减薄，则在地壳形成裂谷盆地的同时，必然诱发软流圈地幔的强烈上隆；从岩石相平衡实验的原理来看（Carmichael et al.，1974），地幔物质上升达到某一极限深度时，亦即当其温度压力条件达到（或交切）地幔橄榄岩固相线时，必然诱发局部熔融，导致玄武岩岩浆的形成和喷发，常称为减压熔融。因此，深部过程与浅部地表形态变化是对立统一点，依据深部过程的浅部响应的思想，使地球表面的地形和地质构造形貌成为透视深部壳幔结构及其几何形态的一面镜子。

邓晋福等（1996）提出的中国大陆根-柱构造，实际上亦是艾里重力均衡原理的运用实例。依据艾里重力均衡原理，邓晋福等（1996）把中国大陆分为3个区（图32-7）：

1）东部主要为丘陵和平原，海拔大多在500m以下，对应薄的地壳（平均厚30~35km）和薄的岩石圈（平均厚70~80km），构造上为大陆裂谷带（图32-7c）；

2）中部主要为海拔1000~2000m的高原，对应于接近正常的陆壳（平均厚40~50km）和厚的岩石圈（厚≥200km），但密度低（3.10~3.22g/cm^3）的岩石圈，从而具有大的浮力，构造上为克拉通块体群（图32-7b）；

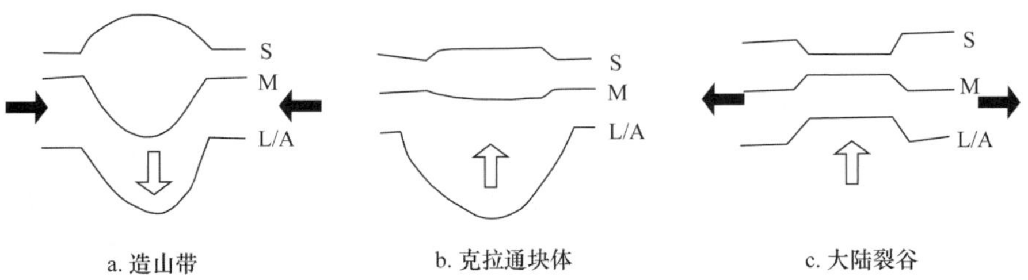

图 32-7　中国大陆根-柱构造示意图

（据邓晋福等，1996）

Fig. 32-7　Sketch showing continental roots plume tectonics of China

S—地表面；M—莫霍面；L/A—岩石圈/软流圈边界

3）西部主要为海拔很高的青藏高原，平均海拔在4500m以上，对应厚的陆壳（平均厚60~80km）和厚的岩石圈（厚≥150km），但密度高（3.40~3.65g/cm^3）的岩石圈，构造上为挤压的碰撞造山带（图32-7a）。

由此可见，把深部浅部结合起来，对于中国大陆构造单元的性质识别和划分，乃至正确理解岩石圈-软流圈系统的结构框架、形成机制与演化过程具有重要意义。

宁夏所处中国大陆东、西构造单元分界线，以香山南麓断裂至六盘山东麓断裂为界，东侧为鄂尔多斯克拉通块体群岩石圈结构，西侧属青藏高原祁连早古生代造山带型岩石圈结构。

邓晋福等（1996）按成因把造山带划分为两类：一类是与大洋发育、消亡有关的（包括大大小小的洋）造山带，另外一类是与洋无关的陆内或板内造山带。在空间上中国造山带可分为东部、西部两类：中亚造山带形成于古生代，秦-祁-昆、三江造山带主要形成于古生代，延续到早中生代，青藏高原冈底斯造山带形成于新生代，这些造山带在形成环境上都属于与大洋发育相关的造山带；喜马拉雅造山带属于陆内俯冲形成、无大洋发育历史的造山带。在空间上以香山南麓断裂至六盘山东麓断裂以西为祁连早古生代造山带。

不论是哪一种类型的造山带，它们都是在挤压机制下形成的，因此，它们具有相同的形成过程。图32-8为展示青藏高原现今岩石圈不均一的图件，并代表了现今该区造山岩石圈动力学演化的几个主要阶段（邓晋福等，2001），实际上也代表了造山带岩石圈形成、演化的一般过程（图32-8a→b→c）。在造山挤压机制下，强烈构造变形会使大陆壳被破坏；对流地幔物质和热输入大陆后，玄武岩的底侵也会导致刚性的地壳加热而弱化，弱化诱发的流变学条件有利于陆壳收缩变形和加厚（图32-8a）；收缩构造环境有利于底侵岩浆封存使地壳加热熔融形成花岗岩上侵，从而使原来的陆壳成分趋酸性；随着壳内分异残留的榴辉岩堆积，其高密度诱发造山带岩石圈根失稳，导致岩石圈大规模去根减薄和构造、热失去平衡，从而促使大量对流地幔物质和热输入大陆，使岩石圈地幔部分熔融、软流圈物质上涌，大规模的壳幔相互作用致使岩浆活动达到峰期，形成大规模成矿作用发生（32-8b）。造山带岩石圈大规模去根带动下伏残留的克拉通岩石圈地幔一起拆沉后，输入大陆的对流地幔物质，在分出玄武质岩浆后冷却形成新的岩石圈地幔（图32-8c）。因此，对流地幔物质和热输入会使原有的陆壳和岩石圈地幔组成均受到强烈改造。

分布于中国大陆中西部的扬子、鄂尔多斯、塔里木和准噶尔盆地等“冷盆”，深部背景属于克拉通型岩石圈，克拉通型岩石圈构造上的稳定性决定了这些克拉通盆地不断被周围造山带吞食、掩埋、改造的格局。涉及宁夏区域的鄂尔多斯克拉通，在侏罗纪之前归属华北克拉通，在燕山期时东部造山带的前陆盆地，新生代时期其西部成为青藏高原的逆冲边界。

地球物理揭示250~400km界面以上普遍存在低速层，从低速层的展布来看，明显地受岩石圈根、造山带根的约束，青藏-喜马拉雅造山岩石圈根形成时的向下汇聚和水平缩短必然促使软流圈物质沿中深震源界面向东侧挤出，由于中部克拉通型岩石圈（如涉及本区域的鄂尔多斯）大陆根的阻挡产生的缓冲效应，西部岩石圈块体必然受挤压逆冲在克拉通块体之上或沿其边界滑移，在软流圈物质的向东

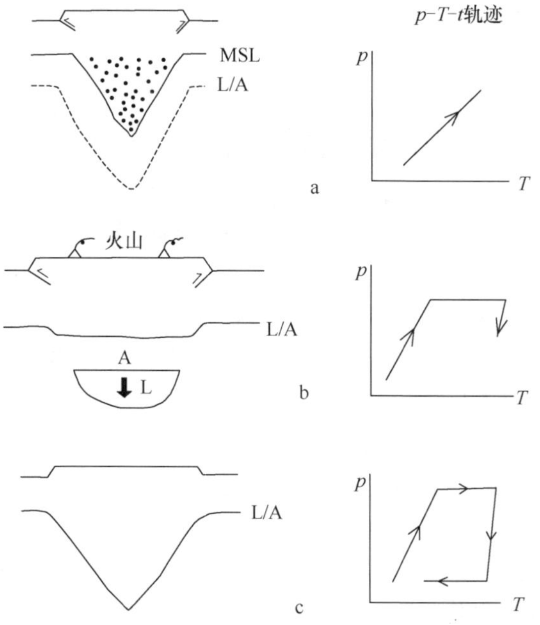

图 32-8 造山带型岩石圈根形成过程示意图
（据邓晋福等，2001）
Fig. 32-8 Sketch showing orogenic lithosphere root formation process
MSL—强的力学岩石圈边界（黑点示中源地震）；L/A—热学岩石圈边界；
L—拆沉的岩石圈；A—软流圈；a—早期相；b—中期相；c—晚期相

挤出和受到太平洋一侧俯冲带的阻挡，必使东部岩石圈伸展裂开和软流圈物质上涌，诱发玄武质岩浆岩大量喷发（Tapponnier et al.，1986；邓晋福等，1996；Flower et al.，1998；马宗晋等，2001；汪一鹏等，2003；李涛等，2003；张家声等，2003）。

地应力测量表明，中国大陆地壳活动的主应力方向呈现北北东向至北东向；马宗晋（2001）认为，西部主要受由南而北的推挤作用，东部主要受由西而东的推挤和地幔流动的底拖拉伸作用，青藏高原东部矢量场由南部的北北东向逐渐指向北东东向，再转向南东向，即现今青藏高原呈右旋型运动；结合全球GPS资料，认为对中国大陆而言，印度板块的推挤作用是叠加在欧亚大陆整体由西向东的运动背景之上的（马宗晋等，2003）。自始新世以来，在青藏块体向北东推挤作用影响下，鄂尔多斯西缘坳陷带开始了新裂陷作用，宁夏北部形成银川地堑-贺兰山拉张构造区。而在南部，以鄂尔多斯地块西缘的南北向构造和阿拉善微陆块南缘的近东西向构造为边界，形成了一系列向北西撒开、向南东收敛、弧顶指向北东的弧形构造的挤压-走滑构造区。宁夏南北构造运动既相互独立，又相互作用和制约，形成了非常复杂的情况。据《鄂尔多斯周缘活动断裂》（国家地震局《鄂尔多斯周缘活动断裂系》课题组，1988）研究，震源机制解结果表明，宁夏区域的主应力轴大致为北东—北东东向，以接近水平的斜向作用力为主。地质调查、大地测量资料以及数学和物理模拟的结果也说明，北东—北东东向挤压力是本区第一动力学因素；其次是局部地区底部的水平拖拉作用，地球物理探测资料表明，银川盆地和六盘山断裂带内有上地幔上隆现象。这一事实说明，上地幔的活动与先存构造这两个因素，显然对该地区断裂活动起重要作用。造成局部隆起的物理机制是地壳上地幔结构及物质组成的不均匀性与上地幔热物质的上涌，由于热作用使上地幔顶部隆起，在地壳介质受力向两侧移动时便会产生张性断裂；再次是鄂尔多斯地块底部的垂直向上的力，鄂尔多斯高原是一个结构比较完整的块体，内部没有大断裂和大地震，从晚白垩世以来，一直处于缓缓抬升过程中。鄂尔多斯高原的升起对周围盆地和断裂发育有重要影响。宁夏地区受这3个动力学因素的联合作用，形成了现今构造活动的基本格局。

第三十三章　深部地质作用及其对资源环境的制约

深部地质作用一方面诱发了地质灾害，另一方面控制着成矿作用，前已叙及，宁夏区域处于中国大陆东、西构造单元分界线，以香山南麓断裂至六盘山东麓断裂为界，东侧为鄂尔多斯克拉通块体群岩石圈结构，西侧属青藏高原祁连早古生代造山带型岩石圈结构。

在地质灾害方面主要表现在西侧的青藏高原祁连早古生代造山带。我们知道地质构造造成的影响具有长期性和基础性作用，一方面，地质构造通过改变或影响地表物质和能量分配，奠定了地理过程发生的空间基本格局，例如气候的形成、大气环流的变化、河流的发育及生物多样性的表现等，都与地质构造力的长期作用有关；另一方面，区域地质的稳定与否，成为生态环境脆弱的触发因子，特别是在板块接触带，地壳活动强烈抬升、凹陷、褶皱及断裂等常常出现，地震频繁，成为生态环境脆弱的一个背景因子。上溯1000年以来，宁夏地区发生过15次6级以上破坏性地震，其中有5次7级以上灾难性破坏地震，使生活在宁夏地区土地上的人民饱受地震灾难之苦。1739年发生的银川-平罗8级大地震，瞬息之间，使素有“塞上江南”之称的银川平原房倒屋摧，死伤遍野。1920年宁夏南部山区海原一带发生了举世震惊的海原8.5级大地震，造成了宁夏及其邻区巨大的人间惨祸。据统计，宁夏历次地震造成的死亡人数（不包括邻近地区）累计超过23万人之多（杨明芝等，2006）。根据历史资料，公元876~1950年，宁夏境内可确定发生地震基本参数5级以上的破坏性地震共33次，其中8级地震2次、7级地震3次、6级地震10次。

东侧鄂尔多斯克拉通块体是我国重要的能源矿产地，除沉积型的煤炭资源外，还有重要的油气田。与燕山期华北陆块分化时，周边造山带逆冲推覆在鄂尔多斯克拉通块体上的构造作用诱发的大规模流体形成与远距离运移有关。新的研究（Oliver，1986；肖庆辉等，1993）表明，掩埋于逆冲体下面的大陆边缘沉积均受压，其间的孔隙流体以及随着埋深增加含水矿物的脱水流体会大量被逆冲推覆构造挤出形成大规模的流体流，并沿逆冲带向前陆盆地内运移和聚集形成油气田，鄂尔多斯盆地油气田可能主要通过这种机制形成。

宁夏矿产以非金属矿产为主，金属矿产多为小型矿床或矿（化）点。矿产空间分布具明显的不均匀性。主要表现在：以香山南麓断裂至六盘山东麓断裂为界，北东部以非金属矿产为主，南西部以金属矿产为主，不同构造单元的衔接部位有金属矿产分布，如鄂尔多斯西缘裂陷带与阿拉善微陆块接触部位（贺兰山裂陷）和香山南麓断裂至六盘山东麓断裂西侧分布的金属矿化（点）。矿产分布的不均匀性是地壳成矿元素原始丰度不均匀和不同构造单元之间的区域成矿作用的不均匀性的综合体现，在地球物理场、地球化学场中亦有差异。

宁夏非金属矿以煤炭、油气和膏盐类为主。

煤炭主要分布在4个含煤区，除香山含煤区位于腾格里增生楔外，其余3个含煤区均位于鄂尔多斯西缘裂陷带，其中又以马家滩、贺兰山两个含煤区的储量大。贺兰山含煤区的煤矿主要分布在北段的石炭井、汝箕沟、胡鲁斯台、沙巴台、马连滩等地。矿区一般对应于重力高背景上的局部重力低或局部重力高异常的边部。宁东含煤区是大中型煤矿所在地，分布于横山堡、磁窑堡、碎石井、石沟驿、鸳鸯湖及萌城一带。矿床对应于宽缓重力低中的局部重力高异常。宁南含煤区主要分布于炭山、王洼、银洞沟及韦州等地，一般位于局部重力低的边部。香山含煤区矿床主要分布于下流水、土坡、新井、窑山等地，一般对应于局部重力低异常。

油气主要分布在宁东的马家滩、李庄子、大水坑、摆宴井、红井子和马坊等地，只形成一些中小型油田，矿区往往与宽缓重力低背景中的局部重力异常（带）对应。

膏盐类主要分布于中卫甘塘–小红山、下河沿、同心贺家口子以及盐池侯家河等地，一般对应于局部重力低带内或两侧。

宁夏金属矿品种较多，但多为矿化和矿点，形成矿床的不多，且规模小，品位低。金属矿产种类可分为黑色、有色和贵金属三大类。黑色金属以铁为主，有色金属有铜、铅、锌，贵金属有金、银等。它们分别分布在贺兰山、卫宁北山–烟筒山、香山、南华山、西华山等地，金属矿产地一般与重力高或重力梯度带相对应。

鉴于目前宁夏资料程度所限，通过重磁资料研究并结合深部地质构造确定了以下几个找矿远景区：

1. 西吉–隆德多金属找矿远景区

位于宁夏西南部的西吉盆地。地表为第四系覆盖。区内分布众多航磁异常，航磁异常呈北西—南东向，沿西吉断陷西南侧的重力梯度带分布，推断这些航磁异常可能是中、基性侵入岩引起。磁性体埋深一般在500~1000m，与航磁异常对应的重力场多呈现微弱重力高，反映岩体侵入于下古生界寒武–奥陶系中。化探水系沉积物测量有金、银、铜及铅元素异常，但较分散。区内断裂构造、岩浆活动较发育，为多金属成矿有利地区。

2. 南、西华山金、铜找矿远景区

南华山、西华山有中元古界海原岩群出露。据重力推断该区为中元古界隆起，局部构造发育。化探岩石测量发现多处金、银、铜异常，且集中分布。东北侧的海原断裂是一条可能切穿地壳的深大断裂，沿断裂有超基性岩侵入。区内不仅发育有北西向的断裂带，还发育着北东向的断裂带，可见该区有良好的成控矿因素。现已在银洞沟发现小型黄铁矿床，还发现有菜园等铜矿（化）点多处，西华山马场沟、小西沟发现有金矿（化）。金矿化与黄铜矿化密切相关，金产于黄铜矿化石英脉中，岩脉充填次级断裂及岩石节理、片理裂隙中，并在构造裂隙交汇处富集，是寻找金、铜矿产有希望的地区。

3. 香山铁、铜铅多金属找矿区

该区内有奥陶系香山群出露。据重力推断区内北北西向、北东向和东西向断裂发育。香山中部有一近东西向的重力低，为断裂褶皱的反映，沿它的北侧，化探岩石测量和水系沉积物测量发现有银、铜、铅、锌元素异常集中分布，范围大。区内可见辉绿岩脉、石英脉，热液活动频繁。已发现热液型、沉积型铜、铅、赤铁矿（化）点15处。在近东西向的重力低的北侧，以及北西向与北东向断裂交汇部位都是成矿有利地带。

4. 卫宁北山多金属找矿区

卫宁北山可见寒武系、奥陶系、志留系、泥盆系及石炭系。主要含矿层位是下石炭统的臭牛沟组和前黑山组。北部地区已发现有中、低温热液型铁矿和层控–热卤水淋积–表生富集型金矿，断裂褶皱十分发育，有东西向、北东向以及北北东向3组。矿体明显受东西向断裂的控制。据重力推断断裂带以东西向和北西向为主。值得注意的是金矿（点）一般分布在东西向与北西向断裂的交汇位置附近。区内化探岩石测量和水系测量亦发现了与断裂构造方向一致的金、银、铜、铅、锌等元素的异常带，是宁夏重要的多金属矿找矿靶区。

5. 贺兰山北段金找矿区

贺兰山北段是区内可见地层时代最老的地区，有古元古界、古生界和中生界出露，地质构造较复杂。贺兰山东侧有明显的重力梯度带，是区域性大断裂的反映，北段布格重力异常是区内最高的地区，反映原始地壳强烈隆起。重力推断东西向断裂发育，与北东向断裂交汇。断裂破碎明显，分布有断层角砾岩。石英脉较发育，它们沿东西向次级断裂充填，穿插于古元古界贺兰山岩群中，已发现有牛头沟金矿点。该区有化探金、银、铜元素异常集中分布。

6. 六盘山多金属找矿区

该区位于重力场梯级带中，分布有深大断裂，具较好的深部成矿因素。除下白垩统中发现有含铜砂岩外，还有泾源县的张家台、秋千架、野猪沟、三关口、杨家岭等地的含铅、锌、黄铜矿、赤铁矿石英脉。它们大都充填于较大断裂的次级构造中，并在杨家岭富集成小型铅锌矿。该区铅、锌、铜、金等地球化学元素异常明显。

7. 煤、石油等非金属找矿远景区

含煤地层主要是上石炭统、下二叠统和中侏罗统，含煤构造为坳陷盆地和断陷两种，多对应于较大面积重力低边部的局部重力异常带。鄂尔多斯坳陷及香山周边断陷带是主要找煤区；石油以鄂尔多斯坳陷盆地为主；磷矿应在对应局部重力高的青龙山、云雾山、贺兰山等中元古界、下古生界地层中寻找。

第六篇　地质构造

第三十四章　概　　述

宁夏大地构造位于柴达木-华北板块中南部，地处华北陆块、阿拉善微陆块和祁连早古生代造山带交汇地区（图34-1），是连接我国北方西部与东部不同大地构造单元的枢纽地区，也是我国地层、构造、地貌以及各种地球物理场的重要分界区域。长期以来受到了许多中外学者的关注，重要的专门论著颇多。不同作者从不同侧面就宁夏的地质构造开展了不同程度的研究，按传统槽-台理论隶属昆仑-秦岭地槽褶皱区祁连褶皱系走廊过渡带之东北端与华北地台西缘接合带，包括：贺兰-六盘台褶带（马杏垣，1961），鄂尔多斯台褶带（黄汲清，1992），中、新元古代裂陷槽（汤锡元，1988）等，按地质力学的观点属于祁-吕-贺“山”字型构造（李四光，1954）、经向构造带、东西向构造带、陇西系弧形构造带及北西向构造带等多条构造带的复合地带。随着板块构造理论成功应用于大陆内部构造的解释，以及造山带理论的不断发展，这一地区的大地构造属性又得到了新的解释（马杏垣等，1986；张建新等，1997；葛肖虹等，1999；刘和甫等，2000），先后提出为：早古生代的板块缝合带（Sengor，1984），华北板块和华南板块碰撞的变形调节带（An Yin. et al，1996），银川地堑系，南北地震带或中轴构造带北段（中国科学院地质研究所，1974；马宗晋，1981，1990）；而许多石油地质学家称之为“陕甘宁盆地西缘断褶带”或“鄂尔多斯西缘掩冲构造带”（杨俊杰等，1990；汤锡元等，1988，1992；赵重远，1983，1990；刘和甫等，1990，2000；田在艺，1990；陈发景等，1987）。对宁

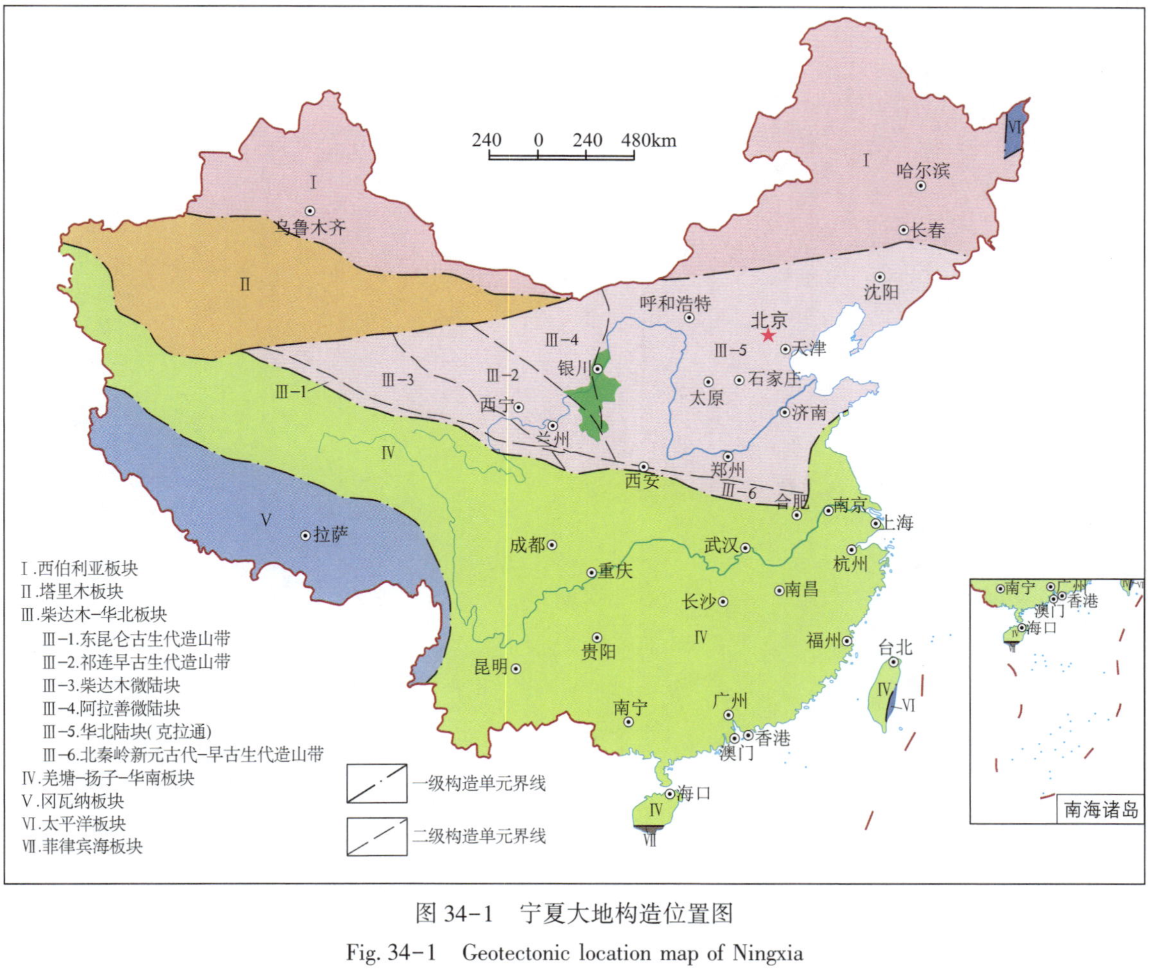

图34-1　宁夏大地构造位置图

Fig. 34-1　Geotectonic location map of Ningxia

夏不同时期的沉降作用大多沿用“贺兰坳拉槽”（古元古代—中元古代）、“再生坳拉槽”（新元古代—早古生代）、“碰撞谷”（晚古生代）、“半地堑”（中生代晚三叠世）和“拉分断陷”（新生代）等构造模式（汤锡元等，1988；赵重远，1983；张抗，1983，1989；林畅松，1995；冯益民，1996；Tian Zaiyi et al.，1997；王同和，1998；郭忠铭，1986，1990；刘少峰等，1997；Shaofeng Liu，1998；邓起东等，1985，1999），目前对前中生代的多期沉降作用的构造背景还存在较多争议（张进等，2000；孙肇才，2000）。近年来，根据桌子山-贺兰山、香山-六盘山地区的地层发育特征和露头构造分析，获取了不同地段的沉积构造演化历史、与逆冲推覆有关的构造几何学和变形运动学参数，分别建立了“贺兰山冲断层系统”和“宁南弧形冲断层系统”（张家声等，2004），初步恢复了鄂尔多斯西缘沉积构造演化不同阶段的动力学环境条件及时空联系。

综上所述，宁夏无疑经历了长期不同方式的构造变动，加里东期基本奠定了宁夏大地构造格架雏形，但中—新生代强大的逆冲推覆构造显然是该地区构造面貌定型的主体变动方式，它们改造和重组了前期构造样式和地层关系。逆冲推覆构造自20世纪70年代末以来，随着国际上推覆构造研究的重新兴起及其在油气田勘探领域的重大突破，开始得到了极大的关注，近10年来，随着基础地质调查工作的进展，又取得了一批新的研究成果，本《志》将予以充分反映。

第三十五章　构造单元划分及其主要特征

第一节　构造单元划分

一、构造单元划分原则

宁夏的地壳组成包括结晶基底和沉积盖层两大类型。基底主要出现在宁夏北部，包括组成鄂尔多斯地块和阿拉善微陆块基底的变质结晶岩石组合，根据它们现今的展布状况和区域沉积-构造的历史联系，是建立该地区构造单元的关键。沉积盖层覆盖全区，但不同地区不同时代地层之间在不整合接触关系上的差异，以及同时代不同属性的沉积岩层紧邻分布的现象，为划分构造单元提供了重要的科学思路和事实依据。

宁夏构造单元划分以板块构造和活动论为指导，结合大陆动力学研究成果，遵循不同构造单元在地壳演化中的物质组成、构造环境、壳幔结构，以及生物区系、沉积古地理环境等均有明显的差异，且构造单元级别越高，差异愈显著的原则，具体构造单元划分主要根据宁夏总体地质构造特征（沉积建造、岩浆组合、构造环境和变质作用）和发展演化历史，尤其是深大断裂构造的发育历史、卷入变形的地体性质、构造样式、时空联系和从属关系、深部地壳结构、地球物理特征等来确定。

一级构造单元带有全球或区域意义，同一构造单元具有在时空演化上经历基本相似的地质历程，是在地质历史中曾受同一主构造期大洋或大陆构造体制演化而形成的构造单元集合——板块或构造域。板块之间以地壳对接带为边界，不同的板块存在着板块内部（一般为古陆块）以及不同类型的大陆边缘。

二级构造单元是区域性或局域性构造单元，是大陆增生和洋陆转化构造机制中形成的构造单元，边界主要是地壳叠接带、重大的断裂带等。划分的主要依据是其内部结构和属性基本一致。主体是大陆边缘（被动大陆边缘与活动大陆边缘）和强烈变形的造山带及其间变形相对较弱的克拉通地块或微陆块。

三级构造单元是在二级单元内的进一步划分，主要考虑它们在二级单元中的位置、作用及基本活动特征，同时以时代限定其主要的活动时间。主体是板块俯冲消减和岩石圈拉伸裂离构造机制中，在陆块或造山带内部形成的具有基本相同的构造属性的块体，包括不同规模的地块、大型增生楔与海沟弧盆系。

四级构造单元是在三级构造单元内，根据不同时期所具有的不同构造属性作进一步的划分，如裂陷、岛弧、弧后盆地及叠加在早期构造而又发育比较完整的前陆、伸展、坳陷等上叠盆地等。

五级构造单元则主要是根据新生代以来构造形态及构造属性的差异进行划分。原则上不跨越四级构造单元边界，主要包括各褶断带、冲断带、大型断（坳）陷盆地、大型向斜构造等。还根据构造形态、特征及其分带性对部分五级构造单元进行了更次一级的划分（相当于六级、七级构造单元），如贺兰山褶断带、银川断陷盆地等。

二、构造单元划分方案

为了体现科学性与实用性，宁夏构造区划采用动态大地构造区划与综合构造区划，前者强调资料综合分析，深化科学研究成果为重点，后者则以总结归纳描述为主，突出公众简便实用为特点。

（一）综合构造区划

采用板块构造观点，以加里东期主造山期和燕山期—喜马拉雅期陆内造山与逆冲推覆为框架，包容老的、叠加更新的构造成分，综合划分宁夏基本大地构造单元。

1. 二、三级构造单元边界划分与厘定

宁夏大地构造未见地壳对接带，处于柴达木-华北板块一级构造单元内，其板块内部二、三级构造单元的进一步划分除了按上述构造单元划分原则及定义外，关键是具体单元边界的划分与厘定，由于采用的观点与方法不同，长期以来存在许多分歧。本《志》在综合分析研究前人认识基础上，结合近年来地质调查研究的新进展，按照《中国区域地质志工作指南》要求进行了重新划分与厘定。

（1）阿拉善微陆块与华北陆块之鄂尔多斯地块的边界划分与厘定

阿拉善微陆块的东部边界前人多以贺兰山西麓断裂为界（杨振德等，1988；王萍等，1997；张振法，1997），而王育新（1991）把狼山-巴彦乌拉山断裂作为阿拉善微陆块的东界；张家声等（2003）则认为东界是一个较宽的构造过渡带，指出贺兰山地区实际上是一个较活动的、处于阿拉善微陆块与鄂尔多斯地块之间的构造过渡带。本《志》认为东界北段为贺兰山西麓断裂，南段为牛首山-罗山断裂。依据如下：

1）古元古代时，阿拉善微陆块东南缘巴彦乌拉山一带与鄂尔多斯地块西北缘贺兰山北段都发育有一套孔兹岩系（董春艳等，2007；周喜文等，2009），贺兰山孔兹岩系的变质时代为（1950±8）Ma（周喜文等，2009），该时代与东部大青山、乌拉山孔兹岩系变质时代相同，表明华北克拉通西部的阴山地块与鄂尔多斯地块大体是以平行的方式正面拼贴到一起的，形成了目前的孔兹岩带。具体来讲，阿拉善微陆块与鄂尔多斯地块于古元古代晚期沿贺兰山西麓断裂带以韧性剪切带发生碰撞拼贴，发育黄旗口英云闪长岩岩基和浩尧尔似斑状黑云母花岗岩岩基等一系列碰撞型花岗岩，构成统一的结晶基底。基底之上叠置中元古代—震旦纪滨浅海相沉积，此时期两块体之间并无明显差异。

2）早古生代时，沿古元古代晚期两块体拼贴薄弱地带再次拗（裂）陷，贺兰山西麓断裂至牛首山-罗山断裂一线两块体两侧才有较大分异。断裂以东为贺兰山—青龙山寒武纪—奥陶纪陆缘坳陷带，表现为稳定的华北型沉积；断裂以西为香山—卫宁北山奥陶纪陆缘斜坡盆地与烟筒山—黑鹰湾山志留纪前陆盆地，表现为华北与北祁连过渡型沉积，并发育类似增生楔性质的沉积体。

3）晚古生代时，尤其是泥盆纪、早石炭世时期，巴彦浩特盆地—卫宁北山—香山地区的地层特征基本可与河西走廊地区地层对比，而与贺兰山中北段—青龙山地区相差很大。近年来在贺兰山西麓断裂两侧巴彦浩特盆地的石油地震勘探及深探井——巴参2井提示该区有较厚的泥盆系、下石炭统和下古生界碳酸盐岩沉积，其特征均可与河西走廊地区进行对比；而贺兰山中北段地区（土井子—围沟井以北）与之不同缺失泥盆纪、早石炭世地层。晚石炭世海侵扩大，华北海才与祁连海相通，贺兰山西麓断裂至牛首山-罗山断裂一线两侧的阿拉善微陆块与鄂尔多斯地块又趋于一致，晚石炭世—中生代中晚期，贺兰山地区与其西侧的巴音浩特盆地同样发育拉张型盆地及火山岩，这些都表明贺兰山地区的构造发展史与阿拉善微陆块东南缘的构造演化过程已密切相关，二者都处于板内环境。

4）牛首山-罗山断裂南延接陕西岐山-哑柏断裂，作为中、新生代鄂尔多斯陆块隆起区与六盘山断陷带的分界。

（2）阿拉善微陆块、鄂尔多斯地块与祁连早古生代造山带的边界划分与厘定

阿拉善微陆地、鄂尔多斯地块与祁连早古生代造山带分界前人多以查汗布拉格-三关口断裂至牛首山-罗山断裂为界（张进，2003）或查汗布拉格-土井子断裂至牛首山-罗山断裂为界（汤锡元等，1990；黄喜峰等，2010）。

本《志》认为二者分界应向南移至香山南麓断裂至六盘山东麓断裂，该断裂东南延接固关-宝鸡断裂，北西延入甘肃景泰，接唐家水-李家水坑深断裂带。其依据如下：

1）原来的分界断裂查汗布拉格-土井子-牛首山-罗山断裂，作为依据之一是断裂以北无泥盆系（普遍认为华北板块缺失泥盆系），但实际情况是查汗布拉格-土井子断裂以北仍然有泥盆系。此外

原来的划分法还忽略了一个重要事实，就是所划分的查汗布拉格-土井子断裂以南（划归北祁连海槽）的香山北部地区与牛首山地区都见有下—中奥陶统天景山组台地碳酸盐岩沉积（其实该断裂两侧都展布了大量沉积环境相同的天景山组），生物群面貌为华北型，完全可与华北的亮甲山组、北庵庄组（大湾期）对比，这与北祁连海槽同时期的阴沟群沉积相差甚远。显然将香山—牛首山地区天景山组划归北祁连海槽不妥。

2）本《志》确定的分界断裂北西延入甘肃景泰，接唐家水-李家水坑深断裂带，是分割甘塘—香山早古生代被动陆缘盆地和景泰老虎山早古生代弧后盆地（之上叠加了晚古生代景泰—五佛寺凹陷盆地）两个构造属性截然不同单元的深大断裂。断裂以北为阿拉善微陆块被动陆缘，出露的早古生代地层主要为寒武系苏峪口组、五道淌组、陶思沟组、胡鲁斯台组、阿不切亥组和奥陶系大南池组、天景山组、米钵山组、香山群，除米钵山组、香山群具过渡型沉积外，其余各组都是稳定的华北型沉积。断裂以南为北祁连弧后盆地活动陆缘，沉积了寒武纪—奥陶纪一套典型的火山岩-沉积岩组合。目前在宁夏争论的焦点主要集中在对米钵山组和香山群的沉积构造环境的不同认识，多数人认为它们是典型的被动陆缘沉积（李天斌，1997，2006；徐黎明等，2006；邓昆等，2007），部分学者认为香山群是北祁连海沟系的弧后盆地近陆一侧的沉积（杨文敬，2000；张进，2003），无论哪种认识都表明米钵山组和香山群不具有典型的弧后盆地火山岩-沉积岩组合特征。而北祁连真正意义的弧后盆地沉积阴沟群—中堡群为一套典型的弧后盆地火山岩-沉积岩组合，但香山群中并未见火山岩，而且香山群局部仅有的几处辉绿岩脉其化学成分（常量元素具高 Na、Mg、Ti，低 Si、K 的特点，微量元素值是原始地幔标准值的 2~10 倍，大离子亲石元素相对亏损，贫 Rb、P、Zr、Hf、Sm；稀土元素与 N-MORB 相似。邓昆、周立发等，2007）也与北祁连景泰老虎山典型弧后盆地中的辉绿岩（微量元素富 Rb、P、Zr、Hf、Sm；稀土元素与 E-MORB 相似。夏林圻等，1996）不一致，更与白银寒武纪的大陆裂谷型基性火山岩的低 Ti 高 Si、K 特点截然不同。此外，北祁连紧邻香山群出露区的老虎山弧后盆地形成时代是早—中奥陶世，而香山群时代是晚奥陶世，二者不匹配。

3）晚奥陶世晚期香山群磨盘井组沉积时，正是北祁连海沟系向阿拉善微陆块俯冲的阶段，走廊弧后盆地之景泰—海原弧后盆地向阿拉善微陆块俯冲，景泰老虎山弧后盆地残留体北侧的崛峡山银硐梁早古生代花岗闪长岩是高镁埃达克岩，其形成与年轻而热的老虎山弧后盆地俯冲板片在消减过程中发生部分熔融并与地幔橄榄岩发生明显交代作用密切相关（王金荣等，2006）。在这次俯冲消减过程中，沿着弧后盆地北侧唐家水-李家水坑断裂、香山南麓断裂和六盘山东麓断裂上盘阿拉善微陆块东南缘的香山—卫宁北山地区形成一套类似增生楔（增生楔（accretionary wedge），又称增生杂岩（accretion complex））的沉积构造体。本《志》所称的增生楔显然不是典型的形成于海沟附近的增生楔，而是发生在弧后盆地向大陆板块俯冲过程中于其北侧陆缘（即阿拉善微陆块与鄂尔多斯地块西南侧三角过渡地带）形成的一套斜坡相以浊积岩为主的楔状堆积地体，形成机制类似增生楔，表现为一系列倾向大陆（倾向北东，目前表现的一系列倾向南西的逆冲岩片是后期燕山期—喜马拉雅期发生由南西向北东的逆冲推覆反转形成的）的叠瓦状逆冲岩片（由南西向北东分别为香山岩片、黑鹰湾山岩片、土井子-古城子-牛首山-罗山岩片、巴彦浩特岩片）依次堆垛加宽，最新的沉积位于最底部，随着持续汇聚而楔入老沉积断片之下，并推挤后者使之向上拱起。叠瓦体每一断片内的层序是正常的，但总体层序却是倒转的，这与现今的地层展布是一致的。需要指出的是，最南侧最下面也是最新的香山岩片内部可能楔入穿插了寒武系—中下奥陶统老的次级小断片，这就是导致香山群的时代与层序至今争论不休的主要原因。其实，香山岩片内部自下而上发育的天景山组、米钵山组、香山群层序是正常的，时代由老（O_1）变新（O_3）；而香山群内部本身既沉积有含寒武纪生物化石的碳酸盐岩砾石，亦夹有下部寒武纪—早中奥陶世的次级构造小断片，遭受了统一的加里东末期强烈的挤压变形与轻微变质（变为板岩、变质砂岩、结晶碳酸盐岩等），使香山群主体与这些小断片同质化，以至难于将其识别与解体出来，这就不难理解刘训等学者提出的香山群具有混杂堆积的认识。

4）香山南麓断裂为隐伏于新生界之下的深大断裂，地表虽无法识别，但布格重力和区域航磁异常在此带分别表现为线性重力低带和正负磁异常分界带；目前正在开展的宁夏大地电磁测深剖面测量也初步反映出香山南麓高庄—麻春一线为一北西走向深大断裂。

2. 构造单元综合划分方案

遵照《中国区域地质志工作指南》一、二、三级大地构造单元划分方案，依据构造单元划分原则及其定义，宁夏大地构造单元综合区划划分到五级。其中，一、二级构造单元遵循全国统一划分命名；三、四级构造单元划分命名采用三段式，即：地名+主构造时代+构造属性；五级构造单元划分命名采用地名+构造形态。这样就将宁夏大地构造划分为：1 个一级（Ⅰ）构造单元（柴达木-华北板块），3 个二级（Ⅱ）构造单元（华北陆块、阿拉善微陆块、祁连早古生代造山带），3 个三级（Ⅲ）构造单元（鄂尔多斯地块、腾格里早古生代增生楔和北祁连中元古代-早古生代海沟系），5 个四级（Ⅳ）构造单元（鄂尔多斯西缘中元古代-早古生代裂陷、鄂尔多斯中生代坳陷、卫宁北山-香山晚古生代前陆-上叠盆地、景泰-海原中元古代-早古生代弧后盆地和白银-西吉中元古代-早古生代岛弧），12 个五级（Ⅴ）构造单元，包括褶断带、冲断带、大型断（坳）陷盆地、大型向斜构造等。具体划分方案见表 35-1、图 35-1。

表 35-1　宁夏大地构造单元综合划分方案

Table 35-1　The geo-tectonic elements integrated division project in Ningxia

<table>
<tr><th>单元级别</th><th>Ⅰ级</th><th>Ⅱ级</th><th>Ⅲ级</th><th colspan="2">Ⅳ级</th><th>Ⅴ级</th></tr>
<tr><td rowspan="12">构造单元名称</td><td rowspan="12">柴达木—华北板块 Ⅲ</td><td rowspan="4">华北陆块 III_5</td><td rowspan="4">鄂尔多斯地块 III_5^1</td><td rowspan="3">鄂尔多斯西缘中元古代-早古生代裂陷 III_5^{1-1}</td><td rowspan="3">鄂尔多斯西缘冲断构造带</td><td>贺兰山褶断带 III_5^{1-1-1}</td></tr>
<tr><td>银川断陷盆地 III_5^{1-1-2}</td></tr>
<tr><td>陶乐-彭阳冲断带 III_5^{1-1-3}</td></tr>
<tr><td colspan="2">鄂尔多斯中生代坳陷 III_5^{1-2}</td><td>天环向斜 III_5^{1-2-1}</td></tr>
<tr><td rowspan="5">阿拉善微陆块 III_4</td><td rowspan="5">腾格里早古生代增生楔 III_4^1</td><td rowspan="5">卫宁北山-香山晚古生代前陆-上叠盆地 III_4^{1-1}</td><td rowspan="8">宁南弧形构造带</td><td>贺兰山南段褶断带 III_4^{1-1-1}</td></tr>
<tr><td>卫宁北山褶断带 III_4^{1-1-2}</td></tr>
<tr><td>牛首山-罗山冲断带 III_4^{1-1-3}</td></tr>
<tr><td>烟洞山-窑山冲断带 III_4^{1-1-4}</td></tr>
<tr><td>香山褶断带 III_4^{1-1-5}</td></tr>
<tr><td rowspan="3">祁连早古生代造山带 III_2</td><td rowspan="3">北祁连中元古代-早古生代海沟系 III_2^1</td><td rowspan="2">景泰-海原中元古代-早古生代弧后盆地 III_2^{1-1}</td><td>兴仁-海原坳陷盆地 III_2^{1-1-1}</td></tr>
<tr><td>西华山-六盘山冲断带 III_2^{1-1-2}</td></tr>
<tr><td>白银-西吉中元古代-早古生代岛弧 III_2^{1-2}</td><td>西吉坳陷盆地 III_2^{1-2-1}</td></tr>
</table>

图 35-1 宁夏构造单元综合划分图

Fig. 35-1 Comprehensive division map of tectonic units in Ningxia

（二）动态构造区划

根据地质构造特征与地壳演化规律，以板块构造观点与活动论思想为主线，力求客观反映宁夏大地构造不同时空演化阶段、不同动力学环境条件、不同构造机制下沉积-岩浆-变质作用等综合特征与构造格局。为此，将宁夏大地构造划分出 5 个阶段 5 期动态构造区划，即新太古代—古元古代原始陆壳形成阶段（Ar_4—Pt_1），中元古代-震旦纪原始陆壳裂解与拼合及过渡基底形成阶段（Pt_2—Z），寒武纪-志留纪陆缘裂陷-海沟系与陆缘增生、褶皱造山板块构造阶段（€—S），泥盆纪-三叠纪板内伸展与变形构造阶段（D—T），侏罗纪-全新世上叠盆地和陆内造山阶段（J—Qh），后者进而再分为两期：侏罗纪-古新世板内拗陷与强烈变形构造阶段（J—E_1，燕山期）、始新世-全新世盆-岭构造演化阶段（E_2—Qh，喜马拉雅期）。宁夏动态构造区划一般划分到四级构造单元，仅陆内造山期的板内动态区划划分到五级构造单元。不同构造演化阶段的动态构造区划，原则上体现各阶段的构造格局，但后一阶段构造区划可包容老的构造成分。具体划分方案见表35-2，图35-2至图35-6。

表35-2 宁夏大地构造单元动态划分方案

Table 35-2 The geotectonic elements dynamic division project in Ningxia

<table>
<tr><th>时代</th><th>单元级别</th><th colspan="4">构造单元</th></tr>
<tr><td rowspan="5">J-Qh（燕山期—喜马拉雅期）</td><td>Ⅰ级</td><td colspan="4">欧亚板块Ⅲ</td></tr>
<tr><td>Ⅱ级</td><td colspan="2">青藏隆起 Ⅲ$_2$</td><td colspan="2">华北克拉通 Ⅲ$_5$</td></tr>
<tr><td>Ⅲ级</td><td colspan="2">青藏高原东北缘逆冲-走滑构造带 Ⅲ$_2^1$</td><td colspan="2">鄂尔多斯上叠盆地 Ⅲ$_5^1$</td></tr>
<tr><td>Ⅳ级</td><td colspan="2">宁南弧形构造带Ⅲ$_2^{1-1}$</td><td>鄂尔多斯西缘冲断构造带 Ⅲ$_5^{1-1}$</td><td>鄂尔多斯中央坳陷Ⅲ$_5^{1-2}$</td></tr>
<tr><td>Ⅴ级</td><td colspan="2">1. 贺兰山南段褶断带Ⅲ$_2^{1-1-1}$
2. 卫宁北山褶断带 Ⅲ$_2^{1-1-2}$
3. 牛首山-罗山冲断带 Ⅲ$_2^{1-1-3}$
4. 中宁-红寺堡坳陷盆地 Ⅲ$_2^{1-1-4}$
5. 烟筒山-小关山冲断带 Ⅲ$_2^{1-1-5}$
6. 中卫-清水河坳陷盆地 Ⅲ$_2^{1-1-6}$
7. 香山褶断带 Ⅲ$_2^{1-1-7}$
8. 海原-兴仁坳陷盆地 Ⅲ$_2^{1-1-8}$
9. 西华山-六盘山冲断带 Ⅲ$_2^{1-1-9}$
10. 西吉坳陷盆地 Ⅲ$_2^{1-1-10}$</td><td>1. 贺兰山褶断带Ⅲ$_5^{1-1-1}$
2. 银川断陷盆地Ⅲ$_5^{1-1-2}$
3. 陶乐-彭阳冲断带 Ⅲ$_5^{1-1-3}$</td><td>天环复向斜带Ⅲ$_5^{1-2-1}$</td></tr>
<tr><td rowspan="4">D-T（华力西—印支期）</td><td>Ⅰ级</td><td colspan="4">华夏大陆Ⅲ</td></tr>
<tr><td>Ⅱ级</td><td>祁连造山带Ⅲ$_2$</td><td>阿拉善微陆块Ⅲ$_4$</td><td colspan="2">华北陆块之鄂尔多斯地块Ⅲ$_5$</td></tr>
<tr><td>Ⅲ级</td><td>西吉-海原泥盆纪—三叠纪上叠盆地 Ⅲ$_2^1$</td><td>卫宁北山-香山泥盆纪—三叠纪前陆-上叠盆地Ⅲ$_4^1$</td><td colspan="2">鄂尔多斯西缘晚石炭世—三叠纪上叠盆地 Ⅲ$_5^1$</td></tr>
<tr><td>Ⅳ级</td><td>1. 海原断陷盆地Ⅲ$_2^{1-1}$
2. 西华山-南华山断隆 Ⅲ$_2^{1-3}$
3. 西吉断陷盆地Ⅲ$_2^{1-3}$</td><td>1. 卫宁北山-牛首山-罗山褶断带 Ⅲ$_4^{1-1}$
2. 香山-天景山冲断带 Ⅲ$_4^{1-2}$</td><td colspan="2">贺兰山-青龙山褶冲带 Ⅲ$_5^{1-1}$</td></tr>
<tr><td rowspan="4">€-S（加里东期）</td><td>Ⅰ级</td><td colspan="4">柴达木-华北板块 Ⅲ</td></tr>
<tr><td>Ⅱ级</td><td>祁连早古生代造山带Ⅲ$_2$</td><td>阿拉善微陆块 Ⅲ$_4$</td><td colspan="2">华北陆块 Ⅲ$_5$</td></tr>
<tr><td>Ⅲ级</td><td>北祁连早古生代海沟系 Ⅲ$_2^1$</td><td>腾格里早古生代增生楔 Ⅲ$_4^1$</td><td colspan="2">鄂尔多斯地块 Ⅲ$_5^1$</td></tr>
<tr><td>Ⅳ级</td><td>1. 景泰-海原弧后盆地 Ⅲ$_2^{1-1}$
2. 白银-西吉岛弧 Ⅲ$_2^{1-2}$
3. 西华山-南华山志留纪前陆盆地 Ⅲ$_2^{1-3}$</td><td>1. 香山-卫宁北山寒武纪—奥陶纪陆缘斜坡盆地 Ⅲ$_4^{1-1}$
2. 烟筒山-黑鹰湾山志留纪前陆盆地 Ⅲ$_4^{1-2}$</td><td>贺兰山-青龙山寒武纪—奥陶纪陆缘裂陷Ⅲ$_5^{1-1}$</td><td>盐池寒武纪—奥陶纪坳陷Ⅲ$_5^{1-2}$</td></tr>
<tr><td rowspan="4">Pt_2-Z（晋宁—扬子期）</td><td>Ⅰ级</td><td colspan="4">柴达木-华北古板块（Rodinia超大陆）Ⅲ</td></tr>
<tr><td>Ⅱ级</td><td>北祁连中—新元古代活动陆缘 Ⅲ$_2$</td><td colspan="3">华北古陆块Ⅲ5</td></tr>
<tr><td>Ⅲ级</td><td>北祁连中—新元古代海沟系 Ⅲ$_2^1$</td><td colspan="3">鄂尔多斯西缘中—新元古代被动陆缘 Ⅲ$_5^1$</td></tr>
<tr><td>Ⅳ级</td><td>黄家洼山-南华山岛弧-弧后盆地 Ⅲ$_2^{1-1}$</td><td colspan="3">贺兰山-青龙山中—新元古代陆缘盆地 Ⅲ$_5^{1-1}$</td></tr>
<tr><td rowspan="3">Ar_4-Pt_1（吕梁期）</td><td>Ⅰ级</td><td colspan="4">中朝古陆块Ⅲ</td></tr>
<tr><td>Ⅱ级</td><td>祁连地块Ⅲ$_2$</td><td>阿拉善地块Ⅲ$_4$</td><td colspan="2">鄂尔多斯地块Ⅲ$_5$</td></tr>
<tr><td>Ⅲ级</td><td></td><td>巴彦乌拉山古元古代地体Ⅲ$_4^0$</td><td colspan="2">贺兰山古元古代地体Ⅲ$_5^0$</td></tr>
</table>

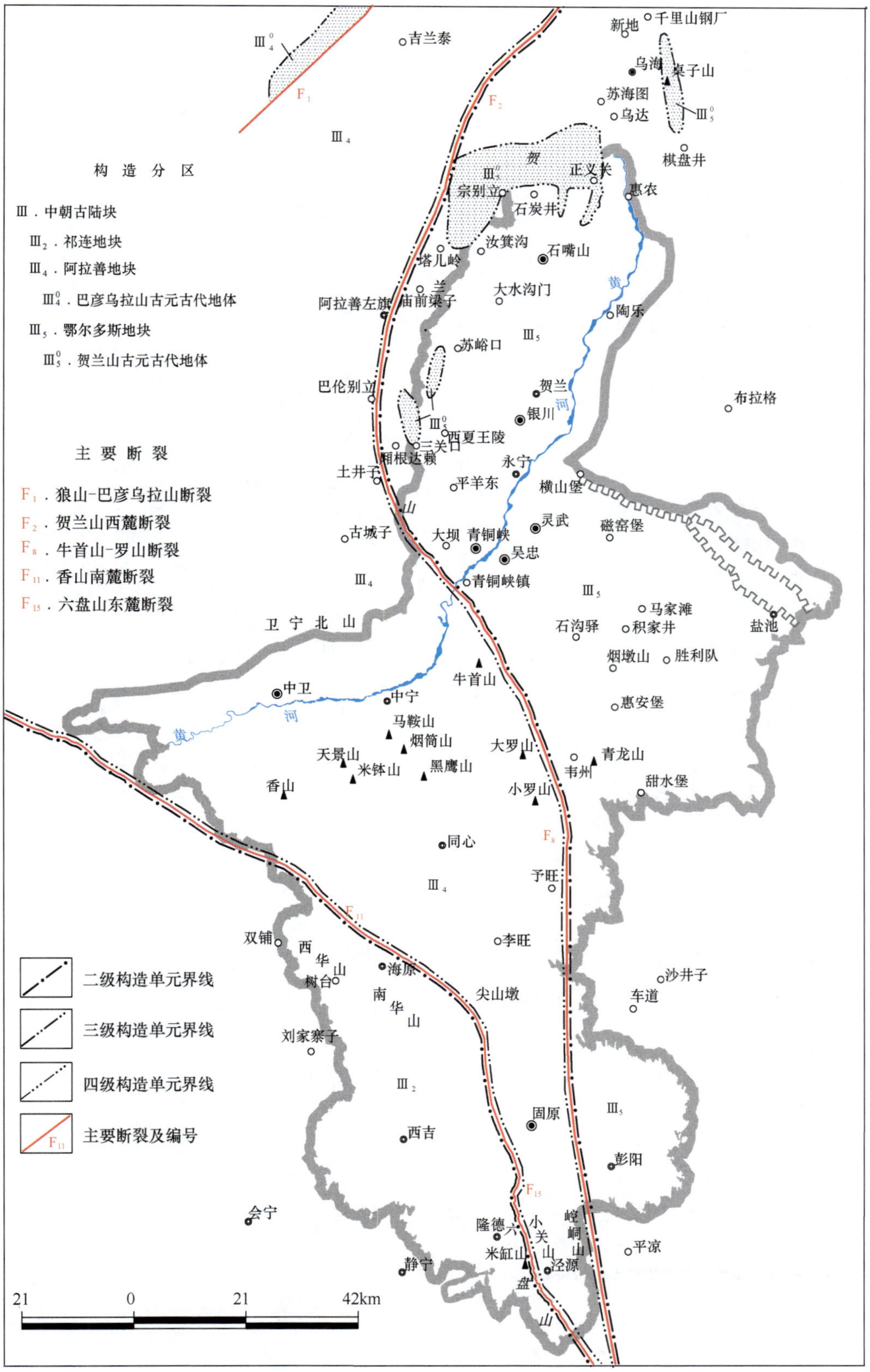

图 35-2 宁夏新太古代—古元古代构造单元划分图

Fig. 35-2 Division of Archean-Paleoproterozoic tectonic units in Ningxia

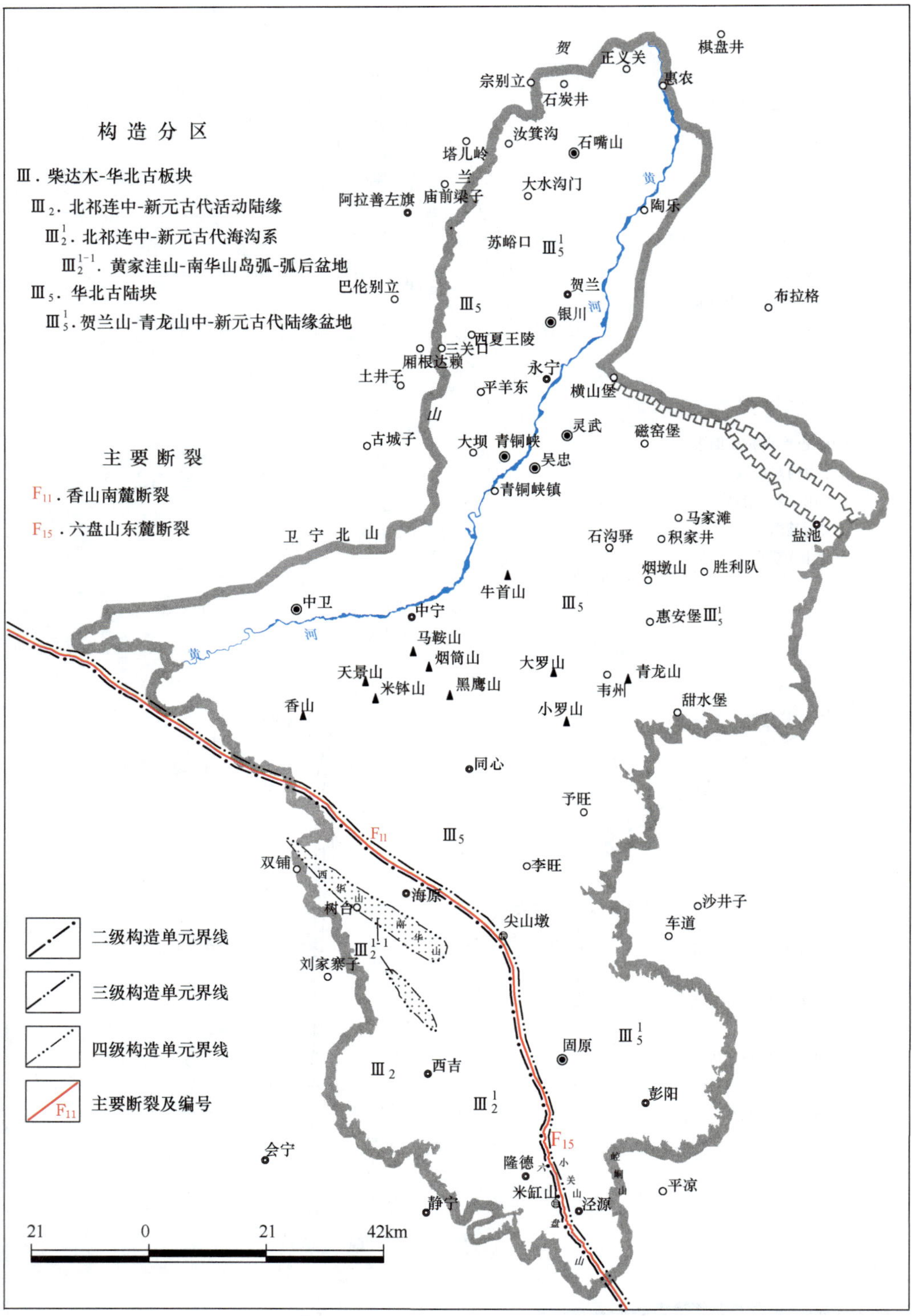

图 35-3　宁夏中元古代—震旦纪构造单元划分图

Fig. 35-3　Division of Mesoproterozoic- Sinian tectonic units in Ningxia

图 35-4　宁夏寒武纪—志留纪构造单元划分图

Fig. 35-4　Division of Cambrian-Silurian tectonic units in Ningxia

图 35-5 宁夏泥盆纪—三叠纪构造单元划分图

Fig. 35-5 Division of Devonian -Triassic tectonic units in Ningxia

图 35-6 宁夏侏罗纪—第四纪构造单元划分图

Fig. 35-6 Division of Jurassic-Quaternary tectonic units in Ningxia

1. 新太古代—古元古代原始陆壳形成阶段（Ar_4—Pt_1）

宁夏境内仅贺兰山北段见古元古代贺兰山岩群原始陆壳地体，尽管宁夏周边阿拉善微陆块与鄂尔多斯地块周缘都有新太古代—古元古代变质地体（阿拉善岩群、鄂尔多斯地块东南缘涑水岩群）分布，但宁夏其余地区如鄂尔多斯地块西缘的宁东地区因中、新生界覆盖未见新太古代—古元古代变质结晶基底出露。在祁连山地区的托勒山、托勒南山、野马南山出露了古元古代野马南山岩群变质地体，青海湖以东达坂山、湟源及化隆一带出露了古元古代湟源岩群变质地体。这些地体大多在宁夏境外，涉及宁夏原始陆壳演化的有分布于阿拉善微陆块上的阿拉善岩群巴彦乌拉山岩组古元古代变质地体与鄂尔多斯地块西缘贺兰山岩群古元古代变质地体，以及变质地体中的古元古代花岗岩体。

新太古代—古元古代为中朝古陆块形成阶段。新太古代末统一的华北、塔南高级变质地体被一组北东走向、地壳尺度的左行走滑韧性剪切带沿东西方向拆离，阿拉善变质结晶基底在华北和塔南地体之间形成，位于华北古陆块西缘的贺兰山地区古元古代时期接受了陆缘环境三角洲相的砂泥质夹碳酸盐岩沉积。可能包括被改造的太古宙岩石残片和增生的古元古代组分（贺兰山岩群中石榴堇青钾长片麻岩中的岩浆成因锆石两个最老 SHRIMP U-Pb 年龄（2949±13）Ma 与（2520±13）Ma（周喜文等，2009）表明本区存在太古宙的岩浆活动记录）。而贺兰山北西的阿拉善微陆块巴彦乌拉山地区则表现为活动类型的陆缘碎屑岩夹基性—中酸性火山岩建造（巴彦乌拉山岩组）。古元古代晚期坳陷褶皱造山，吉兰泰韧性断裂（北段为磴口-吉兰泰断裂，中段为贺兰山西麓断裂，沿断裂带有基性—超基性岩片构造侵位；南段为牛首山—罗山断裂）将华北结晶基底与阿拉善结晶基底焊接在一起。此期是贺兰山岩群、巴彦乌拉山岩组发生主期变质、变形的时期，石榴堇青二长片麻岩的锆石 SHRIMP U-Pb 年龄（1950±8）Ma（周喜文等，2009）代表该期变质年龄；经中—深变质形成贺兰山岩群一套较典型的孔兹岩系。几乎与此期变质变形同时或略早或略晚，发生了强烈的混合岩化或同碰撞型花岗岩侵入（1920~2047Ma）。碰撞造山后期亦有花岗岩侵入（锆石 U-Pb 年龄 1701~1889Ma；王成等，2008），标志着华北古陆块克拉通化结束和华北-塔南超级大陆形成。

综上，新太古代—古元古代构造演化阶段一级构造单元属中朝古陆块，进一步划分为 3 个二级（祁连地块、阿拉善地块和鄂尔多斯地块）和 2 个三级（巴彦乌拉山古元古代地体和贺兰山古元古代地体）构造单元，未划分四级构造单元（见表 35-2、图 35-2）。

2. 中元古代—震旦纪原始陆壳裂解与拼合及过渡基底形成阶段（Pt_2—Z）

自古元古代晚期阿拉善地块与鄂尔多斯地块焊接在一起形成中朝古陆块以后，宁夏北部贺兰山地区和南部北祁连东段西华山—南华山地区便进入了各自不同的盖层沉积和构造演化阶段。

（1）贺兰山地区陆缘盆地演化阶段

中元古代时贺兰山—青龙山—云雾山地区为华北古陆块西缘稳定陆缘（克拉通），早期发生拉张沉陷形成贺兰山陆缘盆地，沉积了陆缘滨海—浅海相碎屑岩建造的黄旗口组；在陆缘盆地南段泾源县石嘴子侵入了花岗斑岩，为高硅准铝质—弱过铝质 A 型花岗岩，具有造山后岩浆地球化学特征，其锆石 SHRIMP U-Pb 年龄为 1778~1788Ma（王成等，2012；高山林等，2012），代表了华北古陆块西部中元古代早期贺兰山陆缘盆地的伸展作用，可能与古元古代末期—中元古代早期 Columbia 超大陆裂解有关。中元古代晚期贺兰山陆缘盆地海水加深，沉积范围不断扩大，形成了台缘浅滩相碳酸盐岩建造的王全口组。显然，贺兰山—云雾山地区尽管中元古代早期发生了伸展作用，侵入了 A 型花岗岩，但整个中元古代并未见所谓的大陆裂谷或拗拉槽的典型沉积物，也没有典型的双峰式火山岩建造，反映伸展作用并不强烈，远没有达到有些学者认为的大陆裂谷环境，而是一直处于稳定大陆边缘的沉积环境。

（2）北祁连东段西华山—南华山地区岛弧—弧后盆地演化阶段

中元古代时黄家洼山—西华山—南华山一带位于华北古陆块西南缘，发育海原岩群一套由钠长云母片岩—钠长石英片岩、绿片岩—角闪质岩、大理岩类等组成的变质岩系，其原岩下部为碳酸盐岩夹中基性火山碎屑岩，上部为以杂砂岩类为主的复理石夹火山岩沉积，厚度达 5000m 以上，这套浅变质海相火山岩-沉积岩系构成了宁夏南部北祁连东段地壳演化早期阶段的过渡基底。根据海原岩群沉积组合特征及所含火山岩的稀土元素、微量元素特征研究，海原岩群基性火山岩、次火山岩形成于岛弧—弧后盆地构造环境，属活动型沉积。据冯益民等（2002）研究，北祁连敖油沟蛇绿岩代表中元古代早期祁连地块同阿拉善地块之间一个由大陆裂谷演化而成的洋盆。万天丰（2004）也认为中元古代时（1800~1000Ma）在中朝板块与古柴达木板块之间存在古祁连洋。张招崇等（2001）在北祁连山西段熬油沟蛇绿岩中之辉绿岩中选取 3 颗单颗粒锆石进行蒸发法年龄测定，结果分别为（1840±2）

Ma、(1783±2)Ma、(1784±2)Ma；对辉绿岩岩墙中的锆石 SHRIMP 法测年确定出熬油沟蛇绿岩形成于中元古代早期（约 1777Ma），测年结果还暗示了该区在 1466Ma 和 507Ma 各有一次地质事件，前者可能代表了中元古代早期洋盆闭合的下限年龄，后者代表一次加里东期区域变质事件。而宁夏六盘山之南的秦岭地区中—新元古代早期（1800～940Ma）古陆壳总体处于强烈扩张裂解状态，形成一系列裂谷和成熟—半成熟的小洋盆，构成洋陆间杂的古秦岭多岛洋（陕西省区域地质志供审稿，2012）。综上，发育在北祁连与秦岭之间北侧的南、西华山一带的中元古代岛弧—弧后盆地应是该洋盆的一部分。但近年来对熬油沟蛇绿岩的形成时代有不同认识：相振群等（2007）对熬油沟辉长岩的锆石 SHRIMP 测年为（503.7±6.4）Ma，并认为熬油沟地区的辉长辉绿岩形成于早古生代，并不是中元古代早期。夏小洪等（2012）运用 SHRIMP Ⅱ 锆石 U-Pb 法，对北祁连造山带西段的熬油沟和二只哈拉达坂两地出露的细粒辉长岩和粒玄岩进行了精确同位素测年，分别获得（501±4）Ma、(495±4)Ma，认为熬油沟—二只哈拉达坂蛇绿岩构造破坏严重，其中基性岩浆岩代表早—中寒武世的北祁连洋壳，与新元古界朱龙关群碳酸盐岩和砂泥岩整合产出的玄武岩不能作为蛇绿岩的喷出岩系列，而有可能是震旦纪的大陆溢流玄武岩，代表新元古代全球 Rodinia 超大陆裂解的岩浆产物。因此，中元古代祁连山是否存在活动陆缘尚难定论，但发生了大规模的伸展裂陷是不争的事实。

中元古代晚期的四堡运动（晋宁运动Ⅰ幕）使华北古陆块与祁连地块之间的大洋盆地褶皱隆起，使华北、祁连、扬子、塔里木等地的大陆壳相互连接，形成古中国大陆（罗迪尼亚超大陆的一部分），它是形成罗迪尼亚超大陆的一次碰撞造山运动。在西华山海原岩群绿片岩中所获 Rb-Sr 等时年龄(1128±209)Ma、在头岔沟海原岩群钠长绿帘角闪岩中所获 Rb-Sr 等时年龄（1020±106)Ma，代表了该期构造运动事件年龄。

（3）北隆（贺兰山）南裂（北祁连）演化阶段（南华纪—始寒武世，780～521Ma）

南华纪（780～635Ma）时，贺兰山地区抬升，遭受剥蚀。震旦纪（635～541Ma）时，贺兰山局部地区发育山岳冰川，接受了冰水沉积的正目观组、兔儿坑组冰碛砾岩、含砾板岩、板岩，震旦系与下伏蓟县系王全口组为不整合接触。震旦纪末—始寒武世（541～521Ma）时，贺兰山地区再次抬升，遭受剥蚀，下寒武统与下伏震旦系为平行不整合接触，代表兴凯运动在本区的响应。在北祁连东段，南华纪初期西华山—南华山地区经历了强烈的变形、变质作用，它是罗迪尼亚超大陆裂解的先兆，是在伸展构造体制下的地壳较深层次中，以发育褶叠层构造和绿片岩相退变质作用为特征，在南华山路沟湾海原岩群糜棱岩化绿泥钠长片岩中所获 Rb-Sr 等时年龄（800±40)Ma，代表了该期裂解事件及其韧性动力变质年龄。在北祁连白银市—天祝县、祁连县—玉门市昌马一带断续分布震旦纪—寒武纪大陆裂谷型火山-沉积岩组合（夏林圻等，1996），反映该期为典型的大陆裂谷体制演化阶段。

综上所述，宁夏中元古代—震旦纪构造演化阶段一级构造单元属柴达木-华北古板块，进一步划分为 2 个二级（华北古陆块和北祁连中-新元古代活动陆缘）、2 个三级（鄂尔多斯西缘中-新元古代被动陆缘和北祁连中-新元古代海沟系）和 2 个四级（贺兰山-青龙山中-新元古代陆缘盆地、黄家洼山-南华山岛弧-弧后盆地）构造单元（见表 35-2、图 35-3）。

3. 寒武纪—志留纪陆缘裂陷-海沟系和陆缘增生、褶皱造山构造阶段（Є—S）

（1）裂陷沉降阶段（早寒武世—奥陶纪晚期）

区域资料综合研究表明，新元古代—早古生代，华北古板块南缘处于拉张环境，中祁连与华北古板块分裂拉开，陆壳解体，逐步发育成秦岭-祁连裂谷系，祁连和秦岭两支裂谷迅速开裂发育成洋盆（夏林圻等，1998，2000；冯益民等，1996，1997；宋述光，1997）。北祁连裂陷槽在寒武纪经历了相当长的大陆裂谷体制演化阶段，至早—中奥陶世发展成“沟-弧-盆”体系的成熟大洋。早古生代中晚期，由于大陆动力学机制的改变，洋盆俯冲消减，使包括宁夏南华山—西华山以南地区在内的北祁连俯冲带以北形成较完整的沟-弧-盆体系。在俯冲带以北广大区域为岛弧和弧后盆地，形成了阴沟群火山岩（偏基性、超基性）-碎屑岩建造和中堡群的碳酸盐岩-火山岩-火山碎屑岩-碎屑岩建造。由俯冲带向外侧，形成早奥陶世阴沟群岛弧拉斑玄武岩，中奥陶世中堡群为碱性粗面岩，反映岛弧的成熟发展过程。在岛弧以北老虎山—米家山一线，为弧后盆地，发育洋脊型和岛弧过渡类型火山岩，并发育较完整的蛇绿岩套，在弧后盆地靠近岛弧一侧米家山一带有岩浆弧花岗岩，皆为弧后扩张的产物。从奥陶纪火山岩空间分布来看，由南而北依次为岛弧拉斑玄武岩→碱性粗面岩→洋脊拉斑玄武岩，反映由俯冲带向北，为岛弧、弧后盆地、弧后大陆的展布形式。因此，早—中奥陶世为北祁连沟-弧-盆体系发展时期。中奥陶世末，古浪运动使北祁连地壳上升，在古浪峡、武威一带分别造成妖魔山组、天祝组不整合于中堡群、车轮沟群之上。而靠近华北陆块鄂尔多斯地块西缘贺兰山—青龙山一带早古生代时则是华北陆块南缘的被动陆缘坳陷带；与其对应的阿拉善微陆块仍然呈隆起状，大部分地区缺失了早古生界早期沉积层，表明此时期又与华北陆块产生了构造分异，并在其东南缘向北祁连海方向增生出了被动大陆边缘斜坡相的楔形浊积岩地体——腾格里早古生代增生楔，以奥陶系米钵山组、香山群及辉绿岩等为代表。因此阿拉善微陆块东南缘的楔形陆缘斜坡盆地不是北祁连海插入华北板块南缘的楔形夭折裂谷，而具有新生的被动大陆边缘的性质。

（2）褶皱隆升阶段（奥陶纪晚期—志留纪）

奥陶纪晚期，发生了加里东旋回第一期构造变形，使北祁连洋发生俯冲造山作用，形成北祁连加里东造山带雏形。同时，中祁连地块再次增生到华北陆块西南缘，致使志留系不整合覆于奥陶系香山群、中元古界海原岩群之上。末期伴有逆冲断裂，导致碰撞型花岗岩（南华山菜园岩体、乱堆子岩体（锆石 U-Pb 年龄（431±5）Ma）、油房园岩体（锆石 U-Pb 年龄（451±54）Ma）、石洼里岩体（锆石 U-Pb 年龄（437±5）Ma）等的侵位。该期俯冲造山作用致使腾格里—香山三角地带的早古生代增生楔形成一系列倾向大陆的逆冲断裂及其间的褶皱，随着持续汇聚新的沉积层不断楔入老沉积断片之下，增生楔逐渐向构造楔演化，也是北祁连海槽与香山陆缘斜坡盆地于加里东晚期最终关闭的产物。

早—中志留世，烟筒山—黑鹰湾山一带残留海盆中，沉积了照花井组滨浅海陆源碎屑岩和碳酸盐岩建造；晚—末志留世，海水逐渐退出，沉积了旱峡组滨海陆源红色碎屑岩建造。志留纪末祁连运动（加里东运动Ⅱ幕）使志留纪残留海盆最终关闭并褶皱成山，形成北祁连加里东碰撞造山带，也标志着加里东构造旋回至此终结，华北陆块与中祁连陆块聚合。

综上所述，宁夏寒武纪—志留纪（加里东期）一级构造单元属柴达木-华北板块，进一步划分为 3 个二级（祁连早古生代造山带、阿拉善微陆块和华北陆块）、3 个三级（北祁连早古生代海沟系、腾格里早古生代增生楔、鄂尔多斯地块）和 7 个四级（景泰-海原弧后盆地、白银-西吉岛弧、西华山-南华山志留纪前陆盆地、香山-卫宁北山寒武纪-奥陶纪陆缘斜坡盆地、烟洞山-黑鹰湾山志留纪前陆盆地、贺兰山-青龙山寒武纪-奥陶纪陆缘裂陷、盐池寒武纪-奥陶纪坳陷）构造单元（见表 35-2、图 35-4）。

4. 泥盆纪—三叠纪板内伸展与变形构造阶段（D—T）

（1）华力西早期前陆盆地与褶造隆升阶段（泥盆纪，416~359.6Ma）

加里东构造旋回的结束，使北祁连加里东造山带隆起成山而遭受强烈剥蚀。在深大断裂附近及造山带前缘，形成前陆盆地和一些山间凹陷盆地。早—中泥盆世造山带前缘盆地相对较小，沉积了中泥盆统石峡沟组一套陆相红色碎屑岩建造；晚泥盆世随着褶皱造山（陆内挤压）的加强，在宁夏中西部形成了大规模的前陆盆地，沉积了厚度更大、范围更广的一套陆相红色碎屑岩建造（上泥盆统中宁组）。受盆地边缘断裂不均衡影响，中泥盆统石峡沟组与上泥盆统中宁组间形成角度不整合（潘江等学者将此角度不整合称为宁夏运动，以此作为华力西旋回的第Ⅰ幕。本《志》认为石峡沟组与中宁组间的角度不整合不具区域性，也不是强烈构造变形的结果，不能代表一次大的构造运动）。泥盆纪末期，前陆盆地及其基底层再一次褶皱隆起并遭受剥蚀。

（2）华力西晚期伸展变形与上叠盆地阶段（早石炭世—中二叠世，359.6~260.4Ma）

进入华力西晚期，陆内挤压逐渐演化为陆内伸展演化阶段。前述造山带沉陷为陆表海盆，使华北陆块陆表海与古特提斯海连成一体。宁夏西南部于早石炭世遭受古特提斯北支海盆的海侵，成为叠置于北祁连造山带（包括走廊弧后盆地）的陆表海上叠盆地。晚石炭世—早二叠世，陆表海盆逐渐向陆相盆地演化过渡，至中二叠世陆相盆地已分区明显，形成多个陆内坳陷盆地。在各盆地中二叠统上部见中酸性凝灰岩沉积，代表华力西运动Ⅱ幕的构造热事件。

（3）印支早期陆相盆地阶段（晚二叠世—中三叠世，260.4~227Ma）

晚二叠世—中三叠世持续为陆相盆地形成期，在祁连-北秦岭地层分区，沉积了红泉组、五佛寺组和丁家窑组辫状河流相碎屑岩建造。在鄂尔多斯西缘地层分区，沉积了孙家沟组、刘家沟组、和尚沟组曲流河相和中三叠统二马营组辫状河流相碎屑岩建造。当时气候炎热、干旱间有温湿。中三叠世末的印支运动，使晚古生代—中三叠世地层普遍发生褶皱和断裂，伴有岩浆活动（贺兰山大战场花岗闪长岩锆石 U-Pb 下交点年龄为 223.6Ma），代表印支旋回的一期构造变形，主要表现为地壳浅部弯滑褶皱变形及剪切挤压变形，形成较大型开阔圆桶状褶皱及逆冲断裂。

（4）印支晚期陆内伸展与褶皱断裂阶段（晚三叠世，227~199.6Ma）

晚三叠世全区表现为广阔的陆内伸展，形成鄂尔多斯大型坳陷（含油气）盆地与贺兰山汝箕沟、巴伦别立-阿拉善左旗三叠纪陆相坳陷盆地以及走廊过渡区陆相坳陷沉积盆地。贺兰山鼓鼓台玄武岩年龄 229~193Ma（锆石裂变径迹年龄 193Ma）代表这一时期陆内伸展的产物。三叠纪末，伴随古特提斯洋的闭合过程，其构造效应的前缘波及宁夏地区，致使晚三叠世地层也发生大规模褶皱、断裂隆起或断陷。

综上所述，宁夏泥盆纪—三叠纪（华力西期—印支期）构造演化阶段一级构造单元属华夏大陆，进一步划分为 3 个二级（祁连造山带、阿拉善微陆块和华北陆块之鄂尔多斯地块）、3 个三级（西吉-海原晚泥盆世-三叠纪上叠坳陷盆地、卫宁北山-香山泥盆纪-三叠纪前陆-上叠盆地、鄂尔多斯西缘晚石炭世—三叠纪上叠坳陷盆地）和 6 个四级（海原断陷盆地、西华山-南华山断隆、西吉断陷盆地、卫宁北山-牛首山-罗山褶断带、香山-天景山冲断带、贺兰山-青龙山褶冲带）构造单元（见表 35-2、图 35-5）。

5. 侏罗纪—全新世上叠盆地和陆内造山阶段（J—Qh）

进入中生代以后，宁夏南北、东西构造面貌趋于一致，总体上以陆内挤压变形或坳陷成盆为主。不同时期、不同区域亦有明显差异。可进一步分为如下两期：

（1）侏罗纪—古新世板内拗陷与强烈变形构造阶段（J—E_1，燕山期，199.6~55.8Ma）

贺兰山构造变形带是中国大陆重要的板内造山带，经历多期构造演化阶段，到侏罗纪—早白垩世，火山-沉积盆地（贺兰山鼓鼓台玄武岩喷发可能延伸到早侏罗世，玄武岩锆石裂变径迹年龄 193Ma）发育及其板内构造变形（推覆-冲断构造、滑脱面-滑脱褶皱及构造叠加作用）十分明显，导致贺兰山隆起冲断带雏形（早期楔顶效应）的形成。

侏罗纪，宁夏主要发育鄂尔多斯西缘大型含煤盆地（宁东—盐池—彭阳地区），此外还有贺兰山地区的新井、汝箕沟中小型含煤盆地，香山地区山前、山间坳陷等小型含煤盆地，沉积了厚度较大的侏罗系碎屑-泥-炭质沉积层。燕山早期运动使侏罗系全面褶皱隆起并开始了以逆冲断裂为主的构造变形，为后来的推覆构造奠定了基础。

早白垩世，在燕山期褶皱隆起带前缘发育一系列坳陷盆地，表现为早期挤压的类前陆盆地—中晚期伸展盆地—后期挤压盆地的演化特征，主要有六盘山盆地、鄂尔多斯盆地及庙山湖盆地，分别沉积了六盘山群、保安群及庙山湖组，主要为一套炎热干旱间有温湿气候条件下的冲积扇山麓—河湖相红色碎屑岩建造。

晚白垩世—古新世，在印度板块向北漂移尚未大规模影响到中国大陆（华夏大陆）西部的情况下，宁夏地区的贺兰山、六盘山及其周缘地区处于构造相对平静、整体抬升剥蚀期，未接受沉积。

（2）始新世—全新世盆-岭构造演化阶段（E_2—Qh，喜马拉雅期，55.8~0Ma）

始新世—全新世的喜马拉雅运动使印度板块与亚洲大陆碰撞，青藏高原隆升。位于青藏高原东北缘的宁夏西南部则表现为板块碰撞的远程构造效应：始新世初（距今 55Ma），宁夏西南部开启了由逆冲推覆为主导的构造变形与盆-岭构造演化的崭新阶段；受青藏高原隆升形成自南西而北东的推挤，使燕山末期形成的逆冲构造带进一步演变为低角度的逆冲推覆。各深大断裂（前缘断裂）上盘（后方），逆冲推覆造山作用明显，形成了多个断褶、断隆山体；深大断裂下盘（前方）的山前地带则因压陷、走滑或拉张而开始沉降，形成新生代压陷或坳（断）陷盆地。同时，古近系—新近系普遍发生褶皱，并圈入了逆冲推覆。自南西而北东持续的推挤，导致推覆构造带不断地向北东凸出成弧形，由此形成了青藏高原东北缘宁南弧形构造带和鄂尔多斯西缘冲断构造带两大构造体系。盆、岭相间的构造地貌开始显现。至更新世，由北向南、自西而东，贺兰山、牛首山、罗山、烟筒山、黑鹰湾山、香山、南华山-西华山、月亮山、六盘山与银川盆地、中宁-红寺堡盆地、中卫-清水河盆地、海原盆地、西吉盆地相间排列的盆-山构造地貌已趋定型。

更新世—全新世，多表现为河流沟谷、山间盆地、山前凹陷及山麓地带冲积、洪积、坡积砾岩、砂、砾石层、沙土及厚度不等的风成黄土。更新世中晚期以来，受青藏高原东北缘北东向推挤及深大断裂的活动影响，在宁夏主要构造带边缘或盆山结合地带，构造地震活动频繁，构成重要的贺兰山-六盘山南北向地震带与海原-六盘山北西向弧形地震带。

综上，宁夏侏罗纪—第四纪构造演化阶段一级构造单元属欧亚板块，进一步划分为 2 个二级（新生代青藏隆起、华北克拉通）、2 个三级（青藏高原东北缘逆冲-走滑构造带、鄂尔多斯上叠盆地）、3 个四级（宁南弧形构造带、鄂尔多斯西缘冲断构造带、鄂尔多斯中央坳陷）构造单元，还可按照盆-山构造格局进一步分为 14 个五级构造单元（见表 35-2、图 35-6）。

第二节　构造单元特征分述

宁夏大地构造位于柴达木-华北板块中南部，综合区划涉及 3 个二级构造单元：东面是稳定的华北陆块，西北侧为阿拉善微陆块，西南为祁连早古生代造山带，包括 3 个三级构造单元，即鄂尔多斯地块、腾格里早古生代增生楔和北祁连中元古代—早古生代海沟系（见图 35-1）。下面仅就综合区划各相关主要构造单元的地质特征及演化作叙述，由于综合区划各构造单元具有包容老的、叠加新的构造成分，涵盖了动态区划各构造单元特征，故动态区划各构造单元特征不再单独描述。

一、华北陆块鄂尔多斯地块（III_5^1）

鄂尔多斯地块面积约 250000km^2，是华北陆块中最稳定、面积最大的地块，也是我国重要的大型中生代盆地所在区域，能源矿产十分丰富，煤、石油、天然气俱全。盆地周边断续为山系所环绕，海拔 2000m 左右，盆地内部相对较低，海拔 800～1800m；西侧边缘北段以磴口-吉兰泰断裂和贺兰山西麓断裂为界，南段以牛首山-罗山断裂为界，南侧以草碧-圣人桥断裂为界，东抵吕梁山，南达渭河地堑，轮廓呈矩形。地块的周边均被新生代断陷盆地（除西南角外）所包围。宁夏占据鄂尔多斯地块的西部区域。鄂尔多斯地块西侧，隔贺兰山褶断带与阿拉善微陆块相邻。该地块在地质历史期间表现非常稳定，地块内没有明显的变形作用，仅表现为整体性的升降和掀斜运动；尽管不同的大地构造学派对该地块的性质及构造边界、称谓各不相同，如鄂尔多斯地台（黄汲清，1992）、鄂尔多斯断块（张抗，1989）等，但都认为鄂尔多斯地块在地质历史期间具有较大范围的完整性和稳定性。

鄂尔多斯地块位于华北陆块中西部，是一个古生代陆表海盆地（或被动大陆边缘）及边缘坳陷与中、新生代陆内坳陷的大型叠合克拉通盆地（翟光明等，1992）。在不同时期形成了不同特征的盆地类型。地块具有双层结构，基底由太古宙及古元古代的变质岩构成，本区的结晶基底是我国最古老的陆块区之一。盖层中、新元古界至下古生界总体为一套海相碎屑岩-蒸发岩建造，盆缘存在活动构造背景的边缘相沉积（刘和甫等，1990），区域性缺失志留纪—泥盆纪和早石炭世沉积。晚石炭世—早二叠世早期为滨浅海碳酸盐岩、碎屑岩建造，盆地南北两侧的隆起带为主要的物源供给区；早二叠世中晚期—三叠纪发育陆缘近海湖泊—三角洲沉积（局部有海湾沉积）。侏罗纪—早白垩世早期，盆地与周缘地区水体隔绝，形成内陆湖泊—三角洲沉积；早白垩世中晚期，盆地扩展与周缘地区水体多有连通（如六盘山盆地），早白垩世末期，盆地呈现东高西低、南高北低的形态；新生代盆地周缘发育裂陷活动，形成一系列裂陷盆地，造就了现今周缘为裂陷带所围限的矩形形态。已知沉积岩层累积厚度为5~18km。

鄂尔多斯地块为组成华北陆块的稳定地块之一，宁夏东部、北部区域属该地块西部，综合区划包括鄂尔多斯西缘中元古代-早古生代裂陷带和鄂尔多斯西部中生代坳陷。地块西部基底构造层由古元古代变质岩系及花岗岩类岩石构成。盖层自中、新元古代海相沉积层开始，至第四纪陆相松散堆积层结束。盖层可分为4个大的构造层：下部为中、新元古界-奥陶系构造层，主要由滨浅海碎屑岩-台地相碳酸盐岩地层与次深海相碎屑岩夹碳酸盐岩地层组成，加里东运动褶皱隆起，形成大台子-甜水堡隆褶带（俗称宁夏南北古脊梁）；中部为上石炭统-三叠系构造层，主要由陆源海陆过渡相含泥炭（煤）碎屑岩地层和河湖相碎屑岩地层组成，华力西—印支期构造运动形成贺兰山-青龙山褶断带；上部为侏罗系与白垩系构造层，由大型陆内坳陷盆地河湖相沉积地层构成，沉积盆地展布受边界断裂限定，也有人认为是侏罗纪-白垩纪前陆盆地（张家声，2003），燕山期构造运动形成贺兰山褶断带与陶乐-彭阳褶断带、天环向斜；顶部为新生界构造层，主要以继承性陆内断陷盆地河湖相沉积层为主，其次为冲洪积、风积层等，喜马拉雅期构造运动使鄂尔多斯西缘冲断带最终定型。

（一）鄂尔多斯西缘中元古代—早古生代裂陷带（$Ⅲ_5^{1-1}$）

该裂陷带西界为贺兰山西麓断裂和牛首山-罗山断裂，东界为车道-阿色浪断裂。裂陷带包容了贺兰山古元古代地体与贺兰山-青龙山中-新元古代陆缘盆地。

贺兰山古元古代地体由贺兰山岩群中深变质岩系及古元古代花岗岩类岩石构成，贺兰山岩群为一套含石榴子石、矽线石、石墨等富铝片麻岩、变粒岩夹大理岩的区域变质岩组合，属较典型的孔兹岩系，其原岩为一套陆缘环境三角洲相的砂泥质夹碳酸盐岩沉积。古元古代侵入了多期花岗岩类岩石，一起构成结晶基底。

贺兰山—青龙山中—新元古代陆缘盆地为鄂尔多斯地块西部边缘部分，占据了宁夏东部与北部区域（见图35-3）。基底构造层由古元古代变质岩系及花岗岩类岩石构成。中—新元古界主要由浅海台地相碎屑岩-碳酸盐岩地层组成，总厚达1711m。其中长城系黄旗口组为浅海—滨海相碎屑岩及少量碳酸盐岩沉积，以贺兰山中段及青龙山一带沉降幅度较大，分别沉积厚423m、398m。蓟县系王全口组以硅镁质碳酸盐岩沉积为主，下部有少量碎屑岩沉积；出现两个呈南北向展布的沉积中心，一个在北部贺兰山三关一带，沉积厚达1036m；另一个在南部青龙山—彭阳一带，沉积厚度大于600m。震旦系由冰水沉积的冰碛砾岩和板岩组成，贺兰山中段黄旗口一带沉降幅度较大，沉积最大厚度300余米，一般数十米至百余米。

裂陷带在中—新元古代被动陆缘基础上，于早古生代继续扩展，下古生界主要由浅海台地相碎屑岩-碳酸盐岩地层与次深海相碎屑岩夹碳酸盐岩地层组成，中晚奥陶世拗陷较深，发育陆缘坳陷带。寒武纪—奥陶纪时，贺兰山—青龙山地区濒临华北陆表海西缘（鄂尔多斯西缘），与华北腹地一样，地层发育良好，层序完整，其岩石地层序列自下而上为寒武系苏峪口组、五道淌组、陶思沟组、胡鲁斯台组、阿不切亥组和奥陶系大南池组、天景山组、米钵山组。发育一套由陆源碎屑海岸—浅海陆棚—台地边缘浅滩—台地潮坪相—陆棚内缘斜坡相组成的陆缘坳陷带沉积。苏峪口组为一套滨海碎屑岩，沉积厚度为46.8m，从初期的冲刷海岸沉积开始，进而出现滨海浅滩高能环境下的砾-砂质磷块岩、磷质砂岩、白云质砂岩等沉积，反映了一个海侵沉积序列。五道淌组属碳酸盐岩潮坪相沉积，为一套白云岩、灰质白云岩组合，沉积厚度为60.8m。陶思沟组属滨海浅滩相沉积，由陆源碎屑岩和少量碳酸盐岩组成，沉积最厚达389.5m。胡鲁斯台组属台地边缘浅滩相沉积，由页板岩和砾屑灰岩、鲕粒灰岩、生物碎屑灰岩、薄层微晶灰岩等碳酸盐岩组成，沉积厚193.9m。阿不切亥组属台地边缘浅滩相—陆棚内缘斜坡相沉积，沉积厚度为336.73~884.3m，较华北本部大，由深灰色中层—块状（白云石化）微晶鲕粒灰岩、深灰色薄层泥质条带微晶灰岩及少量竹叶状灰岩、砾屑灰岩组成。大南池组、天景山组为碳酸盐岩台地潮坪相沉积，沉积厚度逾千米（>1027m）。其中所产牙形石为典型的华北型牙形石动物群，牙形石分带可与华北区直接对比。米钵山组属次深海大陆斜坡相沉积，浊流、重力流沉积发育，米钵山期（大湾晚期—庙坡期），海侵达到高潮，范围扩大，其中所产牙形石均为华南型牙形石动物群，反映其海水由原来华北海已转变为华南海。这种古地理格局一直延续至晚奥陶世。

加里东运动末期的造山作用使贺兰山—青龙山寒武纪—奥陶纪陆缘坳陷带褶皱隆起，在鄂尔多斯西缘彭阳县以东的大台子—南秋子—甜水堡一带形成了近南北向的大型挤压褶皱隆起带（大台子-甜水堡隆褶带，见图35-4）。中元古代—早古生代地层褶皱隆起，并遭受长期剥蚀。至泥盆纪末期，核部早古生代地层大部分剥蚀殆尽，晚古生代石炭纪—二叠纪地层直接不整合于元古宙地层之上。这就是前人俗称的“南北古脊梁”。

裂陷带志留纪—早石炭世时隆起未接受沉积。在晚石炭世—三叠纪时伸展形成上叠坳陷盆地（鄂尔多斯西缘晚石炭世—三叠纪上叠盆地），晚石炭世时期于贺兰山石炭井以南—横山堡—韦州—彭阳广大地区为较稳定的华北型陆表海盆地，晚石炭世羊虎沟组为潮坪-浅海沉积。二叠系至三叠系主要由陆缘海陆过渡相含煤碎屑岩地层和河湖相碎屑岩地层组成。三叠纪末的印支运动使其褶皱隆起形成贺兰山-青龙山褶冲带。其上被侏罗纪陆相盆地不整合。

侏罗纪—第四纪时鄂尔多斯盆地西缘大部分地区再次拗陷为内陆盆地，贺兰山汝箕沟和陶乐—灵武—盐池—彭阳地区，广泛分布侏罗纪—白垩纪前陆堆积，由大型陆内断（坳）陷盆地河湖相沉积地层构成，侏罗纪沉积中心可能在贺兰山汝箕沟和宁东灵武—王洼地区。白垩系以棕红色—紫红色砂砾岩为特征广泛出露，尽管在各个地区命名不同并且岩性上略有差别（如贺兰山地区为庙山湖组，千里山地区为保安群，桌子山东麓称为伊金霍洛组，宁东地区为保安群），但都很一致表现为下部山麓洪积相的磨拉石建造，上部为内陆湖泊或者河流相沉积。由此可以认为鄂尔多斯西缘北段贺兰山隆起冲断带的东侧，北起千里山东麓、南至横山堡，应当存在一个贯通的“白垩纪前陆盆地”，本《志》暂称为天（池）环（县）前陆盆地，该盆地向南与宁南弧形构造带燕山期的六盘山侏罗纪—白垩纪前陆盆地的湖盆扩张期可以贯通。沉积盆地展布受边界断裂限定，燕山期构造运动形成贺兰山褶断带与陶乐-彭阳冲断带。顶部为新生界构造层，主要由继承性陆内断陷盆地（如银川断陷盆地）河湖相沉积层为主，其次为冲洪积、风积层等。

综上，裂陷带经受加里东期、华力西期、印支期等多期褶皱冲断变形，形成贺兰山-青龙山褶断带。燕山期—喜马拉雅期构造活动强烈，发生大规模逆冲推覆作用，构造块体相互叠压，导致地壳发生明显的缩短、增厚、块体位移，强化和改造了早期构造，形成了现今的构造格局——鄂尔多斯西缘冲断构造带，包括3个五级构造单元。在五级构造单元内部，又进一步详细划分出若干个更次一级的构造单元（图35-7）。

1. 贺兰山褶断带（III_5^{1-1-1}）

位于鄂尔多斯西缘中元古代—早古生代裂陷带西北部，是鄂尔多斯地块的西部边界地带，也是该带中变形最强烈的区域。在早古生代裂陷沉积和晚古生代中晚期上叠盆地沉积基础上，自中生代以来，发生了以褶皱和逆冲断裂为主的强烈变形，多期次构造交织，新生代逆冲推覆构造发育，构成了鄂尔多斯地块西缘最强烈的构造变形带。自北而南，进一步划分了4个次一级构造单元（相当于六级）。

（1）乌达背冲带（$\mathrm{III}_5^{1-1-1(1)}$）

该带自西向东分为苏海图背冲带、岗德尔山褶断带（包括岗德尔山西侧冲断带、岗德尔山背斜带、岗德尔山东麓冲断带）。大部分位于内蒙古境内，宁夏仅占南部小部分。

苏海图背冲带为一系列近南北走向的东倾西冲断层，使长城系、寒武系、奥陶系、石炭系向西逆冲到石炭系—二叠系之上。这些冲断层断距较小，不导致基底片麻岩的出露，是西倾东冲的宗别立结晶冲断席前缘的反冲构造。岗德尔山西侧冲断带为一组东倾西冲断层，导致晚寒武世—早奥陶世地层向西逆冲于早奥陶世地层之上。岗德尔山背斜带轴面向东倾，东翼由逆冲断层破坏，极不完整，轴部出露长城系—寒武系，局部有古元古代基底片麻岩。岗德尔山东麓冲断带为近南北走向西倾东冲断层，

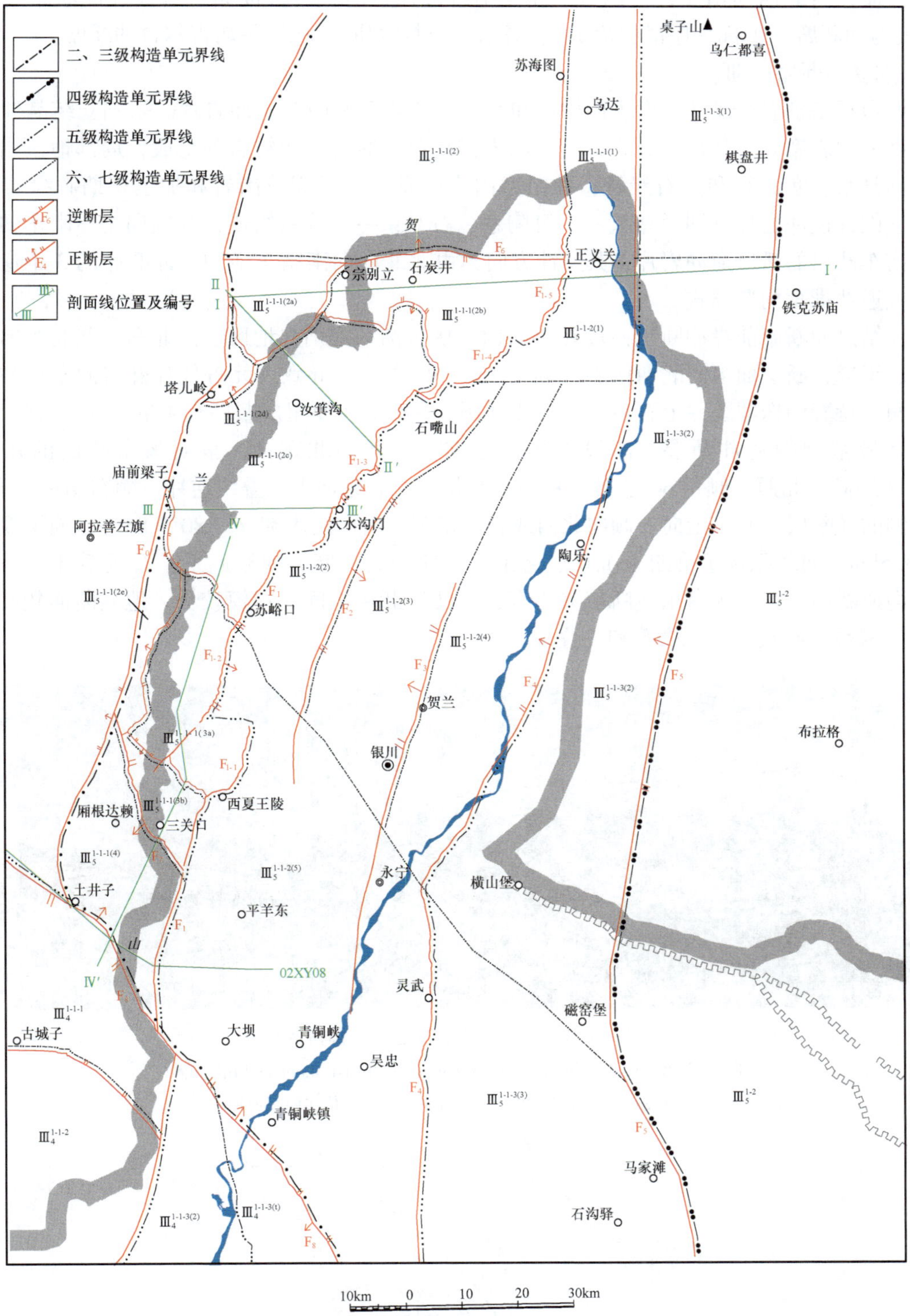

图 35-7　宁夏北部构造单元划分图

Fig. 35-7　Division of tectonic units in North Ningxia

全长 50km，见寒武系—奥陶系灰岩地层推覆于石炭系—二叠系之上，在前锋带，局部出现古元古代千里山岩群变质岩系。

（2）宗别立-石炭井推覆体（$Ⅲ_5^{1-1-1(2)}$）

石嘴山市以西的贺兰山中北段，主体断裂构造是一套北东走向的冲断层，这些冲断层造成了包括古元古代片麻岩基底、古生代盖层沉积和中生代盖层沉积等地层和岩层的相互逆冲堆叠。根据岩石组成和断裂性质，由北西向南东，可以分为宗别立冲断席、塔儿岭冲断席、石炭井冲断席（下部褶断体）、汝箕沟冲断席（上部盖层滑脱褶皱）、塔尔岭冲断席和庙前梁子-胡吉尔台冲断席。

A. 宗别立冲断席（$Ⅲ_5^{1-1-1(2a)}$）

冲断席包括宗别立结晶冲断席主体构造和红岭、柴达朗井两个逆冲岩片。宗别立结晶冲断席（图尔根霍托勒逆冲岩席）主体由古元古界贺兰山岩群富铝片麻岩、变粒岩等组成，局部地段出露小片的长城系、蓟县系、寒武系和上石炭统，冲断席内广泛发育吕梁期花岗岩和加里东期辉绿岩墙（脉）。红岭、柴达朗井逆冲岩片分别由寒武系—奥陶系、石炭系—二叠系组成，为倾向南—南东的单斜构造层，呈向南东凸出的弧形逆冲岩片，其逆冲方向为由北北西向南南东逆冲，冲断席的3个逆冲岩片表现为后展式逆冲推覆构造样式。

宗别立结晶冲断席前缘冲断带西段在小松山—柳树沟—宗别立地区，由北东—北北东向的一系列弧形逆断层组成，断层面多向北西倾斜，倾角15°~80°不等，导致古元古代片麻岩向东逆冲到三叠系之上，之间夹持着中侏罗统—上石炭统的岩片（图35-8）。主要组成断层有4条，其中滚呼都格-流石沟逆断层是最东侧的逆冲断层，南段近东西走向，向北为北东向，呈向南东凸出的弧形，长约19.5km，断层倾向北西，倾角60°，致使中下三叠统、二叠系向上三叠统逆冲。额布图-流石沟东逆断层是最西侧的逆断层，北东走向，倾向北西或者南东东，断面地表陡立（80°~85°），向下变缓，露头长度约13.5km，向北隐伏于第四系沉积层之下，致使基底片麻岩向寒武系、石炭系和三叠系之上逆冲。蚕豆沟逆断层、蚕豆沟南东逆断层夹于东、西两侧断层之间，规模较小，地表断面较陡（图35-9），切割寒武系、石炭系、二叠系和三叠系。

图35-8 宗别立冲断席远景（柳树沟）

Fig. 35-8 Field photo showing Zongbieli thrust sheet at Liushugou

镜头向南；基底片麻岩、二叠系和三叠系依次向东逆冲

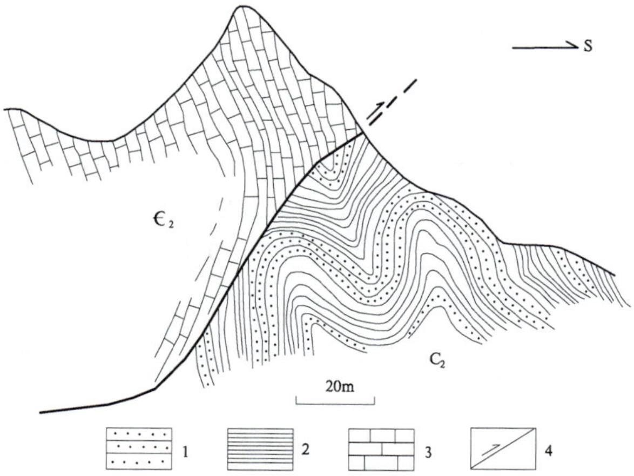

图35-9 蚕豆沟逆断层素描图

Fig. 35-9 Sketch section of Candougou reverse fault

1—石英砂岩；2—页岩；3—薄层灰岩；4—断层；C_2—上石炭统砂岩夹页岩；$€_2$—中寒武统灰岩

宗别立结晶冲断席前缘冲断带东北段被宗别立-正义关右行走滑断裂带改造，产状变化很大，基本为近东西走向，地表出露 60km。在正义关沟能明显观察到基底片麻岩向太原组石英砂岩与煤层逆冲（图 35-10），主断面倾向北北西—北西（320°~332°∠50°~61°），有 3 组擦痕分别指示向南逆冲（硅质擦痕面，13°∠37°，37°∠34°）、向北东正斜滑（片麻岩内部铁质摩擦面，60°∠41°）、向西正斜滑（硅质擦痕面，284°∠44°），局部出露侧向断坡（断裂面 282°∠47°，发育硅质摩擦面，擦痕 275°∠33°），推测早期在片麻岩内部发育有正断层，如北侧的葡萄泉子沟正断层（图 35-11），而主断裂为向南逆冲，后期转向西斜滑。在主断面之下的石炭系煤层中发育双冲构造，岩层强烈水平缩短。石炭井北西约 1km，宗别立-正义关断裂见两期擦痕，即早期向南陡倾擦痕和晚期近水平走滑擦痕，存在着叠加改造的关系，断层泥和断层角砾及断面上的擦痕均指示右行水平走滑（图 35-12）。

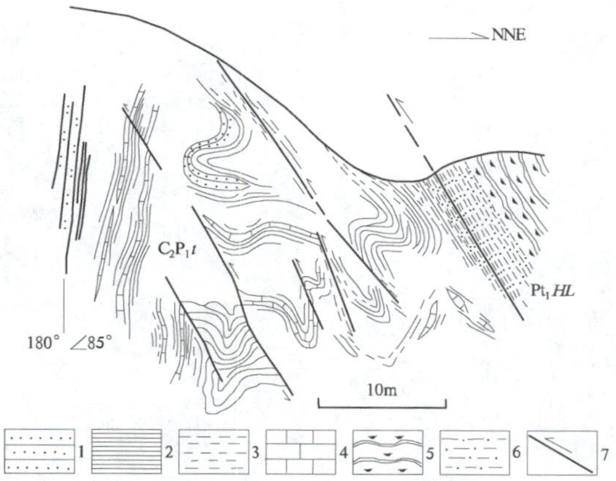

图 35-10　正义关逆断层

Fig. 35-10　Sketch section of Zhengyiguan reverse fault

1—石英砂岩；2—页岩；3—挤压破碎页岩；4—薄层灰岩；5—眼球状混合岩；6—糜棱岩；7—逆断层

C_2P_1t—太原组；Pt_1HL—贺兰山岩群

图 35-11　葡萄泉子沟正断层

Fig. 35-11　Field photo showing Putaoquanzigou normal fault

镜头朝向北西；不整合在片麻岩上的石炭系砂岩向北西正断滑脱

综上，宗别立-正义关断层是一条具有多期活动的断裂带，早期可能发育向南或向北陡倾的正断层，北盘相对抬升出露，之后出现向南（或南东）逆冲构造，导致古元古代片麻岩向南（或南东）逆

图 35-12 宗别立-正义关断裂露头（石炭井北西）

Fig. 35-12 Field photo showing Zongbieli-Zhengyiguan fault zone at northwestern Shitanjing

A—断裂远景（镜头向西，右侧为片麻岩）；B—断层下盘石炭系砂岩、泥页岩和煤层；C—近水平擦痕；D—断层泥和断层角砾

冲，并且在下盘相对软弱的石炭系—二叠系中形成次级逆冲构造（在正义关沟为向南逆冲的双冲构造，在石炭井北则表现为石炭系页岩向北逆冲），最后该断裂带叠加右行走滑构造。针对正义关沟黑云斜长片麻岩的碎裂岩样品磷灰石裂变径迹年龄数据集中在 21~5Ma 之间（张家声，2003），基本反映了宗别立-正义关断裂带的新生代构造运动。

贺兰山北段宗别立结晶冲断席内部发育多组不同方向的断裂，主要有近东西向、近南北向、北西向、北东向 4 组方向，其中近南北走向的断裂以西倾东冲为主，亦有东倾西冲和正断层，形成较早，被其他方向断裂切割。近东西走向的断裂至少有两期：一期为逆断层，是形成最早的脆性断裂，被近南北向断裂切割；另一期为具有右行走滑分量的正断层，切割其他方向的断裂，形成最晚。北西向、北东向通常为小位移的走滑断层，部分为近南北走向弧形逆冲断层带的一端。

B. 石炭井冲断席（$\text{Ⅲ}_5^{1-1-1(2b)}$，下部褶断体）

石炭井冲断席（褶断带）展布于胡鲁斯台—石炭井—黑白岭一带，西、北部以宗别立-正义关断裂为界，南部与大磴沟-马莲滩滑脱断层以及汝箕沟滑脱褶皱相邻。褶断带发育多组次级的、以近南北走向西倾东冲断层为界的胡鲁斯台、石炭井及赞特梁 3 个逆冲岩片，导致长城系—寒武系甚至基底片麻岩向石炭系—二叠系的煤系地层逆冲，形成双冲构造（图 35-13）。

1）胡鲁斯台逆冲岩片：由三叠系及侏罗系构成核部的北北东向宗别立向斜及由贺兰山岩群、长城系、寒武系及上石炭统组成核部的近南北向陶思山背斜构成，褶皱样式为平缓—开阔型，两翼对称。逆冲岩片前锋断裂——黄山断裂和陶思山东麓断裂分别呈东倾西冲和西倾东冲状，属反冲式高角度逆断层，其间夹持黄山断层体主要由贺兰山岩群及黄旗口组组成。陶思山东冲断层走向近南北，长约 9km，倾向西，地表倾角 70°~80°，向下变缓。上盘为古元古代的黑云斜长片麻岩，下盘为石炭系、二叠系，岩层陡立甚至倒转，主断裂面上见有 10~50m 的挤压破碎带。

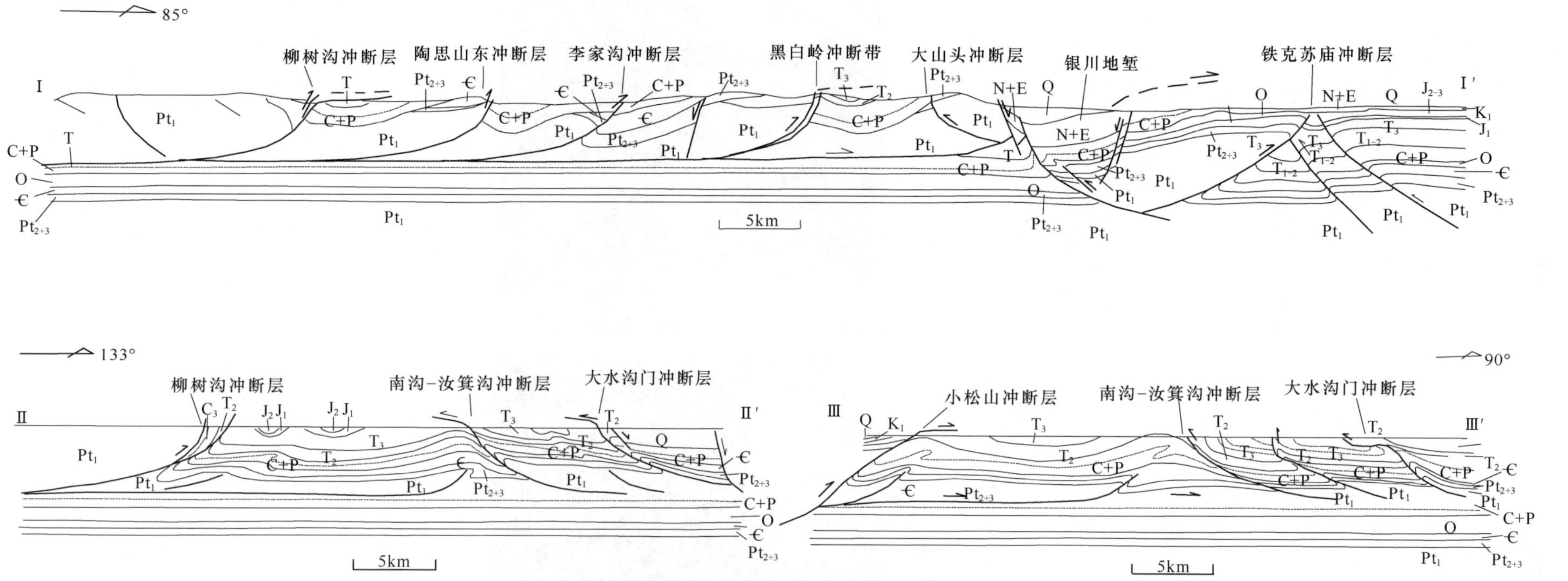

图 35-13　贺兰山中北段地区构造剖面图

Fig. 35-13　Tectonic section of the north-central segment of Helanshan

（剖面位置见图 35-7，地层代号说明见表 1-1）

2）石炭井逆冲岩片：主要由石炭系、二叠系构成，形成平缓—开阔型海力斯带向斜和石炭井背斜。背斜核部出露贺兰山岩群、长城系及寒武系等较老地层，上石炭统不整合覆于其上。逆冲岩片前锋断裂——李家沟断裂，北起李家沟（石炭井四矿西）经菜园沟至东沟一带，长约16.5km，总体走向北西340°~350°，倾向南西西，倾角45°~50°，向下变缓。断层上盘羊虎沟组逆冲到太原组和山西组之上。断层的西侧上盘发育一组呈边幕式排列的小褶皱，指示断层上盘曾相对向南扭动。

3）赞特梁逆冲岩片：由别立其逆冲席及其前锋断裂黑水沟断裂带组成。逆冲席石炭井向斜为由上石炭统构成的开阔型褶皱，轴向北北西向；背斜主要由贺兰山岩群、中寒武统、震旦系及中元古界构成。前锋断裂为黑水沟断裂带（北岔沟断裂）和大山头逆断层。黑水沟断裂带西起于黑水沟—苦水沟脑一带，由若干逆断层组成，南段近南北走向，北段转向北东，断层面多倾向西或北西，倾角20°~80°，向下变缓。西侧出露贺兰山岩群变质基底和似斑状花岗岩等，东侧为三叠系二马营组与延长群、二叠系和石炭系，断裂带内强烈挤压破碎，卷入破碎带的地层有中寒武统胡鲁斯台组、上石炭统羊虎沟组。在断裂带的前缘可以观察到基底片麻岩前锋变形特征和其在沉积盖层上的推覆构造（见图35-13）。该逆冲带向北东方向断面逐渐变缓，在红果子沟北东，片麻岩逆冲在石炭系—二叠系砂岩之上（图35-14），尽管没有直接观察到推覆断面，滚石中有相当多的糜棱岩化和碎裂岩化的斜长片麻岩，应当是接近推覆面的脆韧性过渡带中构造变形产物。大山头反冲断层通过正义关沟南、大山头西麓的葡萄泉子沟，南段走向340°，北段转为22°，总体近南北向，断层面向北西或南西倾，在局部露头表现为正断层，东盘为黄旗口组石英砂岩、石英岩和古元古代片麻岩，西盘为石炭系—二叠系。

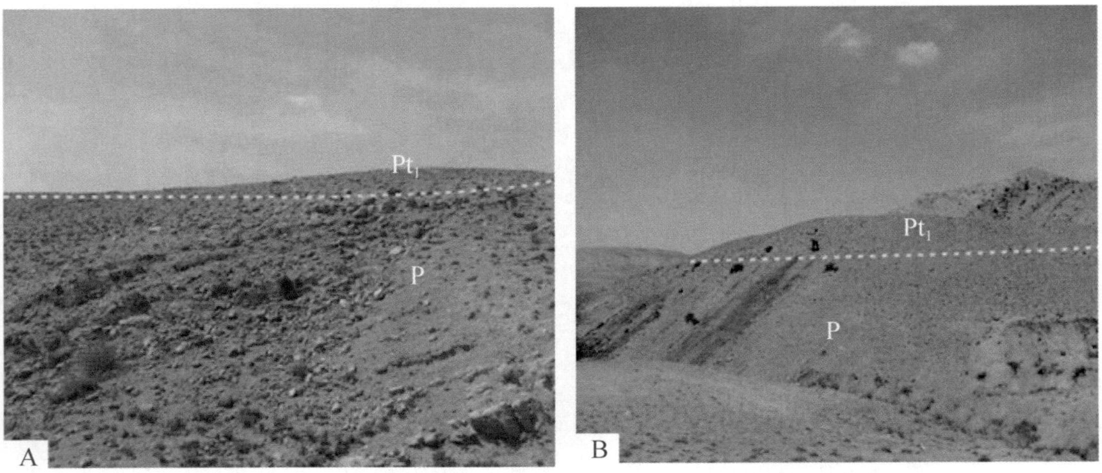

图35-14　基底片麻岩（Pt_1）逆冲在二叠系砂页岩（P）之上

Fig. 35-14　Paleoproterozoic basement gneiss upthrust to Permian sandshale

A，B—红果子沟北

在贺兰山北段，宗别立-正义关断层以南至磨盘山—大磴沟—白池沟一线，发育大量沿石炭系—二叠系煤系地层滑动的近东西走向逆冲挤压构造。该冲断带主要是南倾北冲断层，发生在石炭系—二叠系的煤系中，并不延伸到二叠系上部的三叠系中（图35-15）。视其变形特征与正义关沟逆断层下盘石炭系逆冲构造相似，但逆冲方向相反。从区域上看，这种近东西走向的冲断层与石炭系—二叠系关系密切，在广泛发育三叠系的贺兰山中段没有出现；该套断裂切割近南北向的西倾东冲断层而被北东向的东倾西冲断层切割。推测发生在正义关冲断席南侧的中元古界—石炭系双冲构造形成之后，相应于正义关冲断席前缘东西向冲断层（宗别立-正义关北倾南冲断层）发育的反冲断裂体系。如大磴沟-清水沟冲断带，是发育于石炭系—二叠系之间的变形，出现典型的断坡褶皱，形成向南倾的双冲构造（Duplex）（断层面产状：175°∠30°~60°），断裂向上不延伸到三叠系，而后者明显受到东西向挤压变形，地层向西倾。

图 35-15　大磴沟南倾北冲断层

Fig. 35-15　Field photo showing Dadenggou thrust fault

由胡鲁斯台、石炭井及赞特梁逆冲岩席以及相应逆冲断裂组成的推覆构造，席卷了基底贺兰山岩群和前侏罗系多期次盖层，属于厚皮构造范畴。但结晶冲断席一旦形成，则表现为薄皮构造（R. D. Hatcher.，1992）。由前锋构造——黑水沟-北岔沟断裂组成底板逆冲断裂，与大磴沟-马莲滩滑脱断层一起共同组成双重逆冲构造（或双冲构造），石炭井褶断带是夹于顶、底板逆冲断层之间的厚皮构造断块，它是由一系列次级叠瓦式逆冲断层组成的断夹块（即逆冲岩席）。汝箕沟复式向斜属于双重逆冲构造上盘滑脱褶皱，后者尚伴有龙墩尖子飞来峰、侏罗山式褶皱次级东倾西冲逆断层等特征。

C. 汝箕沟侏罗纪断陷盆地与冲断席（Ⅲ$_5^{1-1-1(2c)}$，上部盖层滑脱褶皱）

苏峪口沟以北、庙前梁子以东、大水沟口以西的广大地区，发育侏罗纪陆内断陷盆地不整合叠合于二叠纪—三叠纪盆地之上，中侏罗统延安组为含煤碎屑岩系，直罗组为陆相碎屑岩沉积，安定组为一套砂岩、粉砂岩夹砾岩。中侏罗世末的燕山运动Ⅰ幕使盆地褶皱，形成汝箕沟滑脱褶皱构造带，滑脱构造南以苏峪口断裂为界，北以柳树构、龙墩尖子-大磴沟-马莲滩逆断裂（简称大磴沟-马莲滩断裂）为界。大磴沟-马莲滩断裂和苏峪口断裂联合形成统一的滑脱断层，合称为大磴沟-苏峪口滑脱断层。滑脱层在龙墩尖子一带位于侏罗系延安组的含煤地层中，因卷入的滑脱层厚度小，因此表现为单层结构模式；而大磴沟至马莲滩一带，滑脱层顶、底板断层发育，卷入的滑脱层太原组和山西组的煤系地层厚数十米甚至上百米，因此表现为典型的双层结构模式，上段滑冲层和下段滑褶层特征十分清楚。滑脱面上盘汝箕沟一带形成侏罗山式褶皱（滑脱褶皱）-汝箕沟复向斜带，主要由三叠系及呈微角度不整合覆盖其上的侏罗系组成，时代较老的贺兰山岩群、黄旗口组、王全口组、震旦系、寒武系和石炭系出露于其东北段，二叠系则在大水沟口一带展布。自西向东依次排列为北寺-红石崖向斜、大岭-庙前梁子背斜、白芨芨沟-汝箕沟-响水向斜、苏峪口-神水庙背斜及大磴沟-荒草滩-兰圈向斜（图 35-16）。除荒草滩向斜具有轴面东倾的倒转形态外，其余褶皱构造的特点是：向斜一般为平缓—开阔型，两翼倾角 10°～20°～40°；背斜一般为开阔—紧闭型，两翼倾角达 40°～70°，褶皱轴向为北东—北北东，即古拉本—汝箕沟一带为北东—北北东向，到大水沟—拉乌沟附近转向北北东—南北向，总体组成反“S”形侏罗山式隔挡式褶皱。汝箕沟复向斜东西两端分别为西倾东冲的宗别立、小松山推覆体和东倾西冲的下一堆-磨刀沟断裂、大水沟-老树湾断裂破坏。后两条逆断裂共同夹持荒草滩倒转向斜一起向西北逆冲，且断裂走向与褶皱轴向基本一致，宗别立与小松山逆冲推覆构造的走向则斜切红石崖向斜轴向。汝箕沟复向斜发育多种类型的叠加褶皱：中燕山期褶皱与晚印支期褶皱形成“共轴”叠加褶皱（如白芨芨沟向斜），中燕山期红石崖向斜构成“Y”形叠加褶皱，汝箕沟复向斜本身构成大型反“S”形叠加褶皱。此外，红石崖向斜、庙前梁子背斜及白芨芨向斜，在白芨芨沟一带相互靠拢收敛，向南西则逐渐撒开，形成类似“帚状”构造特点。

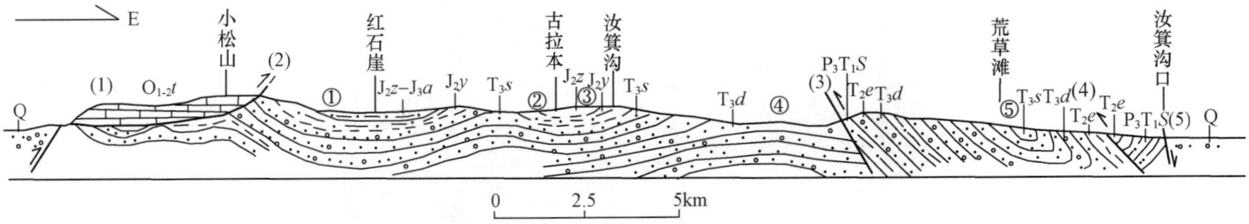

图 35-16　小松山-汝箕沟口构造剖面图

Fig. 35-16　Tectonic section of Xiaosongshan-Ruqigoukou

（1）贺兰山西麓断裂；（2）小松山断裂；（3）下一堆-磨刀沟断裂；（4）大水沟-老树湾断裂；（5）贺兰山东麓断裂。①北寺-红石崖向斜；②大岭-庙前梁子背斜；③白芨芨沟-汝箕沟-响水向斜；④苏峪口-神水庙背斜；⑤大磴沟-荒草滩-兰圈向斜。Q—第四系；J_3a—安定组；J_2z—直罗组；J_2y—延安组；T_3s—上田组；T_3d—大风沟组；T_2e—二马营组；P_3T_1S—石千峰群；$O_{1-2}t$—天景山组

汝箕沟滑脱褶皱构造带东侧（贺兰山中北段东麓）出现东倾西冲断层，可能为一系列西倾东冲逆冲断块组成的双冲构造中的背冲构造，主要包括两条北东向分布、延伸超过40km的逆冲断层，由东向西分别为大水沟门冲断层（大水沟-老树湾逆断层）和南沟-汝箕沟冲断层。大水沟门冲断层见上盘二叠系含砾粗砂岩夹薄层砾岩向三叠系粉砂岩和粗砂岩之上逆冲，主冲面附近发育约50m的破碎带（图35-17），主断层面东倾呈舒缓波状（115°∠73°，115°∠61°，87°∠46°，106°∠35°），线理、擦痕指示向西逆冲（绢云母线理164°∠47°，擦痕112°∠60°、118°∠33°），在主冲断面的东侧还发育有两套与之产状相似的次级冲断层（断层面产状分别为116°∠37°、134°∠30°，擦痕分别为156°∠24°、120°∠28°），擦痕指示左行运动。在大武口北，大水沟门冲断层导致古元古代片麻岩向石炭系—二叠系含煤系砂岩逆冲，滑脱面沿煤系发育，主断层面向东倾，角度变化较大（110°~138°∠33°~65°），为典型断坪断坡构造（图35-18，图35-19）。在主冲断层的后缘发育次级的同向或者反向冲断层、正断层和走滑断层。

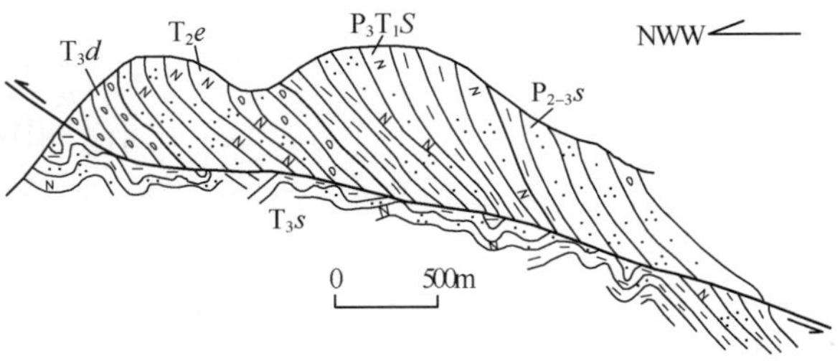

图 35-17　大水沟门冲断层素描图

Fig. 35-17　Sketch section of the Dashuigoumen thrust fault

T_3s—上田组；T_3d—大风沟组；T_2e—二马营组；P_3T_1S—石千峰群；$P_{2-3}s$—上石盒子组

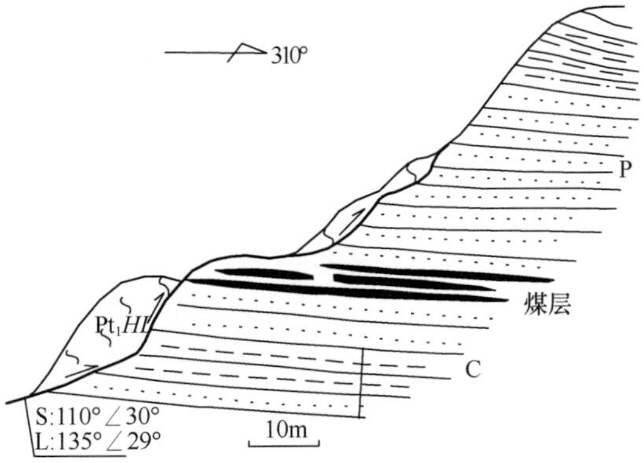

图 35-18　大武口冲断层断坪断坡构造剖面图

Fig. 35-18　Tectonic section of the Dawukou thrust fault flat-ramp

P—二叠系；C—石炭系；Pt_1HL—古元古界贺兰山岩群

D. 塔儿岭冲断席（$Ⅲ_5^{1-1-1(2d)}$）

塔儿岭冲断席由寒武系阿不切亥组、奥陶系天景山组、米钵山组及小松山基性—超基性杂岩体组成异地系统，前锋带由塔儿岭水库断裂、小松山断裂和白土山子沟断裂组成塔儿岭弧形推覆构造。白土山子沟断裂带使得寒武系和小松山岩体掩覆到贺兰山岩群片麻岩之上，断裂带宽10~30m，可见碎裂岩及片理化带，局部发育糜棱岩，断裂面倾向南西，倾角25°~55°。南部小松山逆断层和塔儿岭水库逆断层使奥陶系向南东逆冲到侏罗系之上，沿断层带有宽约50m的挤压破碎带，断层两侧岩石均挤压呈大小不等的透镜体、菱形块状和粉末状。岩席内发育南北向逆断层数条，代表塔儿岭逆冲岩席主压应力方向为东西向，指示其由西向东逆冲推覆。

图 35-19　大武口冲断层（镜头朝北）

Fig. 35-19　Field photo showing the Dawukou thrust fault

C—石炭系；Pt_1HL—古元古界贺兰山岩群石炭系煤层组成的断坪构造因风化剥蚀而出露

E. 庙前梁子-呼吉尔台冲断席（$Ⅲ_5^{1-1-1(2e)}$）

冲断席是贺兰山西麓构造的重要组成部分，发育奥陶系、石炭系、二叠系、三叠系、侏罗系和白垩系。从呼吉尔台至苏峪口一带，断裂构造活动作用表现出先压后张的特征，断裂地表延伸出露短，切割地层厚度不大，断距小。从北向南、从西向东发育 5 条大致平行的近南北—北东走向的逆冲断层：毡帽山东断层、贺兰山林场断层、上呼吉尔台断层、雪岭子沟门北断层和樱桃沟西断层，它们组成了庙前梁子-呼吉尔台冲断席的前锋构造和逆冲岩席，这些断裂以西倾东冲逆断层为主，其断层附近均具有明显的挤压破碎带，主要发生在古生界和三叠系—侏罗系中，早白垩世地层基本未受影响，显示早期受到挤压，表现为逆冲推覆构造的锋缘叠瓦状向东逆冲的特征，近南北走向的西倾东冲断层最南可达赵池沟地区，引起基底片麻岩、长城系黄旗口组、蓟县系王全口组向寒武系、三叠系逆冲。而后期由于贺兰山的不断隆起，位于其西侧的先存逆冲推覆体又向西滑落，形成现今的贺兰山西麓的阶梯状地貌特征。

F. 贺兰山中北段地区逆冲体系的区域构造联系

贺兰山的古元古代片麻岩主要分布在小松山—柳树沟—宗别立-正义关一线以西及以北，可能是以阿拉善微陆块基底为主要成分的结晶逆冲席——宗别立结晶冲断席。贺兰山中段出露地层以石炭系—二叠系—三叠系—侏罗系为主，在西倾东冲和东倾西冲断层的夹持之下形成复向斜。三叠系主要分布在大磴沟断层以南，在北部的正义关沟—黑白岭—红果子沟地区亦有出现，并且卷入东倾西冲断层。尽管古元古代片麻岩在北段的东倾西冲断层上盘有少量出露，贺兰山中段主体是晚古生代的沉积盖层。从岩石和地层分布看，贺兰山北段以出露大面积古元古代花岗质片麻岩为特征，缺失奥陶系（奥陶系仅在西缘小松山地区以推覆体形式出现），石炭系不整合在寒武系之上，局部直接覆盖在古元古代基底上。从断裂切割关系看，塔儿岭奥陶系逆冲席的形成晚于宗别立结晶冲断席。包括宗别立结晶冲断席、石炭井下部冲断系和汝箕沟上部冲断系在内的宗别立-石炭井推覆体的主体是外来的岩片（块），奥陶系沉积缺失，与其周围地区的沉积演化差异明显（包括其北东的桌子山地区、东部的陶乐—横山堡地区和南部的赵池沟—黄旗口地区均有奥陶系沉积，石炭系是不整合沉积在奥陶系之上的）。从奥陶系的缺失来看，目前出露在贺兰山中北段地区的片麻岩基底及其沉积盖层与其北西的吉兰泰—阿拉善地区有一定相似性。

（3）赵池沟-黄旗口褶断带（$Ⅲ_5^{1-1-1(3)}$）

展布于苏峪口断裂带以南和三关口断裂带以北，东为银川地堑，西为庙前梁子-呼吉尔台冲断席，南为三关口南褶断带。以大十字沟冲断层—榆树沟冲断层—峡子沟冲断层为界划分为黄旗口褶断带和赵池沟冲断席。

A. 黄旗口褶断带（$Ⅲ_5^{1-1-1(3a)}$）

北界苏峪口断裂带与北部的大磴沟-马莲滩断裂共同组成滑脱断层，其下盘（南盘）沿贺兰山分水岭出露长城纪黄旗口英云闪长岩及长城系—寒武系—奥陶系盖层，后者构成南北向阿保梁向斜和其他北西西向背斜等开阔型褶皱。干沟梁断层和大南池断层大体截断阿保梁向斜和黄旗口英云闪长岩岩基露头的南延，其南则形成南北向干沟梁向斜等平缓—开阔型褶皱，山嘴沟—榆树青沟一带，天景山组、米钵山组构成南倾的单斜构造，东西向展布的山嘴沟断层局部地段天景山组灰岩推覆在米钵山组之上形成飞来峰（图 35-20）。北东走向的大南池断层在北段截断了上述的榆树沟-山嘴沟单斜构造，向南断裂切割三关口冲断带，表现为平移正断层（图 35-21，图 35-22），这些北北东向贺兰山东麓阶梯状正断层带自西向东将褶断带逐段错落，是相对后期的断裂，可能与银川地堑形成相关联。

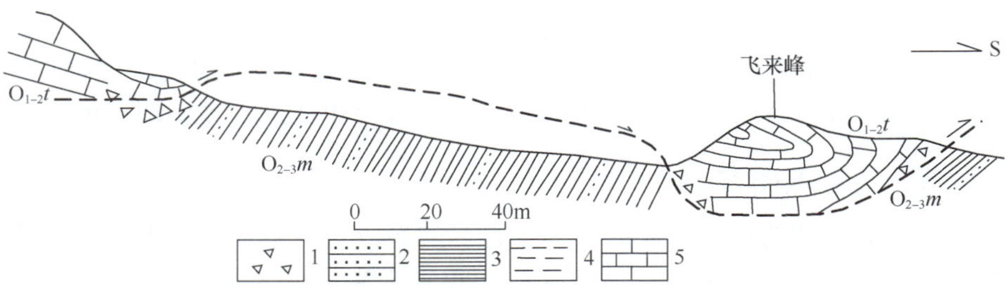

图 35-20　山嘴沟东西向逆冲断裂剖面图

Fig. 35-20　Sketch section of the Shanzuigou EW-trending thrust fault

1—角砾岩；2—砂岩；3—板岩；4—断层泥；5—灰岩；$O_{2-3}m$—米钵山组；$O_{1-2}t$—天景山组

图 35-21　三关口北北东向断裂

Fig. 35-21　Field photo showing the Sanguankou NNE-trending fault

图 35-22　榆树沟北北东向断裂

Fig. 35-22　Field photo showing the Yushugou NNE-trending fault

黄旗口褶断带前缘以苏峪口断裂带为界，该断裂带大体有 3 组方向的断裂：①北北东冲断层，由西向东分别有苏峪口磷矿东逆断层、苏峪口北西逆断层和苏峪口逆断层等西倾东冲的断层组成；②北西向扭曲弧形逆断层，为苏峪口西逆断层，向北东逆冲；③近东西向（北西西向）正断层，为位于白寺口与苏峪口间两条平行正断层，倾向北盘下降。

断裂带以苏峪口西逆断层为主干断裂，其西北段上盘为下—中奥陶统天景山组灰岩，下盘为石炭系—二叠系，上盘天景山组岩层陡立，沿断层两侧有宽百余米的挤压破碎带。中段发育于石炭系—二叠系中，南段切割古元古代（吕梁期）英云闪长岩。断层中段主滑动面产状变化很大，从倾向西至倾向南西西（227°∠44°，278°∠71°）呈扭动变化。不同岩性表现出不同变形行为，泥岩和粉砂岩强烈劈理化，形成片岩或者板岩（面理 280°∠47°，线理 315°∠28°）；粗砂岩和含砾砂岩的层理被改造，砾石压扁，发育3组断层或者节理，产状分别为：①断面，278°∠71°，擦痕，323°∠64°，阶步指示正运动，西盘下降；②断面，260°∠44°，260°∠62°，擦痕，290°∠33°，327°∠35°，阶步指示右行斜滑，西盘下降；③断面，98°∠70°，260°∠65°，擦痕，83°∠68°，255°∠64°，阶步指示逆冲，西盘上升（图35-23）。

图35-23　苏峪口西逆冲断层3组擦痕

（发育在切过含砾砂岩的断层面上）

Fig. 35-23　Field photo showing three sets of striae of the Suyukou west thrust fault

苏峪口北西逆断层发育在盖层中，西倾东冲，上盘为二叠系砂岩，下盘为三叠系泥岩、粉砂岩，在苏峪口沟一带有明显的挤压破碎带，断层两侧地层向西倒转。

苏峪口逆冲断层是一条低角度推覆断层，在苏峪口沟口南西约2km的地方，可以观察到含斜长石斑晶的角闪石斜长花岗片麻岩推覆到紫红色的三叠系泥岩之上，片麻岩之上不整合中元古界石英岩（图35-24）。白寺口与苏峪口间两条近东西向的正断层，长度各约4km，倾向北，倾角50°~55°，切割了以上两组北北东冲断层与北西向弧形逆断层，断层两侧地层岩石不连续，分别为英云闪长岩、中元古界和石炭系—二叠系、三叠系，有右行运动分量。

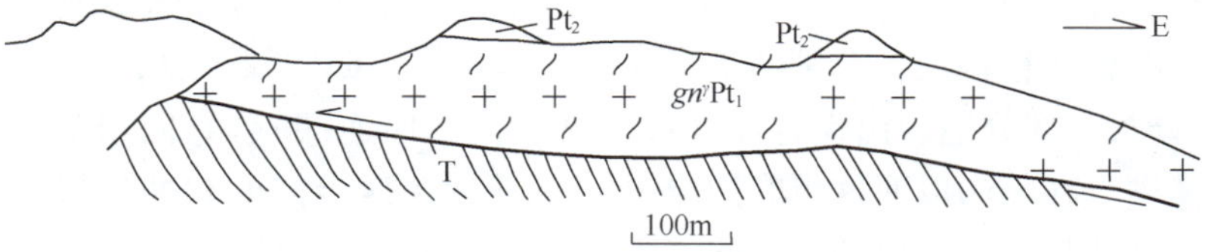

图35-24　苏峪口逆冲断层素描图

Fig. 35-24　Sketch section of the Suyukou reverse fault

T—三叠系泥岩；Pt_2—中元古界石英岩；$gn^{\gamma}Pt_1$—古元古代花岗质片麻岩

复杂的苏峪口断裂带可能是宗别立-石炭井推覆体和黄旗口逆冲席（黄旗口褶断带）的联冲构造带，由于两者向东推进速度不同，之间形成断面扭曲并且伴生走滑断层的侧向断坪。苏峪口磷矿东逆断层断面西倾，是黄旗口褶断带的一部分。苏峪口西逆断层是宗别立-石炭井推覆体侧向断坪构造对黄旗口逆冲席北部边界的改造，表现为早期向东逆冲（逆冲擦痕和阶步），晚期北盘上升并且向西运动（正斜滑和右行擦痕和阶步）。苏峪口逆断层可能是宗别立-石炭井推覆体和黄旗口逆冲席同步后形成的东倾西冲断层。两条东西向正断层早期具有右行走滑特点，属于宗别立-石炭井推覆体侧向断坪构造，后期由于受到南部北西走向冲断带的影响，转变为左行，错动苏峪口逆断层，但位移有限。

B. 赵池沟冲断席（$Ⅲ_5^{1-1-1(3b)}$）

该逆冲岩席北以大十字沟冲断层和峡子沟冲断层为界，南与三关口南褶断带相邻，主要发育古元古界、中元古界和寒武系—奥陶系。冲断体由数条北西向冲断层和褶皱组成，它们分别是大十字沟口冲断层、榆树沟斜冲断层、北猴冲断层、老虎洞冲断层、小道坡沟冲断层、小道坡沟南冲断层、大石头沟冲断层、石灰窑冲断层和赵池沟背斜、金塔泉向斜、花布山背斜等。其中前锋构造为大十字沟口-榆树沟斜冲断层和峡子沟冲断层。榆树沟冲断带北西向分布，导致古元古代片麻岩—中元古代沉积岩和寒武系向北段的奥陶系灰岩之上逆冲（图 35-25），而后者向石炭系—二叠系的煤系逆冲，主断面产状为 153°∠35°~198°∠24°（擦痕，202°∠21°），主断面附近，下盘奥陶系灰岩强烈劈理化，出现灰岩鞘褶皱，褶皱尖端指向 209°∠16°。

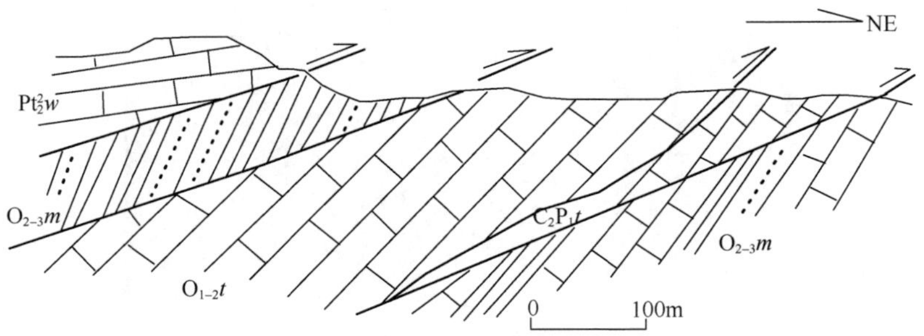

图 35-25　榆树沟叠瓦状冲断层素描图

Fig. 35-25　Sketch section of the Yushugou imbricate thrust fault

C_2P_1t—太原组；$O_{2-3}m$—米钵山组；$O_{1-2}t$—天景山组；Pt_2^2w—王全口组

（4）三关口南褶断带（$Ⅲ_5^{1-1-1(4)}$）

北界是三关口冲断带，南界是围沟井-大坝冲断带。该褶断带具有贺兰山褶断带和宁南弧形构造带两大逆冲构造系统明显复合的特征，近南北—北北东向构造均为贺兰山逆冲构造系统的产物，而东西—北西—北北西向构造则属于宁南弧形构造带逆冲构造系统。褶断带主体由一系列走向 330°呈雁列的褶皱、冲断和斜冲断裂组成，卷入了元古宙—新生代的所有地层。褶断带内发育一系列褶皱（包括土井子复背斜、围沟井背斜、峨眉山向斜、响石泉背斜、营子山背斜、渠柳沟向斜、上海向斜和鸽子山背斜、井石子梁向斜）和断裂，它们主要发育在奥陶系、侏罗系、白垩系和古近系—新近系中，褶皱较开阔，两翼基本对称，轴长一般为 3~10km，翼部常被与之平行的冲断裂或斜冲断裂破坏，断裂多以逆冲为主，兼有右行平移特征，个别断裂具左行平移特征，断面较平直，多倾向南西，倾角 20°~80°，常平行而密集分布，部分地区出现背冲（或反冲，向南西逆冲），它们切割了前第四纪地层，断裂带两侧地层强烈揉皱。在小沟以西这组断层错动了一条近东西走向的北冲断层，后者切割了北东向的小沟西斜冲断层，可能是与三关口冲断带同期发育的逆冲断层，表明这组北西走向具有左行走滑分量的逆断层可能是相对后期的构造。

褶断带前缘主边界断裂以三关口冲断裂为代表，沿银（川）—巴（音浩特）公路展布，由数条基本平行、巨大的斜冲断裂组成，破碎带宽约 2. 5km，被卷入这一破碎带的地层有古元古界赵池沟岩群、中元古界长城系黄旗口组、蓟县系王全口组、中—上寒武统阿不切亥组、下—中奥陶统天景山组和中—上奥陶统米钵山组以及下白垩统、始新统、渐新统和中新统等。破碎带内见帚状构造，指示断裂为右行平移逆断层。沿断裂带追索多处见断层磨光镜面（图 35-26 至图 35-28），擦痕阶步多指示右行平移逆冲性质，局部呈左行平移特征。

三关口斜冲断层是三关口冲断带最南面的一条断层，主体走向 330°，断面南西倾，倾角 60°~90°，长约 19km，向北西延伸被渐新统覆盖，在三关口一带导致米钵山组灰岩向始新统逆冲，沿长城向南东延伸到小沟东，在小沟北切割北北东走向的小沟西斜冲断层，后者致使奥陶纪地层逆冲于下白垩统之上。

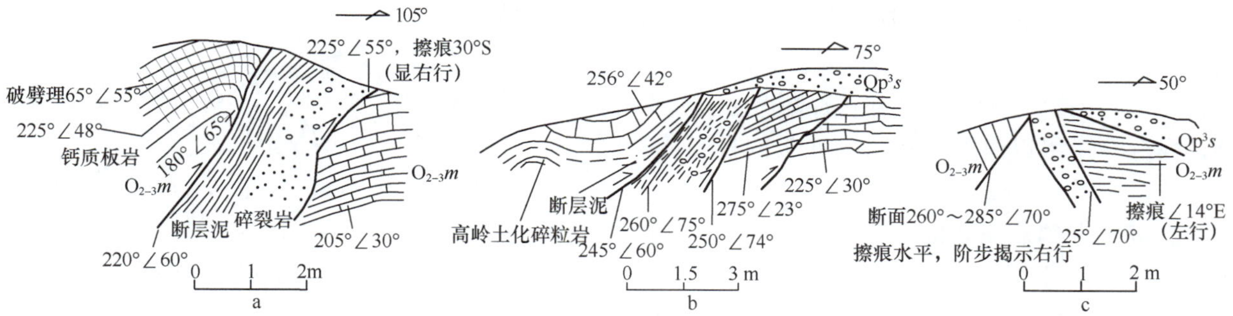

图 35-26 三关口断裂带素描图（银巴公路北侧，a→b→c 由 SE→NW）

Fig. 35-26 Sketch section of the Sanguankou fault zone at the northern Yinchuan-Bayanhaote road

Qp^3s—萨拉乌苏组砂、砾石层；$O_{2-3}m$—米钵山组灰岩、板岩夹砂岩

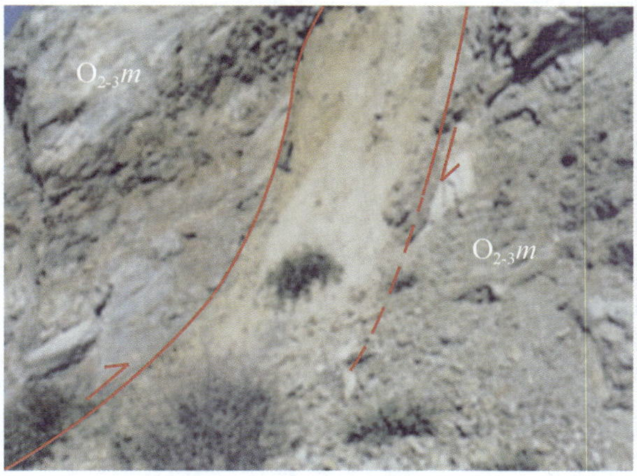

图 35-27 三关口北西向断裂带

Fig. 35-27 Field photo showing the Sanguankou NW-trending fault zone

断层产状 225°∠55°；擦痕产状∠30°S

图 35-28 三关口北西向断裂带擦痕

Fig. 35-28 Field photo showing striae of the Sanguankou NW-trending fault

断面上的擦痕产状∠14°E

三关口斜冲断层在小沟东错动的最新地层是中新统彰恩堡组，表明该断层是由西向东发展的。二关口冲断层与三关口斜冲断层走向一致，倾向北东，倾角 60°，长约 4km，两断层夹着狭长的古近纪地层（图 35-29）。

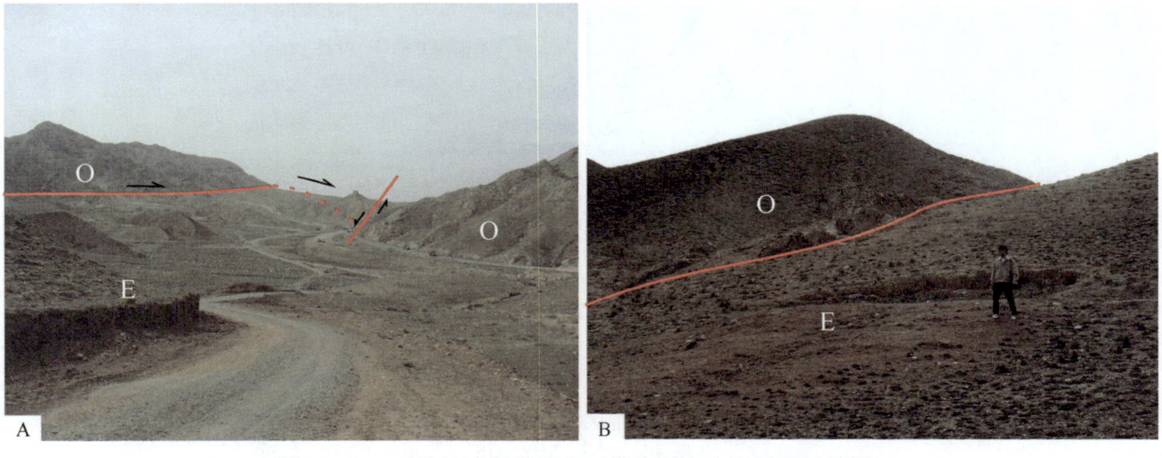

图 35-29 三关口冲断带露头（奥陶系向古近系逆冲推覆）

Fig. 35-29 Field photo showing the Sanguankou fault zone (Ordovician upthrust to Paleogene)

A—镜头朝向北西；B—镜头朝南

三关口南褶断带北缘前锋带的上盘，奥陶系灰岩和新近系含砾粉砂岩之上出现寒武系的飞来峰和推覆构造（图35-30），说明在该冲断席之上原本可能还发育有一组以奥陶系灰岩为底板的推覆构造，与三关口冲断席形成双冲构造。

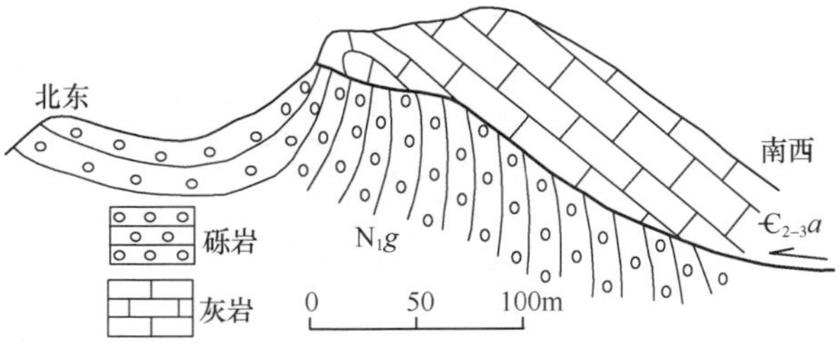

图35-30　阿拉善左旗厢根达赖东断裂素描图

Fig. 35-30　Sketch section of the Xianggendalai eastern fault in Alxa Left Banner

N_1g—干河沟组砾岩；$\epsilon_{2-3}a$—阿不切亥组灰岩

2. 银川断陷盆地（$\mathrm{Ⅲ}_5^{1-1-2}$）

喜马拉雅期盆地东、西两侧北北东向断裂右行走滑拉分形成断陷盆地，可能萌生于始新世，在中新世末断陷沉降活动加剧，形成巨厚的古近系—新近系沉积，第四纪仍有活动。据地震勘探成果（中原石油勘探局，2001），可将银川盆地划分为5个次级构造单元，分别为北部斜坡区（$\mathrm{Ⅲ}_5^{1-1-2(1)}$）、西部斜坡区（$\mathrm{Ⅲ}_5^{1-1-2(2)}$）、中央断陷区（$\mathrm{Ⅲ}_5^{1-1-2(3)}$）、东部斜坡区（$\mathrm{Ⅲ}_5^{1-1-2(4)}$）、南部斜坡区（$\mathrm{Ⅲ}_5^{1-1-2(5)}$）（图35-31），盆地内新生界厚度变化受基底构造的控制，中部凹陷区是沉降最深的部位，

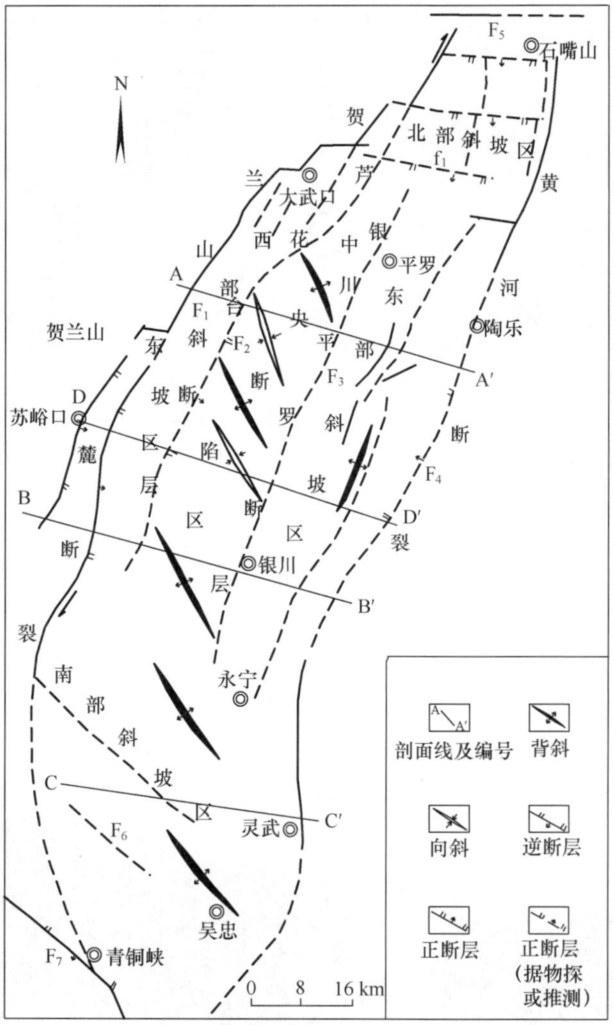

图35-31　银川盆地基底主要断裂分布图

（据汤锡元等，1992，修改）

Fig. 35-31　Distribution map of basement major fault of the Yinchuan Basin

F_1—贺兰山东麓断裂；F_2—芦花台断裂；F_3—银川-平罗断裂；F_4—黄河断裂；F_5—宗别立-正义关断裂；F_6—莲湖断裂；F_7—牛首山-罗山断裂；f_1—大武口断裂

自渐新世以来，沉积了厚达9000m的新生代沉积物。盆地内一系列倾向相同的NNE向正断层，使地层逐级由两侧向中心错落，形成阶梯状地层结构（图35-32）。基底凹陷中心与沉降中心相吻合，总体上盆地内古近纪—新近纪沉降中心靠盆地西侧，且北部厚于南部。中部凹陷区内自北而南分布着平罗北、常信、银川北3个次级凹陷（图35-33），第四系厚度达2000m以上。盆地内沉降中心从古近纪—新近纪到第四纪，由南向北迁移。新生界在盆地南北两端较薄，南端吴忠南第四系厚147m，北端的石嘴山石炭系和二叠系甚至出露地表。

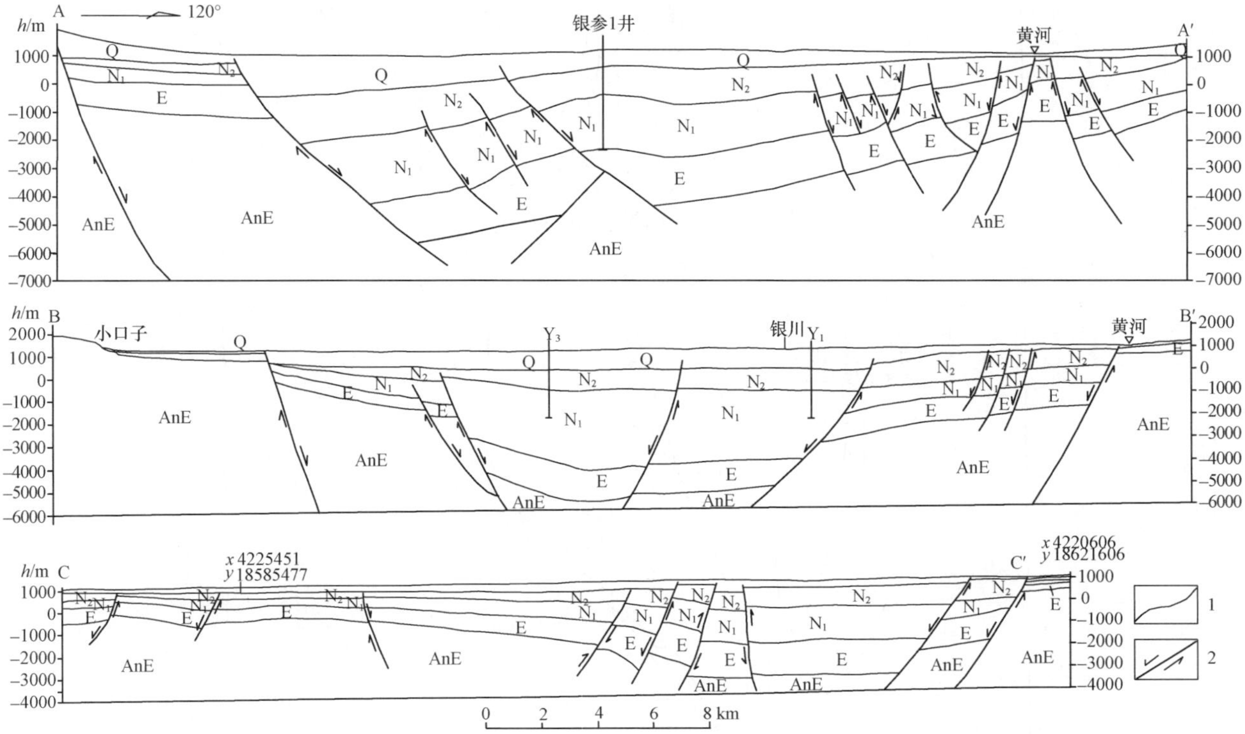

图35-32 银川盆地地质剖面图（剖面位置见图35-31）

Fig. 35-32 Sketch section of the Yinchuan basin

Q—第四系；N_2—上新统；N_1—中新统；E—渐新统；AnE—前渐新统；

1—地层界线；2—物探推测断裂；Y_1、Y_3—地热井位置及编号

3. 陶乐-彭阳冲断带（$Ⅲ_5^{1-1-3}$）

展布于车道-阿色浪断裂以西、黄河断裂与牛首山-罗山断裂以东地区，东接天环复向斜带，西邻银川断陷盆地、卫宁北山褶断带和香山褶断带。自北而南可分为4段：桌子山褶断带、陶乐-横山堡陆缘褶断带、韦州-马家滩褶断带、车道-彭阳褶断带。

（1）桌子山褶断带（$Ⅲ_5^{1-1-3(1)}$）

展布于正义关断裂东延以北的桌子山地区，主体位于内蒙古，宁夏仅涉及极少部分。褶冲带由东向西分别由千里山-桌子山东麓冲断带、千里山-桌子山背斜带和卡布其向斜带组成。千里山-桌子山东麓冲断带主要由一系列西倾东冲断层组成，致使包括古元古代片麻岩基底在内从长城系至二叠系的地层向石炭纪—侏罗纪地层逆冲，断层面大多沿石炭系—二叠系的煤系发育；南段被白垩系—第四系覆盖，可能与南部的铁克苏庙断层相接。

千里山-桌子山东麓冲断带的上盘为千里山-桌子山背斜带，背斜不对称，其轴部偏东，沿轴部出露古元古代千里山岩群基底片麻岩，向两侧地层依次从长城系至二叠系逐渐变新，与其西的乌达背冲带之间为宽缓的向斜褶皱——卡布其向斜带，褶皱轴与千里山-桌子山东麓冲断带近平行，为近南北走向，主要地层为石炭系—二叠系，地层总体产状向西缓倾，在接近岗德尔山东麓逆冲带时，逐渐转向向东缓倾，在逆断层的下盘往往出现地层倒转，形成轴面向东倾的挠曲构造。

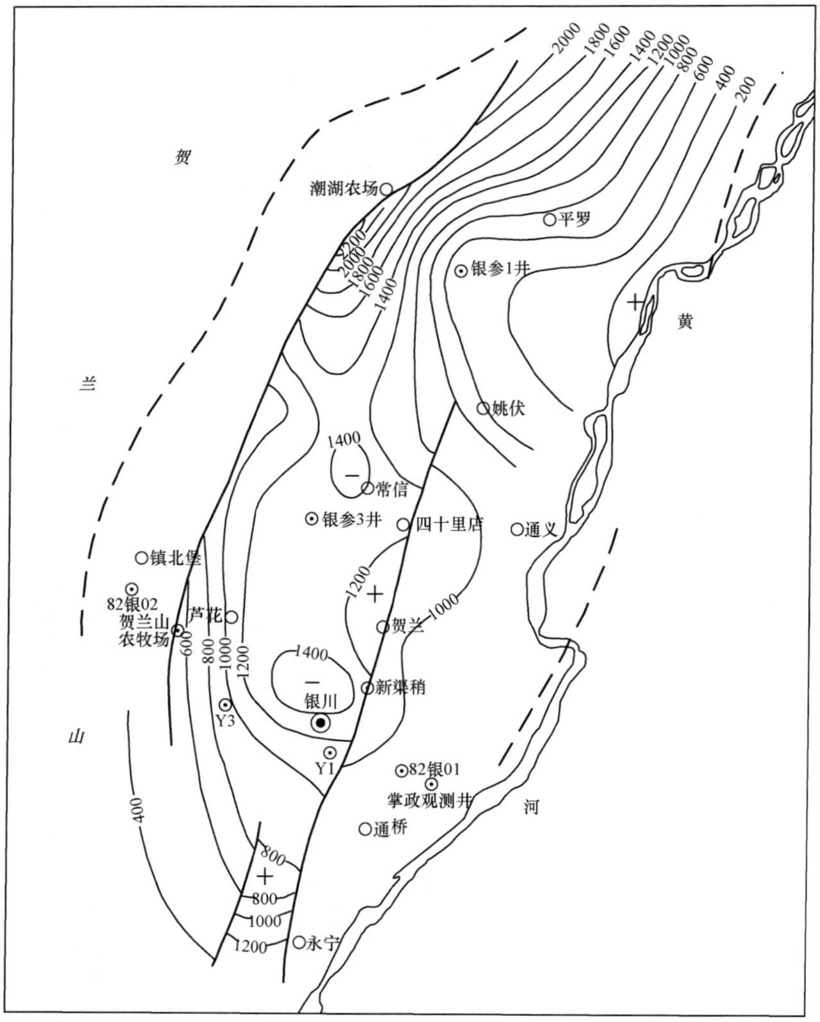

图 35-33　银川地堑永宁—平罗第四系残余厚度（m）图

（据长庆石油勘探局，2001，修改）

Fig. 35-33　Quaternary period residual sediment thickness map of Yongning-Pingluo at the Yinchuan graben

（2）陶乐-横山堡陆缘褶断带（$\text{Ⅲ}_5^{1-1-3(2)}$）

北界为正义关断裂东延，南界为灵武南到磁窑堡一带。东邻银川断陷盆地，由于周缘巨厚的新生代沉积覆盖，前新生代地层露头出露非常有限，仅在横山堡、灵武和磁窑堡之间有较大面积的三叠系至白垩系出露（图 35-34）。根据钻井资料和地震反射剖面解释，铁克苏庙—陶乐—横山堡地区的地层和构造与桌子山地区有相似性，其奥陶系完全可以对比，地层分布受近南北走向的冲断层控制。冲断带分为 3 段：北段陶乐—铁克苏庙主体构造为西倾东冲断层，前缘下盘出现反冲构造，形成三角带断裂，大多被古近系甚至白垩系覆盖，北段北延可与苛素乌断层相接；中段陶乐地区西倾东冲断裂被反冲的东倾西冲断裂强烈改造，部分断裂延伸到古近系；南段横山堡地区以东倾西冲断裂为主，在横山堡西北，下—中奥陶统天景山组灰岩向西逆冲到白垩系之上，任 2 井揭示天景山组灰岩在寒武系之下重复出现，横山堡和陶乐之间存在调整逆冲位移的右行走滑断层。从有限的露头来看，横山堡地区的冲断层切割寒武系—渐新统的地层，可能是贺兰山南段科学山冲断系统前缘的反冲构造，其形成是燕山期末—喜马拉雅期阿拉善微陆块向东持续挤压的结果，形成时间比西部的贺兰山逆冲席和北部桌子山褶皱冲断带要晚。上述北、中、南段 3 个地区不同的构造样式表明鄂尔多斯西缘北段的逆冲体系是呈弧形向南东发育，北段最早停止活动，南段强度最大，活动时间最长。各地区向东推进的时间和强度的差异被近东西向断裂调整。

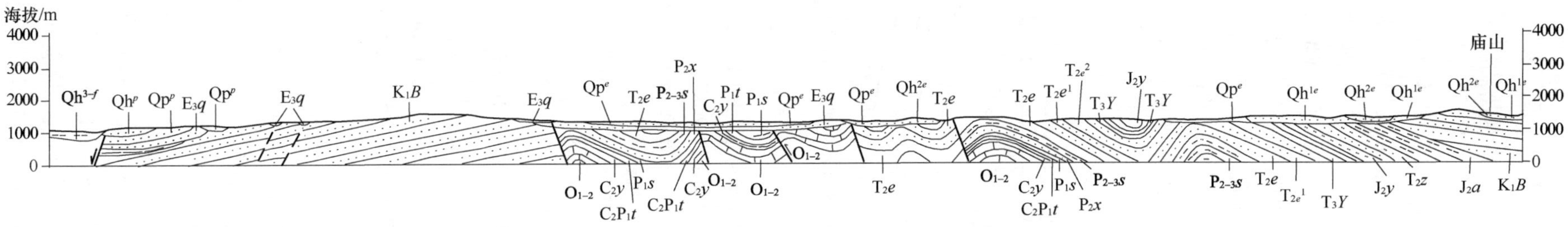

图 35-34　横山堡南（灵武—磁窑堡）地质构造剖面图

Fig. 35-34　Tectonic section of southern Hengshanpu (Lingwu-Ciyaopu)

地层代号说明见表 1-1

(3) 韦州–马家滩褶断带（$\mathrm{III}_5^{1-1-3(3)}$）

北界为灵武南—磁窑堡一带，南界大致在甜水堡一带。该褶断带为典型的前陆盖层滑脱型褶皱冲断层系，由一系列西倾的分支断层构成叠瓦扇，叠瓦扇由分支断层和底板断层构成。在剖面上，冲断席上宽下窄，反映了分支断层向下收敛的趋势（图 35–35）。自西而东冲断作用减弱，垂向断距变小，出露地层变新。青龙山–马家滩褶断带前缘带 T_9 滑脱面之上以脆性破裂和断弯、断滑褶皱为主。韦州–马家滩褶断带的大多数逆冲断层呈现低角度样式，在其东段金家渠–大水坑反冲断层呈高角度，但垂向断距小，与主断层构成前缘三角带。目前认为，逆冲断层在向前逆冲过程中，如果遇到断坡、前缘阻挡或是反作用时，会在逆冲前方发育反冲断层（Price，1986；朱志澄，1991），形成冲起构造或构造三角带。大水坑以东地区很少发育逆冲断层，说明高角度反冲断层的发育是前缘水平逆冲作用的吸收形式之一。韦州–马家滩褶断带以青龙山东麓–党家坬断裂为界，西侧为韦州–青龙山褶断带，东侧为惠安堡–马家滩褶断带。东侧的褶皱大多为不对称东翼陡、西翼缓的线形褶皱，而西侧作为逆冲构造的后缘，以大型的短轴背斜为主，断层上陡下缓，收敛于石炭系煤系地层或奥陶系的板岩地层之中。

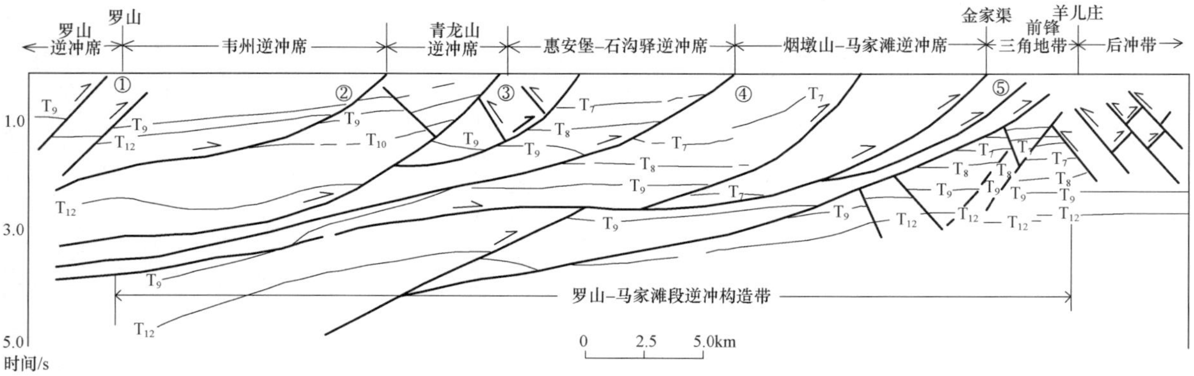

图 35–35 罗山–马家滩构造横剖面图（W→E）

（据长庆油田，1995）

Fig. 35–35 Section of the Luoshan–Majiatan thrust nappe structure

①牛首山–罗山断裂；②韦州–安国断裂；③青龙山–平凉断裂；④惠安堡–沙井子断裂；⑤马儿庄断裂

T_7—延长组第三段反射；T_8—二叠系顶界；T_9—石炭系煤层反射；T_{10}—奥陶系顶界；T_{12}—寒武系底界

A. 韦州–青龙山褶断带（$\mathrm{III}_5^{1-1-3(3a)}$）

韦州–青龙山褶断带由韦州复向斜（逆冲席）与青龙山复背斜（逆冲席）组成。韦州复向斜是一个向南（在红城水、下马关附近）仰起、向北倾伏的簸箕状向斜盆地。地表广布新生界，基岩出露较零星。其轴向自北向南由北北西转向南北，轴长约 55km，宽约 15km，北部被青龙山东麓–党家坬断裂所截，核部由上三叠统延长群组成（其上有宽缓的次级小褶皱），向两翼依次出露二叠系和石炭系（图 35–36）；向斜两翼不对称，西翼陡，倾角一般大于 30°，常受北西向断裂破坏；东翼较缓，倾角 10°~30°。

青龙山复背斜是一个不完整的南北向复背斜构造（图 35–37），西邻韦州复向斜，东与惠安堡–马家滩褶断带以青龙山东麓–党家坬断裂为界。复背斜长约 45km，北部宽 5km，倾伏端在北部太阳山附近，核部由蓟县系硅质条带白云岩组成，往西依次出露有震旦系、寒武系和奥陶系。

B. 惠安堡–马家滩褶断带（$\mathrm{III}_5^{1-1-3(3b)}$）

惠安堡–马家滩褶断带由惠安堡–石沟驿复向斜和烟墩山–马家滩褶断带组成。惠安堡–石沟驿复向斜轴向自北而南由北北西向转向近南北向，长逾 60km。核部地层为晚三叠世–侏罗纪地层，两翼为二叠纪—中三叠世地层，其上被古近系—新近系不整合覆盖。烟墩山–马家滩褶断带北起磁窑堡，南经马家滩至萌城，东以马家滩–甜水堡断裂（属车道–阿色浪断裂中段）为界，与盐池坳陷带（天环复向斜

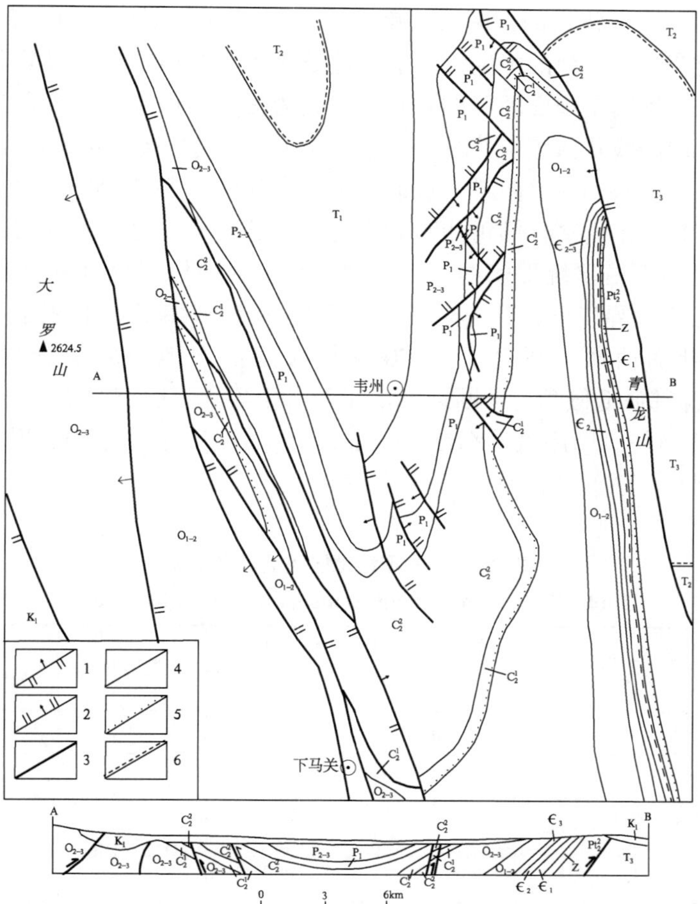

图 35-36　同心县韦州地区基岩地质图

Fig. 35-36　Sketch map of bedrock geology of the Weizhou district, Tongxin County, Ningxia

1—逆冲断层；2—正断层；3—性质不明断层；4—地质界线；5—不整合地质界线；6—平行不整合地质界线。K_1—下白垩统；T_3—上三叠统；T_2—中三叠统；T_1—下三叠统；P_{2-3}—中-上二叠统；P_1—下二叠统；C_2^2—上石炭统上部；C_2^1—上石炭统下部；O_{2-3}—中-上奥陶统；O_{1-2}—下-中奥陶统；ϵ_{2-3}—中-上寒武统；ϵ_2—中寒武统；ϵ_1—下寒武统；Z—震旦系；Pt_2^2—中元古界上部

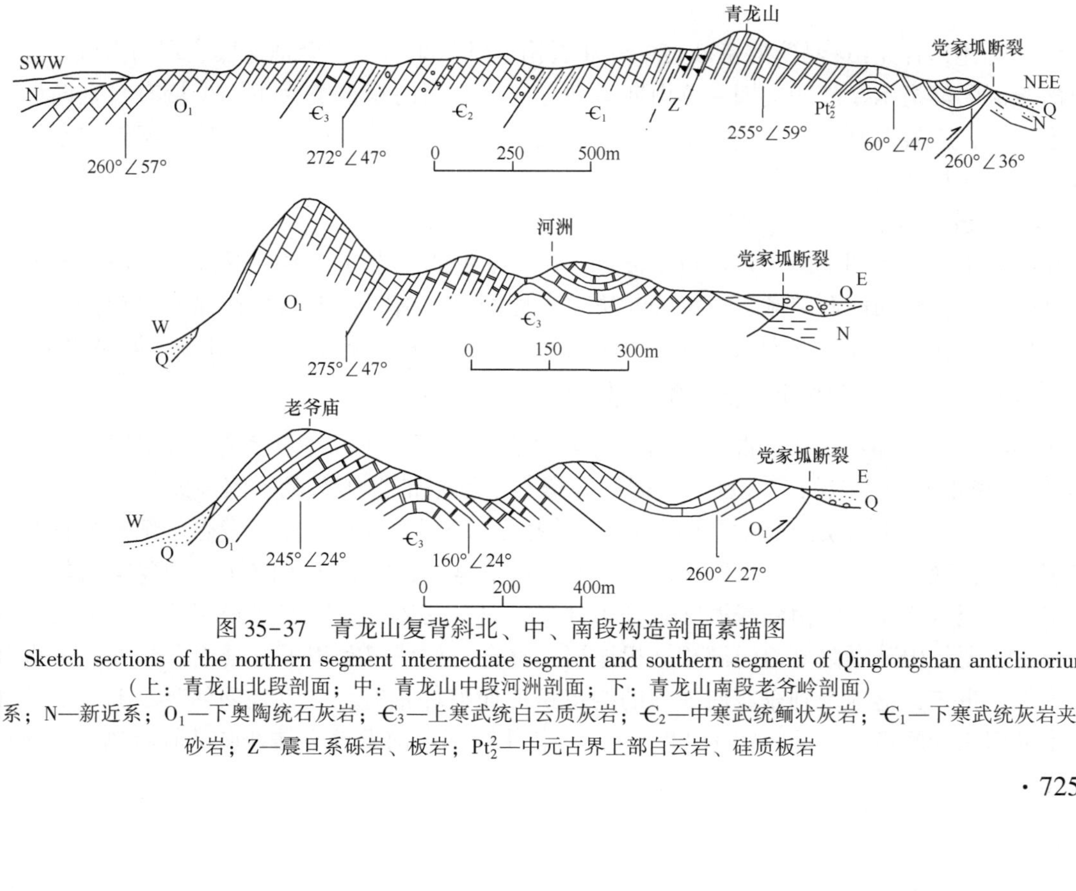

图 35-37　青龙山复背斜北、中、南段构造剖面素描图

Fig. 35-37　Sketch sections of the northern segment intermediate segment and southern segment of Qinglongshan anticlinoriump

（上：青龙山北段剖面；中：青龙山中段河洲剖面；下：青龙山南段老爷岭剖面）

Q—第四系；N—新近系；O_1—下奥陶统石灰岩；ϵ_3—上寒武统白云质灰岩；ϵ_2—中寒武统鲕状灰岩；ϵ_1—下寒武统灰岩夹砂岩；Z—震旦系砾岩、板岩；Pt_2^2—中元古界上部白云岩、硅质板岩

带）相邻，西至青龙山，为一狭长的褶断带，南北长约110km，东西宽10~50km。由于新生界覆盖，基岩出露很少。据地震资料，带内的中生代地层厚达数千米，原属中生代坳陷盆地，其下伏地层为二叠系、石炭系和奥陶系，奥陶系顶面埋深约4000m。据物探及钻探资料证实在中生界内自北而南发育了由北北西向转为南北向的线状褶皱与冲断裂，它们互相平行呈舒缓波状展布（图35-38）。褶皱自北而南、由西向东发育6个背斜和6个向斜，褶皱一般长逾20km，宽2~5km，大部分向北倾伏，背斜西翼常被断裂破坏而不完整，出露窄，倾角陡有时倒转，向斜构造反之。褶皱均由中生界组成，向斜轴部多为上侏罗统安定组和下白垩统保安群，背斜轴部则多为中侏罗统直罗组或上三叠统延长群（图35-39）。断裂亦隐伏于新生界以下，其走向与褶皱基本一致，断距由数百米至数千米不等，常与褶皱相伴出现。这些断裂断面西倾，倾角15°~70°。据长庆油田地震勘探资料（1977，1986，2002，2003），大部分断裂在深部属低倾角逆冲断裂，常在下古生界顶、底有收敛合并成层间滑动面的趋势，各断层的基本数据见表35-3。断距虽然都在1000m以上，但它们自烟墩山、冯家台一线向北、向南断距很快减小，均未切割石炭系、二叠系。

表35-3 马家滩地区主要断层要素

Table 35-3 Major fault elements in the Majiatan area

断层名称		惠安堡（老盐池）	沈家庄（雷鸡圈）	积家井（上台子）	摆宴井	苦水（李新庄西侧）	马家滩
断面倾角/(°)	浅部	35	40~50	60	60	70	65
	深部	15~20	25~30	30	31	40	40
断距/km	T_4	>3.5	2	2	1.5~2.8	1.5	0.5
	T_{11}	2		1.5		>1	0.3
	T_{12}	2		2		0.3	0.2
T_9水平断距/km		14		4	1.5	2	<2
T_4背斜轴比T_9轴东偏/km		7~10	5~6	4~5	4~5		3.5~3

（据吴紫电资料综合）

综上所述，青龙山-马家滩褶断带中的断裂构造以西倾为主，个别地段表现为东倾，据断层错动地层及褶皱倒向等指示断裂印支期—燕山期运动方向为自西向东推覆为主，少量有自东向西反冲，但断裂规模不大，应属西倾东冲主断裂系统发育过程中产生的背冲断层。喜马拉雅期除继承性逆冲外，多兼有右行走滑特征。

（4）车道-彭阳褶断带（$\mathrm{III}_5^{1-1-3(4)}$）

北起甜水堡，南到平凉。多被黄土覆盖，在沟谷中偶见中元古界—下古生界地层出露。主冲断层走向近南北向，断面向西陡倾，造成冲断块向东掩冲。该褶断带地震与钻井资料较少，地面可见到冲断推覆现象，在车道坡见奥陶系掩冲于白垩系之上，在谢家湾见震旦系逆冲于奥陶系之上。

（二）鄂尔多斯中生代坳陷（III_5^{1-2}）

该坳陷带包容鄂尔多斯早古生代陆表海盆（在宁夏暂称为盐池寒武纪—奥陶纪陆表海盆），展布于车道-阿色浪断裂以东的广大区域，据钻井资料，坳陷带下伏寒武系滨浅海相—陆棚边缘相的碎屑岩-碳酸盐岩建造和奥陶系开阔浅海台地相碳酸盐岩-碎屑岩沉积。坳陷带志留纪—早石炭世时隆起未接受沉积。在晚石炭世—三叠纪时伸展形成上叠坳陷盆地，晚石炭世时期为较稳定的华北型陆表海盆地，二叠系至三叠系主要由陆缘海陆过渡相含煤、泥炭碎屑岩地层和河湖相碎屑岩地层组成。其上被侏罗纪—白垩纪内陆坳陷盆地河湖相沉积地层不整合。侏罗纪沉积了富县组、延安组、直罗组和安定组；晚侏罗世末，盆地受到东西向强烈的构造挤压而整体抬升，在盆地西缘形成近南北向的长达600多千米的褶皱冲断带（陶乐-彭阳冲断带），在盆地西部山前发育东缓西陡的箕状坳陷，充填了芬芳河

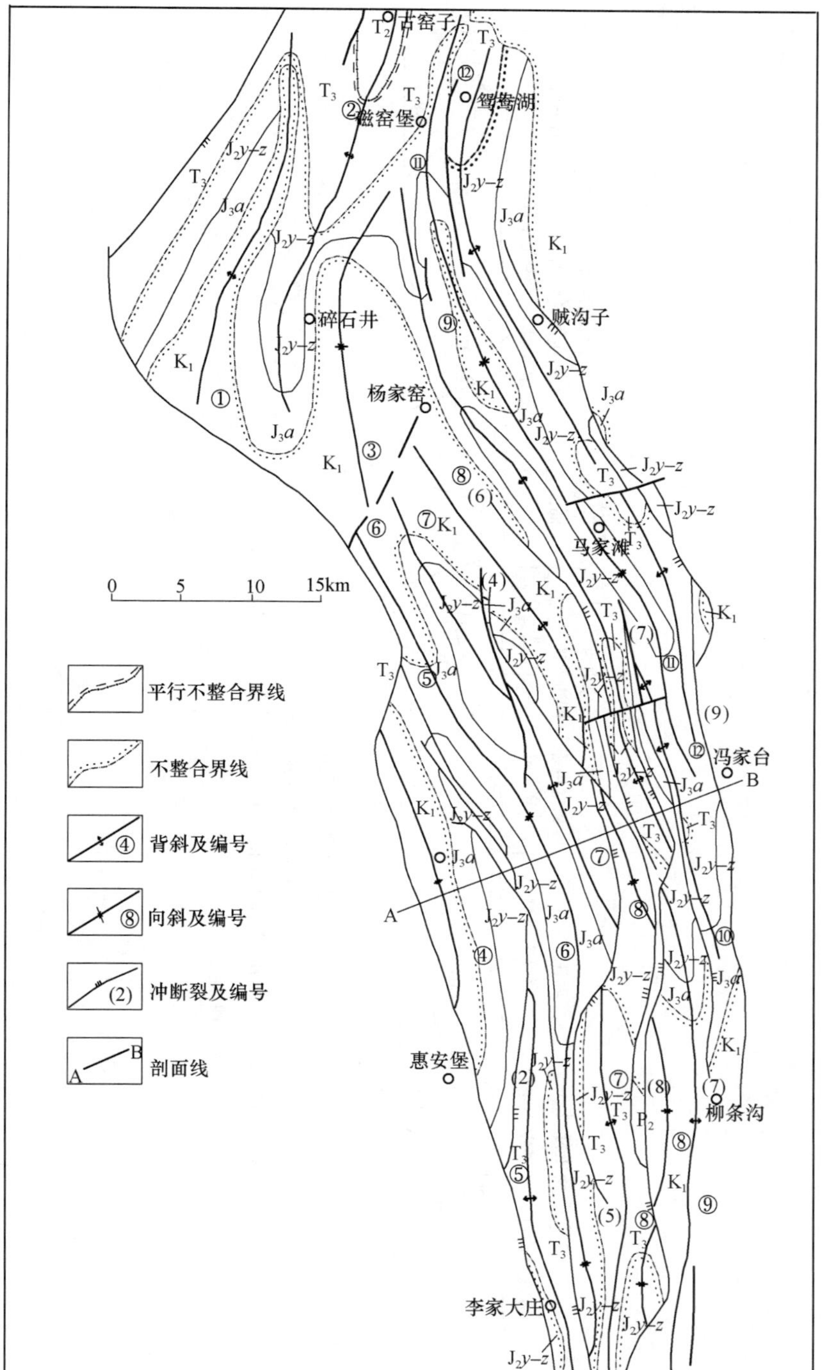

图 35-38　磁窑堡—马家滩—萌城基岩地质图

（据宁夏煤炭工业地质勘探队 1980 年资料修编）

Fig. 35-38　Sketch map of bedrock geology around Ciyaopu-Majiatan-Mengcheng, Ningxia

①面子山向斜；②刘家庄-碎石井背斜；③磁窑堡向斜；④烟墩山向斜；⑤沈家庄-杨庄背斜；⑥叶庄子-小沙湾子向斜；⑦积家井-甜水堡背斜；⑧海子湖-贺家窑向斜；⑨周家沟-于家梁背斜；⑩尖儿庄背斜；⑪长梁山-马家滩向斜；⑫鸳鸯湖-冯记沟背斜。(1) 老盐池-烟墩山冲断裂；(2) 于家台冲断裂；(3) 雷鸡圈冲断裂；(4) 上台子冲断裂；(5) 金家渠西侧冲断裂；(6) 于家梁冲断裂；(7) 杜窑沟冲断裂；(8) 李新庄西侧冲断裂；(9) 马柳（马家滩-甜水堡）冲断裂（属车道-阿色浪断裂中段）。地层代号说明见表 1-1

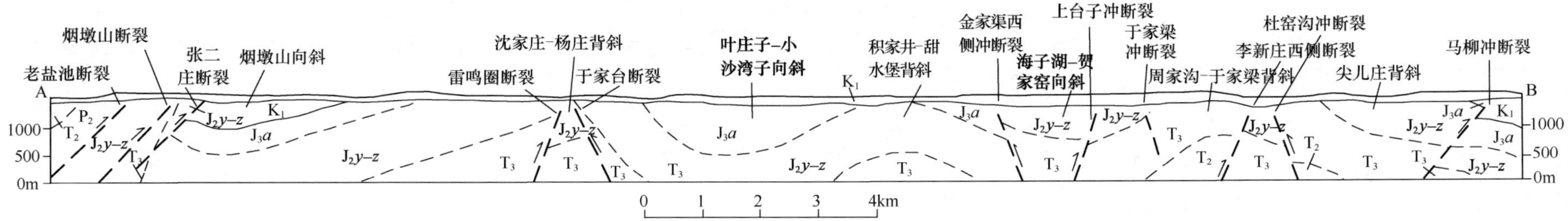

图 35-39　烟墩子—冯家台地区地质剖面图

（据宁夏煤炭工业地质勘探队 1980 年资料修编）

Fig. 35-39　Geologic section of the Yandunshan-Fengjiatai district, Ningxia

地层代号说明见表 1-1

组粗碎屑沉积，并形成了侏罗系与白垩系之间的不整合。早白垩世初期，鄂尔多斯盆地表现为前陆盆地性质，沉积了一套粗碎屑磨拉石建造。早白垩世早中期，鄂尔多斯盆地转化为伸展构造环境，伴生有拉斑玄武岩浆的喷溢（何自新，2003），发育断陷盆地，在宁夏沉积了洛河组和环河组，盆地沉积中心位于鄂托克旗—泾川一线（王玉新，1999；何自新，2003）。早白垩世晚期，盆地西北部转化为挤压构造背景，发育挤压坳陷盆地，沉积了罗汉洞组与泾川组，随着沉降中心的迁移，沉积物向西部和北部的盆地边缘超覆。早白垩世末燕山期构造运动形成天环复向斜。顶部为新生界构造层覆盖，主要为坳陷盆地河湖相沉积层，其次为冲洪积、风积层等。

天环向斜（$Ⅲ_5^{1-2-1}$）：由下白垩统保安群组成的向斜构造，向斜轴向近南北向，常舒缓波状弯曲，长逾100km，宽约20km。东翼宽缓，倾角一般3°~5°；西翼较陡，倾角一般7°~9°。据钻探和物探资料揭示，其轴部地层为泾川组、罗汉洞组，两翼多为罗汉洞组和宜君组，东翼由罗汉洞组、环河组和洛河组组成。复向斜内部尚发育一系列宽缓的次级褶皱，局部在一翼上发育有一些小型近东西向鼻状构造。地球物理特征上，复向斜轴部重力值较低，向两翼递增。

二、阿拉善微陆块（$Ⅲ_4$）

阿拉善微陆块（亦有人称之为阿拉善地块）呈三角形，是一个有独特活动特征的构造单元，微陆块面积约为70000km^2。南以龙首山断裂为界与祁连早古生代造山带相邻；西北边界以恩格尔乌苏蛇绿岩缝合带作为阿拉善与塔里木之间的边界；东部边界，北段为磴口-吉兰泰断裂，中段为贺兰山西麓断裂，南段为牛首山-罗山断裂。

由于阿拉善地区多为沙漠所覆盖，现在对其地质特征以及演化历史还不十分清楚。目前认为该微陆块形成于阜平期，具有双层结构，最古老的基底由新太古代—古元古代阿拉善岩群、龙首山岩群绿岩带和花岗岩类所组成，并构成花岗-绿岩区；在这套岩层中层间滑动断裂和推覆构造广泛发育。微陆块大部分地区盖层零星分布，在巴音希别地区盖层下部由浅变质的中、新元古界构成，两者之间为不整合；盖层上部局部见寒武纪—奥陶纪滨浅海相碎屑岩、碳酸盐岩沉积，微陆块主体多缺失下古生界。微陆块南缘的甘肃金昌西龙首山、东缘的贺兰山见寒武纪—奥陶纪沉积，二者完全可以对比（校培喜，2011），以陆缘斜坡盆地碎屑岩夹碳酸盐岩沉积为主，发育陆缘滑塌沉积。晚奥陶世晚期，受祁连造山运动影响，北祁连海沟系之走廊弧后盆地（景泰老虎山—海原弧后盆地）向阿拉善微陆块俯冲，香山陆缘斜坡盆地形成类似增生楔沉积体（腾格里早古生代增生楔），奥陶纪末期最终褶皱隆升，志留纪—泥盆纪时表现为前陆盆地，上叠石炭纪—早二叠世早期海陆交互相沉积及早二叠世晚期—第四纪陆相沉积。

阿拉善微陆块在显生宙构造热事件比较显著，地块的西北部因处于晚古生代活动大陆边缘，在雅布赖—巴音诺尔公一带发育了大量的钙碱性岩浆岩体（杨振德，1988；王廷印，1994）及二叠纪火山喷发形成的中酸性熔岩及其碎屑岩。侏罗纪，在该块体上发育了一系列北东向和北西向的断陷盆地，如雅布赖盆地、巴彦浩特-吉兰泰盆地。这些盆地的形成与该地块在侏罗纪后期发生向东的运动有关（Stephen J. Vincent et al.，1999；高山林，2001）。中、新生代的地层主要分布于这些断陷盆地中。在盖层中的层间滑动断裂和推覆构造强烈发育，它们使地层发生逆掩重复，甚至将基底地层推覆在古近系—新近系之上。总之，阿拉善微陆块现在的位置及构造样式是经过复杂的构造变动如大规模的推覆、滑移、火山活动、块体旋转才最终定型的。阿拉善微陆块主体位于内蒙古自治区境内，宁夏仅跨入其东南缘的腾格里早古生代增生楔西南部。

腾格里早古生代增生楔（$Ⅲ_4^1$）总体呈一三角形展布：北界为查干布拉格-土井子断裂，东界为贺兰山西麓断裂至牛首山-罗山断裂，南界为香山南麓断裂，包括腾格里沙漠南部、贺兰山南段和卫宁北山—牛首山—罗山—香山等广阔区域。早古生代时该区域沉陷明显比鄂尔多斯地块西缘及阿拉善微陆块内部深，沉积厚度大。本《志》动态区划为香山—卫宁北山寒武纪—奥陶纪陆缘斜坡盆地。

区域资料表明，寒武纪时，贺兰山由北向南水体变深，至贺兰山南段，生物组合出现华北型和祁连型的三叶虫过渡混生现象。贺兰山三关口以南—元山子—科学山—前古城子地区，寒武纪—奥陶纪地层分布较广。古城子—土井子地区，自北而南发育中—上寒武统阿不切亥组（含砾板岩、砾屑灰岩、变质砂岩、粉砂岩及灰岩），总厚度达700m以上，大大超过了贺兰山中北段的同组地层厚度（一般在200m左右），揭示了鄂尔多斯西缘贺兰山南段—香山陆缘南倾的特征。阿不切亥组在元山子一带为潮间—潮下带台地边缘浅滩相沉积，向南至科学山—古城子地区，逐渐向台地前缘斜坡相沉积转换，表明其位于陆缘斜坡盆地北缘大陆架滨、浅海向陆坡的转折地带。柳树沟、塔塔沟、峨眉山（敖包山）、二靴头一带的奥陶系天景山组，为一套厚约2600m的台地边缘浅滩相碳酸盐岩沉积，在柳树村、大十字沟等地见天景山组顶部发育滑塌构造，说明中奥陶世早期已萌生了台地浅滩边缘斜坡的迹象。

中奥陶世牯牛潭期—庙坡期，受走廊弧后盆地（景泰-海原弧后盆地）扩张的影响，在阿拉善微陆块、鄂尔多斯地块相对运动的作用下，贺兰山南段—香山地区发生强烈拗陷，三关口、大十字沟、前古城子、车路弯子、柳树村等地和香山地区的米钵山组均由碎屑流、泥石流、浊流沉积及垮塌碳酸盐岩堆积和含笔石泥质岩沉积等组成，岩性岩相组合表明其属大陆斜坡坡脚地带的浊积扇沉积。厚度变化剧烈，米钵山地区东薄西厚（695~1660m），牛首山地区北薄南厚（4100~6624m）。

晚奥陶世，南部香山地区转化为大陆斜坡—次深海、深海盆地，接受了巨厚（厚5022.1~15155.2m）的香山群以碎屑岩、泥质岩为主体夹薄层灰岩、硅质岩、角砾岩等次深海—深海沉积。受北祁连造山运动影响，晚奥陶世晚期香山群磨盘井组沉积时，正是北祁连海沟系向阿拉善微陆块俯冲阶段，走廊弧后盆地之景泰老虎山-海原弧后盆地向阿拉善微陆块俯冲，香山—贺兰山南段地区形成类似增生楔一样的地体，表现为向弧后盆地方向生长的一系列楔状叠加的沉积层。经后期逆冲推覆而形成一系列倾向陆块的叠瓦状逆冲岩片（由南西向北东分别为香山岩片、黑鹰湾山岩片、土井子-古城子-牛首山-罗山岩片、巴彦浩特岩片）依次楔入老沉积断片之下，南西侧最新的沉积位于最底部，随着持续汇聚，南西侧岩片推挤北东侧岩片使之向上拱起，叠瓦体每一断片内的层序是正常的，但总层序却是倒转的。尽管香山—卫宁北山寒武纪—奥陶纪陆缘斜坡盆地与增生楔遭受了后期改造，特别是受到宁南弧形构造带、贺兰山褶断带两大冲断层系统的复合、叠加和破坏，但中—晚奥陶世香山—卫宁北山寒武纪—奥陶纪陆缘斜坡盆地环境与增生楔形成的岩石-地层-构造格架仍然保留无遗。

总之，香山—卫宁北山寒武纪—奥陶纪陆缘斜坡盆地的沉积和构造演化经历了初期滨、浅海，早期凹陷，中期强烈沉陷到最后抬升隆起的演化过程。寒武纪—早奥陶世早期为正常的滨、浅海沉积，早奥陶世晚期至中奥陶世早期，被动陆缘尚处于早期凹陷阶段，此时贺兰山—香山一带与广阔的华北陆块浅海区相连，形成了与华北腹地相似的天景山组台地碳酸盐岩沉积，但地层厚度比华北腹地明显增大，显示了沉陷地带的沉积特征。中奥陶世晚期至晚奥陶世初期，贺兰山南段—香山地区被动陆缘进入了中期强烈沉陷阶段，此时于阿拉善微陆块东南侧大致以磴口-吉兰泰断裂—贺兰山西麓断裂—牛首山-罗山断裂为界，南西侧发育一坡度较大的大陆斜坡，在此大陆斜坡坡脚地带形成了巨厚的以重力流为主的米钵山组斜坡相沉积。晚奥陶世早期陆缘斜坡盆地继续强烈沉陷，并扩张成一相当宽的近南北向深水坳陷带，此坳陷带与秦祁海槽相通，形成了巨厚的以浊流沉积为主的香山群深海浊积扇沉积，包括3个向上厚度变薄、粒度变细的退积型（海侵）的层序，显示属陆缘斜坡盆地扩展时期的沉积，相组合表明扇顶位于贺兰山南段，阿拉善微陆块和鄂尔多斯地块为物源供给区。奥陶纪晚期，陆缘斜坡盆地因景泰-海原弧后盆地向北俯冲而抬升隆起，结束了香山—卫宁北山寒武纪—奥陶纪陆缘斜坡盆地的沉积历史，志留系不整合于香山群之上。志留纪—中泥盆世碰撞造山时期，香山北缘表现为前陆盆地沉积，加里东晚期（祁连运动）使志留系褶皱隆起，北祁连海槽与香山前陆海相盆地最终关闭，华北陆块与中祁连陆块聚合。之后进入统一的板内演化阶段，晚泥盆世—中二叠世为陆内挤压-伸展演化阶段；晚二叠世—中三叠世持续为陆相盆地形成阶段；晚三叠世为陆内伸展与褶皱冲断阶段；侏罗纪—古新世为板内拗陷与强烈变形构造阶段（燕山期)；始新世—全新世为盆-岭构造演化阶段（喜马拉雅期)。最终形成青藏高原东北缘之宁南弧形构造带和盆-山构造地貌。

腾格里早古生代增生楔在宁夏境内的四级构造单元称为卫宁北山—香山晚古生代前陆-上叠盆地（III_4^{1-1}）。

卫宁北山—香山晚古生代前陆-上叠盆地（III_4^{1-1}）展布于牛首山-罗山断裂与香山南麓断裂之间，是在香山—卫宁北山寒武纪—奥陶纪陆缘斜坡盆地基础上，在志留纪—泥盆纪弧（北祁连弧盆系)-陆（阿拉善微陆块）碰撞造山过程中转化为前陆盆地，石炭纪—二叠纪在碰撞造山后进一步转化为伸展型上叠盆地。经印支期以来的各期次运动尤其是燕山期—喜马拉雅期运动过程中的褶皱、断裂、逆冲推覆，最终形成盆山相间的构造格局，也是宁南弧形构造带（后述）的主要组成部分。

根据本构造带中、新生代以来的构造变形特征，进一步划分为5个五级构造单元。

（一）贺兰山南段褶断带（III_4^{1-1-1}）

位于贺兰山南段内蒙古围沟井以南、毛土坑山南麓—大茇茇沟一线以北地区，北东界为牛首山-罗山断裂，东界为卫宁北山东麓隐伏断裂（渠口—广武一线），南界为毛土坑山南麓断裂，南北长45km。主要由前锋构造牛首山-罗山断裂和土井子-古城子逆冲岩席、科学山-新井侏罗纪断陷盆地组成。在古生代地层组成的东西轴向褶皱带（自北而南紧密排列着科学山向斜、大战场背斜、乌疙瘩背斜、白崖子背斜、车路弯子背斜、上井向斜、后古城子背斜、前古城子背斜、前古城子向斜）上叠加了轴向南北的科学山-新井侏罗纪断陷盆地。盆地内主要为中侏罗世下部含煤碎屑岩建造和上部红色碎屑岩建造，总厚逾2400m。盆地西缘被大战场-新井断裂切截，长达20km以上，断面西倾，倾角20°~70°，断裂呈舒缓波状，见古生代地层向东逆冲推覆于侏罗纪地层之上，形成科学山冲断席；盆内侏罗纪地层走向南北，倾向东，倾角20°~30°；盆地东缘相继又接受了早白垩世新井—庙山湖前陆盆地沉积和古近纪—新近纪河湖相沉积，并被北西向断裂切割。

贺兰山南段褶断带北缘为围沟井逆冲断裂带（牛首山-罗山断裂之北西段)，带内构造极其复杂，详细考察本逆冲断裂带的土井子—围沟井剖面（长庆油田02xy08），在白胜井和土井子之间主要出露奥陶系米钵山组，主要岩性为粉砂质板岩、石英砂岩夹碎屑灰岩，其中板岩通常强烈变形，形成褶皱枢纽近东西—北西西向的紧闭褶皱和顺层褶皱（轴面北倾，图35-40（A)、(B））,夹在板岩中相对强硬的灰岩常呈布丁构造产出；部分地段出露向南倾的逆冲断层（断层面320°∠32°~3°∠45°）（图35-40（C)、(D））；较厚层的灰岩通常形成复杂的螺旋状褶皱，呈东翼陡西翼缓、南翼陡北翼缓的形态，这类褶皱被两组不同方向的断裂错断：北东走向右行走滑断裂与北西走向右行斜滑断层（断面45°∠50°）（图35-40（E））。在围沟井一带，奥陶系则以北西—北西西走向断层与其南部的泥盆系和侏罗系构造接触，导致包括寒武纪—奥陶纪地层向侏罗纪—白垩纪地层逆冲。尽管从地层控制和断面产状来看，该组断层应该为北倾南冲的断层（70°∠81°，68°∠72°）（图35-41)，但露头上测得的擦痕线理却是北盘下降的正滑阶步线理和向北东或南东斜滑的走向线理，表明该断裂活动方式和期次都不是单一的。该断裂应该与其南东的大坝西逆冲断层（又名围沟井逆断层）相接，导致包括寒武纪—奥陶纪在内的地层向侏罗纪—白垩纪地层逆冲。

根据地震反射剖面02xy08的解译（图35-42)，本地区为一系列的西倾东冲岩席（片），而地表的资料表明还存在相对早期的南北向挤压构造和相对晚期的北西向冲断层（可能是北部三关口冲断层的背冲岩片)，西倾东冲构造是被夹在下部主滑脱面和上部反冲构造之间的早期构造，主滑动面推测应该在T_9（石炭系）反射层。

（二）卫宁北山褶断带（III_4^{1-1-2}）

祁连运动后，由于断裂活动，使造山带更加高耸雄伟，遭受长期剥蚀。而在深大断裂附近及造山带前缘，形成前陆盆地和一些山间凹陷盆地，沉积了中泥盆统石峡沟组河湖相红色碎屑岩建造。中泥盆世末的宁夏运动，使前陆盆地遭受褶皱，经短暂剥蚀后，至晚泥盆世沉积了中宁组河湖相红色碎屑岩建造，局部见有滨浅海相粉砂岩及灰岩沉积，产海相介形类化石。泥盆纪末期至石炭纪早期，前陆

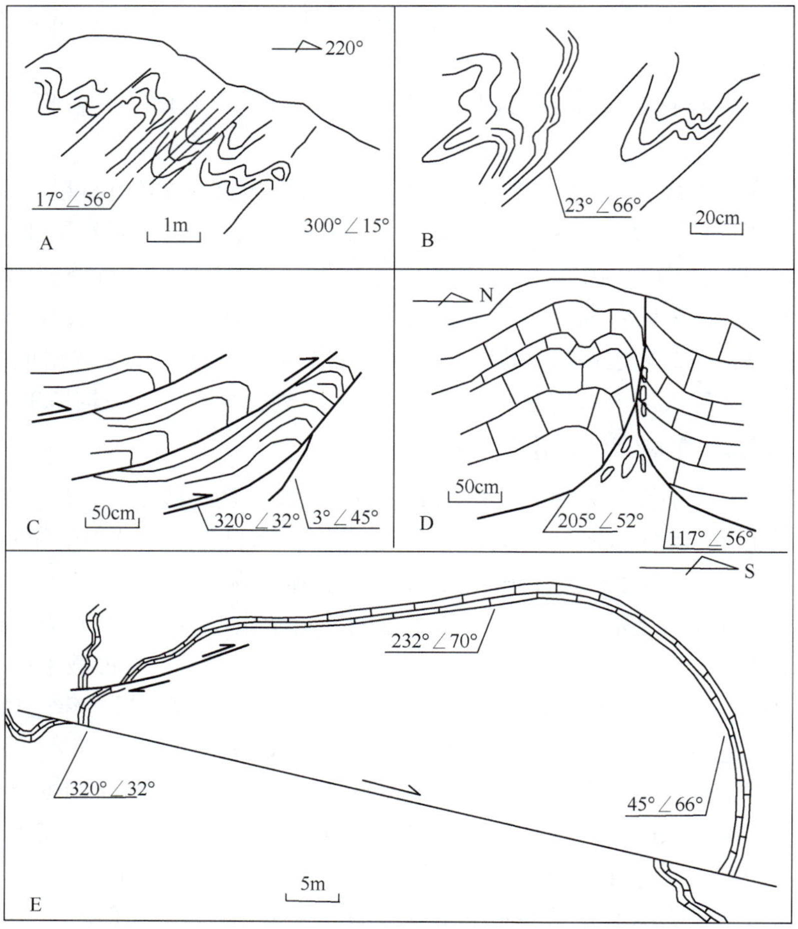

图 35-40　白胜井奥陶系灰岩—页岩中的褶皱和断裂素描

Fig. 35-40　Geological map and sketch section of the Baishengjing Ordovician limestone-shale fold and fault

A—D 为剖面图，E 为平面图

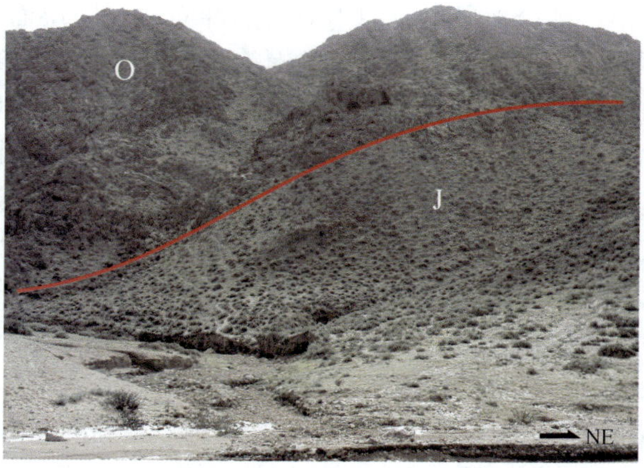

图 35-41　围井沟奥陶系灰岩（O）向南西逆冲到侏罗系（J）之上

Fig. 35-41　Field photo showing the Weijinggou Ordovician limestone upthrust to Jurassic

盆地隆起，在造山隆起带后缘表现为伸展构造环境，发育了具有上叠盆地特征的陆缘滨浅海（潟湖）盆地沉积。

早石炭世早期发生海侵，海水自西向东进入本区，形成一向西开口的海湾盆地，即景泰-卫宁盆地，前黑山组即形成于该海湾盆地东部滨岸地带，前黑山组为一海侵序列，沉积类型有潮坪沉积、潟湖沉积和障壁岛沉积。早石炭世早期末，盆地略有抬升，海水一度收缩，部分地区遭受剥蚀。早石炭

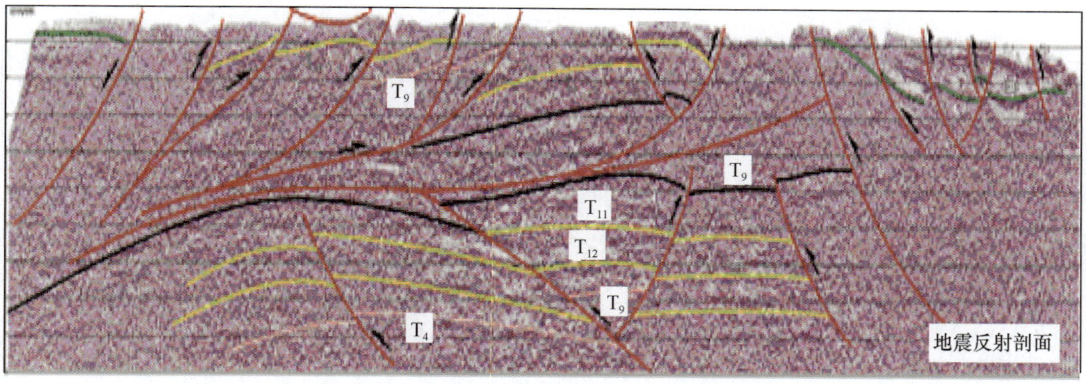

图 35-42 02xy08 地震剖面的断裂构造解释

（据长庆油田东方公司修改）

Fig. 35-42 Fault structure explanation of seismic prospecting profile 02xy08

T_4—侏罗系延安组顶界；T_9—石炭系煤层反射；T_{11}—奥陶系底界；T_{12}—寒武系底界

世晚期开始，盆地下降，复又海侵，沉积了臭牛沟组，下部由潮坪沉积的砂岩、泥岩、炭质泥（页）岩等组成，上部为浅海相的灰岩和泥岩沉积。晚石炭世早期，祁连海与华北海沟通，整个北祁连—河西走廊地区同华北一样，呈现为广阔的陆表海环境。晚石炭世沉积了靖远组—羊虎沟组滨海沼泽相—三角洲相。晚石炭世晚期至早二叠世早期在频繁的海水进退作用下，形成了太原组三角洲相沉积。早二叠世早期末，本区抬升隆起，海水退出，结束了海相沉积历史。

总体来看，卫宁前陆盆地石炭纪—早二叠世早期地层是在基底拗陷下沉、盆地范围不断扩大的构造背景下形成的，沉积盆地呈现为近东西向狭长海域，阿拉善古陆、陇西古陆、鄂尔多斯古陆和中祁连隆起为主要的物源供给区。海水主要是由南—西南向北—北东方向侵进，早石炭世以海进作用为主，沉积环境基本为半封闭的海湾，沉积相以碎屑岸线为主。晚石炭世至早二叠世早期整体演化为陆表海环境，海水时进时退（总体处于海退），发育进积类（建设性）的浅覆水河控并受潮汐作用影响的三角洲。早二叠世早期末，海水退出卫宁前陆盆地。

卫宁北山前陆-上叠盆地经华力西—印支期褶皱运动，盆地全面褶皱隆起，形成卫宁北山褶皱带，再经燕山期、喜马拉雅期逆冲推覆作用改造，形成现今的卫宁北山褶断带（图 35-43），镶嵌于烟洞山-小关山冲断带与贺兰山南段土井子-古城子褶断带之间。北以前古城子冲断层为界，南以常乐-中宁断裂（隐伏）为界，东西长约 140km，南北宽约 80km。它以晚古生界的泥盆系、石炭系为主体，基底层为下古生界的奥陶系。发育一系列走向东西、呈舒缓波状的线性褶皱和冲断群。自北而南可进一步划分为照壁山北复向斜、照壁山-芨芨沟复背斜（图 35-44）、麦垛山复向斜（图 35-45）、土窑复背斜等复式褶皱，构成较典型的阿尔卑斯型造山带褶皱样式。褶断带因受其他构造复合与干扰，使其错综复杂，构造线方向常向北或向南偏转，呈北东东或南东方向。

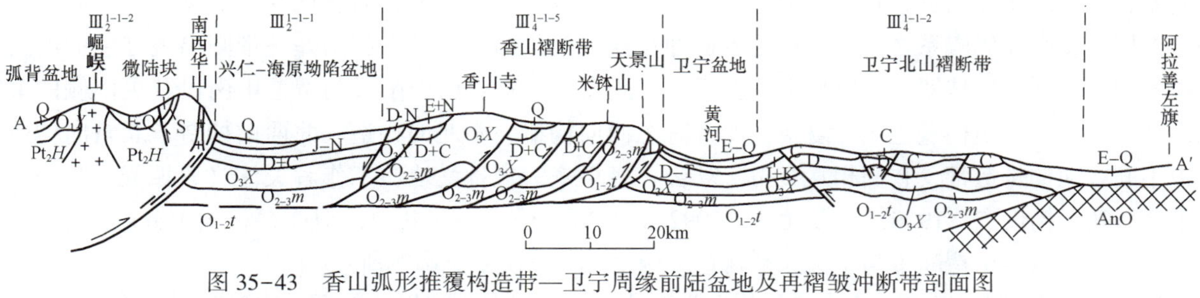

图 35-43 香山弧形推覆构造带—卫宁周缘前陆盆地及再褶皱冲断带剖面图

Fig. 35-43 Sketch section of the Xiangshan arcuate thrust nappe structure-Weining peripheralforeland basin and refold-thrust fault zone

（剖面位置见图 35-6A-A′；地层代号说明见表 1-1；$Ⅲ_4^{1-1-2}$—构造单元编号，说明见正文）

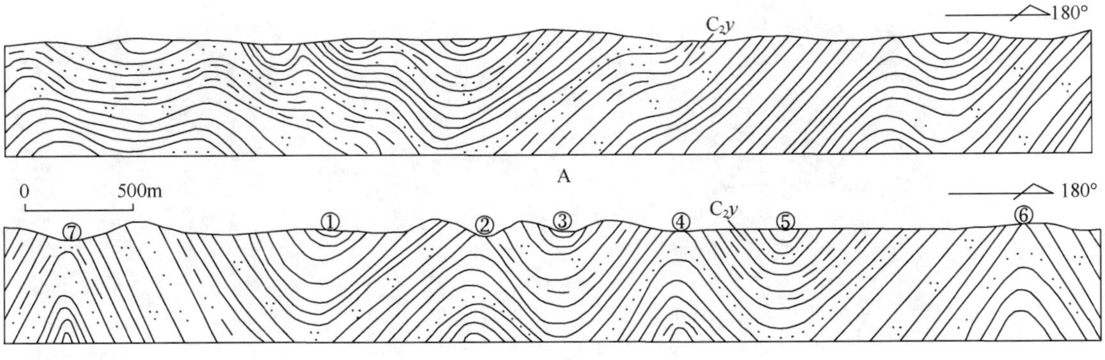

图 35-44 照壁山-芨芨沟复背斜剖面图

Fig. 35-44 Sketch section of the Zhaobishan-Jijigou anticlinorium in Ningxia

A—照壁山北复向斜；B—照壁山-芨芨沟复背斜

①干沟圈-马道梁向斜；②芨芨井南背斜；③芨芨井南向斜；④喇嘛洞子背斜；⑤喇嘛洞子向斜；⑥碱沟山-大石头井背斜；⑦中梁南背斜。C_2y—羊虎沟组

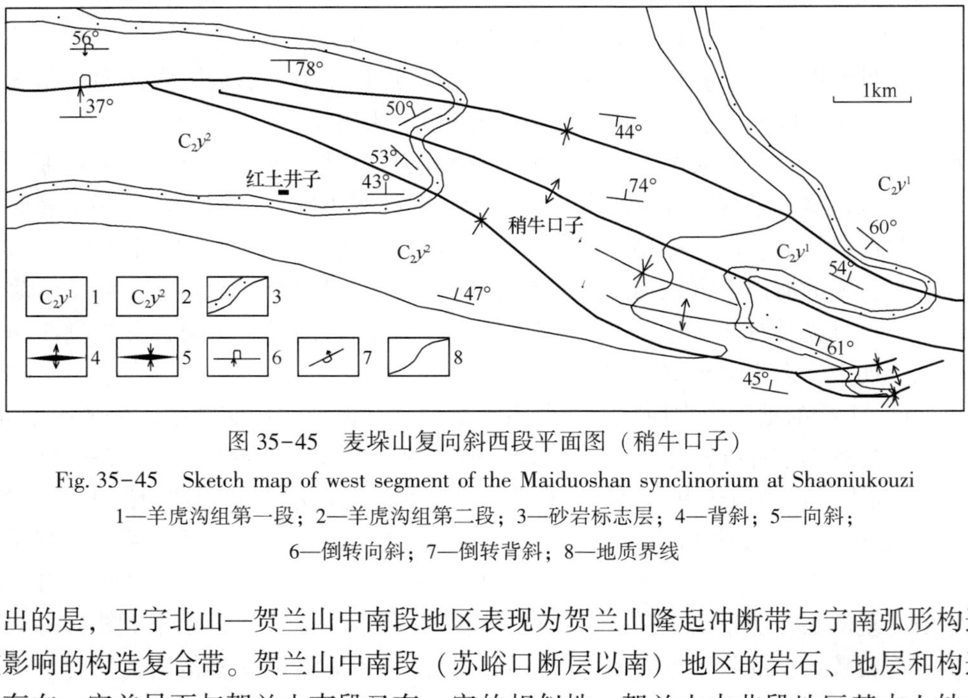

图 35-45 麦垛山复向斜西段平面图（稍牛口子）

Fig. 35-45 Sketch map of west segment of the Maiduoshan synclinorium at Shaoniukouzi

1—羊虎沟组第一段；2—羊虎沟组第二段；3—砂岩标志层；4—背斜；5—向斜；6—倒转向斜；7—倒转背斜；8—地质界线

需要指出的是，卫宁北山—贺兰山中南段地区表现为贺兰山隆起冲断带与宁南弧形构造带两个冲断系统双重影响的构造复合带。贺兰山中南段（苏峪口断层以南）地区的岩石、地层和构造形态与贺兰山中北段存在一定差异而与贺兰山南段又有一定的相似性。贺兰山中北段地区基本上缺失奥陶系和泥盆系，发育北东向构造；贺兰山中南段与贺兰山南段一样，都发育有奥陶系，石炭纪—二叠纪—三叠纪地层不整合在奥陶系之上，并被后者逆冲覆盖。南段的土井子—围沟井一带则出现红色的泥盆系磨拉石建造。同时，侏罗系—白垩系—新近系广泛发育。贺兰山中南段与贺兰山南段及更南侧的卫宁北山地区一样，地质构造也颇为复杂，发育有东西向构造、南北向构造、北西向构造、北东向构造等多组不同方向的构造带，它们相互交切、复合。多年来一直备受地质工作者关注（李四光，1954；刘和甫，1990；杨俊杰，1990；汤锡元等，1992），尽管取得了一些共识，但亦存在不少分歧。本《志》认为它们是受贺兰山褶断带与宁南弧形构造带两个冲断系统双重影响所致。

尽管牛首山-罗山断裂是宁南弧形构造带的北东界，但在断裂以北的贺兰山中南段（三关口地区）至土井子—围沟井—大坝地区还发育一系列北西—北西西向断裂，可能是该断裂的北侧影响区域。从区域构造上看，本地区为贺兰山隆起冲断带和宁南弧形构造带两冲断系统的复合带，表现为一系列逆冲岩片向北东或者北北东推覆到贺兰山中北段冲断体系之上（图 35-46），可以分为北段轴部出露结晶基底（吕梁期英云闪长岩和少量古元古代变质岩）的赵池沟-黄旗口褶皱冲断带和南段的三关口南褶皱冲断带、土井子-古城子褶断带以及卫宁北山冲断席。

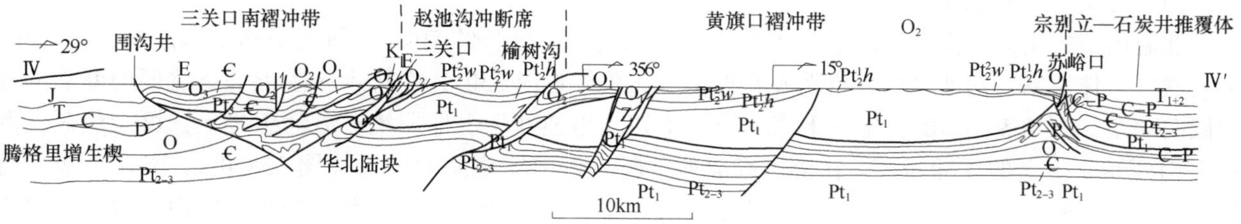

图 35-46　苏峪口—榆树沟—围沟井构造剖面图

（剖面位置见图 35-7 中Ⅳ-Ⅳ′）

Fig. 35-46　Tectonic section of Suyukou-Yushugou-Weigoujing

E—古近系；J—侏罗系；T—三叠系；P—二叠系；C—石炭系；D—泥盆系；S—志留系；Є—寒武系；O—奥陶系；Pt_{2-3}—新元古界-中元古界；Pt_2^2w—王全口组；Pt_2^1h—黄旗口组；Pt_1—古元古界

（三）牛首山-罗山冲断带（$Ⅲ_4^{1-1-3}$）

展布于牛首山—罗山—崆峒山及其西邻广大区域内，呈北北西转南北向展布，夹持于牛首山-罗山断裂与烟筒山-窑山断裂之间。变形以逆冲推覆断裂为主，间有中、新生代断陷盆地。出露地层有奥陶系米钵山组、香山群，泥盆系石峡沟组、中宁组，石炭系臭牛沟组、羊虎沟组，上石炭统—下二叠统太原组，白垩系庙山湖组、六盘山群和古近系—新近系、第四系。在加里东期—印支期强烈构造变形基础上，燕山期发生了较强的逆冲推覆作用，北北西向褶皱断裂极为发育。喜马拉雅期在牛首山—罗山东、西两麓构造活动更趋强烈，挽近时期地震活动频繁。

牛首山-罗山冲断带可进一步分为两个亚带：牛首山-罗山-崆峒山逆冲推覆岩席和中宁-红寺堡新生代坳陷盆地（图 35-47）。

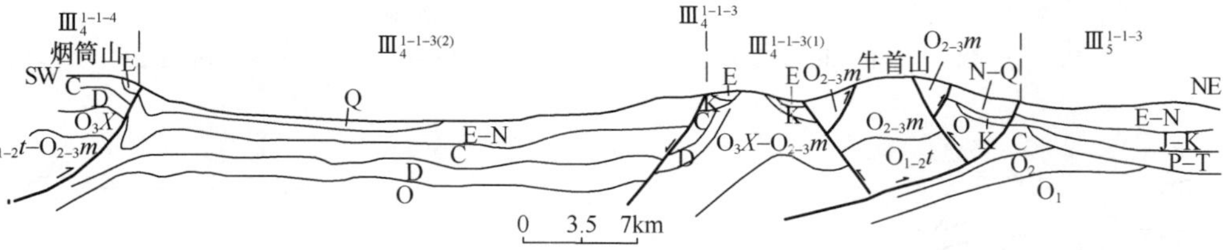

图 35-47　牛首山—罗山冲断带剖面图

Fig. 35-47　Section of the Niushoushan-Luoshan thrust fault zone

Q—第四系；E-N—古近系-新近系；J-K—侏罗系-白垩系；P-T—二叠系-三叠系；C—石炭系；D—泥盆系；O—奥陶系；O_3X—香山群；$O_{2-3}m$—米钵山组；$O_{1-2}t$—天景山组；$Ⅲ_4^{1-1-4}$—构造单元编号，说明见正文

1. 牛首山-罗山-崆峒山逆冲推覆岩席（$Ⅲ_4^{1-1-3(1)}$）

展布于牛首山—罗山—崆峒山山体中，由古生代—中生代地层组成的牛首山—罗山—崆峒山山体逆冲于古近系—新近系乃至第四系之上，上覆岩席内部褶皱、断裂发育，变形强烈，甚至出现多组反冲推覆断裂（倾向北东），形成飞来峰（牛首山地区）。后缘牛首山西麓出现伸展滑覆，古近系—新近系以正断层形式滑覆于白垩系、石炭系之上。

牛首山-罗山-崆峒山逆冲推覆岩席前缘主边界断裂为牛首山-罗山断裂（亦称青铜峡-固原断裂），向北西直达贺兰山南段的围沟井，总体走向 335°，区内延长约 350km。前人认为它代表北祁连褶皱造山带东北边缘断裂，东侧为鄂尔多斯地块西缘褶带。本《志》认为其为香山-卫宁北山寒武纪—奥陶纪陆缘斜坡盆地与贺兰山-青龙山寒武纪—奥陶纪陆缘坳陷带的分界线，亦是贺兰山隆起冲断带与宁南弧形构造带的分界线，还是新生代中宁盆地与银川盆地的分界线。断裂带重力场特征显示为北西向的重力梯度带，航、卫片线性影像特征明显，两侧地貌反差大，南西侧多为基岩山地，北东侧为洪积扇裙。可分为3段：北段为土井子-牛首山断裂，中段为罗山东麓断裂，南段为崆峒山东麓断裂。

（1）土井子-牛首山断裂

北起内蒙古土井子南，向南经柳木高达牛首山地区，全长约70km。断裂切割了寒武系、奥陶系、上泥盆统、侏罗系、白垩系、古近系及新近系等。总体走向330°，在柳木高附近一条北西向断裂的断面倾向北东，倾角50°~70°，中—上寒武统阿不切亥组逆冲于上侏罗统芬芳河组之上，可能代表主断裂（南西倾）上盘的反冲断裂。在柳木高北西，断裂带中擦痕清晰可见（图35-48），显示上盘左行斜冲。它向北断续可见，经围沟井到土井子西北一带，断面倾角渐缓，断距变小；向南切过早白垩世和古近纪—新近纪地层，至青铜峡镇西被新生界覆盖。卫片解译表明，该断裂在青铜峡镇北西5km附近始分为走向均为南东的两条隐伏断裂：其南西一条通过黄河后与牛首山西麓大寺沟冲断裂连接；北东一条过黄河，经青铜峡镇沿牛首山北东麓洪积扇前缘通过，断层南西倾，牛首山九泉附近可见米钵山组逆冲于彰恩堡组之上（图35-49），发育30~50m断层破碎带，断面（产状245°∠65°，向下有变缓之势）上具斜向擦痕，擦痕倾角∠30°NW，表现为左行平移逆断层。

图35-48　柳木高北西向断裂擦痕

Fig. 35-48　Field photo showing fault striae of the Liumugao NW-trending fault

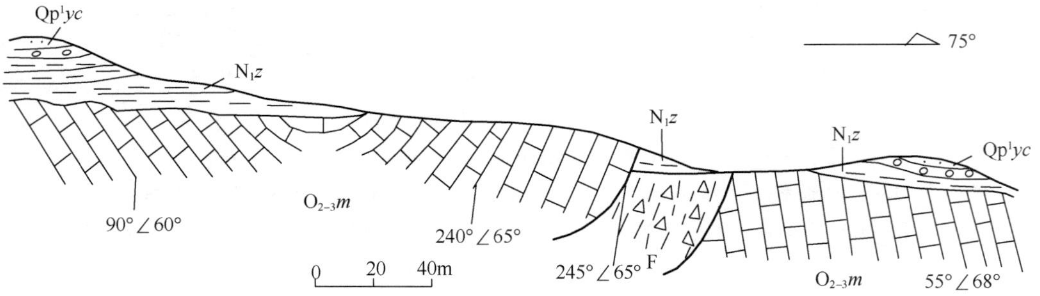

图35-49　牛首山东麓大断裂九泉附近古断面素描图

（据宁夏地震局修编）

Fig. 35-49　Sketch section of the Niushoushan eastern piedmont fault near Jiuquan

Qp^1yc—银川组砂砾岩；N_1z—彰恩堡组泥岩；$O_{2-3}m$—米钵山组灰岩；F—断层破碎带

（2）罗山东麓断裂

近南北向展布于大罗山—小罗山东麓。据钻孔及物探资料，断裂南延至孙家滩再一分为二，一支沿蜗牛山西麓—煤山东麓延伸（图35-50），最终与南段小关山东麓断裂交汇。在煤山东麓，可见米钵山组砂岩、板岩逆掩于上石炭统—下二叠统太原组泥岩、页岩之上，并发育宽约数米的断层破碎带，破碎带由灰黑、灰绿、褐色混杂的断层泥及碎粒岩等构成，局部断面延入羊虎沟组内部，造成太原组与米钵山组间的不整合面及下盘岩层在数十米宽的范围内产生倒转（图35-51）。另一支沿罗山东麓延

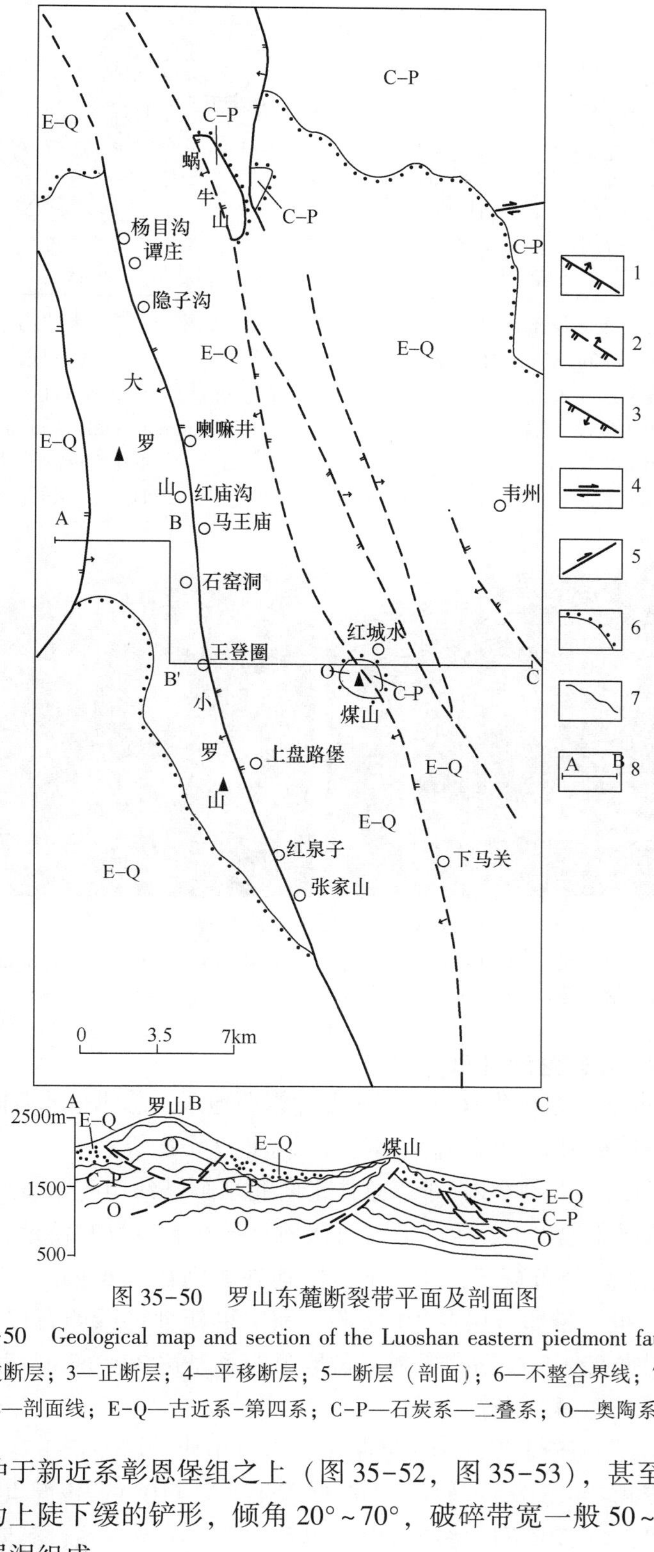

图 35-50　罗山东麓断裂带平面及剖面图

Fig. 35-50　Geological map and section of the Luoshan eastern piedmont fault zone

1—逆断层；2—隐伏逆断层；3—正断层；4—平移断层；5—断层（剖面）；6—不整合界线；7—不整合面（剖面）；8—剖面线；E-Q—古近系-第四系；C-P—石炭系—二叠系；O—奥陶系

伸，多处见米钵山组逆冲于新近系彰恩堡组之上（图 35-52，图 35-53），甚至第四系之上。断面呈舒缓波状，剖面上常表现为上陡下缓的铲形，倾角 20°~70°，破碎带宽一般 50~100m，最宽处达 500m，由碎裂岩、碎粒岩及断层泥组成。

（3）崆峒山东麓断裂

展布于崆峒山隆起带前缘，断裂走向北北西—北西向，断裂带地表出露连续性差，断裂规模较小，呈雁列状，断面倾向南西，倾角 60°~85°，逆冲性质明显，发育小型叠瓦状逆冲推覆构造组合。在牡丹台见上盘白垩系马东山组逆冲于新近系之上，上盘发育两组节理，显示主断裂具顺扭特征。断裂南延接陕西岐山-哑柏断裂，作为鄂尔多斯地块隆起区与六盘山断陷带的分界。

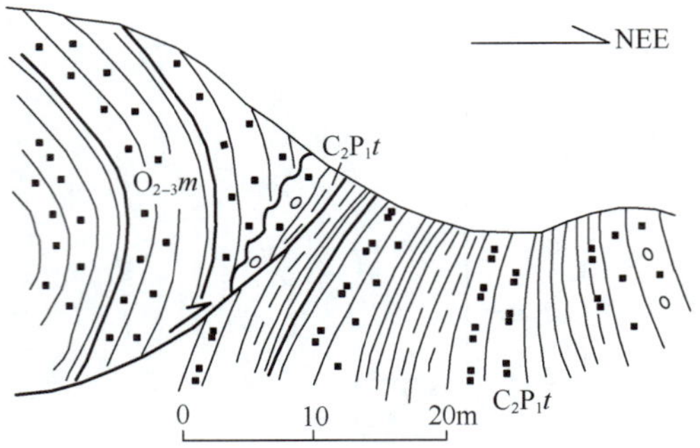

图 35-51 煤山东断层剖面图

Fig. 35-51 Sketch section of the Meishan eastern piedmont fault

C_2P_1t—太原组砂岩、页岩；$O_{2-3}m$—米钵山组变质砂岩夹板岩

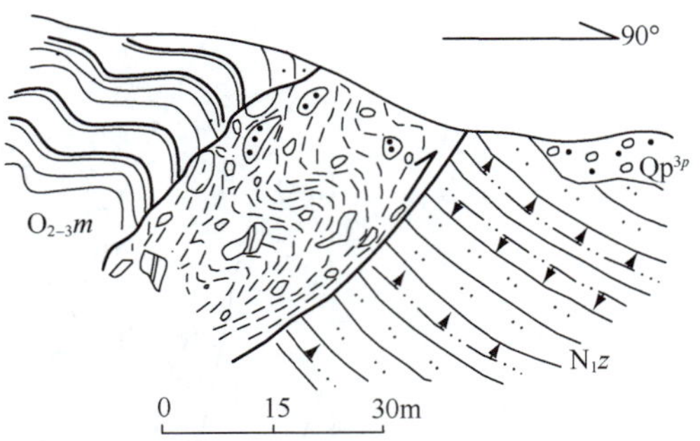

图 35-52 大罗山东麓断层剖面图（红庙沟北）

Fig. 35-52 Sketch section of the Daluoshan eastern piedmont fault at northern Hongmiaogou

Qp^{3p}—上更新统砂砾石；N_1z—彰恩堡组泥岩；$O_{2-3}m$—米钵山组变质砂岩

图 35-53 罗山东麓断裂

Fig. 35-53 Field photo showing the Luoshan eastern piedmont fault

E_3q—清水营组泥岩；$O_{2-3}m$—米钵山组变质砂岩。左—红庙沟，右—红泉子

2. 中宁-红寺堡新生代坳陷盆地（$Ⅲ_4^{1-1-3(2)}$）

展布于烟筒山-窑山断裂以东、牛首山—罗山西麓以西地区，总体呈北西向，北宽南窄。据其特征可进一步分为中宁盆地、广武-白马断陷盆地和红寺堡盆地3个次级盆地。

中宁盆地：展布于泉眼山东至鸣沙一带，总体走向北东东（约70°），长32km，宽12km。盆地主体为黄河冲积平原，由5级阶地组成，Ⅰ、Ⅱ、Ⅲ级阶地属全新世堆积阶地，分别高出黄河河床1m、3m、5m左右，Ⅲ级阶地连续分布宽广；Ⅳ、Ⅴ级阶地在黄河西岸枣园一带分别高出黄河河床10~25m、40~60m，属晚更新世（砂卵石层厚10余米）和中更新世（砂卵石层厚0.5~3m）基座阶地，基座为新近系彰恩堡组。据82中02钻孔资料，盆地第四系厚达384.63m，其中下、中、上更新统分别厚311.53m、44.89m、26.61m；全新统厚1.6m。

广武-白马断陷盆地：展布于卫宁北山褶断带东、牛首山西，即夹持于英发沟-四眼井断层与牛首山西麓断层之间，北自广武乡，南迄白马乡。走向近南北（5°~10°），长近40km，宽14~18km。呈北高南低、东陡西缓的地势，内部由下白垩统庙山湖组和古近系—新近系、第四系组成。该盆地在燕山期即孕育而成，喜马拉雅期强烈沉陷。电测深及钻孔资料显示沉降中心位于广武—白马一线，略偏向于牛首山西麓。黄河西岸冲积平原广阔，发育5级阶地；黄河东岸发育冲洪积平原，地形高差大，阶地窄且多被冲沟破坏不连续。

红寺堡盆地：分布于烟筒山与牛首山、罗山之间，北北西走向，长40km，北宽（25km）南窄（8~10km），为新生代坳陷盆地，广布古近纪—新近纪、第四纪地层。以红寺堡断层为界，西部水系流向黄河，第四纪主要为红柳沟冲积平原；东部水系流向苦水河。盆地第四系厚度小于70m，其下是产状平缓的古近系—新近系。

（四）烟筒山-窑山冲断带（$Ⅲ_4^{1-1-4}$）

展布于烟筒山—黑鹰湾山—窑山—炭山—小关山及清水河流域一带，南西以天景山断裂为界，北东以烟筒山-窑山断裂为界。北西抵卫宁北山褶断带，南延至固原市以南。北西—北北西弧形展布，走向延伸大约240km，宽20~30km，出露地层主要为奥陶系、志留系、泥盆系及石炭系—二叠系，山麓地带及山前盆地沉积了大量白垩纪—第四纪地层。加里东运动、燕山运动及喜马拉雅运动在该带内表现突出，致使内部构造变形强烈，发育一系列线状褶皱及2~3条次级叠瓦状逆冲断裂（图35-54），构造线方向主要为北西向，并呈向北东凸起之弧形，伴随逆冲断裂，形成中卫-同心新生代坳陷盆地。

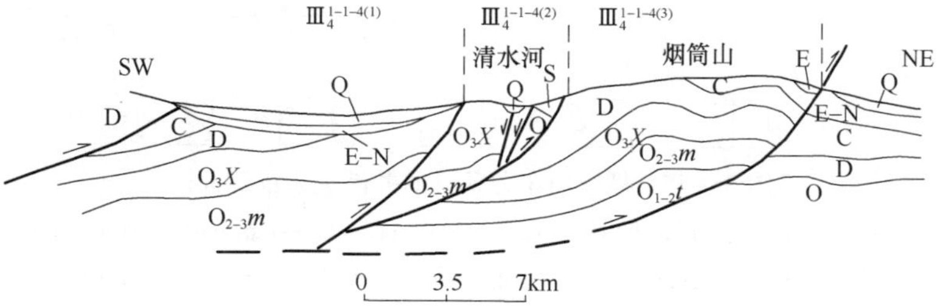

图35-54　烟筒山-窑山冲断带剖面图

Fig. 35-54　Section of the Yantongshan-Yaoshan thrust fault zone

Q—第四系；E-N—古近系-新近系；C—石炭系；D—泥盆系；S—志留系；O_3X—香山群；$O_{2-3}m$—米钵山组；$O_{1-2}t$—天景山组；$Ⅲ_4^{1-1-4(1)}$—构造单元编号，说明见正文

自南西而北东可进一步分为3个带或岩席。

1. 中卫-同心新生代后缘坳陷带（$Ⅲ_4^{1-1-4(1)}$）

展布于天景山断裂以北、清水河断裂西南的窄长带内，总体呈北西向，南东窄（6km）北西宽（20km）。可进一步分为中卫盆地和清水河盆地两个次级单元。

中卫盆地自沙坡头向东至泉眼山、长山头沿黄河两岸东西向展布，长55km，宽15~20km。向西被腾格里沙漠掩覆，为第四纪压陷盆地。据82中01钻孔资料，第四系冲洪积物厚达300m，其中下、中、上更新统分别厚118m、94.3m、82.3m，全新统厚4.6m。盆地北部为黄河冲积平原，南部为香山北麓冲洪积台地（南山台子）。

清水河盆地北西向展布于清水河流域，长约225km，宽5~13km，为第四纪不对称压陷盆地，盆地中、东部为冲积平原，一般发育3级阶地；盆地西部为冲洪积平原。盆地内广泛沉积厚数十米至350m不等的第四纪冲、洪积物，总体上西厚东薄，地势平缓。清水河断裂控制了河谷迁移和盆内第四纪沉积。

2. 野猪沟-黑鹰湾山逆冲推覆岩席（$Ⅲ_4^{1-1-4(2)}$）

主要展布于长山头、野猪沟—黑鹰湾山地区。北东以草帽子墩-黑鹰湾山主推覆断裂为界。主推覆面下伏泥盆纪—石炭纪地层，其上推覆岩席出露地层为天景山组、米钵山组、香山群、照花井组及中宁组，发育一系列线状褶皱（黑鹰湾山）及2~3条次级叠瓦状逆冲推覆断裂，后缘因局部拉伸出现滑覆断裂。

3. 烟筒山-窑山逆冲推覆岩席（$Ⅲ_4^{1-1-4(3)}$）

主要展布于烟筒山—骡子沟—线驮石—新断头一带。主推覆断裂即烟筒山-窑山断裂，下伏石炭系、古近系—新近系甚至第四系；上覆岩席主要为泥盆系、石炭系、二叠系及古近系—新近系、第四系。泥盆系、石炭系发育一些宽缓褶皱，次级断裂不太发育，总体构造相对较简单。

烟筒山-窑山逆冲推覆岩席前缘主边界断裂为烟筒山-窑山断裂，延伸大于280km。北西向展布，呈向北东凸出之弧形，弧顶位于烟筒山东北麓詹家大坡—好汉疙瘩。航片上线性影像清晰，地貌特征明显，北东侧为红寺堡新生代盆地，南西侧多为山体，两侧高差达200~300m。在马过井、詹家大坡、榆树沟等地见泥盆系、石炭系逆冲于古近系、新近系及第四系之上（图 35-55）。破碎带发育，带宽 10~50m，由碎裂岩、断层角砾岩及断层泥组成。该断裂带结构较复杂，平面上由若干条长短不一的次级断层错列组成。在九座坟、榆树沟和詹家大坡等地，一系列大小不等的冲沟在通过山前断层处发生左旋同步弯曲（位移）。

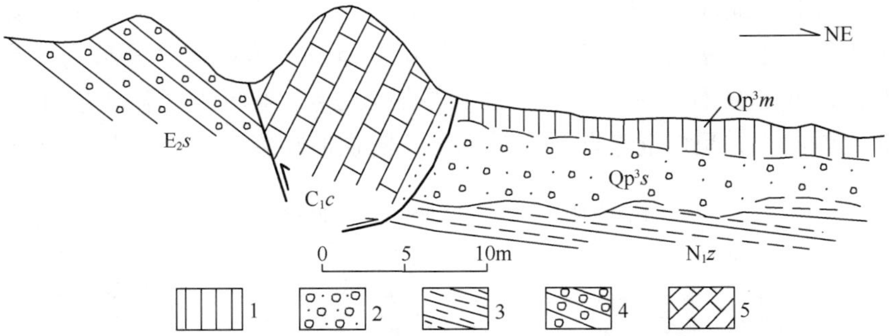

图 35-55 烟筒山东北麓马固井断裂素描剖面图

Fig. 35-55 Sketch section of the Magujing faultin Yantongshan east-northern piedmont

1—黄土；2—砂砾岩；3—橘红色泥岩；4—紫红色砾岩；5—灰岩。Qp^3m—马兰组；Qp^3s—萨拉乌苏组；N_1z—彰恩堡组；E_2s—寺口子组；C_1c—臭牛沟组

主边界断裂南段的小关山东麓断裂（前人称固原断裂，并认为北延接牛首山-罗山断裂；本《志》认为小关山东麓断裂北延应接烟筒山-窑山断裂），沿炭山—固原东—后湾沟—三关口—土窑—秋千架—沙南一带展布，北北西向纵贯宁夏南部。沿断裂带零星出露寒武纪—奥陶纪地层。在三关口红砂石梁附近，断层破碎带宽 30~50m，带内岩石呈碎裂状。次级不同方向断裂在寒武纪—奥陶纪地层及白垩纪地层中密集分布，形成 3 种断层组合形式：①叠瓦状前缘逆冲断层加后冲断层及前缘对冲断层组合（图 35-56）；②叠瓦状逆冲断层加后缘反冲断裂、前缘对冲断层组合（图 35-57）；③前缘逆冲断层与对冲断层加后缘反冲断层、滑覆正断层组合（图 35-58）。据该断裂在红砂石梁东、庙儿沟、尚家沟门一带次级断裂、次级褶皱轴与主断裂构成的“入”字形构造分析，除向北东方向逆冲推覆外，右行走滑特征也较明显，在沙南峡该断裂右行错断北东向断层近百米。

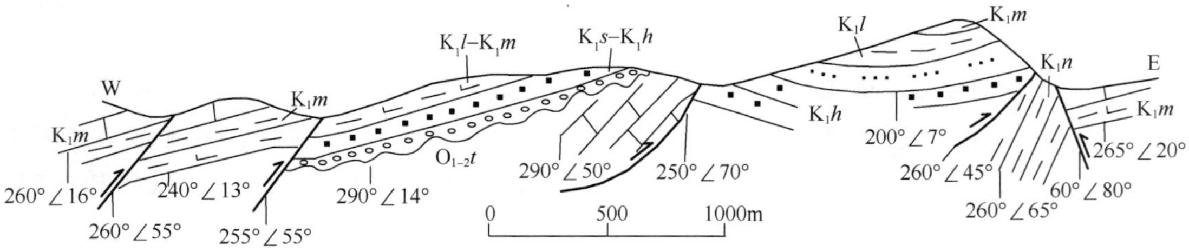

图 35-56 红沙石梁叠瓦状逆冲断裂构造剖面图

Fig. 35-56 Tectonic section of the Hongshashiliang imbricate thrust fault

K_1n—乃家河组；K_1m—马东山组；K_1l—李洼峡组；K_1h—和尚铺组；K_1s—三桥组；$O_{1-2}t$—天景山组

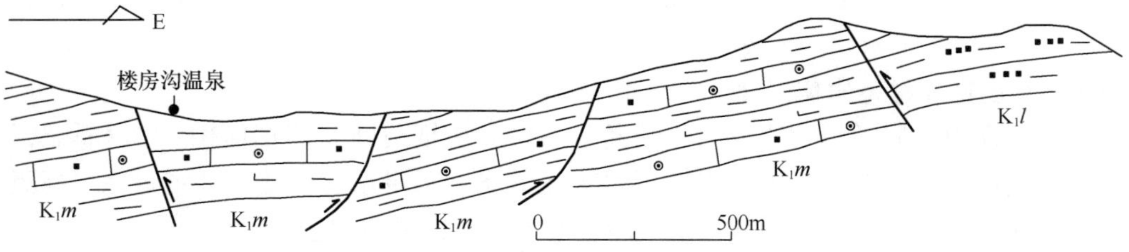

图 35-57 红沙石梁逆冲断裂构造剖面图

Fig. 35-57 Tectonic section of the Hongshashiliang thrust fault

K_1m—马东山组；K_1l—李洼峡组

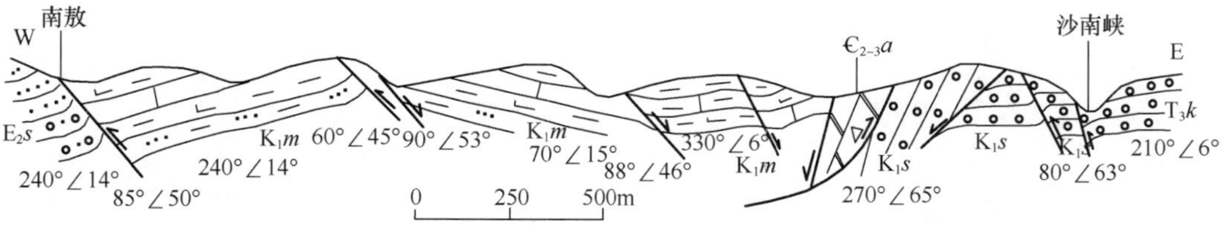

图 35-58 沙南峡逆冲断裂构造剖面图

Fig. 35-58 Tectonic section of the Shananxia thrust fault

E_2s—寺口子组；K_1m—马东山组；K_1s—三桥组；T_3k—崆峒山组；$\epsilon_{2-3}a$—阿不切亥组

（五）香山褶断带（$Ⅲ_4^{1-1-5}$）

北东以天景山断裂为界，南西以香山南麓断裂为界。北西—北北西向弧形展布，延伸大约220km，呈弯曲透镜状，最宽处达50km。褶断带主体为华北陆缘型奥陶系（天景山组、米钵山组、香山群），其次有泥盆系及石炭系—三叠系，山麓地带及山前盆地沉积了侏罗系、白垩系及大量新生代地层。燕山运动及喜马拉雅运动致使冲断席内部构造变形强烈，发育一系列线状褶皱及次级推覆岩席。岩席前锋为天景山北麓冲断层与尖山疙瘩推覆体，奥陶系推覆到泥盆系—石炭系和新生界之上，并造成了褶断带以麻黄沟-北沿口断层（奥陶系推覆在侏罗系之上）为界的东、西分异。麻黄沟-北沿口断层具有右行走滑或斜滑性质的联冲构造（Link thrust），又称为传递断层（Transfer faults），其两侧的构造样式和位移量明显不同，断层两侧发生了东、西分异，北西侧为香山冲断席主体，位移量大，多呈向北东凸出的弧形构造，这种现象在北美的阿巴拉契亚造山带和科迪勒拉造山带、欧洲的阿尔卑斯造山带和侏罗山、亚洲的霍尔扬斯克以及澳大利亚的 Adelaide 逆冲褶皱带都非常的普遍（Boyer，1995；Marshak，1996；Platt，1989；Sandiford，1998）。东南侧为下流水-罗川中、新生代褶皱带，位移量小，以褶皱缩短为主。综上，香山褶断带可进一步细分为香山冲断席与下流水-罗川中新生代褶皱带两个次级构造带。

1. 香山冲断席（$Ⅲ_4^{1-1-5(1)}$）

香山冲断席自北东向南西可分为9个次级岩席（图35-59，图35-60）：①天景山逆冲推覆岩席（V3-1）；②米钵山逆冲推覆岩席（V3-2）；③狼嘴子逆冲推覆岩席（V3-3）；④校育川逆冲推覆岩席（V3-4）；⑤红泉逆冲推覆岩席（V3-5）；⑥莫尔水逆冲推覆岩席（V3-6）；⑦香山寺逆冲推覆岩席（V3-7）；⑧石岘子逆冲推覆岩席（V3-8）；⑨新水逆冲推覆岩席（V3-9）。

这些推覆岩席前端为一系列形态相似的铲式叠瓦状逆冲推覆断层（如天景山北麓断裂、米钵山北麓断裂、米钵山南麓断裂、校育川断裂、红泉断裂、香山寺断裂、石岘子断裂和新水北断裂等），除天景山北麓断裂和米钵山南、北两麓断裂外，这些断裂都使奥陶系逆冲推覆于泥盆系—石炭系之上，并多被古近系—新近系不整合覆盖。这些逆冲推覆断裂上覆岩席主体地层为奥陶系天景山组、米钵山组和香山群，内部构造变形不强，岩层多单向倾斜，产状大体与断面近于一致，仅接近逆冲推覆断裂前方发育与断面倾向相同的倾斜式同斜褶皱（如米钵山倒转向斜、背斜）。最前方（如米钵山北麓、香山寺北麓等）甚至发育倒转倾卧褶皱，定向性明显。板劈理及轴面劈理发育。据逆冲岩席逆冲扩展叠置方式分析，表现为前展式，向北东前陆扩展，天景山北麓断裂最新。推覆岩席后缘常出现一些滞后伸展滑覆断层（如米钵山南麓正断层），造成部分地层缺失和倒转，滑覆体近滑覆面见牵引褶曲，指示上盘下降，香山群滑覆于米钵山组之上，米钵山组滑覆于天景山组之上；滑覆体内部构造变形不强，岩层连续性较好，表现为一系列南西倾斜的单斜层。推覆岩席前锋带位于团部朗—小洪沟一带，构成尖山疙瘩推覆体，发育一系列飞来峰（共9个），飞来峰分别由奥陶系天景山组灰岩推覆于泥盆系中宁组、石炭系羊虎沟组之上及中宁组砂岩推覆于羊虎沟组、太原组之上构成。其规模不等，大者可达1km²，小的仅400m²，形态各异。往南东左行逆冲推覆于石炭系之上。其推覆面多南西倾，倾角平缓，约10°~30°。在泥盆系砂岩次级滑动面（磨光面）上见擦痕（图35-61），产状335°∠10°，显示上盘

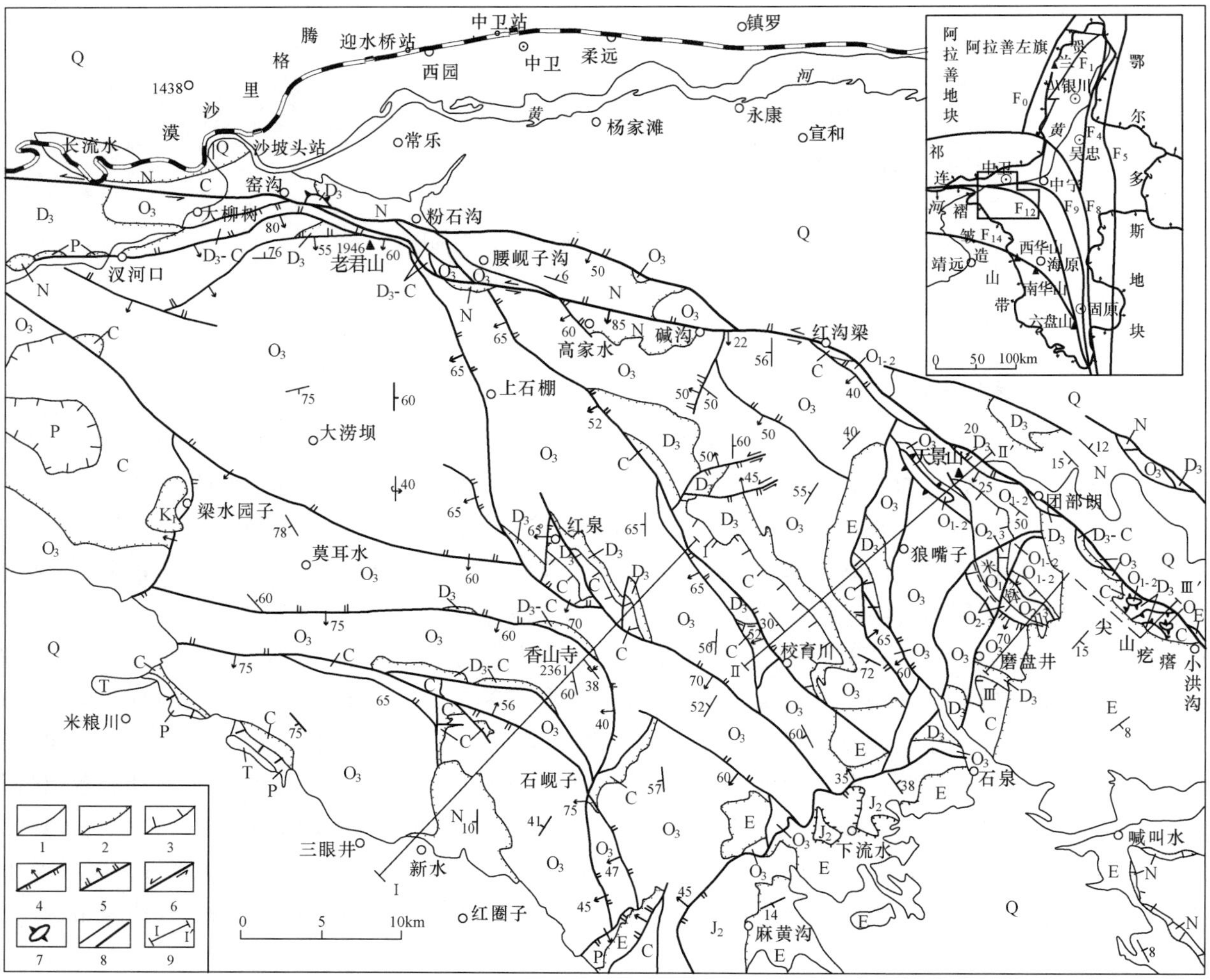

图 35-59　宁夏香山—天景山地区地质构造图

Fig. 35-59　Geological structural map of the Xiangshan-Tianjingshan district in Ningxia

Q—第四系；N—新近系；E—古近系；K—白垩系；J_2—中侏罗统；T—三叠系；P—二叠系；C—石炭系；D_3—上泥盆统；O_{2-3}—中—上奥陶统；O_{1-2}—下—中奥陶统。1—地质界线；2—不整合界线；3—平行不整合界线；4—逆断层；5—正断层；6—平移断层；7—飞来峰；8—一级（粗线）与二级（细线）断层；9—剖面位置。8 地层产状

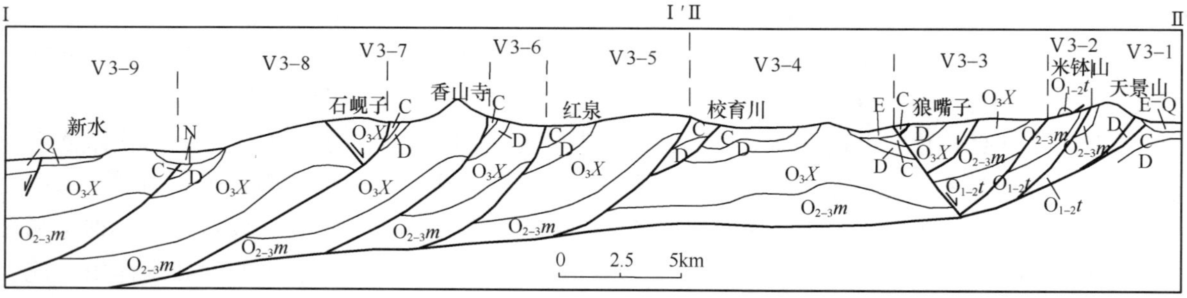

图 35-60　香山—天景山弧形推覆构造带剖面图

（剖面位置见图 35-59）

Fig. 35-60　Sketch section of the Xiangshan-Tianjingshan arcuate thrust nappe structure

Q—第四系；E—古近系；N—新近系；C—石炭系；D—泥盆系；O_3X—香山群；$O_{2-3}m$—米钵山组；$O_{1-2}t$—天景山组；

V3-1～V3-9—构造单元编号，说明见正文

泥盆系由北西往南东左行逆冲推覆于石炭系之上。据飞来峰与推覆面组合样式分析，它们一起构成一个较典型的双重逆冲推覆构造（图 35-62，图 35-63）。

2. 下流水-罗川中新生代褶皱带（$Ⅲ_4^{1-1-5(2)}$）

基底为奥陶纪、泥盆纪、石炭纪地层，三叠纪以前属长期隆起区，侏罗纪开始沉降，目前所见最老地层为延安组，其上覆大片古近系、新近系和第四系。燕山运动使延安组褶皱，形成北西向的宽缓

图 35-61　天景山断裂破碎带（尖山疙瘩）

Fig. 35-61　Section of the Tianjingshan northern piedmont fault zone at Jianshangeda

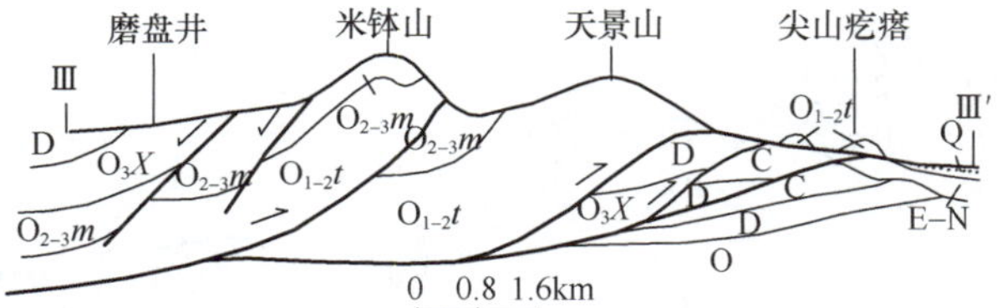

图 35-62　米钵山—天景山推覆构造带剖面图

Fig. 35-62　Section of the Miboshan-Tianjingshan thrust nappe structure

（剖面位置见图 35-59，图例同图 35-60）

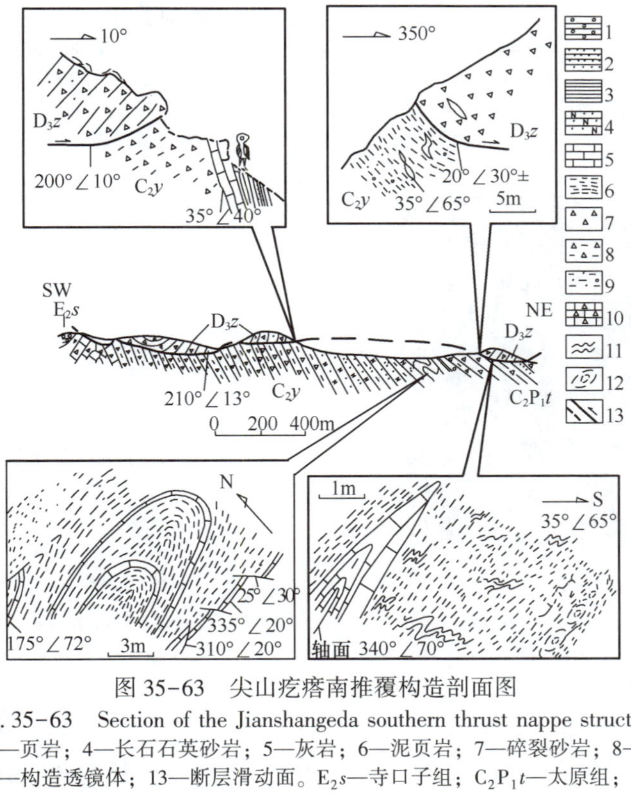

图 35-63　尖山疙瘩南推覆构造剖面图

Fig. 35-63　Section of the Jianshangeda southern thrust nappe structure

1—砾岩；2—细砂岩；3—页岩；4—长石石英砂岩；5—灰岩；6—泥页岩；7—碎裂砂岩；8—碎裂泥岩；9—碎粒岩；10—碎裂灰岩；11—揉皱；12—构造透镜体；13—断层滑动面。E_2s—寺口子组；C_2P_1t—太原组；C_2y—羊虎沟组；D_3z—中宁组

褶皱（如麻黄沟背斜），晚期伴有强烈断裂活动，沿麻黄沟-北沿口断裂发生右行逆冲推覆，局部形成飞来峰。喜马拉雅运动一方面强化了燕山期褶皱，另一方面使古近系—新近系广泛褶皱隆起，第四系部分遭掀斜或破坏，并伴有逆冲推覆。

香山褶断带前缘主边界断裂为天景山断裂（前人称中卫-同心断裂），它西起长流水以西，经窑沟村、高家水、红沟梁、天景山北麓、小洪沟至红尖山，往南东延可与六盘山东麓断裂相接，呈向北东凸出之弧形，弧顶位于红沟梁—天景山北麓（见图35-59）。弧顶之西总体走向290°，弧顶之东南总体走向320°，区内延伸100km。它处于一个平缓的重力梯度带上，每千米平均递减约 $0.5\times10^{-3}m/s^2$。地貌特征明显，北东侧主要为古近系—新近系丘陵区及第四系低缓的残坡积—洪积扇裙，南西侧为陡峻的山体。航、卫片上线性影像清晰。断面南西倾，倾角15°~50°，舒缓波状延伸。切割地层有奥陶系、泥盆系、石炭系、古近系、新近系及第四系。总体为一逆冲推覆断层。根据断层特征可分为3段。

西段：红沟梁以西，走向280°~290°。断裂带由若干条近平行的分支断层组成，具有强烈的挤压性质，表现为老地层沿一系列断层向北叠瓦状仰冲于新地层之上（图35-64，图35-65）。断层切割了徐家圈组、中宁组、太原组、彰恩堡组、干河沟组及第四系。沿断裂发育破碎带，带宽3~50m，由西向东渐宽，带内见碎裂化岩、构造角砾岩、碎裂岩、断层泥、构造透镜体及断夹块。断面倾向南，倾角自西向东由陡（60°~90°）变缓（20°~30°）。在窑沟村断层使中宁组逆掩于太原组和彰恩堡组之上形成飞来峰（图35-66）。

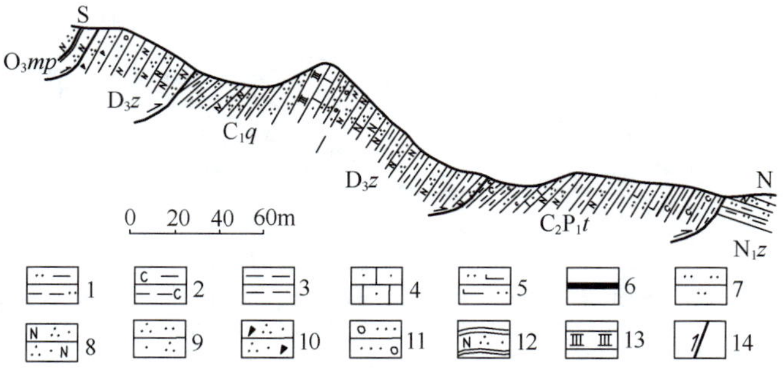

图35-64 老君山山前断裂构造剖面图

Fig. 35-64 Tectonic section of the Laojunshan mountain front fault zone

1—粉砂质泥岩；2—炭质泥岩；3—泥岩；4—砂质灰岩；5—钙质粉砂岩；6—煤线；7—粉砂岩；8—长石石英砂岩；9—石英砂岩；10—岩屑石英砂岩；11—含砾砂岩；12—变质长石石英砂岩；13—石膏层；14—断层。N_1z—彰恩堡组；C_1q—前黑山组；C_2P_1t—太原组；D_3z—中宁组；O_3mp—磨盘井组

图35-65 天景山断裂（冰沟）

Fig. 35-65 Field photo showing the Tianjingshan northern piedmont fault at Binggou

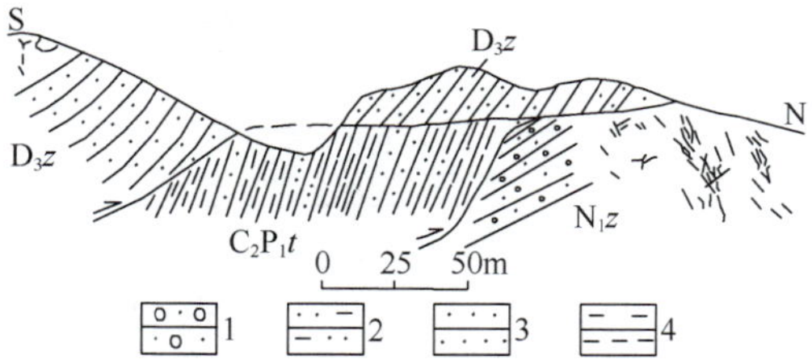

图35-66 窑沟村飞来峰素描图

Fig. 35-66 Sketch section of the Yaogoucun klippe

1—砾岩；2—粉砂质泥岩；3—砂岩；4—泥岩

N_1z—彰恩堡组；C_2P_1t—太原组；D_3z—中宁组

中段：红沟梁以东、天景山北麓至小洪沟，总体走向315°±，长约38km。上盘地层主要为天景山组，次有香山群、泥盆系及石炭系，下盘地层主要为泥盆系、石炭系、古近系及新近系，局部第四系。断面南西倾，倾角15°~50°，舒缓波状，显示为上陡下缓的铲形推覆断裂。在红沟梁以东一带，表现为一系列叠瓦状的逆冲推覆断裂（图35-67）。在天景山北麓至青疙瘩一带，构造破碎带极为发育，带宽达500m，以碎裂岩-碎粒岩为主，夹有断层泥、构造角砾岩、构造透镜体、岩块，它们相互混杂组成一个构造混合岩带，并见天景山组碎裂灰岩逆冲推覆于中宁组红色碎裂岩系之上（图35-68，图35-69），带内次级滑动剪切面发育，表现为低角度逆掩推覆。

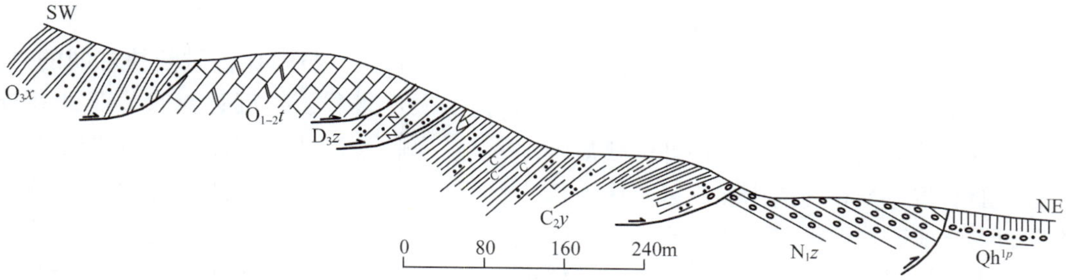

图 35-67 红沟梁断裂带剖面图

Fig. 35-67 Sketch section of the Honggouliang fault zone

Qh^{1p}—全新统洪积层；N_1z—彰恩堡组；C_2y—羊虎沟组；D_3z—中宁组；O_3x—徐家圈组；$O_{1-2}t$—天景山组

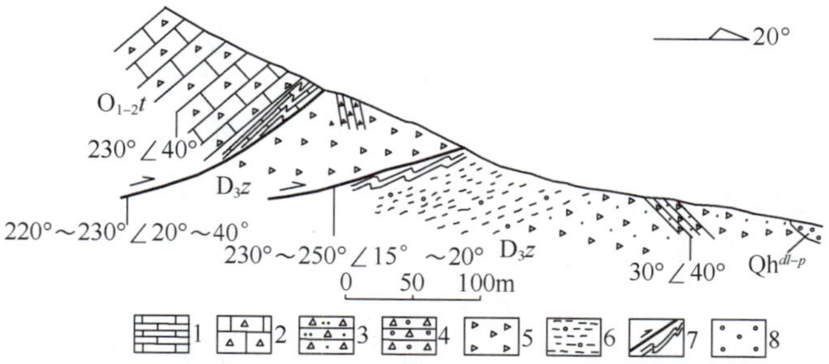

图 35-68 天景山断裂带剖面图

Fig. 35-68 Sketch section of the Tianjingshan piedmont fault zone

1—薄层灰岩；2—碎裂灰岩；3—碎裂砂岩；4—碎裂砾岩；5—砂岩质碎裂岩；6—碎粒岩；7—滑覆断面及拖拽揉皱；8—砂砾石层

Qh^{dl-p}—全新统坡积-洪积层；D_3z—中宁组；$O_{1-2}t$—天景山组

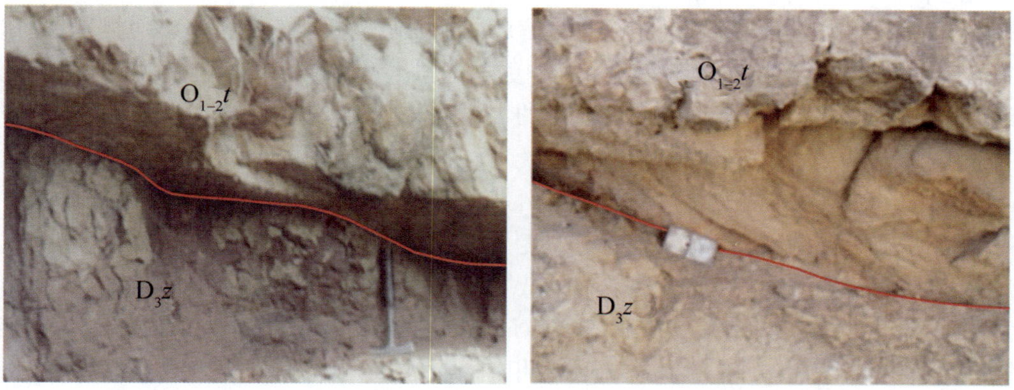

图 35-69 天景山断裂（左：红岩根南西；右：团部朗）

Fig. 35-69 Field photo showing the Tianjingshan Piedmont fault zone

（the left: at Hongyangen southwestern; the right: at Tuanbulang）

D_3z—中宁组；$O_{1-2}t$—天景山组

南段：小洪沟东南至红尖山，南延可与六盘山东麓断裂相接。破碎带宽可达百米，变形强度往东南渐弱。

综上所述，天景山断裂带在前第四纪具有强烈的挤压逆冲性质。第四纪以来断裂活动性再次加剧（见第三十八章新构造运动与地震活动）。断裂带结构复杂，不同段落变形强度差异大，活动期长。中、西段可能生成于加里东末期，燕山期及喜马拉雅期为两次主活动期，构造变形强烈，尤以中段为甚。南段成生晚，大致在燕山期后，变形相对较弱。

三、祁连早古生代造山带（$Ⅲ_2$）

祁连早古生代造山带，狭义讲专指祁连海槽加里东期褶皱造山带，宁夏仅涉及香山南麓断裂以南地区；广义讲包括祁连海槽加里东造山带与“走廊过渡带”。“走廊过渡带”一词最早由黄汲清先生（1992）提出，其本意是该地区的古生代沉积属于“祁连地槽”与阿拉善微陆块之间的过渡类型，而中、新生代陆相沉积则属于祁连山前坳陷型。按其构造属性来看，走廊过渡带属于北祁连新元古代—早古生代海沟系向阿拉善微陆块俯冲的弧后盆地靠陆一侧的祁连加里东造山带的前陆地区，因此该构造带的变形及演化与祁连造山作用以及中、新生代祁连山再生造山作用息息相关。宁夏涉及的是走廊过渡带的东部地区，即中卫、中宁到宁夏南部同心、固原地区的三角地带，前已述及宁夏这个三角地带在晚奥陶世随着北祁连俯冲褶皱造山而形成增生楔，本《志》已将其划归阿拉善微陆块（见上节构造单元划分），由于该地区处于几个不同时代构造单元的衔接部位，因此也就决定了该地区复杂的演化历史，尤其是与祁连造山带的密切关系。目前祁连造山带与腾格里早古生代增生楔地区的构造格局研究已经取得了许多重要的成果，总结起来可以归纳为以下几种观点：

1）冯益民等（1996，1997）、夏林圻等（1995，2000）认为祁连造山带曾经是中朝古板块南缘的陆内裂陷小洋盆。在其发育过程中存在着两种构造体制：中、新元古代至早、中寒武世的裂谷阶段，北祁连地区、贺兰山—香山地区、秦岭地区构成三叉裂谷系，裂谷的交汇部位位于甘肃白银地区。大陆裂解所形成的构造格局类似于今天的东非裂谷、红海、亚丁湾所构成的三叉裂谷系；晚寒武世到中奥陶世逐渐发育为具有沟-弧-盆体系的成熟大洋，后期洋盆向北的俯冲消减活动形成了大量的海相火山岩系，总的过程是从大陆裂谷到大洋的连续发展过程。

2）张旗等（2000）认为祁连地区大体上由中朝古板块、祁连地块和柴达木地块三部分组成，夹持于中朝古板块和柴达木地块之间的祁连造山带属于板块边界增生的杂岩体，北祁连蛇绿岩零星地散布于洋盆中，早古生代的祁连造山带属于科迪勒拉型造山带。

3）葛肖虹等（1999，2000，2001）提出在新元古代“西域克拉通”背景上形成的是祁连裂陷槽，而不是大洋盆地；早古生代晚期的造山带是大陆背景之上的板内造山带。他们认为该裂陷槽在早古生代是与塔里木盆地北部的满加尔拗拉槽相连通，后期受到阿尔金断裂的左行平移而呈现目前的格局。

4）左国朝（1985）认为祁连洋盆发育期可能更早（早寒武世），祁连洋在中寒武世已经经历了一次微弱的闭合作用，早、中奥陶世发展成为成熟的大洋，从晚奥陶世开始洋盆逐渐闭合，中、晚泥盆世为强烈的造山期。

5）Sengor et al.（1996）认为，整个祁连造山带（北祁连、中祁连、南祁连）是一个早古生代至三叠纪统一的增生岩浆弧，由于后期强烈的左型走滑改造而锉成现今并排分布的3个部分。该岩浆弧与北山岛弧以及昆仑岛弧可连成一体，构成一个从塔里木南缘一直延伸至我国东北地区的大岩浆弧。

6）Alan D. Smith et al.（2000a，2000b）与Chuan-Hsiung Chung et al.（2000）认为祁连造山带与北美洲的加里东造山带和澳大利亚的Ross造山带相连，是古大西洋关闭的结果。这对以往认为的那种由“原中国地台”（黄汲清，1992）或“西域克拉通”（葛肖虹等，1999，2000，2001）拉开形成裂陷槽或大洋，并在早古生代末期关闭碰撞的认识提出了挑战。

7）张家声等（2003）认为贺兰山地区与走廊过渡带东部的中宁、同心地区在中—新元古代至奥陶纪阶段，接受了稳定的大陆边缘沉积，不存在拗拉槽（裂谷）或陆内裂陷。

8）黄喜峰等（2010）认为贺兰山地区在中—新元古代至中奥陶世早期阶段为被动大陆边缘沉积，不存在拗拉槽沉积。中奥陶世晚期—晚奥陶世以牛首山-罗山断裂为界，南侧为北祁连弧后盆地沉积（米钵山组—香山群），北侧为贺兰山冷裂谷沉积。

从上述可以看出，祁连造山带的演化历史是非常复杂的，走廊过渡带东部的地质演化存在不少的争论也在情理之中。目前多数学者认为祁连地区经过早古生代大洋演化阶段，发育有蛇绿岩，晚奥陶世末期洋壳消失，随后发育有复理石和磨拉石建造，并认为早古生代贺兰山地区、中宁、同心地区发育了著名的“贺兰拗拉槽”或“贺兰再生拗拉槽”（Tian Zaiyi et al.，1997；张抗，1985，1989；汤锡元等，1988；冯益民等，1996；林畅松等，1995）。此外，还有少数学者认为在鄂尔多斯西缘存在着加里东期的缝合带（Sengor，1984；孙肇才，2000），值得商榷。总之，就阿拉善微陆块、祁连造山带（含走廊过渡带）、鄂尔多斯地块三者在结合部位是如何衔接的、是否存在元古代—早古生代的“贺兰拗拉槽”、各个部位当时构造性质及其与洋盆演化的关系如何等问题还没有取得共识。

综合前人研究成果和近年来的资料，鉴于走廊过渡带的特殊性，本《志》认为：阿拉善微陆块东南缘、祁连造山带（狭义）、鄂尔多斯地块三者结合部位（走廊过渡带东部）的三角地带之贺兰山南段—香山地区是阿拉善微陆块伸入北祁连造山带东段的新生楔状地体——腾格里早古生代增生楔。虽然自中生代以来，增生楔已演化为构造楔，且与北祁连造山带的关系越来越密切（共同形成宁南弧形构造带体系），但增生楔基底性质上仍与阿拉善微陆块更接近（见上节构造单元划分），因此，腾格里早古生代增生楔，也就是以往所称的走廊过渡带，应该归入阿拉善微陆块。

北祁连造山带在宁夏仅指香山南麓断裂以南地区，以出现大量新元古代—早古生代海相火山岩-火山碎屑岩-碳酸盐岩组合和早古生代晚期Ⅰ型中酸性侵入岩为主要特征，划归北祁连新元古代—早古生代海沟系（包容早期北祁连中-新元古代海沟系之黄家洼山-南华山岛弧-弧后盆地，见图35-1，图35-3）。进一步划分为白银-西吉中元古代-早古生代岛弧与景泰-海原中元古代-早古生代弧后盆地，上叠西吉-海原晚泥盆世—三叠纪坳陷盆地（见图35-5）与中—新生代宁南弧形构造带成分（见图35-6）。

北祁连中元古代-早古生代海沟系（III_2^1）位于宁夏西南部，北东以香山南麓断裂与卫宁北山-香山褶断带（早古生代为香山陆缘斜坡盆地）为界，向西延出宁夏进入甘肃。与鄂尔多斯地块不同，该海沟系由于受到多期构造运动的影响总体上不是由构造层叠置而成，而是由一系列断块与坳陷带拼接而成。该带中元古代表现为弧盆系（黄家洼山-南华山岛弧-弧后盆地），中元古代海原岩群的沉积构造环境总的说来类似于岛弧—弧后盆地，下部南华山岩组原岩组合为岛弧型拉斑玄武岩（次玄武岩）与砂质-泥质岩石互层，夹层状—似层状硅质岩—灰岩（或白云质灰岩）和少许小型透镜状超基性岩。中部园河岩组的原岩组合为不纯碳酸盐岩与杂砂岩-亚杂砂岩-泥质岩互层夹少许次玄武岩和薄层硅质岩，推测其沉积环境更接近于现代的陆壳型弧后盆地。上部西华山岩组的原岩组合是以低成熟度的杂砂岩-亚杂砂岩为主，泥质或黏土质岩石为次，夹少许岛弧拉斑质-钙碱性玄武岩和似层状透镜状薄层硅质岩，局部偶夹薄层大理岩和超基性岩。其形成环境相当于弧间或弧后盆地环境。早古生代主要以活动大陆边缘沟-弧-盆体系为主，除海相火山岩-火山碎屑岩-细碎屑岩（在宁夏未见出露，通过区域对比，推测发育有此类建造，相当于甘肃白银—景泰地区的寒武系黑茨沟组、奥陶系阴沟群与中堡群等地层），晚期还有大量Ⅰ型中酸性侵入岩发育；早古生代末期至晚古生代以弧后前陆盆地体系为主；中生代主要以陆内坳陷与挤压褶皱为主；新生代以来主要以坳（断）陷与逆冲-推覆为主，由此构成断块山与断坳盆地相间的构造面貌。

北祁连中元古代—早古生代海沟系进一步划分为景泰-海原中元古代-早古生代弧后盆地和白银-西吉中元古代-早古生代岛弧两个四级单元（见图35-1）和3个五级构造单元。

（一）景泰-海原中元古代-早古生代弧后盆地（III_2^{1-1}）

北、东以香山南麓断裂与卫宁北山-香山弧形冲断带和鄂尔多斯地块相邻，南以月亮山西南麓-六盘山西麓断裂与白银-西吉岛弧带为界，宁夏境内多被新生界覆盖。向西延至甘肃，为北祁连中元古代-古生代岛弧带北缘与前陆之阿拉善南缘的弧后拗陷地区。中元古代以海原岩群建造为代表的沉积构造环境总的说来类似于岛弧-弧后盆地。早古生代时期主体为弧后盆地构造环境，甘肃景泰老虎山奥陶纪火山岩带具典型弧后盆地火山岩组合特征。发育奥陶系阴沟群、中堡群深海—次深海相浊流沉积，为一套低级变质（低绿片岩相）的陆源碎屑岩、泥质岩夹火山岩组合，具复理石建造特征。早古生代晚期以俯冲造山为主，南华山—西华山南、北麓断裂在加里东中晚期活动尤为剧烈，切割深度大，重力、航磁等资料延拓20km、40km以下还有显示，为一超壳断裂，深部岩浆沿断裂上侵，形成数个线状展布的Ⅰ型花岗闪长岩体以及闪长岩脉。晚古生代时期与前述岛弧带一样，发育弧后前陆盆地碎屑沉积（志留系旱峡组、泥盆系老君山组）和少量上叠盆地型的陆缘拗陷型海陆交互相碎屑-泥炭质沉积层（石炭系羊虎沟组）；中生代主要以挤压-褶皱为主，发育陆内坳陷盆地碎屑沉积。新生代以来主要以逆冲推覆为主，进而造成块体内的构造环境分化：南部逆冲隆升，而北部拗陷沉降，发育了巨厚的中、新生界上叠盆地沉积，内部以逆冲断裂和较紧闭褶皱为主。

综上，该单元可进一步分为西华山-六盘山冲断带与兴仁-海原坳陷盆地。

1. 西华山-六盘山冲断带（$Ⅲ_2^{1-1-1}$）

展布于西华山、南华山、月亮山、六盘山地区，呈北西—北北西走向，夹持于海原断裂至六盘山东麓断裂与月亮山西南麓-六盘山西麓断裂之间。出露地层有中元古界变质岩系、志留系旱峡组、泥盆系老君山组、白垩系六盘山群和古近系、新近系、第四系及零星的寒武系—奥陶系。其中上—顶志留统旱峡组，属北祁连海槽在褶皱造山早期的残留海前陆盆地沉积，具陆源碎屑海岸沉积特征，表现为残留海近滨环境的类磨拉石建造；不整合超覆于海原岩群和志留纪花岗闪长岩体之上，与上覆地层老君山组呈不整合接触。早—中泥盆世沉积的老君山组粗碎屑岩具前陆盆地性质的磨拉石建造特征。下白垩统六盘山群表现为断陷型内陆湖泊沉积特征。冲断席加里东运动和燕山运动表现突出，遭受强烈构造变形，北北西向的褶皱、断裂极为发育。根据区域分析，西华山-六盘山冲断带是在燕山期逆冲推覆构造基础上，于喜马拉雅期在西华山、南华山、月亮山、六盘山东、西两麓断裂构造活动又趋强烈，逆冲推覆兼走滑所致，挽近时期地震活动频繁。西华山-六盘山冲断带前缘主边界断裂为海原断裂和六盘山东麓断裂，后缘为西吉新生代坳陷盆地。

西华山-六盘山冲断带主体由西华山-南华山冲断席与六盘山冲断席组成，南段东邻小关山冲断席。西华山-南华山冲断席由西华山-南华山冲断体和付家岘冲断体及其间的园河断凹与干盐池、老虎腰岘等拉分盆地构成（图 35-70）。其中西华山-南华山冲断席为海原断裂与西华山-南华山西南麓断裂所夹持的冲断体，总体走向 310°左右，延长 50km，宽 6~7.5km。内部地层主要为中元古界海原岩群变质岩系，冲断体东、西两端见志留系、泥盆系不整合于中元古界之上。冲断体内褶皱、断裂极为发育，构造线方向以北西向为主，次有近南北向、北东向和近东西向。六盘山冲断席夹持于西华山-南华山西南麓断裂至六盘山东麓断裂与月亮山西南麓-六盘山西麓断裂之间，主体由白垩系六盘山群和古近系—第四系组成，零星出露中元古界海原岩群；六盘山群与古近系—新近系内发育一系列 NW—NNW 向线状褶皱，呈平行状或斜列状成群产出，显示遭受了燕山晚期运动—喜马拉雅运动的挤压-剪切作用。

西华山-六盘山冲断带前缘断裂带为海原断裂和六盘山东麓断裂，位于西华山、南华山北缘，向南东经硝口沿六盘山东麓（开城、和尚铺、泾源西等地）直入甘肃省境内。它在宁夏境内长约 160km，走向北西转北北西，倾向南西，倾角 50°~60°。可分为北西段海原断裂和南东段六盘山东麓断裂。

（1）海原断裂

西起干盐池，经西华山、南华山北麓延伸至曹洼以东，总体走向 305°~310°。地貌特征明显，北东侧为低缓的黄土丘陵区，南西侧为陡峻的山体，遥感图像标志明显，区内断续出露长 60km，断面倾向西南，倾角 50°~70°，舒缓波状延伸。上盘地层主要为海原岩群，局部地段见古近系、新近系、第四系；下盘地层主要为古近系、新近系、第四系，局部见上—顶志留统旱峡组，为一多期活动的逆断层。断裂破碎带极为发育，带宽数十米至数百米，以滴水崖附近最宽，达 950m，带内多为碎裂-碎粒岩及断层泥，断层泥由绿灰、褐灰、褐红色组成条纹、条带，条带呈缓波状延伸，产状 240°∠65°，与主断面有近 20°的夹角，断层泥中时夹构造透镜体，最大扁平面产状 230°~260°∠60°~80°，带内发育两组破劈理，呈 X 形共轭剪切（图 35-71），产状分别为 310°∠70°和 220°∠50°，前者呈顺扭、最大错距 6~10cm，后者呈反扭、最大错距 5cm。赤平投影的最大主应力方向 σ_1 为 263°~83°∠45°。另据碎裂片岩岩组分析（图 35-72），为 B+S 构造岩，显示多期构造变形叠加，尤以挽近时期活动最为强烈，c 轴方位 64°。该断裂活动最早始于加里东中晚期，导致深部岩浆沿断裂上侵，形成数个线状展布的花岗闪长岩体以及闪长岩脉。喜马拉雅期断裂活动再次加剧，性质更趋复杂，各段表现差异极大，为一条产状和力学性质多变的活动断层（见第三十八章新构造运动与地震活动）。

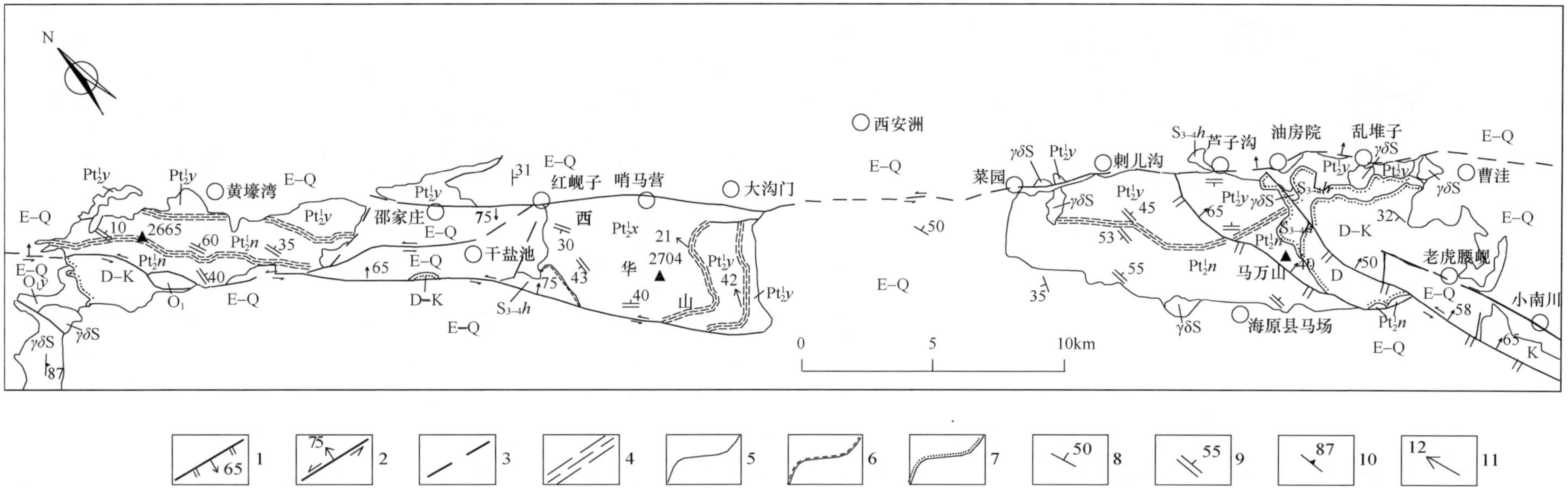

图 35-70　海原断裂带平面图

Fig. 35-70　Geological map of the Xihuashan-Nanhuashan northern piedmont fault zone

E-Q—古近系-第四系；D-K—泥盆系-白垩系；$S_{3-4}h$—旱峡组；O_1y—阴沟群；Pt_2^1x—西华山岩组；Pt_2^1y—园河岩组；Pt_2^1n—南华山岩组；γδS—志留纪花岗闪长岩。1—正断层；2—平移逆断层；3—性质不明断层；4—韧性剪切带；5—地层界线；6—平行不整合界线；7—不整合界线；8—地层产状；9—片理产状；10—页理产状；11—线理产状

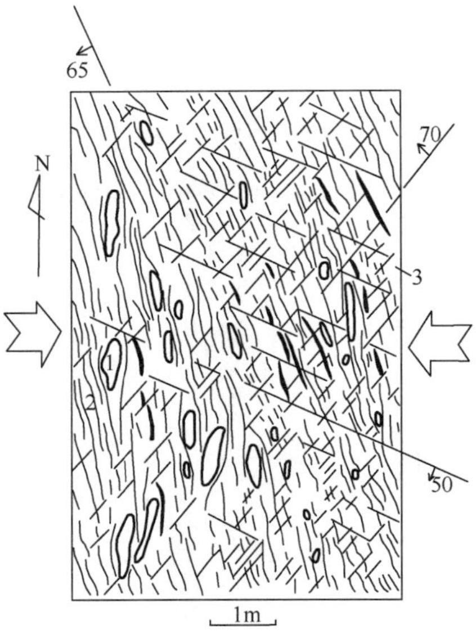

图 35-71　海原断裂动力变质平面素描图（滴水崖沟）

Fig. 35-71　Sketch map of the Xihuashan-Nanhuashan northern piedmont fault dynamometamorphism at Dishuiyagou

1—构造透镜体；2—断层泥条带；3—破劈理

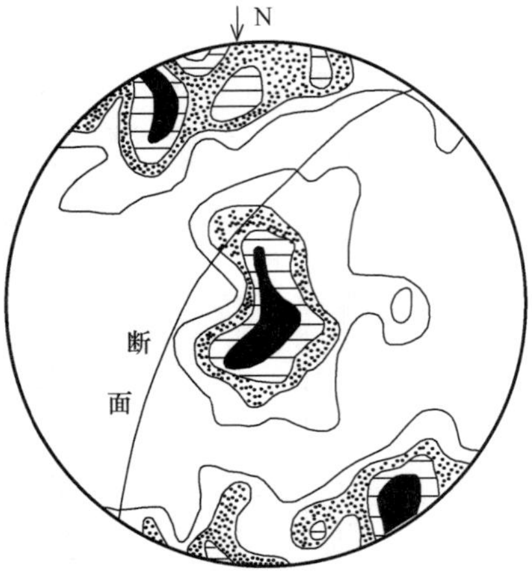

图 35-72　碎裂状白云母石英片岩岩组图（滴水崖沟）

Fig. 35-72　Petrofabric diagram of cataclastic muscovite quartz schist at Dishuiyagou

200 个石英光轴等密线 1%~2%　~3%~4%

（2）六盘山东麓断裂

六盘山东麓大断裂北起固原硝口，南至泾源西沟以南，并延至甘肃省陇县境内。走向北北西—近南北向，全长约 120 多千米，断裂倾向南西西—南西，倾角变化大，25°~75°，断层破碎带宽 100 多米，据物探资料，断距可达 2000m±。在六盘山镇杨岭一带，沿断层面或与之斜交的次级裂隙中充填有含铅、锌、辰砂的中低温热液碳酸盐岩脉。断裂由数条次级逆冲推覆断层构成，在盛义沟表现为小型叠瓦状推覆构造（图 35-73），断层迹线波状弯曲（图 35-74），表现为上陡下缓的铲形推覆断裂；在冶家西、黄林寨一带呈现舌状前锋（图 35-75，图 35-76），白垩系逆冲推覆于古近系清水营组之上；舌状前锋的倾角仅 10°，两侧倾角 25°±（图 35-76）。主断裂附近褶皱较发育，据在盛义沟、响龙河等地次级断裂和褶皱轴与主断裂所构成的“入”字形构造分析，六盘山东麓断裂向北东逆冲推覆为主，兼有右行走滑。

2. 兴仁—海原坳陷盆地（$Ⅲ_2^{1-1-2}$）

位于香山南麓断裂以南、西华山-南华山北麓断裂以北的广大区域内，为一北西-南东向的新生代前陆坳陷盆地，在六盘山早白垩世湖盆沉积基础上又上叠沉积了较厚的古近纪—第四纪地层，第四纪沉降中心位于近西华山-南华山北麓断裂一侧的兴仁堡西，第四系厚 439m，其中下、中、上更新统分别厚 49m、255m、115m，全新统厚 20m。受喜马拉雅期逆冲推覆作用影响明显。

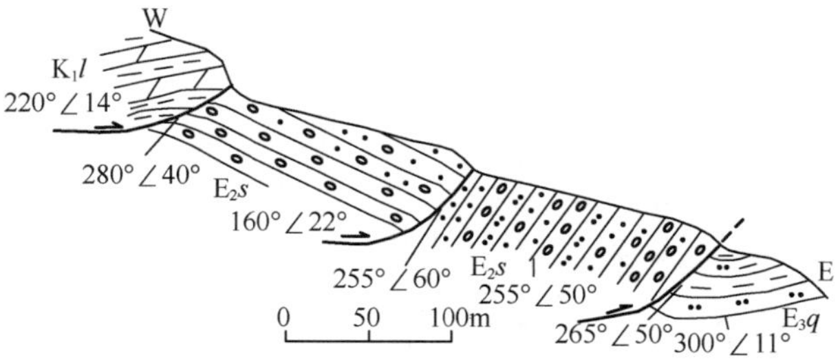

图 35-73　盛义沟小型叠瓦扇构造剖面图

Fig. 35-73　Tectonic section of small-scale Shengyigou imbricatc fan

E_2s—寺口子组；E_3q—清水营组；K_1l—李洼峡组

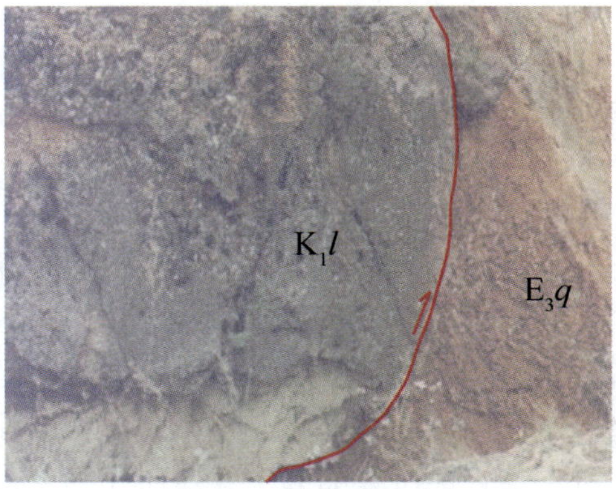

图 35-74　六盘山东麓断裂（盛义沟）

Fig. 35-74　Field photo showing the Liupanshan eastern piedmont fault at Shengyigou

K_1l—李洼峡组；E_3q—清水营组

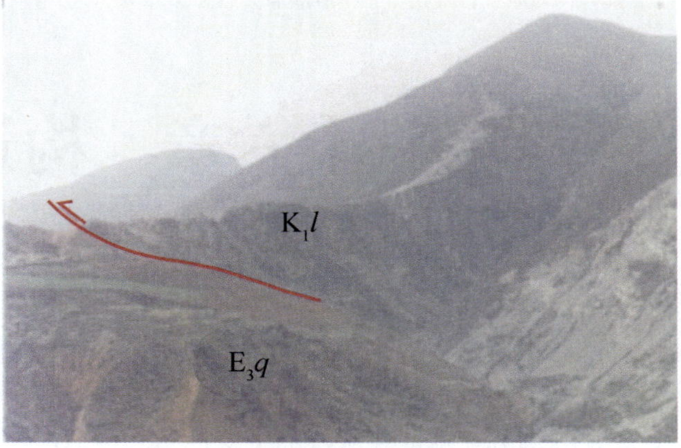

图 35-75　六盘山东麓断裂舌状前锋（冶家西）

Fig. 35-75　Field photo showing nappe front of the Liupanshan eastern piedmont fault at Yejia western

K_1l—李洼峡组；E_3q—清水营组

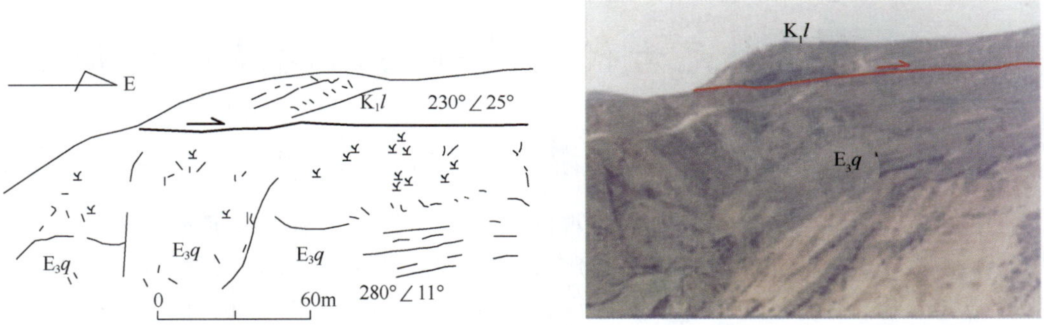

图 35-76　六盘山东麓断裂推覆体（上黄林寨）

Fig. 35-76　Sketch section of the Liupanshan eastern piedmont thrust nappe at Shanghuanglinzhai

K_1l—李洼峡组；E_3q—清水营组

（二）白银-西吉早古生代岛弧（III_2^{1-2}）

呈北西-南东向展布于宁夏西南部，长度>100km，宽度>50km，向西、向南均延伸出宁夏进入甘肃，在宁夏仅为该岛弧的东端部分。白银-西吉岛弧北东以月亮山南麓-六盘山西麓断裂与景泰-海原弧后盆地分界。白银-西吉岛弧西部白银地区古生代火山岛弧带，主要发育奥陶系阴沟群—中堡群深海—次深海相浊流沉积，由陆源碎屑浊积岩夹碳酸盐岩、泥质岩、硅质岩和火山岩、火山碎屑岩等组成，其火山岩组合为碱性系列和玄武岩-安山岩-英安岩（斜长流纹岩）组合，具岛弧和活动大陆边缘的火山岩共生组合特征。宁夏与之对应的西吉盆地基底也发育一套早古生代火山岩-碎屑岩组合，应属白银-西吉岛弧沉积。晚古生代时期，发育弧后前陆盆地碎屑沉积（志留系旱峡组、泥盆系老君山组）和上叠盆地型的陆缘坳陷型海陆交互相碎屑-泥炭质沉积层（石炭系羊虎沟组）；中、新生代以逆冲推覆-走滑为主，发育陆内拉分-坳陷盆地——西吉坳陷盆地（III_2^{1-2-1}），充填有白垩系、古近系、新近系和第四系碎屑-泥质沉积层。

西吉坳陷盆地（III_2^{1-2-1}）与其北侧的西华山-六盘山冲断带以左行走滑断裂相接。受左旋走滑运动的影响，以发育雁列式褶皱为特征，褶皱规模具远离左行走滑断裂迅速减小的特点，褶皱轴迹与走滑断裂带的锐夹角指示断裂对盘运动方向。该盆地为构成宁南弧形构造带最南侧的一个单元。

第三十六章 构造旋回及构造层

构造旋回是整个地壳发展具有阶段性特征的表现，其划分是以地层间不整合或重要构造运动界面为标志，注重不同时期主要的构造事件，特别是地壳重大的开裂与拼合、重组，以这些事件作为各个构造阶段的主要内容。构造层（构造地层）是指地质演化过程中，一个构造区内在一定构造时期遭受一定构造-热事件的地层组合。通过对构造层序、沉积物供给、沉积充填、变形改造等作用过程的综合分析，作为划分盆地演化阶段的重要标志。构造层序是以区域不整合面所分隔的一套地层序列，代表某种特定构造环境下的一套沉积充填产物组合。为不整合面所分隔的构造层序在沉积充填、沉积相、构造变形、变质或岩浆活动等方面存在明显的差异，反映了在广大地区一种对相似构造环境响应的一套有内在联系的地层体系。

根据宁夏的沉积-构造记录和主要构造热事件，可以划分出 5 个大的构造旋回（8 个亚构造旋回，表 36-1）和 8 个独立的构造层序（TS-Ⅰ至 TS-Ⅷ）（表 36-2）。

第一节 古元古代构造旋回与构造层特征

一、主要构造界面和构造运动特征

古元古代构造旋回（吕梁旋回）为华北古陆块形成阶段。本旋回包括整个古元古代（2500～1800Ma），其底界在宁夏表现不明显（未见底），其顶界为吕梁运动所形成的中元古界长城系黄旗口组分别与赵池沟岩群、贺兰山岩群、古元古代花岗岩的不整合界面（见图 2-6，图 2-13，图 2-14）。新太古代末统一的华北、塔南高级变质地体被一组北东走向、地壳尺度的左行韧性剪切带沿东西方向拆离，阿拉善变质结晶基底在华北和塔南地体之间形成，位于华北古陆块西缘的贺兰山地区接受了陆缘环境三角洲相的砂泥质夹碳酸盐岩沉积，经中—深变质形成赵池沟岩群、贺兰山岩群一套较典型的孔兹岩系。包括被改造的太古宙岩石残片和增生的古元古代组分。古元古代末吕梁运动导致华北-塔南超大陆形成。本旋回重要的构造-变质-热事件有贺兰山岩群的中—高级角闪麻粒岩相变质作用，峰期变质前的原地—半原地混合花岗岩（2010～2050Ma）与变质峰期碰撞型花岗岩（1920～2010Ma）以及晚期碰撞后伸展型花岗岩（1849～1920Ma）侵入。

二、构造层特征

古元古代构造层由贺兰山岩群、赵池沟岩群构成，前者自下而上分为宾布勒岩组与宗别立岩组。宾布勒岩组主要由灰—深灰色中—细粒矽线石榴黑云二长片麻岩、石榴黑云斜长片麻岩及少量黑云变粒岩、石榴黑云变粒岩组成。其变质相属角闪岩相—麻粒岩相的过渡类型——角闪麻粒岩相。原岩为成熟度低富铝的半黏土质—粉砂质沉积岩，西部粉砂质沉积岩相对较多，东部相对较少，夹少量火山碎屑岩，属富铝表壳沉积的孔兹岩系。宗别立岩组以黑云斜长片麻岩为主，夹灰白色厚层变粒岩、浅粒岩、石榴黑云斜长片麻岩及少量碳酸盐岩等。下部以变粒岩为主，夹片麻岩及少量灰绿色二云母片岩、板岩，偶夹灰色含石墨大理岩。上部以片麻岩为主，夹变粒岩，柳树沟一带偶夹灰—灰绿色石墨黑云紫苏斜长片麻岩。变质程度应属高—中级角闪岩相，局部地段可达麻粒岩相。从变质矿物组合情况看，其原岩以细粒杂砂岩、粉砂岩为主，可能含一定数量的凝灰质成分，局部含少量碳酸盐岩。赵池沟岩群出露于贺兰山中部的赵池沟、峡子沟一带，岩性上部为灰、浅灰、墨绿色二云母变粒岩、白云母斜长变粒岩、黑云母斜长变粒岩，靠上部发育灰绿色片理化蚀变安山岩，厚>643.60m；下部以片

表 36-1　宁夏大地构造旋回划分

Table 36-1　Geotectonic cycle table of Ningxia

构造旋回	构造层	代	纪	世	年龄 Ma	构造运动	主要构造-热事件
喜马拉雅旋回	TS-Ⅷ	新生代	第四纪	全新世	0.011		贺兰山东麓断裂4次古地震事件：2~4ka B.P.，7~8ka B.P.，8~10ka B.P.，13~14ka B.P.；天景山活动断裂带距今16ka B.P.以来发生了6次古地震事件，海原活动断裂带古地震活动事件6次
				更新世	2.588	喜马拉雅运动Ⅲ	
			新近纪	上新世	5.3		银川断陷盆地，正义关断层基底碎裂花岗片麻岩的磷灰石裂变径迹年龄为（18.8±4.2）Ma、（9.1±4.4）Ma、（4.8±0.9）Ma，宁南弧形构造形成及挤出构造、楔顶效应；三关口南推覆构造继承性活动
				中新世	23.04	喜马拉雅运动Ⅱ	
			古近纪	渐新世	33.8		印度地块与亚洲碰撞的远程构造效应，银川地堑萌生，大罗山东麓断层岩石的磷灰石裂变径迹年龄（54.9±8.9）Ma
				始新世	55.8	喜马拉雅运动Ⅰ	
				古新世	65.0		印度陆块北移69Ma；小松山-宗别立-石炭井推覆构造，苏峪口滑脱断层带；六盘山背斜、向斜；桌子山基底变质岩与窑山东麓断层角砾岩的磷灰石裂变径迹年龄分别为91.5Ma、74.4Ma
	TS-Ⅶ	中生代	白垩纪	晚世	96	燕山运动Ⅲ	
燕山旋回				早世	145.5	燕山运动Ⅱ 燕山运动Ⅰ	鄂尔多斯西缘白垩纪前陆盆地或坳陷盆地；鼓鼓台玄武岩年龄为（98.79±2.86）~（103.6±3.1）Ma（K-Ar法）
	TS-Ⅵ		侏罗纪	晚世	162.8		鄂尔多斯西缘侏罗纪含煤盆地；金场子闪长玢岩脉年龄为（147.2±2.3）Ma；汝箕沟复向斜（滑脱褶皱）、大磴沟-马莲滩滑脱断裂
				早-中世	199.6	印支运动	
印支旋回	TS-Ⅴ		三叠纪	晚世	227		鄂尔多斯西缘三叠纪坳陷盆地；鼓鼓台玄武岩年龄为（241~193）Ma；大战场花岗闪长岩锆石U-Pb下交点年龄为223.6Ma
				早-中世	252.3		
华力西旋回		古生代	二叠纪	晚世	260.4	华力西运动Ⅱ	
				中世	270.6		香山-卫宁北山上叠盆地（C_2—P），P_2上部中酸性火山岩夹层；沙巴台—胡鲁斯台P_2上部中酸性火山岩
				早世	299.0		
			石炭纪	晚世	318.1	华力西运动Ⅰ	
				早世	359.2		香山-卫宁北山前陆盆地（D）与上叠盆地（C）；土井子-三关口背冲构造形成；科学山褶皱群、牛首山古佛台复式背斜；小松山基性—超基性岩年龄为384Ma（K-Ar法）
			泥盆纪	晚世	385.3		
				早-中世	416	宁夏运动 加里东运动Ⅱ	
加里东旋回	TS-Ⅳ		志留纪	晚-顶世	422.9		北祁连残留海盆地（S）；褶皱造山隆起；碰撞型花岗岩—南华山菜园岩体、乱堆子岩体（（431±5）Ma）、油房园岩体（（451±54）Ma）侵位
				早-中世	443.7	加里东运动Ⅰ	
	TS-Ⅲ		奥陶纪	晚世	460.9		鄂尔多斯西缘裂陷海盆（台地—滨浅海—大陆斜坡—次深海，Z—O）；贺兰山中南段辉绿岩年龄为（528±13）Ma，北段牛头沟辉绿岩年龄为543Ma。北祁连岛弧—弧后盆地（$€_2$—O）与裂谷盆地（Z—$€_1$）；晚期挤压褶皱（O_2末—O_3），早期固态流变褶皱（€—O_2）
				早-中世	488.3		
			寒武纪	早-晚世	521	兴凯运动	
扬子旋回				始世	541.0		
		新元古代	震旦纪		635		海原岩群糜棱岩化绿片岩年龄为（800±40）Ma，代表韧性动力变质年龄，它是Rodinia超大陆裂解的先兆
			南华纪		780		
晋宁旋回	TS-Ⅱ		青白口纪		1000	晋宁运动Ⅱ 晋宁运动Ⅰ	
		中元古代	待建纪		1400		Rodinia超大陆形成，海原岩群韧性剪切带，绿片岩Rb-Sr等时年龄为1020~1128Ma；黄旗口组底部海绿石砂岩^{40}Ar-^{39}Ar年龄为（969.1±21.8）Ma
			蓟县纪		1600		
			长城纪		1800	吕梁运动	贺兰山基性—超基性侵入岩，石嘴子花岗斑岩体（A型）年龄为1778~1788Ma。北祁连古洋盆，海原岩群岛弧—弧后盆地沉积，绿帘角闪岩相变质
吕梁旋回	TS-Ⅰ	古元古代	滹沱纪	晚期	1920		石榴堇青片麻岩年龄为1853~1898Ma，碰撞后伸展花岗岩年龄为：黑云母花岗岩1701~1889Ma，黄旗口英云闪长岩1905Ma，大战场花岗岩1849~1854Ma
				中晚期	2010		贺兰山岩群峰期变质碰撞型花岗岩年龄为：似斑状黑云母花岗岩1940~1955Ma，花岗质片麻岩1981Ma，闪长质片麻岩1920Ma，黄旗口花岗岩基1976~2007Ma；石榴堇青二长片麻岩的变质年龄为1950Ma；华北与阿拉善结晶基底焊接（孔兹岩系）
				中期	2050		变质前混合花岗岩，石榴子石花岗岩年龄为2047Ma
				早期	2300		贺兰山岩群三角洲相的砂泥质夹碳酸盐岩沉积，中深变质结晶基底，形成原始克拉通
			待建纪		2500	五台运动	

表 36-2 宁夏构造层序

Table 36-2 Tectonic sequence of Ningxia

构造旋回	亚旋回	构造层	年代地层 界	年代地层 系	年代地层 统	祁连地层区	阿拉善地层区	华北地层区	沉积建造
晚白垩世—第四纪旋回	喜马拉雅旋回	TS-Ⅷ	新生界	第四系					陆相碎屑含盐建造
				新近系	中新统	甘肃群 NG：干河沟组 N_1g；彰恩堡组 N_1z		保德组 N_1d	陆相红色碎屑含盐建造
				古近系	渐新统	固原群 EG：清水营组 E_3q			
					始新统	寺口子组 E_2s			陆相红色碎屑岩建造
侏罗纪—早白垩世旋回	燕山旋回	TS-Ⅶ	中生界	白垩系	下统	六盘山群 K_1L：乃家河组 K_1n；马东山组 K_1m；李洼峡组 K_1l；和尚铺组 K_1h；三桥组 K_1s	庙山湖组 K_1ms	保安群 K_1B：泾川组 K_1j；罗汉洞组 K_1lhd；环河组 K_1hh；洛河组 K_1lh；宜君组 K_1y	陆相杂色碎屑含盐建造
		TS-Ⅵ		侏罗系	上统	未见出露	芬芳河组 J_3f		陆相杂色碎屑岩建造
					中统		安定组 J_2a；直罗组 J_2z；延安组 J_2y		陆相碎屑含煤建造
					下统		富县组 J_1f		陆相杂色碎屑岩建造
南华纪—三叠纪旋回	印支旋回	TS-Ⅴ		三叠系	上统	南营儿组 T_3n；西大沟组 T_3x		延长群 T_3Y：上田组 T_3s；大风沟组 T_3d；崆峒山组 T_3k	陆相杂色碎屑岩建造
					中统	窑沟群 P_3T_2Y：丁家窑组 T_2d		? T_3d；二马营组 T_2e	陆相杂色碎屑岩建造
					下统	五佛寺组 $T_{1-2}w$		石千峰群 P_3T_1S：和尚沟组 T_1h；刘家沟组 T_1l；孙家沟组 P_3sj	
			古生界	二叠系	上统	红泉组 P_3h		上石盒子组 $P_{2-3}s$	陆相杂色碎屑岩-火山碎屑岩建造
	华力西旋回				中统	大黄沟组 P_2d		下石盒子组 P_2x	
					下统			山西组 P_1s	陆相碎屑含煤建造
				石炭系	上统	太原组 C_2P_1t；羊虎沟组 C_2y			海陆交互相碎屑含煤建造
					下统	靖远组 $C_{1-2}j$；臭牛沟组 C_1c；前黑山组 C_1q		靖远组 C_2j；缺失	滨浅海相碎屑岩建造；滨浅海相含盐碎屑岩-碳酸盐岩建造
				泥盆系	上统	沙流水组 D_3s	中宁组 D_3z		陆相红色碎屑岩建造
					中统	老君山组 $D_{1-2}l$	石峡沟组 D_2s		陆相红色碎屑岩建造（陆相磨拉石建造？）
					下统		缺失		
	加里东旋回	TS-Ⅳ		志留系	上-顶统	旱峡组 $S_{3-4}h$			残留海碎屑岩建造（海相磨拉石建造）
					下-中统		照花井组 $S_{1-2}z$		残留海相碎屑岩-碳酸盐岩建造
		TS-Ⅲ		奥陶系	上统	未见出露	香山群 O_3X：磨盘井组 O_3mp；狼嘴子组 O_3lz；徐家圈组 O_3x；?	背锅山组 O_3b；姜家湾组 O_3j；车道组 O_3c；拉什仲组 O_3l	复理石建造 远硅质建造
							米钵山组 $O_{2-3}m$	乌拉力克组 O_3w；克里摩里组 O_2k	斜坡相碎屑岩-碳酸盐岩建造 复理石建造
					中统		天景山组 $O_{1-2}t$		台地相碳酸盐岩建造
					下统		未见出露	大南池组 O_1d	台地相碳酸盐岩建造
				寒武系	上统			阿不切亥组 $\epsilon_{2-3}a$	浅海相碳酸盐岩建造
					中统			胡鲁斯台组 ϵ_2h	滨浅海相碎屑岩-碳酸盐岩建造
								陶思沟组 ϵ_2t	滨浅海相碎屑岩-碳酸盐岩建造
					下统			五道淌组 ϵ_1w	滨浅海相碳酸盐岩建造
								苏峪口组 ϵ_1s	滨海相含磷碎屑岩-碳酸盐建造
					底统			缺失	
	扬子旋回		新元古界	震旦系	上统			兔儿坑组 Pt_3^3t	板岩建造
								正目观组 Pt_3^3z	冰碛岩建造
				南华系				缺失	缺失
中元古代—青白口纪旋回	晋宁旋回	TS-Ⅱ		青白口系					
			中元古界	(待建)					
				蓟县系				王全口组 Pt_2^3w	台地相碳酸盐岩建造
				长城系		海原岩群 (Pt_2H)：西华山岩组 Pt_2^1x；园河岩组 Pt_2^1y；南华山岩组 Pt_2^1n	未见出露	黄旗口组 Pt_2^1h	海相火山-复理石建造（祁连区）滨海相碎屑岩建造（华北区）
								缺失	海相火山岩-复理石建造
古元古代旋回	吕梁旋回	TS-Ⅰ	古元古界	滹沱系		?		赵池沟岩群 Pt_1Z；贺兰山岩群 Pt_1HL：宗别立岩组 Pt_1z；宾布勒岩组 Pt_1b	三角洲相砂泥质夹碳酸盐岩沉积（孔兹岩系）

岩为主，主要有灰绿、墨绿色二云母石英片岩、二云母长石石英片岩，厚>258.37m，总厚度>910.89m。贺兰山岩群孔兹岩系的原岩可能形成于三角洲环境。宾布勒岩组及宗别立岩组下部的原岩有丰富的泥质沉积，可能形成于三角洲的下部，是前三角洲的产物；宗别立岩组中—上部可能形成于三角洲中部，属三角洲前缘沉积。赵池沟岩群的沉积构造环境总的说来可能形成于三角洲上部平原环境，变粒岩、二云母石英片岩的原岩应分属分流河道和河道间沉积，代表古元古代华北古陆块边缘的稳定型沉积。古元古代晚期发生近水平韧性剪切（第一期变形），发育平行层理面 S_0 的透入性板劈理 S_1，形成近水平顺层掩卧褶皱和褶叠层，伴随此期变形，岩石发生了低绿片岩相区域变质。随后经历了吕梁期古板块碰撞造山引起的主期变形（第二期变形）变质（角闪麻粒岩相）和大量花岗岩的侵入（黄旗口英云闪长岩岩基）；古元古代末期古板块碰撞造山后地壳拆沉作用导致重熔花岗岩侵入和第三期挤压韧性剪切变形等构造-热事件后，基底克拉通化就此完结。此后，鄂尔多斯西缘地区便进入了板内构造阶段。本构造层是贺兰山中北段地区的基底，以后的各期构造变形均叠加于其上，并严格受其制约。

第二节　中元古代—青白口纪构造旋回与构造层特征

一、主要构造界面和构造运动特征

本旋回的底界面是长城系黄旗口组与古元古界贺兰山岩群、赵池沟岩群和古元古代花岗岩的不整合，顶界是青白口系顶部。青白口系在宁夏尽管未见相应的沉积，但其底（1000Ma）、顶（780Ma）时期的晋宁运动Ⅰ、Ⅱ幕在宁夏有相应表现，晋宁运动Ⅰ幕在华北克拉通贺兰山地区导致黄旗口组变质（底部海绿石砂岩 $^{40}Ar-^{39}Ar$ 年龄为（969.1±21.8）Ma）；在北祁连南华山、西华山地区导致海原岩群一次退变质（绿片岩 Rb-Sr 等时年龄为（1128±209）Ma、（1020±106）Ma），并发生韧性变形，形成韧性剪切带。晋宁运动Ⅱ幕再次使海原岩群发生动力变质，其糜棱岩化绿片岩 Rb-Sr 等时年龄为（800±40）Ma，代表该次动力变质事件。

二、构造层特征

宁夏中元古代—新元古代青白口纪构造旋回（晋宁旋回）仅发育中元古代早、中期构造层，以香山南麓断裂为界，分为华北克拉通与北祁连两种不同的构造层序。宁夏中北部作为华北克拉通的西缘，桌子山—贺兰山—青龙山等地接受了稳定大陆边缘沉积，为最早的盖层沉积，不存在拗拉槽或陆内裂陷。贺兰山地区中元古界构造层包括长城系黄旗口组和蓟县系王全口组，不整合覆于古元古代贺兰山岩群及吕梁期黄旗口英云闪长岩之上。为一套碎屑岩和碳酸盐岩建造；底部碎屑岩具滨海相沉积特征，向上逐渐发育台地相碳酸盐岩沉积；平面上由南向北、由西向东逐渐超覆，厚度逐渐减薄，边缘岩性变粗；王全口组由北向南厚度增大，石嘴山王全口沟厚 118m，至贺兰山南段的三关口厚度大于 934m，含丰富的叠层石；南部青龙山、陇县地区为含燧石条带的（硅质）白云岩，地层最大厚度达 1780m 以上。北祁连东段南华山—西华山地区的中元古界构造层海原岩群为一套浅变质岩系，变质程度达高绿片岩相至低角闪岩相，即绿帘角闪岩相，其原岩下部为中基性火山碎屑岩夹碳酸盐岩，上部以杂砂岩类为主的复理石夹火山岩沉积，厚度达 5000m 以上，代表北祁连古海槽岛弧—弧后盆地沉积。

第三节　南华纪—三叠纪构造旋回与构造层特征

一、主要构造界面和构造运动特征

南华纪—三叠纪构造旋回包括扬子旋回、加里东旋回、华力西旋回、印支旋回 4 个亚旋回。各亚旋回主要构造界面和构造运动特征如下：

（一）扬子旋回

本旋回始于南华纪，但因强烈的晋宁运动，造成南华纪在宁夏未接受沉积，仅在本旋回中部见震旦系正目观组不整合于中元古界中部王全口组之上（图 36-1）；其顶界面是兴凯运动导致的下寒武统苏峪口组与上震旦统兔儿坑组的平行不整合（见图 2-24）。

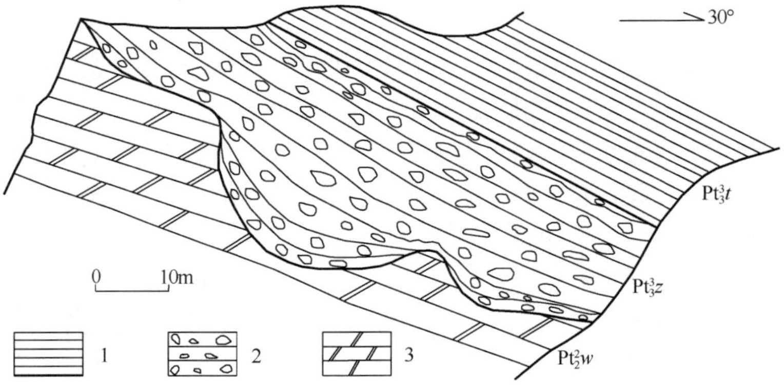

图 36-1　正目观组与王全口组不整合接触关系素描图（苏裕口）

Fig. 36-1　Sketch section of unconformity between the Zhengmuguan Formation and the Wangquankou Formation

1—板岩；2—冰碛砾岩；3—白云岩。Pt_2^2w—王全口组；Pt_3^3z—正目观组；Pt_3^3t—兔儿坑组

（二）加里东旋回

本旋回始于早寒武世晚期，止于志留纪末。代表的地层底界面即为上述的苏峪口组与兔儿坑组平行不整合，顶界面是志留系旱峡组与泥盆系中宁组或老君山组的不整合面。本旋回是形成祁连早古生代造山带的重要时期，造山带内部构造十分复杂，历经多次构造运动（加里东运动Ⅰ、Ⅱ幕），不仅有强烈的火山-岩浆活动，由大陆裂谷发展演化为成熟的岛弧—弧后盆地，而且发生了强烈的构造变形与变质，形成重要的构造界面有加里东运动Ⅰ幕导致的志留系照花井组与上奥陶统磨盘井组的不整合（见图 5-3）以及大量 I 型中—酸性岩浆岩侵入（如乱堆子岩体年龄为（431±5）Ma，油房园岩体年龄为（451±54）Ma）。加里东运动Ⅱ幕（祁连运动）导致的泥盆系老君山组与志留系旱峡组不整合。

（三）华力西旋回

该旋回始于泥盆纪，止于中二叠世。代表的底界面即为上述的泥盆系中宁组或老君山组与志留系旱峡组不整合面，顶界面是上二叠统红泉组与中二叠统大黄沟组整合面（北祁连）或上二叠统孙家沟组与中—上二叠统上石盒子组整合面（华北）。本旋回构造活动在宁夏表现不甚强烈，仅早华力西运动在阿拉善南缘走廊过渡区表现较为明显，导致上泥盆统中宁组与中泥盆统石峡沟组呈不整合接触（见图 6-2）以及下石炭统前黑山组平行不整合或不整合于上泥盆统中宁组之上。在华北地层区见石炭系靖远组、羊虎沟组不整合于寒武系、奥陶系老地层之上（见图 7-10）。晚华力西运动在北祁连主要表现为隆升运动导致中二叠统大黄沟组与上石炭统—下二叠统太原组的平行不整合。大黄沟组中上部的火山凝灰质沉积以及贺兰山沙巴台—胡鲁斯台一带中二叠统上部的中酸性火山岩夹层，代表了宁夏华力西运动Ⅱ幕的构造-热事件。

（四）印支旋回

本旋回始于晚二叠世，止于晚三叠世。底界面为上述的红泉组与大黄沟组整合面或孙家沟组与上石盒子组之间的整合面，表现为与华力西旋回沉积的连续性。顶界为晚三叠世末的印支运动导致的下侏罗统富县组或中侏罗统延安组与上三叠统上田组的不整合（见图 10-2）。印支运动在贺兰山地区还导致基性玄武岩浆的喷溢（鼓鼓台玄武岩，年龄为 229～193Ma）及大战场花岗岩体的侵入（U-Pb 下交点年龄为 223.6Ma）。

二、构造层特征

中元古代末，宁夏遭受了强烈的晋宁运动，中元古代地层褶皱隆起，青白口纪—南华纪遭受长期剥蚀，未接受沉积。因此，南华纪—三叠纪构造旋回在宁夏仅发育震旦系—三叠系构造层序。

（一）震旦系—奥陶系构造层

该构造层包括震旦系正目观组、兔儿坑组，寒武系苏峪口组、五道淌组、陶思沟组、胡鲁斯台组、阿不切亥组，奥陶系大南池组、天景山组、米钵山组、香山群等。

震旦系主要分布于贺兰山、青龙山和固原老爷山地区，不整合在中元古界或更老的地层之上。正目观组为以灰褐色、灰色钙质砾岩为主的冰碛沉积；兔儿坑组以灰—灰绿色板岩为主。

寒武系在宁夏分布广泛，下寒武统苏峪口组从贺兰山中段到陕西陇县地区均有发育。下部为褐灰色含砾长石石英砂岩、含磷砂泥质灰云岩等，上部为含砂质灰云岩、灰岩；下寒武统五道淌组在鄂尔多斯西缘及内部均有分布，为中厚层白云岩、白云质灰岩及灰岩，一般厚度为50~60m，下部为含砂质、粉砂质灰质白云岩，在贺兰山五道淌地区出露完好，属于滨浅海—潮坪相沉积。早寒武世时，西缘海侵早于华北腹地，始于沧浪铺期，海侵方向由南而北，区内地层及岩相变化也说明了这一点。寒武系下部向北逐渐超覆于下伏地层之上；中寒武统陶思沟组、胡鲁斯台组在本区北部为一套中厚层白云岩、灰质白云岩、厚层灰岩夹薄层细粒石英砂岩、钙质粉砂岩、页岩，该地层为一套滨海浅滩相—台地边缘浅滩相沉积组合；在贺兰山南段以及南部地区，中—上寒武统阿不切亥组下部在岩相上反映水体变深，属于台地边缘浅滩相沉积。在化石组合上也出现华北型和祁连型三叶虫过渡混生的现象。上寒武统在本区北部岩性大致与中寒武统相似，以局限台地潮间—潮上沉积为主。鄂尔多斯西南缘固原老爷山到陕西陇县地区寒武系的岩相分布为南北向，变化不大，为缓坡台地相沉积体系，生物组合均反映了华北型的特点。

奥陶系在鄂尔多斯西缘和腾格里早古生代增生楔地区分布广泛，岩相变化剧烈。除北部的桌子山一带有沉积间断外，大部分地区奥陶系与寒武系在岩相组合和沉积序列上具有一定的继承性。下奥陶统在桌子山、贺兰山、香山—天景山和青龙山地区为一套白云岩、藻灰岩、颗粒白云岩、碎屑灰岩，该地层的灰岩质地很纯，属于台地碳酸盐沉积。早奥陶世晚期，区域沉积构造格局发生明显的分异，贺兰山、烟筒山、牛首山等地区迅速沉降，形成了下奥陶统顶部的重力流沉积组合，水深明显增大。香山南麓断裂以南的甘肃景泰—白银地区同时期沉积为阴沟群，沉积组合表现为典型的岛弧—弧后盆地沉积（图36-2）。中奥陶统主要为一套浅水—半深水—深水相的沉积组合，向北部水体逐渐变浅。中奥陶统在桌子山地区称为克里摩里组，为垂向加积的薄层灰岩和黑色页岩，属于陆棚下部沉积；贺兰山地区称为米钵山组（下部），为一套厚度较大的陆缘沉积岩组合；香山—牛首山及罗山地区也称为米钵山组（下部），厚度很大，岩相和厚度变化非常剧烈，主要发育灰褐色板岩、灰绿色长石石英砂岩、灰绿色泥质岩、海相碎屑流沉积夹厚度不等、规模不一的碳酸盐岩滑塌层（以该组顶部滑塌层最为显著）；在该组地层中重荷模、槽模等底面构造较为发育，砂岩为细粒岩屑长石砂岩、长石石英砂岩、岩屑石英砂岩和粉砂岩，沉积组合表现为典型的大陆斜坡相沉积。香山南麓断裂以南的甘肃景泰—白银地区同时期沉积为中堡群（下部），沉积组合表现为典型的岛弧—弧后盆地沉积。据上述可以看出宁夏中奥陶统与下奥陶统的沉积特征有着明显的差别；在生物组合上差别也很大，下奥陶统含华北型生物群及牙形石；中奥陶统为笔石相过渡类型，华南型动物群和牙形石显著增多。中—上奥陶统米钵山组上部—香山群主要分布于贺兰山南段科学山到香山、米钵山、牛首山地区，为一套轻变质的海相碎屑岩、碳酸盐岩、硅质岩组合，局部有顺层侵入的辉绿岩，含有大量碳酸盐岩砾和砂岩砾，见丰富的滑塌沉积及浊积岩序列，沉积组合表现为典型的大陆斜坡下斜坡—深海扇沉积。砂岩的岩石地球化学特征指示香山群发育在被动大陆边缘斜坡环境中（李天斌，1999；徐黎明等，2006）。另据香山群中磨盘井地区辉绿岩的地球化学数据具有高钠、镁、钛，低硅、钾的特点而与白银寒武纪的大陆裂谷型基性火山岩低钛高硅、钾截然不同（夏林圻等，1996），指示香山群沉积环境不是所谓的贺兰裂谷，同时也间接反映香山群形成时代不是寒武纪；多数数据显示该辉绿岩与大洋拉斑玄武岩的特点相近，个别数据与岛弧拉斑玄武岩接近，伴随产出的硅质岩的微量元素特征与稀土分配模式（李天斌，1994，1997；邓昆等，2007）显示为大陆边缘型硅质岩，成岩过程包含热水沉积和正常沉积作用。结合碎屑岩主量元素分析表明该沉积物物源既有来自于被动大陆边缘，又有来自于活动大陆边缘或岛弧区的物源（李天斌，1999）以及区域构造特点（冯益民，1997；夏林圻等，1997）等，推断香山群沉积时贺兰山南段到香山地区可能处于景泰弧后盆地北部的华北陆块南侧的被动大陆边缘坳陷深海扇区域，北、东缘为阿拉善微陆块与鄂尔多斯地块。鄂尔多斯西缘地区与香山群对应的地层出露于青龙山、平凉、陇县地区，称为拉什仲组、车道组、姜家湾组、背锅山组，其上部为海相碳酸盐岩建造，下部为灰绿色砂岩、板岩不等厚互层，夹灰岩，是韵律性较强的类复理石建造，为大陆斜坡上的深水沉积（高振中，1995；贾振远等，1997）。在北祁连，晚奥陶世沉积了妖魔山组巨厚的块状灰岩覆盖在中堡群火山岩和火山碎屑岩之上，北祁连东段还断续发育有类似的碳酸盐建隆，如天祝县峡口驿、古浪峡之西青海境内的"乱石堆灰岩"等，它们是形成于奥陶纪火山岛之上的浅水碳酸盐隆起，指示北祁连加里东期古洋盆是一个多岛洋盆。北祁连东段上奥陶统扣门子组以中基性至中酸性火山岩为主夹有厚层至薄层灰岩、砾状灰岩、硅质岩及各类碎屑岩的岩石组合，属北祁连残留岛弧相和残留弧后盆地相沉积。

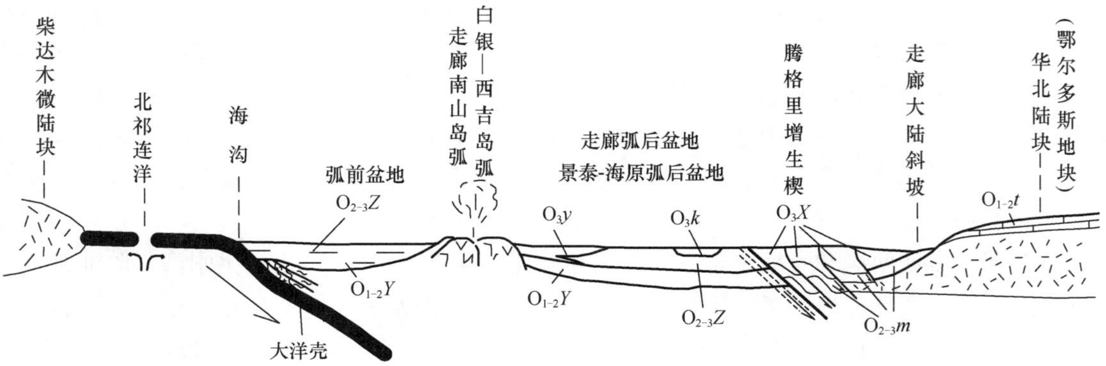

图 36-2　奥陶纪北祁连东段与华北陆块西南缘沉积构造环境示意图

Fig. 36-2　Sketch map of Ordovician sedimentary tectonic setting of east segment of the Beiqilian and southwestern areas of the North China plate

O_3X—香山群；$O_{2-3}m$—米钵山组；$O_{1-2}t$—天景山组；$O_{2-3}Z$—中堡群；$O_{1-2}Y$—阴沟群；O_3y—妖魔山组；O_3k—扣门子组

（二）志留系构造层

该构造层由志留系组成，主要分布在南华山—西华山、烟筒山、同心照花井和巴彦浩特盆地南部等地区，与下伏上奥陶统香山群呈不整合接触。下—中志留统照花井组下部为杂色砂岩、页岩与黄灰色中厚层瘤状泥灰岩不等厚互层，上部为中薄层生物碎屑灰岩及砾状微晶灰岩，页岩中含丰富的笔石化石，形成了一套向上逐渐变浅的滨浅海相沉积。上—顶志留统旱峡组为多个向上变粗的旋回组成的灰黄、褐红色粗砾岩—细砾岩—砂岩沉积，砂岩中的岩屑成分为变质岩、片岩、沉积岩以及少量火山岩岩屑，是一套向上变粗的前陆初始磨拉石沉积，标志着北祁连海盆关闭。

（三）泥盆系—三叠系构造层

本构造层包括泥盆系老君山组、石峡沟组、中宁组，石炭系前黑山组、臭牛沟组、靖远组、羊虎沟组，上石炭统—下二叠统太原组及二叠系、三叠系。早二叠世晚期—三叠纪宁夏可分为华北地层区与祁连地层区，前者自下而上为山西组、下石盒子组、上石盒子组、孙家沟组、刘家沟组、和尚沟组、二马营组、延长群（包括大风沟组、上田组）、崆峒山组，后者自下而上为大黄沟组、红泉组、五佛寺组、丁家窑组、西大沟组和南营儿组。

早泥盆世北祁连碰撞造山带强烈抬升剥蚀，在造山带前缘形成前陆盆地，中泥盆世本地区开始进入近海陆相沉积阶段，沉积了山麓相的老君山组粗碎屑岩和河湖相的石峡沟组紫红、紫灰色粉砂岩、灰白色泥质粉砂岩、细粒砂岩夹少量细砾岩等碎屑岩建造；晚泥盆世造山带前缘前陆盆地扩大，沉积了典型的前陆盆地磨拉石建造层——中宁组。该组与下伏石峡沟组呈不整合接触，岩性下部为紫红色砾岩、含砾长石石英砂岩的冲积扇沉积，向上逐渐演变为河流相沉积，为灰白色、灰绿色长石石英砂岩夹薄砾岩层。上部—顶部沉积了河湖相的紫灰、灰绿色粉砂岩、砂质灰岩，产海相介形类化石。由于前陆盆地的扩展，加之盆地边界同沉积断裂的影响，使上泥盆统中宁组与中泥盆统石峡沟组呈微角度不整合接触，属北祁连造山带逆冲隆升与前陆盆地扩展耦合的结果。中宁组厚度可达2300m以上，存在多个沉积中心，在宁夏主要集中在中宁—中卫以及贺兰山南部等地区。

在贺兰山南段元山子地区，中宁组上部发育生长断层（张进，2002）；而在该地区周围的地震剖面中也发现了同期的伸展构造，这些说明在晚泥盆世晚期，该地区已经开始由碰撞挤压构造环境逐渐进入到一个新的拉张伸展机制下。至早石炭世，伸展环境更为明显。早期前黑山组沉积坳陷主要集中在中宁、中卫等地，基本上限定在晚泥盆世的沉积中心之中，以泥砂质云灰岩、钙质泥岩和钙质砂岩为主。现有资料表明，早石炭世早期前黑山组沉积时，鄂尔多斯西部、腾格里早古生代增生楔地区与鄂尔多斯内部是不连通的，鄂尔多斯西缘的古隆起阻挡了华北海与祁连海的连通（张抗，1989），早石炭世的沉积在鄂尔多斯内部没有发育，而在腾格里早古生代增生楔地区早石炭世沉积厚度可达700m以上，根据古生物及沉积学证据，鄂尔多斯西缘早期的海侵来自西南和东南方向。早石炭世晚期臭牛沟组沉积从南向北超覆到阿拉善微陆块腹地（巴彦浩特中东部地区）。晚石炭世早期靖远组沉积海域范围扩大，发育潟湖相与潮坪相沉积。晚石炭世晚期羊虎沟组沉积海域范围进一步扩大，发育潮下生物灰岩和扇三角洲、障壁岛环境沉积，具多期三角洲沉积组合。至早二叠世早期，华北海域已经与祁连海域连为一体，鄂尔多斯西缘同整个华北地区沉积已经趋于统一，各地沉积的太原组厚度、岩性大体相同，在鄂尔多斯西缘地区为一套灰黑色陆缘碎屑岩、黏土岩、页岩以及少量碳酸盐岩夹层，为三角洲相碎屑含煤沉积；该地层也是宁夏的主要煤系地层之一。

由于上叠于腾格里早古生代增生楔之上的石炭系是在继承了晚泥盆世晚期的拉张伸展环境下沉积的，因此下石炭统前黑山组与下伏上泥盆统中宁组表现为平行不整合接触，二者之间沉积相不同而构造环境差异并不大。

早二叠世晚期开始了统一的大华北盆地近海陆相沉积，鄂尔多斯西缘沉积了下二叠统山西组、中—上二叠统下石盒子组、上石盒子组与孙家沟组一套河流相碎屑岩建造，厚度变化较大。腾格里早古生代增生楔地区与之对应的地层为大黄沟组与红泉组，也为一套河流相碎屑岩建造，只是大黄沟组含有火山碎屑物质。

早三叠世鄂尔多斯西缘地区形成的刘家沟组、和尚沟组为一套紫红色河湖相砂泥岩系，以砂岩为主，刘家沟组与下伏上二叠统孙家沟组呈整合接触。在腾格里早古生代增生楔香山地区下—中三叠统五佛寺组、丁家窑组为一套紫红色河湖相砂泥岩系，与下伏上二叠统红泉组呈整合接触。中三叠统二马营组在鄂尔多斯西缘为一套紫红色的砂砾岩组合，鄂尔多斯盆地内为青灰色、灰绿色砂岩、长石砂岩夹暗紫色粉砂质泥岩，为一套河湖相沉积；这时的盆地已经由二叠纪晚期无明显湖盆中心的大型近海坳陷转变为具有明显沉积和沉降中心的内陆湖盆。该地层代表鄂尔多斯西缘及腾格里早古生代增生楔地区断陷之后的拗陷阶段。晚三叠世鄂尔多斯西缘地区又一次进入构造的活动阶段，北段处于伸展环境中，贺兰山鼓鼓台三叠纪玄武岩的最新研究表明三叠纪贺兰山地区为拉张环境；同时堆积延长群（在贺兰山中北段为大风沟组、上田组，是组成山体的主要地层）断陷沉积，为河流相—湖泊相沉积，下部为杂色厚层含砾中—粗粒长石砂岩，砂质泥岩及砾岩，中、上部为灰、灰绿、灰黑色砂岩、粉砂岩、砂质页岩等，最厚可达2525m。而南段则处于挤压环境中，堆积了崆峒山组的前陆山麓冲积扇相粗碎屑物沉积。在腾格里早古生代增生楔地区，晚三叠世沉积了西大沟组和南营儿组一套河流相碎屑岩建造。

第四节 侏罗纪—早白垩世构造旋回与构造层特征

一、主要构造界面和构造运动特征

侏罗纪—早白垩世的燕山旋回，在宁夏，其底界为上述的富县组、延安组与上田组的不整合面，顶界为六盘山群乃家河组顶界或庙山湖组、保安群顶界，它们都被古近纪—新近纪地层不整合覆盖（图36-3；见图12-2、图13-5）。本旋回的构造活动在宁夏表现十分强烈，不仅形成了大型类前陆盆地和坳陷盆地，而且发生了强烈的陆内变形、逆冲推覆和较强的岩浆热液活动。中侏罗世末的燕山运动Ⅰ幕在宁夏部分地区（内蒙古阿拉善左旗围沟井—土圈一带）造成安定组平行不整合于直罗组之上（图36-4）；晚侏罗世末的燕山运动Ⅱ幕使宁夏发生了强烈的陆内造山作用与逆冲推覆，形成大型滑脱断裂与褶皱，致使早白垩世地层不整合于安定组或芬芳河组之上（图36-5），并伴有岩浆侵入（金场子闪长玢岩岩脉锆石U-Pb年龄为（147.2±2.3）Ma）；早白垩世末的燕山运动Ⅲ幕使早白垩世前陆盆地褶皱隆起，遭受长期剥蚀。

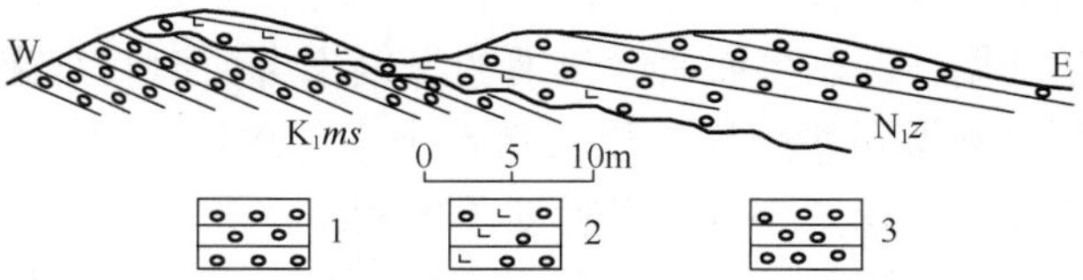

图36-3 彰恩堡组（N_1z）与庙山湖组（K_1ms）不整合接触关系素描图（鹰嘴子）

Fig. 36-3 Sketch section of unconformity between the Zhangenpu Formation（N_1z） and the Miaoshanhu Formation（K_1ms）

1—粗砾岩；2—钙质粗砾岩；3—细砾岩

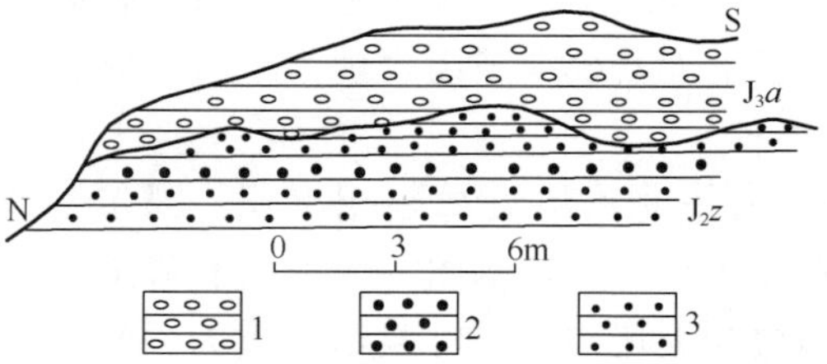

图36-4 安定组（J_3a）与直罗组（J_2z）平行不整合接触关系素描图（土圈）

Fig. 36-4 Sketch section of unconformity between the Anding Formation（J_3a） and the Zhiluo Formation（J_2z）

1—砾岩；2—粗砂岩；3—细砂岩

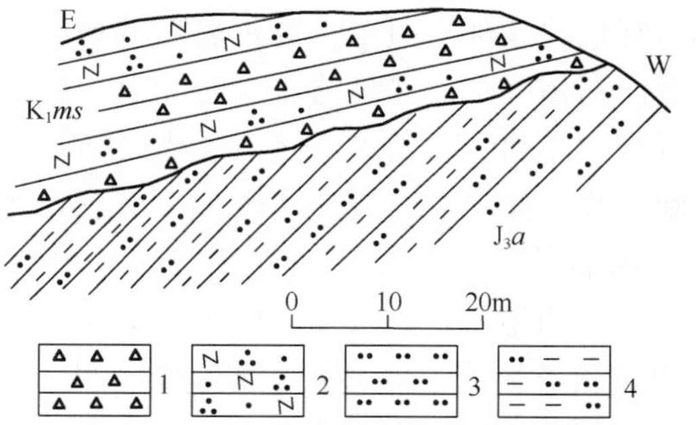

图36-5 庙山湖组（K_1ms）与安定组（J_3a）不整合接触关系素描图（大柳木高）

Fig. 36-5 Sketch section of unconformity between the Miaoshanhu Formation（K_1ms） and the Anding Formation（J_3a）（Daliumugao）

1—角砾岩；2—长石石英砂岩；3—粉砂岩；4—粉砂质泥岩

二、构造层特征

侏罗纪—早白垩世构造旋回（燕山旋回）发育侏罗系和下白垩统两个构造层。

（一）侏罗系构造层

该构造层包括下侏罗统富县组、中侏罗统延安组、直罗组和上侏罗统安定组。富县组在鄂尔多斯西缘仅局部和一些钻孔中见及，为河流相的砂岩、粉砂岩、页岩；延安组是鄂尔多斯盆地内与腾格里早古生代增生楔地区主要的产煤地层之一，也是盆地内重要的油气岩性圈闭；为河流、湖泊以及沼泽相的灰、灰黑色砂岩、粉砂岩、页岩夹煤层，厚度较大，岩相也比较稳定；直罗组为河湖相的灰绿、黄绿色砂岩、粉砂岩以及砂质泥岩互层，各地的岩性岩相均相仿，厚度变化不大，与下伏延安组为整合接触；安定组为河湖相紫红、灰绿色砂岩、粉砂岩及少量砂质泥岩组成，岩性比较稳定，厚度较大，在200~1400m之间，与下伏直罗组呈整合—平行不整合接触，该构造层代表了晚三叠世构造活动后腾格里早古生代增生楔地区与鄂尔多斯盆地及西缘前陆坳陷沉积。

（二）下白垩统构造层

腾格里早古生代增生楔地区与鄂尔多斯盆地及西缘的下白垩统分布很广泛，在盆地内部称保安群，在六盘山地区称六盘山群，在贺兰山地区称为庙山湖组，在贺兰山西侧的巴彦浩特盆地称庙沟组。保安群为一套冲积扇—辫状河沉积的紫红色砂砾岩、含砾砂岩，向盆地内岩性逐渐变细，厚度可达1200m以上。六盘山群下部为一套冲积扇—辫状河砂砾岩沉积，向上逐渐过渡到湖泊相的泥岩、粉砂岩以及泥灰岩沉积，最厚可达4000m以上，不整合覆盖在前白垩系之上。庙山湖组主要分布在贺兰山的北部和南部，厚度达1500~2000m，下部为冲积相粗碎屑岩沉积，由褐红色砂岩、砾岩夹砂质泥岩、泥灰岩组成，不整合于侏罗系或更老的地层之上；上部为河流—湖泊相灰绿、灰白、棕红色砂岩、砾岩、泥岩、粉砂质泥岩、泥灰岩沉积。综上，该构造层代表了燕山期褶皱推覆构造带之早白垩世早期前陆盆地沉积、中晚期伸展坳陷盆地沉积、末期挤压盆地沉积。

第五节　晚白垩世—第四纪构造旋回与构造层特征

一、主要构造界面和构造运动特征

本旋回始于晚白垩世，一直延续到第四纪。其构造活动在宁夏表现也十分强烈，除逆冲推覆和断陷而形成盆地、山脉隆起相间排列的独特地貌特征外，更引人注目的是一系列活动断裂的成生导致青藏高原东北缘宁南弧形构造地震活动带和贺兰山-六盘山南北向地震活动带的频繁活动，诱发一系列中强地震。重要的构造界面有喜马拉雅运动Ⅰ幕形成的始新统寺口子组与早白垩世地层或更老地层间的不整合（见图12-2）；渐新世末的喜马拉雅运动Ⅱ幕形成的中新统彰恩堡组与渐新统清水营组或始新统寺口子组的平行不整合（图36-6）或不整合（见图13-4）；中—上新世末的喜马拉雅运动Ⅲ幕形成的早—中更新世地层与中新统彰恩堡组、干河沟组的不整合。

图36-6　彰恩堡组（N_1z）与清水营组（E_3q）平行不整合接触关系素描图

Fig. 36-6　Sketch section of unconformity between the Zhangenpu Formation（N_1z）and the Qingshuiying Formation（E_3q）

二、构造层特征

早白垩世末的燕山运动Ⅲ幕使类前陆坳陷盆地褶皱，结束沉积。晚白垩世—古新世遭受长期剥蚀，未接受沉积。本构造旋回（喜马拉雅旋回）仅发育始新统—第四系构造层，主要展布在银川断陷盆地（又称银川地堑）以及香山、烟筒山、牛首山、罗山、六盘山等一系列逆冲推覆构造带的前缘地区，全部是陆相碎屑沉积。新生代（65Ma）以来，随着印度-欧亚板块挤压碰撞的进程，青藏高原早期向北推挤为主的运动，经阿尔金断层的走滑转换，大体上从 NW 和 NE 两个方向加剧了鄂尔多斯西缘宁夏南、北两套逆冲推覆构造的进一步发育；青藏高原晚期向东挤出的运动则经祁连-秦岭构造带的左行位移和鄂尔多斯地块的逆时针转动，致使鄂尔多斯西缘出现一系列小规模近东西向走滑断裂，并形成银川拉分断陷盆地，与此同时，海原—同心一带表现为前陆拗陷沉积。

银川断陷盆地中的新生界厚度最厚可达 8000m 左右。南部牛首山—六盘山地区始新世时，快速沉积了寺口子组一套扇三角洲平原亚相红色碎屑岩建造。渐新世时，逐渐发展为宽阔的河湖盆地，沉积了清水营组河湖相红色砂泥质含膏盐建造。中新世，逐渐转为河流相，沉积了彰恩堡组一套河湖相红色砂泥岩建造和干河沟组一套辫状河相为主的红色粗碎屑岩夹砂泥岩建造。

第四纪在河流沟谷、山间盆地、山前凹陷及山麓地带广泛沉积冲积、洪积、坡积等碎屑砾岩、砂、砾石层、砂土及厚度不等的风成黄土。

第三十七章　构造变形

宁夏元古宙区域构造变形序列十分复杂而难以恢复，以韧性剪切和北部硅铝壳内的增生（ensialic accretiog）、南部古祁连洋盆的打开与闭合褶皱为主，导致阿拉善微陆块基底和华北-塔南超大陆形成。宁夏古生界—新生界基岩大多被第四系沉积物覆盖，但露头区褶皱、断裂非常发育，以挤压剪切的脆性变形为主，塑性流变次之。

第一节　陆块区变形特征

代表宁夏古老的变质结晶基底陆块的区域是位于华北古陆西缘的贺兰山北段地区，出露古元古代贺兰山岩群，为一套角闪麻粒岩相级的中—高级区域变质岩系，变形强烈，表现为发育各种面理与线理构造、不同形式的褶皱构造与韧性剪切带。

一、基底变形特征

（一）面理及线理构造

1. 变质岩层中的面理、线理构造

变质岩层中的透入性面理构造，主要是指发育在各种不同类型片麻岩中的片麻理。片麻理多由暗色矿物条带定向排列表现出来，其中以富铝片麻岩最为发育，其他类型片麻岩次之。在富铝片麻岩中，主要由堇青石和矽线石定向排列表现出来，尤其是堇青石，在露头上常呈宽数毫米、长达数厘米的断续条纹；在榴云片麻岩及二辉麻粒岩中，主要由黑云母定向排列显示出来；变粒岩中一般多为块状构造。

贺兰山北段地区的片麻理产状基本稳定，走向一般为北东东向，向南倾斜，倾角70°左右。片麻理走向与各岩组间界面既可以平行一致，也可以斜交、直交，尤其在主期（第二期）褶皱的转折端处表现得更为明显。平行片麻理，常出现不同等级、不同强度和不同样式的面理置换现象。

变质岩层中透入性的线理构造，主要为片麻理面上发育的矿物生长线理，表现为片麻理面上暗色矿物集合体的带状定向分布，宽1~3cm，暗色矿物主要为堇青石，其次是矽线石、石榴子石。

此外，变质岩层中还发育非透入性面理及线理构造，主要有：产于剪切带中的片理化带、强直面理带、糜棱面理带，产于能干性较强的岩层转折端部位的破劈理，以及非透入性的线理构造（包括擦痕、石香肠）等。

2. 花岗质岩石中的面理构造

花岗质岩石中均不同程度地发育面理构造，产状与区域面理一致，但类型多样，各具特点。最显著的是造山期后形成的似斑状黑云母花岗岩中的面理，由钾长石巨斑定向排列而成，局部地带基质中的石英也略有定向。该面理是岩浆呈粥体状态时，受定向挤压应力作用形成的。

白岗岩及一些灰白色石榴子石花岗岩中，面理由“拉长”定向的石英及少量长石构成，有的似“文象”结构，在岩体内不均匀发育。该种面理可能是在结晶过程中及后期较韧性状态下受力变形形成的。此外，花岗岩中还含有大量小的地层包体、残留体等，呈暗色短条状较均匀地分布于岩体中，并强烈定向排列构成面理，其内主要是石英、堇青石、石榴子石及黑云母集合体；该种面理可能是花岗岩沿古构造带生成。花岗质混合岩中残存的地层块体定向排列形成的面理，与围岩片麻理基本一致，体现了原地重熔的特点。

（二）褶皱构造

贺兰山岩群并非简单的单斜构造，其原岩在漫长的地质历史中屡遭叠加变形变质改造，形成形态及位态不同、序次及等级有别、性质及成因各异、复杂而庞大的褶皱系统。贺兰山北段地区结晶基底可划分出 3 期褶皱变形。

1. 早期褶皱的特点

贺兰山岩群虽经历了变形变质期强烈的面理置换及变质改造，但早期变形的踪迹仍然保留不少。早期变形发生在地壳较深层次，通过水平顺层韧性剪切作用，广泛形成连续变形的固态流变构造群落——“褶变层”构造，包括顺层韧性剪切带、顺层掩卧褶皱，并伴有强烈发育的轴面面理 S_1、拉伸线理 L_1，代表第一期顺层剪切变形的产物。

（1）顺层掩卧褶皱

为不同尺度的顺层剪切面所限定的层内或组内多级紧密等斜褶皱群，其轴面产状与所赋存的层型界面基本一致，后经主期北东东向褶皱的叠加改造及面理置换，使其最终强迫定位，与主期面理方向一致。由于变形岩石的物性差异（主要包括厚度、单层韧性及层系内韧性差异），在相同的变形环境下形成样式和规模不同的顺层掩卧褶皱群。

A. 协调的顺层掩卧褶皱带

主要发育在宗别立岩组变粒岩-大理岩段内（图 37-1），单层厚度不大、层间韧性差较小的细粒黑云斜长变粒岩与细粒钙硅酸盐粒岩互层的岩系中（图 37-2）。变粒岩的原生层理 S_0、早期顺层面理 S_1 及主期面理 S_2 三者产状一致，整个岩系呈被动褶皱，两翼被强烈拉长变薄，转折端显著增厚，形成典型的顶厚褶皱。

图 37-1　宗别立岩组中顺层掩卧褶皱（左为变粒岩，右为大理岩）

Fig. 37-1　Field photo showing bedding recumbent folds of the Zongbieli Rock Formation

B. 不协调的顺层掩卧褶皱

主要发育在变粒岩、大理岩内，薄层变粒岩寓于中厚层大理岩的岩性组成中，岩层间韧性差异显著，变形总体呈被动褶皱，能干性强的岩层形成肠状弯曲。

C. 透入性顺层连续劈理带

主要发育在厚层、均一的软弱岩层中，以高韧性剪切变形为主导，构造置换作用彻底，有时可见残余的片内无根褶皱。这类构造主要见于宗别立岩组中以片麻岩为主的地层中。经主期强烈的面理置换和变质改造后，这种早期透入性面理绝大部分已不复存在，仅在零星露头留有未彻底置换的痕迹。

D. 小尺度 A 型褶皱及大尺度 A-B 型褶皱带

在变质地层中广泛发育枢纽陡倾的不对称小褶皱，规模一般较小，轴面通常与主期面理一致或近于一致，枢纽多在 70°以上，平面上常呈不对称的“S”形或“Z”形，两翼紧闭（图 37-3）。推断这些枢纽陡倾的不对称紧闭小褶皱是在早期顺层剪切过程中形成的，即：早期轴面水平的小型 A 型褶皱（*YZ* 面上呈“Ω”形），经主期变形改造，使其 *XY* 面强迫定位于主期面理方向，同时也破坏了“Ω”形的完整性，最后形成透入性分布的不对称紧闭倾竖小褶皱群。

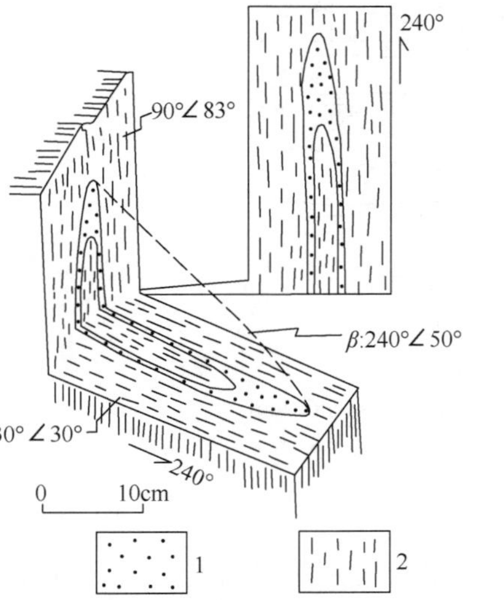

图 37-2　早期协调顺层掩卧褶皱立体素描图

Fig. 37-2　Sketch three-dimensional section of early harmonic bedding recumbent folds

1—薄层细粒黑云斜长变粒岩；2—薄层细粒钙硅酸盐粒岩

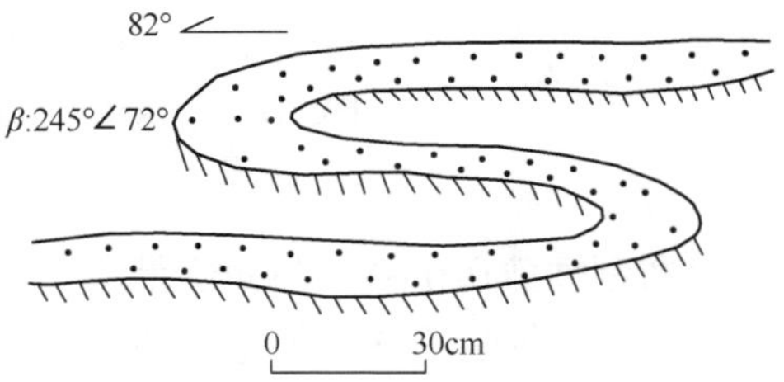

图 37-3　变粒岩中“S”形倾竖褶皱

Fig. 37-3　S-shaped plunging vertical fold of leptynite

宗别立岩组中的厚层大理岩夹薄层变粒岩，在平面上多呈不对称的“S”形或“Z”形褶皱，枢纽向东或向西高角度倾伏。这些大尺度的 A-B 型褶皱为早期水平顺层剪切的产物，后经主期叠加变形使其位态发生改变，并常使短翼叠加主期变形，形成一系列次级较紧闭的倾伏褶皱。

（2）顺层轴面面理 S_1、拉伸线理 L_1

早期顺层剪切形成的轴面面理 S_1 在富铝片麻岩中最为发育，表现为透入性轴面面理，但经主期（第二期）强烈的面理置换后仅在零星露头见到。早期线理构造主要发育在一些变粒岩中的 A 型或 A-B 型褶皱面上，表现为一系列彼此平行的不规则状沟槽，线理延伸稳定，与枢纽斜交或直交。

（3）顺层韧性剪切——变余鞘褶皱带

早期的顺层韧性剪切带经主期强烈变形变质改造后，已变得很不连续，其大体沿物性差异明显的岩性组合界面附近发育。根据 A 型及 A-B 型褶皱的位态特点、早期顺层韧性剪切带内鞘褶皱以及早期拉伸线理的特点，推测早期水平剪切方向为近南北向。

2. 主期褶皱的特点

主期变形（第二期变形）总体形成秃鲁根大型复背形。复背形南翼的次级背形、向形构造发育较全，轴面南倾；北翼由于受晚期叠瓦状脆、韧性剪切带及岩浆岩破坏，次级背、向形残留不多，主期褶皱形成的北东东向复背形构造铸就了贺兰山北段变质结晶基底的基本构造格架。

3. 晚期褶皱的特点

晚期褶皱主要与第三期变形有关，并受到第五期褶皱作用改造，其变形面为主期褶皱的轴面面理（少数糜棱面理也发生了变形）。枢纽陡倾，轴面直立，形成直立倾竖褶皱，其分布在区域上不具透入性。大规模的晚期褶皱只有在更大范围内才能识别出来。

（三）韧性剪切带

贺兰山北段地区发育 3 种不同类型、不同层次的韧性剪切带。

1. 前变质韧性剪切带——变余鞘褶皱带

第一期顺层剪切变形表现为高角闪麻粒岩相变质作用之前的剪切变形带。由于后期变形、变质作用的改造和破坏，这类剪切带保留很少，仅在局部见其残迹，主要表现为一系列小型鞘褶皱及紧闭 A

型褶皱（图 37-4）。

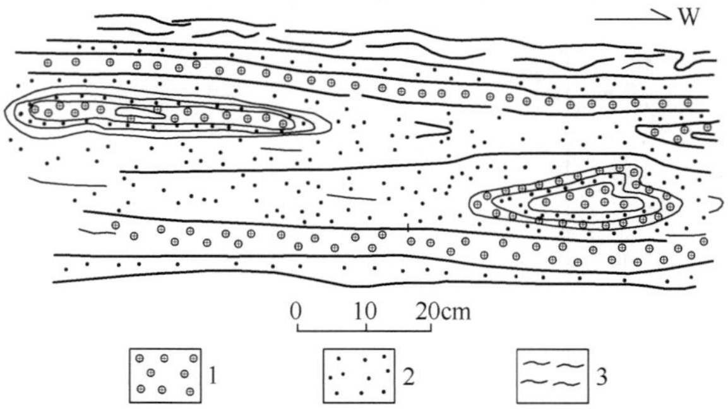

图 37-4 变余鞘褶皱素描图

Fig. 37-4 Sketch section of palimpsest texture sheath fold

1—黑云变粒岩；2—透辉方柱粒岩；3—条带状大理岩

2. 同变质韧性剪切带——强面理带

第二期主变形期在区域面理（片麻理、条带状构造等）中表现为面理化更为强烈的构造带，与区域面理是同期产物。在变质地层中表现出强直片麻理、强直条带状构造；在花岗质岩石中以某些矿物或矿物集合体的“拉长”定向为特征。

3. 后变质韧性剪切带——糜棱岩带

为叠加于区域面理之上的糜棱岩（大多为千糜岩）带，代表第三期变形的产物。切过不同的原岩而发育为长英质、花岗质、钙质、富铝质糜棱岩，据变形强弱，可划分出糜棱岩化岩石、糜棱岩、超糜棱岩。带内糜棱片理和线理发育，剪切带指向标志明显。糜棱岩矿物组合及变形性状指示形成环境为高绿片岩—低绿片岩相。带内还不同程度地叠加片理化、劈理化及后期脆性断裂。糜棱岩带主要发育于宗别立断裂带两侧，总数超过 15 条。按其产状（包括拉伸线理）分为北东向、北西向和近南北向 3 组。贺兰山北段地区的糜棱岩主要形成于主变质期（1950Ma）后，为后变质韧性剪切带。

二、构造变形序列与形成条件

贺兰山北部基底构造变形事件，除石嘴子花岗斑岩体（A 型花岗岩）显示的伸展变形和由片麻理弯曲而显示的宽阔的南北向褶皱及伴生的脆性断裂外，其余事件均发生在古元古代之后、中元古代之前。按其先后关系排列出构造序列见表 37-1。贺兰山岩群从古元古代形成到中元古代暴露地表接受长城纪盖层沉积，经历了下埋、变质和变形作用。第一阶段是在拉伸体制下的沉积、下埋、顺层剪切变形阶段，虽然本阶段温度不高，但由于松软富含水的沉积地层易于变形，因此变形作用是在塑性状态下进行的。此期变形的特征是：以砂、泥岩原生层理 S_0 为变形面，发育平行层理面 S_0 的透入性板劈理 S_1，全置换；伴随此期变形，岩石发生了低绿片岩相区域变质，形成长石石英片岩、变粒岩等，露头尺度上即可观察到片岩、变粒岩变余层理（粒序层理）与片理基本平行或呈锐角相交的现象。第二阶段在收缩体制下，以紧闭褶皱为特征，发生地壳大幅度加厚，变形是在较高温度的塑性状态下发生的。与此同时，发生了主变质期的区域变质作用，变质相达角闪麻粒岩相。第三阶段以抬升作用为特征，从早到晚层次由深及浅，温度由高到低，变形的均一性或透入性由强变弱，变形由塑性（韧性剪切，形成糜棱岩带，发生退变质作用，变质相达低绿片岩相）向脆性转化，并经历第四期伸展变形与第五期片麻理褶皱，最后以发育第六期张扭性破裂、侵入基性岩墙而终结。

陆块区中、新元古代—古生代以后的盖层变形与造山带变形基本同步，特征类似（见下节），只是强度较弱。

表 37-1　贺兰山北段基底构造变形序列及地质事件简表

Table 37-1　Basement tectonic deformation sequence and geological events of the northern segment of Helanshan

序次	动力学	构造序列	其他地质事件	时代/Ma	
第六期脆性破裂	?	脆性断层活动	岩层脆性破裂		中元古代
	近东西向挤压	北东右行、北西左行断层活动	辉绿岩脉		
	拉张	脆性破裂			
第五期晚期褶曲	近东西向挤压	近南北向宽缓弯曲（片麻理褶皱）	黄旗口英云闪长岩锆石 U-Pb 上交年龄 1425~1539Ma 代表该期构造隆升事件	1425~1539	
第四期伸展变形	近东西向伸展	古元古代末期—中元古代早期 Columbia 超大陆裂解	六盘山石嘴子花岗斑岩体（A 型花岗岩）锆石 U-Pb 年龄为 1778~1788Ma	1778~1788	
第三期糜棱岩化	北东-南西向伸展	韧性剪切带（片理化带），近南北、北西向平移型韧性剪切带（糜棱岩带）	后变质期：含矽线石榴堇青片麻岩 $^{207}Pb/^{206}Pb$ 年龄 1853~1898Ma，黑云母（石榴）花岗岩锆石 U-Pb 年龄 1701~1889Ma，黄旗口英云闪长岩 $^{207}Pb/^{206}Pb$ 年龄（1905±48）Ma；大战场花岗闪长岩锆石 U-Pb 年龄 1849~1854Ma；伟晶岩脉侵入	1849~1920	古元古代中晚期
	东西向伸展	北西西向韧性剪切带（糜棱岩带），北东、近东西向韧性剪切带（糜棱岩带）；发生退变质作用，变质相达低绿片相			
第二期主（褶皱）变形期	由南南东向北北西推挤	（东西向、北东东向）古糜棱岩带，南倾的北东东向逆冲型同变质韧性剪切带（强面理带），南倾的北北东向区域性轴面面理、线理，北东东向倒转复式褶皱；发生了主变质期的区域变质作用，变质相达角闪麻粒岩相	花岗岩侵入：似斑状黑云母花岗岩年龄（1940±11）Ma、（1955±20）Ma，花岗质片麻岩年龄（1981±20）Ma，闪长质片麻岩年龄（1920±7）Ma，黄旗口英云闪长岩年龄 1976~2007Ma。主变质期：石榴堇青二长片麻岩的变质年龄（1950±8）Ma	1920~2010	
第一期顺层剪切	伸展	发育平行层理面 S_0 的透入性板劈理 S_1，全置换；近水平韧性剪切带（鞘褶皱带），近水平顺层掩卧褶皱（多为 A 型、A-B 型），形成褶叠层？伴随此期变形，岩石发生了低绿片岩相区域变质	早期花岗岩侵入：石榴子石黑云母花岗岩年龄（2047±42）Ma，3 个富铝片麻岩（石榴堇青钾长片麻岩、石榴堇青二长片麻岩、石榴黑云斜长片麻岩）碎屑锆石（岩浆成因）年龄 2017~2040Ma，反映当时存在大规模花岗质岩浆活动，成为孔兹岩系碎屑沉积物物源区之一	2010~2050	

第二节　造山带变形特征

宁夏造山带包括鄂尔多斯西缘冲断构造带和宁南弧形构造带。鄂尔多斯西缘冲断构造带内古元古界贺兰山岩群变形特征见上节；中元古界以弯滑褶皱和脆性变形为主；古生界—新生界以挤压剪切的脆性变形为主，极少见塑性流变。宁南弧形构造带内中元古界以固态流变褶皱变形和韧性剪切变形为主；古生界—新生界构造变形与贺兰山隆起冲断带基本一致。

根据大量野外构造观察数据，在综合分析变形构造的性质、组合关系及其区域和时间联系的基础上，恢复并建立了它们的变形序次。包括 6 个变形阶段（旋回），其中贺兰山隆起冲断带发生了 8 期变形事件（表 37-2，Dh1—Dh8），宁南弧形构造带发生了 10 期变形事件（表 37-3，Dn1—Dn10）。

一、晋宁早期褶皱构造及构造变形变质（Dn1 、Dh1）

宁南弧形构造带第一期变形、变质作用发生在中元古代末的晋宁运动 Ⅰ 幕（四堡运动），是宁南弧形构造带的早期变形、变质作用，使中元古代海原岩群广泛发生区域变形（透入性片理）、变质（绿帘角闪岩相）作用，原生层理 S_0 被新生轴面片理 S_1 所置换，以发育无根勾状褶皱为特征，形成

表 37-2　鄂尔多斯西缘冲断构造带构造变形序次

Table 37-2　Tectonic deformation sequence of the western edge of the Ordos fold and thrust belt

构造旋回	期次	构造特征	构造线方向	运动方向	代表性形变及岩浆事件	影响地层及构造置换程度	变形环境	变形机制
喜马拉雅旋回	Dh8	Qp—Qh，拗（断）陷；Qp 末—Qh，逆冲，右行走滑，正断裂	SN、NNE	E	贺兰山东麓断裂 4 次古地震事件：2～4ka B.P.，7～8ka B.P.，8～10ka B.P.，13～14ka B.P.，正义关断裂	第四系以 Q 沉积面为变形面，未置换	脆性引张，右行走滑牵引变形，属于表浅构造层次环境	地壳表-浅部脆性断裂，剪切挤压（引张）变形机制
	Dh7	E_2—N_1，地堑或断陷或拗陷，中小型平缓开阔圆柱状褶皱； N_1 末，逆冲断裂	NW、EW—NW	SE—E	正义关断层的基底碎裂花岗片麻岩的磷灰石裂变径迹年龄（18.8±4.2）Ma、（9.1±4.4）Ma、（4.8±0.9）Ma，花布山背斜、井石子梁向斜、上木井子断裂、三关断裂、柳木高断裂、巴彦浩特断裂；印度地块与亚洲板块碰撞的远程构造效应，银川地堑萌生	新近系、古近系褶皱，以 E_2s-N_1g 层理为变形面，未置换	脆性挤压变形、剪切挤压变形，总体属表浅构造层次环境	地壳表—浅部弯滑褶皱变形机制、剪切挤压变形机制，脆性断裂占主导
燕山旋回	Dh6	K_1 前陆盆地或断陷，中小型平缓开阔圆柱桶状褶皱； K_1 末—N_1，逆冲推覆滑脱	NNE	NWW	小松山-石炭井推覆构造、鸽子山背斜、苏峪口滑脱断层带、高石墩断裂；桌子山基底变质岩的磷灰石裂变径迹年龄为 91.5Ma，鼓鼓台玄武岩 K-Ar 年龄为（98.79±2.86）～（103.6±3.1）Ma	下白垩统褶皱，侏罗系叠加褶皱；以 K_1ms 层理为变形面，未置换	脆性挤压变形，浅构造层次—表浅构造层次环境	地壳表—浅部弯滑褶皱变形机制、剪切推覆变形机制，脆性断裂占主导+弯滑褶皱
	Dh5	J_1—J_2 拗陷，中小型平缓开阔圆柱状褶皱； J_2 末挤压褶皱、滑脱推覆	SN—NE、NNE—NE	EW—NWW	汝箕沟复向斜（滑脱褶皱）、大战场-笨坑-营盘山褶皱，大磴沟-马莲滩滑脱断裂；金场子闪长玢岩脉锆石 U-Pb 年龄（147.2±2.3）Ma	侏罗系褶皱，以 J_2y、J_2z、J_2a 层理面为变形面，未置换	脆性挤压变形、剪切变形，浅构造层次—表浅构造层次环境	地壳表—浅部弯滑褶皱变形机制、剪切推覆变形机制，脆性断裂占主导+弯滑褶皱
印支旋回	Dh4	T_2 末，挤压褶皱，中小型平缓闭合圆柱状褶皱、冲断； C—T，陆表海—陆相伸展拗陷	NNW、EW—NWW	NEE—SN	石炭井背斜、勃力海带向斜、陶思沟背斜、东白疙瘩背斜、科学山东向斜、榆树沟断裂带；三叠纪大战场花岗闪长岩锆石 U-Pb 下交点年龄 223.6Ma，鼓鼓台玄武岩年龄 229～193 Ma（锆石裂变径迹年龄）；沙巴台-胡鲁斯台 P_2 上部中酸性火山岩	三叠系、二叠系、石炭系，褶皱，以 C—T 层理为变形面，未置换	脆性挤压变形、剪切挤压变形，浅构造层环境	地壳表—浅部弯滑褶皱变形机制、剪切推覆变形机制，脆性断裂+弯滑褶皱
华力西旋回	Dh3	D_3 末 C_1 初，中小型平缓开阔圆柱状褶皱，挤压褶皱，前陆拗陷	NWW	NNE—SSW	元山子围沟井向斜、围沟井断裂；小松山镁铁—超镁铁质杂岩 K-Ar 年龄 384Ma	上泥盆统褶皱，以 D_3z 层理为变形面，未置换	脆性挤压变形、剪切挤压变形，浅构造层环境	地壳表—浅部弯滑褶皱变形机制、剪切推覆变形机制，脆性断裂+弯滑褶皱
加里东旋回	Dh2	贺兰山北部褶皱作用十分微弱，南部平缓开阔圆柱状褶皱—紧闭—倒转褶皱	EWW、NWW、NWW、NW	SN	在胡鲁斯台黄山一带见轴向近东西向的宽缓背斜；科学山褶皱群、响石泉背斜、渠柳沟向斜、干沟梁向斜、土井子断裂、前古城子断裂；辉绿岩脉	奥陶系、寒武系褶皱，以 ϵ—O 层理为变形面，多未置换，局部顺层置换 S_0，形成板劈理 S_1 和斜切 S_0、S_1 的轴面劈理 S_2	脆性挤压变形、剪切挤压变形，中构造层环境	弯滑褶皱+压扁作用+脆性断裂
晋宁旋回	Dh1	Pt_2^1—Pt_2^2 陆缘盆地，大型平缓开阔圆柱状褶皱； Pt_2^2 末抬升、掀斜	NNW—SSE	NEE—SWW	赞特梁背斜，赵池沟背斜； Pt_2^1—Pt_2^2 与上覆 ϵ—C 地层平行不整合或微角度不整合；Pt_2^1h 底部海绿石砂岩 ^{40}Ar-^{39}Ar 年龄（969.1±21.8）Ma	长城系—蓟县系褶皱，以 Pt_2^1h、Pt_2^2w 层理面为变形面，未置换	脆性挤压变形、剪切挤压变形，中构造层环境	弯滑褶皱+脆性断裂

表 37-3 宁南弧形构造带构造变形序次

Table 37-3 Tectonic deformation sequence of arcuate structure zone in south Ningxia

构造层次	构造旋回	变形期次	构造类型	构造特征	构造线方向	运动方向	代表性形迹及岩浆事件	影响地层及构造置换程度	变形环境	变形机制
上构造层次	喜马拉雅旋回	第十期变形 Dn10	牵引构造、逆冲断裂、走滑断裂（Qp 末—Qh），Qp—Qh 拗（断）陷	左行走滑断裂，左行逆冲（推覆）断裂、正走滑断裂、牵引褶皱	NW 向	NE 向兼 NW 向左行走滑	天景山活动断裂带（内含逆冲走滑或正走滑断裂、推挤构造、逆冲推覆构造、牵引构造、拉分盆地等）距今16ka B.P. 以来发生了 6 次古地震事件，海原断裂古地震活动事件 6 次	第四系掀斜，以 Q 沉积层为变形面，未置换	脆性挤压（或引张）、左行走滑牵引变形、剪切挤压变形	地壳表–浅部的脆性剪切挤压（引张）变形机制
		第九期变形 Dn9	挤压褶皱、逆冲断裂（N_1 末），E_2—N_1 断凹或拗陷	中小型平缓开阔圆桶状褶皱，伴有逆冲（推覆）断裂	NW 向	NE 向	湾拉排沟向斜、红断头复式背斜等，红沟梁、尖山疙瘩逆冲推覆断层；大罗山东麓断层岩石的磷灰石裂变径迹年龄（54. 9±8. 9）Ma	古近系—新近系褶皱，以 E_2s–N_1g 层理为变形面，未置换	脆性挤压变形、剪切挤压变形	地壳表–浅部的弯滑褶皱变形机制、剪切挤压变形机制
	燕山旋回	第八期变形 Dn8	挤压褶皱、逆冲断裂（K_1 末—E_1），K_1 拗陷	中小型平缓开阔圆桶状褶皱	近 SN 向	EW 向	六盘山背斜、向斜；窑山东麓断层角砾岩的磷灰石裂变径迹年龄为 74. 4Ma	白垩系褶皱，以 K_1L、K_1B、K_1ms 层理为变形面，未置换	脆性挤压变形	地壳表–浅部的弯滑褶皱变形机制
		第七期变形 Dn7	挤压褶皱、逆冲推覆（J_2 末），J_1—J_2 拗陷	中小型平缓开阔圆桶状褶皱，强烈逆冲推覆	NW 向	NE 向	麻黄沟背斜、麻黄沟–北沿口推覆断裂、尖山疙瘩推覆体；金场子闪长玢岩脉锆石 U–Pb 年龄（147. 2±2. 3）Ma	侏罗系褶皱，以 J_2y—J_2a 层理为变形面，未置换	脆性挤压变形、剪切变形	地壳表–浅部的弯滑褶皱变形机制及剪切推覆变形机制
	印支旋回	第六期变形 Dn6	挤压褶皱隆起、逆冲断裂（T_3 末—J_1 早），D_3—T 伸展拗陷	较强烈褶皱隆起、中小型圆桶状褶皱，伴有逆冲断裂	NW—NWW 向	NE 向	甘塘–营盘水以北三叠系褶皱、韦州向斜	石炭系、二叠系、三叠系褶皱，以 D_3z—T_3Y 层理为变形面，未置换	脆性挤压变形、剪切挤压变形	地壳表–浅部的弯滑褶皱变形机制及剪切推覆变形机制
	华力西旋回	第五期变形 Dn5	挤压褶皱隆起、逆冲断裂（D_2 末—D_3 早），D_1—D_2 拗陷	强烈褶皱，较大型开阔圆桶状褶皱，逆冲断裂	NW 向	NE 向	烟筒山背斜、土坡背斜	泥盆系褶皱，以 D_2s 层理为变形面，未置换	脆性挤压、剪切挤压变形	地壳浅部的弯滑褶皱，伴有剪切挤压变形机制
	加里东旋回	第四期变形 Dn4	挤压褶皱隆起（S_4 末），（S_1—S_4）拗陷	褶皱造山隆起，伴有逆冲断裂	NW 向	NE 向	褶皱造山隆起，野猪沟向斜，伴有逆冲断裂；碰撞型花岗岩——南华山菜园岩体、乱堆子岩体（锆石 U–Pb 年龄（431±5）Ma）、油房园岩体（U–Pb 年龄（451±54）Ma）、石洼里岩体（U–Pb 年龄（437±5）Ma）等的侵位	奥陶系、志留系褶皱，以 $O_{1-2}t$—$S_{3-4}h$ 层理为变形面，未置换	脆性挤压变形为主，伴有剪切变形	地壳浅部弯滑褶皱变形机制
中构造层次		第三期变形 Dn3	晚期挤压褶皱（O_2 末—O_3），早期固态流变褶皱（€—O_2）	晚期中型平缓开阔圆桶状褶皱，轴面劈理；早期较紧闭同斜褶皱，不对称固态流变褶皱，透入性板劈理；边界伸展断裂	NW 向	NE 向	晚期：牛首山古佛台复式背斜、黑鹰湾山褶皱组等；早期：牛首山 $O_{2-3}m$、香山 O_3X 中的小型紧闭同斜褶皱，不对称固态流变褶皱	奥陶系褶皱，以 $O_{1-2}t$—O_3X 原生层理 S_0 为变形面，多顺层置换 S_0，形成板劈理 S_1，轴面劈理 S_2 斜切 S_1、S_0	脆塑性挤压剪切变形	地壳中浅部挤压剪切变形机制
下构造层次	晋宁旋回	第二期变形 Dn2	韧性剪切带	顺层掩卧褶皱与顺层韧性剪切带共生，两者共同构成褶叠层构造，a 型褶皱，糜棱岩	NWW 向	SE—NW 向	顺层掩卧褶皱，a 型褶皱；海原岩群糜棱岩化绿片岩 Rb–Sr 等时年龄（800±40）Ma，代表韧性动力变质年龄	以海原岩群第一期构造变形生成的轴面片理 S_1 为变形面，新生轴面片理 S_2 横向置换 S_1	塑性剪切变形	地壳中深部伸展顺层韧性剪切变形机制
		第一期变形 Dn1	强烈褶皱	紧闭同斜倒转褶皱，发育透入性轴面片理——流劈理	NE 向	NW—SE 向	无根勾状褶皱；海原岩群顺层掩卧褶皱与韧性剪切带，海原岩群绿片岩 Rb–Sr 等时年龄（1128±209）Ma、（1020±106）Ma	海原岩群广泛发生区域变形（透入性片理）、变质（绿帘角闪岩相）作用，原生层理 S_0 被新生轴面片理 S_1 所置换	塑性流变变形	地壳中深部压扁剪切变形机制

中元古界褶皱基底。在西华山海原岩群绿片岩中所获 Rb-Sr 等时年龄（1128±209）Ma、在头岔沟海原岩群钠长绿帘角闪岩中所获 Rb-Sr 等时年龄（1020±106）Ma，代表了该期变质年龄。四堡运动与格林威尔运动在时代上相当，它使中元古代北祁连洋闭合、中祁连地块增生到华北古陆块西南缘，是罗迪尼亚超大陆聚合作用在本区的响应。

该期褶皱广布于南华山、西华山、付家岘和黄家洼山一带海原岩群中，以原生层理 S_0 为变形层理，主要表现为紧闭同斜倒转褶皱，转折端显著加厚而翼部强烈减薄、拉断。经强烈构造置换，原生层理 S_0 消失殆尽，由新生透入性轴面片理 S_1 代替，仅在褶皱构造中见有踪迹。在褶皱两翼 S_0 与 S_1 近于平行；在褶皱转折端 S_0 与 S_1 大角度相交（图 37-5 至图 37-7；见图 27-7 至图 27-9）。该褶皱规模多为手标本尺度至露头尺度，区域上常呈无根勾状或透镜状沿片理走向断续分布。

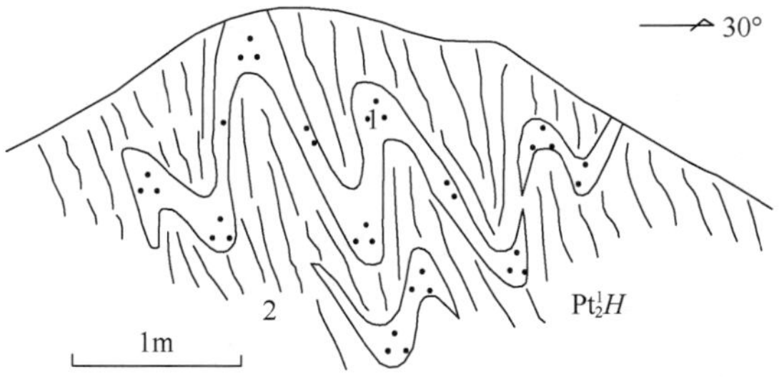

图 37-5　海原岩群无根勾状褶皱素描图（张泥水）

Fig. 37-5 Sketch section of rootless intrafolial folds of the Haiyuan Rock Group

1—条带状石英；2—绿泥白云钠长石英片岩。Pt_2^1H—海原岩群

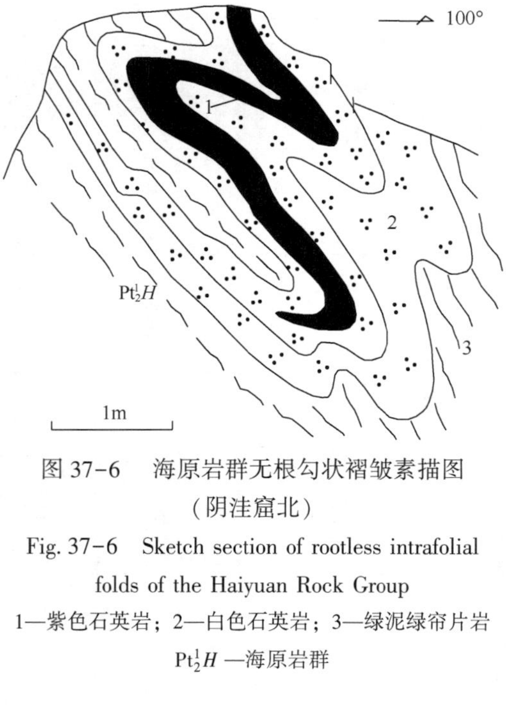

图 37-6　海原岩群无根勾状褶皱素描图（阴洼窟北）

Fig. 37-6　Sketch section of rootless intrafolial folds of the Haiyuan Rock Group

1—紫色石英岩；2—白色石英岩；3—绿泥绿帘片岩

Pt_2^1H —海原岩群

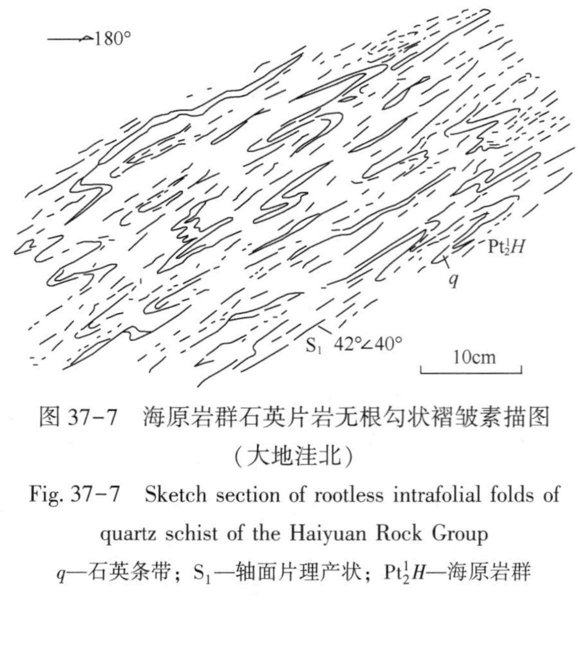

图 37-7　海原岩群石英片岩无根勾状褶皱素描图（大地洼北）

Fig. 37-7　Sketch section of rootless intrafolial folds of quartz schist of the Haiyuan Rock Group

q—石英条带；S_1—轴面片理产状；Pt_2^1H—海原岩群

该期褶皱构造的发育程度与岩石的能干性有关，在能干性强的岩石（如石英岩、大理岩、斜长角闪岩等）中，构造置换不彻底，常能见到以 S_0 为变形层理的不对称无根勾状褶皱；而在能干性较弱的岩石（云母片岩、石英片岩、绿片岩等）中，构造置换彻底，S_0 消失殆尽，由透入性片理 S_1 替代，表现为一系列平行 S_1 的变质分异条带或透镜体，形成了相互平行的貌似均一的“构造层理”。该期新生轴面劈理 S_1 的区域走向为北东向，与海原岩群中层状石英岩、大理岩及绿片岩的走向近一致。经赤平投影，南华山岩组下部 S_1 的优势产状为 38°∠40°，南华山岩组上部 S_1 的优势产状为 40°∠40°，园河岩组 S_1 的优势产状为 220°∠40°。

贺兰山褶冲带以长城系黄旗口组、蓟县系王全口组原生层理 S_0 为变形面，遭受塑脆性挤压变形，形成圆柱状褶皱，伴随此期变形岩石发生区域浅变质作用，形成绢云绿泥片岩、石英岩→石英岩状砂岩（具变余砂状结构）→变质砂岩、板岩及结晶（微晶-细晶）碳酸盐岩等。黄旗口组底部海绿石砂岩 $^{40}Ar-^{39}Ar$ 年龄（969.1±21.8）Ma，代表了该期变质年龄。发育基本平行层理面 S_0 的透入性顺层面理板劈理 S_1，形成南北向平缓—开阔褶皱，伴随褶皱发育逆断层。在圈渠沟，见挤压劈理带，局部见流劈理；在厚层白云岩中，能干性相对弱的硅质条带或薄层，局部形成小型不对称剪切褶皱、肠状褶曲等。代表性褶皱为赵池沟背斜。

二、晋宁晚期褶皱构造及构造变形变质（Dn2）

宁南弧形构造带第二期变形、变质作用发生在新元古代早期（青白口纪末），以在地壳较深层次伸展构造环境的水平分层剪切流变体制下发育的褶叠层构造、顺层掩卧褶皱和绿片岩相退变质作用为特征，叠加在主期变形之上，呈带状展布，其总体产状与主期变形的片理产状近于一致。以主期变形片理 S_1 为变形面，在顺层韧性剪切带中，新生的糜棱面理 S_2 置换了 S_1；在顺层掩卧褶皱中，新生的轴面片理 S_2 置换了 S_1。在路沟湾海原岩群糜棱岩化绿泥钠长片岩中所获 Rb-Sr 等时年龄（800±40）Ma，代表了该期韧性动力变质年龄。该期构造变形记录了晋宁旋回在地壳较深层次中的韧性伸展、拉张变形，是罗迪尼亚超大陆裂解作用在本地区的响应，标志着罗迪尼亚超大陆在本地区的裂解作用始于青白口纪末。据冯益民等研究，在北祁连震旦系以滨浅海相沉积为主，寒武系以裂谷沉积为主，奥陶系以岛弧—弧后盆地沉积为主，并发育有典型的大洋盆地沉积。揭示随着罗迪尼亚超大陆的解体和古生代北祁连洋的拉开，中祁连地块再次与华北陆块分离。本地区在奥陶纪则发育大陆斜坡—深海扇沉积（奥陶系米钵山组和香山群）。

该期褶皱主要分布于南华山、西华山和黄家洼山一带的海原岩群中，它是在地壳较深构造层次中，在伸展构造体制下形成的固态流变构造群落。宏观上，顺层掩卧褶皱与顺层韧性剪切带共生，两者共同构成褶叠层构造。平面上，褶叠层构造呈带状展布，其产状与 S_1 产状近一致，以第一期构造变形生成的轴面片理 S_1 为变形面，新生轴面片理 S_2 横向置换 S_1，形成由一系列不同尺度的顺层韧性剪切带所限定的褶皱群。该期褶皱枢纽通常向北西或南东缓倾，多由早期变质分异作用形成的硅质、长英质和钙质条带的褶皱表现出来（图 37-8，图 37-9），尤以能干性强的岩层表现突出（图 37-10，图 37-11）。这种褶皱在 *XZ* 面上表现为一翼缓长，另一翼陡短、转折端加厚的不对称褶皱，具有塑性流变特征；褶皱轴面片理 S_2 与剪切带边界或 *C* 面理交角很小或近于平行。在片理面 S_1 上可见拉伸线理 L 与褶皱枢纽一致，表现为 a 型褶皱的特征，轴长数厘米至数米。在剪切强应变带中发育典型的鞘褶皱，在 *YZ* 面上呈圈闭的椭圆状、眼球状或"*Ω*"状（图 37-12），截面积约为 0.1m×0.2m～2m×6m，而在 *XY* 面上转折端多呈舌状，其上发育拉伸线理，产状：335°～345°∠20°～23°，线理走向与褶皱枢纽平行；S_2 片理产状：300°∠35°。在 *XZ* 面上，呈向北西收敛的不对称褶皱，显示上部地层向北西方向的近水平剪切运动。

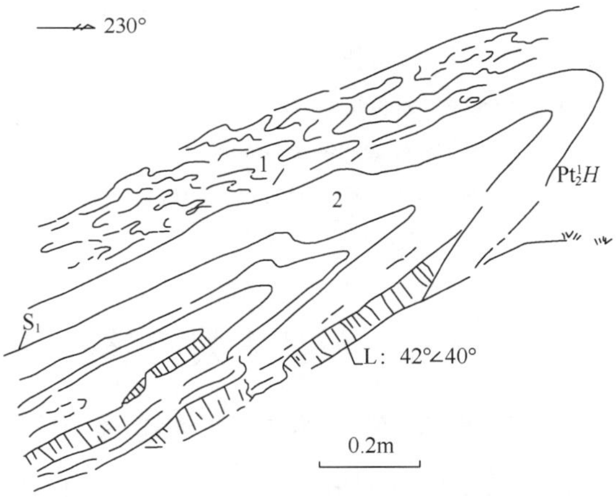

图 37-8　海原岩群（Pt_2^1H）顺层掩卧褶皱素描图（乱堆子西）

Fig. 37-8　Sketch of bedding recumbent folds of the Haiyuan Rock Group（Pt_2^1H）

1—无根勾状褶皱；2—大理岩顺层掩卧褶皱

S_1—第一期变形轴面劈理；L—拉伸线理

贺兰山褶冲带该期变形表现不明显，可能与其处于相对稳定的华北陆块区有关。

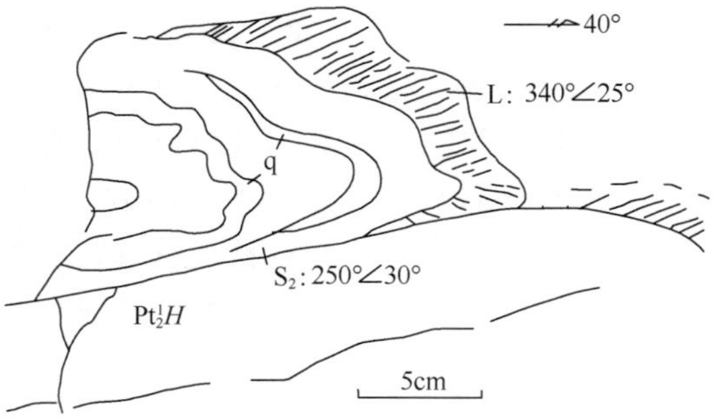

图 37-9 海原岩群（Pt_2^1H）顺层掩卧褶皱素描图（墩墩梁北东）

Fig. 37-9 Sketch of bedding recumbent folds of the Haiyuan Rock Group（Pt_2^1H）

q—条带状石英；L—拉伸线理及产状；S_2—第二期变形轴面片理及产状

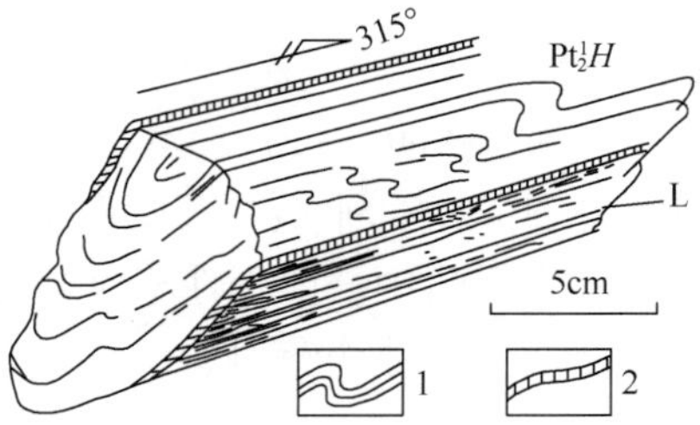

图 37-10 海原岩群（Pt_2^1H）石英岩-大理岩中顺层掩卧褶皱素描图（边沟）

Fig. 37-10 Sketch of bedding recumbent folds of quartzite-marble of the Haiyuan Rock Group（Pt_2^1H）

1—大理岩；2—石英岩；L—拉伸线理；*X* 轴 135°∠5°；*Y* 轴 200°∠85°；*Z* 轴 225°∠10°

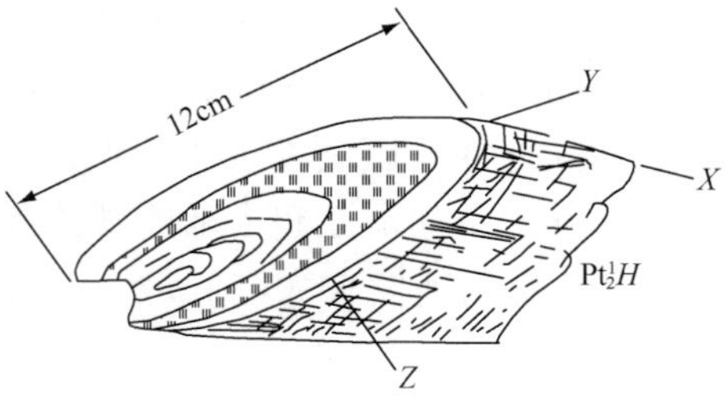

图 37-11 海原岩群（Pt_2^1H）石英岩中鞘褶皱素描图（张泥水）

Fig. 37-11 Sketch of sheath fold of quartzite of the Haiyuan Rock Group（Pt_2^1H）

鞘褶皱轴面产状 105°∠15°；*X* 轴 105°∠15°；*Y* 轴 15°∠10°；*Z* 轴 195°∠75°

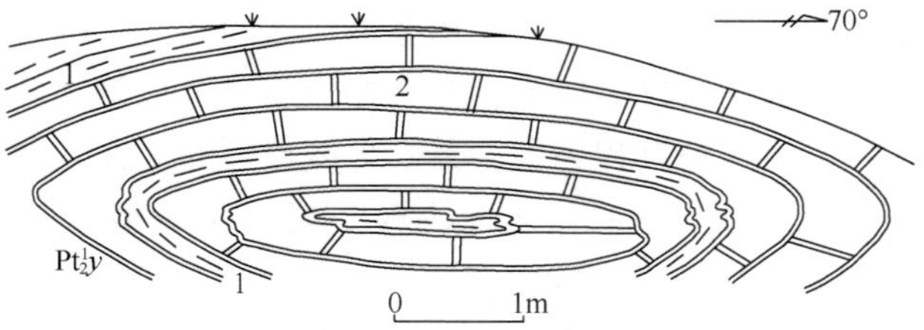

图 37-12 园河岩组（Pt_2^1y）大理岩中鞘褶皱素描图（马场沟）

Fig. 37-12 Sketch of sheath fold of marble of the Yuanhe Rock Formation（Pt_2^1y）

1—绿泥绿帘片岩；2—大理岩

三、加里东期褶皱构造及构造变形变质（Dn3、Dh2）

（一）加里东早期褶皱构造及构造变形变质

宁南弧形构造带第三期变形、变质作用发生在奥陶纪末的加里东运动，在海原岩群中以片理 S_1、S_2 为变形面形成轴面近直立的开阔型褶皱，并叠加轻微的低绿片岩相的变质作用；在新元古代—寒武纪地层和奥陶系天景山组、米钵山组及香山群、阴沟群、中堡群中以原生层理 S_0 为变形面形成轴面歪斜的复式褶皱，并叠加轻微的低绿片岩相变质作用，形成结晶碳酸盐岩、变质砂岩、板岩、千枚岩等。在区域上表现为志留系与中元古界之间、石炭系与奥陶系之间的不整合接触。与之配套的构造-热事件是加里东晚期中酸性岩的大量侵入，为北祁连板块向华北板块俯冲消减的产物。该期构造变形使新元古代晚期以来罗迪尼亚超大陆裂解作用形成的秦-祁-昆大洋闭合，中祁连地块再次增生到华北板块的西南缘，并在华北板块西南缘形成加里东造山带。该期褶皱构造变形的结果，其主要特征表现为：

1）广泛发育透入性的板劈理 S_1，板理（片）厚 1~5mm，基本平行砂岩层理面 S_0，局部可见低角度斜交砂岩层面（多位于紧闭同斜褶皱轴部转折端），总体应代表一种顺层面理。

2）形成小型紧闭同斜褶皱较为普遍，延伸数米至数百米，宽数米至千余米，轴向主要为北北西—北西向，转折端多尖棱状，两翼同向倾斜（图 37-13），轴面平行板理面。

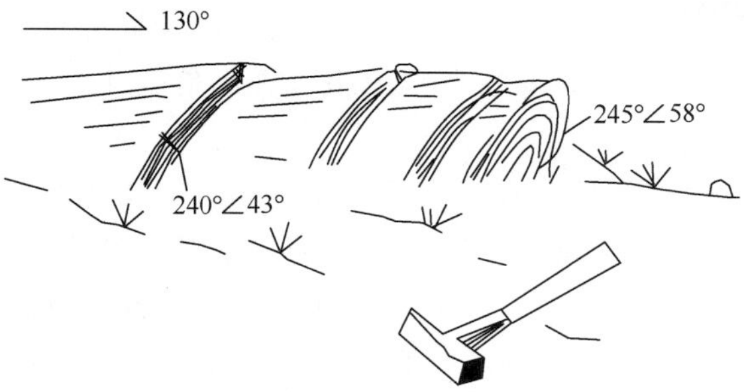

图 37-13　米钵山组薄层灰岩紧闭同斜褶皱素描图（头道沟）

Fig. 37-13　Sketch of tight-isoclind fold of thin limestone of the Miboshan Formation

3）形成不对称固态流变褶皱。在相对能干性弱的板岩、薄层硅质岩和薄层灰岩中，因挤压剪切而发生塑性变形，局部形成小型不对称固态流变褶皱、小型平卧褶皱（图 37-14 至图 37-17）、肠状褶曲等。

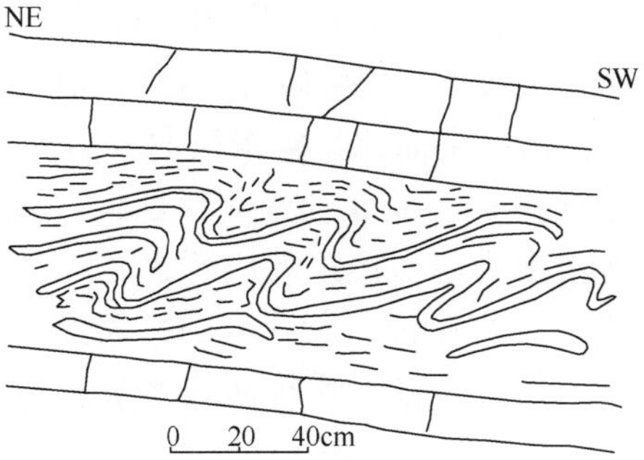

图 37-14　白云岩硅质条带揉皱素描图（梁水园子）

Fig. 37-14　Sketch of siliceous banded ptygmatic folds of dolostone

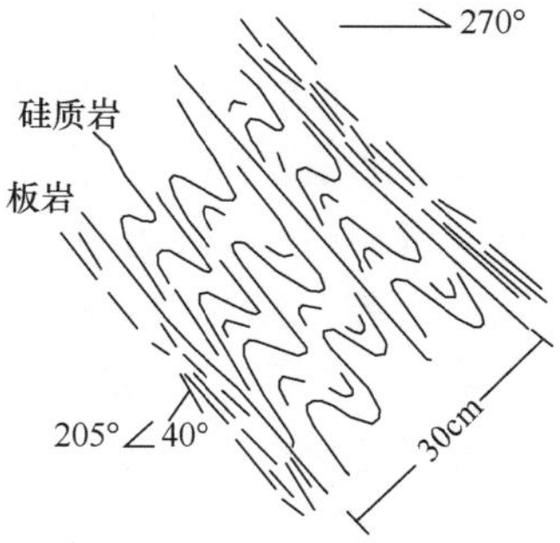

图 37-15　狼嘴子组硅质岩顺层固态流变褶皱素描图（青山子梁）

Fig. 37-15　Sketch of bedding rheomorphic folds of siliceous rock of the Langzuizi Formation

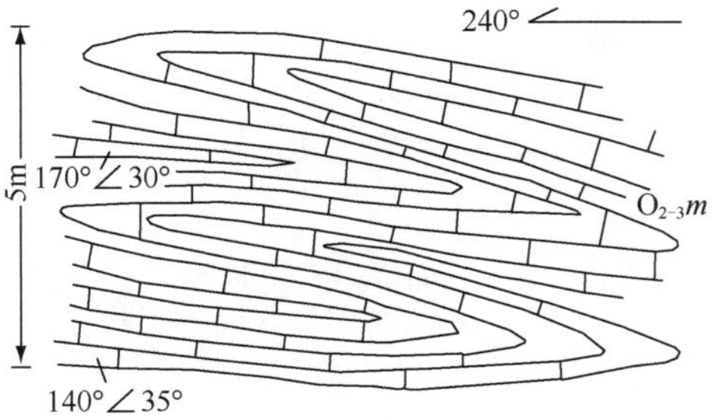

图 37-16　米钵山组（$O_{2-3}m$）薄层灰岩小型平卧褶曲素描图（芦草沟）

Fig. 37-16　Sketch of small recumbent folds of thin limestone of the Miboshan Formation（$O_{2-3}m$）（Lucaogou）

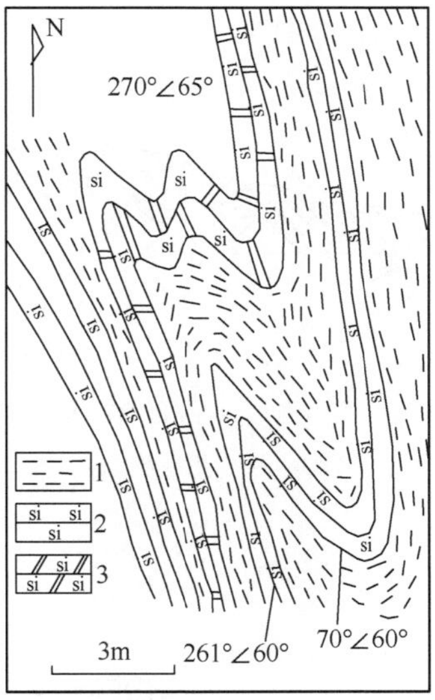

图 37-17　狼嘴子组黄河井段固态流变褶皱素描图（黑鹰湾山）

Fig. 37-17　Sketch of rheomorphic folds of the Huanghejing Member of the Langzuizi Formation at Heiyingwanshan

1—板岩；2—硅质岩；3—硅质白云岩

上述紧闭同斜褶皱、不对称固态流变褶皱等往往造成地层的局部重复，厚度增大，而这种增厚的假厚度客观上却又难以剔除，这也是奥陶系米钵山组、香山群在个别地方厚度突然增大的主要原因之一。

贺兰山褶冲带新元古代—寒武纪地层和奥陶系大南池组、天景山组、米钵山组、香山群中以原生层理 S_0 为变形面形成小型紧闭倒转褶皱和不对称挤压剪切褶皱，并叠加轻微的低绿片岩相变质作用，岩石均遭受区域浅变质作用，形成千枚岩、板岩、变质砂岩及结晶碳酸盐岩。广泛发育透入性板劈理 S_1，板理厚 1~6mm 或更小，基本平行于泥岩或细砂岩层理面 S_0。在紧闭同斜倒转褶皱转折端，有时可见其低角度斜交砂岩层面。

贺兰山中部榆树沟以北地区由寒武系、奥陶系岩层形成稳定克拉通型断续褶皱，褶皱平缓—开阔，枢纽具有多向性特征。代表性褶皱有阿保梁向斜、干沟梁向斜、金塔泉向斜等。贺兰山中南部元山子、围沟井-三关口地区则表现为由平缓—开阔褶皱及紧闭褶皱组合而成的梳状褶皱，轴向北西西—东西向，并发育小型不对称剪切褶皱—平卧、紧闭—闭合、倒转、开阔褶皱。代表性褶皱有上海向斜、渠柳沟向斜、营子山背斜、响石泉背斜、土井子复背斜、围沟井背斜等。贺兰山南部前古城子-科学山地区主要形成以紧闭褶皱为主和部分开阔褶皱的东西向区域线状褶皱，常见小型挤压剪切紧闭、同斜、平卧褶皱。发育扇状轴面劈理，轴面南倾，通常与逆断层仰冲方向相吻合。代表性挤压剪切褶皱为科学山褶皱群。

贺兰山褶冲带加里东期变形的构造方向有一定规律可循，即由南而北，为东西向（科学山）→北西西—东西向（柳树村-厢根达赖）→北西西—东西向（榆树沟）→北北西—北西西向（金塔泉-干沟梁）→北北西向等，其形成的构造动力学机制属于北祁连挤出构造和楔顶效应所致。许多褶皱跨度较大，有时“单斜”岩层横跨 8km 宽而未见产状有太大改变。在大南池、紫花沟中，大南池组、天景山组缓倾单斜岩层发育有小型短轴背斜。所有这些构造变形，都具有稳定克拉通式褶皱、断裂变形的典型特征。

（二）加里东晚期褶皱构造及构造变形

晚期构造变形是以天景山组—香山群的原生层理面 S_0、板理 S_1 为变形面，形成中型平缓开阔圆桶状褶皱，多发育轴面劈理 S_2。其代表性褶皱有大罗山复式背斜（图 37-18）、贺兰山紫花沟南复式褶皱（图 37-19）。

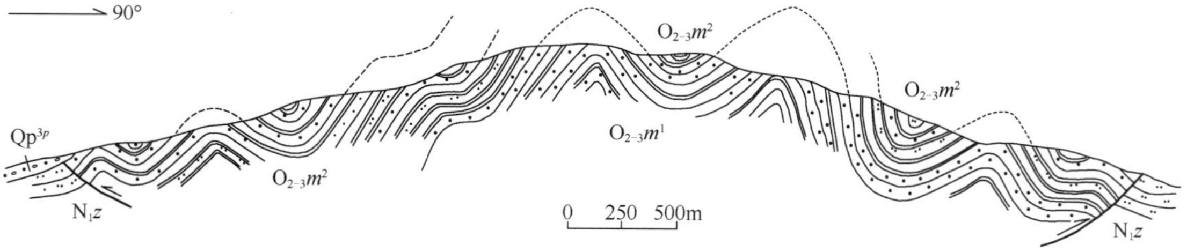

图 37-18　大罗山复式背斜构造剖面图

Fig. 37-18　Tectonic section of the Daluoshan anticlinorium

Qp^{3p}—上更新统砾岩；N_1z—彰恩堡组泥质粉砂岩；$O_{2-3}m$—米钵山组变质砂岩夹板岩

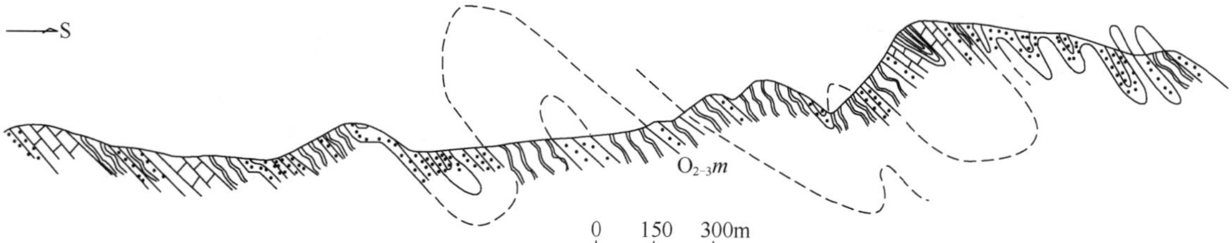

图 37-19　米钵山组（$O_{2-3}m$）变质砂岩夹板岩构造剖面图（贺兰山紫花沟南）

Fig. 37-19　Tectonic section of metamorphic sandstone intercalated with slate of the Miboshan Formation（$O_{2-3}m$）at southern Zihuagou of Helanshan

四、加里东末期褶皱及构造变形（Dn4）

该期褶皱主要分布于西华山—烟筒山南西麓志留纪地层中，同时卷入了奥陶纪地层，多呈北西向展布，以弯滑褶皱为主。以野猪沟向斜为代表，志留系褶皱，北祁连海槽关闭，形成六盘山—香山造山带雏形，泥盆系不整合覆于其上。伴随褶皱运动，有较强的逆冲推覆作用，使志留系不整合地体逆冲到无志留系（奥陶系直接被泥盆系或石炭系—二叠系不整合）地体之上。

早古生代末加里东运动是宁南弧形构造带雏形形成时期，罗山、牛首山、贺兰山南段广大地区的构造变形形迹具有明显的规律性和区域相关性（张进，2002）。

牛首山地区奥陶系发育各种级别的褶皱，大部分褶皱属于断层相关褶皱，这些褶皱既有可填图规模的，也有许多小的伴生褶皱，在一些规模较大的褶皱核部往往出现“M”或“W”形次级褶皱，多呈尖棱状，而广泛发育的尖棱褶皱是逆冲推覆体前缘的标志性特征构造（Boyer，1982）。这些尖棱褶皱在剖面上向下逐渐变成圆弧形褶皱，在沿着垂直山体走向的方向上（SW），这些尖棱褶皱主要发育于山体的外侧，越靠近山体的内部褶皱样式越逐渐转变为箱状褶皱和圆柱（锥）形褶皱（图 37-20）。这些褶皱基本上都向南南东或北北西倾伏，而褶皱枢纽也基本上在 160°~190°范围内，反映形成褶皱的作用来自南西-北东方向，尖棱褶皱核部常可以看到一些小型的逆断层（图 37-21），是褶皱的派生产物，也就是通常所称的突破断层（Fisher et al.，1992；Woodward，1997），这些断层的形成是因为随着褶皱两翼逐渐紧闭，当翼间角达到 60°左右时，两翼被“锁定”，而进一步的变形已经不能通过褶皱两翼增长和旋转来调整，于是便产生了逆断层。

图 37-20　牛首山奥陶系褶皱变形趋势

（据张进，2002）

Fig. 37-20　Field photos showing Ordovician fold deformation trends in Niushoushan

此外，该地区一些褶皱也明显与断层伴生（图 37-22），属于断层传播褶皱，而这些断层则不属于突破断层，它们往往构成双冲构造和逆冲叠瓦构造（图 37-23，图 37-24）。

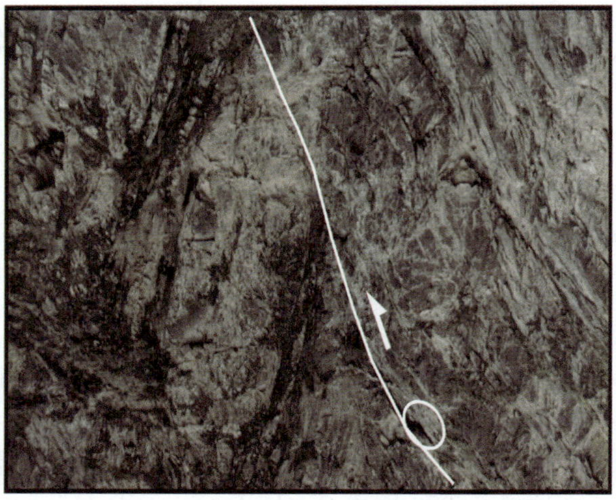

图 37-21　牛首山奥陶系褶皱中发育的突破断层

（据张进，2002）

Fig. 37-21　Field photo showing break-through fault of Ordovician fold of Niushoushan

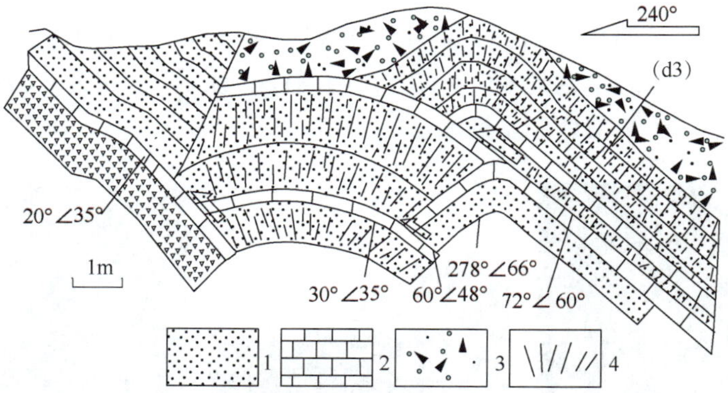

图 37-22　牛首山中的断层传播褶皱与第三类劈理（d3）

Fig. 37-22　Sketch section of fault propagated folds and third type cleavage of Niushoushan

1—砂岩；2—灰岩；3—第四系坡积物；4—轴面劈理

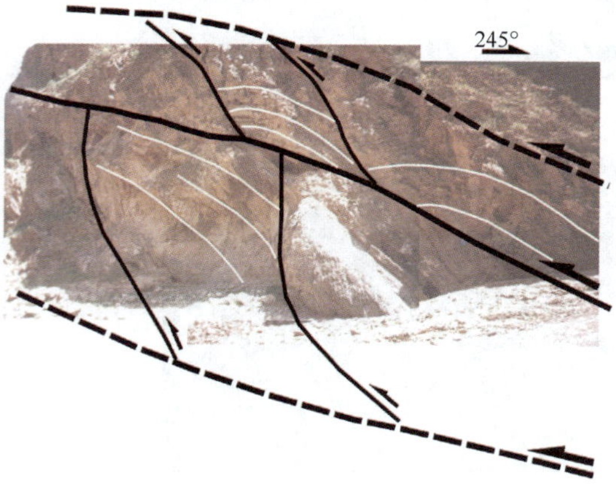

图 37-23　牛首山南部沙巴沟米钵山组内双冲构造

（据张进，2002）

Fig. 37-23　Field photo showing duplex thrust of Miboshan Formation of Shabagou in Niushoushan southern

图 37-24　小罗山北部米钵山组内双冲构造

（据张进，2002）

Fig. 37-24　Field photo showing duplex thrust of Miboshan Formation in Xiaoluoshan northern

综上，牛首山的褶皱属于断层传播褶皱与滑脱褶皱（hybrid-fault-propagation/detachment folds）之间的过渡类型（Marrett et al.，1997），由弯滑作用以及顺层剪切作用联合而形成。

伴随褶皱，发育3期4类劈理。第一类劈理（第一期d1）以大角度与地层相交，多发育在岩性较弱的泥灰岩之中，劈理面间距在1~3cm之间；走向NW-SE，与该地区的褶皱轴面以及断层走向平行，反映这些构造很可能是在北东-南西向挤压下形成的。这种与地层近于垂直的劈理往往形成于地层顺层缩短的构造作用中，属于压溶劈理。第二类劈理（第二期d2）与地层小角度相交，并切割了第一类劈理，这类劈理往往在褶皱的一翼很发育，而另一翼发育不明显，与顺层滑动作用有关。第三类劈理（第三期d3）也是与地层成大角度相交，但与第一类劈理所不同的是，该类型的劈理在比较强的砂岩中也比较发育，而且分布也较均匀，间距相差不大，多分布在一些褶皱的翼部，与分布在褶皱轴面附近的轴面劈理不一样，该类型劈理是地层在连续通过断坪与断坡相交处的活动轴面时而发育的（Enrico Tavarnelli，1997），表明断层作用进一步加强，出现断层相关褶皱。第四类劈理（第三期d3）即轴面劈理，由于地层软硬相间，形成劈理折射现象。在岩性较强的砂岩中，早期形成的与层面垂直或近于垂直的压溶劈理（d1）和后期形成的褶皱轴面劈理共同切割了岩层，而在岩性较弱的页岩中，早期的劈理已经很难辨认。这类劈理是褶皱形成时产生的，而第三类劈理也可能是该阶段或稍后的产物，因此可将这两类劈理归为同一期。

罗山的构造与牛首山地区非常相似，褶皱、断层以及劈理都比较发育。褶皱主要为滑脱褶皱以及滑脱褶皱发育到后期而产生的断层传播褶皱（总体而言属于断层传播褶皱与滑脱褶皱之间的过渡类型），岩层在早期变形中是受到顺层的挤压，地层开始水平缩短，由于罗山的米钵山组厚层砂岩中发育一些较薄的页岩，因此中厚层的砂岩开始沿着这些页岩滑动，形成多层次的滑脱褶皱（图37-25，图37-26）。随着变形的发展，滑脱褶皱不能吸收地层的进一步缩短，页岩在向斜部位耗尽，于是切层逆断层开始发育，这些断层切过中厚层的砂岩，并消失在上部的页岩中，因此使得上部的地层产生断层相关褶皱。

图37-25 大罗山东麓米钵山组断层相关褶皱
（据张进，2002）
Fig. 37-25 Field photo showing fault related fold of the Miboshan Formation in the Daluoshan eastern piedmont

图37-26 大罗山东麓米钵山组滑脱褶皱
（据张进，2002）
Fig. 37-26 Field photo showing decollement fold of the Miboshan Formation in the Daluoshan eastern piedmont

五、华力西期褶皱及构造变形（Dn5、Dh3）

早期卷入最新地层为中泥盆统石峡沟组，并对加里东期褶皱有所加强。该期褶皱变形致使晚泥盆世地层不整合于中泥盆世地层之上（宁夏运动）（图37-27，见图6-2），与此同时，冲断层变形作用亦很强烈，使华北陆块西缘奥陶系地质体（无志留系）逆冲到腾格里早古生代构造楔志留系不整合的地质体之上。晚期卷入了上泥盆统中宁组以及石炭纪—中二叠世地层，褶皱变形相对较弱，代表性褶皱有烟筒山背斜和卫宁北山东段褶皱组（图37-28）。这些褶皱在平面上呈近东西向线状平行分布，多数两翼产状基本对称，褶皱开阔。在卫宁北山还可看到早、晚两期褶皱的不协调性（图37-29）。

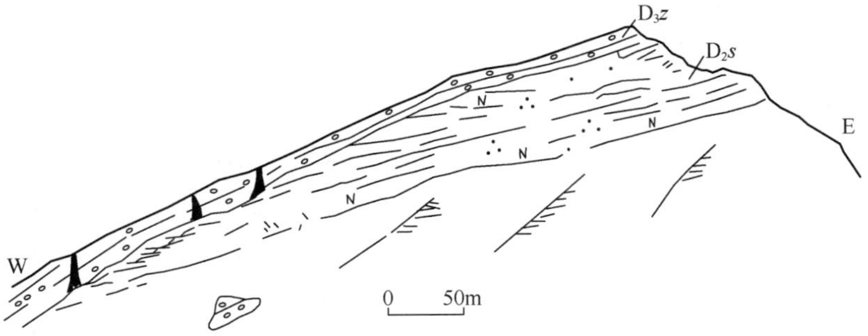

图 37-27 中宁组（D_3z）与石峡沟组（D_2s）不整合接触关系素描图（牛首山黑炭子梁）

Fig. 37-27 Sketch showing angular unconformity between the Zhongning Formation（D_3z）and the Shixiagou Formation（D_2s）in Heitanziliang，Niushoushan，Zhongning County，Ningxia

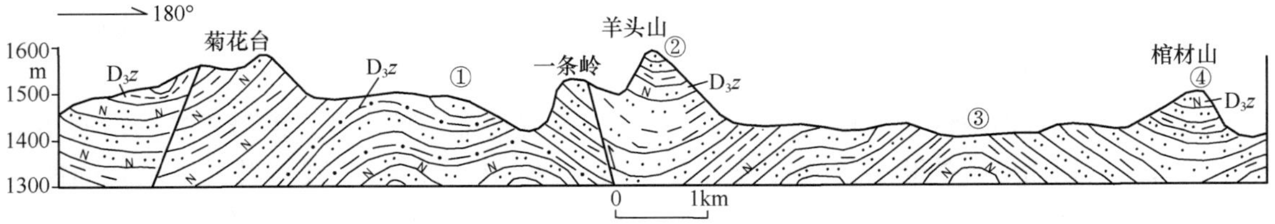

图 37-28 卫宁北山东段菊花台—棺材山上泥盆统中宁组（D_3z）构造剖面图

Fig. 37-28 Tectonic section of the Late Devonian Epoch Zhongning Formation（D_3z）in Juhuatai-Guancaishan，eastern segment of Weiningbeishan

①沙弯子复式背斜；②羊头山向斜；③芨芨沟南背斜；④棺材山向斜

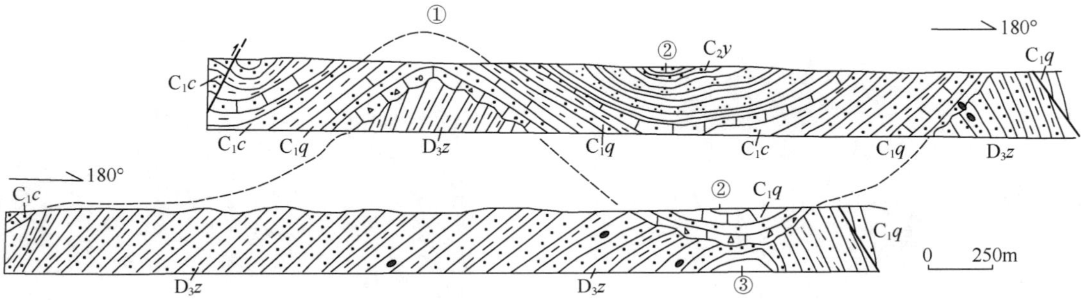

图 37-29 卫宁北山华力西早、晚期褶皱不协调变形剖面图

Fig. 37-29 Dissharmonic deformation section of early and late Variscan folds in Weiningbeishan

C_2y—羊虎沟组；C_1c—臭牛沟组；C_1q—前黑山组；D_3z—中宁组砾岩

①新照壁山背斜；②大同沟向斜；③新井沟-二人山背斜

六、印支期褶皱及构造变形（Dn6、Dh4）

卷入地层为晚二叠世—三叠纪地层，并对早期褶皱有干扰影响。代表性褶皱有大磴沟-黄草滩-栏圈倒转背斜、韦州向斜。

贺兰山褶冲带该期褶皱以石炭系—三叠系岩层原生层理为变形面，形成弯滑褶皱变形，其中太原组及山西组含煤岩系的煤层、炭质页岩、页岩等软弱岩层，常为后期（燕山期）构造拆离、滑脱作用提供有利构造条件而产生滑脱构造。形成平缓—开阔圆桶状褶皱，伴有逆冲推覆断裂。北部褶皱轴向为北北东—北东向，代表性褶皱为北寺-红石崖向斜、大岭-庙前梁子背斜、苏峪口-神水庙背斜、大磴沟-黄草滩-栏圈倒转背斜等，它们共同构成汝箕沟复向斜（后期受燕山期褶皱叠加）。南部科学山一带褶皱轴向为北西西—近东西向。

七、燕山期褶皱及构造变形（Dn7—Dn8、Dh5—Dh6）

该期褶皱以侏罗系、白垩系原生层理为变形面，表现为地壳表—浅部脆性挤压弯滑褶皱变形机制，形成中小型平缓开阔圆桶状褶皱，并伴有逆冲（推覆）断裂。据卷入地层和构造变形影响程度又可分为两期变形。

（一）早期褶皱构造及变形（Dn7、Dh5）

该期构造变形卷入的最新地层为侏罗系，使侏罗纪地层普遍褶皱，隆起上升遭受剥蚀，导致上覆白垩纪地层不整合于侏罗纪地层之上。褶皱形式主要为平缓—开阔褶皱，部分为挤压剪切褶皱。伴随褶皱变形有很强的逆冲推覆构造变形，代表性褶皱为宁南弧形构造带中的麻黄沟背斜及贺兰山褶冲带中的白芨芨沟-汝箕沟-响水向斜、笨坑背斜等。

（二）晚期褶皱构造及变形（Dn8、Dh6）

该期构造变形卷入的最新地层为下白垩统，使其普遍褶皱隆升，遭受长期剥蚀，导致上白垩统缺失，使古近纪—新近纪地层直接不整合于下白垩统之上。其代表性褶皱有宁南弧形构造带中的六盘山背斜、小关山背斜；伴随褶皱亦有较强的逆冲推覆构造变形。贺兰山褶冲带中的鸽子山背斜、马步全井向斜等，伴随有逆冲（推覆、晚期滑脱）断层，代表性逆冲断层为高石墩断层及其西侧的反冲断层。

八、喜马拉雅期褶皱及构造变形（Dn9—Dn10、Dh7—Dh8）

该期褶皱构造变形是以古近系—新近系层理和第四系沉积层为变形面，表现为脆性挤压弯滑褶皱变形和脆性剪切挤压变形机制，形成中小型平缓开阔圆桶状褶皱及牵引褶皱，并伴有逆冲断裂、走滑断裂。按变形影响程度又可分为两期变形。

（一）早期褶皱构造及变形（Dn9、Dh7）

该期变形卷入了古近纪—新近纪所有地层，普遍褶皱隆起，其代表性褶皱有宁南弧形构造带中的红断头复式背斜；贺兰山褶冲带中的花布山背斜、峨眉山向斜等，伴随有逆冲断裂（代表性断裂为上木井子冲断层、柳木高冲断层）或引张断裂（代表性断裂为贺兰山东麓阶梯状隐伏正断层）。

（二）晚期左行走滑及牵引构造变形（Dn10、Dh8）

该期变形卷入了古近纪—新近纪、第四纪地层，以地壳表—浅部的脆性剪切挤压（或引张）为变形机制，形成宁南弧形构造带中的一系列活动断裂带（如西华山-南华山北麓断裂带、天景山断裂带）和牵引拖曳褶曲。贺兰山隆起冲断带表现为地壳表—浅部引张走滑及变形，形成一系列活动断裂带，代表性断裂为贺兰山东麓断裂（苏峪口东洪积台地断裂）、黄河断裂。

第三节　断裂体系

宁夏断裂体系与构造演化密切相关。据总体特征可划分为鄂尔多斯西缘冲断带断层系统和宁南弧形构造带断裂系统。其中，鄂尔多斯西缘冲断带断层系统包括贺兰山褶断带、银川地堑断裂带和陶乐-彭阳冲断带，宁南弧形断裂体系包括10条弧形断裂带及其推覆体。

鄂尔多斯西缘冲断带断层系统和宁南弧形构造带断裂系统具有不同的形成和发育历史。从总体上看，宁南弧形断裂体系形成期次少、受力方向变化不大，变形集中而相对较强，内部结构相对简单；贺兰山断裂体系形成期次多、发育历史长，受力方向变化大，构造变动强度也大，内部结构复杂多变。

一、鄂尔多斯西缘冲断构造带断层系统

（一）断层格架及运动学特征

由西往东展布贺兰山褶冲带、银川地堑断裂带和陶乐-彭阳冲断带，除中部由一系列地堑式正断层组成外，东、西两侧褶冲带都由一系列逆冲推覆断层组成。

中生代以来，伴随特提斯洋由北向南、从老到新逐步消减、封闭和早古新世初陆块北移、始新世

初印度板块与欧亚板块陆-陆碰撞，导致阿尔金断裂后展式左行走滑位移，并通过其东部一系列与之平行的小型走滑断裂构造调节，在“楔形”阿拉善地块北端不断积累。在沿北东—北北东向断裂左行位移过程中，先后产生近东西向→南东向分压应力，在遭遇鄂尔多斯地块西缘南北向边界断裂“单向”边界制约下，大体构成近南北弧度不大的“楔顶”效应，在这一动力学背景下，贺兰山地区发育晚侏罗世—古近纪末大规模逆冲推覆构造。

贺兰山隆起冲断带属于典型板内变形构造，导致地壳缩短和增厚。贺兰山隆起冲断带是由结晶基底和沉积盖层逆冲岩席（冲断席）组成的复杂逆冲构造体系，其中主要由太原组煤系岩层组成的滑脱面，实际上属于盖层主拆离面之一，大型逆冲推覆构造通常沿其拆离、滑脱、推覆。

这一冲断层系统的前锋为陶乐-彭阳冲断带。根据卷入变形的岩石组合特征，地层和构造发育情况，以及相关冲断层的性质，可以分为 3 个五级构造单元（见表 35-1）。

1. 主要边界断裂

（1）贺兰山东麓断裂

贺兰山东麓断裂是贺兰山与银川地堑的构造边界，地貌特征与遥感影像十分显著。断裂北起柳条沟，向西南经正义关沟沟口、红果子沟沟口、王泉沟沟口、大武口沟沟口、插旗口、苏峪口、紫花沟沟口到头关，走向北北东-南南西，倾向东南，倾角 68°±10°，长约 139km，宽度为 10~16km。断裂南延过井石子梁，再折向南南东，朝牛首山东麓—大罗山方向继续延伸，并转成近南北走向。断裂总体走向北北东，倾向南东东，浅部倾角 65°~80°不等（见图 35-32），往深部倾角变缓为铲形正断层，在深部 28~29km 的深度交汇到黄河断裂上（见图 30-3，剖面位置为图 35-31 中 D—D′剖面线）。

贺兰山东麓断裂具有多期性活动特点，一般认为其形成于早燕山期，属挤压逆冲推覆断裂；喜马拉雅期沿先存断裂继承性活动，但断裂性质已截然不同，形成左行走滑正断裂，其形成与银川地堑同步，属盆地同生断裂。断层以西是高峻挺拔的贺兰山，主峰敖包疙瘩海拔 3556m；以东为开阔的银川平原，海拔 1100~1300m，两者地形高差达 2200 余米。新生代以来，该断层活动强烈，垂直运动幅度近 10000m，显示贺兰山山体持续上升、银川盆地继续下陷过程。

（2）芦花台断裂

该断裂隐伏在银川盆地内。南起银川西南过西夏区西侧，向北北东延伸过暖泉农场、西轴西侧到简泉农场六队，走向 20°左右，长约 80km，浅部由 2 条断裂（f_3 与 f_4）组成（见图 30-3），倾向东南，断层上部较陡，向下变缓，剖面上呈铲形。它是银川地堑西部斜坡区（$Ⅲ_5^{1-1-2(2)}$）与中央断陷区（$Ⅲ_5^{1-1-2(3)}$）的分界断裂，断层西盘新近系直接覆盖在古生界之上，缺失渐新统，而东盘则是渐新世沉积区，且厚度巨大。断层的垂直断距在银川西为 3000m，黄渠桥西为 3400m，呈自南向北增大之势。断裂在深度 12~12. 5km 交汇到向东缓倾的贺兰山东麓断裂上。该断层南部最新活动时代在中更新世（柴炽章等，2011）。

（3）银川-平罗断裂

该断裂是银川地堑内部的隐伏构造。根据石油地震探测研究，该断层北起姚伏，循 SSW 方向延伸，过贺兰县城东、兴庆区丽景街东、永宁纳家户和叶盛东，再南达吴忠市北东。为银川地堑内中央断陷区（$Ⅲ_5^{1-1-2(3)}$）与东部斜坡区（$Ⅲ_5^{1-1-2(4)}$）的分界断裂，断裂北段走向 17°左右，永宁以南近南北向，延伸大于 80km。浅部由 4 条断裂（f_{22}—f_{25}）组成（见图 30-3），断面均为北西倾，倾角 70°左右，向下稍缓，断裂在深度 19~20km 交汇到贺兰山东麓断裂上。作为新生代古近纪银川断陷盆地的东部边界和生长构造，该断层两盘新生界断距甚大，断距一般为数百米，个别可达 2000~3000m。银川附近的古近系底界东盘（下盘）相对西盘（上盘）断开了 2200m，将第四系底界断开了 600m 左右。另外，断裂自晚第四纪以来，南北活动差异显著，以兴庆区银古路为界，北侧断层活动强度较大，上更新统中部和顶部标志层分别被垂直错断 20. 34m 和 2. 25m。断层不仅断开了全新统，且上断点距离地表只有 1. 5m，属于晚全新世活动断层。南侧断层活动强度较弱，上更新统底部和中部的标志地层仅被分别断开了 1. 42m 和 1. 11m，断层上断点埋深在 10. 00~13. 59m 之间，属于晚更新世末期活动断层。

（4）黄河断裂

由黄河断裂和灵武断裂两段组成。黄河断裂是银川断陷盆地与东部的陶乐-彭阳冲断带（鄂尔多斯西缘褶冲带）的分界构造，北起乌海一带，到石嘴山市东开始成为盆地东界断裂，南经陶乐西、月牙湖西、通贵到临河堡一线，长度160km。断裂的物探及线性遥感影像特征明显，总体呈北北东向延伸，断面西倾，倾角70°。该断裂错断基底岩系和新生代地层，并控制黄河河床的展布，断距近2800m，向北减至1300m。黄河断裂在浅部由4条分支断裂组成，向深部以面状正断层形式延伸，切穿下地壳并错断Moho界面，为一超壳深大断裂；银川地堑为以黄河断裂为主、其他断裂为辅组合而成的负花状构造（见图30-3）。在临河堡以南，黄河断裂向南转折，形成南北向的灵武断裂，展布于灵武东山西麓一带的山地与第四纪洪积扇之间，为北北东向或近南北向的断面西倾的正断层。断层东盘为下白垩统庙山湖组，西盘为古近纪—新近纪地层，该断裂后期为东西向断裂左行错移。

（5）车道-阿色浪断裂

北起内蒙古桌子山东麓阿色浪北，向南经宁夏马家滩东、萌城进入甘肃省南秋子东车道坡、冯庄直抵平凉市以东。断裂多被新生界覆盖，但物探重力、电法及地震探测均证实其存在，总长约500km。它是陶乐-彭阳冲断带东部边界。沿此断裂重力梯度密集，推测断面东倾，属高角度正断层，落差8000m左右。萌城以南断面西倾，为一向东仰冲的逆断层，倾角一般40°~50°，部分地段达75°，据地震剖面T_9反射层计算，断距200~3000m不等，自北向南断距渐减乃至消失。车道-阿色浪断裂中段称马家滩-甜水堡断裂，该断裂明显控制了宁夏东部中—新元古代、寒武纪、早—中奥陶世地层的沉积与分布，除在加里东期—印支期有过较强活动外，它也明显地控制了中、新生界的分布与发育。如下白垩统保安群环河组在该断裂东侧厚数百米，而在其西侧则缺失；断裂两侧古近系—新近系的岩相、厚度也有较大差异，东侧以河湖相沉积为主，而西侧以山麓相堆积为主。

2. 逆冲推覆方向

贺兰山隆起冲断带平面上总体呈南北—北北东—北北西方向展布，大体构成反“S”形。从贺兰山隆起冲断带各褶冲带前缘推挤中形成的开阔—闭合斜歪—倒转褶皱、牵引褶皱、次级分支断裂、劈理、共轭节理和主断层等总体结构样式分析，指示上盘由NWW — W向SEE — E逆冲推覆。

3. 主应力方向

贺兰山隆起冲断带加里东期使长城系黄旗口组、蓟县系王全口组、震旦系和下古生界发生褶皱，形成一系列近东西—北北西向背斜、向斜（如科学山褶皱群、围沟井—三关口地区的渠柳沟向斜、营子山背斜、响石泉背斜、土井子复背斜、围沟井背斜等）和逆冲断裂。据赤平极射投影，可求出3个主应力方向及变化区间：σ_1 39°~58°，∠1°~11°；σ_2 130°~148°，∠0°~4°；σ_3 76°~182°，∠76°~86°。印支期使石炭系、二叠系、三叠系发生褶皱、断裂，形成一系列北北东—近南北向背斜、向斜（如北寺-红石崖向斜、大岭-庙前梁子背斜、白芨芨沟-汝箕沟-响水向斜、苏峪口-神水庙背斜、大磴沟-黄草滩-栏圈倒转背斜等），褶皱两翼发育与褶皱轴平行的逆冲断裂。据赤平极射投影求出3个主应力方向及变化区间：σ_1 292°~317°，∠0°~38°；σ_2 25°~48°，∠4°~21°；σ_3 2°~48°，∠58°~84°。燕山期使侏罗系—白垩系褶皱，早期侏罗系褶皱为北北东向（如送吉沟向斜、笨坑背斜），据赤平极射投影求出3个主应力方向及变化区间：σ_1 300°，∠3°~5°；σ_2 30°，∠0°；σ_3 120°，∠85°~87°。晚期下白垩统褶皱为北西向（如鸽子山背斜、马步全井向斜），据赤平极射投影求出3个主应力方向及变化区间：σ_1 215°~237°，∠3°~3.5°；σ_2 125°~147°，∠0°~0.5°；σ_3 35°~48°，∠86.5°~87°。喜马拉雅期褶皱主要表现为古近系—新近系褶皱（如花牛山背斜、峨眉山向斜），求出3个主应力方向及变化区间：σ_1 218°~238°，∠0.5°~1°；σ_2 128°~148°，∠3°~4°；σ_3 139°~163°，∠86°~87°。

银川盆地及周缘地区的地震资料研究表明，构造带上震级大于4.0级地震的震源机制解P轴方向为15°~62°，主压应力优势方位为40°；小震的震源机制解求得小口子—灵武地区P轴方向为226°、宗别立-石嘴山地区P轴方向为212°，平均主压应力方位为219°。

综上，据贺兰山隆起冲断带新生界褶皱和震源机制解，喜马拉雅早期最大主应力方向为北东向（44°），喜马拉雅晚期（第四纪以来）最大主应力方向平均为 40°，即北东向，代表贺兰山隆起冲断带所在地区的平均主压应力方向。显然，该力作用在先存北北东向断裂系上，必然发生右旋剪切，在银川盆地地壳表浅部中形成一系列次级右旋脆性剪切正断层和破裂带。

4. 形成时代与相关构造联系

鄂尔多斯西缘冲断带尽管主要成生期是燕山期—喜马拉雅期，但也包容了加里东期—印支期的构造作用踪迹。据其结构（见图 35-13）和演化历史分析表明，至少存在 7 期主要的冲断层作用（图 37-30，图 37-31），形成由原地和异地推覆体和冲断席组成的 4 个构造层。

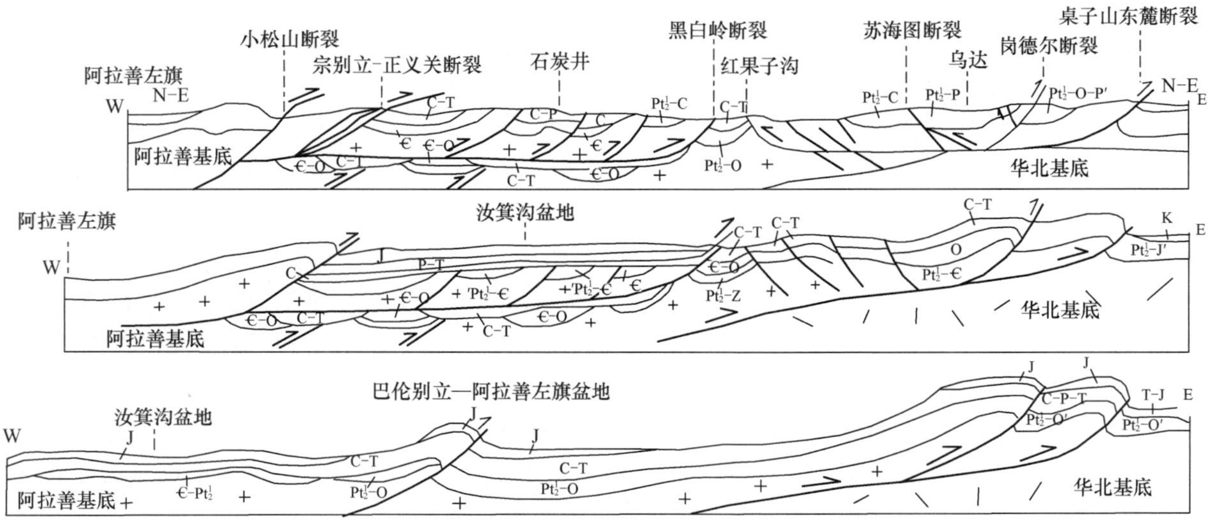

图 37-30　贺兰山北段逆冲推覆构造系统构造演化图

Fig. 37-30　Tectonic evolution of thrust nappe system of the northern segment of Helanshan

地层代号说明见表 1-1

（1）第一期冲断层作用发生在晚奥陶世末期

晚奥陶世末期的早加里东运动，使贺兰山地区遭受北东-南西向挤压，发生第一期冲断作用，形成以土井子-青铜峡弧形断裂为前锋的土井子-古城子褶断带，以及三关口逆冲断层和东西向山嘴沟逆断层。

（2）第二期冲断层作用发生在中泥盆世末期

晚加里东运动形成以褶皱-逆冲构造为特征的北祁连造山带，在其北东前缘走廊陆缘盆地之上，形成早—中泥盆世卫宁北山-围沟井磨拉石前陆盆地。中泥盆世末期的宁夏运动，发育第二期逆冲推覆构造，以三关口逆冲断裂带为代表。同时，在围沟井断裂发育北东倾南西冲的背冲构造带。晚泥盆世中晚期—早石炭世进入伸展性上叠盆地和陆表海沉积阶段。

（3）第三期冲断层作用发生在三叠纪末期

三叠纪末的印支运动使三叠纪前陆坳陷盆地全面褶皱（轴向北北东—近南北向）隆起，贺兰山南段构造复合带之峡子沟-榆树沟-大十字沟逆断层带见长城系、寒武系、奥陶系逆冲于石炭系、二叠系和三叠系之上，形成叠瓦状构造，下白垩统不整合覆于逆断层之上（峡子沟），在附近较大区域内，没有发育侏罗系，某些钻井内钻遇到下白垩统直接不整合于上石炭统之上，由此表明其属于印支期冲断作用。

（4）第四期冲断层作用发生在中侏罗世末期

在汝箕沟和科学山东麓出现中侏罗世前陆堆积建造。桌子山-岗德尔山褶冲带中的冲断裂使包括古元古代片麻岩基底在内从长城系至二叠系的地层向石炭系—侏罗系逆冲，切割上侏罗统安定组，被早白垩世地层不整合。

石炭井褶冲带卷入最新地层为侏罗系，但其前锋黑水沟断裂错断乌达背冲带的黑白岭向斜，故其

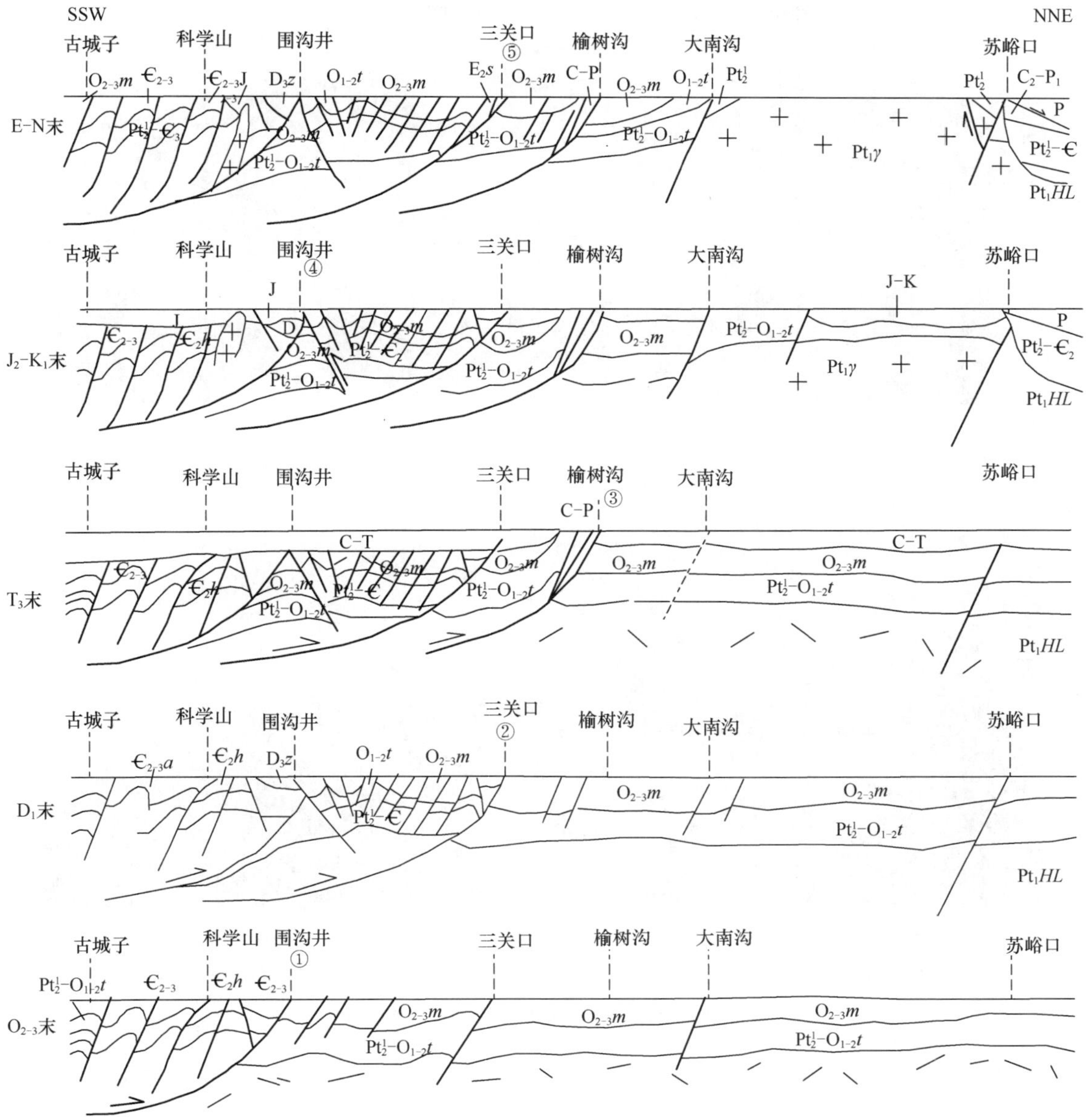

图 37-31　贺兰山中南段逆冲推覆构造扩展方式

Fig. 37-31　Development model of thrust nappe structure of the middle-southern segment of Helanshan

地层代号说明见表 1-1；①~⑤逆冲推覆断裂扩展顺序

形成时代应晚于乌达背冲带。汝箕沟滑脱褶皱是沿大磴沟—马莲滩—苏峪口滑脱面拆离的上沉积盖层侏罗山式滑脱褶皱，滑脱面具有双层结构，上部结构层为双冲构造，下部结构为斜歪-平卧褶皱层，其下伏石炭井褶冲带属于卷入结晶基底的厚皮构造，并同时具有薄皮构造特征的下沉积盖层+结晶基底逆冲推覆构造。其形成早于早白垩世末形成的宗别立结晶基底推覆体，推测其为中侏罗世末期形成。

区域尺度的双冲构造主要发生在石炭纪—二叠纪地层中，主滑脱面为其中的煤系地层和泥页岩层。夹在其中的厚层砂岩则被一系列次级冲断层改造，形成主滑脱面之间的平行滑块。在贺兰山北段石炭井地区的露头剖面（图 37-32，图 37-33）清楚地展现了大规模双冲构造的内部变形。主要由煤系地层组成的主滑脱面以强烈的挤压揉皱和增厚的方式吸纳了因巨大位移产生的变形和水平缩短，与此同时，夹持在近水平的主滑脱面之间的厚层砂岩被次级冲断层切割成滑块，并出现强烈的褶皱和块体转动（图 37-32）。彼此呈“背驮式”排列在主滑脱面间的滑块，显示原始地层被显著缩短。尤其重要的是，该剖面上部不发育煤系的互层状砂岩层中的变形则非常微弱，强烈变形的双冲构造与上部的弱变形层位之间，岩层主要是通过逐渐变缓的褶皱作用发生过渡（图 37-33）。综合研究表明，石炭井地

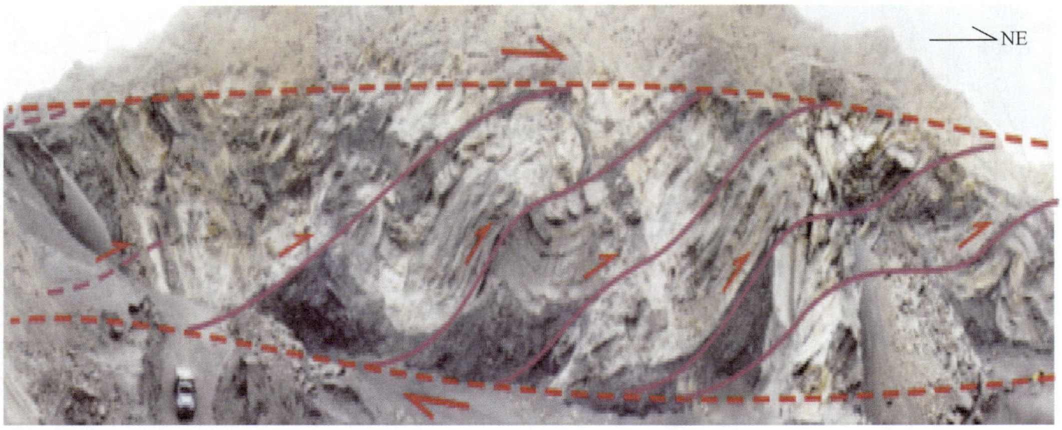

图 37-32 石炭系—二叠系中发育的大型双冲构造（石炭井）

Fig. 37-32 Field photo showing big type duplex thrust of Carboniferous-Permian at Shitanjing

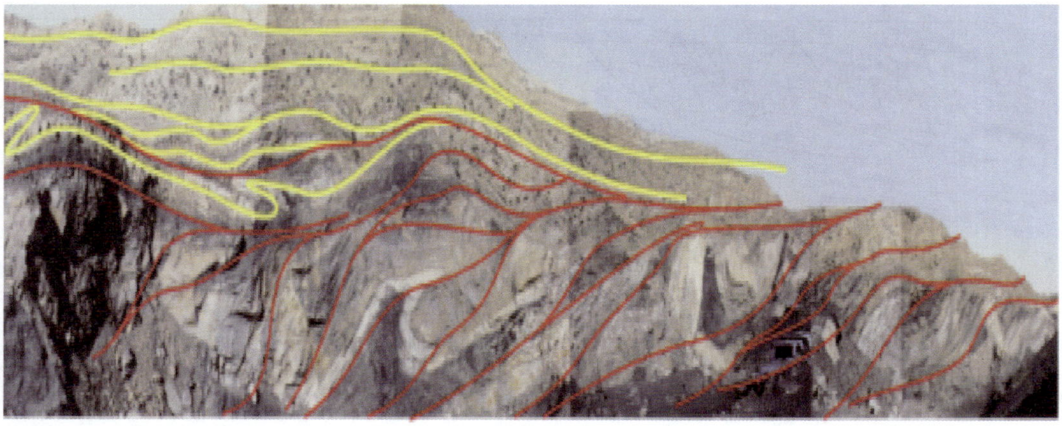

图 37-33 石炭系—二叠系中发育的大型双冲构造及其上部弱变形岩层的关系（石炭井）

Fig. 37-33 Field photo showing relationship of big type duplex thrust of Carboniferous-Permian and its upper light deformed stratigraphy at Shitanjing

区的区域尺度双冲构造，相当于大型冲断层系统的“断坪”部分，对贺兰山隆起冲断层系统，尤其是宗别立-正义关结晶冲断席的形成，有着十分重要的意义。

（5）第五期冲断层作用发生于早白垩世末期

桌子山—贺兰山东麓发育早白垩世类前陆盆地，并形成巴彦浩特—吉兰泰早白垩世后展盆地。贺兰山中北段冲断层体系切割了三叠纪—中侏罗世地层，贺兰山南段逆冲体系使古生代地层逆冲到白垩系之上，并被古近系—新近系不整合覆盖，形成了宗别立-正义关大型异地推覆体，宗别立推覆体明显逆冲于石炭井褶冲带之上，并导致石炭系—三叠系组成的宗别立向斜和侏罗系组成的汝箕沟向斜等褶皱轴向挤压、扭曲。宗别立推覆体总体向东推挤，促使汝箕沟滑脱褶皱沿太原组、山西组煤系地层滑脱面向东滑脱与东西向艾罗湾-陶思沟口断层左行调节构造的形成。鼓鼓台玄武岩 103~98Ma 的变质年龄可能代表该期逆断层作用的终结期；此外，桌子山古元古代变质沉积岩的磷灰石裂变径迹年龄为 91.5Ma（张家声等，2003），代表古元古代变质沉积岩抬升冷却的年龄，说明它们在晚白垩世早期时已经抬升到接近地表 3km 附近［110°C/(30°C/km)］。根据构造分析，这一年龄代表了贺兰山隆起逆冲推覆构造第五期的结束时间或第六期发动的大体时间。而宗别立-正义关断裂以北大面积出露的阿拉善基底片麻岩西部（吉兰泰东南）的磷灰石裂变径迹年龄测试结果表明抬升冷却年龄仅为（13.1±4.4）Ma，也就是说，相对于鄂尔多斯的基底来说，吉兰泰地区 NE 走向的强直片麻岩很晚才抬升至地表。

（6）第六期冲断层作用发生于晚白垩世—新近纪中期

直接证据是小松山逆冲岩席逆冲推覆于宗别立结晶基底推覆体之上，以及在贺兰山南段科学山地区近南北走向的冲断层系统之上叠加切割古近系—新近系的北西向逆冲构造。塔儿岭盖层冲断席主要由陆缘沉积的寒武系、奥陶系和小松山基性—超基性岩体组成，东部西倾东冲断层逆冲于汝箕沟滑脱褶皱侏罗系岩层组成的红石崖向斜之上，北段白土山子断裂使寒武系、奥陶系和基性—超基性杂岩体向北东逆冲于宗别立结晶基底推覆体之上。南段小松山逆冲岩席卷入的主体地层天景山组、米钵山组逆冲推覆于宗别立结晶基底推覆体和汝箕沟滑脱褶皱之上，宗别立结晶基底推覆体缺失米钵山组，而汝箕沟滑脱褶皱底板滑脱断层下盘为缺失奥陶系的石炭井褶冲带。小松山逆冲岩席导致正义关断裂左行走滑，据采自正义关断层东段以北地区（正义关沟南）的基底碎裂花岗片麻岩的磷灰石裂变径迹年龄（18.8±4.2）Ma（张家声等，2003）和正义关断层西段南侧石炭井北结晶基底小型错动带中碎裂岩的磷灰石裂变径迹年龄（9.1±4.4）Ma，说明正义关断层在18.8Ma和9.1Ma曾经发生过两次活动。

（7）第七期冲断层作用发生于中新世末期，持续到第四纪

主要表现为贺兰山东麓背冲构造和横山堡陆缘褶冲带的形成。贺兰山东麓背冲构造北段在汝箕沟口—大水沟沟口—苏峪口南一带形成倾角低缓的东倾西冲逆冲断层带，前两个地区还形成二叠系、三叠系轴面东倾的倒转向斜。其南段在花布山、庙山湖一带形成北东东倾南西西冲的逆断裂，断层切断中新世地层，并形成花布山、庙山湖等断展褶皱。铁克苏庙-横山堡褶冲带形成东倾西冲叠瓦状构造，寒武系—奥陶系、石炭系—侏罗系则发育轴面东倾的斜歪褶皱，主断面东倾西冲的逆断层可上切到新近系中新统，其上为下更新统不整合。贺兰山东麓背冲构造形成时期，正值喜马拉雅逆冲推覆作用终结时期和青藏高原全面隆升期前夕的重要演化转折阶段，相对的构造平静阶段，导致长期遭受自西向东推挤的鄂尔多斯地块强烈反弹，并引起地块向西推挤、逆冲而产生背冲构造。采自正义关断层东段以北地区（正义关沟南）的远离破碎带受断裂作用影响微弱的花岗片麻岩的磷灰石裂变径迹年龄仅为（4.8±0.9）Ma，很可能与贺兰山逆冲推覆构造最后一期东倾西冲活动（乌达背冲带）有关。贺兰山隆起冲断带可能在晚中新世早期以后即已基本停止活动，随后先存早期盆岭构造（始新世-晚中新世早期）发生继承性活动，构成北北东—南北向与北北西向锯齿状银川盆地—贺兰山—巴彦浩特盆地的新近纪晚期—第四纪盆岭构造，贺兰山主体还进一步发育块断差异升降活动，从而极大地破坏了先存的燕山期—晚喜马拉雅期贺兰山隆起冲断带的完整性。该时期与新近纪末—早更新世青藏高原全面隆升时期大体相当。

5. 扩展方式

贺兰山中南段加里东期—印支期逆冲断层自南而北先后形成土井子—青铜峡断裂（元山子）→三关口断裂（三关口南褶冲带）→榆树沟-大十字沟断裂（赵池沟逆冲岩席），构成前展式构造（背驮式扩展）；到燕山期，中侏罗世末期早燕山运动，使贺兰山北段先后形成桌子山东麓陆缘褶冲带→乌达背冲带（早期）→石炭井褶断带等后展式逆冲岩席；早白垩世末，中燕山运动形成宗别立结晶基底推覆体，逆冲于石炭井褶断带之上，并相应形成大磴沟—马莲滩—苏峪口滑脱层，古近纪渐新世末发育的小松山逆冲岩席分别逆冲于宗别立结晶基底推覆体和汝箕沟滑脱褶皱之上，构成由西向东、从新到老的后展式逆冲推覆构造：小松山（塔儿岭）逆冲岩席（褶冲带）→宗别立结晶基底推覆体（K_1末）→石炭井褶断带（以上为中侏罗世晚—末期）→乌达背冲带→桌子山东麓陆缘褶冲带。贺兰山南段地区科学山逆冲推覆带扩展方式表现为前展式与后展式交替形成：古城子冲断层（J_2）→科学山东冲断层（J_2末）→高石墩冲断层（K_1末）（以上为前展式）→下山木井冲断层（E_3末，表现为后展式）（见图37-31）。

贺兰山北段后展式逆冲推覆构造的形成机制，可能与特提斯洋自北向南、由老到新逐步消减、闭合有关。特提斯洋后退式消减、闭合，在阿尔金断裂遭受不断“后缩”的推挤作用，导致其形成后展式左行走滑，狼山-巴彦乌拉山断裂相应发育后展式左行走滑，并在鄂尔多斯西缘产生后展式“楔顶”效应，形成贺兰山北段后展式逆冲推覆构造。而贺兰山南段可能由于位于“楔顶”南缘，其推挤作用出现较复杂的过程，一度构成“前展式”逆冲。不过，伴随早喜马拉雅运动，印度地块与欧亚大陆的

陆-陆碰撞效应，使贺兰山地区普遍发生后展式逆冲。新近纪中新世晚期，在喜马拉雅逆掩断层作用终结期和青藏高原全面隆升期前夕的相对构造平静期，鄂尔多斯地块遭受向东挤压应力的“消失”，引起强烈构造反弹和向西推挤作用，产生贺兰山东麓、铁克苏庙-横山堡等背冲构造和东倾西冲的叠瓦状构造（见图 37-30）。

6. 推覆距离

根据推覆构造的断裂和褶皱形态及产状、地震剖面，以及前人所做的地质剖面，初步估算，贺兰山中南段的三关口南褶冲带最小位移 $d\approx5.1$km，缩短率 $e\approx-15.7\%$，收缩率 $e\approx84.3\%$；土井子-古城子褶冲带最小位移 $d\approx5.3$km，缩短率 $e\approx-32.66\%$，收缩率 $e\approx67.34\%$；科学山推覆构造的总位移 $d\approx19.1$km，缩短率 $e\approx-18.1\%$，收缩率 $e\approx81.9\%$。贺兰山北段的宗别立推覆体位移 $d\approx10.6$km，缩短率 $e\approx-45.3\%$，收缩率 $e\approx54.7\%$；石炭井推覆构造在东西方向上水平位移量 $d\approx3.2$km，缩短率 $e\approx-8.8\%$，收缩率 $e\approx91.2\%$。

（二）逆冲推覆构造演化和动力学分析

贺兰山逆冲推覆构造带是鄂尔多斯西缘的重要组成部分，由于处于北祁连造山带与阿拉善微陆块、鄂尔多斯地块间敏感的构造“三角”结合部的特殊地带，在构造演化中，各地块间发生多期伸展和挤压、分解与碰撞作用，其挤压构造造成了“楔顶效应”。

中奥陶世末期，古浪运动使贺兰坳陷带和鄂尔多斯地块轻微构造抬升剥蚀。晚奥陶世末期，相继而来的早加里东运动，使贺兰山地区遭受北东-南西向挤压，发生第一期冲断作用，形成以土井子-青铜峡断裂为前锋的土井子-古城子褶冲带，以及三关口冲断裂逆冲和东西向的山嘴沟逆断层。在上构造层下部及中构造层过渡带变形机制下，岩石遭受区域浅变质作用，形成千枚岩、板岩、变质砂岩及结晶碳酸盐岩，发育透入性板劈理 S_1（多顺层置换原生层 S_0，$S_0/\!/S_1$）。土井子-古城子褶冲带形成圆柱状褶皱，见紧闭倒转褶皱和不对称剪切褶皱等弯滑褶皱，三关口南褶冲带发育典型梳状褶皱样式——平缓开阔向斜和紧闭倒转-闭合平卧背斜组成的弯滑褶皱。

晚加里东运动—早华力西运动期，在柴达木—中祁连陆块与华北陆块、阿拉善微陆块碰撞挤压作用下，形成以褶皱-逆冲构造为特征的北祁连褶皱造山带，挤压应力也同样传递到了其东北侧的鄂尔多斯地块西缘，形成贺兰山中南段的围沟井等磨拉石前陆盆地及逆冲断裂，以三关口逆冲断裂带、围沟井断裂为代表。

二叠纪—三叠纪，阿拉善地区发生强烈隆升，贺兰山地区三叠纪坳陷盆地形成。中、晚三叠世形成涵盖峡子沟-呼吉尔台、葡萄沟在内的巴伦别立-阿拉善左旗三叠纪陆相坳陷盆地。最新对贺兰山鼓鼓台三叠纪玄武岩的研究表明三叠纪贺兰山地区为拉张环境；而汝箕沟、石沟驿和平凉 3 个三叠纪盆地是走滑-拉分坳陷盆地（何自新等，2003）。三叠纪末伴随古特提斯洋的闭合过程，其构造效应的前缘至少波及峡子沟-榆树沟-大十字沟一带，发育榆树沟逆冲断层带，其间长城系-寒武系-奥陶系逆冲于普遍褶皱和断裂的石炭系-二叠系和三叠系之上，赵池沟逆冲岩席（第三期冲断层作用）发生在浅构造层次变形环境下，形成弯滑褶皱和脆性断裂。

早—中侏罗世早期的地壳伸展作用，形成陆相断陷盆地。贺兰山中段的古拉本-白芨芨沟盆地中侏罗统广泛出现，表现为河流相—湖沼相，形成煤系；中侏罗世中晚期鄂尔多斯西缘北段东西方向强烈挤压，开始发育向 SEE—SE 的逆冲推覆构造（第四期），形成中侏罗世直罗期—晚侏罗世安定期前陆坳陷盆地，典型代表有桌子山东-布拉格-横山堡侏罗纪盆地和科学山-古城子侏罗纪盆地山麓洪积—河流相沉积。从相分析看，贺兰山地区早—中侏罗世为稳定的河湖相沉积，晚侏罗世为磨拉石建造，可能与围沟井东逆冲断层和科学山东逆冲断层有关（西倾东冲）；贺兰山隆起冲断系统的启动可能于晚侏罗世，其中在贺兰山中北段表现为典型双冲样式的推覆构造，下部冲断系沿石炭系—二叠系之间的煤系强烈挤压缩短，形成石炭井地区一系列向东堆叠的中元古界—石炭系逆冲岩片，造成结晶冲断席向石炭系—二叠系推覆，局部形成飞来峰，如红果子沟；上部冲断系沿晚三叠世—侏罗系的泥岩、粉砂岩和页岩冲断，形成柳树沟-磨盘山冲断带（切割侏罗系）和贺兰山东麓反冲构造。宗别立-石炭井推覆体向南东推挤，导致围沟井-科学山冲断带向南东东逆冲。晚侏罗世末的早燕山运动使侏罗系全面褶皱隆起，形成南北向—北西向中小型平缓开阔圆柱状褶皱，后期在土井子-青铜峡断裂围沟一带，发育叠加于先存冲断裂的逆冲断裂（第四期早期冲断作用），并构成后展式扩展。

晚侏罗世—早白垩世，宗别立-石炭井推覆体前锋持续向东推进，桌子山东麓逆冲带（向南延伸，与铁克苏庙-横山堡褶冲带相接）形成（第五期），赵池沟-黄旗口褶冲带开始发育，形成早白垩世前陆盆地（相应于宁南弧形冲断系统的第三期），逆冲方向与第四期相同，但冲断样式以厚皮构造为主，沉积中心可能在灵武-横山堡地区。典型构造如宗别立-石炭井推覆体，其特点是逆断层沿石炭系—二叠系发育，切割晚三叠世—侏罗纪地层，在贺兰山东麓庙山湖—横山堡形成大范围的早白垩世沉积。阿拉善左旗-巴伦别立早白垩世盆地（巴音浩特白垩纪盆地），可能是后展盆地，下白垩统底部为山麓洪积建造，砾石来自相近地层，与贺兰山西麓正断层抬升有关。科学山东逆冲带继续向东逆冲，形成庙山湖早白垩世前陆盆地；同期形成灵武-横山堡前陆盆地，控制该盆地的断裂原本可能与科学山地区逆冲断层带相连，由于银川断陷带的张开而错位。

晚白垩世末结束了特提斯洋向南退缩型演化，始新世初印度地块与亚洲大陆的陆-陆碰撞与A型俯冲远程“楔顶效应”，使贺兰山构造活动渐趋活跃，产生银川地堑-贺兰山地垒-巴彦浩特断陷盆地拉分型盆岭构造。新近纪，区域挤压应力方向转为EW方向，宗别立-石炭井推覆体西缘的塔儿岭奥陶系逆冲席开始发育，在塔儿岭—小松山形成推覆体；宗别立-石炭井推覆体前锋持续向东推进到现在银川盆地的位置，由于其与赵池沟-黄旗口褶冲带的前进速度不同，苏峪口联冲带形成。贺兰山中南段受宁南弧形冲断系统的向北东推进叠加，在贺兰山中南段地区近南北走向的贺兰山隆起冲断系统之上叠加了北西—北西西向逆冲构造（切割古近系—新近系），三关口南褶冲带南端的土井子-围井沟联冲带形成，逆冲推覆构造前锋出现在三关-二关冲断层上，古近系—新近系产生平缓-开阔圆柱状褶皱，寒武系—奥陶系、下白垩统逆冲于古近系—新近系之上，构成前展式扩展。贺兰山中南段褶冲带的东麓冲断带形成，相关的典型构造有鹰嘴山冲断带，冲断早白垩世地层，其东侧形成大面积的古近纪—新近纪沉积；同时引起横山堡以及银川盆地西缘反冲构造（第六期）；陶乐-横山堡褶冲带之陶乐冲断带可能继续向东推进，并在上盘形成背冲构造，南侧与横山堡之间出现调节位移的走滑断层；横山堡地区继续反冲，其发育可能持续到新近纪末。

在第六期逆冲构造发育的晚期，贺兰山北段地区形成一系列近东西走向的走滑兼挤压（或者斜滑）断层（如宗别立-正义关断裂），裂变径迹年龄表明形成于新近纪之后（第七期）。宗别立-正义关右行走滑断层的启动导致宗别立结晶冲断席北盘继续向东推挤，乌达背冲带形成；三关口—榆树沟—大南池地区的北西—北西西走向冲断层形成；北段的东西向挤压减弱，逐渐被近东西向的走滑断层消化。

第七期逆冲构造运动期末，可能持续到第四纪，贺兰山地区受到青藏高原东北边缘北-东挤压兼具左行走滑运动控制，拉分伸展型盆岭构造持续活动，控制银川盆地的北东—北北东向正断层形成，断陷形成盆地，贺兰山地垒块断隆升，银川地堑与贺兰山地垒的升降幅度近万米，同期巴音浩特新生代盆地形成。

二、宁南弧形构造带断裂系统

（一）断层格架及运动学特征

宁南弧形构造带所在的腾格里增生楔及北祁连海沟系，自奥陶纪末以来不断受到北祁连造山带构造变动的影响。加里东运动晚期，这一地区即已萌生了一系列逆冲断层，直至中生代末期，开始逐渐形成了一系列向北东突出的弧形逆冲断层，构成了宁南弧形构造带内各大型逆冲推覆断裂。总体至少经历了4期冲断层作用，但没有结晶基底岩石卷入。第一、二期发生在志留纪末至中泥盆纪之间，主要受北祁连造山作用影响；第三期发生在侏罗纪—白垩纪期间，受特提斯洋闭合及随后发生陆-陆碰撞引起的挤压作用影响；第四期受喜马拉雅造山作用的影响，构造作用持续至今。第一、二期以挤压褶皱造山为主，伴有逆冲断裂；第三期具有逆冲推覆的特点；第四期主要表现为冲断，伴有走滑（见表35-1，图35-6）。

1. 主要边界断裂

由北东往南西共展布11条弧形断裂带。

（1）青龙山东麓-党家垴断裂

北段走向北北西，向北西可达贺兰山南段的三关口，往南转为南北向，全长300余千米。断面西倾，倾角60°~70°。大部分隐伏在第四系之下，仅在贺兰山三关口一带见中—上奥陶统米钵山组灰岩逆冲于始新统之上；在青龙山老窑附近亦可见西盘奥陶系逆冲到东盘二叠系之上。断裂带宽10~200m，最大断距约3000余米，自陈家山向南延至彭阳再入甘肃平凉等地。该断裂至今仍有活动。

（2）牛首山-罗山断裂

即前人所称青铜峡-固原断裂，但南段展布位置并不是前人认为的罗山东麓—小关山东麓，而是偏东的煤山东麓—崆峒山东麓，北段走向335°，向北西直达贺兰山南段的围沟井—土井子接贺兰山西麓断裂，南段近南北向，整体区内延长约320km。它代表腾格里早古生代构造楔之卫宁北山-香山褶断带东北边缘断裂（并不是前人认为的为北祁连海槽与华北板块的分界断裂），其东侧为鄂尔多斯地块西缘褶断带——贺兰山褶断带。它亦是卫宁盆地与银川盆地的分界线。重力场特征显示为北西向的重力梯度带，航、卫片线性影像特征明显，两侧地貌反差大，南西侧多为基岩山地，北东侧为洪积扇裙。该断裂自加里东期到喜马拉雅期都有活动，对两侧地层的展布有较强的控制作用，为一条重要的逆冲推覆断裂。

（3）烟筒山-窑山断裂

北北西—北西向展布，延伸大于280km。呈向北东凸出之弧形，弧顶位于烟筒山东北麓詹家大坡—好汉疙瘩。航片上线性影像清晰，地貌特征明显，北东侧为红寺堡新生代盆地，南西侧多为山体，两侧高差达200~300m。在马过井、詹家大坡、榆树沟等地见泥盆系、石炭系逆冲于古近系、新近系及第四系之上。

（4）草帽子墩-黑鹰山断裂

北西向展布，总体走向310°~330°，断面南西倾，倾角40°~70°，延伸大于100km，两端皆被新生界覆盖。呈向北东凸出之弧形，弧顶位于黑鹰湾山东北麓。航片上线性影像清晰，地貌上表现为负地形。在马鞍山南麓、黑鹰湾山东北麓等地见奥陶系天景山组、磨盘井组逆冲到东盘泥盆系、石炭系之上。断层破碎带宽10~50m，发育断层角砾岩、碎裂岩及断层泥，多处见摩擦镜面，两侧岩层产状不一致且紊乱。

（5）清水河断裂

展布于长山头东北麓坡角下及清水河一线，走向330°，延伸大于200km，南东段隐伏于清水河盆地之下，航片上线性影像清晰。在长山头东北麓一带造成不同地貌类型的截然分界，断层南西侧为长山头山体，北东侧为洪积扇、丘陵及清水河河谷，两盘相对高差100m左右。断层切割了香山群徐家圈组，破碎带宽约50m，带内断层泥、断层角砾岩发育，近断层处地层产状紊乱，北东盘岩层揉皱发育。断层产状230°~240°∠40°~50°，为一逆断层。南西盘第四纪以来逐渐上升，北东盘为压陷盆地，由于新构造活动，河流下切侵蚀强烈和侧向迁移频繁，发育三至四级河谷阶地。

（6）天景山断裂

前人称中卫-同心断裂，但该断裂并不通过中卫市与同心县城，而是分别在它们的南侧、西侧各12km、7km，因此，建议不用“中卫-同心断裂”名称。该断裂西起长流水以西，经窑沟村、高家水、红沟梁、天景山北麓、小洪沟至红尖山，往南东延可与六盘山东麓断裂相接，呈向北东凸起之弧形，弧顶位于红沟梁—天景山北麓。弧顶之西总体走向290°。弧顶之东南总体走向320°。区内延伸220km。它处于一个平缓的重力梯度带上，每千米平均递减约$0.5\times10^{-3}m/s^2$。地貌特征明显，北东侧主要为古近系—新近系丘陵区及第四系低缓的残坡积—洪积扇裙，南西侧为陡峻的山体。航、卫片上线性影像清晰。断面南西倾，倾角15°~50°，舒缓波状延伸。切割地层有奥陶系、泥盆系、石炭系、古近系、新近系及第四系。断裂带在前第四纪具有强烈的挤压逆冲性质，总体为一逆冲推覆断层。第四纪以来断裂活动性再次加剧，由数条次级断裂左阶或右阶斜列组成，尤其晚更新世以来的活动，除挤压逆冲之外还兼有明显的左旋走滑特征，造成水系变形、地质体的错位，以及次级断层间岩桥区的拉分盆地或挤压隆起构造的形成。断裂带结构复杂，不同段落变形强度差异大，活动期长。中、西段可能成生于加里东末期，燕山期及喜马拉雅期为两次主活动期，构造变形强烈，尤以中段为甚。南段成生晚，大致在燕山期后，变形相对较弱。

（7）香山南麓断裂

展布于香山南麓-马东山东麓，西段为香山褶皱造山带南麓后缘断裂，走向310°±，倾向南西，倾角陡50°~70°。断裂多被新生界覆盖，局部有表露，区内延伸125km。在老圈沟，上盘石炭纪—三叠纪地层覆于下盘奥陶系磨盘井组之上，断层破碎带宽20m，发育断层角砾岩，断层产状205°~228°∠65°~70°，为一正断层，可能与后期构造活动有关。断裂南东延过兴仁堡表现为隐伏断裂，垂直断距大于700~800m，在尖山墩以南的硝口交汇于六盘山东麓断裂。断裂北西延入甘肃景泰，接唐家水-李家水坑深断裂带，是分割甘塘—香山早古生代被动陆缘盆地和景泰老虎山早古生代弧后盆地（之上叠加了晚古生代景泰-五佛寺凹陷盆地）两大构造单元的深断裂带，断层上、下盘地层极不协调，产状十分零乱，使北东盘的香山群及石炭-二叠系逆冲于南西盘的二叠系、三叠系等不同层位之上，断面产状35°∠40°，北西段逆断层标志明显。

（8）六盘山东麓断裂

展布于固原硝口—六盘山东麓，走向北北西—近南北向，区内长约100km，断裂倾向南西西—南西，倾角25°~75°，变化大，断层破碎带宽约100多米，据物探资料，断距可达2000m左右。断裂向北东逆冲推覆为主，同时右行走滑也明显。断裂南延经泾源西沟以南，并延至陕西省陇县境内。

（9）海原断裂

该断裂西起干盐池，经西华山、南华山北麓延伸至曹洼以东，向南东经硝口接六盘山东麓断裂。总体走向305°~310°。北西延至甘肃省景泰接龙沟河-官草沟脑深断裂，构成老虎山早古生代弧后盆地蛇绿混杂岩带的北界。地貌特征明显，北东侧为低缓的黄土丘陵区，南西侧为陡峻的山体，遥感影像标志清晰，区内断续出露长约110km，断面倾向西南，倾角50°~70°，舒缓波状延伸。上盘地层主要为海原岩群，局部地段见古近系、新近系及第四系；下盘地层主要为古近系、新近系、第四系，局部见上—顶志留统旱峡组，为一多期活动的逆断层，第四纪以来表现为左行走滑兼逆冲断层，局部地段呈正断层。断层破碎带极发育，宽数十米至数百米，由碎裂岩、碎粒岩及断层泥组成。沿断裂带走向常与其他断层左阶排列构成拉分盆地的边界走滑断层。

（10）西华山-南华山西南麓断裂

该断裂位于西华山、南华山南麓，总体走向305°~310°。北西延至甘肃省景泰县交汇于龙沟河-官草沟脑深断裂，区内断续出露长约110km，断面倾向北东，倾角70°~80°。断裂切割了海原岩群、志留系、泥盆系、下白垩统和古近系-新近系，沿断裂带有加里东期花岗闪长岩体和闪长岩脉侵入。在头岔北见海原岩群逆冲于始新统寺口子组之上，破碎带宽约10m，次级褶皱和断裂发育组成入字型构造，显示断裂为左行走滑兼逆冲特征，断层为一多期活动的逆断层。

（11）月亮山西南麓-六盘山西麓断裂

位于月亮山—六盘山西南麓，向南东经隆德沿六盘山西麓直入甘肃省境内，向北西沿崆峒山西南麓直入甘肃省境内接风溶堂-围昌沟深断裂，为景泰老虎山早古生代弧后盆地的南界。它在宁夏境内长约150km，走向北西，平面上呈舒缓波状弧形展布，倾向北东，倾角50°~60°。断层破碎带发育，宽10~15m，上盘由长城系、白垩系构成；下盘由古近系、新近系和第四系组成。在遥感影像图上线性特征清楚，地貌上构成月亮山山地与黄土丘陵的分界。该断裂为白垩系六盘山群断陷盆地的西部边界正断层，断面东倾，沿断层上盘沉积有巨厚洪积相三桥组砾岩；在喜马拉雅期陆内造山作用下，该断裂构造反转，形成左行走滑兼逆冲断层，旁侧发育牵引褶皱月亮山背斜等。

2. 逆冲推覆方向

宁南弧形推覆构造带平面上总体呈向北东凸出之弧形，且弧顶前方出现飞来峰。据 Elliott（1977）的“弓箭”法则，最大位移方向为45°~50°。在宁南弧形构造系统各主要逆冲推覆断裂前缘推挤中，据断面上擦痕以及由紧闭同斜褶皱、倒转倾卧褶皱和旁侧牵引褶曲、主断层及其次级分支断裂、劈理等总体结构样式分析，加里东末期—印支期（第一、二期）受北祁连造山作用影响，运动方向为北稍偏东向；印支末期—燕山期（第三期）受特提斯洋闭合引起的挤压作用影响，冲断层系统逐渐转为由南西往北东推覆；喜马拉雅期（第四期）受青藏高原隆升与鄂尔多斯地块转动的影响，弧形推覆构造带中西段显左行逆冲推覆，东南段（牛首山、罗山、小关山地区）显右行逆冲推覆。由于长期由南西向北东的挤压构造演化，其锋顶构造（前锋断层）前缘受鄂尔多斯西缘南北向车道-阿色浪断裂和北东向磴口-吉兰泰断裂的楔形限制，构成右行扭动构造环境，形成多期次北西西-北北西向楔顶构造效应及其构造的叠加。

3. 主应力方向和差异应力

宁南弧形构造带加里东期至印支期，因柴达木-中祁连陆块与华北陆块、阿拉善微陆块碰撞，主应力主要是自南而北（稍偏东）的挤压力，使下古生界及石炭系、二叠系、三叠系发生褶皱、断裂，形成一系列北西西—近东西向背斜、向斜。据香山及其以西甘肃景泰一带印支期褶皱赤平极射投影求出3个主应力方向：σ_1 205°~25°∠3°；σ_2 115°~295°∠2°；σ_3 65°~245°∠87°。燕山期的褶皱和逆冲推覆作用在各推覆岩席中使侏罗系、白垩系褶皱。据赤平极射投影求出3个主应力方向：σ_1 44°~224°∠2°；σ_2 134°~314°∠1°；σ_3 258°~78°∠88°。喜马拉雅期褶皱主要表现为古近系—新近系褶皱，据赤平极射投影求出3个主应力方向：σ_1 232°~52°∠3°；σ_2 322°~142°∠2°；σ_3 75°~255°∠86°。

海原断裂带第四纪以来表现为脆性破裂带，据带内断层泥条纹、构造透镜体、牵引褶曲等作赤平投影，求得最大主应力轴 σ_1 平均方位为80.5°（表37-4）。在滴水崖沟破碎带中采岩组样进行石英光轴测量，得主压应力轴方位为64°（c 轴）。在刺儿沟断层破碎带中取样进行方解石双晶页理数字动力学分析（宁夏地震局，1990），得到早更新世（Qp^1）中晚期以来主压应力 σ_1 方位为65°（图37-34）。天景山断裂西段大柳树拟建坝址附近所做的显微构造（石英变形纹及方解石双晶纹）分析显示：喜马拉雅期断层主要活动期在 N_1—Qp^2，主压应力 σ_1 方向为NE-SW向；Qp^3 以来除继承性逆冲外，兼有左行走滑，σ_1 为NEE-SWW向；由方解石双晶纹求得古差应力为70~90MPa。

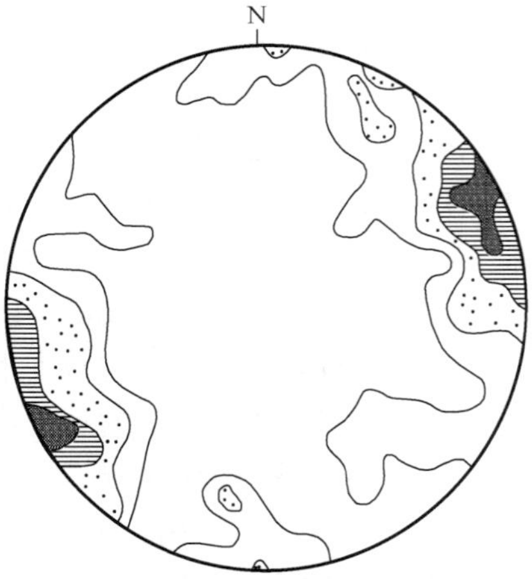

图37-34 方解石双晶动力学分析结果
（据宁夏地震局，1990）
Fig. 37-34 Analyses of twin dynamics of calcite
等密线为0.7%~2.5%~5%~7.5%；主压应力方位为65°

青藏高原东北缘地区的地震和地球物理观测资料研究表明，宁南地区主压应力方位为：弧形构造带上34次小震（$M \geqslant 3.07$）的震源机制解 P 轴方向为40°~130°，主压应力优势方位为77°；地形变测量（20世纪70年代）最大缩短方向为35°~78°，平均最大压应变轴方向为53.5°；小震综合断层面角的 P 轴平均方位为78°；由地应力测量结果所确定的 P 轴平均方位为69°。

表 37-4　断裂赤平极射投影结果

Table 37-4　Polar stereographic projection of fault

断层名称	断层产状	切割地层	派生构造		断层力学性质		三向主应力轴		
			性质	产状	上盘位移方向	性质	σ_1	σ_2	σ_3
西华山-南华山北麓断裂	225°∠55°	Pt_2^1n	断层泥条带	240°∠65°	114°∠27°	左平移逆断层	(91°~271°)∠6°	(355°~175°)∠42°	(187°~7°)∠47°
			构造透镜体	242°∠70°	109°∠32°		(87°~267°)∠10°	(349°~169°)∠38°	(189°~9°)∠50°
			X 型剪节理	310°∠70° 200°∠50°			(263°~83°)∠45°	(60°~240°)∠43°	(161°~341°)∠12°
	225°∠75°	Pt_2^1x、N_1z	下盘牵引褶曲	35°∠75° 80°∠55°	85°∠67°		(61°~241°)∠40°	(319°~139°)∠14°	(214°~34°)∠47°

综上，据弧形推覆构造带中、新生界褶皱和断裂显微构造分析、震源机制解及地形变测量，燕山—喜马拉雅早期最大主应力方向为北东向（44°），喜马拉雅晚期最大主应力方向平均为（52°+80.5°+64°+65°+77°+53.5°+78°+69°）/8≈67°即北东东向，代表宁南弧形构造带所在地区的平均主压应力方向。显然，该力作用在先存北西西向（290°~300°）逆冲断裂系上，必然发生左旋剪切，在地壳表浅部中形成多条次级左旋脆性剪切断裂，呈羽列状展布，羽列角小于20°。且由于左行走滑，在这些羽状次级剪切断裂的端部岩桥区，形成拉分盆地（左阶错列）和推挤构造（右阶错列），总体构成宁南弧形构造带。全新世晚期以来表现为地震地表破裂带。

4. 形成时代

宁南弧形推覆构造系统是在加里东—印支期（第一、二期）变形的基础上，经强烈剥蚀后于燕山期、喜马拉雅期又相继发生两次大规模的冲断-推覆作用（第三、四期）最终形成的。使古生界和中生界分别推覆于上泥盆统、石炭系、二叠系、三叠系、侏罗系、白垩系和古近系、新近系、第四系之上。相关构造联系主要表现如下：

（1）第一期逆断层作用发生于晚奥陶世末期—志留纪末期

据古城子—科学山—土井子、三关口、牛首山、罗山等地寒武系、奥陶系的褶皱与断裂构造变形特征，多表现为逆断层相伴褶皱（滑脱褶皱与断层传播褶皱），断裂一般都位于不对称褶皱的陡翼或倒转翼，而这些断层相关褶皱构造样式在上覆晚古生代地层中未见其踪迹，结合该地区中泥盆统石峡沟组不整合于奥陶系或志留系之上，揭示早古生代末期发生了逆冲断裂作用，可能为后期大规模逆冲推覆奠定了基础。主断面多位于奥陶系天景山组下部薄层灰岩层及米钵山组与天景山组分界面附近及米钵山组、香山群的板岩、千枚岩层。在贺兰山南段，由于该地区缺失志留系，上泥盆统中宁组直接不整合于寒武系、奥陶系之上，表明奥陶纪末加里东运动已导致了冲断层雏形。

（2）第二期冲断层作用发生于中泥盆世末期

从香山造山带及北缘前陆盆地地层接触关系看，中泥盆统石峡沟组与上泥盆统中宁组为不整合接触（宁夏运动），该不整合在整个北祁连都存在，伴随褶皱发生了较强的冲断层作用，并兼有右行走滑。海原-同心发育的志留系不整合在晚泥盆世沉积之前被冲断层破坏，奥陶系沉积地体逆冲到它上面，二者均被晚泥盆世以后的地层不整合覆盖；在什片梁南北发育南西西向、向北东东向逆冲的断裂组合，其逆冲岩席在趋向前锋地带形成典型的隔档式褶皱和反冲断层；贺兰山南段围沟井断裂发育背冲断层，构成华力西早期背冲构造；上泥盆统—三叠系之间，除有几个平行或微角度不整合外，没有大的构造不整合。尽管三叠纪末的印支运动使宁南地区坳陷盆地全面褶皱（轴向近东西）隆起，但未见明显的逆冲推覆。

（3）第三期逆冲推覆作用发生于燕山期（J_2 末—K_2）

叠加在第一、二期逆冲推覆构造带之上，沿先存华力西早期的海原断裂、六盘山东麓断裂、天景山断裂、烟筒山-窑山断裂、牛首山-罗山断裂及其北西延的围沟井断裂发育继承性断裂活动，见奥陶系、泥盆系、石炭系逆冲推覆于侏罗系、白垩系之上，形成叠瓦状构造及多级飞来峰，扩展方式表现为前展式。主滑脱面位于石炭系炭质页岩层、侏罗系的泥岩层中，它们在各自地层中都是能干性较弱的岩层，易于滑脱，表现出明显的应变局部化。此外，不同冲断席之间由于运动速度或方向的差异，往往形成具有斜滑性质的强变形带。在香山逆冲推覆构造带的中段与南段之间的麻黄沟—石泉发育一条 NEE 走向的平移逆冲断层，奥陶系、泥盆系至三叠系逆冲推覆于侏罗系之上，局部形成飞来峰，并显示出较强的右行走滑分量，它是天景山断裂中段弧顶不断向北东强烈推覆挤入，而南段逆冲推覆较小，二者之间变形差异发生右行平移错动所致，它们被古近纪以后的地层不整合覆盖。该断裂的形成揭示出弧形构造带燕山期的一次大规模逆冲推覆作用。采自窑山东麓地区侏罗系内的断层角砾岩的磷灰石裂变径迹年龄为（74.4±17.7）Ma（张家声等，2003），相当于晚白垩世中期燕山运动末期的断层活动年龄，与地质构造分析的第三期冲断层作用有关。

（4）第四期冲断层作用发生于中新世末期—第四纪

叠加在第一、二、三期前 3 期逆冲推覆构造带之上，大多数弧形推覆构造带弧顶前缘主断裂之上的前古近纪地层推覆于古近系—新近系甚至第四系之上，揭示喜马拉雅期的又一次冲断层作用，受青藏高原东北边缘北东向推挤并兼具左行走滑运动影响，表现为强烈的走滑逆冲和隆升作用，以原地冲断为主，未见飞来峰构造，局部见舌形推覆构造（六盘山东麓断裂）。大罗山东麓奥陶系内断层岩石的磷灰石裂变径迹年龄（54.9±8.9）Ma（张家声等，2003），代表喜马拉雅运动发动初期的宁南弧形冲断层系统第四期冲断层变形年龄。此外，对上新世以来山麓堆积物分布高度及 9 级黄河阶地面的高度计算出弧形构造带自上新世以来隆起幅度达 355m（周特先，1994）。

5. 推覆构造扩展方式

宁南逆冲推覆构造系统在不同时期发育多种扩展方式，呈现南北迁移形式。加里东期—早华力西期逆冲断层前锋自南而北先后形成海原断裂→六盘山东麓断裂→天景山断裂→烟筒山-窑山断裂→牛首山-罗山断裂；对应贺兰山中南段形成土井子-青铜峡断裂（元山子）→三关口断裂（三关口南褶冲带）→榆树沟-大十字沟断裂（赵池沟逆冲岩席），构成前展式（背驮式）扩展；到燕山期，逆冲断层前锋向南回迁到土井子-青铜峡断裂之围沟井断裂，形成后展式扩展；喜马拉雅期其前缘在三关口断裂带，二关断裂出现后再次转化为前展式扩展（见图 37-31）。

6. 推覆距离

第一期逆冲推覆作用因被后期逆冲推覆作用严重改造，目前仅保留西华山-六盘山冲断席与卫宁北山-香山褶断带残留体，使志留系不整合地体逆冲到无志留系的鄂尔多斯西缘地体之上，推覆体根部的南华山-西华山大面积出露的志留系与烟筒山-窑山冲断带上志留系残留体相距达 85km，当然这一位移量叠加了后期推覆构造的位移量。

第二至四期逆冲推覆距离据推覆构造带断裂和褶皱形态及产状，前陆地层发育情况及物探重力资料，按滑脱面深度法计算（N. B. Woodward，1989）：一个逆冲席上全部岩层厚度的总和就是滑脱面基底的最小深度，而推覆岩席地层出露较完整的是香山褶断带中的米钵山-天景山推覆岩席，从天景山组到太原组，总厚约 10km，由此，初步编制平衡剖面进行复原，并结合累积位移-距离图解，分别求得：西华山—卫宁北山推覆构造带（宁南弧形推覆构造带西段）总位移量 d=71km，缩短率 e=-32%，收缩率 ε=68%；香山-牛首山推覆构造带（宁南弧形推覆构造带弧顶）总位移量 d=60km（其中香山-天景山冲断席总位移 48.7km），缩短率 e=-30.8%，收缩率 ε=69.2%；罗山-大水坑褶冲带总位移 d=45km，e=-37.5%，ε=62.5%。综合各平衡剖面结果，香山—烟筒山—罗山（牛首山）—青龙山—马家滩推覆构造带第二至四期逆冲推覆总位移在 91km 以上，e=-32.5%，ε=67.5%（李天斌，1999）。

（二）构造演化

奥陶纪晚期，古浪运动使宁南弧形构造带所在区域发生了第一期构造变形 Dn1（见表 37-2），遭受近南北向挤压。早期表现为地壳中浅部韧脆性挤压剪切变形机制，见紧闭同斜倒转褶皱及不对称剪切褶皱，伴随该期变形，岩石发生区域浅变质作用，形成变质砂岩、板岩及重结晶碳酸盐岩，多发育透入性板劈理 S_1（多顺层置换原生层理 S_0，$S_0 /\!/ S_1$）。晚期形成大中型平缓开阔圆桶状褶皱，多发育轴

面劈理 S_2。致使志留系不整合覆于香山群之上，代表北祁连海槽加里东晚期褶皱关闭的产物。志留纪末，宁南弧形构造带遭受了第二期近南北向转北北东向挤压构造变形 Dn2（见表 37-3），为地壳浅部弯滑褶皱变形及剪切挤压变形，使志留系褶皱隆起（祁连运动），奥陶系内部构造进一步强化，伴随褶皱，带内出现了逆冲断裂构造，它不仅使北祁连志留系不整合地体与腾格里早古生代构造楔向 NEE 向逆冲推覆，成为叠置在鄂尔多斯西缘无志留纪沉积地体之上的冲断体（图 37-35），而且在鄂尔多斯西缘的大台子—甜水堡一带形成了近南北走向的大型褶皱隆起带，奥陶系及其以前的地层褶皱隆起大多暴露地表，并遭受不同程度剥蚀。沿此带奥陶系缺少边缘相沉积，很难提供奥陶纪阶段的“庆阳陆”或“中央古陆”存在的证据。根据鄂尔多斯西缘重力数据进行奥陶系顶部界面反演的结果（图 37-36）和 02XY02 号地震反射剖面的地质构造解释（图 37-37）也说明了这种推断。其中密度界面反演结果证明在大台子-甜水堡一线，存在一个南北走向的奥陶系顶面埋深浅带，这与已知的地质资料是一致的。而 02XY02 线地震反射剖面也在相应的部位显现出褶皱加厚的浅层结构。第二期冲断层作用与上述两种地体彼此以冲断层接触有关。祁连运动使造山带前缘形成前陆盆地和一些山间凹陷盆地，沉积了中泥盆统石峡沟组一套陆相红色碎屑岩建造，中泥盆世末的宁夏运动，使前陆盆地遭受褶皱冲断运动，发生第三期早期构造变形 Dn3，形成较大型开阔圆桶状褶皱，伴随较强的冲断层变形，即宁南弧形构造带的第二期冲断层作用，使华北陆缘的奥陶系再次逆冲到有志留系不整合于老地层之上的腾格里早古生代构造楔上，沉积记录表明，腾格里早古生代构造楔发育志留系不整合的推覆体在晚泥盆世沉积之前又被冲断层破坏，无志留系沉积的鄂尔多斯西缘奥陶系沉积地体逆冲到它上面（第二期逆冲构造），二者均被晚泥盆世以后的地层不整合覆盖。宁南弧形构造带的第一、二期构造变动在时间上相隔很短，但又不属于同一构造事件的递进变形。从该地区沉积作用特点看，早、中泥盆世可能为第二期构造变形的前陆盆地沉积，晚泥盆世以后进入海陆交互相沉积阶段。

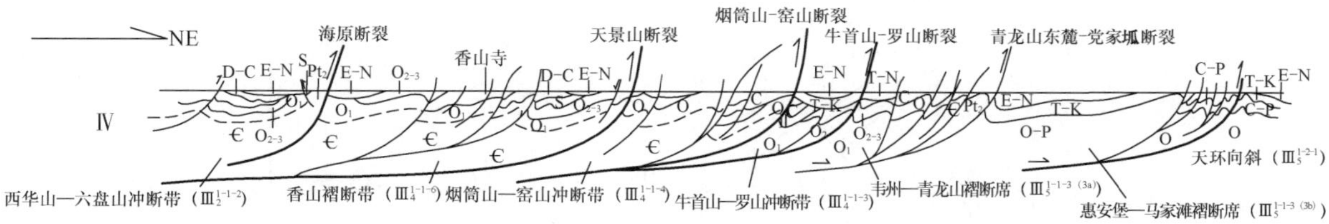

图 37-35　宁南弧形构造带演化模式图

Fig. 37-35　Sketch evolution model showing the Ningnan arcuate thrust nappe

地层代号说明见表 1-1；Ⅰ～Ⅳ分别代表第一期至第四期逆冲推覆构造

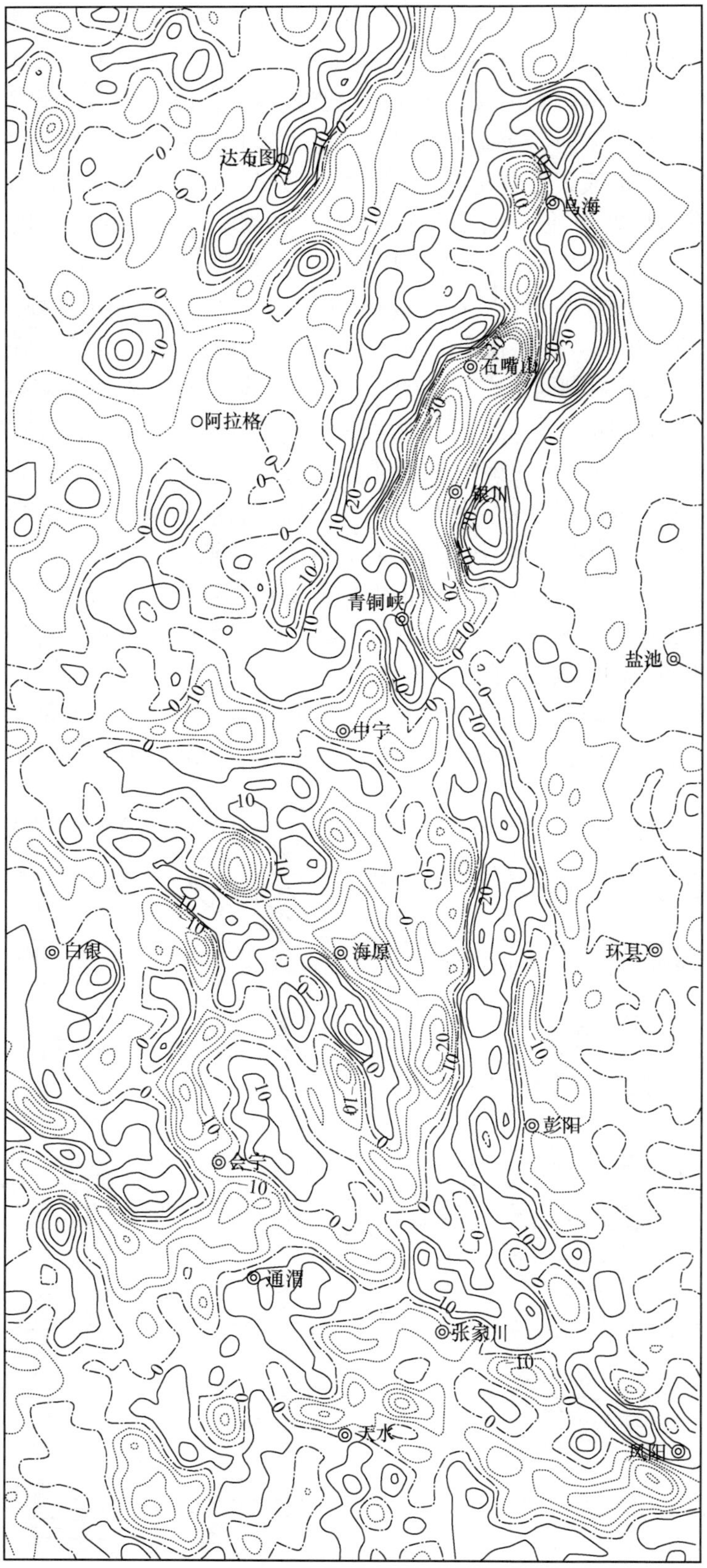

图 37-36 鄂尔多斯西缘密度（g/cm³）界面反演

（据长庆油田内部资料，2003）

Fig. 37-36 Gravity density interfacial reflection of the western Ordos basin

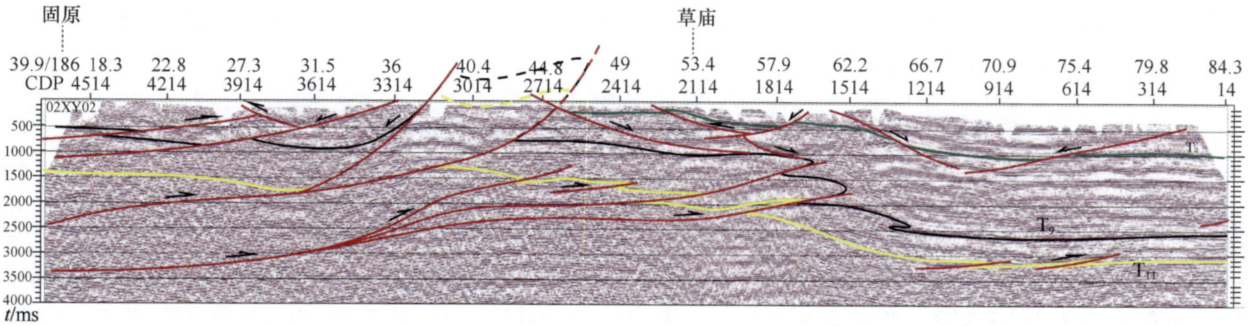

图 37-37　02XY02 号地震反射剖面的地质构造解释

Fig. 37-37　Tectonic interpretation of 02XY02 seismic reflection profiling

T_4—侏罗系延安组顶界；T_9—石炭系煤层反射；T_{11}—奥陶系底界

中晚三叠世的印支运动，使南北向构造带开始成生。三叠纪末以来随着特提斯洋的闭合到陆-陆碰撞，宁南弧形构造带处于逐渐加强的挤压环境，晚古生代—中生代地层普遍发生褶皱和断裂，代表该区第四期构造变形 Dn4（见表 37-3），主要表现为地壳浅部弯滑褶皱变形及剪切挤压变形，形成较大型开阔圆桶状褶皱及高角度冲断裂。

侏罗纪末的燕山运动使侏罗系全面褶皱隆起，代表该区第五期构造变形 Dn5，侏罗系形成中小型平缓开阔圆桶状褶皱，后期伴有强烈的逆冲断裂和逆冲推覆（第三期逆冲推覆作用早期），形成一系列北北西向或近南北向推覆构造带。沿麻黄沟—石泉断层见古生代地层推覆于侏罗纪地层之上，局部形成飞来峰。早白垩世时，在侏罗纪褶皱推覆构造带山前坳陷基础上，逐渐形成前陆盆地，东部有鄂尔多斯天环盆地，沉积了保安群一套冲积扇—辫状河—湖泊相的红色碎屑岩建造。西部大致以牛首山-罗山断裂为界，南、北各发育一个坳陷盆地，即新井-庙山湖盆地及六盘山盆地，分别沉积了庙山湖组及六盘山群。早白垩世末，经晚期燕山运动，宁南地区遭受第六期构造变形 Dn6，受到北东东向的挤压，使白垩系产生北北西—北西向中小型宽缓褶皱，后期伴有强烈的逆冲推覆（第三期逆冲推覆作用晚期），西华山-六盘山、同心、烟筒山-窑山、牛首山-罗山、青龙山-马家滩等一系列冲断席初步形成（见图 35-6）。第三期的冲断位移较大，具有推覆性质。

始新世—上新世，构造活动渐趋活跃，香山、天景山、烟筒山、黑鹰湾山、牛首山及罗山等山麓地带开始沉降，形成新生代挤压剪切型前陆压陷或拗陷盆地，沉积了一套冲积扇—河湖相红色碎屑岩建造。上新世末的喜马拉雅运动在宁南地区表现强烈，随着青藏高原的隆升，自南西而北东推挤，该区遭受第七期构造变形 Dn7，古近系—新近系普遍褶皱，形成中小型平缓开阔圆桶状褶皱，伴有较强烈的冲断层作用，以原地冲断为主，奥陶系、泥盆系、石炭系逆冲于古近系—新近系之上，导致燕山期形成的推覆构造带不断地向北东挤凸而成弧形，最终形成现今的宁南弧形构造带（第四期逆冲推覆作用）。

更新世中晚期以来，该区遭受了第八期构造变形 Dn8，受青藏高原东北边缘北东向推挤并兼具左行走滑运动，形成诸如海原活动断裂带、天景山活动断裂带及其附近的小型挤压剪切牵引褶皱、推挤构造、拉分盆地等，并使第四系掀斜和错断、位移，甚至前第四纪地层逆冲推覆于第四纪地层上，地震活动频繁。

需要指出的是，弧形构造带由于受到阿拉善微陆块与鄂尔多斯地块的阻挡，构造带中段弧顶不断向正对银川盆地的方向挤入，在其发展过程中银川盆地所在地发生引张而成为一种挤出构造，而在弧顶的西、南两段断裂带除逆冲作用外还分别兼有左行和右行走滑两种位移方式截然不同的运动。这就解决了关于宁夏南部弧形断裂带西段显反扭、南段显顺扭这个多年来一直使地质工作者感到困惑的矛盾。这一矛盾往往因研究者的目的和角度不同而回避其一，地质力学及地矿部门对本区的河西系、歹字型构造（位于弧形构造带中、南段）强调顺扭（右行走滑）特征，地震部门则主要调查研究弧形构造带中、西段及少量南段，因而注重反扭（左行走滑）特征；另外，他们重点研究第四纪以来的活动断裂，前已述及，晚更新世以来，本区主压应力方向由北东转为北东东向，作用于这些弧形断裂上，势必造成弧形断裂大部分段落的左行走滑位移。

三、宁夏逆冲推覆构造总体特征

宁夏自燕山运动以来发育并逐渐形成了两个彼此独立又互相影响的冲断构造体系。宁夏北段与南段在构造类型与演化上尽管存在许多相似之处，都是被新生代构造强烈改造的多期逆冲叠加体系，都存在三叠纪坳陷盆地和晚侏罗世—早白垩世的前陆盆地沉积，但是两者差别亦是十分明显的，不但表现在基于不同变质基底的沉积演化历史，更表现为逆冲体系发育的方向和形态样式的巨大差异和新生代主体构造演化的显著差别。在逆冲体系的演化发展方面，包括千里山、桌子山、岗德尔山和贺兰山地区在内的贺兰山隆起冲断带主要表现为近南北—北东走向的断裂体系，可能是晚三叠世至早白垩世的持续东西向挤压或北西—南东向挤压造成的；而宁南弧形构造带的冲断系统主要表现为北西—南东的弧形逆冲构造体系，弧顶向北东突出，在西北部向西变为近东西走向并且表现为左行走滑为主，南部表现为近南北走向的走滑断层。新生代以来，宁南弧形构造带仍表现为以弧形逆冲构造为主体的冲断系统，而贺兰山隆起冲断带则表现为一系列被近东西走滑断层分割的北东向的断隆和断陷，这些北东向的断隆和断陷与早期的逆冲体系基本平行，部分被认为是早期逆冲构造的反转和改造（如银川地堑）。在差异明显的南、北段之间存在一个复合带，从卫宁北山至苏峪口，构造上表现为弧形构造对近南北向构造的叠加，沉积地层上表现为剧烈的沉积相变（边缘相向湖泊相突变）。

宁夏北段与南段两套冲断层体系各自构成呈弧形展布的逆冲推覆构造系统，前端均为陆缘褶冲带，中部表现为由“原地”或“外来”地体组成的多重逆冲推覆冲断席，发育多个主滑脱层和双冲构造；后部多形成拉伸盆地，符合前陆冲断层的一般模式。两套冲断层系统在中生代末至古近纪末同时活动，不仅在贺兰山南段和卫宁北山地区出现了复杂的构造复合域，在马家滩—横山堡之间的磁窑堡以东地区必将出现构造解耦作用，尽管这种解耦作用的构造细节尚不了解，但构造弱化趋势有可能造成良好的储油条件。组成逆冲推覆构造的冲断层岩片的性质互不相同、彼此独立。冲断席的中段前部位移最大、变形最强，两侧和后部位移渐小、变形渐弱。冲断席之间和两侧为具走滑或斜滑性质的联冲构造（link thrust）。

除了以上具有主动性质的冲断层构造外，宁夏多期逆冲推覆作用还伴随泥盆纪（宁南地区）、侏罗纪—白垩纪和古近纪—新近纪（局部地区）等多期前陆盆地发育。

宁南弧形构造带冲断层系统萌生于加里东末期。第一、二期变形受北祁连造山作用影响，第三期受特提斯洋闭合引起的挤压作用影响；第四期受喜马拉雅造山和鄂尔多斯地块转动的影响。同样，鄂尔多斯西缘冲断带第一、二、三期变形也受到北祁连造山作用影响；第四、五期为燕山期，受特提斯洋闭合及随后的陆-陆碰撞影响；第六、七期为喜马拉雅期，表现为沿阿尔金断层走滑位移产生的“楔顶”效应。宁南弧形构造带主应力和运动方向变化趋势为：NEE（第一、二期）/NE（第三期）/NNE—NE（第四期）；贺兰山隆起冲断带主应力和运动方向变化趋势为：NEE（第一、二期）/SEE（第三期）/SE（第四、五期）/近 EW（第六、七期）。

根据对宁夏区域大地构造背景和动力学的理解，认为直接导致该地区两套逆冲推覆构造体系发育的力源可能包括由南西向北东的挤压和由北西向南东的挤压两个组分。前者分别产生于加里东造山运动、特提斯洋闭合和青藏高原隆升 3 个阶段的区域动力，直接作用于宁夏及周边地区；后者是上述力源中后两期构造变动的应力通过阿尔金断裂的左行走滑传递到本区的。在上述两个方向的多期应力作用下，宁夏最终形成了两套逆冲推覆构造体系（图 37-38）。

宁南弧形构造带中的第一期（志留系不整合的外来地体）与第三期（发育飞来峰构造），以及贺兰山隆起冲断带中发育阿拉善结晶冲断席的第三、四、五期冲断层作用具有逆冲推覆性质，累计位移幅度可能分别达到 85km、60~75km（宁南弧形构造带第一、三期）和 60~80km（贺兰山隆起冲断带

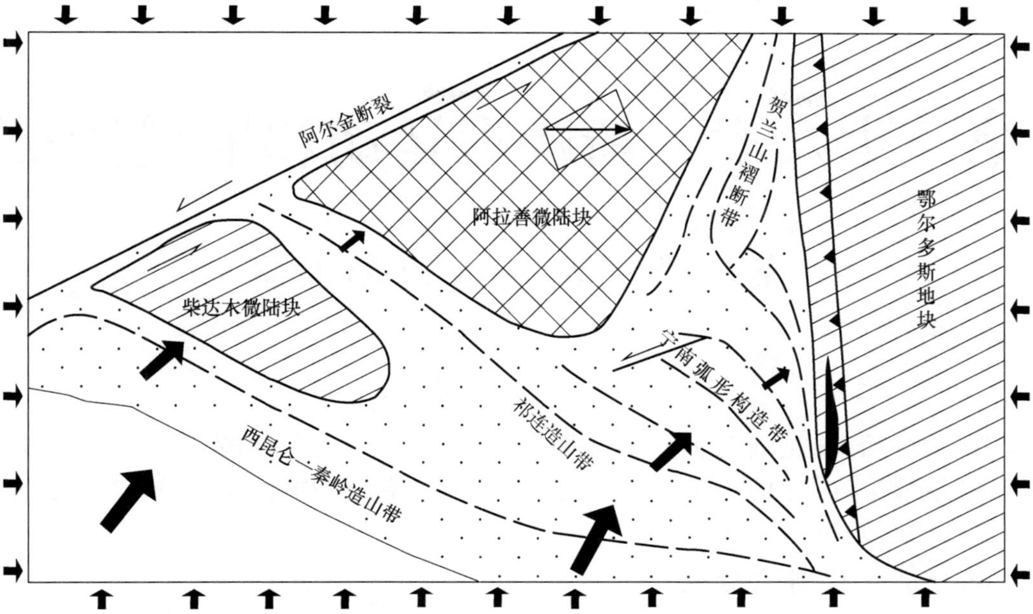

图 37-38　宁夏及周边地区燕山期—喜马拉雅期区域动力学模式图

Fig. 37-38　The Yanshan-Himalayan regional dynamics model of Ningxia and its adjacent areas

的第三、四、五期)。而宁南弧形构造带中具原地冲断性质的第二期和第四期位移大多小于 10km。贺兰山隆起冲断带第一、二期冲断层作用的位移幅度小于 10km，第六、七期冲断层作用的位移幅度为 8km（陈发景等，1987）。

第三十八章　新构造运动和地震活动

第一节　新构造运动特点

一、新构造地貌

由新构造运动作用造成的现代地形、地貌即为新构造地貌。宁夏新构造运动强烈，主要表现为第四纪以来晚喜马拉雅运动产生的陆内造山新构造地貌——宁南弧形构造、银川断陷盆地和古地震破裂带等，形成盆-山构造地貌。

（一）银川新生代断陷盆地

银川新生代断陷盆地亦称银川地堑，与贺兰山山体基本平行。其北起于石嘴山以北的宗别立-正义关断裂，南界达罗山北麓一带，东界为黄河断裂，西界为贺兰山东麓断裂。石嘴山至银川、永宁段盆地走向为北东 30°，临河堡—青铜峡以南和石嘴山以北为南北走向，总体呈反“S”形。北东段长达 110km，南北段长达 130km，宽 20~50km 不等，为南北两端窄中间宽的新生代地堑。

据石油部门地震反射剖面资料，银川地堑内部发育南北—北北东走向、倾向东或西的阶梯状陡倾正断裂，构成典型的地堑构造盆地。

推测盆地基底为寒武系、奥陶系及石炭-二叠系。芦花台—常信以南为寒武-奥陶系，其北主要为石炭系、二叠系。盆地堆积渐新统清水营组及中新统彰恩堡组、干河沟组等古近系-新近系红层和第四系沉积物。一般来说，古近系沉积于正断裂夹持的中央断陷区，新近系及第四系则由深陷部位向东西两侧超覆。盆地深陷部位地层最厚可达万米，其中第四系最厚处为平罗地区，可达 1600m。

银川地堑为一东陡、西缓的不对称盆地（图 38-1）。在盆地北部，其轴部大体在银川新城—黄渠桥一线，走向约北东 30°。平吉堡以南逐渐转为南北向。北北东向断裂除贺兰山东麓阶梯状正断裂外，在盆地内部自西而东发育有芦花台断裂、银川-平罗断裂、姚伏-永宁断裂和黄河断裂等正断层（见图 35-32），除芦花台断裂为东倾外，其余断面均为西倾，倾角均在 70°左右，断距一般为数百米，个别可达 2000~3000m。如银川新市区正断层断距在 3000m 以上，该断层错断基底奥陶系及古近系、新近系和第四系岩层。盆地内部岩层构成宽缓向斜，核部为盆地深陷部位岩层组成，两翼东缓西陡，倾角 3°~10°，并为上述阶梯状正断层所切割。南北向断裂有增岗（西倾）及李俊（东倾）等正断层，其卫片线性影像特征十分明显，前者断距南大（700m）北小（80m），后者断距 160m。

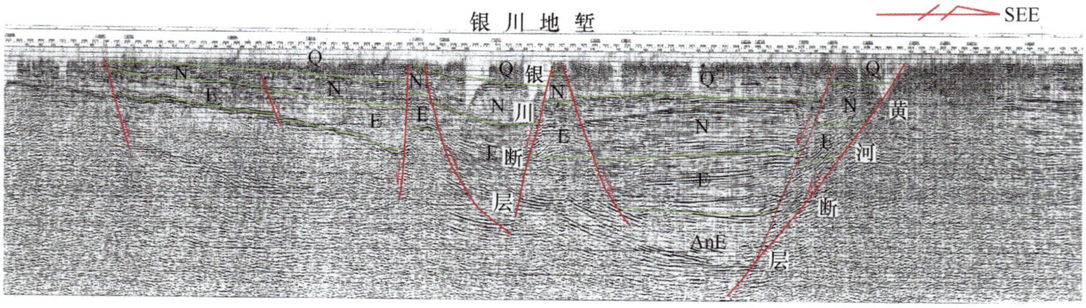

图 38-1　叶盛附近 94159 地震勘探剖面图
（据长庆石油勘探局）
Fig. 38-1　Seismic prospecting profile 94159 near Yesheng

银川地堑形成于渐新世初，直至现代仍持续沉陷，其形成的构造动力机制与印度板块-欧亚大陆的A型俯冲和陆-陆碰撞构造效应有关，即在燕山期形成银川隆起带基础上，早喜马拉雅运动形成拉分型银川地堑，并与贺兰山地垒、巴彦浩特断陷盆地一起构成典型的盆-岭构造。

（二）宁南弧形构造地貌

宁南位于青藏高原东北缘，受渐新世初—上新世末印度板块向北剧烈俯冲、青藏高原快速隆起远程效应的影响，其构造变形不断向北东扩展、挤出，受阿拉善微陆块和鄂尔多斯地块刚性体的阻挡，在青藏高原北东缘产生左旋扭动，使宁南西部北祁连加里东褶皱带复活造山，形成宁南弧形构造，控制着宁南西部现代弧形盆-山构造地貌；使宁南东部鄂尔多斯西缘冲断带（印支—燕山期）活化，沿老断裂面产生逆冲运动，控制着宁南东部残山丘陵和黄土丘陵地貌。

1. 形成多级地貌

宁夏南部地貌上由4列醒目的北西-南东向弧形展布、弧顶指向北东并向南东收敛的山脉和其内侧与之共生的盆地组成，从南西向北东依次为：西吉-隆德新生代盆地与南、西华山-六盘山山脉、景泰-海原新生代盆地与香山-桃山山脉、中卫-清水河新生代盆地与烟筒山-窑山山脉、中宁-红寺堡新生代盆地与牛首山-罗山山脉，山脉与盆地之间常由活动断裂带分隔，主要受第四纪宁南弧形构造的控制，总体形成挤压或剪切-挤压型弧形地貌格局。从南西向北东，山脉的规模（长度、宽度、高度），依次减小，高差分别达600~1200m及200~400m，其特征见表38-1、图38-2。

表38-1　宁南弧形地貌几何特征

Table 38-1　Geometric feature of Ningnan arcuate landform

地貌	长度/km	宽度/km	山地高度/m	高差/m（山地高度+盆地深度）	曲率
第三列	210	30	560	945	0.09
第二列	350	55	1160	1530	0.07
第一列	450	70	1350	1800	0.05

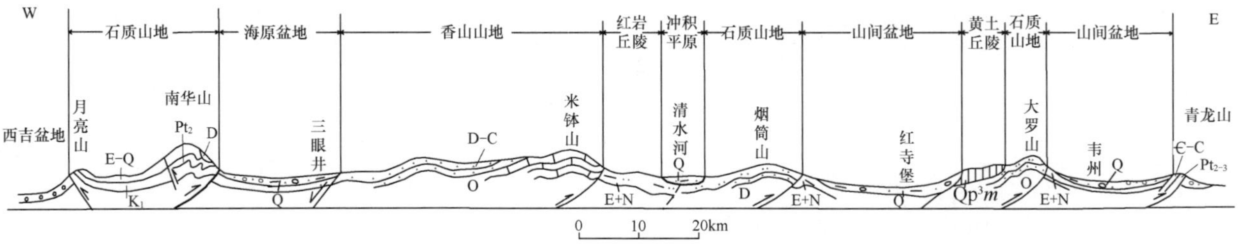

图38-2　宁南盆-山地貌剖面图

Fig. 38-2　Geomorphic profile of the Ningnan basin-range

地层代号说明见表1-1

2. 发育多级台地

弧形山地北东麓往往发育多级台地，地势由南西向北东呈阶梯状逐级降低。如南山台子北缘的中更新世冲积层、晚更新世洪积层、全新世洪积层三者之间发育两个洪积台面，代表基底间歇性升降运动的结果。

3. 发育多级河流阶地

受第四纪陆内造山作用的影响，盆地中阶地普遍较发育，如清水河阶地发育有4级，园河阶地可达6级（图38-3）。园河是清水河一级支流、黄河二级支流，发源于南、西华山南西侧的黄土丘陵区，流向北北东，于树台乡进入南、西华山弧形山地，在黄湾村入西安州盆地，并折向北东，过董堡后入黄土丘陵，在关桥乡东部园子湾附近进入第二列弧形山地的石门峡谷，出峡谷后进入清水河盆地，并折向北北东，至红古城转为北北西，在同心县城附近汇入清水河，长100多千米。在树台—黄湾段，园河Ⅰ、Ⅱ、Ⅲ、Ⅳ级阶地分别高出河床3m、6m、10m和14~16m，阶地面狭窄，分布零星，一般下部为砂砾石，上部为黄土状黏砂土。Ⅴ级阶地高出河床16~26m，阶地面宽，分布连续，上部沉积物为全新世堆积，下部沉积物为晚更新世堆积。Ⅵ级阶地高出河床65~93m，阶地面狭窄，断续分布，上部为马兰黄土；中部为晚更新世砂砾石层和黄土状黏砂土，厚50m左右；下部为胶结较好的黄、浅棕黄色粉细砂、砂砾石层。

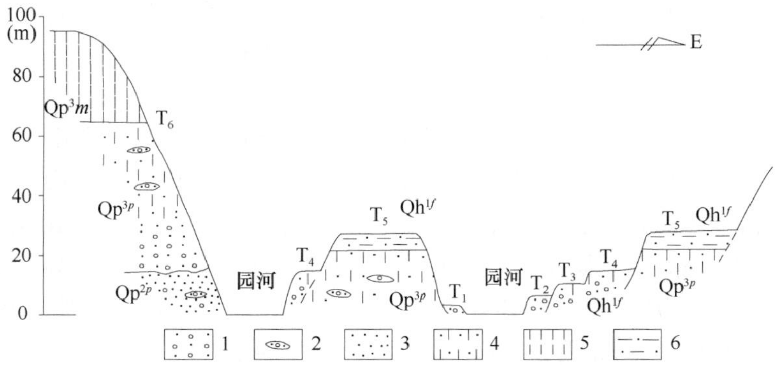

图38-3 园河阶地剖面图（张湾大坝下）

Fig. 38-3 Terrace profile of the Yuanhe River at Zhangwandaba

1—砂砾岩；2—砂砾石透镜体；3—砂；4—黄土状黏质砂土；5—黄土；6—砂质黏土

Qh^{1f}—全新统冲积层；Qp^3m—马兰组；Qp^{3p}—上更新统洪积层；Qp^{2p}—中更新统洪积层；T_1—阶地编号

黄河及其支流清水河在区内因地壳差异性升降运动发育多级阶地。在泉眼山、枣园—渠口堡地区发育3级阶地，经对比相当于Ⅲ、Ⅳ、Ⅴ级阶地，分别高出黄河河床3~5m、15~23m、29~40m（图38-4，图38-5）。

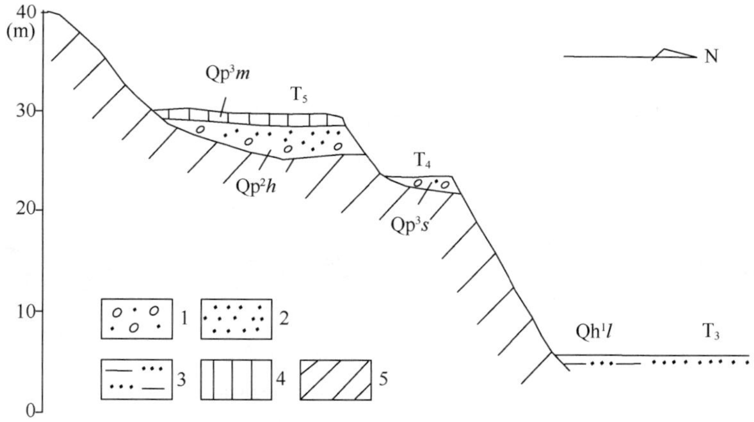

图38-4 泉眼山北麓黄河阶地剖面图

Fig. 38-4 Terrace profile of the Huanghe River in the Quanyanshan northern piedmont

1—砂卵石；2—砂；3—黏质砂土；4—黄土；5—基岩

Qh^1l—灵武组；Qp^3m—马兰组；Qp^3s—萨拉乌苏组；Qp^2h—贺兰组；T_3—阶地编号

清水河两岸分布4级阶地（图38-6），Ⅰ、Ⅱ级阶地分别高出河床1~2m和3~5m，分布零星，规模甚小；Ⅲ级阶地高出河床8~13m，阶地面宽数千米，连续分布，是河谷平原之主体；Ⅳ级阶地高出河床30~40m，在清水河中游西岸较发育，上覆上更新统马兰组黄土。在清水河河谷盆地，河流下切侵蚀强烈和侧向迁移频繁，究其根本原因，应与清水河断裂的新构造活动有关。

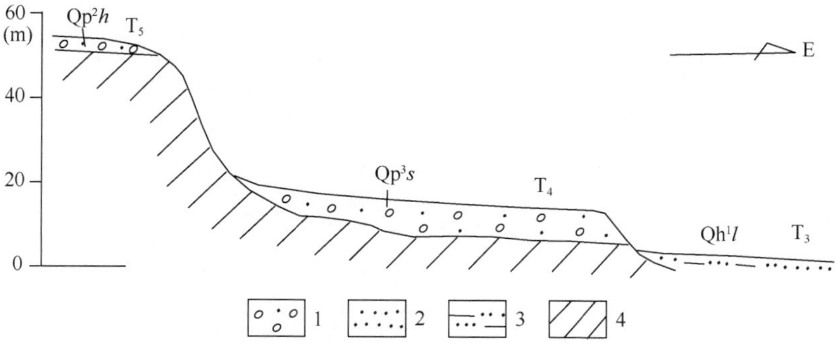

图 38-5 枣园—渠口堡地区黄河阶地剖面图

Fig. 38-5 Terrace profile of the Huanghe River in the Zaoyuan-Qukoupu area

1—砂卵石；2—砂；3—黏质砂土；4—基岩

Qh^1l—灵武组；Qp^3s—萨拉乌苏组；Qp^2h—贺兰组；T_3—阶地编号

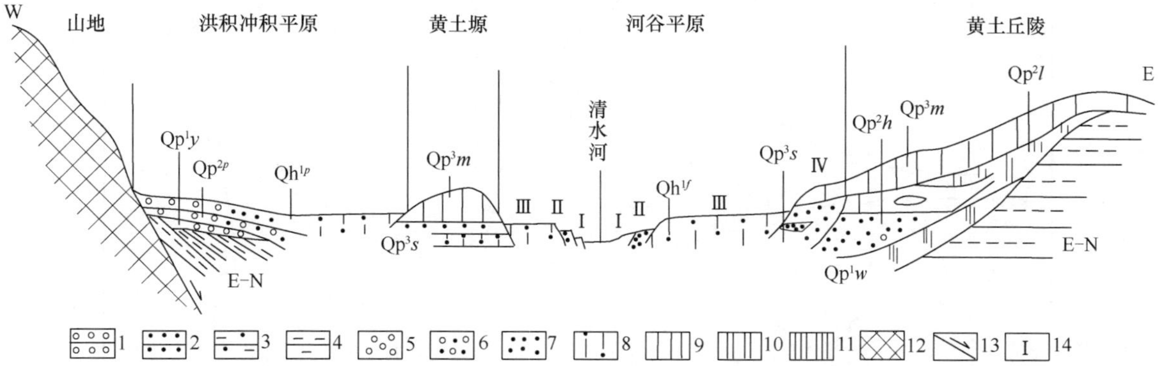

图 38-6 清水河河谷地貌、第四纪地质剖面图

Fig. 38-6 River valley landform and the Quaternary geological section of the Qingshuihe River

1—砾岩；2—砂岩；3—砂质泥岩；4—泥岩；5—砾石；6—砂砾石；7—砂；8—黄土状黏质砂土；9—马兰黄土；10—离石黄土；11—午城黄土；12—基岩；13—断层；14—阶地编号。Qh^{1f}—全新统冲积层；Qh^{1p}—全新统洪积层；Qp^3m—马兰组；Qp^3s—萨拉乌苏组；Qp^2l—离石组；Qp^2h—贺兰组；Qp^{2p}—中更新统洪积层；Qp^1w—午城组；Qp^1y—玉门组；E-N—渐新统-中新统。Ⅰ—Ⅳ为阶地编号

二、活动断裂

宁夏活动断裂主要包括北部的贺兰山东麓断裂、黄河断裂、宗别立-正义关断裂和南部的宁南弧形构造带活动断裂，自西南向北东有崛峴山西南麓断裂、月亮山西南麓断裂、黄家洼山-西华山西南麓断裂、油房院-蔡祥断裂、蔡祥-硝口断裂、凤台山东麓断裂、海原断裂、六盘山东麓断裂、香山南麓断裂、天景山断裂、烟筒山-窑山断裂和牛首山-罗山断裂等（图 38-7）。

（一）银川盆地活动断裂

银川盆地的边界断裂，西界为贺兰山东麓断裂，东界为黄河断裂，北界为宗别立-正义关断裂，南界为牛首山-罗山断裂，这些活动断裂对地貌单元的形成起着重要的控制作用。

1. 贺兰山东麓断裂（F_1）

贺兰山东麓断裂带与贺兰山山麓线大体平行，地貌特征与遥感影像十分显著。断裂北起石嘴山西柳条沟，向南西经正义关关口、红果子沟口、王泉沟沟口、大武口沟沟口、汝箕沟口、插旗口、苏峪口、紫花沟口到头关，到井石子梁，再折向南南东，接牛首山-罗山断裂，全长约 139km，宽度为 10~16km。贺兰山东麓断裂带沿倾向主要由插旗口断裂、苏峪口东台地断裂、头关-套门沟断裂等组成贺兰山东麓阶梯状正断裂带，断裂总体走向北北东，倾向南东东，倾角 65°~80°不等（见图 35-7）。断

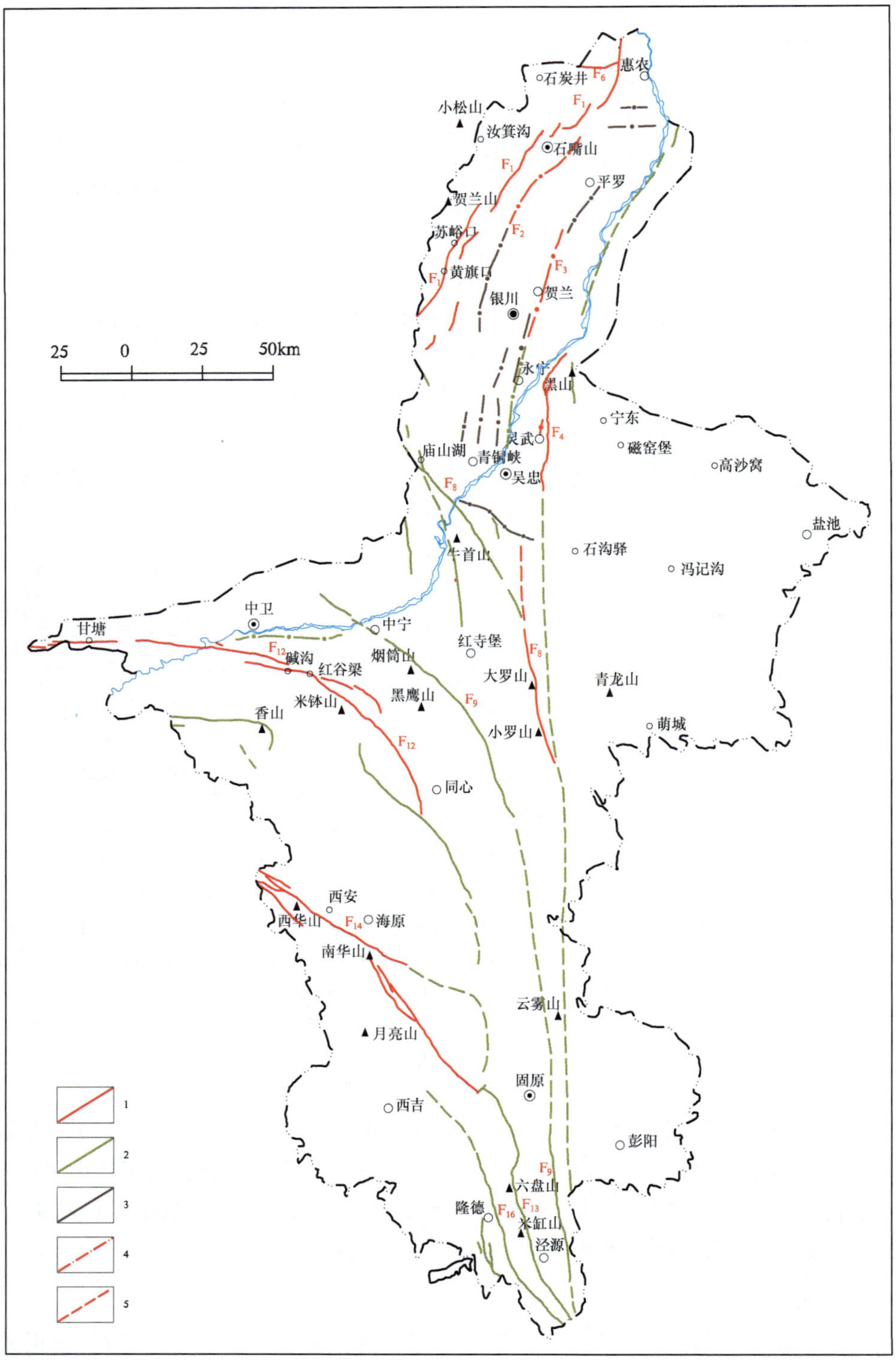

图 38-7 宁夏活动断裂分布图

Fig. 38-7 Distribution map of active faults in Ningxia

1—全新世活动断层；2—晚更新世活动断层；3—第四纪活动断层；4—隐伏断层；5—推测断层

断层名称及编号同图 35-1

层以西是高峻挺拔的贺兰山，主峰敖包疙瘩海拔3556m，以东为开阔富饶的银川平原，海拔1100～1300m，两者地形高差达2200m。新生代以来，该断层活动强烈，垂直运动幅度近10000m，尤其是晚第四纪以来，该断层错断了晚更新世—全新世地层，山前和洪积扇上普遍发育断层崖地貌。因此，它是区内一条重要的活动断层。

根据破裂带的几何特征，将断裂分为5小段，由南向北分别为头关-套门沟段（F_{1-1}）、紫花沟-插旗口段（F_{1-2}）、插旗口-大武口段（F_{1-3}）、大武口-王泉沟段（F_{1-4}）、王泉沟-柳条沟段（F_{1-5}）。

紫花沟-插旗口段断裂（F_{1-2}）：出露于新生界与前新生界或山麓洪积台地前缘，组成明显的断层三角面断崖地貌，卫片线性影像清晰，紫花沟再向南进入山区，断裂总长达52km。断裂带常见断层角砾岩，断面东倾，倾角约80°。该段断裂在苏峪口东洪积台地前缘还发育一断裂，即苏峪口东洪积台地断裂，出露长约17km，探槽揭露证实洪积扇断层陡坎由一组2～3个呈阶梯状向东下降的张性断裂组成，最大高差6～7m，一般为5～6m（图38-8）。断裂总体走向北东40°，倾向东南，倾角70°。

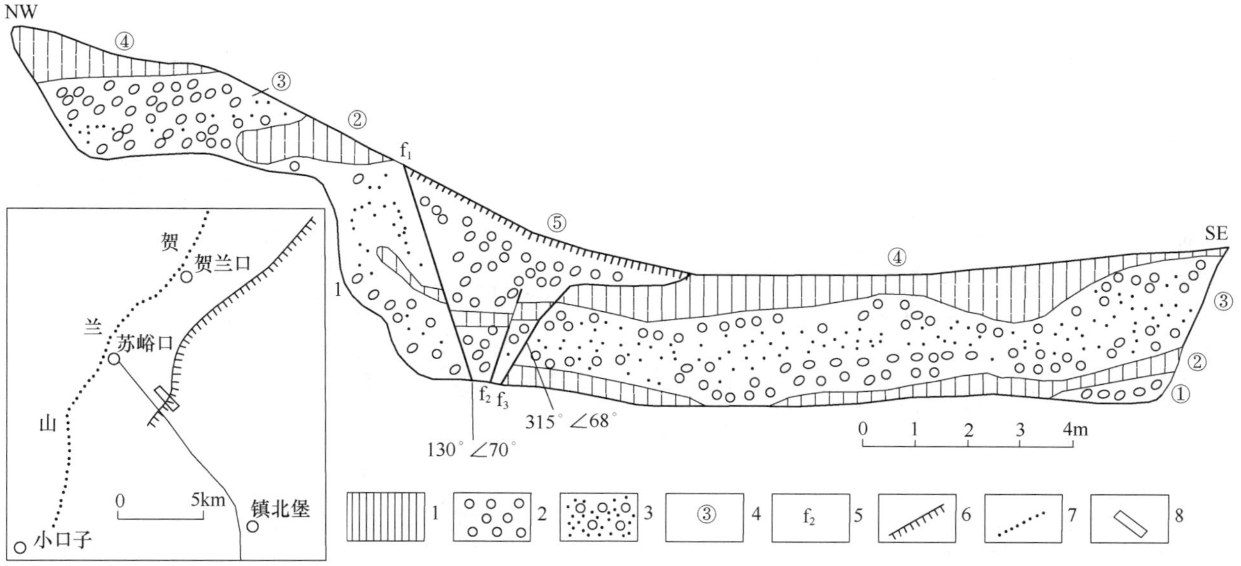

图38-8　贺兰山东麓断层苏峪口东断层崖探槽剖面图

（据张维岐等，1988）

Fig. 38-8　Structural section of trench of eastern Suyukou fault scarp of the Helanshan easternpiedmont fault

1—黄土层；2—粗砾石层；3—细砾石层；4—地层由老到新的序号；5—断裂编号；6—洪积扇陡坎；7—山区与盆地界线；8—探槽位置

插旗口-大武口段断裂（F_{1-3}）：为一隐伏断裂，位置紧靠贺兰山山根，长超过36km。据宁夏地震局资料，它是1739年平罗8级地震的发震断层，沿断层形成的地震地表破裂带断续延伸98km。

大武口-王泉沟段断裂（F_{1-4}）：出露于新生界与前新生界山体与山麓洪积台地的交接处，组成明显的断层三角面断貌，航卫片线性影像清晰，长约10km。断面隐伏，破碎特征不明显。该段断裂向北与王泉沟-柳条沟段断裂（F_{1-5}）大致相接，在红果子沟明长城被断裂明显错动，垂直位移1.5m（图38-9），断裂产状115°～125°∠65°～80°，破碎带宽0～1m，见右旋水平擦痕，上更新统砾石层则发生1～1.65m的垂直位移（图38-10）。

贺兰山东麓阶梯状正断裂具有多期性活动特点，一般认为其形成于早燕山期，属压扭性活动；喜马拉雅期沿先存断裂继承性活动，但断裂性质已截然不同，形成右行张扭性断裂。其主要断裂之一的贺兰山东麓断裂构成银川地堑西界断裂，形成时代与银川地堑同步，属盆地同生断裂，开始形成于渐新世初，大体完成于上新世晚期，新构造运动期间的张扭性活动仍十分活跃，显示贺兰山体持续上升，银川盆地持续下陷过程。根据跨断层测量的120条断层崖地形剖面数据的分析处理，获得了该断层晚更新世以来的垂直位移量。结合年龄测定数据，计算了苏峪口段和红果子沟段晚更新世以来的平均垂

图 38-9　长城被 1739 年银川—平罗 8 级地震垂直位移错断

（据柴炽章，2011）

Fig. 38-9　The Great Wall was dislocated vertically by 1739 earthquake

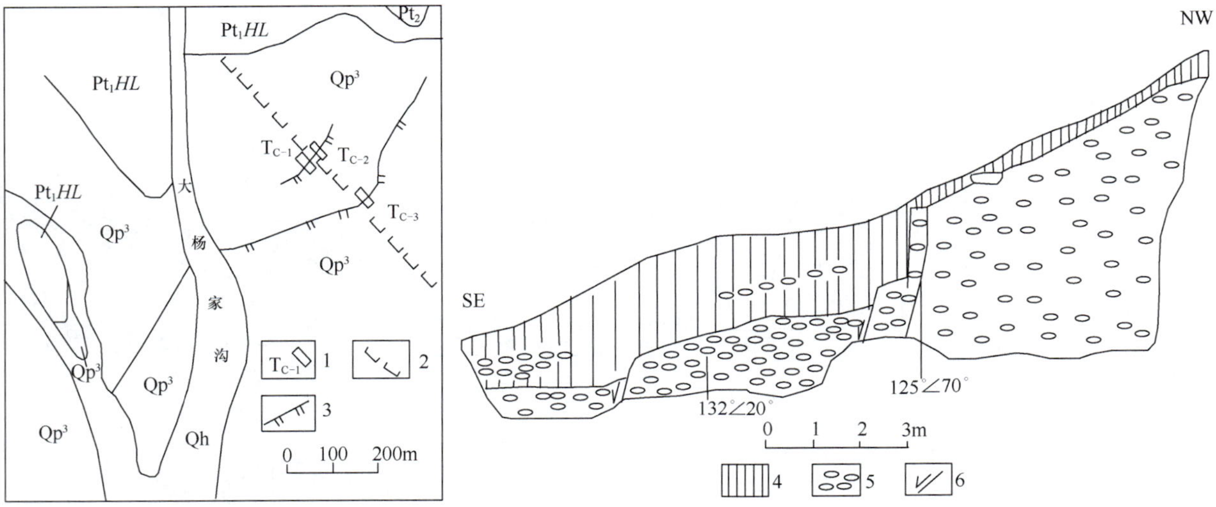

图 38-10　红果子沟断裂位置及 Tc-3 探槽南西壁剖面图

（据廖玉华、潘祖寿，1982）

Fig. 38-10　The southwest wall section of the trench Tc3 at Hongguozigou of the eastern Helanshan piedmont fault

1—探槽位置及编号；2—长城；3—断裂陡坎；4—黄土层；5—粗砾石层；6—正断层

Qh—全新统；Qp^3—上更新统；Pt_1HL—贺兰山岩群；Pt_2—中元古界

直位移速率分别为 1. 80mm/a、1. 05mm/a。根据探槽资料，在已有年代控制的基础上，认为断裂在 14ka B.P. 以来至少发生了 4 次古地震事件，分别发生在 2～4ka B.P.，7～8ka B.P.，8～10ka B.P.，13～14ka B.P.。贺兰山东麓断层全新世古地震的重复周期在 2000 年左右，震级估计为 8 级左右。根据断层活动性特征，以紫花沟为界可将断层分为南北两断：北段全新世活动强烈，是 1739 年银川—平罗 8 级地震的破裂段；南段全新世也有活动，但强度小于北段，且最后一次古地震事件发生在 3000aB.P. 左右。

2. 宗别立-正义关断裂（F_6）

该断层呈东西走向，总体向南倾斜，断层北盘为古元古代贺兰山岩群变粒岩、片麻岩和混合岩。断层南盘为古元古代、中—新元古代和古生代地层。断层横贯贺兰山北段，西起呼举鲁托，向东经本坑、古列呼都格，终于干沟口，长度为 60km。以别立呼都格为界分为东、西两段，二者以一阶区相接续。

西段：由本坑东延到别立呼都格，地貌上主要表现为谷地，发育断层三角面。谷地一般宽 0. 2～

1km。沿断层规模较大的冲沟左旋位移0.5~1.5km，但中小型冲沟及较新的洪积扇未见明显错动。在跌来记沟东，见覆盖在古元古界之上的晚更新世砂砾石层中有断层崖形成，高20~30m，坡向南，最大坡角24°~28°。在别立呼都格西约2km处出露断层挤压破碎带，挤压面产状200°∠60°，破碎带被全新世砂砾石及黄土覆盖。

东段：西部在尖山夹道、沙拉苏沟中穿行，表现为谷地或沟谷地貌。从双井向东至干沟，遥感线性影像清晰，野外调查发现全新世活动显著。在毛呼都格音沟Ⅱ级阶地东岸，高出河床3m的阶地砾石层中发育1条逆断层和3条构造充填裂隙（图38-11），靠近断层的南盘砂砾石具牵引变形，在北侧地裂缝充填土中采得^{14}C样品，测定年龄为（4.42±0.07）ka B.P.，表明断层全新世中期有过活动。

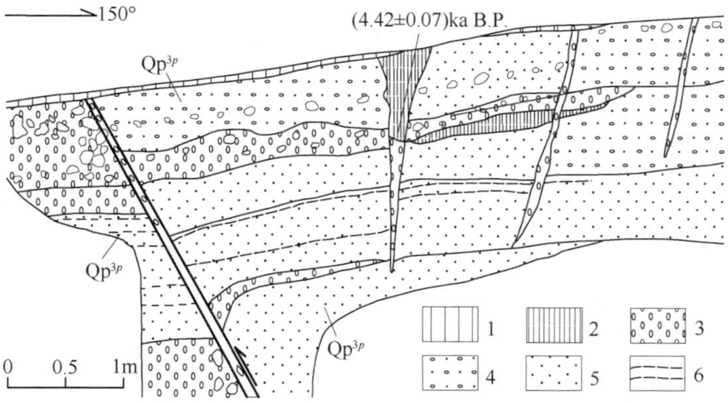

图38-11 毛呼都格音沟断层剖面图

（据柴炽章，2011）

Fig. 38-11 The section across fault at Maohudugeyingou

1—地表含砾土层；2—土层；3—砾石层；4—砂砾层；5—砂层；6—黏土层。Qp^{3p}—上更新统洪积层

宗别立-正义关断裂构成银川盆地的北界，是一条具有多期活动特征的断裂带，早期以挤压逆冲为主，并右旋错断了南北向、北北东向的断裂和褶皱。针对正义关沟断裂带中黑云母斜长片麻岩的磷灰石裂变径迹测年为21~5Ma（张家声等，2004），说明正义关断裂经历了中、晚期喜马拉雅构造运动影响。第四纪以来主要表现为逆左旋走滑运动。西段的最新活动时代为晚更新世，东段为全新世中期。

3. 黄河断裂（F_4）

黄河断裂是银川地堑的东部边界构造，长160km，按断层活动性和出露情况，可分为3段：南段和北段裸露地表，中段为隐伏段。北段红崖子一带地表发育有规模宏大的断层崖地貌，断层崖高10~20m，崖坡陡峻。沿陡崖多处见断面出露，显示晚更新世期间有过活动。南段称灵武断层，属于晚第四纪活动最为显著的段落，展布在银川河东机场、灵武东山西麓至大泉一带，控制了银川盆地南部第四纪沉降中心，断层北起水洞沟，南至大泉，长48km，按其活动习性分为3个亚段。

北亚段：自水洞沟至塌鼻子沟，走向40°左右，分东、西两支。西支长约16km，是中—晚更新世中期洪积台地与晚更新世中晚期洪积扇的分界线。东支构成山地和洪积台地的分界。在银川河东机场东侧的一条被夺河的冲沟北岸阶地上发育了一条年轻断层陡坎，陡坎走向北东，高1.5m左右。跨陡坎开挖了一个探槽（图38-12），槽内见断层产状310°∠67°，上盘发育了典型的崩积楔和构造楔，分析发生了多期古地震错动事件，根据样品测年并结合其他探槽研究，断层最后一次活动时间发生在11.20~13.20ka B.P.左右。

中亚段：沿灵武东山西麓作南北向展布，长12km。北起塌鼻子沟，南到大河子沟。西侧为山前洪积扇，东侧为下白垩统砾岩和砂砾岩组成的山地。在竹家沟南侧探槽中，见断层走向南北，以53°角度向西倾斜，上盘下落，具有显著的正断特征。断层下盘以砂砾石层为主夹砂层和土层，向东倾斜。上

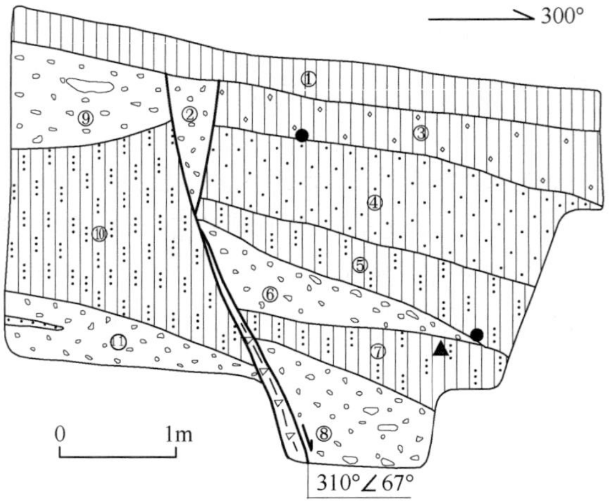

图 38-12　河东机场东探槽 Tc15 局部剖面素描图

（据柴炽章，2000）

Fig. 38-12　The sketch of local structural section of trench 15 at the east of the Hedong Airport

①粉土层；②构造充填楔，充填杂乱的砾石；③含砾钙质黄土，较硬，热释光测年结果为（13. 20±0. 10）ka B.P.；④砂土，底部有 0. 1~0. 2m 的次生红土，并断续见有砾石；⑤粉砂土，热释光测年结果为（24. 93±0. 46）ka B.P.；⑥杂乱崩积砾石，呈楔形，紧靠断层处厚度最大，向西渐薄，逐渐尖灭；⑦粉砂土，^{14}C 测年结果为（27. 56±0. 22）ka B.P.；⑧杂乱砾石崩积层；⑨冲洪积砾石层，砾石粗大，粒径一般大于 0. 1m；⑩粉土；⑪冲洪积砾石层

盘几乎全部是粉土层，其中见有古土壤薄层、崩积土块和少量砂石。根据古土壤的形成及被埋藏、“砾石线”和古土壤的“不整合”所反映的上、下地层变形强度的差异和构造楔的存在，认为断层经历过多次活动（图 38-13），其中最后一次事件发生在（12. 99±0. 10）ka B.P. 以来。结合北侧塌鼻子沟探槽中的最后一次事件发生在（9. 83±0. 24）ka B.P. 以前的情况判断，中亚段断层活动时代被限定在晚更新世末—全新世初期。

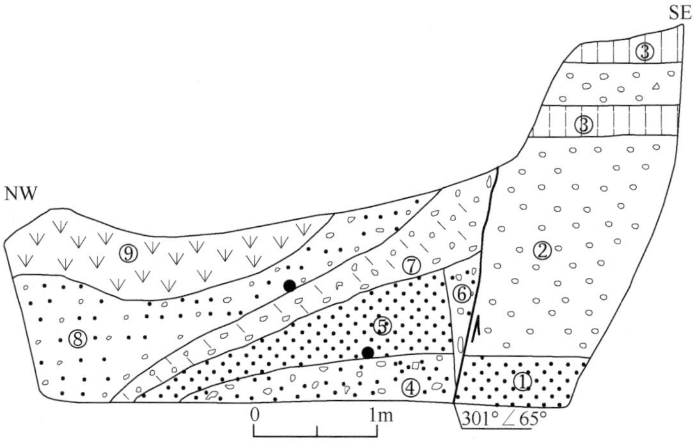

图 38-13　竹家沟探槽剖面素描图

（据柴炽章，2011）

Fig 38-13　Structural section of the Zhujiagou trench

①冲洪积砾石，中部夹一薄层砂，向东微倾；②含砾粉土夹砾石层，灰色；③第一粉土层，土黄色，含松散、易碎的粉土砾，顶部含一段近水平的砾石线，热释光测年结果为（26. 20±0. 51）ka B.P.；④第二粉土层，偶含砾石，三角楔形，热释光测年结果为（13. 00±0. 105）ka B.P.；⑤古土壤，浅灰红色，厚 0. 1m；⑥第三粉土层，含松散、易碎的土砾，似呈三角楔形；⑦第四粉土层，底部有一段西倾的砾石线，热释光测年结果为（10. 959±0. 06）ka B.P.；⑧含砾粉土，厚 0. 3~0. 5m；⑨粉土，顺断层呈不对称漏斗形

南亚段：北起大河子沟，从灵武市东侧约1km处通过，大泉南逐渐消失，长23km。总体走向近南北，海子墩以南呈折线状。断层东侧为由中—晚更新世中期洪积物构成的台地，西侧是黄河冲积平原。地表显示为断层崖特征，在杜木桥村东侧一处残存陡崖前开挖一探槽（图38-14），槽内见到清晰的断层面和砾石顺断面定向排列，断层产状301°∠65°。下盘是一套层理清晰的冲积物，由中—细砂、砂砾石层和粉砂夹砂砾石组成，属上更新统。上盘是一套与错动有关的崖下局部堆积，按特征可划分出两期错动事件。但由于顶部人工开挖和局部填土，使最后一次事件信息已被破坏。不过，从南侧大泉湖岸边开挖的小探槽得知，最后一次事件发生在（5.42±0.04）ka B.P. 以前，估计为6ka B.P. 左右。

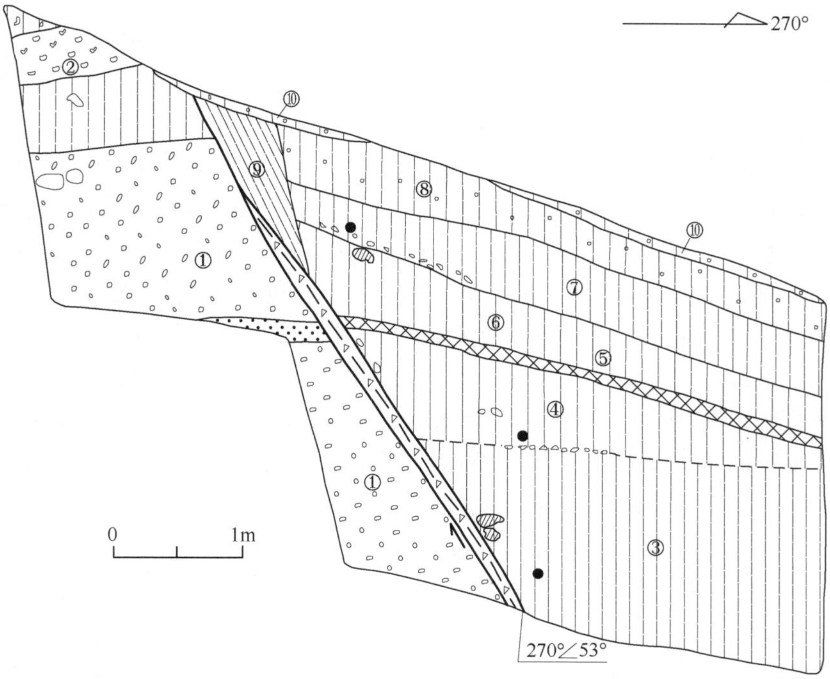

图38-14　杜木桥探槽剖面图

（据柴炽章，2011）

Fig. 38-14　Structural section of the Dumuqiao trench

①中-细砂层；②砾石层；③粉砂土夹一层砾石；④砂、砾石混合崩积物；⑤中粒砂，^{14}C测年结果为（19.20±32）ka B.P.；⑥砂砾石构造楔；⑦砾石、粉砂土混合构成的崩积楔；⑧含砾砂层，^{14}C测年结果为（10.40±0.11）ka B.P.；⑨人工扰动土；⑩含砾砂土层

根据北、中、南3个亚段上开挖的10个探槽研究，确定出28ka B.P. 以来断层共发生了5次7~7.5级古地震事件，最后一次事件在6ka B.P. 左右。这些古地震活动在时间上是不均匀的，5次事件中，13ka B.P. 前仅发生了2次，13~6ka B.P. 发生了3次地震，平均重复间隔为（4601±54）a，目前的离逝时间为6ka B.P. 左右（柴炽章等，2001）。另外，廖玉华等（2000）用上升盘层状地貌实测的22条地形剖面，对灵武断层东侧4个不同时代的层状地貌面和它们各自的垂直位移量进行了研究，得到了断层晚第四纪以来的垂直活动速率为0.23~0.25mm/a。

（二）宁南弧形构造带活动断裂

宁南弧形构造带区域性活动断裂带的走向均为北西-南东向，断面倾向北东或南西，常为弧形隆起的山脉与盆地的分界，控制着山脉的隆升和盆地的下沉，具有强烈的左旋走滑运动，常形成水系、山脊、阶地等的左旋位移。重要的活动断裂自西南向北东有崛岘山西南麓断裂、月亮山西南麓断裂、黄家洼山-西华山西南麓断裂、油房院-蔡祥断裂、蔡祥-硝口断裂、凤台山东麓断裂、海原断裂、六盘山东麓断裂、香山南麓断裂、天景山断裂、烟筒山-窑山断裂和牛首山-罗山断裂等。最具代表性的活动断裂为海原断裂、天景山断裂、烟筒山-窑山断裂和牛首山-罗山断裂。

1. 海原断裂（F_{14}）

（1）水平位移

海原断裂第四纪以来左行走滑运动强烈，错断了所有前第四纪地质体及各种地貌。据其差异分为3段。

西段（干盐池盆地北东缘）：断面倾向南西，见海原岩群与上更新统呈正断层接触，断层切穿黄土达到地表，并在地表形成断层陡坎或地震沟槽。

中段（西华山北麓）：断裂新构造活动具有明显的继承性，使早期的逆冲特征进一步加强，同时兼有左行走滑特征，并显示断层作枢纽运动。

东段（南华山北麓）：断面倾向北东或南西。因断裂走滑引起的局部拉张作用，在地貌上形成一系列小型凹陷、小地堑、陡坎和鼓包、张裂缝。张裂缝单个走向70°~80°，与总体延伸方向夹角45°~55°，揭示主断裂左行走滑。沿断裂带地质体被错断最大位移量分布在油房园—芦子沟一带，断层两盘的志留系旱峡组西边界被左行错移了3km（图38-15）。在乱堆子—杨家套子（图38-16），断层北东盘见3条断头沟，沟内河床相堆积物为红色砂砾石层，其砾石成分为志留系、泥盆系红色砂岩、砾岩及加里东晚期花岗闪长岩。而断裂南西盘与这3条冲沟相对应的位置上为长城系海原岩群大理岩夹片岩。在乱堆子东南断裂南西发育有另一条较大的冲沟——香黄沟，它切割志留系、泥盆系红色砂岩、砾岩和花岗闪长岩岩体，在断层两盘的河床上均堆积了来源于上述地层和岩体的红色砂岩、砾岩和花岗闪长岩砾石，与前述断层北东盘的3条断头沟内的沉积物完全一致。显然，断层北东盘的3条断头沟都是香黄沟在其发育过程中由于断层左旋运动而废弃的不同时代的断头沟，它们与香黄沟的左旋错距分别为1.5km、0.9km、0.6km。至于晚更新世—全新世以来断裂水平位移情况，可由横跨断裂的A—D级水系位错显示出来（表38-2，据宁夏地震局资料）。

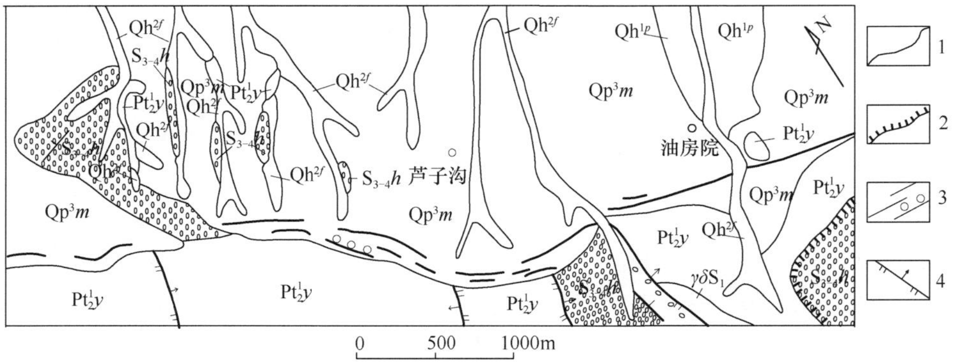

图38-15 油房院—芦子沟西一带地质略图

Fig. 38-15 Simplified geological map of the Youfangyuan-western Luzigou area

1—地质界线；2—不整合界线；3—第四纪活动断裂及1920年海原地震地表破碎带；4—逆断层

Qh^{2f}—全新统冲积物；Qh^{1p}—全新统洪积物；Qp^3m—马兰组黄土；$S_{3-4}h$—旱峡组褐红色砂岩；

Pt_2^1y—海原岩群园河岩组大理岩及片岩；$\gamma\delta S_1$—早志留世花岗闪长岩

表38-2 海原断裂带上水系位移统计

Table 38-2 Statistical result of drainage displacement in the Haiyuan fault zone

水系级别	水系特征	左旋位移量
A	发育多级阶地的大冲沟，切割深，延伸远	最大达500~600m
B	发育两级阶地的“U”形大冲沟	40~90m，最小20m，最大130m，平均55m
C	切到基岩的“V”形冲沟	平均20m
D	发育在基岩或黄地中、深不足1~2m的小浅沟	几米至11m

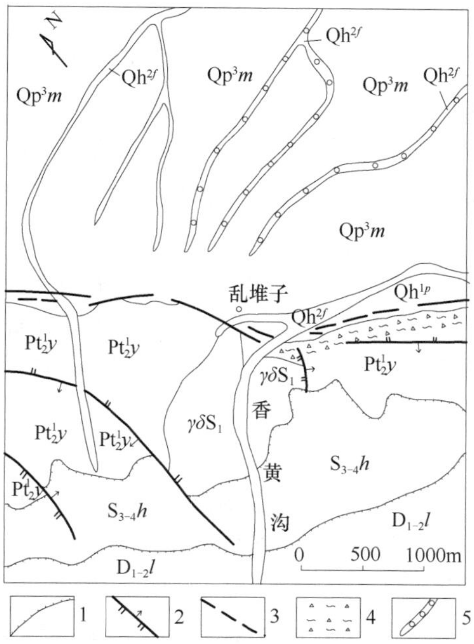

图 38-16 乱堆子附近水系位错分布图

Fig. 38-16 Distribution of the drainage dislocation in Luanduizi area

1—不整合界线；2—逆断层；3—第四纪活动断裂；4—断裂破碎带；5—断层沟。Qh^{2f}—全新统冲积物；Qh^{1p}—全新统洪积物；Qp^3m—马兰组黄土；$D_{1-2}l$—老君山组褐红色砂砾岩；$S_{3-4}h$—旱峡组褐红色砂岩；Pt_2^1y—园河岩组大理岩及片岩；$\gamma\delta S_1$—早志留世花岗闪长岩

（2）滑动速率

由于海原活动断裂带各次级走滑断裂的左行错动，形成一系列拉分盆地，如干盐池盆地、老虎腰岘盆地、小南川盆地。综合这些盆地内沉积物特征及钻孔资料判断，盆地底部充填物为晚更新世沉积，未见中更新世沉积。因此，盆地形成时代为晚更新世。与此对应，断层走滑时间与盆地形成时间大致相同或略早，大约在中更新世中晚期，距今约 30 万~20 万年。

由断层滑动速率 $S=D$（位移总量）$/t$（滑动时间），可求出海原断裂中更新世中晚期以来的平均滑动速率（总位移量取 3km）为 10~15mm/a。

为了进一步阐述全新世乃至人类历史时期海原断裂的滑动速率，宁夏地震局采自横跨该断裂的 B 级水系中样品显示（表 38-3）：Ⅱ级阶地中上部样品年龄测定值平均为 5000a 左右，此值晚于冲沟发育年龄；下部样品年龄测定值在 8000~6000a 之间，平均为 7575a，此值代表 B 级冲沟开始发育的年龄。结合野外实测的 B 级冲沟的平均左旋位移为 55m，可求得断层全新世以来左旋走滑速率为 6.88~9.17mm/a。

表 38-3 海原断裂带^{14}C样品年龄测定值统计

Table 38-3 Statistical result of ^{14}C dating of samples from the Haiyuan fault zone

序号	样品位置	年龄值/a	序号	样品位置	年龄值/a
1	石关卡沟Ⅱ级阶地下部	9550±120 9365±105	6	刺儿沟Ⅱ级阶地下部	5790±85
2	石关卡沟Ⅱ级阶地中上部	6485±125 4100±120	7	刺儿沟Ⅰ级阶地	3660±113
3	哨马营冲沟Ⅱ级阶地上部	4630±110	8	野狐坡冲沟Ⅰ级阶地	2980±70 *
4	哨马营冲沟Ⅱ级阶地中上部	5550±100 4470±90	9	小山冲沟Ⅱ级阶地下部	5595±85
5	园河张湾Ⅱ级阶地中部	12300±150	10	乱堆子东冲沟Ⅱ级阶地上部	4160±80.0

* 由美国布兰奇大学贝塔分析公司测定。

综上所述，西华山-南华山北麓断裂各段表现出极大的差异，为一条作枢纽运动的逆或正走滑断层，其枢纽轴部位于中段西华山北麓断裂上。沿断层走向的左旋走滑占主导地位，使各种地质体、地质界线及不同级别的水系发生左旋位移。断裂最新一次强烈活动时间为1920年12月16日海原8.5级大地震，震中位于干盐池东至哨马营一带，震源深度17km，地震沿海原活动断裂带形成了一条长达237km的地震地表破裂带，以西华山-南华山北麓断裂最为突出，西侧有黄家洼山南麓断裂与之左阶错列，东南侧有油房院-东沟断裂与之右阶错列，再南有老虎腰岘-小南川断裂及北家台断裂相互错列，形成拉分盆地（左阶错列）和推挤构造（右阶错列），总体呈带状展布，地表破裂带数十米至数百米。在西华山北麓地表破裂带左旋水平位移最为明显，年轻的小冲沟位错值最大可达10~11m。西华山-南华山北麓断裂中更新世中晚期以来平均滑动速率（总位移量取3km）为10~15mm/a，全新世以来左旋走滑的速率为6.89~9.17mm/a。

2. 天景山断裂（F_{12}）

断裂带西自中卫市甘塘以西，向东南沿香山山地北麓延伸，止于固原市七营一带，总体呈北西向且向北东凸起之弧形，延长达200km。由数条次级断裂左阶或右阶斜列组成，其总体特征见表38-4。

表38-4 天景山活动断裂带新构造活动特征表

Table 38-4 Neotectonic active feature of the Tianjingshan active fault zone

断裂带长度	200km
两盘最大地形高差	1150m
断裂北东侧盆地第四系最大厚度	298.8m（中卫盆地）
断裂带最大宽度	100~300m
断裂切割深度	基底
次级剪切断裂最大长度	30km
最大水平位移距离	3.2km
晚更新世早—中期水平位移速率	1.43 mm/a
晚更新世晚期水平位移速率	0.54 mm/a
全新世左旋走滑速率	1.01~3.5mm/a
拉分盆地最大规模	1km×2km
遥感信息特征	色调对照、灰阶达3个级差
重力场特征	重力水平梯度值较小，最大达500μGal①/km
探槽揭露古地震事件	6次
历史上最大震级	7.5级
历史上M>6级地震	2次
1970~1991年发生的M=3~4.9级地震	12次

①1μGal=10^{-8}m/s^2。

断裂带在前第四纪具有强烈的挤压性质。第四纪以来断裂活动性加剧，尤其晚更新世以来的活动，除挤压之外还兼有明显的左旋走滑特征，造成水系变形、地质体的错位，以及次级断层间岩桥区的拉分构造或挤压隆起构造的形成。断裂带结构复杂，自西向东分别以红沟梁、小洪沟为界分为3段。

（1）西段（罐罐岭—红沟梁）

据其表现又可细分为7小段（次级断层）。

1）罐罐岭次级断层，全长19.3km。由地貌特征不同的老营盘水段和罐罐岭—马家井沟段组成，在老营盘水以南1745m高程点北西的一条冲沟中见有3条断层，断层发育在上更新统砂砾石层与中新统砂岩、泥岩之间（图38-17），其中两条走向北西西，向北倾斜，近断层部位两侧地层均呈陡倾斜状，断层运动形成的破碎带十分明显，指示为正断层上盘下降。

2）沙井次级断层，长度3.7km。在沙井北探槽揭示出6个断层面（图38-18），均为向北倾的正断层，倾角45°~85°。主断层（f_1）位于探槽的南端，几近直立，其位置与地表的陡坎相对应，断层北侧是晚更新世晚期—全新世砂、含砾砂层，南侧是中新统砂岩。探槽剖面总体反映了3次错动事件，最早一次错断了层h及以下地层并为层g覆盖，第二次错断了层c及以下地层，断层终止在层b之下，最后一次事件错断了层b，在地表形成陡坎和自由面，其年代很新，与罐罐岭次级断层的情况非常相似。

图38-17 老营盘水南1745m高程点北西冲沟中的断层剖面

（镜头向东，据宁夏地震局，2003）

Fig. 38-17 Field photo showing the fault structural section of gully in the northwestern 1745 elevation, south of Laoyingpanshui

N_1—中新统橘红色砂岩；Qp^{3p}—上更新统洪积层

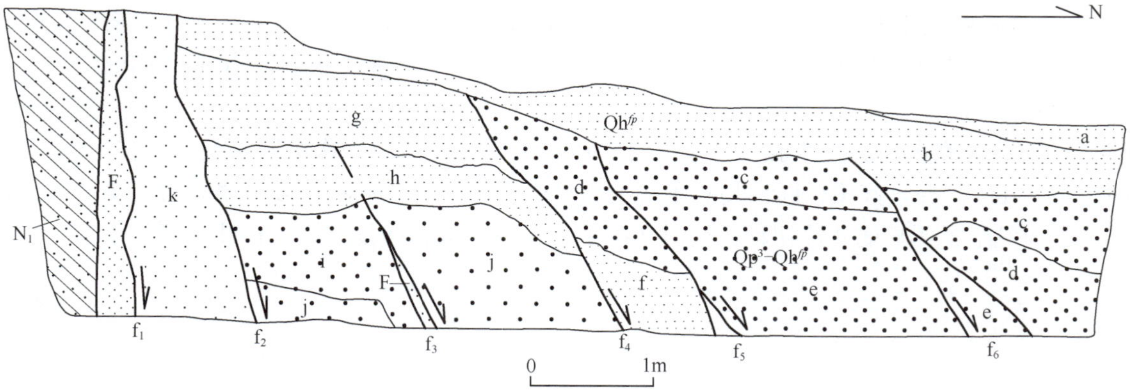

图38-18 沙井断层TC-2探槽剖面素描图

（据宁夏地震局，1995）

Fig. 38-18 Sketch section of trench 2 of the Shajing fault

a—灰黑色粉砂土；b—灰白色粉砂土，半固结；c—浅土红色砂土，偶含碎石，固结状；d—土红色、灰白色砂土；e—淡红色、土灰色砂土，团块状；f—灰白色粉砂土，较坚硬；g—灰白、土灰色粉砂土，偶含碎石；h—土红色粉砂土，固结，夹中粗砂及碎石；i—土灰色砂，较坚硬；j—淡橘红色中粗砂夹细砾石层，层理清晰；k—青灰色粉细砂夹中粗砂，较坚硬。F—断层带，青灰色粉细砂及中新统砂岩团块；f_1—断层编号。N_1—中新统橘红色砂岩；Qp^3—上更新统；Qh^{fp}—全新统冲洪积层

3）小红山-青山-孤山子次级断层，东西走向，长约21.3km。在大豁口以东的煤巷沟见到两条活动断层。一条出现在沟口，位置靠近山前，断层南为泥盆系砂岩，北为上更新统砂砾石层，两者之间为破碎带，上更新统砂砾石层东西走向，向北倾斜，倾角达85°，这种陡倾斜显然是泥盆系向北逆冲的结果（图38-19左）。另一条位于沟内的泥盆系与石炭系之间，该断层带内充填了厚度大于5m的黄土，断层的新活动使泥盆系逆冲于黄土之上（图38-19右），在更高的位置上，该断层的破碎带出现在晚更新世粉砂土中，宽1.6m，产状180°∠74°，为南倾的逆断层，破碎带分为成分不同的两部分，物质分别来源于泥盆系和上更新统。

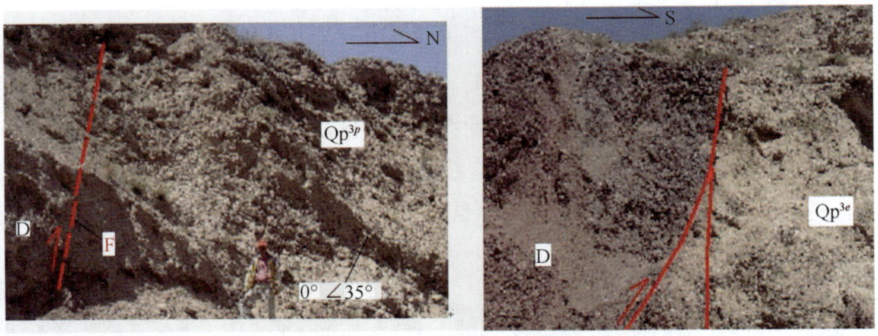

图 38-19 煤巷沟活动断层剖面图

（左：镜头向西，右：镜头向东；据宁夏地震局，2003）

Fig. 38-19 Field photos the showing the structural section of the Meihanggou active fault

Qp^{3p}—上更新统洪积砂砾石层；Qp^{3e}—上更新统风积粉砂土；D—泥盆系紫红色砂岩、砂砾岩。F—断层

4）西梁头—长流水沟口次级断层，长21km，走向280°左右，是一条总体向南倾斜的逆左旋走滑断层。在西梁头，断层位于山体北麓，组成山体地层主要是中新统，地层变形比较强烈，倾斜40°以上。在井沟西开挖的探槽中，见中新统逆冲于全新统之上（图 38-20）。在长流水沟口，断层切割了年龄为距今（30.34±12.43）～（6.4±3.87）ka B.P. 的黄河Ⅱ级阶地，该处开挖了2个探槽，可清楚看到石炭系逆冲到上更新统砾石和砂土之上（图 38-21），砾石层底面被垂直位移4m，两探槽之间的冲沟被左旋位移了4.5m。

5）沙坡头-粉石沟次级断层，总体走向近东西向转北西西向，全长20km，断面总体南倾，倾角50°～80°，由3条断层组成。断层致使古生代地层逆冲于古近纪—新近纪地层之上（见图 35-64）。在东大沟西侧断层还错断了晚更新世黄土层（图 38-22），黄土的热释光年龄值为（35080±5260）a（据周特先，1994）。

6）窟窿山-高家水沟次级断层，总体走向280°，长8km，由数条次级断层组成。多南倾，局部北倾，倾角47°～80°。在窟窿山，断层切穿了早更新世砾石层，使其强烈变形向北掀斜（图 38-23）。断层使腰岘子沟发生了明显的左旋扭动，同时切割了一系列冲沟，同步左旋平移几米到几十米。

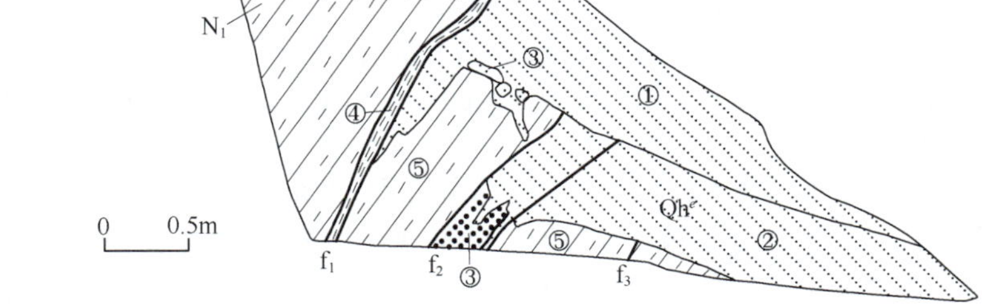

图 38-20 井沟西 200m 探槽剖面

（据宁夏地震局，1995）

Fig. 38-20 Structural section of trench at 200m west of Jinggou

①、②全新世风积土黄色粉细砂；③暗红色砂土团块；④紫红色断层泥；⑤中新统橘红色泥岩

f_1—断层编号；N_1—中新统

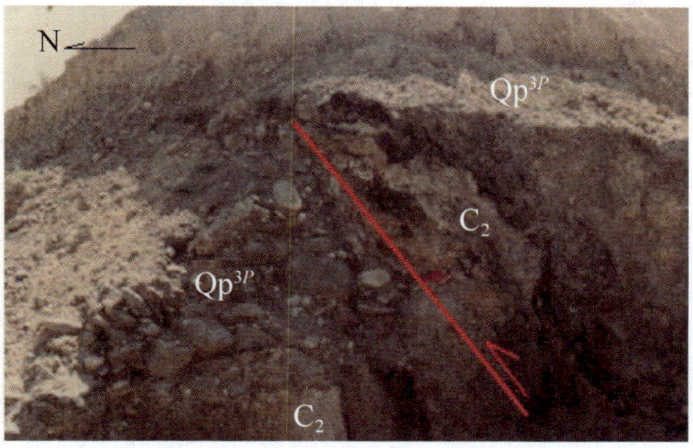

图 38-21　石炭系（C_2）逆冲于上更新统（Qp^{3p}）之上

（据宁夏地震局，2003）

Fig. 38-21　Field photo showing Carboniferousupthrust（C_2） to Upper Pleistocene（Qp^{3p}）

（长流水沟口，镜头向东）

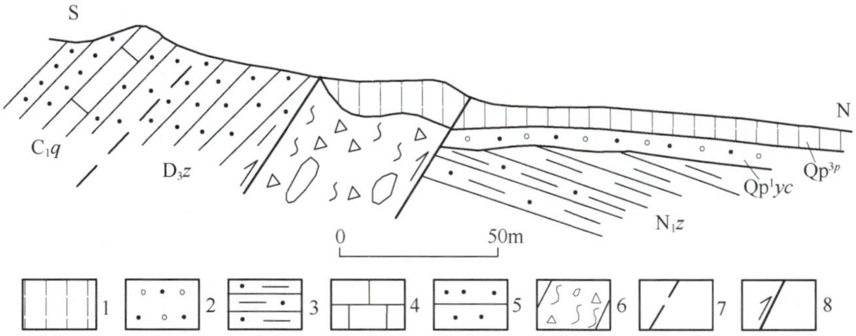

图 38-22　东大沟山前断裂素描图

Fig. 38-22　Sketch section of the Dongdagou piedmont fault

1—黄土；2—砂砾石层；3—砂质泥岩；4—灰岩；5—砂岩；6—破碎带；7—平行不整合；8—逆断层

Qp^{3p}—上更新统洪积层；Qp^1yc—银川组；N_1z—彰恩堡组；C_1q—前黑山组；D_3z—中宁组

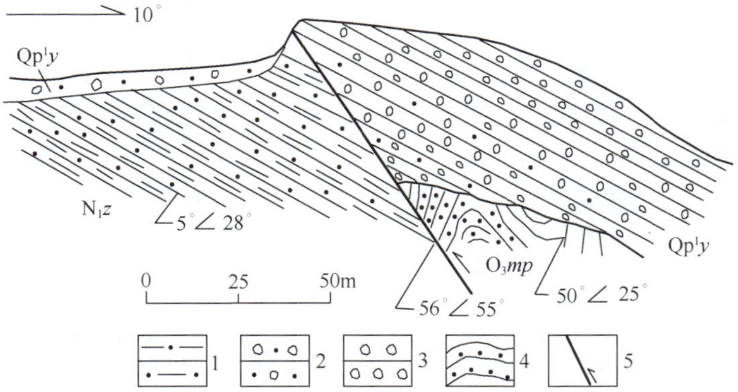

图 38-23　窟窿山断层素描图

Fig. 38-23　Sketch section of the Kulongshan fault

1—粉砂质泥岩；2—砂砾岩；3—砾岩；4—变质砂岩；5—逆断层。Qp^1y—玉门组；N_1z—彰恩堡组；O_3mp—磨盘井组

值得一提的是，该段断裂与前述沙坡头—粉石沟次级断层呈右阶斜列，在粉石沟一带构成岩桥区，形成推挤构造（图 38-24），使粉石沟北西向若干条断层密集排列，石炭纪地层成拖曳褶皱形成粉石沟向斜。

7）高家水-红沟梁次级断层，总体走向近东西，长 16km。多处见古生代地层及古近纪—新近纪地层与早更新世洪积层、马兰组黄土及全新世洪积层呈断层接触。在青驼崖东活断层使天景山组逆冲于全新世洪积层、黄土层上（图 38-25），并能见到地震沟槽、地震鼓包、地震陡坎等地震遗迹。红沟梁西探槽（图 38-26）揭露，地震形变带内有两条逆断层，代表两次古地震事件。年龄测定结果表明第一次事件（f_1）发生于大约 5100 年前，第二次事件（f_2）为 1709 年的中卫地震，两次事件之间的时间间隔大致为 4800 多年。

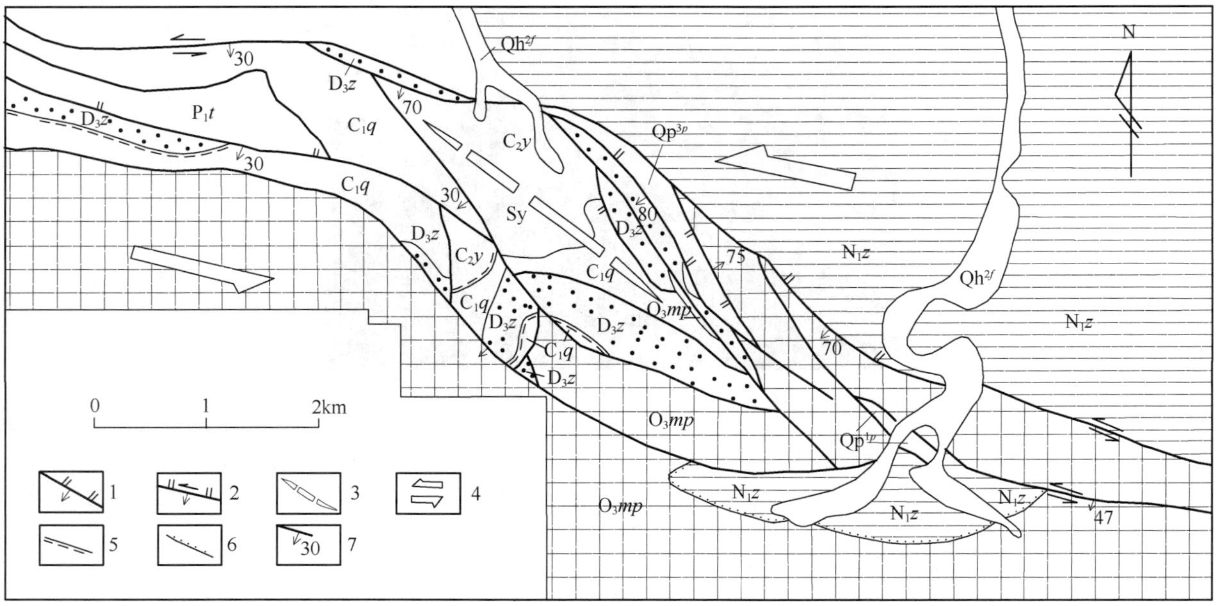

图 38-24　粉石沟推挤构造平面图

Fig. 38-24　Geological map of Fengshigou nappe-compressional tectonics

1—逆断层；2—平移逆断层；3—向斜轴；4—力偶；5—平行不整合；6—不整合；7—产状。Qh^{2f}—全新统冲积砂砾石层；Qp^{3p}—上更新统洪积亚黏土；Qp^{1p}—下更新统砾石层；N_1z—彰恩堡组泥岩、粉砂岩；P_1t—太原组页岩、泥岩、砂岩夹灰岩；C_2y—羊虎沟组页岩、泥岩、粉砂岩；C_1q—前黑山组砂砾岩、灰岩、粉砂岩；D_3z—中宁组粉砂岩、泥岩、砂岩；O_3mp—磨盘井组变质砂岩

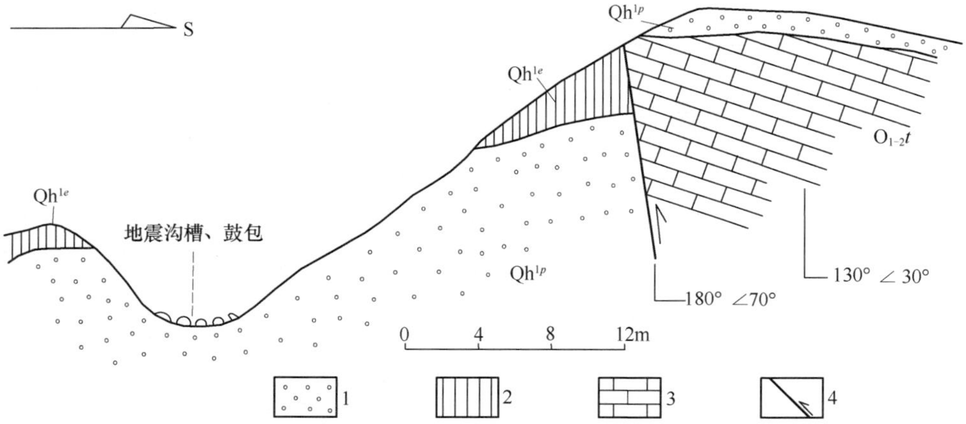

图 38-25　青驼崖东活断层素描图

（据宁夏地震局，1995）

Fig. 38-25　Sketch section of active fault at east of Qingtuoya

1—洪积砂砾石层；2—黄土；3—灰岩；4—逆断层

Qh^{1p}—全新统洪积层；Qh^{1e}—全新统风积层；$O_{1-2}t$—天景山组

（2）中段（红沟梁—小洪沟）

新构造运动主要表现为前喜马拉雅期的逆冲继承性，不仅使古生界逆冲于古近系—新近系之上，而且进一步发展切割第四系，形成新的活动断层，使断裂破碎带拓宽达 300~500m。在团部郎一带，天景山组以低角度推覆于寺口子组之上、寺口子组又逆冲于第四纪洪积层上（见图 35-60 至图 35-62）。

（3）南段（小洪沟—大口子沟）

断裂南西侧为古近系—新近系基岩丘陵，北东侧为第四纪洪积扇裙及清水河谷盆地，构成地形、地貌的主要变异带。在井家口子沟跨越断裂处，流向由北东向骤然转为南东，产生位移 600~800m。

综上，天景山活动断裂带第四纪以来活动性加剧，由数条次级断裂左阶或右阶斜列组成，尤其晚更新世以来的活动，除挤压逆冲之外还兼有明显的左旋走滑特征，造成水系变形、地质体的错位，以及次级断层间岩桥区的拉分盆地或挤压隆起构造的形成。

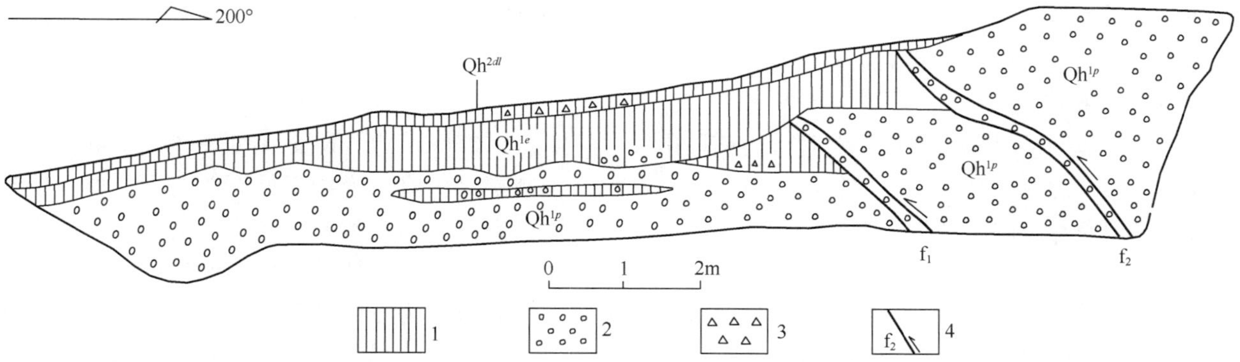

图 38-26　红沟梁西地震形变带探槽素描图
（据宁夏地震局，1995）

Fig. 38-26　Structural section of trench of earthquake deformation at the west of Hongguoliang

1—黄土；2—洪积砾石层；3—坡积砾石；4—逆断层（剖面）及编号

Qh^{1p}—全新统洪积层；Qh^{1e}—全新统风积层；Qh^{2dl}—全新统坡积层

3. 烟筒山-窑山断裂（F_9）

该活动断裂带的主体分布在烟筒山北东麓，北起余丁金沙牙石沟，向南经红山口子、九座坟、榆树沟、詹家大坡、好汉疙瘩、康麻头、小井子、马段头、康家湾，再往南穿窑山东麓及炭山西麓，在云雾山一带可能与牛首山-罗山活动断裂带合二为一，总长超过150km，走向310°。该断裂带结构较复杂，平面上由若干条长短不一的次级断层错列组成。

在九座坟、行家窑、榆树沟和詹家大坡等地，一系列大小不等的冲沟在通过山前断层处发生左旋同步弯曲（位移）。其中在榆树沟南500m范围内见到6条规模不同的冲沟被断层左旋错动，并可见到因断层错动而废弃的干沟，其错距由南向北分别为7.5m、34m、13m、4.5m、5.5m和2.0m。在榆树沟羊圈见两条相距约1m的相向而倾的小断层切过全新统，其西40m便是山前主断层，具逆冲性质，全新世亦有活动（图38-27）。

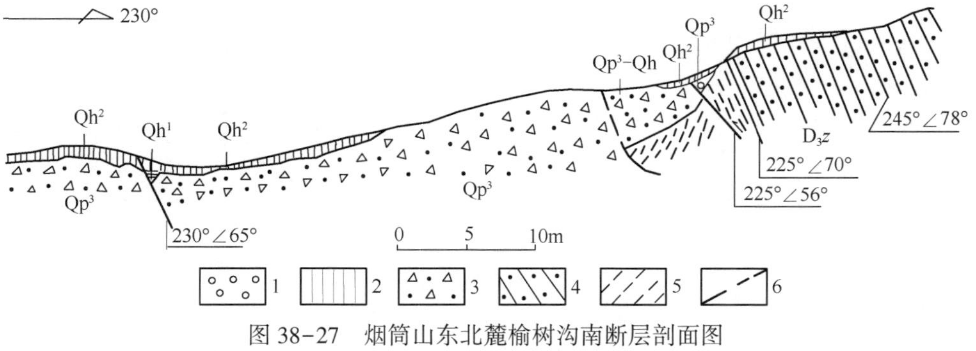

图 38-27　烟筒山东北麓榆树沟南断层剖面图

Fig. 38-27　Sketch section of the south of the Yushugou fault in the Yantongshan northeastern piedmont

1—全新世粗砾夹次生黄土；2—全新世次生黄土；3—晚更新世至全新世砾石夹砂；4—泥盆系砂岩；5—断层碎裂带；6—实测、推测断层。Qh^2—全新统上部；Qh^1—全新统下部；Qp^3-Qh—上更新统—全新统；Qp^3—上更新统；D_3z—中宁组

此外，在烟筒山东北麓，还有平行于山麓展布的小陡坎（行家窑西）、槽形地带（好汉疙瘩）、眉脊面（榆树沟南）和残留的小规模“土林”等地震地表破裂带特有的地震地貌现象。邓起东等（1990）认为上述地表形变带很可能代表1561年鸣沙南7.25级地震地表破裂带的一部分。

4. 牛首山-罗山断裂（F_8）

断裂走向335°，两侧地貌分异明显，南西侧为牛首山、大罗山、小罗山等山体，地层主要由米钵山组组成，局部残存有古近系—新近系及早更新世的砾石层；北东侧是以彰恩堡组为主体构成的台地，通常在台地最高一级夷平面上盖有一套早更新世的水平砾石层，厚3~5m。断裂带结构复杂，由一组斜列断层组成，可分为 3 段：最北端为三关口段；中间为牛首山段，又分为两支，即牛首山北东麓断层和关马湖断层；南部为罗山东麓断层。

（1）三关口段

三关口段断层呈北西走向斜截贺兰山南段山体，长度约为 20km，断层倾向南西，该断层亦为地貌阶梯的分界，北侧的贺兰山山体较高，南侧显著降低。沿断层见奥陶系逆冲于始新统之上，始新统产状有倒转现象，反映了断裂古近纪的活动。断层在全新世期间左旋活动致使一些小冲沟在穿越断层时向左拐弯。在三关口芨芨沟剖面（图 38-28）断层错断了第四系，发育两条向南西倾斜的逆断层，倾角 33°~61°。西面一条为主断层。其上盘下部是以奥陶系砂岩成分为主的破碎带，呈粉末状，并发育有与断层平行的黑色条带和构造透镜，其宽度大于 2m；上部为上更新统浅棕红色冲积砾石层，向断层倾斜，倾角约 11°。其断层下盘由上更新统的砂土、砂砾石组成，受断层错动的影响，发生了强烈变形，倾斜度达 40°。主断层错断上更新统松散沉积层（图 38-28 中⑨）后被全新统坡积层浅灰色砂土、砾石覆盖，由此确定三关口断裂的最新活动时代为晚更新世。

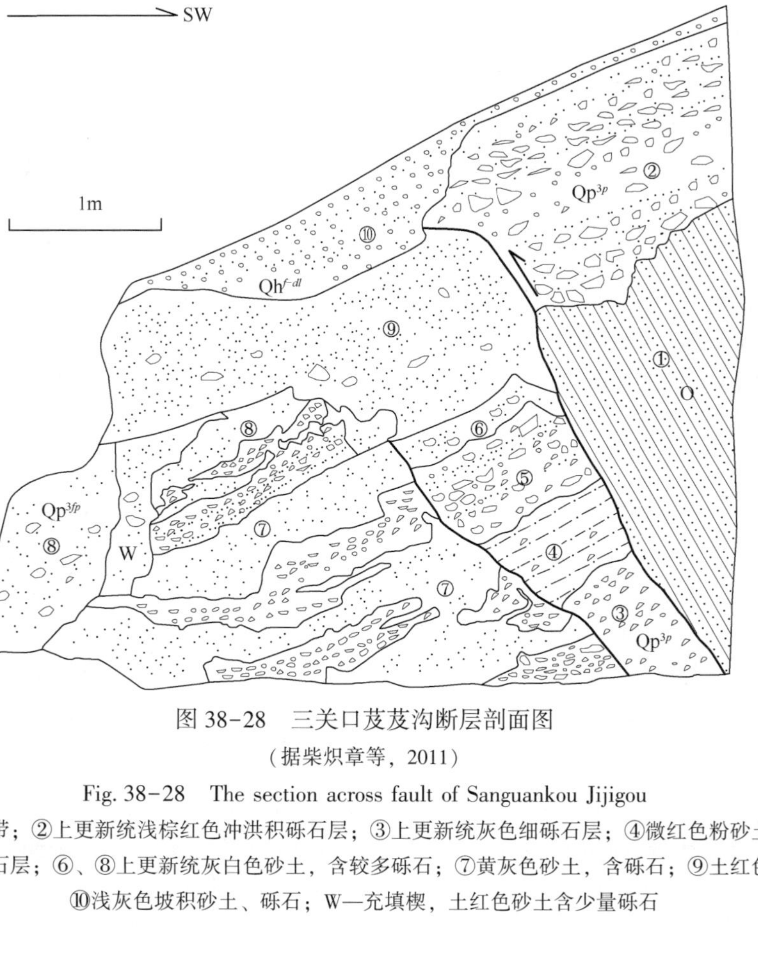

图 38-28　三关口芨芨沟断层剖面图

（据柴炽章等，2011）

Fig. 38-28　The section across fault of Sanguankou Jijigou

①奥陶系基岩破碎带；②上更新统浅棕红色冲洪积砾石层；③上更新统灰色细砾石层；④微红色粉砂土，含少量砾石；⑤浅灰色冲洪积砾石层；⑥、⑧上更新统灰白色砂土，含较多砾石；⑦黄灰色砂土，含砾石；⑨土红色砂土，含砾石；⑩浅灰色坡积砂土、砾石；W—充填楔，土红色砂土含少量砾石

（2）牛首山段

该段由南、北两支断层组成，南支分布于山地与台地之间，称牛首山北东麓断层；北支处在台地与平原的分界位置，称关马湖断层。

牛首山北东麓断层走向北西，倾向南西，倾角 60°~70°，为逆冲断层，断层南西侧（上盘）为基岩山地，主要以下古生界为主，局部残存新生界；北东侧（下盘）为台地，台地的基础为新近系，上部为上更新统，且有残留的下更新统零星分布，覆盖于中新统之上。第四纪以来有活动的段落长 5~6km。在九泉附近，见奥陶系灰岩、中新统泥岩和下更新统砾岩，这 3 套地层为不整合接触，断层西南侧的奥陶系灰岩向北东逆冲于中新统红色泥土之上，并将下更新统砾岩错断。断裂使两盘的早更新世砾石层垂直错动达40余米（见图35-49），断面上具斜向擦痕，侧伏角为45°，指示断层具挤压逆冲和左旋走滑活动特征，其水平走滑量按擦痕侧伏角估算与逆冲断距相当。该断裂挽近期屡屡发生弱震，据牛首山微波站地震观测点在1996年3~4月间的记录，3级以下微震达千余次之多。

关马湖断层总体走向300°左右，位于牛首山北东侧的台地前缘，是银川地堑第四纪盆地的南西侧边界，卫星影像显示的线性影像西起青铜峡镇，过高糜子湾后延伸到苦水河附近，长约30km。地貌上表现为南高北低的地形坎，高度为10~30m，更高一级地貌面是残留的基座地面，新近系出露地表，通常高出主体地貌面10~20m，其顶部残留有下更新统。这些地貌的形成可能反映了关马湖断层第四纪以来的活动。断层在剖面上表现为由南西（上盘）向北东逆冲的特点（宁夏地震工程研究院，2004）。

（3）罗山段

断裂带北起大罗山杨目沟北，向南经谭庄、王登圈、红泉子等地，最后消失于张家山坡子附近的山前破碎带中。北端延入红寺堡新生代盆地，由多条彼此平行或右行斜列的次级断裂组成。根据断裂活动性质，活动强度及空间展布又可细分为3小段。

1）北段：北起杨目沟口北，南至大罗山隐子沟南，长5.2km。基本上沿基岩与第四系分界线延伸，走向350°。断裂具有明显的继承性活动特征，也是整个断裂带活动形迹最清楚、活动最强烈地段，表现为奥陶系米钵山组的砂岩、板岩逆冲于第四系上更新统的洪积—风积洪积层之上（图38-29）。多数冲沟壁上可见十分清晰的断面。断面平直，向南西倾，倾角30°~70°，局部有多条断面交汇。近断面处，上盘的碎粒岩甚至形成平行断面的构造片理，下盘第四系中洪积粒序层理形成小型拖曳褶皱。在杨目沟口，宽200m的断层带中见有清晰的活动断层面，断面舒缓波状，向东或向西缓倾（图38-30，图38-31），部分小冲沟与断裂交汇处可见右旋错位，但位移量在数米以内，显示了逆冲断裂尚具有右旋平移性质。

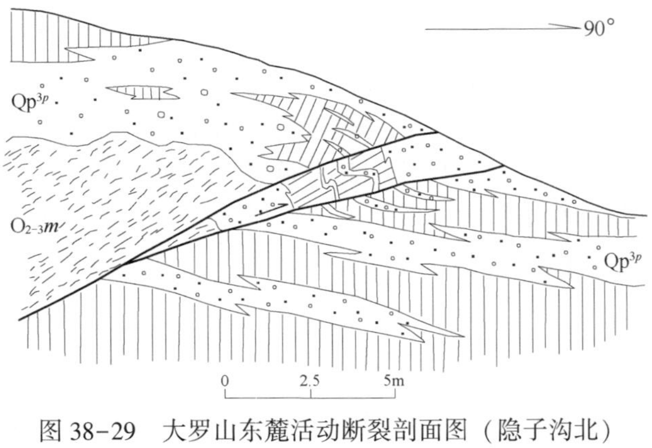

图38-29 大罗山东麓活动断裂剖面图（隐子沟北）

Fig. 38-29 Sketch section of the Daluoshan eastern piedmont active fault

Qp^{3p}—上更新统洪积砾石；$O_{2-3}m$—米钵山组碎粒岩

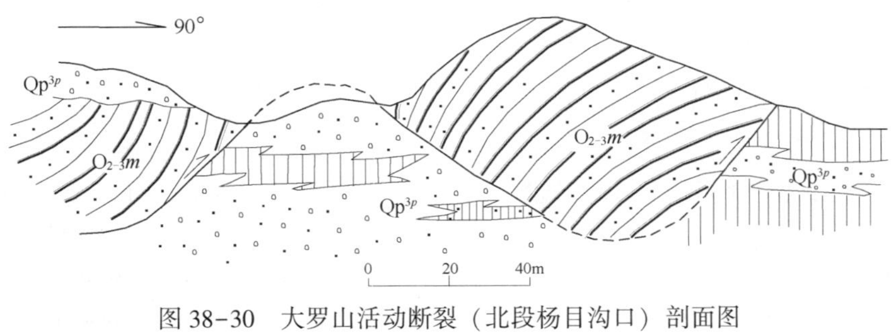

图38-30 大罗山活动断裂（北段杨目沟口）剖面图

Fig. 38-30 Sketch section of the Daluoshan active fault at the northern segment of Yangmugoukou

Qp^{3p}—上更新统洪积砾石；$O_{2-3}m$—米钵山组砂岩、板岩（已碎裂）

图 38-31 大罗山东麓断裂（杨目沟口）

Fig. 38-31 Field photo showing the Daluoshan eastern piedmont fault at Yangmugoukou

2）中段：北起大罗山喇嘛井，南至小罗山王登圈。长约 11km。近南北走向，地貌表现为山前洪积台地上线性延伸的阶状陡坎。陡坎高差 3~10m，多为 1~2 级，少数有 3 级，坡角 5°~15°，距山体边界 500~1000m。大部分冲沟与陡坎交汇处于切割较陡的冲沟壁上都可见上更新统与新近系彰恩堡组间或上更新统洪积层中的断裂面，如红庙沟口断裂面（图 38-32）。大部地段可见 2~3 条断裂面组成的断层组，间距数米至十余米，近于平行或向外侧逐渐变缓（图 38-33）。断裂面向东陡倾，倾角 65°~80°，断面两侧的洪积层被明显错开，或者古近系—新近系红层与第四系洪积层呈一陡倾平直的分界面。以上均表现出正断层性质。而反映断层水平走滑的地貌及地质现象在多处地段都可见及。如红庙沟北，洪积台地上由深约 10 多米的冲沟切出的 3 条宽约百米的山脊被右旋错位，错位距离 16~26m。许多小级别冲沟与断裂交汇处，也被右旋错开。在石窑洞东 1km 处，可见洪积砂土层中形成近于直立的断层摩擦镜面，面上有清晰的水平擦痕。马王庙北古近系—新近系与第四系洪积层间的断面处见片状泥砾平行于断面分布，泥砾长轴呈水平状。断面上的洪积砾石表面上亦可见清晰的水平状擦痕。综上，本段断裂属正-平移性质，平移走滑方向为右旋。

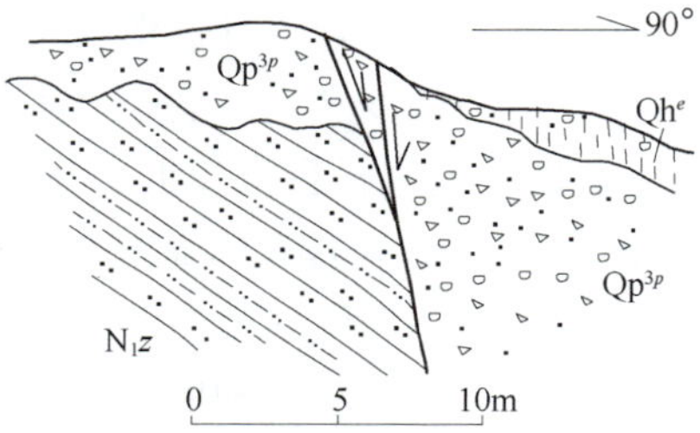

图 38-32 大罗山东麓活动断层剖面图（红庙沟）

Fig. 38-32 Sketch section of Daluoshan eastern piedmont active fault

Qh^e—全新统次生含砾粉砂土；Qp^{3p}—上更新统洪积砾石；N_1z—彰恩堡组粉砂岩夹粉砂质泥岩

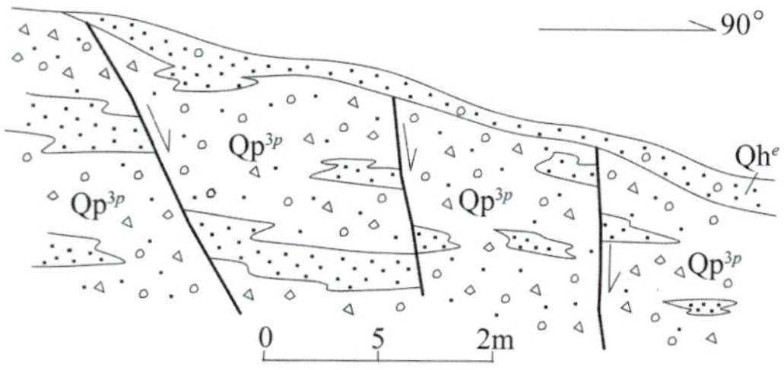

图 38-33 大罗山东麓活动断层剖面图（红庙沟口南）

Fig. 38-33 Sketch section of the Daluoshan eastern piedmont active fault

Qh^e—全新统次生含砾粉砂土；

Qp^{3p}—上更新统洪积砾石层与粉砂土层

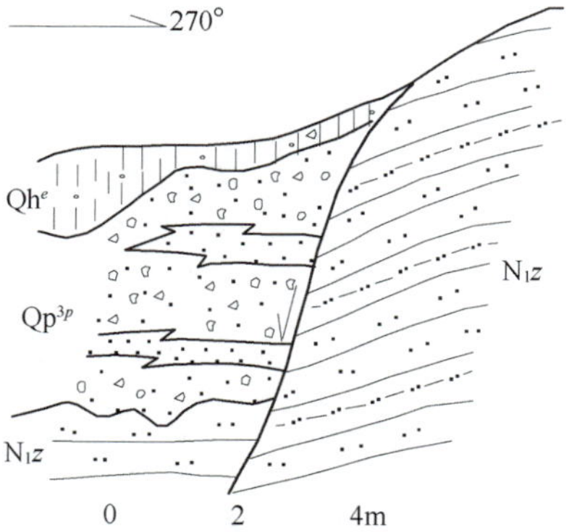

图 38-34 小罗山东麓活动断层剖面图（上盘路堡）

Fig. 38-34 sketch section of the Xiaoluoshan eastern piedmont active fault

Qh^e—全新统次生含砾粉砂土；Qp^{3p}—上更新统洪积砾石夹粉砂土；N_1z—彰恩堡组粉砂岩夹粉砂质泥岩

3）南段：北起王登圈，南至小罗山张家山坡子，走向北北西，长 11.5km。地貌上，在山前洪积台地上形成非常特征的阶状陡坎，多由 3~4 个阶地（台地面）构成，依次降低，纵向上呈线性延伸。各级阶地间有明显的坡折。陡坎距山体边界 500~800m。陡坎高差 3~15m，坡角 10°~20°。多数地段断裂面出露差或难以辨认。局部地段如上盘路堡等地可见较清楚的断层面：上盘为第四系上更新统洪积层，下盘为新近系彰恩堡组，断面陡倾，倾角 70°，清晰、平直，表现出正断层性质（图 38-34）。此外，许多中小级别的冲沟也有明显的右旋错位，平移距离数米至十多米。上述特征表明该段断层属平移-正断层活动类型。

中段与南段为右旋斜列关系，两者在王登圈南平行重叠约 3km，间距 200~600m，地貌上两列不同高度的陡坎非常明显。

牛首山-罗山断裂带活动具多期性，尤以中段表现为甚。不同期形成的断裂面切割了不同期沉积地层（图 38-35）。显然，阶状陡坎的各级台地面就是在同沉积过程中经历了多次断层错动改造而形成。据宁夏地震局探槽测年资料，仅全新世以来至少发生过 5 次强古地震（七级左右）错动事件，除最早一次无样品控制外，其他 4 次分别发生在距今 8400a、5400a、3900a 和 2200a。又根据台地阶面间的垂直错位距离（统计值），可计算出该断裂带自晚更新世以来的垂直活动速率为 0.38~0.48mm/a，全新世以来的水平走滑速率为 3.38mm/a（平均值）。

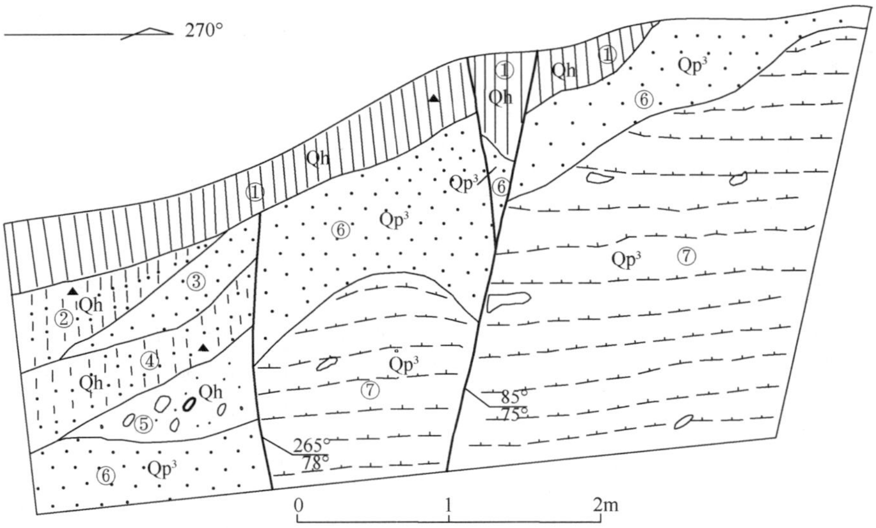

图 38-35　石窑洞 TC-3 号探槽剖面素描图
（据宁夏地震局，1992）
Fig. 38-35　Sketch section of the trench TC-3 at Shiyaodong
①全新统浅土黄色粉砂土，含少量砾石；②全新统土褐色含砾砂土；③全新统灰色中-细砂砾石；④全新统灰白色粉砂土；⑤全新统灰色崩积岩块、砂砾；⑥上更新统灰色中-细砾石层，具变形的粒序层理；⑦上更新统灰色中粗砾石层，近水平粒序层理清楚。▲测年样品采集部位

第二节　地震活动

地震总是与活动断裂相关联，宁夏地震区带划分位于中国南北地震带北段与青藏高原东北部地震区西海固地震带内，主要表现为前述几条大断裂再次复活，部分地段形成新的活动断层及地震形变带。

一、银川盆地地震活动特征

（一）现代地震活动特征

银川盆地位于中国南北地震带北段，是一个挽近时期仍在活动的构造带，其活动断裂集中分布于盆地轴部的银川—平罗一线以及西缘的贺兰山东麓断裂带上，地震活动频繁。由于贺兰山东麓断裂、银川-平罗断裂、黄河断裂等活动断裂的存在和作用，致使银川盆地成为我国历史上多震的地区之一。自公元876年以来，截至2012年底，银川盆地及周边共记录到$M\geqslant4.7$级的地震65次（表38-5）。

表38-5　宁夏强震目录（$M\geqslant4.7$级）

Table 38-5　The contents of strong earthquake in Ningxia（$M\geqslant4.7$）

序号	地震时间			震中位置		震级（M）	参考地区
	年	月	日	纬度/(°)	经度/(°)		
1	876	07	14	37.80	105.90	6 1/2	宁夏青铜峡南
2	1010	11	00	38.10	106.40	5 1/2	宁夏灵武
3	1143	04	00	38.50	106.30	6 1/2	宁夏银川
4	1219	06	02	36.00	106.2	6 1/2	宁夏固原
5	1227	07	00	38.50	106.30	5 1/2	宁夏银川
6	1306	09	12	35.90	106.1	6 1/2	宁夏固原南
7	1311	04	16	38.50	106.30	4 3/4	宁夏银川
8	1378	04	30	38.50	106.30	5 3/4	宁夏银川
9	1474	12	11	37.90	106.30	5 1/2	宁夏灵武南
10	1477	05	13	38.50	106.30	6 1/2	宁夏银川
11	1495	04	10	37.60	105.60	6 1/4	宁夏中卫东
12	1497	02	27	38.30	106.30	5 1/4	宁夏永宁
13	1497	03	15	35.40	106.20	4 3/4	宁夏隆德
14	1505	07	10	37.80	105.90	5 1/2	宁夏青铜峡南
15	1561	07	25	37.50	106.20	7 1/4	宁夏中宁
16	1562	02	24	38.50	106.30	5 1/2	宁夏银川
17	1562	04	09	38.50	106.30	5	宁夏银川
18	1568	04	01	38.50	106.30	5 3/4	宁夏银川
19	1608	09	23	37.70	105.80	5 1/2	宁夏中宁
20	1615	07	20	38.80	106.30	5 1/2	宁夏平罗西
21	1616	02	10	37.70	105.90	5 3/4	宁夏青铜峡南
22	1621	01	22	38.50	106.20	4 3/4	宁夏银川
23	1622	10	25	36.50	106.30	7	宁夏固原北
24	1627	02	16	37.50	105.50	6	宁夏中宁石空寺
25	1638	01	00	36.60	105.50	5 1/2	宁夏海原
26	1686	00	00	37.10	106.40	5	宁夏同心东北
27	1708	10	00	36.60	105.30	4 3/4	宁夏海原西安州
28	1709	10	14	37.40	105.30	7 1/2	宁夏中卫南
29	1739	01	03	38.80	106.50	8	宁夏平罗银川间
30	1739	02	23	38.50	106.30	5 1/2	宁夏银川
31	1740	05	00	38.50	106.30	4 3/4	宁夏银川
32	1748	11	21	36.40	106.10	5 1/2	宁夏固原北
33	1852	05	26	37.50	105.20	6	宁夏中卫
34	1889	09	00	38.10	106.30	5 1/2	宁夏灵武
35	1899	00	00	38.10	106.30	4 3/4	宁夏灵武
36	1920	12	16	36.50	105.50	8 1/2	海原西安州干盐池
37	1920	12	28	37.10	105.30	6 1/4	宁夏海原西北

续表

序号	地震时间			震中位置		震级（M）	参考地区
	年	月	日	纬度/(°)	经度/(°)		
38	1921	01	07	38.00	107.00	5	宁夏吴忠东
39	1921	01	31	36.00	106.00	5 1/2	宁夏固原西
40	1921	02	22	38.10	106.30	6	宁夏吴忠灵武间
41	1921	04	12	35.80	106.20	6 1/2	宁夏固原
42	1921	08	30	36.60	105.80	5	宁夏海原
43	1922	08	30	36.00	106.20	5 1/2	宁夏固原
44	1923	09	02	36.00	106.20	5	宁夏固原
45	1923	09	04	36.60	105.60	5 1/2	宁夏海原
46	1934	09	22	36.60	105.70	5	宁夏海原
47	1936	03	09	36.60	105.60	4 3/4	宁夏海原
48	1959	01	30	36.30	105.80	5	宁夏海原杨明
49	1962	07	27	36.50	105.50	5	宁夏海原
50	1962	10	09	36.20	105.8	4.7	宁夏海原李俊堡
51	1962	11	06	38.00	106.30	4 3/4	宁夏吴忠附近
52	1962	12	07	38.05	106.27	5.4	宁夏吴忠、灵武
53	1962	12	18	38.03	106.18	5.5	宁夏吴忠、灵武
54	1970	12	03	35.85	105.55	5.5	宁夏西吉苏堡
55	1971	06	11	37.87	106.10	4.7	宁夏吴忠
56	1971	06	28	37.82	106.22	5.1	宁夏吴忠高闸
57	1982	04	14	36.75	105.50	5.5	宁夏海原北
58	1984	11	23	38.07	106.22	5.3	宁夏灵武
59	1987	08	10	38.05	106.28	5.5	宁夏灵武
60	1988	01	04	38 10	106.32	5.5	宁夏灵武
61	1988	01	10	38.05	106.27	5	宁夏灵武
62	1989	11	02	35.97	106.28	5	宁夏固原
63	1991	10	30	37.17	106.08	4.7	宁夏同心
64	1998	07	29	36.79	105.40	4.9	宁夏海原
65	2001	05	21	36.89	106.11	4.7	宁夏同心

从1143年至1739年的近600年间，银川地区共发生过28次4.7级以上的破坏性地震。1739年发生的平罗8级大地震，极震区长轴方向为北北东向，震中位于平罗周城，地震造成近10万人死亡。近几十年来银川地区小震屡有发生，不论从强度还是频度看，都是地震活动极为活跃的地带，根据宁夏地震台网记录，从1970年到2006年12月底，银川盆地及周边范围内共发生$M=2.5\sim4.7$级的弱震591次，从图38-36中可看出，银川地堑是强震活动的主要场所，上述强震中的25次分布于银川地堑范围内。另一个强震活动比较集中的地点是牛首山西麓和中宁盆地，发生了4次强震。地堑以东的鄂尔多斯地块没有强震分布，以西的贺兰山中只有1次4.8级地震。

（二）古地震活动事件

银川盆地古地震活动事件主要集中在贺兰山东麓断层和黄河断层南段（灵武断层）。

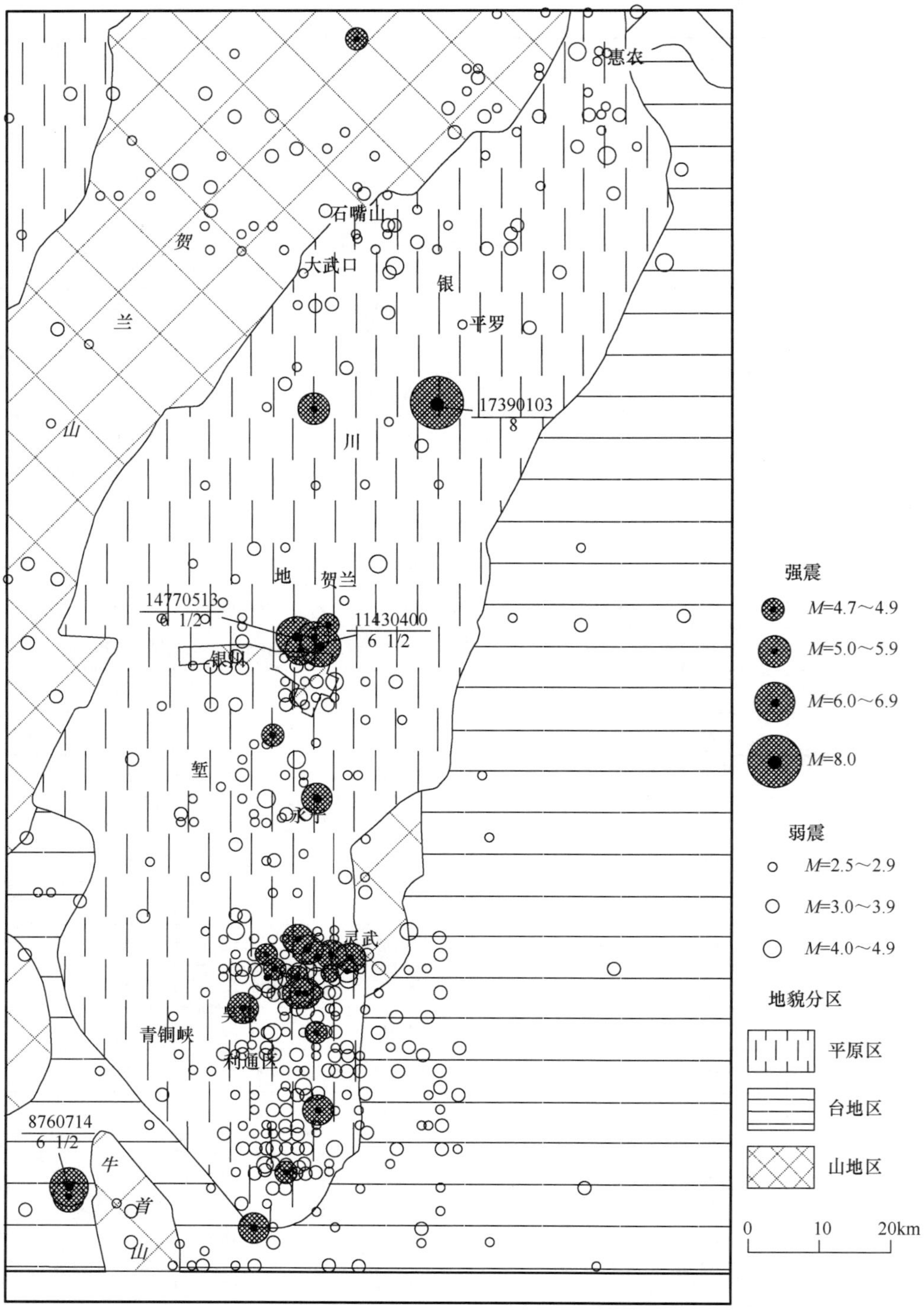

图 38-36 银川盆地地震震中分布

（据柴炽章等，2011）

Fig. 38-36 The epicentre distribution map of the Yinchuan Basin

1. 贺兰山东麓断裂古地震活动事件

贺兰山东麓断裂南段为走向 20°～30°，倾向南东，倾角 60°～80°的正断层地貌上主要表现为山前断层陡坎，为全新世活动断层。探槽分析结果显示，断层在该段至少发生了 6 次古地震事件，但由于所获年龄数据有限，只能确定出在 14ka B.P. 左右以来该段断层共发生过 3 次地表破裂型古地震事件（表 38-6），发生年代分别为（13. 80±0. 99）ka B.P. 、（7. 85±0. 61）ka B.P. 、（3. 00±0. 22）ka B.P.，间隔分别为 6ka B.P. 左右和 5ka B.P. 左右。获得第一期和第二期事件的同震位移分别为 0. 34m、0. 8m。

表 38-6 贺兰山东麓断层南段各探槽事件期次、年龄对比

Table 38-6 Event stages and dating of all trenches on the south segment of the eastern Helanshan piedmont fault

探槽名称	地震期次	测年上限/ka B. P.	测年下限/ka B. P.	定年方法	事件时间	断距/m
大石头沟南探槽	E1	?	?		晚更新世	1. 86
	E2	?	?		晚更新世	0. 27
	E3	?	?		晚更新世	
	E4	?	?		晚更新世末期	
	E5	6. 20±0. 70		OSL	全新世	
	E6	4. 100±0. 40	1. 10±0. 10	OSL	全新世	0. 73
大石头沟南探槽	E1	?	?		晚更新世	0. 86
	E2	14. 40±1. 50	13. 20±1. 30	OSL	晚更新世末期	0. 34
	E3	8. 40±0. 90	7. 30±0. 81	OSL	全新世	0. 80
	E4	?	1. 90±0. 20	OSL	全新世晚期	

注：表中的古地震期次是指各探槽的地震期次排序。（据柴炽章等，2011）

廖玉华等曾在贺兰山东麓断层北段苏峪口—红果子等处进行过探槽研究，得出全新世以来共发生了 5 次古地震事件（表 38-7），重复间隔为 1. 9~2. 4ka B.P. 。将此结果与南段对比，得出南段的第二次和第三次事件分别对应于北段的第一次事件和第四次事件；北段的第二、三次事件在此次研究中可能因为缺少年龄数据，未揭露出。最新的 1739 年地震在北段的垂直位移平均为 3m 左右，而在大石头沟探槽内均没有反映出，同时填图结果表明，该次地震的地貌特征从小干沟向南已不明显，说明 1739 年地震可能未影响到此处，或者影响较小，所以此处的最新一次古地震事件发生在（3. 00±0. 22）ka B.P. 。

表 38-7 贺兰山东麓断层全新世以来古地震期次

Table 38-7 Paleo-earthquake event on the southern segment of the eastern Helanshan piedmont fault since the Holocene

序号	地震期次	事件发生年代/ka B. P.	复发间隔/ka B. P.
1	E1	8. 24±0. 12	1. 91±0. 14 1. 57±0. 11 2. 09±0. 10 2. 41±0. 05
2	E2	6. 33±0. 08	
3	E3	4. 76±0. 08	
4	E4	2. 68±0. 05	
5	E5	0. 27±0. 00	

（据廖玉华等，1987）

2. 黄河断裂南段灵武断裂古地震活动事件

灵武断裂为一走向 30°~45°转为近南北向、倾向北西、倾角 60°~80°的正断层，最新活动发生在晚更新世末期到全新世初期，在地貌上主要表现为一级或多级断层陡坎；探槽分析结果显示，28ka B.P. 以来断层发生了 5 次古地震事件（表 38-8），其时间分别为（27. 23±0. 32）ka B.P. 、20. 00ka B.P. 左右、（13. 10±0. 06）ka B.P. 、（10. 68±0. 06）ka B.P. 和（6. 00±0. 5）ka B.P. ，时间间隔分别为：第一期和第二期间隔 7000a 左右；第二期与第三期间隔 7000a 左右；第三期和第四期间隔 2000a 左右；第四期与第五期间隔 5000a 左右。5 次事件的最大同震位移分别为 1. 05m、（3. 00±1. 00）m、0. 50m、2m 和 1. 3m。

表 38-8 黄河断裂南段各探槽事件期次、年龄对比

Table 38-8 Event stages and dating of all trenches on the Huanghe fault

探槽名称	各探槽地震期次	测年上限/ka B. P.	测年下限/ka B. P.	测试方法
大泉探槽 Tc6	E1		5. 42±0. 041	
杜木桥探槽 Tc7	E1		119. 20±0. 32	
	E2		10. 40±0. 11	
竹家沟探槽 Tc8	E1		26. 2±0. 51	
	E2		13. 0±0. 105	^{14}C
	E3			
	E4	10. 96±0. 06		
塌鼻子沟探槽 Tc9	E1		18. 80±0. 24	
	E2			
	E3		9. 83±0. 24	
双叉沟探槽 Tc10	E1		27. 90±0. 21	OSL
	E2	27. 9±0. 21	26. 90±0. 59	^{14}C
	E3		11. 20±0. 12	^{14}C
双叉沟南探槽 Tc11	E1			
	E2			
	E3	65. 5±12. 4	5. 10±0. 40	OSL
双叉沟南探槽 Tc12	E1			
	E2		19. 30±1. 60（近）	OSL
	E3			
	E4			
河东机场探槽 Tc15	E1		27. 56±0. 22	OSL
	E2	27. 56±0. 218	24. 93±0. 46	^{14}C
	E3	13. 20±0. 01		OSL
大马蹄沟探槽 Tc16	E1			
	E2			
	E3		16. 60±0. 41	OSL

（据柴炽章等，2011）

二、宁南弧形构造带地震活动特征

（一）现代地震活动特征

宁南弧形构造位于青藏高原北部地震区之西海固地震带，是我国地震活动最强烈的地区之一，以震级大、频率高为特征。

据宁夏地震局资料，本区早在公元前 1000 年就有地震活动记载，但早期的记录不全。自公元 876 年至今，区内先后发生过 54 次中、强地震。其中，8. 6 级地震 1 次，7～7. 5 级地震 5 次，6～6. 9 级地震 12 次，4. 7～5. 9 级地震 32 次。在空间分布上，宁南地震分布很不均匀，中、强地震严格受区内主要活动断裂控制，震中沿活动断裂带分布，其特征见宁南及周边地区中、强地震震中分布图（图 38-37）。

（二）古地震活动事件

宁南弧形构造带古地震活动事件多，尤以海原活动断裂带与天景山活动断裂带最为典型。

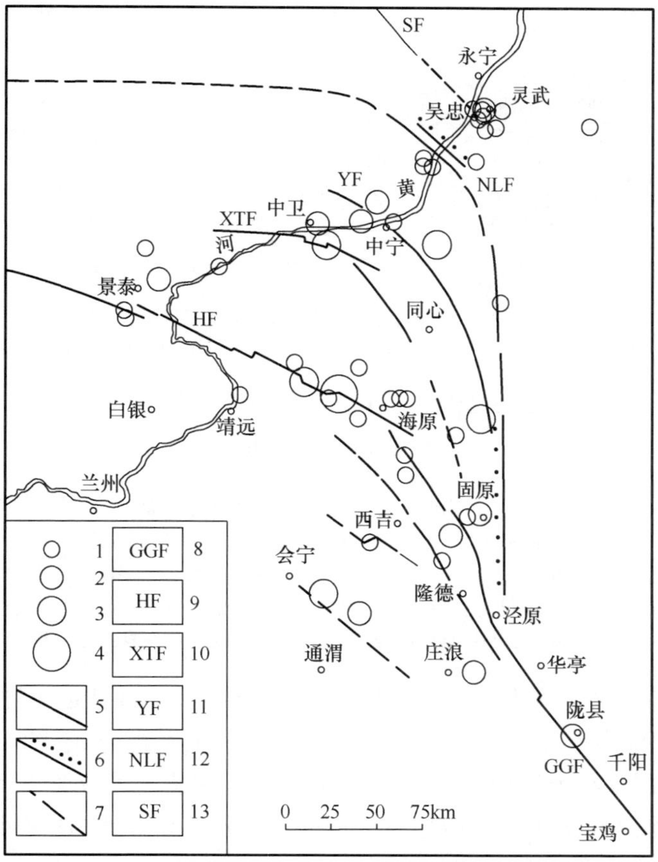

图 38-37　宁南及周边地区中、强地震震中分布图（公元 876 年至 2011 年 8 月）

Fig. 38-37　Medium and large earthquake epicentre distribution map of Ningnan and its adjacent areas

1—4.7<M<6.0 级；2—6.0<M<7.0 级；3—7.0<M<7.5 级；4—M=8.6 级；5—活动断裂；6—隐伏活动断裂；7—推测活动断裂；8—固关-武功县活动断裂带；9—海原活动断裂带；10—天景山活动断裂带；11—烟筒山-窑山活动断裂带；12—牛首山-罗山活动断裂带；13—三关口活动断裂带

1. 海原活动断裂带古地震活动事件

海原断裂是宁南弧形构造最主要的活动断裂带，沿断裂带地表可见地震陡坎、地震鼓包、地震凹槽、雁列张裂缝、黄土滑坡、崩塌、“土林”等地震地表变形现象。为了揭示活动断裂带上的古地震事件，宁夏地震局沿海原断裂带沈家庄西布置了 4 个探槽，其中刺儿沟探槽揭露古地震事件最多（图 38-38）。图中 F_{14-1}、F_{14-2}和 F_{14-3}是海原断裂（F_{14}）在不同时期的次级活动断层 。南探槽剖面（图 38-38a）位于刺儿沟Ⅰ级和Ⅱ级阶地上，出露的地层自下而上可分为 6 层：A、B、C、D、E、F，在 F_{14-3}断层上盘有 4 个大小不一的古断层崖崩积楔：Ⅰ、Ⅱ、Ⅲ、Ⅳ。这些崩积楔在剖面上呈不等边三角形，主要由 F_{14-3}断层下盘的灰绿色、灰白色基岩碎屑组成，向北东迅速尖灭，与前述阶地沉积层（A—F）成交错叠覆关系，界线清楚，颜色分明，不互相过渡或混杂。这 4 个古断层崖崩积楔应代表 4 次断层突然错动事件，即古地震事件。

北探槽剖面（图 38-38b）位于刺儿沟Ⅰ级阶地上，出露的地层自下而上可分为两层：G、I。F_{14-1}断层断面倾向南西，倾角 76°。1920 年海原地震主要沿 F_{14-2}断层活动，在地表形成 0.6m 高的陡坎，在剖面上切割 G、I 层，并在 G 层中形成一个楔形体（Ⅴ），是由次生黄土组成的充填楔，宽 1m，深 1.5m，其上被具有层理的含砾砂土层（H 层）覆盖。它代表 H 层堆积前的一次断裂活动，即一次古地震事件。

在南探槽剖面（图 38-38a）上还包含了几个古人类活动的文化层，即文化层▽1 —▽4，它们为古地震事件的年代确定提供了很好的依据。文化层▽ 1 位于第Ⅲ期崩积楔中下部，^{14}C 年龄值为距

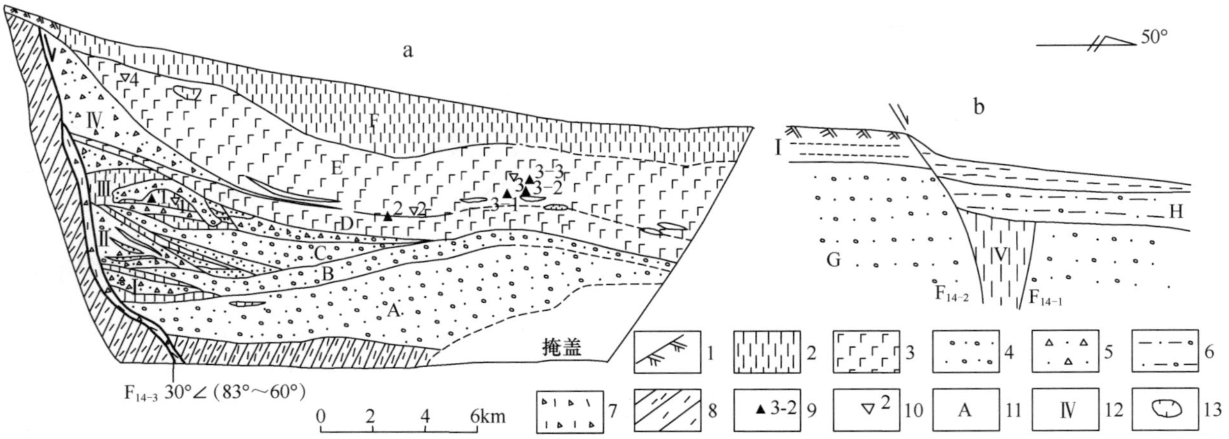

图 38-38　刺儿沟探槽剖面

（据宁夏地震局，1990）

a—南探槽西壁剖面；b—北探槽东壁剖面

Fig. 38-38　Sketch section of trench at Ciergou

1—表土；2—次生黄土；3—含腐殖质亚砂土；4—砂砾层；5—断层崖崩积楔堆积；6—砂土夹砾石；7—断层破碎带；8—中元古界绿片岩；9—^{14}C 取样点及其编号；10—文化层及编号；11—地层编号；12—崩积楔和充填楔编号；13—人工洞穴

今（2660±60）a；文化层▽2 位于第Ⅳ期崩积楔与次生黄土层 E 层之间，^{14}C 年龄值为距今（1925±55）a；文化层▽3 位于黄土层 E 层中下部，从下向上测定的^{14}C 年龄值为距今（1150±65）a 、（1065±60）a 和（1030±50）a；文化层▽4 位于次生黄土层 E 层的顶部，有古窑址废墟、焦釉及烧烤黄土等。第Ⅵ次地震事件即为 1920 年发生的海原 8.6 级地震。根据上述各文化层的^{14}C 年龄值，大致估算出在刺儿沟探槽中的这 6 次地震事件的时间间隔约为 1000 a 左右。

2. 天景山活动断裂带古地震活动事件

为了揭示天景山活动断裂带上的古地震事件，宁夏地震局沿断裂带布置了一系列探槽，对 16 个探槽的古地震分析结果和 38 个古地震年龄数据使用逐次限定法进行综合分析，结果表明天景山活动断裂带古地震活动历史可以追溯到距今 30ka B.P.，但距今 16ka B.P. 以前的数据较少，只有 8 个，约占数据总数的 20%左右，完整性较差。距今 16ka B.P. 以来发生了 6 次古地震事件，古地震的空间分布以一碗泉几何间断为界分为东、西两段，各有 3 次（表 38-9），这两个分段的古地震活动具有不同的时间序列特征、互不干扰，是相对独立的地震破裂段，其稳定性表现在它们各自经历了 2～3 个大震活动周期，并在今后（例如 50a 至 100a）继续维持。由表 38-9 中所列数据可以看到，全新世以来东分段最大重复间隔约 5100a，最小重复间隔约 3115a，平均重复间隔约为 4250a。西分段全新世以来大地震的时间间隔大于 5000a。

表 38-9　天景山活动断裂带的古地震事件

Table 38-9　Paleo-earthquake event of the Tianjingshan active fault zone

分段	序号	事件窗的年龄范围（距今）/ka B. P.	事件的估计年龄（距今）/ka B. P.	与上次事件间隔/a
东分段	Ⅱ	（13.11±1.01）～（13.19±1.07）	13.15±1.04	4600
	Ⅲ	（8.12±0.17）～（8.4±0.6）	8.55±0.72	3115
	Ⅴ	（5.1±0.12）～（5.77±0.28）	5.435±0.2	5135
		1709 年历史地震	300	
西分段	Ⅰ	（14.06±0.125）～25.0	16.41	9905
	Ⅳ	（6.75±0.35）～（6.26±0.3）	6.505±0.32	5555
	Ⅵ	0.7～1.2	0.95	

第三十九章　构造活动与成矿作用

根据全国成矿区带划分（汤中立等，2005），宁夏涉及华北陆块成矿省和祁连成矿省两个Ⅱ级区域成矿单元。在Ⅲ级区域成矿单元中，宁夏位于柴达木-华北板块西部煤、铝、耐火黏土、金、铁、石膏、铬、磷、铝土矿、膨润土、碳酸盐岩成矿区西段与北祁连铜、铅、锌、钨、金多金属成矿带东段的交织复合部位。

在Ⅲ级区域成矿单元中，宁夏北部贺兰山地区属鄂尔多斯西缘坳陷成矿带（Ⅳ级成矿区带）；宁夏东部属鄂尔多斯中生代、新生代油气煤盐类成矿区（Ⅳ级成矿区带）；宁夏西南部属北祁连铜铅锌铁铬钨金多金属成矿带（Ⅳ级成矿区带）。依据上述区域成矿区带划分的大方案，结合宁夏及相邻地区矿产资源的时空分布规律、成矿作用、控矿因素等，可进一步划分出以下Ⅴ级成矿区带：V_1—贺兰山褶断带金、铜、铁、硅石、磷、白云岩、石灰岩、黏土、煤、煤层气成矿带，V_2—银川断陷盆地地热、地下水成矿带，V_3—陶乐-彭阳冲断带白云岩、石灰岩、石膏、黏土、石油、煤、煤层气成矿带，V_4—天环向斜石膏、黏土、石油、煤、煤层气成矿带，V_5—卫宁北山-香山褶断带铜、金、铁、石灰岩、石膏、岩盐、煤、地热成矿带，V_6—西华山-六盘山冲断带铜、金、铅、锌、石膏、岩盐、芒硝、地热成矿带共6个Ⅴ级成矿区带（图39-1）。

第一节　构造活动与沉积成矿作用

沉积矿产是宁夏主要矿产，包括能源、非金属矿产及少量沉积型金属矿产。已发现的矿种有石油、天然气、煤、煤层气、石膏、岩盐、芒硝、石灰石、白云岩、磷、石英（砂）岩、贺兰石及黏土类矿产和沉积型铁、铜、铀矿等。其中石油、天然气主要受三叠系和侏罗系控制；煤、煤层（成）气受上石炭统—下二叠统太原组、下二叠统山西组和中侏罗统延安组控制；石灰岩主要产于下—中奥陶统天景山组；白云岩主要产于中元古界王全口组、中—上寒武统阿不切亥组与下—中奥陶统天景山组；石膏主要产于下石炭统前黑山组和古近系清水营组；岩盐主要产于下白垩统乃家河组；石英（砂）岩、贺兰石主要产于中元古界黄旗口组；黏土及砂矿广布于古近系—新近系中。

一、鄂尔多斯地块西缘沉积成矿作用

1. 元古宙沉积成矿作用

古元古界贺兰山岩群发育一套中深变质的孔兹岩系，遭受角闪麻粒岩相变质，产有金矿；中元古界黄旗口组、王全口组（含铁）碎屑岩-碳酸盐岩建造，遭受浅变质，达低绿片岩相，主产铁矿（王全口铁矿）、冶镁白云岩（青龙山冶镁白云岩矿）、石英（砂）岩（贺兰山俄博梁硅石矿）、贺兰石（小口子）等。

2. 早古生代沉积成矿作用

贺兰山中北段—青龙山及固原等地发育陆源碎屑岩夹浅海相碳酸盐岩建造，区域轻微变质，主要产水泥用石灰岩（套门沟、青龙山西道梁、固原三关口）、化工用石灰岩（干沟）、磷（苏峪口磷矿）、白云岩等矿产；贺兰山南段—卫宁北山—牛首山—香山等地发育大陆斜坡—深海扇相浊流沉积及碳酸盐岩建造，区域轻微变质，有辉绿岩脉侵入，主要产水泥用石灰岩（青铜峡、烟筒山）、化工用石灰岩（天景山）等矿产，局部有金、铜等矿化。

3. 晚古生代沉积成矿作用

沉积建造包括：泥盆纪陆相红色碎屑岩建造，早石炭世滨浅海相含盐碎屑岩—碳酸盐岩建造，晚

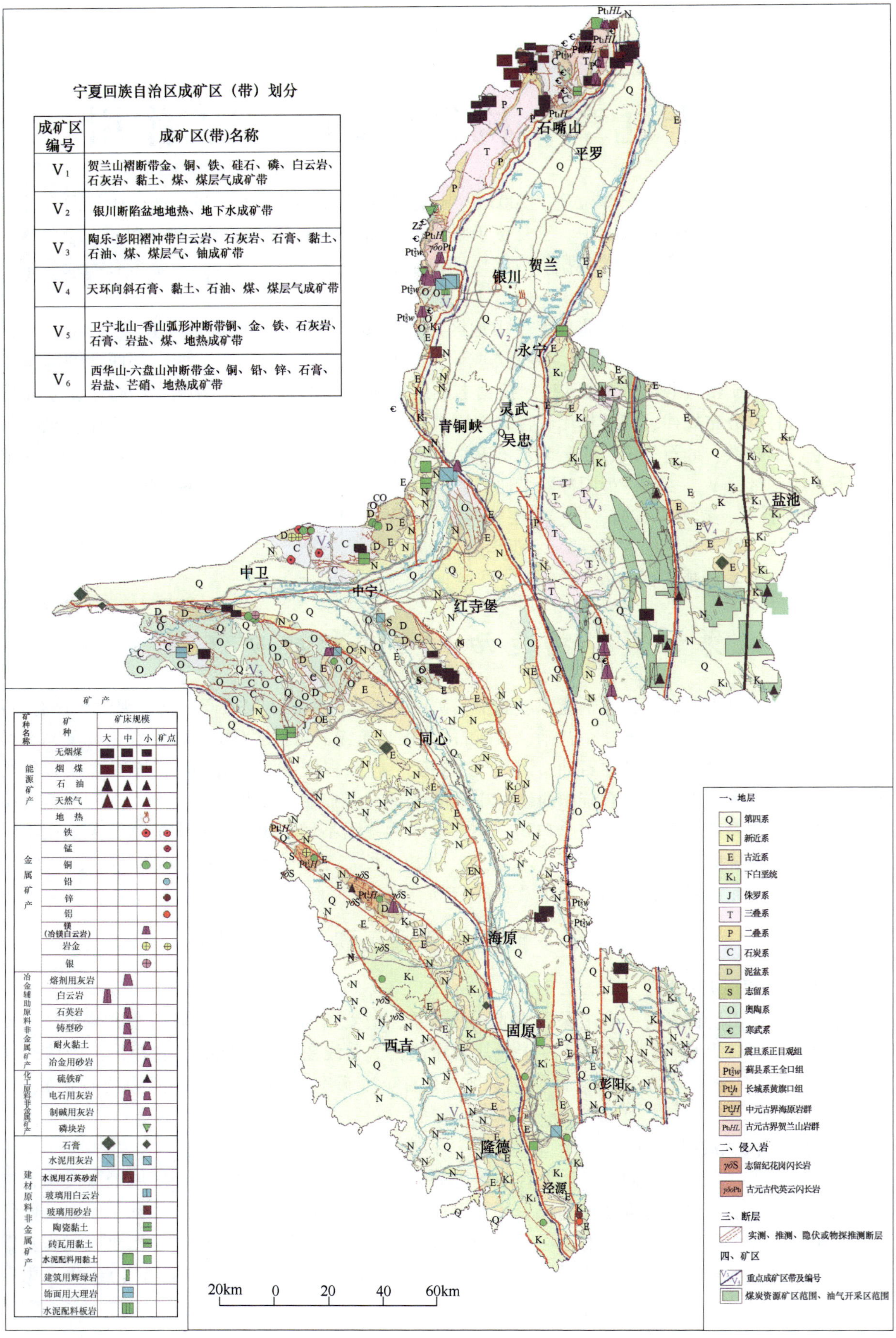

图 39-1　宁夏成矿区带划分图

Fig. 39-1　Division map of the Mineralized zone in Ningxia

石炭世—早二叠世海陆交互相碎屑含煤建造，中晚二叠世陆相碎屑岩建造。主要产水泥用石灰岩、石膏、砂岩型铜矿（狼嘴子铜矿、铜铁沟铜金矿）、铁矿（照壁山、顾家岘等）、煤（宁东煤田横城矿区、红墩子矿区，贺兰山煤田石炭井煤矿区、石嘴山煤矿区，香山煤田等）、铝黏土等矿产。

4. 中、新生代沉积成矿作用

沉积建造包括河湖相碎屑含煤建造和碎屑含盐建造，主要产煤（宁东煤田鸳鸯湖矿区、积家井矿区，贺兰山煤田汝箕沟矿区，宁南煤田等）、油气与铀矿（盐池-彭阳三叠系延长组、侏罗系延安组产石油和直罗组的砂岩型铀矿）、铁矿（卫宁北山新生代沉积改造型铁矿）、铜矿（六盘山群砂页岩型铜矿点）、岩盐、石膏和铀矿化（同心-海原-固原盆地六盘山群、清水营组含丰富的岩盐、石膏矿和铀矿化）等。

二、北祁连海沟系沉积成矿作用

1. 晚前寒武纪—早古生代早期裂谷—弧后盆地沉积成矿作用

海原一带经历中元古代早期中祁连微陆块同阿拉善微陆块之间由大陆裂谷演化而成的大洋岛弧—弧后盆地背景，海原岩群为一套中基性火山岩、火山碎屑岩以及碎屑岩-碳酸盐岩建造，主产金（柳沟、马场金矿）、铜矿（簸箕掌铜矿）、白云岩（乱堆子白云岩矿）等矿产，局部见铅锌、稀土等矿化。

2. 早古生代中期洋盆和沟弧盆沉积成矿作用

宁南邻区甘肃景泰发育巨厚的海相火山岩-碎屑岩建造，下古生界区域轻微变质；北祁连有大规模与海相火山岩有关的多金属成矿作用发生（白银等地）；宁夏地区可能形成铁、金、铜等的矿源层，在西华山、南华山见金、铜、硫铁矿多金属成矿。

3. 早古生代晚期—晚古生代早期俯冲造山和碰撞造山阶段沉积成矿作用

祁连地区早志留世开始残留海盆不断狭缩，到晚志留世末最终闭合；晚志留世和泥盆纪发育磨拉石建造；加里东晚期至早华力西期中酸性岩浆岩侵入，产砂岩型铜矿（甘肃天鹿铜矿）、金矿等。

4. 祁连陆内构造阶段沉积成矿作用

经历了上叠盆地期（早石炭世一三叠纪）和盆-山构造期（侏罗纪—现代）两个阶段，主产煤、铁、石灰岩、石膏、铝黏土矿等，但涉及区域小，沉积成矿作用弱。

第二节　构造活动带与内生矿产

宁夏内生金属矿产种类主要有金、银贵金属和铁、铜、铅、锌等多金属矿，分布比较分散，规模小，多为矿点、矿化点，仅个别达到小型工业矿床。矿点、矿化点相对比较集中的地区主要有贺兰山北段、卫宁北山地区、香山—米钵山地区、西华山—南华山地区、六盘山东麓、三关口—秋千架—沙南峡以及隆德崇安等地。

在已发现的金属矿床和矿点中，共有小型金矿床 4 个、小型铜矿床 3 个、小型铁矿床 6 个和小型硫铁矿 2 个，以及金、铁、铜、铅、锌矿（化）点 30 多个。

上述矿床、矿点在宁夏区域分布上虽比较分散，但也显示了与宁夏各构造单元间的一定联系和规律（见图 39-1）。现按构造单元总结宁夏内生金属矿产类型与分布。

一、贺兰山褶断带的内生金属矿产

贺兰山褶断带位于华北陆块鄂尔多斯地块西缘冲断构造带北段，近南北向（深）大断裂及北北东向大断裂构成了贺兰山褶断带的边界，这些深大断裂形成时代早，活动时间长，控制着沉积和岩浆建造类型、时空分布及其演化，带内古元古界韧性剪切带发育。带内以大面积出露古元古代变质岩为主要特征，其上保存有中元古界黄旗口组、王全口组，震旦系正目观组、兔儿坑组，寒武纪—奥陶纪地层，晚石炭世—早白垩世地层和新生代地层等。带内岩浆岩发育有古元古代与古生代的花岗岩、辉石橄榄岩、辉石岩、辉长岩、闪长岩、正长岩等和中生代的花岗闪长岩、玄武岩等。该带内金属矿产中金、铜、铁均有小型矿床产出，代表性矿床有梁根金铜矿、王全口铁矿等，另外还有较多的铬、钛、镍、铜、铅矿（化）点分布。上述金属矿床（点）在区域分布上主要受古元古代、古生代地层和断裂构造以及岩浆岩控制，其中古元古界贺兰山岩群变质岩系与石炭系含金铜矿化，中元古界王全口组产铁矿等，基性—超基性岩与中酸性岩浆岩含铬、钛、镍、铜、铅矿化。

需要指出，贺兰山褶断带的众多中、新生代以来形成和重新活动的断裂、褶皱等构造，绝大多数与内生矿产没有成因上的关系，只是重新对先成矿产的空间产出位置和形态变化起作用。少数构造还对先成矿产起到破坏作用。

二、卫宁北山褶断带、牛首山-罗山冲断带的内生金属矿产

位于宁南弧形构造带北、东部的卫宁北山褶断带、牛首山-罗山冲断带，主要由前缘隆起和后缘坳陷盆地构成。在推覆体前缘隆起的科学山、卫宁北山、牛首山和大罗山等断块山体，主要由下古生界和少量上古生界构成，沿两组断裂和节理充填有含铜石英脉出现。带内出露地层主要有古生界、中生界和新生界，其中金属矿化大都出现在古生界分布区。带内发育东西向—北西向线形褶皱和同向断裂，还有北北东和北北西向两组断裂和节理，并有燕山期闪长玢岩脉侵入，沿该组构造金属热液成矿较明显，发现铜、金、银、铅、锌多处矿化（点），其中金场子-二人山金、银、铅、锌多金属矿化区与照壁山铁、铜矿化区，正是受该组构造控制。另外，在铜铁沟还发育有一条多期活动的南北向断裂，延伸大于10km，该断裂东侧局部有香山群构成的隆断山体，北段多处出现华力西—印支期中酸性侵入岩，铜铁沟-双疙瘩铜、铅、锌矿化带即位于该南北向断裂带的隆断山体范围内。

在该构造单元内，金属矿产类型主要为中—低温热液和表生氧化淋滤作用下形成的小型铁矿（赤铁矿、褐铁矿）、小型金矿、小型铜矿和小型硫铁矿，以及多个矿（化）点，这些矿床（点）的分布主要集中在卫宁北山地区，代表性矿床有中卫照壁山铁矿、中卫金场子金矿和中宁铜铁沟铜矿床等。依据控矿因素分析：铁矿的赋矿围岩主要为上石炭统羊虎沟组碎屑岩、灰岩及泥质岩，其次是下石炭统臭牛沟组石英砂岩、钙质砂岩和粉砂岩，矿化受层间断裂和裂隙控制明显，反映了地层与构造两种因素控制成矿的特点；金、铜矿的围岩主要为下石炭统前黑山组和臭牛沟组石英岩状砂岩、钙质粉砂岩或粉砂质泥岩，以及上泥盆统中宁组粉砂岩、砂岩和泥质粉砂岩，矿化受断裂破碎带控制明显。

与贺兰山褶断带不同的是，卫宁北山褶断带、牛首山-罗山冲断带中，除众多古生代形成的褶皱、断裂与内生矿产关系密切外，中生代早期（燕山期）形成或叠加的断裂、褶皱等构造，目前看来与内生矿产也是有密切关系的。而白垩纪以来形成或重新活动的断裂（逆冲推覆构造）、褶皱等构造，绝大多数与内生矿产没有成因上的关系，只是重新对先成矿产的空间产出位置和形态变化起作用。少数构造还对先成矿产起到破坏作用。

三、香山褶断带、烟筒山-窑山冲断带的内生金属矿产

位于宁南弧形构造带中部的烟筒山-窑山冲断带和香山褶断带，主要由香山、烟筒山、窑山、小关山等断块隆起和中新生代类前陆与断陷盆地构成，前缘的主滑断裂分别为天景山断裂、烟筒山-窑山断裂、小关山东麓断裂。香山褶断带、烟筒山-窑山冲断带主要由下古生界浅海相碳酸盐岩及次深海浊流沉积构成，其次是零星上古生界海陆交互相及陆相碎屑岩，局部有加里东期浅成脉岩发育，但规模不大。小关山断块隆起，总体呈南北向排列，主要由下古生界寒武系—奥陶系碳酸盐岩构成，在张家台的石嘴子有晋宁早期花岗斑岩出露。该构造区金属矿产中铜、铁均有小型矿床产出，代表性矿床有中卫腰岘子铜（银）矿，石盖沟铁矿和顾家岘铁矿，另外还有较多的铜、铅矿（化）点分布。上述金属矿床（点）在区域分布上主要受古生界地层和断裂构造（特别是层间断裂）控制，其中铁矿（点）主要出现在奥陶系和石炭系两个层位；铜、铅矿化主要出现在奥陶系和泥盆系中，部分矿化在白垩系。

总体来看，以上两个构造带内的内生金属矿产主要与古生代地层、褶皱、断裂等密切相关，而与中生代以来的逆冲推覆构造没有成因关系。

四、景泰-海原弧后盆地的内生金属矿产

该构造区主要包括西华山-六盘山冲断带和兴仁-海原坳陷盆地，由崛岘山、南华山、西华山、黄家洼山、月亮山和六盘山等断块山及其间的中新生代洼地构成。带内出露最老地层为中元古界海原岩群，原岩为海相碎屑岩、碳酸盐岩-中基性火山岩建造，为本区最主要的金、铜矿化层；分布最广的地层为下白垩统六盘山群、古近系清水营组、新近系彰恩堡组、干河沟组。带内岩浆岩发育，沿边界断裂带上有加里东期超基性岩和中酸性岩浆侵入，在南华山两侧有5个花岗闪长岩岩株；山体内见较多基性岩、辉绿岩脉、闪长岩脉、花岗闪长岩脉、花岗岩脉、钠长岩脉、煌斑岩脉、石英脉、长英岩脉、方解石脉等，它们侵入于中元古界海原岩群中，其上被志留系不整合覆盖。这些岩浆岩与该带内生金属矿产关系密切，在该带分布有海原柳沟和马场沟小型金矿床2个，金矿（化）点3个；铜矿（化）点10余个；小型铅锌矿1个（杨家岭铅锌矿）；小型硫铁矿1个。在这些矿床（点）中，金矿化主要受中元古界海原岩群和剪切带断裂构造控制；铜矿（化）点主要受海原岩群和断裂构造以及下白垩统六盘山群和尚铺组、李洼峡组碎屑岩、碳酸盐岩地层控制；硫铁矿化主要受中元古界海原岩群和剪切带断裂构造控制；铅锌矿化主要与断裂构造有关。

显然，本构造带是宁夏重要的内生金属矿产区，成矿主要受早古生代活动的深大断裂与岩浆岩等控制。中生代以后的逆冲推覆构造则对先成的内生矿产造成强烈的改造、位移或破坏。

五、白银-西吉岛弧的内生金属矿产

白银-西吉岛弧在宁夏区内仅由西吉坳陷盆地构成，接受中新生代沉积。根据以往钻探结果，坳陷盆地基底有元古宇和早古生代深海相火山岩沉积以及加里东期中酸性岩浆岩侵入，在甘肃白银—庄浪地区有白银大型铅锌铜多金属矿床、蛟龙掌中型铜多金属矿床产出，其成矿主要与下古生界火山岩和加里东期中酸性岩浆岩有关。

第三节　区域成矿演化

一、成矿时代特征

宁夏已发现的矿产地和矿（化）点的成矿时代跨越了古元古代到中新生代。重要的内生金属矿如铜（银）矿、金矿、铁矿的成矿时代主要为加里东期、华力西期和印支—燕山期。在沉积矿产中，主要有长城系的硅石矿，蓟县系的白云岩矿，奥陶系的石灰岩矿，石炭系—二叠系和侏罗系煤矿、石膏、耐火黏土和陶瓷土，三叠系延长组和侏罗系延安组的石油、天然气，下白垩统六盘山群的岩盐、芒硝、石膏和渐新统清水营组的石膏矿等（表39-1）。

二、区域成矿演化

作为一类特殊的岩石建造——矿床，它的形成是与特定的地质构造背景相联的，也就是说一个地区区域构造的演化在很大程度上控制了区域成矿的面貌，区域成矿的演化也就必然地与区域构造演化联系在一起。

宁夏位于柴达木-华北板块中部南缘，处在华北陆块/鄂尔多斯地块、阿拉善微陆块与祁连早古生代造山带的结合部位，其区域成矿的演化具有华北区和祁连区两种表现。

在华北陆块区，区域成矿的总体演化经历了前寒武纪早期与条带状硅铁建造有关的成矿演化阶段（铁）—中、新元古代与华北陆块鄂尔多斯地块西缘边缘坳陷作用的成矿阶段（白云岩、石英砂岩

与铜铅锌稀土等）—早古生代沉积成矿演化阶段（磷、石灰岩、白云岩等）—晚古生代沉积成矿演化阶段（煤铝铁黏土）—中新生代盆地演化阶段（石油、天然气、煤、内生金属、贵金属）。与柴达木-华北板块总体成矿演化相比，宁夏前寒武纪区域成矿表现并不明显，只有少量金、铁矿产出。就古生代而言，宁夏发育的地层建造基本可与华北陆块内部对比，因此，反映古生代被动大陆边缘区域成矿的记录也显示了古生代沉积成矿演化阶段（磷、石灰岩、白云岩与煤铝铁黏土等）以及中新生代盆地演化与陆内活化演化阶段（石油、天然气、煤、内生金属）的特点。

表 39-1　宁夏各时代地层、岩浆岩与矿产分布

Table 39-1　All times stratigraphy, magmatic rocks and the relation of mineral distribution in Ningxia

成矿时代		含矿岩系	矿种名称
新生代		地层	石膏、盐类、建筑砂石、黏土矿产等
白垩纪	早白垩世		砂岩型铜矿、石膏、岩盐、芒硝、黏土、油页岩
侏罗纪			煤、煤层气、石油、天然气、石英砂岩、陶瓷土、铀矿化
三叠纪			陶瓷土、石油、天然气
二叠纪			煤、煤层气、天然气、耐火黏土
石炭纪	晚世		煤、煤层气、耐火黏土、陶瓷土、油页岩、铁矿
	早世		石膏、石灰岩、铁矿
泥盆纪			铜（银）矿、金矿、铁矿
奥陶纪			白云岩、石灰岩（水泥用石灰岩、化工用石灰岩、电石用石灰岩）
寒武纪			石灰岩、白云岩、磷块岩
蓟县纪			冶镁白云岩、石英砂岩
长城纪			石英（砂）岩、贺兰石、金矿、银矿、铜矿
中元古代			石英（砂）岩、白云岩、贺兰石、金矿、银矿、铜矿
华力西—燕山期		岩浆岩	铁矿、金矿、银矿、铜矿
加里东期			硫铁矿、金矿、铜矿

在祁连早古生代造山带，景泰-海原弧后盆地和白银-西吉岛弧单元内成矿作用在时间演化上具有多期性和不均一的特点（肖朝阳等，2003），成矿时间从元古宙延续到第四纪，前寒武纪、加里东期、华力西期、印支期、燕山期、喜马拉雅期等各个时代均有矿床（点）的形成或矿化产出，但各个时代的成矿强度不均一。加里东成矿期是该区的成矿高峰期，其次是华力西成矿期和前寒武纪成矿期。主要发育早古生代活动型建造和构造-热事件，区域成矿的总体演化经历了晚前寒武纪—早古生代早期裂谷成矿演化阶段（铁铜）—早古生代中期洋盆和沟弧盆成矿演化阶段（铅锌铜银多金属）—早古生代晚期—晚古生代早期俯冲造山和碰撞造山成矿演化阶段（铜金钨钼），区内的大中型铁、铜、钨、铅、锌矿床主要形成于加里东期和前寒武纪两大成矿旋回，而加里东晚期—华力西期则是金矿的重要富集期。印支—燕山—喜马拉雅期也有区域成矿表现，但总体较弱，主要形成小矿床和矿点。祁连造山带是一个复合型的造山带，经历了大陆裂谷、洋壳消减俯冲、弧-陆碰撞、陆-陆碰撞和陆内推覆等构造作用，有的矿床是多期次形成的，后期叠加、改造现象十分普遍，使一些矿床显示多期多阶段的成矿特点。由于宁夏仅跨祁连早古生代造山带东端，涉及少部分走廊弧后盆地（景泰-海原弧后盆地）和走廊南山岛弧（白银-西吉岛弧），与祁连造山带主体成矿相比较弱。

依据上述华北陆块与祁连早古生代造山带区域成矿演化，结合宁夏特殊的大地构造位置，以及前述的总体构造演化的 5 阶段特征，总结宁夏的区域成矿演化如表 39-2 所示。

表 39-2　宁夏区域成矿演化简表

Table 39-2　Regional mineralized evolution in Ningxia

成矿演化阶段	时间	构造背景	建造类型	区域成矿表现
华力西期中晚期—中新生代成矿演化阶段	早石炭世—现代	祁连陆内构造阶段，经历了上叠盆地期（早石炭世—三叠纪）和盆-山构造期（侏罗纪—现代）两个阶段；华北表现为以滨浅海—海陆过渡—陆相盆地沉积为主的演化	陆棚浅海碳酸盐和碎屑岩建造；海陆交互相碎屑含煤建造；陆相碎屑含煤建造；华力西—印支—燕山期脉岩和小岩体	煤、油气、油页岩、石膏、岩盐、芒硝、石灰岩、铁矿（照壁山等）、金矿（金场子等）、铜矿（六盘山铜矿点等）
加里东晚期—华力西期早期成矿演化阶段	志留纪—泥盆纪	碰撞造山阶段，祁连地区早志留世开始残留海盆不断狭缩，到晚志留世末最终闭合	晚志留世磨拉石建造和泥盆纪陆相红色碎屑岩建造；下古生界区域轻微变质；加里东晚期至早华力西期中酸性岩浆岩	砂岩型铜矿（腰岘子铜矿）、热液型金矿（柳沟金矿）
加里东中—晚期成矿演化阶段	晚奥陶世	俯冲造山阶段，祁连地区俯冲造山，中奥陶统之前地层褶皱与断裂，西华山—南华山地区南北的挤压引起韧性剪切	香山群深海扇复理石建造；背锅山组浅海相碳酸盐建造	石灰岩，西华山、南华山金铜硫铁矿成矿
加里东早—中期成矿演化阶段	震旦纪—奥陶纪	洋盆和沟弧盆阶段，祁连地区经历了大陆裂解—裂谷—沟弧盆系大洋的发展过程，形成板块构造格局。宁夏中北部中奥陶世进入深拗陷发育阶段	南西部邻区甘肃景泰发育巨厚的海相火山—碎屑岩建造；贺兰山南段—卫宁北山—牛首山—香山等地发育大陆斜坡相浊流沉积及碳酸盐建造；贺兰山中北段—青龙山及固原等地发育陆源碎屑岩夹浅海相碳酸盐建造	石灰岩、白云岩、磷矿，北祁连有大规模与海相火山岩有关的多金属成矿作用发生（白银等地）；宁夏可能形成铁、金、铜等的矿源层
前寒武成矿演化阶段	古元古代—中、新元古代	鄂尔多斯地块西缘贺兰山—青龙山地区：古元古界贺兰山岩群孔兹岩系，中、新元古代边缘拗陷的成矿作用阶段；宁南海原一带：岛弧—弧后盆地成矿演化阶段，经历中元古代早期祁连微陆块同阿拉善微陆块之间由大陆裂谷演化而成的大洋岛弧—弧后盆地背景	古元古界贺兰山岩群孔兹岩系，中、新元古界黄旗口组、王全口组滨浅海相碎屑岩—碳酸盐建造，海原岩群中基性火山岩、火山碎屑岩以及碎屑岩-碳酸盐建造	古元古界贺兰山岩群中金矿，中、新元古代铁矿、白云岩、石英砂岩、贺兰石等；海原岩群中金、铜、白云岩矿产

第四十章　区域地质发展史

第一节　新太古代—古元古代阶段

新太古代—古元古代（2800~1800Ma）为华北古陆块形成阶段。新太古代末统一的华北、塔南高级变质地体被一组北东走向、地壳尺度的左行韧性剪切带沿东西方向拆离，阿拉善变质结晶基底在华北和塔南地体之间形成，位于华北古陆块西缘的贺兰山地区古元古代时期接受了陆缘环境三角洲相的砂泥质夹碳酸盐岩沉积。可能包括被改造的太古宙岩石残片和增生的古元古代组分（贺兰山岩群石榴堇青钾长片麻岩中的岩浆成因锆石两个最老 SHRIMP U-Pb 年龄（2949±13）Ma 与（2520±13）Ma（周喜文，耿元生，2009）表明本区存在太古宙的岩浆活动记录）。而贺兰山以西的巴彦乌拉山地区则表现为活动类型的陆缘碎屑岩夹基性—中酸性火山岩建造（巴彦乌拉山岩组）。古元古代晚期拗陷褶皱造山，吉兰泰韧性断裂将华北结晶基底与阿拉善结晶基底焊接在一起。此期是贺兰山岩群、巴彦乌拉山岩组发生主期变质、变形的时期，石榴堇青二长片麻岩的锆石 SHRIMP U-Pb 年龄（1950±8）Ma（周喜文，耿元生，2009）代表该期变质年龄；经中—深变质形成贺兰山岩群一套较典型的孔兹岩系。几乎与此期变质变形同时或略早/晚，发生了强烈的混合岩化或同碰撞型花岗岩侵入，形成了花岗质片麻岩（锆石 TIMS 法 U-Pb 年龄为（1981±20）Ma）、闪长质片麻岩（锆石 SHRIMP U-Pb 年龄为（1920±7）Ma（耿元生，2007））、含斑黑云母花岗岩（锆石 SHRIMP U-Pb 年龄为（1940±11）Ma 和（1955±20）Ma（耿元生，2006））、含石榴子石花岗岩（锆石 SHRIMP U-Pb 年龄为（2047±42）Ma）沿片麻理大量侵入，形成贺兰山北段面积达 200 余平方千米的浩尧尔花岗岩（似斑状黑云母花岗岩）岩基和黄旗口英云闪长岩岩基（锆石 SHRIMP U-Pb 年龄为（2003±10）Ma、（2007±19）Ma、（1976±18）Ma；LA-ICPMS 锆石 U-Pb 年龄为（2067±60）Ma、（2051±40）Ma 和（2051±21）Ma）及周边白杨沟小岩体（锆石 U-Pb 年龄为（2046±29）Ma）、赵池沟岩体（锆石 U-Pb 年龄为（1962±24）Ma），它们代表华北西部古元古代中晚期构造-岩浆热事件早期阶段的产物，标志着华北古陆块克拉通化结束和华北-塔南超级大陆形成（图 40-1；表 40-1）。另外对黄旗口岩体北部英云闪长岩中锆石 U-Pb 同位素分析获得的$^{207}Pb/^{206}Pb$年龄为（1905±48）Ma，说明黄旗口岩体是不同时期多次侵位的复式岩体。耿元生等（2009）总结华北克拉通北缘存在一条古元古代晚期的花岗岩带，该带中的花岗岩主要形成于 3 个阶段，第一阶段大于 2.0Ga，第二阶段主要出现在 2.0~1.87Ga，第三阶段在 1.85~1.80Ga 期间侵位。周喜文和耿元生（2009）也在贺兰山孔兹岩中发现了大量 2.0Ga 的岩浆型锆石。上述大量年龄线索都支持贺兰山地区在古元古代晚期发生过不止一次的岩浆热事件，黄旗口花岗质岩体中即记录了多次岩浆活动信息。

分析贺兰山地区上述岩体年龄，可与华北克拉通北缘 3 个阶段的花岗岩活动（耿元生等，2009）对比，并对应古元古代晚期造山过程的不同阶段。2.01Ga 以前，华北西部陆块并未完全闭合，处于拉伸的构造背景，发育裂谷或裂陷带；2.01~1.92Ga 时宁夏贺兰山（华北克拉通西部）经历了一次挤压构造事件，同时造成华北克拉通西部、中部、北部和东部的陆块以活动带为边界的碰撞（翟明国，2011；Zhao et al.，2005），此次大规模构造事件导致了花岗质岩浆的活动，新生地壳物质的熔融形成了华北北缘广泛分布的 2.0~1.92Ga 的花岗质岩石。1.92~1.8Ga 的花岗质岩石形成于西部陆块的南北地块碰撞后造山过程中的伸展环境，主要受控于造山运动之后的陆内岩石圈伸展裂解的地球动力学背景中，在拉张引起的减压作用和幔源基性岩浆底侵带来的热量的持续影响下，太古宙—古元古代古老地壳发生深熔作用形成壳-幔混合岩浆。受岩石圈间歇性拉张的影响，混合岩浆在上升过程中一方面同化中上部地壳围岩，一方面经历高程度的分异演化，并在深部侵位，即形成黄旗口花岗质复式岩体（以英云闪长岩为主）及贺兰山北段的黑云母花岗岩（1701~1889Ma）、南段大战场花岗闪长岩（1849~1854Ma）。综上，这些岩体应该是华北克拉通西部陆块古元古代中晚期造山作用不同阶段的产物。

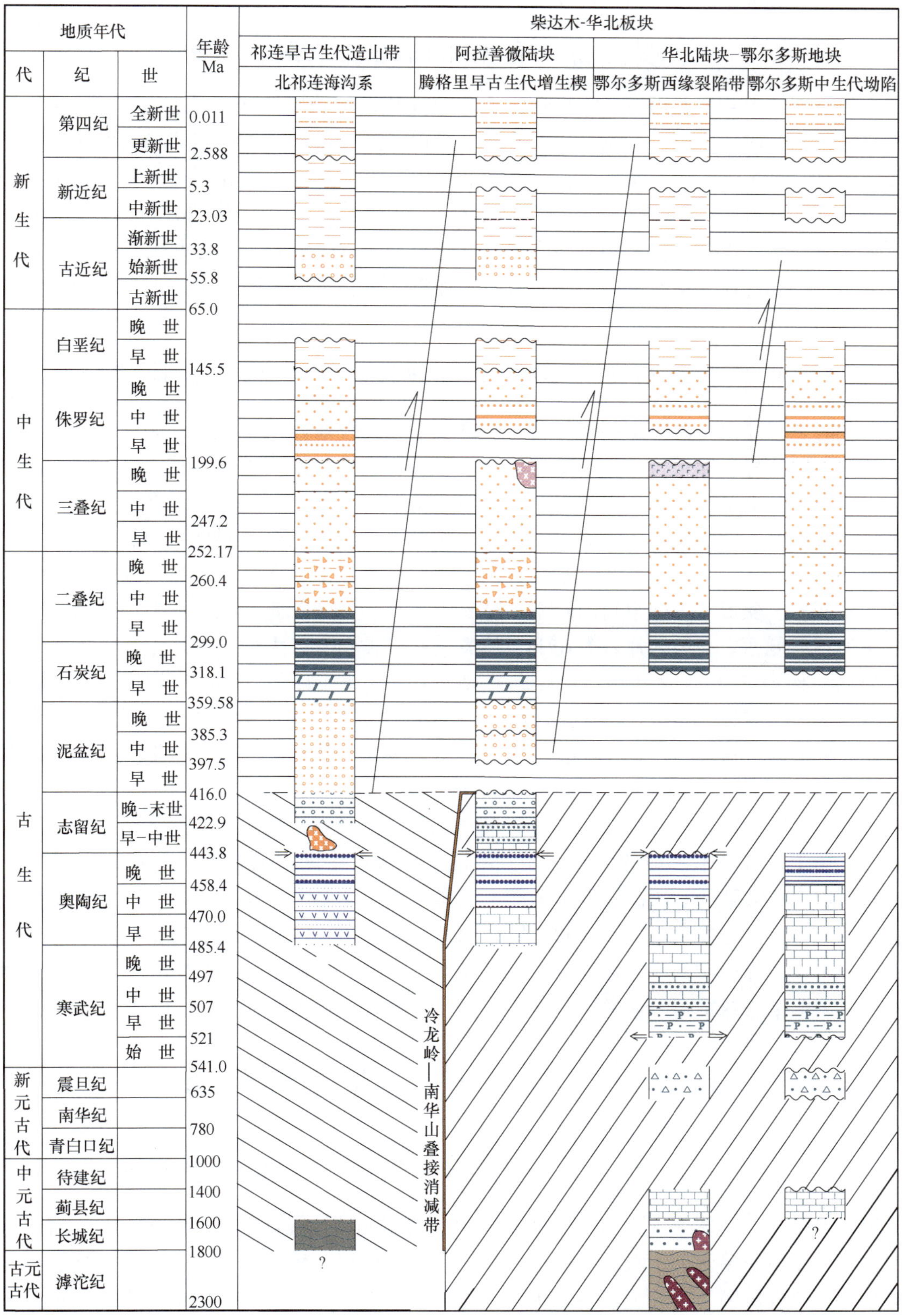

图 40-1　宁夏构造演化时空流程图

Fig. 40-1　Space-time process of tectonic evolution in Ningxia

第二节　中元古代—青白口纪阶段

自古元古代晚期华北陆块形成以后，贺兰山—青龙山地区和北祁连东段西华山—南华山地区便进入了各自不同的盖层沉积和构造演化阶段。

一、贺兰山—青龙山陆缘盆地演化阶段

中元古代时贺兰山—青龙山—云雾山地区为华北陆块西缘稳定陆缘（克拉通），早期华北克拉通西缘发生拉张沉陷形成贺兰山—青龙山陆缘盆地，沉积了滨海相陆源碎屑岩建造的黄旗口组；在陆缘盆地南段泾源县石嘴子侵入了花岗斑岩，为高硅准铝质—弱过铝质A型花岗岩，具有造山期后岩浆地球化学特征，其锆石U-Pb年龄为1778~1788Ma（王成等，2012；高山林，2012），代表了华北克拉通西部中元古代早期贺兰山陆缘盆地的伸展作用，可能与古元古代末期—中元古代早期Columbia超大陆裂解过程有关。中元古代晚期贺兰山陆缘盆地海水加深，沉积范围不断扩大，形成了台地相碳酸盐岩建造的王全口组。

二、北祁连东段西华山—南华山地区岛弧—弧后盆地演化阶段

中元古代时黄家洼山—西华山—南华山一带位于华北克拉通西南缘，发育海原岩群一套由钠长云母片岩—钠长石英片岩、绿片岩—角闪质岩、大理岩类等组成的变质岩系，其原岩下部为碳酸盐岩夹中基性火山碎屑岩，上部为以杂砂岩类为主的复理石夹火山岩沉积，厚度达5000m以上，代表北祁连古海槽岛弧—弧后盆地相中低变质碎屑岩-火山岩-碳酸盐岩沉积组合。根据海原岩群所含火山岩的稀土元素、微量元素特征研究，海原岩群基性火山岩、次火山岩形成于岛弧—弧后盆地构造环境，属活动型沉积。主变质、变形期为绿帘角闪岩相，经多期变形、变质叠加改造，新生面理及韧性断层发育，内部地层序列不易复原。一般绿片岩类在下，长英质片岩类在上，大理岩类居中，三大基本岩类被韧性剪切带分割，构成3个构造岩石地层单位：南华山岩组、园河岩组和西华山岩组。另据冯益民等（2002年）研究，北祁连的熬油沟蛇绿岩代表中元古代早期祁连地块同阿拉善微陆块之间一个由大陆裂谷演化而成的大洋盆地，发育在南、西华山一带的中元古代岛弧—弧后盆地应是该大洋盆地的一部分。

中元古代晚期的四堡运动（晋宁运动Ⅰ）使华北克拉通与祁连地块之间的大洋盆地褶皱隆起，使华北、祁连、扬子、塔里木等地的大陆壳相互联结，形成古中国大陆（罗迪尼亚超大陆的一部分），它是形成罗迪尼亚超大陆的一次碰撞造山运动。四堡运动使宁夏南部经历了第一期（主期）变形、变质作用，使海原岩群广泛发生构造置换和变质（绿帘角闪岩相）作用，原生层理S_0被新生轴面片理S_1所置换，形成中元古界褶皱基底。在西华山海原岩群绿片岩中所获Rb-Sr等时年龄为（1128±209）Ma、在头岔沟海原岩群钠长绿帘角闪岩中所获Rb-Sr等时年龄为（1020±106）Ma，代表了该期变质年龄。

第三节　南华纪—三叠纪阶段

一、扬子旋回（南华纪—始寒武世（780~521Ma））

南华纪（780Ma~635Ma）时，贺兰山地区抬升，遭受剥蚀。震旦纪（635~541Ma）时，贺兰山局部地区发育山岳冰川，接受了冰水沉积的正目观组、兔儿坑组冰碛砾岩、含砾板岩、板岩，震旦系与下伏蓟县系为不整合接触。震旦纪末—始寒武世（541~521Ma）时，贺兰山地区再一次抬升，遭受剥蚀，下寒武统与下伏震旦系为平行不整合接触，代表兴凯运动在本区的响应。在北祁连，震旦系—寒武系以大陆裂谷火山-沉积为主（夏林圻等，1996）。新元古代早期（青白口纪末）北祁连东段宁夏南

部地区经历了第二期变形（Dn2）、变质作用，它是罗迪尼亚超大陆裂解的先兆，是在伸展构造体制下的地壳较深层次中，以发育褶叠层构造和绿片岩相退变质作用为特征，叠加在第一期变形之上，以第一期变形片理 S_1 为变形面。在顺层韧性剪切带中，新生的糜棱面理 S_2 置换了 S_1；在顺层掩卧褶皱中，新生的轴面片理 S_2 置换了 S_1。在路沟湾海原岩群糜棱岩化绿泥钠长片岩中所获 Rb-Sr 等时年龄（800±40）Ma，代表了该期韧性动力变质的年龄。

二、加里东旋回（早寒武世—志留纪（521～416Ma））

（一）裂陷沉降阶段（早寒武世—奥陶纪晚期）

区域资料综合研究表明，新元古代—早古生代，柴达木-华北板块南缘处于拉张环境，中祁连与柴达木-华北板块分裂拉开，陆壳解体，逐步发育成秦岭-祁连裂谷系，祁连和秦岭两支裂谷迅速开裂发育成洋盆（夏林圻等，1998，2000；冯益民等，1996，1997；宋述光，1997）。北祁连裂陷槽在寒武纪经历了相当长的大陆裂谷体制演化阶段，至早—中奥陶世发展成沟-弧-盆体系的成熟大洋。早古生代中晚期，由于大陆动力学机制的改变，洋盆俯冲消减，使包括宁夏南华山—西华山以南地区在内的北祁连俯冲带以北形成较完整的沟-弧-盆体系。在俯冲带以北广大区域为白银-西吉岛弧和景泰-海原弧后盆地。白银-西吉岛弧西部白银地区古生代火山岛弧带，主要发育奥陶系阴沟群—中堡群深海—次深海相浊流沉积，由陆源碎屑浊积岩夹碳酸盐岩、泥质岩、硅质岩和火山岩、火山碎屑岩等组成，其火山岩组合为碱性系列和玄武岩-安山岩-英安岩（斜长流纹岩）组合，具岛弧和活动大陆边缘的火山岩共生组合特征，形成了阴沟群火山岩（偏基性、超基性）-碎屑岩建造和中堡群的碳酸盐-火山岩-火山碎屑岩-碎屑岩建造。宁夏与之对应的西吉盆地基底也发育一套早古生代火山岩-碎屑岩组合，应属白银-西吉岛弧沉积。由俯冲带向外侧，形成下奥陶统阴沟群岛弧拉斑玄武岩与中奥陶统中堡群的碱性粗面岩，反映岛弧的成熟发展过程。在岛弧以北老虎山—米家山一线到宁夏海原西华山—南华山一带，为景泰-海原弧后盆地，发育洋脊和岛弧过渡类型火山岩，并发育较完整的蛇绿岩套，在弧后盆地靠近岛弧一侧米家山一带有岩浆弧花岗岩，皆为弧后扩张的产物。从奥陶纪火山岩空间分布来看，由南而北依次为岛弧拉斑玄武岩→碱性粗面岩→洋脊拉斑玄武岩，反映由俯冲带向北，为岛弧、弧后盆地、弧后大陆的展布形式。因此，早中奥陶世为北祁连沟-弧-盆发展时期。中奥陶世末，古浪运动使北祁连地壳上升，在古浪峡、武威一带分别造成妖魔山组、天祝组不整合于中堡群、车轮沟群之上。而靠近华北大陆的河西走廊香山—贺兰山一带则是柴达木—华北板块南缘的香山寒武纪—奥陶纪陆缘斜坡盆地与贺兰山—青龙山寒武纪—奥陶纪坳陷带，并不是插入柴达木-华北板块南缘的楔形夭折谷，这一短小坳陷带与陆缘斜坡盆地具有新生的大西洋型大陆边缘的性质，其充填演化显示出较明显的阶段性：①早期近岸坳陷充填，发育近岸扇或冰碛砾岩（Pt_3^3z）、滨浅海陆源碎屑岩、台地边缘浅滩、潮坪（白云质）灰岩（ϵ—O_1）；②过渡阶段的斜坡充填（O_2），以重力流沉积为特征；③强烈沉陷阶段的下斜坡—深水盆地充填（O_{2-3}）；④抬升变浅和隆起（O_3 晚—S）。

寒武纪—奥陶纪，宁夏中北部主要为鄂尔多斯地块与阿拉善微陆块间陆缘盆地与坳陷带发育期。鄂尔多斯地块早古生代主体为陆表海盆地，在宁夏东部为盐池寒武纪—奥陶纪陆表海，展布于车道-阿色浪断裂以东的广大区域，寒武纪为一套滨浅海—陆棚边缘相的碎屑岩-碳酸盐岩建造、奥陶纪为一套开阔浅海台地相碳酸盐岩-碎屑岩沉积，志留纪—早石炭世时隆起未接受沉积。鄂尔多斯地块西缘宁夏发育早古生代裂陷带，该裂陷带西界为贺兰山西麓断裂（又称阿拉善左旗断裂）和牛首山-罗山断裂，东界为车道-阿色浪断裂。裂陷带下古生界主要由浅海台地相碎屑岩-碳酸盐岩地层与次深海相碎屑岩夹碳酸盐岩地层组成，中晚奥陶世拗陷较深，发育陆缘坳陷带。寒武纪—奥陶纪时，贺兰山—青龙山地区濒临华北鄂尔多斯陆表海西缘，与华北腹地一样，地层层序完整，但沉积厚度（总厚 2055～2602m）明显较华北本部大，自下而上为苏峪口组、五道淌组、陶思沟组、胡鲁斯台组、阿不切亥组和大南池组、天景山组、米钵山组。发育一套由陆源碎屑海岸—浅海陆棚—台地边缘浅滩—台地潮坪相—陆棚内缘斜坡相组成的陆缘坳陷带沉积。苏峪口组—天景山组所产生物化石为典型的华北型生物群，牙形石分带可与华北区直接对比；米钵山组所产牙形石均为华南型牙形石动物群，反映其海水由原来华北海已转变为华南海，这种古地理格局一直延续至整个晚奥陶世。

阿拉善微陆块主体多缺失下古生界，局部见寒武纪—奥陶纪浅水相碎屑岩、碳酸盐岩沉积。微陆块东南缘的香山寒武纪—奥陶纪陆缘斜坡盆地的沉积和构造演化经历了初期滨、浅海，早期凹陷，中期强烈沉陷到最后抬升隆起的演化过程。寒武纪—早奥陶世早期为正常的滨、浅海沉积，寒武纪贺兰山由北向南水体变深，至贺兰山南段生物组合出现华北型和祁连区的三叶虫过渡混生现象。古城子—土井子地区自北而南发育中—上寒武统阿不切亥组的总厚度达700m以上，大大超过了贺兰山中北段的同组地层厚度（一般在200m左右），揭示了鄂尔多斯西缘贺兰山南段—香山陆缘南倾的特征。早奥陶世晚期至中奥陶世早期，被动陆缘尚处于早期凹陷阶段，此时贺兰山—香山一带与广阔的华北陆块浅海区相连，形成了与华北腹地相似的天景山组台地碳酸盐岩沉积，但地层厚度（一般大于500m，最厚达2600m）比华北腹地明显增大，显示了沉陷地带的沉积特征。中奥陶世晚期至晚奥陶世初期，贺兰山南段—香山地区被动陆缘进入了中期强烈沉陷阶段，此时于阿拉善微陆块东南侧大致以贺兰山西麓断裂—牛首山-罗山断裂为界，南西侧发育一坡度较大的大陆斜坡，在此大陆斜坡坡脚地带形成了巨厚的以重力流为主的米钵山组斜坡相沉积。晚奥陶世早期陆缘斜坡盆地继续强烈沉陷，并扩张成一相当宽的近南北向深水坳陷带，此坳陷带与秦祁海槽相通，此时形成了巨厚（总体表现为由北东向南西逐渐增厚，即由牛首山大于1226.9m到黑鹰湾山大于2776.0m、米钵山南麓5022.1m、红泉11306.9m、峡门15155.2m，沉降中心位于香山西部长流水—峡门一带）的以浊流沉积为主的香山群深海浊积扇沉积，包括3个向上厚度变薄、粒度变细的退积型（海侵）层序，显示陆缘斜坡盆地扩展时期的沉积，相组合表明扇顶位于贺兰山南段，阿拉善微陆块和鄂尔多斯地块为物源供给区。从徐家圈组到狼嘴子组沉积时，持续扩张沉陷，主要来自阿拉善微陆块的陆源碎屑顺斜坡奔腾而下，沉积了半深海—深海浊积扇复理石建造。沉陷强烈时，侵入了浅成拉斑玄武岩质辉绿岩（脉），并与深海硅质岩（黄河井段）共生。之后，扩张迅速减弱，至磨盘井组沉积时，海水逐渐变浅，中上部出现红色碎屑岩系，反映出一种浅水氧化环境，最终海水退出陆缘斜坡盆地，结束奥陶纪沉积。以上陆缘斜坡沉积层加上浅成拉斑玄武岩质辉绿岩及深海硅质岩建造，共同构成了阿拉善微陆块南缘增生地体——腾格里增生楔。

综上，从奥陶纪沉积相的空间配置上分析，在宁夏北、东部华北陆块鄂尔多斯地块西部与阿拉善微陆块东南缘，大南池组、天景山组属稳定的台地相碳酸盐岩沉积；向南西米钵山组为过渡型大陆斜坡相重力流沉积，香山群为过渡型半深海相浊积扇、半远洋沉积；再往南越过香山南麓断裂，阴沟群、中保群为活动型深海—半深海相火山岩-碎屑岩沉积。

（二）褶皱隆升阶段（奥陶纪晚期—志留纪末）

奥陶纪晚期，发生了加里东旋回第一期构造变形（Dn3、Dh2），遭受北东-南西向挤压，使北祁连洋发生俯冲造山作用，形成北祁连加里东造山带雏形。受北祁连造山运动影响，景泰老虎山-海原弧后盆地向阿拉善微陆块俯冲，香山陆缘斜坡盆地抬升褶皱隆起，于奥陶纪末期最终褶皱隆升，结束香山寒武纪—奥陶纪陆缘斜坡盆地沉积历史，志留系不整合于香山群之上。与此同期的鄂尔多斯地块西部盐池寒武纪—奥陶纪陆表海与贺兰山—青龙山寒武纪—奥陶纪坳陷带发生褶皱隆升，在鄂尔多斯西缘彭阳县以东的大台子—南秋子—甜水堡一带形成了近南北向的大型挤压褶皱隆起带（大台子-甜水堡隆褶带），元古宙—早古生代地层褶皱隆起，并遭受长期剥蚀。至泥盆纪末期，核部早古生代地层大部分剥蚀殆尽，晚古生代石炭纪—二叠纪地层直接不整合于元古宙地层之上，这就是前人俗称的“南北古脊梁”。本阶段早期表现为地壳中浅部韧脆性挤压剪切变形机制，见紧闭同斜倒转褶皱及不对称剪切褶皱，伴随该期变形，岩石发生区域浅变质作用，形成变质砂岩、板岩及重结晶碳酸盐岩，多发育透入性板劈理 S_1（多顺层置换原生层理 S_0，$S_0 // S_1$）。晚期形成大中型平缓开阔圆桶状褶皱，多发育轴面劈理 S_2。其代表性形迹有牛首山古佛台复式背斜、黑鹰湾山褶皱组及黄沙水复背斜等。末期伴有逆冲断裂，导致碰撞型花岗岩（南华山菜园岩体、乱堆子岩体（锆石U-Pb年龄（431±5）Ma）、油房园岩体（锆石 U-Pb 年龄（451±54）Ma）、石洼里岩体（锆石 U-Pb 年龄（437±5）Ma）等）的侵位。

志留纪碰撞造山时期，香山北缘表现为前陆盆地沉积，加里东晚期（祁连运动）使志留系褶皱隆起，北祁连海槽与香山前陆海相盆地最终关闭，华北陆块与中祁连陆块聚合。早—中志留世，宁夏仅在腾格里早古生代增生楔地区的烟筒山—黑鹰湾山南坡一带残留海盆中，沉积了照花井组滨浅海相陆源碎屑岩-碳酸盐岩建造；晚—顶志留世，海水逐渐退出，沉积了旱峡组滨海红色陆源碎屑岩建造（海相磨拉石）。志留纪末，遭受了加里东旋回第二期构造变形（Dn4），为地壳浅部弯滑褶皱变形及剪切挤压变形，使志留系褶皱隆起（掀斜），奥陶系内部构造进一步强化，出现逆冲断裂，海原断裂、六盘山东麓断裂、香山南麓断裂、天景山断裂（中卫-同心断裂）、烟筒山-窑山断裂、牛首山-罗山断裂（青铜峡-固原断裂）等几条北西向断裂开始成生发展，也代表北祁连与腾格里早古生代增生楔地区志留纪残留海盆在加里东末期（祁连运动）最终关闭、褶皱成山，形成北祁连加里东碰撞造山带，柴达木-华北板块与中祁连陆块聚合。

三、华力西旋回（泥盆纪—中二叠世（416~260.4Ma））

祁连运动后，早泥盆世北祁连造山带隆起遭受剥蚀，中泥盆世于造山带前缘发育前陆盆地，沉积了中泥盆统石峡沟组一套陆相红色碎屑岩建造。晚泥盆世，前陆盆地进一步扩大，沉积的中宁组超覆并微角度不整合于中泥盆统石峡沟组之上，形成贺兰山南段晚泥盆世元山子、围沟井、卫宁北山等典型磨拉石前陆盆地。早期主要为河流相红色碎屑岩建造，当时气候干燥炎热处于氧化环境，植被有不同程度发育；晚泥盆世中晚期由陆内挤压转化为伸展，发生海侵，沉积了河湖相紫红、灰绿色粉砂岩、砂质灰岩夹浅灰色灰岩，产海相介形类化石。泥盆纪末期，宁南—贺兰山南段遭受了华力西晚期构造变形（Dn5 晚期、Dh3），形成较大型开阔圆桶状褶皱，表现为陆内造山隆升，泥盆系全面隆起，但褶皱并不强烈。因此，晚泥盆世沉积层与早石炭世沉积地层多平行不整合或微角度不整合。

早石炭世—中二叠世为陆内伸展演化阶段。石炭纪是华北陆表海与古特提斯海连成一体的陆表海形成期，早石炭世遭受古特提斯北支海盆的海侵，成为叠置于北祁连造山带（包括走廊弧后盆地）的上叠盆地。宁夏接受广泛海侵，但因海水不深，时进时退，沉积了下石炭统前黑山组、臭牛沟组滨浅海相碎屑岩-碳酸盐建造及上石炭统—下二叠统的靖远组、羊虎沟组、太原组海陆交互相碎屑含煤建造，并发育多级旋回。靖远组、羊虎沟组沉积时因地壳振荡频繁，致使三角洲发育不全，许多地带平原亚相常缺乏成煤沼泽微相，故未形成较大规模的工业煤层，目前仅查明下河沿、卫宁北山一带及线驮石等地羊虎沟组有较好的可采煤层。太原组沉积时气候温湿炎热，植被茂盛，成煤沼泽微相发育，有很好的可采煤层。早二叠世中晚期因区域抬升运动，海水最终退出，遭受短暂剥蚀，至早二叠世晚期终于完成由陆表海盆向陆相盆地的转换过渡。此时陆地气候开始变得炎热、干旱间有温湿。中二叠世陆相盆地分区明显。在祁连地层区及阿拉善地层区南缘，沉积了中二叠统大黄沟组曲流河相碎屑岩建造，夹有火山凝灰质沉积；在华北地层区，沉积了山西组、下石盒子组、上石盒子组河流相碎屑岩建造；在贺兰山沙巴台—胡鲁斯台地区中二叠统上部见中酸性火山岩（凝灰岩）夹层，代表华力西运动Ⅱ幕的构造热事件。

四、印支旋回（晚二叠世—三叠纪（260.4~199.6Ma））

晚二叠世-中三叠世持续为陆相盆地形成期。在祁连地层区及阿拉善地层区南缘，沉积了上二叠统红泉组和三叠系五佛寺组、丁家窑组陆相杂色碎屑岩建造；在华北地层区，连续沉积了上二叠统—下三叠统孙家沟组、刘家沟组、和尚沟组曲流河相和中三叠统二马营组辫状河流相碎屑岩建造。当时气候炎热，干旱为主、偶有温湿。中三叠世末的印支运动，使晚古生代—中三叠世地层普遍发生褶皱和断裂，伴有岩浆活动（贺兰山大战场花岗闪长岩锆石 U-Pb 下交点年龄为 223.6Ma）。代表印支旋回的一期构造变形（Dn6、Dh4），主要表现为地壳浅部弯滑褶皱变形及剪切挤压变形，形成较大型开阔圆桶状褶皱及逆冲断裂。

该期褶皱以石炭系、二叠系、三叠系岩层原生层理为变形面，形成弯滑褶皱变形，其中太原组及山西组含煤层系的煤层、炭质页岩、页岩等软弱岩层，常为后期（燕山期）构造拆离、滑脱作用提供有利构造条件而产生滑脱构造。形成平缓-开阔圆柱状褶皱，伴有逆冲推覆断裂。宁夏北部褶皱轴向为北北东—北东向，代表性褶皱为北寺-红石崖向斜、大岭-庙前梁子背斜、白芨芨沟-汝箕沟-响水向斜、苏峪口-神水庙背斜、大磴沟-黄草滩-栏圈倒转背斜等，它们共同构成汝箕沟复向斜。贺兰山南段科学山一带褶皱轴向为北西西—近东西向，代表性褶皱为科学山东向斜。宁夏中南部褶皱轴向为北北西—北西向，代表性褶皱为宁东的韦州向斜、惠安堡向斜等。

晚三叠世宁夏为陆内伸展与褶皱冲断阶段，全区晚三叠世表现为广阔的陆内伸展，形成鄂尔多斯大型坳陷盆地与贺兰山地区的汝箕沟、巴伦别立-阿拉善左旗三叠纪陆相坳陷盆地。祁连地层区沉积了西大沟组、南营儿组一套陆相杂色碎屑岩建造；贺兰山晚三叠世盆地下部沉积了大风沟组辫状河相砂砾岩、细砾岩、（含砾）细—粗粒岩屑长石砂岩，上部沉积了上田组曲流河相中厚层—块状长石砂岩、长石石英砂岩、岩屑长石砂岩、石英砂岩、灰黑—深灰绿色泥质粉砂岩、泥岩及炭质页岩夹薄煤层等。贺兰山鼓鼓台玄武岩年龄 229~193Ma（锆石裂变径迹年龄为 193Ma）代表了这一时期陆内伸展的产物。位于鄂尔多斯西缘的宁东地区沉积了延长群河湖相碎屑岩建造，富含油气资源。三叠纪末伴随古特提斯洋的闭合过程，其构造效应的前缘已波及宁夏地区，致使侏罗纪地层不整合于三叠纪地层之上。贺兰山发育榆树沟逆冲断层带，其间长城系—奥陶系逆冲于普遍褶皱和断裂的石炭系、二叠系和三叠系之上，赵池沟逆冲岩席（第三期冲断层作用）发生在浅构造层次变形环境下，形成弯滑褶皱和脆性断裂。宁东地区发育褶皱冲断层带，石炭系—二叠系逆冲于三叠系之上。

第四节　侏罗纪—白垩纪阶段

侏罗纪—早白垩世（199.6~96Ma）的燕山旋回宁夏为陆内变形阶段。地壳变形不只沿板块边界发生，即使在缺乏 B 型俯冲或碰撞过程的远离板块边界的地区，同样存在较强烈的构造变形——线状构造变形带。这类板内变形带即为板内（陆内或克拉通内）造山带。贺兰山构造变形带是中国大陆重要的板内造山带，经历了多期构造演化阶段，到侏罗纪—早白垩世时期，火山-沉积盆地（贺兰山鼓鼓台玄武岩喷发可能延伸到早侏罗世，玄武岩锆石裂变径迹年龄 193Ma）发育及其板内构造变形（推覆-冲断构造、滑脱面-滑脱褶皱及构造叠加作用）十分明显，导致贺兰山逆冲构造系统雏形（早期楔顶效应）的形成。

早侏罗世，气候由干旱炎热转变为温暖潮湿，在宁东局部地区沉积了富县组的河流相碎屑岩建造。中侏罗世，在贺兰山新井盆地、汝箕沟盆地、香山南麓下流水盆地和鄂尔多斯西缘鸳鸯湖—石沟驿、炭山、王洼地区沉积了延安组的曲流河相碎屑含煤建造及直罗组的辫状河流相碎屑岩建造。随后，燕山早期运动（Ⅰ幕）使地壳上升，香山下流水盆地和宁东石沟驿盆地消失。晚侏罗世仅在贺兰山新井盆地、汝箕沟盆地和宁东地区沉积了安定组、芬芳河组的冲积扇扇根山麓相—扇中辫状河流相粗碎屑岩建造。侏罗纪末的燕山运动Ⅱ幕使侏罗系全面褶皱隆起，代表燕山旋回早期构造变形（Dn7、Dh5），形成中小型平缓开阔圆桶状褶皱，后期伴有强烈的逆冲断裂和逆冲推覆，形成一系列推覆岩席。在麻黄沟—北沿口断层上见古生代地层推覆于侏罗纪地层之上，局部形成飞来峰。中晚期伴有较强的岩浆热液活动（金场子闪长玢岩脉锆石 U-Pb 年龄为（147.2±2.3）Ma），与金、铜等金属矿产成矿关系密切。

早白垩世，在燕山期褶皱隆起带前缘发育一系列类前陆盆地与拗陷盆地，主要有庙山湖盆地、鄂尔多斯盆地及六盘山盆地，分别沉积了庙山湖组、保安群及六盘山群，主要为一套炎热干旱间有温湿气候条件下的冲积扇山麓—河湖相红色碎屑岩建造。六盘山盆地早期表现为前陆盆地和一些山间凹陷盆地，沉积了三桥组冲积扇相和辫状河三角洲相粒度较粗的砾岩、砂岩红色碎屑岩建造；中晚期（和尚铺组—马东山组形成期）由陆内挤压转化为伸展，湖盆逐渐扩大，主体由辫状河三角洲的砂岩、砾岩，向湖盆地中心的砂岩、泥岩、泥灰岩和生物礁灰岩构成；早白垩世后期（乃家河组形成期）反转为挤压型盆地性质，湖盆衰退，气候变得异常干燥，沉积了一套以泥岩夹石盐、石膏、钙芒硝为主的蒸发盐岩。早白垩世末，经燕山运动Ⅲ幕，使类前陆拗陷盆地褶皱隆起，宁夏遭受燕山旋回晚期构造变形（Dn8、Dh6），受到近东西向的挤压，使白垩系产生近南北向中小型宽缓褶皱和逆冲断层。贺兰山鼓鼓台玄武岩一组 K-Ar 年龄（98.79±2.86）~（103.6±3.1）Ma 以及桌子山基底变质岩与窑山东麓断层角砾岩的磷灰石裂变径迹年龄 91.5Ma、74.4Ma 等显示出受到该期运动的影响。

第五节　新生代阶段

晚白垩世印度板块北移过程中，尚未与中国大陆碰撞，故晚白垩世-古新世宁夏贺兰山、六盘山及其周缘地区处于构造平静、整体抬升剥蚀期，未接受沉积。始新世—全新世的喜马拉雅旋回中、晚期宁夏主要表现为盆岭构造演化阶段。55Ma 前（始新世初）印度陆块与亚洲大陆碰撞（喜马拉雅运动Ⅰ幕）的远程构造效应开启了贺兰山盆岭构造及其宁南弧形构造发展阶段的崭新时代。大罗山东麓断层岩石的磷灰石裂变径迹年龄（54.9±8.9）Ma 代表了该时期的构造响应。始新世时，构造活动渐趋活跃，贺兰山—银川盆地、牛首山、罗山、烟筒山、黑鹰湾山、香山、南华山—西华山及六盘山等山区之山间及山麓地带开始沉降，形成新生代压陷或坳陷盆地，快速沉积了寺口子组一套干燥炎热气候条件下的红色碎屑岩建造。沉积物的结构构造及物质组分严格受周边物源区控制。渐新世时，逐渐发展为宽阔的河湖盆地，气候持续干燥炎热，沉积了清水营组河湖相红色砂泥质含膏盐建造。渐新世末，湖盆淤浅萎缩，经过短暂沉积间断后至中新世，逐渐转为河流相，下部沉积了彰恩堡组一套河湖相红色砂泥岩建造；上部沉积了干河沟组一套辫状河相为主的红色粗碎屑岩夹砂泥岩建造。宁北地区，根据银川地堑中央断陷区沉积最厚近万米的记录，表明贺兰山盆岭间具有相当大的升降幅度，喜马拉雅构造运动Ⅱ幕的块断升降，主要是沿贺兰山北西向土井子-青铜峡断裂、三关口断裂，东西向宗别立-正义关断裂（断层的基底碎裂花岗片麻岩的磷灰石裂变径迹年龄为（18.8±4.2）Ma、（9.1±4.4）Ma、（4.8±0.9）Ma）及北东向贺兰山东麓断裂、黄河断裂活动实现的，并最终导致现代贺兰山地貌格局的形成。宁南地区，上新世末的喜马拉雅运动Ⅲ幕表现强烈，随着青藏高原的隆升及其远程效应的影响，自南西而北东推挤，发生陆内造山作用，遭受喜马拉雅旋回早期构造变形（Dn9、Dh7），古近系—新近系普遍褶皱，形成中小型平缓开阔圆桶状褶皱，伴有较强烈的逆冲推覆，奥陶系、泥盆系、石炭系逆冲推覆于古近系—新近系之上，导致燕山期形成的推覆构造带不断地向北东挤凸而成弧形，形成青藏高原东北缘宁南弧形挤入推覆构造带和盆-山构造地貌。

更新世—全新世，多表现为间歇性升降，除山区继续遭受剥蚀外，在河流沟谷、山间盆地、山前凹陷及山麓地带广泛沉积冲积、洪积、坡积砾岩、砂、砾石层、沙土及厚度不等的风成黄土。

更新世中晚期以来，宁夏遭受了喜马拉雅旋回晚期构造变形（Dn10、Dh8），受青藏高原东北边缘北东向推挤并兼具左行走滑运动影响，形成诸如海原活动断裂带、天景山活动断裂带、烟筒山-窑山活动断裂、牛首山-罗山活动断裂及其附近的小型挤压剪切牵引褶皱、推挤构造、拉分盆地等，并使第四系掀斜和错断、位移，甚至前第四纪地层逆冲推覆于第四纪地层上。地震活动频繁，贺兰山东麓断裂有 4 次古地震事件（2~4ka B.P.，7~8ka B.P.，8~10ka B.P.，13~14ka B.P.），天景山活动断裂带距今 16ka B.P. 以来发生了 6 次古地震事件，海原活动断裂带也揭露了 6 次古地震活动事件；这些地震事件都与地壳深部结构（见前）和青藏高原隆升向北东推挤相关联。

结　　语

“宁夏回族自治区地质系列图件编制与综合研究”项目自2009年开展工作以来，经过项目组全体技术人员的共同努力，到2012年底全面完成了工作任务。该项目是按照工作项目任务书和计划项目编写的《中国区域地质志工作指南》及计划项目总体工作部署的要求进行的，分地层、岩浆岩、变质岩、地质构造、地球物理与地球化学和编图与数据库建设等6个专题组实施，以室内综合研究为主，辅以少量路线调查、剖面修测、核实等野外调查工作。最终成果《中国区域地质志·宁夏志》及系列地质图件是在第一代《宁夏回族自治区区域地质志》（1990）基础上修编而成的，在地层、岩浆岩、变质岩和地质构造等方面取得了一些进展和新认识，但由于调查程度和研究水平所限，尚存在一些问题和不足之处，有待今后进一步研究。

一、主要进展和认识

（一）区域地层

以现代地层学、层序地层学等沉积学理论为指导，进行了地层区划和多重地层划分研究，重点研究了岩石地层、生物地层、年代地层及其对比，对部分时代地层进行了层序地层、磁性地层、化学地层研究，重新建立了岩石地层序列。具体进展及认识如下：

1）进行了地层区划研究，根据古构造、生物面貌、古气候、古地理及沉积建造等因素，将宁夏综合地层划分为1个地层大区（华北-柴达木地层大区）、3个地层区（祁连地层区、阿拉善地层区和华北地层区）、4个地层分区（包括北祁连地层分区、阿拉善南缘地层分区、鄂尔多斯西缘地层分区和鄂尔多斯地层分区）和5个地层小区（包括靖远-西吉地层小区、景泰-中宁地层小区、贺兰山地层小区、桌子山-青龙山地层小区和盐池-环县地层小区）；还进行了动态地层区划，分新太古代—古元古代、中元古代—新元古代、古生代—三叠纪、侏罗纪—白垩纪、古近纪—新近纪和第四纪等6个阶段进行了地层区划分。

2）重新建立了宁夏岩石地层序列（包括整个贺兰山地区），划分出了11个群级、94个组级岩石地层单位。地层名称的采用主要参考了《宁夏回族自治区岩石地层》和《中国地层典》，有些地层名称的采用还考虑了习惯用法。

3）全面收集了古生物化石资料，深入研究了各时代古生物群特征，建立了一些生物地层单位，其中寒武纪有17个三叶虫带，奥陶纪有6个笔石带、7个牙形石带、1个珊瑚带和1个头足类带，石炭纪有5个菊石带、3个䗴带、5个牙形石带、5个植物组合和9个孢粉带，二叠纪有1个䗴带、1个腕足类组合、4个植物组合和4个孢粉带，等等。

4）根据生物地层、古生物群特征及磁性地层特征等进行了年代地层划分：寒武系3统8阶，奥陶系3统6阶，志留系4统4阶，泥盆系3统3阶，石炭系2统8阶，二叠系3统8阶，三叠系3统7阶，侏罗系3统4阶，白垩系1统4阶（六盘山群），古近系2统3阶，新近系1统3阶。

5）对泥盆纪、白垩纪、古近纪、新近纪和第四纪进行了磁性地层研究与划分。主要研究了第四纪磁性地层，利用古地磁测定结果，建立了黄土区和河谷盆地区磁性地层序列，较为准确地划分了第四纪地层。

6）对寒武纪、奥陶纪、石炭纪和白垩纪进行了层序地层划分。将贺兰山地区寒武纪划分为15个Ⅲ级旋回层序，每个旋回层序平均时限为2.2Ma，应为三级海平面变化控制的层序。奥陶纪划分为2个Ⅰ型层序，每个层序形成时限约为25Ma。石炭纪划分为5个Ⅲ级旋回层序，每个旋回层序的平均时限为12Ma，应为三级海平面变化控制的层序。侏罗纪六盘山盆地为一个Ⅲ级层序，由低水位体系域、湖侵体系域和高水位体系域组成。

（二）沉积岩与沉积作用

以现代地层学、沉积学理论为指导，详细描述了各类主要沉积岩的结构、构造、组分特征，划分了沉积建造，进行了沉积相、沉积环境、沉积作用及盆地发育演化历史的研究，编制了岩相古地理略图。

（三）岩浆岩

以岩浆混合作用等新理论为指导，全面系统总结研究了岩浆岩的地质、岩石化学、微量元素、稀土元素、稳定同位素、副矿物特征等，进而探讨了岩石成因类型、形成构造环境、就位机制及侵入时代，建立了岩浆演化序列。具体的进展及认识如下：

1）从原贺兰山群中解体出闪长质片麻岩、花岗质片麻岩、似斑状石榴子石黑云母花岗岩、石榴子石花岗岩、似斑状黑云母花岗岩等5类侵入岩，根据同位素测年数据，确定这些岩体侵入时代均为古元古代，认为它们是地壳下部深熔作用的产物（S型花岗岩），形成于大陆碰撞构造环境。

2）于黄旗口英云闪长岩中获得（2003±10）Ma和（1976±17）Ma两组锆石SHRIMP U-Pb定年数据，厘定其侵入时代为古元古代晚期；根据SiO_2-Rb、δEu-（La/Yb）、K_2O-Na_2O、（Y+Nb）-Rb、（Yb+Ta）-Rb相关图及A-C-F三角图解，判断黄旗口英云闪长岩属S型花岗岩，是上地壳深熔岩浆侵入而形成的花岗岩类，形成于大陆碰撞造山环境。

3）于石嘴子花岗斑岩中获得（1778±14）Ma的锆石SHRIMP U-Pb年龄数据，确定其侵入时代为中元古代早期；根据岩石地球化学特征及SiO_2-Al_2O_3、Rb-Y、Nb-Y、SiO_2-lg［CaO/（Na_2O+K_2O）］、R_1-R_2图解判别石嘴子花岗斑岩具有A型花岗岩的一些特征，是造山期后伸展体制下的产物。

4）于南华山加里东期花岗闪长岩中获得了3组SHRIMP锆石U-Pb年龄新数据，其中乱堆子岩体为（431±5）Ma，油房院岩体为（451^{+54}_{-32}）Ma，石洼里岩体为（437±5）Ma，据此确定总体侵入时代为加里东晚期，进而判断油房院岩体侵位略早，形成时代为晚奥陶世，乱堆子岩体和石洼里岩体侵位较晚，形成于早志留纪。

5）根据岩石地球化学特征及Nb-Zr-Y、Th/Zr-Nb/Zr图解判断小松山基性—超基性岩为板内拉斑玄武岩，形成于大陆板内拉张的构造环境。

6）根据地质特征、岩石地球化学特征及其判断图解，认为磨盘井辉绿岩具有洋脊拉板玄武岩的一些特征，推断香山地区当时（加里东期）存在微型扩张洋中脊，结合沉积建造判断香山群属非典型“蛇绿岩”建造。

7）根据岩石地球化学特征判断大战场花岗闪长岩属C型埃达克质岩，是增厚下地壳部分熔融的产物。

8）根据原岩恢复、岩石地球化学特征及其判别图解，认为海原岩群中的变质基性火山岩属亚碱性拉斑玄武岩系列，形成于岛弧—弧后盆地性质的构造环境。

9）岩石化学特征表明鼓鼓台玄武岩具有原始岩浆的特点，属钙碱性拉斑玄武岩，为典型的大陆裂谷拉斑玄武岩，形成于板内伸展环境，其形成时代与晚三叠世延长群一致。

（四）变质地质

1）总结研究了古元古界贺兰山岩群、赵池沟岩群及中元古界海原岩群等区域变质岩的岩石类型、矿物成分、结构构造、矿物共生组合、岩石化学、地球化学特征等；进行了原岩恢复，其中贺兰山岩群原岩为以碎屑岩和泥质岩为主夹少量石灰岩的沉积岩，夹有少量中基性与中酸性火山岩，原岩建造属典型的孔兹岩系；赵池沟岩群原岩为沉积岩；海原岩群原岩主要为碎屑岩、泥质岩和碳酸盐岩等沉积岩，夹有一定量的基性火山岩、次火山岩。

2）划分了区域变质作用类型、变质相及变质相系、变质作用期次。认为贺兰山岩群属区域中高温变质作用类型，变质相为高—中低压型角闪岩相—麻粒岩相，主期变质期为吕梁期；赵池沟岩群也属区域中高温变质作用类型，变质相为中—低压型绿片岩相，变质时代为吕梁期；海原岩群属区域热动力变质作用类型，变质相为中低压型绿帘角闪岩相，主变质期为四堡期（晋宁早期），加里东期区域变质作用叠加于其上。

3）讨论了动力变质作用、接触变质作用和混合岩化作用。

4）根据变质地质主要特点，划分了变质地质单元及变质地区，将宁夏划分为2个变质区（华北变质区和祁连变质区）4个变质分区（或变质地带）（贺兰山北段变质地带、贺兰山中段变质地带、香山-大罗山变质地带和南西华山变质地带）。

（五）岩石圈结构构造

运用区域重力、区域航磁理论原理及研究方法，结合已有的地震测深剖面、大地电磁测深剖面等对岩石圈结构构造进行了分析研究。主要内容如下：

1）以地震测深和大地电磁测深剖面资料为基础，分析研究了主要构造单元的地壳速度分层、地壳厚度、莫霍面深度、岩石圈电性结构、壳幔电性分层结构、岩石圈应力场等。

2）在总结研究区域重力异常、区域航磁异常特征的基础上，进行了地质构造推断解释。

3）从震源机制解、现代地壳形变、GPS观测结果、动力学因素等方面对宁夏岩石圈应力场进行了分析研究。

4）研究了主要构造单元的大陆岩石圈地幔类型、化学结构、地球化学特征及层圈相互作用。

5）从莫霍面结构特征、地壳结构及厚度变化、岩石圈类型及岩石学结构、岩石圈厚度变化等方面阐述了宁夏岩石圈结构构造，探讨了壳-幔相互作用、岩石圈形成演化等。

（六）地质构造

在“新全球构造”思想的指导下，以板块构造学说和造山带理论为基础，以大陆动力学为线索，全面总结和研究了宁夏地质构造和演化。主要进展和认识如下：

1）运用板块构造学说和造山带理论，进行了大地构造单元划分，将宁夏划分为1个Ⅰ级（柴达木-华北板块）、3个Ⅱ级（华北陆块、阿拉善微陆块、祁连早古生代造山带）、3个Ⅲ级（鄂尔多斯地块、腾格里早古生代增生楔、北祁连中元古代-古生代海沟系）、5个Ⅳ级和12个Ⅴ级构造单元。

2）根据宁夏地质构造特征与地壳演化规律，以板块构造观点与活动论思想为主线，进行了动态构造区划，将宁夏大地构造划分为5个阶段，即：新太古代—古元古代原始陆壳形成阶段、中元古代—震旦纪原始陆壳裂解与拼合及过渡基底形成阶段、寒武纪—志留纪陆缘裂陷-海沟系和增生造山板块构造阶段、泥盆纪—三叠纪板内伸展与变形构造阶段、侏罗纪—全新世上叠盆地和陆内造山阶段。后者进而再分为两期：侏罗纪—古新世板内拗陷与强烈变形构造阶段、始新世—全新世盆岭构造演化阶段。

3）详细地叙述了主要构造单元，特别是鄂尔多斯西缘冲断构造带和宁南弧形构造带的几何学特征、沉积建造组合等地质特征及其演化。

4）分析研究了主要构造单元的变形特征及运动学、动力学机制，划分了构造变形序列、期次。

5）分析研究了主要活动断裂特征及其活动习性，以古地震活动事件及现代地震活动为基础，总结了地震活动一般规律及地震时间间隔。

6）划分了构造旋回、构造层，包括8个构造旋回（吕梁旋回、晋宁旋回、扬子旋回、加里东旋回、华力西旋回、印支旋回、燕山旋回和喜马拉雅旋回）9个构造层。

7）总结分析了主要构造单元的构造活动与成矿的关系及其成矿演化。

8）从沉积建造、构造环境、变质作用、岩浆作用等方面概括地阐述了宁夏区域地质发展史，将宁夏地质历史分为5个阶段（新太古代—古元古代阶段、中元古代—青白口纪阶段、南华纪—中三叠世阶段、晚三叠世—白垩纪和新生代阶段）。

二、存在问题和建议

1）本《志》虽然根据接触关系、地层层序和所含化石将香山群时代划归晚奥陶世，但还存在较多疑问，诸如：含中—晚寒武世三叶虫、腕足类、牙形石等化石的岩石是外来岩块还是正常沉积地层还有不同认识；香山群与米钵山组接触关系（米钵山南麓）是整合接触还是断层接触尚存在争议；香山群是正常沉积地层还是混杂堆积、是正常层序还是倒转层序等存在不同认识。建议设专题对香山群地层层序、沉积建造、沉积相及沉积环境、大地构造属性等进行调查研究，以解决香山群时代归属问题。

2）在地层划分和地层单元名称的使用上还存在一些分歧和意见。如：对于未采用发表于《中国地层典·奥陶系》中的下奥陶统下岭南沟组而沿用了大南池组有分歧；恢复使用石炭系靖远组和羊虎沟组，停用土坡组，主要是考虑了地层名称的知名度和地质行业的使用习惯；本《志》根据古生物群特征将太原组时代划归晚石炭世—早二叠世，但也有学者主张将太原组全部划归早二叠世；根据地层中所含古生物和接触关系将安定组和芬芳河组时代划归晚侏罗世，与《中国地层典·侏罗系》(2000) 划分意见不一致。

3）在大地构造单元划分上，特别是对祁连早古生代造山带与华北陆块的界线位置存在不同意见，主要有 3 种意见：第一种意见是主张将牛首山-罗山断裂（青铜峡-固原断裂）作为二者的界线，强调卫宁北山—香山地区出露的地层及其沉积建造等与河西走廊地区相似，认为香山群属弧后盆地沉积；第二种意见也是本《志》意见，主张将香山南麓断裂和六盘山东麓断裂作为二者的分界断裂，认为香山群和米钵山组属大陆边缘（斜坡）沉积，非弧后盆地沉积，而分布于海原断裂以南的阴沟群、中堡群才是典型的岛弧盆地沉积；第三种意见主张将海原断裂作为二者界线，认为香山南麓断裂之南、海原断裂以北的海原盆地在深孔中未揭露到阴沟群、中堡群等弧后盆地沉积，因此存在疑问。

4）过去一些学者认为，鄂尔多斯西缘存在中元古代—早古生代裂谷沉积，称为“贺兰拗拉槽”或“贺兰拗拉谷”，定义它是秦祁贺三叉裂谷系的北支，属消亡支。本《志》认为不存在“拗拉槽”，属拗陷或裂陷盆地沉积，在构造单元划分上称为鄂尔多斯西缘中元古代-早古生代裂陷带，但还存在不同认识。

5）“沉积岩与沉积作用”一篇是在第一代《宁夏回族自治区区域地质志》(1990) 基础上修编而成的，在内容上仅作了一些资料补充和修改，增加了沉积作用与沉积矿产一章，其章节安排也未按计划项目编制的《中国区域地质志工作指南》报告提纲编制，主要原因是按时代叙述内容重复太多。

6）因为宁夏岩浆岩不发育，变质岩出露局限，未编制岩浆岩地质图和变质岩地质图。

毋庸置疑，本《志》与第一代《宁夏回族自治区区域地质志》相比，无论是在新地质理论应用程度方面，还是在地质研究程度方面，都有了较大提高，取得了一些重要进展和新认识。但是，宁夏地质在基础地质方面还有大量工作可做，尚有若干重大基础地质问题值得专题研究。我们相信，依靠先进的地质新理论、新方法和区内外广大地质工作者的不懈努力，今后宁夏的基础地质研究程度一定会有新的提高，地质研究成果一定会取得更大进展。

主要参考文献及资料

安太庠，张放，向维达等．1983．华北及邻区的牙形石．北京：科学出版社
安太庠，杜国清，高琴琴．1985．湖北奥陶系牙形石研究．北京：地质出版社
安太庠，郑昭昌．1990．鄂尔多斯盆地周缘的牙形石．北京：科学出版社
白云来，王新民，刘化清等．2006．鄂尔多斯盆地西部边界的确定及其地球动力学背景．地质学报，80（6）：792~813
蔡凯蒂．1993．甘肃省的三叠系．甘肃地质学报，（增刊）：50~100
柴炽章，孟广魁，马贵仁等．2011．银川市活动断层探测与地震危险性评价．北京：科学出版社
陈发景，汪新文，陈昭年等．2007．前陆盆地分析．北京：地质出版社
陈芬，周洪瑞，孙克勤等．1995．宁夏及邻区石炭纪植物群．现代地质，9（1）：1~10
陈冠芳．1977．宁夏中宁一板齿犀化石．古脊椎动物与古人类，15（2）：143~147
陈冠芳．1978．宁夏中宁—同心地区中新世的象化石．古脊椎动物与古人类，16（2）：103~110
陈晋镳，张鹏远，高振家等．1999．中国地层典·中元古界．北京：地质出版社
陈素改．1980．宁夏强震与深部构造．西北地震学报，2（1）：42~47
陈毓川，朱裕生等．1993．中国矿床成矿模式．北京：地质出版社
程裕淇等．1994．中国区域地质概论．北京：地质出版社
程裕淇，王泽久，黄枝高等．2009．中国地层典·总论．北京：地质出版社
崔作舟，李秋生，吴朝东等．1995．格尔木—额济纳旗地学断面的地壳结构及深部构造．地球物理学报，38（增刊Ⅱ）：15~28
戴霜，朱强，胡鸿飞等．2009．六盘山群磁性地层年代．地层学杂志，33（2）：188~192
邓晋福，赵海玲，莫宣学等．1996．中国大陆根-柱构造——大陆动力学的钥匙．北京：地质出版社
邓晋福，罗照华，苏尚国等．2004．岩石成因、构造环境与成矿作用．北京：地质出版社
邓晋福，魏文博等．2007．中国华北地区岩石圈三维结构及演化．北京：地质出版社
邓军，王庆飞，黄定华等．2005．鄂尔多斯盆地基底演化及其对盖层控制作用．地学前缘，（3）：91~99
邓昆，周立发，曹欣等．2007a．香山群狼嘴子组硅质岩地球化学特征及形成环境．中国地质，34（3）：497~505
邓昆，周立发，胡朋等．2007b．香山群辉绿岩地球化学特征及其构造背景．大地构造与成矿学，31（3）：365~371
邓起东，尤惠川．1985．鄂尔多斯周缘断陷盆地带的构造活动特征及其形成机制．北京：地震出版社
邓起东，程绍平，闵伟等．1999．鄂尔多斯块体新生代构造活动和动力学的讨论．地质力学学报，5（3）：13~21
丁海军，孟祥化，葛铭．2008．米钵山组复理石中的内潮汐沉积．安徽地质，18（4）：241~247
丁蕴杰，夏国英，许寿永等．1992．中国石炭—二叠系界线．北京：地质出版社
董春艳，刘敦一，李俊建等．2007．华北克拉通西部孔兹岩带形成时代新证据：巴彦乌拉—贺兰山地区锆石 SHRIMP 定年和 Hf 同位素组成．科学通报，52（16）：1913~1922
董治平，张元生，代炜．2007．阿拉善地块下插河西走廊的发现及其构造意义．甘肃科学学报，（1）：91~93
方国庆，刘德良．2000．鄂尔多斯盆地中部东西向天然气聚集区带研究．石油实验地质，22（2）：146~151
方盛明，赵成彬，柴炽章等．2009．银川断陷盆地地壳结构与构造的地震学证据．地球物理学报，52（7）：1168~1775
房立民，杨振升，李勤等．1991．变质岩区 1∶5 万区域地质填图方法指南．武汉：中国地质大学出版社
冯鸿儒．1995．贺兰山群层序及主变形期褶皱构造探讨．西安地质学院学报，17（1）：10~14
冯益民．1997．祁连造山带研究概况——历史、现状及展望．地球科学进展，12（4）：307~314
冯益民，何世平等．1996．祁连山大地构造与造山作用．北京：地质出版社
冯益民，曹宣铎，张二朋等．2002．西秦岭造山带结构造山过程及动力学．西安：西安地图出版社
傅力浦．1985．宁夏同心照花井早志留世腕足类．西安地质矿产研究所所刊，第 9 号：90~102
傅智雁，袁效奇．1998．宁夏六盘山盆地晚三叠世孢粉组合及其地层意义．古生物学报，37（4）：446~454
甘肃省地质矿产局．1989．甘肃省区域地质志．北京：地质出版社

高秉璋，洪大卫，郑基俭等. 1991. 花岗岩类区 1∶5 万区域地质填图方法指南. 武汉：中国地质大学出版社
高联达. 1994. 宁夏石炭纪、早二叠世孢子带和石炭—二叠系界线. 甘肃地质学报，3（1）：11~25
高山林，李芳，李天斌等. 2003. 汝箕沟晚中生代玄武岩的确定与煤变质作用关系简论. 煤田地质与勘探，31（3）：8~10
高山林，张进. 2006. 贺西地区中—晚古生代盆地性质刍议（1）. 大地构造与成矿学，30（1）：1~8
高星，王惠民，贺吉德. 2011. 水洞沟——穿越远古与现代. 北京：科学出版社
高振家，陈克强，魏家庸. 2000. 中国岩石地层辞典. 武汉：中国地质大学出版社
高振中，罗顺社，何幼斌等. 1995. 鄂尔多斯西缘奥陶纪海底扇沉积体系. 石油与天然气地质，16（2）：119~125
葛梅钰，郑昭昌，李玉珍. 1990. 宁夏及其邻近地区奥陶纪、志留纪笔石地层及笔石群. 南京：南京大学出版社
葛肖虹，刘俊来. 1999. 北祁连造山带的形成与背景. 地学前缘，6（4）：223~230
葛肖虹，刘俊来. 2000. 被支解的西域克拉通. 岩石学报，16（1）：59~66
葛肖虹，任收麦，刘永江等. 2001. 中国西部的大陆构造格架. 石油学报，1（22）：1~5
耿元生，沈其韩，任留东. 2010. 华北克拉通晚太古代末—古元古代初的岩浆事件及构造热体制. 岩石学报，26（7）：1945~1966
耿元生，王新社，沈其韩等. 2006. 内蒙古阿拉善地区前寒武纪变质基底阿拉善群的再厘定. 中国地质，33（1）：138~145
耿元生，王新社，沈其韩等. 2007. 内蒙古阿拉善地区前寒武纪变质岩系形成时代的初步研究. 中国地质，34（2）：251~261
耿元生，周喜文，王新社等. 2009. 内蒙古贺兰山地区古元古代晚期的花岗岩浆事件及其地质意义：同位素年代学的证据. 岩石学报，25（8）：1830~1842
耿元生，周喜文. 2010. 阿拉善地区新元古代岩浆事件及其地质意义. 岩石矿物学杂志，29（6）：779~795
耿元生，周喜文. 2011. 阿拉善地区新元古代早期花岗岩地球化学和锆石 Hf 同位素特征. 岩石学报，27（4）：897~908
古生物学基础理论丛书编委会. 1983. 中国古生物地理区系. 北京：科学出版社
顾其昌. 1982. 贺兰山晚前寒武系冰碛层. 地层学杂志，6（2）：156~157
顾其昌，沈玉玲，范晋安等. 1996. 宁夏回族自治区岩石地层. 武汉：中国地质大学出版社
郭忠铭. 1986. 陕甘宁盆地西缘带的掩冲推覆与构造演化. 中国地质科学院南京地质矿产研究所所刊，总第 25 号
郭忠铭，汤锡元，张军. 1990. 鄂尔多斯盆地西缘逆冲推覆构造带的油气地质条件. 见：杨俊杰主编. 鄂尔多斯盆地西缘逆冲带构造与油气. 兰州：甘肃科学技术出版社，106~121
国家地震局. 1990. 中国地震烈度区划图概论. 北京：地震出版社
国家地震局《鄂尔多斯周缘活动断裂系》课题组. 1988. 鄂尔多斯周缘活动断裂系. 北京：地震出版社
国家地震局地学断面委员会. 1992a. 青海门源至福建宁德地学断面（说明书）. 北京：地震出版社
国家地震局地学断面委员会. 1992b. 上海奉贤至内蒙古阿拉善左旗地学断面（说明书）. 北京：地震出版社
国家地震局地质研究所，宁夏回族自治区地震局. 1990. 海原活动断裂带. 北京：地震出版社
国家地震局兰州地震研究所，宁夏回族自治区地震队. 1980. 一九二〇年海原大地震. 北京：地震出版社
郝诒纯等. 1982. 中国地层 12 · 中国的白垩系. 北京：地质出版社
郝诒纯，苏德英，余静贤等. 2000. 中国地层典 · 白垩系. 北京：地质出版社
何登发，赵文智. 1999. 中国西北地区沉积盆地动力学演化与含油气系统旋回. 北京：石油工业出版社，1~182
和政军，王宗起，任纪舜. 1999. 华北北部侏罗纪大型推覆构造带前缘盆地沉积特征和成因机制初探. 地质科学，32（2）：186~195
洪友崇，李镇宇. 2003. 宁夏六盘山早白垩世一新科（昆虫纲，毛翅目）. 动物分类学报，（2）：224~233
侯鸿飞，王士涛等. 1988. 中国地层 7 · 中国的泥盆系. 北京：地质出版社
侯鸿飞，曹宣铎，王士涛等. 2000. 中国地层典 · 泥盆系. 北京：地质出版社
胡能高，杨家喜. 1993a. 贺兰山群变质杂岩主变质期的时代探讨. 西安地质学院学报，15（1）：10~18
胡能高，杨家喜，王涛. 1993b. 贺兰山群变质杂岩中的变余动力变质岩. 西安地质学院学报，15（4）：69~73
胡能高等. 1994. 贺兰山变质杂岩的组成及演化. 西安：西安地图出版社
华洪，邱树玉. 2001. 贺兰山中元古代三个叠层石组合及其地层意义. 地层学杂志，（4）：307~311
黄宝春，Otofuji Yo-Ichiro，杨振宇等. 2000. 河西走廊和阿拉善东缘地区中寒武世古地磁研究的初步结果. 地球物理学报，43（3）：393~401
黄汲清. 1983. 中国大地构造及其演化. 北京：地质出版社
黄汲清. 1992. 地质学及大地构造学. 见：黄汲清著作选读（第三卷）. 北京：地质出版社，1~329

黄汲清，任纪舜等. 1977. 中国大地构造基本轮廓. 地质学报，(2)：117~138
黄喜峰，钱壮志，吴文奎等. 2008. 贺兰山小松山基性—超基性杂岩体岩石地球化学特征. 地球科学与环境学报，30（4）：351~356
黄喜峰，钱壮志，逯东霞等. 2009. 贺兰山中南段奥陶系米钵山组的沉积环境与构造背景分析. 地球学报，30（1）：65~71
黄喜峰，钱壮志，白生明等. 2010. 贺兰山大战场印支期埃达克型花岗岩及地质意义. 新疆地质，28（3）：323~329
黄喜峰，钱壮志，孙保平等. 2011. 贺兰山小松山地区逆冲推覆构造特征及演化. 西北大学学报（自然科学版），41（2）：274~277
黄宗理，张良弼. 2006. 地球科学大辞典（基础学科卷）. 北京：地质出版社
霍福臣，曹景轩，董燕生等. 1987. 贺兰山—阿拉善地区下、中前寒武系的划分对比及其变质、成矿作用特征. 长春地质学院学报，17（1）：35~46
霍福臣，郑昭昌. 1988. 宁夏海原地区海原群的时代对比. 地质论评，34（1）：1~9
霍福臣等. 1989. 宁夏地质概论. 北京：科学出版社
贾承造，何登发，雷振宇等. 2000. 前陆冲断带油气勘探. 北京：石油工业出版社
贾兰坡，盖培，李炎贤. 1964. 水洞沟旧石器时代遗址的新材料. 古脊椎动物与古人类，8（1）：75~83
贾维民，杜秀霞译. 1991. 平衡地质剖面—地质研究与勘探工作的一种重要方法. 武汉：中国地质大学出版社，170
金文山，王汝铮，孙大中等. 1996. 中国地层典・古元古界. 北京：地质出版社
金性春. 1984. 板块构造学基础. 上海：科学技术出版社
金玉玕，范影年，王向东等. 2000a. 中国地层典・石炭系. 北京：地质出版社
金玉玕，尚庆华，侯静鹏等. 2000b. 中国地层典・二叠系. 北京：地质出版社
赖才根等. 1982. 中国地层 5・中国的奥陶系. 北京：地质出版社
李大民，孙永君，许文进. 2006. 甘肃天鹿砂岩型铜矿床地质特征及成矿模式. 矿床地质，25（3）：312~320
李红宇，郭合伟，孙文坤. 2009. 宁夏香山地区泥盆系砂（页）岩型铜矿地质特征及找矿标志研究. 地质与勘探，45（1）：1~5
李厚民，孙继东，王崇礼. 1998. 宁夏海原南、西华山地区与中酸性侵入岩有关的 Au-Cu 成矿系列. 6（2）：1~7
李继亮. 1992. 碰撞造山带大地构造相. 见：李清波，戴金星，刘如琦等主编. 现代地质科学研究论文集（上）. 南京：南京大学出版社，9~22
李江涛. 1996. 鄂尔多斯盆地南缘构造特征及下古生界天然气勘探前景. 石油勘探与开发，23（2）：11~15
李金春. 2000. 甘肃北祁连志留系沉积岩铜矿特征. 甘肃地质学报，9（2）：19~27
李金春，刘伯崇，丁书宏. 2005. 北祁连天鹿砂岩型铜矿床成矿特征. 西北地质，38（1）：1~8
李锦轶，张进，曲军锋. 2012. 华北与阿拉善两个古陆在早古生代晚期拼合——来自宁夏牛首山沉积岩系的证据. 地质论评，58（27）：208~214
李清河，郭守年，吕德徽. 1999. 鄂尔多斯西缘与西南缘深部结构与构造. 北京：地震出版社，1~257
李四光. 1954. 旋卷构造及其他有关中国西北大地构造体系复合问题. 地质学报，(4)：339~410
李松林，张先康，任青芳等. 2001. 西吉—中卫地震测深剖面及其解释. 地震地质，23（1）：86~92
李松林，张先康，张成科等. 2002. 玛沁—兰州—靖边地震测深剖面地壳速度结构的初步研究. 地球物理学报，45（2）：210~217
李天斌. 1997a. 宁夏香山群地层时代的再讨论. 西北地质，18（2）：1~9
李天斌. 1997b. 宁夏同心县清水河全新世地层. 中国区域地质，16（3）：253~258
李天斌. 1999a. 宁夏南部弧形推覆构造带特征及演化. 地质力学学报，5（3）：22~27
李天斌. 1999b. 宁夏天景山—米钵山奥陶纪地层地球化学特征. 地层学杂志，23（1）：16~25
李天斌，孟方，王美芳等. 2005. 宁夏中西部香山—天景山地区逆冲推覆构造的特征及演化. 地质通报，24（4）：309~315
李天斌，张学文，王成. 2006. 祁连山东段海原一带海原群变质岩原岩恢复及其构造背景. 地质通报，25（增刊 1）：194~203
李廷栋. 2010. 中国岩石圈的基本特征. 地学前缘，17（3）：1~13
李文国，李庆富，姜万德等. 1996. 内蒙古自治区岩石地层. 武汉：中国地质大学出版社
李伍平. 1994. 贺兰山群早元古代花岗岩的地质特征和岩石谱系单元划分. 西安地质学院学报，16（3）：46~53

李向东，何幼斌，王丹等. 2009. 贺兰山以南中奥陶统香山群徐家圈组古水流分析. 地质论评，55（5）：653~662
李星学，姚兆奇，蔡重阳等. 1974. 甘肃靖远石炭纪生物地层. 中国科学院南京地质古生物研究所集刊，第六号：99~121
李星学，吴秀元，沈光隆等. 1993. 北祁连山东段纳缪尔期地层和古生物群. 济南：山东科技出版社
李耀西. 1980. 陕甘宁地区的壳相和混合相下志留统. 地质论评，26（6）：479~485
李云龙. 1997. 鄂尔多斯盆地叠加和古生界油气勘探. 见：张渝昌等著. 中国含油气盆地原形分析. 南京：南京大学出版社，262~294
李云通等. 1984. 中国地层13・中国的第三系. 北京：地质出版社
廖玉华，汪一鹏，宋方敏等. 1982. 贺兰山东麓活动断裂带的初步探讨——中国活动断裂. 北京：地震出版社
林宝玉等. 1984. 中国地层6・中国的志留系. 北京：地质出版社
林宝玉，苏养正，朱秀芳等. 1998. 中国地层典・志留系. 北京：地质出版社
林畅松等. 1991. 贺兰拗拉槽早古生代深水重力流体系的沉积特征和充填样式. 现代地质，5（3）：252~262
林畅松，杨起，李思田. 1995. 贺兰拗拉槽盆地充填演化分析. 北京：地质出版社
林英锡. 1966. 甘肃景泰及宁夏中卫早石炭世皱纹珊瑚. 古生物学报，14（2）：185~205
刘宝珺. 1983. 沉积岩石学. 北京：地质出版社
刘国兴，张志厚，唐君辉等. 2006. 兴蒙、吉黑地区岩石圈电性结构特征. 中国地质，33（4）：824~831
刘和甫，陆伟文，王玉新. 1990. 鄂尔多斯西缘冲断褶皱带形成与形变. 见：杨俊杰主编. 鄂尔多斯盆地西缘逆冲带构造与油气. 兰州：甘肃科学技术出版社，54~75
刘和甫，汪泽成，熊保贤等. 2000. 中国中西部中、新生代前陆盆地与挤压造山带耦合分析. 地学前缘，7（3）：55~72
刘寄陈. 1991. 北祁连造山带陆块构造. 地球科学，16（6）：635~641
刘建忠，李铁胜，卢良兆. 1998a. 贺兰山北段早前寒武纪孔兹岩的变质变形演化及动力学. 矿物学报，18（4）：431~440
刘建忠，卢良兆，谢鸿森等. 1998b. 贺兰山北段孔兹岩系脱水熔融实验研究——临界熔体比例的确定及意义. 地质科学，33（4）：447~454
刘建忠，卢良兆，谢鸿森等. 1999a. 贺兰山北段孔兹岩系脱水熔融实验Ⅱ——岩石结构对变质反应的制约. 矿物学报，19（4）：453~458
刘建忠，卢良兆，谢鸿森等. 1999b. 孔兹岩系脱水熔融实验中水逸度、氧逸度和氢逸度的确定及意义——以贺兰山北段为例. 长春科技大学学报，29（1）：15~19
刘建忠，卢良兆，李铁胜等. 2000. 变质矿物生长的局部平衡体系——以贺兰山北段孔兹岩系为例. 矿物学报，20（1）：35~39
刘少峰，杨士恭. 1992. 鄂尔多斯盆地西缘具限制性边界的侧向挤出构造. 中国区域地质，59（4）：353~360
刘少峰，李思田，庄新国等. 1996. 鄂尔多斯西南缘前陆盆地沉降和沉积过程模拟. 地质学报，70（1）：12~22
刘少峰，杨士恭. 1997. 鄂尔多斯盆地西缘南北差异及其形成机制. 地质科学，32（3）：397~408
刘宪亭，马凤珍，刘智成. 1985. 昆都仑鱼（*Kuntulunia*）在陕甘宁盆地的发现及其地层意义. 古脊椎动物学报，23（4）：255~263
刘雪亚，王荃. 1993. 龙首山古裂谷带及河西走廊的大地构造. 中国地质科学院院报，27-28号：1~14
刘勇，李廷栋，王彦斌等. 2010. 宁夏卫宁北山金场子闪长玢岩岩脉地质特征及锆石 SHRIMP U-Pb 年龄. 中国地质，37（6）：1575~1583
刘兆生. 1983. 宁夏六盘山区早白垩世孢粉组合及其古植被、古气候的意义. 古生物学报，22（5）：517~526
刘志才，郑昭昌，杨逢清等. 1983. 宁夏中卫校育川的纳缪尔期地层剖面. 地层学杂志，7（2）：130~134
刘志才，郑昭昌. 1988. 宁夏中卫、中宁地区纳缪尔期地层. 见：中国地质科学院地层古生物论文集编委会主编. 地层古生物论文集（第十九辑）. 北京：地质出版社，121~128
刘志才，张遴信. 1992. 宁夏的䗴. 古生物学报，31（4）：423~444
卢立伍，方晓思，姬书安等. 2002. 宁夏纳缪尔期含鱼地层新知，地球学报，23（2）：165~168
卢良兆，徐学纯，刘福来. 1996. 中国北方早前寒武纪孔兹岩系成因. 长春：长春出版社
卢衍豪. 1964. 中国的寒武系. 见：全国地层委员会. 全国地层会议学术报告汇编. 北京：科学出版社
芦仲进，杜秀荣，周涛. 2012. 中华人民共和国分省系列地图・宁夏回族自治区地图（1：51000）. 北京：中国地图出版社
吕昌国，白生明，张玲燕. 2009. 宁夏香山—青龙山地区奥陶纪地层格架分析. 西北地质，42（4）：76~83
罗志立，赵冠军，赵锡奎等. 1997. C-形俯冲带特征及中国中西部陆内造山模式讨论. 西北油气勘探，9（4）：1~15

马风珍. 1980. 宁夏狼鳍鱼科一新属. 古脊椎动物与古人类, 18 (4): 286~295
马风珍. 1986. 关于董氏狼鳍鱼 (*Lycoptera tungi*) 的种上归类. 古脊椎动物学报, 24 (4): 260~268
马风珍. 1987. 董氏狼鳍鱼 (*Lycoptera davidi*) 的重新观察. 古脊椎动物学报, 25 (1): 8~19
马其鸿. 1991. 宁夏、内蒙古的一些早白垩世珠蚌类. 古生物学报, 30 (6): 705~713
马其鸿, 童建平, 吴向午等. 1986. 贺兰山缺台沟—汝箕沟地区的延安组. 地层学杂志, 10 (4): 311~314
马润华, 伊鹍英, 王振东等. 1998. 陕西省岩石地层. 武汉: 中国地质大学出版社
马醒华, 邢历生, 杨振宇等. 1993. 鄂尔多斯盆地晚古生代以来古地磁研究. 地球物理学报, 36 (1): 68~79
马杏垣. 1986. 中国及邻近海域岩石圈动力学图. 北京: 地质出版社
马占武, 张珂, 安燕飞等. 2008. 宁夏海原园河最高基座阶地的古地磁测年. 中山大学研究生学刊 (自然科学、医学版), 29 (2): 84~94
马宗晋. 1990. 中国大陆地震分区及其动力学讨论. 见: 中国地质学会构造地质专业委员会编. 国际大陆岩石圈构造演化与动力学讨论会——第三届全国构造地质会议论文选集 (Ⅱ). 北京: 科学出版社, 86~95
马宗晋, 郑大林. 1981. 中蒙大陆中轴构造带及其地震活动. 地震研究, 14 (4): 421~436
孟方, 王成, 李海峰. 2012. 宁夏海原县南华山花岗闪长岩锆石 SHRIMP U-Pb 测年及形成时代厘定. 宁夏工程技术, 11 (4): 293~296
孟广魁, 王增光, 廖玉华等. 1994. 银川平原地震区划研究. 银川: 宁夏人民出版社
孟祥化, 葛铭. 2004. 中朝板块层序·事件·演化. 北京: 科学出版社
闵隆瑞, 迟振卿. 2000. 对中国第四系中统划分方案的回顾与讨论. 第四纪研究, 20 (2): 101~107
闵伟, 王萍, 杨平等. 1994. 罗山东麓活动断裂的几何学特征及全新世滑动速率. 见:《活动断裂研究》编委会. 活动断裂研究 (3). 北京: 地震出版社, 140~150
闵伟, 王增光, 焦德成等. 1996. 罗山东麓断裂、烟筒山断裂与1561年7. 25级地震. 见:《活动断裂研究》编委会. 活动断裂研究 (5). 北京: 地震出版社, 181~188
南京大学地质学系. 1979. 地球化学. 北京: 科学出版社
内蒙古自治区地质矿产局. 1991. 内蒙古自治区区域地质志. 北京: 地质出版社
宁夏地质矿产局, 中国科学院南京地质古生物研究所. 1987. 宁夏纳缪尔期地层和古生物. 南京: 南京大学出版社
宁夏回族自治区地震局. 1982. 宁夏地震目录. 银川: 宁夏人民出版社
宁夏回族自治区地质矿产局. 1990. 宁夏回族自治区区域地质志. 北京: 地质出版社
宁夏回族自治区区域地层表编写组. 1980. 西北地区区域地层表·宁夏回族自治区分册. 北京: 地质出版社
宁夏回族自治区统计局, 国家统计局宁夏调查总队. 2013. 宁夏统计年鉴 2013. 北京: 中国统计出版社
宁夏通志编纂委员会. 2008. 宁夏通志·地理环境卷. 北京: 方志出版社
宁夏文物考古研究所. 2003. 水洞沟——1980年发掘报告. 北京: 科学出版社
潘德扬. 1958. 银川平原及其附近的第四纪与地貌 (节要). 中国第四纪研究, 1 (1): 186~190
潘桂棠, 肖庆辉, 陆松年等. 2009. 中国大地构造单元划分. 中国地质, 36 (1): 1~28
潘江, 王士涛, 刘时雨等. 1980. 宁夏中宁泥盆纪沟鳞鱼及桨鳞鱼的发现及意义. 地质学报, 54 (3): 176~184
潘江, 霍福臣, 曹景轩等. 1987. 宁夏陆相泥盆系及其生物群. 北京: 地质出版社
裴文中, 李有恒. 1964. 萨拉乌苏河系的初步探讨. 古脊椎动物与古人类, 8 (2): 99~118
彭格林, 钟蓉. 1995. 华北西缘太原组火山事件沉积的发现及太原组地层对比. 现代地质, 9 (1): 108~118
齐骅. 1987. 宁夏固原六盘山群下部的介形类化石. 见: 中国地质科学院地层古生物论文集编委会. 地层古生物论文集 (第十八辑). 北京: 地质出版社, 117~146
齐骅. 1988. 宁夏固原六盘山群上部的介形类化石. 见: 中国地质科学院地层古生物论文集编委会. 地层古生物论文集 (第二十二辑). 北京: 地质出版社, 85~137
钱壮志, 汤中立, 李文渊等. 2003, 秦祁昆成矿域古生代区域成矿规律. 西北地质, 36 (1): 35~40
邱瑞照, 李廷栋, 周肃等. 2006a. 中国大陆岩石圈物质组成及演化. 北京: 地质出版社
邱瑞照, 李廷栋, 周肃等. 2006b. 中国大陆岩石圈岩石学结构. 北京: 地质出版社
邱占祥, 关键. 1986. 宁夏同心发现的一颗上猿牙齿. 人类学学报, 5 (3): 201~207
邱占祥, 叶捷, 姜元吉. 1987. 宁夏吴忠几种灞河期的哺乳动物化石. 古脊椎动物学报, 25 (1): 46~56
邱占祥, 叶捷, 曹景轩. 1988a. 宁夏同心 *Percrocuta* 一新种. 古脊椎动物学报, 26 (2): 116~127
邱占祥, 叶捷, 霍福臣. 1988b. 记宁夏同心发现的库班猪头骨化石. 古脊椎动物学报, 26 (1): 1~19

邱占祥，邱铸鼎. 1990. 中国晚第三纪地方哺乳动物群的排序及其分期. 地层学杂志，14（4）：241~260
屈健鹏，朱佐全，杨国栋等. 1998. 鄂尔多斯地块西缘定边—景泰地壳和上地幔电性结构分析. 西北地震学报，20（2）：70~75
全国地层委员会. 2001. 中国地层指南及中国地层指南说明书（修订版）. 北京：地质出版社
全国地层委员会. 2002. 中国区域年代地层（地质年代）表. 北京：地质出版社
全国地层委员会《中国地层表》编委会. 2012. 中国地层表（使用稿）
撒利明，邸世琪，陈广浩. 2002. 贺西地区板块构造分区及晚古生代盆地形成与演化. 大地构造与成矿学，26（4）：370~378
单文琅等. 1991. 构造变形分析的理论方法和实践. 武汉：中国地质大学出版社
陕西省地质矿产局. 1989. 陕西省区域地质志. 北京：地质出版社
沈光隆，吴秀元，李克定. 1993. 北祁连地区石炭—二叠系界线问题. 甘肃地质学报，2（2）：1~14
沈纪祥. 1959. 祁连山北麓老君山系的时代问题. 地质论评，19（5）：220~222
沈其韩，耿元生，刘国惠等. 1996. 中国地层典·太古宇. 北京：地质出版社
史长义，鄢明才，迟清华. 2008. 中国花岗岩类化学元素丰度. 北京：地质出版社
史晓颖，孙克勤，姚素峰. 1999. 宁夏北部沙巴台地区太原组沉积层序及其年代地层对比. 现代地质，13（4）：399~402
史晓颖，王新强，蒋干清等. 2008. 贺兰山地区中元古代微生物席成因构造——远古时期微生物群活动的沉积标识. 地质论评，（5）：577~586
斯行健. 1954. 宁夏上泥盆纪鳞木状植物的发现和讨论. 古生物学报，2（2）：183~186
宋鸿林. 1999. 燕山式板内造山带基本特征与动力学讨论. 地学前缘，6（4）：308~315
宋鸿林，朱忠，颜丹平. 2003. 赣北萍乐坳陷是对冲构造还是巨型构造窗. 地质通报，22（2）：124~129
苏德造，袁效奇，邓胜徽. 1997. 古背鳕（*Palaeoniscinotus*）在我国初次发现. 古脊椎动物学报，35（3）：161~169
孙克勤，邓胜徽. 2003. 贺兰山北段石炭纪和二叠纪植物群. 现代地质，17（3）：259~267
孙素英. 1982. 宁夏同心地区渐新世孢粉组合. 中国地质科学院地质研究所所刊，第4号：127~138
孙武城，徐杰，杨平恩等. 1991. 上海奉贤至内蒙阿拉善左旗地学断面. 北京：地震出版社
孙肇才. 2000. 简论鄂尔多斯盆地地质构造风格及其油气潜力——纪念朱夏院士逝世10周年. 石油实验地质，22（4）：291~296
潭永杰. 1997. 鄂尔多斯盆地南缘构造变形及其演化. 北京：煤炭工业出版社
汤桦，白云来，房乃珍等. 2006. 鄂尔多斯盆地西部"古陆梁"的形成和演化. 甘肃地质，（1）：2~9
汤锡元，郭忠铭，王定一. 1988. 鄂尔多斯盆地西部逆冲推覆构造带特征及其演化与油气勘探. 石油与天然气地质，9（1）：1~11
汤锡元，冯乔，李道燧. 1990a. 内蒙古西部巴彦浩特盆地的构造特征及其演化. 石油与天然气地质，11（2）：127~135
汤锡元，郭忠铭. 1990b. 鄂尔多斯地块西缘地质构造演化特征. 见：杨俊杰主编. 鄂尔多斯盆地西缘逆冲带构造与油气. 兰州：甘肃科学技术出版社，77~90
汤锡元等. 1990c. 鄂尔多斯盆地西缘逆冲带构造与油气. 兰州：甘肃科学技术出版社
汤锡元，郭忠铭，陈荷立等. 1992. 陕甘宁盆地西缘逆冲推覆构造及油气勘探. 西安：西北大学出版社
汤显明，惠斌耀. 1993. 鄂尔多斯盆地中央古隆起与天然气聚集. 石油与天然气地质，14（1）：64~71
汤中立，钱壮志，任秉琛等. 2005. 中国古生代成矿作用. 北京：地质出版社
童国榜，石英，郑宏瑞等. 1998. 银川盆地第四纪地层学研究. 地层学杂志，22（1）：42~51
万丛礼，付金华，张军等. 2004. 鄂尔多斯西缘前陆盆地构造-热事件在油气形成中的作用. 西北大学学报，2（2）：1~7
万天丰. 2004. 中国大地构造学纲要. 北京：地质出版社
汪啸风，陈旭，陈孝红等. 1996. 中国地层典·奥陶系. 北京：地质出版社
汪泽成，王玉新. 1996. 鄂尔多斯西缘马家滩滑脱型冲断构造. 石油与天然气地质，17（3）：221~225
王伴月，常江，孟宪家等. 1981. 内蒙千里山地区中、上渐新世的发现及其意义. 古脊椎动物与古人类，19（1）：26~34
王伴月，阎志强，陆彦俊等. 1994. 宁夏海原两个第三纪中期哺乳动物群的发现. 古脊椎动物学报，32（4）：285~296
王成，马学东，梁志荣. 2012a. 六盘山南段石嘴子花岗斑岩锆石 SHRIMP U-Pb 年龄及其意义. 宁夏工程技术，11（4）：335~337
王成，孟方，毛自力. 2012b. 贺兰山黄旗口花岗岩锆石 SHRIMP U-Pb 定年和岩石地球化学特征. 宁夏工程技术，11（3）：206~219

王成，李明涛，马彦云. 2014. 海原岩群锆石 SHRIMP U-Pb 测年及时代归属讨论. 宁夏工程技术，13（1）：13~17
王椿镛，林中洋，陈学波. 1995. 青海门源—福建宁德地学断面综合地球物理研究. 地球物理学报，38（5）：590~598
王锋，刘池阳，杨兴科等. 2005. 贺兰山汝箕沟玄武岩地质地球化学特征及其构造环境意义. 大庆石油地质与开发，24（4）：25~28
王锋，刘池洋，赵红格等. 2006. 贺兰山盆地与鄂尔多斯盆地的关系. 石油学报，（4）：15~17
王会明，陆彦俊. 2012. 宁夏海原县南华山地区白垩纪乃家河组的孢粉组合特征及古植被、古气候探讨. 科技创新导报，（29）：238~239
王萍，李天斌. 1997a. 海原活动断裂最大水平位移量的讨论. 内陆地震，11（1）：40~44
王萍，王增光. 1997b. 阿拉善活动块体的划分及归宿. 地震，17（1）：103~112
王任依. 1979. 贺兰山胡芦司太石炭纪地层. 地层学杂志，3（1）：57~64
王尚启，虞子冶，王成. 1995. 宁夏卫宁盆地晚泥盆世中华豆石介族（介形类）的发现. 地层学杂志，19（3）：204~207
王思恩等. 1985. 中国地层 11 · 中国的侏罗系. 北京：地质出版社
王思恩，郑少林，于菁珊等. 2000. 中国地层典 · 侏罗系. 北京：地质出版社
王涛，胡能高，杨家喜等. 1994. 贺兰山群三种不同层次的韧性剪切带. 中国区域地质，（1）：72~77
王廷印，高军平，张铭杰等. 1998. 华北板块和塔里木板块碰撞型造山作用. 见：李茂松主编. 北京大学国际地质科学学术研讨会论文集. 北京：地震出版社，75~84
王同和. 1987. 河西走廊地区拉分盆地的构造演化及其油气分布. 石油与天然气地质，8（4）：271~280
王同和，韩宇春，李红革. 1999. 鄂尔多斯盆地构造演化与油气聚集. 见：张功臣等主编. 中国含油气盆地构造. 北京：石油工业出版社，261~290
王永栋，沈光隆，吴秀元. 1995. 宁夏中卫县下河沿太原组生物地层——兼论石炭-二叠系分界. 中国区域地质，（2）：164~172
王玉新. 1994. 鄂尔多斯地块早古生代构造格局及演化. 地球科学——中国地质大学学报，19（6）：778~785
王玉新. 1999. 鄂尔多斯西缘中生代前陆盆地的形成与演化. 见：张功臣等主编. 中国含油气盆地构造. 北京：石油工业出版社，444~452
王泽九，黄枝高等. 2008. 中国主要断代地层建阶研究报告（2001~2005）. 北京：地质出版社
王增吉等. 1990. 中国地层 8 · 中国的石炭系. 北京：地质出版社
王振藩，郑昭昌. 1998. 宁夏香山群的时代探讨. 中国区域地质，17（1）：69~73
王志浩. 1991. 中国石炭-二叠系界线地层的牙形刺——兼论石炭-二叠系界线. 古生物学报，30（1）：6~41
王志浩，王成源. 1983. 甘肃靖远地区石炭系靖远组的牙形刺. 古生物学报，22（4）：437~446
王中刚，于学元，赵振华等. 1989. 稀土元素地球化学. 北京：科学出版社
王重礼，李厚民等. 1996. 海原群变质地质及含矿性研究. 西安：陕西科学技术出版社
魏家庸，卢重明，徐怀艾等. 1991. 沉积岩区 1∶5 万区域地质填图方法指南. 武汉：中国地质大学出版社
吴秀元，李星学，沈光隆等. 1987. 甘肃靖远石炭系研究新进展. 地层学杂志，11（3）：163~179
吴一民. 1965. 甘肃景泰黑山石炭纪地层. 地质学报，45（3）：243~253
吴紫电. 1990. 马家滩推覆体结构形态及与周边构造关系. 见：杨俊杰主编. 鄂尔多斯盆地西缘逆冲带构造与油气. 兰州：甘肃科学技术出版社，106~121
伍得华特 N B，博耶 S E，萨普 J. 1991. 平衡地质剖面. 武汉：中国地质大学出版社，30~106
夏林圻，夏祖春，徐学义. 1995. 北祁连山构造-火山岩浆演化动力学. 西北地质科学，16（1）：1~28
夏林圻，夏祖春，任有祥等. 2000. 北祁连构造-火山作用——成矿研究新进展. 见：中国地质学会编. “九五”全国地质科技重要成果论文集. 北京：地质出版社，431~436
夏文臣，金友渔. 1989. 沉积盆地的成因地层分析. 武汉：中国地质大学出版社
夏小洪，孙楠，宋述光等. 2012. 北祁连西段熬油沟二只哈拉达坂蛇绿岩的形成环境和时代. 北京大学学报（自然科学版），48（5）：57~769
相振群，陆松年，李怀坤等. 2007. 北祁连西段熬油沟辉长岩的锆石 SHRIMP U-Pb 年龄及地质意义. 地质通报，2007 年 12 期
项礼文等. 1981. 中国地层 4 · 中国的寒武系. 北京：地质出版社
项礼文，朱兆玲，李善姬等. 1999. 中国地层典 · 寒武系. 北京：地质出版社
肖庆辉，邓晋福，马大铨等. 2002. 花岗岩研究思维与方法. 北京：地质出版社
肖庆辉，王涛，邓晋福等. 2009. 中国典型造山带花岗岩与大陆地壳生长研究. 北京：地质出版社

校培喜，由伟丰，谢从瑞. 2011. 贺兰山北段贺兰山岩群富铝片麻岩碎屑锆石 LA-ICP-MS U-Pb 定年及区域对比. 地质通报，30（1）：26~36
谢从瑞，校培喜，由伟丰等. 2010. 香山群的解体及地层时代的重新厘定. 地层学杂志，34（4）：410~416
邢裕盛等. 1989. 中国地层 3 · 中国的上前寒武系. 北京：地质出版社
邢裕盛，高振家，王自强等. 1996. 中国地层典 · 新元古界. 北京：地质出版社
熊保贤，陈文学，陈文礼等. 2001. 巴彦浩特原型盆地形成与演化. 石油实验地质，23（1）：19~22
徐黎明，周立发，邓昆等. 2006a. 鄂尔多斯盆地西缘二叠系事件地层及其地球化学特征. 煤田地质与勘探，34（6）：4~7
徐黎明，周立发，张义楷等. 2006b. 香山群沉积岩浆记录及其反映的大地构造环境. 西北大学学报（自然科学版），36（3）：442~448
徐学义，何世平，王洪亮等. 2008. 中国西北部地质概论. 北京：科学出版社
许志琴. 2006. 青藏高原大陆动力学（1984~2006）. 北京：地质出版社
鄢明才，迟清华. 1997. 中国东部地壳与岩石的化学组成. 北京：科学出版社
闫志强. 1990. 宁夏晚寒武世重力流沉积及其大地构造背景. 宁夏地质，第 2 辑：90~101
闫志强. 1994. 宁夏海原地区的元古宇. 地层学杂志，18（1）：30~38
闫志强，李天斌. 1991. 宁夏南华山—西华山大型韧性剪切带特征. 西北地质，（2）：12~18
严烈宏，王利，张黎等. 2002. 银川盆地地热系统. 银川：宁夏人民出版社
杨逢清. 1986. 宁夏中宁陈麻子井早石炭世晚期菊石群. 古生物学报，25（3）：260~271
杨逢清，郑昭昌，刘志才. 1983. 宁夏卫宁地区石炭纪菊石带. 地球科学，（2）：9~23
杨华，付金华，欧阳征健等. 2010. 鄂尔多斯盆地西缘汝箕沟大岭—鼓鼓台玄武岩锆石 U-Pb 定年及其构造意义. 地球学报，31（2）：229~236
杨俊杰，张伯荣. 1990. 鄂尔多斯盆地西缘掩冲构造带的基本特征. 见：杨俊杰主编. 鄂尔多斯盆地西缘逆冲带构造与油气. 兰州：甘肃科学技术出版社，91~105
杨明芝，马禾青，廖玉华. 2007. 宁夏地震活动与研究. 北京：地震出版社
杨式溥，郑昭昌. 1985. 宁夏贺兰山震旦纪正目关组遗迹化石. 地球化学，第 10 卷（特刊）
杨式溥，田树刚，郑昭昌. 1988. 宁夏中卫校育川纳缪尔期牙形石. 见：中国地质科学院地层古生物论文集编委会. 地层古生物论文集（第二十二辑）. 北京：地质出版社，23~34
杨委巨等. 1993. 鄂尔多斯西缘掩冲构造带与油气论文集. 兰州：甘肃人民出版社
杨雨，范国琳，姚国金等. 1997. 甘肃省岩石地层. 武汉：中国地质大学出版社
杨振德，潘行适，杨易福. 1988. 阿拉善断块及邻区地质构造特征与矿产. 北京：科学出版社，1~254
杨钟健，周明镇. 1956. 甘肃灵武渐新世哺乳类动物化石. 古生物学报，4（4）：447~459
杨遵义，张舜新，杨基端等. 2000. 中国地层典 · 三叠系. 北京：地质出版社
业渝光等. 2003. 地质年代学理论与实践. 北京：地质出版社
叶捷，贾航. 1986. 宁夏同心中新世铲齿象化石. 古脊椎动物学报，24（2）：139~151
叶捷，邱占祥，张国典. 1992. 记宁夏同心中中新世的 *Bunolistriodon intermedius*. 古脊椎动物学报，30（2）：135~145
俞昌民. 1962. 北祁连山中志留世珊瑚化石. 见：祁连山地质志，第四卷第三分册. 北京：科学出版社
俞建章，林英锡. 1961. 从珊瑚化石来讨论祁连山南北坡早石炭世地层对比问题. 地质学报，41（2）：154~173
袁效奇，王玉净. 1990. 宁夏中卫纳缪尔期䗴类的发现及地层意义. 地层学杂志，14（2）：154~156
张长厚. 1999. 初论板内造山带. 地学前缘，6（4）：295~308
张二朋，顾其昌，郑文林等. 1998. 西北区区域地层. 武汉：中国地质大学出版社
张泓，白清昭，张笑微等. 1995. 鄂尔多斯聚煤盆地形成与演化. 西安：陕西科学技术出版社
张泓等. 1998. 中国西北侏罗纪含煤地层与聚煤规律. 北京：地质出版社
张家声，劳秋元. 1999. 航磁异常的构造解释和华北-塔南-扬子超陆块演化. 地学前缘，6（4）：379~390
张建新，许志琴，李海兵等. 1997. 北祁连加里东造山带从挤压到伸展造山机制的转换. 长春地质学院，27（3）：277~283
张建新，许志琴，徐惠芬等. 1998. 北祁连加里东期俯冲—增生楔结构及动力学. 地质科学，33（3）：290~301
张进，马宗晋，任文军. 2000. 鄂尔多斯盆地西缘逆冲带南北差异的形成机制. 大地构造与成矿，24（2）：124~133
张进，马宗晋，肖文霞等. 2006. 宁夏中南部中新世构造活动的地质证据及其意义. 地质学报，80（11）：1650~1659
张进，李锦轶，刘建峰等. 2012. 早古生代阿拉善地块与华北地块之间的关系——来自阿拉善东缘中奥陶统碎屑锆石的

信息. 岩石学报，28（9）：2914～2934
张军. 1988. 鄂尔多斯盆地西部逆冲推覆构造带重力资料数字处理及其应用. 石油与天然气地质，9（2）：189～198
张抗. 1983. 论贺兰裂堑. 见：内蒙古石油学会编. 鄂尔多斯盆地西缘地区石油地质论文集. 呼和浩特：内蒙古人民出版社，29～40
张抗. 1989. 鄂尔多斯断块构造和资源. 西安：陕西科学技术出版社
张抗. 1993. 香山群时代讨论. 石油实验地质，15（3）：309～316
张明山. 1997. 陆内挤压造山带与陆内前陆盆地关系. 现代地质，11（4）：461～470
张旗，王焰，钱青. 2000. 北祁连早古生代洋盆是裂陷槽还是大洋盆——与葛肖虹讨论. 地质学报，35（1）：121～128
张瑞林，赵江天，申少宁. 1997. 北祁连山早古生代海相火山沉积相及地质找矿. 北京：地质出版社
张守信. 1992. 理论地层学——现代地层学概念. 北京：科学出版社
张韬等. 1992. 中国主要聚煤期沉积环境与聚煤规律. 武汉：中国地质大学出版社
张维歧，焦德成，柴炽章等. 2015. 天景山活动断裂带. 北京：地震出版社
张文堂等. 1979. 华北南部、西南部寒武系及上前寒武系的分界. 地层学杂志，3（1）：51～56
张文堂，朱兆玲等. 1980. 鄂尔多斯地台西缘及南缘的寒武纪地层. 地层学杂志，4（2）：106～119
张翔，刘建宏，黎志恒等. 2006. 北祁连成矿带地球化学块体含矿性评价. 地质与勘探，43（3）：42～48
张云琳，郭守年，司玉兰等. 1988. 鄂尔多斯块体西南缘的大地电磁测深. 华北地震科学，6（3）：32～45
张招崇. 2001. 北祁连山西段中元古代熬油沟蛇绿岩的年代学和地球化学研究. 地质学报，（1）
张招崇，周美付，Paul T Robinson 等. 2001. 北祁连山西段熬油沟蛇绿岩 SHRIMP 分析结果及其地质意义. 岩石学报，（2）：222～226
张振法，李超英，牛颖智. 1997. 阿拉善—敦煌陆块的性质、范围及其构造作用和意义. 内蒙古地质，（2）：1～14
张宗祜，张之一，王云生. 1989. 中国黄土. 北京：地质出版社
赵国春. 2009. 华北克拉通基底主要构造单元变质作用演化及其若干问题讨论. 岩石学报，25（8）：1772～1792
赵江天，夏林圻，夏祖春等. 1999. 北祁连山大陆裂谷硅质岩的稀土元素判别. 科学通报，44（6）：665～669
赵文智，靳九强，薛良清等. 2000. 中国西北地区侏罗纪原形盆地形成与演化. 北京：地质出版社
赵修祜，吴秀元，顾其昌. 1986. 宁夏南部晚泥盆世植物群. 古生物学报，25（5）：544～559
赵重远. 1983. 鄂尔多斯西缘构造演化及板块应力机制初探. 见：鄂尔多斯盆地西缘地区石油地质论文集. 呼和浩特：内蒙古人民出版社，20～28
赵重远. 1990. 鄂尔多斯地块西缘构造单位划分及构造展布格局和形成机制. 见：杨俊杰主编. 鄂尔多斯盆地西缘逆冲带构造与油气. 兰州：甘肃科学技术出版社，40～53
郑家坚，何希贤，刘淑文等. 1999. 中国地层典·第三系. 北京：地质出版社
郑孟林，金之钧，王毅等. 2006. 鄂尔多斯盆地北部中新生代构造特征及其演化. 地球科学与环境学报，28（3）：31～36
郑亚东，王士政，王玉芳. 1990. 中蒙边界区新发现的特大型推覆构造及伸展变质杂岩. 中国科学（B 辑），（12）：1299～1305
郑昭昌，李玉珍. 1991. 贺兰山奥陶系研究的新进展. 现代地质，5（22）：119～137
中国地质科学院. 1982. 中国地层 1·中国地层概论. 北京：地质出版社
中国地质科学院地质研究所. 1980. 陕甘宁盆地中生代地层古生物. 北京：地质出版社
中国科学院地质研究所. 1974. 中国地震地质概要. 北京：科学出版社
中国科学院南京地质古生物研究所. 1983. 中国各纪地层界线研究. 北京：科学出版社
钟侃，高星. 2006. 旧石器时代论集——纪念水洞沟遗址发现八十周年. 北京：文物出版社
周鼎武，赵重远，李银德等. 1994. 鄂尔多斯西南缘地质特征及其与秦岭造山带的关系. 北京：地质出版社
周立发. 1992. 阿拉善地块南缘早古生代大地构造特征和演化. 西北大学学报，22（1）：107～115
周慕林等. 1988. 中国地层 14·中国的第四系. 北京：地质出版社
周慕林，闵隆瑞，王淑芳. 2000. 中国地层典·第四系. 北京：地质出版社
周特先等. 1994. 宁夏构造地貌. 银川：宁夏人民出版社
周喜文，耿元生. 2009. 贺兰山孔兹岩系的变质时代及其对华北克拉通西部陆块演化的制约. 岩石学报，25（8）：1843～1852
周喜文，赵国春，耿元生. 2010. 贺兰山高压泥质麻粒岩——华北克拉通西部陆块拼合的岩石学证据. 岩石学报，26（7）：2113～2121
周志强，郑昭昌. 1976. 贺兰山的寒武系. 西北地质科技情报，（1）：6～20
周志强，校培喜. 2010. 对香山群时代的商榷. 西北地质，43（1）：54～59

周志炎，李佩娟. 1980. 从古生物学观点讨论中国中生代陆相地层的划分、对比和时代. 见：国际交流地质学术论文集（4）地层古生物. 北京：地质出版社，83~85
朱鸿，郑昭昌，何心一等. 1987. 阿拉善地块边缘古生代生物地层及构造演化. 武汉：武汉地质学院出版社
朱杰，杜远生. 2007. 北祁连造山带老虎山奥陶系硅质岩地球化学特征及古地理意义. 古地理学报，9（1）：70~76
朱介寿，蔡学林，曹家敏等. 2006. 中国及相邻区域岩石圈结构及动力学意义. 中国地质，33（4）：793~802
朱志澄. 1989. 逆冲推覆构造. 武汉：中国地质大学出版
左国朝. 1985. 北祁连地区早古生代碰撞缝合作用. 见：地质矿产部沈阳地质矿产研究所主编. 中国北方板块构造论文集（1）. 北京：地质出版社，27~36
Alan D Smith, Da-Jen Wen, Li-Yuen Huang et al. 2000a. Constraints from gneisses in the Qilian fold belt for the position of the North China Block in the Proterozoic. Journal of the Geological Society of China, 43（1）：81~93
Alan D Smith, Fong-Rong Lian, Chuan-Hsiung Chung et al. 2000b. Isotopic evidence from metasediments in the Qilian fold belt for a North China—Antactica connection in the Early Paleozoic, Journal of the Geological Society of China, 40（3）：481~497
Boyer S E, Elliott D. 1982. Thrust systems. AAPG, 66：1196~1230
Boyer S E. 1986. Styles of folding within thrust sheets：examples from the Appalachian and Rocky Mountains of the U. S. A and Canada. Journal of Structural Geology, 8（3-4）：325~339
Chuan-Hsiung Chung, Alan D Smith. 2000. Nd-Sr isotopic and geological evidence on the tectonic setting of the Tadun Creek ophiolite, North Qilian fold belt, NW China. Journal of the Geological Society of China, 43（1）：31~42
Churkin M Jr. 1972. Western Boundary of the North American Plate in Asia. GSA Bulletin, 83：1027~1036
Darby B J, Ritts B D. 2000. Mesozoic intracontinental deformation of the Western North China block：structural geology and basin analysis of the Helan Shan and Western Ordos Basin（Abstract）. Eos Trans. AGU, 81（48）, Fall Meet. Suppl.
David Hindle, Olivier Besson, Martin Burkhard. 2000. A model of displacement and strain for arc-shaped mountain belts applied to the Jura arc. Journal of Structural Geology, 22：1285~1296
Enrico Tavarnelli. 1997. Structural evolution of a foreland fold-and-thrust belt：the Umbria—Marche Apennines. Journal of Structural Geology, 19（3-4）：523~534
Fisher M P, Woodward N B, Mitchell M M. 1992. The kinemiatics of break-thrust folds. Journal of Structural Geology, 14：451~460
Hatcher R D Jr, Hooper R J. 1992. Evolution of crystalline thrust sheets in the internal parts of mountain chains. In：Mcclay K R, ed. Thrust Tectonics. London：Chapman and Hall, 217~233
Marrett Randall, Bentham Peter A. 1997. Geometric analysis of hybrid fault-propagation/detachment folds. Journal of Structural Geology, 19（3~4）：243~248
Platt J P, Behrmann J H, Cunningham P C et al. 1989. Kinematics of the Alpine arc and the motion history of Adria. Nature, 337：158~161
Price R A. 1981. The Cordilleran foreland thrust and fold belt in the southern Canadian Rockies. In：Mcclay K R, Price J, eds. Thrust and Nappe Tectonics. London：Blackwell Scientific Publications, 427~448
Sandiford Mike, Paul Elke, Flottmann Thomas. 1998. Sedimentary thickness variation and deformation intensity during basin inversion in the Flinders Ranges, South Australia. Journal of Structural Geology, 20（12）：1721~1731
Smith Alan D, Lian Fong-Rong, Chung Chuan-Hsiung et al. 2000a. Isotopic evidence from metasediments in the Qilian fold belt for a North China-Antactica connection in the Early Paleozoic. Journal of the Geological Society of China, 40（3）：481~497
Smith Alan D, Wen Da-Jen, Huang Li-Yuen et al. 2000b. Constraints from gneisses in the Qilian fold belt for the position of the North China Block in the Proterozoic. Journal of the Geological Society of China, 43（1）：81~93
Stephen J Vincent, Mark B Allen. 1999. Evolution of the Minle and Chaoshui Basins, China：Implications for Mesozoic strike—slip basin formation in Central Asia, GSA Bulletin, 111（5）：725~742
Tian Zaiyi, Zhang Qingchun. 1997. Petroliferous sedimentary basins in China and basin analysis, Beijing：Petroleum Industry Press, 70-76：135~140
Yin An, Nie Shangyou. 1996. A phanerozoic palinspastic reconstruction of China and its neighboring regions. In：Yin An, Mark Harrison eds. The tectonic evolution of Asia. London：Cambridge University Press, 442~486
Zhu Min, Per E. Ahlberg, Zao Wenjin, Jia Liantao. 2002. First Devonian tetrapod from Asia. Nature, 420：760

* *

甘肃省地质局第二区域地质测量队. 1965a. 1：20 万海原幅地质图及地质图说明书

甘肃省地质局第二区域地质测量队. 1965b. 1：20 万固原幅地质图及地质图说明书
甘肃省地质局第二区域地质测量队. 1965c. 1：20 万同心幅地质图及地质图说明书
甘肃省地质局第二区域地质测量队. 1972. 1：20 万平凉幅地质图及区域地质测量报告
甘肃省地质局第二区域地质测量队. 1973. 1：20 万景泰幅地质图及区域地质测量报告
甘肃省地质局区域地质测量队. 1977. 1：20 万白墩子幅地质图及区域地质调查报告
甘肃省地质局第二区域地质测量队. 1980. 1：20 万洪德城幅地质图及区域地质调查报告
甘肃省地质矿产局区域地质调查队. 1992. 1：5 万碾壕湾、打拉池幅地质图及区域地质调查报告
甘肃省地质调查院. 2004. 1：25 万静宁县幅地质图及区域地质调查报告
甘肃省地质调查院. 2009. 1：25 万景泰县幅地质图及区域地质调查报告
国家地震局地质研究所. 1987. 黄河黑山峡大柳树坝址地震基本裂度复核报告
宁夏计委地质局区域地质调查队. 1976a. 1：20 万中卫幅地质图及区域地质调查报告
宁夏计委地质局区域地质调查队. 1976b. 1：20 万吉兰泰幅地质图及区域地质调查报告
宁夏地质局区域地质调查队. 1978. 1：20 万巴伦别立幅地质图及区域地质调查报告
宁夏地质局区域地质调查队. 1980. 1：20 万乌海市幅地质图及区域地质调查报告
宁夏地质局区域地质调查队. 1982a. 1：20 万阿拉善左旗幅地质图及区域地质调查报告
宁夏地质局区域地质调查队. 1982b. 1：20 万石嘴山市幅地质图及区域地质调查报告
宁夏地质局地质研究队. 1982a. 宁夏的上前寒武系
宁夏地质局地质研究队. 1982b. 宁夏的石炭系
宁夏地质矿产局区域地质调查队. 1983. 1：20 万银川市幅地质图及区域地质调查报告
宁夏地质矿产局地质研究所. 1984a. 宁夏的寒武系
宁夏地质矿产局地质研究所. 1984b. 宁夏的侏罗系
宁夏地质矿产局地质研究所. 1984c. 宁夏的第四系
宁夏地质矿产局地质研究所. 1984d. 宁夏的泥盆系
宁夏地质矿产局区域地质调查队. 1985a. 1：20 万吴忠幅地质图及区域地质调查报告
宁夏地质矿产局区域地质调查队. 1985b. 1：20 万盐池幅地质图及区域地质调查报告
宁夏地质矿产局区域地质调查队. 1985c. 1：20 万下马关幅地质图及区域地质调查报告
宁夏地质矿产局地质研究所. 1987. 宁夏及北部邻区的奥陶系
宁夏地质矿产局地质研究所，天津地质矿产研究所. 1987. 贺兰山震旦纪正目关组研究报告
宁夏地质矿产局区域地质调查队. 1988. 1：5 万土井子、前古城子、马夫峡子幅地质图及区域地质调查报告
宁夏地质矿产局区域地质调查队. 1989. 1：5 万石炭井、阿拉巴拉代幅地质图及区域地质调查报告
宁夏地质矿产局矿产地质调查所. 1990. 1：5 万白崖子、照壁山、镇罗、余丁幅地质图及区域地质调查报告
宁夏地质矿产局区域地质调查队. 1992. 1：5 万红泉、三眼井幅地质图及区域地质调查报告
宁夏地质矿产局地质矿产勘察院. 1992. 1：5 万蒿川、盐池乡、海原县、大嘴幅地质图及区域地质调查报告
宁夏地质矿产局地质矿产勘察院. 1993. 1：5 万陈麻子井、马家河湾幅地质图及区域地质调查报告
宁夏地质矿产局矿产地质调查所. 1994. 银川地区 1：50000 城市区域地质调查综合报告
宁夏地质矿产勘查开发局地质矿产勘察院. 1995. 1：5 万宣和、上校育川、下流水幅地质图及区域地质调查报告
宁夏地质矿产勘查开发局地质矿产勘察院. 1996. 1：5 万长流水、常乐、峡门幅地质图及区域地质调查报告
宁夏地质矿产勘查开发局地矿建设公司. 1996. 石嘴山地区 1：50000 城市区域地质调查综合报告
宁夏地质矿产局地质矿产勘察院. 1997. 1：5 万谭庄、韦州、下马关幅地质图及区域地质调查报告
宁夏回族自治区国土资源厅（测绘局）. 2009. 宁夏回族自治区地图（1：25000）
宁夏回族自治区地质调查院. 1998. 1：5 万渠口农场、扁担沟、枣园、滚泉幅地质图及区域地质调查报告
宁夏回族自治区地质调查院. 1999. 1：5 万喊叫水、纪家幅地质图及区域地质调查报告
宁夏回族自治区地质调查院. 2001a. 1：5 万马家大庄、隆德县幅地质图及区域地质调查报告
宁夏回族自治区地质调查院. 2001b. 1：5 万瓦亭、什字路、泾源县幅地质图及区域地质调查报告
宁夏回族自治区地质调查院. 2001c. 1：25 万吴忠市幅地质图及区域地质调查报告
宁夏回族自治区地质调查院. 2004. 1：25 万固原市幅地质图及区域地质调查报告
宁夏回族自治区地质环境监测总站. 2008a. 1：25 万吉兰泰幅地质图及区域地质调查报告
宁夏回族自治区地质环境监测总站. 2008b. 1：25 万银川市幅地质图及区域地质调查报告

宁夏回族自治区地质调查院. 2010. 1∶5 万白疙瘩、白墩子、营盘水、甘塘幅地质图及区域地质调查报告
宁夏回族自治区地质调查院. 2012. 1∶5 万水磨沟、崇岗、苏峪口、暖泉、姚伏幅地质图及区域地质调查报告
宁夏回族自治区地质矿产勘查开发局，宁夏回族自治区地质调查院. 2010. 宁夏矿产地质概论
宁夏回族自治区国土资源调查监测院. 2012. 1∶5 万腰坝、黄旗口、木井子、井子泉幅地质图及区域地质调查报告
内蒙古自治区地质矿产局. 1980. 1∶20 万布拉格幅地质图及区域地质测量报告
陕西省地质局区域地质测量队. 1967. 1∶20 万陇县幅地质图及地质矿产图说明书
西安地质学院区域地质调查队. 1991. 1∶5 万胡鲁斯台、古拉本幅地质图及区域地质调查报告
中国地质科学院水文地质环境地质研究所. 2003. 1∶5 万大水坑、盐池草原实验站幅地质图及区域生态地质调查报告
中国地质科学院地质研究所. 2009. 中国西北地区若干重要演化阶段地层格架建立与对比研究报告
中国地质调查局基础调查部，中国地质科学院地质研究所. 2012.《中国区域地质志》工作指南
郑昭昌，王振藩，贺正轩. 1993. 宁夏早古生代大陆边缘沉积相、沉积环境、古构造背景及有关矿产的研究

中 文 摘 要

宁夏回族自治区位于中国西北地区东部，地处中国地质、地理分界之“南北中轴线”的北段，在全国地质地理位置上具有特殊意义。地质上，是中国东部近南北向构造向西部近东西向构造的转换地带，华北陆块、阿拉善微陆块和祁连早古生代造山带汇聚于此，不同时期和不同方向的构造相互交织，地表以广泛出露的沉积岩、大面积中、新生界覆盖和众多的活动断裂分布为特点；地理上，是中国东西气候与南北气候之分界地带，自西南向北东，高耸的带状山岭与宽缓的条形盆地相间排列，总体呈梯次下降之势。特殊的地质构造条件，造就了宁夏特有的矿产资源结构：煤炭等能源矿产和石膏等非金属矿藏极为丰富，金属矿产贫乏。其中，煤炭资源不论是资源总量，还是煤种，在全国均占有重要地位，是我国唯一的小地域大煤炭省区，宁夏因此也成为主要依托资源发展的省区之一。

一、区域地层

宁夏发育古元古代以来的地层，以沉积地层为主，层位较为齐全，古生物门类、属种较为丰富。地层分布面积占全区总面积的98%以上。其中前新生界分布面积约占19%，主要出露于贺兰山、卫宁北山、牛首山、罗山、青龙山、香山、南华山、西华山及六盘山等基岩山地区，灵（武）盐（池）台地及南部黄土区沟谷中亦有零星分布；新生界出露面积约占81%，广泛分布于基岩山地外围丘陵及河谷盆地区。

宁夏综合地层区划位于华北-柴达木地层大区（中部），跨祁连、华北和阿拉善3个二级地层区。

香山南麓断裂—六盘山东麓断裂以南地区属祁连地层区，出露中元古代、志留纪、泥盆纪、白垩纪、古近纪、新近纪和第四纪地层。中元古代地层海原岩群是该区最古老的地层，为一套主要由云母石英片岩、绿片岩、大理岩等组成的变质岩系，具变质火山碎屑岩-碳酸盐岩建造特征，是北祁连中元古代-早古生代海沟系的组成部分。寒武纪至奥陶纪在邻区见有沉积，本区未见出露。志留纪仅有晚—末世沉积，由滨浅海相碎屑岩组成，属与早古生代造山运动有关的残留海盆海相磨拉石建造。泥盆纪仅有早—中世沉积，为陆相红色碎屑岩，属造山后的陆相磨拉石建造。石炭系至三叠系在邻区发育良好，本区未见出露。早白垩世区内发育内陆湖泊相沉积，这就是广泛分布的六盘山群，其沉积特征与鄂尔多斯盆地保安群相近，古生物组合与热河动物群相似。晚期燕山运动使区内隆起，致使晚白垩世和古新世沉积缺失。始新世至中新世，气候或暖湿或干热，内陆盆地中沉积了河湖相红色碎屑岩及膏岩。第四纪以来主要有洪积相、河湖相沉积和风成黄土堆积。

贺兰山西麓断裂—牛首山-罗山断裂以东地区属华北地层区，出露古元古代、长城纪、蓟县纪、震旦纪、寒武纪、奥陶纪、石炭纪、二叠纪、三叠纪、侏罗纪、白垩纪、古近纪、新近纪和第四纪地层。古元古界贺兰山岩群是该区出露最古老的地层，为具角闪麻粒岩相的高级区域变质岩系，是华北克拉通北缘孔兹岩带的组成部分，也是该地区的结晶基底。自中元古代开始，该区转入稳定的盖层沉积。中元古代早期（长城纪）至中期（蓟县纪）为滨浅海相碎屑岩-台地相碳酸盐岩沉积，新元古代晚期（震旦纪）为冰水沉积，缺失中元古代晚期和新元古代青白口纪、南华纪沉积。寒武纪总体属陆表海沉积，由滨浅海相—浅海陆棚相碎屑岩、泥质岩和碳酸盐岩组成，产丰富的以三叶虫为主的浮游生物。早—中奥陶世为台地相碳酸盐岩沉积，产头足类、腕足类、腹足类、牙形石等动物化石，其沉积特征与华北腹地相似，但沉积厚度明显偏大；中—晚奥陶世为由砂岩、板岩及碳酸盐岩等组成的重力流沉积，产笔石，属大陆边缘沉积。桌子山—青龙山地区尚发育笔石页岩相和壳相碳酸盐岩沉积。晚奥陶世至早石炭世，该区隆升剥蚀，缺失沉积。晚石炭世至早二叠世早期华北海与祁连海连通，华北地层区与祁连地层区沉积特征基本一致，均为海陆交互相含煤碎屑建造。早二叠世晚期发生海退，沉积环境演变为陆相，在温湿气候条件下接受了河流相含煤碎屑岩沉积；至中二叠世气候变为干旱炎热，接受了河湖相杂色碎屑岩沉积，晚期见有火山碎屑岩沉积。早—中三叠世继承了晚二叠世干旱炎热的陆相沉积环境，接受了河湖相杂色碎屑岩沉积。晚三叠世转变为温湿气候条件，接受了河湖相碎屑岩沉积，上部含煤，产延长植物群。侏罗纪时本区处于鄂尔多斯盆地西缘，沉积特征与盆地腹地相似，下部为温湿气候条件下的河流相含煤碎屑岩沉积，中—上部为干旱炎热气候条件下的河湖相杂色碎屑岩沉积，贺兰山地层小区缺失早侏罗世沉积。白垩纪时本区仍位于鄂尔多斯盆地西缘，早白垩世发育鄂尔多斯和庙山湖两个沉积盆地，前者属大型内陆盆地，自下而上沉积物明显由粗变细，而后者则属山间坳陷盆地，主要由粗碎屑岩组成，与鄂尔多斯盆地以及六盘山盆地有较大差异。该区自古近纪以来古气候、沉积环境等与北祁连地层分区、阿拉善南缘地层分区相似，地层发育状况、沉积建造及古生物群特征也基本一致。

夹持于上述两地层区之间的区域属阿拉善地层区，宁夏位于该地层区之阿拉善南缘地层分区。区内出露奥陶纪、志留纪、泥盆纪、石炭纪、二叠纪、三叠纪、侏罗纪、白垩纪、古近纪、新近纪和第四纪地层。该区自早奥陶世开始接受沉积。早—中奥陶世早期为台地相碳酸盐岩沉积，产头足类、腕足类、腹足类、珊瑚、牙形石等动物化石；中奥陶世中期至晚奥陶世沉积了具复理石建造特征的米钵山组和香山群，前者产笔石，后者砾石中产中—晚寒武世三叶虫、腕足类、牙形石等动物化石，二者均属大陆边缘沉积。区内志留纪地层分布局限，但层位基本齐全。早—中志留世为滨浅海相碎屑岩—碳酸盐岩沉积，产丰富的珊瑚、腕足类、笔石等动物化石；晚—末志留世为滨海相碎屑岩沉积，具海相磨拉石建造特征。泥盆纪区内沉积环境演变为陆相，早泥盆世未接受沉积，中—晚泥盆世接受了河湖相红色碎屑岩沉积，产鱼类、两栖类、介形虫和植物等化石，属香山-卫宁北山志留纪-泥盆纪前陆盆地的上部层位。早石炭世区内发生广泛的海侵，早石炭世早期为滨海相—潟湖相碎屑岩—碳酸盐岩及膏岩沉积，产个体特化的腕足类及植物化石；早石炭世晚期为浅海相碎屑岩—碳酸盐岩沉积，产珊瑚、腕足类、海百合茎、苔藓虫、䗴类、牙形石及植物等化石；晚石炭世为滨海相—海陆交互相碎屑岩、泥（页）岩夹泥灰岩沉积，产头足类、腕足类、双壳类、腹足类、牙形石和植物等化石。早二叠世早期继承了晚石炭世海陆交互相的含煤碎屑岩沉积，早二叠世晚期发生海退，沉积环境演变为陆相，结束本区海相沉积历史，开始接受陆相沉积，中—晚二叠世接受了河流相碎屑岩—火山碎屑岩沉积。本区三叠纪地层分布局限，零星出露于中卫市小红山、大柳树和深井等地，为河流相红色碎屑岩沉积。侏罗纪地层分布局限，仅见于下流水、窑山和炭山，它们均属鄂尔多斯盆地西缘的“卫星盆地”，早侏罗世未见沉积，中侏罗世早期为温湿气候条件下的河流相含煤碎屑岩沉积，中侏罗世晚期至晚侏罗世为炎热气候条件下的河湖相碎屑岩沉积。该区自白垩纪以来古气候、沉积环境等与北祁连地层分区相似，地层发育状况、地层序列、沉积建造及古生物群特征也基本一致。

二、岩浆岩

宁夏岩浆岩不发育，出露面积约 127km^2，仅占全区总面积的 0.19%。其中侵入岩出露面积约 125km^2，火山岩及火山碎屑岩出露面积约 2km^2。侵入岩以古元古代、早古生代和中生代中酸性侵入岩为主，次为泥盆纪基性—超基性侵入岩和各类岩脉；火山岩仅有晚三叠世玄武岩；火山碎屑岩主要有分布于中元古界海原岩群中的变质基性火山岩和石炭纪—三叠纪地层中的火山碎屑岩。

古元古代中—酸性侵入岩分布于贺兰山中—北段，主要岩体（或侵入体）为蒙果特岩体、夏来苏岩体、巴音恩德勒岩体、扣笨沟岩体、浩尧尔岩体和黄旗口岩体。其中前五者分布于贺兰山北段，是近年来从原贺兰山岩群中解体出来的中酸性侵入岩，后者出露于贺兰山中段。

蒙果特岩体由 9 个大小不等的侵入体组成，岩性为闪长质片麻岩，与古元古界贺兰山岩群呈侵入接触，岩石化学类型为钙性—钙碱性岩系，次铝的岩石类型，具壳幔混合（I）型花岗岩的一些特征，是来自于上地幔的闪长质岩浆与下地壳花岗质岩浆先混合而后侵入形成的。锆石 SHRIMP U-Pb 年龄为（1920±7）Ma。

夏来苏岩体主要岩性为花岗质片麻岩，巴音恩德勒岩体岩性为似斑状石榴子石黑云母花岗岩，扣笨沟岩体岩性为石榴子石花岗岩，浩尧尔岩体岩性为似斑状黑云母花岗岩，它们均侵入贺兰山岩群岩中，岩体中普遍含有来自于贺兰山岩群中的变粒岩、片麻岩捕虏体，岩石化学类型为钙性—钙碱性岩系，为过铝的岩石类型，属壳源（S）型花岗岩，形成于大陆碰撞造山环境。夏来苏花岗质片麻岩锆石 U-Pb 年龄为（1981±20）Ma（TIMS 法），石榴子石花岗岩锆石 SHRIMP U-Pb 年龄为（2047±42）Ma，似斑状黑云母花岗岩锆石 SHRIMP U-Pb 年龄为（1940±11）Ma。

黄旗口岩体由黄旗口和白杨沟两个侵入体组成。前者呈岩基状产出，出露面积约 90km^2，后者出露面积约 3km^2。岩体未见侵入其他地质体中，其中含有来自于古元古界赵池沟岩群中的变粒岩捕虏体，长城系黄旗口组不整合覆于其上。岩石组合以英云闪长岩（斜长花岗岩）为主，次为花岗闪长岩、二长花岗岩、钾长花岗岩，岩石化学类型为钙性—钙碱性岩系，是过铝的岩石类型，属壳源（S）型花岗岩，是上地壳深熔岩浆侵入而形成的花岗岩类，形成于大陆碰撞造山环境。其中两组锆石 SHRIMP U-Pb 年龄分别为（2003±10）Ma、（1976±17）Ma。

中元古代中—酸性侵入岩仅有石嘴子花岗斑岩体（石嘴子岩体），分布于六盘山南段泾源县石嘴子，有 3 处露头，总面积不足 1km^2。未见侵入其他地质体中，古近系清水营组不整合覆于其上，岩性为花岗斑岩。岩石化学类型为钙碱性岩系，是硅过饱和岩石，钾玄岩系列，属 A 型花岗岩，是在华北克拉通古元古代末期—中元古代早期的造山后伸展体制下形成的。其中两组年龄数据分别为（1778±14）Ma（SHRIMP 锆石 U-Pb 法）和（1788±12）Ma（LA-ICP-MS 锆石 U-Pb 法）。

早古生代中—酸性侵入岩分布于南华山—月亮山地区，是北祁连早古生代岩浆岩带的组成部分。该侵入岩带长约 230km，由 15 个中—酸性岩体或侵入体组成，其中宁夏境内有雪石沟岩体（屈吴山岩体东部）、莱园岩体、油房院岩体、乱堆子岩体、曹洼岩体、石洼里岩体、石湾岩体、红帽梁岩体和红阳岩体等 9 个，规模均较小，呈岩株状—岩瘤状产出。岩体侵入于长城系海原岩群和下奥陶统阴沟群中，上—顶志留统旱峡组不整合于其上。岩石组合以花岗闪长岩为主，次为英云闪长岩、石英二长闪长岩，普遍含暗色包体（MME），岩石化学类型为钙碱性岩系，偏铝质—过铝质岩石，属壳幔（Ⅰ）型花岗岩，形成于活动的大陆边缘岛弧构造环境。乱堆子岩体锆石 SHRIMP U-Pb 年龄为（431±5）Ma，油房院岩体锆石 SHRIMP U-Pb 年龄为（451^{+54}_{-32}）Ma，石洼里岩体锆石 SHRIMP U-Pb 年龄为（437±5）Ma。

泥盆纪基性—超基性侵入岩出露于贺兰山北段小松山北麓，习惯称为小松山基性—超基性岩体或小松山岩体。岩体呈北西向展布，平面形态大致呈一等腰三角形，面积 2.37km^2。岩体西南侧侵入于中—上寒武统阿不切亥组和下—中奥陶统天景山组碳酸盐岩中，北东侧与古元古界贺兰山岩群和上侏罗统安定组呈断层接触。岩体内部岩相分带较为清楚，北东为辉长岩，南西为辉长橄榄岩，二者构成复合岩体。岩石化学类型为亚碱性岩系，拉斑玄武岩系列，形成于板内拉张的构造环境。同位素年龄为 384.4Ma（全岩 K-Ar 法）。

中生代中—酸性侵入岩分布于贺兰山南段，由大战场、阿里乌苏和双疙瘩 3 个岩体组成，呈岩株状产出，其中大战场岩体规模最大，出露面积 0.38km^2。岩体侵入于中—上奥陶统米钵山组中，中侏罗统延安组不整合于其上；阿里乌苏岩体和双疙瘩岩体均侵入于上奥陶统香山群中。岩体外接触带蚀变现象明显，见有透闪石大理岩、透辉石大理岩及长英质角岩等热接触变质岩。岩石组合以花岗闪长岩为主，次为二长花岗岩、石英二长岩、石英闪长岩，岩石化学类型为钙性—钙碱性岩系，过铝—次铝的岩石，属 C 型埃达克质花岗岩，是加厚的地壳熔融而形成的火山弧花岗岩。同位素年龄为（223±26）Ma（TIMS 锆石 U-Pb 法）。

晚三叠世玄武岩分布于贺兰山北段大岭—鼓鼓台一带，呈层状赋存于上三叠统上田组顶部，不整合伏于中侏罗统延安组之下。玄武岩层东西向延伸约 8km，鼓鼓台出露最好，厚 36.5m。岩性以玄武岩为主，底部有少量凝灰岩。上部为玄武岩，靠近不整合面处岩石碳酸盐化强烈。玄武岩具微晶质—隐晶质结构、拉斑玄武结构及间隐结构，气孔及杏仁构造。岩石化学类型为钙碱性，拉斑玄武岩系列，形成于伸展构造环境。其中两组同位素年龄分别为（229±0.15）Ma（全岩 K-Ar 法）和（241±7）Ma（ELA-ICPMS 锆石 U-Pb）。

三、变质地质

宁夏的变质岩不发育，主要分布于贺兰山、南华山、西华山、香山、牛首山、罗山等基岩山地区，出露面积约 2418km²，占全区总面积的 3.6%。以区域变质岩为主，次为动力变质岩和接触变质岩。

宁夏的区域变质岩主要分布于贺兰山及南、西华山地区。分布于贺兰山地区的区域变质岩系为贺兰山岩群和赵池沟岩群，分布于南、西华山地区的区域变质岩系为海原岩群。贺兰山岩群为一套角闪麻粒岩相的高级区域变质岩系，主要岩石类型有片麻岩类、变粒岩类、大理岩类、钙硅酸粒岩类、片岩类、麻粒岩类等 7 种，以前二者为主。贺兰山岩群变质岩的原岩多为沉积岩，原岩建造属典型的孔兹岩系。变质矿物共生组合表明，贺兰山岩群变质相系属角闪麻粒岩相、低压相系，变质作用类型为区域热动力变质作用，主期变质作用发生的时间为古元古代（1.95Ga）。赵池沟岩群为一套低绿片岩相—低角闪岩相的区域变质岩系，主要岩石类型有云母石英片岩、变粒岩、浅粒岩及角闪岩等。这些岩石变质程度均较低，变粒岩、浅粒岩及片岩等岩石原始层状构造清晰，碎屑和胶结物尚可辨认，具程度不等的变余砂状结构，重矿物显示搬运磨蚀痕迹，局部含海绿石，显示原岩为沉积岩。变质矿物共生组合表明，赵池沟岩群变质相系属低绿片岩相—低角闪岩相、中—低压相系，变质作用类型为区域动力变质作用，变质作用期应为吕梁期。海原岩群为一套具绿帘角闪岩相的区域变质岩系，主要岩石类型有云母石英片岩、绿片岩、大理岩及石英岩等。原岩恢复表明，云母片岩、石英片岩、石英岩、大理岩原岩为正常沉积岩的岩石；绿片岩原岩大部分属基性火山岩，少数为基性次火山岩。变质矿物共生组合表明，海原岩群属绿帘角闪岩相、中—低压相系，变质作用类型为区域热动力变质作用。海原岩群至少经历了晋宁早期（四堡期）和加里东期两期区域变质作用，晋宁早期为主变质期。

宁夏的动力变质岩较为发育，分布于各地质时期的韧、脆性断裂带中。主要岩石类型分为构造角砾岩类、压碎岩类、构造片岩类和糜棱岩类。构造角砾岩类包括构造角砾岩和圆化角砾岩两种，前者见于正断层带中，后者发育于逆断层或平推逆断层带中。压碎岩类岩石分布于各种性质的断裂带中，按粒化程度和碎基比例，又可将碎裂岩类细分为碎裂岩、碎斑岩、碎粒岩和断层泥。构造片岩主要指构造云母片岩，分布于贺兰山北段与贺兰山岩群及古元古代与花岗岩有关的韧性剪切带中。糜棱岩系岩石发育于贺兰山北段贺兰山岩群和古元古代花岗岩以及南、西华山地区的海原岩群中，是伸展构造体制下韧性剪切作用在地壳较深层次的产物。糜棱岩类岩石按变形的强度不同，可分为超糜棱岩、糜棱岩和初糜棱岩；按原岩性质不同，可分为花岗质糜棱岩、富铝质糜棱岩、长英质糜棱岩和基性糜棱岩。这些糜棱岩种属除表现出成分的差异或仅表现在碎斑和碎基比例的差异外，其基本特征是相似的。

宁夏境内热接触变质作用及形成的热接触变质岩比较常见，接触交代变质作用及形成的的矽卡岩类岩石极少。热接触变质岩有角岩化岩类、长英质角岩类、钙硅角岩类、基性角岩类、大理岩类和滑镁岩类共 6 种类型。角岩化岩石见于南、西华山地区早古生代中酸性侵入岩外接触带，为角岩化钙质石英片岩。角岩见于贺兰山北段小松山、南段大战场以及南、西华山地区早古生代中酸性侵入岩的外接触带。分布于小松山岩体外接触带的大理岩类岩石主要有透闪石大理岩、蛇纹石化大理岩两种岩石类型。分布于大战场岩体外接触带的大理岩类岩石主要有透闪石大理岩、透辉石大理岩两种类型。分布于南、西华山地区早古生代中酸性侵入岩外接触带的大理岩类岩石包括透辉石化白云石大理岩、透闪石化石墨白云石大理岩、蛇纹石化方解石大理岩。滑镁岩类岩石分布于小松山基性—超基性岩内接触带，主要有含蛇纹石滑石菱镁岩和滑石菱镁岩。

四、地质构造

宁夏大地构造位置处于柴达木-华北板块中部，跨华北陆块、阿拉善微陆块、祁连早古生代造山带 3 个二级构造单元。

自香山南麓—南、西华山北麓—固原—和尚铺一线西南为祁连早古生代造山带，结合北祁连地区情况看，造山带内之寒武系—奥陶系为一套厚逾万米的深海至次深海沉积岩及中基性火山岩，并伴有镁铁质—超镁铁质岩浆活动，这一特定组合应视为古洋壳的残留体，宁夏西吉以南的北东向高航磁异常带，推断即由此类物质组成。此外，区内中元古界海原岩群南华山岩组及北祁连区与之相当的地层均发育以镁铁质岩为主的海底喷发岩，后一地区并有镁铁质岩和超镁铁质岩侵入。可见，这一带自中元古代起地壳即开始拉张，寒武纪—奥陶纪为拉伸最强烈阶段并伴有中酸性岩浆活动，它是加里东期大陆壳解体后形成的裂陷槽。裂陷槽的闭合约始于志留纪，至中、晚泥盆世基本完成造山作用，在甘肃冷龙岭北坡—景泰雪山直至区内之西华山、南华山一带形成一条长500km以上的叠接消减带。沿此带两侧发育中、晚泥盆世磨拉石堆积，黄家洼山—南华山一带发育宽3~5km之韧性剪切带。

贺兰山南段围沟井—青铜峡—大罗山—小关山东麓一线东北为华北陆块，这里以古元古界及中酸性侵入岩为基底，覆盖于其上的中、新元古界—古生界发育情况与华北地区基本一致。基底由古元古界贺兰山岩群、赵池沟岩群和古元古代中酸性侵入岩组成，贺兰山岩群为一套角闪麻粒岩相的中—高级区域变质岩系，赵池沟岩群为低绿片岩相—低角闪岩相的区域变质岩系，中酸性侵入岩以壳源（S）型花岗岩为主，并见有造山期后伸展体制下的A型花岗岩。盖层中、新元古界—下古生界总体为一套海相碎屑岩-碳酸盐岩建造，缺失志留纪—泥盆纪和早石炭世沉积，晚石炭世—早二叠世早期为海陆交互相含煤碎屑岩建造，早二叠世中晚期—早白垩世发育河湖相—湖泊相沉积，至早白垩世中晚期，盆地扩展与周缘地区水体连通，形成鄂尔多斯中生代大型上叠盆地。新生代盆地周缘发育裂陷活动，形成一系列裂陷盆地，造就了现今周缘为裂陷带所限定的矩形形态。

介于上述两构造单元之间，包括香山、罗山、卫宁北山、牛首山及贺兰山南段的广大地区属阿拉善微陆块腾格里早古生代增生楔（过去曾称走廊过渡带），这里奥陶系由巨厚的轻微变质的碎屑岩、碳酸盐岩、角砾岩及少量硅质岩等组成，为深海—次深海浊积岩，部分属大陆边缘滑塌堆积。在贺兰山南段一些地区，寒武系岩性、生物群与华北地区相当层位具明显的相似性和过渡特征；而碎屑岩中的陆源碎屑也大多来自华北陆块的较古老地层。因此，这一地区在早古生代应为华北陆块西部大陆边缘的一部分。

区内的断裂构造以香山南麓-六盘山东麓断裂带最重要，呈北北西—北西走向，向西延伸进入甘肃境内，过景泰雪山、天祝、冷龙岭等地，全长500km以上，它是北祁连微陆块拼贴于华北陆块西南缘的叠接消减带。据区域重力测量资料的解译，该断裂在南华山、西华山一带，向南西倾斜，深度约在20km以上。在中卫、同心之香山及中宁等地有一系列与上述断裂协调一致的断裂，它们是受前者影响，在喜马拉雅期发育成熟起来的。牛首山-罗山断裂带亦有其长期发展的历史，此断裂带是华北陆块与阿拉善微陆块（腾格里早古生代增生楔）的分界；在晚石炭世初期及以前它是分隔华北海区与祁连海区的隆起的西部边界；三叠纪、侏罗纪它又是控制鄂尔多斯盆地西部的边界断裂；喜马拉雅期它仍是控制宁夏地貌格局的主要断裂之一。组成银川地堑的边界断裂是贺兰山东麓断裂和黄河断裂。据地球物理、地震和深钻孔资料推断，地堑下部为早古生代地层，局部见有古元古界贺兰山岩群片麻岩；上部为总厚3000~6000m的渐新世—全新世堆积物，沉降幅度最大在平罗—银川之间。此外，地堑内部尚发育有与两侧大断裂平行的次一级断裂和近东西向的小断裂。

宁夏为我国主要地震区，自公元867年迄今1100多年间共发生破坏性地震（$M\geqslant 4.7$级）65次，6~7.4级强震11次，7.5~8.5级特大地震3次。其中，1739年1月3日平罗—银川8级地震（震中烈度>10°），发震构造为贺兰山东麓断裂；1709年10月14日中卫南7.5级地震（震中烈度为9°~10°），发震构造为天景山断裂；1920年12月16日海原8.5级地震（震中烈度为12°），发震构造为海原断裂（西华山-南华山北麓断裂）。上述发震断裂自全新世以来多次发生强震事件，其强震重复间隔在1000~5000年之间。

Abstract

The Ningxia Hui Autonomous Region is located in the eastern part of Northwest China and the northern section of the "North-South axis" (geological and geographical dividing line of China). So Ningxia has special significance in the position on the geology and geography of China. Geologically, Ningxia is the transition zone that nearly north-south structure in eastern turned to nearly east-west structure in western China. Ningxia is located at the tectonic convergence of the North China block, Alxa microcontinent and Qilian orogenic belt of the Early Paleozoic. Structures of different periods and directions are intertwined. It's characterized that sedimentary rocks are widely exposed at the surface, Mesozoic and Cenozoic are largely covered, and a large number of active faults are distributed. Geographically, Ningxia is the boundary zone of east-west climate and north-south climate in China. From southwest to northeast, towering ribbon mountains and relief strip basins are often in opposite arrangement. The general trend is the ladder-like descent. Special geological structure has created a unique mineral resources structure: Ningxia has plenty of energy minerals and non-metallic minerals, such as coal and gypsum, but Ningxia is poor in metal minerals. The coal types and total resources of Ningxia occupy an important position in China. Ningxia is one of the major coal provinces in China, so it has become one of the provinces mainly relying on resources industry.

Ⅰ. Regional Stratigraphy

Stratigraphy was well developed in the Ningxia Region where strata since the Paleoproterozoic Era. It is characterized by predominant sedimentary strata, complete stratigraphic sequence and abundant paleontological fossils. The area of stratigraphic distribution takes up over 98 percent of the total area. The strata of Pre-Cenozoic outcrop nearly 19 percent of the total area and are distributed in Helanshan, Weiningbeishan, Niushoushan, Luoshan, Qinglongshan, Xiangshan, Nanhuashan, Xihuashan, Liupanshan, Lingwu-Yanchi platform and a small quantity of valleys in the loess area of the south Ningxia. The strata of Cenozoic outcrop approximately 81 percent of the total area and are extensively distributed in hilly and valley basin areas of the peripheral areas of mountains.

The comprehensive stratigraphic division of Ningxia belongs to the North China-Tsaidam stratigraphic province in the intersection area of the Qianlian stratigraphic region, North China stratigraphic region and Alxa stratigraphic region.

The Qianlian stratigraphic region lies to the south of the fault at the southern piedmont of Xiangshan and the eastern piedmont of Liupanshan. Its exposure strata are Mesoproterozoic, Silurian, Devonian, Cretaceous, Paleogene, Neogene and Quaternary. The Haiyuan Group of Mesoproterozoic is the oldest stratigraphic unit in that area. It consists of a series of metamorphic rocks of mica-quartz schist, greenschist and marble, has formation characteristics of metamorphic volcaniclastic rock and carbonate rock, and is the component part of the northern Qilian trench from Mesoproterozoic to Early Paleozoic. The strata were developed in adjacent regions from Cambrian to Ordovician, but no outcrop in this region. From Ludlow to Pridoli, the region was deposited by clastic rocks of littoral shallow sea facies and the strata belonged to marine facies molasse formation of residual basins with relation to Early Paleozoic orogenetic movements. In the Early-Middle Devonian, the region was deposited by red clastic rocks of continental facies and the strata belonged to continental facies molasse formation of post-orogeny. The strata were well developed in adjacent regions from Carboniferous to Triassic, but no outcrop in this region. In Early Cretaceous, the inland lacustrine facies was formed. This is so called widely distributed Liupanshan Group. The sedimentary characteristics of the Liupanshan Group were similar to the Baoan Group of the Ordos basin, and the paleontologic combinations were similar to Jehol fauna. In Late Cretaceous, the Yanshan movement not only resulted in the uplift of this region but also the sedimentary lacuna of upper Cretaceous and Paleocene. From Eocene to Miocene, the climate was warm or dry and the inland basins were deposited by red clastic rocks and gypsum rock of fluvial and lacustrine facies. The area has mainly undertaken the sedimentation of pluvial facies, fluvial and lacustrine facies and eolian loess since the Quaternary.

The North China stratigraphic region lies to the east of the fault at the western piedmont of Helanshan, Niushoushan and the eastern piedmont of Kongtongshan. Its exposure strata are Palaeoproterozoic, Changchengian, Jixianian, Sinian, Cambrian, Ordovician, Carboniferous, Permian, Triassic, Jurassic, Cretaceous, Paleogene, Neogene and Quaternary. The Helanshan Rock Group of Palaeoproterozoic is the oldest stratigraphic unit in that area. It is composed mainly of senior regional metamorphic rocks with amphibolito-granulite facies, and is an important component of khondalite belt of northern margin of North China Craton and crystalline basement in that area. The area has undertaken stable sedimentation of cover since Mesoproterozoic. The region was deposited by clastic rocks of littoral shallow sea facies and carbonate rocks of platform facies from Early Mesoproterozoic (Changchengian) to Middle Mesoproterozoic (Jixianian). In Late Neoproterozoic, the region was formed by outwash. There was a sedimentary lacuna from Late Mesoproterozoic to Middle Neoproterozoic (Qingbaikou period and Nanhua period). The Cambrian was formed by epicontinental sea sedimentation and composed mainly of clastic rocks, argillaceous rocks and carbonate rocks of littoral shallow sea-neritic shelf facies, which is rich in plankton (mainly for trilobites). In Early to Middle Ordovician, the region was deposited by carbonate rocks of platform facies and the strata produced animal fossils of cephalopods, brachiopods, gastropods and conodonts. The sedimentary characteristics of the area were similar to the hinterland of North China, but sedimentary thickness was significantly thicker. From Middle to Late Ordovician, the region was deposited by gravity flow sediments of sandstone, slate and carbonate. The strata produced animal fossils of graptolite and belonged to continental margin sedimentation. The area of Zhuozishan-Qinglongshan was deposited by carbonate rocks of graptolite shale facies and shelly facies. Strata from Upper Ordovician to Lower Carboniferous are absent in this region because of long-term uplift and erosion. The North China sea connected with the Qilian sea from Late Carboniferous to the early stage of Early Permian, so the sedimentary characteristics of the Qianlian stratigraphic region were similar to the North China stratigraphic region and both of them were deposited by coal-bearing clastic rocks of marine-terrigenous facies. In the late stage of Early Permian, the sedimentary environment of the area changed from marine sedimentation to continental sedimentation with marine regression. The region was deposited by coal-bearing clastic rocks deposits of fluvial facies in the hygrothermal climatic conditions. In Middle Permian, the climate became hot and dry and the region was covered by variegated clastic rocks deposits of fluvial and lacustrine facies. In late stage of Middle Permian, the region had volcaniclastic rocks deposits. From Early to Middle Triassic, the sedimentary environment of the area was continental sedimentation as the same as Late Permian, and the region was deposited by variegated clastic rocks sediments of fluvial and lacustrine facies under the condition of hot and arid climatic climate. In Late Triassic, the climate became hygrothermal and the region was covered by clastic rocks sediments of fluvial and lacustrine facies. The strata produced Yanchang flora and coal seams in the upper part. The area located on the western margin of the Ordos basin in Jurassic. Its sedimentary characteristics were similar to the hinterland of basin. The lower part is coal-bearing clastic rock sediments of fluvial facies in the hygrothermal climatic conditions; the middle and upper parts are variegated clastic rocks sediments of fluvial and lacustrine facies in the hot and arid climatic conditions. The Lower Jurassic is absent in the Helanshan stratigraphic minor region. The area is also located on the western margin of the Ordos basin in Cretaceous. There are two sedimentary basins in Early Cretaceous: the Ordos basin was a large inland basin and the sediments obviously changed from coarse to fine from bottom up; the Miaoshanhu basin was an intermountain depression basin, composed mainly of rudaceous rocks. There are big differences between the Miaoshanhu basin, Ordos basin and Liupanshan basin. Since the Paleogene period, the paleoclimate, sedimentary environment, stratum development situation, sedimentary formation and characteristics of palaeontology of the stratigraphic region have been similar to those of the North Qianlian stratigraphic subregion and stratigraphic subregion of the Alxa southern margin.

The Alxa stratigraphic region is clamped between the Qianlian stratigraphic region and the North China stratigraphic region. Ningxia is located in the stratigraphic subregion of the Alxa southern margin. Its exposure strata are Ordovician, Silurian, Devonian, Carboniferous, Permian, Triassic, Jurassic, Cretaceous, Paleogene, Neogene and Quaternary. The area has undertaken the sedimentation since Early Ordovician. In the early stage of Early to Middle Ordovician, the region was deposited by carbonate rocks of platform facies and the strata produced animal fossils of cephalopods, brachiopods, gastropods, corals and conodonts. From the middle stage of Middle Ordovician to Late Ordovician, the region was deposited by Miboshan Formation and Xiangshan Group with flysch formation features. The former produced graptolites, and the latter produced animal fossils of trilobites, brachiopods and conodonts of Middle to Late Cambrian in gravels. The Miboshan Formation and Xiangshan Group belong to continental margin sedimentation. The Silurian is underdeveloped in the region with limited distribution, but the stratigraphic horizons are basically complete. From Early to Middle Silurian, the region was deposited by clastic rocks and carbonate rocks of littoral shallow sea facies. The strata are rich in animal fossils of corals, brachiopods and graptolites. From Ludlow to Pridoli, the region was deposited by clastic rocks of littoral facies and the strata had some characteristics of marine facies molasse formation. In Devonian, the sedimentary environment of the area changed to continental sedimentation. The Lower Devonian is absent in this region. From Middle to Late Devonian, there was deposited by red clastic rocks of fluvial and lacustrine facies. The strata are the upper horizon of the Xiangshan-Weiningbeishan foreland basin of Silurian to Devonian, which are rich in fish, amphibians, ostracodes and plant remains. In Early Carboniferous, the marine transgression gradually expanded in the region. In the early stage of Early Carboniferous, the region was deposited by clastic rocks, carbonate rocks and gypsum rock of littoral facies and lagoon facies, and the strata produced specialized brachiopods and plant remains. In the late stage of Early Carboniferous, the region was deposited by clastic rocks and carbonate rocks of shallow sea facies, and the strata produced corals, brachiopods, crinoid stems, bryozoans, fusulinides, conodonts and plant remains. In Late Carboniferous, the region was deposited by clastic rocks, mudstones and marlstone rocks of littoral facies and marine-terrigenous facies, and the strata produced cephalopods, brachiopods, bivalves, gastropods, conodonts and plant remains. In the early stage of Early Permian, the sedimentary environment of the region was marine-terrigenous facies sedimentation as the same as Late Carboniferous, and the region was deposited by coal-bearing clastic rocks. In the late stage of Early Permian, the sedimentary environment of the region changed to continental sedimentation with marine regression, and the marine sedimentary history was finished. The area has undertaken the continental sedimentation since the late stage of Early Permian. From Middle to Late Permian, the region was deposited by clastic rocks and volcaniclastic rocks of fluvial facies. The Triassic is underdeveloped in the region with limited distribution, which occurs sporadically in Xiaohongshan, Daliushu and Shenjing of Zhongwei. In Triassic, the region was deposited by red clastic rocks of fluvial facies. The Jurassic is underdeveloped in the region with limited distribution, which occurs sporadically in Xialiushui, Yaoshan and Tanshan. There were some "satellite basins" on the western margin of the Ordos basin. The Lower Jurassic is absent in the region. In the early stage of Middle Jurassic, the region was deposited by coal-bearing clastic rocks deposits of fluvial facies in the hygrothermal climatic conditions. In the late stage of Middle Jurassic to Late Jurassic, the climate became hot and dry and the region was covered by clastic rocks deposits of fluvial and lacustrine facies. Since the Cretaceous period, the paleoclimate, sedimentary environment, stratum development situation, stratigraphic sequences, sedimentary formation and characteristics of palaeontology of the stratigraphic region have been similar to those of the North Qianlian stratigraphic subregion.

Ⅱ. Magmatic Rocks

In the Ningxia region, as magmatism was comparatively weak the outcrops of magmatic rocks cover 127 km^2 only, occupying approximately 0.19% of the total area. The intrusive rocks outcrop nearly 125 km^2 and the outcrops of the volanic rocks and volcaniclastic rocks cover 2 km^2 only. The intrusive rocks mainly include intermediate-acidic intrusive rocks of Proterozoic, Early Paleozoic and Mesozoic, and others such as basic-ultrabasic intrusive rocks of Devonian and various types of dikes. The volcanic rocks only have Late Triassic basalts. The volcaniclastic rocks are distributed in the Haiyuan Rock Group of Mesoproterozoic and the strata of Carboniferous to Triassic.

The intermediate-acidic intrusive rocks of Palaeoproterozoic are distributed in middle and northern Helanshan, mainly include Mengguote rock mass, Xialaisu rock mass, Bayinendele rock mass, Koubengou rock mass, Haoyaoer rock mass and Huangqikou rock mass. The top five rock masses are distributed in the northern section of Helanshan, and are disintegrated from the former Helanshan Rock Group in recent years. The latter occurs in the middle section of Helanshan.

The Mengguote rock mass consists of 9 intrusions of varying sizes, and is composed mainly of dioritic gneiss. They intrude into the Helanshan Rock Group of Paleoproterozoic. The geochemical type of Mengguote rock mass belongs to calcium and calc-alkali series, which is secondary aluminium type. Geochemical characteristics indicate that they have some characteristics of the crust mantle mixed type granite and belong to I-type granite. They were formed by the mixture and intrusion of upper mantle dioritic magmas and lower crust granitic magmas. By using SHRIMP U-Pb zircon dating, the isotopic age is (1920 ± 7) Ma.

The Xialaisu rock mass is composed mainly of granitic gneiss, the Bayinendele rock mass is composed mainly of porphyaceous garnet biotite granite, the Koubengou rock mass is composed mainly of garnet granite and the Haoyaoer rock mass is composed mainly of porphyaceous biotite granite. They intrude into the Helanshan Rock Group, generally contain a lot of granulite and gneiss xenoliths from the Helanshan Rock Group. The geochemical type of the Xialaisu rock mass belongs to calcium and calc-alkali series, which is peraluminous type. Geochemical characteristics indicate that they belong to S-type granite. They were formed in a continental collision orogenic environment. By using U-Pb zircon dating, the isotopic age of Xialaisu granitic gneiss is (1920 ± 7) Ma. By using SHRIMP U-Pb zircon dating, the isotopic age of garnet granite is (2047 ± 42) Ma and the isotopic age of porphyaceous garnet biotite granite is (1940 ± 11) Ma.

The Huangqikourock mass consists of Huangqikou intrusion and Baiyanggou intrusion. The former occurs as a batholith, and outcrops in an area of approximately 90 km^2. The outcrop of the latter covers only 3 km^2. No other geological body was intruded by the Huangqikou rock mass. They generally contain a lot of granulite xenoliths from the Paleoproterozoic Zhaochigou Rock Group. The Changchengian Huangqikou Formation overlies unconformably the Hangqikou intrusion. Its lithology is composed mainly of tonalite (plagioclase granite) with a small amount of granodiorite, adamellite and moyite. The geochemical type of the Hangqikou intrusion belongs to calcium and calc-alkali series, which is peraluminous type. Geochemical characteristics indicate that they belong to S-type granite. They were formed by the intrusion of upper crust anatcctic magmas and in a continental collision orogenic environment. By using SHRIMP U-Pb zircon dating, the isotopic ages of the Huangqikou intrusion are (2003±10) Ma and (1976±17) Ma.

The Shizuizi granite porphyry is the only intrusion of intermediate-acidic intrusives of Mesoproterozoic, and distributed in Jingyuan County of the southern section of Liupanshan. There are three outcrops and the total area is less than 1 km^2. No other geological body was intruded by the Shizuizi intrusion. The Paleogene Qingshuiying Formation overlies unconformably the Shizuizi intrusion. Its lithology is granite porphyry. The geochemical type of the Shizuizi intrusion belongs to calc-alkali series, type of supersaturated silicon, shoshonite series and A-type granite. The intrusion was formed in postorogenic extension background of the North China Craton form Late Palaeoproterozoic to Early Mesoproterozoic. The two groups of ages are (1778±14) Ma (by using SHRIMP U-Pb zircon dating) and (1788±12) Ma (by using LA-ICP-MS U-Pb zircon dating) respectively.

Intermediate-acidic intrusive rocks of Early Paleozoic are distributed in the Nanhuashan–Yueliangshan area as part of northern Qilian magmatic rock belt of Early Paleozoic. The intrusive rock belt is about 230 km, and consists of 15 intrusions or rock masses. There are 9 small intrusions, occurring as beads in Ningxia, including Xueshigou rock mass, Caiyuan rock mass, Youfangyuan rock mass, Luanuizi rock mass, Caowa rock mass, Shiwali rock mass, Hongwan rock mass, Shimaoliang rock mass and Hongyang rock mass. The intrusions intruded in the Changchengian Haiyuan Rock Group and Yingou Group of Lower Ordovician, were overlied unconformably by the Hanxia Formation of Silurian. Its lithology is composed mainly of granodiorite with a small amount of tonalite and quartz monzodiorite. The intrusive rocks generally contain a lot of dark inclusions (MME). The geochemical types of the intrusions belong to calc-alkali series, type of metaluminous-peraluminous and I-type granite. The intrusions were formed in an active continental margin island arc tectonic environment. By using SHRIMP U-Pb zircon dating, the formation age of the Luanduizi intrusion is (431±5) Ma, the formation age of the Youfangyuan intrusion is (451^{+54}_{-32}) Ma, and the formation age of the Shiwali intrusion is (437±5) Ma.

A basic-ultrabasic intrusion of Devonian is distributed on the Xiaosongshan northern margin of the northern section of Helanshan. It is called the Xiaosongshan basic-ultrabasic intrusion or Xiaosongshan intrusion. The Xiaosongshan intrusion is generally striking to northwest direction and shows an isosceles triangle of flat form. The outcrop of the Xiaosongshan intrusion covers only 2. 37 km^2. The intrusion intruded in carbonate rock of Middle to Upper Cambrian Abuqiehai Formation and Lower to Middle Ordovician Tianjingshan Formation on the southwest side, and it is in fault contact with the Paleoproterozoic Helanshan Rock Group and Upper Jurassic Anding Formation in the northeast side. The Xiaosongshan intrusion is a complex intrusive body, which exhibits evident petrographic zones. The northeast intrusion is gabbro, while the southwest is gabbro peridotite. The geochemical type of the Xiaosongshan intrusion belongs to sub-alkaline and tholeiite series. The intrusion was formed in an intraplate extensional tectonic environment. By using K-Ar whole-rock dating, the isotopic age of the Xiaosongshan intrusion is 434. 4 Ma.

Intermediate-acidic intrusive rocks of Mesozoic are distributed in southern section of Helanshan, and consist of the Dazhanchang intrusion, Aliwusu intrusion and Shuanggeda intrusion. The three intrusions occur as stocks. The Dazhanchang intrusion is the largest intrusive rock with an exposed area of 0. 38 km^2. The Dazhanchang intrusion intruded in Middle to Upper Ordovician Miboshan Formation, was overlied unconformably by the Yan'an Formation of Middle Jurassic. The Aliwusu and Shuanggeda intrusions intruded in the Upper Ordovician Xiangshan Group. The external contact zones of intrusions have obvious alteration with several thermal contact metamorphic rocks developed, such as tremolite marble, diopside marble and felsic hornstone. Its lithology is composed mainly of granodiorite with a small amount of adamellite, quartz monzonite and quartz diorite. The geochemical types of the intrusions belong to calcium and calc-alkali series, type of peraluminous-secondary aluminium. The intrusions belong to the C-type adakitic granite and volcano arc granite, which were formed by the fusion of thickened crust. By using TIMS U-Pb zircon dating, the isotopic age is (223±26) Ma.

Basalt of Late Triassic is distributed in Daling-Gugutai of the northern section of Helanshan and occurs on the top of the Late Triassic Shangtian Formation with bedded structure. The basaltic layer was overlied unconformably by the Yan'an Formation of Middle Triassic. The basaltic layer extends in east-west direction over approximately 8 km and outcrops best in Gugutai at a thickness of 36. 5 m. Its lithology is composed mainly of basalt with a small amount of tuff at the bottom. The upper part is basalt with strong carbonatization developed near the unconformity surface. The basalt has microcrystalline-cryptocrystalline texture, intersertal texture, vesicular structure and amygdaloidal structure. The geochemical type of the basalt belongs to calc-alkali and tholeiite series. The basalt was formed in an extensional tectonic environment. The two groups of ages are (229±0. 15) Ma (by using K-Ar whole-rock dating) and (241±7) Ma (by using ELA-ICPMS U-Pb zircon dating) respectively.

Ⅲ. Metamorphism

Metamorphic rocks in the Ningxia Hui Autonomous are undeveloped and distributed mainly in bed rock mountain areas, i. e., Helanshan, Nanhuashan, Xihuashan, Xiangshan, Niushoushan, and Luoshan, occupying an area of 2418km^2. It makes up 3. 6% of the total area of Ningxia. The metamorphic rocks of this region can be classified into regional metamorphic rocks, followed by cataclastic metamorphic rocks and contact metamorphic rocks.

The metamorphic rocks in Ningxia are exposed mainly in Helanshan, Nanhuashan and Xihuashan. The regional metamorphic series in the Helanshan region can be devide into Helanshan Rock Group and Zhaochigou Rock Group, and Haiyuan Rock Group in Nanhuashan and Xihuashan. The Helanshan Rock Group consists mainly of high-grade regional metamorphic rocks, refers to an amphibole granulite facies. The main rock types are genesis, granulite, marble, calic-sillicate leptynite, schist, granulite, etc. of which the former two are dominanted. The photolytes of the Helanshan Rock Group are mostly of sedimentary which is a typical khondalite series. According to the metamorphic mineral association, the metamorphic facies of the Helanshan Rock Group are regarded as amphibolite-granulite facies and low pressure facies series that belongs to the products of regional thermal dynamo-metamorphism. The main phase of metamorphism occurred in the paleoproterozoic (1. 95 Ga). The Zhaochigou Rock Group consists mainly of low greenschist facies with regional metamorphic rocks, refers to amphibole granulite facies. The main kinds of rocks include mica-quartz schist, granulite, leptite, amphibolite, etc., with a lower metamorphic grade. The primary bedded structures of granulite, leptite, schist are clearly visible. The clastic and cement can be identified and the blastopsammitic texture was well preserved. The heavy minerals display the trace of transportation and erosion, with local glauconite. These characteristics show that the protoliths of the Zhaochigou Rock Group is sedimentary rock. According to the metamorphic mineral association, the metamorphic facies of the Zhaochigou Rock Group are regarded as low greenschist-amphibolite facies and low pressure facies series. The type of metamorphism is regional dynamo metamorphism. The metamorphic facies of the Haiyuan Rock Group are regional metamorphic rocks with epidote amphibolite facies. The main rock types are mica-quartz schist, greenschist, marble and quartzite. The restoration of the original lithology shows that the protoliths of mica schist, quartz schist, quartzite and marble are normal sedimentary rocks. Mostly protoliths of greenschist and amphibolite are basic volcanic rocks, with the minor of basic subvolcanic rocks. According to the metamorphic mineral association, the metamorphic facies of the Haiyuan Rock Group are regarded as epidote amphibolite facies and medium-low pressure facies series. The type of metamorphism is regional thermal-dynamo metamorphism. The Haiyuan Rock Group has undergone at least two stages of regional metamorphism, namely the early Jinning period and Caledonian, and the former one is the metamorphic stage.

Dynamo metamorphism rocks in Ningxia are developed, which are mainly distributed in ductile and brittle fracture of each geological period. Tectonic breccia, cataclasite series, tectonic schist and mylonite are included. The tectonic breccia includes tectonic breccia and circled breccia. The former are founded in the normal fault, and the latter one develops in thrust faults and horizontal sliding thrust. The cataclasite series mainly distributed in various properties of fault zones, and it can be further subdivid into cataclasite, porphyry, granulitic rocks and fault gouge according to the granulation degree and matrix ratio. The tectonic schist mainly refers to the tectono mica schist distributed in the Helanshan Rock Group and Paleoproterozoic granite related ductile shear zone in northern Helanshan. The ductile shear zone series are developed in the Helanshan Rock Group and Paleoproterozoic granite in northern Helanshan and the Haiyuan Rock Group in the Nanhuashan and Xihuashan area. They were products of ductile shearing under an extensional tectonic system in the deeper crustal layer. According to the deformation intensity, the mylonite can be divided into ultramylonite, mylonite and protomylonite. Based on the difference of protolith property, it was divided into granitic mylonite, Al-rich mylonite, felsic mylonite, and basic mylonite. The study results show that there is no significant difference between these types of mylonite except the difference in composition or the ratio of porphyroclast and matrix.

Thermal contact metamorphism and thermal contact metamorphic rocks are more common, and on the contrary, contact metasomatic metamorphism and skarn rocks are seldom. Hornfels, felsic hornfels, calcium silicon hornfels, basic hornfels, marble and listvenite are included. Hornfelsization rocks are found in the outer contact of Early Paleozoic acid intrusive rocks of the Nanhuashan and Xihuashan area, which belongs to Hornfelsization calcium quartz schist. Hornfels are found in the outer contact of Early Paleozoic acid intrusive rocks of the Xiaosongshan, Dazhanchang, Nanhuashan and Xihuashan area. The main rock types of the marbles exposed in the outer contact of the Xiaosongshan rock body are tremolite marble and serpentinization marble. The main rock types of the marbles exposed in the outer contact of the Dazhanchang rock body are tremolite marble and diopside marble. The main rock types of the marbles exposed in the outer contact of Early Paleozoic acid intrusive rocks of Nanhuashan and Xihuashan are diopside dolomite marble, tremolite graphite dolomite marble, serpentinization calcite marble. The listwanite is mainly exposed in the inner contact of the basic-ultrabasic rocks of Xiaosongshan, serpentinization listwanite and listwanite are included.

Ⅳ. Geological Structure

Ningxia tectonically locates in the middle part of the Tsaidam and North China Craton. Ningxia is situated at the junction zone of the North China Craton, Alxa microcontinent, and Early Paleozoic Qilian orogenic belt.

It was the Early Paleozoic Qilian orogenic belt from the southern foot of Xiangshan, north foot of Nanhuashan-Xihuashan and the southwest of Guyuan-Heshangpu. Combined with the North Qilian area, the Cambrian to Ordovician system in the belt are bathyal to abyssal sedimentary and intermediate-basic volcanic rocks of more than ten thousand meters in thickness, and accompanied by mafic-ultramafic magmation. This specific combination should be regarded as relicts of ancient oceanic crust. It was inferred that the northeast high aeromagnetic anomaly zones in the south of the Ningxia Xiji area are made up of this kind of substances. In addition, the Mesoproterozoic Haiyuan Rock Group of the Nanhuashan Rock Formation and the equivalent stratums developed in the north Qilian area are primarily made up of submarine extrusive rocks, which are mainly of mafic rocks, and the latter region was intruded by mafic-ultramafic magmation. Obviously, the extension in this region began since Mesoproterozoic, and the most high intensity stage of the tensile was Cambrian to Ordovician that was accompanied by intermediate-acidic magma. This region was the Caledonian rift trough and closed since Silurian. It was basically completed orogenesis in the Middle to Upper Devonian and formed a 500 km long subduction zone in the vicinity of the northern slope of Lenglongling, Jingtai Xueshan, Xihuashan and Nanhuashan. On both sides of the zone, it formed by Middle to Late Devonian molasse formation. The ductile shear belt with a width of 3-5 km is developed in the Huangjiawashan-Nanhuashan area.

The south Helanshan-Qingtongxia-Daluoshan area and the east side of Xiaoguanshan are part of the North China Craton. Paleoproterozoic and intermediate-acid intrusive rocks are the basement. The overlying Mesoproterozoic and Neoproterozoic strata are consistent with the North China Craton. The crystalline basement is composed of Paleoproterozoic Helanshan Rock Group, Zhaochigou Rock Group and coevality intermediate-acid intrusive rocks. The Helanshan Rock Group consists mainly of mediate to high-grade regional metamorphic rocks, referring to an amphibole granulite facies. The Zhaochigou Rock Group consists mainly of low greenschist facies regional metamorphic rocks, referring to low greenschist facies-low amphibolite facies. Intermediate-acid intrusive rocks, in which S-type granite predominates, accompanied post-orogenic A-type granites. The cap rocks of Mesoproterozoic, Neoproterozoic and Lower Paleozoic refer to a sequence of littoral-shelf clastic and carbonate sedimentary assemblage, deletion of Silurian, Devonian and Early Carboniferous. The Late Carboniferous and Early Permian refer to a sequence of interactive marine and terrestrial coal clastic rock deposit. The middle to late of Early Permian refers to a sequence of lacustrine and limnal facies. In Early Cretaceous, basin spreading lead to the connection with body of water in periphery areas and the formation of large Mesozoic Ordos superposed basin. In the Cenozoic, the basin has experienced chasmic stage and a series of rift basins were formed.

Between these two tectonic units is the Early Paleozoic Tengger accretionary wedge of Alxa microcontinent, Xiangshan, Luoshan, Weiningbeishan, Niushoushan and south of Helanshan are included (once called Corridor Transitional Zone). The Ordovician is turbidite of abyssal-subabyssal sea and made up of light metamorphic clastic, carbonatite, breccia and a bit sillica rock. The part belongs to olistostromes on the continental margin. In some areas of south of the Helanshan, the lithology and biogroup of Cambrian system have obviously similitude and transition with quivalent horizons of the North China Craton. The terrigenous are mostly from the older strata of the North China Craton. Hence, this area is one part of the western margin of the North China Plate.

The most important fault in Ningxia is Xiangshan-Liupanshan which extends NNW-NW approximately for 500 km long and enters into Gansu to the west. It is a subduction zone of the North Qilian microcontinent collaged to the North China Craton. According to the interpretation of regional gravity survey data, it is a southwest dipping fault in Nanhuashan and Xihuashan with a depth of 20 km. There are a series of coordinate faults in Zhongwei, Tongxin and Zhongning with the above mentioned fault. It was development and maturation at the Himalayan stage, and was influenced by the former. The Niushoushan-Meishan-Xiaoguanshan fault which is the boundary of North China Craton and Alxa microcontinent also has a long-term development history. It was the west boundary of the North China sea and Qilian sea in Late Carboniferous. It controlled the Ordos basin in Triassic and Jurassic. It also was one of the most important faults that controlled the Ningxia landform pattern at the Himalayan stage. The boundary faults of the Yinchuan graben are the Helanshan fault and Huanghe fault. According to geophysics, earthquake and drilling data, the bottom of the graben is Early Paleozoic with the Paleoproterozoic Helanshan Rock Group in local areas. The upper part is Oligocene and Miocene sediments with the total thickness of 3000 to 6000m. In addition, there are approximately transmeridional fractures in the graben that parallel to the both sides faults.

Ningxia is the main seismic zone in China, where frequent intense earthquakes ($\geqslant M_s$ 4.7) have occurred 65 times since 867A. D., 11 M_s 6-7.4 earthquakes, and 3 M_s 7.5-8.5 earthquakes. Seismogenic structure of the Pingluo-Yinchuan M_s 8 earthquake in January 3, 1739 was eastern foot of the Helanshan fault (epicentral intensity is greater than 10°). Seismogenic structure of the southern Zhongwei M_s 7.5 earthquake in October 14, 1709 was the Tianjingshan fault (epicentral intensity is 9° to 10°). Seismogenic structure of the Haiyuan M_s 8.5 earthquake in December 16, 1920 was the eastern foot of the Xihuashan-Nanhuashan-Liupanshan fault (epicentral intensity is 12°). The above mentioned seismogenic faults have had frequent intense earthquakes since Holocene. The recurrence interval of strong earthquakes is between 1000 and 5000 years.

图版说明

图版 I

1. 乌拉西亚圆柱叠层石 *Colonnella ulakia*。纵断面，×1。石嘴山市王全沟，蓟县系王全口组（Pt_2^2w）。
2. 多面紊乱锥叠层石 *Confusoconophyton multilaieraris*。纵断面，×1。固原市闵家沟，蓟县系王全口组（Pt_2^2w）。
3. 贝加尔叠层石（未定种）*Baicalia* sp.。纵断面，×1。石嘴山市王全沟，蓟县系王全口组（Pt_2^2w）。
4. 连锁螺线状锥叠层石 *Conophyton lituum*。纵断面，×1。产地及层位同上。
5. 圆筒锥叠层石 *Conophyton cylindricum*。纵断面，×1。产地及层位同上。
6. 矛状叠层石（变形不定种）*Jacutophyton* forma indet。纵断面，×1。产地及层位同上。
7. 球茎状圆柱叠层石 *Colonnella cormosa*。纵断面，×1。产地及层位同上。
8. 格鲁涅尔叠层石（变形）*Gruneria* forma。纵断面，×1。固原市闵家沟，蓟县系王全口组（Pt_2^2w）。

图版 II

1~2. 单列新砂蚕迹 *Neonereites uniserialis*。银川市苏峪口五道淌，震旦系兔儿坑组（Pt_3^3t）。

3~5. 贺兰贺兰迹 *Helanoichuns helanensis*。产地及层位同上。

6. 苏峪口宁夏迹 *Ningxiachnus suyukouensis*。产地及层位同上。

7. 小型宁夏迹 *Ningxiachnus minimum*。产地及层位同上。

8. 正目观带状迹 *Taeniochnus zhengmuguanensis*。产地及层位同上。

9. 宁夏原始梯管迹 *Parascalarituba ningxiaensis*。产地及层位同上。

图版 III

1. 青龙山卢氏宽阔虫 *Luaspides qinglongshanensis*。背壳，×3。同心县青龙山，中寒武统陶思沟组（ϵ_2t）。

2. 王全沟原波曼虫 *Probowmania wangquangouensis*。2a—头盖，×5；2b—头盖，×3。平罗县王全沟，中寒武统陶思沟组（ϵ_2t）。

3. 宁夏原波曼虫（幕府山虫）*Probowmania*（*Mufushania*）*ningxiaensis*。头盖，×3。内蒙古阿拉善左旗强岗岭，中寒武统陶思沟组（ϵ_2t）。

4. 贺兰山库廷虫 *Kootenia helanshanensis*。4a—头盖，×2；4b—尾部，×2。内蒙古阿拉善左旗强岗岭，中寒武统胡鲁斯台组（ϵ_2h）。

5. 峰峰武安虫 *Wuania fongfongensis*。头盖，×2。平罗县王全沟，中寒武统胡鲁斯台组（ϵ_2h）。

6. 矩形武安虫 *Wuania rectangulata*。头盖，×2。产地及层位同上。

7. 细瘤副沟颊虫 *Parasolenoparia granuliformis*。头盖，×3。内蒙古阿拉善左旗强岗岭，中寒武统胡鲁斯台组（ϵ_2h）。

8. 宽边登封虫 *Tengfengia latilimhata*。头盖，×1.5。银川市苏峪口，中寒武统胡鲁斯台组（ϵ_2h）。

9. 平罗毛孔野营虫 *Poriagraulos pingluoensis*。头盖，×4。平罗县王全沟，中寒武统胡鲁斯台组（ϵ_2h）。

10. 截切毛孔野营虫 *Poriagraulos truncates*。头盖，×3。内蒙古阿拉善左旗强岗岭，中寒武统胡鲁斯台组（ϵ_2h）。

11. 筒状小无肩虫 *Anomocarella cylindrical*。11a—头盖，×2；11b—尾部，×2。产地及层位同上。

12. 具疹拟全头虫 *Holocephalites punctatus*。12a—头盖，×4；12b—头盖，侧视，×4。中卫市磨盘井，香山群中上部（灰岩砾石）。

13. 中卫井上虫 *Inouyia zhongweiensis*。13a—头盖，×5；13b—头盖，×2.5。中卫市狼嘴子，香山群中上部（灰岩砾石）。

14. 光滑井上虫 *Inouyia lubrica*。14a—头盖，×3；14b—尾部，×4。产地及层位同上。

15. 天景山胸针球接子 *Peronopsis tianjingshanensis*。15a、15b—头盖，×3。产地及层位同上。

16. 卵形胸针球接子 *Peronopsis oualis*。头盖，×5。产地及层位同上。

17. 平常圆劳伦斯虫 *Cyclolorenzella normalis*。内蒙古阿拉善左旗强岗岭，中—上寒武统阿不切亥组（$\epsilon_{2-3}a$）中下部。

图版Ⅳ

1. 宁夏拟油栉虫 *Olenoides ningxiacus*。1a—头盖，×2.5；1b—尾部，×2。中卫市磨盘井，香山群中上部（灰岩砾石）。

2. 象鼻后野营虫 *Metagraulos nasutus*。2a、2b—头盖，×2。中卫市狼嘴子，香山群中上部（灰岩砾石）。

3. 强壮蝴蝶虫 *Blackwelderia fortis*。3a—头盖，×2；3b—尾部，×2；3c—尾部，×4。内蒙古阿拉善左旗强岗岭，中—上寒武统阿不切亥组（$\epsilon_{2-3}a$）中下部。

4. 瘦蝴蝶虫 *Blackwelderia petila*。4a—头盖，×2；4b—尾部，×2。产地及层位同上。

5. 窄边蝴蝶虫 *Blackwelderia tenuilimbata*。5a、5b、5c—头盖，×3；5d—尾部，×3。产地及层位同上。

6. 有疹光颊虫 *Lioparia punctata*。6a—头盖，×2；6b—尾部，×5。内蒙古阿拉善左旗强岗岭，中—上寒武统阿不切亥组（$\epsilon_{2-3}a$）中上部。

7. 特殊光颊虫 *Lioparia peculiaris*。头盖，×2。产地及层位同上。

图版Ⅴ

1. 模糊光颊虫 *Lioparia obsolete*。头盖，×3。内蒙古阿拉善左旗强岗岭，中—上寒武统阿不切亥组（$\epsilon_{2-3}a$）中上部。

2. 异状光颊虫 *Lioparia lataliformis*。头盖，×2。产地及层位同上。

3. 强岗岭庄氏虫 *Chuangia qiangganglingensis*。3a、3b—头盖，×2。产地及层位同上。

4. 半环状副卡尔文虫 *Paracalvinella semigyroides*。头盖，×5。内蒙古阿拉善左旗下岭南沟，中—上寒武统阿不切亥组（$\epsilon_{2-3}a$）上部。

5. 瘤状假栉虫 *Pseudoasaphus granulatus*。头盖，×3。中卫市天景山，下—中奥陶统天景山组（$O_{1-2}t$）。

6. 米钵山瘤肋虫 *Hammatocnemis miboshanensis*。头盖，×4。中卫市米钵山，中—上奥陶统米钵山组（$O_{2-3}m$）。

7. 满瘤小棘面虫 *Glaphurina granulisa*。头盖，×2。产地及层位同上。

8. 纤细窃头虫 *Phorocephala gracilis*。头盖，×5。产地及层位同上。

9. 细纹九溪虫 *Jiuxinella striolata*。头盖，×4。产地及层位同上。

10. 矛形线头虫 *Ampyx hastatus*。头盖，×3。产地及层位同上。

11. 美丽小多股虫 *Pliomerina speciosa*。11a—头盖，×3；11b—部分胸节及尾部，×4。固原市石节子沟，上奥陶统背锅山组（O_3b）。

12. 石泉粗筛壳虫 *Griffithides shiquanensis*。12a—头盖，×4；12b—头盖，×2；12c、12d—尾部，×4；12e—12d 的侧视。中卫市磨盘井，下石炭统臭牛沟组（C_1c）。

图版Ⅵ

1~2. 四方褶尖牙形石 *Scolopodus quadraplioatus*。1—侧视，×273；2a—侧视，×221；2b—侧视，×280。内蒙古阿拉善左旗下岭南沟，下奥陶统大南池组（O_1d）。

3. 镰牙形石（未定种）*Drepanodus* sp. 。内侧视，×255。产地及层位同上。

4，5，7. 限制尖牙形石 *Scolopodus restriotus*。4、7—后侧视，×221；5—侧视，×187。产地及层位同上。

6. 腰洼矢牙形石 *Acontiodus iowaensis*。后视，×221。产地及层位同上。

8，13，14. 先祖肿牙形石 *Cordylodus proavus*。8—侧视，×204；13、14—侧视，×221。内蒙古阿拉善左旗下岭南沟，中—上寒武统阿不切亥组（$\epsilon_{2-3}a$）顶部。

9. 原尖牙形石 *Scolopodus primitivus*。反口后侧视，×204。产地及层位同上。

10. 北马道尤他角牙形石 *Utahconus beimadaoensis*。内侧视，×221。内蒙古阿拉善左旗下岭南沟，下奥陶统大南池组（O_1d）。

11. 沃尼昂塔针锐牙形石 *Acodus oneotensis*。内侧视，×238。产地及层位同上。

12. 中村圆柱牙形石 *Teridontus nakamurai*。侧视，×274。内蒙古阿拉善左旗下岭南沟，中—上寒武统阿不切亥组（$\epsilon_{2-3}a$）顶部。

15. 米勒原牙形石 *Proconodontus muelieri*。侧视，×204。产地及层位同上。

图版Ⅶ

1. 有刺瘤笔石 *Tylograptus spinatus*，×6。中卫市米钵山黄草沟，中—上奥陶统米钵山组（$O_{2-3}m$）。

2~3，8. 有刺瘤笔石 *Tylograptus spinatus*，×6。中卫市米钵山马湾沟，中—上奥陶统米钵山组（$O_{2-3}m$）。

4. 规则对笔石 *Didymograptus regularis*，×6。产地及层位同上。

5. 近似刺形瘤笔石 *Tylograptus* cf. *spiniformis*，×6。中卫市米钵山黄草沟，中—上奥陶统米钵山组（$O_{2-3}m$）。

6，10. 球形瘤笔石 *Tylograptus globiformis*，×6。中卫市米钵山马湾沟，中—上奥陶统米钵山组（$O_{2-3}m$）。

7. 镰刀状假断笔石 *Pseudazygograptus falcatus*，×10。同心县煤山，中—上奥陶统米钵山组（$O_{2-3}m$）。

9. 近似规则瘤笔石 *Tylograptus* cf. *regularis*，×6。中卫市米钵山马湾沟，中—上奥陶统米钵山组（$O_{2-3}m$）。

图版Ⅷ

1，2，5，7，11. 强壮舌笔石 *Glossograptus robustus*，×3。同心县哈庄子酸枣沟，上奥陶统乌拉力克组（O_3w）。

3. 毛边舌笔石 *Glossograptus fimbriatus*，×3。同心县哈庄子酸枣沟，中奥陶统克里摩里组（O_2k）。

4. 毛边舌笔石 *Glossograptus fimbriatus*，×3。彭阳县贺家川，上奥陶统拉什仲组（O_3l）。

6. 武宁舌笔石 *Glossograptus wuningensis*，×3。同心县哈庄子酸枣沟，上奥陶统乌拉力克组（O_3w）。

8~10. 卵形鱼叉笔石 *Lonchograptus ovatus*，×6。产地及层位同上。

图版Ⅸ

1，5，14. 凋萎隐笔石 *Cryptograptus marcidus*，×6。同心县哈庄子酸枣沟，中奥陶统克里摩里组（O_2k）。

10~13. 凋萎隐笔石 *Cryptograptus marcidus*，×6。同心县哈庄子酸枣沟，上奥陶统乌拉力克组（O_3w）。

6~8. 三刺隐笔石 *Cryptograptus tricornis*，×10。产地及层位同上。

2，4，15. 三刺隐笔石 *Cryptograptus tricornis*，×6。内蒙古阿拉善左旗胡吉尔台，中—上奥陶统米钵山组（$O_{2-3}m$）。

9. 三刺隐笔石 *Cryptograptus tricornis*，×3。产地及层位同上。

3. 三刺隐笔石 *Cryptograptus tricornis*，×10。同心县哈庄子酸枣沟，中奥陶统克里摩里组（O_2k）。

图版Ⅹ

1，9~15a-b. 前长双笔石 *Diplograptus proelongatus*。1、15—×3；9、10、13—×6；11、12—×4；14—×2。同心县哈庄子酸枣沟，上奥陶统乌拉力克组（O_3w）。

2. 库克栅笔石 *Climacograptus kuckersianus*，×5。产地及层位同上。

3，4. 库克栅笔石 *Climacograptus kuckersianus*，×6。同心县煤山，中—上奥陶统米钵山组（$O_{2-3}m$）。

5. 精刻雕笔石 *Glyptograptus euglyphus*，×6。同心县哈庄子酸枣沟，上奥陶统乌拉力克组（O_3w）。

6. 库克栅笔石 *Climacograptus kuckersianus*，×6。同心县哈庄子酸枣沟，中奥陶统克里摩里组（O_2k）。

7~8. 瘦小栅笔石 *Climacograptus pauperatus*，×6。彭阳县贺家川，上奥陶统拉什仲组（O_3l）。

图版Ⅺ

1. 蛛网新扭心珊瑚 *Neostreptelasma araneum*。1a、1b—横、纵切面，×2。同心县照花井，下—中志留统照花井组（$S_{1-2}z$）下部。

2. 野猪沟同心珊瑚 *Tongxinophyllum yezhugouensis*。2a、2b—横、纵切面，×2。宁夏中宁县野猪沟，下—中志留统照花井组（$S_{1-2}z$）下部。

3，4. 同心同心珊瑚 *Tongxinophyllum tongxinense*。3a、3b—横、纵切面，×2；4a、4b—成年期两横切面，×2；4c—纵切面，×2。同心县照花井，下—中志留统照花井组（$S_{1-2}z$）下部。

5，6. 同心扭心珊瑚 *Streptelasma tongxinensis*。5a、5b—横、纵切面，×2；6a、6b—横、纵切面，×2。同心县照花井，下—中志留统照花井组（$S_{1-2}z$）下部。

7，8. 宁夏短板珊瑚 *Brachyelasma ningxiaense*。7a、7b—横、纵切面，×2；8a、8b—横、纵切面，×2。中宁县野猪沟，下—中志留统照花井组（$S_{1-2}z$）下部。

9. 小型厚珊瑚 *Crassilasma minimum*。9a、9b—横、纵切面，×2。同心县照花井，下—中志留统照花井组（$S_{1-2}z$）下部。

10. 宁夏格氏珊瑚 *Grewingkia ningxiaense*。10a、10b—横、纵切面，×2。中宁县野猪沟，下—中志留统照花井组（$S_{1-2}z$）下部。

11. 凹板小彼珊瑚 *Porfirieviella concava*。11a、11b—成年期、青年期横切面，×2；11c—纵切面×2。同心县照花井，下—中志留统照花井组（$S_{1-2}z$）下部。

图版XII

1~3. 琐碎锯笔石（近似种）*Pristiograptus* cf. *incommodus*。1—×3.6；2—×4.8；3—×3.8。中宁县野猪沟，下—中志留统照花井组（$S_{1-2}z$）下部。

4，5. 休斯假栅笔石 *Pseudoclimacograptus hughesi*。4—×8.5；5—×8.3。产地及层位同上。

6，7. 小型栅笔石 *Climacograptus minutus*，×9。产地及层位同上。

8. 不显栅笔石 *Climacograptus miserabilis*，×6.3。产地及层位同上。

9. 雕笔石（未定种）*Glyptograptus* sp.，×10。产地及层位同上。

10~12. 刺笔石（未定种）*Acanthograptus* sp.。10—×6；11—×5；12—×5.5。产地及层位同上。

13. 网格笔石（未定种）*Dictyonema* sp.，×4。产地及层位同上。

14~16. 雕笔石（未定种）*Climacograptus* sp.，×12。产地及层位同上。

图版XIII

1，2. 海口拟瓣鱼相似种 *Quasipetalichthys* cf. *haikouensis*。1—头甲，×0.8；2—刺片，×0.8。青铜峡市石峡沟，中泥盆统石峡沟组（D_2s）。

3，4. 牛首山沟鳞鱼 *Bothriolepis niushoushanensis*。3—不完整的头甲和背躯甲，×1.2；4—前中背片，×1.33。产地及层位同上。

5，6. 斯氏中华鱼 *Sinolepis szei*。5—头甲，×0.8；6—胸鳍，×0.78。中宁县烟筒山，上泥盆统中宁组（D_3z）。

图版XIV

1，2. 小头浆鳞鱼 *Remigolepis microcephala*。1—较完整的头甲和躯甲，×0.6；2—胸鳍，×0.65。青铜峡市石峡沟，上泥盆统中宁组（D_3z）。

3. 中卫浆鳞鱼 *Remigolepis zhongweiensis*，较完整的头甲和躯甲，×0.9。中卫市沙塘家红石崖，上泥盆统中宁组（D_3z）。

4. 香山浆鳞鱼 *Remigolepis xiangshanensis*，较完整的背躯甲，×0.8。产地及层位同上。

5. 中宁浆鳞鱼 *Remigolepis zhongningensis*，前中背片内膜，×0.95。青铜峡市石峡沟，上泥盆统中宁组（D_3z）。

图版XV

1. 潘氏中国螈 *Sinostega pani*，下颌。青铜峡市石峡沟，上泥盆统中宁组（D_3z）。

2，3. 太湖楔羊齿 *Sphenopteris taihuensis*。2—蕨叶下部三次羽状复叶，×1；3—卵圆形小羽片及楔状裂片形态，×3。青铜峡市广武乡大岱沟，上泥盆统中宁组（D_3z）。

4. 斜方薄皮木 *Leptophloeum rhombicum*，叶座常见的保存状态，×1。产地及层位同上。

5，6. *Bilinguites rotundifolius*。5—前视，×2.5；6—侧视，×2.5。中卫市上校育川，下—上石炭统靖远组上段（$C_{1-2}j^3$）下部。

7，8. 里斯特腹菊石 *Gastrioceras listeri*。7—前视，×3；8—侧视，×3。中卫市校育川，下—上石炭统靖远组上段（$C_{1-2}j^3$）上部。

图版XVI

1，2. 光滑格蒂菊石 *Girtyoceras glabrum*。1—侧视，×3；2—前视，×3。中宁县陈麻子井，下—上石炭统靖远组下段（$C_{1-2}j^1$）。

3，4. 窄脐腹菊石 *Gastrioceras stenumbilicatum*。3—侧视，×2.5；4—前视，×2.5。正模。中卫市校育川，下—上石炭统靖远组上段（$C_{1-2}j^3$）。

5，6. 胜比林比林菊石 *Bilinguites superbilinguis*。5—前视，×1.2；6—侧视，×1.2。产地及层位同上。

7，8. 普卢默真形菊石 *Eumorphoceras plummeri*。7—侧视，×3；8—前视，×3。中卫市校育川，下—上石炭统靖远组下段（$C_{1-2}j^1$）。

9，10. 里斯特腹菊石 *Gastrioceras listeri*。9—侧视，×2；10—前视，×2。中卫市校育川，下—上石炭统靖远组上段（$C_{1-2}j^3$）。

11，12. 厚盘网格菊石 *Cancelloceras pachygyrum*。11—侧视，×2.5；12—前视，×2.5。产地及层位同上。

13，14. 拟脊多姆巴菊石 *Dombarites paratectus*。13—前视，×2.5；14—侧视，×2.5。中宁县陈麻子井，下—上石炭统靖远组下段（$C_{1-2}j^1$）。

图版 XVII

1～3. 轮形库山菊石 *Kushanites rotalis*。1—侧视，×2.5；2—前视，×2.5；3—腹视，×2.5。正模。中卫市校育川，下—上石炭统靖远组上段（$C_{1-2}j^3$）。

4，5. 细肋阿肯色菊石 *Arkanites tenuicinctus*。4—腹视，×2.5；5—侧视，×2.5。副模。产地及层位同上。

6，7. 平行维纽尔菊石 *Verneuilites parallelus*。6—前视，×2；7—侧视，×2。正模。产地及层位同上。

8，9. 双脉多枝菊石 *Ramosites divaricatus*。8—侧视，×2.5；9—前视，×2.5。产地及层位同上。

10，11. 圆盘煤炭菊石 *Anthracoceras discus*。10—侧视，×2；11—腹视，×2。中卫市校育川，下—上石炭统靖远组下段（$C_{1-2}j^1$）。

12，13. 细肋阿肯色菊石 *Arkanites tenuicinctus*。12—侧视，×2；13—前视，×2。正模。中卫市校育川，下—上石炭统靖远组上段（$C_{1-2}j^3$）。

14，15. 奇异煤炭菊石 *Anthracoceras mirabile*。14—前视，×3；15—侧视，×3。正模。中宁县陈麻子井，下—上石炭统靖远组下段（$C_{1-2}j^1$）。

图版 XVIII

1，2，4. 微小中间䗴 *Mediocris* cf. *minuma*，×100。中卫市校育川，下石炭统臭牛沟组（C_1c）。

3. 短小中间䗴 *Mediocris breviscula*，×100。中卫市校育川，下—上石炭统靖远组下段（$C_{1-2}j^1$）。

5，6. 微小密勒䗴 *Millerella minuta*，×80。石嘴山市沙巴台，上石炭统羊虎沟组（C_2y）。

7，8. 圆突始史塔夫䗴 *Eostaffella umbonata*，×80。产地及层位同上。

9. 假简单苏伯特䗴 *Schubertella pseudosimplex*，×40。石嘴山市沙巴台，上石炭统—下二叠统太原组（C_2P_1t）。

10，12～14. 简单原小纺锤䗴 *Profusulinella simplex*，×20。石嘴山市沙巴台，上石炭统羊虎沟组（C_2y）。

11. 大苏伯特䗴 *Schubertella magna*，×40。同心县小洪沟，上石炭统—下二叠统太原组（C_2P_1t）。

15. 短暂苏伯特䗴 *Schubertella transitoria*，×40。产地及层位同上。

16. 诺因斯基氏麦䗴 *Triticites noinskyi*，×10。中卫市上河沿，上石炭统—下二叠统太原组（C_2P_1t）。

17. 圆柱状布尔顿䗴 *Boultonia cylindrical*，×40。同心县小洪沟，上石炭统—下二叠统太原组（C_2P_1t）。

18，19. 威尔斯氏布尔顿䗴 *Boultonia willsi*，×40。产地及层位同上。

20. 球形苏伯特䗴紧密亚种 *Schubertella sphaerica compacta*，×40。产地及层位同上。

21. 简单布尔顿䗴 *Boultonia simplicata*，×40。产地及层位同上。

22. 假内卷䗴（未定种）*Pseudoendothyra* sp.，×40。中宁县陈麻子井，下—上石炭统靖远组下段（$C_{1-2}j^1$）。

23. 伏芝加尔小泽䗴 *Ozawainella vozhgalica*，×80。石嘴山市沙巴台，上石炭统羊虎沟组（C_2y）。

24. 似丰满始史塔夫䗴 *Eostaffella quasiampla*，×80。产地及层位同上。

25，26. 角状小泽䗴 *Ozawainella angulata*，×80。石嘴山市 131 孔上石炭统—下二叠统太原组（C_2P_1t）及沙巴台上石炭统羊虎沟组（C_2y）。

27. 莫斯科小泽䗴 *Ozawainella mosquensis*，×80。石嘴山市沙巴台，上石炭统羊虎沟组（C_2y）。

28. 小普雷斯特小泽䗴 *Ozawainella praestellae*，×80。中卫市上河沿，上石炭统羊虎沟组（C_2y）。

29. 尼基塔小泽䗴 *Ozawainella nikitovkensis*，×80。石嘴山市沙巴台，上石炭统羊虎沟组（C_2y）。

30. 孔帕小泽䗴 *Ozawainella kumpani*，×80。石嘴山市 123 孔，上石炭统—下二叠统太原组（C_2P_1t）。

31. 肿小泽䗴 *Ozawainella turgida*，×80。石嘴山市沙巴台，上石炭统羊虎沟组（C_2y）。

32. 假菱形小泽䗴 *Ozawainella pseudorhomboidalis*，×80。石嘴山市 123 孔，上石炭统—下二叠统太原组（C_2P_1t）。

图版 XIX

1，4. 凯祜氏似纺锤䗴 *Quasifusulina cayeuxi*，×10。同心县小洪沟，上石炭统—下二叠统太原组（C_2P_1t）。

2. 紧捲似纺锤䗴 *Quasifusulina compacta*，×10。产地及层位同上。

3. 微凹似纺锤䗴 *Quasifusulina concava*，×10。产地及层位同上。

5. 假华丽似纺锤䗴 *Quasifusulina pseudoeleganta*，×10。产地及层位同上。

6. 长似纺锤䗴 *Quasifusulina longissima*，×10。产地及层位同上。

7. 华丽似纺锤䗴 *Quasifusulina eleganta*，×10。产地及层位同上。

8. 弓形似纺锤䗴 *Quasifusulina arca*，×10。产地及层位同上。

9，11. 假凯祜氏似纺锤䗴 *Quasifusulina pseudocayeuxi*，×10。产地及层位同上。

10. 凯祜氏似纺锤䗴短小亚种 *Quasifusulina cayeuxi brevis*，×10。产地及层位同上。

12，14~16. 宁夏麦䗴 *Triticites ningxiaensis*。12、14、16—×10，中卫市上河沿及石嘴山市 131 孔上石炭统—下二叠统太原组（C_2P_1t）；15—×10，中卫市上河沿上石炭统—下二叠统太原组（C_2P_1t）。

13. 太原希瓦格䗴 *Schwagerina taiyuanensis*，×10。石嘴山市 123 孔上石炭统—下二叠统太原组（C_2P_1t）。

17. 普通希瓦格䗴 *Schwagerina gregaria*，×10。产地及层位同上。

18. 小东沟希瓦格䗴 *Schwagerina xiaodonggouensis*，×10。产地及层位同上。

19. 拟缪勒氏希瓦格䗴 *Schwagerina paramoelleri*，×10，中卫市上河沿上石炭统—下二叠统太原组（C_2P_1t）。

20. 剥希瓦格䗴大型亚种 *Schwagerina exuberata macra*，×10。产地及层位同上。

图版 XX

1. 后硬皮希瓦格䗴 *Schwagerina postcallosa*，×10。同心县小洪沟，上石炭统—下二叠统太原组（C_2P_1t）。

2. 似黄瓜状希瓦格䗴 *Schwagerina cucumeriformis*，×10。中卫市上河沿，上石炭统—下二叠统太原组（C_2P_1t）。

3. 乌拉尔假纺锤䗴球形亚种 *Pseudofusulina uralica sphaerica*，×10。同心县小洪沟，上石炭统—下二叠统太原组（C_2P_1t）。

4，5. 枕形希瓦格䗴 *Schwagerina cervicalis*，×10。产地及层位同上。

6. 埃尔科假纺锤䗴 *Pseudofusulina elkoensis*，×10。产地及层位同上。

7. 马林斯希瓦格䗴 *Schwagerina mulliuscula*，×10。中卫市上河沿，上石炭统—下二叠统太原组（C_2P_1t）。

8. 钝形希瓦格䗴 *Schwagerina obtusa*，×10。石嘴山市 123 孔，上石炭统—下二叠统太原组（C_2P_1t）。

9. 劳顿氏希瓦格䗴 *Schwagerina laudoni*，×10。产地及层位同上。

10. 兹甘希瓦格䗴 *Schwagerina ziganica*，×10。产地及层位同上。

11. 权威皱壁䗴 *Rugosofusulina valida*，×10。产地及层位同上。

12. 沙姆瓦希瓦格䗴萨尔瓦亚种 *Schwagerina shamovi salva*，×10。产地及层位同上。

13. 高尚希瓦格䗴 *Schwagerina nobilis*，×10。中卫市上河沿，上石炭统—下二叠统太原组（C_2P_1t）。

14. 拟复杂皱壁䗴 *Rugosofusulina quasicomplicata*，×10。同心县小洪沟，上石炭统—下二叠统太原组（C_2P_1t）。

15. 缪勒氏希瓦格䗴 *Schwagerina moelleri*，×10。中卫市上河沿，上石炭统—下二叠统太原组（C_2P_1t）。

16. 剥希瓦格䗴 *Schwagerina exuberata*，×10。石嘴山市 123 孔，上石炭统—下二叠统太原组（C_2P_1t）。

17. 复褶皱壁䗴 *Rugosofusulina complicata*，×10。同心县小洪沟，上石炭统—下二叠统太原组（C_2P_1t）。

图版 XXI

1. 汤普森氏希瓦格䗴 *Schwagerina thompsoni*，×10。中卫市上河沿，上石炭统—下二叠统太原组（C_2P_1t）。

2. 苏莱曼诺夫氏假纺锤䗴 *Pseudofusulina suleimanovi*，×10。同心县小洪沟，上石炭统—下二叠统太原组（C_2P_1t）。

3. 后硬皮希瓦格䗴 *Schwagerina postcallosa*，×10。产地及层位同上。

4. 七里沟希瓦格䗴 *Schwagerina qiligouensis*，×10。石嘴山市 123 孔，上石炭统—下二叠统太原组（C_2P_1t）。

5. 劳顿氏希瓦格䗴 *Schwagerina laudoni*，×10。产地及层位同上。

6. 拟缪勒氏希瓦格䗴 *Schwagerina paramoelleri*，×10。中卫市上河沿，上石炭统—下二叠统太原组（C_2P_1t）。

7. 邻近皱壁䗴微笑亚种 *Rugosofusulina propinqui smilis*，×10。石嘴山市 123 孔，上石炭统—下二叠统太原组（C_2P_1t）。

8. 普通希瓦格䗴不稳定亚种 *Schwagerina gregaria inconstans*，×10。产地及层位同上。

9. 李氏假纺锤䗴 *Pseudofusulina leei*，×10。同心县小洪沟，上石炭统—下二叠统太原组（C_2P_1t）。

10，14. 峪口希瓦格䗴 *Schwagerina yukouensis*，×10。石嘴山市 123 孔及中卫市上河沿，上石炭统—下二叠统太原组（C_2P_1t）。

11. 最后似纺锤䗴 *Quasifusulina ultima*，×10。石嘴山市123孔，上石炭统—下二叠统太原组（C_2P_1t）。

12，13. 大洼希瓦格䗴 *Schwagerina okuboensis*，×10。产地及层位同上。

15. 球形球希瓦格䗴 *Sphaeroschwagerina sphaerica*，×10。中卫市上河沿，上石炭统—下二叠统太原组（C_2P_1t）。

16. 近圆形球希瓦格䗴 *Sphaeroschwagerina subrotunda*，×10。产地及层位同上。

17. 库尔加尔皱壁䗴 *Rugosofusulina kargalensis*，×10。同心县小洪沟，上石炭统—下二叠统太原组（C_2P_1t）。

18. 凯祜氏似纺锤䗴短小亚种 *Quasifusulina cayeuxi brevis*，×10。产地及层位同上。

19. 微小假希瓦格䗴 *Pseudoschwagerina minuta*，×10。中卫市上河沿，上石炭统—下二叠统太原组（C_2P_1t）。

20，21. 球形球希瓦格䗴 *Sphaeroschwagerina glomerosa*，×10。产地及层位同上。

图版XXII

1~2. 普通拟颚齿刺 *Paragnathodus commutatus*，×80。中卫市上校育川，下—上石炭统靖远组下段（$C_{1-2}j^1$）。

3. 单瘤拟颚齿刺 *Paragnathodus mononodosus*，×80。产地及层位同上。

4. 具节斜颚刺具节亚种 *Declinognathodus noduliferus noduliferus*，×80。广西南丹七圩，黄龙组（C_2h）。

5~8. 中后新颚齿刺（比较种）*Neognathodus* cf. *medadultimus*。5、7、8—×60；6—×80。中卫校育川，下—上石炭统靖远组中段（$C_{1-2}j^2$）。

9~10. 窄拟异颚刺 *Idiognathoides attenuata*，×60。中卫校育川，下—上石炭统靖远组上段（$C_{1-2}j^3$）。

11. 皱拟异颚刺 *Idiognathoides corrugatus*，×60。中卫校育川，下—上石炭统靖远组上段（$C_{1-2}j^3$）。

12~13. 具节斜颚刺不等亚种 *Declinognathodus noduliferus inaequalis*，×75。产地及层位同上。

14. 皱拟异颚刺 *Idiognathoides corrugatus*，×80。中卫校育川，下—上石炭统靖远组中段（$C_{1-2}j^2$）。

15~18. 双线颚齿刺双线亚种 *Gnathodus bilineatus bilineatus*，15~17—×60；18—×80。中卫校育川，下—上石炭统靖远组下段（$C_{1-2}j^1$）。

图版XXIII

1~4、17. 卡希尔新颚齿刺 *Neognathodus kashiriensis*。1、3、17—×60；2—×50；4—×80。中卫校育川，下—上石炭统靖远组中段（$C_{1-2}j^2$）。

5~8. 对称新颚齿刺 *Neognathodus symmetricus*。5、6—×80；7、8—×50。产地及层位同上。

9~11、13~14. 曲拟异颚刺 *Idiognathoides sinuatus*。9、10、13、14—×80；11—×60。中卫校育川，下—上石炭统靖远组上段（$C_{1-2}j^3$）。

12. 窄拟异颚刺 *Idiognathoides attenuata*，×80。中卫校育川，下—上石炭统靖远组中段（$C_{1-2}j^2$）。

15，18. 拟异颚刺（未定种）*Idiognathoides* spp.，×70。产地及层位同上。

16. 中后新颚齿刺（比较种）*Neognathodus* cf. *medadultimus*，×60。产地及层位同上。

图版XXIV

1. 双脊颚齿牙形石博朗亚种 *Gnathodus bilineatus bollandensis*，口视，×100。中卫市校育川，下石炭统臭牛沟组（C_1c）。

2~4. 双脊颚齿牙形石双脊亚种 *Gnathodus bilineatus bilineatus*。2—口视，×100；3—口视，×110；4—口视，×53。产地及层位同上。

5. 双脊颚齿牙形石肋脊亚种 *Gnathodus bilineatus costiformis*，口视，×120。正模。产地及层位同上。

6. 瘤状拟颚齿刺 *Paragnathodus nodosus*，口视，×70。产地及层位同上。

7，8. 普通拟颚齿刺 *Paragnathodus commutatus*，口视，×210。产地及层位同上。

9. 对称拟颚齿刺 *Paragnathodus symmutatus*，口视，×120。产地及层位同上。

10. 具节拟异颚刺日本亚种 *Idiognathoides noduliferus japonicus*，口视，×120。中卫市校育川，下—上石炭统靖远组中段上部（$C_{1-2}j^2$）。

11. 外侧拟异颚刺 *Idiognathoides lateralis*，口视，×120。产地及层位同上。

12~14. 窄拟异颚刺 *Idiognathoides attenuata*。12、13—口视，×100；14—口视，×75。产地及层位同上。

15，16. 具节拟异颚刺不等亚种 *Idiognathoides noduliferus inaequalis*。15—口视，×100，16—口视，×77。产地及层位同上。

17，18. 深沟拟异颚刺 *Idiognathoides sulcatus*。17—口视，×70；18—口视，×85。产地及层位同上。

19，20. 皱拟异颚刺 *Idiognathoides corrugatus*。19—口视，×80；20—内侧视，×100。产地及层位同上。

21. 曲拟异颚刺 *Idiognathoides sinuatus*，口视，×140。内蒙古桌子山呼和查布其，上石炭统本溪组（C_2b）。

22. 美雅拟异颚刺 *Idiognathoides delicates*，反口视，×150。中卫市梁水园子，上石炭统—下二叠统太原组（C_2P_1t）。

23~24. 美雅拟异颚刺 *Idiognathoides delicates*。23—口视，×130；24—口视，×70。内蒙古桌子山呼和查布其，上石炭统本溪组（C_2b）。

25. 纤细曲颚齿刺 *Streptognathodus gracilis*，口视，×65。内蒙古乌海市乌达，上石炭统—下二叠统太原组（C_2P_1t）。

图版XXV

1. 宁夏鳞木相似种 *Lepidodendron* cf. *ningxiaensis*，×1。中卫市校育川，上石炭统羊虎沟组（C_2y）。
2. 脉网羊齿 *Linopteris. neuropteroides*。2a—×1；2b—×3。中卫市校育川，下—上石炭统靖远组（$C_{1-2}j$）。
3. 木贼状星叶 *Asterophyllites equisetiformis*，×1。中卫市大石头井，上石炭统羊虎沟组（C_2y）。
4. 微缺楔叶 *Sphenophyllum emarginatum*。4a—×1；4b—×3。中卫市炭井沟，上石炭统羊虎沟组（C_2y）。
5. 偶羽羊齿未定种 *Paripteris* sp.，×1。中卫市校育川，下—上石炭统靖远组（$C_{1-2}j$）。
6. 中芦木 *Mesocalamites ramifer*，×1。中卫市炭井沟，上石炭统羊虎沟组（C_2y）。

图版XXVI

1. 斜方鳞木 *Lepidodendron posthumii*。1a—×1；1b—×3。内蒙古阿拉善左旗胡鲁斯台，上石炭统—下二叠统太原组（C_2P_1t）。
2. 华夏齿叶 *Tingia carbonice*，×1。内蒙古乌海市乌达煤矿，上石炭统—下二叠统太原组（C_2P_1t）。
3. 卵脉羊齿 *Neuropteris ovata*，×1。内蒙古阿拉善左旗胡鲁斯台，上石炭统—下二叠统太原组（C_2P_1t）。
4. 剑瓣轮叶 *Lobatannularia ensifolia*，×1。内蒙古阿拉善左旗胡鲁斯台，中二叠统下石盒子组（P_2x）。
5. 镰刀栉羊齿 *Pecopteris anderssonii*，×1。内蒙古乌海市乌达煤矿，中二叠统下石盒子组（P_2x）。

图版XXVII

1. 新芦木未定种 *Neocalamites* sp.，×1。平罗县汝箕沟，上三叠统延长群（T_3Y）。
2. 蔡耶贝尔瑙蕨 *Bernoullia zeilleri*。2a—×1；2b—×3。产地及层位同上。
3，4. 陕西似托第蕨 *Todites shensiensis*。3a—×1；3b—×3；4—×3。产地及层位同上。
5. 枝脉蕨未定种 *Cladophlebis* sp.，×3。产地及层位同上。
6. 巨大枝脉蕨相似种 *Cladophlebis* cf. *Gigantea*。6a—×1；6b—×3。产地及层位同上。

图版XXVIII

1. 蜥脚类恐龙（Sauropoda）躯体及模型。灵武市南磁湾恐龙馆，中侏罗统直罗组（J_2z）。
2. 蜥脚类恐龙（Sauropoda）牙齿。灵武市南磁湾恐龙馆，中侏罗统直罗组（J_2z）。

图版XXIX

1. 黄氏楔拜拉相似种 *Sphenobaiera* cf. *Huangi*，×1。内蒙古阿拉善左旗雀台沟，中侏罗统延安组（J_2y）。
2. 坚直茨康诺司基叶 *Czekanowskia rigida*，×1。产地及层位同上。
3. 枝脉蕨未定种 *Cladophlebis* sp.，×1。平罗县汝箕沟，中侏罗统延安组（J_2y）。
4. 化石果未定种 *Carpolithus* sp.，×1。产地及层位同上。
5. 中国尼尔桑 *Nilssonia sinensis*。5a—×1；5b—×3。产地及层位同上。

6，7. 侧生似木贼 *Equisetites lateralis*。6a、7a—×1；6b、7b—×3。产地及层位同上。

图版XXX

1. 长鳍昆都仑鱼 *Kuntulunia longipterus*，一条完整的鱼，左侧视。固原市蒿店苋蔴湾，下白垩统六盘山群李洼峡组（K_1l）。
2. 长鳍昆都仑鱼 *Kuntulunia longipterus*，一条完整的鱼，右侧视。同心县炭山乡石岘子石窑南，下白垩统六盘山群马东山组（K_1m）。

3，4. 小齿同心鱼 *Tongxinichthys microdus* 。3——一条完整的鱼，左侧视，×3；4—躯干及尾部，右侧视，×3。同心县康家湾，下白垩统六盘山群马东山组（K_1m）。

图版 XXXⅠ

1~3. 始僭鬣狗 *Percrocuta primordialis*。1—头骨顶视，×2/3；2—头骨左侧视，×2/3；3—下颌骨联合部顶视，×1/3。同心县丁家二沟，中新统彰恩堡组（N_1z）。

4~5. 古猿（未定种）*Pliopithecus* sp. 。4—左 M_2，冠视，×3；5—左 M_2，舌侧视，×3。产地及层位同上。

图版 XXXⅡ

1~4. 同心铲齿象 *Platybeloden tongxinensis*。1—左下颌水平枝具 M_1—M_3，嚼面，×1/3；2—右下颌枝 M_3，嚼面，×1/2；3—左上齿列残段具 P^4—M^2，嚼面，×1/3；4—残破左下颌枝具 P_4—M_3，内侧观，×1/3。同心县丁家二沟，中新统彰恩堡组（N_1z）。

图版 XXXⅢ

1~3. 长鼻宁夏板齿犀 *Ninxiatherium longirhinus*。1—顶面，×1/7；2—颚面，×1/7；3—侧面，×1/7。中宁县干河沟鹰崖，中新统干河沟组（N_1g）。

图版 XXXⅣ

1~3. 蓝田库斑猪 *Kubanochoerus lantienensis*。1—头骨右侧视，×1/5；2—头骨顶面，×1/5；3—颚面，×1/5。同心县丁家二沟马二嘴子沟，中新统彰恩堡组（N_1z）。

图版 XXXⅤ

1. 普氏羚羊 *Gozella przewalskyi*，头骨。灵武市水洞沟，水洞沟遗址下文化层，上更新统水洞沟组（Qp^3sd）。
2. 古人类顶骨。a—外侧面；b—内侧面；c、d—断面。灵武市水洞沟，水洞沟遗址下文化层（旧石器时代），上更新统水洞沟组（Qp^3sd）。

图版 XXXⅥ

1. 长石石英砂岩：碎屑颗粒呈圆状—次棱角状，胶结物以钙质为主，接触式胶结。正交偏光，d=0.52mm。
2. 玻屑凝灰岩：岩石由玻屑和火山凝灰组成，具典型的火山凝灰结构。单偏光，d=1.4mm。
3. 鲕粒灰岩：大部分为复鲕，胶结物为泥晶方解石。单偏光，d=3.5mm。
4. 生物碎屑泥晶灰岩：岩石由生物碎屑和泥晶基质组成，泥晶基质含有机质成分。单偏光，d=3.5mm。
5. 交代白云岩：微晶质灰岩受后期白云岩化作用，产生自形晶白云岩。单偏光，d=1.4mm。
6. 苏峪口震旦系正目观组冰碛砾岩。

图　　版

图版 I

图版Ⅱ

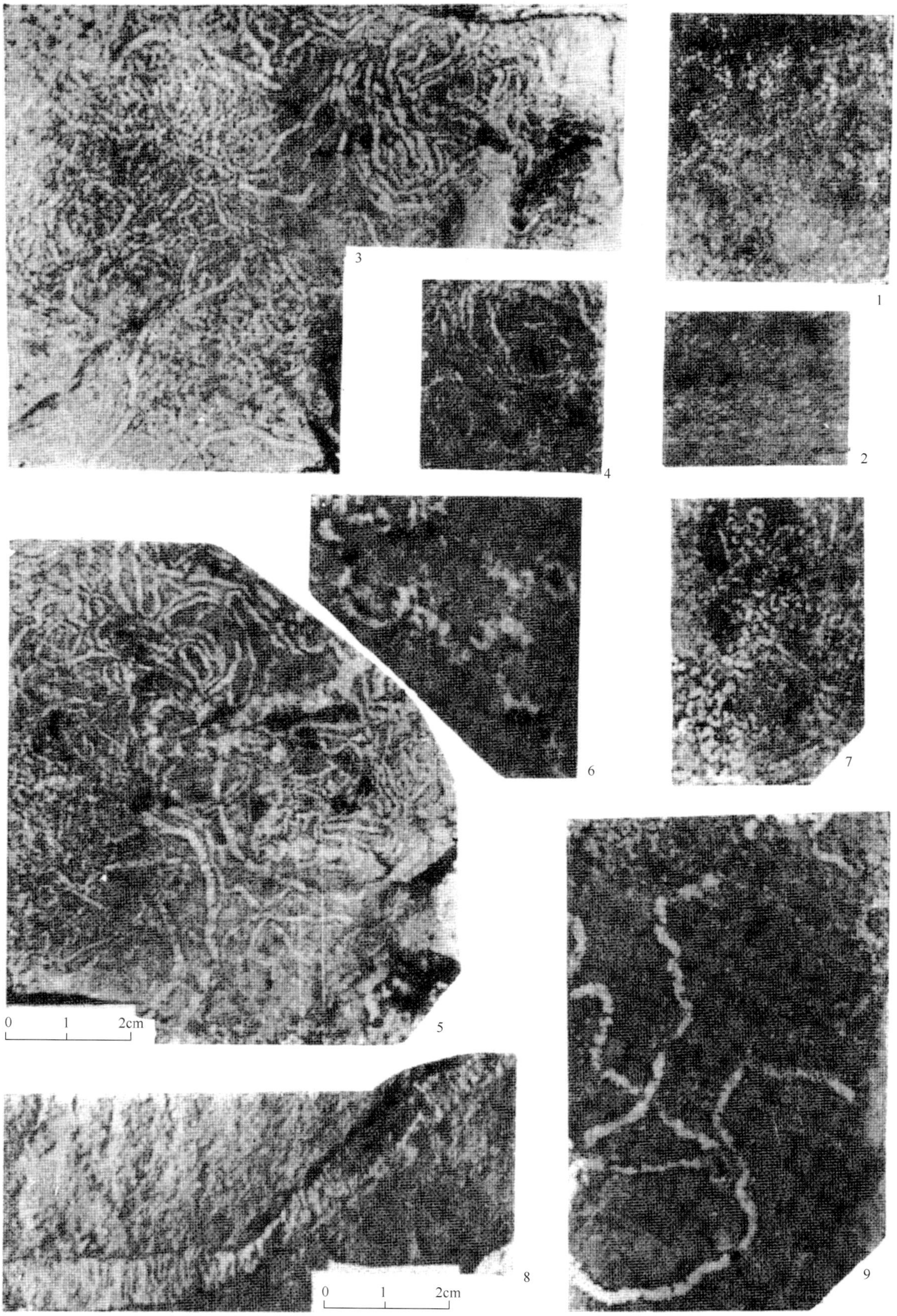

图版Ⅲ

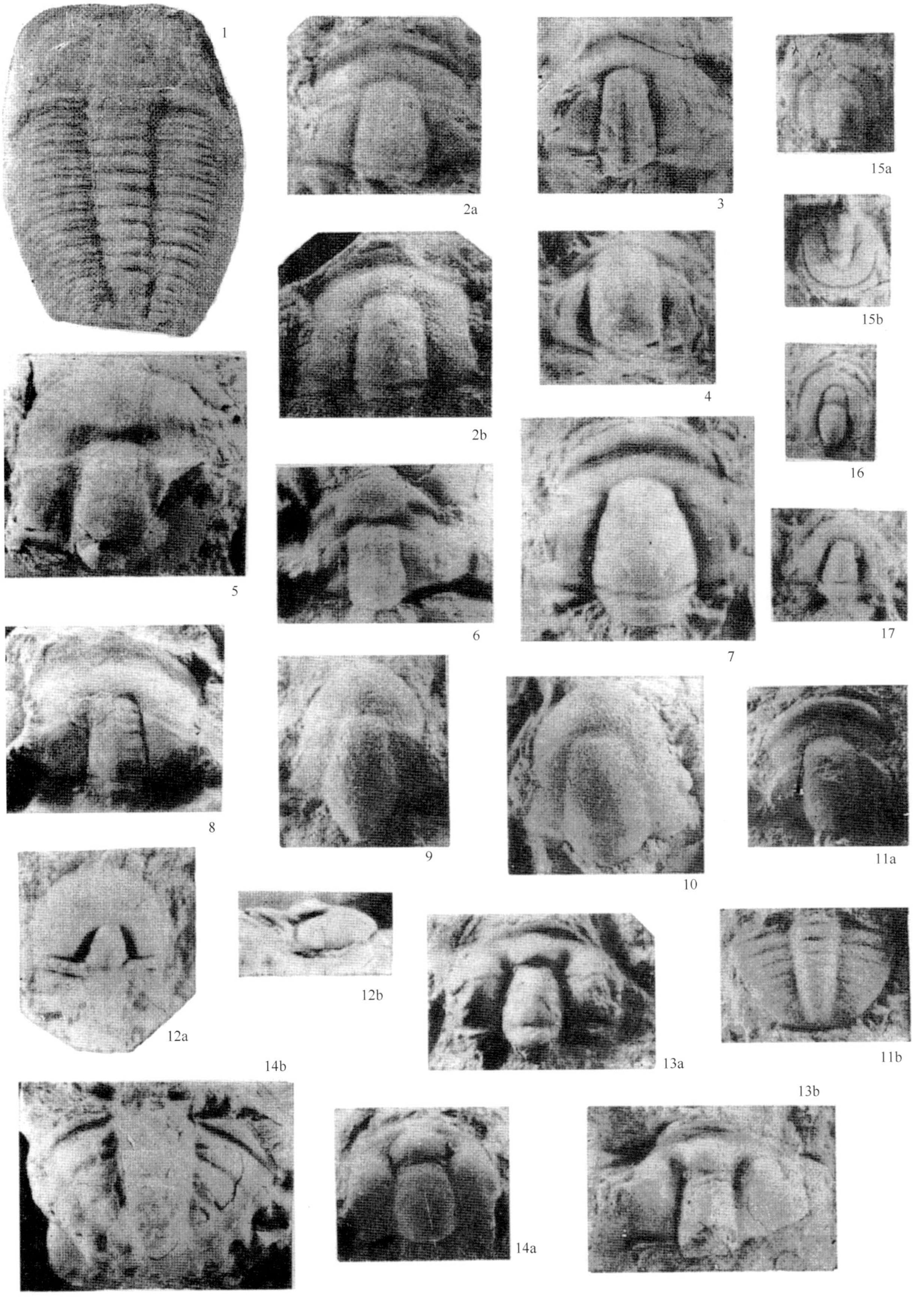

图版Ⅳ

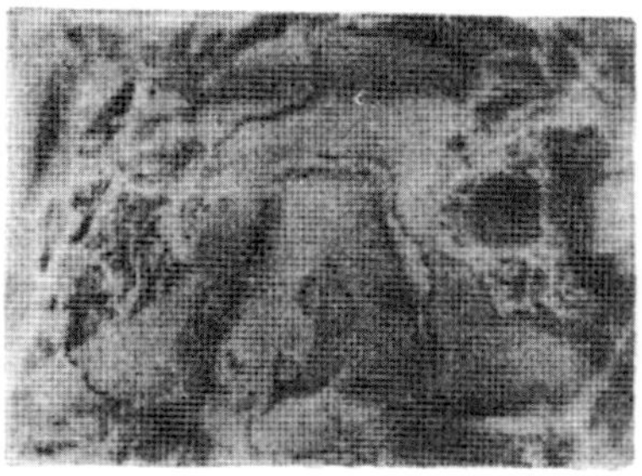
1

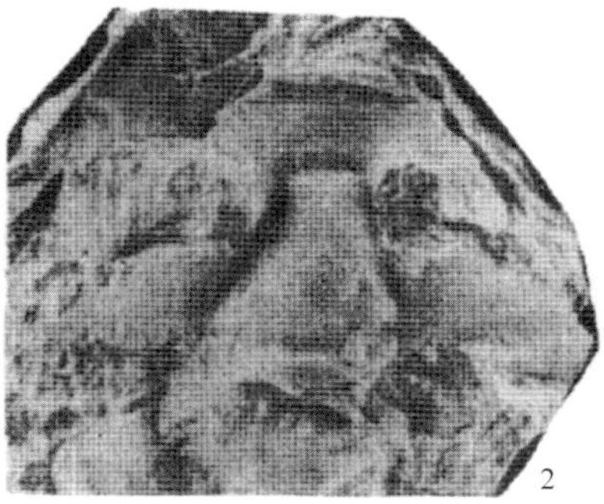
2

3a

6

4

3b

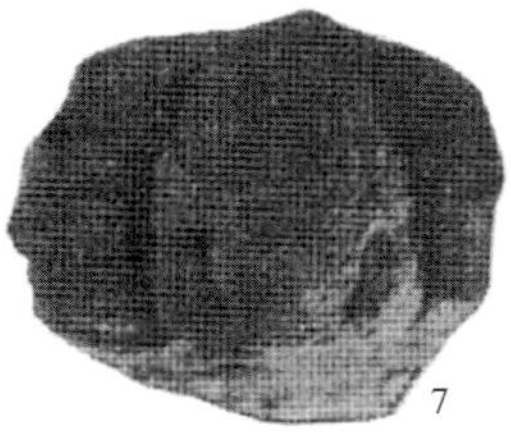
7

5

11a

11b

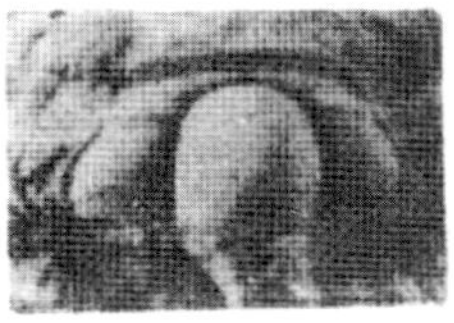
8

10

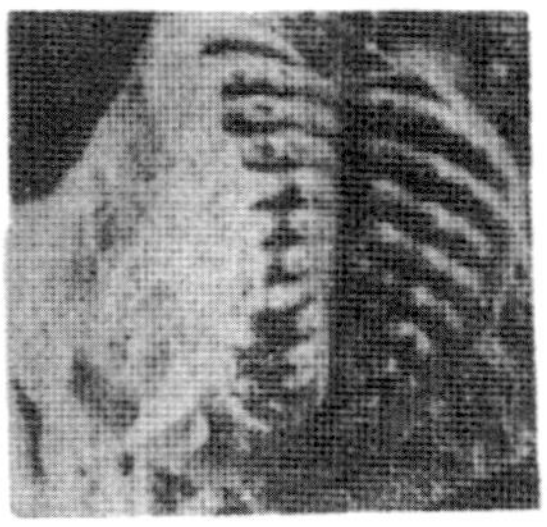
12d

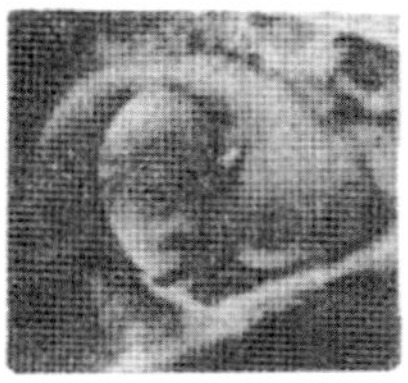
9

12b

12a

12c

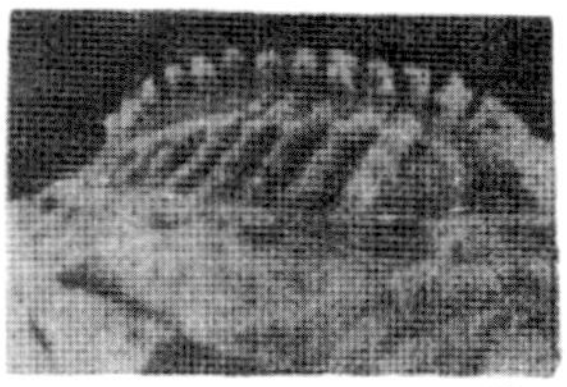
12e

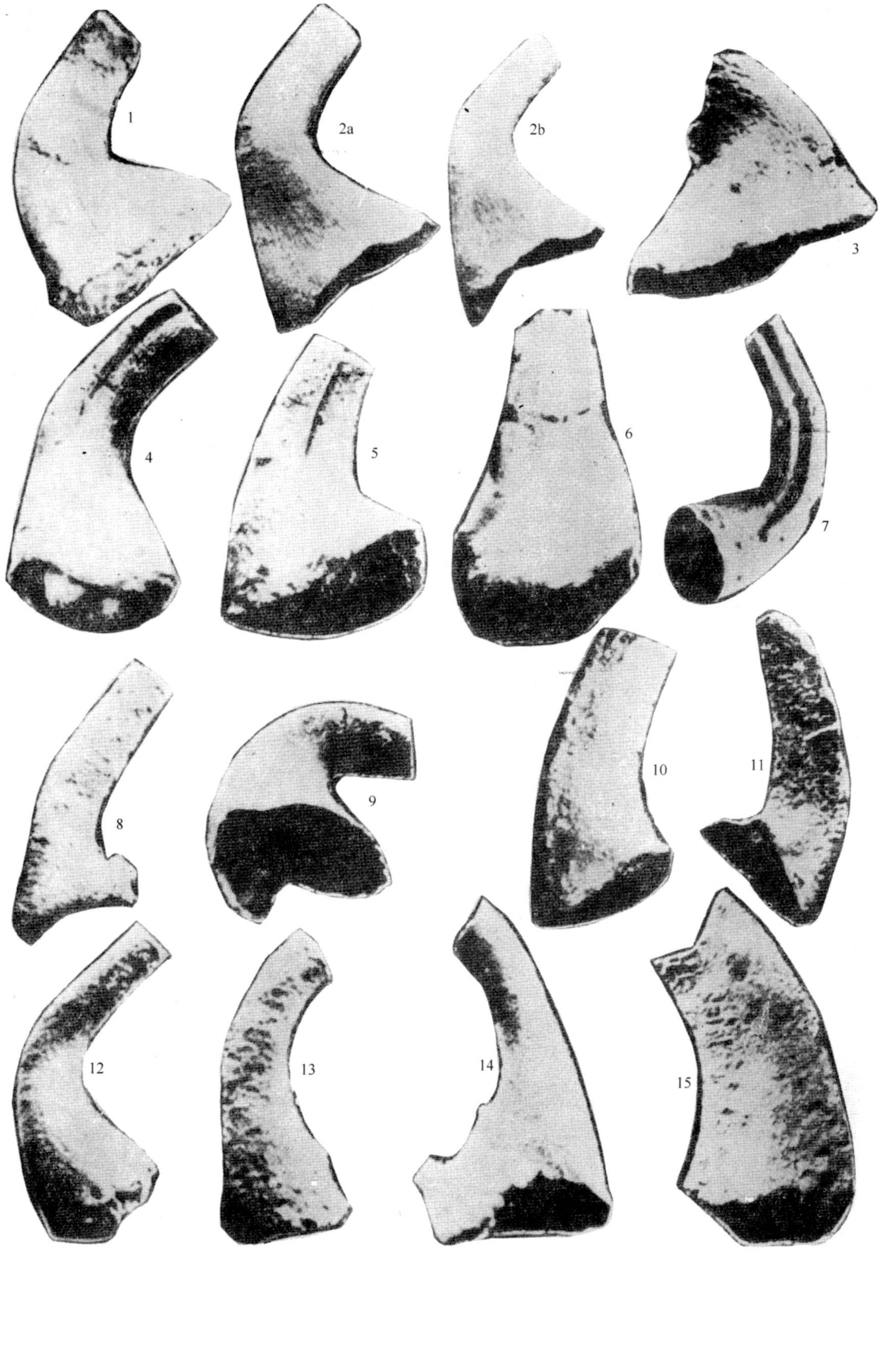
1
2a
2b
3
4
5
6
7
8
9
10
11
12
13
14
15

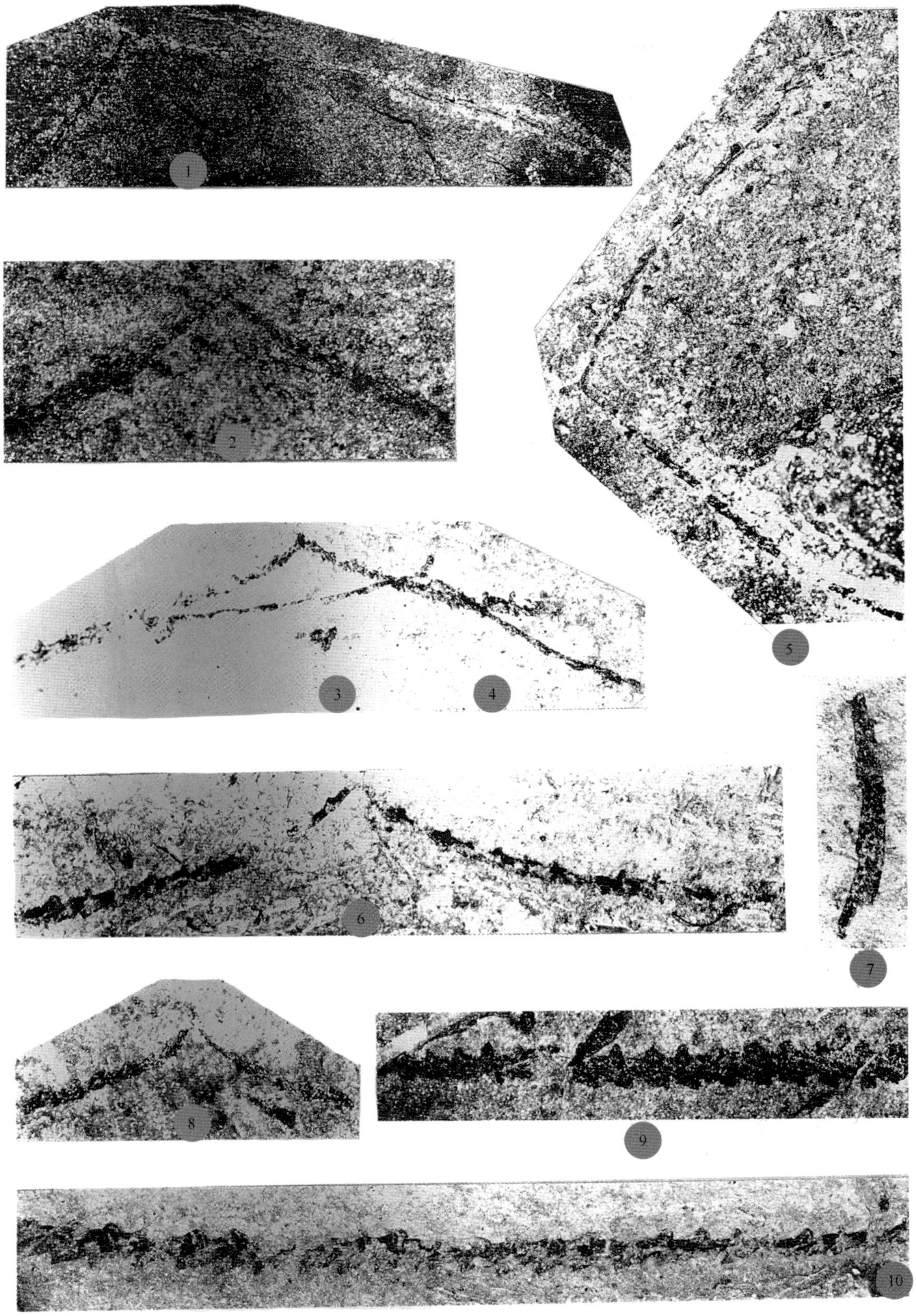
1
2
3
4
5
6
7
8
9
10

图版Ⅷ

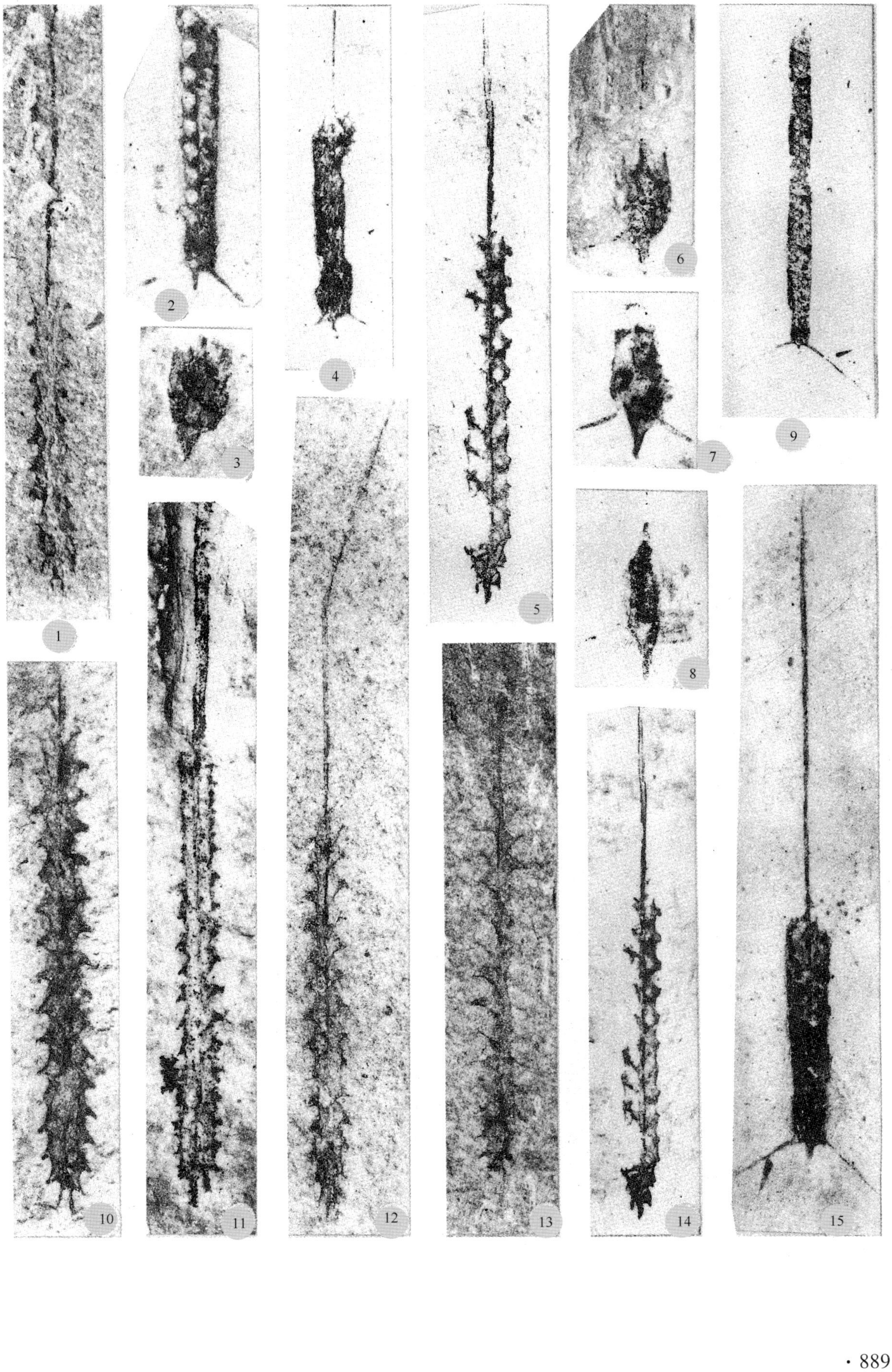

1
2
3
4
5
6
7
8
9
10
11
12
13
14
15

1
2
3
4
5
6
7
8
9
10
11
12
13
14
15a
15b

1a
5a
10a
4a
5b
10b
4b
1b
7a
7b
4c
2a
8a
11c
8b
2b
11b
3a
6a
6b
3b
11a
9b
9a

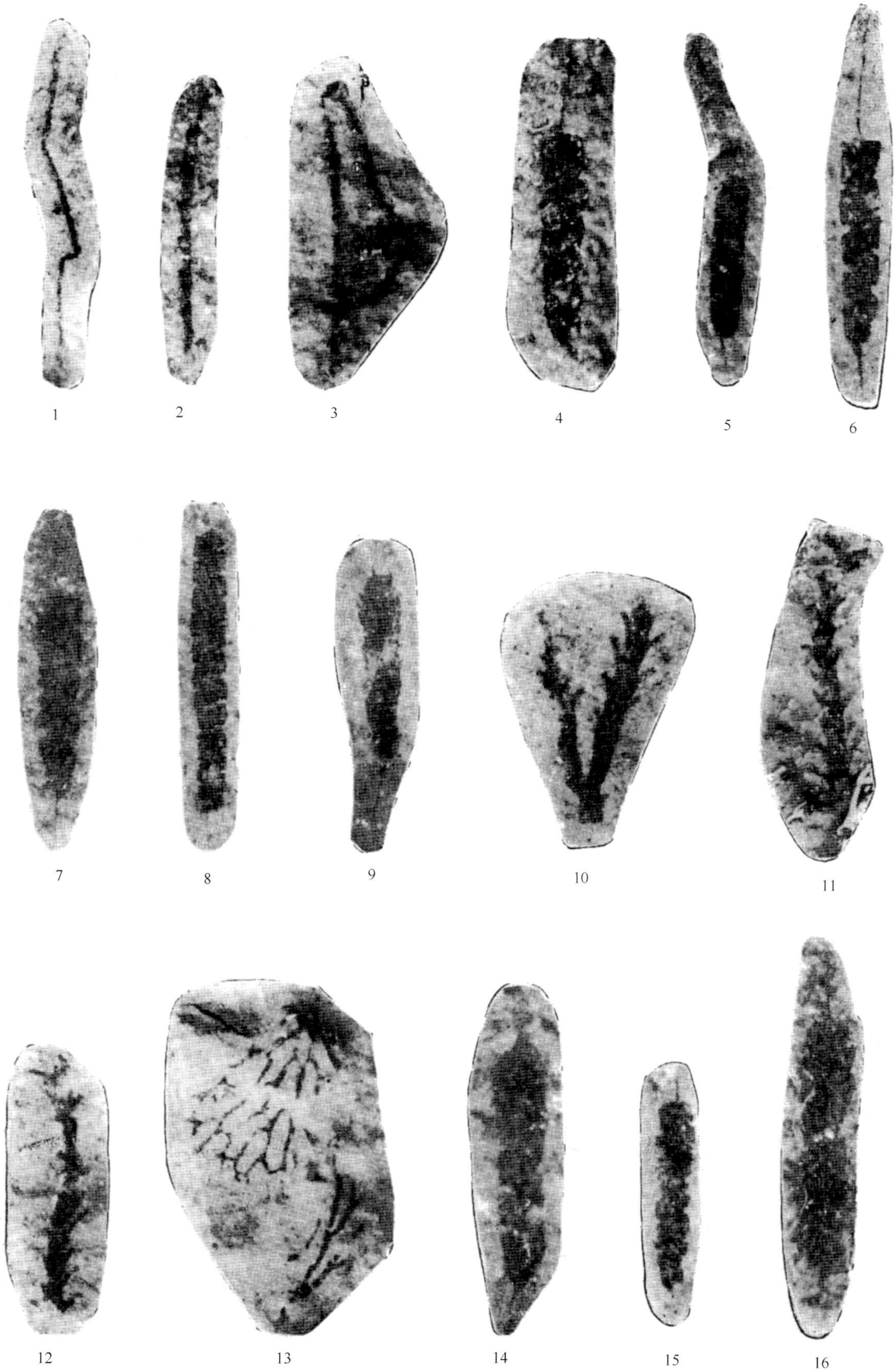

图版XIII

图版 XIV

图版XV

1

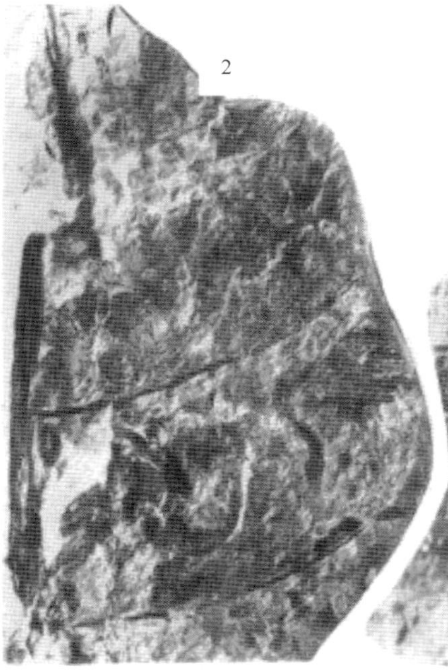

2

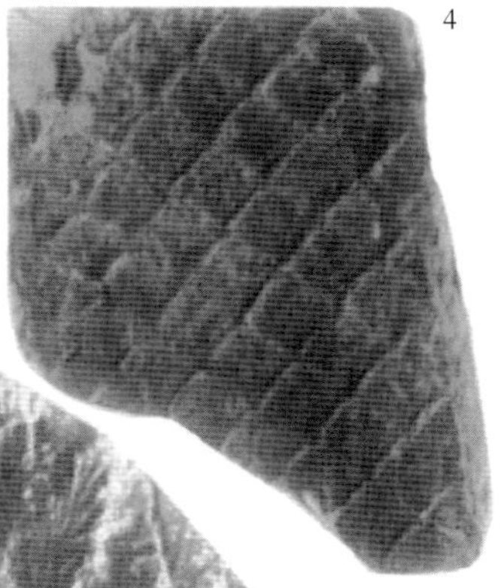

4

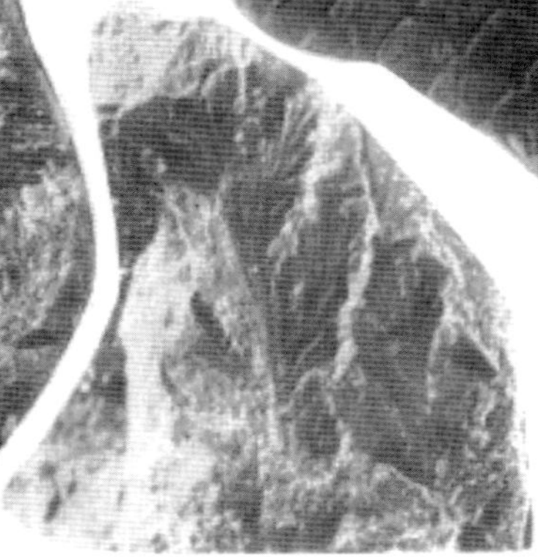

3

5

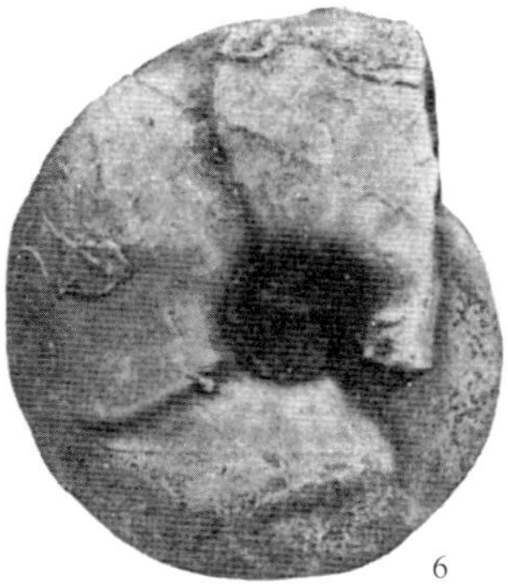

6

7

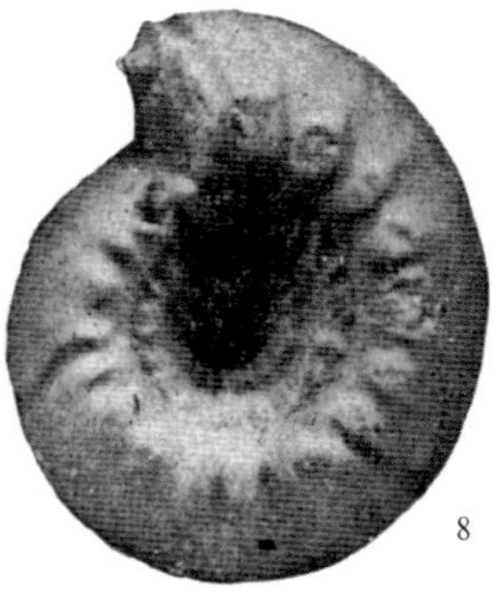

8

1
2
5
7
3
4
6
8
10
9
12
13
11
14

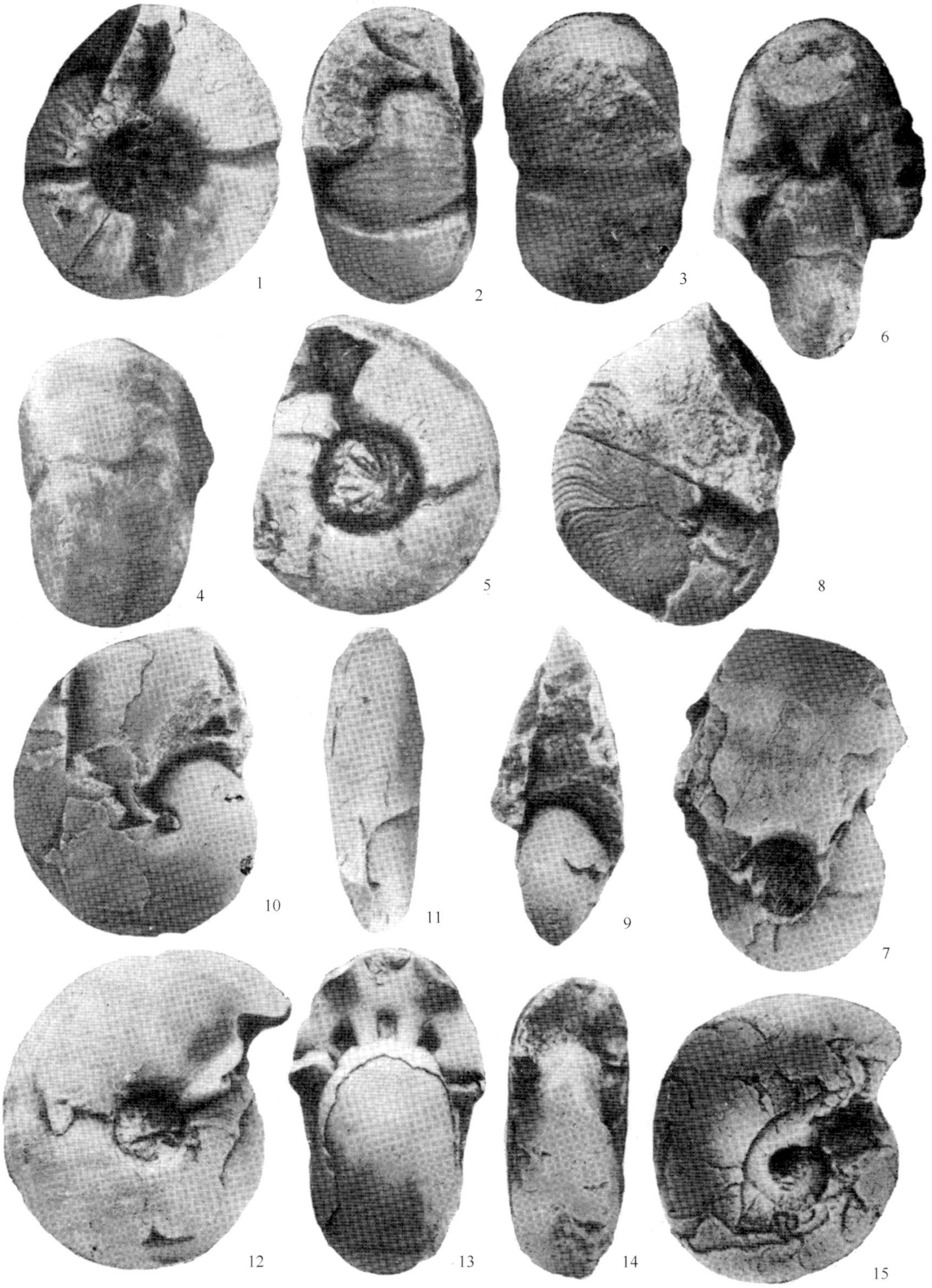

图版 XVIII

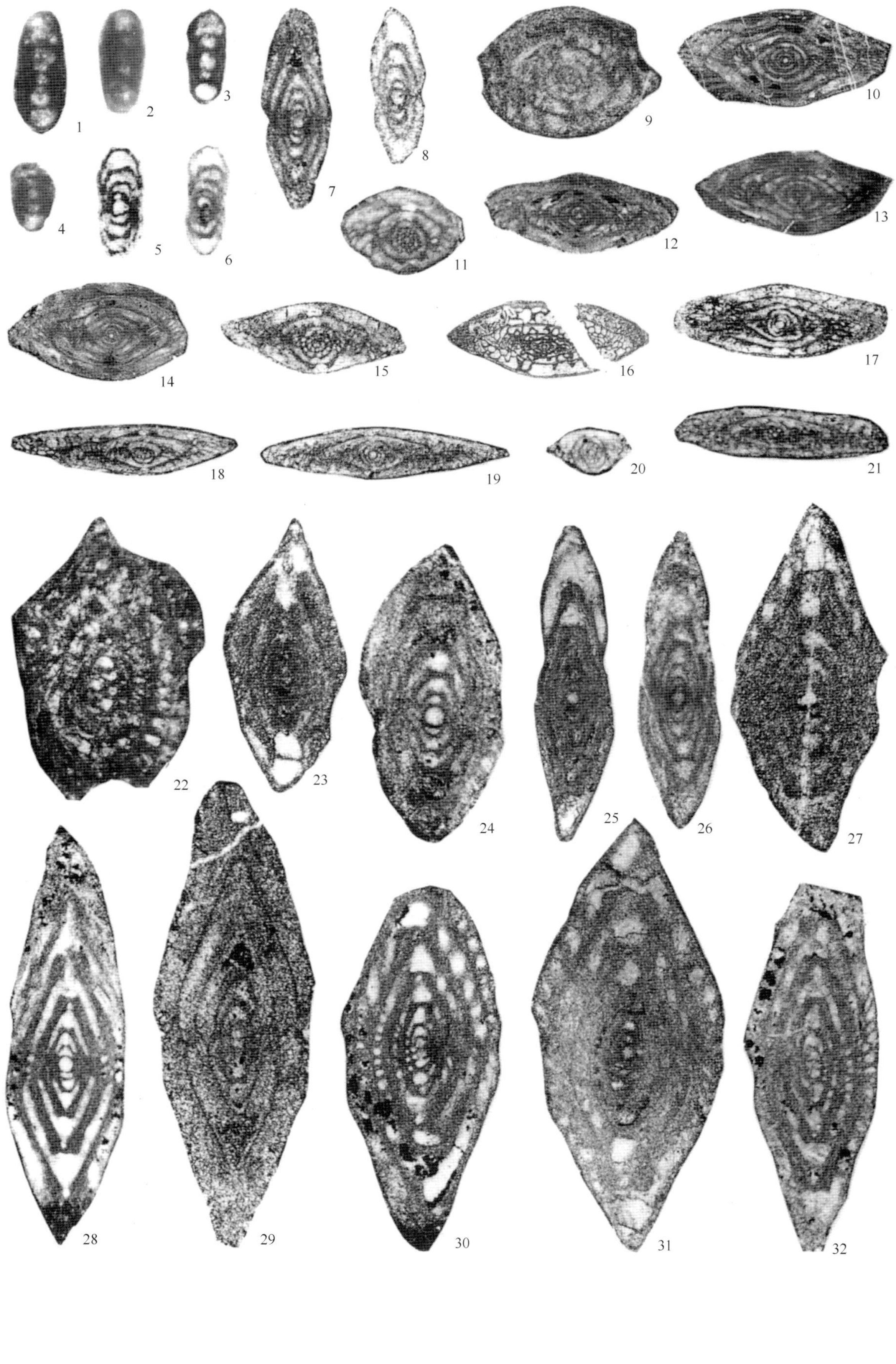

1
2
3
4
5
6
7
8
9
10
11
12
13
14
15
16
17
18
19
20
21
22
23
24
25
26
27
28
29
30
31
32

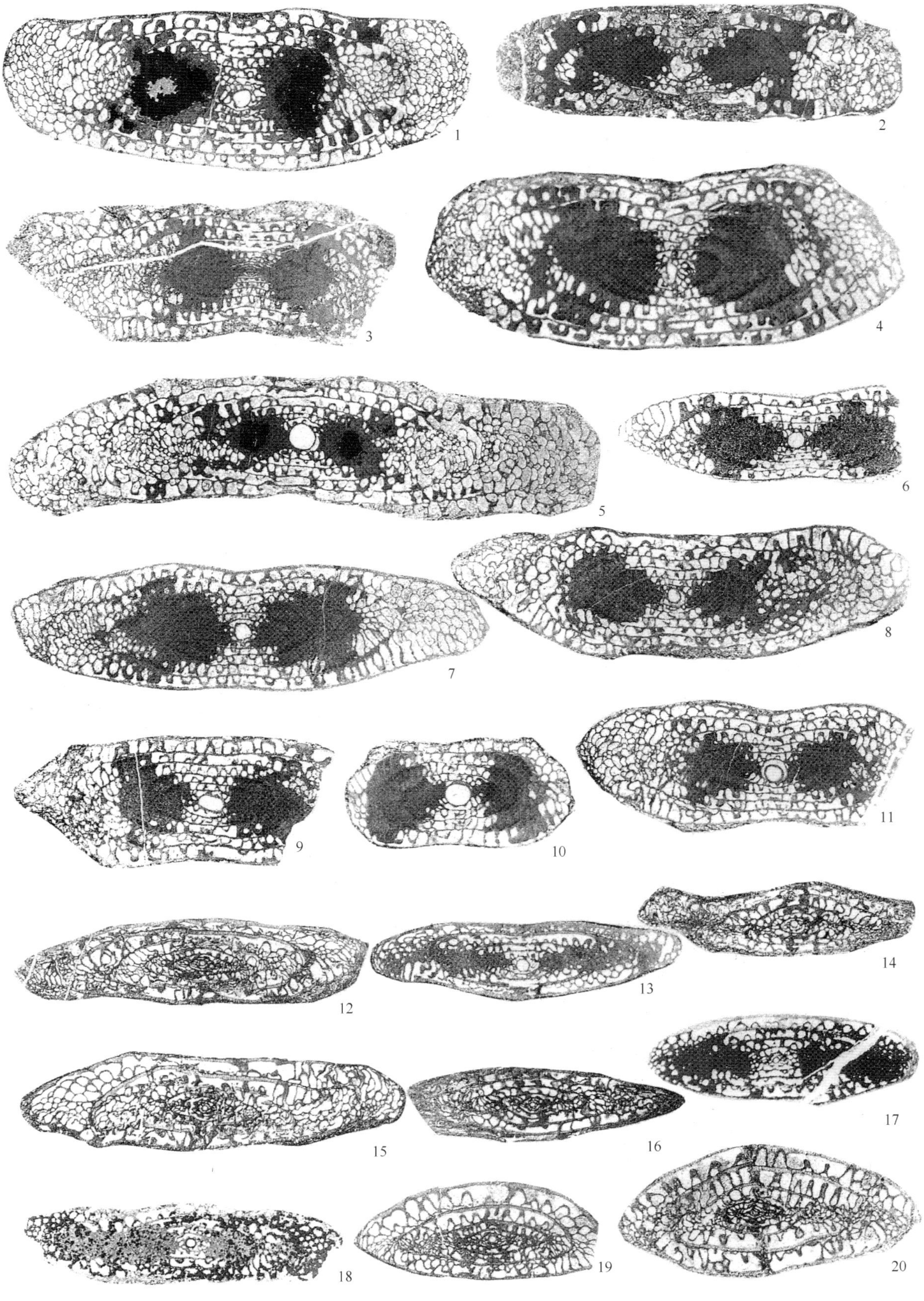
1
2
3
4
5
6
7
8
9
10
11
12
13
14
15
16
17
18
19
20

图版XX

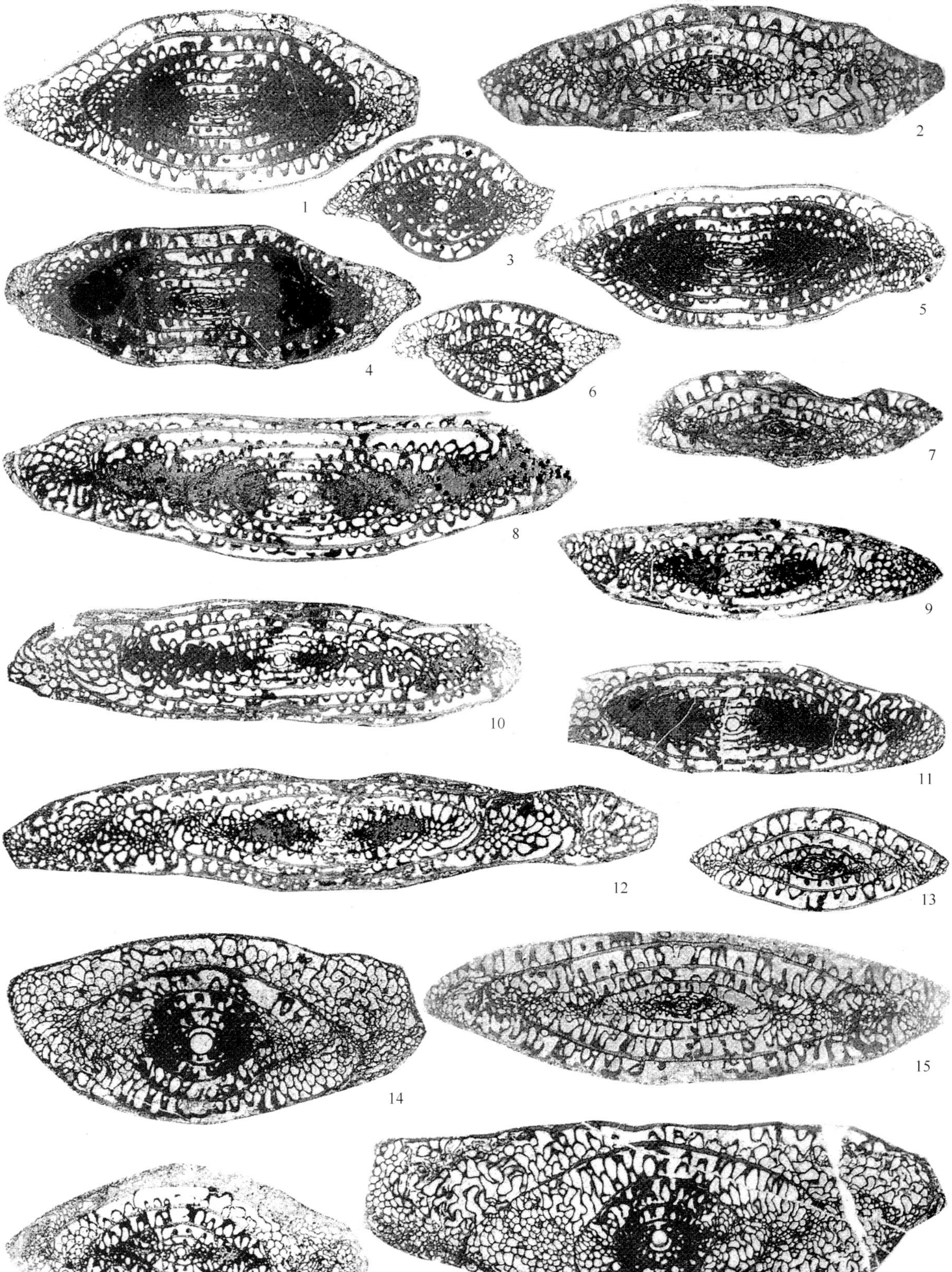

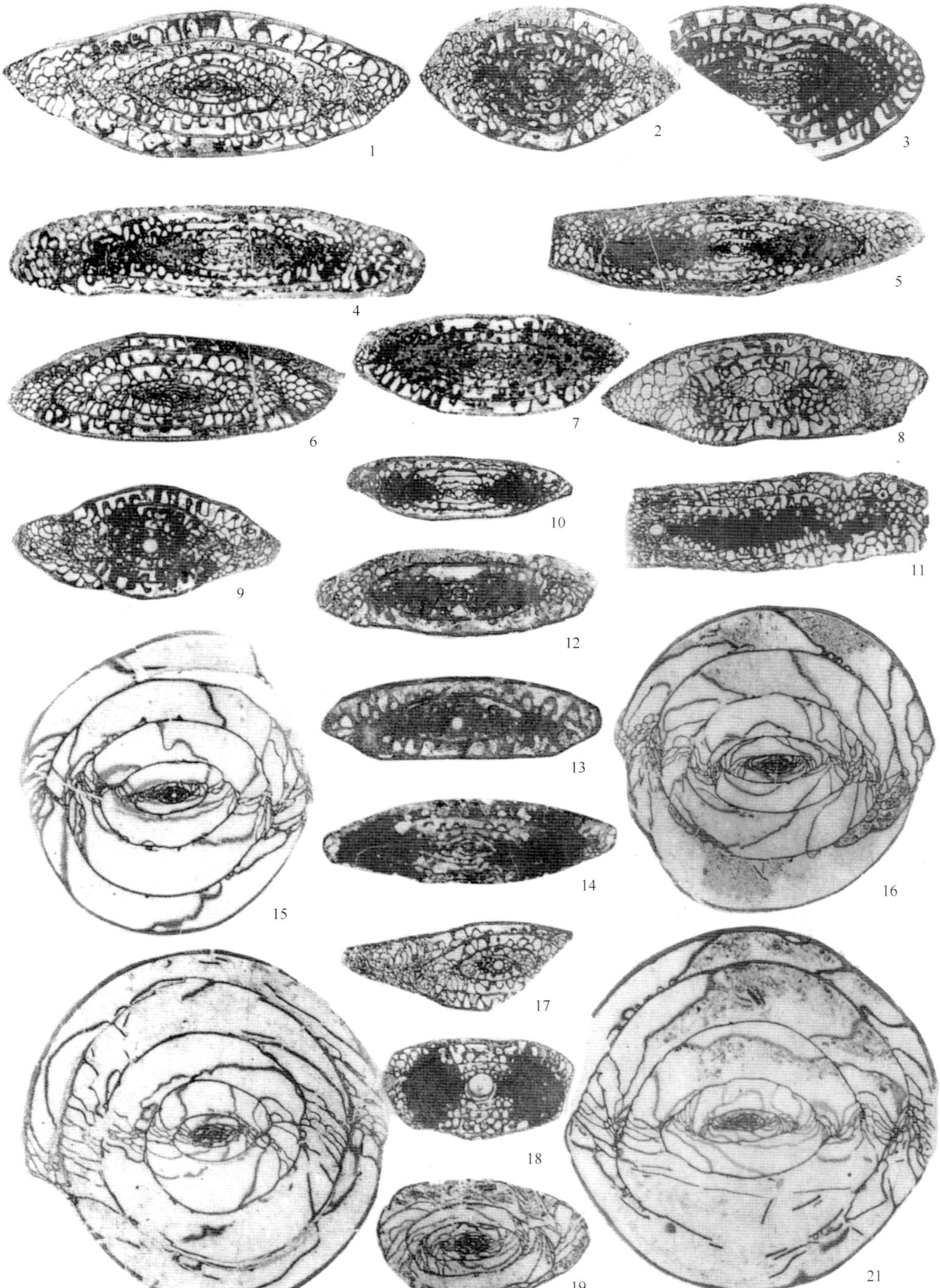
1
2
3
4
5
6
7
8
9
10
11
12
13
14
15
16
17
18
19
20
21

1
2
3
4
5
6
7
8
9
10
11
12
13
14
15
16
17
18

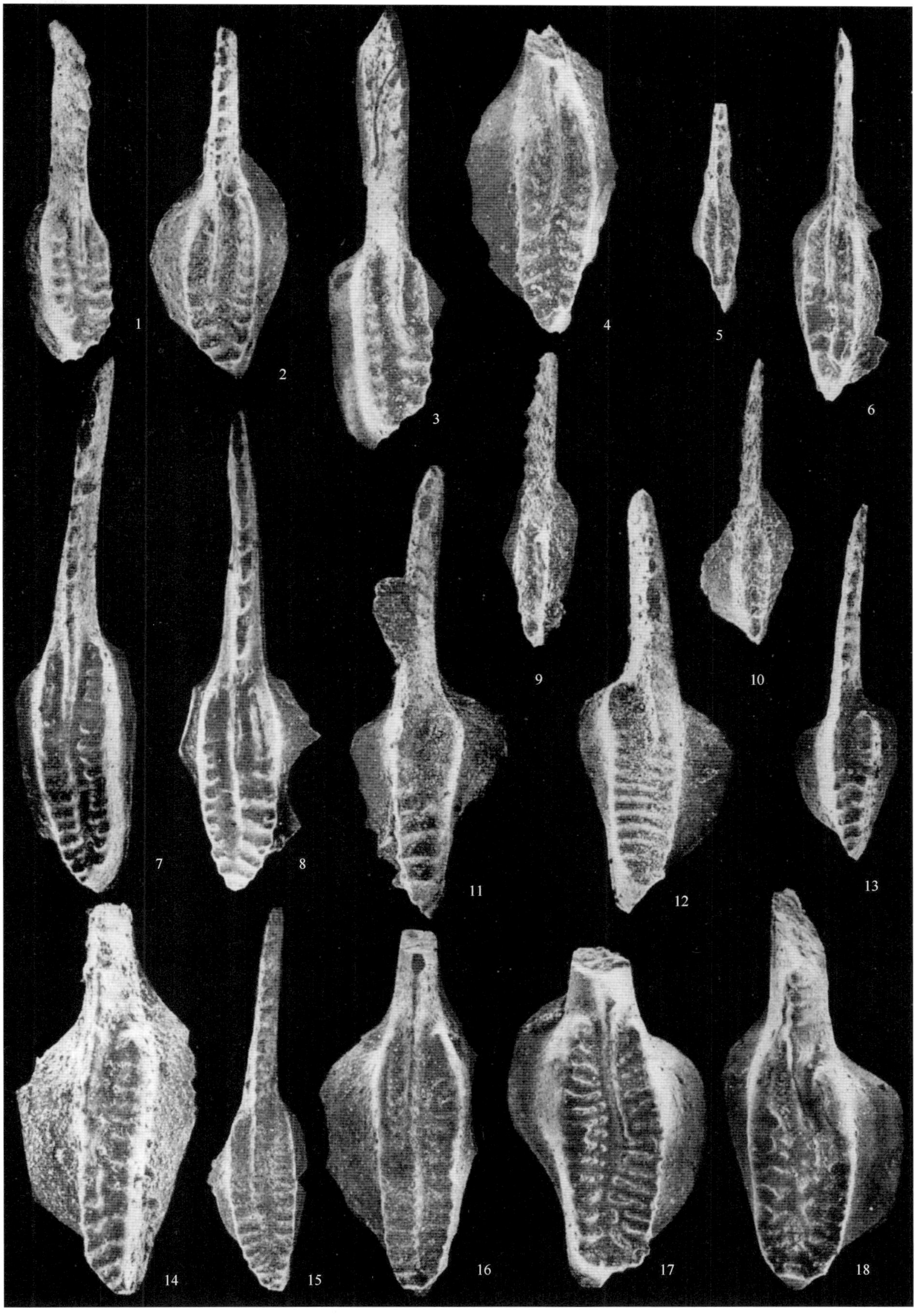
1
2
3
4
5
6
7
8
9
10
11
12
13
14
15
16
17
18

1
2
3
4
5
6
7
8
9
10
11
12
13
14
15
16
17
18
19
20
21
22
23
24
25

图版XXV

图版XXVI

1a

1b

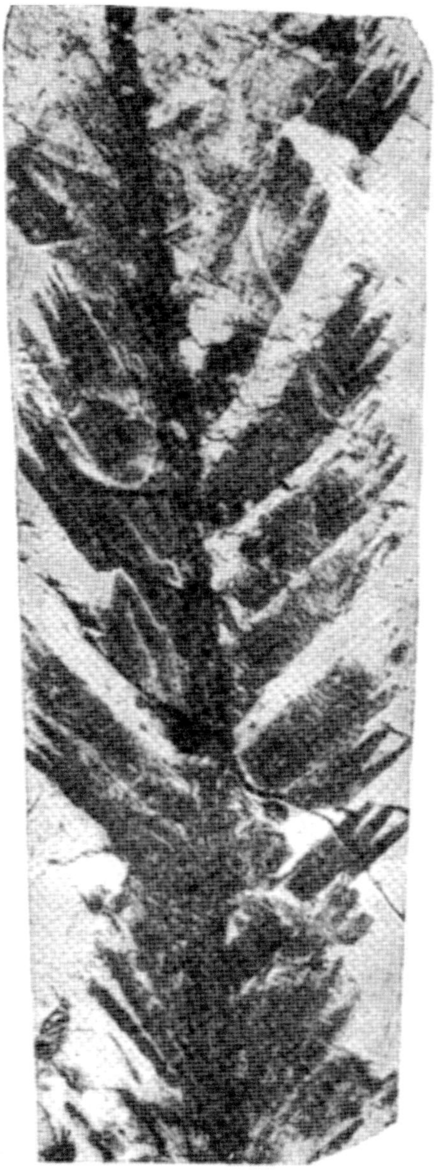

2

3

4

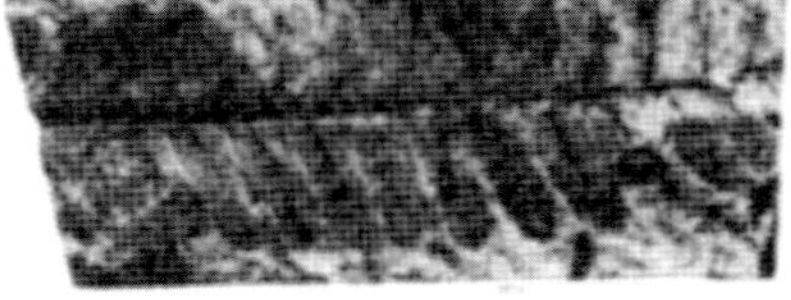

5

3b
3a
1
2a
5
4
2b
6b
6a

1

2

5a
6b
3
1
7a
4
5b
2
6a
7b

1

2

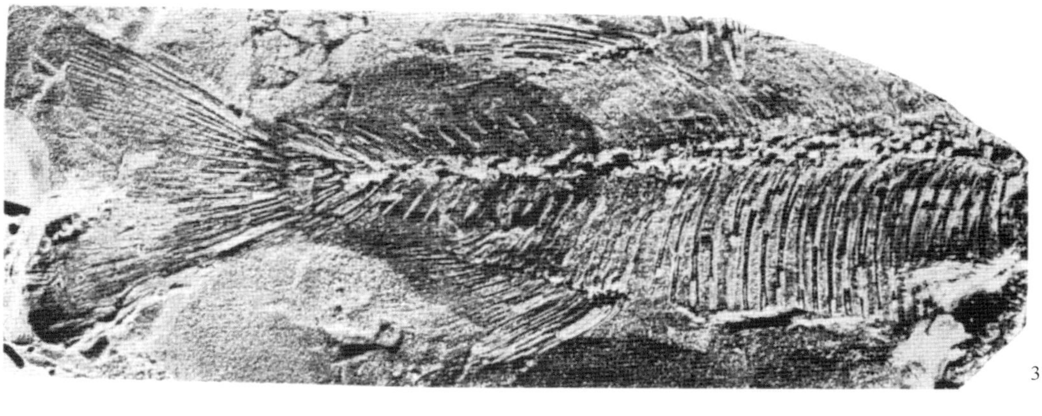

3

4

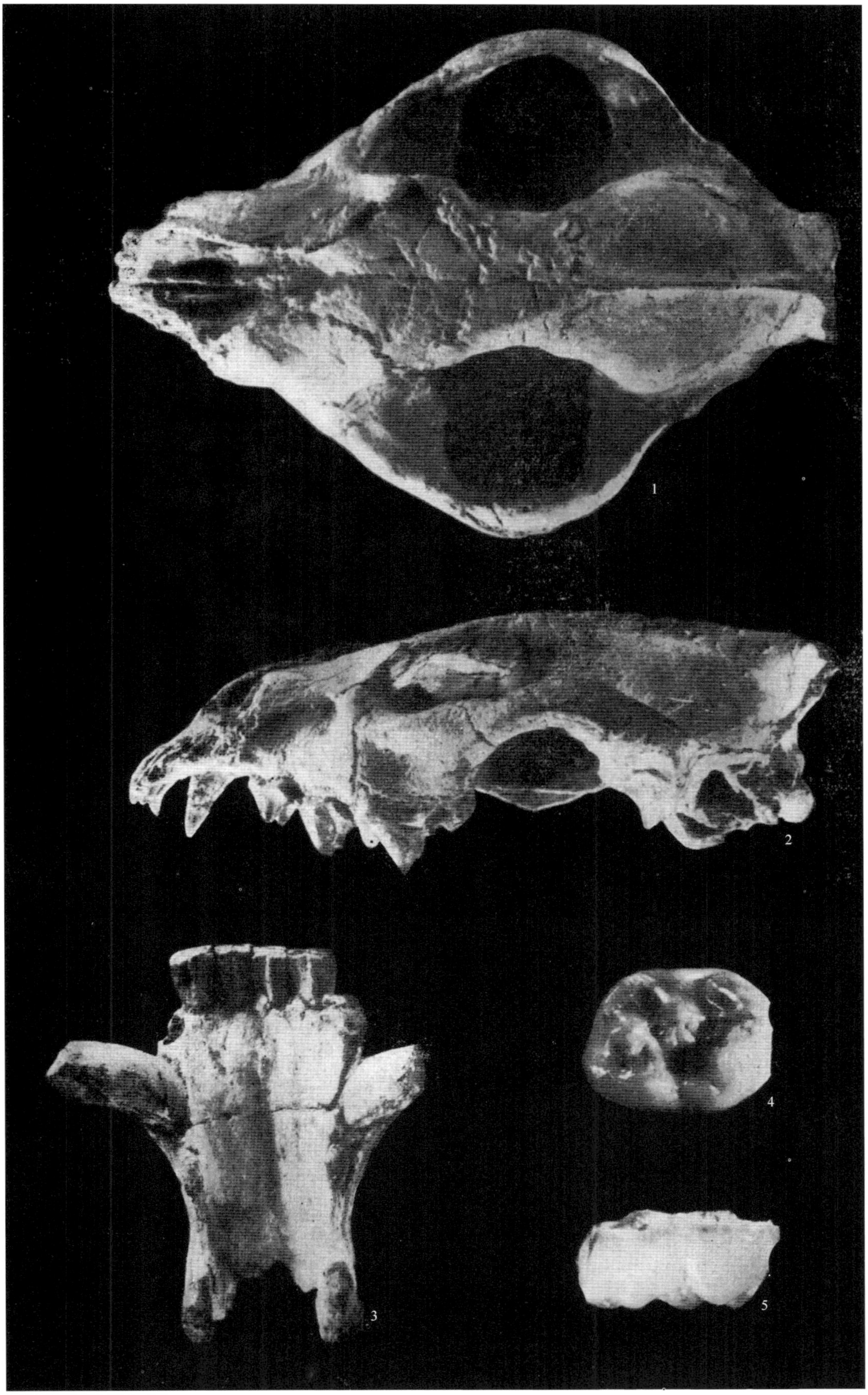
1
2
3
4
5

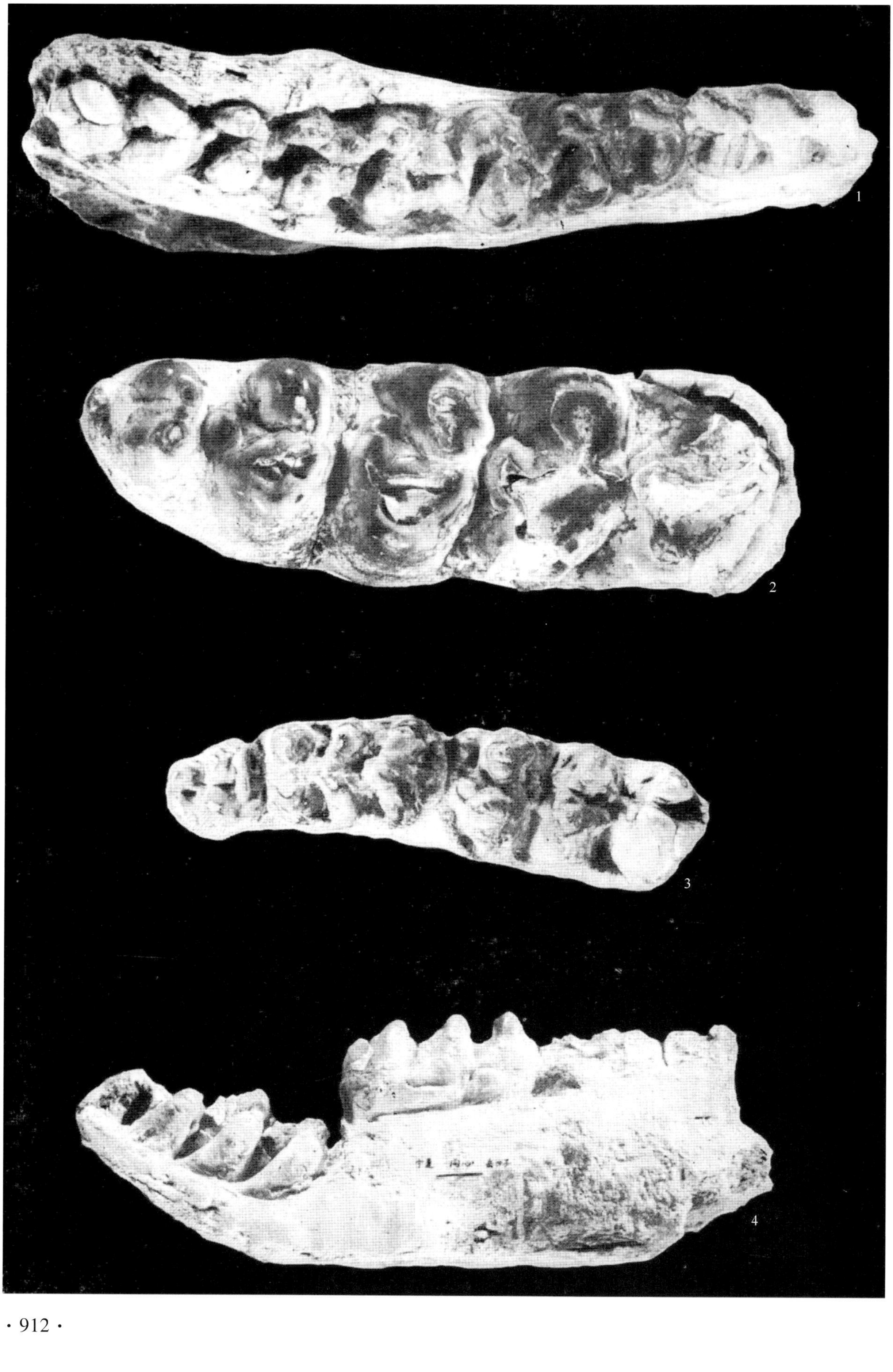

图版XXXⅢ

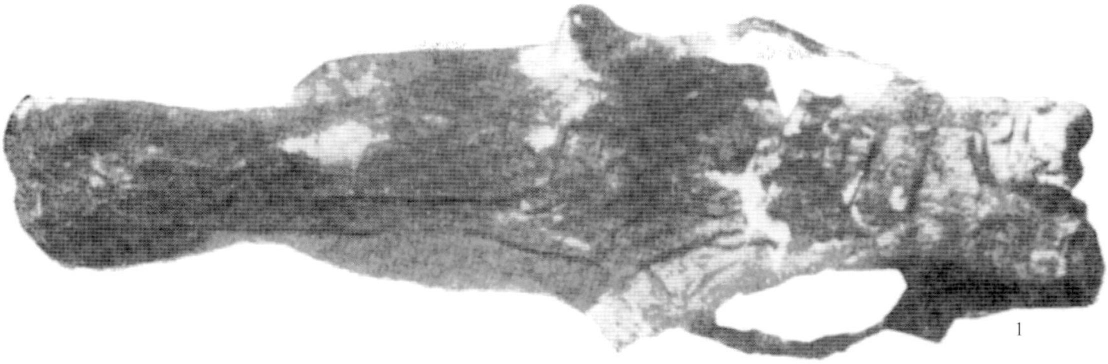
1

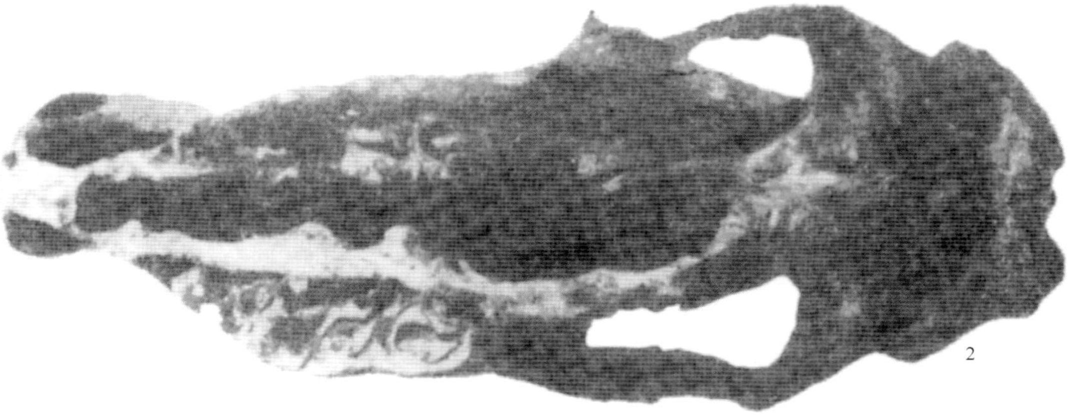
2

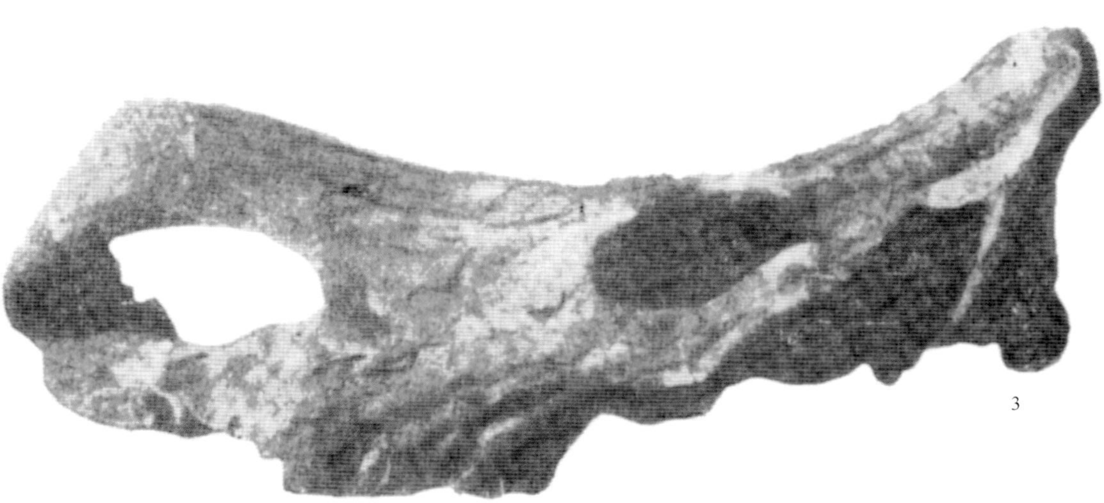
3

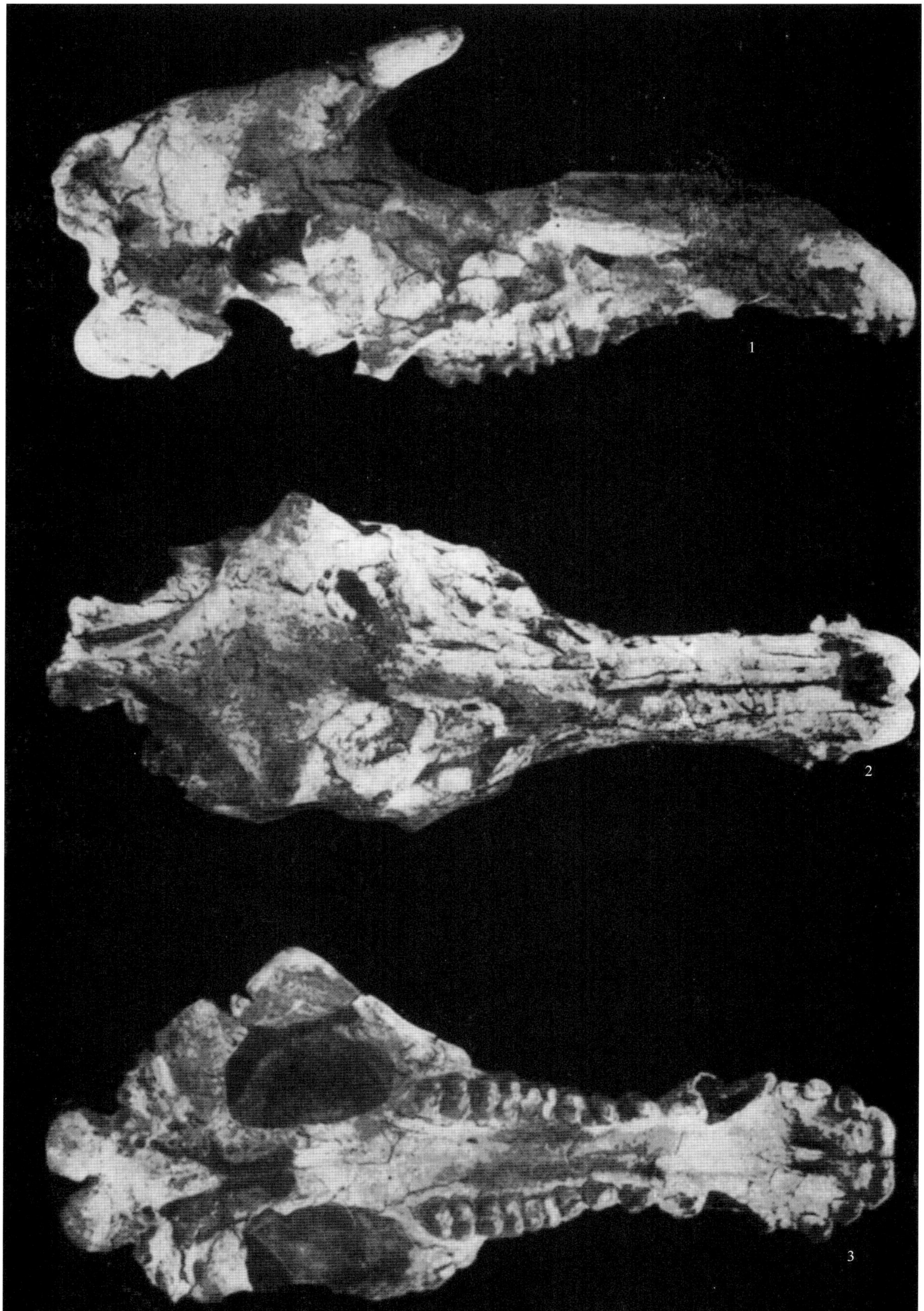
1
2
3

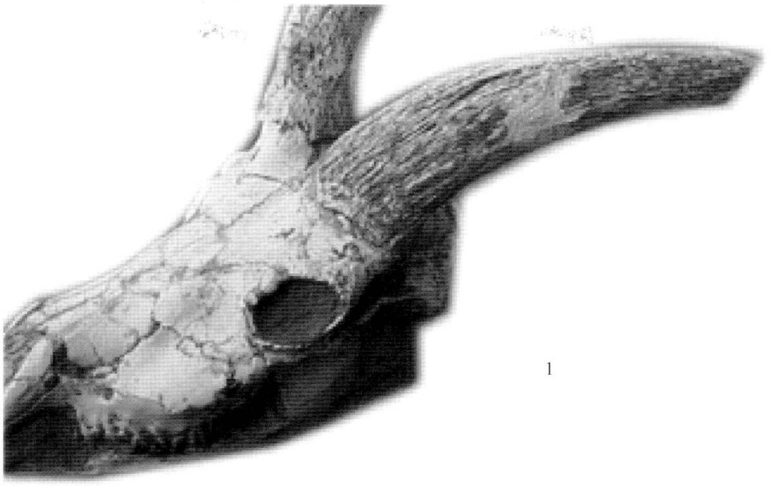

1

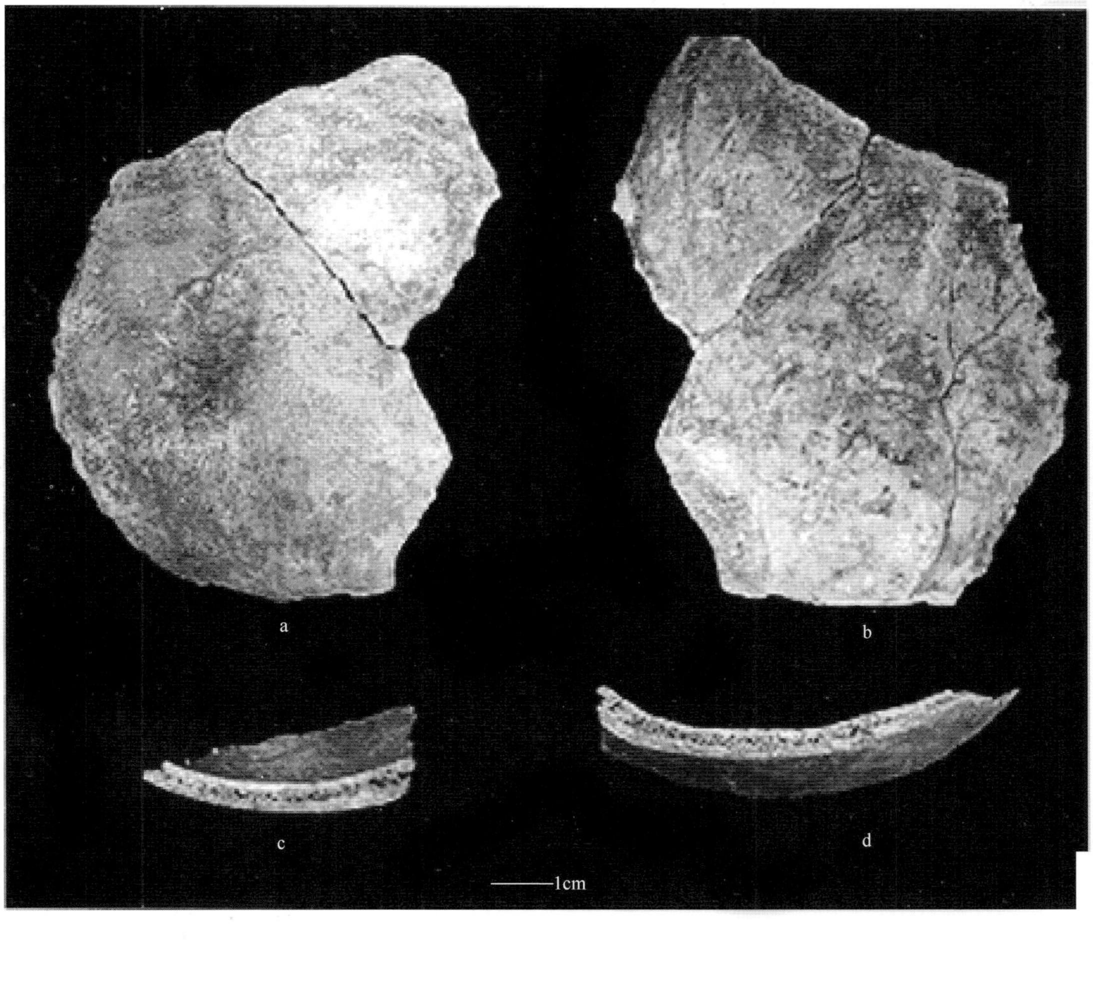

2

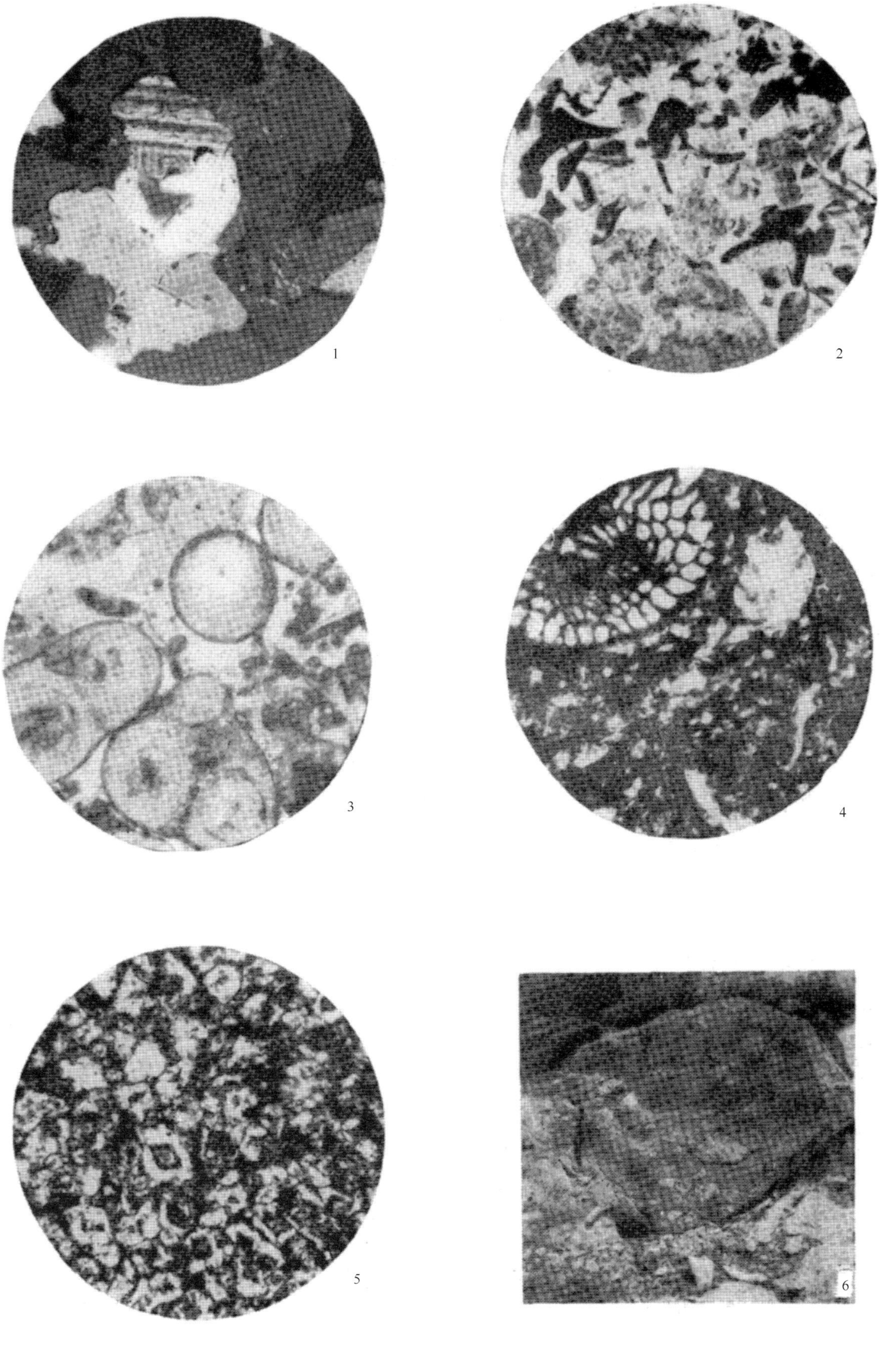